ギルバート発生生物学

第2版

Developmental Biology
THIRTEENTH EDITION

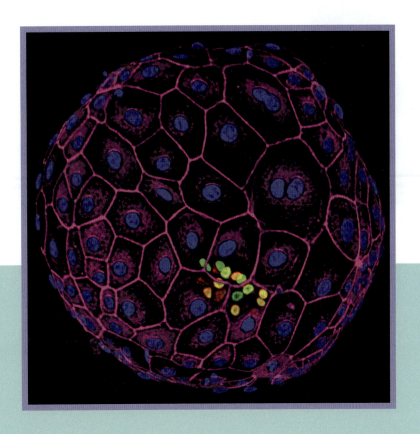

著

Michael J. F. Barresi
Smith College

Scott F. Gilbert
Professor Emeritus
Swarthmore College and
the University of Helsinki

監訳

阿形清和
基礎生物学研究所 所長 / 京都大学 名誉教授

高橋淑子
京都大学大学院理学研究科 教授

メディカル・サイエンス・インターナショナル

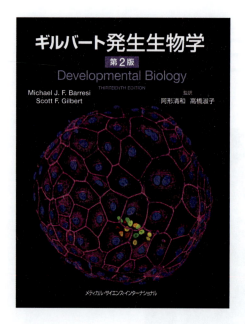

■ **表紙の画像**（図14.7Cも参照）

　体外受精後6日目のヒト胚。より小さく明るく染色された細胞は，時空間的に秩序立った順序で異なる運命を獲得し，成熟したヒト個体を形成する。これら胚発生中の細胞の運命決定原理を解き明かすことが，発生生物学という学問である。この胚は2度目の運命決定を行い，胚が卵管から子宮へと向かう途中で異所着床してしまうのを防ぐ透明帯から，まさに脱出したところである。青色の核をもつ大型の細胞の運命はすでに決まっている。これらは栄養芽細胞を構成し，子宮に浸潤し胎盤を形成する。栄養芽細胞の細胞はGATA3（青）を発現し，内部細胞塊（ICM，黄）の周囲にアクチン（ピンク）で密閉された保護的かつ幾何学的な殻を形成する。この時点で，内部細胞塊（ICM）の細胞はOCT4（緑）とGATA6（赤）を発現しており，その運命が決定されつつある。今後2日間で，これらの細胞はどちらか一方の遺伝子を発現し，もう一方を抑制する。*OCT4* の発現を維持する細胞は胚体を形成する幹細胞となり，*GATA6* の発現を維持する細胞は羊膜を形成する。この胚は受精後5日目に凍結保存され，その後，適切な倫理審査とインフォームド・コンセントを得たうえで研究に提供され，解凍ののち研究用に供与された。（写真：Captured by scientists Gist Croft, Alessia Deglincerti, Lauren Pietilla, Samwan Rob, and Ali Brivanlou. Rockefeller University Brivanlou Laboratory, NYC. © 2022 The Rockefeller University.）

Authorized translation of the original English edition,
"Developmental Biology", Thirteenth Edition
By Michael J. F. Barresi, Scott F. Gilbert

© Oxford University Press 2024,
All rights reserved.

本書は2024年に出版されたDevelopmental Biology, Thirteenth Editionの翻訳であり，オックスフォード大学出版局との契約により出版されたものである。翻訳に関するすべての責任はメディカル・サイエンス・インターナショナルにあり，オックスフォード大学出版局は内容の誤り，欠如，不正確さ，あいまいな表現，およびこれら翻訳によって生じた損害について，いかなる責任も負わない。

Developmental Biology, Thirteenth Edition was originally published in English in 2024. This translation is published by arrangement with Oxford University Press. Medical Sciences International, Ltd. is solely responsible for this translation from the original work and Oxford University Press shall have no liability for any errors, omissions or inaccuracies or ambiguities in such translation or for any losses caused by reliance thereon.

© Second Japanese Edition 2025 by Medical Sciences International, Ltd., Tokyo

Printed and Bound in Japan

この第13版を
まず第一に
このパンデミックの状況下で学ばなければならない環境に耐えた
すべての学生に捧げたい
そして次に
このようなストレスのかかった環境下で工夫を強いられた
すべての教師の方々に捧げたい
発生学の領域は
あなた方の学びや教えに対する熱意のおかげで発展し続けています
最後に
本書の制作にあたって
温かく見守ってくれた私の家族に感謝したい
M. J. F. B.

機知に富んだ応援で私を支えてくれた
Anne, Daniel, Sarah, David, Natalia, Alina へ
S. F. G.

監訳者の序

進化する発生生物学

　発生生物学は，ダーウィンの『種の起源』にはじまった19世紀の進化研究をその起源としている。すなわち，進化の道筋を推測するにあたり，成体の形態をもとに推測するのではなく，初期発生の胚の形態を比較することで進化の道筋を推測することからはじまった。一番よく知られている例は，二枚貝とミミズの仲間の関係である。成体の形は似ても似つかないのに，初期胚を比べるとどちらもトロコフォア幼生というきわめて似た形態を経て成体へと変態することから，2つの動物は近縁関係にあることが推察された。このように，発生生物学は進化の道筋を体系だって推察するための「比較形態発生学」としてスタートを切ることになる。

　記載学問としてスタートした発生生物学であるが，20世紀に入ると実験サイエンスとしての発生生物学が勃興する。すなわち，「比較形態発生学」は博物学としての確固たる地位は築いたものの，あくまでも記載学問であり，物理学者や化学者にはサイエンスとしては認知されなかった。そんな記載学問としての発生生物学と決別して，発生のメカニズムを解明する「実験発生学」が20世紀になると誕生する。それは意図的な決別であり，博物学としての「比較形態発生学」と同じ"くくり"にされることを拒否した。そして，「実験発生学」は，Hans Spemann（ハンス・シュペーマン）によって，発生は"誘導の連続"によって遂行されることを示すことに成功する。今まで，サイエンスとして扱われてこなかった発生生物学はサイエンスとしての学問地位を確立する。Spemannは，その功績によって，1935年に発生生物学者として初めてノーベル賞の栄冠に輝く。それは，「比較形態発生学」と決別した「実験発生学」の勝利宣言にも近いものであり，20世紀は「実験発生学」の世紀となり，「比較形態発生学」は19世紀の学問へと閉じ込められた。

　しかし，「実験発生学」もSpemannの神経誘導物質の同定にてこずっている間に，ショウジョウバエ，線虫，ゼブラフィッシュを用いた「発生遺伝学」にその主役の座を奪われていく。そして，80年代から隆盛を迎えた分子生物学的手法の導入によって，クラスタータイプのホメオボックス遺伝子群が同定され，ホメオティック突然変異体を精力的に集めたEdward Lewis（エドワード・ルイス）らは，1995年に発生生物学分野での2度目のノーベル賞に輝く。20世紀の発生生物学は，主流になるはずの「実験発生学」ではなく，「発生遺伝学」によって締めくくられようとしていた。

　一方で，クラスタータイプのホメオボックス遺伝子群の発見は，発生生物学の「比較形態発生学」への回帰をもたらすことになる。なぜなら，19世紀に隆盛を誇った「比較形態発生学」の記載を，クラスタータイプのホメオボックス遺伝子群はまるでゲノム科学として記載したかのようだったからである。ここに「進化発生学（Evolutionary Developmental Biology：EvoDevo）」が花咲き，20世紀が終わる前に，マウスのゲノム上で遺伝子クラスターを形成している38個のホメオボックス遺伝子のそれぞれすべてを遺伝子ノックアウトしたマウスがつくられ，前後軸に応じたパターン形成とゲノム進化をつなぐ実験研究が展開された。さらに背腹軸のパターン形成にもゲノム上に保存されている一連の遺伝群があることがわかり，すべての左右相称動物は，共通の起源をもつ生物によってその発生遺伝子プログラムをゲノム上に保存しながら進化してきたことを提示した。そればかりか，Spemannの"神経誘導物質"も"背側をつくる因子"として背側に神経を作ることで，まる

で神経を誘導するかのように振る舞っていたことを明らかにした。20世紀も終盤を迎えたところで，発生生物学は葛藤を繰り返してきた歴史に終止符を打ち，「進化発生学」の登場によって過去の「比較形態発生学」「実験発生学」「発生遺伝学」の3つをつなぐ新たな統一的な学問として理解されるようになったのである。

　ギルバートの"Developmental Biology"は発生生物学の急速な変革の予兆が始まった1985年に第1版が出版されている。彼の序文にあるように，第1版の刊行の時期から発生生物学はいろんな学問分野を取り込みながら，急速に新たなサイエンスとしての地位を築いていくことになる。この急激な変化についていくために，ギルバートは平均して2年に一度新たな版を重ねて教科書として時代遅れにならないように心がけている。そして，挙げ句の果てには，新たな時代の発生生物学を先取りして教科書を執筆することを第10版から始めた。すなわち，ギルバートは第10版からEcological Developmental Biologyという章を設け"Eco-Evo-Devo"がこれからの発生生物学の新たな方向性であることを黙示した。さらにこの第13版では，ヒトの発生を章立てすることで，ヒトiPS細胞の登場によってヒトの発生を構成的に調べられる時代の到来を先取りすることを始めている。そういった意味では，医学領域の若い研究者にもこの改訂版のギルバートの"Developmental Biology"は是非とも読んでもらいたい。そこには，ヒトの発生のみならず老化や病気を理解するのに不可欠な知識が沢山盛り込まれているからだ。また，第10版から第13版の間に植物の発生も動物の発生と比較しながら取り上げられているのも大きな特徴だ。

　監訳者の一人である小生が，50年前に発生生物学に身を投じたときは，Spemannのオーガナイザー研究が主流であったころの末期で，新たな発生生物学への模索がすでに始まっていた。監訳者の二人が師事した岡田節人氏は，オーガナイザー研究との決別を早期に掲げ，細胞レベルでの発生生物学的研究を奨励すべく，日本の発生生物学の変革に乗り出していた。細胞を生命の単位としてとらえる発生生物学を展開するために細胞培養技術を日本に導入し，さらには分子生物学的手法をもいち早く導入し，日本の発生生物学の近代化を図った。小生などは，再生研究を目指して岡田研に入ったにもかかわらず，最初にしたことは制限酵素の精製だった。高橋淑子さんに至っては，マウスES細胞にニワトリのクリスタリン遺伝子を導入して，キメラ作製によるトランスジェニック・マウスの作製を80年代に大学院生として行っていた。我々とほぼ同世代のギルバートが，我々と同じ体験・感覚を共有しながら細胞・遺伝子レベルの解析によって明らかにされてきた発生生物学を柱に教科書を書き上げた。本書は，我々が50年間かけてリアルタイムで学んできたことを，次世代を担う若者が1か月で習得することを目的に書かれている。そして，その若者たちが，これからの49年と11か月を新しいサイエンスに専念できるようにすることが狙いである。我々がリアルタイムで感動したオリジナル写真がふんだんに使われていることも本書の特色である。文章のみならず写真から味わう感動も是非とも未来へつなげてもらいたい。これが翻訳に携わったすべてのメンバーの共通の思いである。

翻訳者・監訳者を代表して，
阿形清和(元日本発生生物学会会長)

原著序

発生生物学者は特別な人種かもしれません……。伝道師でないにもかかわらず，自然の美しさ，神々しさ，巧みさを広めることへの情熱を伝道師と同じくらいもっているのですから。

Lewis Held, Animal Anomalies, 2021 (p.185)

"*Developmental Biology*" 原書第13版は全面的に改訂された。変態過程のオタマジャクシのように，基軸は守りつつも多くの部分が大幅に変更されている。構造的に変更された章もあれば，消え去ってしまった章もあり，まったく新しいものに生まれ変わった章もある。以下に変更ポイントを整理した。

初期発生を統合的に理解するための新しい章を追加した

発生生物学を教えている教授たちは，さまざまな生き物の初期胚の発生を筋のとおった1つの物語としてまとめることに四苦八苦しているに違いない。今回，Michaelは，進化的な観点を取り入れて，異なる門における卵割と原腸形成を統合的に理解することで，この課題をうまく解決することに成功している。各論に入る前に新しく第8章「初期発生の概念」を設けて，読者にまず「森」——初期発生全般の過程に隠されている "how and why" ——を紹介することで，その後に続く特定の生物(木)の初期発生の章の詳細な説明をわかりやすく見せることに成功している。

ヒトの発生に関する新しい章を設けた

第14章「ヒト初期胚発生」は，ジョンズ・ホプキンス大学の小児遺伝学部で博士号を取得したScottにとって，多くの点で原点への回帰でもあった。この新しい章は，幹細胞生物学とバイオイメージング技術(biomedical visualization technology)の進歩によって，不可欠そして章立可能になった。ヒトの異数性，不妊，着床，催奇形性物質，内分泌撹乱物質，およびマウスとヒトの発達の相違点と類似点について明確に説明している。この章は，人間の尊厳や権利に関する議論や社会的規範や健康に関する議論を学生がするときに，情報に基づいた議論ができることを奨励するものだ。

発生における細胞レベルでの生体力学的な観点を導入した

本書全体をとおして，細胞質でのシグナル伝達経路が核内の遺伝子発現をどのように制御しているかだけでなく，核内の遺伝子発現制御が細胞骨格系とどのようにつながっているかについても注目している。細胞の振る舞いと組織を形成するための変化は，核の変化の原因と結果の両方によってもたらされていることを強調したい。

基礎的な発見に関する最新情報

過去4年間で，発生生物学では驚くべき数の重要な進歩が見られ，発生生物学の研究は毎年飛躍的に加速しているように感じる。私たちは多くの新しい発見や仮説を追加または拡張してきた。そのうちのいくつかをここに列挙する(どれも興味深く，順番に意味はない)。
- 細胞特定化の軌跡を構築するための単一細胞RNAシークエンシング(scRNAseq)の普

及

- オルガノイド培養システムを使用したヒト疾患の研究
- 形態形成におけるカドヘリンと細胞形状変化の生体力学的役割
- 尾芽神経中胚葉前駆細胞の発見
- ヒトの無尾の原因遺伝子の特定
- 原腸形成の進化的起源
- 胚盤葉上層(エピブラスト)の一部が原条を通って内胚葉となる
- 哺乳類の脳におけるBタイプ幹細胞の接続とシグナル伝達フラクトン
- ヒトの脳を作る原因となるヒト特有の遺伝子とエンハンサー
- 花の発達とヒトの脳の発達の両方におけるマイクロRNA（miRNA）の役割
- 卵胞と卵母細胞，および栄養芽細胞と内部細胞塊(ICM)の間のクロストーク
- 哺乳類の胚着床の修正された炎症性理論
- ヒトの排卵におけるヒアルロン酸の役割
- ヒトの不妊症における異数性の重要性
- 有羊膜類の腸管における胚盤葉下層の寄与
- 線虫(C. elegans)における最初の細胞分裂への皮質の流れ
- 巻貝の発生中の原腸形成運動の特徴
- 前方から後方へのパターン形成中のHox遺伝子のエピジェネティックな解明
- 収斂伸長の根底にある分子および生体力学的プロセス
- 中内胚葉の内部移行の定量分析
- ヘビの軸方向伸長，肋骨，四肢喪失をもたらす発生上の変化
- 成熟する哺乳類ニューロンにおけるマイクロバイオームの役割
- アリの階級(カースト)決定の発生メカニズム
- 傍分泌相互作用による腸管の筋肉系の形成
- 細菌の共生によるルーメンの発達
- 昆虫の変態に関する"三分子一体(molecular trinity)"モデル
- 気候変動の理解と改善における発生生物学の役割
- 性決定，精子の活性化，精子と卵子の相互作用，細胞骨格の力学におけるカルシウムイオン(Ca^{2+})の役割
- 再生適応力の根底にあるシス制御エレメント(CRE)の同定
- 「"合成胚(synthetic embryo)"」の確立

進化する教育法

　第13版では，内容の更新への注力と，その項目に確実に到達できるようにした努力が合致している。ここでは，教育の構想や革新によってこの版がこれまでにない魅力的なものに仕上がった理由をいくつか紹介する。

- 章の冒頭の「本章で伝えたいこと」は，読者にその章で扱われる内容をすぐに理解させ，目を引く箇条書きになっている。
- より高度な内容を強調する資料のキュレーションを継続的に改善し，その資料を「さら

なる発展」と格付けした。これには，教師がシラバスを作成する際に教科書の選別をしやすくするねらいがある。

- 多くの教科書では，文章とそれに付随するイラストの間に混乱するような不一致がある。幸いなことに，私たちはMichaelの優れた芸術的才能を活用して，本書の図画の伝達力を高め，複雑さを理解へと変換している。
- アクセスのしやすさと電子書籍の相互作用性を高めるために，なるべく相互参照できるように意図し，目立つ見出し表記にオンライン独自の番号を追記することで電子データがさらに利用しやすくなっている。
- 著者のナレーション付きの図については段階的に進めていくことを開始した。まだこの版の電子書籍では，こういったナレーション付きの図は数が少ないかもしれないが，学生の理解にとって最も重要な内容の一部を対象としており，その数は今後増えていくだろう。
- 自己評価と事後評価は，学生が自分の理解を認識するための重要なメカニズムであると同時に，教員に説明責任を負わせる選択肢をもたらす。この版の電子書籍では，各章に相互的な評価が新しく含まれた。
- 学習効果を強化するため，章の冒頭の画像（章末に「章冒頭の写真を振り返る」も掲載），「発展問題」〔教員向けの問題もある（答えが付いている問題もある）〕，および章末の「研究の次のステップ」を提示することで，私たちの成功した戦略を更新してある。
- 最も影響力があり最新の発見のいくつかを"SCIENTISTS SPEAK（オンライン）"で聴講できる機会を数多く用意することで，発生生物学の研究に活気を与えている。
- 発生を研究するということは，時間の経過とともにプロセスを調べることを意味する。電子書籍の機能強化により，現在の学生は文字どおり"WATCH DEVELOPMENT（オンライン）"する機会が大幅に増えている。

Thomas Huxley（トマス・ハクスリー）は，現在ではDarwin（ダーウィン）の進化論を支持したことで主に知られているが，彼自身も発生学者であり，発生生物学の素晴らしさを次のように述べている。「自然が科学者に与えるすべての永遠の奇跡の中で，おそらく最も賞賛に値するのは，植物や動物がその胚から発生することだ」私たちは，今版の"Developmental Biology"が，学生にそのような不可思議な奇跡を提供するという点で，他のどの版よりもさらに先をいく版になったと信じている。

謝辞

本書はコロナ禍に生まれた。この本の誕生は，この恐ろしいパンデミック時期と重なっており，それでも完成を迎えたことは私たちにとって本当に素晴らしいことである。これを実現するために，発生と同じように，指令的段階と許容的段階の両方に多くの方々が関与している。

最も困難な時期もあったが，ScottとMichaelは発生の不可思議さを本書の多くの頁に記録するために，強固な協力関係，批判的思考を伴うコミュニケーション，そして尽きる

ことのない創造性と情熱を維持してきた。Michaelは，Scottが自分の役割を超えて，今版がこれまでにない先進的で魅力的な版となり，発生の集大成になるという期待どおりの進行に取り組んだ多くの瞬間に感謝の意を表したいと考えている。Michaelは，友人でありともに教育者である彼がこの卓越した文章に与えてきた，そしてこれからも与え続けていくすべてのことに心から感謝している。そしてScottは，パンデミックの間も発生生物学の教育の維持に貢献したMichaelに賛辞を送りたいと考えている。発生生物学のためのコンピューター介在の教育法を実施している彼のオンライン教材コンテンツの提供は，科学教育の非常に厳しい時期を私たち全員が乗り切るのに役立った。さらに，Michaelは芸術と電子媒体における彼の創造性を活かして発生生物学教育を21世紀に適合させ，私たちの教科書を電子教育の先駆けとした。

　MichaelとScottは今版の各章を査読してくれた多くの人々にも感謝している。特に，障がい者差別，人種，性別による偏見に配慮しながらヒトの発生の章を査読してくれた人々に感謝する。これらの熱心な人々を次に示す：

Ron Amundson, Kelley Ann Bethoney, Caitlin Braitsch, Timothy Breton, Marianne Bronner, Thibaut Brunet, Blanche Capel, Paula Marie Checchi, John Cobb, Diana Darnell, Katia Del Rio-Tsonis, Rebecca Delventhal, Betsy Dobbs-McAuliffe, Caitlin Fox, Charlene Guillot, Andreas Heyland, Ray Hong, Arnold Hyndman, Crystal Ivie, Laurinda Jaffe, Kurt Johnson, Nicole King, Judith Leatherman, Michael Levin, Deirdre Lyons, Loydie Majewska, Mungo Marsden, Christa Merzdorf, Lisa Nagy, Donna Nofziger, Jean Parry, Sergiu P. Pasca, Mihaela Pavlicev, Alex Pollen, Olivier Pourquie, Peter Reddien, Mark Reedy, Alejandro Sánchez Alvarado, Roger Sauterer, Nenad Sestan, Esther Siegfried, Marcos Simoes-Costa, Conor Sipe, William Slayton, Daphne Soares, Ann Sutherland, Christina Swanson, Jennifer Tenlen, Nina Theis, Nicole Theodosiou, Günter Wagner, Janelle Wallace, Kerri Staroscik Warren, Gary Wessel, Masato Yoshizawa, Ken Zaret.

　また，進行中，そしてこれからも進化し続けるプロジェクトが受ける，Oxford University Pressのスタッフの方々からの支援にも非常に感謝している。編集上の指導では，Jason Noeに感謝する。ディベロップメンタル・エディターのCarol Wiggには，彼女の私たちの章への，厳しく，思慮深く，思いやりのある批評に，そして私たちの本に戻ってきてくれたことに心から感謝する。個人としても職業人としてもパンデミックの苦難を乗り越えてこの改訂版の制作を指揮してくれたシニア制作編集者のMartha Lorantos，制作マネージャー兼アートディレクターのJoan GemmeとMeg Britton Clark（本のデザインも担当している），制作専門のBeth RobergeとRick Nielsen，そしてMichele Ruschhauptの協力と素晴らしい技能に感謝する。またデジタルリソース開発編集者Peter Lacey，フォトリサーチャーのMark Siddall，編集アシスタントのJess McLaughlin，マーケティングマネージャーのKathaleen McCormick，マーケティングアシスタントのLiz Mauro，そしてイラストをレンダリングしてくれたDragonfly Media Groupのチームにも感謝する。

- DEV TUTORIALでは，著者主導の発生生物学の中心的な概念に関するビデオチュートリアルを提供している。
- SCIENTISTS SPEAKでは，発生生物学の分野をリードする科学者が自分の研究について語っている動画を視聴できる機会が学生に与えられている。
- WATCH DEVELOPMENTでは，発生生物学の現象と概念の解説動画が視聴できる。
- FURTHER DEVELOPMENTオンライン機能では，本書で紹介されている概念に関連する詳細な説明を提供している。

監訳者・訳者一覧

監訳者

阿形　清和　基礎生物学研究所 所長/京都大学 名誉教授

高橋　淑子　京都大学 大学院理学研究科生物科学専攻動物学教室 教授

訳　者（翻訳章順）

藤森　俊彦　基礎生物学研究所 初期発生研究部門 教授［第1章］

太田　訓正　九州大学基幹教育院 教授［第2章，用語解説（植物に関する用語は除く）］

梅園　良彦　兵庫県立大学 大学院理学研究科 教授［第3章］

島田　裕子　筑波大学 生存ダイナミクス研究センター 准教授［第4章］

柴田　典人　津山工業高等専門学校 総合理工学科先進科学系 教授［第5章］

田中　　実　名古屋大学 大学院理学研究科 教授［第6章・6.1～6.4節］

菊地真理子　名古屋大学 大学院理学研究科 助教［第6章・6.1～6.4節］

吉田　松生　基礎生物学研究所 生殖細胞研究部門 教授［第6章・6.5節］

千葉　和義　お茶の水女子大学 理学部 生物学科 教授［第7章］

澤　　　斉　遺伝学研究所 多細胞構築研究室 教授［第8，9章］

佐野　浩子　久留米大学 分子生命科学研究所 准教授［第10章］

中村　　輝　熊本大学 発生医学研究所 所長［第10章］

西野　敦雄　弘前大学 農学生命科学部 生物学科 教授［第11章］

平良　眞規　中央大学 理工学部生命科学科 研究員［第12章］

近藤真理子　宮内庁・東京大学 大学院農学生命科学研究科 研究員［第12章］

中能　祥太　Babraham Institute, Postdoctoral Research Scientist ［第13章］

斎藤　通紀　京都大学 大学院医学研究科生体構造医学講座 機能微細形態学 教授［第14章］

中村　友紀　京都大学 白眉センター/高等研究院ヒト生物学高等研究拠点 特定准教授［第14章］

水田　　賢　京都大学 大学院医学研究科生体構造医学講座 機能微細形態学 助教［第14章］

嶋村　健児　熊本大学 発生医学研究所 教授［第15，16，18章］

田所　竜介　岡山理科大学 生命科学部生物科学科 准教授［第17章］
　　　　　　　翻訳協力者：鹿谷有由希［第17章］
　　　　　　　Sorbonne Université, CNRS, Laboratoire de Biologie du Développement de
　　　　　　　Villefranche-sur-Mer（LBDV）Postdoc Research Scientist

熱田　勇士　九州大学 大学院理学研究院生物科学部門 講師［第19章］

佐藤　有紀　九州大学 大学院医学研究院 准教授［第20，22章］

堤　　璃水　京都大学 高等研究院 ヒト生物学高等研究拠点 特定助教［第21章］

井上　　武　鳥取大学 医学部医学科 准教授［第23，24章］

雉本　禎哉　West Virginia University, Associate Professor ［第25章］

入江　直樹　総合研究大学院大学 統合進化科学研究センター 教授［第26章］

川本　　望　基礎生物学研究所 特任助教［第1～7，9，24～26章，用語解説の植物に関する記述と用語］

簡略目次

Part Ⅰ　生成のパターンとプロセス：動物発生を理解するための枠組み …………… 1
第 1 章　からだと場をつくる：発生生物学入門 ………… 1
第 2 章　細胞アイデンティティの特定化：発生学的パターンのメカニズム ………… 37
第 3 章　差次的遺伝子発現：細胞分化のメカニズム ………… 53
第 4 章　細胞間コミュニケーション：形態形成の仕組み ………… 97
第 5 章　幹細胞：その潜在力，そのニッチ ………… 149

Part Ⅱ　配偶子形成と受精：性のサイクル …………… 195
第 6 章　性決定と配偶子形成 ………… 195
第 7 章　受精：新たなる命の始まり ………… 237

Part Ⅲ　初期発生：卵割，原腸形成，体軸の特定化 …………… 275
第 8 章　初期発生の概念：発生の必須過程の概観 ………… 275
第 9 章　巻貝，花，線虫：細胞運命特定化の類似したパターンへの異なるメカニズム ………… 307
第 10 章　ショウジョウバエにおける体軸形成の遺伝学 ………… 333
第 11 章　ウニ類とホヤ類：後口動物の無脊椎動物 ………… 369
第 12 章　両生類と魚類 ………… 395
第 13 章　鳥類と哺乳類 ………… 443
第 14 章　ヒト初期胚発生 ………… 479

Part Ⅳ　外胚葉の構築：脊椎動物の神経系と表皮 …………… 529
第 15 章　神経管の形成とパターン形成 ………… 529
第 16 章　脳の成長 ………… 551
第 17 章　神経堤細胞と軸索特異性 ………… 575
第 18 章　外胚葉プラコードと表皮 ………… 627

Part Ⅴ　中胚葉と外胚葉の構築：器官形成 …………… 653
第 19 章　沿軸中胚葉：体節と体節由来組織の発生 ………… 653
第 20 章　中間中胚葉と側板中胚葉：心臓，血球，腎臓 ………… 691
第 21 章　四肢動物の肢の発生 ………… 723
第 22 章　内胚葉：消化・呼吸を担う管構造と器官 ………… 765

Part Ⅵ　後胚発生 …………… 785
第 23 章　変態：ホルモンによる発生の再活性化 ………… 785
第 24 章　再生：発生過程における再構築 ………… 805

Part Ⅶ　より広い文脈における発生 …………… 851
第 25 章　発生の環境的および共生的な調節 ………… 851
第 26 章　進化的変化をもたらす発生メカニズム ………… 881

目次

監訳者の序 ……………………………………………… iv
原著序 …………………………………………………… vi
訳者一覧 ………………………………………………… xi

Part I 生成のパターンとプロセス：動物発生を理解するための枠組み ……… 1

第1章 からだと場をつくる：発生生物学入門 …………… 1
（訳：藤森 俊彦）（*訳：川本 望）

1.1 「では，あなたはどうですか？」発生生物学の疑問 …… 3
　発生生物学の疑問を明確化する …………………… 4
　問題を研究するための生き物を選ぶ：「モデル系」 …… 6
1.2 生活環 ………………………………………… 8
　動物の生活環 ……………………………………… 8
　例：カエルの一生 ……………………………………… 9
　顕花植物の生活環* …………………………………… 12
　シロイヌナズナの例* ………………………………… 14
1.3 胚の中での細胞移動 ………………………… 15
　細胞の種類と挙動 …………………………………… 15
　原腸形成：「あなたの人生で最も重要なとき」 …… 16
　胚葉と初期器官 ……………………………………… 16
1.4 発生を観察する：基本的な方法 ……………… 17
　実験台に近づく："見つける，なくす，動かす" …… 17
　生きている胚を直接観察する ……………………… 18
　色素標識 ……………………………………………… 18
　遺伝学的標識 ………………………………………… 19
　トランスジェニックDNAキメラ …………………… 20
1.5 個人の重要性：医学的発生学と奇形学 …… 22
1.6 発生生物学と進化 …………………………… 23
　進化発生学：初期 …………………………………… 23
　相似と相同 …………………………………………… 27
　生命の樹と発生の関連性 …………………………… 27
　（さらなる発展：陸上植物の起源*） ……………… 32
おわりに …………………………………………… 34
まとめ ……………………………………………… 35

第2章 細胞アイデンティティの特定化：発生学的パターンのメカニズム ……… 37
（訳：太田 訓正）（*訳：川本 望）

2.1 発生運命の方向付けのレベル ……………… 38
2.2 自律的特定化 ………………………………… 39
　尾索動物の細胞質決定因子と自律的特定化 …… 39

2.3 条件的特定化 ………………………………… 42
　位置の重要性：ウニ胚における条件的特定化 …… 42
　どのように分割するかに依存する：植物胚における
　　特定化* ……………………………………………… 44
2.4 多核的特定化 ………………………………… 46
　相反する勾配が軸方向の位置を定義する ……… 47
　空間内のすべての核を差次的に特定化する …… 47
2.5 細胞成熟のマッピング ……………………… 49
まとめ ……………………………………………… 52

第3章 差次的遺伝子発現：細胞分化のメカニズム ……… 53
（訳：梅園 良彦）（*訳：川本 望）

3.1 差次的遺伝子発現の定義 …………………… 54
　タンパク質合成：入門 ……………………………… 54
3.2 ゲノム等価性の証拠 ………………………… 57
3.3 遺伝子の機能的な構成と解剖 ……………… 59
　ゲノムの森からの景色 ……………………………… 59
　クロマチン …………………………………………… 61
　エクソンとイントロン ……………………………… 62
　真核生物遺伝子の他の主要エレメント ………… 63
　転写産物とその加工様式 ………………………… 64
3.4 非コード制御エレメント：
　　遺伝子のオン，オフ，および強度調節スイッチ …… 64
3.5 差次的遺伝子発現のメカニズム：転写 …… 69
　エピジェネティックな修飾：遺伝子への接近の修飾 …… 69
　（さらなる発展：PolycombとTrithoraxはヒヤシンスにおいて
　　葉から花への成長相転換を制御している*） ……… 71
　転写因子は遺伝子の転写を制御する ………………… 76
　パイオニア転写因子：静寂を破る …………………… 78
　花器官決定遺伝子の転写制御：ABCに学ぶ* ……… 80
　遺伝子制御ネットワーク：個々の細胞の運命を
　　規定する …………………………………………… 81
3.6 差次的遺伝子発現メカニズム：
　　mRNA前駆体のプロセシング ……………… 83
　mRNA前駆体の選択的スプライシングを介した
　　タンパク質ファミリーの産生 …………………… 84
3.7 差次的遺伝子発現メカニズム：mRNAの翻訳 …… 87
　mRNAの安定性とmRNAの差次的寿命 ………… 87
　卵母細胞に蓄積されたmRNA：mRNAの選択的な
　　翻訳阻害 …………………………………………… 88
　マイクロRNA：
　　mRNAの翻訳および転写を特異的に制御する …… 89

3.8 差次的遺伝子発現のメカニズム：
翻訳後タンパク質修飾 …………………………… 92
おわりに ……………………………………………… 93
まとめ ………………………………………………… 94

第4章　細胞間コミュニケーション：形態形成の仕組み … 97
（訳：島田　裕子）（＊訳：川本　望）
4.1 細胞間コミュニケーション ……………………… 98
4.2 接着と選別，形態形成の物理 …………………… 99
差次的細胞親和性 ………………………………… 100
細胞接着の熱力学モデル ………………………… 102
カドヘリンと細胞接着 …………………………… 103
4.3 発生を制御するシグナルの源としての細胞外基質 … 105
細胞外基質を構成する巨大分子群 ……………… 106
インテグリン：細胞外基質分子の受容体 ……… 108
4.4 上皮-間充織転換 ………………………………… 108
4.5 誘導と応答能 ……………………………………… 109
誘導と応答能の定義 ……………………………… 109
誘導による構築：脊椎動物の眼をつくる仕組み … 110
4.6 モルフォゲンの濃度勾配とシグナル伝達カスケード … 114
モルフォゲンの濃度勾配 ………………………… 114
シグナル伝達カスケード：誘導体に対する応答 … 116
4.7 傍分泌型ファミリー：誘導分子とモルフォゲン … 118
繊維芽細胞増殖因子 ……………………………… 118
Hedgehogファミリー …………………………… 121
Wntファミリー …………………………………… 126
TGF-βスーパーファミリー …………………… 130
その他の傍分泌因子 ……………………………… 131
（さらなる発展：オーキシン：植物のモルフォゲン*）… 132
4.8 傍分泌因子シグナル伝達の細胞生物学 ………… 136
傍分泌因子の拡散 ………………………………… 136
シグナル産生源としての局所的な膜の突起 …… 138
4.9 細胞の個性を決める接触分泌シグナリング …… 141
Notch経路：形態形成を制御する接触リガンドと
受容体 ……………………………………………… 142
協調的な傍分泌と接触分泌：線虫の産卵口形成 … 143
まとめ ……………………………………………… 146

第5章　幹細胞：その潜在力，そのニッチ ……………… 149
（訳：柴田　典人）（＊訳：川本　望）
5.1 幹細胞という概念 ………………………………… 150
分裂と自己複製 …………………………………… 150

分化能力が幹細胞を定義する …………………… 150
5.2 幹細胞の制御 ……………………………………… 152
5.3 多能性幹細胞 ……………………………………… 154
シロイヌナズナの分裂組織細胞：胚とその後* … 155
マウス胚の内部細胞塊の細胞 …………………… 158
動物の成体幹細胞ニッチ ………………………… 161
5.4 成体脳の神経幹細胞ニッチ ……………………… 163
神経幹細胞 ………………………………………… 163
V-SVZの幹細胞ニッチ ………………………… 163
5.5 成体腸の幹細胞ニッチ …………………………… 171
陰窩におけるクローン性更新 …………………… 171
5.6 幹細胞が成体血液の多様な細胞系譜を供給する … 174
造血幹細胞ニッチ ………………………………… 174
5.7 間充織（間葉系）幹細胞はさまざまな成体組織を
支える ……………………………………………… 177
MSC発生の制御 ………………………………… 178
5.8 発生と疾患研究のヒトモデル系 ………………… 180
胚性幹細胞と再生医療 …………………………… 181
人工多能性幹細胞 ………………………………… 183
オルガノイド：培養皿の中の器官形成 ………… 186
おわりに ……………………………………………… 191
まとめ ……………………………………………… 192

Part II　配偶子形成と受精：性のサイクル … 195
第6章　性決定と配偶子形成 …………………………… 195
（訳：田中　実，菊地真理子，吉田　松生）
（＊訳：川本　望）
6.1 哺乳類における染色体による性決定 …………… 196
哺乳類にみられる性決定パターン ……………… 196
哺乳類の第一次性決定 …………………………… 197
ヒトでの生殖腺の発生 …………………………… 198
決定，また決定：生殖腺の性決定の遺伝的機構 … 200
6.2 哺乳類における第二次性決定：ホルモンによる
性的表現型の制御 ………………………………… 204
雌の表現型 ………………………………………… 204
雄の表現型 ………………………………………… 206
ヒトにおける第一次性決定と第二次性決定との関連 … 206
哺乳類の性決定：要約 …………………………… 209
6.3 ショウジョウバエにおける染色体による性決定 … 209
*Sex-lethal*遺伝子 ………………………………… 210
doublesex：性決定のスイッチ遺伝子 ………… 212
ショウジョウバエの性決定：まとめ …………… 213

6.4 爬虫類における環境性決定 ····················· 214
6.5 動物の配偶子形成 ····························· 215
　哺乳類の始原生殖細胞：生殖隆起から生殖腺へ ········ 216
　減数分裂：絡み合う生活環 ····················· 219
　哺乳類の精子形成 ··························· 222
　哺乳類の卵形成 ····························· 224
6.6 被子植物における性決定と配偶子形成* ·········· 227
　花形成を誘導するシグナル* ··················· 227
　雌雄の花器官* ····························· 228
　配偶子形成* ······························· 230
おわりに ····································· 233
まとめ ······································· 234

第7章 受精：新たなる命の始まり ··················· 237
　　（訳：千葉　和義）（*訳：川本　　望）
7.1 配偶子の構造 ····························· 238
　精子の解剖学的構造 ························· 238
　卵の解剖学的構造 ··························· 241
7.2 棘皮動物における体外受精 ················· 243
　精子の誘引：卵から離れたところでの作用 ········· 246
　先体反応 ··································· 246
　卵外被の認識 ······························· 247
　卵と精子の膜融合 ··························· 249
　多精拒否 ··································· 250
　卵の活性化と発生開始 ······················· 253
　遅い反応：DNAとタンパク質合成の再開 ··········· 255
　遺伝物質の融合 ····························· 258
7.3 哺乳類における体内受精 ··················· 259
　卵管への配偶子の移動：輸送 ················· 259
　受精能獲得 ································· 260
　超活性化，方向を定めた精子の移動，
　　そして先体反応 ··························· 260
　透明帯における認識 ························· 263
　配偶子の融合と精子の進入 ··················· 264
　哺乳類卵の活性化 ··························· 266
　遺伝物質の融合 ····························· 266
7.4 被子植物の受精* ························· 268
　受粉と受粉期* ····························· 268
　重複受精と配偶子の活性化* ··················· 271
おわりに ····································· 272
まとめ ······································· 273

Part III　初期発生：卵割，原腸形成，
**　　　　　体軸の特定化** ····················· **275**
第8章　初期発生の概念：発生の必須過程の概観 ········· **275**
　　　　（訳：澤　　　斉）
8.1 初期発生が系統樹を形づくる ··············· 276
　二胚葉動物：刺胞動物と有櫛動物 ··············· 276
　三胚葉動物：前口動物と後口動物 ··············· 278
　初期発生の共通のテーマ ····················· 279
8.2 1細胞から多細胞へ：卵割 ················· 280
　卵割の様式 ································· 280
8.3 原腸形成の"ゴール" ····················· 283
　原腸形成時の細胞移動 ······················· 283
　原腸形成の進化的起源 ······················· 285
　原腸形成の進化的文脈：まとめ ················· 288
8.4 "目標"を達成する：原腸形成を駆動する
　　標準的なイベント ························· 289
　ステップ1：内部化の開始 ··················· 289
　ステップ2：細胞を内側へ ··················· 291
　ステップ3：軸伸長 ························· 295
8.5 体軸決定の"目的" ························· 298
　胚の組織化：歴史的トランスフォーメーション ········ 300
　胚の組織化：将来の形態形成へ ················· 302
　軸形成の共通した発生過程 ··················· 304
まとめ ······································· 306

第9章　巻貝，花，線虫：
**　　　　細胞運命特定化の類似したパターンへの異なる**
**　　　　メカニズム** ························· **307**
　　　　（訳：澤　　　斉）（*訳：川本　　望）
9.1 巻貝胚のらせんパターンと卵割 ··············· 308
　巻貝卵割の母性制御 ························· 310
9.2 らせんの発生：植物の観点* ················· 311
　花序分裂組織における応力によるらせんパターン* ····· 313
　オーキシン：ポジティブフィードバックによる
　　らせんパターン* ························· 314
9.3 巻貝における原腸形成と体軸決定 ············· 318
　D割球"オーガナイザー" ··················· 320
　いかに切り分けるかの問題：らせん軸形成における
　　BMP/Dppシグナリングの役割 ··············· 322
9.4 線虫 *C. elegans* ······················· 323
　C. elegans の受精と卵割 ··················· 324
　C. elegans の原腸形成 ····················· 325

腸 ··· 773

22.4 付属器官：肝臓，膵臓，胆嚢 ········· 775
　肝臓形成 ··································· 775
　膵臓形成 ··································· 776
　胆嚢 ······································· 778

22.5 呼吸管 ································· 779
　上皮-間充織間相互作用と分岐形成の生体力学 ········· 781
　まとめ ····································· 784

Part VI　後胚発生 ························· 785

第23章　変態：ホルモンによる発生の再活性化 ········· 785
（訳：井上　　武）

23.1 両生類の変態 ·························· 786
　両生類の変態に伴う形態的変化 ········· 786
　両生類の変態におけるホルモン制御 ········· 789
　組織ごとに異なる発生プログラム ········· 791

23.2 昆虫の変態 ···························· 793
　成虫原基 ··································· 794
　昆虫の変態におけるホルモン制御 ········· 797
　20-ヒドロキシエクジソン（20E）活性の
　　分子生物学 ······························ 799
　翅成虫原基の決定 ·························· 800
　まとめ ····································· 804

第24章　再生：発生過程における再構築 ········· 805
（訳：井上　　武）（＊訳：川本　　望）

24.1 再生の問題を定義する ················ 806
　再生には何が必要なのか？ ·············· 807
　再生の方法 ································· 807

24.2 再生は胚発生の再現なのか？ ········· 808

24.3 再生に関する進化的視点 ·············· 809
　植物と動物：異なる生活様式，異なる再生能力 ········ 810
　多くの動物が再生できないのはなぜか？ ········· 813

24.4 植物の再生＊ ·························· 815
　再生の全能性＊ ···························· 815
　茎の幹細胞＊ ······························ 816

24.5 全身を再生する動物 ·················· 819
　ヒドラの幹細胞による再生，再編再生，付加再生 ····· 821
　扁形動物における幹細胞による再生 ········· 824

24.6 組織に限定された動物の再生 ········· 835
　サンショウウオ：付加再生による四肢再生 ········· 835
　イモリの眼：分化転換のための"透明"な議論 ········· 841

　ゼブラフィッシュの器官から再生メカニズムを
　　誘い出す ································· 842

24.7 哺乳類における再生 ·················· 844
　哺乳類の肝臓における代償性再生 ········· 844
　トゲネズミ：瘢痕と再生の転換点 ········· 846
　まとめ ····································· 849

Part VII　より広い文脈における発生 ········· 851

第25章　発生の環境的および共生的な調節 ········· 851
（訳：雉本　禎哉）（＊訳：川本　　望）

25.1 発生的可塑性：通常の表現型を生み出す
　　要因としての環境 ······················ 852
　食物がもたらす表現型多型 ·············· 852
　スカラベの多型：糞の重要性 ············ 855
　食物とDNAのメチル化 ·················· 856
　捕食者誘導型の表現型多型 ·············· 857
　温度と性的表現型 ························ 858
　発生学的要因としての温度：チョウの翅の模様 ········· 859
　発生学的要因としてのストレス：
　　スキアシガエルの厳しい生活 ··········· 860
　植物の反応基準＊ ························· 861

25.2 発生と共生：ホロビオント ············ 863
　植物における発生的共生＊ ·············· 863
　発生的共生のメカニズム：パートナーとともに ········· 866
　ダンゴイカとビブリオ属細菌の共生 ········· 867
　哺乳類とその他の脊椎動物における発生的共生 ········· 870
　胎盤を通した血流による世代間にわたる
　　微生物の影響 ··························· 873
　幼生の基質への固着 ······················ 874

25.3 地球温暖化と発生 ···················· 876
　季節学（生物季節学）···················· 877
　おわりに ··································· 877
　まとめ ····································· 878

第26章　進化的変化をもたらす発生メカニズム ········· 881
（訳：入江　直樹）（＊訳：川本　　望）

26.1 進化のための前提条件：
　　発生学的にみたゲノム構造 ············· 882
　モジュール性：分離による多様化 ········· 882
　分子レベルの節約原理：小さなツールキット ········· 885
　重複と分岐 ································· 886

26.2　進化的変化を引き起こす仕組み ····················· 889
　ヘテロトピー ··· 889
　　（チューリップの2つの花弁*） ······················· 891
　ヘテロクロニー ··· 892
　ヘテロメトリー ··· 894
　ヘテロタイピー ··· 896
　　（トウモロコシ：なぜトウモロコシを容易に食べることができるの
　　か*） ·· 896
26.3　進化における発生拘束 ····························· 899
　物理的拘束 ··· 900
　形態発生学的拘束 ··· 900
　多面作用 ··· 901

26.4　生態進化発生生物学 ······························· 901
　可塑性先行型の進化と遺伝的同化 ······················· 902
　選択可能なエピジェネティック変化 ····················· 906
26.5　進化と発生過程での共生 ··························· 907
　シンビオジェネシス ······································· 909
　　（陸上植物の起源*） ····································· 909
おわりに ··· 912
まとめ ··· 913

付録 ··· 915
用語解説（訳：太田　訓正，川本　　望） ················· 919
索引 ··· 951

Part I 生成のパターンとプロセス
動物発生を理解するための枠組み

1 からだと場をつくる
発生生物学入門

本章で伝えたいこと

- 発生とは，多細胞生物が特定の大きさと形に配列されたヘテロな細胞集団からなる複雑な表現型を生み出す，一連の過程である。遺伝型と環境が表現型を生み出す経路である。発生の過程は，科学における疑問や研究の最大の源泉の1つである（1.1節）。
- ほとんどの動物の胚発生は受精卵から始まり，受精卵は分裂して多くの細胞になる。これらの細胞は原腸形成の間に再配列し，器官形成の間に分化する。ある種の動物の生活環には，変態による変化が含まれることもある。ほとんどの生物はやがて，死に至る前に老化の期間を迎える（1.2節，1.3節）。
- 顕花植物の発生も，受精，分裂と器官形成を含んでおり，その生活環においては倍数体世代（栄養成長）と半数体世代（生殖成長）の2つのステージが交互に繰り返される（1.2節）。
- 動物の器官形成では，内胚葉，外胚葉，中胚葉の3つの胚葉が発生の早い時期に特定化され，特定の器官系を生み出す（1.3節）。
- 実験室において，生体染色色素を使用したり，遺伝学的手段によって細胞を標識したりすることによって，発生の過程を可視化することができる（1.4節）。
- 発生は，催奇形因子として知られる環境物質によって乱されることがある（1.5節）。
- すべての生物と"共通祖先をもつ子孫からなる共同体"との関係性は，発生を研究することによって明らかにされる。進化発生生物学は，顕著な進化的変化が発生の変化からどのように生じるかについてのわれわれの知識の拡大に基づき，ますます優れた科学的指標となっている（1.6節）。

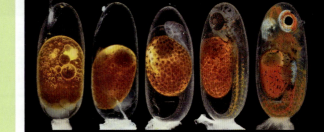

Daniel Knop/Nikon Small World

Finding devo：発生とはなにか？

　あなたと機械との決定的な違いの1つは，機械はつくられるまで機能する必要がないということだ。すべての多細胞生物は，それ自身を構築する間にも機能しなければならない。胚のとき，あなたは1つの細胞から自分自身をつくり上げた。肺ができる前に呼吸をし，腸ができる前に消化をし，ドロドロの肉塊である間に骨をつくり，考える方法を知る前に神経細胞の整然とした配列を形成しなければならなかった。多くの，いやほとんどの人間の胚は，生まれる前に死んでしまう。しかし，あなたは生き残った。

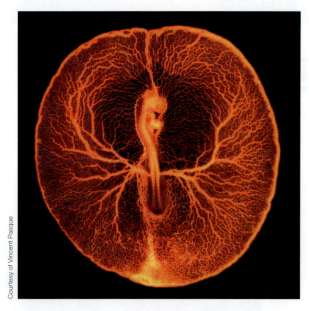

図1.1 受精卵が産み落とされてから約45時間後の，2日目後半のニワトリ胚。ニワトリの心臓は2日目に鼓動を開始する。この胚の血管の発生は，蛍光ビーズを循環系に注入することで見ることができる。2つの別々の画像を重ね合わせることで三次元性を実現した。

多細胞生物は，**発生**（development）と呼ばれる比較的ゆっくりとした変化の過程を経て誕生する。ほとんどの場合，多細胞生物の発生は，**接合子**（zygote）あるいは受精卵と呼ばれる1つの細胞から始まる。この接合子が分裂を繰り返し，からだのすべての器官がつくられる。発生では，何百万もの細胞がつくられ，分化し，1つの個体として組織化され，誕生し，やがて生殖に向かう。

受精から誕生までの間，生物は**胚**（embryo）として知られ（図1.1），動物の発生を研究する学問は伝統的に**発生学**（embryology）として知られてきた。しかし，発生は誕生で終わるわけではなく，成体になっても止まることはない。ほとんどの生物は発生を止めない。少なくとも性的に成熟するまでは成長し続け，年齢を重ねるにつれて肉体的な変化を遂げる。生物はまた，細胞や組織の再生能力もさまざまである。例えば，私たちの表皮幹細胞は毎日1グラム以上の皮膚細胞を入れ替え，骨髄の幹細胞は生きている間じゅう，毎分何百万個もの新しい赤血球の発生を支えている。植物は，組織の再生だけでなく，その寿命を通じての永続的な成長〔不定成長（indeterminate growth）；図1.2A〕という驚異的な能力を示す。からだのすべての部分を再生できる動物もいれば（図1.2B），変態（metamorphosis）を遂げる動物もいる（オタマジャクシからカエルへの変態など；図1.2C）。つまり発生生物学（developmental

図1.2 並外れた発生能力。(A)"ハイペリオン"は世界で最も高い木と呼ばれている。高さ114メートル（375フィート）を超えるレッドウッド・セコイアである（自由の女神よりも25メートル近く高い）。ハイペリオンに登っている2人の研究者は，その枝にぶら下がっているクモのように見える。(B)驚くべき再生能力を示す動物種もいる。メキシコサンショウウオは，切断された手足を完全に再生させることができる。(C)水生の幼生オタマジャクシから陸生の成体カエルへの成長は，完全変態の例として広く研究されている。

biology)には，胚の発生学と成体の発生学が含まれる．発生生物学とは，受精から老化までの一生にまたがるタイムスケールのなかで，細胞，組織，器官を経時的に変化させる細胞や分子の機構を解明しようとするものである．

1.1 「では，あなたはどうですか？」発生生物学の疑問

歴史上最初の発生学者として知られるAristotle（アリストテレス）は，「不思議は知識の源である」と言い，発生が不思議の宝庫であることをよく知っていた．受精卵には心臓がない．心臓はどこからできるのだろう？ 昆虫でも脊椎動物と同じように形成されるのだろうか？ 発生生物学における疑問の多くはこのような比較型のものであり，この分野そのものの発生に由来する．

最初に比較発生解剖学の研究をしたのはAristotleである．彼の著書『動物の発生について(On the Generation of Animals)』(紀元前350年ごろ)のなかで，Aristotleは動物種によって動物の生活環が異なることに注目した．ある種の動物は卵から生まれ〔鳥類，カエル，無脊椎動物の多くにみられる**卵生**(oviparity)〕，ある種の動物は母親から出生し〔有胎盤哺乳類にみられる**胎生**(viviparity)〕，ある種の動物は体内で卵を孵化させる〔爬虫類やサメの一部にみられる**卵胎生**(ovoviviparity)〕．そして哺乳類の胎盤と臍帯の機能を最初に解明したのは誰かといえば，それはAristotleである．

実はAristotle以降の2,000年間，発生学の進歩はほとんどなかった．William Harvey（ウィリアム・ハーヴェイ）が，すべての動物——哺乳類でさえも——は卵から発生すると結論づけたのは1651年のことである．「*Ex ovo omnia*（すべては卵から）」と，Harveyの『生き物の発生について(On the Generation of Living Creatures)』の巻頭言は宣言している．Harveyはこの声明を軽々しく発表したわけではなかった．彼はこの声明が，崇拝されていたアリストテレス[1]の見解と矛盾することを知っていたし，泥や排泄物から動物が自然発生するという広く信じられていた迷信を打ち破ったからである．Harveyは，ニワトリ胚の胚盤(胚を生み出す，卵黄を含まない細胞質を含む卵の小さな領域)を初めて見た人物であり，心臓ができる前に血液組織の"島"が形成されることに初めて気づいた人物でもある．Harveyはまた，羊水が胚の"ショックアブソーバー"として機能している可能性を示唆した．

顕微鏡の発明により発生中の生物を詳細に観察(図1.3)できるようになるまで，発生学は推測の域を出なかった．Marcello Malpighi（マルチェロ・マルピーギ）は，1672年にニワトリの発生に関する最初の顕微鏡的説明を発表した．ここで初めて，形成される神経管の溝，筋肉を形成する体節，卵黄から循環する動脈と静脈が確認された．比較的均質な材料から整然とした身体が形成される様子は，多くの深い疑問を引き起こす．なぜ頭は常に肩の上にあるのか？ なぜ心臓はからだの左側にあるのか？ 単純な管が，思考と運動を生み出す脳と脊髄という複雑な構造になるのはなぜか？ なぜ私たちはサンショウウオのように新しい手足を生やすことができないのか？ 男女の解剖学的違いはどのように生じるのか？

これらの質問に対する回答は，問題の複雑性を尊重し，遺伝

---

1 Aristotleは月経液が胚の材料となり，精液が胚の形と生気を与えると提唱した．

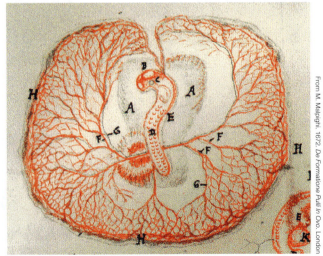

図1.3 1672年にMarcello Malpighi（マルチェロ・マルピーギ）が描いたニワトリの2日目胚の背面図(背中になるものを"下に"見る)．この350年前の絵と，同じ段階のニワトリ胚の背面を最近撮影した図1.1の写真と比較してみるとよい．

子から機能的器官までの首尾一貫した因果ネットワークを説明するものでなければならない。「X染色体を2本もつ哺乳類は通常雌で，XY染色体をもつものは通常雄である」と言っても，XXセットの染色体が卵巣形成を司令し，XYセットの染色体が精巣の形成を司令する方法を知りたがっている発生生物学者に対しては，性決定を説明したことにはならない。同様に，遺伝学者はグロビン遺伝子がどのように世代から世代へと伝達されるかを尋ねるかもしれないし，生理学者は体内のグロビンタンパク質の機能について尋ねるかもしれない。しかし発生生物学者は，グロビン遺伝子が赤血球でのみ発現するようになるのはなぜか，そしてこれらの遺伝子がどのようにして発生過程の特定の時期にのみ活性化されるのかを疑問に思う。私たちはすべての答えをもっているわけではない。科学の世界でも，人生と同じように，1つの疑問に対する答えを見つけると，多くの新たな疑問が生まれてくる。**はてしない重要な数々の疑問へようこそ！**

発生生物学の疑問を明確化する

　発生は2つの大きな目的を達成する。第一に，個々の生物のなかに細胞の多様性と秩序を生み出すこと。第二に，ある世代から次の世代への生命の連続性を保証することである。別の言い方をすれば，発生生物学には2つの基本的な問題がある。すなわち，接合子はどのようにして成体を生み出すのか？　また，成体はどのようにしてさらに次のからだをつくるのか？　この2つの大きな問題は，発生生物学者が精査する多くのカテゴリーの疑問へと細分化することができる。

- **パターン形成の問題**　シマウマ（あるいはゼブラフィッシュ）を覆う縞模様から，私たちの手足の指の配置に至るまで，細胞や組織は定型的で認識可能なパターンに配置される。私たちの頭は前方，尾は後方，手足は側方に位置し，神経系は中心側にある。心臓は左右非対称に左側に位置している。このような**パターン形成**（pattern formation）の徴候は，胚のごく初期にみられる。どのような過程が細胞種や組織種のパターンの精巧化を制御しているのだろうか？（第2章参照）

- **細胞分化の問題**　受精卵という1つの細胞から，筋肉細胞，表皮細胞，神経細胞，リンパ球，血液細胞，脂肪細胞など，何百種類もの細胞が生まれる。このような細胞の多様性の生成は**分化**（differentiation）と呼ばれる。からだのどの細胞も（ごく少数の例外を除いて）同じ遺伝子のセットをもっている。どのようにして同じセットの遺伝子がこんなに多くの異なるタイプの細胞を生み出すことができるのだろうか？（第3章参照）

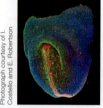

- **形態形成の問題**　分化した細胞はランダムに分布しているのではなく，複雑な組織や器官に組織化されている。この秩序だった形の創造を**形態形成**（morphogenesis）と呼ぶ。発生過程において，細胞は分裂，移動，死滅し，組織は折り畳まれたり分離したりする。個々の細胞の増殖，移動，死がどのように指示され，複雑な機能的構造へと組織化されるように調整されるのだろうか？　筋肉，腱，骨はどのようにしてそれらの発生を調整し，可動関節を形成するのだろうか？　胚の頭部にある平らな細胞の板は，どのようにして管状になり，入り組んだ脳になるのか？（第4章，Part IIIおよびIV参照）

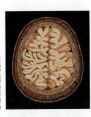

- **成長の問題** もし私たちの顔の各細胞があと1回だけ細胞分裂を起こしたら，私たちは恐ろしく異常な形をしていると捉えられるだろう。腕の細胞があと1回だけ細胞分裂を繰り返せば，前かがみにならずに靴ひもを結べるようになるかもしれない。私たちの細胞はどのようにして，いつ細胞分裂を止めるべきかを知るのだろうか？ 細胞分裂はどのようにして厳密に制御されているのだろうか？（第3章および第4章参照）

- **生殖の問題** 配偶子——精子と卵——は高度に特殊化された細胞であり，ある世代から次の世代へと生物をつくる指示を伝達することができる。これらの生殖細胞はどのように分離され，核と細胞質にどのような指示があり，次の世代を形成することができるのだろうか？（第6章および第7章参照）

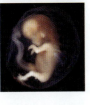

- **ヒト発生の問題** 私たち自身の種に関する古くからの好奇心を超えて，ヒトの発生は哺乳類の発生について知るための有益なバリエーションを与えてくれる。先天性異常，癌，行動学的状態に関する洞察を含め，人間の発生を理解することは医学的診断や治療に役立つ。さらに，天然・合成を問わず多くの化学物質が正常な発生を妨げ，解剖学的・生理学的形質の欠如や機能不全を引き起こす可能性がある。ヒトはどのように発生し，なぜ特定の人たちは期待されたように発生できないのだろう？（第14章参照）

- **再生の問題** からだのあらゆる部分を再生できる生物もいる。サンショウウオのなかには眼や肢を再生できるものもいるし，多くの爬虫類は尾を再生できる。哺乳類は一般的に再生が苦手だが，私たちの体内の一部の細胞——幹細胞——は，大人になっても新しい構造をつくり出すことができる。幹細胞はどのようにしてこの能力を維持しているのだろうか？ また，私たちはどのようにして再生のメカニズムを利用して，怪我を治したり，衰弱性の疾患を治したりすることができるのだろうか？（第5章および第24章参照）

- **環境統合の問題** 多くの（おそらくすべての）生物は，胚や幼生を取り巻く環境に影響される。ゲノムは，胚がこれらの環境からの刺激に反応することを可能にする。例えば，多くの種のカメの性別は，胚が卵殻にいる間に経験する温度に左右され，ある種のヒキガエルのオタマジャクシの口吻は，どのような餌が手に入るかに左右される。数多くの海産無脊椎動物は変態するために，共生細菌からの化学物質を必要とする。生物の発生は，その生息地という大きな文脈のなかでどのように統合されているのだろうか？（第25章参照）

- **進化の問題** 進化には，受け継がれた発生の変化が含まれる。「現在の1本の足指のウマの祖先は，5本指であった」と言うとき，ウマの祖先の胚のなかで，軟骨と筋肉の発生の変化が何世代にもわたって起こったということを表している。「コウモリには翼がある」と言うのは，前肢の指と指の間の皮膚が（それぞれ分かれた指を持つ私たちで起こるようには）死なな

かったということを言っている。発生における変化は，どのようにして新しいからだの形を生み出すのだろうか？　生物が発生する途中でも生きていなければいけないという制約を考慮すると，どのような遺伝的変化が可能なのだろうか？（第26章参照）

　発生生物学者が問いかける疑問は，分子生物学，生理学，細胞生物学，遺伝学，解剖学，癌研究，神経生物学，免疫学，生態学，進化生物学において重要なものとなっている。これらの学問分野は，いずれも発生生物学にそのルーツをもつ。しかし，限定されたパラダイムへと絶えず分化していくように見えるこれらの末裔の学問分野とは異なり，発生生物学は依然として多能性を保っている。実際，発生生物学は"生物学分野の幹細胞"であると提唱されている（Gilbert 2017）。

問題を研究するための生き物を選ぶ：「モデル系」

　発生に関する問題に答えるために，研究者はしばしば特定の問題に適した扱いやすい実験生物を必要とする。ある生物を，ある問題に取り組むのに適した"モデル"とする理由は何だろう？　モデル系によって研究者にもたらす利点は異なるが，モデル系を選択する際に考慮すべき共通の点がいくつかある。

- **サイズ**　かなりの数の繁殖可能な成体を実験室で飼育することが可能でなければならない。大きな動物は世話にお金がかかり，場所もとる。例えば，50匹のマウスをケージに収容するには，50匹のハエを小瓶に収容するよりもはるかに多くのスペースと労力と費用が必要である。それゆえ，ゾウの体幹やサイの角の発生については，いまだによくわかっていない。

- **世代時間**　胚から生殖可能な成体までの生活環を完了するのにかかる時間はどれくらい長いだろうか？　さらに，胚の期間はどれくらい短いのか？　線虫（*Caenorhabditis elegans*）の生活環は3日であるのに対し，ゼブラフィッシュは"卵から卵へ"世代が移るのに約3か月かかる。しかし，ゼブラフィッシュの初期胚発生はわずか24時間である。

- **胚へのアクセス**　発生学を研究するためには，研究者は実際の胚を，できれば多くの胚を見て作業できる必要がある。種によって胚へのアクセスは異なる。水中に分散する胚もあれば，鳥類の卵のように不透明な殻の中で発生するものもあり，また哺乳類のように子宮内で発生するものもある。

- **生物の種類と系統学的位置**　理想的には，研究課題がモデル系の選択の指針となるべきである。変態に興味をもつ研究者が使えるのは，カエルのような顕著な形の変化を示す種に限定される。ヒトの心臓発生を研究するのであれば，マウス（*Mus musculus*）のような哺乳類のモデル生物を使うかもしれないし，ヒトの細胞を培養して研究するのかもしれない。進化の原動力となる発生学的変化を解明することに重点を置くのであれば，多細胞陸上植物の基となるシャジクモ植物門の緑藻など，系統学的に有益な（重要な情報を与えてくれる）位置を占める種を選ぶことができる。

- **実験操作の容易さとデータの入手可能性**　最後になったが重要なのは，その生物が，与えられた疑問に対する答えを得るために必要な実験手法に適しているかどうかということである。科学者のコミュニティには，同じ生物を研究している異なる研究者のデータを比較できるツール（例えば，機器類，実験技術，データベースなど）がある。例えば，ショウジョウバエ（*Drosophila*）やマウス（*Mus*）のモデル系を開発するために多大な投資を行ってきた長い歴史により，これらの生物の胚発生過程における遺伝子やタンパク質の機能を操作するための，強力な分子生物学的あるいは遺伝学的ツールが数多く存在している。同様に，小型の顕花植物であるシロイヌナズナ（*Arabidopsis thaliana*）の遺伝学と発生に関する広範な情報が利用可能であるため，シロイヌナズナは植物研究のモデル生物として広く利用されている。

図1.4 発生生物学の全歴史にわたって研究されてきた主なモデル系を表すシルエット。左から右へ：*Arabidopsis thaliana*（シロイヌナズナ），*Drosophila melanogaster*（キイロショウジョウバエ），*Lytechinus variegatus*（ミドリウニ），*Caenorhabditis elegans*（線虫），*Xenopus laevis/tropicalis*（アフリカツメガエル/ネッタイツメガエル），*Danio rerio*（ゼブラフィッシュ），*Gallus gallus*（ニワトリ），*Mus Musculus*（ハツカネズミ）。最後のパネルは受精後6～7日目の *Homo sapiens*（ヒト）胚盤胞の内部細胞塊の幹細胞である（13.3節参照）。

　線虫，シロイヌナズナ，ショウジョウバエ，マウスに加え，胚発生の研究に用いられる代表的なモデル系には，アメリカムラサキウニ（*Strongylocentrotus purpuratus*），カタユウレイボヤ（*Ciona intestinalis*），ゼブラフィッシュ（*Danio rerio*），アフリカツメガエル（*Xenopus laevis*），ニワトリ（*Gallus gallus*）などがある（図1.4）。しかし，この"いつもの顔ぶれ"の短いリストは，発生生物学の研究に使われる生物の多様性をすべて表しているわけではない。例えば，ヒドラ，扁形動物のプラナリア，サンショウウオ，トゲネズミなどが再生研究に用いられている。これらのモデル系の多くは，ヒト疾患の発症を直接モデル化するために使われている。さらに，ヒト多能性幹細胞が，ヒトの発生を培養皿の中で研究するために使われている（5.8節参照）。

　遺伝学的あるいは分子生物学的なアプローチの進歩により，発生生物学研究における非伝統的あるいは非モデル生物の利用可能性が飛躍的に高まった。例えば，線虫や節足動物のような脱皮する動物（脱皮動物）の進化の歴史を明らかにすることは，モデル生物である線虫やショウジョウバエに頼るしかないのであれば，不可能ではないにせよ挑戦的である。近年では，緩歩動物（クマムシ）に着目し，脱皮動物の比較進化と発生を探る研究も行われている（図1.5；Goldstein 2018）。このように"非モデル"生物のアクセシビリティが

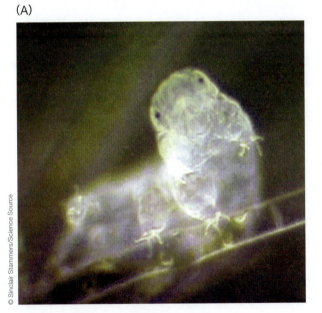

図1.5 地球上のほぼすべての生息地でみられる分節のある"微小動物"である，緩歩動物（クマムシ）の一種エグゼンプラリスヤマクマムシ（*Hypsibius exemplaris*）の成体。クマムシは最近，今日の分子的・遺伝学的アプローチによって新たに可能となった方法で比較進化の問題を研究するためのモデル生物として登場した。(A)成体の生体像。(B)成体ドゥジャルダンヤマクマムシ（*Hypsibius dujardini*）の走査型電子顕微鏡写真。

高まっていることは，エキサイティングなことである。今日，この分野に入る準備をしている皆さんは，いくつかの伝統的なモデル系に制限されることはない。どんな種も，あなたが調査すべき新しいモデル生物になるかもしれない。

1.2　生活環

モデル生物の研究を通じて，記載発生学はさまざまな生物の生活環の理解をもたらした。

動物の生活環

ミミズであれワシであれ，シロアリであれビーグル犬であれ，ほとんどの動物は同じような発生段階を経る。すなわち，受精，卵割，原腸形成，器官形成，孵化または誕生，変態，そして配偶子形成である。受精から孵化または誕生までの発生段階を総称して**胚発生**（embryogenesis）と呼ぶ。

1. **受精**（fertilization）は，成熟した性細胞である精子と卵——これらはどちらも**配偶子**（gamete）と呼ばれる——の融合によって行われる。配偶子の融合により，卵は発生を開始し，新しい個体がつくり始められる。その後の配偶子の核〔雄性**前核**（pronucleus，複数形は pronuclei）と雌性前核，それぞれその種に特徴的な通常の染色体数の半分しかもたない〕の融合により，胚に**ゲノム**（genome）（遺伝子の集合体であり，胚が両親と非常によく似た方法で発生するよう指示する）が与えられる。

2. **卵割**（cleavage）とは，受精直後に起こる一連の有糸分裂のことである。卵割の間，膨大な量の接合子の細胞質は，**割球**（blastomere）と呼ばれる多数の小さな細胞に分割される。卵割が終わるころには，細胞は通常，**胞胚**（blastula）[2] と呼ばれる球体を形成している。

3. 分裂速度が遅くなった後，細胞は劇的な動きを見せ，互いの位置を変える。この一連の広範な細胞再配列は**原腸形成**（gastrulation）と呼ばれ，この時期の胚は**原腸胚**（gastrula）と呼ばれる。

4. 原腸形成の結果，胚には3つの**胚葉**（germ layer）〔内胚葉（endoderm），外胚葉（ectoderm），中胚葉（mesoderm）；1.3節参照〕がみられる。胚葉が確立すると，細胞は互いに作用し合い，からだの組織や器官をつくり出すために再配列する。胚葉の細胞間で化学的シグナルが交換され，その結果，特定の部位に特定の器官が形成される。この過程は**器官形成**（organogenesis）と呼ばれる。生まれた場所から最終的な場所へと大きく移動する細胞は，血液細胞，リンパ球，色素細胞，配偶子（卵と精子）の前駆細胞などである。

5. 初期胚は，どの細胞がどの胚葉に属するかを定めることに加え，からだの基礎となる3つの重要な軸を形成する（**図1.6**）。**前後軸**（anterior-posterior axis；AP または antero-posterior axis とも呼ばれる）は，頭から尾まで（頭や尾がない生物では口から肛門まで）伸びる。**背腹軸**（dorsal-ventral axis；DV または dorsoventral axis とも呼ばれる）は，背中（ラテン語で *dorsum*）から腹（*ventrum*）まで伸びている。**左右軸**（right-left axis）はからだの左右を分ける。例えば人間は左右対称に見えるが，ほとんどの場合，心臓は左半身にあり，肝臓は右半身にある。どういうわけか，胚はある臓器が左右ど

2　本原著では，"blast"という用語がよく用いられている。割球（blastomere）とは，初期胚の卵割に由来する細胞である。胞胚（blastula）とは，割球から構成される胚の段階である；哺乳類では胚盤胞（blastocyst）と呼ばれる（13.3節参照）。胞胚内の空洞は胞胚腔（blastocoel）である。胞胚腔をもたない胞胚は，中実胞胚（stereoblastula）と呼ばれる。原腸の陥入が始まる部分は原口（blastopore）である。

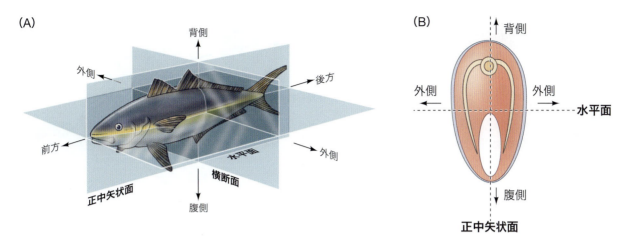

図1.6 左右相称の動物の軸。(A)正中矢状面は動物を前後軸(頭尾軸)に沿って左右の半分に分ける。横断面(輪切り断面)は背腹軸を示す。(B)横断面は前後軸を2等分する。

ちらかに属していることを"知っている"のだ。

6. ほとんどの種では，卵から孵化したり出生したりする生物は性的に成熟していないが，成長，成熟，そして時には完全な変態を経て，性的に成熟した成体になる。多くの動物では，この若い生物を**幼生**(larva)と呼び，成体とは見た目が大きく異なることがある。変態する種のなかには，幼生の時期が最も長く続き，摂食や移動に使われるものもあるが，その場合，成体は繁殖だけが目的の短い期間である(第23章参照)。

7. 多くの種において，発生中の胚に含まれるある細胞集団が，次世代の胚をつくるために取り置かれる。これらの細胞は配偶子の前駆体である。配偶子とその前駆細胞は総称して**生殖細胞**(germ cell)と呼ばれ，生殖機能のために確保されている。それ以外の細胞は**体細胞**(somatic cell)と呼ばれる。この体細胞(個々の身体をつくり出す)と生殖細胞(次の世代の形成に寄与する)の分離はしばしば，動物の発生過程で起こる最初の分化の1つである。

8. 生殖細胞は最終的に生殖腺に移動し，そこで配偶子に分化する。**配偶子形成**(gametogenesis)と呼ばれる配偶子の発生は，通常は生物が肉体的に成熟するまで完了しない。成熟すると配偶子は放出され，受精に参加して新しい胚をつくる。成熟した生物はやがて老化を経て死ぬが，その栄養素はしばしば子孫の初期胚形成を支え，その個体が消滅することによって競合が少なくなる。こうして生命のサイクルが更新される。

例：カエルの一生

すべての動物の生活環は，上記の一般化された生活環を改変したものである。図1.7はその具体例で，ヒョウガエル(*Rana pipiens*)の生活環である。

配偶子形成と受精 ある生活環の終わりと次の生活環の始まりは，しばしば複雑に絡み合っている。加えて，生活環は環境要因によって制御されることが多いため，ヒョウガエルでは，ほとんどのカエルと同様，配偶子形成と受精は季節的な出来事である。光周期(日照時間)と気温の組み合わせが，成熟した雌ガエルの下垂体に春であることを知らせ，下垂体ホルモンが配偶子を成熟させる。オタマジャクシは餌の少ない秋に孵化すると生き残れないため，このタイミングは非常に重要である。さらに，ヒョウガエルは池の植物に卵を産み，卵のゼリー層が植物に付着して卵を固定する。生活環における環境要因の重要性を示すもう1つの例である。

ほとんどの種のカエルでは，受精は体外で行われる。雄は雌の背中に抱きつき，雌が卵

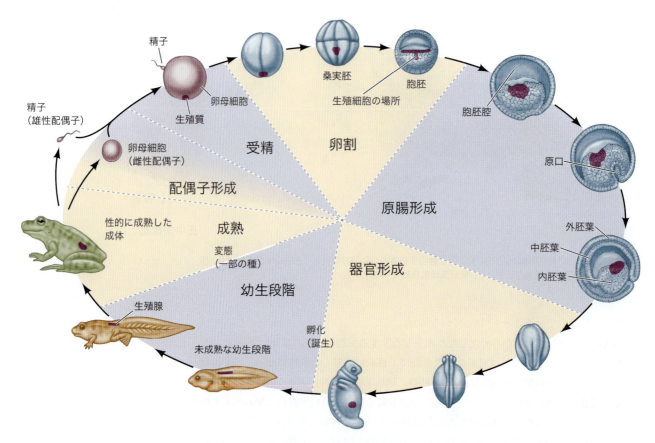

図1.7 ヒョウガエル（*Rana pipiens*）の発生過程。受精から孵化（誕生）までの段階は胚発生と総称される。生殖細胞をつくるために確保された領域は紫色で示されている。性的に成熟した成体で完了する配偶子形成は，種によって発生の異なる時期に始まる（色分けされた扇形の大きさは任意によるものであり，生活環のなかで各段階に費やされる割合に対応するものではない）。

を放出するときに受精する（図1.8A）。ヒョウガエルは早春に約6,500個の卵を産む（図1.8B）。受精は性（遺伝子の組換え）と生殖（新しい個体の発生）の両方を達成する。半数体の雄と雌の前核のゲノムは合体し，組換えられて二倍体の接合子の核を形成する。さらに，精子の侵入によって，新しく受精した卵の内部での細胞質の移動が促進される。この細胞質の移動は，3つの体軸を決定するうえで重要である（図1.6参照）。そして重要なことは，受精によって卵割と原腸形成を開始するのに必要な分子が活性化されることである（第6章および第7章参照；Rugh 1950）。

卵割と原腸形成　卵割の間，カエルの受精卵の体積は変わらないが，数万個の細胞に分裂する（図1.8C, D）。卵割は，卵母細胞の細胞質に貯蔵されたタンパク質とmRNAによって制御される。卵割の後期になると，接合子のゲノムが活性化され，原腸形成に必要なものを含む，さらなる発生に必要な産物（タンパク質とmRNA）を産生する。カエルの原腸形成は，精子の侵入点とほぼ180°反対側の胚表面の点に，**原口**（blastopore）（図1.8E）と呼ばれるくぼみが形成され開始される。原口の最初の部位は，胚の将来の背側（脊髄側）を示すもので，リング状に拡大する。原口を通って移動する細胞は胚の内部に入り，胚の外部に残った細胞は外胚葉となり，胚全体を覆うように拡大する（1.3節参照）。こうして，原腸形成の終わりには，外胚葉が胚の外側を覆い，腸をつくる内胚葉が胚の奥深くにあり，器官を形成する中胚葉が内胚葉と外胚葉の間にある。（オンラインの「FURTHER DEVELOPMENT 1.2：The Cell Biology of Cell Mitosis and Embryonic Cleavage」参照）

器官形成　第15章で述べるように，脊椎動物の器官形成は，中胚葉の最も背側にある細胞

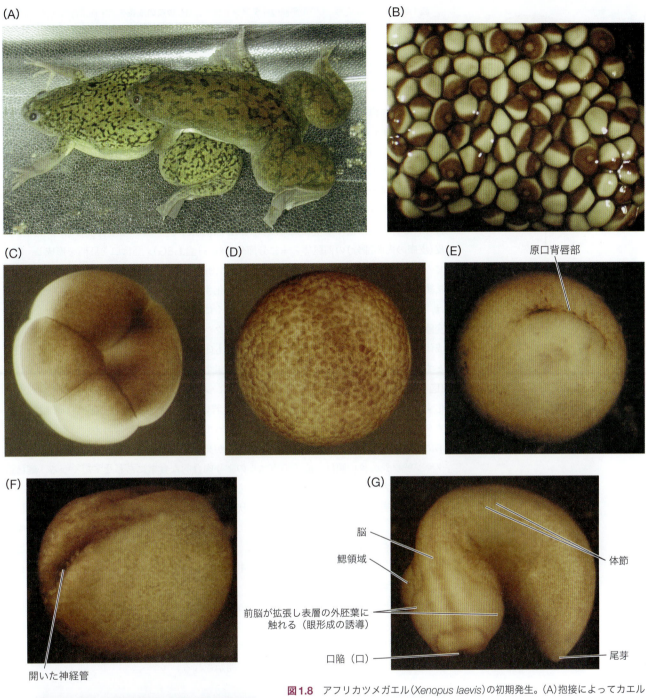

図1.8 アフリカツメガエル（Xenopus laevis）の初期発生。(A)抱接によってカエルは交尾する。雄は雌の腹部にしがみつき，放卵するときに受精させる。(B)産み落とされたばかりの卵塊。細胞質は回転しており，濃い色素が核のある場所である。(C) 8細胞期胚。(D)数千の細胞を含む後期胞胚。(E)初期原腸胚。中胚葉細胞と一部の内胚葉細胞が移動する原口唇を示す。(F)神経胚。背側正中線に神経褶が集まり，神経管が形成される。(G)孵化前のオタマジャクシ。前脳の突起が眼の形成を誘導し始める。(H)成熟したオタマジャクシ。卵塊から離れて泳ぎ，自分で餌をとるようになる。

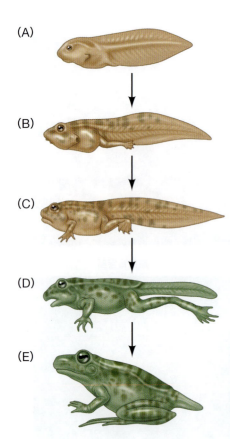

図1.9 カエルの変態。(A)変態前のオタマジャクシ。(B)後肢の成長を示す前変態のオタマジャクシ。(C)前肢が出現する変態の最盛期の開始。(D, E)変態の最盛期。

が凝縮して，**脊索**(notochord)[3]と呼ばれる棒状の細胞集団を形成するところから始まる。脊索細胞は，直上の外胚葉細胞の運命を変更する化学シグナルをつくる。表皮を形成する代わりに，脊索の上の外胚葉細胞は神経系の細胞になるよう指示される。細胞は形を変え，丸いからだから出っ張る。この段階の胚は**神経胚**(neurula)と呼ばれる(図1.8F)。神経前駆細胞は伸長し，胚の中に折り畳まれ，**神経管**(neural tube)を形成する。背部の将来の表皮細胞が神経管を覆う。

神経管が形成されると，神経管と脊索は隣接する領域に変化を誘導し，器官形成が続く。神経管と脊索に隣接する中胚葉組織は，**体節**(somite)——カエルの背中の筋肉，脊椎，真皮(皮膚の内側部分)の前駆体——に分節化される(図1.8G)。胚は口と肛門を形成し，おなじみのオタマジャクシ構造へと伸長する(図1.8H)。神経細胞は筋肉や他の神経細胞への接続を行い，鰓が形成され，幼生は卵から孵化する準備が整う。孵化したオタマジャクシは，母親から供給された卵黄を消費するとすぐに自分で餌をとるようになる。

変態と配偶子形成 完全に水生のオタマジャクシの幼生から，陸上で生活できるカエルの成体への変態は，すべての生物学において最も印象的な形態変化のひとつである。ほとんどすべての器官が変態の対象となり，その結果生じる形態の変化は目を見張るものがある(図1.9)。オタマジャクシの尻尾が退縮するにつれて，成体が移動に使う後肢と前肢が分化する。軟骨質のオタマジャクシの頭骨は，若いカエルの主に骨質の頭骨に置き換わる。オタマジャクシが池の植物を引き裂くのに使っていた角のある歯は消え，口と顎は新しい形になり，ハエを捕まえるカエルの舌の筋肉が発生する。一方，草食動物の特徴であるオタマジャクシの長い腸は，成体のカエルのより肉食的な食事にあわせて短くなる。鰓は退化し，肺が大きくなる。

両生類の変態は，オタマジャクシの甲状腺からのホルモンによって開始される。甲状腺ホルモンがこれらの変化を達成する機構については23.1節で議論する。変態の速度は環境圧力に左右される。例えば温帯地域では，アカガエル属の変態は冬に池が凍る前に起こる必要がある。成体のヒョウガエルは泥の中に潜って冬を越すことができるが，オタマジャクシはそうすることができない。

変態が終わると，生殖細胞(精子と卵)の発達が始まる。成熟するためには，生殖細胞は減数分裂(染色体の数を半分の半数体にする)を完了する能力がなければならない。減数分裂を経て，成熟した精子と卵の核は受精によって結合し，二倍体の染色体数を回復し，発生や次世代の生命を継続させるイベントが開始される。

顕花植物の生活環

世代交代(alternation of generations)の観点において，顕花植物(とその他の陸上植物)の生活環は動物の生活環とは異なる。すなわち，二倍性の**胞子体**(sporophyte)期と半数体の**配偶体**(gametophyte)期が交互に繰り返される[4]。もし，花や葉，茎や地中に隠れた根をもつ美しいバラを美しいと感じたならば，それは成熟した胞子体を見ていることに

---

[3] 脊椎動物の成体には脊索はないが，この胚性器官は脊索の上にある外胚葉細胞の運命を確立するために重要である(第15章参照)。
[4] 世代交代の概念は，コケ植物のような他の植物との比較に由来している。コケ植物においては半数体の配偶体世代がより目にする"植物体"であり，受精によって生じる倍数体の受精卵(胞子体)は短期間に減数分裂を経て私たちがコケとして目にする緑色の半数体の配偶体を形成する。

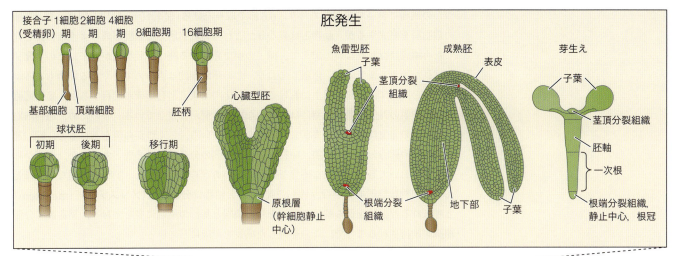

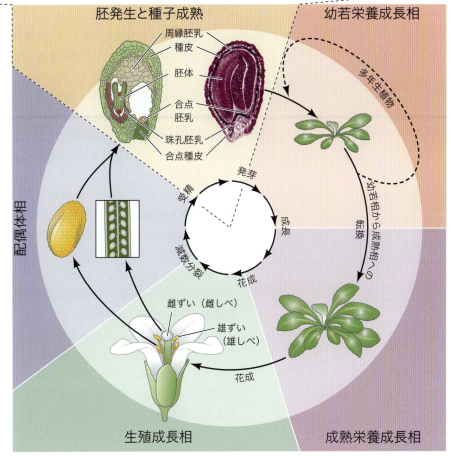

図1.10 シロイヌナズナ(*Arabidopsis thaliana*)の生活環。(下パネル)生活環の各過程を示してある。種子から発芽し、栄養成長期、生殖成長期、配偶体発生、胚発生、種子成熟を経て、生活環が一周する。胚発生のうち、魚雷型胚と成熟胚が種子の中に描かれている。(上パネル)接合子(受精卵)から成熟胚までの胚発生の三次元像。魚雷型胚と成熟胚において茎頂および根端分裂組織(メリステム)が図示されている。(上パネルはJ. Palovaara et al. 2016. *Annu Rev Cell Dev Biol* 32：47-75；S. Yoshida et al. 2014. *Dev Cell* 29：75-87 より；Meryl Hashimoto, Mark Belmonte, Julie Pelletier, and John Harada の厚意による；下パネルはP. Huijser and M. Schmid. 2011. *Development* 138：4117-4129 より)

なる。花の中には減数分裂を経て、生殖にかかわるさまざまな種類の細胞が形成される。減数分裂を経たこれら半数体細胞は配偶体、すなわち雌雄の両配偶子(卵と精子)と生殖を手助けする細胞(例えば花粉管や雌性配偶体を形成する細胞)を構成する。受粉に伴い、配偶子が融合し、種皮の中において次世代の胞子体となる接合子(受精卵)を形成する。そして最適な環境条件において発芽し、新たな生活環が開始される。

顕花植物の生活環は、動物の生活環の一般的な枠組み(雌性配偶子が形成され、雄性配偶子が雌性配偶子へと向かって移動し、受精が行われ、有糸分裂と胚発生が進行する)といく

つかの側面において類似しており，6.6節で取り上げる（**図1.10**）。動物と同様に胚は3種の細胞層を形成するが，動物とは異なり，これらの細胞層では原腸形成のような移動を介した再編成は行われない。加えて，種子の中で発生する胚は，胚発生が完了したのち発芽と成長が始まるまでの間，休眠しており，この休眠期間はきわめて長くなる場合もある。

　動物と同様に，植物の発生における組織分化の結果，器官形成が進行するが，植物細胞には細胞膜の外側に動物細胞には存在しない細胞壁が存在している。このため，植物細胞壁は植物の発生においてさまざまな制約を課している。いくつかの例をあげると，細胞運動の阻害や細胞分裂面の制限，植物独自の細胞間の分子輸送を必要とするほか，傷害からの再生においてもより頑強な応答を行うことがあげられる。また，動物とは異なり，ほとんどの植物は無限成長を行う（図1.2A参照）。植物は**分裂組織（メリステム）**（meristem）と呼ばれる幹細胞を保ち続ける領域を胚の頂端と基部の両端に有しており，発芽後も分裂組織が維持されることで，この連続した成長を可能にしている。

シロイヌナズナの例

　ここで説明する植物発生の多くは，世界中に分布している一年生草本の被子植物，シロイヌナズナ（*Arabidopsis thaliana*）を用いて行われた研究に基づいている。この花を咲かせるアブラナ科の小さな植物は，実験室におけるモデル生物のすべての条件を満たしている（1.1節参照）。わずか6週間で生活環が完結し，栽培も容易でゲノムサイズも比較的小さく，全ゲノムシークエンスとアノテーションが完了している。重要なことに，陸上植物は単一の共通祖先に由来する単系統的な関係にあるため（1.6節参照），シロイヌナズナの発生で明らかとなったことは多くの植物にも当てはまる（Koornneef and Meinke 2010；Provart et al. 2016）。しかし，胚発生の機構には植物間で多様性が存在しており，後の章でこれらの違いのいくつかについて取り上げる。

生殖成長期と配偶体期　生殖成長期の成熟した顕花植物は，花粉をつくる雄ずい（雄性生殖器官），卵細胞を有する雌ずい（雌性生殖器官）をもつ花を形成する。これらはそれぞれ，半数体の精細胞と卵細胞を形成する（図1.10参照）。これら配偶子と関連する半数体細胞は，配偶体発生過程において形成される。花粉が精細胞を子房内部で輸送し，卵細胞へと到達すると受精が行われ，二倍体の接合子となる（一細胞胚とも呼ばれる；7.4節参照）。

胚発生と種子の成熟　種子植物において，胚発生に必要な栄養は周囲の胚乳から供給されるため，卵割による卵黄からの隔離は制約とはならない（図1.10の下パネル参照；Palovaara et al. 2016）。しかし，動植物の間での重要な類似点は，接合子が非対称に細胞分裂することである。接合子の第一分裂は大きな基部側の細胞と小さな頂端細胞を生み出す（図1.10の上パネル参照）。頂端細胞は胚体を形成し，基部側の細胞は胚形成を支える胚柄となる（最終的に胚柄とそれに由来する細胞は細胞死により退化し，胚の一部とはならない）。この初めの非対称分裂が胚の上下軸（頂端-基部軸）を決定し，茎や葉，花などの地上部組織は最も頂端側の細胞から発生し，一方，根は最も基部側の胚柄に近い胚細胞から発生する。

　正確に決められた位置に細胞分裂面を形成し，細胞が縦横に分裂を繰り返すことで，球状胚，心臓型胚，魚雷型胚，成熟胚と胚発生が進行する（図1.10の上パネル参照）。植物細胞は移動しないため，動物の胚発生における原腸形成のような細胞運動はみられない。代わりに，細胞分裂面の制御と方向性をもった細胞の伸長に基づいて，各発生ステージにおける形態的な変化が引き起こされる。

分裂組織と組織種　植物は多くの動物でみられるような非常に多様な種類の細胞や組織をもたないが，**表皮組織**（dermal tissue），**基本組織**（ground tissue），**維管束組織**（vascular tissue）という3つの異なる組織が胚発生において速やかに形成される。表皮組織は植物表皮の最外層を形成する。基本組織は植物の内部構造の大部分を構成する。胚の中心部

分の細胞は，**木部**(xylem)と**篩部**(phloem)からなる維管束組織を形成する。木部は導管により水や栄養の輸送を行い，篩部は光合成により産生された糖やその他の代謝産物の輸送を行う。篩部輸送は，葉から糖やエネルギーをより消費する部位への輸送を担っている。
栄養成長期：胞子体成長から花序運命決定　発芽を終えると，胞子体の成長が始まる。この過程は幼若栄養成長期の開始を特徴づけており，後続する成熟栄養成長期とともに植物体を大きく拡大する過程にある(図1.10の下パネル参照)。次の過程は生殖成長期であり，この過程において茎頂分裂組織の細胞の分化転換の変化が引き起こされる。葉を形成する代わりに，生殖組織である配偶体形成を伴う花の形成を開始する。こうして植物の生活環は繰り返される。

1.3　胚の中での細胞移動

　1800年代後半までに，細胞はすべての解剖学と生理学の基本単位であることが決定的に証明された。しかし，成体動物を研究していた人々とは異なり，発生学者は胚の細胞は"動かずにずっと同じ場所にいる"のではないことを発見した。実際，発生解剖学の最も重要な結論の1つは，動物の場合，**胚細胞は一か所にとどまることはなく，同じ形を保つこともない**ということである。

細胞の種類と挙動

　動物胚は主に2種類の細胞からなる。**上皮細胞**(epithelial cell)はシート状あるいはチューブ状に互いに強固に結合している。**間充織(間葉)細胞**(mesenchymal cell)は互いに結合していないか緩く結合しており，独立したユニットとして活動することができる。この2種類の配置のなかで，下記の限られた種類の細胞の変化によって，形態形成がもたらされる：

- **細胞分裂の向きと回数**　2つの犬種，例えばジャーマン・シェパードとブルドッグの顔を思い浮かべてほしい。顔は同じ種類の細胞からつくられるが，細胞分裂の数と方向は異なる(Schoenebeck et al. 2012)。ジャーマン・シェパードとダックスフントの脚を比べてみよう。ダックスフントの骨格を形成する細胞は，背の高いイヌのそれよりも細胞分裂の回数が少ない。極端な例では，植物の形態の多様性は主にその細胞分裂のパターンによって決まる。

- **細胞移動**　細胞は適切な場所に移動しなければならない。例えば，生殖細胞は発生途上の生殖腺に移動しなければならないし，心臓原基細胞は脊椎動物の首の真ん中で出会い，それから胸の左の部分に移動する。

- **細胞形状の変化**　細胞の形状変化は，動物の発生における重要な特徴である。上皮細胞の形状を変化させると，しばしばシートからチューブが形成される(神経管が形成されるときなど)。また，上皮シートから個々の間充織細胞への形状変化は，細胞移動において重要である(筋肉細胞が形成されるときなど)。このような**上皮-間充織転換**(epithelial-to-mesenchymal transition)は発生にとって非常に重要であるが，癌においても同様である。癌細胞が移動して，元いた場所から新しい場所に広がることを可能にする(はっきりさせておきたいのは，間充織系細胞は植物には存在せず，したがってそのような細胞が示す移動行動もないということである)。

- **細胞の成長**　細胞は大きさを変えることができる。これは生殖細胞において最も顕著である。精子はその細胞質の大部分を除去して小さくなるが，発生中の卵は細胞質を保存して追加し，比較的巨大になる。多くの細胞は非対称的な細胞分裂を行い，大きな細胞と小さな細胞をつくり出すが，それぞれの細胞はまったく異なる運命をたどる。植物は

この一方向成長の細胞メカニズムを利用して，脈管細胞(木部と篩部)を伸長させる。

• **細胞死** 死は人生の重要な一部である。足の指と指の間の"水かき"を構成する胚細胞は，私たちが生まれる前に死ぬ。私たちの尾の細胞も同様である。私たちの口，肛門，生殖腺の開口部はすべて，**アポトーシス**(apoptosis)，つまり特定の時と場所における特定の細胞のプログラムされた死によって形成される。植物で水を運ぶ木部の主要な管路を構成する篩要素は，標的を絞ったアポトーシス後の細胞壁の骨格の残骸である。

• **細胞膜や分泌物の構成要素の変化** 細胞膜や分泌された細胞からの生成物は，隣接する細胞の挙動に影響を与える。例えば，ある集団の細胞から分泌された細胞外基質は，隣接する細胞の遊走を可能にする。一方，他の種類の細胞によってつくられた細胞外基質は，同じ種類の細胞の移動を"禁止"する。このようにして，移動する細胞のための"道とガイドレール"が確立される。

原腸形成：「あなたの人生で最も重要なとき」

発生学者 Lewis Wolpert（ルイス・ウォルパート）によれば，「人生で最も重要なのは誕生でも結婚でも死でもなく，原腸形成である」。これは言い過ぎではない。原腸形成こそが動物を動物たらしめているのであって，植物や菌類は原腸形成をしない。

原腸形成のパターンは動物界全体を通して実にさまざまであるが，すべては6種類の基本的な細胞運動の組み合わせである。すなわち，**陥入**(invagination)，**巻き込み**(involution)，**移入**(ingression)，**葉裂**〔**剥離**(delamination)〕，**覆いかぶせ**(epiboly)，**収斂伸長**(convergent extension)である。8.3節で詳述するこれらの運動は胚全体が関与するものであり，原腸形成中の胚の一部分における細胞の移動は，同時に起こっている他の運動と密接に協調していなければならない。原腸形成が終わるころには，細胞は新しい位置に移動し，新しい隣接細胞との相互作用を確立している。3つの胚葉が明確になり，内胚葉と中胚葉の細胞は胚の内側に，外胚葉は胚の外側表面に広がっている。新しく配置されたこれら組織の相互作用の舞台はこうして整う。

胚葉と初期器官

「成体のすべての器官は，精子か卵の中に小さなミニチュアとして存在する」という前成説の終焉は，1820年代になってからである。新しい染色技術，顕微鏡の改良，そしてドイツの大学における制度改革が相まって，記載的発生学に革命が起こったのである。新しい技術によって，顕微鏡学者が解剖学的構造は後成される（"ゼロから"新たにつくられる）ことを記述した。そして制度改革は，これらの報告を聞く聴衆を与えるとともに，先人の仕事を引き継ぐ学生を提供した。Christian Pander（クリスチャン・パンダー），Heinrich Rathke（ハインリッヒ・ラートケ），Karl Ernst von Baer（カール・エルンスト・フォン・ベーア）の研究により，発生学は科学の専門分野へと変貌を遂げた。(オンラインの「FUR-THER DEVELOPMENT 1.3：Epigenesis and Preformationism」参照)

ニワトリ胚が胚葉[5]——胚の3つの異なる領域——に組織化され，後成を通して分化した細胞種や特定の器官系を生み出すことを発見したのは，Panderである。この3つの胚葉は，ほとんどの動物門の胚にみられる（**図1.11**）。

• **外胚葉**(ectoderm)は胚の外側を覆い，胚の外層を形成する。皮膚の表層(表皮)をつくり，脳と神経系を形成する（第15〜18章参照）。

---

[5] 英語で胚葉は germ layer と呼ぶが，ラテン語の *germen* は "germination（発芽）" と同じ語源で，"芽" や "芽生え" を意味する。3つの胚葉の名前はギリシャ語に由来する。外胚葉(英語では ectoderm)は *ektos*（外側）と *derma*（皮膚）から，中胚葉(英語で mesoderm)は *mesos*（真ん中）から，内胚葉(英語で endoderm)は *endon*（内側）からである。

第1章 からだと場をつくる　17

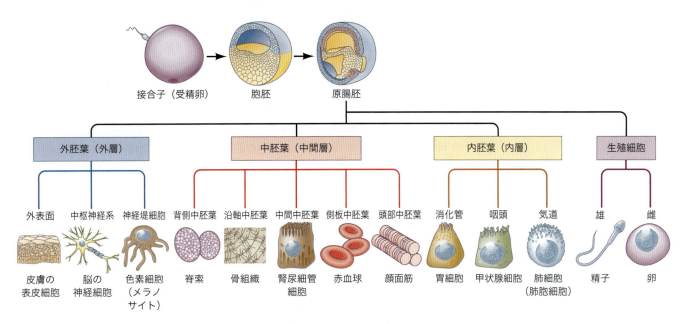

図1.11 受精卵から分裂した細胞は，3つの異なる胚葉を形成する。それぞれの胚葉は，無数の分化した細胞種（ここでは代表的なものをいくつか示すのみ）と，異なる器官系を生み出す。生殖細胞（精子と卵の前駆体）は発生初期に脇に置かれ，特定の胚葉から生じることはない。

- **内胚葉**（endoderm）は胚の最内層となり，消化管とそれに付随する器官（肺を含む；第22章参照）の上皮を形成する。
- **中胚葉**（mesoderm）は，外胚葉と内胚葉に挟まれる。中胚葉は，血液，心臓，腎臓，生殖腺，骨，筋肉，結合組織（第19章および第20章参照）を生成する。

Panderはまた，胚葉がそれぞれの器官を自立的に形成するのではないことも示した。むしろ各胚葉は，「それが真に何であるかを示すには，まだ十分に独立していない；一緒に旅する姉妹が必要であり，それゆえ異なる目的地が指定されているにもかかわらず，3つはそれぞれが適切なレベルに達するまで影響しあう」と1817年に記した。Panderは，今日のわれわれが誘導と呼んでいる，第4章で説明する組織間相互作用を発見したのである。

1.4　発生を観察する：基本的な方法

Viktor Hamburger（ヴィクター・ハンバーガー）はかつて，「私たちの本当の教師は昔も今も胚であり，ついでに言えば，胚は常に正しい唯一の教師である」と言った（Holtfreter 1968より引用）。しかし，胚から答えを得るためには，正しい質問をしなければならない。

実験台に近づく："見つける，なくす，動かす"

どのような研究課題であれ，発生生物学者はしばしば「それを見つけ，それをなくし，それを動かす」（Adams 2003）という信念で実験計画に取り組む。確かにこれは科学者が発生機構を研究するために用いる多種多様な手法や技法を単純化しすぎたものではあるが，ここでサンショウウオの四肢の発生を例にとって説明するのが序論として有用である。

- **見つける**　サンショウウオの胚には，成体で四肢を形成する4つの領域の細胞がある。Ross Granville Harrison（ロス・グランヴィル・ハリソン）は，それらがどの細胞なのかを知りたかった。問題は，この発生初期段階の四肢形成細胞と四肢を形成しない細胞

との区別がつかないことであった。Harrisonは四肢形成細胞を特定するため，サンショウウオ胚のさまざまな部位を，細胞が四肢組織になるあいだ維持される色素で染色した。こうして彼は，初期胚の特定の細胞だけが四肢を形成する運命にあることを発見した。この種の証拠は相関的である。

- **なくす**　もし四肢を形成するのに必要な細胞がその細胞だけで，他の細胞は必要ないのであれば，その細胞を取り除けばサンショウウオの胚は四肢を形成しないはずである。Harrisonは先の尖った針を使って，四肢を形成する特定の細胞を取り除いたところ，確かに四肢は形成されなかった。このような因果関係の証明は，否定的推論と呼ばれることもある。

- **動かす**　これらの特定の胚細胞が四肢になる運命にあることを示す最良の証拠は，これらの細胞を胚の別の部位に移し，その位置で四肢が形成されるかどうかを確認することから得られる。さらに実験を進めると，移植された細胞は確かに異所性（"間違った場所"）の四肢をつくることができた。

「見つける」実験は，あるもの（組織，細胞，遺伝子）と別のもの（器官，プロセス，酵素）との間に関連性があることを教えてくれる。「なくす」実験では，失われたものがあるプロセスに**必要**かどうかがわかり，「動かす」実験では，それがそのプロセスに**十分**かどうかがわかる。このような実験は遺伝学的に行うこともできる。例えば，マウスの*Pax6*遺伝子は眼の発生の初期に発現し（「見つける」），この遺伝子が失われたり変異したりすると，眼は形成されなくなる（「なくす」）。そして*Pax6*が実験的に頭部の他の場所で機能するように誘導されると（「動かす」），そこに余分な眼が形成される（Chow et al. 1999）。さらに奇妙なことに，マウスの*Pax6*遺伝子を移植し，ハエの発生中の脚で転写させると，成体のハエの脚に異所性の眼が形成される（図26.3C参照）。*Pax6*の十分性は進化的に保存されている。

生きている胚を直接観察する

胚を観察したり実験したりするとき，通常はある細胞群（例えば，実験で扱われる細胞）と別の細胞群を区別しなければならない。これにはいくつかの方法がある。非常に運がよければ，細胞の色が異なる胚を見つけることができる。ここでは実際に顕微鏡を覗いて特定の細胞の子孫をたどり，その細胞が生み出す器官を観察することができる。これによって**予定運命図**（fate map），つまり将来発生する幼生や成体の構造を，胚の領域に"マッピング"した図ができあがる。E. G. Conklin（E・G・コンクリン）はこれを行い，尾索動物フタスジボヤ（*Styela partita*）の各胚細胞の運命を辛抱強く追跡した（Conklin 1905）。この胚の筋肉形成細胞は常に黄色をしていたが，これは8細胞期のある特定の一対の割球にみられる細胞質領域に由来していた（**図1.12**；Conklinの画期的な研究については第2章と第11章で再び詳しく述べる）。Reverberi and Minganti（1946）は，Conklinの予定運命図に基づいて，尾の筋組織をつくり出すはずの一対の割球を取り除いた。その結果，確かに尾の筋肉をもたない幼生が生まれ，Conklinの地図が確認された。（オンラインの「FURTHER DEVELOPMENT 1.4：Conklin's Art and Science」参照）

色素標識

ほとんどの初期胚は，異なる色の細胞をもつほど都合よくはない。1920年代，Vogt（フォークト；1929）は両生類の卵のさまざまな部位の運命を，目的の部位に**生体色素**（vital dye）を塗布することで追跡した。生体色素は細胞を染色するが死滅させることはない。Vogtはこのような染料を寒天と混ぜ合わせ，寒天を顕微鏡スライドに広げて乾燥させた。染色された寒天の端は非常に厚みが薄い。Vogtはこの端から断片を切り，カエルの胚

発展問題

クイズ　Reverberi（レヴェルベリ）とMinganti（ミンガンティ）は，どのような実験をしたのだろうか？　見つける，なくす，動かすのいずれか？　第2章への伏線として，彼らの結果は黄色い割球について何を示唆しているか？

答え：ReverberiとMingantiは，運命の対象であった細胞を取り除いていた。したがって，「なくす」実験であった。この結果から，黄色い割球は，これらの細胞がなくなると尾部の筋肉の形成に必要であることを証明しているが，子孫が予定されている運命にしたがうことは，第2章で明らかになる。

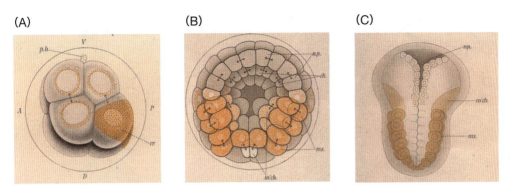

図1.12 個々の細胞の運命。Edwin Conklin（エドウィン・コンクリン）は，尾索動物フタスジボヤ（*Styela partita*）の初期細胞の運命をマッピングした。この種の胚では，細胞の多くが異なる色の細胞質によって識別できる。黄色の細胞質は，体幹の筋肉を形成する細胞を示す。(A) 8細胞期では，8個の割球のうち2個にこの黄色の細胞質がある。(B)初期原腸胚期体幹筋の前駆細胞に黄色の細胞質がみられる。(C)初期幼生期。新しく形成された体幹の筋肉に黄色の細胞質がみられる。(E. G. Conklin. 1905. *J Acad Nat Sci Phila* 13：1-119より)

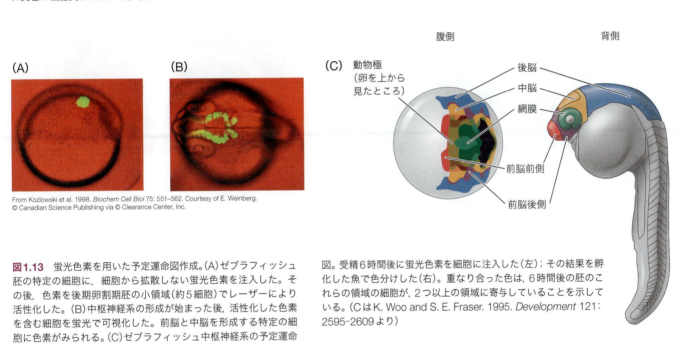

図1.13 蛍光色素を用いた予定運命図作成。(A)ゼブラフィッシュ胚の特定の細胞に，細胞から拡散しない蛍光色素を注入した。その後，色素を後期卵割期胚の小領域（約5細胞）でレーザーにより活性化した。(B)中枢神経系の形成が始まった後，活性化した色素を含む細胞を蛍光で可視化した。前脳と中脳を形成する特定の細胞に色素がみられる。(C)ゼブラフィッシュ中枢神経系の予定運命図。受精6時間後に蛍光色素を細胞に注入した（左）；その結果を孵化した魚で色分けした（右）。重なり合った色は，6時間後の胚のこれらの領域の細胞が，2つ以上の領域に寄与していることを示している。(CはK. Woo and S. E. Fraser. 1995. *Development* 121: 2595-2609より)

の上に置いた。染料が細胞を染色した後，寒天断片を取り除き，彼は染色された細胞の胚内での動きを追跡することができた。

　生体色素の問題点の1つは，細胞分裂のたびに希釈されるため，時間の経過とともに検出が難しくなることである。これを回避する1つの方法は，一度個々の細胞に注入されると，何回も分裂を繰り返した後でもその細胞の子孫から検出できるほど強力な**蛍光色素**（fluorescent dye）を使うことである（図1.13）。

遺伝学的標識

　個々の細胞の運命を追跡する1つの方法は，同じ生物に異なる遺伝的性質をもつ細胞が含まれる胚をつくることである。この手法の最も優れた例の1つが，**キメラ胚**（chimeric embryo）——2つ以上の遺伝的起源をもつ組織からできた胚——の作製である。例えば，ニワトリとウズラのキメラは，ニワトリがまだ卵の中にいる間に，ウズラの胚細胞をニワトリ胚の中に移植することによってつくられる。ニワトリ胚とウズラ胚は（特に初期段階では）同じように発生し，移植されたウズラの細胞はニワトリ胚に組み込まれ，さまざまな

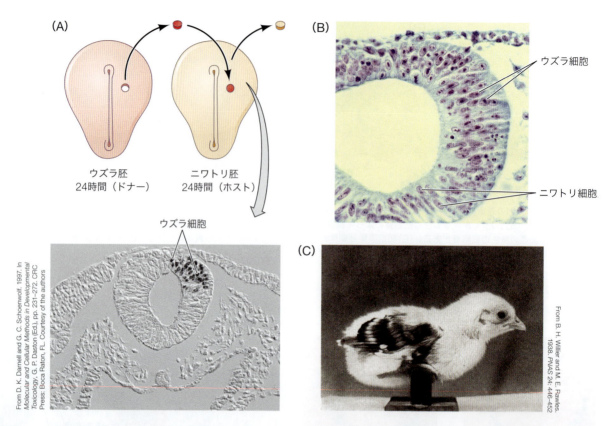

図1.14 細胞系譜トレーサーとしての遺伝子マーカー。(A)ウズラ1日胚の特定の領域から採取した細胞を，ニワトリ1日胚の同様の領域に移植した実験。数日後，ウズラ特定的タンパク質に対する抗体を用いて，ウズラの細胞を可視化できる(下の写真)。この領域からは，神経管を形成する細胞がつくられる。(B)ニワトリとウズラの細胞は，その核のヘテロクロマチンによって区別できる。ウズラの細胞核は単一の大きな核小体(濃い紫色)をもっており，核小体が拡散するニワトリの核と区別できる。(C)色素のある系統のニワトリの胚の体幹神経堤領域を，色素沈着がない系統の胚の同じ領域に移植して得られたヒヨコ。色素を生じた神経堤細胞は，翼の表皮と羽毛に移動した。

器官の構築に関与する(図1.14A)。孵化したヒヨコは，移植片が置かれた場所に応じて特定の部位にウズラの細胞をもつ。ウズラの細胞はまた，免疫系を形成する種特定的なタンパク質など，いくつかの重要な点でニワトリの細胞とは異なる。ウズラ特定のタンパク質を用いれば，たとえそれがニワトリ細胞の大集団の中に"隠れて"いても，個々のウズラ細胞を見つけることができる(図1.14B)。ウズラの細胞が移動する場所を追跡することで，研究者はニワトリの脳と骨格系の微細構造地図を作成することに成功した(Le Douarin 1969；Le Douarin and Teillet 1973)。

キメラにより，脊椎動物の発生過程における神経堤細胞の広範な移動が劇的に確認された。Mary Rawles(メアリー・ロールズ；1940年)は，ニワトリの色素細胞(メラニン細胞)が神経堤——神経管と表皮のつなぎ目に一時的に帯状に存在する細胞——に由来することを示した(第17章参照)。Rawlesが，色素をもつ系統のニワトリからの神経堤細胞を含む組織の小領域を，色素をもたない系統の胚の同じ領域に移植すると，移動した色素細胞は表皮に入り，後に羽毛に入った(図1.14C)。

トランスジェニックDNAキメラ

2つの種からキメラを融合させることはしばしば困難である。この問題を回避する1つの方法は，遺伝子組換え生物の細胞を移植することである。このような技術では，遺伝子組換えにより，それを発現する細胞だけを追跡することができる。1つの方法は，**緑色蛍光タンパク質**(green fluorescent protein：GFP)のような蛍光を発する活性のあるタンパ

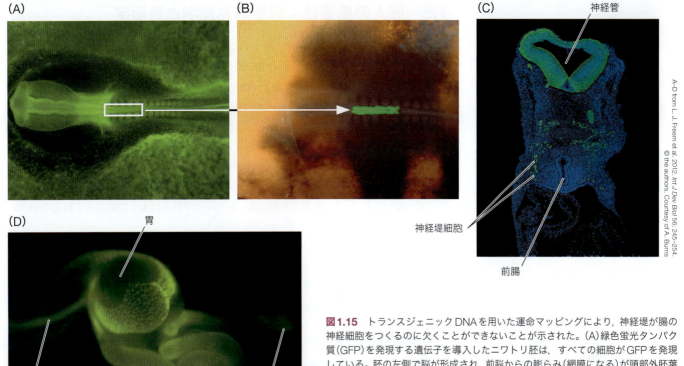

図1.15 トランスジェニックDNAを用いた運命マッピングにより，神経堤が腸の神経細胞をつくるのに欠くことができないことが示された。(A)緑色蛍光タンパク質(GFP)を発現する遺伝子を導入したニワトリ胚は，すべての細胞がGFPを発現している。胚の左側で脳が形成され，前脳からの膨らみ（網膜になる）が頭部外胚葉に接触して眼の形成が始まっている。(B)推定頸部領域(Aの長方形)の神経管と神経堤の領域を切除し，標識のない野生型胚の同様の位置に移植したもの。緑色の蛍光によって移植された組織を見ることができる。(C)1日後，神経堤細胞が神経管から胃の領域に移動しているのがわかる。(D)さらに4日後，神経堤細胞は食道から後腸の前端まで腸内に広がっている。

ク質を発現するように細工を施したウイルスを，胚の細胞に感染させる方法である[6]。このようにして改変された遺伝子は，他種由来のDNAを含むことから**トランスジーン**(transgene)と呼ばれる。感染させた胚細胞を野生型ホストに移植すると，ドナー細胞とその子孫のみがGFPを発現する。これらは紫外線下に置かれると緑色の可視光を発する（Affolter 2016；Papaioannou 2016参照）。

トランスジェニック標識のバリエーションによって，発生途上のからだについて驚くほど正確な予定運命図を得ることができる。例えば，Freem（フリーム）らは2012年，トランスジェニック技術を用いて，ニワトリ胚の腸への神経堤細胞の移動を研究した。神経堤細胞は，蠕動運動(固形老廃物を排除するのに必要な腸の筋収縮)を調整する神経細胞を形成する。GFPで標識されたニワトリ胚の親は，GFPを発現させる活性のある遺伝子をもつ複製欠損ウイルスに感染させられた。この遺伝子はニワトリ胚に受け継がれ，すべての細胞で発現した。このようにして研究者らは，すべての細胞が緑色に光る胚を作製した(**図1.15A**)。次に，GFPトランスジェニック胚の神経管と神経堤を，正常なニワトリ胚の同様の領域に移植した(**図1.15B**)。1日後，GFP標識細胞が胃の領域に移動していくのが確認され(**図1.15C**)，その4日後には後腸の前方領域まで腸全体が緑色に光っていた(**図1.15D**)。

---

[6] 緑色蛍光タンパク質(GFP)は，ある種のクラゲに天然に存在する。紫外線を浴びると鮮やかな緑色の蛍光を発し，トランスジェニック標識として広く用いられている[訳注：この発見で下村脩博士はノーベル賞を受賞している]。GFP標識は，本書を通して多くの写真で見ることができる。

1.5 個人の重要性：医学的発生学と奇形学

　発生学者が胚を観察することで，生命の進化やさまざまな動物がどのように臓器を形成するかを説明することができたが，医師が胚に興味をもつようになったのは，より実際的な理由からであった。ヒトの乳児の2〜5％は，容易に確認できる解剖学的異常をもって生まれてくる（Winter 1996；Thorogood 1997）。これらの異常には，手足の欠損，指の欠損や余分な指，口蓋裂，特定の部位を欠く目，弁を欠く心臓，脊髄閉鎖不全などが含まれる。先天性異常（出生時にみられる異常形成）のなかには，変異遺伝子や染色体異常によって生じるものもあれば，胚発生を妨げる環境要因によって生じるものもある。先天性異常の研究は，人体がどのように正常に形成されるかを教えてくれる。ヒトの胚に関する実験データがない状況で，"自然界の実験"は，ヒトの身体がどのように組織化されるかについて重要な洞察を与えてくれる。

- **遺伝的事象**（遺伝子変異，染色体異数性，転座）による先天異常は，伝統的に**奇形・形成異常**（malformation）と呼ばれてきた，**症候群（シンドローム）**（syndrome）とは，2つ以上の異常が同時に発生する状態のことである［訳注：原文どおりに翻訳してあるが，補足しておくと，「症候群」とは，ある原因が同時に並行して複数の異常を引き起こしている状態のことであり，共通の病態が見られるが，単一の原因によらないことも多い］。
- **外的要因**（例えば，ある種の化学物質やウイルス，放射線，高体温症）によって引き起こされる先天性異常は，**撹乱**（disruption）と呼ばれる。これらの障害の原因となる物質を**催奇形因子**（teratogen；ギリシャ語で「怪物を形成するもの」）と呼び，環境因子がどのように正常な発生を阻害するかを研究する学問を奇形学（teratology）と呼ぶ。

　先天性異常を引き起こす可能性のある外的要因には，アルコールやレチノイン酸（にきび治療によく使用される）などの比較的一般的な物質や，製造業で使用され，環境中に放出される多くの化学物質が含まれる。重金属（水銀，鉛，セレンなど）は脳の発達を変化させる可能性がある。これらの物質やその他の催奇形因子については，第14章で詳しく説明する。

　催奇形因子が世間の注目を集めるようになったのは，1960年代初頭のことである。1961年，Lenz（レンツ）とMcBride（マクブライド）は，多くの妊婦に軽い鎮静剤として処方されていたサリドマイドという薬物が，それまでまれであった先天異常症候群を激増させたという証拠を独自に蓄積した。これらの異常のなかで最も顕著だったのは，四肢の長骨が欠損または欠落している状態であるアザラシ肢症であった（**図1.16A**）。サリドマイドを服用した女性から7,000人以上の罹患児が生まれたが，女性が1錠服用するだけで，四肢すべてが変形した子どもが生まれた（Lenz 1962, 1966；Toms 1962）。この薬物の摂取によって誘発された他の異常には，心臓の欠損，外耳の欠如，腸の形成異常などがあった。Nowack（1965）は，サリドマイドがこれらの異常を引き起こす感受性期間を記録した（**図1.16B**）。この薬物が催奇形性を示すのは，最終月経後34〜50日目（すなわち受胎後20〜36日目）のみであることが判明した。上肢の形成異常は下肢の形成異常よりも先にみられるが，これは発生中の腕が足よりもわずかに先に形成されるためである。34〜38日目には四肢の異常は生じないが，この期間にサリドマイドは耳の成分の欠落や欠損を引き起こす可能性がある。

　先天性異常に関する解剖学的情報と，発生を制御する遺伝子に関するわれわれの拡大し続ける知識の統合は，現在進行中の医学の再構築をもたらした。この統合された情報によって，遺伝性先天異常の原因遺伝子を発見し，特定の催奇形因子によって発生のどの段階が阻害されるかを正確に特定することができるようになった。本書を通して，この統合の例をみていただきたい。

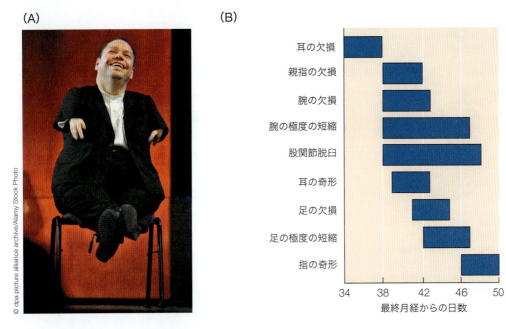

図1.16 環境因子によって引き起こされる発生異常。(A)アザラシ肢症（四肢の適切な発生の欠如）は，1960年代初頭に生まれた多くの子どもたちに発生した先天性異常のなかで最も際立った異常で，その母親が妊娠中にサリドマイドを服用したために起きた。現在この子どもたちは中年の大人である。この写真は，グラミー賞にノミネートされたドイツの歌手，Thomas Quasthoff（トーマス・クヴァストホフ）である。(B)サリドマイドはヒトの発生時期に応じて異なる構造を攪乱する。(BはE. Nowak. 1965. *Humangenetik* 1：516-536によるデータ；グラフはN. Vargesson. 2015. *Birth Defects Res C Embryo Today* 105：140-156およびそのなかの参考文献を参照）

1.6 発生生物学と進化

　1859年，Charles Darwin（チャールズ・ダーウィン）は『種の起源（*On the Origin of Species*）』のなかで，「胚構造の類似性は子孫の類似性を示す」と結論づけた。この言葉は，DarwinがKarl Ernst von Baer（カール・エルンスト・フォン・ベーア）の法則を進化論的に解釈したことに基づいている。すなわち，グループ間の関係は，胚や幼生の共通の形態を見つけることによって確立できるというものである。Johannes Müller（ヨハネス・ミュラー）が1842年にまとめたvon Baerの法則を読んだDarwinは，胚の類似性が異なる動物群の進化的つながりを支持する強力な論拠になると考えた。

　Darwinの時代以前から，発生学者たちの間では分類学上の重要性が認識されていたが，種の進化的変化における胚発生が果たす役割は，20世紀後半になるまで完全には認識されなかった。今日では，進化発生生物学（evolutionary developmental biology："evo-devo"）と呼ばれる分野が存在し，**進化の変化は発生における変化に基づいている**という事実に対する評価が高まっている。

進化発生学：初期

　DarwinがHMSビーグル号で航海する数年前の1828年，von Baerは不思議な観察を報告した。「ラベルを貼り忘れたが，アルコール漬けにした小さな胚が2つある。今のところ，どの分類群に属するか特定できない。トカゲかもしれないし，小鳥かもしれないし，哺乳類かもしれない」。このような初期段階の胚の図面を見れば，彼の苦悩を理解することができる（**図1.17**）。ニワトリの発生に関する詳細な研究と，ニワトリの胚と他の脊椎動物の胚との比較から，von Baerは"von Baerの法則"として知られる4つの一般論を導き出

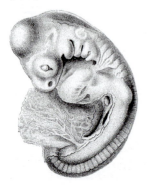 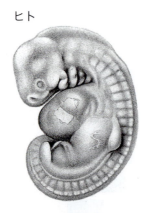

図1.17 脊椎動物——魚類，両生類，爬虫類，鳥類，哺乳類——は，卵の大きさが顕著に異なるため，発生の開始の仕方がまったく異なる．しかし，神経形成が始まるころには，すべての脊椎動物の胚は共通の構造に収束する．ここでは，トカゲの胚と，同じような段階にあるヒトの胚を並べて示している．それらが神経胚の段階をこえて発生が進むのに従って，異なるグループの胚はますます異なる様相をみせる．(F. Keibel 1904, 1908. *Normentafeln zur Entwicklungsgeschichte der Wirbeltiere*, Heft Ⅳ, Ⅷ. Gustav Fischer：Jenaより)

した(**表1.1**)．

　von Baerの法則を要約すると，すべての脊椎動物が共通の特徴をもつ単純な胚として始まり，その後，種特定的な方法で徐々に特殊化していくことを説明している．例えばヒトの胚は，最初は魚類や鳥類の胚と共通の特徴をもつが，発生が進むにつれて形態が分岐し，"下等な"脊椎動物の成体段階を経ることはない．

　現代の研究によって，脊椎動物の異なるグループの胚がすべて同じような物理的構造をもつ**ファイロティピック段階**(phylotypic stage)が存在するというvon Baerの見解が確認された．さらに現在では，この段階(図1.17に似た段階)において，異なるグループによって発現される遺伝子の差が最も少ないようであることがわかっており，このファイロティピック段階がすべての脊椎動物の基本的なボディプランの源である可能性が示唆されている(Irie and Kuratani 2011)．

　Darwin以前から，幼生形態は分類に用いられていた．1830年代，J. V. Thompson（J・V・トンプソン）はフジツボの幼生がエビの幼生とほとんど同じであることを示し，フジツボを軟体動物ではなく節足動物であると正しく同定した(**図1.18**；Winsor 1969)．Darwin自身，フジツボの分類学の専門家であり，この発見を称えた：「著名なCuvier（キュヴィエ）でさえ，フジツボが甲殻類であることを認識していなかった．しかし，幼生を一目見れば，それが紛れもない事実であることがわかる」．

　Alexander Kowalevsky（アレクサンダー・コワレフスキー；1866年，1867年）も同様の発見をした．2つの無脊椎動物，尾索類(ホヤ)とナメクジウオ(*Amphioxus*)の幼生には，脊索と呼ばれる脊索動物を定義する構造があり，それは魚やニワトリの脊索と同様の初期胚組織に由来するというのである(**図1.19**)．こうしてKowalevskyは，これらの海産無脊椎動物は脊椎動物に近縁であり，動物界の2つの大きな領域(無脊椎動物と脊椎動物)は幼生期の構造を通じて一体であると推論した．DarwinはKowalevskyの発見に喝采を送り，『人間の由来(*The Descent of Man*)』(1874年)のなかで，「分類において最も安全な案内役である発生学に頼るならば，脊椎動物亜門がどこから派生したのかを知る手がかりをついに得られたように思う」と書いている．このように，ナメクジウオと尾索類には脊椎も明確な脳もないが，その原基的な脊索，神経索の構造やゲノムは，脊椎をもつ脊索動物に近縁であることを示している(Garcia-Fernàndez and Benito-Gutiérrez 2009；

表1.1　脊椎動物胚のvon Baerの法則

1. 動物の幅広いグループの一般的な特徴は，より小さなサブグループの特殊な特徴よりも発生の早い段階で現れる．
発生中の脊椎動物はすべて，原腸形成直後は非常によく似ている．すべての脊椎動物の胚は，鰓弓，脊索，脊髄，原始的な腎臓をもっている．類，目，そして最終的に種の特徴的な特徴が現れるのは，発生の後半になってからである．

2. より一般的な特徴からより一般的でない特徴が発生し，最終的に最も特殊化された特徴が現れる．
脊椎動物はみな，最初は同じ種類の皮膚をもっている．後になって初めて，皮膚から魚類の鱗，爬虫類の鱗，鳥類の羽毛，あるいは哺乳類の毛，鉤爪，平爪が発達する．同様に，脊椎動物の四肢の初期発生も基本的に同じである．脚，翼，腕の違いが明らかになるのは発生後期である．

3. 1つの種の胚については，それより下等な動物の成体段階を通過するのではなく，そこからどんどん離れていく．
例えば，咽頭弓はすべての脊椎動物で同じように始まる．しかし，魚類の顎の支柱となる咽頭弓は，爬虫類の頭蓋骨の一部となり，哺乳類の中耳の骨の一部となる．哺乳類が魚類のような段階を経ることはない(Riechert 1837；Rieppel 2011)．

4. したがって，高等な動物の初期胚は決して下等な動物のようなものではなく，その初期胚のようなものでしかない．
哺乳類の胚は，魚類や鳥類の成体に相当する段階を経ることはない．むしろ哺乳類の胚は，最初は魚類や鳥類の胚と共通の特徴をもつ．発生の後半になると，哺乳類の胚とその他の胚は分岐し，いずれも他の胚の段階を通過しない．

(A) フジツボ

(B) エビ

図1.18 幼生期は共通の祖先をもつことを明示する。フジツボ(A)とエビ(B)は，ともに特徴的な幼生期（ノープリウス幼生）をもち，甲殻類節足動物としての共通の祖先を示す。固着性のフジツボの成体はかつて軟体動物に分類されていたが，自由遊泳するエビの成体とは体型も生活様式も異なる。それぞれにおいて左が幼生，右が成体。

図1.19 ナメクジウオには，原基的な脊索と神経索構造がある。この発見により，これらの生物は尾索動物(第11章参照)とともに，すべての脊椎動物の共通祖先に関係していることが明らかになった。

Fodor et al. 2021；Holland and Holland 2021）。無脊椎動物と脊椎動物をつなぐ"索〔chord（ヒモ状の構造）〕"は，〔脊髄(spinal cord)ではなく〕脊索(notochord)である。

　Darwinはさらに，胚は成体の形態には不適切だが他の動物との関連性を示す構造を形成することがあると指摘し，胚のモグラに眼があること，胚のヘビに骨盤骨の原基があること，ヒゲクジラの胚に歯があることを指摘した。彼はまた，"型"から逸脱し，生物が特定の環境で生き残ることを可能にする適応は，胚の後期に発生すると主張した[7・次頁]。言い換えれば，von Baerの法則が予言するように，発生が持続するにつれて，同じ属内の種間の差異は大きくなるのである。このようにDarwinは，"改変を伴う子孫"の2つの側面を認めていた。1つは，2つ以上の生物群間の胚の類似性を指摘することで，**共通の子孫を強調できること**。もう1つは，種が異なる条件に適応することを可能にする多様な構造を

図1.20 進化の変遷。(A) *Tiktaalik roseae* は3億7千500万年前に水中から出現し，陸上を歩いた最初の動物と仮定されている。この化石（上）と再構成図（下）からは，他の移行期の特徴のなかでも，魚類のヒレと両生類の前肢の両方の特徴がみられる。(B) 肋骨が真皮に入り込んでいる（胸郭を形成していない）カメの胚。このような肋骨（現存するカメでは独特の甲羅になる）には筋肉がなく，これは2億6千万年前に絶滅した *Eunotosaurus* にもみられる特徴である。

生み出すために，発生がどのように変更されたかを示す**改変**を強調できることである。

> ### さらなる発展
>
> **進化の歴史のなかでの過渡的な形態** ある動物の形態が，実は別の形態の進化に先行していたことを，私たちはどうやって知ることができるのだろうか？ トカゲの前肢に突然羽が生えて，大空に飛び立つのを見ることができるわけではない。しかし，絶滅した生物のなかには，近縁種の特徴を示す例がある。すなわち過渡期の形態(transitional morphological state)である。このような過渡期の形態を調べることで，現在みられるような形態の多様性をもたらすために変化したと思われる，胚発生の側面のいくつかを明らかにすることができる。例えば，ティクターリク(*Tiktaalik roseae*)という絶滅種では，ヒレと脚を組み合わせた特徴が化石記録から確認されており，陸上を歩いた最初の水生生物であったことが示唆されている(図1.20A)。ティクターリクの化石は，骨格の発生が変化した変異魚類を探す手がかりとなった。2021年にHawkins（ホーキンス）らは，それに変異が入ると，現存する魚類の胚がヒレにさらに長い骨を成長させ，手足のようにする遺伝子を同定した(Hawkins et al. 2021)。同様に，古生物学と発生生物学は，現在のカメの祖先がどのような生物であったかという大きな謎を解くために協力している。発生学的データと化石の形態を組み合わせることで，現存するカメと同じように肋骨を甲羅に形成する祖先の爬虫類エウノトサウルス(*Eunotosaurus africanus*)が発見された(図1.20B；Lyson et al. 2013)。

---

7 Weismann（ヴァイスマン）(1875)が指摘したように，幼生には独自の適応があるはずだ。成虫のカバイロイチモンジはオオカバマダラに擬態するが，カバイロイチモンジの幼虫はオオカバマダラの美しい黄色，黒，白の縞模様の幼虫には似ていない。むしろ，カバイロイチモンジの幼虫は鳥の糞に似せることで発見を逃れている(Begon et al. 1986)。

相似と相同

進化生物学者による重要な区別は，相似（analogy）と相同（homology）の違いである。どちらの用語も，似ているように見える構造を指す。**相同**（homologous）な構造とは，共通の祖先構造から派生した構造であることから生じる類似性を指す。例えば，鳥の翼と人間の腕は相同であり，どちらも共通の祖先の前肢の骨から進化したものである。さらに言えば，それぞれの構成要素も相同である（図1.21）。鳥とコウモリの翼も同様に前肢としては相同だが，翼としては相同ではない。鳥類と哺乳類は前肢の骨という基礎的な構造を共有しており，そのような骨をもっていた祖先を共有しているからである。しかし，コウモリは翼のない哺乳類の子孫であるのに対し，鳥類の翼は祖先の爬虫類の前肢から発生し，独立に進化した。

相似（analogous）した構造とは，共通の祖先に由来するというよりも，似たような機能を果たしていることに起因する類似性のことである。コウモリの翼と鳥の翼が相似であるのは，共通の機能を有しているからである。しかし，コウモリの翼を生み出した前肢の変化は，鳥類を生み出した爬虫類の系統から哺乳類の系統が分離したずっと後に，独立して起こったものである。

本節の冒頭で述べたように，進化的変化は発生の変更に基づいている。コウモリの翼は，(1)指を形成する軟骨の急速な成長速度を維持し，(2)指と指の間の水かきで通常起こる細胞死を防ぐことによってつくられている。図1.22にみられるように，マウスは（ヒトや他のほとんどの哺乳類がそうであるように）指と指の間に水かきがある状態からスタートする。この水かきは，指の解剖学的な区別をつけるために重要である。いったん水かきがその機能を果たすと，遺伝的シグナルによってその細胞は死滅し，自由な指が残り，握ったり操作したりすることができるようになる。しかしコウモリは，指を飛行のために使う。これは水かきの細胞の遺伝子の発現を変化させることによって達成される。胚期のコウモリの水かきで活性化される遺伝子は，細胞死を防ぐタンパク質と，指の伸長を促進するタンパク質をコードしている（Cretekos et al. 2005；Sears et al. 2006；Weatherbee et al. 2006）。このように，相同な解剖学的構造は発生を変化させることで分化することができ，発生におけるこのような変化は進化的変化に必要な多様性をもたらす。

生命の樹と発生の関連性

地球が誕生したのは約45億6千万年前と推定され，生命が誕生したのは約38億年前である。進化論は，地球上のすべての生命が太古の共通祖先，**最後の普遍的共通祖先**（last universal common ancestor：**LUCA**）に由来することを基本としている。このことは，すべての生命はつながっていることを意味する。あなた自身からあなたの腸内に住む細菌まで，オイスタートードフィッシュからカキやヒキガエルまで，美しい脳サンゴから脳タケまで，そして約40万種の顕花植物や約20万種の原生生物まで。もし私たちがすべて親戚であるならば，私たちがどのように発生するかを支配する機構の由来は，生命の樹ですべての生命をつなぐ共通の祖先にある（図1.23）。

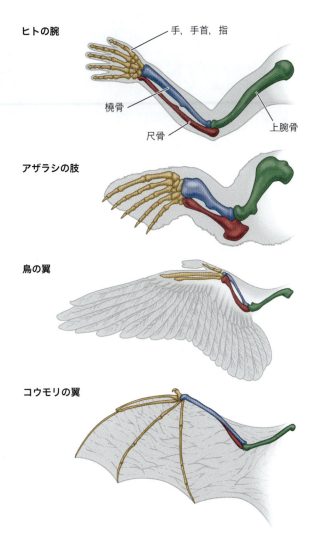

図1.21 ヒトの腕，アザラシの前肢，鳥の翼，コウモリの翼の構造の相同性。相同な支持構造は同じ色で示されている。四肢はすべて四足動物共通の祖先から派生したもので，したがって前肢としては相同である。しかし，鳥類とコウモリの前肢の飛行への適応は，2つの系統が共通の祖先から分岐してから長い年月を経て，互いに独立して進化した。したがって，翼としては相同ではなく相似である。

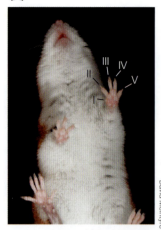

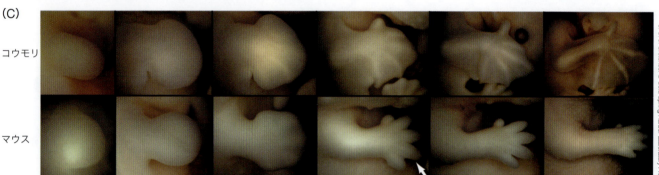

図1.22 コウモリとマウスの前肢の発生。マウス(A)とコウモリ(B)の胴体。マウスの前肢と,コウモリの翼の細長い指と明らかな水かきを示す。指には両方の動物で番号が振られている(Iは親指,Vは"小指")。(C)マウスとコウモリの前肢の形態形成の比較。どちらの手足も水かきのある付属器官として始まるが,マウスの指の間の水かきは受精後14日目に消失する(矢印)。コウモリの前肢の水かきは死滅せず,指の成長とともに維持される。

LECA,共通の起源 地球の歴史のほぼ半分の期間,地球上のすべての生命は原核生物,すなわち細菌と古細菌という,核をもたない単細胞生物であった。30〜20億年前のいつからか,これらの生物の一部では細胞内部が膜に包まれた内部コンパートメントに組織化され,"真の"核をもつ真核細胞が誕生した。**細胞内共生**(endosymbiosis)——無傷の細胞が別の細胞にのみ込まれること——は,細胞(単細胞生物の世界では生物)進化の主な原因であった。そのような共生現象の1つが,好気性細菌が真核細胞にのみ込まれ,ミトコンドリアへと進化したことであり,これがその後の真核生物の派生へとつながる。

系統発生学的解析によると,現在の植物,動物,菌類の共通祖先は,鞭毛とミトコンドリアをもつ単細胞の原生生物であった(Niklas 2013;Niklas and Newman 2020)。この仮説上の**最後の真核生物共通祖先**(last eukaryotic common ancestor:**LECA**)は,2つの枝に沿って分岐した(図1.23参照)。1つの枝は,襟鞭毛虫とそこから派生した多細胞動物の進化につながった。もう一方の分岐は,シアノバクテリア(光合成を行う原核細胞)との共生関係を獲得した。光合成を行う水生真核生物の出現により,淡水藻類が誕生した。最終的に多細胞で光合成を行う陸上植物が進化した結果,大気中の酸素濃度が急激に変化し,水中と陸上の両方におけるあらゆる生命の大規模な多様化である**カンブリア爆発**(Cambrian explosion)に拍車がかかった(Judson 2017)。

1つから多くへ:多細胞生命 およそ15億年前,単細胞の真核生物の世界は,多くの細胞から構成される生物の出現である**多細胞性**(multicellularity)の進化につながる変革的な出来事を経験した。多細胞化がどのようにして生じたかについては,もっともらしい考え方が数多くあるが,現在は**群体起源説**(colonial theory)が有力な仮説となっているようである。この説では,ある単細胞種が,現存する多くの原生生物と同じように集合体(コロ

生命の樹

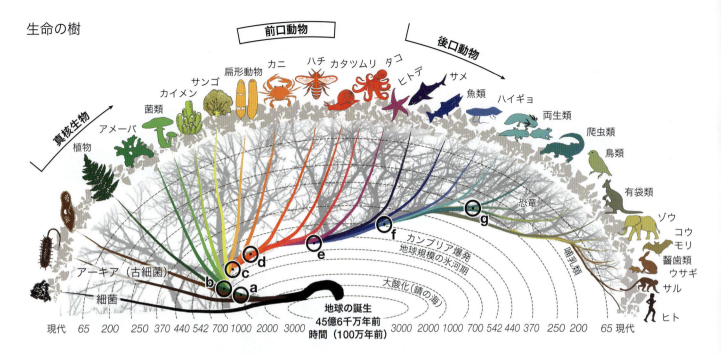

図1.23 生命の樹。地質学的タイムスケールは，図の下から上に放射状に移動する。地球上のすべての生命はつながっている。この現実をより理解しやすくするため，いくつかの主要な生物群には単純化のために色のついた枝が描かれている。その下にあるグレーの枝の層は，生命の系譜のより現実的で混沌とした相互関係を暗示している。a〜gの文字は，多細胞生物の祖先(a)と植物の祖先(b)を含む，共通祖先の位置を示している。今日の動物相(c〜f)に共通する祖先の多くは，"カンブリア爆発"にまで遡ることができる。(© Michael Barresi)

ニー)を形成し，時間の経過とともにコロニー内の個々の細胞が互いに異なるものとなり，最終的には特定の機能(生殖やエネルギー変換など)に特化するようになったと仮定している。

　地球の歴史のなかで，多細胞生物は25〜50回の独立進化を遂げたと考えられている。だが，この多くの起源のなかで，たった6つのグループの多細胞生物しか現存しない。褐藻類，緑藻類，紅藻類，そして陸上植物，菌類，動物である。次に，動物(後生動物；図1.24上)と陸上植物(図1.24下)の初期の進化を簡単に考察する。これらは本書の残りの部分で主題となる2つのグループである。

さらなる発展

動物の発生学的起源

　カイメン動物(最も基本的な後生動物)について考えてみると，カイメン動物特有の細胞タイプとして，成体カイメン動物内に形成された水路を流れる水の一方向性の流れを司る鞭毛細胞，**襟細胞**(choanocyte)が思い浮かぶ。これらの"襟をもつ"細胞の構造は，水を濾過する機能とともに，**襟鞭毛虫**(choanoflagellate)として知られる単細胞またはコロニー形成原生生物と相同であると考えられている(図1.25；Nielsen 2008；Nosenko et al. 2013；Brunet and King 2017)。最も興味深いのは，襟鞭毛虫にみられる細胞と細胞をつなぐタンパク質の種類であり，これには(われわれのような)三胚葉性の左右相称動物にもみられるよく保存されたタンパク質も含まれている。これらのタンパク質のなかには，細胞間の接着を仲介するカドヘリンも含まれて

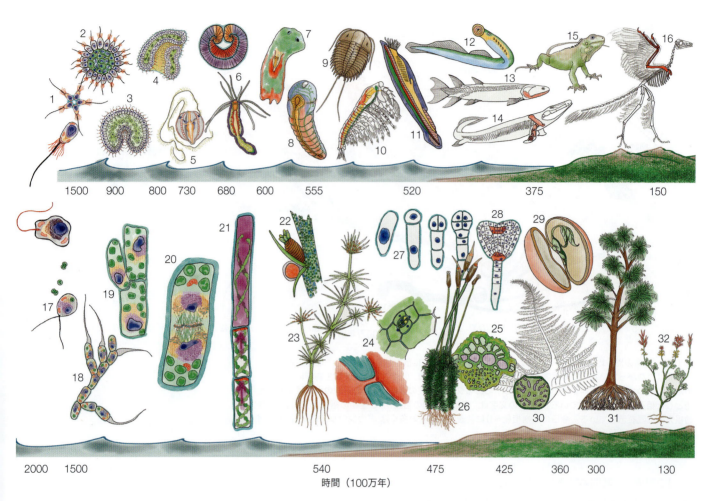

図1.24 生命の発生進化。この図は、動物（上）と植物（下）における進化の歴史の過程で起こった主要な発生的適応を描いている。最後の真核生物共通祖先（LECA）は、20億年前に植物と動物を生み出した。（上）（1）襟鞭毛虫細胞のコロニー形成。（2）増殖性の内層と上皮性の濾過食性外層をもつ2層構造の生物の発生。（3）密着接合（タイトジャンクション）と細胞外基質（ネオンブルー）の進化に伴い、消化器構造が出現する。（4）カイメン動物のように、口側–反口側（oral-aboral）の極性をもった開口部をもつ原始的な腸が出現する。（5）有櫛動物（クシクラゲ）では、神経様細胞の最初の相互連結システムがみられる。（6）イソギンチャクのような刺胞動物が最初の原腸形成の徴候を示す。（7）左右相称性が進化し（無腸類）、（8）分節が出現し、（9, 10）節足動物の多様な系統が生まれる。（11）中胚葉の適応により、最初の中軸構造である脊索（赤色）が生まれ、脊索動物が誕生する。（12〜14）顎のない魚類（12, ヤツメウナギ）から顎のある魚類（13, 硬骨魚類）へ、そして対になったヒレから関節のある前肢（14, *Tiktaalik*）へと、後生動物は水中から歩き出す。（15, 16）陸上の四肢動物のうち、爬虫類（15）はさらに前肢を翼に適応させ、鳥類（16）を生み出した。（下）（17）シアノバクテリアの細胞内共生が、光合成主導の進化の道を切り開く。（18, 19）コラーゲンを基本とする細胞外基質遺伝子の固定的修飾は、藻類のフィラメント状コロニーの形成（18）と、より保護的な細胞壁の形成（19, ネオンブルー）を促進する。（19）色素体DNAの統合は、色素体を複数もつ細胞の生合成を導く。（20）フラグモプラスト（隔膜形成体）は、細胞質分裂中に細胞壁を構築する。（21）植物ホルモン機構の拡大により、細胞成長と形態形成のための植物全体にわたるコミュニケーションが可能になる。（22, 23）世代交代は、すべての有胚植物（陸上植物）の共通祖先である、仮根をもつシャジクモ類が示す胞子体期と配偶体期において明らかである。（24）気孔と原形質連絡（プラスモデスマータ）は、将来の維管束の基礎となる。（25）養分輸送のためのハイドロイド細胞（薄紫色）は、最初の陸上植物であるコケ植物（26, コケ）に存在する。（27）胚発生が有胚植物を定義する。（28）多能性の茎頂および根端分裂組織（メリステム）は、無限成長を促進する（赤色）。（29）種子の適応は胚を保護し分散させる。（30, 31）リグニンは細胞壁をさらに強化し、最初の維管束植物（30, シダ）から最も高い樹木（31, 針葉樹）まで、水と栄養分の輸送効率を高める。（32）後生動物との共進化は、被子植物（顕花植物）の多様性を促進する。（この図をさらに詳しく調べるには、オンラインの「FURTHER DEVELOPMENT 1.6：The Developmental Evolution of Life」参照）（© Michael Barresi）

いる（4.2節参照）。実際、現存する襟鞭毛虫では、カドヘリンの発現を上昇させることが知られているレプチン様遺伝子が欠損すると、単一細胞が接着して特徴的なロゼット状のコロニーを形成することができなくなる（Levin et al. 2014；Booth and King 2020）。そのため、約30億年前に襟鞭毛虫の一部は、現在と同じように、ゆるく詰まったコロニーを形成していたという仮説が立てられている。

群体起源説では、接着タンパク質をコードする遺伝子の変異によって、隣り合う襟

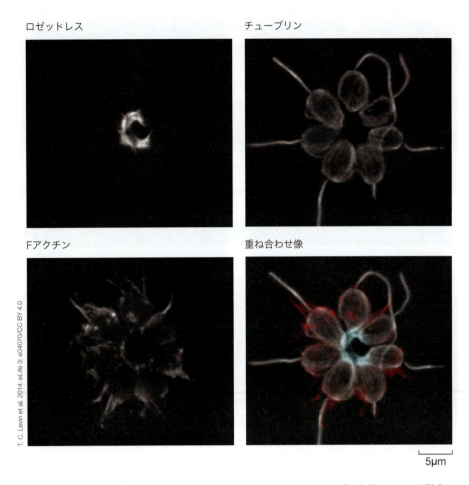

図1.25 襟鞭毛虫は，すべての動物の共通祖先のようである。ここではロゼッタ状コロニーを形成している襟鞭毛虫を示している。これらの細胞は，ロゼットレス（レプチン様タンパク質；重ね合わせ像のシアン），チューブリン（鞭毛のマーカー；重ね合わせ像の白），繊維状アクチン（Fアクチン，"襟様"の微絨毛のマーカー；重ね合わせ像の赤）タンパク質に対して免疫標識されている。

鞭毛虫の間に強固な結合が生まれ，この強固な結合が細胞間の栄養の共有と生存のための相互依存を促進したと仮定している。この提唱された最初の多細胞生物（choanoblastaeaと呼ばれる）は，襟細胞による単層の中空の球体で構成されていたと思われる（Nielsen 2008）。choanoblastaeaの上皮表面が適応するにつれて，より複雑な機能と動きがその系譜で進化し，古代の同骨カイメン目（カイメン動物の特殊なグループ），そして最終的には後生動物の胚を生み出した（図1.24 ステップ1〜3参照）。多細胞化を促進したのと同じ種類の接着タンパク質が，胚発生のあらゆる組織形成イベントにおいて重要な役割を果たしている。（このような変遷の機構については，第26章およびオンラインの「FURTHER DEVELOPMENT 1.5：Important Transitions in Animal Evolution」「SCIENTISTS SPEAK 1.1：Choanoflagellates and the Origin of Multicellularity with Dr. Nicole King」参照）

左右相称性の起源と胚葉　左右相称性はほとんどの動物群にみられる特徴で，現存する刺胞動物（クラゲ，サンゴ，ヒドラ，およびその近縁種）にみられるような，単純な放射状や球状の形態をもつ生物から進化したと考えられている。刺胞動物の祖先は，神経系，内臓，筋肉をもっていた。左右相称動物では，これら3種類の組織は別々の胚葉（外胚葉，内胚葉，中胚葉）に由来する。現存する刺胞動物の解剖学的構造をみると，胚葉は2つしかなく，当初は外胚葉と内胚葉だと考えられていた（そして中胚葉の起源は，初期の左右相称動物の"発明"だったことを意味するのだろうと）。しかし遺伝

学的研究により，刺胞動物の胚は中胚葉に特定的な遺伝子を発現していることが示され，研究者たちは刺胞動物が中胚葉の進化の過渡期である"中内胚葉"をもっていることを示唆するに至った（Holland 2000）。さらに最近では，刺胞動物が構築する2つの識別可能な層には，左右相称動物の内胚葉に典型的な遺伝子を発現する外胚葉領域と，左右相称動物の中胚葉に典型的な遺伝子を発現する内胚葉領域が含まれる可能性が示唆されている（Steinmetz et al. 2017）。このような発見は，刺胞動物と左右相称動物の間の胚葉の相同性についての疑問に拍車をかけている。（オンラインの「FURTHER DEVELOPMENT 1.7：The Origins of Gastrulation」参照）

さらなる発展

陸上植物の起源

動物との関係において，植物は重要な進化および発生の比較を可能にしている。あなたはすべての陸上植物が胚発生を行うことを知っていただろうか？ 水性生活から陸上生活への移行に伴い，陸上植物は適応形質として胚形成を獲得した。このため，陸上植物は**有胚植物**（embryophyte）と呼ばれている。

水から出て，陸上へ　淡水性の緑藻 *Chara braunii* のゲノムシークエンスの結果は，すべての有胚植物（陸上植物）が**シャジクモ藻綱**に由来することを強く示唆している（Nishiyama et al. 2018；Martin and Allen 2018 も参照）。祖先的なシャジクモ藻綱に近縁の現存種である *C. braunii* は淡水性緑藻にもかかわらず，より陸上植物のように見える（図1.26）。*C. braunii* は地表に固着するための原始的な根，堅固なセルロース細胞壁を有し，そして陸上植物において成長と細胞分化に必要不可欠な植物ホルモン（例えば，オーキシンやサイトカイニン）のシグナル伝達に関与する遺伝子の相同遺伝子を有している（Rensing 2018；図1.24 ステップ21 参照）。

なぜ祖先的なシャジクモ藻綱は，陸上での生活に適応することができたのだろうか。最近になって，シャジクモの共通祖先はこれまでに考えられていたよりも早くに単細胞緑藻として陸上に進出し，自然選択が陸上生活に有利な形質の進化を促進して

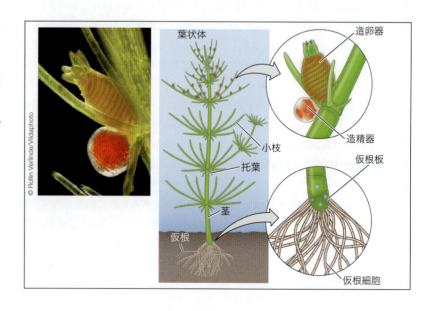

図1.26 現存するシャジクモ *Chara braunii* の全ゲノムシークエンスが行われ，その結果は祖先的な系統であるシャジクモ藻綱がすべての有胚植物（陸上植物）の起源となったことを強く示唆している。水生植物にもかかわらず，*C. braunii* は陸上植物と類似した外観をしており，仮根と呼ばれる原始的な根をもち，植物体を土壌に固定している。生殖器官——造卵器（卵）と造精器（精子）——を図中，右上に示している。（T. Nishiyama et al. 2018. *Cell* 174：448-464 より）

いたのかもしれないと考えられている。これら革新的な形質を獲得した後に，シャジクモの系譜は分岐し，地上での有胚植物繁栄の原動力となるとともに，再び水中に回帰し，今日みられる陸上植物様の水中形態をした *C. braunii* へと進化した（Harholt et al. 2016）。

共生による進化　いくつかの革新的形質の獲得が，植物の陸上生活を可能にした。最も重要な形質の1つは，陸上植物に特徴的な**細胞壁**の構築に利用される多糖からなる強靱なセルロース繊維の合成である。セルロース繊維の整列化や他の多糖やタンパク質による架橋など，細胞壁のさらなる適応は細胞壁をより強固なものにし，水分の喪失や紫外線の照射に対する耐性を付与したほか，重力に逆らった上向きの成長を可能にした（図1.24 ステップ17参照；Popper et al. 2011；Mikkelsen et al. 2014）。

しかしながら，地面にしっかりとした足場を築くことなしに，重力に逆らった上向きの成長は可能にはならなかっただろう。したがって，陸上植物の発生学的な進化の鍵となるステップは，三次元的な成長の確立であった。上下軸（頂端-基部軸）に沿った細胞の特殊化は，基部の細胞を地面へと"定着させる"ことを可能にする構造へと進化させた。固着のための仮根のさらなる進化は，土壌からの養分吸収の取り込み口を形成することにつながった（図1.24 ステップ19と20参照；Jones and Dolan 2012；Moody 2020）。

栄養の輸送を促進する機構への適応は，植物の大型化において異なる利益をもたらした。**原形質連絡**（plasmodesmata）（細胞間で物質の交換を行う開いたチャネル）と**気孔**（stomata）（環境と水・ガス交換を行うためのゲート）の獲得は，より複雑な物質輸送の進化へと舞台を整えた（**図1.27A，B**；図1.24 ステップ24も参照）。最初に明確に陸上に進出した植物群であるコケ植物（蘚類と苔類）は，栄養輸送が可能な原始的な導管様の筒状構造を発達させた（**図1.27C，D**）。これらの筒状構造は，今日の維管束植物のもつ，より複雑な木部と篩部へと進化した（**図1.27E**）。維管束組織は水や糖を植物体全体にわたって長距離輸送することを可能にし，このことが植物の無限成長を可能なものとした（図1.24 ステップ25〜30参照）。

第26章で説明するように，発生における遺伝的かつ選択的な変化によって進化は生じる。さらに言えば，共生は発生において重要な因子である。したがって，共生生物の変化は進化的な変化を起こしうる。これは多細胞生物の初期の進化においてよくみられる。原生生物に付随する共生細菌から生じる脂質によって，単細胞生物から共生襟鞭毛虫への変化は引き起こされた（Alegado et al. 2012；Ireland et al. 2020）。さらに，土壌に固着するための植物の根の起源は，（岩石を土壌へと変化させた）菌類に由来するようである（Pirozynski and Malloch 1975；Selosse et al. 2015）。陸上植物の祖先となった藻類はすでに陸上に存在していた菌類と連携したようであり，光合成を行う植物が利益を与える協力的な構造を発達させた。後者は，今日みられる植物の根と菌類の共生として合理化されてきた（Delaux et al. 2015；Rich et al. 2021；Bouwmeester 2021）。最も新しい発生生物学の法則の1つは，文字どおり生物は「他の生物と共に発生を行う」のである（Haraway 2016；Gilbert et al. 2012）。

種子の多様性　世代交代（1.2節参照）は発生戦略の大転換であり，植物における胚発生の開始を意味している（図1.24 ステップ22参照；Bennici 2008；Kenrick 2017）。配偶体と胞子体の段階を分離することで，すべての陸上植物のイノベーションの最先端である種子——胚を保持し，保護するとともに，栄養を供給する——の舞台が整う。裸子植物（針葉樹とその近縁種）と被子植物（イネ科植物を含む）からなる種子植物は地球上の植物の大多数を占めており，このことは繁殖戦略の成功を物語っている。"種子による繁殖戦略"は，有胚植物の陸上化とともに直面した大きな選択圧により駆動さ

図1.27　植物における栄養輸送の革新。(A)ハダシシャジクモ*Chara zeylanica*における原形質連絡(矢印)の透過型電子顕微鏡写真。(B)コリアンダーの葉における気孔(矢印)の走査型電子顕微鏡写真。(C)屋上に生育するコケ植物*Dicranoweisia cirrata*。胞子が詰まったカプセルが柄(さく柄)の先端に見える。コケ植物は陸上植物の最初の大きなグループを代表する。(D)ハイドロイド細胞とレプトイド細胞は，コケ植物において栄養分の輸送を担う筒状の細胞である。(E)シダ植物*Pteridium aquilinum*。右へ向かって，中央部分の茎の横断切片像と木部(陸上植物の水輸送を行う導管)のコンピュータトモグラフィー像。

れた。種子のきわめて重要な利点として，胚は固い種皮によって守られており，発生を静止期に止め置くことである。この静止期間において，種子と種子に包まれた胚は脱水状態にあり，発芽と生育に至適な環境が訪れるまで休眠状態を維持する。陸上植物の種子戦略は，生育に最適な環境の到来を待つことを可能にした。事実，種子は**休眠**(dormancy)と呼ばれる長期の静止状態を維持することが可能であり，この仕組みは動物による種子の散布と共進化した。これによって，広範囲での種子の散布が可能となった(図1.24ステップ29参照)。

■　おわりに　■

　人間がこの地球上のすべての生物と何らかの形で関係していることは，反論の余地のない事実である。私たちの外見，食べ物の消化方法，目の見え方，歩き方，そして繁殖方法さえも，進化的に他のすべての生物と関連している。この深い関連性は，発生生物学について学ぶ際の焦点となりうるし，またなるべきである。自然選択と協調して今日の多様な生命を生み出したのは，主に胚発生に関連する発生機構の直接的な改変であった。これらの発生機構とは何なのか？　本書の残りの章では，その答えと，さらに多くの疑問を紹介する。最終章では，進化と，重要な適応的変化を促し今日の生命体を生み出した発生生物

第1章 からだと場をつくる | 35

学の機構に立ち返る。

研究の次のステップ

界(kingdom)全体が未解明なのだ。本書では動物と植物を取り上げたが、多細胞生物には菌界という第三の大きな界があり、その発生についてはほとんどわかっていない。菌類は遺伝学的には植物よりも動物に近いが、その細胞はキチンを含む細胞壁をもっており、どちらのグループとも異なっている。菌類は減数分裂によって配偶子を形成するが、1つの種が何千もの有性交配型をもっている可能性がある(Ni et al. 2011)。菌類が発生過程で細胞分化を制御するために用いる分子的・細胞的機構はほとんど解明されていない(Gerke and Braus 2014)。菌類学者は、世界中の人々が耳を傾けさえすれば、菌類は世界を救うことができると主張してきた。多くの菌類は廃棄物の分解や土壌の生物による環境浄化に不可欠であり、菌類の繊維はウール、シルク、プラスチックの代替品として利用されてきた。また、ある種の菌類は危険な病原菌であり、地球の気候が温暖化するにつれて、特に植物(人間が依存している作物植物を含む)や両生類にとってさらに危険な存在になると予想されている。私たちは菌類の発生について学ぶべきことがたくさんあり、早く学んだほうがよいだろう。

章冒頭の写真を振り返る

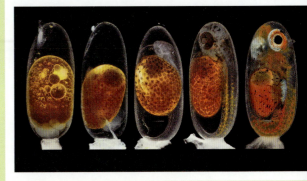

Daniel Knop/Nikon Small World

カクレクマノミ("ニモ"を思い浮かべてほしい)の卵から幼魚への発生はとても早い。1週間ほどで卵の殻から脱出する。発生が進むためには、比較的均質な卵が同じゲノムをもつ多数の細胞に分裂しなければならない。その細胞達は分化し(神経、血液細胞、骨などの前駆体になる)、形態形成(集まって複雑な器官を形成する)を経て、成長しなければならない。受精卵から自由生活性の成体になること(そしてまた戻ること)は、発生生物学の大部分を占める。カクレクマノミの胚は捕食者がいるため、急速に発生する。しかし、カクレクマノミの発生は、すべての動物や植物がそうであるように、卵の中だけで起こるわけではない。環境要因が重要である。カクレクマノミの性別は、大きさによって決まる。群れのなかで一番大きい魚が雌で、次に大きいのが雄である。残りの魚は未熟な雄で、大きな雌が死んだら雌になる可塑性をもっている。カクレクマノミの縞模様は、そのカクレクマノミが生息するイソギンチャクの種類によって異なる。世界的な気候変動により、イソギンチャクが魚を保護する能力が低下し、カクレクマノミの繁殖成功率は著しく低下している(Beldade et al. 2017；Figas 2020)。

1 からだと場をつくる：発生生物学入門

1. 生き物の生活環は、生物学の中心的な構成要素であり、成体形態が最重要である必要はない。基本的な動物の生活環は、受精、卵割、原腸形成、胚葉の形成、器官形成、変態、成体、老化からなる。基本的な顕花植物(被子植物)の生活環は、生殖成長相と配偶体相、胚発生と種子成熟、幼若栄養成長相と成熟栄養成長相からなる。

2. 動物では、三胚葉はそれぞれの器官系を形成する。外胚葉は表皮、神経系、色素細胞を生み出し、中胚葉は腎臓、生殖腺、筋肉、骨、心臓、血液細胞を生み出し、内胚葉は消化管の内壁や呼吸器系を形成する。

3. 色素や遺伝学的方法によって細胞を標識すると、ある細胞は形成された場所で分化し、他の細胞は元の場所から移動し、新しい場所で分化することがわかる。移動性細胞には、神経堤細胞、生殖細胞や血液細胞の前駆細胞が含まれる。

4. 植物細胞は強固な細胞壁に包まれているため移動することができないが、細胞分裂の方向を制御することや、細胞の伸長を制御することで、胚や植物体の形態形成を行っている。

5. 植物の生涯を通じて，茎頂および根端分裂組織は幹細胞の供給源として機能しており，地上部器官や根の発生を支えている。
6. 催奇形因子──発生を変化させる環境化合物──は，特定の器官が形成される特定の時期に作用する。
7. 「胚構造の類似性は子孫の類似性を示す」（Charles Darwin『種の起源』）。
8. von Baer の原則によれば，大きなグループの動物の一般的な特徴は，小さなグループの特殊な特徴よりも胚の早い時期に現れる。ある種の胚が成長するにつれて，他の種の成体とは異なってくる。"高等な"動物種の初期胚は，"下等な"動物種の成体とは異なる。

9. 別の種における相同構造とは，祖先の構造を共有しているために類似している場合を指す。相似構造とは，類似した機能を果たすことで類似性をもつが，共通の祖先構造に由来しないものである。
10. 地球上の生物の進化史は，植物と動物の形質を支配する発生過程で起こった適応を明らかにしている。植物と動物における主要な過渡的形態は，それらが共通する発生的進化を遂げたことを示している。
11. 襟鞭毛虫とシャジクモは，それぞれ後生動物と有胚植物（陸上植物）の共通の祖先である

● オンラインのコンテンツは **https://www.medsi.co.jp** よりアクセスしてください。

2 | 細胞アイデンティティの特定化
発生学的パターンのメカニズム

本章で伝えたいこと

- 動物と植物の胚において，未分化細胞は特定の細胞運命に方向付けられ，特定の細胞タイプへの決定の段階を経て，特定の細胞タイプに特徴的な遺伝子発現パターンを獲得して分化を終結するまでの成熟プロセスを進行する（2.1節）。

- 自律的特定化では，受精卵が分裂する際に各割球に割り当てられた細胞質中に存在する特定の分子によって，細胞運命が非常に早い段階で決定される（2.2節）。条件的特定化では，初期胚の細胞運命は可塑的で変化しやすく，時間の経過とともに細胞間の相互作用によって制限されるようになる（2.3節）。一般的に，生物の発生過程は両方のタイプの特定化を含む。

- 一部の種（特にキイロショウジョウバエ）では，最初に核のみが分裂し，単一の未分裂細胞質内に多数の核が存在する合胞体が形成される。これらの胚では，細胞質内における情報分子の前後方向の勾配が，細胞分化のパターンを決定する（2.4節）。

- 強力な最新の手法，例えば単一細胞 RNA シークエンシングを用いることで，研究者は受精卵から成体までの個々の細胞の運命をマッピングすることができる（2.5節）。

Jeffrey Farrell, Schier Lab/Harvard University

発生はマッピングできるのか？

　1883年，米国の初期の胚発生学者の1人である **William Keith Brooks**（ウイリアム・キース・ブルックス）は，次のように述べた：「物質世界における最も不思議なものは卵である。単純な組織化されていない1個の細胞でありながら，正確に成体の動物をつくり出す能力をもつ」。**Brooks** は，この特性はとても複雑なので，「われわれは果たしてそれを明らかにできるのだろうか。その真の意味，そして背後に隠された法則や原因に到達できるのだろうか」と思案した。実際のところ，単純で組織化されていない卵から非常に秩序立ったからだが形成されていく過程は，発生学の基本的な謎である。今日の生物学者は，この"隠された法則や原因"を継ぎ合わせようとしている。これらは，組織化されていない卵がどのようにして組織化されるのか，異なる細胞がどのようにして同じゲノムを異なる方法で解釈するのか，そして多様な細胞間コミュニケーションの様式が細胞分化の独特なパターンをどのようにして調整するのかを含んでいる。

38 | PART I 生成のパターンとプロセス

　本章では，**細胞特定化**(cell specification)の概念，つまり胚性細胞が特定の細胞タイプへの軌跡を獲得する方法について紹介し，異なる生物の胚が細胞運命を決定するために異なるメカニズムをどのように利用するかを探索する。第3章と第4章では，細胞分化の基礎となる遺伝子メカニズムや胚発生時における細胞間シグナリングについてより深く掘り下げる。Part 1の最終章である第5章では，このパート内のすべての原則を示す幹細胞の発生に焦点を当てる。

2.1　発生運命の方向付けのレベル

　多細胞生物の有する無数の細胞が，すべて受精卵から派生し，同じ遺伝子をもっているにもかかわらず，なぜ互いにこれほどにも異なる特性をもつようになるのだろうか？　どのように一群の細胞が花の鮮やかな花びらとなり，別の一群が植物の根系の地下のつるを形成するのだろうか？　ある一群の細胞が網膜の神経細胞(ニューロン)を形成し，別の一群が腎臓のネフロンを形成するのはどうしてだろうか？

　特殊化した細胞の産生は**分化**(differentiation)と呼ばれる。この過程では，細胞が分裂を停止し，特殊な構造要素や独特の機能特性，つまり細胞独自の形質を発達させる。赤血球は，タンパク質の組成や細胞構造が脳の神経細胞とは明らかに異なる。細胞の生化学的および機能的な変化には，細胞を特定の運命へと誘導する**発生運命の方向付け**(commit-ment)というプロセスが先行している。発生運命の方向付けの過程では，胚性細胞はその近隣の細胞や最も遠方の細胞とは見た目には異ならないことがある。しかし，発生運命を方向付けされた細胞が外見上は分化の徴候を示さなくても，その発生学的運命は制限されたものになっている。

　特定の細胞への発生運命の方向付けのプロセスは，2つのステージに分けることができる。すなわち，**特定化**(specification)と，それに続く**決定**(determination)である(Harrison 1933；Slack 1991)。細胞や組織の運命は，それが発生経路に関して中立な環境(例えば，培養皿内など)に置かれたとき，自律的に(つまり細胞自身で)分化できる場合に，**特定化されている**という(**図2.1A**)。特定化の段階では，細胞の発生運命の方向付けは可逆的である(つまり変更可能である)。もし，特定化された細胞が異なる特定化された細胞の集団中に置かれると，移植された細胞の運命は新たな近隣細胞との相互作用により変更されうる(**図2.1B**)。例えば，多くの大学生は化学専攻を希望しているかもしれないが，彼らの意思はまだ不安定である。すばらしい発生生物学の講義を受講した後，彼らはその後の専攻を生物学とすることで，彼らの運命は永遠に変わる可能性がある。

　細胞や組織を胚の他の領域に移植したり，培養皿内の別の特定化された細胞の集団に配置しても，それらが自律的に分化できる場合は，**決定されている**という(**図2.1C**)。細胞や組織がこれらの状況下でも特定化された運命に従って分化できる場合，発生運命の方向付けは不可逆であると仮定できる。この段階の運命の方向付けは，例えば化学専攻の3年生や4年生が，どれほど感動的な発生生物学の講義を聞いても生物学を専攻しないのと同じようなものである。要約すると，胚発生中に未分化細胞は，特定の運命へと段階的な方向付けを行う特有のステージを経て成熟する。つまり，最初に特定化，次に決定，そして最後に分化する。

　胚は3つの様式の特定化を示すことがある。自律的(autonomous)，条件的(condi-tional)，多核的(syncytial)（オンラインの「FURTHER DEVELOPMENT 2.3」参照）である。異なった種の胚は，これらの様式をさまざまに組み合わせて利用する。

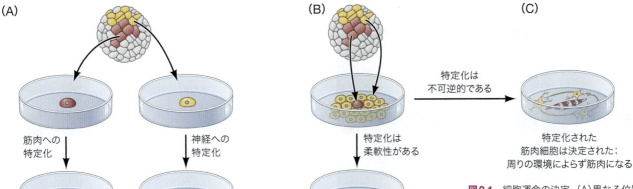

図2.1 細胞運命の決定。(A)異なる位置にある2つの胞胚細胞は，単離されたときに異なる筋肉細胞と神経細胞になるように特定化される。(B, C)2つの胞胚細胞を一緒に培養する。シナリオ(B)では，濃い赤色の細胞は筋肉へと特定化されているが，決定はされていない。その細胞は，近隣細胞との相互作用により神経細胞へ方向付けされる。ただし，濃い赤色の細胞が培養時に筋肉になるように方向付けられ，決定されている場合には，その細胞は近隣細胞と相互作用しても筋肉細胞に分化する（シナリオ(C)）。

2.2 自律的特定化

受精卵の細胞質は均一ではなく，受精卵の異なる領域には割球の発生に影響を与える因子群（主に転写因子）が含まれており，それらの因子群の遺伝子発現を調節して細胞を特定の成熟経路に向かわせる。**自律的特定化**（autonomous specification）では，初期胚の割球は各々これらの重要な因子，すなわち**細胞質決定因子**（cytoplasmic determinant）のセットを受け取る。言い換えれば，自律的特定化では，細胞は非常に早い段階で他の細胞との相互作用なしに自分が何になるかを"知っている"のである。例えば，巻貝のPatellaにおいては，非常に早い卵割ステージにおいて，将来的にトロコブラスト（繊毛細胞）になる割球を培養皿内で単離することができる。培養を続けると，これらの細胞は胚の中で生じるものと同じ繊毛性細胞タイプに発達し，同じ時間的精度で発生させることができる（図2.2）。このトロコブラストへの持続的な運命の方向付けは，これらの初期の割球が既に特定化され，その運命が決定されていることを示唆している。

尾索動物の細胞質決定因子と自律的特定化

細胞の特定化は，胚発生の過程で起こるダイナミックなイベントである。したがって，

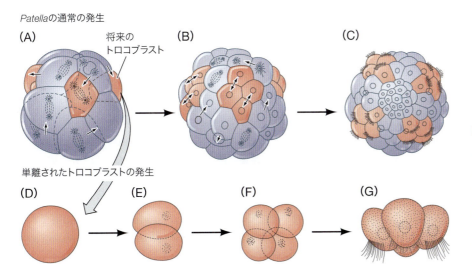

図2.2 巻貝（Patella）の（繊毛性）トロコブラストの自律的特定化。(A)側面から見た16細胞期。将来のトロコブラストはピンク色である。(B)48細胞期。(C)動物極側から観察した繊毛を有する幼生期。(D〜G)16細胞期の胚からPatellaトロコブラストを単離し，シャーレ内で培養した。単離して培養しても，細胞は適切なタイミングで分割し，繊毛をもつようになる。これは自律的特定化の徴候である。(E. B. Wilson. 1904. J Exp Zool 1：1-72より)

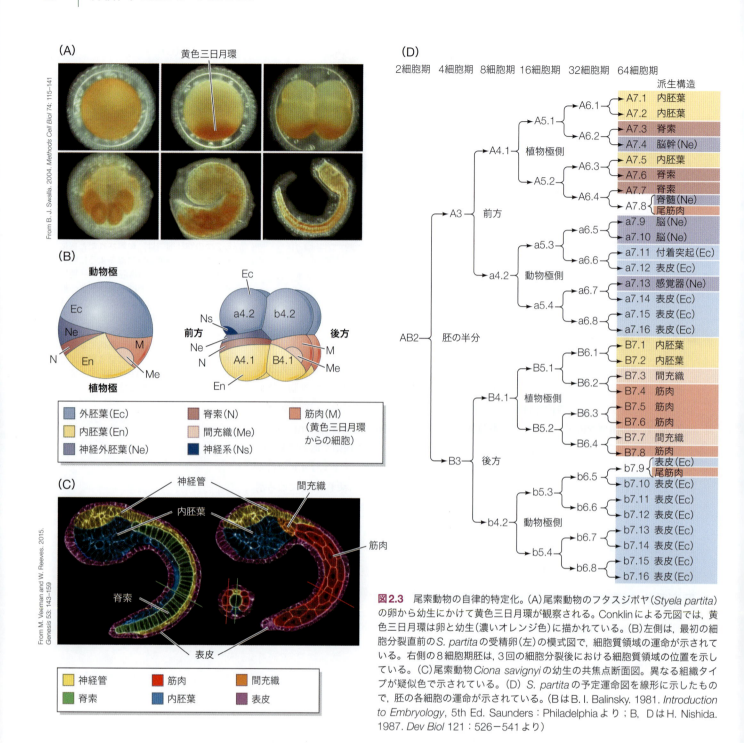

図2.3 尾索動物の自律的特定化。(A) 尾索動物のフタスジボヤ (*Styela partita*) の卵から幼生にかけて黄色三日月環が観察される。Conklinによる元図では、黄色三日月環は卵と幼生 (濃いオレンジ色) に描かれている。(B) 左側は、最初の細胞分裂直前の *S. partita* の受精卵 (左) の模式図で、細胞質領域の運命が示されている。右側の8細胞期胚は、3回の細胞分裂後における細胞質領域の位置を示している。(C) 尾索動物 *Ciona savignyi* の幼生の共焦点断面図。異なる組織タイプが疑似色で示されている。(D) *S. partita* の予定運命図を線形に示したもので、胚の各細胞の運命が示されている。(BはB. I. Balinsky. 1981. *Introduction to Embryology*, 5th Ed. Saunders：Philadelphiaより；B, DはH. Nishida. 1987. *Dev Biol* 121：526－541より)

系統追跡 (lineage tracing) 実験 (胚の細胞の成熟過程を時間とともに追跡する) が行えることが、細胞分化を研究するための最も重要な条件の1つとなる。追跡実験によって、胚の細胞をグループごとにラベル付けして、それらが成体においては何になるかを観察することができる。このような研究により**予定運命図** (fate map) と呼ばれる図表が作成され、幼生または成体での構造が生じてきた胚の領域に"マッピング"される。初期の予定運命図の1つは、尾索動物 (ホヤ) 胚の注意深い観察に基づいて作成された。

1905年、ウッズホール海洋生物学研究所の胚発生学者のEdwin Grant Conklin (エドウィン・グラント・コンクリン) は、尾索動物フタスジボヤ (*Styela partita*) の卵細胞質内に非対称に配置された濃い黄色の領域があることに気づいた (図2.3A)。この色のついた

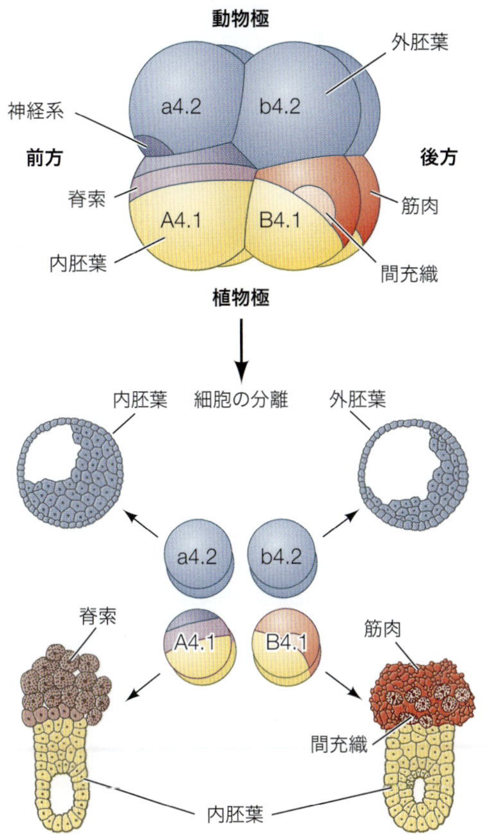

図2.4 尾索動物の早期胚での自律的特定化。8細胞期胚から4つの割球セットを分離すると，それぞれが正常胚において本来形成すべき構造を形成する。しかし，尾索動物胚の神経系は，条件的に特定化される。予定運命図は，尾索動物胚の右側と左側が同一の細胞系譜として発生することを示している。ここでは，筋肉系統を形成する黄色の細胞質は，隣接する中胚葉と合わせて赤色で示した。(G. Reverberi and A. Minganti. 1946. *Publ Staz Zool Napoli* 20：199−252より)

領域は，後に黄色**三日月環**(yellow crescent)と呼ばれ，最終的には幼生の筋肉細胞系統として分離された(**図2.3B，C**)。黄色三日月環を指標にして，各々の割球の細胞系譜を容易に追跡することができるようになり，Conklinはホヤの非常に詳細な予定運命図を作成した。各初期の細胞の運命を追跡した結果，Conklinは「幼生におけるすべての主要器官の固有の位置と割合は，2細胞期での異なる種類の原形質によって明確に区別されている」ことを示した。しかし，各々の割球はその系譜により決定されているのか？　言い換えると，**各々の割球は自律的に特定化されているのだろうか？**

　ホヤ胚の筋肉を形成する細胞は常に黄色をしており，B4.1割球の一部の細胞質領域に由来することが容易に観察できる(**図2.3D**)。B4.1割球の除去により，尾の筋肉がない幼生が得られた(Reverberi and Minganti 1946)。この結果は，**初期のB4.1割球由来の細胞が，幼生の尾部の筋組織を発生させる能力をもっていることを示している**。また，ホヤにおける自律的特定化モードの根拠をさらに示すものとして[1]，各々の割球は胚の残りの部分と分離された場合においても，対応するほとんどの種類の細胞種を形成する(**図2.4**)。さらに，B4.1細胞の黄色三日月環を他の細胞に移植すると，それらの細胞は尾部の筋組織を形成する(Whittaker 1973；Nishida and Sawada 2001)。まとめると，これらの結果は，細胞の運命を決定する重要な因子は初期の割球の細胞質に存在し，異なる様式で分離している可能性を示唆している。

さらなる発展

黄色い三日月が"マッチョ"と呼ばれる理由　最近の研究によって，黄色三日月環の色素性の細胞質には，Machoと呼ばれる筋肉特異的転写因子のmRNAが含まれていることが確認された。この黄色い細胞質(よってMacho)を取り込む割球のみが筋肉細胞に分化する(**図2.5A**；Nishida and Sawada 2001；Pourquié 2001によるレビュー)。機能的には，Machoはホヤの尾部の筋組織の発生に必要であり，*macho* mRNAの欠失により，B4.1割球の筋肉細胞への分化が抑制される。一方，*macho* mRNAを他の割球に注入すると，異所性の筋肉細胞への分化が誘導される(**図2.5B**)。したがって，これらの尾索動物の尾部の筋組織は，卵細胞質から*macho* mRNAを取り込み，体細胞分裂のたびにそれを保持することによって自律的に形成される。

発展問題

尾索動物胚における*macho* mRNAの局在に注目してほしい(図2.5A)。*macho* mRNAは細胞全体に均一に分布しているだろうか，それとも限られた領域に局在しているだろうか？　この局在した分布は，筋肉細胞系譜の自律的特定化の様式と一致しているか，一致していないか考えてみよう。そして，細胞生物学的な観点から，どのようにして特定のmRNAのこのような分布が確立されたと考察できるだろうか？

1　今日，最も一般的に研究されている尾索動物は，カタユウレイボヤ(*Ciona intestinalis*)であり，細胞系譜の樹立だけでなく，脊椎動物の進化や発生に重要な知見を提供している。カタユウレイボヤに関する研究は，尾索動物(無脊椎の脊索動物)の神経管閉鎖を調整する物理学的特性を明らかにし，その特性はヒトの神経管閉鎖と類似したプロセスである。

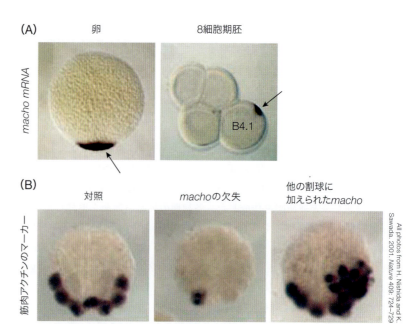

図2.5 卵母細胞内のmacho mRNAは，尾索動物において筋肉の発達を調節する。(A) 黄色三日月環と同様に，macho mRNAは卵の最も植物極側に存在し，その後B4.1割球でのみ差次的に発現する。(B) "見つける，なくす，動かす"プロセスを使用して(1.4節参照)，アンチセンス・オリゴヌクレオチドの注入によるmacho機能のノックダウンにより，筋肉分化を抑制した。一方，他の割球でのmachoの異所的な発現は，筋肉分化を促進した。

2.3 条件的特定化

ここまで，初期の尾索動物胚のほとんどの細胞運命は自律的な特定化によって決定されることを説明した。しかし，実際には完全にこのようにして特定化されるわけではなく，尾索動物胚でさえも神経系は条件的に形成される。**条件的特定化**(conditional specification)とは，細胞が互いに相互作用することにより，それぞれの運命を獲得する能力のことである。この一連の相互作用には，細胞間接触〔接触分泌因子(juxtacrine factor)〕，分泌性シグナル〔傍分泌因子(paracrine factor)〕，および細胞の局所環境の物理的特性(メカニカルストレス)などが含まれる。これらのメカニズムは第4章で詳しく学習する。

条件的特定化では，特定化は(驚くことではないが)条件に依存する。例えば，脊椎動物胞胚の背側組織を産生する運命にある細胞が，他の胚の将来の腹側領域に移植されると，移植されたドナーの割球は運命を変えて腹側組織の細胞へと発生する(図2.6)。さらに，割球が単離されたドナー胚の背側領域も通常通りに発生する。(オンラインの「FURTHER DEVELOPMENT 2.1：The Germ Plasm Theory」参照)

位置の重要性：ウニ胚における条件的特定化

1888年にはAugust Weismann（アウグスト・ヴァイスマン）が，初期胚の各細胞は他の細胞にはみられない決定因子を含んでおり，その決定因子によって自律的に発生すると提唱した。カエルの予定運命図に基づいてWeismannは，最初の卵割が将来の胚の右側半分と左側半分を分離すること，すなわち，その結果生じる割球には"右側"の決定因子と"左側"の決定因子が分離されるだろうと仮説を立てた。Weismannの仮説を検証するために，Wilhelm Roux（ヴィルヘルム・ルー）は，カエル胚の2細胞期の片方を熱い針を使って焼き殺した結果，右側または左側半分だけの幼生が発生した。このWeismannの仮説を支持するように見える結果に基づいて，Rouxは「特定化は自律的に起こる」と主張した。

しかしながら，Rouxの共同研究者であるHans Driesch（ハンス・ドリーシュ）が行った分離実験では，大きく異なる結果が得られた。Drieschはウニの割球を単離し，それらを激しい振動によって(あるいは後に行われたように，割球をカルシウムを含まない海水につけることによって)互いの割球を分離した。Drieschが驚いたことに，2細胞期の胚か

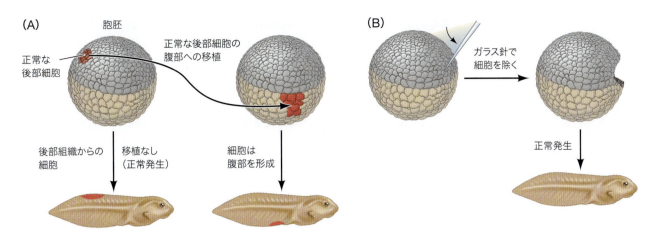

図 2.6 条件的特定化。(A)どのような細胞になるかは，胚のなかでの位置に依存する。細胞の発生運命は，隣接する細胞との相互作用によって決定される。(B)胚から細胞が除去されると，残った細胞が調整を行い，欠落部分を補う。

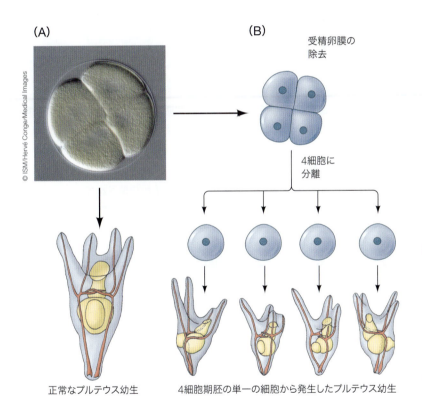

図 2.7 Driesch が示した条件的特定化。(A)操作をしていない4細胞期のウニ胚は，正常なプルテウス幼生になる。(B)受精卵膜から4細胞期胚を取り除き，4つの割球を分離すると，各割球は小さいが正常なプルテウス幼生に発生する(すべての幼生は同じスケールで描かれている)。注目すべき点は，このようにして得られた4つの幼生はすべて必要な細胞を産生できるものの，完全に同一ではないことである。このような幼生間の違いは，同様にして形成された成体ウニでもみられる(Marcus 1979参照)。(BはA. Hörstadius and A. Wolsky. 1936. *Archiv Entwicklungsmechanik* 135：69-113より)

ら分離した割球は，正常な幼生へと発生した（**図2.7A**）。同様にして，Driesch が4細胞期や8細胞期のウニ胚から割球を分離すると，それら細胞の一部は完全体で構造は左右対称であり，自由に泳ぐことができる**プルテウス幼生**（pluteus larvae）へと成長した（**図2.7B**）。この結果は，WeismannとRouxの仮説とはかけ離れたもので，各分離された割球は将来の胚の一部組織への自己分化を起こすのではなく，分離された個々の割球は完全な個体を形成するために自身の発生を調節していた。

さらなる実験では，Driesch は細胞を取り除き，これにより胚内に残る細胞の構成を変化させた（これらの細胞は，今や本来とは異なる隣接細胞に接しているわけである）。その結果，胚全体の細胞運命が変化したが，それにもかかわらず，最終的に胚は正常な幼生へ

と発生した。言い換えれば，**細胞の運命は状況に合わせて変化した**というわけである。条件的特定化では，細胞の発生運命を決めるものは細胞間の相互作用であり，細胞タイプに特異的な細胞質因子ではない。これらの実験は，細胞の発生運命が周囲の細胞に依存していることを初めて観察したものである。これらの結果は，胚発生学だけでなく，Driesch個人にとっても重要であった[2]。

- 第一にDrieschは，**単離した割球の発生における潜在的な能力が，その将来的な運命よりも大きいこと**を示した。つまり，割球が分化できる細胞タイプは，通常の発生過程で形成されていく細胞タイプよりも多いということである（WeismannとRouxの仮説によれば，割球の潜在的な能力と将来的な運命は同一であるはずであった）。

- 第二に，Drieschの実験から，**細胞間相互作用が正常な発生に重要であること**が示唆された。彼は，ウニの胚は"調和等能系"であると結論づけた。なぜなら，潜在的には独立した各々の割球が，有機体を形成するために細胞同士の相互作用を介してひとつの生物をつくり上げていくからである。さらに，単離した個々の初期割球が胚を構成するすべての細胞を形成できるのであれば，正常の（つまり操作を加えていない）発生では，細胞間の相互作用が他の細胞に分化しようとする能力を抑制しているということになる（Hamburger 1997）。

- 第三にDrieschは，核の運命は単に胚内での細胞の位置に依存すると結論づけた（注2を参照）。

今では，ウニやカエルの初期胚の細胞が，自律的および条件的特定化の両方を利用していることがわかっている。さらに，両動物グループとも初期発生においては類似した戦略と分子群を利用しており，これについては第11章と第12章で詳しく説明する。20世紀半ばまで，ほとんどの初期の割球が条件的に特定化される胚（特に脊椎動物胚）は伝統的に"調節胚"と呼ばれ，自律的に特定化されたものは"モザイク胚"と呼ばれてきた。しかし，自律的特定化と条件的特定化が各々の胚内で生じている様子が認識されてくるにつれ，"モザイク胚"や"調節胚"といった考え方は，ほとんど主張できなくなっている。（オンラインの「FURTHER DEVELOPMENT 2.2：Squeezing the Conditions of Specification」参照）

どのように分割するかに依存する：植物胚における特定化

植物細胞の特定化は，動物細胞と同様に，発生運命の方向付けの法則に従っている。植物における最も顕著な細胞運命の自律的特定化は，接合子の第一分裂の結果生じる。第一分裂に先立ち，接合子の細胞質成分が質的にも量的にも非対称に分配される。これに伴い，**前胚**（proembryo）と呼ばれる状態が確立される（Wang et al. 2020）。そして第一分裂は，胚および芽生え，そしてそれらが成長する植物における頂端‐基部軸を決定する（**図2.8A**）。根のごく先端を除き，前胚の頂端側の小さな娘細胞は，植物体を構成するすべての細胞の元となる。対照的に前胚の基部側の娘細胞は，根端の一部と，胚と胚珠をつなぐ**胚柄**（suspensor）へと分化する。

自律的な特定化に必要な基準として，*in vitro*あるいは*in vivo*において単離した場合においても，前胚の頂端および基部細胞の両方が，胚および胚柄へとそれぞれ分化する発生学的な系譜を維持している（Qui et al. 2017）。微小管とアクチンフィラメントの細胞骨格が接合子の伸長に寄与しており，続いて，接合子の核が頂端側の細胞と推定される方向へ移動するとともに，液胞は細胞の基部側へと配置される。最終的に細胞質分裂過程におい

2　核はすべての細胞において同等でありながら，細胞同士が相互作用しているという事実について，Drieschは科学的説明を放棄せざるをえなかった。胚は機械のようなものだと考えていたDrieschは，胚がどのようにして欠失した部分を補うのか，細胞がどのように発生運命を変更し，他の種類の細胞へと分化できるのかを説明できなかったのである。

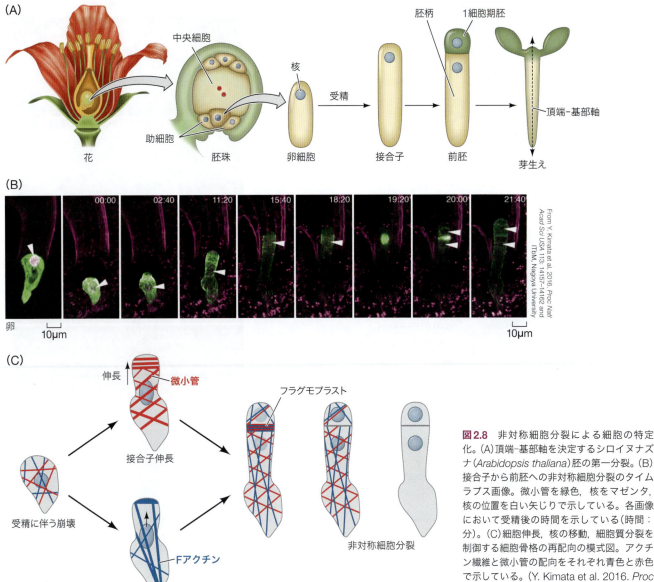

図2.8 非対称細胞分裂による細胞の特定化。(A)頂端-基部軸を決定するシロイヌナズナ(*Arabidopsis thaliana*)胚の第一分裂。(B)接合子から前胚への非対称細胞分裂のタイムラプス画像。微小管を緑色，核をマゼンタ，核の位置を白い矢じりで示している。各画像において受精後の時間を示している（時間：分）。(C)細胞伸長，核の移動，細胞質分裂を制御する細胞骨格の再配向の模式図。アクチン繊維と微小管の配向をそれぞれ青色と赤色で示している。(Y. Kimata et al. 2016. *Proc Natl Acad Sci USA* 113：14157－14162 and ITbM, Nagoya University より)

て，分裂準備体と隔膜形成体（フラグモプラスト）が配置される位置が決定される（図2.8B，C；Pillitteri et al. 2016；Kimata et al. 2016）。

　この初期の簡潔な自律的な特定化に続いて，条件的特定化によって植物胚における細胞の成熟が進行する。残りの発生過程全体を通じて，細胞のアイデンティティは植物の頂端-基部軸に沿った細胞の位置情報に大きく影響を受ける。したがって，文字どおり，細胞運命を特定化するシグナル因子が始動することで，接合子の非対称な第一分裂が有胚植物の頂端-基部軸の統制を決定する。第4章で述べるように，頂端-基部軸あるいは別の軸性に従った植物ホルモンであるオーキシンの極性輸送が遺伝子発現を差次的に制御しており，その結果，植物内での細胞の位置情報に基づいて異なる細胞種へと特定化がなされる。

(A) キイロショウジョウバエ初期発生中の核分裂サイクル

(B) サイクル13での核分裂の同調性

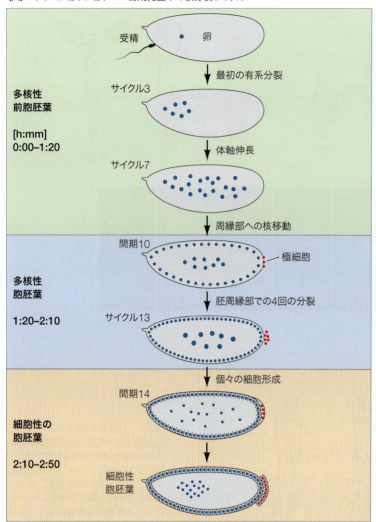
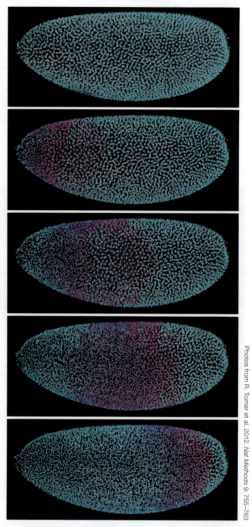

図2.9　キイロショウジョウバエ(*Drosophila melanogaster*)の多核性胞胚葉。(A)ショウジョウバエにおける胞胚葉の細胞化進行の模式図(核は青色で示されている)。(B)発生中のショウジョウバエの胚のタイムラプス動画から得られた静止画像。前有糸分裂期の核(青)，有糸分裂中に活発に分裂している核(紫色)。(AはZ. Lv et al. 2021. *J Cell Sci* 134：jcs246496 より)

2.4　多核的特定化

　自律的特定化と条件的特定化に加え，その両方を使う第三の戦略が存在する。多くの核を含む細胞質は**合胞体**(syncytium)と呼ばれ[3]，そのような合胞体内の将来の細胞特定化は**多核的特定化**(syncytial specification)と呼ばれる。昆虫は多核的ステージを経る胚の顕著な例であり，その代表例は果実バエであるキイロショウジョウバエ(*Drosophila melanogaster*)である。ハエの初期の卵割段階では，核は細胞質分裂を伴わずに13回分裂する。この分裂により，1つの共通した細胞膜に囲まれた単一細胞質内に多数の核が含まれる胚，**多核性胞胚葉**(syncytial blastoderm)が生じる(図2.9およびオンラインの「WATCH DEVELOPMENT 2.3：Development of the Syncytial Blastoderm in the *Drosophila* Early Embryo」参照)。

[3]　合胞体は，カビからヒトまで多くの生物種で観察される。例として，線虫の生殖細胞(細胞質間橋でつながっている)，多核の骨格筋繊維，ヒトの胎盤の細胞がある。

多核性胞胚葉内では，将来の細胞のアイデンティティが胚全体の前後軸に沿って同時に確立される。つまり，細胞核を個々の細胞として隔離する膜がない状態で，そのアイデンティティが確立される。13回目の核分裂の直後で，原腸形成直前に，**細胞化**（cellularization）と呼ばれるプロセスによって各々の核の周りに膜が最終的に形成される（図2.9参照）。では，細胞化が起こる前に，頭部，胸部，腹部，および尾部となる細胞の異なる運命はどのようにして特定化されるのだろうか？ 細胞化前の胞胚葉内の特定の位置に，自律的特定化のようにアイデンティティを決定するための分離された決定因子が存在するのだろうか？ それとも，合胞体内の核は，条件的特定化のように隣接する核との位置関係からそのアイデンティティを獲得するのだろうか？ これらの後者2つの質問の答えはどちらもイエスである。

相反する勾配が軸方向の位置を定義する

既に述べた他の卵のように，ショウジョウバエ卵の細胞質は均一ではない。代わりに，卵の前後軸に沿って細胞運命を決める位置情報の勾配を含んでいる（Kimelman and Martin 2012参照）。多核性胞胚葉では，細胞の前方部の核は後方部には存在しない細胞質決定因子に曝露され，細胞の後方部の核も同様である。細胞運命を特定化するものは，核と特異的な量の決定因子との相互作用である。受精後，核は同期的に分裂することで（図2.9B参照），各々の核は前後軸に沿った特定の領域に配置され，それぞれに特異的な濃度の決定因子に曝露される。

空間内のすべての核を差次的に特定化する

初期胚の軸方向に沿った核間の位置関係を維持することは，多核的特定化の成功には不可欠である。では，多核性胞胚葉内の核は，どのようにして衝突せずに位置を維持するのだろうか？ それは，各々の核独自の細胞骨格機構（中心体，関連する微小管，アクチンフィラメント，および相互作用するタンパク質）によるものである（Kanesaki et al. 2011; Koke et al. 2014; Lv et al. 2021）。具体的には，核が分裂と分裂の間（すなわち間期）にあるとき，各々の核は中心体によって組織化された動的な微小管を放射状に伸長して"軌道"を確立し，他の核の軌道に力を加える（**図2.10**およびオンラインの「WATCH DEVELOPMENT 2.4: Microtubule Dynamics Associated with Nuclear Divisions」参照）。核が分裂するたびに，この放射状の微小管配列は再び確立され，隣接する核の軌道に力を加え，多核性胞胚葉全体における核の規則的な間隔を維持する。これらの核は時間とともに，微小管とアクトミオシンの相互作用の組み合わせによって誘導される集合的な挙動を示し，核は表層へと正しく再配置される。その後，細胞化がすみやかに続く（図2.9A参照）。

初期発生中に核の位置を安定させることで，各々の核を細胞質全体に勾配をもって分布する異なる量の決定因子に曝露させることができる。その結果，各々の核は特定のアイデンティティに向けて遺伝的にプログラムされるようになる。核は，曝露された細胞質決定因子の濃度に依存して，体の前方部，中間部，または後方部の一部になるかどうか運命付けられることになる。これらの決定因子は**転写因子**（transcription factor）であり，DNAに結合して遺伝子の転写を制御するタンパク質である。これらについては第3章で詳しく説明する。

図2.10 キイロショウジョウバエ（合胞体）の13細胞周期の間期における核の配置。核は初期胚の合胞体内で整然と整列し，関連する細胞骨格要素を用いてその位置を維持する。（左）EB1-GFPによって各々の核に関連する微小管を示している。核の軌道を定義するアスター（星状体）の配列は，隣接するアスターと一部重なっている（WATCH DEVELOPMENT 2.4参照）。（右）間期中に核がその位置を維持し，軌道を確立する様子を示した図。この核と細胞質の配列パターンは，コンピュータモデリングによって作成された。

発展問題

もし，BicoidとCaudalの相反する濃度勾配がキイロショウジョウバエの前後軸の特定化を決定するのであれば，より大きな，あるいは体節ごとに異なった比率をもつハエ胚においても同様のメカニズムが働くだろうか？　それともある程度のメカニズムの修正が必要となるだろうか？　実際の勾配はどの程度精密でなければならないのだろうか？　そして成熟に向けた細胞系譜特異的な経路において，核/細胞は実際にどの程度精密に配置されていなければならないのだろうか？

さらなる発展

転写因子勾配が頭部から尾部までの運命を特定化する　第10章で詳しく説明するが，ショウジョウバエ胚の前極末端はBicoidと呼ばれる転写因子を産生し，そのmRNAとタンパク質の濃度は前方部で最も高く，後方部に向かって低下する（図2.11A，B；Gregor et al. 2007；Sample and Shvartsman 2010；Little et al. 2011）。BicoidのmRNAは，胚の将来の前方部になる端に繋留される。受精時にはこのmRNAが翻訳され，新しく合成されたBicoidタンパク質が前方部で最も高い勾配を形成する。一方，卵の最後方部は，転写因子Caudalの後方部から前方部へ濃度が低くなる勾配を形成する（図2.11C）。BicoidとCaudalは**モルフォゲン**（morphogen）と見なされる。なぜなら，それらは濃度勾配をもって存在し，さまざまな閾値濃度で異なる遺伝子を制御する能力があるからである。

このようにして，ショウジョウバエ卵の長軸に沿って，前方からのBicoidと後方からのCaudalの逆方向の勾配が形成されている。大量のBicoidと少量のCaudalを含む領域の核は，頭部を産生する遺伝子を活性化するように指示される。ほとんどBicoidがなく，Caudalが豊富な領域では，活性化された遺伝子が腹部/尾部の構造を形成し，その両極端の中間の濃度をもつ領域では胸部の構造が形成される（Nüsslein-Volhard et al. 1987）。合胞体の核が最終的に細胞に取り込まれると，これらの細胞の運命が特定化されることになる。その後，各々の細胞の特定の運命は，

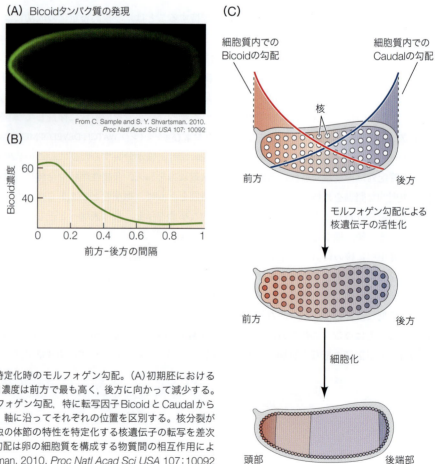

図2.11　キイロショウジョウバエにおける多核的特定化時のモルフォゲン勾配。（A）初期胚におけるBicoidタンパク質の発現を緑色で示す。（B）Bicoid濃度は前方で最も高く，後方に向かって減少する。（C）前後軸の特定化は，卵の細胞質内におけるモルフォゲン勾配，特に転写因子BicoidとCaudalから生じる。これらの2つのタンパク質の濃度と比率は，軸に沿ってそれぞれの位置を区別する。核分裂が起こると，それぞれのモルフォゲン量が，幼虫と成虫の体節の特性を特定化する核遺伝子の転写を差次的に活性化する（第10章でみるように，Caudalの勾配は卵の細胞質を構成する物質間の相互作用により形成される）。（BはC. Sample and S. Y. Shvartsman. 2010. *Proc Natl Acad Sci USA* 107: 10092より）

自律的特定化(細胞化後に得られた転写因子によるもの)と，条件的特定化(細胞とその隣接細胞との相互作用によるもの)によって決定される。これらの勾配がショウジョウバエ胚のすべての細胞を生み出すメカニズムについては，第10章で詳しく説明する。

2.5 細胞成熟のマッピング

　未分化の受精卵から多細胞生物のきわめて多様な細胞タイプが産生される進行過程を理解することは，発生生物学者の基本的な探究の目的である。発生生物学者は，細胞が発現する遺伝子によってその細胞を同定できるとすれば，任意の時点でどの遺伝子がどの細胞で発現されているかを特定することによって，細胞の同定ができるようになると考えた。私たちはこのような同定を行うための手法をもっているのだろうか？

　信じられない話のように聞こえるかもしれないが，最近，単一細胞RNAシークエンシング(single-cell RNA sequencing：scRNAseq)と新しいコンピュータアプローチを組み合わせることで，細胞を同定する手法が開発された(Harland 2018にレビューがある)。研究者たちは，異なる胚のステージからすべての個々の細胞を分離し，各々の細胞のmRNAを個別にシークエンスして，各々の細胞によって発現が異なるRNAを同定した(図2.12A；Briggs et al. 2018；Farrell et al. 2018；Wagner et al. 2018)。1つの細胞が

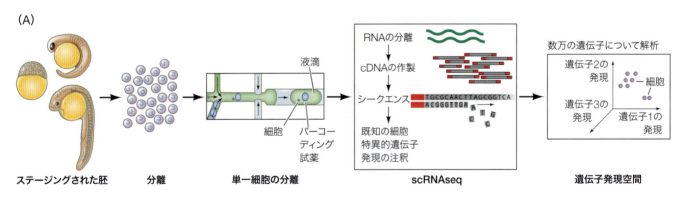

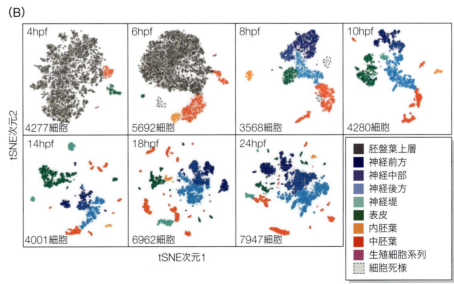

図2.12　細胞運命の成熟を示した発生的景観。(A)時間経過における最も近い遺伝子関連に基づいて細胞の成熟を可視化するための単一細胞RNAシークエンシング(scRNA-seq)の実験デザイン。分離された胚からの個々の細胞は液滴に捕捉され，そのmRNA(すなわち発現遺伝子の源)が逆転写されてcDNAがつくられる。このcDNAには固有の配列タグが追加される。この手法はバーコーディング(barcoding)と呼ばれる。その後，得られたタグ付きcDNAのシークエンスを行う。(B)各発生段階のT分布型確率的最近傍法(tSNE)プロット。細胞は，発現している遺伝子の既知の胚層アイデンティティに応じて色分けされている。これらのデータは，図2.13に示されている発生の"木"を描くのに使用できる。(BはD. E. Wagner et al. 2018. *Science* 360：981-987 and J. A. Briggs et al. 2018. *Science* 360：eaar5780より)

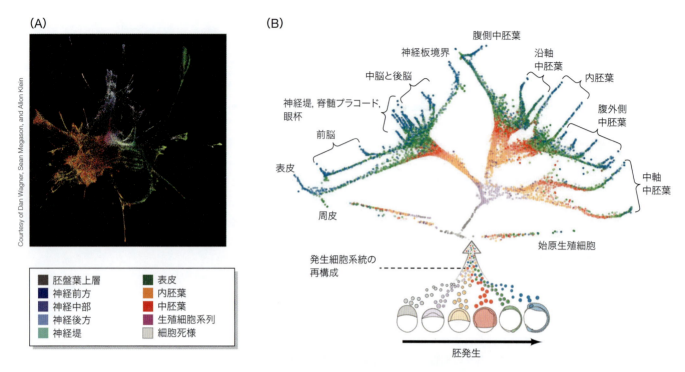

図2.13 発生の"木"。(A)ゼブラフィッシュの胚の最初の24時間において，代表的な細胞分化の状態を示しているすべての遺伝子発現の様子を可視化した。開始時点は画像の中心にあり，分化した細胞が画像の外側に向かって表皮(緑色)，中内胚葉(オレンジ，赤色)，および神経(青色)の系統に放射状に広がっている。(B)ゼブラフィッシュの胚形成の最初の12時間の発生の"木"のレイアウト。色で発生段階を区別している。それぞれの細胞に特異的な転写経路によって，木の根元の未分化細胞は分岐し，最終的に枝先の25の異なる細胞系統に至る。(BはJ. A. Farrell et al. 2018. *Science* 360:6392eaar3131 より)

産生するRNAの全転写産物は，その細胞で発現しているすべての遺伝子を示し，これを**トランスクリプトーム**(transcriptome)と呼ぶ。研究者は，ツメガエル(*Xenopus*)およびゼブラフィッシュの胚の個々の細胞のトランスクリプトームをさまざまな発生段階で決定した。これにより，膨大な量のデータが生成された。例えばWagner(ワグナー)らの研究室は，たった1つの4時間段階のゼブラフィッシュ胚から2,155個の細胞を収集し，平均して細胞あたり1,445個の異なる転写産物を同定した。異なる7つの段階において，各段階で2～4回の複製実験を行った場合(Wagner et al. 2018)，たった1つの解析からでも約9,000万のデータ量が得られたのだ！　どのようにしてこれほどのデータが解析可能になるのだろうか？　そして，どのようにしてこの種類のデータ──空間と時間の両方の情報を含む，胚の各々の細胞のトランスクリプトーム──から，細胞の特定化に関する情報を取得できるのだろうか？

　このような膨大な量のデータを解析するために，研究者はコンピュータの解析ツールを使用する。Wagnerグループは，"最近傍探索"計算アプローチを使用して，細胞が発現する遺伝子を調べ，隣接する細胞との類似性と相違性を解析した。そして，類似したトランスクリプトームを使用して，類似した細胞を特定し，クラスター地図を作成した。これらの細胞での遺伝子発現が発生段階でどのように変化するかを定量化することで，彼らは胚の細胞分化の空間的地図を生成した(図2.12B)。新しくマッピングされたトランスクリプトーム情報を既知の予定運命図やゼブラフィッシュ胚の細胞分化に関する情報と照合することで，研究者はトランスクリプトームを細胞タイプの同定の根拠として，時間の経過とともに細胞が分化する過程の可視化に成功した。

　これらの"発生の木(developmental tree)"は，細胞が分化状態に到達するまでの過程

における，遺伝子発現の変化を示している（図2.13）。この時間的なトランスクリプトームデータを収集することによって，細胞分化の初期状態と末期状態を特定するだけでなく，これらの2つの状態間の細胞特定化に関連する過渡的な遺伝子発現を特徴付けるための根拠を得ることができる（Briggs et al. 2018；Farrell et al. 2018；Wagner et al. 2018）。（オンラインの「FURTHER DEVELOPMENT 2.3：A Rainbow of Cell Identities」「WATCH DEVELOPMENT 2.5：Developmental Trajectories in the Early Zebrafish Embryo」参照）

研究の次のステップ

　この章では，戦略的に配置された細胞質決定因子や細胞間相互作用が，特定の細胞タイプに向けて細胞の成熟と分化を調整していることを学んだ。組織や胚を構成するすべての細胞を用いた単一細胞RNAシークエンシング技術は，細胞分化研究の新しいフロンティアを開拓し，この技術を用いて多くの問いに答えることが可能となる。未分化細胞から最終分化を終えた細胞への成熟を制御する鍵となる遺伝子は何だろうか？　最終分化を終えた細胞の運命は固定されているのか，それともその細胞運命は変更されるのか（分化転換）？　どのようにして異なる環境が細胞特定化のタイミングや動態に影響を与えるのか？　このような問いに答えるために，あなたはどのような実験を計画するだろうか？　どのような時間軸と対照群を考慮する必要があるだろうか？　これらの問いに答えられる可能性は，あなたの好奇心次第である。

章冒頭の写真を振り返る

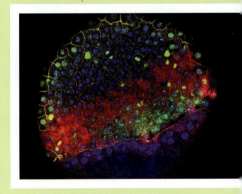
Courtesy of Jeffery Farrell and Alex Schier.

　哲学者のSøren Kierkegaard（セーレン・キルケゴール）は，人々に内在する真実が，群衆の騒音や向かう方向によって曇りがちになることを記した。現在，発生生物学の分野では，大雑把に幅広い細胞タイプの"群衆"に基づいて細胞分化を定義しているが，研究者は1つ1つの細胞レベルでどれだけの"真実"を見逃してきたのかに興味津々である。この斑色蛍光画像は，ゼブラフィッシュの初期の原腸胚のさまざまな細胞が異なる遺伝子を発現している様子を示している。最近の単一細胞RNAシークエンシング(scRNAseq)解析から生成されたデータは，細胞独自の差次的発現を起こす遺伝子を特定することで，このようなイメージングを可能にした。遺伝子発現に基づいて多くの個々の細胞の運命を示す時間的推移の可視化は，コンピュータを用いて再構築できる。これは，Dan Wagner（ダン・ワグナー），Sean Megason（ショーン・メガソン），Allon Klein（アロン・クライン）によってなされた解析である（図2.13A参照；Wagner et al. 2018）。未熟な細胞から分化した細胞までの軌跡に沿って，似たような親戚ともいえる細胞が近くに配置されており，虹色スペクトルの細胞アイデンティティが展開されている（図2.13B参照）。Jeffrey Farrell（ジェフリー・ファレル）によって一部先駆的に行われたこのアプローチにより（Farrell et al. 2018参照），個々の細胞アイデンティティの違いが洗練されたものとなり，私たちをより真実の近くに引き寄せた。これは*Science*誌によって2018年の科学的なブレイクスルーのトップに選ばれた（vis.sciencemag.org/breakthrough2018/finalists参照）。

2 細胞アイデンティティの特定化：発生学的パターンのメカニズム

1. 細胞分化とは，ある1つの細胞が将来的に分化する細胞種にユニークな構造的・機能的特性を獲得するプロセスのことである。細胞は，それぞれの最終運命に辿りつく過程で，異なるレベルの方向付けを経験して成熟する。

2. 細胞は最初に与えられた運命に向かって特定化される。つまり，その細胞が単離されたとしても，本来なるべき細胞になる。

3. 細胞は，新たな環境下に置かれたとしても，発生的成熟を維持できていれば，予定された運命細胞へ方向付け，あるいは決定される。

4. 細胞の特定化には3種類の様式がある。すなわち，自律的，条件的，多核的である。

5. 自律的特定化とは，初期胚の細胞質内にある決定因子が，細胞をそれぞれに特異的な運命へと方向付けることである。尾索動物の早期胚が最もよい例であるが，そのような細胞は単離されても既に決定された細胞種へと成熟する。

6. 条件的特定化とは，胚の中での位置に基づいて細胞がアイデンティティを獲得することであるが，より詳細には，細胞が他の細胞や分子と接触し，相互作用することによるものである。条件付き特定化の最もわかりやすい例は，単離された1つのウニの割球から完全に正常なウニ幼生が発生することだろう。

7. ほとんどの動物種は，条件付き特定化だけでなく自律的特定化も組み合わせて発生した細胞により構成される。

8. 多くの植物胚は，自律的特定化により最初の非対称分裂を行う。その後に続く植物の発生は，条件的特定化によるものである。

9. 多核的特定化は，核が分離していない合胞体で細胞運命が決定されるときに起こる。ショウジョウバエの胞胚葉では，細胞骨格の配置が合胞体の核の位置を維持し，モルフォゲンである Bicoid と Caudal の前後方向に相反する濃度勾配によって合胞体の核は特定化される。

10. GFP 融合や単一細胞 RNA シークエンシングなどの遺伝学的技術の開発により，個々の細胞の発生過程の追跡が可能となった。

● オンラインのコンテンツは **https://www.medsi.co.jp** よりアクセスしてください。

3 差次的遺伝子発現
細胞分化のメカニズム

本章で伝えたいこと

- すべての体細胞は一揃いの同じ染色体，すなわち同じ遺伝子セットを有する。個々の細胞が異なるタンパク質を選択的に産生することによって，細胞の多様性が生まれる（3.1節，3.2節）。
- 1個の接合子（受精卵）が分裂するにつれて，増殖中の体細胞分裂細胞は異なるセットの遺伝子を発現する。胚が発生するにつれて，個々の細胞においてこのような差次的遺伝子発現が引き金となって生じる異なるタンパク質の合成が，異なる細胞種への成熟を支配する（3.3節，3.4節）。
- 差次的遺伝子発現における多くの制御機構は，DNAへのアクセス性，RNAの産生やプロセシング，タンパク質の合成および修飾を含む。このような制御機構は，遺伝子の転写を促進・抑制するための制御配列に結合する特異的な一群の転写調節因子の活用や，クロマチンへの接近を調節するヒストンの修飾，転写された情報を調整させるためのRNAの分解や選択的スプライシングを含む（3.5節，3.6節，3.7節）。
- mRNAの翻訳やタンパク質の翻訳後修飾における制御は，どのタンパク質がどのくらいの量で活性化されるのか，そしてそれらがどこで働くかに影響を及ぼす（3.7節，3.8節）。

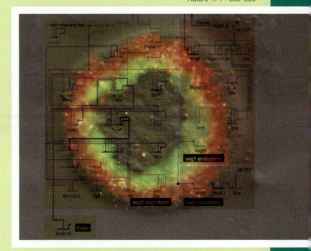

From I. S. Peter and E. H. Davidson. 2011. *Nature* 474: 635-639

何が細胞分化の基盤になっているのか？

多くの細胞，多くの細胞種は，1個の細胞から生じる。胚発生においてこれは一見奇跡的な現象だろう。いったいどのようにして，1個の受精卵という細胞からこのような細胞の多様性を生み出すことができるのであろうか？ 19世紀の中ごろから始まった細胞学的研究は，個体のからだを構成している個々の体細胞の染色体は，受精によって確立された染色体から細胞の体細胞分裂によって生じた子孫であるという概念を確立した（Remak 1855；Wilson 1896；Boveri 1904）。言い換えると，各々の体細胞の核は他のすべての体細胞の核同様に，同じ一揃いの染色体を有する（すなわち同じセットの遺伝子を有する）。この基本的な概念は**ゲノムの等価性**（genomic equivalence）として知られており，深刻なジレンマを提起する。もしも，からだのすべての細胞が（例えば）ヘモグロビンやインスリン遺伝子を有しているのであれば，なぜヘモグロビンタンパク質は赤血球細胞でのみ合成され，インスリンタンパク質は特定の膵臓細胞のみで合成されるのであろうか？ ゲノムの等価性に関する発生学的証拠（と細菌モデルを用いた遺伝子発現制御）に基づいて，その解答は**差次的遺伝子発現**（differential gene expression）にある——つまり異なる組み合わせの遺伝子が活性化，発現することによって，細胞は別の細胞へと運命づけられるという過程に起因する——という総意が，1960年代に得られた。

3.1 差次的遺伝子発現の定義

細胞は異なる遺伝子を発現することによって異なるタンパク質を合成し，異なる細胞種へと分化する。差次的遺伝子発現には3つの前提が存在する：

1. 生物を構成する各々の体細胞の核は，受精卵とまったく同じゲノムを有する。すべての分化した体細胞のDNAは同じである（すなわち，**ゲノムは等価である**）。

2. 個々の細胞はゲノムの数パーセントのみを発現し，そのRNA合成領域は細胞種に特異的である。

3. 分化細胞において発現しない遺伝子は壊されるわけでも変異するわけでもなく，発現能力は保ったままである。

1980年代後半までには，遺伝子発現は4段階で制御されることが確立する。

4. **レベル1：差次的な遺伝子転写**は，核においてどの遺伝子がmRNA前駆体に転写されるのかを制御する。

5. **レベル2：選択的なmRNA前駆体のプロセシング**は，転写されたmRNA前駆体のどの部分がmRNAとなり細胞質に移行するかを制御する。

6. **レベル3：選択的なmRNAの翻訳**は，細胞質においてどのmRNAがタンパク質に翻訳されるのかを制御する。

7. **レベル4：差次的な翻訳後タンパク質修飾**は，細胞においてどのタンパク質が残され，機能するかを制御する。

一部の遺伝子（例えば，ヘモグロビンのグロビンタンパク質サブユニットをコードする遺伝子）は，4つすべての段階で制御される。遺伝子発現を制御するこれらの方法（とその組み合わせ）により，比較的少ない数の遺伝子がタンパク質発現において膨大な組み合わせによる多様性を生み出すことができ，それは多細胞生物を構築する非常に多様な細胞種の産生につながる。（オンラインの「DEV TUTORIAL：Differential Gene Expression」参照）

タンパク質合成：入門

差次的遺伝子発現の基盤は二本鎖DNAにおけるデオキシリボヌクレオチドの並びにあり，これは特定のタンパク質を組み立てるためのアミノ酸の正確な組み合わせ情報を提供する。しかしながら，タンパク質はDNAから直接合成されるわけではない。

図3.1は，分子生物学における"セントラル・ドグマ"を表している。すなわち，DNA情報がコピーされ，ヘテロ核RNA（heterogeneous nuclear RNA：hnRNA）もしくは**mRNA前駆体**（pre-mRNA）としてよく知られている一本鎖ヌクレオチドポリマーに転写される過程を示す。DNAをRNAに複写する過程は**転写**（transcription）と呼ばれ，特定の遺伝子から合成されたRNAはしばしば**転写産物**（transcript）と呼ばれる（図3.1ステップ1）。

転写されたmRNA前駆体はタンパク質のコード配列を有しているが，非コード配列も含んでいる場合がある。mRNA前駆体鎖は，**RNAプロセシング**（RNA processing）により非コード配列の除去やその両末端の保護を受けて，**メッセンジャーRNA**（messenger RNA：mRNA）になる（図3.1ステップ2）。mRNAはその後，核から細胞質に輸送され（図3.1ステップ3），細胞質でリボソームと結合して特定のタンパク質を合成するための情報（"メッセージ"）を提供する。

mRNAは，DNAの相補的配列を3塩基ずつ明らかにする。各々の3個1組，すなわちコドンは特定の1アミノ酸を規定し，これは隣りのコドンが規定するアミノ酸と共有結合を介して1列につながる。このような**翻訳**（translation）によりポリペプチド鎖の合成に至り，タンパク質の折り畳み（フォールディング）や，糖やリン酸やコレステロール基などの

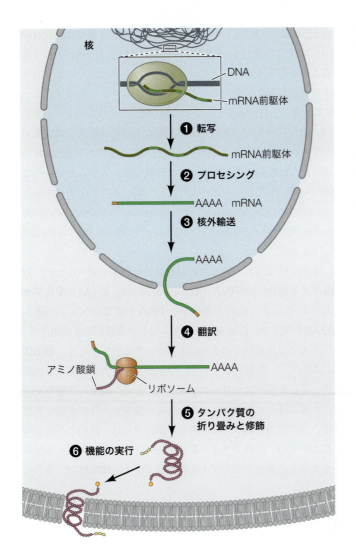

図3.1 タンパク質をコードしている遺伝子発現の重要なステップ(分子生物学におけるセントラル・ドグマ)。(1)**転写**。核において、ゲノムDNAのある領域はRNAポリメラーゼIIが接近可能であり、**転写産物**である一本鎖のmRNA前駆体としての形状をとるDNA鎖配列の相補的なコピーを転写する。この段階は、「遺伝子が発現する」と言われる。(2)**プロセシング**。mRNA前駆体はプロセシングを受けて最終的にmRNAになる。(3)**輸送**。mRNA鎖は核から細胞質へ輸送される。(4)**翻訳**。mRNA鎖はリボソームと複合体を形成し、mRNA鎖の情報はアミノ酸が順序よく整列し結合したポリマーへと翻訳される。(5)**タンパク質の折り畳み(フォールディング)と修飾**。ポリペプチドは適当なフォールディングや糖の付加などの修飾を受けて、二次および三次構造をとる。(6)この段階は、「タンパク質が発現する」と言われ、その特定の機能(例えば、この図のような膜貫通型受容体など)を発揮可能になる。

付加を介したタンパク質修飾を受ける(図3.1ステップ5)。

完成したタンパク質は特定の機能を発揮するための準備が整い、異なる細胞種における構造的あるいは機能的な特性を支える。異なるタンパク質を発現する細胞は、異なる構造的・機能的特性を有することになる。

> ## さらなる発展
>
> ### 発生遺伝学的解析手法
>
> もちろん、"セントラル・ドグマ"は過度に単純化されたものである。その解明以来、1965年の教科書『遺伝子の分子生物学(*Molecular Biology of the Gene*)』のJames Watson(ジェームズ・ワトソン)の言葉によると、われわれの知識は指数爆発的に増大している。発生(差次的遺伝子発現を含む)における遺伝メカニズムの解明は、洗練された一連の解析ツールに依存している。それらの解析ツールは、遺伝子が発現する特定の時期および場所を決定し、1細胞内における特定のmRNAやタンパク質の局在を明らかにする。
>
> **遺伝子発現を特定する** 転写産物を検出する方法としては、ノーザンブロット、**逆転**

写PCR（reverse transcription PCR：RT-PCR），*in situ* ハイブリダイゼーション（*in situ* hybridization），マイクロアレイ，**RNAシークエンス**（RNA-Seq）のような次世代シークエンス技術などが存在する。一方で，タンパク質を検出する方法としては，ウエスタンブロットや免疫組織化学染色法が存在する。クロマチン免疫沈降シークエンスは**ChIPシークエンス**（ChIP-Seq）としてよく知られ，そのうちの1つの方法であるCUT&RUN法は，特定のタンパク質のゲノムDNA上の結合部位の同定を可能にする。全ゲノムシークエンスや，RNA-Seqを使ったハイスループットRNAシークエンスは何千ものmRNAの比較解析を可能にし，計算機支援システムを用いることで，タンパク質とmRNA間の相互作用がどのようにいつ起こるのかが予測可能になる。（オンラインの「FURTHER DEVELOPMENT 3.21：*In Situ* Hybridization」「FURTHER DEVELOPMENT 3.22：Chromatin Immunoprecipitation Sequencing（ChIP Seq）」「FURTHER DEVELOPMENT 3.23：Deep Sequencing：RNA Seq」参照）

遺伝子の機能を調べる　産物が特定された解析対象の遺伝子の機能を調べるために科学者は，**CRISPR/Cas9** ゲノム編集法，**siRNA**（small interfering RNA）や**モルフォリノ**（morpholino）などアンチセンス配列に基づいた**RNA干渉法**（RNA interference：RNAi），**GAL4/UAS** システム，**Cre-lox** システムなどの実験技術を使用する。これらの方法は，順遺伝学および逆遺伝学の2つのアプローチに分類される。**順遺伝学**（forward genetics）においては，生物は偏りのないランダムな変異を誘発する試薬にさらされ，その結果生じる表現型をスクリーニングすることで，発生に影響を及ぼす変異を同定する。個々の変異はホモ接合体，あるいはその変異が生存に深刻な影響を及ぼす場合はヘテロ接合体で維持される。変異遺伝子座の特徴は，最初の表現型解析のあとに決定されることが多い。このような順遺伝学的スクリーニングは，発生や疾病に重要な役割を果たす多くの遺伝子やシグナル経路およびその機能解明に多大な貢献をしてきた[1]。

　逆遺伝学（reverse genetics）は操作したい遺伝子から始める戦略であり，その遺伝子の発現レベルを下げる（ノックダウン），もしくはその遺伝子の発現を完全になくす（ノックアウト）。RNAi（標的RNAに結合する小RNA分子を使用）やモルフォリノ（標的RNAの転写開始部位やスプライシング部位に阻害的に働く核酸アナログ）を使用して，RNAiは転写産物の分解，モルフォリノはスプライシングもしくは翻訳の阻害を行う（図3.28参照）。これらのツールは遺伝子の機能を阻害するが，恒常的に完全ではなく，限られた時間のみ働く。RNAiやモルフォリノによって派生した二本鎖RNAは，発生の進行に伴い希釈され分解される（よってノックダウンでありノックアウトではない）。研究者は濃度依存的な効果を求めて，異なる濃度の二本鎖RNAやモルフォリノを実験に使用する。

　一方で，標的遺伝子破壊（ノックアウト）は標的遺伝子の機能を完全に除去する。例えばマウスにおいて，研究者は胚性幹細胞を使用して，相同組換えを介してDNAコンストラクト（ネオマイシンカセット）を特定の遺伝子に挿入する。この挿入は標的遺伝子の変異および抗生物質ネオマイシン耐性の獲得に働き，標的遺伝子変異細胞を同定するための抗生物質による薬剤耐性選別に寄与する。遺伝子変異を有する胚性幹細胞は胚盤胞に顕微注入され，キメラマウスに成長し，そのほんの一部の細胞のみが変異を有する。そのマウスは変異遺伝子のホモ接合体，すなわち標的遺伝子の機能が完

1　重要な順遺伝学による変異体研究がショウジョウバエおよびゼブラフィッシュを用いてChristiane Nüsslein-Volhard（クリスティアーネ・ニュスライン-フォルハルト）とその同僚らによって行われ，発生を駆動する最も重要な遺伝子の大部分が同定されるに至った（Nüsslein-Volhard and Wieschaus 1980参照）。

全に欠失した個体が得られるまで飼育される。(オンラインの「FURTHER DEVELOPMENT 3.24：CRISPR/CAS9 Genome Editing」「FURTHER DEVELOPMENT 3.25：The GAL4-UAS System」「FURTHER DEVELOPMENT 3.26：The CRE-LOX System」参照)

3.2 ゲノム等価性の証拠

1900年代中ごろまで，ゲノムの等価性は想定されていた以上には証明されてこなかった(なぜならば，すべての細胞は受精卵由来の体細胞分裂子孫細胞なのだから)。発生遺伝学における最初の課題の1つは，生物を構成しているすべての細胞が本当に他のすべての細胞のように同じ**ゲノム**(genome)(遺伝子セット)を有するかどうか——つまりはゲノムの等価性——を確かめることであった。

ショウジョウバエ(*Drosophila*)の染色体における初期研究は，からだを構成しているすべての細胞は同じゲノムを有するが，そのゲノムは細胞種によって使われ方が異なることを示すいくつかの初期の証拠を提供した。ショウジョウバエ幼虫のある組織のDNAは分離せずに複数回の複製を繰り返すため，その染色体の構造が可視化できる。このような**多糸染色体**(polytene chromosome)は細胞間で構造的な変化は観察されないが，異なる細胞種および異なる時期において，染色体の異なる領域に"パフ"が形成されることがわかった。パフ形成は，その領域で活発にRNAが合成されていることを示唆する(図3.2A；Beermann 1952)。

これらの観察は，特定のmRNAの時空間的な発現パターンを可視化できる手法である*in situ*ハイブリダイゼーションによって確認された(オンラインの「FURTHER DEVELOPMENT 3.21：*In Situ* Hybridization」参照)。例えば，*odd-skipped*遺伝子のmRNAは，ショウジョウバエ胚において体節に別れたパターンを示す細胞に存在し，そのパターンは時間とともに変化する(図3.2B)。同様に，*odd-skipped*遺伝子のマウスホモログ遺伝子である*odd-skipped related 1*は，分節化された咽頭弓，肢芽，および心臓の細胞で差次的に発現している(図3.2C)。からだを構成しているすべての細胞はこれらの遺伝子に対するDNAを有するが，そのmRNAを発現している細胞はほんの少数である。

異なる細胞で異なる遺伝子を発現するDNA（ゲノム）は本当に等価なのか？ 分化した

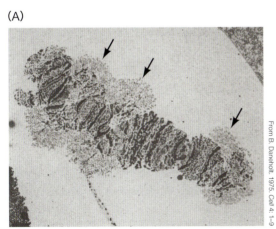

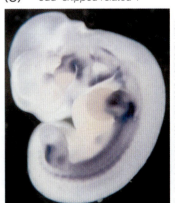

図3.2 遺伝子発現。(A)ユスリカ(*Chironomus tentans*)幼虫の唾液腺細胞からの多糸染色体の透過型電子顕微鏡画像。3つの巨大なパフは，そこで活発に転写が起こっていることを示す(矢印)。(B) mRNAの発現(DIG標識されたアンチセンスRNAプローブを用いた*in situ*ハイブリダイゼーションにより青色に可視化；オンラインの「FURTHER DEVELOPMENT 3.21：*In Situ* Hybridization」参照)。(C)胎生11.5日目マウス胚における*odd-skipped related 1* mRNAの発現(青色)。

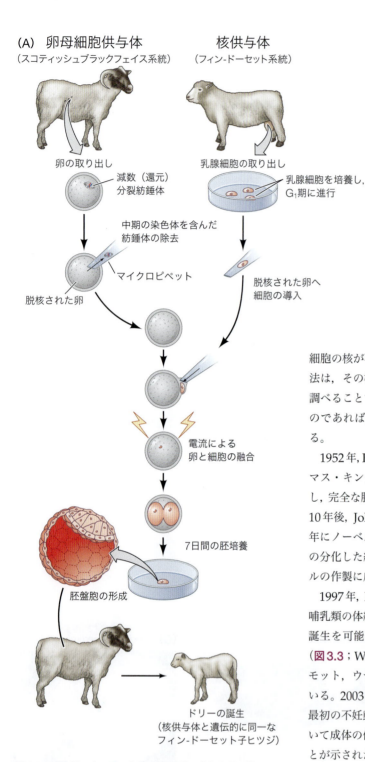

図3.3 哺乳類のクローン作製。(A)成体の体細胞核を使用したクローンヒツジの作製手順。(B)左側の成体ヒツジのドリーは、乳腺細胞と脱核した卵母細胞を融合し、代理母(異なる品種のヒツジ)への移植を介して誕生した。ドリーは正常な生殖能を示し、その後、子ヒツジ(ボニー、右側)を産んだ。(A は I. Wilmut et al. 2000. *The Second Creation: Dolly and the Age of Biological Control*. Harvard University Press: Cambridge, MA より)

細胞の核が不可逆的な機能の制約を受けているかどうかを調べる究極の方法は、その核がからだを構成しているすべての細胞に分化可能かどうかを調べることである。もしも、個々の核が受精卵の核と同じDNAを有するのであれば、個々の核は完全な生体の発生を導くことができるはずである。

1952年、Robert Briggs(ロバート・ブリッグス)と Thomas King(トーマス・キング)はカエル胚の1割球から取り出した核を除核受精卵に移植し、完全な胚へと発生させることにより、ゲノムの等価性の証拠を示した。10年後、John Gurdon(ジョン・ガードン)は決定的な実験を行い、2012年にノーベル生理学・医学賞を受賞した。彼はオタマジャクシの小腸由来の分化した細胞核を除核した受精卵に移植し、**クローン化された**成体カエルの作製に成功した(Gurdon et al. 1958, 1962)。

1997年、Ian Wilmut(イアン・ウィルムット)とその同僚たちは、成体哺乳類の体細胞核を用いてドリーという名称で有名な完全なヒツジ個体の誕生を可能にしたことで、哺乳類においてもゲノムの等価性を証明した(図3.3; Wilmut et al. 1997)。成体哺乳類のクローン化の成功は、モルモット、ウサギ、ラット、マウス、イヌ、ネコ、ウマ、ウシで確認されている。2003年、クローンラバはクローン技術によって初めて再生産された最初の不妊動物になった(Woods et al. 2003)。このように、脊椎動物において成体の体細胞の核は、成体個体を作製可能なすべての遺伝子を含むことが示された。体細胞において、発生に必要な遺伝子は失われるわけでも変異するわけでもないのである。よって、**核のDNAは等価である**[2]。(オンラインの「FURTHER DEVELOPMENT 3.1: Genomic Equivalence and Cloning」「SCIENTISTS SPEAK 3.1: Sir Ian Wilmut discusses cloning and cellular reprogramming」参照)

---

[2] クローン動物の器官は正常に形成されているにもかかわらず、多くは成長に伴って衰弱性疾患を発症した(Humphreys et al. 2001; Jaenisch and Wilmut 2001; Kolata 2001)。この事実はエピジェネティックな要因によるものであり、主に接合子(受精卵)と分化細胞間において多くの領域にメチル化の相違があることに起因していることを3.5節において示す。

3.3 遺伝子の機能的な構成と解剖

　では，どのようにして同じゲノムは異なる細胞種を生み出すのか？　異なる細胞種は特有のタンパク質の発現によって定義・同定されるため，質問は，「どのようにして同じゲノムは異なる細胞種において異なるセットのタンパク質を産生するのか？」ということになる。3.1節が暗示しているように，秘密は遺伝子の機能的な構成である単純化された「DNA→RNA→タンパク質」という過程に存在する。これからは，遺伝子の構造およびセントラル・ドグマが実際にどのようにして機能しているかを理解するために，単純化からは大きく離れる必要がある。

ゲノムの森からの景色

　遺伝子1つ1つの特異的なエレメント（例えるなら"木"）を考える前に，遺伝子の機能的な構成と全体像（"森"）を直感的に理解することが助けになるだろう。なぜならば，差次的遺伝子発現の最終的なゴールは他とは異なる巨大なタンパク質セットを産生することだからである。さあ，タンパク質を"逆行分析"してみよう。

　各々のタンパク質はアミノ酸が整列した特異的な配列のペプチドからなり，それは固有の三次元配置を与える。そしてこの配置はタンパク質の構造および機能を決定する。各々のペプチド鎖は，開始部，中心部，終止部を有する。mRNA分子には，正確な開始点（開始コドン），次に適当なアミノ酸を正確に指定する適切なコドン配列，そして最後にタンパク質の終点を示す情報（終止コドン）という明瞭な方向性がある。**開始，伸長，終止**の過程に関する情報の方向性が，遺伝子およびタンパク質の構成も同様に規定する。タンパク質の正確な方向性に必要なすべての情報は，RNA転写産物，ひいては細胞核に存在する染色体に含まれるDNAに存在するはずである。したがって，RNAおよびDNAの両方のどこかに翻訳を開始する重要な情報が存在し，そこから3塩基セットでの正確なアミノ酸の指定および翻訳停止が駆動される。

　細胞質において，2つの多分子サブユニットからなるリボソームは，部分的に**5′キャップ**（5′cap）の介在によって一本鎖RNA上に係留し，ペプチド合成を実行する。リボソームは，翻訳開始コドンであるAUGを含む**コザック配列**（Kozak consensus sequence）[3]を読み取るまで，5′キャップから3′端に向けてmRNAを下流に移動する（Kozak 1989）。この場所において第一転移RNA（transfer RNA：tRNA）分子は，ペプチド合成における最初のアミノ酸（常にAUGで指定されるメチオニン）の場所に結合する。重要なことは，終止コドンに至るまで，mRNA上の連続的な3塩基のそれぞれは**tRNAが提示する特定のアンチコドン**によって認識される。終止コドンに到達すると，mRNAとペプチドは翻訳終結因子によってリボソームから解離し，この一連のサイクルが繰り返される（**図3.4A**）。これがmRNAからのタンパク質合成であるが，それでは何がmRNAを合成するのだろうか？

　DNAのRNAへの転写は酵素である**RNAポリメラーゼII**（RNA polymerase II）によって媒介され，RNAポリメラーゼIIは遺伝子配列の開始部位の近傍（上流）の**プロモーター**（promoter）領域のある配列モチーフを認識し結合する（**図3.4B**）。RNAポリメラーゼIIは，**転写因子**（transcription factor）として知られるタンパク質によってこの場所に安定化され活性化される。転写因子はしばしば，**シス制御エレメント**（*cis*-regulatory

---

3　コザック配列は，保存された翻訳開始配列として働く一群のヌクレオチドを同定した科学者であるMarilyn Kozak（マリリン・コザック）の名前にちなんで命名された。彼女の研究は，ゲノム規模のバイオインフォマティクスの最初の利用例の1つである。

図3.4 タンパク質の"リバースエンジニアリング"：最終産物から合成開始までの情報の流れの巻き戻し。(A，B) タンパク質とmRNA合成。5′から3′方向へ向かってどちらの構造も似たような開始，伸長，終止部位に分割される。(A) タンパク質は，ポリペプチド鎖(つながったアミノ酸の糸)が折り畳まれた形状をとる。ここに示すタンパク質合成の絵において，tRNAによってコザック配列に結合したリボソームは，1コドンごとにmRNAの翻訳を開始する。(B) mRNA合成において，エンハンサーのようなシス制御エレメントに結合した転写因子複合体がクロマチンをねじることによって，制御エレメントとRNAポリメラーゼは相互作用し，RNAポリメラーゼが活性化する。活性化によりコザック配列の5′開始部位から転写が開始され，その結果として翻訳制御にかかわるすべての必要な情報は，オープンリーディングフレーム(ORF)，5′キャップ，ポリA尾部を有する転写産物として成熟したmRNAに含まれる。(C) クロマチンを引き伸ばした状態の部位を有する新核生物の染色体は，ヒストンタンパク質複合体を取り巻く二本鎖DNAがヌクレオソームの繰り返しを形成していることを示す。遺伝子のDNA配列への接近は，ヒストンやDNA自体にメチル基などの小分子が付加あるいは除去されることによって，エピジェネティックに制御可能である。(J. Zrimec et al. 2021. *Front Mol Biosci* 8：673363 より)

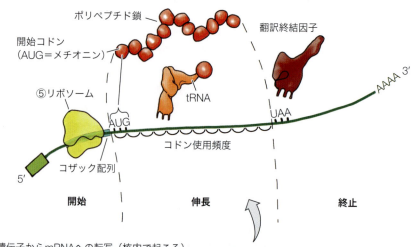

(A) mRNAからタンパク質への翻訳（細胞質で起こる）

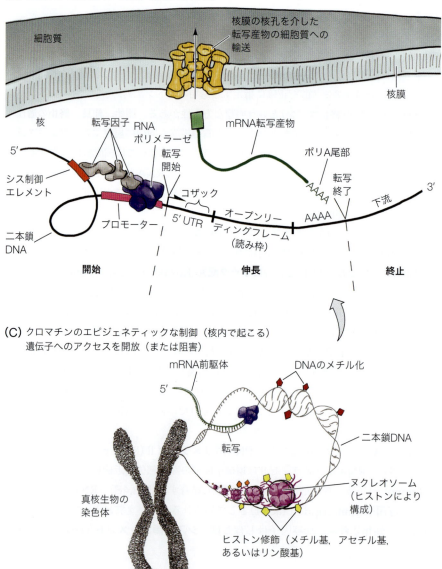

(B) 遺伝子からmRNAへの転写（核内で起こる）

(C) クロマチンのエピジェネティックな制御（核内で起こる）
遺伝子へのアクセスを開放（または阻害）

element：CRE）として知られる同じ染色体上の特定の遺伝子発現制御領域に結合する。この結合はDNAのループ化やねじれを引き起こし，転写因子とRNAポリメラーゼIIとの相互作用を可能にする。転写の活性化を促進するCREは**エンハンサー**（enhancer）と呼ばれ，転写抑制を行うCREは**サイレンサー**（silencer）と呼ばれる。

プロモーターは，翻訳開始アミノ酸に対するコドンの直近にはない。RNAポリメラーゼは最初，5′非翻訳領域（5′UTR），すなわちタンパク質をコードしているコドン以前の領域を転写する。5′非翻訳領域は，翻訳開始を制御するコザック配列を含む配列を有している。転写終了後にはアデノシン残基の繰り返し配列が付加される。この**ポリA配列**（polyA tail）は，一本鎖RNAの安定化および分解からの保護に働く（図3.4B参照）。

DNA→RNA→タンパク質という情報の流れの順序は，アミノ酸配列への翻訳に対するすべての重要な特性を表し，DNAはRNAという付加的な特性の産生に必要な情報を含むとともに，タンパク質の情報も内包している。こうして，これら過程における構造および方向性にかかわる直感的な論理が，重要な部分がどこにあるのかを理解する助けとなるのである。1つの遺伝子の構造を本に例えてみよう。各々の章はエクソンとイントロンの遺伝子配列を表している。読者であるRNAポリメラーゼは各々の文字を読み，それを単語に，そして文章に転写する。しかし，どこから読み始めるのか？　目次は遺伝子の上流配列のようなもので，読書をどこから開始するかの手助けをする（"1ページ目"である開始部位）。最後のページは終点であり，読書を終了する。確かに，本のタイトルはちょうど遺伝子の上流に典型的に位置するエンハンサー配列のように特定の人々を魅了（活性化）し，転写因子のような特定のタンパク質を引き寄せ，RNAポリメラーゼを活性化する。簡単に言えば，DNAに本来備わっている翻訳に対する情報は，RNA合成にかかわる開始および終止エレメントによって挟まれている。

クロマチン

各々の遺伝子は，DNAの保護やRNAポリメラーゼのアクセス管理を担うタンパク質によって凝縮された巨大なゲノムDNAの一部であることを理解することは重要である（図3.4C；Zrimec et al. 2021）。この「DNA-タンパク質」複合体は**クロマチン**（chromatin）と呼ばれ，染色体を構成している。真核生物の遺伝子と原核生物の遺伝子における根本的な相違は，ほとんどの場合，真核生物の遺伝子はクロマチン内に存在するが，原核生物ではそうではないことである。タンパク質成分はクロマチン重量の約半分を占めており，**ヒストン**（histone）と呼ばれるタンパク質が主成分である。ヒストンは，特定の細胞においてどの遺伝子が転写されるかを制御するために重要となるメチル基やアセチル基などの小分子による修飾を受ける。

ヌクレオソーム（nucleosome）はクロマチン構造の基本単位である（図3.5A）。ヌクレオソームはヒストンタンパク質の八量体（ヒストンH2A，H2B，H3，H4の各々の二量体から成る）におよそ147塩基対のDNAが2周巻きついた状態（Kornberg and Thomas 1974）で構成され，DNA2周あたりヒストンと12箇所以上で接している（図3.5B；Luger et al. 1997；Bartke et al. 2010）。古典的な遺伝学者は遺伝子を"糸に通した数個のビーズ"と例える一方で，分子生物学者は"数個のビーズに通した糸"のイメージを好む。どちらの場合においても，ビーズとはヌクレオソームのことである（図3.5C）。

ヌクレオソームは，**6フィート**（約1.8 m）以上の長さのDNAを，ヒトの個々の細胞のおよそ6 μmの核内にパックして格納可能にする（Schones and Zhao 2008）。たいていの場合，ヌクレオソームは隣接していない遺伝子群を近づけて物理的な相互作用を可能にする，**トポロジカルドメイン**（topologically associating domain：TAD）を構成する。TADはしばしば染色体の安定化に重要なコヒーシンのような結合タンパク質によって構成され

図3.5 ヌクレオソームとクロマチンの構造。(A) 1.9Å解像度のX線結晶解析によるヌクレオソーム構造のモデル。ヒストンH2A（黄色），ヒストンH2B（赤色），ヒストンH3（紫色），ヒストンH4（緑色）。DNAヘリックス（灰色）はタンパク質コアに巻きついている。コアから伸びたヒストン"尾部"はアセチル化やメチル化修飾を受ける部位であり，ヌクレオソームの集合に関してそれぞれ分離や安定化に働く。(B) ヒストンH1は，ヌクレオソームをコンパクトな形状に引き寄せる。約147塩基対のDNAが各々のヒストン八量体にそれぞれ巻きついて，約60〜80塩基対のDNAがヌクレオソーム間をつないでいる。(C) 非常にコンパクトなソレノイド巻きクロマチン構造におけるヌクレオソームの再配置モデル。ヌクレオソームサブユニットから突出したヒストン尾部は化学基の結合が可能。

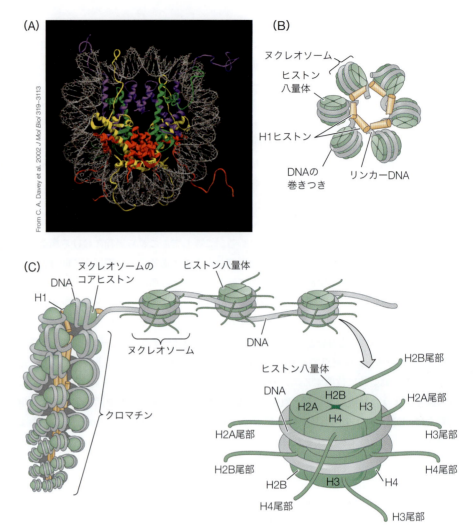

る（Pombo and Dillon 2015）。一部のTADはヒストンH1によって安定化されており（図3.5C参照），このヒストンH1依存的な構造は，隣接したヌクレオソームを強固に凝縮することで遺伝子の転写を抑制し，転写因子やRNAポリメラーゼが遺伝子に接近することを防ぐ（Thoma et al. 1979；Schlissel and Brown 1984；Pombo and Dillon 2015）。クロマチンが強固に凝縮された領域は**ヘテロクロマチン**（heterochromatin）と呼ばれ，ゆるんだ状態の領域は**ユークロマチン**（euchromatin）と呼ばれる。クロマチンの特定の領域をどのくらい強固に凝縮するかどうかは差次的遺伝子発現を達成する1つの方法であり，これにより物理的な遺伝子の転写制御が行われている。

エクソンとイントロン

　真核生物の遺伝子はクロマチンに凝縮されているのに加えて，原核生物の遺伝子とは異なりペプチド産物を連続的にコードしない。むしろ，最終的にタンパク質へ翻訳される真核生物のmRNAの一本鎖は，染色体の不連続な領域に由来している。DNAにおいて，タンパク質をコードする領域は**エクソン**（exon）と呼ばれ［訳注：エクソンには非翻訳領域も存在する］，その間には**イントロン**（intron）と呼ばれる非コード配列が散在し，イントロンはタンパク質のアミノ酸配列の情報を一切もたない。活性を有するタンパク質をコードするため，DNAから転写されたばかりのmRNA前駆体は，イントロンの除去やしばしばエクソン配列の再配置によって，mRNAへと加工される必要がある（3.6節参照）。

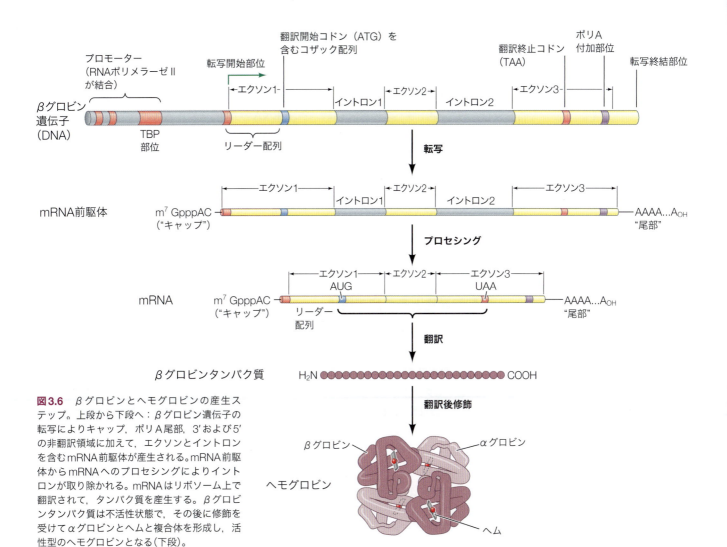

図3.6 βグロビンとヘモグロビンの産生ステップ。上段から下段へ：βグロビン遺伝子の転写によりキャップ，ポリA尾部，3′ および 5′ の非翻訳領域に加えて，エクソンとイントロンを含むmRNA前駆体が産生される。mRNA前駆体からmRNAへのプロセシングによりイントロンが取り除かれる。mRNAはリボソーム上で翻訳されて，タンパク質を産生する。βグロビンタンパク質は不活性状態で，その後に修飾を受けてαグロビンとヘムと複合体を形成し，活性型のヘモグロビンとなる（下段）。

真核生物遺伝子の他の主要エレメント

　典型的な真核生物遺伝子の構造的組成として，図3.6にヒトの赤血球細胞に存在するヘモグロビンタンパク質の構成因子をコードしているβグロビン遺伝子の分子構造を示す。他の遺伝子同様に，βグロビン遺伝子はエクソンおよびイントロンに加えて，次に示す要素も含む：

- **プロモーター**（promoter）：転写を開始する酵素であるRNAポリメラーゼIIが結合する領域。ヒトβグロビン遺伝子のプロモーターは3つの異なるユニットを有し，転写開始部位の数塩基対手前，すなわち**上流**[4]に存在する。いくつかのプロモーターはTATA配列（TATAボックス）を有し，そこにTATA結合タンパク質（TATA-binding protein：TBP）が結合し，RNAポリメラーゼIIがプロモーターに係留することを助ける。
- **転写開始部位**（transcription initiation site）は，しばしば**キャップ配列**（cap sequence）と呼ばれるDNA配列であり，修飾塩基であるキャップを，転写後すぐのmRNAの5′ 端に付加するための情報をコードする。キャップ配列は第1エクソンの始まりである。

---

[4] 慣例的には，**上流**，**下流**，5′ および 3′ は，RNAに関して特定される方向性である。すなわち，プロモーターは転写される遺伝子の上流領域であり，RNAの5′ 端近傍の"手前"である。

- **5′非翻訳領域**（5′untranslated region：5′UTR）は，**リーダー配列**（leader sequence）とも呼ばれ，転写開始点と翻訳開始点の間をつなぐ塩基配列である。5′UTRは翻訳開始効率を決定可能である。

- **翻訳開始部位**（translation initiation site）はコザック配列として知られているDNA配列であり，すべての遺伝子においてmRNAのAUGとなるATGコドンを含む。転写開始部位とATGコドンが存在する場所との距離は，遺伝子間で異なる。

- **3′非翻訳領域**（3′untranslated region：3′UTR）は，転写はされるがタンパク質には翻訳されない。この領域はRNA転写産物の**ポリアデニル化**（polyadenylation）——200〜300のアデノシン残基が繰り返すポリA配列の付加——に必要なAATAAA配列を含む。ポリA配列は，(1)mRNAの安定化と，(2)mRNAの核外輸送に働き，(3)mRNAのタンパク質への翻訳を可能にする。

- **転写終結配列**（transcription termination sequence）。転写は，AATAAA部位を超えて1,000塩基程度で終結する。

転写産物とその加工様式

　3.1節で述べたように，最初の転写産物は**ヘテロ核RNA**（hnRNA）あるいは**mRNA前駆体**と呼ばれる。mRNA前駆体は，キャップ配列，5′非翻訳領域，エクソン，イントロン，3′非翻訳領域，ポリA配列を含む。転写産物の両端は核外輸送される前に修飾される。メチル化グアノシンからなるキャップ構造が，RNA伸長の逆方向である5′末端に付加される。これは，mRNA前駆体には5′末端にフリーのリン酸基が存在していないことを意味する。5′キャップは，mRNAとリボソームの結合および引き続き起こる翻訳に必須である（Shatkin 1976）。5′端および3′端の修飾は，ポリヌクレオチド鎖末端を標的とした消化酵素であるエキソヌクレアーゼからmRNAを保護する（Sheiness and Darnell 1973；Gedamu and Dixon 1978）。

　mRNA前駆体が核外輸送される前に，イントロンが除去されて，エクソンが連結される。このようにして，mRNAのタンパク質をコードする領域（すなわちエクソン）がつながって，タンパク質を翻訳可能にするひとつながりの転写産物が形成される。翻訳されたタンパク質はさらに修飾され，機能を発揮する（図3.6参照）。

　ここからは，3.5〜3.8節を用いて，これらのメカニズムが差次的遺伝子発現においてどのように働いているかについてのさらなる詳細な情報を提供する。しかしながら，まずは特定の遺伝子の活性化および抑制にかかわる重要な制御エレメントについて述べる。

3.4　非コード制御エレメント：遺伝子のオン，オフ，および強度調節スイッチ

　非コード制御配列は，前節で述べた**プロモーター**，**エンハンサー**，および**サイレンサー**を含む。これらの制御要素は，特定の遺伝子がいつ，どこで，どのように活発に転写されるかを制御するために必須である。これらは遺伝子のどちらかの末端，あるいは中部に存在可能である。先に紹介したように，多くの場合でこれらの配列は遺伝子と同じ染色体に存在し，シス制御エレメントとも呼ばれる〔ラテン語で*cis*（シス）は"同じ側"を意味する〕。

　プロモーターは典型的には，RNAポリメラーゼⅡがDNAに結合し転写を開始する部位の上流すぐの場所に存在する。多くのプロモーターは，CG配列に富んだおよそ1,000塩基対の配列を含んでいる（Down and Hubbard 2002；Deaton and Bird 2011）。この領域はしばしば，**CpGアイランド**（CpG island）——シトシン（**C**）とグアニン（**G**）間のホスホジエステル結合（**phosphate bond**）に由来——と呼ばれる。CpGアイランド近傍の転写

開始には，**基本転写因子**（basal transcription factor）のプロモーターDNAへの結合を伴うと考えられている．それによって，RNAポリメラーゼIIを呼び寄せ，転写を開始するための適当な部位に位置づけするための"鞍"を形成する（図3.7；Kostrewa et al. 2009）．

RNAポリメラーゼIIは，ゲノム上のすべてのプロモーターに同時に結合しない．むしろ，RNAポリメラーゼIIは，シス制御DNA配列であるエンハンサーに結合した転写因子を介してプロモーター上に呼び込まれることで，安定化する（図3.7参照）．このように，エンハンサーは特定のプロモーターにおける転写効率と速度を制御している（Ong and Corces 2011参照）．それとは対照的に，サイレンサーと呼ばれるDNA配列は，プロモーターの活性化や遺伝子転写を抑制することができる．

転写因子の役割　定義に従うと転写因子は，特定のプロモーター，エンハンサー，サイレンサーに存在するDNA配列を正確に認識して結合するタンパク質のことである．転写因子は，互いに排他的ではない2つの様式で機能する．

1. 転写因子は，ヌクレオソーム修飾タンパク質をゲノムの特定領域に呼び寄せることで，DNAへのアクセス能を制御し，転写実行のためにRNAポリメラーゼIIがクロマチンにより接近できるようにする．

2. 転写因子は**転写共調節因子**（transcriptional co-regulator）を呼び込み，クロマチンの構造をループ化することで，エンハンサーに結合した転写因子をプロモーター近づける（図3.7B参照）．転写共調節因子は，転写の共活性化因子もしくは共抑制因子として働く．哺乳類のβグロビン遺伝子の活性化では，プロモーターとエンハンサーをつなぐ橋のような構造が，エンハンサー配列およびプロモーター配列上に存在している転写因子に転写共調節因子が結合することによって形成される．これらタンパク質複合体は，ヌクレオソーム修飾酵素と基本転写因子を呼び込むための構造を形成し，これらすべてがRNAポリメラーゼIIを安定化し，転写を促進する（図3.7参照；Deng et al. 2012；Noordermeer and Duboule 2013；Gurdon 2016）．

エンハンサー　エンハンサーは，転写因子の結合によってエンハンサーとプロモーター間をつなぐ橋を形成し，転写の活性化および転写速度を促進（enhance）する（図3.7および上記の「項目2」参照）．エンハンサーは通常，シス関連プロモーター（すなわち同じ染色体上

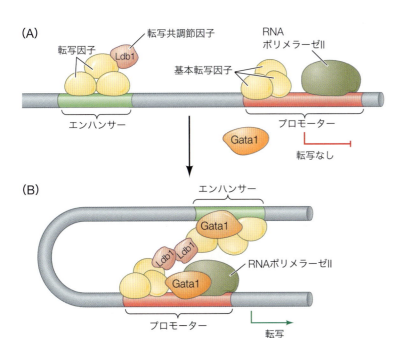

図3.7　転写因子はエンハンサーとプロモーター間をつなぐ橋を形成することができる．基本転写因子と呼ばれる特定の転写因子は，プロモーター配列のあるDNAに結合する（プロモーターはRNAポリメラーゼIIが転写を開始する場所である）．他の転写因子はエンハンサーに結合する（エンハンサーは，いつ，どこで転写が起こるかを制御する）．一部の転写調節因子はDNAには結合せずに，エンハンサー配列とプロモーター配列に結合する転写因子に結合する．このようにして，クロマチンはエンハンサーとプロモーターに近づけるようにループ化する．ここではマウスβグロビン遺伝子の例を示す．(A)複数の転写因子がエンハンサー上に集合するが，プロモーターはGata1転写因子がプロモーターに結合するまでは活性化しない．(B) Gata1は，Ldb1を含む他のいくつかの転写因子を呼び込み，エンハンサー結合因子とプロモーター結合因子間をつなぐ．（W. Deng et al. 2012. *Cell* 149：1233-1244を参考に作成）

にある近傍のプロモーター)を活性化する。よって，シス制御エレメントとも呼ばれる。しかしながら，DNAの折り畳みは，エンハンサーがプロモーターから長距離(およそ100万塩基の距離)離れて存在する遺伝子の制御を可能にする(Visel et al. 2009)。さらに，エンハンサーは遺伝子の5′(上流)側に存在する必要はなく，3′側でも，イントロンの中にも存在可能である(Maniatis et al. 1987)(ヒトの四肢における小指の特定化に伴う遺伝子の重要なエンハンサーは，異なる遺伝子のイントロン内に存在し，その遺伝子のプロモーターからおよそ100万塩基離れて存在する；Lettice et al. 2008参照)。すべてにおいて，エンハンサーは特定の転写因子と連携して，ヌクレオソーム調節因子およびメディエーター複合体に結合し(オンラインの「FURTHER DEVELOPMENT 3.2：The Mediator Complex：Linking Enhancer and Promoter」参照)，特定の細胞種において遺伝子を転写するためにプロモーターと連携する(図3.8A)。

エンハンサーの連携とモジュール性　転写因子がいったんエンハンサーに結合すると，転写を開始するためにRNAポリメラーゼIIの活性を促進することができる。エンハンサーDNA**配列**はすべての細胞において同じであるにもかかわらず，エンハンサー**活性**は細胞ごとに異なる。1つのエンハンサーに対し，複数の転写因子が結合可能であり，**特定の細胞種において，とある遺伝子が活性化されるかどうかは存在する転写因子の特定の組み合わせに依存する。**すなわち，同じ転写因子でも，他の因子の組み合わせによっては異なる細胞で異なるプロモーターを活性化できる。

　さらに，遺伝子によっては複数のエンハンサーを持つこともあり，これが1つの遺伝子が複数の異なる細胞種で発現することを可能にしている。これに関して，マウスの*Pax6*遺伝子はよい例である。この遺伝子は，眼においてはレンズ，角膜，網膜で，また神経管や膵臓で発現している(図3.8B〜D；Kammandel et al. 1998；Williams et al. 1998)。*Pax6*遺伝子が持つ複数のエンハンサーのなかで，プロモーターから最も離れた上流エンハンサーは膵臓で発現するために必要で，2番目のエンハンサーは表層外胚葉(レンズ，角膜，結膜)での発現に必要である。3番目のエンハンサーはリーダー配列内に存在し，神経管における*Pax6*遺伝子の発現を制御する。4番目のエンハンサーは翻訳開始部位の直下流に位置するイントロン内に存在し，網膜における*Pax6*の発現を制御する。

　*Pax6*遺伝子は，エンハンサーのモジュール性の原理を示している。遺伝子は複数の個別のエンハンサーを有し，それらは特定のさまざまな組織での遺伝子発現を可能にするが，他の組織での遺伝子発現を抑制できる。(オンラインの「FURTHER DEVELOPMENT 3.3：Combinatorial Association」参照)

さらなる発展

エンハンサーの同定　エンハンサーを同定することは難しいパズルを完成させるようなものであるが，研究者は解決に向けて新しい方法を考え出した。研究者は，エンハンサーの可能性のある配列と**レポーター遺伝子**(reporter gene)——緑色蛍光タンパク質(green fluorescent protein：GFP)のような可視化可能なマーカーをコードする遺伝子——を結合したコンストラクトを作製した。そして，そのタグ付けされたDNA配列を胚のゲノムに挿入し，レポーター遺伝子の視認可能なタンパク質産物によって遺伝子発現の時空間パターンのモニタリングを行った(図3.9A)。もし配列がエンハンサーを含んでいれば，エンハンサーの特異性に基づいてレポーター遺伝子は特定の時期に特定の場所で発現する。しばしば使用される他のレポーター遺伝子としては，βガラクトシダーゼをコードする大腸菌の*lacZ*遺伝子がある。この遺伝子はこれまでに，(1)すべての細胞で発現するプロモーターや，(2)マウスの筋肉のみで発現

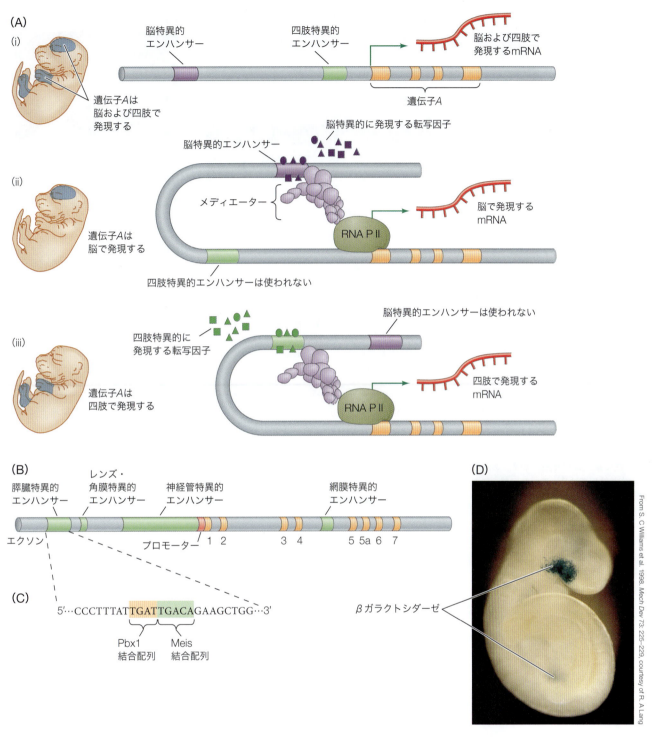

図3.8 エンハンサー領域のモジュール性。(A)エンハンサーによる遺伝子発現制御モデル。(ⅰ)最上部の図は仮想遺伝子Aにおけるエクソン，イントロン，プロモーター，およびエンハンサーを示すが，2つのエンハンサーが遺伝子Aの発現にどのように関わるかが示されていない(ⅱとⅲ参照)。in situ ハイブリダイゼーション(左図)は，遺伝子Aが四肢および脳細胞で発現していることを示す。(ⅱ)発生途上の脳細胞においては，脳特異的な転写因子がエンハンサーに結合し，脳エンハンサーとプロモーターでRNAポリメラーゼⅡ(RNA PⅡ)を安定化するメディエーターとの結合を引き起こし，プロモーター領域のヌクレオソームを修飾する。遺伝子Aは脳特異的に転写され，四肢エンハンサーは機能しない。(ⅲ)遺伝子Aが四肢の細胞で発現する場合も同じような過程を伴う。遺伝子Aは，転写因子がエンハンサーに結合できない細胞では発現しない。(B) Pax6タンパク質は，広範囲にわたる複数の組織の発生に重要である。それぞれのエンハンサーは Pax6 遺伝子の発現(黄色のエクソン1〜7)を，膵臓，眼のレンズ，角膜および網膜，神経管のそれぞれで制御する。(C)膵臓特異的なエンハンサーエレメントのDNA配列部位。この配列は，転写因子であるPbx1とMeisの結合部位を有し，両転写因子はPax6が膵臓で発現するために存在しなければならない。(D) LacZ レポーター遺伝子(βガラクトシダーゼをコードする)が膵臓，レンズおよび角膜での発現に関する Pax6 エンハンサーと融合された結果，βガラクトシダーゼ酵素活性(青色)がそれらの組織で検出されている。(A〜CはA. Visel et al. 2009. *Nature* 461: 199-205 を参考に作成)

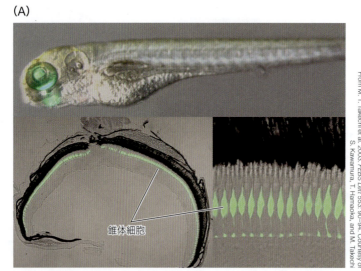
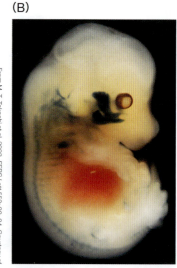

図3.9 組織特異的な転写を制御する発現制御エレメントは，特定の細胞種で発現している遺伝子の推定されるエンハンサー候補領域をレポーター遺伝子と融合させることによって同定が可能である。(A)網膜の特定の細胞種でのみ活性化するゼブラフィッシュの遺伝子と*GFP*遺伝子を融合。その結果，幼生の網膜(下側左)の錐体細胞特異的(下側右)に緑色蛍光タンパク質の発現が認められた。(B)筋肉特異的タンパク質Myf5をコードする遺伝子のエンハンサー領域と，βガラクトシダーゼをコードする*LacZ*レポーター遺伝子を融合し，マウス胚に導入した。βガラクトシダーゼの活性染色(濃く染まった領域)を行うと，胎生13.5日齢のマウス胚はレポーター遺伝子が眼，顔，首，前肢の筋肉および，筋節(背中の筋肉を生じる)で発現していることを示す。

発展問題

発生途上の個体に対するエンハンサーのモジュール性の結果は何だろうか？ ある種(species)に対しては？ エンハンサーにおける変異は，どのように発生に影響するのだろうか？ 例えば，仮に*Pax6*遺伝子のエンハンサー領域内に変異があったとしたら，胚には何が起こるのだろうか？ そのような変異が進化的な重要性を有することは可能だろうか？ ヒント：それは可能であり，そしてそれは深い意味を有する。

する*Myf5*遺伝子の発現を制御するエンハンサーと融合することで解析に使われてきた。このコンストラクトがマウス受精卵に顕微注入されると，マウスゲノムに取り込まれる。そして胚の発生に合わせて，βガラクトシダーゼタンパク質の発現を可視化することで，*Myf5*遺伝子の筋肉特異的な発現パターンが明らかになった(図3.9B)。

サイレンサー サイレンサーは，特定の遺伝子の転写を積極的に抑制するDNA発現制御エレメントである。これらは"不活化エンハンサー"として捉えることも可能であり，制御遺伝子の発現を時空間的に(つまり特定の細胞種，特定の時間で)抑制する。例えば，マウスにおいては，神経**以外**の組織でプロモーターの活性化を抑制するDNA配列が存在する。この配列は**神経制限サイレンサーエレメント**(neural restrictive silencer element：NRSE)と呼ばれ，シナプシンⅠ，ナトリウムチャネルⅡ型，脳由来神経栄養因子，Ng-CAM，およびL1をコードする遺伝子を含む，神経系のみに発現が制限されたいくつかのマウス遺伝子に存在する。NRSEに結合するタンパク質は，**神経制限サイレンサー因子**(neural restrictive silencer factor：NRSF)と呼ばれる転写因子である。NRSFは，成熟した神経を**除く**すべての細胞で発現し(Chong et al. 1995；Schoenherr and Anderson 1995)，NRSEが特定の神経関連遺伝子から除かれると，これらの遺伝子は神経以外の細胞でも発現する(図3.10；Kallunki et al. 1995, 1997)。

遺伝子発現制御エレメント：まとめ エンハンサーおよびサイレンサーは，遺伝子がさまざまな組み合わせの転写因子を利用可能にすることで，複雑な発現制御を可能にしている。すなわち，**エンハンサーやサイレンサーはモジュール(機能単位)**であり，例えばマウス*Pax6*遺伝子は，眼，膵臓，および神経系での発現を可能にするエンハンサーによって制御されている(図3.8B参照)(これはブール値関数の"OR"である)。しかしながら，**各々のシス制御モジュール内においても，転写因子は組み合わせ様式で機能している**。例えば，Pax6，L-Maf，Sox2タンパク質はすべて，マウスのレンズにおけるクリスタリン遺伝子

(A)
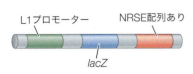

(B)
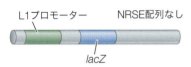

図3.10　サイレンサーは遺伝子の転写を抑制する。(A)神経特異的に発現する*L1*遺伝子の一部である L1 プロモーターと，NRSE 配列を含む*L1*遺伝子の第2エクソンと*lacZ*遺伝子を融合した外来遺伝子を有するマウス胚。(B) NRSE 配列のみを欠いた同様の外来遺伝子を有する同一ステージのマウス胚。濃い部分は β ガラクトシダーゼ(*lacZ*遺伝子産物)の存在を示す。

Photos from P. Kallunki et al. 1997. *J Cell Biol* 138: 1343–1355

の転写に必要である(オンラインの「FURTHER DEVELOPMENT 3.5：Mechanisms of DNA Methylation during Genomic Imprinting」の図1A参照)(これはブール値関数の"AND"である)。エンハンサー上における転写因子の組み合わせによる連携は，特定の遺伝子の時空間的出力を導く(Zinzen et al. 2009；Peter and Davidson 2015)。ブール値関数の"AND"は，遺伝子のグループ全体をいっせいに活性化するために特に重要である。

3.5　差次的遺伝子発現のメカニズム：転写

遺伝子発現制御における4段階〔転写，RNAプロセシング，タンパク質合成(翻訳)，翻訳後タンパク質修飾〕のなかでも，いつどのようにして遺伝子がmRNA前駆体に転写されるのかにかかわる制御には，その制御を可能にする圧倒的な数のメカニズムが存在する。胚発生過程でみられる最も代表的なメカニズムは，(1)クロマチンのエピジェネティックな修飾，(2)転写因子による制御，の2つである。

エピジェネティックな修飾：遺伝子への接近の修飾

広義において**エピジェネティクス**(epigenetics)[5]は，DNA 配列そのものの修正ではなく，遺伝子の発現様式を修正することによって生じる表現型の変更を意味する。仮に，DNA 配列が細胞の遺伝的な(ジェネティックな)特性であるとすると，DNA 上で働くすべての因子(例えば，タンパク質，イオン，小分子など)はエピジェネティックな特性となる。エピジェネティックなメカニズムは一般的にはほとんどの場合，DNA の修飾，あるいはヌクレオソームを構成するヒストンの修飾を伴う。

クロマチン構造の緩みと凝縮：門番としてのヒストン　ヒストンは遺伝子発現を促進もしくは抑制するために重要である(図3.11)。抑制および活性化に関して，大部分はヒストン

---

[5]　エピジェネティクスは，もともとはWaddington(ワディントン)による"エピジェネシス(epigenesis；後成説)"と"遺伝学(genetics)"の2つの単語を組み合わせた造語である。そののち，造語は"その上"，"上"，あるいは"加えて"の意味として翻訳されるようになった。

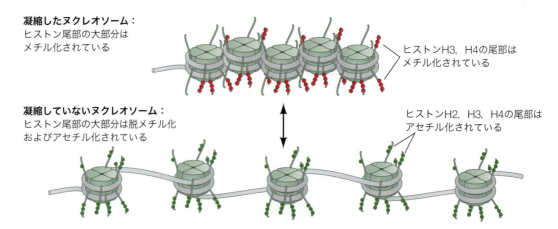

図3.11 ヒストン修飾によるエピジェネティックな制御機構。メチル基はヌクレオソームをより凝縮させてプロモーター部位への接近を阻害し，遺伝子の転写を阻害する。アセチル化はヌクレオソームの凝縮を緩め，DNAにRNAポリメラーゼIIの接近を可能にし，転写因子が遺伝子発現を活性化する。

H3およびH4の"尾部"のアセチル基($COCH_3$)もしくはメチル基(CH_3)といった小有機基による修飾を介して調節される。

　一般的に，**ヒストンのアセチル化**(histone acetylation)はヒストンへの負の電荷を有するアセチル基の付加のことであり，正の電荷を有するリシン残基を中和しヒストンが緩むことで，転写を起こりやすくする。**ヒストンアセチル基転移酵素**(histone acetyltransferase)として知られる酵素は，ヒストン上(特にヒストンH3およびH4のリシン残基上)にアセチル基を付加し，その結果ヌクレオソームが不安定化することで凝縮を解く(すなわち，クロマチンのユークロマチン化が進行する)。予想されるように，アセチル基を**取り除く**酵素である**ヒストン脱アセチル化酵素**(histone deacetylase)も存在し，ヌクレオソームを安定化し，凝縮させることで(クロマチンの**ヘテロクロマチン化**が進行する)，転写を抑制する。

　ヒストンのメチル化(histone methylation)は，**ヒストンメチル基転移酵素**(histone methyltransferase)と呼ばれる酵素によって，ヒストンにメチル基を付加することである。ヒストンのメチル化はしばしばヘテロクロマチン化および転写抑制の原因となるが，メチル化されるアミノ酸残基や近傍に他のメチル基やアセチル基が存在することによって，転写が活性化される場合もある(Strahl and Allis 2000；Cosgrove et al. 2004参照)。例えば，ヒストンH3およびH4の尾部のアセチル化に加えて，ヒストンH3の4番目のリシン残基に3つのメチル基が付加された場合(H3K4me3；Kはリシン残基の略号)は，通常は転写活性の高いクロマチンとなる。それとは対照的に，ヒストンH3およびH4の尾部の脱アセチル化と，ヒストンH3の9番目のリシン残基に1つのメチル基が付加された場合(H3K9)，通常は転写が非常に抑制されたクロマチンとなる(Norma et al. 2001)。実際，H3K9，H3K27，およびH4K20などのリシン残基のメチル化は，通常は転写が非常に抑制されたクロマチンとなる。

　図3.12は，ヒストンH3尾部のリシン残基を描いたヌクレオソームを示す。リシン残基の修飾は転写を制御する。

ヒストンのメチル化パターンは受け継がれる　エピジェネティックなメチル化パターンは，親細胞からその娘細胞に受け継がれる。これが実現可能なのは，ヒストンの修飾が**Trithorax**および**Polycomb**ファミリータンパク質を呼び込むシグナルとして働くからである。これらのタンパク質は，体細胞分裂を介して世代から世代へと遺伝子の転写状態の**記憶**を保持する。遺伝子発現が活発なヌクレオソームにTrithoraxタンパク質が結合すると，その活性化状態が維持され，一方でPolycombタンパク質が凝縮したヌクレオソーム

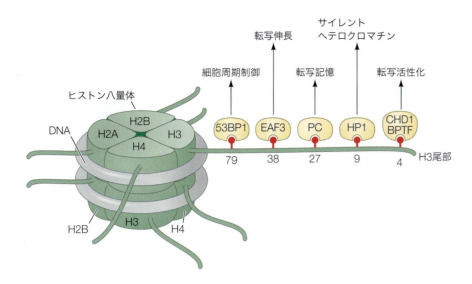

図3.12　ヒストンH3のメチル化。ヒストンH3尾部（タンパク質の始まりのN末端側の配列）は，ヌクレオソームから突出し，メチル化やアセチル化を可能にする。この図では，リシン残基がメチル化されて，特定のタンパク質によって認識される。4番目，38番目，79番目のリシン残基のメチル化は遺伝子発現の促進にかかわり，9番目，27番目のリシン残基のメチル化は遺伝子発現の抑制にかかわる。これらの部位に結合しているタンパク質（スケールは実際とは異なる）は，それぞれのメチル基の上に示している。(T. Kouzarides and S. L. Berger. 2007. In *Epigenetics*, C. D. Allis, T. Jenuwein and D. Reinberg [Eds.], pp.191-209. New York : Cold Spring Harbor Pressより)

に結合すると，遺伝子発現が抑制された状態が維持される。

　Polycombタンパク質は，連鎖的に**発現抑制**に働く2つのカテゴリーに分類される。1つ目のカテゴリーはヒストンメチル基転移酵素として機能し，H3K27やH3K9で表されるリシン残基をメチル化し，遺伝子発現を抑制する。多くの生物では，この抑制された状態は2つ目のカテゴリーに属するPolycomb因子の活性によって安定化される。このPolycomb因子は，メチル化されたヒストンH3尾部に結合してその状態を維持することに加えて，隣接したヌクレオソームもメチル化し，強固に凝縮された抑制複合体を形成する（Grossniklaus and Paro 2007；Margueron et al. 2009）。

　Trithoraxタンパク質は，遺伝子発現の**活性化**の記憶を保持することを助ける。それらはPolycombタンパク質の効果を打ち消すために働く。Trithoraxタンパク質は，ヌクレオソームを修飾，あるいはクロマチン上のヌクレオソームの位置を変更することで，転写因子が以前はPolycombタンパク質によって覆われていたDNAに結合することを可能にする。他のTrithoraxタンパク質は，H3K4で表すリシン残基に3つのメチル基が付加した状態を維持する（脱メチル化による2つのメチル基が付加した抑制状態への移行を抑制する；Tan et al. 2008）。

さらなる発展

PolycombとTrithoraxはヒヤシンスにおいて葉から花への成長相転換を制御している

　花盛りの春があり，そして夏になるとユリは開花し，ダリアの花は秋まで咲き続ける。花の華麗な色と香りに加えて，花の存在は植物が栄養成長期から生殖成長期へと成長相の切換えを行ったことを意味している。花形成のための発生プログラムと同様に，成長相の転換もまた，動物のPolycombとTrithoraxグループに相当する非常によく保存された一連のクロマチン修飾タンパク質によるエピジェネティックな仕組みにより制御されている。

　栄養成長相（葉の形成）から生殖成長相（花の形成）への移行は，**茎頂分裂組織**（shoot apical meristem）からつくり出される細胞タイプと器官の変化を伴う（図3.13A）。栄養成長相において，茎頂分裂組織は主に葉の形成を行う。しかし，生殖成長を行う適切な時がくると，茎頂分裂組織は花形成を行う**花序分裂組織**（inflorescence meri-

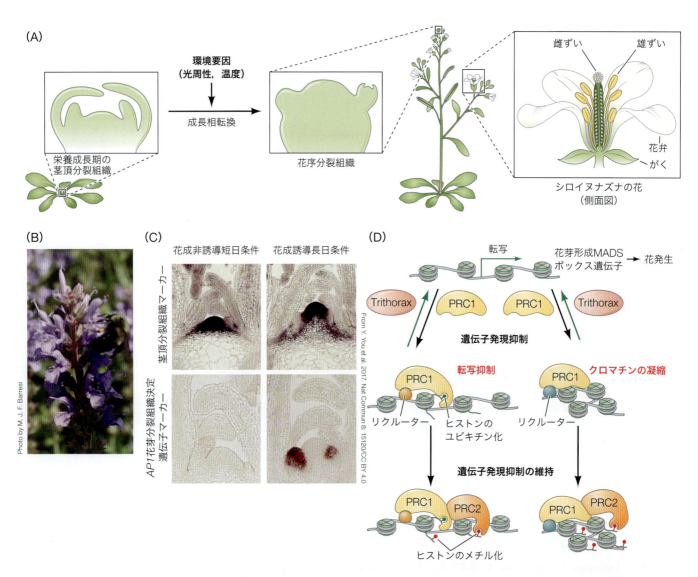

図3.13 葉形成から花形成への相転換におけるエピジェネティック因子 Polycomb と Trithorax タンパク質。(A)環境要因が，茎頂分裂組織において葉を形成する栄養成長相（左）から花器官を形成する生殖成長相（右）への相転換を引き金となる。(B)エピジェネティック因子は，相転換のタイミングの調整に重要である。また，ハチのような花粉の媒介者の存在も重要である。(C)長日条件下にさらされると，茎頂分裂組織において花器官形成にかかわる MADS ボックス転写因子の発現が促進される。ここでは MADS ボックス遺伝子の1つである *APETALA1*（*AP1*）の発現が示されている。(D)Polycomb（抑制複合体）と Trithorax（活性化複合体）による花器官形成にかかわる MADS ボックス遺伝子発現の制御モデル。PRC1（Polycomb Repressive Complex 1）は，転写の抑制を行うとともに，ヒストンのユビキチン化（緑色の円マーク）を介してクロマチンを凝集させる。PRC2 は，ヒストンのメチル化（赤色の円マーク）を利用して，抑制状態を維持する。対照的に，Trithorax は抑制状態を解除し，花器官形成にかかわる MADS ボックス遺伝子の発現を促進する。（Dは W. Merini and M. Calonje, 2015, *Plant J* 83：110-120 より）

stem）へと成長相の転換が誘導される。植物の種にもよるが，この成長相転換は多くの場合，がく，花弁，雄ずい，雌ずいの形成を行う（図3.19参照）。不適切な時期における生殖器官の形成は，植物にとっては大惨事である。したがって，気温や太陽光，利用可能な栄養などすべての情報が統合され，生殖成長相への成長相転換が遂行されなければならない。

同様に重要なのは，潜在的な花粉の媒介者の存在と同調して配偶体形成を行うことである（図3.13B）。このため，茎頂分裂組織における生殖成長相への相転換の開始は

第3章　差次的遺伝子発現　**73**

非常に重要なイベントである（6.6節参照）。環境要因が花発生の開始に作用するために，エピジェネティック因子であるPolycombとTrithoraxファミリーが，葉形成から花形成へと茎頂分裂組織の相転換を制御している。このことは，長日植物であるシロイヌナズナ(*Arabidopsis thaliana*)を短日条件から長日条件へと移行し，茎頂分裂組織において花形成にかかわる遺伝子の発現上昇を調べることで実験的に調べられた（図3.13C；You et al. 2017a）。栄養成長相においては，生殖器官の形成にかかわる遺伝子の発現は積極的に抑制されている。生殖に適した時がやってくると，これら遺伝子の発現抑制は解除される。

　例外的な事例も発見されてはいるものの，Polycomb抑制複合体1と2（PRC1とPRC2）は特定のクロマチン領域に結合し，これら領域を不活性化するとともに，抑制状態を維持する（図3.13D）。特にPRC1タンパク質は転写を抑制するとともに，ヒストンのユビキチン化を介してクロマチンの凝集を誘導する。そしてPRC2はヒストンのメチル化を利用して，これらの抑制状態を維持する。対照的に，Trithoraxタンパク質はこれらの抑制状態を解除し，本章の後半で述べる（植物では）花器官の運命決定に関与するMADSボックス転写因子をコードする遺伝子の発現を促進する。Polycomb遺伝子の機能喪失は，花器官形成にかかわる遺伝子の発現上昇を引き起こし，早熟な花発生を引き起こす（Merini and Calonje 2015；Pu and Sung 2015参照）。

発展問題

周囲の環境から細胞内の環境へと，どのようにエピジェネティックな状態は外的な環境シグナルによって制御されているのだろうか？

プロモーターにおけるDNAのメチル化：CpGを有するか否か　必ずしもすべてのプロモーターは同じではない。一般的にはプロモーターには2つのクラスがあり，転写調節に関して異なる方法を使用する。これらのプロモータータイプは，DNAメチル化配列であるCpG配列をより多く含むかより少なく含むかで分類される。結論からいうと，ヒストンタンパク質尾部のように，DNA自体が直接メチル化され，このメチル化が転写を停止させることが可能である。

- **CpG高含有プロモーター**（high CpG-content promoter：HCP）は，一般的にはいわゆる"発生制御遺伝子"に存在し，からだづくり(construction)に必要な転写因子および他の発生制御タンパク質の合成を制御する（Zeitlinger and Stark 2010；Zhou et al. 2011）。プロモーターの初期状態は"オン"であり，**ヒストンのメチル化によって積極的に抑制される**（図3.14A）。

- **CpG低含有プロモーター**（low CpG-content promoter：LCP）は，一般的には成熟した細胞を特徴づける産物（例えば，赤血球細胞のグロビン，膵臓細胞のホルモン，細胞の正常な機能の維持に必要な酵素など）をコードする遺伝子に存在する。これらの遺伝子のプロモーターDNAのCpG部位は通常メチル化されており，転写を抑制する。したがって，プロモーターの初期状態は"オフ"である（図3.14B）。これらのCpG部位が脱メチル化されると，プロモーターにかかわるヒストンが修飾されH3K4me3となって分散するため，RNAポリメラーゼⅡ（RNA PⅡ）が結合でき転写が開始される。

さらなる発展

DNAのメチル化による転写の抑制方法　DNAのメチル化は，遺伝子発現の抑制に関して2つの方法を活用しているようである。第一に，DNAのメチル化は，転写因子がエンハンサーに結合することを抑制可能である。いくつかの転写因子は脱メチル化DNAの特定の配列に結合可能であるが，その配列内の複数のシトシンのうち1塩基でもメチル化された場合は結合不能になる。

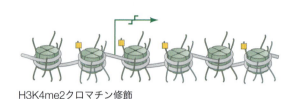
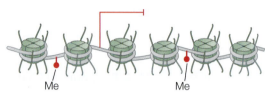

図3.14 CpG高含有プロモーター（HCP）およびCpG低含有プロモーター（LCP）におけるクロマチン制御。CpG高含有およびCpG低含有プロモーターは、制御方法が異なる。(A) HCPは一般的に、DNAは脱メチル化状態で、H3K4me3が豊富なヌクレオソームを有する、活性化状態のプロモーターである。緩んだクロマチンはRNAポリメラーゼⅡ（RNA PⅡ）の結合を可能にする。平衡状態のHCPは、ヌクレオソームの修飾に関して活性化（H3K4me3）および抑制化（H3K27me3）の両方が存在する2価状態である。RNAポリメラーゼⅡ（RNA PⅡ）はプロモーターに結合可能であるが転写はできない。**抑制状態**のHCPは抑制的なヒストン修飾によって特徴づけられ、広範囲にわたるDNAのメチル化によるものではない。(B) 活性化状態のHCPのように、**活性化状態**のLCPはH3K4me3が豊富なヌクレオソームを有し、DNAのメチル化レベルが低いが転写因子（TF）による刺激が必要である。**平衡状態**のLCPは転写因子によって活性化可能であり、DNAは比較的脱メチル化状態で、H3K4me2が豊富なヌクレオソームを有する状態である。通常状態では、LCPはメチル化DNAおよびH3K27me3が豊富なヌクレオソームによって**抑制される**。(V. W. Zhou et al. 2011. Nat Rev Genet 12：7-18より)

　第二に、メチル化シトシンは、ヒストンのメチル化および脱アセチル化を促進する、すなわちヌクレオソームを安定化するタンパク質の結合を呼び込むことが可能である。例えば、DNAのメチル化シトシンは、MeCP2[6]のような特定のタンパク質と結合可能である。MeCP2がいったんメチル化シトシンに結合すると、MeCP2はヒストン脱アセチル化酵素およびヒストンメチル基転移酵素と結合し、それぞれはヒストンのアセチル基の除去（**図3.15A**）およびメチル基の付加（**図3.15B**）を行う。結果的に、ヌクレオソームはDNAと強固な複合体を形成し、他の転写因子やRNAポリメラーゼが遺伝子を発見することを不可能にする。HP1やヒストンH1のような他のタンパク質は、メチル化ヒストンに結合し凝集させる（Fuks 2005；Rupp and Becker 2005）。このように、抑制されたクロマチンはメチル化シトシンの存在する領域に関連している。（オンラインの「FURTHER DEVELOPMENT 3.4：The Mechanisms of DNA Methylation」参照）

---

[6] ヒトにおけるMeCP2の欠失は、脳症（脳障害）や、男性では早期死亡、女性ではRett症候群（神経障害で、自閉スペクトラム症の症状を示す）を引き起こすX連鎖症候群の主な原因となる。MeCP2は、mTORシグナル経路を介してシナプス可塑性に作用するように働いている可能性がある（Pohodich and Zoghbi 2015；Tsujimura et al. 2015）。

図3.15 メチル化DNAを介したヌクレオソームの修飾。MeCP2は，DNAのメチル化シトシンを認識する。MeCP2はDNAに結合し，(A)ヒストン脱アセチル化酵素(ヒストンからアセチル基を除去する)，あるいは(B)ヒストンメチル基転移酵素(ヒストンにメチル基を付加する)を呼び込むことを可能にする。両修飾は，ヌクレオソームの安定化およびDNAの凝縮を促進し，その結果，メチル化されたDNA領域における遺伝子発現を抑制する。(F. Fuks. 2005. *Curr Opin Genet Dev* 15: 490-495 より)

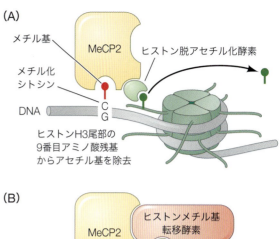

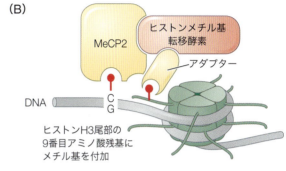

DNAのメチル化パターンは受け継がれる MeCP2によってクロマチンに呼び込まれるもう1つの酵素は，DNAメチル基転移酵素3(Dnmt3)であり，DNA上のメチル化されていないシトシンにメチル基を付加することで，比較的広い範囲で遺伝子発現を抑制する。新規に確立したDNAのメチル化パターンは，DNAメチル基転移酵素1 (Dnmt1)によって次世代へと受け継がれる。Dnmt1は，DNAの片側鎖のメチル化シトシンを認識し，新規に合成された相補鎖にメチル基を付加する。この場合は，片側鎖のシトシン塩基(C)の次にグアニン塩基(G)が存在することが必要である(図3.16；Bird 2002；Burdge et al. 2007参照)。このように，細胞分裂ごとにDNAのメチル化パターンは維持可能である。新規に合成された非メチル化DNA鎖は，Dnmt1がすでにメチル化されているCpG配列上のメチル化シトシンに結合し，相補鎖上のCpG配列のシトシンにメチル基を付加する。このようにして，いったんある細胞においてDNAのメチル化パターンが確立すると，その子孫細胞すべてにおいて安定的にDNAのメチル化パターンが受け継がれる。

> ### さらなる発展
>
> **DNAのメチル化とゲノムインプリンティング(ゲノムの刷り込み)** DNAのメチル化は，非常に難解な現象であるゲノムインプリンティング現象を説明可能にした(Ferguson-Smith 2011)。一般的に，父親から受け継いだ遺伝子と母親から受け継いだ遺伝子は等価であると考えられている。事実，メンデルの遺伝の法則(メンデルの遺伝の法則を教えるためにはPunnettの方形解析が使用される)は，遺伝子が精子由来か卵由来であるかどうかを問題にしない。しかしながら，仮に遺伝子が卵由来か精子由来かでメチル化のパターンが異なっていた場合は，これは**問題となることがあり**，哺乳類ではおよそ300以上の遺伝子がこの問題を抱えている(Jima et al. 2022)。これらの場合においては，雄および雌由来の染色体は等価ではない。遺伝子のアリルのどちらか1つのみが発現する(精子由来か卵由来かのどちらか1つ)。すなわち，片方の親から変異のあるアリルを受け継いだ場合には重篤もしくは致命的な状態となるが，もう片方の親から同じ変異のあるアリルを受け継いだ場合は，そのような状態にはならないことがある。このような場合において，異常のある遺伝子はDNAのメチル化によって不活性な状態にある。精子形成および卵形成過程において，一連の酵素群によってメチル基がDNAに付加される。それらは，まずは付加されたメチル基をクロマチンから除去し，次に新規に性特異的にDNAにメチル基を付加する(Ciccone et al. 2009；Gu et al. 2011)。(オンラインの「FURTHER DEVELOPMENT 3.5：Mechanisms of DNA Methylation during Genomic Imprinting」「FURTHER DEVELOPMENT 3.7：Poised Chromatin」「FURTHER DEVELOPMENT 3.8：Chromatin Diminution」「FURTHER DEVELOPMENT 3.9：The Nuclear Envelope's Role in Gene Regulation」参照)

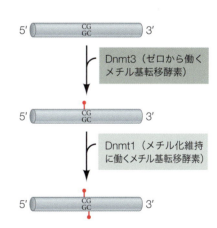

図3.16 2種類のDNAメチル基転移酵素はDNA修飾に重要である。ゼロから働く(*de novo*)メチル基転移酵素Dnmt3は，メチル化されていないシトシンにメチル基を付加する。メチル化維持に働く(perpetuating)メチル基転移酵素Dnmt1は，片側DNA鎖のメチル化シトシンを認識し，相補鎖側のCGペアのシトシンをメチル化する。

転写因子は遺伝子の転写を制御する

サイエンスジャーナリストであるNatalie Angier（ナタリー・アンジェ）は1992年，「最近の一連の発見からは，DNAはある種の政治家のようなものであり，彼はタンパク質という側近や相談役の群れに囲まれて激しくもまれ，ねじられ，時にからだの全体的な青写真が意味をなす以前に改変されてしまうようにみえる」と書いた。これら"側近や相談役"が転写因子であり，胚発生のあらゆる場面で不可欠な役割を果たしている。

転写因子は，DNA結合ドメインにおける類似性に基づいてファミリーごとに分類される（表3.1）。各々のファミリーに属する転写因子は，DNA結合部位に関して共通の枠組みを共有しており，結合部位におけるアミノ酸のわずかな違いが，異なるDNA配列の認識を可能にする。以前にも示唆したように，転写因子は，ヒストン修飾酵素を呼び込んだり，RNAポリメラーゼを安定化したり，複数の遺伝子に対してRNA発現の時期を調整したりすることで，遺伝子発現を制御可能にする。

転写因子はヒストン修飾酵素を呼び込む　3.3節で述べたように，エンハンサーやサイレンサーのようなDNA制御エレメントは転写因子の結合によって働き，各々のエレメントはいくつかの転写因子の結合部位を有する。転写因子は，タンパク質の1つの部位を使用して制御エレメントのDNAに結合し，別の部位を使用して他の転写因子やタンパク質と相互作用し，そしてこれがヒストン修飾酵素を呼び込むために働く。例えば，耳の発生や色素形成に不可欠な転写因子であるMITF（表3.1参照）は，そのタンパク質に特異的なDNA配列に結合し，また転写を可能とするヌクレオソームの解離を促進するヒストンアセチル基転移酵素にも結合する（Ogryzko et al. 1996；Price et al. 1998）。

Pax7はクロマチンへの接近を制御するもう1つの転写因子であるが，この場合は筋前駆細胞においての例である（表3.1参照）。Pax7は，ヒストンH3の4番目のリシン残基（H3K4）にメチル基を付加するヒストンメチル基転移酵素Trithorax複合体を呼び込み，

表3.1　いくつかの主要な転写因子ファミリーとサブファミリー

ファミリー	代表的な転写因子	いくつかの機能
ホメオドメイン		
Hox	Hoxa1，Hoxb2など	体軸形成
POU	Pit1，Unc-86，Oct2	下垂体の発生；神経運命
Lim	Lim1，Forkhead	頭部の発生
Pax	Pax1，2，3，6，7など	神経運命特定化；眼および筋肉の発生
塩基性ヘリックス-ループ-ヘリックス（bHLH）	MyoD，MITF，daughterless	筋肉と神経の運命特定化；ショウジョウバエの性決定；色素形成
塩基性ロイシンジッパー（bZip）	cEBP，AP1，MITF	肝臓分化；脂肪細胞の運命特定化
ジングフィンガー：		
スタンダード	WT1，Krüppel，Engrailed	腎臓，生殖腺，マクロファージの発生；ショウジョウバエの分節化
核ホルモン受容体	グルココルチコイド受容体，エストロゲン受容体，テストステロン受容体，レチノイン酸受容体	二次性決定；頭蓋顔面の発生；四肢の発生
Sry-Sox	Sry，SoxD，Sox2	DNAを曲げる；哺乳類の一次性決定；外胚葉分化
MADSボックス	クラスA，B，C，D，E	花器官のアイデンティティ

その結果，このリシン残基には**3つのメチル基**が付加され，転写が**活性化**される（Adkins et al. 2004；Li et al. 2007；McKinnell et al. 2008）。

転写因子はRNAポリメラーゼを安定化する　ヒストン修飾酵素の呼び込みに加えて，転写因子はRNAポリメラーゼIIをプロモーターに結合可能にする転写開始前複合体を安定化することによっても，遺伝子発現を制御可能である（図3.7およびオンラインの「FURTHER DEVELOPMENT 3.4：The Mechanisms of DNA Methylation」の図1参照）。例えば，筋肉細胞の発生に重要な転写因子であるMyoD（表3.1参照）は，プロモーター部位においてRNAポリメラーゼIIを支持するTFIIBを安定化する（Heller and Bengal 1998）。

特定の転写因子は，複数の遺伝子の時間依存的な発現パターンを調整する　多くの細胞種特異的な遺伝子の同時発現は，鍵となる転写因子が複数のエンハンサーエレメントに結合することで説明可能である。例えば，眼のレンズで特異的に活性化している複数の異なる遺伝子は，Pax6が結合するエンハンサーを有している（3.4節参照）。これらの異なるレンズ特異的な遺伝子の各々では，必要とされるその他すべての転写因子がエンハンサーに集合し，遺伝子発現を活性化するための準備が整っているが，Pax6が結合するまでは転写は起こらない。このように，多くのレンズ特異的な遺伝子は同時に発現するように調整されている（その他の例としてはDavidson 2006参照）。

さらなる発展

転写因子の機能ドメイン　転写因子はどのようにして特異的に標的遺伝子に働くのだろうか？　この特異性は，転写因子がもつ主に3つの機能ドメインに由来する。第一の機能ドメインは**DNA結合ドメイン**（DNA-binding domain）であり，エンハンサーにおける特定のDNA配列を認識する。DNA結合ドメインにはいくつかのタイプがあり，それらはしばしば転写因子の主なファミリー分類の指標となる（表3.1参照）。例えば，ホメオドメインを有する転写因子であるPax6は，DNA結合ドメインであるペアードドメインを使用してエンハンサー配列CAATTAGTCACGCTTGAを認識する（Aksan and Goding 1998；Wolf et al. 2009）[7]。それとは対照的に，転写因子であるMITFは，ロイシンジッパードメインとヘリックス-ループ-ヘリックスドメインを共に有し，より短い2つのDNA配列CACGTGとCATGTGを認識する（Pogenberg et al. 2012）。これらのMITF結合のための配列は，チロシナーゼファミリーに属するいくつかの色素細胞特異的に発現する酵素をコードしている遺伝子の，転写制御領域に存在する（Bentley et al. 1994；Yasumoto et al. 1994, 1997）。MITFが存在しないと，これらのタンパク質は適切に合成されず，メラニン色素が形成されない。

　第二の機能ドメインは**トランス活性化ドメイン**（*trans*-activating domain）であり，これは遺伝子のプロモーターあるいはエンハンサーに結合して，転写を活性化あるいは抑制することが可能である。一般にトランス活性化ドメインは，転写因子と

7　Paxは"ペアードボックス（paired box）"を表し，この"ボックス"とはDNA結合ドメインを表す[訳注：そもそも"ボックス"とは，ゲーリングが命名した"ホメオボックス"に由来する。"ホメオボックス"は，キイロショウジョウバエのホメオティック遺伝子間でよく保存された180塩基対のDNA配列であり，DNA結合ドメインである60アミノ酸から成る"ホメオドメイン"をコードする]。Paxファミリーに属するタンパク質は，DNA結合ドメインであるペアードドメインを有する[訳注：必ずしもすべてがホメオドメインを有するとは限らない]。ショウジョウバエ研究において，ホメオドメインを有する転写因子を欠くと，触角が脚に運命転換するようなからだの構造における劇的なホメオティックな形質転換が起こる[訳注：*Antennapedia*変異体の表現型を例にあげているが，この変異体は機能獲得型の変異体であり，機能欠失型ではないため，例の記載が間違っている]。

発展問題

転写因子がシス制御エレメントに正確に結合することによって，発生途上の胚において時空間的な差次的遺伝子発現が引き起こされる。細胞の特性は，1つの転写因子複合体が1つの遺伝子の発現を導く1つの制御エレメントに結合することによって決定されるのだろうか？ 特定の細胞運命を確立するためにはどのくらいの数の遺伝子が必要なのだろうか？

RNAポリメラーゼIIとの結合に用いられるタンパク質（TFIIBあるいはTFIIE；Sauer et al. 1995参照）との相互作用，あるいはヒストン修飾酵素との相互作用を可能にする。MITF二量体がエンハンサーの標的配列に結合すると，MITFのトランス活性化ドメインは転写共調節因子であるp300/CBPと結合可能になる。p300/CBPタンパク質はヒストンアセチル基転移酵素であり，それは色素形成酵素をコードする遺伝子と関連したクロマチンを緩める（Ogryzko et al. 1996；Price et al. 1998）。

最後に，第三の機能ドメインとして大抵の場合は**タンパク質-タンパク質相互作用ドメイン**（protein-protein interaction domain）が存在し，それは転写共調節因子や他の転写因子を介して，転写因子の活性を調節可能にする。前のパラグラフに示したように，MITFはタンパク質-タンパク質相互作用ドメインを有し，MITF二量体を形成可能である（Ferré-D'Amaré et al. 1993）。その結果として形成されたホモ二量体（すなわち2つの同じタンパク質が結合したもの）は機能的タンパク質であり，特定の遺伝子のエンハンサーのDNAに結合し，転写を活性化する（図3.17）。

パイオニア転写因子：静寂を破る

エンハンサーを発見することは決して容易ではない。なぜならば，クロマチンのDNAは通常きつく巻かれているため，エンハンサー部位に接近できないからである。エンハンサーがヌクレオソームによって覆われていると仮定すると，転写因子はどのようにして自身の結合部位を発見するのだろうか？ それは特定の転写因子の仕事であり，抑制状態のクロマチンを貫通し，エンハンサーであるDNA配列に結合する（Cirillo et al. 2002；Berkes et al. 2004）。このような**パイオニア転写因子**（pioneer transcription factor）は，ヌクレオソームに強固に覆われたDNAやヘテロクロマチン領域のDNAに結合することが可能な唯一の転写因子である（Iwafuchi-Doi 2019）。

名前が示すように，パイオニア転写因子は転写が可能な領域を形成するための最初の過程に働く。パイオニア転写因子は，特定の細胞系譜を特定化するためにも重要らしい。例えば，パイオニア転写因子であるFoxA1は，肝細胞の運命の特定化において特に重要である。FoxA1は，肝細胞の運命を促進する特定のエンハンサーに結合してクロマチンを開き，他の転写因子がプロモーターに接近することを可能にする（Lupien et al. 2008；Smale 2010）。さらにFoxA1は，体細胞分裂中でさえDNAに結合し続けて，肝細胞に分化することが運命付けられた細胞において正常な転写を再構築するためのメカニズムを提供する（Zaret et al. 2008）。先に紹介したPax7もパイオニア転

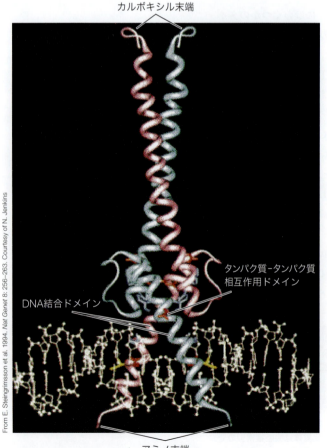

図3.17 転写因子MITFのホモ二量体（1つのタンパク質は赤で，もう1つは青で示す）が，DNA（白）のプロモーターエレメントに結合している三次元モデル。アミノ末端は図の下側に位置し，コア配列CATGTGを有するDNAの11塩基対を認識するDNA結合ドメインを形成する。タンパク質-タンパク質相互作用ドメインは，その直上に位置する。MITFは，多くの転写因子に存在する塩基性ヘリックス-ループ-ヘリックス構造を有する。カルボキシル末端は，転写共調節因子であるp300/CBPと結合するトランス活性化ドメインであると考えられている。

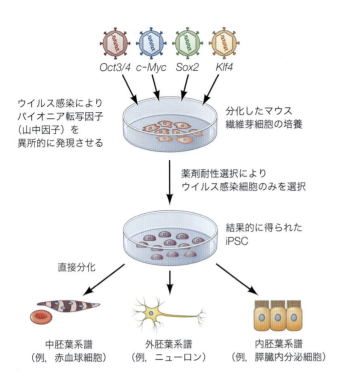

図3.18 分化した繊維芽細胞を人工多能性幹細胞に初期化するための4つの転写因子。"山中因子"（転写因子遺伝子 *Oct3/4, c-Myc, Sox2, Klf4*）が分化した繊維芽細胞ゲノムにウイルスを介して挿入されると，細胞は人工多能性幹細胞(iPSC)に脱分化する。胚性幹細胞のように，iPSCは三胚葉(中・外・内胚葉)由来の子孫細胞を作製可能である。

写因子であると考えられており，転写を活性化するヒストンメチル基転移酵素 Trithorax 複合体を呼び込むことで，筋分化を支持する(McKinnell et al. 2008)。（オンラインの「FURTHER DEVELOPMENT 3.9：Insulators Protecting Genomic Areas from Transcription Factor Binding」参照）

さらなる発展

細胞の特性を初期化する能力を有するパイオニア転写因子　3.2節を思い出すと，John Gurdonによって行われた体細胞の核を除核卵に移植したクローニング実験では，移植された体細胞のゲノムがどのようにして使用されるのか？　すなわち**初期化されたのか？**（この場合は，それは完全なカエル成体の発生を可能にした）。これはゲノムの等価性を支持する最初の意義ある結果を提供しているが，卵の細胞質に存在しているどのようなタンパク質が初期化の原因となっているかはわからなかった。

　その答えに関する手がかりが2006年に得られた。それは，Shinya Yamanaka（山中伸弥）が，マウス初期胚の細胞を未成熟な状態に維持することにかかわる遺伝子リストを作製したときである。これらの未成熟な細胞は，胚盤胞(両生類の胞胚に対する哺乳類の同等段階；第5章参照)の内部細胞塊からのものであった。Yamanakaの研究室では，たった4つの遺伝子(*Oct3/4, Sox2, c-Myc, Klf4*)を分化したマウス真皮の繊維芽細胞[8]に実験により発現させると，繊維芽細胞は内部細胞塊様の細胞に**脱分化**した(図3.18；Takahashi and Yamanaka 2006)。これらの脱分化細胞は，培養によって胚を構成するあらゆる細胞に分化できることが示された。このことは，これ

8　繊維芽細胞はコラーゲンを分泌する間充織細胞であり，皮膚の真皮を構成している。すなわち繊維芽細胞は比較的容易に入手可能であり，上皮細胞とは異なり組織培養で迅速に増殖できる能力は実験のための"細胞選択"に値する。

らの細胞が分化多能性を有することを示しており，この状態が人為的に誘導されたことから**人工多能性幹細胞**（induced pluripotent stem cell：iPSC；5.8節参照）と命名された。

そのような細胞運命における初期化能力の大部分はSox2，Oct3/4，Klf4タンパク質に存在し，これらは凝縮したクロマチンに接近・結合するパイオニア転写因子として働く（Soufi et al. 2012）。Yamanakaは彼らの発見によって，Gurdonと共に2012年にノーベル生理学・医学賞を受賞した。iPSCは現在，今までは不可能であった方法でヒトの発生や疾病を研究するために使用されている。（オンラインの「FURTHER DEVELOPMENT 3.11：Transcription Factors with the Power to Cure Diabetes」「SCIENTISTS SPEAK 3.2：Developmental Documentary on Cellular Reprogramming」「SCIENTISTS SPEAK 3.3：Question and Answer with Dr. Derrick Rossi on the Generation of iPSCs with mRNA」参照）

花器官決定遺伝子の転写制御：ABCに学ぶ

本節の前半で，植物が花をつくるためには茎頂分裂組織において，葉をつくる栄養成長から生殖器官である花をつくる生殖成長への切り替えを行う遺伝的プログラムの変化が必要であることを説明した（図3.13参照）。Polycomb因子が花発生を抑制し，Trithoraxタンパク質がこの抑制を解除する。では，一度抑制が解除されると，どのように花器官を構成する各部位が特定化されるのだろうか？

花器官のアイデンティティを担う遺伝子は，**MADSボックス転写因子**（MADS-box transcription factor）をコードしている。このファミリーのタンパク質は多様な真核生物において発見されており，DNA結合ドメインに保存されたモチーフをもっている（表3.1参照）。被子植物においては，花器官の特定化において5つのクラスのMADSボックス遺伝子が関与している（それぞれクラスA，B，C，D，Eとして同定されている；**図3.19**）。異なる組み合わせでこれらの**花器官決定遺伝子**（floral organ identity gene）が発現すると，その働きにより花を構成する各器官が決定される。花の発生に関しては6.6節で詳しく述べるので，ここでは転写制御の概要を理解することが重要である。

花器官の配置——心皮，雄ずい，花弁，がく——を眺めると，花芽分裂組織の先端を囲むように同心円状に配置された4つの**環域**（whorl）から組織されていることがわかるだろう。クラスAとクラスE遺伝子の発現は，がくへと分化する第一環域を誘導する。花弁へ分化する第二環域はクラスA，B，E遺伝子によって，雄ずいを形成する第三環域はクラスB，C，E遺伝子の働きによって，心皮を形成する第四環域はクラスC，E遺伝子の働きによってつくられる（図3.19）。この単純だが驚くべき仕組みに従って，比較的少数の花器官決定遺伝子の重複/組み合わせを使った相互作用により，多数の被子植物にみられる多様な花の形態が生み出される（**図3.20**；Theissen et al. 2016）。

クラスAとC遺伝子はそれぞれがくと心皮の形成に関与しているが，重要な点は，互いの遺伝子発現を抑制し合うことである（図3.19A右を参照）。この細胞運命を制御する2遺伝子間の抑制関係は，2つの組織間の境界部分を強固なものにする普遍的な仕組みであり，植物や動物の胚発生において繰り返し目にすることになるだろう。

花器官決定遺伝子によってつくられるMADSボックス転写因子は，細胞運命を制御するホメオティック転写因子として機能する。クラスA，B，あるいはC遺伝子の機能欠損は花発生の開始そのものには影響を与えず，ある器官が別の器官に置き換えられる花の**ホメオティック・トランスフォーメーション**（homeotic transformation）を引き起こす（図3.19B〜D）。例えば，シロイヌナズナにおけるクラスC遺伝子である*AGAMOUS*の機能欠損により，雄ずいと心皮は花弁とがくに置き換わる。一方，クラスA遺伝子である

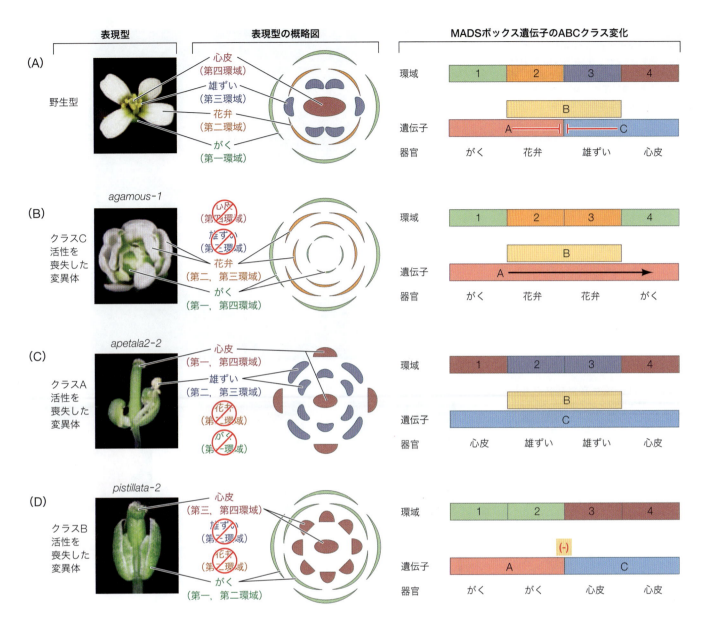

図3.19 花器官の運命決定におけるABCモデル。詳しくは本文を参照のこと。クラスD遺伝子は胚珠において発現しており、クラスE遺伝子はすべての環域において発現している。単純化するため、これら2つのクラスの遺伝子は省略している。(L. Taiz. et al., *Plant Physiology and Development*, 6th Editionより)

*APETALA2*の機能欠損では、花弁とがくの欠損とともに重複した心皮と雄ずいを形成する。新奇な形態の花を追い求めた結果、花の育種家は異なるクラスのMADSボックス遺伝子の発現部位に影響を与える制御領域に存在する変異を予期せず選抜してきた。今日みられる花弁の多いバラの栽培品種は、*AGAMOUS*のようなクラスC遺伝子の発現部位に影響する変異を選抜したことによる(図3.21; Dubois et al., 2010)。このため、植物の少数の転写因子の発現パターンのごく小さな微調整といえども、今日みられる多様な花の形態に寄与しうるのである。

遺伝子制御ネットワーク：個々の細胞の運命を規定する

パイオニア転写因子はプロセスの開始に必要ではあるが、それらだけでは完全な分化プログラムを実行するためには不十分である。ウニの発生に関する研究は、細胞種を特定化

図3.20 クラスB遺伝子 *APETALA3* と GFP の融合タンパク質を発現するシロイヌナズナ花序分裂組織の蛍光イメージ。APETALA3-GFP を緑色，細胞壁（マゼンタ）をヨウ化プロピジウムで染色している。それぞれのでっぱりは発生過程の花であり，緑色蛍光は花弁と雄ずいとなる予定の領域（第二環域と第三環域）を示している。花の中の大量の細胞が各花器官の発生を担っている。

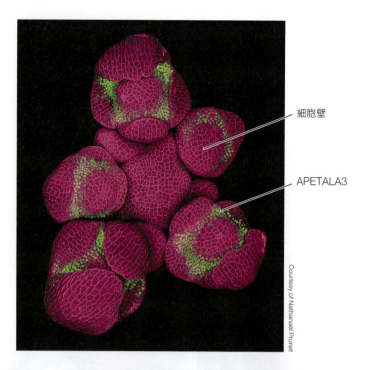

図3.21 A+B-C= 立派なダブルローズ。野生型のシングルローズ（左）のABC遺伝子発現パターン。栽培品種セミダブルローズ（中央）とダブルローズ（右）は，クラスC遺伝子であるバラの *AGAMOUS* 相同遺伝子の発現領域が減少した系統を選抜することで育種された。その結果，クラスA遺伝子の発現領域が拡大している。このため，花弁の数が増加し，雄ずいの数が減少している。図中のSはがく（Sepal），Pは花弁（Petal），Stは雄ずい（Stamen），Cは心皮（Carpel）を示している。(A. Dubois et al. 2010. *PLOS One* 5: e9288/CC BY 4.0 より改変)

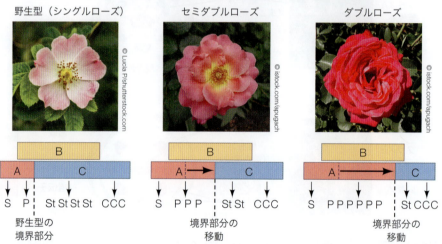

し，発生途上の生物の形態形成を司ることを制御するDNAの様式を明らかにした。Eric Davidson（エリック・ディヴィッドソン）が率いる研究グループは，転写因子によって構築された原理的な回路において，シス制御エレメント（プロモーターやエンハンサーのような）を予想するネットワークモデル手法を開拓した（図3.22；Davidson and Levine 2008；Oliveri et al. 2008）。この研究は，ウニのどの遺伝子が相互作用して細胞種を特定化し，その特性を発現させるかに関する制御原理を示した。

　このネットワークは，卵細胞質に存在する母性転写因子——母親が卵を形成する際に母親のゲノム由来で発現したタンパク質——から最初の入力を受け取る。いったんスイッチが入ると，このネットワークは以下の能力を介して自己組織化する。すなわち，(1)これらの母性転写因子が，他の転写因子をコードする特定遺伝子のシス制御エレメントを認識する能力，(2)この新しいセットの転写因子が，近傍の細胞内において特定の転写因子を活性化あるいは抑制する分泌性のタンパク質（傍分泌因子，第4章で考察）をコードする遺伝子を活性化する能力，である（図3.22A参照）。このような細胞種の運命特定化に働く遺

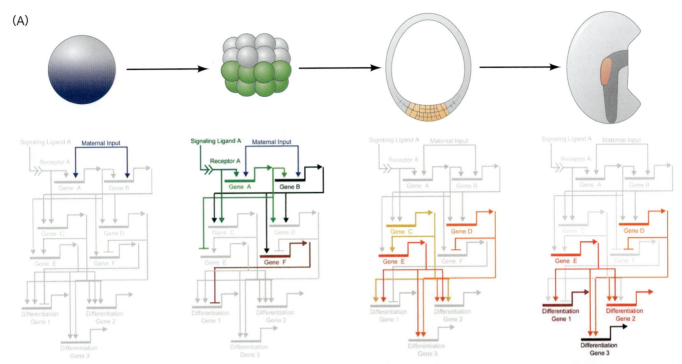

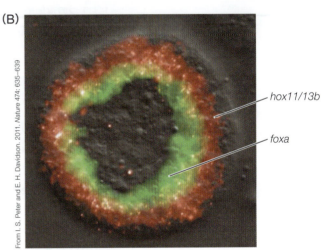

図3.22 ウニ胚における内胚葉由来の細胞系譜にかかわる遺伝子制御ネットワーク。(A)内胚葉由来の細胞運命が段階的に特定化される4つのウニ胚発生ステージ(上)と，それに対応する母性因子から始まり最終的な分化遺伝子の発現を導くパイオニア転写因子による特定化の遺伝子発現制御モデル(下)の図式。(B) *hox11/13b*遺伝子がveg1割球層由来の細胞に限局して発現している(赤色)のに対して，*foxa*遺伝子がveg2割球層由来の細胞に発現している(緑色)ことを示す，受精後24時間の二重蛍光*in situ*ハイブリダイゼーション。(AはV. F. Hinman and A. M. Cheatle Jarvela. 2014. *Genesis* 52：193-207より)

伝子間における相互接続のセットは，Davidsonの研究グループによって**遺伝子制御ネットワーク**(gene regulatory network：GRN)と命名された。**各々の細胞系譜，各々の細胞種，そしておそらくは各々の個々の細胞は，GRNが働くその瞬間に規定される。**Davidsonが2010年に述べたように，「胚発生とは膨大な情報の取引であり，DNAの配列データが特定の細胞機能のシステム全体に及ぶ配置を形成し，先導する」。(オンラインの「SCIENTISTS SPEAK 3.4：Question and answer with Dr. Marianne Bronner on NEURAL Crest GRNs in lamprey」参照)

3.6 差次的遺伝子発現メカニズム：mRNA前駆体のプロセシング

遺伝子発現の制御は，DNAの差次的な転写に限定されてはいない。たとえ特定のRNA転写産物が合成されたとしても，機能タンパク質の合成は保証されない。活性を有するタ

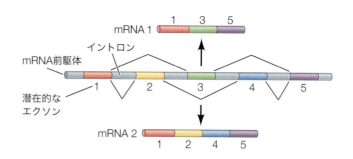

図3.23 mRNA前駆体の差次的プロセシング。V字型の線はスプライシング経路を示す。差次的スプライシングは，異なるエクソンを選択的に使用したり除去することによって，同じmRNA前駆体から異なるmRNAを加工可能である。ここにそのようなスプライシングによる2つの可能な結果を示す。この図式をもとに，他の可能な結果を想像してみよう。

ンパク質になるためには，mRNA前駆体は(1)イントロンの除去によってmRNAにプロセシングされ，(2)核から細胞質に輸送され，そして(3)リボソームを介してタンパク質に翻訳されなければならない。

mRNA前駆体の差次的プロセシング(differential pre-mRNA processing)とは，mRNA前駆体をもとに，使用可能なエクソンの異なる組み合わせによって異なるタンパク質を指定する個別情報へとスプライシングする(切断し，再編成し，結合しなおす)ことを意味する。仮に，1つのmRNA前駆体が5つの使用可能なエクソンを有しているとすると，ある細胞種はエクソン1，2，4，5を使用し，異なる細胞種はエクソン1，3，5を使用し，さらに別の細胞種はすべてのエクソンを使用することができる(図3.23)。このように，1つの遺伝子はタンパク質のファミリーすべてを合成可能である。同じ遺伝子によってコードされる異なるタンパク質は，**スプライシングアイソフォーム**(splicing isoform)と呼ばれる。

mRNA前駆体の選択的スプライシングを介したタンパク質ファミリーの産生

mRNA前駆体の選択的スプライシング(alternative pre-mRNA splicing)は，同じ遺伝子から非常に多様な種類のタンパク質の産生を可能にする分子メカニズムを意味する。脊椎動物においては，ほとんどの遺伝子が選択的スプライシング可能なmRNA前駆体を転写する(Wang et al. 2008；Nilsen and Graveley 2010)[9]。事実，ヒト遺伝子の約90％が選択的スプライシングを行う。植物においては，RNAの選択的スプライシングは環境適合性を制御する手段の1つとして働く。例えば，シロイヌナズナにおいては，*FLOWERING LOCUS M* (*FLM*)遺伝子由来の転写産物は，周囲温度に反応して選択的スプライシングが可能であり，その結果，開花の時期を支配する2つの異なるタンパク質を産生する(Shang et al. 2017)。

mRNA前駆体の配列がエクソンかイントロンのどちらかであるかを認識することは，選択的スプライシングにとって重要な第一ステップであり，いくつかの様式で行われる。ほとんどの遺伝子は，イントロンの5′および3′に**コンセンサス配列**(consensus sequence)を有する。バイオインフォマティクスによる予想では，これらの配列はイントロン領域の開始と終わりを特徴づけるために真核生物種間にわたって共通に使用されており，イントロンの**スプライス部位**を意味している。

mRNA前駆体のスプライシングは，**スプライセオソーム**(spliceosome)として知られる複合体を介して行われる。スプライセオソームは，低分子ヘテロ核RNAと，スプライ

---

[9] 変異は種特異的なスプライシング事象をもたらすことがあり，脊椎動物種間におけるmRNA前駆体のプロセシング過程での組織特異的な差異は，遺伝子の転写で生じる変化よりも10〜100倍の頻度で発生する(Barbosa-Morais et al. 2012；Merkin et al. 2012)。

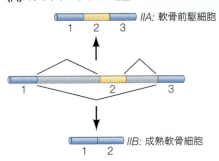
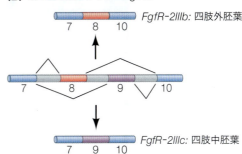
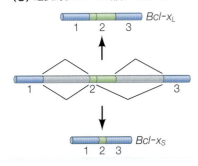
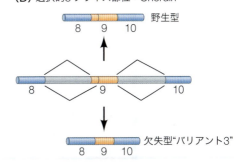

図3.24 mRNA前駆体の選択的スプライシング。棒の灰色部分はイントロンを示す。他のすべての色部分はエクソンを示す。スプライシングパターンはV字型の線で示す。(A) 1ユニット(カセット；黄色)は，エクソンとして使用可能，もしくはイントロンとして除去可能であり，2型コラーゲンに関して軟骨前駆細胞と成熟軟骨細胞とで区別される。(B)繊維芽細胞増殖因子受容体は，相互排他的なエクソンの使用により四肢外胚葉と四肢中胚葉において区別される。(C)選択的な5′スプライス部位の使用の有無により，分子量の大きいBcl-Xタンパク質と分子量の小さいBcl-Xタンパク質が産生される。(D)選択的な3′スプライス部位の使用の有無により，Chordinタンパク質の正常型および欠失型が産生される。(A. N. McAlinden et al. 2004. Birth Def Res C 72: 51-68 より)

ス部位もしくはその隣接した領域に結合する**スプライシング因子**(splicing factor)と呼ばれるタンパク質から構成されている。特定のスプライシング因子がスプライセオソームを形成することによって，細胞はイントロンとしての配列を認識するための異なる能力を発揮できる。つまり，**ある細胞種におけるエクソンは，別の細胞種においてはイントロンとして働くかもしれない**(図3.24A, B)。他の例では，ある細胞におけるスプライシング因子は異なる5′を認識可能である。場合によっては，選択的スプライシング後のmRNAは，異なる細胞において似ているが同じではない役割を果たすタンパク質を産生する。例えば，特定のエクソンを含まないヒトのWT1タンパク質のアイソフォームは腎臓の発生において転写因子として働く一方で，それを含むアイソフォームは精巣の発生に重要であると考えられている(Hammes et al. 2001；Hastie 2001)。

　遺伝子がどのようにしてスプライシングされるかは，細胞が生存するか死ぬかの違いを生み出しうる。*Bcl-x*遺伝子は，選択的スプライシングを介して分子量の大きいタンパク質と小さいタンパク質を産生する。特定のDNA配列がエクソンとして使用された場合には，分子量の大きいBcl-Xタンパク質，すなわちBcl-XLが産生され，このタンパク質はプログラム細胞死を抑制する(図3.24C)。しかしながら，仮に同じ配列がイントロンとして認識されて，スプライシングによって除去された場合は，分子量の小さいBcl-Xタンパク質(Bcl-XS)が産生されて，このタンパク質は細胞死を**誘導する**。多くの腫瘍では，正常な量に比べてBcl-XLが多い(Akgul et al. 2004；Kędzierska et al. 2017)。

発展問題

*Homo sapiens*は，各々の核に約20,000遺伝子を有している。ところで，線虫(*Caenorhabditis elegans*)は管状の生物で，たった959個の細胞で構成されている。われわれは毛幹において，線虫のからだ全体よりも多い細胞数および細胞種を有している。線虫がわれわれとほぼ同じ数の遺伝子を有しているのは，いったいどういうことなのだろうか？

さらなる発展

***Dscam*遺伝子とその38,016種類のアイソフォーム**　仮にあなたがここまでに，数十のイントロンを有した1遺伝子が差次的スプライシングを介して何千種類もの異なるタンパク質を産生可能であるという印象を受けたのであれば，それは正しい（少なくともショウジョウバエの*Dscam*遺伝子の場合は）。この遺伝子は，同じ遺伝子から複数のタンパク質を産生する現時点でのチャンピオンである。*Dscam*は115個のエクソンを有する。さらに，12個の隣接する異なるDNA配列のうち1個がエクソン4として選択され，48個の隣接する相互排他的な異なるDNA配列のうち1個がエクソン6に，33個の隣接する異なるDNA配列のうち1個がエクソン9として選択される（図3.25A；Schmucker et al. 2000）。仮にすべてのエクソンの組み合わせが可能な場合，この1つの遺伝子から38,016種類の異なるタンパク質が産生可能となり，この組み合わせに対する無作為探索は，実際にその大部分が産生されていることを示している。このように，ショウジョウバエの全ゲノムがたった約15,000種類の遺伝子しか有していないと考えられているとしても，ここに示す1つの遺伝子は約3倍の種類のタンパク質をコード可能となっている。

　*Dscam*は細胞膜結合型タンパク質をコードしており，同じニューロン（神経細胞）由来の樹状突起同士が触れ合わないようにしている[10・次頁]。そのmRNA前駆体は，異なるニューロンにおいて選択的スプライシングが行われ，*Dscam*を発現する同じ

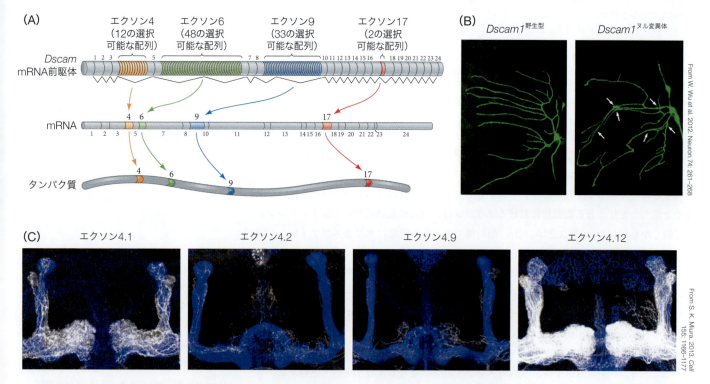

図3.25　ショウジョウバエ*Dscam*遺伝子は，mRNA前駆体の選択的スプライシングを介して38,016種類の異なるタンパク質を産生可能である。(A) *Dscam*遺伝子は115個のエクソンを有する。エクソン4，6，9および17は，相互排他的な選択可能配列のセットによってコードされる。各々のmRNAは，エクソン4の選択可能な12配列から1つ，エクソン6の選択可能な48配列から1つ，エクソン9の選択可能な33配列から1つ，エクソン17の選択可能な2配列から1つを有する。(B) *Dscam*は，樹状突起が分散パターンを形成するために必要な樹状突起間の自己忌避に働く（左側）。*Dscam*の機能不全は，同じニューロン由来の樹状突起において交差や繊維束性成長を引き起こす（右側；矢印）。(C) ショウジョウバエ蛹中期の脳のキノコ体神経細胞孤立集団における*Dscam*選択的スプライシングフォーム（エクソン4.1，4.2，4.9，4.12）の発現（白）。キノコ体葉全体は抗Fasciclin II抗体で，関連する細胞は抗Dachshund抗体で可視化している（共に青色）。(Aは D. Schmucker et al. 2000. *Cell* 101：671-684より)

ニューロン由来の2つの樹状突起が触れ合うと，それぞれはお互い反発し合う（図3.25B；Wu et al. 2012）。この反発は，樹状突起の広範囲にわたる分岐を促進し，軸索と樹状突起間のシナプス結合が適切に起こることを確実にしている（すなわち，同じニューロン上ではなく，ニューロン間で）。何千種類ものDscamスプライシングアイソフォームは，各々のニューロンが固有の個性を発現することを保証するために必要なようである（図3.25C；Schmucker 2007；Millard and Zipursky 2008；Miura et al. 2013）。さらには，発現するDscamスプライシングアイソフォームの組み合わせは，ある特定のニューロンではRNAの新規合成を行うたびに変更可能である。このような選択的スプライシングの時間依存的な変更は，樹状突起分枝過程におけるニューロン間の相互作用に対する反応かもしれない。（オンラインの「FURTHER DEVELOPMENT 3.12：Control of Early Development by pre mRNA Selection」「FURTHER DEVELOPMENT 3.13：So You Think You Know What a Gene Is ?」「FURTHER DEVELOPMENT 3.14：Splicing Enhancers and Recognition Factors」参照）

3.7　差次的遺伝子発現メカニズム：mRNAの翻訳

　mRNA前駆体のスプライシングは，核膜孔から細胞質への輸送と密接に関係している。イントロンが除去されると，特定のタンパク質がスプライセオソームに結合し，スプライセオソーム–RNA複合体を核膜孔に付着させる（Luo et al. 2001；Strässer and Hurt 2001）。mRNAの5′端および3′端を覆っているタンパク質もまた変更される。5′端に存在する核キャップ結合タンパク質は，翻訳開始因子タンパク質であるeukaryotic initiation factor 4E（eIF4E）に置き換わり，ポリA尾部は細胞質ポリA結合タンパク質と結合するようになる。これらの変更は共に翻訳の開始を促進するが，mRNAが細胞質に到達するまでは翻訳は保証されない。翻訳段階における遺伝子発現制御は多くの手段を介して行われ，そのうち最も重要なもののいくつかを以下に示す。

mRNAの安定性とmRNAの差次的寿命

　mRNAの存在時間が長ければ長いほど，より多くのタンパク質を翻訳することが可能になる。仮に，半減期の比較的短いmRNAがある細胞で時間選択的に安定化されると，その時間その場所でのみ，その特定のタンパク質は大量に産生されることになる。

　mRNAの安定性はしばしば，そのポリA尾部の長さに依存する。そして，その長さの大部分は3′非翻訳領域の配列に依存する。特定の配列は他と比べてより長いポリA尾部を可能とし，仮に3′非翻訳領域を実験的に変更すると，結果的に生じたmRNAの半減期が変わる。例えば，変更前は寿命の長いmRNAが速やかに分解されたり，通常は寿命の短いmRNAがより長く残存したりする（Shaw and Kamen 1986；Wilson and Treisman 1988；Decker and Parker 1995）。

　場合によっては，mRNAは特定の時間，特定の細胞において，選択的に安定化される。脊椎動物の神経系の発生において，**Huタンパク質**（HuA，HuB，HuC，HuD）と呼ばれる1セットのRNA結合タンパク質は，通常速やかに分解される2グループのmRNAを安定化する（Perrone-Bizzozero and Bird 2013）。標的RNAの1グループは，神経前駆細

10　ヒトにおいて，*DSCAM*（*Down syndrome cell adhesion molecule*）ホモログ遺伝子は，21番染色体の"Down症候群"領域内に存在する。*DSCAM*は同種親和性結合を介した細胞接着因子をコードし，軸索ガイダンスに重要である。

胞の分裂を停止させるタンパク質をコードしている。2つ目のグループは，神経分化を開始させるタンパク質をコードしている（Okano and Darnell 1997；Deschênes-Furry et al. 2006, 2007）。このように，いったんHuタンパク質が産生されると，神経前駆細胞はニューロンへと分化する[11]。

卵母細胞に蓄積されたmRNA：mRNAの選択的な翻訳阻害

翻訳制御にかかわる最も顕著ないくつかの例が，卵母細胞で働いている。減数分裂に先立って，卵母細胞がまだ卵巣内に存在している間，卵母細胞は受精後にのみ使用されるmRNAを産生して蓄積することが可能である。これらのmRNAは，排卵期もしくは受精中に卵において拡散するイオンシグナルによって活性化されるまでは，休止状態にある（第6章および第7章参照）。

いくつかの蓄積された母性mRNAは卵割中に必要となるタンパク質をコードしているが，これは胚が膨大の量のクロマチンや細胞膜，細胞骨格のコンポーネントを産生している時期である（8.2節参照）。これらは，ヒストンタンパク質に対するmRNA，細胞骨格タンパク質であるアクチンやチューブリンに対するmRNA，初期細胞分裂のタイミングを制御するサイクリンタンパク質に対するmRNAを含む（Raff et al. 1972；Rosenthal et al. 1980；Standart et al. 1986）。蓄積されたmRNAは，細胞運命を決定するタンパク質もコードしている。これらは，bicoidやcaudalのような転写因子に加え，nanosのような翻訳制御因子をコードするmRNAを含む。ショウジョウバエ胚においては，これらの蓄積されたmRNAは頭部，胸部，腹部を形成するための情報を提供している（図2.11参照）。

母親のゲノム由来で産生・蓄積されたmRNAやタンパク質は**母性効果因子**（maternal contribution）と呼ばれ，多くの動物種（ウニやゼブラフィッシュを含む）において，初期卵割の正常な進行とパターンの維持にはDNAあるいは核さえも必要とされない。むしろそれは，母性効果mRNA由来の継続的なタンパク質合成を必要とする（**図3.26**；Wagenaar and Mazia 1978；Dekens et al. 2003）。それに対して植物では，母性効果因子が必要不可欠である一方，第一分裂以前の受精後間もなく（少なくともシロイヌナズナにおいては）接合子ゲノム由来の早期発現も必要不可欠のようである（Kao and Nodine 2019）。

母性mRNAの"初期状態"が**翻訳待ち**の状態で，活発に翻訳されてはいないため，卵母細胞における翻訳調節はほとんどの場合で抑制的である。したがって，卵母細胞では母性mRNAの翻訳を阻害する抑制因子が存在する必要があり，これらの抑制因子は受精の適当な時期に何かしらの方法で除去されなければならない。5′キャップや3′UTRは，mRNAのリボソームへの接近を制御するために特に重要であると考えられる。仮に5′キャップが付加されなかったり，3′UTRがポリA尾部を欠いていたりすると，おそらくmRNAは翻訳されないだろう。多くの種の卵母細胞は，翻訳を制御するために"mRNAの両末端を手段として使用"している。例えば，タバコスズメガの卵母細胞は，メチル化された5′キャップを欠くmRNAを産生する。この状態において，そのようなmRNAは効率よく翻訳されない。しかしながら，受精時においてメチル基転移酵素が5′キャップの形成を完了すると，mRNAは翻訳可能となる（Kastern et al. 1982）。（オンラインの「FURTHER DEVELOPMENT 3.15：Translational Regulation in Frogs and Flies」「FURTHER DEVELOPMENT 3.16：Ribosomal Selectivity」「FURTHER DEVELOPMENT 3.18：Control of RNA Expression by Cytoplasmic Localization」参照）

---

[11]　マウスHuDには，いくつかの選択的スプライシングアイソフォームが存在する。それらは差次的発現や異なる細胞内分布（翻訳後調節メカニズム）を示し，ニューロンの生存や分化に対して異なる機能を発揮する（Hayashi et al. 2015）。

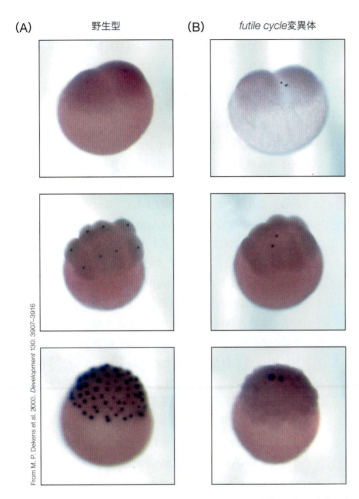

図3.26 ゼブラフィッシュ胞胚のDNA複製に関する母性効果因子。(A)野生型の胞胚では，すべての細胞においてBrdU標識された核(青色)が検出される。(B) *futile cycle* 変異体では，正常な数の細胞が存在しているが，一貫してたった2個のみの核がBrdU標識されており，それはこの変異体が前核融合に不全があることを示している。接合子DNAが存在しない場合でも，母性効果因子の存在によって初期卵割は正常に進行する。しかしながら，*futile cycle* 変異胚では，原腸形成の開始時に発生が停止する。

マイクロRNA：mRNAの翻訳および転写を特異的に制御する

　タンパク質が特定の核酸配列に結合して転写や翻訳を阻害するのならば，RNAを標的にしたほうがよりよいだろうと思うことだろう。結局のところ，相補的で特定の配列に特異的に結合するRNAを合成することは可能である。実際，特定のmRNAの翻訳を最も効果的に制御する手段の1つは，特定の転写産物のある部分に対して相補的な低分子**アンチセンスRNA**を合成することである。そのようなアンチセンスRNAは最初，線虫(*C. elegans*)で自然に機能していることから発見された。*lin-4*遺伝子は21塩基からなるRNAをコードしており，これは*lin-14* mRNAの3′UTRの複数部位に結合する(図3.27；Lee et al. 1993；Wightman et al. 1993)。*lin-14*遺伝子はLIN-14転写因子をコードしており，線虫発生の一齢幼虫期に重要で，それ以降は必要ではない。線虫は低分子*lin-4*アンチセンスRNAを介して，mRNAからのLIN-14タンパク質の翻訳を阻害することが可能である。*lin-4*転写産物が*lin-14* mRNAの3′UTRに結合することによって，*lin-14* mRNAの分解が引き起こされる(Bagga et al. 2005)。

　lin-4 RNAは今では，**マイクロRNA**(microRNA：miRNA)という非常に大きなグ

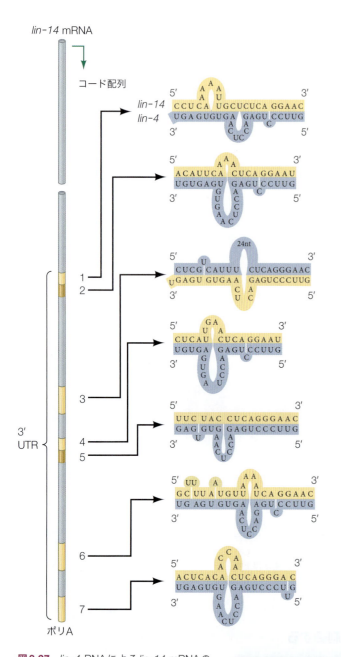

図3.27 lin-4 RNAによるlin-14 mRNAの翻訳制御モデル。lin-4遺伝子は，mRNAを産生しない。むしろlin-4遺伝子は，lin-14 mRNAの3'UTRに存在する繰り返し配列に相補的な低分子RNAを産生する。この低分子RNAはlin-14 mRNAの3'UTR配列に結合し，その翻訳を阻害する。(M. Wickens and K. Takayama. 1995. *Nature* 367：17-18； B. Wightman et al. 1993. *Cell* 75：855-862より)

ループの"創設メンバー"だと考えられている。ヒトゲノムのコンピュータ解析から，われわれヒトは1,000以上のmiRNA座位を有しており，それらmiRNAはヒト体内においてタンパク質をコードしている遺伝子のおよそ**半分**を制御しているのではないかと予想されている(Berezikov and Plasterk 2005； Friedman et al. 2009)。

　miRNAは一般に22ヌクレオチドから構成されるが，より長い前駆体から産生される。前駆体は，独立した転写単位(遺伝子)に由来することもあれば(例えば*lin-4*遺伝子は，*lin-14*遺伝子からかなり離れた場所に存在する)，遺伝子自身のイントロン内に存在することもある(Aravin et al. 2003； Lagos-Quintana et al. 2003)。制御されるmRNAには一般的に，miRNAに相補的なヌクレオチド配列の繰り返しが(しばしば3'UTRに)いくつか存在する。miRNAがこれらの配列に結合すると，二本鎖RNA領域が形成される。短い二本鎖RNA分子の形成により，病原性のウイルスゲノムを模倣することが可能になるため，細胞はそれら構造を認識し根絶するためのガイドとして使用する自然防御メカニズムを有している(Wilson and Doudna 2013)。興味深いことに，この防御メカニズムは，細胞が内在性の遺伝子発現を差次的に制御するためのさらなる別の方法として使用できるように採用された。miRNAが特定の遺伝子の発現をその転写産物を分解することによって抑制する過程は**RNA干渉**(RNA interference：RNAi)と呼ばれ(Guo and Kemphues 1995； Sen and Blau 2006； Wilson and Doudna 2013)，これを同定したAndrew Fire (アンドリュー・ファイアー)とCraig Mello (クレイグ・メロー)はノーベル生理学・医学賞を2006年に受賞した(Fire et al. 1998)。(オンラインの「SCIENTISTS SPEAK 3.5：Question and answer session with Dr. Ken Kemphues」「SCIENTISTS SPEAK 3.6：Question and answer session with Dr. Craig Mello on the discovery of RNA interference」参照)

さらなる発展

RNAiのメカニズム　マイクロRNA (miRNA)は，高分子RNA前駆体の折り畳みおよび切断を介して産生される。加工以前のRNA転写産物(miRNA配列のいくつかの繰り返しを含む)はヘアピンループを形成し，それによってRNAは相補配列を発見する。miRNA二本鎖ステム-ループ構造はDrosha や Dicer などのRNA分解酵素によって加工されて，一本鎖マイクロRNAが産生される(**図3.28**)。マイクロRNAは，一群のタンパク質に取り囲まれて**RNA誘導サイレンシング複合体**(RNA-induced silencing complex：RISC)を形成する。Argonauteファミリーに属するタンパク質は，この複合体の特に重要なメンバーである。これら低分子制御RNAは，mRNAの3'UTRに結合し，翻訳を阻害することが可能である。マイクロRNAとそれに関連したRISCが3'UTRに結合して翻訳を阻害する様式は，2つ存在する(Filipowicz et al. 2008； Bartel 2004； He and Hannon 2004も参照)。1つ目は，翻訳開始因子あるい

第3章 差次的遺伝子発現　91

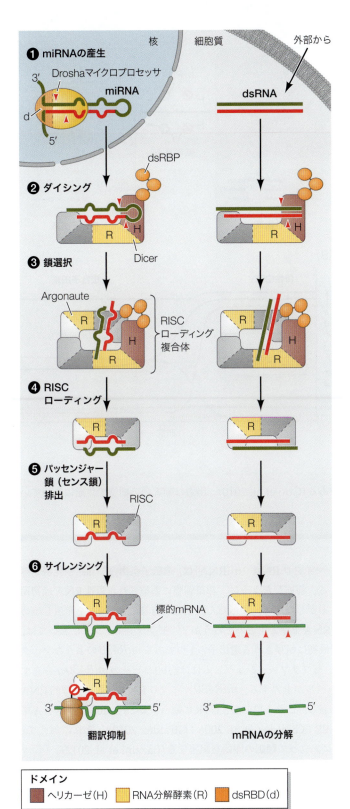

図3.28 二本鎖RNA（dsRNA）およびマイクロRNA（miRNA）によるRNA干渉（RNAi）モデル。細胞に与えられた，あるいは転写を介して産生されDrosha RNA分解酵素によって加工された二本鎖siRNA（short interfering RNA）またはmiRNAは，（1）主にDicerとArgonauteにより構成されたRNA誘導サイレンシング複合体（RISC）と結合する。RISCは，干渉の標的メカニズムのガイドとして使用されるRNAを準備する。特に，（1）siRNAあるいはmiRNAの転写は，いくつかのヘアピン領域を形成し，ここでRNAは対を形成するために近傍の相補配列を発見する。miRNA前駆体は，Drosha RNA分解酵素によって独立したmiRNA前駆体"ヘアピン"に加工され（siRNAと同様に），核外へと輸送される。（2〜4）細胞質へ輸送されると，これらの二本鎖RNAはArgonauteとRNA分解酵素であるDicerからなるRISCによって認識され，RISCと複合体を形成する。（5）Dicerはまた，ヘリカーゼとしても働き，二本鎖RNAを一本鎖に分離する。（6）片方の一本鎖（おそらくはDicerの配置によって認識される）は，miRNAと標的mRNA間の相補性の強さに依存して（少なくとも一部においては），翻訳を阻害するため，あるいは標的転写産物の分解を引き起こすための標的mRNAの3' UTRへの結合に使用される。siRNAは，転写産物の分解にかかわる標的として最もよく知られる。dsRBDは二本鎖RNA結合ドメインの略。dsRBPは二本鎖RNA結合タンパク質の略。DicerおよびArgonauteの灰色部分は別のドメインを示す。（L. He and G. J. Hannon. 2004. *Nat Rev Genet* 5: 522-531; R. C. Wilson and J. A. Doudna. 2013. *Annu Rev Biophys* 42: 217-239より）

はリボソームの結合を阻害することによって，翻訳の開始を抑制することである。例えば，Argonauteタンパク質は，mRNAの5'末端のメチル化されたグアノシンキャップに直接結合することが観察されている（Djuranovic et al. 2010, 2011）。2つ目は，この結合がエンドヌクレアーゼを呼び込んで，一般的にはポリA尾部からmRNAを

図3.29 ゼブラフィッシュの母性-胚性転換過程におけるmiR430の役割。(A)母性効果由来の多数のmRNAが卵割時期における発生を促進するが，原腸胚への移行には接合子ゲノムの転写活性化が必要である。マイクロRNAは，この転換期において母性由来の転写産物を一掃するための主要な役割を果たす。(B) miR430は，ゼブラフィッシュ胞胚が原腸形成過程における接合子由来の遺伝子発現調節へ移行するに伴って，母性由来の転写産物の大部分を干渉する主要な役割を果たす。このグラフにおいて，異なる曲線は3つの特定の転写産物の減少を示しており，そのうち2つの転写産物（紫色と赤色）はmiR430（緑色）を介して差次的に分解される。(A. J. Giraldez. 2010. *Curr Opin Genet Dev* 20：369-375 より）

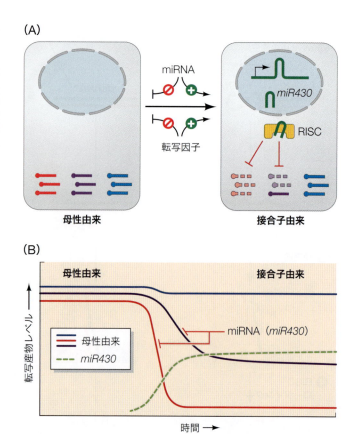

消化可能にすることである（Guo et al. 2010）。後者は哺乳類の細胞で共通に働いているようである。

miRNAと母性-胚性転換 マイクロRNA（miRNA）は，遺伝子産物の"一掃"や発現レベルの微調整に使用可能である。前述したように，卵母細胞に蓄積された母性RNAは初期発生の進行を可能にする。しかしながら，いったん胚細胞が自身のmRNAを産生し始めると，どのようにして母性RNAを除去するのだろうか？ ゼブラフィッシュにおいては，この一掃作業は，胚細胞で最初に転写される遺伝子の1つである*miR430*のようなマイクロRNAによって行われる。ゼブラフィッシュゲノムには約90コピーの*miR430*が存在するため，急速にその発現レベルが上昇する。*miR430*マイクロRNAは数百の標的RNA（母性RNA種の約40%）を有し，これら標的の3'UTRに結合すると，mRNAはポリA尾部を失い分解される（図3.29；Giraldez et al. 2006；Giraldez 2010）。それに加えて，*miR430*はmRNAの分解に先立って翻訳の開始を阻害する（Bazzini et al. 2012）。（オンラインの「FURTHER DEVELOPMENT 3.17：Learn How a Mutation in a 3'UTR Results in Bulging Biceps in Beef」「SCIENTISTS SPEAK 3.7：Dr. Antonio Giraldez on the role of miR430 in the clearance of maternal contributions」参照）

3.8 差次的遺伝子発現のメカニズム：翻訳後タンパク質修飾

タンパク質が合成されても話は終わらない。いったんタンパク質が産生されると，それ

はより大きなレベルの組織の一部となる。例えば，それは細胞の骨格構造の一部かもしれないし，細胞の代謝物を合成あるいは分解するために働く多くの酵素経路の一部かもしれない。いずれにせよ，個々のタンパク質は，それ自身と多数の他のタンパク質とを統合する複雑な"エコシステム"の一部となるのである。いくつかの変化が，タンパク質が活性化するか否か，もしそうであるのであればどのようにして機能するのかを決定することができる。

- 例えば，インスリンが高分子の前駆体から切り離されると活性を有するように，いくつかの新規に合成されたタンパク質は抑制領域が取り除かれるまでは不活性の状態にある。

- タンパク質はしばしば，細胞膜やリソソーム，核，ミトコンドリアなどの細胞の特定の領域に隔離される。このように，一部のタンパク質は細胞内の特定の行先を"指定"されなければならない。

- いくつかのタンパク質は，その機能を発揮するために他のタンパク質と複合体を形成する必要がある。ヘモグロビンタンパク質や微小管，リボソームは，すべて機能単位を形成するために複数のタンパク質が会合したよい例である。

- いくつかのタンパク質は，Ca^{2+}のようなイオンの結合や，リン酸やアセチル基の共有結合を介した付加によって修飾されるまでは活性化しない。このような修飾の重要性は明白であり，胚の細胞で働く多くの重要なタンパク質がシグナルを受けて活性化するまでは不活性状態にある（第4章の細胞間シグナル伝達で議論する）。

最後に，たとえタンパク質が積極的に翻訳されて機能を発揮できる状態にあっても，細胞はそのタンパク質を速やかに分解するためにプロテオソームと呼ばれる複合体に輸送するかもしれない。細胞はなぜ，タンパク質を合成するためにエネルギーを消費しながら，それを分解するのだろうか？　仮に細胞が正確な時期に速やかに反応するという機能のためにタンパク質を必要とする場合，そのためのエネルギー消費には価値がある。例えば，**軸索ガイダンス**と呼ばれる過程において，ニューロンはシナプス結合標的を探索している間，長い軸索突起を伸ばしている（17.1節参照）。これらの経路探索中のニューロンは，迅速なガイダンス決定に重要な特定の受容体タンパク質を合成する。いまだ旅の途中であっても，受容体は積極的に分解されている。シグナルが分解を停止し，すでに発現している受容体が機能を発揮できる環境に軸索が到達するまでは，分解は継続する（この場合においては方向ガイダンスを与える）。

■　おわりに　■

本章でわれわれが議論してきた差次的遺伝子発現のすべての過程は，相互作用するタンパク質の濃度に依存する（Cacace et al. 2012；Murugan and Kreiman 2012；Costa et al. 2013；Neuert et al. 2013）。各々の生物は，どの遺伝子が発現しどの遺伝子が不活性のままであるかを個々の細胞に伝える，相互作用によって統合された独特な"性能"を表している。第4章では，細胞がこの差次を組織化するために情報交換を行うメカニズムに関して詳しく述べる。

研究の次のステップ

核はしばしば染色体がランダムに配置された動的な空間として表現され，ヌクレオソームが緩むにつれて遺伝子はRNAを転写する。しかしながら最新の研究は，「核の内側は生体分子からなる均一なスープではなく」(Ilik and Aktas 2021)，むしろ活発に転写を行っているクロマチンが，クロマチン間顆粒群(interchromatin granule cluster)，すなわちより口語的には"核スペックル"と呼ばれるハブに集合した不均一な空間であることを提案している。これらのハブに，ヌクレオソームモデリング因子，ポリメラーゼ酵素，RNAプロセシング因子のすべてが集合する(Raina and Rao 2022)。核スペックルは，DNA転写やRNAスプライシング，RNA輸送を統合しているようである。さらに，遺伝子が活性化すると，そのクロマチンはハブに向かって移動する(Kim et al. 2019)。言い換えると，多数の遺伝子がいっせいに発現する活性化の協調は，どの遺伝子がハブに存在するかということを意味することがある。

章冒頭の写真を振り返る

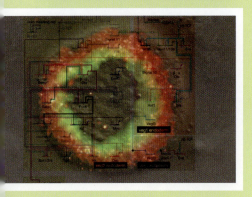

From I. S. Peter and E. H. Davidson. 2011.
Nature 474：635-639

何が細胞分化の基盤になっているのだろうか？ ここであなたが見ているのは，受精後24時間のウニ胚において異なる細胞で差次的発現する*hox11/13b*および*foxa*の画像である。この画像は，内胚葉の発生基盤を決定する遺伝子制御ネットワーク上に重ねて表示されている。遺伝子制御ネットワークは，差次的に発現する遺伝子の特異的な集団を確立するための，遺伝子間の組み合わせ相互作用を表している。このようなネットワークは，遺伝子発現を調節するために本章で議論した無数の分子メカニズムを使用しており，特定の細胞の個性にかかわる最も包括的な定義を提供する。

3 差次的遺伝子発現：細胞分化のメカニズム

1. 分子生物学，細胞生物学，体細胞核によるクローン作製から得られた証拠は，からだを構成する各々の細胞(ごくわずかな例外を除けば)は同じ核ゲノムを有することを示している。
2. 遺伝的に同じ核からの差次的遺伝子発現は，異なる細胞種を生み出す。差次的遺伝子発現は，遺伝子の転写レベル，mRNA前駆体のプロセシングレベル，mRNAの翻訳レベル，タンパク質の修飾レベルで起こる。
3. クロマチンは，DNAとタンパク質で構成される。ヒストンタンパク質はヌクレオソームを形成し，特定のヒストンのアミノ酸残基のメチル化は遺伝子転写を抑制し，アセチル化は遺伝子転写を活性化することができる。
4. 真核生物の遺伝子は，RNAポリメラーゼIIが結合し転写を開始することができるプロモーター配列を有する。そのためには，RNAポリメラーゼIIは転写因子と呼ばれる一連のタンパク質と結合する。
5. 特定の転写因子は，プロモーターやエンハンサー領域における特定の配列を認識することができる。これらの転写因子は，結合している遺伝子の転写を活性化あるいは抑制する。
6. エンハンサー配列は，遺伝子の転写を時空間的に調節する。エンハンサー配列は，遺伝子配列の上流あるいは下流や，イントロン内に存在する。エンハンサーは一般的には同じ染色体上の遺伝子のみを活性化するが，その遺伝子から数百万塩基対離れていても活性化が可能である。
7. エンハンサーは，組み合わせあるいはモジュール形式で働くことが可能である。組み合わせの場合，いくつかの転写因子の結合により，特定のプロモーターを介して転写の促進あるいは抑制が可能である。ある場合においては，仮に因子Aおよび因子Bが存在した場合のみ転写が活性化する。その他の場合においては，仮に因子Aあるいは因子Bのどちらかが存在した場合に転写が活性化する。あるいは，ある遺伝子は複数のモジュール形式のエンハンサーを有することが可能であり，それぞれが特定の細胞種において遺伝子発現を引き起こす。
8. ヒストンを介してクロマチン上のDNAへの接近を制御することによって，遺伝子発現は染色体レベルでエピジェネティックに修飾可能である。

9. ヒストンのメチル化は，しばしば遺伝子発現を抑制する。ヒストンはヒストンメチル基転移酵素を介してメチル化され，ヒストン脱メチル化酵素を介して脱メチル化が可能である。

10. ヒストンのアセチル化は，しばしば遺伝子発現の活性化に関連する。ヒストンアセチル基転移酵素はアセチル基をヒストンに付加し，ヒストン脱アセチル化酵素はアセチル基を除去する。

11. DNAメチル化の違いによりゲノムインプリンティングを説明でき，この場合，精子由来の遺伝子は卵由来の同じ遺伝子と比べて差次的に発現する。

12. 転写因子は異なる方法でRNA合成を制御する。一部の転写因子はRNAポリメラーゼⅡのDNAへの結合を安定化し，また一部の転写因子はヌクレオソームを崩壊させることによって転写効率を上げている。

13. 転写因子は一般的に3つのドメインを有する：配列特異的なDNA結合ドメイン，転写因子にヒストンリモデリング酵素を呼び寄せることを可能にするトランス活性化ドメイン，エンハンサーやプロモーター上で転写因子と他のタンパク質との相互作用を可能にするタンパク質-タンパク質相互作用ドメイン。

14. CpG低含有プロモーターは一般的にはメチル化されており，その初期値は"オフ"であるが，転写因子によって活性化可能である。CpG高含有プロモーターの初期値は"オン"であり，ヒストンのメチル化を介して積極的に抑制されなければならない。

15. DNAのメチル化は，特定の転写因子の結合を阻害するか，クロマチンにヒストンメチル基転移酵素あるいはヒストン脱アセチル化酵素を呼び寄せることによって，転写を阻害する。

16. 一部のクロマチンは，発生シグナルに迅速に反応するために"待機"状態にある。CpG高含有プロモーターにおいては，RNAポリメラーゼⅡは転写を開始することなく待機状態のクロマチンに結合し，ヒ

ストンには活性化および抑制化の両方の印が付されている。

17. たとえ分化細胞であっても，異なるセットのパイオニア転写因子の活性化を介して別の細胞種へと運命転換することが可能である。

18. クラスA，B，C，D，Eの転写因子は，花器官決定のホメオティック制御因子として機能する。これらが重複をもつ異なる組み合わせで機能することで，がく，花弁，雄ずい，心皮の形成を行う。

19. mRNA前駆体の選択的スプライシングは，mRNA前駆体の異なる領域をエクソンあるいはイントロンとして読み取ることによって，関連したタンパク質のファミリーを産生可能にする。細胞内に存在するスプライス部位認識因子に基づいて，ある状況ではエクソンであるものが，別の状況ではイントロンとなることがある。結果として生じるタンパク質(スプライシングアイソフォーム)は異なる役割をもつことがあり，それぞれの表現型や疾患につながる。

20. いくつかのmRNAは，ある時期にのみ翻訳される。特に卵母細胞は，卵の形成過程において転写され受精後のみに使用される特定のmRNAを蓄積するために，翻訳制御を使用する。この活性化はしばしば，阻害タンパク質の除去やmRNAのポリアデニル化による。

21. マイクロRNAは，RNAの3'UTRに結合し，翻訳抑制に働くことが可能である。マイクロRNAは，翻訳抑制もしくはmRNAの分解を引き起こすRNA誘導サイレンシング複合体を呼び寄せる。

22. 多くのmRNAは，卵母細胞あるいは他の細胞の特定領域に局在する。この局在は，mRNAの3'UTRを介して制御されているようである。

23. タンパク質の翻訳後修飾は，タンパク質サブユニットの集合を制御し，新規に合成されたタンパク質を細胞の特定領域へと導くことを可能にする。そのようなプロセシングは，特定の細胞においてタンパク質が機能を発揮するかどうか，そのまま細胞内に留まるかどうかをも決定する。

● オンラインのコンテンツは **https://www.medsi.co.jp** よりアクセスしてください。

4 細胞間コミュニケーション
形態形成の仕組み

本章で伝えたいこと

- 細胞間コミュニケーションは，情報をもった分子が分泌されるか，あるいは細胞膜に存在することで行われる。それらの分子が近隣の細胞の受容体に結合するとき，細胞内での反応のカスケードが駆動され，遺伝子発現，酵素反応，細胞骨格系の再編成を変化させる。そして細胞の運命，行動，形に影響を及ぼす(4.1節)。
- 細胞間接着の差異は，胚や器官内部における細胞の空間的配置に影響する。それはしばしば，細胞表面のカドヘリンタンパク質の同種親和性によって担われる(4.2節)。細胞外基質の巨大分子は，発生にかかわるシグナルと受容体のソースである(4.3節)。
- 強固に結合した上皮細胞のシートはときどき，移動する間充織細胞へと転換する。この上皮–間充織転換は，発生と癌の転移の両方に重要となる細胞の振る舞いである(4.4節)。
- 細胞間相互作用を介した組織と器官の形成は，誘導として知られる。誘導は，シグナル分子(誘導体)と，それらのシグナルに応答する能力を細胞に付与する受容体の働きによる(4.5節)。
- シグナル分子によって始まる分子カスケードはしばしば転写因子群を活性化し，つまり特定の遺伝子群の転写を調節する。いくつかの傍分泌因子(FGF, Hedgehog, Wnt, BMPファミリーなど)は，濃度に応じて遺伝子発現を変化させるモルフォゲンとして機能する。モルフォゲンの勾配は，胚や組織の軸全体にわたって細胞運命をパターン化する(4.6節, 4.7節)。
- 不動性の繊毛(シリア)や長い糸状仮足様の突起などの特殊な細胞突起もまた，細胞間コミュニケーションで重要な役割を果たす(4.8節)。
- 細胞接着性の接触シグナリングは，組織全体にわたって配向性をもつ細胞のパターン形成に影響する(4.9節)。

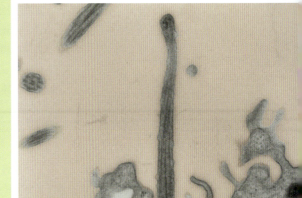

From A. Alvarez-Buylla et al. 1998. *J Neurosci* 18：1020–1037

これは細胞のアンテナ？ 何のために？

　発生という現象は，単なる細胞の分化で語ることはできない。生物がもつさまざまな細胞タイプはランダムに並んでいるわけではなく，手足にしろ，心臓にしろ，それぞれ秩序だった構造をつくり上げている。さらに複雑なのは，例えばわれわれの手指をつくっている骨や軟骨，神経細胞，血球系細胞，その他諸々の細胞のタイプは，遠く離れたところにある骨盤や足をつくっている細胞のタイプと同じなのである。すなわち，細胞たちは器官ごとに異なった形をとり，それぞれ独自のつながりをつくるように指令を受けている。このような組織だった形をつくり上げる過程は**形態形成**(morphogenesis)と呼ばれており，その摩訶不思議な仕組みはこれまで実に多くの人々を魅了してきた。

20世紀半ば，Ernst E. Just（アーネスト・E・ジャスト；Just 1939）とJohannes Holtfreter（ヨハネス・ホルトフレーター；Townes and Holtfreter 1955）は，胚の細胞は異なる細胞膜成分をもっており，それによって器官がつくられるのではないかと予測した。20世紀後半には，これらの細胞膜成分——胚細胞の接着や移動を制御する分子や，隣の細胞に働きかけて遺伝子発現を誘導するような分子——が次々と発見・記載されていき，彼らの予想が裏付けられた。そして近年では，細胞間コミュニケーションの経路やネットワークをモデル化する技術や装置の開発が進み，細胞がどのようにして核からの情報と周囲の情報を統合して，細胞社会のなかで独自の形態形成を成し得るのか，その仕組みをわれわれはようやく理解しつつある。

　胚の細胞は上皮もしくは間充織（間葉）の形態をとっている。**上皮細胞**（epithelial cell）は互いに強く接着してシートや管を形成するのに対し，**間充織細胞**（mesenchymal cell）は単独で移動したり，集団でいっせいに移動したりすることができる。上皮細胞あるいは間充織細胞の組織化には，さまざまな種類の細胞外基質の形成と使用が深く関与している。細胞が組織化された器官をつくり出す際に必要な素過程の数はそれほど多くなく（Newman and Bhat 2008），そのほとんどすべてに細胞表面および上皮細胞とその直下の間充織細胞の相互作用が関係している。本章では，細胞表面を介した細胞間コミュニケーションに必要な3つのメカニズム，すなわち細胞接着，細胞の形の変化，細胞間シグナル伝達を集中的にみていこう。

4.1　細胞間コミュニケーション

　胚はどの段階においても，細胞間の相互作用によって保たれ，組織化され，形成されている。その相互作用は，細胞のコミュニケーション方法も定義している。例えば，われわれが誰かとやりとりする場面を想像してみよう。一方からの最初の声（シグナル）は，他方によって聞かれる（受け取られる）必要がある。その結果，ハグや仕草の変化，軽口などの特定の応答が引き起こされる。細胞同士の分子的なコミュニケーションの多くは，非常に多様化した特定のタンパク質間の相互作用を介して行われる。その相互作用は，遺伝子の転写やグルコース代謝の変化から，細胞分裂の開始や細胞死の誘導まで，一連の細胞応答を引き起こすように進化してきた。細胞同士，あるいは細胞と環境の相互作用（コミュニケーション）の第1段階は，細胞膜においてはじまる。タンパク質は，細胞膜に埋め込まれた形，アンカーされている形，膜から分泌される形で存在して，コミュニケーションを担う。

　細胞間のコミュニケーションには，細胞同士が直接接触する方法〔**接触分泌シグナル伝達**（juxtacrine signaling）〕と，細胞外にタンパク質を分泌することで離れた距離の細胞同士がやりとりする方法〔**傍分泌シグナル伝達**（paracrine signaling）〕がある（**図4.1**）。後者において，ある細胞から分泌されて他の細胞での応答を引き起こすタンパク質を**傍分泌因子**（paracrine factor）や**リガンド**（ligand）という。それに対して，細胞膜中に位置し，他の膜タンパク質結合分子やリガンドに結合するタンパク質を**受容体**（receptor）という。ある細胞の膜に存在する受容体が，別の細胞の同じタイプの受容体と結合することを，**同種親和性結合**（homophilic binding）といい，別のタイプの受容体同士が結合することを**異種親和性結合**（heterophilic binding）という（図4.1A参照）。

　コミュニケーションは，どのようにして正しい受け手に伝えられて，特定の細胞応答を引き起こすことができるのだろうか？　タンパク質同士の結合やタンパク質の修飾は一般的に，それらのタンパク質の形（**構造**）を変化させる。細胞の外側の膜においてリガンドに結合することにより，受容体タンパク質の構造変化が生じ，それが同タンパク質の細胞内

図4.1　細胞間コミュニケーションの近距離モードと長距離モード。(A)局所的あるいは隣接する細胞間でのシグナリングは，膜受容体を介して隣の細胞の受容体（同種または異種親和性結合），あるいは細胞外基質のタンパク質と直接結合する。(B)傍分泌シグナリングでは，ある細胞がシグナルタンパク質（リガンド）を環境中に分泌して，多くの細胞の間にいきわたる。そのリガンドに該当する受容体を発現している細胞だけが，そのリガンドに応答することができる。受容する細胞は，細胞質での化学反応を通して速やかに反応するかもしれないし，遺伝子発現やタンパク質の産生過程を経てゆっくりと反応するかもしれない。

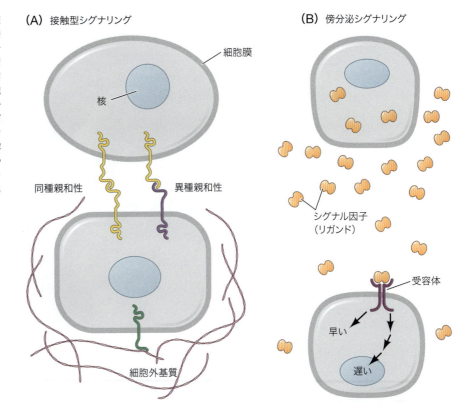

側の形にも影響する。その**内側**での変化が，受容体の細胞内部分に新しい性質を付与する。その性質とは，**シグナル伝達経路**（signal transduction pathway）——**シグナル伝達カスケード**（signal transduction cascade）としても知られる——を駆動する酵素反応を始める能力である。シグナルが伝達される際には，経路内の分子の構造的な変化が連続することがある。リン酸基の結合，cAMPやカルシウムイオンなどの小分子が協調的に変化することによって，最終的に細胞応答が引き起こされる。さまざまなシグナル伝達経路があるなかで，最終的に核において遺伝子発現を活性化するシグナル伝達経路は，酵素が活性化させる生化学的なシグナル経路や細胞骨格系タンパク質を調節する経路などが生理的な機能や運動に及ぼす影響と比べると，総じて遅い。ただ，どのシグナル伝達経路であれ，情報が正確かつ協調的に制御されることは動植物の発生にとっての根幹である。あなたはこれらの経路の詳細を，この章や本書全体を通して見出すことだろう。

4.2　接着と選別，形態形成の物理

どうやって細胞集団からさまざまな組織がつくり出されるのか？　どうやって組織と器官が構築されるのか？　どうやって器官が特定の場所に形成されるのか？　移動する細胞は目的地にどうやってたどりつくのか？　例えば，骨芽細胞はどのようにしてすぐ隣にある毛細血管細胞や筋肉細胞と融合せずに，他の骨芽細胞とくっついて骨を形成することができるのか？　私たちの肌が真皮と外皮から構成されているように，何が中胚葉を外胚葉と隔てているのか？

これらすべての問いに対する共通の答えはあるのだろうか？　結局のところ，RNA分子鎖から秩序だった血管系に至るまで，胚のすべては私たちの世界を規定するのと同じ物理的な制約のなかで発生する。図4.2の砂の彫像を例に挙げよう。水分子と砂粒子の表面張力を支配する熱力学的性質は，"ロボットたち"の形を保つ。さらに，砂の彫像に照射する太陽光が砂の表面の温度を上げて，砂の内部よりも表面で水の蒸発を促進すれば，表層の砂粒子間の接着は急速に失われる。一方で，彫像中心部分の砂は強固に接着する（少なくとも潮目が変わるまでは）。これと同様の熱力学的な原理が，胚の形態形成をサポートする細胞間の接着にも当てはまるのだろうか？

図4.2　砂と砂の接着によって,『スター・ウォーズ』のキャラクターR2-D2とBB-8の彫像が一緒に仕上がった。

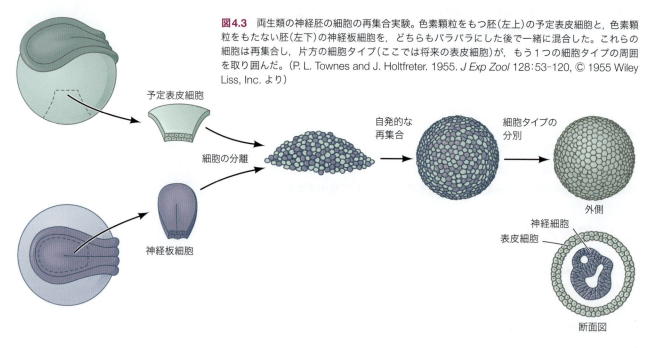

図4.3　両生類の神経胚の細胞の再集合実験。色素顆粒をもつ胚(左上)の予定表皮細胞と,色素顆粒をもたない胚(左下)の神経板細胞を,どちらもバラバラにした後で一緒に混合した。これらの細胞は再集合し,片方の細胞タイプ(ここでは将来の表皮細胞)が,もう1つの細胞タイプの周囲を取り囲んだ。(P. L. Townes and J. Holtfreter. 1955. *J Exp Zool* 128:53-120, © 1955 Wiley Liss, Inc. より)

差次的細胞親和性

　形態形成を実験的に解析する時代の幕開けはおそらく,Townes(タウンズ)とHoltfreterが**細胞を組み合わせる**実験を行った1955年に始まる。彼らは,両生類の異なる種類の胚組織を強アルカリ溶液に浸すことによって,細胞を1つ1つバラバラに解離した。そして彼らは,ある組織由来の細胞が別の組織由来の細胞と組み合わせられたときにどのように振る舞うのかと問うた。彼らの実験の結果は,図4.3に示すように実に興味深いものであった。細胞たちは再び接着したが,その際には異なる細胞タイプ同士は空間的に分離された形で再集合したのである。すなわち,2種類の細胞タイプが混じり合ったままでは

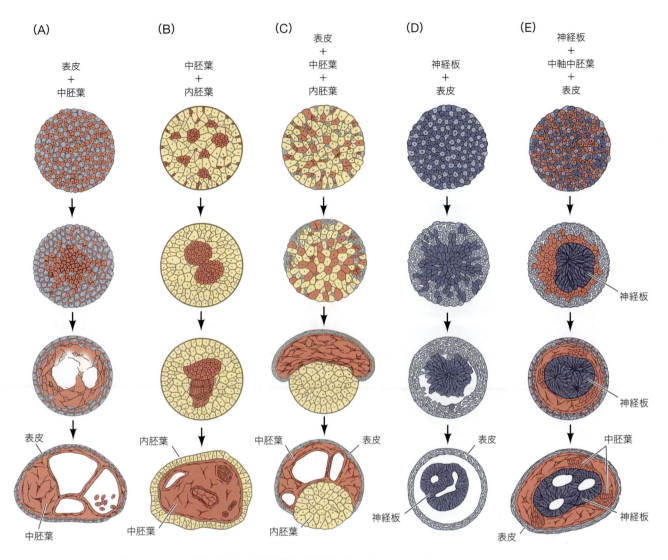

図4.4 両生類胚の細胞の再集合塊における細胞の選別と空間的配置の再構築。(P. L. Townes and J. Holtfreter. 1955. *J Exp Zool* 128：53-120, © 1955 Wiley Liss, Inc. より)

なく，各タイプが特定の領域に選別されるのである。例えば，予定表皮細胞と予定神経細胞を混合させて集合塊をつくらせた場合，表皮細胞は集合塊の外側に移動し，神経細胞は内側に移動する。

重要なこととして，再集合した細胞たちの最終的な位置は，胚の中で存在していた位置を反映しているということに研究者らは気づいた。再集合した中胚葉細胞は，表皮に対して中心側に移動していき，表層の表皮の内面と接着する（図4.4A）。驚いたことに，中胚葉は，表皮が存在していないときには腸の内胚葉よりも中心側に移動する（図4.4B）。しかしながら，三胚葉の細胞すべてを混ぜ合わせると，内胚葉は外胚葉と中胚葉とは離れて，両細胞によって包み込まれるようになる（図4.4C）。そして最終的には，外胚葉が最も表層に並び，内胚葉は内側に，中胚葉はそれらの中間に配置されるのである。Holtfreterは，これらの結果は細胞が**選択的親和性**（selective affinity）をもつためであると考えた。これは現在，**差次的親和性**（differential affinity）としてより一般的に知られているものである。

細胞の集合塊が正常胚と類似した構造をつくる傾向は，特定の胚葉内での細胞の組み合わせ，例えば外胚葉系の表皮細胞と神経板細胞を組み合わせたときなどでも観察される（図4.4D）。予定表皮細胞はやはり表層に来て，神経板細胞は内側に入り込み，神経管のよ

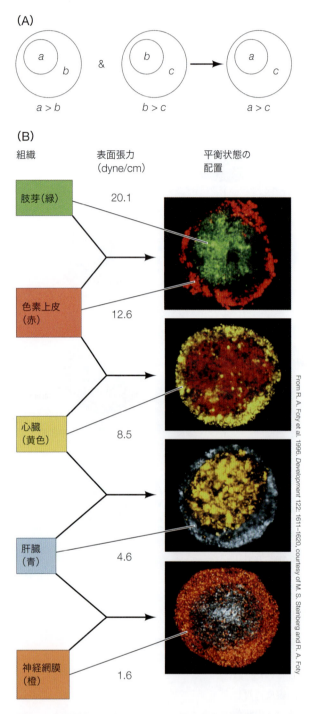

図4.5 表面張力を最小にするような細胞選別の階層性。(A)細胞接着が異なる性質を論理的に表した単純な模式図。(B)細胞配置の平衡状態は細胞接着の強さを反映しており，より細胞接着性の高いものが，接着性の低い細胞よりも内側へと選別される。この図は，コンピュータ上でそれぞれの細胞タイプを色分けした細胞塊の切片像である。黒い領域は画像の最適化でシグナルが消失した部分である。

うな構造を形成した。中軸中胚葉(脊索)の細胞を，予定表皮細胞や予定神経細胞と混ぜたときには，外側に表皮が，中心部には神経組織が形成され，その間に中胚葉由来の細胞層が形成された(図4.4E)。つまり，**細胞は自らを選別して，胚での本来の位置に落ち着くのである**。

Holtfreterたちは，発生過程においてこの選択的親和性が変化していくと結論した。発生が適切に進行するためには，細胞たちは決まった時期に異なる細胞集団とさまざまに相互作用しなくてはならない。このような細胞親和性の変化は，形態形成の過程においてきわめて重要な役割を果たしている。

細胞接着の熱力学モデル

とどのつまり，細胞はランダムに並んでいるのではなく，秩序だった組織をつくるべく積極的に動いている。では，形態形成の過程でどのような力が働いて細胞の移動が生み出されているのだろうか。1964年，Malcolm Steinberg(マルコム・スタインバーグ)は，熱力学的な原理から細胞の並び方のパターンを説明しようという試みである**差次的接着仮説**(differential adhesion hypothesis)を提唱した。まず彼は，トリプシン処理[1]した胚組織から用意した細胞を用いて，特定の細胞タイプがある細胞タイプとの組み合わせでは中心部へと移動するのに対し，別の細胞タイプと組み合わせた場合には表層部へと移動することを示した。これらの相互作用には振る舞いの階層性がある(Steinberg 1970)。もし，細胞タイプAの最終的な配置が第二の細胞タイプBの内側にあり，細胞タイプBが第三の細胞タイプCの内側にくるのであれば，細胞タイプAは常に細胞タイプCの内側にくるのである(図4.5A；Foty and Steinberg 2013)。例えば，色素網膜細胞は神経網膜細胞の内側に移動し，心臓の細胞は色素網膜細胞の内側にくる。したがって，心臓の細胞は神経網膜細胞の内側にくる，といった具合である。

Steinbergはこの観察事実を基に，細胞は互いの境界面の自由エネルギーを最小にするように集合塊を形成するのではないかという考え方を提唱した。もし細胞タイプAとBが異なる接着力をもっており，細胞タイプA同士の間の接着が，細胞タイプAとB，もしくは細胞タイプBとBとの接着よりも強い場合，細胞タイプAが真ん中にくるような選別が起きるであろう。しかし，もし細胞タイプA同士の接着が細胞タイプAとB間の接着より弱いか同等の場合，細胞塊の細胞はランダムなままであろう。言うならば，細胞集団は熱力学的に最も安定なパターンに自分自身を再構成する。**細胞の選別に必要なのは，細胞のタイプごとに接着の強さが違うことだけである**。したがって，これを"差次的接着仮説"と呼ぶ。この仮説によれば，初期胚は細胞膜の接着性が変化するまで，ある種の平衡状態にあると考えることができる。細胞の動きとは，新しい平衡状態を回復するための動きということになる。Holtfreterが行った一連の研究はその後，新しい手法を用

---

[1] トリプシンは，細胞表面のタンパク質結合を切断することによって細胞をバラバラにするのに最もよく使われる酵素である。

いた研究で再検証されており，Davis（デイビス）ら（1997年）は，それぞれの胚葉の表面張力こそが，まさに細胞選別のパターンを生み出すために必要な力であるということを，培養細胞を用いた実験と個体を用いた実験の両方で明らかにしている。

さまざまな組織を用いて行われた念入りな研究によって，より強い細胞表面の凝集力をもつ細胞は，そうでない細胞に比べてより内側へと移動してゆくことが示されている（図4.5B；Foty et al. 1996；Krens and Heisenberg 2011）。最も単純なモデルでは，すべての細胞は1種類の"のり"のようなものを表面にもっていさえすればよい。この"のり"の量の変化，もしくはそのような物質を不均等に表面に提示するような仕組みがあれば，それぞれの細胞タイプ間で形成される接着の量を変えることができるはずである。また，より特殊なモデルでは，異なる種類の細胞接着分子を使うことでも，選別に必要な細胞接着の熱力学的な違いを生み出すことができるはずである（Moscona 1974）。

カドヘリンと細胞接着

最近の知見によると，組織と組織の間の境界は，質・量ともに異なる**細胞接着分子**（cell adhesion molecule）を発現する異なる細胞によってつくられているらしい。細胞接着にかかわる分子にはさまざまなものがあるが，主要な細胞接着分子はカドヘリンであろう。その名のとおり，**カドヘリン**（cadherin）とは，カルシウム依存的な接着分子（*ca*lcium-*d*ependent ad*he*sion molecule）である。カドヘリンは細胞間接着を確立・維持するうえで必須の分子であり，異なる細胞タイプの空間的な選別や動物の形態形成においても重要な役割を果たしていると考えられている（Takeichi 1987）。

カドヘリンは膜貫通型のタンパク質であり，隣の細胞のカドヘリンと相互作用している。カドヘリンは細胞内で**カテニン**（catenin）と呼ばれるタンパク質複合体と結合しており（図4.6），カドヘリン-カテニン複合体は典型的な**接着結合**（adherens junction）を形成し，上皮細胞がもつ強固な接着の礎となっている。さらに，カドヘリンとカテニンはアクチン細胞骨格（マイクロフィラメント）と結合しており，上皮細胞をまとめあげて機械的な力を出すことができる。（カドヘリンに結合する抗体を用いて）カドヘリンの**機能**を阻害するか，（カドヘリンのmRNAに結合して翻訳を阻害するようなアンチセンスRNAを用いて）カドヘリンの**合成**を阻害すると，上皮組織は形成されず，細胞はバラバラになってしまう（Takeichi et al. 1979）。

カドヘリンは複数の関連した機能をもっている。第一に，その細胞外領域は細胞同士を接着させている。第二に，細胞内領域はアクチン細胞骨格と連結してそれらをまとめあげ，シート状構造や管状構造を形成するための力を生み出している。第三に，カドヘリンは細胞での遺伝子発現を変化させるシグナル分子としても働いている。

さらなる発展

初期胚での細胞の選別　カドヘリンの主要なサブタイプは，脊椎動物の胚で同定された。**E-カドヘリン**（E-cadherin）は哺乳類の初期胚のすべての細胞において発現しており，その発現は受精直後の細胞でもみられる。ゼブラフィッシュの胚では，E-カドヘリンは，原腸形成時に胚盤葉上層（epiblast）が細胞のシートとして形成されて移動するのに必要である。E-カドヘリンを欠損したゼブラフィッシュの*half-baked*変異体では，胚盤葉上層の深い位置にいる細胞が胚盤葉上層のより表面側に放射状に移動して入り込むことができない。これは生体内での細胞選別プロセスで，**放射状の細胞挿入運動**（radial intercalation）として知られており，原腸形成の間に胚盤葉上層が卵黄に覆いかぶさる運動（epiboly）を駆動する（図4.7；8.4節およびKane et al. 2005も参

発展問題

細胞の集団的な運動は，どのようにして接着の違いに影響を与えるのだろうか？　"差次的な界面張力仮説"モデルでは，細胞の皮層の収縮力が，細胞間の接着力よりも細胞の選別に大きく寄与することを提唱している。近年，生体内で細胞や分子のレベルで力を定量することができる手法が開発されているので，接着の違いと界面張力の違いがどのように協調して形態形成を制御するのかを学ぶことができる。今後，形態形成のメカニズムに生物物理学的な特性が果たす役割がますます明らかになってくるので，目が離せない。

図4.6 カドヘリンがカテニンを介して細胞骨格系と連結している模式図。
（M. Takeichi et al. 1991. *Science* 251：1451–1455 より）

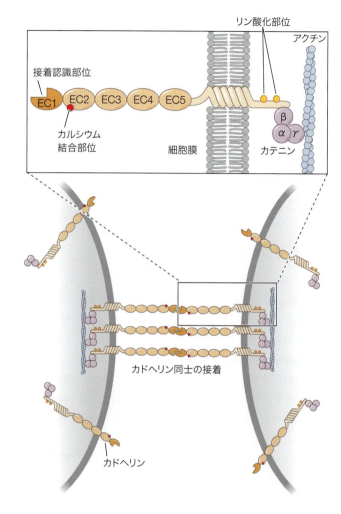

照)。異なるE-カドヘリンの発現は，哺乳類の初期胚のなかで最も早い指標の1つとしても重要である。つまり，中胚葉になる細胞と新しくできた内胚葉の細胞を選別するために必要である(Pour et al. 2021)。

哺乳類では，**P-カドヘリン**(P-cadherin)は主として胎盤で発現しており，胎盤と子宮の接着を助けている(Nose and Takeichi 1986；Kadokawa et al. 1989)。**N-カドヘリン**(N-cadherin)は発生期の中枢神経系の細胞で高い発現がみられるのに対して(Hatta and Takeichi 1986)，**R-カドヘリン**(R-cadherin)は網膜の発生で重要な役割を果たしている(Babb et al. 2005)。

プロトカドヘリン(protocadherin) (Sano et al. 1993)と呼ばれる一群のカドヘリンは，カテニンを介したアクチン骨格への結合能を欠いている。同じサブタイプのプロトカドヘリンを発現すると上皮細胞は協調的に移動し，異なるプロトカドヘリンを発現すると組織は分離する(ちょうど脊索を形成する中軸中胚葉が，周囲の体節をつくる沿軸中胚葉から分離するように；19.1節参照)

発現量と凝集力 細胞の選別がカドヘリンの**発現量**の違いで起こることは，P-カドヘリンの発現量以外は性質がまったく同じ2つの細胞株を用いて初めて示された。それぞれ異なる量のカドヘリンを発現する細胞グループを混合すると，より多くのP-カドヘリンを発現する細胞はより強い細胞表面の凝集力をもち，カドヘリンの発現量の少ない細胞集団の

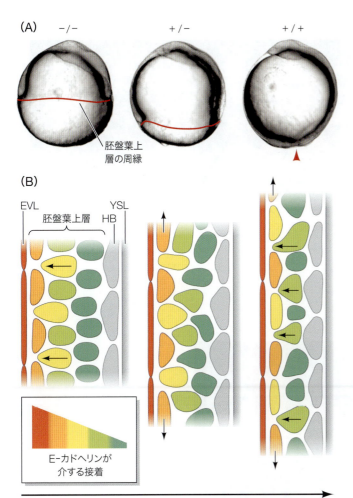

図4.7 上皮型（E）カドヘリンは，ゼブラフィッシュ胚の覆いかぶせ運動（epiboly）に必要である。（A）野生型胚（＋／＋，右側）と，E-カドヘリンの変異half-bakedのヘテロ接合体（＋／－）とホモ接合体（－／－）の胚。通常の原腸形成では，胚盤葉上層（epiblast）の各細胞は薄くなって拡張して卵黄全体を包み込む。野生型胚での赤矢じりは，野生型の卵黄が完全に包まれた最終地点を指している。E-カドヘリンの変異体では覆いかぶせ運動を完成できず，ホモ接合体では著しく阻害されている。赤線は胚盤葉上層の周縁を示している。（B）ゼブラフィッシュ胚の原腸形成時の胚盤葉上層において，細胞が放射状に広がりつつ細胞間に細胞が挿入されていく運動（radial intercalation）の図。時間とともに，細胞は表面の被覆層（EVL）に向かって移動し，E-カドヘリンの発現がどんどん高くなる。E-カドヘリンは，EVLを含む胚盤葉上層の表面で高く発現している。この発現の差次（結果的には異なる接着）が，深い位置の細胞が辺縁部へと動くのを促進する。EVL：被覆層，HB：胚盤葉下層，YSL：卵黄合胞体層。（データおよび画像はD. A. Kane et al. 2005. *Development* 132：1105-1116より，R. Warga博士の厚意による）

内側へと移動していった（Steinberg and Takeichi 1994；Foty and Steinberg 2005）。

続いて研究者らは，これらカドヘリンの量に依存した細胞選別は，表面張力と直接相関することを示した（図4.8A，B）。これらの**同種親和性**の細胞集合塊（すべての細胞が同じタイプのカドヘリンをもっている）の表面張力は，細胞表面のカドヘリンの量に比例しており，細胞選別の階層は細胞間のカドヘリンの相互作用の数の違いに厳密に依存していた。すなわち，選別は定量的であった。

一方，**異なる細胞種**の集合塊でも熱力学的な原理は適用されるものの，細胞選別は異なるカドヘリンタイプの相対的な量に応じて決められる。このことは，培養細胞での細胞選別実験によって予想された（図4.8C；Foty and Steinberg 2013）。（オンラインの「FURTHER DEVELOPMENT 4.1：Type Timing and Border Formation」「FURTHER DEVELOPMENT 4.2：Shape Change and Epithelial Morphogenesis："The Force Is Strong in You!"」参照）

4.3 発生を制御するシグナルの源としての細胞外基質

細胞間相互作用は，環境なしには起こらない。むしろ，細胞周辺の環境条件と協調して生じるものである。ここでいう環境とは**細胞外基質**（extracellular matrix：ECM）のことであり，細胞がその周辺に分泌した巨大分子からなる不溶性の網状構造である。これらの巨大分子は細胞の隙間に，細胞以外の物質が充填された空間をつくる。細胞接着，細胞移

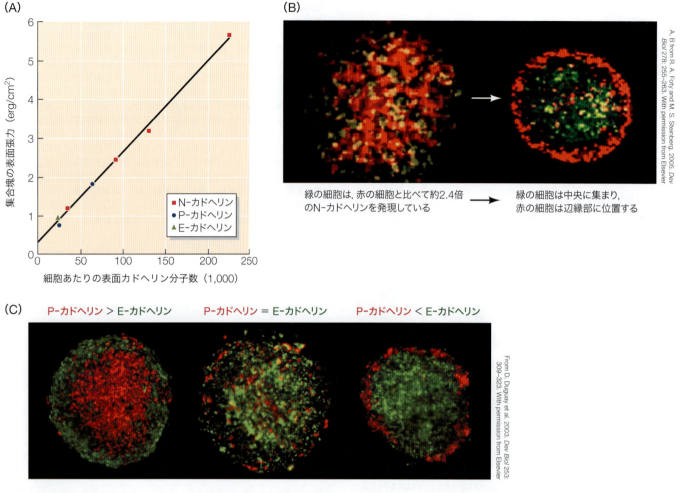

図4.8 正常な形態形成におけるカドヘリン量の重要性。(A)細胞塊の表面張力は，細胞膜上のカドヘリン分子の数と相関する。(B)異なる量のN-カドヘリン1種を細胞表面にもつ，2つの細胞クローンの選別（これらの細胞は内在性のカドヘリンは発現していない）。培養4時間後（左），細胞はランダムに分布しているが，培養24時間後では（右）赤色の細胞（表面張力は約2.4 erg/cm^2）は，より強く接着している緑色の細胞（5.6 erg/cm^2）の周囲を取り囲むようになる。(C)選別は，2つの細胞が異なるカドヘリンタンパク質を発現している（異種親和性）としても，カドヘリンの数に基づいて起こる。赤はP-カドヘリン，緑はE-カドヘリン。

動，そして上皮シートや管の形成など，これらはすべて細胞が細胞外基質に接着できるからこそ起きる現象である。ある条件において，例えば上皮形成時には，細胞はきわめて強固に基質に接着している。その他の場合，例えば細胞が移動するときには，細胞は細胞外基質との接着をつくっては壊し，つくっては壊し，ということをしている。またあるときには，細胞外基質は細胞が単に接着したり動いたりするための単純な土台となっている場合もある。一方，細胞移動の方向や細胞分化を制御するガイダンスや特定化の合図を提供する場合もある。

細胞外基質を構成する巨大分子群

　細胞外基質は，基質タンパク質であるコラーゲンやプロテオグリカン，そしてフィブロネクチンやラミニンといった多様な糖タンパク質から構築されている。**プロテオグリカン**（proteoglycan）は，グリコサミノグリカンポリ多糖の側鎖から成る巨大分子で，傍分泌因子などのシグナルを細胞に提示する基質として重要な役割を果たしている。最も一般的にみられるプロテオグリカンは，ヘパラン硫酸とコンドロイチン硫酸である。ヘパラン硫酸はさまざまな傍分泌因子ファミリーに属する分子群と結合することができ，受容体に対し

てこれらの傍分泌因子を高濃度で提示する際に必要であるらしい。ショウジョウバエや線虫，そしてマウスにおいても，プロテオグリカンタンパク質の合成を阻害する変異が起こると，細胞の正常な移動や形態形成，そして分化が起こらなくなる（García-García and Anderson 2003；Hwang et al. 2003；Kirn-Safran et al. 2004）。

　細胞外基質を構成する巨大糖タンパク質は，基質内で細胞に規則正しい構造をとらせるために重要な役割を果たしている。**フィブロネクチン**（fibronectin）は非常に大きな（460 kDa）糖タンパク質の二量体で，フィブロネクチンフィブリルと呼ばれる長い繊維をもつさまざまな四次構造をつくる。フィブロネクチンは一般的には接着分子の仲介役として，細胞同士を結びつけたり，コラーゲンやプロテオグリカンなどの別の細胞外基質への細胞の接着を手助けしたりする。フィブロネクチンはいくつかの特異的な結合部位をもっており，それらが適切な細胞表面分子（インテグリン，次節にて議論）と相互作用することによって，フィブリル繊維の配向と共に，細胞の正しい配置を調節する（図4.9A）。また，フィブロネクチンは細胞が移動する際にも重要な役割を果たしている。というのは，移動細胞が旅する"道のり"に，このタンパク質が敷き詰められているのである。フィブロネクチンの道をつたって，生殖細胞は生殖巣に行き着き，心臓の細胞は胚の正中線にやってくる。ニワトリ胚にフィブロネクチンをブロックする抗体を打ち込むと，心臓を形成する細胞は正中線に到達することができず，分離した2つの心臓が形成される（Heasman et al. 1981；Linask and Lash 1988）。（オンラインの「SCIENTISTS SPEAK 4.1：A Q & A session about the role of fibronectin during *Xenopus* gastrulation」参照）

　ラミニン（laminin）（これもまた巨大糖タンパク質である）と**IV型コラーゲン**（type IV collagen）は，**基底板**（basal lamina）と呼ばれる細胞外基質の主要な構成因子である。基底板は上皮細胞を下支えするシートで，非常に細かい網目状の構造が特徴的である（図4.9B）。上皮細胞のラミニン（その上に細胞は定着している）への接着は，間充織細胞へのフィブロネクチン（移動の際にはそこにくっついたり離れたりしなくてはならない）への接着と比べると，はるかに強固なものである。フィブロネクチンと同様，ラミニンは細胞外基質をまとめあげる役割を担っており，細胞の接着や増殖を促進するほか，細胞の形を変

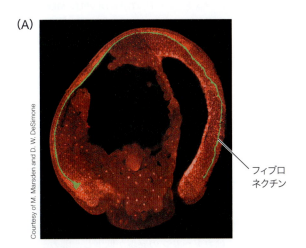
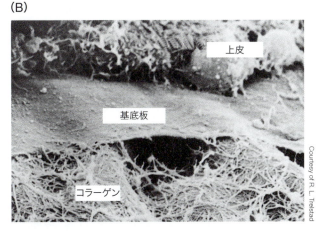

図4.9 発生中の胚における細胞外基質。(A)ツメガエル胚の原腸形成において，フィブロネクチンの沈着でできた帯を，フィブロネクチンに対する蛍光抗体で可視化したもの（緑色の帯）。フィブロネクチンは中胚葉細胞の運動の向きを決め，移動細胞，コラーゲン，ヘパラン硫酸，およびその他の細胞外基質を結びつけている。(B)上皮細胞（上）と間充織細胞（下）の結合部の細胞外基質を示している走査型電子顕微鏡写真。上皮細胞は主として強固なラミニンを含む基底板をつくり，間充織の細胞は主としてコラーゲンからなる緩い網状層を分泌する。基底板と網状層は融合して，一緒に基底膜（basement membrane）を形成する（写真中央）。

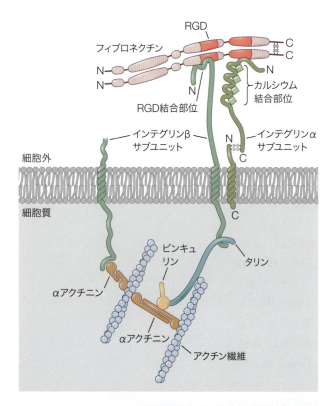

図4.10 フィブロネクチン受容体複合体の模式図。複合体の構成因子であるインテグリンはヘテロダイマーを形成する膜貫通型タンパク質で、細胞外でフィブロネクチンと結合する一方、細胞内では細胞骨格関連タンパク質（αアクチニン、ビンキュリン、タリン等）と結合している。RGD: アルギニン-グリシン-アスパラギン酸。(E. J. Luna and A. L. Hitt. 1992. *Science* 258：955-964より)

えたり、細胞移動を可能にしたりしている（Hakamori et al. 1984；Morris et al. 2003）。

インテグリン：細胞外基質分子の受容体

細胞がラミニンやフィブロネクチンなどの接着性糖タンパク質と結合するためには、これらの巨大分子の細胞接着部位に対する細胞膜受容体を発現していなければならない（Chen et al. 1985；Knudsen et al. 1985）。この主要なフィブロネクチン受容体はきわめて大きな分子であり、細胞外でフィブロネクチンと結合する一方、細胞膜を貫通して細胞内で細胞骨格と結合していることが明らかとなった（図4.10）。この受容体タンパク質ファミリーは、**インテグリン**（integrin）と呼ばれる。細胞外と細胞内の足場を統合し（integrate）、協調して働けるようにしているからである（Horwitz et al. 1986；Tamkun et al. 1986）。

細胞外においてインテグリンは、アルギニン-グリシン-アスパラギン酸（RGD）というアミノ酸配列に結合する。この配列はいくつかの細胞外基質の接着分子、例えばフィブロネクチンやラミニンなどにもみられる（Ruoslahti and Pierschbacher 1987）。一方、細胞質側においてインテグリンはタリンとαアクチニンに結合しており、これらのタンパク質はアクチン繊維に結合している。そのような2つの結合を使いながら、細胞はアクチン繊維を収縮させることによって固定された細胞外基質の上を移動してゆくことができるのである。

またインテグリンは、細胞外のシグナルを細胞内に伝え、遺伝子発現を変化させることもできる（Walker et al. 2002）。Bissell（ビッセル）らは、発生期の組織、特に肝臓、精巣、乳腺といった組織においてインテグリンが特定の遺伝子発現を誘導するのに必須の役割を果たしていることを示した（Bissell et al. 1982；Martins-Green and Bissell 1995）。（オンラインの「FURTHER DEVELOPMENT 4.3：Integrins and Cell Death」参照）

4.4 上皮-間充織転換

上皮-間充織転換（epithelial-mesenchymal transition：EMT）という重要な発生現象は、この章で取りあげたすべての過程が総出演して進行してゆく。EMTは、上皮細胞が間充織細胞へと遷移してゆく、一連の秩序立った事象である。極性をもつ安定な上皮細胞は、通常その基底側が基底板と相互作用しているが、EMTを起こすと、組織を浸潤して他の場所に新しい器官を形成する移動性の間充織細胞になる（図4.11A；Sleepman and Thiery 2011参照）。

EMTは通常、隣接する細胞からの傍分泌因子が標的の細胞で引き起こす遺伝子発現の変化が引き金となって開始されるが、その際にはカドヘリンの発現が低下し、隣の細胞との接着が緩められる（4.2節参照）。または、インテグリンが基底板との接着を緩和する。これらの遺伝子発現の変化は、基底板を壊す酵素の分泌を伴い、上皮から標的細胞を乖離させることができる。これらの変化はしばしば標的細胞のアクチン細胞骨格系の再編成を伴い、間充織に特徴的な新しい細胞外基質分子が分泌されるようになる。

EMTは、発生過程において必須の現象である（図4.11B, C）。EMTがかかわる発生過

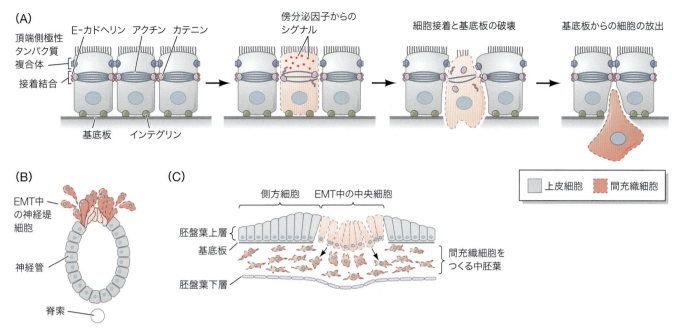

図4.11 上皮-間充織転換（EMT）。(A)正常な上皮細胞は，カドヘリン，カテニン，アクチン環を含む接着結合を通して互いに接着している。また，細胞はインテグリンを介して基底板に接着している。傍分泌因子はこれらの因子の発現を抑制して極性を喪失させ，基底板との接着や他の上皮細胞との接着を失わせることができる。次いで細胞骨格の再編成が起き，プロテアーゼが分泌されて，基底板とその他の基底膜の細胞外基質要素が分解されることにより，新しく生まれた間充織細胞が移動できるようになる。(B, C)脊椎動物の発生において，神経管の背側から神経堤細胞がつくられる際(B)や，胚盤葉上層から間充織細胞が葉裂して中胚葉を形成する際(C)などで，EMTをみることができる。

程としては，(1)神経管の最も背側に由来する神経堤細胞の形成，(2)ニワトリ胚における中胚葉の形成（この場合，上皮層の一部であった細胞が中胚葉になって胚の内部に移動してゆく），(3)体節からの椎骨の前駆細胞の形成（これらの細胞は体節から離れ，発生中の脊髄を取り囲むように移動してゆく），などが挙げられる。

EMTは胚発生にとどまらず，脊椎動物の成体組織でも重要な役割を果たしている。傷口の修復などはそのよい例であろう。しかしながら，成体において最も重い意味をもつEMTは，何といっても癌の転移である。EMTが起こると固形癌の一部の細胞が原発巣を離脱し，他の組織に浸潤して身体の別の部位に転移癌をつくってしまう。転移の際には，胚において上皮-間充織転換を起こすような生理過程が再び活性化され，癌細胞が移動能や浸潤性を獲得しているかのようにみえる。つまりこれらの細胞では，カドヘリンの発現が低下し，アクチン骨格の再編成が起き，メタロプロテアーゼのような酵素を分泌して基底板を分解しながら，細胞分裂が進行しているのである（Acloque et al. 2009；Kalluri and Weinberg 2009）。

4.5 誘導と応答能

われわれはこれまでに，細胞間の接着が胚の中での各細胞の位置決めにどのような影響を及ぼすのかについて述べ，胚の中での位置が細胞運命を調節するのにどのくらい重要であるかを議論してきた。では，細胞の運命を決定する胚の中の位置には一体何があるのだろうか？　幼いころの経験が将来どんな大人になるのかに影響するのと同様に，胚内部で特定の位置にいたという経験は，細胞が発生して成長していく過程での遺伝子制御ネットワークに影響する。ゆえに問いは，「その位置で何が細胞の経験を定義するのか」ということになる。

誘導と応答能の定義

細胞が生み出されてから成熟して老化へと至る過程で，細胞の接着，運動，分化，分裂などのふるまいは，ある細胞から出されて他者によって受け取られるシグナルによって調節

されている。実際に，これらの相互作用はしばしば相互扶助的なものであり，器官を形づくることを可能にしている。このような，細胞間での相互作用によって起こる組織編成を**誘導**（induction）という。すべての誘導的な相互作用には，少なくとも2つの要素がある。

1. **誘導体**（inducer）となる組織は，他の組織の細胞の行動を変化させるシグナルを産生する。しばしば，そのシグナルは傍分泌因子である。傍分泌因子は単一の細胞や細胞集団によって分泌され，周辺の細胞の行動や分化を変化させる（図4.1B参照）。内分泌分子（ホルモン）が血管系を旅して遠くの細胞や組織に影響を及ぼすのに対して，傍分泌因子は細胞外環境に分泌されて近隣の細胞たちに影響する。

2. 2つ目のコンポーネントは，誘導される細胞や組織などの**応答体**（responder）である。応答する組織の細胞は，誘導因子に対する受容体タンパク質と，シグナルへ**応答する能力**の両方をもっていなければならない。特定の誘導シグナルを受け取って応答する能力は，**応答能**〔またはコンピテンス（competence）〕と呼ばれている（Waddington 1940）。

誘導による構築：脊椎動物の眼をつくる仕組み

脊椎動物の眼の発生は，細胞間の誘導的な相互作用によって組織が形成される方法を解説するのに使われる代表例である。脊椎動物の眼において，光は透明な角膜組織を通り抜け，レンズを通して集光され，最終的に神経網膜組織上に像を結ぶ。その正確な組織配置が少しでも狂うと，眼の機能は損なわれてしまう。レンズと網膜の形成過程がどのように統合されているのかといえば，一群の細胞が隣接する細胞群に働きかけて，その振る舞いや発達経路を一緒に変化させているのである。

脊椎動物の眼の形態形成は，対になっている脳胞の領域が外側に膨らんで，頭部の外胚葉外層へと近づくところから始まる。頭部の外胚葉はこれらの脳胞の膨らみ――**眼胞**（optic vesicle）――からつくられる傍分泌因子に応答する能力をもっており，これらの傍分泌因子を受け取った頭部外胚葉は誘導を受け，眼のレンズを形成する。レンズそのものの運命はもっと早い時期，神経板のステージの間に特定化されているが（Grainger 1992；Ogina et al. 2012），レンズを分化させる遺伝子は，神経ではない頭部外胚葉の細胞において眼胞によって誘導される（18.3節参照；Maddala et al. 2008）。さらに，予定レンズ細胞は今度は逆に傍分泌因子を分泌し，眼胞の網膜形成を促す。すなわち，眼の形成に重要な2つの部分は，お互いをつくり合い，その傍分泌因子の相互作用を通して眼が形成されるのである。

重要なことに，頭部外胚葉は，眼胞への**応答能**をもっている唯一の外胚葉領域である。もし，ツメガエル胚の眼胞を，本来の眼胞ができる場所とは別の頭部外胚葉の下に移植すると，外胚葉は誘導を受け，異所的なレンズの形成が起きる。ところが，胴部の外胚葉は眼胞に応答することはない（**図4.12**；Saha et al. 1989；Grainger 1992）。

しばしばある種の誘導は，ある組織に対して別の誘導体に応答する能力を与えることもある。両生類を用いた研究によれば，レンズ誘導にかかわる最初の誘導体は，原腸胚初期〜中期に外胚葉に隣接している前腸の内胚葉と，心臓を形成する中胚葉であるらしい（Jacobson 1963, 1966）。そして前方神経板は，次のシグナル，すなわち前方外胚葉において転写因子Pax6の合成を促進するようなシグナルを出しているようである。このPax6は，外胚葉に上記の眼胞からの誘導シグナルへの応答能を与える重要な因子である（**図4.13**；Zygar et al. 1998）。つまり，たとえ眼胞がレンズの"誘導者"のように見えようとも，前方外胚葉は少なくとも2つの組織によってすでに誘導されているのである。この眼胞の状態というのは，例えばサッカーの試合でいえば"決勝点"をたたきこんだ選手のようなものである。その得点は，その選手のチームメイトらのアクションによってボールが最

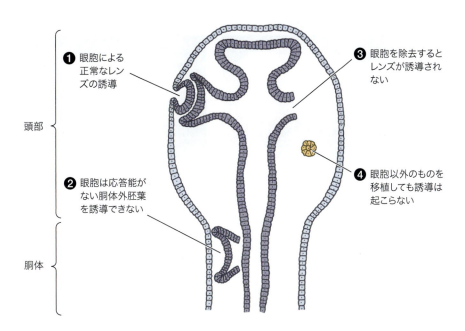

図4.12 アフリカツメガエル（*Xenopus laevis*）における，眼胞からの誘導因子に対する外胚葉の応答能。眼胞は前方の外胚葉においてレンズ形成を誘導することができるが(1)，胴部および腹部の外胚葉ではそのような誘導は起きない(2)。眼胞を取り除くと(3)，表層外胚葉は異常なレンズを形成するか，あるいはレンズをまったく形成しない。眼胞の機能を代替できる組織はほとんど存在しない(4)。

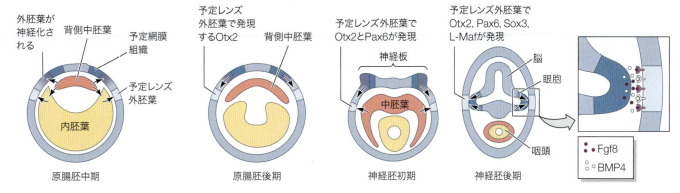

図4.13 ツメガエル胚を用いた実験による，両生類のレンズ誘導の順序。まだ同定されていない誘導体（おそらくは前腸の内胚葉と心臓を形成する中胚葉）が，後期原腸胚の頭部外胚葉における転写因子Otx2の発現を引き起こす。神経褶が隆起するにつれ，神経板前方（網膜を形成する領域を含む）誘導体は，前方の表層外胚葉での*Pax6*遺伝子発現を誘導し，レンズ組織が形成される（図4.12参照）。前方表層外胚葉がレンズ形成能を有するのは，このPax6タンパク質の働きによって，後期神経胚において眼胞への応答能が与えられているためかもしれない。図の1番右側の拡大図で示すように，眼胞はBMPとFGFファミリーの傍分泌因子を分泌し，転写因子Soxの合成を誘導することによって，観察可能なレンズ形成が誘導される。(R. M. Grainger. 1992. *Trends Genet* 8：349-356 より）

後のキックの位置まで運ばれた結果である。

　眼胞は2つの傍分泌因子を分泌しているらしく，そのうちの1つが骨形成タンパク質4 (bone morphogenetic protein 4：BMP4)（Furuta and Hogan 1998）で，このシグナルを受けたレンズの細胞では*Sox*転写因子群の合成が誘導される（図4.13右端パネル参照）。もう1つの因子は繊維芽細胞増殖因子8 (fibroblast growth factor 8：Fgf8)で，この傍分泌因子は転写因子L-Maf（Ogino and Yasuda 1998；Vogel-Höpker et al. 2000）の発現を誘導する。そして3.4節でみたように，外胚葉におけるPax6，Sox2，そしてL-Mafの発現の組み合わせがあれば，レンズの形成およびδクリスタリン（crystallin）のようなレンズ特異的な遺伝子の活性化が起きるのである。Pax6は，外胚葉に眼杯（眼胞が発達した組織）からの誘導シグナルへの応答能を与える重要な因子である（Fujiwara et al. 1994）。もしPax6が失われると，ショウジョウバエであろうと，カエルであろうと，ラットであろうと，ヒトであろうと，眼はほぼ完全に消失する（Quiring et al. 1994）。野生型あるいは*Pax6*変異体のラットの胚由来の表層外胚葉と眼胞をそれぞれ組み合わせる実験では，レンズの形成に表層外胚葉でのPax6の機能が必要なことが示された（図4.14A，B）。ヒトでは，眼の形成不全の一部は*Pax6*の変異と関係することがわかっている。こうした不全のなかには，無虹彩症（虹彩の消失，減退）も含まれている（図4.14C）。ツメガエルの*Pax6*変異体は無虹彩症に非常によく似た症状を示すことから，それをヒトの疾患モ

図4.14 *Pax6*遺伝子は，カエル，ネズミ，ヒトの眼の形成に同様に必要である。(A)ラットの*Pax6*欠失は，眼の形成不全のみならず鼻の構造も大きく減退させる。(B)野生型と*Pax6*機能完全欠失変異体のラット胚の間で眼胞と表層外胚葉の組み合わせ実験を行い，レンズ誘導能を解析した。Pax6は，正常なレンズの誘導において，表層外胚葉においてのみ必要である。(C)ツメガエルとヒトの*Pax6*変異体は，野生型個体に比べて虹彩が同様に減少する。この表現型は無虹彩症の特徴である。

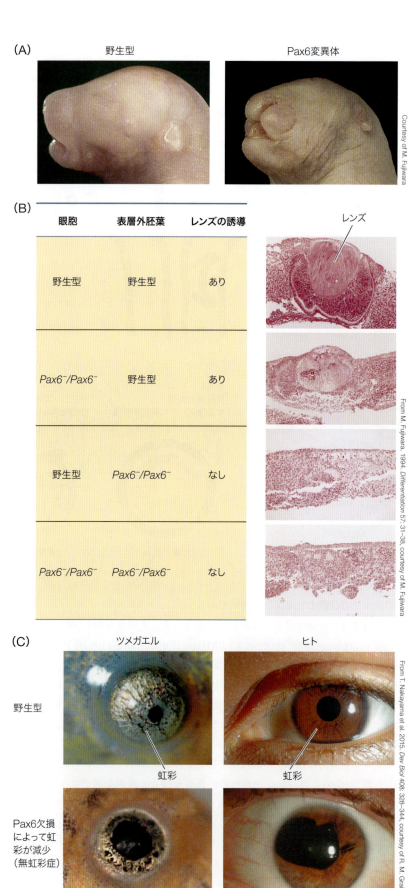

デルとして発生における Pax6 の役割を研究することができる（Nakayama et al. 2015）。

> ## さらなる発展
>
> **指令的な相互作用と許容的な相互作用**　Howard Holtzer（ハワード・ホルツァー；1968年）は，2つの異なる誘導様式を提唱した。まず**指令的な相互作用**（instructive interaction）では，特定の誘導細胞からのシグナルが，応答する細胞において遺伝子発現を開始するために必要である。誘導する細胞がなければ，応答細胞は特定の分化を遂げることができない。例えば，ツメガエルの眼胞を実験的に頭部外胚葉の新しい別の場所において，その領域の外胚葉がレンズを形成すれば，それは指令的な誘導である。
>
> 　一方，**許容的な相互作用**（permissive interaction）では，応答する細胞が既に特定化されており，それらの特性を発揮できる環境がありさえすればよい。例えば，多くの組織は発生してゆくためには細胞外基質を必要としている。細胞外基質自体は生み出される細胞タイプそのものを変えるわけではないが，既に決定されたものが発現できるような環境をつくっている。
>
> 　許容的な相互作用の劇的な例は，再生医学の研究からもたらされた。細胞外基質の足場は，拍動する心臓の分化と再構築を促進する。Doris Taylor（ドリス・テイラー）の研究グループは，界面活性剤を用いて，死後硬直したラットの心臓からすべての細胞を剥がし，細胞外基質だけを残した。この過程を"脱細胞化"と呼ぶ（図 4.15A；Ott et al. 2008）。フィブロネクチン，コラーゲン，ラミニンなどのタンパク質は，その基質とともに心臓の複雑な形を維持した。そして研究者らは，その細胞外基質の足場に心筋前駆細胞を注ぎ込んだ。すると，それらの心筋前駆細胞は分化して，機能的に収縮するような"再細胞化"した心臓をつくった（図 4.15B）。すなわち，脱細胞化した細胞外基質の環境条件には，心筋の発生を促す許容的な役割が備わっていたのだ。（オンラインの「FURTHER DEVELOPMENT 4.4：From Feathers to Claws and Frogs to Newts：Further Your

(A) 脱細胞化

(B) 拍動する心臓の再細胞化

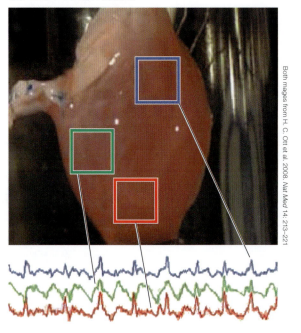

図 4.15　脱細胞化したラットの心臓の再構成。(A) ラットの死体から取り出した心臓全体を，12時間以上かけて界面活性剤 SDS を用いて脱細胞化（すべての細胞を取り除く）した（左から右へ）。Ao：大動脈，LA：左心房，LV：左心室，RA：右心房，RV：右心室。(B) 脱細胞化した心臓はプラスチックの小室に入れて，新生児の心臓細胞で再細胞化する。すると，それらの細胞は自己収縮する心筋へと発達し，心臓を収縮させる鼓動をうつ。写真下の心電図3つは，図示した心臓の領域が同調的に収縮することを示す。

114 | PART I 生成のパターンとプロセス

発展問題

脱細胞化した心臓の再構築は，明らかに許容的な相互作用の例だが，指令的な相互作用もあるのではないだろうか？　ある研究では，人工多能性幹細胞(iPSC)由来の心血管系前駆細胞が脱細胞化したマウスの心臓にうまく着床し，心筋，平滑筋，内皮細胞に分化した(Lu et al. 2013)。前駆細胞がさまざまな種類の細胞に分化するのに直接影響を与えるために，細胞外基質はいったい何を供給しているのだろうか？

Understanding of Induction and Competence」「FURTHER DEVELOPMENT 4.5：The Insect Trachea：Combining Inductive Signals with Cadherin Regulation」「SCIENTISTS SPEAK 4.2：Dr. Doris Taylor discusses the use of decellularized organs for regeneration」参照)

4.6　モルフォゲンの濃度勾配とシグナル伝達カスケード

誘導体と応答体の間では，どのようにシグナルがやり取りされているのだろうか？ Grobstein（グロブスタイン；1956年）や他の研究者らは，腎管と歯の形成を誘導する機構の研究を進める過程で，上皮と間充織をフィルターで隔離しても誘導が起きる場合があることを見出した。一方，フィルターで阻害されるような誘導もあった。つまり，ある種の誘導因子はフィルターの小さな穴を通り抜けることができるような可溶性の分子であるが，その他の誘導は上皮と間充織の物理的な接触を必要とする現象である，ということになる(Grobstein 1956；Saxén et al. 1976；Slavkin and Bringas 1976)。

ある細胞の細胞膜上のタンパク質が，隣接する細胞表面にある受容体タンパク質と相互作用するような場合(カドヘリンと同様；4.2節参照)，これは(細胞膜が**接触している**ので)接触分泌相互作用(juxtacrine interaction)と呼ばれる(4.9節参照)。ある細胞で合成されたタンパク質が拡散して広がって近隣の細胞を変化させる場合は，傍分泌相互作用(paracrine interaction)と呼ばれる。傍分泌因子は，通常は細胞でいうと約15個分，距離でいうと40〜200μmの範囲で働く拡散性の分子である(Bollenbach et al. 2008；Harvey and Smith 2009)。

自己分泌相互作用(autocrine interaction)もありうる。この場合は，傍分泌因子を分泌する細胞が，その因子に応答を示す。言い換えれば，自分自身が分泌している因子に対する受容体を発現しているということである。自己分泌相互作用による制御はそれほど一般的ではないが，胎盤の細胞栄養芽層の細胞などでみられる。これらの細胞は血小板由来増殖因子を合成・分泌しているが，その受容体は細胞栄養芽層の細胞自身の細胞膜上に存在する(Goustin et al. 1985)。結果として，この組織は爆発的に増殖することができる。

モルフォゲンの濃度勾配

細胞の運命を特定化する最も重要なメカニズムの1つは，遺伝子発現を調節する傍分泌因子の濃度勾配である。そのようなシグナル分子を**モルフォゲン**(morphogen)と呼ぶ。モルフォゲン(ギリシャ語で"形を与えるもの"の意)は，細胞の運命をその濃度によって決定することができる，拡散性の生化学分子である[2]。すなわち，モルフォゲンの高い濃度にさらされた細胞と低い濃度にさらされた細胞とでは，異なる遺伝子が活性化される。モルフォゲンの機能にとって重要なのは，組織あるいは胚の中で，その成分がある位置から離れて異なる位置へと移動することである。発生生物学者たちは，モルフォゲンの濃度勾配が形成されるメカニズムを精力的に調べると同時に，そのモルフォゲンのシグナルがどのように受け手の細胞に解釈されるのかの解明にも心血を注ぎ込んだ。まずは以下を読んでみて，モルフォゲンの勾配のこれら2つの側面がどのように適用されているのかを考えてみてほしい。

まず，分子はある場所から別の場所へと，どのようにして移動することができるのであろうか？　単純拡散は最も基本的な分子の輸送形式である。ボウルの水に少量の食紅を垂

2　専門用語の意味に一部重複はあるが，モルフォゲン(morphogen)は細胞の運命を定量的に規定するのに対して，形態形成決定因子(morphogenetic determinant)は定性的に規定するものである。

第 4 章 細胞間コミュニケーション | 115

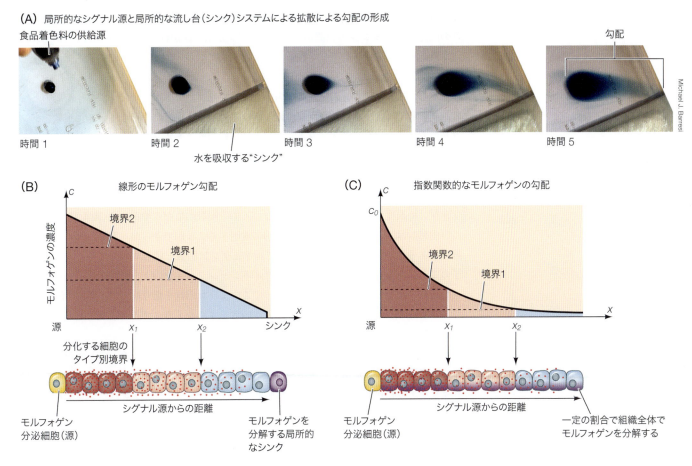

図4.16 モルフォゲンの濃度勾配は拡散によって形成される。(A)勾配を形成する拡散モデルを捉えた動画の静止画像。少量の食品着色料を水中に落とす。吸湿性の紙タオルをドロップの滴下地点から離れたところに設置し，局所的な"シンク"(流し台)として用いる(時間2)。食紅はシンク側に引っ張られて，染色の勾配が形成される(時間5)。(B)モルフォゲンの拡散によって均一な細胞集団が3つのタイプに特定化される。形態形成にかかわる傍分泌因子(赤点)が黄色の源細胞から分泌されて，ある一定距離にわたって(X軸)，濃度勾配を形成する(C軸)。モルフォゲンの濃度，境界1以下にさらされた青細胞は，ある遺伝子群を活性化させる。中間の濃度・境界1〜2にさらされたピンク細胞は異なるセットの遺伝子群を活性化させる一方，それ以上高い濃度で誘導される遺伝子を抑制する。境界2以上の高濃度のモルフォゲンにさらされた赤の細胞は，第3セットの遺伝子群を活性化させる。黄色細胞が常に供給源であり，末端のシンクが紫細胞である場合には，モルフォゲンの濃度は組織内で線形となる。(C)もしモルフォゲンが常に細胞間の全領域で分解されているのであれば，勾配は指数関数的な曲線を示すだろうが，それでもさまざまな細胞の個性を付与するであろう。(BとCはK. S. Stapornwongkul and J. P. Vincent. 2021. Nat Rev Genet. 22：393-411より)

らした場面を想像してほしい。時間経過とともに食紅は拡散し(広がり)，均一な溶液になるだろう。いったいどのくらいの速度で食紅が水に散在し，拡散の方向性がつくられるのだろうか？　例えば，もし水が，食紅がボウルに滴下されたのとは反対側の端からゆっくりとこぼれていたら，食紅の拡散の方向と速度は水が流れ出る"シンク"の方向に従って増加するだろう(図4.16A)。時間が経てば，食紅の拡散の勾配が，滴下地点からシンクに向かってできあがるだろう。食紅の滴下と水の流出が一定の関係だと考えれば，食紅の勾配は水量に対して線形的な相関関係となる。Francis Crick (フランシス・クリック)，そう，あのDNAらせんのFrancis Crickは，このような局所的なシグナル供給源と局所的なシンクのモデルが，発生中の胚の時空間内でのモルフォゲンの濃度勾配の形成に寄与したと考えている(Crick 1970)。Crickのみならず数多くの研究者が，モルフォゲンの濃度勾配が濃度依存的にさまざまな遺伝子の発現を促進することによって，細胞の運命の多様性を調節するという理論の構築に貢献した(図4.16B；Wolpert 1969, 2011；レビューはStapornwongkul and Vincent 2021)。

先ほど示した水中で食紅が拡散する例は，理論的な線形勾配を構築するのに重要な少な

くとも3つの性質を表している。(1)源点からのモルフォゲンの安定した分泌，(2)環境条件の固定化，(3)シンクの位置からモルフォゲンが取り除かれる一定量の割合，である。仮定されたパラメーターの1つでも変われば，応答のスケール(例えば，細胞タイプの比率など)が線形的に変化することが予想される。

しかし，モルフォゲンの拡散はそのような単純なプロセスなのだろうか？　結局のところ，胚の環境は例で挙げたような単純なボウルの水とはまったく異なる。仮に複数のシンクがあるような場合を考えてみよう。例えば，積極的にモルフォゲンを壊したり除去したりするメカニズムがある場合や，あるいは1つの細胞から他の細胞へ細胞外基質や小胞輸送によって輸送されることによって，輸送の割合が変化する場合がある。もし，流れ出るシンクが最終地点に固定して配置されておらず，全組織にまたがって存在する場合，モルフォゲンの濃度勾配は線形というよりむしろ指数関数的になるであろう(図4.16C)。

自由拡散は，ある程度の勾配を理論的に説明することができるが，実際にはいくつかの障壁がある。1番顕著な事実として，モルフォゲンは脂質と結合するなどして難溶性の分子のことがある。さらに，上皮細胞のタイトジャンクションのような構造は，モルフォゲンの流れの障壁となる。では，どうやってこのような困難を乗り越えて，濃度勾配は形成されるのだろうか？　本書を通して，多くのさまざまなメカニズムが濃度勾配の形態と動態を調節するように進化してきたことを学んでいってほしい。

どのようなタイプの分子をモルフォゲンと定義するのだろうか。そしてどうやって，それらの濃度に応じて遺伝子発現が調節されていることを確認できるのであろうか。ショウジョウバエの胞胚期のように，多核性胞胚の内部では，モルフォゲンは転写因子として合成される(2.4節参照)。それらは一群の細胞で生成されて，他の細胞群へと働きかけ，モルフォゲンの濃度依存的に標的細胞の運命を特定化する傍分泌因子にもなりうる。高濃度のモルフォゲンにさらされた細胞(モルフォゲンの源に1番近い細胞群)は，ある細胞タイプへと特定化される。モルフォゲンの濃度がある閾値以下になったときには，異なる細胞運命に特定化される。濃度がもっと低いときには，発生運命が方向付けされていない同じ細胞はまた別の細胞へと特定化される(図4.16B，C参照)。(オンラインの「DEV TUTORIAL：Morphogen Signaling：Some Ways in which Morphogen Signaling Operates」参照)

傍分泌因子の濃度勾配による調節は，カエルのActivinという傍分泌因子によって異なる中胚葉の細胞種が分化する過程から，非常に美しく示された(図4.17；Green and Smith 1990；Gurdon et al. 1994)。Activinを分泌するビーズが，ツメガエル初期胚の未分化細胞の近くに埋め込まれた。すると，Activinがビーズから拡散する。細胞あたり300分子程度の高い濃度で，Activinは*goosecoid*遺伝子の発現を誘導した。その産物は，カエルの一番背側の構造を特定化する転写因子である。もう少し低濃度のActivinでは(細胞あたり約100分子)，同組織は*Xbra*遺伝子を活性化し，筋肉へと特定化された。さらに低濃度では*goosecoid*や*Xbra*遺伝子は活性化されず，"デフォルト"の遺伝子発現では同組織は血管や心臓になる(Dyson and Gurdon 1998)。

傍分泌因子の範囲(モルフォゲンの濃度勾配の形)は，因子の産生，輸送，分解などのいくつかの条件に依存する。場合によっては細胞表面の分子が傍分泌因子を安定化し，拡散を助ける。別の場合では，細胞表面の結合が拡散を遅らせて，分解を促進する。このようなモルフォゲンと細胞外基質分子の間で拡散を調節する相互作用は，組織の成長と形を調整するうえで非常に重要である(Ben Zvi and Barkai 2010；Ben Zvi et al. 2011；Stapornwongkul and Vincent 2021)。

シグナル伝達カスケード：誘導体に対する応答

細胞に応答を誘導するリガンドは，受容体に結合しなければならない。受容体が，細胞

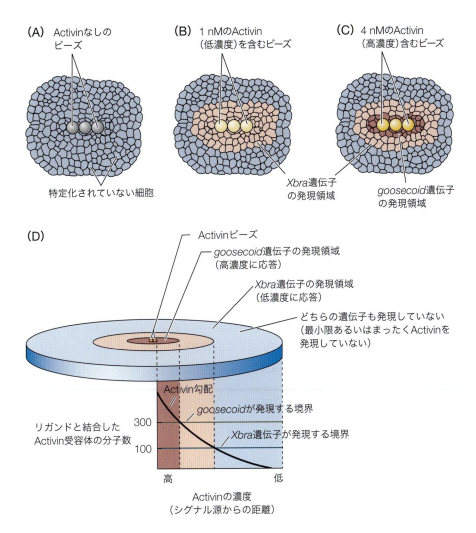

図4.17 モルフォゲンの1つである傍分泌因子Activinの勾配は，両生類の特定化されていない細胞において2つの遺伝子の発現を濃度依存的に調節する。(A) Activinなしのビーズは，Xbraまたはgoosecoid遺伝子の発現(mRNAの転写)を誘導しない。(B) 1 nMのActivinを含むビーズは，周辺の細胞でXbra遺伝子の発現を誘導する。(C) 4 nMのActivinを含むビーズは，ビーズから数細胞離れた位置のみでXbra遺伝子の発現を誘導する。しかし，goosecoid遺伝子の発現はビーズ源の近くに見られる。(D)ツメガエルのActivinの勾配の解釈。高濃度のActivinはgoosecoid遺伝子の発現を活性化させるのに対して，低濃度のActivinはXbraの発現を活性化させる。細胞がgoosecoid遺伝子を発現するか，Xbra遺伝子を発現するか，あるいは両方とも発現しないかを決定する境界値が存在するように見える。さらに，Brachyury (ツメガエルのXbra遺伝子産物)はgoosecoidの発現を抑えることから，明瞭な境界が形成される。このパターンは，個々の細胞におけるリガンドと結合したActivin受容体の数と相関する。(J. B. Gurdon et al. 1994. *Nature* 371: 487-492 and J. B. Gurdon et al. 1998. *Cell* 95: 159-162 より)

内で最終的な応答を制御する一連の出来事を開始させる。4.1節では，**シグナル伝達経路**または**シグナル伝達カスケード**の基本的なプロセスを紹介した。本書の残りすべてにおいて，これらの経路の働きが学べるはずである。

　主要なシグナル伝達経路は，**図4.18**に示したような共通の，エレガントな流れの派生形であるように見える。個々の受容体は細胞膜を貫通して，細胞外領域，細胞膜貫通領域，細胞質領域をもっている。傍分泌因子が受容体の細胞外ドメインに結合すると，受容体の立体構造の変化を引き起こす。この構造変化が細胞膜を通って受容体の細胞質ドメインの形を変化させ，細胞質のタンパク質を活性化させる。そのような細胞質ドメインの構造変化はしばしば，そのドメインに酵素活性——多くの場合，ATPを使って特定のタンパク質のチロシン残基をリン酸化するキナーゼ活性——を与える。このような受容体は，**受容体型チロシンキナーゼ**(receptor tyrosine kinase：RTK；図4.18参照)と呼ばれている[訳注：キナーゼあるいはカイネースとは，リン酸化酵素のことである]。活性化された受容体はその他のタンパク質のリン酸化を触媒し，このタンパク質のリン酸化が今度は次の反応を引き起こす。このリン酸化の連鎖(カスケード)によって，最終的には不活性状態にあった転写因子や細胞骨格タンパク質のセットが活性化されるのである。

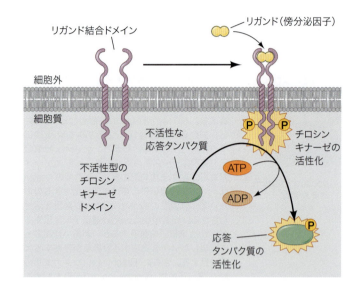

図4.18 受容体型チロシンキナーゼの構造と機能。細胞外領域に傍分泌因子（例えば，Fgf8）が結合すると，不活性化状態のチロシンキナーゼが活性化され，この酵素活性によって受容体パートナーが相互にリン酸化され，続いて特定の細胞内タンパク質のチロシン残基がリン酸化される。

4.7 傍分泌型ファミリー：誘導分子とモルフォゲン

多くの器官の誘導は，比較的少数の傍分泌因子によって影響される。胚は比較的少数の発生用の"工具一式"を受け継いでおり，おおかた同じタンパク質を使って，心臓，腎臓，歯，眼，その他の器官をつくり上げているのである。さらに，同じタンパク質が動物界を通して使われている。例えば，ショウジョウバエの眼や心臓をつくり上げる活性をもつ因子は，哺乳類の相同器官をつくるものとよく似ている。

多くの傍分泌因子は受容体に結合して，細胞内で一連の酵素反応を開始させる。この一連の酵素反応が行き着く先は，転写因子の調節や細胞骨格系の制御などであり，遺伝子発現の変化や，細胞の形あるいは運動の変化をそれぞれ引き起こす。多くの傍分泌因子は立体構造に基づいて4つの主要なファミリーに分類することができる：

1. 繊維芽細胞増殖因子（FGF）ファミリー
2. Hedgehogファミリー
3. Wntファミリー
4. 形質転換増殖因子β（TGF-β）スーパーファミリー：TGF-βファミリー，Activinファミリー，骨形成タンパク質（BMP）ファミリー，Nodalタンパク質，Vg1ファミリー，およびそれらの関連タンパク質を含む

次に，これら4つのファミリーの特徴，分泌様式，勾配の操作，応答細胞におけるシグナル伝達経路の仕組みを解説する。本節では各経路の基本的な分子機構を学ぶが，各発生事象でのこれらの経路の使われ方を本書全体を通して学ぶことができる。

繊維芽細胞増殖因子

繊維芽細胞増殖因子（fibroblast growth factor：FGF）ファミリーは，類似の構造をもつおよそ20種類もの傍分泌因子から構成されている。また，それぞれのFGF遺伝子が，組織ごとにRNAスプライシングや複数の転写開始コドンを変化させることにより，数百もの異なるアイソフォームをつくり出すことができる（Lappi 1995）。例えば，Fgf1タンパク質は酸性FGFとしても知られており，再生時に重要な役割を果たしている（Yang et al. 2005）。一方，Fgf2は塩基性FGFと呼ばれており，血管形成において重要な因子である。Fgf7には角化細胞増殖因子（keratinocyte growth factor）という通称もあり，皮膚の発生に必須の因子である。FGFファミリーに属する分子の機能はしばしば互いに置換可能であるが，それぞれのFGFおよびその受容体は特定の場所で発現しており，別々の機能を担っている。

Fgf8　FGFファミリーに属するFgf8は，体節形成，四肢の発生，レンズの誘導などのさまざまな胚発生過程において，特に重要な役割を果たしている。Fgf8は通常，頭部外胚葉の外側と接する眼胞によってつくられている（図4.19A；Vogel-Höpker et al. 2000）。眼胞は，頭部外胚葉の外側と接触することにより，レンズを形成するように誘導する。頭部外胚葉との接触の後，*Fgf8*遺伝子の発現は将来の神経網膜（予定レンズ領域と直接接触す

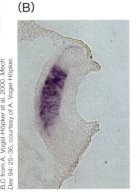
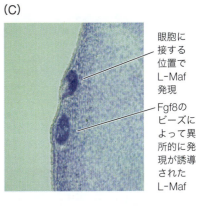

図4.19 ニワトリの発生におけるFgf8。(A) in situ ハイブリダイゼーションで可視化したニワトリ3日目胚における Fgf8 遺伝子の発現パターン。Fgf8タンパク質（濃い色の領域）は，肢芽の最も遠位側の外胚葉(1)，体節中胚葉（前後軸に沿った分節状の細胞塊）(2)，頸部の咽頭弓(3)，中脳と後脳の境界部(4)，発生中の眼胞(5)，尾の先端(6)でみられる。(B)眼胞における Fgf8 の in situ ハイブリダイゼーション。Fgf8 mRNA（紫色）は眼杯の予定神経網膜領域に局在しており，これらの細胞は将来レンズになる外胚葉の細胞と直接接している。(C)眼胞（上）もしくはFgf8を含むビーズ（下）によって，応答能をもつ外胚葉の細胞で異所的にL-Mafが誘導される。

る組織）に限局するようになる（図4.19B）。Fgf8を含むビーズを頭部外胚葉領域の近くに移植する実験によって，Fgf8はレンズ形成を引き起こすのに十分であることが示されている[3]。この異所的なFgf8は外胚葉を誘導して，レンズ関連の転写因子であるL-Mafの発現を誘導し，異所的なレンズを形成する（図4.19C）。

FGF受容体と受容体型チロシンキナーゼ経路　FGFは多くの場合，**繊維芽細胞増殖因子(FGF)受容体**（fibroblast growth factor receptor：FGFR）と呼ばれる一群の受容体型チロシンキナーゼを活性化することで機能している。FGF受容体がFGFリガンドに結合すると（そしてFGFリガンドに結合したときにだけ），不活性型のキナーゼ（受容体の一部）が活性化されて，まず二量体のパートナーFGF受容体をリン酸化する。それから，応答細胞内でいくつかの関連タンパク質もリン酸化する（図4.20；図4.18と比較）。それらのタンパク質はいったん活性化されると，これまでとは違う機能をもつようになる。多くの場合，それらは転写因子を活性化し，新たな遺伝子の転写を誘導する。（オンラインの「FURTHER DEVELOPMENT 4.6：Downstream Events of the FGF Signal Transduction Cascade」参照）

受容体型チロシンキナーゼ経路（RTK経路）の研究は，さまざまな生物を扱う発生生物学の研究分野を1つの概念で理解できるようになった最初のシグナル伝達経路の例であろう。ショウジョウバエの眼，線虫の産卵口，ヒトの癌，これらの研究をしていた研究者は皆，同じ遺伝子を研究していることに気がついたのである。

JAK-STAT経路　繊維芽細胞増殖因子（FGF）は，JAK-STATシグナルカスケードも活性化する。この経路は，血球系の細胞分化や四肢の成長，哺乳類のミルク産生時におけるカゼイン遺伝子の活性化などにおいて，非常に重要な役割を果たしている（図4.21；Briscoe et al. 1994；Groner and Gouilleux 1995）。このシグナルカスケードは，傍分泌因子が膜貫通型受容体の細胞外ドメインに結合するところから始まる。受容体の細胞質ドメイン

---

[3] タンパク質をコーティングしたビーズをつくって胚の組織に埋め込む。それらのタンパク質はビーズからゆっくりと放出されて放射状に拡散していき，濃度勾配を形成する（図4.16参照）。

図4.20 さまざまな局面で使われる受容体型チロシンキナーゼ(RTK)のシグナル伝達経路は，繊維芽細胞増殖因子(FGF)によって活性化される(図4.18参照)。チロシンキナーゼとして働くFGF受容体は，FGFのような傍分泌因子リガンドとヘパラン硫酸プロテオグリカン(HSPG)によって活性化し，二量体を形成し，受容体自身を自己リン酸化する。アダプターとなるタンパク質は，FGF受容体上のリン酸化チロシンを認識し，仲介役のタンパク質であるGEFを活性化する。GEFは，GDP結合型のRas Gタンパク質をリン酸化してこれを活性化する。同時に，GAPタンパク質がこのリン酸結合の加水分解を誘導し，Rasを元の不活性化状態に戻す。活性型のRasは，Cキナーゼ(PKC)であるRafタンパク質を活性化し，活性化されたRafが(MEKをはじめとする)一連のキナーゼをリン酸化する。最終的に，活性化されたERKは特定の転写因子をリン酸化したり(リン酸化を受けた転写因子は核に移行し，mRNAの転写を制御できる)，特定の翻訳因子をリン酸化し(このリン酸化によってタンパク質合成活性が変化する)，応答細胞の核における遺伝子発現を変化させる。多くの場合，この経路はETSドメイン(E26 transformation-specific)をもつ転写因子を制御する。この経路の単純化したモデルを図の左に示す。

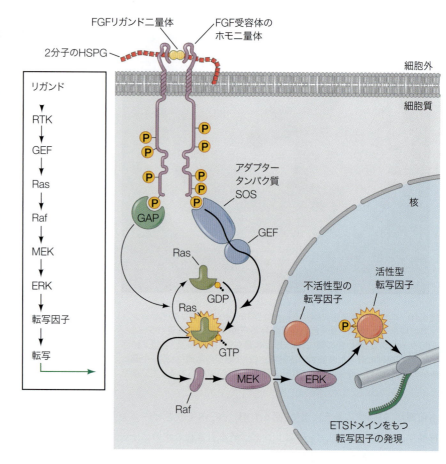

は，**JAK**(**Ja**nus **k**inase)タンパク質と結合している。傍分泌因子が受容体に結合すると，JAKキナーゼが活性化され，転写因子である**STAT**(**s**ignal **t**ransducers and **a**ctivators of **t**ranscription)ファミリーをリン酸化する(Ihle 1996, 2001)。リン酸化されたSTATは核に移行し，エンハンサーに結合することができるようになる。

さらなる発展

骨形成におけるFGF受容体とSTATの相互作用 JAKだけではなく，FGF受容体もSTAT分子群を活性化させることができ，FGF–STAT経路はヒト胎児の骨形成に必須の役割を担っている。STAT経路が通常よりも早く活性化してしまうような変異は，致死性骨異形成症のような重篤な小人症の原因になるといわれており，それらの症例では肋骨や四肢の骨端軟骨板(成長板)の細胞が増殖しなくなってしまう。そのような短肢の新生児では，肋骨が呼吸を支持することができず，死に至る。この原因となる遺伝的な損傷は，繊維芽細胞増殖因子受容体3をコードする遺伝子*FGFR3*に入っている(図4.22；Rousseau et al. 1994；Shiang et al. 1994)。*FGFR3*は通常，長骨の成長板でみられる軟骨を形成する細胞(軟骨細胞)で発現している。正常な条件では，FGFR3はFGFリガンドとの結合によって活性化され，軟骨細胞にシグナルを送って成長板の拡張を調節する。このシグナルはStat1のリン酸化を介しており，リン酸化されたStat1は核へと移行する。核内でStat1は，細胞周期の抑制因子であるp21タンパク質をコードする遺伝子の発現を活性化する(Su et al. 1997)。

それゆえ，*FGFR3*遺伝子の機能獲得型の変異は，致死性骨異形成症を引き起こす

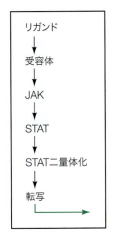
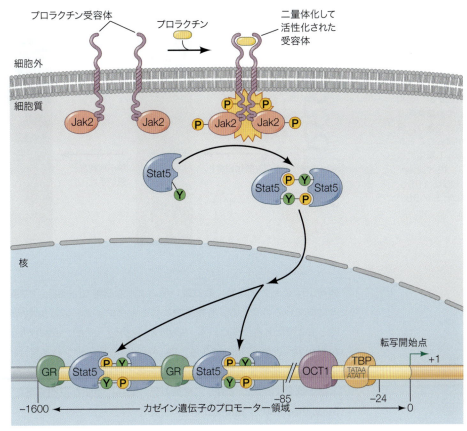

図4.21 カゼイン遺伝子活性化を担うJAK-STAT経路。カゼイン遺伝子は，乳腺発生の最終段階（催乳期）に活性化されるが，そのきっかけとなるシグナルは，脳下垂体前葉がつくるホルモンであるプロラクチンの分泌である。プロラクチンは，乳腺上皮細胞で発現しているプロラクチン受容体の二量体化を引き起こす。これらの受容体の細胞質ドメインには，特定のJAKタンパク質（Jak2）が"ひっかかっている"。プロラクチンが受容体に結合して二量体化が起きると，JAKタンパク質はお互いおよび二量体化した受容体をリン酸化し，不活性化状態にあった受容体のキナーゼを活性化する。活性化された受容体は，特定のSTATタンパク質（この場合はStat5）のチロシン残基（Y）にリン酸基を付加する。このリン酸化によってStat5は二量体化し，核に移行して特定のDNA領域に結合する。そしてその他の転写因子（それらはおそらくSTATタンパク質の到着を待っている）と共役して，Stat5はカゼイン遺伝子の転写を活性化する。GRはグルココルチコイド受容体，OCT1は基本転写因子，TBPはRNAポリメラーゼⅡ（3.3節参照）をつなぎ止める主要なプロモーター結合タンパク質である。単純化した経路を図の左に示す。（詳細はB. Groner and F. Gouilleux. 1995. *Curr Opin Genet Dev* 5：587-594参照）

ことになる。この変異受容体は恒常的に，すなわちFGFシグナルが入らなくても常に活性化されている（Deng et al. 1996；Webster and Donoghue 1996）。成長板の軟骨細胞は形成されるやいなや増殖を停止してしまい，骨は成長することができない。*FGFR3*遺伝子を時期尚早に，しかしより穏やかに活性化するような変異の場合は，軟骨形成不全（短肢）小人症になる（Legeai-Mallet et al. 2004）。（オンラインの「FURTHER DEVELOPMENT 4.7：FGF Receptor Mutations」「SCIENTISTS SPEAK 4.3：Dr. Francesca Mariani talks about the role of FGF signaling during limb bud outgrowth」参照）

Hedgehogファミリー

　Hedgehogファミリー（Hedgehog family）に属する傍分泌因子のタンパク質は，多機能性のシグナル分子である。胚において特定の細胞タイプを誘導するシグナル伝達経路や，細胞誘導に影響する他の手段を介して働く。元来，*hedgehog*遺伝子はショウジョウバエで発見され，その変異表現型にちなんで命名された。*hedgehog*の機能を欠いた変異

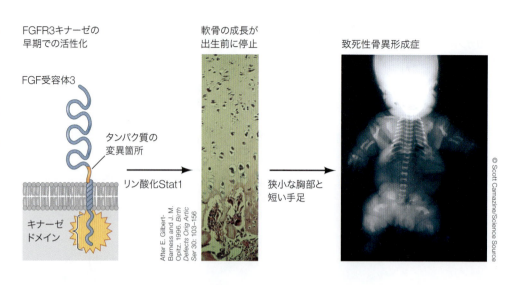

図4.22 FGFR3の遺伝子の変異はSTATシグナル経路の恒常的な活性化を引き起こし、リン酸化されたStat1タンパク質がつくられる。この異常な転写因子の働きによって、成長板において軟骨細胞の分裂を早期に停止させるような遺伝子群の発現が誘導されてしまう。その結果起きるのが致死性骨異形成症であり、骨形成異常により胸郭が膨らむことができず、呼吸困難によって新生児は生後間もなく死亡する。(E. Gilbert-Barness and J. M. Opitz 1996. *Birth Defects Org Artic Ser* 30: 103-156より)

体幼虫はクチクラ表面にある鋭い毛のような構造(denticles)で覆われていて、ハリネズミに似ているのである。脊椎動物にはショウジョウバエの*hedgehog*の相同遺伝子が少なくとも3種類ある。すなわち、*sonic hedgehog* (*shh*)、*desert hedgehog* (*dhh*)、そして*indian hedgehog* (*ihh*)である。Desert hedgehogタンパク質は精巣のセルトリ細胞でみられ、Dhh機能喪失型変異のホモ接合体では精子形成が異常となる。Indian hedgehogは腸と軟骨で発現しており、生後の骨の成長に重要な役割を果たしている(Bitgood and McMahon 1995；Bitgood et al. 1996)。

脊椎動物の3つのHedgehog相同分子のなかで、Sonic hedgehog[4]は最も多くの機能をもっている。それら機能のなかでもSonic hedgehogは、神経管の腹側領域のみで運動ニューロンをつくる過程(第15章参照)、各体節の一部を形成する過程(第19章参照)、ニワトリの羽毛を適切な場所につくる過程(オンラインの「FURTHER DEVELOPMENT 4.4」の図1参照)、われわれの小指が常に最も後方の指になる過程(第21章参照)などを制御している。Hedgehogタンパク質はモルフォゲンとして働くことにより、そのシグナルは多くの発生現象を制御することができる。すなわち、Hedgehog分子は、特定の細胞群という源から分泌されて、空間的に勾配する形で提示され、濃度依存的に別々の遺伝子発現を誘導する。そのことにより、別々の細胞運命が誘導される。

Hedgehog分泌　Hedgehogの分泌量と形成される勾配は、Hedgehogタンパク質のプロセシングとアセンブリーのさまざまな様式によって劇的に変化する(図4.23)。Hedgehogのカルボキシル末端の切断、あるいはコレステロールとパルミチン酸部位の両者と結合することによって、Hedgehogは単量体や多量体として分泌されたり、リポタンパク質集合体に含まれたり、細胞外小胞に含まれて輸送されたりもする。

マウスの肢芽形成では、もしSonic hedgehogがコレステロール修飾を欠くと、急速に拡散しすぎて周囲の空間に消えていってしまう(Li et al. 2006)。これらの脂質の修飾は、Hedgehog濃度勾配の安定性とシグナル伝達経路の活性化にも必要である。さまざまなタ

---

[4] そう、これはSega Genesisのゲームのキャラクターにちなんで名付けられた。Riddle（リドル）らは1993年、3つの遺伝子がショウジョウバエの*hedgehog*遺伝子と相同であることを見出した。2つは実在するハリネズミの種にちなんで名付けられ、1つはアニメのキャラクターにちなんで名付けられた。他の2つの*hedgehog*遺伝子は、魚でしか見出されていない。1つは、多分Sonicのお友達にちなんで*echidna hedgehog*と名付けられ、もう1つはBeatrix Potter（ビアトリクス・ポッター）の『ピーターラビット』の絵本に登場する架空のハリネズミにちなんで*tiggywinkle hedgehog*と名付けられた。しかしながら、それらはいま、*ihh-b*と*shh-b*という名前でそれぞれ呼ばれている。

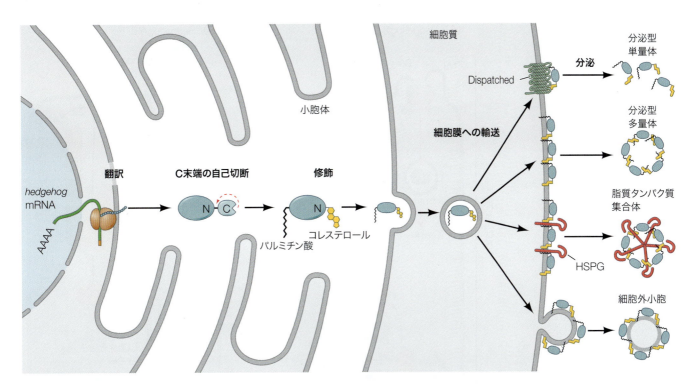

図4.23 Hedgehogのプロセシングと分泌。小胞体でhedgehog遺伝子が翻訳されると、Hedgehogタンパク質は自己分解活性によってカルボキシ(C)末端が切断されて、シグナル配列ができて、分泌されるようになる。そのフリーのC末端はシグナル伝達には関与しておらず、しばしば分解されるのに対して、アミノ(N)末端部分は活性型のHedgehog分子となって分泌される。分泌には、Hedgehog分子へのコレステロールの付加とパルミチン酸化が必要である(Briscoe and Thérond 2013)。コレステロールと膜タンパク質Dispatchedとの相互作用は、Hedgehogを単量体として分泌して拡散することを可能とする。一方、コレステロールとパルミチン酸はHedgehogの多量体化に必要である。さらに、Hedgehogは膜結合型のヘパラン硫酸プロテオグリカン(HSPG)のクラスと相互作用することによって、脂質タンパク質の集合体として分子の会合と分泌が促進される(Breitling 2007; Guerrero and Chiang 2007)。同様のHedgehogのクラスター化は、Hedgehogが細胞外小胞で細胞外に輸送されるときにも使われる。

ンパク質修飾と輸送メカニズムを介して、Hedgehogの安定な勾配が数百ミクロン(例えば、マウスの四肢だと約30細胞分の距離)にもわたって達成される。

Hedgehog経路 Hedgehogのコレステロール部位は、細胞外輸送に影響するだけではなく、受容細胞の細胞膜上の受容体にアンカーすることに非常に重要である(Grover et al. 2011)。Hedgehogが結合する受容体はPatchedと呼ばれていて、12回膜貫通型の大きなタンパク質である(図4.24)。予想外なことに、Patchedはシグナル伝達因子ではない。むしろ、PatchedタンパクはSmoothenedと呼ばれる別の膜タンパク質を抑制している。

HedgehogがPatchedと**結合していないとき**には、Smoothenedは不活性化状態で分解される。そして、転写因子であるショウジョウバエのCubitus interruptus (Ci)や脊椎動物相同分子のGli1, Gli2, またはGli3のいずれか1つは、応答細胞内の微小管につなぎ止められている。微小管につなぎ止められてはいるものの、Ci/Gliはその一部が切断されて核に入り、転写抑制因子として働くことができる。この切断反応は、Fused, Suppressor of Fused (SuFu)、プロテインキナーゼA (PKA)などのいくつかのタンパク質によって触媒される。

Hedgehogが**存在するとき**には、応答細胞はIhog/Cdo、Boi/Boc、Gas1といった共受容体を発現しており、それらがHedgehog-Patched間の強い相互作用を促進する。Hedgehogが結合すると、Patchedの形が変わり、Smoothenedを阻害できなくなる。そしてPatchedはエンドサイトーシスで取り込まれて分解される。Smoothenedは微小管か

124 PART I 生成のパターンとプロセス

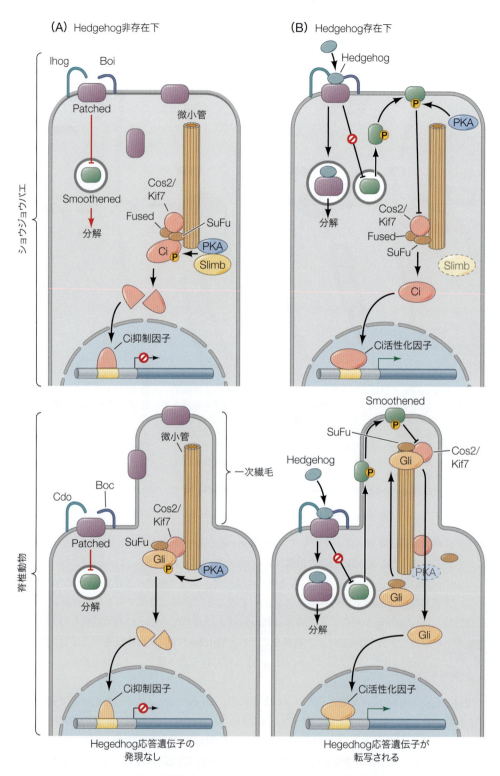

図4.24 Hedgehogシグナル伝達経路。細胞膜上のPatchedタンパク質は，Smoothenedタンパク質の抑制因子である。(A) HedgehogがPatchedに結合していない状態では，PatchedはSmoothenedを抑制していて，キイロショウジョウバエでは(上段2つのパネル) CiタンパクはCos2とFusedタンパク質によって微小管上に繋留されている。繋留されたCiは，プロテインキナーゼA (PKA) とSlimbタンパク質の働きによって切断を受け，切断されたCiは特定の遺伝子発現を抑える転写抑制因子として働く。(B) HedgehogタンパクがPatchedに結合すると，その立体構造が変化し，Smoothenedへの抑制が外れる。SmoothenedはCiを微小管から解離させ，PKAとSlimbによる切断を不活性化する。Ciタンパク質は核へと移行して，特定の遺伝子の転写活性化因子として働く。脊椎動物では(下段のパネル)，Ciの相同タンパク質はGliタンパクであり，HedgehogリガンドがPatchedに結合したときには転写活性化因子として，結合しないときには転写抑制因子としてそれぞれ働く。さらに脊椎動物では，SmoothenedがGliのプロセシングを正に制御して活性型にするためには，Smoothenedが一次繊毛と呼ばれる細胞突起に入っていく必要がある(図4.36参照)。HedgehogリガンドがPatchedに結合することにより，Smoothenedが一次繊毛に輸送されるようになる。最後に，Gas1とBocなどのいくつかの共役受容体がHedgehogシグナル伝達を促進する。(R. L. Johnson and M. P. Scott. 1998. *Curr Opin Genet Dev* 8：450-456；J. Briscoe and P. P. Thérond. 2013. *Nat Rev Mol Cell Biol* 14：416-429；E. Yao and P. T. Chuang. 2015. *J Formos Med Assoc* 114：569-576 より)

ら（おそらくリン酸化を介して）Ci/Gliを外し，Ci/Gli全長分子を核に移動させる。そして，Ci/Gli切断分子が転写抑制していた遺伝子に対して，転写活性化因子として働く（図4.24参照；Lum and Beachy 2004；Briscoe and Thérond 2013；Yao and Chuang 2015）。

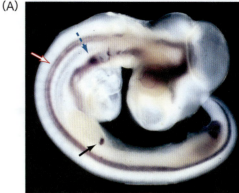

さらなる発展

Sonic hedgehogは強し！ Hedgehog経路は，脊椎動物の四肢の発生，神経分化と経路探索，網膜と膵臓の発生，顔面の形態形成，その他多くの発生過程にきわめて重要な役割を果たしている（図4.25A；McMahon et al. 2003）。*Sonic hedgehog* の変異型のホモ接合体マウスでは，四肢および顔面に重篤な異常が現れる。顔面の正中線は劇的に退縮し，単一の眼球が前頭部の中央に形成され，この症状はホメロスの『オデュッセイア』に出てくる一つ目の怪獣サイクロプスにちなんでサイクロピア（単眼症）として知られている（図4.25B；Chiang et al. 1996）。一部のヒト単眼症症候群は，Sonic hedgehogかコレステロール合成酵素をコードする遺伝子の変異によって引き起こされる（Kelley et al. 1996；Roessler et al. 1996；Opitz and Furtado 2012）。さらに，ある種の化学物質は，Hedgehog経路を阻害することによって単眼症を誘導する（Beachy et al. 1997；Cooper et al. 1998）。脊椎動物で単眼症を引き起こすことが知られている2つの催奇形因子[5]は，ジェルビン（jervine）とシクロパミン（cyclopamine）である。両方ともカリフォルニアバイケイソウ（*Veratrum californicum*）という植物から見つかったアルカロイドで，Smoothenedに直接結合してその機能を阻害する（Keeler and Binns 1968）。

Hedgehogシグナル伝達経路において，Gli転写因子とは異なるターゲットがある。いわゆる非典型的なHedgehogシグナル伝達経路では，細胞移動を促すアクチン骨格系の迅速な再編成を誘導する。例えば，Charron（シャロン）らは，神経管における経路探索軸索が，神経管の底板から分泌されるSonic hedgehogの勾配を感知することを示した。このことは，交叉神経が正中線のほうに引き寄せられて，神経系の反対側半球へ横切っていくことを助ける（17.8節参照；Yam et al. 2009；Sloan et al. 2015）。

発生の後期においては，Sonic hedgehogはニワトリ胚における羽毛の形成や，哺乳類における毛の形成に必須である。もし正しく制御されないときには，ヒトにおいて皮膚癌を引き起こす（Harris et al. 2002；Michino et al. 2003）。Hedgehog経路を不活性化するような変異が形成不全を引き起こす一方，この経路を異所的に活性化するような変異は細胞増殖効果をもたらすので，癌の原因となる。もし，体細胞組織においてPatchedタンパク質に変異が生じてSmoothenedを阻害できなくなると，表皮の基底細胞層の癌（基底細胞癌）を引き起こす。*PATCHED* 遺伝子変異は，まれな常染色体顕性（優性）疾患である基底細胞母斑症候群の原因となり，この疾患は発生期の異常（指の融合，肋骨および顔面の異常）や，複数の悪性腫瘍で特徴づけられる（Hahn et al. 1996；Johnson et al. 1996）。ビスモデギブ（Vismodegib）は，シクロ

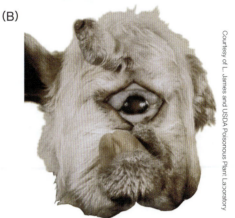

図4.25 （A）ニワトリ3日目胚におけるSonic hedgehogの発現を，*in situ* ハイブリダイゼーションで可視化したもの。神経系（赤矢印），腸（青矢印），および肢芽（黒矢印）で発現がみられる。（B）妊娠初期にバイケイソウの近縁種 *Veratrum californicum* を食べたヒツジから生まれた単眼症の仔ヒツジ。大脳半球は融合し，単一の眼球が中央につくられ，脳下垂体は存在しない。この植物が合成するジェルビンアルカロイドは，Hedgehogの産生と受容に必要なコレステロールの合成を阻害する。

発展問題

ビスモデギブのような化学療法薬が医療市場に出回るなか，このような薬物に対する妊婦への警告はどうあるべきだろうか？　しかし，物質が有害であるために指定医薬品である必要はない。多くの市販サプリメントがシグナル伝達経路と交差する可能性があることを認識することが重要である。例えば，フォルスコリン（Forskolin）という薬剤は，アデニル酸シクラーゼを活性化し，最終的にPKAを亢進させ，結果としてHedgehogシグナルを阻害する（Hedgehogシグナル伝達を操作するためのフォルスコリンの使用例はBarresi et al. 2000を参照）。フォルスコリンには「妊婦はこのサプリメントを避けるべきだ」という警告があると思いますか？　（ありません）

---

[5] 催奇形因子〔テラトゲン（teratogen）〕とは，正常な胚発生を阻害する外来性の化合物のことである（1.5節および14.8節参照）。

パミンと同様にSmoothenedの機能を抑える化合物であるが，現在，基底細胞癌の治療薬としての治験が行われている(Dreno et al. 2014；Erdem et al. 2015)。(オンラインの「SCIENTISTS SPEAK 4.4：Dr. James Briscoe answers questions on the role of hedgehog signaling during neural tube development」「SCIENTISTS SPEAK 4.5：Dr. Marc Tessier-Lavigne speaks on the role of Hedgehog as a noncanonical axon guidance cue」参照)

Wntファミリー

Wntファミリーは，もともとキイロショウジョウバエ(*Drosophila melanogaster*)の体節形成を研究していた複数の研究グループによって同定された。"Wnt"という名前は，ショウジョウバエのセグメントポラリティー遺伝子である*wingless*と，脊椎動物の相同遺伝子の1つ*integrated*を合体させたものである。ショウジョウバエの*wingless*遺伝子を欠いた変異体では翅が形成されないので，当該遺伝子は"翅なし(wingless)"と名付けられた(Sharma 1973；Babu 1977；Morata and Lawrence 1977；Nüsslein-Volhard and Wieschaus 1980)。Wntはシステインに富んだ糖タンパク質のファミリーで，脊椎動物では少なくとも11種類が遺伝子ファミリーを形成している(Nusse and Varmus 2012)。ヒトでは19種類の*Wnt*遺伝子が同定されている[6]。

種にまたがる膨大な*Wnt*遺伝子の数は，それと同じくらい多くの発生現象において重要であることを主張している。例えば，Wntタンパク質は，昆虫や脊椎動物の肢(脚)の極性の確立，幹細胞の増殖促進，さまざまな組織の軸に沿った細胞運命の制御，哺乳類の泌尿器系の発生などにおいて，重要な役割を果たしている(図4.26)。また，間充織細胞の移動や経路探索軸索の誘導にも関与している。Wntファミリーがすべての現象に関与することを示す最もよい例は，その進化年齢である。*Wnt*関連遺伝子は，現存する後生動物の最も基部にまで存在することがわかっている。Wntファミリーはどのようにして，細胞分裂，細胞運命，細胞誘導などの多様な過程にかかわることができたのであろうか？

Wntの分泌：前処理　Hedgehogの機能タンパク質の形成と同じように，Wntタンパク質は小胞体で合成されて，パルミチン酸とパルミトレイン酸の脂質修飾を受ける。これらの脂質修飾は，*O*-アセチル転移酵素であるPorcupineによって触媒される[7]。*Porcupine*遺伝子が失われると，小胞体でつくられるWntの合成量とともに分泌量が弱まることから，Wntの脂質修飾は細胞膜への輸送に重要であることが指摘されている(van den Heuvel et al. 1993；Kadowaki et al. 1996)。Wntが細胞膜にいったん到達すると，Hedgehogタンパク質と同じメカニズムで分泌される。すなわち，自由拡散か，細胞外小胞で輸送されるか，リポタンパク質粒子に含まれて輸送される(Tang et al. 2012；Saito-Diaz et al. 2013；Solis et al. 2013)。

Wntの分泌：正面玄関からのネガティブフィードバック　分泌された後のWntタンパク質は，細胞外領域においてグリピカン(ヘパラン

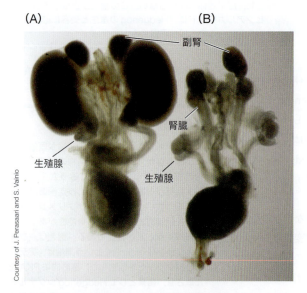

図4.26　Wnt4は，腎臓の発生と雌の性決定に重要である。(A)野生型の雌マウス新生仔の泌尿生殖器原基。(B) Wnt4を標的破壊した雌マウスの新生仔における泌尿生殖器原基。腎臓の発生がみられない。また，卵巣はテストステロンを合成するようになり，改変された雄の生殖腺系に取り囲まれるようになる。

---

[6] Wntタンパク質とWntシグナリング因子の包括的なまとめは以下のページで見ることができる：http://web.stanford.edu/group/nusselab/cgi-bin/wnt/。
[7] ショウジョウバエでは，*porcupine*遺伝子の変異体は体節形成の異常を示し，幼虫においてヤマアラシのトゲのような毛状構造(denticles)を形成する(Perrimon et al. 1989)。Hedgehog(ハリネズミ)の名前の由来と似ていることにお気づきだろうか？　PorcupineはWntのパルミトイル化に特異的に働くのに対して，HedgehogはHhatという別の似た酵素によってパルミトイル化がなされる。

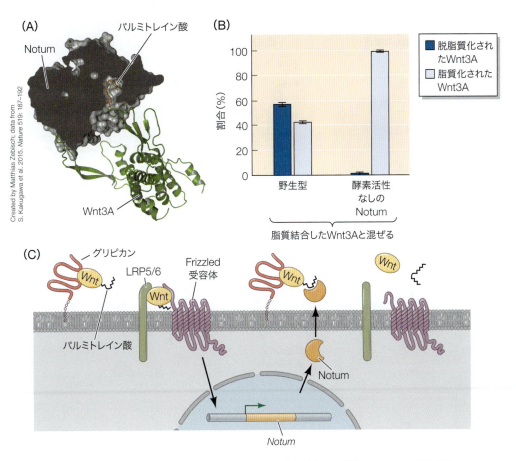

図4.27 WntのNotumとの拮抗。(A) NotumとWnt3Aが一緒に結合した構造。Notumの活性部位がこの断面図において可視化されており，Wnt3Aのパルミトレイン酸部位とぴったり結合していることが示されている。(B) いったん結合すると，Notumは加水分解酵素活性をもち，Wnt3Aからこの脂質を切断することで，Frizzled受容体と相互作用できないようにする。ここに示すデータは，この加水分解活性がWnt3Aの脱脂質化に必要であることを示している。酵素活性がないNotumは，野生型のNotumと比べて，Wnt3Aから脂質基を除去できない（脱脂質化，青色のバー）。(C) Wntの細胞外領域の制御モデル。脂質と結合しているWntは，Frizzled受容体や巨大な膜受容体LPR5/6，グリピカン（ヘパラン硫酸プロテオグリカン）と結合することができる。活性化型のWntシグナリングはNotumの増加を誘導し，Notumが分泌されてグリピカンと相互作用する。そこで，NotumはWntタンパク質のパルミトレイン酸部位と結合して切断する。すなわち，Wntシグナリングが，Notumを介したネガティブフィードバックメカニズムを駆動する。(B, CはS. Kakugawa et al. 2015. *Nature* 519：187-192. © 2015 Nature Publishing Group, a division of Macmillan Publishers Limitedより)

硫酸プロテオグリカンの1種）と結合することによって拡散が抑えられて，産生源に近いところで大部分が蓄積するようになる。Wntが応答細胞のFrizzled受容体に結合すると，細胞はグリピカンと結合する加水分解酵素Notumを分泌する。Notumは，脱アシル化や脱脂質化の過程を通じて，Wntが結合していた脂質分子を切断する(Kakugawa et al. 2015)。この脂質分子はWntがFrizzledと結合するのに重要であるから，Wntシグナリングは減衰される。このプロセスは，過剰なWntシグナリングを抑えるネガティブフィードバックの仕組みである。

　Frizzled受容体はユニークな疎水性の裂け目をもっており，脂質と結合したWnt分子と相互作用するのに適応している。この結合形態は，Notumの構造とも似ている（図4.27A, B）。ショウジョウバエの翅成虫原基でNotumを過剰発現させると，Wnt/Wg標的遺伝子発現が減少する。対照的に，一部の細胞で*Notum*の機能を欠失させると，Wnt標的遺伝子の発現が増大する。興味深いことに，*Notum*遺伝子の発現はWnt応答細胞に

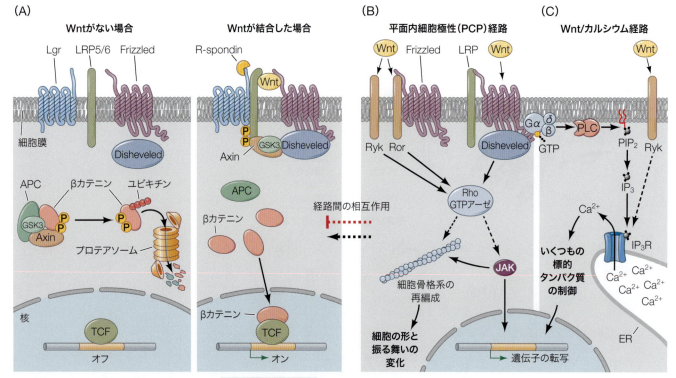

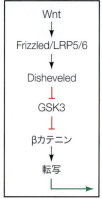

図4.28 Wntシグナル伝達経路。(A)標準または"βカテニン依存的"Wnt経路。Wntタンパク質はその受容体であるFrizzledファミリーに結合する。しばしば、LPR5/6とLgr (Leucine-rich repeat-containing G-protein coupled receptor) との相互作用の組み合わせで結合することもある。Wnt非存在下では、βカテニンはGSK3、APC、Axinを含むタンパク質複合体と相互作用し、βカテニンをプロテアソームで分解する。Wntシグナリング下流の転写エフェクターは、βカテニン転写因子である。一定量のWntタンパク質の存在下では、FrizzledはDishevelledを活性化し、Dishevelledはグリコーゲン合成酵素キナーゼ3 (GSK3) の抑制因子として働くようになる。GSK3が活性化状態にあると、βカテニンはAPCタンパク質から解離できなくなる。つまり、GSK3を阻害することによって、Wntにより遊離したβカテニンはLEFもしくはTCFタンパク質と相互作用できるようになり、転写活性化因子として働くことが可能になる。(B, C)非標準的なβカテニン非依存的Wnt経路は、細胞の形態や分裂、移動を制御する。(B)一群のWntは同様にFrizzledを介してDishevelledを活性化させるが、RacとRhoAなどのRho GTPアーゼを活性化する。これらのGTPアーゼは、細胞骨格系の編成を調節すると同時に、JAK (Janus kinase) を介して遺伝子発現も制御する。(C)第三の経路では、一群のWntはFrizzledとRyk受容体を活性化して滑面小胞体 (ER) からカルシウムイオンを放出させ、カルシウムイオン依存的な遺伝子発現の活性化を促す。(B. MacDonald et al. 2009. *Dev Cell* 17: 9-26より)

おいて亢進されて、ネガティブフィードバックの仕組みが発動する (図4.27C; Kakugawa et al. 2015; Nusse 2015)。しかも、NotumだけがWntがFrizzled受容体と結合するのを抑制するのではなく、多くのアンタゴニストが存在する。例えば、分泌型Frizzled関連タンパク質 (sFRP)、Wnt抑制因子 (Wif)、Dickkopf (Dkk) ファミリーメンバーなどが挙げられる (Niehrs 2006)。つまり、Wntの分泌、グリピカンを介した制御、分泌されるリガンド抑制因子、ネガティブフィードバックのさまざまな仕組みが、Wntリガンドの多様で安定した勾配と応答経路を確立する。

標準Wnt経路 (βカテニン依存的)　最初に同定されたWnt経路は、**標準Wnt/βカテニン経路** (canonical Wnt/β-catenin pathway) であり、シグナル伝達を介してβカテニン転写因子を活性化することにより、特定の遺伝子発現を調節する経路である (図4.28A; Chien et al. 2009; Clevers and Nusse 2012; Nusse 2012; Saito-Diaz et al. 2013)。Wnt/βカテニン経路では、脂質と結合したWntファミリーメンバーが、一対の膜貫通型受容体タンパク質と相互作用する。1つはFrizzledファミリーで、もう1つはLRP5/6と呼ばれる巨大な膜貫通型タンパク質である (Logan and Nusse 2004; MacDonald et al.

2009)。

Wntが存在しない場合，転写共役因子であるβカテニンは，複数のタンパク質（AxinやAPCなど）を含むタンパク質分解装置および**グリコーゲン合成酵素キナーゼ3**（glycogen synthase kinase 3：GSK3）の働きにより，絶え間なく分解されている。GSK3はβカテニンをリン酸化し，プロテアソームに認識させてこれを分解へと追い込むのである。その結果，Wnt応答性の遺伝子は転写因子LEF/TCFによってその発現が抑えられている。

Wntタンパク質が細胞に結合するようになると，FrizzledとLRP5/6受容体と共に複合体を形成する。この相互作用により，LRP5/6はAxinとGSK3の両方と結合し，Frizzledタンパク質はDisheveledと結合するようになる。Frizzled-Disheveled複合体は細胞膜に留まり（Disheveledを介して），βカテニンがGSK3によってリン酸化されることを防ぐ。そして，βカテニンは安定化されて蓄積し，核へと移行する。核内でβカテニンは転写因子LEF/TCFと結合し，Wnt応答性遺伝子の転写抑制因子から転写活性化因子へと転換させる（図4.28A；Cadigan and Nusse 1997；Niehrs 2012）。

ただ，このモデルは間違いなく単純化しすぎであり，実際のところは異なった細胞はそれぞれ異なるやりかたでこの経路を使っている（McEwen and Peifer 2001；Clevers and Nusse 2012；Nusse 2012；Saito-Diaz et al. 2013）。しかしながら，Wnt経路とHedgehog経路の両方でみられる大原則は明らかであろう。すなわち，**経路の活性化は，抑制因子を抑制することによって実現する**という点である。

非標準Wnt経路（βカテニン非依存的）　Wntタンパク質は，核にシグナルを送るだけではなく，細胞質内に変化をもたらし，細胞の機能，形，振る舞いに影響を与えることができる。このようなもう1つの経路，すなわち**非標準経路**は2つのタイプに分けることができる。**平面内細胞極性経路**（planar cell polarity（PCP）pathway）と，**Wnt/カルシウム経路**（Wnt/calcium pathway）である（**図4.28B，C**）。

平面内細胞極性（PCP）経路はアクチンと微小管の細胞骨格系を調節し，細胞の形や，細胞が移動するのに必要な双極性の突起を出す行動などに影響する。ある種のWnt（例えば，Wnt5aやWnt11）は，標準経路とは異なる受容体（LRP5でなくRorと複合体をつくったFrizzled）に結合してDisheveledを活性化（Ror複合体によるリン酸化）し，Rho GTPアーゼとの相互作用を促進する（Grumolato et al. 2010；Green et al. 2014）。Rho GTPアーゼは，俗にいうと細胞の"マスタービルダー（大工の親方）"として知られている。なぜなら，キナーゼや細胞骨格結合タンパク質などのタンパク質群を活性化させて細胞骨格系を再編成することにより，細胞の形と動きを変化させるからである。PCP経路のWntシグナルは，組織の同一空間平面内に沿って細胞の行動を支配するのに重要であり，それゆえに**平面内極性**と呼ばれる。Wnt/PCPシグナリングは，組織の（上部や下部ではなく）同一平面内で分裂するように促し，平面内で動くように指示する（Shulman et al. 1998；Winter et al. 2001；Ciruna et al. 2006；Witte et al. 2010；Sepich et al. 2011；Ho et al. 2012；Habib et al. 2013）。脊椎動物では，胚葉の形成時や原腸形成時の前後軸への伸長において，このPCP経路による細胞分裂と細胞移動の制御が重要な役割を果たしている。

Wnt/カルシウム経路はその名が含意するとおり，細胞内に溜められていたカルシウムイオンの放出を促す。そしてこのカルシウムイオンが重要な**セカンドメッセンジャー**として働き，下流の多くの標的の機能を調節する。この経路では，Wntは受容体タンパク質Rykが単独，あるいはFrizzledと協調する形で結合し，ホスホリパーゼC（PLC）を活性化させる。この酵素活性は，滑面小胞体から間接的にカルシウムイオンを放出させる（図4.28C参照）。放出されたカルシウムイオンは，酵素や転写因子，さらには翻訳因子を活性化させる。ゼブラフィッシュにおいては，Rykが欠損すると，Wntが誘導する内部貯蔵庫からのカルシウムイオン放出が阻害され，結果的に方向性をもった細胞の移動が起きなく

発展問題

Wnt/βカテニン，Wnt/カルシウム，Wnt/PCP経路はどのように異なるのか？　Wntシグナリングを理解するうえで最も重要な問いは，おそらく，各経路でどのような相互作用があるのかを明らかにすることであろう。また，シグナル伝達に関するもっと統合的な理解が必要とされるのだろう。それは，標準的/非標準的なWntシグナル経路間のみならず，すべての傍分泌因子（Wnt，Hedgehog，FGF，BMPなど）の間において，シグナル経路間の相互作用が予測されうるものである。そのような機能的な経路間の相互作用をどのようにして調べればよいだろうか？

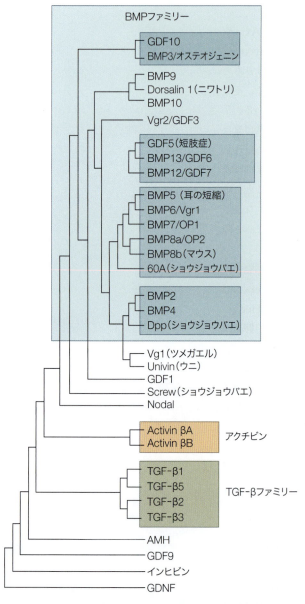

図4.29 TGF-βスーパーファミリーに属する分子の関係。(B. L. M. Hogan. 1996. *Genes Dev* 10：1580-1594；BMP family organization by A. Celeste and V. Rosen, Genetics Institute, Cambridge, MAより)

なる(Lin et al. 2010；Green et al. 2014)。

βカテニン，PCP，そしてカルシウム依存的な3つのWnt経路のどれもが，お互いに異なる主要な機能をもっている。しかしながら，これらの経路間には重要な相互作用があることが多くの実験から示唆されている(van Amerongen and Nusse 2009；Thrasivoulou et al. 2013)。例えば，Wnt5が介するカルシウムシグナリングは，脊椎動物の原腸形成と四肢形成においてWnt/βカテニンに**拮抗す**ることが示されている(Ishitani et al. 2003；Topol et al. 2003；Westfall et al. 2003)。

TGF-βスーパーファミリー

TGF-βスーパーファミリー (TGF-β superfamily) ――TGFは形質転換増殖因子(transforming growth factor)を意味する――は類似の構造をもった30を超える関連分子群から構成されており，それらは発生においてきわめて重要な相互作用を複数制御している(図4.29)。"スーパーファミリー"の称号は，異なるクラスの分子同士がファミリーを構成するときにしばしば用いられる。スーパーファミリーのメンバーはすべてが類似の構造をもっているが，各ファミリー内での分子はその他のファミリーとはそれほど似ていない。

TGF-βスーパーファミリーには，TGF-βファミリー，NodalおよびActivinファミリー，BMPファミリー，Vg1ファミリー，グリア細胞由来神経栄養因子(glial-derived neurotrophic factor：GDNF；これは腎臓および腸管神経の分化に必要な因子である)や，哺乳類の性決定にかかわる傍分泌因子である抗ミュラー管ホルモン(anti-Müllerian hormone：AMH)も含まれる。ここでは，発生過程を通して広く使われる3つのファミリーであるTGF-β, BMP, Nodal/Activinを概説する。

TGF-β TGF-βファミリー (TGF-β family)のうち，TGF-β1, 2, 3, 5は細胞間にある細胞外基質の形成を制御し，細胞分裂を正にも負にも調整するうえで重要な役割を果たしている。TGF-β1は，上皮細胞がつくる細胞外基質の量を増やす。この際，コラーゲンやフィブロネクチンの合成を刺激すると同時に，基質の分解を阻害する。また，TGF-βタンパク質は，腎臓，肺，唾液腺などにおける管形成において，いつどこで上皮が分岐するのかを決めている可能性がある(Daniel 1989；Hardman et al. 1994；Ritvos et al. 1995)。TGF-βファミリーに属する個々の分子は類似の機能をもっているようで，いずれかが欠失しても他のものがそれを代替するので，それらが共に発現しているような場合，個々の分子の役割を見分けるのは難しい。

BMP 骨形成タンパク質ファミリー (BMP family)の傍分泌因子は，その他のTGF-βスーパーファミリーに属する分子と異なり，成熟ポリペプチド鎖は7つ(その他は9つ)の保存されたシステインをもっている。これらはもともと骨形成を誘導する活性を指標に発見されたため，**骨形成タンパク質**(bone morphogenetic protein：BMP)と呼ばれている。しかしながら，骨形成は多様な機能のごく一部にすぎず，BMPはおそろしく多機能である。

BMP分子群は細胞分裂を制御するほか，アポトーシス（プログラム細胞死），細胞移動，分化などの制御にもかかわっている（Hogan 1996）。骨形成タンパク質には，BMP4（ある組織では骨形成を，別の組織では上皮の特定化，また別の組織では細胞増殖と細胞死を誘導）や，BMP7（神経管の極性，腎発生，精子形成に重要）などが含まれる[8]。ショウジョウバエのBMP4相同分子は，脚，翅，生殖器，触角などの付属肢の形成に深くかかわっている。実際，変異体ではそのような付属肢の異常が15か所にみられることから，この相同分子はDecapentaplegic（Dpp）と呼ばれている［訳注：decapentaはラテン語で数字の15を表す］。

BMPは，産生細胞から遠くまで拡散によって作用すると考えられてきた（Ohkawara et al. 2002）。NogginやChordinのような抑制因子がBMPに直接結合することで，BMP受容体との相互作用を減少させる。この形態形成のメカニズムは，両生類の原腸胚の背腹軸の特定化機構を論じるときにさらに詳しく解説する（12.3節参照）。

NODAL/ACTIVIN　タンパク質である**Nodal**と**Activin**は，中胚葉の異なる領域を特定化し，脊椎動物の左右軸を決定するうえで非常に重要な役割を果たしている。左右相称動物の左右非対称性は，胚の右から左へ向かってのNodalの勾配に強い影響を受ける。脊椎動物ではこのNodalの勾配は，可動性の繊毛が波打つことで正中線を跨ぐ形でNodalの流れを促進することによって生み出されているようである（Babu and Roy 2013；Molina et al. 2013；Blum et al. 2014；Su 2014）。

Smad経路　TGF-βスーパーファミリーの分子は，**Smadファミリー**（Smad family）の転写因子群を活性化する[9]（Heldin et al. 1997；Shi and Massagué 2003）。TGF-βリガンドはⅡ型TGF-β受容体に結合し，するとこのⅡ型受容体はⅠ型TGF-β受容体と複合体を形成する。この2つの受容体が複合体をつくると，Ⅱ型受容体がⅠ型受容体のセリンもしくはトレオニンをリン酸化することで活性化する。活性化されたⅠ型受容体は，今度はSmadタンパク質をリン酸化する（**図4.30A**）。この活性化には特異性があって，BMPファミリーはSmad1と5を活性化し，ActivinやNodal，あるいはその他のTGF-βファミリーが結合する受容体はSmad2と3をリン酸化する。これらリン酸化を受けたSmadはSmad4に結合して転写因子複合体を形成し，核内へ移行して遺伝子発現を調節する（**図4.30B**）。

その他の傍分泌因子

ほとんどの傍分泌因子はこれまで述べてきた4つのファミリー（FGF, Hedgehog, Wntファミリー，TGF-βスーパーファミリー）に含まれるが，傍分泌因子のなかには類似のタンパク質がほとんど，もしくはまったくないものもある。上皮増殖因子，肝細胞増殖因子，神経栄養因子，幹細胞因子はこれら4グループには含まれないが，発生においてそれぞれ重要な役割を果たしている。さらに，多くの傍分泌因子が，ほとんど血球系細胞の発生制御のためだけに機能している。例えば，エリスロポエチン，サイトカイン群，インターロイキン群などである。

もう1つの傍分泌因子のグループがネトリン，セマフォリン，Slitファミリーの分子で，細胞や軸索ガイダンスにおいて機能するものとして最初に同定された。ネトリンとその他のガイダンス分子は，今では遺伝子発現も同様に制御することが示されている。これらすべての傍分泌因子の役割を，それぞれがかかわる発生過程の文脈で後ほどみていくことに

8　後に判明したことだが，（不思議なことに）BMP1はBMPファミリー分子ではなくプロテアーゼである。

9　Smadという名前は，このSmadファミリー分子で最初に同定されたメンバーの名前を組み合わせたものである。すなわち，線虫のSMAタンパク質と，ショウジョウバエのMadタンパク質である。

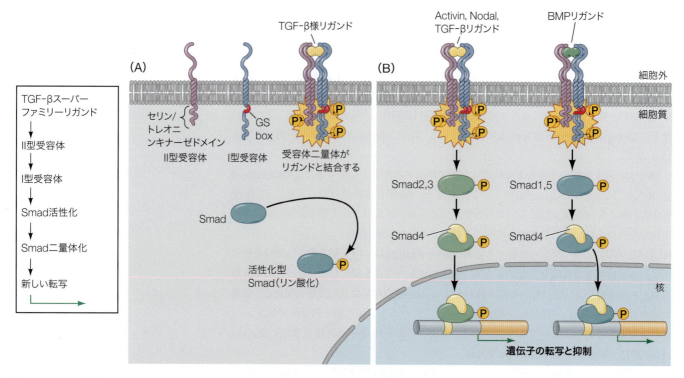

図4.30 Smad経路はTGF-βスーパーファミリーのリガンドによって活性化される。(A)リガンドがⅠ型とⅡ型の受容体に結合することで，活性化複合体が形成される。複合体の形成によって，Ⅱ型の受容体は，Ⅰ型受容体の特定のセリンもしくはトレオニン残基をリン酸化するようになる。リン酸化されたⅠ型受容体は，今度はSmadタンパク質をリン酸化する。GSボックス：セリン-グリシンリピートに富んだドメイン。(B)TGF-βファミリーのタンパク質やActivinファミリーの分子に結合する受容体は，Smad 2と3をリン酸化する。BMPファミリーのタンパク質に結合する受容体は，Smad 1と5をリン酸化する。これらのSmadは，Smad 4と結合して活性型の転写因子を形成する。単純化した経路を図の左に示す。

なるだろう。

さらなる発展

オーキシン：植物のモルフォゲン

　動物と植物の両方において，"成長(growth)"という言葉は**細胞分裂**〔過形成(hyperplasia)〕あるいは**細胞伸長**〔肥大(hypertrophy)〕を意味している。"オーキシン(auxin)"はギリシャ語の"成長させるもの(auxien)"に由来しており，おそらく植物の成長に関して最も研究が行われている植物ホルモンである。Charles Darwin（チャールズ・ダーウィン）は著書『*The Power of Movement in Plants* (1880)』においてそのようなシグナル物質の存在を予想しており，オーキシンと協調して機能する仕組みは長い進化の歴史があり，初期の陸上植物(鮮類と苔類)さらには祖先的な緑藻にまで起源は遡る。オーキシンのなかでも最も主要なものはインドール酢酸(indole acetic acid：IAA)であり，1935年にKenneth Thimann（ケネス・シーマン）とJ. B. Koepfli（J・B・コープフリー）により発見された。ここでは以降，IAAのことをオーキシンとして言及することにする。

　オーキシンは胚発生のほか，頂端-基部軸に沿った細胞運命特定化から，側根の形態形成，いくつかの葉においてみられる鋸歯(ぎざぎざ状の縁)の形成など，植物の形づくりの多くの場面に関与している。オーキシンはパラクリン(傍分泌)様のシグナル分子であり，これまでに述べた動物の成長因子とはやや異なるものの，モルフォゲンとしてのほとんどの要因を満たしている。ここでは，いくつかのオーキシンの鍵となる機能，どのようにしてオーキシンシグナル伝達は機能を果たすのか，オーキシン濃度勾配の形成に利用される独自のメカニズム，について詳しく説明することにする。

　植物体における頂端-基部軸の確立は初期胚発生においてなされ，オーキシンが上

第 4 章　細胞間コミュニケーション　**133**

下軸の確立の大部分に重要な機能を担うことが示されている (Möller and Weijers 2009；Robert et al. 2015；Smit and Weijers 2015；ten Hove et al. 2015；Weijers and Wagner 2016；Jiang et al. 2018)。ほとんどすべての**有胚植物** (embryophyte) (すべての陸上植物と一部の二次的な水性植物) において，頂端-基部軸に沿った形態的な違いは，大きさの異なる非対称な細胞を生み出す接合子の第一分裂により確立される (図 1.10 参照)。頂端側の細胞は胚体へと発生し，8 細胞期，球状胚，心臓型胚と胚発生が進行し，最終的に茎頂および根端分裂組織，胚軸，子葉を形成する。どのようにしてオーキシンは，植物胚の頂端-基部軸に沿った分裂組織，胚軸，子葉を正しい部位に形成することを可能にしているのだろうか。

オーキシンの生合成と分布　オーキシンシグナル伝達の注目すべき側面は，植物体全体にわたりどのようにしてオーキシンが不等分布しているのかという点である。胚におけるオーキシンの分布を可視化するために，オーキシン応答性のプロモーターである *DR5* と *GFP* を連結した *DR5rev : GFP* コンストラクトをもつ遺伝子組換えシロイヌナズナ (*Arabidopsis thaliana*) がつくり出された。この遺伝子組換え植物はオーキシンが活性をもつ部位において GFP を発現することから，胚発生の進行に伴うオーキシン応答を容易に観察することができる (**図 4.31A**)。

オーキシンは単純拡散と能動輸送の両方により細胞間を輸送され，その結果，異なる部位において異なる量のオーキシンが蓄積することとなる。オーキシンは特定の部位 (シンク) において蓄積し，オーキシンの蓄積量が高い部位と低い部位はそれぞれ，オーキシン極大とオーキシン極小と呼ばれる。胚発生過程では，根端分裂組織へと発生する細胞および子葉の先端の細胞においてオーキシン極大が形成される (図 4.31A 参照)。8 細胞期胚および 16 細胞期胚の頂端側の細胞において，YUCCA (YUC) と TRYPTOPHAN AMINOTRANSFERASE OF ARABIDOPSIS1 (TAA1) などの酵素がオーキシンの生合成を担っている (**図 4.31B**)。このことは，オーキシンの主要な供給源は頂端側の細胞であり，シンク (最大のオーキシン応答を示す最も基部側の細胞；図 4.32A 参照) とは正反対に位置することを示している。

堅固な細胞壁をもつため，植物は細胞間コミュニケーションのための精巧な仕組みを進化の過程で発達させてきた。オーキシンの場合，この細胞間コミュニケーションはその大部分を，オーキシンの輸送体として知られる PIN タンパク質の極性をもった配置に依存している (Friml et al. 2003)。PIN タンパク質は複数回膜貫通型タンパク質であり，主として，**細胞外輸送** (efflux transport) と呼ばれる細胞の内側から外側へのオーキシン輸送に機能している (図 4.31B 参照)。ある特定の PIN タンパク質は，基部側の細胞膜上にのみ局在している (Jacobs and Gilbert 1983 Gälweiler et al. 1998；Steinmann et al. 1999；Benková et al. 2003；Friml et al. 2003)。このため，細胞内と細胞間のオーキシン輸送は方向性をもった**極性輸送**であり，植物体の先端から基部側へと輸送される。こうした PIN タンパク質の極性局在が胚 (および成熟した植物体全体) においてオーキシンの輸送方向を決定し，PIN に依存したオーキシンの流れが形態形成において重要であることが示されている。PIN1 タンパク質を欠損するシロイヌナズナの *pin1-1* 変異体では子葉の分離を行うことができないほか，茎頂分裂組織からの新生器官の形成が損なわれている (**図 4.31C**；Liu et al. 1993)。8 細胞期胚においては，PIN タンパク質の極性局在により，頂端細胞から将来の根となる細胞へとオーキシンが輸送される。胚発生の進行に伴いオーキシンが定型的に循環することで，頂端と基部でのオーキシン極大の形成と，両オーキシン極大の間でオーキシンが低濃度になる濃度勾配が形成される (**図 4.31D**；Robert et al. 2013, 2015)。

オーキシンシグナル伝達経路　前項ではオーキシンがどのようにしてモルフォゲンと

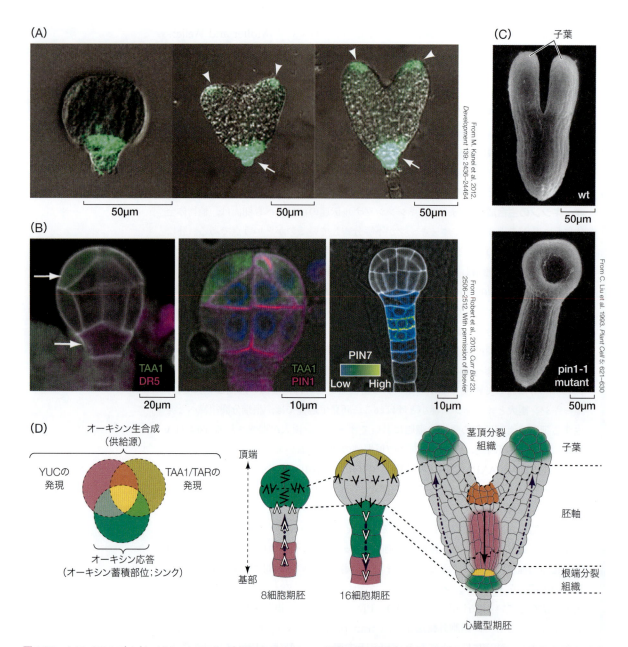

図4.31 シロイヌナズナ（*Arabidopsis thaliana*）胚における頂端-基部軸確立過程のオーキシンシグナル伝達。(A)オーキシン応答遺伝子が高発現する細胞においてGFPが発現するオーキシン応答レポーター*DR5rev:GFP*をもつ，遺伝子組換えシロイヌナズナ。初期胚発生を通じて，これら遺伝子は子葉の先端の細胞（矢じり）と根端分裂組織の細胞（矢印）において強く発現している。(B) 8細胞期胚の最も頂端側の細胞において，TAA1（1枚目の写真，緑色）のような酵素がオーキシンを合成する。その後，PIN1（2枚目の写真，マゼンタ）やPIN7（3枚目の写真，青/緑色）などのPINオーキシン排出キャリアによって，オーキシンは根端分裂組織の前駆細胞（1枚目の写真，マゼンタ）へと輸送される。(C) PIN1の欠損で2枚の子葉の分離に異常が生じる。(D)ソース（供給源）からシンクへのオーキシン輸送のモデル図。YUCとTAA1/TAR酵素はオーキシンの生合成にかかわる。図中の色は，これらの酵素の遺伝子およびオーキシン応答遺伝子が発現する部位を示している。黒色と白色の矢じりはそれぞれ，PIN1およびPIN7によるオーキシン輸送の方向を示している。紫色の波線矢印は，全体でのオーキシンの流れを示している。(DはH. S. Robert et al. 2015. *J Exp Bot* 66: 5029–5042. © 2015 Oxford University Pressより)

して機能するのか，すなわち植物の頂端細胞で合成され，基部側の細胞へと輸送され，両端においてオーキシン極大を形成する，ということを説明した（図4.32A）。では，オーキシンが胚の内部を下部へと輸送された結果，どのようにしてオーキシンは遺伝子発現に影響を与えるのだろうか。

オーキシンは，オーキシン依存的に転写の抑制を解除することで，細胞運命の決定

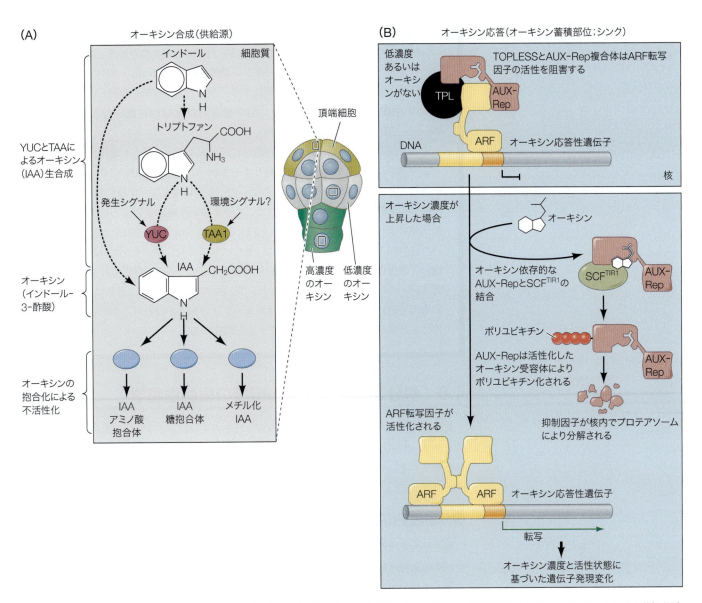

図4.32 オーキシンシグナル伝達：オーキシンの合成と細胞応答。(A)16細胞期胚の頂端細胞（金色）の細胞質でのオーキシン生合成と抱合化による不活性化。(B)オーキシン濃度が低い場合（灰色の細胞），核の内部でARFは抑制因子AUX-Rep（AUX/IAA）と結合し，TOPLESS（TPL）と複合体を形成している。一方，オーキシンの濃度が高い細胞（緑色の細胞）では，オーキシンがAUX-Repとユビキチンリガーゼ複合体(SCF^{TIR1})の結合を仲介し，AUX-Repのユビキチン化とプロテアソームによる分解を誘導する。その結果，ARFは抑制から解除され，オーキシン応答性遺伝子の発現が誘導される。(AはD. Weijers and J. Friml. 2009. *Cell* 136:1172. © 2009 Elsevier Inc. より；BはL. Taiz et al. *Plant Physiology and Development*, 6th edition. Sinauer Associates: Sunderland, MAより)

にかかわる遺伝子の発現に重要な役割を果たしている。オーキシンシグナル伝達経路の下流で機能するタンパク質はAUXIN RESPONSE FACTOR（ARF）であり，オーキシンに駆動される細胞運命プログラムに関与する遺伝子の発現を活性化する転写因子である（図4.32B；Roosjen et al. 2018)[10]。**オーキシン濃度が低い場合，AUX/IAA**（この名前はオーキシンそのものと名前が似ており紛らわしいので，簡略化のため以降はAUX-Repと呼ぶことにする）と呼ばれるオーキシン応答抑制タンパク質がARF

---

10 多数のARFが存在しており，述べたように遺伝子発現を促進するARFが存在する一方で，大半のARFは転写抑制因子として機能すると考えられている。これにより，細胞は多様なオーキシン応答が可能になる。

に結合することで，ARFの機能は阻害される。AUX-RepがARFに結合した場合には，転写のコリプレッサーであるTOPLESS（TPL）と複合体を形成し，オーキシン依存的な遺伝子発現を抑制する。**オーキシン濃度が高い場合**には，AUX-Repの分解を促進することで，ARFを抑制から解除する。すなわち，抑制の抑制という二重の抑制によりARFは抑制から解放され，ARF依存的な転写が可能になる（Weijers and Wagner 2016；Roosjen et al. 2018）。

　ここで説明したことは非常に簡略化されたオーキシンシグナル伝達であり，実際にはより複雑なオーキシン活性の発現とオーキシンの濃度勾配が形成されるということを理解することが重要である。例えば，オーキシンはタンパク質に結合することで，可逆的に隔離・不活性化される。また，オーキシンの輸送はPINとは異なるクラスの輸送体によっても影響を受ける（図4.32A参照；Jiang et al. 2018）。動物の項目で述べた古典的なモルフォゲンのように，植物においても，オーキシンの濃度が異なると遺伝子発現の変動が生じ，細胞運命に影響するということが提唱されている。非常に興味深い点は，動物と植物は非常に長い間，独立に進化を遂げてきたにもかかわらず，阻害因子の負の抑制によってオーキシンシグナル伝達が行われる点であり，これは動物におけるHedgehogとWntシグナルと同様である。

4.8　傍分泌因子シグナル伝達の細胞生物学

　傍分泌因子シグナルが発生に影響を及ぼす仕組みとは，シグナル分子の提示，分泌，受容をサポートするために働く細胞の機能である。それらはどのようなメカニズムなのであろうか？　そして，どのようにして形態形成パターンの膨大な多様性を生み出すのであろうか？

傍分泌因子の拡散

　傍分泌因子は細胞外の空隙を漂っているわけではない。むしろこれらの因子は，細胞膜や組織の細胞外基質によってつなぎ止められている。場合によってはそのような相互作用によって傍分泌因子（モルフォゲン）の拡散が抑制され，さらには分解されることもある（Capurro et al. 2008；Schwank et al. 2011）。例えば，Wntタンパク質の場合，他のタンパク質の助けがないと，産生細胞からあまり遠くには拡散していかない。したがって，Wntに結合して標的組織への早期の結合を防ぐようなタンパク質を周囲の細胞が分泌しているような場合，Wnt因子の拡散範囲は著しく拡大する。

　近年，細胞外基質にあるヘパラン硫酸プロテオグリカン（heparan sulfate proteogly-can：HSPG）やグリピカンのような糖タンパク質複合体が，FGFやBMP，そしてWntタンパク質の安定性，受容，拡散率，濃度勾配を調節することが示唆されている（Akiyama et al. 2008；Yan and Lin 2009；Berendsen et al. 2011；Christian 2011；Müller and Schier 2011；Nahmad and Lander 2011；McGough et al. 2020）。ショウジョウバエではWntファミリーであるWinglessが，脂質修飾（パルミトレイン酸部位）を受けることによって疎水性かつ難溶性となっている。そうだとすると，この傍分泌因子はどのようにして細胞外基質の水環境のなかを長距離移動できるのであろうか？　ショウジョウバエの成虫原基では，Dally-likeタンパク質がHSPGと共にWinglessのパルミトレイン酸部位をしっかり掴むようにして，細胞間の水環境から疎水性残基を効率的に覆い隠すことで，細胞から細胞へのWinglessの輸送を促進している（図4.33；Grobe and Guerrero 2020；McGough et al. 2020）。

第4章 細胞間コミュニケーション | 137

(A) GFP発現のない領域が，*dally-like protein*（*dlp*）の機能を欠いた細胞クローン集団を表す

Wingless（Wnt）タンパク質の分布

(B) Dally-likeタンパク質が *patched* 発現帯で縦方向に異所的に発現している場合

脂質分子と結合した野生型の Wingless-GFP発現の分布

脂質と結合してない変異型の Wingless-GFP発現の分布

GFP-Wg

GFP-Wg

図4.33 Wntの拡散は，他の細胞外タンパク質によって影響を受ける。(A)ショウジョウバエの翅成虫原基で将来翅になる領域内の前側から後ろ側にかけて，Wingless（Wg；Wnt傍分泌因子の1つ）が背側・腹側の両方向へ拡散する。Wgタンパク質は，パネル上部では紫色で，下部ではグレースケールで示されている。上パネルでGFPを発現するのは野生型細胞で，GFPシグナルを欠いている細胞はグリピカン *dally-like protein*（*dlp*）の機能も欠く。*dlp* がないとWgの発現は減少する（白矢じり）ことから，DlpグリピカンがWgの長距離分泌に必要であることが示唆される。(B) Dlpを通常は *patched* を発現している前後軸境界の細胞（黄色線）で異所的に発現させたところ，Wg-GFPはDlpを発現する細胞群に向かって運ばれるようになる（左パネル）。しかし，この *patched* 発現帯へとリクルートされるWg-GFPは，Wg自身のパルミトレイン酸化を必要とする（右パネルで背腹軸方向へのWg発現帯が減少していることに注意）。(C)脂質分子に結合したWgに結合するDlpとヘパラン硫酸プロテオグリカンのモデル。Wgは，Dlpの分子から分子へと受け渡されて，各細胞の細胞膜上や細胞間を長距離移動する。（CはK. Grobe and I. Guerrero, 2020. *Dev Cell* 54：572-573より）

(C)

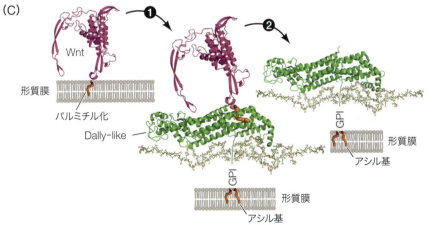

さらなる発展

FGFの分泌を形づくるさまざまな方法　FGFの分泌は，HSPGが傍分泌因子の拡散に影響することができる方法を示す包括的な例であろう。細胞は，FGFを細胞外基質中に分泌する。そこでFGFがたくさんのHSPGと相互作用することによって，FGFの拡散とFGF受容体との結合の両方が変化するのである。

多くのプロテオグリカンと同様に，HSPGは糖分子——グルコサミノグリカン——の側鎖をもっている。側鎖は長さもタイプも多岐にわたり，HSPG-FGF間の相互作用を異なる形に変化させ，FGFの勾配の形も変化させる。特にFgf8のモルフォゲン勾配は，ソース-シンク(source-sink)モデル〔別名"分泌-拡散-除去(secretion-diffusion-clearance)"メカニズム；Yu et al. 2009〕で構築されると考えられている。このモデルでは，Fgf8を分泌する細胞がモルフォゲンの源〔ソース(source)〕である。応答細胞がシンクの役割であり，リガンドと結合したり，細胞内部に取り込んだり，タンパク質を分解することによってFgf8を除去する(Balasubramanian and Zhang 2015)。Michael Brand（マイケル・ブランド）の研究室では，ゼブラフィッシュの原腸胚を用いてFgf8とGFPの融合タンパク質をコードするmRNAを発現する細胞群を顕微注入することによって，このモデルの検証実験を行った(Bökel and Brand 2013)。この実験では，蛍光のパターンによって，注入した細胞群から離れた距離にある細胞外領域に存在するFgf8の量を定量することができる(**図4.34A, B**)。そして研究者らは，さまざまな条件下で蛍光標識Fgf8の濃度勾配を可視化して，その変化を調べた(**図4.34C**)。その結果，リガンドの自由拡散が最も長い距離を移動することがわかった。HSPG繊維に沿った"方向性のある拡散"は，数細胞の距離にわたっては早かった。密度の高いHSPGの網目上で閉じ込められたFgf8クラスターの拡散は，著しく限局された。そして，受容細胞でのFgf8-FGF受容体複合体のエンドサイトーシスによる取り込みとリソソーム経路での分解も限定された(Yu et al. 2009；Bökel and Brand 2013)。すなわち，標的組織は受け身ではなく，拡散を促進したり，遅らせたり，傍分泌因子を分解することができる。(オンラインの「FURTHER DEVELOPMENT 4.8: Endosome Internalization：Morphogen Gradients Can Be Created by Literally Passing from One Cell to Another」参照)

シグナル産生源としての局所的な膜の突起

これまで私たちは，短距離・長距離の細胞間コミュニケーションのために分泌される増殖因子の役割について学んできた。しかし，細胞が分泌なしにシグナルを出す仕組みはないのだろうか？　もし，そのような仕組みがあるのなら，産生細胞そのものが物理的に到達してシグナルを提示しないといけない。ここでは，動的な膜の伸長がどのようにして細胞間コミュニケーションを促進し，長距離の勾配さえも形成することができるのか，2つのタイプの可能性に着目してみよう。

糸状仮足サイトニーム　私たちが考えてきた細胞外基質のなかを通過する拡散性の傍分泌因子が，実際には細胞から細胞へとシナプスのような接続で受け渡されていたらどうだろうか？　**サイトニーム**(cytoneme)と呼ばれる特殊化した糸状仮足の突起物が伸長して，シグナル産生細胞や標的細胞から100ミクロン以上もの長距離にまで到達し，2者間をつなぐ長い膜の導管のような構造が存在することが実際に証拠として挙げられている(Roy and Kornberg 2015)。このモデルでは，リガンド-受容体の結合は，標的細胞から伸長したサイトニームの先端で最初に起こる。その先端は，産生細胞の細胞膜に近接して配置さ

第4章 細胞間コミュニケーション | 139

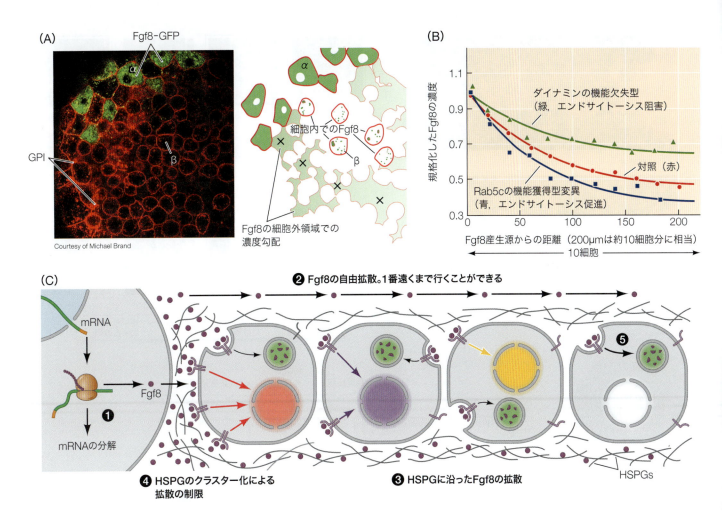

図4.34 Fgf8の濃度勾配。(A)ゼブラフィッシュの胚に、Fgf8-GFP（緑色）とmRFP-グリコシルホスファチジルイノシトール（GPI；赤色）をコードするmRNAを注入し、それぞれFgf8の発現と細胞膜を可視化した。共焦点顕微鏡画像では、ゼブラフィッシュ原腸胚においてFgf8タンパク質がGFP標識細胞で産生されて、そこから分泌されて非標識細胞に取り込まれていることがわかる。右側には、共焦点画像でみられた細胞のいくつかとFgf8の分布を模式的に描いている（α細胞とβ細胞を比較）。Fgf8は、細胞外基質と取り込まれた受容細胞において濃度勾配を形成している。(B)パネルAの模式図で"X"で標識した各地点における、Fgf8タンパク質の定量。エンドサイトーシスを操作して、受容細胞でのFgf8の取り込みを操作したところ、Fgf8の分泌範囲が予想通りに変化した。ダイナミンの機能を抑制してエンドサイトーシスを抑制したところ、Fgf8の勾配は浅く、長距離にわたった。それに対して、エンドサイトーシス調節分子Rab5cを過剰発現させてエンドサイトーシスを増やしたところ、Fgf8の勾配は急で短くなった。(C) Fgf8の勾配をつくるのに重要な5つのメカニズム。(1) Fgf8遺伝子の転写速度とfgf8 mRNAの分解速度の違いが、産生細胞から分泌されるFgf8タンパク質の量に影響する。いったん分泌されると、分泌されたFgf8は、(2)自由拡散するか、(3) HSPG繊維に沿って速やかに運ばれて方向性をもって拡散する。(4)一方、HSPGが密集した領域はFgf8の拡散を限定的に制限する。(5) Fgf8-FGF受容体複合体はエンドサイトーシスによって取り込まれ、リソソームで分解される。まとめると、これら異なるメカニズムがここに示されたようなFgf8の勾配を形成し、個々の細胞で異なる応答を引き起こす。Fgf8シグナリングのさまざまな濃度を経験した各細胞は、それぞれ核の色を違えることによって図中で表現されている。(BはS. R. Yu et al. 2009. Nature 461: 533-536. © 2009 Macmillan Publishers Limitedより；CはC. Bökel and M. Brand. 2013. Curr Opin Genet Dev 23: 415-422 and R. Balasubramanian and X. Zhang. 2015. Semin Cell Dev Biol 53: 94-100より)

れる。それからリガンド-受容体複合体はサイトニームをくだって輸送され、標的細胞の細胞体にまで運ばれる。

　サイトニームを介したモルフォゲンシグナリングは、Thomas Kornberg（トーマス・コーンバーグ）の研究室においてショウジョウバエの気嚢と翅原基の発生過程を研究していたところで見出された（Roy et al. 2011）。気嚢原基（air sac primordium：ASP）と呼ばれる細胞群が、翅原基内のDpp（BMPホモログ）とFGFの濃度勾配に応答して翅原基の基部側表面に沿って発達する（図4.35A、B）。Kornbergらは、ASP細胞がDppとFGFの発現細胞に向かってサイトニームを伸長させることを発見した。そしてそれらのサイトニームは、これらモルフォゲンの受容体（1つのサイトニームに対して1つの受容体）を含

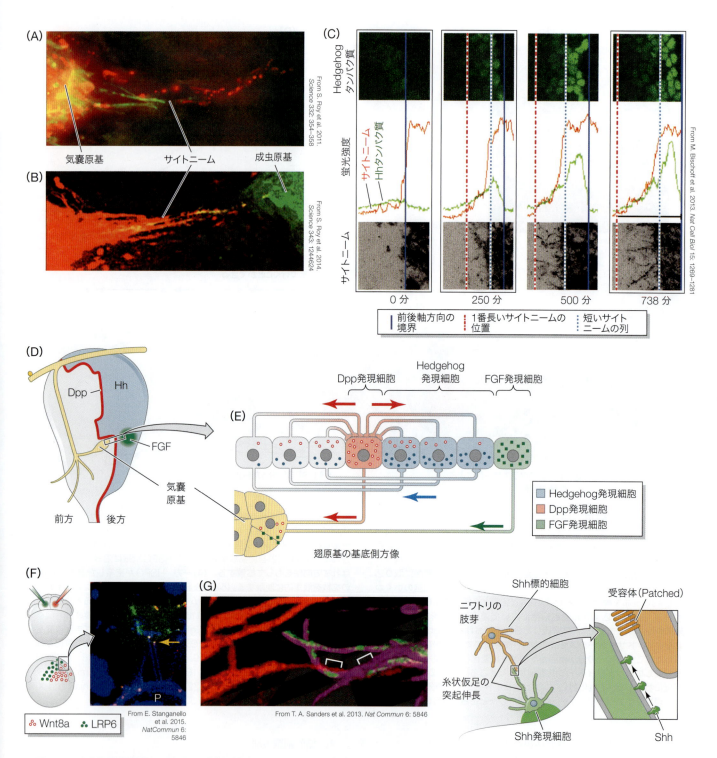

図4.35 糸状仮足が輸送するモルフォゲン。(A)ショウジョウバエの気囊原基 (air sac primordium：ASP) から翅成虫原基の上皮に向かって伸長するサイトニーム。サイトニームが翅原基で産生された FGF（緑）と Dpp（赤）のモルフォゲンをのせて，ASP の細胞体へと戻る。(B)輸送された Dpp 受容体は，翅原基で産生された Dpp と結合し，そのサイトニームによって ASP へと輸送されて戻される。(C)ショウジョウバエの翅原基におけるサイトニームシステムは，糸状突起の伸長するコース（下パネルの黒の突起と中央の赤のプロット）に従って Hedgehog (Hh) タンパク質の勾配を形成することができる（上部パネル緑と中央の緑のプロット）。(D)ショウジョウバエの翅成虫原基は気管細胞 (ASP) と相互作用する。Hh 発現細胞（青），Dpp 発現細胞（赤），FGF 発現細胞（緑）。(E) D のボックス領域の拡大図の断面。ASP からのサイトニーム伸長と翅原基の細胞間のサイトニームが図示され，産生されたモルフォゲンがサイトニームに沿って運ばれる様子が図示されている（矢印）。(F) Wnt8a（赤）とその受容体 LPR6（緑）がゼブラフィッシュ胚の初期に2つの異なる細胞に注入された。それらの細胞を原腸胚期の生細胞で追跡したところ，産生細胞 (P) から伸長した糸状仮足の先端において Wnt8a と LRP6 受容体の相互作用が検出された（黄矢印）。(G)ニワトリ肢芽での報告によれば，長くて細い糸状仮足の突起が，後方領域の Sonic hedgehog 産生細胞（左写真の紫色の細胞と緑の Shh タンパク質）と，前方の肢芽の標的細胞（赤色）の両方から伸長する。これらの相対する糸状仮足が直接相互作用することにより（左写真の括弧），その場所で Shh と受容体 (Patched) が結合していると考えられている（右の模式図）。

んでいた。さらに，Dpp は ASP 細胞上の受容体に結合し，サイトニームに沿って細胞体のほうに運ばれることが記載された。翅原基の前後軸方向のパターン形成を担う Hedge-hog シグナルの濃度勾配も，サイトニームの形成を介して実現されているようである（図4.35C）。翅原基の後方の細胞由来の Hedgehog は，翅原基前側の細胞の基底側方から，Hedgehog 産生細胞（翅原基後方）に向かって伸長するサイトニームによって運ばれている（図4.35D，E；Bischoff et al. 2013）。

脊椎動物のサイトニーム　近年の研究から，脊椎動物においてもサイトニームが使われていることが報告されている。Michael Brand らと Steffen Scholpp（ステファン・ショルプ）らの最近の研究では，原腸形成している細胞において，モルフォゲンである Wnt8a がサイトニームによく似た細胞突起に沿って運ばれていることが示された。この際には，シグナル産生細胞がサイトニームを伸長させて，Wnt8a を標的細胞へと運んでいる（図4.35F；Luz et al. 2014；Stanganello et al. 2015）。サイトニームに似た相互作用は，モルフォゲンシグナリングの古典的な例，すなわちオタマジャクシの肢芽形成の前後軸に沿った特定化機構においても考えられてきた。肢芽における後方から前方への Sonic hedgehog（Shh）の濃度勾配は，指の正確なパターンを規定する（第21章参照）。ニワトリの肢芽においては，Shh 発現細胞と前方の標的細胞の両方が糸状仮足の突起を互いの方向に伸長させて，Shh 受容体（Patched）が局在する場所で接触することが報告されている（図4.35G；Sanders et al. 2013）。

一次繊毛　多くの場合，傍分泌因子の受容は細胞膜全体で均一ではない。むしろ，受容体は非対称に集まっている。例えば，脊椎動物の細胞での Hedgehog タンパク質の受容は，一次繊毛（primary cilium）上で起こる。これは微小管で形成された細胞膜の集中的な伸長である（図4.36A；Huangfu et al. 2003；Goetz and Anderson 2010）。一次繊毛と，気道や原腸形成胚の結節領域に配列している可動性の繊毛を混同してはいけない。一次繊毛は可動性の繊毛よりもっと短く，ヒトの疾患の多くにおける重要性が示されるまではほとんど気づかれていなかった。実際に，これらの繊毛不全症（Bardet-Biedl 症候群のような）のなかには，からだの多くの場所に影響する場合があり，おそらく Hedgehog シグナリングに対して間接的に影響するためであろうと考えられている（Nachury 2014）。刺激がないときには，Hedgehog 受容体である Patched タンパク質は一次繊毛上に存在している（図4.24参照）。一方，Smoothened タンパク質は繊毛に近い細胞膜上に存在しており，その一部はエンドソームに取り込まれて分解されている。Patched は Smoothened の機能を抑えて一次繊毛に入らないようにしている（Milenkovic et al. 2009；Wang et al. 2009）。しかし Hedgehog が Patched に結合したとき，Smoothened は一次繊毛の膜に入ることが許される。そこで Gli 転写因子の抑制因子であるプロテインキナーゼ A（PKA）と SuFu タンパク質を抑える（図4.36B）。一次繊毛の微小管は，Patched と Smoothened を運ぶモータータンパク質の足場となる。そして同様に，活性化された Gli タンパク質も運ぶ。したがって，一次繊毛の形成を阻害する変異や輸送メカニズムを阻害する変異では，Hedgehog シグナリングも抑えられてしまう（図4.24参照；Mukhopadhyay and Rohatgi 2014）。

4.9　細胞の個性を決める接触分泌シグナリング

接触分泌相互作用においては，誘導細胞上のタンパク質が拡散することなく，隣接する応答細胞上の受容体タンパク質と相互作用する（図4.1参照）。最もよく利用されている3つの接触分泌因子ファミリーは，（1）**Notch タンパク質**（Notch protein；Delta を代表とするリガンドタンパク質ファミリーと結合する），（2）カドヘリンなどの細胞接着分子，そ

発展問題

サイトニームは，傍分泌シグナリングと接触分泌シグナリングの境界を曖昧にする。これまで傍分泌因子だと考えられていたすべての分子が，細胞外基質内に拡散されているのではなく，本当は糸状仮足のサイトニームの突起による接触だけで分布されていたのではないか？　この問いは発生生物学者の間でも議論される機会が多くなっている。あなたはどちら派？　拡散派？　それとも"サイトニームイスト"？　両方のメカニズムが共存するのか，あるいは両方が発生上で必要な理由があるのかもしれない。

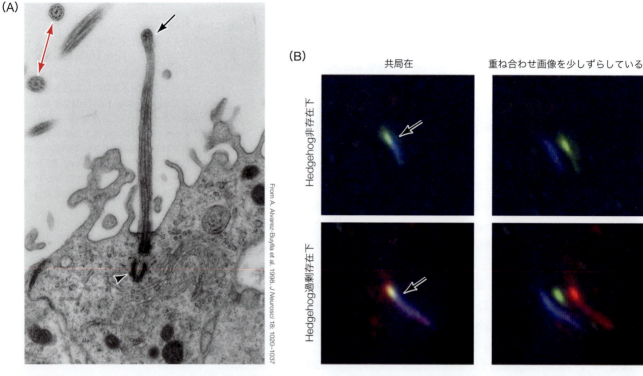

図4.36 Hedgehog受容にかかわる一次繊毛。(A)哺乳類成体の脳の神経幹細胞"B細胞"における一次繊毛(黒矢印)の縦方向断面を示す透過型電子顕微鏡像(5.4節参照)。この繊毛の基部にある基底小体を成す中心小体を黒矢じりで示す。この一次繊毛の微小管は，8+0構造を形成する。他のタイプの繊毛，例えば運動性の繊毛は典型的には9+2構造である。9+2構造は写真左上の赤矢印で示された横断面にて観察される。(B) Hedgehogシグナル経路の活性化には，Smoothenedが一次繊毛に運ばれることが必要である。ここに示すのは培養下の繊維芽細胞の一次繊毛で，アセチル化チューブリンに対する抗体染色シグナルによって標識されている(青，矢印)。薬剤SAGでHedgehogシグナリングを過剰活性化させることによって，繊毛タンパク質であるEvc(緑)はSmoothened(赤)と共局在する。パネル左は3色の重ね画像であり，共局在していることがわかる。パネル右は個々のマーカーが見えるように少しずつずらした像を示しているので，左右の画像を見比べてみてほしい。一次繊毛におけるEvc-Smoothened複合体は，Gli全長分子のシグナリングを誘導する。

して(3) **Eph受容体**(eph receptor)と**エフリンリガンド**(ephrin ligand)である。ある細胞が発現するエフリンが，隣接する細胞のEph受容体に結合すると，シグナルは両方向に伝えられる(Davy et al. 2004；Davy and Soriano 2005)。これらのシグナルは誘引シグナルであったり反発シグナルであったりするが，一般的にエフリンは細胞がどこに移動するか，もしくはどこに境界ができるのかといった状況でよく使われている。後のPart IVにおいて，エフリンとEph受容体が血管形成，神経発生，体節形成で機能している例を詳しくみていくが，まずはNotchタンパク質とそのリガンドに注目してみよう。

Notch経路：形態形成を制御する接触リガンドと受容体

　誘導を制御する既知の因子のほとんどが分泌性タンパク質であるが，誘導タンパク質のなかには誘導細胞の表面に結合したままのものもある。その1つに，細胞表面のDelta，Jagged，もしくはSerrateといったリガンドが，Notchを発現している隣接細胞を活性化する経路がある(Artavanis-Tsakonas and Muskavitch 2010参照)。Notchは細胞膜を貫通して外側に飛び出ており，その細胞外領域は隣の細胞から伸び出たDelta，Jagged，Serrateと接触する。これらのリガンドと複合体を形成すると，Notchは立体構造の変化を起こし，細胞質ドメインの一部がタンパク質切断酵素であるプレセニリン1によって切断を受ける。切断された部分は核へと移行し，不活性状態のCSLファミリーの転写因子［訳注：CBF1/RBP-Jκ/Suppressor of hairless/LAG-1などの転写因子が属する分子ファミリー］と結合する。Notchと結合すると，CSL転写因子は標的遺伝子を活性化する

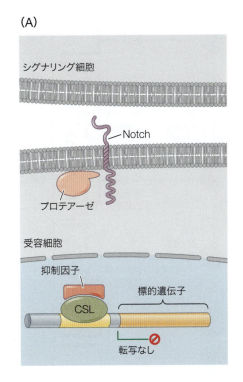
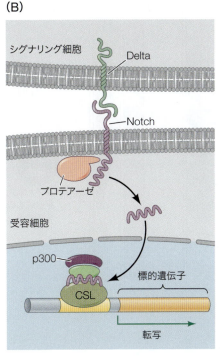

図4.37 Notchが働く機構。(A) Notchのシグナルが入る前には，CSL転写因子（Suppressor of hairlessやCBF1）は，Notchによって制御される遺伝子のエンハンサーに乗っている。CSLは転写抑制因子と結合している。(B) Notch活性化のモデル。細胞表面のリガンド（Delta, Jagged，もしくはSerrateタンパク質）が，隣接する細胞上にあるNotchの細胞外ドメインと結合する。この結合により，Notchの細胞内ドメインの構造変化が起き，プロテアーゼが活性化される。このプロテアーゼはNotchを切断し，Notchの細胞質領域は核に移行して転写因子CSLに結合する。Notchの細胞内領域は転写抑制因子を押しのけて，ヒストンアセチル基転移酵素であるp300などの転写活性化因子と結合する。活性化されたCSLは，標的遺伝子の転写を誘導することができるようになる。(AはK. Blaschuk and C. ffrench-Constant. 1998. *Curr Biol* 8：R334-R337より；BはE. H. Schroeter et al. 1998. *Nature* 393：382-386より）

ようになるが（図4.37；Lecourtois and Schweisguth 1998；Schroeder et al. 1998；Struhl and Adachi 1998），この活性化にはヒストンアセチル基転移酵素のリクルートにかかわっていると考えられている（Wallberg et al. 2002）。こうしてみると，Notch（というよりもその一部の細胞質領域）は，細胞膜に繋留された転写因子と考えることもできる。細胞膜への繋留がはずれると，核へと移行する（Kopan 2002）。

　Notchタンパク質は，脊椎動物のさまざまな器官（例えば，腎臓，膵臓，心臓）の形成に関与しており，神経系においても非常に重要な受容体である。脊椎動物においてもショウジョウバエにおいても，神経系でDeltaがNotchに結合すると，シグナルを受けた細胞は神経系にならないような指令を受ける（Chitnis et al. 1995；Wang et al. 1998）。脊椎動物の眼では，Notchとそのリガンドの相互作用によって，どの細胞が視神経になり，どの細胞がグリア細胞になるかが決められている（Dorsky et al. 1997；Wang et al. 1998）。（オンラインの「FURTHER DEVELOPMENT 4.9：Notch Mutations」参照）

協調的な傍分泌と接触分泌：線虫の産卵口形成

　誘導は細胞と細胞の間で起こるという最もよい例の1つが，線虫*Caenorhabditis elegans*の産卵口の形成である。驚くことに，同じシグナル伝達経路がショウジョウバエの光受容体の形成でも用いられていることが明らかとなった。標的の転写因子が異なるというだけである。どちらの場合でも，上皮増殖因子様の誘導体が受容体型チロシンキナーゼ経路（RTK経路）を活性化して（図4.18参照），Notch-Deltaシグナリングを差次的に制御する。

　大部分の*C. elegans*は雌雄同体である。発生初期では彼らは雄であり，精子を産生して後で使うために貯めておく。やがて年老いると共に卵巣を発達させる。卵は貯精嚢領域へ"転がって"いき，線虫の内部で受精する。そして産卵口から体外に放出される（9.4節参照；Barkoulas et al. 2013）。産卵口の形成は，幼虫期に6つの**産卵口前駆細胞**（vulval precursor cell：VPC）から生じる。上方に位置する生殖巣と産卵口前駆細胞を接続する細胞は，**アンカー細胞**（anchor cell：AC）と呼ばれる（図4.38）。ACは，LIN-3〔哺乳類の

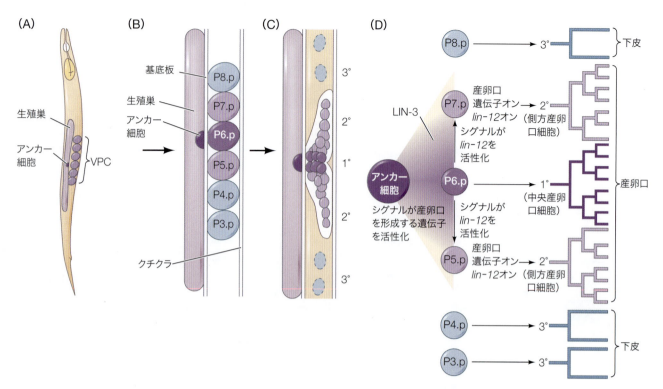

図4.38 線虫 C. elegans の産卵口前駆細胞（VPC）とその子孫細胞。(A) 2齢幼虫における生殖巣，アンカー細胞，VPCの位置。(B, C) アンカー細胞と6個のVPC細胞との関係と，それらの細胞系譜。第一の系譜(1°)は中央産卵口細胞になる。第二の系譜(2°)は側方産卵口細胞を形成する。第三の系譜(3°)は下皮細胞をつくる。(C) 4齢幼虫における産卵口の外観。丸は核の位置を表す。(D) C. elegans における産卵口細胞系譜の決定のモデル。アンカー細胞からのLIN-3シグナルによって，P6.p細胞は中央産卵口細胞の系譜をつくるような決定を受ける（濃い紫色）。より低濃度のLIN-3は，P5.pとP7.p細胞に側方産卵口細胞をつくらせる。P6.p細胞（中央産卵口細胞の系譜）は，短い距離で作用する接触分泌因子を分泌し，隣接細胞のLIN-12（Notchタンパク質）を活性化させる。このシグナルは，P5.pとP7.p細胞が第一の細胞系譜，中央産卵口細胞の系譜をとることを防ぐ。(W. S. Katz and P. W. Sternberg. 1996. *Semin Cell Dev Biol* 7：175-183. © 1996. Published by Elsevier Inc. より)

上皮増殖因子（epidermal growth factor：EGF）に似た傍分泌因子〕を分泌し，RTK経路が活性化される（Hill and Sternberg 1992）。ACが壊される，または*lin-3*遺伝子に変異が入ると，VPCは産卵口を形成しなくなり，その代わりに下皮や表皮になる（Kimble 1981）。

6つの産卵口前駆細胞は，**同等群**（equivalence group）を形成している。それぞれのメンバーが，アンカー細胞によって誘導されるようになる能力をもっていて，ACまでの距離に応じて3つの運命のどれかになる。ACから分泌されるLIN-3が濃度勾配を形成し，ACの真下にあるVPC（P6.p細胞）は最も高い濃度のLIN3を受け取り，中央産卵口細胞になる。中央細胞に隣接する2つの細胞（P5.pとP7.p）は，やや低い量のLIN-3を受け取って側方産卵口細胞になる。ACから最も離れている3つのVPCは効果を得るのに十分なLIN-3を受け取らずに，下皮になる（Katz et al. 1995）。

もし，ACが破壊されると，同等な6つの細胞すべてが1度分裂し，下皮組織になる。もし中央部分の3つのVPCが破壊されると，通常は下皮になる予定の外側の3つの細胞が，代わりに産卵口細胞を形成する。

Notch-Deltaと側方抑制 上記では，線虫の産卵口を形成する同等な細胞群がEGF様のLIN-3シグナルを受容することを述べた。しかしながら，この誘導が始まる前には，アンカー細胞が形成される初期の相互作用がある。ACの形成には*lin-12*という*Notch*遺伝子の線虫ホモログが関与する。野生型の線虫の雌雄同体では，2つの隣接する細胞Z1.pppとZ4.aaaがACをつくる能力をもっている。相互作用によって，うち一方がACになり，も

図4.39 *C. elegans* において，2つの等価細胞（Z1.pppとZ4.aaa）から，2種類の異なる細胞タイプ（アンカー細胞と腹側子宮前駆細胞）がつくられるモデル。(A)最初は2つの細胞は等価であり，シグナルと受容体の発現は揺らいでいる。*lag-2* 遺伝子がシグナルを，*lin-12* 遺伝子が受容体をコードしていると考えられている。シグナルを受容すると，LAG-2 (Delta) の産生が抑えられ，LIN-12 (Notch) の発現が上昇する。(B)特定の臨界期に，確率的な（偶発的な）出来事によって，どちらかの細胞がもう一方よりも多くのLAG-2をつくるようになる。これが隣接する細胞におけるLIN-12産生増加を刺激する。(C) LIN-12を多く発現する細胞は，より少ないLAG-2を発現するために，この小さな違いは増幅されてゆく。最終的にはたった1つの細胞がLAG-2シグナルをつくり，その他の細胞はこのシグナルを受容する側に回る。(D)シグナルを送っている細胞はアンカー細胞になり，受容する側の細胞は腹側子宮前駆細胞になる。(G. Seydoux and I. Greenwald. 1989. *Cell* 57: 1237-1245. © 1989. Published by Elsevier Inc. より)

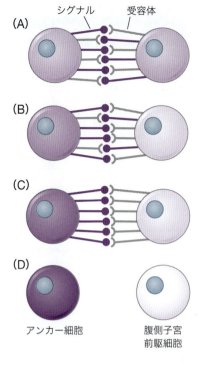

う片方が腹側の子宮組織の前駆体になる。*lin-12* 機能喪失変異体では両方の細胞がACとなり，機能獲得型の変異では両方が腹側子宮組織となる（Greenwald et al. 1983）。

遺伝子モザイク法や細胞除去を用いた研究によって，この運命決定は2齢幼虫期に起こり，*lin-12* 遺伝子は腹側子宮前駆細胞になる細胞でだけ必要であり，AC前駆細胞では必要でないことが示された。Seydoux and Greenwald (1989) によって最初に予測され，後に組換え遺伝子 *lacZ* の局在によって示されたとおり（Wilkinson et al. 1994），2つの細胞はもともと子宮の分化に必要なシグナル（LAG-2タンパク質，Deltaのホモログ）と，その分子に対する受容体（LIN-12タンパク質，Notchのホモログ）の両方を合成している。幼虫期のあるタイミングで，偶然にLAG-2をより多く分泌した細胞が，隣の細胞に働きかけて分化のシグナルであるこのLAG-2の産生をやめさせて，自らのLIN-12の産生を増やす。より多くのLAG-2を発現した細胞がACになり，そのシグナルをLIN-12を介して受容した細胞は腹側子宮前駆組織となる（図4.39）。したがって，2つの細胞は個々の分化事象の前に互いの運命を決定すると考えられる。

LIN-12が産卵口形成の間に再び使われる際には，LIN-12は中央産卵口系譜で発現する3つの *delta* 様遺伝子によって活性化され，側方産卵口細胞が中央産卵口細胞になることを妨ぐ（Chen and Greenwald 2004；図4.38参照）。したがって，ACになるか腹側子宮前駆組織になるかの決定は，もともとは同等だった2つの細胞のなかで決定された2つの重要な側面を明らかにする。1つは，2つの細胞間での最初の違いが偶然によって生み出されることである。2つ目は，この最初の違いがフィードバックによって増強されることである。この隣接する細胞の運命を限定するNotch/Deltaが介するメカニズムは，**側方抑制**（lateral inhibition）と呼ばれている。（オンラインの「FURTHER DEVELOPMENT 4.10：Hippo Signaling：An Integrator of Pathways」参照）

研究の次のステップ

癌は，ともすれば「発生の不首尾」とか「発生の悪魔の双子」と言われることがある。実際に，癌は細胞間コミュニケーションの疾患として特徴付けられることがしばしばあり，癌細胞は胚細胞でみられる多くの特徴を示す（Sonnenschein and Soto 1998）。癌細胞は増殖し，プロテアーゼを分泌して細胞外基質を分解し，上皮-間充織転換を起こし，移動する。癌が起こりうる原因として，本来は抑制的な傍分泌因子が組織の増殖と移動を抑えているところが，その組織間コミュニケーションに異常が起こることがあげられる。癌形成の最初の変異は，細胞分裂を止める"ブレーキ"が抑制されることであろう（Maffini 2004；Wagner 2016）。癌のなかには，正しい分泌環境におくことによって正常細胞に復帰できるものもあるだろう（Hendrix et al. 2007；Postovit et al. 2008；Kasemeier-Kulesa et al. 2008）。ゆえに研究者のなかには，癌の治療手段として細胞の"分化治療 (differentiation therapy)"に着目している者もいる（Leszczyniecka et al. 2001；de Thé 2018）。

章冒頭の写真を振り返る

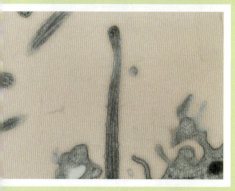

この写真は，脊椎動物の脳にある神経幹細胞の一次繊毛を示している。このような繊毛をアンテナのように使うことにより，細胞は外環境からのシグナルを受け取ることができる。本章では，位置，接着，細胞運命特定化，移動に関する無数の情報を運ぶシグナルタンパク質の重要な役割をみてきた。細胞間コミュニケーションの新しい仕組みがどんどん明らかになりつつある。例えば，この写真で示す一次繊毛が果たす必須の役割とは何か，モルフォゲンの輸送の理解を変えるかもしれないサイトニームの可能性は本当か，細胞外基質は調節や誘導的な役割を果たしているのか，細胞接着分子の物理的な性質がどうやって異なる細胞を仕分けして組織のサイズを制御するのか，などが挙げられる。

From A. Alvarez-Buylla et al. 1998. *J Neurosci* 18 : 1020-1037

4 細胞間コミュニケーション：形態形成の仕組み

1. 細胞間のコミュニケーションは，細胞同士が直接接触する方法（接触分泌シグナル伝達）と，細胞外基質にタンパク質を分泌して離れた距離の細胞同士がやりとりする方法（傍分泌シグナル伝達）がある。
2. ある細胞タイプが別の細胞と選別されるのは，細胞膜上の違いの結果である。
3. 細胞の選別に重要な膜構造は，細胞接着分子であるカドヘリンであることが多い。カドヘリンは，お互いに接着する細胞の表面張力の特性を変化させることで，量的（カドヘリン分子の量の違い）にも質的（カドヘリンのタイプの違い）にも細胞を選別することができる。カドヘリンは特定の形態形成の変化に重要なようである。
4. 細胞外基質は，シグナルのソースであると同時に，それらのシグナルが細胞間に分泌されて細胞の分化と移動に影響するのを調節している。
5. 細胞外基質の要素は，プロテオグリカン（ヘパラン硫酸やコンドロイチン硫酸プロテオグリカンなど），糖タンパク質（フィブロネクチンやラミニンなど），そしてタンパク質（コラーゲンなど）を含む。
6. インテグリンと呼ばれる膜貫通型の接着分子は，細胞外基質の因子群と接着する。一方，細胞内では細胞骨格系と結合する。インテグリンはその名のとおり，細胞外と細胞内の骨格系を統合して，両者が協調的に働くようにするのに必要である。
7. 細胞移動はアクチン細胞骨格系の変化によって起こる。この変化は，細胞内の（核からの）指令と，細胞外（細胞外基質）からの指令によって方向付けられる。
8. 細胞は，上皮から間充織細胞へと変化することができる。上皮-間充織転換（EMT）は，神経堤細胞の移動や脊椎動物の体節細胞からの脊椎の形成にかかわる一連の形質転換のことである。成体では，EMTは傷口の修復や癌細胞の転移にもかかわる。
9. 誘導は，誘導する組織と応答する組織にかかわる相互作用である。誘導シグナルに応答できる能力は，受容する細胞の応答能（コンピテンス）に依存する。
10. 2つの相互作用する組織が共に誘導体でお互いのシグナルに対して応答能をもつときに，共依存的な誘導が起こる。
11. 誘導のカスケードは器官の形成に必須である。
12. 傍分泌因子は誘導体細胞から分泌される。それらの因子は応答能をもつ応答細胞の細胞膜上の受容体に結合する。応答能（コンピテンス）とは，誘導体に結合して応答する能力である。それらはしばしばそれより前の誘導の結果として生じる。応答能をもつ細胞は，シグナル伝達経路を介して傍分泌因子に応答する。
13. モルフォゲンは，さまざまな濃度に応じて遺伝子発現を差次的に調節する分泌性シグナル分子である。
14. 多くの傍分泌因子は，4つの主要な分子ファミリーに属する。すなわち，繊維芽細胞増殖因子（FGF）ファミリー，Hedgehogファミリー，Wntファミリー，そしてTGF-βスーパーファミリーである。形質転換増殖因子β（TGF-β）スーパーファミリーには，Activin，骨形成タンパク質（BMP），Nodal，Vg1などが含まれる。
15. シグナル伝達経路は，傍分泌因子や接触因子とともに始まり，それらの細胞膜受容体の構造変化を引き起こす。その新しい形態は受容体タンパク質の細胞質領域に存在する酵素ドメインの活性化につながる。この活性は，膜受容体が他の細胞質因子をリン酸化することを可能にする。その結果，そのような反応のカスケードは，特定の遺伝子を活性化したり抑制したりする転写因子や因子群を制御することができる。
16. 細胞の表面は，細胞のシグナリングと密接に関係している。プロテオグリカンやその他の膜タンパク質群が，傍分泌因子の拡散を拡張したり制限したりする。
17. 植物ホルモンのオーキシンは，植物における主要なモルフォゲンである。胚の形態形成におけるオーキシンの果たす必要不可欠な役割は，植物種間で広く保存されている。
18. オーキシンシグナル伝達は阻害因子を負に制御することによって行われており，動物においてHedgehogとWntが行うシグナル伝達と類似している。
19. 植物細胞膜上でのオーキシンの細胞外輸送体であるPINの非対称な分布が，植物体内でのオーキシンの方向性をもった輸送を制御して

いる。その結果，形成されるオーキシンの濃度勾配が頂端-基部軸に沿った細胞運命を差次的に制御している。

20. 一次繊毛などの細胞表面の特殊化は，傍分泌因子や細胞外基質タンパク質の受容体を集中させることがある。新しく見出されたサイトニームと呼ばれる糸状仮足的な細胞突起は，モルフォゲンをシグナル細胞と応答細胞の間で受け渡すのに関与するとされ，細胞シグナ

リングの主要な因子である可能性がある。

21. 接触型シグナリングは，受容体間の局所的なタンパク質の相互作用が関与する。例えば，側方抑制によって細胞運命を決定するNotch-Deltaシグナリングが挙げられる。この機序は，線虫の胚において，もともと等価であった2つの細胞が2つの異なる細胞タイプ（アンカー細胞と腹側子宮前駆細胞）を生み出す際に用いられる。

● オンラインのコンテンツは **https://www.medsi.co.jp** よりアクセスしてください。

5 | 幹細胞
その潜在力，そのニッチ

本章で伝えたいこと

- 幹細胞自身が分裂する一方で，分化する子孫細胞を生み出す能力を保持している。幹細胞間の種類の違いは，異なる種類の細胞を生み出す能力に基づいている。胚性幹細胞（ES細胞）は身体を構成するすべての細胞種を生み出せる多能性をもつが，成体内の幹細胞は多分化能性か単能性を示し，通常は特定の組織のさまざまな細胞だけを産生することができる（5.1節）。

- 成体幹細胞は，幹細胞ニッチ内に常在しており，ニッチは幹細胞に静止期で止まるのか，分裂するのか，分化の方向に向かうのかを調節する局所的あるいは遠距離に働くシグナルを与える微小環境を供給する（5.2節）。

- 増殖性の幹細胞ニッチの1つが植物の分裂組織であり，そこではバランスのとれたシグナルのフィードバックによって幹細胞集団が維持されている。また，転写の相互抑制が，茎頂と根端の2つの異なる分裂組織を形成する（5.3節）。

- 動物のニッチ内での幹細胞の活性は多くの場合，細胞とニッチを結合させる細胞接着因子の変化によって制御される。接着がなくなると，幹細胞が移動してしまい，ニッチ内の静止期促進因子（しばしば傍分泌因子）から分裂した細胞が離れてしまうことになるため，分裂や分化が促進される（5.3節）。

- 脳の脳室−脳室下帯神経幹細胞ニッチは，神経活動や脳脊髄液，血液中を循環している因子などのシグナルに反応する（5.4節）。腸のニッチの幹細胞は，2日ごとに腸上皮を置き換えている（5.5節）。

- 造血幹細胞は，赤血球や好中球，リンパ球といった分化したさまざまな血球を継続的に産生している（5.6節）。

- 間充織（間葉系）幹細胞は多分化能性幹細胞であり，結合組織，筋肉，角膜，歯髄や骨を含む，さまざまな組織の間質細胞としても働く（5.7節）。

- ヒトの多能性幹細胞や多分化能性幹細胞の単離や誘導は，培養系でヒトの発生や疾患のメカニズムを研究する絶好のチャンスを提供する。幹細胞の正確な制御は組織の維持や再生を可能にし，疾患を手当する細胞基盤の治療法の提供を可能にするかもしれない（5.8節）。

From Post et al. 2020. *Cell* 180：233-247.
Courtesy of Hans Clevers.

「どんな偉大な物語も1匹の蛇から始まるようだ」
Nicolas Cage（ニコラス・ケイジ）

　細胞間コミュニケーションと遺伝子発現制御によってそのすべてが駆動される，細胞の分化方向の特定化（specification），発生運命の方向付け（commitment），最終的な分化（differentiation）の各段階を通じた細胞の成熟過程の解析は完了した。この過程をうまく説明できる例は幹細胞をおいて他にない。

150 | PART I 生成のパターンとプロセス

1個の**幹細胞**(stem cell)は分裂して幹細胞自身をもう一度生み出す能力を保持している一方で，より分化した細胞種に特化することができる子孫細胞をつくり出す能力も保持している。幹細胞は分裂する特性を維持していることから，よく"未分化"であると言われる。しかしながら**種類の異なる**幹細胞が数多く存在しているが，(1)分裂能力を有していること，(2)組織の分裂停止後の機能的な細胞への最終分化に対する抵抗性から，それらは確かに"未分化"であると言える。事実上，増殖し分化する娘細胞集団を無限に産生する能力を維持することから，幹細胞はヒトの発生の研究だけでなく，近代医療変革のための大きな可能性をもっている。それゆえに，現在，新しい知見が生み出されている速度において幹細胞に匹敵する発生生物学上のトピックがあまりないことは驚くに値しない。

本章では，幹細胞に関するいくつかの基本的な問いに取り組む。すなわち，幹細胞の分裂，自己増殖，そして分化を支配しているメカニズムとは何か？　幹細胞はどこでみられ，胚，成体，そして培養皿の中でどのようにして違いを生じるのか？　科学者や臨床医はいかにして幹細胞を使って疾患を研究し，治療を行うのか？

5.1　幹細胞という概念

ある細胞が幹細胞であれば，その細胞は分裂でき，そうすることで1つの同じ幹細胞と〔**自己複製**(self-renewal)と呼ばれる過程〕，その先の発生・分化に進むことができる1つの娘細胞の両方を産生する。したがって幹細胞は，さまざまなタイプの分化細胞を生み出す力，すなわち分化**能力**(potency)をもっているのである。(オンラインの「DEV TUTORIAL：The Basics of Stem Cell Biology」参照)

分裂と自己複製

分裂に際して，幹細胞は最終分化した細胞種へと成熟する娘細胞を産生する。細胞分裂は対称または非対称のいずれかで起こる。もし幹細胞が対称的に分裂すると，自己複製による2個の幹細胞か，分化へと方向付けされた2個の娘細胞がつくられる。その結果，そこにある幹細胞がそれぞれ増大，または減少することになる。これに対して幹細胞が非対称に分裂すると，分化方向に進む娘細胞を生み出しつつ，幹細胞のプールは安定となる。2種類の細胞(1個の幹細胞と1個の発生運命が方向付けされた細胞)が分裂ごとに生み出される方法は**幹細胞の非対称性**(stem cell asymmetry)と呼ばれ，さまざまな種類の幹細胞で見受けられる(図5.1A)。

細胞の恒常性を維持するもう1つの方式(相互排他的ではない)は，**集団の非対称性**(population asymmetry)である。細胞集団内の一部の幹細胞が分化した子孫細胞を産生する傾向にあると，幹細胞のプールを維持するために別の幹細胞が対称的に分裂することで，集団内の幹細胞が補填される(図5.1B；Watt and Hogan 2000；Simons and Clevers 2011)。

分化能力が幹細胞を定義する

幹細胞が生体内で産生する細胞種の多様性が，その幹細胞の生来の能力を定義する。1個の幹細胞がすべての系譜の細胞種を産生する能力は，**全能性**(totipotent)と呼ばれる。ヒドラのような生物では，個々の細胞が全能性をもつ(24.5節参照)。哺乳類では受精卵および卵割によってできる最初の4または8細胞だけが，(身体と生殖細胞を形成する)胚の系譜と，(胎盤，羊膜，尿膜と卵黄嚢を形成する)胚体外の系譜の両方をつくり出せる全能性である(図5.2)。8細胞期のすぐ後に，哺乳類の胚は(胎盤の胎児部分になる)外層と，胚を生み出す**内部細胞塊**(inner cell mass：ICM)を発生させる(第13章および第14章参

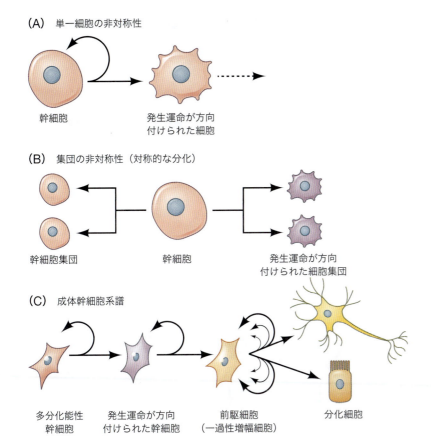

図 5.1 幹細胞の概念。(A) 幹細胞の基本的な概念は非対称分裂である。分裂する幹細胞は，1 個の新たな幹細胞を生み出しながら，他方で分化していく発生運命が方向付けられた細胞を生み出す。(B) 集団の非対称性。ここでは，ある幹細胞が対称的に分裂して 2 つの幹細胞を生み出すか (1 細胞から幹細胞数が増加する)，発生運命が方向付けられた 2 つの細胞を生み出すか (1 細胞から幹細胞数が減少する)，いずれかの能力をもつ。この方式を，対称的な複製，または対称的な分化という。(C) 多くの器官において幹細胞系譜は，多くの細胞種に分化できる多分化能性幹細胞から，1 種類もしくは数種類の細胞種をつくり出す発生運命が方向付けられた幹細胞へ，そして一過性に複数回増殖できる前駆細胞 (一過性増幅細胞) へ，さらには特定の種類の分化細胞へと移行していく。

照)。ICM の細胞は**多能性** (pluripotent) であると言われ，すなわち胚のすべての細胞を産生する能力がある (しかしながら，これらの細胞は胎盤を形成しない)。ICM が胚から取り出され，培養系に移されると，多能性をもつ**胚性幹細胞** (embryonic stem cell：ESC) が確立される。

　それぞれの胚葉内で細胞の集団が拡大し分化するとき，固有の幹細胞がこれら発生中の組織内で維持される。これらの幹細胞は**多分化能性** (multipotent) であり，特定の組織のためにその組織特有の細胞種のみを生み出すことができる (図 5.1C および図 5.2 参照)。多くの成体の器官は**成体幹細胞** (adult stem cell) をもっており，これは多くの場合で多分化能性である。造血幹細胞 (hematopoietic stem cell：HSC) がすべての血液系の細胞を産生することは既知であるが，それに加えて生物学者は，表皮，脳，筋肉，歯，腸，肺，そのほかの場所で成体幹細胞を見つけてきた。多能性幹細胞とは違い，培養系での成体幹細胞や多分化能性幹細胞は限られた系列の細胞種のみを産生するだけでなく，自己複製の世代数も有限である。この成体幹細胞の限られた複製が老化に寄与しているかもしれない (Asumda 2013)。

　多分化能性幹細胞が非対称に分裂すると，成熟中の娘細胞はしばしば，血球，精子，神経細胞の形成でみられるような**前駆細胞** (progenitor cell) または**一過性増幅細胞** (tran-

図 5.2 幹細胞の成熟過程の例。ここでは神経細胞の分化を例に示す。(H. Gage. 2000. *Science* 287：1433-1438. © 2000, The American Association for the Advancement of Science より)

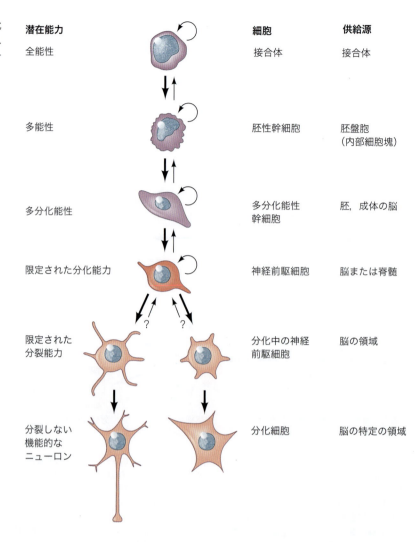

sient-amplifying cell)のような過渡期のステージを経る(図5.1Cおよび図5.2参照)。前駆細胞は無制限の自己複製能はもたず，むしろ分化前にほんの数回分裂するだけの能力をもつ(Seaberg and van der Kooy 2003)。限られたものとはいえ，この増殖は最終分化する前に前駆細胞のプールを**増幅**するのに役立つ。この前駆細胞集団内の細胞は，関係しつつも異なった細胞の特定化の方向に沿って成熟することが可能である。1つの例として，造血幹細胞は血球とリンパ球の前駆細胞を産生し，それらはさらに赤血球，好中球とリンパ球(免疫反応の細胞)といった分化した細胞種へと発生していく(**図5.3**)。さらにもう1つ，**前駆細胞**(precursor cell，あるいは簡単にprecursor [訳注：progenitor cellと厳密に区別する日本語はない])は，特定の系譜の任意の祖先系細胞種——幹細胞または前駆細胞(progenitor cell)のいずれか——を表すのに広く使われ，これらの区別に意味がない場合や未知のときなどにしばしば用いられる(Tajbakhsh 2009)。精原細胞のようないくつかの成体幹細胞は1種類の細胞種だけを産生することから(この場合は精子)，**単能性**(unipotent)と言われる。(オンラインの「SCIENTIST SPEAK 5.1：Developmental documentaries from 2009 cover both embryonic and adult stem cells」参照)

5.2　幹細胞の制御

　胚を形成するのにも成体の組織を維持・再生するのにも，さまざまな種類の幹細胞の分

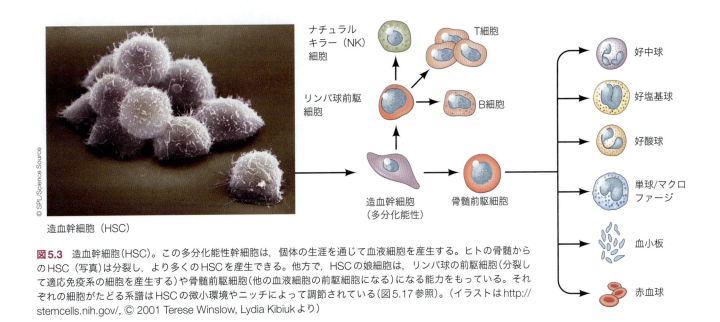

図 5.3 造血幹細胞（HSC）。この多分化能性幹細胞は，個体の生涯を通じて血液細胞を産生する。ヒトの骨髄からのHSC（写真）は分裂し，より多くのHSCを産生できる。他方で，HSCの娘細胞は，リンパ球の前駆細胞（分裂して適応免疫系の細胞を産生する）や骨髄前駆細胞（他の血液細胞の前駆細胞になる）になる能力をもっている。それぞれの細胞がたどる系譜はHSCの微小環境やニッチによって調節されている（図5.17参照）。（イラストはhttp://stemcells.nih.gov/, © 2001 Terese Winslow, Lydia Kibiukより）

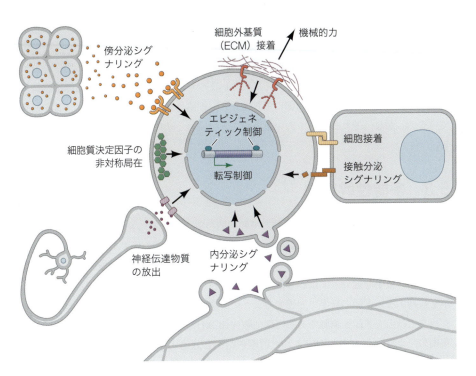

図 5.4 分裂するべきか，しないべきか。幹細胞制御メカニズムの概要。幹細胞の静止期，増殖，または分化の反応に影響を与えることができる，より一般的な外部と内部の分子メカニズムの数例を示した。

裂と分化の適切なコントロールが必要である。したがって，本章の初めに言及したように，幹細胞の機能は自己複製と分化が中心である。しかし，幹細胞はどのようにして，胚や成熟組織のパターン形成や形態形成の要求を満たすためにこれらの異なる状態の間で制御されているのだろうか。

　制御は，**幹細胞ニッチ**（stem cell niche）として知られる幹細胞を取り巻く微小環境に大いに影響される（Schofield 1978）。すべての種類の組織が特有の幹細胞をもち，組織の違いによってニッチの構造にも多くの違いがあるにもかかわらず，これらすべての環境にはいくつかの共通の原理が利用されていることがわかってきている。その原理とは，**細胞外**のメカニズムが**細胞内**の変化を導くことで幹細胞の振る舞いを制御する（**図5.4**），という

ものである。細胞外制御メカニズムは以下を含む：

- **物理的メカニズム**　ニッチの細胞性構造をサポートする細胞外基質内の構造・接着因子を含む。ニッチ内の細胞の密度と同じく、細胞間および細胞-基質間の接着の違いは、幹細胞の振る舞いに影響する機械的な強さを変化させることができる。
- **化学的制御**　(1)幹細胞の状態に影響を及ぼす周辺細胞からの分泌タンパク質と、(2)内分泌(endocrine)、傍分泌(paracrine)、接触分泌(juxtacrine)を通じた前駆細胞分化の形式である(第4章参照；Moore and Lemischka 2006；Jones and Wagers 2008)。多くの場合、これらのシグナル因子は未分化な幹細胞を維持する。しかし、幹細胞がひとたびニッチから離れたところに位置するようになると、これらの因子が届かなくなり細胞分化が始まる。

細胞内制御メカニズムは以下を含む：

- **細胞質決定因子による制御**　細胞質分裂で起こる分割。幹細胞が分裂するときに、細胞の運命を決定する因子が選択的に片方の娘細胞に分割されるか(非対称に分化する分裂)、両方の娘細胞の間で同じように共有されるか(対称分裂)のいずれかが起きる。
- **転写制御**　幹細胞が静止期にとどまるか、または分裂期に入り娘細胞が特定の運命に向かって成熟することを促進するかを、転写因子群のネットワークを通じて制御する。
- **エピジェネティック制御**　クロマチンレベルで行われる。クロマチンへのアクセスのしやすさ(例えばヒストン修飾；3.5節参照)の違いが、幹細胞の振る舞いに関係する遺伝子発現に影響する。

ある幹細胞によって使われる細胞内メカニズムの種類は、ある意味において、そのニッチの細胞外刺激の最終結果である。そこで、いくつかの比較的よく知られた幹細胞ニッチにおける幹細胞の振る舞いの制御に重要となる、細胞外および細胞内メカニズムを紹介していく。しかし、それと同じくらい重要なことは、ニッチ内での幹細胞の発生の歴史である。

5.3　多能性幹細胞

　細胞レベルでは、動物と植物の両方で幹細胞の機能の仕方に多くの類似性がみられる。本節ではまず胚をつくり上げる幹細胞の種類に注目し、本章の後半では成体に存在している幹細胞の種類の多様性を探っていく。胚と成体における幹細胞の機能の対比は、植物と動物の間の重要な違い、すなわち個体の生涯を通じて全能性幹細胞が維持され続けるか否かを強調する。本節の後半で記述するように、初期の哺乳類の胚盤胞は身体のすべての細胞種を生み出す多能性細胞である内部細胞塊(ICM)をもつが、これらの細胞はすぐに各胚葉内の、より分化方向が限定された前駆細胞へと分化する。植物の初期胚は、全能性細胞——または**始原細胞**(initial cell)——と共通して呼ばれる集団を2つ生み出す。1つは胚の最も頂端(シュート端)に位置し、もう1つは最も基部端(根端)に位置する。これらの細胞集団はそれぞれ、**茎頂分裂組織**(shoot apical meristem：SAM)と**根端分裂組織**(root apical meristem：RAM)と呼ばれる。植物体の地上部と地下部はすべて、これらSAMとRAMに由来している。ほとんどの動物とは異なり、植物では生涯を通じて全能性分裂組織が存続する。興味深いことに、ヒドラやプラナリアのような、生涯を通じて多能性幹細胞をもち続ける動物は、身体全体を再生することができる(第24章参照)。植物胚が発芽中の芽生えになると、栄養成長相を通じてSAMとRAMはシュート(幹と葉)と根を形成する(3.5節参照)。

　どのようにして全能性幹細胞が植物の生涯を通じて維持されるのかを理解するために(ほとんどの動物ではそうではない)、まず植物の分裂組織の発生を司るメカニズムを精査

第 5 章 幹細胞 | **155**

し，哺乳類の内部細胞塊（ICM）の発生に移る。

シロイヌナズナの分裂組織細胞：胚とその後

　発生過程において植物細胞は移動することがないため，茎頂分裂組織と根端分裂組織の細胞の起源はきわめて正確に初期胚にまで遡ることができる。茎頂分裂組織における *WUSCHEL*（*WUS*）や *REVOLUTA*（*REV*），根端分裂組織における *PLETHORA 2*（*PLT2*）などの初期胚のパターン形成にかかわる転写因子をコードする遺伝子の同定が，分裂組織形成の発生時期に関する理解の手助けとなった（**図5.5A〜D**）。シロイヌナズナ（*Arabidopsis thaliana*）の8細胞期胚の細胞分裂によって，分裂組織細胞へと発生する内側の細胞層と，それを取り巻く表皮細胞層の2つの細胞層からなる16細胞期胚（原表皮期胚）が形成される。この初期胚の内側上部に位置する細胞は，*WUS* を発現する形成中心および，頂端部に位置する中央帯を構成するシュート幹細胞へと分化する（**図5.5E**）。一方，原表皮細胞の内側下部に位置する細胞は *PLT2* を発現し，根端幹細胞ニッチへと発生運命が決定される（**図5.5F**；Heidstra and Sabatini 2014；Zhang et al. 2017）。

> ## さらなる発展
>
> **茎頂および根端分裂組織を特定化する**　REV と PLT2 は空間的に異なって発現しており，互いの遺伝子発現を抑制し合う転写因子である。この排他的な発現パターンが，分裂組織発生の行く末を強く規定している。PLT2 あるいは REV の発現を操作することで，分裂組織の運命を逆転させることができる。*PLT2* の抑制因子である *TOP-LESS* の機能喪失は，*PLT2* の発現領域を胚の上部にまで拡大し，シュートから根への運命転換を引き起こす（**図5.6A，B**）。一方，*PLT2* プロモーターを用いた *REV* の異所発現は，根からシュートへの運命転換を引き起こす（**図5.6C**；Aida et al., 2004, Smith and Long, 2010）。これらの結果を含むいくつかのデータは，REV と PLT2 がそれぞれ茎頂および根端分裂組織の確立のため，異なる遺伝子発現ネットワークを形成しているというモデルを支持している（図5.5A，B参照；Heidstra and Sabatini 2014；Gaillochet and Lohmann 2015）。

茎頂分裂組織における全能性の維持　ここではシロイヌナズナを例に示す。顕花植物では胚が成熟すると種子の中で発生の進行が一時停止する。発芽に適した環境に置かれると，発生が再び開始され，栄養成長期の無限成長を開始する。植物の最も驚異的な能力は，後胚発生において，茎頂と根端の両分裂組織が分化全能性を維持し続けることである。分裂組織は一定の量の幹細胞（始原細胞）を維持しつつ，細胞増殖と分化のバランスをとっている。この絶妙な分子的なバランスは，数多くのバイオテクノロジー企業や製薬会社に植物幹細胞の分化全能性を支えるメカニズムの解明に取り組ませている。

　植物幹細胞機能の細胞分裂と分化のバランスを説明するために，茎頂分裂組織において働くメカニズムに注目することにする。動物の幹細胞と同様に，茎頂分裂組織内部の中央帯に存在する幹細胞（始原細胞）も比較的ゆるやかに細胞分裂を行う。幹細胞は自己複製した始原細胞と娘前駆細胞を生み出し，前駆細胞は周辺帯へと押し出され，徐々に細胞の分化を進める（**図5.7A**）。最外層L1層とその内側のL2層の前駆細胞は，新たな細胞壁を垂直方向に形成する**垂層分裂**（anticlinal division）を行う。さらにその内側のL3層では，細胞壁を水平方向に形成する**並層分裂**（periclinal division）を含め，さまざまな方向に細胞分裂が行われる。

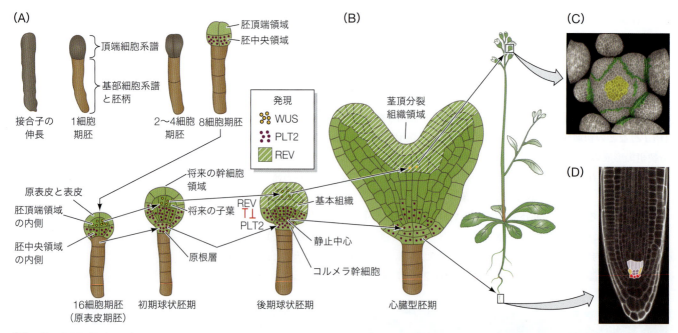

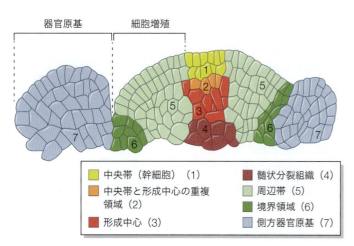

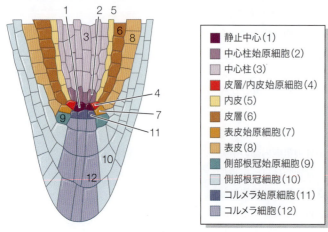

図5.5 植物の分裂組織。(A, B)接合子から心臓型胚までのシロイヌナズナの胚発生。(C)葉や花を形成する茎頂分裂組織の上面図。幹細胞を含む中央帯と境界部分をそれぞれ黄色と緑色で示している。これらは茎頂分裂組織の縦断切片の模式図(E)と対応している。(D)植物の根は根端分裂組織から形成される。茎頂分裂組織の写真と同様に、根端分裂組織写真における幹細胞領域を擬似カラーで着色しており、根端分裂組織の模式図(F)と対応している。(A, BはR. Heidstra and S. Sabatini. 2014. *Nat Rev Mol Cell Biol* 15：301-312より；C〜FはC. Gaillochet and J. U. Lohmann. 2015. *Development* 142：2237-2249. © 2014 Nature Publishing Group, a division of Macmillan Publishers Ltd. より)

(A) 野生型

(B) *topless*変異体

(C) *REV*の異所発現

図5.6 胚発生の茎頂および根端分裂組織形成における転写因子ネットワークによる相互抑制。(A)野生型シロイヌナズナ胚と芽生え。*PLT2* は野生型胚の根端分裂組織においてのみ発現している。(B) *TOPLESS* は *PLT2* 遺伝子の発現を抑制する。*TOPLESS* の機能喪失は *PLT2* の頂端部(赤色の矢印)での異所発現を引き起こし、茎頂分裂組織形成にかかわる遺伝子の発現の代わりに、根端分裂組織形成にかかわる遺伝子発現を誘導し、異所的な根(赤色の矢じり)を形成する。(C)*PLT2* のプロモーターで *REV* を異所発現する遺伝子組換え植物では、根端分裂組織と推定される細胞(赤い矢印)で茎頂分裂組織において発現する遺伝子の発現を誘導する。この結果、根の代わりにシュートが形成される(赤色の矢じり)。

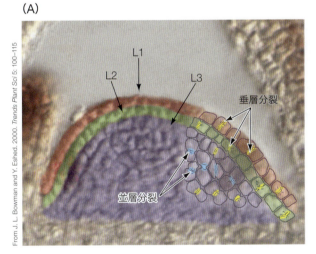
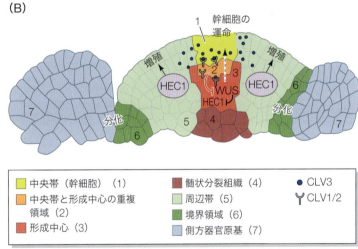

図5.7 茎頂分裂組織での幹細胞集団の維持。(A)茎頂分裂組織の縦断切片像。3層の細胞層(L1~L3)を擬似カラーで色分けしている。写真の右側でL1、L2層での垂層分裂、L3層での多様な分裂面の方向を例示している。(B)形成中心、中央帯および周辺帯の維持・形成におけるネガティブフィードバックループ(本文参照)。(B は C. Gaillochet and J. U. Lohmann. 2015. *Development* 142: 2237-2249 より)

　この項目と本書を通じて、**ネガティブフィードバックループ**が細胞の運命と振る舞いを確立・維持するための堅固なメカニズムとなることを学習する。分裂組織における全能性の制御には例外が存在しない(**図5.7B**)。茎頂分裂組織の中央帯に存在する幹細胞から生み出された前駆細胞は、分泌性の低分子ペプチドCLAVATA3(CLV3)を産生する。中央帯に隣接する下部の領域は形成中心であり、転写因子WUS〔訳注:原著ではパイオニア

図5.8 マウスの胚盤胞内部での，胚になる内部細胞塊（ICM）の確立。桑実胚から胚盤胞での主要な細胞種（栄養外胚葉，胚盤葉上層，原始内胚葉）を描いてある。

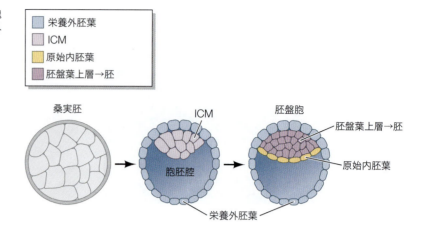

転写因子とされているが，植物ではLEAFYのみがパイオニア転写因子として示されている。訳者の知りうる限りこれまでにWUSがパイオニア転写因子として機能することは示されていない]を発現している（Laux et al. 1996；Mayer et al. 1998；パイオニア転写因子に関しては3.5節を参照）。WUSは中央帯へとシグナルを伝達し，*CLV3*の発現を誘導するとともにゆるやかに幹細胞の分裂を促進する。新たな細胞分裂が行われるに伴って，前駆細胞は徐々に中央帯から周辺帯へと押し出される。この領域においてはHEC1転写因子の発現が上昇し，分化を開始する側方器官原基までの領域において，前駆細胞の細胞分裂活性を高める。WUSは*HEC1*の発現を積極的に抑制しており，この活性により，形成中心特有の状態を維持している（Schuster et al. 2014）。しかし，CLV3濃度が上昇すると，形成中心を構成する細胞の細胞膜上に存在するCLV1およびCLV2受容体とCLV3は結合する。この相互作用はWUSの遺伝子発現を抑制するシグナル伝達経路を活性化し，栄養成長期の分裂組織，花序分裂組織，および花芽分裂組織の発生を通じて一定の始原細胞数を維持するネガティブフィードバックを形成する（Somssich et al. 2016；Gaillochet and Lohmann 2015；Heidstra and Sabatini 2014）。

マウス胚の内部細胞塊の細胞

多能性幹細胞である内部細胞塊（ICM）は，すべての幹細胞種のなかで最も研究されているものの1つである。哺乳類胚の卵割期の間に空洞化現象の過程が起き，ICMを取り囲む**栄養外胚葉**（trophectoderm cell）の球形の層と，**胞胚腔**（blastcoel）と呼ばれる液体で充満した空洞からなる**胚盤胞**（blastocyst）をつくり出す（図5.8）。初期のマウス胚盤胞では，ICMは栄養外胚葉のある場所と結合しているおよそ12細胞からなる集まりである[1]。その後，ICMは**胚盤葉上層**（epiblast）と呼ばれる集団と，胚盤葉上層と胞胚腔との間の障壁となる原始内胚葉（卵黄囊）の層へと発生する。胚盤葉上層は胚そのものへと発生し，始原生殖細胞を含む哺乳類成体の身体の200種類以上のすべての細胞種を産生する（Shevde 2012参照）。栄養外胚葉は，胎盤の胚由来部分を生じさせる（Stephenson et al. 2012；Artus and Chazaud 2014）。

重要なこととして，ICMまたは胚盤葉上層の培養細胞は胚性幹細胞（ESC）を産生し，これは分化多能性を維持し，同じように身体のすべての細胞種をつくり出すことができる

---

[1] この記述は一般論的なものであり，初期胚盤胞の発生はすべての哺乳類で同じではない。例えば，有袋類は内部細胞塊（ICM）を形成せず，むしろ同量の胚盤葉上層と胚盤葉下層を産生する細胞の平らな層[多能性細胞（pluriblast）]をつくり出す。種をまたがった初期発生の驚くべき多様性についてはKuijk et al. 2015を参照。

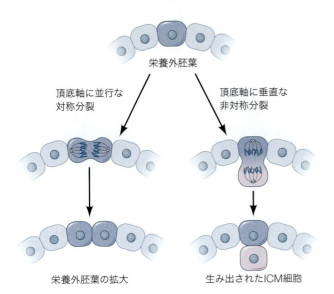

図5.9 頂底軸に関する分裂。栄養外胚葉での細胞分裂の軸方向に依存して, 栄養外胚葉層が拡大するか(左), あるいは内部細胞塊(ICM)を生じる(右)。

(Martin 1980；Evans and Kaufman 1981)。ICM細胞の生体での挙動とは対照的に, 適切な条件で培養されているESCは無制限に自己複製できるように見える。5.8節では, ESCの特性とその重要な用途について議論する。ここでは, (一過的ではあるものの)脊椎動物胚における唯一の多能性細胞発生のための幹細胞ニッチとしての, 哺乳類の胚盤胞に焦点を当てる。

ICM細胞の多能性を促進するメカニズム ICMの一過的な多能性に不可欠なのは, 転写制御因子であるOct4[2], Nanog, そしてSox2の発現である(Shi and Jin 2010)。これら3つの因子は, 発生運命が方向付けされていない幹細胞様の状態と, 胚盤葉上層およびそこから派生してくるすべての細胞種を生み出すことのできるICMの機能的な多能性の維持に必要である(Pardo et al. 2010；Artus and Chazaud 2014；Huang and Wang 2014)。これら3つの転写因子の発現は通常, 胚盤葉上層が分化するとICMから消失する(Yeom et al. 1996；Kehler et al. 2004)。対照的に, 転写因子のCdx2は, 栄養外胚葉への分化を促進し, かつ胚盤葉上層への発生を抑制するために, 桑実胚の**外側**の細胞でその発現が増強される(Strumpf et al. 2005；Ralston et al. 2008；Ralston et al. 2010)。

どのようなメカニズムが, 予定ICMと予定栄養外胚葉での遺伝子の時空間的な発現パターンを制御しているのだろうか。細胞間相互作用が, 最初の特定化とこれらの層の構造の土台となる。まず初めに, ICMと栄養外胚葉の場合では外側表面から胚の内側への頂端-基底(頂底)軸に沿った細胞極性が, 2種類の異なる細胞を生み出す対称または非対称分裂によるメカニズムとなる。頂底軸に沿って垂直方向の配置をもつ非対称分裂によって, 胚の外側と内側に分離する娘細胞が生じ, これはそれぞれ栄養外胚葉とICMの発生に対応している。対照的に, 頂底軸に対して並行に起こる対称分裂は, 細胞質決定因子を両方の娘細胞に対して一様に分配し, 外側の栄養外胚葉層かICMのいずれかだけで細胞の増殖が促進される(図5.9)。これらの振る舞いは, 植物の分裂組織における並層分裂と垂層分裂に非常によく似ている(図5.7A参照)。

桑実胚期において, 予定栄養外胚葉の外層の細胞内では頂底軸に沿って非対称に因子が

発展問題

"幹細胞性"のようなものが存在するのだろうか？ 細胞の内因性の特性が幹細胞にするのか, それとも幹細胞ニッチとの相互作用を通じてその特性は獲得されるのか？ ニッチが幹細胞をつくるのか？ 特定の器官にどの条件が存在するのかを特定するためには, どのようなアプローチを使えばよいか？

2　Oct4は, Oct3, Oct3/4, Pou5f1としても知られる。Oct4欠損マウスは胚盤胞期をすぎると発生に失敗する。Oct4欠損マウスは多能性のICMを欠き, すべての細胞が栄養外胚葉へと分化する(Nichols et al. 1998；Le Bin et al. 2014)。

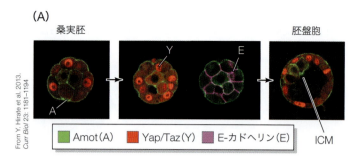

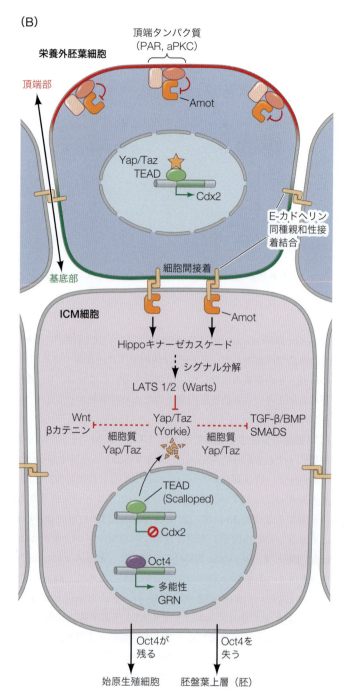

図5.10 Hippoシグナリングと内部細胞塊(ICM)の発生。(A)桑実胚から胚盤胞までのHippo経路の構成であるタンパク質Amot (angiomotin;緑)とYap(赤)、E-カドヘリンの免疫局在。活性化されたYapは栄養外胚葉の核に局在しているのに対して、E-カドヘリン(紫)は栄養外胚葉とICMの接触している膜に限局されている。(B)栄養外胚葉(上)とICM細胞(下)におけるHippoシグナリング。HippoシグナリングはAmotとE-カドヘリンが結合することを通じて活性化され、その結果、YapはICM細胞では分解される。括弧内の名前はマウスの転写因子のショウジョウバエ相同遺伝子の名前である。

局在するようになる。これらの因子のなかには、よく知られたPartitioning Defective (PAR) とAtypical Protein Kinase C (aPKC) ファミリーのタンパク質が含まれている(**図5.10A**)。これらの**区画化タンパク質**がもたらす結果の1つは、栄養外胚葉が下にあるICM細胞と接触している基底外側膜に細胞接着因子のE-カドヘリンを局在させることである(Stephenson et al. 2012; Artus and Chazaud 2014)。実験的にE-カドヘリンを除去すると、頂底軸の極性、そしてICMと栄養外胚葉系譜の特定化の両方が乱される(Stephenson et al. 2010)。

どのようにE-カドヘリンは胚盤胞の細胞運命に影響するのか? E-カドヘリンの存在によって、ICMにおいてのみHippo経路が活性化することが明らかにされた。活性化され

第5章 幹細胞 | **161**

たHippoシグナリングはYap-Taz-Tead転写複合体を抑制する(オンラインの「FURTHER DEVELOPMENT 4.10：Hippo Signaling：An Integrator of Pathways」参照)。ICMでは，この抑制の結果，Oct4を通じた多能性ICMの発生が維持される。外側の層の細胞では，頂端に位置した区画化タンパク質がHippoシグナリングを抑制することで活性化Yap-Taz-Tead転写複合体を誘導し，*cdx2*の発現が活性化され，栄養外胚葉の運命をたどる(**図5.10B**；Hirate et al. 2013)。こうして，細胞内の特異的タンパク質の異なる局在は，隣接する細胞内の異なる遺伝子制御ネットワークの活性化と異なる細胞運命の獲得を導く。

動物の成体幹細胞ニッチ

　動物の多くの成体組織と器官が自己複製を行う幹細胞を含んでいる。これらには種を超えての生殖細胞，哺乳類の脳，表皮，毛包，腸絨毛，そして血液が含まれるが，これらに限られない。また，多分化能性の成体幹細胞は，ヒドラ，アホロートル，ゼブラフィッシュなどの高い再生能力をもつ動物で重大な役割を果たしている。成体幹細胞は，長期間の分裂能力や，分化した娘細胞を産生することが可能である能力，またそうだとしても幹細胞のプールを再び増やせるという能力を維持しなければならない。成体幹細胞は，それ自身の**成体幹細胞ニッチ**(adult stem cell niche)内に存在して調節を受け，ニッチは幹細胞の自己複製，生存，そしてニッチから離脱した幹細胞の子孫の分化が制御する。次に，卵巣の幹細胞ニッチからのショウジョウバエ(*Drosophila*)卵母細胞の誘導について，簡潔に記述する。5.4節，5.5節，5.6節では，成体哺乳類の神経，腸上皮，造血幹細胞のニッチについて紹介する。このリストは決して網羅的なものではないが，これらの論考は幹細胞発生のいくつかの共通のメカニズムを浮き彫りにする。

さらなる発展

ショウジョウバエの卵巣で生殖細胞発生を助ける幹細胞　ショウジョウバエの卵母細胞は生殖幹細胞(germ stem cell：GSC)に由来し，GSCは**形成細胞巣**(germarium)として知られる卵巣幹細胞ニッチ内に保持されている。形成細胞巣内の傍分泌因子の局所的な分泌が，濃度依存的な方法で幹細胞の自己複製と卵母細胞の分化に影響する。成体の卵巣での卵の産生は12以上の卵巣管内で起こり，それぞれが同じようにGSC(普通は1つの卵巣管に2個)と，形成細胞巣を構成するさまざまな体細胞種をもっている(Lin and Spradling 1993)。1個のGSCが分裂すると，自己複製と，ニッチの制御シグナルの到達範囲を超えてより遠くに移動して成熟する1個のシストブラストが生み出される。このシストブラストは，濾胞細胞に包まれた卵母細胞になる(**図5.11A**；Eliazer and Buszczak 2011；Slaidina and Lehmann 2014)。

　GSCは幹細胞ニッチ内に存在しているが，キャップ細胞と接している(図5.11参照)。GSCがキャップ細胞に対して垂直に分裂すると，娘細胞の1つはE-カドヘリンによってキャップ細胞につながれて残り，自己複製を行う特性を維持する。これに対して位置を離れた娘細胞は，卵母細胞分化を始める(Song and Xie 2002)。キャップ細胞は，GSCでBMPシグナル伝達経路を活性化するTGF-βファミリータンパク質を分泌し，その結果，GSCの分化を阻害する(**図5.11B**)。コラーゲンやヘパラン硫酸プロテオグリカンのような細胞外基質の構成成分は，つながっているGSCだけがTGF-βシグナルを充分な量受け取れるように，TGF-βファミリータンパク質の拡散を制限している(Akiyama et al. 2008；Wang et al. 2008；Guo and Wang 2009；Hayashi et al. 2009)。GSC内でのBMPシグナル伝達の活性化は，主に分化を促進する*bag of marbles*(*bam*)遺伝子の転写を抑制することで分化を防いでいる。*bam*

図5.11 ショウジョウバエの卵巣幹細胞ニッチ（形成細胞巣）。(A)ショウジョウバエ形成細胞巣内のいろいろな細胞種の免疫ラベリング。生殖幹細胞（GSC）はスペクトロソームの存在によって同定される。分化中の生殖細胞（シストブラスト）は青で染色されている。Bam発現細胞（シスト）は緑である。(B)形成細胞巣内におけるキャップ細胞とGSCの間の相互作用。本文で制御系の構成成分間の相互作用を説明している。(M. Slaidina and R. Lehmann. 2014. *J Cell Biol* 207: 13-21 より)

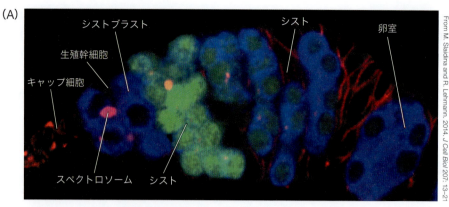

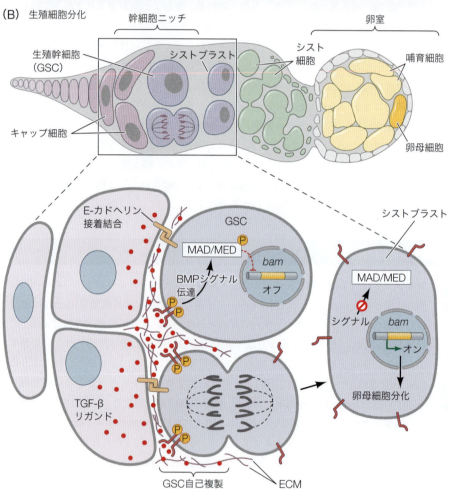

が発現すると細胞は卵母細胞への分化に進む。

　ショウジョウバエの精巣と卵巣のどちらにおいても，接着と組み合わされた協調的な細胞分裂と，傍分泌に介在される分化抑制が，GSCの自己複製と子孫細胞の分化を制御している。また，例えばヒストンメチル基転移酵素であるSet1がGSCの自己複製に必須の役割を果たしているという発見のような，GSC発生のエピジェネティック制御に関する新しい知見が明らかになりつつある（Yan et al. 2014）。（オンラインの「FURTHER DEVELOPMENT 5.1: *Drosophila* Testes Stem Cell Niche」「SCIENTIST SPEAK 5.2: Dr. Norbert Perrimon on defining the gene regulatory network for germ stem cell self-renewal in *Drosophila*」参照）

第5章 幹細胞 **163**

5.4 成体脳の神経幹細胞ニッチ

1960年代に出生後のラットで，また1980年代にカナリアにおいて成体の神経発生が報告されているにもかかわらず，数十年間「成体の脳では新しい神経細胞は生み出されない」という定説が通用してきた（Altman 1962；Altman and Das 1965；Paton and Nottebohm 1984；Burd and Nottebohm 1985）。しかしながら，21世紀の変わり目に，主として哺乳類の脳において沸き起こった研究から，生涯を通じての継続した神経発生が強く支持され始めた（Gonçalves et al. 2016；Lim and Alvarez-Buylla 2016）。この成体の中枢神経系（central nervous system：CNS）における**神経幹細胞**（neural stem cell：NSC）の存在の容認は，発生神経学の領域で心躍る時を記録し，またわれわれの脳発生の理解と神経学的障害の処置の両方に重大な関係をもっている。

神経幹細胞

魚類であろうとヒトであろうと，成体NSCは胎児期の前駆細胞である放射状グリア細胞の細胞形態と分子的特徴を保持している。放射状グリア細胞と成体NSCは，CNSの全頂底軸（脳の内腔から外表面まで）にまたがる極性をもつ上皮細胞であり，脳脊髄液と接する頂端と，脳の表面（軟膜表面）で終結または血管に接する長い基底膜側突起をもつ（Grandel and Brand 2013）。（放射状グリアの発生と哺乳類の成体神経幹細胞ニッチの胎児期の起源は第16章で扱う）。

硬骨魚では，放射状グリアは生涯を通してNSCとして機能し，成体の脳の少なくとも12の神経組織帯において生じる（Than-Trong and Bally-Cuif 2015）。しかしながら哺乳類では，NSCは成体の大脳のたった2つの領域，すなわち海馬の**顆粒細胞下帯**（subgranular zone：SGZ）と，側脳室の**脳室-脳室下帯**（ventricular-subventricular zone：V-SVZ）においてのみ特徴づけられる（Faigle and Song 2013；Urbán and Guillemot 2014）。これらそれぞれ2つの神経性ニッチは放射状グリアの起源を思い起こさせる特徴をもつが，V-SVZのNSCだけが脳脊髄液との接触を維持している。成体V-SVZの発生中に，放射状グリア様NSCが，嗅球（匂い）と線条体（運動制御）の両者において特定種類の神経細胞の産生を供給する**type B細胞**（type B cell）へ転換することが，マウスとヒトの両者の脳で示されている（Curtis et al. 2012；Lim and Alvarez-Buylla 2014；Fuentealba et al. 2015）（オンラインの「FURTHER DEVELOPMENT 5.2：The Subgranular Zone Niche」参照）

V-SVZの幹細胞ニッチ

V-SVZは，成体マウスの脳では一番大きな神経組織のニッチである。側脳室の側壁ごとに約7,000個のB細胞があり，このニッチは毎日10,000個を超える移動性の神経芽細胞を産生することができる（Lois and Garcíá-Verdugo 1996；Mirzadeh et al. 2008；Obernier and Alvarez-Buylla 2019）。

V-SVZニッチの構成要素は4種類の細胞を含む（**図5.12**）：（1）脳脊髄液に隣接した脳室壁に沿った上衣細胞（ependymal cell：E細胞）の層，（2）**B細胞**〔B cell（前述のtype B細胞）〕としても知られている神経幹細胞，（3）前駆（一過性増幅）C細胞，（4）移動性の神経芽細胞（A細胞），である。V-SVZにおいて，多くのB細胞は一般に脳室内の頂端の表面から脳脊髄液へと1本の一次繊毛を出しており（4.8節参照），また，血液脳関門に貢献するアストロサイト終足（図16.1参照）に似た，血管にきつく接触した終足で終わる長い基底突起を伸ばしている。

V-SVZ内での細胞の産生は，分裂しているB細胞（幹細胞）が直接C細胞（前駆細胞）を生み出すことで，その中心核で始まる。これらC細胞は分裂し，A細胞（神経芽細胞）へと

164 | PART I 生成のパターンとプロセス

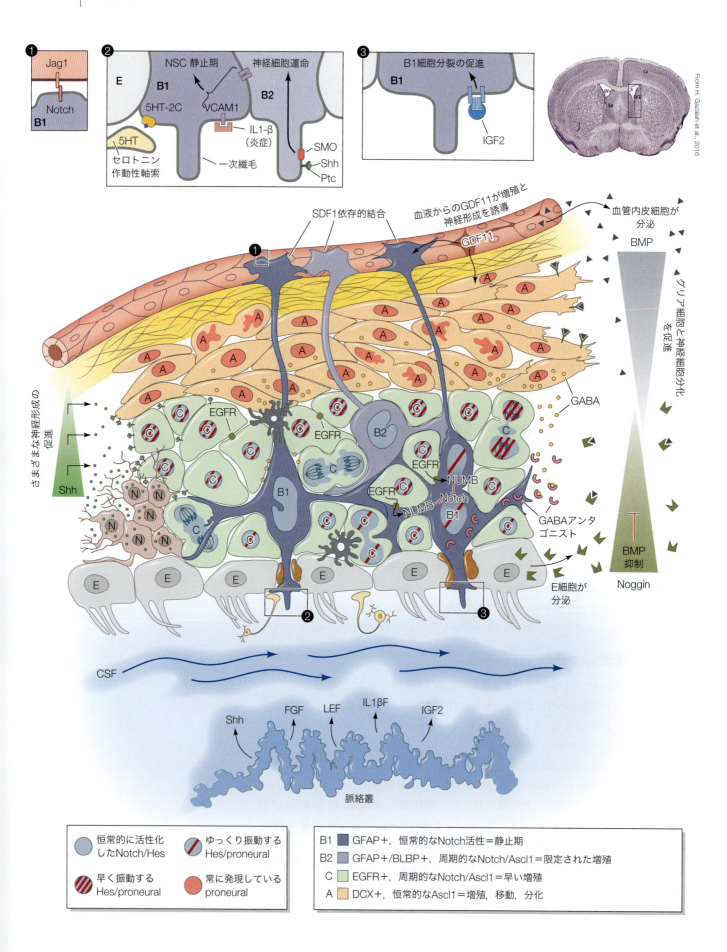

▶**図5.12** 脳室-脳室下帯(V-SVZ)幹細胞ニッチとその制御。上部右側に示したのは成体マウスの脳の横断面で，図解されたニッチが描かれている脳室下帯の場所(四角)を指し示している。複数の繊毛をもつ上衣細胞(E；薄い灰色)が脳室に沿って並び，V-SVZの神経幹細胞(NSC)(青色)の頂端表面と接触している。静止期と活動的なB1タイプNSC(濃い青色)はB2細胞(薄い青色)とC細胞を産生し，これらは次に移動性の神経芽細胞を生み出す(A細胞；オレンジ色)。上衣細胞は，B1幹細胞の頂端領域(茶色)と結合する"球状フラクトン"を産生する。ニッチは内皮細胞によってつくられる血管(赤色)によって貫かれており，血管の一部はB細胞の基底終足によって包まれている。幹細胞プールの維持はVAM1接着とNotchによって制御されている。周期底なNotch経路の変化は核内の赤い縞模様で描かれている。側side室の腹側領域の神経細胞クラスターはSonic hedgehog (Shh)を発現し，それは頂端から基底に沿った神経細胞分化に影響を与える。それぞれ内皮細胞と上衣細胞からのBMPとNogginの間の拮抗的なシグナルも，この勾配に沿った神経形成の均衡を保つ。セロトニン作動性(5HT)と他の軸索は上衣上脳室表面に通じ，脳骨髄液からのIL1-βとIGF2に加えてニッチを制御するための外部刺激として働く。非ニッチ神経細胞，アストロサイト，グリア細胞(描かれていない)，ミクログリア(濃い灰色)はニッチ内で見出すことができ，その制御に影響する。GDF11/BMP11は血液によって運ばれ，V-SVZで増殖と神経形成を誘導でき，減少とともに潜在的に脳の老化に関与することが示唆されている因子の1つである。(K. Obernier and A. Alvarez-Buylla et al. 2019. *Development* 146 (4)：dev156059；O. Basak et al. 2012. *J Neurosci* 32：5654-5666；C. Giachino et al. 2014. *Stem Cells* 32：70-84；D. A. Lim and A. Alvarez-Buylla. 2014. *Trends Neurosci* 37：563-571；C. Ottone et al. 2014. *Nat Cell Biol* 16：1045-1056；H. Gazalah et al., 2016. In F. Kobeissy, et al.[Eds.] *Injury Models of the Central Nervous System. Methods in Molecular Biology*, vol 1462. Humana Press：New York, NYを含む複数の文献を参考に作成)

発達し，神経細胞への最終分化のための"連鎖"または集団的な移動を通じて嗅球に流れ込む(Obernier and Alvarez-Buylla 2019；Urbán et al. 2019の総説を参照)。

B細胞は，さらにB1細胞とB2細胞として知られている2つのサブタイプに分類されており，B1細胞はB2細胞を生み出す。B1細胞と違って，B2細胞特有に頂端表面の脳室との接触が失われている。しかしながら，サブタイプのどちらも，ニッチにおいて他のB細胞や他の種類の細胞と接触してカルシウム波を介したコミュニケーションを促進するのに働くギャップ結合をもつ側方突起を伸ばしている(Lacar et al. 2011)。このようにして，ニッチのすべての細胞が直接B細胞とコミュニケーションをとることが可能となる。これらの細胞はどのようなやりとりをしているのだろうか。

今朝はどうやって起きただろうか？　内因性の概日リズム？　それとも気に触る目覚まし時計？　トイレが我慢できなくて起きた？　それとも快適なマットレスと温かい毛布のせいでベッドから出られなかった？　すべての幹細胞ニッチは静止状態(不活性化)と活発な増殖の間を変え，それはV-SVZの神経ニッチも例外ではない。モーニングコールの例えが，幹細胞が静止状態(睡眠)と増殖(起床)の間を行き来する移行時に何が起きているのかを考える助けになるかもしれない。同時に重要なことは，幹細胞の活性化のタイミングを制御するさまざまなシグナルを理解することである。一細胞RNA解析における最近の進捗によって，V-SVZニッチ内の個々の細胞のトランスクリプトームがどのように変化するかをよりよく調べることが可能になった。深い眠りについている静止期幹細胞から嗅球の分化神経細胞までの間のすべての，興味深い遺伝子発現の変化の軌跡がマッピングされ始めている(**図5.13**)。(オンラインの「SCIENTIST SPEAK 5.3：Dr. Arturo Alvarez-Buylla describes the adult V-SVZ neural stem cell niche」参照)

細胞間相互作用によるNSCプールの維持

幹細胞プールを維持することは，どんな幹細胞ニッチにとっても重大な責務である。あまりにも多い対称的な分化と前駆細胞を産生する分裂は，幹細胞プールを使い果たしてしまう。V-SVZにおいて，(分化に向かう)対称分裂は非対称分裂をはるかに上回るようであり，また対称分裂は事実としてB1細胞の体細胞分裂の本来の振る舞いのようである。そのような幹細胞を使い果たす分裂が勝ることは，生涯を通じて神経発生を支えるものではあるが，成体脳の老化に寄与する1つの要因でもあろう(Obernier et al. 2018)。このニッチはどのようにNSCの振る舞いを制御しているのだろうか？　V-SVZニッチは構造的に設計され，神経組織の成長や損傷に応じた修復の際にB細胞が失われないようにするシグナル伝達システムを備えている。

VCAM1とロゼット様ニッチへの接着

B細胞の小さな集まりは，複数の繊毛をもつ上衣細胞(E細胞)によって囲まれており，これらは脳室帯の内腔側から見ると風車状のロゼッ

発展問題

頂端表面との接触の欠如以外，われわれはB2細胞からB1細胞を区別するマーカーがないことについて知っている。B1細胞はB2細胞を産生することができるが，B2細胞がどのような機能を有するのかは未知のままである。B2細胞はなんなのであろうか。本当に幹細胞なのであろうか。

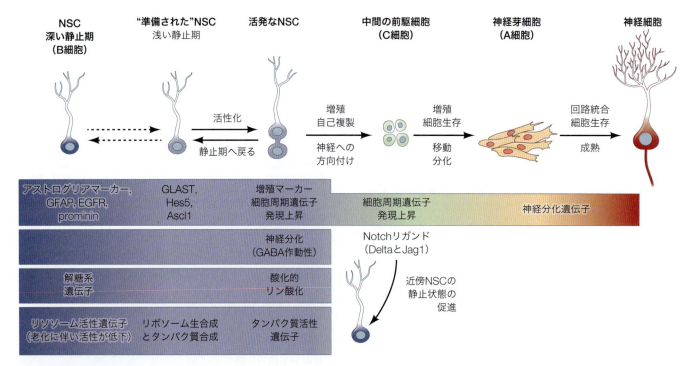

図5.13 静止期神経幹細胞(NSC)の神経細胞への成熟。V-SVZニッチ内で静止期BタイプNSC(qNSC；左端)は，アストログリア遺伝子の発現指標(例えば放射状グリアとアストロサイトで広く重なる)に加え，高いレベルの解糖系とリソソーム活性を示すことで特定される。新しい細胞の産生に値する条件になったとき，qNSCはタンパク質合成機構の生産を上昇させ，またAscl1のような鍵となる神経形成マーカーの発現を開始することで，"準備された(primed)"状態になる。これらの変化は，細胞周期促進遺伝子の発現と神経分化プログラムを上方制御することで，静止期幹細胞を分裂の活性化状態(中央)へと押しやる。これらのすべてはプロテアーゼ活性と酸化的リン酸化活性の上昇と相関する。C細胞はA細胞を生み出しながら，これらの増殖遺伝子プログラムを維持し，嗅球へと移動した後に神経細胞へ分化し続ける(右端)。B細胞が過剰に活性化することを防止するために，C細胞でのNotch経路の上方制御が，隣接するB細胞を静止期に戻す側方抑制メカニズムを開始させる。(N. Urbán et al. 2019. *Neuron* 104：834-848；E. Llorens-Bobadilla et al. 2015. *Cell Stem Cell* 17：329-340；O. Basak et al. 2018. *PNAS* 115：E610-E619；D. S. Leeman et al. 2018. *Science* 359：1277-1283；A. Cebrian-Silla et al. 2021. *Elife*. 10：e67436を含む複数の文献を参考に作成)

ト構造を形成している(図5.14A；Mirzadeh et al. 2008)。これらの風車状の構造はV-SVZニッチの独特の形態的特徴であり，少なくとも部分的に特異的な接着分子のVCAM1によって維持されている(Kokovay et al. 2012)。哺乳類の脳の老化に従って，観察される風車状の構造の数と神経幹細胞の数の両方が減少し，これは晩年における神経形成能の減少と相関している(Mirzadeh et al. 2008；Mirzadeh et al. 2010；Sanai et al. 2011；Shook et al. 2012；Shook et al. 2014)。

焚き火を囲んでいるキャンパーのように，上衣細胞はそれぞれのB細胞を取り囲んでいる。そして，焚き火の火が囲んでいるキャンパーの努力次第で次第に小さくなったり大きくなったりするように，B細胞は上衣細胞(と他のニッチシグナル)に聞いて，静止期に留まるのか活動的になるのかを決める。最もきつく上衣細胞と結合しているB細胞が，より静止状態にあるB1細胞である(図5.13参照)。**接着が強ければ強いほど，幹細胞はより静止する**。よりゆるく包まれたB細胞は"準備された(primed)"状況であり，活発に増殖するNSCの状態である(Doetsch et al. 1997)。B細胞の頂端表面に特異的に局在する接着タンパク質であるVCAM1(図5.14A参照)を実験的に抑制すると，風車状のパターンが崩れ，結果としてNSCの静止状態がなくなり，前駆細胞への分化が促進される(図5.14B；Kokovay et al. 2012)。

フラクトン Morpheus(モーフィアス)が言うように，「マトリックスはどこにでもある」。細胞外マトリックス(細胞外基質)(extracellular matrix：ECM)は，ニッチ構造と幹細胞機能の両方で主要な役割を果たしている。V-SVZにおいて，**フラクトン**(fractone)

図5.14 VCAM1と風車状の構造。(A) NSCニッチのV-SVZでの細胞の風車状の配置は，膜の標識で明らかになる。VCAM1の免疫標識（赤色）は，風車の芯にあるB細胞でのGFAP（緑色）との共局在を示している。青色の染色はβカテニンの存在を示している。風車状の構成は白色で示される。(B) VCAM1に対する抗体を用いた接着の阻害は，B細胞と上衣細胞の風車状の構成を壊す。これらの写真では，GFAPが赤色で視覚化され，緑色がβカテニンの存在を示している。

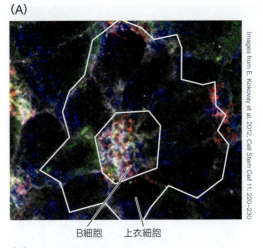

B細胞　上衣細胞

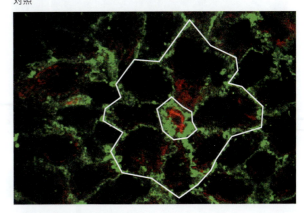

対照

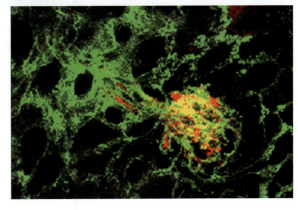

VCAM1阻害

として知られている独特のECM構造が同定された（Kerever et al. 2007）。フラクトンは，V-SVZに収束するための細胞突起の潜在的な標的になりうる枝状または球状構造である。フラクトンは，コラーゲン，ラミニン，ヘパラン硫酸プロテオグリカンを含む，さまざまなECM構成成分を有している。最も重要なことに，これらはある状態ではV-SVZで増殖状態を誘導できるBMPやFGFのような分泌シグナル分子を捕捉しておくことができる。

球状フラクトンは上衣細胞（E細胞）によって産生され，風車状構造の中心に近いB1細胞と接触していることが発見された（図5.15；Nascimento et al. 2018）。興味深いことに，フラクトンの構成成分である*laminin α5*のE細胞特異的な欠損では，細胞増殖の増加がみられた。これらの結果から，B1結合球状フラクトンの場合では，B1細胞が増殖シグナルに接することを防止し，静止期を維持することを促進しているようであることが示唆された（Obernier and Alvarez-Buylla 2019）。

Notch，分化のための時計　Notchシグナリングは，Bタイプの幹細胞プールを維持するために重要な役割を果たしている（Pierfelice et al. 2011；Giachino and Taylor 2014）。Notchファミリーのタンパク質は膜貫通型受容体で，細胞間相互作用を通じてNotch細胞内ドメイン（Notch intracellular domain：NICD）が，一般的に前神経遺伝子の発現を抑制する転写因子複合体の一部として機能するために切断され放たれる。より持続的なレベルのNICD活性は幹細胞の静止状態を促進するが，その一方で低下したレベルのNotch経路活性は前駆細胞の分裂と神経運命への成熟を促進する[3]。（速くなったり遅くなったりできれば）時計の周期性のように，下流の*Hes*遺伝子の標的を介した負のフィードバックループシステムが，V-SVZ中のNotch活性のさまざまな周期をつくり出している（図5.12参照；Imayoshi et al. 2013）。（オンラインの「FURTHER DEVELOPMENT 5.3：Just Another Notch on the Clock during Neurogenesis in the V-SVZ」参照）

V-SVZニッチにおける分化の促進　ほとんどの幹細胞ニッチの主な役目は，特定の細胞種へと分化する能力をもつ前駆細胞を生み出すことである。V-SVZのニッチでは，EGF（Notchシグナリングを抑制する）とBMPシグナリング（グリア細胞新生を促進する）を含むさまざまな因子が関係している。

前述したように，活性化（そして恒常的な）Notchシグナリングは静止期を助長し，分化を抑制する。ゆえに，神経形成を促進するメカニズムはNotch活性を弱める（変動させ

---

[3] 成体での神経形成においてNotchシグナリングが果たしている多くの役割は胚の脳における放射状グリアの制御と似ているが，いくつかの重要な違いが明らかになりつつある。胚と成体間の，そして種間の神経形成におけるNotchシグナリングの直接的な比較はPierfelice et al. 2011およびGrandel and Brand 2013を参照のこと。

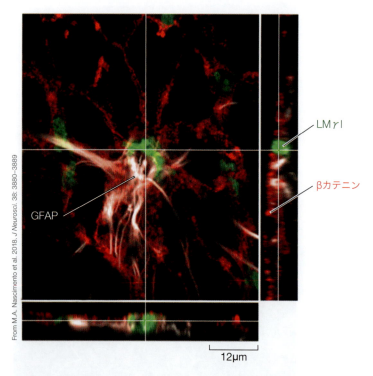

図5.15 風車状構造の中心の球状フラクトンの視覚化と，B1細胞との関係。並行した線で表した面と一致する垂直断面の図を，中心の図の右側と下側に表す。Lamininγ1，βカテニンとGFAPの免疫標識はそれぞれ，フラクトン（緑色），E細胞（赤い細胞膜）とB1細胞（白色）を表している。

る）ことになる。C細胞（前駆細胞）は，上皮増殖因子受容体（epidermal growth factor receptor：EGFR）を使うことでNUMBを亢進させ，NICDを抑制する（図5.12参照；Aguirre et al. 2010）。したがって，EGFシグナリングは幹細胞プールにおいてNotchシグナリングと拮抗的にバランスをとることで，神経形成を行っていることとなる（McGill and McGlade 2003；Kuo et al. 2006；Aguirre et al. 2010）。

さらなる分化への移行は，哺乳類の脳の他の領域と同じように，V-SVZにおいてグリア細胞の分化を促進するBMPシグナリングをはじめとする因子によって駆動される（Lim et al. 2000；Colak et al. 2008；Gajera et al. 2010；Morell et al. 2015；Obernier and Alvarez-Buylla 2019）。血管の内皮細胞からのBMPシグナリングはニッチの基部側で高く維持されているが，頂端境界の上衣細胞はBMP抑制因子のNogginを分泌し，この領域でのBMPレベルを低く維持している。したがって，B細胞がタイプC前駆細胞へと移行しニッチの基部境界に近づくと，BMPシグナリングのレベルの増大を受け，グリア細胞への分化が優先された神経形成が促進される。

さらなる発展

神経幹細胞ニッチへの環境的な影響

　成体の神経幹細胞（NSC）ニッチは，損傷や炎症，運動や概日リズムの変化のような，からだのなかの変化に反応しなくてはならない。NSCニッチはどのようにしてこれらの変化に反応するのだろうか？　脳脊髄液（cerebrospinal fluid：CSF），神経網，そして血管系はニッチに直接接触し，CSFへの傍分泌因子の放出，脳からの電気生理的活動，そして循環系を通して伝えられた内分泌シグナリングを介して，NSCの振る舞いに影響を与えることができる。

脈絡叢　B1細胞の一次繊毛はアンテナのように，**脈絡叢**（choroid plexus）として知られる分泌組織によってその多くが産生される脳脊髄液の中に伸長している。B1細胞は，Sonic hedgehog，繊維芽細胞増殖因子，インスリン増殖因子，インターロイキン（IL）1β，そして白血病抑制因子を含む，CSF中に存在しているさまざまな因子に対して反応する能力をもっている。これらのCSF由来の因子のいくつかは，静止状態の維持，自己複製，または神経形成に向けた増殖の促進などを補助することができる（Zappaterra and Lehtinen 2012）。例えば，IL 1βはB1細胞でのVCAM1の発現亢進の引き金となり，それにより**静止状態に強くとどめるが**，一方でIGF2はB1細胞を神経形成をサポートする活発な増殖状態へと押しやるために働く（Kokovay et al. 2012；Lehtinen et al. 2011）。興味深いことに，CSFは加齢とともに変化する。IGF2レベルは加齢とともに著しく減少し，若い脈絡叢からの条件培地を与えると，歳を取ったマウスの脳で増殖と神経形成を誘導できる（Lehtinen et al. 2011；Silva-Vargas et al. 2016）。

神経活動　ニッチに内在した，移動中の神経前駆細胞は，神経伝達物質のGABAを分泌している。そしてGABAは祖先細胞に対して負のフィードバックを起こし，その増殖速度を弱める。この振る舞いの反対に，B細胞はGABAに競合する阻害因子を分泌し，ニッチにおける増殖を促進する（Alfonso et al. 2012）。また，セロトニン作動性ニューロンと上衣細胞およびB細胞の両方との間のシナプス結合のような，外部からの入力がさまざまな神経細胞種で発見されつつある（Tong et al. 2014）。タイプB細胞はセロトニン受容体を発現し，B1細胞におけるセロトニン経路の活性化または抑制が行われ，それによって，V–SVZでの増殖をそれぞれ増加または減少させる。

Sonic hedgehog（Shh）シグナリングとNSCニッチ　胚における神経管のパターン形成に似て（15.2節参照），V–SVZからのさまざまな神経細胞種の産生は，ニッチの頂端（高レベル）から基部（低レベル）への軸に沿ったSonic hedgehog（Shh）の濃度勾配によって部分的にパターン化されている（Goodrich et al. 1997；Bai et al. 2002；Ihrie et al. 2011）[4]。Shhシグナリングの欠如は，頂端側に由来する嗅覚神経の特異的な減少を招く（Ihrie et al. 2011）。この結果は，ニッチのより頂端側でのNSC集団に由来する細胞は，Shhシグナリングの濃度の違いによって，より基部側のNSCに由来する細胞と比較して異なる神経細胞運命をたどることを示唆している（図5.12参照）。

血管系とのコミュニケーション　神経形成に影響を与える血液由来の物質は厳重な血液脳関門を横断する必要があるが，NSCニッチは脳の他の領域に比べ"漏出しやすい"場所として見つかる（Tavazoie et al. 2008）。血管系は，血管細胞（内皮細胞，平滑筋，周皮細胞）から関係する細胞外基質と血液中の物質に至るまで，V–SVZニッチに多量に浸潤している（Licht and Keshet 2015；Ottone and Parrinello 2015）。頂端に位置しているB細胞の細胞体は血管から完全に距離を置くことができるが，基部終足は間質由来因子1（stromal–derived factor 1：SDF1）に依存して血管系と密接に接している（図5.12参照；Kokovay et al. 2010）。

　前述したように，NotchシグナリングはB1細胞を静止期に制御するためになくてはならないものである。B1細胞の終足のNotch受容体は，内皮細胞のJagged1（Jag1）膜貫通型受容体に結合し，それによりNotchがNICD転写因子に加工され，その結果B1細胞の静止期が維持される（Ottone et al. 2014）。B細胞のC細胞（前駆細胞）への移行の際に，内皮細胞との基部の接触は失われ，結果としてNICDが減少し，前駆細胞が成熟可能となる。これに対して，色素上皮由来因子（pigment epithelium–derived factor：PEDF）とbetacellulinのような内皮細胞が産生する因子は，PEDF1によるB細胞の対称的な自己複製もしくはbetacellulinによるC細胞の増幅のどちらかにより，V–SVZにおける細胞増殖を刺激することができる（Andreu–Agulló et al. 2009；Gómez–Gaviro et al. 2012）。

GDF11と脳の老化　NSCニッチに届く最も興味深い血液由来因子の1つが増殖分化因子11（growth differentiation factor 11：GDF11；BMP11としても知られている）であり，脳における老化症状を防ぐようである。ヒトのように，老齢マウスは非常に神経形成能力が衰退している。研究者は，若いマウスの血液循環を外科的に年老いたマウスに接続したときに（パラバイオーシスとして知られる手法），若いマウスの血中の何かが老化したマウスの神経形成の減少を抑制できることを示した。パラバイオーシスを行うことで，ヘテロクロニックな老齢マウスの脳内で血管新生が増加し，その

4　脳におけるShhの勾配は，より正確に記載すると背腹軸に沿った方向である。しかしながら，より簡便にするために，頂底軸だけに沿った存在として記載を限定している。

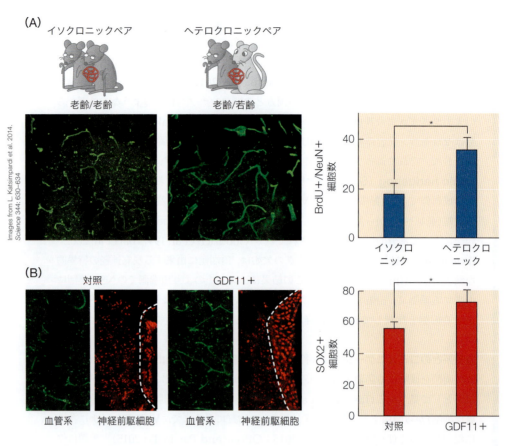

図5.16 若齢の血液は老齢マウスを若返らせることができる。(A)2個体の循環系を融合するパラバイオーシスには，同じ年齢(イソクロニック)，または違う年齢(ヘテロクロニック)のマウスを使用した。老齢マウスが若齢マウスとパラバイオーシスされたとき，老齢マウスで血管系(写真では緑色で染色されている)の量と同様に増殖性の神経前駆細胞の数も増加していた。(B)老齢マウスの循環系へのGDF11の投与は，同じように血管系(写真では緑色)とV-SVZの神経前駆細胞の総数(写真では線描された赤い集団で，グラフではSOX2+細胞の数で表されている)の両方を増加させるのに十分であった。(グラフはL. Katsimpardi et al. 2014. *Science* 344：630-634より)

結果，NSCの増殖が増え，神経形成と認知機能が回復したのである(図5.16A；Katsimpardi et al. 2014)。そして研究者たちは，1つの血液循環因子GDF11を使うことで，老齢マウスの脳のV-SVZでの神経形成能力が回復できることを示した。

これらの研究の結果に関しては議論があることに注意しておくことは重要である。相反する論文が，GDF11レベルが老化とともに本当に減少しているのか，そしてそれは同じように筋肉再生を促進できるのかどうかに疑問を投げかけている(図5.16B；Loffredo et al. 2013；Poggioli et al. 2015)[5]。より最近，脳卒中を患ったマウスの脳内にGDF11を直接投与することで，有意な神経再生が起こることが示された(Lu et al. 2018)。加えて，老齢マウスに対する血管系だけへのGDF11の全身投与は，マウス海馬での神経形成を誘導した(Ozek et al. 2018)。まとめると，これらの結果は，NSCニッチとそれを取り巻く血管系の間のコミュニケーションが成体の脳における

---

[5] 2015年，Egerman(エガーマン)と同僚達は，GDF11は加齢とともに減少しないことを報告した。加えて，別の報告はGDF11による筋肉の若返りを主張しているにもかかわらず(Sinha et al. 2014)，この研究はGDF11は(よく似たタンパク質のミオスタチンのように)筋肉の成長を抑制したとも報告した。しかしながら，加齢に関係したGDF11の減少は近年確認され(Poggioli et al. 2015)，そしてGDF11の神経形成上の効果に関してはEgermanと同僚たちは異論を唱えなかった。

神経形成の主たる制御メカニズムであることを示唆しており，経年によるこのコミュニケーションの変化が，加齢に関係した認知障害のいくつかの根底にあるのかもしれない。

発展問題

血液由来のミクログリアは神経系においてマクロファージとして機能することが知られているが，なぜこれらもV–SVZに同じように存在しているのだろうか？

5.5 成体腸の幹細胞ニッチ

神経幹細胞は特殊化された上皮の一部分であるが，すべての上皮性ニッチが同じようにつくられているわけではない。哺乳類の小腸の上皮内層は，腸の内腔に数百万の指状の絨毛を突き出しており，これらは保護のための選択的バリアおよび的確な栄養吸収のために機能している。それぞれの絨毛の基部は急勾配に落ち込み，**陰窩**(crypt)と呼ばれる井戸様の穴をつくり，その上皮は最終的に隣接する絨毛上皮とつながっている。**腸幹細胞**(intestinal stem cell：ISC)ニッチは，陰窩の基部に位置している(**図5.17A**)。

細胞は陰窩で**増える**一方，細胞は多くは絨毛の先端で**除去**される。細胞の供給源から排出口へのこの上方移動を通じて，腸の吸収細胞の更新(ターンオーバー)がおおよそ2日から3日ごとに起きている(Darwich et al. 2014)[6]。腸における急速な細胞更新を理解することは，ISCニッチの機能を理解するうえできわめて重要である。

陰窩におけるクローン性更新

深刻なダメージや腫瘍化を起こさずに，いかにして腸上皮は急激な細胞更新を成し遂げているのだろうか。幹細胞の可塑性における驚くべきレベルの冗長性が，ISCニッチには組み込まれている。マウスでは小腸陰窩の基部において，複数の細胞がある程度の幹細胞性を示す。産生された娘細胞の一部は陰窩に残り，幹細胞として機能し続けるが，他の細胞は一過性増幅細胞になり急速に分裂する(**図5.17B**；Lander et al. e2012；Barker 2014；Koo and Clevers 2014；Krausova and Korinek 2014)。陰窩内の幹細胞と前駆細胞の分裂は，陰窩から絨毛へ垂直方向に向かって細胞を移動させる。細胞が陰窩基部から遠くに位置するようになると，漸次に小腸上皮の6種類の細胞，すなわちパネート細胞，腸細胞，杯細胞，腸内分泌細胞，化学受容性刷子細胞，小襞細胞(M細胞)へと分化する。腸絨毛の先端に到達すると細胞は剥落し，付着を失う――この場合は他の絨毛上皮細胞と細胞外基質との接触を失う――ことで，アポトーシス(プログラム細胞死)の一種の**アノイキス**(anoikis)を迎える(図5.17参照)[7]。

細胞系譜の追跡実験は，(Lgr5タンパク質を発現している) ISCが腸上皮細胞のすべての分化細胞を産生できることを示した(Barker et al. 2007；Snippert et al. 2010；Sato et al. 2011；Buczacki et al. 2013；Koo and Clevers 2014)。その局在が陰窩の最も基部であるがゆえに，これらのLgr5＋幹細胞は**陰窩基部円柱細胞**(crypt base columnar cell：CBCC)と呼ばれ，これもまた陰窩の基部に限局される隣接するパネート細胞とともに格子柄で観察される(**図5.17C**；Sato et al. 2011)。

CBCCが活性型幹細胞であることの最も説得力のある証明は，時間経過とともにCBCCの1細胞が陰窩を完全に再構成できることである(**図5.18**；Snippert et al. 2010)。さらに印象的なことは，1つのCBCC細胞が培養系において6種類のすべての分化細胞系譜をもつ三次元の上皮性の"ミニ腸"を作出できることである(Sato et al. 2009；5.8節参照)。1つ

6　この日数は，マウスとヒトを含む6種のメタ解析を通じて決定された。
7　この過程はヒドラの成長に非常によく似ており，ヒドラではそれぞれの細胞が基部で形成され，分化したからだの一部になるために移動し，最終的には触手の先から剥落していく(24.5節参照)。

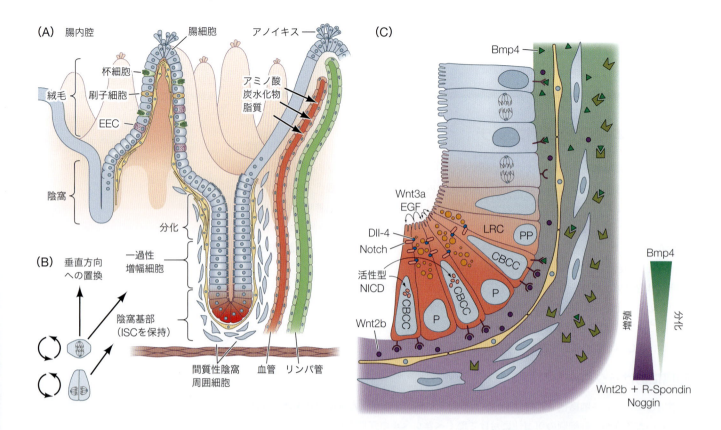

図5.17 腸幹細胞（ISC）ニッチとその制御因子。(A) 小腸上皮は，内腔に突き出した長い指状の絨毛で構成されている。消化されたアミノ酸や炭水化物，脂質といった高分子は，上皮を通って直下にある血管やリンパ管に輸送される。絨毛の基部では，上皮が陰窩と呼ばれる深い穴に続いている。ISCと前駆細胞が陰窩の底（赤色）に位置しており，アノイキスを介した細胞死が絨毛の頂点で起こる。(B) 中心部から周辺部への軸（陰窩から絨毛へ）に沿って，陰窩上皮は機能的に3つの領域に分けることができる。陰窩の基部はISCを保持している；増殖帯は一過性増幅細胞でできている；分化帯は上皮細胞種の成熟によって特徴づけられる。腸の6種の分化細胞のうち，腸細胞，腸内分泌細胞（enteroendocrine cell：EEC），刷子細胞，杯細胞の4種が描かれている。また，間質性陰窩周囲細胞も描かれ，テロサイトは上皮のすべての基部表面を裏打ちしている。間質性陰窩周囲細胞はWnt2b（R-Spondinとともに）とBmp4のモルフォゲンの勾配が拮抗するように分泌し，それらはそれぞれ幹細胞性と分化を制御する。Bmpの勾配は，その抑制因子であるNoggin（他にもあるが）の間質の平滑筋と繊維芽細胞からの分泌によって，より薄められる。(C) 陰窩基部の高倍率の図。高分泌性のパネート細胞（P）が上皮増殖因子（EGF）とWnt3aを分泌し，Lrg5+陰窩基部円柱細胞（CBCC）として知られる主となるISCの増殖を促す。CBCCの維持と増殖に欠かせないのは，パネート細胞によるNotchリガンドのDll4の提示であり，これはCBCC内でNotch細胞内ドメイン（NICD）の活性化の引き金となる。（LRC：DNA標識残存細胞，PP：パネート前駆細胞）。(J. Beumer and H. Clevers. 2021. *Mol Cell Biol*. 22：39-53；G. Zhu et al. 2021. *Cell Regen* 10：1；I. Rosa et al. 2021. *J Histochem Cytochem* 69：795-818；L. Onfroy-Roy et al. 2020. *Cells* 9：2629を含む複数の文献を参考に作成)

のCBCC細胞の対称分裂の後，片方の娘細胞が（偶然に）パネート細胞に隣接し，一方で他方の娘細胞が一過性増幅細胞（前駆細胞）運命を通過して基部から押し出される。このようにして，パネート細胞の表面に対する中立な競合が，どちらが幹細胞として残り，どちらが成熟していくかを決定するのである（Klein and Simons 2011；Beumer and Clevers 2021）。

発展問題

なぜISCの生涯は偶然に委ねられるのだろうか？ そしてどのようにしてそれが実際に癌化を予防している可能性があるだろうか？

> **さらなる発展**
>
> **陰窩における制御メカニズム** それぞれのニッチは約15個のパネート細胞と同数のCBCCを含んでおり，およそ80％の幹細胞の表面はパネート細胞と直接接している。パネート細胞は幹細胞制御に不可欠な貢献者であり，パネート細胞の除去は他の細胞を産生する幹細胞の能力を破壊してしまう。
>
> パネート細胞は，上皮増殖因子（epidermal growth factor：EGF），Wnt3a，Delta-

(A) Cre応答性マウスにおけるISCの子孫細胞の移行

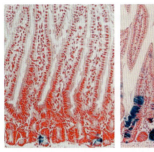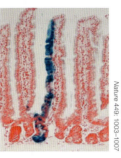

(B) confettiマウスにおける小腸陰窩

1週　　　2週　　　18週

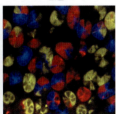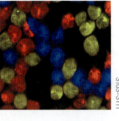

標識後の時間

図5.18 腸幹細胞(ISC)ニッチのクローン原性の性質。(A) Lgr5プロモーターとRosa26-LacZレポーターを利用したCre応答性遺伝子組換えマウスは，陰窩基部の個別のISCクローンを標識する(青色)。時間経過とともに，LacZ陽性の子孫細胞の絨毛上方への累進的な移動がみられる。(B)遺伝子組換え"紙吹雪(confetti)"マウスを使った腸陰窩におけるISCのモザイク標識は，確率論的(予想上ランダム)な単クローン性の陰窩(1色として視覚化)への遷移を示す。この遷移は数学的にモデル化でき，写真の下方の円グラフのように，同様の色のパターンが粗くなるシミュレーションができた。

like-4（Dll4；Notchの活性化因子）だけではない，いくつかの傍分泌および接触分泌因子を発現しており(Sato et al. 2009；Bevins and Salzman 2011；Barker 2014；Krausova and Korinek 2014)これらは冗長的にCBCC幹細胞の対称分裂を促進するメカニズムにかかわっている。例えば，パネート細胞が供給するWntはCBCCの増殖を刺激し，そしてWntリガンドをより保持している娘細胞はよりゆっくり分裂し，潜在的にパネート細胞への運命を辿る(Farin et al. 2016)。対照的に，Dll4がCBCC上のNotch受容体に結合している場合は持続的な増殖と，吸収細胞というよりは分泌細胞への運命特定化のためのシグナルだと解釈されている(図5.17C参照；Fre et al. 2011；Pellegrinet et al. 2011；Beumer and Clevers 2021；Zhu et al. 2021)。

　筋繊維芽細胞，平滑筋，そしてテロサイト[8]で構成される陰窩上皮の下にある間質は，ISCニッチを制御するための，WntとEGFによるもう1つの冗長的なシグナリングを支えている。Wnt2Bの分泌は補助因子のR-Spondinと共同して，より内腔表面に向けて(陰窩の上部から；図5.17C参照)発現しているBmp4に対して拮抗的な勾配をつくっている。重要なこととしてCBCCは，Wnt2aとBmp4のためのFrizzled7とBMPR1a受容体の両方を発現している(He et al. 2004；Farin et al. 2012；Flanagan et al. 2015)。最新のモデルでは，WntシグナリングがCBCCと前駆細胞の生存と増殖を促進し，一方で拮抗するBMPシグナルが絨毛方向に向けての陰窩内での漸進的な分化を促進している(Beumer and Clevers 2021；Zhu et al. 2021；Rosa et al. 2021；Onfroy-Roy et al. 2020)。(オンラインの「SCIENTIST SPEAK 5.4：Dr. Brigid Hogan

---

[8] テロサイトは身体中の結合組織でみられる細長い細胞として，近年見つかった。長い細胞質の伸長が周囲の細胞を組織化しているように思われるこの細胞は，幹細胞ニッチの組織化に重要な可能性がある(El Maadawi 2016；Rosa et al 2021)。

talks about the role of stem cells in lung development and disease」参照）

5.6　幹細胞が成体血液の多様な細胞系譜を供給する

あなたの血液では毎日，1,000億を超える細胞が新しい細胞に置き換わっている。必要とされる細胞タイプがガス交換のための赤血球であろうと，免疫のためのリンパ球であろうと，**造血幹細胞**（hematopoietic stem cell：HSC）がHSCニッチである細胞産生機構を駆動している階層性の系譜のトップにいる（図20.24参照）。HSCの重要性はどれだけ誇張してもしすぎることはない。1950年代から，HSCを使った幹細胞療法は，骨髄移植を介して血液疾患を治療するのに使われるのが常であった[9]。加えて，「幹細胞がそこにあり，特殊化された微小環境によって制御される」という"ニッチ仮説"は，HSCによって初めて示唆された（Schofield 1978）。（オンラインの「FURTHER DEVELOPMENT 5.4：Were HSCs Somehow Born from Bone to Then Reside in the Marrow?」参照）

造血幹細胞ニッチ

造血幹細胞（HSC）ニッチは，骨細胞，血管を裏打ちする内皮細胞，そして間質細胞などと近接して内在するHSCとともに，高度に血管形成された骨髄の組織内に存在している。造血ニッチはさらに，**骨内膜ニッチ**（endosteal niche）と**血管周囲ニッチ**（perivascular niche）の2つの領域に分けることができる（**図5.19**）[10]。骨内膜性ニッチのHSCはしばしば，骨の内側表面に並ぶ骨芽細胞（発生中の骨細胞）と直接接している。また血管周囲ニッチのHSCは，血管に並んだり取り囲んだりしている細胞（内皮細胞と間質細胞）と密接に接している。加えて，これらのニッチ内には2つのHSCの亜集団が存在している。1つは火急の要求への応答に対して急速に分裂できる集団であり，一方で静止期の集団は備蓄のために保持され，最も大きな自己複製能を有している（Wilson et al. 2008, 2009）。生理学的な条件次第で，幹細胞は片方の亜集団からもう一方の亜集団に入ることができる。

骨内膜ニッチ内のHSCは，生物の生命のために幹細胞集団を維持する長期間の自己複製能をもつ，より静止期の集団である傾向がある（Wilson et al. 2007）。より活性化されたHSCは血管周囲ニッチにいる傾向があり，短期間で前駆細胞の発生を支えるより早い複製周期を示す（図5.19参照）。細胞接着分子，傍分泌因子，細胞外基質構成成分，ホルモンシグナル，血管からの圧力の変化，そして交感神経の神経入力の複雑なカクテルがすべて組み合わされ，HSCの増殖状態に影響を与える（Spiegel et al. 2008；Malhotra and Kincade 2009；Cullen et al. 2014；Pinho and Frenette 2019；Fröbel et al. 2021）。

さらなる発展

HSCの制御

骨内膜ニッチと血管周囲ニッチのさまざまな物質的および細胞的特性によって，HSCのさまざまな制御が生じる（Wilson et al. 2007）。

9　最初に成功した骨髄移植は一卵性双生児間で行われ，片方が白血病であった。これはE. Donnall Thomas（E・ドナル・トーマス）博士によって実施され，継続した幹細胞移植の研究は1990年にノーベル生理学・医学賞をもたらした。

10　*peri*は"周囲に（around）"のラテン語。perivascularは血管の周囲に局在する細胞を意味する。血管周囲ニッチは血管ニッチとも呼ばれ，骨内膜ニッチは骨芽細胞ニッチとも呼ばれる。

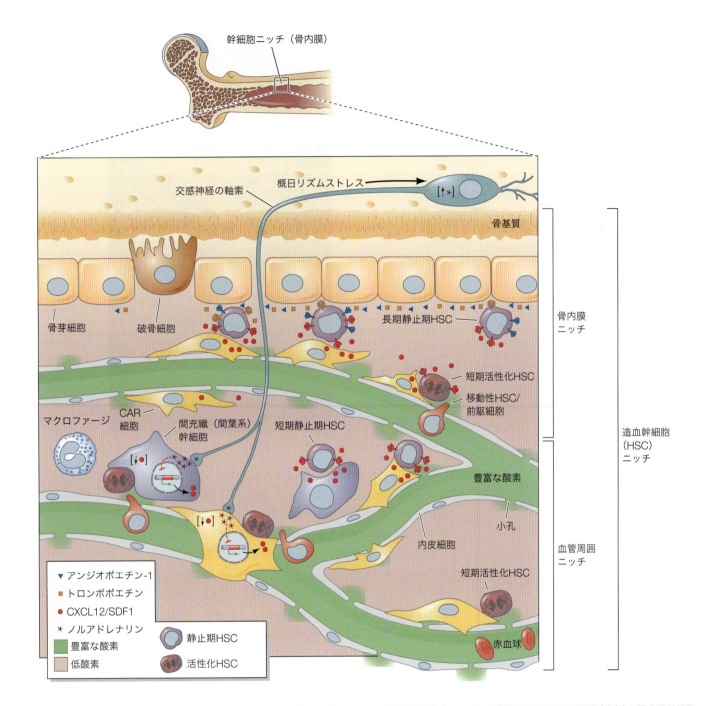

図5.19 成体造血幹細胞（HSC）ニッチのモデル。骨髄の中に存在するHSCニッチは，骨内膜性と血管周囲の2種類のサブニッチに分けられる。骨芽細胞と接着している骨内膜ニッチのHSCは長期幹細胞（紫色）で，概ね静止期にいる。短期の活性化HSC（赤色）は豊富な酸素がある小孔で血管（緑色）と接している。間質細胞であるCAR細胞（黄色）と間充織幹細胞は移動性HSCおよび前駆細胞と直接相互作用するが，これは交感神経とのつながりによって刺激されうる。

骨内膜ニッチにおける制御メカニズム 骨内膜ニッチにおいて，HSCは骨芽細胞と密接に相互作用し，骨芽細胞の細胞数を操作することはHSCの数が同じように増減する原因となる（Zhang et al. 2003；Visnjic et al. 2004；Lo Celso et al. 2009；Al-Drees et al. 2015；Boulais and Frenette 2015）。さらに，骨芽細胞はHSCと結合することと，アンジオポエチン-1とトロンボポエチンを分泌することによってその静止状態を促進し，長期間の造血のための蓄えとして幹細胞を維持する（Arai et al.

図 5.20 造血幹細胞は，骨髄の毛細血管に隣接して位置している。c-Kit受容体（緑色）は，ニッチ内の洞様毛細血管（抗ラミニン抗体で染色されている；赤色）と直接接触したHSCと前駆細胞のマーカーである。HSCは，ニッチのすべての種類の脈管構造と関係している。

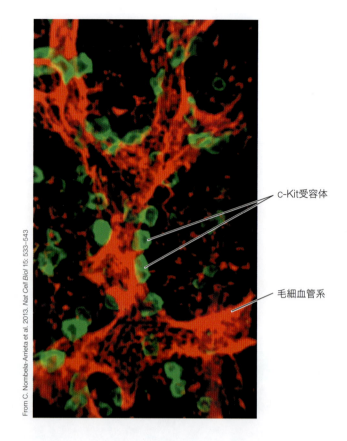

2004；Qian et al. 2007；Yoshihara et al. 2007）。骨内膜ニッチは洞様毛細血管で充満しており（Nombela-Arrieta et al. 2013）[11]，一部のHSC（*c-Kit*＋）と前駆細胞は高浸透性の毛細血管と密接に関係している（図5.20）。骨内膜ニッチは血管周囲ニッチに比べてより低酸素であると従来考えられてきたが，これらの毛細血管は間違いなく骨内膜領域に酸素を運搬することを促進し，洞様毛細血管のすぐ近くをとりまく微小な場所を低酸素状態ではないようにしている。それゆえに，血管の位置を探すための手掛かりとして，HSCはニッチ内の酸素濃度の違いを利用しているのかもしれない（Nombela-Arrieta et al. 2013；Pinho and Frenette 2019；Fröbel et al. 2021）。

血管周囲ニッチにおける制御メカニズム　傍分泌因子のCXCL12〔間質由来因子1（stromal-derived factor 1：SDF1）とも呼ばれる〕の細胞特異的な調節は，血管周囲ニッチにおいてHSCと前駆細胞の静止状態と保持を管理するための重要なメカニズムであるように思われる。CXCL12は，内皮CXCL12-abundant reticular（CAR）細胞や**間充織（間葉系）幹細胞**（mesenchymal stem cell：MSC）のような，いくつかの種類の細胞から分泌される（図5.19参照；Sugiyama et al. 2006；Méndez-Ferrer et al. 2010）。CAR細胞におけるCXCL12の欠失は血流への造血前駆細胞の著しい移動を引き起こすが，一方でMSCにおける選択的なCXCL12のノックアウトはHSC減少の原因となる（Greenbaum et al. 2013；Pinho and Frenette 2019；Fröbel et al. 2021；Hurwitz et al. 2020）。

　興味深いことに，前駆細胞が血流へと移動していく割合には，HSCの分裂は夜により盛んに起き，血中への前駆細胞の移動は日中により多く起こるという，一日での変

---

[11] 洞様毛細血管は開孔を多くもつ毛細血管で，毛細血管と周囲の組織間での重要な浸透性を可能にしている。

動がある。この移動の概日パターンは，骨髄に侵入している交感神経軸索からのノルアドレナリンの放出によって支配されている（図5.19参照；Méndez-Ferrer et al. 2008；Kollet et al. 2012）。間質細胞上の受容体はこの神経伝達物質に対してCXCL12の発現の下方制御で反応し，これで一時的に間質細胞と接して捕らえられているHSCと前駆細胞が減り，循環系へと脱する。概日リズムはHSC増殖の通常のサイクルを刺激するが，慢性ストレスはノルアドレナリンの放出増加を誘導する（Heidt et al. 2014）。これにより低レベルのCXCL12が放出され，HSC増殖の減少と循環系への移動が増加する。なので次に朝起きたとき，交感神経系が造血幹細胞にも起きるように指示をしていることを知っておいてほしい。

付加的なシグナル因子〔Wnt，TGF-*β*，Notch/Jagged1，幹細胞因子（stem cell factor），インテグリン〕は，さまざまな条件下におけるさまざまな種類の血球の産生割合に影響する（Al-Drees et al. 2015 and Boulais and Frenette 2015の総説参照）。その例として，感染中には白血球の産生が増加したり，高高度へ昇るときには赤血球の産生が増加することなどがある。このシステムの誤った制御は，さまざまな種類の血液癌のような疾患の原因となりえる。骨髄増殖性疾患は，血球分化のための正しいシグナルの失敗に起因する癌の1つである。この癌は骨芽細胞が正しく機能しないことに由来し，HSCが分化せずに急速に増殖する（Walkley et al. 2007a, b；Raaijmakers et al. 2010；Raaijmakers 2012）。

発展問題

造血幹細胞（HSC）ニッチの2つの明確な領域について記述したが，もっとあるのだろうか？　骨髄の間充織幹細胞（MSC）（5.7節参照）はHSCに独自の制御を行い，ニッチの中のニッチに相当するという考えがある。これをどう考えるか？　骨内膜，血管周囲，そして（潜在的な）MSCニッチの間で，細胞間コミュニケーションとHSCの行動はどのように組織化されているのだろうか？

5.7　間充織（間葉系）幹細胞はさまざまな成体組織を支える

たいていの成体幹細胞は，ほんの数種類の細胞種を形成するように限定されている（Wagers et al. 2002）。例えば，GFPで標識された造血幹細胞（HSC）をマウスに移植すると，標識された子孫細胞は血液中でみられるが，他の組織では観察されない（Alvarez-Dolado et al. 2003）[12]。しかしながら，いくつかの成体幹細胞は驚くほど広い範囲の可塑性をもつように思われる。これらの多分化能性の**間充織（間葉系）幹細胞**（mesenchymal stem cell：MSC）は，時に**骨髄由来幹細胞**（bone marrow-derived stem cell：BMDC）と呼ばれ，その能力の範囲には議論がある（Bianco 2014；Gomez-Salazar et al. 2020）。

そもそもは骨髄で発見された（Friedenstein et al. 1968；Caplan 1991）多分化能性MSCは，多数の成体組織（皮膚の真皮，骨，脂肪，軟骨，腱，筋肉，胸腺，角膜，歯髄など）に加えて臍帯と胎盤でも見つかっている（Gronthos et al. 2000；Chamberlain et al. 2004；Perry et al. 2008；Traggiai et al. 2008；Kuhn and Tuan 2010；Nazarov et al. 2012；Via et al. 2012 参照）。実際に，ヒトの臍帯と乳歯がMSCを含んでいるという発見から，一部の医師たちは親に「子供の臍帯や抜けた歯から細胞を冷凍保存し，後の人生で移植用として利用可能になる」ということを提案するようになった[13]。MSCが多能性――胚盤胞に移殖されたときに，すべての胚葉の細胞を産生する能力――に関する試験をパスで

12　かつて，そのような移植の初期の試みでは，さまざまな組織（脳でさえも）での造血幹細胞（HSC）の取り込みが示された。しかしながらこの発見は，HSCからの実際の系統の由来というよりはむしろ，細胞融合事象によるものであることがわかった。さらなる研究はAlvarez-Dolado et al. 2003と，関連する2005年のArturo Alvarez-Buyllaのweb会議を参照。

13　臍帯細胞の保存に関するもう1つの主張は，それらにはHSCが含まれており，のちに万が一白血病が発症してしまったら，その子供へ移植できる可能性があるというものである（Goessling et al. 2011参照）。

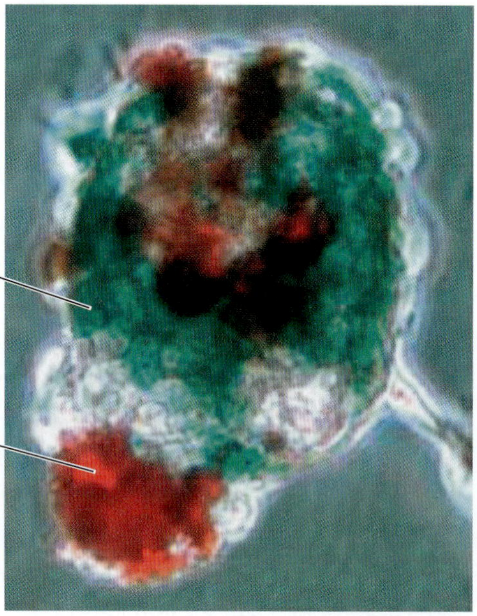

図5.21　間葉球（スフェロイド）。培養系に置かれた間充織（間葉系）幹細胞（MSC）は，さまざまな細胞種を産生できる間葉球を形成する。ここでは，間葉球は2種類の派生細胞を含んでいる：骨芽細胞（骨形成細胞；青緑色）と脂肪細胞（脂肪形成細胞；赤色）。

骨芽細胞

脂肪細胞

From S. Méndez-Ferrer et al. 2010. *Nature* 466, 829–834.

きるかどうかは，まだ証明されていない。

　MSCを取り巻く多くの議論は，一方では支持的な間質細胞であり，もう一方では幹細胞であるという，MSCの"二重人格性"にある。形態学的にMSCは，結合組織（間質）の細胞外基質を分泌している細胞種である繊維芽細胞に似ている。しかしながら培養系では，MSCは繊維芽細胞とは違ったふうに振る舞う。培養系での1個のMSCは自己複製によってクローン集団をつくり出し，それはさまざまな細胞種を含む器官を *in vitro* でつくり出すことができる（図5.21；Sacchetti et al. 2007；Méndez-Ferrer et al. 2010；Bianco 2014の総説）。骨髄でみられるように，他の組織におけるMSCは前駆細胞，そして常在しているニッチ幹細胞の制御因子（おそらく傍分泌シグナリングを介して）の両者として働いていると思われる（Gnecchi et al. 2009；Kfoury and Scadden 2015；Andrzejewska et al. 2019）。

MSC発生の制御

　特定の傍分泌因子は，MSCの発生を特定の系譜へと指示しているように思われる。血小板由来増殖因子（platelet-derived growth factor：PDGF）は脂肪形成と軟骨形成に重要であり，またTGF-βシグナリングも軟骨形成に重要で，そして繊維芽細胞増殖因子（fibroblast growth factor：FGF）シグナリングは骨細胞への分化に必要である（Pittenger et al. 1999；Dezawa et al. 2004；Ng et al. 2008；Jackson et al. 2010）。このような傍分泌シグナリング因子は，MSCの分化だけでなく，常在しているニッチ幹細胞の調整の基礎をなす。例えば，MSCは毛包の発生と再生の間，多分化能性前駆細胞と幹細胞ニッチ制御因子としての2つの重要な役割を果たすことが示されている（Kfoury and Scadden 2015）。表皮の急速な入れ替えと，それに関連する毛包は，常在している幹細胞の強固な活性化を必要とする（18.4節参照）。成長中の毛包の基部を覆っている未成熟な脂肪前駆細胞は，PDGF傍分泌メカニズムを介した皮膚を成長させ，再生中の毛幹細胞の活性化の引き金として必要にして不可欠な存在である（Festa et al. 2011）。

　MSCの分化は傍分泌因子だけでなく，幹細胞ニッチ内の細胞基質分子にも依存している。特定の細胞基質成分，特にラミニンは，未分化な"幹細胞性（stemness）"状態にMSCを維持し続けるように思われる（Kuhn and Tuan 2010）。研究者は，物理的な基質が

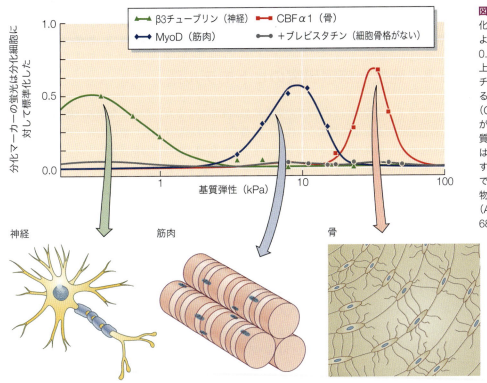

図5.22 間充織(間葉系)幹細胞(MSC)の分化は，自身が位置している基質の弾性によって影響される。脳とよく似た弾性(約0.1〜1 kPa)でコラーゲンコートしたゲル上では，ヒトMSCは神経マーカー(β3チューブリンなど)を発現する細胞へ分化するが，筋肉マーカー(MyoD)や骨マーカー(CBFα1)を含む細胞へは分化しない。ゲルが固くなると，MSCは筋肉特異的タンパク質をもつ細胞に分化する。さらに硬い基質は，骨マーカーをもつ細胞の分化を引き出す。どの基質上でもMSCの分化は，細胞膜での微小繊維の集合を妨げるミオシン阻害物質であるブレビスタチンを消失させる。(A. J. Engler et al. 2006. *Cell* 126：677-689. © 2006 Elsevier Inc. より)

MSCの制御に与える影響を利用して，さまざまな表面上で幹細胞を増殖させることよって培養系でさまざまな細胞種のレパートリーを生み出すことができた。例えば，ヒトMSCをコラーゲンの柔らかい基質上で増殖させると，*in vivo* では形成されないと思われる細胞種である神経に分化する。代わりに，MSCをほどよい弾力のコラーゲン上で増殖させると筋肉細胞になり，より硬い基質上で増殖させると骨細胞へと分化する(図5.22；Engler et al. 2006)。この範囲の分化能力が普通に身体の中でみられるのかについてはよくわかっていない。技術が改良されれば，その答えはさまざまなMSCニッチの特性をよりよく理解することで得られるだろう。(オンラインの「FURTHER DEVELOPMENT 5.5：Other Stem Cells Supporting Adult Tissue Maintenance and Regeneration」参照)

さらなる発展

加齢における脂肪，筋肉，そしてMSCの役割 骨格筋組織内の繊維脂肪前駆細胞(fibroadipogenic progenitor cell：FAP)と名付けられた間充織(間葉系)細胞種は，白色脂肪細胞の産生に働く(名前の"脂肪"部分が意味するように)。しかしながら，筋肉損傷への反応においては，FAPは筋衛星幹細胞の筋肉への分化を促進する(Joe et al. 2010；Pannérec et al. 2013)。事実，筋幹細胞ニッチでのFAPの存在の増加は，抗加齢機能と，Duchenne型筋ジストロフィーを減少させる効果をもつことが示唆されている(Formicola et al. 2014)。この仮説は，MSCと早老症のHutchinson-Gilford症候群との間の関連によってさらに支持される。この症候群は，早老症の各個人においてMSCが特定の細胞種(例えば脂肪細胞)へ分化できないことに起因するようである(Scaffidi and Misteli 2008)。実際，MSCは加齢による毛の消失の制御に重要なようである(Gentile and Garcovich 2019；Egger et al. 2020)。これらの発見は，MSCそれ自体やその分化能力の消失が通常の老年症候群の一因ではないかという推

発展問題

ある時点では前駆細胞であるMSCが別の時点では他の幹細胞を制御するという変化を制御する分子メカニズムは何だろうか？

測を導き出す。

5.8 発生と疾患研究のヒトモデル系

ここまで，幹細胞の生体内での実際に焦点を当ててきた。しかしながら，幹細胞を規定する自己複製と分化に関する特性は，培養系での幹細胞操作も可能にした。研究室内で胚性およびヒト成体幹細胞を培養し，さまざまな種類の細胞に分化誘導する最近の技術により，ヒトの発生や疾患を培養系で研究できる扱いやすいモデル系が利用可能になった。(オンラインの「SCIENTIST SPEAK 5.5：A developmental documentary on modeling diseases using stem cells」参照)

胚性幹細胞(ESC)　ESCは，成体哺乳類のからだを形成するのに必要なすべての種類の細胞を生み出せるという理由で，特殊な例である(Shevde 2012参照)。研究室内では，多能性ESCは主に2つの供給源に由来する：(1)初期胚盤胞の内部細胞塊(ICM)で，ESCのクローン系統として培養系で維持することができる(Thomson et al. 1998)。(2)始原生殖細胞(primordial germ cell：PGC)で，まだ精子や卵へ分化していないもの(図5.23)。PGCが胚から単離され培養されると，それらは胚性生殖細胞(embryonic germ cell：EGC)と呼ばれる(Shamblott et al. 1998)。(オンラインの「SCIENTISTS SPEAK 5.6：Dr. Janet Rossant on the differences between mouse and human ESCs」参照)

胚のICMと同じように，培養系におけるESCの多能性は同じ中核の3つの転写因子，Oct4，Sox2，Nanogによって維持されている。協調的に働くこれらの因子は，多能性を維持するために必要な遺伝子制御ネットワークを活性化し，分化を誘導するタンパク質をコードする遺伝子を抑制する(Marson et al. 2008；Young 2011)。しかしながら，すべての多能性幹細胞が同じではない。マウスとヒト両方のESCの多年にわたる研究は明らかな多能性を証明してきたが(Martin 1981；Evans and Kaufman 1981；Thomson et al. 1998)，それらの自己複製の程度，つくり出す細胞の種類，またそれらの細胞の特徴などにおける違いも明らかとなってきた(Martello and Smith 2014；Fonseca et al. 2015；Van der Jeught et al. 2015)。これらの違いは，培養細胞が由来したもとのICMの発生ステージのちょっとした違いに根ざしているようである。この違いはESCの2つの異なる多能性状態，すなわち**ナイーブ型**と**プライム型**を認識することにつながった[14・次頁]。**ナイーブ型ESC**(naïve ESC)は，最大の多能性を有する最も未成熟で未分化なESCに相当する。対して**プライム型ESC**(primed ESC)は，胚盤葉上層の系譜へといくらか進んだ状態の

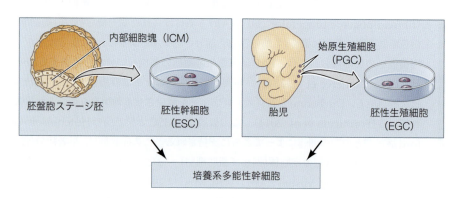

図5.23　多能性幹細胞の初期胚からの主な供給源。胚性幹細胞(ESC)は内部細胞塊(ICM)を培養することで生じる。胚性生殖細胞は生殖腺に到達していない始原生殖細胞に由来する。

ICM細胞に相当する。それゆえ，プライム型（準備された）――すなわち分化の準備ができた――と呼ばれる。

さらなる発展

ESC誘導因子　ICMから，あるいはプライム型ESCからですら，ナイーブ型のヒト胚性幹細胞を維持するさまざまな方法がわかってきている（Van der Jeught et al. 2015）。例えば，MAPK経路とグリコーゲン合成酵素キナーゼ3（glycogen synthase kinase 3：GSK3）を抑制する少なくとも2種類の化合物の組み合わせと，白血病阻止因子（leukemia inhibitory factor：LIF）の存在下で，ESCを培養する（Theunissen et al. 2014参照）。これらの因子は他の条件と一緒になって分化を抑制し，ナイーブ型すなわち基底状態（ground state）でのESCの維持に働く。

　研究者たちは，ESCの分化に必要とされる遺伝子ネットワーク，エピジェネティック調節因子，傍分泌因子，そして接着分子を研究している。これらの細胞は，増殖因子の特異的な組み合わせと作用させる順番に反応し，三胚葉と関連する特定の細胞運命への分化を促すことができる（**図5.24**；Murry and Keller 2008）。例えば，単層のESCに対して既知組成の合成培地を与えると，中胚葉への決定へと推し進めることができる。つまり，Wntの活性化とその後のWnt抑制に続いて，細胞は収縮する心筋細胞へと分化する（Burridge et al. 2012, 2014）。これに対して，Bmp4, Wnt, Activinの抑制によって外胚葉へと誘導されたESCは，その後の繊維芽細胞増殖因子（FGF）による誘導で神経に分化する（図5.24参照；Kriks et al. 2011）。

　ESCが培養されている環境の物理的束縛が，細胞の分化に深く影響する。細胞増殖の範囲を小さな円盤状にとどめておくことによって，細胞のコロニー内で初期胚と似たさまざまな遺伝子発現パターンを単独で開始させる（**図5.25**）。これらの結果は，信じられないほどのパターン形成が，増殖環境の幾何学的形状とサイズの違いだけで誘導されうることを示した（Warmflash et al. 2014；Tan et al. 2015）。これらの発見は，特定の種類のヒト細胞の構造と機能，そして医療利用に向けてのさらなる研究を可能にしている。（オンラインの「SCIENTIST SPEAK 5.7：Dr. Bernard Siegel on stem cell and cloning ethics and public policy」参照）

胚性幹細胞と再生医療

　ヒト幹細胞研究の主な希望は，疾患治療と損傷修復のための治療法をもたらすことである。実際に多能性幹細胞は，**再生医療**（regenerative medicine）と呼ばれる治療法についてのまったく新しい分野を開拓している（Wu and Hochelinger 2011；Robinton and Daley 2012）。胚性幹細胞（ESC）を用いた治療法の可能性は，とりわけ成体細胞が変性することによるヒトの健康状態（Alzheimer病，Parkinson病，糖尿病，肝硬変のような）の治療に利用できる，どのような細胞種にも分化可能な能力がある。例えばKerr（カー）と同僚たちは2003年，ヒトEGCは新しい神経へ分化するとともに，既存の神経の細胞死を防止する傍分泌因子（BDNFとTGF-β）を産生することにより，成体ラットの運動神経損傷を治すことができることを発見した。同じように，ESCに由来するドーパミン分泌神経

14　過去のESCの文献を調査するときには，それぞれの研究で記述されているESCの多能性の状態を批評的に考慮することが重要である。ESCがナイーブ型かプライム型か，そしてそれは著者の結果の解釈にどのように関係しているのだろうか。また，ナイーブ型ESCが"基底状態"とも記述されてきたことに気をつけねばならない。

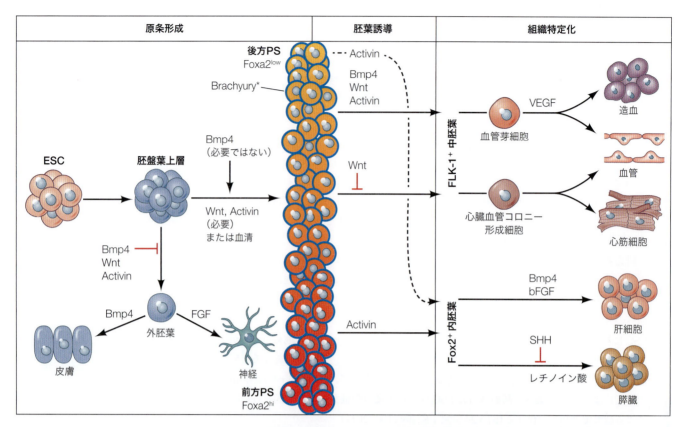

図5.24 胚性幹細胞（ESC）からの分化誘導。哺乳類の胚盤葉上層細胞が胚の成熟過程でとるステップと似て，培養系でのESCは，それぞれの胚葉の細胞種へと分化するための傍分泌因子と転写因子（とりわけ）によって誘導される。いくつかの増殖因子の抑制によって，ESCは外胚葉系譜をつくり出す。中胚葉と内胚葉系譜のためには，ESCははじめに，目的となる分化細胞の種類に依存してWnt，Bmp4，またはActivinなどの傍分泌因子により原条様細胞（primitive streak-like cell：PS）への分化を誘導される。（C. E. Murry and G. Keller. 2008. *Cell* 132：661–680. © 2008 Elsevier Inc. より）

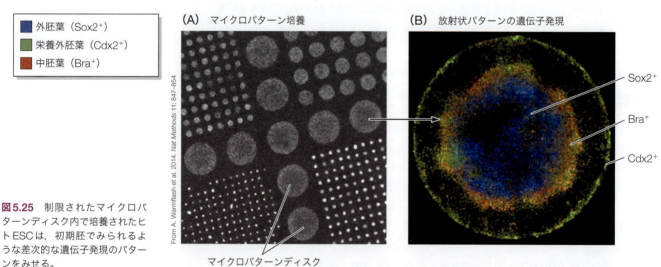

図5.25 制限されたマイクロパターンディスク内で培養されたヒトESCは，初期胚でみられるような差次的な遺伝子発現のパターンをみせる。

の前駆細胞は（Kriks et al. 2011），ドーパミン作動性神経細胞へ完全に分化することができ，マウスやラット，そしてサルにおいてさえも，脳に移植されるとParkinson様の状態を治すことが可能となった。

幹細胞を使った治療の潜在能力に対してとてつもない興奮が湧き上がっているが，その

他の研究の道として，特定の疾患の発生過程を理解することと，薬効を評価することを目指す研究がある。このような研究はすでに，骨髄不全とそれに続く赤血球および白血球の欠乏を原因とするFanconi貧血のような，まれな血液由来疾患の理解を前進させている（Zhu et al. 2011）。Fanconi貧血のような疾患はしばしば，タンパク質の機能がすべて失われる"null変異"とは対照的に，遺伝子機能を低下させるだけの変異，すなわち**hypomorphic変異**（hypomorphic mutation）が原因となる。研究者たちはヒトESCを利用し，Fanconi貧血遺伝子の特異的なアイソフォームを*ノックダウン*（ノックアウトではなく）するためにRNAiを用いて，Fanconi貧血のモデルをつくり出している（Tulpule et al. 2010）。その結果は，胚での造血発生の最初のステップにおけるFanconi貧血遺伝子の役割に関する新しい洞察をもたらした。（オンラインの「FURTHER DEVELOPMENT 5.6：A Discussion of the Challenges Using ESCs」「SCIENTIST SPEARK 5.8：A 2011 Developmental documentary "Stem Cells and Regenerative Medicine"」「SCIENTIST SPEARK 5.9：Dr. George Daley on modeling Fanconi anemia and other blood diseases」参照。発生ドキュメンタリーはまれな血液疾患のモデル化も紹介している）

人工多能性幹細胞

われわれは分化した体細胞の核は個人の全ゲノムのコピーを保持していることを知っているが，生物学者たちは長い間，その分化能力は後戻りできない急な丘を下るようなものであると考えてきた。いったん分化すると，細胞は未成熟でより可塑的な状態に戻ることはないとわれわれは信じてきた。しかしながら，多能性を維持するために必要な転写因子に関する新しく得られた知見は，驚くほど簡単な方法で体細胞をESC様の細胞にリプログラミングする方法を明らかにした。

2006年，Kazutoshi Takahashi（高橋和利）とShinya Yamanaka（山中伸弥）は，これらの重要な転写因子をコードする4つの遺伝子の活性化型コピーを導入することによって，成体マウスのからだのほぼすべての細胞から，ESCのもつ分化多能性を有する**人工多能性幹細胞**（induced pluripotent stem cell：iPSC）がつくり出されることを示した。その遺伝子とは，*Sox2*と*Oct4*（多能性の確立と分化の阻止に働くNanogや他の転写因子を活性化する），*c-Myc*（クロマチンを開いて遺伝子がSox2，Oct4，Nanogにアクセスできるようにする），そして*Klf4*（細胞死を抑制する；図3.18参照）である。TakahashiとYamanakaの仕事が発表されて6か月以内に他の3つのグループから，同じかよく似た転写因子群がさまざまなヒト分化細胞で多能性を誘導できたことを示す結果が報告された（Takahashi et al. 2007；Yu et al. 2007；Park et al. 2008）。（オンラインの「SCIENTISTS SPEAK 5.10：Developmental documentaries from 2009 and 2011 on Cellular Reprogramming」参照）

iPS細胞系統は，ESCのように際限なく増殖させることができ，三胚葉すべての典型的な細胞種を形成できる。培養技術の改変により，マウスiPSCの遺伝子発現をマウスESCとほとんど同じにすることができるようになった。最も重要なことは，マウス全体を1細胞のiPSCから作製できたことであり，これは完全な多能性を証明するものである（Stadtfeld et al. 2012）。iPSCは機能的に多能性であるが，親体細胞の起源となった器官の細胞種をつくり出すことに最も適している（Moad et al. 2013）。これらのデータは，ナイーブ型とプライム型のESCのように，すべてのiPSCが同じではなく，過去の器官のエピジェネティック記憶を保持している可能性を示唆している。（オンラインの「SCIENTISTS SPEAK 5.11：Dr. Rudolf Jaenisch on iPSCs and Dr. Derrick Rossi on generating iPSCs with mRNA」参照）

ヒトの発生と疾患へのiPSCの応用　iPSCを利用することで，ヒトESCを使うことでもたらされる問題を避けながら，医学研究者がヒトの疾患組織で実験を行うことが可能になった。現在，iPSCの主な医学的利用は4つある：（1）疾患の病理学研究のための患者特異的iPSCの作製，（2）疾患治療のための患者特異的iPSCとその遺伝子療法の組み合わせ，

(3)免疫拒否の合併症なしで細胞移植するための，患者特異的な iPSC 由来の前駆細胞の利用，(4)薬物スクリーニングのための患者特異的 iPSC 由来の分化細胞の利用，である。

　マウス iPSC に由来する細胞を，その起源となったドナーマウスへ移植しなおすことは，免疫拒絶を引き起こさない(Guha et al. 2013)。このことは，iPSC を使った細胞置換は未来の有望な治療法になるかもしれないことを示唆している[15]。しかしながら，これまでのところ，iPSC の一番重要な利点はヒト疾患のモデル化にあった。10種類の疾患に関係する患者から iPSC をつくり出した主要な研究(Park et al. 2008)に続いて，なかでも Down 症や糖尿病を含む多様な疾患のモデル化のために多くの研究が iPSC 技術を活用している(Singh et al. 2015)。

　疾患のモデル化は，ヒト以外の生物では簡単にモデル化できない疾患に対して特に重要となる。例えばマウスでは，ヒトが悩まされている囊胞性線維症(肺機能が著しく低下する疾患)と同じ疾患は得られない。マウス iPSC を肺組織へと分化させる因子を発見した後(Mou et al. 2012)，研究者たちは囊胞性線維症の患者から iPSC を作製し，それをヒト囊胞性線維症の特徴を示す肺上皮に変えた。囊胞性線維症はしばしば単一の遺伝子(塩化物チャネルをコードする囊胞性線維症膜コンダクタンス制御因子遺伝子)の変異が原因となることが知られており(Riordan et al. 1989；Kerem et al. 1989)，研究者たちはこれらの iPSC において相同組換え修復の手法を利用してヒト変異の修復に努めた。Crane(クレイン)と同僚たちは2015年，囊胞性線維症患者からの iPSC で，この課題を成し遂げた。いったん囊胞性線維症変異が修正されて，iPSC が培養系で分化を誘導されると，これらの細胞は機能的な塩化物チャネルをつくることができるようになった。次のステップは，ヒト以外のモデル動物の生体内でこの手法を試すことだろう。

　iPSC と遺伝子修正を組み合わせることの利点は，2007年に Rudolf Jaenisch（ルドルフ・イエーニッシュ)の研究室によってヘモグロビン遺伝子の変異に起因する鎌状赤血球症のマウスモデルを治療したときに高らかに実証された。Jaenisch のグループはマウスから iPSC を作製し，ヘモグロビンの変異(1塩基対置換)を校正し，それを造血幹細胞へと分化させた。そしてそれをモデルマウスへと戻す移植を行うと，鎌状赤血球の表現型が治った(図5.26；Hanna et al. 2007)。

　同じような治療法が，肝疾患や心臓病に加えて，糖尿病，加齢黄斑変性，脊髄損傷，Parkinson病，そして Alzheimer病のようなヒトの健康状態を治すことができるかどうかを見極めようとする複数の研究が進行中である。さらに，精子と卵がマウス iPSC からつくられた(Hayashi et al. 2011, 2012)。この仕事は減数分裂を詳しく研究するために利用できるのに加えて，多くのタイプの不妊を回避するために重要になるだろう。(オンラインの「SCIENTISTS SPEAK 5.12：A developmental documentary from 2012 on modeling diseases of the nervous system」参照)

さらなる発展

iPSCでの多重遺伝子ヒト疾患のモデル化　ヒト疾患の研究における課題の1つは，疾患の発病や進行のタイミングと同じように，疾患に関係する遺伝子のレパートリーには個人差があることである。幸いにも，iPSC はこの複雑さをときほぐすことを助ける新しい手法となった。ここでは，発生カレンダーの両端に位置する神経系の2つの特に複雑な多遺伝子性疾患，すなわち自閉スペクトラム症と筋萎縮性側索硬化症

15　現時点では，効果的な細胞置換療法に必要な細胞数を獲得するための iPSC 由来の細胞種のコストと拡張性が，医療介入としてのこの方法の進歩に対する重大な障害となっている。

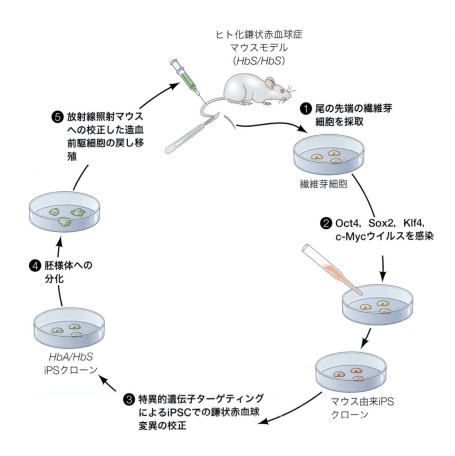

図5.26 人工多能性幹細胞(iPSC)と組換え遺伝学を使ったマウスにおける，"ヒト"疾患の治療プロトコル。(1)ヒト鎌状赤血球症(*HbS*)のアリルを含み，マウスの相同アリルは含まないゲノムをもつマウスから，尾端の繊維芽細胞を採取する。(2)繊維芽細胞を培養し，多能性を誘導することが知られている4つの転写因子をもつウイルスを感染させる。(3) iPSCを特有の形によって同定し，野生型のヒトグロビン(*HbA*)アリルを含むDNAを導入する。(4)培養系で胚へ分化させる。iPSCは造血幹細胞を含む胚様体を形成する。(5)胚様体からの造血前駆細胞と幹細胞を，放射線照射によって本来の造血細胞を除去したiPSCの起源マウスに注射する。この処置によって鎌状赤血球症のマウスは治癒する。(J. Hanna et al. 2007. *Science* 318: 1920-1923. © 2007, The American Association for the Advancement of Scienceより)

(Lou Gehrig病とも呼ばれる)の研究に対するiPSCの利用について取り上げる。

自閉スペクトラム症(autism spectrum disorder：ASD)は，一般的には社会的・認知的機能に影響を与える広範な神経機能障害のことであり，通常は3歳ごろまで明確には表れない。このスペクトラム(範囲)に含まれる障害としては，とりわけ古典的自閉症，Asperger症候群，脆弱X症候群，Rett症候群などが含まれる(Singh 2016)。Rett症候群には単一の遺伝子(*methyl CpG binding protein-2*：*MeCP2*)が関係していると考えられている。対照的に，古典的自閉症は真に複アリル性(multiallelic)であり，一部の子供たちは非症候群性(原因不明の自閉症)で散発性の変異をもっているようである(Iossifov et al. 2014；Ronemus et al. 2014；De Rubeis and Buxbaum 2015)。事実，遺伝的・環境的因子を含む原因因子は，それぞれの自閉症児ごとに固有である可能性があり，この事実は自閉症研究における重大な課題となっている[16]。

1つのアプローチは，関連遺伝子のさらなる網羅的な理解のために，できる限り多くの自閉症スペクトラムをもつ子供からiPSCをつくることである。このアプローチは，iPSC作製に使われる歯髄を供給できる子供の乳歯の寄付のための"Tooth Fairy Project"と名付けられたプログラムによって容易になった。ある1人の非症候群性の自閉症の子供のiPSCを利用して，研究者たちは培養系で神経細胞を作製し，そしてこれらの神経細胞の構造と機能を損なうTRPC6カルシウムチャネル遺伝子の変異を

---

[16] ヒトの状態にかかわるすべての科学的研究の開始において，その状態に共感する利害関係者に対して，その手順，目標，そして予想される成果を明瞭に示すことは必要不可欠である。ASDと診断された広範囲の個人から遺伝子配列データを収集するという莫大な研究努力に着手する前に，"脳の多様性(ニューロダイバーシティ)運動"に対して適切な情報提供や相談を行っておらず，そのため運動メンバー(科学者)からの抵抗により，適切な協力が行われるまでこの科学的新規構想は激しく停止させられた(Sanderson 2021)。

発見した（Griesi–Oliveira et al. 2015）。さらに，これらの細胞を，セイヨウオトギリソウで発見されカルシウムイオンの流入を刺激することが知られている化合物のハイパフォリンに曝露すると，神経機能が改善することが実証された。*TRPC6*の発現をMeCP2によって制御できることがわかり，この子供への医療介入はセイヨウオトギリソウを入れるように変更された。これらの発見は，iPSCは複雑な疾患のメカニズムをモデル化することにおいて重要な役割を果たせることを示し，そして個別化された薬物療法体制や他の患者固有の直接介入の可能性を強調している。

　筋萎縮性側索硬化症（amyotrophic lateral sclerosis：ALS）は，散発的な変異に加えて家族性遺伝を介した複アリル性の成人発症型の変性運動ニューロン疾患であり，治癒も治療法もない。ALS由来のiPSCは，ALSの表現型に関係がある運動ニューロンとアストロ細胞のような非ニューロン性細胞種へと分化誘導することができる（Dimos et al. 2008）。他の研究では，既知のALSの家族性変異をもつ患者由来のiPSCから分化させた運動ニューロンは，ALS細胞の典型的な病理学的特徴を示した（Egawa et al. 2012）。研究者はこれらの分化した運動ニューロンを使ってその状態を改善する薬物のスクリーニングを行い，ヒストンアセチル基転移酵素阻害因子がALSの細胞の表現型を減少させることが可能なことを突き止めた。このようにiPSCを使った実験法は，ALSがどのようにエピジェティックに制御され，そしてどのように潜在的に治療できるのかについての新しい知見を明らかにした。（オンラインの「SCIENTISTS SPEAK 5.13：Dr. Carol Marchetto on modeling autism with IPSCs, and Dr. Alysson Muotri on modeling ALS with iPSCs」参照）

オルガノイド：培養皿の中の器官形成

　多能性幹細胞（ESCとiPSC）を利用することで，細胞レベルでヒトの発生や疾患をよりよく理解できる多くの方法を論じてきたが，培養系の細胞と胚の細胞には非常に大きな違いがある。ヒト胚盤胞は，初期ヒト発生の研究や不妊治療において日常的に使われている。しかしながら，器官形成の研究にヒト胚を使用することには倫理的に大きな問題があり，また技術的にも不可能である。しかし，最近の多能性幹細胞の培養技術の進展は，多能性幹細胞から**オルガノイド**（organoid）と名付けられた初歩的な器官をつくることを可能にした。これは急速に発展している分野であり，この章を書いている時点で，胃，腸，肝臓，膵臓，肺，腎臓，乳腺，前立腺，甲状腺，網膜，そして脳の特定の領域ですら，三次元の器官様構造が作製されている（**図5.27A**；Kim et al. 2020；Corrò et al. 2020；Li et al. 2020；Hofer and Lutolf 2021；Shankaran et al. 2021）。

　オルガノイドは通常，エンドウ豆ほどのサイズで，1年以上，培養系で維持できる。ECMを含んだ足場（例えばマトリゲル®）に播種し，通常は細胞やオルガノイド組織を培養環境の表面から離して維持する，ある種の浮遊培養で培養される。しかしながら，より本物に近い器官細胞の発生や生理機能を支えるための，新しいタイプの足場の材料が出てきている。例えば，腸組織の発生を研究している研究者は，解剖学的に正確で恒常性をもつ"ミニ腸"へと組織発生を制限するハイドロゲルを基礎とした足場をつくるために，マイクロデバイス工学を利用している（**図5.28A，B**；Nikolaev et al. 2020）。これらの足場はミニ腸を通る流体力学を可能にし，その結果，ISC形成が矛盾なく発生し，腸上皮に寄与することが知られているすべての細胞種の包括的な分化がその足場の中でもたらされている（**図5.28C**）。

　オルガノイドの顕著な特徴は，**胚の器官形成を実際に真似ている**ことである。多能性細胞は，しばしば細胞間のさまざまな接着をもとに細胞塊を自己形成し（4.2節参照），器官の

発展問題

幹細胞を使ったヒト疾患のモデル化について論述してきたが，培養皿の中で脊椎動物の進化を研究できるのだろうか。Alysson Muotri（アリソン・ムオトリ）のような研究者は，ヒトやヒト以外の霊長類から作製されたiPSCが，挙動，自己複製，分化能力に関してどのように比較できるかについて興味をもっている。異なる種から得られた細胞タイプのトランスクリプトームと生理機能を比べることで，われわれはヒトの進化に関する新しい知見を得るだろう。具体的にどのような質問をしたいか？　またどのような予測をするか？

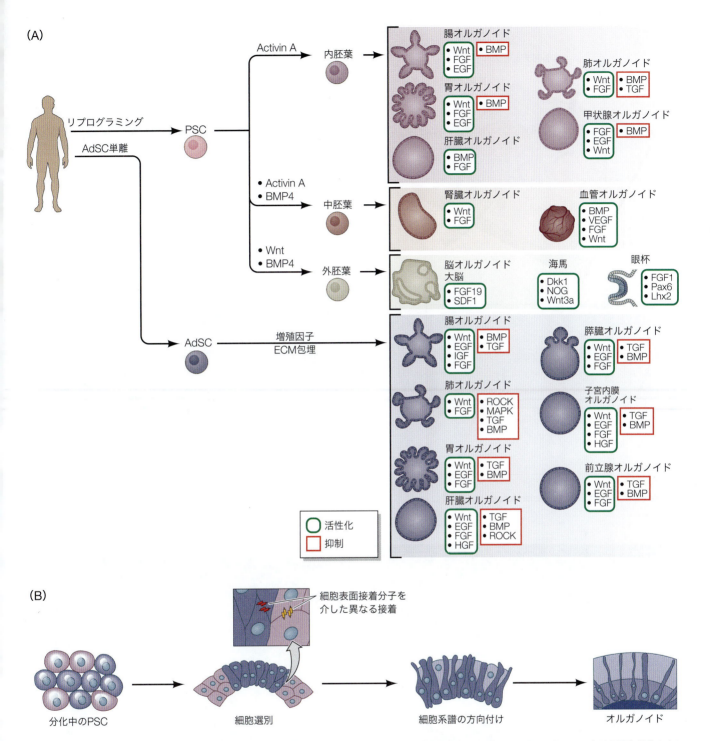

図5.27 オルガノイド誘導。(A)特異的な組織タイプのオルガノイドの形態形成を促進するための、特異的増殖因子条件培地を用いたさまざまな方法。ほとんどの場合、単離された胚性、人工多能性、または成体多能性幹細胞(PSC)は三胚葉の特性のうち1つの方向へと特定化され、その後、多種の三次元の浮遊培養法と増殖因子の特異的な組み合わせへの曝露を通して、特異的な種類の器官へとさらに分化していく。(B)オルガノイド形成の初期の進行は遺伝子の差次的発現から始まり、自己組織化特性を与えるさまざまな細胞接着分子を導く(4.2節参照)。いったん選別されると、細胞は機能的な組織をつくるために相互作用する明確な系譜へと成熟を続ける。(J. Kim et al. 2020, *Nat Rev Mol Cell Biol*. 21：571-584. © 2020, Springer Nature Limited；A. Shankaran et al. 2021 *Biotech*. 11：257. © 2021, Springer Nature Ltd. より)

188 | PART I 生成のパターンとプロセス

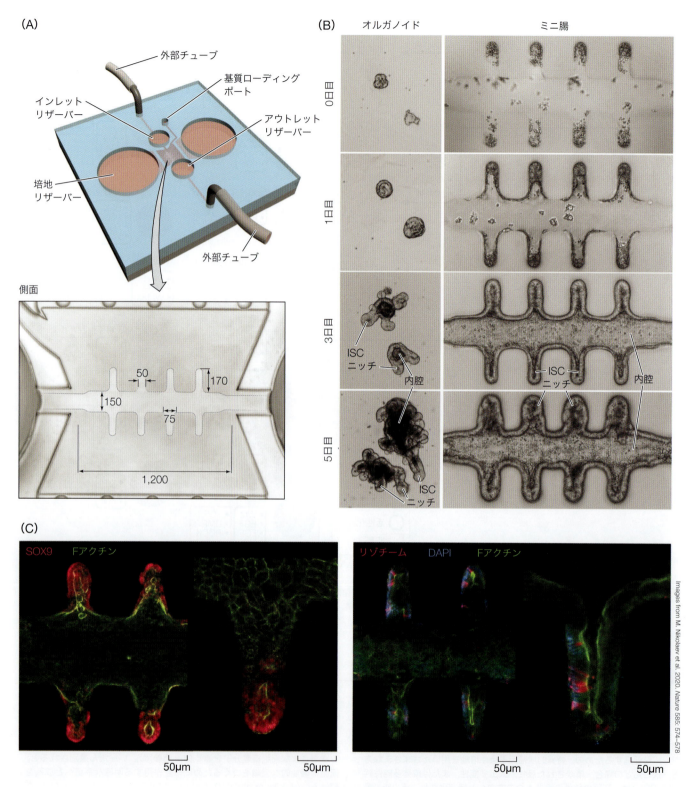

図5.28 "ミニ腸"の作製。(A)腸の生体様の解剖学的形態を再現し，生理学的パラメーターをシミュレートするために，内腔を通じた液体移動を提供するハイドロゲルチャンバーを形成するマイクロデバイス。(B)顕微鏡の明視野像は，腸幹細胞(ISC)に由来するマウス腸オルガノイド(左側)と，それと比較して同じように得られたミニ腸(右側)のそれぞれの発達を表している。明らかな内腔領域と，腸幹細胞ニッチを確立した上皮の管に注目。(C)細胞性アクチン(ファロイジン，緑色)，幹細胞と前駆細胞(抗SOX9抗体，赤色；左側)，パネート細胞(抗リゾチーム抗体，赤色；右側)，核(DAPI；右側)の免疫標識は，正しい細胞種の位置と成長中の腸幹細胞ニッチにおける極性を示している。

Images from M. Nikolaev et al. 2020, Nature 585, 574–578

組織を形成するために相互作用するさまざまな運命をもつ細胞の選別・分化を導いている（図5.27B）。オルガノイドは，成体幹細胞，ESC，そして健康な人や疾患の人に由来するiPSCなどからつくられている。それゆえにESCやiPSCで論じた同じ治療上のアプローチが，オルガノイド系に応用可能である。

現時点では推測であるが，オルガノイド形成によって患者特異的な細胞置換療法だけでなく，組織置換療法のための自家組織[17]を増殖させることができる方法となりうることが証明されるかもしれない。例えば，次に大脳オルガノイドに関する注目すべきいくつかの特徴と，先天性脳疾患のモデル化における使用例について記述する。

さらなる発展

大脳オルガノイド　ヒト大脳皮質は，動物界のなかで間違いなく最も精巧な組織であり，この構造の一部分だけでもつくり上げようとすることは大変なことのように思えるかもしれない。皮肉なことに，多能性細胞からの神経分化は，原腸胚の予定神経形成細胞と同じように，ある種の"初期設定状態"であるように思われる。多能性幹細胞の神経細胞への発生を明らかにする多くの研究は，発達する多領域大脳オルガノイドへの道を敷いた（8.4節参照；Eiraku et al. 2008；Muguruma et al. 2010；Danjo et al. 2011；Eiraku and Sasai 2012；Mariani et al. 2012）。比較的簡単な生育条件で，多能性細胞は胚様体（embryoid body）と呼ばれる小さな球形の細胞集団へと自己組織化する。これらの中の細胞は，胚の神経上皮と同じように，重層の神経上皮へと分化する。三次元の神経上皮様構造を形成する多能性細胞の"自己組織化"能力は，神経発生のために準備された強固な内在性のメカニズムが存在することを強く示唆している（Harris et al. 2015）。多くの成体神経幹細胞（NSC）ニッチでみられるように，この神経上皮は頂底軸に沿って極性化されており，脳組織へと分化する能力をもっている。

ランドマーク的な研究では，研究者たちは脳組織オルガノイドを次のレベルの複雑さへ到達させた（Lancaster et al. 2013）。彼らは三次元構造を与えるために，胚様体をMatrigel（マトリゲル）®（可溶化基底膜からつくられた基質，通常，ECMは上皮の基底側）の小滴のなかに入れた。次に，これら神経上皮の芽体を，培養液で満たした回転式バイオリアクタへと移した（図5.29A；Lancaster and Knoblich 2014も参照）。3D基質内におけるオルガノイドの動きによって栄養摂取は増加し，このことによって多領域大脳オルガノイド発生に必要な十分な大きさにまでなった。結果である大脳オルガノイドは，適切な神経・グリア細胞マーカーを含む多種の脳領域に特徴的な層状の組織を示した（図5.29B）。これらの大脳オルガノイドは，発生中の神経管や5.4節で論じた成体NSCニッチにすら似た，脳室様構造に接した放射状グリア細胞をもっていた（図5.29C）。

大脳オルガノイド内の放射状グリア細胞は，分裂様式のすべてのパターン，すなわち幹細胞増大のための対称分裂と，自己複製と分化のための非対称分裂をみせた（Lancaster et al. 2013）。神経の生存と回路の発生は，気液界面培養法を応用することで改善されてきた。生体内でみられるものに匹敵するような生理学的に機能する系譜特異的神経経路発生が，大脳オルガノイドにおいて再現された（図5.29D；Giando-

---

17　自家（autologous）とは，同じ個体に由来することを意味する。この場合，患者からの細胞はiPSCにリプログラミングされて，特異的なオルガノイドへと発育される。細胞やオルガノイドからの全組織は，免疫拒絶の心配なく同じ患者へと戻し移植できる。

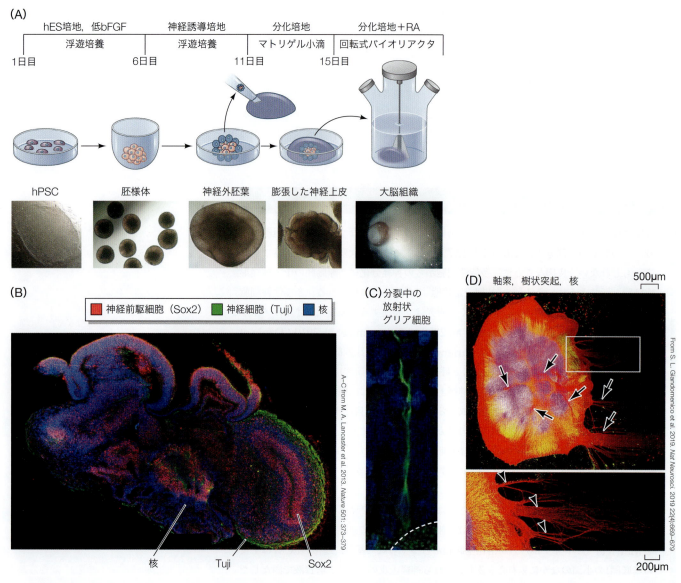

図5.29 大脳オルガノイドの作製。(A)最初の細胞浮遊培養から，低速回転でのバイオリアクタにおけるオルガノイドの成長までの，大脳オルガノイドの創作過程。発生中のオルガノイドの光学顕微鏡像を，それぞれのステップの下に示す。眼杯(眼)の網膜に伴う色素上皮が，最終の大脳オルガノイド(最も右側)で見えている。(B)発生中の大脳皮質の特徴である多層の組織化を明らかにする，神経前駆細胞(Sox2；赤色)，神経細胞(Tuji；緑色)，核(青色)を標識した大脳オルガノイドの切片。(C) p-Vimentin(緑色)で標識された放射状グリア細胞は分裂を経て，長い基底突起および脳室様の内腔(白破線)での頂端膜という，特徴的な形態を示している。(D)気液界面培養によってつくられた大脳オルガノイドは，オルガノイド内(矢じり)，そしてオルガノイドから伸長(矢印)する広範な軸索の強固な神経ネットワークを見せる。

menico et al. 2019)。

　Knoblich(クノブリヒ)のグループは，その疾患と関連する病理学を研究できるという期待をもって，深刻な小頭症患者の繊維芽細胞サンプルからiPSCをつくり出した(Lancaster et al. 2013)。小頭症は脳のサイズの著しい減少によって特徴づけられる先天的な疾患である(図5.30A)。注目すべきことに，この患者からの大脳オルガノイドから発生した組織は小さかったが，皮質様組織の外層では，正常オルガノイドと比べて神経細胞数の増加がみられた(図5.30B)。研究者たちは，この患者では紡錘体

18　Cdk5 regulatory subunit-associated protein 2 (CDK5RAP2)は，細胞分裂の際に紡錘体と相互作用するセントロソームタンパク質をコードしている。

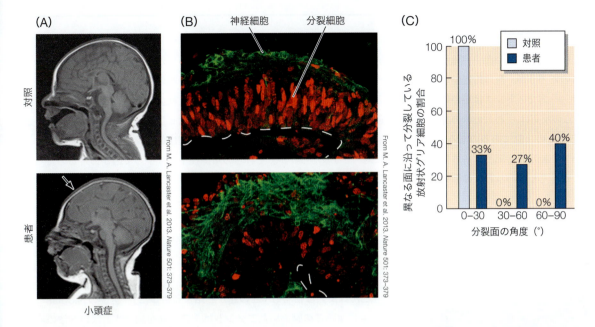

図5.30 患者特異的大脳オルガノイドを使ったヒト小頭症のモデル化。(A)生まれたときの同じ歳の対照(上)と，患者の脳のMRIスキャン(矢状方向)。患者の脳は小さく，脳の折りたたみ(矢印)も少ない。(B)対照と患者由来大脳オルガノイドの免疫標識。神経(緑色)と分裂細胞(赤色)はそれぞれDCXとBrdUで標識されている。減少した増殖と増加した神経細胞数が，患者由来オルガノイドにおいて見受けられる。(C)オルガノイドの頂底軸に対する特定面に沿った体細胞分裂を行っている放射状グリア細胞数の定量。CDK5RAP2の欠損によって，患者の放射状グリア細胞はすべての軸に沿ってランダムに分裂している。(CはM. A. Lancaster et al. 2013. *Nature* 501：373-379より)

機能に関係するCDK5RAP2[18]タンパク質をコードする遺伝子に変異があることを発見した。さらに，この大脳オルガノイドの放射状グリア細胞は，異常なほど低レベルの対称分裂を示した(図5.30C)。思いだしてほしいのは，幹細胞の最も基本的な機能は細胞分裂であることだ。このことから，CDK5RAP2は幹細胞プールの拡充に要求される細胞分裂に必要であると思われる。対称分裂の欠除は未熟な神経分化をもたらし，それによって，この患者に由来するオルガノイドがより小さいサイズの組織であるにもかかわらず神経細胞の数が多いことを説明できる(Lancaster et al. 2013)。(オンラインの「SCIENTISTS SPEAK 5.14：Dr. Madeline Lancaster's TEDx Talk on the power of using cerebral organoids to study everything from human brain development and disease to its evolution」参照)

おわりに

われわれは今，遺伝子配列と遺伝子発現を改変することに加え，どのような体細胞でも多能性幹細胞へと変える大きな力を手にした。ヒトと他の霊長類を区別し，そしておそらくその機能を促進した遺伝子が何なのかは，(例えば脳オルガノイドによって)まもなく決定することが可能になるだろう(Fernandes et al. 2021)。他の種の中でヒトの器官を育て，個人特異的なスペア器官をもつことが可能になるかもしれない。幹細胞は何世紀にもわたってヒトの寿命を伸ばすことすら可能にするかもしれない。そして，(あなたが思うように)大きな力には大きな責任が伴う。もし科学者たちが責任を負うとすれば，われわれは生物学以上のものを理解しなければならない。われわれはまた，倫理，歴史，政治，そして社会学に精通しなければならない。ある学部生(M. Gilbert 1946)が第二次世界大戦の終わりに「"理系"と"文系"の時代は今，終わりを告げた」と書いたように。

研究の次のステップ

われわれの行動は，脳の神経形成や血中の免疫細胞の数に影響を与えることができるのだろうか。身体的運動が脳の神経形成を増加させることができ，一方でストレスは逆の効果をもつことが明らかとなっている。この反応は，「われわれの身体中の細胞創生に影響する可能性のあるものは他にあるのだろうか」という疑問を投げかけるものである。特定の幹細胞はある種の環境刺激に対して反応するのだろうか。そしてわれわれは健康の増進と組織再生にこの知識を利用できるのだろうか。例えば，一定のダイエットは腸上皮の健全な細胞の更新や脳の神経形成を促進できるのだろうか。健康的な睡眠パターン，社会的相互作用，読書，幸せな映画や悲しい映画の鑑賞，またはピアノを弾くことについてはどうであろうか。これらの活動は健康的な幹細胞の発達を刺激できるのだろうか。それらの可能性をどうやって確かめ得るのだろうか。

章冒頭の写真を振り返る

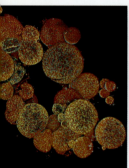 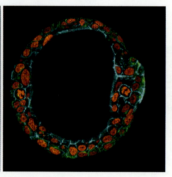

Left, from J. Puschof et al. 2021. *Nat Protoc*.16：1494-1510；
Right, from Post et al. 2020. *Cell* 180：233-247. Courtesy of Hans Clevers

「どんな偉大な物語も1匹の蛇から始まるようだ」。俳優のNicolas Cageによるこの謎めいたコメントは，この章を紹介するよい方法のように思える。なぜなら，これらの写真は，Hans Clevers（ハンス・クレヴァース）の研究室で創出された蛇の毒腺を示しているからである。研究者たちは，1匹の成体ナミビアサンゴコブラ（*Aspidelaps lubricus cowlesi*）の毒腺の上皮幹細胞を使って，この構造体をつくり上げた。いったん幹細胞が培養系に単離されると，さまざまな種類の毒を産生できる腺へと分化した3Dオルガノイドへと体系的に発生させることができる（Post et al. 2020；Puschhof et al. 2021）。サンゴコブラは，抗毒素の存在しない南アフリカの多くの毒蛇のなかの1種である。それゆえ先の研究者たちは，毒の曝露に対して切望されている新しい治療法が開発されることを希望した。左側の写真は複数の毒腺オルガノイドの培養系での3D復元で，右側のイメージは1つの腺の断面である。ヒトの発生と疾患を研究するためのオルガノイド系の利用は，創造的な研究者たちのために新しい領域の研究の可能性を広げた。

5 幹細胞：その潜在力，そのニッチ

1. 幹細胞は自身の複製を産生するとともに，異なる細胞種へと成熟する能力をもった前駆細胞をつくり出すための分裂能力を維持している。
2. 幹細胞の潜在能力は，幹細胞が産生できる細胞種の範囲に関係している。全能性幹細胞は胚と胚体外の両方の系譜すべての細胞種をつくり出すことができる。多能性と多分化能性幹細胞は，胚だけ，または特定の組織や器官という限られた系譜だけを産生する。
3. 成体幹細胞は，幹細胞ニッチと呼ばれる微小環境内に存在している。ほとんどの器官や組織は，生殖細胞，造血，腸上皮，そして脳室-脳室下帯ニッチのような幹細胞ニッチを有している。
4. ニッチは常在幹細胞の静止，増殖，分化状態を制御するためのさまざまな細胞間相互作用メカニズムを使用している。
5. 植物の一生を通じて茎頂分裂組織と根端分裂組織は全能性をもつ幹細胞を維持しつづけることで，植物が地上部組織および地下部組織を生み出すことを可能にしている。茎頂分裂組織においては，負のフィードバック機構によって幹細胞プールの維持と細胞分化のバランスが担保されている。
6. マウス胚盤胞の内部細胞塊（ICM）細胞は，Hippoキナーゼ経路を活性化し転写調節因子Cdx2を抑制する栄養外胚葉とのE-カドヘリン相互作用を介して，多能性状態を維持している。
7. カドヘリンはショウジョウバエ卵母細胞の生殖幹細胞とニッチをリンクし，それらをTGF-βの場のなかに引き留めている。非対称分裂は生殖細胞の分化を促進するために娘細胞をニッチの外に押し出す。

8. 哺乳類の脳の脳室–脳室下帯（V–SVZ）は，頂端表面での一次繊毛および基底終足に終結する長い放射状突起をもつ，風車状構造は，配置されたBタイプ幹細胞の複雑なニッチ構造を示している。

9. V–SVZニッチにおける恒常的なNotch活性は，B細胞を静止期で維持する。一方で，周期的なNotch活性に対する前神経遺伝子の発現の増加はB細胞の成熟を徐々に促進し，一過性増幅C細胞へ，次に移動性の神経前駆細胞（A細胞）へと変化させる。

10. 神経活動や血管からのGDF11のような物質から，Shh，BMP4，Nogginの勾配にいたるまでの付加的なシグナルはすべて，V–SVZのB細胞の細胞増殖と分化に影響を及ぼす。

11. 腸陰窩の基底部に局在する円柱細胞は，腸上皮のためのクローン原性幹細胞として働き，絨毛のより先へ押し上げられると，ゆっくりと分化する一過性増幅上皮細胞を生み出す。陰窩基底でのWntシグナルは幹細胞の増殖を維持し，一方で陰窩上部の細胞からの拮抗するBMPの勾配は分化を誘導する。

12. 骨芽細胞への接着は，骨内膜ニッチ内での造血幹細胞（HSC）の静止期を維持する。CAR細胞と間充織（間葉系）幹細胞からのCXCL12シグナルの増加によってHSCは増殖状態へ移行でき，一方で血管周囲ニッチでの*CXCL12*の発現低下によって，短期活性化HSCの酸素が豊富な血管への移動を促す。

13. 間充織（間葉系）幹細胞（MSC）は，結合組織，筋肉，角質，歯髄，骨，その他のさまざまな組織で見つかる。これらは支持性の間質細胞と多分化能性幹細胞の2重の役割を果たしている。

14. 胚性幹細胞（ESC）と人工多能性幹細胞（iPSC）は際限なく培養系で維持でき，一定の因子の組み合わせに曝されたり，物理的な増殖基質によって制約されたりすると，潜在的にからだのどの細胞種にでも分化させることができる。

15. ESCとiPSCは，ヒトの発生と疾患の研究に使われている。まれな血液疾患のFanconi貧血，または自閉症やALSのような神経系の疾患の患者特異的な細胞分化を研究するために幹細胞は利用されており，すでに疾患メカニズムに対する新しい知見をもたらし始めている。

16. 多能性幹細胞はまた，組織を再建する再生医療や，ヒト器官の多細胞性の特徴を多く有するオルガノイドと呼ばれる構造体をつくるためにも使われる。オルガノイドは，ヒトの器官形成や，組織レベルでの患者固有の疾患の進行の研究を，すべて培養系で研究するために使われている。

● オンラインのコンテンツは **https://www.medsi.co.jp** よりアクセスしてください。

Part II 配偶子形成と受精
性のサイクル

6 性決定と配偶子形成

本章で伝えたいこと

- 哺乳類と昆虫では，個体の性は性染色体上の遺伝子によって決定される．
- 哺乳類の第一次性決定（生殖腺の性決定）では，Y染色体上の*Sry*があると両性能をもつ生殖腺を精巣へと変える．一方でX染色体が2本あると，βカテニンを活性化して両性能をもつ生殖腺を卵巣へと変える（6.1節）．
- 哺乳類においてひとたび生殖腺の分化が始まると，生殖腺はホルモンを分泌するようになり，雄型や雌型の第二次性徴をもたらす．第二次性徴の特徴は，生殖腺の内側に存在する管構造——雄の輸精管と精嚢や，雌の卵管と子宮，子宮頸部——，そして外性器に現れる（6.2節）．
- ショウジョウバエでは，X染色体の本数が*Sxl*遺伝子を制御する．雌（XX）の場合のみ*Sxl*は活性化し，X染色体を1本しかもたない雄では*Sxl*は活性化しない．Sxlタンパク質が存在すると特定のRNAが雌型にスプライシングされ始めるのに対し，Sxlがないと雄型の転写物が産生される（6.3節）．
- 魚類やカメ，ワニ（そして多くの無脊椎動物）では，温度のような環境要因で性が決定される（6.4節）．
- すべての動物では生殖腺が配偶子形成を制御し，精子と卵が形成される．生殖細胞系列では染色体の数が半減する減数分裂が起き，これは配偶子形成の特徴である（6.5節）．
- 被子植物において，花の内部に形成される生殖器官はタンパク質複合体によって分化誘導される．配偶子形成は花粉囊と胚珠の内部において行われる（6.6節）．

このような半分雄で半分雌のカナリアがどうしてできるのだろうか？

Erasmus Darwin（エラズマス・ダーウィン）は1791年にすでにこう書いている，「有性生殖は自然がつくり出した最高傑作である」と．現代の科学はこの言葉を立証している．さまざまな種がさまざまな方法を使って雄と雌の子孫をつくり出している．動物や植物のなかには，ひとつの個体で雄と雌の生殖器官をもち，精子と卵の両方をつくり出す種も多い．一方で，雌と雄の個体が分かれている種もいる．カメのように，性が環境によって決まる種もいれば，哺乳類やハエにように，**配偶子**（gamete）（精子と卵）が融合するとき，すなわち受精のときに染色体の組み合わせが定まることによって性が決まるものもいる．

配偶子は，**生殖細胞系列**（germ cell lineage）あるいは**生殖系列**（germ line）からつくられる。これらの系列は体細胞系列とは別に出現する。体細胞系列は体細胞分裂を行い，胚体をつくり出して分化した細胞になるのに対して，生殖系列の細胞は**減数分裂**（meiosis）を行い，細胞内の染色体量を半減させる。しかし生殖系列由来の配偶子は受精時に合体するため，新たに発生を開始した個体の染色体量は完全に元のとおりとなる。有性生殖とは，1つの個体が2個体の親からの素材を遺伝的に受け取れる生殖であり，減数分裂機構によって途方もないゲノムの違いを生み出す生殖のことである。そしてこのゲノムの違いが進化として表れていく。

6.1 哺乳類における染色体による性決定

動物胚の性が染色体によって決まる方法はいくつもある。ほとんどの**哺乳類**では，性染色体の2本目がX染色体であるかY染色体であるかによって，胚が雌（XX）となるか雄（XY）となるかが決まる。**鳥類**ではこの状況が逆である（Smith and Sinclair 2001）。雄は2本の同じ性染色体（ZZ）をもち，雌は対にならない2本の性染色体（ZW）をもつ。**ハエ**にはY染色体が存在するが，性決定では役割をもたない。X染色体の**数**がハエの性の表現型を決めるようである。他の昆虫（とりわけミツバチや他のハチ，アリなどの膜翅目）では，受精した二倍体卵は雌へと分化するのに対して，未受精の半数体卵が雄となる（Beukeboon 1995；Gempe et al. 2009；Ronai 2016）。本章では，動物でみられる多くの性染色体による性決定様式のうち，ここではマウスとヒトに代表される有胎盤哺乳類とショウジョウバエ（*Drosophila*）の2つの性決定様式のみを議論する。

哺乳類にみられる性決定パターン

ヒトとマウスでは，XX個体は通常雌で卵巣をもち，卵をつくる。XY個体は通常は雄であり，精巣をもち精子をつくる。雌では，生み出されたすべての卵は減数分裂により1本のX染色体をもつ。一方で雄においては，減数分裂によって生じた精子の半分は1本のX染色体をもち，残りの半分は1本のY染色体をもつことになる。X染色体をもつ精子が卵と一緒になるとXXになるはずであり，遺伝的には雌になるはずである。Y染色体をもつ精子が卵と一緒になればXYになるはずであり，遺伝的には雌になるはずである（**図6.1A**；Stevens 1905；Wilson 1905；Gilbert 1978も参照）。このことが，性の比率が（およそ）50：50となる基盤となる。

哺乳類の雄性決定におけるY染色体の重要性は，XXやXYとは異なった染色体の組み合わせをもつヒトの解析によって示されてきた。減数分裂時に染色体が適切に分離しないと，余分なX染色体をもつ個体が受精時に生じることがある。その結果XXYをもつことになった人々は，（2本のX染色体をもつにもかかわらず）男性である。一方，1本のX染色体しかもたない人々（XO）は女性である（Ford et al. 1959；Jacob and Strong 1959）。X染色体を1本のみもつ女性のヒト胚では卵巣が形成され始めるが，X染色体が2本ないために卵胞は維持されない。このように，**2本のX染色体の存在が卵巣形成を完成させるために必要であるのに対し，Y染色体は1本あれば（たとえX染色体が何本あろうと）精巣形成を開始できる。**（オンラインの「FURTHER DEVELOPMENT 6.1：Sex Determination and Social Perceptions」参照）

しかしながら，これらの知見だけでは，どのように性が決まるのかの問いに十分には答えられていない。発生生物学者が知りたいのは，X染色体とY染色体をもつとどのように精巣形成へと進行し，その後どのように精子がつくられるのか，そして2本のX染色体をもつとどのように卵巣形成へと進み，その後どのように卵がつくられるのか（6.5節参照），

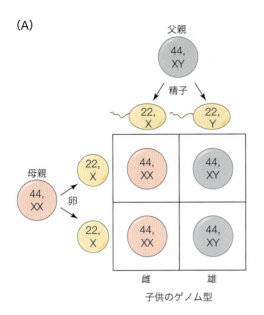
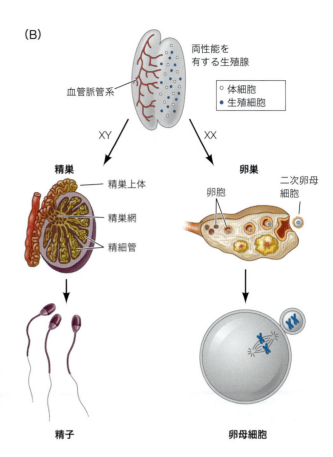

図6.1 有胎盤哺乳類の性決定。(A)哺乳類の染色体による性決定では，およそ1対1の数で雌雄の子孫ができる。(B)哺乳類胎児の生殖腺はもともと両性能がある。雄か雌のどちらか一方ではなく，一方あるいはもう一方のどちらにでもなれるということである。もし細胞がX染色体とY染色体をもっていると，両性能をもつ生殖腺は精子および身体全体を雄型にするホルモンとをつくり出す精巣へと分化する。細胞が2本のX染色体をもち，Y染色体を1本ももたなければ，両性能をもつ生殖腺は卵および身体全体を雌型にするホルモンとをつくり出す卵巣へと分化する。

である。次にこの問いへの解答をみてみよう。そこでは第2〜5章でも述べた細胞分化と形態形成の原則が表れているのを見てとることとなる。

哺乳類の第一次性決定

　マウスやヒトで形成されたばかりの生殖腺は，両方の性をつくることができる状態，すなわち**両性能状態の生殖腺**(bipotential gonad)であり，そこで生殖腺は独特な状態となっている。他のすべての器官の原基は1つのタイプの器官のみに分化するのが普通である。つまり肺の原基は肺のみになり，肝臓の原基は肝臓のみになる。しかしながら，生殖腺原基は卵巣と精巣のどちらかに発生できる(図6.1B)。2つの器官が組織として非常に異なった構造をもっているにもかかわらずである(Lillie 1917；Rey et al. 2016)。

　生殖腺が雌か雄のいずれかに決定されることを**第一次性決定**(primary sex determination)，もしくは**生殖腺の性決定**(gonadal sex determination)と呼び，この決定はX染色体，Y染色体，常染色体のさまざまな遺伝子産物によってもたらされる。ひとたび生殖腺の性が確立されると，分化した生殖腺は，生殖腺以外での性的な表現型を示すことを意味する**第二次性決定**(secondary sex determination)を支配するホルモンや傍分泌因子を産生する。この第二次性決定については6.2節で議論する。

　XXの生殖腺細胞は，Wnt経路を活性化する(図6.2上パネル)。この経路は転写制御因子であるβカテニンを産生させ，続いて遺伝子を活性化して生殖腺細胞を卵巣の濾胞細胞へと分化させる一方で，精巣形成へと導く経路を阻害する(Stévant and Nef 2019)。これら卵母細胞は**エストロゲン**(estrogen)を産生して雌の器官形成を促す。

　XYの生殖腺細胞は，転写因子Sryを活性化する(図6.2下パネル)。SryはY染色体の短腕に位置する精巣決定遺伝子である。Sryはほんの短時間しか活性化されていないと考え

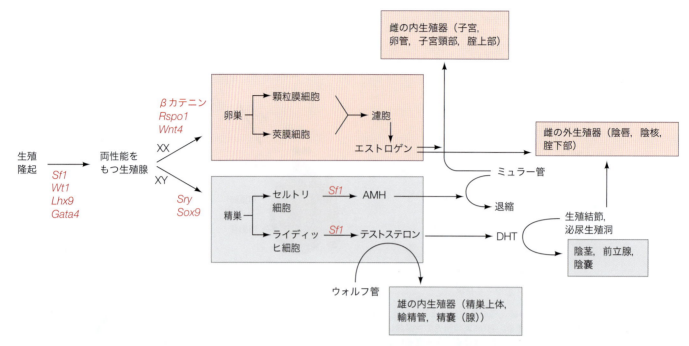

図6.2 胎盤性の哺乳類を雄あるいは雌の表現型へと導くと想定されているカスケード。生殖隆起が両性能をもつ生殖腺になるためには, *Sf1, Wt1, Lhx9, Gata4* の遺伝子が必要であり, これらのいずれかでも欠くと生殖腺が欠落する。両性能をもつ生殖腺は, βカテニンを蓄積させる *Wnt4* と *Rspo1* によって雌型経路 (卵巣形成) へと入っていく。さもなければ (Y染色体上の) *Sry* によって Sox9 が活性化され, 両性能をもつ生殖腺は雄型経路 (精巣形成) へと入っていく。エストロゲンは最初は母体から, 次に胎盤と胎児の卵巣から供給されるが, このエストロゲンの影響下でミュラー管が雌型の生殖管へと分化し, 雌型の内生殖器と外生殖器が発達する。そして子供は雌としての第二次性徴を発達させることとなる。ミュラー管はウォルフ管の退縮を引き起こさせる物質 (おそらくFgf) を分泌する。この分泌はテストステロンによって阻害される。その結果, 雄ではウォルフ管が引き続き雄の体内に残る。精巣は, ミュラー管を退縮させる抗ミュラー管ホルモン (AMH) と, ウォルフ管をそのまま残らせかつ雄型の生殖管へと分化させるテストステロンとをつくり出す。泌尿生殖領域では, テストステロンはジヒドロテストステロン (DHT) へと転換され, それが陰茎, 前立腺, 陰嚢への形態形成を引き起こす。(J. Marx. 1995. *Science* 269: 1824-1825; O. S. Birk et al. 2000. *Nature* 403: 909-913 より)

られており, その役割もたった1つと考えられている。それは *Sox9* 遺伝子を XY 生殖腺細胞で活性化することである。Sox9 タンパク質は転写因子であり, 両性能をもった生殖腺を精巣へと組織化する一連の反応を開始させる。精巣はセルトリ細胞とライディッヒ細胞とをつくり出す。セルトリ細胞は精子をさまざまに支援し, ライディッヒ細胞は**テストステロン** (testosterone) を産生する。さらに, Sox9 は Wnt 経路を抑制して生殖腺細胞が卵巣を形成するのを抑える。(オンラインの「DEV TUTORIAL: Scott Gilbert Outlines the Sex Determination Schemes of Mammals」参照)

ヒトでの生殖腺の発生

ヒトでは, 左右の生殖腺原基が妊娠4週に出現し, 7週までは性的に未分化な状態を保っている。これら生殖腺前駆細胞は, 発達しつつある腎臓に隣接した左右一対の中胚葉に存在している (図6.3A, B; Tanaka and Nishinakamura 2014)。精子もしくは卵の前駆細胞である生殖細胞は, 生殖腺の外に出現する (6.5節で議論する)。生殖細胞は6週に生殖腺への移動を行い, そこで中胚葉に取り囲まれる。

生殖細胞と生殖腺体細胞との間には相互作用がある。生殖腺のように生殖細胞も元来は両性能をもち, 精子にも卵にもなることができる。しかし生殖細胞が雌生殖腺あるいは雄生殖腺に入ると, 生殖細胞は (1) 減数分裂を始めて卵母細胞 (未成熟な卵) となるか, (2) 体細胞分裂を停止して精原細胞となる (精子幹細胞; McLaren 1995; Brennan and Capel 2004)。生殖細胞は思春期まで減数分裂停止 (卵母細胞) あるいは体細胞分裂停止 (精原細

第 6 章 性決定と配偶子形成 | 199

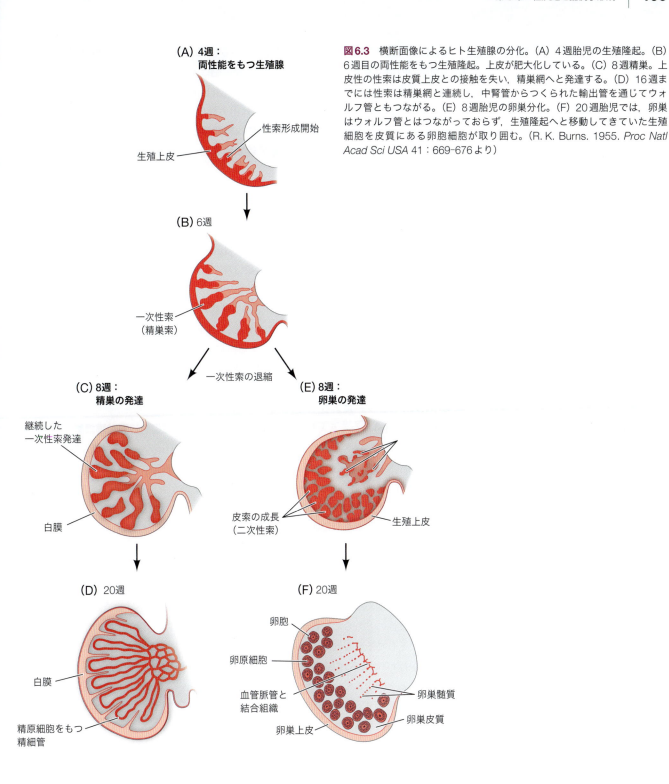

図6.3 横断面像によるヒト生殖腺の分化。(A) 4週胎児の生殖隆起。(B) 6週目の両性能をもつ生殖隆起。上皮が肥大化している。(C) 8週精巣。上皮性の性索は皮質上皮との接触を失い，精巣網へと発達する。(D) 16週までには性索は精巣網と連続し，中腎管からつくられた輸出管を通じてウォルフ管ともつながる。(E) 8週胎児の卵巣分化。(F) 20週胎児では，卵巣はウォルフ管とはつながっておらず，生殖隆起へと移動してきていた生殖細胞を皮質にある卵胞細胞が取り囲む。(R. K. Burns. 1955. *Proc Natl Acad Sci USA* 41：669-676 より)

胞)の状態にある。

もし胎児がXYをもつと 胎児がXYならば，生殖腺の中胚葉は8週を通じて増殖し，それらの一部は**セルトリ細胞**(Sertoli cell)へと分化を開始する。発達中のセルトリ細胞は**抗ミュラー管ホルモン**(anti-Müllerian hormone：AMH)を分泌し，卵管や子宮のような雌の管構造の発達を阻害する。8週の間に，上皮にあるセルトリ細胞はすでに生殖腺に入ってきている生殖細胞を取り囲み，発達中の精巣中央部にあるループ構造の**精巣索**(testis cord)を組織する。ループ構造は，**精巣網**(rete testis)と呼ばれる，発達中の腎臓の管近く

に位置する薄い導管のネットワークとつながる(図6.3C, D)。生殖細胞は精巣に入ると,生殖腺内の精巣索で分裂を何回か行う。生殖細胞はセルトリ細胞が分化することを支援するが,精巣構造の維持に必要なわけではない(McLaren 1991)。

発生の後期(ヒトでは思春期,マウスでは出生後まもなく),精巣索は**精細管**(seminiferous tubule)へと成熟分化する。生殖細胞は精細管の表層付近へと移動し,そこで雄の生涯にわたって精子をつくり続ける**精原幹細胞集団**(spermatogonial stem cell population)を確立する(図6.21参照)。

その間,他の中胚葉細胞(すなわちセルトリ細胞にならなかった上皮細胞)は間充織(間葉)系細胞に分化し,テストステロンを分泌する**ライディッヒ細胞**(Leydig cell)へと分化する。このように完全に分化した精巣には,生殖細胞を取り囲むセルトリ細胞から構成される上皮系管構造と,**テストステロン**(testosterone)[1]を分泌する間充織系ライディッヒ細胞とが認められる。初期の精巣は,精巣自身を防護する分厚い細胞外基質である白膜に取り囲まれている。

もし胎児がXXをもつと　雌のXX胎児の生殖腺に入った生殖細胞は,**前駆顆粒膜細胞**(pre-granulosa cell)で囲まれたクラスター(シスト:合胞体)として存在する。雌の生殖細胞はこの時点で減数分裂に入る(雄の生殖細胞が減数分裂を行うのは10年も後のことである)。出生のころになると,発達中の生殖腺の中心部にある前駆顆粒膜細胞は退行し,生殖腺の表面(皮質)にあるものが残される。1つ1つの生殖細胞は,前駆顆粒膜細胞の別々の小さなクラスターによって取り囲まれる(図6.3E, F)。そして生殖細胞は卵あるいは**卵母細胞**(oocyte)になろうとし,卵母細胞を取り囲んでいた細胞は**顆粒膜細胞**(granulosa cell)へと分化する。残りの間充織細胞の多くは**莢膜細胞**(theca cell)へと分化する。莢膜細胞と顆粒膜細胞は一緒になって,卵母細胞を取り囲む構造である卵巣索あるいは**卵胞**(ovarian follicle)をつくる。そしてこの構造がエストロゲンや妊娠中のプロゲステロンなどのステロイドホルモンを分泌する。XX生殖腺にいる生殖細胞は,卵胞の維持には必須である。生殖細胞なしでは卵胞は退縮してしまう(McLaren 1991)。

決定,また決定:生殖腺の性決定の遺伝的機構

研究者は,通常の性分化に必要な遺伝子の機能をいくつも同定してきた。性決定にかかわる遺伝子の変異はしばしば不妊という結果をもたらすため,不妊治療研究は人間が男性あるいは女性のどちらになるかを決定するときに活性化される遺伝子の同定にも役に立ってきた。そしてそれら同定された遺伝子の機能を明らかにするためにはマウスを使った実験操作が行われた。この生殖腺の性決定の物語は,両性能をもつ生殖腺がまだ雌にも雄にもなることを開始していない時から始まる。Wt1,Lhx9,Gata4,Sf1の発現である。これら4つの転写因子のいずれか1つでも機能を失うと,雌生殖腺あるいは雄生殖腺のいずれの発生も阻害されてしまう(図6.2左パネル参照)。

図6.4は,生殖腺の性決定を説明する可能なモデルの1つを示している。そこでは動物発生の重要規則が示されている。すなわち,細胞を特定化する経路は2つの要素からなるということである。1つは「Aをつくりなさい」であり,もう1つは「Bをつくらないようにしなさい」である[2]。生殖腺の場合は,XY経路は「精巣をつくり,卵巣をつくらないよう

1　卵巣と精巣の両方とも(一般には器官を雄化する作用をもつ)テストステロンを分泌する。また卵巣と精巣の両方とも(器官を雌化する)エストロゲンと,(受精と妊娠に必須の)プロゲステロンも分泌する。しかし,XYとXXの個体では,これらのホルモンの割合が極端に異なっている(Hess 2000;Burger 2002;Clarke and Khosla 2009)。

2　このような転写因子による二者択一経路の相互抑制は,シロイヌナズナの分裂組織がシュートと根のどちらの分裂組織になるかの決定のところでもみることができた(5.3節参照)。

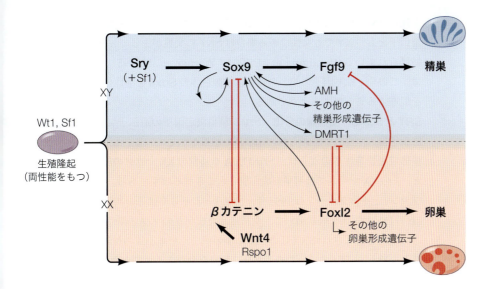

図6.4 哺乳類の生殖腺の性決定を開始させる1つのモデル。もしSryがないと(図の下側)、発達中の生殖隆起で働いている転写因子の相互作用によってWnt4とRspo1の遺伝子が活性化される。Wnt4は標準Wnt経路を活性化し、それはさらにRspo1によって強化される。Wnt経路はβカテニンを蓄積させ、その蓄積によってさらなるWnt4経路の活性化が生じる。βカテニンの継続的な産生が、卵巣をつくり出すFoxl2といった遺伝子の転写をもたらし、一方でSox9活性に働きかけて精巣決定経路を阻害する。もしSryがあると(図の上側)、βカテニンシグナルを阻害し(このことで卵巣形成が止まる)、Sf1とともに、Sox9遺伝子を活性化する。Sox9はFgf9産生を活性化し、このことが精巣分化の促進、Wnt4の阻害、さらなるSox9合成をもたらす。Sox9はまた、βカテニンによる卵巣形成遺伝子の活性化を阻害する。Sryはまた、セルトリ細胞を分化させるDmrt1のような遺伝子を活性化するようである。以上をまとめると、Wnt4/βカテニンループが卵巣を特定化し、Sox9/Fgf9ループが精巣を特定化する。そして2つの経路はお互いに抑制し合う。XY経路はより早くから開始されるようで、それが開始していないとXX経路がとって代わる。(R. Sekido and R. Lovell-Badge. 2009. *Trends Genet* 25:19-29; K. McClelland et al. 2012. *Asian J Androl* 14:164-171より)

にしなさい」と言い、XX経路は「卵巣をつくり、精巣をつくらないようにしなさい」と言う。XY経路は発生のより早い時期から動き始めるようで、それが動かなければXX経路が取って代わる。2つの経路は相互に抑制し合うのである(Nagahama et al 2020参照)。

XX(卵巣)経路:RSPO1→βカテニン→FOXL2 もしY染色体がなければ、両性能の状態にある生殖腺で発現している転写因子Wt1、Lhx9、Gata4、Sf1はさらに、Wnt4タンパク質(両性能の段階の生殖腺で少量の発現がすでにある)とR-spondin1 (**RSPO1**)タンパク質の発現を活性化すると考えられている。RSPO1はWnt4とともにβカテニンを産生させ、そのことがさらなる卵巣分化を活性化し、また精巣発達を引き起こす転写因子Sox9の合成を阻害する(Maatouk et al. 2008; Jameson et al. 2012; Lamothe et al. 2020)。RSPO1に変異のあるXXヒトの表現型は男性である(Parma et al. 2006; Harris et al. 2018)。*WNT4*と*RSPO1*が存在する領域が重複した1番染色体をもつXYヒトは、βカテニンをつくり出す経路が雄の経路を圧倒してしまい、その結果男性から女性への性転換が起きる。同様に、XYマウスでβカテニンを生殖腺原基に過剰発現させると、生殖腺原基は精巣よりも卵巣を形成する傾向にある。

加えてβカテニンはFoxl2タンパク質遺伝子を誘導するようで、これは卵巣における卵胞の分化と、精子発生に関与する遺伝子*Sox9*と*Fgf9*の発現抑制に重要である(Ottolenghi et al. 2007)。実際、βカテニンは他の脊椎動物においても"卵巣促進/精巣抑制(pro-ovary/anti-testis)"シグナルとしての鍵分子となりうるようである。というのも、非常に異なる性決定様式をもつ鳥類、哺乳類、カメといった3つのグループの雌(雄ではなく)の生殖腺でもβカテニンがみられるからである(Maatouk et al. 2008; Cool and Capel 2009; Smith et al. 2009)。

XY(精巣)経路:SRY→SOX9→FGF9 もしY染色体があると、雌の胚でWnt4の上昇をもたらしたのと同じセットの転写因子(Wt1、Lhx9、Gata4、Sf1)が、*Sry*遺伝子(***S**ex-determining **R**egion of the **Y** chromosome*; Carré et al. 2018; Kuroki and Tachibana 2018)を活性化するように働く。*Sry*は精巣決定因子をコードしているという強い証拠がある。ヒトでは[3]、*SRY*はXYの男性には決まって見出される遺伝子であるが、まれなケースではあるが、XXだけれども男性である場合にも*SRY*が見出されることがある。XXの

---

[3] 通常、ヒトの遺伝子はすべて大文字で記される。したがってSRYと書いた場合はヒトの遺伝子を表す。

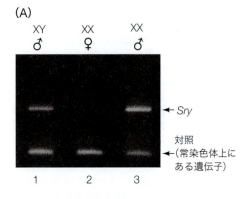

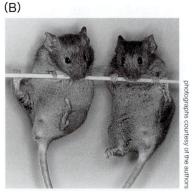

図 6.5 Sry を導入したトランスジェニック XX マウスは雄である。(A) PCR で増幅後の電気泳動像。通常の XY 雄マウスと Sry/XX トランスジェニックマウスに Sry 遺伝子が検出されることを示している。同腹の XX 雌マウスでは検出されない。(B) Sry/XX マウスの外生殖器は雄であり(右)、XY 雄マウス(右)とまったく同じである。

女性にSRYはなく、XYでも女性表現型である場合の多くでもSRYはない。SRY遺伝子をもつXYでも女性である場合はSRYに変異が生じており、SRYの機能が妨げられている(Pontiggia et al. 1994；Werner et al. 1995)。次に述べるように、このSry転写因子の第一の機能は常染色体の**Sox9**を活性化し、Fgf9の合成を促進することにあるようである。

SRYとSOX9、生殖腺の分化 Sryが精巣決定因子の遺伝子であるとの証拠は、遺伝子導入マウスから得られた印象深い結果が示している。もしマウスSryが精巣形成を誘導するのならば、Sry DNAを通常のXXマウスの受精卵に導入すると、そのXXマウスでは精巣形成が引き起こされるはずである。Koopman(クープマン)とそのグループは1991年、Sry(とおそらくはその制御配列)を含む14-kbのDNA領域を取り出して、受精させたばかりのマウス卵の前核に導入した。この配列を導入されたXX胚のいくつかの例で、精巣や雄の付属器官、そして陰茎が発達した(図6.5)[4]。このことは、Sryを含むさらに細かな領域をXXマウスに導入することで確かめられた(Miyawaki et al. 2020)。それゆえ哺乳類において、Sry/SRYは精巣決定に必要なY染色体上の唯一の遺伝子であると結論できる。(オンラインの「FURTHER DEVELOPMENT 6.2：Finding the Elusive Testis-Determining Factor」「SCIENTISTS SPEAK 6.1：Dr. Robin Lovell Badge discusses his research showing how the SRY gene promotes testis formation in humans」参照)

ただし雄決定において、Sry遺伝子はおそらくマウス生殖腺の発達中のほんの数時間しか活性化していないということは重要である。この短い間に、常染色体上のSox9の活性化をその役割の第一義とするSry転写因子はつくられるのである(Sekido and Lovell-Badge 2008)。Sox9活性は、両性能をもつ生殖腺に精巣形成を誘導する。活性化したSox9/SOX9を余計にもつXXのヒトやマウスは、たとえSry/SRY遺伝子をもっていなくても雄へと発達する(図6.6A〜C；Huang et al. 1999；Qin and Bishop 2005)。Sox9遺伝子を生殖腺で破壊したXYマウスは不完全な性転換を示す(Barrionuevo et al. 2006)。実際、SryタンパクΩが結合するSox9のエンハンサーをXYマウス胚から除くと、そのXYマウス胚は卵巣を形成する(Gonen et al. 2018)。(SryとSox9の他のターゲットについては、オンラインの「FURTHER DEVELOPMENT 6.3：Genes Controlled by Sry and Sox9」参照)

Sry遺伝子は哺乳類特有の遺伝子として見出されているが、Sox9遺伝子は脊椎動物門にわたって見つかっており[訳注：魚類にもSox9は存在するが、精巣決定には重要ではない]、Sox9はより古くから保存されている性決定遺伝子のように思われる(Pask and Graves 1999)。哺乳類ではSox9はSryタンパク質によって活性化されるが、鳥類やカエル、魚では転写因子Dmrt1のレベルで活性化されるようであり、温度依存的な性決定を行う脊椎動物(6.4節参照)では雄をもたらす温度で(直接的あるいは間接的に)しばしばDmrt1が活性化される。哺乳類の前駆セルトリ細胞では、Sox9の発現はSryとSf1タンパク質が同時に発現することで上昇する(図6.6D, E；Sekido et al. 2004；Sekido and Lovell-Badge 2008)。このようにSryタンパク質はきわめて短い間にSox9を活性化する"スイッチ"として働いているだけであって、その後にSox9タンパク質が精巣形成のために進化的に保存された経路を開始させているのかもしれない。いみじくもSekido and Lovell-Badge (2009)がEric Idle(エリック・アイドル)の言葉を借りて言ったように、

---

[4] 期待とは異なり、これらの胚は機能的な精子をつくることができなかった。XXYのヒトやマウス、さらに精子形成に必要な遺伝子が含まれる残りのY染色体を欠いているトランスジェニックマウスでは、2本のX染色体が精子形成を阻んでいる。

第 6 章　性決定と配偶子形成　203

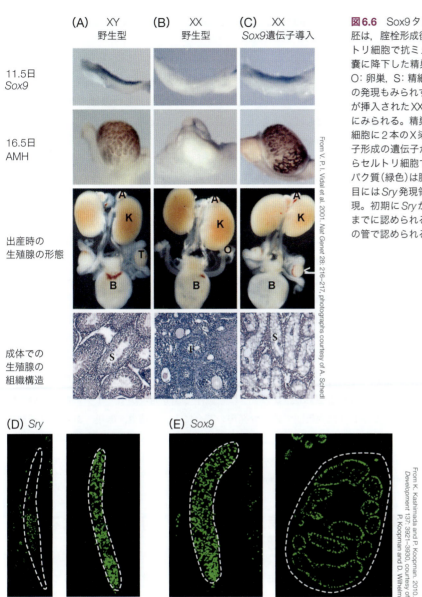

図6.6 Sox9タンパク質が精巣をつくり出す能力。(A)野生型XYマウス胚は，腟栓形成後11.5日目の生殖隆起でSox9遺伝子を，16.5日のセルトリ細胞で抗ミュラー管ホルモンを発現し，最終的には精細管をもち陰嚢に降下した精巣を形成する。K：腎臓，A：副腎，B：膀胱，T：精巣，O：卵巣，S：精細管，F：卵胞。(B)野生型XX胚ではSox9の発現もAMHの発現もみられず，成熟した卵胞をもつ卵巣をつくる。(C) Sox9遺伝子が挿入されたXX胚ではSox9が発現し，AMHも16.5日のセルトリ細胞にみられる。精巣は降下するが，精細管には精子を欠いている（セルトリ細胞に2本のX染色体があるため［訳注：Y染色体を欠いているため，精子形成の遺伝子がないためでもある］）。(D，E)生殖隆起でのSry発現からセルトリ細胞でのSox9発現までの時間経過。(D) Sry発現。Sryタンパク質（緑色）は腟栓形成後11日目に生殖隆起の中央にみられる。11.5日目にはSry発現領域が増加し，Sox9発現が活性化される。(E) Sox9発現。初期にSryが発現した細胞でSox9タンパク質（緑）の発現が12日目までに認められる。13.5日目までにSox9はセルトリ細胞を形成中の精巣の管で認められる。

Sryは「あれですよ，あれだってば」とちょっとつついて精巣形成を開始させるのである。

　ひとたびSox9がつくられると，Sox9はさまざまな機能を示す（図6.4上パネル参照）：

1. Sox9は自身のプロモーターを活性化できるようであり，Sryとは独立して長い間活性化していることができる。
2. Sox9は精巣をつくり出すために多くの遺伝子のシス制御エレメント（3.4節参照）に結合する（Bradford et al. 2009a；Rahmoun et al. 2017）。これらの遺伝子には抗ミュラー管ホルモンの遺伝子も含まれ，この遺伝子の発現は子宮をつくる管構造の退縮とFgf9の発現を引き起こす（Arango et al. 1999；de Santa Barbara et al. 2000）。Fgf9はSox9発現の維持に重要で，雄経路を活性化するポジティブフィードバックを確立する（Kim et al. 2017）。
3. Sox9は，卵巣を形成させるβカテニンの機能を直接的または間接的にブロックする（Wilhelm et al. 2009）。Sox9はまた，精巣を維持し精子の産生に必要かつ卵巣形成を阻害するDmrt1を誘導する（Huang et al. 2017）。

（オンラインの「SCIENTISTS SPEAK 6.2：Dr. Blanche Capel discusses her work on the sex determination pathways of mammals」参照）

雌雄同体　雌雄同体（hermaphroditism）とは，卵巣と精巣の両方の組織が存在している個体を言う。それは卵精巣（ovotestis）と呼ばれる卵巣と精巣両方の組織を同時にもつ生殖腺の場合と，卵巣を身体の一方の側にもち，精巣を反対側にもつ個体の場合とがある。多くの種で雌雄同体はしばしば認められ，異常なことではない。例えば，よく見かけるミミズは雌の分節と雄の分節を同一個体にもち，雄と雌が（同時的に）存在している。（クマノミを含む）魚のいくつかの種は，精子をつくり出す雄から生涯が始まるが，後に卵をつくり出す雌になる。線虫 *Caenorhabditis elegans* は，自分の卵を自分の精子で受精させることすらできる。卵は産卵口に向かうときに精子を含む領域へと転がっていくのである（9.4節参照）。*Sry* を使った哺乳類での実験では，*Sry* を通常より遅く活性化させるだけで卵精巣をつくらせることができる。*Sry* の活性化を5時間遅くするだけで精巣の発達が失敗し，生殖腺のあちこちで卵巣の発達が開始される。

　Y染色体がXXYをもった人のX染色体に転座した場合，きわめてまれなケースとして雌雄同体が出現する。6.2節でみるように，XX細胞の2本のX染色体の1本は不活性化している（このことによってX由来の産物がXYの人がつくり出す産物の2倍の量にならないようにしている）。活性化したX染色体にY染色体が転座した場合の細胞では，Y染色体も活性化されており，そこにある *Sry* も活性化されているだろう。一方で，不活性化したX染色体に転座したY染色体があるとき，その細胞では *Sry* も不活性化される（Berkovitz et al. 1992；Margarit et al. 2000）。このように一個体で *Sry* 発現がモザイクになっている状態では，前駆セルトリ細胞集団での *Sry* 発現の割合によって精巣，卵巣，あるいは卵精巣が形成される（Brennan and Capel 2004；Kaihmada and Koopman 2010参照）。（オンラインの「SCIENTISTS SPEAK 6.3：Dr. David Zarkower discusses his studies showing Dmrt1 to be a major player in maintenance of the male sex determination pathway」参照）

6.2　哺乳類における第二次性決定：ホルモンによる性的表現型の制御

　第一次性決定 —— 両性能をもつ生殖腺から卵巣もしくは精巣がつくられること —— によって哺乳類の性的な表現型がすべて完成するわけではない。前節で示したように，雌と雄の性的表現型は，卵巣と精巣から分泌されるホルモンに反応して**第二次性決定**（secondary sex determination）として発達する。これには雌と雄の管構造と外性器が含まれる[5]（図6.7）。生殖腺のように生殖の管構造は両性能の状態であり，未分化状態のミュラー管（雌）とウォルフ管（雄）から始まる。

　雌と雄の第二次性決定は，時間的に区別される2つの主要なフェーズからなる。最初のフェーズは器官形成中の胚で起き，2番目のフェーズは思春期である。胚発生の間は，ホルモンと傍分泌因子が二次的な性器官と生殖腺の発生を協調させる。（オンラインの「FURTHER DEVELOPMENT 6.4：The Origins of Genitalia」参照）

雌の表現型

　雌の胚では，**生殖結節**（genital tubercle）（外生殖器官の前駆組織）は**陰核**（clitoris）とな

5　雄の陰茎は生殖や尿排出を行い，多機能である。ヒトでは男性と女性に喜びを与える。男性の表現型ではこれら3つの機能が1つの器官で機能するが，女性の表現型では尿排出と生殖は別々の管構造が担っている。陰核は唯一の機能が快楽を与えることにあるただ1つのヒト器官であるのかもしれない（Gross 2022参照）。

り，**陰唇陰嚢隆起**（labioscrotal fold）は大陰唇となる。ウォルフ管は退縮し，泌尿生殖洞の一部は膀胱と尿道にはならずに，前立腺と同様に分泌を行う一対の器官，スキーン腺となる（図6.7の表参照）。ミュラー管は残り，エストロゲンがあれば子宮，子宮頸部，卵管，そして腟の上部へと分化する（Course et al. 1999；Cunha and Baslin 2018；Isaacson et al. 2018）。

- **子宮**（uterus）は精子が卵管へと動くのを活発に促進する。妊娠中は発生中の胚を宿らせ育む場所となる。
- 内筋でできた**子宮頸部**（cervix）は子宮へと続く入り口であり，精子が子宮へと入るのを制御する多糖質を分泌する。妊娠中は出産まで胎児を子宮内に留めておく筋肉性の輪状の構造として機能する。
- **卵管**（oviduct）（一対のチューブ）は，卵巣から放出された卵母細胞を集め，受精の場所へと送り込む。精子を成熟させ卵へと導く。受精後は胚を子宮へと送り込む。
- **腟**（vagina）は女性の生殖系の外側に面した入り口である。精子の入り口として，また赤ちゃんが誕生する道として機能する。

これらの器官は精子を卵巣へと輸送し，卵を卵巣から輸送し，妊娠中は胚を輸送維持する。ヒトでの詳細な機能については第14章で解説する。

性染色体上の遺伝子量補償　雌は2本のX染色体をもつのに対して，雄は1本しかもたない。したがって，もし遺伝子の転写量が等しければ，雌のX染色体上の遺伝子由来のmRNAの量は雄の2倍となるはずである。しかし一般に，X染色体上の遺伝子の産物量は雌も雄も同じである。このことは哺乳類の雌の表現型のもう1つの事象，**X染色体不活性化**（X-chromosome inactivation）によって達成される。

哺乳類の雌では，初期発生の間にX染色体2つのうちのどちらか1つはそれぞれの細胞でランダムに不活性化される。そしてそれぞれの細胞の娘細胞では同じX染色体の不活性化が保たれている（図6.8；Migeon 2013, 2017；Chen et al. 2016；Dossin et al. 2020）。この不活性化は，X染色体のほとん

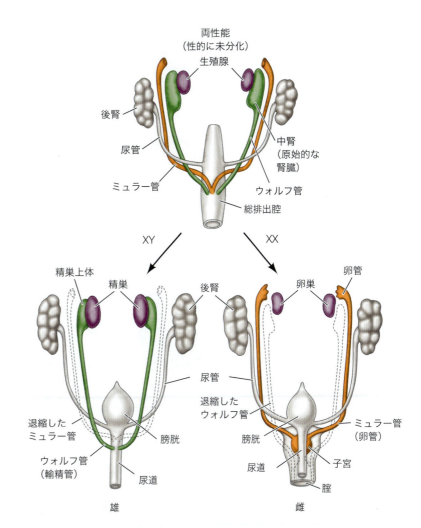

図6.7　哺乳類の生殖腺と管構造の発達。両性能をもつ生殖腺はもともと，未分化のミュラー管（雌）とウォルフ管（雄）の両方が存在している状態から発達する。XYの場合は，生殖腺が精巣となり，ウォルフ管が継続して存在する。XXの場合は，生殖腺が卵巣となり，ミュラー管が残る。分化したそれぞれの生殖腺から分泌されるホルモンは，外生殖器を雄型（陰茎と陰嚢）あるいは雌型（陰核と大陰唇）に発達させる。

図6.8 哺乳類のX染色体のランダム不活性化。(A)不活性化したX染色体のDNAは転写が不活発なヘテロクロマチンとなり、しばしば核膜に付着している。バール小体(Barr body)とは、黒く染色される不活性化したX染色体のことである。(B)三毛猫は2つのX染色体上にオレンジと黒の色素を示すアリルをもつ。領域がオレンジになるか黒になるかは、その領域の色素をつくり出す元の細胞でどちらのX染色体が不活性化されているかによる。(P. Li et al. 2017. *Cancers* 9 : 20/CC BY 4.0 より)

どのDNA領域が転写不活性化されたヘテロクロマチンになることで達成されている。ヒトとマウスで詳細は異なるが、この機構には長鎖非コードRNA(long non-coding RNA：lncRNA)が関係する。lncRNAの1つに、不活性化されたX染色体からのみ転写される*Xist*がある。*Xist*は、転写を抑制したり核基質に染色体をつなぎとめるような数多くのタンパク質を呼び込む。(オンラインの「FURTHER DEVELOPMENT 6.5：Dosage Compensation」参照)

雄の表現型

雄としての表現型へと向かうには、精巣から産生される2つの因子の分泌が関与する。1つはセルトリ細胞によって産生される傍分泌因子、**抗ミュラー管ホルモン**(anti-Müllerian hormone：AMH)である。AMHはミュラー管を退縮させ、もし退縮できなければそこからは卵管、子宮、子宮頸部、腟が生じてくる(6.1節参照)。2つめの因子は胎生期のライディッヒ細胞から分泌される雄性化因子の**アンドロゲン**(androgen)、すなわちステロイドホルモンであるテストステロンである。

テストステロンは、間充織系細胞が隣接したウォルフ管上皮を細胞死へと向かわせるシグナルを送るのを阻害すると考えられている(Zhao et al. 2017)。それだけでなくテストステロンは、ウォルフ管が精子を運ぶ管である**精巣上体**(epididymus)や**輸精管**(vas deferens)への分化を引き起こす。また胎生期のテストステロンの誘導体、5α-ジヒドロテストステロンは、生殖結節から**陰茎**(penis)への発達を、そして陰唇陰嚢隆起から**陰嚢**(scrotum)への発達を引き起こす。雄では泌尿生殖洞は膀胱や尿道になるだけでなく、前立腺にもなる(図6.7の表も参照)。

ヒトにおける第一次性決定と第二次性決定との関連

AMHとテストステロンの作用が独立していることは、**アンドロゲン不応症候群**(androgen insensitivity syndrome)の人で示されている。これら不応症候群の人々は

発展問題

友達はここにいる子ネコが雌であるか雄であるかを確実に知りたい。あなたはどちらだと思うか？　もしこのネコが雄であることがわかったら、どのような性染色体をこのネコはもっていると思うか？（ヒントは図6.8を参照）

図6.9 アンドロゲン不応症候群。(A) アンドロゲン受容体の分子機構。テストステロンはアンドロゲンと呼ばれる（男性化）ステロイドホルモンであり、血流を通じて細胞に到達できる。細胞質でアンドロゲンはタンパク質性の受容体（アンドロゲン受容体、もしくはテストステロン受容体とも呼ばれる）に結合し、そこに結合していた他のタンパク質（熱ショックタンパク質など）はアンドロゲンに置き換えられる。このことによってアンドロゲン受容体は（他の受容体と結合することで）二量体化が可能となり、核に入ることができる。結合したテストステロンによって受容体タンパク質は転写因子として機能することができ、雄の表現型をつくり出す特定の遺伝子に結合する。(B) アンドロゲン不応症候群と性発達に違いのある女性のグループ。XY型の核型をもっているにもかかわらず、アンドロゲン不応症候群の人々は女性の表現型を示す。(P. Li et al. 2017. *Cancers* 9：20/CC BY 4.0 より)

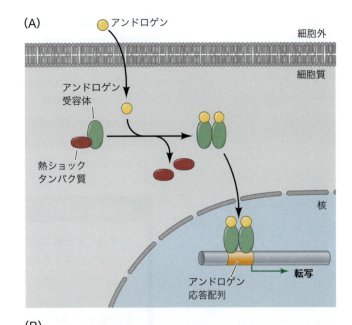

XYの核型をもち、*SRY*遺伝子も有している。それゆえ、テストステロンやAMHをつくる精巣も形成する。しかしながら、テストステロンが結合することで活性型の転写因子となる**アンドロゲン受容体タンパク質**（androgen receptor protein）の遺伝子に変異があるために、精巣でつくられるテストステロンに反応できない（図6.9A；Meyer et al. 1975；Jääskeluäinen 2012）。しかし、副腎でつくられるエストロゲン（XYとXXの両者で普通のことである）には反応できるため、外見は女性の特徴を示す（図6.9B）。さらには女性の外観にもかかわらず、XYをもつ不応症候群の人々は精巣でAMHをつくるため、ミュラー管が退縮する。アンドロゲン不応症候群の人々は健康的な普通の女性として育つが[6]、子宮と卵管とを欠いている。

アンドロゲン不応症候群は、第一次性決定（染色体による性決定）から予想されることと第二次性徴で起きることが異なってしまう症例の1つである。ほとんどの人々の場合、第一次性決定と第二次性決定とが連関して性的二型を表出している。しかし人口の0.5～1.7％の人々には、この一貫した性の連関性とは異なることが生じている（たまたまではあるが、この割合は世界の人口で赤毛の子が遺伝的に生まれる割合に近い；Fausto-Sterling 2000；Hull 2003；Hughes et al. 2006）。このような状態を"性的発達の違い"と呼ぶことができる[7]。

アンドロゲン不応症候群の場合、染色体の性は男性で、外見は女性である。逆に生殖腺の性が女性で男性に見える症例が、卵巣や副腎からのアンドロゲンの過剰産生によって起こりうる。副腎からのアンドロゲン過剰産生が起こる最も多い原因として**先天性副腎過形**

---

[6] 何を「ふつう」とみなすかについては14.1節を参照。

[7] 男性と女性の形質が同一個体にみられる場合は伝統的に半陰陽（intersex）状態と呼ばれている。しかし解剖学的な状態と、同性愛といった性自認の問題との区別がつかないことから、この言葉は使わないようにしようと望む人々もいる（Kim and Kim 2012）。このような不一致な状態を"性発達障害（disorders of sexual development）"と呼んだ人々もいる。しかしながらこの問題に積極的にかかわっている人のなかには、健康上では何も悪いところはないので医療をすること自体に反対を示す人もおり、"障害（disorder）"として分類すること自体に異を唱えている。これらの状態や問題の分析については Dreger et al. 2005、Austin et al. 2011、Carpenter 2016を参照。

成(congenital adrenal hyperplasia)があり，そこでは副腎でのコルチゾールステロイド代謝酵素に遺伝的欠損がみられる。この酵素がないとテストステロン様のステロイドが蓄積し，それがアンドロゲン受容体に結合するために胎児が男性化するのである(Migeon and Wisniewski 2000；Merke et al. 2002)。したがって，第一次性決定の男性/女性のどちらか一方という分類は日常一般では便利な分け方ではあるが，ホルモンと受容体の関係は，**性の決定が男性/女性のどちらかで一方であってあたり前という事実ではなく，2つの性により全体としての性の連続性がもたらされていること**を明らかにしてくれる(Fausto-Sterling 1993；Suskin 2002；Ainsworth 2015)。

さらなる発展

ステロイドと第二次性決定　ステロイドホルモンであるエストロゲンは雌と雄の両方の稔性に必要である。雌ではミュラー管が子宮と卵管，子宮頸部，腟の上部へと分化する。しかしながら，これらがマウス成体で発達し機能するためにはエストロゲンが必要である(Couse et al. 1999；Yang et al. 2010)。雌のマウスでエストロゲン受容体の遺伝子がノックアウトされると，ミュラー管から派生した組織は発生に失敗する。エストロゲン受容体遺伝子の雄のノックアウトマウスでは精子がほとんど産生されず，精巣網での精子濃度がおかしくなり，マウスは不妊となる(Hess et al. 1997)。エストロゲンの血中濃度は雄より雌のほうが一般的に高いが，精巣網でのエストロゲン濃度は雌の血中より高い。

ステロイドであるテストステロンは主要な2つの雄化因子の1つである。しかし，特定の組織ではそれが必ずしも活性のある雄化因子にはならないとの証拠がある。テストステロンはウォルフ管から発生する雄組織の形成を促進はするが，尿道や前立腺，陰茎，陰嚢を直接雄化するわけではない。代わりにテストステロンの誘導体，**5α-ジヒドロテストステロン**(5α-dihydrotestosterone：DHT；図6.10)によって制御される。テストステロンはウォルフ管ではなく泌尿生殖洞やその隆起部でDHTに変換さ

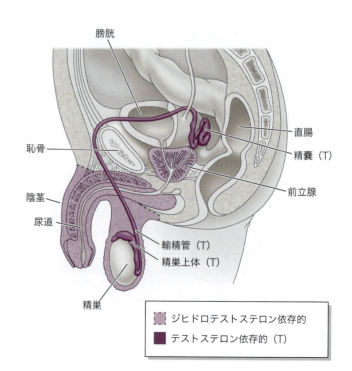

図6.10　ヒト男性の泌尿生殖系の発達でテストステロン依存的あるいは5α-ジヒドロテストステロンに依存的な領域。(J. Imperato-McGinley et al. 1974. *Science* 186：1213-1215より)

れる（Siiteri and Wilson 1974）。DHTはテストステロンより効果の高いホルモンであり，出生前や幼少期に最も活性化されている[8]。

DHTの役割については，ドミニカ共和国の小さなコミュニティでのまれな症候群の研究によって記載されている（Imperato-McGinley et al. 1974）。この症候を示す人々は，テストステロンをDHTへ変換する酵素を欠いている（Andersson et al. 1991；Thigpen et al. 1992）。XYの染色体をもつこの症候群の子供は機能的な精巣をもち，ウォルフ管は発達，ミュラー管は退縮する。しかし，精巣が出生前に降下していない。そのため出生児は女の子に見え，そのように受け入れられて育てられる。しかしながら思春期になると高レベルのテストステロンが精巣から産生されるようになり，DHTの欠如を覆い隠してしまう。陰茎が大きくなり，陰嚢が降下し，その人が男性であることが明らかとなる。このようにして男性の外生殖器がジヒドロテストステロンの制御下にあるのに対して，ウォルフ管の分化はテストステロンで制御されることが発見されたのである。（オンラインの「FURTHER DEVELOPMENT 6.6：Descent of the Testes」参照）

行動におけるステロイドの役割については論争がある。哺乳類の雌と雄の脳は神経解剖学的にはただちに区別できない。しかし，エストロゲンとテストステロンは異なる神経経路を活性化できることが知られており，このことによって雌雄での異なった行動が説明できるかもしれない（Dulac and Kimchi 2008；Eliot et al. 2021）。（オンラインの「FURTHER DEVELOPMENT 6.7：Brain, Sex, and Gender」「SCIENTISTS SPEAK 6.4：Neurobiologist Dr. Catherin Dulac discusses her research showing that parenting in male and female mice involves the same neural structures that are activated in different ways」参照）

哺乳類の性決定：要約

まとめると，哺乳類の第一次（生殖腺）性決定は染色体によって制御され，XY個体は精巣を，XX個体は卵巣を形成する。ここでの性決定は"デジタルな（すなわちどちらか一方）"現象のようである。染色体による性が確立されると，生殖腺はホルモンを産生し，身体の各パーツを雌型あるいは雄型へと調整していく。この第二次性決定はより"アナログ的"であり，異なる濃度のホルモンやホルモンへの異なった反応が，少しずつ違った表現型をつくり出しうる。第二次性決定は通常は（しかし常にではないが），生殖腺の性決定と連関している。

6.3　ショウジョウバエにおける染色体による性決定

ショウジョウバエでは，生殖器官の性は細胞核がもつX染色体の本数によって特定化される。二倍体の細胞内にX染色体が1本しかなければその個体は雄になり，X染色体が2本あれば雌になる。XOの哺乳類（Y染色体をもたない，すなわち*Sry*遺伝子がない）は不妊の雌になるのに対し，XOのショウジョウバエ（二倍体細胞あたり1本のX染色体をもつ）は不稔の雄になる。ショウジョウバエのY染色体上には精子形成に必要な遺伝子がいくつか存在しているが，性決定に関する遺伝子は存在しない。また，ショウジョウバエ（そして昆虫一般）には表現型を媒介するホルモンがないため，性決定は実質的に"デジタル"方式

8　いくつかの育毛剤に，妊娠女性は使わないようにとのラベルがあるのは理由がある。フィナステリド（Finasteride）はこれらの製品の活性成分で，テストステロンからDHTへの代謝を阻害する。このことが男性胎児の生殖腺の発達を干渉することがあるからである。

で，細胞(ピクセル)ごとに行われる。そのため，昆虫や甲殻類，さらには鳥類でも，**ギナンドロモルフ**(gynandromorph)——身体の一部が雄で残りが雌の動物——が観察される。

　ショウジョウバエ胚を構成する1つの細胞核からX染色体が1本失われると，その個体はギナンドロモルフになる。X染色体を欠失した細胞から派生するすべての細胞はXO(雄)であるのに対し，残りの細胞はXX(雌)である(図6.11)。ギナンドロモルフのXO細胞は雄の形質を示し，XX細胞は雌の形質を示す。すなわち，ショウジョウバエではそれぞれの細胞が独自に性を"決定"しているのである。Morgan and Bridges (1919) は，ギナンドロモルフについての古典的な論文のなかで，「雌雄の器官とその性的特徴は厳密に自己決定されていて，それぞれが自らの意思によってつくられていく」と述べ，各部分の性は「近隣するもの(細胞)の意思によって妨害されることはなく，生殖腺全体の作用によって覆されることもない」と結論づけた。この法則は，例外となる器官もあるものの(特に外生殖器)，ショウジョウバエの性発生の一般原則として今でも十分通用するものである。

Sex-lethal 遺伝子

　分子生物学的解析から，通常の二倍体昆虫ではX染色体の数が最初の性決定要因であることが示唆されている (Erickson and Quintero 2007；Moschall et al. 2017)。X染色体には，ショウジョウバエの重要な性決定遺伝子である **Sex-lethal** (**Sxl**) を活性化するための転写因子群をコードする遺伝子が存在している。Sex-lethalタンパク質はRNAスプライシング因子であり，一連のRNAプロセシング過程を開始させることで，性特異的な表現型発現を誘導する(図6.12)。

Sex-lethalの活性化　X染色体の数は，*Sex-lethal*遺伝子の初期発現を活性化する(あるいは活性化しない)うえで重要な意味をもつ。また，RNAスプライシング因子をコードしている*Sxl*は，生殖腺の発生だけでなくSxl自身の合成レベルをも制御している。

　*Sxl*遺伝子の発現は2つのプロモーターによって制御されている。初期プロモーターはXXでのみ活性化するのに対し，後期プロモーターはXXとXYの両方で活性化する。X染色体上には初期プロモーターを活性化する4つの転写因子がコードされており(図6.12参照)，これらの発現量がある閾値を超えると，*Sxl*遺伝子の初期プロモーターが活性化する (Erickson and Quintero 2007；Gonzáles et al. 2008；Mulvey et al. 2014)。この仕組みにより，初期胚発生では(XYではなく)XXでのみ*Sxl*が転写される(図6.13)。初期プロモーターから転写される*Sxl* RNA前駆体(pre-RNA)には，終止コドンを含む第3エクソンが含まれない。このため，XX初期胚では(第3エクソンを含まないmRNAから合成される)機能的な"初期"Sxlタンパク質が発現する。一方XY胚では，*Sxl*の初期プロモー

図6.11　ギナンドロモルフ昆虫。(A)左半分が雌(XX)で右半分が雄(XO)のキイロショウジョウバエ(*Drosophila melanogaster*)。雄側は，眼色と翅の形状に関するX染色体上の野生型アリルを失っており，残ったもう1本のX染色体から潜性アリル(*eosin eye*と*miniature wing*)を発現している。(B)トリバネアゲハ(*Ornithoptera croesus*)。雄側は小さく，翅は赤，黒，黄の3色で構成されている。雌側は大きく，翅は茶色と黒の2色からなる。(Aの絵はT. H. Morgan and C. B. Bridges. 1919. In *Contributions to the Genetics of Drosophila*. Publication no. 278, pp.1-122. Carnegie Institution of Washington：Washington, DCからEdith Wallaceの手による)

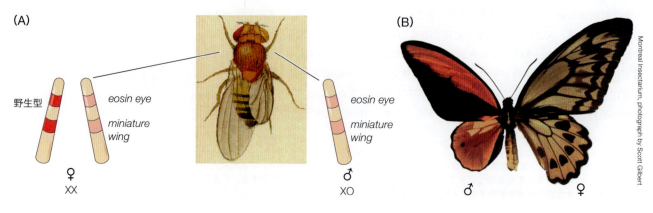

第 6 章　性決定と配偶子形成　211

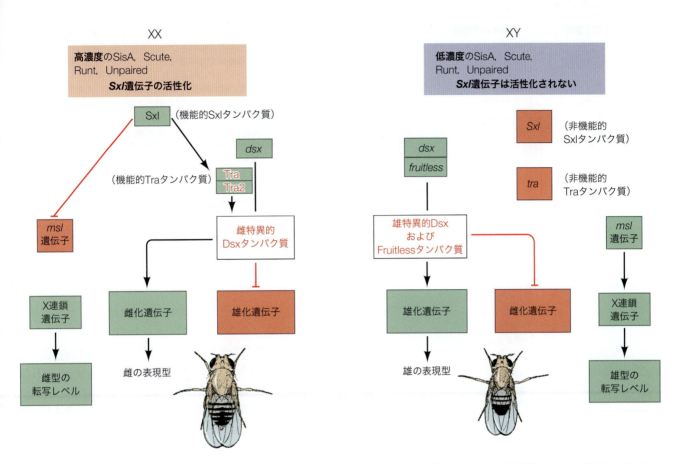

図6.12　ショウジョウバエの体細胞で働く性決定カスケードのモデル。X染色体上の遺伝子にコードされる転写因子群は，雌（XX）では*Sxl*遺伝子を活性化するが，雄（XY）では活性化しない。Sex-lethalタンパク質には3つの主要な機能がある。第一に，それ自身の転写を活性化し，Sxlのさらなる産生を促す。第二に，X染色体からの転写を促進する*msl2* mRNAの翻訳を抑制する。これにより，雌がもつ2本のX染色体からの転写量と雄がもつ1本のX染色体からの転写量が等しくなる。第三に，Sxlは*trans-former-1*（*tra1*）pre-mRNAのスプライシングを行い，機能的タンパク質を産生可能にする。Traタンパク質は*doublesex*（*dsx*）pre-mRNAを雌型にプロセシングし，身体の大部分を雌に運命付ける。(B. S. Baker et al. 1987. *BioEssays* 6：66-70より）

ターが活性化されず，機能的なSxlタンパク質はつくられない。しかし発生後期になると，後期プロモーターが活性化し，*Sxl*遺伝子は雌雄ともに転写されるようになる。

- **XX細胞では**，後期プロモーターから新しく転写された*Sxl* pre-mRNAに初期Sxlタンパク質が結合し，このpre-mRNAを"雌型"にスプライシングする。その際，Sxlは第3エクソン上のスプライシング複合体に結合し，第3エクソンがmRNAに組み込まれることを阻害する（Johnson et al. 2010；Salz 2011）。その結果，第3エクソンはスキップされ，*Sxl* mRNAから除外される。こうしてXX細胞では，初期Sxlの生産により，発生後期でもSxlタンパク質が確実に機能することになる（Bell et al. 1991；Keyes et al. 1992）。

- **XY細胞では**，初期プロモーターが活性化されず（X染色体にコードされた転写因子の発現量が初期プロモーターの活性化に十分な濃度に達しないため），初期Sxlタンパク質はつくられない。したがって，XY細胞の*Sxl* pre-mRNAは，第3エクソンを含む"雄型"にスプライシングされる。タンパク質合成は第3エクソンの終止コドンで終了し，Sxlは機能しない。

Sex-lethalの標的　雌特異的な*Sxl*転写産物からは，RNA結合領域をもつタンパク質が合成される。雌特異的Sxlタンパク質が結合するRNA標的は主に3つあるようだ。そのうちの1つが*Sxl*自身のpre-mRNAであることはすでに述べた。第二の標的は，遺伝子量

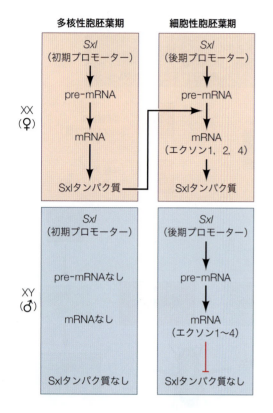

図6.13 Sex-lethalの差次的RNAスプライシングと性特異的な発現パターン。ハエXX胚の初期胞胚期（多核性胞胚期）では，2本のX染色体から転写因子群が発現し，これはSxl遺伝子の初期プロモーターを活性化するのに十分な量である。この"初期"Sxl転写産物は第3エクソンを欠くmRNAにスプライシングされ，機能的なSxlタンパク質をつくりだす。XY胚では初期プロモーターが活性化されず，雄は機能的なSxlを発現しない。発生が進み胞胚葉が細胞化すると，Sxlの後期プロモーターがXXとXYの両方で活性化する。XX胚では，既に存在する初期Sxlが後期SxlmRNAへの第3エクソンの組み込みを阻害し，機能的なSxlタンパク質の産生を促進する。Sxlは自身のプロモーターにも結合して活性化状態を保つと同時に，カスケードの下流に位置する他の遺伝子のpre-mRNAをスプライシングする機能ももつ。XY胚には初期Sxlが存在しないため，スプライシングにより第3エクソンがmRNAに組み込まれる。第3エクソン内には終止コドンが含まれるため，雄は機能的なSxlをつくることができない。(H. K. Salz. 2011. Curr Opin Genet Dev 21：395-400より)

補償を制御するmsl2遺伝子である。実際，2本のX染色体をもつ細胞でSxl遺伝子が機能しなければ，(msl遺伝子が機能しないために)遺伝子量補償システムが働かず，細胞死が起こる〔このためにSxlの遺伝子名には"致死(lethal)"が含まれている〕。(オンラインの「FURTHER DEVELOPMENT 6.5：Dosage Compensation」参照)

第三の標的は，性決定カスケードでSxlの下流に位置する*transformer* (*tra*)遺伝子のpre-mRNAである(Nagoshi et al. 1988；Bell et al. 1991)。*transformer* (機能喪失変異体が雌から雄に性転換するため命名された)のpre-mRNAは，Sxlタンパク質によって機能的なmRNAにスプライシングされる。*tra* pre-mRNAは雌雄両方の細胞で発現している。しかしSxlが存在すると，(雌雄に共通の*tra* mRNAに加えて)雌特異的*tra* mRNAが選択的にスプライシングされる(図6.14)。雌雄共通の*tra* mRNAには，雄型のSxl mRNAにみられるように早期終止コドンが含まれており，翻訳後のタンパク質は機能をもたない(Boggs et al. 1987)。一方，雌特異的な*tra*転写産物には，早期終止コドンを含む第2エクソンが含まれない(図6.12および図6.14参照)。

doublesex：性決定のスイッチ遺伝子

doublesex (*dsx*)遺伝子[9]は，雌雄両方のショウジョウバエで活性をもち，形態や機能に性差を示す細胞で発現している(Verhulst and van de Zande 2015)。しかしながら，*dsx* pre-mRNAは性特異的なプロセシングを受けている(Baker et al. 1987)。*dsx*の選択的RNAプロセシングには*tra*と*tra2*遺伝子産物の働きが関与している(図6.12および図6.14参照)。Tra2と雌特異的Traタンパク質の両方が存在する場合，*dsx*転写産物は雌特異的なパターンでプロセシングされ，雌特異的なドメインをもつタンパク質(Dsx^F)をつくり出す。その結果，Dsx^{F}は他の因子と相互作用して雌特異的な遺伝子群(卵黄タンパク質など)を活性化できるようになる(Ryner and Baker 1991)。機能的なTraを発現しない雄の場合，*dsx* pre-mRNAは雌とは異なる方法でスプライシングされ，その結果生じた雄特異的な*dsx*転写産物から，雄特異的なドメインをもつタンパク質(Dsx^M)がつくられる。Dsx^{M}は別の因子と相互作用して，雄特異的な形質を促進する。Dsx^{F}とDsx^{M}は同じエンハンサーに結合するようである。Dsx^{F}は他の因子と結合して雌特異的遺伝子群を活性化し，雄特異的遺伝子群の抑制に働く。一方Dsx^{M}は，別の因子と結合して雄特異的遺伝子

---

[9] *doublesex*と脊椎動物の*Dmrt1*は互いに近縁な遺伝子であり，この2つの性決定機構には共通の基盤があるのかもしれない。*Dmrt1*の正式名称は*doublesex/mab-3-related transcription factor-1*である。

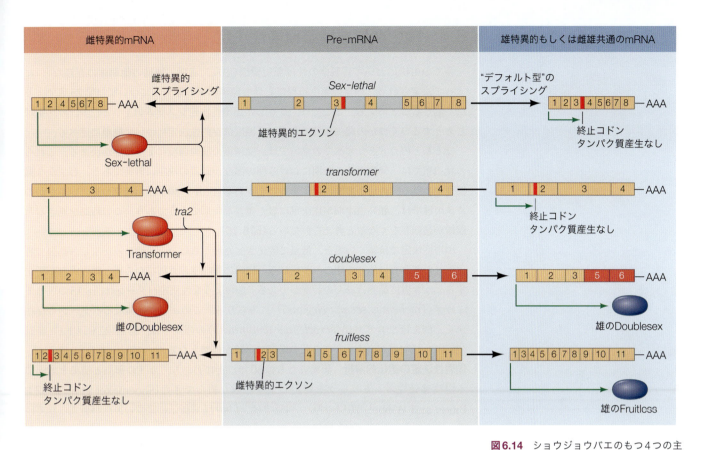

群の発現を促進し，雌特異的遺伝子群を抑制する．

　doublesex が性特異的なエクソンを用いて性決定を行うという知見は，実用面においても重要な価値がありそうである．マラリア，デング熱，ジカウイルス熱など，蚊が媒介する疾患は毎年70万人以上の命を奪っている．刺すのは雌の蚊であり，雌は集団内の蚊の数をコントロールすることもできる．したがって，雌の蚊の発生を防ぐことができれば，感染症と蚊の数を減らすことができるかもしれない．これは雌型 *doublesex* の発現を抑制することで実現可能である．すでに，*doublesex* の雌特異的エクソンを標的とした RNAi 試薬の経口投与実験や，CRISPR ゲノムドライブ法が検証され，これらの技術は実験室内条件において有効であることが示されている（Kyrou et al. 2019；Taracena et al. 2019；Hammond et al. 2020）．

ショウジョウバエの性決定：まとめ

　本節で述べたモデルによれば，性決定カスケード（図6.12）の終着点は *doublesex* 転写産物からプロセシングされる mRNA のタイプということになる．X 染色体が2本あれば，X 染色体上の転写因子群の発現が閾値濃度に達し，*Sxl* の初期プロモーターが活性化される．*Sxl* のつくるスプライシング因子は，*transformer* 遺伝子の mRNA を雌型にスプライシングする[10]．この雌特異的 Tra は，Tra2 と共に *doublesex* の mRNA を雌型にスプライシングする．dsx 転写産物が雌型にスプライシングされない場合は，"デフォルト"タイプとして雄特異的な *dsx* mRNA がつくられる．

図6.14　ショウジョウバエのもつ4つの主要な性決定遺伝子の性特異的 RNA スプライシング．pre-mRNA（図の中央）は雄も雌も同一である．それぞれについて，雌に特異的な転写産物を左に，デフォルトの転写産物（雄特異的もしくは性特異的でないもの）を右に示す．エクソンには番号が振ってあり，終止コドンの位置も記されている．*Sex-lethal*，*transformer*，*doublesex* はすべて，生殖腺の遺伝的な性決定カスケードに含まれる．*fruitless* の転写パターンは，第二次性徴としての求愛行動を決定づける．また，transformer タンパク質は *fruitless* pre-mRNA のスプライシングも制御しており，ハエの脳内で雄型と雌型の Fruitless タンパク質をつくり出す．*fruitless* 遺伝子については，「オンラインの「FURTHER DEVELOPMENT 6.8：Brain Sex in *Drosophila*」で説明している．（B. S. Baker. 1989. *Nature* 340：521-524；B. S. Baker et al. 2001. *Cell* 105：13-24 より）

---

[10] 雌で機能して雄では機能しない Tra タンパク質は，性の特定化にも用いられる．例えばショウジョウバエの幼虫では雌の細胞がより速く肥大化するが，これは脳と脂肪体で産生される Tra に起因しており，Dsx とは無関係に生じる（Rideout et al. 2015；Mathews et al.）．

6.4 爬虫類における環境性決定

多くの生物において，個体の性は環境要因（温度，場所，同種の他個体の存在など）によって決定される。通常の発生過程における環境因子の重要性については第25章でより広く論じることにする。ここでは，こうした環境性決定システムの1つとして，カメをはじめとするいくつかの爬虫類群でみられる温度依存的性決定について簡単に述べる。

ほとんどのカメと，すべてのワニでは，受精後の胚の環境によって性が決まる。これらの爬虫類では，発生のある時期における卵の温度が雌雄の決定に重要であり，わずかな温度変化によって性比が劇的に変化することがある（Bull 1980；Crews 2003）。いくつかのカメの種では，胚発生中期が性決定に最も重要な時期のようであり，この時期を過ぎると雌雄が逆転しなくなると考えられている（図6.15）。

環境性決定では多くの場合，低温で孵化させた卵からは一方の性のみが生じ，高温で孵化させた卵からは他方の性のみが生じる。同時に産卵された卵塊から雄と雌の両方が孵化するような温度範囲はほんのわずかである。このような性決定パターンは図6.15のアカミミガメ（*Trachemys scripta elegans*）[11]にみられる。この法則には異なるパターンも存在する。例えばワニガメ（*Macroclemys temminckii*）の卵からは，低温（22℃以下）と高温（28℃以上）で雌が産まれ，この間の温度では雄が優勢となる。

環境性決定の遺伝的解析　研究者たちは50年以上にわたり，カメの卵巣と精巣を形成する温度感受性ネットワークを特定しようと取り組んできた（Shoemaker et al. 2007；Bieser and Wibbels 2014参照）。最近では，*Dmrt1*遺伝子に探索の焦点が当てられている。

6.3節で触れたように*Dmrt1*は，ショウジョウバエの*doublesex*遺伝子に関連した脊椎動物の遺伝子である。Dmrt1タンパク質は，魚類，両生類，鳥類を含む多くの脊椎動物種で精巣決定カスケードを開始させるようである（Matson and Zarkower 2012）。また，Dmrt1タンパク質は哺乳類の精巣のセルトリ細胞を維持する役割も担っている（Matson et al. 2011）。アカミミガメ属（*Trachemys*）では，性分化直前の生殖腺原基で*Dmrt1*が発現している。精巣を発生させる温度（26℃）で育てた胚の生殖腺では*Dmrt1*が高発現し，卵巣を発生させる温度（32℃）で育てた胚の生殖腺では*Dmrt1*の発現が非常に低くなる。実験的に*Dmrt1*の発現を抑制すると，生殖腺は卵巣に分化する。しかし，この生殖腺にDmrt1を発現させると，再び精巣が分化し始める。

では，高温ではどのようにしてDmrt1が阻害されるのだろうか？　最近の研究により，*Dmrt1*プロモーター内のヌクレオソームから特定のメチル基が除去されると*Dmrt1*の発現が正に制御されることが示され，この反応はヒストン脱メチル化酵素KDM6Bが触媒していることが明らかになった（図6.16A；Ge et al. 2017, 2018）。卵を高温で培養すると，KDM6Bの発現レベルが低下する（図6.16B）。一方，KDM6Bが存在すると，

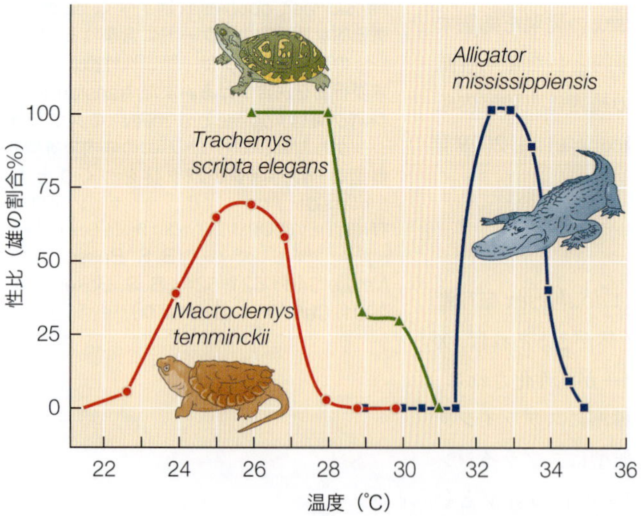

図6.15　アメリカアリゲーター（*Alligator mississippiensis*），アカミミガメ（*Trachemys scripta elegans*），ワニガメ（*Macroclemys temminckii*）の温度依存的性決定。（D. A. Crain and L. J. Guillette, Jr. 1998. *Anim Reprod Sci* 53：77-86より，データはM. A. Ewert et al. 1994. *J Exp Zool* 270:3-15；J. W. Lang and H. V. Andrews. 1994. *J Exp Zool* 270: 28-44より）

---

[11]　アカミミガメ（*T. s. elegans*）は環境性決定を研究するための主要なモデル生物となっている。現時点で生息地の破壊による絶滅危機に瀕していない，数少ないカメのひとつでもある。むしろ状況はその逆で，*T. s. elegans*は広域で繁殖し，ペットショップでも販売され，さらには人間がこのカメをしばしば野生に放すために他のカメの生息地が奪われる事態となっている。

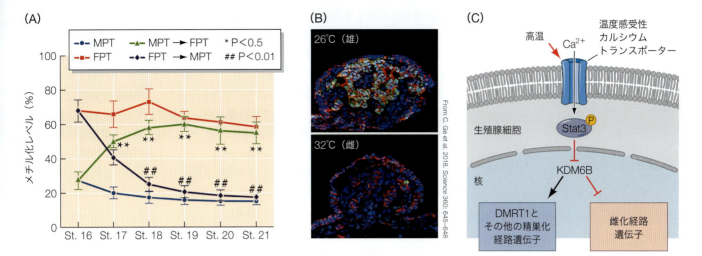

図6.16 アカミミガメの性決定。Trachemysの卵を28℃以下で孵化させると、子ガメはほぼすべて雄になる。31℃を超えると、ほぼすべての卵から雌が生まれる。その中間の温度では雄と雌の両方が生まれる。(A) Dmrt1遺伝子の発現を抑制するメチル化状態は、温度に依存して変動する。雄を生む温度(26℃;MPT)または雌を生む温度(32℃;FPT)で卵を培養した。一部の卵は発生の途中でMPTからFPT、またはFPTからMPTに切り替えた。Dmrt1遺伝子のメチル化状態は温度に依存して変動した。*$P<0.5$；##$P<0.01$。(B)発生ステージ16の生殖腺におけるKDM6Bタンパク質の免疫蛍光染色。Kdm6b mRNAは緑色で染色されており、核色素DAPI(青色)と重なった場所は水色に見えている。赤色はβカテニンを染色しており、雄では細胞表面に検出されるが、雌では核と細胞質に検出される。(C)アカミミガメ(Trachemys scripta)の温度依存的性決定モデル。(AはC. Ge et al. 2018. Science 360：645-648 より)

生殖腺は精巣に分化する。雌化を促進する高温条件では、生殖腺前駆細胞のカルシウムイオントランスポーターが活性化し[12]、カルシウムイオンが細胞内に流入する。その結果、転写因子STAT3のリン酸化が引き起こされる。リン酸化STAT3は、KDM6Bヒストン修飾タンパク質を阻害することでDmrt1の活性化を抑制する(図6.16C；Weber et al. 2020)。このように、高温条件ではDmrt1の発現が抑制されることで、卵巣が形成される。

地球規模で加速している気候変動は、温度依存的性決定を行う生物種に深刻な影響を及ぼしている。繁殖地の温度上昇により、既に多くのウミガメの性比が変化し、雄がほとんど生まれなくなっている(Jensen et al. 2018；Stafford et al. 2020)。この問題については第25章で詳しく述べる。

6.5 動物の配偶子形成

性決定に引き続いて起こる最も重要なイベントの1つは**配偶子形成**(gametogenesis)、つまり**始原生殖細胞**(primordial germ cell：PGC)から卵か精子のいずれかに分化することである。PGCは卵と精子どちらにもなれる前駆細胞で、卵巣に定着すれば卵となり、精巣に定着すれば精子となる。これらの決定はすべて、発生中の生殖腺がつくる因子によって制御される[訳注：生殖細胞内在的なメカニズムも存在することが知られている]。

始原生殖細胞が、生殖腺で生まれるわけではないことを忘れてはならない。ショウジョウバエや哺乳類では、PGCは胚の後方で生まれ、その後に生殖腺に移動する(Anderson et al. 2000；Molyneaux et al. 2001；Tanaka et al. 2005)。これは節足動物から脊椎動物まで広く共通するパターンで、生殖細胞は初期胚の他の部分から"切り離されて"おり、転

---

[12] 温度感受性タンパク質は、異なる温度条件下で立体構造が変化する。最もよく知られているのは、ビルマ猫やシャム猫にみられるユニークなチロシナーゼタンパク質だろう。これらの動物では、体温が高くなると黒色色素のメラニンが合成されないため、温度の低い脚と耳の先端だけが黒くなる(Ilgin and Ilgin 1930；Lyons et al. 2005)。

写と翻訳を停止したまま周辺領域から生殖腺まで移動する。遺伝子発現を抑制することによって，周囲で起きている細胞間のやり取りに影響されなくなり，生殖細胞はあたかも，次の世代のために確保され隔離された存在のようである（Richardson and Lehmann 2010；Tarbashevich and Raz 2010）。

　生殖細胞を形作るメカニズムは多様であるにもかかわらず，生殖細胞で発現して遺伝子発現を抑制するタンパク質は，動物界全体で驚くほど保存されている。Vasa，Nanos，Tudor，Piwiファミリーのタンパク質は，刺胞動物，ハエ，哺乳類の生殖細胞で同定されている（Ewen-Campen et al. 2010；Leclére et al. 2012）。生殖細胞特異的遺伝子を活性化するVasaタンパク質は，研究されたほぼすべての動物で不可欠である。また，Nanosは翻訳の抑制に関与し，発生途中の生殖細胞で細胞死経路が活性化しないようにしている（Kobayashi et al. 1996；Hayashi et al. 2004）。

　これまた驚くべきことに，PGC形成を誘導するシグナルも保存されているようである。哺乳類と同じく生殖細胞が誘導によりつくられるコオロギなどの昆虫では，PGC形成にBMPシグナルが必要である（Donoughe et al. 2014；Lochab and Extravour 2017）。哺乳類では，羊膜を含む胚体外外胚葉が産生するBMP4の働きにより，胚盤葉上層（エピブラスト）に由来する間充織様の細胞がPGCへと誘導される（Hancock et al. 2021）。このとき，生殖系列を特定化する遺伝子を活性化すると同時に，生殖系列にならないようにする遺伝子の発現は抑制される（Fujiwara et al. 2001；Saitou and Yamaji 2012；Zhang et al. 2018）。一群の遺伝子を活性化する一方で他の遺伝子群を抑制するこの戦略は，哺乳類生殖腺の性決定と類似している。（オンラインの「FURTHER DEVELOPMENT 6.9：Theodor Boveri and the Formation of the Germ Line」参照）

哺乳類の始原生殖細胞：生殖隆起から生殖腺へ

　哺乳類では，生まれたばかりのPGCは後腸に入って前方に移動し，最終的に卵巣・精巣どちらにもなれる段階の生殖腺に入る。この遊走の間に，PGCは増殖して数を増やす（図6.17）。PGCが特定化されてから発生途中の生殖腺〔**生殖隆起**（genital ridge）と呼ばれることが多い〕に入るまでの間，移動中のPGCは，PGCの運動と生存に必要な傍分泌因子である**幹細胞因子**（stem cell factor：SCF）を分泌する細胞群に取り囲まれる。このSCF分泌細胞はPGCとともに移動し，PGCの持続，分裂，移動をサポートする幹細胞の"移動するニッチ"を形成すると考えられている（Gu et al. 2009）。生殖隆起に到達した後PGCは，ニッチを形成するBMP（4.7節参照）の働きによって維持される（Dudley et al. 2007, 2010）。

　PGCは生殖隆起に入ると徐々に多能性を失い，もはや他の細胞種にはなれない決定された生殖細胞になる（Nicholls et al. 2019）。生殖細胞の運命を決定する因子の1つがRNA結合タンパク質**Dazl**で，生殖隆起がPGCにおけるDazlの発現を誘導する。Dazlが細胞内の多能性ネットワークを阻害することによって，生殖細胞系譜へと発生運命が方向付けされる（Nicholls and Page 2021）。いったんこの運命に方向付けされると，**ゴノサイト**（gonocyte）——生殖腺に入ったあと始原生殖細胞はこう呼ばれるようになる——のDNAとヒストンは，エピジェネティックな特徴のほとんどを失う。いくつかの酵素複合体の働きによってクロマチンからメチル基やその他の化学修飾が除去され，ゴノサイトのゲノムはほぼ"まっさら"な状態になり，精子あるいは卵のエピジェネティックマークを上書きできるようになる（Yamaguchi et al. 2012；Hill et al. 2018）[13]。

---

[13]　しかしながら，配偶子形成の過程で，精子と卵は異なるDNAメチル化パターンを獲得する。これらは精子や卵としてのアイデンティティを与えるために必要である（オンラインの「FURTHER DEVELOPMENT 7.9：The Non-equivalence of Mammalian Pronuclei」参照）。さらに，世代間でメチル化パターンが消去されない場合もある（3.5節参照）。

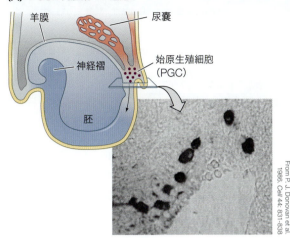

(A) PGCの内胚葉への遊走

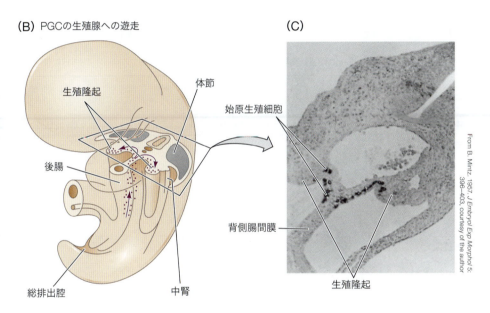

(B) PGCの生殖腺への遊走

図6.17 マウスにみられる始原生殖細胞の遊走。(A)胚発生8日目，胚盤葉上層後部で生まれたPGCは，胚の内胚葉へと遊走していく。写真はマウス胚の後腸にある大きなPGC（アルカリホスファターゼで染色）を示す。(B) PGCは腸内を移動し，背側にある生殖隆起に移動する。(C)胎生11日目ごろにみられる，生殖隆起に入りつつあるアルカリホスファターゼ染色される生殖細胞。(J. Langman. 1981. *Medical Embryology*, 4th Ed. Williams & Wilkins：Baltimore より)

　その後，哺乳類のゴノサイトは生殖腺の指示に従って，**卵形成**(oogenesis；卵をつくる過程)あるいは**精子形成**(spermatogenesis；精子をつくる過程)を開始する（表6.1）。哺乳類の雄と雌の根本的な違いは，減数分裂(meiosis)のタイミングにある。雌では減数分裂は胎性期の生殖腺の中で開始されるが，雄では思春期になるまで減数分裂は始まらない。生殖細胞が減数分裂に入っていくタイミングを決める"門番"の役割は，減数分裂とそのためのDNA合成の開始を促進する転写因子Stra8が果たすと考えられている。発生途中の**卵巣**におけるStra8の発現は，すぐ隣で発生が進んでいる腎臓からの2つの因子，すなわちWnt4とレチノイン酸(RA)の作用によって**亢進する**（Baltus et al. 2006；Bowles et al. 2006；Naillat et al. 2010；Chassot et al. 2011）。一方，発生途中の**精巣**では，Fgf9の働きでStra8の発現が**抑制される**とともに，発生中の腎臓が産生するRAは，精巣が分泌するRA分解酵素Cyp26b1によって分解される（図6.18；Bowles et al. 2006；Koubova et al. 2006）。しかし，雄個体で思春期が始まると，セルトリ細胞がRAを合成するようになり，精子幹細胞(spermatogonial stem cell)にStra8の発現を誘導して前駆細胞へ転換する。Stra8が発現することによって，精子前駆細胞の減数分裂へ向かう運命が決定する（Anderson et al. 2008；Mark et al. 2008；Nakagawa et al. 2017）。精子形成の前駆細

表6.1　哺乳類の配偶子形成

卵形成	精子形成
減数分裂は有限個の細胞集団で同時に開始する	減数分裂は，体細胞分裂する幹細胞からつくられる細胞で継続的に起こる
減数分裂1回あたり1個の配偶子ができる	減数分裂1回あたり4個の配偶子ができる
減数分裂の完了は月〜年の単位で遅延する	減数分裂は日〜週の単位で完了する
減数分裂の進行は第一減数分裂前期で休止し，一部の細胞集団ごとに再開する	減数分裂と細胞分化は継続して進行し，細胞周期の停止を伴わない
配偶子への分化は，第一減数分裂前期の二倍体細胞で起こる	配偶子への分化は，減数分裂が完了した後の半数体細胞で起こる
第一減数分裂前期の間，すべての染色体が均等に転写と組換えを起こす	第一減数分裂前期の間，性染色体では組換えや転写が起こらない〔訳注：性染色体の一部をなす偽常染色体領域では組換えや転写が起こる〕

出典：M. A. Handel and J. J. Eppig. 1998. *Curr Topics Dev Biol* 37：333-358 より。

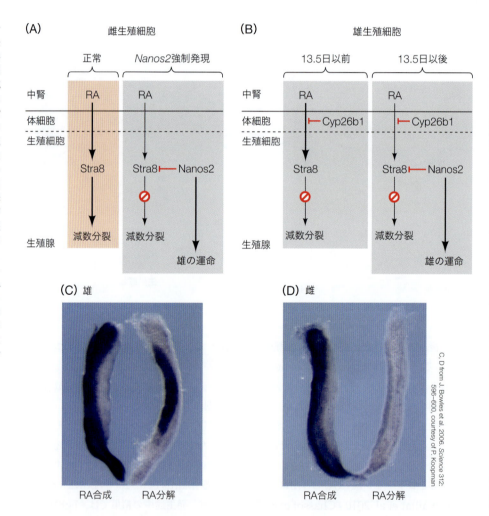

図6.18 哺乳類生殖細胞の減数分裂と性分化のタイミングは，レチノイン酸(RA)が決める。(A)雌のマウス胚では，中腎から分泌されたRAが生殖腺に達すると，雌生殖細胞においてStra8転写因子が誘導されて減数分裂開始の引き金が引かれる(ピンク色パネル)。しかし，雌の生殖細胞で*Nanos2*遺伝子を人為的に活性化させると，Stra8の発現が抑制され，生殖細胞は雄の経路へ進む(灰色パネル)。(B)雄胚の精巣では，胎生13.5日目までは，Cyp26b1がRAシグナルを遮断するため雄生殖細胞は減数分裂を開始しない(左パネル)。胎生13.5日目以降Cyp26b1の発現が低下すると，Nanos2が発現してStra8の発現を抑制し，減数分裂の開始が抑制される。これによって雄型の生殖細胞分化が誘導される(右パネル)。(C, D)胚生12日マウスの生殖腺と中腎における，RA合成酵素Aldh1a2(左)とRA分解酵素Cyp26b1(右)をコードするmRNAの染色像。RA合成酵素は雄(C)と雌(D)の両方の中腎にみられる一方，RA分解酵素は雄生殖腺にのみみられる。(A, BはY. Saga. 2008. *Curr Opin Genet Dev* 18：337-341より)

胞がレチノイン酸に応答して，体細胞分裂から減数分裂へ転換するメカニズムはまだ不明である〔訳注：マウス精子幹細胞が減数分裂を開始する過程では，RAによるStra8の発現誘導が2回起こる。最初のRA刺激で減数分裂へと決定した前駆細胞は数回の体細胞分裂を経たのち，2度目のRA刺激を受けて減数分裂を開始する。これは，Stra8と複合体をつくり減数分裂で働く遺伝子を活性化する転写因子Meiosinが，2度目のRA刺激でのみ誘

導されるためと考えられている(Ishiguro et al. 2020, doi.org/10.1016/j.dev-cel.2020.01.010)。一方雌では，最初のRA刺激でStra8とともにMeiosinが発現して減数分裂を開始する〕。

減数分裂：絡み合う生活環

　減数分裂は，真核生物の最も革命的な特徴と言ってよいだろう。減数分裂は，真核生物が世代から世代へ遺伝子を伝達する仕組みであり，また精子と卵から受け継いだアリルをシャッフルして新しい組み合わせをつくる仕組みでもある。およそ12億年前に減数分裂が進化したことで，地球上の生命の歴史は一変した。有性生殖，進化的多様性，世代間の形質伝達は，すべて減数分裂が担っているのだ。

　減数分裂は，二倍体(diploid)の生殖細胞が染色体の数を半分に減らし，各染色体のコピーが核に1本しかない半数体(haploid；一倍体ともいう)にする手段である(van Ben-eden 1883；Wilson 1924)〔訳注：ゲノムを2組もつ細胞はdiploid，1組もつ細胞はhaploidあるいはmonoploidと呼ばれる(di-は2つ，haplo-，mono-は1つを表す接頭語)。日本語では，前者を「二倍体」，後者を「半数体」あるいは「一倍体」と呼ぶ。ここでは，より一般的に用いられる「半数体」を用いる〕。これは，1回のDNA複製に続いて2回の染色体分配が連続して起こることで達成される。生殖細胞が経験する最後の体細胞分裂の後，減数分裂を開始した細胞ではDNA合成が起こって核のDNA量は倍加する。このとき，各染色体は動原体を共有して結合した2本の**姉妹染色分体**(sister chromatid)から成る[14]。

　2回の減数分裂の最初の分裂〔第一減数分裂(meiosis I)〕では，二倍体細胞がもつ相同染色体(homologous chromosomes)——例えば2コピーの3番染色体——が結合し，その後2つの細胞へ分かれていく。したがって，**第一減数分裂では相同染色体が2つの娘細胞へ分離する**ため，娘細胞は染色体を1コピーずつしかもたない。それゆえこれらの細胞は半数体であるといえる。しかし，各染色体はすでに複製が済んでおり，1つの染色体が2つの染色分体をもっている。第2ラウンドの第二減数分裂(meiosis II)では，**2つの姉妹染色分体が互いに分離する**。減数分裂を通して見ると，半数体の染色体セットを1コピーずつもつ細胞が4つ形成されることになる。

さらなる発展

減数分裂の各ステージ　第一減数分裂の始まりは長い前期(prophase)であり，これは4つの段階に分けられる(**図6.19A**)。**レプトテン(細糸)期**(leptotene；ギリシャ語で"細い糸"の意味)には，染色分体のクロマチンは非常に細長く伸びており，染色体1つ1つを識別することはできない。しかし，DNA複製はすでに完了しており，平行する2本の染色分体が染色体を構成している。相同染色体のペアリングは，細胞質から核に入って動原体に結合するワイヤー状の構造体の働きによって始まる。すなわち，細胞骨格によって染色体を動かすことができるのである(Wynne et al. 2012；Burke 2018)。相同染色体が対を形成するとき，核膜もまた重要な役割を担うと考えられている(Comings 1968；Scherthan 2007；Tsai and McKee 2011)。

14　セントロメア(centromere)と動原体〔キネトコア(kinetochore)〕という用語はしばしば互換的に使われる場合があるが，セントロメアはDNA配列を意味し，セントロメア配列の上に集合する複雑なタンパク質構造体が動原体である。

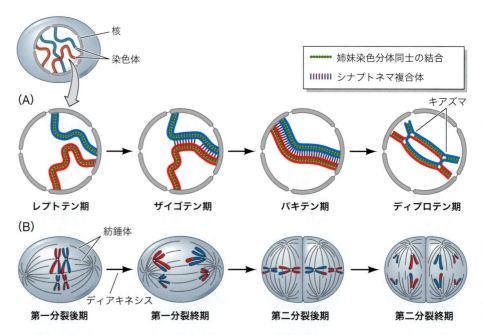

図6.19 シナプトネマ複合体に注目した減数分裂。減数分裂が始まる前，相同染色体は対合することなく核内にランダムに分布している。(A)第一減数分裂前期の4つの段階。赤および青の線は，母および父由来の染色分体をそれぞれ示す。レプトテン期，染色体はテロメアで核膜に付着して相同染色体を"探索"する。シナプトネマ複合体の形成は，対合（相同染色体同士の結合）が始まるザイゴテン期に始まる。相同染色体は，パキテン期には染色体全長にわたって整列し，ディプロテン期になると二価染色体構造をつくる。対合した相同染色体では，ザイゴテン期，パキテン期，さらにディプロテン期をとおして組換え（クロスオーバー）が起こる。組換えが完了するディプロテン期になると，シナプトネマ複合体は分解し，相同染色体はキアズマ部分で結合を維持するようになる。(B)ディアキネシス期，染色体はさらに凝縮して中期板（metaphase plate）を形成し，第一減数分裂後期になると相同染色体は分離する。第二分裂中期に姉妹染色分体が整列し，後期には分離して両極に移動する。本図を通して，2組の姉妹染色分体ペアのみを示す。(J. H. Tsai and B. D. McKee. 2011. *J Cell Sci* 124:1955–1963より)

　ザイゴテン（合糸）期（zygotene；ギリシャ語で"よじれた糸"）には，相同染色体同士が接着し，並行して配列する。この密接なペアリングは，**対合**（synapsis）と呼ばれる減数分裂に特徴的なもので，二本鎖DNAの切断（DNA修復の際に起こるのと似たプロセス）を起点として形成されるようである。このときDNAが切断されて，一方の染色体からもう一方の染色体へと一本鎖DNAの"触手"が受け渡される（Zickler and Leckner 2015）。染色体が相方の相同染色体を認識する仕組みは完全にはわかっていないが，対合を形成するには，核膜が存在し，**シナプトネマ複合体**（synaptonemal complex）と呼ばれる，タンパク質が梯子状に配列したリボン構造が形成される必要がある（図6.20A, B；von Wettstein 1984；Dunce et al. 2018）。4つの染色分体とシナプトネマ複合体がつくり上げる構造は，**四分染色体**（tetrad chromosome）または**二価染色体**（bivalent chromosome）と呼ばれる。

　減数分裂前期の3番目の段階，**パキテン（太糸）期**（pachytene；ギリシャ語で"太い糸"）では，染色分体は太くかつ短くなる。1つ1つの染色分体が光学顕微鏡で識別できるようになり，**交叉**（crossing over）を生じる。交叉は，遺伝物質の交換，すなわち染色分体上にある遺伝子が，相同染色体の染色分体上にある相同な遺伝子と置き換わることを意味する。交叉は，遺伝子が活発に転写されることを特徴とする第4段階の**ディプロテン（複糸）期**（diplotene；ギリシャ語で"二重の糸"）まで存続する。ディプロテン期になるとシナプトネマ複合体が崩壊し，2本の相同染色体が分離を始める。しかし，相同染色体は通常，**キアズマ**（chiasma）と呼ばれる場所でつながったままであ

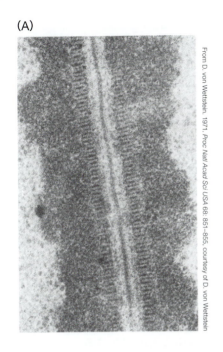
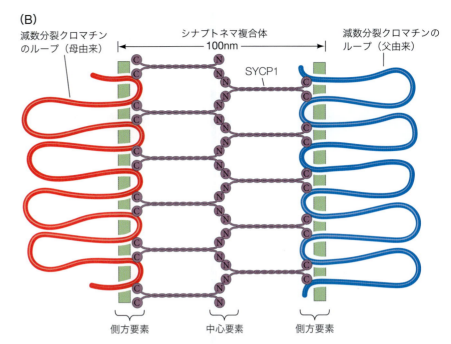

図6.20 減数分裂におけるシナプトネマ複合体の形成と分解。シナプトネマ複合体は，第一減数分裂前期に，染色分体同士のペアリングを担うクロマチン切断が核となって形成される。(A) シナプトネマ複合体。クロマチンを結合するセントラルエレメント (central element；中心要素とも呼ばれる) とラテラルエレメント (lateral element；側方要素) がみられる。(B) シナプトネマ複合体の主要構造は，SYCP1タンパク質の分子同士が結合することで形成される。このタンパク質のC末端がDNAに結合する一方，N末端は複合体の中央部で互いに結合している。(C) 染色体分離を制御するコヒーシン。セントロメアが端に位置する (telocentric) 相同染色体ペア1組を示す。赤と青はそれぞれ母と父由来の染色分体で，組換えが生じた部分でキアズマを形成している。コヒーシン分子によってシナプトネマ複合体の構造が維持され，姉妹染色分体をつなぎ合わせている。第一減数分裂中期には，コヒーシンを切断するプロテアーゼ (セパラーゼ) や，セパラーゼを活性化するAPC/Cタンパク質の活性は抑えられている。さらに，動原体に結合したコヒーシンにはSgo2タンパク質が結合し，セパラーゼからコヒーシンを守る。細胞質からのシグナルによってAPC/C分子が活性化し，それがセパラーゼタンパク質を活性化すると，終期が始まる。セパラーゼによって腕部のコヒーシンは消化されるが，動原体のコヒーシンの消化は抑制され，姉妹染色分体の結合は保たれる。後期が完了すると，染色体を保護していたSgo2タンパク質は失われ，続いて起こる細胞分裂ではコヒーシンの分解を促すタンパク質がこれに取って代わる。(BはJ. M. Dunce et al. 2018. *Nat Struct Mol Biol* 25：557-569より；CはA. I. Mihajlovic and G. FitzHarris. 2018. *Curr Biol* 28：R671-R674より)

り，ここが交叉の起こっている場所だと考えられている。

　第一減数分裂の中期（metaphase）は，染色体の**ディアキネシス（移動）期**（diakine-sis；ギリシャ語で"バラバラに動く"）から始まる（**図6.19B**）。このとき，核膜が崩壊し，染色体は移動して中期板（metaphase plate）が形成される。第一減数分裂の後期（anaphase）は，染色体が整列して紡錘体（spindle）の繊維に接着するまで開始しない。染色体がきちんと整列できるのは，すべての染色体を微小管がしっかりつなぎとめるまでサイクリンBが分解されないようにするタンパク質が作用するおかげである。第一分裂後期が始まると，相同染色体は互いに分離する（**図6.20C**）。これに続く第一減数分裂終期（telophase）には2つの娘細胞ができ，それぞれ相同染色体ペアのうち一方ずつをもつことになる。

　インターキネシス（interkinesis）と呼ばれる短い休止期の後，2回目の減数分裂（第二減数分裂）が始まる。第二減数分裂の後期に各染色体の動原体が分裂し，新しくできる細胞は2つの染色分体の一方ずつを受け継ぐ。このような減数分裂の結果，染色体の組み合わせが異なる半数体細胞が4つ誕生する。ヒトは染色体を23対ももつため，一人のゲノムから2^{23}（約1,000万）通りの異なる半数体細胞が生じることになる。第一減数分裂中期のパキテン期とディプロテン期に起こる交叉によって遺伝的多様性はさらに増大し，生じ得る配偶子の種類は計り知れないほど大きな数になる。

　減数分裂期の染色体を組み上げ，その動きを演出するのは，姉妹染色分体を取り囲むコヒーシン（cohesin）タンパク質のリングである。コヒーシンは，動原体へ局在するとともに，姉妹染色分体が接着している腕部クロマチン（chromatin arm）にも分布している（図6.20C参照）。コヒーシンは，相同染色体の対合を促進して組換えを引き起こす他のタンパク質を呼び寄せる（Pelttari et al. 2001；Villeneuve and Hillers 2001；Sakuno and Watanabe 2009）。第一減数分裂後期になると，腕部クロマチンを囲んでいたコヒーシンは分解され，2本の染色体は分離する［訳注：相同染色体が分離するときには，キアズマでつながった構造をとった後に分離する（図6.20C）］。その一方で，動原体に局在するコヒーシンは分解が抑えられて保護されている（Argunhan et al. 2017；Mihajlovic and FitzHarris 2018）。コヒーシンのリングが紡錘体微小管の引っぱる力に抵抗することによって，第一減数分裂の間，姉妹染色分体同士の接着が保たれる（Haering et al. 2008；Brar et al. 2009）。第二減数分裂になると，動原体に局在するコヒーシンリングは切断され，姉妹染色分体は分離する（Schöckel et al. 2011）。（オンラインの「FURTHER DEVELOPMENT 6.10：Modifications of Meiosis」参照）

哺乳類の精子形成

　精子形成（生殖細胞が精子まで成熟する発生過程）は思春期に始まり，セルトリ細胞に囲まれた隙間で起こる（**図6.21**）。精子形成は大きく3つの段階に分けられる（Matson et al. 2010）：

1. **増殖期**：精子幹細胞および分化に向かった**精原細胞**（spermatogonia）が，体細胞分裂で増える。
2. **減数分裂期**：2回の分裂を経て半数体細胞がつくられる。
3. **精子完成**（spermiogenesis）期：減数分裂の後，精子細胞が細胞質の大部分を捨てて細長い精子へと"変身"をとげる。

増殖（体細胞分裂）期　胎児期の精巣にあるゴノサイトが，生殖腺組織からの誘導によってRNA結合タンパク質Dazlの発現を開始すると，配偶子の前駆細胞へと運命決定されて増殖期が始まる。その後，未成熟な精巣では性索（sex cord）からの誘導により，ゴノサイト

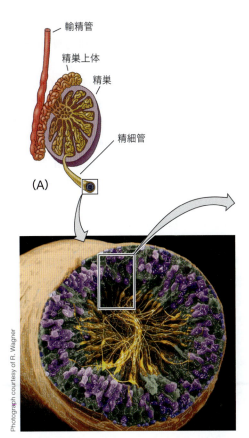
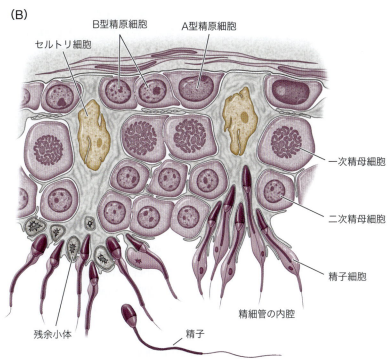

図6.21 精子の成熟。(A)精細管の断面。精原細胞は青色，精母細胞はラベンダー色，成熟精子は黄色に着色してある。(B)精細管の一部の模式図。精原細胞，精母細胞，精子の関係を示す。これらの生殖細胞は成熟とともに精細管内腔に向かって移動する(図7.1も参照)。(BはM. Dym. 1977. In *Histology*, 4th Ed., L. Weiss and R."O. Greep [Eds.], pp.979-1038. McGraw-Hill：New Yorkに基づき，Stephane Clermontの厚意による)

におけるDazl発現が継続する。Dazlが約2,500種類のmRNAの3'UTRに結合して翻訳効率を高めることで，ゴノサイトの増殖と，精子幹細胞への発生運命の方向付けが進行する(Mikedis et al. 2020)。ヒトで*DAZL*遺伝子が欠損すると，男性不妊の原因となる。

　未分化な精原細胞は，精細管の基底膜に接している(Yoshida et al. 2007；Yoshida 2016)。これは真の意味での幹細胞で，有害化合物によって精子形成が起こらないようにしたマウスに移植すると，精子形成を再構築する能力をもっている。精子幹細胞は，セルトリ細胞の上皮(精細管を構築する)，精細管の間にあるライディッヒ細胞(テストステロンを産生する)，および精巣の血管が近接する，幹細胞ニッチ領域を住み家としている。精原細胞は接着分子を介してセルトリ細胞と直接結合し，セルトリ細胞はその後精子へと成熟していく細胞の面倒をみることになる(Newton et al. 1993；Pratt et al. 1993；Kanatsu-Shinohara et al. 2008)。

　哺乳類の分類ごとに，ゴノサイトが真の幹細胞になる割合は大きく異なり，幹細胞ニッチをつくる細胞もまた異なると考えられている(de Rooij 2017；Fayomi and Orwig 2018)。これは，精子を産生する戦略が異なるためである。マウスでは，精子幹細胞が減数分裂を行う精母細胞となるまでの間に約12回の増幅分裂が起こり，精巣組織1グラムあたり1日に4,000万個の精子がつくられる。一方ヒトでは，幹細胞の数は多いが，幹細胞と精母細胞の間の一過性増幅分裂はわずか5回で，精巣組織1グラムあたり1日につくられる精子は440万個にすぎない。マウスに比べると10分の1の効率ではあるが，成人男性は1秒間に1,000個以上の精子をつくっている(Matson et al. 2010)。ヒトの精巣1個から1日に約1億個の精子がつくられ，1回の射精で約2億個の精子が射出される。使われなかった精子は吸収されるか，尿とともに体外に排出される。一生の間に，ヒトの男性は

10^{12}～10^{13}個の精子をつくることができる（Reijo et al. 1995）。

　幹細胞を含む未分化な**A型精原細胞**（type A spermatogonium）が体細胞分裂を行うとき，生じた娘細胞同士が細胞質間橋によってつながった合胞体を形成する。しかし，この間橋は不安定で，合胞体から断片化した細胞が再び幹細胞を生じる場合もある（Hara et al. 2014）。精巣を特徴づける転写因子Dmrt1（6.1節で述べたように，Sox9によって誘導される）は，精原細胞の増殖と自己複製を維持するための重要な働きをする。すなわち，セルトリ細胞で発現してグリア由来神経栄養因子（glial-derived neurotrophic factor：GDNF）を誘導し，精子幹細胞の体細胞分裂状態を維持するのである（Chen et al. 2016a；Wei et al. 2020）〔訳注：Dmrt1は精原細胞にも発現し，減数分裂の開始を抑制することも知られている（Matson et al. 2010）〕。その一方で，BMPやWntファミリーの因子群に誘導され，未分化なA型精原細胞は精子に向かって分化を始める（Song and Wilkinson 2014；Tokue et al. 2017）。

減数分裂期：半数体の精子細胞の形成　精母細胞の直前の段階にあたる**B型精原細胞**（type B spermatogonium）は，Stra8を高レベルで発現している（**図6.22**；de Rooij and Russell 2000；Nakagawa 2010；Griswold et al. 2012）。B型精原細胞は，この細胞系譜で体細胞分裂を行う最後の細胞で，分裂して**一次精母細胞**（primary spermatocyte）となると減数分裂が始まる。第一減数分裂の結果生まれた一対の**二次精母細胞**（secondary spermatocyte）は，その後に第二減数分裂を行う。このようにつくられた細胞は**精子細胞**（spermatid）と呼ばれ，細胞質間橋を介した連結を維持している。連結した精子細胞は半数体の核をもつが，1つの細胞でつくられた遺伝子産物が隣の細胞の細胞質に容易に拡散できるため，機能的には二倍体であるといえる（Braun et al. 1989）。

　未分化なA型精原細胞から精子細胞まで増殖分化するとき，精原細胞は精細管の基底板上にあって体細胞分裂を行い，減数分裂に入ると基底板を離れ，その後内腔に向かって移動していく（図6.21参照；Siu and Cheng 2004）。

減数分裂後の精子完成　精子完成（spermiogenesis）は，多数の精子細胞が連結したまま内腔に向かって移動しながら進行する。精子が内腔に放出されるときには，細胞質〔残余小体（residual body）と呼ばれる〕を残して1つ1つバラバラになって抜け出る。ヒトでは，精子幹細胞から精子になるまで65日を要するが（Dym 1994），その最後3分の1（約21日も！）をかけて精子完成が進行する。生まれた直後の半数体精子細胞は鞭毛のない丸い細胞だが，成熟するにつれ，それとは似ても似つかない脊椎動物の精子の典型的な形へ変わっていく。受精（fertilization）が起こるためには，精子は卵と出会って結合しなければならないが，精子完成の過程でこのために必要な，運動性相互作用のための機能を獲得する。哺乳類の精子が分化する過程については7.1節で述べる。

哺乳類の卵形成

　哺乳類の卵形成（卵子の生産）は，精子形成とは大きく異なる。その理由の1つとして，配偶子を生産するだけでなく，接合体（zygote；受精卵）から胚に転換するための準備を整えておく必要があることが挙げられる。Severance and Latham（2018）は，「卵母細胞は驚異的な細胞で，生殖にとって根元的な2つの役割を果たす。すなわち，連続する2回の減数分裂の間に染色体を正しく分離することと，初期胚が転写活性化されるまで生存能力を維持することである」と記している。卵形成を研究する科学者は，このプロセスが生み出す不思議さと未解決の巨大な問いについて，たびたび書き記しているのだ。

　卵形成過程では，ホルモン，傍分泌因子，酵素，クロマチン構造，そして組織構造が交響曲のように協調して卵が成熟していく。ヒトの場合，その過程を4段階に分けて考えることができる。

第 6 章 性決定と配偶子形成 | 225

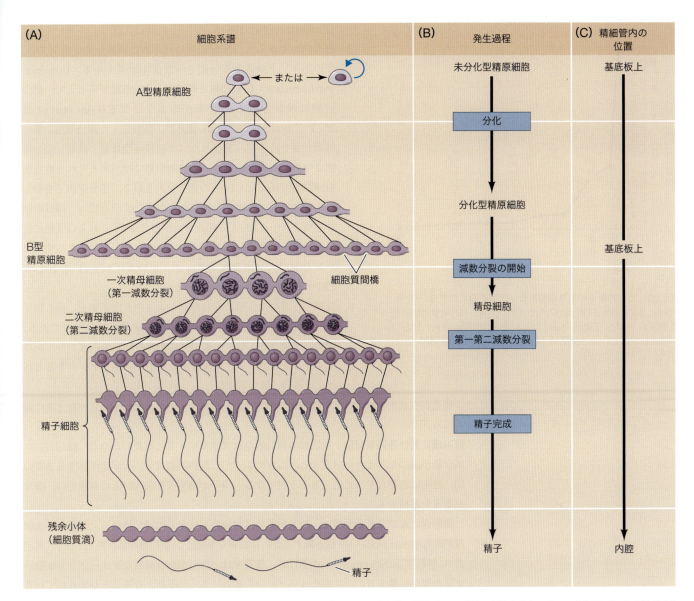

図 6.22 精子形成の概観。(A) 哺乳類の雄生殖細胞が形成する合胞体(体細胞分裂や減数分裂で生じた姉妹細胞同士が細胞質間橋で連結した構造)。マウスでは数十から数百個のB型精原細胞が連結し,いっせいに減数分裂を開始する。その結果,数百から千個以上の半数体の精子細胞が合胞体をつくる。ヒトの雄性生殖細胞が減数分裂を開始するときには,およそ32個前後の細胞が細胞質で連結している[訳注:図は,幹細胞は未分化なA型精原細胞のうち合胞体をつくらない細胞であり,合胞体をつくって精子へと分化するか,完全分裂を行うことで合胞体をつくらずに自己複製するかを選択するという説に基づいている。一方,未分化なA型精原細胞の合胞体が断片化して単独の細胞を生むことで,幹細胞プールが維持される仮説を支持する観察結果も知られている]。(B)精子形成にみられる主な細胞タイプと,それらを区分する発生イベント。(C)体細胞分裂を行うA型およびB型精原細胞は精細管の基底板上に存在する。減数分裂が始まると基底板を離れ,そののち細胞分化の進行とともに内腔に向かって移動する。(A は M. Dym and D. W. Fawcett. 1971. *Biol Reprod* 4:195-215 より;B,C は D. G. de Rooij. 2017. *Development* 144:3022-3030 より)

1. 最初は分裂増殖の段階である。ヒト胚では,発生中の卵巣に到達した PGC 約1,000個が,妊娠2〜7か月にかけて急速に分裂する。その結果,約700万個の**卵原細胞**(oogonium)がつくられる(図6.23)。
2. 卵原細胞のほとんどは,この第一段階の後すぐに死滅する。生き残った細胞は,レチノイン酸とゴナドトロピンの影響を受けて一次**卵母細胞**(oocyte)となり,第一減数分裂を開始する(Pan et al. 2005;Hamazaki et al. 2012)。このとき,第一減数分裂は途中までしか進行せず,一次卵母細胞は前期ディプロテン期〔特に**網糸期**(dictyate)あるいは休止期と呼ぶこともある〕に長時間留まり,その期間は実に12〜40年に及ぶ

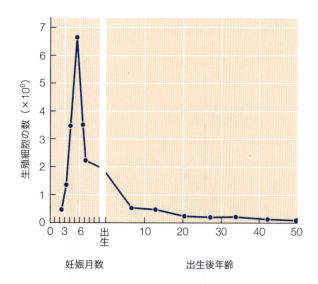

図6.23 ヒト卵巣中の生殖細胞数の一生涯を通じた変遷。(T. G. Baker. 1971. *Am J Obstet Gynecol* 110：746-761を参考に，T. G. Baker and S. Zuckerman. 1963. *Proc R Soc Lond* 158：417-433；E. Block. 1952. *Acta Anat* 14：108-123に基づく)

(Pinkerton et al. 1961)。

3. 思春期が始まると，卵母細胞は同期的に減数分裂を再開する。このとき，下垂体から分泌された黄体形成ホルモン(luteinizing hormone：LH)が休止期ブロックを解除することで，卵母細胞は減数分裂を再開できるようになる(Lomniczi et al. 2013；Tiwari and Chaube 2017)。活性化した卵母細胞は第一減数分裂を完了し，生まれた二次卵母細胞は第二減数分裂の中期まで進み，成熟過程に入る。卵成熟には，卵とそれを取り囲む濾胞細胞(follicle cell)の間で交わされる，傍分泌因子を介したクロストークが重要な役割を果たす。濾胞細胞は，卵母細胞に蓄積されたmRNAの翻訳を活性化するが，それらは受精に使われる精子結合タンパク質や，胚の細胞分裂を制御するサイクリンなどのタンパク質をコードしている(Chen et al. 2013；Cakmak et al. 2016；Cheng et al. 2022)。

4. 受精したのちに，第二減数分裂がようやく完了する。卵も精子も，それぞれの生殖腺から出たときは未熟な細胞なのである。両者が出会うと，精子由来の酵素が卵母細胞の内部でカルシウムイオンを放出させ，減数分裂の完了に必要なタンパク質を活性化する(7.3節参照)。

卵巣から放出された二次卵母細胞で減数分裂が再開するのは，受精が起こったときに限られる。

卵形成における減数分裂 哺乳類の卵母細胞は大きなサイズに成長したのち，細胞質のロスが最小限になるように分裂する。これによって，胚の細胞核ゲノムが活性化するまでの間，発生に必要な要求に応えることができる。精子が細胞質を失うのとは対照的に，卵は細胞質を蓄積する。

　卵形成における減数分裂は，精子形成の減数分裂とは多くの点で異なる。まず，一次卵母細胞(primary oocyte)が分裂する際には核膜が崩壊し，中期紡錘体が細胞の皮質(周辺部)に移動する(Severson et al. 2016)。皮質では，卵母細胞特異的なチューブリンが働いて染色体が分離するが，このチューブリンの変異によって不妊となることが知られている(Feng et al. 2016)。終期には，2つの娘細胞はどちらも半数体の核をもつが，片方は細胞質をほとんどもたないのに対し，もう一方は細胞成分の容積のほぼすべてを引き継ぐ(図6.24)。小さな細胞は**第一極体**(first polar body)となり，大きなほうは**二次卵母細胞**(secondary oocyte)と呼ばれる。

　この非対称な細胞質分裂は，主に繊維状アクチンからなる細胞骨格ネットワークが減数分裂紡錘体を包み込み，ミオシンによる収縮によって卵母細胞の皮質へと運ぶことで起こる(Schuh and Ellenberg 2008；Uraji et al. 2018)。さらに微小管が，紡錘体の方向を決めるとともに細胞膜につなぎとめる役割を果たす(Xie et al. 2018；Londoño-Vásquez et al. 2021)。同様の不均等な細胞質分裂は，第二減数分裂でも起こる。細胞質の大部分は成熟卵〔**卵子**(ovum)〕に保持され，第二極体は形成されるが半数体核以外はほとんど何も受け取らない(ヒトの場合，第一極体は通常分裂することなく，第一減数分裂の約20時間後にアポトーシスを起こす)。このように，卵形成の減数分裂では，卵母細胞の細胞質を4つの細胞に均等に分けるのではなく，1つの細胞に留め置くのである(Longo 1997；Schmerler and Wessel 2011)。他にも，微小管を組織化するメカニズムなどに精子形成との違いがみられる(Severson et al. 2016；Severance and Latham 2018)。

図6.24 マウス卵母細胞で進行する減数分裂。微小管チューブリンは緑色、DNAは青色で染色されている。(A)第一減数分裂前期のマウス卵母細胞。大きな二倍体の核(卵核胞(germinal vesicle))は形態を保っており、母性mRNAとして卵子に貯蔵される遺伝子を活発に転写している。(B)減数分裂中期が始まると、卵核胞の核膜が崩壊する(卵核胞崩壊(germinal vesicle break down))。(C)第一減数分裂後期には、紡錘体が卵の周縁部に移動し、小さな第一極体を放出する。(D)第二減数分裂中期には、第二極体が放出される(第一極体の分裂も認められる)。

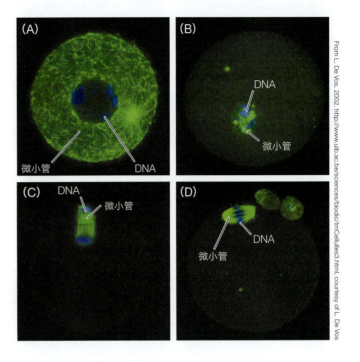

6.6 被子植物における性決定と配偶子形成

　花は被子植物(顕花植物)における生殖器官である。多くの被子植物において、個々の個体は単一の性をもっているわけではない。これら**雌雄同株**の植物は、雄花および雌花を単一個体のなかで形成する。あるいは、両性を単一の花にもつ両性花を形成する。両性花において、ある部分(雄ずい)は雄であり、別の部位(雌ずい)は雌である[15]。イチジク、ナラやカシなどの樹木を含む**雌雄異株**の被子植物では、雌雄の生殖器官はそれぞれの個体に形成される。

花形成を誘導するシグナル

　花の形成は、茎頂分裂組織を花序分裂組織へと変換する遺伝子の発現により開始される。花序分裂組織はさらなる遺伝子発現の変化を通じて、花を形成する花分裂組織の形成を行う。この栄養成長から生殖成長への成長相転換は、内的な要因と主として光周性に代表される環境要因によって制御される一連の遺伝子発現カスケードの結果である。これら因子は分裂組織の栄養成長の維持にかかわる遺伝子の発現を抑制する一方で、生殖に機能する一連の細胞を活性化する(3.5節参照)。

　モデル植物シロイヌナズナ(*Arabidopsis thaliana*)では、花成のシグナルは*CONSTANS* (*CO*)遺伝子により開始される[16]。COは転写因子をコードしており、概日時計のリズムに従い、午後に発現のピークを迎える。しかし、COタンパク質は光によって安定化されており、日の長い、長日条件においてのみタンパク質の蓄積がみられる(少なくとも12時間の日長が必要である；Valverde et al. 2002；Yanovsky and Kay 2002；Mizoguchi et al. 2005)。

　COタンパク質は*FLOWERING LOCUS T*(*FT*)遺伝子の発現を誘導し、葉でFTタンパク質がつくられる。FTは篩部を通り、茎頂分裂組織へと輸送され、転写因子FDと複合体を形成する(Notaguchi et al. 2008)。このFT/FD複合体は**花器官決定遺伝子**(floral organ identity gene)の発現を促進し、これら遺伝子の働きにより花を構成する特定の器官が形成される(図6.25；Abe et al. 2005；Wigge et al. 2005)。

15　1694年にRudolph Camerarius(ルドルフ・カメラリウス)が証明するまで、ヨーロッパでは植物が性をもつことは知られていなかった。しかし、古代バビロニア人には植物が性をもつことは理解されており、このことがイチジクとデーツの栽培化を可能にした秘密であったとされている(Abrol 2012)。これらの種では雌木のみが果実を形成するため、農家は少数の雄木を栽培し、人工授粉を行う。こうして、収穫を最大化することが可能になった。このため、受粉は春の豊穣を願う催しへと発展してきた(Roberts, 1929)。

16　慣例に従い、植物遺伝子の名前はすべて大文字で記すことにしている。

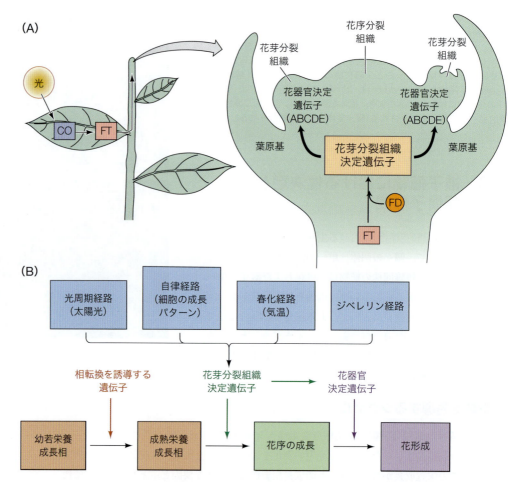

図6.25 栄養成長から生殖成長への相転換。(A) COタンパク質は*FT*遺伝子の発現を誘導し，FTタンパク質は葉から茎頂分裂組織へと篩部を通り輸送される。輸送された茎頂分裂組織において，FTはFDと複合体を形成する。茎頂分裂組織において，FT/FD複合体は*LEAFY*や*APETALA1*など，花芽分裂組織決定遺伝子の発現を誘導し，これら遺伝子の働きによりクラスA，B，C，D，Eの各花器官決定遺伝子の発現が促進される。花器官決定遺伝子は転写因子であり，花を構成する特定の器官の形成を進行させる。(B) 内的な要因と外的な要因が，茎頂分裂組織から葉を形成するのか花を形成するのか決定している。ここで示したすべての要因がすべての植物種において利用されているわけではない。いくつかの植物種では外的な環境要因とは独立して花を形成する。

雌雄の花器官

両性花においては，中心軸を囲む4つの連続した環域(whorl)が発生する。最も外側の第一環域は，花を保護する**がく**(sepal)を形成する。第二環域は**花弁**(petal)を形成し，しばしば華やかな色を呈して花粉の媒介者を誘引する。第三環域は雄性器官である**雄ずい**(stamen)を形成する。中央に形成される第四環域は雌性器官であり，柱頭と花柱を含む**心皮**〔carpel；雌ずい(pistil)とも呼ばれる〕を形成する。雌性配偶体の**胚珠**(ovule)は，花柱の内側に形成される（図6.26；Meyerowitz et al. 1989；Schwarz-Sommer et al. 1990；Coen and Meyerowitz 1991；Theissen et al. 2016）。

花のABCDEモデルにおいて，これら5つの器官は，器官特異的な四量体を形成する5つのクラスのタンパク質によって運命特定化がなされる。これらタンパク質はA，B，C，D，Eの5つのグループに分類される。このモデルの特徴として，これら遺伝子が4つの環域において異なるパターンで発現しており，この発現の違いにより花器官が形成される（図6.27；3.5節参照）。クラスEのタンパク質は，他のクラスのタンパク質すべてが機能

第6章 性決定と配偶子形成 | 229

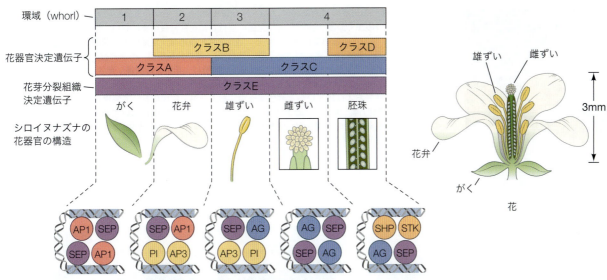

図6.26 シロイヌナズナにおける花発生の四量体モデルと花器官運命決定を司るABCDEモデル。図の下部では花発生の四量体モデルを描いている。このモデルでは，5つの花器官（がく，花弁，雄ずい，雌ずい，胚珠）の運命は花器官特異的なMADSドメイン転写因子四量体によって特定化される。この四量体は近接した2つのエンハンサー配列に結合し，DNAループ（青色）を形成する。2つのクラスAタンパク質（例えば，APETALA1（AP1））と2つのクラスEタンパク質（SEPALLATA（SEP））からなる複合体は，がくを形成する。1つのクラスAタンパク質，1つのクラスEタンパク質，異なる2つのクラスBタンパク質（APETALA3（AP3）とPISTILLATA（PI）など）からなる複合体は，花弁を形成する。1つのクラスEタンパク質，2つのクラスBタンパク質，1つのクラスCタンパク質（AGAMOUS（AG））からなる複合体は雄ずいを形成し，2つのクラスEタンパク質と2つのクラスCタンパク質からなる複合体は雌ずいの形成に働く。1つのクラスEタンパク質，1つのクラスCタンパク質，2つの異なるクラスDタンパク質（SHATTERPROOF（SHP）とSEEDSTICK（STK））からなる四量体は，胚珠の形成を行う。図の上側ではABCDEモデルを示している。このモデルではシロイヌナズナの花器官の特定化は，重複するホメオティック機能をもつ5組のホメオティック遺伝子によって制御されている。クラスA遺伝子は器官原基の第一および第二環域（whorl）において発現しており，クラスB遺伝子は第二と第三環域，クラスC遺伝子は第三と第四環域において，クラスD遺伝子は第四環域の一部（胚珠原基）において発現している。一方，クラスE遺伝子はすべての環域において発現している。クラスAとクラスE遺伝子は第一環域をがくへと分化させ，クラスA，B，E遺伝子は第二環域を花弁，クラスB，C，E遺伝子は第三環域を雄ずいへ，クラスCとE遺伝子は第四環域を雌ずい，クラスC，D，E遺伝子は第四環域の雌ずいの内部で胚珠の発生を行う。（Theissen et al. 2016. *Development* 143：3259-3271；B. A. Krizek and J. C. Fletcher. 2005. *Nat Rev Genet* 6：688-698より）

するために必要とされる。クラスAのタンパク質は生殖とは直接無関係の花器官であるがくと花弁を形成するために必要であり，生殖器官（雄ずい，雌ずい，および胚珠）の形成にはクラスCのタンパク質が必要である。

特定のA，B，C，D，Eタンパク質はそれぞれの発現領域において部分的に重複して発現しており，四量体を形成することで特定の花器官の形成に関与する遺伝子の発現を活性化する（図6.27；図6.26も参照）。四量体のそれぞれのサブユニットはDNAに結合することができ，この複合体は近接するエンハンサーに結合しDNAを折り曲げるようである。クラスB，C，Eタンパク質が存在するとき，雄ずいが形成される。クラスDとクラスC，Eタンパク質は胚珠を，クラスCとクラスEタンパク質は雌ずいの形成に働く。クラスEとクラスAタンパク質はがくを形成し，クラスAとクラスEタンパク質の存在下でのクラスBタンパク質は花弁の形成を行う。

引き続いて進行する各花器官の分化には，多数のホルモンや季節性の環境要因が関与している（Song et al. 2013）。雌雄異株の植物（例えばオークやホウレンソウなどの種では，それぞれの個体が雄株あるいは雌株として発芽し発生する）においては，このABCDEモデルには微修正が必要である。例えば，ホウレンソウではクラスB遺伝子が雄株の第三環域において高発現しており，雄ずいの形成に関与する一方で，雌株ではその発現が低く抑制されている（Pfent et al. 2005）。

花成のシグナルと花器官決定遺伝子の発現は，環境要因によって制御されている。気温，

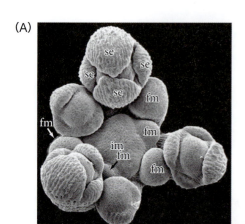

図6.27　花芽分裂組織の運命特定化。(A)花序分裂組織(im)と若い花芽分裂組織(fm)の走査型電子顕微鏡写真。4つのがく原基(se)が，より発生の進行した花芽分裂組織において形成されている。複数の花のうち，1つの花において図示している。(B)花芽分裂組織決定遺伝子と花器官決定遺伝子の発現パターン。花芽分裂組織を運命づけるLFY（紫色）は，花序分裂組織，花芽分裂組織，若い発生過程の花において発現している。クラスA遺伝子AP1（赤色）は，花芽分裂組織，発生途上のがくと花弁（それぞれ第一環域と第二環域に相当する）および小花柄において発現している。クラスB遺伝子AP3とPI（黄色）は，花弁および雄ずいへと発生する第二および第三環域において発現している。クラスC遺伝子のAG（青色）は，雄ずいと雌ずいへと発生する第三，第四環域において発現している。最も右側の写真はこれら遺伝子の発現を重ね合わせたものである。第一環域（赤色）ではクラスA遺伝子が発現しており，第二環域（オレンジ色）ではクラスAとクラスB遺伝子，第三環域（緑色）ではクラスBとクラスC遺伝子，そして第四環域（青色）ではクラスC遺伝子が発現している。

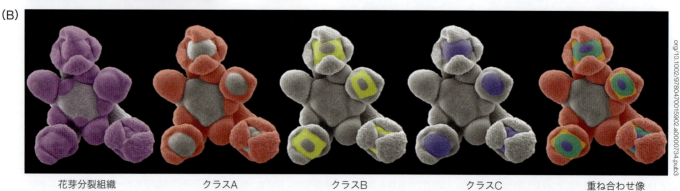

花芽分裂組織決定遺伝子 (LFY) ／ クラスA (AP1) ／ クラスB (PI) ／ クラスC (AG) ／ 重ね合わせ像

光条件や植物の齢などの多様な花形成を誘導するシグナルの調整は，いくつかのマイクロRNA，特にMIR172ファミリーによって統合される（Lian et al. 2021；ÓMaoiléidigh et al. 2021；Zhang and Chen 2021）。このような働きにより，茎頂分裂組織は葉から花を形成する栄養成長相から生殖成長相への移行を行う。

配偶子形成

ショウジョウバエや哺乳類と異なり，植物の生殖細胞は初期発生の間に体細胞系譜から分かれて形成されるわけではない。植物の生殖細胞は（いくつかの動物や，おそらく多くの無脊椎動物の生殖細胞と同様に）発生の後半において二倍体の体細胞に由来している。根や茎頂分裂組織のどのような細胞も，潜在的には生殖細胞である（5.3節参照）。植物は半数体と二倍体との間で世代交代を行っていることを思い出してほしい。私たちが普段目にする被子植物は，半数体の配偶体世代を目にするコケ植物と，二倍体の胞子体世代を目にするシダ植物の2つの異なる世代を含んでいる（図6.28）。

二倍体の胞子体は，もっぱら私たちが植物と呼んでいるものである。しかしながら，二倍体の花の中では配偶体世代が形成されている。ここでは，いくつかの二倍体の細胞は減数分裂を経て，半数体の**胞子**(spore)を形成する。これらの胞子は体細胞分裂をへて半数体の配偶体を形成する。本節の最初で触れたように，多くの植物が形成する"両性花"では雌雄双方の配偶体を形成する一方，雄花，雌花と雌雄異花を形成する植物種も存在する。

花粉と雄性配偶体　被子植物の雄ずいは，**葯**(anther)の内部に**小胞子嚢**(microsporangia)（あるいは花粉嚢）とよばれる4種類の細胞を有している。小胞子嚢は小胞子母細胞を形成し，減数分裂を経て小胞子，最終的に**花粉粒**(pollen grain)を形成する（図6.27および図6.28参照）。花粉嚢の内側は，花粉発生における栄養の供給源となっている。花粉粒

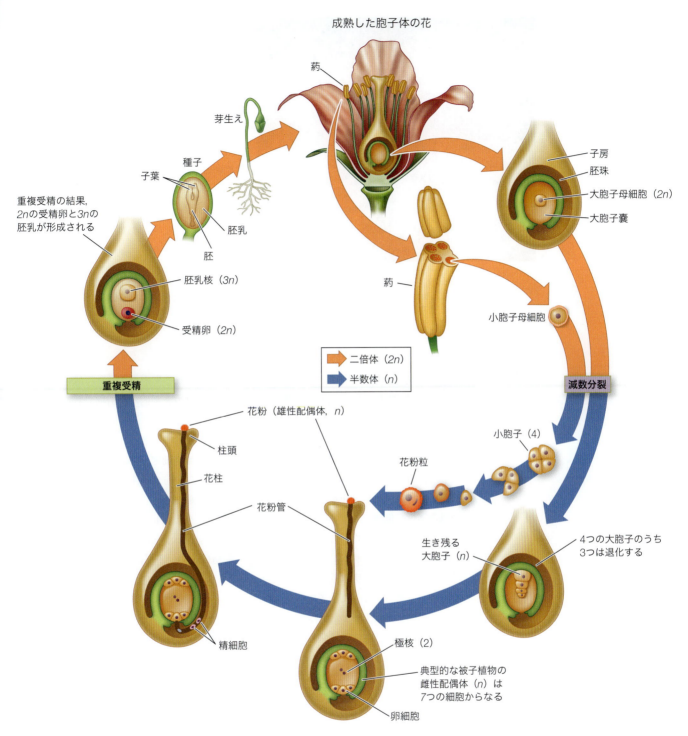

図 6.28 被子植物の生活環。胞子体が生活環の大半を占めており，多細胞からなる雌雄配偶体が花の内部に形成される。葯の内部の小胞子嚢細胞は，減数分裂を経て小胞子を形成する。その後の体細胞分裂は限られているが，最終的に複数の細胞から構成される花粉粒を形成する。外皮と子房壁は大胞子嚢を保護している。大胞子嚢の内部では減数分裂により，4つの大胞子が形成される。このうち，3つは小さく，1つのみが大きい。1つの大きな大胞子のみが雌性配偶体（胚嚢）を形成する。受精は雄性配偶体の花粉が発芽し，花粉管が胚嚢に向かい成長することで生じる。胞子体世代は休眠状態で維持され，種皮に包まれ，保護されている。

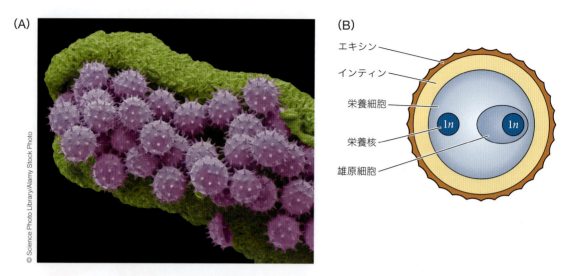

図6.29 (A)走査型電子顕微鏡でエゾギクの花粉を観察すると，花粉粒子の表面は複雑な構造をしていることがわかる。(B)花粉粒は細胞の中に細胞が存在している。雄原細胞は細胞分裂を経て2つの精細胞を形成する。このうち，1つの精細胞は卵と受精し，もう一方の精細胞は中央細胞と融合し，胚乳を形成する。

の外側は精巧に組み立てられた**エキシン**(exine)と呼ばれる構造であり，葯(胞子体世代)と小胞子(配偶体世代)の両方から供給され，つくり出された強固な構造物である。内側は**インティン**(intine)であり，小胞子によって形成される。

成熟した花粉粒は2種類の細胞から構成されており，片方の細胞はもう一方の内部に存在している(図6.29)。**栄養細胞**(tube cell)は，内部に**雄原細胞**(generative cell)を保持している。雄原細胞は分裂し，2つの精細胞を形成する。花粉が雌性器官である柱頭に付着したのちに，栄養核は花粉の発芽と花粉管の伸長を誘導する。

胚珠と雌性配偶体 花器官における第四環域は雌ずいを形成し，その内部では雌性配偶体が形成される。雌ずいは，花粉が付着する**柱頭**(stigma)と，**花柱**(style)および**子房**(ovary)から形成されている(図6.28参照)。受精に伴い，子房は**果実**(fruit)へと発生する。したがって，果実は成熟した植物の子房であり，発生過程の胚を保護するとともに果実を食べる動物を介した種子の拡散を行うための，被子植物に特徴的な構造である。

子房の内部には1つまたは多数の胚珠があり，それらは雌性配偶子を有している。胚珠は外部に一層あるいは二層の細胞層あるいは**珠皮**(integument)をもつ。珠皮には**珠孔**(micropyle)と呼ばれる小さな間隙があり，受精時に花粉管はこの間隙を通過する。珠皮は耐水性を備えた物理的なバリアである**種皮**(seed coat)へと発達する。すなわち，種子とは受精の後，十分に発生した胚珠といえる。したがって，成熟した胚が親の植物から離れて拡散するとき，胚は二倍体の胞子体に由来する種皮と果実の2つの組織に保護されていることになる。

胚珠は，減数分裂を経て4つの大胞子を形成する**大胞子嚢**(megasporangium)を内部に有している(図6.30)。最も大きな大胞子は細胞質分裂を伴わない3度の体細胞分裂を行い，8核からなる大きな**胚嚢**(embryo sac)を形成する。残る3つの大胞子はプログラム細胞死により退化する(Li and Yang 2020；Susaki et al. 2021)。後に，胚嚢は細胞化が生じ，8核7細胞からなる雌性配偶体を形成する。7細胞のうち，1つは卵細胞となり，もう1つは2つの核をもつ中央細胞となる。2つの助細胞は卵細胞と隣接しており，残る3つの反足細胞は卵細胞とは反対側に形成される。卵細胞にはARGONAUTE9(AGO9)が発現していないという点で他の細胞とは異なっている。AGO9は隣接する細胞間を移動する低

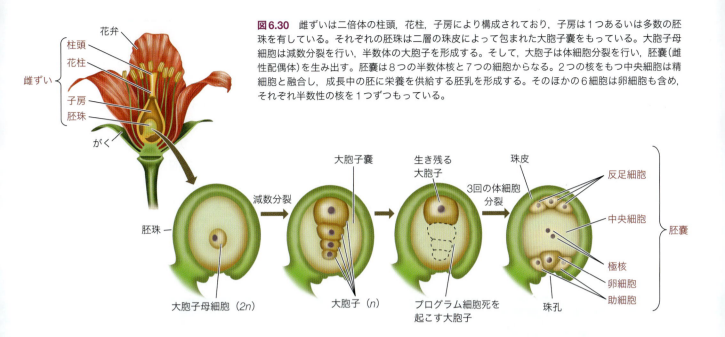

図6.30 雌ずいは二倍体の柱頭，花柱，子房により構成されており，子房は1つあるいは多数の胚珠を有している。それぞれの胚珠は二層の珠皮によって包まれた大胞子嚢をもっている。大胞子母細胞は減数分裂を行い，半数体の大胞子を形成する。そして，大胞子は体細胞分裂を行い，胚嚢(雌性配偶体)を生み出す。胚嚢は8つの半数体核と7つの細胞からなる。2つの核をもつ中央細胞は精細胞と融合し，成長中の胚に栄養を供給する胚乳を形成する。そのほかの6細胞は卵細胞も含め，それぞれ半数性の核を1つずつもっている。

分子RNAを抑制するタンパク質である。AGO9がないときにはこれらの低分子RNAは機能を発現することができるが，AGO9はこれら低分子RNAの抑制を行うことで雌性配偶体系列の特定化を行う(Olmedo-Monfil et al, 2010)。

　花粉管が胚嚢に到達すると，助細胞は花粉管のさらなる伸長を停止させ，花粉管の先端を破裂させることで，2つの精細胞の放出を促す。2つの精細胞のうち，1つは卵細胞と融合し，次世代の胞子体の元となる受精卵となる。もう1つの精細胞は中央細胞と融合し，胚に栄養を供給する(そしてもし本書を読みながらポップコーンを食べているのであれば，読者にも栄養を供給する)胚乳の形成を行う。これは**重複受精**(double fertilization) (7.4節参照)として知られている。(オンラインの「WATCH DEVELOPMENT 6.1：Division of the Megaspore and Formation of the Gametes in the Angiosperm *Arabidopsis thaliana*」参照)

■ おわりに ■

　性決定メカニズムにより生殖器官が形成され，それぞれの配偶子がつくられる。種子植物の配偶子は種皮に包まれることで保護され，何年も生存する。一方で多くの動物の配偶子は，生殖腺から放出されると長くは生存できない。どちらの場合でも，雄性と雌性の配偶子が出会ったときに，数十年，あるいはある種の植物では数世紀に及ぶことさえある寿命をもつ新たな生物個体がつくられる。こうして受精の舞台が整い，生命のサイクルにおけるもう1つの偉大なドラマが始まる。

研究の次のステップ

　性決定と配偶子形成に関する我々の知識は，かなり不完全なものにとどまっている。減数分裂の基本的な2つの過程，すなわち相同染色体の対合と，第一減数分裂中期に染色体がどのように分離するのかについては，いまだわからないことが多い（6.5節）。また，生殖腺の器官形成がどのように起こり，生殖細胞がどのようにしてしかるべき場所に配置されるかについてもほとんどわかっていない。配偶子形成と関連する非常に重要な新しい研究分野の1つとして，工業化社会がこれらの過程に影響を及ぼす機序の解明がある。子供を望むカップルの15％が不妊の問題を抱えていると推定されている（Gilbert and Pinto-Correia 2017；14.6節参照）。さらには，健康な男性のつくる精子の数が急激に減少している。工業化の進んだ国に住む現代の男性は，1970年代と比較すると精子の数が半分未満になっているようである（Levine et al. 2017）。精子減少の原因究明に乗り出している生物学者のなかには，不妊の原因としてプラスチック製品や農薬に注目している人もいる。これらの物質が内分泌撹乱物質として働き，ホルモンの機能に干渉しているかもしれないというのである。そのような内分泌撹乱物質が精子幹細胞の産生を阻害し，卵母細胞の減数分裂に干渉している可能性がある（14.8節参照）。

章冒頭の写真を振り返る

Photo courtesy of Brian D. Peer

　このギナンドロモルフのショウジョウコウカンチョウは，雄の半身（赤い羽毛の部分）と雌の半身（明るい茶色の羽毛の部分）に分かれている。細胞の半分はZW（雄）で，半分はZZ（雌）である（鳥類は性決定を担うZW/ZZ染色体をもつ）。これはおそらく，卵が減数分裂する際に極体へ分配される細胞質が多すぎ，その後別の精子によって受精し，1つのモザイク胚へと融合した結果であろう。鳥類では，それぞれの細胞は自身で性決定を行う。哺乳類では，統一的な表現型をつくる際にホルモンがより大きな役割を果たしており，雄/雌のギナンドロモルフは起こらない（Zhao et al. 2010；Peer and Motz 2014参照）。

6 性決定と配偶子形成

1. 哺乳類では，第一次性決定すなわち生殖腺の性決定は，性染色体の機能によって行われる。XXの個体は通常は雌となり，XYの個体は通常は雄となる。
2. XX胚とXY胚の双方が両性に分化できる能力をもつ生殖腺を有する。Y染色体上の遺伝子が雄の性決定に鍵となる役割を果たす。
3. XYの哺乳類では，セルトリ細胞が分化し，精巣索内の生殖細胞を取り囲む。間質性間充織が，テストステロンを分泌するライディッヒ細胞など精巣の他の細胞種を産生する。
4. ヒトでは，Y染色体上の*SRY*遺伝子が精巣決定因子をコードする。精巣決定因子は進化的に保存された*SOX9*遺伝子を活性化させる核酸結合タンパク質である。SOX9タンパク質は抗ミュラー管ホルモン（AMH）をコードする遺伝子や，精巣の発生を促す産物をコードするその他の遺伝子に結合する。
5. 哺乳類のFgf9とSox9タンパク質は，精巣の発生を活性化し卵巣の発生を抑制する正のフィードバックループを構成する。
6. Wnt4とRspo1タンパク質は，卵巣発生の経路を促進し精巣発生の経路を阻害する機能をもつβカテニンの産生を上昇させる。
7. 哺乳類の第二次性決定には，発生中の生殖腺により産生される因子が関与する。雄ではミュラー管がセルトリ細胞から産生されるAMHによって退縮し，一方でライディッヒ細胞によって産生されるテストステロンによりウォルフ管が輸精管および精嚢へ分化できるようになる。雌では，ウォルフ管はテストステロンの欠如により退縮し，一方でミュラー管が残存し，エストロゲンによって卵管，子宮，子宮頸部，腟上部に分化する。これらのホルモンやその受容

体に変異のある個体は，生殖腺の性と第二次性徴が不一致を示す場合がある。

8. 泌尿生殖洞やその隆起部でテストステロンからジヒドロテストステロンへ変換することで，陰茎，陰嚢，前立腺の分化が可能にとなる。

9. ショウジョウバエでは，性は細胞がもつX染色体の数によって決定される。Y染色体は性決定における役割を担っていない。性ホルモンは存在せず，ほとんどの細胞が性を独立に"決定"する。

10. ショウジョウバエの*Sex-lethal*（*Sxl*）遺伝子は雌では活性化されるが，雄では翻訳の中断により機能的なSxlタンパク質がつくられない。SxlタンパクはRNAスプライシング因子として働き，*transformer*（*tra*）転写産物から抑制性エクソンをスプライスする。そのため，雌のハエは活性型Traタンパク質をもつが，雄はもたない。

11. TraタンパクもまたRNAスプライシング因子として働き，*doublesex*（*dsx*）転写産物からエクソンをスプライスする。*dsx*遺伝子はXX細胞とXY細胞の両方で転写されるが，そのpre-mRNAはプロセシングされ，Traタンパク質の有無によって異なるmRNAとなる。これらの*dsx* mRNAから翻訳されたタンパク質はいずれも活性型で，ハエの性的二形性の形成に関与する一連の遺伝子の転写を活性化または抑制する。

12. 多くの無脊椎動物，魚類，カメ，ワニでは，性は温度などの環境因子によって決定される。

13. 動物では，配偶子の前駆細胞は始原生殖細胞（PGC）である。ほとんどの種では，PGCは生殖腺の外でつくられ，発生の間に生殖腺へ移動する。いままでに研究されたほとんどの動物において，生殖細胞系列の性（精子/卵）と体細胞の性（雄/雌）は，生殖腺（精巣/卵巣）からのシグナルの働きによって協調している。

14. ヒトやマウスでは，卵巣に入った生殖細胞は胚のなかにいる間に減数分裂を開始する。一方，精巣に入った生殖細胞は思春期まで減数

分裂を開始しない。

15. 第一減数分裂により相同染色体は分離し，半数体細胞が形成される。第二減数分裂で動原体が分離し，姉妹染色分体が分かれる。

16. 哺乳類において，精子形成における減数分裂は，4つの配偶子を形成し，減数分裂の停止がない特徴をもつ。卵形成における減数分裂は，減数分裂ごとに1つの配偶子を形成し，卵が成長できるだけの長い第一減数分裂前期が特徴である。

17. 哺乳類の雄では，PGCから個体の生涯の間存続する幹細胞がつくられる。哺乳類の雌ではPGCは幹細胞にはならない（多くの他の動物群ではPGCは卵巣で生殖幹細胞となるにもかかわらず）。

18. 哺乳類の雌では，生殖細胞は減数分裂を開始した後，排卵まで第一減数分裂前期（網糸期）で停止する。この段階で細胞はmRNAやタンパク質を合成し，これらは配偶子の認識や初期発生において使用されることになる。

19. 生殖腺の発生では，器官形成のいくつかの原則を容易に観察することができる。（1）ある経路を促進する遺伝子産物が，他の経路を阻害する（Sox9とβカテニンを考えてみよう）。（2）あるシグナルによって一度活性化された遺伝子は，その活性を維持する別のシグナルを産生することがある（ここでもSox9を考えてみよう）。（3）活性化因子はしばしば阻害因子の阻害因子となる（卵母細胞の減数分裂紡錘体について考えてみよう）。

20. 被子植物において，雄性および雌性配偶体はそれぞれ完全花の第三，第四環域から形成される。これらはいくつかのタンパク質の組み合わせからなる転写因子複合体によって特定化がなされる。花粉は2つの精細胞をもつが，胚珠は単一の生殖細胞をもつ［訳注：中央細胞も精細胞と融合することから，配偶子とされていることには注意が必要］。

● オンラインのコンテンツは **https://www.medsi.co.jp** よりアクセスしてください。

7 | 受精
新たなる命の始まり

本章で伝えたいこと

- 受精とは、配偶子(卵と精子)が出会い、そして互いに融合し、接合子(受精卵)をつくる過程である。受精卵は引き続いて体細胞分裂と胚発生を開始する(7.1節)。
- 受精は、棘皮動物でみられるように(7.2節)体外で起こるし、成熟した成体の動物体内(ほとんどの場合雌の体内)でも起こり得て、哺乳類(7.3節)や被子植物(7.4節)で観察できる。どちらの場合においても、受精に伴う基本的な事象は似ている。
- 受精が成立するためには、精子と卵はお互いに認識し、近づいていく必要がある。精子-卵の認識は、精子細胞膜のタンパク質が、卵細胞を覆っているタンパク質と出会うことで起こる。卵から放出される化学物質が精子を誘引し、卵と融合できるように精子の潜在的な能力をしばしば活性化する(7.2節, 7.3節)。
- ひとたび卵に進入すると、精子は卵内のカルシウムイオンの放出を引き起こすことで、発生を開始させる。カルシウムイオンはDNAやRNA、そしてタンパク質の合成に必要な酵素を活性化し、さらに細胞分裂に必要な酵素も活性化する(7.2節, 7.3節)。
- 受精卵において、精子と卵のそれぞれの半数体核(前核)はお互いに近づいていき、それらの遺伝物質は合体し、新たな個体発生のための遺伝情報をもつ二倍体の染色体を形づくる(7.2節, 7.3節)。
- 被子植物は重複受精を行う。それぞれの花粉は複数(多くの場合3つ)の半数体の細胞をもっている。このうち、1つ目の細胞は子房の内部を伸長する花粉管を形成する。また、2つ目の細胞は半数体の卵細胞と融合し、植物胚を形成する。3つ目の細胞は二倍体の中央細胞と融合し、胚に栄養を供給する胚乳を形成する(7.4節)。

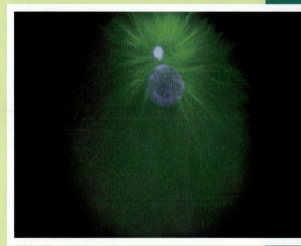

From journal cover associated with J. Holy and G. Schatten. 1991. Dev Biol 147 : 343-353

精子と卵の核はどのようにして、お互いを見つけるのか？

　受精とは、配偶子である精子と卵が出会い、融合し、新たな個体をつくり始める過程である。受精では2つの目的が成し遂げられる。すなわち性(sex)的な目的(両親から由来した遺伝子の合体)と生殖(reproduction)的な目的(新たな個体の形成)である。したがって、受精の第一の機能は、両親から子孫への遺伝子の受け渡しであり、第二の機能は、卵細胞質内において、胚発生を進行できるようにする反応を開始させることである。

本章では，**受精**(fertilization)という言葉は，配偶子がそれぞれの生殖巣から放出されてから，半数体核の染色体が出合い，そして受精卵が活性化されるまでのすべての過程を含むものとする。これまで，精子と卵の核の融合は，**amphimixis**（精子と卵による有性生殖）もしくは**syngamy**（配偶子合体）と呼ばれてきた(Kondrashov 2018)。一方，**受精**という用語では，いくつかの種（ヒトを含む）においては，生殖巣から放出されたときには精子も卵も受精可能な成熟した細胞ではなく，配偶子を成熟させ活性化する両方の過程が重要となることに重点がおかれている。

本章では，多くの型を含む受精現象から3つだけ取り上げて議論する：(1)棘皮動物における体外受精。この動物の受精を私たちは最もよく知っている。(2)哺乳類における体内受精。(3)被子植物における重複受精。これらの3つの受精の型は，進化によって遺伝的多様性を与えうる根幹として生殖に組み込まれてきた仕組みであり，数多く存在する受精方法の一端を明らかにしてくれるだろう。詳細は種によってさまざまではあるが，受精は一般的には以下の6つの主な事象から成り立っている(Hirohashi et al. 2008)。

1. **配偶子がお互いに接近するための動き**。ほとんどの場合，これが意味することは精子の運動性獲得と卵への移動である。卵の側では，卵管へと移動するために細胞外基質や付着した卵丘細胞が役立っている。
2. **精子と卵の接触と認識**。ほとんどの場合に卵は細胞外基質をもっており，これが種特異的に精子を接着させ活性化する。
3. **卵と精子の細胞膜融合**。ほとんどの事例において，精子は卵の細胞外基質を消化する。一方，卵は精子のほうに細胞膜を伸ばす。精子と卵の細胞膜が出合うとき，それらは融合し，2つの配偶子は1つの接合子になる。
4. **卵内への精子進入の制御**。最終的には，ただ1つの精子核だけが1つの卵核と合体できる。これは通常，ただ1つの精子だけが卵への進入を許可されることと，他の精子進入を積極的に阻害することによって成立している。
5. **遺伝物質の融合**。精子と卵の半数体核は融合し，二倍体の染色体数に戻る。
6. **卵の代謝活性化と発生の開始**。卵細胞質に保存されたmRNAが細胞分裂や発生の開始に必要なタンパク質の翻訳を開始することで，受精卵の分裂装置の形成が開始され，卵細胞質の成分が再配置される。

7.1　配偶子の構造

精子と卵——受精に特化している2つの細胞——は，似通っているところもあるが，非常に異なっているところもある。6.5節で述べたように，両方とも半数体のゲノムをもつ。両方とも細胞膜をもち，対応する配偶子同士の認識と融合ができる。しかし，精子はほとんどの細胞質を捨て去っており，非常に小さい。卵は細胞質を保持し，大きな細胞になっている。精子は本質的に半数体核を運ぶ推進装置であって，卵を認識する細胞膜をもっている。一方，卵の半数体核は，リボソーム，ミトコンドリア，そして酵素がいっぱい入った細胞質中に浮かんでおり，それらのすべてが発生に必要である。

精子の解剖学的構造

精子は1670年代に発見されたが，受精における役割は1800年代半ばまで発見されなかった。1840年代になって，Albert von Kölliker（アルベルト・フォン・ケリカー）が成体の精巣の細胞から精子がつくられることを記載してから，受精研究は本当に始まったのだ。受精の最初の記載は1847年に出版されたものであり，Karl Ernst von Baer（カール・エルンスト・フォン・ベーア）と Alphonse Derbés（アルフォンス・デルベ）が独立に，ウ

ニの精子と卵が合体し受精膜が形成されることを発表した（Raineri and Tammiksaar 2013；Briggs and Wessel 2006；オンラインの「FURTHER DEVELOPMENT 7.1：The Origins of Fertilization Research」参照）。しかしながら，これらの研究は1848年のヨーロッパにおける政治的な激動の間はどうやら忘れ去られていた。そして受精の発見は1876年に Oscar Hertwig（オスカル・ヘルトヴィッヒ）によってなされたとしばしば信じられているのだが，これは再発見であり，彼はよりよい顕微鏡で精子核が卵の中心に移動することを観察した。

精子の頭部　各々の精子細胞は半数体の核をもっており，その核を動かす推進装置でもあり，さらに核を卵内に進入させる酵素の袋を備えている。ほとんどの動物種において，精子形成（成熟）過程でほぼすべての細胞質が捨て去られ，受精に必要なある種の細胞小器官と RNA，そしてタンパク質のみが残される（図7.1A，B）。精子形成（成熟）過程で，精子の半数体核はスリムになり，その DNA は高度に凝集する。半数体の凝集した核の前面または側面には**先体**（acrosome）あるいは**先体小胞**（acrosomal vesicle）と呼ばれる小器官がある（図7.1C）。先体は，細胞のゴルジ体（Golgi apparatus）由来であり，タンパク質と複合多糖を分解する酵素を含んでいる。先体内部に蓄えられている酵素は，卵外被を溶かして精子の通り道をつくることができる。

　多くの種においては，アクチンタンパク質領域が精子核と先体小胞の間にある。これらのタンパク質は，受精の初期段階において精子から指のような**先体突起**（acrosomal process）を形成するのに用いられる。ウニや他のいくつかの種における精子と卵の間での認識には，先体突起に付着している分子が関与している。先体と精子核は**精子頭部**（sperm head）を構成する。

　精子頭部と尾部は，核膜内に位置する LINC（核骨格と細胞骨格の連結：linker of nucleoskeleton and cytoskeleton）タンパク質複合体によって結合している。LINC タンパク質複合体は先体を核膜につなぎとめ，精子頭部を形づくる。また，LINC タンパク質複合体は，ミトコンドリアを含む中片部（midpiece）に頭部を結合させるためにも重要である。精子を移動させるために必要な ATP は，精子の中片部に位置するリング状に配列したミトコンドリアから得られる（図7.1A 参照）。もし，LINC タンパク質が失われると，核と先体は尾部から外れてしまい，首を切られた精子になってしまう（Kmonickova et al. 2020）。

尾部と精子の推進　精子が推進する方法は，その種が環境にどのように適応しているかによってさまざまである。ほとんどの種では，個々の精子はその鞭毛を鞭打って進むことができる。鞭毛の主なモーター部分は**軸糸**（axoneme）であり，これは精子核の基部にある2つの中心小体のうちの1つから出ている微小管によって形づくられた構造体である（2番目の中心小体も，第一卵割の分裂装置を形成するために卵内に進入するので，重要である；Fishman et al. 2018；Avidor-Reiss and Fishman 2019）。軸糸の中央部は2本の中心微小管から成っており，その2本の微小管は9列の二連微小管によって取り囲まれている。これらの微小管は二量体チューブリンタンパク質だけでつくられている。

　基本的にはチューブリンによって鞭毛は構築されているが，他のタンパク質も鞭毛の機能にとって重要である。精子の推進力は，微小管に結合したダイニンタンパク質によって供給されている。ダイニンは ATP アーゼであり，中片部ミトコンドリアの ATP に蓄えられた化学エネルギーを鞭毛運動の力学的エネルギーに変換して，精子を推進させる（Ogawa et al. 1977；Shingyoji et al. 1998）[1]。多くの種において（特に哺乳類で明確であ

---

[1]　ダイニン遺伝子の欠損は，原発性繊毛運動不全症（Kartagener 症候群）の原因となり，患者は動かない繊毛と鞭毛によって特徴づけられる（Afzelius 1976；Stern and Sharma 2020）。この症候群をもつ男性の精子は動かないので，不妊（生殖不能）となる。この患者は男女とも呼吸器官の繊毛が動かないため，気管支感染症になりやすい。さらに，繊毛は哺乳類の左右軸をつくるために重要なので（第13章参照），患者はからだの右側に心臓をもつ確率が50%である。

240 | PART II 配偶子形成と受精

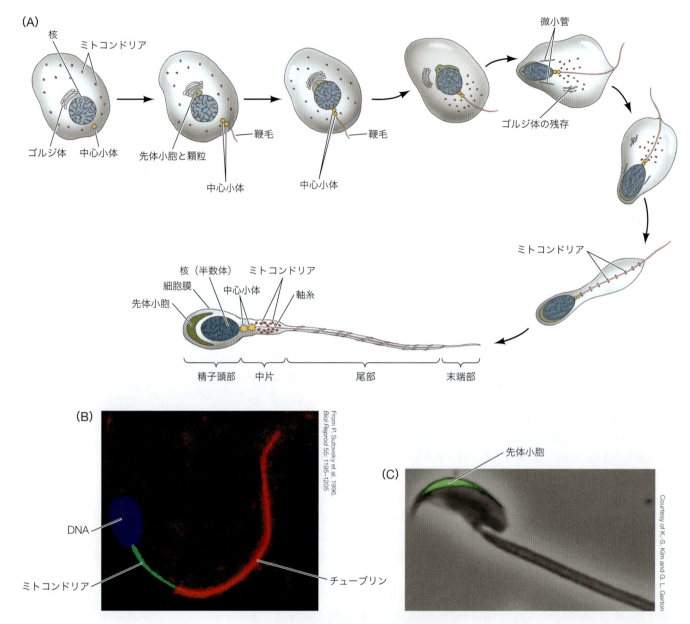

図7.1 哺乳類精子を形成するための生殖細胞の変化。(A) 1個の中心小体は倍加して，そのうちの1個の中心小体から精子の後部となる長い鞭毛をつくる。もう1つの中心小体も受精時に卵内に入る。ゴルジ体は，将来の精子前端部になる位置で，先体小胞を形成する。ミトコンドリアは半数体核の基部近くの鞭毛の周りに集まり，精子の中片部（"首"）に取り込まれる。残りの細胞質は捨てられ，そして核は凝集する。成熟した精子は，他の段階と比較すると大きくなっている。(B) 成熟した雄ウシの精子。DNAは青色に染まり，ミトコンドリアは緑色に，鞭毛のチューブリンは赤色に染まっている。(C) マウス精子の先体小胞は，緑色蛍光タンパク質（green fluorescent protein：GFP）とプロアクロシンの融合タンパク質によって緑色に染まっている。(AはY. Clermont and C. P. Leblond. 1955. *Am J Anat* 96: 229-253 より)

るが），密な繊維の層がミトコンドリアの鞘と細胞膜の間にはさまれている。この繊維層は，精子の尾部を強化し，そしておそらく精子頭部が振り回されるのを防止することで，精子の前方への移動効率を上昇させている。このように，精子細胞はその核を卵に輸送するために，非常に特殊化してきたといえる。

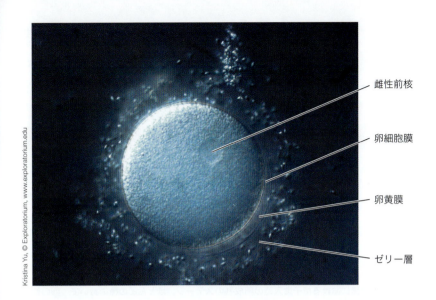

図7.2 受精時におけるウニ卵の構造。精子はゼリー層に観察され，卵黄膜に接着している。雌性前核は卵の細胞質中にある。

雌性前核
卵細胞膜
卵黄膜
ゼリー層

卵の解剖学的構造

　新たな生命体の成長と発生の開始に必要なすべての物質は卵または卵子に蓄えられていなければならないので[2]，卵が精子よりもはるかに大きいのは驚きではない。卵黄を比較的含んでいない卵でさえ，精子と比べれば大きい。ウニの卵体積は200ピコリットル（2×10^{-4} mm^3）程度であり，ウニ精子の体積の1万倍以上ある（図7.2）。精子と卵は等しく半数体の**核構成**を保持しているのだが，卵はその成熟過程で細胞質の貯蔵物を顕著に貯め込んでいることになる。

卵の細胞質　成長と発生の開始に必要なすべての物質は，卵または卵子に蓄えられていなければならない。一方で精子は，そのほとんどの細胞質を成熟する際に失う。卵母細胞（精子と融合できる能力をもつ前の発生過程の卵）を形成する卵減数分裂では，細胞質は除かれず，むしろ保持される。同時に，卵母細胞は以下に示す細胞質に貯蔵される物質を蓄積する：

- **栄養となるタンパク質**。初期胚の細胞は，エネルギーとアミノ酸の供給を必要としている。多くの種においてこの供給は，卵に蓄えられた卵黄タンパク質によって成し遂げられている。これらの卵黄タンパク質の多くは，他の器官（例えば肝臓や脂肪体）において合成され，母体の血液にのって卵母細胞に運ばれる。例えば，鳥の卵は非常に大きな単一細胞であり，蓄積された卵黄で膨れている[3]。

- **リボソームとtRNA**。初期胚は，自分自身の構造タンパク質や酵素の多くをつくり出さなければならない。ある種においては，受精後すぐに爆発的なタンパク質合成が起こる。胚におけるこの素早いタンパク質合成は，すでに卵母細胞内に存在していたリボソームとtRNAによって起こる。発生過程の卵は，リボソームを合成する特別な機構をもっている。すなわち，ある種の両生類の卵母細胞は，減数分裂前期において10^{12}個ほどのリボソームをつくり出す。

---

[2] 卵（egg）という言葉は簡単ではない。正確に言うと，卵（egg），つまり卵子（ovum）とは，精子と結合して受精する能力をもつ雌の配偶子のことを指す。卵母細胞（oocyte）は，まだ精子と結合できず，受精もできない発生過程の卵のことを指す（Wessel 2009）。この用語についての問題は，異なった種の卵が精子と結合するときに減数分裂の異なったステージにあることに由来する（図7.3参照）。

[3] 単一の細胞で最も多量の細胞質をもつものとしては，マダガスカルの絶滅した鳥*Aepyornis*に一番の賞を与えることができる。この鳥の卵は周囲約1メートルで，2ガロン以上の液体を含んでいた。

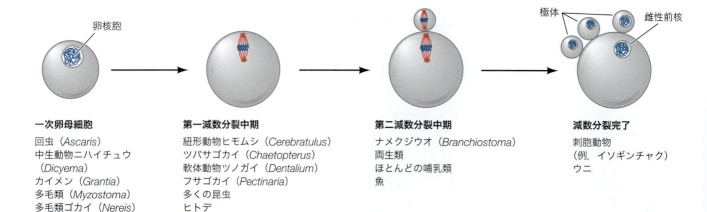

図7.3 さまざまな動物種における精子進入時の卵成熟のステージ。ほとんどの種において，卵の核が減数分裂を完了する前に精子の進入が起こることに注意。卵核胞（germinal vesicle）とは，一次卵母細胞の巨大な二倍体核に対してつけられた名前である。極体は，減数分裂でつくられる機能をもたない細胞である。（C. R. Austin. 1965. *Fertilization*. Prentice-Hall：Englewood Cliffs, NJより）

- **メッセンジャーRNA**。卵母細胞は，発生の初期段階を進行させるために必要なタンパク質をコードしたmRNAも貯め込んでいる。これらのmRNAは，受精後まで翻訳を抑制されている。
- **形態形成因子**。卵内には，のちに胚の細胞を分化させて特定の細胞タイプに導く分子が存在する。これらの分子には，転写因子や傍分泌因子が含まれている。多くの種において，これらは卵内の偏った領域に局在し，卵割時にそれぞれ異なった細胞に分離される。
- **保護化学物質**。外界にいる胚は，捕食者から逃れて安全な環境に移動することができない。そのため，その脅威に対抗する仕組みが必要となる。多くの卵は，紫外線フィルターとDNA修復酵素を含んでおり，これによって太陽光線から保護されている。そして一部の卵は，捕食者にとって"不味い"分子を含んでいる。鳥の卵黄は胚を微生物から守る抗体を含んでいる。

卵の核　卵の異常なほど大きな細胞質には，大きな核が含まれている（図7.2参照）。少数の種（ウニのような）においては，雌性核は受精時には既に半数体になっており，（半数体の精子核のように）**前核**（pronucleus）と呼ばれている。他の種（多くの哺乳類，線虫や昆虫を含む）においては，卵の減数分裂が完了する前に精子は卵に進入する（図7.3）。これらの種では，卵の減数分裂の最終段階は，精子の核質——**雄性前核**（male pronucleus）——が既に卵の細胞質に存在している状態で起こる。（オンラインの「FURTHER DEVELOPMENT 7.2：The Egg and Its Environment」参照）

卵細胞膜と細胞外被　卵細胞膜は，受精時に起こる特定のイオンの流出入を制御しており，精子細胞膜と融合可能なものでなければならない。この卵細胞膜の外側の細胞外基質は，卵の周りを覆う繊維性のマットを形づくり，しばしば種特異的な精子-卵認識に関与する（Wassarman and Litscher 2016）。無脊椎動物においては，この構造は通常，**卵黄膜**（vitelline envelope）と呼ばれており（図7.4A），種特異的に精子が結合するために必須である。卵黄膜は数種の糖タンパク質を含んでいる。細胞膜からは糖鎖が付加された膜タンパク質が伸びて卵黄膜に付け加えられており，卵黄膜を細胞膜に付着させるタンパク質性の"柱"となっている（Mozingo and Chandler 1991）。多くのタイプの卵は，卵黄膜の外側にさらに卵ゼリー層をまとっている。この糖タンパク質のメッシュ構造はさまざまな役

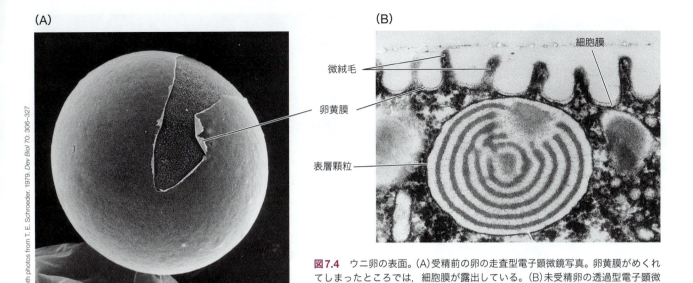

図7.4 ウニ卵の表面。(A)受精前の卵の走査型電子顕微鏡写真。卵黄膜がめくれてしまったところでは，細胞膜が露出している。(B)未受精卵の透過型電子顕微鏡写真では，微絨毛と，近接した卵黄膜によって覆われている細胞膜が観察される。表層顆粒は細胞膜直下に存在する。

割をもつのだが，通常は精子を誘引したり活性化したりする。

ほとんどの卵の細胞膜の直下にあるのは，**卵皮質**(cortex)と呼ばれるゲル状の細胞質の薄い層(約5μm)である。この領域の細胞質は，より内側の細胞質より硬く，高濃度のGアクチン分子を含んでいる。受精時には，これらのアクチン分子は重合してマイクロフィラメント(microfilament)として知られているアクチンの長いケーブルを形づくり，マイクロフィラメントは細胞分裂に必要とされる(Santella et al. 2020)。マイクロフィラメントは微絨毛(microvilli)と呼ばれる小さな突起を卵表から伸ばすためにも使われており，これは精子が卵細胞に入り込むのを手伝っている(図7.4B)。卵皮質には，細胞膜に接着したゴルジ体由来の構造物である**表層顆粒**(cortical granule)が存在し，プロテアーゼを含んでいる。したがって卵の表層顆粒は，精子の先体小胞と相同な構造物であると言える。しかしながら，ウニ精子1個がちょうど1つの先体小胞をもっているのに対して，各ウニ卵はおおよそ15,000個の表層顆粒をもっている。さらに消化酵素に加え，表層顆粒は新しい胚を助けるタンパク質を含んでいる。すぐに後述するように，消化酵素とムコ多糖は，最初の精子が卵に進入した後に余分な精子がそれ以上卵に入るのを妨げるのに役立っている。

哺乳類の卵においては，細胞外被膜は卵と分離しており，**透明帯**(zona pellucida)と呼ばれる厚い基質である。哺乳類の排卵される卵は**卵丘**(cumulus)と呼ばれる細胞の層にも覆われており(図7.5)，これは卵巣から排卵されるときまで卵に栄養を与えていた卵巣の濾胞細胞で構成されている。哺乳類の精子は，受精の際にこれらの細胞を通り過ぎなければならない。哺乳類においては，これらの細胞は卵に近づく精子を活性化するように働いている。透明帯に最も近い卵丘細胞の内側の層は，**放射冠**(corona radiata)と呼ばれている。

7.2 棘皮動物における体外受精

棘皮動物(ウニ，カシパン，ヒトデ)は，100年以上も受精研究に使われてきた。それらは，(初期の実験発生学の中心であったイタリアのナポリ湾やマサチューセッツのウッズホールのような)海岸にたくさんいる。それらの動物の卵は多く，容易に体外受精でき，ほ

244 | PART II 配偶子形成と受精

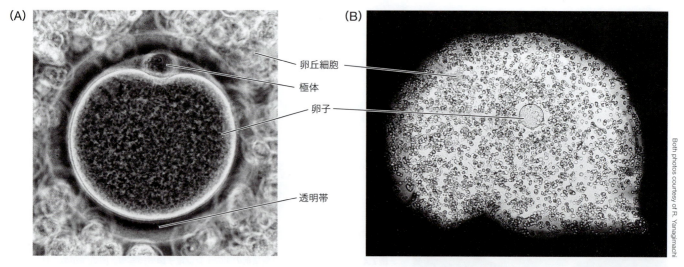

図7.5 哺乳類の受精直前の卵。(A)ハムスターの卵は透明帯に囲まれていて，それはさらに卵丘細胞に囲まれている。極体は減数分裂の過程でつくり出され，透明帯の内側にみることができる。(B)低倍率の観察では，マウス卵母細胞は卵丘に取り囲まれている。コロイドカーボン粒子(墨汁，ここでは黒い背景として見える)は，卵丘のヒアルロン酸基質によって排除されている。

図7.6 ウニ受精における卵と精子の細胞膜の融合に至る事象のまとめ (卵の外側で起きるもの)。(1)精子は化学走性で卵に引き付けられ，卵のゼリー層の中に含まれている因子によって活性化される。(2, 3)卵ゼリーへの接触は先体反応を誘起して，精子は先体突起を伸ばし，プロテアーゼを放出する。(4)精子は卵黄膜に接着して，それに穴を開ける。(5)精子は卵細胞膜に接着して融合する。これらの事象によって初めて，精子前核は卵細胞質に入ることができる。

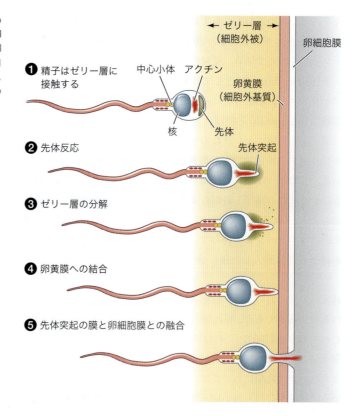

ぼ透明である。棘皮動物における精子-卵の出会いと細胞融合にまつわる事象は図7.6にアウトラインを示しており，Luigia Santella（ルイジア・サンテラ）のナポリの実験所で撮影された写真でも見ることができる(図7.7；Puppo et al. 2008)。これらの研究者は，赤いヒトデ(*Astropecten aranciacus*)の受精現象を研究している。これらの種の卵は，ほとんどの棘皮動物の卵よりもずっと大きく，その精子はより長い先体突起をもっている。これらによって受精過程はよりゆっくりと進み，より研究しやすくなる。(オンラインの「WATCH

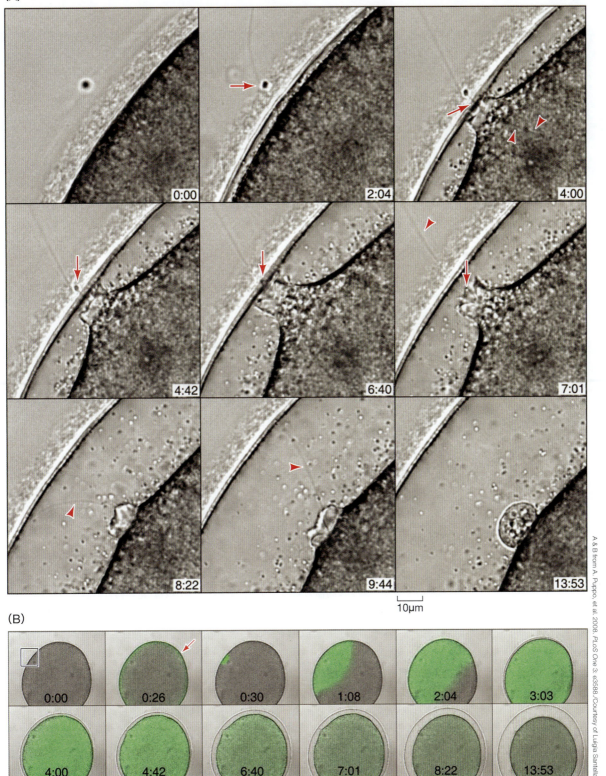

図7.7 ヒトデ卵における受精の初期過程。(A)精子進入と受精膜の上昇。精子は卵ゼリーに接近し，そして（この図では見えないが）卵に接着すると先体突起を伸ばす。時間＝2：04で，精子（矢印）はゼリー層の内側の部分に到達する。そして時間＝4：00で精子は卵黄膜に到達し，卵に先体突起を伸ばしており，そこで先体突起はアクチンのマイクロフィラメントによる受精丘とつながっている（矢じり）。精子は受精丘の伸長と収縮によって卵内に取り込まれる（時間＝4：42〜13：53；これらの写真では，矢じりが精子とその尾部を示している）。この間，受精膜（もとは卵黄膜であった）は卵を取り囲みながら上昇してゆく。(B)カルシウムイオン（Ca^{2+}）放出。精子が接着したときに，緑色で示したCa^{2+}フラッシュ（一時期に卵表全体的にCa^{2+}が上昇する現象）が起こり（時間＝0：26），卵の周囲を縁取り，それからCa^{2+}はいったん低下するが，小さいがはっきりとしたCa^{2+}上昇部分が精子接着点の部位に残る（時間＝0：30）。この接着部位のCa^{2+}は，卵アクチンの細胞骨格を再構成しはじめ，受精丘を形成させる。そしてそれは，卵を横切っていくようなCa^{2+}波の放出を引き起こす（時間＝0：30〜3：03）。時間＝0：00の図の□は，上の顕微鏡写真領域である。（これらの写真が取得されたビデオはWATCH DEVELOPMENT 7.1で見ることができる）

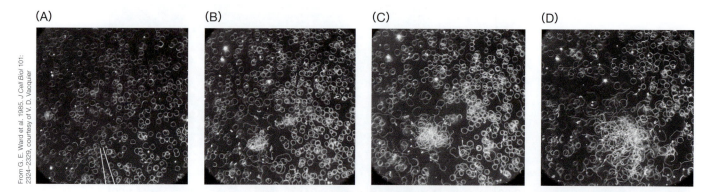

図7.8 ウニArbacia punctulataにおける精子の化学走性。1 nLのレザクト10 nM溶液を，精子懸濁液20 μLに注入する。(A)レザクトを加える前の1秒間の写真露光では，精子がきっちりした円弧を描いて泳いでいるのが示されている。注入用のピペットの位置は，白い線で示されている。(B～D)同様の1秒間の写真露光で，レザクト注入の20，40，90秒後。レザクトの濃度勾配の中心に向かって精子が移動しているのが示されている。

DEVELOPMENT 7.1：Early events in seastar fertilization, showing the fertilization cone taking in sperm through its acrosome, the calcium flash, and the calcium wave across the egg」参照。もしこの章の他の部分を見ない場合でも，このムービーだけは見よ)

精子の誘引：卵から離れたところでの作用

多くの海洋生物と同じように，ウニやヒトデは配偶子を環境中に放出する。その環境とは，潮溜まりのような小さなものかもしれないし，大洋のように大きなものかもしれない。さらに，環境には他の種も生存しており，それらの種も同時に配偶子を放出するかもしれない。非常に希釈された状態で，精子と卵はいかにして出会えるのか？　そして，精子はどのようにして他種の卵と受精しないでいられるのか？　単に非常に多くの数の配偶子をつくることに加えて，これらの問題を解決するために主に2つの機構が進化してきた。すなわち，種特異的な精子**誘引**と，種特異的な精子**活性化**である。

刺胞動物，軟体動物，棘皮動物，両生類，そして尾索動物を含む多くの動物種において，種特異的に精子が卵に誘引されることが報告されてきた。その誘引とは**化学走性**(chemotaxis)であり，精子は同種の卵のほうへ，卵から分泌された化学物質の濃度勾配によって導かれる。卵母細胞は，誘引する精子の種類を制御するだけでなく，化学走性因子を卵母細胞が成熟してから初めて放出することで，精子を誘引する時期も制御している(Miller 1978)。

棘皮動物においては，これらの化学走性因子は小さな分子の**精子活性化ペプチド**(sperm-activating peptide：SAP)であり，卵ゼリーから周りの海水に拡散している。そのようなSAPの1つが，ウニArbacia punctulataの卵ゼリー層から単離された14アミノ酸ペプチドの**レザクト**(resact)である(Ward et al. 1985)。レザクトは非常に低濃度でも顕著な効果をもたらす(図7.8)。レザクトは1分子であっても結合すれば，この物質の濃度勾配に応じて精子の泳ぐ方向を決める働きをもつのである(Kaupp et al. 2003；Kirkman-Brown et al. 2003；Ramirez-Gómez et al. 2020)。(オンラインの「FURTHER DEVELOPMENT 7.3：Mechanisms of Sperm Chemotaxis」参照)

先体反応

精子が卵に近づくとき，卵ゼリーは**先体反応**(acrosome reaction)を誘導する。多くの海生無脊椎動物において，先体反応は2つの要素から成る。すなわち，精子細胞膜と先体

第7章 受精 **247**

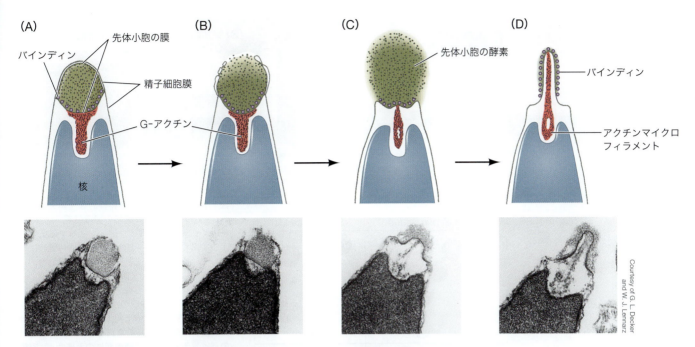

図7.9 ウニ精子の先体反応。(A〜C)精子細胞膜直下の先体小胞の膜の一部が細胞膜と融合して、先体小胞の内容物を放出する。(D)アクチン分子が重合して、マイクロフィラメントを形成し、先体突起が外側に伸びてゆく。ウニ精子の実際の先体反応の写真は、図の下に示してある。(R. G. Summers and B. L. Hylander. 1974. *Cell Tissue Res* 150：343-368より)

小胞の融合(先体小胞の内容物を放出するエキソサイトーシス)、そして**先体突起**(acrosomal process)と呼ばれる細胞性突起の伸長である。

　棘皮動物において先体反応は、精子が卵ゼリーに含まれる特別な糖タンパク質と接触することで引き起こされる(図7.9A〜C)。先体小胞から放出されたプロテアーゼが、ゼリー層を通り抜けて卵細胞表層へ到達する通り道を分解によってつくり出す。pHの変化が核と先体小胞の間に存在するG-アクチンをF-アクチンに変換することで繊維状のアクチンフィラメントをつくり出し、前方方向に伸長させて先体突起をつくる。先体突起の膜は、はじめは先体小胞の細胞内側に面した膜だったが、細胞の外側に面した先体小胞の膜が細胞膜と融合したときに[訳注：先体小胞の膜と細胞膜がつながるので]精子の頭部の膜となる。

　先体突起は、卵黄膜に結合する種特異的な認識分子をもっている。ある種においては、その認識分子は卵黄膜に結合し、その表面の酵素が接着部位で膜を溶かすように見える(Yokota and Sawada 2007)。他の種においては(ヒトデ*Astropecten*や*Patiria*のような；図7.11E参照)、卵黄膜に既に存在する穴が精子-卵の融合を促進するように見える(Puppo et al. 2008)。そして精子の頭部を精子前核と共に卵内に入れ込む。(オンラインの「FURTHER DEVELOPMENT 7.4：Sea Urchin Acrosome Reaction and Sperm Binding」参照)

卵外被の認識

　ウニの精子が卵ゼリー層に含まれる成分に出会うと、最初の一連の種特異的な認識現象が起こる(すなわち、精子の誘引、活性化、そして先体反応)。精子は卵ゼリーを貫通し、その先体突起が卵表に接触すると、先体突起は卵表に結合することになる(図7.10A)。ウニにおいてこの本質的な認識現象にかかわるのは、**バインディン**(bindin)と呼ばれる不溶性の30,500 Daの先体タンパク質である。

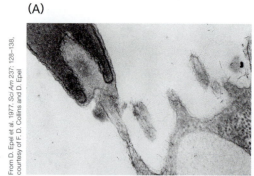
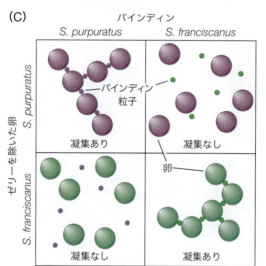
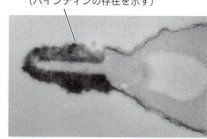

図7.10 ウニ卵表への種特異的な先体突起の結合。（A）ウニ精子先体突起の卵微絨毛への接触。（B）バインディン（バインディンに対する抗体によって黒く染色）は，先体反応後に先体突起に局在しているのが見える。（C）種特異的な結合の*in vitro*モデル。ゼリーを除いた卵がバインディンによって凝集することを，海水中に懸濁させた卵を含むプラスティックのウエルにバインディン粒子を加えることで検出した。2～5分ゆるやかに振盪した後，ウエルの写真をとった。それぞれのバインディンは同じ種の卵にのみ結合し，凝集させた。（C は C. G. Glabe and V. D. Vacquier. 1977. *Nature* 267：836-838の写真に基づく）

1977年，Vacquier（ヴァクヤー）と共同研究者らは，アメリカムラサキウニ（*Strongylocentrotus purpuratus*）の先体からバインディンタンパク質を単離した（図7.10B）。その単離したタンパク質はゼリーを取り除いたアメリカムラサキウニ卵に結合することが見出された。このことはバインディンの受容体が卵黄膜上に存在することを示している。さらに，精子のバインディンと卵ゼリーの多糖は両方とも種特異性がある。*S. purpuratus*の先体から単離されたバインディンはゼリーを取り除いたその種の卵には結合するが，*S. franciscanus*の卵には結合しない（図7.10C；Glabe and Vacquier 1977；Glabe and Lennarz 1979）。

我々は今や，バインディン分子のアミノ酸配列がウニの種によって異なることを知っている。後の研究で，卵黄膜上のバインディンの受容体も同定され，それらのタンパク質が精子と結合するだけでなく，細胞融合に不可欠であるかもしれない領域をもつことが明らかにされた（Kamei and Glabe 2003）。より最近の研究では，研究者たちはCRISPRを用いてバインディン遺伝子を不活性化し，バインディンをつくれなくした。そのようなウニでは，先体反応は起こるのだが，精子は卵に結合できない（Wessel et al. 2021）。

配偶子の種特異的な認識は，新たな種の形成に決定的に重要であるかもしれない。バインディンやその受容体のような配偶子認識にかかわるタンパク質は，最も進化の速いタンパク質であることが知られている（Vacquier 1998；Levitan and Ferrell 2006）。ごく近縁種のウニでも，配偶子認識にかかわるタンパク質の配列は変異が激しく，種間の受精は妨げられているが，他の座位ではほとんど同じ配列をもっている。これによってタンパク質結合に違いができて，種分化につながる生殖隔離を引き起こすと考えられている（Biermann et al. 2004；Palumbi 2009）。

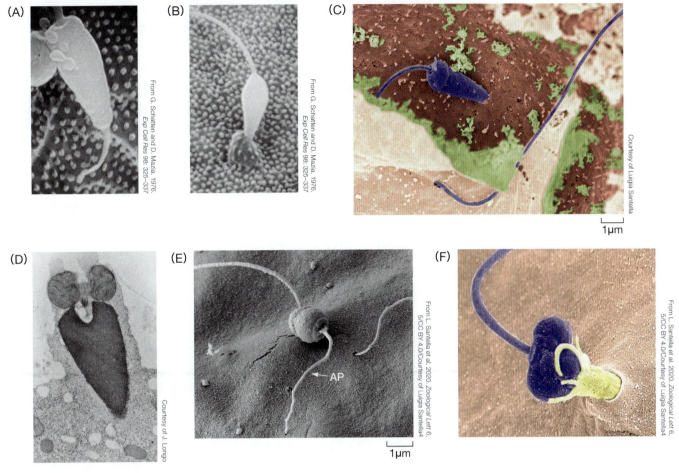

図7.11 棘皮動物卵への精子の進入。(A〜D)ウニ卵への精子進入。(A)ウニの精子頭部が先体突起を介して卵微絨毛へ結合することを示す走査型電子顕微鏡写真。(B)精子頭部の受精丘への接触。(C)部分的に上昇した受精膜の下での，卵細胞膜へのウニ精子の融合(精子と卵を混合15秒後に固定剤を加えて得られた顕微鏡写真)。(D)卵細胞膜に包まれ卵細胞内に入りつつあるウニ精子頭部の透過型電子顕微鏡写真。(E, F)イトマキヒトデ Patiria pectinifera 精子の卵への進入。(E)ヒトデ精子の先体突起(AP)が卵黄膜の穴を見つけたところを示す走査型電子顕微鏡写真。(F)卵黄膜の穴から伸び出て精子を包みつつあるヒトデ卵の受精丘。

卵と精子の膜融合

精子が卵黄膜に触れると，精子の細胞膜と卵の細胞膜の融合が始まる(図7.11)。バインディンと一緒に，先体突起がその表面に**プロテアソーム**を運ぶと考えられている。プロテアソームはタンパク質を消化する酵素の集まりとして構築されており，細胞膜の外側に位置できる。先体が卵黄膜に結合する種では，精子が卵表に到達するための穴をプロテアソームが消化によってつくっているのだろう(Suovsky 2011；Yokota and Sawada 2007)。

精子がまだ細胞外基質(卵ゼリー層または卵黄膜上)に存在するときに，精子は卵にシグナルを送り，**受精丘**(fertilization cone；図7.7の4：00参照)を形成させることができる。このシグナルには，局所的な脱分極が関与すると考えられている(McColloh et al. 1987)。先体突起のように，受精丘はアクチン重合によって形成されている。いくつかの例では，受精丘は卵黄膜から伸び出て精子を包むことが観察されている(図7.11F参照)。膜融合が起こると，両配偶子からのアクチンは，卵と精子間の細胞質でつながった橋を広くすることで精子を卵内へ導く(Chun et al. 2018)。精子の尾部の微小管を含む精子全体は，この橋を通って卵内に進入する。

融合は能動的な過程であり，しばしば特異的な"膜融合を促す(fusogenic)"タンパク質が介在する。ウニにおいてバインディンは，精子結合と卵黄膜の消化に加えて，さらに別の役割を果たすのかもしれない。精子と卵細胞の融合を促しているのかもしれないのである。バインディンのN末端の近傍には疎水性アミノ酸が長く続く部位があり，この領域は *in vitro* でリン脂質膜を融合させることができる(Ulrich et al. 1999；Gage et al. 2004)。成熟したウニ未受精卵がおかれたイオン環境下で，バインディンは精子と卵の細胞膜融合を促進するようである(Afonin et al. 2004；Niikura et al. 2015)。

多精拒否

精子が卵に進入するとすぐに，卵細胞膜の融合能力——精子が卵に進入するために必須のものではあるが——は，危険なものになってしまう。通常の場合，**単精受精**(monospermy)で1つの精子だけが卵に入り，半数体である精子核が半数体である卵核と合わさり，受精卵(胚)の二倍体核を形成することで，その種における染色体数が適正に保たれる。卵割時には，精子由来の中心小体が体細胞分裂の紡錘体の2極を形づくる一方で，卵由来の中心小体は消滅してしまう。

多くの動物において，卵に進入する精子は半数体核と中心小体をもたらす。複数の精子が卵に入り込む**多精**(polyspermy)は，ほとんどの動物において悲惨な結果につながる。ウニの受精で2個の精子が進入すると，三倍体核が形成され，各染色体は2つではなく3つ存在することになる。さらに悪いことには，各精子の中心小体が分裂してそれぞれ2極をつくってしまうので，正常では2極の紡錘体が染色体を2細胞に分割するのに対して，多精では三倍体染色体が4細胞にも分割されてしまい，ある細胞は余分な染色体を受け継ぎ，ある細胞ではその染色体を欠いてしまうようなことが起こる(**図7.12**)。Theodor Boveri(テオドール・ボヴェリ)は，そんな細胞は死んだり発生が異常になることを1902年に証明した。

多精は驚くほど珍しい現象である。体外受精するカエルの卵の場合，例えば**1秒あたり10個もの精子**が卵細胞膜に到達することがあり，それが20分間続くことがある(計算してみよう)。それにもかかわらず，1つの精子が1つの卵に進入する(Iwao and Izaki 2018)。さまざまな多精拒否の機構が進化してきたが，ウニではそのうちの2つについて観察できる。第一番目のものは早い反応であり，ウニ細胞膜における電位変化によって成立する。もう1つは遅い反応であり，表層顆粒のエキソサイトーシスによって引き起こされる物理的な拒否である(Just 1919)。

早い多精拒否 早い多精拒否(fast block to polyspermy)は，精子が進入してすぐに起こる卵細胞膜の電位変化によってもたらされる。もともと，卵の静止電位は一般的には約70 mVであり，普通は−70 mVと記載される(**外側に比べて内側が負に帯電しているからである**)。しかし，融合した精子の細胞質からの化学物質が，細胞膜のナトリウムイオン(Na^+)チャネルを変化させる(McCulloh and Chambers 1992；Wong and Wessel 2013)。最初の精子が結合してから1～3秒以内に，膜電位は外側よりも正の電位に移行して約＋20 mVとなる(**図7.13A**；Jaffe 1980；Longo et al. 1986)。精子は正の電位をもつ細胞膜には融合できない。そのため，電位変化は2個目からの精子が卵と融合できなくなることを意味する。

Na^+ と，負から正への膜電位の変化の重要性は，Laurinda Jaffe(ローリンダ・ジャフィ)と共同研究者によって証明された。彼女らは，人工的にウニ卵の膜電位を負に固定するように電流を流したところ，多精が起こることを発見した。逆に，膜電位を正に固定したところ，受精は完全に妨げられた(Jaffe 1976)。早い多精拒否は，周囲の Na^+ の濃度を低くすることによっても妨げられる(**図7.13B**)。膜電位が正に変化するために必要な Na^+

発展問題

ナトリウムイオン(Na^+)は塩の多い海水中で早い多精拒否を制御する。しかし，淡水の池で産卵する両生類も，早い多精拒否にイオンチャネルを使う。海水のような高濃度の Na^+ のない環境でどうやってこれを可能としているのだろうか？

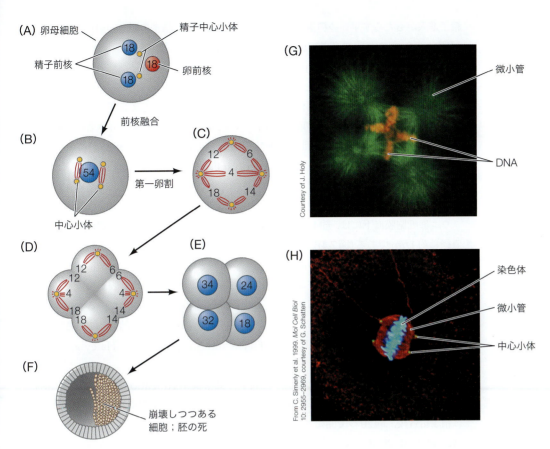

図7.12 2個の精子が入ったウニ卵の異常発生。(A)それぞれ18本の染色体を含む3つの半数体核の融合と、2個の精子の中心小体の分裂で形成された4個の中心体(体細胞分裂の極)。(B, C) 54本の染色体はランダムに4つの紡錘体に分配される。(D)第一分裂後期に、倍加した染色体が4極にひっぱられる。(E)異なった数と種類の染色体をもつ4細胞が形成され、(F)胚の早死を引き起こす。(G) 2個の精子が入ったウニ卵の最初の分裂中期で(D)と同様なもの。微小管は緑色に、DNAはオレンジ色に染められている。通常ならば同数の染色体をもつ2細胞になるのだが、三倍体のDNAは染色体数が不均等な4つの細胞に分配されてしまう。(H) 2個の精子が入ったヒト卵の第一体細胞分裂。4個の中心小体は黄色に染まっており、分裂装置の微小管(そして2個の精子の尾)は赤色に染まっている。4極に分けられる3セットの染色体は、青色に染色されている。(A～FはT. Boveri. 1907. *Jena Z Naturwiss* 43：1-292 より)

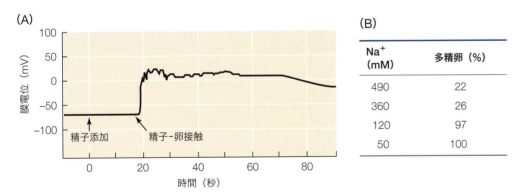

図7.13 受精前後のウニ卵の膜電位。(A)精子を加える前は、卵細胞膜内外の電位差は約−70 mVである。受精しつつある精子が卵に接した1〜3秒後には、膜電位は正の方向に変化する。(B)表は、Na^+濃度を減らすと多精率が上昇することを示している。塩水は約600 mMのNa^+を含む。(L. A. Jaffe. 1980. *Dev Growth Diff* 22：503-507 より)

を十分に与えないと、多精が起こるのである(Gould-Somero et al. 1979；Jaffe 1980)。電気的な多精拒否はカエルにおいても起こっている(Cross and Elinson 1980；Iwao et al. 2014)が、ほとんどの哺乳類では起こっていないようである(Jaffe and Cross 1983)。

精子進入がもたらす早い多精拒否と，正の膜電位によって精子の動きが阻害される機構の解明は，今後の課題である(Jaffe 2018；Limatola et al. 2019)。(オンラインの「FURTHER DEVELOPMENT 7.5：Blocks to Polyspermy」参照)

遅い多精拒否 ウニ卵の膜電位は1分程度しか正に維持されないため，早い多精拒否は一時的なものである。この短い電位変化は，恒久的な多精拒否としては不十分である。もしも卵黄膜に結合している精子が取り除かれなければ，多精はまた起こりうる(Carroll and Epel 1975)。この精子の除去は**表層顆粒反応**(cortical granule reaction)によって起こり，これは**遅い多精拒否**(slow block to polyspermy)としても知られている。この遅い機械的な多精拒否は，ウニやほとんどの哺乳類を含む多くの動物種においてみられる。それは最初の精子-卵融合が成功してから約1分後に活性化される(Just 1919)。

ウニ卵細胞膜直下には，約15,000個の表層顆粒が存在しており，それぞれの表層顆粒の直径は約1μmである(図7.4B参照)。精子が進入すると，表層顆粒は卵細胞膜と融合し，その内容物を細胞膜と繊維性の卵黄膜タンパク質層との間に放出する。数種類のタンパク質が表層顆粒のエキソサイトーシスで放出される。そのうちの1つが表層顆粒セリンプロテアーゼであり，この酵素は卵黄膜タンパク質を卵細胞膜と結び付けているタンパク質の"柱"を切断する。そしてさらに，バインディンの受容体と，それに結合している精子も合わせて切り離す(Vacquier et al. 1973；Glabe and Vacquier 1978；Haley and Wessel 1999, 2004)。

表層顆粒の内容物の一部は卵黄膜に結合し，**受精膜**(fertilization envelope)を形成する。受精膜は精子進入部位から形成され始め，卵全体にわたって広がり続ける。この過程は精子結合後，約20秒で開始され，ウニでは受精後1分で完了する(図7.14；Wong and Wessel 2004, 2008)。より大きな卵をもっている棘皮動物においては，もっと時間を要する(図7.7参照)。

受精膜は，表層顆粒から放出されたムコ多糖によって細胞膜から離れて持ち上げられる。粘性のあるムコ多糖は水を吸い込むことで体積を増やし，細胞膜と受精膜の間の空間を広げ，受精膜は卵から放射状に広がる(図7.15)。受精膜は引き続いて，卵特異的なペルオキシダーゼ酵素と表層顆粒から放出されるトランスグルタミナーゼによるタンパク質架橋で安定化する(Foerder and Shapiro 1977；Wong et al. 2004；Wong and Wessel 2009)。この架橋のおかげで，卵と初期胚は海洋の潮波のずり応力に耐えることができる。このようなことが進行するのに合わせて，ヒアリンを含む第4群の表層顆粒タンパク質が卵を包む(Hylander and Summers 1982)。卵は微絨毛を伸長させ，その先端にはこの透明層(ヒアリン層 hyaline layer)が結合している。透明層は，卵割時の割球の支持体となる。

多精拒否を開始するカルシウムイオン 多精拒否は，精子が卵を活性化することで起こる最初の目で見える兆候である。さらに，精子が卵を活性化する機構は，卵が精子を活

図7.14 受精膜の形成と余分な精子の除去。これらの写真を撮るために，ウニ卵に精子を加え，反応が進むのを止めるために精子・卵の懸濁液をホルムアルデヒドで固定した。(A)添加の10秒後，精子は卵の周りにいる。(B, C)それぞれ媒精25秒後そして35秒後の写真。受精膜形成は精子の進入点から始まり，卵の周囲に広がった。(D)受精膜形成は完了し，余分な精子は除去された。

(A) 未受精   (B) 受精直後

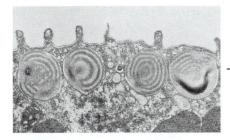
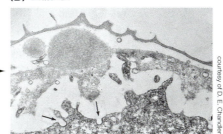

図7.15 ウニ卵の表層顆粒のエキソサイトーシスと受精膜形成。(A)ウニ未受精卵の透過型電子顕微鏡写真。(B)受精直後の写真。

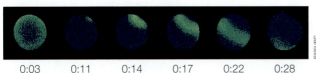

図7.16 ウニ受精卵における細胞内カルシウムイオン(Ca^{2+})放出。ウニ(*Paracentrotus lividus*)卵にはCa^{2+}が結合すると蛍光を出す色素をあらかじめマイクロインジェクション（注入）しておく。カルシウムフラッシュが最初の5秒間みられ、そして低下する。カルシウム波が精子進入点から見え始め、30秒以内に反対側にまで伝わってゆく。

性化する機構と非常によく似ていることが発見されている。すなわち、両者はカルシウムイオン(Ca^{2+})の流入の制御に依存する。ウニにおいては、連続した2回のCa^{2+}の流入が起こる(Miyazaki et al. 1975；Shen and Buck 1993)。1番目のものは精子-卵融合とほぼ同時に起こる。卵細胞膜の脱分極が、卵細胞膜全体のカルシウムチャネルを開口させて、**外部から卵内へのCa^{2+}の流入を引き起こし、表層フラッシュ**(cortical flash)（カルシウムフラッシュ）という、5秒以下の短いCa^{2+}上昇が細胞質表層全域に起こる(図7.16の0:03)。2番目の流入は**カルシウム波**(calcium wave)であり、精子進入点から始まり、卵内全体に波及する(図7.16の0:11以降)。ここでのCa^{2+}は卵母細胞内の小胞体から放出される。

表層フラッシュは、早い多精拒否のために不可欠であるようだと考えられてきた。そしてそれは、卵外から、卵細胞膜の負の静止電位の喪失を継続させる他のイオン流入を引き起こすようだとも考えられていた。いくつかの事例では、表層フラッシュによる膜電位の脱分極は多精拒否を引き起こすのに十分なようであった(Puppo et al. 2008；Ivonnet et al. 2016；Linatola et al. 2019)。

カルシウム波は、遅い多精拒否を引き起こす。Ca^{2+}は、表層顆粒の膜と卵細胞膜の融合を促進し、これによって表層顆粒の内容物が卵外に放出される。実際、表層顆粒のエキソサイトーシス機構は、先体のエキソサイトーシス機構と相同であり、多くの同じ分子が関与しているのだろう。ウニと哺乳類において、表層顆粒反応を担うCa^{2+}濃度の上昇は、卵の外側からのカルシウム流入によるものではなく、卵内の小胞体から放出されたものによる(Eisen and Reynolds 1985；Terasaki and Sardet 1991)。棘皮動物の卵に蛍光性の［訳注：カルシウム感受性の］色素を注入して受精させると、放出されたCa^{2+}波が卵を伝わってゆくので、精子進入点から広がって勢いよく反対側まで伝わってゆく光の帯として可視化できる(図7.16の0:11以降；Steinhardt et al. 1977；Hafner et al. 1988)。カルシウム波は多くの酵素を活性化し、遊離したCa^{2+}は放出後にはすぐに再吸収される。

卵の活性化と発生開始

受精は、2つの半数体核を合体させる方法にすぎないかのようにしばしば記載されているが、それと同じく重要なのは、受精が発生を開始させる役割をもっているということである。これらの過程は細胞質で始まり、両親の核の関与なしに進行する[4・次頁]。表層顆粒のエキソサイトーシスによる"遅い多精拒否"の開始に加えて、精子が卵に進入したときに放出されるCa^{2+}は卵の代謝の活性化と発生開始に決定的な役割を担っている。Ca^{2+}は、

254 | PART II 配偶子形成と受精

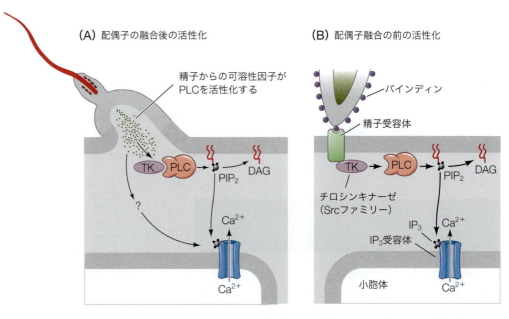

図7.17 卵の活性化の想定される機構。どちらにおいてもホスホリパーゼC（PLC）が活性化され，IP_3とジアシルグリセロール（DAG）がつくられる。(A)精子に直接由来する活性化PLC，あるいは卵のPLCを活性化する精子からの物質によるCa^{2+}放出と卵の活性化。これは哺乳類に当てはまる機構であろう。(B)（おそらくGタンパク質を介して働く）バインディン受容体が，チロシンキナーゼ（TK）であるSrcキナーゼを活性化し，SrcキナーゼはPLCを活性化する。これはおそらくウニ卵で用いられている機構である。

卵に蓄えられた情報であるmRNAを転写できるようにするために，その阻害物質をmRNAから引き離す。そしてまた，核分裂の阻害因子をも乖離させ，それによって卵割が起こるようにする。実際，動物界全体においても，カルシウムイオンは受精過程で発生を開始させるために共通して用いられている。

Ca^{2+}が放出される方法は種によって異なっている（Parrington et al. 2007参照）。1つの方法としては，Jacques Loeb（ジャック・ローブ；1899, 1902）によって提唱されたように，細胞融合時に精子から可溶性の因子が卵内に導入され，この物質が卵細胞質のイオン組成を変えることで卵を活性化する，というものがある（図7.17A）。この機構は，7.3節で紹介するように，おそらく哺乳類において機能している。他の機構としては，LoebのライバルであったFrank Lillie（フランク・リリー）によって1913年に提唱されたように，精子は卵表層の受容体に結合して，その受容体の構造を変化させ，卵の細胞質中で活性化反応を引き起こすというものである（図7.17B）。これはおそらくウニで起こっている機構である。

IP_3：Ca^{2+}放出因子 動物界全般において，**イノシトール1,4,5-三リン酸**〔inositol 1,4,5-trisphosphateすなわち（**IP_3**）〕（図7.18）が，細胞内の貯蔵庫からCa^{2+}を放出させる主な作用因子であることが見出された。IP_3は精子−卵の接触点で数秒以内に合成される。IP_3の合成を阻害すると，小胞体からのCa^{2+}の放出が妨げられる（Lee and Shen 1998；Carroll et

---

4　ある種のサンショウウオでは，発生を開始させるという受精の機能は，遺伝的な機能から完全に切り離されている。シルバーサラマンダー（*Ambystoma platineum*）は，雌だけから成る雑種の変種である。各雌は染色体数が減数していない卵をつくる。しかし，この卵はそれ自身では発生できないので，雄のジェファーソンサラマンダー（*Ambystoma jeffersonianum*）と交尾する。雄のジェファーソンサラマンダーからの精子は，卵が発生するように刺激するだけで，遺伝物質としては寄与しない（Uzzell 1964）。

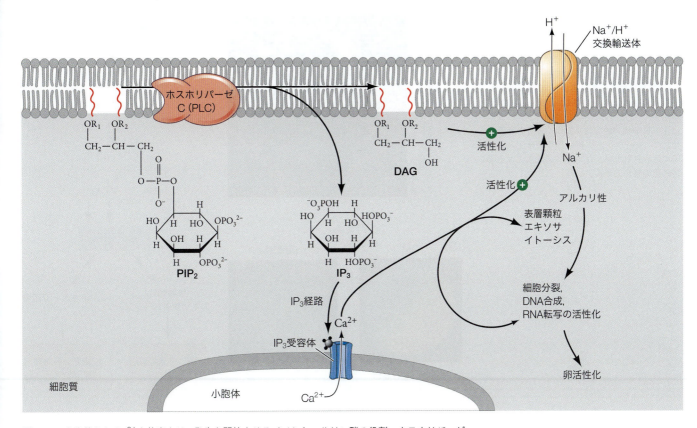

図7.18 小胞体からCa^{2+}を放出させ，発生を開始させるイノシトールリン酸の役割。ホスホリパーゼC（PLC）は，PIP$_2$をIP$_3$とDAGに分解する。IP$_3$はCa^{2+}を小胞体から放出させ，DAGは放出されたCa^{2+}の助けを借りて膜にあるNa$^+$/H$^+$交換輸送体を活性化する。

al. 2000）。未受精卵へのIP$_3$注入は，Ca^{2+}の放出と表層顆粒のエキソサイトーシスを引き起こす（Whitaker and Irvine 1984）。（オンラインの「FURTHER DEVELOPMENT 7.6：Fertilization：Rules of Evidence」「DEV TUTORIAL 7.1：Find It/Lose It/Move It：The Basic Pattern of Biological Evidence―Find It/Lose It/Move It―Can Be Followed in The Discoveries Involving Gamete Adhesion and Calcium Activation of the Egg」参照）

ホスホリパーゼC：IP$_3$の合成因子　これまでみてきたように，卵母細胞を活性化させ胚発生を開始するためには，卵母細胞内のカルシウム波の発出が必要であり，イノシトール1,4,5-三リン酸がこのCa^{2+}放出に必須である。IP$_3$は，膜に結合した酵素である**ホスホリパーゼC**（phospholipase C：PLC）によって合成される。ここで疑問点になるのは，以下のような問いだろう。なにがPLCを活性化するのだろうか？　その答えになるのは，卵細胞膜結合性のリン酸化酵素（**Srcキナーゼ**）とGTP結合タンパク質の活性化である。それらは精子が卵の細胞膜に接触もしくは膜融合することよって活性化され，その結果としてウニ卵PLC活性が促進されることが，種々の実験結果やタンパク質リン酸化の分析から示唆されている（図7.19；Kinsey and Shen 2000；Giusti et al. 2003；Voronina and Wessel 2004；Townley et al. 2009；Guo et al. 2015）。（オンラインの「FUTURE DEVELOPMENT 7.7：The IP$_3$ Pathway Activates the Egg」「WATCH DEVELOPMENT 7.4：A video showing the importance of PLC activation during sea urchin fertilization」参照）

遅い反応：DNAとタンパク質合成の再開

　Ca^{2+}の放出は，動植物全般の胚発生を開始させる一連の代謝反応を活性化する（図

図7.19 ウニ卵におけるCa^{2+}流入におけるGタンパク質の関与。(A)成熟したウニ卵が, 表層顆粒のタンパク質であるヒアリンとGタンパク質Gαqで免疫的に標識されている。染色が重なっているところは黄色に見える。Gαqは表層に局在している。(B)Ca^{2+}の波は, 対照群の卵にはみられる(カルシウム濃度が最も高いところが赤色になるようにコンピュータで相対的なカルシウム濃度を表示した)が, Gαqタンパク質の阻害剤を注入した卵ではみられない。(C)Ca^{2+}の流入による卵活性化の想定モデル。

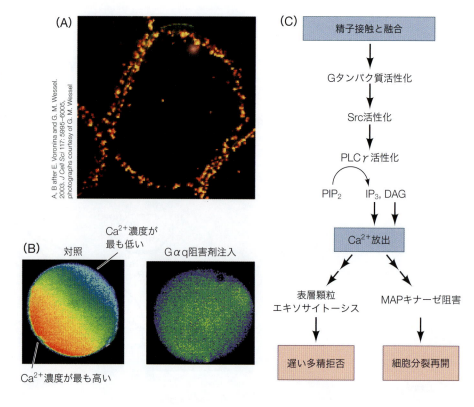

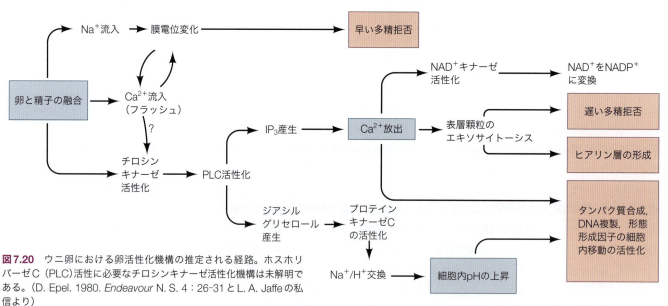

図7.20 ウニ卵における卵活性化機構の推定される経路。ホスホリパーゼC (PLC)活性に必要なチロシンキナーゼ活性化機構は未解明である。(D. Epel. 1980. *Endeavour* N. S. 4: 26-31とL. A. Jaffeの私信より)

7.20)。ウニにおいては, イオンの流れや多精拒否はCa^{2+}の放出後ほぼすぐに起こる効果であり, 他の過程はもっと後で起こる。これらの遅い反応の1つはNAD^+キナーゼの活性化であり, その酵素はNAD^+を$NADP^+$に変換する(Epel et al. 1981)。$NADP^+$(NAD^+ではない)は脂質の生合成のための補酵素として用いられるので, この変換は脂質代謝にとって重要であり, 卵割時の新しい細胞膜の構築のために重要なのかもしれない。Udx1は, 受精膜における架橋反応に必要な酸素の還元を行う酵素であり, NADPH依存的でもある(Heinecke and Shapiro 1989；Wong et al. 2004)。そして最終的にはNADPHはグルタチオンやオボチオール分子の生成を促し, これらの分子は卵や初期胚のDNAに傷

害を与えるフリーラジカルを吸収する（Mead and Epel 1995；Milito et al. 2022）。

Ca^{2+}上昇と（海水からの2回目となるNa^+の流入によるH^+交換に起因する）pH増加が協働して，受精したウニ卵の新たなDNAとタンパク質の合成を刺激すると考えられている（Winkler et al. 1980；Whitaker and Steinhardt 1982；Rees et al. 1995）。未受精卵のpHを実験的に受精卵のpHと同レベルまで上昇させると，あたかもその卵が受精したかのようにDNA合成と核膜崩壊が引き起こされる（Miller and Epel 1999）。Ca^{2+}はまた，新たなDNA合成に必須である。Ca^{2+}の波は，MAPキナーゼをリン酸化型（活性型）から脱リン酸化型（不活性型）に変換することで不活性化し，これによってDNA合成の阻害を解除し，そしてDNA合成を再開させる（Carroll et al. 2000）。

タンパク質合成の爆発的な活性化は通常，精子進入後，数分以内に起こる。このタンパク質合成は，新たなmRNA合成には依存せず，むしろ卵母細胞の細胞質に既に存在していたmRNAが使われる。これらのmRNAは，細胞周期の制御因子，転写因子，ヒストン，チューブリン，そしてアクチンなどのタンパク質をコードしている（図7.21；Picard et al. 2016）。細胞質は，水素イオン（H^+）とナトリウムイオン（Na^+）の交換によってアルカリ性に傾いていくことによって，翻訳開始因子がmRNAの5′端のキャップ構造に蓄積し，その結果のmRNA複合体がリボソームサブユニットに結合できるようになる（Sargent and Raff 1976；Winkler et al. 1980；Chassé et al. 2018）。

翻訳の材料となるmRNA　卵母細胞に蓄えられたmRNAの翻訳活性が一気に上昇する機構の1つとして，mRNAからの阻害物質の解離があると考えられる。ウニにおいては阻害タンパク質が，何種類かの母性mRNAの5′末端をブロックすることで翻訳阻害している。しかし受精が起こると，この阻害物質はリン酸化され，分解される。その結果，貯蔵されていたmRNAからの翻訳とタンパク質合成が可能になる（Cormier et al. 2001；Oulhen et al. 2007）。"自由になる"mRNAのうちの1つは，サイクリンBタンパク質をコードしている。新たにつくられたサイクリンBはCdk1と結合し，細胞分裂を開始させ

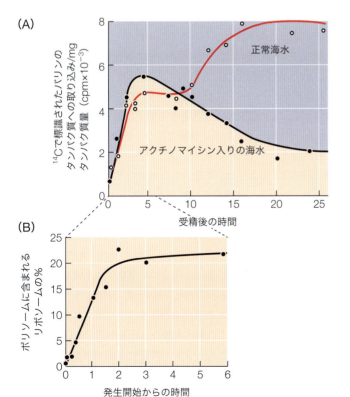

図7.21　ウニ卵での受精時の母性mRNAの翻訳。受精すると起こるタンパク質合成の激しい上昇（バースト）には，卵母細胞の細胞質に蓄えられたmRNAが用いられる。(A)転写阻害剤アクチノマイシンD存在下および非存在下で受精させた，ウニ*Arbacia punctulata*胚のタンパク質合成。最初の2～3時間では，新たな転写が必要ないので，タンパク質合成が起こる。したがって，アクチノマイシンD存在下でタンパク質合成の低下はみられない。新たな転写は，後の発生段階で必要となる。(B)ウニ発生の最初の数時間における，mRNAに動員されるリボソームの増加率。(AはP. R. Gross 1964. *J Exp Zool* 157：21-38より；BはT. Humphreys. 1971. *Dev Biol* 26：201-208より)

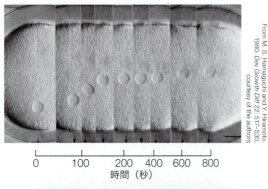

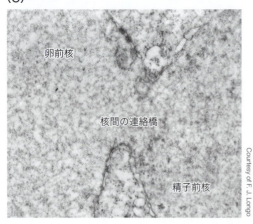

図7.22 ウニ受精における核が関連する事象。(A)ウニのタコノマクラ(*Clypeaster japonicus*)卵において，雌性前核と雄性前核の接近がみられる連続写真。雄性前核は，星状体の微小管で取り囲まれている。(B) 2つの前核は，伸長した微小管に沿って互いに向かって移動する。微小管(チューブリンに対する蛍光抗体で緑色に染められている)は，小さいほうの雄性前核に付随する中心体から放射状に伸びて，雌性前核に届いている。(C)ウニ卵における前核の融合。

るのに必要な**細胞分裂促進因子**(mitosis-promoting factor：MPF)を構成する(Salaun et al. 2003, 2004)。

遺伝物質の融合

精子と卵の細胞膜が融合した後で，精子核と中心小体はミトコンドリアと鞭毛から離れる。ミトコンドリアと鞭毛は卵のなかで分解されるので，精子由来のミトコンドリアは発生過程または成体個体のなかではほとんど見いだすことはできない。したがって，それぞれの配偶子によって接合体のゲノムが構成されるのに対して，**ミトコンドリアのゲノム**は主に母親から受け継がれる。それとは反対に，調べられたほとんどすべての動物(ただしマウスは大きな例外である)において，引き続く体細胞分裂の紡錘体をつくるために必要な中心体は精子の中心小体に由来している(図7.12参照；Sluder et al. 1989, 1993)。

多くの棘皮動物卵の受精は，第二減数分裂の後に起こる。そのため，精子が卵の細胞質に進入するときには，既に半数体の雌性前核が存在している。ひとたび卵に進入すると，精子核は半数体の雄性前核を形成するために脱凝縮するので，劇的に変化する。第一段階としては，核膜は小さく解体され，凝縮した精子クロマチンを卵細胞質に露出させる(Longo and Kunkle 1978；Poccia and Collas 1997)。卵細胞質のタンパク質リン酸化酵素が精子由来のヒストンタンパク質をリン酸化して，脱凝縮させる。脱凝縮したヒストンは，卵由来の卵割期のヒストンに置換される(Stephens et al. 2002；Morin et al. 2012)。この置換によって精子クロマチンはさらに脱凝縮する。いったん脱凝縮すると，DNAは新たに形成された核膜に結合する。その核膜は前駆体となる膜と小胞体に由来する(Poccia and Larijani 2009)。また新たに核膜に結合したDNAの複製をDNAポリメラーゼが開始する(Infante et al. 1973；Jaffe 2001)。

精子と卵の前核はどのようにして互いを見出すのだろうか？ ウニ精子が卵細胞質に進入した後，雄性前核は尾部から離れて180°回転することで，精子中心小体は発達しつつある雄性前核と雌性前核の間に位置するようになる。それから精子中心小体は微小管形成中心として働き，それ自身の微小管を伸ばし，そして卵の微小管も組み込むことで，星状体になる。微小管は卵全体に伸長し，雌性前核と接触する。そこから2つの前核は微小管に沿って互いの方向へ移動する(Longo and Anderson 1968；Meaders et al. 2020)。2つの前核が接触するときに，その相互作用によって核融合を促進する脂質をつくり出す酵素が活性化される(Lete et al. 2017)。2つの前核の融合は，二倍体の接合体核を形成する(**図7.22**)。

この時点で，二倍体核が形成されており，DNAとタンパク質の合成が開始され，細胞分裂の抑制は解除されている。棘皮動物は今や，多細胞になることができる。棘皮動物(特にウニ)が多細胞性を獲得する様子は第11章で示す。

7.3　哺乳類における体内受精

　哺乳類の受精研究が非常に困難である明確な理由の1つとしては，哺乳類の受精が雌の卵管内部で起こることがあげられる。ウニの受精をめぐる各条件を天然または人工海水を用いて再現することは比較的容易であるが，哺乳類の精子が卵にたどり着くまでに出会うさまざまな自然環境因子を我々はまだ知らない。しかしながら我々が**知っている**ことの1つとして，雌の生殖管はその管の内部を単に精子が競争して通過していくという受動的なものではなく，両方の配偶子の輸送と成熟を能動的に制御する，高度に特殊化した一連の組織であることをあげることができる。

卵管への配偶子の移動：輸送

　雄と雌の両配偶子は，受精が起こる卵管上部端にある膨大部にたどり着くために，微視的なレベルでは生化学的な相互作用を，巨視的なレベルでは物理的な推進力を用いる（図13.9参照）。

卵母細胞の輸送　精子と卵の会合は，雌の生殖管によって促進されているに違いない。正しい場所，正しい時間に配偶子を移動させるために，異なった機構が用いられている。卵巣から放出されたばかりの哺乳類の卵母細胞は，卵巣内の濾胞にいたときにすでに接着していた卵丘細胞と細胞外基質にとり囲まれている。3,000個もの卵丘細胞が卵母細胞を取り囲み，その塊は**卵丘細胞–卵母細胞複合体**（cumulus-oocyte complex：COC）として知られている。卵丘細胞と卵母細胞は，ほぼヒアルロン酸で構築された疎な細胞外基質に埋まっている（図7.5参照）。

　卵管采，すなわち卵管上部末端にある指状の突起（ファロピアン管としても知られている：図13.9参照）は，卵巣表面を掃き寄せてCOCを卵管の入り口にふわりと運ぶ。そこでは，これらの卵管采に生えている繊毛自体がCOCの水和した細胞外基質に差し込まれて，COCを受精する場所へと運ぶ（Yuan et al. 2021）。もしもこの基質が実験的に取り除かれたり著しく改変されたりすると，卵管上部末端の卵管采がCOCを"取り込む（pick up）"ことができなくなり，COCは卵管に入れなくなる（Talbot et al. 1999）。COCが取り込まれると，繊毛運動と筋肉の収縮が，COCを卵管での受精のための適切な場所へ輸送する。

精子の輸送　精子は卵管にある受精の場まで長い道のりを旅する必要がある。ヒトにおいては，おおよそ2～3億の精子が典型的には腟に射精されるが，百万のうち1つしか卵管に入れない（Harper 1982）。したがって，たった200ほどの精子しか卵の近くに到達できないのである。

　腟から卵管への精子の輸送には，異なった時間と場所で働く多くの過程が関与する（Giojalas and Guidobaldi 2020）：

- **精子の動き**。鞭毛運動は，精子が子宮頸管を経て卵管にたどり着くためにおそらく重要である[5]。哺乳類精子鞭毛の軸糸は，折れ曲がらないように厚い繊維状のタンパク質の覆いで強化されており，精子が子宮頸管の粘性の高い環境で泳ぐことを可能にする（Gadelha and Gaffney 2019）。

5　雌が乱交的な（複数の雄と立て続けに交尾する）種では，同じ雄からの精子はしばしば"列車"のように連なったり凝集体を形成したりして，鞭毛の結合した力によって精子がより速く進む。これはおそらく，その戦略を採用する雄に競争優位をもたらす進化的な戦略である。雌が乱交的でない種では，精子は通常は個別に泳ぐ（Fisher and Hoeckstra 2010；Foster and Pizzari 2010；Fisher et al. 2014）。しかし，卵管の中のマウス精子を用いた最近の研究によれば，通常は個別に泳ぐ精子でも，COCに近づくときには一時的に速く動く凝集体を形成して協働することが示唆されている（Wang and Larina 2018）。

- **子宮の筋肉の収縮**。マウス，ハムスター，モルモット，ウシ，そしてヒトにおいては，腟に入って30分以内に精子が卵管に入り込んでいるのが見いだされる。これは，「鞭毛力に自信がある最も速いオリンピック出場精子によってでさえ，それを成し遂げるには短すぎる時間である」(Storey 1995)。むしろ精子は，子宮の筋収縮活性によって卵管に運ばれているようである。
- **精子の走流性**。精子は，卵管から子宮への液体の流れから，長い距離にわたって方向の合図を受け取っている。精子は**走流性**(rheotaxis)を示す。すなわち精子は，流れの方向をモニターするための精子特異的なカルシウムチャネル(CatSper チャネル；図7.24参照)を用いて，流れに抗して移動する(Miki and Clapham 2013)。走流性は，マウスとヒトの精子で観察されてきた。

精子は今や子宮頸管と子宮を通り抜け，受精の場である卵管に到達する。しかしながら，卵管に到達した精子は生理学的には卵を見つけられないし，卵に進入できない。精子は最初に受精能獲得(キャパシテーションともいう)と超活性化しなければならない。

受精能獲得

新たに射精された精子は未成熟であり受精できない。卵管の細胞は，精子を成熟させて受精可能にする。そして哺乳類の精子は卵管の中で発生を完了するのである(Chang 1951；Austin 1952)。この成熟は**受精能獲得**(capacitation)(受精能力の獲得)と呼ばれている。精子の得る能力は，(1)精子を卵に導く手がかりの認識，(2)先体反応の誘起，(3)卵細胞膜との膜融合である。受精能を獲得していない精子は卵丘細胞の基質に"捕らえられて(held up)"しまい，卵に到達できない(Austin 1960；Corselli and Talbot 1987)。よって，卵管は精子が競争するための受動的な管ではないことが，再び理解できるだろう。

未成熟な精子は平面的な動きをして，卵管の上皮細胞につかまえられたり，結合したりする(図7.23A)。これらの精子は転写ができないので，受精能獲得はイオンの交換やシグナル伝達系の活性化によって成立するはずである。受精能獲得は，精子のアルブミンや炭酸水素イオン(HCO_3^-)への曝露の組み合わせによって開始されるのかもしれない。アルブミンは精子の細胞膜からコレステロールを抜き取り，膜の流動性を高める。HCO_3^-は，リン酸化酵素経路を活性化し，細胞膜上のタンパク質を変化させ，精子先体反応を阻害するタンパク質をとりのぞく(Puga Molina et al. 2018参照；図7.23B)。それらはまた，CatSper カルシウムチャネルを活性化し，次に述べるように鞭毛の超活性化を促進する(オンラインの「DEV TUTRIAL 7.2：Capacitation」参照)。射精されたばかりの哺乳類精子が卵を受精できないという知識は，試験管内での受精技術の開発における重要な進展であった。(オンラインの「SCIENTISTS SPEAK 7.2：Dr. Hannah Galantino-Homer studies the challenges of in vitro fertilization and implantation in cattle」参照)

超活性化，方向を定めた精子の移動，そして先体反応

受精能獲得という目的に向かい，精子は**超活性化**(hyperactivation)し，より速い速度で泳ぎ，より大きな力をつくり出している。超活性化は，精子尾部に存在する精子特異的なチャネル——**CatSper チャネル**(CatSper channel)——の開口によって引き起こされるようである(図7.24；Ren et al. 2001；Qui et al. 2007)。対称的な鞭毛打は，より強く曲がる非対称的な速い鞭毛打に変化する。この鞭毛打の力と精子頭部の動きの方向性が，卵管上皮細胞との結合から精子を解き放つと考えられる。実際，超活性化した精子のみここから離れ，卵への旅を続けるようにみえる(Suarez 2008a, b；Miki and Clapham 2013)。

精子が卵母細胞-卵丘細胞複合体に到達すると，超活性化は，精子細胞膜上の外側にある

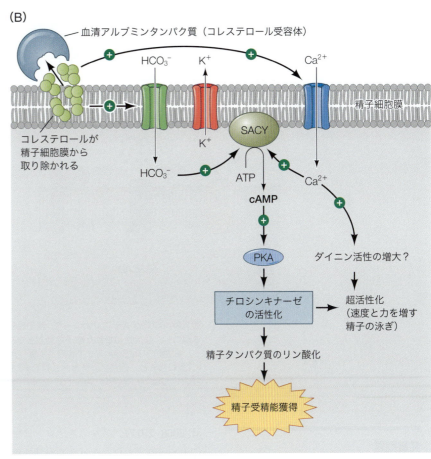

図7.23 受精能獲得。(A)雄ウシの精子が卵管膨大部に入る前に, 牝ウシ卵管の上皮細胞膜に付着しているのを示す走査型電子顕微鏡写真。(B)哺乳類の精子受精能獲得の仮説的なモデル。この伝達経路は精子細胞膜からのコレステロール除去によって調整されており, 重炭酸イオン(HCO_3^-)とカルシウムイオン(Ca^{2+})の流入を引き起こす。これらのイオンはアデニル酸シクラーゼ(SACY)を活性化して, その結果としてcAMPの濃度が上昇する。高いcAMP濃度では, プロテインキナーゼA(PKA)が活性化される。活性型PKAは数種のチロシンキナーゼをリン酸化し, それらはさらに数種の精子タンパク質をリン酸化し, 受精能獲得が導かれる。増加した細胞内Ca^{2+}はまた, 精子の超活性化に貢献すると同時に, これらのタンパク質のリン酸化反応を活性化する。(Bは P. E. Visconti et al. 2011. *Asian J Androl* 13 : 395-405 より)

酵素ヒアルロニダーゼの助けを借りて, 精子が卵丘細胞の細胞外基質を通過するときに消化により通り道をつくり, 卵母細胞の透明帯に到着することを可能にする(Lin et al. 1994 ; Kimura et al. 2009)。

温度勾配と化学勾配 「男が射精ごとにとてもたくさんの精子を放出しなければならないのは, 男の配偶子が決して方向を尋ねようとしないためである」という古い(すなわちGPSができる前の)ジョークがある。それでは, いったい何が精子に方向を教えているのだろうか？ 熱が1つの手がかりとなっている。卵管峡部とより温かな膨大部の間には, 2℃の温度勾配がある(図13.9 参照 ; Bahat et al. 2003, 2006)。受精能を獲得した哺乳類の精子は, 1 mm あたり 0.014℃ もの小さな温度差を感じることができるし, より高い温度のほうへ移動する傾向をもつ(Bahat et al. 2012)。このように温度の変化を察知し, 冷たいほうからより暖かいほうへ好んで泳ぐことのできる能力(**温度走性**)は, 受精能を獲得した精子のみにみられ, そして精子細胞膜のGタンパク質共役型の受容体によって伝達されているようである[6・次頁](Roy et al. 2020)。

環境の化学物質を感じたり反応したりする能力(**化学走性**)は, 精子が卵に近づくときに重要である。受精能を獲得した精子は, ピコモル濃度レベルのプロゲステロンを検出し反応する。なお, プロゲステロンは卵を取り囲んでいる卵丘細胞が分泌する(Guidobaldi et

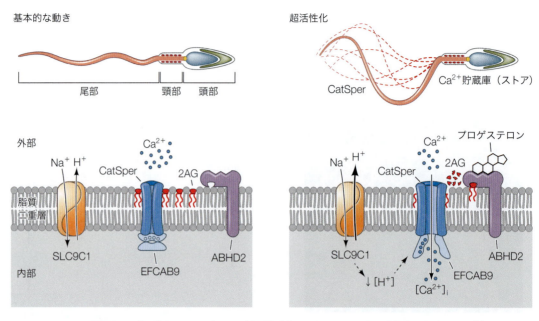

図7.24　プロゲステロンによって，精子鞭毛上のCatSperチャネル活性化はすばやいCa²⁺の流入を引き起こし，超活性化された精子の動きをつくり出す。プロゲステロンは非核内受容体（ABHD2）に結合し，細胞膜のCatSperチャネル阻害物質（2AG）を分解する。その阻害物質（と水素イオン（H⁺）が相対的に）失われると，CatSperチャネルはCa²⁺を精子内に輸送する。(Z. Trebichalská, and Z. Holubcová 2020. *J Assist Reprod Genet* 37：243-256)

発展問題
卵と精子はときどき出会えないし，受精が起こらない。ヒトにおいては何が主な不妊の原因となっているのか？　そしてどのような処置がこれらの障害の克服のために用いられてきたのか？　（第14章をみたくなるかも）

al. 2008, 2017）。プロゲステロンは鞭毛を超活性化するために重要な役割を担っており，CatSperカルシウムチャネルが活性化するのを助け，ミトコンドリアにCa²⁺を取り込ませる（図7.24参照；Lishko et al. 2011；Strunker et al. 2011；Miller et al. 2016）。したがって，精子が卵管膨大部に入ったときに，精子はどこで卵を見つけられるのかを知らされ，そこに到達するために活性化される。しかしながら，温度と化学の同じ手がかりがすべての哺乳類において使われているかどうかは明らかでない。

先体反応　COCに近づくと，受精能獲得した精子は先体反応する（受精能獲得していない精子はこれを行うことができない）。いくつかの種における証拠は，"成功した"精子（つまり実際に受精した精子）は，卵丘に到達したときに通常すでに先体反応を行っていることを示している（Huang et al. 1981；Yanagimachi and Phillips 1984；Jin et al. 2011）。精子が卵に接近するときには，高濃度のプロゲステロンが先体反応を引き起こすと考えられている（Uñates et al. 2014；Abi Nahed et al. 2016；La Spina et al. 2016）。

　プロゲステロンによって先体反応が活性化されるメカニズムは知られていないが，CatSperの活性化と分解阻害の両方が関与するのかもしれない。子宮から卵管に入るマウス精子は，先体胞を保持しており［訳注：先体反応はまだ起こっておらず］，CatSperを非常に速く分解している。精子が卵管膨大部（卵巣の近くの卵が保持されているところ；図13.9参照）に到着するまでにCatSperの分解は終わっており，CatSperチャネルが残っている精子では先体反応が起こっている（Ded et al. 2020）。CatSperチャネルを通り精子内に入ってくる高濃度のCa²⁺は，先体小胞のエキソサイトーシスを引き起こす（Stival et al. 2018）。このようにして，先体反応で受精能の獲得が完了する（Hirohashi and Yanag-

---

[6]　さらなる神経科学との関連でいえば，Gタンパク質温度感受性受容体は，哺乳類の眼にあるものと同様なロドプシンタンパク質である。また精子は嗅覚受容体ももっており，これは化学走性に利用される可能性がある（Spehr et al 2004）。

imachi 2018）。もともと先体の内側に面していた膜タンパク質（まさに核のそばにあった
もの）が，先体反応の結果，精子の先端に位置するようになる。そのタンパク質が透明帯を
認識し，卵母細胞に結合する。

透明帯における認識

　超活性化精子の前方方向への動きとヒアルロン酸分解酵素をもった精子膜が，精子の卵
方向への移動を可能にするため，卵丘細胞と細胞外基質は受精能獲得した精子にとっては
あまり障害にはならないようである（Lin et al. 1994；Kim et al. 2008）。卵丘の中で精子
は，卵の分厚い糖タンパク質の細胞外基質である透明帯に接触できる。

　哺乳類における透明帯の役割は，無脊椎動物における卵黄膜の役割と類似している。透
明帯はしかしながら，卵黄膜よりもはるかに厚く密な構造をしている。マウスの透明帯は，
3つの主な糖タンパク質——ZP1，ZP2，ZP3（zona protein 1，2，3）——および，透
明帯内部の構造に結合する付属的なタンパク質からできている。ヒトの透明帯は，4つの
主要な糖タンパク質——ZP1，ZP2，ZP3，ZP4——から構成されている。精子の透明帯
への結合は比較的に種特異的だが，厳密ではない。

　先体反応した哺乳類の精子は，透明帯のZP2タンパク質に結合する。ZP2を認識する精
子のタンパク質はおそらくSPACA4であり，先体胞膜の内側に存在しているのだが，先体
反応後は精子先端に見出される。SPACA4を欠損した精子は透明帯に結合できないし，通
過もできない（Baibakov et al. 2012；Fujihara et al. 2021）。巧妙な機能獲得型実験によっ
て，ZP2はヒトの精子-卵結合に重要であることが示された。ヒト精子はマウス卵の透明
帯に結合しないので，Baibakov（バイバコフ）と共同研究者たちは2012年，ヒトの異なる
透明帯タンパク質を別々のマウス卵の透明帯で発現させた。その結果，ヒトZP2をもった
マウス卵のみがヒトの精子を結合させたのだ。

　透明帯のZP3が先体反応を引き起こすという証拠もある（Storey et al. 1984；Bleil and
Wassarman 1986）。よって，先体小胞をもった［訳注：先体反応前の］遅く到着した精子
が，卵丘が霧散した後の卵母細胞を見つけ，透明帯の上で先体反応を起こすことができる
可能性もある。したがって卵には，受精能を獲得した両方のタイプの精子を受けいれる経
路があるのかもしれない（図7.25；Wassarman and Litscher 2018）。1つの経路では，先
体反応をすでに起こしている精子は，透明帯タンパク質ZP2に直接結合する。もう1つの
経路では，先体反応していない精子はZP3に結合し（第二経路），それが先体反応を引き起
こして，精子の結合はZP2への結合へと移行する（Bleil and Wassarman 1980, 1983）。
これは**機能的な冗長性**（functional redundancy）の例であり，ある1つの過程が失われた
別の過程の肩代わりをする。我々は発生においてこれをさらにみることになるだろう[7]。

　精子が透明帯の中を卵に向かって動いていくとき，透明帯との結合は常に起こり，破壊
され，再構築されるに違いない［訳注：透明帯の中にZP2が存在しているので］。この機構
はまだ明らかになっていないが，2つの先体小胞のタンパク質分解に関与する酵素である
アクロシンとマトリックスメタロプロテアーゼ-2が先体胞膜の内側に存在しており，それ
らが協調して卵母細胞への通り道を分解によってつくり出していると示唆されている。精
子でアクロシンを欠損しているハムスターの雄は不稔であり，精子は透明帯に到達する
が，その中を通過できない（Ferrer et al. 2012；Hirose et al. 2020）。

7　ノーベル賞受賞者のHans Spemann（ハンス・シュペーマン）はこれを，発生を保証する"ベルト-
サスペンダー的な（念には念を入れた）"方法と呼んだ。もしも1つのプロセスが働かなくても，別のプ
ロセスがそれを肩代わりできる。ウニにおいても，先体反応していない精子が結合できる機構がある可
能性がある（Limatola et al. 2022）。

図7.25 マウス透明帯による精子認識の最新モデル。先体反応をすでに起こしている精子は，透明帯タンパク質ZP2に直接結合し（第一経路），卵母細胞への通り道をつくり始める。先体反応していない精子はZP3に結合し（第二経路），透明帯上で先体反応して，ZP2への結合に移行する。精子が卵に到達して融合すると，表層顆粒からZP2とZP3を分解するタンパク質が放出され，それらの機能を破壊する。これが，さらなる精子の進入を妨げる。(P. M. Wassarman and E. S. Litscher. 2018. *Curr Top Dev Biol* 130：331-356 より)

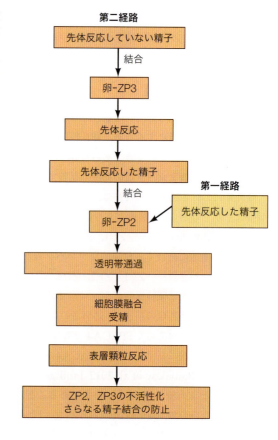

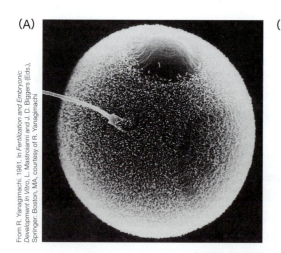

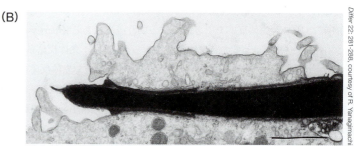

図7.26 ゴールデンハムスターの卵への精子進入。(A)卵と融合している精子の走査型電子顕微鏡写真。微絨毛のない"禿げた"場所は，極体が放出されたところである。そこには精子が結合していない。(B)卵の細胞膜に並列するように位置しながら融合しつつある精子の透過型電子顕微鏡写真。

配偶子の融合と精子の進入

精子と卵は，今やついに出会う。哺乳類において，卵と結合するのは精子の頭の先ではなく，精子頭部の側面である（ウニにおいては垂直に進入するのだが）（図7.26）。先体反応は，先体の内容物である酵素を放出するのに加えて，哺乳類の先体反応では先体の内膜を外に露出する。先体の内膜と精子の細胞膜の間の結合部分は，**赤道域**（equatorial region）と呼ばれており，ここが精子と卵の膜融合が始まるところとなる。

哺乳類における精子-卵結合には，いくつかのタンパク質がかかわっているようである。そのうちの2つが最も重要であって，1つは**Izumo**で，もともと先体胞膜の内側に位置し

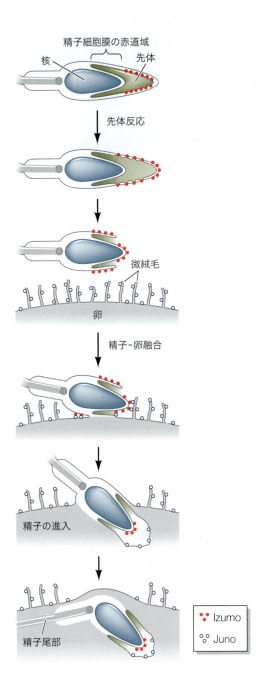

図7.27 マウス受精におけるIzumoタンパク質と膜融合。精子-卵細胞膜融合の図。先体反応の間に，Izumoは先体小胞から精子細胞膜に移動する。そこでIzumoは，微絨毛にあるJunoと他の卵細胞膜タンパク質複合体と出会い，膜融合と卵への精子進入が始まる。(Y. Satouh et al. 2012. *J Cell Sci* 125：4985-4990)

ており，先体反応後に精子の表面の膜に露出する。もう1つが**Juno**であり，卵母細胞の細胞膜タンパク質である(図7.27；Inoue et al. 2005；Bianchi et al. 2014)。これらの2つのタンパク質はお互いに結合しあい他のタンパク質を取り込んで，接着・融合するための複合体をつくり出すようである(Miyado et al. 2018；Noda et al. 2020；Tang et al. 2022)。JunoとIzumoのどちらかを変異させると受精は起こらない。ウニの配偶子融合と同じように，卵がアクチンを重合させ微絨毛を精子に向かって伸ばしているところに精子は結合する(Yanagimachi and Noda 1970)。

　精子は卵母細胞の中を掘ったり，ドリルのように入っていくようなことはない。むしろ，膜融合が起こって2つの細胞が1つになる。鞭毛やミトコンドリアを含む精子全体が卵に取り込まれる。哺乳類においては，ウニと同じように，精子のほとんどのミトコンドリアは卵細胞質内で分解される。そのため，新たな個体のミトコンドリアは，すべて母親由来となる(したがって，ミトコンドリアDNAを調べることによって世代を超えて母方の系譜を追跡できる；Cummins et al. 1998；Shitara et al. 1998；Schwartz and Vissing 2002；Luo et al. 2018)。

多精拒否　多精は，ウニだけでなく哺乳類においても重要な問題である。哺乳類では，電気的な"早い"多精拒否機構は検出されていない。限られた数の精子しか排卵された卵に到達しないので，必要ないのかもしれない(Gardner and Evans 2006)。しかしながら，"遅い"多精拒否は哺乳類においても起こっており，ウニと同じように表層顆粒のエキソサイトーシスが関与している。表層顆粒が卵の細胞膜と融合するときに，透明帯のタンパク質を修飾するプロテアーゼが卵表層顆粒から放出されるので，精子に結合できなくなる(Bleil and Wassarman 1980)。表層顆粒のプロテアーゼの1つは**オバスタシン**(ovastacin)であり，ZP2を切断する。切断されたZP2は，精子に結合する能力を失う(Moller and Wassarman 1989)。実際，マウス卵がオバスタシンによって分解されない変異型のZP2をもっていた場合，多精がより頻繁に起こる(Gahlay et al. 2010；Burkart et al. 2012)。

　2番目に遅い多精拒否は，亜鉛スパークと呼ばれる反応によって引き起こされる。減数分裂の間に，亜鉛は卵母細胞の表層に移動する膜小胞に蓄えられる。8,000個の各小胞には，約100万個の亜鉛イオンが含まれている。最初の精子の進入に伴うカルシウムフラッシュによって誘導されて，何十億もの亜鉛イオンがエキソサイトーシスによって放出される(図7.28；Que et al. 2015, 2017；図7.7Bの最初の3つのパネルも参照)。放出された亜鉛イオンは透明帯に結合し，柔軟なメッシュ構造から硬い機械的な防御物へとその構造を変化させる。卵の環境における亜鉛は，先体反応にかかわるタンパク質が機能するのを阻害し，さらなる精子の進入を妨げる"亜鉛シールド"をつくり出すようである(Kerns et al. 2018)。

　3番目に遅い多精拒否は卵の細胞膜で起こっており，Junoが関係する(Bianchi and Wright 2014)。精子と卵の細胞膜が融合するとき，Junoは卵母細胞の細胞膜から放出されるように見える。このことによって，精子のための"ドッキングサイト(結合地点)"が取

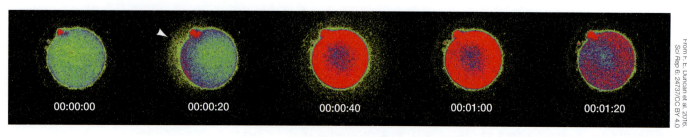

図7.28 受精時の亜鉛スパーク（zinc spark）。カルシウムチャネルの開口剤でヒト卵を人工的に活性化したのちに，亜鉛イオンの放出（矢じりから開始）が増加して，減少するのが見える。亜鉛の濃度は卵外の黄色の霧のような分布で示されている。卵内の緑色から赤色への変化は，カルシウム濃度の相対的な強さである。

発展問題

現代の薬理学の目標の1つは，男性用避妊薬を開発することである。受精の過程を振り返って，男性用避妊薬をつくるためには薬理学的にどの段階をブロックすることが可能だとあなたは思うか？

り除かれるだけでなく，透明帯と卵母細胞の間の囲卵腔で，可溶化されたJunoタンパク質が精子に結合できる。その結果，精子が卵細胞膜にまだ残っているかもしれないJunoを探し出すことを妨げる。

哺乳類卵の活性化

研究が行われている他の動物と同様，哺乳類においては，細胞質のCa^{2+}の一時的な上昇が卵の活性化に必要である（Yeste et al. 2017；Kashir et al. 2018, 2020）。そして，これもウニでみてきたように，このCa^{2+}は最初に細胞内の貯蔵庫から放出され，この放出は酵素ホスホリパーゼC（PLC：7.2節参照）によるIP_3形成によって引き起こされる。しかしながらウニとは異なり，哺乳類卵の活性化と前核形成のためのPLCは，卵ではなく精子に由来するようである（Swann et al. 2006；Igarashi et al. 2007）。さらに，このPLCは精子の可溶性のPLC酵素PLCζ（PLC zeta）であり，配偶子の融合時に卵に入ることが判明した（図7.29）。PLCζは，卵細胞膜からJunoを取り除く反応を開始させることで，細胞膜における多精拒否の開始にも役立っている（Nozawa et al. 2018）。（オンラインの「FURTURE DEVELOPMENT 7.8：PLC from Sperm Activates Mammalian Eggs」参照）

遺伝物質の融合

ウニと同じく，最終的に卵内に入る哺乳類の1つの精子は，半数体の前核の中に遺伝的な"寄贈物"を込めている。しかしながら，前核の移動が1時間以内のウニと比べて，哺乳類においては12時間も要する。

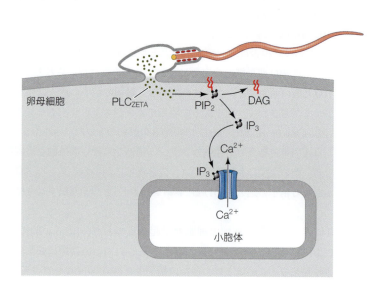

図7.29 精子からの可溶性PLCζによる，哺乳類の卵母細胞のカルシウムパルスの開始。（IVF Research Network, https://www.ivfresearchnetwork.com/research-lines/による）

哺乳類の精子は，卵母細胞の核が第二減数分裂の中期で"停止"している間に，卵母細胞内に進入する（図7.30A, B；図7.3も参照）。ウニに関しても記したように，Ca^{2+}濃度の振動は精子の進入によってもたらされ，MAPキナーゼを不活性化し，DNAを合成させる。しかし既に半数体になっているウニとは違い，哺乳類の卵母細胞の染色体はまだ第二減数分裂の中期にある。Ca^{2+}濃度の振動は，サイクリン（したがって細胞周期を続けさせる）とセキュリン（中期の染色体を互いに結合させているタンパク質）を分解へと導く他のキナーゼを活性化し，それによって減数分裂は完了し，成熟した雌性前核が形成される（Watanabe et al. 1991; Johnson et al. 1998）。

DNA合成は，雄性前核と雌性前核においてそれぞれ別々に起こる。そして両方の前核において，接合体の細胞質によってDNAの修飾が変えられる（Sutovsky and Schatten 1997; Fraser and Lin 2016）。精子のDNAは，細胞が精子になるために必要な（ほとんどがメチル化の）エピジェネティックマーカーをもっている。同様に，卵母細胞前核のDNAも，細胞が卵になるために必要なエピジェネティック修飾をもっている。受精後にはこれらのメチル基のほとんどは取り除かれ，ゲノムは全能性を示す"白紙の状態"になる。精子のDNAもまた，接合体の細胞質によって再構築され，（精子特異的なタンパク質である）プロタミンがヒストンに交換される。

雄性前核の染色体は，卵の周辺部で脱凝縮し始め，アクチンの蓄積によって卵の中心部に押し出される。卵表層から出て，もっと流動性のある卵細胞質に入ると，雄性前核は微小管によって運ばれる（Scheffler et al. 2021）。2個の前核は，雄性前核の中心体によって卵母細胞のチューブリンからつくり出される微小管のベルトに乗って，お互い接近する。ダイニンタンパク質（精子を前方に進ませるのと同じタンパク質）は今や，2つの前核を一

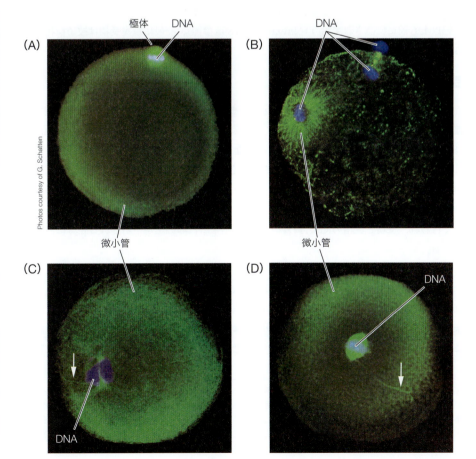

図7.30 ヒト受精における前核の動き。微小管は緑色に，DNAは青色に染められている。矢印は精子の尾部を示す。(A)成熟した未受精卵母細胞は第一減数分裂を完了し，極体を放出している。(B)精子が卵母細胞に進入すると（左側），微小管は精子核周りに集まり，卵母細胞は第二減数分裂を完了する（上側に放出された極体の核が見える）。(C)受精後15時間までに，2つの前核が互いに接近し，中心体は2極の微小管形成中心を構成するために2つに分かれる。精子の尾部はまだ見える（矢印）。(D)前中期に，精子と卵からの染色体は中期赤道面で混じりあい，体細胞分裂紡錘体が第1卵割を開始する。この時点でも精子の尾部は見ることができる。

緒にして動かしている。前核がお互いの方向に動いているとき，染色体はそのテロメア領域を先頭にして，移動する球体状の前核の前方端に集まる。最終的に，雌性と雄性の染色体は前核の核膜を隔ててお互いに接する（Cavazza et al. 2021）。前核が出合うと，核膜は崩壊する。しかしながら，（ウニのように）共通の接合体の核をつくるのではなく，クロマチンは凝集して染色体になって，精子が持ち込んだ中心小体から形成される体細胞分裂の紡錘体に配置される（**図7.30C，D**）。したがって，哺乳類においては本当の二倍体の核は接合体において最初に形成されるのではなく，2細胞期において形成される。この二倍体核は，母性mRNAが使われて分解されるまでは活性化されない。この活性化は通常，マウスにおいては2細胞期に起こり，ヒトにおいては2〜4分裂後（すなわち4〜16細胞期）に起こる（Fraser and Lin 2016；Svoboda 2017）。胚発生が始まるのだ。（オンラインの「FUR-THER DEVELOPMENT 7.9：The Non-Equivalence of Mammalian Pronuclei」「FURTHER DEVELOPMENT 7.10：A Social Critique of Fertilization Research」「DEV TUTORIAL 7.3：Legends of the Sperm：The Stories People Tell about Fertilization Are Often at Odds with the Actual Data of Biology」参照）

7.4　被子植物の受精

　被子植物について思い出すことにしよう。減数分裂によって生み出された半数体は配偶子ではなく胞子，すなわち雄性の小胞子と雌性の大胞子である（図6.30参照）[8]。これらの胞子は小さな小配偶体であり，3つの細胞を有する雄性配偶体の花粉と，雌性配偶体の胚珠を生み出す。2つの精細胞は第三の細胞により形成された花粉管の内部を通り，卵細胞へと到達する。このうち，片方の精細胞は卵細胞と融合し，胚を形成する。もう一方の精細胞は二倍体の中央細胞と融合し，胚へと栄養を供給する三倍体の胚乳細胞を形成する（図6.28参照）。このことは**重複受精**（double fertilization）として知られている。これは1世紀以上も前に確認されており（Nawaschin 1898参照），一般に重複受精は被子植物に限られている。

受粉と受粉期

　被子植物の受精は**受粉**（pollination）から始まる。すなわち，花粉が花の中心に存在する**雌ずい**（gynoecium）の**柱頭**（stigma）に付着することによって開始される（Strasburger 1884）。花粉は昆虫や風，水や鳥，コウモリなどさまざまな運び屋によって柱頭へと運ばれる（**図7.31**）。花粉が柱頭へと到達すると，花粉は付着し，吸水し，発芽する。各々の花粉は1つの栄養細胞と2つの精細胞を有している。発芽によって，栄養細胞により形成される花粉管の伸長が可能になる（図6.29参照）。この過程は**受粉期**（progamic phase）に続いて行われ，受粉と受精の間に行われる一連の出来事は卵細胞が格納される胚珠において生じる。

　花粉の成熟と放出のタイミング，送粉者の活動および柱頭の受容能力は，密接に調節されている（Bertin and Newman 1993；Edlund et al. 2004；McInnes et al. 2006）。ある意味で，このタイミングと成熟の調和は哺乳類における制御と似ている。人為的に花粉を未成熟の柱頭に付着させると，未成熟の胚珠は精細胞の侵入を制御できず，精細胞の誘引に失敗して多精受精となることが，シロイヌナズナ（*Arabidopsis thaliana*）を用いた実験

8　しかし，受精は被子植物の発生に完全に不可欠なものではないことを記しておく。減数分裂を行わずに生じた胚嚢の内部で胚が形成されることがある。この現象はタンポポにおいてよくみられ，**アポミクシス**（apomixis；ギリシャ語で"交配することなく"という意味）と呼ばれ，生育可能な種子を形成する。実際に，被子植物は切花から生育することができ，カルス（callus）と呼ばれる細胞の塊が分裂組織を形成し，新たな発生を開始する（Sugimoto et al., 2011; Ikeuchi et al., 2016）。

第 7 章 受精 | 269

図7.31 受粉。(A)異なる植物に由来する花粉は，その大きさ，形，色などの特性が異なる。(B)ハチとそのほかの昆虫(そして，いくつかの鳥)は，花粉を花から花へと運ぶよい花粉の媒介者である。ハチの足には花粉を丸めた花粉団子が付着している様子がみられる。(C)ハリエニシダ(*Ulex europeaus*)の花粉は，花柱の基部に存在する胚珠に到達するために数センチメートルもの距離を伸長する細胞をもっている。(D)ケシの花粉(緑色)は発芽し，胚珠へと競って花粉管の伸長を行う。

から示されている(Nasrallah et al. 1994)。

　ほとんどの被子植物は雌雄同体(雄と雌の生殖器官の両方をもつ完全花を形成する；6.6節参照)であるため，自殖を避けることが重要である。同じ花のなかでの配偶子融合を防ぐために，物理的，時間的，そして空間的な障壁が異なる種において進化してきた。例えばいくつかの種では，雄側の葯と雌側の柱頭が異なるタイミングで成熟する。また他の植物では，花のなかにおいて葯と雌ずいが空間的に隔てられている。またある植物では，雄ずいと雌ずいの生育速度が異なるため，最終的に物理的に離れることになる。

　一部の植物は，自家受精を防ぐための遺伝的な抑制機構を進化させてきた。例えば，ペチュニアでは*S*座位の単一遺伝子に50もの多様なアリルがあり，免疫系の仕組みと類似性がある。二倍体の植物は50の*S*アリルのうち，(それぞれ両親から1つずつ，合計) 2つをもち，半数体の花粉は1つのみをもつ。花粉が同じ花の柱頭に到達すると，柱頭はそれを"自己"と認識し，*SLF1*遺伝子を活性化させる。SLF1タンパク質は細胞死経路を活性化し，花粉管の伸長を速やかに停止させる(Sijacic et al. 2004；Wu et al. 2018)。(オンラインの「SCIENTISTS SPEAK 7.3：Marla Spivak talks about why bees are disappearing」参照)

発芽と花粉管の伸長　花粉と柱頭に和合性があった場合，花粉は吸水し，花粉管が発芽する。ほとんどの花粉壁は**発芽口**(aperture)と呼ばれる領域を1つはもっており，この部位から花粉管が発芽する。複数の発芽口をもつ花粉では，柱頭の表面との付着面に最も近い発芽口から発芽する。一部の花粉には発芽口がなく，また発芽口をもつ花粉においても花粉管の発芽には発芽口に依存しないものもある。例えばシロイヌナズナでの花粉管の発芽には，(1)花粉壁を覆い圧迫するペクチンに富む領域の膨潤，(2)柱頭との接触面での局所的な酸化による花粉壁の弱体化の過程，が含まれる(Edlund et al. 2016, 2017)。これにより，花粉がどの部位においても発芽口を形成することが可能になる。

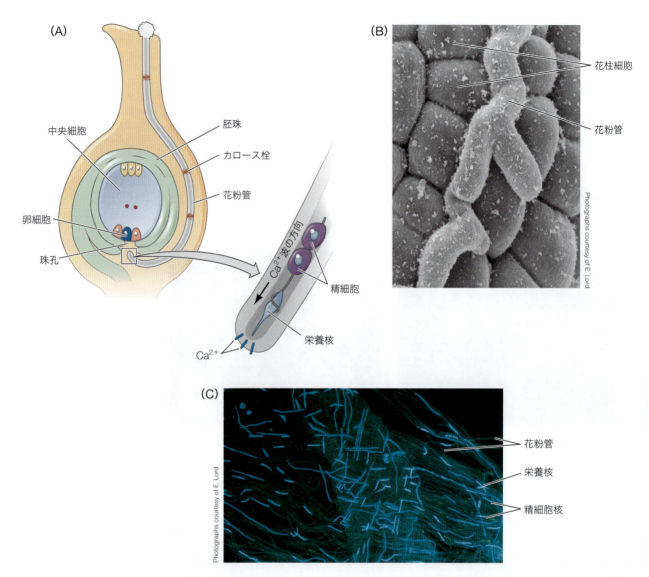

図7.32 花粉管の伸長。(A) 3度の体細胞分裂を経て，半数体の大胞子から7つの細胞と8つの半数体核からなる胚嚢が形成される。中央細胞内部の2つの極核は精細胞核と融合し，卵細胞・胚に栄養を供給する胚乳となる。卵細胞を含む残る6つの細胞はそれぞれ1つの半数体核をもつ。花粉が発芽したのち，花粉管は珠孔を目指し伸長する。花粉の3つの核は花粉管先端において互いに連携しており，カルシウムイオン(Ca^{2+})の波が花粉管伸長において重要な役割を果たしている。(B)胚珠へ向かい伸長中のシロイヌナズナの花粉管を示す走査型電子顕微鏡写真。(C)子房より単離された in vivo で伸長するユリの花粉管。緑色の毛が個々の花粉管であり，2つの精細胞核(明るい青色に染色)と，うっすらと青く染色された栄養核を含んでいる。非常に多数の花粉管が単一の卵細胞との受精を目指し，"競っている"。(AはV. E. Franklin-Tong. 2002. *Curr Opin Plant Biol* 5：14-18より)

　一度，花粉が発芽すると，花粉管は柱頭の細胞壁を酵素によって分解しながら(Knox and Heslop-Harrison 1970)，花柱の内部を胚珠の入り口である**珠孔**(micropyle)へと向かって伸長していく(**図7.32**)。栄養核と2つの精細胞は，カロース(複合糖質)繊維の束によって伸長する花粉管の先端に保持される。これは「植物細胞は移動しない」という法則の例外であり，精細胞は接着分子を利用して先端へと移動しているようである(Lord et al. 1996)。柱頭から胚珠まで，数センチメートルにもわたって移動するため，栄養核と精細胞は"雄性生殖ユニット"として共に花粉管の先端へと移動する(Sprunck et al. 2014)。

花粉管の誘引　花粉管の伸長は柱頭の中を掘り進み，花柱の迷路の中を進み，珠孔を通り，胚珠へと到達する長旅である(Zheng et al. 2018)。花粉管の伸長と2つの精細胞が雌ずい

を通りうまく伸長できるかは，花粉側のゲノムと雌ずい側の細胞のクロストークにかかっている。動物の精子の移動でみられるように，この相互作用には分泌性の分子，シグナル伝達経路，そしてカルシウムイオン（Ca^{2+}）が関与している（Palanivelu and Tsukamoto 2012；Dresselhaus and Franklin-Tong 2013；Li et al. 2018）。花粉管はその先端が時速約1センチメートルという驚くべき速度で伸長し，最終的に珠孔へと侵入する。

　花粉管誘引の最終過程において，**助細胞**（synergid）と呼ばれる胚嚢内部で卵細胞の脇に位置する2つの特殊な細胞が，花粉管を誘引する。Higashiyama（東山）らは2001年，レーザー光を用いて，培養したトレニア（*Trenia fournieri*）の胚嚢内の細胞を1つずつ破壊した。2つの助細胞の両方を破壊すると，花粉管は胚嚢へと誘引されなくなったが，片方の助細胞があれば花粉管の誘引には十分であった。花粉管誘引の最終過程において，助細胞は花粉管を誘引するポリペプチドを分泌しているようである（Okuda and Higashiyama 2010）。

さらなる発展

カルシウム波と"神経伝達物質"による花粉管の誘引　花粉管の伸長と誘引は，生命の普遍性に関していくつかの驚くべき洞察を提示した。カルシウムは長年の間，花粉管の伸長に必要不可欠な働きをしていると知られていた（Brewbaker and Kwack 1963）。花粉管はその先端部のみが伸長し，その部位で開いたカルシウムチャネルが集積し，カルシウムイオン（Ca^{2+}）濃度を上昇させる（Jaffe et al. 1975；Steinhorst and Kudla 2013）。ヒナゲシ（*Popaver rhoeas*）の花粉管伸長はゆっくりとしたCa^{2+}の波によって制御されており，このカルシウム波は動物の受精において述べたものと同じIP_3シグナル経路によって制御される（図7.18参照；Franklin-Tong et al. 1996）。このCa^{2+}の流入は花粉管の先端とその側面において生じており，花粉管が花柱と自家不和合であった場合にはCa^{2+}の流入に変化がみられる（Franklin-Tong et al. 2002）。

　より驚くべきこととして，動物の神経系における細胞間コミュニケーションに働く分子の働きと似た作用により，花粉菅は誘引されているようである。シロイヌナズナにおいては，2つの遺伝子（*POP2*と*POP3*）が花粉管を胚珠へと誘引する因子として同定されたが，この他に植物における明瞭な機能はこれらの遺伝子には知られていない（Wilhelmi and Preuss 1996, 1999）。これらの遺伝子は雌ずいにおいて機能しており，POP2はGABA（ガンマアミノ酪酸）の代謝に関与している。GABAは哺乳類脳における神経伝達物質であり，哺乳類の胚において神経前駆細胞の増殖と移動を制御している。POP2機能を喪失した変異体では，雌ずいの中のGABA濃度勾配に異常が生じ，花粉管は珠孔へと到達せず，不稔となる（Palanivelu et al. 2003）。花粉管伸長を導くカルシウムの振動は，D-セリンによって開くグルタミン酸様受容体によっても促進されるようである。D-セリンは哺乳類の脳発生過程において神経細胞の移動に重要な働きをもつ，GABAとは異なるもう1つの神経伝達物質である（Michard et al. 2011）。

重複受精と配偶子の活性化

　伸長する花粉管は珠孔を通り，胚嚢へと侵入し，助細胞の1つへと向かう。そこで，2つの精細胞が花粉管から放出され，重複受精が行われる。1つの精細胞は卵細胞と受精し，胚へと発生する接合子を生じる。もう一方の精細胞は二倍体の中央細胞と融合し，**胚乳**（endosperm）を形成する。この2つ目の融合は，雌雄の配偶子が融合し胚を形成する接合

子を形成するのではなく，胚へと養分を供給する組織を形成するため，真の意味で"受精"とは言えない[9]。胚嚢内部の他の細胞は受精後に退縮し，胚珠を取り巻く細胞は硬い種皮（すなわちスイカの黒い種子であり，"種無し"スイカの白い柔らかな種子ではない）へと変化する。

配偶子融合　棘皮動物と哺乳動物のいずれにおいても決定的な配偶子融合因子はこれまでに同定されていないが，被子植物においては配偶子膜の融合因子"fusogen"が同定されている。HAP2タンパク質はもともと精細胞の内部に存在するが，2つの精細胞が卵へと接近すると卵細胞はEC1タンパク質を放出し，これが精細胞を分離し，HAP2タンパク質を精細胞膜へと移行させる（von Bessler et al. 2006；Sprunck et al. 2012；Mori et al. 2014）。受精する精細胞が卵細胞へと（精細胞のGEX2タンパク質と卵細胞側の未同定因子の結合を介して）付着すると，精細胞膜上のHAP2タンパク質は卵細胞の脂質二重膜の再編成を行い，2つの細胞の融合を可能にする（Fedry et al. 2017；Cyprys et al. 2019）。

多精防止と配偶子の活性化　ウニや哺乳動物と同様に，被子植物も受精と多精受精の防止を連携させている。一度，助細胞が花粉管を珠孔へ誘引すると，片側の助細胞は花粉管と接触し，一連のイベントにより助細胞と花粉管細胞はともに死に至る（Denninger et al. 2014）。まず，助細胞が退縮する。これにより，花粉管誘引物質の産生が停止し，2つ以上の花粉管が珠孔へと侵入すること〔"多花粉管（polytubey）"と呼ばれる〕を抑制する。続いて，花粉管の破裂が生じ，2つの精細胞を放出する（Dresselhaus and Marton 2009；Higashiyama and Takeuchi 2015；Maruyama et al. 2015）。受精の後，多精受精を抑制する2番目の仕組みが作動する。すなわち，受精卵は特定のプロテアーゼを分泌し，既存の誘引タンパク質を分解する（Yu et al. 2021）。

　動物と同様に，被子植物の受精には配偶子間相互の活性化が関与している。精細胞が放出されると，卵細胞はCa^{2+}の流入を引き起こす。その後，卵細胞から放出される化学物質により，精細胞は卵との融合が可能になるようである。ある総説（Dresselhaus et al. 2016）では，「これらの所見が示すのは，まずは精細胞の放出の最中あるいは直後に卵細胞が活性化され，続いて精細胞が活性化されることで，融合を速やかに行うことを可能にしている」と結論づけられている。1つの精細胞が卵細胞と受精し，もう一方の精細胞が中央細胞と融合するその化学的な過程の大部分は不明なままであるものの，植物界において保存された配偶子融合にかかわるタンパク質が存在することは，興味深い解明の糸口を与えているのかもしれない（Mori et al. 2015；Clark 2018）。

■　おわりに　■

　受精とはひとつの動作や事象ではなく，接触，配偶子の融合，核の融合，そして発生開始刺激を含む，注意深く編成され，調整された一連の過程である。受精は，死に隣り合った2つの細胞が合体し，さまざまな細胞種や器官をもつに至る新たな生命をつくり出す過程である。受精は細胞間の相互作用の第一番目の例であり，そこでは未成熟な細胞が出合い，お互いに活性化しあい，そしてお互いに成熟する。そのような相互作用は動物および植物の発生の特徴であり，発生過程を記載し続けていく我々はそれらをもっと目にすることになるだろう。

9　Friedman（1998）は，重複受精を行う裸子植物において，胚乳は栄養の供給源として"犠牲となる"2番目の接合子から進化した可能性があると述べている（Southworth 1996；Dresselhaus et al. 2016参照）。驚くべきことに，卵の極体が栄養供給細胞へと分化する昆虫が存在している（Schmerler and Wessel 2011）。

研究の次のステップ

　受精は答えるべき重要な質問でいっぱいの分野である。そのうちのいくつかは，配偶子を"受精できるようにする"ような生理的な変化にかかわる。哺乳類においては，この機構はちょうど明らかになり始めたところである。これらには，精巣上体，子宮，そして卵管によってつくられるタンパク質やmRNAが入っている小さな細胞外の小胞であるエキソソームがかかわる可能性がある。これらの小胞は精子細胞膜と融合すると考えられており，精子に新たな性質を与えるのかもしれない(Martin DeLeon 2016；da Silveira et al. 2018；Sharma et al. 2018)。精子が精巣上体で獲得するいくらかのマイクロRNAと他の小分子RNAは，正常な胚発生や子宮への着床にとって必要かもしれない(Conine et al. 2018, 2020)。他のエキソソームのRNAとタンパク質は，脳の発達を引き起こす可能性がある(Chan et al. 2020；Wang 2021)。このことは，体細胞——精巣上体の細胞——が精子に，正常発生と形質形成のための重要な分子を提供できることを意味する。

章冒頭の写真を振り返る

　Oscar Hertwig（1877）は，ウニの受精を研究していたときに，彼が言うところの「卵の中の太陽」を見つけて喜んだ。これは受精が成功しつつあるという証拠になった。この輝いてみえた放射模様は，精子中心体によってつくり出された微小管の配列であることが判明した。微小管が中心体から伸びて雌性前核に触れると，その後に精子と卵の前核はこの微小管の軌道の上をお互いに近づいていく。この顕微鏡写真では，DNAが青く，微小管は緑で，そして雌性前核は精子由来の前核よりもずいぶん大きい。

From journal cover associated with J. Holy and G. Schatten. 1991. Dev Biol 147：343-353

7　受精：新たなる命の始まり

1. 受精は2つの活動から構成される。すなわち，性（両親に由来する遺伝子の合体）と生殖（新たな生命の創造）である。
2. 受精の事象には通常，精子と卵の接着と認識，卵内への精子の進入の制御，2つの配偶子の遺伝物質の融合，発生開始のための卵代謝の活性化，が含まれる。
3. 動物において精子の頭部は，半数体の核と先体からつくられている。先体はゴルジ体由来であり，卵を包む細胞外被を消化するために必要とされる酵素を含んでいる。精子の中片部は，ミトコンドリアと，鞭毛の微小管をつくり出す中心小体を含む。鞭毛運動のエネルギーは，ミトコンドリアのATPと鞭毛のダイニンATPアーゼに由来する。
4. 雌の配偶子は，卵（ウニのように減数分裂が終わっていて，半数体核をもつ），または卵母細胞（哺乳類のように，より前段階の発生段階にある）である。卵（または卵母細胞）は，リボソームと栄養になるタンパク質を多量の細胞質に蓄えている。形態形成因子として用いられるいくつかのmRNAやタンパク質も，卵に蓄えられている。多くの卵は，特殊な環境で生き残るために必要な保護物質ももっている。
5. 卵細胞膜を包んでいるのは，しばしば精子の認識に用いられる細胞外被である。ほとんどの動物において，この細胞外層は卵黄膜である。哺乳類においては，これは厚めの透明帯である。表層顆粒は卵細胞膜の下に位置する。
6. 卵も精子も，それぞれ一方が"能動的"あるいは"受動的"なパートナーというわけではない。精子は卵丘-卵母細胞複合体によって活性化され，卵は精子によって活性化される。両方の活性化には，カルシウムイオン（Ca^{2+}）と膜融合が関与する。
7. 多くの植物と動物の卵，もしくはそれらの周りに存在する細胞は，精子を誘引および活性化する拡散性の分子を分泌する。これらは種特異的な化学走性を引き起こす分子であり，ウニでみられるように，精子に正しく同種の卵への方向性を与える。

PART II 配偶子形成と受精

8. 先体反応では，卵の防御的な被覆を溶解し，精子の卵細胞膜への到達および融合を可能にする，プロテアーゼが放出される。ウニにおいて，精子のこの反応は卵ゼリーに含まれる化合物によって開始される。G-アクチンが重合して，先体突起を伸長させる。先体突起に付着しているバインディンは，ウニ卵表面のタンパク質複合体によって認識される。

9. 卵は表層のアクチンを再構成して，精子と会合するための受精丘をつくり出す。精子と卵の融合には，おそらく精子と卵の細胞膜を混じり合わせる疎水基をもったタンパク質分子が介在している。

10. 多精は，2つもしくはそれ以上の精子が卵に受精したときに起こる。異なった数と種類の染色体をもつ割球が生じるため，通常これは致死である。

11. 多くの種には2つの多精拒否がある。早い多精拒否は速やかかつ一過的であり，卵細胞の膜電位の上昇を引き起こす。これにより精子は卵と融合できなくなる。遅い多精拒否または表層顆粒反応は，物理的かつ永続的なものであり，Ca^{2+}を介して起こる。精子進入点からのCa^{2+}波は，表層顆粒の卵細胞膜との融合を引き起こす。ウニにおいて，これらの顆粒から放出された内容物は卵黄膜の上昇と硬化を引き起こし，受精膜へと変化させる。

12. 精子と卵の融合は，卵細胞周期の再開と引き続く体細胞分裂，そしてDNAとタンパク質の合成の再開を引き起こす。

13. 調べられたすべての種において，卵のアルカリ化によるサポートも受けて，遊離Ca^{2+}は，卵の代謝，タンパク質合成，そしてDNA合成を活性化し，多精を拒否する。イノシトール三リン酸(IP_3)が，小胞体に蓄えられたCa^{2+}の放出に関与する。

14. IP_3は，ホスホリパーゼによってリン脂質からつくられる。種が違えばホスホリパーゼの活性化機構も異なったものが用いられているようである。

15. 雄性および雌性前核は，互いの方向に移動して合体し，接合体の二倍体核が形成される。

16. 哺乳類の受精は，雌の体内の生殖管内で起こる。雌の生殖管の細胞と組織は，雌雄の両配偶子の輸送と成熟を能動的に制御する。

17. 腟から卵に向かう精子の移動は，子宮の筋肉の活動や，卵管峡部における精子の接着，そして卵母細胞やそれを包んでいる卵丘細胞からの方向性を与える手がかりによって制御されている。

18. 哺乳類の精子は，卵と受精する前に，雌の生殖管において受精能を獲得しなければならない。受精能を獲得した哺乳類の精子は，卵丘を通過して，透明帯に結合する。

19. 透明帯タンパク質ZP2は，透明帯に精子が結合するために重要である。

20. 哺乳類においては，多精拒否には表層顆粒の内容物による透明帯タンパク質の修飾が関与する。このことによって，精子は透明帯に結合できなくなる。

21. 哺乳類の受精における細胞内遊離Ca^{2+}濃度の上昇は，サイクリンの分解とMAPキナーゼの非活性化を引き起こし，第二減数分裂中期を完了させ，半数体の雌性前核を形成させる。

22. 哺乳類において，DNA複製は前核が互いに近づくときに起こる。前核の核膜は，前核が互いに近づくにつれて崩壊し，それらの染色体は共通の中期赤道面に集まる。

23. 被子植物においては，3つの細胞をもつ花粉が雌側の柱頭に付着する。花粉は発芽し，2つの精細胞と，核をもつ長い花粉管細胞を形成する。2つの精細胞は花粉管の先端の核を追うように先端へ移動し，花粉管と助細胞に由来する誘引物質との相互作用により，花粉管が珠孔を通り胚珠へと到達する。

24. 花粉管が胚珠へと進入すると，花粉管から精細胞が放出される。片方の精細胞は半数体の卵細胞と融合し，二倍体の受精卵を，もう一方の精細胞は二倍体の中央細胞と融合し，胚へと栄養を供給する胚乳を形成する。このことを重複受精と呼ぶ。

25. 動物のように，被子植物の受精も多精の抑制と胚発生を開始するための卵細胞の活性化の過程を含んでいる。

● オンラインのコンテンツは **https://www.medsi.co.jp** よりアクセスしてください。

Part III 初期発生：卵割，原腸形成，体軸の特定化

8 初期発生の概念
発生の必須過程の概観

本章で伝えたいこと

- 初期発生の過程（卵割，原腸形成，体軸形成）により，個体の前後・背腹の軸および分化する胚葉（内胚葉，外胚葉，中胚葉）が確立する。
- 胚発生の様式は，動物群を分類するうえで大きな役割を果たす。動物を前口動物（「口が先」）と後口動物（「口が後」）に分けることは，現代の系統学でも十分に支持されている（8.1節）。
- 受精が起こると，卵割（多量の細胞分裂）により，急速に大量の細胞がつくられる。異なる動物群には特徴的な卵割パターンがあり，それは卵黄の量と分布，および受精時に活性化された母性のタンパク質とRNAによって決定される（8.2節）。
- 原腸形成の間，卵割によって生じた細胞は6種類の細胞運動に基づいたパターンで移動する。進化的には，移入と陥入が最初の原腸形成運動であり，中胚葉と内胚葉の内部化に拍車をかけた（8.3節）。
- 原腸形成が進むにつれて，細胞の放射状および中心−側方方向の相互挿入がエピボリー（覆いかぶせ運動）を促進する。前後体軸は収斂伸長によって伸びる。最終的に，3つの胚葉と体軸が確立された原腸期胚となる（8.4節）。
- 体軸の決定により，前後，背腹，左右の体軸に沿った細胞タイプが特定される。Hoxファミリーの遺伝子は一次軸（前後軸）を決定するのに重要であり，研究されたすべての動物群でほぼ保存されている（8.5節）。

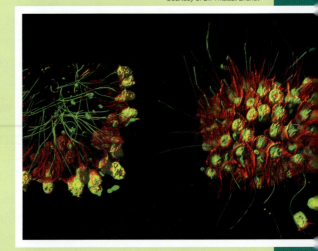
Courtesy of Dr. Thibaut Brunet

原腸形成の動きはいかにして可能になるのか？

　受精によって胚にゲノムが与えられ，細胞質が再構成されると，接合子は多細胞生物体をつくり始める。発生の初期段階でみられる急速で指数関数的な細胞分裂は**卵割**（cleavage）と呼ばれる。動物の場合，これらの細胞はその後，**原腸形成**（gastrulation）の間に劇的な移動を行う。この過程では，卵割によって生じた細胞が胚の異なる部分に移動し，新しい隣人を獲得する。植物細胞は細胞壁が硬いため移動することができず，原腸形成も行わない。植物のからだの構成は，ほとんど初期の細胞分裂と成長のパターンに基づいている。

発生初期に，ほとんどの動物や植物の主要な体軸が確立される〔この発生過程は**体軸特定化**(axis specification)と呼ばれる〕。植物では，主な体軸は頂端-基部軸である(図4.31参照)。しかし，茎を包む葉や，花の中心から放射状に広がる花の部分など，植物の構造には放射状またはらせん状のパターンもある。この章では，三葉性動物の初期発生，すなわち初期胚で3つの主要な体軸——前後軸(頭-尾)，背腹軸(背-腹)，左右軸——が特定化される過程に焦点を当てる(図1.6参照)。種によって，これらの軸は異なる時期に異なるメカニズムで特定化される。ある種では，軸の決定は卵母細胞形成と同時に始まる(ショウジョウバエのように；第10章参照)。他の種では卵割期に軸決定が行われ(ホヤ類のように；第11章参照)，さらに他の種ではこのプロセスは原腸形成期まで続く(ツメガエルのように；第12章参照)。

このような種による違いはあるものの，すべての初期発生メカニズムが達成しようとする共通の目的はあるのだろうか？　この問いを考えながら読み進めてほしい。本章では，進化的・比較的な観点から，初期発生事象によって機能的に達成されることを概観する。このPARTの残りの章では，巻貝，線虫，ショウジョウバエ，ウニ，ホヤ，カエル，ゼブラフィッシュ，ニワトリ，マウス，ヒトなど，重要なモデル生物として登場した種を中心に，いくつかの動物群における初期発生と軸の決定について考察する(1.1節参照)。

8.1　初期発生が系統樹を形づくる

多細胞真核生物であるということは，体細胞分裂によって生成され機能的な全体として統合される，種類も機能も異なる無数の細胞から構成されるということである。すべての多細胞生物(植物，菌類，動物)は，1.6節で述べたように，最後の真核生物共通祖先(last eukaryotic common ancestor：LECA)から進化した。共通祖先の存在は，これらの生物の間に分子的，細胞的な相同性が存在することを示唆している。さらに，植物と動物の間に類似した過程や収斂進化メカニズムがあれば，それは真に基礎的な発生の原理を示唆しているであろう。

後生動物(metazoan)であるということは動物であるということであり，動物であるということは発生の過程で原腸形成を経るということである。すべての動物は原腸形成をするが，それ以外の生物は原腸形成をしない。異なる後生動物グループは異なる発生様式を取る。つまり，35の後生動物門が存在するということは，動物の発生には35の動物の発生様式が生き残ったということである(Davidson and Erwin 2009；Levin et al. 2016)。初期胚の発生様式は，様式を分岐させることで進化してきた(図1.23参照)。これらの様式の類似点と相違点は，科学者が動物を各門に分類する際に利用される。4つの胚発生の特徴が特に重要である：

1. 二胚葉なのか，三胚葉なのか
2. 胚の口と肛門がいつ，どこにつくられるのか
3. 初期卵割のパターン
4. 脊索と呼ばれる胚構造をもつのか

初期胚発生を支配するメカニズムを探るにあたり，次の4つの後生動物の主要な分岐を念頭に置いてほしい。すなわち，二胚葉の**基部系統**(二胚葉動物)，前口動物の冠輪動物，前口動物の脱皮動物，そして後口動物である(**図8.1**)。

二胚葉動物：刺胞動物と有櫛動物

二胚葉動物(diploblast)は従来，2つの胚葉(外胚葉と内胚葉)をもち，中胚葉はほとんどあるいはまったくもたず，放射対称性をもつと定義されてきた。主要な二胚葉性の動物

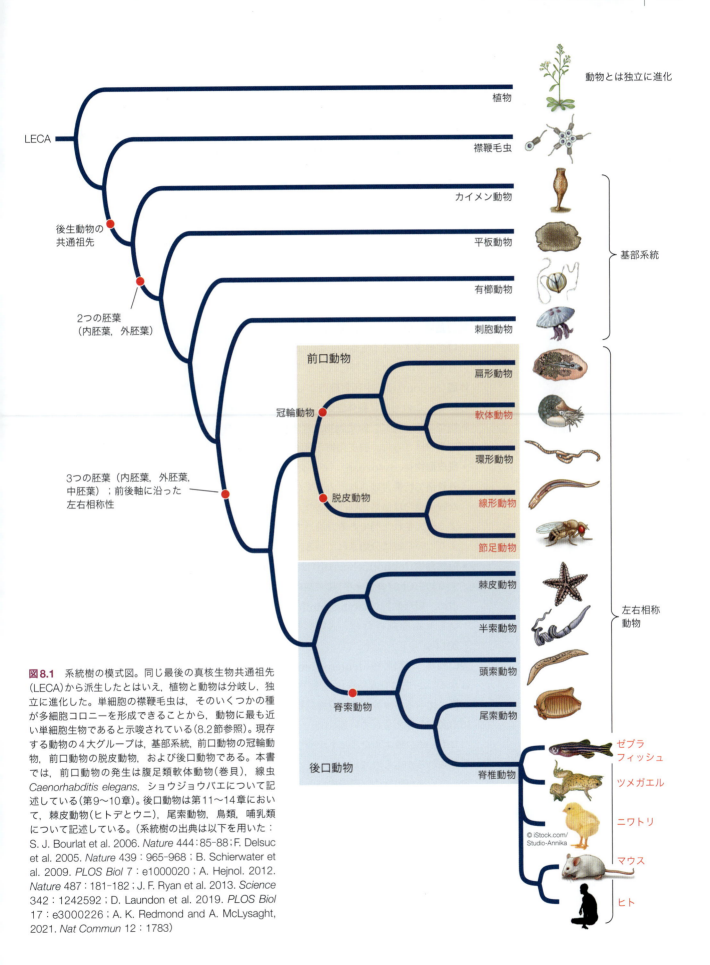

図8.1 系統樹の模式図。同じ最後の真核生物共通祖先（LECA）から派生したとはいえ，植物と動物は分岐し，独立に進化した。単細胞の襟鞭毛虫は，そのいくつかの種が多細胞コロニーを形成できることから，動物に最も近い単細胞生物であると示唆されている（8.2節参照）。現存する動物の4大グループは，基部系統，前口動物の冠輪動物，前口動物の脱皮動物，および後口動物である。本書では，前口動物の発生は腹足類軟体動物（巻貝），線虫 *Caenorhabditis elegans*，ショウジョウバエについて記述している（第9～10章）。後口動物は第11～14章において，棘皮動物（ヒトデとウニ），尾索動物，鳥類，哺乳類について記述している。（系統樹の出典は以下を用いた：S. J. Bourlat et al. 2006. *Nature* 444：85-88；F. Delsuc et al. 2005. *Nature* 439：965-968；B. Schierwater et al. 2009. *PLOS Biol* 7：e1000020；A. Hejnol. 2012. *Nature* 487：181-182；J. F. Ryan et al. 2013. *Science* 342：1242592；D. Laundon et al. 2019. *PLOS Biol* 17：e3000226；A. K. Redmond and A. McLysaght, 2021. *Nat Commun* 12：1783）

門は，刺胞動物門（クラゲとヒドラ）と有櫛動物門（クシクラゲ）である。しかし，少なくとも刺胞動物に関しては，こうした明確な区別は疑問視されている。ヒドラのような刺胞動物には真の中胚葉がないが，他の刺胞動物には中胚葉があるようで，生活環のある段階で左右相称性（三胚葉動物に共通）を示すものもある（Martindale et al. 2004；Martindale 2005；Matus et al. 2006；Steinmetz et al. 2017）。しかしながら，刺胞動物のもつ中胚葉は，三胚葉動物のそれとは独立に進化した可能性がある。

三胚葉動物：前口動物と後口動物

大多数の後生動物は3つの胚葉——外胚葉，内胚葉，中胚葉——をもつため，**三胚葉動物**（triploblast）である。動物の筋肉組織と循環系を形成する中胚葉が進化したことで，より大きな運動性と大きなからだが可能になった。三胚葉動物は，そのほとんどが左右対称，すなわち右側と左側をもつことから，**左右相称動物**（bilaterian）とも呼ばれる。左右相称動物はさらに，**前口動物**（protostome）と**後口動物**（deuterostome）に分類される（図8.1参照）。

前口動物　前口動物は，原腸形成によって形成される腸の開口部もしくはその近傍に最初に口が形成されることから，このように呼ばれる（protostomeはギリシャ語で"口が初め"の意味。旧口動物とも呼ばれる）。肛門は後になって異なる場所につくられる。前口動物の**体腔**（coelom）は，中胚葉細胞から成る硬いひも状の構造（solid cord）が空洞化してつくられる。この過程は**裂体腔型**（schizocoely）と呼ばれる。大半の後生生物グループは前口動物である。特に，節足動物，軟体動物，およびいくつかの蠕虫状動物群がそうである。前口動物はさらに，脱皮動物と冠輪動物に分類される（図8.1参照）。

- **脱皮動物**（ecdysozoan）（ギリシャ語でecdysisは"外に逃げる"や"脱皮"を意味する）は**外骨格**で特徴付けられ，大きくなるためにときおり脱皮しなければならない。最も顕著な脱皮動物は節足動物門であり，節足動物は昆虫，クモ，ダニ，甲殻類，ヤスデを含むよく研究された門である。最近では，別の脱皮する動物である線形動物も，分子解析によりこの系統に分類されている。

- **冠輪動物**（lophotrochozoan）は**らせん卵割**様式および，可動繊毛を使って遊泳や摂食する幼生（**トロコフォア**）に共通の特徴をもつ。冠輪動物は35の後生動物門のうち14を占め，扁形動物（platyhelminth），環形動物（annelid），軟体動物が含まれる。特徴的ならせん卵割のため，冠輪動物はらせん卵割動物（Spiralia）とも呼ばれる（Henry 2014）。

後口動物　後口動物（deuterostome；ギリシャ語で"口が二番目"の意味。新口動物とも呼ばれる）は，主に脊索動物（脊椎動物を含む）と棘皮動物である。後口動物のグループは前口動物に比べると少数だが，脊椎動物（つまり我々）を含むため，グループ数とは不釣り合いに重要だと考えられている。

ヒト，魚，カエルを，ヒトデやウニなどと同じ大きなグループに分類することは奇妙に感じられるかもしれないが，いくつかの胚発生様式がこの近縁関係の根拠となっている。第一に，後口動物の原腸形成では，肛門より後に口が外界に開く。また，ほとんどの前口動物は中胚葉の固い組織を空洞化させて体腔をつくる（前述の裂体腔型）のが一般的だが，ほとんどの後口動物では，腸から伸びる中胚葉性の嚢（pouch）から体腔が形成される〔**腸体腔型**（enterocoely）の体腔形成〕。しかし，このような一般化された規則の例外も多くある（Martín-Durán et al. 2012参照）。

第1章で触れたように，ナメクジウオ（頭索動物亜門）やホヤ（尾索動物）は無脊椎動物であり，背骨をもたない。しかしこれらの生物の幼生は，脊索や咽頭弓（頭の構造）をもっており，ゆえに脊索動物である（図1.19参照）。**脊索動物**（chordate）のchordは，脊椎動物

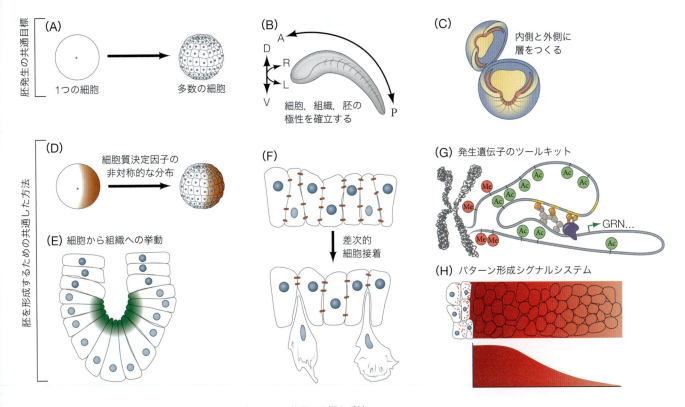

図8.2 後生動物のボディプランを構築するために使用される共通の目標と手法。

の脊髄の形成を誘導する脊索を意味する。

初期発生の共通のテーマ

　後生動物をざっと概観しただけでも，実に多様な形態があることがわかるが，これらの形態は通常，初期胚発生の共通プログラムによって達成される。多くの場合，共通した発生的マイルストーン・目標は，類似した分子的・細胞的手法を用いることで達成される（図8.2）。**初期胚構築における重要な共通目標としては，以下のようなものがある:**

- より多くの細胞をつくる。
- 生物体全体にわたって極性を確立する（例：細胞や組織の頂端-基底軸，すべての体軸）。
- からだの内側と外側に正しい組織タイプをもつ，多層構造のボディプランを作成する（例：内胚葉と中胚葉を内側に，外胚葉を外側に）。

これらの目標を達成するために用いられる共通の手法には以下が含まれる:

- 細胞質に存在する母性運命決定因子が非対称に配置されることで，極性や特定化が制御される（第7章参照）。
- 発生制御遺伝子の"ツールキット"，すなわちパイオニア転写因子やその発現を制御するトポロジカルドメインを含む転写制御ネットワーク（第3章参照）。
- 細胞と組織の分離にかかわる差次的細胞接着および，上皮と間充織の間での状態遷移（第4章参照）。
- 分泌性モルフォゲンや細胞表面受容体を含むパターン形成シグナルシステム（第4章参照）。
- 組織の動きを駆動する細胞のふるまい（例：頂端収縮による組織の折りたたみや陥入；細胞の集団移動時の双極細胞突起；8.3節参照）。

8.2　1細胞から多細胞へ：卵割

　細胞生物学を胚発生学に適用した先駆者の一人E. B. Wilson（E・B・ウィルソン）は，1923年に以下のように述べている：「我々の限られた知性で考えれば，核を同じように等分するのが単純なように思える。しかし，細胞はまったく異なるやり方を存分に楽しんでいる」。実際，異なる生物はまったく異なるやり方で卵割を行う。この違いを生み出すメカニズムはいまだ細胞生物学，発生生物学の未開拓領域である。

　卵割によりつくられる細胞の球体は**胞胚**(blastula)と呼ばれ，卵割期の細胞は**割球**(blastomere)と呼ばれる。ほとんどの動物種では（哺乳類は主要な例外である），初期の細胞分裂速度および割球同士の配置は卵母細胞に貯蔵されたタンパク質やmRNAによって制御されている。より後期になってから，個体自身がもつ新たに形成されたゲノム〔**接合子ゲノム**(zygotic genome)〕によって細胞分裂速度および配置が制御されるようになる。この発生の初期段階では，卵割のリズムは母性因子によって制御され，細胞質の容積は増加しない。むしろ，配偶子の細胞質は小さく分割されていく——初めは半分に，次に1/4に，1/8に，という具合に。

　ほとんどの無脊椎動物そして多くの脊椎動物では，卵割は非常に急速である。これはおそらく，早く数多くの細胞をつくり出すため，そして核容積と細胞質容積の比を体細胞の状態に回復させるためであろう。これは細胞周期のギャップ期（すなわち細胞の成長が起こるG1およびG2期）を排除することでしばしば達成される。例えば，カエルの卵はわずか43時間で37,000細胞に分裂する。分裂期のショウジョウバエ胚では，体細胞分裂は2時間以上にわたって10分ごとに起こり，わずか12時間で50,000細胞を生み出す。

卵割の様式

　それぞれの種に特異的な卵割様式は，以下の2つのパラメータで決定される。

1. 卵割が起こる場所と割球の相対的な大きさを決定する，細胞質に含まれる卵黄タンパク質の量と分布。これらの要素は卵割の対称性と様式に影響を与える。
2. 紡錘体の角度とその形成時期に影響を与える卵細胞質内の因子。

　図8.3に，卵割様式の分類と，卵割の対称性と様式に対する卵黄の効果を示す。

卵黄の分布　多くの場合，卵黄は卵割を阻害する。極端な卵をもつ生物の一例は，ウニ，巻貝，哺乳類である。これらの卵は薄い均一な卵黄をもっており，ゆえに**等黄**(isolecithal；ギリシャ語で"均等な卵黄"の意味)と呼ばれる。これらの種では卵割は全割(holoblastic；ギリシャ語でholosは"完全"を意味する)と呼ばれ，**分裂溝**(cleavage furrow；広がって最終的に細胞を分割する切り込み)は卵の端から端まで行きわたる。卵黄が少ないため，これらの胚はそれ以外の方法で栄養を獲得しなければならない。これに該当する多くの無脊椎動物は食欲旺盛な幼生をつくり，有胎盤哺乳類は母体の胎盤より栄養を得る。

　卵の1つの極に卵黄が少なければ，そこでは反対の極より卵割が早く進行する。卵黄が多い極は**植物極**(vegetal pole)と呼ばれ，**動物極**(animal pole)の卵黄量は比較的少ない。受精卵の核は多くの場合，動物極側に偏って位置している。

　反対の意味で極端な卵は，昆虫，魚類，爬虫類，鳥類，卵生の哺乳類（単孔目）のものである。これらの生物では，卵の容積のほとんどが卵黄で満たされており，胚発生を通じて十分な栄養を供給できるはずである。多量の卵黄を蓄積している受精卵は，部分割(meroblastic cleavage：ギリシャ語でmerosは"部分"を意味する)を行う。つまり，細胞質の一部が卵割する（図8.3参照）。卵黄小板が膜形成を阻害するため，分裂溝は細胞質の卵黄を多く含んだ部分を貫通しない。昆虫の卵は卵黄を中央にもち〔すなわち**心黄卵**(centrolec-

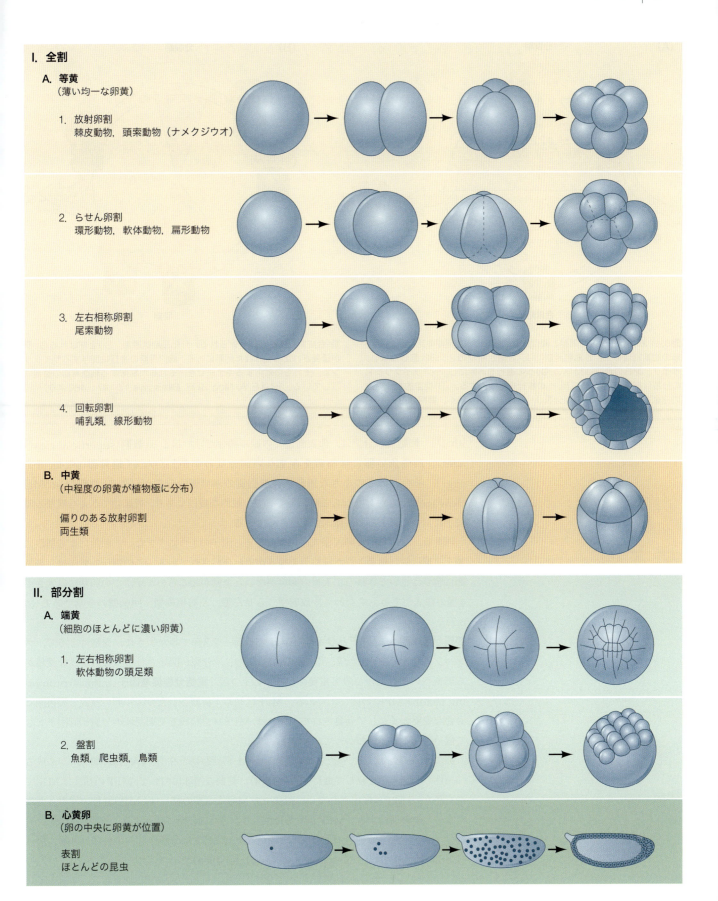

図8.3 主な卵割パターンのまとめ。

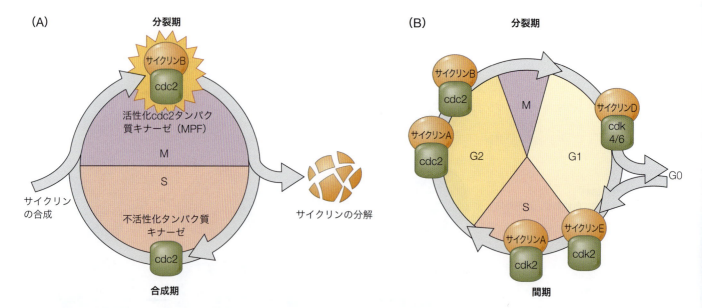

図8.4 初期卵割の細胞周期と典型的な体細胞の細胞周期の比較。(A)両生類の初期割球の二相性細胞周期には、S期とM期の2つの状態しかない。サイクリンBの合成はM期（分裂）への進行を可能にし、一方サイクリンBの分解は細胞のS期（合成期）への移行を可能にする。(B)典型的な体細胞の完全な細胞周期。体細胞分裂(M)の後に間期が続く。間期はG1期、S期（合成期）、G2期に分けられる。分化細胞は通常、G0と呼ばれるG1期が延長された修正された周期にある。細胞周期の進行に関与するサイクリンと、それらに対応するキナーゼを、それらが制御する細胞周期の位置に示している。(BはE. A. Nigg 1995. *BioEssays* 17：471-480 より)

ithal)〕、細胞質の分裂は、卵表面近くの縁の部分だけで起こる〔**表割**(superficial cleavage)〕。鳥や魚の卵には卵黄を含まない部分はわずかしかなく〔**端黄卵**(telolecithal egg)〕、そのためこの小さな円盤状の細胞質のみで細胞分裂が起こる〔**盤割**(discoidal cleavage)〕。しかしながらこれはあくまで一般的な規則であり、近縁種でさえも異なる環境下において異なる卵割様式を進化させている。

卵黄は、種特異的な卵割様式に影響を与える因子の1つにすぎない。卵黄による制限に加え、遺伝的に継承された細胞分裂様式が重ね合わされている。この遺伝的要因は、等黄卵に容易に見いだされる。大量の卵黄がないと全割が起こるのだが、この卵割には大きく4種の様式がある。すなわち、**放射型、らせん型、左右相称型、回転型**の全割である（図8.3）。

受精から卵割へ：MPFとサイクリンB 7.2節と7.3節でみたように、受精によって、タンパク質合成、DNA合成、細胞周期が活性化し、分裂が開始される。このような受精から卵割への移行過程で最も重要な出来事の1つは、**細胞分裂促進因子**(mitosis-promoting factor：MPF)の活性化である。MPFは初め、排卵されたカエル卵の減数分裂再開に必要な主要因子として発見された。今では、MPFは受精後も初期割球の分裂制御因子として働いていることがわかっている。

卵割は、一般的にはたった2つの段階——M（分裂）期とS（DNA合成）期——から成る二相性の細胞周期を介して進行する（図8.4）。初期の割球において、MPFの活性はM期で最も高く、S期では検出されない。割球でのM期とS期の移行は、MPF活性の獲得と喪失によってのみ進行する。MPFが割球に注入されると、M期に移行する。核膜が消失し、クロマチンが凝集して染色体になる。1時間後にはMPFは分解され、染色体はS期に戻る(Gerhart et al. 1984；Newport and Kirschner 1984)[1]。

---

[1] 体細胞分裂と細胞周期の機構についての復習が必要な場合は、オンラインの「FURTHER DEVELOPMENT 1.2：The Cell Biology of Mitosis and Embryonic Cleavage」を参照。

では，どのようにしてこの周期的な活性化は起こるのであろうか？　MPFは2つのサブユニットをもつ。大きいほうのサブユニットである**サイクリンB**（cyclin B）がS期に蓄積し，M期に活性化されたあとに分解されるという周期的な振る舞いが，分裂制御の鍵となる（Evans et al. 1983；Swenson et al. 1986）。多くの場合，サイクリンBは，卵母細胞の細胞質に貯えられたmRNAからつくられる。その翻訳が特異的に阻害されれば，細胞は分裂に移行しない（ゆえに卵割は回避される：Minshull et al. 1989）。サイクリンBは，MPFの小さいほうのサブユニットである**サイクリン依存性キナーゼ**（cyclin dependent kinase：CDK）を制御する。このキナーゼは，ヒストン，核膜を構成するラミンや，細胞質ミオシンの制御サブユニットなど，いくつかの標的タンパク質をリン酸化することで分裂を活性化する。この小さなキナーゼサブユニットの働きで，クロマチン凝集，核膜の脱重合，紡錘体の形成が起こる。しかしながら，サイクリンBサブユニットがないと，MPFのCDKサブユニットは機能しない。

中期胞胚遷移　サイクリンBの量は，その周期的な合成と分解を保証する，いくつかのタンパク質によって制御されている。ほとんどの種では，サイクリンB（すなわちMPF）の制御因子は卵の細胞質に貯えられている。したがって細胞周期は数多くの細胞分裂の間，核ゲノムに依存しない。このような初期の分裂は急速かつ同調的であることが多い。しかし，細胞質に貯えられていた因子が枯渇するとともに，核がそれらを合成し始める。このとき，いくつかの種の胚は，二相性の細胞周期にいくつかの新しい特性が加えられる**中期胞胚遷移**（mid-blastula transition：MBT）を起こす。

1. 第一に，ギャップ期（G1とG2）が細胞周期に加えられる（図8.4参照）。ツメガエルでは12回目の卵割のあと，G1とG2期が細胞周期に加えられる。ショウジョウバエでは，14回目の周期の間にG2期が，17回目の周期の間にG1期が加えられる（Newport and Kirschner 1982；Edgar et al. 1986）。

2. 第二に，細胞ごとに異なるMPF制御因子を合成するようになるため，細胞分裂の同調性が失われる。同期した多数の細胞分裂の後，それぞれの細胞は"自らの道を進み"始めるのである。

3. 第三に，接合子ゲノムから新しいmRNAが転写される。このように制御機構が母性効果から接合子ゲノムに変わるため，MBTは**母性-胚性転移**（maternal-to-zygotic transition：MZT）とも呼ばれる（図3.29参照）。

このような新たに接合子ゲノムから転写されたmRNAの多くが原腸形成に必要なタンパク質をコードしている。いくつかの種では，これらのmRNA転写が阻害されても，細胞分裂は正常な割合およびタイミングで進行するが，胚は原腸形成に入れなくなる。これらの新しい接合子mRNAの多くは，細胞運命の特定化にも使用される。

8.3　原腸形成の"ゴール"

カイメンからヒトまで，すべての動物は**原腸形成**（gastrulation）の過程を経て発生する。原腸形成の間に，胞胚の細胞は新しい位置に移動し，新しい隣人が与えられ，多層のボディプランが確立する。内胚葉と中胚葉を形成する細胞は胚の内側に引き込まれ，一方で表皮（皮膚の外側の層）や神経系を形成する細胞は胚の外表面に広がっていく。このようにして，三胚葉（外側の外胚葉，内側の内胚葉，その間の中胚葉）が原腸形成の間に形成され，新しい位置を獲得した組織間の相互作用の舞台が整う。

原腸形成時の細胞移動

原腸形成は，いくつかの細胞の動きの組み合わせによって進行する。それぞれの動きは

陥入

柔らかいゴムボールを指で押さえたときのくぼみのような、細胞シート（上皮）の湾曲（例：ウニの内胚葉）。

移入

個々の細胞が表面から胚の内側に移動する。個々の細胞は間充織細胞（つまり互いにばらばら）になり、独立に移動する（例：ウニの中胚葉）。

覆いかぶせ運動

上皮シート（通常は外胚葉）がユニットとして（個々の細胞でなく）広がり、胚のより深い層を覆い隠すような運動。細胞の分裂、細胞の形態変化、いくつかの層の細胞がより少ない層になるために相互挿入すること、によって起こる。多くの場合、この3つの機構がすべて使われる（例：ウニや尾索動物、両生類、ゼブラフィッシュの外胚葉形成）。

図8.5 原腸陥入時の細胞の動きのまとめ。

巻き込み

伸長している外側の上皮層が、残っている外側の細胞の内側表面に沿って広がるように内側に移動する（例：両生類の中胚葉）。

葉裂（剥離）

1層の細胞シートが、2つのほぼ平行なシートへ分離する。個々の細胞をみれば移入と似ているが、結果的に新しい（追加された）上皮シートが形成される（例：鳥類や哺乳類の胚盤葉下層形成）。

収斂伸長

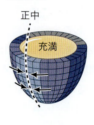

すべての胚葉において、より外側の細胞が正中線に向かって移動して相互挿入を起こし、収束する。これらの細胞がいっせいに収束すると、胚は前後軸に沿って伸びる（例：両生類、ゼブラフィッシュ、鳥類、哺乳類の外胚葉と中胚葉）。

胚全体に影響を及ぼし、原腸形成期のある部分での細胞移動は、それと同時に起こる他の動きと密接に協調しなければならない。原腸形成の様式は動物界を通してさまざまであるが、すべての様式は基本となる6種類の細胞移動、すなわち**陥入**（invagination）、**巻き込み**（involution）、**移入**（ingression）、**葉裂**（delamination）、**覆いかぶせ運動**（epiboly）、**収斂伸長**（convergent extension）の組み合わせである（図8.5）。

陥入は、上皮（細胞シート）の一部の多細胞が周りの細胞とのかたい接着を失うことなく、局所的に湾曲することで起こる（図8.5左上参照）。移入は、細胞の構造が（シート状の）上皮様から移動する間充織様の細胞特性に変化することによる、個々の細胞のふるまいである。この**上皮-間充織転換**（epithelial-mesenchymal transition：EMT；4.4節参照）によって、原腸形成においては細胞は上皮層から胚の内側へと移動していくことになる[2]（図8.5左中参照）。陥入と移入が原腸形成が起こるために最初に進化した細胞や組織のふるまいであることは広く受け入れられているが、原腸形成の（つまり後生動物の）起源について

---

[2] この後の章でみることになるが、上皮-間充織転換（EMT）は動物の発生全体を通じて重要なイベントである。加えて、EMT経路はがん細胞においても再登場し、時に二次的な腫瘍形成に必須となる。

は，いまだ議論と論争の対象である。

原腸形成の進化的起源

　原腸形成によって細胞が内部移行する過程の発見により，腸の起源が認識された。これは19世紀後期に Ernst Haeckel（エルンスト・ヘッケル）によっても認識された（Haeckel 1872, 1866, 1905；Reynolds 2019；Levit et al. 2021）。Charles Darwin（チャールズ・ダーウィン）の友人であり，Darwin の進化論および共通祖先理論の支持者でもあった Haeckel は，ラテン語の"胃"を意味する *gastricus* から，"gastrula（原腸胚）"と"gastrulation（原腸形成）"という用語をつくり出した。Haeckel はすべての後生動物がガストレア（Gastraea；"原始的な腸の動物"）から進化したという独自の考えを提唱した：

　　カイメン動物から脊椎動物まで，最も異なる動物門を代表するこれらの同一の原腸胚から，私は生物発生の法則［個体発生は系統発生を再現する］に従って，動物門は本質的に原腸胚(ガストレア)と同一である単一の未知の祖先に由来する共通系統に属すると結論づけた。

Ernst Haeckel, 1872, 1, p.467

(A) Haeckelの陥入　　(B) Metchnikoffの移入

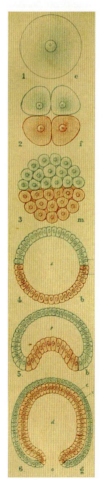
ナメクジウオ

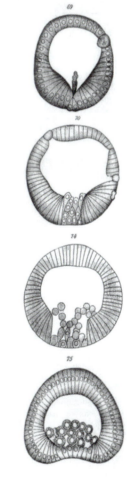
ウニ
(*Strongylocentrotus lividus*)

> **さらなる発展**
>
> **"古代の"論争：陥入対移入**　Haeckel はガストレア説において，すべての動物の祖先である絶滅した生物は，最初は現存種の胞胚のように球状の細胞塊に発生し，そして進化の過程で陥入という多細胞の動きによって将来の腸が細胞塊の内側に移動したと仮定した（図8.6A）。この仮説を支持するために Haeckel は，カイメン動物，線虫，ナメクジウオ，両生類，哺乳類など多くの動物門にわたって胚の解剖学的構造の比較観察を行った。
>
> 　Haeckel が提唱した祖先生物の陥入メカニズムに関する仮説は，特にロシアの発生学者 Élie Metchnikoff（イリヤ・メチニコフ）から大きな批判を受けた。刺胞動物（クラゲ）や棘皮動物（ヒトデやウニ）の生活環を多く研究した後，Metchnikoff は腸を形成する内胚葉は，その後に食物粒子を貪食する細胞の移入から徐々に進化したと説いた。彼はこれを貪食細胞説（Phagocytella theory）と呼んだ（図8.6B；Metchnikoff 1886）。（Haeckel と Metchnikoff によって創られた歴史的作品を堪能するため，オンラインの「FURTHER DEVELOPMENT 8.1：Haeckel's Invagination and Metchnikoff's Ingression」を見ることをお薦めする）
>
> 　Haeckel と Metchnikoff によって始められた，原腸形成の共通祖先的メカニズムが陥入か移入かという論争は現在も続いている。この不確実

図8.6　Ernst Haeckel（A）と Élie Metchnikoff（B）による，単一細胞から原腸形成までの胚発生の進行段階の断面図（上から下へ）。(A) Haeckel がナメクジウオのような生物の細胞行動を図示したのは，原腸形成が陥入によって進化したという彼の説を支持するためである。(B) Metchnikoff は，それと競合する，原腸形成は移入によって進化したという説を支持するために発生中のウニの絵を提示した。(A は E. Haeckel, 1877. *Anthropogenie oder Entwickelungsgeschichte des Menschen. Dritte umgearbeitete auflage*. Wilhelm Engelmann, Leipzig より；B は Metchnikoff. 1886. *Embryologische Studien an Medusen. Ein Beitrag zur Genealogie der Primitiv-Organe*, Wien, IV より)

図8.7 過去および現在でも議論のある原腸形成の起源に関するモデル。(A) Haeckelが提唱した，陥入による原腸胚の進化。(B) Metchnikoffによって提唱された，原腸胚進化の別の――細胞移入による――過程。(G. S. Levit et al. 2022. *J Exp Zool B Mol Dev Evol* 338 : 13-27 より)

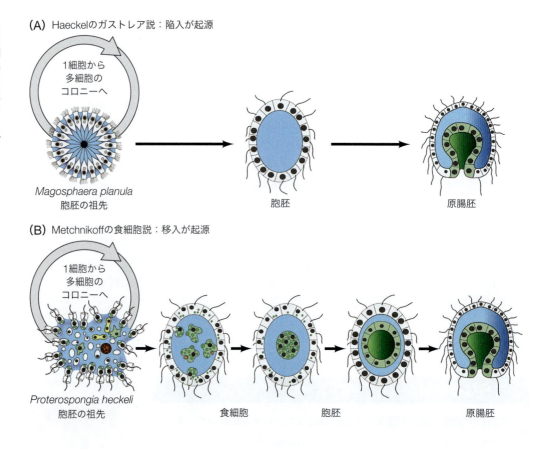

性は，カイメン動物，有櫛動物，刺胞動物を候補とする，後生動物の最も基部に位置する"住人"の正しさをめぐる混乱にも一部起因している。現在では，カイメン動物にこのポジションを認める強力な証拠があり，カイメン動物の種によって陥入と移入の両方がみられる――これらの機構が同じ動物門でモザイク的に使用されていることは，動物界全体でみられる (Hyman 1940；Nielsen 2008, 2019；Nakanishi et al. 2014；Arendt et al. 2015；Simion et al. 2017；Redmond and McLysaght 2021)。このことは，陥入と移入に関連する細胞行動が，後生動物が出現する以前に，ある単細胞の原生動物(真核生物)のなかで進化した可能性があることを意味する(図8.7)。しかし，単一細胞が多細胞組織の複雑な行動をどのようにして達成できるのだろうか？

単一の祖先細胞：陥入，移入，頂端収縮 原腸形成の真の起源を見つけることは，**この複雑な組織の動きを説明する可能性のある単一の祖先細胞を発見する**ことを意味する。そのために，我々はこのような動きを駆動する分子機構の存在を探してきた。陥入時の細胞挙動を生み出す変化と，移入に必要な上皮-間充織転換に至る変化の双方の根底にある分子力がよく保存されていることが知られている (Martin and Goldstein 2014；Amack 2021)。

上皮が局所的なくぼみを形成して**陥入**現象を起こすためには，あたかも巾着袋のように，細胞群が非対称的に形状を変化させ，各細胞の頂端面(上皮/胚の外側)が収縮し，基底面に対して狭くなる必要がある(**図8.8A**)。この過程は**頂端収縮** (apical constriction) と呼ばれ，頂端側に局在したアクチン-ミオシン集合体の収縮が必要である (Martin and Goldstein 2014)。重要なことは，細胞集団の頂端収縮がその力を上皮の陥入へと伝えるためには，各細胞は隣接細胞との**緊密な結合**を維持する必要もあるということである。

対照的に，移入細胞の挙動には，上皮細胞形態から間充織細胞形態への変化が先行して

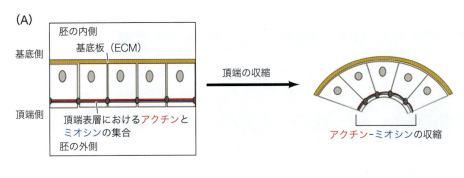
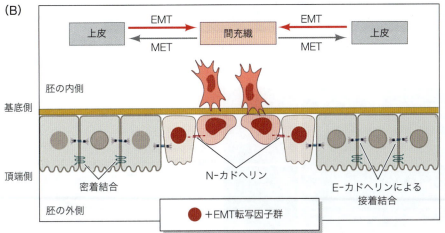

図 8.8 頂端収縮と上皮-間充織転換（EMT）。(A)頂端面での局所的なアクチンとミオシンの収縮によって，基底方向に陥入する。(B)細胞間接着の消失または変化によって，上皮としての性質が失われる。次に，細胞はお互いに，そして基底板から離れて移動する。ECM：細胞外基質，MET：間充織-上皮転換。(AはJ. A. Davies. 2013. Invagination and evagination: The making and shaping of folds and tubes. In *Mechanisms of Morphogenesis*, 2nd ed, J. A. Davies [Ed.]. Academic Press; and J. D. Amack, 2021. *Cell Commun Signal* 19：79より；BはJ. D. Amack, 2021. *Cell Commun Signal* 19：79より)

おり，これには密着結合（タイトジャンクション）と接着結合（アドヘレンスジャンクション）の消失によって細胞間接着の性質が低下することが必要である（図8.8B）。次の疑問は，これらの分子メカニズムのいずれかが，真核生物の単細胞種（すなわち原生生物）にみられるかどうかである。

襟細胞と襟鞭毛虫　1.6節で，カイメン動物成体の摂食組織の細胞である**襟細胞**（choanocyte）と，単細胞原生生物の一群である**襟鞭毛虫**（choanoflagellate）との相同性に注目した（図1.25参照；Brunet and King 2017；Nosenko et al. 2013；Nielsen 2008）。単細胞の襟鞭毛虫（ギリシャ語のkoanoは"襟"の意）は多細胞のコロニーを形成することができ，生命の樹では動物の直近の姉妹グループと考えられている。彼らの鞭毛は頂端部にあり，精子細胞のように泳ぐことができる。アクチンで満たされた微絨毛のリング（"襟"）が鞭毛を取り囲んでいる（Brunet and King 2017；Karpov 2016）。

　襟鞭毛虫のさまざまな種は，鎖状，円盤状，樹状，カップ状の半球体など，多様なコロニー形成能力を示す（Larson et al. 2020）。最近同定された種である *Choanoeca flexa* はカップ状のコロニーを形成するが，すべての鞭毛が内側に向いた丸みを帯びた摂餌形態と，鞭毛が外側に向いた泳ぎやすい反転形態との間で変換を行うことができる（図8.9A；Brunet et al. 2019）。ここで重要なのは，*C. flexa* がコロニーの向きを反転させるためには，微絨毛の基部にあるリング構造においてアクチン-ミオシンの集合体が必要だということである（図8.9B）。この発見は，一部の襟鞭毛虫が頂端収縮型の挙動のための分子的・細胞的能力をもっていることを示唆している。

　C. flexa はアクチン-ミオシン収縮を使ってシートを曲げるようだが，これらの襟鞭毛虫は移入に類似した挙動は示さない。別の襟鞭毛虫である *Salpingoeca rosetta* は，自由遊泳する鞭毛原生生物から，鞭毛や微小絨毛構造をもたない逃走性のアメーバ状細胞へと移行することができる（Brunet, et al. 2021）。この移行は原腸胚でみられる上皮-間充織転換の

288 | PART III 初期発生

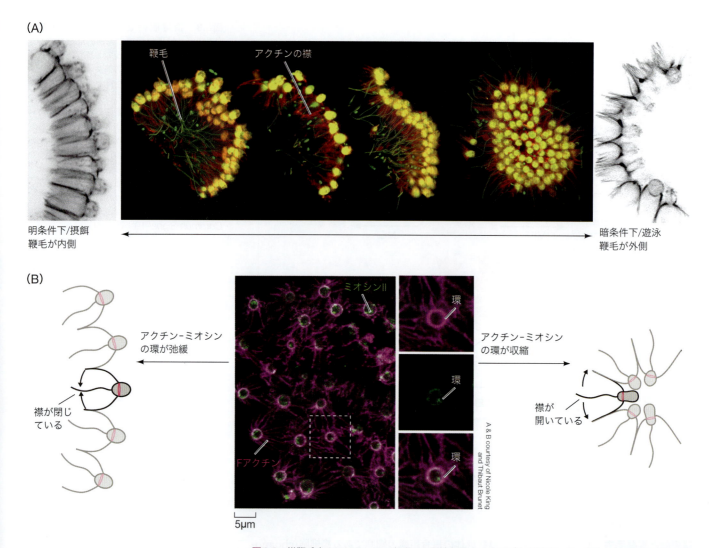

図8.9 襟鞭毛虫のコロニーでの行動は，頂端収縮のメカニズムに似ている。（A）*Choanoeca flexa* の免疫標識されたカップ状のコロニーは，光条件下では内側にお椀型をした（鞭毛が内側の）形態だが，暗条件下では外側にお椀型をした（鞭毛が外の）形態へと変化する。左端と右端の画像は，アクチン標識の断面図。中央の画像は鞭毛（緑），襟状のアクチン（赤）。（B）2つの異なるコロニー状態でみられる細胞の変化を示す模式図。鞭毛が内側を向いている状態では樽型の襟が，鞭毛が外側を向いている状態ではより広がった襟がみられる。これらの状態は，アクチン（マゼンタ）とミオシン（緑）の免疫標識の中央の画像にみられるように，襟内のアクチン-ミオシン収縮によって制御されている。

根底にある細胞形状の変化を彷彿とさせる。（*S. rosetta* がどのようにしてアメーバ状に移行するのかを学ぶためにはオンラインの「FURTHER DEVELOPMENT 8.2：Confinement of the Choanoflagellate *S. rosetta*」参照）

原腸形成の進化的文脈：まとめ

　これまでみてきたように，原腸形成に必要な細胞メカニズムの多くは，祖先の後生動物にも存在していた。胚葉を組織化し，ボディプランを体軸と比例的に構築するための細胞レベルを超えた運動を生み出すために，これらのメカニズムはどのように活用されてきたのだろうか？　動物界には多種多様な形態形成運動がみられるが，いま一度，進化的な文脈のなかでより保存された原腸形成様式をいくつか整理しておくことが賢明であろう（図8.10）。カイメン動物やクラゲのような，より単純な動物にみられる形態形成挙動には，移入や陥入が含まれる。また，細胞の相互挿入を介した集団的な収斂伸長運動もみられる。三胚葉動物は，図8.5に示した6種類の原腸陥入運動のすべてを行う。

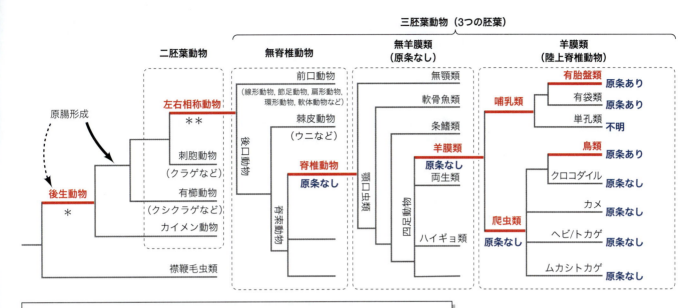

図8.10 想定される原腸形成の系統樹。単細胞の後生動物の祖先(破線の矢印)に存在した原腸形成の基礎となる初期のメカニズムが,多細胞の形態形成運動(太い矢印)を支えるために活用された。卵黄の分布や羊膜腔の存在といった"障壁"構造は,これらの系統における原腸形成の形態形成過程に影響を与える生体力学的制約であった。いくつかの羊膜類では原条が生じた。脊索(脊椎動物)や原条(いくつかの羊膜類)の存在にかかわらず,原腸形成は3つの胚葉と,それぞれの体軸に沿った適切な構造を発達させるための座標系を確立する。(G. Sheng et al. 2021. *Science* 374: abg1727 より)

8.4 "目標"を達成する:原腸形成を駆動する標準的なイベント

　ある種が採用する原腸形成戦略は,(1)卵黄の分布,(2)(脊椎動物のように)脊索をもつかどうか,(3)その脊椎動物が羊膜腔を発達させるかどうか,に緩やかな相関関係がある(8.5節参照)。しかし要するに,動物が前口動物であろうと後口動物であろうと,無脊椎動物であろうと脊椎動物であろうと,原腸形成によって胚葉が確立され,それぞれの体軸に沿った適切な構造の発生のための座標系が確立されることになる(Sheng et al. 2021)。次に,これらの目標を達成する3つの過程,すなわち原腸形成の**開始**,内胚葉と中胚葉の**内部化**,前後体軸の**伸長**について述べる。

ステップ1:内部化の開始

　原腸形成の主な目的は,胚の表面から一部の細胞集団を内部化することである。これらの細胞はその後,中胚葉と内胚葉を形成する。この内部化は,動物界で繰り返し進化してきた2つのメカニズム,陥入か移入から始まることが多い。いったんこれらが実行されると,陥入および/または移入運動が,すべての動物種において中胚葉と内胚葉の初期内部化を促進する。

昆虫での陥入と移入　昆虫における中胚葉の内部化の最初の出来事は,個々の細胞の移入メカニズムから,陥入に特徴的な上皮の折りたたみへと進化したという仮説が立てられている。このような折りたたみはキイロショウジョウバエ(*Drosophila melanogaster*)において研究されてきた(Johannsen and Butt 1941;Roth 2004)。ショウジョウバエの原腸

形成期においては，胚盤葉の正中線に沿った方向で柱状細胞が頂端収縮し，**腹側溝**（ventral furrow）として知られる上皮の内側への湾曲を促すことで，中胚葉の内部化が達成される（図8.11A左；Leptin and Grunewald 1990；Sweeton et al. 1991）。（オンラインの「WATCH DEVELOPMENT 8.2：Fruit Fly Gastrulation」参照）

ショウジョウバエの陥入運動とは対照的に，ユスリカ（*Chironomus riparius*）による中胚葉の内部化は，個々の細胞の移入によって起こる（図8.11A右）。ショウジョウバエとユスリカが共通祖先から2億5千万年前に分枝したとして，このような原腸形成運動がどのように進化したかをよりよく理解するため，研究者はこれら2種の中胚葉の内部化の分子機構を比較した（Urbansky et al. 2016；総説はMartin 2020参照）。

ショウジョウバエの予定中胚葉における陥入の制御には，頂端部に限定されたFog-Mist経路のシグナル伝達が必要である。ここでは，背腹軸パターン形成遺伝子と覆いかぶせ運動による力が，胚の最腹側細胞で*Twist*遺伝子を活性化する。そしてTwistタンパク質は，Fog, Mist, T48タンパク質の合成を活性化する。大きなFog（folded gastrulation）タンパク質は，T48タンパク質によって誘導されたRhoGEF2酵素を活性化するGタンパク質であるMist（mesoderm invaginating signal transducer）に結合する。RhoGEF2が活性化すると，ミオシンをリン酸化するタンパク質が活性化され，頂端面のアクチン-ミオシンネットワークが収縮し，柱状細胞からくさび状細胞へと変化する（図8.11B；Leptin 2005；Manning and Rogers 2014）。Fog-Mistシグナル伝達経路の発現や機能における特異的な違いが，移入から陥入への進化的変遷の根底にあるのだろうか？

ショウジョウバエでは，T48タンパ

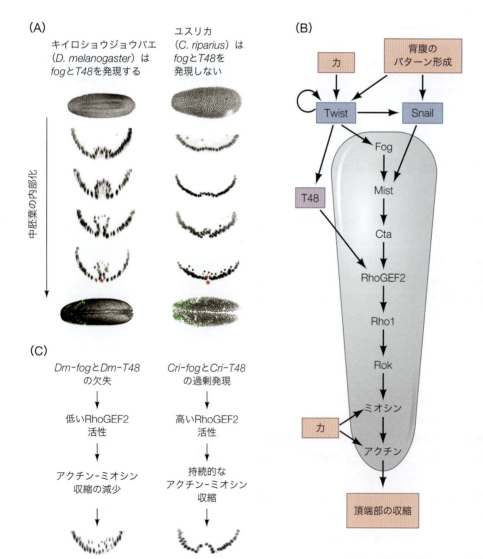

図8.11　2種のハエにおける中胚葉の内部化。(A)ショウジョウバエ（*Drosophila*，左）とユスリカ（*Chironomus riparius*）胚の胞胚葉の腹側溝が徐々に形成される過程における細胞核の画像（上から下へ）。最上部と最下部は，中胚葉内部化の初期と終期のホールマウントの腹側からの画像である。腹側像の間に，腹側半分の断面光学スライスを示す。緑色の核は細胞分裂中である。赤いアスタリスクは細胞内部化の中央線を示す。(B)ショウジョウバエ胚の原腸形成開始を誘導する因子の簡略図。胚の腹側領域における力と高濃度のBMPの組み合わせは，*Twist*の発現を誘導する。Twistタンパク質は*Fog*と*T48*に加えて，*Mist*（Fogタンパク質の受容体）を誘導する*Snail*遺伝子も誘導する。T48タンパク質は，ミオシンをリン酸化する遺伝子を活性化するRhoGEF2の発現を誘導する。リン酸化されたミオシンは最腹側細胞で頂端収縮を開始することができ，それによって原腸形成が開始される。(C)低分子量GTPase RhoGEF2の活性を変化させ，次いでアクチン-ミオシン収縮を変化させ，両種における中胚葉内部化の様式を変化させる，ショウジョウバエ（左）とユスリカ（右）での，*fog*と*T48*の実験的操作のフローチャート。(A, CはS. Urbansky et al. 2016. *Elife* 5：e18318；BはManning and Rogers 2014より)

ク質はFog-Mist経路の頂端側に限定された活性化に必要である。興味深いことに，*C. riparius*胚では*fog*も*T48*も発現しない。ショウジョウバエの胚で*fog*と*T48*を実験的にノックアウトしても中胚葉の内部化は妨げられないが，ノックアウトされた細胞は上皮がつながった形ではなく，個々に移動する形で内部化し，陥入ではなく移入挙動を想起させる。さらに驚くべきは，*fog*と*T48*の異所性発現によるユスリカ胚の中胚葉陥入の誘導である（図8.11C）。これらのデータは，*fog-mist-T48*遺伝的モジュールが，祖先の昆虫を中胚葉への細胞移入様式から上皮陥入様式へと移行させた重要な進化的スイッチであった可能性を示唆している（Roth 2004；Urbansky et al. 2016；Martin 2020）。

頂端収縮 前口動物である線虫*Caenorhabditis elegans*の原腸形成は，内胚葉の局所的な陥入によって始まる（図8.12A）。これらの内胚葉前駆体の内部化は，頂端面に局在し（図8.12B），アクチンネットワークと相互作用して頂端収縮を引き起こす，非筋肉ミオシンタンパク質の活性化によって行われる（図8.12C；Ettensohn 2020）。別のモデル生物である後口動物のウニでは，移入と陥入が連続して起こる。中胚葉前駆細胞が最初に植物極上皮から移入し，それに続いて腸を形成する内胚葉前駆細胞が陥入する（図8.13A）。

陥入後に頂端収縮を起こす細胞として最も特徴的なものに，いわゆる瓶細胞（bottle cell）があり，ツメガエルでは原口唇において，予定中胚葉と内胚葉または中内胚葉の内部化を開始する（図8.13B）。*C. elegans*で観察されたのと同じアクチン-ミオシン収縮ネットワークが，カエルの瓶細胞の形成と陥入に必要である（Keller 1981；Lee and Harland 2007）。

鳥類と哺乳類 カエルやウニとは異なり，鳥類や哺乳類は球状の細胞集団ではなく，平らな円盤として原腸形成を行う。これは形態学的特徴を革新させる必要がある生体力学的制約を課す重大な物理的差異である。一部の鳥類や哺乳類では，**原条**（primitive streak）と呼ばれる一過性の構造が初期原腸胚に形成される（13.2節参照）。原条は胚盤胞の放射対称性を破り，原腸胚の正中線と前後軸を画定し，原腸形成の動きに生体力学的な方向性を与える（Sheng et al. 2021）。

ニワトリ胚もマウス胚も，最初に細胞の先端が収縮し，原条を形成する正中線に沿って胚盤葉上層が集団的に移入する（図8.13C，上）。これらの正中線細胞は，細胞接着タンパク質の発現を速やかに変化させることで，胚盤葉上層の下に中胚葉と内胚葉を移入させて定着させる間充織系の表現型を取るようになる（図8.13C，下）。この上皮-間充織転換は急速であり，またやや不完全であるため，上皮の状態に容易に戻り，胚体内胚葉を形成する（Thowfeequ et al. 2022）。

ステップ2：細胞を内側へ

移入と陥入は，細胞の内部化を開始するうえできわめて重要な役割を果たすが，原腸胚への細胞移動を継続させる主要な力ではない。移入細胞は，中胚葉と内胚葉の発生に寄与する個々の細胞移動のパターンを示すことができる（鳥類の例のように；図8.13C参照）が，いくつかの重要な細胞レベル以上の挙動によって細胞集団が移動し，予定中胚葉細胞が胚の内側に**押しやられる**。このような細胞レベル以上の動きには，エピボリー（覆いかぶせ運動），巻き込み，集団細胞移動などがある。

覆いかぶせ運動と巻き込みは細胞の相互挿入によって駆動される 魚類や両生類で最もよく例示されているように，**覆いかぶせ運動**（epiboly）では胚盤葉上層細胞が動物極から植物極の方向に平らになって広がっていく（図8.5参照）。覆いかぶせ運動によって，外層が内側の球形の上に徐々に移動し，それによって胚が皮膚を形成する外胚葉で完全に覆われる。陥入によって原腸形成の場所が指定されると，外側の細胞層が植物極側に動き続けるなかで，予定中胚葉を胚の中に押し込むことによって，覆いかぶせ運動はこの最初の内側

発展問題

2つの種が別個に進化するのに，2億5千万年は長い時間である。だからこそ，ショウジョウバエとユスリカの原腸形成の表現型の大きな違いが*fog*と*T48*の発現の変化だけで説明できるという発見がこれほど啓発的なのである。非常に長期的なスケールに及ぶ胚形成の進化において，比較的シンプルな"遺伝的スイッチ"が大きな役割を果たしている可能性が示唆される。このような遺伝的スイッチが形を変えた例が他にあるのだろうか？

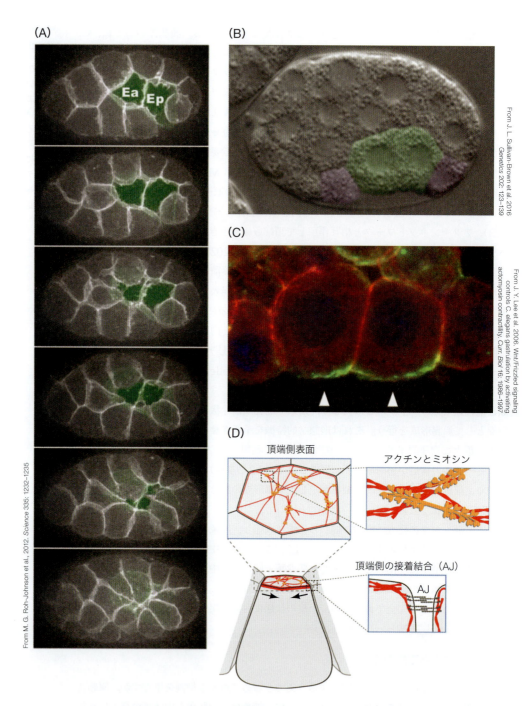

図8.12 線虫C. elegansにおける頂端収縮と陥入。(A) C. elegansの原腸胚における内胚葉前駆細胞（緑色）の内部化の進行経過のタイムラプス画像。(B)これらの陥入中の内胚葉前駆細胞（緑）と，頂端側の隣接細胞（紫）の断面図。(C)陥入細胞の頂端側表面のみがミオシンの活性化（緑色）を示す。(D)頂端側の接着結合（灰色）に連結されたアクチン-ミオシン収縮ネットワークの収縮による頂端収縮モデル。Fアクチン（赤），非筋肉ミオシンⅡ（オレンジ）。（DはB. Goldstein and J. Nance 2020. *Genetics* 214: 265–277；©2020 by the Genetics Society of Americaより）

への動きを増幅させる（図8.14）。重要な点として，陥入点付近での折れ曲がりによって原口が形成され，中胚葉の胚内そして覆っている外胚葉の真下への継続的な湾曲運動が，**巻き込み**（involution）による形態形成的挙動を表している。

　胞胚期の急速な卵割を経た直後でも，若い原腸胚では動物半球の外層全体〔しばしば**胚盤葉上層**（epiblast）と呼ばれる〕に細胞増殖がみられ，これが覆いかぶせ運動の駆動力に

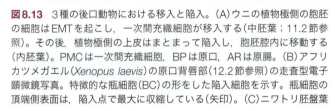
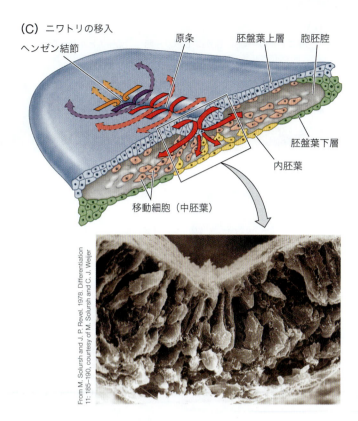

図8.13 3種の後口動物における移入と陥入。(A)ウニの植物極側の胞胚の細胞はEMTを起こし，一次間充織細胞が移入する(中胚葉；11.2節参照)。その後，植物極側の上皮はまとまって陥入し，胞胚腔内に移動する(内胚葉)。PMCは一次間充織細胞，BPは原口，ARは原腸。(B)アフリカツメガエル(*Xenopus laevis*)の原口背唇部(12.2節参照)の走査型電子顕微鏡写真。特徴的な瓶細胞(BC)の形をした陥入細胞を示す。瓶細胞の頂端側表面は，陥入点で最大に収縮している(矢印)。(C)ニワトリ胚盤葉の原条を通って移入する内胚葉および中胚葉細胞(13.2節参照)。模式図は，原条と移動細胞，胚盤葉下層および胚盤葉上層との関係を示す。走査型電子顕微鏡写真は，胞胚腔に入り，その頂端が伸びて瓶細胞となり，この層から移入する前に原条の形態形成に関連する屈曲に寄与する，胚盤葉上層細胞を示している。MSC：中胚葉細胞流(mesodermal cell stream) (CはB. I. Balinsky. 1975. *Introduction to Embryology*, 4th ed. Saunders：Philadelphiaより描画)

寄与している。さらに，個々の細胞は拡大し，細胞の周囲を広げ，隣の細胞を植物極側に押しやる。しかし，細胞増殖と拡大も関与しているが，覆いかぶせ運動の主な原動力となっているのは相互挿入(インターカレーション)と呼ばれる細胞間の挙動である。

相互挿入(intercalation)とは，隣接する2つ(またはそれ以上)の集団から，より少ない(または1つの)層へと細胞が混合する動きのことである(図8.5参照)。ピーナッツバターを塗ったパンと，ゼリーを塗ったパンを強く押しつけることを想像してほしい。何が起こるだろうか？ そうだ(うわっ)。サンドイッチのすべての端から，ピーナッツバターとゼリーの混合物がはみ出してくるだろう。同様に，相互挿入はカエル(と魚)の胚盤葉上層の最も動物極側の領域の層を，胚の円周上に**混合物**として押し出すだろう。

放射方向の軸に沿って2つの層(すなわち外層と内層)の細胞が相互挿入を起こし，収束する(**放射状相互挿入**)。これによって，薄くなり単一層になった細胞の位置をより植物極側に押し進める，平面方向の力が生じる(図8.15)。その結果，中内胚葉は胚の内部へと徐々に移動していく。放射状の相互挿入は，カドヘリン分子の種類や濃度の変化によって仲介されており，方向性のある相互挿入を促進する差次的接着システムをつくり出す(図4.7参照)。

羊膜類の原腸胚は扁平な円盤として発達するが，同様に細胞増殖と相互挿入という挙動によって，外胚葉を羊膜類の卵黄全体に広げる覆いかぶせ運動のような細胞レベル以上の挙動が支援される。

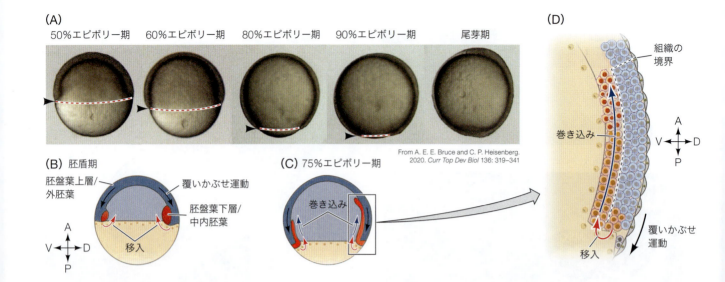

図8.14 ゼブラフィッシュの原腸形成における覆いかぶせ運動と巻き込み。(A)胚盤葉上層が動物極から植物極に向かって覆いかぶせ運動(エピボリー)が進んでいく(破線)様子を、50%エピボリー期から覆いかぶせ運動が完了する尾芽期まで示した。(B)胚盾期の胚の模式図。細胞の内側への移入(赤色/オレンジ色)の開始を示す。胚盾とは最も背側の位置から移入する胚盤葉下層の膨らみのことである(12.7節参照)。(C)75%エピボリー期における、巻き込みが起こる細胞集団の位置を示した模式図。(D)(C)の四角で示した領域を拡大して示した。覆いかぶせ運動によって胚盤葉上層が植物極側に移動するにつれ、胚盤葉下層は内部に移動し、中胚葉前駆細胞に先導されながら、胚盤葉上層の内側に沿って巻き込まれる。(B~DはD. Pinheiro and C. P. Heisenberg, 2020. *Curr Top Dev Biol* 136: 343-375より改変)

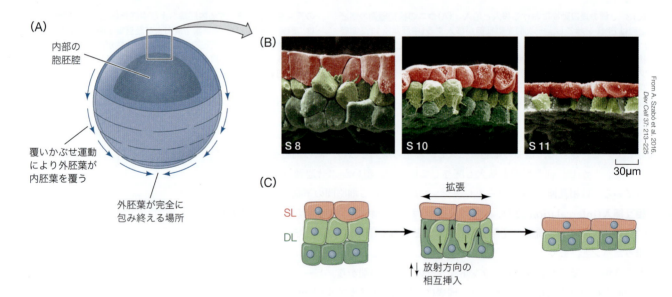

図8.15 外胚葉の放射状の相互挿入は覆いかぶせ運動を部分的に駆動する。(A)外胚葉層(青色)が植物極に向かって徐々に移動し、内胚葉を完全に包む覆いかぶせ運動の描写。(B)ツメガエルの胞胚腔蓋の走査型電子顕微鏡写真(Aの黒枠)。放射状の相互挿入に伴う細胞の形と配置の変化を示す。ステージ8(S8)は胞胚期、ステージ10と11と徐々に後期原腸胚になる。(C)(B)と同じステージの胞胚腔蓋を表す。SLは表面層、DLは深層。(A、CはA. Szabó et al. 2016. *Dev Cell* 37: 213-225より)

細胞の集団移動 放射状相互挿入による押し出し力が巻き込みを成功させる唯一の力ではない。巻き込み途中の中内胚葉前駆体の先端領域にある細胞は、細胞群の同期した動きによって引っ張り力も提供する。この現象は**集団移動**(collective migration)として知られる(図8.16)。ロードレースにおいて、すべてのランナーが前のランナー、そしてレースのリーダーまでロープでつながれていたとしよう。ランナーたちは集団の先頭を行く者に

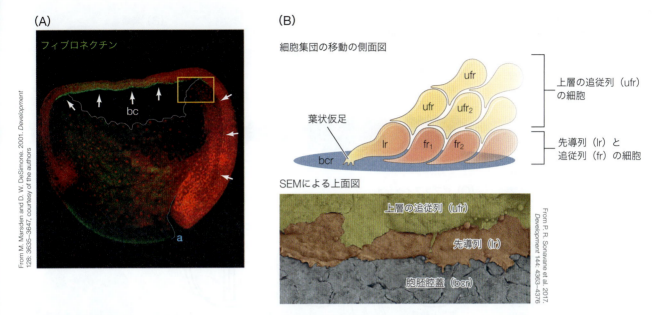

図8.16 フィブロネクチンと両生類の原腸形成。(A)原腸形成初期のツメガエル胚の矢状断面図。蛍光抗体標識により確認された胞胚腔蓋のフィブロネクチン格子（緑と黄色，矢印）。胚の細胞は赤色に染色。胞胚腔（bc）は白い輪郭で，原腸（a）の始まりはティール色（緑と青の中間）の線で描かれている。(B)巻き込みを起こしている中内胚葉細胞（(A)の黄色で囲んだ領域の拡大）。一番上のパネルは，その下のカラー化された走査型電子顕微鏡写真（SEM）を模式化したものである。先頭の細胞列は，後続の中内胚葉細胞に引っ張られながら，胞胚腔蓋のフィブロネクチン基質に牽引力を発揮する。この集団細胞移動のなかで，先頭の細胞だけが一貫して葉状仮足（ラメリポディア）を形成している。

引っ張られて，集団で移動する。このように巻き込みをする中内胚葉細胞の先頭の列は，覆いかぶせ運動と組み合わされることで，魚類や両生類の原腸形成期における胚葉の内部化を推進する力の大部分を提供する，集団的な引っ張り力を組織する。

カエルでは，胚盤葉上層（ツメガエルでは胞胚腔蓋）の内側表面には細胞外基質成分であるフィブロネクチンが付着している。フィブロネクチン繊維の網目構造は，インテグリン受容体を発現する中内胚葉細胞が移動する際に，特に接着性の高い表面をつくり出す。この細胞移動は，先行細胞と後続細胞間のカドヘリン–中間径フィラメント結合の連続的な接着により，巻き込みを行う中内胚葉細胞の引っ張り力に変換される。

ステップ3：軸伸長

原腸胚が球形から始まったにせよ，円盤から始まったにせよ，胚は頭と尾の間の距離を広げる必要がある。言い換えると，前後軸方向に伸長する必要がある。軸の伸長の完了にはいくつかの異なるメカニズムが関与しているが（例えば第13章と第19章で取り上げる，成長する尾芽からの前駆細胞の増殖など），収斂伸長という細胞挙動が主に原腸形成期の軸伸長を駆動している。

収斂伸長という形態形成上の革命は，すべての原腸胚が何らかの形で示す。これは部分的には，**同じ平面や層内の細胞**が隣接する細胞の間に移動するプロセスである**中心–側方相互挿入**（mediolateral intercalation）によって達成される。この**収斂**が胚の中心–側方平面に沿ってすべて起こると，細胞の移動方向に対して垂直方向に（この場合は前後軸方向に）組織レベルの**伸長**が生じる（図8.5参照）。

ショウジョウバエ　収斂伸長のために中心–側方相互挿入が使われる例としてよく知られているのは，ショウジョウバエの原腸形成期におけるからだの伸長である（図8.17）。ハエの胞胚葉の細胞は上皮性であるため，隣接する細胞と密着結合を保っている。そのような

296 | PART III 初期発生

図8.17 側方から中央への相互挿入が，原腸陥入の収斂伸長を駆動する。(A)ショウジョウバエの胚帯(青色)は，側方から中央への相互挿入によって，前後軸に沿って伸長する。(B)原条形成期のニワトリ初期原腸胚の定量的再構築(13.2節参照)。胚体外(暗域)，および胚内(胚盤葉上層と中内胚葉前駆体)の組織の流れによって，組織は中央で収斂(赤矢印)および伸長(青矢印)する。このコンピューターで作成された図では，すべての細胞が実際の胚の約50個の細胞を表している。(C)ゼブラフィッシュの場合，細胞は両側を通って原腸胚の腹側から背側へと移動し，正中線で収斂し，前後軸が伸びるにつれて最も中心の構造(脊索と神経管)が確立される。(D)同様に，ツメガエルの正中線上の両側からの収斂は，正中線構造(例えば脊索；図中の紫色)を構築し，伸長させる。下の画像は，膜局在GFP(マゼンタ蛍光)で標識された正中線上の細胞を経時的に背側から見たもの。脊索領域の凝縮が進行していることは明らかである(黄色矢印の長さを比較)。白い矢印は形成されつつある脊索と体節の境界。(AはA. Stathopoulos et al. 2020. *Curr Top Dev Biol* 136：3-32より；CはM. L. K. Williams and L. Solnica-Krezel. 2020. *Curr Top Dev Biol* 136：377-407より；DはR. E. Keller. 1986. In *Developmental Biology : A Comprehensive Synthesis*, Vol. 2, L. Browder [ed.], pp.241-327. Springer：New Yorkより)

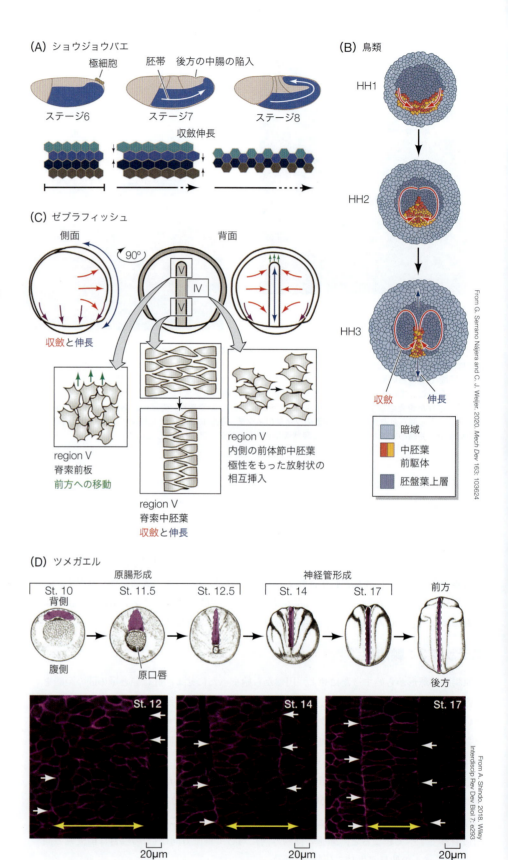

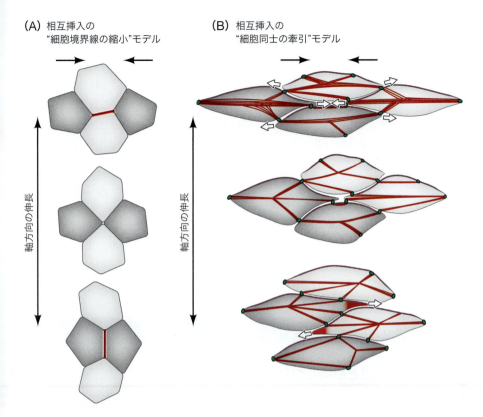

図8.18 側方から中央への相互挿入の2つのメカニズム。(AはR. J. Huebner and J. B. Wallingford. 2018. *Dev Cell* 46：389-396より；BはR. E. Keller and A. Sutherland, 2020. *Curr Top Dev Biol* 136：271-317より)

上皮組織が，どうして中心-側方方向の相互挿入を生み出す細胞運動を可能にしたのだろうか？　これは，中心-側方軸に平行な細胞境界に沿って並んだアクチン-ミオシンネットワークの特異的収縮を協調させることによって達成される。この協調的な収縮は，中心-側方の接触部の収縮につながり，最初は離れていた細胞を一緒にし，以前接触していた細胞を押し広げる（図8.18A；Huebner and Wallingford 2018）。相互挿入する細胞の細胞骨格が正中線に沿ってこのように正確に協調されると，ハエの外胚葉は前後軸に沿って伸長することができる（Blankenship et al. 2006；Guirao and Bellaïche 2017）。

鳥類　興味深いことに，ショウジョウバエの中心-側方相互挿入を駆動することで知られるこの上皮の"収縮する接合部"メカニズムの側面が，ニワトリの原腸胚の軸伸長にも関与していることが提唱されている。ニワトリでは，かなりの細胞の流れが最初は推定前方正中線から放射状に離れ，その後に一周して後方の正中線に収束し，伸長する原条を形成することが記録されている（図8.17B；Yang et al. 2002；Serrano and Weijer 2020）。接合部の協調的な崩壊は，胚盤葉上層における中心-側方方向のような上皮細胞の動きを可能にしているようだが，ニワトリの初期原腸胚における胚外-胚境界もまた，アクチン-ミオシンケーブルのパターン化された構築を促進するような形で，この組織の引張力に影響を与えているようである（Saadaoui et al. 2020）。これらのケーブルが収縮することで，中心-側方相互挿入が正中線方向に大きく戻り，そこで収束が起こることが提唱されている。

間充織細胞の相互挿入　上皮細胞による接着部の収縮メカニズムとは対照的に，魚類，カエル，マウスの原腸胚のように，収斂伸長は間充織細胞の中心-側方相互挿入によっても駆動される。これらの種では，外胚葉と中内胚葉の細胞は胚の中心-側方に沿って文字どおり互いに這い回るような左右方向への移動行動を示す。これらの相互挿入の結果，細胞はよ

り側方に，またあるものはより内側に位置するようになるが，それでも正味の効果は狭まり細長くなった前後軸である（図8.17C，D）。簡単に言えば，指を交差させて手を握り合うようなものである（収斂）。その結果，指同士は離れることになる（伸長）。

実際に遊走している間充織系細胞は，特徴的な**双極性の突起**をもち，それを使って同時に前後の細胞を引っ張りながら正中線に向かって這うように移動する。これは収斂伸長の"細胞間牽引"モデルとして知られる（図8.18B；Keller and Sutherland 2020）。左右に位置していた細胞の一部が正中線で衝突し始めると，間充織-上皮転換が起こり，組織特異的な境界が形成される。このようにして脊索が形成される（Williams and Solnica-Krezel 2019；Shindo 2018）。

この形式の中心-側方相互挿入の基盤にある双極性の突起の活動には，非古典的な平面内細胞極性（planar cell polarity：PCP）Wntシグナル経路が関与していることが示されている（図4.28参照；Wallingford et al. 2000；Heisenberg et al. 2000）。PCPは胚帯の伸長に必須ではないようだが，羊膜類の原腸形成に重要な役割を果たしていることを支持する証拠が増加している（Serrano and Weijer 2020）。

さらなる発展

原口板：原口と原条をつなぐミッシングリンク

動物の種類に関係なく，原腸形成の目的は胚葉を形成し，生物全体の細胞の多様化を規定する座標系を確立することである。しかし，さまざまな胚体外からの要求となる卵黄の組成や羊膜発生の必要性などに合わせて，進化は多くの異なる卵割や形態形成上の戦略を育んできた（図8.3や第13章参照）。このような適応のために，巻き込みによる原口形成と関連した（例えば魚や両生類などの無羊膜類でみられる）原腸形成機構が，原条を形成する羊膜類（例えば鳥類や哺乳類）における移入による原腸形成機構とどのようにつながったのかを理解することが難しくなっている。メキシコサンショウウオ（*Ambystoma mexicanum*）などのいくつかの有尾目両生類の原腸形成を調べたところ，羊膜類での原条形成機構を彷彿とさせる，原口の両側からの鏡像対称的な細胞の移入行動がみられることが明らかになった（Shook et al 2002）。

最近では，進化的に最初に出現した羊膜類である爬虫類における胚発生に関連するメカニズムの研究にますます注目が集まっている。多くの爬虫類種は原条を形成しない（図8.10参照；Stower and Bertocchini 2017；Sheng et al. 2021）。カメとカメレオンの発生の研究から，巻き込みと移入の両方に依存する二峰性の形態形成戦略が明らかになった。より具体的には，中内胚葉前駆細胞が爬虫類の原腸胚の**前方**から入る際には，巻き込みの動きにより，不完全な原口のような切れ目から入る。一方，原腸胚の**後方**にある中内胚葉前駆細胞は，"原口板（blastoporal plate）"から移入する（Bertocchini et al. 2013；Stower et al. 2015）。この原口板は，鳥類や哺乳類の原条への移行過程にある"前原条"ではないかと提唱されている（図8.19；Stower and Bertocchini 2017）。

8.5　体軸決定の"目的"

体軸の決定は，生物の空間的な極性を確立する。言い換えれば，**特定の軸に沿った細胞種の特定化**を組織化する。**一次軸**（primary axis）とは，刺胞動物のような放射対称生物の

第8章 初期発生の概念 | 299

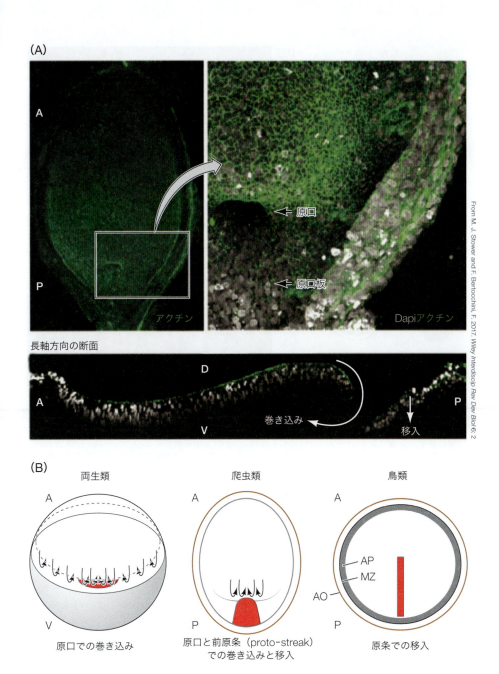

図8.19 原条の原口板(blastoporal)の起源。(A)アクチンフィラメント(緑)と核(グレースケール)で標識された爬虫類(カメレオン)の原腸胚の画像。右上の画像は，左側の枠で囲んだ部分を拡大したもので，原口と原口板を示している。下の図は，これら2つの領域の縦断面であり，明らかに異なる内部化の様式を示している。(B)両生類の原口形成，鳥類における原条，爬虫類が採用する2種の戦略を模式的に示す。AP：明域(area pellucida)，AO：暗域(area opaca)，MZ：帯域(marginal zone) (M. J. Stower and F. Bertocchini, F. 2017. *Wiley Interdiscip Rev Dev Biol* 6：2より)

口腔-肛門軸，あるいは左右相称動物の前後軸を指す。左右相称動物は加えて**二次軸**(secondary axis)として背腹軸をもつ(図8.20A)。

パイオニア転写因子である**Hox遺伝子ファミリー**(Hox gene family)のメンバーは，一次軸に沿った細胞運命のパターニングにおいてきわめて重要である。Hox遺伝子はおそらく，基本的な後生動物のボディプランの進化において特に重要な役割を果たした。というのも，これらの遺伝子ファミリーは，調査したすべての動物群で有意な**共線性**(collinearity)を示した数少ない遺伝子ファミリーの1つだからである。つまり，染色体上のHox遺伝子の配列順序は，一次軸に沿った発現の空間的順序と一致している(図8.20B)。実験的にHox遺伝子の発現を前後軸に沿って移動させたり，特定のHox遺伝子を除去したりすると，**ホメオティック・トランスフォーメーション**(homeotic transformation)として知られる劇的な構造の変化が起こる。軸に沿った構造または領域全体が，この軸の別の領域の構造で置き換えられるのである(図8.20C)。このように，一次軸に沿って適切な細胞

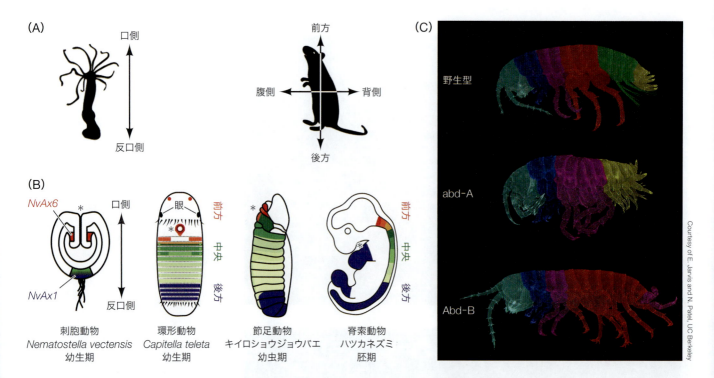

図8.20 Hox遺伝子で定義される一次軸。(A)イソギンチャク(刺胞動物)のような放射対称動物とマウスのような左右相称動物の体軸。(B)イソギンチャク胚における口腔-反口腔方向および,分節環形動物,ショウジョウバエ,マウスの前後軸方向のHox遺伝子発現。系統学的に,NvAx6は前方の,NvAx1は中央から後方のHox遺伝子である。アスタリスクは口が形成される位置を示す。(C)野生型と2つのHox遺伝子変異体の孵化した甲殻類(ヨコエビ類のParyhale)。それぞれの株では,対応する体節を擬似的に色付けしている。abdominal-A遺伝子を欠損すると,動物の跳躍脚(jumping leg)と遊泳脚(swimming leg)はそれぞれ前進歩行脚(forward walking leg)と碇脚(anchor leg)に変化する。Abdominal-B遺伝子が欠損すると,腹部の遊泳脚と碇脚がそれぞれ胸部の跳躍脚と前進歩行脚に変化する。(A,BはT. Q. DuBuc et al. 2018. Nat Commun 9:2007より)〔訳注:跳躍脚,遊泳脚,前進歩行脚,碇脚は,定訳が不明なため,欧文併記とした〕

運命を確立するための中心的なメカニズムの1つは,Hox遺伝子の時間的・空間的な共線的発現の制御であるようである(DuBuc et al. 2018;Gaunt 2018)。このことは,胚発生期におけるHox遺伝子の発現を制御しているものは何なのかという疑問を抱かせる。その答えを見つけるために,歴史的なトランスフォーメーションと,SFのような未来的なトランスフォーメーションを探求していこう。

胚の組織化:歴史的トランスフォーメーション

1924年に発表された,Hans Spemann(ハンス・シュペーマン)と彼の博士課程の学生Hilde Mangold(ヒルデ・マンゴルト)[3]による一連の壮大な移植実験によって,両生類の初期胚葉にあるすべての組織のなかで,ただ1つだけその運命が自律的に決定される組織が原口背唇部(第12章で詳しく紹介する)であることが示された。SpemannとMangoldが背唇部の組織を別の原腸胚の予定腹部皮膚領域に移植すると,原口背唇部であることを継続しただけでなく,周囲の組織で原腸形成と胚発生を開始させた。

これらの実験において,SpemannとMangoldは2種のイモリ(黒い色素をもつTriturus taeniatusと色素をもたないTriturus cristatus)という色素の異なる胚を使用することで,ホストとドナーの組織を色で識別できるようにした。T. taeniatus初期原腸胚の

---

[3] Hilde Proescholdt Mangoldは1924年,キッチンのガソリンヒーターが爆発するという悲劇的な事故によって死亡した。まだ26歳で,彼女の論文がちょうど発表されようとしていたときであった。彼女の論文は,直接ノーベル賞へと結びついた数少ない生物学分野の博士論文の1つである。

図8.21 両生類の原口背唇部組織による二次軸形成。(A〜C) SpemannとMangoldによる1924年の実験では，色素の異なるイモリ胚を用いてその過程を視覚化した。(A) *Triturus taeniatus* 初期原腸胚から採取した原口背唇部組織を，*T. cristatus* 原腸胚の通常は腹側表皮となる部位に移植した。(B)ドナー組織が陥入して第二の原腸を形成し，次に第二の胚軸を形成する。ドナー組織とホスト組織の両方が，新しい神経管，脊索，体節にみられる。(C)第二の胚が形成され，宿主とつながっている。(D)原口背唇部を初期原腸胚のホスト胚の腹側領域に移植することによって生じた，生きた双子のツメガエル幼生。(E)同様の双子幼生を下から観察し，脊索を染色した。元の脊索と第二の脊索が視認できる。(A, CはJ. Holtfreter and V. Hamburger. 1955. In *Analysis of Development*, B. H. Willier, P. Weiss, and V. Hamburger [Eds.], pp.230-296. W. B. Saunders Company : Philadelphia and Londonより)

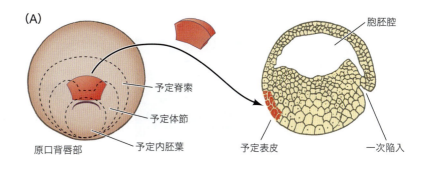

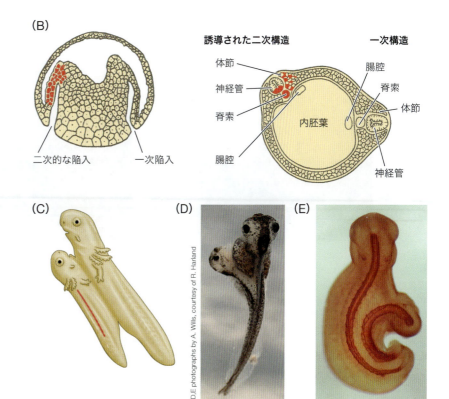

背唇部を除去し，*T. cristatus* 初期原腸胚の腹側上皮（腹の表皮の外層）になる運命にある領域に移植した場合，背唇部組織は通常そうであるように（自己決定を示して）陥入し，植物極細胞の下に消失した（図8.21A）。色素をもつドナー組織はその後，背唇部から通常形成される脊索中胚葉（脊索）やその他の中胚葉構造へと自己分化を続けた（図8.21B）。

ドナー由来の中胚葉細胞が陥入するにつれて，ホスト細胞は新しい胚の構築に参加し始め，通常なら形成されることのない臓器になった。この二次胚では，色素をもつ（ドナー）組織と色素をもたない（ホスト）組織の両方を含む体節がみられた。さらに驚くべきことに，背唇部細胞はホストの組織と相互作用し，その外胚葉から完全な神経板を形成することができた。やがて二次胚が形成され，宿主と対面してつながった状態になった（図8.21C）。このような技術的に難しい実験の結果は，ツメガエルを含む多くの両生類種で何度も確認されている（図8.21D, E；Capuron 1968；Gimlich and Cooke 1983；Smith and Slack 1983；Recanzone and Harris 1985）。

Spemannは，背唇部細胞とその誘導体（脊索と頭部内中胚葉）を"オーガナイザー（organizer）"と呼んだ。それは，①ホストの腹側組織を"神経管と背側中胚葉組織（体節など）"を形成するように誘導した。加えて，②ホストとドナーの組織を明確な前後軸と背腹軸をもつ二次胚へと組織化した，からである。したがって，正常な発生過程において，これらの細胞は背側外胚葉を神経管に"組織化（organize）"し，それに隣接する中胚葉を新しい前後体軸に沿って変化させると提唱した（Spemann 1938）。

現在では（主にSpemannと彼の学生たちのおかげで），脊索中胚葉と外胚葉の相互作用は胚全体を組織化するのに十分ではないことが知られている。むしろ，それらは連続して起こる誘導機構を開始させるのである。胚発生には数多くの誘導があるゆえに，背唇部細胞の子孫が背軸と神経管を誘導するという鍵となるこの誘導を，伝統的に**一次胚誘導**

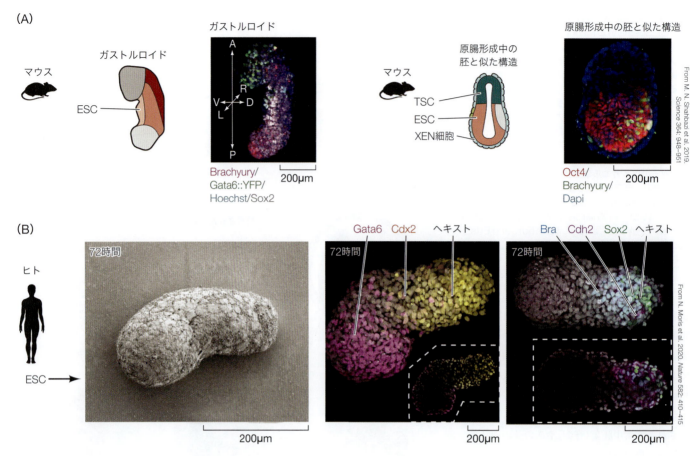

図8.22 哺乳類のガストルロイド。(A)マウスの胚性幹細胞(ESC；左図)からつくられたガストルロイド。一次軸をもった伸長した構造に自己組織化する。ESCに加えて，栄養芽幹細胞(TSC)および胚体外内胚葉幹(XEN；右図)細胞によってつくられたガストルロイド。非対称なパターンをもった原腸形成している胚に似た構造に自己組織化する。写真は，外胚葉と多能性細胞(Sox2)，中胚葉(Brachyury)，内胚葉(Gata6：YFP)，多能性胚盤葉上層細胞(Oct4)，核(ヘキストまたはDapi)を標識した。(B)ヒトの72時間ESC由来ガストルロイドの走査型電子顕微鏡写真(左図)と，内胚葉(Gata6，ピンク)，栄養芽細胞(Cdx2，黄色)，中内胚葉(Bra，青)，外胚葉(Cdh2)，多能性細胞(Sox2，緑)，核(ヘキスト，黒)で染色した画像(中央と右図)。

(primary embryonic induction)と呼ぶ。しかし，脊索による神経管の誘導はもはや胚における最初の誘導過程とは考えられていないため，この古典的な用語は混乱の元となっている。第12章において，この"一次"誘導に先立ち，特定の細胞に原腸形成を開始する能力を与える誘導過程について説明する。(オンラインの「FURTHER DEVELOPMENT 8.3：Autonomous Specification versus Inductive Interactions」参照)

胚の組織化：将来の形態形成へ

最も内在的で基本的なパターン形成メカニズムが何であるかを特定するために，もし軸決定にかかわる外部からの影響や種特有の力学的制約をすべて取り除くことができたとしたら？ **ガストルロイド**(gastruloid)と呼ばれるそのような方法が存在する(図8.22)。ガストルロイドは胚性幹細胞の集合体であり，細長く伸長して三胚葉を備える原腸胚のような構造に自己組織化する(van den Brink et al. 2014；Shahbazi et al. 2019；Moris et al. 2020；van den Brink and van Oudenaarden 2021)。多様な種に由来する，胚外構造をもたないガストルロイドの発生から，すべての後生動物の一次軸の決定に共通する一連の原理をみることができる(Anlas and Trivedi 2021)。

イソギンチャク，ゼブラフィッシュ，マウス，ヒトから単離された胚性幹細胞(embryonic stem cell：ESC)やその他の多能性細胞は，*in vitro*で凝集体を再形成し，ガストル

ロイドに発生することが示されている(ゼブラフィッシュでは"pescoid"と呼ばれる；Trivedi et al. 2019)。何十年もの間、発生生物学者は、テラトカルシノーマ(奇形腫)細胞やマウス胚性幹細胞のような多能性細胞を、それぞれの胚葉のマーカー遺伝子を発現する胚様体と呼ばれる凝集球へと誘導してきた(Grabel et al. 1998；Marikawa et al. 2009)。新しい培養条件(最も重要なのはWntアゴニストによる処理)を用いると、これらの凝集体の対称性を崩すことができた(van den Brink and van Oudenaarden 2021)。対称性の破れ(例えば放射対称性から左右相称性への移行)は、軸決定を示す特徴である。具体的には、対称な接合体に(遺伝子発現から構造に至るまで)非対称の特徴を確立する。胚様体が形成され発育するにつれて、培地中のWntシグナルにさらされることによって、さまざまな形態形成が誘発されてガストルロイドとなり、その一部が伸長する。この伸長は前後一次軸の伸長に相当し、(Brachyuryのような)後方中胚葉マーカーや、(Gata6のような；図8.22参照)前方内胚葉マーカーが差次的に発現する。(オンラインの「WATCH DEVELOPMENT 8.3：Development of Fish and Human Gastruloids」参照)

種特異的な胚外環境に伴う幾何学的境界(卵黄や羊膜など)がないにもかかわらず、ガストルロイドは最も基本的な胚のボディプランを再現することができる。実際、動物界を通じて、原腸胚と実験室でつくられたガストルロイドを比較すると、パターニングに関与する遺伝子のコアセットの発現に驚くべき類似性がみられ、一次軸を決定する発生様式が高度に保存されていることがわかる(図8.23；Anlas and Trivedi 2021)。興味深いことに、

図8.23 カイメンからヒトガストルロイドまでの軸決定機構。(上図)保存された後方(刺胞動物では口腔)パターン決定因子(Brachyury (Bra)、T-box、Wnt遺伝子)の発現を示した、対応する発生ステージの原腸胚と後生動物の系統樹を図式化したもの。(下図)これまでに、イソギンチャク、ゼブラフィッシュ、マウス、ヒトの4種の胚を用いて、ガストルロイドの作製に成功している。胚とガストルロイドの両方で、さまざまなパターン形成遺伝子について、おおよその発現領域が示されている。(K. Anlas and V. Trivedi. 2021. Elife 10：e69066)

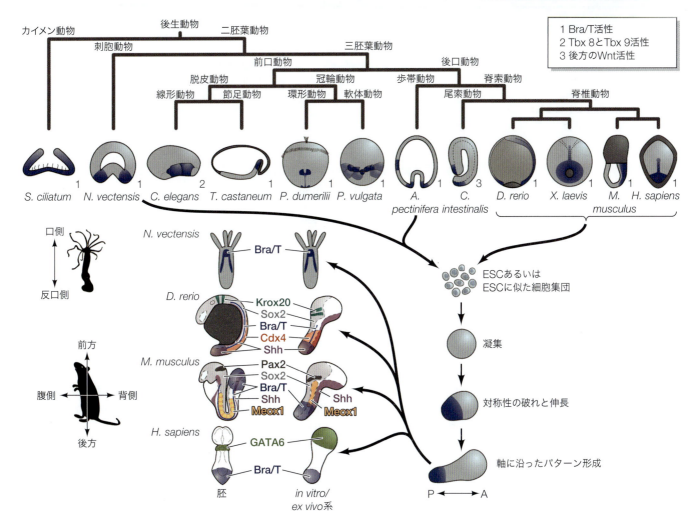

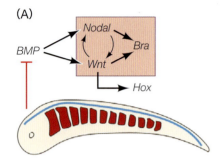

図8.24 軸を決定するシグナルの反転。(A)最も保存されているパターン形成因子を、基本的な一次軸の鋳型上に図式化した。骨形成タンパク質(BMP)シグナル伝達の非対称的な抑制は、前方または反口側の細胞運命の発生において保存されている。一方、BMPによって誘導されるNodalシグナルとWntシグナルは、体軸に沿ったHox遺伝子の発現のタイミングと同様に、Brachyuryによって規定される後方運命を支援する。(B)これらの重要なシグナル伝達系は、後生動物の進化の過程で2回の逆転が起こった。1つは、Wntシグナル伝達が刺胞動物の動物極から棘皮動物の植物極へと反転したことである。もう1つは、背腹軸に沿ったBMPとNodalのシグナル伝達活動が脊索動物で逆転したことである。各軸で拮抗的なシグナル伝達メカニズムが共通の役割を果たしていることに注目することは重要である。(AはB. Steventon et al. 2021. *Dev Cell* 56:2405-2418より；BはK. Yasui K. 2017 *Int J Dev Biol* 61：591-600より)

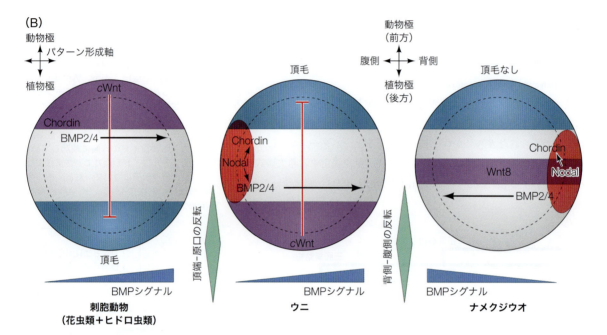

培養したESC凝集体に胚外組織タイプや増殖因子群を系統的に添加することで、研究者たちは二次軸の発達とさらなる形態形成過程に何が必要であるかも特定し始めている(図8.22 A 右参照；Christodoulou et al. 2019)。

軸形成の共通した発生過程

多くの要因が進化の多様性を形成してきたが、保存されたシグナル伝達メカニズムの共通セットが、一次軸(前後軸)と二次軸(背腹軸)に沿って細胞の運命をパターン化しているようである(Steventon et al. 2021)。発生途上のガストロイドにみられるように、転写因子Brachyuryは左右相称動物の後方細胞のアイデンティティを特定化するのに不可欠であり、Hox遺伝子の協調的な発現は一次軸全体に沿って異なる細胞運命をパターン化する。軸を規定するその他の遺伝子制御ネットワークは、Nodal、Wnt、BMPシグナルの相互作用によって誘導される(図8.24)。

WntとNodal経路は骨形成タンパク質(bone morphogenetic protein：BMP)と相互作用して、前方の構造と二次軸に沿った細胞運命を制御する(Collinet and Lecuit 2021)。BMPタンパク質活性の勾配は、それと相反する働きをするNodalとWntによって誘導される**BMP阻害タンパク質**の分泌によって確立され、背腹軸に沿った細胞運命を変化させる。第12章で述べるように、原腸胚でNodal/Wntシグナルの協調効果が最も高い領域(その結果BMP活性は低い)は神経細胞の運命になり、一方で高いBMPシグナルは中内胚葉運命を促進する。

動物界全体において，口と肛門の位置や中枢神経系の位置の進化的変化は，これらのシグナル伝達経路の発現における軸の反転によって達成されてきた。例えば，すべての左右相称動物の一次軸に沿って，Wntシグナル伝達は後方で最も高く，Wnt阻害物質は前方でつくられるが，刺胞動物ではこれが逆転している（図8.24B参照）。二次軸に沿って，BMPシグナルは脊椎動物では腹側構造の形成を，節足動物では背側構造の形成を誘導する。このため，神経管（BMPが相対的に存在しない場所に形成される）は脊椎動物では背側に，節足動物では腹側に存在する。BMPシグナル伝達の勾配をもった活性は背腹軸に関して反転しており，その結果，節足動物でも脊椎動物でも同じ細胞アイデンティティが誘導されるが，その位置は反対の極側である（Yasui 2017）。

研究の次のステップ

本章では，単細胞生物を起源とする現象に始まり，原腸形成の細胞の動き，そして軸決定を支配する保存された発生パターン形成システムまでの，初期発生の概要を説明した。8.5節で説明したガストルロイド系と同様に，Levin（レヴィン）の研究室は最近，ツメガエルのアニマルキャップ細胞の集合体から形成される，AIによって合成された"生物"システムを作成した（図8.25；Blackiston et al. 2021；Kriegman et al. 2021）。これらの"XenBot"は，繊毛に駆動される自律的な運動行動を示し，他の凝集体と融合することができる（または凝集体を解離する）ことから，これは潜在的な生殖能力様式とも考えられる（Newman 2022）。このような，または他の自己組織化された原腸胚様の生体外細胞集合体を，どのように考えればよいのであろうか？　組織や胚と考えてよいのだろうか？　多細胞生物，はたまたプログラムされたロボットなのだろうか？　このような体外での技術やアプローチの使用や複雑さは今後ますます増加し，その結果，それを用いた創造をめぐる倫理に関する議論も増加するであろう。

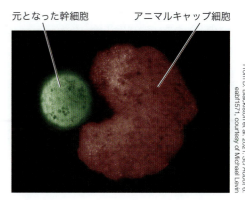

図8.25 Xenbot。AIがデザインしたツメガエル（*Xenopus*）のアニマルキャップ細胞の集合体に由来する個体（赤いC字型）を，その元となった幹細胞（緑）の横に示した。

章冒頭の写真を振り返る

この画像は，環境条件によって襟鞭毛虫の集合体が取ることのできる2つの変換可能な形態を表している。お椀型のコロニーは，個々の襟鞭毛虫の頂端収縮の動力源であるアクチノミオシン収縮の協調的制御を必要とし，原腸形成時の重要な陥入の動きで起こる頂端収縮を彷彿とさせる。現存する襟鞭毛虫の種がコロニーを形成し，原腸形成のような動きをする多細胞の集合体としての真の主体性を発揮するのを研究することは，非常に啓発的である。後生動物への進化の最初の出来事を目の前で見ているような気がしてならない。

Courtesy of Dr. Thibaut Brunet

8 初期発生の概念：発生の必須過程の概観

1. 動物発生の初期段階では，胚の卵割（多量の細胞分裂）が急速に大量の細胞を生み出す。このスピードは，卵割細胞の細胞周期に成長期がないためでもある。

2. 胚の卵割のパターンは，細胞質内の卵黄タンパク質や，分裂紡錘体の形成時期や方向に影響を与える卵細胞質因子の量と分布によって決まる。

3. 原腸形成は，外胚葉が内部の内胚葉と中胚葉を囲むように，三胚葉動物の3つの主要な胚葉を組織化する。

4. 動物の原腸形成の多種多様なパターンは，6種類の細胞の動きに基づいている。すなわち，陥入，巻き込み，移入，葉裂（剥離），覆いかぶせ運動，収斂伸長である。

5. 進化的には，移入と陥入が中胚葉と内胚葉の内部化に拍車をかける最初の原腸形成運動であった。細胞の放射状（胚表面に向かった）および正中線に向かった相互挿入は，それぞれ覆いかぶせ運動と収斂伸長を促進する。

6. 爬虫類の一部にみられる原口板は，鳥類や哺乳類の原条が進化する際の一過的な構造（"前原条"）を表しているのかもしれない。

7. 共線性をもって発現するHox遺伝子は，前後軸に沿った細胞のアイデンティティを決定する。

8. ガストルロイドの使用は，体軸決定を制御する最も内因的に保存されたパターン形成システムの理解に役立っている。これにはWnt，BMP，Nodalシグナル伝達経路が含まれる。

● オンラインのコンテンツは **https://www.medsi.co.jp** よりアクセスしてください。

9 | 巻貝，花，線虫
細胞運命特定化の類似したパターンへの異なるメカニズム

本章で伝えたいこと

- 軟体動物の卵割は，らせん状の全割パターンに従う。巻貝（軟体動物腹足類）の貝殻は，母親の遺伝型によって右または左にねじれている（9.1節）。
- 顕花植物の葉や花器官は茎の周囲にらせん状に発生する。植物のらせんパターンは，細胞の成長と伸長過程において細胞壁に作用する物理的な仕組みにより形成される（9.2節）。
- 軟体動物の初期発生には大きな自律的要素があり，割球は卵母細胞の特定領域にある細胞質決定因子によって特定化される。細胞運命，原腸形成，胚葉の特定化は，卵割時にD大割球に隔離された物質によって制御される（9.3節）。
- 線虫 *Caenorhabditis elegans* は比較的小さなゲノムと不変な細胞系譜をもっており，成虫における個々の細胞の同定ができる。それによって，その祖先細胞，祖先細胞がつくり出す細胞，それらの細胞が形成に寄与する組織を同定することができる（9.4節）。
- *C. elegans* の割球の運命は，PARタンパク質の分配から始まる自律的および条件的特定化機構の両方によって制御されている（9.4節）。

らせん状のパターンがどのように形成されるのか？

　前口動物である巻貝や線形動物（線虫）は最初に口をつくり，卵割の間にしばしば転写因子を特定の割球に配置することで，体軸と細胞運命を急速に発達させる。これらの転写因子は，自律的に細胞を決定することもできるし，シグナル伝達経路を開始して隣接する細胞の運命決定を誘導することもできる。特に巻貝のD割球は，胚全体の形態形成を構造化する"オーガナイザー"として働くことができる。巻貝の殻のらせんの方向は，発生過程で細胞分裂の方向を制御する母性因子に依存する。

さらに身近なところでは，顕花植物にみられるらせんパターンがある。巻貝のように，生殖（つまり花の）発生過程におけるらせん形成は細胞分裂の正確な制御に依存しているかもしれないが，花のらせんパターンは自己生成的な生物物理学的メカニズムによって制御されている。植物と動物でらせんパターンを生み出す異なるメカニズムを対比することは，細胞運命決定因子を非対称に分配することの重要性など，発生において核となる原理を明らかにするのに役立つかもしれない。

巻貝は腹足類の軟体動物で，発生生物学のモデル生物として長い歴史をもつ。巻貝はすべての大陸の海岸に豊富に生息しており，実験室でもよく成長し，環境上の必要性と相関する発生の多様性を示す。また，巻貝のなかには卵が大きく，発育が早く，発育のごく初期に細胞の種類が特定化されるものもある。巻貝の胚は，自律的および条件的両方の細胞特定化様式を用いる（第2章参照）。しかしながら，1つの初期割球が失われるとそれがつくるべき構造全体が失われるという，自律的発生の最良の例を提供する。実際，巻貝胚では，特定の器官を形成する細胞は驚くほど限局している。実験発生学の結果は今や分子生物学的解析によって進展し（そして説明され），発生と進化の魅力的な融合につながっている。

長い胚発生学的系統をもつ巻貝とは異なり，体長1 mmほどの小さな雌雄同体の線虫 *C. elegans* は，発生生物学と分子遺伝学を統合した非常に現代的なモデル系である。線虫の成体には959個の体細胞があり，透明な体表を通して観察することで全細胞系譜が追跡されている。その卵割パターンはらせん状ではなく回転状（そして全割）で，これは哺乳類の卵割と共通する特徴である。その透明な体表，最小限の細胞種の数，そして小さなゲノムにより，線虫は遺伝子が体軸形成や細胞特定化をどのように制御するかを研究するのに有用なモデル生物となっている。

9.1　巻貝胚のらせんパターンと卵割

「らせんが軟体動物の基本的な主題である。彼らは自分自身をねじりながら発生する」（Flusser 2011）。ご存じのように，巻貝の貝殻はねじれている。その幼生は180°ねじれることで，肛門を前方の頭の上にもっていく。また（最も重要なことに），その初期胚の卵割はねじれている。**らせん全割**（spiral holoblastic cleavage）は，環形動物や扁形動物，そしてほとんどの軟体動物を含むいくつかの動物グループの特徴である（Hejnol 2010；Lambert 2010）。らせん卵割する胚の卵割面は，卵の動物-植物極軸に対して平行でも垂直でもなく，斜めの角度をもっており，その結果，娘割球間の"ねじれた"関係が生じる（図8.3参照）。割球同士は密着しており，（まさに隣り合った石けんの泡のように）熱力学的に最も安定な関係にある。らせん卵割によってつくられた胞胚は典型的には小さな胞胚腔しか（またはまったく）もっておらず，**無腔胞胚**（stereoblastula）と呼ばれる。

らせん卵割をする胚の多くは原腸形成の前に比較的少ない回数しか分裂せず，それゆえに胞胚のそれぞれの細胞のその後の運命を追いかけることが可能である。環形動物，扁形動物，軟体動物胚の個々の割球の運命を比較すると，同じ場所にある細胞の運命は，多くの場合で同一である（Wilson 1898；Hejnol et al. 2010）。らせん卵割動物における割球発生のこの緊密な相同性は，異なる動物門の間ではめったにみられない現象である。

二枚貝や腹足類などの軟体動物（図9.1）は，典型的ならせん状の全割を示す。最初の2つの卵割はほぼ子午線方向（赤道面を横切る方向）であり，通常A，B，C，Dと表記される4つの大きな**大割球**（macromere）を形成する（図9.2A，B）。多くの種において，これらの4つの割球は大きさが異なる（Dが1番大きい）。この特徴により，それぞれの割球を見分けることができる。次に続く卵割では，それぞれの大割球は小さな**小割球**（micromere）を動

図9.1　クルミガイ（*Acila castrensis*，二枚貝；上）と泥巻貝（*Ilyanassa obsoleta*，腹足類；下）の成体。二枚貝と腹足類の胚はらせん全割をする。

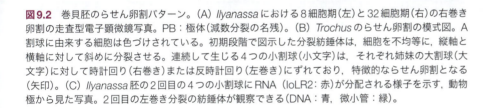

図9.2 巻貝胚のらせん卵割パターン。(A) *Ilyanassa*における8細胞期(左)と32細胞期(右)の右巻き卵割の走査型電子顕微鏡写真。PB：極体(減数分裂の名残)。(B) *Trochus*のらせん卵割の模式図。A割球に由来する細胞は色づけされている。初期段階で図示した分裂紡錘体は，細胞を不均等に，縦軸と横軸に対して斜めに分裂させる。連続して生じる4つの小割球(小文字)は，それぞれ姉妹の大割球(大文字)に対して時計回り(右巻き)または反時計回り(左巻き)にずれており，特徴的ならせん卵割となる(矢印)。(C) *Ilyanassa*胚の2回目の4つの小割球にRNA (IoLR2：赤)が分配される様子を示す，動物極から見た写真。2回目の左巻き分裂の紡錘体が観察できる(DNA：青，微小管：緑)。

物極側につくり出す。これら4つ一組の小割球は，**それぞれの姉妹大割球に対し右または左にずれている**。このずれの方向は連続する分裂を通して右から左へと交互に起こり，その結果，細胞が互いに積み重なった特徴的ならせんパターンになる(図9.2Bの矢印)。

動物極側から見ると，分裂紡錘体の上端が卵割ごとに時計回り方向とその反対方向に交互に回転しているように見える(図9.2C)。この配置により，小割球がその親細胞に対して右または左方向に交互に形成される。この卵割パターンにより，動物-植物極軸の周りにらせん状に配置された4種の"クアドラント(四分区)系譜"がつくられる(図9.3；Goulding 2009)。正常発生では，初めにつくられた4つの小割球が頭部構造を，2回目の4つの小割球が平衡胞(statocyst；平衡器官)と貝殻を，3回目の4つの小割球が前方で腹側の表面の原口，つまり将来の口をつくる(図9.4；Lambert 2010)。これらの細胞運命は，細胞質に限局した因子と誘導シグナルの両方の機構により特定化される(Cather 1967；Clement 1967；Render 1991；Sweet 1998)。(オンラインの「WATCH DEVELOPMENT 9.1：Video from the laboratory of Dr. Deirdre Lyons shows the first two micromere quartets forming in the snail Crepidula fornicate」参照)

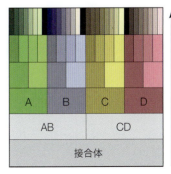

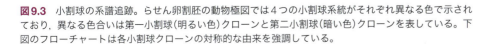

図9.3 小割球の系譜追跡。らせん卵割胚の動物極図では4つの小割球系統がそれぞれ異なる色で示されており，異なる色合いは第一小割球(明るい色)クローンと第二小割球(暗い色)クローンを表している。下図のフローチャートは各小割球クローンの対称的な由来を強調している。

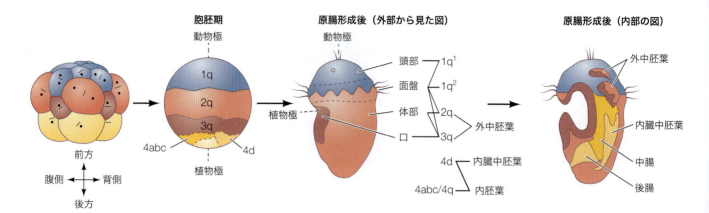

図9.4 原腸形成までのらせん卵割胚の細胞運命図。動物極から植物極への軸に沿った運命決定因子の明確な分布は，外中胚葉，内臓中胚葉，内胚葉起源の細胞運命に対応している。小割球はqと表記し，$1q^1$，$1q^2$は1q小割球から生まれた細胞を表し，以下同様である。重要なことに，らせん卵割動物のような前口動物（"口が先"）の口裂は，原口のすぐ前方で発生し，腹側表面で形成される。(J. D. Lambert. 2010. Curr Biol 20：272-277 より)

巻貝卵割の母性制御

分裂面の左右への傾きは，卵母細胞の細胞質に存在する因子によって制御される。このことは，巻貝のらせんに影響を与える変異の解析によって発見された。**右巻き**（dextral coiling）の場合，らせん構造は上から見て右に曲がり，貝殻の右側に口がある。**左巻き**（sinistral coiling）の場合，らせんは左に向かって曲がり，殻の口へとつながる。通常，特定の種の貝は同じ方向のらせんを示すが，異常体が存在する場合もある（すなわち，右巻き巻貝の集団に，少数の左巻きの個体が観察される）。

Crampton（1894）はそのような異常な貝の胚を調べ，初期の卵割が正常の場合と異なることを発見した。左巻きの貝では，2回目の卵割後に分裂装置の方向が異なるため，細胞の方向性が異なる。図9.5では，割球4dの位置が右巻きと左巻きの貝の胚で異なっている。この4d割球は特殊であり，**内中胚葉母細胞**（mesentoblast）と呼ばれ，ほとんどの中胚葉組織(心臓，筋肉や始原生殖細胞)と内胚葉組織(腸管)をつくり出す。

モノアラガイ（*Radix*；以前は*Lymnaea*と呼ばれた）のような貝では，貝のらせん方向は単一のアリルによって制御されている（Sturtevant 1923；Boycott et al. 1930；Shibazaki 2004）。ソトモノアラガイ（*Radix peregra*）で見つかったまれな左巻き変異体を，右巻きの野生型と交配させた。その結果，右巻きアリル*D*が左巻きアリル*d*に対し顕性（優性）であることが示された。しかし，卵割の方向は，発生中の貝自身の遺伝型ではなく，その**母親**の遺伝型で決められ，**母性効果**（maternal effect）と呼ばれる（第10章でショウジョウバエの発生について他の母性効果をもつ遺伝子を紹介する）。*dd*の遺伝型をもつ雌の子は，たとえ*Dd*の遺伝型であってもすべて左巻きである。*Dd*遺伝型の個体は，その母親の遺伝型によって右巻きか左巻きかが決まる。交配の結果は以下のように示される：

遺伝型		表現型	
DD♀×dd♂	→	Dd	すべて右巻き
DD♂×dd♀	→	Dd	すべて左巻き
Dd×Dd	→	1DD：2Dd：1dd	すべて右巻き

図9.5 左巻き，右巻きの巻貝らせん構造。(A)左巻き，(B)右巻きの巻貝を動物極から見た図。左巻き，右巻きの発端は，3回目の卵割の分裂紡錘体の方向性にまでさかのぼることができる。左巻き，右巻きの巻貝は互いに鏡像対称である。(T. H. Morgan 1927. *Experimental Embryology*. Columbia University Press：New York, based on E. G. Conklin. 1903. *Anat Anz* XXIII：231577-231588より)

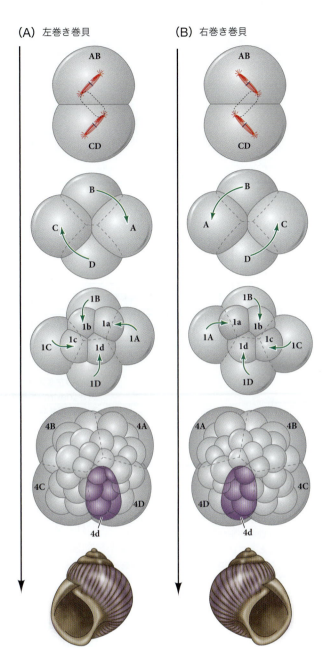

したがって，卵割がどちらの方向に向くかを決めるのは，卵母細胞が発生する卵巣の遺伝型である。巻貝のらせんに関与する遺伝的因子は，卵母細胞の細胞質に存在する。卵割方向を決めるのは，卵母細胞が生まれる卵巣の遺伝子型である。Freeman and Lundelius（1982）が，*dd*遺伝型の母親から生まれた卵に，右巻きらせん巻貝の細胞質を少量注入したところ，胚は右巻きらせんを示した。しかし，左巻きらせん巻貝の細胞質を注入しても，右巻きらせん巻貝の発生は影響されなかった。この実験より，*dd*の母親では存在しないか欠陥のある因子を，野生型の母親はその卵に送り込んでいることが確認された。これらの実験は，**細胞質決定因子**（2.2節参照）の存在を示す最初の証拠となり，この謎めいた決定因子を同定するための長い旅の舞台を整えた。

類似した巻貝の個体群を独立に研究していた2つの研究グループが，*D*アリルをもつ母親（つまり*DD*または*Dd*遺伝型）の卵細胞で活性を示すフォルミン(formin)タンパク質をコードする遺伝子を独自に同定したことで，大きな突破口が開かれた(Liu et al. 2013；Davison et al. 2016；Kuroda et al. 2016)。*dd*雌では*formin*遺伝子のコード領域にフレームシフト変異があり，mRNAは機能をもたず，急速に分解される（図9.6A, B）。卵細胞に母親の*D*アリル由来の機能的な*formin* mRNAが含まれている場合，このmRNAは早くて2細胞期に胚内で非対称に位置するようになる。このmRNAによってコードされるフォルミンタンパク質はアクチンと結合し，細胞骨格の整列を助ける。これらの知見は，フォルミンを阻害する薬物により*DD*の母親の卵から左巻きの胚が発生することを示した研究によって支持されている。

細胞が左巻きではなく右巻きパターンに分裂する最初の兆候は，大割球の背側先端で細胞膜がらせん状に変形することである（図9.6C）。3回目の卵割が起こると，Nodal（TGF-βスーパーファミリーの傍分泌因子）は右巻き胚の右側，または左巻き胚の左側で遺伝子を活性化する（図9.7A）。ガラス針を使って8細胞期の卵割方向を変えると，*nodal*遺伝子の発現場所が変化する(Grande and Patel 2009；Kuroda et al. 2009；Abe et al. 2014)。Nodalは（外胚葉をつくる）C小割球系譜で発現しているようであり，Pitx1転写因子の遺伝子（脊椎動物の軸形成においてもNodalの標的）の非対称発現を，隣接するD割球で誘導する（図9.7B）。（オンラインの「FURTHER DEVELOPMENT 9.1：A Classic Paper Links Genes and Development」参照）

9.2 らせんの発生：植物の観点

巻貝の殻がどのようにしてその特有のらせんパターンを形成するのかに関する解析は，

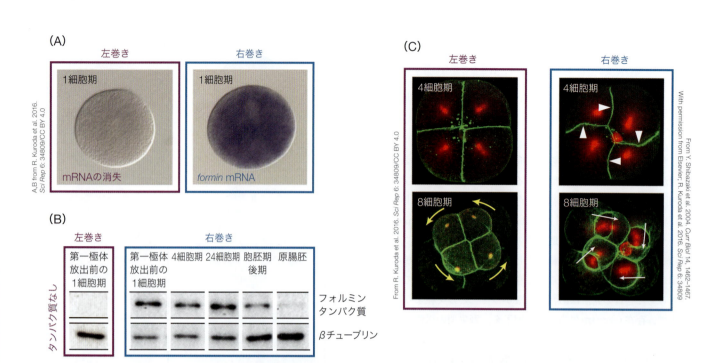

図9.6 *formin* 遺伝子は，3回目の卵割において左巻きと右巻きを制御する。(A, B)巻貝 *Radix stagnalis* の左巻き(sinistral)株では，母性発現する *formim* mRNA (A)とタンパク質(B)が接合体から，右巻き(dextral)形態の株に比べて完全に消失している。(C)アクチン(緑)と微小管(赤)の染色は，第3卵割時の正常な(右巻き)卵割パターンにおける，左巻き胚の異常卵割にはみられない，らせん状の変形(白じり)を示す。白の矢印は紡錘体の向きを示し，黄色の矢印は割球の形成方向を示す。

発展問題

右利きか左利きかは重要なのだろうか？　右利きか左利きかということは，その人の人生において比較的些細なことかもしれない。しかし巻貝にとっては，個体として，加えて巻貝集団としての進化にとって，重要な意味をもつ。巻貝集団では，左利きは左利きと，右利きは右利きと交尾をしやすい。これは厳密には，交尾器の位置と，物理的に交尾できるかの問題である。それ以上に，ある種のヘビはカタツムリを食べるが，このヘビの顎は左巻きより右巻きを食べやすいように進化している。これらの種が共存する地域では，このヘビの進化的適応は，カタツムリの進化にどのような影響を与えたのだろうか？ (Hoso et al. 2010の興味深い実験を参照)

発生の初期過程におけるきわめて規則正しい卵割の配置から始まった。葉または生殖器官である花のいずれであれ，植物の器官は成長中の茎頂や茎の周りに規則的な繰り返しパターンで形成される。自然界において最も認識されているパターンの1つは，多肉植物における葉のらせん状の配置，あるいはデイジーの花の中心における黄色い小花の配置である(図9.8)。このパターンは，オウムガイ(巻貝と似た海洋性の軟体動物)の殻の形と同様に，フィボナッチ数列の数学的確実性に従って形成される。このらせん模様を生み出す細胞運命はどのように決定されるのだろうか。

さらなる発展

葉序　茎の周囲に形成される葉の規則正しい配置は**葉序**(phyllotaxis)と呼ばれる(ギリシャ語でphyllonは"葉"を，taxisは"順序"を意味する)。植物の葉序は茎頂分裂組織において新たに形成される葉原基の位置によって決定され，予測可能であるため植物の識別において重要な特徴である。花を含むその他の植物器官の配置も同様に，原基形成のパターンによって決定される。葉序パターンの背後にある発生学的な原理は，側方器官の3つの配置様式をもつシロイヌナズナ(*Arabidopsis thaliana*)において活発に研究されている(図9.9A；Palauqui and Laufs 2011)。

1. **十字対生型**(decussate)：対向する器官のペアは180°向かい合って形成される(子葉および最初に形成される本葉)。
2. **らせん型**(spiral)：フィボナッチの黄金角である137.5°の間隔に従い，分裂組織周囲に器官が逐次，らせん状に出現する(後に出現する葉および花序における花)。
3. **環域型**(whorled)：分裂組織周囲にリング状に器官を構成する要素が同時に出現する(花器官の構成要素)。

第9章 巻貝，花，線虫 | 313

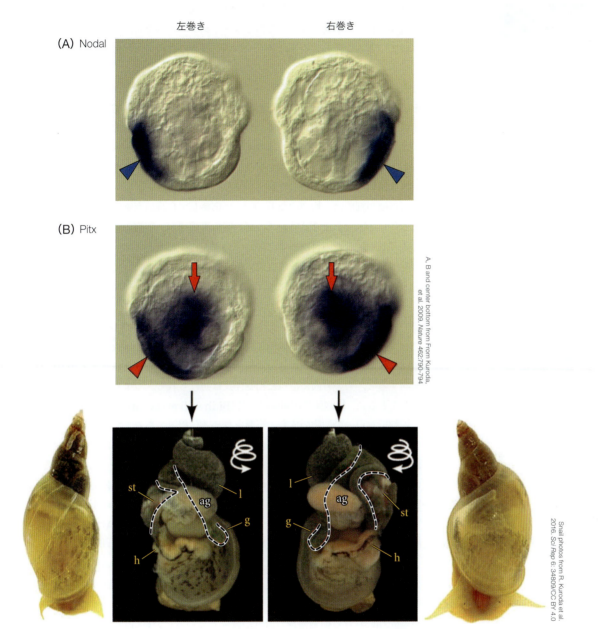

図9.7 巻貝の右巻き，左巻きらせん構造のメカニズム。(A)胚ではNodal（青い影の部分）が，左巻き胚では左側，右巻き胚では右側の貝殻腺（青矢じり）で活性化される。(B)胚（上図；影の部分）の貝殻腺（赤矢じり）と内臓塊（赤矢印）で非対称に発現しているPitx1転写因子は，成体の貝殻を除去した腹側図にみられるように（下図），器官形成に関与している。以下の位置を示した。agは卵白腺，g（黒の破線）は腸，hは心臓，lは肝臓，stは胃。白い渦巻き状の矢印は反時計回り（左）と時計回り（右）の巻きを表している。

花序分裂組織における応力によるらせんパターン

　これまでに述べてきた巻貝のらせん状の卵割における考察と概念的に関連性をもたせるために，ここでは花序分裂組織におけるらせんパターンの発生の背後にある仕組みに焦点を当てることにする。**花序分裂組織**（inflorescence meristem）は，細胞分裂や細胞伸長を通じて新たな花を形成する側方器官を生み出す特殊な幹細胞ニッチである（3.5節参照）。これらの側方原基は分裂組織の先端を取り囲むように形成され，新たな細胞が供給される

図9.8 葉序のパターン。多肉植物"candy floss"（*Sempervivum arachnoideum*）とデイジーの花の中央部（花序の中心花）を上から見たもの。中心花は21列の小花をもつ。小花のらせん状の配置を示すために，等間隔に配置された3列の小花を擬似的に赤色で示している。

に従い徐々に置き換わってゆく（図9.9B）。出現するらせん状のパターンは，分裂組織の生物物理学的な性質と，植物ホルモンであるオーキシンの輸送を統御する仕組みの双方により制御されている。これら仕組みは驚くべき細胞間相互作用の自己組織化システムを確立する。

花序分裂組織の生物物理学的な性質がどのようにらせん状のパターン形成において主要な役割を果たしているのか理解するために，植物細胞が伸長し，細胞伸長により植物が成長するということを強調しておく必要がある。植物細胞は隣接する細胞から離れて移動することができないため，**細胞の伸長は周囲の細胞に物理的な圧力を課すことになる**。つまり，読者が腕を左右に伸ばすと，隣に座る学生を押し退けるようなものである。このようなストレスは植物細胞の構造的な性質に劇的な影響を与えうる。

頂端分裂組織の細胞は，物理的な力（張力）に応答して自身の細胞壁を再構成することに長けている（Shapiro et al. 2015）。この細胞壁の再構成が，細胞の伸長方向を決定している。力に依存した細胞壁の再構成は二段階の過程で生じる。まず，細胞膜直下の表層微小管が再配向し，力の方向に対して直交する方向へ整列する。続いて，これらの微小管が足場となり，細胞壁の再構成過程で新たに合成されるセルロース微繊維の配向を指示する。

細胞壁中のセルロースの方向は，細胞が伸長する方向を制御している（図9.10）。整列したセルロース繊維は，細胞壁に**機械的な異方性**（mechanical anisotropy）を付与する。すなわち，細胞壁はすべての方向に等しく伸長するわけではない。セルロースが力に対して平行に配向すると，力の方向に沿った細胞伸長は妨げられる。つまり，セルロースが力に対し直交したときに，細胞伸長が可能になる（Bidhendi and Geitmann 2016）。これが細胞骨格と細胞壁が単一の細胞の成長に影響を与える仕組みである。では，新たな花原基の成長のような組織レベルの形態形成において，この仕組みがどのように利用されているのだろうか。

初期の側方原基の中にある細胞を想像してみることにしよう。この細胞の集団は，新たな花芽原基へと表皮の細胞層を押しやり，拡大させる必要がある。このような成長が起こるためには，表皮細胞の細胞壁は伸長できなければならない（図9.11A）。これは原基の先端に位置する表皮細胞の表層微小管の局所的な組織性（等方性あるいは均一な分布）の破壊と，分裂組織の周縁部や境界に位置する細胞に観察される組織化された微小管（異方性で，均一な分布ではない）によって達成される（図9.11B, C）。表層微小管の無秩序な配向は，分裂組織先端の細胞壁におけるセルロース微繊維の沈着がランダムであることを意味しており，原基先端における細胞伸長の抵抗が減少している（これは組織レベルの生物物理学的な形の変化であることに注意）。このことから，次のような疑問が生じる。どのようにして，これら無秩序な微小管の配向がある特定の細胞にのみ生じるのだろうか？　現在の仮説では，オーキシンシグナル伝達がこの無秩序な微小管の配向が生じる細胞の局所化を制御しており，それにより側方器官原基の場所を決めているようである。

オーキシン：ポジティブフィードバックによるらせんパターン

4.7節で詳細に述べたように，オーキシンは細胞の伸張と組織の成長を促進するモルフォゲンである。多くの動物のモルフォゲンとは異なり，オーキシンは単純拡散により移動するのではなく，非対称的に局在するオーキシンの排出輸送体であるPINによって特定の方向に輸送される（図4.31，図4.32参照；Bhatia and Heisler 2018）。方向性をもったオーキシンの流れは側方器官の形成に必要不可欠であり，このことは器官原基を形成しないピン状の花茎を形成するシロイヌナズナの*pin1*変異体により示されている（図9.12A）。しかし，*pin1*変異体の茎頂分裂組織に対するオーキシンの局所的な投与は，投与部位にお

第9章 巻貝, 花, 線虫 315

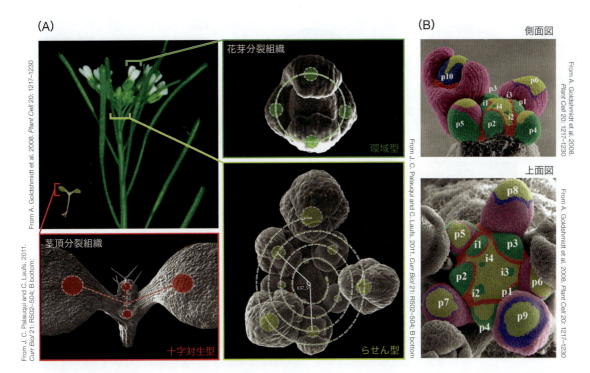

図9.9 茎頂分裂組織は葉序のパターンを形成する。(A)シロイヌナズナの側方器官の発生は3つのパターン（十字対生型，らせん型，環域型）に分類される。子葉に続く最初の地上部器官である本葉でのみ，十字対生型のパターンを形成する（左上の写真中の赤色の括弧）。続いて形成される葉の配置はらせん状のパターンを形成する。(B)側面（上）と上部（下）から観察した花序分裂組織の走査型電子顕微鏡像。写真は分裂組織内および発生過程の花芽における分化した細胞の領域を擬似的に色付けしている。原基は，未熟な原基(p1)からより発生の進んだ原基(p9)の順に示している。ごく初期の原基はi4（若い），i3，i2，i1（古い）の順で示しており，分化が進行している原基と推定される分裂組織内の領域を示している。

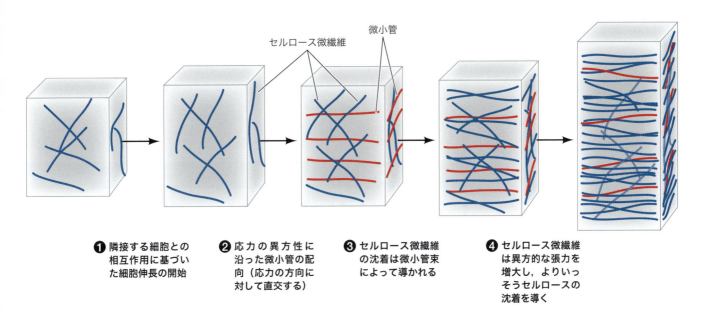

図9.10 応力に応答した微小管とセルロース微繊維の構成が，植物細胞の伸長方向を制御している。微小管とセルロース微繊維は異方性の成長（例えば異なる軸に沿って成長の度合いが異なる）に応答し，より強固なものにする。(1)新たに形成された植物細胞の伸長は，細胞壁の非対称的な強固さと，隣接する細胞との接着を介して伝わる力の影響を受ける。(2)ある軸に沿った非対称的な細胞の伸長が，異方性の伸長を継続させるいくつかの増強効果へとつながる。細胞は応力に直交する微小管束を形成することで，速やかに応答する。(3)微小管束がセルロース微繊維の沈着方向を制御することで，セルロース微繊維が微小管の骨格に沿って平行に沈着する。(4)この構造が強固な異方的な力を生み出し，システムに対し正のフィードバックを行う。その結果，同じ伸長軸に沿ってセルロースをより沈着させ，細胞の伸長を促進するのである。(A. J. Bidhendi and A. Geitmann. 2016. *J Exp Bot* 67：449-461より)

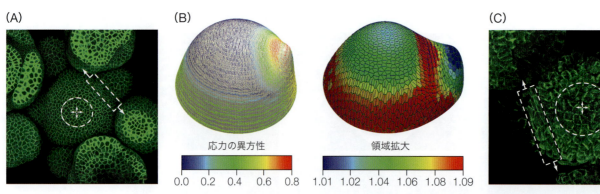

図9.11 茎頂分裂組織より形成される花芽原基。(A)分裂組織の先端部(円形の破線)の細胞は均一に力がかかっている。一方，新たな原基の境界部の細胞(長方形の破線)では，力のかかり方が異方的である。(B)茎頂分裂組織にかかる応力は測定可能である。ここで示すようなモデルは，どのように異方的な力(左)が原基の成長(右)と関連するのかを可視化する手助けとなる。(C)微小管(緑色)は，茎頂分裂組織の先端ではランダムに配向している(円形の破線)。一方，分裂組織周縁部に位置する細胞(と原基の間の細胞；長方形の破線)の微小管は，分裂組織(と原基)の頂端-基部軸に対し直交する方向に配置されている。

ける原基形成の回復に十分である(Reinhardt et al. 2003)。

　正常な発生過程では，いくつかの細胞がある特定の集積部位に向かってオーキシンを輸送するようにPIN1が配置される。この部位は周囲の細胞すべてからオーキシンを集積し，新たな原基の中心部位となる。何がこのような方向にPIN1タンパク質を配置させるのだろうか？　高濃度のオーキシンを蓄積する細胞はどういうわけか隣接する細胞によって認識され，その結果としてオーキシン極大へ向かったPIN輸送体の再配向が生じる(図9.12B；Heisler et al. 2005；Bhatia et al. 2016)。このポジティブフィードバックループの鍵となる構成因子はMONOPTEROS〔AUXIN RESPONSE FACTOR5（ARF5）としても知られている〕であり，オーキシンに制御されるオーキシン応答性転写因子である。MONOPTEROSの発現上昇は，すでにMONOPTEROSを発現している周囲の細胞におけるPIN1の極性化に先行して生じる。その結果，新たにMONOPTEROSを発現する細胞から，特定の集積部位に向かってオーキシンが輸送されることになる(図9.12C)。これによりポジティブフィードバックが形成され，ある特定の集積部位においてオーキシン濃度が上昇する(Shapiro et al. 2015)。

> ### さらなる発展
>
> **どのようにしてオーキシン極大は方向性をもった細胞伸長へとつながるのだろうか？**
> 現在の仮説によると，オーキシン濃度の高い集積部位では細胞壁の緩みが元となって，側方器官の形成が誘導されるらしい(図9.13)。すべての植物細胞は互いに接着しているため，細胞壁が緩むと，その局所的な力学的な異方性(均一ではない力のかかり方)が周囲の細胞によって感知される。PIN1の局在は，最も力のかかる細胞の境界部分と関連している。すなわちPIN1はオーキシンが集積する部位と隣接する面に局在し，それによりオーキシン極大へ向かってオーキシンの輸送を行う(Heisler et al. 2010)。この仮説は，シロイヌナズナの*pin1*変異体を微小管の重合阻害剤であるオリザリンで処理し，細胞壁の弛緩(提案されているオーキシンの役割を模倣している)を引き起こすと，それ自体が原基の伸長を誘導できるという発見によって裏付けられているのだ！　(Pien et al. 2001；Peaucelle et al. 2008；Sassi et al. 2014)
>
> 　モルフォゲンと機械的応力による新たなモデルは，植物の連続した側方器官形成の

第9章 巻貝，花，線虫 | 317

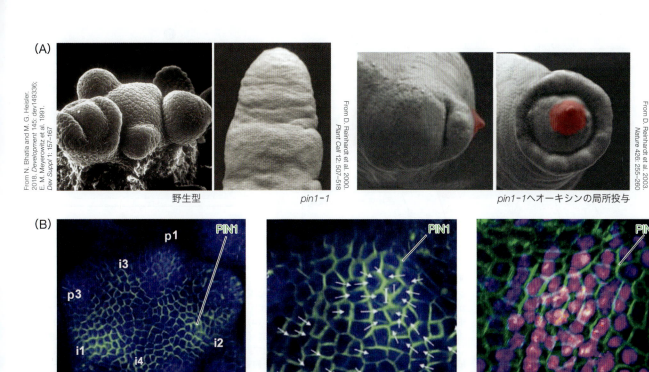

野生型　　　　　　pin1-1　　　　　　　　　pin1-1へオーキシンの局所投与

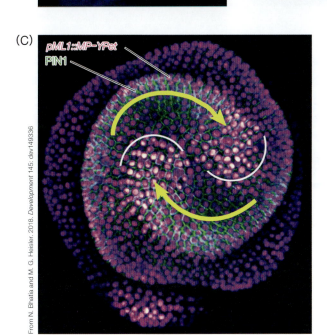

図9.12 花序分裂組織による器官形成には，PINを介したオーキシン輸送が必要である。(A)花序分裂組織による側方器官形成は，*PIN1* の機能喪失により停止する(左側2枚の走査型電子顕微鏡写真)。しかしながら，pin1-1 変異体の分裂組織への局所的なオーキシン投与(右の2枚の電子顕微鏡写真に赤色で示した部位)は，オーキシン投与部位での原基形成を誘導することができる。(B) PIN1 オーキシン排出輸送体は，初期の原基へとオーキシンを輸送し原基の成長を促進するために極性化する。これら花序分裂組織の写真は，PIN1-GFP 融合タンパク質を発現している。左側：真上から分裂組織全体を見た様子。PIN1 は緑色の蛍光として細胞膜上の一方に極性をもっている様子が観察される。p1〜p3 は原基を示しており，i1〜i4 はごく初期の原基を示している。中央：i1部分の拡大写真。PIN1 の極性(白い矢印で示している)は，初期の原基の中心へと向かっている(I)。右側：i1部分の異なる拡大写真。推定されるオーキシン活性が，オーキシンの半定量的なセンサー(R2D2)を用いて可視化されている。PIN1(緑色)は原基の端とは逆側に位置しており，最も高いオーキシン活性が検出されている先端部の中央へと向かって局在している。マゼンタは低いオーキシン活性を示しており，白色は高いオーキシン活性を示している。(C) *monopteros* 変異体における表皮細胞に限定されたMONOPTEROS(MP)の発現(*pML1::MP-YPet*)は，単一の連続したらせん状の原基を形成する。この写真の茎頂分裂組織は，MP機能を喪失した変異体に人為的に表皮細胞でのみMPを発現させた植物に由来する。タイムラプスビデオに基づくこの写真では，表皮におけるMP(マゼンタ)とPIN1(緑色)のレポーターの局在を示している。時間経過に伴うMPの発現極大部位はらせんを描いており(白線)，PIN1 はその後ろを追っている(黄色の矢印)。

相互パターンを説明することができるかもしれない。ある原基が成長するに従い，先端でのオーキシンに誘導される細胞伸長によって機械的応力も増加し，最終的にはオーキシンシグナル伝達を負に制御するようにフィードバックが行われる。これは細胞壁を安定化させる微小管とセルロース微繊維の再配向がきっかけとなって引き起こされる。この安定化は隣接する細胞によって感受され，分裂組織内においてPIN1を異なるオーキシン極大へと向かって再極性化させることで応答する。これにより，新

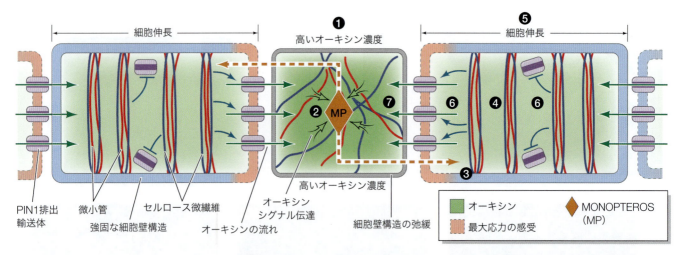

図9.13 モルフォゲンと機械的応力のフィードバックによる葉序のモデル。(1，2)高濃度のオーキシンが蓄積した細胞は細胞壁が弛緩し，オーキシン応答性転写因子であるMONOPTEROS（MP）の活性が高い。(3)仕組みは不明であるが，MPは隣接する細胞の微小管の集合を制御し，オーキシン極大の細胞に対して垂直方向に微小管を配向させる。(4)これらの微小管はセルロースの沈着とセルロース微繊維の束化を行うための足場として利用される。(5)こうした細胞壁の配置は，セルロース微繊維に対して垂直方向への細胞の異方的な伸長を生み出す。オーキシン極大の細胞の細胞壁の緩みは，隣接する細胞の接触面（ピンク色の細胞壁）に高い応力を課している。(6)こうした異方性の応力は，オーキシン極大に最も近い境界領域の細胞においてPIN1オーキシン排出輸送体の極性局在を強固なものにすることで，システムにフィードバックされる。(7)これによりオーキシンはオーキシン極大へと輸送が継続される。

発展問題

花序分裂組織にわたる表皮細胞の異方性の応力は，どのようにPINの極性変化へと変換されるのだろうか？ あなたは巻貝と植物におけるらせんパターン形成の間にどのような類似性を見出しただろうか？ 巻貝の胚盤胞が自己組織化原理のもとで活動していることを想像できるだろうか？

たな原基の成長が促進される。オーキシンによる形態形成シグナル伝達と分裂組織の生物物理学的な性質が関与する正と負のフィードバックループ間の相互作用によって，茎頂分裂組織から新たに形成される原基の位置が決定される。こうして，地上部組織の上向きの成長に対する器官配置が，らせん状の葉序パターンを決定している。シロイヌナズナの花序における細胞と器官分化の結果生じるらせんパターンは，巻貝の殻のらせんパターンと似ているが，自己組織化する細胞間の相互作用を含む異なる仕組みによって形成される。

9.3　巻貝における原腸形成と体軸決定

巻貝の無腔胞胚は比較的小さく，その細胞運命はD系列の大割球によって既に決定されている。原腸形成はいくつかの過程によって成し遂げられる。すなわち，内胚葉が陥入して原腸を形成する過程および，動物極側の小割球が増殖し，植物極側の大割球を"覆いつくす"覆いかぶせ運動である（図8.5参照；Collier 1997；van den Biggelaar and Dictus 2004；Lyons and Henry 2014）。最終的に小割球は，植物極の小さな原口を除いて胚全体を覆いつくす（図9.14A）。初回から3回目の小割球形成によって生じた小割球は，上皮アニマルキャップを形成し，これが拡張して植物極側の内中胚葉前駆細胞を覆う。原口が狭くなるにつれて，$3a^2$と$3b^2$に由来する細胞は上皮-間充織転換を起こし，原腸内に移動する。後方では，$3c^2$と$3d^2$に由来する細胞は腹側正中線に沿ってジッパーを閉じるようなメカニズムで相互挿入して，収斂伸長を行う（図9.14B；Lyons et al. 2015）。

腹足類の軟体動物は前口動物で，最初に原口がみられる部分に口を形成する。巻貝の口は原口周囲の細胞から形成される（図9.15）。肛門は$2d^2$細胞から発生する。$2d^2$細胞は一時的に原口唇の一部となるが，その子孫が後に原口とは関係のない別の穴を形成し，それ

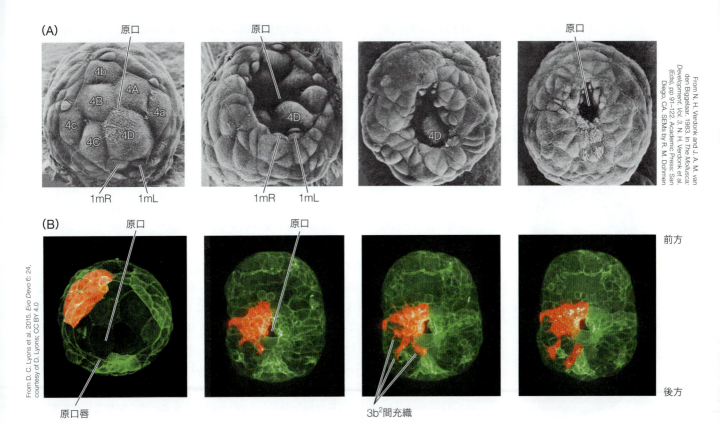

図9.14 巻貝 *Crepidula* の原腸形成。原口領域に焦点を当てた走査型電子顕微鏡写真では，大割球と第4層の小割球に由来する内胚葉の内部化がみられる。1mR と 1mL（それぞれ右と左の中内胚葉細胞）は 4d 細胞系譜である。外胚葉は動物極から覆いかぶせ運動によって胚の他の細胞を包みこむ。(B) *Crepidula* 胚の細胞を標識することで，原腸形成が覆いかぶせ運動によって起こることがわかる。3b 小割球に由来する細胞はオレンジ色に染色されている。

が肛門となる。

　軟体動物は細胞自律的な発生現象の最も典型的な例であり，卵母細胞の特定の場所に局在した細胞質決定因子によって，割球が特定化される（2.2節参照）。数十細胞しか形成されていない時期に植物極から原腸形成を開始する，らせん卵割をするグループの動物において，初期割球の自律的な運命特定化は特に顕著である（Lyons et al. 2015, 2017）。

　軟体動物では，転写因子や傍分泌因子のmRNAが，特定の細胞で特定の中心体に結合している（図9.16；Lambert and Nagy 2002；Kingsley et al. 2007；Henry et al. 2010a,b）。この結合によってmRNAは，2つの娘細胞のどちらか1つに特異的に入ることができる。多くの場合，特定の割球セットに一緒に輸送されるmRNAは，3′末端にとてもよく似た構造をもっている。このことから，小割球セットのアイデンティティは，それぞれの分裂の際に中心体に結合するmRNAの3′非翻訳領域（untranslated region：UTR）によって制御されていると考えられる（図9.17；Rabinowitz and Lambert 2010）。これと異なる場合では，（まだ正体不明の）パターン形成に働く分子は，**極葉**（polar lobe）と呼ばれる固有の構造をつくる卵の特定領域に結合しているようである。極葉は胚の植物極で形成されその後に吸収される突起部である。1回目の卵割では，極葉に流れ込んだ細胞質はCD割球に吸収され，2回目の卵割では極葉に流れ込んだ細胞質はD割球に吸収される。（オンラインの「FURTHER DEVELOPMENT 9.2：The Snail Fate Map」「FURTHER DEVELOPMENT 9.3：The Role of the Polar Lobe in Cell Specification」「WATCH DEVELOPMENT 9.3：The epiboly of the snail micromeres and the internalization of macromeres are shown in two videos from the laboratory of Dr. Deirdre

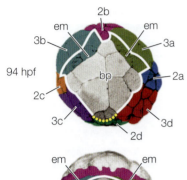
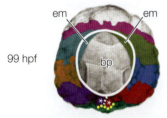
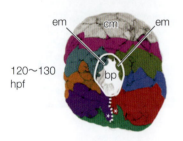
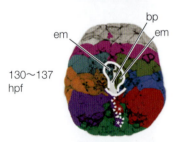
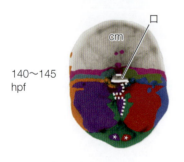

図9.15 段階的に原口が閉じていく過程の巻貝原腸胚の疑似カラーをつけた細胞。アクチン細胞骨格のライブ標識により，細胞膜（灰色）と原口閉鎖の過程がわかる（植物極/腹側から見た図を示す）。この時期の特定細胞由来のクローン細胞の寄与を視覚化し，原口唇の経時的な形態変化が可視化されている。原口唇（白線）が閉じるにつれて，それに伴って2d-原口唇境界（黄色の点線）と腹側（白の点線）に沿って細胞間がジッパーのように閉じる。hpf：受精後の時間，bp：原口，em：外中胚葉。(D. C. Lyons et al. 2015. *Evodevo* 6：24より)

Lyons」参照)

D割球"オーガナイザー"

　D割球のその後の発生は，図9.2で追いかけることができる。この割球は極葉の内容物を受け継いでおり，他の3つの割球より大きい（Clement 1962）。D割球，あるいはそこから生じる1つ目または2つ目の大割球（1Dか2D）を除去すると，心臓，腸，面盤，貝殻腺，眼，足がない不完全な幼生になる。この表現型は，極葉を除去した場合と同じである。D割球自身はこのような組織の多くには直接寄与しないので，D割球は他の細胞がこのような運命をもつように誘導すると思われる。それゆえ，このD割球は"オーガナイザー"と呼ばれるようになった。この用語は，8.5節で説明したように，サンショウウオの原口背唇部の誘導特性を同定したHilde Mangold（ヒルデ・マンゴルト）とHans Spemann（ハンス・シュペーマン）によって広められた（Henry and Martindale 1987；Boyer et al. 1996；Henry 2002；Lambert and Nagy 2003；Henry et al. 2017）。

　2D細胞が3Dと3d割球に分裂してすぐに3Dを除去すると，そこから生じる幼生はDや1D，2Dを除去した場合とよく似ている。しかし，これより遅く3Dを除去すると，心臓や腸は欠いているが，眼，足，面盤，貝殻腺をもつ，ほとんど正常な幼生が得られる。（3D細胞の分裂によって）4d細胞が生まれた後でD由来細胞（4D細胞）を除去しても，その後の発生に質的な変化はない。事実，心臓と腸の形成に必須な決定因子はすべて4d割球（前述のように内中胚葉母細胞とも呼ばれる）に含まれており，この細胞を除去すると，心臓と腸のない幼生になる（Clement 1986）。4d割球は（その次の分裂で）左右相称な割球ペアをつくり，それぞれが中胚葉（心臓）と内胚葉（腸）器官の両方をつくる（Lyons et al. 2012；Chan and Lambert 2014）。

　したがって，3D大割球のもつ中胚葉および内胚葉決定因子は，4d割球に受け継がれる。少なくとも2つの細胞運命決定因子が，4dの発生制御に関与している。第一に，転写因子**βカテニン**（β-catenin）が4d内中胚葉母細胞とその直近の子孫細胞の核に移行することで，細胞運命は特定化される（図9.18A；Henry et al. 2008；Rabinowitz et al. 2008）。βカテニンの翻訳を4d割球で阻害すると，この細胞は通常パターンの初期の細胞分裂を行うが，心臓，筋肉，腸へ分化せず，この胚では原腸形成が起こらない（Henry et al. 2010b）。実際，βカテニンは動物界を通じて，細胞自律的な運命特定化と内中胚葉運命特定化を仲介する進化的に保存された役割をもっているのかもしれない。次章以降で，ウニとカエル胚においてこのタンパク質の似た機能にふれる。

　4d内中胚葉母細胞は，翻訳抑制因子*nanos*のタンパク質とmRNAももっている（図9.18B）。βカテニンの場合のように，*nanos* mRNAの翻訳を阻害すると，4d割球からつくられる幼生の筋肉，心臓，腸の形成が妨げられる（Rabinowitz et al. 2008）。これに加え，生殖細胞（精子と卵の前駆細胞）が形成されない。本書内で何度か登場するように，Nanosタンパク質はしばしば生殖前駆細胞の特定化に関与している。

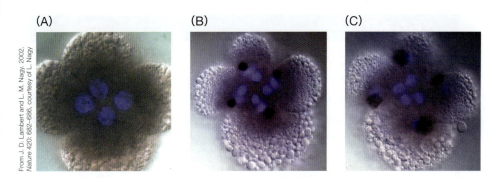

図9.16 *Ilyanassa* の特定の中心体に結合している *decapentaplegic*（*dpp*）遺伝子のmRNA。（A）4細胞期の巻貝胚での *in situ* ハイブリダイゼーションでは，DppのmRNAの蓄積は認められない。（B）4細胞期から8細胞期への分裂前期には，*dpp* mRNA（黒色）は紡錘体を形成している中心体対の一方に蓄積している（DNAは明るい青）。（C）分裂が進行すると，*dpp* mRNAはそれぞれの細胞において小割球側の中心体ではなく，大割球側の中心体に付随しているように見える。*dpp* がコードする骨形成タンパク質（BMP）様の傍分泌因子は，軟体動物の発生に重要である。

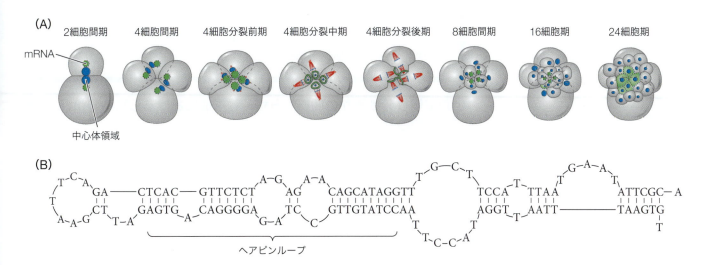

図9.17 mRNAの特定の中心体への結合には，その3′UTRが重要である。*Ilyanassa* では，*R5LE* mRNAは通常は初めに生じる4個の小割球に分配される。このmRNAは，中心体複合体の片側（小さな小割球になる側）に結合している。（A）2細胞期から24細胞期にかけての正常な *R5LE* mRNAの分布。小割球になる側の中心体領域（青色）に結合したmRNA（緑色）は，24細胞期には特定の割球に局在する。（B）*R5LE* mRNAの3′UTRのヘアピンループ構造。(J. S. Rabinowitz and J. D. Lambert. 2010. *Development* 137: 4039-4049 より)

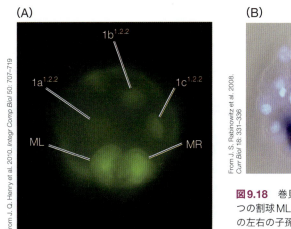

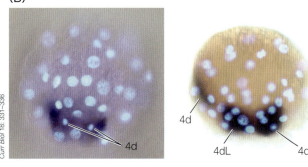

図9.18 巻貝の4d割球のもつ細胞運命特定化因子。（A）*Crepidula* の4d割球が分裂して生じた2つの割球MLとMR（左と右）でのβカテニンの発現。（B）*Ilyanassa* の分裂している4d割球と，その左右の子孫4dLと4dRでの，*nanos* mRNA（紫色）の局在。核は水色で示した。

さらなる発展

4d割球とNotchの役割　4d割球は自律的に発生するだけでなく，他の細胞系列を誘導する。Notchシグナル伝達経路は，このような4d割球による誘導現象に重要である可能性がある。4d割球が形成された後にNotchシグナルをブロックすると，幼生は4d細胞を除去した場合（すなわち心臓と腸を欠く）をフェノコピー（形質一致）するが，他の4d細胞の自律的な運命（幼生の腎臓など）は阻害されない（Gharbiah et al. 2014）。このように，Dセットの割球は巻貝の"オーガナイザー"である。D割球に局在する非拡散性の極葉（細胞皮層）細胞質は，いくつかの理由から正常な軟体動物の発生においてきわめて重要であることが実験によって証明されている：

- D割球の適切な卵割リズムと分裂方向の決定因子が含まれている。
- 中胚葉と腸の自律的分化のための特定の決定因子（4d割球に入るもの，つまり内中胚葉母細胞につながるもの）を含む。
- 貝殻腺と眼球の形成につながる誘導的相互作用（3D割球に入る物質を介して）を可能にする役割を担っている。

（オンラインの「FURTHER DEVELOPMENT 9.4：Altering Evolution by Altering Cleavage Patterns：An Example from a Bivalve Mollusk」参照）

いかに切り分けるかの問題：らせん軸形成におけるBMP/Dppシグナリングの役割

骨形成タンパク質（bone morphogenetic protein：BMP）と無脊椎動物のホモログであるDecapentaplegic（Dpp）は，中胚葉の誘導と神経外胚葉のパターニングだけでなく，初期の軸決定と伸長においても重要な役割を果たしていることがよく知られている。前口動物におけるBMPを介した軸決定の進化史を探究するなかで，軟体動物（巻貝など）と環形動物（ミミズ，ヒル，そしてゴカイのような多毛類など）のらせん卵割胚におけるDpp/BMPの機能を比較した最近の研究から，BMPシグナルが軸形成において以前考えられていたよりもはるかに多様な役割を果たしている可能性が示唆されている。

脊椎動物でもハエでも，Dpp/BMPは神経外胚葉の特定化を抑制する機能をもち，その結果，発生中の中枢神経系と反対側の胚領域で高濃度に発現し，機能的に活性化される（すなわち，脊椎動物では図8.24に示すように背側CNSを形成するために腹側で，ハエでは腹側神経索を形成するために背側で発現する）。

興味深いことに多毛類の*Platynereis dumerilii*と泥巻貝の*Tritia*（以前は*Ilyanassa*）*obsoleta*は，中枢神経系の発達の代わりに背側-腹側の運命を促進する誘導活性にDpp/BMPを必要とする（Denes et al. 2007；Lambert et al. 2016）。対照的に，多毛類の環形動物*Capitella teleta*とネコゼフネガイ（*Crepidula fornicata*）の発生を調べたところ，少なくともこの2種ではDpp/BMPが背腹軸の決定に必須ではないことが示された（Lanza and Seaver 2018；Lyons et al. 2020）。

Dpp/BMPが神経外胚葉の細胞運命をどのように制御しているかを比較したところ，らせん卵割動物の種間でさらなる違いがあることがわかった。ハエや脊椎動物のように，*Platynereis*（多毛類），*Helobdella*（ヒル），*Crepidula*ではDpp/BMPはCNSの発生を抑制するが，*Capitella*（多毛類）と*Tritia*（泥巻貝）では，時間依存的に脳構造の形成を促進する（Kuo and Weisblat, 2011；Lambert et al. 2016；Webster et al. 2021）。

これらの異なる結果の重要性は，Dpp/BMPのもつ体軸決定と神経外胚葉のパターン形成という役割が，らせん卵割動物群において進化的に分離していることを示唆しているこ

とである。Dpp/BMPを軸形成シグナルとして必要とするらせん卵割動物種の間にある1つの魅力的な相関関係は、ほとんどが非対称な卵割を行う結果、背腹軸に沿って*dpp*発現の空間的差異が生じることである。しかし、*Crepidula*は均等な卵割パターン、そして*dpp*の均一な発現を示し、それと相関して背側から腹側への運命軸を組織化する役割はないが、*dpp*は神経細胞運命のパターン形成に重要な機能をもっている（Lyons et al. 2020）。

らせん卵割動物胚の各割球を正確に識別できるようになったため、研究者たちは"らせん状"にさかのぼり、これらの種のより広い多様性を調査し始めている。このようにして拡張された研究は、細胞レベルの高分解能で生物種間の遺伝子制御ネットワークを比較することにより、シグナル伝達系がどのように進化してきたかを描くことのできるユニークな機会を提供している。

9.4 線虫*C. elegans*

1970年代にSydney Brenner（シドニー・ブレナー）と彼の学生が、発生に関与する遺伝子を同定するだけでなく、個々のすべての細胞の系譜を追跡することが可能な生物を探索した（Brenner 1974）。Richard Goldschmidt（リチャード・ゴールドシュミット）やTheodor Boveri（テオドール・ボヴェリ）などの胚発生学者が、いくつかの線虫種が比較的少ない染色体数、少数の細胞、そして**個体差の少ない細胞系譜**（invariant cell lineage）をもっていることを既に示しており、線虫は研究を始めるのにとてもよい生物群だと考えられた。各細胞はどの胚でも同じ数と種類の細胞を生み出すので、研究者はどの細胞が同じ前駆細胞をもつかを知ることができる。つまり胚の各細胞について、それがどこから来たのか（胚のより初期の段階でどの細胞がその前駆細胞だったのか）、そしてどの組織の形成に寄与するのかを正確に言うことができる。

Brennerらは最終的に、比較的少ない細胞種をもち、小さな（体長1 mm）、自由生活をする（つまり寄生性でない）土壌線虫である*Caenorhabditis elegans*に落ち着いた。*C. elegans*は胚発生が速く（約16時間）、シャーレのなかで育てることができる。線虫の多くの成体は雌雄同体で、各個体は卵と精子の両方を産生する（図9.19B参照）。この線虫は自家受精で増殖することもできるし、低頻度で生まれる雄との交配によって増殖することもできる。成虫の*C. elegans*は正確に959個の体細胞を含んでおり［訳注：この数は核の数であり、後述のように多核の表皮細胞があるため、実際の細胞数はこれより少ない］、全細胞系譜が透明な角皮を通して追跡された（図9.20B参照；Sulston and Horvitz 1977；Kimble and Hirsh 1979）。*C. elegans*の細胞系譜はほぼ完全に個体間で不変であり、ランダムさがほとんどない（Sulston et al. 1983）。

*C. elegans*はからだを構成するほぼすべての主要なシステム（摂食、神経、生殖など——骨はもたないが）の基本構造をもっており、死ぬ前には加齢の表現型も示す。神経生物学者はその最小限の神経系（302個の神経細胞）を賞賛し、7,600のシナプス1つ1つが同定されている（White et al. 1986；Seifert et al. 2006）。加えて、*C. elegans*は分子生物学者に特になじみやすい。*C. elegans*の細胞に注入されたDNAは、容易に核に取り込まれる。また*C. elegans*は、二重鎖RNAを培養液から取り込むことができる。最後に、CRISPR/Cas9システムのような遺伝子編集技術の汎用性により、研究者たちは*C. elegans*において標的遺伝子のノックアウトや挿入（別名"ノックイン"）を最大限に活用している（Dickinson and Goldstein 2016）。

*C. elegans*の非常にコンパクトなゲノムは多細胞生物では最初にその全配列が解読された（*C. elegans* Sequencing Consortium 1998）。ヒト（20,000〜25,000遺伝子）とほぼ同じ数の遺伝子（19,000〜20,000遺伝子）をもっているのに、この線虫のゲノムはヒトのわ

発展問題

ヒトは，数十兆の細胞，領域分けされた脳，複雑な器官系，複雑な四肢をもっている。一方で線虫は959個の細胞をもち，われわれの爪くらいのもののようにみえる。しかし，ヒトと線虫の遺伝子数はほぼ同じであり，*C. elegans*の遺伝子地図のキュレーターであるJonathan Hodgkin（ジョナサン・ホジキン）は，「線虫は20,000遺伝子で何を求めているのか？」と疑問を投げかけた。よい考えはないだろうか？

ずか3%の塩基数しかもたない（Hodgkin et al. 1998；Hodgkin 2001）。

C. elegans の受精と卵割

*C. elegans*の受精は，典型的な"精子が卵に出会う物語"ではない。*C. elegans*のほとんどは雌雄同体であり，精子と卵の両方をつくるので，受精はそれぞれの成虫の体内で起こる。卵は，成熟した精子を含んだ成虫の器官（貯精嚢）を通ることにより受精する（図9.19A，B）。精子は典型的な長い尻尾をもった流線型ではなく，小さな，丸い，鞭毛をもたない細胞であり，アメーバ様の動きでゆっくり移動する。精子が卵の細胞膜と融合すると，新たに受精した卵ではキチン（クチクラを構成するタンパク質）が急速に合成されることで多精が防がれる（Johnston et al. 2010）。受精卵は初期の分裂の後，陰門（産卵口）より押し出される。

*C. elegans*の受精卵は回転全割をする（図9.19C）。初期の卵割の間，非対称な分裂を繰り返すごとに，分化する子孫細胞を生み出す1つの創始細胞（AB，E，MS，C，Dと呼ば

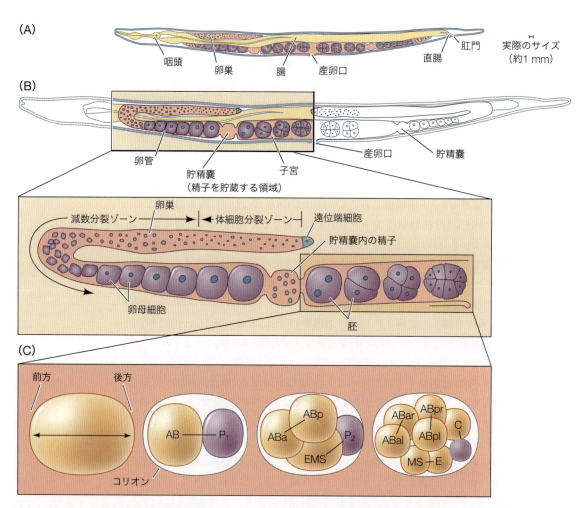

図9.19 *C. elegans*の受精と初期卵割。(A)雌雄同体の成虫を側面から見た図。成熟した卵が陰門（産卵口）に達するまでに必ず精子に出会うように，精子が貯えられている。(B)生殖細胞は，生殖巣の遠位端近くで体細胞分裂を行う。遠位端から離れると，減数分裂を開始する。初期の減数分裂は精子をつくり，貯精嚢に貯えられる。後期の減数分裂では卵がつくられ，卵は貯精嚢を通過する際に受精する。(C)初期の発生は，卵が受精して産卵口へ移動している間に起こる。P細胞系譜は，最終的に生殖細胞をつくる幹細胞である。（M. Pines. 1992. *From Egg to Adult : What Worms, Flies, and Other Creatures Can Teach Us about the Switches that Control Human Development*. Howard Hughes Medical Institute: Bethesda, MD. Based on J. E. Sulston and H. R. Horvitz. 1977. *Dev Biol* 56：110-156 and J. E. Sulston et al. 1983. *Dev Biol* 100：64-119 より）

れる）と，1つの幹細胞（P_1～P_4系譜）をつくり出す。前後軸は初めの分裂の前に決定され，最初の分裂溝はこの軸に沿って非対称に，後極側に近いところに形成される。第1卵割により，前方の創始細胞（AB）と後方の幹細胞（P_1）がつくられる。背腹軸は2回目の分裂の際に決定される。創始細胞（AB）は赤道方向に（縦に，前後軸に対して90°で）分裂し，P_1細胞は子午線方向の（横に）分裂し，前方にもう1つの創始細胞（EMS）を，後方に幹細胞（P_2）をつくる。EMS細胞の位置が発生中の胚の腹側となる。幹細胞系譜は必ず子午線方向の分裂をし，(1)前方の創始細胞と(2)後方の幹細胞系譜となる細胞をつくる。左右軸は4細胞から8細胞への移行期に観察される。"孫細胞"の2つが生まれた後，前側にずれる。その結果，ABの2つの孫細胞（ABalとABpl）は左側に，他の2つ（ABarとABpr）は右側に位置する（図9.19C参照）。

C. elegans の原腸形成

C. elegans の原腸形成は極端に早く，26細胞期の胚でP_4細胞が生まれた直後に始まる（図9.20A；Skiba and Schierenberg 1992）。このとき，E細胞の娘細胞（EaとEp）が胚の腹側から中央へと移動する。この内部化は，アクチノミオシン収縮によって頂端面の表面積が基底側と比較して減少する，**頂端収縮**（apical constriction）として知られる細胞形状変化の一般的なメカニズムによって開始される（図8.12参照）。ショウジョウバエ，ツメガエル，ゼブラフィッシュ，ニワトリ，マウスの原腸形成における陥入現象でみられるように，この極性のある形状が内側に陥入する部位をつくり出す。

内側に入ってから，E細胞は分裂して20細胞から構成される腸を形成する。EaとEpの移動前に，非常に小さな一過的な胞胚腔が存在する。その他に64の細胞が内部化し，それぞれの細胞の正体がわかっており，線虫の細胞系譜上にマッピングされている（図9.20B）。次に内在化する細胞は，生殖細胞の前駆体であるP_4である。P_4細胞は腸原基の下の位置へ移動する。中胚葉細胞がそれに続き，MS子孫細胞が原口の前方から，そしてCとD細胞由来の筋前駆細胞が原口の後方から，内側に移動する。これらの細胞は腸管の右と左に並ぶ（Schierenberg 1997）。最終的に受精後約6時間で，咽頭に寄与するAB由来の細胞が内側に入り，一方，表皮細胞の前駆細胞は覆いかぶせ運動によって腹側に移動して，結果的に原口を閉じる。左右の表皮は，その移動の先頭の細胞が腹側の中央で出会うところで，先端に存在するE-カドヘリンによって密閉される（Raich et al. 1999；Harrell and Goldstein 2011）。

続く6時間で，細胞は移動して器官を形成し，球状だった胚は伸長して556個の体細胞と2個の生殖系列幹細胞から成る線虫の形が形成される（図9.20C；Priess and Hirsh 1987；Schierenberg 1997；Harrell and Goldstein 2011参照）。それ以外の形の改変として，115個の細胞がアポトーシスで死ぬ（プログラム細胞死）。4回の脱皮の後，線虫は性的に成熟し，正確に959個の体細胞と数多くの精子および卵をもった雌雄同体になる。

さらなる発展

線虫胚における細胞融合　よく研究されている他の多くの生物と異なる C. elegans のもつ特徴の1つは，細胞融合が頻繁に起こることである。C. elegans の原腸形成の間，全細胞の約1/3が互いに融合し，多数の核を含む融合細胞となる（すなわち同じ細胞質内に多数の核を含む細胞；2.4節参照）。線虫の表皮を構成する186個の細胞は，細胞融合により8個の融合細胞となる。加えて細胞融合は，産卵口，子宮，そして咽頭でもみられる。このような融合現象の意義は，融合が起こらない変異体を観察することで明らかになった（Shemer and Podbilewicz 2000, 2003）。細胞が正常な境界

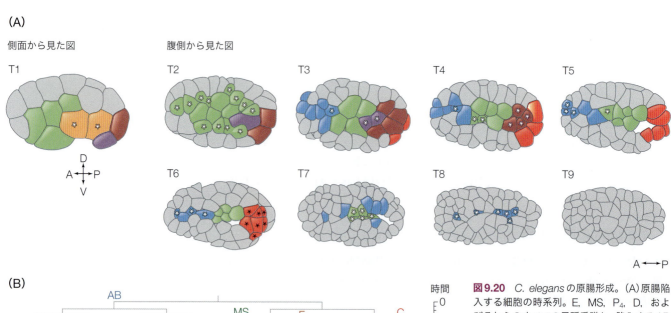

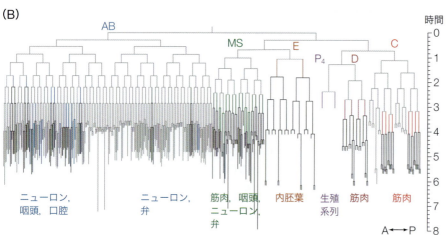

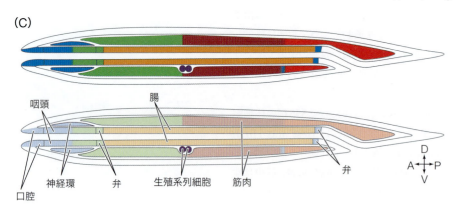

図9.20 *C. elegans* の原腸形成。(A)原腸陥入する細胞の時系列。E, MS, P_4, D, およびそれらのすべての子孫系譜と, 陥入するABおよびC系統の系譜を色分けしてある〔色は(B)で説明〕。左上の図は側面から見たもので, 他の図は腹側から見たものである。アスタリスクは内部化しようとしている細胞を示す。(B)すべての原腸陥入する細胞の系譜図。各横線は細胞分裂を表す。線の縦の長さは細胞分裂の間の時間(右の軸)に比例する。(C)幼虫における細胞系列の最終位置。(A〜CはJ. R. Harrell and B. Goldstein. 2011. *Dev Biol* 350: 1-12より; CはJ. E. Sulston et al. 1983. *Dev Biol* 100: 64-119に基づく)

を越えて移動してしまうことが, 融合によって防がれているようである。産卵口では, 本来は産卵口にならない表皮細胞が産卵口の運命を獲得してしまい, 異所的な(機能のない)産卵口をつくってしまうことが, 細胞融合によって防がれている。

ゲノムが小さく, 細胞の種類も少ない線虫のような単純な生物でさえ, からだの右側は左側とは異なる方法でつくられている。上述した遺伝子の同定は, 発生の複雑な相互作用を探求するうえでの出発点に過ぎない。(オンラインの「FURTHER DEVELOPMENT 9.5: Heterochronic Genes and the Control of Larval Stages」参照)

前後軸形成

C. elegans において，前後軸に沿った細胞運命の決定は，接合体の最初の卵割によって卵の目に見える対称性が崩れる前に始まる．卵のどちらの極が前方になり，どちらが後方になるかの決定は，受精時の精子由来の前核の位置に依存するようである．精子前核が卵母細胞の細胞質に進入したときには，卵母細胞は極性をもっていない．精子の侵入部位が変わると前後軸の向きが変わることから，精子が接合体の前後軸を規定するメカニズムを提供していることが示唆される（Goldstein and Hird 1996）．しかし，卵母細胞の構成因子も一役買っている．

卵母細胞の細胞質には **PAR タンパク質**（PAR protein）が特異的に配置されている（Motegi and Seydoux 2013）．もともとは線虫で発見されたが，現在では多くの生物種が細胞極性の確立に PAR タンパク質（またはそのホモログ）を利用していることがわかっている[1]．*C. elegans* において，*par（partitioning defective）*遺伝子の変異は細胞質決定因子の非対称分配に失敗をもたらす．プロテインキナーゼ PKC-3 と相互作用する PAR-3 と PAR-6 は，細胞質の表層側で均一に局在している．PKC-3 は，PAR-1 と PAR-2 をリン酸化することで，その局在を内側の細胞質に制限する（**図9.21A**）．受精後，精子の中心体は微小管を組織して卵の表層細胞質に接触し，細胞質の動きを開始させて雄の前核を長楕円形の卵子の最も近い端に押しやる．そしてその端が後極になる（Goldstein and Hird 1996）．さらに，精子の中心体によって組織化された微小管が局所的に PAR-2 をリン酸化から保護し，それによって PAR-2 は（その結合パートナー PAR-1 とともに）中心体の近くの表層に局在できるようになる．

いったん PAR-1 が細胞質表層に局在すると，PAR-3 をリン酸化し，PAR-3 は（その結合パートナー PKC-3 とともに）表層から離れる．これと同時に，精子の中心体によって組織された微小管は，アクトミオシン細胞骨格の前方に向かっての収縮を誘導する．それによって，PAR-3，PAR-6，PKC-3 が 1 細胞胚の後方から除去される結果，その局在が前極に制限される（図9.21A 参照）．これらの現象は，**移流**（advection）として知られる流体の大きな移動をもたらし，表層に前極に向かった物理的な波を発生させる〔この現象は**表層流**（cortical flow）と呼ばれる〕．表層流と，精子の前核を後極に引っ張る微小管の張力の増大とが組み合わさることで，接合体において対称性が崩れる現象が起こる．その結果，第 1 分裂の際に中期板（metaphase plate）が中央に形成され始めるが，後極に移動し，受精卵は非対称な大きさの細胞，すなわち前方 PAR（PAR-3，PAR-6，PKC-3 と CDC42）をもつ細胞と，後方 PAR（PAR-1 と PAR-2）をもつ細胞に分裂する（図9.21A 参照；Goehring et al. 2011；Motegi et al. 2011；Rose and Gönczy 2014）．

父方の前核と中心体がどのようにして PAR タンパク質と極性相互作用を開始し，表層流を誘導するのかが，研究の大きな焦点となっている．接合体が成熟すると，卵母細胞の細胞質と表層に存在するキナーゼである Aurora-A（AIR-1）は，精子の前核に付随する中心体に引き寄せられることが示されている（**図9.21B**）．AIR-1 はいったん中心体に取り込まれるとアクトミオシンネットワークを阻害し，その結果，後極での表層運動を阻害する．この最初の対称性を破る出来事は，最終的にアクトミオシンネットワークの流れを卵母細胞の前半分に制限することにつながり，その結果，図9.21 に図示するように，表層から後

---

1 PAR タンパク質は，ショウジョウバエ卵母細胞の前方および後方領域の形成に重要であるし，ショウジョウバエ上皮細胞の頂端側と基底側を区別するものでもある．また，神経幹細胞が分裂して神経細胞になるか，あるいはそのまま幹細胞としてとどまるかの決定にも重要な役割を果たす．哺乳類における PAR-1 のホモログは，神経極性にも重要な役割を担っているようである（Goldstein and Macara 2007；Nance and Zallen 2011）．

図 9.21 AIR-1 は *C. elegans* 接合体の対称性を破る。(A)受精後，精子と卵の前核は楕円形の卵の反対側の極に位置している。アクトミオシン(緑)の収縮と弛緩の活発なサイクルが，動的な表層の流れ(表層にみられる波)を引き起こす。この最初の時点では，前方の PARタンパク質(PAR-3, PAR-6, PKC-3, CDC42)は表層(オレンジ色)に一様に存在し，後方のPARタンパク質(PAR-1, PAR-2)は細胞質(紫色の点)に存在する。最初の細胞周期が進むにつれて，異なるPARタンパク質が表層の前方半分と後方半分に非対称的に分離するようになる(左下の図；オレンジと紫)。(B) PARタンパク質が分配される前，Aurora-Aキナーゼ(AIR-1；赤色)は細胞質と表層上に存在し，自発的な極性化を防ぐ機能を果たしている(赤色の抑制矢印)。しかし，AIR-1は局在を変えて，主に精子前核の中心体(赤い点)に結合するようになる。この場所では，AIR-1 はアクトミオシンの収縮を抑制する結果，表層は非対称的に安定化し(Aの黒矢印)[訳注：黒矢印は「安定化」ではなく「流動」だと思われる]，PAR-1とPAR-2は卵母細胞の後方半分にのみ局在するようになる(点線矢印，紫)。(AはW. J. Gan and F. Motegi. 2021. *Front Cell Dev Biol* 18：619869より；BはK. Klinkert et al. 2019. *Elife* 8：e44552より)

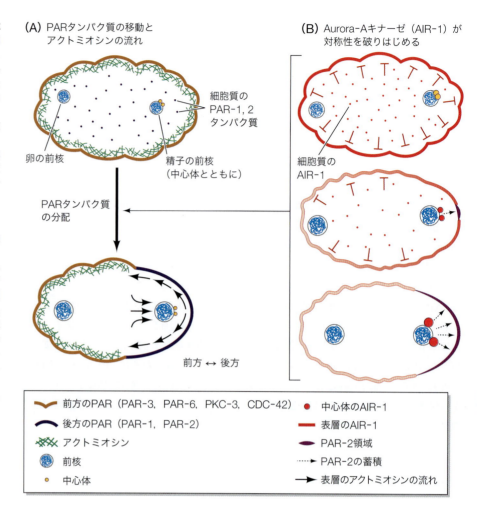

極に向かう細胞質決定因子の移流が生じる(Klinkert et al. 2019；Zhao et al. 2019；Gan and Motegi 2021)。(オンラインの「WATCH DEVELOPMENT 9.8：Video from Bob Goldstein's lab beautifully depicts *C. elegans* gastrulation」「SCIENTISTS SPEAK 9.2：Q & A with Dr. Kenneth Kemphues, who talks about his work on the PAR genes and RNAi」参照)

背腹軸と左右軸の形成

C. elegans の背腹軸は，AB細胞の分裂時に確立される。この細胞が分裂すると，その長さが卵殻の幅より大きくなる。これにより生じる圧力により娘細胞の位置がずれて，その1つが前方，他方が後方に配置されるようになる(このため，それぞれの娘細胞はABa, ABpと呼ばれる；図9.19C参照)。加えてこの圧力によって，ABp細胞がP_1割球の分裂によって生じるEMS細胞の上方に位置することになる。この結果，ABp細胞の位置が胚の将来の背側と定義され，一方(筋肉と腸の前駆細胞である)EMS細胞の位置が胚の将来の腹側の標識となる。

左右軸は12細胞期まではっきりしていない。この12細胞期に，(EMS細胞の分裂で生じる) MS割球がABa細胞の孫細胞の半分と接触すると，からだの右側と左側が異なるようになる(Evans et al. 1994)。この非対称なシグナル伝達の結果，それ以外の左右の違いをつくるいくつかの誘導現象が可能となる(Hutter and Schnabel 1995)。*C. elegans* の脳の左と右での神経細胞の異なる運命でさえ，このような12細胞期の1つの誘導現象にまでさかのぼることができる(Poole and Hobert 2006)。

12細胞期になってはっきりする左右非相称性の初めの兆候は，おそらくは受精卵でみることができる。第1分裂の直前，胚はビテリン膜のなかで120°回転する。この回転は，既に確立された前後軸に対して必ず同じ方向に起こり，胚は既に左右のキラリティー（対掌性）または鏡像非対称性をもっていると考えられる。細胞骨格タンパク質やPARタンパク質を阻害すると，回転の方向性とその後の胚のキラリティーがランダムになる（Wood and Schonegg 2005；Pohl 2011）。

割球に固有な運命の制御

*C. elegans*の細胞運命の特定化には，条件的な場合と自律的な場合の両方がある。最初の2つの割球を実験的に分離した場合にも，この両方をみることができる（Priess and Thomson 1987）。P_1細胞はABがなくても自律的に発生し，それが本来つくるべきすべての細胞を形成する。しかし，単離されたAB細胞は，それが本来つくるべき細胞のほんの一部しかつくらない。例えばABa割球は，正常胚であればつくるはずの前方咽頭筋をつくらない。したがって，AB割球の特定化は条件的であり，正常に発生するためにはP_1子孫細胞と相互作用する必要がある。

自律的特定化 P_1系譜の決定は自律的であり，細胞運命は周りの細胞との相互作用でなく，その内部の細胞質因子によって決定されるようである（Maduro 2006参照）。SKN-1，PAL-1，PIE-1タンパク質は，P_1由来の4つの体細胞創始細胞（MS，E，C，D）の運命を内在的に決定する転写因子として働く。（オンラインの「FURTHER DEVELOPMENT 9.6：Defining the Role of SKN-1 and PAL-1 in Early Cell Specification in *C. elegans*」参照）

条件的特定化 巻貝のように，*C. elegans*胚の運命特定化には，自律的と条件的両方の様式が使用される。条件的な特定化は，内胚葉細胞系譜の発生にみることができる。4細胞期にEMS細胞は，その隣にある（姉妹細胞である）P_2割球からのシグナルが必要である。通常，EMS細胞は，MS細胞（筋肉，中胚葉をつくる）とE細胞（腸，内胚葉をつくる）に分裂する。P_2が4細胞期初期に除去されると，EMSは2つのMS細胞に分裂し，内胚葉が形成されない。このP_2の指示的相互作用は，P_2をEMS割球の反対側に移動させる実験によってさらに確認された。その結果，EMSの両側（EとMS）の運命が入れ替わることになる。これらの結果は，それ以外の結果と合わせ，P_2割球との相互作用がE細胞とMS細胞の運命の違いを特定化していることを示している（Goldstein 1992, 1993）。

MS細胞の特定化は，母性SKN-1[2]がMED-1やMED-2などの転写因子遺伝子を活性化することにより始まる。MSが実際にMSの運命をもつために，POP-1シグナル（βカテニンとともにDNAに結合するTCFタンパク質をコードする）は，MED-1とMED-2が*tbx-35*を活性化する能力を阻害することによって，予定MS細胞においてE細胞（つまり内胚葉）への運命を遮断する（**図9.22**；Broitman-Maduro et al. 2006；Maduro 2009）。動物界を通じてTBXタンパク質は中胚葉形成において活性化されることが知られており，TBX-35は*C. elegans*において，咽頭で*pha-4*，筋肉で*myoD*のホモログ*hlh-1*といった中胚葉遺伝子を活性化するのに働く。

P_2シグナルはEMS細胞に働き，その娘細胞のうちP_2の隣にある細胞がE細胞になるように指示する。この指令はWntシグナルカスケードを介して伝えられる（**図9.23**；Rocheleau et al. 1997；Thorpe et al. 1997；Walston et al. 2004）。P_2細胞は，*C. elegans*のWntタンパク質であるMOM-2タンパク質を産生する。MOM-2はEMS細胞において，*C. elegans*のWnt受容体タンパク質FrizzledであるMOM-5タンパク質によって受容さ

2　SKN-1（"皮膚過剰"）タンパク質は，後咽頭を形成する細胞であるEMS割球の運命を制御する，母体に発現する転写因子である。オンラインの「FURTHER DEVELOPMENT：9.6」を参照。

図9.22 MS割球の特定化モデル。母性SKN-1はEMS細胞においてGata転写因子MED-1とMED-2を活性化する。POP-1シグナルはこれらのタンパク質が内胚葉転写因子(END-1など)を活性化するのを防ぎ、代わりに*tbx-35*遺伝子を活性化する。TBX-35転写因子は、咽頭系では*pha-4*、筋肉系では*hlh-1*（筋原性転写因子をコードする）など、MS細胞の中胚葉遺伝子を活性化する。TBX-35はまた、*pal-1*遺伝子の発現を阻害し、それによってMS細胞がC割球の運命を獲得するのを阻止する。(G. Broitman-Maduro et al. 2006. *Development* 133：3097-3106より)

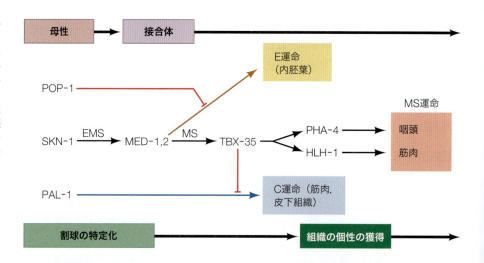

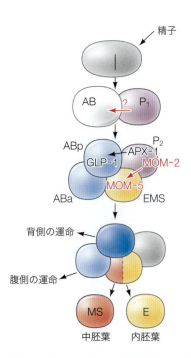

図9.23 *C. elegans*の4細胞期胚での細胞間シグナル伝達。P₂細胞は2つのシグナルを出す。すなわち、(1) ABp細胞のGLP-1 (Notchの相同分子)に結合する接着分泌タンパク質APX-1 (Delta)と、(2) EMS細胞のMOM-5 (Frizzled)タンパク質に結合する傍分泌タンパク質MOM-2 (Wnt)である。(M. Han. 1998. *Cell* 90：581-584より)

れる。EMS細胞が分裂すると、このシグナルカスケードは後方の娘細胞にだけ限定されて、*pop-1*遺伝子の発現を低下させる［訳注：WntシグナルはEMS細胞の極性を制御しており、その結果POP-1の核局在が非対称に、前方の娘細胞で強くなる］。この結果、後方の娘細胞がE細胞に誘導される。前方の娘細胞では*pop-1*の発現により、MS細胞になる。*pop-1*欠損胚では、EMSの両方の娘細胞がE細胞になってしまう(Lin et al. 1995；Park et al. 2004)。このように、Wntシグナル経路は前後軸に沿って細胞運命を誘導する。驚くべきことに、後述するようにWntシグナルは動物界全体を通して前後軸に沿った運命を誘導しているようである。

さらなる発展

***C. elegans*の初期胚における細胞間相互作用** P₂細胞は、ABpとその姉妹細胞ABaとを区別するのに働くシグナルを与える点でも重要である(図9.23参照)。ABaは神経、表皮、そして前方咽頭細胞をつくり、一方でABpは神経と表皮細胞のみをつくる。しかし、この2つの細胞の位置を入れ替える実験をすると、その運命も同様に入れ替わり、正常な胚が形成される。言い換えると、ABaとABpは同等な能力をもち、その運命は胚内の位置によって決定される(Priess and Thomson 1987)。P₂細胞と相互作用することにより、ABpはABaと異なるようになることが、移植と遺伝学実験により示されている。正常な胚では、ABaとABpは両方EMS割球と接触しているが、ABpだけがP₂細胞と接触している(図9.19C参照)。4細胞期初期にP₂細胞を殺すと、ABp細胞はそれがつくるべき細胞種をつくらない(Bowerman et al. 1992a,b)。ABpとP₂の接触がABp細胞運命の特定化に必須であり、そしてABa細胞をP₂に強制的に接触させると、ABaもABp様の細胞になってしまう(Hutter and Schnabel 1994；Mello et al. 1994)。

この相互作用は、ABp細胞のGLP-1タンパク質と、P₂割球のAPX-1 (anterior pharynx excess：“過剰な前方咽頭形成”を意味する)タンパク質によって仲介される。*glp-1*変異体の母親からの胚では、ABpがABaに転換してしまう(Hutter and Schnabel 1994；Mello et al. 1994)。GLP-1タンパク質は、多くの細胞間相互作用で細胞膜受容体として働く広く保存されたNotchタンパク質と呼ばれるファミリーの一員であり、AbaとABpの両方に存在している(Evans et al. 1994)[3・次頁]。GLP-1のようなNotchタンパク質の最も重要なリガンドの1つは、Deltaと呼ばれる細胞表面タンパク質である。*C. elegans*では、Delta様のタンパク質がAPX-1であり、P₂細胞

に存在している（Mango et al. 1994a；Mello et al. 1994）。このAPX-1シグナルが，それと接触するABの子孫細胞，すなわちABp割球のGLP-1を刺激するため，ABaとABpの対称性が破れる。先ほど，*C. elegans*の背腹軸はAB細胞の分裂においてその娘細胞の1つであるABp細胞が背側に位置することで確立され，胚の将来の背側が規定されると述べた。今，この分子メカニズムが，P_2細胞からのシグナル伝達がABp割球に姉妹細胞とは異なる運命を与えることにあることを学んだ。（オンラインの「FURTHER DEVELOPMENT 9.7：Integration of Autonomous and Conditional Specification：Differentiation of the *C. elegans* Pharynx」参照）

■ おわりに ■

　巻貝（腹足類の軟体動物）と線虫は体軸と細胞運命の迅速な特定化を示し，多くの場合，初期の卵割時に転写因子を特定の割球に配置する。これらの転写因子は，自律的に細胞を決定することもできるし，隣接する細胞の決定を誘導するシグナル伝達経路を開始することもできる。特に巻貝のD割球系譜は，胚全体の形態形成を誘導する"オーガナイザー"として機能している。巻貝の殻のらせんの向きは，発生過程で細胞分裂の向きを制御する母性因子に依存する。被子植物の生殖（花）発生過程における同様のらせん状のパターンも，細胞分裂の正確な制御に依存していると考えられるが，このパターンは自己生成的な生物物理学的メカニズムによって制御されている。巻貝の軸形成や花の発生と同様に，*C. elegans*のような線虫は，細胞質決定因子の非対称分布と，細胞表層流のような生物物理学的メカニズムの両方を用いて，胚全体のパターンを確立している。

研究の次のステップ

　脊椎動物の発生について我々がどれほど多くのことを知っているかに照らしてみても，今取り上げた2つの動物群における最も基本的な発生現象についてさえ，我々がどれほど何も知らないかは驚くべきことである。例えば，極葉に存在する細胞運命決定因子の正体も，それがどのようにして極葉に存在するのかもわかっていない。4d細胞がどのようにして中胚葉と内胚葉の両方をつくり出す能力を獲得するのかはわかっていない。腹足類以外の軟体動物（イカ，八腕類，二枚貝，多板綱など）がどのように発生し，

細胞特定化，卵割，原腸形成の様式が腹足類の軟体動物の様式とどのように関連しているのかはわかっていない。さらに，軟体動物の変態メカニズム，つまり幼生が幼体になるメカニズムについてもほとんどわかっていない。線虫の遺伝学がほぼ完璧だとはいえ，1細胞胚において何がPARタンパク質を局在化させ，何が細胞質流動を引き起こすのかについてはまだ解明されていない。このような発生の基本的な問題は，解決されるのを待っている。

3　GLP-1タンパク質はABaおよびABp割球に局在するが，母親由来の*glp-1* mRNAは胚全体に分布している。AB割球の翻訳決定因子が，その子孫細胞での*glp-1* mRNA翻訳を可能にするようである（Evans et al. 1994；Millonig et al. 2014）。*glp-1*遺伝子は，胚発生後の細胞間相互作用でも活性化している。これは後には生殖巣の遠位端細胞により，減数分裂に入る生殖細胞数を制御することに使われる。なお，GLPという名前はgerm line proliferation（生殖細胞系列増殖）に由来する。

章冒頭の写真を振り返る

1923年，Alfred Sturtevant（アルフレッド・スターティヴァント）は，殻が左巻きになった巻貝を，知られている最初の発生変異の1つとして同定した。彼は*Radix*巻貝の遺伝学とらせんパターンとを結びつけ，左巻きの表現型は胚の遺伝型ではなく，母親の遺伝型に依存することを示した。彼の研究は，遺伝子が発生に与える影響の大きさを非常に視覚的な方法で示した。2016年，巻貝のらせんの遺伝的基盤が特定され，左右の非対称性につながる経路が概説された（Davison et al. 2016；Kuroda et al. 2016参照）。それに比べ，植物における花器官のきわめて定型的ならせんパターンは，形態形成と力学的メカニズムの組み合わせがいかにしてパターンを獲得するための自己制御プロセスを生み出すかについて，独自の視点を提供してくれる。この写真のヒナギクとカタツムリのように，植物と動物をさらに直接比較することで，どのような新しい洞察が得られるだろうか？

9 巻貝，花，線虫：細胞運命特定化の類似したパターンへの異なるメカニズム

1. 体軸は種によって異なる方法で確立される。ある種では，体軸は受精時に卵細胞質内の決定因子によって確立される。また，発生後期の細胞間相互作用によって軸が確立される場合もある。
2. 巻貝も線虫も全割の卵割をする。卵割は巻貝ではらせん型で，線虫では回転型である。
3. 巻貝も線虫も，原腸形成は細胞数が比較的少ないときに始まる。
4. 巻貝のらせん卵割は，無腔胞胚（stereoblastula；胞胚腔をもたない胞胚）を生じる。らせん卵割の方向は，母親によってコードされ卵母細胞に配置される因子によって制御される。
5. 植物ホルモンであるオーキシンのシグナル伝達と分裂組織における機械的応力の相互作用を含む自己制御によって，シロイヌナズナの花のらせん状の配置は形成される。
6. ある種の軟体動物の極葉には，中胚葉と内胚葉の細胞運命決定因子が含まれている。これらの決定因子はD割球に分配される。
7. 線虫 *C. elegans* は，細胞数が少なく，ゲノムが小さく，繁殖や維持が容易で，寿命が短く，遺伝子操作が可能で，細胞の動きが透けて見える体表をもっていることから，モデル生物として選ばれた。
8. *C. elegans* の接合体の初期分裂では，娘細胞の1つが始原細胞となり，分化した子孫細胞を生み出す。もう一方は幹細胞となり，他の始原細胞や生殖細胞系列をつくり出す。
9. *C. elegans* における割球のアイデンティティは，PARタンパク質の分離を伴う最初の対称性の破れによって開始される，自律的および条件的な特定化によって制御されている。

● オンラインのコンテンツは https://www.medsi.co.jp よりアクセスしてください。

10 ショウジョウバエにおける体軸形成の遺伝学

Courtesy of Nipam Patel

本章で伝えたいこと

- ショウジョウバエの発生はきわめて短時間に起こる。卵割は複数の核を含んだ合胞体を形成し、合胞体はやがて細胞化される。原腸形成期に入ると、胚の正中線上で前後軸に沿って配置されたアクトミオシンが、腹溝の形成を促進する（10.1節）。

- 20世紀後半になると、順遺伝学（特定の表現型を生み出す遺伝子の同定）を手にした研究者たちは、ショウジョウバエの体軸形成にかかわる遺伝的経路を明らかにし、それが他の動物種の体軸形成にも当てはまることを示すことにより、発生遺伝学の分野を大きく発展させた（10.2節）。

- 前後軸は、母親の哺育細胞で合成されたタンパク質とmRNAによって特定化される。それらは卵母細胞に輸送され、卵母細胞の領域によって、前方を形成するタンパク質と後方を形成するタンパク質が異なる割合で存在するようになる（10.3節）。

- 3種類の分節遺伝子（ギャップ遺伝子、ペアルール遺伝子、セグメントポラリティー遺伝子）の産物が、前後軸に沿った分節単位を決める（10.4節）。

- 分節遺伝子の産物がつくる勾配が、ホメオティックタンパク質と呼ばれる一群の転写因子群を制御する。ホメオティックタンパク質は、成虫の各体節の構造を特定化する（10.5節）。

- 背腹軸形成も卵母細胞内で始まる。卵母細胞は周囲の濾胞細胞にシグナルを送り、このシグナルを受けた濾胞細胞は、細胞運命の特定化と原腸形成に必要な分子カスケードを開始する（10.6節）。

- 特定の器官は、前後軸と背腹軸の交点で形成される（10.7節）。

余分な翅は付加されたのか？
それとも何かと置き換わったのか？

　キイロショウジョウバエ（*Drosophila melanogaster*）の遺伝学は、他のどの多細胞生物の遺伝学よりもよく知られている。その理由は、ショウジョウバエそのものと、ショウジョウバエを初めて研究対象とした人々にある。現代生物学において非常に重要な役割を果たしてきたショウジョウバエ遺伝学の研究は、20世紀初頭の約20年の間にThomas Hunt Morgan（トーマス・ハント・モーガン）の研究室によって主導された。Morganの研究室は多くの成果を上げたが、特筆すべきなのは、変異体のデータベースや、それらを誰もが入手できるように変異体交換ネットワークをつくり上げたことである（図10.1）。Morgan研究室出身のJack Schultz（ジャック・シュルツ）らは、急速に増加するショウジョウバエ遺伝学のデータを用いて、遺伝子変異がどのように発生過程に影響を与えるのかを理解しようとした。

図10.1 Thomas Hunt Morganの研究室で活動していた多くの研究者たちが，ショウジョウバエを遺伝学と発生学の最も優れた研究モデルにすることに貢献した．(A) Morgan研究室の"ハエ部屋"で働くLilian Vaughan Morgan（リリアン・ヴォーン・モーガン）．(Lilian Vaughan MorganはThomas Hunt Morganの妻であり，性連鎖形質の発生遺伝学について独立した研究を行っていた：Keenan 1983参照）(B) 白眼の遺伝子はMorgan研究室によって発見された性連鎖形質の1つである．左は野生型，右は白眼の変異体を示す．

　ショウジョウバエは，飼育しやすく，丈夫で，繁殖力が高く，さまざまな状況に耐性がある．さらに，多くの幼虫細胞では，細胞分裂を伴わないDNA複製が起こる．その結果，多糸（polytene；ギリシャ語で"多くの糸"の意）染色体と呼ばれる，数百本のDNA鎖がまとまった構造がつくられる．使われないDNAは凝縮し，DNAが活発に使われている領域よりも濃く染色される．染色によって現れたバンドパターンは，遺伝子が染色体上のどの位置にあるのかを調べるために使われた（図10.2）．しかし，ショウジョウバエは胚発生の研究には向いていなかった．ショウジョウバエの胚は実験操作をするには小さすぎ，顕微鏡で観察するには透明度が足りず，複雑で扱い難いのである．

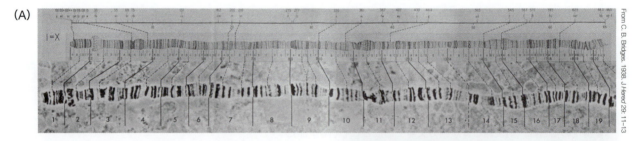

図10.2 ショウジョウバエの多糸染色体．幼虫唾液腺のDNAは，細胞分裂を伴わずに複製する．(A) "Morganハエ研究室"の学生であったCalvin Bridges（カルヴィン・ブリッジス）によって1935年に作製された，ショウジョウバエのX染色体の図表．(B) キイロショウジョウバエ3齢幼虫雄の唾液腺細胞の染色体．それぞれの多糸染色体は1,024本のDNA鎖（青）をもつ．写真の赤で示されているのは，X染色体上の遺伝子にのみ結合するMSL転写因子に対する特異的な抗体による染色である．MSLは1本しかない雄のX染色体上の遺伝子の発現を促進して，2本ある雌のX染色体からの遺伝子発現と同じレベルになるように調節する．

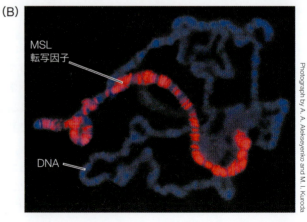

第 10 章　ショウジョウバエにおける体軸形成の遺伝学　335

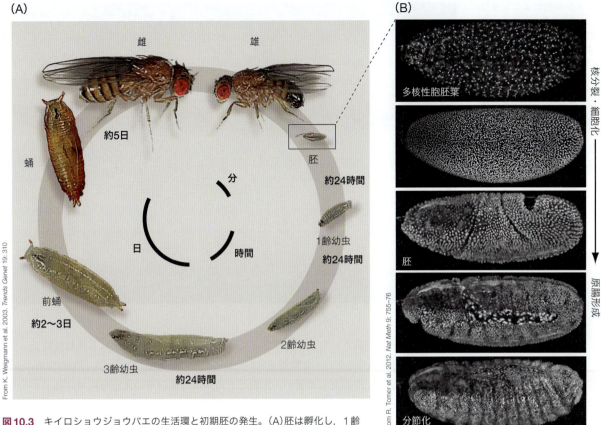

図10.3　キイロショウジョウバエの生活環と初期胚の発生。(A)胚は孵化し，1齢幼虫となって成長する。幼虫は2回の脱皮を経て3齢幼虫になる。3齢幼虫は蛹になり，変態を経て成虫になる。(B)生きたショウジョウバエ胚における前後軸に沿った分節化を，蛍光ヒストンレポーターにより可視化した。受精後，胚は核分裂（cleavage）を開始し，それに続いて細胞化が起こる。次に，原腸形成による細胞および組織の移動と器官形成が起こる。

　ショウジョウバエの生活環と幼虫の発生は古くからよく理解され，記載されてきた（図10.3）。しかし，ショウジョウバエの遺伝と発生がどのように関連しているのかについては，分子生物学の発展により遺伝子とRNAを同定・操作できるようになるまで待たねばならなかった。それが実現すると，生物学には革命が起こった。研究者たちは，胚のごく小さな領域で起こっている発生現象にかかわる分子の相互作用を見つけ，エンハンサーやエンハンサーに作用する転写因子を同定し，それらの相互作用を驚くような精度で数学的にモデル化することができるようになった（Hengenius et al. 2014；Marknow 2015；Kaufman 2017）。

　ショウジョウバエ遺伝学の研究から得られた初期発生に関する知見，とりわけ体軸の特定化に関する知見は，ヒトを含む多くの動物の発生が遺伝的にどのように制御されているかを理解することに貢献してきた。ゲノムの解読や遺伝子改変ショウジョウバエ作製技術の向上により，ショウジョウバエの遺伝学研究がますます加速しているのは驚くことではなく（Pfeiffer et al. 2010；del Valle Rodríguez et al. 2011），我々がこの本の一章分をショウジョウバエ遺伝学に割くのもまた当然なのである。

10.1　ショウジョウバエの初期発生

　前章までに，初期胚の細胞運命の特定化は，卵母細胞の細胞質中に蓄えられている決定

図10.4 クロマチン染色によりショウジョウバエ卵における合胞体性の核分裂と表割を可視化した，共焦点レーザー顕微鏡写真．予定前端部を上側に配置し，番号は核分裂サイクルを示す．初期の核分裂は合胞体の中心部で起こる．その後，核とそれを取り囲む細胞質領域（エネルギド）は胚の表層へと移動し，多核性胞胚葉を形成する．サイクル13の後，細胞膜が核の間に入り込むことにより，細胞性胞胚葉となる．極細胞（生殖細胞の前駆細胞）は，後端部に形成される．

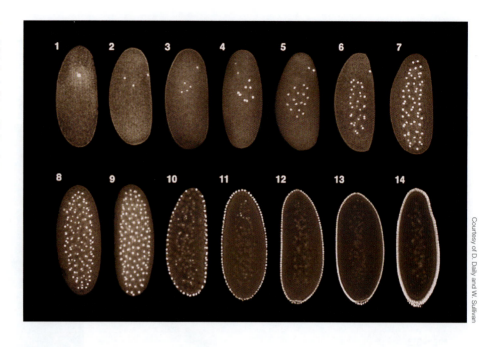

因子によって制御されることを議論してきた．卵割の際に形成される細胞膜によって，各々の割球に取り込まれる細胞質領域が決められる．そして，取り込んだ細胞質に含まれる特異的な形態形成決定因子が，細胞ごとに異なる遺伝子の発現を指揮する．しかし，ショウジョウバエの胚発生では，13回目の**核分裂**が完了するまで各々の核は細胞膜で隔離されない（図10.4）．この時点までは，すべての核は細胞質を共有し，細胞質に含まれる物質は胚全体を拡散することができる．これは**多核的特定化**（syncytial specification）と呼ばれ，多くの核をもつ単一の**細胞内**に存在する物質が相互作用することにより，前後軸や背腹軸に沿って異なる細胞が特定化される（2.4節参照）．線虫やホヤにおいては精子の貫入点が体軸を決めているが，ハエの前後軸や背腹軸は，受精以前に卵とそれを取り囲んでいる濾胞細胞との相互作用によって特定化される．（オンラインの「WATCH DEVELOPMENT 10.1: Highly interactive websites created by the fly research community, where you can explore *Drosophila* development through images, videos, and animations」参照）

受精

ショウジョウバエの受精は，さまざまな点において，これまで解説してきた受精過程とは異なる．

- **精子は，既に活性化された卵に進入する．** ショウジョウバエの卵は，受精開始よりも数分前に起こる排卵時に活性化される．ショウジョウバエの卵母細胞は非常に狭い開口部を通過するが，このときにカルシウムチャネルが開き，Ca^{2+}が卵内に流入する．卵が活性化すると卵母細胞の核は停止していた減数分裂を再開し，受精前から細胞質内に蓄えられていたmRNAの翻訳が始まる（Mahowald et al. 1983 ; Fitch and Wakimoto 1998 ; Heifetz et al. 2001 ; Horner and Wolfner 2008）．
- **精子が卵内に入ることのできる場所は1か所に決められている．** この場所は**卵門**（micropyle）と呼ばれる卵殻に開いた通路で，胚の背側前方領域になる場所に形成される．卵門は同時に1つの精子しか通さず，多精を防ぐ役割をもつと考えられている．ショウジョウバエでは多精を防ぐ機能をもった表層顆粒は存在しないが，卵表層の変化は観察されている．
- **精子が卵に進入する時期には，卵は既に体軸の特定化を開始している．** すなわち，精子

は胚への移行準備を既に開始している卵に入る。

- 精子と卵の細胞膜は融合せず，精子は完全な形を保ったまま卵内に入る。雌雄の前核DNAは前核同士が融合する前に複製され，前核が融合した後も，雌雄の染色体は最初の有糸分裂の終わりまで別々に保持される（Loppin et al. 2015）。

（オンラインの「FURTHER DEVELOPMENT 10.1：*Drosophila* Fertilization」参照）

卵割

ほとんどの昆虫卵は**表割**（superficial cleavage）を行う。昆虫卵は中心部に卵黄を多量にもつため，卵割は卵表層に限局されるのである（図8.3参照）。このような卵割パターンでみられる興味深い特徴の1つは，受精核が数回分裂するまで細胞化が起きないことである。ショウジョウバエ卵では，核分裂（karyokinesis）が細胞質分裂（cytokinesis）を伴わずに起きることにより，1つの細胞の中で多数の核が細胞質を共有する**合胞体**（syncytium；シンシチウムともいう）を形成する（図10.4および図2.9参照）。接合核は卵の中心部で数回，細胞質分裂を伴わずに核分裂を行う。平均8分ごとに連続して起こる8回の核分裂により256個の核が生じる（**図10.5A，B**）。迅速な核分裂は，間期（G期）を伴わずにS期（DNA複製）とM期（分裂）を交互に繰り返すことによる（8.2節参照）。

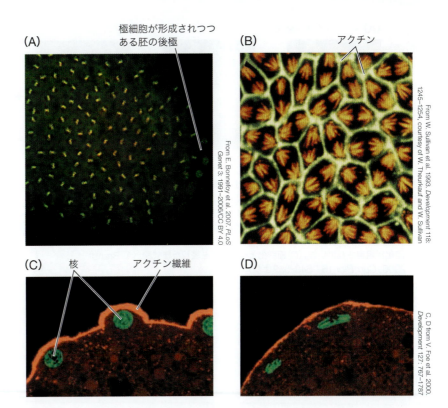

図10.5 ショウジョウバエ胚における核分裂と細胞分裂。(A) DNAを染色する色素により，合胞体における核分裂（細胞分裂ではない）を可視化できる。最初に細胞化する胚の後極において，将来成虫の生殖細胞（精子と卵）となる細胞が形成されつつあるのが観察される。(B) 多核性胞胚葉の表層において分裂中の染色体。この時期，細胞境界はまだ形成されていないが，アクチン（緑色）が区画を形成し，その中で各々の核が分裂する様子を観察することができる。分裂装置を構成する微小管は，抗チューブリン抗体により赤く染色している。(C, D) サイクル10におけるショウジョウバエ胚の一部領域の横断面。合胞体表層の核（緑色）と，隣接するアクチンマイクロフィラメント（赤色）の層が観察される。(C) 間期の核。(D) 分裂後期の核。表層に対して平行に分裂することで，核が細胞表層に留まる。

9回目の分裂周期において，5個程度の核が胚後極の表層に到達する。これらの核は細胞膜に覆われ，将来卵や精子をつくり出す**極細胞**（pole cell）が形成される。10回目の核分裂において，残りの核も卵の表層（周縁部）に移動し，徐々にスピードを緩めながらも核分裂を継続する（**図10.5C，D**；Foe et al. 2000）。このような核分裂期の胚は，卵自身を包む卵膜以外の細胞膜をもたない状態であり，**多核性胞胚葉**（syncytial blastoderm）と呼ばれる［訳注：生物学辞典などではblastodermは胞胚葉と訳されていることが多くそれに従ったが，実際には胞胚と呼ばれるほうが一般的である］。

核は共通の細胞質内で分裂を行うが，細胞質自体は均質ではない。多核性胞胚葉のそれぞれの核は，細胞骨格を構成するタンパク質によって形成される小さな領域に分けられていることが示された（Karr and Alberts 1986）。10回目の分裂サイクルで核が卵の周縁部に到達すると，各々の核は微小管とアクチンフィラメントによって取り囲まれる（図2.11参照）。このような，核とその周縁の細胞質領域からつくり出される区画は，**エネルギド**（energid）と呼ばれる。13回目の核分裂が終了すると，卵を包んでいた細胞膜は核の間を陥入してエネルギドを包み込み，最終的にはエネルギドを各々の細胞へと分配する。この過程を経て，卵黄に富んだ卵の中心部を1層の細胞が被覆した，**細胞性胞胚葉**（cellular blastoderm）がつくり出される（Turner and Mahowald 1977；Foe and Alberts 1983；

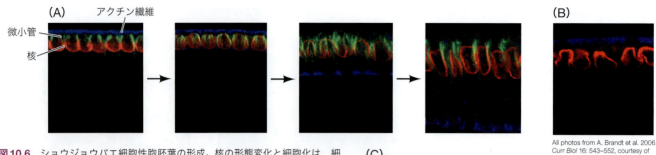

図10.6 ショウジョウバエ細胞性胞胚葉の形成。核の形態変化と細胞化は，細胞骨格によって協調的に制御される。(A) 微小管（緑色），アクチンマイクロフィラメント（青色），核（赤色）の染色により可視化した，胚の細胞化と核の形の変化。核内の赤い染色は，胚性核からつくられる最初のタンパク質の1つである Kugelkern の存在による。Kugelkern タンパク質は核の伸長に必須である。(B) ノコダゾール (nocodazole) 処理によって微小管を崩壊させた胚。核は伸長できず，細胞化が阻害されている。(C) 細胞化と核の伸長を表した模式図。(A. Brandt et al. 2006. *Curr Biol* 16：543-552 より)

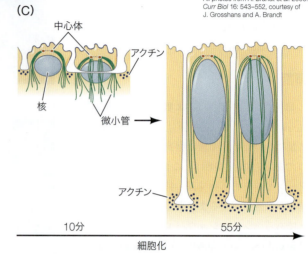

Mavrakis et al. 2009)。

さらなる発展

微小管，細胞膜，細胞化 他のあらゆる細胞形成過程と同様に，ショウジョウバエの細胞性胞胚葉の形成では，微小管とアクチンフィラメントとの巧みな相互作用が働いている（図10.6）。例えば，膜の動きや核の伸長，そしてアクチンの重合は，すべて微小管によって連携されているようである (Riparbelli et al. 2007)。胞胚葉の細胞化の第一段階では，細胞膜が核の間を陥入し，ひだ (furrow canal) を形成する。この過程は，微小管機能をブロックする薬剤によって阻害できる。細胞膜のひだが核の位置より深く進入すると，細胞化の第二段階が始まる。この過程では，ひだの進入速度が速くなり，アクチンと膜の複合体が，細胞の基底末端をつくり出すように収縮を始める (Foe et al. 1993；Schejter and Wieschaus 1993；Mazumdar and Mazumdar 2002)。ショウジョウバエの細胞性胞胚葉は約6,000個の細胞から構成されるが，これらの細胞は受精後4時間以内に形成される［訳注：*D. melanogaster* は25℃で3時間以内］。

中期胞胚遷移

核が胚の表層に到達した後，次の4回の核分裂に要する時間は徐々に長くなる。サイクル1〜10までの核分裂にかかる時間は平均8分であるのに対し，サイクル13（多核性胞胚葉の最後のサイクル）は25分かかる。そして，サイクル14（つまりショウジョウバエ胚が細胞化する過程）では，分裂は非同調的になる。例えば，ある細胞グループは核分裂を75分で完了するのに対して，別の細胞グループでは175分かかる (Edgar and O'Farrell

1989；Foe 1989）。

　この時期に，胚ゲノムからの遺伝子発現が始まる。この時期まで，ショウジョウバエの初期発生は，卵形成過程で卵に蓄えられたタンパク質とmRNAによって制御される。これらのタンパク質やmRNAは**母親の遺伝子**からつくられたものであり，胚自身の遺伝子からつくられたものではない。母親の体内で働いて子孫の初期発生に必要なタンパク質やmRNAをつくる遺伝子は，**母性効果遺伝子**（maternal effect gene）と呼ばれ，卵母細胞内のmRNAは**母性メッセージ**（maternal message）と呼ばれる。胚ゲノムからの転写（つまり胚自身の遺伝子の活性化）はサイクル11ごろに始まり，サイクル14で大幅に増強される。核分裂の減速や細胞化，それに伴う新たなRNA転写の増加は，しばしば**中期胞胚遷移**（mid-blastula transition）と呼ばれる（Yuan et al. 2016）。そして，まさにこの時期に，母親から供給された母性mRNAが分解され，胚自身のゲノムが発生過程を制御するようになる（Brandt et al. 2006；De Renzis et al. 2007；Benoit et al. 2009；Laver et al. 2015）。このような**母性−胚性転移**（maternal-to-zygotic transition）は，脊椎動物，無脊椎動物にかかわらず，数多くの動物胚で観察される。（オンラインの「FURTHER DEVELOPMENT 10.2：Mechanisms of the *Drosophila* Mid-Blastula Transition」参照）

原腸形成

　原腸形成は，中期胞胚遷移の直後に開始される。ショウジョウバエの原腸形成の最初に起きる形態形成運動によって，胚は予定中胚葉，内胚葉，外胚葉へと領域化する。予定中胚葉は，胚の腹側正中線に沿った約1,000個の細胞から構成され，胚内部へと陥入することにより**腹溝**（ventral furrow）を形成する（**図10.7A**）。腹溝は最終的にはくびれきって，胚の内部で腹管（ventral tube）を形成する。予定内胚葉は，腹溝の前後の端から陥入して2つのポケット構造を形成する。極細胞は，内胚葉とともに胚内部へと移動する（**図10.7B，C**）。この時期に，胚の外周の組織（外胚葉）に歪みが生じて，**頭褶**（cephalic furrow）が形成される。

　胚表層の外胚葉細胞と内部に陥入した中胚葉細胞は，収斂と伸長を行いながら腹部正中線のほうへ移動し，**胚帯**（germ band）を形成する。胚帯は腹部正中線に沿った細胞の集団で，幼虫の体幹部をつくるのに必要なすべての細胞を含んでいる。胚帯は後方に伸長し，おそらく卵殻によって後方への動きが制限されるため，胚帯の後端は卵の後端をまわって胚の上部（背側）に折れ曲がる（**図10.7D**）。そうして，胚帯形成の終わりには，幼虫の後端を形成する運命の細胞が，将来頭部を形成する領域のすぐ後ろに位置するようになる（**図10.7E**）。これで3つの胚葉すべてが形成され，原腸形成はほぼ終わりであるが，まだいくつかの重要な形態形成イベントが残されている。1つは体節の出現であり，外胚葉と中胚葉の仕切りがはっきりとする。胚帯はその後短縮し，予定後部体節が胚の最後部に位置するようになる（**図10.7F，G**）。一方，胚の背側では，両側から上皮細胞が移動してくることで**背部閉鎖**（dorsal closure）が起こる。胚を包む胚体外層である羊漿膜（amnioserosa）は，この時期最も背側に存在しているが，背部閉鎖を行う上皮細胞と相互作用して，それらの細胞の移動を促進している（総説としてPanfilio 2008；Heisenberg 2009）。（オンラインの「WATCH DEVELOPMENT 10.2：Mesoderm cells at the midline of the blastoderm internalize into the embryo via apical constriction and invagination to form the ventral furrow」参照。Denk-Lobnig et al. 2021より）

さらなる発展

ハエのからだを曲げるには力が必要である　何かを動かすには（それが細胞であっても）力が必要であり，形態形成においてどのような力が働くかを理解することは，発生

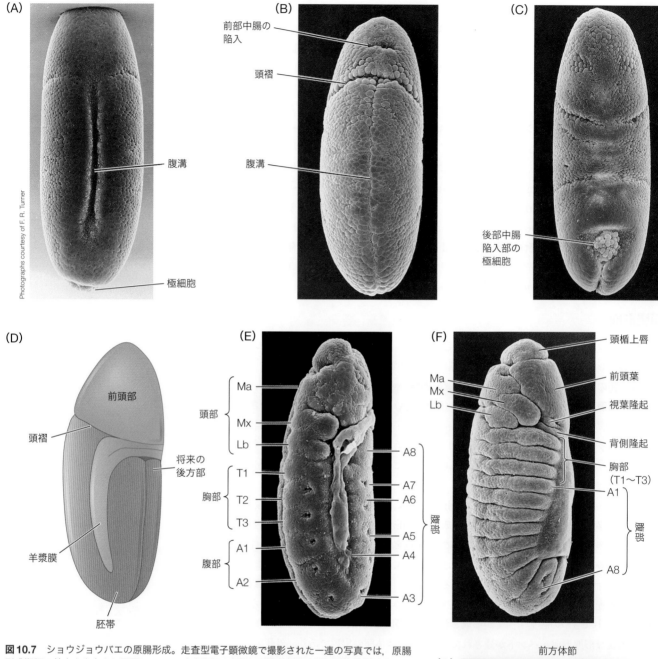
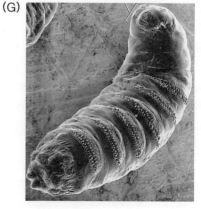

図10.7 ショウジョウバエの原腸形成。走査型電子顕微鏡で撮影された一連の写真では，原腸形成期胚の前方を上向きに配置している。(A)腹側正中線の側面に位置する細胞の陥入によって形成されつつある腹溝。(B)腹溝の閉鎖。中胚葉細胞は胚内部に入り込み，表層外胚葉は腹側正中線の両脇に位置している。(C)もう少し発生の進んだ胚を背側から見たもの。極細胞と後部内胚葉が胚内部に落ち込んでいる。(D)体節形成開始直前の，胚帯が最も伸長した状態の胚を背側側方から見た模式図。将来頭部になる前頭部(procephalon)は，頭褶によって胸部や腹部をつくりだす胚帯領域と隔てられる。(E)体節形成を開始した胚帯最伸長胚を側面から見たもの。わずかに見えるくぼみは，胚帯に沿って形成されつつある分節構造を示している。Ma, Mx, Lbは，それぞれ頭部体節の大顎(mandibular)，小顎(maxillary)，下唇(labial)に対応し，T1〜T3は胸部体節を，A1〜A8は腹部体節を表す。(F)胚帯退縮期。真の体節構造が観察されるとともに，頭楯上唇(clypeolabrum)，前頭葉(procephalic region)，視葉隆起(optic ridge)，背側隆起(dorsal ridge)などの頭部背側の領域が明瞭になる。(G)孵化したばかりの1齢幼虫。(DはJ. A. Campos-Ortega and V. Hartenstein. 1985. *The Embryonic Development of Drosophila melanogaster*. Springer-Verlag : New York より)

生物学者にとって非常に興味深い研究分野である。ショウジョウバエの原腸形成は，腹溝における中胚葉の陥入などの，形態形成の力学的メカニズムを研究するよいモデルを提供する。

　細胞化した胞胚葉は上皮組織（細胞のシート）であることを思い出してほしい。それらの細胞はお互いに強い結合的な接着（adhesion）をもっている。それゆえ，この上皮組織は力がかかっても壊れないが，形状は変わる可能性がある。中胚葉が陥入する直前に，ミオシンとミオシンを活性化するRhoキナーゼは，胚の腹部正中線上の細胞で最も活性が高くなる。ミオシンはアクチン繊維と結合して細胞内収縮装置をつくるモータータンパク質である（筋肉を思い出してほしい）。アクチン繊維のネットワークは中胚葉前駆細胞の頂端面に集積し，これらの細胞は正中線に近いほど活性の高いミオシンモーターと相互作用する（図10.8A，B）（Martin 2020）。では，この細胞内分子装置はどのようにして組織全体の形態形成に影響を与えるのだろうか？

　時間が経つにつれて，高度に活性化されたミオシンは，正中線上の細胞の頂端面に蓄積するだけでなく，細胞の前後軸に沿って配置され，隣接する細胞間の細胞接着を介して胚の端から端まで機能的なつながりをつくるようになる（図10.8C；Denk-Lobnig et al. 2021）。このような，細胞境界を超えたアクチン–ミオシン配列は，正中線上で最も強い力をもちながら，胞胚葉の腹側全体にわたって収縮力を伝達することができる。このような配向をもったアクチン–ミオシン配列は，将来の溝に沿った非対称で一様でない力を生み出す。重要なのは，これらのアクチン–ミオシン配列の収縮は，腹側正中線上の細胞の頂端面の収縮を引き起こし，細胞の形を円錐からくさび型に変えることである。この一連の変化により，穴ではなく溝が形成されることになる（図10.8D；Chanet et al. 2017；Heer et al. 2017；Yevick et al. 2019；Denk-Lobnig et al. 2021）。これは，力が細胞の振る舞いを調節し，組織の形状を変化させる方法の一例に過ぎないが，ショウジョウバエの場合，これがきわめて重要な中胚葉の陥入を引き起こす。（実際には，生物物理学的パラメータは多くの，おそらくすべての発生過程の制御に関与している。本書では多くの類似した発生過程を紹介するが，それらを読む際に思い出してほしい）

　胚帯が伸長した状態にある間に，いくつかの重要な形態形成が起こる。それは，器官形成，体節形成（図10.9A），成虫原基の形成である[1]。神経系は，腹側外胚葉の体節化された領域と体節化されない領域の両方で形成される。神経芽細胞（神経前駆細胞）はこの神経外胚葉から分化し，各体節および頭部外胚葉の非体節化領域から，胚の内部へ移動する。したがって，昆虫の神経系は，哺乳類のように背側の神経管から生じるのではなく，腹側から生じる（図10.9B；図10.29も参照）。

10.2　ショウジョウバエのからだを形づくる遺伝的メカニズム

　ショウジョウバエの基本的なからだの構造は，胚，幼虫，成虫で同じである。それぞれが明瞭な頭部と尾部をもち，頭部と尾部の間に体節構造が繰り返されている。これらの体節のうち，3つは胸部を形成し，残りの8つは腹部を形成する。成虫の体節は，それぞれ独自のアイデンティティをもつ。例えば，胸部第1体節は脚のみをもち，胸部第2体節は

---

[1]　成虫原基は，成虫の構造をつくり出すために体腔内に蓄えられている細胞組織である。成虫原基の分化の詳細については第23章で変態を扱う際に議論する。

図10.8 物理的な力による腹溝の陥入。(A)ショウジョウバエ原腸形成期胚を腹側から見た模式図。四角で囲まれた領域は，隣接する写真で示された領域を表す。写真では，ミオシンと細胞膜が標識されている。右側の画像では，胚の中央から側方に向かって色分けされた細胞の形状変化を示している。(B)グラフは，腹部正中線から外胚葉にかけての細胞の頂端部の面積と活性化ミオシンの量を示している。正中線に近い細胞ほど多くの活性化ミオシンを含み，頂端部の面積は小さくなる。(C)活性化ミオシンは胞胚葉の細胞表面でメッシュ状のアクチン繊維と相互作用する。これらのアクチン-ミオシンネットワークは，接着結合を介して，隣の細胞の頂端部アクチン-ミオシンネットワークと直接結合する。(D)陥入開始期における腹溝でのミオシン(sqh::GFPで可視化)および細胞膜(Gap43T::mCherryで可視化)の画像。(A，B は M. Denk-Lobnig et al. 2021. *Development* 148: dev199232 より；C，D は H. G. Yevick et al. 2019 *Dev Cell* 50: 586-598；S. Chanet et al. 2017. *Nat Commun* 8: 15014/CC BY 4.0；N. C. Heer et al. 2017. *Development* 15: 1875-1886 より）

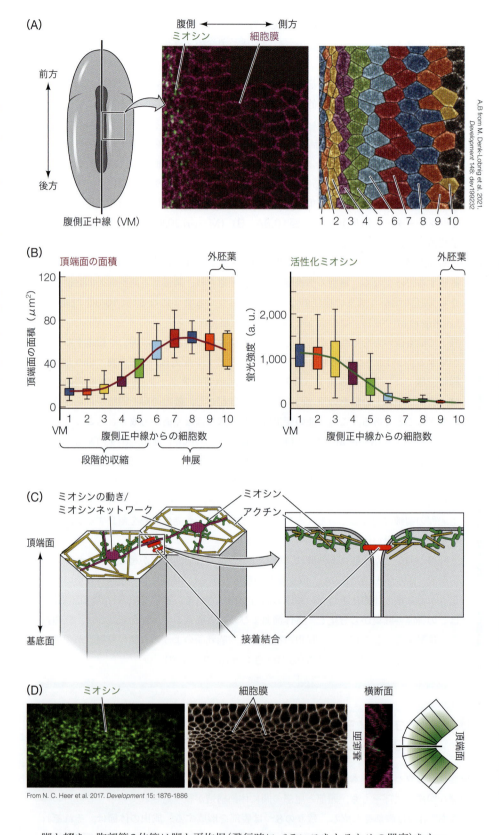

脚と翅を，胸部第3体節は脚と平均棍(飛行時にバランスをとるための器官)をもつ。

　ショウジョウバエの幼虫や成虫の形をつくり出す遺伝子のほとんどは，1980年代の初めに同定された。その際に用いられた順遺伝学(forward genetics)——特定の表現型の原因となる遺伝子を同定する——は，きわめて強力な研究手法であった。その基本的な戦略

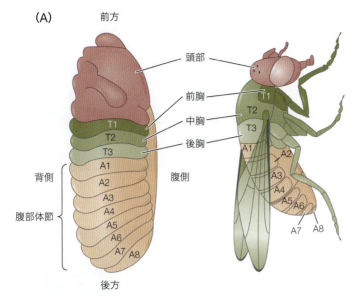
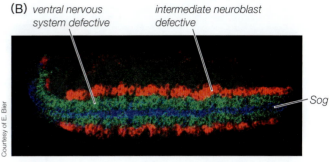

図10.9　ショウジョウバエの体軸形成。(A)幼虫(左)と成虫(右)の体節構造の比較。成虫では3つの胸部体節構造は付属器によって区別できる。T1(前胸)は脚のみ、T2(中胸)は翅と脚、そしてT3(後胸)は平均棍(図では見えない)と脚をもつ。(B)原腸形成期において、最も腹側の中胚葉は胚の内部に進入する。そしてShort gastrulation (Sog)を発現する神経原性細胞は、胚の最も腹側の細胞となる。Sogを青色、ventral nervous system defectiveを緑色、intermediate neuroblast defectiveを赤色で染色している。(幼虫はA. Martinez-Arias and P. A. Lawrence. 1985. Nature 313: 639-642より；成虫はM. Peifer et al. 1987. Genes & Dev 1: 891-898より)

は、ハエの成虫にランダムに変異を誘発し、子孫のボディプランに異常を示す変異体をスクリーニングするというものであった。このようにして得られた変異体のいくつかは、驚くべき表現型を示した。例えば、成虫や幼虫のからだの特定の構造が失われたり、間違った場所に形成されていた。これらの変異の原因遺伝子の配列が決定され、発現パターンと分子機能の2つの観点から機能解析が行われた。このような研究によって得られた変異体のコレクションは、多くの研究室に配布された。このような努力により、ショウジョウバエのボディプランをつくり出す発生メカニズムを、分子レベルで理解できるようになった。これは生物学研究の歴史のなかで比類ない成果であり、1995年のEdward Lewis(エドワード・ルイス)、Christiane Nüsslein-Volhard(クリスティアーネ・ニュスライン＝フォルハルト)、そしてEric Wieschaus(エリック・ヴィーシャウス)のノーベル生理学・医学賞の受賞につながった。

　ショウジョウバエの胚発生において重要な多くの分子イベントは、受精よりずっと前の、卵形成過程で起こる。卵母細胞は、単一の雌性生殖細胞である**卵原細胞**(oogonium)に由来する。卵形成が始まる前に、卵原細胞は不完全な細胞質分裂を伴う4回の細胞分裂を行い、相互に連結された16個の細胞を生み出す。これら16個の生殖系列の細胞群が、体細胞系列の濾胞細胞から構成される上皮層で覆われることにより、**卵室**(egg chamber)が形成される。この卵室の中で、卵形成が進行する。生殖系列細胞群には、代謝が活発な15個の**哺育細胞**(nurse cell)が含まれる。これらの細胞はmRNAとタンパク質をつくり、卵母細胞になる1個の細胞に輸送する。卵室の後端で卵母細胞の前駆細胞が成長するのに伴って、哺育細胞でつくられた多くのmRNAが微小管に沿って輸送され、細胞質連絡を通じて成長過程にある卵母細胞に運び込まれる。

　Nüsslein-VolhardとWieschausによる先駆的な遺伝学的スクリーニングによって、受精後に活性化される胚性遺伝子の階層が明らかにされた。これらの遺伝子は、(1)胚の前後極性を確立し、(2)胚を決まった数の体節に分割し、各体節に極性とアイデンティティを与える。この遺伝子の階層の最も上位に位置するのは、卵のさまざまな場所に局在化するmRNAをつくり出す母性効果遺伝子である(**図10.10A, B**)。母性効果遺伝子由来のmRNAは、転写あるいは翻訳を制御する因子をコードしており、これらの因子は多核性

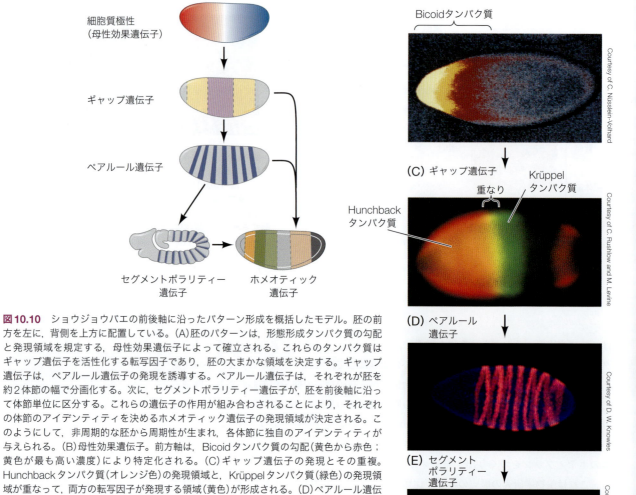

図10.10 ショウジョウバエの前後軸に沿ったパターン形成を概括したモデル。胚の前方を左に，背側を上方に配置している。(A)胚のパターンは，形態形成タンパク質の勾配と発現領域を規定する，母性効果遺伝子によって確立される。これらのタンパク質はギャップ遺伝子を活性化する転写因子であり，胚の大まかな領域を決定する。ギャップ遺伝子は，ペアルール遺伝子の発現を誘導する。ペアルール遺伝子は，それぞれが胚を約2体節の幅で分画化する。次に，セグメントポラリティー遺伝子が，胚を前後軸に沿って体節単位に区分する。これらの遺伝子の作用が組み合わされることにより，それぞれの体節のアイデンティティを決めるホメオティック遺伝子の発現領域が決定される。このようにして，非周期的な胚から周期性が生まれ，各体節に独自のアイデンティティが与えられる。(B)母性効果遺伝子。前方軸は，Bicoidタンパク質の勾配（黄色から赤色；黄色が最も高い濃度）により特定化される。(C)ギャップ遺伝子の発現とその重複。Hunchbackタンパク質（オレンジ色）の発現領域と，Krüppelタンパク質（緑色）の発現領域が重なって，両方の転写因子が発現する領域（黄色）が形成される。(D)ペアルール遺伝子 *fushi tarazu* の産物は，胞胚葉期の胚で7本のバンドを形成する。(E)胚帯伸長期に観察されるセグメントポラリティー遺伝子 *engrailed* の産物の発現パターン。

胞胚葉の細胞質中を拡散し，モルフォゲン[2]として胚性遺伝子の発現の活性化や抑制を制御している。そのような制御を受ける最初の胚性遺伝子は，以下の3種類の**分節遺伝子**（segmentation gene）である。

- **ギャップ遺伝子**（gap gene）は，特定の広い範囲（約3体節分の幅）で部分的に重なり合うようにして発現する転写因子をコードする（図10.10C）。
- 異なる組み合わせと濃度のギャップ遺伝子産物は，胚を周期的な単位に分ける**ペアルール遺伝子**（pair-rule gene）の転写を調節する。ペアルール遺伝子は，前後軸に対して垂直な7本の縞模様をつくって発現する（図10.10D）。
- ペアルール遺伝子にコードされる転写因子は，**セグメントポラリティー遺伝子**（seg-

---

[2] モルフォゲンは，さまざまな遺伝子を時期および濃度依存的に制御することのできる分泌シグナル分子である（第4章参照）。

ment polarity gene)を活性化する。セグメントポラリティー遺伝子からつくられるタンパク質は，胚を14の体節単位に分割し，体節から成る繰り返し構造を確立する（図10.10E）。

これらと同時に，ギャップ遺伝子，ペアルール遺伝子，セグメントポラリティー遺伝子からつくられるタンパク質は相互作用して，もう1つの遺伝子群である**ホメオティックセレクター遺伝子**（homeotic selector gene）を制御する。ホメオティックセレクター遺伝子は，各体節の発生運命を決定する（10.5節参照）。

本章の残りの部分では，過去30年以上にわたる研究によって理解が進んだ，ショウジョウバエの発生における遺伝子制御について詳しく解説する。最初に，卵形成過程において卵母細胞とそれを包み込む濾胞細胞との相互作用によって，胚の背腹軸と前後軸が確立されることを概説する（10.3節）。次に，胚の軸に沿ってパターン形成にかかわる因子の勾配が形成される仕組みや，このような勾配から多様な組織が特定化される仕組みについて解説する（10.4〜10.6節）。最後に，2つの主要な体軸に沿った位置決めにより，胚の組織を特定の器官に分化させるよう特定化する仕組みについて解説する（10.7節）。

10.3　母性因子のつくり出す勾配：前後軸

胚を切断して別の切断部位とつなげて発生運命への影響を観察するという実験発生学研究により，昆虫の卵には2つの形成中心（organizing center）が存在することが判明した。前方の形成中心は頭部を形成し，後方の形成中心は尾部を形成する（オンラインの「FURTHER DEVELOPMENT 10.3：Anterior-Posterior Polarity in the Oocyte」参照）。これらの形成中心は，頭部を形成するのに必要な物質と尾部を形成するのに必要な物質を分泌し，胚内でそれらの物質の勾配が形成されることが予想された。1980年代の終わりになると，勾配仮説はショウジョウバエ胚発生の研究において，遺伝学的手法を用いて検証されることとなった。もし勾配が存在するのであれば，空間的に濃度が変化するモルフォゲンの実体は何か？　何がこのような勾配を形成するのか？　そして，これらモルフォゲンは，それらが局在する領域において特定の遺伝子を活性化したり抑制したりしているのであろうか？

Christiane Nüsslein-Volhardは，これらの疑問に答えるべく研究プロジェクトを開始した。彼女らの研究によって，ある遺伝子群は胚の前方を形成するモルフォゲンをコードし，別の遺伝子群は胚の後方を形成するモルフォゲンをコードし，さらに別の遺伝子群は胚の頭部末端と尾部末端を形成するタンパク質をコードすることが明らかになった（**表10.1**）。（オンラインの「FURTHER DEVELOPMENT 10.4：Insect Signaling Centers」参照）

卵細胞質による極性の制御

*bicoid*と*nanos*という2つの母性mRNAは，それぞれ前方と後方のシグナルセンターに対応しており，前後軸形成の引き金を引くことが明らかになった。卵形成の完了時には，*bicoid* mRNAは卵母細胞の前端部に，*nanos* mRNAは後端部に局在化する（Frigerio et al. 1986；Berleth et al. 1988；Gavis and Lehmann 1992；Little et al. 2011）。これらのmRNAの局在化は，それぞれのmRNAの3′非翻訳領域（untranslated region：UTR）の働きによる。このようなmRNAの分布は，卵形成過程で卵母細胞内の微小管の配向が高度に極性化していることによって引き起こされる。（オンラインの「FURTHER DEVELOPMENT 10.3：Anterior-Posterior Polarity in the Oocyte」参照）

排卵と受精の後，*bicoid* mRNAと*nanos* mRNAはタンパク質へと翻訳され，これらのタンパク質は多核性胞胚葉の中を拡散し，前後軸のパターン形成に必須な勾配を形成する（**図10.11**；ならびに図10.10B参照）。

346 | PART III 初期発生

表10.1 ショウジョウバエ胚の前後極性を確立する母性効果遺伝子

遺伝子	変異体の表現型	予想される機能
前方グループ		
bicoid（bcd）	頭部と胸部が欠失，逆向きの尾節構造に置換	前方のモルフォゲン；ホメオドメインをもつ；caudal mRNA を抑制
exuperantia（exu）	前方頭部構造の欠失	bicoid mRNA の繋留
swallow（swa）	前方頭部構造の欠失	bicoid mRNA の繋留
後方グループ		
nanos（nos）	腹部欠失	後方のモルフォゲン；hunchback mRNA の翻訳抑制
tudor（tud）	腹部欠失，極細胞形成不全	nanos mRNA の局在
oskar（osk）	腹部欠失，極細胞形成不全	nanos mRNA の局在
vasa（vas）	腹部欠失，極細胞形成不全；卵形成異常	nanos mRNA の局在
valois（val）	腹部欠失，極細胞形成不全；細胞化異常	Nanos の局在に必要な複合体の安定化
pumilio（pum）	腹部欠失	Nanos タンパク質と hunchback mRNA との結合を補助
caudal（cad）	腹部欠失	後部ターミナル遺伝子の活性化
末端グループ		
torsolike	末端構造の欠失	末端のモルフォゲン候補
trunk（trk）	末端構造の欠失	Torsolike シグナルの Torso への伝達
fs（1）Nasrat（fs(1)N）	末端構造の欠失；胚の発生異常	Torsolike シグナルの Torso への伝達
fs（1）polehole（fs(1)ph）	末端構造の欠失；胚の発生異常	Torsolike シグナルの Torso への伝達

出典：K. V. Anderson. 1989. In *Genes and Embryos*（*Frontiers in Molecular Biology series*），D. M. Glover and B. D. Hames（Eds.）pp.1-37. IRL：New York.

　これら2つの mRNA は翻訳されないように休眠状態で卵母細胞内に貯蔵されており，排卵あるいは受精を機に翻訳される。Bicoid および Nanos タンパク質は細胞骨格に結合していないため，初期胚の中央部に向かって拡散し，胚の前後軸極性をつくるための対向する勾配を形成する。数学的モデリングによると，Bicoid および Nanos の勾配形成には，タンパク質の拡散だけでなく能動的な分解がかかわることが示されている（Little et al. 2011；Liu and Ma 2011）。（オンラインの「FURTHER DEVELOPMENT 10.5：Bicoid mRNA Localization in the Anterior Pole of the Oocyte」参照）

さらなる発展

Bicoid は前方をつくるためのモルフォゲンである　Bicoid がショウジョウバエの頭部形成に必要なモルフォゲンであることは，「見つける，なくす，動かす」という方法によって証明された（1.4節および Dev Tutorial 7.1 参照）。Christiane Nüsslein-Volhard および Wolfgang Driever（ヴォルフガング・ドリーヴァー）らは，以下のことを示した。（1）Bicoid タンパク質は胚内で，将来頭部になる前端部を頂点とした勾配を形成している。（2）Bicoid タンパク質を欠く胚は頭部を形成できない。（3）Bicoid タンパク質を欠く胚のさまざまな領域に bicoid mRNA を注入すると，注入した領域から頭部が形成される（図10.12）。さらに，Bicoid タンパク質が注入された領域の周辺からは，胸部が形成された。これは Bicoid が濃度依存的に前後軸を制御するシグナルとして機能するという予想と一致している。bicoid mRNA を，bicoid を欠く胚（bicoid 遺伝子を欠損した母親に由来する胚）の前極に注入すると，bicoid の欠損が"レスキュー"されて，正常な前後軸極性をもつ胚になった。bicoid mRNA を胚の中央に注

第10章 ショウジョウバエにおける体軸形成の遺伝学 | 347

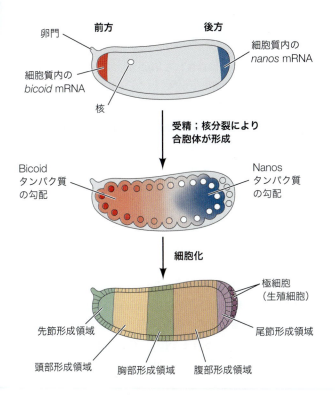

図10.11 ショウジョウバエにおける前後軸は，モルフォゲンの勾配によって形成される。卵母細胞の前端部に *bicoid* mRNA が局在化し，*nanos* mRNA は後端部に局在化する（卵の前方は，精子の侵入口である卵門という構造によって判別できる）。産卵と受精が起こると，mRNA はタンパク質に翻訳され，それらのタンパク質は，幼虫と成虫の体節のアイデンティティを特定化する遺伝子の転写を活性化する。Bicoid タンパク質は前極を，Nanos タンパク質は後極を頂点とした勾配を形成する。このような勾配によって形成された座標軸は，軸に沿った位置決めを行う。核が分裂すると，それぞれの核はその場所に存在する Bicoid タンパク質と Nanos タンパク質の比率によって位置情報を得る。

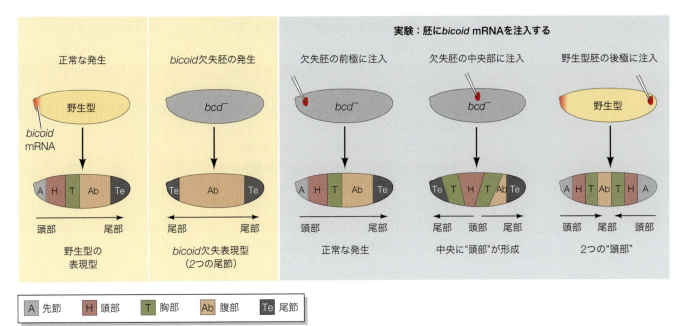

図10.12 *bicoid* 遺伝子がショウジョウバエの頭部構造の形成に必要なモルフォゲンをコードしていることを示した実験の模式図。野生型胚と *bicoid* 欠失胚の表現型を左側パネルに示す。*bicoid* 欠失胚に *bicoid* mRNA を注入すると，注入部位に頭部構造が形成される。卵割初期の野生型胚の後極に *bicoid* mRNA を注入すると，頭部構造が両極に形成される。（W. Driever et al. 1990. *Development* 109：811-820 より）

入すると，胚の中央が頭部になり，その両側に胸部が形成された。多量の *bicoid* mRNA を野生型胚の後極に注入すると，胚の後端に頭部が形成された。野生型胚では内在性の *bicoid* mRNA が前極にも局在するため，この胚では両端に頭部が形成されたことになる（Driever and Nüsslein-Volhard 1988a, b；Driever et al. 1990）。

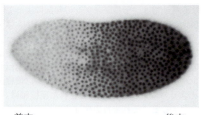

図10.13 多核性胞胚葉期の野生型胚におけるCaudalタンパク質の勾配。胚の前方を左側に配置。濃く染色されているCaudalタンパク質は、核に移行して後部構造の特定化に関与する。オンラインの「FURTHER DEVELOPMENT 10.5：Bicoid mRNA Localization in the Anterior Pole of the Oocyte」の図1に示されたBicoidタンパク質の局在と比較すると、Caudalタンパク質はBicoidタンパク質とは相補的な勾配を形成していることがわかる（図10.10B、図10.15Bも参照）。

翻訳抑制因子の勾配

*bicoid*および*nanos* mRNAに加え、母親から供給される*hunchback*（*hb*）および*caudal*（*cad*）mRNAも、それぞれ胚の前方と後方領域のボディプランを形成するのに重要である（Lehmann and Nüsslein-Volhard 1987；Wu and Lengyel 1998）。これら2つのmRNAは、卵巣の哺育細胞で合成されて卵母細胞へと輸送され、胚発生の開始後、多核性胞胚葉期まで細胞質内に一様に分布する。しかし、局在性を示さないこれらのmRNAが、どのようにして局所的に起きるパターン形成を制御することができるのだろうか？ 実は、*hb*と*cad*のmRNAの翻訳が、それぞれNanosまたはBicoidタンパク質の勾配によって抑制されていることが判明している。

胚の前方領域では、Bicoidタンパク質は*caudal* mRNAの3′UTRの特定領域に結合する。ここでBicoidはBin3と結合する。Bin3は*caudal* mRNAの5′末端のキャップ構造とリボソームの会合を阻害する抑制複合体を安定化する。このように、Bicoidは翻訳抑制因子をリクルートすることによって、胚の前方での*caudal* mRNAの翻訳を抑制している（図10.13；Rivera-Pomar et al. 1996；Cho et al. 2006；Singh et al. 2011）。もし、Caudalが胚の前方領域で翻訳されると、頭部や胸部の構造が正しく形成されないことから、Bicoidによる*caudal*の翻訳抑制は重要であると考えられる。Caudalは後腸の陥入に必要な遺伝子を活性化することから、Caudalは胚の後方領域の特定化に重要な役割をもっている。

胚の後方領域では、Nanosタンパク質が*hunchback* mRNAの翻訳を抑制している。Nanosは胚の後方領域に存在しているが、胚全体に分布しているPumilioやBratなどと複合体を形成している。この複合体は*hunchback*の3′UTRに結合し、d4EHPをリクルートすることにより、*hunchback* mRNAとリボソームの会合を阻害する（Tautz 1988；Cho et al. 2006）。

このような分子間相互作用によって、初期胚に4つの母性タンパク質の勾配が形成される（図10.14）：

- Bicoidタンパク質の前極から後極への勾配
- Hunchbackタンパク質の前極から後極への勾配
- Nanosタンパク質の後極から前極への勾配
- Caudalタンパク質の後極から前極への勾配

これら4つの母性因子の勾配が形成されると、盛んに分裂を繰り返していた核からの胚性遺伝子の転写活性化が始まる（10.4節参照）。

さらなる発展

胚の前方領域をつくる形成中心 ショウジョウバエの*bicoid*変異体の表現型は、モルフォゲンが形成する勾配の役割について多くの有用な情報をもたらした（図10.15A〜C）。野生型では、前方構造（先節、頭部、胸部）に腹部構造および尾節が続くが、*bicoid*の変異体では、尾節-腹部-腹部-尾節という構造が形成される（図10.15D）。これらの胚では、前方部の構造をつくるために必要な何らかの物質が欠けていると考えられる。もう少し深く掘り下げれば、これら変異体で欠けている物質は、Klaus Sander（クラウス・サンダー）とKlaus Kalthoff（クラウス・カルソフ）が想定した、前方構造を形成するのに必要な遺伝子を**発現させ**、尾節構造をつくるのに必要な遺伝子の発現を**抑える**活性をもったものではないかと考えられる。

高濃度のBicoidは、前方領域で頭部構造を形成させる。それよりやや低濃度の

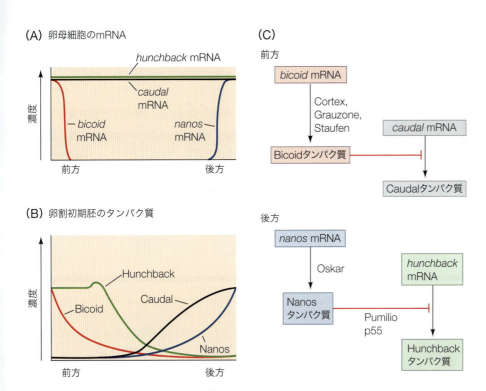

図10.14 ショウジョウバエの母性効果遺伝子が前後パターンをつくり出すモデル。(A) *bicoid*, *nanos*, *hunchback*, *caudal* mRNAは，卵形成過程において哺育細胞でつくられ，卵母細胞に蓄積される。*bicoid* mRNAは前方に局在化し，*nanos* mRNAは後極に局在化する。(B) *bicoid* mRNAが翻訳されると，Bicoidタンパク質の勾配は前極から後方へ広がり，Nanosタンパク質の勾配は後極から前方へ広がる。Nanosは（後方部で）*hunchback* mRNAの翻訳を抑制し，Bicoidは（前方部で）*caudal* mRNAの翻訳を抑制する。この阻害効果によって，CaudalとHunchbackの反対向きの勾配が形成される。Hunchbackの勾配は，（Bicoidが*hunchback*の転写を活性化する転写因子であるために）前方領域の核における*hunchback*遺伝子の転写によっても増強される。(C) 並行して起こる翻訳による遺伝子制御の相互作用によって，ショウジョウバエ胚の前後のパターン形成が確立される。（CはP. M. Macdonald and C. A. Smibert. 1996. *Curr Opin Genet Dev* 6：403-407 より）

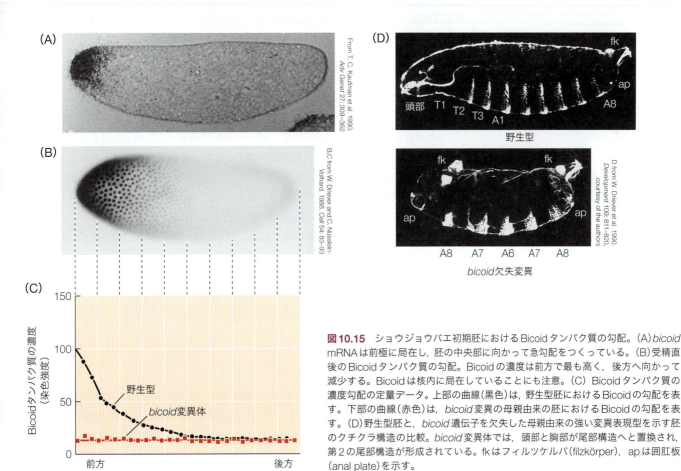

図10.15 ショウジョウバエ初期胚におけるBicoidタンパク質の勾配。(A) *bicoid* mRNAは前極に局在し，胚の中央部に向かって急勾配をつくっている。(B) 受精直後のBicoidタンパク質の勾配。Bicoidの濃度は前方で最も高く，後方へ向かって減少する。Bicoidは核内に局在していることにも注意。(C) Bicoidタンパク質の濃度勾配の定量データ。上部の曲線（黒色）は，野生型胚におけるBicoidの勾配を表す。下部の曲線（赤色）は，*bicoid*変異の母親由来の胚におけるBicoidの勾配を表す。(D) 野生型胚と，*bicoid*遺伝子を欠失した母親由来の強い変異表現型を示す胚のクチクラ構造の比較。*bicoid*変異体では，頭部と胸部が尾部構造へと置換され，第2の尾部構造が形成されている。fkはフィルツケルパ（filzkörper），apは囲肛板（anal plate）を示す。

Bicoidは，細胞に口部を形成するように指令する。中程度の濃度のBicoidは胸部形成を指令し，Bicoidを欠く領域には腹部が形成される。それでは，Bicoidタンパク質の勾配は，どのようにしてショウジョウバエの前後軸の決定を制御しているのだろうか？

Bicoidの主要な機能は転写制御であり，その役割は，胚の前方部で標的遺伝子の発現を活性化させることである[3]。1980年代の後期に，Bicoidが*hunchback*遺伝子に結合してその転写を活性化させることを，2つの研究室が独立に証明した（Driever and Nüsslein-Volhard 1989；Struhl et al. 1989；Wieschaus 2016）。Bicoidに依存した*hunchback*の転写は，胚の前半部，すなわちBicoidが高いレベルで発現しているところでのみ観察される。そして，Bicoidタンパク質とHunchbackタンパク質は協調的に働いて，頭部特異的な遺伝子の発現を増強する。（オンラインの「FURTHER DEVELOPMENT 10.6：Bicoid Plus Hunchback Equal a Buttonhead」参照）

末端遺伝子群

胚の前方と後方の形成に働くモルフォゲンに加えて，3つ目の母性遺伝子の一群が存在する。これらのタンパク質産物は，前後軸の末端にある非体節性の構造である**先節**（acron；脳を含む頭部の先端領域）と**尾節**（telson）を形成する。末端遺伝子と呼ばれるこれらの遺伝子の変異体では，先節と前端の頭部体節に加え，尾節と後端の腹部体節が欠失する（Degelmann et al. 1986；Klingler et al. 1988）。（オンラインの「FURTHER DEVELOPMENT 10.7：The Terminal Gene Group」参照）

ショウジョウバエの初期胚における前後軸形成のまとめ

ショウジョウバエ胚の前後軸は，3つの母性遺伝子群によって特定化される。

1. **前方の形成中心をつくり出す遺伝子**。胚の前端に局在する前方形成中心は，Bicoidタンパク質の勾配を通じて作用する。Bicoidは**転写因子**として前方特異的なギャップ遺伝子を活性化するとともに，**翻訳抑制因子**として後方特異的なギャップ遺伝子を抑制する。

2. **後方の形成中心をつくり出す遺伝子**。後方の形成中心は，後端に局在している。この活性中心の機能を担うのはNanosタンパク質とCaudalタンパク質である。Nanosタンパク質は前方形成を**翻訳レベル**で阻害し，Caudalタンパク質は腹部形成に必要な遺伝子を**転写レベル**で活性化する。

3. **両端の境界をつくり出す遺伝子**。先節と尾節の境界は，胚の両端で活性化される母性効果遺伝子（*torso*など）の産物によって決定される。

発生の次のステップは，これら転写因子の勾配を利用して，前後軸に沿って特定の遺伝子を活性化することである。

10.4　分節遺伝子

ショウジョウバエにおける細胞運命は，特定化（specification）と決定（determination）という2つの段階を経て方向付けられる（Slack 1983）。発生初期には，細胞の発生運命は

3　*bicoid*は，双翅目（2枚の翅をもつ昆虫）において進化的には比較的"最近"出現した遺伝子のようであり，他の昆虫目では見つかっていない。他の昆虫目では，前側の分化決定因子はOrthodenticleやHunchbackである。ショウジョウバエにおいてこれらの遺伝子は，Bicoidによって胚の前方で発現が誘導される（Wilson and Dearden 2011）。

胚内に形成されたタンパク質の勾配に依存する。タンパク質勾配によって特定化された細胞の運命は可変的であり，他の細胞からのシグナルに応じて変わり得る。しかし，最終的には，可変的に発生運命が方向付けられた特定化という状態から，発生運命が不可逆的に決められた決定の段階へと移行する。この時点で，細胞の発生運命は細胞固有のものとなり，内在性の要因に支配されるようになる。

ショウジョウバエにおける特定化から決定への移行は，初期胚を前後軸に沿って繰り返し構造をもった体節原基に分ける**分節遺伝子**(segmentation gene)を介して行われる。分節遺伝子はもともと，ボディプランが異常となる胚性変異によって存在が明らかにされてきた(図10.10参照)。そしてこれら変異は，表現型に基づいて3つのグループに分けられた(**表10.2**；Nüsslein-Volhard and Wieschaus 1980)：

1. からだのある領域が数体節にわたって大きく欠失する，**ギャップ変異**(図10.16A)。
2. 1体節おきに体節の一部領域が欠失する，**ペアルール変異**(図10.16B)。
3. 各体節すべてに異常(欠失，重複，極性の反転)がみられる，**セグメントポラリティー変異**(図10.16C)。

表10.2　ショウジョウバエの分節化に影響を与える主要な遺伝子

カテゴリー	遺伝子名
ギャップ遺伝子	*Krüppel* (*Kr*), *knirps* (*knl*), *hunchback* (*hb*), *giant* (*gt*), *tailless* (*tll*), *huckebein* (*hkb*), *buttonhead* (*btd*), *empty spiracles* (*ems*), *orthodenticle* (*otd*)
ペアルール遺伝子(第一次発現)	*hairy* (*h*), *even-skipped* (*eve*), *runt* (*run*)
ペアルール遺伝子(第二次発現)	*fushi tarazu* (*ftz*), *odd-paired* (*opa*), *odd-skipped* (*odd*), *sloppy-paired* (*slp*), *paired* (*prd*)
セグメントポラリティー遺伝子	*engrailed* (*en*), *wingless* (*wg*), *cubitus interruptus* (*ci*), *hedgehog* (*hh*), *fused* (*fu*), *armadillo* (*arm*), *patched* (*ptc*), *gooseberry* (*gsb*), *pangolin* (*pan*)

(A) ギャップ遺伝子：*Krüppel*（例として）

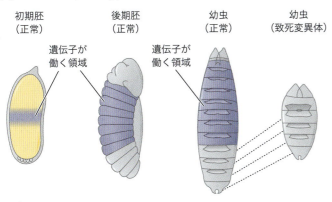

(B) ペアルール遺伝子：*fushi tarazu*（例として）

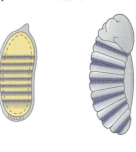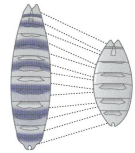

(C) セグメントポラリティー遺伝子：*engrailed*（例として）

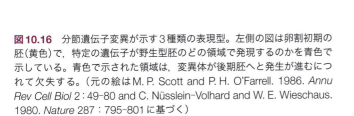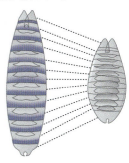

図10.16　分節遺伝子変異が示す3種類の表現型。左側の図は卵割初期の胚(黄色)で，特定の遺伝子が野生型胚のどの領域で発現するのかを青色で示している。青色で示された領域は，変異体が後期胚へと発生が進むにつれて欠失する。(元の絵は M. P. Scott and P. H. O'Farrell. 1986. *Annu Rev Cell Biol* 2：49-80 and C. Nüsslein-Volhard and W. E. Wieschaus. 1980. *Nature* 287：795-801 に基づく)

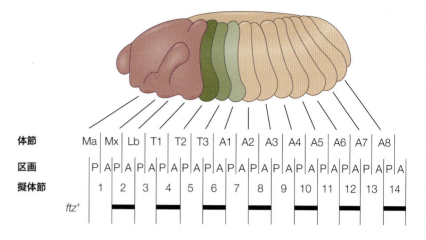

図10.17 ショウジョウバエ胚の擬体節は，体節に対して1区画分前方にずれている。Ma, Mx, Lbはそれぞれ，頭部体節の大顎(mandibular)，小顎(maxillary)，下唇(labial)を，T1〜T3は胸部体節を，そしてA1〜A8は腹部体節を指す。各々の体節は，前方(A)と後方(P)の区画をもつ。擬体節(1から14番目まである)はそれぞれ，ある体節の後区画と，その次の体節の前区画から成る。*fushi tarazu* (*ftz*)遺伝子の発現領域は黒色のバーで示しているが，これらの領域は *ftz* の変異体では消失する(図10.16B参照)。(A. Martinez-Arias and P. A. Lawrence. 1985. *Nature* 313 : 639-642 より)

体節と擬体節

分節遺伝子を欠く変異胚では，一部の体節や体節の一部領域が欠失する。しかし，研究者は，これらの変異があらわす驚くべき特徴に当初から気づいていた。すなわち，これらの変異体の多くは，成虫の体節単位で異常を引き起こすのではなく，ある体節の後ろ側と，直後の体節の前側に異常を引き起こした(図10.17)。このような2つの体節にまたがる単位は，**擬体節**(parasegment)[4]と名づけられた(Martinez-Arias and Lawrence 1985)。

遺伝子発現を検出する手法が開発されると，初期胚における分節遺伝子は，体節ごとではなく擬体節ごとに発現していることが判明した。すなわち，擬体節が胚発生における遺伝子発現の基本的な単位であると考えられる。擬体節の構成は成虫の神経索でも観察されるが，最も明瞭に体節構造が現れる成虫の上皮や，筋肉系ではみられない。これらの成虫構造は，体節単位で構成されている。ショウジョウバエでは，上皮にみられる体節ごとの溝は胚帯短縮期に現れ，筋肉をつくる中胚葉は発生後期に分節化する。

体節や擬体節の配置については，胚の前後軸に沿った区画(compartment)の異なる形成方法と考えることができる。ある区画の細胞は隣の区画の細胞と混ざることはなく，擬体節と体節は区画1つ分だけ位相がずれる[5]。

ギャップ遺伝子

ギャップ遺伝子は，母性効果遺伝子によって活性化あるいは抑制され，前後軸に沿って1つあるいは2つの幅広い領域で発現する。これらの発現パターンは，ギャップ遺伝子を欠く変異体胚で欠失する領域とよく一致する。例えば *Krüppel* 遺伝子は，主に胚中央の第4〜6擬体節で発現するが(図10.10Cおよび図10.16A参照)，Krüppelタンパク質を欠く胚ではこれらの領域から形成される擬体節が欠失する。

---

[4] 情報理論に馴染みのある読者なら，形態形成にかかわる分子の勾配による前後の位置情報が区画化された異なる擬体節へと伝達されるプロセスが，アナログからデジタルへの変換に似ていることに気づくだろう。特定化はアナログ(連続体)，決定はデジタル(二進法)である。多核性胞胚葉における分子の勾配で特定化された一時的な情報は安定化(デジタル化)され，発生が進んだ時期に使われるようになる(Baumgartner and Noll 1990)。

[5] 体節と擬体節の両方が，ショウジョウバエの運動機能の協調に必要かもしれない。節足動物では，腹部神経索は擬体節によって構成されるが，クチクラの溝や筋肉は体節で構成される。体節と擬体節の間の1区画分のずれにより，ある連続した体節の2つの筋肉が，同じ神経節によって協調的に制御される(Deutsch 2004)。これは，運動に必要な素早く協調的な筋収縮を可能にする。同じような現象は脊椎動物でもみられ，前方の体節の後部が次の体節の前部と融合する(19.3節参照)。

胚の胴体部分で発現する3つのギャップ遺伝子（hunchback, Krüppel, knirps）の変異によって引き起こされる欠失は，ショウジョウバエ胚の体節化領域のすべてに及ぶ．4つめのギャップ遺伝子であるgiantの発現領域はこれら3つの遺伝子の発現領域と重なり合い，tailless と huckebein は胚の前極および後極付近で発現する．これらをまとめると，胴体部分で発現する4つのギャップ遺伝子は，胚の前後軸に沿った細胞の位置を規定する十分な特異性をもっている．これらの遺伝子産物間の相互作用により，各細胞は固有の空間的アイデンティティを与えられるようである（Dubuis et al. 2013）．

ギャップ遺伝子の発現パターンはきわめてダイナミックである．ギャップ遺伝子は通常，胚全体で弱く転写されているが，核分裂が進むにつれて特定の領域で強く発現するようになる（Jäckle et al. 1986）．初期のギャップ遺伝子の発現パターンの確立には，母性Hunchbackタンパク質の勾配が特に重要である．核分裂サイクル12の終了までに，Hunchbackは胚の前方で強く発現する．そしてHunchbackは胚の中央部近くで，およそ核15個分の範囲にわたる急勾配を形成する（図10.10Cおよび図10.14B参照）．この時期，胚の後方1/3の領域ではHunchbackは検出されない．

胚前方におけるギャップ遺伝子の転写パターンは，HunchbackとBicoidの濃度の違いによってつくり出される．BicoidとHunchbackの濃度がともに高いとgiantの発現が誘導され，KrüppelはHunchbackが減少し始める領域で発現する．Bicoidがない領域での高レベルのHunchbackは，胚の後方で発現するギャップ遺伝子であるknirpsやgiantの転写を胚の前方で抑制する（Struhl et al. 1992）．後極で最も濃度の高いCaudalタンパク質の勾配は，胚の後方で腹部ギャップ遺伝子であるknirpsとgiantの発現を活性化すると考えられている．したがって，giantの前方と後方での帯状の発現活性化は，異なる機構により制御されている．すなわち，前方での発現はBicoidとHunchbackによって活性化され，後方での発現はCaudalによって活性化される（Rivera-Pomar et al. 1995；Schulz and Tautz 1995）．

母性効果遺伝子の勾配とHunchbackによってギャップ遺伝子の発現パターンがひとたび確立されると，その発現パターンはギャップ遺伝子産物間の抑制的な相互抑制によって安定的に維持される（これらの相互作用は，細胞膜が形成される前の多核性胞胚葉だからこそ可能であることに注意）．4つの主要なギャップ遺伝子（hunchback, giant, Krüppel, knirps）はDNA結合タンパク質をコードしていることから，ギャップ遺伝子発現の境界形成における相互抑制は，ギャップ遺伝子産物が直接行っていると考えられている（Knipple et al. 1985；Gaul and Jäckle 1990；Capovilla et al. 1992）．遺伝学的解析，生化学的解析，および数理モデリングにより確立されたモデルの1つを図10.18Aに示す（Papatsenko and Levine 2011）．このモデルでは，3つの主要なトグル（オン/オフ）スイッチをもつネットワークが描かれている（図10.18B〜D）．これらスイッチのうちの2つは，Hunchback-Knirps間とGiant-Krüppel間の

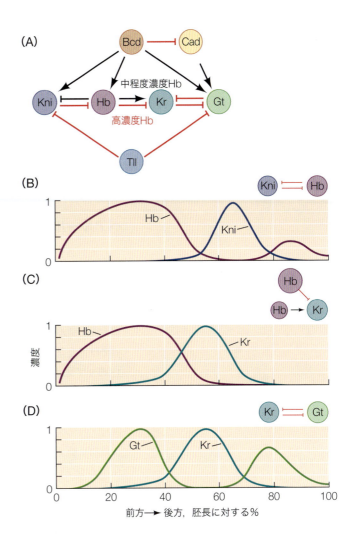

図10.18　ギャップ遺伝子ネットワークの構造．この図で示すような相互作用は，数理モデル，遺伝学的データ，生化学的解析によって裏付けられている．（A）Bicoid（Bcd）とCaudal（Cad）の前後勾配は，Knirps（Kni），Hunchback（Hb），Krüppel（Kr；BicoidとCaudalタンパク質の両方によって弱く活性化される），Giant（Gt）の発現を制御する．Tailless（Tll）は，このような形態形成経路を胚の両端で抑えている．（B〜D）ギャップ遺伝子の発現領域を確立するための，前後軸に沿った3つの"トグルスイッチ"．（B）KnirpsとHunchbackの相互抑制により，Knirpsタンパク質の発現領域は前後軸に対して60〜80％の場所に配置される．（C）Hunchbackは高濃度領域でKrüppelの発現を阻害し，中間濃度では促進する．（D）KrüppelとGiantは相手の合成を相互に抑制する．（D. Papatsenko and M. Levine. 2011. PLOS ONE 6：e21145/CC BY 4.0 より）

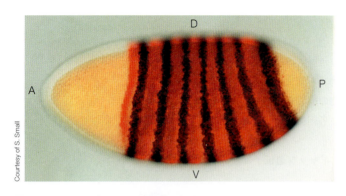

図10.19 ショウジョウバエ胞胚葉における2つのペアルール遺伝子 *even-skipped*（赤色）と *fushi tarazu*（黒色）のmRNA発現パターン。各々の遺伝子は，7本のストライプとして発現する。胚の前方を左側，背側を上方に配置している。

強力な相互抑制である（Jaeger et al. 2004）。3つ目のスイッチは，Hunchback-Krüppel間の濃度依存的な相互作用である。高濃度のHunchbackはKrüppelタンパク質の産生を阻害するが，中濃度のHunchback（胚長の約50％の位置でみられる）はKrüppelの産生を促進する（図10.18C参照）。

このような相互抑制の結果，重複領域をもった正確なmRNAの発現パターンが形成される。ギャップタンパク質は各々の発現領域から隣接した領域へ拡散することもできるので，隣接するギャップタンパク質の発現領域には顕著な重複（少なくとも核8個分，これは将来つくられる体節約2つ分に相当する）が生じる。このことは，Stanojević（スタノジェヴィク）ら（1989年）によって鮮やかに立証された。彼らは，細胞化途上の胞胚葉（図10.4参照）を固定し，Hunchbackタンパク質を赤い色素で標識された抗体で染色し，Krüppelタンパク質を緑の色素で標識された抗体で染色した。両タンパク質を発現する細胞化領域は，両方の抗体が結合することにより明るい黄色に染色された（図10.10C参照）。Krüppelは，胚の後方領域でKnirpsと発現が重複している（Pankratz et al. 1990）。このような発現パターンの正確性は，同じような機能のエンハンサーを複数もつことによって維持されている。つまり，もしこれらの1つがうまく働かなかった場合でも，他のエンハンサーが働く可能性が高いため，正確性が保証される（Perry et al. 2011）。

ペアルール遺伝子

ハエ胚の分節化の最初の兆候は，胚の周縁部で細胞化が始まる核分裂サイクル13におけるペアルール遺伝子の発現である。これら遺伝子の転写パターンによって，胚は実際に体節が形成される前に分画化される。**図10.19**や図10.10Dにみられるように，ペアルール遺伝子は，細胞化が進行している最中の核において，ある幅をもって前後軸に対して垂直方向に発現する。発現の起こったバンドの隣のバンド幅では発現せず，その隣のバンド幅では再度発現する。その結果，前後軸に沿った"縞模様（ストライプ）"が形成され，胚は15のサブユニットに分画化される（Hafen et al. 1984）。現在までに，このような方法で胚を分節化する遺伝子が8個同定されている。これらの遺伝子は重なりをもって発現するため，各擬体節の細胞はそれぞれに特異的な転写因子のセットをもつようになる（表10.2参照）。

最初に働くペアルール遺伝子（第一次ペアルール遺伝子）には，*hairy*，*even-skipped*，*runt* が含まれ，これらは各々7つのストライプとして発現する。これら3遺伝子は，各々のストライプごとに固有のエンハンサーと調節機構を利用して，最初からストライプパターンとして発現する。これらエンハンサーはしばしばモジュール構造をもち，各ストライプの調節領域はDNA上の異なる領域に存在している。そしてこれらDNA領域には，しばしばギャップタンパク質の結合配列が存在している。したがって，ギャップタンパク質の濃度の違いが，ペアルール遺伝子を転写するか否かを決めていると考えられる。

ギャップタンパク質によって転写が開始されると，第一次ペアルール遺伝子の発現パターンは，ペアルール遺伝子産物間の相互作用によって安定化される（Levine and Harding 1989）。また，第一次ペアルール遺伝子の発現は，遅れて働き始める第二次ペアルール遺伝子の発現を活性化または抑制する。このような制御を受ける遺伝子の1つとして，*fushi tarazu (ftz)* が挙げられる。（オンラインの「FURTHER DEVELOPMENT 10.8：Defects of the Fushi tarazu Mutant Embryo」参照）

既知の8つのペアルール遺伝子はすべてストライプ状に発現するが，互いの発現パター

第 10 章　ショウジョウバエにおける体軸形成の遺伝学 | 355

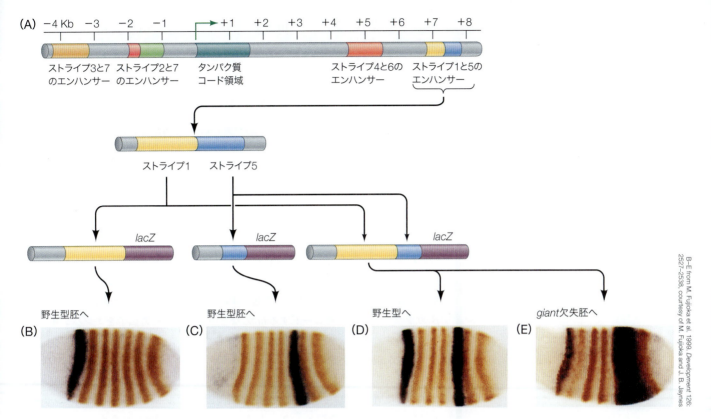

図 10.20　*even-skipped*（*eve*）遺伝子の特定のプロモーター領域が，胚の特定のバンドにおける転写を制御する。(A) 各ストライプの発現に関与する領域を示した，簡略化した *eve* プロモーターの模式図。(B〜E) *eve* プロモーターの異なる領域に β-ガラクトシダーゼ（*lacZ*）遺伝子レポーターを連結し，ハエ胚に注入した。レポーターを注入された胚の Even-skipped タンパク質を染色した（橙色のバンド）。ストライプ1 (B) または ストライプ5 (C) に特異的なエンハンサー領域，あるいは両方の領域 (D) と連結した *lacZ* レポーターを導入された野生型胚。(E) ストライプ1 および5のエンハンサー領域を連結した *lacZ* レポーターを *giant* 欠失胚に注入したもの。ストライプ5の後方の境界が消失している。(A は C. Sackerson et al. 1999. *Dev Biol* 211：39-52 より）

ンは一致しているわけではない。むしろ，擬体節内における核の列は，他の列とは異なる独自のペアルール遺伝子産物の組み合わせをもっている。このような異なった組み合わせのペアルール遺伝子産物が，次の段階の分節遺伝子であるセグメントポラリティー遺伝子を活性化する。

さらなる発展

このコラムを"スキップしない"で！　第一次ペアルール遺伝子のなかで最もよく研究されているのが *even-skipped* である（図 10.20）。そのエンハンサーは独立したモジュールから構成されており，各々のエンハンサーが単独あるいは1組のストライプの発現を制御している。例えば *even-skipped* の2番目のストライプは，Bicoid と Hunchback で活性化され，Giant と Krüppel タンパク質で抑制される，500塩基対の領域により制御されている（図 10.21；Small et al. 1991, 1992；Stanojević et al. 1991；Janssens et al. 2006）。2番目のストライプの前側の境界は，Giant による抑制効果によって維持され，後側の境界は Krüppel によって維持されている。DNase I フットプリント法を用いた解析から，2番目のストライプの発現に必要な最小のエンハンサー領域には，5つの Bicoid 結合部位，1つの Hunchback 結合部位，3つの Giant 結合部位，そして3つの Krüppel 結合部位が存在することがわかっている。したがっ

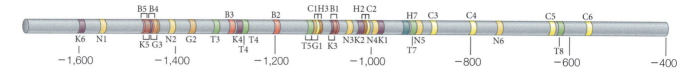

図10.21 *even-skipped*遺伝子からの転写によって，2番目のストライプが形成されるモデル．ストライプ2の制御に必要なエンハンサーには，いくつかの母性遺伝子およびギャップ遺伝子のタンパク質産物の結合配列が含まれる．転写活性化因子（BicoidやHunchbackなど）は上段に，抑制因子（KrüppelやGiantなど）は下段に示す．ほとんどすべての活性化配列は抑制配列と近接していることから，これらの場所で競合的な相互作用が起きていることが予想される（さらに，ストライプ2で抑制因子として働くタンパク質がストライプ5では活性化因子として働くこともあり，その隣に結合するタンパク質によって性質が変化する）．BはBicoid，CはCaudal，GはGiant，HはHunchback，KはKrüppel，NはKnirps，TはTaillessを表す．(H. Janssens et al. 2006. *Nat Genet* 38：1159-1165より)

て，この領域は，これらの制御タンパク質の濃度を直接感知し，転写のオン/オフを決めるスイッチとして機能すると考えられている．

　これらエンハンサー配列の重要性は，遺伝学的および生化学的な手法により明らかにすることができる．まず，特定のエンハンサーの変異は，このエンハンサーにより形成されるストライプの欠失を引き起こすが，他のストライプには影響しない．次に，β-ガラクトシダーゼをコードする *lacZ* などのレポーター遺伝子をエンハンサーの1つと連結すると，レポーター遺伝子は特定のストライプでのみ発現する（図10.20参照；Fujioka et al. 1999）．さらに，そのストライプの発現を調節するギャップ遺伝子を欠失させることにより，ストライプの位置をずらすことができる．すなわち，ストライプの位置は，（1）モジュール状に配置されたペアルール遺伝子のエンハンサーエレメントによるシス制御と，（2）これらのエンハンサー領域に結合するギャップ遺伝子や母性遺伝子のタンパク質産物によるトランス制御の結果として決められている．

セグメントポラリティー遺伝子

　これまで，多核性胞胚葉の中で起こる分子間の相互作用について議論してきた．しかし，ひとたび細胞化が起こると，相互作用は細胞間で行われるものとなる．このような相互作用はセグメントポラリティー遺伝子群が担い，2つの重要な発生過程を完結させる．まず，セグメントポラリティー遺伝子は，ギャップ遺伝子やペアルール遺伝子などの初期に働く転写因子によって確立された擬体節の繰り返し構造を強固なものにする．次に，細胞間のシグナル伝達を通して，各々の擬体節内における細胞運命を確立する．

　セグメントポラリティー遺伝子群は，WntやHedgehogシグナル経路（図4.24および図4.28参照；Ingham 2016）を構成するタンパク質をコードしている．これらの遺伝子の変異は，体節形成を阻害したり，胚全体にわたって各擬体節中の遺伝子発現の異常を引き起こしたりする．発生における各体節の正常なパターン形成は，各々の擬体節において1列の細胞でのみHedgehogが発現し，別の1列でのみWingless（ショウジョウバエのWnt）タンパク質が発現することによって成し遂げられる．このパターンをつくり出す鍵は，Hedgehogを発現するようになる細胞で *engrailed*（*en*）遺伝子が発現することである．*engrailed* 遺伝子の発現は，ペアルール遺伝子にコードされた転写因子であるEven-skipped, Fushi tarazu，あるいはPairedの発現が高い細胞で活性化され，Odd-skipped, Runt，あるいはSloppy-pairedタンパク質レベルの高い細胞で抑制される．その結果，Engrailedタンパク質は，胚の前後軸を横断する14本のストライプとして発現する（図10.10E参照）（実際に，*ftz* を欠く胚では *engrailed* は7本のバンドとして発現する）．

　engrailed の転写で生じるストライプは，各擬体節の前半区画（すなわち各体節の後半区画）のマークとなる．一方，*wingless*（*wg*）遺伝子は，Even-skippedあるいはFushi tarazuタンパク質がほとんどあるいはまったく存在せず，Sloppy-pairedが存在する細胞列で発現する。このような仕組みにより，*wingless*は，*engrailed*が転写される細胞列の直前の細胞列で転写されるようになる（**図10.22A**）。

　隣り合った細胞における*wingless*と*engrailed*の発現パターンがひとたび確立すると，この発現パターンは維持される。その結果，擬体節の周期性が保持される。重要なのは，このような発現パターンをつくり出すペアルール遺伝子産物のmRNAやタンパク質は寿命が短く，それらが合成されなくなっても*wingless*や*engrailed*の発現パターンは維持されなければならないということである。その役割を担うのは，隣接する細胞間における相互作用である。すなわち，Hedgehogを分泌する細胞は隣の細胞における*wingless*の発現を活性化し，Winglessタンパク質のシグナルはHedgehogを発現する細胞で受容され，*hedgehog*（*hh*）の発現を維持する（**図10.22B**）。Winglessタンパク質は自己分泌（autocrine）作用によって細胞自律的に働いて，それ自身の発現維持にも働く（Sánchez et al. 2008）。（オンラインの「FURTHER DEVELOPMENT 10.9：Flying "Wingless"」参照）

10.5　ホメオティックセレクター遺伝子

　体節の境界が設定されると，ペアルール遺伝子とギャップ遺伝子が相互作用して，**ホメオティックセレクター遺伝子**（homeotic selector gene）の発現を制御することにより，各体節を特徴づける構造すなわちアイデンティティが特定化される。細胞性胞胚葉期の終わりまでに，ギャップ，ペアルール，そしてホメオティック遺伝子産物の発現パターンの違いによって，各体節原基に個性が付与される（Levine and Harding 1989）。ほとんどのホメオティック遺伝子は，ショウジョウバエの3番染色体の2つの領域に存在している（**図10.23**）：

1. **Antennapedia複合体**（Antennapedia complex）には，*labial*（*lab*），*Antennapedia*（*Antp*），*sex combs reduced*（*scr*），*deformed*（*dfd*），*proboscipedia*（*pb*）と呼ばれるホメオティック遺伝子が含まれる。*labial*および*deformed*遺伝子は頭部体節のアイデンティティを特定化し，*sex combs reduced*と*Antennapedia*は胸部体節のアイデンティティを特定化する。*proboscipedia*遺伝子は成虫でのみ機能していると考えられるが，その機能を失うと下唇鬚（labial palp）が第一肢に転換する（Wakimoto et al. 1984；Kaufman et al. 1990；Maeda and Karch 2009）。

2. **Bithorax複合体**（Bithorax complex）には，胸部第3体節のアイデンティティに必要な*Ultrabithorax*（*Ubx*）と，腹部体節領域のアイデンティティに必要な*abdominal-A*（*abd-A*）および*Abdominal-B*（*Abd-B*）遺伝子が含まれる（Lewis 1978；Sánchez-Herrero et al. 1985；Maeda and Karch 2009）。

　Antennapedia複合体とBithorax複合体とを含む染色体領域は，しばしば**ホメオティック複合体**（homeotic complex：**Hom-C**）と呼ばれる。

　ホメオティックセレクター遺伝子群は，成虫のからだの各部位を特定化する働きをもつことから，それらの変異はある構造が別の構造に置き換わるという奇妙な表現型を示す。1894年にはWilliam Bateson（ウィリアム・ベイトソン）がこのような変異体を**ホメオティック（相同異形）変異体**（homeotic mutant）と呼び，数十年にわたって発生生物学者の関心を集めてきた[6・次々頁]。例えば，成虫のハエは3つの胸部体節をもち，各胸部体節は1対の脚をもつ。胸部第1体節は脚以外の付属器をもたず，胸部第2体節は脚に加えて1対の翅をもつ。胸部第3体節は，1対の脚と**平均棍**（haltere）をもつ。ホメオティック変異体では，このような体節ごとのアイデンティティが変化する。*Ultrabithorax*遺伝子を欠失すると，胸部第3体節（平均棍をもつことで特徴づけられる）は，胸部第2体節に変化する。

358 | PART III 初期発生

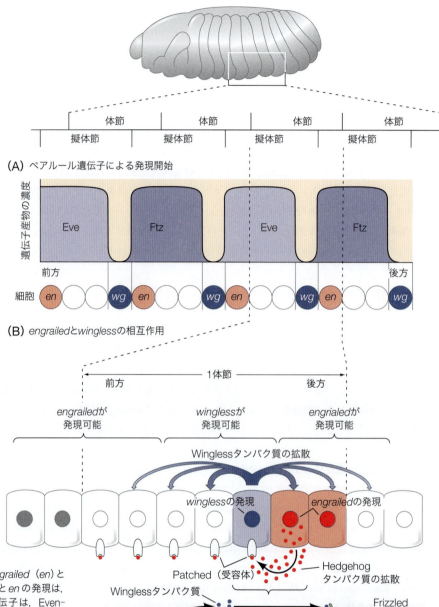

図10.22 セグメントポラリティー遺伝子，*engrailed*（*en*）と *wingless*（*wg*）の転写に関するモデル。(A) *wg* と *en* の発現は，ペアルール遺伝子によって開始される。*en* 遺伝子は，Even-skipped または Fushi tarazu タンパク質の濃度の高い細胞で発現する。*wg* 遺伝子は，*eve* も *ftz* も発現せず，第3の遺伝子（おそらく *sloppy-paired*）が発現する細胞で転写される。(B) *wg* と *en* の持続的な発現は，Engrailed 発現細胞と Wingless 発現細胞との間の相互作用によって維持される。Wingless タンパク質は細胞外に分泌され，周辺の細胞へと拡散する。Engrailed を発現できる状態の細胞（つまり，Eve あるいは Ftz タンパク質を発現している細胞）では，Wingless は受容体タンパク質である Frizzled や Lrp6 と結合し，Wnt シグナル伝達経路を介して *en* 遺伝子の転写が起こる（Armadillo はショウジョウバエにおける β カテニンの名称である）。Engrailed タンパク質は *hedgehog* 遺伝子の転写を活性化するとともに，自分自身（*en* 遺伝子）の転写も活性化する。Hedgehog タンパク質はこれらの細胞から分泌され，隣の細胞の Patched 受容体タンパク質に結合する。Hedgehog シグナルは，*wg* 遺伝子の転写と，その後の Wingless タンパク質の分泌を引き起こす。より詳しい解説は Sánchez et al. 2008を参照。（M. S. Levine and K. W. Harding. 1989. In D. M. Glover and B. D. Hames [Eds.], *Genes and Embryos.* IRL, New York, pp.39-94；M. Peifer and A. Bejsovec. 1992. *Trends Genet* 8：243-249；E. Siegfried et al. 1994. *Nature* 367：76-80 より）

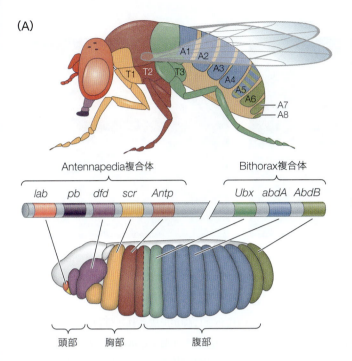
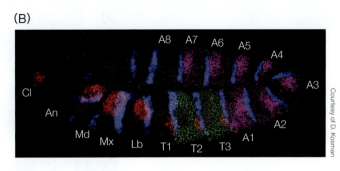

図10.23 ショウジョウバエのホメオティック遺伝子の発現。(A) ホメオティック遺伝子の発現マップ。Antennapedia複合体とBithorax複合体の遺伝子と，タンパク質コード領域を中段に示す。遺伝子マップの上段には成虫個体，下段にはショウジョウバエ胞胚葉におけるホメオティック遺伝子の発現領域（mRNAとタンパク質）を示す。(B) 胚帯伸長期（Aの下段よりも少し早期）の胚における，4つの遺伝子に対する in situ ハイブリダイゼーション。engrailed（青色）の発現パターンは，胴体を体節に分ける。Antennapedia（緑色）とUltrabithorax（紫色）は，胸部領域と腹部領域とを分ける。Distal-less（赤色）は，顎と付属肢の形成される場所を示す。（A は T. C. Kaufman et al. 1990. *Adv Genet* 27：309-362；S. Dessain et al. 1992. *EMBO J* 11：991-1002 より）

図10.24 (A) ショウジョウバエの野生型では翅は胸部第2体節につくられる。(B) *Ultrabithorax*遺伝子のシス制御領域に3つの変異を導入することによってつくり出された，4枚の翅をもつショウジョウバエ。これらの変異により，胸部第3体節が胸部第2体節へ転換し，平均棍が翅に転換する。

その結果，双翅目昆虫（2枚翅の昆虫）という名前にそぐわない，4枚の翅をもつハエ（図10.24）になる[7]。

同様に，Antennapediaタンパク質は，ハエの胸部第2体節のアイデンティティを特定化する。*Antennapedia*遺伝子を（本来の発現部位である胸部に加えて）頭部で異所的に発

---

[6] *Homeo* はギリシャ語で"類似"という意味である。ホメオティック変異は，ある構造が別の構造に（例えば触角が脚に）置き換わる変異である。ホメオティック遺伝子は，変異が起こった場合にそのような構造変化を起こす遺伝子であり，体節のアイデンティティを特定化する遺伝子ということになる。ホメオボックスは，多くのホメオティック遺伝子が共通にもつ，約180塩基対の保存されたDNA配列である。この配列は，60アミノ酸から成るホメオドメインをコードし，ホメオドメインは特定のDNA配列を認識する。ホメオドメインは，ホメオティック遺伝子によってコードされる転写因子の機能にとって重要な領域である。しかし，ホメオボックスをもつすべての遺伝子がホメオティック遺伝子というわけではない。

[7] 双翅目昆虫―ハエのような2枚の翅をもつ昆虫―は，4枚の翅をもつ昆虫から進化したと考えられている。このようなからだの構造変化は，bithorax複合体の変異によって生じた可能性がある。

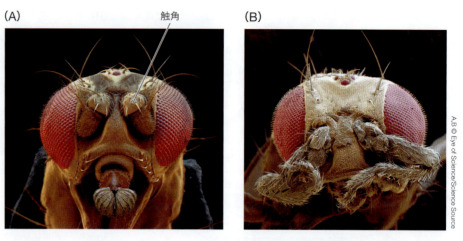

図10.25 （A）野生型成虫の頭部。（B）*Antennapedia* 変異をもつ成虫の頭部。触角が脚に転換している。

現させると，頭部から本来形成される触角の代わりに脚が形成される（図10.25）。この表現型は，Antennapediaタンパク質が胸部構造の形成を促進するばかりでなく，触角または眼の形成に必要な少なくとも2つの遺伝子——*homothorax* と *eyeless* ——のエンハンサーに結合して，それらの発現を抑制することによって引き起こされる（Casares and Mann 1998；Plaza et al. 2001）。したがって，Antennapediaの機能の1つは，触角と複眼の形成を開始させる遺伝子の発現を抑制することである。*Antennapedia* の潜性変異では，胸部第2体節でAntennapediaが発現しないため，本来脚が形成される場所に触角が形成される（Struhl 1981；Frischer et al. 1986；Schneuwly et al. 1987）。

主要なホメオティックセレクター遺伝子はクローニングされ，それらの発現パターンが *in situ* ハイブリダイゼーション法を用いて解析され，ホメオボックスをもつ転写因子をコードすることが示されてきた（Harding et al. 1985；Akam 1987）。ホメオティックセレクター遺伝子からの転写産物は，胚の特定の領域で発現し（図10.25B参照），特に中枢神経系で顕著な発現が観察された。（オンラインの「FURTHER DEVELOPMENT 10.10：Initiation and Maintenance of Homeotic Gene Expression」「SCIENTISTS SPEAK 10.3：An interview with Dr. Walter Gehring, who spearheaded investigations that unified genetics, development, and evolution, leading to the discovery of the Homeobox and its ubiquity throughout the animal kingdom」参照）

さらなる発展

Bithoraxは"営業中"である　1980年代後半に，Hox遺伝子クラスターを制御するゲノム構造について，1つのモデルが提案された。このモデルでは，Hox遺伝子の染色体上での配置が，胚の前後軸に沿った発現パターンと一致している。Hox遺伝子の連続した発現が，クロマチンが3'から5'方向へだんだん開いていくことに依存することにちなんで，"営業開始（open for business）モデル"と名付けられた（Maeda and Karch 2015）。このモデルは最近になって正しいことが確認された（Bowman et al. 2014；Mateo et al. 2019；Hajirnis and Mishra 2021）。

体節特異的な発現を制御するエンハンサーは，Bithoraxクラスター（BX-C）内に存在するHox遺伝子群である *Ubx, abd-A, Abd-B* 遺伝子の発現を制御する。しかし，これらのエンハンサーに転写因子などが作用して遺伝子発現を活性化するためには，BX-C全体にわたるH3K27me3部位の脱メチル化が必要である。例えば，頭部体節

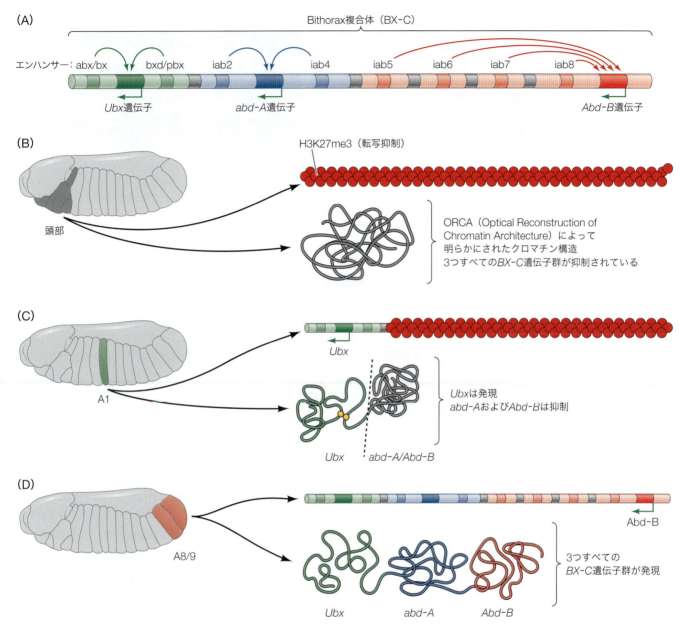

図10.26 Bithorax複合体（BX-C）におけるHox遺伝子の制御についての"営業開始"モデル。（A）BX-Cにおける3つのHox遺伝子の配置。（B）頭部体節におけるBX-Cの解析。H3K27me3による完全なメチル化により、BX-C全体の転写が抑制される。（C）より後方に位置するA1体節では、*Ubx*遺伝子領域はH3K27me3による抑制がない。活性化された*Ubx*エンハンサーがプロモーターと相互作用するための特異的なループ構造が観察される（下図の黄色い円）。（D）最も後方のA8/9体節では、BX-Cは完全に脱抑制されており、ゲノムの活性化を示すループ構造が複数存在し、エンハンサーとプロモーターの相互作用が観察される。（N. Hajirnis and R. K. Mishra, 2021. *Front Cell Dev Biol.* 9：718308 より）

の細胞では、BX-Cは完全にメチル化されて遺伝子発現は抑制されている。腹部第1体節では、H3K27me3修飾は、*Ubx*遺伝子とそのエンハンサーの周囲でのみ除去される（図10.26A、B）。これとは対照的に、最も後方の体節に含まれる細胞では、H3K27me3修飾は完全に除去され、遺伝子発現を活性化するクロマチン構造やエンハンサーとプロモーターの相互作用が観察される。この体節では、BX-C全体が"営業中（open for business）"なのである（図10.26C）。

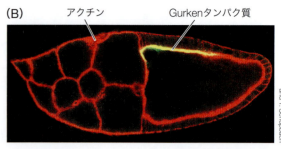

図10.27 卵母細胞核と背側前方の細胞膜との間に発現するGurkenタンパク質。(A) *gurken* mRNAは卵巣において，卵母細胞核と背側濾胞細胞との間に局在する。写真では，卵室の前方を左，背側を上に配置している。(B) Aより成熟した卵母細胞では，Gurkenタンパク質(黄色)が背側領域を横切っているのがわかる。アクチンを赤色で染色し，細胞境界を可視化している。卵母細胞の成長に伴って，濾胞細胞は卵母細胞の前方へと移動し，Gurkenに曝露される。

10.6 背腹軸の形成

　ショウジョウバエの背腹軸は，おもに母性効果遺伝子由来のタンパク質がつくるシグナルカスケードによって特定化される。背腹軸の特定化は，前後軸の特定化と同様に，母性効果遺伝子が卵母細胞内で発現することから始まる。卵母細胞内で背腹の極性が確立すると，Dorsalタンパク質が母親由来のmRNAから翻訳され，胚の最も腹側の細胞に局在するようになる。これらの細胞において，Dorsalタンパク質は背側の細胞運命に必要な遺伝子の発現を抑制する。

卵母細胞における背腹軸形成

　卵母細胞の体積が増加するにつれて，卵母細胞の核は微小管の成長によって後極から押し出されて，前方背側の角に移動する。これが，卵母細胞の対称性を破壊する重要なイベントである(Zhao et al. 2012)。ここで，前後軸の確立にも重要な役割を果たす*gurken*が，背腹軸形成を開始する。*gurken* mRNAは卵母細胞核と細胞膜の間の三日月状の隙間に局在し，この領域で翻訳されたタンパク質産物が，卵母細胞の背側表層に沿って前方から後方への勾配を形成する(図10.27；Neuman-Silberberg and Schüpbach 1993)。Gurkenタンパク質はごく短い距離しか拡散しないため，Gurkenシグナルは卵母細胞核のごく近くに位置する濾胞細胞にしか到達しない。GurkenシグナルはTorpedo受容体を介して濾胞細胞にシグナルを伝達し，これらの細胞は柱状の背側濾胞細胞(dorsal follicle cell)になる(Montell et al. 1991；Schüpbach et al. 1991)。このようなシグナル伝達によって，卵母細胞を取り囲む濾胞細胞層に背腹の極性が確立される。

　母親が*gurken*あるいは*torpedo*の機能を失っていると，生まれてくる胚は腹側化する。しかし，*gurken*が卵母細胞でのみ機能するのに対して，*torpedo*は体細胞性の濾胞細胞でのみ機能する(Schüpbach 1987)。背側濾胞細胞を形成するGurken-Torpedoシグナルは，胚の背腹軸を形成するのに必要な遺伝子カスケードを活性化する。(オンラインの「FURTHER DEVELOPMENT 10.11：Torpedoes Away：The Downstream Signaling Events」参照)

胚における背腹軸形成

　ショウジョウバエ胚の背側(背中)と腹側(腹)を区別するタンパク質は，*dorsal*遺伝子にコードされている。Dorsalタンパク質は，腹部を形成する遺伝子を活性化する転写因子である(*dorsal*という遺伝子名は，変異体の表現型にちなんで名付けられている。Dorsalタンパク質は，局在する領域を腹側に分化させるモルフォゲンであり，欠損すると背側化す

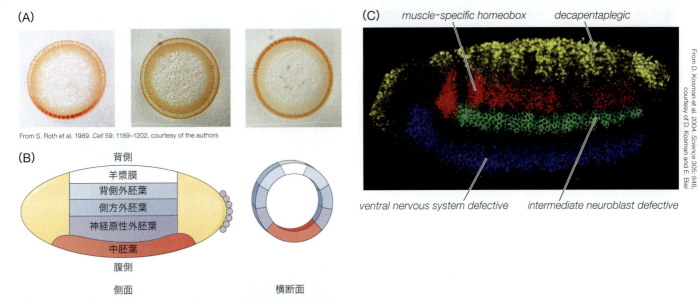

図10.28 Dorsalタンパク質の勾配による細胞運命の特定化。(A)胚の横断切片の抗体染色により検出した，Dorsalタンパク質の分布（濃く染色される範囲）。野生型胚（左）では，Dorsalタンパク質は最も腹側の核に局在する。背側化変異体（中央）では，Dorsalはどの領域の核にも局在しない。腹側化変異体（右）では，Dorsalタンパク質はすべての細胞の核に入っている。(B)核分裂サイクル14の胚横断面の予定運命図。最も腹側の領域は中胚葉に，その上の領域は神経原性（腹側）外胚葉になる。側方および背側外胚葉はクチクラで区別でき，最も背側の領域は，胚を取り囲む胚体外層である羊漿膜になる。Dorsalタンパク質が腹側の核だけに移行し，側方や背側の核には移行しないことにより，核内のDorsalタンパク質が最も多い腹側の細胞が中胚葉前駆細胞になる。(C)ショウジョウバエの背腹パターン形成。中胚葉の陥入後，Dorsalタンパク質の勾配がどのように読み取られているかを，さまざまな遺伝子の発現がわかるように染色した胚の胴体部分において確認できる。最も腹側の遺伝子である *ventral nervous system defective*（青色）は，神経原性外胚葉で発現する。*intermediate neuroblast defective* 遺伝子（緑色）は，側方中胚葉で発現する。赤色で示されているのは *muscle-specific homeobox* 遺伝子で，中間神経芽細胞の上に位置する中胚葉で発現する。最も背側の組織では *decapentaplegic*（黄色）が発現する。(BはC. A. Rushlow et al. 1989. *Cell* 59: 1165–1177より）

る）。

　卵形成過程において，母親由来の *dorsal* mRNAは，哺育細胞で合成されて卵母細胞に蓄積される。しかし，受精後約90分までは，母性 *dorsal* mRNAからのタンパク質の合成は行われない。翻訳されたDorsalは，腹側領域や背側領域に偏ることなく，胚の全域で観察される。では，胚全体に分布しているDorsalタンパク質はどのようにしてモルフォゲンとして機能するのであろうか？

　この答えは予想外のものであった（Roth et al. 1989；Rushlow et al. 1989；Steward 1989）。確かにDorsalタンパク質は多核性胞胚葉の全域に分布しているが，胚の腹側領域でのみ核に移行するのである。核内において，Dorsalタンパク質は転写因子として機能し，複数の遺伝子の転写を活性化あるいは抑制する。Dorsalが核内に入らなかった場合には，腹側化に必要な遺伝子が転写されず，背側化に必要な遺伝子の発現が抑制されない。その結果，胚を構成するすべての細胞が，背側の性質をもつようになる。

　このようなショウジョウバエにおける背腹軸の形成モデルは，胚全体が腹側化あるいは背側化する母性効果変異の解析によって裏付けられている。これらの変異体幼虫には背中がなく，すぐに死んでしまう（Anderson and Nüsslein-Volhard 1984）。例えば，すべての細胞が背側化する変異（腹側に特徴的な外骨格の形態によって見分けることができる）では，Dorsalタンパク質はすべての細胞で核内に入らない。これとは逆に，すべての細胞が腹側化する変異体では，Dorsalタンパク質がすべての細胞で核内に入る（図10.28A）。

図10.29 ショウジョウバエの原腸形成。この横断面では，腹側領域の中胚葉細胞が胚の内側に折れ曲がって，腹溝を形成している（図10.7A，B参照）。腹溝は胚の内部に陥入して管を形成した後，扁平になって中胚葉性の器官をつくり出す。核は，中胚葉のマーカーであるTwistタンパク質に対する抗体で染色している。

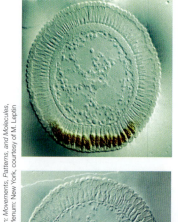
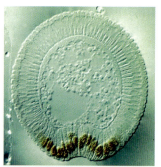

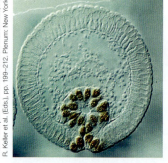
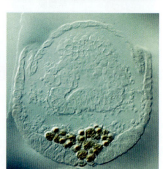

From M. Leptin. 1991. In *Gastrulation: Movements, Patterns, and Molecules*, R. Keller et al. (Eds.), pp. 199–212. Plenum: New York, courtesy of M. Leptin

さらなる発展

核内Dorsalの勾配形成　Dorsalタンパク質は，どのようにして腹部領域の細胞でのみ核内に移行するのだろうか？　まず，Dorsalタンパク質が母性mRNAから合成されると，多核性胞胚葉の細胞質内でCactusと呼ばれるタンパク質と複合体を形成する。Dorsalは，Cactusと複合体を形成している限りは細胞質内に留まる。しかし，DorsalをCactusから解離させるようなシグナルを受け取ると，Dorsalは腹側領域において核内に移行する。（オンラインの「FURTHER DEVELOPMENT 10.9」の図1B参照）

　Gurkenシグナルは，背側の濾胞細胞において，*Pipe*と呼ばれる遺伝子の発現を抑制する。その結果，Pipeタンパク質は腹側の濾胞細胞でのみ合成される。Pipeタンパク質は他のいくつかのタンパク質と結合して，胚の腹側表面で受け取られるシグナルをつくり出し，これがCactusをリン酸化する。リン酸化されると，CactusはDorsalから解離し，Dorsalが胚の腹側で核内に入ることができるようになる（Kidd 1992；Shelton and Wasserman 1993；Whalen and Steward 1993；Reach et al. 1996）。Pipeによってつくられた腹側の濾胞細胞由来のシグナルは，背側に向かって勾配を形成する。これと一致するように，Dorsalの核移行は最も腹側の細胞で最大となるような勾配を形成し，これらの細胞は中胚葉に分化する（図**10.28B**）。

　Dorsalタンパク質は，ショウジョウバエ胚における原腸形成の最初のイベントを引き起こす。胚の最も腹側の16個の細胞，つまり核内に最も多くのDorsalを含む細胞は，胚内に陥入して，中胚葉を形成する（図**10.29**）。すべての筋肉，脂肪体，体細胞性生殖巣原基は，この中胚葉細胞から分化する（Foe 1989）。腹側正中線上の細胞は，神経とグリアに分化する（図**10.28C**；オンラインの「FURTHER DEVELOPMENT 10.12：Effects of the Dorsal Protein Gradient」参照）。

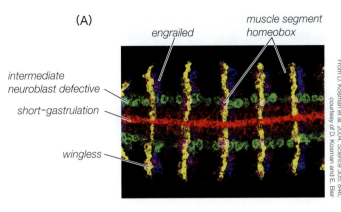
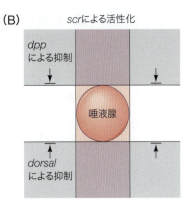

図10.30 遺伝子発現パターンによって描かれた直交座標系。(A)背腹軸に沿ったshort-gastrulation (赤色)，intermediate neuroblast defective（緑色），muscle segment homeobox（マゼンタ色）の発現と，前後軸に沿ったwingless（黄色）とengrailed（青色）の発現によって形成される格子（写真は胚を腹側から見ている）。(B)ショウジョウバエの唾液腺を形成する遺伝子の発現に関する座標。唾液腺を形成する遺伝子の発現は，ホメオティック遺伝子の1つであるsex combs reduced（scr）のタンパク質産物によって活性化され，前後軸に沿った狭いバンドとして発現する。そして，背腹軸に沿ってdecapentaplegic（dpp）とdorsal遺伝子産物によって抑制される。このような制御により，唾液腺は胚の第2擬体節の正中線領域に形成される。(BはS. Panzer et al. 1992. Development 114：49-57より)

10.7　体軸と器官原基：直交座標モデル

　ショウジョウバエ胚では，前後軸と背腹軸がともに働くことにより，胚の中での位置を指定する座標系をつくっている（図10.30A）。理論上，当初は発生能が等価であった細胞は，位置情報に応答して特定の遺伝子群を発現するようになる。このような様式による発生運命の特定化は，唾液腺原基の形成において証明されている（Panzer et al. 1992；Bradley et al. 2001；Zhou et al. 2001）。

　ショウジョウバエの唾液腺は，前後軸に沿って帯状にみられるsex combs reduced（scr）の発現領域（第2擬体節の位置）でのみ形成される。scrを欠く変異体では，唾液腺は形成されない。さらに，scrを人為的に胚全体で発現させると，唾液腺原基は胚のほぼ全長にわたって，腹側体側部に帯状に形成される。背腹軸でみると，唾液腺の形成はDecapentaplegicタンパク質によって背側で抑制され，Dorsalタンパク質によって腹側で抑制されている。つまり唾液腺は，垂直方向のscrの発現領域（第2擬体節）と，水平方向のDecapentaplegicおよびDorsalが発現しない領域が交差する場所に形成される（図10.30B）。このように，前後と背腹の2つの軸に沿った遺伝子の活性が交わることにより，細胞は唾液腺を形成するように誘導される。

　同じような状況は，ハエの各体節に形成される神経芽細胞でもみられる。神経芽細胞は，胚の正中線の両側にある神経外胚葉帯において，体節ごとに4〜6個の細胞から成る10個の集団として生じる（Skeath and Carroll 1992）。各々の集団に属する細胞は（Notch経路によって；図4.37参照）相互作用しており，集団あたり1つの神経細胞をつくり出す。Skeath（スキース）らは1992年，神経系遺伝子の転写パターンは直交座標モデルによって決められていることを明らかにした。神経系遺伝子の発現は，背腹軸に沿ってDecapentaplegicとSnailタンパク質によって抑制され，前後軸に沿ってペアルール遺伝子によって増強されることにより，半体節ごとに繰り返される。このように，ハエの体内で器官原基が形成される位置は，前後軸と背腹軸の交差をもとにした二次元座標によって特定化されている可能性が高い。（オンラインの「FURTHER DEVELOPMENT 10.13：The Right-Left Axes」「FURTHER DEVELOPMENT 10.14：Early Development of Other Insects」参照）

■ おわりに ■

第9章と第10章では，腹足類軟体動物，線虫，ショウジョウバエの3つの前口動物の初期発生について解説してきた。これらのモデル生物を用いた研究は，初期発生のプロセスについて画期的な知見を提供してきた。第11章から第14章では，後口動物の初期発生に焦点を当てる。後口動物に属する種は前口動物に比べてはるかに少ないが，ホヤ，棘皮動物，脊椎動物の発生が精力的に研究されており，そのなかにはHomo sapiensとして知られる後口動物の発生も含まれている。

研究の次のステップ

ショウジョウバエの転写パターンは驚くほど正確であり，1つの転写因子が広範囲または小さな領域を特定化することがある。ギャップ遺伝子のような，ショウジョウバエにおける最も重要な調節遺伝子のいくつかは，遺伝子からかなり離れた場所にあることもある"影のエンハンサー (shadow enhancer)"，つまり二次エンハンサーをもっていることがわかっている。これらの影のエンハンサーは遺伝子発現の微調整に不可欠なようであり，主要なエンハンサーと協調的もしくは競合的に働く可能性がある。これらの影のエンハンサーのいくつかは，特定の生理的ストレス下で機能する可能性がある。最近の研究により，ショウジョウバエの頑健な表現型は，異なる条件に応じて機能する一連の二次エンハンサーによるものである可能性が示されている (Bothma et al. 2015)。

章冒頭の写真を振り返る

Courtesy of Nipam Patel

ショウジョウバエでは，遺伝情報に基づいて合成されたタンパク質が相互作用することにより，からだの方向性を決める。これにより，頭部が一方の端に，尾部がもう一方の端に位置するようになる。本章において，このようなタンパク質の相互作用が，ショウジョウバエのからだをモジュール単位で特定化することを学んできた。そして，ホメオティックタンパク質の発現パターンが，成虫の各体節で形成される構造を特定化する。これらのタンパク質をコードする遺伝子の変異はホメオティック変異と呼ばれ，各体節の構造を変化させる。例えば，本来平均棍が形成される場所に翅を，触角が形成される場所に脚を形成する。注目すべきことは，変異体で形成された付属器官の近位-遠位軸は，本来形成される付属器官の近位-遠位軸に対応しており，付属器官の伸長の法則は変わっていないということである。成虫の体節形成に影響を与える多くの変異が，実際には胚のモジュール単位である擬体節に作用することがわかっている。無脊椎動物と脊椎動物の両方において，胚の構造単位はしばしば成体の構造単位とは異なることを念頭に置く必要がある。

10 ショウジョウバエにおける体軸形成の遺伝学

1. ショウジョウバエの卵割は表割である。核は，細胞化するまでに13回の分裂を行う。細胞化が完了するまで，核は多核性胞胚葉の中に存在する。各々の核は，アクチンで満たされた細胞質に取り囲まれる。

2. 細胞化したショウジョウバエ胚は，中期胞胚遷移に移行し，卵割は非同調的となり，新たなmRNA合成が始まる。この時期に，発生は母性因子による制御から胚性遺伝子による制御へと引き継がれる。

3. 原腸形成は最も腹側領域（予定中胚葉）の陥入によって開始され，腹溝が形成される。胚帯は，将来後部体節になる領域が将来の頭部領域の直後に位置するように，折れ曲がって伸長する。

4. アクチン-ミオシンから成る収縮複合体のネットワークは，背側正中線上の細胞で頂端面を収縮させるための力をつくり出し，これが腹溝の形態形成を推進する。細胞骨格の配向とそれによる張力は非対称であり，これが折りたたまれる組織の形状に影響を与える。

5. BicoidやDorsalといった，勾配を形成することで異なった細胞タイプへの特定化を行うモルフォゲンが存在する。多核性の胚では，モルフォゲンは転写因子の場合もある。

6. 遺伝子発現領域の境界は，転写因子とその標的遺伝子との間の相互作用によってつくられることがある。この場合，発生の早い時期に転写される転写因子が，次の時期に発現する遺伝子群の発現を制御する。

7. 初期胚では翻訳制御がきわめて重要であり，局在化したmRNAが胚のパターン形成に不可欠である。

8. 個々の細胞の運命は，即時に規定されるわけではない。むしろ，ある領域が分画化され，さらに細分化されることで段階的に細胞系譜の特定化が進み，最終的に個々の細胞の発生運命が決定される。

9. 異なる階層の遺伝子は，順番に転写される。多くの場合，ある遺伝子産物が別の遺伝子の発現を制御する。

10. 母性効果遺伝子が，前後軸形成の引き金を引く。*bicoid* mRNAは，3′UTRを介して胚の前極となる領域で細胞骨格系と結合している。*nanos* mRNAは3′UTRの働きによって，将来後極となる領域に局在化する。*hunchback*および*caudal* mRNAは，胚全域に存在している。

11. BicoidおよびHunchbackタンパク質は，ハエ胚の前方領域の形成に必要な遺伝子群の発現を活性化し，Caudalタンパク質は，胚の後方領域の形成に必要な遺伝子群の発現を活性化する。

12. ギャップ遺伝子は，母性タンパク質の濃度に応答する。ギャップ遺伝子からつくられたタンパク質は相互作用することにより，胚を領域化する。

13. ギャップ遺伝子からつくられたタンパク質は，ペアルール遺伝子の発現を活性化または抑制する。ペアルール遺伝子はモジュール状のエンハンサーをもち，これらの働きにより7本の"縞"として発現する。ペアルール遺伝子の発現領域の境界は，ギャップ遺伝子が決定する。ペアルール遺伝子は前後軸に沿って7本の縞として発現し，2擬体節ごとの間隔で発現している。

14. ペアルール遺伝子産物は，隣接する細胞でセグメントポラリティー遺伝子*engrailed*と*wingless*の発現を活性化する。*engrailed*を発現する細胞は，各擬体節の前側の境界を形成する。これら細胞は，胚のクチクラ形成と分節構造を指揮するシグナルセンターとなる。

15. ホメオティックセレクター遺伝子は，ショウジョウバエ第3染色体上の2つの領域に，AntennapediaおよびBithoraxという複合体として存在する。これらの領域は，ホメオティック複合体（Hom-C）と総称される。

16. ホメオドメインを含むHox遺伝子群は，発現する順序と同じ順序で染色体上に配置されている。Hox遺伝子の発現順序は，染色体上の3′から5′に向かって進むヒストン脱メチル化によって制御されている。Hom-C遺伝子は，各々の体節の発生運命を特定化する。それら遺伝子の変異によって，ある体節が別の体節へと質質転換することがある。

17. "営業開始モデル"は，胚の前後軸に沿ってヒストンH3の3′から5′への脱メチル化が起こることを描写しており，これによりBithorax複合体の抑制が解除され，Hox遺伝子が順番に発現する。

18. 背腹軸形成は，卵母細胞の前方背側に核が移動し，そこに*gurken* mRNAを局在化させることにより開始される。これにより，Gurkenタンパク質が卵の背側で合成される。

19. Dorsalタンパク質の核移行の程度は細胞によって異なり，核移行の程度によって活性の勾配が形成される。最も腹側の核は最も多くのDorsalタンパク質を取り込み，中胚葉になる。より外側の核は神経原性外胚葉になる。

20. 器官は，さまざまな遺伝子の発現が背腹方向と前後方向とで交差した領域に形成される。

● オンラインのコンテンツは **https://www.medsi.co.jp** よりアクセスしてください。

11 ウニ類とホヤ類
後口動物の無脊椎動物

本章で伝えたいこと

- ウニ類とホヤ類は，後口動物の系統に属する無脊椎動物である。これらは背骨をもたないが，ホヤ類の幼生は脊索をそなえている。これら2つのグループの胚は，条件的特定化と自律的特定化の仕組みの両方を（ただし互いに異なった割合で）用いている。
- ウニ胚の卵割は，大小割球と小小割球を生み出す。大小割球は幼生の骨を形成し，小小割球は幼生の体腔の壁の一部を構成する細胞となって，変態後に生殖細胞の形成に貢献する（11.1節，11.2節）。
- ウニの胚は条件的特定化を行うことで知られる。条件依存的に特定化される割球の運命は，しばらくの間は可塑的である。小割球の系列の細胞は，骨片形成の抑制因子の発現を抑制する二重抑制回路をもった遺伝子制御ネットワークによって，自律的に特定化される。その結果生じる"小割球の表現型"の一部は，近隣の細胞に対して内胚葉や二次間充織になるように誘導する能力として現れる（11.3節）。
- ホヤの胚も条件依存的な特定化を行う。この生物において条件依存的な特定化は，無脊椎動物であるこのホヤというグループと脊椎動物とのつながりを象徴する脊索など，さまざまな器官を生み出すのに用いられる。しかしながら他方で，ホヤ類はその自律的な発生様式によって最もよく知られた動物である。ホヤでは，筋肉細胞の分化を導く転写因子であるMacho-1のような細胞分化決定因子が，卵形成と初期卵割を経て特定の割球に受け継がれることにより，自律的な細胞運命の決定が行われる（11.4節，11.5節）。

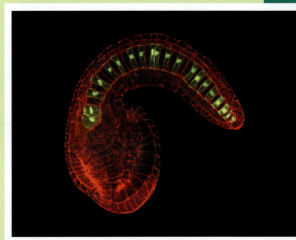

Photograph courtesy of Anna Di Gregorio

このホヤ胚の中に緑色の蛍光を発している細胞がある。これらの細胞は，どのようにあなたとホヤ胚との類縁性を教えてくれるのか？

　この章にいたるまでに，軟体動物，線形動物，昆虫という3つの前口動物系統のグループにおける初期発生の過程をみてきた。ここで後口動物の系統のほうに目を転じてみよう。前口動物に含まれる動物よりも後口動物に含まれるもののほうがはるかに少数だが，後口動物の系統には，魚類，両生類，爬虫類，鳥類，哺乳類といった脊椎動物のよく知られたグループがすべて含まれる。しかしこれらの脊椎動物ばかりでなく，いくつかの無脊椎動物のグループも，原腸形成の際にできる原口が将来の口ではなく肛門になる場所を規定するという後口動物の発生パターンを示す。後口動物には，半索動物（ギボシムシ），頭索動物（ナメクジウオ），棘皮動物（ウニ，ヒトデ，ナマコなど），尾索動物（被嚢動物ともいう。特にsea squirtと呼ばれるホヤ類に代表される；図11.1）が含まれる。この章では，棘皮動物（特にウニ類）と被嚢動物（特にホヤ類）の初期発生をみていく。これらはともに発生生物学において重要な研究対象であり続けてきた動物である。

図11.1 棘皮動物とホヤ類は後口動物系統に属する無脊椎動物である。ホヤは，その幼生が脊索と背側神経管を，また成体が咽頭の鰓裂(pharyngeal gill slit)をもち，脊索動物に分類される。ホヤ類は被嚢動物というグループの代表的な動物群で，被嚢動物は脊索が尾部の中にだけみられるため，尾索動物(urochordate；tail＋chordの意)とも呼ばれる。Lytechinus variegatusという緑色のウニと，カタユウレイボヤ(Ciona intestinalis)という半透明なホヤの2種は，広く研究に用いられているモデル生物である。

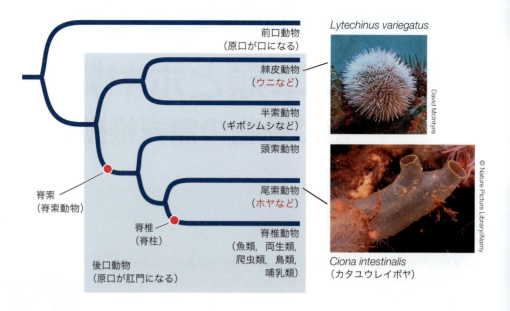

　実際，条件的特定化(今日ではあまり言われなくなったが，歴史的には"調節的な発生"と呼ばれた)はウニにおいて見いだされたものであり，対してホヤは，自律的特定化("モザイク発生"と呼ばれた；第2章参照)に対する最初の証拠をもたらした。これからみていくように，どちらの動物も両方の特定化の様式を用いることがわかっている。

11.1　ウニ類の初期発生

　ウニ類は，「遺伝子がどのようにからだの形成を調節するか」という問題の研究において，特に重要な動物であり続けてきた。Hans Driesch（ハンス・ドリーシュ）は1891年，ウニの発生を研究するなかで条件依存的な特定化を発見した。彼は，4細胞期の胚から単離した単一の割球は完全なプルテウス幼生をつくり出すことができたが，もっと後の発生段階の胚から単離した細胞は幼生のからだのすべての細胞を(つまりは完全な幼生を)生み出すことができなかったという発見にもとづいて，ウニの発生の初期段階が"調節的な発生"を行うと結論付けた(図2.7参照)。Drieschの発見は，ウニ胚の細胞は最終分化を行うまでのどこかの時点で，特定の発生運命に方向付けられることを明示するものだった。

　ウニ胚はさらに，染色体が発生に必要であること，DNAとRNAが1つ1つの細胞の中に存在すること，mRNAがタンパク質の合成を促すこと，蓄えられた母性mRNAが発生初期の胚にタンパク質を供給すること，サイクリンが細胞分裂を制御すること，そしてエンハンサーがモジュール構造をもつこと(Ernst 2011；McClay 2011)，などといった歴史的概念に対して最初の証拠をもたらしてきた。最初にクローニングされた真核生物の遺伝子は，ウニのヒストンタンパク質の遺伝子である(Kedes et al. 1975)。そしてまた，クロマチンリモデリングの最初の証拠も，ウニの発生段階特異的なヒストン遺伝子の使い分けに関するものだった(Newrock et al. 1978)。ウニ胚には現在でも，遺伝子レベルの新しい研究手法がさまざまに導入されている。ウニ胚は今も，遺伝子の相互作用が発生運命を特定化していく仕組みの詳細を明らかにする特に重要なモデル生物である。

初期卵割

　ウニは**放射全割**(radial holoblastic cleavage)を示す(図11.2および図11.3)。このタイプの卵割は卵黄が少ない卵で起こることや，全割の卵割溝は卵の全周にわたって均等に

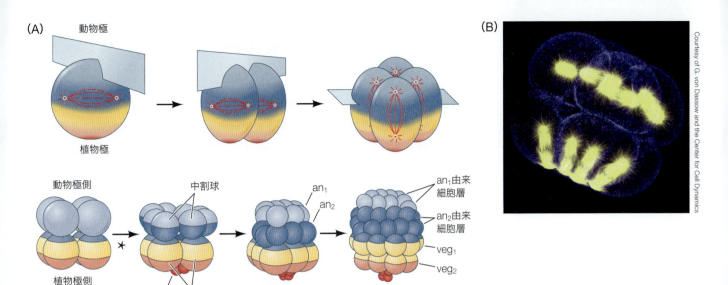

図11.2 ウニの卵割。(A)最初の3回の卵割面と，3〜6回目の分裂で形成される細胞層。(B) 16細胞になる時期(Aの*)における不等分裂の共焦点蛍光顕微鏡写真。植物極側の割球が小割球と大割球とに分裂する際の，不等な面で起こる緯割をはっきりと示している。(Aは J. W. Saunders, Jr. 1982. *Developmental Biology : Patterns, Problems, and Principles.* Macmillan：New York より)

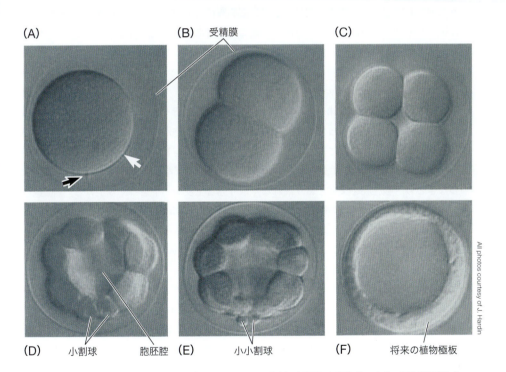

図11.3 ウニ *Lytechinus variegatus* の生きた胚における卵割。側面から見た像。(A) 1細胞期胚(接合子)。黒矢印は精子進入点を，白矢印は植物極を示す。胚を取り囲む受精膜がはっきりと見える。(B) 2細胞期。(C) 8細胞期。(D) 16細胞期。植物極に小割球が形成される。(E) 32細胞期。(F)胞胚は受精膜から孵化する。植物極板の肥厚が始まっている。

できることをすでに述べた(図8.3参照)。ウニの最初の7回の卵割は定型的で，同一種のどの個体をとっても，まったく同じパターンをたどる。第1卵割と第2卵割はともに経割(meridional cleavage)で，互いに直交する面で行われる(つまり卵割溝は，動物極と植物

極を通る面に生じる)。第3卵割は緯割(equatorial cleavage)で，最初の2回の分裂面に直交する面で行われ，動物半球と植物半球が切り分けられる(図11.2A上段および図11.3A〜C)。しかし，次に行われる第4卵割は，それまでと大きく異なるものとなる。**動物半球**の細胞層は経割を行い，8つの等しいサイズの割球を生じる。これら8つの細胞を**中割球**(mesomere)と呼ぶ。一方，**植物半球**の細胞層は不均等な緯割を行い，4つのより大きなサイズをもった細胞——**大割球**(macromere)と，そして植物極端に同じく4つのより小さいサイズの細胞——**小割球**(micromere)と呼ばれる——を生じる(図11.2B)。

よく研究に用いられる *Lytechinus variegatus* という種では，大割球と小割球の細胞質の量の比は95:5である。16細胞期の胚の細胞が次に分裂すると，動物極側の8つの中割球は緯割を行って，互いに入れ子状に重なったan_1とan_2という2つの細胞層をつくり出す。大割球は経割を行って，an_2の下に8つの細胞の層を形成する(図11.2A下段)。少し遅れて小割球は再び不等分裂を行い，4つの大小割球(large micromere)の下方の植物極端に，4つの小小割球(small micromere)からなる細胞塊を生じる。小小割球は後にもう一度だけ分裂し，その後は幼生期まで分裂を停止することになる。第6卵割では，動物半球の細胞は経割を，植物半球の大割球の子孫細胞は緯割を行う(図11.2A下段)。このパターンは，第7卵割では逆転する。この段階で，胚は120細胞からなる**胞胚**(blastula)となり[1]，細胞層の内部には**胞胚腔**(blastocoel)ができあがる。すなわち，胚はこのとき中空の球の形状を呈しており，内部の腔所を取り囲む1層の細胞から構成される(図11.3D〜F)。これ以後の段階においては，細胞分裂のパターンは定型的ではなくなっていく。ここでみたような連続して起こる非対称分裂は，まさに細胞質内に分布していた分化運命を決定する母性因子を分裂のたびに不均等に分配し，後に発生運命の特定化を導くことになる。以降の議論で，この仕組みについてまた詳しくみていくことになる。

胞胚形成

胞胚期までの間，小割球系列の細胞は分裂をゆっくり行うようになり，ウニ胚のすべての細胞は似た大きさになっていく。このときすべての細胞が，内側では胞胚腔を満たすタンパク質に富んだ体腔液に接し，外側では透明層(hyaline layer)に接している。密着結合(tight junction)が，それまでゆるく接触しているに過ぎなかった各割球を互いに緊密につなぎとめ，胞胚腔を文字どおり漏れなく取り囲む上皮シートをつくり上げる。細胞の分裂が続いても胞胚は単一の細胞層を保ち，胚がいくらか膨れるにつれ細胞層は薄くなっていく。これらのことは，割球の透明層への接着が保たれる一方で胚の外から水の流入が起こり，胞胚腔が拡大することによって起こる(Dan 1960；Wolpert and Gustafson 1961；Ettensohn and Ingersoll 1992)。

これらの速く定型的なパターンをもった細胞分裂は，ウニの種にもよるが，第9ないし第10分裂まで続く。このときまでに細胞の発生運命は特定化され(次節で議論する)，また各細胞は胞胚腔の側から最も離れた頂端側の細胞膜領域に繊毛を発達させる。したがってこのときには，頂端側と基底側(外側と内側)の極性〔頂端-基底極性(apical-basal polarity)〕が，胚の各細胞に備わっている。実際，PARタンパク質群が(線虫のものと同様に)，基底側の細胞膜領域を頂端側の膜から区別する機能にかかわっている証拠が示されている(Alford et al. 2009)。この繊毛を生やした胞胚は，受精膜の内部で回転を始める。このころになると，細胞間の違いもみられるようになってくる。胞胚の植物極付近の細胞が厚くなりはじめ，**植物極板**(vegetal plate)が形成される(図11.3F)。一方，動物半球の細胞は，受精膜を分解する孵化酵素(hatching enzyme)の合成と分泌を行う(Lepage et al.

1　128細胞の胚になると思うかもしれないが，小小割球が分裂を止めていることを思い出そう。

1992）。胚はここで受精膜の外に飛び出し，自由遊泳性の**孵化胞胚**（hatched blastula）となる。（オンラインの「FURTHER DEVELOPMENT 11.1：Urchins in the Lab」参照）

ウニ胚の予定運命図　ウニ胚の研究の初期につくられた予定運命図は，16細胞期の各割球の子孫を追跡したものだった。より最近の研究では，細胞質に注入可能な蛍光色素を利用して特定の細胞とその子孫の追跡がより詳しく行われ，以前につくられた運命図はさらに改良されている。こういった研究によって，ウニの胚では60細胞期までにほとんどの細胞において発生運命が1つに限定されているが，逆に各細胞の発生運命は不可逆的に方向付けられてはいないことが示されている（図11.4）。すなわち言い換えると，**60細胞期の段階では，特定の割球はそれぞれの胚で同一の細胞タイプを一貫して生み出すが，細胞は多能性を保持したままであり，実験的に胚の他の領域に置かれれば別の細胞タイプになることができる。**

　動物半球にある細胞はみな外胚葉を生じ，将来，幼生の表皮やニューロン（神経細胞）を生み出す。veg$_1$と呼ばれる細胞層の子孫は将来，幼生の外胚葉の器官か内胚葉の器官のどちらかの細胞になる。veg$_2$細胞層は，内胚葉と**非骨片形成間充織**〔non-skeletal mesenchyme；**二次間充織**（secondary mesenchyme）とも呼ばれる〕という2つの異なる領域を占める細胞群を生じる。非骨片形成間充織は，体腔（からだの内部に形成される中胚葉性の体壁），色素細胞，免疫細胞，筋肉細胞を生み出す。小割球系列の上層の細胞（すなわち大小割球）は**骨片形成間充織**〔skeletogenic mesenchyme；**一次間充織**（primary mesenchyme）とも呼ばれる〕を生み出し，これは後に幼生の骨を形成する。小割球の下層の細胞（すなわち小小割球）は，（非骨片形成間充織の一部とともに）幼生の体腔の壁の一部を構成する細胞になる。その体腔からは，変態のときに成体の組織が生み出される（Logan and McClay 1997, 1999；Wray 1999）。小小割球は特に，生殖系列細胞の生成に本質的にかかわることが知られている（Yajima and Wessel 2011）。

11.2　ウニの原腸形成

　建築家 Frank Lloyd Wright（フランク・ロイド・ライト）は1905年に，「形態と機能は一体であり，霊的な一致に合一されるべきものだ」と記している。Wright がウニの骨からインスピレーションを得たというわけではないが，他にそのような建築家〔たとえば Antoni Gaudi（アントニ・ガウディ）のような〕がいてもよい。ウニが生み出す特徴的な幼生形態——**プルテウス幼生**（pluteus larva）——は，実によくできた摂餌構造体で，その形態と機能は精妙に統合されている。

　ウニの後期胞胚は，約750の上皮細胞からなる中空のボールである。そこでは外胚葉，中胚葉，内胚葉の細胞が少なくとも部分的に，各々の最終的な発生運命に向けて特定化されている。次の段階として，原腸形成が中胚葉の細胞を外層の上皮の内側に押し出し，さらには消化管の陥入を推し進めていくことになる。第12～14章で学ぶように，多くの脊椎動物の胚では，これら2つの形態形成運動が同時に起こる。しかしウニでは，これら2つの運動は，まず中胚葉の細胞が胞胚腔に移入して，その後に**原腸**（archenteron）の陥入が起こるというように，段階的に進行する。

骨片形成間充織の移入

　図11.5は，胞胚期から原腸胚期を経て，プルテウス幼生の段階（受精後24時間）に至るまでの発生過程を示したものである。胞胚が受精膜から孵化すると間もなく，大小割球の子孫細胞は上皮-間充織転換を起こす。上皮細胞は形を変え，隣り合う細胞との接着性を失って上皮から離脱し，胞胚腔の中に移入して骨片形成間充織細胞となる（図11.5，9～10

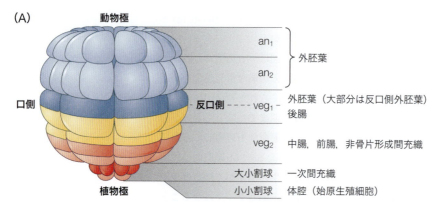

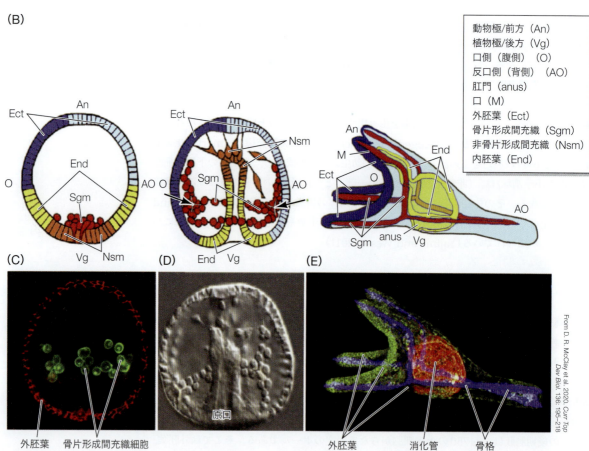

図11.4 アメリカムラサキウニ（*Strongylocentrotus purpuratus*）の予定運命図と細胞系譜。(A) 60細胞期胚。左側面が読者に面している。割球の発生運命は、卵の動植軸に沿って分かれている。(B)原腸形成の前後における各胚葉を構成する細胞群の相対的な位置取りの変化。間充織胚胞期（左）、原腸形成期（中）、口から肛門がつながったプルテウス幼生期（右）。つくられ始めている炭酸カルシウム（$CaCO_3$）の骨片を矢印で示す。(C)間充織胞胚期(Bの左図より少し後の段階)。組織特異的マーカーに対する免疫染色により、外胚葉（赤）と骨片形成間充織細胞（緑）が示されている。(D)原腸形成期の胚の明視野像。原腸が陥入している。(E)プルテウス幼生期。組織特異的マーカーの免疫染色によって消化管（赤）と骨片形成細胞（青）が示されている。すべての細胞が緑色の蛍光色素で染色されている。(BはD. R. McClay et al. 2020. *Curr Top Dev Biol* 136:195-218より)

時間）。骨片形成間充織細胞は移入した後、**糸状仮足**（filopodia）と呼ばれる細く長い突起（直径250 nmで長さ25μm）を伸ばしたり引っ込めたりし始める。はじめ、これらの細胞は、糸状仮足を活発に胞胚腔壁に接触させたり離したりしながら、胞胚腔の内側表面をランダムに移動する（図11.5, 12時間）。しかし最終的に、骨片形成間充織細胞は胞胚腔の将来口側（腹側）になる領域の側方部に集まるようになる。ここでそれらの細胞は融合し、合

胞体ケーブル（syncytial cable）となり，これが幼生の骨格の軸となる炭酸カルシウム質の骨片を形成していく（図11.5，13〜24時間）。

上皮-間充織転換　大小割球の子孫細胞の胞胚腔への移入は，それらの細胞が，自らが接する隣りの細胞と，さらには透明層に対する接着親和性をともに失う結果だと考えられている。これらの細胞はそのかわり，胞胚腔壁に沿って存在する一群の細胞外タンパク質に対する強い親和性を示し始める。はじめ，胞胚のすべての細胞は外側（頂端側）の表面を透明層に，内側（基底側）の表面をそれらの細胞自身が分泌した基底板（basal lamina）に接触させている。また，細胞の側面は隣りの細胞に接している。将来外胚葉になる細胞と内胚葉になる細胞（それぞれ中割球と大割球の子孫）はお互いに，そしてまた透明層に対して強く結合しているが，基底板に対する接着は弱い。

小割球もはじめはこれと同様の結合力のパターンを示しているが，原腸形成期にこのパターンは大きく変化する。他の細胞が透明層や隣りの細胞との強い結合性を維持するのに

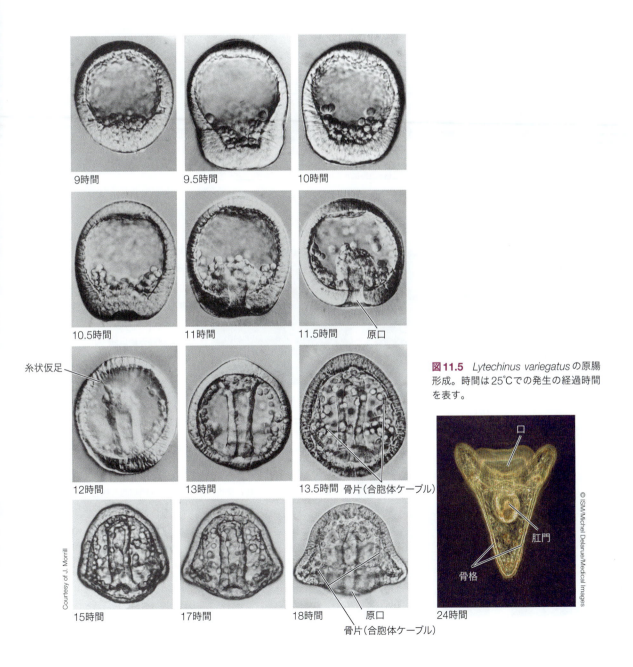

図11.5　*Lytechinus variegatus* の原腸形成。時間は25℃での発生の経過時間を表す。

対し，骨片形成間充織細胞の前駆細胞(大小割球の子孫)はそれらとの親和性を失い(もとの約2%にまで落ち込み)，逆に基底板や胞胚腔の細胞外基質成分への親和性が100倍も高まる．このことによって**上皮-間充織転換**(epithelial-mesenchymal transition：EMT)が達成され(4.4節を参照)，上皮組織の一部を構成していた細胞は相互に保っていた結合性を捨て，個別に動き回る細胞となる(図11.6A)．

ウニのEMTには，5つの異なるプロセスが区別できるようにみえる．これらはすべて，細胞を特定化する**遺伝子制御ネットワーク**(gene regulatory netowork：GRN；3.5節参照)の制御下にある．これらの5段階は以下のように表せる．

1. **頂端-基底極性(apical-basal polarity)の成立**．胞胚の植物極側の細胞が細長く伸び，植物極板の上皮が肥厚する(図11.5，9時間)．
2. **小割球の子孫細胞の頂端収縮(apical constriction)**．小割球の子孫細胞が変形し，頂端側の端(胞胚腔から最も離れている部位)が縮む．頂端収縮は，脊椎動物においても

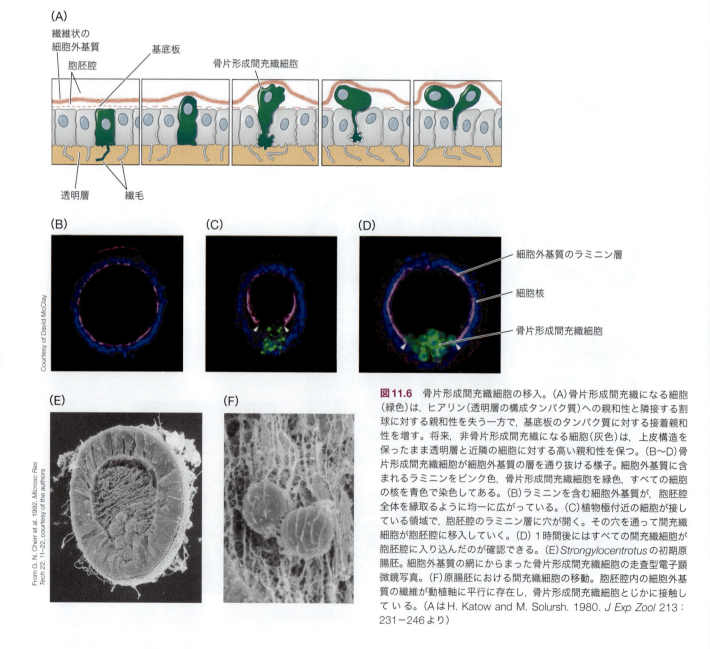

図11.6 骨片形成間充織細胞の移入．(A)骨片形成間充織になる細胞(緑色)は，ヒアリン(透明層の構成タンパク質)への親和性と隣接する割球に対する親和性を失う一方で，基底板のタンパク質に対する接着親和性を増す．将来，非骨片形成間充織になる細胞(灰色)は，上皮構造を保ったまま透明層と近隣の細胞に対する高い親和性を保つ．(B～D)骨片形成間充織細胞が細胞外基質の層を通り抜ける様子．細胞外基質に含まれるラミニンをピンク色，骨片形成間充織細胞を緑色，すべての細胞の核を青色で染色してある．(B)ラミニンを含む細胞外基質が，胞胚腔全体を縁取るように均一に広がっている．(C)植物極付近の細胞が接している領域で，胞胚腔のラミニン層に穴が開く．その穴を通って間充織細胞が胞胚腔に移入していく．(D)1時間後にはすべての間充織細胞が胞胚腔に入り込んだのが確認できる．(E)*Strongylocentrotus*の初期原腸胚．細胞外基質の網にからまった骨片形成間充織細胞の走査型電子顕微鏡写真．(F)原腸胚における間充織細胞の移動．胞胚腔内の細胞外基質の繊維が動植軸に平行に存在し，骨片形成間充織細胞とじかに接触している．(AはH. Katow and M. Solursh. 1980. *J Exp Zool* 213：231-246より)

無脊椎動物においても，原腸や神経系が形成される際にみられるもので，形態形成に伴う細胞の変形のなかで最も重要なものの1つである（Sawyer et al. 2010）。

3. **基底板のリモデリング**。EMTを行う細胞は，ラミニン（laminin）を成分として含む基底板を通り抜ける必要がある。もともとこの細胞外基質からなるシート構造は胞胚腔の周りに均一に存在するが，大小割球の子孫細胞はプロテアーゼ（タンパク質を分解する酵素）を分泌して，基底板に小さな穴をつくり出す。そのすぐ後に，最初の間充織細胞が胞胚腔の中に入り込む（図11.6B〜D）。

4. **脱接着（de-adhesion）**。上皮細胞同士を繋ぎとめる役割をもつカドヘリン（cadherin）が大小割球の子孫細胞で減少し，それらの細胞が隣接する細胞から自由になる。カドヘリンの発現はSnailという転写因子によって抑制される。この*snail*遺伝子は，Alx1という転写因子によって転写が活性化される。*Alx1*遺伝子は，後でみるウニ初期胚のGRNの"二重抑制ゲート"（double-negative gate）に発現が調節される（図11.14参照；Wu et al. 2007）。Snailは，動物界全体で（癌においても）脱接着にかかわる。

5. **細胞運動**。大小割球の子孫細胞で活性化される転写因子により，それらの細胞には，上皮から離脱し胞胚腔に移入して活発に動き回る能力が付与される。細胞は胞胚腔内の細胞外基質に結合しながら，その上を動き回る（図11.6E, F）。このような転写因子のなかで最も顕著な作用をもつものの1つがFoxn2/3である。脊椎動物においても，Foxn2/3の発現の活性化が，顔面の形成を担う神経堤細胞がまさにEMTを行って活発な細胞運動を示すようになるときにみられる。

これらの5つのイベントはすべて，このあと11.3節でみていく骨片形成間充織細胞を特定化するGRNによって調節されている。しかしこれらのプロセスのそれぞれは，このGRNのなかの異なる転写因子（群）によって制御されている。またさらに驚くべきことに，これらの転写因子群のなかのどれ1つとして，EMTの5つのプロセス全体の調節因子として働けるものはないことがわかっている（Saunders and McClay 2014）。

さらなる発展

EMT後の骨片の形成　間充織細胞は，胞胚腔に入り込んだ後もしばらくの間は，EMTを指令する細胞自律的な遺伝子制御ネットワーク（GRN）の影響をそのまま受けるが，やがてGRNは変化し，骨片形成の方向に細胞分化を推し進めていく。そこでは自律的な仕組みに対し，新たに非自律的な特徴が加味される。すなわち傍分泌性のシグナルが骨片形成間充織細胞に位置情報を与え，骨片の分化を促進するのである。

将来の幼生の口側（腹側）に近い2か所において，多くの骨片形成間充織細胞が集塊を形成し，互いに融合して骨片形成を開始する（Hodor and Ettensohn 1998；Lyons et al. 2014）。ある胚から色素で標識した小割球を単離し，それを別の原腸胚の胞胚腔に注入してやると，その注入された細胞は正しい位置に移動してホスト胚の骨片形成に加わる（Ettensohn 1990；Peterson and McClay 2003）。骨片形成間充織細胞の集塊形成に必要な位置情報は，集塊をつくる位置にある予定外胚葉細胞と，その場所に存在する基底板から提示されると考えられている（図11.7A；Harkey and Whiteley 1980；Armstrong et al. 1993；Malinda and Ettensohn 1994）。骨片形成間充織細胞のみがこの位置情報シグナルに反応でき，他の細胞や単なるラテックスビーズはこれに反応できない（Ettensohn and McClay 1986）。骨片形成間充織細胞がもつ極細の糸状仮足は胞胚腔壁の探索と検知を行い，外胚葉から発せられる口側-反口側軸（背腹軸）と動植軸に沿った位置情報の手がかりを感じ取ると考えられる（図11.7B；Malinda et al. 1995；Miller et al. 1995）。

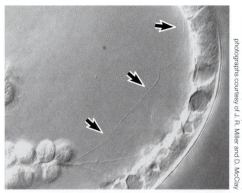
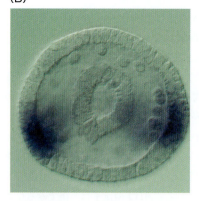
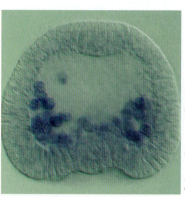

図11.7 ウニの骨片形成間充織細胞の位置決定。(A)ノマルスキー微分干渉顕微鏡によるビデオ画像。細く長い糸状仮足が，骨片形成間充織細胞から原腸胚の外胚葉細胞の壁に向けて伸びている(矢印)。また，短い糸状仮足も外胚葉から内側に伸びているのが見える。間充織の糸状仮足は細胞外基質の繊維をくぐりぬけて伸び，外胚葉細胞の細胞膜に直接接触する。(B)原腸を通る横断面(左)。外胚葉の特定の場所だけがFGFを発現し，この場所に骨片形成間充織細胞が集塊をつくる。さらに，移入した骨片形成間充織細胞(右，縦断面)は，FGF受容体を発現する。FGFシグナルを抑制すると，骨片は正しくつくられない。

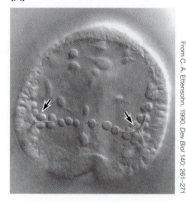
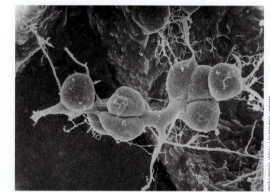

図11.8 骨片形成間充織細胞による合胞体ケーブルと骨片の形成。(A)ウニの初期原腸胚において，骨片形成間充織細胞は胞胚腔内で整列して融合し，さらに炭酸カルシウムを多く含む骨片の基質を沈着させる(矢印)。(B)骨片形成間充織細胞が融合してできた合胞体ケーブルの走査型電子顕微鏡写真。

　骨の成分の産生が開始する際には，外胚葉の2か所の小領域の直下に集まった骨片形成細胞は，血管内皮細胞増殖因子(vascular endothelial growth factor：VEGF)と繊維芽細胞増殖因子(fibroblast growth factor：FGF)という2種類の傍分泌因子を受け取る。VEGFはこれらの細胞が集合する外胚葉の2か所の小領域から放出され(Duloquin et al. 2007)，FGFは内胚葉と外胚葉の境界部に相当する帯状の領域でつくられる(図11.7B；Röttinger et al. 2008；McIntyre et al. 2014)。骨片形成間充織細胞は，VEGFとFGFの合成が起こるこれらの領域に移動し，原腸を囲んでリング状に配列する(図11.8)。これらの傍分泌因子の受容体も，小割球系列の細胞で働く二重抑制ゲートの下流で活性化されるようである(Peterson and McClay 2003)。間充織細胞は融合して合胞体(syncitium)となり，細長いケーブルのような形状の細胞突起の中に骨の成分を産生する。以上のようなプロセスによって，骨片形成間充織は非細胞自律的なパターン形成シグナルに応じて，適切な場所で適切な形の骨片の形成を行う。(オンラインの「FURTHER DEVELOPMENT 11.2：Axis Specification in Sea Urchin Embryos」参照)

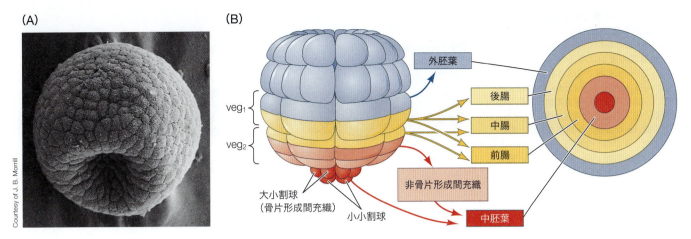

図11.9 ウニ胚における植物極板の陥入。(A)走査型電子顕微鏡による植物極板の陥入の写真。*Lytechinus variegatus* の初期原腸胚の外表面。原口がはっきりと見えている。(B)植物極板の予定運命図。右は植物極を"見上げた"模式図を示す。小割球に近い中心領域は非骨片形成間充織細胞となり，その周囲の同心円状の細胞層は前腸，中腸，後腸になる。内胚葉と外胚葉とが接する境界が，将来，肛門になる位置に相当する。非骨片形成間充織と前腸は共に veg_2 細胞層に由来する。中腸は veg_1 と veg_2 の双方から細胞が供給され，後腸とそれを囲む外胚葉も veg_1 細胞層から生じる。(BはC. Y. Logan and D. R. McClay. 1999. In *Cell Lineage and Determination*, S. A. Moody [Ed.], pp.41－58. Academic Press：New York；S. W. Ruffins and C. A. Ettensohn. 1996. *Development* 122：253－263より)

原腸の陥入　骨片形成間充織細胞が球形の胞胚の植物極領域を離れるころになると，重要な変化が上皮に残った側の細胞に起こる。これらの植物極領域にある細胞群は肥厚し，またその領域が平らになって植物極板が形成されると，胞胚の形状が丸い球状から植物極側が偏平な形状に変わってくる(図11.5，9～9.5時間)。植物極板の細胞は，互いに対する，そして透明層に対する強い結合を保っており，骨片形成間充織の移入によってできた隙間を互いに動いて埋める。植物極板はまず，それを構成する細胞の形が変化することで内側にくぼむ。続いてそれらの細胞は胞胚腔の1/4～1/2程度まで奥に陥入するが，そこでいったん停止する。陥入した部分を**原腸**(archenteron；原始的な消化管の意)，植物極にできた原腸の開口部を**原口**(blastopore)と呼ぶ(**図11.9A**；図11.5の10.5～11.5時間も参照)。

原腸陥入の第一段階　植物極板が胞胚腔内部に向けてくぼむ運動は，植物極板細胞とそれらが接する細胞外基質の形状変化によって始まる(Kominami and Takata 2004参照)。植物極領域に位置する細胞の頂端部には，アクチンのマイクロフィラメントが新たに集積し，その部分が縮む。これにより植物極板細胞はボトル形になり，胚の植物極領域は内側にくぼむ(Kimberly and Hardin 1998；Beane et al. 2006)。これらの細胞をレーザーで破壊してしまうと，原腸陥入は妨げられる。さらに，植物極板に接する透明層も，植物極板の細胞によってその構成成分が変化し，内側に湾曲する(Lane et al. 1993)。

骨片形成間充織細胞が胞胚腔に移入し始める時期には，植物極板の細胞の運命はすでに特定化されている(Ruffins and Ettensohn 1996)。非骨片形成間充織細胞が，内部にくぼんで入り込んでいく最初の細胞集団となり，原腸の先端で胞胚腔への進入を先導する。非骨片形成間充織は後に，色素細胞や消化管を取り囲む筋肉を形成し，また，一部は左右の体腔の壁を構成する細胞にもなる。予定内胚葉細胞のうち，大割球に由来する非骨片形成間充織を生じる領域に隣接する細胞の層は，胞胚腔の中に最も奥まで入り込んで前腸となる。その次に入り込む予定内胚葉細胞の層は中腸になり，最後に胞胚腔に入る周縁部の細胞群が後腸と肛門を形成する(**図11.9B**)。

原腸陥入の第二，第三段階　第一段階が終わると原腸陥入はいったん停止し，その後，原腸陥入の第二段階が始まる。この段階で原腸は劇的に伸び，個体によっては長さが3倍にもなる。この伸長の過程を経て，短く幅広だった消化管の原基は細く長い管になる(図

図11.10 ウニ胚における原腸の伸長。(A)原腸形成の初期では，原腸は1周20〜30個の細胞によって構成される。原腸形成の後期になると，原腸は1周たった6〜8細胞で構成されるようになる。(B) *Lytechinus pictus* の中期原腸胚。原腸の先端に位置する非骨片形成間充織から糸状仮足の突起が伸びている。(C)細い糸状仮足が，原腸の先端と胞胚腔の壁とをつないでいる。接触している点では胞胚腔壁が引っ張られ，糸状仮足の張力が見てとれる。(AはJ. D. Hardin. 1990. *Semin Dev Biol* 1：335−345より)

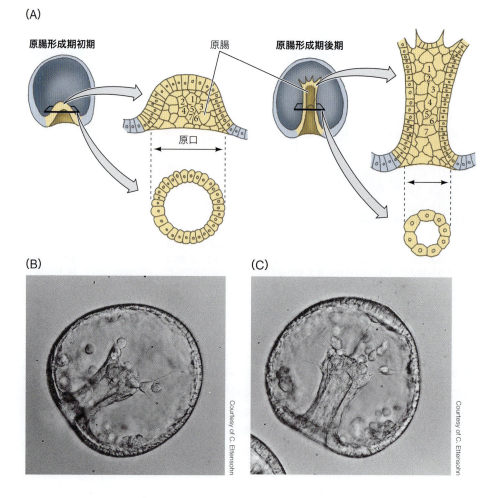

11.10A；図11.5の12時間も参照）。この伸長は，複数の細胞レベルの現象が協調的に進行することによって成し遂げられる。まず，内胚葉細胞が胚の内部に入り込みながら増殖する。また，内胚葉領域で同心円状に配置されていた細胞が，望遠鏡を伸ばすときのように互いに位置取りを変えながら移動を行う。さらには，合流する道路で車が行うように，各細胞が互いの間に入り込んで互いの位置関係を再構成する（Ettensohn 1985；Hardin and Cheng 1986；Martins et al. 1998；Martik and McClay 2012）。この，細胞が互いの間に入り込むことで組織を細く，また長く伸長させる現象を，一般に**収斂伸長**（convergent extension）と呼ぶ（図8.5参照）。

　原腸の伸長の第三にして最終の段階は，原腸の先端に存在している非骨片形成間充織細胞が生み出す張力によって推し進められる。原腸の先端の細胞は，胞胚腔液のなかに糸状仮足を伸ばし，胞胚腔壁の内面に接触する（Dan and Okazaki 1956；Schroeder 1981）。糸状仮足は，胞胚腔壁の特に割球間の結合部にあたるところにくっつき，さらにそこで短縮し，原腸を引き上げる（**図11.10B，C**；図11.5の12および13時間も参照）。Hardin (1988)は，*Lytechinus pictus* の原腸胚の非骨片形成間充織細胞をレーザーで除去すると，原腸が通常の長さの約2/3までしか伸びないという結果を得た。このとき，少数の非骨片形成間充織細胞を残してやると，伸びる速度は落ちるが伸長自体は継続した。したがってこのウニでは，非骨片形成間充織細胞は，陥入の最終段階において原腸を動物極方向に引き上げるのにきわめて重要な役割を果たしている。

　原腸の先端が標的となる胞胚腔の領域に出会うと，多くの非骨片形成間充織細胞が胞胚

腔のなかに入って分散する。そこでそれらの細胞は増殖し，中胚葉の各器官を形成する一方(図11.5，13.5時間)，ついには原腸が胞胚腔壁に接したところに，口(mouth)が形成される。口は原腸と融合して貫通し，プルテウス幼生の一続きの消化管ができあがる。(オンラインの「FURTHER DEVELOPMENT 23.10：Metamorphosis of the Pluteus Larva」参照)

> ## さらなる発展
>
> **糸状仮足は標的の組織を感じる**　非骨片形成間充織細胞の糸状仮足は，胞胚腔壁のどの場所にも接着できるのだろうか？　それとも特に接着が起こるような標的が動物半球に存在するのだろうか？　また，幼生の口ができる側になるように発生運命が方向付けられた領域は，胞胚腔壁のどこかに既に存在するのだろうか？　Hardin and McClay（1990）の研究によって，動物半球の他の領域とは異なる，糸状仮足が接着するための特別な場所がたしかに存在することが示されている。糸状仮足は伸びて胞胚腔壁のランダムな場所に接触しては，引っ込んで離れる。しかし，糸状仮足が壁の特定の場所に接触すると，くっついたままになって先端がその位置で偏平に広がり，ついには原腸をその方向に引っ張り上げる。Hardin and McClayは胞胚腔の別の面を無理やりくぼませ，そのくぼませた領域との接触が最も起こるようにしてみた。すると糸状仮足は，そのくぼませた領域と接触はするが，伸びたり縮んだりをただ繰り返した。糸状仮足が適切な標的組織を見つけたときにのみ，この繰り返し運動は終了し，くっついたままになった。胚を前後に強制的に伸ばし，糸状仮足がこの領域に到達しないようにしてやると，非骨片形成間充織細胞は探索を続けた後，原腸を離れて自由に移動する細胞になってから，ついには標的に達した。これらの実験から，非骨片形成間充織細胞に認識される標的領域は，幼生の腹側(口側)に存在することが明らかになった。そしてこの領域が，将来口ができる位置の近くに原腸の先端を導いてくると考えられる。すなわちここに口が，原腸の先端部と胞胚の壁の間をつなぐかたちで新たにつくられ，原口は肛門の位置に対応するものとなる。この原腸形成の様式が，後口動物の特徴とされているのである。

11.3　ウニの割球における運命決定

　ウニの胞胚の動植軸に沿った各細胞層の運命は，自律的特定化と条件的特定化がそれぞれ関与する2段階のプロセスによって決定される。

1. 16細胞期胚の他の割球とは異なり，小割球系列の細胞は**自律的**に特定化される。卵の植物極に蓄えられ，第4卵割で4つの小割球に取り込まれる母性決定因子を受け継ぐことによって，大小割球は骨片形成間充織になるよう決定を受ける。骨片形成間充織細胞は，胞胚の上皮シートを抜け出して胞胚腔に進入し，胞胚腔壁を伝って特定の位置まで移動した後，幼生骨片に分化する。たとえ16細胞期の胚から小割球を単離して培養皿においても，それらの細胞は適正な回数の分裂を行って骨片をつくり出す。このことは，単離された小割球が骨片を生み出す運命を定めるにあたって，外からのいかなるシグナルも必要としないことを示す(Okasaki 1975)。

2. 自律的に特定化された大小割球は，傍分泌性および接触分泌性の因子を産生するようになり，これらが近隣の細胞の運命を**条件的**に特定化する。これらの因子は大小割球が動物極側で接する細胞群に対して，内中胚葉(endomesoderm；内胚葉と非骨片形成二次間充織細胞)になって胚の中に陥入するように誘導するシグナルとなる。この誘

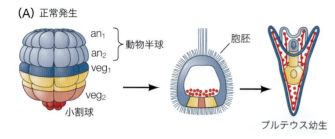
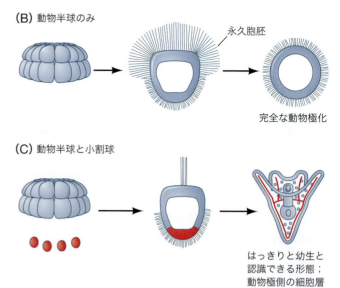

図11.11 小割球は予定外胚葉細胞に働きかけて，これらに異なる発生運命を付与する能力がある。(A)ウニ60細胞期胚の正常な発生。さまざまな細胞層の発生運命が示されている。(B)動物半球を単離すると，胚は永久胞胚(Dauerblastula, permanent blastula)と呼ばれる領域的分化の乏しい，繊毛を生やした外胚葉細胞からなるボールとなる。(C)単離した動物半球の細胞と小割球とを組み合わせると，はっきりプルテウス幼生と認識できる形態になる。このとき，すべての内胚葉細胞は動物半球に由来する細胞からもたらされる。(S. Hörstadius. 1939. *Biol Rev* 14：132–179より)

導能ははっきりしたもので，小割球を胚から取り出し，これらを単離した**アニマルキャップ**(animal cap)——通常は外胚葉になる細胞層——と接触させておくと，そのアニマルキャップの細胞は内胚葉を生み出し，結果，ほぼ正常な幼生に発生する(図11.11；Hörstadius 1939)。またさらに，小割球を単離して胞胚の動物極領域に移植した場合[2]，移植された小割球の子孫細胞は骨片を形成するばかりでなく，近くの外胚葉細胞の発生運命を内胚葉に特定化されるように誘導して変えてしまう。内胚葉に特定化された細胞はもともと動物極だった場所で第二の原腸形成を遂行し，結果，第二の消化管が生み出される(図11.12；Ransick and Davidson 1993)。

骨片形成間充織の特定化と遺伝子制御ネットワーク

胚発生学者であるE. B. Wilson(E・B・ウィルソン)によると，遺伝とは，世代を超えて特定の発生パターンを伝達することであり，進化は，遺伝するこのような発生プランの変化を指す。発生に関するこのような"指示書"が多かれ少なかれ染色体のDNAに書き込まれていて，これが受精の際に染色体によって子に伝達される可能性をWilsonが自身の著作に記したのは，さかのぼること1895年のことである。しかしながら彼は，染色体がもつ情報がどのように一個の胚を形成するための具体的な指示の形に翻訳されるのか，知るべくもなかった。

現在では，ウニの発生生物学を追究する人々の努力によって，ウニの形態形成の進行にDNAがどのようにかかわるか，どんどん明らかになっている(McClay 2016)。Eric Davidson(エリック・デイヴィッドソン)らのグループは，転写因子が互いにシス調節配列(プロモーターやエンハンサーといったもの)を介して連結される論理回路を想定し，その関係性の全体を"遺伝子制御ネットワーク"(gene regulatory network：GRN)としてとらえることを構想した(図3.22；Davidson and Levine 2008；Oliveri et al. 2008；Peter and Davidson 2015)。このGRNは，最初の入力を卵の細胞質に存在する転写因子

---

[2] このとき小割球は，中割球の間にできる"穴"に入れ込んでやることができる。穴はふさがる形になり，移植された小割球はそこで保持される。このようにしっかりと接触させることで，隣り合う細胞を小割球からの誘導シグナルの範囲内に置くことができ，誘導を受けた細胞は発生運命を変える(D. McClay，私信)。

から受け取る。そしてその後にネットワークは，(1)母性転写因子(未受精卵において既に発現していた転写因子)がもつ，「他の転写因子をコードする遺伝子(群)のシス調節配列を認識する能力」と，(2)この新たに発現した転写因子(群)がもつ，「隣接する細胞で特定の転写因子(群)を発現させる傍分泌性のシグナル経路を活性化する能力」から，自動的に組み立てられていく。(オンラインの「FURTHER DEVELOPMENT 11.3：The Echinobase of Sea Urchin Development」参照)

ここで我々は，骨片形成間充織細胞が，自身の発生運命とともに他の細胞の運命に対しても働きかける能力を獲得する際に動作するGRNに焦点を当ててみていくことにする。

Disheveled とβカテニン：小割球の特定化

小割球系列の特定化(それは同時に胚のそれ以外の領域の特定化でもある)は，分裂前の受精卵の内部ですでに始まっている。Disheveledとβカテニンという転写調節を行う働きがある2つの因子は，ともに卵の細胞質に存在し，第4卵割で小割球が形成されると，主にこれらの小割球に受け継がれる。雌のウニの卵巣で卵形成が起きている間に，Disheveledタンパク質は卵の植物極の表層に局在していく(図11.13A；Weitzel et al. 2004；Leonard and Ettensohn 2007)。Disheveledタンパク質の存在は，小割球と大割球系列のveg₂細胞層において，βカテニンの分解を妨げる作用をもつ。分解を免れたβカテニンはその後これらの子孫細胞の核に入り，TCFと呼ばれる転写因子と結合して特定のプロモーターからの遺伝子発現を活性化する。

βカテニンは小割球の系列の細胞と大割球に由来する内中胚葉の細胞を最も早くに特定化する因子の1つであり，内胚葉と中胚葉になるように運命付けられた細胞の核に蓄積する(図11.13B)。この核への蓄積は細胞自律的に起こるもので，たとえ小割球が16細胞期に胚のその他の細胞から引き離されても，すでに細胞内に存在していたDisheveledによってそのまま引き起こされる。このβカテニンの核への蓄積が小割球の子孫ではより早く，そして大割球の子孫の内中胚葉細胞でやや遅れて起こることは重要である。小割球の子孫細胞においては，早くにβカテニンの核での活性が高まることで，内中胚葉の発生運命が抑制される[訳注：ここでいう内中胚葉には，骨片形成間充織の運命は含まれておらず，小小割球の子孫以外の非骨片形成間充織の運命が含まれていると捉えるとよい]。大割球に由来する内中胚葉の細胞においては，βカテニンの活性化は遅く起こり，(次にみていくようなPmar1やHesCといった)小割球の子孫で抑制されるターゲット遺伝子の発現を抑制するのには遅すぎてそれらを抑制できず，それによって内中胚葉の特定化を促進する遺伝子が発現し始める。

実際に，核に蓄積したβカテニンは，植物極側の細胞の発生運命を中胚葉と内胚葉に決定するのを助けているようである(Kenny et al. 2003)。ウニの胚を塩化リチウムで処理すると，βカテニンが胚のすべての細胞において核に蓄積し，予定外胚葉が内胚葉に転換する(図11.13C)。逆に，βカテニンが植物極側の細胞で核に蓄積するのを実験的に阻害すると，内胚葉と中胚葉の形成が妨げられる(図11.13D；Logan et al. 1998；Wikramanayake et al. 1998)。

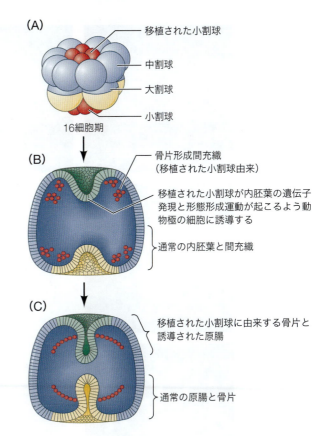

図11.12 ウニ胚の小割球がもつ二次軸を誘導する能力。(A)小割球を16細胞期胚の植物極から単離し，別の16細胞期のホスト胚の動物極に移植する。(B)移植された小割球は胞胚腔に移入し，新たな骨片形成間充織細胞の集塊を形成する。また移植された小割球細胞は，それに接した動物極の細胞に対して内胚葉細胞になるよう誘導する。(C)移植された小割球は骨片を形成し，誘導シグナルを受けた動物極側の細胞は二次原腸をつくり上げる。一方で，ホストの元々の植物極板からも原腸形成が通常通りに起こる。(A. Ransick and E. H. Davidson. 1993. Science 259：1134-1138より)

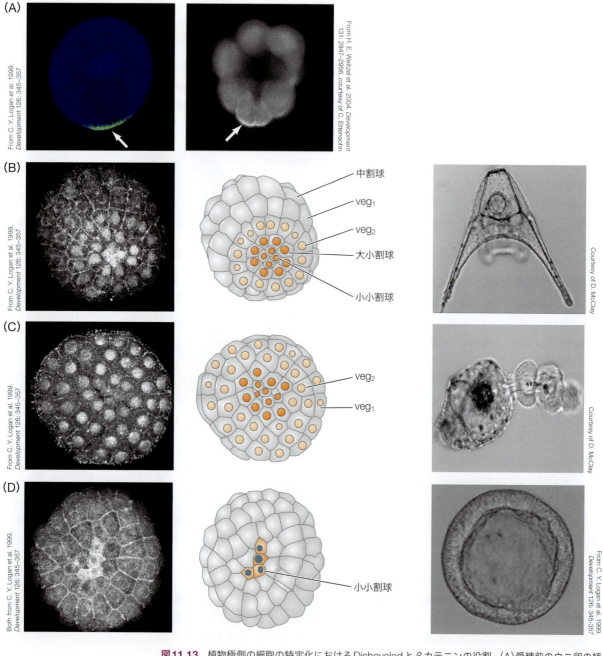

図11.13 植物極側の細胞の特定化における Disheveled と β カテニンの役割。(A) 受精前のウニ卵の植物極側の表層には，Disheveled タンパク質（矢印）が局在している（左図）。16細胞期には，小割球ができる領域に局在していることがわかる（右図）。(B) 正常発生において，β カテニンは主に小割球で，そしていくらか少ないが veg_2 層の細胞でも，核への蓄積がみられる。(C) 塩化リチウム（LiCl）で処理した胚では，β カテニンの蓄積が胞胚のすべての細胞の核で観察される（おそらく LiCl が Wnt 経路の GSK3 の酵素活性を阻害することによる）。その結果，動物極側の細胞も内胚葉や中胚葉に特定化される。(D) β カテニンの核への移行が妨げられると（すなわち細胞質に強制的に留めおかれると），植物極側の細胞の発生運命は特定化されず，胚全体が繊毛を生やした外胚葉細胞のボールになる。

さらなる発展

***Pmar1* と *HesC*：二重抑制ゲート** β カテニンはどのようなタイミングで働いて，小割球と大割球の発生運命を変えるのだろうか？ ここには Otx という転写因子がかかわっているようである。Otx は小割球の核に多く濃縮され，β カテニン/TCF 複合体

第11章 ウニ類とホヤ類 | 385

図 11.14 小割球の特定化を行う二重抑制ゲートの"回路図"。(A) *in situ* ハイブリダイゼーションによって, *Pmar1* mRNA の小割球における蓄積が示されている（濃紺色）。(B) 小割球の特定化の遺伝子制御ネットワークの概略図。受精卵の細胞質に存在していた（すなわち母性因子として存在している）転写因子のOtx と β カテニンは, 卵の植物極に濃縮される。これらの転写調節因子が小割球に受け継がれ, *Pmar1* 遺伝子を活性化する。*Pmar1* 遺伝子は *HesC* 遺伝子のリプレッサー（転写抑制因子）をコードしており, *HesC* 遺伝子は小割球の特定化にかかわる複数の遺伝子（例えば *Alx1, Tbr, Ets*）のリプレッサーをコードしている（つまり Pmar1 と HesC の"二重抑制"構造になっている）。シグナルタンパク質をコードする遺伝子（*Delta* など）も, HesC の制御下におかれている。Pmar1 が活性化されて HesC リプレッサーを抑制している小割球では, 小割球の特定化とシグナリングを担う遺伝子群が活性化される。veg₂ 細胞では *Pmar1* が活性化しておらず, HesC タンパク質が骨片形成を指示する遺伝子群を抑え込む。veg₂ 層の細胞は Notch を発現しており, 骨片形成間充織からの Delta シグナルに反応できる。遺伝子の発現パターンは下段に記載した。"U" は, どの割球にも存在する転写活性化因子を表す。(B は Oliveri et al. 2008. *Proc Nat Acad Sci USA* 105：5955−5962. © 2008 National Academy of Sciences, U. S. A. より）

と相互作用して *Pmar1* 遺伝子の転写を活性化する（図11.14A；Oliveri et al. 2008)。この転写活性化は16細胞期に小割球がつくられるとすぐさま起こると考えられている。Pmar1 タンパク質は, *HesC* 遺伝子を抑制する。HesC タンパク質は小割球に特有の役割が発現するのを抑える機能がある。HesC タンパク質は小割球以外の全細胞で発現する。β カテニンと Otx が働いて *Pmar1* は小割球でのみ活性化するので, *HesC* の発現は小割球でのみ抑えられ, 小割球に特有の特徴が発現するように特定化される。

　この機構, すなわちあるリプレッサーが特定化にかかわる遺伝子群に"施錠"している状況下で, そのリプレッサーのリプレッサーによってそれら特定化遺伝子群の発現が"解錠"される（すなわち抑制因子の抑制によって活性化が起こる）機構は, **二重抑制ゲート**（double-negative gate）と呼ばれる（図11.14B および図11.15A）。このようなゲートの存在によって, 発生運命の特定化の厳密な制御が可能になっている。つまりこのゲートにより, 入力があった細胞では特定化遺伝子群の発現が**促進され**, 他のすべての細胞タイプでは特定化遺伝子群が**抑制される**（Oliveri et al. 2008)。

　HesC は, 小割球の特定化にかかわる多くの遺伝子のエンハンサーに結合してその発現を抑制する。この遺伝子群には *Alx1, Ets1, Tbr, Tel, SoxC* が含まれる。しかしながら, Pmar1 タンパク質が細胞内に存在していると, Pmar1 は *HesC* を抑制し, 上記の特定化遺伝子のすべてが発現し, 小割球は骨片形成間充織細胞の発生運命に方向付けられる（Revilla-i-Domingo et al. 2007；Peter and Davidson 2016 も参照）。

　小割球を特定化する二重抑制ゲート機構に加えて, 幼生の骨の細胞を分化させる遺伝子の活性化は, フィードフォワード回路によって制御される。このような回路においては, 遺伝子 A は転写因子をコードし, この転写因子 A は分化遺伝子 C の発現に必要で, かつ調節遺伝子 B も活性化するという関係にある。さらにこの調節遺伝子 B の

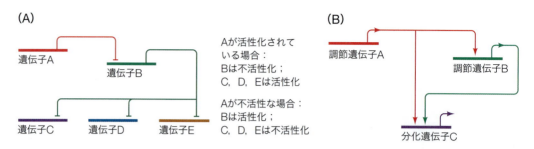

図11.15 遺伝子発現の"ロジック回路"。(A)二重抑制ゲートでは，1つの遺伝子(遺伝子B)が一群の遺伝子(遺伝子C，D，E)をすべて抑制するリプレッサーをコードしている。このリプレッサー遺伝子の発現が遺伝子Aの発現により抑制されると，一群の遺伝子(遺伝子C，D，E)が発現する。(B)フィードフォワード回路では，遺伝子産物Aが遺伝子Bと遺伝子Cの両方を活性化し，遺伝子産物Bも遺伝子Cを活性化する。フィードフォワード回路は効率的かつ一方向的にシグナルを増幅する。(P. Oliveri et al. 2008. *Proc Nat Acad Sci USA* 105：5955–5962. Copyright [2008] National Academy of Sciences, U. S. A.より)

発展問題

進化は発生過程の変化を通じて達成される(第26章参照)。このような発生過程の変化は，遺伝子制御ネットワークの変化によって起こりうる。近縁な，しかし異なる特徴をもった動物の進化を考える例として，「幼生期に骨をつくらないヒトデ胚における間充織細胞のGRNが，ウニの骨片形成間充織細胞や非骨片形成間充織細胞のGRNとどのように異なるか？」という問いを追究することができるだろう。

産物も転写因子で，分化遺伝子Cの活性化に必要である場合には，この3遺伝子がつくるフィードフォワード回路は，高い遺伝子発現を安定的に維持する過程で実際によく用いられており，このような回路の動作を経て生じる細胞タイプは不可逆な状態に設定される(**図11.15B**)。(オンラインの「FURTHER DEVELOPMENT 11.4：How to Specify Yourself」「FURTHER DEVELOPMENT 11.5：「Evolution by Subroutine Co-option」参照)

植物極側細胞の特定化

骨片を形成する小割球の子孫細胞は，近くの細胞に対して変化を誘導するシグナルを生み出す。このようなシグナルの1つとして，形質転換増殖因子β(transforming growth factor-β：TGF-β)スーパーファミリーの傍分泌因子であるアクチビン(activin)が知られる。アクチビンもまた*Pmar1-HesC*二重抑制ゲートの制御下にあり，アクチビンの分泌は内胚葉の形成に必須であると考えられている(Sethi et al. 2009)。実際，*Pmar1* mRNAを動物半球の細胞に注入すると，Pmar1を過剰に発現したその細胞は骨片形成間充織細胞に分化し，さらにそれに隣接する細胞は大割球系列の細胞のように発生し始めるが(Oliveri et al. 2003)，このときアクチビンのシグナルをブロックすると，隣接する細胞は内胚葉にならない[3] (Ransick and Davidson 1995；Sherwood and McClay 1999；Sweet et al. 1999)。

小割球の系列の細胞から発せられるもう1つの細胞特定化シグナルは，接触分泌性タンパク質のDeltaである。これも二重抑制ゲートに制御される因子である。Deltaは，隣接するveg₂細胞の膜に存在するNotchタンパク質を活性化する。Deltaは，veg₂細胞において(1) Gcmという転写因子を活性化し，また(2)内胚葉特異的な遺伝子を活性化するFoxaという転写因子を抑制することによって，非骨片形成間充織細胞への運命付けを行う。動物極寄りにあって，直接小割球系列の細胞に接しないveg₂系列の細胞層は，Deltaシグナルを受け取らず，Foxaが抑制されないので，内胚葉細胞になる運命の方向付けがなされる(Croce and McClay 2010)。

以上をまとめると，ウニの小割球系列の細胞における遺伝子発現は，その発生運命を自

---

[3] 図11.12に示した実験を思い出してほしい。そこでは，小割球を動物半球に移植すると，二次軸が誘導されることが示されていた。しかし，βカテニンの核移行が妨げられると，動物極側の細胞に内胚葉になるように誘導することができなくなり，二次軸もできない(Logan et al. 1998)。

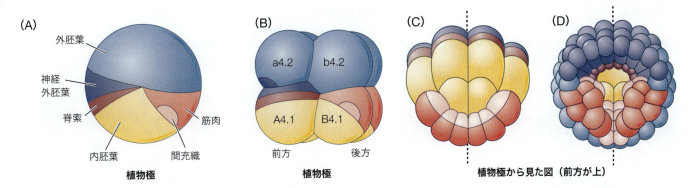

図11.16 *Styela partita*（被嚢類ホヤ）の左右相称な胚発生（*Styela*の細胞系譜は図1.12に示してある）。(A)第1卵割前の卵。特定の器官を形成する運命を付与された細胞質領域を色で示した。各色はB〜Dでも同じ領域を示す。(B)8細胞期胚。割球とそれぞれに含まれる発生運命が示されている。胚は，4つの細胞からなる左右の半胚が重なっているものとみなすことができる。ここからは，胚の左右で鏡像対称の分裂が起こっていく。(C, D)植物極から見たその後の胚の様子。破線は左右の対称面を示している。(B. I. Balinsky. 1981. *Introduction to Embryology*, 5th ed. Saunders：Philadelphiaより)

律的に特定化し，またその周囲の細胞の運命をも条件依存的に特定化する。最初の入力は母性の細胞質からもたらされ，これが小割球に特異的な細胞運命を抑制しているリプレッサーを抑える（"解錠する"）遺伝子の活性化を行う。細胞質に存在する母性因子がいったんその機能を果たせば，その後は胚のゲノム上の遺伝子間の相互作用が発生を支配していくことになる。

11.4　ホヤ類の初期発生

　ホヤ類〔ascidian, sea squirt；被嚢類(tunicate)の代表的なグループ〕は，いくつかの理由によって素晴らしい実験動物とされるものであるが，その第一に挙げられるのは，ホヤが脊椎動物にもっとも進化的に類縁性が高い無脊椎動物であるということだろう。Lemaire（2009）が書いているように，「成体のホヤをみると，われわれがこの生き物の近縁な"いとこ"であることを想像することは難しく，ちょっと自尊心を傷つけられたように感じる」。ホヤ類は，生活環のすべての段階をみても背骨（脊椎）をもつことはないが，ホヤ類の自由遊泳性の幼生である"オタマジャクシ"は，この動物を脊索動物たらしめている特徴である脊索（notochord）と背側神経管（dorsal nerve cord）をたしかにそなえている（図11.1参照）。オタマジャクシが変態を行うと，神経索と脊索は退縮する。被嚢類（tunicate）は，名前のもとにもなった構造であるセルロース質の被嚢（tunic）を体外に分泌するという特徴をもつ。

ホヤ胚の卵割

　ホヤ類は，**左右相称全割**(bilateral holoblastic cleavage)を行う（図11.16）。このタイプの卵割が示す一番はっきりした特徴は，第1卵割の分裂面が胚の最初の対称軸を確立することである。すなわちこの第1卵割によって，胚は将来の右側と左側の半分ずつに分けられる。その後の各卵割はこの対称面に対して左右対称に進行し，第1卵割面の片側にできる半胚は，もう一方の側につくられる半胚の鏡像対称になる[4]。第2卵割は第1卵割と同

---

[4] この結論は，とりあえずの概要を理解するうえでは非常によいものであるとわかる。事実，このような理解は1世紀以上にもわたって支持され続けている。しかしながら，新たな割球ラベルの方法によって，後期のホヤの胚には左右非対称な特徴がいくつか存在することが示されている（Palmquist and Davidson 2017）。

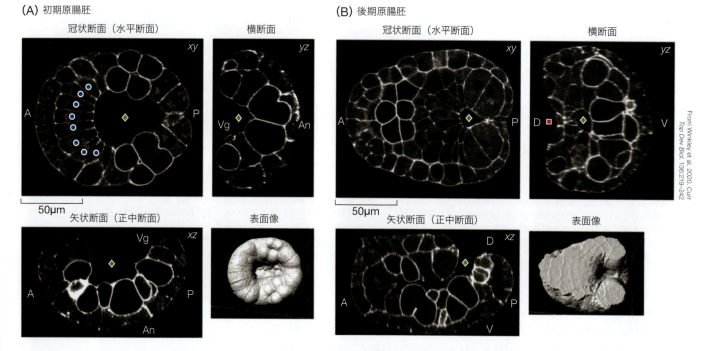

図11.17 ホヤの原腸形成。(A, B)カタユウレイボヤ(*Ciona robusta*)の初期原腸胚(A)と後期原腸胚(B)。アクチンのマイクロフィラメントが発する蛍光（ファロイジン染色による）の共焦点顕微鏡Z軸スタック画像に基づく光学切片像。図中の記号は，原口の開口部（ダイアモンド），神経溝（正方形），脊索の前駆細胞（丸）を示す。A：前方，P：後方，An：動物極側，Vg：植物極側，D：背側，V：腹側。

様に経割である。

　その後，8細胞期から64細胞期までのすべての（3回の）細胞分裂は，植物極側の最も後方に位置する割球においては常に非対称的であり，分裂の結果生じる後方の割球は前方の割球よりも小さくなる（Nishida 2005；Sardet et al. 2007）。この3回の不等分裂がそれぞれ行われるのに先立って，割球の内部でより後方に位置する中心体が，**CAB**（centrosome-attracting body）に向って動いていく。CABは，細胞の表層に密集した小胞体によって構成される大きな細胞内構造体である。この構造体はPARタンパク質のネットワークを介して，中心体を胚後方の細胞膜の小さな領域につなぎとめ，さらには中心体を引きつける（線虫*C. elegans*でみられるものと同様。図9.21参照）。この細胞内装置の働きによって，これら3回の分裂では不等分裂が起こり，サイズが大きな細胞と小さな細胞が生じることになる。CABはまた，特定のmRNA群を引きつけて保持しており，それらのmRNAは不等分裂によって，後方側に生まれる（すなわち，より小さい）細胞に引き継がれることになる（Hibino et al. 1998；Nishikata et al. 1999；Patalano et al. 2006）。このように，CABは，細胞の配置のパターンと細胞の運命決定とを統合する働きをしている。64細胞期には，小さな胞胚腔がつくられ，原腸形成が植物極から始まる。

ホヤの原腸形成

　ホヤ胚における原腸形成は，胚が動物極-植物極軸方向に偏平になることで始まる。その後，陥入が起こって内胚葉と中胚葉の前駆細胞が胚の内部に移行する（図11.17；Winkley et al. 2020）。最初の形態形成運動として，原腸陥入により内胚葉と中胚葉の細胞を胚の内部に送り込む他の多くの後生動物の胚でそうであるように（8.3節参照），ホヤの原腸胚で

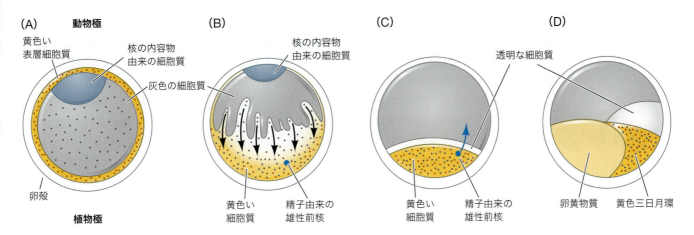

図 11.18 *Styela partita* における受精卵の細胞質の再配置。(A)受精前。表層にある黄色い細胞質が、内部にある灰色の卵黄に富んだ細胞質を取り囲んでいる。(B)精子が進入すると、黄色い表層の細胞質と卵核胞の崩壊によってもたらされた透明の細胞質が、植物極側に向かって縮約していく(卵細胞質再配置の第一段階)。このとき精子核も植物半球に運ばれる。(C)精子由来の前核が、動物極付近で減数分裂を終了した卵の前核に向かって動いていくのに伴い、黄色と透明の細胞質が卵の表層に沿って動いていく(卵細胞質再配置の第二段階)。(D)黄色い細胞質が最終的に位置する領域が、尾部の筋肉細胞ができる位置に対応する。(E. G. Conklin. 1905. *J Acad Nat Sci Phila* 13: 5–119 より)

も、活性化ミオシンによって引き起こされる頂端収縮(apical constriction)が細胞の形状変化を生み出し、原腸の陥入を引き起こす。内胚葉の前駆細胞の頂端側(すなわち植物極側)の表面でアクチンとミオシンの相互作用が活性化されることによって、これらの細胞の陥入が起こる。内中胚葉細胞の胚の内部への移行が完了するには、活性化ミオシンによる収縮がこれらの細胞の側方面や基底面に広がって、細胞が頂端-基底方向に短縮するプロセスが必要である。このような細胞の形状変化により、特徴的なカップ形の原腸胚が形づくられる(Sherrard et al. 2010)。

11.5 ホヤ胚における体軸の決定

初期のホヤの割球の多くが、自律的に特定化される。各細胞は、それぞれの発生運命を決定する特異的な細胞質を受け継ぐことによって、この自律的な特定化がなされる。多くの種のホヤの卵では、受精が起こると卵の細胞質は大きく再配置され、領域ごとに異なる特徴的な着色がみられるようになる。つまり、細胞の発生運命が、多かれ少なかれ各細胞に取り込まれる細胞質の色に対応するので、各細胞の発生運命が分離していくさまを初期発生過程を通じて比較的容易に追跡できる。

ホヤ胚の予定運命図

図2.3は、*Styela partita* という種のホヤの発生運命と細胞系譜を示している。未受精卵においては、灰色の細胞質が卵の中心部にあり、その周囲を黄色の脂質の粒を含んだ表層細胞質が取り囲んでいる(図11.18A)。また卵成熟に際して、卵核胞(germinal vesicle)の崩壊が起こって透明な核内容物が放出され、これが卵の動物半球に蓄積する。精子の進入が起こると5分以内に、内部の透明な細胞質と表層の黄色い細胞質が卵の植物半球のほうへ流れ、そこに集約される(卵細胞質再配置の第1段階)(図11.18B；Prodon et al. 2005, 2008；Sardet et al. 2005)。このとき、精子由来の核(雄性前核)も表層の細胞質の流れに乗って植物極側に運ばれる。続いて第二極体が放出されると、雄性前核は卵の植物極から赤道域まで胚の将来後方になる側を通って移動し、ついには卵の中央に近づいて減

数分裂を終えた雌性前核と融合する。このとき黄色い脂質の粒を含んだ細胞質が雄性前核とともに卵の表層に沿って移動する(卵細胞質再配置の第2段階)。この移動によって，将来後方になる側の植物極から赤道域に広がる**黄色三日月環**(yellow crescent)が形成される(**図11.18C, D**)。この細胞質領域は将来，ホヤ幼生の尾部の筋肉を構成する細胞の大半を生み出すことになる。これらの細胞質領域の移動は，動物半球の一部の細胞質成分を植物極に縮約させるカルシウムイオンの波と，精子の中心小体によって構成される微小管とに依存していることが知られている(Sawada and Schatten 1989；Speksnijder et al. 1990；Roegiers et al. 1995)。

　第2章で取り上げたように，Edwin Conklin（エドウィン・コンクリン）は1905年，これらの細胞質領域の色の違いを利用してホヤの胚の各細胞を追跡し，オタマジャクシ幼生までの発生運命を見定める研究を行った(オンラインの「FURTHER DEVELOPMENT 1.4」の図2.3A参照)。Conklin は，透明な細胞質を受け継いだ細胞が外胚葉になり，黄色い細胞質を含んだものが中胚葉(主に筋肉)を生じ，青みがかった灰色の卵黄を多く含んだ細胞質を取り込んだ細胞は内胚葉になり，そして明るい灰色の細胞は神経管と脊索になることを見いだした。これらの細胞質領域は正中面に対して左右対称に配置されるので，結果として各領域は第1卵割の卵割溝によって胚の右半分と左半分に二分され，均等に受け継がれる。第2卵割によって，予定中胚葉(主に予定筋肉細胞)の細胞質領域は後方の2つの細胞に受け継がれ，予定神経外胚葉と脊索中胚葉(予定脊索細胞)は前方の2つの細胞から主につくられることになる(図11.16参照)。第3分裂によって，さらにこれらの細胞質領域が分けられ，主に筋肉を形成する中胚葉の細胞の系譜が植物極側後方の2つの割球にほぼ限定され，脊索中胚葉のほとんどの細胞の系譜も植物極側前方の2つの細胞に限定される。

ホヤの割球の自律的な特定化と条件依存的な特定化

　フランスの胚発生学者であり医師でもあった Laurent Chabry（ローラン・シャブリ）によるホヤ割球の分化運命特定化の自律性に関する1888年の報告は，実験発生学のまさに最初の成果の1つと位置付けられるものである。Cohen and Berrill（1936)は，Chabry が得た結果と Conklin が得た結果を確かめる実験を行った。彼らは脊索と筋肉の細胞の数を数え，2細胞期の2つの割球のうちの1つ(右側か左側のもの)に由来する幼生は，期待される細胞数の半分しかもたないことを示した[5]。また，8細胞期の胚を4つの細胞対に分離すると(左右対称の胚なので対称な位置にある左右の割球を同等と扱う)，自律的な特定化と，条件依存的な特定化の両方がみられることが示された(Reverberi and Minganti 1946)。自律的特定化は内胚葉，筋肉中胚葉，表皮外胚葉でみられ(Lemaire 2009)，誘導による条件依存的な特定化は，脳と脊索，心臓および間充織の細胞の形成においてみられる。実際のところでは，ホヤのほとんどの細胞系譜で多かれ少なかれ他の細胞からの誘導作用が最終分化に必要とされる。

マイオプラズムによる自律的な特定化：黄色三日月環とMacho-1　2.2節で説明したように，8細胞期のホヤ胚の B4.1 割球(筋肉を形成する割球)に含まれる黄色三日月環の細胞質を，B4.1 割球から取り出して b4.2 や a4.2 割球(外胚葉を形成する割球)に実験的に移植すると，本来なら外胚葉を生み出すその割球からは，通常の運命である外胚葉の細胞とと

5　Chabry と Driesch はそれぞれ，他方が望んだ結果を得る形になったようだ(Fischer 1991)。Driesch は胚を一種の機械とみなしていた人物であり，自律的な特定化を期待していたが条件依存的な特定化を発見した。Chabry は万人が生まれながらにして平等に恵まれていると信じた社会主義者で，条件依存的な特定化を見いだすと期待したが，代わりに自律的な特定化を発見した。遺伝子制御ネットワークの研究はまさに，このような発生プロセスの調節に関する分子生物学的な基盤を提供し始めている(Peter et al. 2012)。

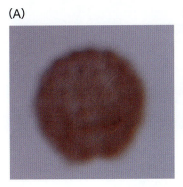 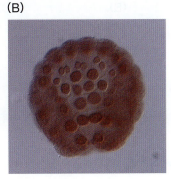 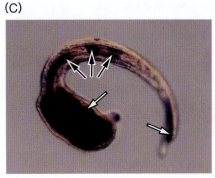

図11.19　βカテニンの抗体染色像。βカテニンが内胚葉の形成に関与することを示す。(A) βカテニンは，Cionaの110細胞期胚の動物半球の細胞の核にはみられない。(B) 対照的に，植物極側の内胚葉前駆細胞では，核に局在するβカテニンがはっきりと確認できる。(C) 脊索の前駆細胞でβカテニンを強く発現させると，それらの細胞は内胚葉になり，アルカリホスファターゼなどの内胚葉マーカーを発現する。白矢印は通常のアルカリホスファターゼの発現がみられる細胞の位置（主に内胚葉）を示し，黒矢印は内胚葉マーカーの酵素を発現した脊索細胞を示す。

もに筋肉細胞が生み出される。Nishida and Sawada (2001) は，この筋肉を形成する決定因子が，彼ら自身がMacho-1と名付けた転写因子をコードするmRNAであることを明らかにした。macho-1 mRNAは適切な時に適切な場所に存在し，またそれを受け継いだ細胞が筋肉に分化するのに必要かつ十分であることをまさに彼らは示したのである（図2.5参照）。

Macho-1タンパク質は，tbx6, snail，さらには筋肉アクチンやミオシンの遺伝子といった，いくつかの中胚葉遺伝子の活性化に必要な因子である（Yagi et al. 2004；Sawada et al. 2005）。これらの遺伝子産物のうち，Tbx6タンパク質だけはMacho-1の機能を代替でき，異所的に他の細胞に発現させると，筋肉分化を引き起こすことができる。したがってMacho-1は，直接的にはtbx6遺伝子のセットを活性化し，発現したTbx6タンパク質が筋肉発生の残りのプロセスを活性化すると考えることができる（Yagi 2005；Kugler et al. 2010）。

Macho-1とTbx6は，（おそらくフィードフォワード回路を構成して）筋肉特異的遺伝子であるsnailの活性化も行うようである。Snailタンパク質は，予定筋肉細胞においてBrachyury遺伝子の発現を妨げるのに重要であり，それによって筋肉の前駆細胞が脊索細胞にならないようにしている[6]。以上を考えると，Macho-1は，ホヤの黄色三日月環の細胞質が筋肉細胞分化を促すうえでの決定的な転写因子であるといえる。Macho-1タンパク質は，筋肉分化を促進する転写因子カスケードを活性化し，それと同時に脊索への特定化を抑制する役割も担っているのである。（オンラインの「FURTHER DEVELOPMENT 11.6：The Search for the Myogenic Factor」参照）

内胚葉の自律的特定化：βカテニン　予定内胚葉は，植物極側のA4.1とB4.1割球から生じる。これらの細胞の特定化は，βカテニンの核局在に対応して起こる（ウニの胚においてもβカテニンが内中胚葉の特定化に関与することを思い出そう）。ホヤ胚においてβカテニンの核局在を阻害すると，内胚葉がなくなり，それらが外胚葉に置き換わってしまう（図11.19；Imai et al. 2000）。逆にβカテニンの存在量を高めると（強制発現を行うと），内胚

---

[6] 脊椎動物の脊索形成におけるBrachyuryの重要性も，後の章でみていくことになる。文字どおり，脊索（notochord）はホヤと脊椎動物とを結ぶ"紐帯（cord）"であって，そのどちらにおいてもBrachyuryは脊索を特定化する遺伝子であるようだ（Satoh et al. 2012）。また後の章でみるように，tbx6（これはBrachyuryと近縁な遺伝子である）も脊椎動物の筋肉系の形成に重要な役割を果たす遺伝子である。

発展問題

ホヤの神経系は幼生期にも存在しているが，幼生の神経系は変態時に退縮する。魚のような脊椎動物の神経管を考え，これがどのように前脳，中脳，後脳，脊髄の各領域に区画化されるかという仕組みを想定しよう（第15章参照）。どのようにしたらホヤ幼生の神経管と脊椎動物の神経管が互いに対応可能なものだと決定できるだろうか？　それらは互いに相同なのか，相似なのか（1.6節参照）？

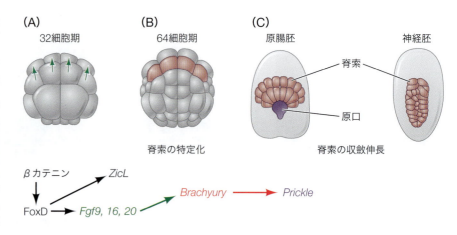

図11.20 ホヤの初期胚で脊索の発生を導く遺伝子ネットワークの概要。(A, B) カタユウレイボヤの32細胞期と64細胞期の植物極側の割球配置。上が前方で下が後方に対応する。(A) βカテニンの核への蓄積が foxd 遺伝子の発現を導く。FoxDタンパク質は自身を発現する細胞を内胚葉になるよう特定化し、FGFの分泌を起こさせる。(B) FGFは隣接する細胞における Brachyury 遺伝子の発現を誘導する。誘導を受けた細胞(赤)は脊索になる〔訳注：出典元の図では「Fgf9, 16, 20」から「ZicL」へと上に伸びる矢印と、「ZicL」から「Brachyury」へと右下に伸びる矢印が表記されている。原書では混乱を避けるために、本文で解説してある箇所にのみ矢印を表記したと思われる。本書でもそれにならった〕。(C) 背側像。Brachyuryタンパク質は、細胞極性を制御する働きをもつ Prickle など、細胞の活動性を調節する因子の発現を促進する。その結果、脊索前駆細胞では原腸胚期から神経胚期にかけて収斂伸長が起こる。(B. Davidson and L. Christiaen. 2006. *Cell* 124：247−250 より)

葉領域が拡大し、その分、外胚葉領域が減少する（ちょうどウニにおけるのと同様である）。転写制御因子であるβカテニンは、ホメオボックス転写因子である Lhx3 の発現を活性化する。lhx3 mRNAを阻害すると、内胚葉の分化が起こらなくなることも明らかになっている (Satou et al. 2001)。（オンラインの「FURTHER DEVELOPMENT 11.7: Specification of the Larval Axes in Tunicate Embryos」参照）

内胚葉による間充織と脊索の条件依存的な特定化 ホヤの筋肉細胞の大部分が黄色三日月環の細胞質によって自律的に特定化されるのに対し、幼生の最も後方に位置することになる一部の筋肉細胞（二次筋肉細胞と呼ばれる）は、A4.1割球とb4.2割球の子孫から、割球間の誘導的相互作用によって条件依存的に特定化されて生み出される (Nishida 1987, 1992a, b)。さらに、脊索、脳、心臓、間充織も、誘導的相互作用によって形成される。このなかで脊索と間充織は、内胚葉から分泌される繊維芽細胞増殖因子(FGF)群によって誘導されるようである (Nakatani et al. 1996；Kim et al. 2000；Imai et al. 2002)。これらのFGFタンパク質は、内胚葉細胞に隣接する予定脊索細胞において、転写因子である Brachyury の発現を誘導する。この転写因子は、脊索細胞を特徴づける一群の遺伝子のシス調節配列に結合し、脊索の発生運命を特定化する（図11.20；Davidson and Christiaen 2006)。

興味深いことに、Brachyuryによってすぐに転写が活性化される遺伝子はBrachyuryの結合配列を複数そなえており、最大の発現効率を達成するにはそれらの結合部位のすべてにBrachyuryが結合することが必要だと示されている。他方で、Brachyuryによって少し遅く活性化されるような遺伝子では、Brachyuryの結合部位は1つだけだった。さらに遅く活性化される脊索の遺伝子は、間接的に活性化されていた。すなわちこの最後の例では、Brachyuryタンパク質は別の転写因子の発現を活性化し、さらにこの第二の転写因子が遅く発現する脊索遺伝子のシス調節配列に結合して発現を活性化するという段階を経る (Katikala et al. 2013；José-Edwards et al. 2015)。このようにして、脊索における遺伝子発現のタイミングは細かく調節されうる。

さらなる発展

いかに"マッチョ"によって"脊"を得るか Macho-1が植物極側後方の細胞質に存在することによって、後に間充織になる植物極側後方の細胞は、将来脊索になる植物極側前方の細胞とはFGFシグナルに対する応答が異なるものになる（図11.21；Kobayashi et al. 2003)。Macho-1は、植物極側後方の細胞で snail 遺伝子を活性化することによって、間充織の前駆細胞が脊索に分化する誘導経路を阻害する (Snailの発現がBrachyury遺伝子を抑制する)。したがって、Macho-1は筋肉を分化させる決

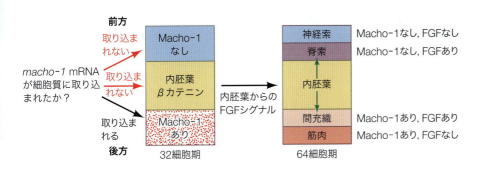

図 11.21 ホヤ胚の周縁部の細胞は二段階のプロセスによって特定化される。第1段階は，細胞がMacho-1転写因子を取り込むか取り込まないかによって決まるもので，第2段階は，内胚葉からのFGFシグナルを受容するか受容しないかによって定まるものである[訳注：図の左側に内胚葉に伸びる「取り込まれない」の赤い矢印があるが，この矢印は削除すべきものと思われる。実際，予定内胚葉領域には，macho-1 mRNAを受け継ぐ細胞も受け継がない細胞もあり，そのどちらにおいてもβカテニンの核移行は起こるし，またどちらからもFGFシグナルは発せられる]。(K. Kobayashi et al. 2003. *Development* 130：5179−5190)

定因子であるばかりでなく，FGFシグナルに対する細胞の応答性を変える因子でもある。このFGFに反応する間充織になる細胞においては，筋肉形成を抑制するシグナルカスケードをFGFが活性化するので，これらは筋肉にはならない（これらの因子の役割は脊椎動物でも保存されている）。図11.21に示されているように，Macho-1が存在することで内胚葉に由来するFGF因子に対する応答性が変わり，前方の細胞では（Macho-1が存在しないことにより）脊索が，後方の細胞では（Macho-1が存在することにより）間充織が形成される。（オンラインの「FURTHER DEVELOPMENT 11.8：Gastrulation in Tunicates」参照）

研究の次のステップ

ウニなどを用いた棘皮動物の胚発生学は，1882年にElie Metchnikoff（イリア・メチニコフ）がヒトデの幼生において自然免疫の仕組みを発見したとき，免疫学という分野を産み落としたともいわれる。今日では，幼生の未熟な免疫系がどのようにしてつくられ，またそれによって環境のなかでの幼生の成長がどのように支えられているか，さらに研究されている。ホヤの幼生では，脊索がまさに進化的に"新しい"細胞タイプであることに注目して，この新しい細胞タイプがいかにして生まれたのかが問われている。これは今も活発に研究されている問題であり，第26章でまた我々はこの問題に戻ってくることになる。

章冒頭の写真を振り返る

ホヤと脊椎動物の胚において，脊索は原始的な背骨のようなものであり，その上を覆う外胚葉の細胞に対して神経管になるよう働きかける。ホヤは無脊椎動物だが，脊索動物である。成体期には脊髄すらもっていないが，幼生期には脊索をもつ動物である。Alexander Kowalevsky（アレクサンドル・コワレフスキー）が1866年にこの事実を発表したとき，Charles Darwin（チャールズ・ダーウィン）はおののいて，ホヤ類が無脊椎動物と脊椎動物の間を進化的に結びつける存在であるとまさに気付いたのだった。この写真に見える蛍光を発する細胞は，転写因子であるBrachyuryタンパク質のターゲット遺伝子の発現を示すもので，これによりまさに脊索になる細胞が同定される。今日，Brachyuryは，ホヤでも脊椎動物でも脊索の形成に重要であると明らかにされており，Kowalevskyが150年前に行った発見は分子生物学のレベルで支持されている。

Photograph courtesy of Anna Di Gregorio

11 ウニ類とホヤ類：後口動物の無脊椎動物

1. ウニでは原口は肛門になり，口は別のところにできる。この後口動物型の原腸形成様式は，多くの変更がみられるものの，ホヤと脊椎動物を含む脊索動物でも共通する特徴である。

2. ウニの卵割は放射卵割で全割である。しかし第4卵割で，植物極側の割球はより大きなサイズをもった大割球と，より小さなサイズをもった小割球とに分かれる。動物半球の割球は分裂して中割球を生じる。

3. ウニの細胞の発生運命は，自律的特定化と条件的特定化の両方によって決定される。小割球は自律的に特定化され，また他の系譜が条件依存的な特定化を起こす際の主要なシグナル源となる。母性因子である β カテニンの核への蓄積が，小割球の自律的な特定化に重要である。

4. 細胞接着における性質の変化が，ウニの原腸形成には重要である。まず小割球が植物極板から離れ，胞胚腔に移入する。それらは後に骨片形成間充織となり，プルテウス幼生の骨片を形成する。植物極板は陥入し，中胚葉と内胚葉の細胞を含む原腸を形成する。原腸の先端からは，中胚葉の非骨片形成間充織細胞が生じる。原腸の伸長は収斂伸長によるもので，最終的には非骨片形成間充織によって将来の口の領域にまで導かれる。

5. 大小割球は幼生の骨片を形成し，小小割球は体腔嚢の形成と生殖細胞の産生に貢献する。

6. 小割球は接触分泌と傍分泌の経路を介して，近隣の細胞の発生運命を調節する。小割球は動物半球の細胞を内胚葉に転換することができる。

7. 遺伝子制御ネットワークは細胞分化を協調的に進行させる。小割球では母性因子からの入力が統合される。植物極における Disheveled の局在が β カテニンの安定性を高め，核に局在した β カテニンが Pmar1 遺伝子の活性化を導く。Pmar1 が活性化されると，その遺伝子産物が HesC 遺伝子を阻害する。この HesC は，骨片形成遺伝子の発現を抑制する因子である。すなわち植物極では大小割球の子孫細胞が，骨片形成遺伝子の抑制因子を局所的に抑制することによって，骨片産生への発生運命が方向付けられる。この仕組みは二重抑制ゲートと呼ばれている。

8. 骨片形成間充織の移入は，上皮-間充織転換によって達成される。その際，骨片形成間充織はカドヘリンの発現をなくし，胞胚腔内部の基質に対する結合親和性を高める。

9. 原腸の陥入と伸長は，細胞の形状の変化，細胞の増殖，そして収斂伸長が組み合わさって進行する。陥入の最終段階では，非骨片形成間充織細胞が糸状仮足を伸ばし，能動的に原腸の先端を胞胚腔の上面に向けて引き上げる。

10. ホヤの胚は全割を行い，左右相称に分裂する。

11. ホヤ卵の黄色い細胞質には筋肉を形成する決定因子が含まれており，これは細胞自律的に働く。転写因子である Macho-1 はホヤの筋肉決定因子であり，筋肉を特定化する遺伝子を活性化する。

12. 心臓や神経系などは，割球間のシグナルを介した相互作用によって条件依存的に形成される。脊索と間充織は，傍分泌因子である FGF によって条件依存的に生み出される。

13. 植物極側前方の予定内胚葉細胞からの FGF は，隣接する細胞で Brachyury の発現を誘起し，その細胞が脊索細胞になるように指令する。

● オンラインのコンテンツは **https://www.medsi.co.jp** よりアクセスしてください。

12 両生類と魚類

本章で伝えたいこと

- カエルでは，受精によって卵細胞質内のタンパク質の動きが活性化され，将来の背側領域にβカテニンが蓄積される。このβカテニンにより活性化された遺伝子により，胚の重要な構造である"オーガナイザー"が形成される。そして原腸形成の組織再配列によって，外胚葉が外側に，内胚葉と中胚葉が内側に配置されると共に，原始的な腸が形成される（12.1節，12.2節）。
- 両生類のオーガナイザーは種々の阻害タンパク質を分泌することで，中胚葉を腹側化させ，外胚葉を表皮に分化させる傍分泌因子（主にBMP）の活性を阻害する。その結果，オーガナイザーに隣接する外胚葉は，神経組織に特定化される（12.3節，12.4節）。
- 両生類の頭部が正常に形成されるためには，Wntシグナル伝達の阻害が重要であり，前方のオーガナイザー組織からはWnt阻害物質が産生される（12.5節）。
- 魚類の卵割と原腸形成の様式はカエルとは異なるが，脊椎動物に属する両者では体軸の特定化にかかわる遺伝子が同じように働いている（12.7節）。
- ゼブラフィッシュ胚の将来の背側では，胚盤葉下層と胚盤葉上層が相互に挿入して，両生類のオーガナイザーに相同な構造である胚盾（embryonic shield）を形成する。両生類の原口背唇部と同様に，胚盾はBMP拮抗因子を分泌し，表皮組織の誘導を阻害し，この領域が神経組織として発生することを可能にする（12.8節）。

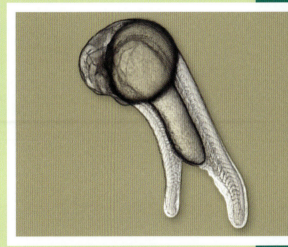

Courtesy of Christine Thisse

対向する2つの軸，対向する2つのからだ

成体の形態には大きな違いがあるが，脊椎動物の5つのグループそれぞれの初期発生は似ている。魚類と両生類は**無羊膜類**（anamnioteまたはnon-amniote）で，爬虫類，鳥類，哺乳類が**羊膜類**（amniote）である。無羊膜類は羊膜類とは異なり，胚が陸上で発育するための羊膜を含む胚体外膜（extraembryonic membrane）を形成しない（図12.1）。魚類は生活環全体が水生であり，両生類は発生の少なくとも一部に水生環境を必要とする。しかし，発生中の両生類や魚類と羊膜類（ヒトを含む）は発生過程や遺伝子の多くを共有している［訳注：進化的には羊膜類が，魚類と両生類が用いている発生過程と遺伝子の多くを採用している］。

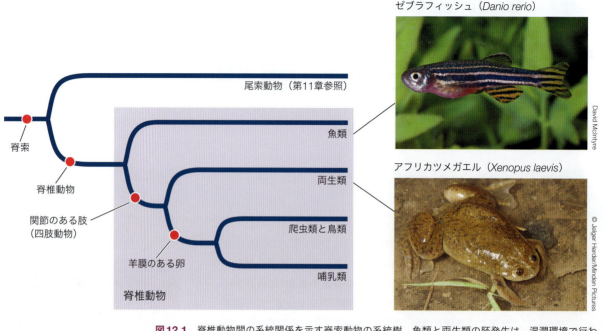

図12.1 脊椎動物間の系統関係を示す脊索動物の系統樹。魚類と両生類の胚発生は，湿潤環境で行われなければならない。羊膜類の卵の進化が，爬虫類とその派生系統でみられるような乾燥陸地での発生を可能とした。ゼブラフィッシュ（*Danio rerio*）は発生研究において一般的なモデル生物となった。アフリカツメガエル（*Xenopus laevis*）は，すべてのモデル生物のなかで最もよく研究されているものの1つである。

　魚類と両生類は脊椎動物のなかで最も研究しやすい実験動物に含まれる。どちらも数百個の卵を産み，受精して，体外で発育する。サンショウウオとカエルの胚は細胞が大きく，発育が早いため，実験発生学の初期には移植実験に非常に適していた（12.3節および12.4節参照）。特に，完全に（つまり生活環全体が）水生であるアフリカツメガエル（*Xenopus laevis*；発音は"ゼノパス・レーヴィス"）は長い間，発生学研究のモデルとなってきた。*Xenopus*の数ある特徴の1つは，一年中卵を産生できることである。つまり特定の繁殖期をもたないという，動物では珍しい性質をもっている。近年では，硬骨魚のゼブラフィッシュ（*Danio rerio*）も，脊椎動物発生のモデルとして*Xenopus*と共に広く研究されている（図12.1参照）。

12.1　両生類の受精と卵割

　両生類の胚はかつて実験発生学の分野で主流を占めていたが，発生遺伝学の初期に人気がなくなってしまった。その理由の1つは，カエルやサンショウウオが成熟するまでに長い期間を要することである。さらに，それらの染色体は重複したコピーで見つかることが多く，簡単な変異誘発が難しい。しかし，*in situ*ハイブリダイゼーション，クロマチン免疫沈降法，アンチセンスオリゴヌクレオチド，ドミナントネガティブタンパク質[1]などの分子技術の到来により，研究者たちは両生類の胚を用いた研究に戻って，分子解析と以前の実験発生学の知見とを融合させることができるようになった。その結果，脊椎動物のか

1　ドミナントネガティブ（優性阻害）型タンパク質とは，野生型のタンパク質に変異が入ったもので，野生型の正常な機能を阻害するものをいう。このため，ドミナントネガティブ型のタンパク質は，そのタンパク質をコードする遺伝子の機能喪失型変異と似た効果をもつことになる。

らだがどのようにパターン化され，形づくられるかについて，新たな展望が開けてきた。Jean Rostand（ジャン・ロスタン）が1960年に書いたように，「理論は生まれては消えるが，カエルは残る」。

受精と表層回転

卵は受精の前に既に極性をもち，卵黄密度の高い植物極側（下側）と，卵黄密度の低い動物極側の領域（上半分）がある。後述するように，ある種のタンパク質とmRNAは，未受精卵の段階で既に特定の領域に局在している。ほとんどのカエルは体外受精を行い，雌が卵を産みつつ雄が受精させていく。

受精は通常，両生類の卵の動物半球のどこでも起こる。精子と卵の結合が動物半球で起こりやすいのは，精子の表層の糖タンパク質と卵の動物半球の卵黄膜（vitelline envelope）や細胞膜との相互作用が，空間的に制限されているためと考えられる（Nagai et al. 2009；Kubo et al. 2010）。精子進入点は重要で，それが背腹極性に影響する。精子進入点が胚の腹側（腹部側）となり，その180°反対側が背側（脊髄側）となる。

精子の中心小体は，精子核とともに卵の中に入って，卵の微小管を植物極側の細胞質の

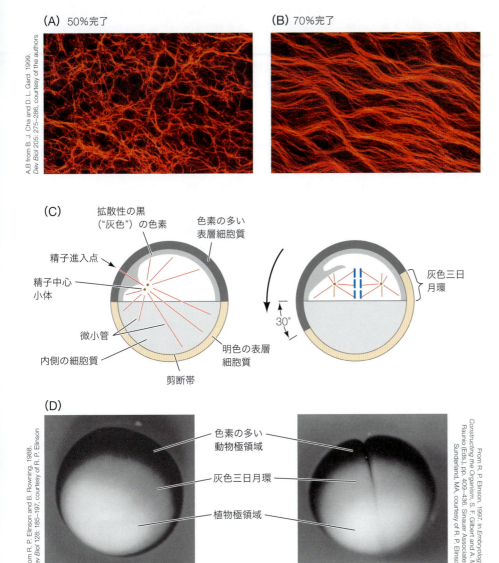

図12.2 カエル卵では，細胞質の再構築と表層回転により灰色三日月環がつくられる。(A, B)微小管の平行な配列（チューブリンに対する蛍光抗体で可視化した）が，将来の背腹軸に沿って，卵の植物半球に形成される。(A)最初の細胞周期が50%完了した段階では，微小管は存在するが，極性はない。(B)70%完了するまでに，微小管の配列が植物極側の剪断帯（vegetal shear zone）に特徴的に現れる。表層回転はこの時点で始まる。回転の最後の段階で，微小管は脱重合する。(C)表層回転の断面の模式図。最初の細胞周期の中間では（左図），卵は動植軸を中心に放射相称である。精子核が斜め上から入り，内側に移動する。最初の卵割が80%完了した段階で（右図），表層の細胞質は内側の細胞質に対して30°回転している。灰色三日月環の場所で，原腸形成が後に始まる。灰色三日月環は精子進入点の反対側に位置し，細胞質が最も入れ替わった領域である。(D)ヒョウガエル（Rana pipiens）の灰色三日月環。表層回転の直後に，濃灰色の表層細胞質が動いたことで明色の表層細胞質から透けて淡灰色の色素が見える（左図；C参照）。最初の卵割溝は灰色三日月環を二分する（右図）。（CはJ. C. Gerhart et al. 1989. Development Suppl 107：37-51より）

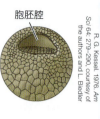
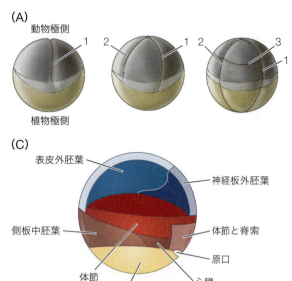

図12.3　ツメガエル卵の卵割。(A)最初の3つの卵割溝を出現順に番号で示す。植物極側の卵黄は卵割を妨げるので、第2卵割は、第1卵割が植物極側の細胞質を完全に分ける前に始まる。第3の分裂面は動物極側にずれている。(B)卵割が進行するにしたがい、植物半球は動物半球に比べて最終的により大きくより少数の割球を含むことになる。右端の図は、胞胚中期の胚の断面図を示す。(C)ツメガエル胚の予定運命図を胞胚中期の胚に重ねて示す。(D)第1、第2、第4卵割の走査型電子顕微鏡写真。3回目の卵割後の動物極側細胞と植物極側細胞の大きさに違いに注目せよ。(A、BはB. M. Carlson. 1981. *Patten's Foundations of Embryology*. McGraw-Hill, New Yorkより；CはM. C. Lane and W. C. Smith. 1999. *Development* 126：423-434 and C. S. Newman and P. A. Kreig. 1999. In *Cell Lineage and Fate Determination*, S. A. Moody [Ed.], pp.341-351. Academic Press：New Yorkより)

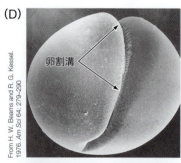

中に平行に配列させ、卵黄に富む内側の細胞質から外側の表層細胞質を分離する(図12.2A、B)。これらの微小管配列は、背側から腹側にわたって細胞運命の特定化をもたらす。したがって、幼生の背腹軸は、精子の進入点にまでさかのぼることができる。別の言い方をすれば、カエルの受精卵(接合体)はすでに頭と尾を"知っている"のである。

受精時に精子の中心小体によって形成された微小管束により、表層細胞質は内部細胞質に対して回転する。これらの微小管の並びは回転が始まる直前に現れ出し、回転中に次第に整列していき、回転が止まると消失する(Elinson and Rowning 1988; Houliston and Elinson 1991)。これにより接合体(受精卵)の表層細胞質は、内側の細胞質に対して約30°回転する(図12.2C)。卵によっては、この**表層回転**(cortical rotation)により、精子進入点の正反対の位置に灰色の内部細胞質の領域が現れる(図12.2D; Roux 1887; Ancel and Vintenberger 1948)。この**灰色三日月環**(gray crescent)は原腸形成が始まる領域であり、この領域はのちに胚の背の部分になる(Manes and Elinson 1980; Vincent et al. 1986)。(オンラインの「DEV TUTORIAL：Gastrulation：Scott Gilbert Discusses Gastrulation, a Central Concept of Developmental Biology」参照)

卵割

大部分のカエルとサンショウウオの胚において、卵割は棘皮動物の卵割と同じように、放射対称で全卵割である(11.1節参照)。しかし、両生類の卵は棘皮動物の卵よりもはるかに大きく、多くの卵黄を多く含んでいる。卵割が進むにつれて、卵黄は植物半球の細胞に不均等に配分される。このような高濃度の卵黄は細胞分裂の妨げとなり、植物半球の卵割溝の形成を遅らせる。最初の分裂は動物極で始まるが、卵黄に富む植物領域ではゆっくりとしか広がらない(図12.3A、D)。第2卵割は、最初の分裂溝がまだ植物半球を進んでいるころに、すでに動物極の近くで(極から少しずれて)始まっている。結果、**不均等な放射全割**となる。

灰色三日月環をもつことが知られている種〔特にアカガエル(*Rana*)属のカエルおよびサンショウウオ〕では、第1卵割は通常、灰色三日月環を二分する(図12.2D参照)。第2卵割は最初の卵割と直交しており、共に経割となる。第3卵割は赤道方向であるが、植物極側に多く存在する卵黄の影響により、動物極側に非対称にずれている(Valles et al. 2002)。これにより両生類胚は、4つの小さい動物割球(小割球)と、植物領域の4つの大き

な割球（大割球）に分かれる。割球の大きさに違いはあるが，これらの割球の卵割は12回目の細胞周期まで同じ速度で続く。卵割が進行するにつれ，動物極側の領域は多数の小さな細胞の集まりとなるのに対し，植物領域は少数の卵黄に富む大割球で構成されるようになる。両生類の16〜64細胞の胚を通常，**桑実胚**（morula；ラテン語の"クワの実"で，形が似ているから）と呼ぶ。128細胞期で胞胚腔が明瞭になって**胞胚**（blastula）となる（**図12.3B**）。

　両生類の胞胚腔にはいくつかの機能があるが，そのうちの1つは，胞胚腔の下側の細胞と上側の細胞を早期に相互作用しないように隔てることである。Nieuwkoop（1973）がイモリ胚の胞胚腔の屋根側にある動物半球──**アニマルキャップ**（animal cap）と呼ばれる領域──から細胞を取り出し，胞胚腔の床側の卵黄に富む植物極側の細胞と隣合わせに置いたところ，アニマルキャップ細胞は外胚葉ではなく中胚葉組織に分化した。このように胞胚腔は，植物極側細胞と動物極側細胞との早期の接触を妨げ，アニマルキャップ細胞を未分化状態に保っている。

　両生類の発生は種によって異なるが（Hurtado and De Robertis 2007；Elinson and del Pino 2012），一般的に動物半球の細胞は外胚葉に，植物極側の細胞は内胚葉に，胞胚腔の下に接する領域の細胞は中胚葉になる（**図12.3C**）。精子進入点と反対側の細胞は神経外胚葉，脊索中胚葉，咽頭（頭部）内胚葉になる（Keller 1975, 1976；Landström and Løvtrup 1979）。

中期胞胚遷移：原腸形成の準備

　原腸形成に向けての重要な準備の1つは，接合体の核ゲノム（すなわち胚の個々の細胞核の中の遺伝子のことで，卵細胞質に存在する母性mRNAに対比するもの）の活性化である。アフリカツメガエルでは，初期卵割期の間はわずかな遺伝子しか転写されておらず，核の遺伝子の大部分は12回目の細胞周期が終わるころまでは活性化されない（Newport and Kirschner 1982a, b；Yang et al. 2002）。ちょうどそのとき，胚は**中期胞胚遷移**（mid-blastula transition：MBT）を迎える。種々の細胞でさまざまな遺伝子が転写を始め，細胞周期に間期が現れ，割球は運動能力を獲得する。これは，卵の中の何らかの因子が，細胞周期の進行に応じて新たにつくられるクロマチンに吸収されていくためと考えられている。その根拠は，ショウジョウバエのように（ゼブラフィッシュでも），実験的にクロマチンと細胞質の量比を変化させることで，MBTの時期を変化させることができるからである（Newport and Kirschner 1982a, b）。

　いったんクロマチンがユークロマチンの状態に再構築されると（すなわち，より解けた状態になると），さまざまな転写因子（例えば，局在母性mRNAから翻訳されて植物極側の細胞質に存在するVegTタンパク質など）がプロモーターに結合して，新たな転写を開始させると考えられている。例えば，植物極側の細胞は（VegTの制御下で）内胚葉になり，その上側の細胞に対して中胚葉分化を誘導する因子を分泌するようになる。（オンラインの「FUR-THER DEVELOPMENT 12.1：Mechanisms of the MBT by Chromatin Modifications」参照）

12.2　両生類の原腸形成

　両生類の原腸形成の研究は，実験発生学の最も古く，同時に最も新しい領域の1つである（Beetschen 2001；Braukmann and Gilbert 2005）。原腸形成と体軸特定化のメカニズムに関する理論の大部分は，この20年で修正されてきている。しかし，両生類の原腸形成の様式は1つだけではないということがこの研究を難しくしている。つまり，異なる種は異なる方法を用いて同じ目的を達成しているのである。ここ数年においてはアフリカツメ

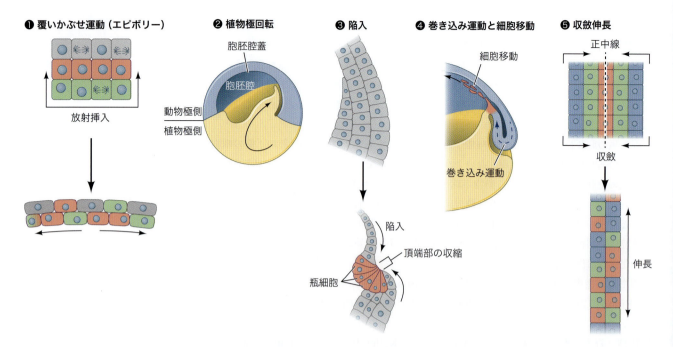

図12.4 アフリカツメガエルの原腸形成中の鍵となる細胞運動。(1)**覆いかぶせ運動(エピボリー)**：アニマルキャップの細胞層が薄化と拡張によって植物半球に覆いかぶさる動きのことで、細胞増殖と放射挿入によって引き起こされる。(2)**植物極回転**：植物極側の細胞が、非対称に背側の胞胚腔蓋の内側に対して押し上がる動き。(3)**瓶細胞の形成と陥入**：原口背唇部において、細胞の頂端部の局所的な収縮により異方性の力が生じることで陥入を促進する。(4)**巻き込み運動と細胞移動**：陥入している細胞の先端が胞胚腔蓋を這い上がる。(5)**収斂と伸長**：正中線上で細胞が内側−外側方向へ相互挿入することで(収斂)、前後軸方向に伸びる(伸長)。

ガエルにその研究が集中しており、本稿ももっぱらこの種における原腸形成のメカニズムについて述べる。

両生類の胞胚も、第9章〜第11章で述べた無脊椎動物の胞胚とやり方は違えども同じことをする。つまり、(1)内胚葉器官を形成する運命をもつ領域を胚の内側にもっていき、(2)外胚葉を形成する細胞で胚の外側を包み、(3)中胚葉細胞を外胚葉と内胚葉の間に配置する。ウニの原腸形成とは異なり、ツメガエルの原腸形成では細胞や組織の動きの多くが同時に起こるが、それでも起こっているさまざまな種類の動きを識別することが可能である(**図12.4**)。

予定外胚葉の覆いかぶせ運動

表皮——生物の全身を覆う皮膚の外層——は、発生当初に動物半球にもっぱら存在する外胚葉に由来する。原腸形成の覆いかぶせ運動〔エピボリー(epiboly)〕により、外胚葉は胚の残りの部分を覆い、その結果、上皮によるカバーが形成されるのである。8.3節で、覆いかぶせ運動に不可欠な3つのメカニズムとして、(細胞分裂による)細胞数の増加、細胞形状の広がり、および同時に複数の深層を上層細胞層へ(放射状の相互挿入によって)統合していくことを取り上げたことを思い出してほしい(図8.16参照；Keller and Schoenwolf 1977；Keller and Danilchik 1988；Saka and Smith 2001；Szabó et al. 2016)。

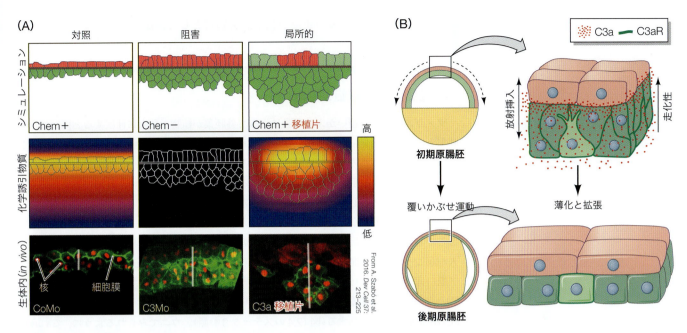

図12.5 表層単層上皮からの補体成分3a（C3a）は，覆いかぶせ運動のときに下にある深部細胞の動きを引き寄せる。（A）C3a走化性の対照（Chem＋）とC3a走化性の喪失（Chem－）または局所的獲得（Chem＋移植片）についての，覆いかぶせ運動の終了時の細胞構成（上段）と，対応する化学誘引物質レベル（中段）のコンピュータシミュレーション。下段は，コンピュータシミュレーションを検証するために行ったC3aのモルフォリノノックダウン（C3Mo），対照モルフォリノ（CoMo），移植片による局所的なC3aの異所発現（C3a移植片）を用いた in vivo 実験。胞胚腔蓋の断面における標識された深部細胞（細胞膜は緑色，核は赤色）の位置を測定して，外胚葉の厚さの変化（白いバー）を実証した。（B）深層の放射状の相互挿入におけるC3a化学誘引物質の機能のモデル。C3aR＋の深部細胞は，表層細胞から分泌されるC3aリガンドを誘引物質と判断する。それにより深部細胞は放射状かつ外側に移動するように誘導され，表層は強制的に薄くなり拡張する。C3a：化学誘引物質として作用するタンパク質，C3aR：C3aの受容体。（BはA. Szabó et al. 2016. *Dev Cell* 37：213-225より）

> ### さらなる発展
>
> **より深部にある外胚葉細胞は，どのようにして表面に向かって相互挿入することを"知っている"のだろうか？**　スマートフォンの地図アプリを使って街で道を探すのと同じように，深部の外胚葉細胞はある種の情報に従って導かれているのかもしれない。このような道案内の仕組みは，免疫細胞のホーミングに関連したトラフィッキングに補体成分[2]が使われる（Leslie and Mayor 2013）など，他の現象でもよく知られている。細胞のホーミングのようなこれまで長距離ガイダンスと考えられてきた機構は，放射方向への相互挿入の際に，深部外胚葉細胞に対して表層外胚葉までの短い距離を誘導するためにも使われるのだろうか？
>
> 　驚くべきことに，補体成分3a（C3a）は表層上皮単層の細胞で発現しているが，その下の層の細胞では発現していないことが判明した。Mayor（メイヤー）の研究室では，ツメガエルの覆いかぶせ運動におけるC3aの役割をモデル化し実験的に検証した（Szabó et al. 2016）。C3aをアンチセンスモルフォリノでノックダウンすると，放射方向の相互挿入が阻害され，外胚葉層は薄くならなかった（図12.5A）。さらに，C3aを発現する細胞の移植によってC3aを異所的に誤発現させると，移植片の下に外胚葉細胞が劇的に蓄積した。したがって，C3aは外胚葉深層における細胞の放射状の相互

---

[2] 補体成分は，血漿および一部の細胞の表面にみられるタンパク質で，大きなグループを構成する。9つの主要な成分はC1～C9と名付けられ，免疫系で機能することが知られている。補体成分遺伝子の変異は，自己免疫疾患の1つの要因となる可能性がある。

挿入運動を誘導する短距離の化学誘引物質として機能しているようである（図12.5B）。

植物極回転と瓶細胞の陥入

ツメガエルでは，覆いかぶせ運動によって外胚葉が植物半球上に伸展すると同時に，中胚葉と内胚葉が活発に内部へ移動する。これらの作用は中胚葉の誘導と関連しており，また内胚葉の折りたたみによって「胚性の腸」あるいは「原始的な腸」——棘皮動物と同様に**原腸**（archenteron）と呼ばれる——を形成する。この折りたたみには，外側の上皮が陥入点で折れ曲がることが必要である。最も重要なことは，将来胚の**背**となる側の，赤道の少し下の灰色三日月環の領域（すなわち精子進入点の反対側；図12.2参照）から陥入が始まることである。そこでは細胞が陥入し，溝状の**原口**（blastopore）を形成する。そのため，陥入が起こっている背側の領域を**原口背唇部**（dorsal blastopore lip）と呼ぶ。

原口背唇部の形成は，上皮細胞が瓶のような形に変化することで促進される（**図12.6A, B**）。それぞれの**瓶細胞**（bottle cell）は，細い首を外側表面に残した状態で，細胞の本体は胚の中に向かって移動する（図12.4のステップ3参照）。ウニでみられるように，これらの瓶細胞は原腸の形成を引き起こす。しかし，ウニと異なり，ツメガエルの原腸形成は，植物極側からではなく帯域（marginal zone）から始まる。帯域とは，胞胚において赤道を取り囲む領域であり，動物半球と植物半球が出会うところである（図12.6A参照）。

原口背唇部の形成は，原腸形成の最初の出来事ではない。瓶細胞が形成される少なくとも2時間前には，胞胚腔の**底**の細胞はアニマルキャップに向かって上へ移動し，特に初期原腸胚の背側となる方向に急激に移動する。この運動は**植物極回転**（vegetal rotation）と呼ばれ（図12.4参照），前方内胚葉（予定咽頭内胚葉）の細胞を胞胚腔に接しさせ，巻き込まれて中胚葉となる細胞のすぐ上に位置させる（**図12.7**）。この内胚葉細胞と中胚葉細胞の組み合わせ——**中内胚葉**（mesendoderm）あるいは**内中胚葉**（endomesoderm）と呼ばれる——は，胞胚腔蓋（blastocoel roof）の基底表面に沿って移動し，胚の将来の前方に向かって移動していく（図12.6C〜F参照；Nieuwkoop and Florschütz 1950；Winklbauer and Schürfeld 1999；Ibrahim and Winklbauer 2001）。

さらなる発展

植物半球の細胞運動の"噴水"　植物半球の内胚葉細胞は，どのようにして組織レベルの回転を生み出して，胞胚腔に向かって移動するのだろうか？　Wen and Winklbauer（2017）は，生きたままの外植片と胚を用いて，ツメガエルの原腸形成中に植物半球で生じる細胞の動態について解析を行った。彼らは，植物半球を横切って細胞が回転しながら移動する過程における，さまざまな領域にわたって起きる細胞の再配置（rearrangement）と移動速度を詳述した（**図12.8**）。内胚葉細胞はアメーバ様の細胞遊走をするように見える。つまり，幅の広い前縁が隣接する細胞と新しく細胞間結合を形成しながら前に伸び，後縁は幅を狭めながら引き込まれることで，細胞は前進する。最も植物極側の領域では，細胞は，次々に胞胚腔に向かって這っていくという，移入に似た行動をする（図12.8B参照）。

興味深いことに，細胞が胞胚腔底（blastocoel floor）に近づくにつれて，その速度は次第に速くなり，やがて細胞は前縁と後縁を，外植片組織の背側と腹側の方向に向けるように方向転換する（それによって噴水のような動きとなる）。同様に胚においても，細胞は腹側と背側の両方向に向きを変える。C-カドヘリン，フィブロネクチン，

第12章 両生類と魚類 | 403

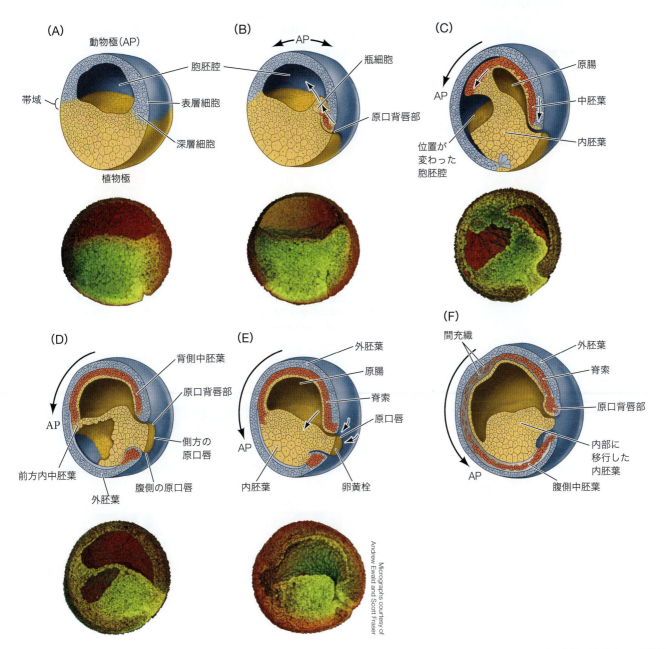

図12.6 カエル原腸形成時の細胞の動き。模式図は，胚の中央に沿って切った子午線断面（meridional section）を示し，植物極が観察者の方向に傾き，かつやや左に傾いた位置にある。主な細胞移動を矢印で示しており，動物半球の表層細胞を色付けしてそれらの動きを追えるようにしてある。模式図の下に，表層画像顕微鏡（surface imaging microscope）による顕微鏡写真を対応させてある（Ewald et al. 2002参照）。(A, B)原腸形成初期。帯域の瓶細胞は内側に移動して，原口の背唇部を形成する。中胚葉前駆体は胞胚腔の天井（胞胚腔蓋）の下側に巻き込まれる。APは動物極の位置を示すが，原腸形成が進行するにしたがい変化する。(C, D)原腸形成中期。原腸が形成されることにより胞胚腔の位置が移動する。細胞は側方と腹側の原口唇から胚内に移動する。動物半球の細胞は，植物極側に向かって下方に移動し，原口を植物極側の近くに動かす。(E, F)原腸形成の終わりに向けて，胞胚腔は潰れて消失し，胚は外胚葉で覆われるようになり，内胚葉は内部に移行し，中胚葉細胞は外胚葉と内胚葉の間に位置する。（模式図はR. E. Keller. 1986. In *Developmental Biology: A Comprehensive Synthesis*, Vol. 2, L. Browder [Ed.], pp.241-327. Plenum: New Yorkより）

エフリンB1など，いくつかの因子がこれらの移動現象に必要であることが示唆されているが，それらをよく理解するには誘導機構と運動機構についてのより多くの情報が必要である。（オンラインの「WATCH DEVELOPMENT 12.2：See the fountain-like movement of endodermal cells in a vegetal slice explant discovered by Drs. Jason W. H. Wen and Rudolf Winklbauer」参照）

発展問題

なぜ胞胚腔底の内胚葉は優先的に背側へ移動するのか？ この一定の方向への回転を導くのは何か？ この細胞の移動と，ウニ胚の胞胚腔における一次および二次間充織の移動との間に何らかの類似点はみられるか？

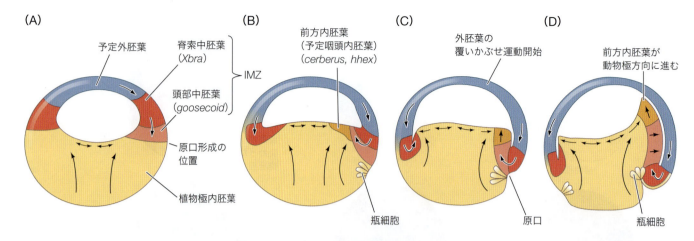

図12.7 ツメガエル原腸形成の最初の動き。(A)原腸形成の始まりにおいて，巻き込み帯域(IMZ)が形成される。ピンク色は予定頭部中胚葉(*goosecoid*の発現)を示す。脊索中胚葉(*Xbra*の発現)は赤色である。(B)植物極回転(矢印)が前方内胚葉(予定咽頭内胚葉)(オレンジ色；*hhex*と*cerberus*の発現)を胞胚腔側に押す。(C，D)植物極内胚葉(黄色)の動きは前方内胚葉を前方に押し，かつそれによって中胚葉は胚の内側および動物極に向かって動かされる。外胚葉(青色)は覆いかぶせ運動を始める。(R. Winklbauer and M. Schürfeld. 1999. *Development* 126: 3703-3713 より)

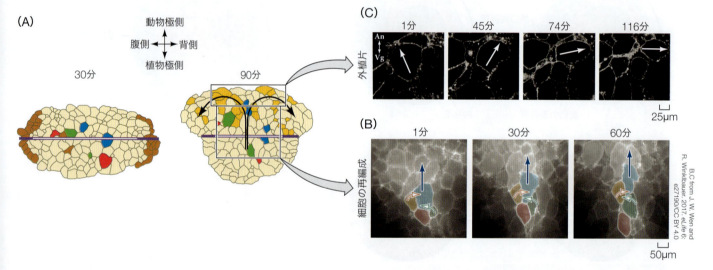

図12.8 細胞移動の差が，アフリカツメガエルの原腸形成における植物極回転をもたらす。植物半球外植片において，細胞移動のパターンを追跡した。(A) 60分間にわたって観察された細胞動態の変化の模式図。紫と白のバーの長さの減少は，時間の経過とともに植物極細胞塊(バーの白い部分)内の細胞が移動したことを示す。表面から消失する細胞(茶色)と表面に出現する細胞(黄色)の組み合わせが，分裂中の細胞(青色)と，表面積を減少(赤色)または拡大(緑色)した細胞の間に示されている。黒い矢印は，植物極細胞による噴水のような細胞移動の全体的な経路を表す。(B，C)植物極外植片の異なる領域では，異なる種類の移動様式が示されている(Aの四角で囲った領域は，BおよびCの代表的なデータの領域を表す)。細胞は，植物極から徐々に動物極側の位置へと移動する細胞群の中を通って移入し始める(B，実線の青い矢印)。胞胚腔蓋に達すると，細胞は形状の再構成を受け，方向を変えて側方に移動する(C，白い矢印)。(AはJ. W. Wen and R. Winklbauer. 2017. *eLife* 6: e27190/CC BY 4.0 より)

原口唇での巻き込み運動

移動中の帯域細胞は原口唇に到達すると，内側に向きを変えて，動物半球の外胚葉細胞の内側の面(すなわち胞胚腔蓋)に沿って移動する。組織が内側に向きを変えて内表面の上に(多くの場合，それ自体の内表面に)広がる動きは**巻き込み**(involution)として知られており，両生類の原腸胚でこの動きを示す細胞はしばしば**巻き込み帯域**(involuting marginal zone：IMZ；図12.6D〜F参照）と呼ばれる。重要なのは，外胚葉とその下の中胚葉の層は細胞外基質の狭い空間で隔てられていることで，この間隙は**ブラシェの裂け目**（cleft of Brachet）と呼ばれる（Gorny and Steinbeisser 2012）。原口背唇部を構成し，胚の中に巻き込まれる最初のIMZ細胞は，前腸（foregut）の予定咽頭内胚葉の細胞である。この巻き込みを起こす細胞の集団は，植物極回転によって再配置された深部内胚葉の細胞によって先導される（図12.7参照）。

　これらの細胞はまとまって，胞胚腔の表面の外胚葉の下を前方へ移動する（Papan et al. 2007a, b；Winklbauer and Damm 2012；Moosmann et al. 2013）。これらの前方内胚葉細胞は*hhex*遺伝子を転写するが，*hhex*は，頭部と心臓の形成に必須の転写因子をコードしている（Rankin et al. 2011）。これらの最初の細胞が胚の内部に入るにしたがい，原口背唇部は胚の中に巻き込まれて**脊索前板**（prechordal plate），すなわち頭部中胚葉の前駆体となる細胞から構成されるようになる。脊索前板の細胞は*goosecoid*遺伝子を転写する。その遺伝子産物は転写因子であり，頭部形成を制御する多数の遺伝子を活性化する。*goosecoid*は，頭部の発生を抑制する遺伝子（例えば*Wnt8*）を抑制することによって，間接的にこの活性化を達成する。この現象——抑制因子を抑制することによる遺伝子の活性化——は動物の発生の大きな特徴であり，ウニの小割球を特定化する二重抑制ゲートにおいてすでにみたものである（11.2節および11.3節参照）。

　次に原口背唇部を通って巻き込まれていく細胞群は，**脊索中胚葉**（chordamesoderm）の細胞である。これらの細胞はのちに**脊索**（notochord）を形成する。脊索は発生の過程で一時的に現れる中胚葉から成る竿のような組織で，神経系の誘導とパターン形成において重要な役割を担っている。脊索中胚葉細胞は，*tbxt*（*brachyury*）遺伝子を発現する。この遺伝子は（11.5節でみたように）脊索の形成に必須の転写因子をコードする。このように原口背唇部を構成する細胞群は，元あった細胞が胚の内部に移動するにしたがい，次々と細胞が下向き，内向き，上向きの順に移動しながら置き換わっていくので，常に入れ替わっていくことになる。

　新しい細胞群が胚の内部に入るにしたがい，胞胚腔は原口唇の反対側に追いやられる。その間，瓶細胞形成と巻き込み運動が原口周辺で行われるのに伴い，原口唇は側方と腹側に広がる。三日月型の原口は広がりながら側方の原口唇（側方唇）を，そして最終的には腹側の原口唇（腹側唇）を形成し，そこを中胚葉と内胚葉の前駆細胞が通過していくが（図

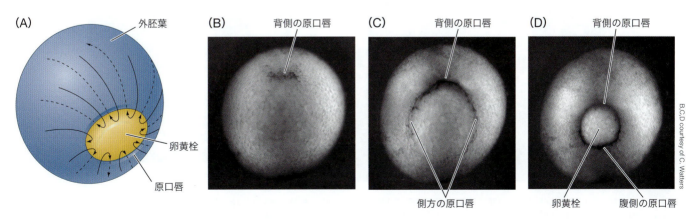

図12.9 アフリカツメガエルの原口唇の形成。(A)内胚葉と中胚葉の卵黄に富む細胞（黄色）が胚の中に包み込まれるときの，外胚葉（青色）の覆いかぶせ運動の模式図。(B〜D)植物極側から見た胚の表面。(B)原口背唇の位置は，動物極細胞に由来する色素をもつ細胞によって明瞭である。(C)この巻き込まれる領域はその後広がり，側方の原口唇を形成する。(D)卵黄栓は，それぞれの部位に沿って巻き込まれた細胞により，最終的に原口に取り囲まれて小さな円の形状になる。この一連の流れ全体で約7時間かかる。

12.9)，これらの細胞には心臓や腎臓の前駆細胞が含まれる。腹側唇の形成によって原口は環状になる。環状の原口は，植物極側の表面に露出している大きな内胚葉細胞群を取り囲む。この原口に囲まれ露出した内胚葉領域を**卵黄栓**(yolk plug)と呼び，卵黄栓も最終的には内側に取り込まれる(肛門の位置に相当)。この時点で，すべての内胚葉前駆体は胚の内部に持ち込まれ，外胚葉は表面全体を覆い，中胚葉はそれらの間に収まる。

さらなる発展

巻き込まれる中内胚葉の集団移動のためのフィブロネクチンの道　歩くときに，力を加えるための固い表面が必要なのと同じように，胚の細胞は，原腸形成のさまざまな動きを成すための安定した基質を必要とする。ツメガエルの原腸胚では，胞胚腔蓋の下にある細胞外基質中にフィブロネクチン原繊維が会合することで，そのような道がつくられている。ツメガエルなど多くの両生類では，巻き込まれる中内胚葉前駆体は胞胚腔蓋に存在する予定外胚葉細胞から分泌される細胞外のフィブロネクチン(fibronectin：FN)の格子上を移動することにより，動物極に向かって移動するようである(図12.10A；図8.16も参照)。FNやその原繊維の会合が失われると，巻き込みが停止し，覆いかぶせ運動が完了しなくなる(Boucaut et al. 1984；Rozario et al. 2009)。

　もしフィブロネクチンが道だとしたら，この道に沿って細胞は集団としてどのように移動するのだろうか？　あなたはロードレースを見たことがあるだろうか？　5キロ走でもマラソンでも，ロードレースの一流の走者は集団の最先端に位置する。それらの走者は，そのレースのために最も準備万端であったからその位置を獲得したのであろう。そこで，ランナー集団のひとりひとりが，後方のランナーから先頭のランナーまで，前のランナーのシャツを掴んだとしよう。そうすることで，ランナーたちはひとつの集団として一緒に動かざるを得なくなる。ランナーを細胞に例えると，このような集団行動は**細胞の集団移動**(collective cell migration)として知られている(図12.10B)。集団の最前列にいる細胞にかかる力の大きさを想像できるだろうか？

　Doug DeSimone (ダグ・デシモン)の研究室は，ツメガエルの原腸形成期における

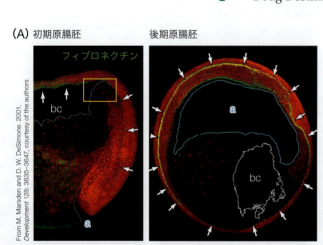

図12.10　フィブロネクチンと両生類の原腸形成。(A)原腸形成初期(左)および後期(右)のアフリカツメガエル胚の矢状断面。背は右側，動物極は上。胞胚腔蓋のフィブロネクチンの格子は蛍光抗体標識で同定される(緑と黄色，矢印)。一方，胚の細胞は赤色に対比染色されている。胞胚腔(bc)の輪郭は白い線で，原腸(a)の輪郭は青緑の線で示す。(B)免疫細胞化学染色法(ICC)で上部から観察したIMZ細胞の高倍率像(Aの黄色で囲った領域)。先頭の細胞列(lr)は，後続の中内胚葉細胞(ufr)によって引っ張られながら，胞胚腔蓋(bcr)のフィブロネクチン(緑)の基質に牽引力を及ぼす。先頭の細胞は，この集団移動のなかで一貫して葉状仮足形成を示す唯一の細胞である(アクチン微小繊維は白色で示す)。lr：先頭列，ufr：上段の後続列。

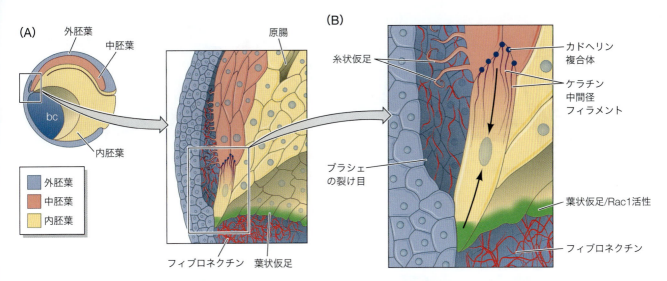

図12.11 巻き込まれる中内胚葉の集団的な細胞移動。詳細については本文を参照せよ。葉状仮足では低分子量GTPタンパク質のRac1が活性化している。(P. R. Sonavane et al. 2017. *Development* 144: 4363-4376 より)

巻き込み帯域の細胞の動態を，一体となって移動する細胞集団の動態として特徴付けた (Sonavane et al. 2017)。巻き込まれる中内胚葉の細胞は互いに強固に接着しているが，先頭の列の細胞は，それに引っ張られるように続くその他の細胞のたくさんの列とは区別されるようである。最前列の細胞は，その前縁に沿って特有の**葉状仮足（ラメリポディア）**(lamellipodia) を形成する (図12.11B参照；図8.16も参照)。研究者たちは牽引力顕微鏡〔トラクションフォース顕微鏡 (traction force microscopy)〕を用いて，先頭の列の細胞だけが"牽引応力 (traction stress)"を示すことを実証した (図12.11A)。これは，先頭の列の細胞だけが実際に胞胚腔蓋の細胞外基質 (FN繊維) につながっていて，真に牽引の力をかけている唯一の細胞であることを意味する。

先ほどの例え話から推測されるように，"先頭集団"の細胞には凄まじい大きさの力がかかっていて，それにより，先頭集団のすぐ後ろにあるブラシェの裂け目が広がることさえある (図12.11B)。それゆえに，これらの細胞は後方の細胞列が及ぼす張力のストレスに耐えることができる特殊なカドヘリン-ケラチン中間径フィラメント複合体をもつ。(オンラインの「SCIENTISTS SPEAK 12.3：Watch a Q & A with Doug DeSimone, Tania Rozario, and Pooja Rajendra Sonavane about the role of fibronectin fibrils and intermediate filaments for stress management during collective cell migration」参照)

発展問題

DeSimone研究室の研究により，後続のIMZ細胞は集団移動の際に，ブラシェの裂け目にサイトニーム様の糸状仮足の突起 (4.8節参照) を送り込むことも明らかになった。カヌーで水面を滑るように進みながら，手を伸ばして指が水面に触れたとする。すると，水全体に三次元的に波紋が広がり，物理的な信号が伝わる。このサイトニームはそのときの指のようなもので，細胞集団が胞胚腔蓋を横切って移動する際に，その上を覆っている外胚葉の表面に触れているのだろうか (図12.11参照)？ このようなサイトニームはどのようなシグナルを伝えているのだろうか？ これらの疑問に対する答えは今のところ不明であるが，脊椎動物の体軸がどのように決定されるかに関する考え方が大きく変わるかもしれない。

背側中胚葉の収斂伸長

図12.12は，ツメガエル原腸形成の進行段階ごとに巻き込み帯域 (IMZ) 細胞の動きを示している (Keller and Schoenwolf 1977；Hardin and Keller 1988)。IMZはもともと数層の厚さをもっている。原口唇を通って巻き込まれていく直前に，深部のIMZの数層の細胞は放射方向に相互に挿入し合い，薄く広がった1つの層を形成する。この相互挿入 (インターカレーション) は，IMZをさらに植物極側に広げる (図12.12A)。それと同時に，表層細胞は細胞分裂と扁平化により広がっていく (エピボリー)。深部細胞が原口唇に到達すると，それらは胚の中に巻き込まれて，第二の型の相互挿入を開始させる。この相互挿入は正中-側方軸 (mediolateral axis [訳注：中央から側方に向かう軸]) に沿って起こることで収斂伸長を引き起こし，それによりいくつかの中胚葉の流れは統合されて，前後軸に沿っ

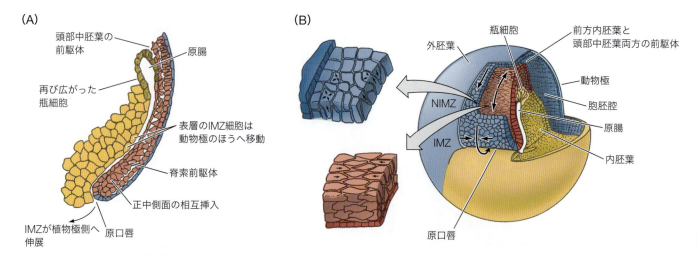

図12.12 ツメガエルの原腸形成は継続する。(A)深部帯域細胞は扁平化し、かつて表層だった細胞は原腸の壁を形成する。(B)放射相互挿入について背側から原口唇を正面に見た図。非巻き込み帯域（NIMZ）とIMZの上部領域（中胚葉）において、深部（中胚葉）細胞は放射方向に相互挿入して、扁平な細胞の薄い帯を形成する。数層の細胞層が1、2層になって薄くなるこの過程が、原口に向かう収斂伸長（矢印）を引き起こす。原口のすぐ上で中外側方向の細胞の相互挿入が圧力を生み出し、IMZは原口を通って引っ張られる。原口における巻き込み運動の後も、中外側方向の相互挿入は継続し、中軸中胚葉を長く狭くする。(P. Wilson and R. Keller. 1991. *Development* 112：289-300；R. Winklbauer and M. Schürfeld. 1999. *Development* 126：3703-3713より)

て長く狭い帯を形成する（図12.12B）。この帯の前方部分はアニマルキャップに向かって移動する。このように、中胚葉細胞の流れは動物極に向かって持続的に移動し、それを覆っている表層細胞（瓶細胞を含む）も受動的に引っ張られて動物極へと向かい、それにより原腸の内胚葉の天井〔つまり原腸蓋（archenteron roof）〕が形成される（図12.6および12.12A参照）。深層細胞の放射方向と中外側方向（正中-側面軸方向）の相互挿入は、胚の内側へ向かう中胚葉の持続的な動きを引き起こしているようである。いくつかの力が収斂伸長を引き起こしているようで、それらにはWnt/平面内細胞極性（PCP）経路を介した極性をもった細胞接着、カドヘリンを介した差次的接着、正中でのCa^{2+}シグナリングの波などが含まれるが、これらに限定されるわけではない（Shindo and Wallingford 2014；Shindo 2017；Shindo et al. 2019）。

　原口背唇部を通って中へと入る中胚葉細胞は、中央の背側中胚葉（脊索と体節）を形成する一方、残りの体幹中胚葉（のちに心臓、腎臓、骨、さらにはいくつかの器官の一部を形成する）は、側方と腹側の原口唇から中へと入って**中胚葉外套**（mesodermal mantle）を形成する。内胚葉は、原腸蓋の裏打ちとなるIMZの表層細胞と、原腸底（archenteron floor）になる原口の下側の植物極側細胞に由来する（Keller 1986）。原口の名残——内胚葉と外胚葉がつながる場所——は、肛門となる[訳注：実際は原口は完全に閉じて、その後、その付近に肛門陥が生じて開口し、肛門となる]。原腸形成の専門家であるRay Keller（レイ・ケラー）の有名な言葉によれば、「原腸形成とは、脊椎動物では肛門から頭を取り出す過程である（Gastrulation is the time when a vertebrate takes its head out of its anus）」である。（オンラインの「FURTHER DEVELOPMENT 12.2：Separating and Guiding with Cadherins and Calcium」「FURTHER DEVELOPMENT 12.3：Migration of the Mesodermal Mantle」参照）

さらなる発展

収斂伸長の力　第一の力は極性化した細胞接着である。そこでは、巻き込まれた中胚葉細胞が双極性の突起を出して、他の細胞と互いに接触している（Pfister et al. 2016）

第12章 両生類と魚類 409

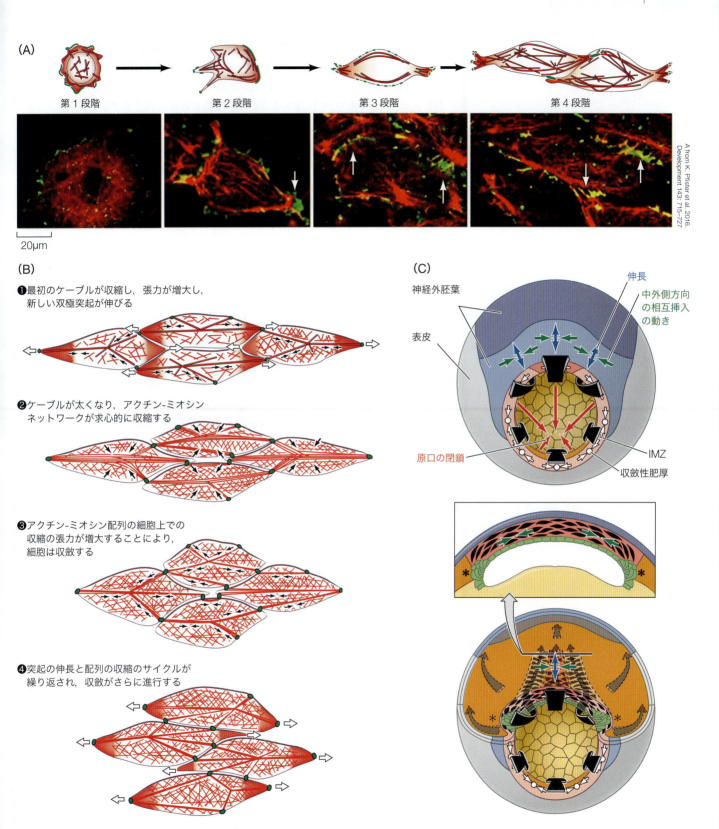

図12.13 双極性の突起は正中−側方方向（中外側方向）の相互挿入を促進する。(A) アクチン（赤）とC-カドヘリン（緑）を蛍光標識した細胞を共焦点レーザー顕微鏡でライブ撮影できるように、開いた状態にした背側帯域の"Keller"外植片を作成した。撮影された細胞にみられる中外側方向の相互挿入の動きを段階ごとに模式的に上に示した。(B) これらの細胞の収斂を促す双極性突起の力（白抜き矢印）を示す図。この力は、細胞上のアクチン-ミオシンネットワークアレイ（赤線）からの収縮張力（黒い矢印）によって生成される。(C) 収斂性肥厚と収斂伸長（中外側方向の相互挿入の動きと軸の伸長があわさっている）の組織の動態を含む、細胞運動の空間的関係を示す図。収斂伸長は原腸胚の正中線に集中して起こり、予定神経外胚葉（青）と、巻き込まれる中胚葉前駆細胞（ピンクとマゼンタ）の中の脊索前駆細胞（マゼンタ）と双極細胞（黒）によって示される。同時に、原口唇の外側の巻き込み帯域（IMZ、ピンクのリング）に沿った収斂により、収斂肥厚にかかわる張力が生成される。これらの細胞が巻き込みによって胚に入ると、その動きは収斂性肥厚から収斂伸長に変化する。すなわち、収斂伸長と収斂性肥厚（植物極回転と覆いかぶせ運動とともに）により両生類の原口が閉じる。アスタリスクは瓶細胞の位置を示す。(R. Keller and A. Sutherland. 2019. *Curr Top Dev Biol* 136: 271–317 より; C は D. R. Shook et al. 2018. *Elife* 7: e26944 より)

（図12.13A）。このような"手を伸ばす"行動は無作為ではなく胚の正中線方向に起こっており，細胞外のフィブロネクチンの基質を必要とする現象である（Goto et al. 2005；Davidson et al. 2008）。双極性の突起からIMZのより大きな組織へと極性化した引っ張る力（張力）を伝達することは，細胞表面に発達するアクチン‐ミオシンケーブルの構築によって可能となる。このケーブルのネットワークは，双極性の葉状仮足が繰り返し伸展するのとあわせて，細胞が内側から外側への軸に沿って収束するための張力を提供する（図12.13B；Keller and Sutherland 2020）。これらの中‐外側方向の相互挿入（インターカレーション）は，βカテニン非依存経路のWntで開始される平面内細胞極性（PCP）経路によって安定化される（第4章参照；Jessen et al. 2002；Shindo and Wallingford 2014；Ossipova et al. 2015）。PCP経路を構成する進化的に保存された因子を操作すると，双極性の突起が消失し，収斂伸長が阻害される（Darken et al. 2002；Goto et al. 2005）。

　ツメガエルで可能な*in vivo*の系と*in vitro*での外植体の培養系の両方を利用して，発生に重要な原口の閉鎖を行う相対的な力が解明され始めた。あたかもパーカーの紐を引っ張って顔の周りでフードを閉じるように，原口唇にあるIMZ細胞のリングは収束して円周が徐々に小さくなっていき，その一方で中胚葉細胞は内側に入り込んでいく（図12.13C）。神経外胚葉と巻き込まれる中胚葉細胞での中外側方向の相互挿入の動きが，原口の閉鎖に大きく寄与しているのは確かである（Keller et al. 2003に総説がある）。しかし最近，原口のすぐ外側に位置するIMZのリングの細胞が，原腸に巻き込まれる前にまず**収斂肥厚**（convergent thickening）として知られる動きをすることが見いだされた（Keller and Danilchik, 1988；Shook et al. 2018）。収斂肥厚では，細胞はより表層の位置からより深い層へと放射状に相互挿入し（表層外胚葉が薄く広がっていく原動力となる放射状の相互挿入とは逆の方向で），その結果，表層の面積は減少するが，細胞が収斂するにつれてこのリングは**肥厚する**（図12.13C参照）。IMZ細胞が原口に入ると，その動きは収斂肥厚から，中外側方向への相互挿入とそれに伴う収斂伸長へと変化する。放射状相互挿入，収斂肥厚，収斂伸長の力が合わさって原口を閉じることで，中胚葉と内胚葉の完全な内側への取り込みが促進される（Shook et al. 2018；Keller and Sutherland, 2020）。（オンラインの「SCIENTISTS SPEAK 12.4：Listen to a Q & A with Ray Keller about the role of the PCP and calcium signaling during convergent extension movements」参照）

三胚葉の特定化

　既に示したように，両生類の未受精卵は動植軸に沿って極性をもち（12.4節参照），受精前の卵母細胞にも三胚葉の位置を当てはめることができる。動物半球の割球は，外胚葉（表皮と神経）の細胞になる。植物半球の細胞は，腸の内壁と付随する器官（内胚葉）を形成する。そして赤道域の細胞は，中胚葉（骨，筋肉，心臓，血液，腎臓など）となる。これらの異なる領域の全般的な予定運命は，植物極側の細胞からの働きかけによって胚にもたらされると考えられている。この植物極側の細胞には2つの主たる機能がある。すなわち，（1）内胚葉へ分化する，（2）直上の細胞に働きかけて中胚葉を誘導する，という機能である。

　この"下から上"の特定化のメカニズムは，植物極側の領域の表層につながれた一群のmRNAがもとになっている。これらには転写因子VegTのmRNAが含まれており，これは卵割の間に植物極側の細胞に分配されるようになる。VegTは，内胚葉と中胚葉の両方の系譜の形成に重要である。VegTの転写産物をアンチセンスオリゴヌクレオチドで破壊すると，胚全体が表皮となり，中胚葉と内胚葉がなくなる（Zhang et al. 1998；Taverner

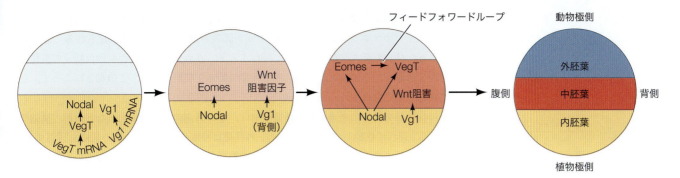

図12.14 中胚葉の特定化のモデル。卵母細胞の植物極側領域は，転写因子VegTのmRNAと，（将来の背側領域に）TGF-β様の傍分泌因子Vg1のmRNAを蓄積している。後期胞胚期に*Vg1* mRNAは翻訳され，将来の背側中胚葉を誘導していくつかのWntアンタゴニスト（Dickkopfなど）の遺伝子の転写誘導にかかわる。翻訳されたVegTは，NodalタンパクをコードするNodal遺伝子を活性化する。これらのTGF-βスーパーファミリーのメンバー（Vg1とNodalなど）は，予定中胚葉領域で転写因子のEomesodermin（Eomes）の発現を活性化する。Eomesoderminは，Nodalによる活性化Smad2の助けを借りて，VegTをコードする核遺伝子を活性化する。このようにしてVegTの発現は，予定内胚葉の母性mRNAによるものから，予定中胚葉での接合体の核遺伝子の発現へと移行する。（M. Fukuda et al. 2010. *Int J Dev Biol* 54 : 81-92より）

et al. 2005）。*VegT* mRNAは受精後まもなく翻訳され，その産物が中期胞胚遷移に先だって一連の遺伝子を活性化する。そのなかの1つはSox17転写因子をコードする遺伝子である。そしてSox17は，細胞を内胚葉細胞に特定化する遺伝子群を活性化する。こうして，VegTは植物極側の細胞を内胚葉となるように運命づける。

　VegTによって活性化される別の初期遺伝子群は，植物極側細胞の上層の細胞に働きかけ，それらを中胚葉にする（Skirkanich et al. 2011）。これらの遺伝子はNodalを活性化する。NodalはTGF-βファミリーの傍分泌因子で，予定内胚葉の植物極側細胞から分泌され，それらの上層の細胞にシグナルを送ってリン酸化Smad2を蓄積させる。リン酸化されたSmad2はそれらの細胞で*Eomesodermin*と*Brachyury* (*tbxt*)遺伝子の発現上昇を助ける。このとき，これら2つのタンパク質を発現する細胞は中胚葉として特定化される。EomesoderminとSmad2は一緒に働き，胚性の（すなわち母性のではなく接合体の）*VegT*遺伝子を活性化することでフィードフォワードループを形成させ，それが中胚葉を維持するのに重要となる（図12.14）。このようなVegTによる誘導がない場合は，細胞は外胚葉となる（Fukuda et al. 2010）。植物極側の細胞質に蓄えられた母性の*Vg1* mRNAもこの時点で翻訳される。Vg1（Nodal様のタンパク質の1つ［訳注：TGF-βファミリーの1つだがNodalとは別のグループでBMP2/4に近い］）は，背側中胚葉における他の遺伝子発現の活性化に必要である。もしNodalかVg1のどちらかのシグナルが阻害されると，中胚葉がほとんど，あるいはまったく誘導されなくなる（Kofron et al. 1999；Agius et al. 2000；Birsoy et al. 2006）［訳注：Vg1の阻害のほうがNodalより影響は小さい］。

　このように，胞胚後期までに基礎となる胚葉が特定化される。植物極側細胞はSox17などの転写因子により内胚葉に特定化される。赤道上の細胞はEomesoderminなどの転写因子により中胚葉に特定化される。そして，アニマルキャップは──まだシグナルを受けずにいて──外胚葉となる（図12.14参照）。

12.3　体軸形成と両生類のオーガナイザー：分子メカニズム

　動植極-植物極の極性が胚葉の特定化を開始させるが，前後軸，背腹軸，左右軸の特定化は受精時に開始される。しかしこれらの軸は原腸形成期までは明確になってこない。ツメガエルや他の両生類では，前後軸と背腹軸の形成は表裏一体の関係にある。これらの体軸

が形成される前提となるのが，受精時の現象である。それは，精子進入点の反対側の領域に転写因子βカテニンが蓄積し，その領域が胚の背側になるように指定されることである。ひとたびβカテニンがこの領域に局在すると，βカテニンを含む細胞は特定の遺伝子の発現を誘導し，その結果，巻き込み中胚葉の動きを開始させる。この動きによって，胚の前後軸が確立される。

原口背唇部を最初に通過する中胚葉細胞は，その外側の外胚葉に前脳などの前方構造を誘導する。遅れて移動してくる中胚葉は，外胚葉に後脳や脊髄などの後方構造を誘導する。中枢神経系がその内側に位置する中胚葉との相互作用によって形成されるこの過程は，**一次胚誘導**(primary embryonic induction)と呼ばれ，脊椎動物の胚が組織化される主な道筋の1つである。事実，その発見者たちは原口背唇部とその由来組織を**オーガナイザー**〔組織化するもの(organizer)〕と呼び，この領域が胚の他のどの部分とも異なることを見いだした。

オーガナイザーの発見

20世紀初頭，ドイツ・フライブルク大学のHans Spemann（ハンス・シュペーマン）とその弟子たち，特にHilde Mangold（ヒルデ・マンゴルト）の実験によって，原口背唇部が，そこから形成される背側中胚葉と咽頭内胚葉とともに［訳注：原著には咽頭内胚葉に関する記載はない］，体軸形成を指示する"オーガナイザー"として機能していることが示された(8.5節参照)。この早期の発見は，この世紀の残りのほとんどを費やすことになるいくつもの問いを実験発生学者たちに提起した。それらの問いのなかには以下のものがある：

- オーガナイザーはどのようにしてその特性を獲得したのか？　何が原口背唇部を胚の他の領域と異なるものにするのか？
- 神経管の形成や，前後軸，背腹軸，左右軸を創出するために，どのような因子がオーガナイザーから分泌されるのか？
- 最も前方の領域が感覚器官と前脳になり，最も後方の領域が脊髄になるというような，神経管の違いはどのように確立するのか？

事実，SpemannとMangoldの画期的な論文，つまり1935年にSpemannにノーベル賞をもたらした論文(Hamburger 1988；De Robertis and Aréchaga 2001；Sander and Fässler 2001参照)は，答えより多くの問いをもたらしたといわれている。彼らのオーガナイザーに関する記載により，まさに初めての国際的な科学的研究プログラムの一つが開始される契機となった(Gilbert and Saxén 1993；Armon 2012参照)。すなわち，英国，ドイツ，フランス，米国，ベルギー，フィンランド，日本，そしてソビエト連邦の研究者たちが，オーガナイザーがもつ驚くべき誘導能力の原因となる物質の探索に加わったのである。

R. G. Harrison（R・G・ハリソン）は両生類の原腸胚を，「原口の周りに金を求めて掘り急ぐ，熱意に満ちた採掘者にとっての新たなユーコン［訳注：ゴールドラッシュで有名なカナダの地名］」と称した(Twitty 1966, p.39参照)。残念ながら，当時のピッケルやシャベルは，関与している因子を発見するには鋭利さが足りないものだった。誘導を実行するタンパク質は生化学的な解析を行うには濃度が低すぎ，さらに両生類卵に含まれる大量の卵黄や脂質がタンパク質精製の邪魔をした(Grunz 1997)。こうしてオーガナイザー分子の解析は，組換えDNA技術の導入まで待たねばならなかった。この技術によって研究者たちは，原口唇のmRNAからcDNAをつくり，これらのクローンのうちのどれが胚を背側化できる因子をコードしているかを調べることができるようになった(Carron and Shi 2016)。それにより我々は今，上記の4つの質問に取り組むことができるようになり，少

なくともいくつかには答えを出すことができている。

オーガナイザーはどのように形成されるのか？

オーガナイザーとなる細胞は最初は10個程度の割球であるが，なぜこれらは精子進入点の逆側に位置し，何がそれほど初期にその運命を決めているのだろうか。最近の証拠は予想外の答えをもたらした。これらの細胞は正しい時間に正しい場所にあり，そこでは2つのシグナルが合流する。1つ目のシグナルは，細胞に背側であることを伝え，2つ目のシグナルは，それらの細胞が中胚葉であることを伝える。この2つのシグナルが相互作用して極性を生み，それが基礎となってオーガナイザーを特定化して背腹の極性をつくり出す。

背側シグナル，その1：ニューコープセンター　Pieter Nieuwkoop（ピーター・ニューコープ）とOsamu Nakamura（中村治）の研究室による実験から，オーガナイザーはその下に位置する予定内胚葉からのシグナルにより特殊な性質を得ることが示された（Nakamura and Takasaki 1970）。彼らは，中胚葉が動物極側と植物極側の境界である帯域（赤道付近）の細胞から出現することを示し，この新たにつくられた中胚葉の性質は，それらの細胞の下にある植物極側細胞（予定内胚葉）によって誘導され得ることを示した。

Nieuwkoop（1969，1973，1977）は，赤道付近の細胞（すなわち予定中胚葉）を胞胚から除くことで，アニマルキャップ（予定外胚葉）と植物極領域（予定内胚葉）のどちらも中胚葉性の組織をつくり出さないことを示した。ところがこの2つの組織を組み合わせると，アニマルキャップ細胞は脊索，筋肉，腎臓細胞，血球などの中胚葉構造をつくるように誘導された。この誘導の極性（すなわち動物極側の細胞が背側中胚葉と腹側中胚葉のどちらをつくるか）は，内胚葉性（植物極側）の断片が背側と腹側のどちらであるかに依存していた。腹側と側方の植物極側細胞（つまり精子進入点に近い細胞）は，腹側（間充織，血液）と中間（腎臓）中胚葉を誘導した。一方で，最も背側の植物極側細胞は，オーガナイザーの性質をもつものを含め，背側中胚葉の組織（体節，脊索）を誘導した。胞胚で最も背側にあるこれらの植物極側細胞はオーガナイザーを誘導することができ，**ニューコープセンター**（Nieuwkoop center）と呼ばれている（Gerhart et al. 1989）。（オンラインの「FURTHER DEVELOPMENT 12.4：Play Mix and Match with Vegetal Blastomeres to Prove the Inductive Power of the Nieuwkoop Center」参照）

背側シグナル，その2：βカテニン　ニューコープセンターの特異な性質が発見されると，重要な問いが生じた。何がこの最も背側の植物極領域に特別な性質を与えるのであろうか？　ニューコープセンターを形成する因子の有力候補はβカテニンであった。11.3節でみたように，βカテニンはウニ胚の小割球を特定化する役割を担っている。この多機能タンパク質が，両生類の背側組織を形成する中心的な存在であることも明らかになった。実験的にこの分子を除去すると背側構造が欠失し，一方，外来性のβカテニンを胚の**腹側**に注入すると二次軸が形成される（McMahon and Moon 1989；Smith and Harland 1991；Sokol et al. 1991；Heasman et al. 1994a；Funayama et al. 1995；Guger and Gumbiner 1995）。

ツメガエルでは，βカテニンは最初，胚全体で母性mRNAから合成される（Yost et al. 1996；Larabell et al. 1997）。受精で細胞質が動く間にβカテニンは卵の背側に集積し始め，初期の卵割の間も主として背側に蓄積し続ける。この蓄積は背側細胞の核にみられ，ニューコープセンターとオーガナイザー領域の両方にまたがっているように見える（**図12.15**；Schneider et al. 1996；Larabell et al. 1997）。

ではβカテニンがはじめは胚全体にあるとしたら，どのようにして精子進入点の逆側に特異的に局在するようになるのだろうか。答えは，卵の表層細胞質の3つのタンパク質の

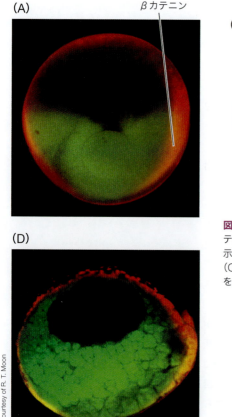
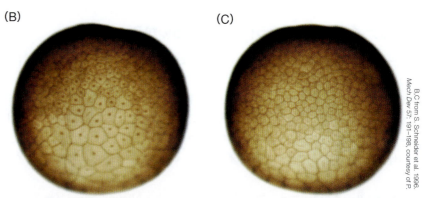

図12.15 背腹軸の特定化におけるβカテニンの役割。(A〜D) ツメガエル胚の割球におけるβカテニンの核移行の違い。(A) 2細胞期の初期は、背側表層にβカテニン（オレンジ色）が多いことを示す。(B) βカテニンの染色により、胞胚期の予定背側領域では核に局在していることがわかる。(C) そのような核局在は同じ胚の腹側ではみられない。(D) βカテニンの背側での局在は原腸胚期を通じて維持される。

局在にあると考えられている。Wnt11, GSK3-結合タンパク質（GSK3-binding protein：GBP），Disheveled（Dsh）の3つとも、受精後に卵の植物極から胚の将来の背側へ移動する。Wnt経路に関する研究から、βカテニンがグリコーゲン合成キナーゼ3（glycogen synthase kinase 3；GSK3）による分解の標的となることを私たちは理解してきた（4.7節参照）。実際、活性型GSK3はβカテニンの分解を引き起こし、卵にそれを発現させると軸形成が阻害される。逆にドミナントネガティブ（優性阻害）型のGSK3によって初期胚の腹側細胞で内在性のGSK3を阻害すると、二次軸が形成される（図12.16A；He et al. 1995；Pierce and Kimelman 1995；Yost et al. 1996）。

GSK3はGBPとDishevelledによって不活性化される。これら2つのタンパク質はGSK3を分解複合体から解離させることで、GSK3がβカテニンと結合して分解するのを抑える。受精後の最初の細胞周期の間、卵の植物極領域で微小管が平行な通り道を形成すると、微小管上を移動するATPアーゼ・モータータンパク質であるキネシンにGBPは結合して微小管に沿って移動する。キネシンは常に微小管の伸長末端に向かって移動するが、この場合、それは精子の進入点とは反対側、すなわち将来の背側への移動を意味する（図12.16B〜D）。もともと植物極の表層に存在するDishevelledはGBPと結合し、これも"微小管モノレール"に沿って移動する（Miller et al. 1999；Weaver et al. 2003）。精子進入点の反対側に達すると、GBPとDshは微小管から離れる。ここでGBPとDshはGSK3を不活性化し、βカテニンを蓄積させ、背側細胞を特定化する遺伝子制御ネットワークを開始させる。一方、反対側（将来の腹側）のβカテニンは分解される（図12.16E, F；Weaver and Kimelman 2004）。

しかし、これらのタンパク質が胚の背側に移動するだけでは、βカテニンの保護には十

第12章 両生類と魚類 415

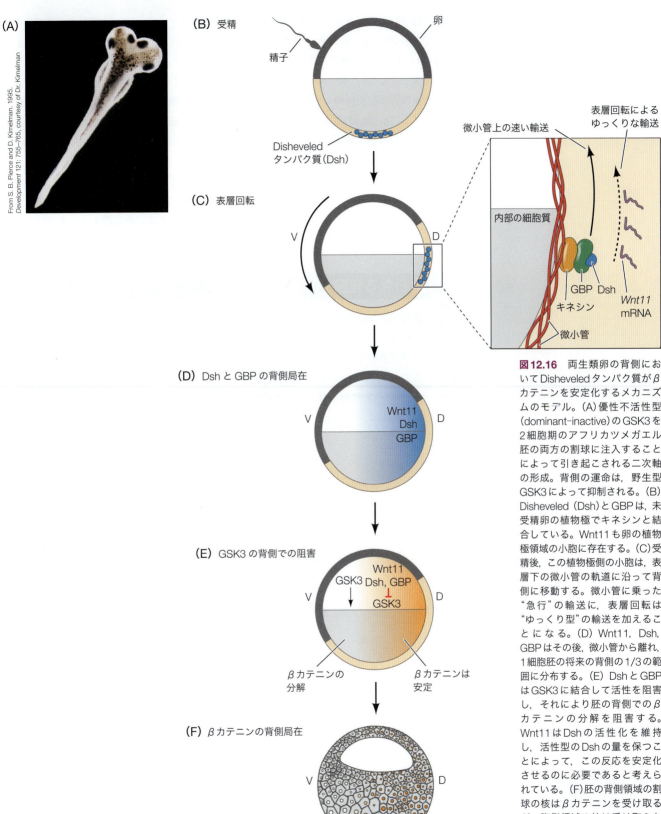

図12.16 両生類卵の背側において Dishevelled タンパク質が β カテニンを安定化するメカニズムのモデル。(A) 優性不活性型 (dominant-inactive) の GSK3 を 2 細胞期のアフリカツメガエル胚の両方の割球に注入することによって引き起こされる二次軸の形成。背側の運命は、野生型 GSK3 によって抑制される。(B) Dishevelled (Dsh) と GBP は、未受精卵の植物極でキネシンと結合している。Wnt11 も卵の植物極領域の小胞に存在する。(C) 受精後、この植物極側の小胞は、表層下の微小管の軌道に沿って背側に移動する。微小管に乗った "急行" の輸送に、表層回転は "ゆっくり型" の輸送を加えることになる。(D) Wnt11, Dsh, GBP はその後、微小管から離れ、1細胞胚の将来の背側の1/3の範囲に分布する。(E) Dsh と GBP は GSK3 に結合して活性を阻害し、それにより胚の背側での β カテニンの分解を阻害する。Wnt11 は Dsh の活性化を維持し、活性型の Dsh の量を保つことによって、この反応を安定化させるのに必要であると考えられている。(F) 胚の背側領域の割球の核は β カテニンを受け取るが、腹側領域の核は受け取らない。D：背側、V：腹側 (B〜F は C. Weaver and D. Kimelman. 2004. *Development* 131: 3491-3499 より)

分ではないようである。βカテニン保護経路を活性化するには，Wnt傍分泌因子がその場所で分泌される必要があると考えられ，これはWnt11によって成し遂げられる。もしWnt11の合成が抑制されると(卵母細胞へWnt11のアンチセンスオリゴヌクレオチドを注入することで)，オーガナイザーの形成が起こらなくなる。さらに，*Wnt11* mRNAは卵形成の間は植物極側の表層に局在し，卵の細胞質の表層回転によって胚の将来の背側へ移動する(Tao et al. 2005；Cuykendall and Houston 2009)。そこでタンパク質に翻訳され，胚の背側で濃縮されて分泌されるようになる(Ku and Melton 1993；Schroeder et al. 1999；White and Heasman 2008)。このように，最初の卵割でGBP，Dsh，Wnt11は胚の将来の背側領域に運ばれ，そこでGBPとDshはGSK3の不活性化とそれによって引き起こされるβカテニンの保護を**開始させる**ことができる。Wnt11はWntシグナルを増強して，GBPとDshを**安定化する**ことでさらにβカテニンを保護する。さらにβカテニンは他の転写因子と結合して，これらの転写因子に新たな機能を与える。

さらなる発展

βカテニンの下流のターゲット　ツメガエルのβカテニンは，不偏的(ユビキタスな)転写因子であるTcf3と結合することが最もよく知られており，その結果Tcf3は転写抑制因子から転写活性化因子に変換される。βカテニン結合ドメインを欠損した変異型Tcf3を発現させると，背側構造をもたない胚が生じる(Molenaar et al. 1996)。βカテニン/Tcf3複合体は，軸形成に重要ないくつかの遺伝子のプロモーターに結合する。例えば，*twin*と*siamois*はホメオドメイン転写因子をコードし，中期胞胚遷移直

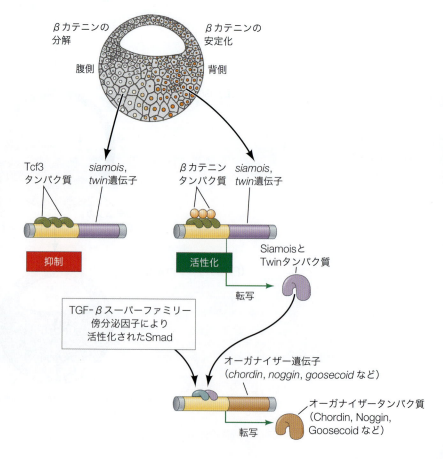

図12.17　背側中胚葉にオーガナイザーを誘導する経路の仮説。微小管はDisheveledとWnt11タンパク質の胚の背側への移動をもたらす。Dsh(植物極の表層に由来するものとWnt11により新規に活性化されたもの)はGSK3に結合し，それにより胚の将来の背側にβカテニンが蓄積する。卵割時に，βカテニンは核に入り，Tcf3に結合して転写因子として，SiamoisやTwinなどのタンパク質をコードする遺伝子を活性化する。SiamoisとTwinはオーガナイザーにおいて，植物極側のTGF-βスーパーファミリーメンバー(Nodal関連タンパク質，Vg1，アクチビンなど)により活性化されたSmad2転写因子と相互作用する。これらの3つの転写因子は一緒になって，*chordin*, *noggin*, *goosecoid*などの"オーガナイザー遺伝子"を活性化すると考えられる。腹側ではβカテニンは核に入らないため，Tcf3は転写抑制因子として働き，オーガナイザー遺伝子を発現しないようにしている。(R. T. Moon and D. Kimelman. 1998. *BioEssays* 20：536–545より)

後のオーガナイザー領域で発現する。これらの遺伝子を腹側の細胞で異所的に発現させると，胚の腹側に二次軸が形成される。また表層の微小管重合が妨げられると，*siamois*の発現はなくなる（Lemaire et al. 1995；Brannon and Kimelman 1996）。βカテニンがない状態ではTcf3タンパク質は，これらの遺伝子のプロモーターに結合すると，*siamois*と*twin*の転写を阻害すると考えられている。しかしβカテニンがTcf3に結合すると，転写抑制因子は転写活性化因子に変換され，*twin*と*siamois*は転写される（図12.17）。

　SiamoisとTwinタンパク質は，オーガナイザーの機能にかかわるいくつかの遺伝子のエンハンサーに結合する（Fan and Sokol 1997；Bae et al 2011）。これらの遺伝子には，転写因子であるGoosecoidとXlim1（背側中胚葉を特定化するのに重要である）や，傍分泌アンタゴニストであるNoggin，Chordin，Frzb，Cerberus（これらは外胚葉を神経組織に特定化する；Laurent et al. 1997；Engleka and Kessler 2001）をコードする遺伝子が含まれるとされている［訳注：これらすべての遺伝子がSiamois/Twinと結合するかどうかは確認されていない］。植物極側細胞では，SiamoisとTwinは，植物極領域の転写因子と組み合わさって，内胚葉性の遺伝子の活性化を助けるようである（Lemaire et al. 1995）。したがって，胚の背側にβカテニンがあれば，このβカテニンによってその領域にTwinとSiamoisが発現し，それによりオーガナイザーの形成が引き起こされると期待される。

発展問題

βカテニンに多くの転写の標的があることは明らかだが，βカテニンが背側化遺伝子制御ネットワーク全体に影響を与えることができるとしたらどうか？　もしβカテニンがクロマチンを組織化するより強力な力を持っていたらどうだろうか？（興味があれば，Blythe et al. 2010をチェックせよ）

背側シグナル，その3：植物極側のシグナルとの相乗効果　リン酸化されたSmad2転写因子は，背腹軸に沿って種々の中胚葉細胞の運命を特定化するのに必須であるだけでなく，オーガナイザーそのものを特徴づける遺伝子を活性化するのにも重要である。Smad2は，中胚葉の下にある植物極側細胞から分泌されるNodal関連傍分泌因子に応答してリン酸化されて，中胚葉細胞で活性化する（Brannon and Kimelman 1996；Engleka and Kessler 2001）。Nodal関連タンパク質は内胚葉の中で勾配を形成しており，腹側では低濃度，背側では高濃度であることが重要である（Onuma et al. 2002；Rex et al. 2002；Chea et al. 2005）。Vg1とNodal関連タンパク質は一緒に作用してSmad2の相加的な活性化をもたらし，Nodal関連タンパク質の勾配をもった分布により転写反応の差異をもたらす（Agius et al. 2000）。では，Nodal関連タンパク質の背側から腹側への勾配はどのようにして確立されるのだろうか？

　Nodal関連タンパク質の勾配は大部分がβカテニンによってつくられる。βカテニンの量が多いとNodal関連遺伝子の発現が活性化される（図12.18）。ツメガエルの最も背側の割球（ニューコープセンター）では，βカテニンはVegT転写因子と協調して，中期胞胚遷移よりも前でも*nodal-related 1，5，6*（*Xnr1，5，6*）を活性化する。より腹側の内胚葉の割球では，これらのNodal関連遺伝子は発現しない。のちにオーガナイザーの最も前方の部分となる領域——咽頭内胚葉——では，より高濃度のNodal関連タンパク質がより高濃度の活性化Smad2を産生する。Smad2は*hhex*遺伝子のエンハンサーに結合して転写を活性化し，HhexはTwinとSiamois（βカテニンによって誘導される）と協調して，前腸になる前方内胚葉（咽頭内胚葉）を特定化する種々の遺伝子を活性化し，また前脳の発生を誘導する（Smithers and Jones 2002；Rankin et al. 2011）。Smad2がそれよりもやや低いレベルの場合は，*goosecoid*の発現が活性化され，それらの細胞は前脊索中胚葉と脊索に分化すると考えられている。もっと少ない量のSmad2であれば，側方と腹側の中胚葉が生じることになる。

オーガナイザーの形成：まとめ　背側中胚葉とオーガナイザーの形成は，互いに交わり相

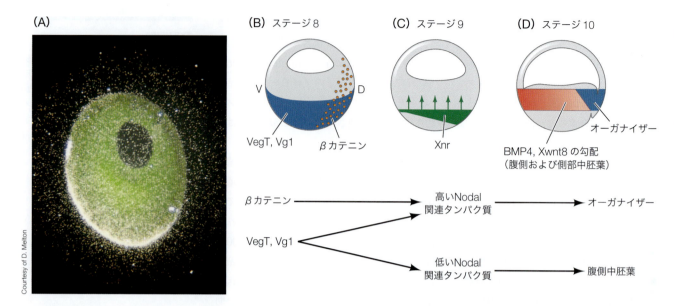

図 12.18　植物極側領域からの中胚葉誘導。(A) Vg1 をコードする母性 RNA（明るく白い三日月型）は，ツメガエル卵母細胞の植物極側表層に繋ぎ止められている。その mRNA は（母性 VegT の mRNA と一緒に）受精時に翻訳されるようになる。両タンパク質は，植物極側の細胞がその上の細胞を中胚葉に誘導するために重要であると考えられている。(B~D) βカテニンと TGF-β タンパク質 (Vg1, Nodal 関連タンパク質) との相互作用によるオーガナイザー形成および中胚葉誘導のモデル。(B) 胞胚後期には Vg1 と VegT は植物半球に存在し，βカテニンは背側領域に局在する。(C) βカテニンは Vg1 と VegT と協調的に働き，Xenopus nodal-related (Xnr) 遺伝子を活性化する。これにより，背側から腹側にかけて Xnr タンパク質の勾配が内胚葉を横切って形成される。(D) 中胚葉は Xnr 勾配によって特定化される。Xnr が存在しないかわずかしかない中胚葉領域は BMP4 と Xwnt8 の量が多く，腹側中胚葉となる。Xnr の中程度の濃度を受けた細胞は側方中胚葉になる。Xnr の濃度が高いと，goosecoid や他の背側中胚葉遺伝子が活性化され，その中胚葉領域はオーガナイザーとなる。(B~D は E. Agius et al. 2000. Development 127: 1173-1183 より)

乗的に働くシグナル経路を通じて，鍵となる転写因子群が活性化されることで開始される。最初の経路は Wnt/β カテニン経路で，これが Siamois と Twin 転写因子をコードする遺伝子を活性化する。第二の経路は植物極側の経路で，これが Nodal 関連の傍分泌因子の発現を活性化し，それによってその上にある中胚葉細胞で Smad2 転写因子を活性化する。最後に，高レベルの Smad2 や Siamois/Twin は背側中胚葉細胞で働き，これらの細胞に"オーガナイザー"活性をもたらす遺伝子を活性化する（図 12.16，図 12.7，図 12.18 を復習；Germain et al. 2000；Cho 2012 も参照）。（オンラインの「SCIENTISTS SPEAK 12.6：Hear a Q & A with Daniel Kessler and Richard Harland about the molecular mechanisms of primary embryonic induction in amphibians」参照）

12.4 オーガナイザーの機能

　ニューコープセンターは内胚葉のままであるが，オーガナイザーの細胞は背側中胚葉となり，内側へ移動して背側外胚葉の下に位置するようになる。オーガナイザーの細胞は最終的には 4 つのタイプの細胞になる。すなわち，咽頭内胚葉，頭部中胚葉（脊索前板），背側中胚葉（主に脊索），原口背唇部である (Keller 1976；Gont et al. 1993)。咽頭内胚葉と脊索前板はオーガナイザー組織の移動を先導し，前脳と中脳を誘導する。背側中胚葉は後脳と胴部を誘導する。原腸形成の最後に残る原口背唇部は，最終的に尾部の先端を誘導する脊索神経蝶番 (chordaneural hinge) となる。

　オーガナイザー組織の特徴は 4 つの主要な機能に分けられる：

1. 背側中胚葉（脊索前板，脊索中胚葉など）へ自律的に分化できる能力。
2. そのままでは腹側中胚葉となる周囲の中胚葉を沿軸（体節を形成する）中胚葉へと背側

化する能力。
3. 外胚葉を背側化し、神経管形成を誘導する能力。
4. 原腸形成の動きを開始させる能力。

神経外胚葉および背側中胚葉の誘導：BMPアンタゴニスト

実験発生学の知見から、オーガナイザーの最も重要な性質の1つは可溶性因子の生成であることが明らかとなった。そのような拡散性のシグナルの存在を示す知見はいくつかの実験から得られた。まず、Hans Holtfreter（ハンス・ホルトフレーター）は1933年、脊索が外胚葉の下に移動できないと、外胚葉は神経組織とはならない（表皮となる）ことを示した。可溶性因子の重要性をいっそう決定づけた知見は、フィンランドの研究者たちによる膜を介しての実験から得られた（Saxén 1961；Toivonen et al. 1975；Toivonen and Wartiovaara 1976）。この研究者らは、細胞突起が通れないほど細かい穴が開いた膜の片側にイモリの原口唇組織を置き、もう片側に応答能のある原腸胚の外胚葉を置いた。何時間かの後、外胚葉組織に神経構造が観察された。しかし、オーガナイザーから拡散する因子の同定にはその後、四半世紀かかった。

最終的には、オーガナイザーが神経組織の発生を"誘導する"メカニズムは、直感とは異なっていることが判明した。研究者たちは、オーガナイザーから分泌される因子は外胚葉に受け取られて神経組織への誘導を起こすと考えて、そのような分子を探していた。しかし、分子レベルの研究で得られた結果は驚くような、あまり予想がつかなかったものだった。すなわち、**誘導されるのは神経組織ではなく、表皮（と腹側中胚葉）のほう**であった。外胚葉は、骨形成タンパク質（bone morphogenetic protein：BMP）が結合することで表皮組織へ誘導されるのに対し、**BMP阻害分子によって表皮誘導から守られた外胚葉領域から神経系はつくられる**（Hemmati-Brivanlou and Melton 1994, 1997）。言い換えると、

1. 外胚葉の"デフォルトの運命"は神経組織になることである。
2. 胚の特定の部分はBMPを分泌することで外胚葉を表皮組織へと誘導する。
3. オーガナイザー領域の組織はBMPを抑えるタンパク質を分泌し、それらのBMPアンタゴニストによって"守られた"外胚葉が神経組織に分化する。

したがって、BMPはナイーブな外胚葉細胞が表皮になるよう誘導し、オーガナイザーはこの誘導をブロックする物質を生成する（Wilson and Hemmati-Brivanlou 1995；Piccolo et al. 1996；Zimmerman et al. 1996；Iemura et al. 1998）。ツメガエルでは、主要な表皮誘導因子はBMP4とそれに近縁なBMP2、BMP7、およびADMPである。

BMPは始めは後期胞胚の外胚葉および中胚葉領域全体に発現している。しかし、原腸形成の間、SiamoisとTwinによって誘導される転写因子（Goosecoidなど）は胚の背側領域での*bmp4*遺伝子の転写を妨げ、その発現を腹側と側方の帯域に限局する（Blitz and Cho 1995；Hemmati-Brivanlou and Thomsen 1995；Northrop et al. 1995；Steinbeisser et al. 1995；Yao and Kessler 2001）。外胚葉では、BMPは神経組織の形成にかかわる遺伝子（例えば*Sox3*, *Foxd4*, *neurogenin*）を抑制し、その一方で表皮の特定化にかかわる他の遺伝子を活性化する（Lee et al. 1995；Rogers et al. 2008, 2009a, b）。中胚葉では、勾配をもった濃度のBMP4が異なる中胚葉遺伝子を活性化すると考えられている。すなわち、BMP4がない場合は背側中胚葉が特定化され、少量だと中間中胚葉が特定化され、そして多量だと腹側中胚葉が特定化される（図12.19；Gawantka et al. 1995；Hemmati-Brivanlou

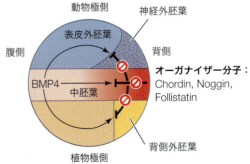

図12.19 オーガナイザーの作用モデル。（A）BMP4は（他の類似の分子とともに）、強力な腹側化因子である。Chordin, Noggin, Follistatinなどのオーガナイザータンパク質が、BMP4の作用を遮断し、その阻害効果は三胚葉のすべてにみることができる。（E. De Robertis and Y. Sasai. 1996. *Nature* 380：37-40 and Y. Sasai. et al. 1996. *EMBO J* 15：4547-4555より）

図12.20 Siamois（Sia）とTwin（Twn）は神経上皮遺伝子の活性化を誘導する。胞胚期では，オーガナイザー中胚葉と神経外胚葉の両方を生じると予想される細胞は，*sia*と*twn*の両方を発現する。これらの遺伝子産物は，神経外胚葉遺伝子である*Foxd4*, *gmnn*, *zic2*を活性化する。これらの遺伝子は，*Sox11*などの他の神経系の遺伝子を活性化する転写因子をコードする。原腸胚期では，これらの細胞の子孫がオーガナイザー中胚葉と神経外胚葉になる。神経外胚葉では，神経上皮遺伝子の発現が増大するが，これはオーガナイザーが分泌する因子によってBMPおよびWnt経路が阻害されることによる。BMPとWntがブロックされない場合，*Sox11*, *gmnn*, *Foxd4*, および*zic2*の転写が低下する。(S. L. Klein and S. A. Moody. 2015. *Genesis* 53：308-320より)

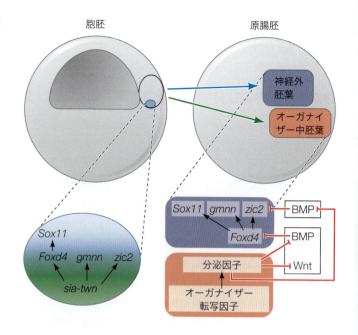

and Thomsen 1995；Dosch et al. 1997)。

　オーガナイザーはBMPをブロックすることで機能する。オーガナイザーが分泌する主要なBMPアンタゴニストの3つはNoggin, Chordin, Follistatinである。これらのタンパク質をコードする遺伝子は，Smad2やSiamois/Twinが活性化する最も重要な遺伝子に含まれる(Carnac et al. 1996；Fan and Sokol 1997；Kessler 1997)。

外胚葉のバイアス　脊索の上にある外胚葉も，卵の表層に広がるβカテニンによって神経外胚葉になるようなバイアスを受けているようである。この広がりにより，神経外胚葉となる細胞において転写因子SiamoisおよびTwinの発現が引き起こされ，そこでこれらのタンパク質により2つの重要な機能が果たされる。まず，これらのタンパク質は，神経外胚葉になることを可能にするFoxd4やSox11などの遺伝子を活性化する（図12.20）。しかし，これらの遺伝子はBMPによって抑制される可能性があるため，原腸形成中に2つ目のステップとして，オーガナイザー中胚葉はBMPシグナルが外胚葉に到達するのをブロックするタンパク質を産生する(Klein and Moody 2015)。（オンラインの「FURTHER DEVELOPMENT 12.5：The Experiments That Confirmed Ectodermal Bias」参照）

> ### さらなる発展
>
> #### オーガナイザー：BMPアンタゴニスト全体の"頭(noggin)"
>
> 　1992年にSmith（スミス）とHarland（ハーランド）は，ツメガエルの背側化した（塩化リチウム処理した）原腸胚からcDNAのプラスミドライブラリーを構築した。彼らはこれらのプラスミドを分けていくつものグループをつくり，各グループからメッセンジャーRNAを合成した。次いで，受精直後に紫外線照射して腹側化した（神経管をもたないように発生するようにした）胚にそれら合成mRNAを注入したところ，いくつかの胚で背側構造が回復した。そこでmRNAの元となったプラスミドのグループをさらに小さいセットに分けて同様の操作を行い，最終的に，背側構造を回復させることができる単一のプラスミドクローンになるまでこの作業を繰り返した。
>
> **Noggin**　そのなかの1つはNogginというタンパク質をコードする遺伝子であった

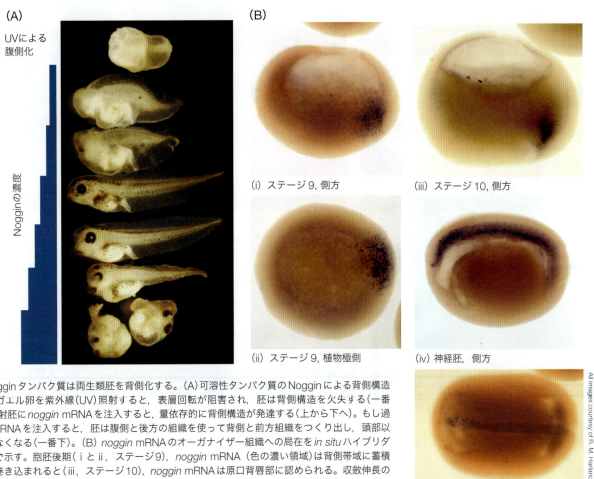

図12.21 Nogginタンパク質は両生類胚を背側化する。(A)可溶性タンパク質のNogginによる背側構造の救済。ツメガエル卵を紫外線(UV)照射すると，表層回転が阻害され，胚は背側構造を欠失する(一番上)。紫外線照射胚に *noggin* mRNAを注入すると，量依存的に背側構造が発達する(上から下へ)。もし過剰な *noggin* mRNAを注入すると，胚は腹側と後方の組織を使って背側と前方組織をつくり出し，頭部以外がほとんどなくなる(一番下)。(B) *noggin* mRNAのオーガナイザー組織への局在を *in situ* ハイブリダイゼーションで示す。胞胚後期(ⅰとⅱ，ステージ9)， *noggin* mRNA (色の濃い領域)は背側帯域に蓄積する。細胞が巻き込まれると(ⅲ，ステージ10)， *noggin* mRNAは原口背唇部に認められる。収斂伸長の間は， *noggin* は脊索と脊索前板の前駆細胞と前方内胚葉に発現し，それらの組織は神経胚期(ⅳとⅴ)では，胚の中央の外胚葉の下で伸びる。

(図12.21A)。 *noggin* mRNAを紫外線照射した1細胞期の胚に注入すると，背側の発生が完全に回復し，完全な胚が形成された(Lamb et al. 1993；Smith et al. 1993)。Nogginはオーガナイザーの主要な機能のうち2つを担うことができる分泌性タンパク質であった。その機能の1つは背側外胚葉から神経組織を誘導することであり，もう1つは本来腹側化するはずの中胚葉細胞を背側化することである(Smith et al. 1993)。SmithとHarlandは，新たに転写される *noggin* mRNAははじめは原口背唇部の領域に局在し，それから脊索に発現するようになることを示した(図12.21B)。NogginはBMP4とBMP2に結合し，それらが受容体に結合することを阻害する(Zimmerman et al. 1996)。

Chordin Chordinタンパク質は，背側化した胚には存在するが腹側化した胚には存在しないmRNAのcDNAクローンのなかから同定された(Sasai et al. 1994)。これらのcDNAクローンは，腹側の割球に注入されたときに，二次軸が形成されるかどうかが試された。二次神経管を誘導できたクローンの1つが *chordin* 遺伝子であった。 *chordin* mRNAははじめ原口背唇部に局在し，その後に脊索に局在することが判明した(図12.22)。 *chordin* mRNAに対するモルフォリノ・アンチセンスオリゴマーは，オーガナイザーの移植片が二次中枢神経系を誘導する能力を遮断した(Oelgeschläger et al. 2003)。調べられたすべてのオーガナイザー遺伝子のうち， *chordin* はβカテニンによって最も鋭敏に活性化される遺伝子である(Wessely et al. 2004)。

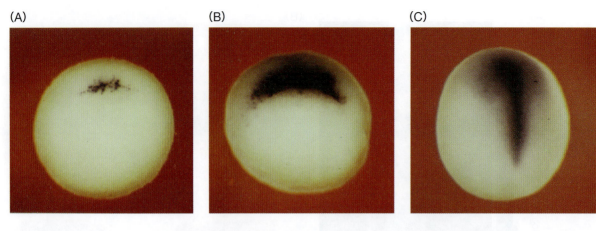

図12.22　chordin mRNA の局在。(A)ホールマウント in situ ハイブリダイゼーションにより，原腸形成の直前において chordin mRNA（色の濃い領域）が原口背唇部になる領域に発現することを示した。写真は原腸形成開始直後のもの。(B)原腸形成が進行すると，chordin は原口背唇部に発現する。(C)原腸形成の後期では，chordin mRNA はオーガナイザー組織に認められる。

Noggin 同様，Chordin は BMP4 と BMP2 に直接結合し，それらの受容体との複合体形成を阻止する（Piccolo et al. 1996）。

Follistatin　オーガナイザーから分泌される3つ目のタンパク質である Follistatin の mRNA も，原口背唇部と脊索で転写される。Follistatin は，他のものを探す実験のなかで思いがけずオーガナイザーで見つかった。Ali Hemmati-Brivanlou and Douglas Melton（1992, 1994）は，中胚葉誘導にアクチビンタンパク質が必要かどうかを確かめようとしていた。研究の過程で彼らは，アクチビンと BMP の両方に対する阻害分子である Follistatin が外胚葉を神経組織に変えることを見いだした。彼らは，外胚葉は BMP によって表皮細胞に変えられないかぎり，通常の状態では神経組織になるという説を唱えた。このモデルは，奇妙な結果をもたらした外胚葉細胞の解離実験によって支持され，またそれを説明するものであった。その実験とは，1989年の3つの研究報告（Grunz and Tacke；Sato and Sargent；Godsave and Slack によるもの）であり，それらは胚全体あるいはアニマルキャップの細胞を解離させると神経組織ができることを示すものだった。この結果は，外胚葉の"デフォルト状態"は表皮ではなく神経組織であり，表皮になるには誘導を受けなければならないとしたら説明がつくであろう。したがって，オーガナイザーは BMP を不活性化することで表皮への誘導を遮断していると結論できる。

背腹側パターニングでの BMP シグナル伝達の保存性

BMP が表皮外胚葉を誘導し，BMP アンタゴニストが神経外胚葉を特定化する能力は，動物界全体でみられる（図8.24参照）。ショウジョウバエでは，BMP ホモログである Decapentaplegic（Dpp）が皮下組織（表皮）を特定するのに対し，BMP アンタゴニストである Short gastrulation（Sog）は Dpp の作用をブロックし，神経系を特定化する。Sog タンパク質は Chordin のホモログである。昆虫のこれらのホモログは脊椎動物のものと似ているだけでなく，実際にそれぞれ置き換えることも可能である。sog mRNA をツメガエル胚の腹側に注入すると，両生類の脊索と神経管が誘導される。chordin mRNA をショウジョウバエ胚に注入すると，腹側神経組織が形成される。Chordin はツメガエル胚を背側化するが，ショウジョウバエ胚を腹側化する。ショウジョウバエでは Dpp が背側でつく

発展問題

Chordin と BMP はハエと脊椎動物の間で相同であるようだが，Chordin と BMP のプロセシング経路も同様に相同なのだろうか？ たとえ胚がはるかに小さかったり大きかったりしても常に同じパターンが生じるように，Chordin-BMP 軸は胚の軸をどのように制御できるのだろうか？

られ，ツメガエルではBMP4が腹側でつくられる。どちらの場合もSog/ChordinがDpp/BMP4の効果を打ち消すことで，神経組織を特定化するのに役立っている（Hawley et al. 1995；Holley et al. 1995；De Robertis et al. 2000；Bier and De Robertis 2015）。つまりは，節足動物は上下逆さまの脊椎動物のように見える——これはフランスの解剖学者であるGeoffroy Saint-Hilaire（ジョフロア＝サン-チレール）が，1840年代に動物界の統一性を他の解剖学者に納得させようとした際に指摘した観察である（Appel 1987；Genik-hovich et al. 2015；De Robertis and Moriyama 2016参照）。

12.5　前後軸に沿った神経誘導

　動物界全体で，背腹軸はBMPとそのアンタゴニストの勾配に基づいて決まり，BMPが最も低い領域が神経組織の領域となる。前後軸も同様にWntタンパク質の勾配によって特定化され，Wntが最も低い領域が頭部となる（Petersen and Reddien 2009）。しかしWnt勾配が主要なパターン形成の手がかりとならない例外（ショウジョウバエなど）がいくつかある。それでもこのような場合でも，Wnt発現の痕跡的なパターンがみられる（Vorwald-Denholtz and De Robertis 2011）。

　脊椎動物において，前後軸に沿った最も重要な事象の1つは，つくり出される神経構造の領域特異性である。第15章で説明するように，神経管の前脳，後脳，脊髄の領域は前から後ろへと正しく組織化されなければならない。オーガナイザーは神経管を誘導するだけでなく，神経管の領域も特定化する。

　この領域特異的な誘導は，1933年にHilde Mangoldの夫，Otto Mangold（オットー・マンゴルト）によって両生類で示された。彼はイモリの後期原腸胚から原腸蓋（イモリ胚のオーガナイザー組織が位置する場所）を4つの連続した領域に分けて取り出し，それぞれを初期原腸胚の胞胚腔に移植した。原腸蓋の最前部（頭部中胚葉を含む）は平衡器と口腔構造の一部を誘導した。次に前方の部分は，鼻，眼，平衡器，耳胞などのさまざまな頭部構造を誘導した。3つ目（脊索を含む）は後脳の構造を，そして最も後方の部分は胴部の背側構造と尾部中胚葉の形成を誘導した（図12.23A〜D）。

　さらにMangoldは，サンショウウオの**初期の原腸胚**から取った原口背唇部を別の**初期**の原腸胚に移植すると，移植片は二次的な頭部を誘導することを示した。しかし，より**後期の原腸胚**の原口背唇部を初期原腸胚に移植すると，移植片は二次的な尾部を誘導した（図12.23E，F；Mangold 1933）。この結果は，最初に胚の中に入るオーガナイザーの細胞はその上にある細胞を脳や頭の形成へと誘導し，後の時期の胚の原口背唇部の細胞は脊髄や尾の形成を誘導することを示している。

さらなる発展

WntとBMPは頭と尻尾の戦いを繰り広げる

　ここで次の疑問が生じる。**最初に原口唇を通って巻き込まれる細胞（中内胚葉）は頭部構造を誘導するのに対し，続いて巻き込まれる中胚葉（脊索）は胴部と尾をつくり出すという，領域性のあるオーガナイザーから分泌される分子とはいったい何なのか？**図12.24に，オーガナイザー組織による領域的誘導に関しての可能性のあるモデルの1つを示す。

Cerberus：万能阻害因子は頭部の生成を可能にする　頭部と脳の最も前方の領域は，脊索ではなく前方内胚葉（咽頭内胚葉）と頭部中胚葉（脊索前板）によって裏打ちさ

図12.23 誘導の領域と時期の特異性。(A〜D)胚誘導の領域特異性は，イモリ*Triturus*のオーガナイザー組織である原腸蓋（色のついた部分）を分割して，初期原腸胚に移植する実験で示せる。移植胚は領域ごとに異なる二次の背側構造を形成する。(A)平衡器官をもった頭部。(B)平衡器官，眼，前脳をもった頭部。(C)頭部の後方，後脳と耳胞。(D)胴部と尾部。(E, F)誘導能の時期特異性。(E)イモリ胚の若い背唇部（後にオーガナイザーの前方部分を形成する）を初期原腸胚に移植すると，前方背側構造を誘導する。(F)時間がより経過した背唇部を初期原腸胚に移植すると，より後方の背側構造が誘導される。(A〜DはO. Mangold. 1933. *Naturwissenschaften* 21：761-766より；E，FはL. Saxén and S. Toivonen. 1962. *Primary Embryonic Induction*. Prentice-Hall, Englewood Cliffs, NJより）

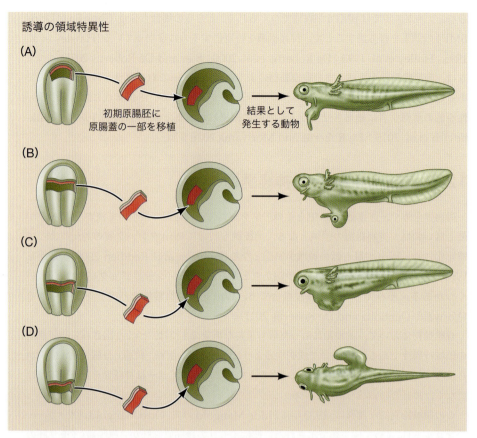

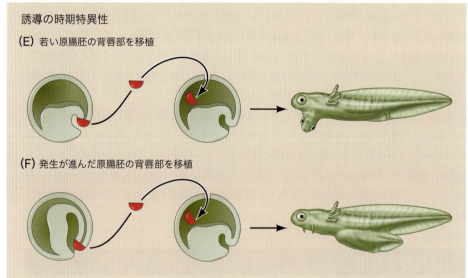

れる（図12.6C, Dおよび12.24A参照）。この中内胚葉組織は，原口背唇部の最先端の組織で構成される。これらの細胞は最も前方の（頭部）構造を誘導するが，これをWnt経路とBMPの両方を遮断することによってそれを実現する。Wntアンタゴニストは，植物極側の細胞が分泌するNodalとVg1によって生じる高濃度のリン酸化Smad2によって誘導されるようである（Agius et al. 2000；Birsoy et al. 2006）。

　胴部構造の誘導は，BMPシグナル伝達が脊索により遮断されつつ，Wntシグナルが進行することによって引き起こされる可能性がある。しかし，**頭部をつくり出すに**

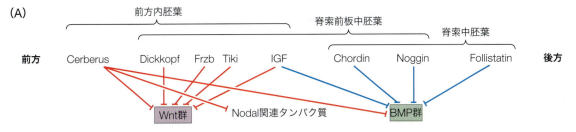

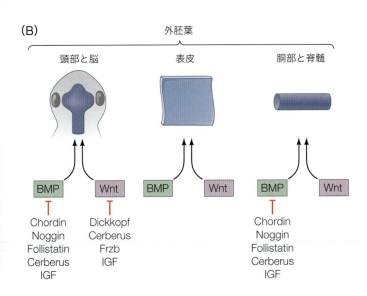

図12.24 オーガナイザーから分泌されるアンタゴニストは，尾部から頭部を区別するために傍分泌因子を特異的に阻害することができる。(A)前方神経板の下側にある前方内胚葉は，Dickkopf, Frzb, Cerberusなどを分泌する。DickkopfとFrzbはWntタンパク質を阻害し，CerberusはWnt, Nodal関連タンパク質，BMPを阻害する。脊索前板はWnt阻害因子のDickkopfとFrzb，およびBMP阻害因子のChordinとNogginを分泌する。脊索は，BMP阻害因子のChordin, Noggin, Follistatinを分泌するが，Wnt阻害因子を分泌しない。頭部中内胚葉(前方内胚葉と脊索前板)からのインスリン様増殖因子(IGF)は，前方神経組織の形成にかかわると考えられている。(B)外胚葉におけるアンタゴニストの機能の要約。脳の形成にはWntとBMP経路の両方を阻害する必要がある。脊髄のニューロンは，Wntが機能してBMPがないときに形成される。表皮はWntとBMP経路が両方働いているときに形成される。

は，BMPとWntの両方のシグナルが遮断されなければならない。この二者の遮断は，オーガナイザーの最も前方の部分である中内胚葉によって行われる(Glinka et al. 1997)。1996年にBouwmeester（バウミスター）らは，頭部の最前方の構造はCerberusという分泌タンパク質によって誘導できることを示した(このタンパク質はギリシャ神話で冥界の入り口の番をしている3つの頭をもつ犬にちなんで名付けられた)。*cerberus* mRNAをツメガエルの32細胞期の植物極側の腹側割球に注入すると，異所的な頭部構造が形成された。これらの頭部構造は，注入された細胞およびその近隣の細胞の両方から形成された。

　*cerberus*遺伝子は，初期の原口背唇部の深部細胞に由来する前方の中内胚葉細胞で発現している。Cerberusタンパク質は，BMP, Nodal関連タンパク質，Xwnt8に結合することができる(図12.24Aおよび図12.26参照；Piccolo et al. 1999)。Cerberusの合成を遮断すると，BMP, Nodal関連タンパク質，Wntのすべての量が胚の前方で上昇し，前方中内胚葉の頭部誘導能は著しく低下する(Silva et al. 2003)。(オンラインの「FURTHER DEVELOPMENT 12.6：Frzb, Dickkopf, Notum, and Tiki：More Ways to Block Wnts」参照)

インスリン様増殖因子と繊維芽細胞増殖因子　これまで議論してきたすべてのWnt阻害因子は細胞外のものである。これらに加えて，頭部領域はBMPとWntのシグナルが核に到達するのを妨げる別の一群のタンパク質を含んでいる。**繊維芽細胞増殖因子**(fibroblast growth factor：FGF)と**インスリン様増殖因子**(insulin-like growth factor：IGF)は，脳や感覚プラコードの誘導にも必要である(Pera et al. 2001, 2014)。IGFとFGFは特に胚の前方領域で顕著に発現し，両方とも受容体型チロシンキナーゼ(receptor tyrosine kinase：RTK)シグナル伝達系を活性化する(第4章参照)。これ

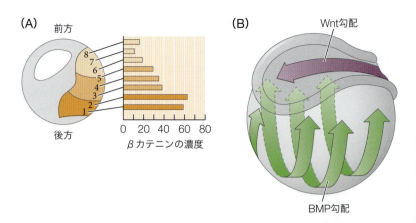

図12.25 シグナルの勾配と体軸の特定化。(A) Wntシグナル経路は神経組織を後方化する。中期原腸胚のβカテニンを染めて，染色の密度を外胚葉細胞の領域ごとに比べたところ，予定神経板におけるβカテニンの勾配が見いだされた。(B) Wntの勾配は後方から前方への極性を定め，BMPの勾配は腹側から背側への極性を定める。この二重勾配の相互作用は両生類で初めて発見されたが，いまでは動物発生の特徴であることが示されている。(AはC. Kiecker and C. Niehrs. 2001. *Development* 128：4189-4201より；BはC. Niehrs. 2004. *Nat Rev Genet* 5：425-434より)

らのチロシンキナーゼは，BMPとWnt両方のシグナル伝達経路を阻害する(Richard-Parpaillon et al. 2002；Pera et al. 2014)。腹側中胚葉割球への注入により，IGFのmRNAは異所的な頭部の形成を引き起こすが，前方のIGF受容体を阻害すると頭部形成が起こらなくなる。FGFもまた，第17，18，19章で学ぶように，中胚葉の系譜と四肢の伸長にとって重要な遺伝子の誘導と維持に直接的な役割を果たし，しばしばWntおよびBMPシグナルと連携して似たように機能する。

胴部のパターン化：Wntシグナルとレチノイン酸 Toivonen（トイヴォネン）とSaxén（サクソン）は，両生類胚の胴部と尾部の組織を特定化する後方化因子の勾配があることを示した(Toivonen and Saxén 1955, 1968；Saxén 2001の総説参照)[3]。この因子の活性は胚の後方で最も高く，前方では弱まっていると考えられた。近年の研究ではこのモデルが発展し，Wntタンパク質，なかでもXwnt8が後方化分子であると考えられている(Domingos et al. 2001；Kiecker and Niehrs 2001)。ツメガエルの原腸胚では，Wntシグナルとβカテニンの内在的な濃度勾配は後方で最も高く，前方では存在しない(図12.25A)。さらに，発生中の胚のXwnt8を増やすと，脊髄様のニューロンが胚のより前方にみられ，前脳の最も前方のマーカーが欠損する。逆に，Wntシグナルを（発生中の胚のFrzbやDickkopfを増やすことで）抑制すると，最前方部のマーカーがより後方で発現することになる。Wntタンパク質が前後軸を特定化する主要な役割を担っているが，これらだけが関与しているわけではないであろう。事実，後方から前方へのWnt，FGF，レチノイン酸(RA)の濃度勾配が，前後軸に沿ったHox遺伝子の境界を決定する機能をもっている(Wacker et al. 2004；Durston et al. 2010a, b)。これらのメカニズムについてはさらに第18章で説明する。

---

[3] 尾部誘導因子はもともと胴部誘導因子の一部であると考えられていた。これは，後期の原口背唇部を胞胚腔に移植すると，余分な尾をもつ胚がしばしば形成されたからである。しかし，尾は通常，神経胚期に神経板と後方中胚葉の相互作用により形成されると考えられる（すなわち，オーガナイザーの外で形成される）。ここではWnt，BMP，Nodalのシグナルのすべてが必要であると考えられる(Tucker and Slack 1995；Niehrs 2004)。また，頭部を形成する際にはこれら3つのシグナル伝達経路のすべてが不活性化されなければならない。

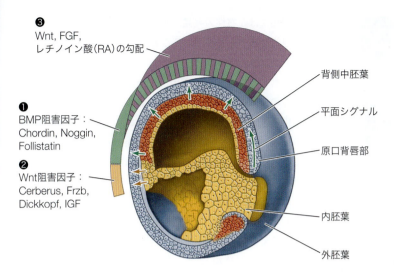

図12.26 ツメガエル原腸胚でのオーガナイザーの機能と体軸の特定化のモデル。(1)オーガナイザー組織（背側中胚葉と前方中内胚葉）からのBMP阻害因子は，表皮，腹側から側方の中胚葉，腹側から側方の内胚葉の形成を阻害する。(2)前方のオーガナイザー（前方中内胚葉）のWnt阻害因子は，頭部構造の誘導を可能にする。(3)後方化因子(Wnt, FGF, レチノイン酸)の勾配は，Hox遺伝子群の領域ごとの発現を引き起こし，それによって神経管の領域が特定化される。(R. E. Keller. 1986. In *Developmental Biology: A Comprehensive Synthesis*, Vol. 2, L. Browder [Ed.], pp.241-327. Plenum: New York より)

前後軸および背腹軸の形成：まとめ

両生類の原腸胚には2つの主な濃度勾配——背腹軸を特定化するBMPと，前後軸を特定化するWntの濃度勾配——があると考えられる（図12.25B）。これら両方の体軸は，植物極側の細胞に広がる(1)Nodal様TGF-β傍分泌因子と(2)βカテニンによる初期の軸によって確立されている。そこで，神経誘導の基本的なモデルは図12.26の模式図のようになる。（オンラインの「FURTHER DEVELOPMENT 12.7：Gradients and Hox Gene Expression in Xenopus」「SCIENTISTS SPEAK 12.7：Dr. Lauri Saxén discusses the early investigation of the primary organizer and the formulation of the double-gradient hypothesis」参照）

12.6　両生類の左右軸

発生中のオタマジャクシは外側からは左右相称に見えるが，いくつかの内部器官，例えば心臓や腸管は右側と左側とで均等に配置されてはいない。言い換えると，背腹軸と前後軸に加え，胚には左右軸がある。これまでに研究されたすべての脊椎動物において，左右軸形成における重要事項は，胚の左側の側板中胚葉でのNodal遺伝子の発現である。ツメガエルでは，この遺伝子はXnr1（*Xenopus nodal-related 1*）である。もしXnr1の発現を逆転して（右側だけで）起こさせると，心臓（通常左側にある）の位置が逆転し，腸の巻き方も逆転する。Xnr1が両側で発現すると，腸の巻き方と心臓の配置はランダムになる。

しかし何がXnr1の発現を左側だけに限定するのだろうか。第8章では，巻貝の左右のパターン形成がPitx2とNodalによって調節されており，最初の卵割周期中に活性のある細胞骨格タンパク質によって制御されていることをみた。カエルでも同様で，卵割の初期では母性のPitx2とNodalは細胞骨格の影響下にあるようである。初期にチューブリン関連タンパク質を破壊すると，心臓の配置や腸の巻き方がランダム化するなど，左右性の異常を引き起こす(Lobikin et al. 2012)。

発展問題

左右オーガナイザーの繊毛はどのように決定されるのだろうか？　最近の研究では，このモルフォゲンを拡散する機構自体が，原腸形成胚の前後軸を横切る機械的な力の差によって生み出されると示唆されている。この新しい情報によって頭を使いすぎて目が回ることになるかもしれない。Chien et al. 2018を参照。

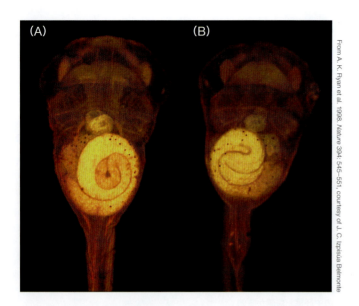

図12.27 Pitx2は心臓の湾曲の向きと腸のらせんの向きを決定する。(A) 野生型のツメガエルのオタマジャクシを腹側から見た像。右向きの心臓の湾曲と反時計回りの腸のらせんを示す。(B) 胚にPitx2を注入して，このタンパク質を，本来発現している左側だけではなく，右側と左側の両方の中胚葉に発現させると，心臓の湾曲の向きと腸のらせんの向きは，それぞれがランダムに変化する。この処置により，時として完全な逆位が生じる。ここに示した個体がその例で，心臓の湾曲は左向きになり，腸は時計回りに巻いている。

初期胚には左右性の兆候があるが，左右のパターン形成には物理的な機構を必要とすることが明らかになっている。その機構とは，細胞外因子，具体的にはNodalの左方向への流れを駆動する繊毛である（Blum et al. 2014）。ツメガエルでこれらの特異的な繊毛は，原腸形成の後期（中胚葉の最初の特定化の後）に原口背唇部でつくられる。繊毛のあるこの特定の領域は，左右オーガナイザー（left-right organizer：LRO）と呼ばれる（Schweickert et al. 2007；Blum et al. 2009）。これらの繊毛は胚の後方領域で原腸がまだ形成中の場所に位置し，時計回りに回転する。この回転によって，伸長している体軸の正中線を横切る左向きの流れがつくり出されると考えられている。繊毛の回転が阻止されると，側板中胚葉でXnr1が発現しなくなり，左右性の異常が起こる（Walentek et al. 2013）。

Xnr1タンパク質によって活性化されると考えられる重要な遺伝子の1つは転写因子Pitx2をコードしており，それは通常，胚の左側だけで発現している。Pitx2は心臓や腸が発生する間も左側に存在し続け，各々の位置を調節する。もしpitx2を胚の右側に注入し，産生されたタンパク質が胚の左右両側に存在するようになると，心臓の配置や腸の巻き方はランダムになる（図12.27；Ryan et al. 1998）。これからみていくように，NodalタンパクがPitx2を左側で活性化して左右の極性を確立させるという経路は，脊椎動物の系統で保存されている。

12.7 ゼブラフィッシュの初期発生

なぜゼブラフィッシュなのか？　ゼブラフィッシュ（*Danio rerio*）は，優れたモデル系の基準の多くを満たしている（1.1節参照）。成魚は小さく，研究室で数千匹を飼育することが可能である。ゼブラフィッシュは一年中繁殖し，毎週数百個の体外受精した胚を産生する。ツメガエルと同様，胚は体外で発育し，胚操作が可能である。一方，カエルの胚とは異なり，ゼブラフィッシュの胚は透明なので，顕微鏡画像技術の使用が容易である。さらに，ゼブラフィッシュは発生が速く，受精後24時間で胚は既に器官原基の大部分を形成し，特徴的なオタマジャクシ型となる（図12.28；Granato and Nüsslein-Volhard 1996；Langeland and Kimmel 1997参照）。さらに，1個の割球に蛍光色素や核酸を微量注入できることにより，遺伝子機能を解析するための強力な運命マッピングと遺伝子操作や，特定のタイプの細胞で特異的に蛍光を発するトランスジェニック系統の作出が可能になった。

ゼブラフィッシュは1回の交配で多数の胚を産生するため，網羅的な変異体スクリーニングが集中して行われた最初の脊椎動物である。変異原物質で親を処理したのち，それらの子孫を選択的に交配させることで，科学者はゼブラフィッシュの発生に重要な機能をもつ遺伝子に何千もの変異を見つけた。ゼブラフィッシュの発生は外から見える状態で進行するので（不透明な殻の中や母体内で起こる発生と異なる），異常な発生段階を容易に観察でき，またしばしばその欠陥を特定の細胞集団における変化として追跡できる（Driever et al. 1996；Haffter et al. 1996）。遺伝子スクリーニングの古典的な方法（ショウジョウバエの大規模スクリーニングをモデルとしている）を図12.29に示す。最近のハイスルー

第12章　両生類と魚類　　429

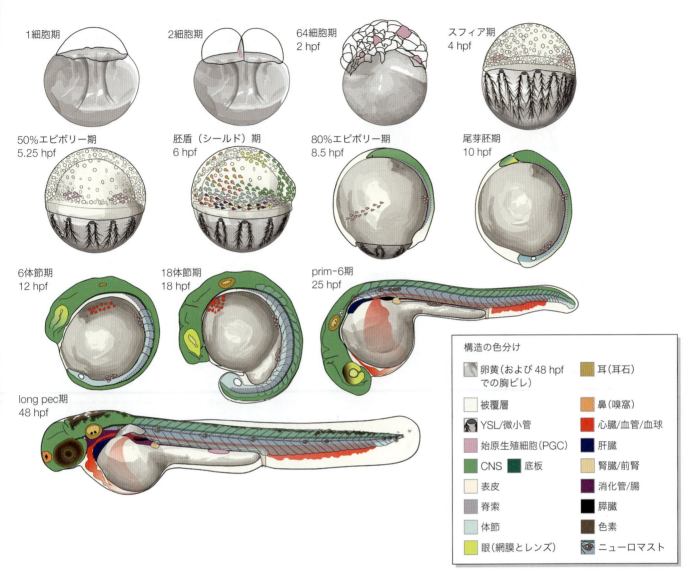

図12.28　48時間にわたるゼブラフィッシュの胚形成（hour post fertilization: hpf；受精後の時間）。図の上段は、分裂のたびに細胞が小さくなる卵割期を表す。2細胞期では分裂面に沿って始原生殖細胞質（ピンク色）がみられ、64細胞期では4つの個別の始原生殖細胞（primordial germ cell: PGC）がみられる。これら4つのPGCは、スフィア（sphere）期までに4つの多細胞クラスター（図にはそのうちの2つが示されている）を形成する。スフィア期では、被覆層が動物半球を覆い、卵黄多核層（yolk syncytial layer: YSL）まで広がる。YSLでは卵黄多核体の核と微小管は植物極に向かって伸びる。2段目は原腸形成を示している。植物極側の微小管の配列は胚の細胞を引き下げ、覆いかぶせ運動（エピボリー）を50％から80％まで進め、最終的には尾芽胚期で原口が完全に閉じるのを助ける。背腹軸は胚盾期で最初に認められ、正中線上の細胞の収斂によって明瞭な細胞の盛り上がりが背側に生じる。各胚の右側が背側。胚盾期の胚に個々の細胞の移動の軌跡と発生運命（色分けは凡例を参照）を示した。クッパー胞（尾部の白い円形の構造）の存在は、後方の成長と左右のパターン形成の初期の指標となる。原腸形成過程の中胚葉誘導により、脊索（明るい藤色、輪郭は点線で描写）と、沿軸中胚葉の細分割によりできた体節（水色、表面に位置する山型の構造（半透明なものとして図示した））が生じる。PGCの生殖腺への移動は24 hpfごろに完了する。外胚葉のプラコード（原基）は、眼（黄色）、耳（薄い褐色）、鼻（橙色）を形成する。心臓および循環系の発生は、両側に位置する細胞が正中線に向かって移動し、集合して心臓を形成することから始まる（その細胞集団のうち1つだけを赤色で示した）。その後、精巧な血管系が形成される（背側大動脈と後方の血島を伴う大静脈だけが図示されている）。消化管、腎臓、肝臓、膵臓の発生はおおよそその位置に示した。側線原基は24 hpfごろに脳から出現し、体節の中央部分の真上を通って尾に向かって移動し、その道筋に沿って順次ニューロマスト（neuromast）を配置していく。伸長した胸ビレ（pectoral fin；卵黄の上に灰色で示されている）が存在する48 hpfの時期は、long pec期と呼ばれる。色素は24.5 hpfに、網膜の背側領域（眼、茶色）で最初に認められるが、からだの色素は発生1日目と2日目の間に徐々に増える（48 hpfでは最も背側の黒色素胞のみが示されている）。CNS: 中枢神経系。（イラストはMichael J. F. Barresi © 2018より）

プットの遺伝子解析法とCRISPRゲノム編集システムはゼブラフィッシュ発生の解析に拍車をかけており、特定の遺伝子に迅速に変異を入れて同定し、交配させることが可能となっている（Gonzales and Yeh 2014；Varshney et al. 2015参照）。

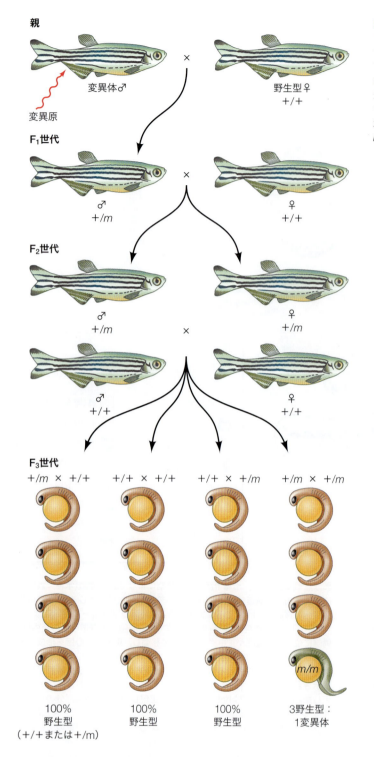

図12.29 ゼブラフィッシュの発生の変異体を同定するためのスクリーニング手順。雄親に変異を導入して、野生型の雌（+/+）と交配させる。もし雄の精子のいくつかが潜性変異遺伝子（m）をもっているとすると、その交配で得られたF_1子孫の一部にはそのアリルが引き継がれている。F_1個体（変異アリルmをもつ雄として表してある）を次に野生型と交配させる。これにより、F_2世代にはこの潜性変異のアリルをもった雄と雌がいる。F_2を交配させると、変異表現型を示す胚が約25％の割合で見つかることになる。（P. Haffter et al. 1996. *Development* 123：1-36より）

また、ゼブラフィッシュ胚は飼育水に添加した小分子を取り込めるので、その性質を使って、脊椎動物の発生に影響を与える可能性のある薬物の試験を行うことができる。例えば、発生中のゼブラフィッシュにエタノールやレチノイン酸を与えると、これらの分子により引き起こされることが知られているヒトの発生異常の症候群と酷似した異常が魚にも現れる（Blader and Strähle 1998）。この特性により、製薬会社や研究所でも、医薬品化合物の大規模なライブラリーのスクリーニングが実施できるようになった。これらの取り組みにより、ヒトの症状に対する新しい治療法がすでに見つかっている。ゼブラフィッシュ研究者の1人が言った冗談がある：「魚はヒレをもった小さなヒトである」（Bradbury 2004）。（オンラインの「SCIENTISTS SPEAK 12.9：Mary Mullins describes her time in Christiane Nüsslein-VolhardMs lab during the first forward genetic screen in zebrafish, and details the steps involved in conducting a maternal-zygotic mutagenesis screen」参照）

ゼブラフィッシュの卵割：卵黄に富んだ過程

ほとんどの真骨魚の卵は**端黄卵**（telolecithal egg）である。つまり細胞質の大部分は卵黄で占められている。卵割は、動物極側の卵黄のない平べったい細胞質領域である**胚盤**（blastodisc）でのみ起こる。細胞分裂は卵を完全には分けないので、この型の卵割を**部分割**（meroblastic cleavage；ギリシャ語の*meros*は"部分"の意）と呼ぶ。また胚盤だけが胚になるので、この部分割を**盤割**（discoidal cleavage）という（図12.30）。卵割パターンの違いにもかかわらず（ツメガエルの卵は全割であり、卵全体が分割される）、ツメガエルとゼブラフィッシュは非常によく似た方法で体軸を形成し、細胞を特定化する。

受精で引き起こされるカルシウム波動は、アクチン細胞骨格を収縮させることで無卵黄細胞質を動物極側へ絞り上げる。この過程で、球状の卵は頂端部の胚盤が盛り上がって西洋梨の形になる（Leung et al. 1998, 2000）。魚類では、カルシウムイオンの放出による波動が何回も起きるが、それらは細胞分裂を協調させるために必須である。カルシウムイオンは、有糸分裂装置の動きをアクチン細胞骨格の動きと統合させ、卵割溝を深め、割球に分かれた後の細胞膜の補修を行う（Lee et al. 2003）。

初期の細胞分裂は、非常に再現性よく経線方向と赤道方向の卵割パターンとなる。これ

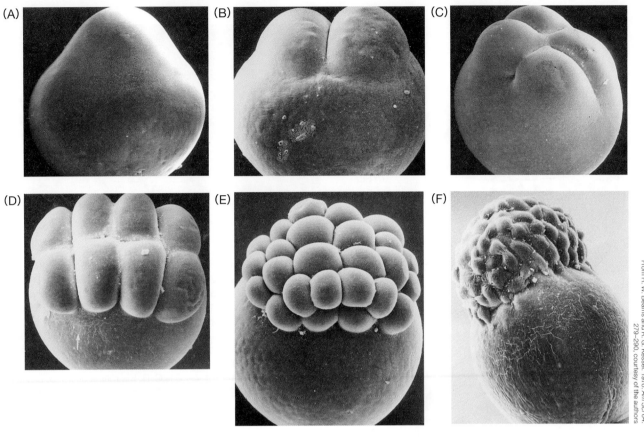

図12.30 ゼブラフィッシュ卵の部分分割と盤割。(A) 1細胞胚。細胞質の頂上の盛り上がりが胚盤である。(B) 2細胞胚。(C) 4細胞胚。(D) 8細胞胚。4つの細胞が2列に並んでいる。(E) 32細胞胚。(F) 64細胞胚。卵黄細胞の上に胚盤葉が形成されている。

らの分裂は迅速に起き，それぞれたったの20分程度しかかからない。最初の10回の分裂は同調的に起こり，大きな**卵黄細胞**（yolk cell）の動物極側の上に乗った形で細胞塊の隆起が形成される。この細胞塊が**胚盤葉**（blastoderm）である。最初は，すべての細胞は互いに，そして下の卵黄細胞と細胞質でつながっていて，そのためある程度の大きさ（17 kDa）の分子を一方から他方へと自由に渡すことができる（Kane and Kimmel 1993；Kimmel and Law 1985）。娘細胞は移動して互いに遠ざかっても，しばしば細胞をつなぐ長いトンネルを通して橋渡しされている（Caneparo et al. 2011）。

　卵母細胞に蓄えられたタンパク質とmRNAが，胚の極性，細胞分裂，体軸形成に重要であることが母性効果の変異体解析により示されている（Dosch et al. 2004；Langdon and Mullins 2011）。カエルと同様に，微小管が細胞運命を特定化する細胞質因子の移動に重要な軌道となり，微小管の細胞骨格の形成に影響を与える母性変異は，初期胚における卵割溝の正常な配置とmRNAの正常な配置を阻害することになる（Kishimoto et al. 2004）。

中期胞胚遷移とYSL　魚の胚にも，他の多くの胚と同様に中期胞胚遷移がある（ゼブラフィッシュでは10回目の細胞分裂のあたりの時期）。その時期になると，接合体遺伝子の転写が始まり，細胞分裂がゆっくりとなり，細胞の動きが明瞭になる（Kane and Kimmel 1993）。母性から胚性子への転移（maternal-to-zygotic transition）には，母性因子として蓄積されたマイクロRNA（例えばmiR430）の機能が必要である。これは母性mRNAを徐々に分解し，それによって転写の役割を接合子ゲノムへ迅速に受け渡すのを助ける（図3.26および図3.29参照）。これと同時期に3つの異なる細胞集団が認められる。第一の

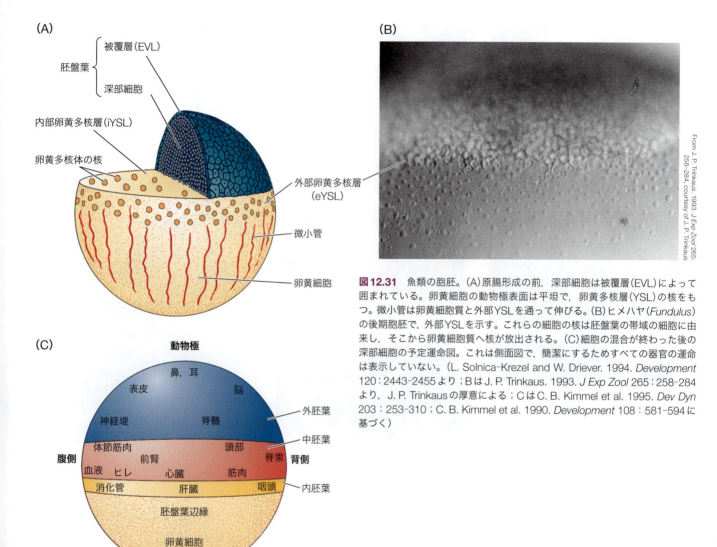

図12.31 魚類の胞胚。(A)原腸形成の前，深部細胞は被覆層(EVL)によって囲まれている。卵黄細胞の動物極表面は平坦で，卵黄多核層(YSL)の核をもつ。微小管は卵黄細胞質と外部YSLを通って伸びる。(B)ヒメハヤ(*Fundulus*)の後期胞胚で，外部YSLを示す。これらの細胞の核は胚盤葉の帯域の細胞に由来し，そこから卵黄細胞質へ核が放出される。(C)細胞の混合が終わった後の深部細胞の予定運命図。これは側面図で，簡潔にするためすべての器官の運命は表示していない。(L. Solnica-Krezel and W. Driever. 1994. *Development* 120: 2443–2455より；BはJ. P. Trinkaus. 1993. *J Exp Zool* 265: 258–284より，J. P. Trinkausの厚意による；CはC. B. Kimmel et al. 1995. *Dev Dyn* 203: 253–310；C. B. Kimmel et al. 1990. *Development* 108: 581–594に基づく)

細胞集団は**卵黄多核層**(yolk syncytial layer：YSL)である(Agassiz and Whitman 1884；Carvalho and Heisenberg 2010)。YSLは胚に細胞や核を供給しないが，魚のオーガナイザーを形成させ，中胚葉をパターン化し，胚を覆う外胚葉の覆いかぶせ運動を導くために重要である(Chu et al. 2012)。YSLは10回目の細胞周期のときに形成され，胚盤葉の植物極側の縁の細胞が下側の卵黄細胞と融合することで生じる。この融合により，胚盤葉の直下の卵黄細胞の細胞質の部分に，リング状に核が並ぶことになる。その後，胚盤葉が植物極側に卵黄細胞を包み込むように拡張していくにしたがって，卵黄多核体の核の一部は胚盤葉の下に移動して**内部YSL**(internal YSL：iYSL)を形成し，他の核は植物極側に移動して胚盤葉辺縁部の先に留まり**外部YSL**(external YSL：eYSL)を形成する(**図12.31A，B**)。

第二の細胞集団は中期胞胚遷移で明瞭になる**被覆層**(enveloping layer：EVL)である。これは胚盤葉の最も表層の細胞でつくられ，単層の上皮層を形成する。EVLは防護被覆で，2週間後に剥がれ落ちる。この被覆により，胚は低張液(真水など)でも発生することができ，もしこれがなければ，細胞は破裂してしまう(Fukazawa et al. 2010)。EVLとYSL

第 12 章 両生類と魚類 | 433

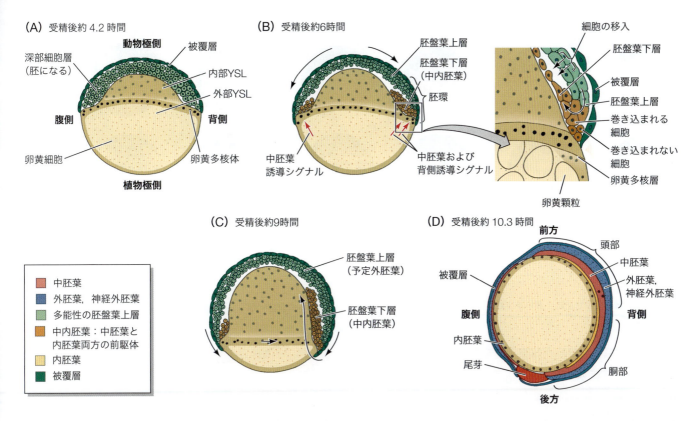

図12.32 ゼブラフィッシュの原腸形成の間に起こる細胞運動。(A)覆いかぶせ運動が30%完了した胚盤葉(約4.2時間)。(B)胚盤葉下層の形成(約6時間)。覆いかぶせ運動をしている胚盤葉の帯域での細胞の巻き込みか、胚盤葉上層からの細胞の葉裂および移入のどちらかによる。帯域の拡大図を右に示す。(C)外胚葉の覆いかぶせ運動が完了に近づくにしたがい、中胚葉と内胚葉の前駆体である胚盤葉下層が卵黄を覆い始める(約9時間)。(D)原腸形成の完了(約10.3時間)。三胚葉(黄色の内胚葉、青色の外胚葉、赤色の中胚葉)を示す。(W. Driever. 1995. *Curr Opin Genet Dev* 5:610-618; L. Carvalho and C. P. Heisenberg. 2010. *Trends Cell Biol* 20:586-592 より)

の間にあるのが第三の細胞集団で、この深部細胞(deep cell)が胚の本体となる。

　第三の細胞集団は胚盤葉細胞から構成される。初期の胚盤葉細胞の運命は決定されておらず、細胞系譜の研究は、卵割時の細胞は大々的に混合されることを示している。さらに、これらの初期の割球のどの1つをとっても、その子孫細胞は予見できないほどさまざまな組織になっていく(Kimmel and Warga 1987; Helde et al. 1994)。胚盤葉細胞の予定運命図は、原腸形成が始まる少し前のころになるとつくることができる。この時点で、胚のある領域の細胞がどの組織になるかを高い確率で予見できる(図12.31C)。ただし、それらの細胞も可塑性を残していて、もし胚の他の場所に移植されれば、その運命は変更可能である。

原腸形成と三胚葉の形成

　ゼブラフィッシュの原腸形成には、覆いかぶせ運動、移入、陥入、収斂伸長など、両生類の原腸形成中にみられるものと同様の細胞運動がかかわっている(図12.32)。生きた胚の顕微鏡観察と新しいコンピュータ解析における最近の進歩により、研究者は原腸形成の過程で起こるこれらすべての細胞の動きをマッピングする網羅的なアプローチをとることができるようになった(Keller et al. 2008; Royer et al. 2016; Shah et al. 2019; Bhattacharya et al. 2021; Romeo et al. 2021)。事実、研究者らは、各胚葉からの細胞群の移動経路(軌跡)をリアルタイムで追跡することができるようになり、覆いかぶせ運動や収斂伸長が起こる際の細胞移動のタイミング、位置、速度の特徴を明らかにした(図12.33A)。

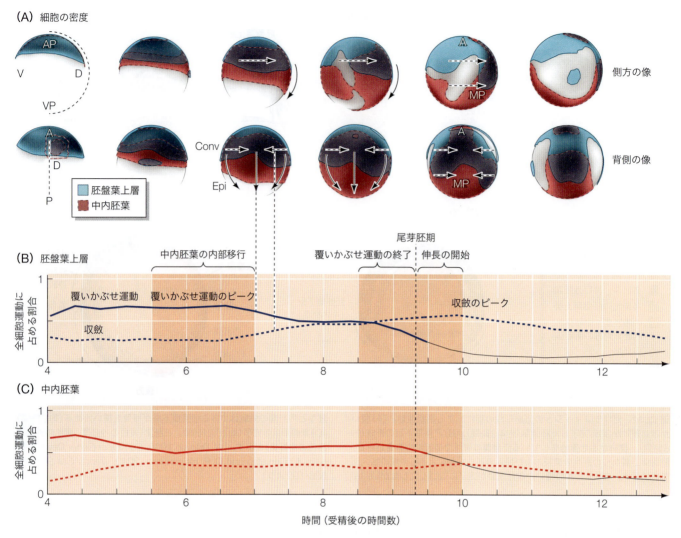

図12.33 ゼブラフィッシュの原腸形成中の胚盤葉上層，中内胚葉，および内胚葉の細胞集団の動きを，胚葉特異的トランスジェニックレポーター系統を使用し，ライトシート顕微鏡で記録した。(A)胚盤葉上層と中内胚葉の細胞集団の側面と背面からの像。体軸にラベルを付けた(A：前，P：後，D：背，V：腹)。AP：動物極，VP：植物極，MP：中後部。(B, C)経時的に(左から右)胚盤葉上層(B)と中内胚葉(C)の細胞集団の軌跡をマッピングした結果，覆いかぶせ運動(Epi；実線)および収斂伸長(Conv；破線)の開始，ピーク，終了が明らかになった。(G. Shah et al. 2019. *Nat Commun* 10：5753より)

ゼブラフィッシュの原腸形成における最初の細胞運動は，卵黄を覆う三層すべての胚盤葉の細胞による覆いかぶせ運動である(図12.33B, C；図12.32Aも参照)。この動きは母性タンパク質(Eomesoderminなど)と，YSLの核(つまり接合体ゲノム)から転写されて新たにつくられたタンパク質の両方によって制御されていると考えられている(Du et al. 2012)。ツメガエルの覆いかぶせ運動を駆動する力と同様に，胚盤葉上層の深部にある細胞が，より表面の細胞層に挿入されると，胚盤葉上層が放射状に外側に広がることになる(Warga and Kimmel 1990)。E-カドヘリンの差次的発現は，これらの放射状の相互挿入運動の要因となっており，その結果，胚盤葉細胞の"ドーム"が平坦になる(図4.7参照；Kane et al. 2005；McFarland et al. 2005)。(オンラインの「WATCH DEVELOPMENT 12.4：Watch the trajectories of each cell of a zebrafish embryo move over the course of gastrulation via both direct cell fluorescence and rendered data points and traces by the Keller and Jan laboratories」(Keller et al. 2008；Shah et al. 2019)参照)

覆いかぶせ(被包)運動の進行 卵黄の半分ほどが覆われると，新たな動きが内部および外

部のYSLによって開始される。YSLの核は分裂し，一部の核は卵黄細胞の上部表層に残っ
てeYSLを構成し，他の核は胚盤葉の下に並んでiYSLを構成する（Lepage and Bruce
2010；Bruce 2016）。被覆層（EVL）はE-カドヘリンと密着結合によってiYSLと強く結合
し（Shimizu et al. 2005a；Siddiqui et al. 2010），iYSLの核が下側に移動するにしたがい
腹側に引っ張られる。この胚盤葉辺縁部の植物極側への移動がYSLの覆いかぶせ運動に依
存していることは以下の実験で示された。YSLとEVLの接着をなくすと，EVLと深部細
胞は卵黄の頂上に弾かれたように戻る一方，YSLは卵黄細胞の周囲を広がり続けていった
（Trinkaus 1984, 1992）。

　YSLとEVLの境界で，eYSL内にアクトミオシンの帯が形成される。それによる収縮と
摩擦によって，YSL/EVLがその植物極側のつながりのところで引っ張りおろされる（Beh-
rndt et al. 2012）。その間，eYSLの核は，卵黄の動植軸に沿って並んだ微小管に沿って移
動するようにみえ，おそらくiYSLとそれに付随するEVLを，卵黄細胞を覆うように引っ
張っている（放射線照射やチューブリンの重合を阻害する薬物は覆いかぶせ運動をゆっく
りにする；Strähle and Jesuthasan 1993；Solnica-Krezel and Driever 1994）。原腸形
成の終わりに，卵黄細胞全体が胚盤葉で覆われる。

胚盤葉下層の内部移行　胚盤葉細胞がゼブラフィッシュの卵黄細胞の約半分を覆ったあと
に，深部細胞の辺縁部全体が厚みを増す。この肥厚した部分を**胚環**（germ ring）と呼び，
これは表層細胞である胚盤葉上層（のちに外胚葉となる）と，内層の**胚盤葉下層**（hypo-
blast；内胚葉と中胚葉になる）とから成る。胚盤葉下層は，内部移行（internalization）の
同調的な"波動"により形成される（Keller et al. 2008）。この内部移行は，移入（ingres-
sion）のいくつかの特徴（特に背側領域でみられる；Carmany-Rampey and Schier
2001）と，巻き込みの要素ももつ（特にのちの腹側でみられる）。このように，胚盤葉の細
胞は卵黄の周りを包み込みながら，胚盤葉辺縁部では細胞を内部移行させて胚盤葉下層を
形成する。胚盤葉上層の細胞（予定外胚葉）は巻き込まれないのに対し，深部細胞（のちの中
胚葉と内胚葉）は巻き込まれる（**図12.32B〜D**）。胚盤葉下層が内部移行するにしたがい，
将来の中胚葉（胚盤葉下層の細胞の大部分）は細胞分裂で新しい中胚葉の細胞を生み出しな
がら，初期の段階では植物極方向に移動する。のちに胚盤葉下層は移動方向を変え，動物
極に向かって進む。一方，内胚葉の前駆体は，卵黄の上を無作為に動いているようにみえ
る（Pézeron et al. 2008）。移動と細胞の特定化の協調は，化学物質ではなく物理的な力に
よって行われる。表層の細胞骨格が薬物によって破壊されると，細胞は向きを変えられず，
中胚葉遺伝子が活性化されなくなる。しかし，薬物を投与する前に細胞に磁性粒子を注入
すれば，細胞を磁力により機械的に胚の中で牽引することができる。その結果，細胞は巻
き込まれないけれど，中胚葉遺伝子は発現するようになる。このように，正常な発生では，
覆いかぶせ運動と細胞の特定化は巻き込み運動の機械的刺激によって調整される可能性が
ある。（オンラインの「FURTHER DEVELOPMENT 12.8：Stretching the Zebrafish Epiblast Cells Generates
Mesoderm」参照）

胚盾と神経竜骨

　胚盤葉下層が形成されると，胚盤葉上層と下層の細胞は，胚の将来の背側で相互挿入し
て局所的な肥厚を形成する。これが**胚盾**（embryonic shield）である（Schmitz and Cam-
pos-Ortega 1994）。ここでこれらの細胞は収斂して前方へ伸長し，最終的には背側正中
で狭い帯のようになる（図12.33点線を参照；**図12.34A**，**図12.35A**）。この胚盤葉下層で

4・本文次頁　これはカエルの胚における神経管の形成とは異なり，おそらくは羊膜類の胚の後部での
"二次"神経管の形成と同等である（13.2節参照）。

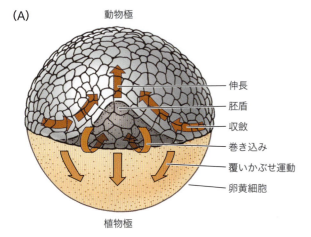

の収斂伸長は，脊索の前駆体である脊索中胚葉を形成する（図12.34B, C；Trinkaus 1992）。この収斂伸長はツメガエルで述べたものと類似しており，Wntの介在による平面内細胞極性経路によって同様に行われる（図4.28およびVervenne et al. 2008参照）。

脊索中胚葉に接した細胞群（沿軸中胚葉）は，中胚葉性の体節の前駆体である（第19章参照）。胚盤葉上層は収斂と伸長を同時に起こして，予定神経組織の細胞を背側の正中線に集め，そこに**神経竜骨**（neural keel）——すなわち，中軸中胚葉と沿軸中胚葉の上に広がった神経前駆体の帯——を形成する。神経竜骨は最終的にはスリット状の内腔（中空領域）をつくって神経管になり，胚内に収まる[4・前頁]。胚盤葉上層に残った細胞は表皮になる。腹側では（図12.34B参照），胚盤葉下層の胚環は植物極側に向かって動きつつ，卵黄を覆う胚盤葉上層の真下を移動する。最終的に胚環が植物極のところで閉じて細胞群の内部移行が完了すると，それらは中胚葉と内胚葉になる（図12.35B；Shah et al. 2019；Keller et al. 2008）。

12.8　ゼブラフィッシュにおける体軸形成

ツメガエル卵とゼブラフィッシュ卵は，異なるメカニズムを用いながら同じ状態に到達する。すなわち，多細胞になり，原腸形成を行い，三胚葉を正しく配置する（外胚葉が外側，内胚葉が内側，それらの間に中胚葉）。以下にゼブラフィッシュが，ツメガエルと似た方法と非常に似た分子を用いて体軸を形成することを述べる。

胚盾は背腹軸を確立する　魚類の胚盾（シールド）は両生類の原口背唇部と相同であり，背腹軸の確立に非常に重要な働きをする。胚盾の組織は，側方と腹側の中胚葉（血液と結合組織の先駆体）を背側中胚葉（脊索と体節）に変換することができ，外胚葉を表皮ではなく神経組織にすることができる。この転換能力は，初期原腸胚の胚盾を別の胚の腹側に移植するという移植実験で示された（図12.36；

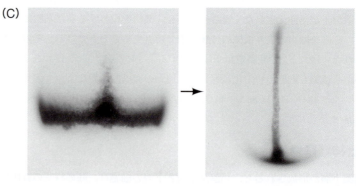

図12.34　ゼブラフィッシュの原腸胚における収斂伸長。(A) ゼブラフィッシュの原腸における収斂伸長運動の背面図。覆いかぶせ運動により，卵黄の上に胚盤葉が広がる。巻き込み運動と移入により，胚盤葉下層が形成される。収斂伸長により，胚盤葉下層と胚盤葉上層の細胞が背側に移動し，胚盾が形成される。胚盾の内部で，相互挿入により脊索中胚葉は動物極のほうに伸長する。(B) 中内胚葉（胚盤葉下層）形成のモデル。背面図。数字は受精後の時間を示す。将来の背側では，内部移行した細胞は収斂伸長を起こし，脊索中胚葉（脊索）とその近くに沿軸（体節）中胚葉が形成される。腹側では，覆いかぶせ運動を行う胚盤葉上層とともに胚盤葉下層が植物極方向に移動し，最終的にそこに収束する。(C) 胚盤葉下層における脊索中胚葉の収斂伸長。これらの細胞は，Tボックス転写因子をコードする *no-tail* 遺伝子（濃い色の領域）の発現で可視化できる。（BはP. J. Keller et al. 2008. *Science* 322：1065-1069より）

第12章 両生類と魚類　437

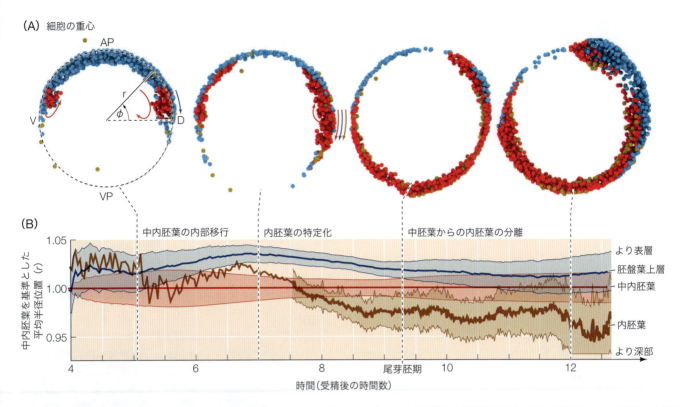

図 12.35　原腸形成過程での胚葉の特定化。(A)胚葉特異的トランスジェニックレポーターをライトシート顕微鏡で画像化すると、原腸形成過程での個々の細胞を追跡できる。この図はそのデータを細胞の"重心"に変換して解析し、経時的に(左から右へ)、体軸に沿った単一の平面上で側方から示したものである。胚の外側にある色付きの矢印は3つの層(青色の胚盤葉上層、赤色の中内胚葉、黄色の内胚葉)の覆いかぶせ運動を示し、内側の矢印は中内胚葉の内部移行を示す。AP：動物極，VP：植物極。(B)折れ線グラフは、(A)に示した胚の原腸形成過程の時系列に対応し、中内胚葉の位置を基準とした各胚葉の平均半径位置を表す。胚葉の分離や内胚葉の特定化などの鍵となる事象の時系列が示されている。(Shah et al. 2019. *Nat Commun* 10：5753)

Oppenheimer 1936；Koshida et al. 1998)。結果、1つの卵黄細胞を共有する2つの体軸が形成された。脊索前板と脊索は移植された胚盾に由来したが、二次軸の他の器官は通常では腹側構造を形成するホストの組織由来であった。つまり、新しい体軸は移植細胞により誘導されたことになる。

　両生類の原口背唇部のように、胚盾は脊索前板と脊索を形成する。脊索前板の細胞は巻き込まれる最初の細胞で、動物極に向かって移動する(Dumortier et al. 2012)。予定脊索前板と脊索は外胚葉を神経組織に誘導する役割があり、それらは両生類における相同組織と非常に似通っている[5]。さらに、ゼブラフィッシュの胚盾/オーガナイザーから分泌されるシグナルは、ツメガエルについて述べたものと同じである。TGF-β スーパーファミリーのメンバーであるNodalとBMPは、背側-腹側軸にわたって胚葉ごとに異なる運命を誘導し、胚盾/オーガナイザーから分泌されるシグナルであるChordin、Noggin、Follistatinはすべて、神経発生を促進するために腹側への誘導をブロックする働きをする(図12.37)。(オンラインの「FURTHER DEVELOPMENT 12.8：Fish Signals Are Like Amphibian Signals」参照)

---

[5]　両生類と魚類のオーガナイザーのもう1つの類似性は、卵を回転させて微小管の向きを変えると、オーガナイザーが2つできることである(Fluck et al. 1998)。これらの胚の軸発生における1つの違いは、両生類においては脊索前板が前方の脳を誘導するのに必要なことである。ゼブラフィッシュでは、脊索前板は腹側の神経組織の構造を形成するのに必要であるが、脳の前方領域はそれなしでも形成することができる(Schier et al. 1997；Schier and Talbot 1998)。

図12.36 魚類胚のオーガナイザーとしての胚盾。(A)ドナーの胚盾(染色した胚から得た約100個の細胞)を同じ初期原腸胚期のホスト胚に移植すると、ホストの卵黄細胞に結合した2つの胚軸ができる。写真では、中軸の腹側に発現する*sonic hedgehog* mRNAに対する染色により、両方の胚軸が染まっている。(B)同じ効果は、胚盾が形成される逆側で核βカテニンが活性化することによっても得られる。(イラストはM. Shinya et al. 1999. *Dev Growth Diff* 41：135-142 より)

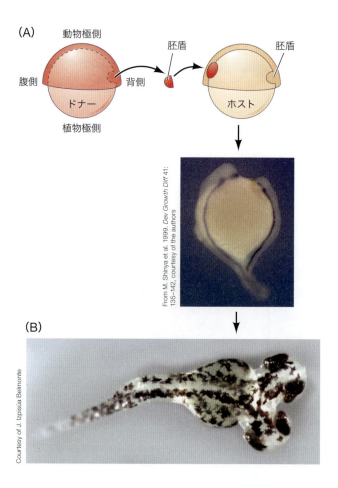

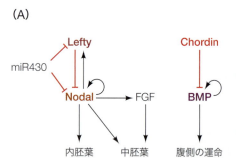

図12.37 ゼブラフィッシュの体軸決定過程におけるBMPとNodalのシグナル伝達。(A)体軸決定過程における遺伝子相互作用。(B)NodalとBMPはどちらも、下流の異なるリン酸化Smadの働きを通じて機能する。Nodalは内胚葉と中胚葉を特定化するが、BMPはすべての胚葉で腹側の細胞運命を誘導する(この機能はChordinによって阻害される)。(C)原腸胚におけるこれらの体軸決定遺伝子の発現パターンの概略。(K. W. Rogers and P. Müller. 2018. *Dev Biol* 447：14-23 より)

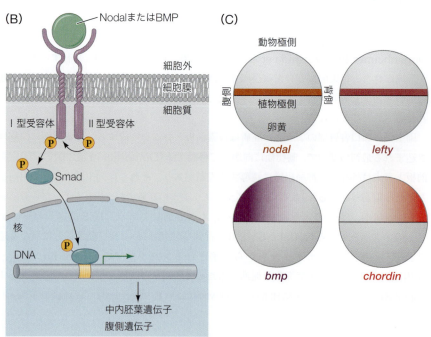

第 12 章 両生類と魚類 | **439**

魚の原口唇　魚類の原口が卵黄細胞全体を取り囲むように伸びていることを思い出してほしい。魚類特有のことであるかもしれないが，原口唇全体が重要な組織化を担っているようである。**背側**の原口唇（すなわちこれまでに述べてきた胚盾）を原口の縁の腹側領域に移すと，頭部構造が誘導される。しかし，まったく未分化な細胞を含む胞胚のアニマルキャップの上に移植しても，隣接する組織からは何の構造も誘導されない。しかし，**腹側**の原口唇からの移植片をアニマルキャップの細胞の上に置くと，表皮，体節，神経管をもつが背側中胚葉をもたない，構造の整った尾部構造が形成される（Agathon et al. 2003）。この構造の多くは，ホストの組織から誘導によりつくられる。つまり，ゼブラフィッシュの**腹側唇**は"尾部オーガナイザー"なのである。**側方**の原口唇に由来する細胞は，脊索組織をもつ胴部と後方の頭部構造を誘導する。さらに，これらの移植組織は BMP，Wnt，およびそれらのアンタゴニストを発現しない。

さらなる発展

体軸決定における Nodal と BMP の力を解明する　古典的な胚盾オーガナイザー（図12.36 参照）に加え，原口唇全体が後頭部，胴部，尾部の形成に関与しているようである——ただし別の方法で。この第二の体軸決定因子は，Nodal タンパク質と BMP タンパク質の二重の勾配のようである（Fauny et al. 2009；Thisse and Thisse 2015）。原口唇に沿って，腹側から背側の辺縁部まで，BMP 活性と Nodal 活性の比に関する連続的な勾配が形成される。BMP は腹側の帯域で最も高く，背側側方では低くなり，最も背側の領域ではゼロに近づく（Nodal のみが活性をもつ）。すなわち，原口唇の各

発展問題

からだのすべての軸は同時に形成される。背側と腹側の細胞運命決定のタイミングは，前後軸や左右軸の発生のタイミングとどのように調整されているのだろうか？　これらのパターン形成の過程と同時に，形態的な変化が進行していることも考慮すべきである。本稿では原腸形成と体軸の決定を別々に説明したが，これは単にそのほうが理解しやすいからである。実際には，2つの過程は全体の一部として共に進化してきた。形態形成の物理的な動きは，何らかの形で体軸形成のタイミングを支えているのだろうか？　このトピックに関しては Mary Mullins の研究（例：Tuazon and Mullins 2015）を参照せよ。

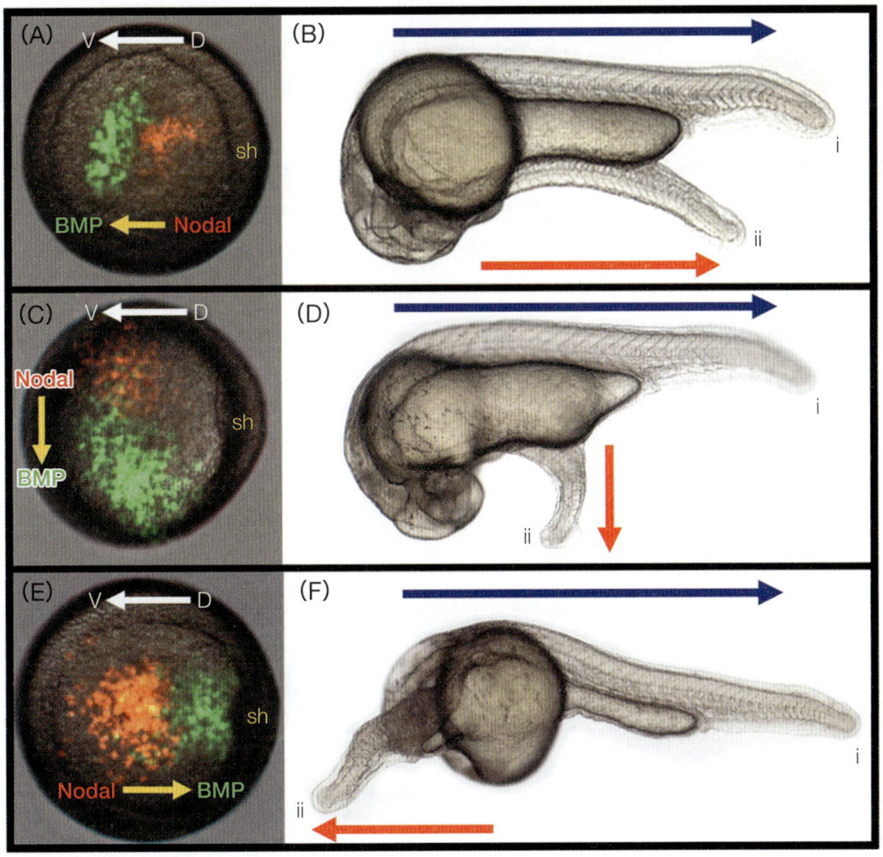

図 12.38　BMP を分泌する細胞群と Nodal を分泌する細胞群の相対位置と，アニマルキャップにおいて誘導された二次軸の方向との間の相関関係。(A, B) Nodal-BMP ベクトル（A の下の黄色の矢印）が胚の辺縁の背腹軸（上の白い矢印）（辺縁では Nodal は背側に多く，BMP は腹側に多い）に平行である場合，本来の軸（B の上部の青い矢印）と二次軸（下部の赤い矢印）は平行である。(C, D) Nodal-BMP ベクトルが本来の背腹軸に対して垂直である場合，二次軸は一次軸に対して垂直に形成される。(E, F) Nodal-BMP ベクトルが本来の背腹軸のベクトルに反対向きの場合，一次軸と二次軸は反対方向に形成される。sh：胚盾， i：本来の胚（一次軸），ii：誘導された二次胚。A, C, E は胚盾期胚の動物極から見た像。B, D, F は受精後 30 時間の側面像。

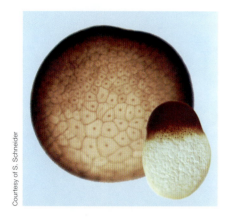

図12.39 βカテニンはゼブラフィッシュのオーガナイザー遺伝子を活性化する．(A) βカテニンの核局在はツメガエル胞胚（大きいほうの胚）の背側を標識し，オーガナイザーの下に位置するニューコープセンターの形成を助ける．ゼブラフィッシュの後期胞胚では（小さいほうの胚），βカテニンの核局在は将来の胚盾の下の卵黄多核層の核でみられる．ともに胚の背側からみたもの．

領域は，BMP対Nodalの特異的な活性比によって特徴づけられる．アニマルキャップの割球の1つにNodalのmRNAを注入し，別の1つの割球にBMPのmRNAを注入すると，完全な異所的体軸をつくることができる(Xu et al. 2014)．両者の間には勾配が形成され，隣接する細胞が応答して新しい軸を形成する(図12.38)．

さらに，胞胚期にアニマルキャップの単一の細胞に異なる量のBMPとNodalのmRNAを注入することで，原口唇の働きを模倣することができる．BMP：Nodalの比率が高いmRNAを注入すると，胚の動物極から新しい尾の形成が誘導される．これらの細胞では後方のモルフォゲンであるWnt8が産生される．注入するmRNAのBMP：Nodal比を減少させると，動物極細胞からは二次的な胴部の形成が誘導される．BMPとNodalのmRNAを同量注入すると，頭部の後方が誘導される(Thisse et al. 2000)．前述のように，ツメガエルではNodalタンパク質がオーガナイザーの形成に重要である．そしてゼブラフィッシュでは，腹側原口辺縁部でNodalを異所的に発現させると，腹側の原口唇が胚盾に変化し，完全な二次軸が誘導される．ゼブラフィッシュの胚盾は"頭部オーガナイザー"であり，胚盾から180°離れた原口唇の細胞は"尾部オーガナイザー"であると考えられる．

BMP-Chordin軸とBMP-Nodal軸を統合する役割を果たすのはβカテニンのようである．ツメガエルと同様，βカテニンはNodalの遺伝子を活性化する．βカテニンはまた，胚の背側でBMPやWntの発現を抑制するFGFやその他の因子をコードする遺伝子を活性化する一方，同じく背側で*goosecoid*, *noggin*, *dickkopf*遺伝子を活性化する(Sampath et al. 1998；Gritsman et al. 2000；Schier and Talbot 2001；Solnica-Krezel and Driever 2001；Fürthauer et al. 2004；Tsang et al. 2004)．ツメガエルと同様，βカテニンは背側細胞になる予定の核に特異的に蓄積する(Langdon and Mullins 2011)．さらに，ツメガエルと同様に，これは母性Wntタンパク質（この場合はWnt8a）によって制御されているようである(Lu et al. 2011)．

βカテニンの存在が，背側YSLを側方および腹側YSL領域から区別する[6]（図12.39；Schneider et al. 1996)．βカテニンの蓄積を卵の腹側で誘導すると，背側化と二次胚軸形成がもたらされる(Kelly et al. 1995)．（オンラインの「FURTHER DEVELOPMENT 12.9：Anterior-Posterior Axis Formation in Zebrafish」「SCIENTISTS SPEAK 12.10：Dr. Bernard Thisse discusses experiments leading to the notion that the dorsal-ventral axis of the zebrafish is specified by a gradient of Nodal and BMP. Dr. Christine Thisse discusses the evidence that an entire embryo can be generated from pluripotent cells having two opposite gradient activities」参照）

左右軸形成

研究されているすべての脊椎動物において，右側と左側は解剖学的かつ発生学的に異なる．魚類では心臓は左側にあり，脳の左と右の領域は異なる構造をもつ．さらに，他の脊椎動物と同様に，からだの左側の細胞はNodalのシグナルとPitx2転写因子によって左という情報を与えられる．脊椎動物の綱ごとにこの非相称性を確定する方法はそれぞれ異なるが，最近の知見によると，結節の繊毛によってつくられる流れが左右軸形成にかかわることはすべての脊椎動物の綱に共通である可能性がある(Okada et al. 2005)．

ゼブラフィッシュでは，左右非相称性を制御する繊毛をもつ結節様の構造は，一時的に現れる液で満ちた器官で，**クッパー胞**(Kupffer's vesicle)と呼ばれる．クッパー胞は，図

---

[6] βカテニンを蓄積する内胚葉細胞の一部は，胚の左右軸を決定するのに重要なクッパー胞の繊毛をもつ細胞の前駆体になる(Cooper and D'Amico 1996)．

12.28 にあるように原腸形成のすぐ後に胚盾の近くの背側の細胞集団から生じる。Essner（エスナー）ら（2002年，2005年）は，クッパー胞の中に小さなビーズを注入し，それらが一方の端から他方へと移動するのを観察することができた。繊毛の機能を阻害するためにダイニンの合成を阻害するか繊毛細胞の前駆体を取り除くと，左右軸形成に異常が生じた。繊毛は，Nodalシグナル伝達カスケードの左側特異的な活性化を担っている。Nodalの標的遺伝子は，体内の非対称な器官移動および形態形成を指示するうえで非常に重要である（Rebagliati et al. 1998；Long et al. 2003）。

研究の次のステップ

両生類や魚類の発生にとって必須のBMP-Nodalの勾配は，他の脊椎動物（ヒトを含む）においてもきわめて重要である可能性がある。どんな種類の多能性細胞（ヒト胚性幹細胞など）でもBMPおよびNodalシグナルの勾配に応答できるのかという疑問が湧く。実際にそうである場合，*in vitro*で形態形成を誘導し，多能性細胞を完全に機能する構造に組織化することが可能かもしれない。勾配の手がかりからどのように整った器官が生成されるかを知ることは，再生医療にとって重要なブレークスルーとなる可能性がある。

章冒頭の写真を振り返る

このゼブラフィッシュの胚には2つの体軸がある。1つは正常な体軸で，もう1つは多量のNodalを含む胚の部分を移植することによって誘導された二次軸である（図12.38参照）。結合双生児の発生に関する新しい仮説（14.5節参照）は，原腸形成期における，Nodalなどのシグナル分子の異所的な発現が二次軸の形成につながる可能性を指摘している。この画像は，故Bernard Thisse（バーナード・ティース）博士（1959〜2021年）の研究室の成果で，ここに彼への敬意を払って提示した。過去30年にわたり，Bernardと，そして彼の研究室においても人生においてもパートナーであったChristine（クリスティーン）は，モデル系としてのゼブラフィッシュの利用を促進する数え切れないほどの貢献をしてきた。最も注目すべきは，ゼブラフィッシュ研究の基盤的リソースであり続ける遺伝子発現ライブラリーを完成させたことである。https://zfin.org/action/expression/searchにアクセスし，「gene/EST」フィールドに「nodal」と入力して理解を発展させよう。

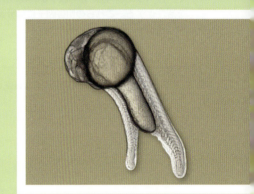

Courtesy of Christine Thisse

12 両生類と魚類

1. 両生類は全割であるが，植物極側に卵黄が偏って存在するので不等割となる。
2. 両生類の原腸形成は外胚葉の覆いかぶせ運動で始まり，次いで瓶細胞の陥入と中胚葉の協調的な巻き込みが起こる。植物極回転は巻き込み運動の方向づけに重要な役割を果たす。
3. 外胚葉の覆いかぶせ運動と中胚葉の収斂伸長を起こす力は，いくつかの組織層が合併していく相互挿入による。フィブロネクチンは，中胚葉細胞の胚の内部への移動に重要な役割を果たす。

4. 両生類の原口背唇部に原腸胚オーガナイザーが形成される。この組織は外胚葉を背側化することで神経組織に転換し，腹側中胚葉を側方および背側中胚葉に転換する。

5. オーガナイザーは，前方（予定咽頭）内胚葉，頭部中胚葉，脊索，原口背唇部組織から成る。オーガナイザーの機能は，BMPシグナルを阻害するタンパク質（Noggin, Chordin, Follistatin）を分泌することである。その阻害因子がなければ，BMPは中胚葉を腹側化し，外胚葉で表皮遺伝子を活性化する。

6. 背腹の特定化は，植物極側の細胞質に蓄積した母性のmRNAとタンパク質が片側に移動することから始まる。この過程には，Nodal様傍分泌因子，転写因子（VegTなど），βカテニンの分解を妨げる因子などがかかわる。

7. オーガナイザーはそれ自身，植物極側の最も背側領域に位置するニューコープセンターによって誘導される。このセンターの形成は，Disheveledタンパク質とWnt11が卵の背側に移動して，胚の背側細胞においてβカテニンが安定化することによって行われる。

8. ニューコープセンターはβカテニンの蓄積によって形成される。βカテニンはTcf3と転写因子複合体を形成し，この複合体が胚の背側におけるsiamoisとtwin遺伝子の転写の活性化を可能にする。

9. SiamoisとTwinタンパク質は，TGF-β経路（NodalとVg1）によって活性化したSmad2転写因子と共役して，BMP阻害因子の遺伝子を活性化する。これらの阻害因子には分泌性因子のNoggin, Chordin, Follistatinが含まれる。

10. BMP阻害因子の存在下で，外胚葉細胞は神経組織を形成する。BMPの作用は外胚葉を表皮へと分化させることである。

11. ゼブラフィッシュ（Danio rerio）は，透明な胚として体外で発生し，1日で胚発生を完了する脊椎動物のモデル生物である。ゼブラフィッシュの研究は，発生における遺伝子の役割を調べるうえで強力なアプローチとなる。

12. ゼブラフィッシュの胞胚は，受精卵の細胞質の大部分が卵黄で占められているため，部分割の盤割を行う。原腸形成には，覆いかぶせ運動（エピボリー），移入，巻き込み，収斂伸長が関与している。

13. 卵黄多核層と被覆層は，それぞれ最も深い細胞層と最も表層の細胞層を確立する。卵黄多核層は初期の原腸形成の動きを支え，被覆層は発生中の胚を保護する。

14. 覆いかぶせ運動（エピボリー）は最初に胚盤葉上層と中内胚葉の両方の植物極方向への動きを起こさせる。そのあとすぐに中内胚葉の巻き込みが，部分的には収斂伸長の力によって起こる。

15. ゼブラフィッシュの胚盾は両生類のオーガナイザーと相同であり，同じように抗BMPシグナルのタンパク質（ChordinやNogginなど）を分泌し，それによって背腹軸に沿ってBMPで制御される細胞運命の勾配ができあがる。

16. クッパー胞は，胴部の最後部に一時的に現れる，液体で満たされた器官である。この小胞はNodalを非対称に分布させ，前後軸の伸長が起こる時期に細胞運命に関する左右のパターン形成に影響を与える。

● オンラインのコンテンツは **https://www.medsi.co.jp** よりアクセスしてください。

13 鳥類と哺乳類

本章で伝えたいこと

- 羊膜をもつ爬虫類，鳥類，哺乳類の卵は，一揃いの胚体外膜——羊膜，絨毛膜，尿膜，卵黄嚢——によって特徴づけられ，これらの膜が協調することで胚が陸上で生存することを可能にする。
- 鳥類は，巨大な卵黄のかたまりの上に細胞の薄い層が形成される，部分割という発生様式をとる(13.1節)。
- 鳥類と哺乳類において原腸形成は，物理的・化学的に決定される原条という場所で始まる。上層の細胞は，原条に向かい，そして原条を通過して中胚葉と内胚葉を成す。胚の表面に残った細胞は外胚葉となる。原条は両生類胚の原口唇部に相当し，その最も頭側の領域である結節(ノード)は，両生類の原口背唇部に相当する(13.2節)。
- 哺乳類は，回転全割の独自の様式で発生する。比較的卵黄が少ない卵は胚盤胞を形成し，その外側が胎盤の一部になり，多能性をもつ細胞で構成される内部細胞塊が胚体のすべての細胞となる(13.3節)。胚が別の個体内で発生するために哺乳類の原腸形成は改変されている(13.4節)。
- Hox遺伝子群が哺乳類の前後(頭尾)軸を形成し，その軸に沿って体節の特定化や臓器の位置取りをする(13.5節)。

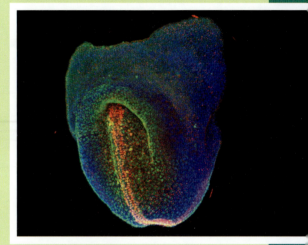

Photograph courtesy of I. Costello and E. Robertson

頭か尾か？　これは，どのようにして決定されるのか？

　本章では初期発生についての概観を，**羊膜類**(amniote)，すなわち爬虫類，鳥類，哺乳類といった，羊膜という水の袋を形成する脊椎動物まで拡張する。鳥類と爬虫類はよく似た発生様式をたどり，鳥類は爬虫類の一分岐群だとされている(図13.1A；Gilland and Burke 2004；Coolen et al. 2008)。

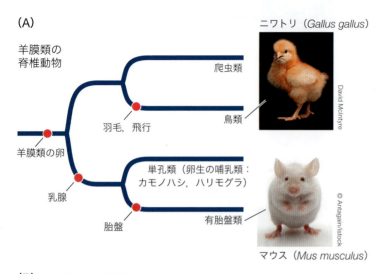

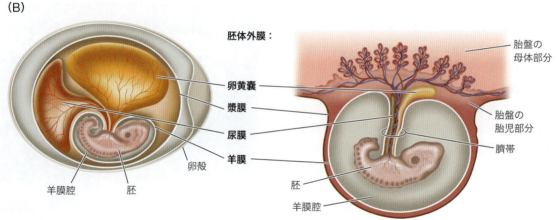

図13.1 羊膜類の卵の膜系が，爬虫類，鳥類，哺乳類を特徴づける。(A)羊膜類の系統学的な関係。近年の分類学では鳥類は爬虫類に含まれるとされるが，生理学的な研究では頻繁に独立の分類群とされることに注意。家禽のニワトリ(*Gallus gallus*)は，最も広く研究されている鳥類である。哺乳類のなかでは，研究用ネズミ(*Mus musculus*；いわゆるマウス)の発生が最も広く研究されている。(B)殻に覆われた羊膜類の卵は(左側のニワトリの卵によって例示されるように)，動物が水場から離れて発生することを可能にした。羊膜は胚がそのなかで発生するための"水ぶくろ"を提供し，尿膜は老廃物を貯留し，漿膜の血管は外界からのガスと卵黄嚢からの栄養を交換する。哺乳類(右)においてこの配置は，血管が卵黄嚢ではなく母体の子宮に結合した胎盤を通じて栄養摂取とガス交換を行えるように改変されている。(BはD. Sadava et al. 2014. *LIFE: The Science of Biology* 10th ed. Sinauer Associates/Macmillan: Sunderland, MAより)

　羊膜類の卵(amniote egg)は，一揃いの膜によって特徴づけられており，これらの膜によって胚は陸上で生存することができる(図13.1B)。まず，羊膜類という名前の由来である**羊膜**(amnion)が，胚発生の早い段階で形成され，胚を液体環境におくことで乾燥から守る。胚から生じる別の細胞層，**卵黄嚢**(yolk sac)によって，栄養摂取と循環系の発生が可能になる。**尿膜**(allantois)は，胚の後方側(尾部側)に発生し，老廃物を貯留する。**漿膜**(chorion)は，外部環境との間でガス交換を行う血管を含んでいる。鳥類と爬虫類のほとんど，そして単孔類(卵生の哺乳類であるハリモグラとカモノハシ)において，胚とそれを保護する膜系は固い殻や革のような殻で覆われており，母親のからだの外で発生する。

　鳥類と爬虫類の卵割は，前章で記述した硬骨魚と同じく部分割を行い，卵細胞質のごくわずかな部分だけが胚の細胞を形成するために使われる。巨大な卵のほとんどは，成長する胚の栄養となる卵黄によって構成されている。ほとんどの哺乳類では全割式の卵割は，**胎盤**(placenta)という胚と母体の双方に由来する組織と血管を含む臓器を形成するために改変されている。ガス交換，栄養摂取，老廃物の除去などが胎盤を通じて行われ，これによって胚は他の個体の中で発生することができる。(オンラインの「FURTHER DEVELOPMENT 13.1: The Extraembryonic Membranes」参照)

　ニワトリ(鳥類)と研究用マウス(哺乳類)の発生は，何十年(ニワトリの場合は実に何百年)にもわたって集中的に研究されてきたため，この章ではこれら2つのモデル動物を主に扱う。ニワトリの臓器形成は，哺乳類の臓器形成と似た遺伝子や細胞運動によって実現される。ニワトリはまた，胚の外科的・遺伝学的な操作が簡単であるという貴重な生き物の

1つである（Stern 2005a）。マウスは最も広く研究されている哺乳類のモデル生物であり、遺伝学的・外科的な操作を含む多くの研究の対象となっている[1]。加えて、マウスのゲノムは最初に解読された哺乳類のゲノムであり、それが初めて公表されると、多くの科学者たちはこれをヒトのゲノム配列を知るよりも価値があるものと感じた。その理由は、「マウスのモデルを使えば、1つ1つの遺伝子すべてを操作し、その機能を決定することができる」（Gunter and Dhand 2002）からであり、これはヒトでは不可能である。ヒトの発生は医学的あるいは一般的な科学的興味の対象であるので、この頭でっかちで毛のない哺乳類の初期発生については第14章で取り上げるとしよう。

13.1　鳥類の初期発生

その3週間の発生をAristotle（アリストテレス）が初めて細かに観察・記録して以来ずっと、家禽のニワトリ（*Gallus gallus*）は発生学研究によく用いられてきた生物であった。ニワトリ胚は一年中入手でき、簡単に維持できる。さらに、温度を定めさえすれば発生ステージが正確に予測できるので、同じステージの胚をたくさん集めて操作することができる。

受精と卵割

ニワトリ卵の受精は、分泌されたアルブミン（"卵の白身"）や卵殻によって覆われる前に、雌の卵管で起こる。卵がまだ雌鶏の中にある発生の初めの24時間に卵割が起こり、受精卵は後期の胞胚期に達する（Sheng 2014）。ゼブラフィッシュの卵に似て、ニワトリの卵は端黄卵であり、**胚盤**（blastodisc）と呼ばれる卵黄のない小さな細胞質の円盤が、卵黄を豊富に含む大量の細胞質の上にのっている（**図13.2A**）。

魚類の卵と同様に、卵黄のつまった鳥類の卵は、**盤状部分割**（discoidal meroblastic cleavage）を行う（図8.3参照）。卵割は、卵の動物極にある直径2～3 mmの胚盤でのみ起こる。初めの卵割溝は胚盤の中央にみられ、以降の卵割によって胚盤葉（blastoderm）が形成される（**図13.2B, C**）。魚類の胚のように、卵割は細胞質の卵黄が豊富な部分までは進まず、卵割初期の細胞は、他の細胞と基底側の卵黄を介してつながっている。この後、赤道面や垂直方向の卵割によって、胚盤葉はおよそ4細胞の層に分かれ、細胞同士は密着結合によって連結される（図13.2C参照；Bellairs et al. 1978；Eyal-Giladi 1991）。母性遺伝子発現から胚性遺伝子発現への切り替えは、128細胞ほどに達する7回目か8回目の分裂で起こる（Nagai et al. 2015）。

鳥類の卵の胚盤葉と卵黄の間には、**胚下腔**（subgerminal cavity）と呼ばれるスペースがあるが、これは胚盤葉の細胞がアルブミンから水を吸収し、胚盤葉と卵黄の間に液体を分泌してつくられる（New 1956）。このステージでは、胚盤葉中心部深層の細胞は脱落して死に、1細胞の厚みの**明域**（area pellucida）が残される。胚盤葉のこの部分が、実際の胚体の大部分を形成する。深層の細胞が脱落していない周縁部のリングは**暗域**（area opaca）を構成する。明域と暗域の間には、**帯域**（marginal zone）と呼ばれる薄い細胞の層がある（Eyal-Giladi 1997；Arendt and Nübler-Jung 1999）。帯域の細胞のなかには、ニワトリ初期発生の細胞運命を決めるのに非常に重要な役割を果たすものがある。

---

[1]　哺乳類の発生の研究は、齧歯類（マウスとラット）を中心に展開されてきたが、ヒトを含む多くの種が、本章で描写する基本的な発生プロセスとはさまざまな違いを呈することを知っておくべきだろう。

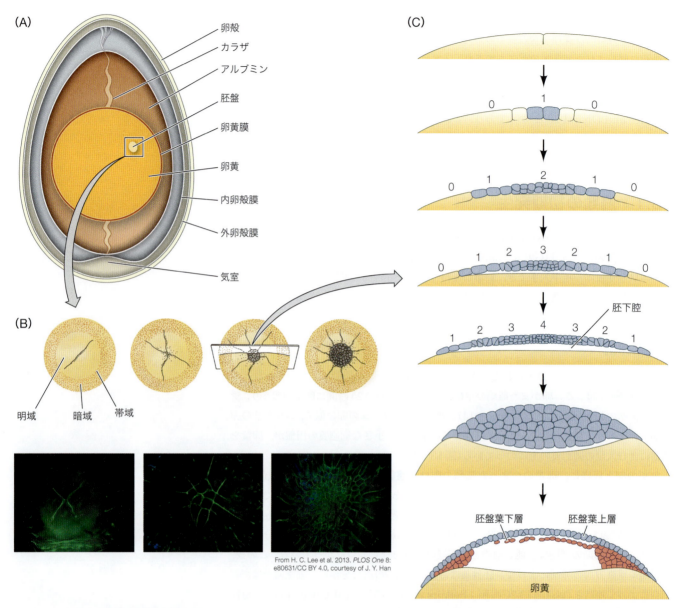

図 13.2 ニワトリ卵の盤状部分割。(A) 鳥類の卵は知られる限り最大の細胞（直径数インチ）を含むが，卵割は小さな領域でしか起こらない。卵割と発生の舞台となる小さな胚盤を除いて，卵黄が卵細胞の細胞質全体を埋め尽くしている。カラザはタンパク質の糸で，卵黄に富む卵細胞を卵殻の中央に保持している。卵管を通過する際に，アルブミン（卵白）が卵の周りに分泌される。(B) 動物極（胚の将来の背側）から見た初期卵割期を示す顕微鏡写真。密に並置された細胞膜はファロイジン (phalloidin) で染色されている（緑）。(C) 受精したその日に，まだ雌鶏の中にあるニワトリの卵が細胞膜を形成していく様子の概略図〔訳注：ニワトリの卵黄は胚盤葉に対して巨大なので実際には (C) のようにはみえない〕。数字は細胞の層を示す。(は R. Bellairs et al. 1978. *J Embryol Exp Morphol* 43: 55-69 より；C は H. Nagai et al. 2015. *Development* 142: 1279-1286 より)

鳥類の原腸形成

他の動物と同様に，鳥類でも原腸形成によって3つの胚葉（内胚葉，外胚葉，中胚葉）が出現し，前後（頭尾）軸，背腹軸，そして内外側軸が形成される。羊膜類の胚では，前後軸ができる際に3つの異なる段階がみられる (Mallo 2018)。

1. 初めの段階では，下方の**胚盤葉下層** (hypoblast) と上方の**胚盤葉上層** (epiblast) と呼ばれる2つの細胞層が形成される（図13.2B参照）。胚と胚体外膜の一部は胚盤葉上層に由来する (Rosenquist 1966, 1972; Schoenwolf 1991)。胚盤葉下層のなかには腸になる細胞もあるかもしれないが，その主な役割は(1)胚体外膜，特に卵黄嚢を形成し（図13.1B参照），(2)胚盤葉上層の細胞に化学的なシグナルを送って，原腸形成時に細胞の移動を方向づけることである。

2. 原腸形成の第二の段階は，"第一の体構造"，つまり頭，首，胴体が，胚盤葉上層から形成されることである。

3. 原腸形成の第三の段階は，大まかな第一体構造ができあがった後，"第二の体構造"である下腹部と尾がつくられることである(Holmdahl 2015；Mallo 2020)。**尾芽**(tailbud)には，神経管をつくる外胚葉と体節を形成する中胚葉の両方の前駆細胞が含まれる(13.2節参照)。

胚盤葉から胚盤へ：コラーの鎌と後方帯域　雌鶏が産卵するまで(受精後およそ22時間)に，胚盤葉は50,000細胞ほどになっている。この時期には，明域の大部分の細胞は表層にとどまり，胚盤葉上層を形成している。卵が産み出されるとすぐに，胚盤葉上層が部分的に厚くなって，**コラーの鎌**(Koller's sickle)と呼ばれる構造が明域の後端に形成される。これは，前後軸の極性が生じたことを示すできごとである。明域とコラーの鎌の間は，**後方帯域**(posterior marginal zone：PMZ)と呼ばれる帯状の領域である(**図13.3A**)。

明域と後方帯域の間の後方境界にある細胞のシートが，表層の下を前方に向かって移動していく。その間，より前方の胚盤葉上層は一部葉裂し，胚盤葉上層にくっついた状態となって，胚盤葉下層の"島"をつくり出す。この島々は，5〜20の細胞から成る互いに独立した集団で，それぞれが移動して**一次胚盤葉下層**(primary hypoblast)となる(図13.3A参照)。コラーの鎌から前方に向かって成長し，一次胚盤葉下層と融合して完全な胚盤葉下層を形成する細胞のシートは，**二次胚盤葉下層**(secondary hypoblast)あるいは**エンドブラスト**(endoblast)と呼ばれる(**図13.3B〜E**；Eyal-Giladi et al. 1992；Bertocchini and Stern 2002；Khaner 2007a, b)。結果としてできる2層の胚盤葉(胚盤葉上層と胚盤葉下層)は，帯域で合流し，各層の間のスペースは胚盤腔に似た隙間となる。したがって，鳥類の胚盤は，両生類，魚類，棘皮動物の胞胚と形状や構造は違えども，全体としての位置関係を保持している。

さらなる発展

重力と後方帯域の役割　放射相称な胚盤葉から左右相称な胚盤への変化は，重力によって定められるようである。雌鶏の生殖管を通過していくとき，卵は卵殻腺のなかで20時間ほど回転させられている。この回転は1時間に15周の速さで，これによって軽い成分(おそらく貯蔵されている母性の発生決定因子を含む)が胚盤葉の片側に集まる。この不均衡が，胚盤葉の片端に違いをつくって，後方帯域になる(**図13.4**；Kochav and Eyal-Giladi 1971；Bachvarova et al. 1998；Callebaut et al. 2004)。後方帯域は，中内胚葉になる細胞が通過していく陥入構造である原条の形成が始まる場所の近傍にのちに形成される。

後方帯域になるこの胚盤葉の特定の部位が，どのような相互作用によって決定されるのかはわかっていない。早い段階から，原条を誘導する能力は帯域全体に確認できる。各段片が帯域を含むように胚盤葉を分割すると，それぞれが原条を形成する(Spratt and Haas 1960；Bertocchini and Stern 2012；Torlopp et al. 2014)。しかしながら，ひとたび後方帯域が形成されると，これが境界の他の部分を制御する。後方帯域の細胞は原腸形成を開始させるだけでなく，境界の他の領域が原条をつくらないようにする(Khaner and Eyal-Giladi 1989；Eyal-Giladi et al. 1992)。

13.2　原条：原腸陥入の入り口

多くの爬虫類では，両生類のように原口を通過する細胞の移動によって原腸形成が始まる(Stower et al. 2015)が，鳥類および哺乳類の原腸形成は，両生類胚の原口唇部に相当す

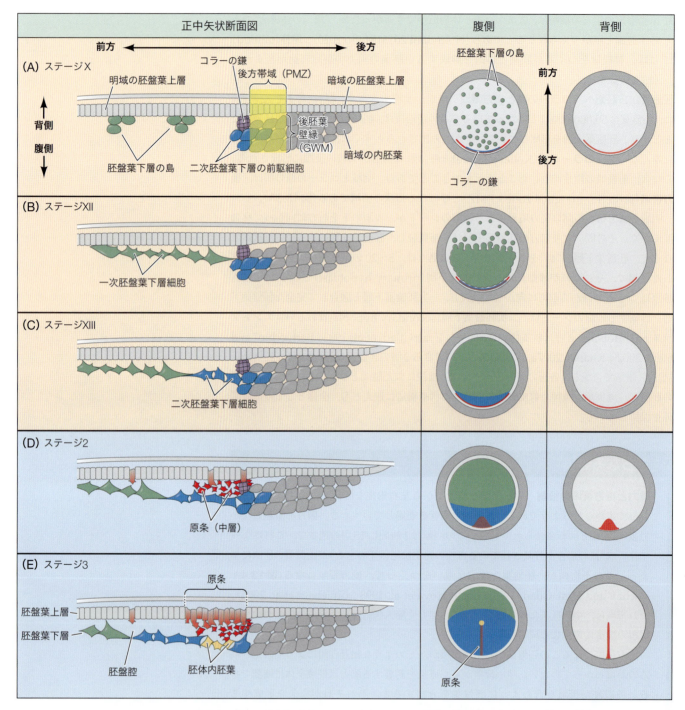

図13.3 ニワトリ胚盤葉の形成。左列は，胚盤葉の概略的な正中矢状断面図である。中央の列は，腹側から見た胚全体を描写しており，一次胚盤葉下層および二次胚盤葉下層（エンドブラスト）細胞の移動を示している。右列は，背側から見た胚全体を示す。（A～C）原条形成までの出来事。（A）ステージXの胚。胚盤葉下層細胞の島，およびコラーの鎌の周囲に集合する胚盤葉下層細胞がみられるようになる。胚盤葉上層の後方帯域（PMZ）とその下の深層の細胞（後胚葉壁縁（posterior germ wall margin：GWM）と呼ばれる）を，黄色の強調と波括弧で示す。（B）ステージXIIまでに，コラーの鎌から前方に向かって成長していく細胞のシートが胚盤葉下層の島と融合して，完全な胚盤葉下層を形成する。（C）原条形成直前のステージXIIIまでに，胚盤葉下層形成が完了する。（D）ステージ2（産卵12～14時間後）までに，原条の細胞は，胚盤葉下層と上層の間の第三の層を形成する。（E）ステージ3（産卵15～17時間後）までに，原条は胚盤葉上層の明確な領域になっており，そこを細胞が通過して中胚葉と内胚葉になっていく。(C. D. Stern. 2004. In *Gastrulation: From Cells to Embryo*, C. D. Stern [Ed.] pp.219-232. Cold Spring Harbor Laboratory Press: Cold Spring Harbor, NY より)

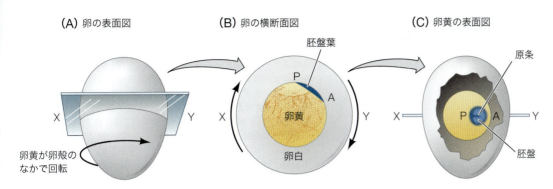

図 13.4 重力によるニワトリ前後軸の特定化。(A)卵殻腺での回転によって，(B)卵黄の軽い構成物が胚盤葉の片側に押しやられる。(C)より軽い構成物をもつこの領域が，胚の後方(P)になる。(L. Wolpert et al. 1998. *Principles of Development*. Current Biology Ltd.：London)

る**原条**(primitive streak)を通して行われる(Alev et al. 2013；Bertocchini et al. 2013；Stower et al. 2015)。鳥類と哺乳類の祖先である2つの爬虫類分類群のいずれも原条をもっていなかったと考えられているため，鳥類と哺乳類の原条は収斂進化の賜物かもしれない(Stower et al. 2015；Sheng et al. 2021)。

一連の頭部内中胚葉と脊索の形成の結果，原腸形成中の鳥類と哺乳類の胚は，頭側で発生の進行が早く，尾側で遅いという，はっきりとした発生進行度の勾配をみせる。胚の後方の細胞がまだ原条で胚の内側に入り込んでいるときに，前端の細胞は既に臓器形成を始めている(Darnell et al. 1999)。つづく数日間，胚の前端は後端より発生が進んでいる(まさに"頭ひとつ抜けている"わけである)。

以下の議論では，ニワトリ(*Gallus gallus*)の原腸形成における原条の役割を描写する。

鳥類の原条

色素標識実験や経時的な顕微動画撮影法によって，原条はまずコラーの鎌とその上部の胚盤葉上層から出現することが示された(図13.3参照；Bachvarova et al. 1998；Lawson and Schoenwolf 2001a, b；Voiculescu et al. 2007)。胚盤葉上層の数千の細胞が協調的に動くことで，時計回りと反時計回りの2つの渦ができ，それによって中胚葉と内胚葉の前駆細胞が胚の正中線に運ばれて原条が形成される(図13.5A，B；Serra et al. 2020；Serrano Najero and Weijer 2020)。

細胞が原条を形成するために集合すると，原条内に**原溝**(primitive groove)と呼ばれるくぼみができる。ここで細胞外基質が分解され，微小管の再編成に伴って細胞がビン状に変形して上皮-間充織転換が起こることで，原溝を通って胚の中央に細胞が剥離していく(Nakaya et al. 2009)。移動していく細胞のほとんどが原溝を通っていくため，原溝は胚の深層への入り口の役目を果たす(図13.5C〜E；Voicelescu et al. 2014)。ゆえに，原溝は両生類の原口に相同であり，原条は原口唇部と相同である。

原条の前端は**ヘンゼン結節**(Hensen's node)と呼ばれ，細胞が部分的に厚みをつくるところである〔これは**原条節**(primitive knot)としても知られる〕。ヘンゼン結節〔哺乳類では単に結節(node)〕の中心部には漏斗型のくぼみ〔しばしば**原窩**(primitive pit)と呼ばれる〕があり，そこから細胞は胚体の内部に入って脊索，脊索前板，そして体節の正中線近傍部分を形成する(図13.5C参照)。ヘンゼン結節は，両生類の原口背唇部(すなわちオーガナイザー)[2・次頁]や第12章で紹介した魚類の胚盾に機能的に相当する(Boettger et al. 2001)。

伸長　原条を通るに際し，細胞は上皮-間充織転換を起こし，その下にある基底板は崩壊す

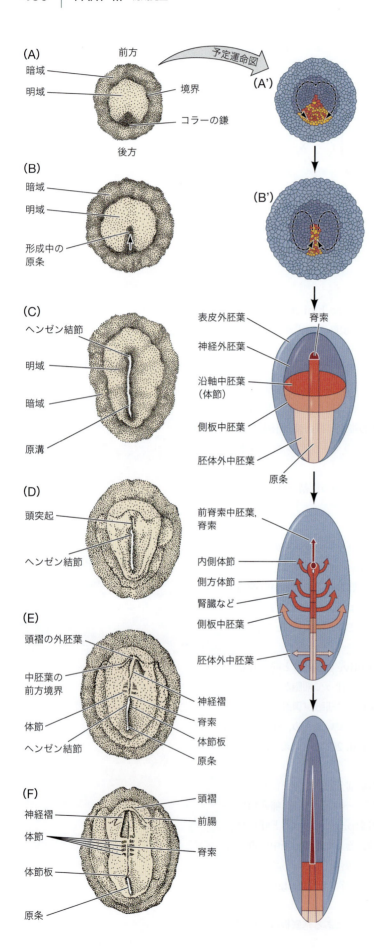

図13.5 原条の細胞移動とニワトリ胚の予定運命図。(A〜C)背側から見た原条の形成と伸長。産まれた卵を孵卵して(A) 12〜14時間、(B) 15〜17時間、(C) 18〜20時間の胚盤葉。(A', B')はこれらのステージにおける細胞の動きを示し、赤と黄の細胞はそれぞれ中胚葉と内胚葉の前駆体を表す。(D〜F)原条の退行に伴う脊索および中胚葉に由来する体節の形成。(D) 20〜22時間、(E) 23〜25時間、(F) 4体節期。ニワトリ胚盤葉上層の予定運命図が、(C)原条期と(F)神経形成の2つのステージについて描かれている。(F)では、内胚葉は胚盤葉上層の下に移入しており、正中線では収斂伸長が観察される。(C)における原条を通る中胚葉前駆細胞の移動を矢印で示した。(A〜FはJ. L. Smith and G. C. Schoenwolf. 1998. *Curr Top Dev Biol* 40：79-110；B. M. Patten. 1951. *Early Embryology of the Chick* 4th ed., pp.70-85. The Blakiston Company：Philadelphiaより改変；A, Bの右はG. Serrano Nájera and C. J. Weijer 2020. *Mech Dev* 160：103624. CC BY 4.0より)

る。より前方の細胞が胚の中心に向かって移動するにつれ、原条は将来の頭部に向かって伸びていく。収斂伸長（convergent extension）が原条の伸展を起こす。つまり、原条の長さが倍になると同時に、幅は半分になる（図13.5B参照；Voiculescu et al. 2007）。収斂伸長によって生じた長さを細胞分裂がさらに伸ばし、胚盤葉上層の前方領域由来の細胞の一部はヘンゼン結節になる（Streit et al. 2000；Lawson and Schoenwolf 2001b）。

同時に、二次胚盤葉下層（エンドブラスト）の細胞は、胚盤葉の後方帯域から前方に向かって移動し続けている（図13.3E参照）。原条の伸長は、これら二次胚盤葉下層の前方への移動と同調しており、胚盤葉下層が原条の移動の向きを決める（Waddington 1933；Foley et al. 2000；Voiculescu et al. 2007, 2014）。原条は最終的に明域の60〜75％まで伸びる。

体軸形成と鳥類の"オーガナイザー"

原条は鳥類胚の体軸を定める。原条は後方から前方に向かって伸長していき、細胞はその背側を通って腹側へと移動していく。原条はまた、胚の左側と右側を分ける。原条の中間部分から移入した細胞は、体節の側方部分および心臓や腎臓をつくる。原条の後方部分の細胞は、側板や胚体外中胚葉を形成する（第20章参照；Psychoyos and Stern 1996）。中胚葉細胞の移入後、胚の表層かつ原条の近くに残った胚盤葉上層の細胞は、神経板のような中央（背側）構造となる。一方、原条から離れた位置にある胚盤葉上層の細胞は、表皮となる（図13.5参照）。

---

[2] Frank M. Balfour（フランク・M・バルフォア）は、1873年に両生類の原口とニワトリの原条の相同性を指摘したが、このとき彼はまだ学部生だった（Hall 2003）。August Rauber（1876）が、これらが相同であるとするさらなる論拠をあげている（Braukmann 2006）。

第13章 鳥類と哺乳類 **451**

さらなる発展

後方帯域は両生類のニューコープセンターと等価である　現在では，後方帯域が両生類のニューコープセンターの細胞と同等の働きをもつ細胞を含むとみなされている。帯域の前方領域に配置されると，後方帯域組織の移植片（コラーの鎌とその後方部分）は原条とヘンゼン結節を誘導することはできるが，それらの構造には寄与しない（Bachvarova et al. 1998；Khaner 1998）。最近の証拠によると，帯域全体がWnt8cタンパク質（βカテニンを蓄積させられる）を産生すること，そして，両生類のニューコープセンターのように後方帯域がVg1（TGF-βスーパーファミリーのメンバー）を分泌することが示唆されている（Mitrani et al. 1990；Hume and Dodd 1993；Seleiro et al. 1996）。そして両生類胚と同じく，BMP4の阻害作用を通してVg1の活性がこの領域へ局在するようになると推測されている（Arias et al. 2017）。

　Wnt8cとVg1は共に働き，コラーの鎌と後方帯域と将来隣り合うことになる胚盤葉上層でNodal（別の分泌性TGF-βタンパク質）の発現を誘導する（Skromne and Stern 2002）。このように，両生類胚と類似したパターンが現れる。最近の研究は，原条形成の開始にはNodal[3]が必要であり，一次胚盤葉下層細胞からのCerberus（Nodalのアンタゴニスト）の分泌が原条形成を抑制することを示している（Bertocchini et al. 2004；Voiculescu et al. 2014）。一次胚盤葉下層細胞が後方帯域から離れるにつれて，Cerberusタンパク質が存在しなくなり，後方の胚盤葉上層でNodalの活性化が可能になる（そして原条が形成される）。しかし，いったん形成された原条はNodalアンタゴニストのLeftyタンパク質を分泌し，余計な原条が形成されないようにする。最終的に，Cerberusを分泌する胚盤葉下層細胞は将来の胚前方へ押し出され，その領域の神経細胞が後方の神経系構造ではなく確実に前脳になるように寄与する[4]。（オンラインの「WATCH DEVELOPMENT 13.1：The formation of the primitive streak in a chick embryo」「WATCH DEVELOPMENT 13.2：A simulation of chick gastrulation」参照）

内胚葉と中胚葉　鳥類と哺乳類の細胞の運命特定化の基本的なルールとして，原腸形成が始まる前に，胚葉（外胚葉，中胚葉，内胚葉）の成立が起こる（Chapman et al. 2007参照）。しかし，個々の細胞種への特定化は，原条の通過中および通過後に誘導される影響によって制御されている。原条が形成されるとすぐ，胚盤葉上層の細胞はそこを通って胚盤葉上層と下層の間の隙間（両生類の胞胚腔を想起させる）に向かって移動していく。したがって，原条を形成する細胞集団は常に入れ替わっている。原条の前端を通って胚の隙間に入り前方へ移動していく細胞は，内胚葉，頭部中胚葉，そして脊索を形成する。原条のより後方を通過する細胞は，中胚葉の大部分を形成する（**図13.6**；Rosenquist et al. 1966；Schoenwolf et al. 1992）。

　ニワトリでは，初めにヘンゼン結節を通過する細胞は，前腸の咽頭内胚葉となるよう運命付けられている。ひとたび胚の深部に達すると，これら内胚葉細胞は前方へと移動して

---

[3]　第12章のNodalタンパク質の詳しい議論（と章冒頭の写真）を復習するといいだろう。
[4]　ニワトリ胚を使った実験では，Vg1を分泌する後方細胞による通常のNodalの阻害を起こらないようにすると，同じ胚盤のなかに2つの軸が形成された（Bertocchini et al. 2004）。哺乳類では，Nodalアンタゴニストを阻害すると複数の軸が形成されうる（Perea-Gomez et al. 2002）。ヒトでは，同じ胚盤内に2つのNodal発現源があると，結合双生児（14.5節参照）となる可能性がある。驚くべきことに，ココノオビアルマジロは通常，同じ胚盤内に4つの原条を形成し，（発生のかなり遅い段階で）4匹の一卵性双生児を産む（Enders 2002；Carter 2018）。どのようにこのようなことが可能になるのかはわかっていない。

図13.6 原条を通過する内胚葉と中胚葉の細胞移動。(A)原腸形成をしているニワトリ胚の立体図。原条，移動細胞，および胚盤葉の胚盤葉上層と胚盤葉下層の関係を示す。立体図の各領域の上にあるのは，原条内のその位置にある緑色蛍光タンパク質 (green fluorescent protein：GFP) 標識細胞の移動経路を写した顕微鏡写真である。下層は，胚盤葉下層と内胚葉細胞の入り混じった状態になる。最終的に胚盤葉下層の細胞は選り分けられて内胚葉の下の層をつくり，卵黄嚢を形成する。ヘンゼン結節を通過する細胞は，前方に移動して脊索前板および脊索を形成する。ヘンゼン結節より少し後ろの原条領域を通過する細胞は側方に向かうが，正中線近くに集まって脊索と体節を形成する。原条の中央部に由来する細胞は，中間中胚葉および側板中胚葉を形成する。さらに後方では，原条を通過していく細胞は胚体外中胚葉をつくる(図には描かれていない)。(B)胚盤葉上層の細胞が胚盤腔に入り込んでいき，頂端側を伸ばしてボトル型の細胞になっているところを示す走査型電子顕微鏡写真。(AはB. I. Balinsky. 1975. *Introduction to Embryology*, 4th Ed. Saunders：Philadelphia より)

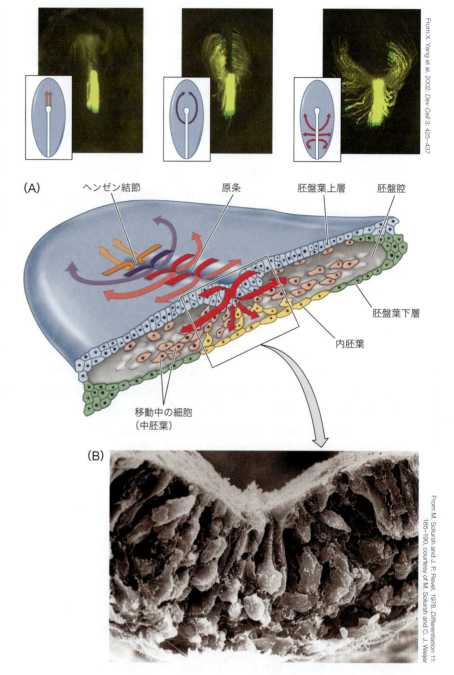

いき，最終的に胚盤葉下層の細胞を明域前方部の領域に押しやってその場所を占める。この前方領域，**生殖三日月環** (germinal crescent) は，胚体のどんな構造も形成しないが，後に血管内を通って生殖巣へと移動していく生殖細胞の前駆体を含んでいる (Ando and Fujimoto 1983；Saito et al. 2022)。

次にヘンゼン結節を通る細胞もまた前方へと移動していくが，今度は予定前腸内胚葉の細胞ほど腹側には移動しない。むしろ，内胚葉と胚盤葉上層の間にとどまり，**脊索前板中胚葉** (prechordal plate mesoderm) を形成する (Psychoyos and Stern 1996)。これらの細胞は，上に位置する外胚葉を前脳へと誘導する (Pera and Kessel 1997)。したがって，鳥類の胚の頭部は，ヘンゼン結節の前方 (吻側) に形成される。

次にヘンゼン結節を通過する細胞は，**脊索中胚葉** (chordamesoderm) になる。脊索中

胚葉は，頭突起と脊索の2つから成る。最も頭側の部分である**頭突起**（head process）は，脊索前板中胚葉を追いかけて胚の前方へと向かう体幹部の中胚葉によって形成される（図13.5および図13.6参照）。頭突起は，前脳と中脳をつくることになる細胞を裏打ちする。原条の退行に際し，退行していくヘンゼン結節によって残された細胞は脊索となる。胚表面にある外胚葉では，前方の細胞は神経板（15.1節参照）を形成し，将来の脳の領域（前脳から，原条が最長になるステージにおいてヘンゼン結節の横にできる将来の耳胞の位置まで）に該当する。

　ヘンゼン結節の真横や後方に位置する神経外胚葉の小さな領域〔**後側方胚盤葉上層**（caudal lateral epiblast）と呼ばれることもある〕が，後脳の後方とすべての脊髄を含む残りの中枢神経系の由来となる。原条が退行するにつれて，後側方胚盤葉上層の領域は，ヘンゼン結節とともに後方へ向かい，伸長中の神経板の後端に細胞を供給する。原条と体節を形成する沿軸中胚葉（第19章参照）のFGFシグナルによって，この領域が退行中には"若く"未分化な状態に保たれる。細胞がこの領域を離れると，レチノイン酸がFGFシグナルの効果を打ち消し，神経への分化が起こる（Diez del Corral et al. 2003）。（オンラインの「FURTHER DEVELOPMENT 13.2：Molecular Mechanisms of Migration through the Primitive Streak」参照）

原条の退行と外胚葉の覆いかぶせ運動

　原条が完全に伸長しきったとき（ニワトリ胚ではステージ4，だいたい18〜20時間孵卵したとき），原条の細胞ははっきりとした秩序をもっている（**図13.7**）。予定内胚葉の細胞は吻側の1/3に位置する。これらの細胞は，内胚葉形成にかかわる遺伝子群を活性化させる転写因子であるSox17やGata6を発現する（Chapman et al. 2007）。細胞群が原条とヘンゼン結節を通過するにつれて，原条は退行し始め，ヘンゼン結節は明域の中央付近からより後方の部位へと移動していく（図13.7参照）。退行していく原条は，その跡に脊索を含む胚の背側の軸を残す。脊索は頭尾方向に横たわり，耳や後脳ができる位置から尾側に向かって尾芽まで伸長する。カエル同様，咽頭内胚葉や頭部中内胚葉は脳のおよそ前方部を誘導し，脊索は後脳と脊髄を誘導する。

　結節のすぐ後ろ側には，**神経中胚葉前駆細胞**（neuromesodermal progenitor cell：NMP）がある。神経中胚葉前駆細胞は，沿軸中胚葉（paraxial mesoderm；背中の筋肉や肋骨を生み出す体節；第19章参照）をつくり出すとともに，脊髄の神経セットに寄与することができる二分化能をもつ（bipotential）前駆細胞である。神経中胚葉前駆細胞の後方に位置する原条の領域は，沿軸中胚葉しかつくらない未分節中胚葉の前駆細胞を含む。その領域の後方には，心臓を形成する側板中胚葉（lateral plate mesoderm；第20章参照）と絨毛膜の毛細血管を形成する胚体外中胚葉（図13.7E参照；Guillot et al. 2021）を生み出す細胞の領域が広がっている。

　予定中胚葉と予定内胚葉が胚内部に向かって移動しているあいだ，外胚葉前駆体は分裂と移動をして，覆いかぶせ運動によって卵黄を囲む。外胚葉による卵黄の取り囲み（再び両生類の外胚葉による覆いかぶせ運動を想起させる）は，完成するまでにほぼ丸4日かかるほどの大仕事である。そこには絶え間ない細胞成分の産生や，卵黄膜の下側に沿った予定外胚葉の移動がかかわっている（New 1959；Spratt 1963）。この移動の駆動力となるのは，暗域の外縁の細胞である。これらの細胞は，長大な（500μm）突起を卵黄膜上に伸ばしてフィブロネクチンに結合する。これらの外胚葉外縁の細胞は，残りの外胚葉の細胞とつながっていて，卵黄周囲の外胚葉細胞を引っ張る（Schlesinger 1958）。外縁の細胞とフィブロネクチンの結合が人為的に壊されると，仮足は引っ込んで外胚葉の移動は止まってしまう（Lash et al. 1990）。

　まとめると，鳥類の原腸形成が終わりに近づくにつれ，外胚葉は胚を覆い，内胚葉は胚

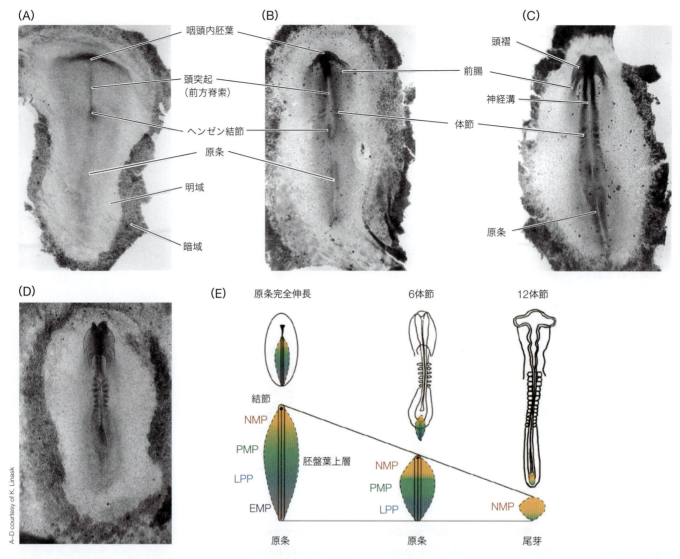

図13.7 産まれた卵を孵卵して24～28時間後のニワトリ原腸形成。(A)最長になった原条(24時間)。頭突起(前方脊索)がヘンゼン結節から伸びているのが見える。(B) 2体節期(25時間)。咽頭内胚葉が前方に観察され，前方脊索は頭突起を下方に押しやる。原条は退行している。(C) 4体節期(27時間)。(D) 28時間の時点で，原条は胚の尾側部分にまで退行している。(E)原条の退行とその跡に残る脊索。上の図は胚の解剖図で，色のついた領域は，胚盤葉上層の陥入している中胚葉の前駆細胞で，原条で収斂するものを表す。下の図は，色のついた領域を拡大したもので，予定中胚葉細胞の運命図を示す。NMP：神経中胚葉前駆体，PMP：前体節中胚葉前駆体，LPP：側板中胚葉前駆体，EMP：胚体外中胚葉前駆体。(EはC. Guillot et al. 2021. *eLife* 10：e64819. © 2021, Guillot et al. より)

盤葉下層と置き換わり，中胚葉はこれら2つの領域の間に配置される。(オンラインの「WATCH DEVELOPMENT 13.3：Retention of the NMP as the Primitive Streak Regresses」参照)

左右軸形成

脊椎動物のからだには，明確な右側と左側がある。例えば，心臓や脾臓は一般にからだの左側にあるし，肝臓はふつう右側にある。左右の相違は，まず2つのタンパク質(傍分泌因子のNodalと転写因子のPitx2)が左側に偏って発現することで定められる。しかしながら，*Nodal*遺伝子の発現が左側で活性化する機構は，脊椎動物の綱によって異なる。ニワトリ胚は操作が容易なため，科学者たちは他の脊椎動物よりも簡単に，鳥類における左右軸決定の分子経路を解明することができた。

さらなる発展

ニワトリにおける左右軸形成の分子機構　原条が最長に達すると，*Sonic hedgehog* (*Shh*) 遺伝子の転写が胚の左側に限局される（図13.8A）。将来胚の右側になる側では，Activin シグナルが BMP4 経路を誘導し，BMP4 経路によって *Shh* の転写が抑制されつつ Fgf8 タンパク質の発現が誘導される。Fgf8 は胚の右手側で Nodal の発現を阻害し，さらには中胚葉に右側らしさをもたせるシグナルカスケードを活性化するようである（Schlueter and Brand 2009）。

　一方で，胚体の左側では，Shh タンパク質が発現して Cerberus を活性化させており，この場合 BMP と協調して Nodal の合成を惹起する（図13.8B；Yu et al. 2008）。Nodal タンパク質は *Pitx2* 遺伝子を活性化する一方で，*Snail* 遺伝子を抑制する。加えて，腹側正中線の Lefty1 は，胚体の右側へと Cerberus が流れていくのを防いでいる（図13.8C, D）。

　ツメガエルの場合のように，Pitx2 は胚構造の非相称性をつくり出すのにきわめて重要である。人為的に Nodal や Pitx2 の発現をニワトリ胚の右側に誘導すると，非相称性が逆転するか，左右がでたらめになってしまう（Levin et al. 1995；Logan et al. 1998；Ryan et al. 1998）[5]。

発展問題

真の謎は，Shh と Fgf8 の非相称性は元々どうやってつくられるのか，ということである。図13.8の概略図は"？"マークから始まっている。興味深いことに，ニワトリ胚のヘンゼン結節の形成中にみられる初めの非相称性には，Fgf8 と Shh の発現細胞が配置を換え，ヘンゼン結節の右側に集まることが関与している（Cui et al. 2009；Gros et al. 2009）。この初期の非相称性をつくるものが何なのかは依然として知られていない。それは細胞運動を誘引する化学物質かもしれないし，ヘンゼン結節周辺で細胞が物理的に動かされることかもしれないし，あるいは電位の勾配なのかもしれない（Gros et al. 2009；Tsikolia et al. 2012；Otto et al. 2014；Monsoro-Burq and Levin 2018）。読者諸君は，自分の擁護する側を選んで，その説を調べてみてはどうだろう。

尾部：原腸形成の終わり

　近年，1細胞単位での観察や発生に沿った転写プロファイリングが可能になったことで，どのように細胞の集団が確立され，移動していくのかわかるようになってきた。このような技術から得られた顕著な例は，尾芽を生み出す細胞が"本体"の沿軸中胚葉と脊髄神経を形成する神経中胚葉前駆細胞の子孫であることの発見である（図13.7A参照；Guillot et al. 2021参照）。原条が退行する際，他の細胞が離れていくのに対し，神経中胚葉前駆細胞は分裂を続ける。これにより，結節がほぼ完全に退行するときには，原条に残っているのはほとんど神経中胚葉前駆細胞であり，異なる発生の戦略が行われる。

　二分化能性の神経中胚葉前駆細胞を特徴づけるのは，T（"中胚葉"の転写因子，Brachyury とも呼ばれる）と Sox2（"神経"の転写因子）の両方を発現していることである。これらの神経中胚葉前駆細胞は，"脊索-神経管尾端境界（chordoneural hinge）"を形成し，そこから神経と脊椎前駆体が分化し移動する。それぞれの細胞は，(1)神経中胚葉境界幹細胞として残る（T と Sox2 タンパク質の両方を発現），(2)Sox2 タンパク質を発現して神経になる，(3)T タンパク質を発現して沿軸中胚葉となる（Kawachi et al. 2020；Dias et al. 2020）。実際，これらの"尾端境界"の神経中胚葉前駆細胞は，中胚葉を生み出す細胞と神経を生み出す細胞の間を行ったり来たりできる（Tzouanacou et al. 2009；Guillot et al. 2021）。これによって，既に形成された神経管（脊索によって外胚葉から誘導されたもの；15.1節参照）に接続する二次神経管がつくり出される。二次神経管の神経は，結腸，膀胱，性器を含む骨盤内臓器および尾部の機能を制御する。

　鳥類のなかで最も進化しているものは，尾部脊椎の数は非常に少なく，4～7の脊椎が融合した骨性の構成要因である**尾端骨**（pygostyle）が続く短い尾をもつ。七面鳥やクジャクのように，今日でもみられる長い尾をもつ鳥の尾側の羽は，尾端骨に結合している。しか

5　*PITX2* を両アリルとも欠損したヒトは，リーガー症候群（Rieger syndrome）という相称性の異常を起こす。同じような症状は，マウスで *Pitx2* 遺伝子をノックアウトしても起こる（Fu et al. 1999；Lin et al. 1999）。

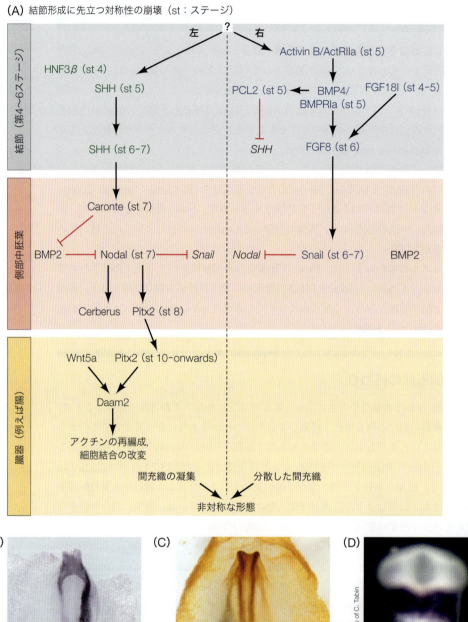

(A) 結節形成に先立つ対称性の崩壊 (st：ステージ)

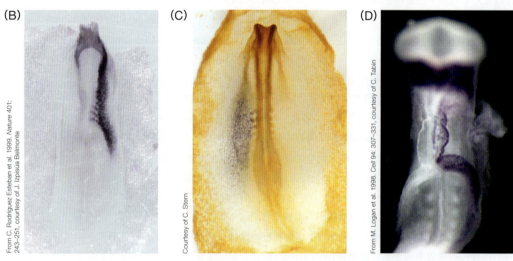

◀図13.8　ニワトリ胚においてどう左右の非相称性ができるかを示すモデル。(A)ヘンゼン結節の左側では，Sonic hedgehog (Shh)タンパク質がCerberusを活性化し，それによってCaronteの発現誘導を促す。CaronteはPitx2cの発現を誘導する。Pitx2タンパク質はさまざまな器官原基で活性化し，どちら側が左になるのかを特定化する。胚の右側では，Activinがその受容体Ⅱaとともに発現する。これにより，Shhの発現を妨げながら，Fgf8遺伝子を活性化する。Fgf8タンパク質は，Cerberusの発現を妨害し，Snailを活性化する。Snailが存在してCerberusがないとNodalは活性化せず，ゆえにPitx2は発現しない。(B) Cerberus mRNAのホールマウントin situハイブリダイゼーション。この写真は腹側("下から"なの で，発現は右側にみられる)からのものである。背側から見ると，発現パターンは左側にある。(C)ニワトリNodalの転写産物(紫色)に対するプローブを使ったホールマウントin situハイブリダイゼーション。Nodalの発現は左側の側板中胚葉だけにみられる。写真は背側より。(D)より後期の発生ステージにおいて，Pitx2に対するプローブを用いた同様のin situハイブリダイゼーション。腹側表面から胚を見たもの。このステージでは心臓が形成されつつあり，Pitx2の発現は，心臓管では左側にみられるが，前方の組織では左右相称である。Pitx2は，Wntの活性因子で腸の非対称性に必要なDaam2のようなエフェクターを活性化する。(AはA. H. Mon-soro-Burq and M. Levin 2018. *Int. J. Dev. Biol.* 62：63-77より)

し，現代の鳥類の祖先となった恐竜科のなかには，尾をもつものがいる(Rashid et al. 2014)。実際，知られている最も古代的な鳥類のひとつである*Archaeopterix*は，22個の脊椎骨からなる尾をもっていた。ニワトリの胚は(13.5節で紹介するヒトの胚と同様に)一時的に尾を形成した後，細胞死によっていくつかの脊椎骨以外は取り除かれ，残存した部分が再編成されるようである(Sanders et al. 1986；Miller and Briglin 1996)。

13.3　哺乳類の初期発生

　哺乳類の卵は動物界でも最小で，それゆえ実験的な操作が難しい。例えば，ヒトの接合子は直径100μmしかない。これは肉眼ではほとんど見えず，アフリカツメガエルの卵の体積の1/1,000よりも小さい。さらに，哺乳類の接合子はウニやカエルほど数が用意できない。雌の哺乳類は，1回にせいぜい10個程度しか排卵せず，ゆえに生化学的な研究に十分な試料を集めるのが困難である。最後の障害として，胎盤を形成する胚の発生が，外環境ではなく他個体(母体)内で進むことがあげられる。マウスは比較的簡単に繁殖し，一腹の子供が多く，研究室内で容易に飼えるため，哺乳類の研究のほとんどはマウスに焦点をあてている。

　7.3節で紹介したように，受精に先立って，卵丘細胞に包まれた哺乳類の卵母細胞は，卵巣から排出されて卵管采によって卵管へと集められる(図13.9)。卵巣に近い卵管の**膨大部**(ampulla)で受精は起こる。減数分裂は精子の進入後に完了し，初めの卵割は約1日後に始まる。初めの卵割面は，精子の進入点に依存するという意見もある(Piotrowska and Zernicka-Goetz 2001)。またマウスでは，精子によって運ばれたマイクロRNA (miRNA-34c)が，この初めの細胞分裂を開始させるために必要である。このマイクロRNAは，細胞周期がS期へと移行するのを妨げるタンパク質であるBcl-2に結合して，その機能を阻害するようである(Liu et al. 2012)。半数体の前核は出会うとすぐに体細胞分裂に入るため，この卵割によって生じる2つの核が完全なゲノムを含む初めての核となる(図7.30参照)。

哺乳類の卵割の独特な性質

　哺乳類卵の卵割は動物界でも指折りの遅さで，12～24時間おきに起こる。卵管の繊毛は子宮に向かって胚を押し出していき，初めの卵割はこの移動の間に起こるのである。ゆっくりとした分裂に加えて，他にもいくつかの性質が哺乳類の卵割を特異なものにしている。例えば，互いの割球の向きが独特である。すべてではないが，多くの哺乳類の胚において，第1卵割では通常の縦割れ(経割)が起こるが，第2卵割では，2つの割球のうち1つは縦に割れ，もう1つは横に割れる(緯割)(図13.10)。これが**回転卵割**(rotational cleav-age)である(Gulyas 1975)。

図13.9 受精してから着床するまでのヒト胚の発生。ヒト胚のコンパクションは4日目, 10細胞期で起こる。胚は, 子宮に到達するに際し透明帯から"孵化"する。透明帯は, 胚が子宮へ移動する間, 未成熟な状態で卵管に接着することを防いでいる。(H. Tuchmann-Duplessis et al. 1971. *Embryogenesis: Illustrated Human Embryology*, Vol 1. Springer: New Yorkより)

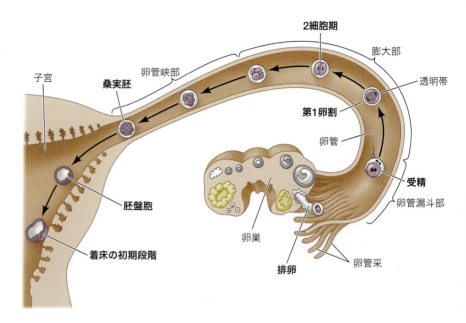

哺乳類の卵割が他と大きく異なるのは, 初期細胞分裂の非同調性である。哺乳類の割球は, すべてが同時に分裂するわけではない。ゆえに, 哺乳類の胚は指数的に(例えば, 2細胞から4細胞, 8細胞へと)数を増やすのではなく, 奇数の細胞を含むことも多い。加えて, あっという間に発生していく動物のゲノムとは異なり, 哺乳類のゲノムは初期卵割の間に活性化され, 胚のゲノムから転写されるタンパク質が卵割や発生に必要である(7.3節参照)。母性翻訳されたタンパク質は, 卵割期のほとんどの間残存し, 初期胚において大切な役割を果たす。マウスとヤギにおいては, 胚性(すなわち母親から細胞質に引き継がれたものだけでなく, 核にある)遺伝子の活性化は後期受精卵で始まり, 2細胞期を通して継続する(Zeng and Schultz 2005; Rother et al. 2011)。ヒトでは胚性遺伝子の活性化は少しだけ遅く, 8細胞期のあたりである(Pikó and Clegg 1982; Braude et al. 1988; Dobson et al. 2004)。(オンラインの「FURTHER DEVELOPMENT 13.3: Epigenetic Regulation of Histone States Is Required for the Maternal to Zygotic Transition in the Mouse」参照)

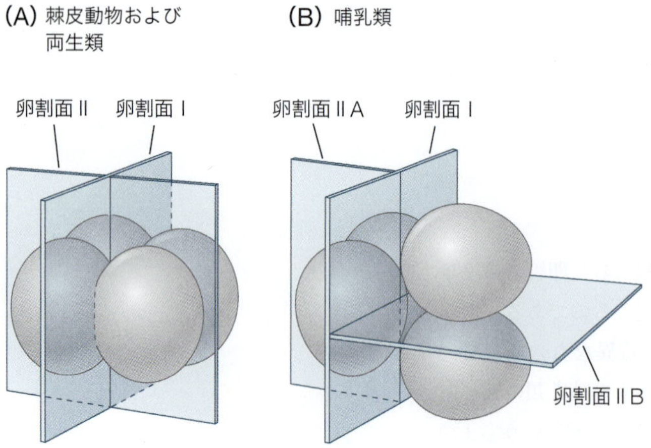

コンパクションと胚盤胞の形成

マウスの割球は8細胞期まで, ゆるい配置をしている(図13.11A～C)。しかし, 3回目の卵割に続いて, 割球は哺乳類の卵割にとって重大な出来事である**コンパクション**(compaction)を経験する。E-カドヘリンなどの細胞接着タンパク質が発現し始め, 割球は次第に密集してぎゅっと詰まった細胞のボールとなる(図13.11D; Peyrieras et al. 1983; Fleming et al. 2001)。このぎっちり詰まった配置は, 外側の細胞で形成される密着結合によって安定化され, 球の内側を密閉する。球の内側にある細胞はギャップ結合を形成し, それによって小さな分子やイオンが行き来できるようになる(魚類の初期胞胚に類似)。

コンパクション後の8細胞胚は, 分裂して外側の細胞の大集団とそれに囲まれた内側の小集団である16細胞の**桑実胚**(morula)を形成する(図13.11E)。外側の細胞から派生した

図13.10 初期卵割の比較。(A)棘皮動物や両生類の放射卵割。(B)哺乳類の回転卵割。(B. J. Gulyas. 1975. *J Exp Zool* 193: 235-248より)

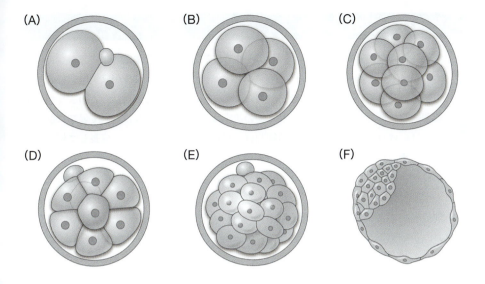
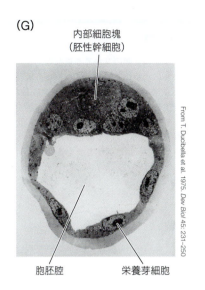

図13.11 *in vitro* におけるマウス胚の卵割。(A) 2細胞期。(B) 4細胞期。(C) 初期8細胞期。(D) コンパクション後の8細胞期。(E) 桑実胚。(F) 胚盤胞。(G) 胚盤胞中央断面の電子顕微鏡写真。〔A〜FはJ. G. Mulnard. 1967. *Arch Biol* (Liege) 78:107-138より〕

細胞の大部分が**栄養芽細胞**〔trophoblast；栄養外胚葉(trophectoderm)とも呼ばれる〕になり，内側の細部は**内部細胞塊**(inner cell mass：ICM)になる。**栄養芽細胞と内部細胞塊の形成は，哺乳類の発生における最初の分化イベントである。**

栄養芽細胞は胚の構造には寄与しないが，子宮に結合し埋め込まれるために必要不可欠である。胚が子宮に到着すると，栄養芽細胞はホルモンを分泌して，母親の子宮が胎児を保持するようにし，子宮は母体が胚を拒絶しないように免疫反応調節因子が生成される(14.4節参照)。最終的に，栄養芽細胞は毛細血管に富む絨毛膜を形成する中胚葉の細胞と混ざり合う。絨毛膜は，子宮に接続し胎盤を形成する胚体外組織である。

そうこうしているうちに，胚体をつくり出す内部細胞塊は栄養芽細胞の環の片隅に落ち着く。結果として生じる**胚盤胞**(blastocyst)は，哺乳類卵割のもう1つの特徴である(図13.11F，G)。内部細胞塊には，胚のすべての細胞種をつくり出す能力をもった胚性幹細胞が含まれる(図5.8参照)。最初期の割球(例えば2細胞期や4細胞期胚の割球)は，栄養芽細胞と内部細胞塊の胚前駆細胞のどちらも形成することができる。これらのたいへん早い段階の細胞は，**全能性**(totipotent；ラテン語で"なんでもできる"の意)をもつといわれる。一方，内部細胞塊の細胞は，**多能性**(pluripotent；ラテン語で"多くのことができる"の意)をもつといわれる。言い換えれば，内部細胞塊の細胞1つ1つは胚体のどんな細胞もつくり出すことができるが，栄養芽細胞を形成することはもはやできないのである。内部細胞塊の多能性の細胞は，単離し培養することができる。適切な条件下で，これらの細胞は際限なく自己複製し，多能性を維持し，培養胚性幹細胞となる(5.8節参照)。

受精と卵割の間，精子と卵のDNA上のメチル基は通常取り除かれ，それによってゲノムの全能性が実現する。原腸形成で細胞運命が定まるにつれ，遺伝子の新しいメチル化のパターンが樹立される。しかし，少数の遺伝子(おそらく哺乳類では200ほど)は，二倍体のペアのうちの一方しか受精と卵割の間に脱メチル化されない。これらの遺伝子は，精子由来のものだけが脱メチル化される場合もあれば，卵由来のものだけが脱メチル化される場合もある。これらの**インプリンティング(刷り込み)遺伝子**(imprinted gene)は，雄由来または雌由来のアリルのどちらか一方だけが活性をもつ。インプリンティングが正しく行われることが，内部細胞塊と栄養芽細胞を適切に定めるために重要である(Branco et al. 2016)。

発展問題

これまで哺乳類のなかでも真獣類——マウスやヒトのように胎児が発生し終わるまで保持する生物——について考えてきた。しかし，卵を生む(カモノハシのような)単孔類や，極端に妊娠期が短い(カンガルーやコアラのような)有袋類についてはどうだろうか？ これら動物の胚は胚盤胞をつくるのだろうか？

さらなる発展

栄養芽細胞か内部細胞塊か？ 残りの一生を左右する最初の決定 哲学者かつ神学者のSøren Kierkegaard(セーレン・キルケゴール)は，人は自身が成す選択によって自身を構築している，と記した。胚にとってこれは言うまでもないことのようだ。栄養芽細胞になるか内部細胞塊になるかの決定は，哺乳類の生涯において最初に選ばなくてはいけない二択である。胚の細胞は，最終的に全能性を失い，成長して何になるのかを決めなくてはいけない(図5.9および図5.10参照)。

最初の決定において，Oct4とCdx2は相互に遺伝子転写を抑制し合うことで，一部の細胞をCdx2を発現する栄養芽細胞に，残りを内部細胞塊の*Oct4*を発現する多能性の細胞にする。続いてこれらの内部細胞塊の細胞は，2つ目の決定をする。すなわち，各細胞は(他の遺伝子に加えて)NanogとGata6のどちらかを発現し，それによって多能性を維持する(Nanog)か，原始内胚葉になる(Gata6)かを決める(Ralston and Rossant 2005；Rossant 2016)。

別の言い方をすれば，胚盤胞が形成される前，各割球はCdx2とOct4双方の転写因子を発現し(Niwa et al. 2005；Dietrich and Hiiragi 2007；Ralston and Rossant 2008)，内部細胞塊にも栄養芽細胞にもなれるようである(Hiiragi and Solter 2004；Motosugi et al. 2005；Kurotaki et al. 2007)。しかし，ひとたび栄養芽細胞か内部細胞塊かの決定がなされると，細胞はそれぞれの領域に特異的な遺伝子セットを発現する。内部細胞塊の多能性は，3つの転写因子(Oct4，Sox2，Nanog)が中核となって維持される。これらのタンパク質は自身の遺伝子のエンハンサーに結合して自身の発現を維持しながら，同時に互いのエンハンサーも活性化させている(**図13.12**)。ゆえに，3つのうち1つの遺伝子が活性化すれば，他の2つもそれぞれ活性化される。これらは協調的に働いており，Sox2とOct4は二量体を形成し，多くの場合Nanogタンパク質と隣接してエンハンサーにとどまることで，胚性幹細胞(ES細胞)の多能性を維持するための遺伝子群を活性化し，分化につながるタンパク質をコードする遺伝子を抑制している(Marson et al. 2008；Kagey et al. 2010；Adamo et al. 2011；Young 2011)。(オンラインの「FURTHER DEVELOPMENT 13.4：The Role of Hippo Signaling during Trophoblast–ICM Determination」「FURTHER DEVELOPMENT 13.5：Mechanisms of Compaction and Formation of the Inner Cell Mass」参照)

空洞化

マウスの胚本体は16細胞期の内部細胞塊に由来し，32細胞期へと移り変わる間に桑実胚の外側の細胞から分裂する細胞によって補われる(Pedersen et al. 1986；Fleming 1987；McDole et al. 2011)。内部細胞塊の細胞は，胚，付随した卵黄嚢，尿膜，羊膜になる。64細胞期までに，内部細胞塊(このステージではおよそ13細胞)と栄養芽細胞は別々の細胞層となり，そのどちらも他方の細胞にはならない(Dyce et al. 1987；Fleming 1987)。しかしながら，内部細胞塊は，栄養芽細胞の分裂を促進するタンパク質を分泌して，積極的に栄養芽層を支持する(Tanaka et al. 1998)。

最初，桑実胚内に腔はないが，**空洞化**(cavitation)と呼ばれる過程で，栄養芽細胞は桑実胚の内側に液体を分泌して胞胚腔

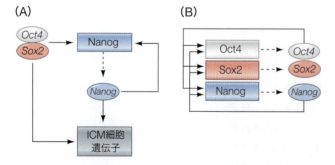

図13.12 内部細胞塊(ICM)の細胞の多能性のコア転写因子回路。(A) Oct4/Sox2二量体が*Nanog*遺伝子を活性化するフィードフォワード回路。Nanogタンパク質は次に，自身の遺伝子および多能性を亢進する遺伝子を活性化させる。(B) Oct4，Sox2，Nanogタンパク質それぞれが自身と互いの合成を活性化する連動式調節回路。(L. A. Boyer et al. 2005. *Cell* 122：947-956より)

（胚盤胞腔）をつくり出す。栄養芽細胞の膜にはナトリウムポンプ（Na^+, K^+-ATPアーゼおよびNa^+/H^+交換輸送体）があり，中央の腔にナトリウムイオンを送り込む。ナトリウムイオンが蓄積し，浸透圧によって水が引き込まれ，胞胚腔の形成および拡張を起こす（Borland 1977；Ekkert et al. 2004；Kawagishi et al. 2004）。このナトリウムポンプの活性は，胚が子宮に向かって移動する際に通過する卵管の細胞によって促進されているようである（Xu et al. 2004）。胞胚腔が広がるにつれて，内部細胞塊は栄養芽細胞の環の片隅に落ち着いて，特徴的な哺乳類の胚盤胞ができ上がる（Rauber 1881）。（オンラインの「FURTHER DEVELOPMENT 13.6：Escape from the Zona Pellucida and Implantation」参照）

13.4　哺乳類の原腸形成

　鳥類と哺乳類はどちらも爬虫類に由来する。したがって，哺乳類の発生が爬虫類および鳥類の発生に似ていても驚くことではない。真に驚くべきは，爬虫類胚の原腸形成は卵黄が多い卵への適応として発展し，鳥類の発生でも保存されたものであるが，巨大な卵黄を欠く哺乳類の胚においてもそれが変わっていないことである。哺乳類の内部細胞塊は，あたかも架空の卵黄の玉に乗って，祖先である爬虫類の発生機構に従っているかのようにみなすことができる。

他個体内で発生するための変化

　哺乳類の胚は貯蓄した卵黄を必要とせず，直接母体から栄養を得る。この進化的な変化は，母体の解剖学的構造の劇的な再構成（卵管の下部が拡張して子宮を形成することなど）と，胚-母体の双方から成り母親の栄養を胚が使えるように吸収する臓器である胎盤の発生をもたらした[6]。

　13.3節でみてきたように，初めの分岐は内部細胞塊と栄養芽細胞の間で起こる。栄養芽層はいくつかの段階を経て発生を進め，最終的には胚に由来する中胚葉と混ざり合って，毛細血管に富んだ漿膜（胚体に由来する胎盤の一部）になっていく。栄養芽細胞はまた，胎盤の母体由来部分である**脱落膜**（decidua）を，母親の子宮細胞に形成させる。脱落膜は，酸素と栄養を胚に運ぶための血管を豊富に含むようになる（14.4節参照）。内部細胞塊は，胚盤葉上層と原始内胚葉（ニワトリ胚の胚盤葉下層と相同）になる。原始内胚葉は卵黄嚢の細胞を生み出し，胚盤葉上層は胚体，羊膜，尿膜を生み出す（図13.13）。

原始内胚葉：哺乳類の胚盤葉下層　多くの分化が，子宮壁に着床する前の胚盤胞の中で起こる。この時期を，哺乳類の発生では**着床前後**（peri-implantation）期と称する。この時期に内部細胞塊の細胞は分離して2つの層ができる（図13.14）。胞胚腔に接する下の層は**原始内胚葉**（primitive endoderm：PrE）で，ニワトリ胚の胚盤葉下層と相同である。その上の層が（ニワトリと同様に）胚盤葉上層である。原始内胚葉は卵黄嚢を形成し，ニワトリの胚盤葉下層と同様に，原腸形成の位置を決め，胚盤葉上層の細胞移動を制御し，血液細胞の成熟を促す。加えて，原始内胚葉はニワトリの胚盤葉下層のように，最終的に胚体の腸になる細胞を提供する（Kwon et al. 2008；Chan et al. 2019；Pijuan-Sala et al. 2019）。

　マウス内部細胞塊の細胞が胚盤葉上層になるか原始内胚葉になるかは，その細胞が内部細胞塊の一部になるタイミングによって決まる可能性がある（Bruce and Zernicka-Goetz 2010；Morris et al. 2010）。8〜16細胞期の分裂において内側に入った細胞は，多

6　ヒトの妊娠における子宮と胎盤の機能については，第14章で取り上げる。ヒト胚の着床と胚体外膜形成は14.4節と14.5節で説明する。

462 | PART III 初期発生

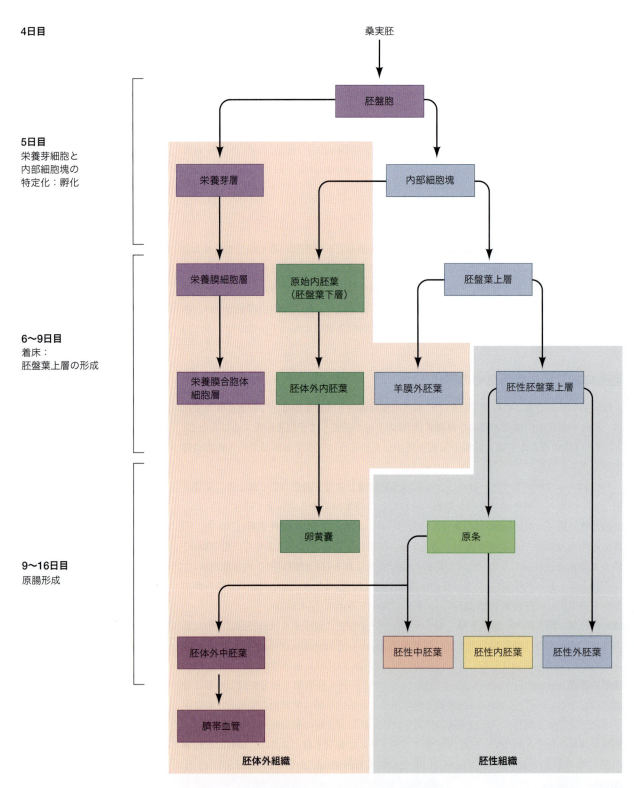

図13.13 哺乳類の原腸形成へと続く着床前後の期間を要約したフローチャート。胚盤胞の細胞は，（胚体外組織に分化していく）栄養芽細胞か，（三胚葉をもつ胚体になっていく）内部細胞塊のいずれかになる。(W. P. Luckett, 1978. *Am J Anat* 152：59-97 より)

第 13 章 鳥類と哺乳類 | 463

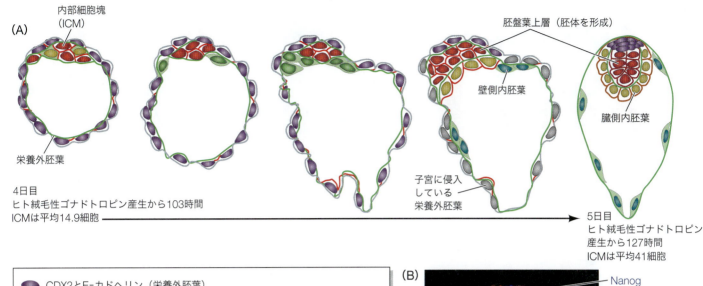

図 13.14 着床前後の細胞分化のステージ。(A) 受精後 3.75 から 4.75 日のマウス胚の着床前後の発生における，形態と遺伝子発現の変化。栄養外胚葉（紫）が最も外側の層。内部細胞塊（ICM）の細胞は，初めモザイク状の予定運命を示すが，胚体を形成する上側の胚盤葉上層（赤）と，胚盤葉上層の下の臓側内胚葉（黄）および栄養外胚葉の内側に沿って広がる壁側内胚葉（PE; 青）を形成する下側の原始内胚葉に自ら選り分けられる。(B) 3.5 日目のマウス胚（初期胚盤胞）。内部細胞塊では，Nanog（青色；胚盤葉上層の細胞）と Gata6（赤色；原始内胚葉，他にも可能な運命はある）のランダムな発現がみられる。(A は M. C. Wallingford et al. 2013. *Dev Dyn* 242: 1110-1120 より)

能性をもつ胚盤葉上層の細胞になる傾向がある。一方の原始内胚葉は，16〜32 細胞期の分裂中——4.5 日目に 2 つの層が分離する丸 1 日前のことである——に内部細胞塊に参加した細胞によって生み出されるようである（図 13.14A 参照）。このステージの内部細胞塊の割球は，将来の胚盤葉上層細胞（多能性を亢進させる Nanog 転写因子を発現している）と，原始内胚葉（Gata6 転写因子を発現している）がモザイク状に入り混じっている（図 13.14B 参照；Chazaud et al. 2006）。

胚盤葉上層と原始内胚葉は，**二層胚盤**（bilaminar germ disc）を形成する（**図 13.15A**）。原始内胚葉の細胞は広がって胞胚腔を裏打ちし，そこで卵黄嚢になる。原始内胚葉のうち，胚盤葉上層と接しているものが**臓側内胚葉**（visceral endoderm）であり，栄養芽層と接し卵黄嚢になる細胞が**壁側内胚葉**（parietal endoderm）である（図 13.14 参照）。羊膜は動物種ごとに異なる形成様式をとる（Rostovskaya et al. 2022）。大抵は，胚盤葉上層の細胞層が小さな裂け目によって分かれ，その裂け目が融合し，胚体をつくる胚盤葉上層と羊膜をつくる胚盤葉上層とを隔てる。ひとたび完成すると，羊膜腔は，胚の乾燥を防ぎながら衝撃を吸収する役目を果たす**羊水**（amniotic fluid）で満たされる。胚体をつくる胚盤葉上層は，胚を形成するすべての細胞を含むと考えられており，多くの点で鳥類の胚盤葉上層に類似する。

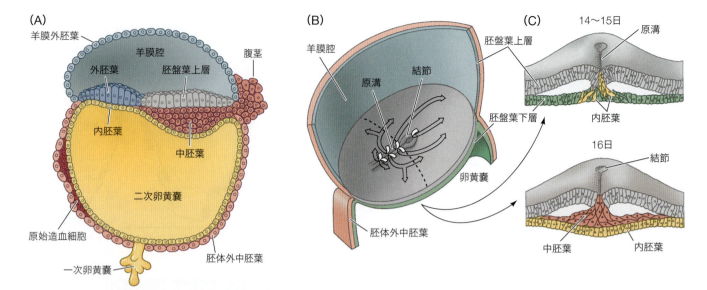

図13.15 ヒトの原腸形成における構造と細胞の移動。(A，B)妊娠16日目におけるヒト胚と子宮の接続部。(A)正中線を通る矢状断面図。(B)胚の背側表面を見下ろしたもの。原条を通過する胚盤葉上層の動きを，結節およびその直下にある胚盤葉上層と重ねあわせて描いてある。(C) 14，15日目には，移入していく胚盤葉上層細胞が，卵黄嚢の内層になる胚盤葉下層細胞にとって代わると考えられている。16日目には，移入していく細胞が外側に広がって中胚葉層を形成する。(AはA. Goedel and F. Lanner 2021. *Nature* 600：223-224 より；B，CはW. J. Larsen. 1993. *Human Embryology*. Churchill Livingstone：New York より)

原条と結節 原腸形成は胚の後端で始まり，この場所に原条が現れる(図13.15B，C)。ニワトリの胚盤葉上層細胞と似て，哺乳類の中胚葉と内胚葉の細胞は胚盤葉上層細胞に由来し，上皮-間充織転換を起こしてE-カドヘリンの発現を失い，個々の間充織細胞として原条を通過していく(図13.16；Burdsal et al. 1993；Williams et al. 2012)。最終的に，原条の前方端の厚みのある球構造として**結節**(node)が形成される[7]。結節から生じる細胞は前側の内胚葉と脊索をつくり出すが，ニワトリの脊索形成とは対照的に，マウスの脊索を形成する細胞は原始腸管の内胚葉に統合されると考えられている(Jurand 1974；Sulik et al. 1994)。これらの細胞は，小さくて繊毛をもち，結節から吻方向に広がっていく細胞の帯として観察される。これらは正中線方向に収斂して腸管の屋根から背側方向に"出芽"することで，脊索を形成する。

発生メカニズムの使い方やこれらの発生イベントのタイミングは，ニワトリとマウスでは大きく異なり，哺乳類のなかでさえ違いがみられる。物理的要因(例えば鳥類に卵黄があることや，哺乳類に栄養芽細胞があること)の影響で，マウスの原条は上皮-間充織転換が漸進的に始まることを主な駆動力として形成されるが，ニワトリの原条は胚盤葉上層細胞の収斂運動が主要因となって形成される(Williams et al. 2012；Sheng et al. 2021)。ヒトだと16日目(マウス胚なら16日目に生まれる準備がほとんど完了する)まで，この中胚葉を形成する細胞の移動は起こらない(Larsen 1993)。

さらなる発展

初期のマウス原腸形成におけるFgf8の役割 細胞の移動と特定化は，繊維芽細胞増殖因子(fibroblast growth factor：FGF)によって調整されている。原条の細胞は，

---

[7] Viktor Hensen(ヴィクトル・ヘンゼン)がウサギとモルモットの胚でこの構造を見つけたという事実にもかかわらず，マウスの発生ではヘンゼン結節はたいていただの"結節(ノード)"と呼ばれる。

第13章 鳥類と哺乳類 465

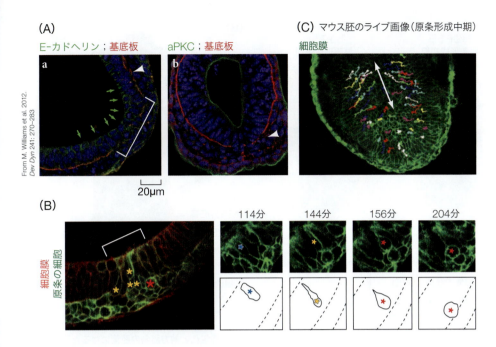

図13.16 原条において中胚葉の陥入に先行する上皮-間充織転換。(A)マウス胚の胚盤葉上層の細胞は，E-カドヘリンと頂端極性タンパク質(aPKC；緑の矢印)のような頂端側のマーカーを発現する。基底板(コラーゲンIV；赤の蛍光)の局所的な崩壊から，原条の位置(角括弧)がわかる。そこでは，胚盤葉上層の細胞は上皮-間充織転換し，陥入してE-カドヘリンもaPKCも発現せず下に広がる中胚葉を形成する(白の矢じり)。(B)培養下のマウス胚の四次元イメージングによって，胚盤葉上層の細胞の形態が上皮状(青の星印)から頂端収縮の間にボトル型の細胞(黄色の星印)になり，最終的に中胚葉層の丸い間充織細胞(赤の星印)へと変化する様子を追うことができる。(C)原条形成の間の経時的な細胞トラッキング(色付きの線)によって，正中線上の原条に収斂することで前後軸が伸長する(両方向の矢印)細胞のインターカレーション(相互挿入)が明らかになる。

FGFの合成と応答のどちらもできるらしい(Sun et al. 1999；Ciruna and Rossant 2001)。Fgf8かその受容体の遺伝子をホモに欠損する胚では，細胞が原条から出ることができず，分厚い原条が生じて中胚葉も内胚葉も形成されない。この結果から，原条形成におけるFgfファミリーの主な機能は，おそらくニワトリと同様に，細胞同士の反発作用によって中内胚葉を原条から追い出すことだと考えられる。Fgf8はまた，(ニワトリ胚でそうであるように)中胚葉の移動，特定化，パターン形成に重要な*snail*，*Brachyury*，*Tbx6*といった遺伝子を調整することで，細胞の特定化を制御しているようである。

ニワトリの胚盤葉上層と同じように，哺乳類の外胚葉前駆細胞は，伸長しきった原条の前方および側方にある。しかし，(これもまたニワトリ胚と同様に)単一の細胞が複数の胚葉に派生していく例が報告されている。したがって，初期の原腸胚期には，これらの系統はまだ十分に分かれていない。実際，マウスにおいて，胚体外である臓側内胚葉の細胞のなかには，胚体内胚葉(definitive endoderm)に入り込んで腸管の一部となるものがある(Kwon et al. 2008)。(オンラインの「FURTHER DEVELOPMENT 13.7：Placental Formation and Functions」「SCIENTISTS SPEAK 13.2：Listen to Dr. Ann Sutherland respond to a Q&A about the movements of gastrulation during mouse development」「SCIENTISTS SPEAK 13.3：In two videos, Dr. Janet Rossant discusses her research on embryonic cell lineages in the mouse embryo」参照)

13.5 哺乳類の体軸形成

1990年に，チェコの詩人で生物学者Miroslav Holub(ミロスラフ・ホルブ)は以下のように述べた：

5日目と10日目の間に，幹細胞の塊が，[マウス]胚とその臓器のすべてを組み立てる設計図に従い分化していく。それは，鉄の塊がスペースシャトルへと姿を変えるよう

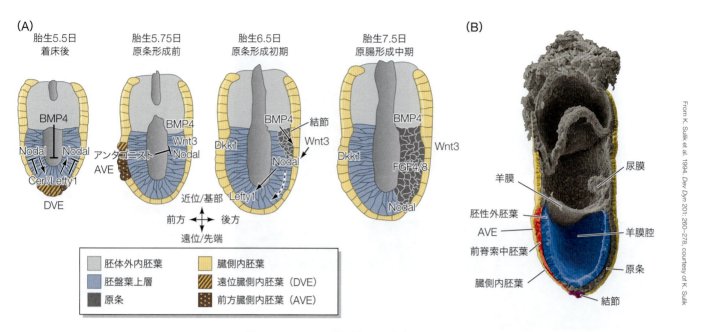

図13.17 マウスの前後軸形成。(A)遠位臓側内胚葉の特定化と前方臓側内胚葉になるための移動によって始まるイベントに依存する前後軸の成立。結節と原条は，6.5日目まで後極にとどめられる。原条は，7.5日目まで先端側そして前方に向かって伸びていく(破線矢印)。実線の矢印は活性化を，T字は阻害を表す。(B)擬似カラーによって7.5日のマウス胚の組織を示す共焦点顕微鏡写真。胚盤葉上層の背側の表面(胚体外胚葉)は羊膜腔に接しており，腹側の表面は新しく形成された中胚葉に接している。このカップ状の配置では，内胚葉が胚の表面を覆う。カップの底に位置する結節は，脊索中胚葉を生み出している。胚の尾側は，尿膜によって特徴づけられている。(AはE. S. Bardot and A. K. Hadjantonakis, 2020. *Mech Dev* 163より)

なものだ。それどころか，受精卵が成体に変化していくさまは，最も深遠でありながらなおも想像し受け入れることのできる謎であり，それがいかに素晴らしいことかを思案せずにはいられないほど卑近な奇跡でもある。

本当に，これがいかにすごいことであるかを我々はようやく見出し始めたところだ。

前後軸：2つのシグナルセンター

哺乳類の前後軸形成は，マウスにおいて最もよく研究されてきた。しかしながら，マウス胚盤葉上層の構造はヒトのそれとは異なり，ディスク状ではなくカップ状である。ヒト胚はニワトリ胚に非常によく似ているが，一方のマウス胚は，さながら原始内胚葉に取り囲まれた滴のように"下方に落ち込んで"いる(図13.17)。

哺乳類の胚は2つのシグナルセンターをもつようにみえる。1つは結節(ヘンゼン結節や，両生類オーガナイザーの胴体部分に相当)で，もう1つは**前方臓側内胚葉**(anterior visceral endoderm：AVE)である(Beddington and Robertson 1999；Foley et al. 2000)。前方臓側内胚葉の細胞は，臓側内胚葉のなかでBMP4とNodalのレベルが最も低い領域を形成する細胞集団から生じる(Ben-Haim et al. 2006；Arnold and Robertson 2009)。これらの細胞は，予定前方臓側内胚葉と遠位臓側内胚葉(distal visceral endoderm：DVE)の両方からつくられ，CerberusとLefty1を発現し始め，(まだわかっていない機構によって)胚の前方へと移動する。予定前方臓側内胚葉細胞は，移動しながら細胞増殖する(Takaoka et al. 2011；Srivanas et al. 2004)。NodalとWntシグナルの両方を妨げるCerberusを分泌することに加え，前方臓側内胚葉は別のWntアンタゴニストである

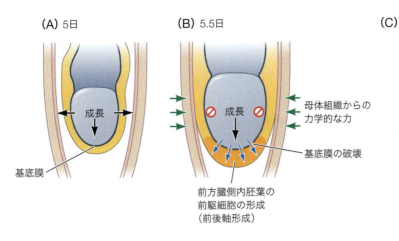
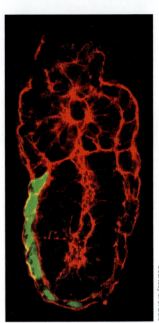

図 13.18 力学的なストレスによって形成されるマウスの前方臓側内胚葉の前駆細胞．(A)胎生5日目では，胚の成長は子宮の形状によって制限されておらず，いくつかの方向に向かう．(B)約12時間後には，胚の成長は制限され，基部–先端方向にしか進まない．先端の領域の基底膜は崩壊し，胚盤葉上層の細胞は臓側内胚葉の層へと侵入し（青い矢印），前方臓側内胚葉の前駆体を形成する．(C) GFPで標識された *Cerberus* 遺伝子の発現によって可視化された，将来の胚前方に向かう遠位臓側内胚葉と前方臓側内胚葉の細胞の移動．(R. Hiramatsu et al. 2013. *Dev Cell* 27: 131-144 より)

Dickkopfも産生する．

　原条をつくり始めるシグナルは，栄養芽層から生じた細胞と胚盤葉上層の相互作用から生じるらしい（Bardot and Hadjantonakis 2020）．栄養芽細胞に由来するBMP4が，近接する胚盤葉上層の細胞にWnt3aとNodalをつくらせる．しかし，Dickkopf，Lefty-1，Cerberusを分泌することで，前方臓側内胚葉は胚の前方でWnt3aとNodalといった傍分泌因子が作用するのを妨げている（Brennan et al. 2001；Perea-Gomez et al. 2001；Yamamoto et al. 2004）．両生類の胚のように，前方の領域はWntシグナルから守られる．これにより，Wnt3aは前方ではなく後方の胚盤葉上層の細胞で *Brachyury* 遺伝子を活性化させ，中胚葉をつくる（Bertocchini et al. 2002；Perea-Gomez et al. 2002）．前方臓側内胚葉と結節は協調して前後軸をつくり上げるので，前方臓側内胚葉が形成されないと，原条は放射状のリングになってしまう（Norris et al. 2002；Nowotschin et al. 2013）．ひとたび形成された結節はChordinを分泌し，頭突起と脊索が後からNogginを追加する．これらの遺伝子を両方とも欠損したマウスは，前脳，鼻，および他の顔の構造を失う．

マウスの前方臓側内胚葉はどうやって形成されるのか？　この問いに対する答えは予想外のものであった．前方臓側内胚葉，つまり哺乳類の前後軸は，環境に由来する力学的な力によって生まれるらしい——すなわち**子宮の形状**である．子宮は，胚が一方向にしか成長できないように制限する．こうして"下向き"に引き伸ばすことで，細胞外基質が壊れ，最遠位の胚盤葉上層の細胞において新しい遺伝子発現が誘導される（図13.18）．これらの新しく発現した遺伝子の産物によって，細胞は前方へと移動して前方臓側内胚葉になる．Hiramatsu（平松）ら（2013年）は，制限のかからない入れ物の中で胚を育てると，前後軸は形成されないことを発見した．したがって，子宮が及ぼす力学的な力は，正常な発生にとって不可欠であるらしい．

　Nodalシグナルを胚の後方にとどめておくことは，そこに原条が形成されることと関係があり，Nodalシグナルを胚の前方で阻害することは，そこに原条が形成されないことと関係がある．胎生6.25日目のあたりから，細胞が上皮–間充織転換を開始し胚盤葉上層から剥離する場所として，原条が見受けられる．ここでは細胞が間充織様になるに際し，上皮性の細胞でE-カドヘリンが分解され，N-カドヘリンに置き換えられる．特に原条にお

けるFgf4に由来するFgfシグナルは，細胞が上皮-間充織転換を行い胚盤葉上層から離れていくのに必要不可欠である(Miswander and Martin 1992；Ciruna and Rossant 2001)。発生のもっと後では，これらの因子は他の大事な役割を果たす。Nodalは前方で発現して頭尾パターン形成に重要であり，Fgfは後方で発現して後方構造を特定化するのに重要である。NodalとLeftyは胚の左右の区画を形成するのにも必須である。(オンラインの「FURTHER DEVELOPMENT 13.8：Anterior-Posterior Patterning by FGF and RA Gradients」参照)

前後パターン形成：Hoxコード仮説

　羊膜類のからだは3つの発生ユニットに分けて見ることができ，それぞれは異なる発生機構によって制御されている(Mallo 2017)。初めのユニットは頭部と頸部であり，この領域の発生は，脳，顔，心臓，そして首と頭の筋骨格組織を規定する。2つ目の発生ユニットは，前脚と後脚の間に位置する胴体部を含む。大部分の臓器および生殖器官はここで形成される。3つ目のユニットには，下腹部と尾部が含まれる。すべての左右相称動物において，前後の極性はHox遺伝子の発現によって規定される。

　脊椎動物の胴体と腹部の前後パターンを規定する機構は，昆虫の前後パターンに使われている機構にとてもよく似ている。いずれの場合も，異なるHox遺伝子が胚の組織の位置にもとづいて勾配をもって活性化する。哺乳類では，後方でWnt, FGF, Nodalの活性があり，これらの活性の阻害因子(Cerberus, Dickkopf)が前方にとどまる原腸形成の間に，この勾配が樹立される(図13.17参照)。結節が後方(つまりNodalとWntシグナルの活性が高い領域)に出現し，そこで原腸形成が始まる。

　脊椎動物のHox遺伝子は，ショウジョウバエのホメオティックセレクター遺伝子(Hom-C遺伝子)の相同遺伝子である(10.5節参照)。3番染色体上にあるショウジョウバエのホメオティック遺伝子複合体は，*Antennapedia*遺伝子群と*bithorax*遺伝子群(図10.23節参照)から成り，これらは単一の機能的なユニットとみなすことができる〔実際，コクヌストモドキ(*Tribolium*)のような他の昆虫では，物理的にも単一のユニットである〕。現在知られているすべての哺乳類のゲノムは，一倍体あたり4コピーのHox遺伝子複合体をもち(マウスでは*Hoxa*から*Hoxd*，ヒトでは*HOXA*から*HOXD*)，それぞれが別々の染色体上に位置する(Boncinelli et al. 1988；McGinnis and Krumlauf 1992；Scott 1992参照)。

　Hox遺伝子のそれぞれの染色体上における順序は昆虫とヒトできわだって共通しており，発現パターンもまた同様である。ショウジョウバエの*labial, proboscipedia, deformed*遺伝子に相同な哺乳類の遺伝子は前方かつ早期に発現し，ショウジョウバエの*Abd-B*遺伝子に相同な遺伝子は後方かつ後期に発現する。ショウジョウバエとマウスのいずれにおいても，転写因子をコードする遺伝子の特定のセットが頭部形成を調節する。ショウジョウバエでは，*orthodenticle*と*empty spiracles*遺伝子である。マウスでは，これらに相同な遺伝子である*Otx2*と*Emx*の発現を通じて，中脳と前脳がつくられる(Kurokawa et al. 2004；Simeone 2004参照)。

　哺乳類のHox/HOX遺伝子には1～13の番号が付けられており，各遺伝子複合体のなかで最も前方で発現する側から順に番号をふる。**図13.19**は，ショウジョウバエとマウスのホメオティック遺伝子セットの関係を示している。マウスの各遺伝子複合体間の対応する遺伝子(例えば*Hoxa4, b4, c4, d4*)は，**パラログ**(paralogue)である。つまり，哺乳類の4つのHox遺伝子複合体は，染色体の重複によって生じたと考えられている。ショウジョウバエのHom-C遺伝子とマウスのHox遺伝子の対応は1対1ではないため，これら2つの動物種が分岐してから独立した遺伝子重複および欠損が起こった可能性が高い(Hunt and Krumlauf 1992)。実際，マウスの最後方Hox遺伝子(ショウジョウバエの

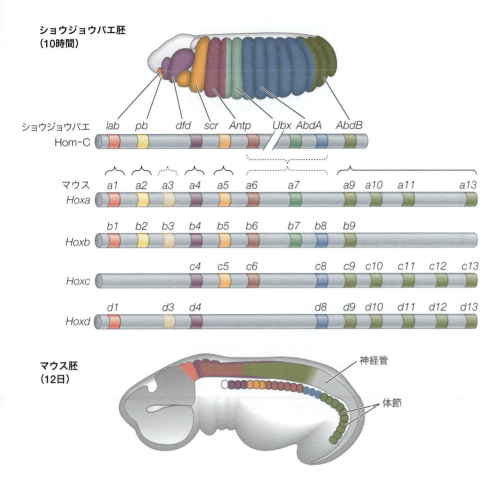

図13.19 ショウジョウバエとマウスにおけるホメオティック遺伝子の構造と転写発現が進化的に保存されていることが，ショウジョウバエ3番染色体のHom-Cクラスターと，マウスゲノムの4つのHoxクラスターの間の相同性から認められる。似た構造をもつ遺伝子同士は，それぞれの4つの染色体上での相対的な位置も同じで，パラログ遺伝子群は似た発現パターンを示す。大きな番号をつけられたマウスのHox遺伝子は，発生においても胚の位置においてもあとのほうで発現する。ショウジョウバエのHom-Cクラスター遺伝子群およびマウスのHoxb遺伝子の転写パターンは，染色体の上と下にそれぞれ示してある。(S. D. Hueber et al. 2010. *PLOS ONE* 5：e10820. doi：10.1371/journal.pone.0010820; and S. B. Carroll. 1995. *Nature* 376：479-485 より)

*Abd-B*に相当)は，哺乳類のいくつかの染色体上で独自の重複を経験している。

マウスにおいて，Hox遺伝子の連続的な活性化は原腸形成で原条がその頂点に近づいたときに始まり，このころには*Hoxa1*と*Hoxb1*が発現する(Kmita and Duboule 2003；Forlani et al. 2003；Deschamps and van Nes 2005)。これら2つの遺伝子が最も敏感にWntシグナルを察知するらしく，胚盤葉上層の後方の細胞でWnt3によって増加するβカテニンによって活性化の引き金が引かれる。これらの細胞が原条を通過していくにつれ，追加のHox遺伝子が順番に活性化する。

Hox遺伝子のエンハンサーのクロマチン上での配置は，徐々に転写されるように制御されている(Neijts et al. 2016)。初期の原条で形成された細胞が前方に移動するとき，前方の細胞は広くHox1パラログ遺伝子を発現し，一方で大部分の後方の細胞はHox13パラログ遺伝子を発現する。残りのパラログ遺伝子群は，これらの間に順番に発現する。Hox遺伝子群のこの順序立ったパターンは，胚の原条がある領域において，後方に向かうFGF，Wnt，Nodalの勾配や，反対に前方に向かうレチノイン酸の勾配によってさらに安定化するようである。(オンラインの「FURTHER DEVELOPMENT 13.8：Anterior-Posterior Patterning by FGF and RA Gradients」参照)

Hox遺伝子は，哺乳類の体軸に沿って神経管，神経堤細胞，沿軸中胚葉，体表外胚葉で発現し，後脳の前方境界から尾に至る領域でみられる。発現領域が変動することはあっても，3′Hox遺伝子(*labial, proboscopedia, deformed*に相同)は，5′Hox遺伝子(*Ubx, abd-A, Abd-B*に相同)よりも前方で発現する。ゆえに，パラログ群4は一般的にパラログ群5よりも前方で発現しており，他も同様な関係が続く(図13.19参照；Wilkinson et al. 1989；Keynes and Lumsden 1990；Tschopp and Duboule 2011)。Hox遺伝子変異の

解析から，前後軸に沿った領域のアイデンティティーは，その領域に発現している最も後方のHoxによって優先的に決められるということが示されている。

さらなる発展

Hoxコードの実験的解析

マウスHox遺伝子の発現パターンは，特定の組み合わせによって前後軸の決まった領域が特定化されるというコード(情報の変換ルール)の存在を示しており，Hoxのパラログ遺伝子の異なるセットが分節のアイデンティティーを与える（Hunt and Krumlauf 1991）。そのようなコードの存在を示す証拠は主に以下の2つから得られている：(1) さまざまな動物種における，椎骨の種類とHox遺伝子発現の位置の関連を示す比較解剖学，(2) 1つ以上のHox遺伝子を欠失するマウスがホメオティックに変形するノックアウト実験。

比較解剖学とHox遺伝子発現 遺伝子発現パターンの比較に基づいて，新しいタイプの比較発生学があらわれた。例えば，マウスとニワトリは似たような数の椎骨をもつが，その配分は異なる(図13.20A)。マウスは7つの頸椎(首)をもち（すべての哺乳類はキリンやクジラであっても同様），13の胸椎(肋骨)，6の腰椎(腹部)，4の仙椎(臀部)，そしてさまざまな数(20以上)の尾椎(尾)がつづく。一方のニワトリは，14の頸椎，7の胸椎，12か13(系統による)の腰・仙椎，そして5の尾骨椎(癒合尾部)をもつ。Hox遺伝子発現の位置は，形成される椎骨(例えば頸部や胸部)の種類と相関するのか，それとも椎骨のなかでの相対的な位置(例えば8番目や9番目)と相関するのだろうか？

Gaunt（ゴーント）（1994年）およびBurke（バーク）ら（1995年）は，Hox遺伝子の発現位置がまさに形成される椎骨の種類に一致することを明らかにした。マウスでは，頸椎から胸椎への移り変わりは7番目と8番目の椎骨で起こるが，ニワトリでは14番目と15番目の椎骨の間である(図13.20B)。どちらの場合も，Hox5パラログが最後の頸椎で発現し，Hox6パラログの前方境界が初めの胸椎と一致する。同様に，マウスとニワトリのどちらでも，胸椎と腰椎の移り変わりはHox9とHox10パラロググループ間の境界にみられる[8・次頁]。どうやら，前後軸に沿って変化するHox遺伝子発現のコードがあり，そのコードが形成される椎骨の種類を決めるようである。

脊椎のホメオティックな変形 マウス椎骨の数と種類には固有のパターンがあり，

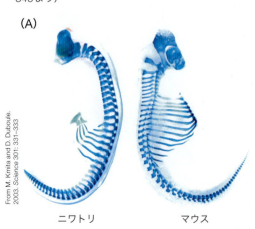

図13.20 前後軸に沿ったニワトリとマウスの椎骨パターンの比較。(A)アルシアンブルーで染色された，同等の発生ステージの中軸骨格。ニワトリはマウスの2倍の頸椎骨をもつ。(B) Hoxパラログ遺伝子 Hox5/6 および Hox9/10 の発現境界を，椎骨の領域上に概略的にマッピングしたもの。(BはA. C. Burke et al. 1995. Development 121：333-346より)

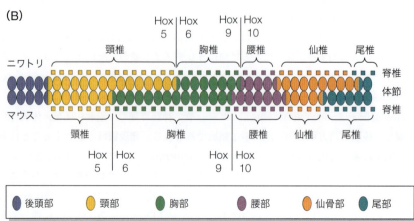

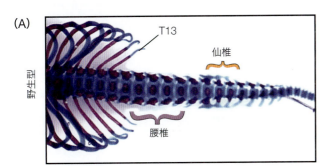
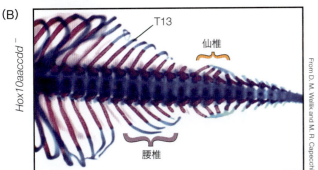
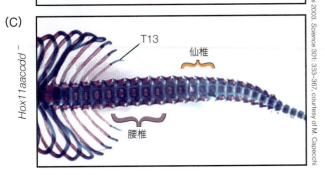

図13.21 遺伝子ノックアウトマウスの中軸骨格。各写真は，18.5日胚の胸部の中央部より尾側部分を腹側から見上げたもの。(A)野生型マウス。(B) Hox10パラログ(Hox10aaccdd)の完全なノックアウトによって，腰椎(13番目の胸椎の後ろ)が肋骨をもつ胸椎になっている。(C) Hox11パラログ(Hox11aaccdd)の完全なノックアウトによって，仙椎が腰椎になっている。

Hox遺伝子の発現パターンがどの種の椎骨をつくるかを決める(図13.21A)。これは，Hox10パラロググループの6コピーすべて(つまり図13.20のHoxa10, c10, d10)がノックアウトされたときに，腰椎が発生しなかったことで立証された。かわりに，予定腰椎は肋骨をつくり，他の性質も胸椎に近かった(図13.21B)。これは，昆虫でみられるのと同じホメオティックな形質の変化である。しかし，マウスでは遺伝子が重複しているために，これを顕在化させるにはずっと手間がかかった。というのも，Hox10グループが1コピーでも存在すると，形質の変化は抑えられてしまうからである(Wellik and Capecchi 2003；Wellik 2009)。同様に，Hox11グループの6つすべてのコピーがノックアウトされると，胸椎と腰椎は正常なのだが，仙椎のかわりに腰椎が形成された(図13.21C)。もっと最近では，Hoxb6遺伝子をDeltaエンハンサー下に置いてすべての体節で発現させたところ，各体節が肋骨のある胸椎を形成する"ヘビのような"マウスができた(図19.7C参照；Guerreiro et al. 2013)。

8 異なる発生ユニットを形成する境界領域が存在する。Hox5/6は，頭部(初めの5組の体節が筋肉ではなく後頭骨を形成する)と胴体(体節は筋肉と脊椎になる)の間の違いをつくり出す。Oct4遺伝子は，Hox5/6の境界下の前駆体で発現し，Hox遺伝子群が機能する胴体部を成立させるようである。本章の後半でみるように，Oct4領域の後方の境界はGdf11の発現によって線引きされる。

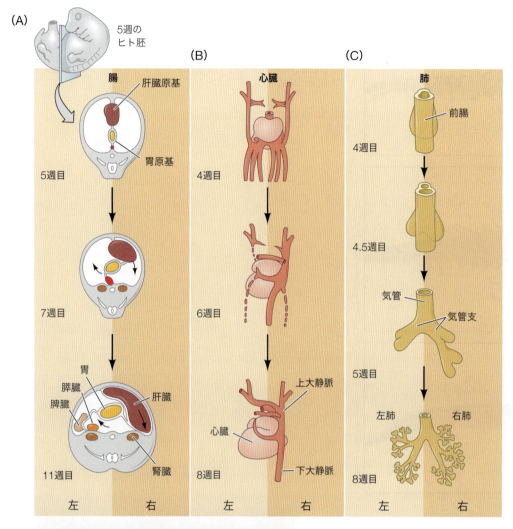

図13.22 発生中のヒト胚の左右非相称性。(A)腹部の断面図。初めは左右相称な器官原基が，11週目までに非相称な位置取りをする。肝臓は右に，脾臓は左に移動していく。(B)心臓だけがからだの左側に移動するのではなく，もともと左右相称だった心臓の静脈管は差次的に退行して，心臓の右側だけと接続する上下大静脈を形成する。(C)右肺は3葉に分かれるが，左肺は2葉しかつくらず，これによって心臓はその隙間に収まることができる。(D)マウスの結節の繊毛細胞。それぞれの細胞は後方腹側領域から伸びる繊毛をもつ。(A～CはK. Kosaki and B. Casey. 1998. *Semin Cell Dev* 9：89-99より)

左右軸 脾臓，心臓そして肝臓がからだの左側か右側に位置することにみられるように，哺乳類の内臓は相称ではない(図13.22A～C)。ニワトリ胚と同様，左右軸はNodalタンパク質とPitx2転写因子が側板中胚葉の左側で活性化することで決まるらしい。一方，Nodalシグナルの阻害因子であるCerberusは，右側で発現している(図13.8参照；Collignon et al. 1996；Lowe et al. 1996；Meno et al. 1996)。しかしながら，羊膜類の異なるグループは，この経路の始め方も異なる可能性がある(Vanderberg and Levin 2013)。

哺乳類において左側と右側の違いは，結節の繊毛細胞に観察される（**図13.22D**）。繊毛は，結節において右から左に向かう水流（腹側から見ると時計回り）をつくり出す。Nonaka（野中）ら（1998年）が，繊毛のモータータンパク質であるダイニンをコードするマウスの遺伝子をノックアウトすると，結節の繊毛は動かなくなり，本来非相称なはずの臓器の左右の配置がランダム化された。このことにより，ダイニンに不全があるヒトは不動性の繊毛をもち，心臓を左側にもつか右側にもつかが半々になるという，医学的な見地を説明づけることができた（Afzelius 1976）。さらに，左から右への人工的な培養液の流れの下でマウスの初期胚を培養すると，左右軸が逆転した（Nonaka et al. 2002）。

200程度ある結節細胞は各1本回転する繊毛をもち，その繊毛基底部の位置によって水流は生じるらしい。繊毛基底部は各細胞の後方に位置し，繊毛は腹側表面にまで伸びている（図13.22D参照）。ゆえに，繊毛の位置取りが，前後および背腹軸に関する情報を統合し，左右軸を構成する（Guirao et al. 2010；Hashimoto et al. 2010）。繊毛の位置は，おそらくWntファミリーメンバーによって方向付けられる平面内細胞極性（planar cell polarity：PCP）シグナル経路によって決まっている。PCP経路の分子に変異があると，これらの細胞の繊毛の場所がランダムになり，ひいては左右軸もランダムになってしまう。

さらなる発展

どうやって水流の回転が体軸を生み出すのか？

結節の近くにある**クラウン細胞**（crown cell）が，結節の水流を感知するのに重要なようである。クラウン細胞は非運動性の繊毛をもち，これらの繊毛が水流によって動かされる。繊毛の動きが結節の右側と左側で異なる遺伝子発現へと変換される仕組みはよくわかっていない。マウスの結節の左右どちら側も，CerberusとNodalタンパク質を初めは発現していると考えられている（Kajikawa et al. 2021）。水流は繊毛上のタンパク質（おそらくカルシウム輸送体）を機械的に活性化し，それによって*cerberus*のmRNAを結節の左側で分解するようなシグナルカスケードが開始されるようである。Cerberusタンパク質はNodalを阻害するので，この阻害は結節の右側でのみ起こり，結果としてNodalが左側で発現できるようになる。Nodalは自己分泌的にクラウン細胞に結合して，自身の転写を維持する。そして，Cerberus（右側のクラウン細胞によって産生されている）は，Nodalの発現が維持できないようにするのだろう。結節の左側でつくられ活性化したNodalは，おそらく左側の側板中胚葉でNodalを活性化し，そこで組織の左右を決定する*Pitx*を活性化するのだろう。

脊椎動物の尾

尾の形成は，羊膜類の原腸形成の第3の段階である。胴体と尾の境界は，後肢の位置にある（ちょうど前肢が頭部と胴体を分けるのと同じ）。ヒトには尾がない。だから我々は，尾の発生についてよく知らないのだろう。しかし，尾は"進化の遊び場"である（Mallo 2020）。生命機能には必須ではないと考えられているものの，尾はからだのバランスを強化し，移動を速やかにし，脂肪の貯蔵や体温調節を助ける。種によっては，尾の進化的適応は身を守ったり性的誇示のために重要な役割を果たす。

胴体部では，原腸形成とHox遺伝子による細胞の特定化は，内部細胞塊の多能性に寄与するのと同じ転写因子Oct4に依存する。Oct4が特定の細胞でノックダウンされると，胚の後方部だけが形成され，胴体部はつくられない。さらに，Oct4の活性が本来止まるべきポイント以降で維持されると，胴体が長くなる。これはマウスでは人為的に，ヘビでは正

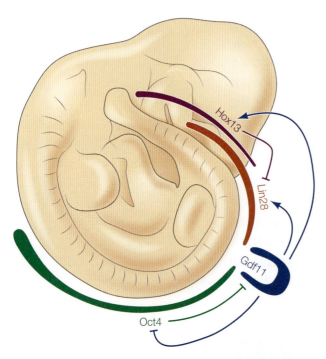

図13.23 マウス胚の胴体と尾部の境界。Oct4 の発現が胴の発生の領域を定め、ここでの Hox 遺伝子は Oct4 の存在に依存する。Oct4 のレベルが後肢の辺りの位置で下がると、Oct4 は *GDF11* 遺伝子を抑えられなくなり、GDF11 タンパク質は、Lin28 の遺伝子を活性化する。しかし、Oct4 の量がそれなりにあると、後方の Hox 遺伝子（例えば *Hoxb12* と *Hoxb13*）が Lin28 を阻害し、結果として尾の伸長が止まる。(M. Mallo 2020. *Cell Mol Life Sci* 77：1021-1030 より)

常発生として観察されることである(DeVeale et al. 2013；Aires et al. 2016)。

　Oct4 は後肢より後方で発現を止める。ここでは、TGF-β ファミリーの傍分泌因子である GDF11 によって誘引される転写調節因子、Lin28 の支配がみられる(Matsubara et al. 2017)。尾の最も末端の中胚葉で Hoxb13 の発現も観察され、この転写因子の高発現は尾がそれ以上伸びないような目印となる。GDF11 の活性化が早すぎると、尾は本来より前方につくられ、逆に GDF11 が阻害されると、胴体が長く伸びる(Liu et al. 2006；Matsubara et al. 2017)。したがって、Oct4 と GDF11 が互いに阻害し合って、それぞれの領域をつくり出すようなシステムを制御しているようである(図13.23)。

　胴体と尾の境界には、細胞の集まりが生じる。これらの細胞は、本章の初めのほうで神経中胚葉前駆細胞として紹介したもので、沿軸中胚葉（脊椎）と神経（脊髄；図13.7参照）の前駆体である。これらの細胞は、他の内胚葉や中胚葉の前駆体が原条を通って剥離していく間、増殖し続ける。原腸形成が終わるころには、胚盤葉上層の後方は大部分が神経中胚葉前駆細胞によって占められ、これらの細胞によって脊髄の神経と脊椎がつくられる(Tzouanacou et al. 2009)。これらが脊椎動物の尾の主要な構成要素である。

　二分化能をもつ神経中胚葉前駆細胞は、2つの分化系譜を特徴づける転写因子を共発現している。すなわち、神経分化を促す Sox2 と、中胚葉分化を促す T（Brachyury）である(Kimelman 2016；Koch et al. 2017；Guillot et al. 2021)。Sox2 を発現する神経組織が、*Hoxb13* と *Hoxc13* の制御下でまず初めにつくられるらしい。その後で、T を発現する（尾を形成する）脊椎が形成されるように前駆細胞の運命が切り替わる(Kawachi et al. 2020)。マウスでは、（全部で30ほどあるうちの）初めの4つか5つの尾椎だけで脊椎骨が脊髄を囲む。

　多くの哺乳類は尾をもつが、現存の1グループ——ヒトを含む類人猿——は、尾がないことが特徴的である。ヒトの胚は初め尾をつくるが、尾側の組織はアポトーシスしてマクロファージに消化される（両生類の変態における尾の吸収に似ている；Fallon and Simandl 1987；Tojima et al. 2018)。類人猿に尾がないのは、おそらく T (*Brachyury*) 遺伝子上の1つの変異のためであろう[9] (Xia et al. 2021)。ヒトの変異は1つのイントロン上にあり、これによって mRNA からエクソンを1つ取り除くような RNA プロセシング部位が生じる。このエクソンの欠失によって、尾てい骨を形成する脊椎骨は3〜4の小さなものだけになる。まれに尾をもつ子供が生まれることがあるが、この尾部構造は主に脂肪と結合組織からなり、脊索、脊髄、脊椎はもたない(Dubrow et al. 1988)。このような尻尾様の構造は、産後速やかに外科的に切除することができ、通常はそうされる。

　尾を失ったことで二足歩行がしやすくなり、この変異が起こった祖先の類人猿に選択的優位をもたらしたのだと広く考えられている。それゆえに変異型の *T* 遺伝子は類人猿の系譜で固定されたのだろう。

---

[9] *T* 遺伝子は中胚葉の特定化に重要ではあるが、*T* はこの遺伝子の変異マウスの有名な表現型 "tailless（尾なし）" の略である。*Brachyury* はギリシャ語で "短い尾" を意味する。

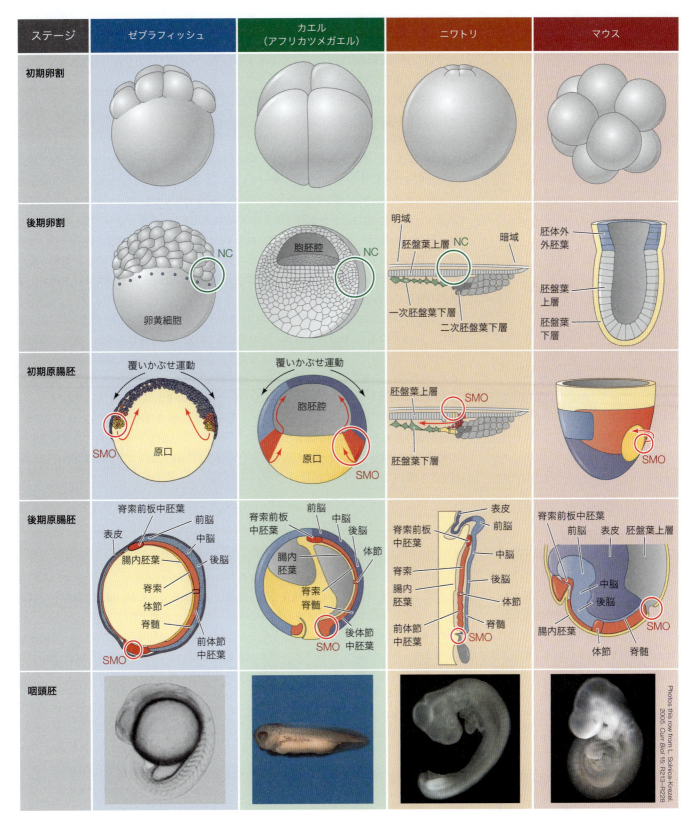

図13.24 4種類の脊椎動物の初期発生の要約。卵割は4グループ間で大きく異なる。ゼブラフィッシュとニワトリは部分割の盤割で，カエルは不等割で全割，哺乳類は等割で全割である。これらの卵割様式は異なる構造をつくり出すが，ニューコープセンター（NC；緑色の丸）のように，保存された性質も多くある。原腸形成が始まると，各グループごとに，シュペーマン–マンゴルト（Speann-Mangold）オーガナイザー（SMO；赤色の丸）に相当する細胞が生じる。SMOは原口の始まる点を示し，原口に残っている細胞はオーガナイザーから伸びる赤い矢印によって表されている。後期原腸胚期までに，内胚葉（黄色）は胚の内側に入り，外胚葉（青色と紫色）は胚を覆って，中胚葉（赤色）はこの2つの間に位置する。中胚葉の領域分けも既に始まっている。一番下の行は，原腸形成の直後につづく咽頭胚期を表す。咽頭，中央にあって横には体節が並ぶ神経管と脊索，そして感覚頭部（cephalic）領域をもつこのステージは，脊椎動物に共通する特徴である。（L. Solnica-Krezel. 2005. *Curr Biol* 15：R213–R228 より）

■ おわりに ■

多様な脊椎動物を用いて，さまざまな発生学の重要なテーマが発展してきた（図13.24）。脊椎動物の原腸形成にかかわる主要なテーマは以下のようなものである：

- 内胚葉と中胚葉が内側に入る仕組み
- 胚全体を包み込む外胚葉の覆いかぶせ運動
- 胚内部の細胞の正中線に向かう収斂
- 前後軸に沿ったからだの伸長

魚類，両生類，鳥類，哺乳類の胚は，卵割と原腸形成のパターンは異なるが，同じ目的を遂行するために多くの同じ分子を使っている。どのグループも，前後軸に沿った極性を形成するために，NodalとWntタンパク質の勾配を利用している。ツメガエルとゼブラフィッシュでは，母性因子が植物半球や帯域でNodalタンパク質を誘導する。ニワトリでは，Nodalの発現が後方帯域から発せられるWntやVg1によって誘導される一方，他の場所ではNodalの働きは胚盤葉下層によって抑えられている。マウスでは，胚盤葉下層がNodalの働きを似たように制限する——ニワトリ胚はCerberusを用いてこれを行い，哺乳類の胚はCerberusとLefty1を用いる。

これらの脊椎動物群は，いずれもBMP阻害因子を使って背側軸を特定化している。同様に，Wntの阻害とOtx2の発現は，胚の前方部の特定化に重要であるが，異なる細胞グループがこれらのタンパク質を発現する可能性がある。どの動物群でも，後脳から尾に至るまでのからだの部位は，Hox遺伝子によって特定化される。最終的に，胚の左側におけるNodalの発現を通じて左右軸が形成される。NodalはPitxを活性化し，それによって胚の左側と右側の違いが生じる。どうやってNodalが左側で発現するようになるのかは，脊椎動物のグループ間で異なるようである。しかし，卵割と原腸形成でみられる初期発生の相違にもかかわらず，すべての場合において脊椎動物は大変似た方法で3つの体軸を形成している。

研究の次のステップ

「恐竜には尾があり，なかにはとても立派なものがある。恐竜の子孫である鳥は，現在では羽毛をもつ恐竜として広く科学者たちに認識されているが，尾をもたない。……ニワトリの胚を生化学的にあれこれやって，ニワトリの代わりに，歯，爪のある前肢，そして尾をもつ小さな恐竜を孵化させることができない理由があるだろうか？ いやない」。そう書いているのは，著名な古生物学者であり Steven Spielberg（スティーヴン・スピルバーグ）監督の初めの『ジュラシック・パーク（*Jurassic Park*）』の恐竜コンサ

ルタントの一人である Jack Horner（ジャック・ホーナー）だ。今やCRISPRを使って遺伝子を操作できるが，祖先の尾をもつニワトリ胚をつくるにはどの遺伝子を編集すればいいだろうか？ 実は，このようなことが可能なのかを明らかにするため，Hornerは科学者の集まりを組織している。彼は著書『*How to Build a Dinosaur*』のなかで，これらの考えについての考察をしている（Horner and Gorman 2010）。

章冒頭の写真を振り返る

ここでみられる7.5日マウス胚の原条と頭部の内胚葉は，前方化の始まりを示している。この1枚の写真から，頭部と尾部を正しく配置するために働くたくさんのシグナルシステムを窺い知ることができる。すべての細胞の核は，青く染色されている。転写因子のLhx1とFoxa2（緑）とOtx2は，前方中胚葉の分化を制御するために相互に作用する。Brachyury（赤）は体幹部の中胚葉を可視化している。Foxa2とBrachyuryは，前方の正中線と結節で共発現（黄）している。このパターンはNodalとWntタンパク質によって制御され，哺乳類のからだの前方（頭部）と後方（尾部）の構造を形成する胚の領域を築き上げるのだ。

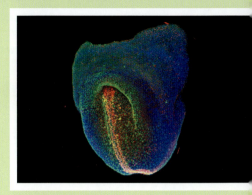

Photograph courtesy of I. Costello and E. Robertson

13　鳥類と哺乳類

1. 爬虫類と鳥類は，魚類と同様に盤状の部分割を行い，初期の細胞分裂は卵黄を横断しない。これらの初期の細胞は胚盤葉を形成する。
2. 羊膜類には，前後軸の形成に3つのステージが存在する。頭部形成，胴体部形成，そして尾部形成である。
3. ニワトリ胚では，初期の卵割によって暗域と明域がつくられる。これらの間の領域は帯域である。原腸形成は後方帯域に隣接する明域の部分で始まり，胚盤葉下層と原条はそこを起点とする。
4. 原条は，胚盤葉上層の細胞とコラーの鎌中央の細胞に由来する。原条が前方に向かって伸長するにつれ，ヘンゼン結節が形成される。ヘンゼン結節から出てくる細胞は，前脊索中内胚葉になり，頭突起と脊索の細胞がつづく。
5. 脊索前板は前脳の形成誘導を促進し，脊索中胚葉は中脳，後脳，そして脊髄の形成を誘導する。初めに原条を通って側方に移動してくる細胞は内胚葉になり，胚盤葉下層にとって代わる。中胚葉の細胞は次に原条を通過する。その間，表層の外胚葉は，鳥類の卵黄を囲むように覆いかぶせ運動をしている。
6. 鳥類では，重力によって原条の場所が決まるが，それは後方から前方に向かい，その分化が背腹軸を形成する。左右軸は，胚の左側でNodalタンパク質が発現することによって決まり，発生中の器官の左側におけるPitx2の発現へと情報が伝播していく。
7. 胚盤葉下層は胚の体軸決定を促し，その移動によって原条の形成とその方向づけに伴う細胞運動を定める。
8. 胴の軸をつくる前駆体が原条を通過していく間，ヘンゼン結節の後方に位置する神経中胚葉前駆細胞は増殖を続ける。尾部の境界まで原条が退行すると，これらの細胞は尾芽を構成する。
9. 尾芽細胞は，尾の脊髄（神経）と脊椎（中胚葉）に貢献する。
10. ニワトリのからだの左側は，Sonic hedgehog，Caronte，Nodal，そしてPitx2が経時的に現れることで予想できる。これらはからだの右側では阻害される。
11. 哺乳類は，ゆっくりとした分裂速度，独特な卵割方向，同調性の欠如，胚盤胞の形成に特徴づけられた，回転全割を行う。
12. 割球がコンパクションを起こした後に，胚盤胞が形成される。漿膜になる外側の細胞（栄養芽細胞）および，羊膜と胚そのものになる内部細胞塊によって，胚盤胞は構成される。
13. 内部細胞塊は多能性をもち，胚性幹細胞として培養できる。胚盤葉上層と臓側内胚葉（胚盤葉下層）がここから生じる。
14. 胎盤の胎児側部分は，漿膜が形成する。胎盤には，酸素や栄養を胚に供給し，妊娠を維持するためのホルモンを与え，発生中の胎児に対する母体の潜在的な免疫反応をくいとめる機能がある。
15. 哺乳類の原腸形成は鳥類と大きくは変わらない。1つは結節に，もう1つは前方臓側内胚葉に，計2つのシグナルセンターがあるようである。後者のセンターは体軸の形成に重要であるが，前者は神経系を誘導し，中脳から尾側に向かう軸構造をつくるのに重要である。
16. Hox遺伝子は前後軸をパターン形成し，この軸に沿った位置を特定化する。もしHox遺伝子がノックアウトされると，分節特異的な異常が生じてくる。同様に，Hox遺伝子の異所的な発現は，体軸を変化させる。
17. キイロショウジョウバエと哺乳類のHox遺伝子間の遺伝子構造の相同性や発現パターンの類似性から，このパターン形成機構が進化的にきわめて古いことが示唆される。
18. 哺乳類の左右軸はニワトリと同様に特定化されるが，いくつかの遺伝子の役割には顕著な違いも存在する。繊毛をもつ結節の細胞が，左右軸を生み出すシグナルを仲介するようである。
19. 羊膜類の原腸形成では，多能性の上皮，つまり胚盤葉上層から，原条を通過する中胚葉および内胚葉と，体表にとどまる外胚葉の前駆体が生じる。原腸形成が終わるまでに，頭部と胴体の前方構造が形成される。胚の伸長は，後方化したヘンゼン結節を囲む尾側の胚盤葉上層における前駆細胞によって継続される。
20. 脊椎動物のどの綱でも，BMPに促される上皮組織化が妨げられる場所において神経外胚葉は形成可能になる。
21. Oct4遺伝子発現は胴体の領域を定め，傍分泌因子のGDF11の領域

478 | PART III 初期発生

は尾部を定めるらしい。

22. ヒトや他の類人猿が尾をもたないのは，*T*（*Brachyury*）遺伝子に起

こった1つの変異に由来するのかもしれない。

● オンラインのコンテンツは **https://www.medsi.co.jp** よりアクセスしてください。

14 ヒト初期胚発生

本章で伝えたいこと

- ヒトの受精から出産までを受胎産物（conceptus）と呼ぶ。最初の9週間は胚子期（embryonic stage）と呼ばれ、臓器形成が開始される。残りの期間は胎児期（fetal stage）と呼ばれ、成長と臓器の構築が続く期間である（14.1節）。
- ヒト胚はごく一部のみが出産まで生き残る。卵の染色体数異常（異数体性）は胚の主要な死因の1つである（14.2節）。
- 胚は受精後約5日目の胚盤胞期に透明帯から孵化（hatching）し、栄養芽細胞（trophoblast）［訳注：右の画像下を参照］と子宮内膜細胞の相互作用により着床する（14.3節）。
- 妊娠は、胚の子宮への着床によって定義される。着床は栄養芽細胞と子宮の間の複雑な相互作用の結果であり、栄養芽細胞が子宮の血管走行を再構成させることで、母体の血液による胎児への栄養を促進させる。母体の免疫システムと子宮における炎症反応の調整が、着床と分娩の両方にとって重要であることがわかっている（14.4節）。
- 栄養芽細胞は胚外中胚葉とともに絨毛膜を形成し、これが子宮内膜細胞と結合して胎盤を構築する（14.5節）。
- 不妊症は若い男女が子供を授からない状態を指し、原因は男女双方にあるが、多くの場合、生殖補助医療（assisted reproductive technology：ART）で対処可能である（14.6節）。
- 発生異常は、遺伝的変異、環境の影響、もしくは偶然の結果として起こる。原因因子が1つであっても、直接的もしくは間接的に複数の異常（症候群）に帰結することがある（14.7節）。
- 正常発生を妨げる環境因子には、催奇形因子や内分泌撹乱物質がある。催奇形因子とは、薬物やアルコール、化学物質など、正常な発生を阻害し先天異常を引き起こす外因性因子である。内分泌撹乱物質はありふれていて、かつしばしば人工的な化学物質であり、ホルモン機能を乱し、妊孕性と発生の両者に影響を与える（14.8節）。

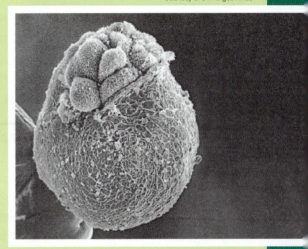

Courtesy of Dr. Yorgos Nikas

あなたは孵化した

［訳注：栄養芽細胞の訳について。栄養芽細胞（trophoblast）は着床後の細胞であり、着床前/胚盤胞の外側の細胞は栄養外胚葉（栄養膜外胚葉（trophectoderm））である。本文中のtrophoblastは原文を尊重し、そのまま栄養芽細胞と訳している］

「出生に先立つ9か月間の歴史は、それに続く70年間の人生よりもはるかに興味深く、はるかに重要な出来事を含んでいるだろう」と1802年に詩人Samuel Taylor Coleridge（サミュエル・テイラー・コールリッジ）によって述べられたこの声明に、現代のほとんど（おそらくすべて）の発生生物学者が同意するだろう。私たちは好奇心、その美しさ、または医療応用への期待によりヒト胚の発生に魅了され、ヒト胚の観察や例外的な個体形成に関する仮説は、人類の文化全体に存在する。

ヒト胚の発生学に関する最初の記述のいくつかは，インドの聖典にみられる。西暦1世紀，『*Garbhāvakrāntisūtra*』は，四肢や頭部形成の時間経過を正確に記述し，奇形の原因を月の満ち欠けや心の不安定さにあると考えた（Needham and Hughes 1931；Andreeva and Seavu 2015；Kimelman 2018；Wallingford 2021）。ヒトの胎児（fetus）という表現の最も古い記述は，メキシコ南部のオルメカ人によるものと考えられ（Tate and Bendersky 1999；Tate 2012），これは中央アメリカにおけるヒト胚発生学の長い伝統の一部である（Wallingford 2021）。

このような長い歴史があるにもかかわらず，我々のヒト胚発生に関する知識は，他の多くの動物種の発生における理解に比べ遅れている。これは主に，ヒト胚を用いた実験ができないためである（明らかな倫理的理由と，いくつかの現実的な理由から）。多くの場合，我々のヒト胚発生に対する理解は，前章までに説明されたようなモデル生物の知見に基づく推測である。モデル動物の研究のおかげで，臓器形成のメカニズムや，胚の領域特定化を担う傍分泌因子（paracrine factor）とそれら分泌因子によって制御される遺伝子ネットワークが解明されてきた。しかし本来，各々別の動物種における研究は，"個々の新しい発生学的実験"とみなされるべきである。ヒトも他の胎盤哺乳動物と同様に絨毛膜（chorion）を形成するが，ヒトの胎盤はウシやマウスの胎盤とは異なる。ヒト胚において1本のX染色体が活性化型で維持されるメカニズムは，マウスとは異なることが明らかになっている（Migeon 2017, 2021）。ヒトと他の動物は多くの同じ遺伝子を共有しているが，これらはそれぞれの種によって異なる使われ方をすることがある。例えば，ヒトにおいて*HPRT*遺伝子の機能喪失は強迫行動症候群と早期死を引き起こすが，相同な遺伝子に同じ変異をもつマウスでは異常な表現型は認められない（Kuehn et al. 1987；Finger et al. 1988）。これらのことから，ヒトの胚発生には，ヒト胚，またはヒトの細胞から成る構築物（分化細胞やオルガノイド；5.8節参照）を用いた研究が必要になる。

ただし我々は，科学的研究とは別に医学から情報を獲得してきており，臨床観察は長くヒト胚発生に関する主要な知識源であった。西洋文化のなかでヒト発生学は**奇形学**（teratology），すなわち**先天異常**（congenital anomaly；出生時にすでに存在する異常）を研究する医学分野として始まった。奇形学の最初の研究は啓蒙思想哲学者たちのプロジェクトであり，その目的は新たな動物種をカタログ化するかのようにヒトの奇形例を収集することであった（Geoffroy Saint-Hilaire 1832；Nouailles 2017）。そして奇形学がモデル動物（マウスやニワトリなど）における研究と結びつくことで，科学者たちは正常な胚発生のメカニズムと，これらのメカニズムの誤りが先天異常をどのように引き起こす可能性があるかを理解することができるようになった。

14.1　ヒト胚発生のいくつかの特徴

英国の医学遺伝学者Veronica van Heyningen（ベロニカ・ヴァン・ヘイニンゲン）は2000年，「哺乳類の発生の驚くべき点は，それが時々うまくいかないということではなく，そもそも成功しうるということだ」と述べた。この核心をつく発言は，特にヒトの胚発生に当てはまる。生殖能の研究（Macklon et al. 2002；Mantzouratou and Delhanty 2011；Chavez et al. 2012）からは，**ほとんどのヒト受精卵には正常な発生を阻害する染色体異常**があり，通常これらの異常をもつ胚は着床前に淘汰されることが示唆されている（14.4節参照）。ある研究によれば，正常に着床した胚のうち出生まで生き残るのはたった40％程度であるとされている（Edmonds et al. 1982；Boué et al. 1985）。つまり我々は，壮絶な旅を潜り抜けた幸運な生き残りなのである。

ホモ・サピエンスのライフサイクルの概要

ヒトの胚発生は，第6，7，13章で説明したような，他種の発生プロセスと相同なイベントで構成される。他の哺乳類と同じく，配偶子形成と受精があり，その後，卵割を経て胚盤胞に至る。そして胚盤胞の段階で胚は子宮内膜に着床し，その後の原腸形成により，器官形成に必要な形態形成運動と細胞の分化が始まる。その後，これら器官原基の形成ののち，各臓器の成長と成熟が続く。

しかし，一般的な哺乳類と比べ私たちの種を特徴づける違いもあり，その最たるものは急激に膨張する脳である(16.3節参照)。ヒトは脳の成熟が完了する前に出生するため，脳や母体にダメージを与えることなく母親の骨盤出口を通過できる。それと引き換えに，多くの哺乳類の新生仔(例えばカバやウマの新生仔)とは異なり，ヒトの新生児はきわめて無力である。ヒトでは乳児期を終えた後も自力で生きていくことができない幼少期が長く続く。ヒトの思春期は，動物が性的に成熟し体型や行動が変化する時期とほぼ同等であると考えられる。

性成熟が完了すると，雄と雌は配偶子を放出する能力を獲得する。男性は精子を射精し，その後精子は女性生殖器のなかでさらなる成熟を行う(7.3節参照)。女性は周期的な性ホルモンリズムをもち，これが卵の排卵と着床に向けた子宮の準備を協調的に行う(14.4節参照)。霊長類には子宮内膜の脱落と経血を伴う**月経周期**(menstrual cycle；図14.8参照)が存在するが，マウスなどの実験動物ではみられない。さらに，ほとんどの他の哺乳類(霊長類の多くを含む)とは異なり，ヒトの女性には生殖能力と性的受容性の時期を定義する性ホルモン周期依存的な発情期がない(Rooker and Gavrilet 2020)。ヒトは何年もの間，衰えることなく生殖能力を保ち，その後身体機能が低下する老化期間を経て，最終的に死に至る。

ヒトの発生学における専門用語

ヒトの胚発生には，他の動物には必ずしも使われない独特の用語が使用される。医学的には，受精から出産に至るまでの過程で生まれる産物を**受胎産物**(conceptus)と呼ぶ。受精直後から8週間の間，この受胎産物は**胚**(embryo)と呼ばれ，卵割や原腸形成が起こり，さまざまな臓器原基が形成される時期である(**図14.1**)。胚期の最も初期の段階の，受精から栄養芽細胞(胚盤胞の外層；14.3節参照)が子宮内膜壁に付着するまでの間，受胎産物は**着床前胚**(preimplantation embryo)と呼ばれる。

着床(implantation)は，胚が子宮内膜上皮に接着し，子宮内膜間質層に潜り込むことを指し，その後に子宮内の血管の再構成と胎盤形成が起こる(14.4節参照)。これには胚と母体の子宮との間での複雑な相互作用が含まれており，女性[1]の**妊娠**(pregnant)の定義は胚が子宮内に埋め込まれたときとされている。したがって，妊娠は受精ではなく着床によって決定される(Gold 2005)。着床は受精後約1週間後に起こり，14.4節で詳述するように，発生の特に重要な段階である。着床によって女性の生理的機能は劇的に変化するため，医学用語ではしばしば**妊婦**(gravida)と呼ばれる。

受精後2週間から8週間の間に，胚のほとんどの組織と器官原基が特定化・形成される(図14.1参照)。受精後9週間から，胚は伝統的に**胎児**(fetus)と呼ばれる。胎児期は主に臓器と組織の成長と成熟が特徴で，ヒトは通常，受精後約38週で出生する[2・次頁]。

1　この章では"女性(woman)"という用語を使用するが，男性性を自認しつつ生物学的に女性の身体的特徴をもって生まれた人が，手術やホルモン治療を受けて"男性"になることは可能である。つまり，月経，妊娠，出産を経験した男性も存在することを意味する。

482　PART III　初期発生

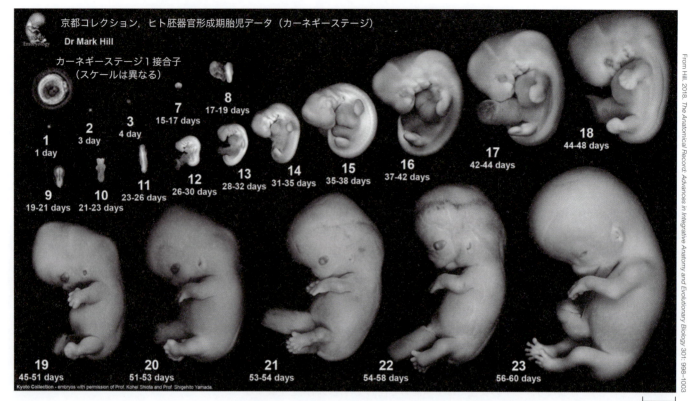

図14.1　カーネギー研究所と京都大学のヒト胚コレクションでみられるヒト胚の発生。最初の週には，卵割期胚の細胞が分裂しながら卵管を通って子宮へと移動し，週の終わりに胚は胚盤胞へと成長する。2週目には胚が子宮に着床する。この章では，原腸形成が完了するカーネギーステージ10までについて解説する。

> ### さらなる発展
>
> **生物としてのヒトではなく"個としての人間"の命はいつ始まるのか？**　社会によって提起される発生学の問いの1つは，「主体となる人間の命はいつ始まるのか？」である。科学的には発生学者の間で一致した見解はなく，個々の人間の命——**人格**(personhood)——がいつ始まるかについて，いくつかの異なる立場が候補として提示されている(図14.2)。
>
> 1. 人格の開始は，新しいゲノムの獲得である**受精**の瞬間に始まるという立場。O'Rahilly and Muller (1994)によれば，「受精は重要な節目である。通常の状況下では，これによって新たな遺伝的に独立した人間の有機体が形成されるからだ」と指摘されている。
>
> 2. 人格の開始は**原腸形成期**，つまり物理的に一意な個人のアイデンティティが獲得されるとき(受精後約2週間；14.5節参照)であるという立場。原腸形成期以前の胚は，同一のゲノムをもつ一卵性の双子，または三つ子，さらには五つ子を生み出す可能性がある。したがって，原腸形成が完了するまで，胚を生物学的な個体と

2　医学的な胎齢は通常，確実に特定可能な母親の最後の月経期の開始日からカウントされる。この日付けはしばしば最終月経開始日(last menstrual period：LMP)からであり，LMPにおける出産まで妊娠期間は37～40週間である。

第14章 ヒト初期胚発生　483

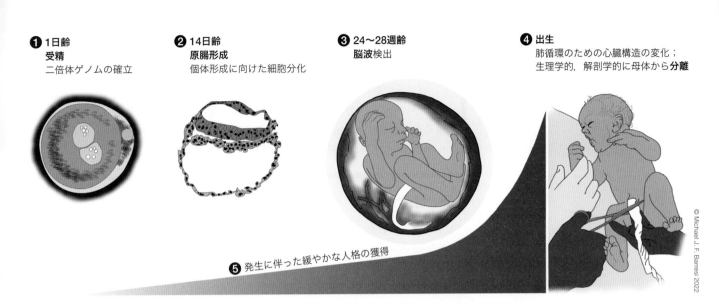

図14.2　さまざまな科学者がヒトの人格が始まると主張した発生段階。(1)受精時：ゲノムが形成されるとき。(2)原腸形成開始時：均質な多能性細胞から個体のアイデンティティが獲得されるとき。(3)ヒト特有の脳波の獲得時：脳が機能し始めたとき。(4)出生時：母体から生理的および解剖学的に分離され，赤ちゃんの最初の呼吸により新しく機能し始めた肺からの酸素を運ぶために心臓の構造が再構築されるとき(20.3節参照)。逆に，(5)人格は徐々に獲得されるもので，胚が突然人間になる特定の段階はないという考え方。

はみなさない(Renfree 1982；Grobstein 1988；Smith and Brogaard 2003)。生命倫理学者 Robert Green（ロバート・グリーン）は2001年，「双生児や結合双生児の誕生は，接合子の形成後も生物学的な個体性がしっかりと確立されていないことを示唆している。原腸形成の時点で初めて，個体性の確立の長い過程が完了したと言える」と述べている。これが，ヒトの発生学および幹細胞研究において有名な"14日ルール"の根拠となっている[3]（「ヒト胚は受精後14日以上体外で培養してはならない」；Warnock 1984；Matthews and Morali 2020）。

3. 人格の開始は，**脳波**(electroencephalography：EEG)活動の開始時，つまりヒト特有の脳波パターンが得られるときであるという立場。医学的にはしばしば人の死は，EEG パターンの喪失("フラットライン")によって定義される。そのため，ヒト特有の脳パターンが初めて生成されるとき，つまり受精後24〜28週(6〜7か月)に，人間は"人格"を獲得すると考えられるかもしれない(Flower 1985)。またMorowitz and Trefil (1992)は，「個々の胎児は，大脳皮質が機能し始めるときに人間らしさを獲得する」と主張している。

4. 人格の開始は，**出生またはその周辺時期**であるという立場。胎児は，全身循環と肺循環のシステムを分離する解剖学的な心臓構造の変化，独自の細菌叢，そして自力で呼吸を維持する能力を獲得して初めて，生理的および解剖学的な個体性を獲得する(Kingma 2020)。これは胎児が個人で生存可能になる(子宮外で機能できる)時期である。

5. 人格の獲得は**徐々に行われる**という立場。つまり，ある胚の段階で「この段階より

---

[3] 受精後14日目は，原条の出現(13.2節参照)により原腸形成が始まったことが明確になり，胚が一卵性多胎を形成しなくなる時期である。1984年に，英国のWarnock（ワーノック）を中心とする倫理委員会は，「ヒト胚の体外培養はこの時期以前に停止すべきだ」という提案をした。この"14日ルール"は1990年にイギリスで法制化され，今日においてこの研究分野の世界的な倫理規範として認識されている。

前は人格ではないが，この段階から後は人格である」と断言できる時点は存在しない（Dobzhansky 1976）。

6. 人格の獲得は科学的な問題ではないという立場。"人格"というのは社会的なカテゴリーであり，生物学的なものではない。

実際には他にも社会的に定義された立場がある（これらの社会的な問題についてのさらなる詳細は，Gilbert et al. 2005やGilbert 2022を参照されたい）。しかしこれら6つの定義や主張は，科学者たちが議論してきた主要な立場を代表している。

妊娠と胚発生

ヒトの妊娠はおおよそ3か月ごとの3つの時期に分けられ，それぞれ**三半期（トリメスター）**（trimester）と呼ぶ。**第1三半期**は12週目の開始（最後の月経から14週）までであり，胚の細胞と器官原基の分化と形成が始まる時期である。受精卵は微細な構造をほぼもたない小さな細胞（0.1 mm）だが，12週目までには約85 mm（3.3インチ）まで成長し，多くの器官がその形と位置を確立する。ニワトリやマウスと同様に，胚の頭部（前方）側が尾部（後方）側よりも早く成熟する。外性器はこの期間中に形成される最後の構造物の1つで，通常12週目までに陰茎または陰核として識別される。第1三半期の終わりに向けて甲状腺が発達し，各臓器・器官の成長に必要なホルモンの分泌を開始する。また胎盤も発達し，その後の成長に必要な豊富な酸素と栄養を供給する。

第2三半期（12週から26週）は，臓器の成長と形態形成が特徴である。第2三半期の最後の週，肺が血液とのガス交換の機能を獲得する。約24週目には，血液中のガス交換を担う肺胞上皮細胞の数，それらの毛細血管に隣接した配置，およびサーファクタントタンパク質の産生が持続可能なレベルに達する。表面活性物質は表面張力を減少させ，末端の肺胞が崩壊するのを防ぐ。この時期の胎児は，母体血液から胎盤を通じて酸素を受け取るためまだ肺を必要としないが，出生後，ただちに肺の機能が必要になる。そのため，肺の成熟度が早産胎児の生存におけるボトルネックとなる（Hallman 2013）。

第3三半期は，出生と母体外での生存に向けた準備と再構成の時期である。肺がすでに肺胞と毛細血管，サーファクタントによって成熟しているため，第3三半期の胎児は適切な医療を受ければ，早産でも生存が可能である。この期間，胎児の肺胞数は増加を続け，眼が成熟し，初めての臼歯が形成され，脳は新しいニューロンとシナプスを形成し続ける。

誕生（出生）

第3三半期の終わりに，胎児からの物理的および分子的なシグナル（おそらく胎児の体重と，成熟した肺からのサーファクタント化合物による刺激の組み合わせ）が子宮の収縮を促し，胎児を母体の外へ押し出す。胎児がからだを離れる際，胎児は母体の出産経路に存在する共生細菌を獲得し，これにより新生児の免疫，神経，胃腸系の発達が促進される（25.2節参照）。

新生児の最初の呼吸とともに，心臓と血管の解剖学的構造の変化による胎盤循環の停止と肺循環の開始が起こり，新たに肺からの酸素供給が開始される。胎児の循環システムでは，肺動脈と大動脈（そして胎盤）を直接連絡する動脈管（ductus arteriosus）と呼ばれる経路と，また心臓において右心房と左心房の中隔にある卵円孔（foramen ovala）と呼ばれる開口部を介して血液を循環させることで，肺を介さない循環が可能になっている。しかし最初の呼吸が行われると，圧力の変化により付近の筋層がこれらの開口部を閉じる（Yokoyama 2015；Carlson 2019）。このように最初の呼吸とともに，心臓の解剖学的な構造変化が起こり，呼吸循環が胎盤経由から肺経由へと切り替わる（図14.2参照）。

さらなる発展

"普通/通常(normal)"とは何か？ 「私の子供は普通か？」という疑念は，新しい親が抱く一般的な心配事の1つである。しかし，"普通"や"通常"という言葉は，多くの異なる意味をもつことが多々ある。人類遺伝学者のEdmond Murphy（エドモンド・マーフィー；1972)や他の研究者たち(Canguilhem 1991；Gilbert et al. 2005)がカタログ化した"普通"という言葉の多様で重なり合う多くの使用法には，以下のようなものがある：

1. "普通"は統計的な分布を指し，「アメリカ人男性の身長は"通常"5フィートから7フィートである」というように使用される。これは期待される表現型に対するガウス分布の範囲によって定義される。

2. "普通"は「最も代表的な」または「最も一般的に遭遇する」表現型を指す(例えば「人間の心臓は"通常"からだの左側にある」)。これは最頻値や代表型によって定義される"普通"である。

3. 遺伝学では"普通"はしばしば"野生型"と同義であり，他の表現型が評価される基準点を意味する。例えば，「ヘモグロビンAは"通常"の成人型ヘモグロビンである」。

4. 臨床医学では，"普通"とは「障害がない；病的でない」と説明されることが多々ある。

5. 定義4の結果として，"普通"は"病気"と区別される(そして*BRCA1*遺伝子の変異は個体にがん化傾向をもたらすため，"普通ではない(abnormal)"と捉えられる)。

6. 政治的あるいは社会的な議論において，"普通"はしばしば「疑問をもたない」または「慣習的な」という意味で使われる。したがって，健康な子供を望む既婚カップルを"普通"と考える人も存在する。

7. 行動について話す際には，"普通"は「自然な，自然界にみられるもの」という意味で使われる。このため，同性間のペアリングが哺乳類や鳥類に幅広くみられることから，同性愛は"普通の"行動である，とも主張される。

　"普通"という言葉の曖昧さと普遍性は，ヒトに関して使用する場合には特に問題を引き起こしうる。例えば，色覚異常は代表的でも統計的にも普通ではない(定義1および2)が，ほとんど害はないため，定義4および5の下では普通の表現型である。肥満は一般的に健康に悪影響を及ぼすが，2020年には米国の人口の約40％が医学的に肥満であったことから(CDC 2021)，肥満は統計的には普通(定義1)となる。6.2節ではアンドロゲン不応症候群について議論したが，この症候群をもつ女性は不妊である以外は健康だが，彼女たちが普通かどうかは"普通"という言葉の定義に依存する。視力の悪さは狩猟採集技術に依存する社会では重大な障害となる可能性があるが，現代の工業社会では眼鏡によって容易に補完される。内気は障害なのだろうか？　加齢に伴う性欲の減退は普通なのか，もしくは障害なのか？　これらの状態も薬で治療可能な場合がある。

　特に定義6と7に関連して，"異常"（文字どおり"普通ではないもの"）とはしばしば文化的価値観や規範に依存するものである。聴覚障害者，身長が低い人々，インターセックスの人々の組織があり，これらの状態を他と同様の"普通"と捉えるだけでなく，好ましいものと考える人もいる。例えば，一部の聴覚障害者のカップルは，聴覚障害のない子供よりも聴覚障害のある子供を好むかもしれない。これは，病態とみなされるものを治療したい人々と，ただの違いとして容認あるいは尊重すべきだと考える人々の間で緊張を生んでいる(Ladd 2003；MCDHH 2021)。

　人間の集団において疑いようのない"普通"の1つは，膨大な多様性である。Theodosius Dobzhansky（テオドシウス・ドブジャンスキー）による1950年代と60年代の遺伝学的研究は，個々人の間の多様性は非常に大きいため，どの表現型も"最良"とは考えられないことを示した（Davis 1995；Amundson 2005）。遺伝学者はしばしば，ある遺伝的変異が人口の少なくとも1%に存在する場合，それを"普通"の多様性，すなわち**多型**（polymorphism；"異なる形"）とみなし，そうでない場合を変異または単にバリアントと呼んでいる（Brookes 1999；Karki et al. 2015）。

14.2　卵形成と排卵[訳注：欄外左を参照]

6.5節で述べたように，始原生殖細胞（精子と卵の起源）は胚盤葉上層の後方領域で運命決定された後，原腸形成初期に卵黄嚢を経由し，胚生5週目ごろに生殖腺へと遊走する。精巣原基に到達した生殖細胞は体細胞分裂を行い，精子を生成するための幹細胞集団を形成し，その後，思春期まで休眠する。一方，ヒト卵巣に到達した始原生殖細胞は体細胞分裂を繰り返すことで，細胞間橋で連結された**ゴノサイト**（gonocyte）を形成するが，ほとんどの細胞がアポトーシスにより死滅し，個々の細胞に分離される。生き残った細胞は1層の顆粒膜細胞（granulosa cell）に囲まれた状態になり，胎生14〜20週ごろに減数分裂を開始する（Pereda et al. 2006；Mamsen et al. 2012；Childs et al. 2010）。この卵原細胞（oogonium）と1層の扁平な顆粒膜細胞から成る構造体を**原始卵胞**（primordial follicle）と呼ぶ（顆粒膜細胞は，卵母細胞（oocyte）の減数分裂の開始制御に重要である；Nagamatsu 2021）。その後，個々の卵胞は，明確な組織構造をもたない間充織系細胞層である**莢膜**（theca）によって，互いに隔てられる（**図14.3**）。

卵形成

卵の成熟と排卵は，発育中の卵母細胞とそれを取り囲む細胞，および下垂体ホルモンとの関係によって制御される。生後まもなく，卵原細胞と顆粒膜細胞とが相互作用することで，両細胞の成熟が始まる。これにより，体細胞分裂を行う卵原細胞は，減数分裂が可能な卵母細胞へと分化する。卵胞内では，細胞分裂により顆粒膜細胞が重層化し，傍分泌シグナルや内分泌シグナルを受容することが可能となる。卵母細胞とそれを取り囲む上皮は一次卵胞（primary follicle）を形成し，一次卵胞内の二倍体の卵母細胞は一次卵母細胞（primary oocyte）と呼ばれる（Ernst et al. 2017）。この一次卵母細胞は，傍分泌因子GDF9を分泌し，顆粒膜細胞の分裂を維持させる。これにより，卵母細胞を取り囲む顆粒膜細胞は重層化し（Dong et al. 1996；Mottershead et al. 2015），一次卵胞よりもはるかに大きい二次卵胞（secondary follicle）が形成される。卵胞内では，卵丘細胞がギャップ結合（これを介して栄養素を供給することが可能）と特定の型のアクチンに富んだ糸状仮足（フィロポディア）を介して卵母細胞と接し，卵母細胞を安定化させている。

一次卵胞の卵母細胞は，隣接する腎臓からのレチノイン酸に反応して減数分裂を開始する。卵母細胞は第一減数分裂前期（網糸期；6.5節参照）で，妊娠中期から閉経までの数十年間にわたり維持される。この間，卵母細胞は代謝的には活動状態を維持する（Rodríguez-Nuevo et al. 2022）。思春期が始まると，下垂体からの**黄体形成ホルモン**（luteinizing hormone：LH）が卵母細胞を刺激し，第一減数分裂を完了させて二次卵母細胞（secondary oocyte）となる。そして，細胞分裂は第二減数分裂の中期で停止する（後述するが，受精まで第二減数分裂は完了しない）。

初経（初回の月経）から閉経まで毎月，脳下垂体からの**卵胞刺激ホルモン**（follicle-stimulating hormone：FSH）が卵胞群の成長を促す。その結果，卵胞内の卵母細胞は，排卵

[訳注：生殖巣に到達したヒト始原生殖細胞（primordial germ cell：PGC）は，その後，雌雄で異なる発生過程を辿る。雄では，前精原細胞（gonocyteもしくはprospermatogonia）と呼ばれ，体細胞分裂によりその数を増やした後，胎児期に休止状態に入る。一方，雌では，ヒトPGCは卵原細胞（oogonia）に分化し，体細胞分裂による増殖を経た後，胎生11週ごろから徐々に減数分裂を開始する。マウスでは，減数分裂の開始は，BMPシグナルと隣接する中腎（mesonephros）由来のレチノイン酸によって制御されると考えられている。減数分裂を開始した雌性生殖細胞は，卵母細胞（oocyte）と呼ばれる。減数第一分裂前期を進めた卵母細胞は，1層の扁平な顆粒膜細胞を周囲に伴う原始卵胞（primordial follicle）を形成し，休眠状態に入る。なお，原始卵胞内のヒト卵母細胞の直径は約35μmである]

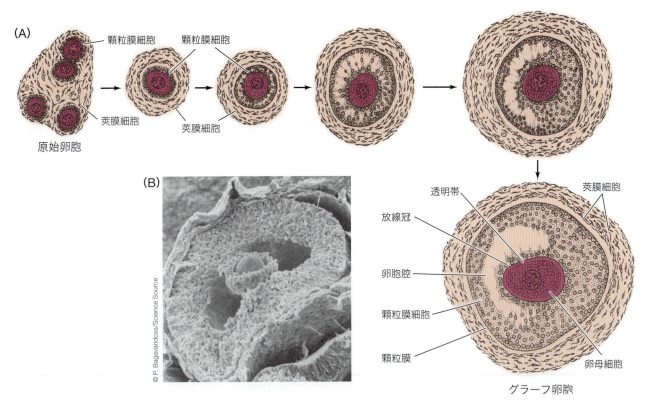

図14.3 卵胞。(A)成熟。哺乳類の成熟卵胞はしばしばグラーフ卵胞と呼ばれる。(B)ラットの成熟卵胞の走査型電子顕微鏡写真。卵母細胞(中央)は，卵丘細胞を構成する小さな顆粒膜細胞に囲まれている。(AはCarlson 1981より)

までに体積が500倍に増加する（卵母細胞の直径は，原始卵胞の10μmから成熟卵胞の80μmへと増加する）。

　卵胞の細胞は，卵母細胞の成熟において非常に重要な役割を担う。実際，哺乳類の卵形成の原則の1つは，卵母細胞がその発育を調節するホルモンに直接的に反応しないことである。むしろ下垂体ホルモンが顆粒膜細胞上の受容体に結合することで，成長と分裂のシグナルが最も内側の卵丘細胞を介して卵母細胞に運ばれる (Jaffe and Egbert 2017)。（オンラインの「FURTHER DEVELOPMENT 14.1：Completing the First Meiotic Division」「WATCH DEVELOPMENT 14.2：Ovulation」参照）

排卵

　黄体形成ホルモンは，卵巣から卵が放出されるプロセスである**排卵**（ovulation）を誘発する。哺乳類の卵母細胞は，**卵丘細胞-卵母細胞複合体**（cumulus-oocyte complex：COC）のなかで卵と結合している卵丘細胞に囲まれた状態で卵巣から放出される。排卵に向け，成熟卵胞の顆粒膜細胞において，黄体形成ホルモンがプロゲステロン受容体遺伝子を活性化する。（卵巣で産生される）プロゲステロンがこれらの受容体に結合すると，排卵を促進する複数の遺伝子が活性化される。これらの遺伝子には，卵胞の破裂を促進するプロテアーゼ，顆粒膜細胞から弾力性・水和性を有する細胞外基質が分泌されるのを促す遺伝子，およびCOCを卵巣から卵管へと送り出すための液体の貯留と平滑筋の収縮に関与する遺伝子が含まれている (Robker et al. 2018；Brown et al. 2017)。

　また，黄体形成ホルモンは，卵丘細胞と卵母細胞間の強固な接着を消失させる反応のカ

スケードを引き起こす(Abbassi et al. 2021)。卵丘細胞からの糸状仮足は卵母細胞から引き離され，それにより卵母細胞は顆粒膜細胞から遊離する。その後も，卵丘細胞は卵母細胞を取り囲み続けるが，卵母細胞との結合は失われる。卵巣から放出されたCOCは，卵巣を覆う卵管の卵管采によって捕捉される(図13.9参照)。卵管〔ヒトではファロピウス管(Fallopian tube)とも呼ばれる〕内に入った卵母細胞は，MPFを結合阻害する細胞分裂停止因子(cytostatic factor：CSF)の作用により，第二減数分裂中期で停止状態を維持している。その後，受精が起こると，それに伴うカルシウム波がCSFの分解を引き起こすことで，減数分裂が再開し，雌の半数体核が生じる(Liu and Maller 2005；Rauh et al. 2005；Shoji et al. 2006)。

　排卵が起こると，卵巣内に残存した卵胞の細胞は**黄体**(corpus luteum)と呼ばれるようになり，大量のプロゲステロンを合成するようになる[4]。このステロイドホルモンには複数の働きがある。例えば，子宮の細胞を増殖させることで胚が着床する場所を整えること，および視床下部においてLHとFSHの放出を抑制する作用をもつ(Soules et al. 1984)。そのため，黄体が存在する間は，さらなる排卵は起こらない。排卵の抑制は，プロゲステロン[5]またはプロゲスチン(プロゲステロン受容体に結合し，天然のプロゲステロンの作用を模倣する化学物質)を含有するほとんどの避妊薬において基本な仕組みとなっている。

　このように，雌では減数分裂の初めの部分は胚の卵巣内の卵母細胞で起こり，減数分裂を再開するシグナルはおよそ12年後の思春期になるまで与えられない。出生時に存在する数百万個の一次卵母細胞のうち，女性の一生の間に成熟するのはわずか400個ほどである(Zhang et al. 2012)。そして，残りの細胞はアポトーシスを起こす。卵巣に卵幹細胞が存在するのか，また存在すると仮定した場合，それらが卵母細胞の形成に寄与するのか，あるいは寄与するように誘導することができるのかについては，現在議論がなされている(Wagner et al. 2020；Alberico et al. 2022)。

染色体異数性：減数分裂により異常な染色体数が生じる場合

　ヒトの卵母細胞は，胚の段階から数十年後の女性の最終月経まで，50年以上にわたって第一減数分裂期にとどまることがある。そのため，この間に染色体異常が起こることは不思議ではない。ヒトの分割期胚では，染色体数が過剰もしくは不足するものが高確率(およそ50〜70％)で認められる(Cavazza et al. 2021)。この染色体**異数性**(aneuploidy)は，流産(妊娠が継続できなくなること)や不妊症の主な原因である。また，遺伝学的解析により，異数性はしばしば卵母細胞の減数分裂における異常に起因することが示されている[6・次頁](Hassold et al. 1984, 2021；Munné et al. 2007)。そして，染色体異数性を有する胎児が生存する可能性は比較的低い。

4　プロゲステロンに応答する子宮の脱落膜細胞は，初期の哺乳類ゲノムにプロゲステロン応答性配列がレトロウイルスにより挿入されたことで進化を遂げた可能性がある(26.5節参照)。実際，妊娠維持のためのプロゲステロンの利用手段は，種によって異なっている。どうしてゾウは22か月もの間，妊娠を維持できるのだろうか？　ゾウは1胚しか妊娠しないにもかかわらず，卵巣には複数の黄体が存在しており，640日間も妊娠を維持するのに十分なプロゲステロンを産生している(Lueders et al. 2012)。

5　緊急避妊(emergency contraceptive：EC)ピル("モーニングアフター"ピル；プランB)では，高用量の合成プロゲステロンを使用して排卵を防ぐ。実際に，ECピルの作用機序としては排卵の阻害のみが知られており，避妊薬としてだけ効くのであって，妊娠中の胚の流産を誘発することはない。しかしながら，排卵後に性交した場合，約5日間は受精可能な状態であるため，ECピルはよい避妊法とはいえない(Lalitkumar et al. 2007；Noe et al. 2011；Vargus et al. 2012；Gemzell-Danielsson et al. 2013)。また，高用量の合成プロゲステロンを使用するECピルと，ミフェプリストン(RU-486)を混同してはならない。ミフェプリストンはプロゲステロンの子宮への結合を阻害し，ミソプロストール(子宮収縮を引き起こす)とともに妊娠初期の"中絶ピル"として使用されるものである。

性染色体の異数性　生存可能な（すなわち出生可能な）唯一のモノソミー（相同染色体が1本減った状態）はX染色体である。XO胚では，片方の親のみからX染色体を受け取るが，もう片方の親からはX染色体もY染色体も受け取らない。この状態はターナー症候群（Turner syndrome）と呼ばれ，卵巣機能が欠如し，低身長で，首が太いなどの特徴をもつ女性である。XOモノソミーは出生する女性の約3,000人に1人の頻度で発生するが，XO胎児の99％は流産または死産すると考えられている（Sybert and McCauley 2004；TSS 2021）。

また，性染色体異数性にはXXYも含まれる。クラインフェルター症候群（Klinefelter syndrome）と呼ばれるこの状態の人は，男性（すなわち機能的なY染色体は有している）であり，平均よりも身長が高く，思春期が不完全もしくはないことが多い。また，小児期の発育が遅く，ハイハイや言語習得が同年齢の子供よりも遅れをとることが多い。また，思春期に入っても精巣サイズが増大せず，男性ホルモンの量が少なくなる。そのため，同年代の男性と比較して，体毛や筋肉量が少なく，陰茎サイズが小さいため，生殖能力の低下が認められる。もう1つの男性型の染色体異数性はXYYである。この場合，症状はほとんどなく，大半の症状（わずかに身長が高い，ニキビができやすい，学習障害のリスクが高い）は，男性の表現型としては"正常"範囲内に収まる（GARD 2021）[7]。

常染色体の異数性　常染色体（性染色体以外の染色体）のトリソミー（相同染色体が1本増えた状態）のうち，出生が可能なものは3つしか知られていない。生存可能なトリソミーは13番，18番，21番染色体である。これらのトリソミー胚のほとんどは出生に至らず，生存した場合は学習障害や多臓器障害を伴う。そして多くの場合，小児期を生き抜くことができない。13トリソミー〔パトウ症候群（Patau syndrome）〕または18トリソミー〔エドワーズ症候群（Edwards syndrome）〕の患者は通常，精神的・身体的な衰弱をきたし，これらの状態で生まれた子供のうち1歳を過ぎて生存できる例は10％未満である。

常染色体異数性のなかで最も生存率が高いのは21トリソミーで，顔面筋，心臓，腸の異常，認知障害などを引き起こし，ダウン症候群（Down syndrome）と呼ばれる（図14.4）。21番染色体はヒトの常染色体のなかで最も小さいため，異常をきたす遺伝子の数が最も少ないと考えられている。しかしながら，21番染色体上の遺伝子のいくつかは，その過剰発現が細胞のエラーを引き起こすタンパク質をコードしている。例えば，マウスにおいて*USP25*（タンパク質の分解に関与）という遺伝子が過剰発現すると，ミクログリア（脳の"免疫細胞"）が過剰に活性化し，神経シナプスが失われ，認知機能が損なわれることが知られている（Zheng et al. 2021）。

また，21番染色体の余分なコピーはおそらく制御因子の過剰発現を引き起こし，心臓・筋肉・神経の形成に必要な遺伝子の制御異常をもたらす（Korbel et al. 2009；Antonarakis et al. 2017, 2020；Brás et al. 2018）。例えば，制御性のマイクロRNAの1つであるmiRNA-155は，胎児の発生過程において認められる。このmiRNAは，神経および心臓の正常発生に必要な特定の転写因子の翻訳を抑制し，また，ダウン症候群患者の脳や心臓において著しく発現が上昇している（Elton et al. 2010；Wang et al. 2013）。

21トリソミーの子供たちの多くは，多岐にわたる治療やカウンセリングを受けている。

6　雄の配偶子が完璧であるという意味ではない。雄の場合，精子幹細胞が絶えず分裂をしており，分裂のたびに新たな変異が生じる可能性がある。新しい点変異は，主に精子形成過程でのエラーが原因で起こる。例えば，軟骨形成不全性小人症〔ヒトで最もよくみられる顕性（優性）変異〕の新生変異はおそらく，雄の系統から発生している（Goriely and Wilkie 2012）。

7　Y染色体が余分にあると，男性は性的攻撃性を増すという誤解が広まっている。この誤った仮説は，調査法のバイアスが原因であった（小規模でまったく無作為でないサンプルに基づくデータであった）。有名な新聞記事がこの誤った仮説を広め，とある殺人犯の核型がXYYであったという誤った主張により，この都市伝説がつくり上げられてしまった。

図14.4 ダウン症候群。(A) 21番染色体の3番目のコピーが原因であるダウン症候群では,特徴的な顔貌,認知障害,鼻骨の欠損,および心臓や消化管の異常をしばしば認める。(B) この核染色像は,蛍光標識したDNA結合プローブを用いて21番染色体(ピンク)と13番染色体(青)を検出したものである。この患者はダウン症候群(21トリソミー)であり,13番染色体は正常の2コピーである。

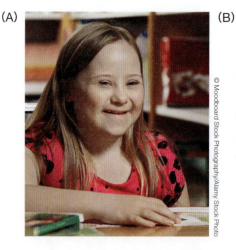
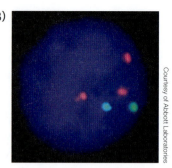

ダウン症候群の児は生涯にわたって子供のような喜び方や振る舞いを続けるため,あらゆる年代の人々と親しくなれるケースもある。成人のダウン症候群患者の知能には個人差があるが,平均すると8歳児程度の能力を有している。(オンラインの「SCIENTISTS SPEAK 14.1:Brian Alverson details how the aneuploidy trisomy 21 [Down syndrome] can arise through non-disjunctions and translocations」参照)

さらなる発展

染色体異数性と母体年齢 染色体異数性は通常,配偶子が減数分裂する際の染色体分離のエラーに起因する(**図14.5A**)。染色体異数性をもつ胚のほとんどは女性が妊娠に気づく前に自然流産となるため[8],染色体異数性の発生頻度はヒトの妊孕性にかかわる主要な因子であると考えられる。染色体異数性の発生頻度はU字型のカーブを示し,若年(20歳未満)または高齢(33歳以上)の女性ほど染色体異数性を有する卵母細胞を排卵するリスクが高い(**図14.5B**; Gruhn et al. 2019; Wartosch et al. 2021)。20〜32歳のグループ(最も妊孕能の高い年代)の卵が異数体である確率は約20%であるのに対して,最も若年のグループでは約35%である。そして40歳を超えると,ヒトの卵の80%以上が異数性を有するようになる(Wartosch et al. 2021)。Wartosch(ヴァルトシュ)ら(2021年)によると,ヒトの卵割期胚の最大70%が染色体異数性を有しているが,そのほとんどが出生に至らないため,染色体異数性をもつ児は1,000人に1人しか生まれない。

若年の母体グループにおける染色体異常は,主に第一減数分裂中期の不分離エラー,すなわち卵母細胞が減数分裂を再開する際に,**一対の染色体が正しく分離しない**ことに起因するものと考えられている。一方,高齢のグループでは,第二減数分裂での**姉妹染色分体の分離異常**など,減数分裂の後半にエラーが現れる(図14.5B参照)。そして胚発生が進むにつれ,姉妹染色分体が関与する減数分裂のエラー数は増加する。すなわち,姉妹染色分体の分離が早すぎる(一部の染色体対が早期に第二減数分裂を開始する)こともあれば,すべての染色体が第一減数分裂を完了する前に第二減

---

[8] "中絶"という言葉は,一般的には選択的な人工妊娠中絶を連想させるが,医学的にはあらゆる妊娠の破綻を指す。染色体異数性などが原因で妊娠20週未満に妊娠が終了することを,医学的には"自然流産"と呼ぶ。

第14章 ヒト初期胚発生 | 491

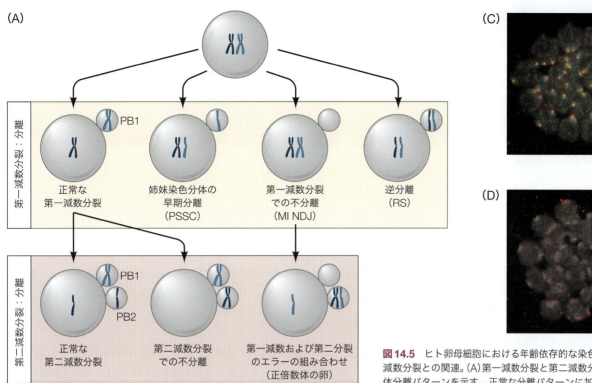

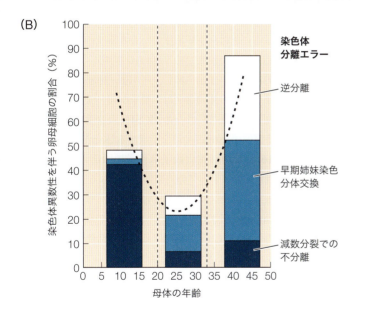

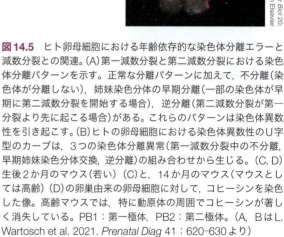

図14.5 ヒト卵母細胞における年齢依存的な染色体分離エラーと減数分裂との関連。(A)第一減数分裂と第二減数分裂における染色体分離パターンを示す。正常な分離パターンに加えて、不分離（染色体が分離しない）、姉妹染色分体の早期分離（一部の染色体が早期に第二減数分裂を開始する場合）、逆分離（第二減数分裂が第一分裂より先に起こる場合）がある。これらのパターンは染色体異数性を引き起こす。(B)ヒトの卵母細胞における染色体異数性のU字型のカーブは、3つの染色体分離異常（第一減数分裂中の不分離、早期姉妹染色分体交換、逆分離）の組み合わせから生じる。(C, D)生後2か月のマウス（若い）(C)と、14か月のマウス（マウスとしては高齢）(D)の卵巣由来の卵母細胞に対して、コヒーシンを染色した像。高齢マウスでは、特に動原体の周囲でコヒーシンが著しく消失している。PB1：第一極体、PB2：第二極体。（A、B はL. Wartosch et al. 2021. *Prenatal Diag* 41：620-630 より）

数分裂を開始する〔逆分離（reverse segregation）；Zanders and Malik 2015〕こともある。

　加齢に伴う染色体異数性の増加は、減数分裂紡錘体および紡錘体-染色体間の結合の不安定性に起因しているようである（**図14.5C, D**；Thomas et al. 2021）。この染色体異数性の増加の原因の1つと考えられている分子がコヒーシンである。コヒーシンは、動原体と紡錘糸を連結するタンパク質で、卵母細胞の老化に伴い、染色体からこのタンパク質が徐々に失われていく（Chiang et al. 2010；Lister et al. 2010；Murdoch et al. 2013）。その結果、減数分裂中期における動原体と紡錘体の連結が不安定

492 | PART III 初期発生

発展問題

子宮に良性腫瘍ができた女性のケースを考える。その腫瘍を生検したところ，腫瘍にはその女性の染色体が1本も含まれていなかった。その代わりに，彼女の配偶者の染色体のハプロイドが含まれており，そのハプロイドが倍加して二倍体になっていたのである。このような良性腫瘍（胞状奇胎（hydatidiform mole）と呼ばれる）はどのようにしてできたのであろうか？

になると考えられている（Holubcová et al. 2015）。コヒーシンの喪失がヒトの染色体異数性の原因であるかどうかは不明であるが，ヒトの卵母細胞では，加齢によるコヒーシンの喪失により，動原体の構造に異常が発生することが知られている（Zielinska et al. 2019）。

14.3　受精，卵割，孵化（透明帯からの脱出）

　ヒトの受精は，第7章で説明した哺乳類における受精の一形態である。男性は射精時，約1.5 mLの精液中に約3,900万個の精子を放出する（Cooper et al. 2010）。精子は子宮頸部と子宮体部を通過し，最終的に受精が起こる卵管の末端3分の1，すなわち卵管膨大部に24時間から48時間で到達する。第7章で説明したように，受精では（卵と精子の）協力と競争が複雑に絡み合っている。卵と精子の細胞膜が融合すると，各々の細胞質が混ざり合う。続いて卵が活性化されることで減数分裂が完了し，雌雄の前核が融合する。そして初期の発生を開始するために必要なタンパク質，脂質，核酸の合成が開始される。

卵母細胞の活性化

　精子の細胞質には，卵の代謝を活性化する酵素に加え，遺伝子発現を調節するRNA断片が含まれている。精子細胞質に含まれる最も重要な化合物の1つは，可溶性酵素のホスホリパーゼC-ゼータ（PLCζ）である。このタンパク質は，イノシトール三リン酸を合成する能力を介して，卵母細胞小胞体からカルシウムの放出を開始させる（図14.6；図7.29も参照）。精子由来のPLCが観察された最初の例は，不妊治療のための卵細胞質内精子注入法（intracytoplasmic sperm injection：ICSI）の研究である（14.6節参照）。この治療では精子が直接卵母細胞の細胞質に注入されるため，子宮，卵管，透明帯，卵細胞膜などとのいかなる相互作用も迂回される。それまで多くの生物学者は，精子が卵の受容体タンパク質に**結合する**ことが卵の活性化には不可欠と考えていたため，ICSIによる受精の成立に衝撃を受けた。ヒトの卵は活性化されると前核（pronucleus）を形成する（Kimura and Yanagimachi 1995；Swann and Lai 2016）。この活性化因子は精子の頭部に蓄えられたPLCζであることが判明し，これは細胞質融合によって卵内部に放出される。ICSIが成功しなかったヒトの精子は，機能的なPLCζをほとんど，もしくはまったくもっていないことが示されている（Yan et al. 2020；Yuan et al. 2020）。したがって，第7章で述べたように，精子由来のPLCは卵母細胞内に貯蔵されたCa^{2+}を放出する経路を活性化させ，卵を成熟させる。PLCζの欠陥は男性不妊の重要な要因である可能性が示されている（Kashir 2020）。（オンラインの「WATCH DEVELOPMENT 14.3：Fertilization」参照）

卵割

　受精とそれに続く前核融合の約90分後，核膜が崩壊し最初の細胞分裂が起こる。別々の周期にある両親の染色体を細胞分裂中期に同調させ統合することは，相同染色体の配列や，各染色体と核膜孔および新しく形成された紡錘体の微小管とのペアリングなど，複雑な工程を伴う。この最初の卵割に向けた染色体の配列はミスが多く，染色体数異常（異数体）になりやすいプロセスであることが知られており，最後まで発生をまっとうできない胚が生じる大きな原因となっている（Ford et al. 2020；Cavazza et al. 2021）。

　受精後2日目には，胚は透明帯のなかで2細胞期に到達し，卵管を通って子宮へと移動を続ける。受精後2日目の後半には，これらの細胞は非同期に分裂しはじめ，3細胞期，次いで4細胞期の胚を形成する。3日目には，胚は緩やかに接触する約8つの細胞から成る8

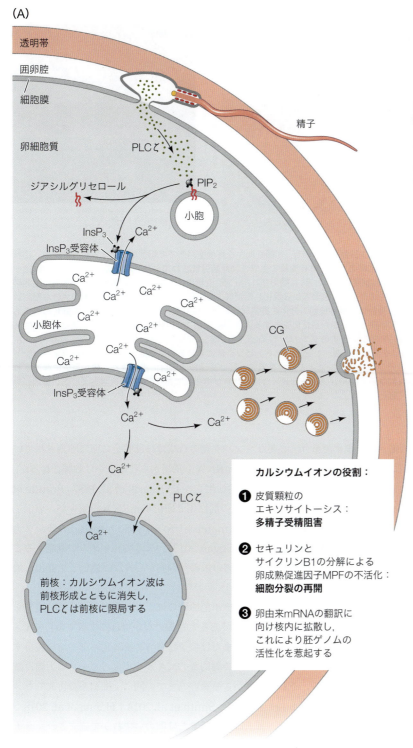
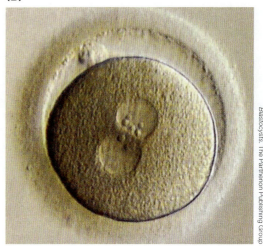

図14.6 ヒトの受精。(A) PLCζが精子の頭部細胞質から卵へと注入される。受精卵のなかで，侵入したPLCζが（小胞に運ばれる）PIP₂を切断し，イノシトール三リン酸(InsP₃)を形成する。InsP₃は小胞体の受容体に結合し，カルシウムイオンを放出する。カルシウムイオンは，多精子受精を防ぐ透明帯ブロック反応，卵母細胞の減数分裂の再開，およびmRNAのリボソームへの誘導を開始させる。カルシウムは最終的に新たに形成された前核に取り込まれる。(B) 父方と母方それぞれの前核が接近している段階のヒト受精卵。受精卵と透明帯の間に退化した極体がみられる。(AはN. Hojnik and B. Kovacic 2019. In *Embryology: Theory and Practice*, B. Wu and H. L. Feng [Eds.]. IntechOpen Book Seriesより)

細胞期へと移行する。そして8細胞期から16細胞期にかけて，コンパクションというE-カドヘリンの作用で細胞が密接に結合する現象が起こる［訳注：8〜16細胞期でコンパクションが起こるのはマウスで，ヒトのコンパクションは16〜32細胞期である］。受精後5日目には，内部細胞塊(inner cell mass：ICM)と胚腔(blastocoel)を取り囲む栄養芽細胞層をもつ胚盤胞が形成される(図14.7；Wong et al. 2010；Zhu et al. 2021)。

この間に，分子レベルでは非常に重要な変化が起こる。受精後最初の3日間，ヒト胚の

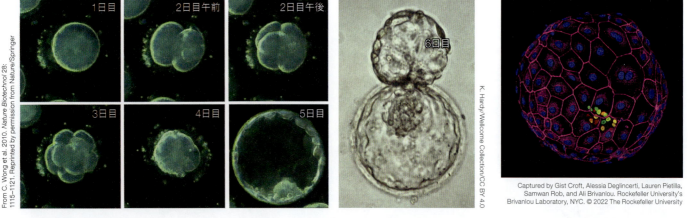

図14.7 (A)受精後1日目から5日目，1細胞期から胚盤胞期までの卵割期におけるヒト胚発生。これらの写真は，不妊治療のために体外受精で生成され凍結保管されていた受精卵のもので，受精後12〜18時間（2つの前核が存在するとき）に撮影された。(B)受精後6日目に孵化がみられる。写真は透明帯から脱出する途中の胚。(C)透明帯から孵化した受精後6日目の胚の免疫染色像。周囲の大きな細胞は栄養芽細胞で，青色は栄養芽細胞の分化に重要な転写因子GATA3タンパク質を示す。黄緑色の核をもつ細胞は，将来羊膜と胎児のからだに寄与する内部細胞塊(ICM)の細胞。緑と黄色の染色は，多能性を有する細胞特異的に発現するタンパク質OCT4を示す。赤い核は転写因子GATA6を示しており，GATA6はICMを胚盤葉下層へと分化させる。ピンク色に染まる細胞膜は，アクチン微小フィラメントに結合する分子ファロイジンによる染色を示す。胚は受精後5日目に凍結され，数か月後に解凍された。胚の寄付についてはインフォームド・コンセントが得られており，研究は大学および国の倫理行動基準に従って遂行された。

転写は不活化されたままであり，必要なタンパク質の合成はほぼ完全に卵に貯蔵されていたmRNAに依存している。これら卵由来のmRNAも受精から着床にかけ分解されるが，4細胞期から8細胞期の間に，胚のゲノムが活性化される(Tesarík et al. 1987；Braude et al. 1988；Asami et al. 2022)。この胚ゲノムの活性化と卵由来mRNAの減少が，遺伝子発現が母から胚へと遷移する**母性-胚性転移**(maternal-to-zygotic transition)のシグナルとなる(Niakan et al. 2012；Niakan and Eggan 2013)。まるで胚ゲノムが機能することを主張するかのように，16細胞期胚では外周の栄養芽細胞が*GATA3*遺伝子を発現し始める(Zhu et al. 2021)。

卵割期は，精子と卵に特有だったDNAメチル化情報のほとんどが消去される時期でもある。生殖細胞は，胎児期の卵巣/精巣の原基である生殖腺のなかでほぼすべてのDNAメチル化情報を消去し，成熟に伴って卵母細胞または精子特有のメチル化パターンを獲得する。精子と卵母細胞が受精すると，これら性特異的なDNAメチル化パターンは大幅に減少し，着床までに消去される。そして着床から原腸形成までの間に，細胞系譜特異的なメチル化パターンが付与される(Guo et al. 2014；Smith et al. 2014；Hanna et al. 2018；Zhao et al. 2020)。マウスと同様に，ヒトには精子または卵のいずれかで確立されたメチル化パターンが発生を通じて保持される**インプリンティング（刷り込み）遺伝子**(imprinted gene)が存在する(13.3節参照)。ヒトでは，母方または父方のアリルからのみ発現される遺伝子が約330個あるとの報告がある(Jima et al. 2022)。

このように胚は卵割を繰り返しながら卵管内を繊毛によって輸送され，受精後の1週間以内に子宮へと運ばれる(図13.9参照)。

さらなる発展

ヒトのX染色体不活性化　出生時の新生児個体数はおよそ男性105に対して女性100
の比率だが，受精時の比は1：1であるとされている（Orzack et al. 2015）。女性胚の
消失原因の1つは，XX胚の発生には追加の障壁が存在するためと考えられている。XX
胚では着床前後の時期に片方のX染色体が不活化され，雌雄間でのX染色体遺伝子の
発現量が同じになるよう補正される（6.2節参照）。この不活性化は，非コードRNAと
他の（つまりX以外の）染色体由来の遺伝子産物による相互作用によって確立され，こ
の過程での誤りがXX胚の消失に寄与すると考えられている（Migeon et al. 2017）。
この時期を過ぎると，女性では父方アリルもしくは母方アリルのいずれか一方のみが
活性化されており，全体として2つの異なる細胞集団をもつことになる。さらにこの
細胞の集団的不均一性は，女性の健康において利点をもたらすと考えられている
（Migeon 2007, 2013）。（オンラインの「FURTHER DEVELOPMENT 14.2：X-Chromosome Inactiva-
tion」「SCIENTISTS SPEAK 14.6：Dr. Paul Anderson and Dr. Carolyn Brown discuss X-chromosome and
its inactivation」参照）

孵化

　受精後5日目，外周の栄養芽細胞（trophoblast）はナトリウムイオン（Na$^+$）を胚の内部
空間に輸送することで浸透圧を調整し，細胞外環境から浸透する水によって胞胚腔を形成
する。液体が胚腔を満たすにつれて，その圧力が栄養芽細胞を外側へ押し出し，透明帯を
薄く引き伸ばす。この時すでに胚盤胞は子宮に到達しており，子宮内膜の外分泌腺から分
泌されるトリプシン様のプロテアーゼにより透明帯が消化される（図14.7B参照；O'Sulli-
van et al. 2002）。これらの"孵化酵素"の合成は，排卵後の卵胞が変化した黄体からのプロ
ゲステロンによって促進される（14.2節参照）。

　子宮からのプロテアーゼによる消化，栄養芽細胞からの圧力，およびこれらの栄養芽細
胞に存在する可能性のある溶解酵素の組み合わせにより最終的に透明帯が破れ，透明帯か
ら胚盤胞が脱出（孵化）する。透明帯からの孵化のタイミングは非常に重要であり，孵化が
早すぎると胚が卵管に付着し，**異所性妊娠**（ectopic pregnancy）もしくは**卵管妊娠**（tubal
pregnancy）を引き起こす恐れがある。卵管には妊娠を維持する能力がなく，誘発される
動脈のリモデリングにより母体に致命的な出血を引き起こすことがある。一方孵化が**遅す
ぎる**と胚は子宮に付着せず，胚盤胞は母体から排除される。胚の体外培養データによると，
孵化の失敗がヒトの不妊の重要な原因である可能性が示唆されている（Petersen et al.
2005；Seshagiri et al. 2009）。

　その後，ヒト胚の発生は2週目に入り，外観は本書の表紙に掲載されているような球形
の構造になる。構成する細胞の大部分は栄養芽細胞であり，内部細胞塊には少数の多能性
細胞が存在し，その一部は羊膜細胞へと分化する（Deglincerti et al. 2016）。通常の出産へ
の次のステップは母体子宮への着床であり，これは哺乳類の妊娠を定義する複雑で重要な
プロセスである。（オンラインの「WATCH DEVELOPMENT 14.4：Human Embryonic Cleavage：(1) Early
human cleavage to four blastomeres；(2) Blastocyst day 3 to hatching；(3) Blastocyst hatching；and (4)
Hatched blastocyst at day 6」参照）

14.4　着床：栄養芽細胞と子宮の相互作用

　着床は，胚盤胞が子宮壁に埋没し，子宮組織との相互作用により約37週もの胚発生の維

持に必須な胎盤を形成するための，複雑かつ多段階のプロセスである。母体側と胚側ともに，積極的に子宮内ニッチを創出する。卵管は胚を子宮へと運び，卵巣はプロゲステロンの分泌を介して胚盤胞の孵化に必要な子宮内プロテアーゼを活性化している。

妊娠に向けた子宮の準備

　子宮は胚のための単なる受動的な容器ではない。子宮が胚を"受容"するためには，子宮内膜を肥厚させる必要がある。また子宮内膜はセレクチンやインテグリンを発現させ，子宮内に移動した胚盤胞を能動的に"捕捉"する。実際，ヒトの子宮は，(1)卵母細胞の排卵，(2)精子が子宮頸部を通過するための補助，(3)子宮による胚の接着と成長の支持，(4)胚に対する母体免疫の抑制など，胚発生のための多様な機能から成る霊長類特有の特筆すべき生殖システムの一部である。この複雑な調整システムこそ月経周期であり，図14.8に概観されている。(オンラインの「FURTHER DEVELOPMENT 14.3：The Menstrual Cycle」参照)

　子宮の最内層(妊娠の終わりに収縮する強力な筋肉層の内部)は**子宮内膜**(endometrium)と呼ばれ，内腔に接する上皮細胞層と，より深部の間質細胞，免疫細胞，毛細血管網から構成される。この間質細胞層の深部ではさらに2つの領域，"機能層"と"基底層"に区分される。上層の"機能層"は，ホルモンに反応する細胞で構成されており，この層は月経ごとに脱落し体外へと排出される。下層の"基底層"は排出されず，月経後に機能層を再生する役割を担っており，この層には迅速に完全な子宮内膜を復元するために反応する幹細胞が存在すると考えられている(Gargett et al. 2009；Valentijn et al. 2013；Hernandez-Gordillo et al. 2020)。したがって，マウスの子宮とは異なり，ヒトの子宮は再生する臓器であり，哺乳類では例の少ない再生臓器の1つである[9] (24.7節参照)。

着床

　着床のプロセスは，4つの段階に分けられる(図14.9；Ochoa-Bernal and Fazleabas 2020)。

1. **配置**(apposition)：胚盤胞が子宮組織に着床するための適切な向きに配置される。
2. **接着**(adhesion)：胚盤胞が子宮内膜上皮細胞に強く接着する。
3. **進行**(progression)(しばしば侵入や浸透と呼ばれる[10])：胚の栄養芽細胞が子宮内膜上皮層を突破し，間質細胞に侵入する。
4. **脱落膜化**(decidualization)：子宮の間質細胞が成熟し脱落膜細胞に変化することで，胚発生の促進と，胚を異物として攻撃しうる母体の免疫反応を抑制する環境を提供する。

配置　胚盤胞が子宮に入ると，子宮内膜の上皮細胞にある微絨毛から分泌されるムチン-1 (mucin-1)の作用により，胚盤胞は子宮内腔を接着せずに移動することができる。また，上皮細胞は微絨毛にL-セレクチン(L-selectin)のリガンドを発現しており，胚盤胞の栄養芽細胞が発現するL-セレクチン(糖タンパク質)に認識され，接着が起こる(Genbacev et al. 2003；Carson et al. 2006)。このL-セレクチンを介した胚と子宮の初期の接着は，ムチン-1によっても促進される可能性があるとの報告がある。マウスのムチン-1は胚の子宮内膜上皮への接着を阻害するため，受容能獲得の際にはムチン-1の発現が下がる必要がある(Dharmaraj et al. 2009)。しかし，ヒトではムチン-1が栄養芽細胞と子宮内膜上皮の間の認識を補助する役割をもつと考えられている(図14.9A参照)[訳注：ヒトの子宮内膜

---

[9]　月経の重要な役割の1つは，子宮からの老化した脱落膜細胞の除去である。老化した細胞は低レベルの炎症反応を維持することができ，これは不妊と癌の両方に関連している(Brighton et al. 2017)。
[10]　子宮自身が能動的に胚の子宮内膜への浸潤を補助している点を考慮し，以前の"侵入(invasion)"や"浸透(penetration)"といった表現(受動的な子宮を暗示する)を"進行"という言葉に置き換えた。

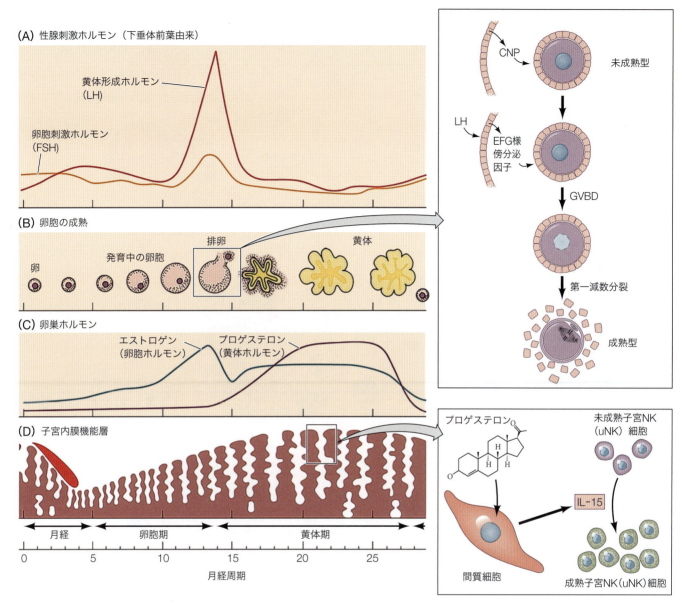

図14.8 ヒトの月経周期。卵巣(B)と子宮(D)の月経周期は，脳下垂体(A)と卵巣(C)からのホルモンによって制御される。卵胞期には，卵は卵胞内で成熟し，子宮内膜は胚盤胞の受け入れ準備をする。成熟した卵は，月経開始日から約14日目に卵胞から放出される。胚盤胞が子宮に着床しない場合，子宮壁が崩壊し始め，月経が起こる。挿入図：(上部)成熟前には，卵胞の外側(壁)顆粒膜細胞によって産生されるC型ナトリウム利尿ペプチド(CNP)が，卵胞を未成熟な状態に維持する。排卵時には，黄体形成ホルモン(LH)が外側の顆粒膜細胞に結合し，これによりEGF様ペプチドが分泌される。このEGF様ペプチドは，壁顆粒膜細胞と卵丘顆粒膜細胞の両方のEGF受容体(EGFR)に結合する。LHとEGFRは，大きな卵母細胞核の分解〔卵核胞分解(germinal vesicle break down：GVBD)〕，第一減数分裂の完了，および第二減数分裂中期紡錘体上の染色体の配列によって特徴づけられる成熟を引き起こす。卵丘顆粒膜細胞も卵母細胞とのGAP結合を介した細胞質間結合を消失するが，結合は緩く維持される。(下部)プロゲステロンによって誘導されるIL-15の産生は，胚を母体の免疫反応から保護する子宮ナチュラルキラー(uterine NK：uNK)細胞の成熟を促進する。GVBDは第一減数分裂前期の完了を指す。(K. Kawamura et al. 2011. *Hum Reprod*. 26：3094-3101；L. Abbassi et al. 2021. *Nat Commun* 12：1438；I. Diaz-Hernández et al. 2021. *Human Reprod Update* dmaa062. を含む複数の資料より)

では，受容期に向かってムチンの発現が上昇するが，胚の着床を補助する直接的な証拠はない。一方，ヒトに近縁な旧世界ザルのヒヒ(baboon)では，交尾中に感染する微生物から子宮内環境を守るため，受容期前にムチンの発現が上昇し，受容期には低下することが知られている]。

接着 その後の接着には，(1)ムチンの消化と，(2)子宮で最も受容性の高い部位への胚の

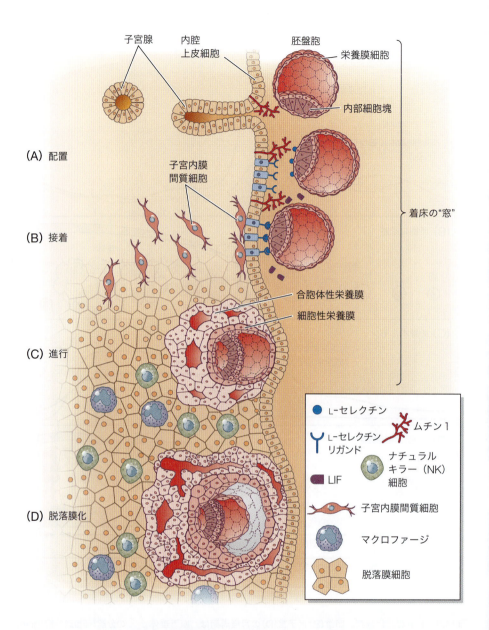

図14.9 ヒトの着床と子宮内膜の脱落膜化。(A)配置(apposition)の段階で，栄養芽細胞のL-セレクチンタンパク質が子宮内膜上皮細胞の表面のリガンドに結合する。この結合はムチン1による反発力より十分強く[訳注：本文「配置」の訳注を参照]，接着は胚の内部細胞塊側から起こる。(B)ムチンが消化され，インテグリンなどの接着分子を介して栄養芽細胞が子宮に固定されることにより，接着が強化される。(C)その後，胚盤胞は子宮内膜上皮を貫通し，栄養芽細胞が増殖，周囲の細胞外基質を消化しつつ子宮内膜間質層に進入する。(D)胚が間質層に入ると，間質細胞は脱落膜細胞に成熟し，子宮内膜の血管と免疫細胞の再構成を開始する。(M. A. Ochoa-Bernal and A. T. Fazleabas 2020. *Int J Mol Sci* 21: 1973より)

配置の2つのステップが含まれ，これは白血球抑制因子(leukemia inhibitory factor：LIF)を中心とした複数の傍分泌因子によって実現されると考えられている。LIFは子宮内膜上皮細胞の微絨毛から分泌され，最も接着に適した領域に胚を誘導する役割をもつと考えられている(Cullinan et al. 1996；Chen et al. 2000)。マウスでは胚盤胞の内部細胞塊(ICM)とは逆側から着床するのに対し，ヒトはICM側から着床する。子宮内膜上皮に存在するインテグリンは，胚と子宮内膜間の結合を安定化し，栄養芽細胞が子宮内膜に浸潤

する準備をする(図14.9B参照；Damsky et al. 1994；Lessey 1998；Reddy and Mangale 2003)。

栄養芽細胞は，胚と子宮を確実に結びつける接着点(anchor site)を形成する(Fisher et al. 1989)。同時に，驚くべきことに栄養芽細胞は，母体の免疫システムに攻撃されないように自分たちのアイデンティティを"偽装"する。胚の遺伝子は父方ゲノムからのタンパク質も発現するため，母体の免疫システムが異物と認識し攻撃すると予想されるが，実際にはそうはならない(Medawar 1953)。これは栄養芽細胞によるものであり，例えばマウス胚の**体細胞**を腎臓に移植すると拒絶反応により迅速に除去されるが，**栄養芽細胞**を腎臓に移植すると拒絶されることなく増殖する(Simmons and Russell 1962)。栄養芽細胞は，拒絶を引き起こす主要組織適合性タンパク質を，免疫反応の弱い非主要組織適合性タンパク質に置き換えるよう細胞膜を変化させる。さらに栄養芽細胞は，母体の免疫システムを調整するいくつかの分子も分泌し，胚の接着と進行を許容させている(Ferreira et al. 2017)。

進行 胚と子宮内膜上皮との結合が確立されると，栄養芽細胞は葉状仮足(ラメロポディア)を発達させ，メタロプロテアーゼ(特にMMP2)を分泌して子宮内膜の細胞外基質を消化する(Li et al. 2015)。これにより，増殖する栄養芽細胞が子宮上皮細胞の間で増殖することが可能になる。

初期の栄養芽細胞は体細胞分裂により増殖するが，細胞融合によって多核の細胞集団も生じる(Frendo et al. 2003)。元の栄養芽細胞は**細胞性栄養膜**(cytotrophoblast)と呼ばれる単層の上皮層を構成し，栄養芽細胞は細胞融合により多核化することで**合胞体性栄養膜**(syncytiotrophoblast)を形成する。両者とも浸潤性の高い組織であり，合胞体性栄養膜細胞については多核であるだけでなく，分化して複数の重要なホルモンを分泌する。主要なホルモンの1つは，絨毛性ゴナドトロピン(chorionic gonadtropin)であり，これは子宮内膜の間質を柔軟に保つとともに，黄体のプロゲステロン分泌を維持する機能をもつ。つまり，合胞体性栄養膜の発生は，妊娠の維持にきわめて重要な役割を担っている(Srisuparp et al. 2001；Cole 2010)。

子宮内膜と合胞体性栄養膜は，子宮での胚の成長を促すために多くの細胞間伝達物質を分泌する。そのなかで最も重要なのは，子宮と栄養膜の両方によって生成されるBMP2であろう。胚/子宮の境界面でBMP2は多くの役割を果たす。第一に，メタロプロテアーゼ-2の分泌を促進するActivinの発現を促すことで，細胞性栄養膜を子宮内膜間質へと浸潤させる。第二にBMP2は，栄養芽細胞による子宮内膜間質のらせん動脈の再構成を助ける(Fisher et al. 1989；Hemberger et al. 2003)。そして第三に，BMP2は血管を栄養膜へ引き寄せる血管新生因子を活性化する(Fisher et al. 1989；Hemberger et al. 2003；Zhao et al. 2020)。このように，BMP2は多くの面で次の段階である間質の脱落膜化を促進する(Li et al. 2007；Zhao et al. 2018)。

脱落膜化 脱落膜化(decidualization)は，子宮内膜が着床した胚のために物理的および化学的なサポートを提供するスポンジ状の層を形成するプロセスである。脱落膜化の実態は，子宮内膜に存在する繊維芽細胞様の間質細胞が，分泌性の**脱落膜細胞**(decidual cell)に変化する現象である(Ochoa-Bernal and Fazleabas 2020)。脱落膜細胞は，月経周期の分泌フェーズ中期(また妊娠全期間中も)に生成されるプロゲステロンの増加に反応し，母体の免疫応答を抑制する役割をもつ子宮NK("ナチュラルキラー")細胞の分化を誘導する役割を担っている。また脱落膜細胞は，血管形成を誘導し動脈，静脈，毛細血管に組織化する血管内皮増殖因子(vascular endothelial growth factor：VEGF)を合成および分泌する(Hannan et al. 2011；Wheeler et al. 2018)。VEGFはまた，未熟なマクロファージを免疫応答抑制型のマクロファージへ分化するよう誘導する(Wheeler et al. 2018)。

興味深いことに，ほぼ全タイプの子宮内膜間質細胞および血管内皮細胞が栄養芽細胞の進行を促進し，栄養芽細胞は子宮内膜の間質細胞を脱落膜細胞に変換する因子を分泌する（Menkhorst et al. 2016, 2018）。さらに驚くべきことに，栄養芽細胞によって再構築される子宮内膜毛細血管の内皮細胞が，栄養芽細胞を自らの方向へと誘導する。ここでも再び，母体と胚との間の相互作用がある（Park et al. 2022）。

このように子宮内膜は，胚を受容して栄養する能力をもち，分泌性で高度に血管化された組織に変化する。しかし，脱落膜化の最も重要な特徴の1つは，それが局所的な現象であり，子宮全体に広がらないということである。胚が子宮内膜に入ると，子宮組織は胚の直下に位置する**基底脱落膜**（decidua basalis），胚の側面に位置する**側壁脱落膜**（decidua parietalis），そして通常の子宮組織に似たより遠い**子宮内膜**（uterine endometrium）に層別化される。これにより子宮は，胚への栄養供給を可能にしながらも，母体を危険にさらさないよう応答性を制限している（Plaisier 2011）。

着床の炎症性理論：敵を味方に変える

炎症は，細菌やウイルスなどの外来物質に対する免疫応答であり，リンパ球やマクロファージが感染部位に侵入し異物を破壊する。しかし，これらの免疫細胞は，宿主の組織やその細胞外基質を破壊するタンパク質（サイトカイン）も分泌してしまう（Birkedal-Hansen 1993）。このため炎症は，異物の排除にも役立つが，その一方で正常な組織も攻撃され，早産や胎児の死亡を引き起こすことから，古くから正常な妊娠にとっての最大の脅威の1つとみなされてきた（Romero et al. 2014）。

しかし最近の研究によれば，炎症は胚の着床と分娩過程の両者において重要であることが示唆されている（Mor et al. 2011；Chavan et al. 2017）。前述のとおり，胚は母方由来に加えて父方ゲノム由来のタンパク質も発現するため"異物"とみなされ，着床中の子宮内膜は異物に対する炎症性サイトカインを分泌する。そして子宮内膜は，好中球以外のリンパ球，NK細胞，マクロファージ，その他炎症反応に特徴的な免疫細胞でびっしりと埋め尽くされる。プロゲステロンが脱落膜細胞および子宮内NK細胞を刺激し，子宮内NK細胞は胚を攻撃する代わりに好中球の侵入を抑制するサイトカインを分泌するため，好中球は子宮への侵入が阻止されている。好中球は他の免疫細胞を呼び寄せるサイトカインを分泌して免疫反応を増幅するため，好中球の排除は重要である。

胚盤胞が子宮に接着すると，炎症反応が子宮内膜組織の侵食や血管網の再構築に必要な血管の破壊に部分的に寄与する。しかし，好中球なしでは炎症を持続することができない。最も原始的な哺乳類では，着床によって完全な炎症反応が引き起こされていたと考えられており，これが有袋類の妊娠における母子接続期間が非常に短い理由かもしれないと考えられている（Chavan et al. 2016；Erkenbrack et al. 2018）。有胎盤哺乳類（機能的な胎盤をもち，長い妊娠期間の後に出産される子をもつ哺乳類）では，5つの炎症経路のうち2つがブロックされ，子宮が胚を保持することを可能にしている（**図14.10**）。

妊娠の終わりには，逆の免疫反応が起こっている可能性もある。胎児の肺もまた，妊娠を終了するうえで重要な役割を果たしている可能性が示唆されている（Osman et al. 2003；Hansen et al. 2017）。肺のサーファクタントタンパク質（成熟した肺のみでつくられる）が羊膜液に入り，羊膜液のマクロファージを活性化する（Mendelson et al. 2017）。マクロファージは羊膜から子宮筋層へと移動し，インターロイキン-1β（IL1β）などの免疫系サイトカインを分泌し，炎症反応と分娩の開始を促す。サーファクタントタンパク質が欠如しているマウスでは分娩の開始が著しく遅れ，サーファクタントタンパク質で刺激されたマクロファージを雌マウスの子宮に注入すると早期に分娩が誘発されることが明らかになっている（Montalbano et al. 2013）。したがって分娩の開始には，新生児が呼吸を開

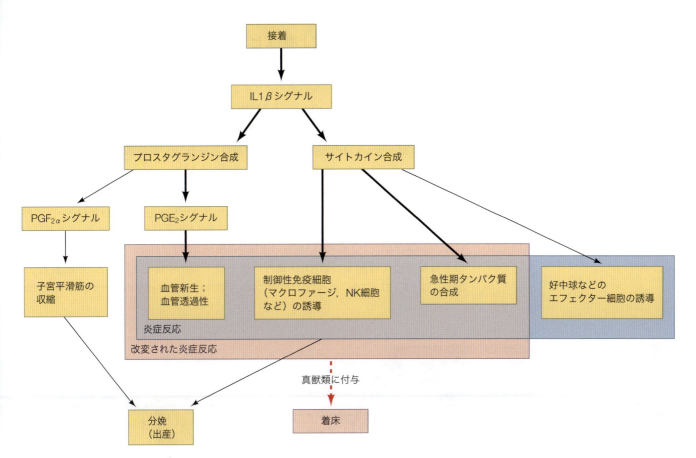

図 14.10 胚盤胞の着床により惹起される炎症反応の仮説モデル。シグナル経路は有袋類およびおそらくは初期哺乳類で起こる炎症反応(および分娩作用)を示す。青色枠は異物によって活性化される古典的な炎症反応の成分を示し、細い矢印は真獣類にはなく有袋類と祖先系統に存在する経路を表す。これら経路のさまざまな要素を阻害することで、ただちに分娩反応を惹起するのではなく着床につながる炎症反応(赤色枠)が生じた。(A. R. Chavan et al. 2017. *Curr Opin Genet Dev.* 47 : 24-32 より)

始できる肺の成熟が必須であり、このシグナルは母体の免疫システムを通じて母親に伝達されるのかもしれない。このように胎児と子宮は、妊娠の開始と終了の両方に母体の免疫システムを利用している。したがって胚は、子宮内におけるNK細胞と炎症反応という2つの潜在的な"敵"を"味方"に変えることで、妊娠を維持させているのである。

14.5 原腸形成と胚外組織の形成

栄養芽細胞と子宮組織の間でこのドラマが展開されている間に、内部細胞塊は2層の胚盤となる過程において栄養膜から離れ、最終的には原腸胚(gastrula)となる(Zernicka-Goetz and Highfield 2020)。原腸胚と栄養芽細胞の間の間隔は、着床と脱落膜化に関与する傍分泌因子によって胚の複雑な細胞間コミュニケーションおよび遺伝子制御ネットワークが乱されるのを防ぐために重要であると考えられている。

そして哺乳類の原腸形成は非常に種特異的である。保存された現象が多数ある一方で、マウスの原腸形成に不可欠な特定の遺伝子がヒトの原腸形成では使用されず、同じ機能のために他の遺伝子が利用されるという例も少なからず存在する。したがって、「ヒトの発生を正確に理解するためには、ヒト胚を研究する必要がある」のである(Ghmire et al. 2021)。

原腸形成の準備：胚盤葉上層（エピブラスト）と羊膜の形成

受精後約8日目にヒト胚はほぼ完全に子宮に埋没し，栄養芽細胞は細胞性栄養膜と合胞体性栄養膜に分化する。この栄養膜のカプセル内で，内部細胞塊は上層（栄養膜に近い）の**エピブラスト**〔胚盤葉上層(epiblast)，多能性細胞〕と下層（胚腔に近い）の**ハイポブラスト**〔胚盤葉下層(hypoblast)〕から成る**2層の胚盤**(bilaminar germ disc)を形成する。さらに胚盤葉上層は胚と羊膜を生成し，胚盤葉下層は胚盤葉上層の分化を制御するシグナル因子を分泌し，将来，いわゆる卵黄嚢を形成する（図14.11）。

最近の観察では，Magdalena Zernicka-Goetz（マグダレナ・ゼルニカ＝ゲッツ）と Ali Brivanlou（アリ・ブリバンロー）らのグループが，*in vitro* にて受精後14日目までヒト胚を培養するシステムの開発に成功した。これによるとヒト胚は受精後7日から8日目にかけて，*cytokeratin-7* と GATA3 陽性の栄養芽細胞集団に囲まれた，約20個の OCT4 陽性の胚盤葉上層と約50個の GATA6 陽性の胚盤葉下層から構成される（Shahbazi et al. 2016；図14.12）。これらの栄養芽細胞には，外側に多核の集団と内側に単核の集団があ

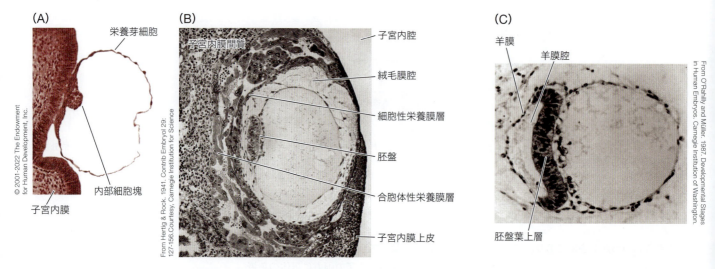

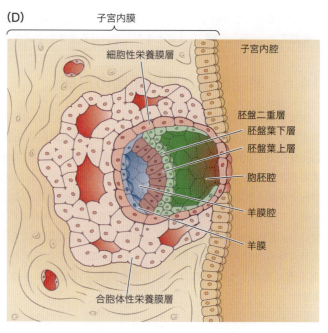

図14.11 着床と，それに続く二層性胚盤と胚外膜の形成。(A)胚盤胞が子宮内膜上皮に接着する様子。(B)二層性胚盤（カーネギーステージ5）のヒト胚。合胞体性栄養膜が子宮内を進行し，組織を変化させる様子がみえる。(C)カーネギーステージ6のヒト胚。胚盤葉上層，羊膜外胚葉と羊膜腔，卵黄嚢が観察される。(D)カーネギーステージ6のヒト胚の概略図。

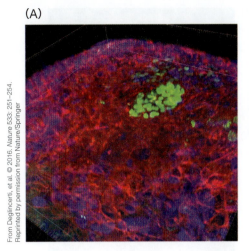 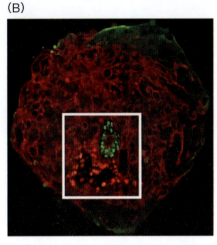

図14.12 (A)体外培養で成長するヒト胚の免疫染色像。おおよそカーネギーステージ5で，胚盤葉上層（緑色；OCT4），胚盤葉下層（赤色；GATA6），栄養外胚葉（青色；GATA3）がみえる。(B)より発生の進んだヒト体外培養胚。胚盤葉上層に内腔が現れ，羊膜の形成が確認できる。また胚盤葉上層の直下のGATA6陽性の核が，卵黄嚢を形成している様子も示されている。

り，それぞれ合胞体性栄養膜と細胞性栄養膜となる。（オンラインの「WATCH DEVELOPMENT 14.5：Video of a human blastocyst where the inner cell mass has separated from the trophoblast」「WATCH DEVELOPMENT 14.6：Video of a bilaminar germ disc, rotated in three dimensions and sectioned」参照）

受精後9日目までに，OCT4陽性の胚盤葉上層が頂端-基底方向の極性化を開始し，内部に小さな腔をもつロゼット構造を形成する。これは羊膜腔（amnionic cavity）の前駆体であり，羊膜腔は羊膜外胚葉細胞と胚盤葉上層を隔てる。胚盤葉上層はその後，3つの胚葉へと分化する。胚盤葉下層側のOCT4陽性胚盤葉上層は円柱状になり，栄養芽細胞側に位置する羊膜外胚葉細胞は扁平化する。一方で，GATA6陽性の胚盤葉下層は増殖し，第二の腔である卵黄嚢を形成する。哺乳類の卵黄嚢は卵黄を蓄えるわけではないが，胚の初期造血の重要な場となる。ヒトの始原生殖細胞（primordial germ cell：PGC）は胚後方の胚盤葉上層に形成され，原腸陥入に伴い卵黄嚢へと移動する（Kobayashi et al. 2017；Irie et al. 2015）［訳注：代表的な非ヒト霊長類であるカニクイザルのPGCは，幼若な羊膜外胚葉から出現することが報告されている（Sasaki et al. 2016. *Dev Cell*, doi: 10.1016/j.devcel.2016.09.007）。さらに，ヒトES/iPS細胞を起点とした部分的ヒト胚モデルでも，羊膜外胚葉様細胞にPGCが出現すること（Zheng et al. 2019. *Nature*; https://doi-org.kyoto-u.idm.oclc.org/10.1038/s41586-019-1535-2）から，現在では霊長類のPGCは羊膜外胚葉を起源とすると考えられている］。その後，PGCは背側中腸膜を上方に移動し，将来精巣と卵巣になる生殖腺に到達する。

原腸形成と胎盤

受精後2週間で，胚盤葉上層は前後軸を形成し始める。将来の前方側には，脳の誘導を担う**脊索前板**（prechordal plate）が，肥大化した胚盤葉下層集団から出現する（図14.13；Ghimire et al. 2021）。この領域は，マウスやニワトリの咽頭内胚葉に相当すると考えられる。ヒトにマウスのAVE（anterior visceral endoderm）に相当するシグナリングセンターが存在するかどうかは定かではないが，この胚盤葉下層の前方領域はBMPとWntシグナリング阻害因子を分泌する（Mackinley et al. 2021；Rossant and Tam 2022）。一方，原条（primitive streak）が形成される将来の後方側では，胚と栄養膜を接続する部位が形成され，これは将来へその緒（臍帯）になる。

ヒトの原条は，受精後15～17日に観察される。原条の前端には結節〔ノード（node）〕があり，結節の前方には**脊索突起**（notochordal process）が伸びる。脊索突起の細胞は背側内胚葉細胞と統合して，神経発達を誘導する**脊索板**（notochordal plate）を形成する（de Bree et al. 2018；Ghimire et al. 2021）。マウスとは異なり，ヒトの胚には結節と脊索

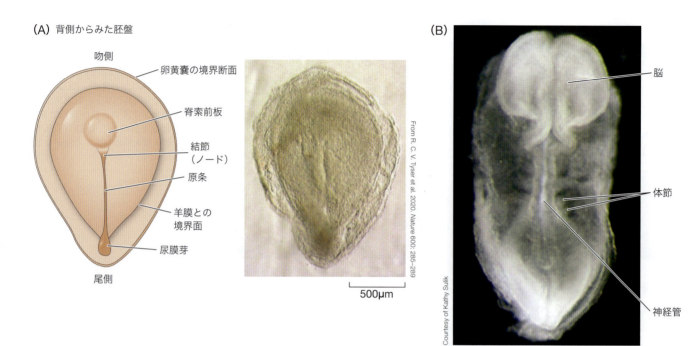

図14.13 ヒト原腸胚の全体像。(A)背側からみた受精後3週目初期の原腸胚(カーネギーステージ7)。原条と脊索前板の形成が観察できる。(B)背側からみた原腸形成が完了する第3週後半のヒト胚(カーネギーステージ10)。神経管の形成が始まり，脳の5つの主要な部分と心室が観察できる。胚の長さは約2.5 mmで，複数の体節の列がみられる。

(notochord)の間に管状のくぼみ〔**神経腸管**(neurenteric canal)〕がある。このくぼみは胚盤葉上層と胚盤葉下層を貫通する管腔であり，羊膜腔と卵黄嚢を連絡する。

　将来の腸管は両端で羊膜によって閉じられる。前方の端では口となる領域を閉じる口腔咽頭膜(oropharyngeal membrane)があり，後方の端では肛門となる領域を閉じる総排泄膜がある。原腸形成により胚盤葉上層と胚盤葉下層の間の空間を移動する細胞のうち，一部が胚盤葉下層と置き換わり，胚性内胚葉となる。胚性内胚葉にならず中空にとどまる細胞は胚性中胚葉となり，胚盤葉上層の末端境界を越えて進行する胚外中胚葉(extraembryonic mesoderm)にも寄与する。この胚外中胚葉は栄養芽細胞の下(内側)にも広がり，この胚外中胚葉と栄養膜の組み合わせが絨毛膜を形成する〔訳注：原腸陥入由来の胚性中胚葉が栄養膜を裏打ちする胚外中胚葉になるとの記述だが，明瞭な原腸陥入前にすでに栄養膜を裏打ちする胚外中胚葉の存在が観察されている。したがって現在，絨毛膜を形成する中胚葉成分は純粋な胚性中胚葉由来ではない可能性が高いという議論になっているが，正確な由来は未解明である〕。また胚外中胚葉は，他の胚外膜(羊膜，卵黄嚢，尿膜)の外側を覆う。そして中胚葉は，これらの重要な膜における血液と血管の源となる。

　カーネギーステージ7のヒト原腸胚(16～19日目)のトランスクリプトームが単一細胞レベルで分析され，胚盤葉上層，その他の外胚葉，原条，原条から葉裂(剥離)して形成される幼若な中胚葉，軸索中胚葉(脊索)，幼若な中胚葉から成熟中の中胚葉，成熟した中胚葉，卵黄嚢中胚葉，内胚葉など，想定される11の異なる細胞群が同定された(図14.14；Tyser et al. 2020)。さらに血管内皮前駆細胞や，赤血球，始原生殖細胞など，これまでの知見からこれほど早期に形成されるとは予想されなかった細胞種の存在も確認された。

胎盤形成

　原条を通って移動する中胚葉は，胚の臓器だけでなく胎盤形成にも寄与する。胚盤葉上層の外縁を越えて移動する胚外中胚葉は，栄養膜の突出部と結合し，母体から胚へ栄養を

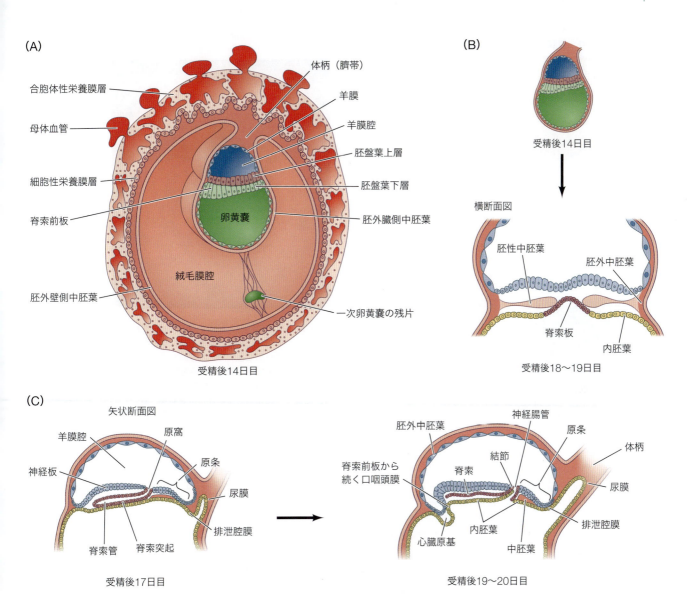

図14.14 ヒトの原腸形成。(A)原腸形成の開始期にあるヒト胚概略図(受精後約14日目)。(B)受精後18〜19日目のヒト胚中心部における横断面図。脊索板(notochordal plate)と内胚葉がみられる。(C)受精後17〜20日目のヒト原腸胚における矢状断面図。この図は結節と脊索(notochord)、その間にあるくぼみ〔神経腸管(neurenteric canal)〕、そして羊膜腔と卵黄嚢を連絡する管の位置関係を説明している。

運ぶ血管を形成する。胚と栄養膜を結ぶ体柄をなす胚体外中胚葉由来の幼若な間質性細胞は、最終的に臍帯の血管を形成する(図14.15A, B；図14.13Aも参照)。さらに、胚外中胚葉が絨毛膜を脱落膜側へと押し込み、絨毛膜の突起を形成する[11]。

一方で、合胞体性栄養膜は子宮内膜に浸潤し、通常時は子宮間質に血液を供給し月経時に血液を放出するらせん動脈を再構成することで、胎盤への血液供給を確保する。栄養芽細胞が血管細胞を置き換え拡張することで、らせん動脈を"小川"ではなく"湖"へと変化さ

---

[11] 胎児の出生前遺伝学的スクリーニング(prenatal genetic screening)は、羊水穿刺(羊水に浮遊する細胞を採取する)や絨毛膜サンプリング(chorionic-villus sampling：CVS；絨毛膜から細胞を採取する)によって行われている。しかし、胚自身のゲノムは安定であるにもかかわらず、胎盤部分では広範な変異イベントが発生しうる(Kalousek and Dill 1983；Coorens et al. 2021)。これは、羊水穿刺やCVSが、実際には胚に存在しない染色体異常や遺伝子異常を検出する可能性があることを意味する。

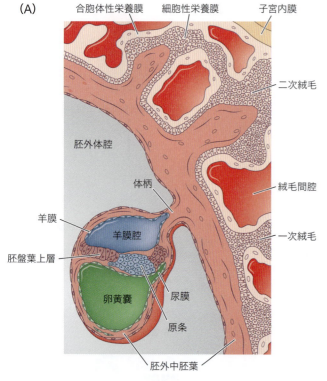
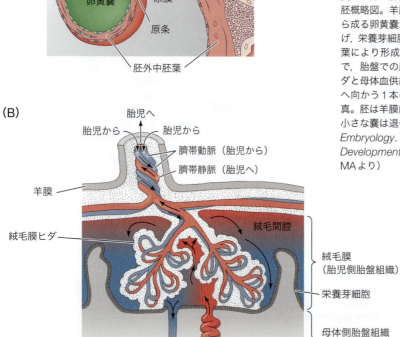

図14.15 胚外中胚葉と胎盤の形成。(A)受精後3週目終盤のヒト原腸胚概略図。羊膜外胚葉と胚盤葉上層に囲まれた羊膜腔と，胚盤葉下層から成る卵黄嚢が形成される。胚の前方領域で脊索が胚盤葉上層を持ち上げ，栄養芽細胞が胚外中胚葉と接触し絨毛膜を形成する。胚は胚外中胚葉により形成される未熟な臍帯の原基を介して絨毛膜と連絡することで，胎盤での胎児側血管網が形成される。(B)子宮内における絨毛膜ヒダと母体血供給との関係。臍帯は胎盤側へ向かう2本の動脈と，胎児側へ向かう1本の静脈から成る。(C)受精後50日目の胎盤とヒト胚の写真。胚は羊膜内に位置し，その血管が絨毛膜に伸びる。胚の左側にある小さな嚢は退化した卵黄嚢である。(A は J. Langman, 1981. *Medical Embryology*. Williams and Wilkins：Baltimore；B は S. Gilbert. 1989. *Developmental Biology*, 3rd ed. Sinauer Associates：Sunderland, MA より)

せる。これらの"湖"の血液は，臍帯が形成されるまでの間，胚に酸素と栄養を提供する直接的な役割を担う(Liu et al. 2022)。

絨毛膜(chorion)は，栄養芽細胞と血管を含む中胚葉性細胞から構成される，臓器として完成した胚外組織である。絨毛膜は子宮内膜の脱落膜と融合して胎盤を形成する。したがって，胎盤は母体部分(脱落膜)と胎児部分(絨毛膜)の両者から成る。絨毛膜は母体の組織に密着しつつも容易に分離できる場合もある一方(例：ブタの接着型胎盤)，母体の組織と非常に密に接着し，母体と胎児の両者を傷つけずに分離することが不可能な場合もある(例：ヒトを含むほとんどの哺乳類の脱落膜型胎盤)[12]・次頁。

図14.15Cは，6.5週齢のヒト胚における胚性組織と胚外組織の関係を示している。胚は羊膜で包まれ，さらに絨毛膜によって保護される。絨毛膜に走行する血管は観察が容易であり，絨毛膜の外側表面から突出する絨毛も観察がたやすい。これらの絨毛には血管が含まれており，絨毛膜が母体血と接する面積を最大化している。通常，胎児と母体の循環系は混合しないが，絨毛を介した可溶性物質の拡散は起こる。このようにして，母体は胎児に栄養と酸素を提供し，胎児は主に二酸化炭素や尿素といった排泄物を母体の循環に送り出す。

発生が進むにつれ，胚と子宮との相互作用は徐々に密接になる。一部の研究者は，実際に胎児が母体の一部となり，私たちの一生のこの時期だけは，解剖学的，生理学的，免疫学的に別の生物体と融合していると考えている（Howes 2007；Kingma 2018, 2019；Meinke 2021；Nuño de la Rosa et al. 2021）。（オンラインの「FURTHER DEVELOPMENTS 14.4: The Placenta and the Integration of Mother and Fetus」参照）

双生児

ヒトを含めた哺乳類の初期胚の細胞は，互いに機能的に代替でき欠失した細胞を補完することが可能なことから，単一の受精卵から**一卵性**（同卵；同一のゲノムをもつ）双生児が生じることがある。一卵性双生児は1つの胚が2つに分離されて互いに独立に発生するのに対し，**二卵性**（異卵）双生児は2つの別々の受精イベントの結果である。

一卵性双生児は1/400の出産頻度で発生し，卵割期胚での割球の分離，または同一の胚盤胞内で内部細胞塊が2つに分離することによって生じる（De Paepe 2015）。約70％の一卵性双生児は2つの完全で独立した絨毛膜と羊膜をもち，これは分離が栄養芽細胞組織の出現前，おそらく受精後3日以内に起こったことを示唆している（図14.16A）。他の双生児は共通の絨毛膜と2つの独立した羊膜嚢をもつことから，分離が栄養膜の形成後，内部細胞塊の分離によるものと解釈される。もし胚の分離が受精後3日目の絨毛膜の特定化後［訳注：絨毛膜ではなく栄養外胚葉］，かつ8〜9日目の羊膜形成前に起こった場合，ヒトの羊膜は受精後9日目までに構築されることから，結果として生じる胚は1つの絨毛膜と2つの羊膜をもつことになる（図14.16B）。これは一卵性双生児の約25％で起こる。また一部の一卵性双生児（2〜5％）は共通の絨毛膜と羊膜内で成長するが（図14.16C），これは胚の分割が受精後9日目以降，早期に起こったことを示唆する。（オンラインの「DEV TUTORIAL 14.1: Twinning. In this brief lecture, Scott Gilbert describes some of the recent theories of twin formation」参照）

さらなる発展

結合双生児　異卵性（二卵性）双生児の出生は2つの独立した受精イベントの結果であり（2つの別々の卵が2つの別々の精子と出会う），一卵性双生児は割球や内部細胞塊の分離によって起こる結果であるのに対し，**結合双生児**（conjoined twin）はおそらく原腸形成期に生じると考えられている。このため，ほとんどの結合双生児は通常一卵性である（異なる性別の結合双生児のケースもいくつか報告されているが，非常に稀である；Martínez-Frías 2009参照）。結合双生児は，1/20万の出生頻度で発生する。Spratt and Haas（1960）は，ニワトリの胚盤葉上層を4つに分割すると，それぞれ

12　同じ哺乳類でも種によって胎盤の形態はさまざまで，胚外膜の形も異なる（Cruz and Pedersen 1991参照）。マウスとヒトは似たような原腸形成や着床様式をもつが，胚外構造には明瞭な違いがある。したがって，一種のみから別の種の発生現象を推測することにはリスクが伴う。Leonardo da Vinci（レオナルド・ダ・ヴィンチ）でさえ間違いを犯した（Renfree 1982）。彼の胎盤内のヒト胎児の絵画は見事な芸術作品だが，科学的には不正確である。彼が書いた胎盤はウシのものだったのである。

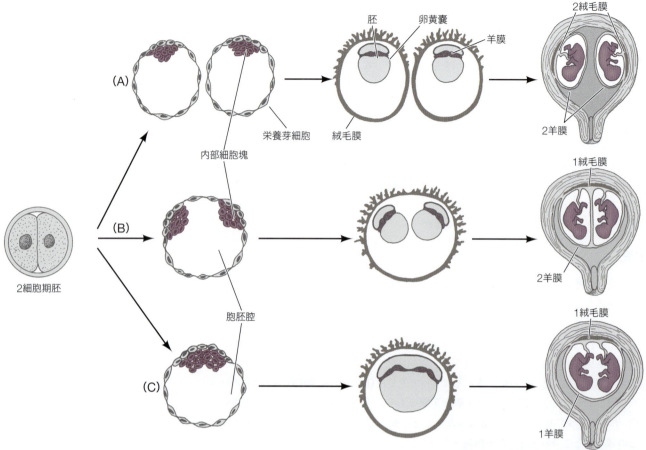

図14.16 ヒト一卵性双生児形成における分離タイミングと胚外膜との関係。(A)分離が栄養芽細胞形成前に起こる場合，各双生児が独自の絨毛膜と羊膜を有する。(B)栄養芽細胞形成後かつ羊膜形成前に分離が起こる場合，双生児はそれぞれ独自の羊膜嚢と共有した1つの絨毛膜をもつ。挿入図［訳注：挿入図(D)］は，共通の栄養膜内で分割中の内部細胞塊（緑）をもつヒト胚盤胞［訳注：着床直後の時期に相当する体外培養した胚］の免疫染色像。(C)羊膜形成後に分離が起こる場合，双生児は1つの羊膜嚢と1つの絨毛膜を共有する。(D) (C)でみられる双生児になる可能性のある胚［訳注：おそらく(C)ではなく(B)。羊膜腔(amniotic cavity)が確認できないので，羊膜形成前での分割と思われる〔おそらく緑はPOU5F1で，初期の羊膜外胚葉(amnionic ectoderm)にはPOU5F1がしばらく残存する〕。また，Brivanlouらの体外培養系で培養した胚の可能性が高く，そうであれば厳密には胚盤胞期を超えている］。緑色に染色される胚盤葉上層が分割されている。赤色は羊膜［訳注：赤色は，cytokeratin-8/18（栄養膜で発現），もしくはphalloidin（全細胞膜）］，青色は栄養膜を指す。(A〜CはT. W. Sadler. 2018. *Langman's Medical Embryology*. Wolters Kluwer Health, Philadelphiaより)

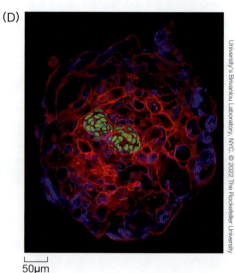

が原条を形成することを示した（図14.17A）。さらに，ヘンゼン結節を他個体の胚盤葉上層に追加すると，2つの原条の融合が起こることを示した。もしニワトリ胚の帯域(marginal zone)に裂け目ができ，帯域に第二のNodal発現中心が形成されると，第二の原条軸が形成されるようである（図14.17B；Bertocchini and Stern 2002；Perea-Gomez et al. 2002；Torlopp et al. 2014）。ヒトにもニワトリとある程度共通する分子経路で原条が形成されると考えられるため，一卵性双生児は対応する領域に

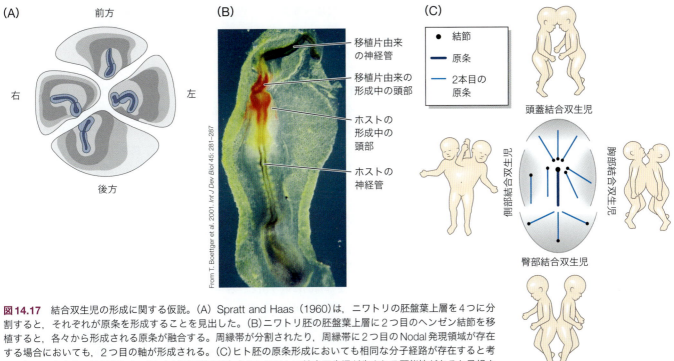

図14.17 結合双生児の形成に関する仮説。(A) Spratt and Haas (1960) は，ニワトリの胚盤葉上層を4つに分割すると，それぞれが原条を形成することを見出した。(B) ニワトリ胚の胚盤葉上層に2つ目のヘンゼン結節を移植すると，各々から形成される原条が融合する。周縁帯が分割されたり，周縁帯に2つ目のNodal発現領域が存在する場合においても，2つ目の軸が形成される。(C) ヒト胚の原条形成においても相同な分子経路が存在すると考えられることから，周縁部に2つNodal発現領域が生成されることで結合双生児が生まれる可能性があると予想される。これによっていくつかの結合双生児形成機構を説明することができる。(A は N. T. Spratt Jr. and H. Haas. 1960. *J Exp Zool* 145：97-138 より；C は L. B. Arey. 1947. *Developmental Anatomy*. p.172. Saunders；Philadelphia；R. Spencer. 1992. *Teratology* 45：591-602 より)

2つのNodal発現中心が形成された結果なのかもしれない。Levin (1999) によれば，これは結合双生児のいくつかのタイプを説明しうる（図14.17C）。結合双生児の形成過程には不明な点が多いが，原腸形成期に複数の軸が生成されてしまうことが，この現象を解明する出発点となるかもしれない。

14.6　不妊：発生初期の問題

不妊とは通常，若いカップルが1年以上にわたって頻回に性交をしているにもかかわらず妊娠しないことと定義される（CDC 2014）。米国やヨーロッパでは若いカップルの約15％が不妊であり，不妊の原因は男女ともに存在する。不妊の主な原因には，女性が成熟した正常な卵母細胞（14.2節参照）を排卵できないこと，男性が十分量の正常な精子をつくれないまたは送れないこと，精管または卵管が物理的に閉塞していること，卵や卵管の環境と精子との間に免疫学的不適合があることなどが挙げられる（Gilbert and Pinto-Correira 2017）。

男性不妊の原因には，精子の生成障害，精子を適切に送り出せないこと，あるいは精子の形成異常などが挙げられる。精子生成の障害は，内的または外的要因によって引き起こされる。内的要因である健康状態は，精子数減少の原因となる。例えば，成人男性におけるムンプスウイルス感染は，精子形成のニッチをなすセルトリ細胞を破壊する可能性がある（Kanduc 2014；Wu et al. 2019）。また，停留精巣では，至適温度よりも高温で発生が進むために精子形成が阻害される（Goel et al. 2015）。その他にも，糖尿病はDNAや細胞膜への酸化ストレスによって精子に損傷を与え，DNAのメチル化異常を引き起こすことで，生殖能力に影響を与えると考えられている（Ding et al. 2015；Laleethambika et al.

発展問題

アメリカのテレビシリーズ『CSI：Crime Scene Investigation』に，明らかに犯人である人物のDNA型が，犯罪現場で見つかった細胞のDNA型と一致しなかった，というエピソードがある。このエピソードは，一人の人間が異なる2組のDNAをもつという，実際に起きたきわめて稀な例に基づいている。このような状況がどのようにして生じると考えられるだろうか？

2019)。また，14.8節で述べるように，内分泌撹乱物質などの外的要因も精子生成の低下に関連している。

さらに男性不妊は，精子の生成不全につながる遺伝的要因や，射精管の閉塞や異常によっても引き起こされることがある。7.1節では，ダイニンタンパク質をコードする遺伝子に変異があると，精子の鞭毛が機能しなくなることを述べた。(特定のRNA翻訳に関与する) *DAZL* 遺伝子の変異は，雌雄の双方で正常な配偶子形成を妨げ，精子数が少ない症例の約10%に関連している可能性がある(Nakahori et al. 1996；Rosario et al. 2019)。その他に，精巣癌に対して化学療法や放射線療法を受けた男性，精管結紮術(パイプカット手術)を受けた男性，生殖器官に重度の損傷を受けた男性は，精液中の精子が少ない可能性がある。

不妊治療：体外受精

米国疾病管理予防センター (CDC 2019)は，**生殖補助医療**(assisted reproductive technology：ART)を「卵または胚のいずれかを扱う不妊治療のこと。一般的に，ARTでは女性の卵巣から卵を外科的に取り出し，専用の施設で授精させた後，その女性の体内に戻す，あるいは別の女性に提供する医療のこと」と定義している。

ARTの最初の成功例であり，かつ最も広く知られている方法が**体外受精**(*in vitro* fertilization：IVF)である。体外受精では，女性と男性から卵と精子を採取し，ペトリ皿内の溶液内で授精させる。受精卵が分裂を開始した後，1個または複数個の胚を外科的に女性の子宮へと移植することで，通常の妊娠と同様に着床と胚発生が起こる(**図14.18A**)。

ヒトにおける最初の体外受精の実験は，ウニで体外受精が一般的に行われるようになって間もない1878年に行われた。しかしながら，ヒトでの体外受精が成功するまでには，その後1世紀を要した。いったい何が，ヒトでの体外受精を妨げていたのだろうか？ 20世紀半ばまで，ヒトの生殖生物学と発生についてはほとんど知見がなかった。1か月に複数の卵を卵巣から採取する方法はなく，また哺乳類胚の適切な培養法も確立されていなかった(Johnson 2019)。これらの技術的問題は最終的に(性腺刺激ホルモンと栄養成分の改良によって)克服されたが，より重大な問題であったのは，精子の受精能獲得(capacitation)という概念が知られていなかったことであった(7.3節参照)。

受精能獲得はAustin (1951)とChang (1951)によって発見され，彼らは精子が卵と受精する能力を獲得するためには，哺乳類の生殖路を経由する必要があることを見出した。Yanagimachi and Chang (1964)は，卵胞液が試験管内で精子の受精能を促進することを見出した。1969年には，Bavister (1969)により，血清アルブミンが卵胞液の代わりになることが示された。その後，培養液の栄養素・pHの改良により体外受精が確立され，1978年に英国で最初の体外受精児 Louise Brown (ルイーズ・ブラウン)が誕生した。今日では体外受精の実施件数は年々増加しており，女性が40歳未満で精子に問題がない場合，成功率は自然妊娠率と比較しても遜色ない(Niederberger et al. 2018)。

その後，精子と卵を試験管内で合わせる方法以外に，体外受精のための他の技術も開発された。卵細胞質内精子注入法(ICSI)は，男性パートナーの精子数が少なく(乏精子症)，受精に至る可能性が低いカップルを治療するために開発された。ICSIでは，1個の精子を卵の細胞質に注入する(**図14.18B**)。接合子は分裂を開始し，3回の分裂後に最も正常だと思われる胚が子宮内へ移植される。

また，「不妊カップルに対しては，ART (通常は体外受精)が唯一の選択肢である」とよく誤解されていることに留意することが重要である。実際には多くのケースで，ホルモン療法や人工授精のようなそれほど複雑でない治療によく反応する。(オンラインの「FURTHER DEVELOPMENT 14.5：In Vitro Fertilization Procedure and Risks」参照)

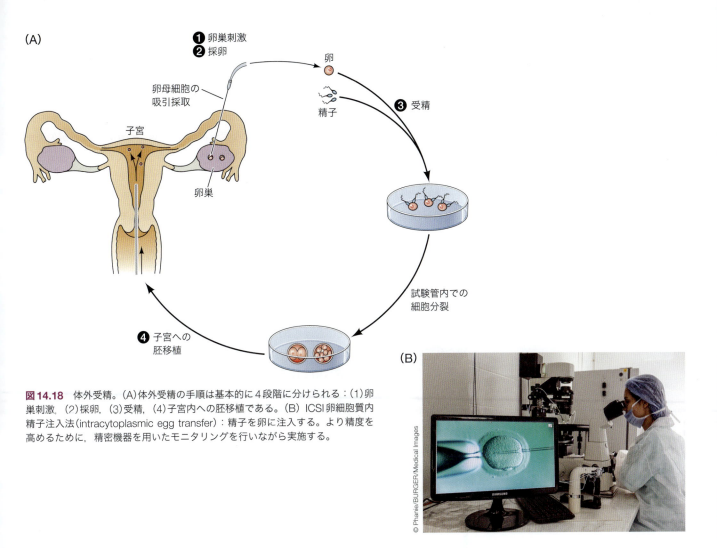

図14.18 体外受精。(A)体外受精の手順は基本的に4段階に分けられる：(1)卵巣刺激，(2)採卵，(3)受精，(4)子宮内への胚移植である。(B) ICSI卵細胞質内精子注入法(intracytoplasmic egg transfer)：精子を卵に注入する。より精度を高めるために，精密機器を用いたモニタリングを行いながら実施する。

14.7　発生異常：遺伝子の変異

　生体には，柔軟な適応を可能にする驚異的なバックアップ経路と冗長性が備わっている。しかしながら，発生過程において致死的あるいは病的な表現型が現れることが多々あり，先天奇形は米国における乳幼児の死亡原因の第1位となっている(Kochanek et al. 2017；Murphy et al. 2018；CDC 2019；Wallingford 2019)。先天性疾患は，成人にとっての癌や心臓病と同様，乳児にとっては致死的であり，公衆衛生上の重要な問題である。

　発生異常の主な要因として，以下の(相互に関連する) 3つが挙げられる。

1. **遺伝的な変化**。遺伝子の変異や染色体数の変化が発生異常を起こす場合がある。本節で論じるこれらの異常は，内在的な遺伝学的変化によって引き起こされるもの，すなわち，変異，染色体異数性(14.2参照)，染色体転座に起因するものである(Opitz 1987)。
2. **環境的な要因**。外的な因子(通常は化学物質)は，発生にかかわるシグナルを阻害あるいは変化させることにより，表現型に悪影響を与える。14.8節で，このような因子の影響について論じる。
3. **確率的(ランダム)な事象**。偶然の事象も表現型の決定に影響を及ぼしており，発生異常のなかには単なる"不運"と考えられるものがある(14.9節で論じる)。

512 | PART III 初期発生

はじめに，遺伝学的変化に起因する発生異常について解説する。

ヒトにおける症候群の発症様式

先天奇形（先天性異常とも呼ばれる）は，生命を脅かすものから比較的軽度のものまでさまざまであるが，多くの場合で**症候群**（syndrome；ギリシャ語で"共に走る"という意味）と呼ばれ，異常[13]が併存している。遺伝学的な症候群は，(1)いくつかの遺伝子が欠失または付加された染色体異常（染色体異数性など），または(2)単一もしくは複数の遺伝子による多面的な作用〔**多面作用**（pleiotropy）〕のいずれかによって引き起こされる（Grüneberg 1938；Hadorn 1955）。同一の遺伝子がからだの異なる部位で重要な役割を果たし，その異常によりいくつかの影響が独立して生じる場合，症候群は**モザイク的多面作用**（mosaic pleiotropy）をもつと表現される。例えば，*KIT*遺伝子は血液幹細胞，色素幹細胞，生殖幹細胞で発現し，それらの増殖を促進する。よって，*KIT*遺伝子の異常は，貧血（赤血球の欠乏），アルビノ（色素細胞の欠乏），不妊（生殖細胞の欠損）の症状をもたらす。

胚のある部位で欠損した遺伝子が，その遺伝子が発現していない別の部位においても異常を引き起こす場合，その症候群は**関連多面作用**（relational pleiotropy）をもつといわれる。例えば，網膜色素上皮における*MITF*の発現異常では，小さな眼が形成されることが知られている。遺伝子発現の欠損により網膜色素上皮の形成が阻害され，この小さな網膜が形成されることで，網膜は硝子体液を内包できなくなる。そして硝子体液がなければ，眼球は大きくなることができない〔小眼球症（microphthalmia），"小さな眼"という意味〕。その結果，*MITF*が発現していないレンズや角膜も小さくなる。

さらなる発展

多面作用性と上位性：ヒトの皮膚色　ヒトの皮膚色には数多くの遺伝子が影響している。そのうちのいくつかは，皮膚や毛髪，眼に含まれる茶褐色や赤色の色素であるメラニンの合成経路に関係している。皮膚や毛髪では，メラニンは神経堤（17.3節参照）に由来する細胞種であるメラノサイトで合成される。メラノサイト内には，メラノソームと呼ばれる色素形成を担う細胞小器官があり，細胞の成熟に伴って，皮膚や毛髪の表皮細胞へと移行する（Swift 1964；Klaus 1969；Tadokoro et al. 2016）。

メラノサイトにおけるメラニン合成の酵素反応経路は，傍分泌因子であるSteelと，その受容体である細胞表面のKitタンパク質との結合によって開始される（**図 14.19A**）。Kitは休眠状態のチロシンキナーゼ活性をもち，Steelの結合によって活性化される。SteelおよびKitタンパク質は，色素細胞，始原生殖細胞，血液細胞，耳の細胞の増殖や分化など，発生過程のさまざまな場面で機能している。ヒトでは，これらのタンパク質の完全欠損が報告されていないことから，おそらく致死性であると考えられる（造血ができないため）。一方，*KIT*遺伝子のヘテロ型欠損をもつ人は，常染色体顕性（優性）遺伝のまだら症（piebaldism）と呼ばれる状態になる（図17.17C参照；Thomas et al. 2004）。北ヨーロッパのある集団では，毛髪に関連する*Steel*遺伝子エンハンサーに共通の変異があるため，毛包細胞でのSteelの発現量が低下し，その結果，淡いブロンド色の毛髪となる（Guenther et al. 2014）。

Kitタンパク質がそのリガンドであるSteelによって活性化されると，Kitはリン酸化カスケードを開始し，最終的にERKキナーゼが活性化される。ERKキナーゼは核

13　ここでいう"異常"とは，通常とは異なること，あるいは"普通"に当てはまらないことを示す言葉である（14.1節参照）。

第14章 ヒト初期胚発生 | 513

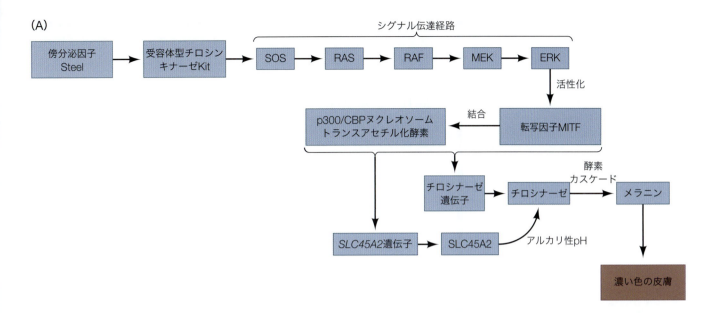

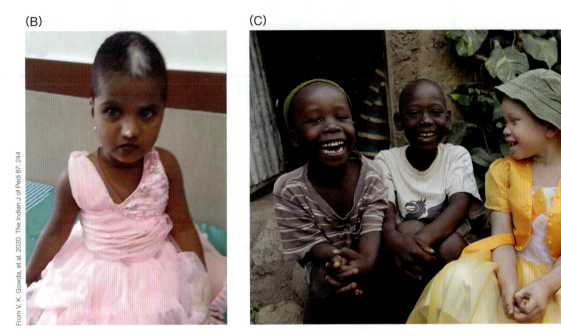

図14.19 メラニン色素を合成する発生経路と生化学的経路。(A) メラニン合成酵素の生成経路の簡略図。傍分泌因子のSteelが、メラノサイトの細胞膜でその受容体のKITに結合し、その結果、Kitがチロシンキナーゼとして機能する。キナーゼ活性は一連のリン酸化反応を開始し、最終的にERKタンパク質の活性化を引き起こす。活性化されたERKはメラノサイトの核に入り、MITFをリン酸化する。リン酸化されたMITFは、転写開始複合体を形成するp300/CBPタンパク質と結合できるようになる。MITFは、チロシナーゼ、SLC45A2、チロシナーゼ関連タンパク質1などの、メラニン合成に関与する複数の遺伝子のプロモーターに結合する。SLC45A2タンパク質は、メラノソーム内でメラニン合成に適したpHをつくり出す。(B) MITFヘテロ接合体に特徴的な白い前髪をもつ子供。(C) アルビニズムをもつアフリカの子供。

内に移行し、網膜形成に関する前述の転写因子MITFをリン酸化する（図14.19A参照；Price et al. 1998）。これにより、色素合成に関連する複数の遺伝子のプロモーター上に位置するMITFが活性化される。

　ERKによってリン酸化されたMITFは、転写活性化複合体の中心的役割を担うヒストンアセチル基転移酵素であるタンパク質p300/CBPと結合する（Sato et al. 1997；McGill et al. 2002）。機能喪失型MITFアリルをもつ場合、そのほとんどにおいて、正常に色素沈着した毛髪のなかに白色の前髪が混じるという顕性の表現型を示す（図

14.19B）。MITFにより活性化される遺伝子のなかに，メラニン合成に必須の酵素であるチロシナーゼがある（チロシナーゼの他の機能については何も知られていない）。機能喪失型チロシナーゼ変異をもつ人はメラニン合成ができず，アルビニズム（albinism）と呼ばれる状態になる（図14.19C）。

MITFによって活性化される他のメラノサイト特異的遺伝子にSLC45A2がある。SLC45A2はメラニン合成を行うメラノソームのpHを調節するのに重要であり（Bin et al. 2015），そのタンパク質の変化はチロシナーゼ活性を変化させる。SLC45A2の重度の機能喪失型変異はアルビニズムを引き起こすが，多くの場合ではメラニン合成が適度に可能である。これは1塩基の変化により引き起こされる現象で，正常範囲内のさまざまな皮膚色のパターンがうまれる（Graf et al. 2005；Branicki et al. 2008）。また，メラニン量が少なくなる機能喪失型変異は，北半球の高緯度地域で選択されたようである。これらの地域の人々では，日照時間が少ない月でも，皮膚の色が明るいことによってビタミンD合成が促進される可能性がある。一方，日照不足が問題にならない熱帯地方では，野生型アリルは紫外線による発癌作用を軽減するのに有利であると考えられている（Jablonski and Chaplin 2018；Batai et al. 2021）。

MITFがあらゆる細胞種に影響を及ぼす現象は，1つの遺伝子の変異がさまざまな機能に影響を与えるという多面作用の一例である。また，他の遺伝子（MITFやSLC45A2など）が機能しているにもかかわらず，チロシナーゼ遺伝子に変異があると色素合成が抑制されるということは，ある遺伝子の機能が他の遺伝子によって抑制されるという，上位性（epistasis）の一例を示している。

遺伝的異質性と表現型異質性

多面作用では，単一の遺伝子が異なる組織で異なる効果をもたらす。しかしその逆の現象，すなわち異なる複数の遺伝子の変異が同一の表現型をもたらすことも，遺伝的症候群において同等に重要な性質である。例えば，複数の遺伝子が同一のシグナル伝達経路を構成している場合，そのいずれかに変異が生じると，同様の表現型が生じることが多い。このように異なる遺伝子の変異によって類似の表現型が生じることを**遺伝的異質性**（genetic heterogeneity）と呼ぶ。Kitタンパク質の欠損によって引き起こされる不妊，貧血，アルビニズムなどの症候群（前述）は，その傍分泌リガンドである幹細胞因子（stem cell factor：SCF）の欠損によっても起こりうる。もう1つの例は単眼症（図4.25B参照）で，これはSonic hedgehog（Shh）をコードする遺伝子の変異，またはShhにより活性化される遺伝子の変異，またはコレステロール合成を制御する遺伝子の変異（コレステロールはShhシグナルに必須である）によって生じる表現型である。

異なる変異が同じ表現型を生み出すだけでなく，同一の変異が個体によって異なる表現型を生み出すこともあり，これは**表現型異質性**（phenotypic heterogeneity）として知られる現象である（Wolf 1995, 1997；Nijhout and Paulsen 1997）。表現型の異質性が生じるのは，遺伝子が自律的な働きをしているわけではなく，他の遺伝子・遺伝子産物・栄養と相互作用し，複雑な経路やネットワークに組み込まれているからである（Reed et al. 2006）。Bellus（ベルス）らは1996年，血縁関係のない10家族において，FGFR3遺伝子の同一の変異に起因する表現型を分析した。その表現型は，比較的軽度の異常から致死的な奇形まで多様であった。また，ミオシン-7の遺伝子の欠損は通常，耳や眼の神経細胞の変性を引き起こし，失明や難聴の症状を引き起こす。しかしながら，ノーベル賞を受賞した分子生物学者James Watson（ジェームズ・ワトソン）はこの遺伝子に変異をもっているにもかかわらず，聴力や視力に異常はみられない（Green and Annas 2008）。（オンラインの

「FURTHER DEVELOPMENT 14.6：Case study：Achondroplasia, a Common Dominantly Inherited Trait」参照）

　家系内に特定の遺伝性疾患の既往歴がある場合，または母体の年齢など先天異常の原因となりうる危険因子がある場合，生殖補助医療技術を利用して**着床前遺伝子診断**（preimplantation genetic diagnosis：PGD）を卵割期の初期に実施することができる。体外培養された初期胚から割球を採取し，特定の遺伝子変異や染色体異常を検査する。このようなきわめて早期の発生段階であれば，胚は細胞分裂を調節し，欠損した割球を補うことができるため，体外受精を実施するうえで問題にはならない。（オンラインの「FURTHER DEVELOPMENT 14.7：Preimplantation Genetics」参照）

14.8　環境によるヒト発生の障害

　先天異常を引き起こす外因性因子のほとんどは**催奇形因子**（teratogen）として分類される（**表14.1**）。ほとんどの催奇形因子は，影響を及ぼす臓器または器官ごとの発生パターンによって決まる特定の時間枠のなかでその作用を生じる。14.1節で述べたように，ヒトの発生は**胚子期**（embryonic period；第8週終了まで）と**胎児期**（fetal period；残りの在胎期間）に分けられる。ほとんどの器官は胚子期に形成され，胎児期はおおむね成熟の期間である。したがって，催奇形因子に対する児の感受性が最大になるのは第3〜8週である（**図14.20**）。しかし神経系の形成に関しては発生の全過程にわたって行われるため，感受性は保たれたままとなる。また，第3週以前の曝露では，通常は先天異常は生じない。なぜなら，この時期に曝露する催奇形因子は，胚の細胞の大部分またはすべてを損傷し死亡させるか，あるいはごく一部の細胞の死滅にとどまり胚が完全に回復できる場合が多いからである。

　催奇形因子の最たるものは薬物や化学物質である。ウイルス，放射線，高体温，母体の代謝状態も催奇形因子として作用することがある。環境中に自然に存在する物質のなかにも，先天異常を引き起こすものがある。例えば，*Veratrum californicum*という植物が生成するジェルビン（jervine）やシクロパミン（cyclopamine）は，Shhシグナル伝達を阻害し，単眼症を引き起こす。

　ウイルスのなかにも先天異常を引き起こすものがある。例えば，蚊が媒介するジカウイ

表14.1　ヒト胎児の発生障害を引き起こすと考えられる因子[a]

医薬品と化学物質	感染性微生物
アルコール	バルプロ酸
アミノグリコシド類（ゲンタマイシン）	ワルファリン
アミノプテリン	**電離放射線（X線）**
抗甲状腺薬（プロピルチオウラシル：PTU）	**高熱（発熱）**
臭素	**感染性微生物**
コルチゾン	コクサッキーウイルス
ジエチルスチルベストロール（DES）	サイトメガロウイルス
ジフェニルヒダントイン	単純ヘルペスウイルス
ヘロイン	パルボウイルス
鉛	風疹（三日ばしか）
メチル水銀	*Toxoplasma gondii*（トキソプラズマ症）
ペニシラミン	梅毒トレポネーマ（梅毒）
レチノイン酸（イソトレチノイン，アキュテイン）	ジカウイルス
ストレプトマイシン	**母体の代謝状態**
テトラサイクリン	自己免疫疾患（Rh不適合を含む）
サリドマイド	糖尿病
トリメタジオン	栄養不足，栄養失調
	フェニルケトン尿症

[a]このリストには，既知および催奇形性をもつ可能性のある因子が含まれており，すべてを網羅しているわけではない。

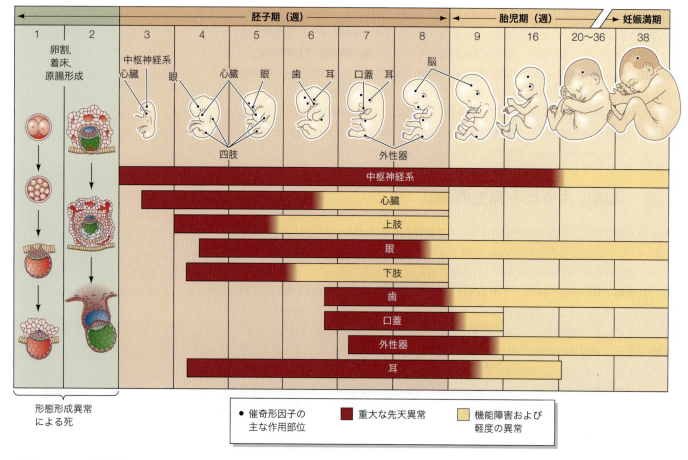

図14.20 胚子期（受精から8週目まで）は，催奇形因子の影響を最も受けやすい時期である。上段には各器官の形成開始時期が示されており，下段には各器官の形成過程において異常が起こりやすい時期を示す。(K. L. Moore and T. V. N. Persaud. 1993. *The Developing Human*: *Clinically Oriented Embryology*, 5th ed., p.156. W. B. Saunders: Philadelphia より)

ルスは，脳と頭が小さいことを特徴とする先天異常である小頭症に関与している（Mlakar et al. 2016；Rasmussen 2020）。妊娠中の女性がジカウイルスに感染すると，胎児の大脳皮質の神経前駆細胞に直接感染し，その細胞が死滅する。その結果，新生児の脳や頭のサイズが小さくなることが示されている（Tang et al. 2016；Merfeld et al. 2017）。そのメカニズムの1つとして，ジカウイルスがマイクロRNAのレベルを変化させ，神経の細胞死経路の活性化と幹細胞分裂の減少を引き起こすことが挙げられる[14]（Bhagat et al. 2018；Zhang et al. 2018）。

催奇形因子は，正常発生の阻害，もしくは不適切なタイミングや部位で発生を促進することによって，その影響を及ぼすことがある[15]。正常発生を阻害する催奇形因子の例としては，エタノール，レチノイン酸，重金属，サリドマイドなどがある。異所性に発生を促

---

[14] COVID-19ウイルスが先天異常を引き起こすことは知られていないが，まれに胎盤に感染して障害を起こし，胎盤機能不全と胎児死亡に至ることがある（Linehan et al. 2021）。

[15] この現象は潜性（劣性）および顕性（優性）遺伝子に似ている。潜性アリルは十分な発現がないために発生を阻害する一方で，顕性アリルは不適切な時期や部位において発生シグナルを発現する。多くの場合，催奇形因子は特定のタンパク質を阻害することで，遺伝子変異による影響に類似した，異常な表現型を生み出す。初めて報告された催奇形因子の1つはサリドマイドであったが（図1.16参照），その作用機序はその後50年以上特定されなかった。現在では，サリドマイドが手足や耳の形成にかかわるSALL4転写因子の分解を促進することが知られている。なお，*SALL4*遺伝子の機能喪失型変異では，同じ種類の先天異常が生じる（Donovan et al. 2018；Gao et al. 2020）。

進する化学物質として重要なものの1つがレチノイン酸である。

催奇形因子としてのアルコール

社会への悪影響の頻度と損失の観点から，最も有害な催奇形因子がアルコール（エタノール）であることは疑いの余地はない。**胎児性アルコール症候群**（fetal alcohol syndrome：FAS）の新生児の特徴としては，小さな頭，平坦な人中（上唇の中央上部の鼻と口の間にある一対の隆起），薄い上唇，低い鼻梁などが挙げられる（Lemoine et al. 1968；Jones and Smith 1973）。また，脳は通常と比較して著しく小さく，発達が障害されることがしばしばある（図14.21）。このような異常は，神経細胞やグリア細胞の遊走不全によ

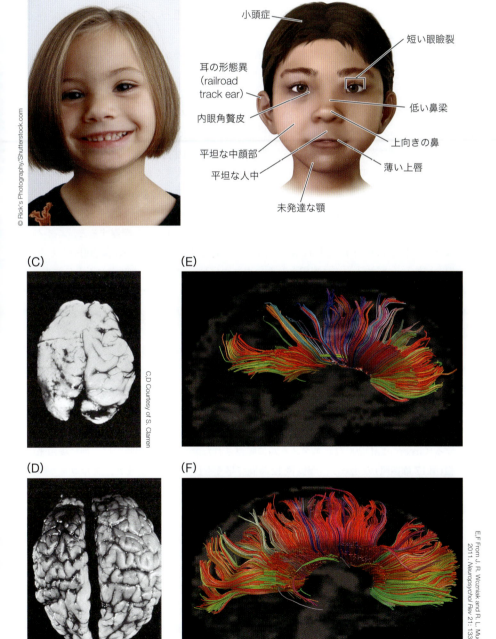

図14.21 胎児の脳に対するアルコールの影響。(A, B)胎児性アルコール症候群（FAS）の患者(A)と健常者(B)の頭部。FAS患者に特徴的な顔貌の説明図がその間にある。FAS患者では，平坦な人中，薄い上唇，小頭症が認められる。(C, D)胎児性アルコール症候群の乳児(C)と同年齢の正常乳児(D)の脳の比較。FAS患者の脳は小さく，脳の上部に移動したグリア細胞によって凸状パターンの構造が不明瞭になっている（第16章参照）。(E, F)有髄神経繊維の拡散テンソル画像による，脳梁の領域特異的な異常の検出。FASDの児(E)と同年齢の健常児(F)の神経繊維の走行パターンの違いは，正常であれば脳の後方領域を通って頭頂葉や側頭葉の皮質に投射されるはずの神経細胞に重大な異常が存在することを示唆している。

るものである（第17章参照；Clarren 1986）。FASは先天性の知的障害症候群のなかで最も頻度が高く，米国では約650人に1人の割合で発生する（May and Gossage 2001）。FASの子供たちの知能指数にはかなりのばらつきがあるものの，平均値は約68である（Streissguth and LaDue 1987）。FASの成人および青年のほとんどは金銭をうまく扱えず，また過去の経験から学習することも困難となる（Dorris 1989；Kulp and Kulp 2000）。

胎児性アルコール症候群は，出生前のアルコール曝露によって引き起こされるさまざまな異常の一部にすぎない。**胎児性アルコール・スペクトラム障害**（fetal alcohol spectrum disorder：FASD）とは，アルコールによって誘発される奇形と機能障害のすべてを包括するものとしてつくられた用語である。FASDの子供の多くでは，頭のサイズなどの外見的な変化や知能指数の目立った低下を伴わないが，行動異常が認められる（NCBDD 2009）。しかしながら，脳神経回路を同定できる近年の技術により，精神運動速度や実行機能（計画，記憶，情報保持など）の変化に相関する軽度な異常が見つかっている（Wozniak and Muetzel 2011）。米国では，子供の2〜5％がFASDを患っていると推定されている（Hagan et al. 2016）。

FASDはアルコールの大量摂取と最も強く関連しているが，実験動物による研究の結果，妊娠中に2杯分のアルコール飲料を1度飲むだけでも，胎児の神経細胞が失われる可能性があることが示唆されている（Sulik 2005）〔"1杯"の定義は，ビール12オンス（約355 mL），ワイン5オンス（約148 mL），ハードリカー1.5オンス（約44.4 mL）である〕。アルコールは，たいていの女性が妊娠に気づく前に胎児に対して永続的なダメージを与える恐れがあることに注意することが重要である。また，他の催奇形因子と同様に，胎児がアルコールに曝露される量と時期，そして胎児の遺伝的背景が発症に大きくかかわる。母親のアルコール代謝能力の個人差も，発症に影響を与えうると考えられる（Warren and Li 2005）。

胎児性アルコール症候群に関する知見の多くは，マウスを用いた研究から得られたものである（Almeida et al. 2020）。マウスを原腸形成期にアルコールに曝露すると，エタノールはヒトのFASに相当する顔面と脳の異常を引き起こす（**図14.22**；Sulik 2005）。ヒトの胎児と同様に，エタノールに曝露されたマウスの仔は，鼻と上唇の形成が不十分であり，神経系の問題としては，神経管が閉鎖せず，前脳の発生が不完全である（15.1節参照）。このFASのマウスモデルは，エタノールが胚にどのような影響を与えるかを研究するのに用いることができる。

エタノールはさまざまな過程に作用し，細胞の遊走，増殖，接着，生存を阻害する可能性があるようだ。Hoffman and Kulyk（1999）は，アルコールに曝露された胎児の神経堤細胞は遊走や分裂をする代わりに，顔面部の軟骨への分化を早期に開始することを示した。母体がアルコールに曝露されたマウスでは多数の遺伝子が異常制御を受けるが，それらのなかには細胞運動や神経細胞の伸長に関与するタンパク質をコードするものが含まれている（Green et al. 2007）。エタノールに曝露されたマウスの後期胚では，神経堤由来の細胞（第17章参照）の死滅が，曝露後12時間で早くも観察される。また，アルコール曝露の時期がヒト発生の3〜4週目に相当する場合，前脳の中央部，中顔面の上部，脳神経を形成すべき細胞が死滅する。

マウス胚におけるこのような細胞死の原因の1つは，アルコール処理によって細胞膜を損傷するスーパーオキシドラジカルが生成されることである（Davis et al. 1990；Kotch et al. 1995；Sulik 2005）。モデル系においては，抗酸化剤がアルコールによる細胞死と奇形を抑制するのに有効であった（Chen et al. 2004）。また，シグナル伝達の異常も過剰な細胞死の原因となる可能性がある。アルコールに曝露された胚では，Sonic hedgehog（顔面の正中線の構造を形成するのに重要なタンパク質）の発現が低下している。この発現低下のメカニズムは完全には解明されていないが，Shhを分泌する細胞を頭部の間充織に入

正常群　　　　　　　　　　　　アルコール曝露群

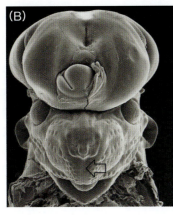
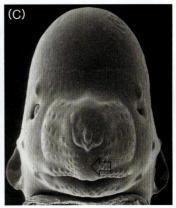

(D)

	第1三半期相当	第2三半期相当	第3三半期相当
エタノールの影響を受ける神経発生過程	原腸形成 神経管形成 神経前駆細胞の増殖 分化プロセス	神経細胞の移動（大脳皮質と海馬） シナプス形成 髄鞘形成 胎盤の血管	アストロサイトとオリゴデンドロサイトの増殖 神経細胞のシナプスと樹状突起の形成 小脳と海馬の神経発生
FASD様の表現型	**頭蓋顔面の形態異常** 広い眼窩間距離，中顔面の低形成，内側鼻突起の欠損，上顎突起の異常（長い上唇），上顎前骨の異常・欠損，無眼球症，コロボーマを伴う小眼球症，前脳の無脳症，口蓋裂，小顎症，小頭症 **脳の奇形** 小脳の体積減少，透明中隔腔を伴う全前脳胞症，下垂体形成不全，第三脳室拡張，嗅球の萎縮/欠損，大脳皮質の萎縮，側脳室の奇形 **灰白質および白質路の変化** 前交連，脳梁，海馬交連の減少	**頭蓋顔面および脳の奇形** 海馬の容積減少，下垂体腫大，小頭症，樹状突起棘の減少/シナプス小胞の減少，小脳のプルキンエ細胞のシナプスの減少と変性，体性感覚野と視覚野ニューロンの発達異常，新生介在ニューロンの移動の変化，糖質コルチコイド受容体シグナルの伝達障害，嗅球・海馬・大脳皮質の変化 **神経発達障害** 運動障害，学習・記憶障害，認知プロセスの変化 **胎児発育不全**	**脳の異常** 視床下部・海馬・小脳の神経細胞発生異常，脳容積の減少，ミクログリア・GABA作動性神経細胞・錐体細胞の減少，視床下部・海馬・大脳皮質・脳梁・扁桃体の容積減少 **神経発達障害** 学習・記憶障害，運動機能障害，行動障害

図14.22 アルコールが誘発するマウスの頭蓋顔面と脳の異常。(A)通常の食餌と飲物を摂取した胎生14日目のマウス。(B, C)妊娠中に母マウスがエタノールを摂取した結果得られた，(A)と同日齢のマウス胎仔。表現型は，重度のもの(B)から軽度のもの(C)まで多様である。矢印は，人中の形成異常を示している。(D)マウス胎仔におけるアルコール曝露による影響を，ヒトの妊娠期（三半期（トリメスター）[訳注：米国では妊娠42週を3分割して，14週ごとに三半期と称する]）にあわせて整理したもの。第1三半期でのアルコール曝露は，頭蓋の形態異常，脳の奇形，灰白質と白質の構造異常を引き起こす。第2三半期に相当する時期にアルコールを摂取すると，頭蓋顔面や脳の形態異常，神経発達障害，胎児発育遅延が生じる。ヒトの第3三半期に相当する時期に妊娠マウスにアルコールを投与すると，脳の異常や神経発達障害が生じる。(DはL. Almeida et al. 2020. *Front Pediatr* 8：359より)

れると，アルコールによって誘発される神経堤細胞の死滅を防止できることが発見された。この発見は，アルコールの催奇形性のターゲットとしてShh経路が重要であることを示している(Ahlgren et al. 2002；Chrisman et al. 2004)。

アルコールの催奇形性に関与すると思われるもう1つのメカニズムは，細胞接着分子L1が細胞同士をつなぎとめ互いにシグナルを送り合う機能をアルコールが阻害する，というものである(Littner et al. 2013)。形態形成に対するこの干渉は，遺伝子レベルではなくタンパク質レベルで起こる。Ramanathan（ラマナータン）らは1996年，アルコール濃度が7 mM（1回の飲酒で血液中や脳内に生成される濃度）という低濃度であっても，L1タンパク質の接着機能が阻害されることを試験管内で示している。さらに，ヒトのL1遺伝子の変異は，重度のFAS症例にみられるような知的障害と奇形を伴う症候群を引き起こす。L1と神経細胞の欠損は，神経回路の異常な興奮を引き起こす可能性がある。このようなニューロンの異常興奮は，行動障害とさらなるニューロンの消失へとつながる可能性がある(Granato and Dering 2018)。このように，アルコールは胎盤を通過して胎児に入り，脳と顔面の発生における複数の重要な機能を阻害する可能性がある。

発生異常を引き起こす可能性のある一般的な物質はアルコールだけではない。レチノイン酸を含むニキビ薬には，妊娠している場合は使用しないようにとの警告表示がある(オンラインの「FURTHER DEVELOPMENT 14.8：Retinoic Acid and Glyphosate as Teratogens」参照)。また，カドミウムや鉛などの重金属も非常に高い催奇形性をもつ(オンラインの「FURTHER DEVELOPMENT 14.9：Minamata Syndrome」参照)。さらに，妊娠中の母体の低栄養は，胎児の表現型に影響を及ぼす可能性がある(オンラインの「FURTHER DEVELOPMENT 14.10：The Developmental Origins of Adult Diseases」参照)。また最近になって，内分泌撹乱物質として知られる特定の化学物質が，さまざまな影響を及ぼすことがわかってきた。

内分泌撹乱物質

内分泌撹乱物質(endocrine disruptor)とは，ホルモンの正常な働きを乱すことで発生を阻害する，外因性の(体外から来る)化学物質である(Colborn et al. 1993, 1997；Gilbert and Epel 2015；Kabir et al. 2015)。内分泌撹乱物質は微量でも活性を示し，あらゆる所に存在する。例えば，我々が口にする色鮮やかなペットボトルや哺乳瓶の素材に含まれる化学物質，化粧品や日焼け止め，染毛剤に使われる化学物質，衣服を燃えにくくするための化学物質などである。私たちは，生まれる以前から日常的に，1つだけではなく複数の内分泌撹乱物質に同時に，しかも継続的にさらされているのだ。

内分泌撹乱物質によって誘発される解剖学的変化は多くの場合，顕微鏡レベルでしかわからない。これはアルコールのような従来の催奇形物質がもたらす明らかな解剖学的異常とは異なる。むしろ，内分泌撹乱物質は生理学的変化を起こし，影響が大人になってから顕在化することが多く，また曝露後何世代にもわたってその影響が持続することもある(Anway et al. 2005；Skinner et al. 2010；Brehm and Flaws 2019)。最近のある研究では，出生前や幼児期に特定の内分泌撹乱物質に曝露されたことで，11年後に四肢の筋肉が正常に機能しなくなったということが報告された(Balalian et al. 2019)。

内分泌撹乱物質は，さまざまな形でホルモンの作用を障害することがある。

- 天然のホルモンの作用を模倣する場合。例えば，ジエチルスチルベストロール(diethyl-stilbestrol：DES)はエストロゲン受容体に結合し，女性の生殖器形成にかかわる天然のエストロゲンホルモンであるエストラジオールを模倣する。DESに曝露された雌胚は，成体において不妊や特定の癌の発生率が高くなる。

- ホルモン受容体への拮抗作用により結合を阻害したり，ホルモン合成を阻害したりする場合。例えば，ブドウやベリーのカビの発生を防ぐために使用される化合物ビンクロゾ

リンは，テストステロン受容体に結合し，ラットにおいては雄性器官の分化や雄性行動を抑制する（Kelce et al. 1994；Hotchkiss et al. 2003）。

- 体内でのホルモンの合成・排泄・輸送に影響を与える場合。例えば，除草剤のアトラジンはエストロゲン合成を促進し，発生期のカエルの精巣を卵巣に転換する作用がある（Hayes et al. 2002a, b, 2010）。
- 生後にホルモン感受性が高まるように生体を"準備させる"場合。例えば，胎児の発生期にビスフェノールAに曝露されると，思春期に乳房組織がステロイドホルモンに反応しやすくなり，マウスにおいては成体になってから乳癌に罹りやすくなる（Durando et al. 2007；Wadia et al. 2013）。

かつては，胚（あるいは配偶子）に悪影響を及ぼす可能性のある化学物質はわずかであり，しかも高用量の曝露を受けた胎児にのみ有害であると考えられていた。しかし現在では，内分泌撹乱物質は科学技術の発達した社会のいたるところに存在し，胎児期に低用量の内分泌撹乱物質に曝露されるだけで，後に重大な障害が引き起こされる可能性があることがわかっている。実際，多くの場合，内分泌撹乱物質は高用量よりも超低用量（例えば25 ng/kg/日）のほうがより深刻なダメージをもたらす（Myers et al. 2009；Belcher et al. 2012；Vandenberg et al. 2012）。これは，（1）高濃度のホルモン類似物質は負のフィードバックプロセスを活性化する可能性があるため，あるいは（2）撹乱物質が低用量でさまざまな受容体に結合し，さまざまな経路を活性化または抑制する可能性があるためだろう（Speroni et al. 2017；Villar-Pazos et al. 2017；Acevedo et al. 2018）。（オンラインの「FURTHER DEVELOPMENT 14.11：DDT as Endocrine Disruptor」参照）

内分泌撹乱物質と配偶子形成

内分泌撹乱物質がホルモンに作用することを考えれば，これらの物質がヒトの繁殖力や生殖能力の障害と関連していたとしても驚くことはないだろう（図 14.23；Green et al. 2021）。近年，環境因子，特に内分泌撹乱物質が不妊の主な原因であり，男女ともに影響を及ぼすという議論がますます盛んになっている。

フラッキング　メタン（"天然ガス"）を採掘するために頁岩（シェール）を水圧破砕（"フラッキング"）する現場に存在する化合物のいくつかは，内分泌撹乱物質であることが明らかになっている（Colborn et al. 2011；Kassotis et al. 2014；Webb et al. 2014）。フラッキング現場近くの飲用水中の化学物質を精製し，同じ濃度でマウスの胎仔を曝露させたところ，雌マウスにおいて生殖系の異常が生じた（Kassotis et al. 2015, 2016）。さらに，フラッキング現場から5マイル以内に居住する妊婦において，重度の先天異常と早産の発生率が有意に上昇した（Cairncross et al. 2022）。

ジエチルスチルベストロール　最初に同定された内分泌撹乱物質の1つがジエチルスチルベストロール（DES）であり，かつては妊娠を容易にし，かつ流産を防ぐ目的で処方されていた，強力な合成エストロゲンである。米国では1947年から1971年の間に100万人以上の妊婦とその胎児がDESに曝露されたと推定されている（おそらく全世界での曝露量のごく一部だろう）。DESは，雌性生殖器（ミュラー管由来の腟の上部，子宮頸部，子宮体部，卵管；図6.7参照）の細胞の性質を変化させることにより，性腺の発生と性成熟を阻害する。多くの場合，DESは卵管と子宮の境界部を障害し，妊孕性の低下（または不妊）や生殖に関する健康問題を引き起こす危険性が高い（図 14.24；Robboy et al. 1982；Newbold et al. 1983；Hoover et al. 2011）。マウスでは，胎仔のミュラー管における*Hoxa10*遺伝子の異常発現によって，この現象が引き起こされるようである（Benson et al. 1996；Ma et al. 1998）。

不妊と精子数の減少　産業化の進んだ現代社会では，精子数（精子数/精液mL）が過去50

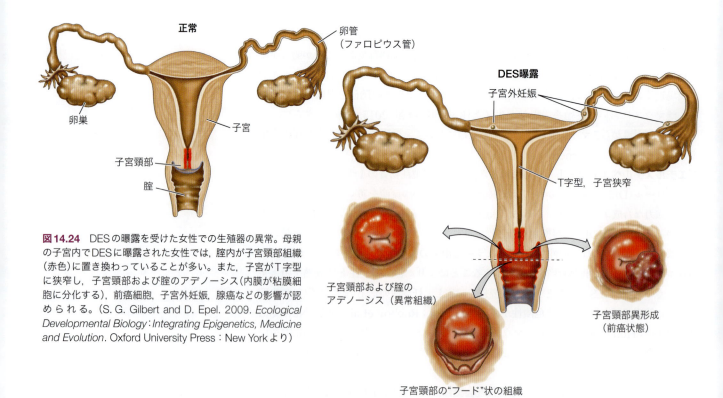

図14.23 女性および男性の不妊と，内分泌撹乱化学物質曝露との関連。ビスフェノールとPCBは男女ともにおいて生殖関連の問題を引き起こす。PBB：ポリ臭化ビフェニル，PBDE：ポリ臭化ジフェニルエーテル，PCB：ポリ塩化ビフェニル，PCDD：ポリ塩化ジベンゾ-p-ジオキシン，PFAS：ペルフルオロアルキル化合物およびポリフルオロアルキル化合物，OC：有機塩素化合物，OP：有機リン酸塩。(M. P. Green et al. 2021. *Environ Res* 194：110694 より)

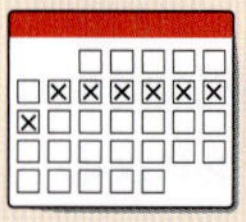

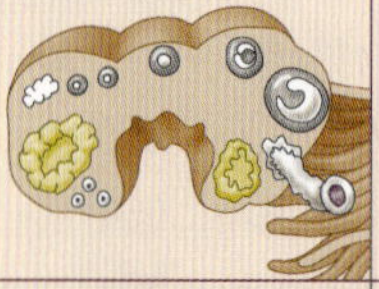

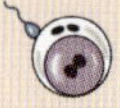

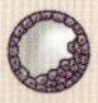

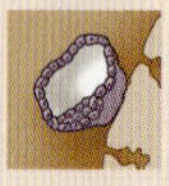

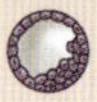

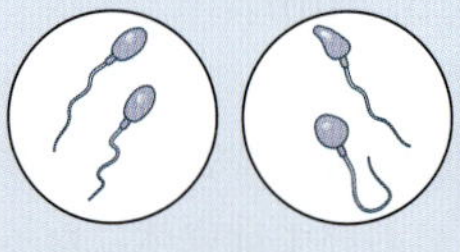

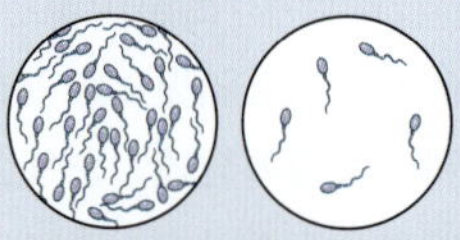

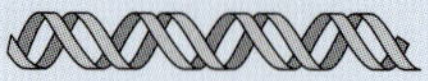

図14.24 DESの曝露を受けた女性での生殖器の異常。母親の子宮内でDESに曝露された女性では，腟内が子宮頸部組織（赤色）に置き換わっていることが多い。また，子宮がT字型に狭窄し，子宮頸部および腟のアデノーシス（内膜が粘膜細胞に分化する），前癌細胞，子宮外妊娠，腺癌などの影響が認められる。(S. G. Gilbert and D. Epel. 2009. *Ecological Developmental Biology：Integrating Epigenetics, Medicine and Evolution*. Oxford University Press：New York より)

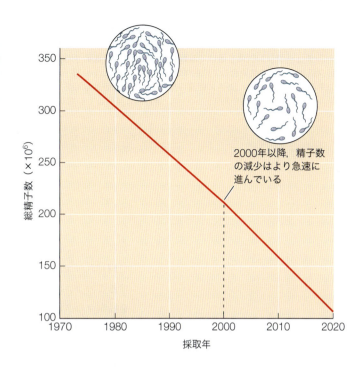

図14.25 射精1回あたりの精子数は世界中で減少している。1973年から2018年の間に，地球上の男性の精子数は51.8%減少した。今世紀に入ってからの減少率はより急であった。精子濃度は，1973年の1億100万個/mLから，2018年には4,900万個/mLに減少した。(Levine et al. 2022. Human Repro Update dmac035 より)

年間で50%以上も減少している(図14.25)。研究によると，現代のヨーロッパおよび北米の成人男性のほとんどが，1970年代の男性の約半分の精子しかつくれないことが示されている(Levine et al. 2017；Swan and Colino 2021)。また，イヌの研究でも，30年以上にわたって毎年約1%の割合で着実に精子数が減少していることが示されている(Sumner et al. 2019)。このような精子数の減少が不妊の原因かどうか(あるいは男性の多くは精子を多量につくるので問題ないのか)については実証されていないが(Boulicault et al. 2021 参照)，精子数の減少については古くから報告されており，内分泌撹乱物質が最も疑わしいとされている(Sharpe and Skakkebaek 1993；Bay et al. 2006；Juul et al. 2014；Swan and Colino 2021)。

これらの内分泌撹乱物質には，プラスチック原料のビスフェノールA（BPA）やフタル酸エステル類，殺虫剤DDT，殺菌剤ビンクロゾリンなどが含まれる。精子発生を阻害するこれらの物質がもつ力はおそらく，エストロゲン作用，正常な精子形成を担う下垂体ホルモンの分泌抑制作用(Meeker et al. 2009；Ullah et al. 2018)，酸化ストレスによるDNA断片化(および精子細胞の死)の促進作用に由来する(Ullah et al. 2018；Sumner et al. 2019)。例えばBPAは，精巣の解剖学的異常を引き起こし，精子形成を阻害し，精子の運動性を低下させる(Eladak et al. 2018；Rahman and Pang 2019；Park et al. 2020；Adegoke et al. 2022)。しかしこれは，BPAの影響の一部にすぎない。(オンラインの「SCIENTISTS SPEAK 14.2：Dr. Shanna Swan discusses her research on sperm counts and phthalate endocrine disruptors」参照)

BPAと染色体異数性

染色体異数性のほとんどは偶然に生じるものであり，卵の染色体数に異常が生じる確率は一定である(14.2節，14.9節参照)。しかし，減数分裂の際に(雌雄ともに)染色体不均衡を生じさせる素因は他にもあり，その1つが，よく研究されありふれた化合物であるビスフェノールA（BPA）に代表される内分泌撹乱物質である。

BPAはプラスチックの製造に使われ，世界で生産される化学物質の上位50位に入る。米国では4つの企業が毎年20億ポンド近くを製造しており，ほとんどの食品缶の内張り樹脂や，哺乳瓶，子供用玩具，水筒のポリカーボネート・プラスチックに使用されている。また，歯科用シーラントや，(不思議に思うかもしれないが)レジのレシートにも使われている。

しかしながら，BPAは永久にプラスチックに留まるわけではない(Krishnan et al. 1993；vom Saal 2000；Howdeshell et al. 2003)。古いポリカーボネート製のラットのケージに水を入れ，室温で1週間放置すると，水に約300 μg/リットルのBPAが溶出する。この濃度は生物学的な有効濃度であり，雄カエルの性転換や若齢マウスの子宮重量の変化を引き起こす(Levy et al. 2004)。また，溶出したBPAは染色体異常の原因にもなる。研

図14.26 ビスフェノールAはマウス卵の染色体異数性を引き起こす。減数分裂中期におけるマウスの正常卵母細胞の共焦点顕微鏡像を示す。β-チューブリン抗体を用いて減数分裂の紡錘体（緑）を染色し、ヨウ化プロピジウムで共染色して染色体（赤）を可視化した。(A)第一減数分裂中期の正常像。(B) BPAに曝露した雌マウスの代表的な減数分裂異常の像。第一減数分裂中期に、染色体が紡錘体に整列していない。

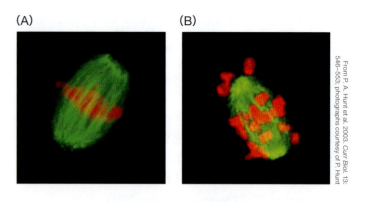

究者が誤ってポリカーボネート製ケージをアルカリ性洗剤ですすいだところ、このケージで飼育されていた雌マウスの卵母細胞の40％に減数分裂の異常が認められた（マウスにおけるこのような異常の割合は通常1.5％程度である）。Hunt（ハント）らは2003年、BPAを妊娠マウスに投与して観察したところ、短時間かつ低用量のBPA曝露で、マウスの成熟した卵母細胞で減数分裂異常が起こることを示した（図14.26）。また同じ影響が、霊長類、ブタ、ウシにおいても観察された。サルのメス胎仔を（ヒト血清レベルと同程度の）低用量のBPAに曝露させると、マウスと同様に、卵巣および減数分裂に異常が生じた。具体的には、減数分裂期の染色体動態異常や卵胞形成異常など、複数の卵巣機能の異常が認められた（Hunt et al. 2012）。

　ヒトの卵母細胞を用いた研究（体外受精を受ける女性のインフォームド・コンセントを得て実施）では、実験的にBPA濃度を上昇させると、用量依存的に卵母細胞の減数分裂の完遂率が低下することが示された。BPAへの曝露は、第一減数分裂前期の紡錘体の不安定化や染色体の整列異常、そして卵の変性と相関していた（Machtinger et al. 2013）。卵巣の顆粒膜細胞から卵母細胞へと移動し、卵母細胞と紡錘体微小管の安定化を制御するマイクロRNAを阻害することによって、BPAは作用すると考えられている（Rodosthenous et al. 2019；Yang et al. 2020）。また、BPAは卵母細胞をとりまく卵胞液から検出されており、妊娠中に高濃度のBPAに曝露された女性は曝露量が少なかった女性と比して流産の割合が83％高かった（Lathi et al. 2014）。

発生異常の次世代への伝播

　薪割りを生涯続けたからといって、その子孫の上腕二頭筋が太くなることはないし、事故で片腕を失ったからといって、片腕のない子供が生まれることもない。この例のような運動や切断といった環境因子は、DNAに変異を起こさない。変異が継承されるためには、変異は体細胞だけではなく、生殖細胞系列に入る必要がある。したがって、日光を過剰に浴びた皮膚細胞で生じた遺伝子の変異は伝播しない。ともあれ、現代の発生遺伝学の最も驚くべき成果の1つは、ある種の環境因子がもたらす表現型が、世代から世代へと伝達される方法で遺伝子発現を変化させるという発見である（エピジェネティクス）。後天的形質の伝播を阻む変異を回避できるメカニズムとして次の2つが挙げられる。すなわち、DNAメチル化（3.5節参照）と、短鎖非コードRNA（short noncoding RNA：sncRNA）である。

　ある種の物質はからだ全体で共通のDNAメチル化の変化を引き起こすことがあり、このようなメチル化の変化は精子や卵によって伝播される可能性がある。Jablonka and Raz（2009）は、さまざまなエピアリル、すなわち異なるメチル化パターンを含むDNAが、世代を超えて安定的に受け継がれた事例を数十例報告している。哺乳類では、内分泌撹乱物

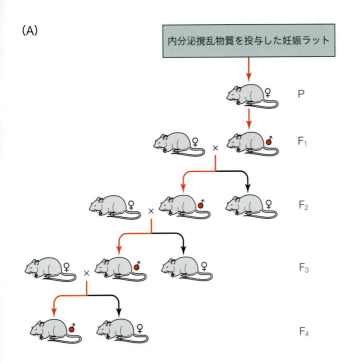

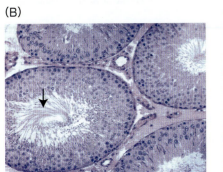 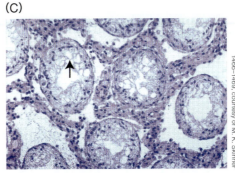

図14.27 内分泌撹乱作用による影響のエピジェネティックな伝達。(A) 精巣形成不全症候群（赤丸）の4世代にわたる伝播を示す。F_1世代のみが胎内での曝露を受けている。(B, C) 対照の雄ラット(B)と，ビンクロゾリンを投与された母ラットから生まれたラットを祖父にもつ雄ラット(C)の，精細管の断面図。(B)の矢印は正常な精子の尾部を示す。(C)の矢印は，ビンクロゾリンを注射した雌から生まれたラットでは，精細管が極端に細く，生殖細胞が認められないことを示している。なお，このラットは自然条件下では不妊であった。(A は M. D. Anway and M. K. Skinner 2006. *Endocrinology* 147：543-549 より)

質であるビンクロゾリン（ブドウに広く使用されている殺菌剤）の研究によって，エピアリルの伝播が初めて証明された。妊娠中のある時期に，ラットにビンクロゾリンを注射すると，雄の子孫に精巣形成不全を引き起こした。最初は正常に精子が形成されたものの，ラットが成長するにつれて精巣が萎縮し，精子がつくられなくなったのである。さらに興味深いのは，このように精巣形成不全を起こしたラットが（多くは人の手を借りて）産んだ雄の子供もまた，精巣形成不全を示したことである。また，その雄の子孫やその後の世代の雄の子孫も同様であった (Anway et al. 2005；Anway and Skinner 2006；Guerrero-Bosagna et al. 2010)。このように，妊娠したラットにビンクロゾリンを投与すると，そのひ孫までもが影響を受ける（図14.27）。

ラットにおけるこの遺伝のメカニズムは，DNAのメチル化によるものだと考えられる (Skinner 2016)。セルトリ細胞（第6章参照）にある100以上の遺伝子のプロモーターは，ビンクロゾリンによってメチル化パターンが変化し，変化したプロモーターのメチル化は，少なくともその後3世代にわたって精子のDNAで認められる (Guerrero-Bosagna et al. 2010；Stouder and Paolini-Giacobino 2010)。これらの遺伝子には，細胞増殖に必須の遺伝子，Gタンパク質，イオンチャネル，受容体などが含まれる。また，第3世代(F_3)においてはビンクロゾリンへの直接曝露がないことが重要な点といえるだろう。第1世代の胎仔は処理された母親の胎内に存在し，その胎仔の体内には（F_2世代の）生殖細胞があ

る。すなわち，F$_3$およびF$_4$世代ではビンクロゾリンに直接的に曝露されたことがないにもかかわらず，その表現型は曾祖母への注射の影響を受けて変化している。

これまでに，いくつかの環境因子（食事，ストレス，運動など）がヒト精子のsncRNA群を変化させることがわかっている（Lempradl 2018；Klastrup et al. 2021）。これらのRNAは，代謝を環境に応じて変化させ，子孫の生存を助けているようである。興味深いことに，ビンクロゾリンは精子中のsncRNA群を変化させるようであり，これらのRNAはメチル化状態の異なるゲノム領域から生み出されている可能性がある（Shuster et al. 2016）。

同様の研究では，DES，ビスフェノールA，PCB，そして食事さえも，世代を超えて影響を及ぼすことが示されている（Skinner et al. 2010；Walker and Gore 2011；Gillette et al. 2018；Chen et al. 2022）。実際，BPAによるマウスの行動変化は少なくとも4世代以上にわたって続く可能性があり，DNAメチル化の違いは，妊娠マウスにBPAを投与した後，何世代にもわたって子孫の脳で観察される（Wolstenhome et al. 2012；Drobná et al. 2018；Adegoke et al. 2022）。ヒトで4世代にわたる世代間遺伝を研究するのは非常に難しいが，この遺伝様式が公衆衛生に及ぼす影響についてはすでに研究が始まっている（Alyea et al. 2014）。（オンラインの「SCIENTISTS SPEAK 14.4：A video created by students at Smith College explains the bases of teratology and endocrine disruption」「SCIENTISTS SPEAK 14.5：Dr. Susan Nagel discusses her identification of endocrine-disrupting chemicals in water produced by hydraulic fracturing（fracking）activities」参照）

14.9 ヒトの発生に対する偶然性の影響

医師や研究者はしばしば，発生異常の要因を内的（遺伝的）もしくは外的（環境的）なものに分類して研究しているが，現在では確率的要因，すなわち偶然の要素の重要性がより注目されている（Molenaar et al. 1993；Holliday 2005；Smith 2011）。発生学的な結果はあらかじめ決まっているというよりは確率的なものであり，環境に恵まれた野生型遺伝子をもつ胚であっても，"不運"によって異常な表現型を示すことがある（Wright 1920；Kilfoil et al. 2009参照）。

例えば，女性におけるX染色体不活化について考えてみよう。X染色体上に血液凝固因子の正常型および変異型のアリルを1つずつもっている場合，統計的には野生型アリルが細胞の約50％で不活化されていると予想される。血液凝固因子を産生する肝細胞の50％で野生型アリルが不活化されていれば，その女性は表現型的に正常である。ところが，もし偶然にも，その肝細胞で野生型のX染色体の95％が不活化されていたらどうだろうか？X染色体の5％だけが野生型アリルを発現し，異常が生じることになる。実際，女性の一卵性双生児において，片方の双子では偶然の結果として正常な凝固因子アリルをもつX染色体の大部分が不活性化され，その双子は重度の血友病（血液が固まらない疾患）になったが，もう片方の双子には異常がなかったという例がある（Tiberio 1994；Valleix et al. 2002）。

このような多様性はX染色体上の遺伝子に限ったことではない。個々の細胞における遺伝子発現を測定すると，タンパク質合成は確率的なプロセスであり，発生過程で活性をもつ遺伝子の転写と翻訳がランダムに変動することで，任意の時点で産生されるタンパク質量にばらつきが生じることがわかる（Raj and van Oudenaarden 2008；Stockholm et al. 2010）。細胞運命の特定化，発生過程でのシグナル伝達，細胞遊走は，その瞬間に存在する転写因子，傍分泌因子，受容体の量のランダムな変動に影響されると考えられている。したがって，まったく同じ環境で育った遺伝的に同一の個体でさえ，表現型が大きく異な

ることがある(Gilbert and Jorgensen 1998；Vogt et al. 2008；Ruvinsky 2009)。有名な"シャム双生児"である結合双生児のEng Bunker（エン・ブンカー）とChang Bunker（チェン・ブンカー；1811〜1874年）を例に考えてみよう。同一のゲノムをもち，同じ環境を経験したにもかかわらず，2人の性格はまったく異なっていた。Engは物静かで陽気だったが，Changは気分屋で陰気だった(Gould 1997)。

研究の次のステップ

　胚の着床のメカニズムで癌の転移を説明できるだろうか？ 1世紀以上もの間，癌細胞の臓器への浸潤は，栄養芽細胞が子宮に入り込む現象に例えられてきた。最近の研究では，これは単なる例えではないことが示唆されている。癌細胞の転移においても，栄養芽細胞で用いられている遺伝子制御ネットワークが使われている可能性がある(Suhail et al. 2022)。哺乳類では，栄養芽細胞が子宮間質に浸潤する能力と腫瘍細胞の浸潤性に相関関係が認められる(Wagner et al. 2022)。別の言い方をすれば，ヒトでは，栄養芽細胞の子宮への浸潤性が高いだけでなく，癌の悪性度もきわめて高いのである。このような浸潤性の制御は間質細胞によって行われているようであり(Kshitiz et al. 2019；Suhail et al. 2022)，浸潤性の違いは，胎盤形成における種特異的な違いや，腫瘍細胞がどのように他の臓器に浸潤する能力を発達させるのかを理解するのに役立つかもしれない。

章冒頭の写真を振り返る

ヒトの胚盤胞はもともと透明帯に包まれている。胚が子宮内に到達すると，栄養芽細胞（胚の外側の層）が透明帯の一部を消化し，顕微鏡写真のように，透明帯から押し出される。透明帯から"脱出"して初めて，胚は子宮組織に接着そして着床し，胚外膜を形成し，（うまくいけば）順調に発生を完了することができる。

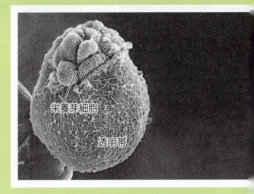

Courtesy of Dr. Yorgos Nikas

14　ヒト初期胚発生

1. 受精後8週までの受胎産物(conceptus)は胚子と呼ばれ，この時期に細胞の運命特定化と臓器の発生が始まる。受精後8週目以降では受胎産物は胎児と呼ばれ，成長の段階である。
2. 発生2週目の前半に胚が子宮に着床すると，女性は妊娠した状態になる。
3. 月経周期により，卵巣での卵母細胞の発育，胚を受け止めて育てる子宮機能，および精子が泳ぎやすい生殖路の環境が調整される。
4. 性腺刺激ホルモンは顆粒膜細胞の反応を惹起することにより，卵母細胞の成長を促進する。また，卵母細胞は精子細胞質からのPLCζによって成熟する。
5. 排卵されると，残った卵胞からプロゲステロンが分泌される。これにより子宮間質が増殖し，着床による炎症を抑える子宮NK細胞が活性化する。
6. 染色体異数性とは，染色体の数が多すぎたり少なすぎたりすることである。通常，胎児は生存不能となり，また，ヒトの不妊の主な原因である。

7. ヒトで初めて成功した生殖補助医療技術である体外受精は，精子の受精能獲得（capacitation）の必要性が発見されたことで可能となった。

8. 初期胚の卵割過程で，胚性ゲノムが活性化され，母親由来のmRNAが分解される。

9. 受精後約1週間で，胚は外側の栄養芽細胞と内部細胞塊からなる胚盤胞となる。胚盤胞は透明帯から脱出（孵化）する。

10. 着床は，配置，接着，進行，および子宮内膜の脱落膜化を伴う。

11. 子宮と栄養芽細胞が協調的に胎盤を形成する。

12. 双胎は発生のさまざまな段階で起こりうる。2つの卵母細胞が受精した場合は，二卵性双生児が誕生する。一方，卵割期胚初期に2つの独立したグループに分離した場合は，一卵性双生児が誕生する。また，原腸形成期に複数の体軸が形成された場合は，結合双生児が誕生する。

13. 類似した表現型が異なる遺伝子によって生み出されることもあれば，同じ遺伝子でも個体によって異なった表現型が生み出されることもある。

14. 遺伝的エラーや環境要因による発生異常は，ヒトの妊娠において胚の生存率をより低下させる。

15. 多面作用とは，1つの遺伝子によって複数の異なる効果がもたらされることである。モザイク的多面作用では，同じ遺伝子が異なる組織で発現することによって，それぞれの効果が独立に引き起こされる。また，関連多面作用では，ある組織での遺伝子発現の異常が，その遺伝子を発現していない他の組織に影響を与える。

16. 遺伝的異質性とは，複数の遺伝子変異が同じ表現型を生み出すことである。また，表現型異質性は，同じ遺伝子が個体によって異なる（あるいは同じだが重篤度が異なる）障害を生み出すときに生じる。

17. 催奇形因子には，アルコールやレチノイン酸などの化学物質，重金属，ある種の病原体，電離放射線などが含まれる。これらの因子は正常発生に悪影響を及ぼし，形態異常や機能障害を引き起こす可能性がある。

18. アルコールは細胞や組織に対してさまざまな影響を及ぼし，その結果，認知機能や身体機能に異常をきたす。

19. レチノイン酸という成分は発生において活性を示し，多すぎても少なすぎても先天異常の原因となる。

20. 内分泌撹乱物質は，ホルモン受容体に結合したり，それを阻害したりする。また，ホルモンの合成，輸送，排泄を阻害することもある。精子や卵母細胞の染色体異数性は，内分泌撹乱物質によって増加する可能性がある。

21. 内分泌撹乱物質がDNAをメチル化し，そのメチル化パターンが次世代に継承される場合がある。

22. 発生過程には偶然性も関与している。遺伝子の転写と翻訳のレベルには大きなばらつきがあり，さまざまな段階において，細胞は発生上重要なタンパク質を多くつくったり少なくつくったりする。

● オンラインのコンテンツは https://www.medsi.co.jp よりアクセスしてください。

Part IV 外胚葉の構築
脊椎動物の神経系と表皮

15 神経管の形成とパターン形成

本章で伝えたいこと

- 脊椎動物の脳と脊髄の発生は，平坦な神経上皮のシート（神経板）が褶曲し，ほぼ全長にわたって癒合して形成される神経管に端を発しており，この過程を神経管形成と呼ぶ。神経板の褶曲は，頂端面の収縮といった細胞形態の非対称な変形によって，上皮シートの屈曲点が設けられることで進行する。褶曲によって神経板の両端は持ち上がり，互いに近接して正中線で癒合し，神経管が形成される（15.1節）。
- 神経管は細胞の接着性の違いによって表皮（表層）外胚葉から分離し，中枢神経系の発生が始まる。神経管の細胞は，ニューロンやグリアの前駆細胞として特定化され，神経管の前後軸および背腹軸に沿って領域化される（15.1節，15.2節）。
- 神経管の背側に存在する表層外胚葉と腹側に位置する脊索から作用するモルフォゲンの濃度勾配によって位置情報が確立され，細胞特異的な遺伝子制御ネットワーク構築を先導する転写因子が誘導される。TGF-βとSonic hedgehogシグナルはいずれも，神経管形成および，神経管を構成する細胞の運命決定に重要な役割を果たす（15.1，15.2節）。

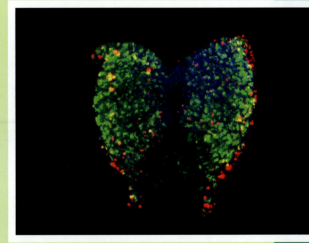

Courtesy of Lee Niswander and Huili Li

この頭部神経板（脳原基）が閉じて神経管になることを妨げているのは何か？

「まるで色鮮やかな蝶を探す昆虫学者のように，私は灰白質のなかの繊細で優美な細胞を射止めた。まさに神秘的な魂の蝶である」。神経科学の父と称されるSantiago Ramón y Cajal（サンチャゴ・ラモン・イ・カハール）は，このように自身の脳研究を述べている。彼は自身の1937年の著作で脳の魅力と謎を，コミュニケーション，意識，記憶，感情，運動，消化，知覚などを制御する大きな仕組みの一部としてとらえている。

図15.1 第15, 16, 17章でとりあつかう主な課題。(A, B)この章では神経管形成とその細胞運命の特定化について述べる。(C)神経管(NT)がどのように多様な脳組織に発展するかについては第16章で述べる。(D, E)第17章では、末梢神経系がどのように神経堤細胞(NCC)から生じるか、そして生じたニューロンがいかにして末梢の標的に長い神経突起を伸ばして神経結合するかについて述べる。

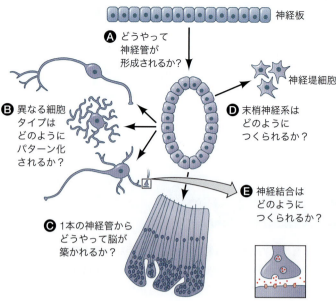

このきわめて重要な器官が、どのように他の器官と協調して発生し、統合された神経支配を構築するかは、発生生物学における最も基本的な問題として残されている(少なくとも今世紀中は)。神経発生の最初に起こる最も重要なイベントは、上皮シートが管を形成することである。この初期構造は、脳組織が前後軸に沿って領域化され多様化するための基盤となっている。そして巧みな細胞増殖と分化の仕組みによって、複雑に結合しあった中枢神経系が構築される。これから3つの章をあてて神経系の発生について解説するが、この章では神経管の形成と、それを構成する細胞の特定化について述べる(図15.1)。第16章では、中枢神経系の背腹軸に沿ったパターン形成と神経細胞分化について述べる。そして第17章では、ニューロンと標的細胞との神経結合をガイドする分子メカニズムと、神経堤細胞系譜の発生について述べる。

15.1 神経管形成：神経系の誕生

前章で解説したように、外胚葉は原腸形成時に特定化される。脊椎動物では、原腸胚後期の外胚葉は3つの主要な役割をもっている(図15.2)。

1. 外胚葉の一部は、原腸形成期に脊索と脊索前板からの誘導を受けて、神経系の原基である**神経板**(neural plate)となる。神経板は陥入し、脳・脊髄からなる**中枢神経系**(central nervous system：CNS)の原基となる**神経管**(neural tube)になる。

2. 外胚葉の神経板以外の部分は表皮(皮膚の外層)になる。脊椎動物のからだで最大の器官である表皮は、伸縮性に富み、防水性も備え、絶え間なく再生される、外界と生物を隔て

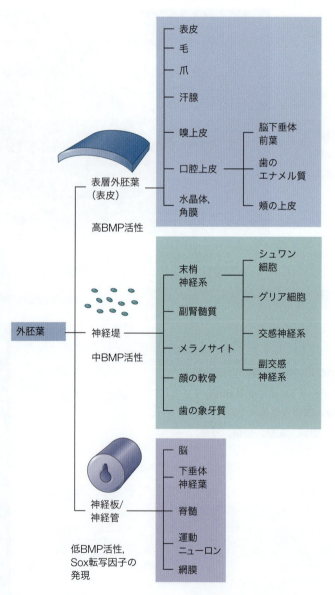

図15.2 外胚葉から生じる主要な器官。外胚葉は、表層外胚葉(一次表皮)、神経堤(末梢神経、色素細胞、顔面の軟骨組織)、神経管(脳と脊髄)の主要な3つのドメインに分かれる。

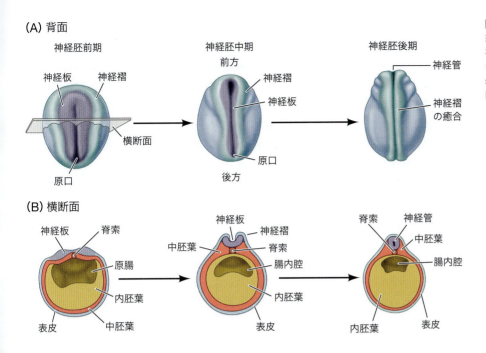

図15.3 2つの視点で見る両生類胚の一次神経管形成。初期(左)，中期(中央)，後期(右)の神経胚。(A)胚全体を背側から見下ろしたもの，(B)胚中央部の横断面を示す。(B. I. Balinsky. 1981. *Introduction to Embryology*, 5th Ed. Saunders: Philadelphia より)

るバリアである。

3. 表皮と神経組織の境界部に**神経堤**(neural crest)が生じる。神経堤細胞は背側正中線で表皮より葉裂(剥離)し，表皮と神経管の隙間を遊走する。神経堤細胞はさまざまな細胞に分化するが，なかでも色素細胞(例：メラノサイト)や**末梢神経系**(peripheral nervous system：PNS；感覚ニューロンを含む中枢神経系の外にあるすべての神経とニューロン)を生じる(第17章参照)。

これら3つの外胚葉組織が互いに物理的・機能的に差別化されるプロセスを**神経管形成**(neurulation)と呼び，この過程にある胚を**神経胚**(neurula)と呼ぶ(図15.3；Gallera 1971)。神経管形成は原腸形成の直後に起こり，端的には外胚葉細胞が受けるBMPシグナルレベルの制御によって達成される。すなわち，高レベルのBMPシグナルを受けた細胞は表皮となるよう特定化され，ごく低レベルでは神経板，中程度では神経堤細胞となる。

神経板の細胞は，Soxファミリーの転写因子(Sox1, 2, 3)の発現によって特徴づけられる。これらの因子は，(1)細胞を神経板へと特定化する遺伝子を活性化し，(2)BMPの転写やシグナル伝達を阻害することで表皮や神経堤にならないようにする(Archer et al. 2011)。ここでも発生における重要な基本原理をみることができる。すなわち，**ある細胞運命の特定化を促すシグナルは，往々にして別の細胞運命を抑制する**。転写因子Soxの発現は，神経板の細胞を神経系の前駆細胞として確立し，ここからすべての中枢神経系を構成する細胞が産生される(Wilson and Edlund 2001)。

神経板から神経管への変化

神経板は胚の表面にあるものの，成体の神経系はからだの外部には生じない。神経板はどうにかして胚の内部に入り，神経管を形成しなければならない。神経管形成によってこれが達成されるが，その様式は脊椎動物の種によって若干の多様性が認められる(Harrington et al. 2009)。神経管形成には次の2つの様式が存在する：

- **一次神経管形成**(primary neurulation)では，神経板の周囲の細胞の作用によって神経板の細胞が増殖し，体内に陥入して表層外胚葉から分離し，中空の管状組織を形成する。
- **二次神経管形成**(secondary neurulation)では，神経管は間充織細胞が集合して中実の

柱状組織を形成し，やがて内腔が生じて中空の管状構造が形成される。

多くの脊椎動物では，一次神経管形成か二次神経管形成かは神経管の胚領域によって異なっており，一次神経管形成によって神経管の前部が形成され，二次神経管形成によって神経管の後部が形成される（図15.4）。鳥類では，後肢より前方の神経管は一次神経管形成によって形成される（Pasteels 1937；Catala et al. 1996）。哺乳類では，二次神経管形成は尾部の仙骨より後方で始まる（Schoenwolf 1984；Nievelstein et al. 1993）。魚類と両生類では（例：ゼブラフィッシュやツメガエル），尾部の神経管だけが二次神経管形成によってつくられる（Gont et al. 1993；Lowery and Sive 2004）。ナメクジウオやホヤといった原始的な脊索動物は一次神経管形成しか示さないことから，一次神経管形成が祖先的な様式であり，二次神経管形成は四肢の進化と同様，脊椎動物における新規獲得であり，おそらくは尾部の伸長に伴って獲得されたと推察される（Handrigan 2003）。

神経管は別々に形成された2つの管がつながって完成する（Harrington et al. 2009）。一次神経管形成から二次神経管形成への**移行領域**（transition zone）の大きさは種によって異なり，マウスのように突如切り替わるものから，ニワトリのように胸部全域にかけて切り替わるもの，さらにヒトのように胸部から腰部にかけた領域で切り替わるものまであ

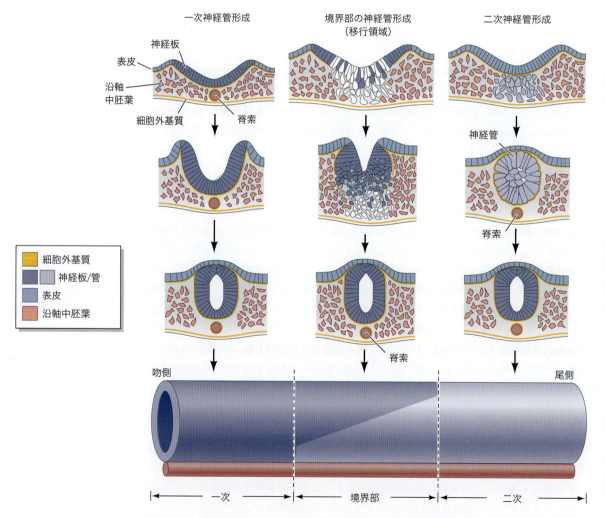

図15.4 一次神経管形成と二次神経管形成，およびその間の移行領域。神経管の上の模式図は異なる前後レベルでの横断面に対応し，神経管が前から後ろに向かって形成される様子を示している。異なる細胞タイプはボックス内に示す色で識別している。下図は神経管の側面像。（A. Dady et al. 2014. *J Neurosci* 34：13208-13221 より）

る（Dady et al. 2014）。この移行領域での神経管形成は，一次神経管形成と二次神経管形成の双方の機序の組み合わせが関与するため，**接続神経管形成**（junctional neurulation）と呼ばれる（図15.4参照）。（オンラインの「DEV TUTORIAL 15.1：Neurulation, the Cellular Events and Molecular Mechanisms behind Neural Tube Formation」参照）

一次神経管形成

　種によって多少の違いはあるものの，すべての脊椎動物で一次神経管形成のプロセスは比較的よく似ている。神経板の褶曲の仕組みを探るために，ここでは羊膜類の一次神経管形成に焦点をあてる。ニワトリでは，神経板が形成されてすぐに神経板の両端が肥厚し，盛り上がって神経褶を形成し，U字型をした神経溝が中央部に生じて将来の右側と左側が区別されることになる（図15.5）。神経板の両翼にある神経褶は，胚の正中線に寄っていき，最終的には融合して表皮外胚葉の直下に神経管を形成する[1]。

　一次神経管形成は，場所的・時間的に重なる4つの段階に分けられる。

1. **神経板の伸長と褶曲**。神経板における細胞分裂は主に前方から後方（吻側から尾側とも称される）にかけて起こり，それによって原腸形成に伴う前後軸方向への伸長が促される。この現象は，神経板を胚から単離しても起こる。しかし，神経管へと巻き込むためには予定表皮が必要である（図15.6A, B；Jacobson and Moury 1995；Moury and Schoenwolf 1995；Sausedo et al. 1997）。

2. **神経板の屈曲**。このプロセスにはヒンジ（屈曲点）領域の形成が含まれており，神経板はヒンジ領域で周囲の組織と接する。鳥類や哺乳類では，神経板の正中線上の細胞は**中央屈曲点**（medial hinge point：MHP；Schoenwolf 1991a,b；Catala et al. 1996）を形成する。中央屈曲点の細胞は，神経板の下に位置する脊索に強固に係留されてヒンジを形成し，胚の背側正中線に溝，すなわち**神経溝**（neural groove）の形成を可能にする（図15.6C）。

3. **神経褶の収斂**。神経溝が現われてすぐに2つの**背側屈曲点**（dorsolateral hinge point：DLHP）が誘導され，表層（表皮）外胚葉に係留される。神経板は初期のくびれ込みの後，ヒンジ領域で折れ曲がる。ヒンジは回転軸として周囲の細胞の転回を促す（Smith and Schoewolf 1992）。表層外胚葉が引き続き胚の正中に向かって収斂していくことから，この運動は神経板が曲がり，神経褶が収斂するための原動力の1つであることがわかる（図15.6D；Alvarez and Schoenwolf 1992；Lawson et al. 2001）。予定表皮のこの運動と，神経板の下の中胚葉への係留も，神経管が胚の外側ではなく確実に内側に陥入するために重要かもしれない（Schoenwolf 1991a）。

4. **神経管の閉鎖**。神経管は，一対の神経褶が背側正中線で接触することで閉鎖する。神経褶は互いに接着し，神経外胚葉と表層外胚葉は向かい合うそれぞれの相手と癒合する。この癒合の過程で，神経褶の頂点の細胞は葉裂して神経堤細胞となる（図15.6E）。

屈曲点（ヒンジ点）の制御　神経板の褶曲は，上皮細胞のシートを折り曲げることを意味する。互いにくっついた箱状の上皮細胞のシートをどのようにすれば曲げられるだろうか？直方体の形状，すなわち上皮状態では曲がることはできない。しかし，直方体の一面が向かい合う面よりも小さくなれば（ピラミッドの先端を切った形状に），これらの細胞は隣接する細胞との角度を変えることができ，直方体の並びを曲げることが可能となる。

　MHPと2つのDLHPは，神経板のなかでそのような細胞の形状変化が起こる3つの領

---

[1]　ゼブラフィッシュのような硬骨魚類では，神経板は褶曲しない。むしろ，胚の正中に収斂して神経竜骨（neural keel）と呼ばれる構造をつくり，神経管の内腔は空洞化のプロセスを経て形成される（Lowery and Sive 2004；Harrington et al. 2009も参照のこと）。

発展問題

なぜ2つの異なる神経管形成の仕組みが必要なのだろうか？　単なる一次神経管形成の後部への延長ではなく，二次神経管形成を獲得した進化上の圧力は何であったのか？　これらの問いについて考える際には，胚の最初の形態形成メカニズムである原腸形成のことを考慮すべきである。原腸形成の終了タイミングと，原腸形成が体軸を伸長させる働き（あるいはその欠如）はヒントにならないだろうか？　神経系の進化の歴史についてはまだ完全には理解されていない。

図 15.5 孵卵 24 時間後の神経管形成期のニワトリ胚を背面より見た図。頭部領域はすでに神経管形成に入っているが，後方(尾部)領域ではまだ原腸形成が進行中である。(B. M. Patten. 1971. *Early Embryology of the Chick*, 5th Ed. McGraw-Hill: New York; A. F. Huettner. 1943. *Fundamentals of Comparative Embryology of the Vertebrates*. The Macmillan Company: New York より)

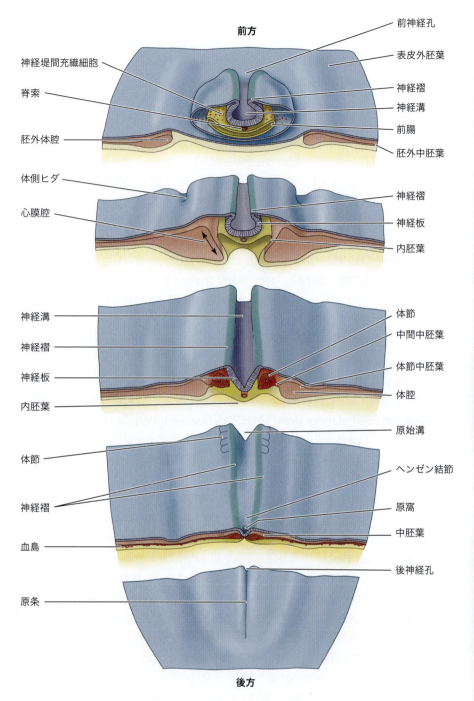

域である(図 15.6B〜D 参照)。これらの領域の上皮細胞は，頂底軸に対して楔形の形状，つまり基底面が頂端面よりも幅広く，ピラミッドの先を切ったような形をとる(Schoenwolf and Franks 1984; Schoenwolf and Smith 1990)。原腸形成時に陥入を開始する瓶細胞のように(図 12.4 参照)，頂端面の辺縁に局在するアクチン-ミオシン複合体の収縮によって細胞の頂端側が基底側部分よりも小さくなり，いわゆる**頂端収縮**(apical constriction)の過程を示す(8.3 節参照)。頂端収縮は，核の基底側への配置とあいまって，屈曲点の細胞を楔形状にしている(図 15.6C, D 参照; Smith and Schoenwolf 1987, 1988)。さらに，近年の知見によれば，神経板の背側部の細胞分裂は腹側部よりも有意に早いことが示唆されている。この細胞分裂速度の違いは神経褶の細胞密度を上げ，DLHP における屈曲を促

第15章 神経管の形成とパターン形成 | 535

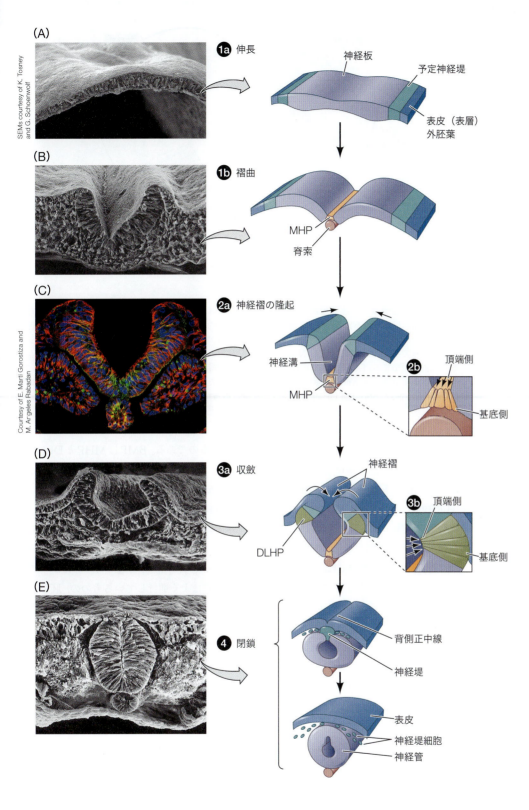

図15.6 ニワトリの神経管形成における一次神経管形成。(A, 1a) 神経板の細胞は，背部外胚葉のなかの伸長した細胞として識別できる。(B, 1b) 神経板の褶曲は脊索に係留された中央屈曲点 (MHP) で始まり，予定表皮細胞の背側正中への移動に伴って変形していく。(C, 2a) 予定表皮が背側正中へ移動するにつれて神経褶が隆起する。頂端側のアクチンの非対称な収縮による細胞形状の変化が，MHPにおける屈曲を促進する (B, C, 2b)。(C) 隆起した神経褶の細胞外基質 (緑色)，アクチン細胞骨格 (赤色) の染色像。神経板の細胞の頂端部にアクチン繊維が濃縮している。(D, 3a) 背側屈曲点 (DLHP) の細胞が楔型に変形し，表皮細胞が中央へ押すことによって神経褶が収斂する。(D, 3b) MHPと同様の頂端部の収縮がDLHPで起こる。(E, 4) 両側の神経褶は互いに接触するようになる。このとき神経堤細胞は，表皮から分離した神経管を離れて分散していく。(図はJ. L. Smith and G. C. Schoenwolf. 1997. *Trends Neurosci* 20：510-517 より)

す力を生じると考えられる (McShane et al. 2015)。

　神経板の異なる領域にかかる物理的な力はいまだ計測されていないが，細胞レベルにおいて屈曲点は，(1) 頂端側収縮，(2) 核の基底側の保持に伴う基底側肥厚，(3) 神経褶における細胞の凝集，によって形成される。このような神経板での適切な場所における細胞レベルでの変化は何によって制御されているのであろうか？　端的な回答は，屈曲点は

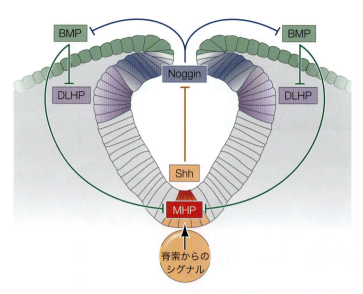

図15.7 モルフォゲンによる屈曲点形成の制御。BMPは表層外胚葉（緑色），Nogginは神経褶の背側（青色），Shhは腹側の脊索と底板（橙色）で発現する。屈曲点形成は，DLHPおよびMHP両方の阻害因子としてのBMPによって繰り広げられる。Shhは底板の特定化に必要であるが，脊索からの追加シグナルによってMHPが形成される。NogginはBMPリガンドを直接的に阻害し，BMPによる屈曲点の形成阻害を緩和する。DLHPは，底板からのShhの抑制作用の勾配とNoggin発現細胞の距離によって，一定のサイズで決まった背腹位置にのみ形成される。したがって，頂端収縮は十分に低い濃度のBMP（MHP, DLHP）とShh（DLHP）モルフォゲンを受け取った細胞でのみ起こる。

発展問題

中央屈曲点（MHP）の形成を誘導するものは何だろうか？ (1) 脊索を移植すると異所性の屈曲点形成が誘導され，(2) Sonic hedge-hogはDLHP形成を抑制するという2つの知見から，BMPシグナルの緻密なコントロールの他に何らかの因子の関与が示唆される。そのような因子は，早期に脊索で発現するNogginであろうか（つまり依然としてBMPシグナル抑制の問題）？ ここにもうひとつ頭にとどめておくべき事実がある。それは，神経板の最前部ではMHPしか形成されないが，最後部ではDLHPしか形成されないということである。両方の屈曲点が形成されるのは神経板の中央部のみである。なぜこれらの屈曲点は神経板の前後の異なる位置に生じ，そしてこの違いはどのように制御されているのだろうか？

BMPシグナルの正確な調節によって生じるというものである。BMPはMHPとDLHPの形成を阻害し，逆にNogginによるBMPの阻害によってDLHPが形成され，脊索と底板からのShhは屈曲点の尚早な形成や異所的な形成を防いでいる（図15.7）。（オンラインの「FURTHER DEVELOPMENT 15.1：Molecular Regulation of Hinge Point Formation」参照）

神経管の閉鎖 神経管の閉鎖はすべての神経外胚葉で同時に起こるわけではない。この現象は羊膜類（爬虫類，鳥類，哺乳類）でよく観察され，これらの胚の体軸は，神経管閉鎖の前に伸長する。羊膜類では，神経管の閉鎖は前から後ろに向かって起こる。したがって孵卵24時間後のニワトリ胚では，頭部での神経管形成はよく進行しているものの，胚の尾部ではまだ原腸形成が進行中である（図15.5参照）。神経管の両端の開口部は，**前神経孔**（anterior neuropore）と**後神経孔**（posterior neuropore）である。

ニワトリでは，神経管閉鎖は将来の中脳領域で始まり，ジッパーを閉めるように前後両方向に進行する。哺乳類では，神経管閉鎖は前後軸上の数か所で開始される（図15.8）。ヒトでは，神経管閉鎖開始点はおそらく5か所あり（図15.5B参照；Nakatsu et al. 2000；O' Rahilly and Muller 2002；Bassuk and Kibar 2009），閉鎖のメカニズムは場所によって異なるかもしれない（Rifat et al. 2010）。前方の閉鎖点（閉鎖点1）は脊髄と後脳の境界に位置しており，ニワトリのように両方向に神経褶をジッパーが閉めるように閉じていく。同時に，中脳と前脳の境界に位置する閉鎖点2では，ダイナミックな細胞の伸長による一方向へのジッパーメカニズムが働くようである。閉鎖点3（前脳の前方）では，DLHPが神経管閉鎖をすべて担っていると考えられる。

神経管閉鎖のような複雑なプロセスをよく理解する方法は，単純に観察することである。培養マウス胚における全細胞ライブイメージング[2]が行われた（Pyrgaki et al. 2010；

---

[2] 全細胞イメージングとは，組織や構造，器官形成におけるすべての細胞の動きや分裂を記録しようというものである。

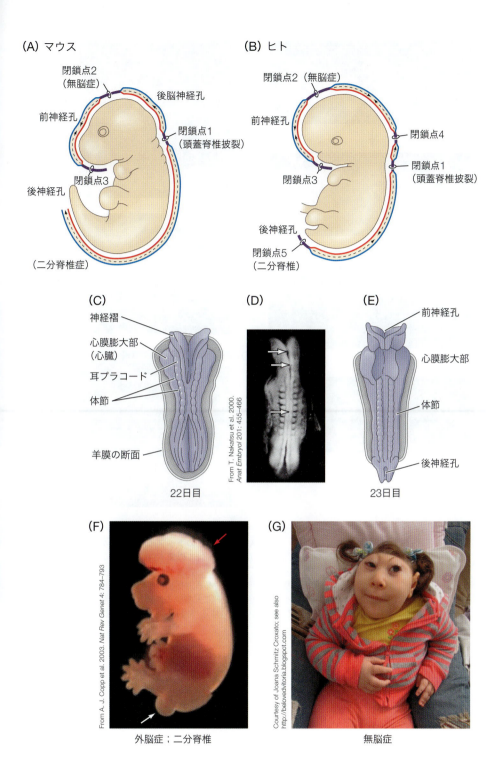

図15.8 哺乳類胚における神経管閉鎖。(A, B)マウス(A)とヒト(B)胚の神経管の閉鎖開始点。マウスでみられる3つの閉鎖開始点に加えて、ヒトでは後脳の後端と腰部でも閉鎖が始まる。(C)神経管閉鎖が始まったヒト22日目胚(8体節期)の背面図。前神経孔、後神経孔の両方とも羊水に通じている。(D) 10体節期のヒト胚では、複数の主な神経管閉鎖点(矢印)が認められる。(E)前後神経孔しか開いていないヒト23日目胚の背面図。(F) curly tail 変異マウスでは、中脳外脳症と開放性二分脊椎症がみられる。この変異は Grainyhead-like3 遺伝子のハイポモルフ変異である。(G)無脳症は、閉鎖点2と3の異常によって前脳が羊水に露呈した状態になり、後に変性退化することで引き起こされる。Vitoria de Cristo（ヴィトリア・デ・クリスト）は無脳症で2年半生存した。(A, BはA. G. Bassuk and Z. Kibar. 2009. *Semin Pediatr Neurol* 16：101-110より)

Massarwa and Niswander 2013）。DLHPでの屈曲においては、隣接する神経褶から細胞突起がダイナミックに伸長する(図15.9)。このような細胞の振る舞いは非神経系の表層外胚葉でみられ、最終的には長い糸状仮足の細胞突起を対岸の神経褶に伸ばす。この突起伸長は一過性の"細胞のブリッジ"を形成するが、その機能はまだわかっていない。(オンラインの「FURTHER DEVELOPMENT 15.2：The Biomechanics of Neural Fold Zippering Revealed by the Ancestral Chordate」参照)

癒合と分離　最終的に、神経管は表層外胚葉から分離して閉じた円筒となる。この分離は、

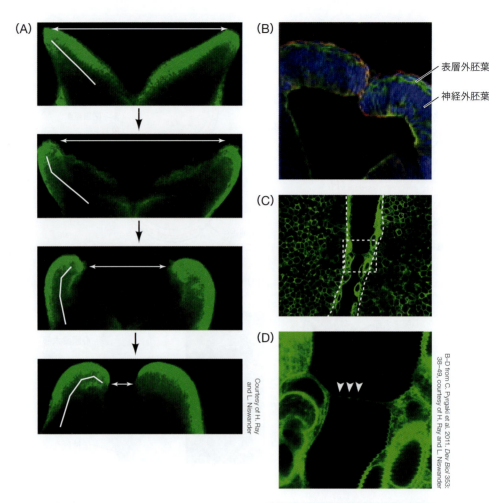

図15.9 マウスの閉鎖点2における神経管閉鎖（中脳領域；図15.8A参照）。(A)すべての細胞膜を可視化するCAG：Venus^myrトランスジェニックマウス15体節期胚のライブイメージング像。背腹方向の横断面で，閉鎖にかけてのDHLPの形成を示す（上から下にかけての像；白線で左側の神経褶の曲がり具合を示す；両矢印は左右の神経褶の隙間を示す，下に行くほど距離が短くなっている）。(B)神経褶が接触しているが，まだ閉鎖してない箇所の横断面。閉じつつある神経褶の先端では，単層の非神経表層外胚葉（大きく平たい細胞；緑色）が神経外胚葉（青色）を包みこんでいる。(C)神経外胚葉と表層外胚葉の境界を点線で示す。表層外胚葉間の橋状の構造が，相対する神経褶をつないでいる。(D)橋状構造（矢印）の拡大像（Cの四角く囲ったエリア）。

異なる細胞接着分子の発現によって行われているようである（第4章参照）。神経管となる細胞はもともとE-カドヘリンを発現しているが，神経管が形成されるようになると，このタンパク質の産生をやめ，代わってN-カドヘリンの合成を始める（図15.10A）。その結果，表層外胚葉と神経管は互いに接着することができなくなる。表層外胚葉に実験的にN-カドヘリンを強制発現させると（N-カドヘリンmRNAを二細胞期のツメガエル胚の片方の割球に注入），予定表皮からの神経管の分離が著しく阻害される（図15.10B；Detrick et al. 1990；Fujimori et al. 1990）。また，N-カドヘリン遺伝子を欠失したゼブラフィッシュは神経管形成が不全となる（Lele et al. 2002）。Grainyhead転写因子群は，神経管形成にとりわけ重要である（Rifat et al. 2010；Werth et al. 2010；Pyrgaki et al. 2011）。例えば，Grainyhead-like2は複数の細胞接着分子を制御し，神経褶でのE-カドヘリンの合成を抑制する。Grainyhead-like2かGrainyhead-like3の遺伝子に変異があるマウスでは重篤な神経管異常が起こり，顔面裂や外脳症，二分脊椎症を発症する（図15.8F参照；Copp et al. 2003；Pyrgaki et al. 2011）。

発展問題

神経管の閉鎖の方向を決めているのは何だろうか？ 尾索類のユウレイボヤや哺乳類の一部の閉鎖点では，神経管閉鎖は後ろから前に向かってジッパーを閉じるように進行するが，哺乳類の脳の他の閉鎖点では反対方向に向かって進行する。さらには，原索類のホヤでの神経管閉鎖を駆動する細胞の力は，脊椎動物間で保存されているのだろうか？

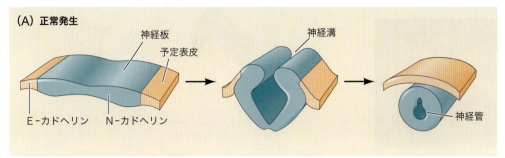 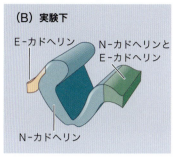

図15.10 ツメガエルの神経管形成過程におけるN-カドヘリンとE-カドヘリンの発現。(A)正常発生。神経板ステージではN-カドヘリンは神経板に, E-カドヘリンは予定表皮に発現している。最終的に, N-カドヘリンを発現する神経系の細胞は, E-カドヘリンを発現する表皮細胞から分離する(神経堤細胞はN-カドヘリンもE-カドヘリンも発現しておらず, 分散する)。(B)胚の片側にN-カドヘリンのmRNAを注入し, 表皮と予定神経管の両方でN-カドヘリンを発現させると, 神経管と表皮の分離は起こらない。

神経管閉鎖異常 ヒトではおよそ1,000人に1人の出生児で**神経管閉鎖障害**(neural tube defect：NTD), あるいは神経管の閉鎖不全がみられる。妊娠27日ごろに後神経孔(閉鎖点5；図15.8B参照)の閉鎖不全が起こると**二分脊椎症**(spina bifida)となり, 外部に露呈する脊髄の量によって重篤度が決まる。前方の閉鎖点2, あるいは閉鎖点3が不全となると, 前神経孔が開いたままとなり, 前脳が羊水に晒され続けて変性退縮する結果, **無脳症**(anencephaly)となり, 通常は致死となる。前脳組織は発生が停止し, 脳を覆う頭蓋も形成不全となる(図15.8G参照)。全身にわたって神経管の閉鎖不全が起こると, **頭蓋脊椎披裂**(craniorachischisis)といい(基本的には二分脊椎症と無脳症の合併), 流産や死産, あるいは出生直後に死に至る。

さらなる発展

神経管閉鎖障害の遺伝的および環境的な要因 遺伝的な要因と環境的な要因のどちらも神経管の閉鎖不全を引き起こす(Fournier-Thibault et al. 2009；Harris and Juriloff 2010；Wilde et al. 2014)。*Pax3*, *Sonic hedgehog*, *Grainyhead*, *Tfap2*, *Openbrain*遺伝子の変異体は(マウスで最初に発見された), これらの遺伝子が哺乳類における神経管形成に必須であることを示している。実際のところ, 300以上の遺伝子が関与しているようである。薬物や毒物を含む環境因子, また母親の要因, 例えば糖尿病, 肥満, 食習慣(コレステロール, 亜鉛, そして葉酸やビタミンB$_9$として知られる葉酸塩の欠乏)はすべて, 胎児の神経管閉鎖に影響を与える。

これらの因子がどのように神経管異常をもたらすかについてはほとんどわかっていない。最近の研究では, 亜鉛の欠乏はp53を安定化する結果, アポトーシスが増大して神経管閉鎖が不全となることが示されている(図15.11A；Li et al. 2018)。最近の考えでは, 環境要因の異常が及ぼす主な影響は胎児のエピゲノム状態の変化であり, その結果として遺伝子の転写に変化が生じて神経管異常につながるという(図15.11B；Feil et al. 2012；Shyamasundar et al. 2013；Wilde et al. 2014)。この考え方は, 葉酸代謝の下流における結果と最もよく関連している(Pei et al. 2019)。

葉酸(葉酸塩)の欠乏は, ヒトの神経管異常の主要な原因の1つとして知られている。葉酸塩の正確な役割はまだわかっていないものの, 妊娠早期に葉酸アンタゴニストを摂取したり女性に投与したりすると, 胎児に神経管異常が起こる。以来, 多くの大規模なヒト研究が, 神経管形成異常と葉酸欠乏の明らかな相関を示している。このため, 食事としての葉酸の摂取は妊婦に推奨されるだけでなく, 食事の栄養分としてしっか

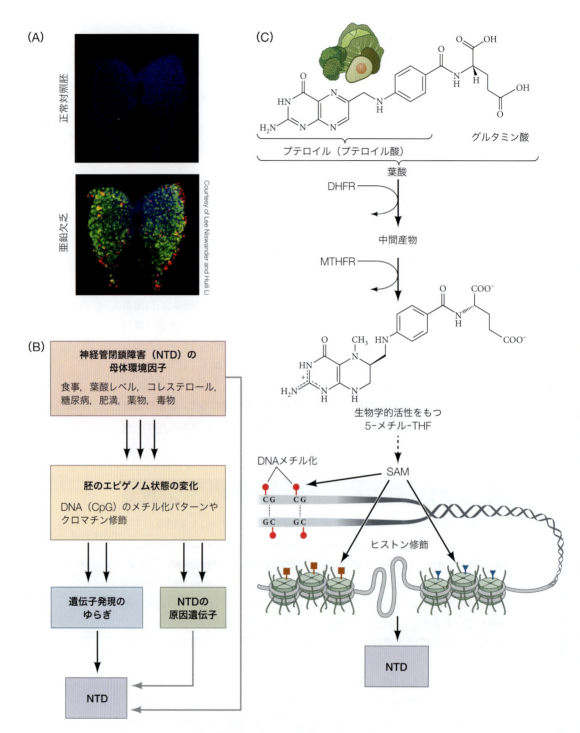

図15.11 神経管閉鎖障害（NTD）に対する環境の影響と葉酸の役割。(A)正常マウスと亜鉛キレート剤で処置したマウスの前部神経管（脳原基）の背面像。DNAの断片化（緑色）と切断カスパーゼ3（赤色）が示すように，亜鉛の欠乏によってアポトーシスが劇的に増加する。核は青色に染色されている。(B)提唱されている環境因子とNTDの関係の概略。黒い矢印は，環境因子がどう神経管異常につながるかという主要なモデルを示し，灰色の矢印は，神経管異常に至る他のモデルを示す。(C)葉酸塩（葉酸，ビタミンB₉）の代謝からDNAメチル化とヒストン修飾を介したエピゲノム制御に至る生化学的経路の簡略図。DHFR：ジヒドロ葉酸還元酵素，MTHFR：メチルテトラヒドロ葉酸還元酵素，5-メチル-THF：5-メチルテトラヒドロ葉酸，SAM：S-アデノシルメチオニン。

りと補強されている(Wilde et al. 2014の総説参照)。葉酸の欠乏がどのように神経管異常を引き起こすかは，現在活発な研究領域となっている。葉酸は脳における細胞分裂のDNA合成の制御に重要な栄養であり(Anderson et al. 2012)，DNAメチル化の制御にもきわめて重要である(図15.11C)。正常な神経管の発生にエピゲノム機構が必須であることのさらなる根拠として，ヒストン修飾酵素(アセチル化，脱アセチル化，脱メチル化酵素)の機能を操作すると神経管異常となることがあげられる(Artama et al. 2005；Bu et al. 2007；Shpargel et al. 2012；Welstead et al. 2012；Murko et al. 2013)。仕組みが何であれ，25～30%のヒトの神経管の出生異常は，妊婦が葉酸塩を補足摂取することで防ぐことができると推定されている。そのため米国公衆衛生局は，妊娠適齢期の女性は1日0.4ミリグラムの葉酸塩を摂取することを推奨している(Milunsky et al. 1989；Centers for Disease Control 1992；Czeizel and Dudas 1992；Kancherla et al. 2022)。

二次神経管形成

二次神経管形成は尾部伸長期に胚の最後部で起こり，一次神経管形成とはまったく異なったプロセスで神経管を形成する(図15.4参照)。二次神経管形成は，間充織細胞が予定外胚葉と中胚葉から産生され，表層外胚葉の直下で柱状に凝集(髄索)することで起こる(図15.12A, B)。神経系の発生において，**髄索**(medullary cord)は一過的な柱状の上皮構造で，神経管に先立って形成される。この間充織-上皮転換(上皮-間充織転換の逆)の後，髄索の中心部で空洞化が起こり，複数の中空の隙間構造あるいは**内腔**(lumen)が生じる(図15.12C)。これら内腔は融合して単一の中心腔となる(図15.12D；Schoenwolf and Delongo 1980)。

胚盤葉上層の後部領域には，尾部の伸長に伴って神経外胚葉と沿軸中胚葉(体節)のどちらにも分化できる前駆細胞集団が含まれている(Tzouanacou et al. 2009)。後部神経管(すなわち二次神経管)となる外胚葉細胞は*Sox2*遺伝子を発現し，移入する中胚葉細胞(これは胚盤葉上層の下に潜り込むため，もはや高レベルのBMPシグナルにさらされない)は

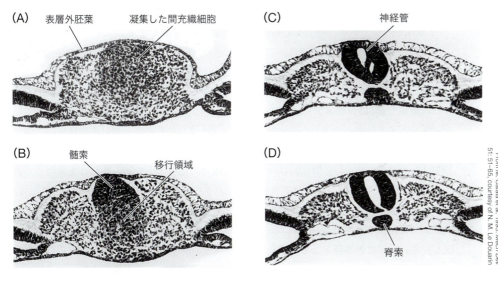

図15.12 ニワトリ胚後部領域での二次神経管形成。(A～D) 25体節期のニワトリ胚。(A)尾芽の最後部では，間充織細胞が凝集し髄索を形成している。(B)少し前方の尾芽部での髄索。(C)神経管は空洞化し，脊索が形成されつつある。分離した内腔に注意。(D)内腔は1つに合併し，神経管の中心管となる。

Sox2を発現しない。移入する中胚葉細胞は代わりにTbx6を発現し，体節を形成する（第19章参照；Shimokita et al. 2010；Takemoto et al. 2011）。

転写因子Tbx6による神経誘導因子Sox2の発現抑制によって，Tbx6変異マウスのホモ接合体の奇怪な表現型，すなわち後部の3本の神経管の説明がつく（図19.4参照；Chapman and Papaioannou 1998；Takemoto et al. 2011）。この変異体マウスでは，2本の沿軸中胚葉が神経管に分化しており，さらに神経管の領域マーカーであるPax6のような遺伝子まで発現している。このように，前部原条を取りまく胚盤葉上層（後側方胚盤葉上層；13.2節参照）は，沿軸中胚葉と脊髄となる神経板の共通の前駆細胞を含んでいる（Cambray and Wilson 2007；Wilson et al. 2009）。また，一次神経管形成では，表層外胚葉と神経外胚葉は神経管の閉鎖と癒合のプロセスを通じて密接につながっているが，二次神経管形成ではこれらの組織は互いに独立に発生することも，一次神経管形成と二次神経管形成の基本的な違いを際立たせている。（オンラインの「FURTHER DEVELOPMENT15.3：Closure at the Junction：A Human–Avian Connection」参照）

15.2　中枢神経系のパターン形成

ほとんどの脊椎動物で，脳の初期発生はよく似ている（図15.13A〜D）。おそらく，ヒトの脳は太陽系における最高傑作であり，動物界で最も興味深い器官であろうから，ここではヒトをヒトたらしめると思われる脳の発生に集中する[3]。

中枢神経の前後軸

初期の哺乳類の神経管は直線状の構造だが，神経管の後部が形成される前に，その前部は劇的な変化を遂げる。前方部では神経管は膨らんで3つの一次脳胞を形成する（図15.13E）。

1. **前脳**(forebrain)〔**前脳胞**(prosencephalon)〕から大脳半球が生じる。
2. **中脳**(midbrain)〔**中脳胞**(mesencephalon)〕のニューロンは，動機づけや行動にかかわる。ヒトでは，この脳領域はうつ病への関与が推定されている（Niwa et al. 2013；Tye et al. 2013）。
3. **後脳**(hindbrain)〔**菱脳胞**(rhombencephalon)〕は小脳，橋と延髄を生じる。この最も原始的な脳領域は，呼吸や心拍などの不随意運動を調節する。

神経管の後端が閉鎖するまでに，二次脳胞が形成される。前脳は**終脳**(telencephalon)（大脳半球を生じる）と**間脳**(diencephalon)（眼の発生が始まる眼胞を生じる）となる。

菱脳胞は分節状のパターンを発達させ，各分節から特定の脳神経が生じる。周期的な膨らみは**菱脳分節**〔**ロンボメア**(rhombomere)〕と呼ばれ，菱脳胞を小さな区画に分けている。ロンボメアは別々のテリトリーを成しており，同じ分節のなかでは細胞は自由に混じりあうが，隣接する分節間で細胞が混じりあうことはない（Guthrie and Lumsden 1991；Lumsden 2004）。個々のロンボメアは固有の転写因子の組み合わせを発現しており，それによってロンボメア特異的な神経分化パターンが生み出される。このようにして，各ロンボメアは異なる細胞運命をもったニューロンを産生する。第17章でみるように，ロンボメアに由来する神経堤細胞はニューロンの細胞体の集合である**神経節**(ganglia)を形成し，その軸索は脳神経となる。異なるロンボメア由来の神経節からは，それぞれ異なるタイプの脳神経が生じる。ロンボメアからの脳神経の発生はニワトリ胚で最もよく研究され，ニューロンは最初，偶数番のロンボメアのr2, r4, r6から生じる（図15.14；Lumsden

---

[3]　私たちの種名（Homo sapiens）は，ラテン語で"分別がある"という意味のsapioに由来する。

第15章 神経管の形成とパターン形成　543

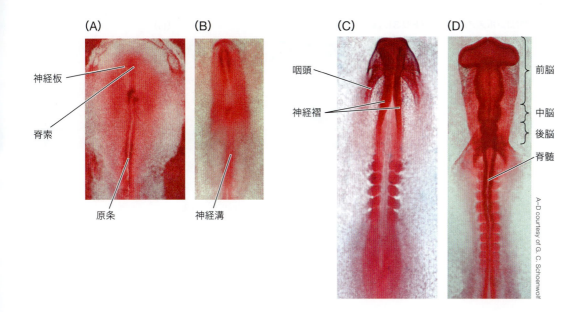

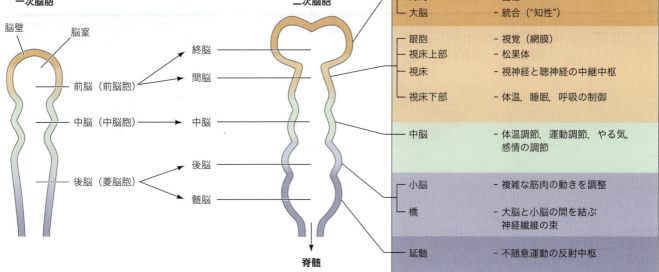

図15.13 脳の初期発生と最初の脳胞形成。(A〜D)ニワトリ脳の発生。(A)平坦な神経板とそれを裏打ちする脊索〔頭部突起(head process)〕。(B)神経溝。(C)神経褶が最も背側で閉鎖し始め、初期の神経管を形成する。(D) 3つの脳領域と脊髄からなる神経管。その前端ではまだ開いており、眼胞(のちに網膜となる)が頭部側縁部へ伸長する。(E)ヒトと同様に、発生が進むと3つの一次脳胞はさらに細かく分かれていく。右のリストに、初期の脳胞の脳壁や脳室に由来する成体の脳組織とそれが担う機能を示す。(EはK. L. Moore and T. V. M. Persaud. 1977. *The Developing Human*: *Clinically Oriented Embryology* 2e, p.337. W. B. Saunders: Philadelphiaより)

and Keynes 1989)。r2由来の神経節のニューロンは第Ⅴ脳神経(三叉神経)を、r4由来は第Ⅶ(顔面神経)と第Ⅷ脳神経(聴神経)を、r6由来は第Ⅸ脳神経(舌咽神経)を形成する。

　後脳と脊髄の前後パターンは、Hox遺伝子複合体を含む遺伝子群によって制御されている。前後軸に沿った細胞運命の制御メカニズムの詳細は、オンラインの「FURTHER DEVELOPMENT 15.4：Dividing the Central Nervous System」と「FURTHER DEVELOPMENT 15.5：Specifying the Brain Boundaries」を参照のこと。

544 | PART IV 外胚葉の構築

図15.14　ニワトリ胚後脳の菱脳分節(ロンボメア)。(A)ニワトリ3日目胚の後脳。神経上皮の分節状の形態が見えるように，蓋板(ルーフプレート)は除去してある。上の矢印はr1とr2の境界を，下の矢印はr6とr7の境界を指している。(B)同様のステージの後脳をニューロフィラメントのサブユニットに対する抗体で染色したもの。菱脳分節間の境界が強調されて観察されるが，これは境界が脳の反対側に向かう交連繊維の通路となっているからである。

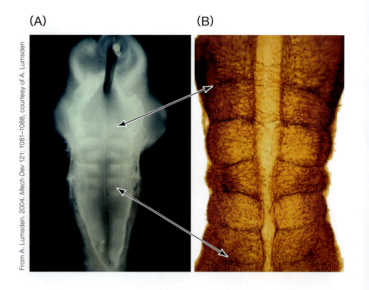

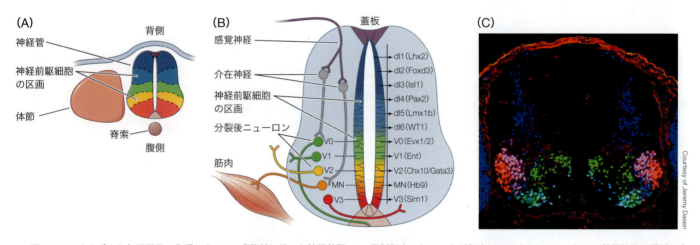

図15.15　さまざまな転写因子の発現によって，背腹軸に沿った神経前駆細胞の区画とそこから生じる細胞タイプが規定される。(A)初期の神経管は神経上皮前駆細胞で占められており，それぞれ発現する転写因子のレパートリーによって明瞭なドメインに分かれている。Pax3とPax7は最も背側(紺色)を規定し，Nkx6-1は腹側(赤色)，Pax6は神経管の中央部(緑色)で発現する。これらの転写因子の発現領域の重なりによって，さらに別のドメインが生じる(黄色と水色)。(B)神経管が成長するにつれ，遺伝子制御ネットワークが発達していくことで，これらの前駆細胞の領域は多様性を維持しつつ拡大し，分化プログラムが完遂されてさまざまな細胞が生じる(図に示すような異なるニューロンのサブタイプなど)。(C) Bに示した異なる領域で発現する転写因子の免疫染色像。マウス12.5日目胚の頸髄における転写因子isl1 (青色)，FoxP1 (赤色)，Irx3 (緑色)の発現。(A, BはC. Catela et al. 2015. Annu Rev Cell Dev Biol 31:669-698より)

背腹パターン形成

　神経管は背腹軸に沿った極性をもっている。例えば，脊髄では背側のニューロンは感覚ニューロンからの入力を受けるが，腹側に存在する運動ニューロンは末梢の筋肉にシグナルを送る。これらの領域の中間には**介在ニューロン**(interneuron)があり，感覚ニューロンと運動ニューロン間のシグナルを中継する(図15.15)。これらの異なる細胞タイプは，前後軸に沿って伸びる神経管の内腔(脳室)に面する前駆細胞の集団から生み出され，背腹軸に沿って組織化される。この脳室帯に存在する前駆細胞の集団は特定の転写因子(Pax7のようなホメオボックス遺伝子産物)を発現し，それによって子孫細胞が中枢神経系を構成する異なるクラスのニューロンやグリアに分化する(Catela et al. 2015)。そうすると，神経管の細胞はどのようにして自分の位置を知るのだろうか？　それによって，前駆細胞

第15章 神経管の形成とパターン形成 **545**

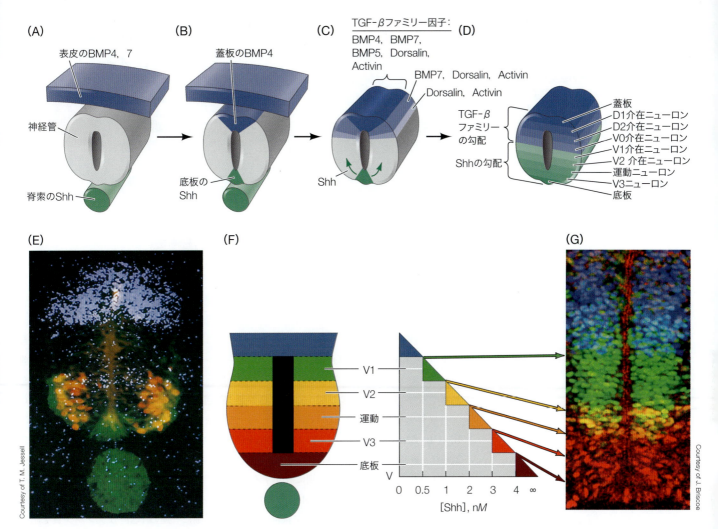

図15.16 神経管の背腹パターン形成。(A)できたばかりの神経管は2つのシグナルセンターからの影響を受ける。神経管の蓋板は表皮からのBMP4とBMP7シグナルに，底板は脊索からのSonic hedgehog（Shh）シグナルにさらされる。(B)蓋板からはBMP4が，底板からはShhが分泌されるようになり，神経管自体に二次シグナルセンターが形成される。(C) BMP4は，一連のTGF-β因子を神経管の腹側に向かって入れ子状に蓋板から誘導する。Shhは底板からの勾配をもって背側へと拡散する。(D)脊髄のニューロンは，これらの分泌因子の濃度勾配によって特定の形質を獲得する。受け取る因子の種類と量によって，神経管の場所によって異なる転写因子の発現が誘導される。(E)ニワトリ神経管でのShh（緑色）と，TGF-βスーパーファミリーのDorsalin（青色）の発現領域を示す。特定のShh濃度によって誘導される運動ニューロンは橙色/黄色で染色している。(F) Shhの濃度，in vitroで誘導されるニューロンタイプ，および脊索からの距離の関係。脊索に最も近い細胞は底板細胞となり，運動ニューロンとV3介在ニューロンは底板の両側に発生する。(G)他の転写因子のin situハイブリダイゼーション。Pax7（青色，背側の神経幹細胞を特徴づける），Pax6（緑色），Nkx6-1（赤色）。Nkx6-1とPax6の発現が重なるドメイン（黄色）で運動ニューロンが特定化される。(FはJ. Briscoe et al. 1999. *Nature* 398：622–627 より)

は正しい種類と場所のニューロンとグリアをつくり出すわけである。言い方を換えれば，**神経管のパターンはどのようにつくられるのであろうか？**

対向するモルフォゲン　神経管の背腹方向の極性は，神経管に隣接する環境から作用する形態形成シグナルによって誘導される。脊髄領域では，腹側のパターンは脊索によって付与されるが，背側のパターンは上を覆う表皮によって誘導される（図15.16A～D）。背腹軸は次の2つの主要な分泌因子によって決定が始まる：(1)脊索に由来するSonic hedgehog（Shh）と，(2)背側外胚葉に由来するTGF-βスーパーファミリーのタンパク質である（図15.16E）。どちらの因子も神経管内に二次的なシグナルセンターを誘導する。

脊索から分泌されるSonic hedgehogは，中央屈曲点の細胞を神経管の**底板**（floor plate，フロアプレートともいう）へと誘導する。底板の細胞もSonic hedgehogを分泌し，

図15.17 脊索由来のShhは，神経管の腹側の構造を誘導する。(A)最も脊索に近い細胞は底板の細胞となり，運動ニューロンは腹部側方につくられる。(B)別の脊索や底板，あるいはShhを分泌する任意の細胞を神経管の隣に移植すると，二次的な底板細胞や運動ニューロンを誘導する。(M. Placzek et al. 1998. *Science* 250：985-988 より）

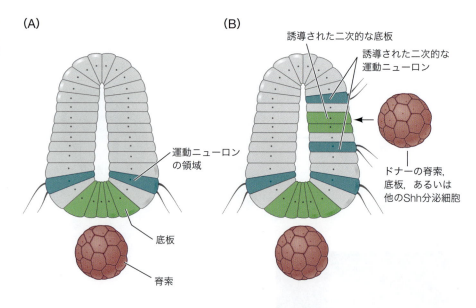

神経管の腹側端で最も高くなるような濃度勾配を形成する（図15.16B，C，E参照）。最も高濃度のShhにさらされた細胞は，運動ニューロンとV3と呼ばれる介在ニューロンの前駆細胞となり，中程度やさらに低いレベルのShhシグナルは次第により背側の前駆細胞を誘導する（図15.16Dおよび**図15.16F, G**参照；Roelink et al. 1995；Briscoe et al. 1999）。

神経管背側の細胞運命はTGF-βスーパーファミリーに属するタンパク質，とりわけBMP4，BMP7，Dorsalin，およびActivinによって確立される（Liem et al. 1995, 1997, 2000）。最初，BMP4とBMP7は表皮で発現する。ちょうど脊索が二次シグナルセンターである底板細胞を神経管の腹側に確立するように，表皮は神経管の**蓋板**（roof plate，ルーフプレートともいう）細胞にBMP4の発現を誘導することで二次シグナルセンターを確立する。蓋板からのBMP4タンパク質は，隣接する細胞に一連のTGF-βタンパク質を誘導する（図15.16参照）。このように，背側の細胞は，隣接する細胞に比べて高濃度のTGF-βタンパク質に早期からさらされる。神経管の背側のパターン形成におけるTGF-βスーパーファミリーの重要性は，ゼブラフィッシュの変異体の表現型によって示された。あるBMP遺伝子を欠損する変異体は，背側や中間タイプのニューロンを欠失するのである（Nguyen et al. 2000）。

さらなる発展

Shhシグナルの決定 神経管の腹部パターン形成におけるSonic hedgehogシグナルの重要性は，前述した「それを見つけ，それをなくし，それを動かす」（1.4節参照）の原則に従って実験的に確認されている。脊索の一部を胚から除去すると，その隣接する神経管には底板が形成されない（Placzek et al. 1990）。また，脊索の断片をドナー胚から摘出して，ホスト胚の神経管の側方に移植すると，移植された脊索断片は隣接するホストの神経管に底板を付加的に誘導し，その誘導された底板の両側に運動ニューロンを異所的に誘導する（**図15.17**）。脊索断片の代わりにShhを発現する培養細胞の集合塊を用いても同様の結果が得られることから，Shhは単独で底板と付随する運動ニューロンの誘導に十分であることが示される（Echelard et al. 1993）。

第 15 章 神経管の形成とパターン形成　　547

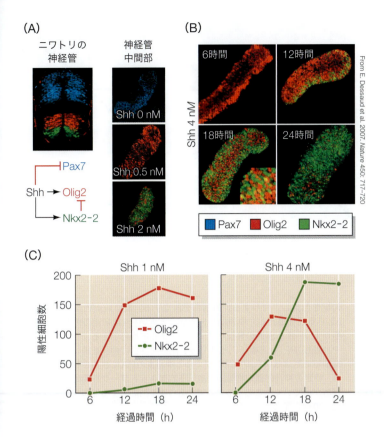

図 15.18　神経管の遺伝子発現は，Shh シグナルの濃度と作用時間の両方に反応する。(A) 神経管の領域を規定する 3 つの転写因子，Pax7（最背側，青色），Olig2（腹側中間部，赤色），Nkx2-2（最腹側，緑色）のニワトリ神経管の横断面における発現パターン。神経管中間部の組織片は Shh 非存在下では Pax7 を発現しているが，Shh を徐々に高濃度で作用させると Pax7 の発現は消失し，Olig2 と Nkx2-2 の発現が濃度依存的に誘導される。この結果は，Shh は Pax7 の発現を抑制し，Olig2 と Nkx2-2 の発現を誘導することを示唆している。また，Nkx2-2 は Olig2 の転写を抑制することもわかっている。(B) 神経管中間部の組織片を 4 nM の Shh にさらすと，最初は Olig2 だけが誘導されるが，さらに作用時間を長くすると徐々に Nkx2-2 の発現が誘導される。これらのデータを (C) に定量化した。(C は E. Dessaud et al. 2007. *Nature* 450：717-720 より)

量か時間か？　Shh や TGF-β タンパク質はどうやって神経管内の位置情報を細胞に付与するのだろうか？　前駆細胞のアイデンティティは，発現する固有の遺伝子制御ネットワークによって決定されることを思い出してほしい。ある細胞が示す異なる遺伝子発現のパターンは，シグナルセンターからの距離とシグナルにさらされた時間の長さに依存してもたらされる。底板に隣接する細胞は高い濃度の Shh を受けて転写因子 Nkx6-1 と Nkx2-2 を産生し，腹側介在ニューロン (V3) に分化する。その背側の細胞は若干少ない Shh（同時により多い TGF-β シグナル）を受け，Pax6 と Olig2 を発現して運動ニューロンを産生する。次の 2 つのグループでは，より少ない Shh を受けて Pax6 だけを発現し，V2 と V1 介在ニューロンに分化する。最後に，神経管の最も背側の区画は Pax7 を発現し，背側の前駆細胞となる (Lee and Pfaff 2001；Muhr et al. 2001)。

　一時は，さまざまな転写因子の発現制御には Shh と TGF-β シグナルの互いに交差した濃度勾配で十分であろうと考えられていたが，実際の制御ネットワークははるかに複雑であり，モルフォゲンシグナルの場所と時間の両方に応じた入力を統合しているように見える。Pax7 を発現する中間部の神経管を徐々に高濃度の Shh にさらすと，Pax7 の発現を停止し，Shh の濃度依存的に Olig2 と Nkx2-2 を発現する（図 15.18A）。同じ組織片を一定の濃度の Shh に長期にわたってさらすと，最初 Olig2 を発現し，その後次第に Nkx2-2 の発現レベルが上がってくる（図 15.18B，C）。これらの結果は，Shh の**濃度**と Shh シグナルの**作用時間**が協調的に異なる遺伝子の発現を誘導し，神経管における細胞運命を決定するというモデルを支持している (Dessaud et al. 2007)。しかし，この解釈は胚のなかの Shh 濃度と作用時間についての推測に基づいており，往々にある話のように，実際のプロセスはもっと複雑であるかもしれない。（オンラインの「FURTHER DEVEKOPMENT 15.6：Transcriptional Cross-Repression by the Downstream Shh and TGF-βEffector Proteins」「FURTHER DEVEKOPMENT 15.7：Gli Activation」「SCIENTISTS SPEAK 15.2：Dr. Andy McMahon on Gli activator targets」「SCIENTISTS

発展問題

位置情報を細胞のアイデンティティに結びつける精巧な形態形成の仕組みについて述べた。しかし，もしシグナルを受ける細胞がじっとしておらず，動いていたらどうなるだろうか？　この場合，濃度勾配の読み取りの動態にはどのような影響があるだろうか？　Megason（メーガソン）研究室は，ゼブラフィッシュの神経管において，特定化された前駆細胞が実際に神経上皮のシート内を移動し，それら同士で集まって互いに分離したドメインを形成することを示している (Xiong et al. 2013)。このように，動的な細胞の移動も，形態形成シグナルによる神経管のパターン形成モデルの新たな要因として取り入れて考える必要がある。

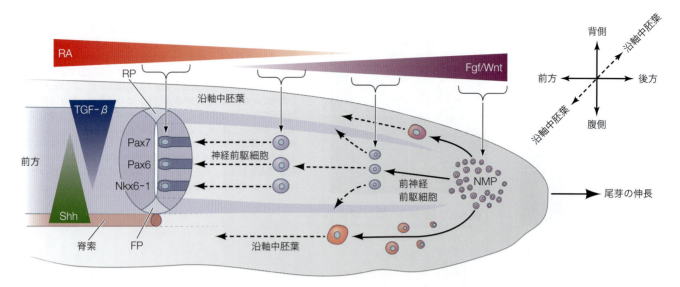

図15.19 脊髄の尾側領域における神経前駆細胞の成熟と特定化に働くシグナルの統合モデル。脊髄の発生において，尾芽は後部側方の胚盤葉上層の供給も受けて伸長するが，そこには増殖性で移動性に富んだ神経中胚葉前駆細胞（NMP）が含まれている。NMPは尾芽を離れて神経間充織/神経板に入り，神経管の細胞となるか，あるいは沿軸中胚葉の間充織に合流して体節となる（破線矢印は神経管のそれぞれの領域に寄与する細胞を示すが，積極的にその領域に移動するわけではない）。互いに拮抗するモルフォゲンのレチノイン酸（RA）とFgf/Wntは前後軸に沿って逆方向の濃度勾配を形成し，付与する位置情報を確立する。高いFgf/WntシグナルはNMP集団を維持し，中程度のFgf/Wntと低いRAは初期の前神経前駆細胞がTGF-βとShhの背腹パターンシグナルに反応できるようにし，それぞれ蓋板（RP）と底板（FP）を生じる。尾芽がさらに伸長を続けると，前神経前駆細胞は低いFgf/Wntシグナルと中程度のRAにさらされるようになり，特定の神経前駆細胞集団の遺伝子制御ネットワークを開始させる能力が広がっていく。このようにして，あらゆる軸に関するモルフォゲンが神経管の細胞運命パターンを制御する。

SPEAK 15.3：Dr. James Briscoe on neural tube patterning and Sonic hedgehog」参照）

15.3 軸は相まみえる

　TGF-βとShhモルフォゲンによる背腹パターン形成は，中枢神経系の前後軸に沿った細胞運命にも関連している。しかし，神経管の前方と後方では発生の仕方が異なるということを思い出してほしい。すなわち，一次神経管形成と二次神経管形成の違いである。前方部の神経前駆細胞（脳と脊髄の大半になる）は，胚盤葉上層から直接的に神経系の運命をとる（Harland 2000；Stern 2005）。その後部の細胞は両分化能をもつ**神経中胚葉前駆細胞**（neuromesodermal progenitor：NMP）として生じ，神経か体節になるかの分岐を経て，神経管の後端を形成する神経細胞となる（**図15.19**）。

　13.5節で論じたように，NMPは尾芽伸長時の後部側方の胚盤葉上層に由来し，Fgf8とWntシグナルによって維持されている。後方のFgf/Wntシグナルに対抗して，体節中胚葉の発現するレチノイン酸がFgf8シグナルを阻害する（19.3節参照）。前後軸に沿ったレチノイン酸とFgf/Wntシグナルの互いに拮抗する濃度勾配が，NMPの成熟を促す。神経間充織となる細胞は，はじめはShhかBMPシグナルの一方にしか反応できない前神経前駆細胞となり，それぞれ底板か蓋板へと分化する。尾芽が伸長するにつれ，これらの前神経前駆細胞はFgf/Wntシグナル産生源から遠ざかり，レチノイン酸の産生源に近づく。この位置関係の変化は，これらの細胞のShh/TGF-βシグナルに対する反応性に変化をもたらし，神経管の背腹軸に沿ったすべての前駆細胞のパターンがつくられる（Sasai et al. 2014；Gouti et al. 2015；Henrique et al. 2015；Stevenson and Martinez Arias 2017）。その間，NMPから生じた中胚葉はあらたにつくられた神経管の周囲へ移動し，神経管閉鎖をサポートする（Li et al. 2022）。

研究の次のステップ

妊婦が葉酸塩（葉酸，ビタミンB_9）を補足的に摂取することで，ヒトの神経管出生異常（図15.8参照）の発症を有意に防止できると推定されている。神経管の閉鎖は妊娠早期に，しばしば女性が妊娠に気がつく前に起こるため，すべての妊娠適齢期の女性は妊娠の有無にかかわらず1日0.4ミリグラムの葉酸サプリメントを摂るよう米国公衆衛生局は推奨している（Milunsky et al. 1989; CDC1992; Czeizel and Dudas 1992）。しかしながら，葉酸の欠乏がいかにして神経管異常に至るかについては，いまだ正確には理解されていない。実際のところ，神経管の閉鎖は遺伝要因と環境要因が複雑に絡み合って起こる現象であり，例えばある遺伝的条件下では葉酸の補足摂取は神経管閉鎖の**異常**を導きうるし（Marian et al. 2011），葉酸の過剰摂取は脳のパターン形成に変化を引き起こすことがある（Crescenzo et al. 2021）。神経発生と葉酸の機能のつながりについて理解を深めることは，新たな治療法発見のチャンスとなるかもしれない。それまでは，リンゴもいいが，アスパラガスはリンゴの20倍もの葉酸を含んでいる。1日ボウル1杯のアスパラガスを摂っていれば医者は不要だが，妊娠適齢期の女性には健康な胎児のために推奨される1日あたりの摂取量に達するために，これよりはるかに多くのアスパラガスを必要とする。

章冒頭の写真を振り返る

環境が発生に及ぼす影響について理解することは，発生生物学における新たなフロンティア領域である。Niswander（ナイスワンダー）研究室で得られたこの蛍光画像は，妊婦の食事における亜鉛の欠乏が胎児の神経管異常を引き起こしうることを示しており，胎児の発生に対する母親の食事の重要性を如実に表わしている。この場合，亜鉛の欠乏は細胞死を引き起こし，神経管が閉鎖できない。前述の「研究の次のステップ」で言及したように，葉酸の欠乏もエピゲノム変化を引き起こし，神経管形成を阻害する。私たちはこの新しい研究領域のスタート地点に立っており，ますます盛んになる環境と胚の相互作用の研究は，新しい世代の科学者たちの手にゆだねられている（これについては第25章でさらに述べる）。

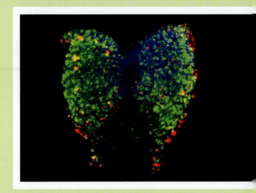

Courtesy of Lee Niswander and Huili Li

15 神経管の形成とパターン形成

1. 神経管は，神経板が変形・褶曲することで形成される。一次神経管形成では，体表の外胚葉が管状に陥入して外胚葉から分離する。二次神経管形成では，外胚葉と中胚葉の細胞が間充織細胞として凝集し，髄索を形成したのち内部に空洞（内腔）が生じる。

2. 一次神経管形成は，内的および外的な力によって制御されている。内的な力によって神経板の屈曲点の細胞の形が箱型から台形（楔状）に変わり，神経板を神経管へと曲げていく。神経管を形づくる外的な力としては，表層外胚葉が胚の中央に向かう移動がある。

3. 神経管の閉鎖も，内的な力と外的な力によって起こる。ヒトの先天性奇形である二分脊椎症や無脳症は，神経管の閉鎖不全によって起こる。

4. ノード（結節）が胚盤葉上層の後端に達した後，沿軸中胚葉と神経管の両方に寄与する細胞が生じる。

5. 神経堤細胞は神経管と表層外胚葉の境界から生じる。神経堤細胞は神経管と表層外胚葉の間に位置し，そこから移動して，末梢神経やグリア，色素細胞などのさまざまなタイプの細胞に分化する。

6. 多くの胚（特に羊膜類）には成熟の勾配があり，前方は後方より早く発生が進行する。

7. 脊椎動物の脳は，前脳胞（前脳），中脳胞（中脳），菱脳胞（後脳）の3つの一次脳胞を形成する。前脳胞と菱脳胞はさらに分割される。

8. 神経管の背腹パターンは，体表の外胚葉と蓋板から分泌されるTGF-βスーパーファミリータンパク質と，脊索と底板から分泌されるSonic hedgehogタンパク質によってつくり上げられる。Shhの時間的，空間的な勾配によって，神経上皮をパターン化する特定の転写因子の合成が開始される。これらの転写因子のなかには，相互に発現抑制することで背腹軸に沿った領域間の明瞭な境界を形成

550 | PART Ⅳ 外胚葉の構築

するものがある。

9. 胚の後端に存在する両分化能をもつ神経中胚葉前駆細胞（NMP）は，神経系か体節のいずれかに分化する。前神経前駆細胞はFgf/Wntと

レチノイン酸の対向する勾配にさらされることで，尾部の神経管における背腹パターンを獲得する。

● オンラインのコンテンツは **https://www.medsi.co.jp** よりアクセスしてください。

16 脳の成長

本章で伝えたいこと

- 脳の成長は，形成された神経管の管壁の3つの領域が頂端-基底軸方向に拡張することによって始まる。すなわち，脳室帯(上衣層)，外套層(中間層)，辺縁層である。放射状グリア（ラジアルグリア）と呼ばれる神経幹細胞は，神経上皮の頂端から基底まで貫くように存在しており，増殖して神経前駆細胞，さまざまなニューロン，グリアへと分化する（16.1節）。
- 産生されたばかりのニューロンは，放射状に伸びた放射状グリアの突起を使って辺縁層に向かって移動する。小脳のバーグマングリア（Bergmann glia）は放射状グリアと同様な働きをもつが，平衡感覚に重要なプルキンエ細胞（Purkinje neuron）の産生にも寄与する（16.2節）。
- 大脳皮質では，基底側で高い濃度勾配をもつReelinタンパク質が，移動するニューロンの整然としたインサイド・アウト様式の層形成を制御する（16.2節）。
- 神経幹細胞の自己複製能と神経分化能は無数の要因によって影響を受けており，それには細胞分裂軸の向きや，親細胞からの中心体や繊毛の継承，Notchシグナルの分割，脳脊髄液からの増殖促進因子の作用などが含まれる（16.2節）。
- 大きく複雑なヒトの脳は，脳における神経分化を調節する基本メカニズムの変化の積み重ねによって進化してきた。すなわち，神経幹細胞である放射状グリアの増大，レチノイン酸シグナルの発達，そして固有の神経分化関連遺伝子の発現の変化である（16.3節）。
- 神経産生は出生時に終了するのではなく，脳の特定の領域では生涯を通じて活性化している。

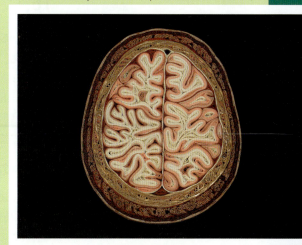

Courtesy of Lisa Nilsson (http://lisanilssonart.com/home.html)

ヒトの脳たる複雑性：
どれだけ深くシワが刻まれるか？

「おそらくなにより最も興味深い疑問は，はたして私たちの脳は脳がどのようにつくられるかという問題を解明できるかどうかだろう」と，Gregor Eichele（グレゴリー・エイシェル）は1992年に吐露している。認知し，思考し，愛し，憎み，記憶し，変化し，自らを欺き，すべての随意/不随意の動きを調和させるヒトの脳がどう構築されるかを解明することは，発生学におけるあらゆる謎のなかで最も挑戦的な課題であろう。この章では，哺乳類一般と特にヒトの脳発生について集中的に述べる。なぜなら，これこそが私たちをヒトたらしめているだろうから。

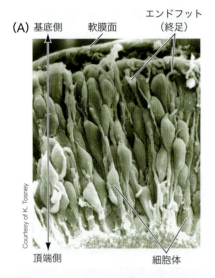

図16.1 中枢神経系の細胞極性。この新たに形成されたニワトリ胚の神経管の走査型電子顕微鏡写真では、細胞周期上の異なる段階にある神経上皮細胞が、神経上皮層の端から端まで貫いていることがわかる。

発展問題

グリアは単なる糊であろうか？ 最近のグリアの細胞としての機能に焦点を当てた研究によって、グリアが神経生理学上のさまざまな役割を果たしていることが明らかになってきているが、これらが中枢神経系の発生時に機能するかは不明である。以下の疑問について考えてみよう。オリゴデンドロサイトによる包み込みは、ニューロンの生存に必要であろうか？ アストロサイト（アストログリア）がシナプス結合の標的を制御するのだろうか？ ミクログリアは脳の"形づくり"を補助するのだろうか？

遺伝子、細胞、そして組織レベルでの研究手法を組み合わせることによって、非常に予備的ではあるが、脊椎動物の中枢神経系（central nervous system：CNS）がどのように組織されるかがわかってきた。神経管は次の3つの様式で、さまざまな脳領域や脊髄（これらによって中枢神経系が構成される）へと時を同じくして分化する。

- **肉眼解剖学的**には、神経管は膨らみ括れて脳胞と脊髄を形成する。
- **組織レベル**では、神経管の管壁を構成する細胞集団は脳や脊髄の機能的に異なる領域へとまとまっていく。
- **細胞レベル**では、神経上皮細胞はきわめて多種多様な**ニューロン**（neuron）と、それに付随する**グリア**（glia）として知られる非神経細胞に分化する。脳のニューロンは、**層**（laminae）状の構造か、**神経核**（nuclei）[1]と呼ばれる集合塊のいずれかを形成し、それぞれの構造とそのなかのニューロンは異なる機能や神経結合をもつ。

16.1 発生中の中枢神経系の神経解剖学

ヒトの脳は1,300億から2,000億個の細胞を擁しており、うち半分（約800億）はニューロンである。残りの半分のうち約600億はグリアで、約200億は血管内皮細胞と考えられている（Azevedo et al. 2009；Andrade-Moraes et al. 2013；von Bartheld et al. 2016；von Bartheld et al. 2018）。ニューロンやグリアの種類は非常に多様で、比較的小さなもの（例：顆粒細胞）から非常に巨大なもの（例：プルキンエ細胞）まで変化に富んでいる。これらすべての多様性は、多分化能をもつ神経管の神経上皮細胞に端を発している。

発生中の中枢神経系の細胞

神経上皮細胞は、神経板と初期の神経管を構成する。これらの細胞は上皮細胞として頂端-基底極性をもっている（**図16.1**）。神経板が閉じて神経管となると、神経上皮の頂端面は神経管の内腔に面することになり、やがて内腔は脳脊髄液で満たされる。神経上皮細胞の基底面は、**エンドフット**（endfoot）と呼ばれる突起の末端の基底面の膨らみで神経管の外表面に接している。軟膜（神経組織を覆う繊維状の膜）が生じた後の中枢神経系の外表面は、**軟膜面**（pial surface）とも呼ばれる。

胚の神経幹細胞 神経上皮細胞は、胚における最初の多分化能性をもつ神経幹細胞である。神経上皮細胞は発生早期の胚にしか存在せず、活発に増殖して神経管の最初の神経系の前駆細胞を産生する（Turner and Cepko 1987）。最終的には、**脳室帯細胞**（ventricular cell）――**上衣細胞**（ependymal cell）としても知られる――と、**放射状グリア細胞**（radial glial cell）――あるいは**放射状グリア**（radial glia）ともいう――へと変化する。脳室帯細胞は神経管の内壁の構成要素として居座り、脳脊髄液を分泌する。

放射状グリアは極性をもち、頂端-基底軸に沿って中枢神経組織を貫いており、次の2つの機能を発揮する。まず、胚および胎児の発生期を通じて主要な神経幹細胞として存在し、自己複製を行い、ニューロンとグリアの両方を産生する（Doetsch et al. 1999；Kriegstein and Alvarez-Buylla 2009）。次に、放射状グリアは他の神経前駆細胞や誕生したニューロンの移動の足場として機能している（Bentivoglio and Mazzarello 1999）。この2つの機能は脳の成長を支える基盤メカニズムとなっており、16.2節で述べる。（オンラインの「FURTHER DEVELOPMENT 16.1：A Primer on the Basic Anatomy and Function of Neurons and Glia」参照）

---

[1] 神経解剖学における"核"という言葉は、脳内で解剖学的に明瞭に識別可能で、特定の機能を担うニューロンの集合塊を意味する。細胞核と異なることに注意。

発生時の中枢神経系組織

　もともとの神経管は胚性の神経上皮で構成されており，これは一層からなる盛んに分裂する神経幹細胞の層である。進化の過程の適応により，胚性神経上皮は中枢神経系の非常に複雑な領域をつくるようになった。しかしこれらの領域は，基本の3層構造(図16.2)が変化したものである。すなわち，**脳室帯**(ventricular zone)(神経管の内腔に面している)，**外套**(mantle)あるいは**中間帯**(intermediate zone)，そして**辺縁帯**(marginal zone)(神経管外縁の細胞)である。

　これら3つの層の形成は，脳室帯の幹細胞が分裂し続け，細胞が移動して2番目の層である外套層を元の神経管の周囲に形成することで始まる。外套層は，脳室帯から細胞がさらに付加されることで次第に厚みを増していく。外套層の細胞は，ニューロンとグリアの両方に分化する。ニューロンは互いに神経結合を形成し，軸索を脳室の外側に向かって伸長させるが，その結果として辺縁帯が形成され，そこにはニューロンの細胞体は疎らにしか存在しない。やがて外套層のオリゴデンドロサイトとして知られるグリアが辺縁帯の多くの軸索を覆ってミエリン鞘(髄鞘)を形成するため，白っぽい様相を呈する。ゆえに，軸索に富んだ辺縁帯はよく**白質**(white matter)と呼ばれ，ニューロンの細胞体が存在している外套層は**灰白質**(gray matter)と呼ばれる(図16.2参照)。脳室帯の胚性の上皮細胞はのちに縮小して**上衣**(ependyma)細胞層となり，これは繊毛をもった細胞で脳室を裏打ちしている。

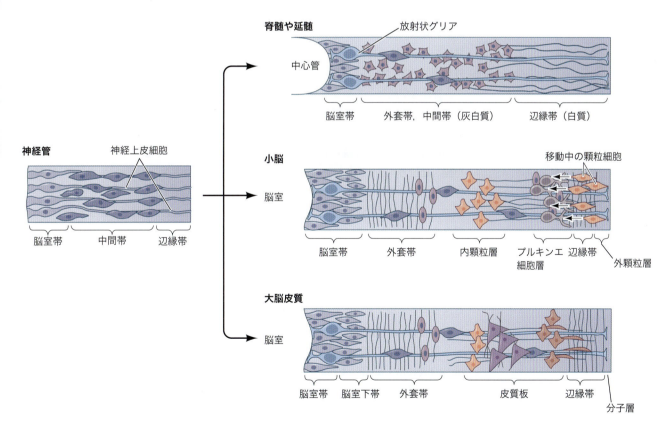

図16.2 神経管壁の分化。5週齢のヒトの神経管(左)の切片に，脳室帯(上衣細胞層)，外套(中間)層，辺縁帯の3つの層を示した。脊髄と延髄では(右上)，脳室帯がニューロンとグリアの唯一の産生源として維持される。小脳では(右中)，二次的な増殖層である外顆粒層が脳室帯から最も離れた場所に形成される。顆粒細胞と呼ばれるタイプのニューロンは，この外顆粒層から中間帯へと移動して内顆粒層を形成する。大脳皮質では(右下)，移動するニューロンやグリア芽細胞が皮質板を形成し，6層構造を構築する。(M. Jacobson. 1978. *Developmental Neurobiology*. Springer：Boston, MAより)

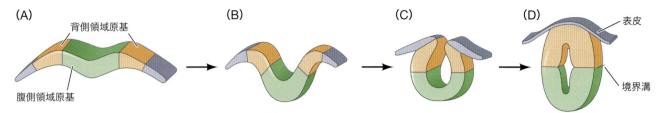

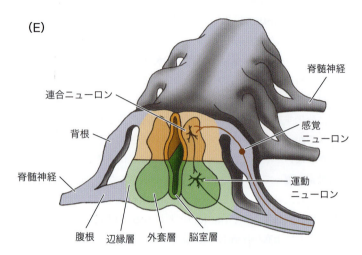

図16.3 ヒトの脊髄の発生。(A〜D)神経管は機能の異なる背部と腹部に分かれ，境界溝によって隔てられる。隣接する体節の細胞が脊椎を形成するにつれ，神経管から脳室帯(上衣層)，外套帯と辺縁層，また蓋板，底板が分化する。境界溝は，脊髄の背側部(翼板；黄色)と腹側部(基板；緑色)を隔てており，背側部は腹側部から情報を受け取り，運動ニューロンへ投射する。(E)感覚根(背根，ヒト成体では後根)と運動根(腹根，ヒトでは前根)を有する脊髄の分節構造。(W. J. Larsen. 1993. *Human Embryology*. Churchill Livingstone：New Yorkより)

ここでは中枢神経系の構造について，脊髄，延髄，小脳，そして大脳について述べる。

脊髄と延髄 脊髄および**延髄**(medulla)(後脳の後部)では，脳室帯(上衣層)，外套層，辺縁層の3層構造は発生を通じて保持される。横断切片でみると，辺縁層の白質に囲まれた外套層は次第に蝶のような形の構造となり，どちらも結合組織によって包み込まれていく。神経管が成熟してくると，神経管の長軸に沿って走る**境界溝**(sulcus limitans)と呼ばれる溝が，神経管の背側部と腹側部を分ける。背側部は感覚ニューロンからの入力を受けるのに対し，腹側部はさまざまな運動機能の調節に関与する(図16.3)。この発生期の解剖学的形質は，延髄と脊髄の生理学的性質(例：反射弓)の基盤となっている。

小脳 延髄の上部で背後にあるのが**小脳**(cerebellum)である。小脳は後脳の一部で，特に運動の調節に重要である。ヒトの小脳はある種の認知機能ももっているかもしれない。小脳では，細胞移動，選択的細胞増殖，そして細胞死によって，図16.2に示す基盤となる3層構造に変化が加わる。小脳発生によって，プルキンエ細胞と顆粒細胞で構成される著しく褶曲した皮質(外部領域)が形成され，これは平衡を調節する機能をもつ神経核に統合されて，小脳皮質から脳の他の領域へ情報を伝える。この小脳の発生において，神経前駆細胞が小脳の外表面を移動することが重要なようである。移動する細胞は小脳の外側に新たに増殖帯を形成する。これは**外顆粒層**(external granular layer)と呼ばれる1〜2細胞の厚みの層で，神経管の外縁近くに形成される。

外顆粒層の境界部では神経前駆細胞が増殖し，骨形成タンパク質(bone morphogenetic protein：BMP；4.7節参照)を分泌する細胞に接するようになる。ここでBMPは，神経前駆細胞の分裂によって生じた分裂終了細胞を**顆粒細胞**(granule cell)と呼ばれるニューロンに特定化する(Alder et al. 1999)。顆粒細胞は脳室帯に向かって引き返すように移動し，**内顆粒層**(internal granular layer)を形成する(図16.2参照)。この間，小脳のもともとの脳室帯はさまざまなニューロンやグリアを産出し，そのなかには小脳の主要なタイプのニューロンで，特徴的で巨大な**プルキンエ細胞**(Purkinje neuron)が含まれる(図16.4)。

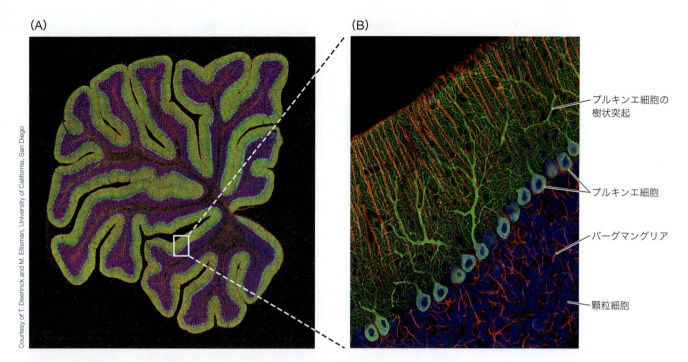

図16.4 小脳の構成。(A)蛍光標識したラット小脳の矢状切片の二光子共焦点顕微鏡像。(B)(A)中の四角で囲った部位の拡大像では，高度に組織化されたニューロンやグリアが観察される。緑色の突起をもつプルキンエ細胞を水色，バーグマングリアは赤色，顆粒細胞は紺色で示されている。

　プルキンエ細胞は小脳皮質中の唯一の出力ニューロンであり，それゆえ小脳の電気的な経路にとって重要である。プルキンエ細胞はSonic hedgehog (Shh)を分泌し，それによって外顆粒層の顆粒細胞の前駆細胞の分裂を維持する(Wallace 1999)。個々のプルキンエ細胞は，無数の**樹状突起**(dendritic arbor)を風船状の細胞体の上部に樹木のごとく拡げる(オンラインの「FURTHER DEVELOPMENT 16.1」の図2A参照)。1つのプルキンエ細胞は10万個以上のシナプスを他のニューロンとの間に形成しており，これは既知のいかなるニューロンよりも多い結合である。プルキンエ細胞はまた細い軸索を伸ばし，深部小脳核のニューロンと結合する。

大脳の構成　神経管の基盤3層構造は，変更されてはいるものの，**大脳**(cerebrum)でもみることができる。大脳は胚の前脳に由来し，脳の前端(そしてヒトでは最大)の脳領域である。大脳(一般には大脳皮質を指すが，皮質以外の組織も含んでいる)は，異なる2つの様態に構成されている。まず，小脳のように放射状に積み重なって相互作用する層構造を形成している。外套層の神経前駆細胞[訳注：幼若ニューロンのことかと思われる]は放射状グリアの突起に沿って脳の表層に向かって移動し，**皮質板**(cortical plate)と呼ばれる新しい層として蓄積する(図16.2参照)。この灰白質の新しい層が将来の大脳**新皮質**(neocortex)となり，哺乳類の脳の特徴となる。大脳新皮質の特定化には転写因子Lhx2が関与し，無数の大脳の遺伝子を活性化する。*Lhx2*欠損マウスでは，大脳皮質は形成不全となる(Mangale et al. 2008；Chou et al. 2009)。

　大脳新皮質は最終的にニューロンの細胞体が集積した6つの層構造，すなわち**大脳皮質**(cerebral cortex)となる。成体におけるこれらの層は，幼少期の中ごろまでは完全には成熟していない。大脳新皮質の各層は，構成するニューロンのタイプや神経結合によって機能的に異なっている(**図16.5**)。例えば，皮質第4層のニューロンは，主に視床(間脳から生じる大脳半球に挟まれた脳領域；図15.13参照)からの入力を**受ける**が，第6層は主に視

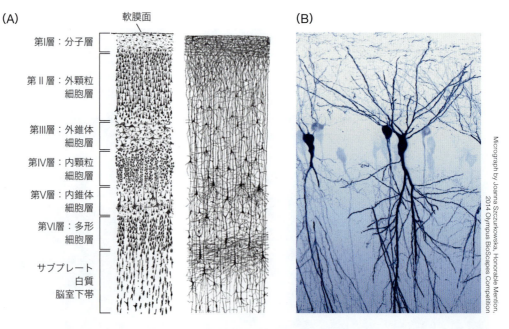

図16.5 大脳新皮質では，異なるタイプのニューロンが6つの層に組織化されている。(A) Santiago Ramón y Cajal（サンチャゴ・ラモン・イ・カハール）は，1899年の「Comparative study of the sensory areas of the human cortex」のなかで，細胞染色の違いによって可視化された大脳新皮質の層構造を明確に描いている。(B)マウス海馬の錐体細胞（生後7日）。

床に出力する。

大脳皮質は，垂直方向の6つの層に加えて，水平方向には解剖学的および機能的に異なる40以上の領域に分かれている。例えば，視覚野の第6層のニューロンは視床の外側膝状体へと投射し，視覚に関与するが，聴覚野（視覚野の前方に位置する）の第6層ニューロンは視床の内側膝状核へ投射し，聴覚を担っている。

> ### さらなる発展
>
> **成体の脳の構成は胚の脳で規定される**　神経発生学における大きな問題の1つに，大脳皮質の機能領野は脳室帯上で既に規定されているのか，あるいはもっと遅い時期に皮質間のシナプス結合によって決定されていくのかという問題がある。あるヒトの変異では大脳皮質の一部で層形成や機能が破壊されるものの，他の領域は正常であるという事実は，早期における特定化（いわば大脳皮質の"プロトマップ"の存在）を示唆するものである（Piao et al. 2004）。このようなプロトマップの存在についてのより直接的な証拠は，Fuentealba（フュンテアルバ）らによって2015年に示された［訳注：ただし大脳皮質の領野についてではない］。彼らはレトロウイルスによるバーコード標識方法を用いて，マウス胚の脳の異なる領域で脳室帯の放射状グリアの細胞系譜を，成体の大脳皮質内でのクローン形成に至るまで追跡した（図16.6）。彼らは，嗅球の成熟ニューロンは，胚の異なる領域の神経幹細胞（すなわち当該領域の脳室帯の放射状グリア）に由来することを発見した。この結果は，胚の段階で脳室帯の放射状グリアは領域ごとに特定化されており，その後，当該領域の成体神経幹細胞となって特定の種類の子孫ニューロンへと広がっていくというモデルを支持している。

図16.6 胚の放射状グリアの領域特異化は，特定の前駆細胞をもたらす。この図は，胚の脳室帯における放射状グリアの位置(上)と，成体におけるその子孫である成体神経幹細胞のB細胞およびそれに由来するニューロンの分布を示している(下)。GC：顆粒細胞，PGC：傍糸球体細胞，CalB：カルビンジン，CalR：カルレチニン。(L. C. Fuentealba et al. 2015. *Cell* 161：1644-1655 より)

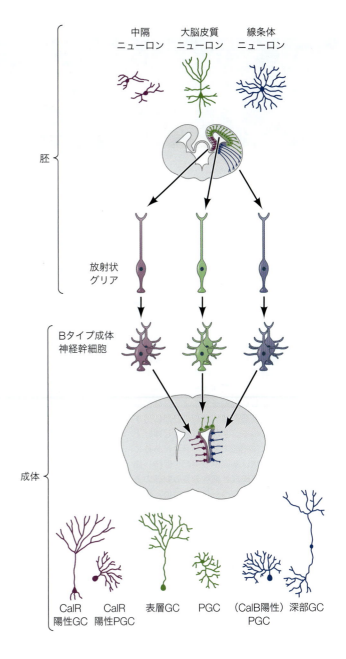

16.2　脳の成長を制御する発生メカニズム

　脊椎動物の脳発生は，多色のレンガを積み重ねて建物を造るようなものである。まず，正しい場所に配置するための適切な数の正しく色付けされたレンガをつくる必要がある。次に，必要なレンガを運搬し供給するための足場を，建物全域に組まなければいけない。建物は下から上に向かってつくられ，さまざまな方向に拡張することでますます複雑な構築物をつくり出す。発生期の脳では，神経幹細胞や前駆細胞の厳密に制御された細胞分裂によって，必要な量と種類の細胞(先の"レンガ")を産生する。放射状グリアは幹細胞として機能するだけでなく，前駆細胞や新生ニューロンがより表層に向かう移動のための足場となっており，それによって脳が内側から外側に向かって効率的に構築される。

分裂時の神経幹細胞の振る舞い

　1935年に Sauer（ザウアー）らは，胚の神経上皮細胞は神経上皮の端から端まで貫いているだけでなく，その核は神経上皮の厚みのなかのさまざまな高さにあり(図16.1参照)，細胞周期の進行とともに核が移動することを示した。DNA合成期(細胞周期のS期)には，細胞の核は上皮細胞の基底端，すなわち神経管の表層近くに位置している。細胞周期が進むと，核は神経上皮細胞の頂端側に向かって移動していく。体細胞分裂時(M期)には，核は頂端部，つまり脳室面近傍に位置する。細胞分裂が終了すると(G1期)，核は再びゆっくりと基底側に向かって移動する(図16.7)。このプロセスを**エレベーター運動**(interkinetic nuclear migration：INM)と呼び，この挙動は放射状グリアでもみられ，脊椎動物において広く保存されている(Alexandre et al. 2010；Meyer et al. 2011；Spear and Erickson 2012)。

　エレベーター運動のメカニズムは完全には解明されていないものの，微小管とモータータンパク質が関与しているようである。有糸分裂紡錘体の分離に重要なモータータンパク質をコードする遺伝子のゼブラフィッシュ変異体では，放射状グリアは正常にエレベーター運動をできるものの細胞分裂を行うことができないため，放射状グリアの細胞体が時間とともに脳室面(頂端面)に蓄積してしまう(Johnson et al. 2016)。(オンラインの「WATCH DEVELOPMENT 16.2：Cell Behaviors Associated with the Interkinetic Nuclear Migration of Radial Glial Cells during Division in the Developing Brains of Zebrafish and Chick」参照)

神経幹細胞の分裂の対称性　神経上皮細胞あるいは放射状グリアが分裂するとき，どのような選択肢があるだろうか？　第5章で述べた，幹細胞は対称分裂を行って2つの自身の複製を生み出し，幹細胞プールを増やすということを思い出してほしい。また，対称分裂

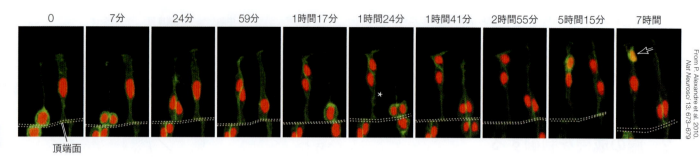

図16.7 神経上皮細胞のエレベーター運動と，神経幹細胞の分裂のライブイメージ。ゼブラフィッシュ後脳の脳室帯において隣接する2つの神経上皮細胞の挙動を，7時間以上撮影した。細胞膜(緑色)と核(赤色)を標識している。レポーター遺伝子によってニューロンが特異的に標識されている(黄色)。左側の神経前駆細胞は非対称分裂を行い，1つのニューロン(7時間のパネルの矢印)と，もう1つの前駆細胞(ニューロンの下に位置している)を産生した。右側の細胞は対称分裂を行い，2つの前駆細胞を産生している。1時間24分のパネルのアスタリスクは，ニューロンに分化する娘細胞が頂端面(白破線で表示)から離脱する様子を示している。細胞周期の進行に伴う神経前駆細胞の核の移動に注意。核が基底側に移動する(白破線から遠ざかる)細胞はDNA合成を行い(S期)，核が頂端面近くにある細胞は分裂を行う(M期)。

発展問題

「百聞は一見に如かず」とよく言われるが，その意味では動画には圧倒的な威力がある。エレベーター運動の動画などを見るときには(オンラインの「WATCH DEVELOPMENT 16.2」参照)，見るたび何か新しい発見をするよう努めてほしい。これらの動画には，多くの疑問に対する答えが隠れている。すなわち，なぜ神経上皮細胞の分裂は頂端面で起こる必要があるのか，分裂する細胞は基底側の突起を保持し続けるのか，微小管構成と細胞分裂の制御のカギとなる中心体はエレベーター運動にどのような役割を果たしているのか，などである。

は2つの分化する娘細胞を産生することもあり，その場合は幹細胞プールが減少していく。幹細胞は非対称性に分裂することも可能で，1つの自身のコピーと1つの分化する娘細胞を生じる(図5.1参照)。

神経上皮細胞で対称または非対称どちらの分裂が起きているかをどうやって調べればよいだろうか？ 増殖細胞にだけ取り込まれる放射性チミジンのようなトレーサーで細胞を標識することで，細胞系譜を追跡することができる。哺乳類の神経上皮細胞を発生早期にこの方法で標識すると，100％の神経上皮細胞が放射性チミジンをDNA中に取り込むことから，この時期の細胞はすべて何らかの細胞分裂を行っていることがわかる(Fujita 1964)。しかし，これから少したって標識を行うと，一部の細胞はこのチミジン類似体を取り込まなくなることから，それらは既に分裂を終了したことがわかる。これらの細胞は神経管の内腔から離れるように移動し，ニューロンやグリアに分化する(Fujita 1964；Jacobson 1968)。神経上皮細胞が神経幹細胞ではなくニューロンを産生するとき，分裂面はしばしばずれて非対称分裂となる(図16.7中の矢印)。娘細胞の両方が脳室面に付着するのではなく，片方の娘細胞が離脱する(図16.7中のアスタリスク)。脳室面に付着し続ける細胞は通常は幹細胞として残り，もう一方の細胞は移動してニューロンや別のタイプの前駆細胞へ分化する(Chenn and McConnell 1995；Hollyday 2001)。

神経産生：下から上に(あるいは内側から外側に)積み上げる

哺乳類の大脳新皮質は，高度に制御された神経産生プロセスによって内から外に向かって構築される。皮質板全域において，ニューロンの産生，移動，分化が時空間的に緻密に調和してこの過程が進行する。神経管が成熟すると，神経上皮細胞の子孫細胞は放射状グリアとなる。細胞系譜解析の結果，放射状グリアは対称分裂も非対称分裂も行う神経幹細胞であることが明らかとなった(Malatesta et al. 2000, 2003；Miyata et al. 2001；Noctor et al. 2001；Anthony et al. 2004；Casper and McCarthy 2006；Johnson et al. 2016)。放射状グリアの分裂は脳室帯(脳脊髄液にさらされている脳室面)で起こる。脳室帯の単一の幹細胞から，あらゆる層のニューロンとグリアが生じる(Walsh and Cepko 1988)。

大脳では，前駆細胞が脳室帯から離脱し，その基底側に**脳室下帯**(subventricular zone)を形成する。脳室帯と脳室下帯は共に**胚芽層**(germinal strata)を形成し，皮質板へ移動し大脳新皮質の各層を形成するニューロンを産生する(**図16.8A，B**；Frantz et al. 1994；総説として，Kriegstein and Alvarez-Buylla 2009；Liu et al. 2011；Kwan et al. 2012；Paridaen and Huttner 2014)。ヒトの胚芽層には次の3種類の主要な前駆細胞が

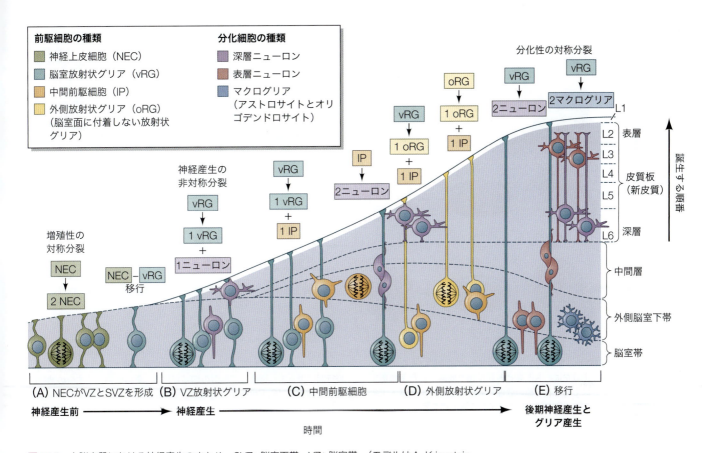

図16.8 大脳皮質における神経産生のまとめ。SVZ: 脳室下帯，VZ: 脳室帯。（モデルは A. Kriegstein and A. Alvarez-Buylla. 2009. *Annu Rev Neurosci* 32：149-184；K. Y. Kwan et al. 2012. *Development* 139：1535-1546；J. T. Paridaen and W. B. Huttner 2014. *EMBO Rep* 15：351-364 に基づく）

存在する。すなわち，**脳室放射状グリア**（ventricular radial glia：vRG），**外側放射状グリア**（outer radial glia：oRG），**中間前駆細胞**（intermediate progenitor cell：IP cell）である。中枢神経系の発生早期に神経上皮細胞は脳室放射状グリアへと変化し，その名が示すとおり脳室に接している。vRG は親幹細胞として機能し，直接ニューロンを産生するのに加えて，oRG にも IP 細胞にも分化する（図16.8C〜E）。神経発生の初期には自己複製する対称分裂が優勢で，前駆細胞のプールを拡大する。そして徐々に非対称分裂が前駆細胞の分化を支配していく。（オンラインの「SCIENTISTS SPEAK 16.1：Web Conference with Dr. Arnold Kriegstein on oRG Cells」参照）

さらなる発展

忍耐は巨大な脳をつくれるか？ ヒトの脳は近縁の霊長類であるチンパンジーやゴリラに比べて3倍ほど大きい（Herculano-Houzel 2012）。哺乳類における脳の進化をもたらした発生の仕組みは何であろうか？ 当然ながら，異なるサイズの脳をつくるプロセスの中心は早期の神経幹細胞の制御の違いにあり，どれだけ早期にこの制御が起こるかが重要であろう。16.1節で述べたように，神経板や神経管の神経上皮細胞は放射状グリアへと変化し，放射状グリアは胚や胎児の一次神経幹細胞として機能する。神経上皮細胞と放射状グリアでは，分裂様式の量的な比率が異なっている。神経上皮細胞はより多くが自己複製する対称分裂を行う傾向があるのに対し，放射状グリ

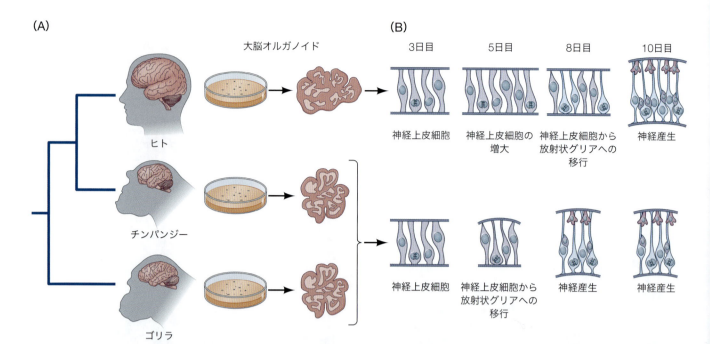

図16.9 神経上皮細胞から放射状グリアへの移行の遅れが，より大きなヒトの脳に寄与する。(A)左にヒトと非ヒト霊長類の簡略化した系統樹を示す。右側のスケッチはそれぞれの種の胚性幹細胞(ES)，あるいは人工多能性幹細胞(iPS)から作出した大脳オルガノイドの派生物を示す。(B)神経上皮細胞から放射状グリアへの移行期間。ヒトの大脳オルガノイドでは，他の類人猿に比べて神経上皮細胞が移行期に長く留まっている。この長い移行期によって，神経上皮細胞の増殖が増し，その結果として後の神経産生も増加する。(S. Benito-Kwiecinski et al., 2021. *Cell* 184：2084-2102より)

アは増殖性の対称分裂をしたり，分化性の非対称分裂を行ったりすることになる。神経上皮細胞から放射状グリアへの移行にかかる時間は，脳のサイズに"大きな"影響をもたらすことが示唆されている。

オルガノイド培養系を利用して(5.8節参照)，ランカスター研究室の研究者達は神経上皮細胞から放射状グリアへの移行について，ヒト，チンパンジー，ゴリラ由来のオルガノイドで調べた(図16.9；Benito-Kwiecinski et al. 2021)。ヒトの大脳オルガノイドでは，類人猿のオルガノイドに比べて，神経上皮細胞はより長い時間をかけて放射状グリアへ移行する。神経幹細胞が"移行期の神経上皮細胞"としてより長く留まるほど，自己複製による増殖がより起こり，その結果として神経産生の総量が増して，大きな脳がつくられることになる(Liu and Silver 2021；Benito-Kwiecinski et al. 2021)。

小脳と大脳新皮質の層形成の足場としてのグリア

異なるタイプのニューロンやグリアは誕生する時期が異なる。大脳発生の異なる時期に細胞を標識すると，最も早い"誕生日"の細胞は最も近位に移動し，誕生時が遅くなるにつれてより遠くまで移動し，皮質のより表層を形成する。続くニューロン分化は，脳室帯の神経上皮層の外側に占めた位置に依存して起こる(Letourneau 1977；Jacobson 1991)。ニューロンの誕生時と頂端-基底軸に沿った分化を結びつける発生の仕組みは何だろうか？

中枢神経系の全域で，内側(脳室)から外側に向かう神経前駆細胞[訳注：基本的には幼若ニューロンであり，中間前駆細胞も含まれる]の移動を放射状グリアがガイドしている

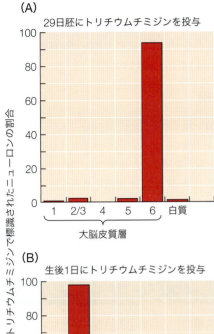
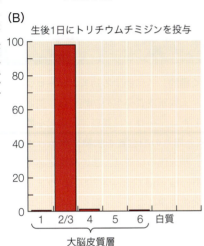
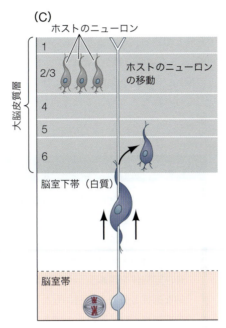
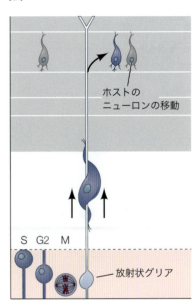

図16.10 フェレットにおける大脳皮質の層のアイデンティティの決定。(A) "早期"の幼若ニューロン(妊娠29日に誕生)は、皮質第6層に移動する。(B)後期の幼若ニューロン(生後1日目に誕生)は、第2層と3層に移動する。(C)最終分裂前のS期を終えた早期の神経前駆細胞(紺色)を、より発生の進んだホストの脳室帯に移植すると、誕生したニューロンはホストの第6層に移動する。(D)もしS期以前もしくは最中の神経前駆細胞を移植すると、誕生したニューロンはホストのニューロンとともに第2層に移動する。(S. K. McConnell and C. E. Kaznowski. 1991. *Science* 254:282-285より)

ことが数十年来知られている(Rakic 1971)。こうして、放射状グリアの子孫として誕生した神経前駆細胞は、"姉妹"である神経幹細胞の脳室面と神経管外表間の結合を利用して正しい位置へと移動する。次に、小脳と大脳における放射状グリアが可能にする細胞移動のメカニズムについて述べる。(オンラインの「FURTHER DEVELOPMENT 16.2：The Scaffolding of Bergmann Glia in the Cerebellum」参照)

大脳新皮質の層アイデンティティ　発生中の大脳の脳室帯で産生されるほとんどのニューロンは放射状グリアの突起に沿って移動し、脳の外表近くに皮質板を形成し、やがて6層からなる大脳新皮質となる(16.1節参照)。脳の他の領域と同様に、早期に誕生したニューロンは脳室帯に最も近い層を形成する(図16.10A, B)。その後に生じるニューロンはより長い距離を移動し、大脳皮質のより表層となる。このプロセスによって、"インサイド・アウト"の発生勾配がつくられる(Rakic 1974)。

1991年にMcConnell(マッコーネル)とKaznowski(カズノスキー)は、**層アイデンティティ**(laminar identity)(すなわちニューロンが移動する層)の決定は、神経前駆細胞の最終分裂中に行われていることを示した。新たに誕生した若い脳の神経前駆細胞(本来なら第6層に移動)を、より発生の進んだ胚の脳(誕生したニューロンは第2層を形成する)に最終分裂後に移植すると、すでに運命は決定されていた。すなわち、移植されたニューロンは第6層のみへ移動する。しかし、このような"若い"脳の前駆細胞を最終分裂の前(S期中期)に移植すると、まだ運命は決定しておらず、第2層へと移動できる(図

16.10C, D）。

　遅いステージの胚の神経前駆細胞の運命はさらに固定されている。発生早期の神経前駆細胞は第2層から6層のあらゆるニューロンとなれるが，発生後期の神経前駆細胞は表層（第2層）のニューロンにしかなれない（Frantz and McConnel 1996）。

大脳新皮質形成を制御するシグナル機構

　ちょうどみてきたように，早生まれのニューロンは深層を，遅生まれのニューロンはより表層を形成する。考えてみれば，これは大脳が内側から外側に向かって成長することを意味している。このような成長の結果として，あらたな層が拡がるにつれ，脳の外表面（軟膜）はさらに脳室帯から離れてしまうことになる。したがって，軟膜面は拡張し続ける外側の境界であり，外側に向かって移動するニューロンは先に誕生したものよりもさらに移動しなければならない。この重要な動態は，脳の層形成に影響を及ぼす（Frotscher 2010参照）。

さらなる発展

カハール–レチウス細胞：大脳新皮質の"動く標的"　移動する幼若ニューロンはどうやって正しい層へと分離するのだろうか？　大脳新皮質発生の初期では，脳室面と軟膜面は比較的近接しているが，新たに誕生したニューロンは基底側の突起を軟膜に向かって伸ばし，接着を確保すると単純に核と周りの細胞質を軟膜に向かって移動させ，細胞体を頂端側から基底側に移送する。基底側の接着は，この移送に必要な物理的な抵抗と張力を細胞にもたらしている（Miyata and Ogawa 2007）。つまり，実際の細胞移動は必要ないのである。しかし，発生後期になると，個々のニューロンは放射状グリアの基底側の突起に沿って積極的に細胞移動し，自身の基底側の細胞膜が皮質板の外縁に接すると，先と同様の細胞体の移送を行うことでニューロンの旅が完結する（図16.11A）。

　ニューロンの脳の外側に向かう動きに影響を与えている細胞は，発見者にちなんで**カハール–レチウス細胞**（Cajal-Retzius cell）と呼ばれる。これらの細胞は軟膜の直下に位置しており，Reelinという細胞外タンパク質を分泌する（D'Arcangelo et al. 1995, 1997）。移動中の幼若ニューロンはReelinタンパク質に対する膜貫通型受容体を発現しており（Trommsdorff et al. 1999），この受容体にカハール–レチウス細胞から分泌されたReelinが結合すると，Disabled-1を介して一連のシグナル伝達経路を活性化する（図16.11Aの細胞1参照）。その結果，ニューロンは発現するN-カドヘリンを増加させ，同じくN-カドヘリンを発現する周囲の細胞に強く接着する（4.2節参照）。

　カドヘリンは脳室帯から辺縁層にかけて発現レベルが上昇していき，辺縁層が最も高く，カハール–レチウス細胞の分布と重なる。つまりN-カドヘリンを発現する幼若ニューロンは，接着性が増す方向に移動する（Franco et al. 2011；Jossin and Cooper 2011）。またニューロンは軟膜のフィブロネクチンに富んだ細胞外基質に仮足を伸ばし（Chai et al. 2009），膜貫通分子のインテグリンを使って仮足をこの細胞外基質に付着させる（4.3節参照；Sekine et al. 2012）。仮足が付着すると，Disabled-1を介したアクチン細胞骨格制御によって仮足がバネのように収縮することで，頂端部の離脱とともに細胞体を基底側に引っ張り上げる（図16.11Aの細胞2参照；Miyata and Ogawa 2007）。

　ニューロンの移動を開始させるReelinシグナルは，ネガティブ（負の）フィード

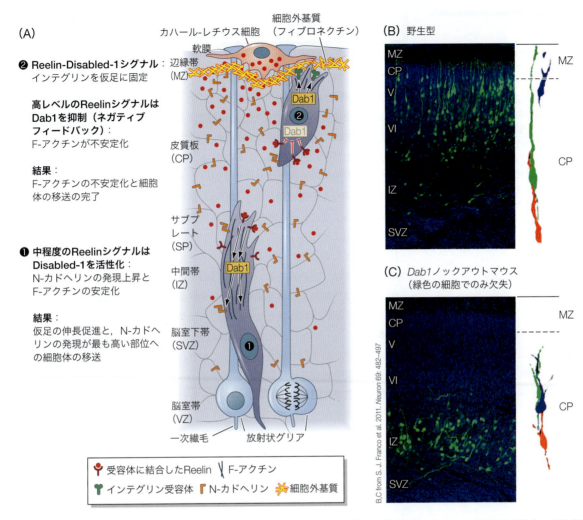

図16.11 Reelinによるニューロンの方向性をもった移動の制御。(A)カハール-レチウス細胞から分泌されたReelin（赤丸）は、濃度勾配をもって細胞外基質内に分布する。Reelinは新たに誕生した移動中のニューロンに作用して（ここでは1と2と表記），ニューロンの基底側の細胞膜から軟膜面に向かって仮足を伸長させる。Disabled-1 (Dab1)は、Reelinによって活性化される。Dab1遺伝子の産物は線維状アクチン（F-アクチン）を安定化し、N-カドヘリンの発現を増加させる。N-カドヘリンは放射状グリア突起と他の細胞の膜上に局在し、その発現量を増しつつ辺縁層の直近で最大濃度となる。Reelin-Dab1のシグナル伝達は最初に辺縁層に向けた仮足の伸長をもたらし、ニューロン1の移動となる。移動中のニューロンが辺縁層に近づくと（ニューロン2），Dab1は仮足の先端でインテグリンの発現を増加させ、フィブロネクチンに富んだ細胞外基質に細胞を係留する。しかし、最高濃度のReelinは、Dab1タンパク質を分解するネガティブフィードバック回路をニューロン2で起動するため、細胞移動を停止して特定の層における神経分化を可能にする。(B, C)新生ニューロンと移動する神経前駆細胞特異的なDab1の条件的不活性化。野生型マウスと、CRE遺伝子と組み合わせたときにDab1が不活性化されるコンディショナルノックアウト変異をもつマウスの2種類のマウスを用いた。野生型マウスに対してCREタンパク質は何の影響もない。CREとGFP遺伝子をもつプラスミドを両マウスの神経幹細胞に導入すると、GFP（緑色）の発現によって導入細胞をタイムラプス撮像することが可能である。(B)野生型マウスでは、標識されたニューロンは皮質板の層に達している。(C)Dab1のコンディショナル変異マウスでは、Dab1遺伝子は緑色の細胞（CREとGFPを発現）で欠失する。これらの細胞は中間層に留まっている。個々の細胞をタイムラプス撮像すると、移動する典型的な幼若ニューロンが伸長を開始し（赤色），そして基底側の突起を辺縁層に伸ばし（緑色），最終的にニューロンの頂端部を外側の層に移送する様子がわかる（B右図の青い細胞）。Dab1ノックアウト細胞は移動を開始するものの、十分に基底側突起を伸ばすことができず、細胞体を移送できない（C右図）。

バックも開始させることで、最もReelinレベルが高い場所（辺縁部近く）でニューロンは接着分子を失って停止し、インサイド・アウト様式で皮質板のその層に組み込まれる（図16.11A、図中の細胞2参照；Feng et al. 2007）。Reelin、Reelin受容体やDisabled-1の遺伝子を欠失すると、大脳皮質の層が逆転し、本来の深層（第4，5層）が辺縁層（第1層）の近くに形成され、表層（第2，3層）のニューロンはサブプレート近くに形成される（**図16.11B，C**；Olson et al. 2006；Franco et al. 2011；Sekine et al. 2011）。（オンラインの「FURTHER DEVELOPMENT 16.3：Horizontal and Vertical Specification of

発展問題

N-カドヘリンは大脳新皮質での幼若ニューロンの移動に重要であることが示されているが，それらはどのように機能するのだろうか？　細胞の頂端から基底面に向かって増加するカドヘリンの発現は，次の層（より基底側）へ導く要因であるようにも見えるが，一般にカドヘリンは差次的な接着や細胞選別に働くと考えられている。ひょっとして，細胞選別のときに果たすような機能によって，辺縁層への幼若ニューロンの移動を導いていないだろうか？　（ちょうどゼブラフィッシュの原腸形成におけるE-カドヘリンの働きのように；図4.7参照）

the Cerebrum」参照）

なるべきか，ならざるべきか……幹細胞？　前駆細胞？　あるいはニューロン？　放射状グリアが対称分裂をするか非対称分裂をするかは分裂面に依存しており（つまりは分裂紡錘体の方向に依存），その結果生じる娘細胞の運命と相関がある。放射状グリアの細胞分裂のうち，脳室面に対して完全に垂直（水平；すなわち分裂紡錘体は脳室面に平行）な分裂は2つの放射状グリアを生じることができる。そのような垂直分裂は時に運命の異なる子孫細胞，つまり1個の放射状グリアと1個のニューロンを生じることがあるものの，より頻繁に運命の異なる子孫細胞を生じるのは，斜めに分裂するケースである。細胞分裂軸がランダムになるように分裂紡錘体を変化させると，早期に非対称分裂が増加し，時期早尚に神経産生が起こる（Xie et al. 2013）。

細胞分裂後の娘細胞の運命は，継承する中心小体と関連づけられている。分裂細胞の2つの中心小体は，その古さという点で等価ではない。すなわち，親細胞にもともと存在する中心小体は，複製された娘細胞の中心小体よりも古い。細胞分裂のたびに"古い"中心小体を受け継ぐ細胞は幹細胞として脳室帯に残り，"新しい"中心小体を受け継ぐ細胞は脳室帯を離れてニューロンに分化する（Wang et al. 2009）。分裂時の2つの中心小体には異なるタンパク質が結合し，構造も異なっており，非対称に分配されるこれらの因子はその後の遺伝子発現や細胞運命に影響をおよぼす。

とりわけ重要な因子は一次繊毛であり，これは古い中心小体に結合しており，細胞分裂中もその状態を保っている。娘細胞のうち，この古い中心小体を（一次繊毛も）受け継いだものは，分裂後すぐに脳室，つまり脳脊髄液に一次繊毛を露呈することができる。脳脊髄液にはインスリン様増殖因子，FGF，Sonic hedgehogのような因子が含まれており，放射状グリアの増殖を促進し幹細胞としての運命を支える（Lehtinen et al. 2011；Paridaen et al. 2013）。新しい中心小体を受け継いだ娘細胞は，分裂後に新たに一次繊毛を形成する。しかし，この繊毛は細胞の頂端面ではなく基底側の突起から突き出ており，異なるシグナル環境の影響を受けて神経前駆細胞かニューロンに分化する（Wilsch-Brauninger et al. 2012）。

対称性は加齢を促進する　神経幹細胞が自己複製的な分裂をするか分化のための分裂をするかの制御メカニズムは，動物個体の生涯における神経産生の減少にかかわっているかもしれない。5.4節で説明したように，哺乳類の成体の脳では放射状グリアは"タイプB"神経幹細胞となって神経産生を行うということを思い出してほしい。B1神経幹細胞は対称および非対称分裂の両方を行うが，そのバランスは神経幹細胞プールのサイズと産生する子孫細胞の量に大きな影響を与える。成体の脳室-脳室下帯（V-SVZ；5.4節参照）でのB1幹細胞の分裂パターンをマウスの生涯にわたって調べたところ，主に対称分裂を行い，その大部分（約80%）はB1幹細胞の自己複製よりもC細胞の最終分化につながることがわかった（Obernier et al. 2018）。年齢とともに，高確率でB1幹細胞が分化細胞を生み出すことは幹細胞プールの減少につながり，神経産生が減少する一因となっている（図16.12；Obernier and Alvarez-Buylla 2019）。

さらなる発展

非対称分裂：Parの上のNotch　放射状グリアが非対称分裂によって細胞運命を決定するもう1つのメカニズムとして，頂端部のタンパク質であるPar3がいかに分配されるかということがある（図16.13A）。一般に，Par3は細胞の頂端-基底極性を維持して

第16章 脳の成長 | 565

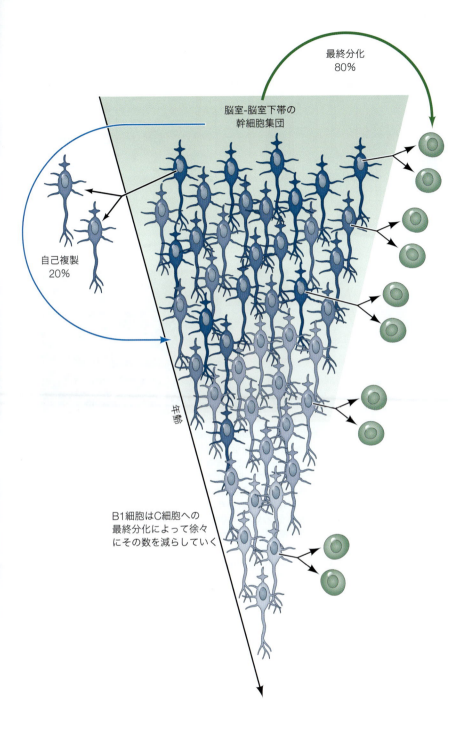

図16.12 動物個体の生涯における，分化細胞（C細胞；緑色）を生じる対称分裂の増加によるB1幹細胞（青色）の枯渇。さらに，B1幹細胞が自己複製のため対称分列を繰り返すにつれ，内的な変化が生じて加齢プロセスが進行する可能性がある（B1細胞の色の段階的な変化によって示している）。(K. Obernier et al. 2019. *Development* 146: dev156059; and K. Obernier et al. 2018. *Cell Stem Cell* 22: 221-234 より)

いる。発生中の脳では，Par3は細胞の頂端部のタンパク質複合体を使って，Notchシグナル因子のような細胞運命を左右する因子を分配する。非対称分裂において，片方の娘細胞はより多くのPar3タンパク質を受け取る（図16.13B）。より多くのPar3タンパク質を受け取った娘細胞ではNotchシグナルがより活性化して，幹細胞として留まる。もう片方の娘細胞はDelta（DeltaはNotchのリガンドであることを思い出してほしい）を高発現し，神経分化へと向かう（Bultje et al. 2009）。

　このNotchレベルの差別化は，Notch阻害因子であるNumbがPar3とともに輸送されるために起こる。高いNotch活性を必要とする幹細胞にこの阻害因子を輸送することは，一見矛盾しているように見える。しかし，実はPar3はNumbを隔離して不

発展問題

Notch経路の転写因子Hesファミリーは，ネガティブフィードバック機構によって脳室帯の放射状グリアで発現が周期的に振動（オンラインの「FURTHER DEVELOPMENT 5.3」参照）することが示されている（Shimojo et al. 2008）。脳室帯の放射状グリアにおけるNotch-Hesの振動回数が，自己複製するか，前駆細胞を生じるか，あるいはニューロンに分化するかという発生運命を制御している可能性があるというモデルは非常に興味深い（Paridaen and Huttner 2014）。

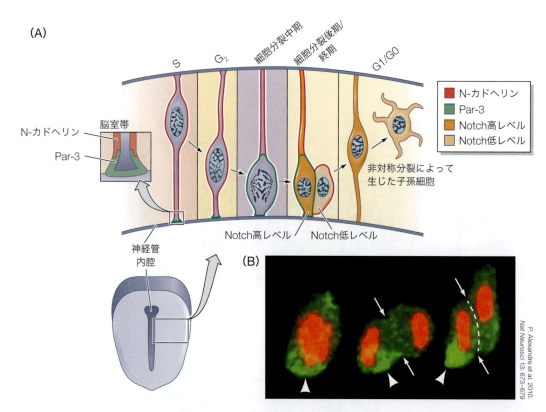

図16.13 Par-3とNotchを介した放射状グリアの非対称分裂。(A)ニワトリ神経管の模式図。細胞周期による放射状グリアの核の位置とPar-3の局在を示す。分裂細胞は神経管の内側近く，脳室面の直近にある。これら内腔面の幹細胞におけるPar-3の動的な局在変化は，娘細胞の膜のNotchシグナルの構成因子の生成を制御する。(B)細胞分裂によって，Par-3は一方の娘細胞により多く局在することになる。その娘細胞ではNotchが高いレベルで発現することになり，幹細胞として留まる。一方，より少ないPar-3を受け継いだ娘細胞は，低レベルのNotchを発現し，神経前駆細胞となる。Par-3遺伝子をGFPと融合させることで分裂中のPar-3タンパク質の挙動を可視化することが可能となり，ここではゼブラフィッシュ胚の後脳を示す。非対称分裂後にPar-3（明るい緑色）は左側の娘細胞（矢じり）に優先的に分配される。(A)に示すように，この細胞は幹細胞として留まる。(AはR. S. Bultje et al. 2009. *Neuron* 63：189-202；J. H. Lui et al. 2011. *Cell* 146：18-36より)

> 活性化する。Par3を欠いた娘細胞は活性型のNumbをもつことになり，Notch活性を減じることで異なる細胞運命(Deltaによる)を獲得できる(Gaiano et al. 2000；Rasin et al. 2007；Bultje et al. 2009)。

16.3　ヒトの脳発生

　ヒトと最も近縁のチンパンジーやボノボとの間には多くの違いがある(Prufer et al. 2012)。この違いには，私たちの無毛で多汗の皮膚や，直立二足歩行が含まれている。しかし，最も強烈で重要な違いは脳の発生で起こる。ヒト大脳皮質の巨大化や非対称性，また推論，記憶，計画性，言語，文化といった能力は，ヒトを唯一無二の動物たらしめている(Varki et al. 2008)。ヒトの大脳新皮質の発生は驚くほど可塑性に富んでおり，ほぼ一定のペースで進行する。一部の発生現象は他の霊長類と共通であるが，ヒトの脳発生を他の動物から差別化する現象として，次の5つがある：

- 長期にわたる脳成熟
- 大脳皮質のシワ形成と巨大化

- ヒト特異的遺伝子の活性
- 遺伝子転写レベルの違い
- 発生を制御する遺伝子のヒト特異的アリル

胚における神経産生のペースが生後も続く

　ヒトの脳を差別化する発生上の特徴は胚の神経産生ペースを保持し続けることである。ヒトも類人猿の脳も，出生前は高い成長率を示す。しかし，生後には類人猿では成長率が著しく低下するものの，ヒトでは生後2年にわたって高い成長を続ける（図16.14A；Martin 1990；Leigh 2004 参照）。Portmann（1941），Montagu（1962），Gould（1977）は，この現象によって私たちヒトの生涯の最初の1～2年を"子宮外胎児"とみなせると主張している。胎児の神経成長率を生後も維持するメカニズムは**ハイパーモルフォーシス（過形成）**（hypermorphosis）と呼ばれ，発生が祖先型を超えて延長する（Vrba 1996；Vinicius and Lahr 2003）。

　出生後早期では，ヒトは毎分およそ25万個のニューロンを追加産生していると推定されている（Purves and Lichtman 1985）。脳の体重に対する割合は，出生時はヒトと類人猿で大差ないものの，成体になると，ヒトは他の霊長類を圧倒的に凌駕している（図16.14B；Bogin 1997）。実際に類人猿の成熟度に当てはめると，ヒトの妊娠期間は21か月となるはずである。私たちヒトの"未熟"状態での出生は，母体の骨盤の幅，胎児頭部の周長，そして胎児の肺の成熟度を踏まえた進化的な"妥協"なのである。

　生後に産生されるニューロンに加えて，シナプスの数は天文学的に増加する。細胞レベルでいうと，ヒトの生涯の最初の数年間は皮質1立方センチメートルあたり毎秒3万個以上のシナプスが形成される（Rose 1998；Barinaga 2003）。これらの新生ニューロンと急速に増加する神経結合は可塑性や学習を可能にし，巨大な記憶容量を生み出し，言語，ユーモア，音楽といった能力の発達を可能にすると推測されている。すなわち，このことが私たちをヒトたらしめていると考えられている。（オンラインの「FURTHER DEVELOPMENT 16.4：Neuronal Growth and the Invention of Childhood」参照）

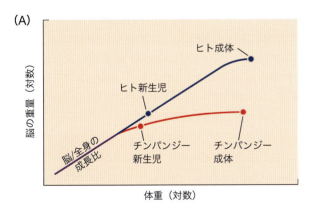
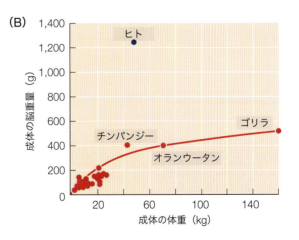

図16.14　霊長類の脳成長。(A)神経産生は，チンパンジーのような霊長類では出生時あたりで減衰するが，ヒトの新生児の脳では胎児期と変わらないペースでニューロンが産生される。(B)ヒトの体重に対する脳重量の割合（脳化指数）は，類人猿に対して3.5倍も高い。(B. Bogin. 1997. *Yrbk Phys Anthropol* 40：63-89 より；さらに最近の定量化は S. Herculano-Houzel. 2012. *Proc Natl Acad Sci USA* 109：10661-10668 および S. Herculano-Houzel et al. 2015. *Brain Behav Evol* 86：145-163 より）

(A) ヒト

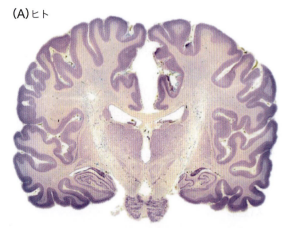

(B) マウス

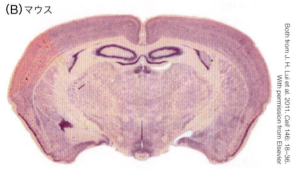

図16.15 (A) 皺脳（高度に褶曲している）であるヒト脳と，(B) 滑脳（シワをもたない）のマウス脳の横断切片。ニッスル(Nissl)染色（紫色）によりニューロンの核を示す。

Both from J. H. Lui et al. 2011, Cell 146: 18–36. With permission from Elsevier

脳の丘は学習のレベルを高める

ヒトの脳進化に伴う大脳皮質の重要な特徴として，脳の丘（脳回：gyri）と谷（脳溝：sulci）の数と複雑さがある。大脳皮質のシワの数や複雑さは，哺乳類間できわめて多様化している。ヒトやゾウでは大脳皮質は高度に褶曲しているが（皺脳：gyrencephalic），フェレットでは中程度に褶曲し，マウスではまったくシワがない〔滑脳(lissencephalic)；図16.15〕。シワの数と複雑さは一般に知的レベルと相関があるとされ，ゆえにヒト脳の高度な適応性を表すものである[2]。実際に，ヒトで見つかっている一部の変異では滑脳となり，知的障害が起こる(Mochida et al. 2009)。哺乳類間でみられる皺脳の多様性をもたらす大脳皮質のシワ形成のメカニズムは何であろうか？

大脳皮質のシワ形成は実験室で取り扱う動物では起こらないので，当然ながらこの研究はきわめて困難である。しかし，哺乳類の大脳皮質構築とゲノム解析に関する最近の研究は，シワ形成の物語をひもときつつある(Lewitus et al. 2013の総説参照)。シワの増加は，脳の表面積の増加と相関はあるものの，必ずしも大脳皮質ニューロンの増加に付随して起こったわけではないというのである。ある研究では，皮質のシワ形成を皺くちゃの紙になぞらえ，皮質表面積の総計が皮質の厚みよりも早い割合で増加すると皺脳ができるというモデルを提唱している(Mota and Herculano-Houzel 2015)。このモデルに一致するように，大きな脳は小さな脳よりも多くのシワをもつ傾向がある。さらに，ヒトの脳回肥厚症という異常では，正常な数のニューロンがあるにもかかわらずシワの数が減り，表面積も減少する(Ross and Walsh 2001)。

放射状グリアは，脳のシワ形成のための力学的な駆動力をもたらしている可能性がある。放射状グリアは幹細胞として機能するだけでなく，脳壁を端から端まで貫いていて，機械的な力を与える構造的な足場であるということを思い出してほしい。興味深いことに，皺脳では滑脳に比べて増殖性の放射状グリア〔とりわけ外側放射状グリア(oRG)〕の割合が高い。さらに，皺脳では脳回や脳溝に応じた放射状グリアの分布や構成が，シワ形成に必要な張力を生じるために適切なものとなっている(Hansen et al. 2010；Shitamukai et al. 2011；Wang et al. 2011；Pollen et al. 2015)。このように，皺脳におけるoRGの増加と放射性繊維の束の生体力学は，シワ形成メカニズムへの放射状グリアの直接的な関与を強く支持している。最近のヒトと非ヒト霊長類の網羅的トランスクリプトーム比較解析によって，ヒト脳の高度なシワ形成に重要なヒト特異的な遺伝子が同定され始めている（例えば，放射状グリアに発現し，oRGの発生を促進する *ARH-GAP11B*)。(オンラインの「FURTHER DEVELOPMENT 16.6：A Human Gene That Folds the Brain」「WATCH DVELOPMENT 16.3：Follows Human oRG Cells as They Undergo Mitotic Divisions and Translocation in the Neocortex」参照)

ヒト脳を特異化している遺伝子の同定

ヒト，チンパンジー，ボノボは非常によく似たゲノム情報をもっている。タンパク質をコードするDNAを比較すると，これら三者のゲノムは約99％同一である。しかし，タンパク質をコードする領域は全ゲノムの2％にすぎない。ゲノム全体で比較すると，ヒトとチンパンジーでは塩基配列の4％が異なっており，ほ

発展問題

もし外側放射状グリア(oRG)が軟膜表面に張力を加えて大脳皮質のシワをつくることができるとすれば，おそらく何かoRGの頂端側を脳室下帯中に保持して，組織の褶曲に必要な物理的な抵抗となるものがあるだろう。神経幹細胞や脳室帯の放射状グリアとoRGの最も明確な違いは脳室面に付着するかどうかであることから，何がoRGを脳室下帯に係留しているのだろうか？ 皮質の褶曲にはいかほどの張力が必要なのだろうか？

---

[2] この基準は正確ではない。例えば，イルカやクジラはヒトより多くの脳のシワをもつ。

とんどの違いは非コード領域に存在している（Varki et al. 2008参照）。

非翻訳RNAの役割：何をではなく，どうつくるか　King and Wilson（1975）は，ヒトとチンパンジーのタンパク質の研究から，「**生物としてのチンパンジーとヒトの違いは主に少数の制御システムの遺伝的変化によるものであり，アミノ酸置換が適応進化の重要な要因となることは一般に稀である**」と結論づけた。彼らの知見は，進化は発生の制御因子の変化によって起こるという最初の示唆である。

　ヒトと類人猿でDNA配列が異なる脳成長遺伝子（例：*ASPM*, *microcephalin-5*や*microcephalin-1*とも呼ばれる）は見つかっているものの，このDNA配列の違いとヒトの脳の巨大化との関係は不明である。むしろ，決定的な違いはこれらの遺伝子の調節領域に存在しているようである。このような配列は，エンハンサー領域か非コードRNAをコードする領域にある可能性が高い。非コードRNAは発生期の脳で大量に発現しており，自身では何もタンパク質をつくらないが，神経の転写因子の転写や翻訳を制御している可能性がある。コンピュータによる哺乳類間のゲノムの比較解析によれば，そのような非コードRNAはヒトの脳進化に重要であることが示唆されている（Polland et al. 2006a,b；Prabhakar et al. 2006）。まずこれらの研究は，ヒト以外の哺乳類で保存されている比較的小規模な非コードDNA領域を同定した。この領域はゲノムのおよそ2%を占めており，哺乳類全体で保存されていることから非常に重要であろうと想定される。

　そのうえで，これらの配列をヒトの相同配列と比較し，ヒトとそれ以外の哺乳類で異なっていないかを調べた。その結果，約50個の領域が哺乳類間で高度に保存されているが，ヒトとチンパンジー間で急速に多様化したことがわかった。最も急速な多様化は*HAR1*（*Human accelerated region-1*）に観察され，そこではチンパンジーとヒトで18個の塩基配列の変化がみられた。*HAR1*領域にある長鎖非コードRNAはヒトと類人猿の発生期の脳で発現しており，特にReelinを発現し，6層の大脳新皮質構築におけるニューロンの移動を制御するカハール-レチウス細胞に発現している（図16.11参照）。ゲノム中の保存された非コード領域にある*HAR1*と他の*HAR*遺伝子の機能については，現在研究が進行中である。（オンラインの「FURTHER DEVELOPMENT 16.7：Human Enhancement with the Loss of an Enhancer」「SCIENTISTS SPEAK 16.2：Dr. Sofie Salama on the HAR1 Gene and Human Brain Development」参照）

われ思う，ゆえにわれあり（レチノイン酸と*Cerebellin*抑制の解除が原因）　霊長類の進化の過程でヒトの大脳皮質は著しく拡大し，爆発的に増加した神経シナプス結合を獲得した。ヒト脳に特有の緻密な機能は主に，**前頭前皮質**（prefrontal cortex）——前頭葉の前方領域で，私たちの複雑な認知，感情，行動を制御する——で処理されている（Elston et al. 2006；Smaers et al. 2017）。マウス，非ヒト霊長類，ヒトの発生期の脳のトランスクリプトーム解析によって，他の脳領域に比べて前頭前皮質でレチノイン酸応答遺伝子の発現が上昇していることが明らかになった。

　レチノイン酸（retinoic acid：RA）は，前頭前皮質で前後に沿った勾配をもって分布している。この領域全体のRAの発現レベルはマウスで最も低く，非ヒト霊長類でより高く，ヒトで最も高い（**図16.16A**；Shibata et al. 2021a）。マウスの大脳皮質でRAシグナルを阻害および亢進させた結果，RAシグナルは前頭前皮質におけるシナプス結合の形成に必要かつ十分であることがわかった。また，RAシグナルは前頭前皮質と視床の神経結合にも関与しており，これはヒトの認知機能に重要な結合である（Wallace and Pollen 2021）。これらの知見から（私たちの認知機能を使って考えると），論理的には次のような疑問が生じる：RAはどのように前頭前皮質の発生を促進するのであろうか？

　シナプス形成遺伝子である*Cerebellin 2*は前頭前皮質のニューロンに強く発現しており，RAシグナルによって発現上昇することが知られている（Shibata et al. 2021a）。発生

図16.16 ヒトの前頭前皮質の進化をもたらした発生のメカニズム。(A)マウス，サル，ヒトの前頭前皮質における前後に沿ったレチノイン酸(RA)の勾配と標的遺伝子の活性化。予定運動野(前頭前野の後に位置する)では，RA分解酵素の発現によってRAの勾配は制御されている。発生期のヒト脳では，マカクに比べて最も高いレベルのRAの発現がみられ，そのマカクではマウスよりも高いレベルで存在している。(B)前頭前皮質特異的なCerebellin 2遺伝子(Cbln2)のシス制御領域が同定されている。この制御領域はRA受容体の結合部位とSOX5タンパク質の結合部位も含んでおり，SOX5はCerebellin 2の発現を抑制する。マウス(左)と比較すると，マカク(図なし)ではこのSOX5の結合部位の数がやや減少しているが，ヒトゲノム(右)ではこの転写抑制領域が欠失しており，その結果CBLN2の発現が上昇する。(C)マカクやマウスの脳に比べて，ヒトでは樹状突起のスパインが増加しており，特に前頭前皮質と視床間の神経結合が増加している。(D)生後0日の野生型マウスの前頭前皮質の切片(左2つのパネル)では，SOX5が皮質第5,6層の細胞で発現(赤色)し，そこではCbln2の発現が消失している。前頭前皮質でSox5を欠失したコンディショナルノックアウトマウス(Sox5 cKO)では皮質第5, 6層でCbln2の発現(青色)が上昇することは(左から3番目のパネル)，Cbln2に対するSOX5の抑制的な作用を支持している。さらに，Cbln2遺伝子のシス制御領域をヒトの配列(SOX5の結合部位を欠失；パネルB参照)に置換すると，前頭前皮質のすべての層においてCbln2の発現が著しく上昇する(右端のパネル)。

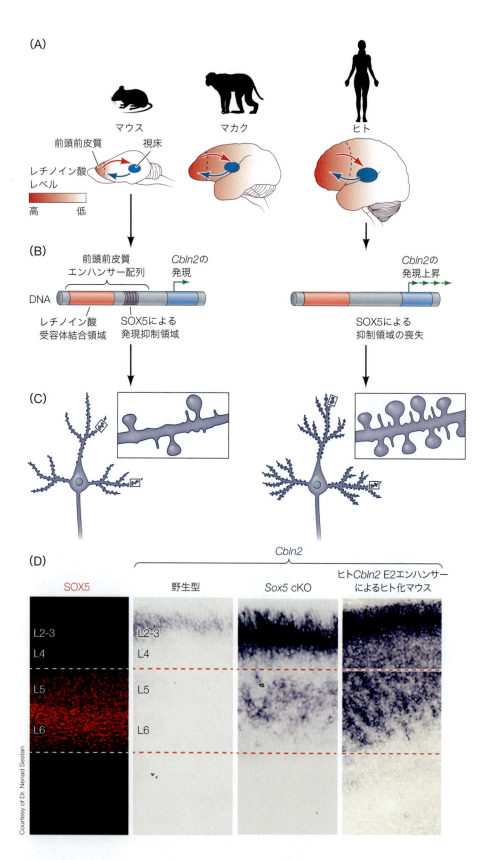

中の前頭前皮質におけるCerebellin 2タンパク質の発現は，RA受容体の結合部位をもつシス制御エンハンサーによって制御され，その発現が上昇する。この同じエンハンサーは，転写因子SOX5の結合部位も含んでおり，SOX5はCerebellin 2の発現を抑制する。数千万

年の進化の過程で，このSOX5依存的な転写抑制配列はチンパンジーとヒトの共通祖先で著しく減少した。マカクやゴリラの系譜には残留しているSOX5抑制部位があり，マウスのゲノムにはさらに多くの抑制部位が保たれている（図16.16B；Shibata et al. 2021b）。驚くべきことに，マウスの*Cerebellin 2*の制御領域をヒトの相同配列に置換すると，マウスの前頭前皮質において，*Cerebellin 2*の発現上昇が誘導され，この領域全域でシナプス構造が増加した（図16.16C；Shibata et al. 2021b）。

　この結果は，ヒトの前頭前皮質に固有の性質は，次の2つの重要なメカニズムによって進化したことを示唆している：(1)脳の前後に沿ったレチノイン酸による発生システムの段階的な増強，(2)抑制性のSOX5結合部位を徐々に失っていったことによる*Cerebellin 2*遺伝子の発現上昇（Wallace and Pollen 2021）。

転写産物の量の変化

　1970年代にA. C. Wilson（A・C・ウィルソン）は，ヒトとチンパンジーの違いは同じ遺伝子から産生されるタンパク質の量の違いにあるかもしれないと示唆した（Gibbons 1998参照）。今日では，この仮説を支持する証拠が得られている。マイクロアレイを用いて遺伝子発現のグローバルなパターンを調べると，ヒトとチンパンジーの肝臓と血液では発現する遺伝子の種類や量はきわめて似ていたものの，ヒトの脳ではチンパンジーに比べておよそ5倍ものmRNAを産出していたという最近の研究がある（Enard et al. 2002a；Preuss et al. 2004）。ヒトの大脳皮質では，チンパンジーに比べて18倍以上も発現が高い遺伝子（例えば*SPTLC1*，異常があると感覚神経の損傷を引き起こす）が見つかっている。

　これらのデータは，ヒト脳の遺伝子すべてが高いレベルで発現していることを示唆するものではない。ヒトで非ヒト霊長類よりも活性が低い遺伝子も多く存在している。例えば，*DDX17*遺伝子の産物はRNAプロセシングに関与するが，ヒト脳ではチンパンジーに対して10分の1しか発現していない。

さらなる発展

10代の脳：配線されているがつながっていない　最近まで多くの科学者は，ヒトでは胎児期と幼児期におけるニューロンの成長後に，脳の急速な成長は止まると考えてきた。しかし，機能的磁気共鳴画像法（fMRI）を用いた研究によれば，脳は思春期あたりまで発達を続け，すべての脳領域が同時に成熟するわけではないことが示されている（Giedd et al. 1999；Sowell et al. 1999）。

　思春期のすぐ後に脳の成長は止まるものの，シナプスの刈込みは引き続き起こる。この刈込みのタイミングは，新しい言語の習得が難しくなる時期に相関している（ゆえに，子供は大人に比べて語学が上達するのかもしれない）。ある脳領域における一過的なミエリン形成（白質産生）もこの時期に起こる。神経軸索周囲のグリアによるミエリン形成は（16.1節参照），正常な神経機能に重要であり，ミエリン形成自体は生涯にわたって起こるものの，思春期早期と成人早期で最も差がある領域には前頭前皮質が含まれている（図16.17；Sowell et al. 1999；Gogtay et al. 2004）。

　多くの親達が知るように，10代の脳は複雑で変化に富んでおり，容易には理解できない。10代の脳は依然として活発に発達しており，ゆえに多くのティーンエージャーが刺激に対して異なった反応を示すことも，この者たちが特定のタスクを学習できるかどうかの違いも説明できよう。fMRIを用いて脳の活性化部位を調べたところ，感情を刺激するような画像をコンピュータ画面に表示すると，10代前半では扁桃体（恐怖や強い感情を仲介する）における活性を示した。しかし，同じ画像を示された10代

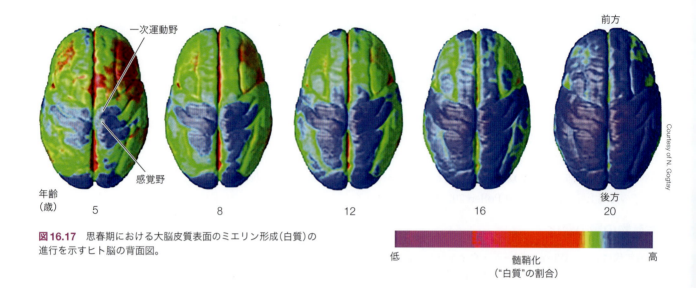

図16.17 思春期における大脳皮質表面のミエリン形成(白質)の進行を示すヒト脳の背面図。

発展問題

精神神経疾患の発症は、しばしば10代で最初の兆候がみられ、後に統合失調症、双極性障害、うつ病へと進行する。10代の脳発達期に起こる重要な脳発達イベントは何であろうか？　またその異常がどのように精神神経疾患の症状を引き起こすのであろうか？

後半では、前頭葉を中心に活性がみられた。前頭葉はより理性的な認知、認識に関与する領域である(Baird et al. 1999；Luna et al. 2001)。

これらのデータは、異なるグループに属する個人の比較研究によるものである。しかし、今や技術の進歩によって、一個人の脳の発達を経時的に調べることが可能である(Dosenbach et al. 2010)。研究者達はfMRIを用いて、脳がどのように構造的に変化していくか、幼児期から思春期を通じて連続的に脳発達を研究しようとしている。このような研究は、健常児と非健常児(アルコール摂取や神経発達障害など；Andre et al. 2020)も対象にしている。(オンラインの「SCIENTISTS SPEAK 16.3：Dr. Catherine Lebel on efforts to longitudinally characterize the changes in and variation of human brain development in adolescence」参照)

研究の次のステップ

　私たちの脳はどれぐらい可塑的(plastic)なのだろうか？　ここでの"プラスチック(plastic)"という言葉は合成樹脂のことではなく、柔軟で、適応性に富み、時間とともに変化できる程度のことを指している。過去何十年にもわたり発生生物学者たちは、脳がいかにしてつくられ、生涯にわたって維持されるのかという問題にフォーカスしてきた。しかし、脳発達における可塑性の実態解明や、環境要因を感知して脳を再編するメカニズムについてはほとんど注目されてこなかった。長期にわたる脳発生の根本的理解の欠如は、脳の成長を調べる具体的な手法の欠如とともに、脳の可塑性に関する理解不足をもたらしている。ライトシート顕微鏡のようなイメージング技術の進歩によって、より大きな脳組織が時間とともに発達する様子を可視化できよう。同様に、fMRIの解像度の向上は、より洗練されたコンピュータ解析と相まって、ヒトの生涯にわたる脳発達研究の扉を開くであろう。研究者達は、網羅的トランスクリプトーム解析をこれらのイメージング研究に取り入れ始めており、これまでに記載されてきた表現型の変化をもたらす遺伝子レベルの反応を明らかにしようとしている。可塑性の可能性は無限であるという認識が高まってきている。

章冒頭の写真を振り返る

私たちの巨大でシワに満ちた脳は，私たちをヒトたらしめている要因の一部である。この写真はLisa Nilsson（リサ・ニルソン）による彫刻で，彼女は色紙を複雑に折ることでヒトのからだの横断切片を作製した。この場合は脳のシワである。美しさもさることながら，これは本章で述べたくしゃくしゃにした紙による脳のシワ形成モデルの芸術的な表現でもある。さらに，大脳皮質幹細胞の種類の増加と，固有の遺伝子発現などの変化（例：レチノイン酸，Cerebellin 2，HAR1 など）は，ヒトの脳の複雑さをもたらしその進化を導いた要因の一部である。最後に，ヒトの脳は生涯にわたって成長を続け，高度に髄鞘化した構造体へと発展する。ヒトの脳が，芸術によって自身の構造を創ることができるとは実に驚くべきことである。

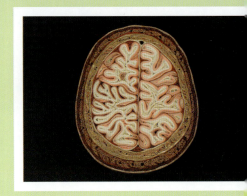

Courtesy of Lisa Nilsson
(http://lisanilssonart.com/home.html)

16 脳の成長

1. 胚や胎児の脳において，放射状グリアは神経幹細胞の役割を担っている。胎児期ほどのペースではないものの，ヒトは脳の特定の部位で生涯にわたってニューロンを産生し続ける。
2. 脳のニューロンは皮質（層）と神経核（集合塊）を構成する。
3. 新生ニューロンは，神経管壁（脳室帯と呼ばれる）の神経幹細胞（神経上皮細胞，放射状グリア）の分裂によって生じる。生じたニューロンは移動によって脳室帯から離脱し，外套層（灰白質）と呼ばれる新しい層を形成する。後に誕生するニューロンは，既存の層を通り抜けなければならない。このプロセスによって大脳皮質が形成される。
4. 新生ニューロンや神経前駆細胞は，放射状グリアの突起をつたって脳室帯から脱出する。
5. 小脳では神経前駆細胞が移動して二次的な増殖帯を形成し，外顆粒層と呼ばれる。
6. 哺乳類の大脳皮質で最も最近進化した領域は大脳新皮質であり，6層構造をもつ。個々の層は機能や構成するニューロンのタイプが異なっている。
7. 脳室帯の放射状グリアは外側放射状グリアとなり，脳室下帯に分布する。どちらの幹細胞も中間前駆細胞を産生することができ，中間前駆細胞はさらなる対称分裂および非対称分裂を行う。
8. 大脳で分泌されたReelinは，移動中のニューロンを正しい表層へとインサイド・アウト様式に導く。これはN-カドヘリンとインテグリンの発現制御によって行われる。
9. 放射状グリアの分裂時のPar-3の非対称な分配は，Notchシグナルの活性を脳室帯の放射状グリアに限局することで，片方の娘細胞で幹細胞としての性質を促し，もう一方の娘細胞ではDeltaの活性が神経分化を支える。
10. ヒトの脳は，胎児のニューロン産生ペースを幼児期初頭まで保持すること，特定の遺伝子の転写活性の変化，発生制御遺伝子のヒト特異的アリルの存在という点で，他の霊長類と異なっている。ヒト脳の制御遺伝子には，レチノイン酸合成酵素，Cerebellin 2，HAR1が含まれる。
11. 大脳新皮質の脳回・脳溝（シワ）の数と複雑さは，知性のレベルに相関している。ヒトは高度に褶曲した（皺脳）大脳新皮質をもつ。放射状グリアはシワの形成に主要な役割を果たしている可能性が高い。

● オンラインのコンテンツは https://www.medsi.co.jp よりアクセスしてください。

17 | 神経堤細胞と軸索特異性

本章で伝えたいこと

- 神経堤細胞と軸索の成長円錐はいずれも，生じた場所から遠く離れた胚の特定の場所へと移動する。その移動過程で神経堤細胞と軸索成長円錐は，自らを特定の経路に沿って最終目的地へと導くためのシグナルを認識し，反応しなければならない。
- 神経堤細胞は神経管の最も背側の領域でつくられて，集団あるいは個々の細胞としてこの場所を離れる。これらの多能性幹細胞は，体幹および頭部の経路を通って移動し，ニューロン，平滑筋，色素細胞，そして軟骨などの多様な細胞に分化する。
- 新たに生まれたニューロンは，運動性をもつ成長円錐に導かれて軸索を伸ばしてゆく。軸索は胚内を移動して，標的の細胞と神経接続（シナプス）を形成する。
- 神経堤細胞と軸索の成長円錐はいずれも，膜貫通型の受容体によって，短距離および長距離のガイダンスの合図（ガイダンスキュー）を読み取る。これらの合図を受けて細胞骨格の変化が生じ，その結果，細胞が移動する際の誘引や反発が引き起こされる。このようなガイダンス分子には，間質細胞由来因子(stromal-derived factor：SDF)，エフリン，Slit，そしてセマフォリンファミリーのメンバーが含まれる。
- これらと並んで重要なのは，ガイダンスキューとして一般的な形態形成にかかわるモルフォゲンを非標準的に利用することと，神経の生存のためにニューロトロフィンを利用することである。

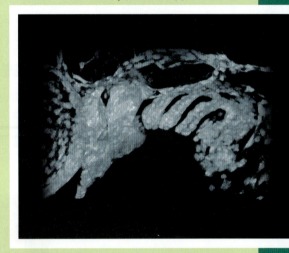

Courtesy of the Barresi lab, © Barresi et al. 2015

顔になる運命？

　神経堤は"第四の胚葉"と称される(Hall 2009)。いささか大袈裟に，「脊椎動物で興味深いのは神経堤のみだ」とさえ言われてきた(Thorogood 1989)。確かに，神経堤の出現は進化の歴史においてきわめて重要なイベントの1つであり，脊椎動物を特徴づける顎，顔，頭蓋骨や両側の感覚神経節の進化につながった(Northcutt and Gans 1983)。

外胚葉に由来する**神経堤**(neural crest)は，感覚神経系/交感神経系/副交感神経系のニューロンやグリア細胞，副腎髄質のアドレナリン産生細胞，表皮の色素含有細胞，そして頭部の骨や結合組織の構成成分の多くなど，多様な組織をつくり出すことのできる細胞集団である。

外胚葉の発生についての議論を続けるために，本章では神経堤だけでなく，成長円錐によって無数の目的へと導かれるという，同じく注目すべき神経軸索についても焦点を当てる。神経堤と軸索の成長円錐は，(1)両者とも運動性に富む，(2)両者とも神経系の外部にある組織に移動するという，少なくとも2つの共通の特徴をもっている。

17.1　神経堤の性質

神経堤は一時的に出現する構造であり，成体にも脊椎動物の後期胚にもみられない。神経堤の細胞は，胚発生初期の神経管背側から上皮-間充織転換(epithelial-mesenchymal transition：EMT)を経て生じたのち，前後軸に沿って広範囲に移動して，非常に多くの種類の分化細胞をつくり出す(図17.1；表17.1)。

神経堤の領域化

神経堤は主に4つの解剖学的領域(しかし重複はある)に分けられ，それぞれが特徴的な派生物と機能をもつ(図17.2)：

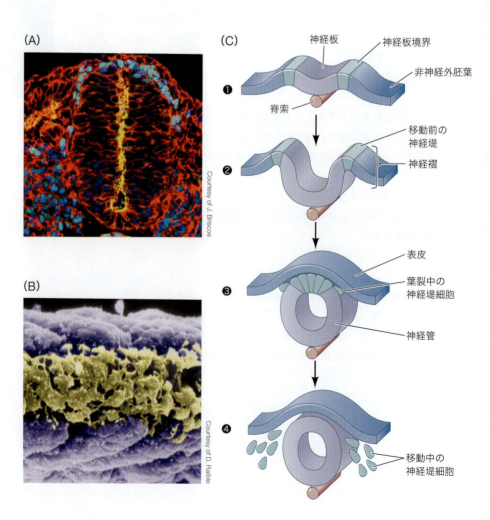

図17.1　神経堤細胞の移動。(A)神経堤は，神経管の背側に現れる一時的な構造である。神経堤細胞(顕微鏡画像において青色に染色された細胞)は，神経管の最も背側の部分において上皮-間充織転換を経る。(B)脊椎動物胚において背側の表皮を取り除くと，神経堤細胞(コンピュータ上で黄色に着色，体節は青色で示す)は神経管上に間充織細胞の凝集塊としてみることができる。(C)神経堤細胞の発生の連続的なステップ。(1)神経板の境界で細胞の特定化が起こり，(2)神経堤が神経褶(neural fold)の頂点に位置付けられる。続いて(3)神経管の閉鎖点で葉裂(剥離)が起こり，(4)最終的に外胚葉組織から移動する。(CはM. Simões-Costa and M. E. Bronner. 2015. *Development* 142：242-27より)

第17章 神経堤細胞と軸索特異性 | **577**

表17.1 神経堤細胞の派生物

派生物	細胞種または構造
末梢神経系（PNS）	感覚神経節，交感神経節，副交感神経節，神経叢のニューロン ニューログリア細胞 シュワン細胞とその他のグリア細胞
内分泌と傍内分泌系	副腎髄質 カルシトニン分泌細胞 頸動脈小体1型細胞
色素細胞	表皮色素細胞
顔面の軟骨と骨	顔面および前方腹側の頭蓋の軟骨と骨
結合組織	角膜内皮と角膜実質 歯乳頭 皮膚，顔，首の真皮と平滑筋と脂肪組織 唾液腺，涙腺，胸腺，甲状腺，脳下垂体の結合組織 大動脈弓から分岐する頸部動脈の結合組織と平滑筋

出典：M. Jacobson. 1991. *Developmental Neurobiology*, 2nd ed., Plenum：New York，複数の出典に
基づく。

1. **頭部神経堤細胞**（cranial or cephalic neural crest cell）は移動して頭蓋と顔面の間充
   織を形成し，軟骨，骨，頭蓋のニューロン，グリア，色素細胞そして顔の結合組織に
   分化する。これらの細胞は咽頭弓[1]と咽頭嚢にも入り，胸腺細胞，歯原基の象牙芽細胞
   （象牙質を形成する細胞），および中耳と顎の骨を形成する。

2. **心臓神経堤細胞**（cardiac neural crest cell）は頭部神経堤細胞の小区画であり，メラノ
   サイト，ニューロン，軟骨，および結合組織（3番目，4番目，そして6番目の咽頭弓）
   に分化する。心臓神経堤は，大動脈から肺循環を分ける中隔に寄与するだけでなく，心
   臓から伸びる大動脈（流出路）のすべての筋肉結合組織をつくる（Le Lièvre and Le
   Douarin 1975；Sizarov et al. 2012）。

3. **体幹神経堤細胞**（trunk neural crest cell）は，腹外側経路（ventrolateral pathway）も
   しくは背外側経路（dorsolateral pathway）のいずれかを通って移動する（17.3節参
   照）。ニワトリにおいて，腹外側を移動する神経堤細胞はそれぞれの硬節の前半分を
   通って移動し（第19章参照）[2]，そこで後根神経節（dorsal root ganglia）の感覚ニュー
   ロンに分化する[3]。さらに腹側へと移動を続けた細胞は，交感神経節，副腎髄質，そし
   て大動脈を取り囲む神経をつくり出す。背外側経路に沿って移動する体幹神経堤細胞
   は，背から腹へと皮膚の真皮を移動して色素細胞となる（Harris and Erickson 2007）。

4. **迷走神経堤細胞**（vagal neural crest cell）と**仙骨神経堤細胞**（sacral neural crest cell）
   は，腸管の**副交感（腸管）神経節**〔parasympathetic（enteric）ganglia〕をつくる（Le
   Douarin and Teillet 1973；Pomeranz et al. 1991）。

体幹神経堤細胞と頭部神経堤細胞は同等ではない。頭部神経堤の細胞は，軟骨，筋肉，
骨，角膜の結合組織をつくることができるが，体幹神経堤細胞はこれらの組織をつくるこ

---

[1] 咽頭弓（鰓弓）は頭部と頸部領域の袋が飛び出したような組織であり（22.2節参照），頭部神経堤細
胞はこれらのなかに移動する。咽頭弓の狭間には咽頭嚢ができ，これらは甲状腺，副甲状腺，そして胸
腺になる。

[2] ニワトリの体節前部における神経堤細胞の移動に対して，ゼブラフィッシュでは体幹神経堤細胞
は体節の中間を通り，アフリカツメガエルでは体節の後部を通って移動する。

[3] 15.2節を思い出そう。神経節（ganglia）はニューロンが集まったもので，これらのニューロンから
伸びる軸索により神経繊維がつくられる。

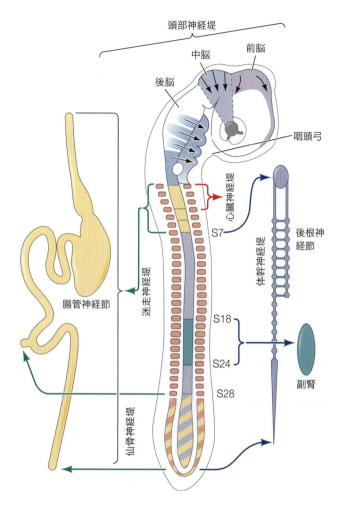

図17.2 ニワトリの神経堤の領域。頭部神経堤細胞は発生中の脳領域から咽頭弓と顔に移動して，顔および首の骨と軟骨を形成する。この神経堤細胞は脳神経もつくる。迷走神経堤細胞（1〜7体節付近）と仙骨神経堤細胞（28体節より後方）は，腸の副交感神経（腸管神経）をつくる。心臓神経堤細胞は1〜3体節付近から生じ，大動脈と肺動脈の間を分ける中隔をつくる。体幹の神経堤細胞（6体節から尾部）は交感神経節ニューロンと色素細胞（メラノサイト）をつくり，18〜24体節レベルの体幹神経堤細胞は副腎の髄質をつくる。(N. M. Le Douarin. 2004. *Mech Dev* 121：1089-1102を参考に，N. M. Le Douarin and M.-A. Teillet. 1973. *Development* 30：31-48に基づく)

とができない。体幹神経堤細胞を頭部に移植すると，軟骨と角膜が形成される場所に移動することができるが，それらの細胞は軟骨や角膜をつくることができない(Noden 1978；Nakamura and Ayer-Le Lievre 1982；Lwigale at al. 2004)。しかしながら，頭部神経堤細胞と体幹神経堤細胞はいずれも，ニューロン，メラノサイト，グリアをつくることができる(Noden 1978；Schweizer et al. 1983)。

つまり，頭部神経堤と体幹神経堤の細胞はどちらも多分化能をもつが（頭部神経堤細胞はニューロン，軟骨，骨，筋肉に分化でき，体幹神経堤細胞はグリア，色素細胞，ニューロンに分化できる），正常な胚内の環境においてつくることのできる細胞種は異なる[4]。興味深いことに，実験状況下においては，後期頭部神経堤細胞に特異的に発現する遺伝子(*sox8*, *tfap2b*, *ets1*)をニワトリの体幹神経堤細胞にトランスフェクションするだけで，生体内において既知の頭部神経堤細胞遺伝子を発現する細胞に再プログラムされる。さらに注目すべきは，これらの再プログラムされた体幹神経堤細胞を頭部領域に移植すると，異所的ではあるものの顎の軟骨に分化したことである。トランスフェクションをしていない体幹神経堤細胞を同様に移植しても，ニューロンとメラノサイトにしかならなかった(Simões-Costa and Bronner 2016)。これらの結果から，体幹部と頭部の神経堤細胞は異なる制御回路のコントロール下に置かれており，少なくとも頭部神経堤細胞を制御する回路は，体幹神経堤細胞を頭部神経堤細胞の運命に再プログラムすることができる。（オンラインの「DEV TUTORIAL 17.1：Neural Crest Cell Development」参照）

さらなる発展

神経堤の潜在能力を制御するHox遺伝子　体幹神経堤が骨格を形成できないのは，体幹神経堤でのHox遺伝子群の発現による可能性が高いようである。もしもこれらのHox遺伝子群が頭部神経堤に発現したら，これらの頭部神経堤細胞は骨格を形成することができず，もしも体幹神経堤細胞がそれらのHox遺伝子群の発現を失えば，体幹神経堤の細胞は骨格を形成できるようになる。さらに，頭部神経堤細胞を体幹部に移植すると，それらの神経堤細胞は，通常は体幹神経堤から生じない体幹の軟骨の形成に加わる。この骨組織を形成する能力は，神経堤の原始的な性質であった可能性があり，いくつかの絶滅した魚類にみられる骨の鎧を形成するのに重要だったのかも

---

[4] 歯，毛，そして脳神経の発生において神経堤が果たす役割については第18章を参照。

しれない(Smith and Hall 1993)。言い換えると，頭部神経堤が骨をつくる能力を獲得したというよりは，むしろ体幹神経堤が骨をつくる能力を失ったようである。

神経堤細胞の多くは多分化能をもつのか？

神経堤を離れて移動を始めた個々の細胞の大部分は多分化能をもつのか，あるいはそのほとんどが既に特定の運命に限定されているのかについては，長らく論争が続いた。Bronner-Fraser and Fraser (1988, 1989)は，体幹神経堤細胞の多くは神経堤から離れるときには多分化能をもつという証拠を示した。彼らは，ニワトリ胚の神経堤細胞がまだ神経管にいる間に，個々の神経堤細胞を蛍光デキストラン分子で標識し，それらの細胞の子孫が移動後にどのような種類の細胞になったのかを観察した。その結果，1つの神経堤細胞の子孫が，感覚ニューロン，メラノサイト(メラニン色素を産生する細胞)，グリア(シュワン細胞を含む)，そして副腎髄質細胞に分化しうることを突き止めた。これに対して，以前の研究では，初期の鳥類の体幹神経堤細胞は複数の異なる前駆体が混合した状態で，それらの細胞の半分は単一の細胞種しか生み出せないことが示唆されていた(Henion and Weston 1997；Harris and Erickson 2007)。

より優れた細胞系譜追跡法が出現したことで，この論争にもじきに終止符が打たれるかもしれない。研究者たちはトランスジェニックマウス〔"紙吹雪(confetti)"マウスモデル；図5.18B 参照〕を用いて，移動前と移動期の両方について，個々の体幹神経堤細胞の移動とそれら細胞の子孫を追跡した(Baggiolini et al. 2015；Bronner 2015)。移動前と移動期の神経堤細胞の約100個の細胞クローンを追跡したところ，それらの約75％が増殖し，それらの子孫が後根神経節，交感神経節，前根を包むシュワン細胞，メラノサイトなど複数の細胞種に分化することが示された(図17.3)。これらのマッピングされた神経堤細胞のごく一部の集団は単分化能(unipotent)しかもたないようだが，大多数の細胞は移動期を通して多分化能を示した。この発見は，マウス胚の体幹神経堤細胞が多分化能をもつことを強く示唆するものであり，神経堤研究の分野における重要な前進である。

Nicole Le Douarin (ニコル・ルドワラン)らは神経堤発生のモデルを提唱したが，それは多分化能に関する新たな情報を考慮しても，いまなお正しいであろう。このモデルでは，もともと多分化能をもっていた神経堤細胞が分裂し，その分化能が徐々に絞り込まれてゆく(図17.4；Creuzet et al. 2004；Martinez-Morales et al. 2007；Le Douarin et al. 2008)。このモデルを直接検証するためには，個々の神経堤細胞を異なる環境にさらして，その細胞がつくりうるさまざまな細胞種を特定する必要があるだろう。

神経堤細胞の特定化

神経堤細胞の誘導は，神経管から神経堤細胞が移動するかなり前，原腸形成の初期に，予定表皮と予定神経板との境界で起こる(Huang and Saint-Jeannet 2004；Meulemans and Bronner-Fraser 2004参照)。その前方領域では，この同じ境界領域に**プラコード**(placode)という表層外胚葉の肥厚が生じ，これらは将来，眼のレンズ，内耳，嗅上皮，そしてその他の感覚器官となる(第18章参照)。

この神経板と表皮の境界は，骨形成タンパク質(bone morphogenetic protein：BMP)，Wnt，繊維芽細胞増殖因子(fibroblast growth factor：FGF)などの誘導シグナル間の相互作用によって特定化されるようである(Basch et al. 2006；Schmidt et al. 2007；Ezin et al. 2009)。胚の前方領域におけるBMPとWntの発現のタイミングが，神経板，表皮，プラコード，そして神経堤を分けるのに重要である(図17.5)。BMPとWntシグナル伝達の両方が継続して入力されると外胚葉は表皮への運命を辿るが，BMPアンタゴニスト(例

発展問題

体幹神経堤細胞が多分化能をもった幹細胞であることは，いまや間違いがなさそうだ。このような細胞の小集団が種のように幅広く散らばって，それぞれの最終地で成体の幹細胞として維持される可能性もあるだろうか？多くの組織において，成体の幹細胞の発生過程は不明である。神経堤細胞がもつ移動能と多分化能を踏まえると，神経堤細胞が幹細胞の種として成体の組織に撒き散らされるという仮説も考えられる。

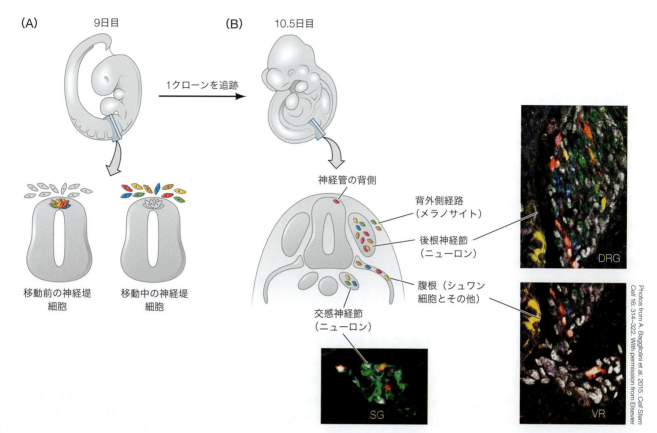

図17.3 マウスの体幹神経堤細胞の細胞系譜追跡により，それらの細胞が多分化能をもつ幹細胞であることが示された。(A) "紙吹雪(confetti)" マウスにおいて，移動前と移動初期の神経堤細胞をCre依存的な組換え(Cre-mediated recombination)によって標識した。細胞は10種類ものそれぞれ異なる色で標識することができた(オンラインの「FURTHER DEVELOPMENT 2.3」の図1参照)。(B)研究者たちは，胚発生において標識した個々のクローンがのちに何に運命付けられるのか追跡した。蛍光標識された細胞は，メラノサイトへの分化が起こる背外側経路，後根神経節(DRG)，腹根のシュワン細胞集団の一部，そして交感神経節(SG)にみられた。顕微鏡写真は，Wnt1-CreERTドライバーにより標識された移動前の細胞を追跡した結果を示す。これらの細胞は，細胞種特異的なマーカーで可視化された異なる末梢神経の構造において，固有のYFPとRFPなどの組み合わせにより複数の色に標識された。(A. Baggliolini et al. 2015. *Cell Stem Cell* 16: 314-322より)

えばNogginもしくはFGF群)によりBMPシグナル伝達を阻害すると，外胚葉は神経系になる。Pattheyら(2008, 2009)の研究から，Wnt群がBMP群を誘導し，その後にWntシグナル伝達が遮断されると，細胞は前方のプラコードへと発生運命が方向付けされることが示された。一方で，Wntシグナル伝達がBMP群を誘導し，その状態が維持されると，細胞は神経堤細胞になる。さらに最近，SMAD(BMPシグナル伝達の下流エフェクター)が分解される細胞内メカニズムが，神経堤への誘導に必要となるBMPシグナル伝達を適切に減衰させ，神経堤誘導に必要な中間レベルに維持するために必要となることが示された(Piacentino and Bronner 2018)。このようなモルフォゲンの相互作用による出力が，神経堤の特定化に必要となる中間的なBMPシグナル伝達をもたらすのに一役買っている。

ここ数十年の研究により，神経堤細胞の成熟に関与する遺伝子制御ネットワーク(gene regulatory network：GRN)が構築されつつある(図17.6)。このGRNは，WntとBMPが外胚葉で一連の転写因子(Gbx2, Zic1, Msx1, Tfap2を含む)の発現を誘導することから始まり，これらの転写因子が**神経板境界特定化因子**(neural plate border specifier)を制御する。Pax3/7とdlx5/6を含むこれらの特定化因子は，共同で境界領域に背側神経管の細胞だけでなく神経堤をつくる能力を与える。これらの境界を特定化する転写因子は次に，神経堤になる細胞に特異的な次なる転写因子である**神経堤特定化因子**(neural crest specifier)を誘導する。これらの神経堤特定化因子には，転写因子 FoxD3, Sox9, Snail（移動前）と Sox10（移動中）をコードする遺伝子が含まれる（Simões-Costa and Bronner 2015）。（オンラインの「FURTHER DEVELOPMENT 17.1：Learn How These Four Pioneer Transcription Factors Differentiate Neural Crest Cell Fates」「FURTHER DEVELOPMENT 17.2：Induced Neural Crest Cells」「SCIENTISTS SPEAK 17.1：The Gene Regulatory Network of Neural Crest Development in Regard to Evolution」参照）

17.2　神経堤細胞の移動：上皮から間充織そしてその先へ

　道を往来する車のように，神経堤細胞は環境からの合図（environmental cue）を手掛かりに移動して，その移動経路は彼らを取り巻く細胞による影響を受ける（図17.7）。これらの細胞が移動する環境は神経管の前後軸に沿って異なっており，異なる領域から生じた細胞には異なる旅が提供される。そして，エンジンやタイヤによって車が道路を移動するように，神経堤細胞は細胞骨格の突出力によって葉状仮足（lamellipodia）を伸ばして前方の細胞外基質（extracellular matrix：ECM）をしっかりと掴み，細胞の後方で細胞接着"ブレーキ"を解除することで前に進む。

　車は空いた道路では自由に走り回れるかもしれないが，混んでいるときには近隣の車とのペースや車間距離を保って集団で移動しなければならない。これと同様に，神経堤細胞もそれぞれ別々に移動できるが，周囲の細胞との距離をはかりつつ集団として移動することもできる。ちょうど交通整理の警察官，構造的な障壁，そして交通を誘導する道路標識のように，局所的な接着性の合図（adhesive cue）や，長距離分泌される因子の濃度勾配が，胚内の環境を通って移動する細胞を導く。そし

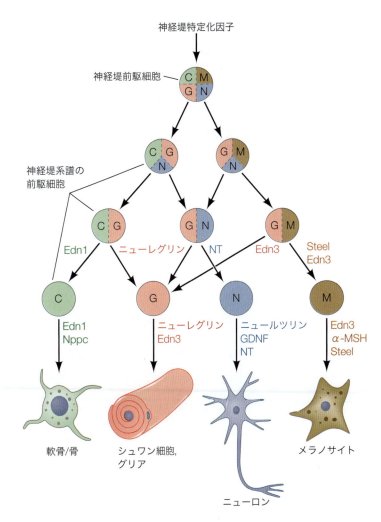

図17.4　神経堤系譜の分離と神経堤細胞の不均一性のモデル。発生運命が方向付けされた軟骨と骨（C），グリア細胞（G），ニューロン（N），そしてメラノサイト（M）の前駆細胞は，中間前駆細胞に由来し，これらの一部は幹細胞として働く。これらのステップを制御する傍分泌因子を色別に示す。Edh：エンドセリン，GDNF：グリア細胞由来神経栄養因子，α-MSH：α-メラノサイト刺激ホルモン，NT：ニューロトロピン，Nppc：ナトリウム利尿ペプチド前駆体。（J. R. Martinez-Morales et al. 2007. Genome Biol 8：R36/CC BY 2.0 より）

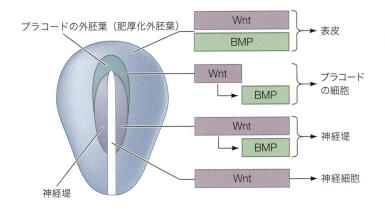

図17.5　神経堤細胞の特定化。神経板は，前側から尾側にかけて広がる神経堤とその前方に位置する肥厚化外胚葉（プラコードの外胚葉（placodal ectoderm））によって境界が描かれる。外胚葉性の細胞が BMP 群と Wnt の両方を長期間受け取ると，それらの細胞は表皮になる。Wnt が BMP 群を誘導したのち Wnt が抑制されると，それらの細胞はプラコード特定化遺伝子を発現し，プラコードの細胞になる（18.1節参照）。Wnt が BMP 群を誘導したのち Wnt の活性化状態が続くと，これら神経板と表皮の間の境界細胞が神経堤細胞になる（神経堤を特定化する遺伝子 Pax7, Snail2, Sox9 を発現する）。もし Wnt のみを受け取ると（BMP シグナル伝達が Noggin や FGF によって阻害される），外胚葉細胞は神経堤細胞になる。（C. L. Patthey et al. 2009. PLOS ONE 3：e1625 より）

582 PART IV 外胚葉の構築

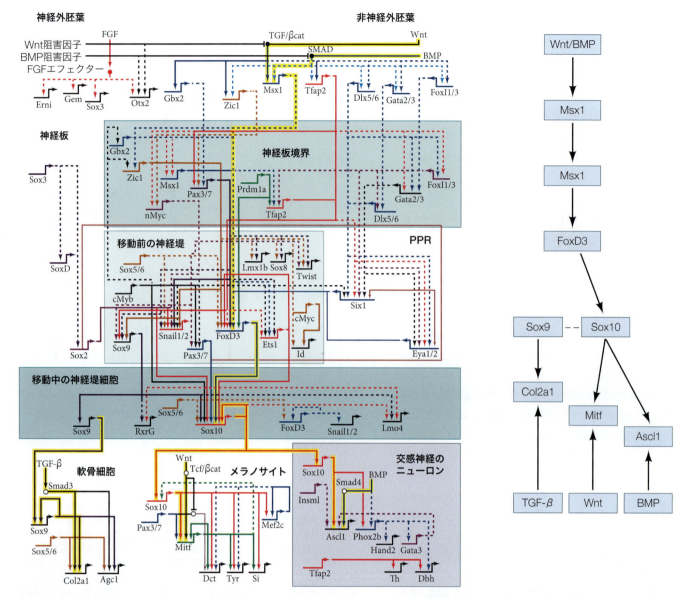

図 17.6 神経堤細胞の発生における遺伝子制御ネットワーク(GRN)。このGRNは，さまざまな脊椎動物のデータの集大成である。最も重要な回路の1つを黄色で強調しており，初期外胚葉(上)からそれに派生する細胞(下)までの遺伝子発現を示す。右図に，この回路をより単純なフローチャートとして表した(すべての派生細胞を図示したわけでないことに注意)。(M. Simões-Costa and M. E. Bronner. 2015. *Development* 142: 242-257 より)

て，駐車場に入る直前の曲がり角まで先が見通せないドライバーのように，移動する細胞は最終目的地へ辿り着くために1つの曲がり角から次の曲がり角へと移動するといった具合に，順を追って段階的に進むべき道を決めなければならない。神経堤細胞の移動の説明を続けるにあたり，この交通の例えを念頭に置こう。

神経堤細胞の葉裂(剥離)

細胞が特定化されると，次に細胞が神経管から離れる準備段階として，神経堤細胞には上皮-間充織転換(EMT)という最初に目に見える変化が現れる。神経堤細胞は接着結合を失い，**葉裂〔剥離(delamination)〕**として知られる過程を経て上皮から離れる(図17.8)。神経堤が剥離するタイミングは神経管の環境によって制御されている。上皮-間充織転換

第 17 章 神経堤細胞と軸索特異性 | 583

図 17.7　神経堤と軸索の移動を交通の誘導と移動になぞらえた。

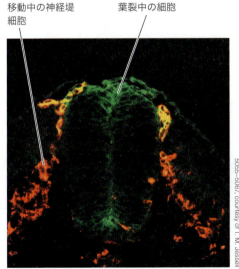

図 17.8　移動中の神経堤細胞を HNK-1 抗体（神経堤細胞の移動にかかわる細胞膜表面の糖鎖を認識）により赤色に染色した。RhoB タンパク質（緑）は葉裂した細胞に発現する。HNK-1 と RhoB の両方を発現する細胞は黄色で示される。

の引き金となるのは，BMP群によるWnt遺伝子の活性化のようである。BMP群（神経管の背側領域で産生される；15.2節参照）は，脊索と体節によってつくられるNogginによって抑制される。Nogginの発現が減少すると，BMP群が機能できるようになり，移動前の神経堤細胞において上皮-間充織転換が引き起こされる（Burstyn-Cohen et al. 2004）。

剥離に先立って，神経堤領域にある異なる外胚葉の領域は，異なる細胞間接着分子の発現によって分けられる。つまり表層外胚葉はE-カドヘリンを，移動前の神経堤細胞はカドヘリン-6Bを発現し，神経管にはN-カドヘリンが発現する（図17.9）。WntとBMPシグナルは，これから剥離する移動前の神経堤において，中核をなすEMT制御因子（Snail-2, Zeb-2, Foxd3やTwistなど）の発現を導く。Sox2は神経外胚葉（神経板，神経褶，神経管）の細胞に発現してsnail-2の転写を部分的に抑制するが，移動前の神経堤領域では，より背側に発現するSnail-2によってSox2が相互に抑制される（Duband et al. 2015）。腹側神経管のパターニングにみられるように（15.2節参照），この相互の転写抑制が神経管上皮（N-カドヘリン），移動前の神経堤（カドヘリン-6B）そして表層外胚葉（E-カドヘリン）の境界を明瞭にするのに役立っている（図17.9参照）。

分子制御ネットワークは移動前の神経堤細胞が上皮-間充織転換を起こすための呼び水となるが，どのような生体力学的な要因が上皮-間充織転換の引き金となるのだろうか？最近のツメガエル（*Xenopus*）胚の頭部領域での研究から，外胚葉下の中胚葉環境がより剛性の高い基質へと劇的に変化して，これらの力学的な変化が頭部神経堤細胞の上皮-間充織転換開始に必要となることが明らかになりつつある（Barriga et al. 2018）。舗装された道路を歩くよりも，緩く詰まった砂の上が歩き難いように，初期に特定化された移動性

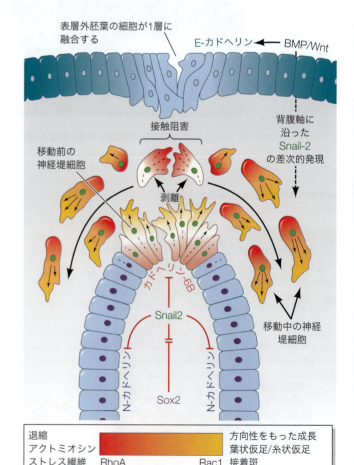

図17.9 接触阻害による神経堤細胞の葉裂と移動。ここでは，神経と表層外胚葉の分離が生じ，それぞれ正中で融合して神経管と表皮ができる過程での，神経堤細胞の剥離過程を示した。BMPとWntシグナルは神経上皮の3つの主要な領域を特定化し，これらの領域は固有の接着タンパク質の発現によって，表層外胚葉（E-カドヘリン），神経管（N-カドヘリン），そして移動前の神経堤（カドヘリン-6B）に分けられる。移動前の領域ではBMPレベルが最も高く，Wntは中間的な量であり，これらの細胞で*Snail-2*（と*Zeb-2*）の発現が上昇する。Snail-2はこの領域でN-カドヘリンとE-カドヘリンを抑制する。カドヘリン-6Bは移動前の神経堤細胞の頂端半分でのみ上方制御され，細胞の頂端収縮と剥離開始のためにRhoAとアクトミオシン収縮繊維を活性化させる。非標準Wntシグナル（図示せず）は，神経堤細胞の移動軸に沿ったRhoA（赤）とRac1（黄）の極性活性をつくり出す。神経堤細胞が互いに接触すると接触阻害が生じ，それにより移動を停止したのち，向きを変えて反対方向に移動する。

第 17 章 神経堤細胞と軸索特異性　585

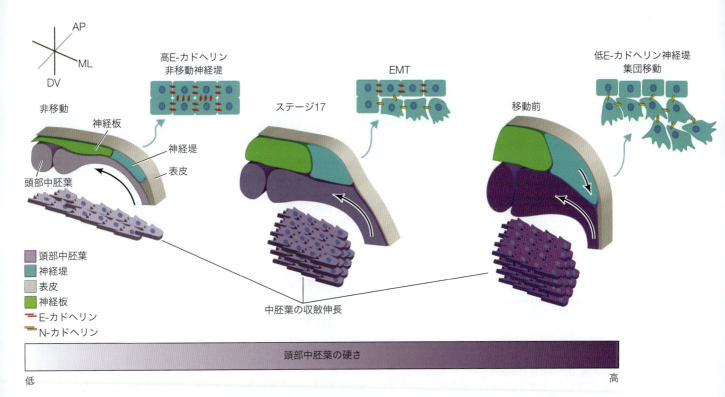

図 17.10　収斂伸長（convergent extension）による中胚葉の圧縮は，神経板の下の組織を硬化させる力を与え，この硬化力がツメガエル胚頭部における頭部神経堤の上皮−間充織転換（EMT）に必要となる。まだ移動性をもたない神経堤細胞でのE-カドヘリンの発現が，移動前の細胞においてN-カドヘリンに移行するにつれて，その下層の中胚葉が徐々に正中に向かって圧縮されてゆく。これによって中胚葉層の硬さが増してゆく。この硬化は，EMTを促進するために神経板に大きな力を与えるとともに，神経堤移動のより安定した基質となる。（E. H. Barriga et al. 2018. Nature 554：523-527 より）

のない神経堤細胞は，初期中胚葉の緩く詰まった細胞集団上での剥離および移動はしづらいようである。しかしながら，一連の原腸形成を経て，収斂伸長（convergent extension）によってこれらの中胚葉細胞が正中線に向かって詰め込まれて，次第に硬い層になる（図17.10）。この中胚葉の硬化は，頭部神経堤細胞の上皮−間充織転換の引き金として必要かつ十分なようである（そしてツメガエルでは頭部神経堤細胞の移動を助ける；Barriga et al. 2018参照）。

さらなる発展

Rho GTPアーゼはWntと細胞骨格を介した細胞移動をつなぐ

非標準Wntシグナル伝達は，移動前の神経堤細胞における低分子量Rho GTPアーゼの活性化に重要である。これらの低分子量Rho GTPアーゼは，(1) *Foxd3* と Snail ファミリー遺伝子の発現を促す，(2) アクチンの重合によるマイクロフィラメントの形成と，これらマイクロフィラメントの細胞膜への接着を促進することで，移動のための細胞骨格の状態を確立する（Hall 1998；De Calisto et al. 2005）という役割を果たす。

神経堤細胞は，互いに強く結合しているかぎり神経管を出ることができない。Snailタンパク質は，カドヘリン-6Bおよび，上皮細胞同士を結合させる密着結合タンパク質の発現を抑制する（図17.9参照）。ゼブラフィッシュでは，カドヘリン-6は剥離細胞の頂端でのみ一過性に維持される。これによってRhoAが細胞の頂端にアクトミオシン収縮繊維を構築し，頂端の収縮が可能となることで，細胞の剥離と移動が始まる

(Clay and Halloran 2014)。移動後，神経堤細胞は，後根神経節や交感神経節をつくるために凝集する際にみられるように，再びカドヘリンを発現する(Takeichi 1988；Akitaya and Bronner-Fraser 1992；Coles et al.)。

接触阻害の駆動力

背側神経管から押し出される神経堤細胞の動きは，後続の神経堤細胞によって促進されるようである(Abercrombie 1970；Camona-Fontaine et al. 2008)。この**接触阻害**(contact inhibition)として知られる現象は，2つの移動中の細胞が接触するときに生じる。その結果，それぞれの細胞の細胞骨格に脱重合が生じ，接触している細胞表面での細胞突起の形成が停止し，接触点から離れたところに新たな細胞突起を伸ばす(図17.11；Carmona-Fontaine et al. 2008；Scarpa et al. 2015)。想像のとおり，この振る舞いは細胞を離散させる可能性がある。実際に，神経堤細胞が互いに密接に接触しているところでは，接触阻害により移動方向の先導端**以外**のすべての細胞表面で，突起の形成が抑制される(Roycroft and Mayor 2016)。

細胞骨格を介した細胞の動きで言及したように，接触阻害のメカニズムにはWntとRhoAが関与する。神経堤細胞が互いに接触している側(他の細胞種とは接触しない)では，非標準Wnt-PCP（平面内極性；planner cell polarity)経路のタンパク質が集積してRhoAを活性化し(図4.28B参照)，その結果，移動を担う葉状仮足の細胞骨格が分解される(図17.9参照)。このように，接触阻害によるWntを介した活性化の偏りが，体幹部に流れ込む個々の細胞としても，集団としても，神経堤細胞の方向性をもった移動をもたらす。集団としての移動は，次に述べる頭部神経堤細胞において最も頻繁にみられる振る舞いである(Mayor and Theveneau 2014)。

集団移動

隊列をなした車の集団の一員として同じ目的地を目指して旅をすることは，単独で開けた道を旅するのとは勝手が違う。集団の一員として行動するためには，協力し，団結することが必要となる。胚におけるこれと類似した細胞移動パターンは，**集団移動**(collective migration)と呼ばれる(図17.12)。

上皮細胞も間充織細胞も集団として移動でき，移動方向の先頭に位置する細胞が細胞塊の動きを導いて牽引する(Scarpa and Mayor 2016)。神経堤細胞のうち，頭部神経堤細胞は通常集団移動し，培養下においても同じように移動できる(Alfandari et al. 2003；Theveneau et al. 2010)。この集団移動には，走化性(chemotaxis)のような外的要因は必要なく，細胞に内在する特性のみで，細胞集団を完全な状態に保ち方向性をもった移動を十分に維持できることが示唆されている。

発展問題

ショウジョウバエの卵巣のボーダー細胞やゼブラフィッシュの側線原基(lateral line primordia)のように，いくつかの胚性の前駆細胞は集団移動する。それでは，成体の細胞で組織に"侵入"するような，類似した集団移動をするものがあるのだろうか？　もしそのような細胞があるのなら，それらの細胞は神経堤細胞のように上皮-間充織転換を起こすのだろうか？

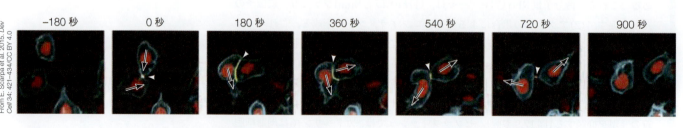

図17.11　生きたゼブラフィッシュ胚において移動中の神経堤細胞は接触阻害を示す。この経時的な観察において，神経堤細胞の核にmCherry(赤)，そして細胞膜にGFP(青緑)が発現している。細胞膜が接触(黄色部分；矢じりで示す)したのち，この2細胞は接触した場所と離れる方向に向かって突起を伸ばす。矢印は細胞が移動する方向を示す。

第17章 神経堤細胞と軸索特異性 | 587

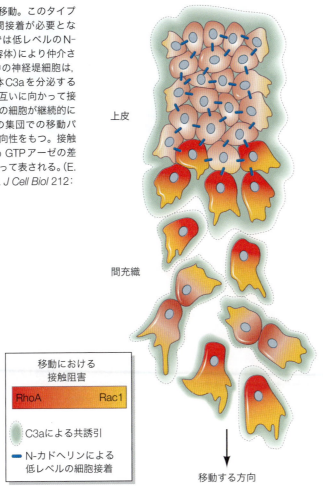

図17.12 神経堤細胞の集団移動。このタイプの移動にはある程度の細胞間接着が必要となり，この接着は神経堤細胞では低レベルのN-カドヘリンの発現（青色の受容体）により仲介される。さらに，集団で移動中の神経堤細胞は，誘引シグナルとして働く補体C3aを分泌することで，散らばることなく，互いに向かって接触し続ける。移動方向の先端の細胞が継続的に接触阻害しあうことで，この集団での移動パターンは集団としての移動の方向性をもつ。接触阻害の様子は，低分子量 Rho GTPアーゼの差次的活性化（赤から黄色）によって表される。(E. Scarpa and R. Mayor. 2016. *J Cell Biol* 212：143-155 より）

　集団移動をモデル化したシミュレーションによると，効率よく集団移動するためには，細胞移動に対する接触阻害と細胞間の引き合う力の両方が必要であると予測され，これは *in vivo* や *in vitro* でみられる結果と一致する(Carmona-Fontaine et al. 2011；Woods et al. 2014)。実際にツメガエルの頭部神経堤細胞は，Wnt/PCPを介したRhoAメカニズムによる細胞移動の接触阻害だけでなく，補体C3a（C3a受容体を発現している神経堤細胞に対して誘引作用をもつ）も分泌する。これらと同じ頭部神経堤細胞は，低レベルのN-カドヘリンも発現する（図17.12参照）。実験的にN-カドヘリンを増加させると，神経堤細胞はより強固に接着し，この集団は同じ移動速度で空間に侵入できなくなる。この結果から，正常に集団移動して組織に侵入するためには，適切なレベルのN-カドヘリンが必要であることが示唆される(Theveneau et al. 2010；Kuriyama et al. 2014)。(オンラインの「SCIENTISTS SPEAK 17.2：Q & A on the Wonders of Neural Crest Migration」)

17.3　体幹神経堤細胞の移動経路

　初期の特定化と葉裂に続いて，神経堤細胞は異なる経路を通って，それぞれの細胞が最終分化するために特定の位置まで移動する。これらの細胞はどのようにどこに行くかを"知る"のだろうか？

　体幹レベルの神経管から移動する神経堤細胞は，2つの主要な経路のいずれかを辿る（図17.13）。早い時期に神経管を離れた細胞の多くは，**腹側経路**(ventral pathway；または

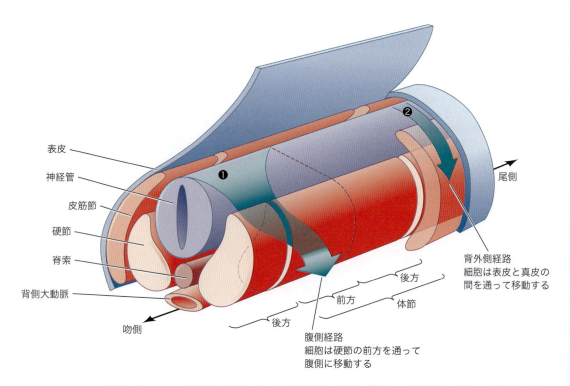

図17.13 ニワトリ胚の体幹部における神経堤細胞の移動。経路1の腹側経路を移動する細胞は，硬節（脊椎の軟骨をつくる体節由来の組織）の前部を通って腹側に移動する。はじめに硬節の後方に向かい合う位置から葉裂した神経堤細胞は，神経管に沿って硬節の前方まで移動する。これらの細胞は，副腎髄質や後根神経節のみならず，交感神経節と副交感神経節になる。少し遅れて，その他の体幹神経堤細胞が体節の前方や後方に関係なく前後軸に沿ったすべての位置から経路2の背外側経路に入る。これらの細胞は背外側経路に沿って外胚葉の下を移動し，色素を産生するメラノサイトになる（移動経路は胚の片側のみ示した）。(N. M. Le Douarin et al. 1984. In *The Role of Extracellular Matrix in Development* (*42nd Symp Soc Dev Biol*), R. L. Trelstad [Ed.], pp.373-398. Alan R. Liss: New York より)

腹外側経路）に進む。予定運命図をつくる実験から，これらの細胞は，感覚(後根)神経および自律神経のニューロン，副腎髄質細胞，そしてシュワン細胞とその他のグリア細胞になることが示された(Weston 1963; Le Douarin and Teillet 1974)。鳥類と哺乳類において（魚類や両生類は違う），これらの細胞はそれぞれの体節の硬節[5]の後方ではなく前方のみを通って腹側に移動する(Rickmann et al. 1985; Bronner-Fraser 1986; Loring and Erickson 1987; Teillet et al. 1987)。

第二の経路——**背外側経路**(dorsolateral pathway)——を通って移動する神経堤細胞は，メラニンをつくる色素細胞であるメラノサイトになる。これらの細胞は表皮と真皮の間を移動して，基底板(基底膜)の微細な穴を通過して外胚葉に侵入する(神経堤細胞が穴を積極的につくる可能性もある)。それらの細胞はひとたび外胚葉に入ると，表皮と毛包にコロニーをつくる(Mayer 1973; Erickson et al. 1992)。

もしも神経堤細胞が体節の限られた一部分からしか侵入できないのであれば，前後軸に沿って全体的に生み出された神経堤細胞の一部は，まず前後軸に沿って移動して侵入スポットを見つけ出さなければならない。ニワトリとウズラのキメラを用いた研究から，当初，体節の後方付近に位置していた神経堤細胞が，神経管に沿って前方または後方に移動し，体節の前方領域にのみ侵入することが示された(Rawles 1948他多数)。これらの細胞

---

[5] 体節中胚葉と体節(somite)の形成については第19章で詳細を述べる。硬節(sclerotome)は体節の一部であり，脊椎の軟骨をつくる。

は，同じ体節の前方部分に入る神経堤細胞の流れに合流して，最終的に同じ構造の形成に参加する。つまり，それぞれの後根神経節は，隣接する複数の体節に面していた3つの神経堤細胞集団から構成される。すなわち，自身の体節の前方および後方に位置する2つの細胞集団と，前隣の体節の後方に位置する細胞集団の計3つの集団である（図17.13参照）。

腹側経路

背外側経路と腹側体幹経路のどちらを選択するかは，神経堤が特定化されたすぐあとに背側の神経管で決定される（Harris and Erickson 2007）。最も初期に移動する神経堤細胞は，コンドロイチン硫酸プロテオグリカン，エフリン，Slitタンパク質，そしておそらく他のいくつかの分子によって，背外側経路への侵入が阻害されている。この阻害の結果，これらの細胞は向きを変えて腹側に移動し，末梢神経系のニューロンとグリア細胞をつくる。

次の選択は，これらの腹側に移動した細胞が**体節の隙間**を通るのか（大動脈の交感神経節をつくるために），それとも**体節内**を通るのかについてである（図17.13参照；Schwarz et al. 2009）。マウスの胚において，最初に形成される少数の神経堤細胞は体節の間を通るが，この経路は神経堤細胞を退けるセマフォリン3F（semaphorin-3F）タンパク質によってすぐにブロックされる。これによって，腹側に移動する神経堤細胞のほとんどが体節を通って移動する。これらの細胞は，侵入を許容するフィブロネクチンやラミニンなどの細胞外基質のタンパク質と相互作用して，それぞれの硬節の前方を通って移動する（**図17.14A**；Newgreen and Gooday 1985；Newgreen et al. 1986）。

この神経堤細胞の移動パターンが末梢神経系の分節性を生み出し，後根神経節やその他の神経堤に由来する構造の分節パターンでの配置に反映される（図17.2および図17.14A参照）。（オンラインの「FURTHER DEVELOPMENT 17.3：Cell Differentiation in the Ventral Pathway」参照）

さらなる発展

神経堤細胞移動の反発因子としてのエフリン　細胞外基質（ECM）は，それぞれの体節の硬節の前方と後方で異なり，硬節前方のECMのみが神経堤細胞の移動を許す（**図17.14B**）。背外側への移動を阻害する細胞外基質分子のように，それぞれの硬節の後方にあるECMには，神経堤細胞の侵入を積極的に阻むタンパク質が含まれている（**図17.14C**）。これらのタンパク質には，セマフォリン3Fの他に**エフリン**（ephrin）が含まれる。

硬節後方のエフリンは，神経堤細胞に発現するエフリン受容体（Eph）により認識される。同様に，硬節後方のセマフォリン3Fは，移動中の神経堤細胞で発現するセマフォリン3F受容体のニューロピリン-2（neuropilin-2）により認識される。エフリンをストライプ状に塗布した培養ディッシュ（エフリンがある領域とない領域が交互になるように）に神経堤細胞を播種すると，これらの細胞はエフリンを含むストライプを避けて，エフリンを欠いたストライプに沿って移動する（**図17.14D**；Krull et al. 1997；Wang and Anderson 1997；Davy and Soriano 2007）。

腸を目指して　どの神経堤細胞が腸に定着し，どの神経堤細胞が定着しないのか？　その区別には，細胞外基質の構成要素と，可溶性の傍分泌因子の両方が関与する。迷走神経堤と仙骨神経堤から生じた神経堤細胞は，腸管の腸管神経節（enteric ganglia）を形成し，腸の蠕動運動を制御する。迷走神経堤からの神経堤細胞は，体節を通ったのち前腸に侵入し

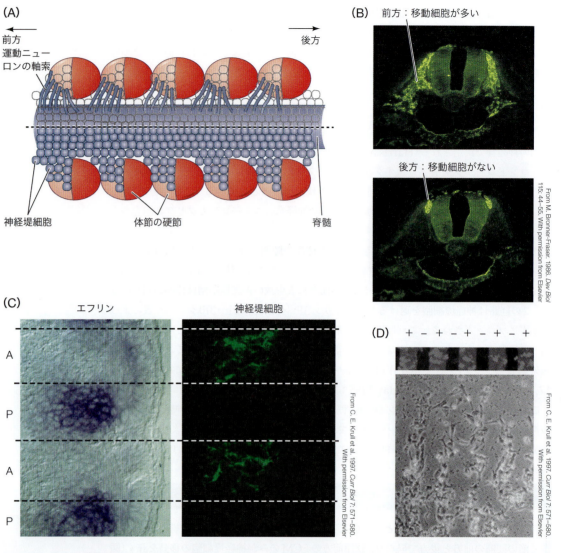

図17.14 硬節に発現するエフリンタンパク質による神経堤細胞と運動ニューロンの分節制限。(A)脊髄神経堤細胞と運動ニューロン軸索が，エフリンの発現を欠く硬節の前方を移動する様子を示した（わかりやすくするため，神経堤細胞と運動ニューロンはそれぞれ脊髄の片側のみに描かれている）。(B)ニワトリ胚のこれら領域の横断切片。硬節の前方部では神経堤細胞の移動がみられるが（上の写真），硬節の後方では移動がみられない（下の写真）。これらの写真ではHNK-1抗体による染色を緑色で示した。(C)ニワトリ胚において，硬節のエフリン発現領域（左写真，紺色）と神経堤細胞の存在場所（右写真，緑色HNK-1染色）の間には，負の相関関係がある。(D)エフリンを交互にストライプ状に塗ったフィブロネクチン含有基質上にウズラの神経堤細胞を播くと，それらの細胞はエフリンを含まない領域に接着する。(AはD. D. M. O'Leary and D. G. Wilkinson. 1999. Curr Opin Neurobiol 9：65-73より)

て腸の大部分に広がるが，仙骨神経堤からの神経堤細胞は後腸にコロニーをつくる（オンラインの「FURTHER DEVELOPMENT 17.3」の図1B参照）。移動を阻害するさまざまな細胞外基質タンパク質（Slitを含む）が，体幹部の神経堤細胞がより腹側に移動して腸に侵入するのを防ぐが，迷走神経と仙骨レベルにはこれらの阻害因子がないため，神経堤細胞が腸まで到達する。

　発生中の腸の近くまで移動すると，これらの神経堤細胞は**グリア細胞由来神経栄養因子**（glial-derived neurotrophic growth factor：GDNF）によって消化管に引き寄せられる（GDNFは腸の間充織細胞でつくられる傍分泌因子）（Young et al. 2001；Natarajan et al. 2002）。GDNFは，神経堤細胞に発現する受容体のRetに結合する。迷走神経の神経堤細胞には，仙骨のそれらよりもRetが多く存在しており，これによってより腸への浸潤が

多くなる(Delalande et al. 2008)。(オンラインの「FURTHER DEVELOPMENT 17.4：GDNF and Hirschsprung Disease」「WHATCH DEVELOPMENT 17.2：The dispersal of enteric neural crest cells」参照)

さらなる発展

神経堤と経路選択中の軸索の相互依存的な関係

腸管神経堤細胞は，成長する腸の最も尾側もしくは遠位部という動く標的を追いかけることから，最も長い移動の旅をするといえる。この尾部への移動は，先頭に細胞の"波頭(波の先頭の盛りあがった部分)"をもった波に例えられる(Druckenbrod and Epstein 2007)。この波が発生中の腸を下降するにつれて，これらの先頭をゆく波頭の細胞は，最終的に腸を完全に神経支配して機能を果たすために，組織全体に均一に広がらねばならない。この腸管神経堤細胞が腸に定着する過程は"方向性拡散(directional dispersal)"と呼ばれているが(Theveneau and Mayor 2012)，この過程を司る細胞の振る舞いはほとんどわかっていない。

腸管神経堤細胞は集団として移動をするのではなく，むしろ長い鎖状になって移動する(Corpening et al. 2011；Zhang et al. 2012)。波が進行するにつれて，これらの細胞は一見するとランダムな方向に移動して縦横無尽な方向を探索するが，集団を全体的にみると優先的に腸管の後方に向かって進行する(図17.15A；Young et al. 2014)。腸管神経堤細胞は，腸の発生の過程で細胞体(soma)と突出させた軸索の運動性をもったまま，この移動の旅の過程でニューロンに分化する。興味深いことに腸管神経堤細胞は，移動の先頭をゆく軸索の付近だけでなく，すべての成長中の軸索にも

発展問題

腸管神経堤細胞は，適切な時期に適切な場所に配置され，経路探索中の腸管ニューロンの軌道に影響をおよぼすとされる。この影響は実際に生じているのだろうか？ 膜受容体を発現するか，もしくは拡散性のタンパク質を分泌する先頭の神経堤細胞は，成長中のニューロンが神経堤細胞の方向に軸索を伸ばすよう指示を出すのか？ もし腸管神経堤細胞が軸索を導くのならば，何が神経堤細胞を腸の尾端に導き，ニューロンを均一かつ全体に配置させるのだろうか？

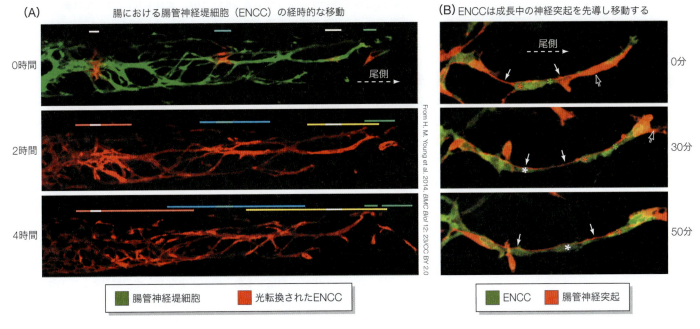

図17.15 発生中の腸における個々の腸管神経堤細胞(ENCC)の動き。腸管神経堤細胞の蛍光標識(緑)には，*Ednrb*(エンドセリン受容体B)-*hKikGR*トランスジェニックマウスを用いた。KikGRは光転換型の蛍光タンパク質で，紫外線を照射することで蛍光波長が緑から赤に変化する。(A)発生中の腸において異なる4点について光転換した(赤；写真上部のバーで示す)。移動するENCCの波の最も尾側の先端(移動方向の先端)は，0時間の時点の右端にある。初期のENCCの鎖は腸全体にまばらに散らばっている(緑，0時間)。光転換された細胞は活発に移動して，時間の経過とともに尾側方向に優先的に広がる(2時間，4時間；移動した範囲は上部バーの幅で示した)。(B) ENCC(緑)は，分化する神経突起の成長端にみられる(赤；矢印で示す)。ENCCはまた，神経突起を移動の基質として使うようである(時間に伴う(*)の移動に注目；異なる色の(*)は異なる細胞を示す)。

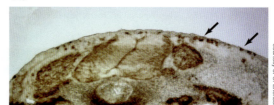

図17.16 表皮付近を通って背外側経路を移動する神経堤細胞。(A)マウス11日目胚においてホールマウント in situ ハイブリダイゼーションにより染色した神経堤由来のメラノブラスト(紫色)。(B)ニワトリ胚(ステージ18)の体幹部の横断切片。メラノブラスト(矢印)が神経堤領域から周囲に向かって真皮を通って移動する様子がみられる。

沿って移動する(図17.15B)。これらの結果から，移動する腸管神経堤細胞と経路探索中の腸管ニューロンの間には，神経堤細胞がニューロンの軸索を移動の基質として利用し，軸索が"先駆的"な神経堤細胞を追うような，互いの移動を支え合う相互関係があることが示唆される(Young et al. 2014)。

背外側経路

脊椎動物において，網膜色素上皮の細胞を除くすべての色素細胞は神経堤細胞に由来する。背外側経路に進む細胞は既にメラノブラスト(メラノサイトの前駆細胞)として特定化されているようであり，それらの細胞は化学走性因子と細胞外基質の糖タンパク質によって背外側経路に沿って移動するようである(図17.16)。ニワトリ(マウスでは異なる)において，早い時期に移動する神経堤細胞は腹側経路に入り，のちに移動する細胞は背外側経路に入る(Harris and Erickson 2007参照)。これらの遅い時期に移動する細胞は，しばしば"ステージング(中間準備)領域"と呼ばれる神経管の背側付近に留まり，メラノブラストとして特定化される(Weston and Butler 1966；Tosney 2004)。

背外側経路における細胞分化 腹側経路を辿るグリア/ニューロン前駆細胞と，背外側経路に入るメラノブラスト前駆細胞との切り替えは，転写因子Foxd3によって制御されているようである。Foxd3が存在すると，**MITF**[6] と呼ばれるメラノブラストへの特定化や色素産生に必須の転写因子の発現が抑制される(図17.6参照)。もしFoxd3の発現が低下するとMITFが発現し，細胞はメラノブラストになる。

MITFは3つのシグナルカスケードにかかわる。1番目のカスケードは色素産生にかかわる遺伝子を活性化する。2番目は神経堤細胞を背外側経路に沿って表皮へと移動させる。そして3番目は移動している細胞がアポトーシス(プログラムされた細胞死)するのを防ぐ(Kos et al. 2001；McGill et al. 2002；Thomas and Erickson 2009)。*MITF* のヘテロ接合体のヒトでは，からだの中央に到達する色素細胞が少なく，その結果として毛髪に脱色された白い筋ができる(図14.19参照)。イヌやウマの特定の品種を含むいくつかの動物では，*Mitf* のヘテロ接合によってメラノブラストのランダムな細胞死が引き起こされる(図17.17)。

---

[6] MITFは microphthalmia-associated transcription factor（小眼球症関連転写因子）の略で，この遺伝子の変異体の表現型の1つとして，マウスで記述されているように，眼が小さくなることから命名された。しかしながら，本節と14.7節で述べるとおり，その作用は多岐にわたる。

第 17 章　神経堤細胞と軸索特異性　593

  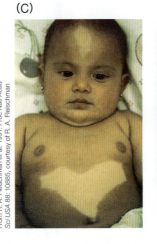 

図17.17　さまざまな変異によってもたらされるメラノブラストの移動の変化。(A，B)ある種の動物では，メラノブラストがランダムに死ぬことで斑状の色素沈着を呈する。移動中のメラノブラストは内耳の血管形成を促す。この血管を失うと，蝸牛が退縮して難聴が引き起こされる。これは*Mitf*のヘテロ接合体であるダルメシアン(A)や，エンドセリンB受容体のヘテロ接合体だと考えられるアメリカン・ペイント・ホース(B)においてみられる。(C)ヒト幼児のまだら症(からだのある領域において色素ができない)は，*KIT*遺伝子の変異によって引き起こされる。Kitタンパク質は，神経堤細胞，生殖細胞の前駆細胞，そして血球前駆細胞の増殖と移動に必要不可欠である(14.7節参照)。(D)マウスにも*Kit*変異をもつものがいて，このマウスはまだら症とメラノブラストの移動の重要なモデルとなる。

背外側経路における細胞ガイダンス　ひとたびメラノブラストが特定化されると，ステージング領域に留まっている細胞集団においてエフリン受容体(Eph B2)とエンドセリン受容体(Ednrb2)の発現が上昇する。そうすることで，メラノブラストはエフリンとエンドセリン-3を含む細胞外基質に沿って移動する(図17.16B参照；Harris et al. 2008)。実際，メラノサイト系譜の細胞は，神経堤細胞のグリア／ニューロン系譜が忌避したのとまったく同じ分子上を移動する。背外側の移動経路に沿って発現するエフリンは，メラノサイトの前駆細胞の移動を促進する。エフリンは，神経堤細胞の細胞膜においてエフリン受容体のEph B2を活性化し，この下流のシグナルがメラノサイトへ分化する領域への移動を促進するのに重要となる。後期に移動する神経堤細胞においてEphシグナル経路が途絶えると，背外側経路を通る移動が阻害される(Santiago and Erickson 2002；Harris et al. 2008)。興味深いことに，白い羽毛をもつニワトリのある品種は，エンドセリン受容体の遺伝子である*Ednrb2*に自然発生した変異の結果生じる(Kinoshita et al.2014)。(オンラインの「SCIENTISTS SPEAK 17.3：EphB2/EDNRB2 and Migration along the Dorsolateral Pathway」参照)

さらなる発展

Kit-SCFはメラノブラストを進むべき運命に導き決定する　哺乳類(ニワトリでなく)においてKit受容体は，発生運命の方向付けを受けたメラノブラストの前駆細胞が背外側経路を移動するために重要である。Kit受容体は，MITFを発現するマウス神経堤細胞(予定メラノブラスト)にみられる。Kitタンパク質は，真皮細胞によって産生される**幹細胞因子**(stem cell factor：SCF)に結合する。SCFがKitに結合すると，Kitはメラノブラスト前駆細胞のアポトーシスを抑制し，細胞分裂を促す。Kitを十分量つくることができないヒトやマウスでは，神経堤細胞が表皮全体を覆うのに十分なだけ増殖ができない(図17.17C，D参照；Spritz et al. 1992)。さらにSCFは，背外側経路の移動に重要である。通常はSCFを産生しない(そして通常はメラノサイトをもたない)頬や足蹠の上皮でSCFを実験的に分泌させると，神経堤細胞はこれらの領域

に入り，メラノサイトに分化する（Kunisada et al. 1998；Wilson et al. 2004）。

神経堤細胞（これまでのところ）についての簡単なまとめ

体幹神経堤の分化は，(1)自律的な因子(体幹神経堤細胞と頭部神経堤細胞を分けるHox遺伝子や，神経堤細胞をメラノサイトに運命付けるMITFなど)，(2)特定の環境条件(副腎皮質が隣接する神経堤細胞を副腎髄質細胞へと誘導するような場合)，(3)これら2つの組み合わせ(背外側経路を通って移動する神経堤細胞が細胞運命とガイダンスの両方についてKitに反応するようなとき)，の3つによって達成される。個々の神経堤細胞の運命は，移動を始める場所(神経管の前後に沿った)と，移動する経路の両方によって決定される。

17.4 頭部神経堤細胞の移動

頭部は顔面と頭蓋から成り，脊椎動物のからだにおいて解剖学的に最も精緻な部分である（Northcutt and Gans 1983；Wilkie and Morriss-Kay 2001）。頭部は大部分が頭部神経堤細胞の産物であり，顎，歯，そして顔の軟骨の進化は，これらの細胞の配置の変化を通して生じる(26.2節参照)。

体幹神経堤細胞と同様に，頭部神経堤細胞も色素細胞やグリア細胞，末梢神経のニューロンをつくることができる。これに加えて頭部神経堤細胞は，骨や軟骨，そして結合組織をつくることもできる。頭部神経堤細胞は，細胞運命の方向付けにおいてさまざまな段階にある細胞が混じった集団である。この集団のうち約10%は，ニューロン，グリア，メラノサイト，筋細胞，軟骨，骨に分化できる多分化能性をもった前駆細胞で構成される（Calloni et al. 2009）。マウスとヒトにおいて頭部神経堤細胞は，神経管が閉じるのに先立って神経褶から移動を始める（Nichols 1981；Betters et al. 2010）。これらの細胞のその後の移動は，後脳の分節によって方向付けられる。第15章で述べたように，後脳は前後軸に沿って**ロンボメア**(rhombomere)と呼ばれる区画に分節化される(15.2節参照)。頭部神経堤細胞はロンボメア8の前方領域から腹側へ移動して，咽頭弓および顔を形成することになる前頭鼻隆起に入る(**図17.18A，B**)。これらの神経堤細胞は，最終的な到達地点によって最終的な運命が決定される(**表17.2**)。

頭部神経堤細胞は，3つの経路のうちどれか1つを辿る：

1. 中脳および後脳のロンボメア1番と2番からの神経堤細胞は，1番目の咽頭弓(顎弓)に移動して，中耳のキヌタ骨とツチ骨だけでなく顎の骨もつくる。これらの細胞は三叉神経節(歯や顎を支配する)のニューロンにも分化して，眼の毛様体筋を支配する毛様体神経節にも貢献する。これらの神経堤細胞は，**前頭鼻隆起**(frontonasal process；額や中鼻，一次口蓋になる骨形成領域)を生じる膨出した表皮にも引き寄せられる。つまり頭部神経堤細胞は，顔の骨の多くをつくる(**図17.18B，C，D**；Le Douarin and Kalcheim 1999；Wada et al. 2011)。

2. ロンボメア4番からの神経堤細胞は2番目の咽頭弓に留まって，中耳の鐙骨(アブミ骨)と首の舌軟骨の上部をつくる(**図17.18B，D**)。これらの細胞は顔面神経のニューロンにも寄与する。舌軟骨は最終的に，喉頭筋と舌をつなぐ首の骨になるため骨化する。

3. ロンボメア6〜8番からの神経堤細胞は，3番目と4番目の咽頭弓と咽頭嚢に移動して舌軟骨の下部をつくり，一部の細胞は胸腺，副甲状腺，そして甲状腺にも供給される(**図17.18B**；Serbedzija et al. 1992；Creuzet et al. 2005)。これらの神経堤細胞は発生中の心臓にも移動して，流出路(つまり大動脈と肺動脈)の形成に参加する。ロンボメア6〜8番からの神経堤細胞がなくなると，これらの組織が欠失する（Bockman and

第 17 章 神経堤細胞と軸索特異性 | 595

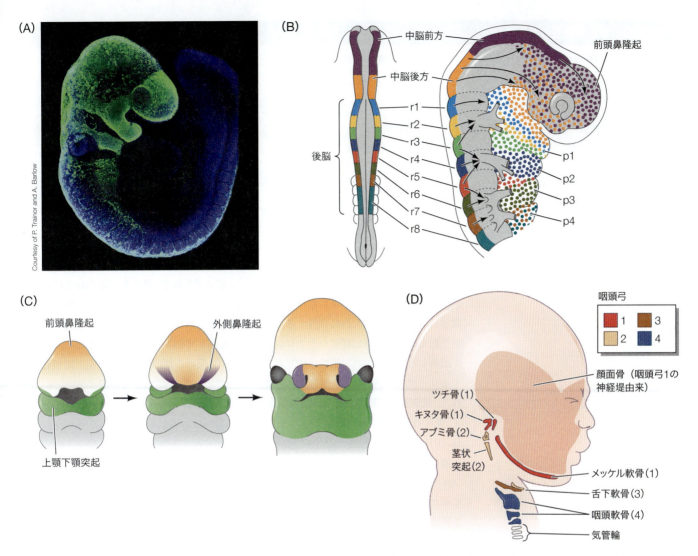

図17.18 哺乳類の頭部における頭部神経堤細胞の移動。(A)マウスの9.5日目胚における，緑色蛍光タンパク質(green fluorescent protein：GFP)で標識された神経堤細胞の移動。咽頭弓と前頭鼻隆起への定着が際立つ。(B)頭部神経堤から咽頭弓(p1〜p4)と前頭鼻隆起への移動経路(r：ロンボメア)。(C)ヒトの顔をつくるための頭部神経堤の継続的な移動。前頭鼻隆起は，前頭，鼻，上唇の人中(鼻と唇の間)，そして一次口蓋に寄与する。前頭鼻隆起の側方は鼻の横側をつくる。上顎下顎突起は，下顎，上顎の大部分，顔の中下部領域の側面をつくる。(D)神経堤細胞に由来する間充織細胞によってヒトの顔につくられる構造。咽頭弓の軟骨の要素をそれぞれ色付けして示した。ダークピンク色の領域は，頭部神経堤の前方領域によってつくられる顔の骨を示す。(BはN. M. Le Douarin. 2004. *Mech Dev* 121：1089-1102より；CはJ. A. Helms et al. 2005. *Development* 132：851-861より；DはB. M. Carlson. 1999. *Human Embryology and Developmental Biology*, 2nd Ed. Mosby：St. Louisより)

Kirby 1984)。これらの神経堤細胞の一部は尾部側に移動して鎖骨に至り，そこで特定の首の筋肉の結合部位に留まる(McGonnell et al. 2001)。

胚前方では頭部神経堤細胞がつくる細胞種が多いため，この領域における頭部神経堤細胞の移動を支配する分子および細胞レベルでのメカニズムを理解することはきわめて重要である。頭部神経堤細胞の流れが，移動の接触阻害，互いに引き合う力，そして低レベルの接着という自律的なメカニズムを介して集団で移動することを思い出してほしい(図17.12参照)。しかし，正しい方向に集団移動するために，それぞれの細胞たちの流れはどのように分けられているのだろうか？

"チェイス&ラン(chase and run)"モデル：押し引きの精巧な共同作業

頭部神経堤細胞の3つの移動流は，周囲の環境や細胞同士の相互作用を通して，拡散し

表17.2　ヒト咽頭弓の派生物

咽頭弓	骨（神経堤と中胚葉）	咽頭弓，動脈（中胚葉）	筋肉（中胚葉）	脳神経（神経管）
1	中耳のキヌタ骨とツチ骨（神経堤由来），下顎骨，上顎骨，側頭骨（神経堤由来）	外頸動脈から分岐した顎動脈（耳，鼻，顎に向かう）	顎筋，口腔底，軟口蓋と耳の筋肉	三叉神経（Ⅴ）の上顎神経と下顎神経
2	中耳のアブミ骨，側頭骨の茎状突起，首の舌骨の一部（すべて神経堤軟骨由来）	耳領域の動脈，頸動脈鼓室枝（成体），アブミ骨動脈（胚）	表情筋，顎と上頸の筋肉	顔面神経（Ⅶ）
3	舌骨の大角と下端部（神経堤由来）	総頸動脈，内頸動脈	茎突咽頭筋（咽頭をもち上げる筋肉）	舌咽神経（Ⅸ）
4	喉頭軟骨（側板中胚葉由来）	大動脈弓，右鎖骨下動脈，肺動脈起始部	咽頭と声帯の収縮筋	迷走神経（Ⅹ）の上喉頭枝
6[a]	喉頭軟骨（側板中胚葉由来）	動脈管，最終的な肺動脈のルート	内喉頭筋	迷走神経（Ⅹ）の反回枝

[a]5番目の咽頭弓はヒトでは退化している。
出典：W. J. Larsen. 1993. *Human Embryology*. Churchill Livingstone, New Yorkより。

ないように保たれている。ニワトリ後脳のロンボメア3番と5番における神経堤細胞の移動パターンの観察から，それらは胚の側方には移動せず，奇数番目の前後で，隣接する偶数番目の移動細胞の流れに合流することが示された。ニワトリ胚の後脳から出現する神経堤細胞を標識し，卵に被せたテフロン膜の小窓を通して個々の神経堤細胞をビデオ撮影して追跡した結果，神経堤細胞は隣り合った細胞から受ける制約だけではなく，先頭を移動するリーダー細胞からの後続細胞への働きかけによって，列をなして移動することが示された。頭部神経堤細胞は一時的に細胞を連結する長く細い橋を伸ばし，"リーダー細胞に続く"後続の細胞の移動に影響を与えるようである（Kulesa and Fraser 2000；McKinney et al. 2011）[7]。

　カエルと魚における頭部神経堤細胞の移動流の解析から，この流れがエフリンとセマフォリンの化学忌避作用とプロテオグリカンのバーシカン（versican）によって，混じらずに保たれていることが示されている（図17.19A；Szabó et al. 2016）。Eph受容体の活性を阻害すると，異なる経路を移動する細胞が互いに混じり合う（Smith et al. 1997；Helbling et al. 1998；総説はScarpa and Mayor 2016）。これに加えて，腹側に向かう移動流はプラコードの細胞によって導かれる（Theveneau et al. 2013）。摘出した頭部神経堤細胞をプラコードの摘出片の隣に置くと，神経堤細胞はプラコードの摘出片を"追う"。この振る舞いは，CXCR4をノックダウンすることによりみられなくなる。これらのデータおよびその他のデータに基づいて，Theveneau（テヴァノー）らは2013年，この関係がどのように方向性をもった集団移動をもたらすのかを説明するために"チェイス＆ラン"モデルを提唱した。

　プラコードの細胞が化学誘引因子である**間質細胞由来因子-1**（stromal-derived factor-1：SDF1）を分泌することにより，プラコードを最も高い濃度としたSDF1の濃度勾配がつくられることがわかった。頭部神経堤細胞にはSDF1の受容体であるCXCR4が発現しており，CXCR4によって神経堤細胞はSDF1による誘引を感じ取り，濃度の高いプラコードに向かって移動する（これが"チェイス"である）。しかしながら，神経堤細胞がプラコードに到着すると，神経堤細胞とプラコードの細胞間で接触阻害が生じ，プラコードの細胞は接触を避けて移動する（これが"ラン"である）。神経堤細胞は，SDF1を発現しつつ腹側に向かって移動するプラコードの細胞を追って，再び"追跡"をはじめるのである（図17.19B；Theveneau et al. 2013；；Scarpa and Mayor 2016）。（オンラインの「WHATCH

7　以前にも，ニワトリの神経褶（neural fold）（その一部はおそらく神経堤細胞になる）と肢芽，初期のゼブラフィッシュの割球，そしてウニの小割球の伸長において，類似した現象について述べた。

第 17 章　神経堤細胞と軸索特異性　　597

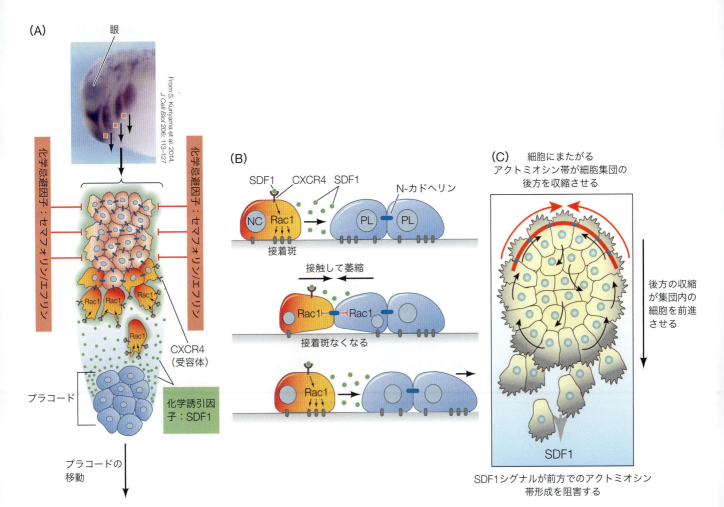

図17.19　化学走性細胞移動の"チェイス&ラン(Chase and run)"モデル。(A)この顕微鏡写真はツメガエル(Xenopus)頭部の頭部神経堤細胞の移動流を胚側方からみたもので，移動前および移動中の頭部神経堤細胞集団の両方がみてとれる(濃紫色)。このイラストは，図17.12に記載した細胞自律的なメカニズムによる頭部神経堤細胞の集団移動を描いたものである。腹側に位置するプラコード(青色の細胞)が，SDF1-CXCR4シグナル伝達を介して頭部神経堤細胞の移動流の先導端を引き寄せる(これが"チェイス")。頭部神経堤細胞がプラコードに接すると，プラコードを前方に押し出す接触阻害が引き起こされる(これが"ラン")。化学忌避因子は，移動細胞が集団を離れて外側に広がらないように制限する。(B)プラコードの細胞(青)と頭部神経堤細胞(オレンジ)の前方への移動をもたらす内在的な分子と細胞の振る舞い。(C)細胞集団内における頭部神経堤細胞の動き。高濃度のSDF1(水色)を受け取った側の細胞集団では，アクトミオシンの収縮帯が形成されない。複数細胞にまたがってみられるアクトミオシンの収縮帯(supracellular actinomyosin cord)は，神経堤細胞の集団の後方周縁(高濃度SDF1の逆側)に沿って形成され，集団内の細胞を前進させる一方で，集団の周縁に沿った細胞を後方に引っ張る働きをする。この収縮力が頭部神経堤細胞を集団として前進させる駆動力となる。(A, BはE. Theveneau et al. 2013. *Nat Cell Biol* 15：763-772；E. Scarpa and R. Mayor. 2016. *J Cell Biol* 212：143-155より；CはRoberto Mayorより提供)

DEVELOPMENT 17.3：Cranial Neural Crest Cells Chase the Placode in the Frog Embryo, Even in Culture」参照)

さらなる発展

後輪駆動で動く神経堤細胞の移動　SDF1のような化学誘引因子が神経堤細胞の方向性をもった移動を促すために必要であることは明白であったが，そのような化学誘引因子がどのように作用するのか，そのメカニズムは最近まで解明されていなかった。それぞれの神経堤細胞集団において，その後端に細胞にまたがって形成されるアクチン-ミオシンの収縮環が発見された(この構造は個々の細胞でなく細胞集団を均一に収

縮させることができる）。化学誘引因子のSDF1は，この構造の収縮を高濃度のSDF1にさらされる前端で阻害し，結果的に細胞集団の後端のみが収縮する（図17.19C）。SDF1により引き起こされるこの不均一な収縮が，細胞集団がSDF1に向かって移動するのに必要かつ十分であることがわかってきた。つまり，神経堤細胞の集団としての走化性は後端細胞の収縮によって駆動され，これは歯磨き粉のチューブの後端を絞って前方に押し出すのと同様である（Shellard et al. 2018；Adameyko 2018も参照）。（オンラインの「FURTHER DEVELOPMENT 17.5：Intramembranous Bone and the Role of Neural Crest in Building the Head Skeleton」「SCIENTISTS SPEAK 17.4：Dr. Roberto Mayor Details the Regulators of Neural Crest Migration」参照）

神経堤に由来する頭蓋骨

脊椎動物の**頭蓋骨**（cranium）は，**神経頭蓋**（neurocranium；頭蓋冠と頭蓋底）そして**顔面頭蓋**（viscerocranium；顎とその他の咽頭弓由来の骨）から成る。頭蓋の骨は，軟骨を経ずに結合組織のなかに直接骨片が敷き詰められることによりつくられるため，**膜内骨**（intramembranous bone）と呼ばれる。頭蓋骨は，神経堤と頭部中胚葉の両方に由来する（Le Lièvre 1978；Noden 1978；Evans and Noden 2006）。顔面頭蓋をつくる神経堤の起源はよく記載されているが，頭部神経堤細胞の頭蓋冠への寄与については議論が残る。

Jiang（ジャン）らは2002年，頭部神経堤細胞でのみβ-ガラクトシダーゼを発現するトランスジェニックマウスを作製した。このマウスをβ-ガラクトシダーゼ染色すると，頭の前方の骨（鼻，前頭骨，蝶形骨大翼，側頭鱗の骨）を形成している細胞が青く染色され，頭頂の骨は染色されなかった（図17.20A，B）。このことから，頭部神経堤に由来する頭蓋骨と沿軸中胚葉に由来する頭蓋骨の境界は，前頭骨と頭頂骨の間にあるようである（図17.20C；Yoshida et al. 2008）。この特徴は脊椎動物のなかでも種によって異なるかもしれないが，一般的には，頭の前方は神経堤に由来し，頭蓋骨の後方は神経堤細胞と中胚葉が組み合わさって形成される。顔面の筋肉への神経堤の寄与は頭蓋の中胚葉の細胞と混じり合ったもので，顔面筋はおそらく2つの細胞種を起源にもつ（Grenier et al. 2009）。

さらなる発展

あなたの美貌は神経堤のおかげ　神経堤細胞が我々の顔の骨をつくることを考えると，頭部神経堤細胞の分裂の方向や速度の些細な変化により，我々の容姿が決定されるということになる。さらに我々は友人よりも実の両親に似て見えるので（親より隣人に似ていたら悩んでしまう），そのような小さな変化は遺伝的なものであるはずである。我々の顔の特徴はおそらく，きわめて多くの傍分泌増殖因子によって主に調整されている。BMP群（特にBMP3）とWntのシグナル伝達は，前頭鼻隆起と上顎突起の突出を引き起こし，顔に形状を与える（Brugmann et al. 2006；Schoenebeck et al. 2012）。咽頭内胚葉からのFGF群は，咽頭弓内の骨要素のパターン形成のみならず，神経堤細胞を咽頭弓に誘引することにも関与する。Fgf8は頭部神経堤細胞の生存因子であり，顔の骨をつくる細胞の増殖にも重要となる（Trocovic et al. 2003, 2005；Creuzet et al. 2004, 2005）。FGF群はときにBMP群を活性化したり抑制したり，互いに協調して働く（Lee et al. 2001；Holleville et al. 2003；Das and Crump 2012）。（オンラインの「FURTHER DEVELOPMENT 17.6：Coordination of Face and Brain Growth」「FURTHER DEVELOPMENT 17.7：Why Birds Don't Have Teeth」参照）

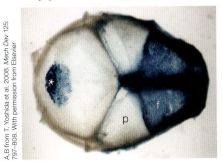
(A) Wnt1-Cre：神経堤に由来する骨

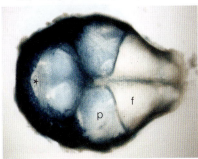
(B) Mesp-Cre：中胚葉に由来する骨

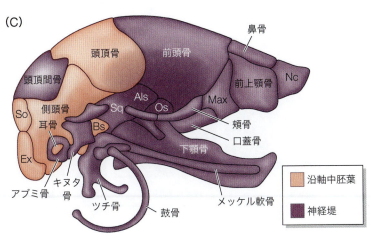
(C)

図17.20 Cre-lox法によるβ-ガラクトシダーゼの発現。このマウスは，Cre組換え酵素が細胞内で活性化したときのみ発現するβ-ガラクトシダーゼアリルのヘテロ接合体にしたものである。(A)このCre組換え酵素アリルをWnt1遺伝子のプロモーターの下流につなぐと，β-ガラクトシダーゼ(青色染色)は，Wnt1を発現する頭部神経堤細胞においてみられた。このWnt1-Creマウスの17.5日目胚を背側からみた写真では，前頭骨(f)と頭頂間骨(*)がβ-ガラクトシダーゼ(Wnt1活性)で染色されるが，頭頂骨(p)には染色がみられなかった。(B) Mesp-Cre系統のマウスでは，中胚葉に由来する細胞においてβ-ガラクトシダーゼを発現する。このマウスにおいては，Wnt1-Creマウスとは相反する染色パターンがみられ，頭頂骨(p)が青色に染色される。(C) Sox9とWnt1マーカーを用いたマッピング結果のまとめ図(Als：蝶形骨大翼，Bs：蝶形骨底部，Ex：外後頭，Max：上顎骨，Nc：鼻胞，Os：眼窩蝶形骨，So：上後頭，Sq：側頭鱗)。(CはD. M. NodenとR. A. Schneider. 2006. Adv Exp Med Biol 580：1-23；P. Francis-West et al. 1998. Mech Dev (1-2)：3-28を含む複数の出典より)

17.5　心臓神経堤

　心臓はもともと咽頭弓の直下の頸部領域において形成されるため，神経堤から細胞が供給されるのも驚くことではない。咽頭弓の外胚葉と内胚葉はともに，神経堤細胞をこの領域へ引き寄せるための誘引因子として働くFgf8を分泌する。実際，過剰量のFgf8を含むビーズをニワトリ胚の咽頭の背側に置くと，心臓神経堤細胞がそこに移動する(Sato et al. 2011)。

　頭部神経堤の尾部側の領域(のさらに一部の神経堤細胞)は，大動脈弓の内皮や大動脈と肺動脈の間の隔壁をつくるため，ときに**心臓神経堤**(cardiac neural crest)と呼ばれることがある(図17.21；Kirby 1989；Waldo et al. 1998)。心臓神経堤細胞は咽頭弓3，4，6にも侵入し，甲状腺，副甲状腺，そして胸腺といった，その他の頸部の構造物になる。これらの細胞はしばしば**囲鰓堤細胞**(circumpharyngeal crest cell)とも呼ばれる(Kuratani and Kirby 1991, 1992)。胸腺において神経堤に由来する細胞は，成熟したT細胞が胸腺から血液中に出ていくという適応免疫の重要な機能の1つにおいてとりわけ重要である(Zachariah and Cyster 2010)。また，血中の酸素濃度を監視し，呼吸を制御する頸動脈小体(carotid body)も，心臓神経堤細胞に由来するようである(Pardal et al. 2007)。

発展問題

これまで体幹神経堤細胞が移動の過程で徐々に成熟してゆくことについて議論してきた。頭部神経堤細胞は互いにより強く接着することで集団移動する。このことは，頭部神経堤細胞の漸進的な分化は，個々の細胞が周囲の環境にさらされる体幹神経堤細胞の分化とは別のメカニズムにより制御される可能性を暗示する。集団の移動流の中心にいる細胞は，周縁部にいる細胞とは異なる様式をもつのか？　もしくは移動経路に沿った細胞の時空間的な位置付けが，それらの細胞の特定化と関係するのだろうか？

さらなる発展

マウスとヒト，そして心臓神経堤細胞はどのように疾患と結びつくのか　マウスにおいて心臓神経堤細胞は，転写因子のPax3を発現するという点で特有である。Pax3遺

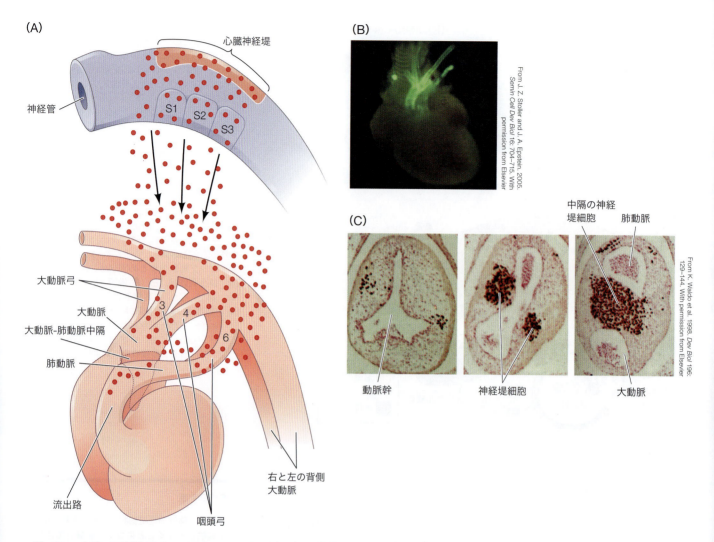

図17.21 心臓の隔壁（総動脈幹を肺動脈と大動脈に分ける）は，心臓神経堤細胞からつくられる。(A)ヒトの妊娠5週目に，心臓神経堤細胞は3, 4, 6番目の咽頭弓に移動し，隔壁をつくるために動脈幹に侵入する(S1, S2, S3，および体節1, 2, 3番目)。(B) Pax3をもつ心臓神経堤細胞でのみ緑色の蛍光タンパク質を発現させたトランスジェニックマウスにおいて，心臓の流出路領域が標識される。(C)ウズラの心臓神経堤細胞を，ニワトリ胚のそれに相当する領域に移植した。胚発生が進んだ胚において，ウズラの心臓神経堤細胞は，ウズラに特異的な抗体(焦茶色)によって可視化された。心臓において，これらの細胞が総動脈幹を肺動脈と大動脈に分けることが確認された。(AはM. R. Hutson and M. L. Kirby. 2007. *Cell Dev Biol* 18：101-110より)

伝子の変異の結果，心臓神経堤細胞が減少し，胸腺，甲状腺，そして副甲状腺に異常をきたすのみならず，心臓において総動脈幹が残り続けることで大動脈と肺動脈の分離ができなくなる(Conway et al. 1997, 2000)。神経堤細胞が辿る神経管背側から心臓までの道のりは，セマフォリン3Cによる誘引と，セマフォリン6による反発シグナルが協調的に働くことにより決まるようである(Toyofuku et al. 2008)。ヒトとマウスの先天的な心臓異常はしばしば，副甲状腺や胸腺，そして甲状腺の異常とともに生じる。これらすべての問題が神経堤の細胞移動における異常に結びつくのは驚くことではない(Hutson and Kirby 2007)。

17.6 神経系における軸索経路の確立

　20世紀初頭，軸索がどのように形成されるのかについて，さまざまな説が対立していた。Theodor Schwann（テオドール・シュワン；言わずと知れたシュワン細胞の発見者）は，神経細胞が鎖状に連なって軸索が形成されると考えていた。Victor Hensen（ヴィクトル・ヘンゼン；胚結節の発見者）は，軸索は細胞の間にあらかじめ存在する細胞質の糸の周りに形成されると考えていた。Wilhelm His（ヴィルヘルム・ヒス；1886年）とSantiago Ramón y Cajal（サンチャゴ・ラモン・イ・カハール；1890年）では，軸索はニューロンの細胞体(soma)からきわめて長く突出したものであると仮定していた。

　1907年，Ross Granville Harrison（ロス・グランヴィル・ハリソン）は，発生神経生物学と組織培養の技術より生み出された見事な実験によって，軸索が細胞体から突出するという説(outgrowth theory)の妥当性を示した。Harrisonは，3 mmのカエルのオタマジャクシから神経管の一部を単離した（このステージでは，神経管は閉鎖した直後で，はっきりとした軸索の分化はみられない）。彼はこの神経芽細胞を含む組織を，カバースリップ上のカエルのリンパ液滴の中に置き，さらにそのカバースリップを窪んだスライドの上に逆さに置くことで，"垂れ下がった液滴（ハンギングドロップ）"の中で何が起こっているのか観察できるようにした。Harrisonが見たものは，神経芽細胞から1時間に56 mmの速度で伸びる軸索の出現であった。（オンラインの「FURTHER DEVELOPMENT 17.8：The Evolution of Developmental Neurobiology」参照）

　たいていの細胞と異なり，ニューロンは直近の場所に限らずメートル単位にまで及ぶ軸索を形成することができる。ヒトの脳にある860億個のニューロンのそれぞれが，他の数千のニューロンと特異的に相互作用するポテンシャルをもっている（図17.22；Azevedo et al. 2009）。プルキンエ細胞や運動ニューロンなどの大型のニューロンは，他の10^5個以上のニューロンから入力を受け取ることができる(Gershon et al. 1985)。この驚くほど整

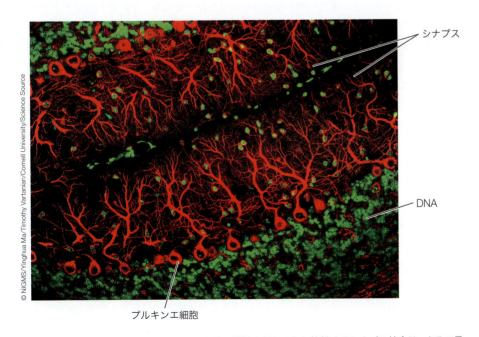

図17.22　マウス小脳におけるプルキンエ細胞の樹状突起とそれに接触するシナプス結合は，まるで星空のようにみえる。この蛍光写真はそれぞれのプルキンエ細胞（赤）から生じる樹状突起の精巧な配列を示しており，何百ものシナプスを介して他のニューロンからの情報を受け取る。緑の染色はDNA（プルキンエ細胞とそれ以外の細胞いずれも）を示す。

然とした複雑さがどのようにつくられるのかを理解することは，現代科学の最も大きな挑戦の1つである。この複雑な回路はどのようにして確立されるのだろうか？　ニューロンがどのように軸索を伸ばすのか，軸索がどのように標的細胞へと導かれるのか[8]，シナプスがどのように形成されるのか，そしてニューロンの生死を決定するものは何なのかについて議論しながら，この疑問を探っていこう。

成長円錐：軸索の経路探索における運転手と機関車

　本章の前半では，細胞の移動を交通渋滞における車のナビゲーションに例えて紹介した（図17.7参照）。同じように，軸索の経路探索を走行中の汽車に例えてみよう。神経は，遠く離れた標的細胞と軸索を接続させる必要がある。汽車でいう機関車のように，軸索の運動装置——**成長円錐**（growth cone）と呼ばれる——は前方にあり，機関車の後方に新しい客車を連結していくように，軸索は微小管の重合によって成長する（**図17.23A**）。成長円錐は神経堤細胞のように移動して環境を感知することから，“鎖でつながれた神経堤細胞”と呼ばれる。さらに，移動細胞が感知するのと同じタイプのシグナルに応答する。

　成長円錐は直線的に前進するのではなく，むしろ基質伝いに辿るべき道を“感じ取り”ながら，**マイクロスパイク**（microspike）と呼ばれる先の尖った糸状仮足（filopodia）を伸び縮みさせることで移動する（**図17.23B**）。これらのマイクロスパイクには，軸索の長軸と平行に配向したマイクロフィラメントが含まれている〔棘皮動物の骨片形成間充織細胞（skeletogenic mesenchyme cell）の糸状仮足様細胞骨格（filopodial cytoskeleton）でみられるメカニズムと類似している；11.2節参照〕。軸索内においては，微小管が構造的な支持を担っている（Yamada et al. 1971；Forscher and Smith 1988）。ほとんどの移動細胞と同様に，成長円錐から伸びる探索用のマイクロスパイクが基質にくっついて，細胞の残りの部分を前方へと引っ張る力を発揮する。もしも成長円錐が前進できなければ，軸索は伸長しない（Lamoureux et al. 1989）。

　このような軸索の移動における構造的な役割に加え，マイクロスパイクはセンサーとしての機能ももっている。成長円錐の前面は扇状に広がっており，それぞれのマイクロスパイクが周囲の環境をサンプリングし，細胞体へとシグナルを伝える（Davenport et al. 1993）。軸索の適切な標的への経路決定は，それらのマイクロスパイクが遭遇する細胞外環境にあるガイダンス分子に依存し，成長円錐は軸索が適切にシナプス結合をつくるべく，ガイダンス因子に応答して曲がったり曲がらなかったりする。このような異なる応答性を示すのは，成長円錐の膜表面に発現する受容体に違いがあるためである。**成長円錐は細胞外の環境を感じ取り，そのシグナルを一定方向の動きに変換する能力をもっている**（**図17.23C**）。この特定の移動を促進する方向性をもったガイダンス因子の活用は，細胞骨格の変化，細胞膜成長の変化，そして細胞接着と細胞の動きの協調によって達成される（Vitriol and Zheng 2012）。(オンラインの「FURTHER DEVELOPMENT 17.9：Primer on the Molecular Anatomy of the Growth Cone」「FURTHER DEVELOPMENT 17.10：“Plus Tips” and Actin‑Microtubule Interactions during Growth Cone Guidance」「SCIENTISTS SPEAK 17.5：Identification of CLASP and Its Role in Axon Guidance in Drosophila」参照)

Rhoがアクチンフィラメントをさまざまなシグナルの流れへと導く

　アクチン重合が成長円錐を駆動するため，ガイダンスにかかわる多くの分子がアクチン

8　発生生物学全体を通して，“標的”という比喩は誤解を生じやすい。特に軸索のナビゲーションを語る際には，“標的”が受動的な存在ではなく，きわめて能動的な存在であることを意識することが重要である。

第 17 章 神経堤細胞と軸索特異性 | 603

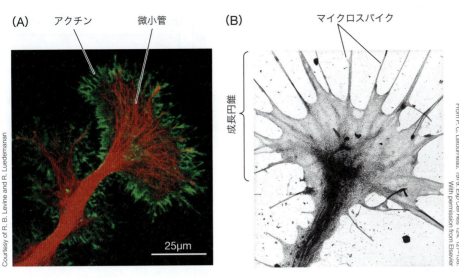
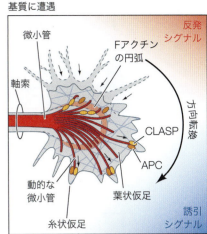
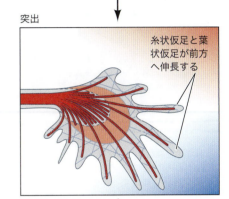
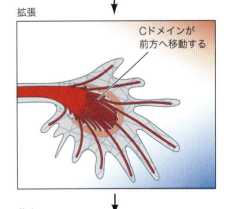
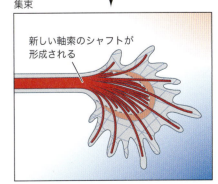

図 17.23 軸索の成長円錐。(A)軸索伸長および経路探索中のタバコスズメガ (*Manduca sexta*) の成長円錐。糸状仮足のアクチンは蛍光ファロイジンによって緑に，微小管はチューブリンに対する蛍光抗体によって赤に染色されている。(B)軸索の成長円錐におけるアクチンのマイクロスパイク(透過型電子顕微鏡にて観察)。(C)成長円錐の周囲には葉状仮足と糸状仮足が存在する。葉状仮足は主要な運動装置であり，刺激に向かって方向転換する領域において観察される。糸状仮足はセンサーとして働く。どちらの構造もアクチンフィラメントを含む。成長円錐の中心領域の微小管のうち，一部は糸状仮足に向かって外側へと伸びる。成長円錐の末梢領域に入った微小管(MT)は，誘引や反発刺激によるタンパク質の活性化を通して，長くなったり短くなったりする。誘引シグナルを受けた場合，制御タンパク質(CLASPやAPC)が微小管のプラス端に結合することで，微小管が安定化して伸長する。誘引シグナルを受けていない側の成長円錐においては，微小管が末端領域から除かれる(Cドメインは成長円錐の中心部で，軸索のシャフトを伸ばす微小管を含んでいる)。(CはL. A. Lowery and D. Van Vactor. 2009. *Nat Rev Mol Cell Biol* 10: 332-343 より)

重合を標的としている。**Rho GTPアーゼ**(Rho GTPase)はアクチンフィラメントの成長を制御する。これらのGTPアーゼは，エフリン，ネトリン，Slit，そしてセマフォリンが受容体に結合することによって活性化もしくは抑制される(**図17.24A**)。同様に，微小管へのチューブリン重合の制御も重要である。チューブリンの重合は誘引刺激を受けた側の成長円錐において助長され，その反対側では重合が阻害される(チューブリンが脱重合しリサイクルされる)(Vitriol and Zheng 2012)。

接着は，方向性をもった移動のための"ギアシフト"になると考えられている。アクチンが細胞膜につなぎ止められ，さらにそのアクチンが重合・脱重合を繰り返すことで逆行することを想像してみてほしい。つまりアクチンと細胞膜が，成長円錐の先端(プラス端)から細胞の中心(マイナス端)に向かって**後方に移動する**("トレッドミリング"；**図17.24B**)。このとき細胞膜が外部の接着分子(インテグリンやカドヘリンを介して)につなぎ止められていると，アクチンのトレッドミリングにより成長円錐が前方に推進する(戦車のキャタピラが地面を踏みしめ進むイメージ)(Bard et al. 2008；Chan and Odde 2008)。もしつなぎ止める接着がない場合，成長円錐は動かない。ここで重要なことは，接着が強すぎてもまた，成長円錐は停止することである。

ゆえに，成長円錐が進行するためには，接着がつくられたり壊されたりする必要がある。このような一時的な接着複合体は**接着斑**(focal adhesion)と呼ばれ，細胞内部でアクチンと結合し，外部で細胞外環境と結合する。接着斑は100種類ほどの異なる分子によって構成される(Geiger and Yamada 2011)。これらの構成要素の1つが，接着斑の集合・安定化・分解に重要な接着斑キナーゼ(focal adhesion kinase：FAK)である(Mitra et al. 2005；Chacon and Fazzari 2011)。(オンラインの「FURTHER DEVELOPMENT 17.11：Turning the

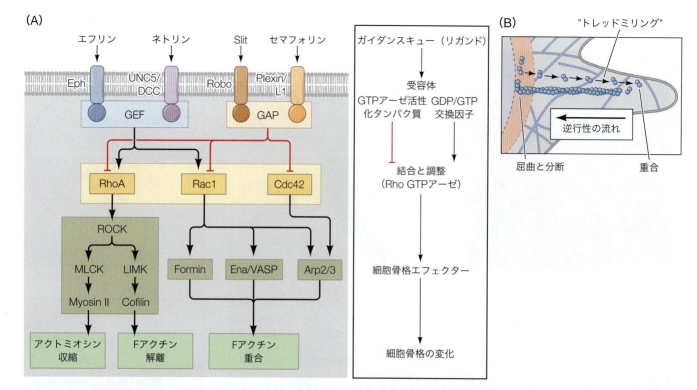

図17.24 Rho GTPアーゼは外部からのガイダンスシグナルを解釈し，アクチン細胞骨格へと伝える。(A)成長円錐へのガイダンスキューとなる4つの主要なタンパク質リガンド（エフリン，ネトリン，Slit，セマフォリン）は，アクチンマイクロフィラメントの安定化および不安定化に関与する受容体に結合する。低分子量GTPアーゼのRhoファミリー（RhoA, Rac1, Cdc42）は，受容体と細胞骨格を変化させる分子の間の橋渡し役を務める。(B)アクチンの"トレッドミリング"の模式図。アクチン単量体のプラス端からマイナス端への移動は，極性をもった重合と脱重合によって駆動される。（A は L. A. Lowery and D. Van Vactor. 2009. *Nat Rev Mol Cell Biol* 10：332-343；B は G. M. Cammarata et al. 2016. *Cytoskeleton* 73：461-476 より）

Growth Cone Requires Membrane Endocytosis」参照）

軸索ガイダンス

　成長円錐は特異的な結合を行うために，どのようにして多数の潜在的な標的を横断する方法を知るのだろうか？　Harrison（1910）は当初，先行する軸索に後続の軸索が導かれることによって〔このようなガイド役の軸索を**パイオニア神経繊維**(pioneer nerve fiber)という〕，軸索の成長の特異性がつくられると推測した[9]。この観察は，ニューロンがどのようにして適切な相互接続のパターンをつくるのかという問題を単純化した（解決はしていない）。しかしながら Harrison はまた，軸索が固相の基質上を成長するはずであることに留意し，胚表面の違いが軸索を特定の方向に走行させると推測した。最終的な結合は，標的の細胞表面での相補的な相互作用によって起こるのだろう：

> 感覚繊維と運動繊維は同じ神経束を走行するにもかかわらず，あるものは表皮，またあるものは筋肉というように，適切な末梢の結合をつくる。これらの結果から，それ

---

[9] パイオニアニューロンの成長円錐は，胚体内での標的までの距離がまだ短く，移動中に通過する胚組織がまだ比較的単純なうちに標的組織へと移動する。発生後期になると，他のニューロンはパイオニアニューロンに結合し，それを辿って標的組織に侵入する。Klose and Bentley（1989）は，いくつかのケースにおいて，"後追い"のニューロンが目的地に到達した後にパイオニアニューロンが消滅することを示した。しかし，パイオニアニューロンの分化が妨げられると，後追いのニューロンは標的組織に到達しない。

ぞれの種類の神経繊維と，支配を受けるべき特定の構造との間の表面反応の一種であることは明白である。

　ニューロン接続の特異性の研究は，次の3つの主要なシステムに焦点を当てて行われてきた。すなわち，(1)軸索が脊髄から特定の筋肉へと走行する**運動ニューロン**(17.7節参照)，(2)軸索が胚の正中線を横切って中枢神経系の反対側の標的を神経支配する**交連ニューロン**(17.8節参照)，(3)軸索が網膜から脳へ行きつく道を見つけなければならない**視覚系**(17.9節参照)である。すべての事例において，軸索の結合の特異性は3ステップに分けられる(Goodman and Shatz 1993)：

1. **経路の選択**。軸索がそれらを胚の特定の領域に導くルートに沿って走行する。
2. **標的の選択**。正しい位置に到達した軸索が，安定的な結合をつくる細胞を認識し，結合する。
3. **番地の選択**。標的細胞集団のなかでより小さな集団(ときには1細胞のみ)に軸索が結合するといったように，最初の結合パターンがより緻密になる。

　最初の2つの過程は軸索の経路を確立することであり，神経活動に依存しない。軸索がどこへ行きそしていつ止まるのか，どのように指示されるのだろうか？　これらの疑問は17.7節から17.10節で扱う。

　3番目の過程は，活性化したニューロン間の相互作用が関与している。これらの相互作用によって，重複のある神経軸索パターンから微調整された接続パターンへと転換される。

　軸索がその標的(通常は筋肉または他のニューロン)に接触したとき，**シナプス**(synapse)と呼ばれる特別な結合がつくられる(図17.22参照)。**シナプス前細胞**(presynaptic neuron；シグナルを伝達するニューロン)の軸索終末は，標的細胞である**シナプス後細胞**(postsynaptic cell)の細胞膜を脱分極および過分極させる化学的**神経伝達物質**(neurotransmitter)と呼ばれる分子を放出する。神経伝達物質は，2細胞の間のシナプス間隙に放出され，そこで標的細胞の受容体に結合する。シナプス形成については17.11節で詳述する。

17.7　運動ニューロンの内在的なナビゲーションプログラム

　神経管の腹外側辺縁にある神経細胞は運動ニューロンとなり，その成熟に向けた最初のステップの1つが標的特異性である(Dasen et al. 2008)。1つの筋肉に投射する運動ニューロンの細胞体は，脊髄の前後軸に沿ったカラムに凝集している(**図17.25A**；Landmesser 1978；Hollyday 1980；Price et al. 2002)。この凝集は**テルニカラム**〔column of Terni：CT(交感神経節前ニューロン)〕，**外側運動カラム**(lateral motor column：LMC)，**正中運動カラム**(medial motor column：MMC)にグループ分けされ，同様の場所にあるニューロンは同様の標的をもつ(図15.15参照)。運動ニューロンの標的は，軸索が伸び出す前に特定化される。これはLance-Jones and Landmesser (1980)の，ニワトリ胚の脊髄の前後をひっくり返して移植する実験から示された。運動ニューロンは異なる場所に移されたのちも，その軸索は新たな標的ではなく当初の標的に向かう(**図17.25B〜D**)。ニワトリ胚の後肢において，LMC運動ニューロンは後肢の背側の筋肉を支配するのに対し，MMC運動ニューロンは後肢の腹側の筋肉を支配する(Tosney et al. 1995；Polleux et al. 2007)。この運動ニューロンの配置は，脊椎動物全体に共通しているようである。

　まとめると，運動ニューロンは内在性の"プログラム"，つまり個々の運動ニューロンに

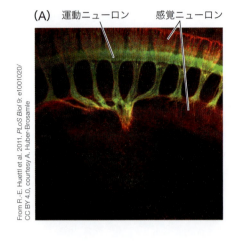
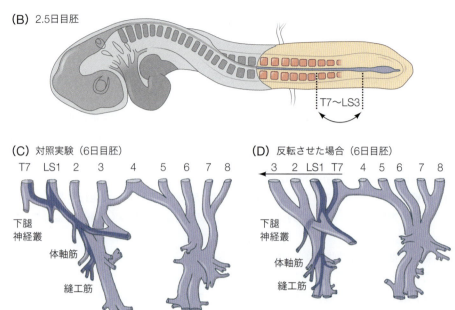

図17.25 ニワトリ胚における軸索開始位置の反転に対する補償機構。(A) 運動ニューロンと感覚ニューロンからの軸索は，筋肉の標的を見つける前に互いに束になる。運動神経（GFPで緑色に染色）と感覚神経（抗体で赤色に染色）は，マウスの10.5日目胚の肢芽に入る前に束化する。(B) 2.5日目胚において，T7〜LS3（胸部7から腰仙3節）を含む脊髄領域を反転させた。(C) 6日目における前肢の筋肉への正常な軸索投射パターン。(D) 6日目における反転させた脊髄からの軸索の投射。異所的に配置されたニューロンは，最終的に適切な神経経路を見つけ，適切な筋肉を神経支配した。(B〜DはC. Lance-Jones and L. Landmesser. 1980. *J Physiol* 302：581-602 より)

与えられた異なる細胞表面分子に従って標的を追い求める。ニューロンの表面に発現する分子の特定の組み合わせによって，進路や標的からのガイダンスキューに対する成長円錐の応答性が決定される。

> ### さらなる発展
>
> **運動ニューロンを標的である筋細胞へと導くガイダンス機構** 運動神経の標的特異性の分子基盤は，ニューロンの特定化において誘導されるLimタンパク質ファミリーによって制御されている（図17.26；Tsushida et al. 1994；Sharma et al. 2000；Price and Briscoe 2004；Bonanomi and Pfaff 2010）。例えば，すべての運動ニューロンがLimタンパク質Islet1およびそれに若干遅れてIslet2を発現する。もし他のLimタンパク質が発現しないと，体幹神経堤細胞と同様に，軸索が四肢の背側に発現する忌避因子セマフォリン3Fの受容体ニューロピリン2を合成するため，ニューロンは肢の腹側の筋肉に投射する。もし運動ニューロンがIslet1とIslet2に加えてLim1タンパク質も合成すれば，ニューロンは肢の背側の筋肉へと投射する。背側の筋肉に向かって軸索の伸長が引き起こされるのは，Lim1が肢芽の腹側でつくられる忌避因子エフリンA5の受容体であるEphA4の発現を誘導するからである。
>
> このように，運動ニューロンによる四肢の神経支配は忌避シグナルに依存する。しかしながら，体壁の体軸筋肉に入る運動ニューロンは，運動ニューロン自身がLhx3を発現することで化学誘引因子に惹かれて伸長する。事実，これらの軸索は発生中の筋肉に到達するために急旋回する（図17.26参照）。Lhx3は，皮筋節（筋肉の前駆細胞を含む体節領域）から分泌されるFGF群に対する受容体の発現を誘導する（19.5節参

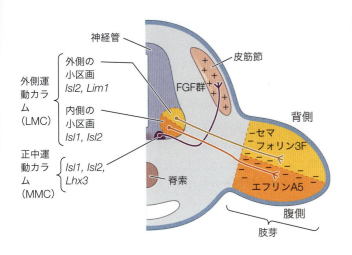

図17.26 運動ニューロンの組織化と，Limによるニワトリの前肢を支配する脊髄の特定化。3つの異なるカラムのそれぞれのニューロンは特定のセットのLimファミリー遺伝子（*Isl1*と*Isl2*を含む）を発現し，それぞれのカラムのニューロンは類似した経路選択の決定をする。正中運動カラム（MMC）のニューロンは，皮筋節から分泌されるFGFによって体軸筋に誘引される。外側運動カラム（LMC）のニューロンは，四肢の筋組織に軸索を伸ばす。これらのカラムは再分割され，内側の小区画（medial subdivision）は肢芽の背側のセマフォリン3Fに反発されて腹側に投射し，外側の小区画（lateral subdivision）は，腹側で合成されるエフリンA5に反発されて，肢芽の背側領域に軸索を伸ばす。(F. Polleux et al. 2007. *Nat Rev Neurosci* 8: 331-340 より)

照）。この過程は，古くから知られるモルフォゲン（FGF群）が，古典的にガイダンス分子によるとされていた方法で軸索を直接的に誘導するために働く一例である。この点については本章の後半で再び触れることにする。

細胞接着："道をつかむ"

軸索成長円錐が走行する最初の経路は，成長円錐が置かれる環境によって決定される。ニューロンの極性（細胞のどの部分から軸索を伸ばすのか）は，周囲にある細胞接着性のガイダンスキューにニューロンがどう反応するかによって大部分が決まる。このとき，インテグリンとN-カドヘリンは，細胞を取り囲む膜や細胞外基質（ECM）からのガイダンス因子に従って，ニューロンを方向付けるための受容体として働く（Ligon et al. 2001; Myers et al. 2011; Randlett et al. 2011; Gärtner et al. 2012）。

軸索が形成され始めると，成長円錐は異なる基質と出会う。成長円錐は特定の基質に結合し，しかるべき方向に移動する。基質によっては軸索がその方向へ成長するのを妨げることで，成長円錐の退縮を引き起こす。成長円錐は周辺環境のより親和性の高い場所を好んで移動し，ラミニンのような分子の行路を辿って標的へと向う（Letourneau 1979; Akers et al. 1981; Gundersen 1987）。細胞とECMの接着に加えて，成長円錐のナビゲーションを許容する基質をもたらす重要な細胞間接着によるコンタクトも存在する。

さらなる発展

神経束形成：軸索同士の接着　軸索の経路探索のための最も一般的な"線路"は，すでに"敷設"された軸索である。ある軸索が他の軸索に接着し，その軸索を利用して伸長する過程は**神経束形成**（fasciculation）と呼ばれる（図17.25A 参照）。例えば，運動ニューロンはそれぞれの最終的な標的の位置に固定されるかもしれないが（図17.25B～D 参照），感覚ニューロンは適切な接続を見つけるために運動ニューロンの軸索を必要とする（Hamburger 1929; Landmesser et al. 1983; Honig et al. 1986）。運動ニューロンのサブタイプは，感覚ニューロンを運動ニューロンへ接着させ，運動ニューロンに沿って走行させる特定の化合物（Ephなど）を産生するようである（Huetti et al. 2011; Wang et al. 2011）。

いったん軸索が軸索束へと束化されたのち，経路探索中の成長円錐はどのように束から離れて別の方向へと進むのだろうか？　脊髄神経による経路探索が，この疑問に

答えている。脊髄神経の軸索たちは共に伸長する過程で，NCAM〔神経細胞接着分子（neural cell adhesion molecule）；免疫グロブリンスーパーファミリーに属する糖タンパク質〕を使って束化する。しかし，軸上筋（背中の筋肉）を神経支配する軸索が背側で分岐するには，NCAMがポリシアル酸（PCA）で修飾される必要がある。PCAによる修飾は，NCAM同士によるホモフィリックな相互作用を一過性に壊し，それによって脱束化と，上述のFGF群のような因子に応答した異なる経路の探索を促進する（Tang et al. 1992；Allan and Greer 1998）。

EphとNCAMは，運動ニューロンとそれに関連した感覚ニューロンとの密接な接着による接続を制御する，**局所的な接触を介したガイダンスキュー**の例である（図17.26参照）。

近距離および長距離ガイダンス分子："道路標識"

胚体内の環境におけるナビゲーションは，私たちが身の回りで目的地への道を見つけるために使う交通標識や信号機，案内看板などとよく似た働きをする分子によって先導される。科学者たちは成長円錐がその道中で下す決断の多くは，胚の特定の領域へ誘引されるか，そこから弾き出されるかの二択であると解釈してきた（図17.23参照）。成長中の軸索の誘引と反発を引き起こすシグナルは，エフリン，セマフォリン，ネトリン（netrin）そしてSlitといった，4つの主要なタンパク質ファミリーに分類される。これらのタンパク質のいくつかは，神経堤細胞の移動を制御するものと同じであることに気がついただろうか（Kolodkin and Tessier-Lavigne 2011参照）。ガイダンスシグナルが誘引または反発のどちらに働くかは，(1)そのシグナルを受け取る細胞のタイプと，(2)細胞がシグナルを受け取る時間に依存する。最も興味深いことは，神経発生において，成長円錐がかつては無視したり積極的に誘引されたりしたのと同じ分子に反発するようになるなど，成長円錐の反応性を動的に変化させるメカニズムが採用されていることである。

エフリンとセマフォリン：反発パターン

2つの膜タンパク質ファミリーのメンバーであるエフリンとセマフォリンは，軸索の解剖学的なパターン形成において，反発を誘導する主要なガイダンスキュー（ただしこれだけに限らない）として働くことが知られている。まさに神経堤細胞が硬節の後方を通ることが阻害されているように（17.3節参照），後根神経節と運動ニューロンからの軸索も，硬節の後方を避けて前方のみを通過する（**図17.27A**および図17.14参照）。Davies（デイヴィス）らは1990年，体節の後方領域から単離した膜成分が成長円錐を萎縮させることを示した（**図17.27B, C**）。このような成長円錐はエフリン受容体のEphとセマフォリン受容体のニューロピリンを発現しており，硬節の後方に存在するエフリンとセマフォリンに反応する（Wang and Anderson 1997；Krull et al. 1999；Kuan et al. 2004）。このような方法で，神経堤細胞の移動ルートを決めるものと同様のシグナルが，脊髄神経

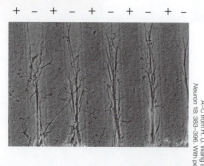

図17.27 後根神経節の成長円錐の反発。(A)それぞれの硬節の前方（後方でなく）区画を移動する運動ニューロンの軸索。(B) in vitro 解析：ラミニンの表面にエフリンをストライプ状に塗布した（＋）。運動ニューロンの軸索はエフリンを欠く場所（－）のみで成長する。(C)エフリンによる成長円錐の阻害（培養10分後）。左側の写真は阻害因子を含まない基質上にある軸索を示す（対照群）。右側の軸索は体節の後方にみられるエフリンにさらされた軸索。

の走行パターンも制御する。（オンラインの「FURTHER DEVELOPMENT 17.12：The Classic Example of Semaphorin-Mediated Repulsion of the Grasshopper Sensory Axon」参照）

さらなる発展

セマフォリン：成長円錐を崩壊させるもの　哺乳類と鳥類でみられるセマフォリン3ファミリーのタンパク質は，コラプシン（collapsin）という呼び名でも知られる。これらの分泌タンパク質は，後根神経節から発せられた軸索の成長円錐を崩壊させる（Luo et al. 1993）。後根神経節には複数のタイプのニューロンが存在していて，これらから伸びる軸索は脊髄背側に入る。これらの軸索の多くは，セマフォリン3の存在によって腹側の脊髄に行くのを妨げられて，脊髄背側で止まるが，一部の軸索には腹側まで移動するものもある（図17.28）。これらの特殊な軸索は，他のニューロンとは異なりセマフォリン3による阻害を受けない（Messersmith et al. 1995）。この発見から，セマフォリン3が特定の軸索を選択的に反発することで，後根神経節から伸びる軸索が脊髄の背側で終結するような投射パターンがつくり上げられることが示唆された。脳においても，ある領域でつくられたセマフォリンが他の領域から生じたニューロンの侵入を阻むというように，同様の構図がみられる（Marín et al. 2001）。

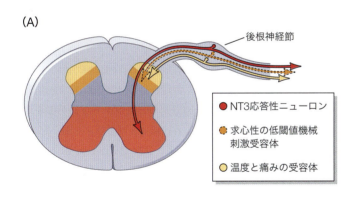

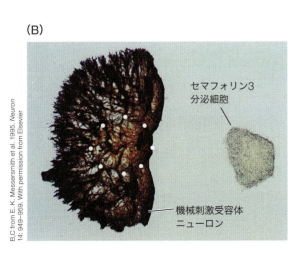

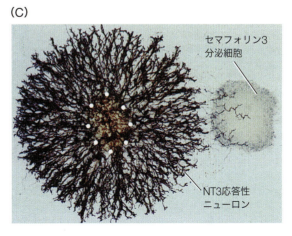

図17.28　腹側脊髄への軸索投射の選択的な阻害因子としてのセマフォリン3。(A)ラット14日目胚の脊髄における，セマフォリン3に関連する軸索の軌道。ニューロトロフィン3（NT3）に反応するニューロン（赤色）は脊髄の腹側領域まで移動できるが，機械刺激受容体と温度および痛み受容体ニューロンの求心神経軸索（オレンジ色と黄色）は背側で終わる。(B)セマフォリン3を分泌するトランスジェニックニワトリの繊維芽細胞は，機械刺激受容体の軸索の成長を阻害する。これらの軸索は，神経の成長を刺激する神経成長因子（NGF）を添加した培地においては成長するが，セマフォリン3の発信源への伸長は阻害される。(C)NT3に反応して成長するニューロンは，NT3存在下で成長するとき，セマフォリン3の発信源に向かって阻害されることなく軸索を伸ばす。(AはE. K. Messersmith et al. 1995. *Neuron* 14：949-959；J. Marx. 1995. *Science* 268：971-973より)

17.8 交連ニューロン：軸索はどのように道を横切ったのか？

発生中の神経系において軸索を導く化学走性のガイダンスキューの存在は，Santiago Ramón y Cajal（1892）によって最初に提唱された。彼は，交連ニューロンの軸索が神経管の背側から腹側の底板に伸びることに注目し，拡散性の分子がこの軸索への信号となっていると推測した。交連ニューロンは，からだの左右の運動活動を同調させる働きをもっている。そのためには，軸索は腹側正中を越えて反対側に伸びる必要がある。交連ニューロンの軸索は神経管の側方を通って腹側に下降をはじめ，3分の2ほど下ると，神経管の腹外側運動ニューロンの領域を通って，底板に向かって進行方向を変える（図17.29）。

背側に位置する交連ニューロンの軸索が腹側正中に誘引されるためには，2つのシステムがかかわるようである。最初のシステムにかかわるのはSonic hedgehog（Shh）で，交連ニューロンの軸索を腹側へと誘引する。底板でつくられ分泌されるShhは，腹側で高く背側で低い濃度勾配をつくって分布している（15.2節の中枢神経系のパターニングにおけるモルフォゲンとしてのShhの重要性を思い起こそう；図15.16参照）。Smoothenedの薬物による阻害またはコンディショナルノックアウトによってShhシグナルの伝達が失われると，腹側正中線に到達する交連軸索が減少する（Charron et al. 2003）。Shhシグナルによる交連軸索ガイダンスはオルタナティブな受容体Brother of Cdo（BoC）を介した**非標準的**な方法で行われ，Gliを介した転写制御とは独立している（図4.24；Okada et al. 2006；Yam et al. 2009参照）。興味深いことに，Shhを受け取れなくても交連軸索の正中での交差がすべてなくなるわけではないことから，他の因子も関与していることが示唆される。その他の因子とは……

ネトリン

1994年にSerafini（セラフィニ）らは，交連ニューロンを導くかもしれない推定上の拡散分子を探索できる解析法を開発した。ニワトリ胚から単離した脊髄背側の組織片を，底板の組織片とともにコラーゲンゲル上で培養すると，脊髄背側の組織片からの交連ニューロン軸索の成長が促進された。Serafiniらはニワトリ胚の脳ホモジネートの分画を取り，その中に含まれるタンパク質が上述した脊髄背側の培養組織片と同じ反応を引き起こすかを調べた。この研究の結果，**ネトリン-1**（netrin-1）と**ネトリン-2**（netrin-2）という2つのタンパク質が同定された。ネトリン-1はShhと同様に底板でつくられて分泌されるのに対し，ネトリン-2は底板でなく脊髄の腹側で合成される（図17.29B参照）。近年では，交

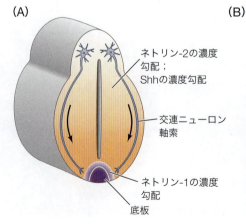
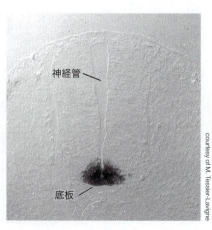

図17.29 ラットの脊髄における交連神経軸索の軌道。(A)交連ニューロンは最初にSonic hedgehogとネトリン-2の濃度勾配を経験したのち，ネトリン-1の急な濃度勾配を経験するというモデルの模式図。交連ニューロンの軸索は，走化作用によって底板に向かって脊髄の側方を腹側へと導かれる。底板に到達すると，底板の細胞からの接触ガイダンスにより，軸索の方向が変化する。(B)オートラジオグラフィーによるネトリン-1 mRNAの局在。若いラット胚の後脳においてアンチセンスRNAによって*in situ*ハイブリダイゼーションした。ネトリン-1のmRNA（暗い領域）は底板のニューロンに集積する。

連ニューロンの成長円錐ははじめにネトリン-2とShhの勾配に出会い，これによりネトリン-1が急な濃度勾配をつくって分布している領域に軸索が導かれる，というモデルが提唱されている。これらのネトリンは，交連ニューロンの成長円錐に発現するDCCとDSCAMという受容体によって認識される（Liu et al. 2009）。

さらなる発展

ネトリンは正反対の２つの機能をもつガイダンスキューである

ネトリンタンパク質は，線虫（*C. elegans*）の体壁周囲での軸索移動の方向付けに関与するUNC-6というタンパク質と，構造的に相同性のある領域を多くもつ（9.4節参照）。野生型の線虫では，UNC-6は中央に位置する感覚ニューロンから軸索が腹側に移動するのを促し，その一方で，腹側に位置する運動ニューロンから軸索が背側に伸びるのを促す。*unc-6*の機能喪失型変異体では，これらの移動がともに起こらなくなる（Hedgecock et al. 1990；Ishii et al. 1992；Hamelin et al. 1993）。さらに，*unc-40*遺伝子の変異体では，背側ではなく腹側への軸索移動が中断され，*unc-5*遺伝子の変異体では，腹側ではなく背側への移動が阻害される（図17.30）。

遺伝学的および生化学的な証拠から，UNC-5とUNC-40がUNC-6受容体複合体の一部であり，UNC-5はUNC-40を介した誘引を反発に変えられることが示唆された（Leonardo et al. 1997；Hong et al. 1999；Chang 2004）。さらに，*in vitro*の研究から，Shh，ネトリン，その他の誘因分子は，成長円錐の応答を仲介するために**Srcファミリーキナーゼ**（Src family kinase：SFK）を介して機能することが示された（Li et al. 2004；Meriane et al. 2004；Yam et al. 2009；Ruiz de Almodovar et al. 2011）。ネトリンとShhシグナルは，成長円錐でのSFK活性を極性化し，軸索ガイダンスを制御するために，共に働かなければならない（Sloan 2015）。

科学には相互依存性がある。脊椎動物のネトリン遺伝子の研究が線虫における相同遺伝子の発見につながったように，線虫の*unc-5*遺伝子の研究が哺乳類のネトリン受

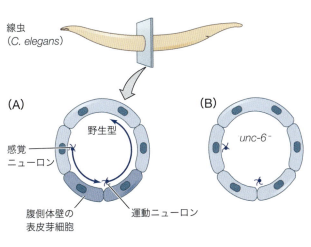

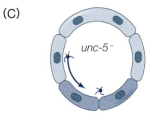

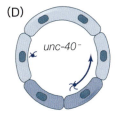

図17.30 軸索ガイダンスにおけるUNCの発現と機能。(A) 野生型の線虫（*C. elegans*）胚において，感覚ニューロンは腹側に，運動ニューロンは背側に投射する。腹側体壁のUNC-6を発現している表皮芽細胞を濃い青色で示した。(B) *unc-6*変異をもつ胚においては，どちらの移動も起こらない。(C) *unc-5*の機能喪失型変異体は，運動ニューロンの背側の移動のみに影響が出る。(D) *unc-40*の機能喪失型変異体は，感覚ニューロンの成長円錐の腹側への移動のみに影響が出る。(C. S. Goodman. 1994. *Cell* 78：353-356より)

612 | PART IV 外胚葉の構築

発展問題

ここでは，交連軸索の底板(floor plate)への誘引において，Shhがその役割の一端を担うことを学んできた。それでは他の古典的なモルフォゲンシグナルについてはどうだろうか？　神経管の背側から分泌されるBMP群は，背腹方向の軸索の経路検索に影響を与えるだろうか？　また，神経管にて前後軸に沿った濃度勾配をもって発現するWnt群は，長軸方向の軸索ガイダンスに影響を与えるだろうか？

容体をコードする遺伝子の発見につながった。この遺伝子の変異は，マウスにおいて吻側小脳形成異常(rostral cerebellar malformation)と呼ばれる疾患を引き起こすことが判明した(Ackerman et al. 1997；Leonardo et al. 1997)。同様に，ネトリンの受容体であるDCCは，ヒトの癌に関連する遺伝子変異の解析から大腸癌抑制遺伝子(**d**eleted in **c**olorectal **c**ancer)の頭文字を取って名づけられた。

SlitとRobo

交連軸索が正中線を越え，**反対側**(つまり神経の細胞体が存在する側の中枢神経系と反対側)に伸長するためには，原動力となる反発性のガイダンスキューが必要なようである。重要な化学忌避分子群の1つが，正中線の細胞で発現し分泌される**Slit**タンパク質である(Neuhaus-Follini and Bashaw 2015；Martinez and Tran 2015)。例えばショウジョウバエにおいて，神経索正中部のグリア細胞から分泌されるSlitは，軸索が正中を横切ることを阻害する。

Slitの受容体は，**Roundabout**タンパク質，Robo1[10]，Robo2，Robo3である(Rothberg et al. 1990；Kidd et al. 1998；Kidd et al. 1999)。経路探索中の神経の成長円錐で発現するRobo受容体は，Slitシグナルを正中線を横切って移動するのを妨げる反発力として読み取り，発現しているRobo受容体の組み合わせによって，縦走神経索[11]において正中線からの遠近が決められる(Rajagopalan et al. 2000；Simpson et al. 2000；Bhat 2005；Spitzweck et al. 2010)。Slitの欠損や，Robo1とRobo2の複合欠損では，軸索の早期の交差が生じたり，正中線からの遠近が取れず長軸方向に伸びる軸索が正中線上でひとまとまりの束となる(図17.31)。これらの結果や他の研究の結果から，正中線の片側からもう片側へと交差する交連ニューロンの軸索は，正中線へ近付くにつれてRobo1/2タンパク質の発現を低下させることで一時的に反発を回避する，というモデルが導き出された。成長円錐が胚の正中を横切ると，交連ニューロンは成長円錐でのRoboの発現を再開し，Slitによる正中線の反発作用に再び反応するようになる(Brose et al. 1999；Kidd et al. 1999；Orgogozo et al. 2004)。

さらなる発展

成長円錐はどのようにガイダンスキューに対する応答性を素早く変化させることができるのだろうか？　ショウジョウバエにおいて，応答性の機構変化は，交差する前の軸索のみに発現するCommissureless(Comm)と呼ばれるエンドソームタンパク質によって制御されている。Commは，Roboタンパク質を細胞膜に発現させることなくリソソーム経路へと導く。ショウジョウバエではこのエンドソームタンパク質による輸送機構により，おそらく*robo*遺伝子の発現調節を介するよりも素早く，正中線を交差する交連軸索の応答性の変化を可能にしている(図17.32A；Keleman et al. 2002；2005；Yang et al. 2009)。

脊椎動物も正中線での反発にSlitおよびRoboシグナルを用いているが，正中線の交差前後の軸索における成長円錐の応答性の切り替えにはいくらか違いがある。脊椎動物では，いくつかのSlit(1から3)タンパク質とRobo(1から4)タンパク質が存在

10　歴史的にショウジョウバエのRoundabout1は単にRobo(数字の1を付けない)と呼ばれてきたが，混乱を避けるために，ここではRobo1と表記する。

11　軸索の通り路は，中枢神経系では"索(tract)"と呼ばれ，末梢神経系では"神経(nerve)"と呼ばれる。

第17章 神経堤細胞と軸索特異性 613

(A) Slitタンパク質

(B) Roboタンパク質
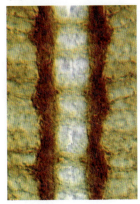

(C) 野生型

(D) Slit-/-

図17.31 ニューロン軸索による正中横断のRobo/Slit制御。ショウジョウバエの中枢神経系におけるRoboとSlitの発現。(A)抗体染色は，正中のグリア細胞におけるSlitタンパク質を示す。(B) Roboタンパク質は，縦走神経束（中枢神経系の軸索の足場）のニューロンにみられる。(C)野生型の中枢神経系の軸索の足場は，正中を横切り梯子状配置のパターンをつくる。(D)すべての中枢神経のニューロンに対する抗体で，Slit機能喪失型変異体の中枢神経軸索を染色した結果を示す。軸索は正中に侵入するがその場を離れることができない（かわりに正中に沿って走行する）。

All images from T. Kidd et al. 1999. Cell 96: 785–794, courtesy of C. S. Goodman

する。さらにRobo3は2つのアイソフォームであるRobo3.1とRobo3.2をもち，Robo3.1は交差前の交連軸索に，Robo3.2は交差後の交連軸索に発現する（Mambetisaeva et al. 2005）。ニューロンが正中線に向かって軸索を伸ばすと，同側（つまりニューロンの細胞体が存在する側の中枢神経系と同じ側）に留まることを定められた軸索はRobo1とRobo2を発現し，そのためSlitによって正中線を交差することを妨げられる（図17.32参照）。一方でRobo3.1を発現する軸索は，正中線を横切ることができる。

　正確なメカニズムは不明だが，マウスで*Robo3.1*をノックダウンすると交連軸索が正中線を横断できなくなることから，Robo3.1は正中線の交差を積極的に促進するようである。いったん交連ニューロンの成長円錐が正中線を越えると，Robo3.1の発現は低下し，Robo1, 2, 3.2の発現が上昇する。このようなRobo発現の組み合わせの変化が，Slitが化学忌避因子として最大限の力を発揮することを可能にし，それによって成長円錐を正中線から遠ざけ，再び正中線を交差することを防いでいる（図17.32B；Long et al. 2004；Sabatier et al. 2004；Woods 2004；Chen et al. 2008）。

　Robo3.1の発現低下とあわせて，正中線における成長円錐の応答性の変化は，ニューロンが正中線への誘引因子であるSonic hedgehogの濃度勾配をどのように解釈するかを変化させることによって強化される。正中線交差後の軸索では，成長円錐のShhシグナルに対する振る舞いを誘引から反発へと変化させるために，プロテインキナーゼA（PKA）を介して働く14-3-3タンパク質の発現が上昇する（図17.32B；Yam et al. 2012参照）。このように，正中線交差前後の軸索におけるSlit-RoboシグナルおよびShhシグナルの正確な時空間的制御が，交連ニューロンの形成を可能にし

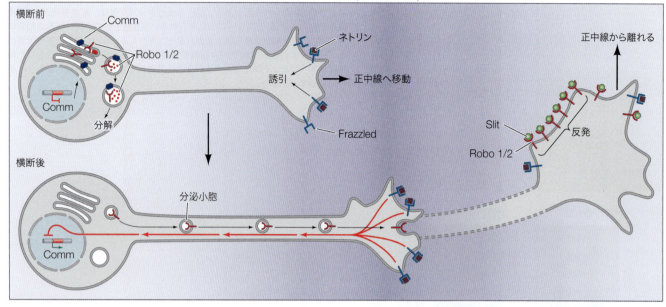

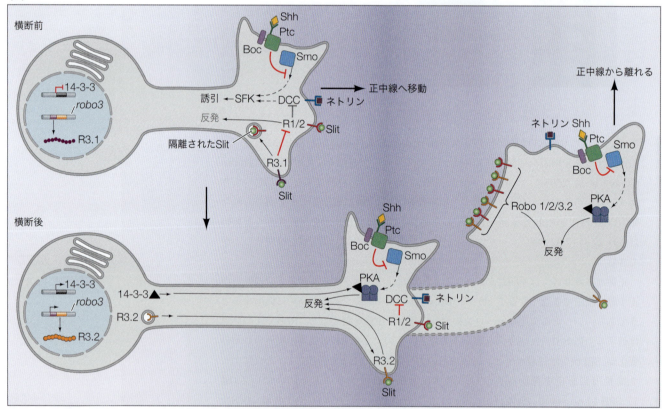

図17.32 正中線を横切る交連ニューロンの軸索ガイダンスのモデル。模式図は，(A)ハエの腹側神経索または(B)マウスの神経管における，左半球にある1細胞の交連ニューロンを示す。Slit-Roboシグナルはどちらの場合でも反発を仲介する。(A)ハエでは，Commissureless (Comm)によってRobo受容体がリソソーム経路へと導かれ分解されるため，交差前の軸索は基本的にSlitによる反発を認識できない。しかしいったん正中線に達すると，ネトリンの受容体であるFrazzledを介したシグナル伝達が高まり，Commの発現減少が引き起こされる。こうしてRoboが成長円錐へと再び運ばれることで，Slitを介した反発が起こり，軸索が正中線を再び横断して元の側へ戻らないようになっている。(B)マウスでは，ネトリンはFrazzled/DCC受容体を，Sonic hedgehog (Shh) はPtc-Boc-Smo受容体複合体を介して，正中線へと交差前の交連軸索を誘引する。交差後の軸索では，14-3-3タンパク質の発現が上昇し，Shhシグナル下流のPKAに影響を与えることでShhへの応答性を変化させる。脊椎動物において，Robo1/2 (R1/2) 受容体はネトリンとDCCの結合を抑制する能力がある。したがって，交差前の軸索では通常，R1/2による反発とSlit-Roboによる反発を弱める必要がある。Robo3.1 (R3.1) アイソフォームはおそらくRobo1/2を阻害するように働くことで，ネトリンを介した誘引を可能にする。さらに，Robo3.1はSlitを競合的に隔離することで，ガイダンス自体には直接かかわらないが，Robo1/2へ結合できるSlitを減少させるようである。しかし交差後の軸索では，Robo3.2 (R3.2) アイソフォームの発現が上昇し，Robo3.1アイソフォームの発現は失われる。Robo3.2はRobo1/2と同じように，Slitを典型的な忌避因子として認識するようである。

ている。ヒト*ROBO3*遺伝子の変異は，脳の髄質において片側からもう片側への軸索の正常な交差を妨げる（Jen et al. 2004）。それによる多くの機能障害の1つとして，この変異をもつ人は眼球運動を協調させることができない。（オンラインの「FURTHER DEVELOPMENT 17.13：The Early Evidence for Chemotaxis」「SCIENTISTS SPEAK 17.6：Original Identification of Sonic Hedgehog as a Midline Attractant in the Mouse Spinal Cord」参照）

発展問題

正中線を軸索が交差する間，Robo3の選択的スプライシングはどのように時間的に制御されているのだろうか？ さらに，Robo3.1とRobo3.2は正中線への誘引と反発を仲介するためにどのように機能するのだろうか？

17.9 網膜神経節軸索の旅路

本章で言及した神経特定化と軸索の特異性に関するほぼすべての機構は，網膜ニューロンが脳の視覚野に軸索を伸ばすという現象においてもみることができる。いくつかの違いはあるものの，網膜の発生と軸索ガイダンスは脊椎動物を通してほぼ保存されている。例えば運動ニューロンと同様に，転写因子であるLIMファミリー（Islet-2）は，細胞運命を特定化するために発生中の網膜神経節層において異なる発現を示し，最終的には視蓋への経路を探している軸索を導くために，成長円錐の受容体の組み合わせを決定する（Beja-rano-Escobar et al. 2015に詳述）。ここでは網膜と脳を接続するメカニズムに目を通しつつ，これまでにみてきた発生戦略とのつながりを新たな文脈からみてみよう。

網膜神経節の軸索の視神経への成長

網膜神経節細胞（retinal ganglion cell：RGC）の軸索が視蓋の特定の標的領域に辿りつくための最初のステップは，網膜内（眼杯の神経網膜）で起こる。RGCが分化するに従って，網膜の内縁部におけるRGCの位置が，細胞膜上のカドヘリン（N-カドヘリンと網膜特異的R-カドヘリン）によって決定される（Matsunaga et al. 1988；van Horck et al. 2004）。RGC軸索は，網膜の内側表層に沿って視神経乳頭（optic disc；視神経の頭部）に向かって成長する。成熟したヒト視神経は100万以上の網膜神経節の軸索を含む。（オンラインの「FURTHER DEVELOPMENT 17.14：Intraretinal Guidance：How Do RGC Axons Even Leave the Eye in the Right Place?」）

網膜神経節の軸索は視交叉を通って成長する

哺乳類でない脊椎動物では，RGCの軸索の最終的な目的地は**視蓋**と呼ばれる脳の一部だが，哺乳類ではRGCの軸索は外側膝状体に投射する。どちらの場合も，軸索は正中線を横切って，**視交叉**（optic chiasm；ギリシャ語のχに由来する）と呼ばれる特徴的な眼構造を形成する（図17.33B参照）。多くの場合，脳内のRGCの軸索はアストログリア（星状膠細胞）の基質上を辿る（Bovolenta et al. 1987；Marcus and Easter 1995；Barresi et al. 2005）。ラミニンは，正中線の横断と視交叉の形成を促進させるようである。

非哺乳類のRGCの軸索は，視交叉を横切る際も，"視索"に沿って視蓋へ移動する際も，ラミニンで覆われたグリア細胞上を走行する。ラミニンは脳の非常に限られた領域に分布しており，視索のラミニンは視神経繊維がこの上を成長する間のみ存在している（Cohen et al. 1987）。このようにグリア細胞は，RGCの軸索が眼球から視蓋へと選択的に伸長するための一過的なラミニンの道を提供している。しかし道路があるからといって，それが必ずしもどの方向へ進めばよいのかを示しているわけではない。RGCの成長円錐は，どのように正中線を横切り，視蓋や外側膝状体へと導かれるのだろうか？

RGCの軸索は，ネトリンを発現する道を介して眼球の外へと導かれ，視神経を通過する。軸索は周囲にあるセマフォリンの反発によって，この道から外れないようにされている（図17.33A；Harada et al. 2007）。RGCの軸索は正中線に到達すると，正中線を横切

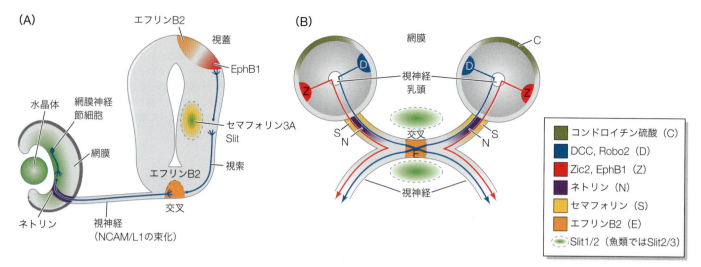

図17.33 複数のガイダンス因子が網膜神経節細胞(RGC)の軸索を視蓋へ導く。ネトリン, Slit, セマフォリン, エフリンファミリーに属するガイダンス分子は, RGCの成長円錐を導く経路に沿って, いくつかの部位の別々の領域において発現する。RGC軸索はおそらくコンドロイチン硫酸によって網膜外縁から反発される。視神経乳頭(optic disc)において, 軸索は網膜から出て, ネトリン/DCCを介した誘引に導かれて視神経に入る。視神経内で軸索は, 阻害的な相互作用によって経路から外れないように保たれる。視交叉において, Slitタンパク質は阻害ゾーンをつくる。腹耳側網膜のZic-2を発現する神経節は, Eph B1を発現する軸索を伸ばす。これによって, この軸索は視交叉のエフリンB2に反発されて, 同側の標的に終結する。網膜正中部のニューロンはEph B1を発現しておらず, 視交叉を横切って対側に進む。(A)横断切片。(B)背側から見た像。すべてのガイダンス因子が示されているわけではない。(AはF. P. van Horck et al. 2004. *Curr Opin Neurobiol* 14：61-66より；BはT. C. Harada et al. 2007. *Genes Dev* 21：367-378より)

発展問題

RGCの軸索は, その移動中の大部分においてアストログリアと接触しているようである。このニューロン-グリア間の相互作用には, どのような意味があるのだろうか？ また, この相互作用を助けるために, どのような特定の分子が重要なのだろうか？

りまっすぐ進み続けて視交叉を形成するか, 90°曲がって同側の脳に残るかを"決定"しなければならない。哺乳類や魚類における視交叉の周辺は, Slitを発現する回廊(正中線に対して垂直)によってRGC軸索の通り路が囲まれているようである(図17.33B)。このSlitによる反発は, 視交叉の外側へ向けた軸索の不適切な探索を防いでいる。このように, 視交叉はSlitを利用して正中線上に形成されるが, ここでは脊髄腹側の正中線で用いられるSlitを介した反発とはかなり異なる戦略が用いられている(図17.32参照)。網膜でも同様に, Robo2が視交叉の形成される前脳の腹側へのRGCの誘導の主要な仲介因子のようである(図17.33B参照；Erskine et al. 2000；Hutson and Chien 2002；Plump et al. 2002；Barresi et al. 2005)。

魚類とカエルでは, すべてのRGCの軸索が視交叉を越えて対側へ向かう。しかし哺乳類では, RGCの軸索の一部は細胞体と同側に残る。脳の対側に行かない軸索は, 視交叉に入ると反発作用により横断を阻止されるようである(Godement et al. 1990)。この反発は, 視交叉を占める細胞で発現するエフリンとShhに影響されるようである。これらの正中線の合図は, 対側へ投射するRGCに特異的に発現する受容体EphとBocによって伝えられる(Cheng et al. 1995；Marcus et al. 2000；Fabre et al. 2010)。(オンラインの「FURTHER DEVELOPMENT 17.15：How Does an Ipsilateral RGC Axon Interpret Ephrin and Shh as a Decision Not to Cross?」)

17.10 標的の選択：「もう着いた？」

いくつかの状況において, 同じ神経節内の神経が異なる標的をもつことがある。神経細胞はどうやって, どの細胞とシナプスを形成するのかを知るのだろうか？ 軸索の経路探索について議論した際, その冒頭で軸索の標的は受動的ではなく, 積極的に接続の形成に関与することを述べた。成長円錐を標的組織へと導くリガンドと受容体の特異性の一般的

なメカニズムは，成長円錐の最終的な目的地となる細胞において，標的をより絞り込む役割も担う．軸索を正しい行き先へと向けさせる重要なシグナルとは何なのだろうか？

化学走性タンパク質：化学的な番地

化学走性(chemotaxis)とは，環境中の化学物質に反応して，ある物体(分子，細胞，組織，または生物)が方向性をもって動くことである．このような化学物質は満遍なく存在したり，発現が異なったりする．ここでは神経の接続を形成するために重要な2つの化学走性タンパク質について簡単に説明する．

エンドセリン 上頸神経節(superior cervical ganglia；頸部で最大の神経節)のニューロンには，頸動脈に向かって伸びるものと，そうでないものがある．上頸神経節から頸動脈に向かう軸索は，そこにつながる血管を辿って頸動脈に伸びる．これらの血管は，**エンドセリン**(endothelin)と呼ばれる小さなペプチドを分泌する．エンドセリンは血管を収縮させるという成体での機能に加えて，特定の神経堤細胞(腸に入るもの)や，膜上にエンドセリン受容体をもつ特定の交感神経系の軸索の移動をガイドするというような，胚発生における役割ももっているようである(Makita et al. 2008)．(オンラインの「FURTHER DEVELOPMENT 17.16：Bmp4 and Trigeminal Ganglion Neurons」参照)

ニューロトロフィン いくつかの標的細胞は**ニューロトロフィン**(neurotrophin)[12]と総称される化学走性タンパク質群を産生する．ニューロトロフィンには，神経成長因子(nerve growth factor：NGF)，脳由来神経栄養因子(brain-derived neurotrophic factor：BDNF)，保存ドーパミン神経栄養因子(conserved dopamine neurotrophic factor：CDNF)，そしてニューロトロフィン3と4/5 (neurotrophin 3, 4/5：NT3, NT4/5)などの種類がある．これらのタンパク質は潜在的な標的組織から放出され，化学走性因子か化学反発性因子のいずれかとして短距離で働く(Paves and Saarma 1997)．各々のニューロトロフィンはいくつかの軸索を阻害しつつ，特定の軸索の成長をその発信源に向けて促し，誘引することができる．例えば，ラットの後根神経節に由来する感覚ニューロンはNT3の発信源に誘引されるが(図17.34)，BDNFによって阻害される．

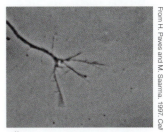
0分

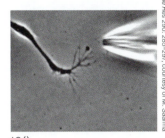
10分

図17.34 NT3に反応して方向を変えるラット胚の後根神経節からの軸索．写真は，10分間の成長円錐の方向転換を記録したもの．同じ成長円錐は他のニューロトロフィンには反応しなかった．

定量的か定性的か

軸索の標的への連結は，"デジタル"と"アナログ"のいずれかで行われる．アナログモードにおいては，異なる軸索が標的の同じ分子を認識するが，標的に存在する分子の量が接続の形成に重要となる．魚の脳において網膜ニューロンが脳内の視蓋に連結するケースがこれにあたるようである(Gosse et al. 2008)．デジタルな状況では，特定の結合が特異的なニューロンと形成されるように，きわめて分子特異的で**定性的**に結合する可能性もある．ショウジョウバエの網膜ニューロンは，定性的な認識の一例であろう．ショウジョウバエの*Dscam*遺伝子は，同じニューロンの樹状突起が互いに接触するのを妨げる膜接着タンパク質で，数千に及ぶスプライシングアイソフォームをもつ(3.6節および図3.25参照)．このような非常に多様なタンパク質があることで，特定のニューロンが高度に特異的に標的ニューロンを認識できるようにしているのだろう(Millard et al. 2010；Zipursky and Sanes 2010)．神経結合の複雑さを考えると，定量的および定性的な両方のガイダン

---

[12] 神経親和性(neurotropic)と神経栄養性(neurotrophic)という用語もややこしい．neurotropic (ラテン語でtropicusは"旋回運動"の意)は，何かがニューロンを引きつけることを意味する．neurotrophic (ギリシャ語でtrophikosは"看護または育てる"の意)は，成長因子を供給することによりニューロンを生存させておく能力をもつ因子という意味である．これらの物質の多くが両方の性質をもつため，ニューロトロピン(neurotropin)あるいはニューロトロフィン(neurotrophin)と呼ばれている．最近の文献では，ニューロトロフィンのほうがより広く使われているようである．

ス因子が使われている可能性が高い(Winberg et al. 1998)。

網膜神経による標的の選択：「百聞は一見にしかず」

網膜軸索がラミニンの並んだ視索の終点までくると，束になっていた軸索が広がり視蓋の特定の標的を見つける。カエルと魚における研究から（これらの動物では網膜ニューロンのほとんどが反対側の脳に投射する），網膜神経節の軸索が，視蓋の特定領域（細胞もしくは小さな細胞集団）に電気信号刺激を送ることが示された（図17.35A；Sperry 1951）。カエルの脳には左右2つの視蓋がある。右眼からの軸索は左の視蓋とシナプスをつくり，左眼からの軸索は右の視蓋でシナプスをつくる。

網膜とカエル視蓋の結合マップ——**網膜視蓋投射**(retinotectal projection)——は，Marcus Jacobson(マーカス・ジェイコブソン；1967年)によって詳細に示された。Jacobsonは細いビームを網膜の小さな限られた領域に照射し，視蓋のどの細胞が刺激されているかを記録電極によって注記することで，このマップを作成した。アフリカツメガエルの網膜視蓋投射を図17.35Bに示す。網膜の腹側部分(V)に当たった光は，視蓋の正中側(M)の細胞を刺激する。同様に，網膜の側頭部(後方)(T)に当たった光は，視蓋の吻側(R)の細胞を刺激する。これらの研究から，網膜と視蓋の細胞が一対一で対応することが示された。網膜の細胞が活性化すると，視蓋の非常に特異的な小集団の細胞が刺激される。さらに，点はつながりをつくる(つまり，網膜内の隣接点は視蓋の隣接点に投射する)。この配列が，カエルが完全な像を見ることを可能にしている。Sperry (1965)はこの複雑性を説明するために，**化学的親和性仮説**(chemoaffinity hypothesis)を提唱した：

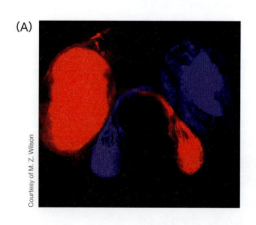
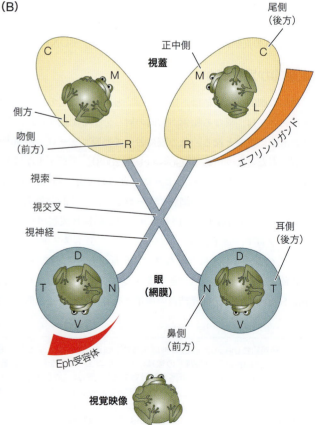

図17.35 網膜視蓋投射。(A)ゼブラフィッシュ(5日目胚)の視蓋に入る軸索の共焦点顕微鏡写真。アガロースにのせたゼブラフィッシュ胚の眼に蛍光色素を注入した。染料が軸索上を拡散してそれぞれの視蓋まで広がり，右眼から左の視蓋にゆく網膜軸索が染まった(逆も同様)。(B)成体のツメガエルにおける正常な網膜視蓋投射のマップ。右眼が左の視蓋を神経支配し，左眼が右の視蓋を神経支配する。網膜の背側部(D)が，視蓋の側方領域(L)を神経支配する。網膜の鼻領域(前部)は，視蓋の尾部(C)に投射する。(K. G. Johnson et al. 2001. In *eLS*. doi：10.1038/npg.els.0000789 より)

脳の複雑な神経繊維回路は，遺伝子の制御下で複雑な化学コードを使って成長し，組み立てられ，構造化される。胚発生の初期段階で，数百万に達する神経細胞が個々の識別タグ（化学的性質）を獲得し，その後それらを保持する。これによって神経細胞は互いに区別および認識される。

　最近の理論では，それぞれの軸索とそれに接するニューロンとの間に点と点の特異的な接続があるとは考えられていない。むしろ，接着性の勾配（特に反発を伴うもの）が軸索の入る領域を定める役割を果たし，そしてニューロン間の活動に依存した競合が最終的な接続を決めることが示されている。

さらなる発展

視蓋の異なる領域における接着特異性：エフリンとEph　網膜神経節細胞が視蓋の領域を区別できるというよい証拠がある。ニワトリの神経網膜の腹側半分からとった細胞は，優先的に視蓋の背側（内側）半分に接着する（逆もしかり）（Gottlieb et al. 1976；Roth and Marchase 1976；Halfter et al. 1981）。網膜神経節細胞は，背腹軸に沿ってつくられる転写因子の濃度勾配によって特定化される。背側の網膜細胞は高濃度のTbx5転写因子の発現によって特徴付けられ，腹側の細胞は高レベルのPax2転写因子を発現する（Koshiba-Takeuchi et al. 2000）。このように，網膜神経節細胞は存在する位置によって特定化されている。

　機能的に特徴付けられていて，かつ同定されている濃度勾配の1つとして，視蓋の後方で最も高く前方で最も弱く発現する反発因子の濃度勾配が挙げられる。Bonhoeffer（ボンヘッファー）らによって行われた，後方と前方の視蓋に由来する膜成分を交互にストライプ状に塗布した視蓋"カーペット"実験から，網膜の**鼻側**のニューロンは，視蓋前方と後方のどちらの膜成分の上にも同様に軸索を伸ばすことが示された。しかしながら網膜**耳側**のニューロンは，視蓋前方の膜成分上のみに軸索を伸ばした（Walter et al. 1987；Baier and Bonhoeffer 1992）。耳側の網膜神経節軸索の成長円錐が視蓋後方の膜成分に接すると，成長円錐の糸状仮足が引っ込み，成長円錐が崩壊して短縮する（Cox et al. 1990）。

　視蓋ドメインの空間認識のための，この領域におけるシナプス特異性の基盤は，視蓋と網膜それぞれに存在する2つの濃度勾配によって制御されているようである。最初の濃度勾配は，エフリンとその受容体で構成される。視蓋において，エフリンタンパク質（特にエフリンA2とエフリンA5）は，視蓋の後方（尾側）で最も高く，前方（吻側）にゆくにつれ薄れるという濃度勾配をつくる（**図17.36A**）。さらに，クローニングされたエフリンタンパク質は軸索を反発する能力をもち，異所的なエフリンの発現は，網膜の耳側領域（鼻側ではなく）からの軸索が発現領域に投射するのを阻害する（Drescher et al. 1995；Nakamoto et al. 1996）。相補的なEph受容体は，ニワトリ胚の網膜神経節細胞において耳側から鼻側方向に濃度勾配をつくって軸索に発現する（図17.36A参照；Cheng et al. 1995）。

　エフリンは非常に応用性のある分子である。視蓋におけるエフリンAの濃度の違いによって，網膜のなめらかな地形図は説明できる（網膜におけるニューロンの位置が連続的に標的上に位置付けられる）。Hansen（ハンセン）らは2004年，エフリンAが網膜の軸索に対して反発だけでなく誘引にも働くことを示した。さらに，それらの軸索の成長についての定量的な解析から，軸索が網膜のどこから発したものであるかによって，エフリンによって反発もしくは誘引されるかが決まることを示した。軸索の

図17.36 異なる網膜視蓋の接着は，Eph受容体とそれらのリガンドの濃度勾配によって導かれる。(A)網膜におけるEph受容体型チロシンキナーゼと，視蓋におけるそのリガンド（エフリンA2とエフリンA5）の，二重の濃度勾配を図示したもの。(B)図の実験において，耳側の網膜神経節軸索（鼻側でなく）は，視蓋のエフリンリガンドの濃度勾配に反応し，向きを変えたり失速したりする。濃度勾配に内在する誘引力と反発力の平衡点が，特定の軸索をしかるべき標的に導く可能性がある。(M. Barinaga. 1995. *Science* 269：1668-1670；M. J. Hansen et al. 2004. *Neuron* 42：717-730 より)

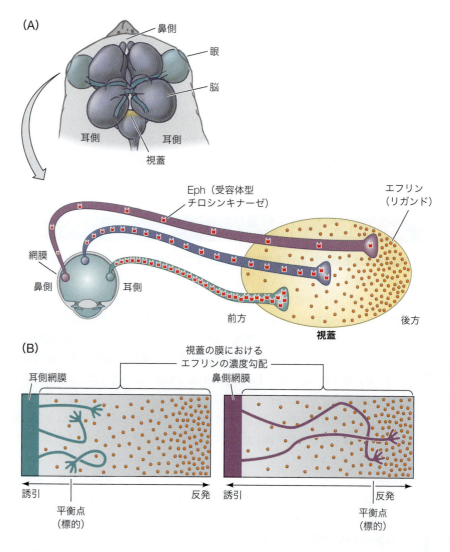

成長は，適切な標的の前方に広がる低濃度のエフリンによって促進され，標的より後方の高濃度のエフリンによって阻害される（**図17.36B**）。これによって，それぞれの軸索は適切な場所に導かれ，それ以上先には進まない。平衡点では軸索の成長も阻害もなくなり，標的の視蓋ニューロンとシナプスを形成することができる。

この網膜視蓋のマッピングをさらに精細にするための2つ目の濃度勾配として，視蓋にはエフリン/Ephの濃度勾配と平行してWnt3の濃度勾配が存在する。この濃度勾配はエフリン濃度勾配と同様，正中側で高く側方で低い勾配をつくる。網膜におけるWnt受容体の発現は，腹側で最も高い勾配をつくる（Ephと同様に）。両方の濃度勾配が，軸索から視蓋の標的の座標を特定化するために重要である（Schmitt et al. 2006）。

17.11　シナプス形成

シナプス（軸索が標的の細胞と結合する特殊な接合部）はいくつかの段階を経て構築される（Burden 1998）。脊髄の運動ニューロンが筋肉に軸索を伸ばすと，成長円錐は新たにつくられた筋細胞と接触し，筋細胞の表面を移動する。成長円錐が最初に筋繊維の細胞膜に

第 17 章 神経堤細胞と軸索特異性 | **621**

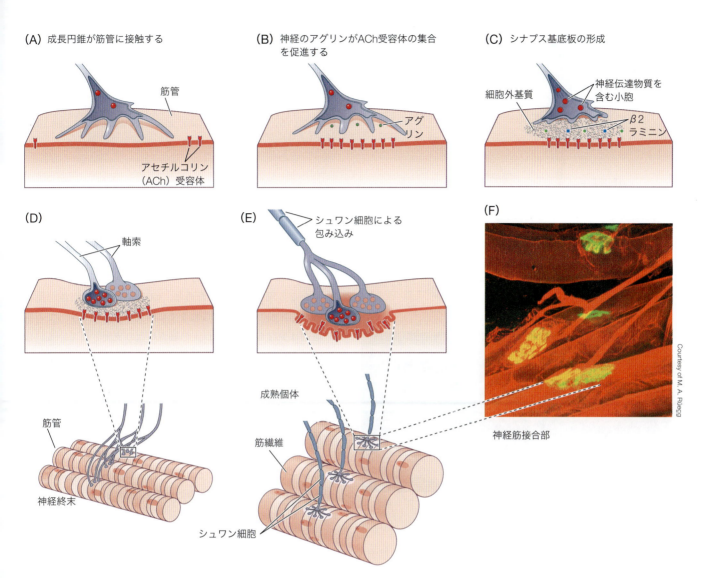

図17.37 筋肉上にある運動ニューロンのシナプスの分化。(A)成長円錐が発生中の筋肉に近づく。(B)軸索が停止し，筋肉表面と非特異的な接触をつくる。ニューロンから放出されるタンパク質のアグリン(agrin)が，軸索近傍にアセチルコリン(ACh)受容体の集合をもたらす。(C)神経伝達物質の小胞が軸索終末に入り，シナプスが広がって，細胞外基質が軸索の終末を筋肉に接続する。この基質は神経特異的なラミニンを含む。(D)このシナプスの領域に，他の軸索が集まる。下記のより広い範囲を示した図は，いくつかの軸索により神経支配される単一の筋細胞を示す(哺乳類が生まれた時点でみられる)。(E) 1つの軸索を除いて，すべての軸索が取り除かれる。残った軸索は枝分かれして，筋繊維との間に神経筋接合部(neuromuscular junction)をつくる。それぞれの軸索の終末はシュワン細胞の突起によって包み込まれ，筋細胞膜においてシワがつくられる。下の図は，生後数週間に起こる筋肉の神経支配を示す。(F)マウスの成熟した神経筋接合部のホールマウント像。(A〜EはZ. W. Hall. 1995. *Science* 269：362-363を参考に，Z. W. Hall and J. R. Sanes. 1993. *Cell* 72 [Suppl.]：99-121；D. Purves 1994. *Neural Activity and the Growth of the Brain*. Cambridge University Press：New Yorkに基づいて作成)

付着したときには，いずれの膜にも特殊化はみられない。しかしながら，軸索終末はすぐに神経伝達物質を含むシナプス小胞を蓄積し始める。シナプス前細胞とシナプス後細胞が接する領域において両細胞の細胞膜が肥厚し，両細胞間のシナプス間隙が細胞外基質で満たされる。この細胞外基質には，運動ニューロンの成長円錐に特異的に結合し，軸索の成長に対して"停止シグナル"として働く特殊な筋肉由来のラミニンが含まれる(**図17.37A〜C**；Martin et al. 1995；Noakes et al. 1995)。少なくともいくつかのニューロ

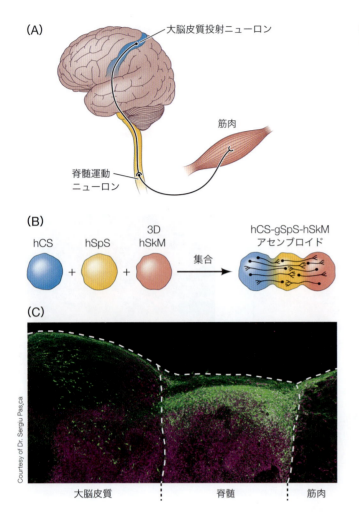

図17.38 三次元培養された"アセンブロイド"による神経回路の研究。(A, B) 大脳皮質 (hCS)，脊髄 (hSpS)，骨格筋 (hSkM) 組織の三次元懸濁液をヒト人工多能性幹細胞 (iPC; 5.8節参照) から作製し，それらを融合させて3つの部分からなるアセンブロイドを作製した。(C) 狂犬病ウイルスを用いた逆行性トレース (緑) を用いて，筋肉から脊髄の接続を介して皮質へと投射するニューロンをラベルしている。核はDAPI（紫）でラベルされている。(A, BはK. W. Kelley and S. P. Paşca. 2022. *Cell* 185: 42-61より)

ン-ニューロン間のシナプスにおいては，シナプスがN-カドヘリンによって安定化される。シナプスの活動により，成長円錐に貯蔵された小胞からN-カドヘリンが放出される (Tanaka et al. 2000)。

筋肉において最初の結合がつくられたのち，新たなシナプスをこの場所につくるために，他の軸索の成長円錐が集まる。哺乳類の発生中，これまでに研究されているすべての筋細胞は少なくとも2つ以上の軸索により支配されている。しかしながら，この**複数の神経による支配**は一時的で，生後まもなく1つの軸索を除きすべての軸索が退縮する（**図17.37D〜F**）。この"番地の選択"は，軸索間の競争に基づいて行われる (Purves and Lichtman 1980；Thompson 1983；Colman et al. 1997)。運動ニューロンの1つが活性化したとき，おそらく一酸化窒素に依存した機構により，他のニューロンのシナプスは抑制される (Dan and Poo 1992；Wang et al. 1995)。最終的に，活性の低いシナプスは取り除かれる。残った軸索終末は拡張し，シュワン細胞によって鞘に包まれる (図17.37E参照)。

脳から脊髄，筋肉へと到る複数のシナプスを介する神経回路（多シナプス性の神経回路）の研究はそれ自体が挑戦的な偉業だが，特にヒトにおける神経回路の構築メカニズムを研究することは，最近まで暗中模索が続いていた。ヒト由来幹細胞を特定の三次元オルガノイド組織へと培養する技術が進歩したことで，ヒトにおいて多シナプス性の神経回路がどのように発生するのかを研究する突破口が開かれた (Makrygianni et al. 2021)。研究者らは現在，大脳皮質，後脳，脊髄，そして骨格筋を模したヒト人工多能性幹細胞 (iPS細胞) 由来のスフェロイドの作製を可能にした。さらに，これらのヒトiPS細胞由来のスフェロイドを"アセンブロイド"へと構造的に融合させることで，Andersen（アンダーセン）らは大脳皮質のスフェロイドから後脳または脊髄のスフェロイドに機能的な多シナプス性の神経接続をつくり，これらの脊髄のスフェロイドからの運動ニューロンが骨格筋に投射してシナプスを形成することを示した (2020)。重要なことは，この構築された回路を用いて遺伝子操作や薬理学的な操作を行うことで，筋収縮を制御できることである (**図17.38**)。（オンラインの「FURTHER DEVELOPMENT 17.17: A Program of Cell Death」「FURTHER DEVELOPMENT 17.18: The Uses of Apoptosis」参照）

発展問題

一生を通して脳におけるシナプスの可塑性はきわめて高く，新たなシナプスの形成に問題があることが，自閉スペクトラム症のような多くの疾患の根底にあるのだろう。後年になってからのシナプスのリモデリングにおいて，ガイダンス因子や標的特異的な因子はどのような役割を果たすのだろうか？

さらなる発展

活動依存的な神経の生存　ニューロンのアポトーシスによる細胞死は，ニューロン自身の明らかな欠陥により引き起こされるのではない。事実，死に至るまで，これらの

第 17 章 神経堤細胞と軸索特異性 **623**

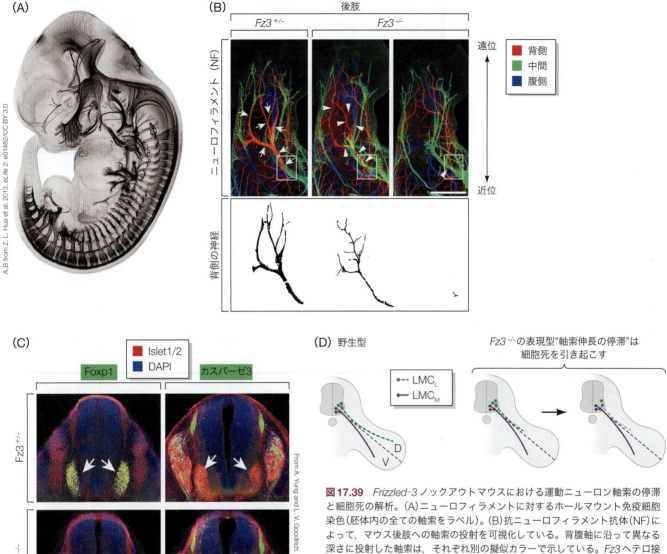

図17.39 Frizzled-3ノックアウトマウスにおける運動ニューロン軸索の停滞と細胞死の解析。(A)ニューロフィラメントに対するホールマウント免疫細胞染色(胚体内の全ての軸索をラベル)。(B)抗ニューロフィラメント抗体(NF)によって,マウス後肢への軸索の投射を可視化している。背腹軸に沿って異なる深さに投射した軸索は,それぞれ別の擬似カラーで示している。Fz3ヘテロ接合マウス(左端の写真)は正常な背側への神経投射を示すが,Fz3ホモ接合のノックアウトマウスはさまざまな度合いの背側神経の欠損を示す(中央と右端の写真)。神経叢の遠位への軸索投射の減少を見やすくするために,LMC_L運動ニューロン(背側の神経)の軸索の軌跡を抽出し,各写真の下に並べた。(C)運動ニューロンの個々の集団と,カスパーゼ3によって示されたアポトーシス中の細胞(右の写真の緑)をラベルした脊髄の横断面写真。Frizzled-3ノックアウトマウス(下段の写真)は,運動ニューロンのカラムでの顕著な細胞死の増加とともに,運動ニューロン特異的なマーカーであるIslet1/2(赤)とFoxp1(左の写真の緑)が減少していることを示している。(D)Frizzled-3/PCPシグナル伝達の欠損に伴う表現型を表した模式図。四肢の背側へ投射するはずの運動ニューロンの伸長が停止すると,細胞死が起こる。

ニューロンは分化して標的へと軸索を正常に伸ばしていた。むしろ,標的組織が特定のシナプスの生存のみを選択的に助けることで,自身を神経支配する軸索の数を調節しているようである。四肢における運動ニューロンの経路探索の研究は,神経の生存がどのように神経の活動に依存しているのかについての例を示している(Hua et al. 2013)。ガイダンスシステムの操作によって,運動軸索を四肢の誤った筋細胞に投射させると,標的選択の誤りにもかかわらず運動ニューロンはシナプス形成に成功して生き残る。対照的に,Frizzled-3(Wnt/PCP受容体)がノックアウトされたマウスの

四肢において運動ニューロンが標的の筋細胞を見つけられなかった場合，神経は決してシナプスを形成せず，その結果アポトーシスを起こす（図17.39；Hua et al. 2013）。これらの結果は，神経の生存がまずシナプスの形成に成功すること，続いて標的細胞（この例の場合は筋細胞）がシナプス前細胞に神経の生存を促進するシグナルを供給することに依存することを強く裏付けている。（オンラインの「FURTHER DEVELOPMENT 17.19: Differential Survival after Innervation: The Role of Neurotrophins」「FURTHER DEVELOPMENT 17.20: The Development of Behaviors: Constancy and Plasticity」参照）

研究の次のステップ

　神経発生学の分野は，神経の接続を確立するために不可欠な多くの因子を同定することで大きな進歩を遂げてきた。神経細胞の運命を特定化するために重要な転写因子や，標的の特定化に必要な軸索ガイダンスの受容体から，成長円錐に備えられた軸索伸長のための機械的な装置，分泌されるガイダンスキューや生存因子まで，どのように神経回路が形成されるのかについて深い理解が得られつつある。しかしこのような偉大な功績が蓄積しているにもかかわらず，科学者たちは神経の発生をシステムレベルで捉えるために，これまでの知見を統合し始めたばかりである。最近まで，ヒトの胚発生後期を研究することはきわめて困難であったため，脳の器官形成メカニズムに対する我々の理解はかなり限られていた。幹細胞を用いた組織を再現する技術の進歩は，ヒトにおける神経ネットワークの発生を直接的に研究する新たな機会をもたらしている（図17.38A, B参照；Kelley and Paşca 2022）。研究者は現在，他のヒト組織と同様に，さまざまな特定の脳領域の三次元オルガノイド（5.8節参照）を作製できるようになった。これらのオルガノイドは通常の脳の構築パターンを再現するだけでなく（図17.38C参照；Miura et al. 2021），神経疾患のある患者から作製したiPS細胞を用いたオルガノイドは症状の原因の理解や治療法の確立の助けになるだろう。例えば，ダウン症患者のiPS細胞から作製された神経堤細胞における研究から，21番染色体のコピー数が余剰なために，接着タンパク質CDXADRの遺伝子発現が増加していることが示された（Huang et al. 2022）。このタンパク質は頭部神経堤細胞の移動を阻害し，それがダウン症に伴う特徴的な相貌の一因となっているのかもしれない。（オンラインの「WATCH DEVELOPMENT 17.4: Migration of Neuronal Processes throughout a Cortex to Spinal Assembloid」参照）

章冒頭の写真を振り返る

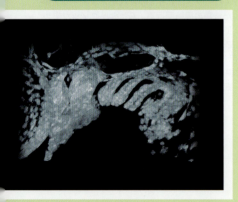

Courtesy of the Barresi lab, © Barresi et al. 2015

　頭部神経堤細胞は，魚類からヒトにいたる脊椎動物において，頭蓋と顔（いわゆる"顔面"）の骨格の形成に大きな役割を果たす。頭部神経堤細胞が17.2節で述べたような集団移動のメカニズムを通して動くことが理解されるようになったのは，ごく最近のことである。事実，古生物学と発生生物学の研究を組み合わせることで，神経堤細胞が顎を形成するメカニズム——脊椎動物の進化において最も重要な革新のひとつ——への理解が得られつつある（Kuratani 2022；Leyhr et al. 2022）。この画像は，fli1プロモーターによってGFPを発現させた受精後42時間のゼブラフィッシュ胚の咽頭弓に留まっている頭部神経堤細胞を示している。胚の前方を左とし，側面から見ている。最初の2つの主要な細胞集団の流れは，顎軟骨の大部分を形成する神経堤細胞であり，より後方の流れは"鰓弓"と鰓の構造を形成する神経堤細胞である。咽頭弓を形成する頭部神経堤細胞のパターンは複雑に感じるかもしれないが，その構造を文字どおり"把握する"方法がある。この画像はレーザー走査型共焦

点顕微鏡で撮影されたもので，つまり三次元データをもっている。国立衛生研究所（NIH）の三次元プリント交換ウェブサイトにて（http://3dprint.nih.gov/discover/3dpx-001506），受精後42時間のトランスジェニックゼブラフィッシュ胚[tg (fli1:EGFP)]の咽頭弓のファイルをダウンロードし，3Dプリンターでプリントすることで，頭部神経堤細胞のパターンを実際に手に取ることができる。

17 神経堤細胞と軸索特異性

1. 神経堤細胞は一時的な構造で，多様な細胞種になるために移動する。神経堤細胞が移動する経路は，それらが出会う細胞外環境に依存する。

2. 背外側を移動する体幹神経堤細胞はメラノサイトを形成し，腹側を移動する神経堤細胞は，後根神経節，交感神経および副交感神経のニューロン，そして副腎髄質細胞になる。

3. 頭部神経堤細胞は咽頭弓に入り，顎の軟骨と中耳の骨になる。それ以外にも，前頭鼻隆起，象牙芽細胞（歯の原基において象牙質を形成する細胞），そして脳神経をつくる。

4. 心臓神経堤細胞は心臓に入って肺動脈と大動脈の間の中隔をつくる。

5. 神経堤細胞の形成は，将来の表皮と神経板の相互作用に依存する。これらの領域からの傍分泌因子が，神経堤細胞の移動を可能にする転写因子を誘導する。

6. 神経堤細胞の集団移動は，接触阻害と先導細胞への共誘引によって駆動される。このような細胞の振る舞いは，Nカドヘリン発現量が低いこと，Rho GTPアーゼの双極的な活性，そして分泌された間質細胞由来因子（SDF1）への誘引の組み合わせによって仲介される。

7. 体幹神経堤細胞は，各硬節の後方でなく前方を通って移動する。各硬節の後方に発現するセマフォリンとエフリンタンパク質が，神経堤細胞の移動を阻害する。

8. 神経堤細胞のいくつかは，多くの細胞種をつくることができるようである（多分化能）。また他の神経堤細胞は，移動を始める前の段階で分化能が制限されている可能性がある。神経堤細胞の最終到着地が，その特定化を変えることができる場合もある。

9. 頭部神経堤細胞の運命は，Hox遺伝子によって影響を受ける。神経堤細胞におけるHox遺伝子の発現は，周囲の細胞との相互作用により制御される。

10. 運動ニューロンは，神経管での位置に従って特定化される。この特定化において，Limファミリーの転写因子は軸索が末梢へと伸びる前に重要な役割を果たす。

11. 成長円錐はニューロンの運動器官であり，周辺環境からの合図に応答して細胞骨格構造を再編成する。軸索はニューロンの活動なしに標的を見つけることができる。

12. いくつかのタンパク質がニューロンの接着を許し，軸索が移動する基質を提供する。移動を阻害する基質もある。

13. 成長円錐のあるものは非常に限られた領域に存在する分子を認識し，これらの分子によってそれぞれの標的に導かれる。

14. 一部のニューロンは反発分子により"整列"させられる。もしニューロンが標的への経路から逸れたら，これらの分子がもとに戻す。セマフォリンやSlitのような分子が特定のニューロンを選択的に反発する。

15. ニューロンの一部はタンパク質の濃度勾配を感知し，濃度勾配に沿って標的まで運ばれる。ネトリンとShhはこの方式で働いている可能性がある。

16. 正中線から分泌される誘引因子と忌避因子に対する成長円錐の応答性の変化によって，交連軸索が正中線を交差し，中枢神経系の両側をつなぐことが可能となる。

17. 標的の選択は，ニューロトロフィン（標的組織でつくられて，その組織を支配する特定の軸索を刺激するタンパク質）によりもたらされる。いくつかのケースにおいて標的は，1本の軸索をサポート可能なぶんしかこれらの因子をつくらない。

18. カエルとニワトリの網膜神経節細胞は，視蓋の特定領域に結合する軸索を送る。この過程は多くの相互作用により仲介されるが，標的の選択はエフリンを介して行われるようである。

19. シナプス形成は，神経活動依存的な側面がある。活性化したニューロンは，同じ標的上の他のニューロンによるシナプス形成を抑制する。

20. シナプス形成と神経活動の欠如はアポトーシスの引き金となり，カスパーゼ酵素のカスケードが引き起こされた結果として細胞死がもたらされる。

● オンラインのコンテンツは https://www.medsi.co.jp よりアクセスしてください。

18 外胚葉プラコードと表皮

本章で伝えたいこと

- プラコードは肥厚した表皮外胚葉であり，さまざまの組織特異的な上皮細胞と神経細胞となる。頭部プラコードは私たちの顔面の感覚ニューロンを形成し，聴覚，嗅覚，味覚，視覚器官に寄与する（18.1節）。
- 聴覚と平衡感覚は，内耳の蝸牛前庭系によって担われている。蝸牛前庭系の一部は耳プラコードから細胞が葉裂（剥離）するプロセスによって形成され，内耳構造の形成に先立って耳プラコードは耳杯から耳胞へと形態形成をとげる（18.2節）。
- 羊膜類の初期胚では，レンズ前駆細胞がレンズプラコードを形成するべく，前プラコード領域中の細胞が既に特定化されている。レンズプラコードがレンズとなる過程で，裏打ちする神経外胚葉と相互作用し，これを網膜へと誘導する（18.3節）。
- 表皮は，一部 Notch シグナルによって維持される表皮幹細胞の働きにより，継続して再生する強固な再生能を示す（18.4節）。
- 表皮とその直下の間充織の相互作用によって，感覚器以外の外胚葉性の付属器官，すなわち毛，鱗，羽毛，歯，そして汗腺や乳腺などが形成される。これらの皮膚組織の成長および再生能力は，表皮幹細胞ニッチを維持する能力に依存しており，これに関しては種によって異なっている（18.4節）。

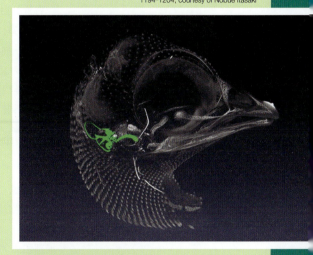

From A. Kumar et al. 2018. *Birth Defects Res* 110：1194-1204, courtesy of Nobue Itasaki

「私の世界は目と耳である」
——Douglas Adams（ダグラス・アダムス）

　私たちの感覚の発達は，外胚葉細胞が互いをどう"感知"するかに依存している。直接の接触や分子を用いた連絡によって，複雑で高度に統合された感覚器系が形成される。私たちの視覚，聴覚，嗅覚器官，そして皮膚の体毛さえも，**プラコード**（placode）と呼ばれる単に肥厚した表層外胚葉から形成される。これらのプラコードと皮膚の表皮は，神経外胚葉が中枢神経系および末梢神経系となるべく陥入したのちに外部に残された，非神経外胚葉から形成される。

628 | PART IV 外胚葉の構築

非神経外胚葉プラコードは，内胚葉，中胚葉，神経板といった周囲の細胞や組織との相互作用によって生じ，相互作用のタイプはプラコードによって異なっている。頭部では，ほとんどの頭部プラコードは感覚器官となり，これには鼻の嗅上皮，聴覚や平衡感覚を担う内耳，眼のレンズ（水晶体），そして脳神経節の遠位部が含まれる（Streit 2007, 2008；Steventon et al. 2014；Schlosser 2010, 2014；Moody and LaMantia 2015；Koontz et al. 2002）。非感覚プラコードは下垂体の前葉（他の機能に加えて成長と生殖に重要）を生じ，口腔上皮から歯を，また毛，羽毛，乳腺や汗腺を含むからだ全域の皮膚組織を生じる（Pispa and Thesleff 2003）。本章では，（1）プラコードの分化における双方向性の相互作用の重要性，（2）ヒトの頭部からカメの甲羅に至るまで，プラコードの発生にかかわる類似したシグナル経路について重点的に解説する。

18.1 頭部プラコード：私たち頭部の感覚

脊椎動物の頭部には，単にそこに含まれるニューロン以上に感覚器官が集中している。眼，鼻，耳，そして味蕾はすべて頭部にある。頭部はまた，高度に統合された神経系をもっており，痛み（歯を支配する三叉神経）や温度（唇や舌にある受容体）を感知している。この神経系の構成要素は**頭部プラコード**（cranial placode）——**感覚プラコード**（sensory placode）とも呼ばれる——から派生するが，これは胚の頭部や頸部における一過性の局所的な外胚葉の肥厚である。

前部，中部，後部頭部プラコード

頭部プラコードは，頭部神経堤細胞の寄与を受けて，聴覚，平衡感覚，嗅覚，味覚，痛覚，温覚，触覚，さらには血圧の感知さえ担う頭部感覚神経の大部分を産生する。頭部神経堤細胞は，すべてのグリアと感覚神経節の近位部に寄与する（Singh and Groves 2016）。

前部頭部プラコード：

- **脳下垂体プラコード**（adenohypophyseal placode）は，まずラトケ嚢（Rathke's pouch）として知られる器官となり，後に脳下垂体前葉に分化する。
- **レンズプラコード**（lens placode）は陥入してレンズ胞となり，のちに眼のレンズを形成する。頭部プラコードのなかで，脳下垂体プラコードとレンズプラコードだけは感覚ニューロンを産生しない（他は感覚ニューロンを産生する）。
- **嗅プラコード**（olfactory placode）は，嗅覚に関与する感覚ニューロン（第I脳神経，あるいは嗅神経），ならびに脳内へと移動するさまざまなニューロンを産生し，後者には性腺刺激ホルモン放出ホルモンを分泌するニューロンも含まれる。

中間頭部プラコード：

- **三叉プラコード**（trigeminal placode）は，**眼**（ophthalmic）プラコード，**上顎-下顎**（maxillomandibular）プラコードに分かれており，三叉神経節の遠位部のニューロンを産生する[1]。三叉神経（第V脳神経）は，触覚，温覚，痛覚を伝える。

後部頭部プラコード：

- **耳プラコード**（otic placode）は，内耳の感覚上皮と蝸牛前庭神経節（第VIII脳神経）をつくるニューロンとなり，音と平衡感覚を脳に伝える。
- 魚類と水生両生類の幼生では，これらの種に特有の**感丘**（neuromast）と呼ばれる機械刺

---

[1] 三叉神経節の近位部のニューロンは神経堤細胞から形成される（Hamburger 1961；Baker and Bronner-Fraser 2001）。

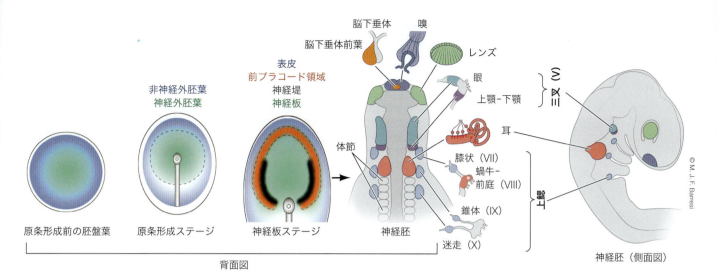

図18.1 頭部プラコードは，感覚器や脳神経節に寄与する。これは胞胚から神経胚にかけての羊膜類の胚を一般化して示した図である。胞胚と初期原腸胚では，プラコードの前駆細胞は神経板と表層外胚葉の境界で将来の神経板と神経堤細胞と混在している。そこでは神経外胚葉（緑色）と非神経外胚葉（青色）のマーカー遺伝子が，はじめは重なり合って発現するが（緑色から青色の領域；胚盤葉期），のちに分離する（原条期）。プラコードはまず神経板期に前プラコード領域（緋色）で特定化され，それは移動前の神経堤細胞の領域（黒色）とは異なる。プラコード前駆細胞は，神経管形成のステージまでに個々のプラコードに分離する。神経胚の背面図において，プラコードに由来する組織を色分けして示した。さらに，神経胚後期の側面図で各プラコードの位置を示した。(A. Streit. 2004. *Dev Biol* 276：1-15より，A. D'amico-Martel and D. M. Noden. 1983. *Am J Anat* 166：445-468；S. Singh and A. K. Groves. 2016. *WIREs Dev Biol* 5：363-376に基づく)

激を受容する有毛の感覚細胞とそれを支配するニューロンが**側線**プラコード(lateral line placode)から生じる。感丘は側線系として胴部の表面に配列し，周囲の水の流れや圧力の変化を感知する。

- **上鰓プラコード**(epibranchial placode)は，**膝状**(geniculate)，**錐体**(petrosal)，**迷走**(nodose)プラコードで構成され，それぞれ第VII，第IX，第X脳神経の遠位部になる。膝状プラコード由来の神経は，味蕾，扁桃腺，耳垂(耳たぶ)を支配し，錐体プラコード由来の神経は，舌，頸動脈洞と頸動脈小体を支配する。迷走プラコード由来の迷走神経は，心臓，肺，消化器官などの体内のさまざまな器官を支配する。

頭部プラコードの前駆細胞は，前期胚盤葉における中枢神経系，プラコード，神経堤，表皮の前駆細胞が混在した細胞集団に由来する。これらの前駆細胞は，原腸形成の過程で次第に特定化され，分離していく（図18.1）。（オンラインの「FURTHER DEVELOPMENT 18.1：The Human Cranial Nerves」「FURTHER DEVELOPMENT 18.2：Kallmann Syndrome」参照）

頭部プラコードの誘導

神経胚期の詳細な予定運命地図研究によって，頭部プラコード原基は，神経板前端と頭部神経褶を取り囲む馬蹄形をした領域（前プラコード領域）に位置していることが示された（図18.1参照；Kozlowski et al. 1997；Streit 2002；Bhattacharyya et al. 2004；Xu et al. 2008；Pieper et al. 2011）。これらの前駆細胞は主に頭部中胚葉と内胚葉からのシグナルによって誘導され，神経板からのシグナルも関与している（図18.2；Platt 1896；Brugmann et al. 2004；Schlosser and Aherns 2004；Litsiou et al. 2005；Schlosser 2005；Streit 2018）。Jacobson（1963）は，両生類では神経板に隣接する予定プラコードの細胞はどのプラコードにも分化する能力をもっていることを示した。近年では，これらの知見は羊膜類にも当てはまることが示され，神経板期の胚では，前プラコード領域はプラコード誘導シグナルに反応することができる唯一の領域である。

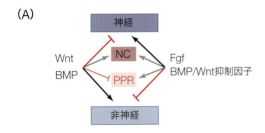

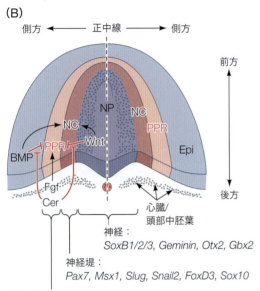

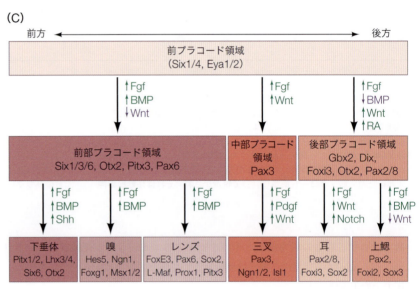

図18.2 前プラコード領域の特定化。(A)神経，神経堤(NC)，前プラコード領域(PPR)，将来の表皮(非神経)系譜を特定化する重要な傍分泌因子の関係を示す簡略図。概して，Wnt/BMPとFgfシグナル間の拮抗によって，異なる外胚葉系譜の運命が特定化される。(B)早期神経板期の胚の背面および横断面。中央部から側方部にかけて，神経板(NP)，神経堤(NC)，前プラコード領域(PPR)，表皮外胚葉(Epi)を示している。神経板側方部と最も側方の外胚葉から作用するWntとBMPシグナルは神経堤を誘導し，前プラコード領域を抑制する。これに対し，外胚葉を裏打ちする中胚葉からのFgfとWnt/BMPの阻害因子の働きによってBMP/Wntシグナルが局所的に抑制され，表層を覆う外胚葉から前プラコード領域が特定化される。(C)プラコードは前後軸に沿って，BMP，Wnt，Fgf，さらにShhやPdgf経路などの局所的なシグナル因子の影響を受けて発生する。これらのシグナル因子は，各プラコードに特徴的な固有の転写因子の組み合わせを誘導する（鍵となる転写因子を示した）。(A, CはS. Singh and A. K. Groves. 2016. *WIREs Dev Biol* 5：363–376より；BはY. Nakajima. 2015. *Congenit Anom* 55：17–25より)

　前プラコード領域の誘導は，裏打ちする組織からのシグナルに強く影響される。このシグナルにはWntとBMPが含まれ，FgfやWntとBMPの阻害因子によるこれらのシグナルの抑制が関与している〔おそらくCerberus (Cer) も；図18.2A，B参照〕。このシグナル系によって，まず側方に位置する表皮から神経板が次第に分離する。裏打ちする頭部中胚葉からのFgfとWnt/BMP阻害因子によって，周囲の外胚葉からのWntとBMPの活性を抑制することで，前プラコード領域の特定化が誘導される(Streit 2007；Nakajima 2015；Singh and Groves 2016；Schlosser 2017)。さらに，Sonic hedgehog (Shh) と神経ペプチドシグナルがレチノイン酸とともに，前プラコード領域の前後と側方の境界にそれぞれ影響を及ぼす(Kondoh et al. 2000；Janesick et al. 2012；Hintze et al. 2017；Streit 2018)。

　これらのシグナル機構は前プラコード領域全体にSix1/4とEya1/2の発現を誘導し，特異的な遺伝子制御ネットワークが開始される(図18.2C参照)。これらの転写因子はすべてのプラコードで発現が維持されるが，前プラコード領域が個々のプラコードに分離するにつれ，各プラコードの間隙では発現が低下する(Streit 2002；Bhattacharyya et al. 2004；Schlosser and Atrens 2004；Xu et al. 2006；Breau and Schneider-Maunoury 2014；Singh and Groves 2016)。そして異なるセットの傍分泌因子が個々のプラコードを異なる運命へと誘導し，それぞれ固有の転写因子のセットを発現する(Groves and LaBonne 2014；Moody and LaMantia 2015；Chen et al. 2017)。

　プラコードの発生において機能する組織間相互作用と遺伝子制御ネットワークについて

第 18 章　外胚葉プラコードと表皮 **631**

例を挙げて説明するために，18.2節では耳プラコードと上鰓プラコードが共に出現し，後に分離する現象についてフォーカスする。そして18.3節では，レンズの形成における形態形成運動について焦点を当てる。

18.2　耳-上鰓プラコードの発生：経験の共有

　第VIIから第X脳神経は耳プラコードと上鰓プラコードに由来し，これらのプラコードは外胚葉の同じ領域が肥厚して形成される。聴覚情報と平衡感覚情報の感知は，感覚**有毛細胞**（hair cell）によって機械的な情報を電気刺激に変換することで達成される。感覚有毛細胞は特異的な機械刺激受容器である（振動や音波といった動きを感知する細胞）。哺乳類の感覚有毛細胞[2]は，(1)平衡や加速を感知する内耳の三半規管の基部にある感覚斑に存在する；(2)蝸牛もしくは基底乳頭に存在し，そこで音の受容を行う。成体の羊膜類では，空気中の音波は外耳の独特なヒダによって捕捉され，鼓膜へと導かれて鼓膜を振動させる。この振動は中耳の3つの骨（キヌタ骨，ツチ骨，アブミ骨の3つ。からだのなかで最も小さい骨）の動きによって増幅され，内耳の蝸牛内のリンパ液の波動として伝達される。

　哺乳類の**蝸牛**（cochlea）は画期的ならせん状の管であり，3つの分かれた部屋をもつ[3]。中央の液が満たされた部屋には**コルチ器官**（organ of Corti）（鳥類では基底乳頭と呼ばれる）があり，そこには液の動きを電気信号に変換する感覚有毛細胞が存在している。このような電気信号は，聴神経によって脳に伝達される。蝸牛の長軸に沿って形態と生理的特性が異なる有毛細胞が分布しており，それぞれ異なる周波数に対して調律されていて，周波数全域にわたって感知することが可能である（感知できる周波数帯は動物種によって異なっている）。この特定の周波数に対する感知細胞の配列による周波数再現〔**トノトピック構成**（tonotopic organization）という〕は，感覚有毛細胞を支配するニューロンや，中枢神経系の聴覚経路全体にわたって保たれている。

　内耳は素晴らしい聴覚器官であり，長い進化の過程で適応してきた。このように複雑な形態をもつ器官をどうやって単純なプラコードからつくり上げるのだろうか？　どのように50もの異なる細胞種を特定化し，それらの形態形成運動を調和させるのだろうか？

耳，上鰓プラコードの誘導

　プラコードの前駆細胞を特定化するのと同じシグナルが，耳および上鰓プラコードの発生開始に携わっている。まず，裏打ちする頭部中胚葉からのFgfシグナルが，後方の前プラコード領域に耳-上鰓プラコードの前駆細胞を誘導する。これはただちに咽頭内胚葉と神経板からのFgfシグナルによって補強される（図18.3）。Wntシグナルは同じく神経板から作用し，耳プラコードの形質を促進し，上鰓プラコードの発生を抑制する。耳プラコードではNotch経路がWntシグナルの活性を上げることで，耳プラコードの運命に導く。後に，咽頭内胚葉からのBMPシグナルが上鰓プラコードのニューロンの特定化を支持する。このように，Fgfシグナルは耳と上鰓プラコードの前駆細胞を誘導するが，Wntシグナルは耳プラコードと上鰓プラコードの差別化に重要である（Ladher et al. 2010；Nakajima 2015；Sai and Ladher 2015；Ladher 2017）。

発展問題

耳の発生については多くの基本的な問題が残されている。特定の異なる周波数に反応し，異なる生理学的特性をもつ感覚有毛細胞はどのようにつくられるのか？　感覚有毛細胞の異なる形態はどのようにつくられ，周波数再現をなすべく配列するのだろうか？

2　感覚有毛細胞の"毛（hair）"は，蝸牛の内腔面の細胞から伸びる繊毛である。これは聴覚系における感覚受容体であり，私たちの皮膚に生える毛と混同してはいけない。感覚有毛細胞は毛深い耳の原因ではない。

3　蝸牛の解剖学的構造は脊椎動物の種間で高度に多様化している。哺乳類の蝸牛だけがコイル状の形態を呈している。Manley 2017 の総説を参照のこと。

❶ 後部プラコード領域の誘導

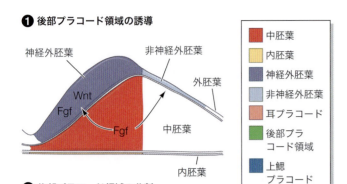

❷ 後部プラコード領域の分割

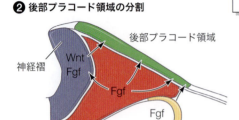

❸ 特定化

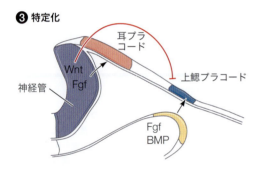

❹ 形態形成

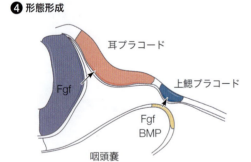

図18.3 耳-上鰓プラコード（OEP）誘導の各段階。（1, 2）Fgfシグナル経路が神経外胚葉でWntとFgfを活性化する（青色）。（1）表皮（非神経）外胚葉における後部前プラコード領域の細胞は，中胚葉からのFgfシグナルの誘導を受けて耳-上鰓プラコードの前駆細胞となる（PPA：後部プラコード領域）。（2）咽頭内胚葉（黄色）からさらにFgfが作用する。（3, 4）耳-上鰓プラコード（OEP）は別々のプラコードに分割される。（3）Wntシグナルは耳プラコード（桃色）への分化を促すが，上鰓プラコード（紺色）の運命を抑制する。（4）継続的なFgfシグナルは上鰓プラコードのプログラムを活性化し，側方内胚葉からのBMPは上鰓プラコードのニューロン分化を開始させる。（R. K. Ladher et al. 2010. *Development* 137：1777-1785より）

耳の形態形成

　耳プラコードが肥厚し始めてすぐに，頂端-基底軸に沿って細胞の形態が変化し，プラコードは陥入を開始する（**図18.4A, B**）。まず。プラコード領域細胞の基底面が頂端面に対して拡張し，それによってプラコードにくぼみが生じる。これを**耳窩期**（otic pit stage）と呼ぶ。この最初の陥入はプラコード上皮の頂端収縮により加速され，**耳杯期**（otic cup stage）へと進行する。最終的に，耳杯の縁が近接し，癒合して**耳胞**（otic vesicle）を形成し，表層外胚葉から分離する（Sai and Ladher 2008；Sai and Ladher 2015；Ladher 2016）。耳胞の閉鎖メカニズムについては多くが不明であるが，神経管閉鎖における細胞的なプロセスと類似したものではないかと考えられている（15.1節参照）。

葉裂による感覚神経節形成　ほとんどの頭部プラコードは感覚ニューロンを産生し，これらのニューロンは集まって**神経節**（ganglia, 単数形はganglion）と呼ばれるニューロンの細胞体の塊を形成する。そこから神経繊維が伸長して，脳神経を形成する。神経節は，耳プラコードと上鰓プラコードの両方から葉裂（剥離）というプロセスを経て形成される。これは，上皮細胞が強固な接着を失って上皮細胞層から遊離するプロセスである（8.3節参照）。そのような上皮細胞は耳杯や耳胞の腹部内側に位置しており，神経前駆細胞を産生し，やがて幼若ニューロンとして上皮-間充織転換とは異なるメカニズムによって葉裂する（**図18.4C, D**）。

　これらの神経前駆細胞は**蝸牛前庭神経節**（cochleovestibular ganglion）へと分化する。この神経節は耳胞に隣接しており，のちに耳胞に由来する内耳構造と脳をつなぐ主要な組織となる（Hermond and Morest 1991；Magarinos et al. 2012）。同様に，神経前駆細胞は幼若ニューロンとして上鰓プラコードからも葉裂するが，これらの細胞は神経堤細胞のトンネルを通って背側へと移動を続ける（図18.5）。神経堤細胞の移動を阻害する実験操作を行うと，異所的な上鰓神経節が形成されることから，神経堤細胞は上鰓プラコード由来の幼若ニューロンの移動をガイドする役割，あるいはさらに神経節を組織する役割をもつことが示唆される（Begbie and Graham 2001；Golding et al. 2004；Osborne et al. 2005；Schwarz et al. 2008；Ladher et al. 2010；Freter et al. 2013；Ladher 2017）。このように，上鰓プラコード由来のニューロンと神経堤細胞の一部が，上鰓神経節と上鰓脳神経を形成する。

第18章 外胚葉プラコードと表皮　633

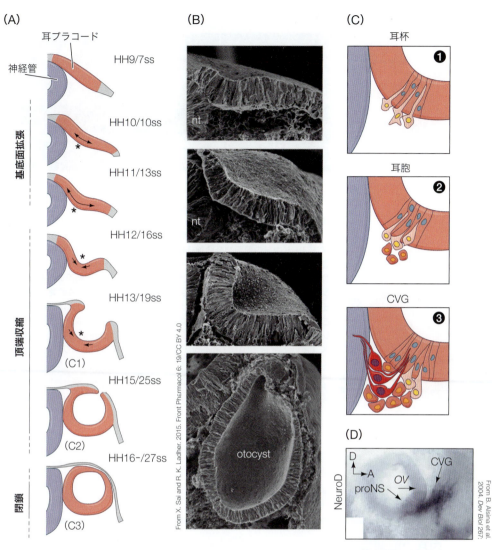

図18.4 耳プラコードと耳胞の形態形成。ニワトリの耳プラコード領域における将来の後脳に隣接した前プラコード外胚葉の陥入の模式図((A) ss：体節期，C1～C3は(C)の各パネルに該当)と，走査型電子顕微鏡写真((B) nt：神経管，otocystはotic vesicle（耳胞）と同義）。耳プラコードの陥入は，上皮細胞の基底面の拡大に始まり，続く頂端面の収縮によって駆動される（アスタリスク，矢印）。(C)耳杯(1)と耳胞(2)の腹内側沿いの神経系の前駆細胞（橙色の核の淡赤色細胞）が上皮（黄色の核の桃色細胞）より葉裂し，蝸牛前庭神経節へと分化する((3) CVG，紫色の核の赤いニューロン）。(D) NeuroD（青色）は，耳胞(OV)の感覚プロニューラル領域(proNS)，および葉裂して蝸牛前庭神経節へと移動する幼若ニューロンに発現する遺伝子マーカーである。(A，C はX. Sai and R. K. Ladher. 2008. *Curr Biol* 18：976-981；R. K. Ladher. 2017. *Semin Cell Dev Biol* 65：39-46 より)

さらなる発展

耳胞からコルチ器官へ　耳プラコードから耳胞への誘導と形態形成は，内耳の発生過程の初期段階にすぎない。内耳の前庭（平衡と加速）と聴覚機能を獲得するには，耳胞の細胞は耳胞のあらゆる軸に沿ってパターン化され，細胞多様性に富んだ複雑な器官を構成する細胞とならねばならない。耳胞の背側の部分は前庭系の3つの半円上の管となり，腹側は蝸牛聴覚系の感覚細胞と支持細胞となる（図18.6A；Lillevali et al. 2004）。ここでは，哺乳類の蝸牛の発生に焦点を絞り，胚全体の軸のパターン形成を制御する中核の形態形成シグナルの一部がどのように内耳の軸のパターン形成に転用

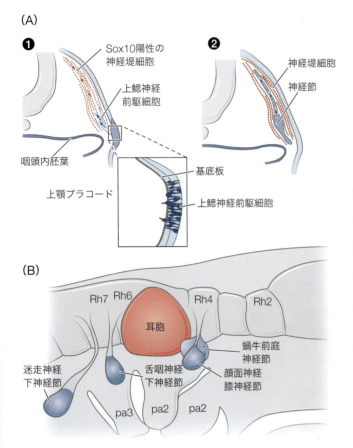
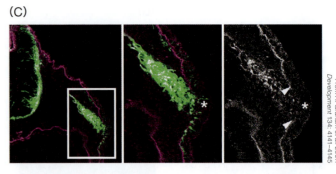

図18.5 上鰓感覚ニューロンは，プラコードから幼若ニューロンとして葉裂する。(A)上鰓プラコード由来の感覚幼若ニューロンの前駆細胞は，プラコードの基底面より葉裂し，腹側に向かう神経堤細胞の間を抜けて背側に移動する。(B)耳胞，蝸牛前庭神経節，そして第VII，第IX，第X神経の遠位部になる上鰓プラコード由来の顔面神経膝神経節，舌咽神経下神経節，迷走神経下神経節の最終的な位置関係を示す側面図(Rh：神経管の菱脳分節(ロンボメア)，pa：咽頭弓)。(C)ニワトリ2.5日胚の上鰓プラコード領域の横断面の，基底板(マゼンタ；ラミニン抗体)および蝸牛前庭神経節ニューロンの前駆細胞(緑；ニューロフィラメント中間鎖抗体)の免疫染色。右側の2つの像は，左の四角部の拡大像。幼若ニューロンが葉裂する部位でのみ基底板が減少している(アスタリスク)。基底板の減少範囲は矢じりによって示した(右端パネル)。(A, BはR. K. Ladher et al. 2010. *Development* 137：1777-1785 より)

されたかについて述べる。

内耳の解剖学

　コイル状の哺乳類の蝸牛器官は，直線状あるいはカーブしたトカゲや鳥の相同器官とまったく異なって見えるかもしれないし，哺乳類のコルチ器官は祖先である水生の四足動物の乳頭基部とは異なって見えるかもしれないが，これらの構造の発生や機能は進化を通じて保存されている(Manley 2012；Basch et al. 2016)。前述のとおり蝸牛は，コルチ器官にある感覚有毛細胞によって音波を電気信号に変換する中心的な役割を担っている(図18.6B)。外側に3列，内側に1列の感覚有毛細胞がコルチ器官の全長にわたって配列しており，液体で満たされた蝸牛管の内腔に機械刺激を受容する微絨毛を伸ばしている。これらの感覚有毛細胞は，巧みに配置された支持細胞によって囲まれている。すなわち，内有毛細胞と外有毛細胞の集団は柱細胞(それぞれ内柱細胞，外柱細胞という)によって隔てられており，柱細胞は"コルチのトンネル"を形成する。また内有毛細胞は指節細胞と境界細胞によって囲まれ，外有毛細胞はダイター細胞(Deiters' cell)の上にじかに配置される。ダイター細胞は特殊な指節突起を蝸牛管の表面に伸ばしている(図18.6B参照；Basch et al. 2016)。これらの異なる細胞は，どのように蝸牛の全長にわたって画一的に組織されるのだろうか？

耳胞の軸決定

　蝸牛の有毛細胞が発生する前に，耳胞の軸が決定されなければならない。他の多くの器

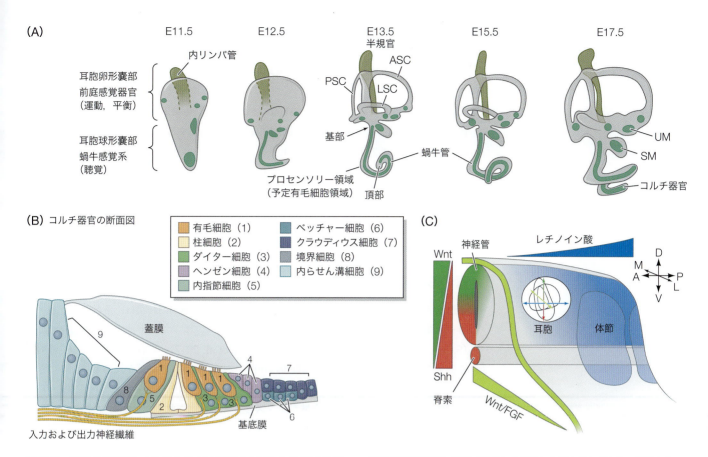

図 18.6 耳胞の軸形成。(A) マウス 11.5 日胚(E11.5)から 17.5 日胚(E17.5)にかけての内耳の発生の変遷。有毛細胞が生じる領域を翡翠色で示す。内リンパ管(緑色)は内耳の非感覚性の構成要素である。ASC：前側半規管，PSC：後側半規管，LSC：外側半規管，SM：球形嚢斑，UM：卵形嚢斑。(B) 哺乳類のコルチ器官を構成する細胞の種類を示す断面図。(C) 耳胞の軸決定に影響する異なる組織に由来するシグナル。耳胞の3つの軸を決定するシグナルを矢印の色で示す。矢印の色は，それぞれの軸形成に必要なシグナルの濃度勾配を示す上，下，左にある楔型の色に対応している。(A，B は M. L. Basch et al. 2016. *J Anat* 228：233-254 より)

官形成と同様に，耳胞の軸に沿った細胞運命は，胚の基軸の制御と同じ形態形成シグナルによって決定される(図18.6C)。

すでに耳杯ステージにおいて，耳杯の内外軸は後脳からの Wnt および Fgf シグナルの影響を受けて特定化されているようである。このシグナルは内リンパ管と，内耳の前庭部の半円状の細い管の適切な形成に必要である(図18.6A 参照；Lin et al. 2005；Riccomagno et al. 2005；Brown et al. 2015)。神経管腹側部(脊索も)からの Sonic hedgehog と，神経管背側部からの Wnt の対向するモルフォゲン勾配は，耳胞の背腹軸方向のパターン形成に必要である。実際に，内耳における Sonic hedgehog シグナルが消失すると，耳胞の腹側に由来する蝸牛の構成細胞が欠失する(Brown and Epstein 2011)。最後に，前後軸方向の細胞運命のパターン形成にはレチノイン酸が重要である。実際に，レチノイン酸を過剰発現させるか，前方に異所発現させると，耳胞の後方の細胞が蝸牛の発生に代わって拡張する(Bok et al. 2011)。第19章で胚の胴体部の前後パターン形成におけるレチノイン酸の類似の役割について知ることとなるだろう。このように，耳胞の初期細胞運命の決定は，既存の軸形成モルフォゲンの転用に大きく依存している(Basch et al. 2016 参照)。しかし，蝸牛のコルチ器官の支持細胞や感覚前駆細胞のさらなる分化には，汎用ではなくより器官特異的なメカニズムを使うようである。それは一般的な分化と細胞周期を離脱するプロセスの関係とは結びつかず，耳胞内の複雑な時空間的なシグナル経路の制御が含まれている。(オンラインの「FURTHER DEVELOPMENT 18.3：Cell Fate Determination in the Organ of Corti of the Mouse Ear」参照)

18.3　脊椎動物の眼の発生

　脊椎動物胚の眼における最も基盤的なパーツは，網膜色素上皮，神経網膜，レンズ(水晶体)である。網膜色素上皮と神経網膜は中枢神経系に由来するのに対し，レンズは非神経外胚葉由来のレンズプラコードから発生する。レンズプラコードは他の感覚プラコードと異なり，ニューロンを生じない。その代わり，入射する光の焦点を神経網膜に当てる透明なレンズを形成する。網膜は，前脳の一部である間脳が側方へ膨らんで形成される**眼胞**(optic vesicle)から発生する。レンズプラコードの細胞と網膜原基との相互作用によって眼は形成され，一連の双方向性のシグナルのやり取りによってきわめて複雑な器官の形成が可能となる。

眼の形態形成

　原腸形成期に外胚葉の下に潜り込んでくる脊索前板と前腸内胚葉は，それを覆う前プラコード領域と相互作用し，前方としての性質をもたせてレンズを形成するよう方向づける(Saha et al. 1989；Dutta et al. 2005；Hintze et al. 2017)。これらの組織は多くの前方遺伝子を誘導するが，そのなかには後に作用するシグナルに外胚葉が反応するためにきわめて重要となる転写因子をコードする*Pax6*遺伝子が含まれている。ここで重要なのは，はじめに前プラコード領域の全域がレンズとして特定化されることである(耳プラコードや他のプラコードの細胞も含まれる；Bailey et al. 2006)。したがって，レンズが網膜に対して正しい位置に形成されるように，他のプラコード細胞ではレンズの運命を抑制しなければならない。そのために，レンズになるポテンシャルは移動してくる神経堤細胞によって抑制される(von Woellworth 1961；Bailey et al. 2006)。ただし，眼胞が張り出してくることによって，この神経堤細胞と予定レンズ領域との接触が妨げられる。そして，この眼胞からのシグナルによって，網膜に対するレンズの位置が決まる。

　図18.7に，脊椎動物の眼の発生を示す。眼胞は頭部外胚葉と接触する部位の細胞の形態変化を引き起こし，肥厚したレンズプラコードを誘導する。そして眼胞は内側に向かって陥入し，2層からなる眼杯を形成しつつ，その内腔にレンズが引き込まれるように形成される。眼胞の陥入は次の3つの変化によってなされる：

1. レンズプラコードの細胞は接着性の仮足を伸ばし，眼胞に接触する(Chauhan et al. 2009)。
2. 陥入層の辺縁部の細胞は基底面が収縮する。
3. 陥入層の中央部の細胞は頂端面が収縮する。

　眼胞が眼杯となるにしたがい，眼胞の2つの層が分化する。外層の細胞はメラニンを産生し(神経堤細胞以外で色素を産生する組織はごくわずかである)，最終的に**網膜色素上皮細胞**(retinal pigmented epithelium)となる。内層の細胞は急速に増殖して，さまざまなグリア細胞，神経節細胞，介在ニューロンと光受容細胞を産生して**神経網膜**(neural retina)を形成する(オンラインの「Further Development 18.6の図1」参照)。光受容細胞は光刺激を受け取る役割があり，網膜神経節細胞はこの情報を脳に伝達するニューロンである。網膜神経節細胞の軸索は，眼の基部に集まり，眼柄を伝って脳に伸びていくが，これが成熟して**視神経**(optic nerve)となる。眼杯内側の細胞(神経網膜になる)とレンズプラコードの相互作用は，網膜の分化，レンズ胞の形成，レンズ上皮とレンズ繊維細胞の分化に必要である。

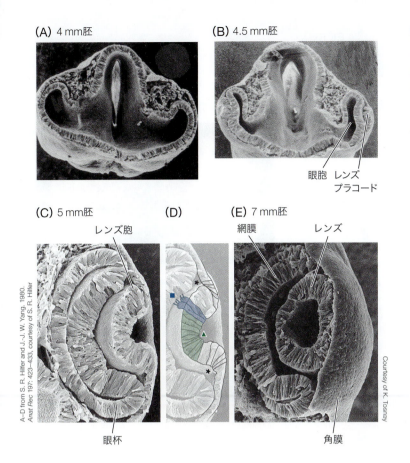

図18.7 脊椎動物の眼の発生と相互作用シグナル。(A)眼胞は脳より突出し，それを覆うレンズプラコードを含む外胚葉に接触し，レンズプラコードの細胞が柱状に変化する。(B，C)眼胞が内側に褶曲するにつれ，レンズプラコードはレンズ細胞へと分化し，レンズ胞となる。(C)レンズが内側に入り込んでくるに従い，眼胞は神経網膜と網膜色素上皮に分化する。(D)基底面収縮(黒アスタリスク)，頂端面収縮(緑三角)，網膜への仮足の突出(青四角)の3つの基本的な細胞形態の変化を，形成中のレンズの走査型電子顕微鏡像に重ね合わせた。(E)レンズ胞は上を覆う外胚葉を角膜に誘導する。

眼形成野の形成：網膜のはじまり

　異なるシグナルや遺伝子発現の適切な時空間的変化を含む複数の誘導現象の結果，正確に眼が組織される。早い体節期の前部神経板に**眼形成野**(eye field)が形成されることから，網膜発生が開始される。BMPおよびWntシグナルの両方が抑制された前部神経板は，Otx2因子によって特定化される。NogginはBMPを阻害するだけでなく（それによってOtx2遺伝子が発現する），最初に眼形成野に発現してくる遺伝子の1つであるETを抑制するため，とりわけ重要である。しかし，前脳領域の背腹方向で異なるOtx2の発現レベルは，ETの発現を抑制するNogginの活性レベルの違いをもたらすため，結果的にET転写因子が産生されることになる。

　ETによって調節される遺伝子の1つがRx（retinal homeobox）であり，この遺伝子は網膜の特定化に必要である。Rxは2つの機能をもつ転写因子で，まずOtx2の発現を抑制し，次に前部神経板に形成される眼形成野の主要な遺伝子であるPax6の発現を活性化する（図18.8A～C；Zuber at al. 2003；Zuber 2010）。Pax6タンパク質はレンズと網膜の特定化に特に重要であり，実際にこの因子は，脊椎動物/無脊椎動物を問わずほとんどの動物門で共通して光受容細胞の特定化に支配的な働きをするようである（26.1節参照；Halder et al. 1995）。

　ヒトとマウスのPax6の機能喪失型変異のヘテロ接合体は眼が小さくなるが，ホモ接合体ではヒトもマウスも（そしてショウジョウバエも）眼をすべて欠失し（図4.14参照），これはマウスとゼブラフィッシュのRx変異体も同じである（図18.8D；Jordan et al. 1992；Glaser et al. 1994；Quiring et al. 1994；Rojas-Munoz et al. 2005；Stigloher et al. 2006）。ハエでも脊椎動物でも，Pax6タンパク質は機能が重複する転写因子のカスケード

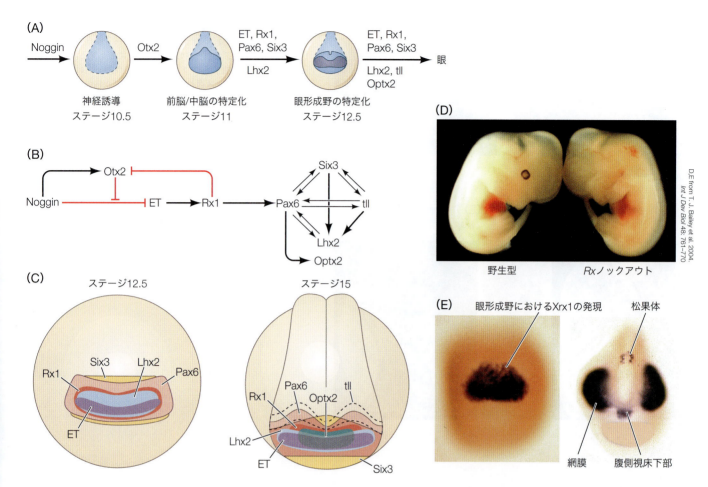

図18.8 前部神経板における眼形成野形成の動態。(A)ツメガエルにおける眼形成野の形成。水色は神経板，青色はOtx2の発現領域（前脳），紺色は前脳に形成中の眼形成野を示す。(B)眼形成野を特定化する転写因子の発現変化。ツメガエル胚のステージ10以前に，NogginはETの遺伝子発現を抑制し，Otx2の遺伝子発現を促進する。そしてOtx2タンパク質は，NogginによるETの発現抑制を阻害する。結果として，ET転写因子はRx遺伝子の発現を誘導し，コードされるRx転写因子はOtx2の遺伝子発現を抑制し，Pax6の遺伝子発現を誘導する。Pax6タンパク質は，眼形成野を構成する一連の遺伝子発現を開始させる（右側）。(C)ツメガエル胚のステージ12.5（神経胚初期）とステージ15（神経胚中期）の形成間もない眼形成野における，転写因子の発現部位。転写因子のSix3＞Pax6＞Rx＞Lhx2＞ETの順にサイズが小さくなる同心円状の発現領域を示す。(D)野生型マウス胚（左側）とRx遺伝子ノックアウトマウス（右側）における眼形成。(E)ツメガエル初期神経胚の単一の眼形成野（左）と，孵化直後のオタマジャクシの2つの発生中の網膜（加えて網膜様の光受容細胞をもつ松果体も）（右）における，Rx遺伝子（Xrx1）の発現パターン。(A〜CはM. E. Zuber et al. 2003. Development 130：5155-5167より)

（Six3，Rx，Sox2など）を開始させる。これらの因子は互いに他の因子を活性化することで，前脳の腹側中央部に単一の眼形成領域をつくり出す（図18.8E；Tetreault et al. 2009；Fuhrmann 2000）。しかし最終的には，2つの眼が頭部のより側方に生じる。単一の眼形成野を左右2つの領域に分離する中心的な因子は，おなじみのSonic hedgehog（Shh）である。

脊索前板からのShhは神経板の中央部でPax6の発現を抑制し，眼形成野を2つに分離する（図18.9A）。もしShh遺伝子に変異が起きたり，コードするタンパク質のプロセシングが阻害されると，中央部の単一の眼形成野は分離しない。その結果は**単眼症**（cyclopia）である。すなわち，顔の中心に単一の眼が通常は鼻の下に形成される（図18.9B，C；Chiang et al. 1996；Kelley et al. 1996；Roessler et al. 1996）。逆に，脊索前板でShhが過剰に合成されると，Pax6遺伝子はあまりにも広い領域で抑制され，眼は形成されない。この現象は，なぜ洞窟に生息する魚類に眼がないかを説明しうる。Yamamoto（山本）は2004年に，メキシコのテトラ（Astyanax mexicanus；小型魚類の一種）の表層に棲息

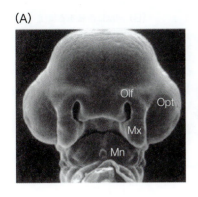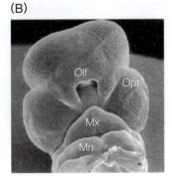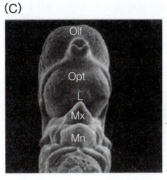

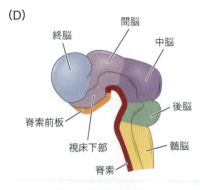

図18.9 Sonic hedgehogは眼形成野を左右の領域に分離する。ジェルビン（Jervine）というある種の植物で見つかったアルカロイドは，内在性のShhシグナルを阻害する。(A)正常ニワトリ胚の顔面の外観を示す走査型電子顕微鏡写真。(B)10μMのジェルビンにさらされたニワトリ胚ではさまざまなレベルの正中組織の欠失が生じ，本来左右一対の嗅隆起(Olf)，眼胞(Opt)，顎の上顎(Mx)および下顎突起(Mn)の融合が起こる。(C)眼胞とレンズ(L)の完全な融合によって単眼症となる（図4.25Bも参照）。(D)マウス12日胚における脊索前板(Shhの産生源)の位置。

する集団と，同じ種で眼のない洞窟性の集団の違いは，脊索前板から分泌されるShhの量であることを示した。おそらく，増加したShhは洞窟性の集団で選択され，それによって大きな鼻プラコードや大きな顎といった口周辺の感覚を高めることができたのであろう（Yamamoto et al. 2009）。しかし，ShhはPax6を抑制し，眼胞の発生を阻害し，レンズに細胞死を引き起こし，そして眼の発生を止めてしまった（図18.10）。なお，Shhの発現の変化だけで洞窟魚の眼と前脳の違いを説明できるわけではない。最近の研究によれば，Fgfのヘテロクロニー（発現時期の変化）とLhx転写因子の発現も非常に重要であることが示唆されている（Retaux et al. 2008；Pottin et al. 2011；Alie et al. 2018）。

レンズ–網膜の誘導カスケード

　眼形成野が分離した後，左右2つの領域はどのように眼を形成するのであろうか？　脊椎動物の近代的な眼形成研究は，Hans Spemann（ハンス・シュペーマン）によって1901年に始まった。彼は，両生類胚で片側の前部神経板の予定眼胞領域を壊すと，そちら側ではレンズが形成されないことを発見した（図4.12参照）。神経板の何かがレンズの形成に必要ということである。Warren Lewis（ウォレン・ルイス）は1904年，より発生の進んだ両生類胚を用いてこの実験を行った。彼が眼胞を体幹部の表皮外胚葉の下に移植すると，そこにはレンズが形成された。

　このような実験は，眼胞が単独で表皮外胚葉をレンズに誘導することができるという証拠として長らく考えられてきた。しかし，組織の細胞系譜を追跡した最近の研究によると，異所的にレンズを誘導したように見えた移植した眼胞には，実際にはレンズの細胞が混入していたことがわかった（Grainger 1992；Ogino et al. 2012）。これらの発見は，眼胞単独ではレンズの誘導には十分ではないことを示している。実際，レンズの誘導には，眼胞が表皮外胚葉と接するずっと前から始まる複数のステップが関与している。研究はまだ進展中だが，レンズと網膜の発生過程は，胚発生における双方向性のシグナル作用の美しい一例である（図18.11）。

図18.10 表層（A）と洞窟（B）に棲息するメキシコのテトラ（*Astyanax mexicanus*）。洞窟に1万年以上棲息する集団では，眼が形成されない（上段右）。Shhシグナルに反応する2つの遺伝子*Ptc2*と*Pax2*は，洞窟集団の胚では表層集団よりも広い領域で発現している（中段）。表層に棲む集団の胚の眼胞（下段）は正常なサイズで，小さな*Pax2*発現ドメイン（眼柄を特定化する）がある。洞窟性の集団の胚の眼胞（通常は*Pax6*を発現）は著しく小さく，*Pax2*発現領域が*Pax6*領域に代わって拡大している。

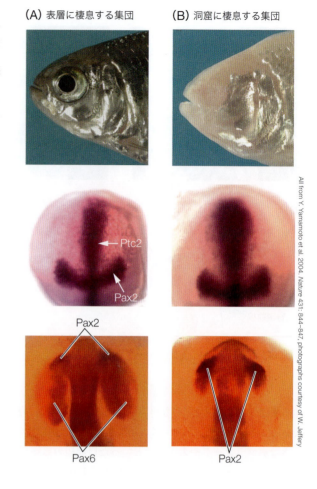

既に述べたように，レンズを形成する非神経性の外胚葉は，誘導シグナルに反応できるようにならなければならない。Jacobson（1963, 1966）は，原腸形成の完了にむかって外胚葉はまず，脊索前板と前方内胚葉によって条件づけられなければならないことを示した。これらの組織は，BMPおよびWntシグナルに対する阻害因子と，FGFおよび神経ペプチドを外胚葉に供給する。これらの組織とシグナルは，*Pax6*や他の前方外胚葉特異的な遺伝子の誘導に重要である（Donner et al. 2006；Lleras-Forero et al. 2013）。同時に脳では，Rxタンパク質による*Nlcam*遺伝子の発現誘導とともに，前脳の左右の眼形成野が突出してくる。Nlcamは，眼胞形成のための側方への突出を制御する細胞表面因子である（Brown et al. 2010；Bazin-Lopez et al. 2015）。

眼胞の細胞が表皮外胚葉に接触すると，どちらの細胞も変化する。眼胞の細胞は表皮外胚葉に対して平坦になり，Bmp4，Fgf8，Deltaを産生する（Furuta and Hogan 1998；Faber et al. 2002；Plageman et al. 2010；Ogino et al. 2012）。これらのシグナルによって表皮外胚葉の細胞は伸長し，プラコードの形態をとるようになる。レンズプラコードが形成されるとそこからFgfが分泌され，神経網膜を特徴づける*Vsx2*遺伝子の発現が隣接する眼胞の細胞で誘導される。

眼胞を取り囲む神経堤由来の間充織細胞は，眼胞外側のほとんどの細胞に*Mitf*遺伝子を発現誘導し，それによってメラニン色素の産生が活性化される（Burmeister et al. 1996；Nguyen and Arnheiter 2000）。こうして，眼胞の最も遠位部（すなわち表皮外胚葉に触れている細胞）は神経網膜となり，これに隣接する領域は網膜色素上皮となる（Fuhrmann 2010参照）。

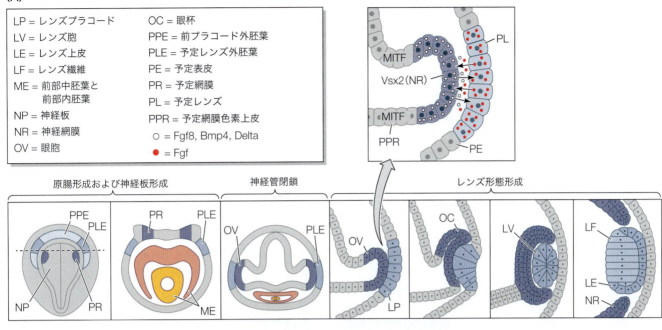
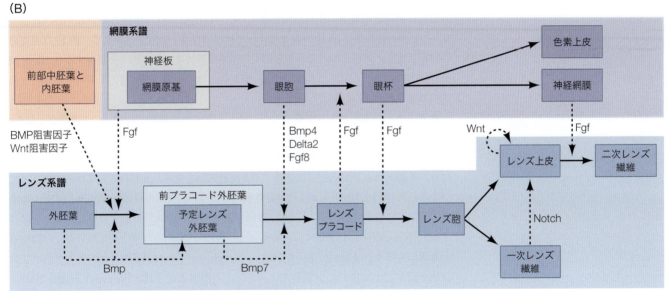

図18.11 発生中のレンズプラコードと脳から突出する眼胞間の，双方向性の相互作用。(A)原腸形成からレンズの形態形成を通して，主な解剖学的な変化を模式的に示す。これらの相互作用は，最終的なレンズ外胚葉を含む前プラコード領域全体で始まり，神経板，心臓中胚葉，咽頭中胚葉の影響を受けてレンズとして特定化される。その後，間脳の隆起である眼胞が予定レンズ外胚葉に接触することで，神経堤細胞からのレンズ形成を抑制するシグナルがレンズ外胚葉に届かないよう物理的に阻害し，眼胞を2層性の眼杯へと変化させる一連の相互作用を引き起こす。眼杯の内層は神経網膜へと変化し，レンズプラコードは陥入してレンズ胞を形成する。拡大した挿入図（上段右）に，眼胞とレンズプラコードの予定レンズ細胞間の重要な相互作用を示す。(B)レンズ形成に関与する傍分泌因子。ステージや組織によって，Fgfとその受容体は異なっているかもしれない。下の3つの矢印は，その期間に予定レンズで発現する遺伝子群を示している。(H. Ogino et al. 2012. *Dev Biol* 363：333-347 より)

予定神経網膜は今やレンズプラコードに接着し，眼胞が眼杯へと形を変えるに従って，レンズプラコードを内腔に引き込む。眼杯からのFgfは新たな遺伝子セットをレンズプラコードに誘導し，プラコードからレンズ胞へと変形する。これによってレンズの細胞が形成される。（オンラインの「FURTHER DEVELOPMENT 18.4：The Autonomous Development of the Optic Cup」「FURTHER DEVELOPMENT 18.5：Lens and Cornea Differentiation」「FURTHER DEVELOPMENT 18.6：Neural Retina Differentiation」「FURTHER DEVELOPMENT 18.7：Why Babies Don't See Well」参照）

18.4　非感覚性プラコード：表皮と皮膚の付属器官

皮膚——頑丈で，伸縮性に富み，防水性の高い膜——は，私たちのからだで最大の器官である。哺乳類の皮膚は次の3つの主要な構成要素をもっている：(1)層状の表皮，(2)それを裏打ちする繊維芽細胞が疎に詰まった真皮，(3)表皮の基底層や毛根に存在する神経堤細胞由来の色素細胞（メラノサイト；17.3節参照）である。これに加えて，皮下脂肪層が真皮の下に存在している。私たちの皮膚の表皮は絶えず更新されている。平均的なヒト成人で，1年に入れ替わる表皮はキングサイズベッド5つ分（約20 m²）にもなる。この再生能力は，一生にわたって保たれる表皮幹細胞のおかげである。

幹細胞から死細胞へ：表皮の物語

表皮は神経管形成後に胚の外側を覆う外胚葉に由来する。第15章で詳しく述べたように，この表層外胚葉はBMPの働きによって神経ではなく表皮を形成する。BMPは表皮の特定化を促し，同時に神経系へと分化する経路を阻害する転写因子を誘導する（Ballers et al. 2002）。ここでもまた，ある組織への特定化は他の組織への特定化を抑制するという発生の基本原理がみられる。

表皮は単一の細胞層として始まるが，ほとんどの脊椎動物ではすぐに2層構造となる。外層は**外皮**（periderm）となる。これは一過的に胚を覆うもので，内層が真の表皮に分化すると脱ぎ替えられる。内層は**基底層**（basal layer またはstratum germinativum）とよばれ，基底板（basal lamina）に付着する表皮幹細胞を含み，基底板は表皮幹細胞によってつくられる（**図18.12**）。ちょうど神経幹細胞のように，皮膚の分化はNotchシグナル経路によって正に制御されている[訳注：神経は逆で，Notchは幹細胞を維持し，分化を抑制する]（Nguyen et al. 2006；Aguirre et al. 2010）。Notchシグナルがないと，分裂細胞が過剰に増殖する（Ezratty et al. 2011）。Notchシグナルは表皮の特徴であるケラチンの合成を促進し，密集した中間系フィラメントの形成を促す（Lechler and Fuchs 2005；Williams et al. 2011）。上衣層の神経幹細胞のように，表皮幹細胞は非対称分裂を行うことが示されている。分裂した娘細胞のうち，基底板に付着するものは幹細胞として残り，基底層から離れるほうは外側に向かって移動し，分化を開始する。しかし，非対称分裂，対称分裂のどちらも表皮の形成と維持に重要な役割を果たしうる（Hsu et al. 2014；Yang et al. 2015）。さらに，基底層の一部に特別な長寿の幹細胞集団がいるのか（Mascré et al. 2012），それともすべての基底細胞が幹細胞様の形質をもつのかについてはまだ結論が出ていない（Clevers 2015）。

基底層からの細胞分裂は新しい細胞を生み出し，古い細胞を皮膚の表面に向かって押し出す。腸陰窩の幹細胞から生み出され，絨毛の先端に向かって押し出される腸上皮のケースに似ているが（図5.17参照），インサイド・アウトのパターンを示す大脳皮質とは異なっている。大脳皮質の場合は，新たに産まれたニューロンが古いニューロンの層を通過して辺縁に移動する。最終分化の産物を産生し終わると，細胞は転写や代謝の活性を消失する。これら分化した表皮細胞は**ケラチノサイト**（keratinocyte）と呼ばれ，互いに強固に接着

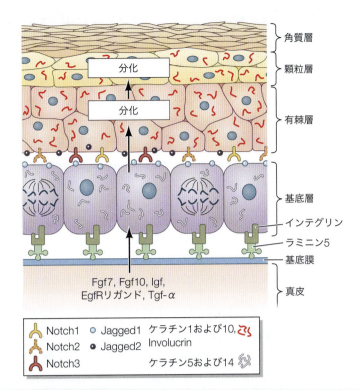

図18.12 ヒト表皮の層と，継続的な再生を可能にするシグナル。自己複製を行う幹細胞は基底層に存在しており，表皮とそれを裏打ちする真皮を隔てるラミニンに富んだ基底膜にインテグリンを介して接着している。真皮の繊維芽細胞は，Fgf7，Fgf10，Igf，EgfRリガンド，Tgf-αといった因子を分泌し，表皮基底細胞の増殖を促進する。増殖性の基底細胞は，Notchが活性化され最終分化をとげる細胞のカラム（柱）をつくり出す。これは次の3つの段階にわたって，それぞれ特定のケラチンを発現する細胞である。すなわち順に，有棘層，顆粒層，そして完全にケラチン化した死細胞によってつくられる角質層である。角質層の死細胞は継続的に表面から剥がれ落ちていく。(Y. C. Hsu et al. 2014. *Nat Med* 20：847-856より)

し，防水性のシールとなる脂質とタンパク質を産生する。

　表層に近づくと，ケラチノサイトは死んでケラチンタンパク質の扁平な袋となり，核は細胞の隅に押し出されてしまう。これらの細胞は**角質層**(cornified layer または stratum corneum)を構成する。角質層の死んだケラチノサイトは，個体の生涯を通して脱ぎ落とされ，新しいものへと置き換わる[4]。マウスの表皮では，基底層で誕生して表面で剥がれ落ちるまで約2週間かかる。ヒトの表皮はもう少しゆっくり入れ替わるものの，成人の生涯を通じて基底層が絶えず1〜2平方メートルの表皮を約30日ごとに供給することは依然として注目に値する。

さらなる発展

表皮因子　表皮の発生を促す因子が複数ある（図18.12参照）。真皮の繊維芽細胞は，Fgf，インスリン様増殖因子，そしてまさにぴったりな名前のついている上皮増殖因子の受容体に結合するリガンド類によって，表皮幹細胞の分裂を活性化する（Hsu et al. 2014）。BMPは基底層に転写因子p63を誘導して，表皮細胞の産生開始を補助す

---

[4] ヒトは1日に約1.5グラムのケラチノサイトを失う。これらの多くは"ハウスダスト"となる。Notchシグナルの欠失と乾癬との関係が推測されている（Kim et al. 2016）。

る。この転写因子のさまざまな機能は，表皮に発現するp63の異なるスプライスアイソフォームに部分的に依存しているかもしれない。p63タンパク質はケラチノサイトの増殖と分化に必要で（Truong and Khavari 2007），またNotchのリガンドであるJaggedの産生を促すようである。Jaggedは基底細胞に存在する接触分泌タンパク質であり，基底層上部の細胞でNotchタンパク質を活性化してケラチノサイト分化を開始させ，以降の細胞分裂を抑える（Mack et al. 2005；Blanpain and Fuchs 2009参照）。このように，Notchシグナルは基底層から有棘層への移行に必要である。

外胚葉付属器

　外胚葉性の表皮と間充織系の真皮は特定の場所で誘導性の相互作用を行って，**外胚葉付属器**（ectodermal appendage）——**皮膚付属器**（cutaneous appendage）ともいわれる——を形成する。すなわち，毛，鱗，鱗板（例：カメの甲羅，ワニのウロコ様の皮膚など），歯，汗腺，乳腺，羽毛のことである。どの特定の構造がつくられるかは，動物種や間充織の種類によって決まっている。

　外胚葉付属器の形成には，間充織と外胚葉上皮間の一連の双方向性の誘導相互作用が必要であり，その結果として**表皮プラコード**（epidermal placode）が形成される。すべての外胚葉付属器において，形態形成の最初の明確な指標は局所的な上皮の肥厚である。注目すべきことに，まったく異なる構造の毛，歯，乳腺であっても，形成初期は同じパターンに従い，同じ傍分泌因子を使用した双方向性の誘導作用に支配されるようである。これらすべての外胚葉付属器において，形態形成の最初の明確な兆候はプラコードである。

　発生中の哺乳類では，胴部と腹部の外胚葉の多くの領域で，何千もの毛プラコードが独立に形成される。上下の顎では**歯層**（dental lamina）と呼ばれる広い表皮の肥厚が起こり，それが（ちょうど頭部感覚プラコードの前プラコードステージのように）後に分離したプラコードとなり，それぞれのプラコードは歯のエナメル質となる（図18.14参照）。腹側の外胚葉では，2つの乳腺堤（または"乳腺"）が前肢から後肢に伸びる。マウスでは通常5対の乳腺プラコードが生き残り，それぞれが乳腺となる。ヒトでは通常1対しか生き残らないが，まれに第3，第4プラコードも残り，過剰乳頭（副乳）となる。乳腺プラコードは雌雄とも形成されるが，完全に発生するのは雌だけである（Biggs and Mikkola 2014）。

　プラコードステージの後，乳腺芽ステージとなり，外胚葉が間充織のなかに向かって成長していく。プラコード形成領域では，プラコードの表面の細胞は接着しあって，共有する中心に向かって割り込んでいく。これによってプラコード表面の細胞は内側に向かって窄んでいき，上皮が裏打ちする間充織のなかに入り込む。そのような収縮力は，歯，乳腺，毛芽でみられる（Panousopoulou and Green 2016）。最初の芽はどの外胚葉付属器でもよく似ている。しかし，芽が下層の間充織と相互作用し続けると，各付属器で違いが生じ始める。毛根は細長く伸長して内部に向かって成長し，凝集した誘導性の間充織に囲まれて発達する。歯上皮は同様に間充織のなかに伸び，上皮の中心に**エナメル結節**（enamel knot）を形成する。このシグナルセンターは周辺の細胞の増殖と分化を調節する（Jernvall et al. 1998）。乳腺上皮は誘導性の間充織を通って脂肪体のなかに成長し，そこで著しく枝分かれする（**図18.13**）。

組換え実験：上皮と間充織の役割

　上皮と間充織の誘導性の相互作用は非常に特異性が高い。上皮と間充織をいったん分離し，再び組み合わせることによって，20世紀の生物学者たちはどちらが（生じる付属器の）特異性を担っているかを区別することができた。例えば，マウス10日胚の顎の歯の上皮

発展問題

鳥類の羽毛はどうやってつくられるのか？羽毛プラコードの配置パターンを決めるのは何だろうか？

第 18 章 外胚葉プラコードと表皮 645

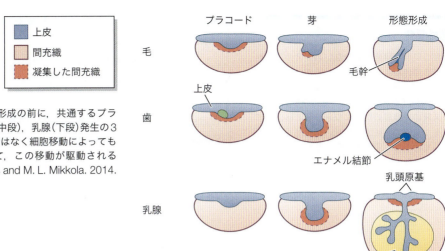

図 18.13 外胚葉付属器は多様化や上皮の形態形成の前に，共通するプラコードと芽ステージから生じる。毛（上段），歯（中段），乳腺（下段）発生の 3 つのステージの模式図。乳腺の陥入は細胞増殖ではなく細胞移動によってもたらされる。ケラチノサイトの収縮環によって，この移動が駆動される（Balinsky 1952；Trela et al. 2021）。(L. C. Biggs and M. L. Mikkola. 2014. *Semin Cell Dev Biol* 26：11-21 より)

は，同じステージの胚の歯を形成しない部位の顎の間充織と組み合わせると，歯を形成した。しかし，歯の上皮は 12 日目までには歯を形成する能力を失ってしまうが，新たに凝集した歯の間充織は歯を誘導する能力を獲得する（Mina and Kollar 1987）。この歯原性（歯をつくる能力）の変化に一致して，*bmp4* の発現パターンが上皮から間充織に移行する（Vainio et al. 1993）。さらに，この移行の後，表皮の位置はあまり重要でなくなってくる。歯の間充織は足の表皮とでも相互作用して，歯を形成することができる（Kollar and Baird 1970）。逆の組み合わせでは歯は形成されない。マウスの顎では，間充織は歯を形成する能力を Fgf8 によって獲得し，BMP によって歯の形成を抑制されている（**図 18.14**；Neubuser et al. 1997）。

　同様に，凝集した真皮の細胞は，通常は毛が生えない場所の表皮（例えば足の裏など）にさえ毛包を誘導することができる（Kollar 1970）。毛プラコードの上皮では，新たに毛を誘導することができない。発生早期のマウスの乳腺間充織（上皮ではない）は，頭部や頸部に

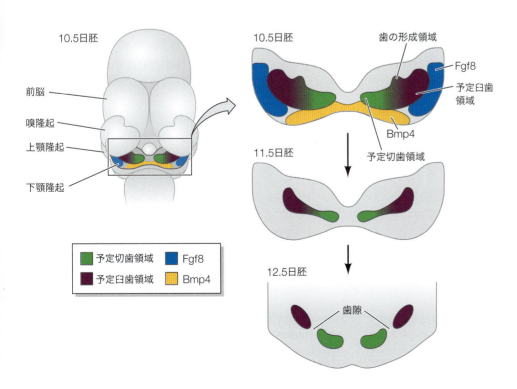

図 18.14 切歯と臼歯の歯層の区分。(A) マウス 10.5 日胚の下顎。Bmp4 と Fgf8 の互いに抑制的な相互作用によって，歯の領域が口腔外胚葉上に規定されると考えられている。それぞれの歯の領域は 11 日目まではつながって連続しているが，その後に顎の遠位部と近位部が，それぞれ切歯と臼歯領域に分けられる。この 2 つの領域は，歯隙と呼ばれる歯がない領域によって隔てられている。(Y. Ahn. 2015. *Curr Top Dev Biol* 111：421-452 より)

発展問題

なぜニワトリは歯をもたないのか？ ニワトリ胚を操作して歯をつくらせることは可能だろうか？ 歯の間充織は神経堤に由来し，Mitsiadis（ミツィアディス）らは2003年にマウス胚の神経堤細胞をニワトリ胚に移植して歯をつくることに成功した。鳥類がどのようにして歯をつくる能力を失ったか，進化上の説明ができるだろうか？

由来する表皮に対しても早期の乳腺形成を誘導する（Propper and Gomot 1967；Kratochwil 1985）。このように，発生中の毛，乳腺，歯では，凝集した間充織が形成されると，つくるべき表皮付属器のタイプを決める誘導能力をもつようである。このプラコードを誘導する能力は，手のひらや，足裏，外生殖器に関係する特定の間充織には欠如している。これらの部位では，外胚葉上皮に毛ではなく特定のケラチンタンパク質を発現誘導する傍分泌因子の合成を，*HoxA13*遺伝子の発現が促進するようである（Rinn et al. 2008；Johansson and Headon 2014）。（オンラインの「Further Development 18.8：Recombination of Mammary Gland Epithelium Reveals Sex Based Differences in Its Development」参照）

表皮付属器：歯，乳腺，毛

ほぼすべての主要なシグナル経路が，外胚葉付属器の形成に関与している（Biggs and Mikkola 2014；Ahn 2015）。哺乳類の歯のエナメル結節のようなケースでは，同じシグナルセンターがほぼすべてのファミリーの傍分泌シグナルを産生する（図18.15；Vaahtokari et al. 1996）。標準的Wnt/βカテニン経路の役割は，この経路の構成因子を欠失するマウスで毛，歯，乳腺が適切に形成されないことにより示されている（van Genderen et al. 1994）。表皮全体でβカテニンを発現するよう操作した胚では，(1)表皮全域に毛根が形成され（Narhi et al. 2008；Zhang et al. 2008），(2)顎に過剰に歯を形成する（Järvinen et al. 2006；Liu et al. 2008）。実際に，Wntシグナルはエナメル結節の形成の誘導を助けているかもしれないし，歯の再生能力（哺乳類では喪失）に重要かもしれない（Järvinen et al. 2006）。Wnt経路の抑制因子を欠失する変異マウスでは，より多く大きな乳腺プラコードが形成される（Närhi et al. 2012；Ahn et al. 2013）。

外胚葉付属器の発生において，Fgfはおそらく複数の役割を果たしている。その1つは，間充織細胞の移動を制御し，プラコードの下に凝集させることである。歯では，プラコードからのFgf8が間充織細胞を歯プラコードへ誘引し，そこに留めているようである（Trumpp et al. 1999；Mammoto et al. 2011）。毛の形成では，プラコードのWntがFgf20の分泌を活性化し，そのFgf20が間充織細胞をプラコードに集めている可能性がある（Huh et al. 2015）。乳腺では，体節（そしておそらく肢芽も）からのFgf10が，プラコード形成を誘導すると考えられている（Mailleux et al. 2002；Veltmaat et al. 2006）。Fgf10あるいはその受容体を欠損するマウスでは，1，2，3，5の乳腺プラコードを欠失する。

Tgf-βスーパーファミリーの分泌因子，特にBMPも，外胚葉付属器の形成に重要な役割を果たす。実際に，上皮から間充織への*bmp4*の発現シフトは歯の産生能力の移行を調

(A)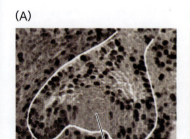
エナメル結節

(B) *Shh*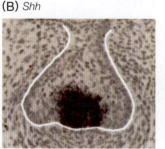

(C) *Bmp7*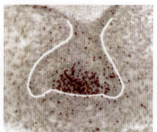

(D) *Fgf4*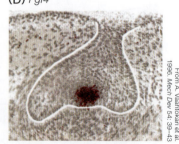

From A. Vaahtokari et al. 1996. *Mech Dev* 54: 39–43

図18.15 哺乳類における歯の発生。エナメル結節は分裂しない細胞集団で，シグナルセンターとして歯の形態形成を制御する。これらの写真はキャップステージを示し，この時期，上皮が間充織のなかに入り込んでくる。(A) BrdUによる分裂細胞の染色によってエナメル結節を示す（染色されていない部分が該当）。(B~D) エナメル結節における複数のシグナルカスケードの開始を示す傍分泌因子の遺伝子発現（*in situ* ハイブリダイゼーション）。これらの遺伝子には，*Sonic hedgehog* (B)，*Bmp7* (C)，*Fgf4* (D) が含まれる。

整し，芽ステージからキャップステージへの移行に重要である。BMPは歯の発生に関与する数々の遺伝子を誘導することが知られており（Vainio et al. 1993；Jussila and Thesleff 2012），BMPとWntは互いに制御しあうことで歯の形を調節している可能性が高い（Munne et al. 2009；O'Connell et al. 2012）。BMPの発現は歯の形成に必要であるが，毛プラコードの誘導にはBMP活性は**抑制**されなければならない（Jussila and Thesleff 2012；Sennett and Rendl 2012）。

　他のシグナル経路もさまざまなレベルで重要である（Ahn 2015；Biggs and Mikkola 2014）。例えば，エクトディスプラシン（ectodysplasin）経路（NF-$\kappa\beta$転写因子を活性化する）はすべての皮膚付属器で活性化され，ヒト（および他の動物も）の無汗性外胚葉形成不全では，毛，歯，汗腺の形成不全が生じる（Mikkola 2015；Zimm et al. 2022）。（オンラインの「FURTHER DEVELOPMENT 18.9：The Ectodysplasin Pathway and Mutations of Hair Development」参照）

表皮付属器の幹細胞

　多くの場合，表皮付属器は成体幹細胞を産生するか保持しており，それによってこれらの構造を一定回数再生することが可能である。そのような幹細胞集団が存在するかどうかは種によって異なっている。

歯　魚類と爬虫類は歯を再生できるが，哺乳類はできない。ほとんどの哺乳類は2セットの歯をもち，そのうち1つは子供のもの（乳歯）で，もう1つは成体の永久歯である。どちらのセットの歯も出産前に発生を開始する。成体の歯が成長すると，歯層は壊れてしまい，私たちは歯を失ったり損傷したりしても再生することはできない。ヒトは年をとって歯を失っても新たな歯をつくることができないが（しかし，ヒトの歴史上のほとんどの個体は40歳以前に死亡している），齧歯類やゾウを含む他の哺乳類は絶えず成長する歯をもっている（Thesleff and Tummers 2009）。マウスの伸び続ける切歯の幹細胞ニッチには，エナメル質を生成するエナメル芽細胞を生じる上皮幹細胞と，象牙質を生成する象牙芽細胞と歯髄細胞のための間充織幹細胞が存在している（An et al. 2018）。ワニのような爬虫類では歯層の一部が残り，そこに失った歯を再生できる上皮幹細胞が含まれている。歯が失われるとβカテニンがそれらの上皮幹細胞に集積し，Wnt阻害因子は失われる（Wu et al. 2013）。

乳腺　乳腺〔Mammalia（哺乳綱）という綱名はこれにちなむ〕は，思春期（春機発動期）や妊娠時に自身の成長を再活性化するための幹細胞をもっている（**図18.16A**）。思春期にエストロゲンの働きによって管腔の著しい分岐が進行し，乳腺の**末梢芽状突起**（terminal end bud）が伸長する。妊娠期にはプロゲステロンとプロラクチンによって管腔が三次側枝を形成し，乳汁を産生する腺房へと分化する（Oakes et al. 2006；Sternlichit et al. 2006）。

　乳腺はおそらく，そのすべての細胞系譜を産生することができる幹細胞を含有している。遺伝学的に標識した乳腺細胞（Rios et al. 2014；Wang et al. 2015）の系譜解析データは，乳腺の2つの主要な前駆細胞とそれらを産生する単一の幹細胞の存在を示唆している。前駆細胞の1つは乳管と腺房をつくり，もう1つがつくり出す筋上皮細胞は収縮によって乳汁を腺房から乳頭に向かって押し出す（**図18.16B**）。

毛　毛は哺乳類が再生することができる構造体であり，毛包幹細胞は表皮付属器の幹細胞では最もよく研究されている。表皮の毛髪構造をつくるためには3種類の幹細胞が関与しているようである。1つは前述した表皮の基底層に存在しており，毛包間の表皮のケラチノサイトを産生する。2つ目の幹細胞は個々の毛幹の皮下腺をつくるのに必須であり，3つ目は毛幹自体の再生に重要である。興味深いことに，これら3種の幹細胞を生み出す祖先

発展問題

カメの甲羅（背中と腹部を覆うケラチン性の外板）は，ウミガメでも砂漠のリクガメでもすべて同じパターンを示す。数学に傾倒する人なら，「このパターンはどのようにつくられたのか？」と聞きたいかもしれない。

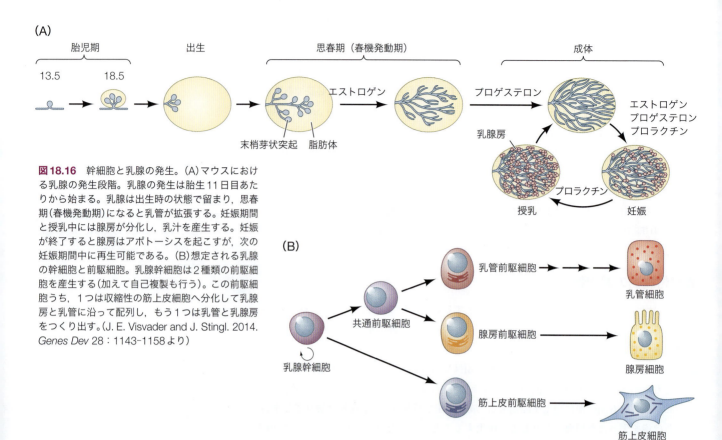

図18.16 幹細胞と乳腺の発生。(A)マウスにおける乳腺の発生段階。乳腺の発生は胎生11日目あたりから始まる。乳腺は出生時の状態で留まり, 思春期(春機発動期)になると乳管が拡張する。妊娠期間と授乳中には腺房が分化し, 乳汁を産生する。妊娠が終了すると腺房はアポトーシスを起こすが, 次の妊娠期間中に再生可能である。(B)想定される乳腺の幹細胞と前駆細胞。乳腺幹細胞は2種類の前駆細胞を産生する(加えて自己複製も行う)。この前駆細胞うち, 1つは収縮性の筋上皮細胞へ分化して乳腺房と乳管に沿って配列し, もう1つは乳管と乳腺房をつくり出す。(J. E. Visvader and J. Stingl. 2014. *Genes Dev* 28: 1143-1158 より)

発展問題

ヒトは汗腺を皮膚全体にもっているが, ほとんどの哺乳類は手の平と足の裏にしかもたない。脳サイズの拡大とともに, 非常に効果的な冷却システム, すなわち多数の汗腺をもつ無毛の皮膚が必要となった。進化における表皮(外胚葉)付属器のどのような変化によって汗腺がもたらされたのであろうか? 毛包と引き換えに体毛が変化して汗腺となったことの証拠は何か? そうすれば, 私たちの多数の汗腺とほぼ無毛の皮膚をうまく説明できよう。

的な幹細胞が存在するらしく(Snippert et al. 2010), 皮膚が損傷修復する際など, それぞれの幹細胞グループは必要に応じて別のタイプの幹細胞として利用される(Levy et al. 2010; Fucks and Horsley 2008)。

生涯を通じて毛包は, **成長期**(anagen), **退行期**(catagen), **休止期**(telogen)と再生のサイクルを繰り返す。毛の長さは毛包が成長期にいる時間に依存している。ヒトの頭髪は毛周期のうち成長期が数年だが, 腕の体毛は周期が6〜12週間しかない。毛包の再生は, 発生後期に生じる永続的な毛包**膨大部**(bulge)の上皮幹細胞の存在に依存している。Philipp Stöhr(フィリップ・ストーラー)は自身の1903年版の教科書に載せたヒトの毛髪の組織像で, この膨大部〔ブルスト(Wulst)〕が立毛筋(収縮すると私たちの"鳥肌"を引き起こす筋肉)の結合部位であることを示した。1990年代の研究で, 毛包膨大部は少なくとも2種類の成体幹細胞を擁することが示唆されている。毛幹と毛鞘になる**毛包幹細胞**(hair follicle stem cell:HFSC)(Cotsarelis et al. 1990; Morris and Pottern 1999; Taylor et al. 2000)と, 皮膚や毛の色素を産生する**メラノサイト幹細胞**(melanocyte stem cell)(Nishimura et al. 2002)である。毛包膨大部は成体細胞が幹細胞性を保持するのに重要なニッチらしい。毛包膨大部の毛包幹細胞は毛のすべての上皮細胞を再生することができ, この幹細胞なくしては新しい毛包は生じない。しかし, 幹細胞をレーザーで選択的に除去すると, 膨大部の一部の上皮細胞は(通常は毛の成長に使用されていないもの), 幹細胞集団を再構成して毛包の再生を維持することができる(Rompolas et al. 2013)。

毛包幹細胞(HFSC)には2つのグループがあるようである。(1)膨大部の休止期の幹細胞グループと, (2)膨大部直下にいる増殖を開始したグループである。皮膚器官全体が毛周期に関与しているようである(図18.17)。HFSCは膨大部の外層に存在している。膨大部内部の細胞はHFSCの子孫細胞であり, Bmp6とFgf18を分泌してHFSCの増殖を抑制す

第 18 章 外胚葉プラコードと表皮 | 649

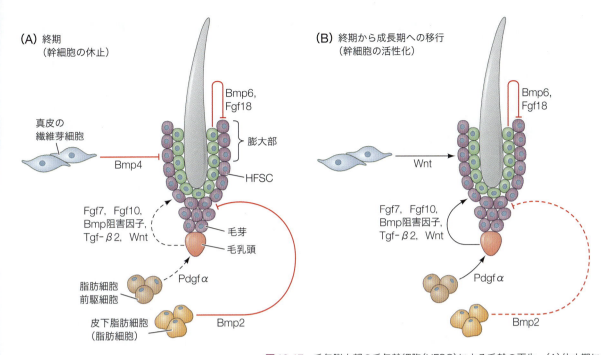

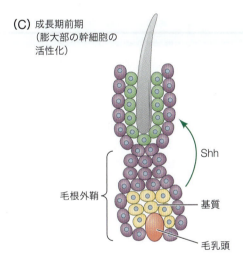

図 18.17 毛包膨大部の毛包幹細胞（HFSC）による毛幹の再生。（A）休止期に，毛乳頭の凝集した間充織は膨大部の外層で幹細胞（紫）に接触している。膨大部外層の HFSC の子孫である内層（緑）の細胞から産生される Bmp6 と Fgf18 および，真皮中胚葉（繊維芽細胞；水色）と脂肪細胞（黄色）からの Bmp によって，HFSC は静止状態となっている。（B）休止期から成長期への移行時に，毛乳頭（桃色）は間充織細胞によって，毛成長の活性化因子（Fgf と Wnt）および Bmp の阻害因子を産生するべく誘導される。これによって毛包が増殖し分化する。（C）成長期では，基部で毛乳頭に接触している細胞が急速に分裂し，毛幹とその鞘を形成する。早期の膨大部に隣接する細胞は膨大部の外層となり，幹細胞の性質をもつ。数層の細胞からなる内層も HFSC に由来し，この層は最終的に HFSC の増殖を抑制する。退行期（示していない）にはほとんどの細胞がアポトーシスを遂げるが，残った幹細胞は膨大部で生存し続ける。そして，上皮の束が毛乳頭を膨大部に引き上げ，これらの相互作用によって次の毛周期に向けて新たに毛芽が産生されると考えられる。（Y. C. Hsu and E. Fuchs. 2012. *Nat Rev Mol Cell Biol* 23：103-114；Y. C. Hsu et al. 2014. *Nat Med* 20：847-856 より）

る。さらに，真皮の繊維芽細胞と皮下脂肪細胞も増殖を抑制する BMP を産生する。HFSC は成長期のはじめに，間充織細胞が凝集した毛乳頭からのシグナルによって活性化する。このシグナルは Fgf と Wnt，および Bmp の阻害因子であり，膨大部の外へと上皮幹細胞の移動を誘導する。この上皮幹細胞は前駆細胞を産生し，前駆細胞は増殖しつつ下降し，膨大部から基質にかけての 7 層の同心円状に並んだ細胞からなる毛根外鞘を形成する。

この毛乳頭の活性化は，真皮の微小環境によって制御されている。裏打ちする真皮はより多くの Wnt とより少量の BMP を産生し，脂肪細胞の前駆細胞はより多くの傍分泌因子 Pdgf を産生して毛乳頭を活性化する（Plikus et al. 2008；Rendl et al. 2008；Hsu and Fuchs 2012）。毛乳頭が上皮細胞の下降方向への増殖によってさらに離れると，それが発するシグナルは毛包幹細胞には届かなくなり，膨大部は休止期へと戻る。成長期の後半ではプロスタグランジン（PDG2）が毛包前駆細胞の産生を抑制するようである。退行期中はほとんどの基底上皮細胞（毛根鞘の外層）がアポトーシスを起こすが，上部の毛包幹細胞は残る。古い膨大部に近接した毛根外鞘の細胞は HFSC を含んでおり外層となるが，より基

図18.18 毛包の再生時には，生じる前駆細胞がシグナルセンターを構成し，組織の成長を統御する。活性化した（プライム型の）幹細胞（HFSC）は前駆細胞を産生する。前駆細胞が生じ，Sonic hedgehog（Shh）を分泌して初めて，休止中の幹細胞は分裂を行う。Shhを産生できないと，前駆細胞の産生が減少する。Shhは休止中のHFSCの増殖も，前駆細胞の増産を促す真皮のシグナルの制御も行う。休止中のHFSCへの入力がなければ，次の毛周期のための活性化HFSCの補充が減少する。これが減少すると，毛の再生が遅延し，毛包の再生が損なわれる。（Y. C. Hsu et al. 2014. Nat Med 20：847-856より）

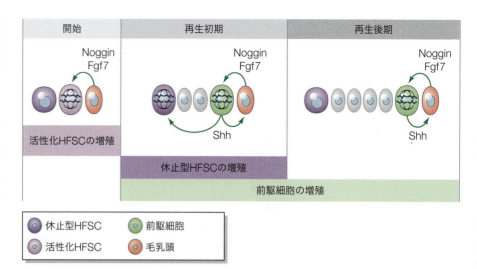

質に近いものは分化して膨大部の内層となる。アポトーシスによって外側の細胞が毛乳頭に接触し，次の毛周期に備える（Hsu et al. 2011；Mesa et al. 2015）。

> ### さらなる発展
>
> **前駆細胞は逃避シグナル** 注目すべきことに，毛包膨大部の幹細胞の活性化は，自身が生み出す前駆細胞によって一部制御されている。前駆細胞はSonic hedgehogを分泌し，このシグナルは膨大部のHFSCの細胞分裂に必須である。前駆細胞からのBmp6とFgfシグナルは膨大部のすぐ下の幹細胞を抑制し，Sonic hedgehogはこれを活性化する可能性が高い。このことは，前駆細胞は単に分化を辿る受け身の細胞ではなく，膨大部の休止幹細胞を活性化するシグナルセンターを構成することを意味している（図18.18；図18.17Cも参照）。これによって毛乳頭は**活性化した**（膨大部外の）HFSCを刺激し，一過性増幅細胞（図5.1C参照）を確立することによって，毛再生が開始される。そしてこの前駆細胞は，一過性増幅細胞の増産に必要な毛乳頭からのシグナルを継続するシグナルセンターとして働く。この一過性増幅細胞は，休止中の幹細胞の増殖を促す。こうして，一過性増幅細胞は自身の増殖，活性化した（プライム型の）HFSC，休止中のHFSCを制御し，毛包の再生を統御する（Hsu et al. 2014）。（オンラインの「FURTHER DEVELOPMENT 18.10：Normal Variation in Human Hair Production」「FURTHER DEVELOPMENT 18.11：The Hair Follicle Niche：Its Role in Baldness and Long Lashes」参照）

研究の次のステップ

皮膚と毛の自身の幹細胞による再生は，私たちがようやく気づき始めた注目すべきモデル系である。皮膚の再生では，正常発生と同じ経路を再び活性化する（24.7節参照）。毛包幹細胞の機能は加齢とともに衰退するようであり，毛の再生には毛包ニッチで休止幹細胞を維持するために転写因子のFoxc1が必要である（Lay et al. 2016；Wang et al. 2016）。さらに，免疫系の細胞が毛包幹細胞を再活性化しているかもしれない（火傷の反応として）。免疫細胞は，幹細胞の再生に必要なTGF-β，Wnt，エクトディスプラシン経路を含む複数のカスケードを活性化する（Nelson et al. 2015；Rajendran et al. 2020；Liu et al. 2022）。さらには第24章で述べるように，マクロファージの異なる反応が，損傷した表皮をより再生しやすくする。発生と表皮再生における免疫系と表皮の相互作用メカニズムは，非常に興味深い研究領域である。

第18章 外胚葉プラコードと表皮　651

章冒頭の写真を振り返る

Douglas Adams著の『宇宙の果てのレストラン(The Restaurant at the End of the Universe)』からのこの引用は，私たちが世界を，そして宇宙をどのように感じ取るかは，感覚器官が担っているという意味である。私たちは眼が処理する光の波長を"見ている"にすぎず，また耳が感知する音波を"聞いている"にすぎない。そして，ヒトは見えるものや聞こえるもののすべてを感じ取れるわけではない。この写真にある孵卵10日目の巨大なニワトリの眼は，私たちよりも多くの色と異なる色調を感知することができるが，これは新たなタイプの光受容細胞が進化したおかげで紫外線を色として知覚できることにもよっている。ニワトリの内耳構造，つまりこの写真で緑色に染まっている三半規管，前庭，蝸牛は，私たちよりも低い周波数の音を感知することができる。さらに驚くべきことに，私たちヒトと異なり，ニワトリは蝸牛を再生することができるのである。ある種が絶滅するとき，世界（実際には宇宙）から特定の独特の知覚が失われるとさえ言えるかもしれない。

From A. Kumar et al. 2018. *Birth Defects Research* 110 : 1194-1204, courtesy of Nobue Itasaki

18　外胚葉プラコードと表皮

1. 外胚葉プラコードは，柱状の細胞で構成される領域である。頭部では頭部プラコードが，嗅上皮，内耳，眼のレンズなどの感覚器官と，頭部感覚神経節に分化する。非神経性プラコードからは，表皮を覆う毛，歯，羽毛，鱗板，鱗の上皮部分が形成される。
2. 頭部プラコードは，神経板の前部を囲うように帯状に形成され，前プラコード領域と呼ばれる。Fgfシグナルの作用と，WntおよびBMP経路の抑制が組み合わさることで，プラコードと神経堤細胞の領域が区別される。
3. 前プラコード領域は個々のプラコードに分離され，このプロセスは神経管と裏打ちする中胚葉や内胚葉からの局所的なシグナルによって調節されている。例えば，Fgfシグナルは耳-上鰓プラコード前駆細胞の特定化を促し，WntとBMPはこれら2つのプラコードをそれぞれ分化させる。
4. 内耳を形成する耳胞は，後に一連の動的なモルフォゲンによってパターン化され，これらのモルフォゲンは成長する蝸牛の異なる細胞タイプも規定する。
5. 眼の発生は，間脳の腹側部に眼形成野が特定化されることで始まる。Pax6は眼の形成に主要な役割を果たし，裏打ちする中胚葉からのSonic hedgehogシグナルによるPax6の抑制は単一の眼形成野を分断し，2つの分離した眼胞が脳の外に出てくる。
6. 眼胞は神経網膜と網膜色素上皮細胞に分化し，レンズプラコードからレンズが形成される。
7. 網膜とレンズの分化には双方向シグナルの作用がきわめて重要である。器官を形成する細胞は2つの"生涯"をもっている。胚形成時には器官を構築し，成体では器官の一部となって機能する。
8. 表皮外胚葉の基底層は皮膚の胚芽層となる。表皮幹細胞は分裂によって分化したケラチノサイトとさらなる幹細胞を生み出す。
9. 歯のエナメル結節は，歯の形づくりと発生のシグナルセンターである。
10. 毛包幹細胞は毛の周期的な成長期で毛包を再生し，毛包膨大部に存在している。

● オンラインのコンテンツは https://www.medsi.co.jp よりアクセスしてください。

Part V 中胚葉と外胚葉の構築
器官形成

19 沿軸中胚葉
体節と体節由来組織の発生

本章で伝えたいこと

- 沿軸中胚葉（体節中胚葉とも呼ばれる）は脊索と神経管の脇に横たわっており，胚発生の進行に伴って，脊椎骨，骨格筋や多くの皮下結合組織を生み出す．沿軸中胚葉は形成初期には未分節の延べ棒状の構造であるが，胚体の伸長にしたがい，頭側から尾側へと動く移動波によって一定周期で境界が形成され，体節というブロック状の組織へと切り分けられる（19.1節）．
- 体節形成は，尾芽から分泌されるFgf/Wntの濃度勾配と，胚前方に豊富なレチノイン酸の濃度勾配との対立によって制御される．Fgf/Wntシグナルは未分節中胚葉細胞の未分化状態を維持する働きをもち，一方でレチノイン酸は体節細胞の分化を促進する．Hox遺伝子群の発現は時空間的に共線的に制御されており，脊椎骨の個性を決定する（19.2節）．
- Notch-Deltaシグナルの周期的な活性化が"分節時計"をつくる．また，Notch-Deltaは体軸におけるHox遺伝子群の共線的な発現を調節する（胚体の後方において，より大きな数字をもつHox遺伝子が発現する）．体節間の物理的な境界は，反発因子Eph-エフリンB2の働きと細胞外基質の堆積により構築される（19.3節）．
- 体節細胞はまず硬節と皮筋節へと分化する．その後，硬節は軟骨や骨を，皮筋節は真皮と筋肉組織をつくる．体節周囲に存在する脊索，神経管，側板中胚葉，表皮外胚葉，移動する神経堤細胞からのシグナルによって，軟骨形成と筋形成が制御される（19.4節，19.5節）．

何が体節をつくる？ いつできる？
どこでできる？ そして，いくつつくられる？

　分節化のメカニズムは脊椎動物種間で高度に保存されており，分節化によりつくられた反復構造である体節は，より洗練された機能の進化を支えている．例えば，ヒトとキリンは共に7個の頸椎をもつが，それぞれの頸椎のサイズは大きく異なり，それぞれの生存環境に適応した形態をもつ．キリンはヒトと比べ大きく長い頸椎骨を獲得したことで，樹上の果実にありつけるようになった．胸椎は，内臓を保護する肋骨をつくる唯一の脊椎だが，その数はヒト，マウス，ヘビの間で大きく異なる．

図19.1 主要な中胚葉系列が，羊膜類胚の非四肢体節領域の断面図に図示されている。体節中胚葉と体壁中胚葉(側板中胚葉の一部)の違いに留意せよ。

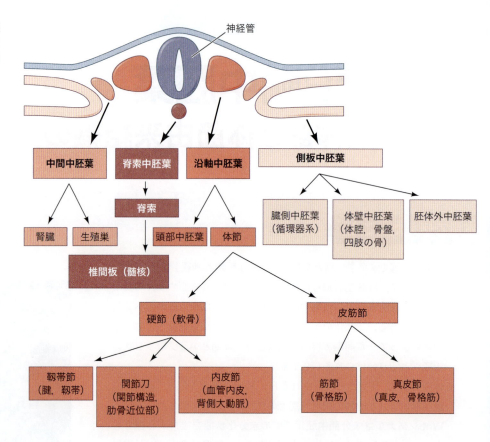

体節の数とサイズ，そしてどの体節からどのような骨や筋肉組織が生まれるのかは，胚の前後軸に沿って中胚葉がどこで分割されるかによって決まる。いかにして正確に分節化が起きるのだろうか。また，我々ヒトはおよそ38個しかもたないのに，どのようにしてヘビは約300もの体節をつくるのか。

原腸形成の重要な役割の1つは，内胚葉と外胚葉の間に中胚葉層をつくることである。脊椎動物胚における中胚葉形成は神経管形成の後に起こるわけではなく，両者の過程は同時に進行する。脊索は，予定前脳領域の後方から胚の尾部にかけて，神経管の腹側に沿って伸長する。神経管の両脇に横たわった中胚葉層は，**沿軸中胚葉**(paraxial mesoderm)，**中間中胚葉**(intermediate mesoderm)，**側板中胚葉**(lateral plate mesoderm)の3つに分かれる(図19.1)。

初期の沿軸中胚葉は，**未分節中胚葉**(presomitic mesoderm：PSM)あるいは**体節板**(segmental plate)とも呼ばれる。未分節中胚葉は脊索のすぐ両脇に存在し，延べ棒のような形態をとる。羊膜類胚を用いた多くの研究から示されているように，神経褶が胚の中心へと集まり始め，原条(primitive streak)が後方に移動する際，未分節中胚葉は胚前方から後方にかけて順次分節し，**体節**(somite)を形成する。体節は脊索と神経管の両脇に位置する一過的な組織であり，上皮細胞が間充織を包み込んで形成されたブロック状の構造をもつ。

体幹部と頭部の中胚葉組織から派生する組織は図19.1に記載されており，以下にその要約を示す：

1. 体幹部中胚葉の正中領域は，**脊索中胚葉**〔chordamesoderm；しばしば体軸中胚葉(axial mesoderm)とも呼ばれる〕である。この中胚葉は，初期胚において神経管の誘導・パターニングや胚体の前後軸の確立にかかわる一過性の組織である脊索(notocord)をつくる(第15章参照)。脊索細胞は大きな液胞を内包し，高い静水圧にさらさ

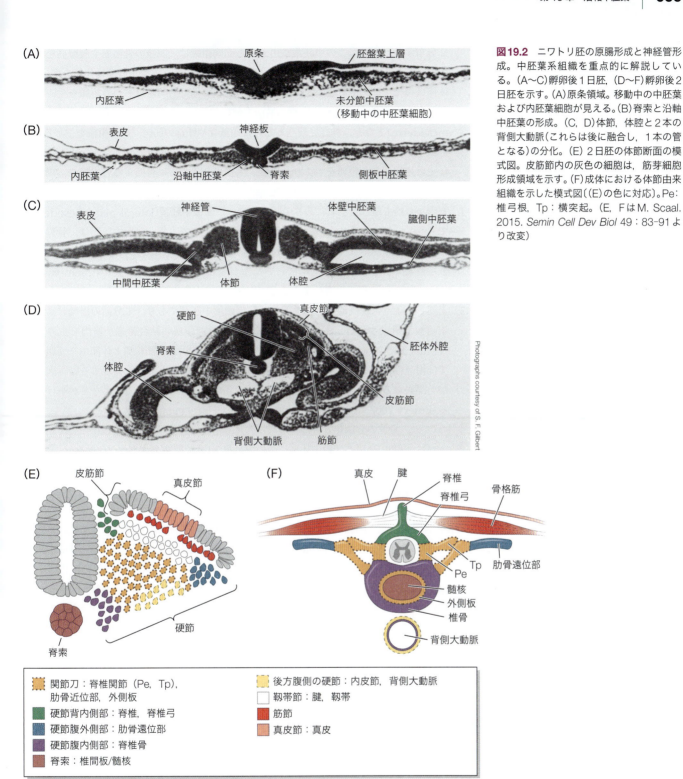

図19.2 ニワトリ胚の原腸形成と神経管形成。中胚葉系組織を重点的に解説している。(A〜C)孵卵後1日胚、(D〜F)孵卵後2日胚を示す。(A)原条領域。移動中の中胚葉および内胚葉細胞が見える。(B)脊索と沿軸中胚葉の形成。(C, D)体節、体腔と2本の背側大動脈（これらは後に融合し、1本の管となる）の分化。(E) 2日胚の体節断面の模式図。皮筋節内の灰色の細胞は、筋芽細胞形成領域を示す。(F)成体における体節由来組織を示した模式図〔(E)の色に対応〕。Pe：椎弓根、Tp：横突起。(E, FはM. Scaal. 2015. *Semin Cell Dev Biol* 49：83-91より改変)

れており、脊索は比較的硬度の高い棒状の胚組織である。発生に伴い多くの脊索細胞がアポトーシスを起こし除去されるが、脊索細胞は椎間板(intervertebral disc)内の髄核(nucleus pulposus)と呼ばれるゼリー状の組織を形成する(Choi et al. 2008；McCann et al. 2011)。

2. **沿軸中胚葉**(paraxial mesoderm)〔または**体節中胚葉**(somitic mesoderm)〕は脊索の両側にある(図19.2)。沿軸中胚葉から派生した組織は、からだの背側や脊髄の周囲

に分布する。また，この中胚葉に由来する筋肉組織は，四肢の骨格筋や腹壁筋を形成する。それら組織が胚内の然るべき位置へと移動する前，沿軸中胚葉は体節を形成し，体節は後に，筋肉や真皮などの結合組織，そして椎骨や肋骨などの骨組織を生み出す（図19.2E，F参照）。沿軸中胚葉の最前方部は体節として分節せず，**頭部中胚葉**（head mesoderm）となり，神経堤細胞とともに頭蓋骨や頭部の筋肉，結合組織を生じる。

3. 沿軸中胚葉のすぐ側方には**中間中胚葉**（intermediate mesoderm）がある。中間中胚葉は主に泌尿器系の組織をつくり，腎臓，生殖巣やそれらに付随する管組織や，副腎皮質が中間中胚葉に由来する（図19.2C参照）。

4. 脊索から最も離れた位置にある中胚葉組織は，**側板中胚葉**（lateral plate mesoderm）であり，心臓血管系や血液細胞，腹腔壁へと分化する。また側板中胚葉は，骨盤や四肢内の骨格系を形成する（四肢の骨格筋は体節由来であることに留意せよ）。さらに側板中胚葉は，胚への栄養供給において重要な役割をもつ胚体外膜（extraembryonic memebrane）の形成に寄与することでも知られる（図19.2B，C参照）。

5. 上述したように，胚前方の体幹部中胚葉は頭部中胚葉であり，未分節の沿軸および脊索前板で構成される。この領域は間充織となり，頭部の結合組織や筋肉を生み出す（Evans and Noden 2006）。同じ筋肉でありながら，頭部筋組織と体節由来筋組織とでは相違点がある。例えば，頭部筋細胞と体幹部筋細胞とでは，発現する転写因子群が一部異なること，タイプの違った筋ジストロフィーを発症することなどが挙げられる（Emery 2002；Bothe and Dietrich 2006；Harel et al. 2009）。

　本章では，身体の分節化と脊椎骨形成における沿軸中胚葉の重要な役割について紹介する。なお，中間中胚葉と側板中胚葉については第20章で取り上げる。

19.1　体節を構成する細胞種について

　体節は最初，上皮細胞層を外側に，間充織細胞集団を内側にもったブロック状の構造体として形成される。体節内部の間充織細胞は，体節形成後の比較的後期に細胞運命が決められる。未分節中胚葉から体節が形成された際，すべての体節細胞は同等の分化ポテンシャルを保持している。体節の成熟に伴い，一部の上皮細胞が上皮-間充織転換（epithe-lial-mesenchymal transition：EMT）により間充織となり，上皮層と間充織とで異なった細胞運命を辿ることとなる。この成熟した体節内は主に，**硬節**（sclerotome）と**皮筋節**（dermomyotome）という2つのコンパートメントに分けられる（図19.1および図19.2参照）。

　硬節は神経管と脊索に隣接する体節腹側の細胞により構成される。これらの細胞はEMTを介してできた間充織であり，高い増殖性をもつ。皮筋節は体節の上皮細胞層で形成され，後に筋肉をつくる**筋節**（myotome）や**真皮節**（dermatome）を生じる（図19.1参照）。

　硬節は椎骨やそれに付随する腱・靱帯，肋軟骨をつくる（図19.2E参照）。硬節は前駆細胞の種類によりさらに細分化される。**靱帯節**（syndetome）は硬節の最も背側に位置する細胞より生まれ，腱・靱帯細胞をつくる。一方で，腹側の領域は**関節刀**（arthrotome）と呼ばれ，脊椎の関節や椎間板の外側部，肋骨の近位部をつくる（Mittapalli et al. 2005；Christ et al. 2007）。もう1つの領域は血管内皮前駆細胞を生じる**内皮節**（endotome）である（最近名づけられた）。内皮節は硬節内後方の腹側に存在し，背側大動脈や脊髄内の血管細胞を生じる（**表19.1**；Pardanaud et al. 1996；Sato et al. 2008；Ohata et al. 2009；Nguyen et al. 2014；Tani et al. 2020）。

　硬節内の最も側方に位置する間充織細胞は，肋骨の遠位部をつくる。腹側正中側にある硬節細胞は脊索へと遊走し椎体をつくり，一方で関節刀と脊索細胞は共同で椎間板を形成

表19.1 体節に由来する組織

従来の知見	最近の知見
皮筋節	
筋節は骨格筋を形成する	側縁の細胞が一次筋節となり，筋肉をつくる
真皮節は背中の真皮を形成する	中央領域の細胞は筋肉，筋幹細胞，真皮，褐色脂肪細胞を生み出す
硬節	
脊椎骨と肋骨を形成する	脊椎骨と肋骨を形成する
	背側領域は腱・靱帯を生む靱帯節になる
	正中側の細胞は血管内皮や脊髄膜細胞を生む
	中心部の間充織は関節をつくる関節刀である
	腹側は血管平滑筋や背側大動脈の細胞となる（内皮節）

する。最も背側で正中側にある硬節細胞は脊柱管や椎弓に寄与する。

　皮筋節は骨格筋と背中の真皮の前駆細胞から成る（図19.2E参照）。皮筋節腹側部は，筋節として区分され，背筋，肋間筋や腹筋を生み出す。皮筋節側端から離れた筋肉前駆細胞は肢芽内へと移動し，前肢および後肢の骨格筋を形成する。皮筋節の最も背側領域は真皮節となり，その後，背中の真皮細胞をつくる。

　ここまで示したように，体節は多分化能をもった前駆細胞集団から構成されており，それぞれの前駆細胞がどの細胞種に特定化されるかは，体節内での所在により規定される。体節細胞の位置がどのように細胞分化に影響を与えるのだろうか。体節内の前駆細胞プールに隣接する組織を考えてみよう。いかにして周囲組織は硬節や皮筋節の発生過程にかかわるのだろうか。体節の正中側には脊索と神経管，側方には中間中胚葉などから派生した組織，そして背側には表皮細胞が存在する。本章の後半では，これら周囲組織から発せられる傍分泌因子が，体節細胞の発生運命をどのように制御するかについて述べる。しかしながら，まずは沿軸中胚葉と体節が特定化されるメカニズムについて紹介したい。

19.2　沿軸中胚葉の形成と前後軸に沿った細胞運命

　中胚葉のサブタイプ，すなわち脊索，沿軸，中間，そして側板中胚葉は（図19.1参照），側方から正中にかけて広がるBMPの濃度勾配によって特定化される（図19.3A；Pourquié et al. 1996；Tonegawa et al. 1997）。ニワトリ胚では，最も側方の予定側板中胚葉領域でBMPの発現レベルが高いが，正中に近い沿軸中胚葉では低く，このBMP濃度の違いがそれぞれの中胚葉を特定化していると考えられている。正中側でBMPが抑制

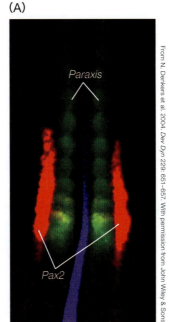 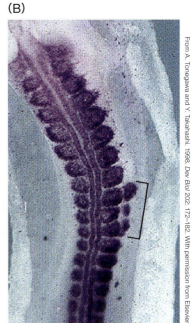

図19.3　(A) 12体節期（孵卵後約33時間）のニワトリ胚体幹の中胚葉部分の染色。*Chordin* mRNA（脊索を標識，青），*Paraxis*（体節，緑），*Pax2*（中間中胚葉，赤）を*in situ*ハイブリダイゼーション法により検出した。(B)体節の特定化。Noggin分泌細胞をニワトリの予定側板中胚葉領域に移植すると，その領域は体節を形成する沿軸中胚葉の特性をもつようになる。異所的に誘導された体節（括弧で示されている）は，*Pax3*に対する*in situ*ハイブリダイゼーションにより検出されている。

される一因として，脊索から(そして後には体節中胚葉から) BMP 阻害因子である Noggin が分泌されていることが挙げられる(Tonegawa and Takahashi 1998)。実際に，Noggin 強制発現細胞を予定側板中胚葉領域に移植すると，側板ではなく沿軸中胚葉として特定化される(図19.3B；Tonegawa and Takahashi 1998；Gerhart et al. 2011)。

> **さらなる発展**
>
> **BMPとFox転写因子** 生物種間差はいくらかあるものの，異なる BMP 濃度はそれぞれ違った Forkhead (Fox) 転写因子ファミリーの発現を誘導するらしい。例えば，予定側板中胚葉領域では *Foxf1* が転写される一方で，体節形成領域では *Foxc1* と *Foxc2* の mRNA の発現がみられる(Wilm et al. 2004)。*Foxc1/Foxc2* ダブルノックアウトマウス胚では，沿軸中胚葉が中間中胚葉へと転換してしまう。

沿軸中胚葉の特定化

Brachyury (T とも呼ばれる)，Tbx6，そして Mesogenin はパイオニア転写因子として，未分節中胚葉の初期の特定化を制御する(Van Eeden et al. 1998；Nikaido et al. 2002；Windner et al. 2012)。ゼブラフィッシュ胚では，*Tbx6* と *Tbx16* (*spadetail*) 遺伝子が未分節中胚葉の発生に必要である。マウスでは *Tbx6* が，*Tbx6* と *Tbx16* 両者の機能を担っており，*Tbx6* ノックアウトマウスでは予定未分節中胚葉が神経組織へと分化する。驚くべきことに，この *Tbx6* ノックアウトマウスでは，予定未分節中胚葉領域にて転写因子 Sox2 などの神経特定化因子群が発現し，異所的な神経管が形成され，多くのノックアウト胚は 3 つの神経管をもつ(図19.4；Chapman and Papaioannou 1998；Takemoto et al. 2011；Nowotschin et al. 2012)。これらの研究は，Tbx6 が通常の発生過程において Sox2 を含む神経化因子群を抑制するなどし，未分節中胚葉への特定化を促進する可能性を示すものである。

Tbx6 は未分節中胚葉の唯一の決定因子ではない。未分節中胚葉運命には別の転写因子 Mesogenin 1 がパイオニア転写因子として Tbx6 の上流で働いている可能性がある (Yabe and Takada 2012；Chalamalasetty et al. 2014)。マウス *Mesogenin 1* の機能獲得およ

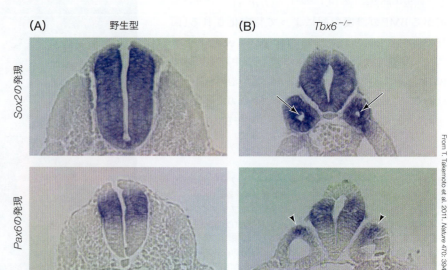

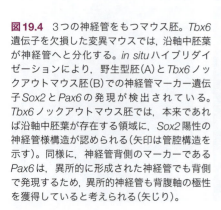

図19.4　3つの神経管をもつマウス胚。*Tbx6* 遺伝子を欠損した変異マウスでは，沿軸中胚葉が神経管へと分化する。*in situ* ハイブリダイゼーションにより，野生型胚(A)と *Tbx6* ノックアウトマウス胚(B)での神経管マーカー遺伝子 *Sox2* と *Pax6* の発現が検出されている。*Tbx6* ノックアウトマウス胚では，本来であれば沿軸中胚葉が存在する領域に，*Sox2* 陽性の神経管様構造が認められる(矢印は管腔構造を示す)。同様に，神経管背側のマーカーである *Pax6* は，異所的に形成された神経管でも背側で発現するため，異所的神経管も背腹軸の極性を獲得していると考えられる(矢じり)。

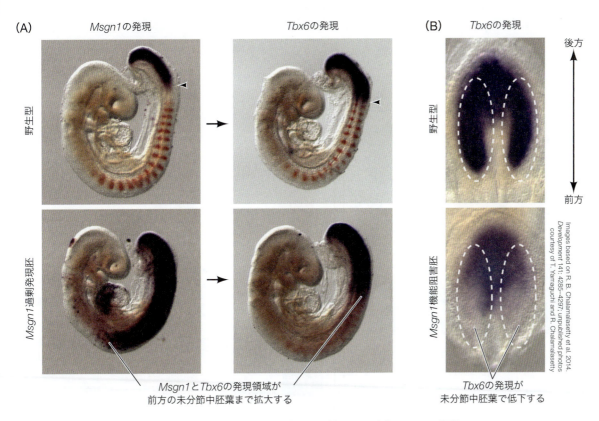

図19.5 Mesogenin 1 (Msgn1) は, Tbx6 の発現誘導に必要十分な役割をもつ。(A) Msgn1 の過剰発現実験(側面像)。未分節中胚葉での Msgn1 過剰発現胚(下の2つの写真)では, 過剰発現により Msgn1 の発現領域が体幹部で拡大するが(左の写真), 同様に Tbx6 の発現領域も胚前方へと拡大している(右の写真)(in situ ハイブリダイゼーションによる可視化)。(B) 反対に, Msgn1 の機能欠損胚では, Tbx6 の発現領域が縮小する(点線で囲った青色の場所。背面像)。

び機能喪失解析では, *Mesogenin 1* が未分節中胚葉での *Tbx6* の発現に必要十分であることが示された(図19.5)。

　これら上述の発見は, 胚の後方には, 中胚葉系や外胚葉系の細胞を生み出すことのできる多分化能を保持した前駆細胞集団が存在することを示している(Kimelman and Martin 2012; Neijts et al. 2014; Beck 2015; Carron and Shi 2015; Henrique et al. 2015 も参照)。これまで Tbx6 や Sox2 など, この前駆細胞を特定化する転写因子は同定されているが, どのようなシグナル系が**胚後方(尾部)の前駆細胞領域**からの適切な成熟(分化)パターンを制御するのだろうか。

前後軸上のモルフォゲンの対向濃度勾配が, 神経運命から沿軸中胚葉を特定化する

　複数のモルフォゲンが沿軸中胚葉の前後軸(頭部から尾部)にわたり発現しており, なかには互いに拮抗する作用をもつものもある。脊椎動物胚において, Fgf8 と Wnt3a は尾芽で強く発現するのに対して, 体節や神経板から産生されるレチノイン酸(retinoic acid: RA)は胚前方にて濃度が高い。RA は *Fgf8* や *Tbx6* の発現を直接的に抑制し, *Sox2* の上方制御を介して神経細胞分化を促進する(図19.6A; Kumar and Duester 2014; Cunningham et al. 2015; Garriock et al. 2015)。興味深いことに, Fgf8 は RA 生合成を阻害する Cyp26b の発現を誘導し, 中胚葉への細胞運命決定を促進する(図19.6B)。したがって, これらの拮抗するシグナル分子のバランスが, 細胞移動, 増殖, 分化を適切に制御し,

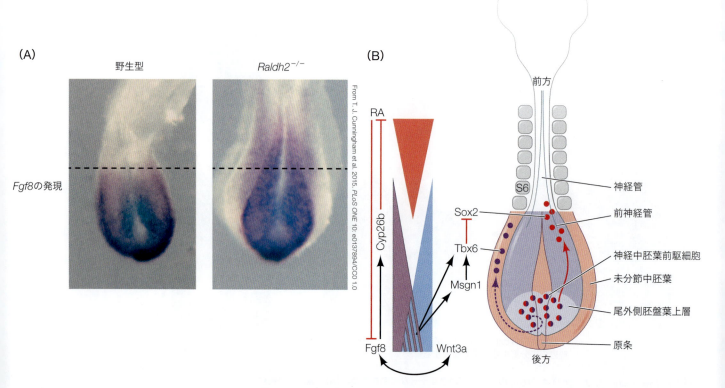

図19.6 沿軸中胚葉の発生中，前後軸に沿って拮抗するシグナルが神経中胚葉前駆細胞を制御する。(A)レチノイン酸合成酵素 *Raldh2* のノックアウトマウスでは，*Fgf8* の発現領域が胚前方へと拡大する（青く染色された領域が点線より頭側へと広がっている）。(B)尾側前駆体領域（尾外側胚盤葉上層）に由来する神経中胚葉前駆細胞の神経管形成あるいは未分節中胚葉領域への移動や成熟を制御するシグナル経路のモデル図。尾芽で産生されるFGFやWntは，胚前方のレチノイン酸シグナルと拮抗する作用をもつ。Fgf8とWnt3aはMesogenin 1（Msgn1）とTbx6の上方制御を介して，未分節中胚葉への特定化を促進する一方で，Sox2などの発現を下方制御して神経分化を抑制する。(BはD. Henrique et al. 2015. *Development* 142：2864-2875 より)

中胚葉あるいは神経系への細胞運命を決める（Cunningham and Duester 2015；Henrique al. 2015）。しかし，このモデルでは依然として，前後軸に沿った体節のアイデンティティを付与する機構が必要である。

Hox遺伝子群の時空間的かつ共線的な発現により，前後軸に沿って体節のアイデンティティが決められる

　すべての体節は形態的には似ているものの，前後軸における位置によってそれぞれ異なった特性をもつ。例として，頸椎や胴体部の腰椎を生み出す体節は，肋骨をつくることができない。肋骨は胸椎をつくる体節に由来し，この胸椎形成体節の特定化は発生の初期に起こる。どの種類の椎骨を生み出すかは前後軸における体節の位置で決まるが，それは体節形成前のイベントである。もしニワトリ胚の予定胸椎領域の未分節中胚葉組織を，初期胚の頸部に移植すると，移植組織は，頸部であるにもかかわらず肋骨を形成する（図19.7A；Kieny at al. 1972；Nowicki and Burke 2000）。

　胚前方から後方にかけての体節の特定化は，Hox遺伝子群により制御される。13.5節でみたように，Hox遺伝子は前後軸に沿って共線的に発現する。つまり，ゲノムにあるHox遺伝子クラスターのうち，より3′側領域に存在するHox遺伝子は胚前方で発現するのに対

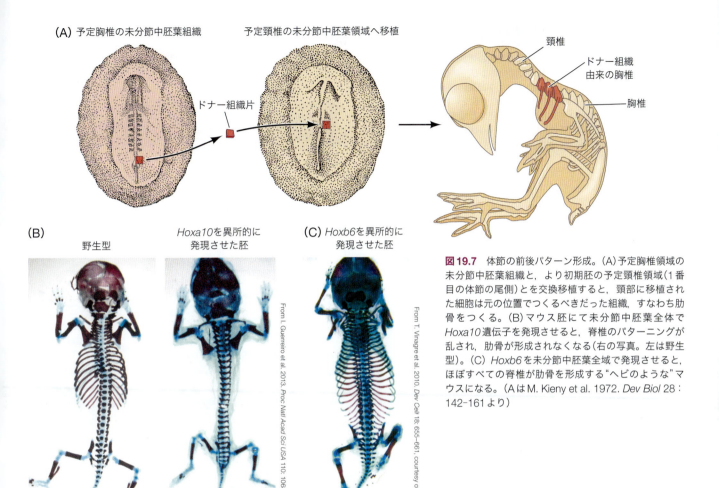

図 19.7 体節の前後パターン形成。(A)予定胸椎領域の未分節中胚葉組織と，より初期胚の予定頸椎領域(1番目の体節の尾側)とを交換移植すると，頸部に移植された細胞は元の位置でつくるべきだった組織，すなわち肋骨をつくる。(B)マウス胚にて未分節中胚葉全体でHoxa10遺伝子を発現させると，脊椎のパターニングが乱され，肋骨が形成されなくなる(右の写真。左は野生型)。(C) Hoxb6を未分節中胚葉全域で発現させると，ほぼすべての脊椎が肋骨を形成する"ヘビのような"マウスになる。(AはM. Kieny et al. 1972. Dev Biol 28: 142-161より)

し，より5′側領域のHox遺伝子は胚後方で発現する(図13.19参照；Wellik and Capecchi 2003)。もし，このHox遺伝子発現の空間的パターンが変えられると，中胚葉の特定化のパターンも変更される。例えば，もしHoxa10遺伝子を未分節中胚葉全体で人為的に強制発現させると，胸椎形成領域が腰椎に置き換わるため，肋骨はまったく形成されなくなる(図19.7B)。反対に，もしHoxb6を未分節中胚葉で強制発現させると，すべての脊椎で肋骨が形成される(図19.7C；Carapuço et al. 2005；Guerreiro et al. 2013)。どちらの場合も，椎骨のアイデンティティの転換は初期の未分節中胚葉で異所的にHox遺伝子を強制発現したときに起こり，体節に強制発現を施しても転換は起こらない。この事実は，未分節中胚葉細胞が前後軸のレベルに応じて特定化を受け，その後どのタイプの体節を形成するか決められているということを示している。

時間に依存したHox遺伝子発現の活性化は，Hox発現パターンの空間的な共線性を生む。この**時間的な共線的な発現パターン**は，ゲノム中のHox遺伝子クラスター領域の3′から5′方向の順番に対応している。言い換えれば，(1)初期に発現するHox遺伝子は染色体上の3′側に位置し，(2)胚の比較的前方の細胞で発現する。この3′から5′方向へのHox遺伝子の発現と，沿軸中胚葉細胞の陥入/移動との動的な時間的カップリングが，体幹部におけるHox遺伝子の発現パターンを決定づける(図19.8A；Izpisúa-Belmonte et al. 1991a, b)。

ニワトリ胚では，原条を通る細胞移動の前は，Hox遺伝子の発現パターンには可塑性が

図 19.8 未分節中胚葉における Hox 遺伝子発現の時空間的な共線性は，クロマチン状態のリモデリングにより制御される。(A) マウス胚で体軸が伸長するにしたがい，未分節中胚葉への細胞の連続的な移入が起こる。それは段階的な 5′ 側 Hox 遺伝子発現の開始および，前後軸に沿った脊椎のパターニングと相関している。(B) 未分節中胚葉の伸長中，クロマチン状態の変化が，異なる Hox 遺伝子の段階的な発現を可能にさせる。マウス 8.5～10.5 日胚の色付けされた未分節中胚葉と尾芽が，*Hoxd* クラスターのクロマチン状態の解析に用いられた。(A は © Michael Barresi より；B は D. Noordermeer et al. 2014. *eLife* 3：e02557 より)

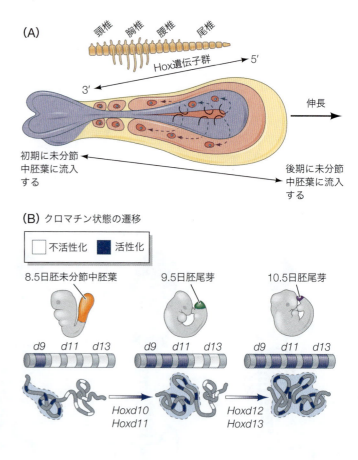

ある。しかしながら，いったん未分節中胚葉が形成されると，その可塑性は失われ，Hox 遺伝子が発現する領域は固定されるようである。実際，形成後の体節を胚の別の場所に移植しても，その体節固有の遺伝子発現プロファイルは変わらない (Nowicki and Burke 2000；Iimura and Pourquié 2006；McGrew et al. 2008)。

さらなる発展

Hox 遺伝子群とそれらの空間的共線性　以前から，初期から後期未分節中胚葉細胞へと時間が進むにつれ，3′ から 5′ 方向への Hox 遺伝子群の漸進的な活性化が起こるという，"progress zone モデル" が提唱されてきた (Kondo and Duboule 1999；Kmita and Duboule 2003)。しかしながら，ニワトリ胚を用いたより最近の研究により，Hox 遺伝子は中胚葉細胞の原条への移入のタイミングを制御することが示唆されている。すなわち，前方の Hox 遺伝子を発現する細胞は早期に原条へと移入し，後方 Hox 遺伝子発現細胞はそれより後に原条を通る (Iimura and Pourquié 2006；Denans et al. 2015)。

沿軸中胚葉の発生過程において，体軸は尾部の前駆細胞領域から細胞が未分節中胚葉へ付加されることにより伸長し，その前駆細胞プールは体軸伸長中，常に尾部先端に存在する。したがって，前方の未分節中胚葉は 3′Hox 遺伝子を発現し，後に原条を通過した細胞から構成される未分節中胚葉後方部では，5′Hox 遺伝子が発現することとなる（パラログ全体にわたって）。そして最終的にこれら Hox 遺伝子の発現パターンが，前後軸に沿った個々の体節のアイデンティティを決める（図 19.8A 参照；Casaca et al. 2014）。この時間的な Hox 活性化機構は "Hox 時計 (Hox clock)" と呼ば

れる(Duboule and Morata 1994)。

　細胞単位でいかにしてこのHox遺伝子の線形の活性化は制御されるのだろうか。クロマチン構造を調べた研究から，染色体のHox座位近傍のクロマチンは凝集した状態(ヘテロクロマチン)から弛緩した状態(ユークロマチン)へと時間経過とともに順次変化していき[1]，その順序は未分節中胚葉での発現順に対応していることがわかってきた。まず，*Hoxd4*など3′側のHox遺伝子近傍のクロマチンがユークロマチン化し，続いて*Hoxd8-9*遺伝子群，*Hoxd10*，そして最後により5′側の*Hoxd11-12*遺伝子を含むクロマチン構造が弛緩する(図19.8B；Deschamps and Duboule 2017；Montavon and Duboule 2013；Noordermeer et al. 2014；Soshnikova and Duboule 2009)。さらに，細胞が未分節中胚葉の然るべき位置に行き着くと，Hox座位の特有のクロマチン状態を保ち，さらに娘細胞へもその状態は引き継がれるようである。似通ったモデルが，ショウジョウバエの前後軸決定に対しても提唱されている(図10.26参照)。

発展問題

沿軸中胚葉の発生中，Hox遺伝子クラスター近傍のクロマチンは3′から5′方向へと弛緩していく。どのようなメカニズムで，初期のエピジェネティックな修飾として3′Hox遺伝子側のクロマチン弛緩が引き起こされるのか？　いったんこの弛緩が始まると，この変化がクラスターの5′側まで自発的に広がるのか，それとも追加で調節因子が必要とされるのだろうか？　これらに加えて，どういったメカニズムがHox座位のクロマチン状態を分節した体節の中で安定的に継承するのだろうか？

19.3　体節形成

　体節形成(somitogenesis)は，未分節中胚葉細胞が周期的に上皮細胞の"溝"をつくることにより行われる。これら正中から側方方向に走る境界は，分節直前の予定体節領域の後方部と，未分節中胚葉の前端にある上皮細胞層の間に形成される。つまり，体節前後の境界は同時には形成されない。むしろ，境界は1度に1つずつ，一定間隔を空けてつくられる。新しい境界面ができると同時に体節後部が形成され(つまり1個の体節形成が完了する)，次に分節する体節の前方部が形づくられる。1番目の体節対は，耳胞のすぐ後方に形成され，新たな体節は未分節中胚葉の前端から順次，一定間隔で"分離"していく(図19.9)。

　どのようにして，適切なサイズと数の体節がきっちり左右対称に未分節中胚葉からつくられるのだろう。未分節中胚葉の間充織は成熟するにつれ，体節の前駆体である**体節球**(somitomere)と呼ばれる凝集をつくる(Meier 1979)。これらの前駆細胞集団の外縁の細胞は互いに密接に接着した上皮細胞層へと分化し，その一方で凝集内部は間充織細胞として維持される。

　体節と，未分節中胚葉内の体節球の位置を正確に記載するためには，ローマ数字が使用される(Pourquié and Tam 2001)。形成されたばかりの体節は常にポジション"Ⅰ"であり，それ以前に形成された体節は新しいものから順にⅡ，Ⅲ，Ⅳ……といった具合に数えられる。体節のまだ形成されていない未分節中胚葉の予定体節領域については逆順，すなわち胚前方から順に0，−Ⅰ，−Ⅱ，−Ⅲ……と数える。0番の体節球は体節Ⅰと境界を接しており，Ⅰの直後に形成される体節となる。

　どの動物種でも個々の胚の発生タイミングはわずかに時差があるため(例えば少し異なった温度で温められたニワトリ胚のように)，体節数は基本的に発生段階を知る正確な指標として用いられる。また，体節の総数はそれぞれの動物種によって異なる。ニワトリは約50対，マウスは65対(多くは尾部に含まれる)，ゼブラフィッシュは33対，そしてヒ

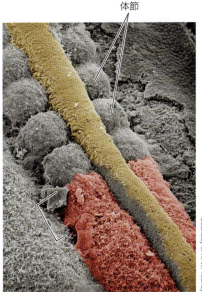

図19.9　ニワトリ胚の神経管と体節の走査型電子顕微鏡写真。表皮外胚葉を取り除くと，分節した体節と，未分節中胚葉(赤)の構造を鮮明に観察することができる。沿軸中胚葉が球状へと変形していく体節球(括弧で示されている)が写真左下にみられ，神経管から胚の腹側へと遊走を開始した神経堤細胞(黄色)もみることができる。

---

[1] いかにしてクロマチン状態を調べることができるのだろうか？　Denis Duboule(ドニ・デュブレ)の研究室では，環状染色体立体構造捕捉(circular chromosome conformation capture：4C-Seq)と呼ばれる新規技術を使って，Hox遺伝子クラスターの染色体構造を三次元的に解析し，沿軸中胚葉細胞におけるHox遺伝子群近傍のクロマチン状態(凝集あるいは弛緩)を明らかにすることに成功している。

トは概して38〜45対の体節をもつ（Müller and O'Rahilly 1986）。数種類のヘビに至っては500対もの体節をつくる。

体軸伸長：尾部前駆細胞領域と組織間で働く力

　ヘビは他の脊椎動物と比べると，明らかに相対的に長い体軸をもつ。したがって，体節形成に影響する重要な因子は，体軸の伸長過程と言えるかもしれない。これまで簡単に触れたように，羊膜類の場合，未分節中胚葉は原腸形成期に原条へ移入した胚前方の沿軸中胚葉から生まれる。魚類や両生類では，正中で収斂伸長した中胚葉細胞が未分節中胚葉をつくる。一方で，19.2節でも述べたように，尾芽には多分化能を有した前駆細胞集団が存在し，これらの細胞は沿軸中胚葉（*Tbx6*陽性）のみならず，神経管（*Sox2*陽性）も生み出すため，**神経中胚葉前駆細胞**（neuromesodermal progenitor：NMP）と呼ばれている（Tzouanacou et al. 2009）。新生沿軸中胚葉はこの前駆細胞プールから生まれ，未分節中胚葉の最後尾に加わる。

　種間でそのメカニズムは多少異なるものの，これら尾部前駆細胞領域による体軸伸長を駆動する3つの要因は，**細胞増殖，細胞移動**[2]，そして**組織間の接着**である。ゼブラフィッシュ胚を例として，これらの要素がどのように尾芽伸長に寄与するかをみてみよう。ゼブラフィッシュの尾芽は，背側正中領域，前駆細胞領域，成熟領域，新生未分節中胚葉領域といった4つのコンパートメントから成り，それぞれの領域で細胞は異なった振る舞いをみせる（**図19.10A**）。細胞核が蛍光標識されたトランスジェニックゼブラフィッシュを用いることで尾芽細胞の挙動を追跡でき（Lawton et al. 2013），そのようなトランスジェニック胚を利用した解析から，二分化能をもつ神経中胚葉前駆細胞は尾芽内の背側正中領域に存在することが明らかとなった。この領域は，神経管および中軸・沿軸中胚葉のすぐ背側に位置する（Martin and Kimelman, 2012）。これら神経中胚葉前駆細胞は，まずは後方に向かって迅速に**集団移動**（collective cell migration）[3]し，前駆細胞領域（尾芽の先端部）へと移動する。いったん前駆細胞領域へ到達すると，細胞接着や移動の協調性の低下と細胞同士の混合によって，神経中胚葉前駆細胞の移動速度は低下する。Lawton（ロートン）らは，この現象を"道路交通の流れ"と比較して考察している。多数の車両が一方向に向かっていっせいに動く際はスムーズな流れとなり，高速度で走行することができる。しかしながら，いくつかの車両が進行方向を変えたり，道を逸れたり，反対向きに移動を始めると，車両全体の走行速度の大幅な低下を招く。神経中胚葉前駆細胞の場合，この集団挙動の変化が，それら細胞の進行方向の変更や，同調した細胞分化を可能にしていると考えられている。前駆細胞領域から離れた神経中胚葉前駆細胞は，胚前方に向かって両側的に動いて成熟領域に入り，さらに新生未分節中胚葉領域へと移動する（図19.10A参照）。

　神経中胚葉前駆細胞が成熟領域を通過する際，"成熟"という言葉が示すとおり，中胚葉マーカー遺伝子である*Msgn1*や*Tbx6*の発現を開始する。しかしそれらの細胞は，未分節中胚葉領域に入り分化する前に，細胞分裂を促進するCdc25aを一過的に発現し，細胞同期を1回まわす（Bouldin et al. 2014）。少なくともゼブラフィッシュ尾芽では，細胞増殖は認められるものの，細胞移動のほうが体軸伸長に関してより大きく貢献しているよう

2　羊膜類では，尾部前駆細胞領域からの細胞移動は，個々の細胞の自律的な移動ではなく，組織全体の変形によってもたらされる結果だと考えられている（Bénazéraf et al. 2010；Bénazéraf and Pourquié 2013参照）。
3　細胞の集団移動は，自律的に動く細胞集団が互いに協調的かつ同方向に駆動力を発揮する際に起こる。個々の細胞が弱く接触しながら移動する，あるいは細胞集団が増殖や相互挿入（細胞間に別の細胞が入り込むこと）により移動する場合とは異なる。神経中胚葉前駆細胞以外では，神経堤細胞や転移性の癌細胞などが集団移動することが示されている（17.2節参照）。

第19章 沿軸中胚葉 | 665

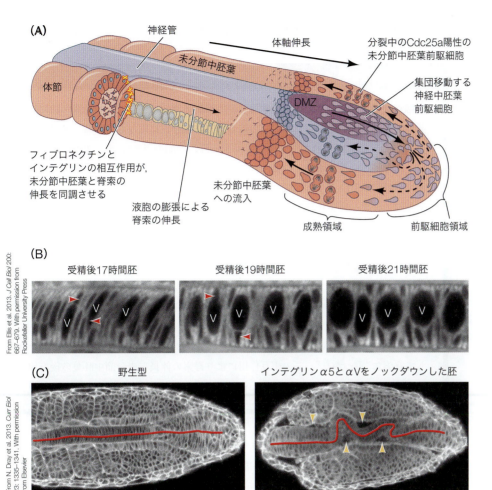

図19.10 ゼブラフィッシュ胚における体軸伸長のモデル。(A)二分化能をもつ神経中胚葉前駆細胞は，正中背側領域（DMZ）から前駆細胞領域へ集団移動する。前駆細胞領域にて，神経管に加わっていく神経系の細胞か，両側性に移動して成熟領域を通過し，未分節中胚葉に流入する中胚葉系細胞かに分かれる。Cdc25aを一過的に発現する中胚葉前駆細胞は，成熟領域で一度細胞分裂を行う。脊索中胚葉細胞は細胞内の液胞を拡張することで周囲組織への圧力を生み，結果としてその圧力が，脊索の尾部方向への伸長を促す。フィブロネクチンとインテグリンの相互作用が未分節中胚葉と脊索をつなぎ，これにより伸長する脊索が未分節中胚葉を尾側へ牽引する。これら細胞移動，細胞分裂，未分節中胚葉と脊索の連結による組織移動という3つのプロセスが，体軸伸長に寄与している。(B)ゼブラフィッシュ胚の脊索細胞の高倍率画像。胚発生の進行に伴い，液胞（V）が膨張していく様子がわかり，この膨張が脊索を伸展させる。赤色の矢じりは核を示す。(C)モルフォリノアンチセンスオリゴによりインテグリンα5とαVがノックダウンされたゼブラフィッシュ胚（右の写真）。インテグリンの抑制により脊索細胞の細胞外基質への接着が阻害され，赤線と矢じりで示したように脊索が弯曲している。（Aは© Michael Barresiより）

である（McMillen and Holley 2015の総説参照）。（オンラインの「WATCH DEVELOPMENT 19.1: Observe dividing NMPs in the maturation zone of the zebrafish tailbud during somitogenesis」参照）

　伸長中の未分節中胚葉は，どのようにして体節という繰り返し構造へと分割されるのだろうか。この問いに対する重要な知見が，ツメガエルやマウスを用いた過去の研究によりもたらされている。実験により胚のサイズを小さくした場合，正常胚と比べ個々の体節の大きさは縮小したものの，体節数に変化は認められなかった（Tam 1981）。この結果は，未分節中胚葉の長さや大きさにかかわらず，体節数を規定するメカニズムが存在することを示唆している。引き続き本章では，以下の点について述べる。いったい何が，体節間の物理的な境界をつくる未分節中胚葉の体節上皮化を制御するのか？　どのようなメカニズム

で，体節境界をつくる位置とタイミングが規定されるのか？

さらなる発展

細胞外から与えられた力を利用する　細胞移動と増殖に加えて，組織間，特に沿軸中胚葉とそれに隣接する脊索との間の接着力も体軸伸長に寄与している。分化中の神経中胚葉前駆細胞が未分節中胚葉に移動する際，細胞外基質であるフィブロネクチンが，未分節中胚葉表層や，沿軸中胚葉（体節と未分節中胚葉）と脊索の間隙に徐々に堆積する（図19.10A参照）。体軸の伸長中，脊索中胚葉細胞は劇的に形態を変化させ，脊索細胞の硬化や脊索組織の頭尾軸に沿った伸展を引き起こす（Ellis et al. 2013a）。興味深いことに，脊索中胚葉細胞内ではエンドソーム輸送が活発で，それにより液胞が肥大化し細胞サイズが増大する。さらに，その増大した脊索細胞は周囲組織に対する圧力を生む（**図19.10B**）。また，脊索中胚葉細胞はコラーゲンやラミニンなどの細胞外基質を盛んに分泌する。これらの細胞外基質層は脊索を包み，内圧の上昇による脊索細胞の拡大に抵抗する。これら外環境から加えられる機械的圧力の結果，脊索は最も抵抗が低い領域，すなわち尾部へと伸長する（図19.10A参照；Ellis et al. 2013b）。ゼブラフィッシュでは，沿軸中胚葉はフィブロネクチンに結合するインテグリンを介して脊索に"乗っかり"，この相互作用により脊索の伸長と未分節中胚葉の後方伸長は協調的に進行する（**図19.10C**；Dray et al. 2013；McMillen and Holley 2015）。

体節形成時にみられる間充織−上皮転換　体節は上皮細胞のブロックのような構造として形成されるが，体節形成以前の未分節中胚葉は間充織細胞からなる。したがって，未分節中胚葉細胞は上皮細胞へと変化しなければならず，そのプロセスは間充織−上皮転換（mesenchymal-epithelial transition：MET）と呼ばれる。この間充織−上皮転換（前述の上皮−間充織転換とは逆のプロセス）は，転写因子をコードする *Mesodermal posterior* (*Mesp*) 遺伝子の発現上昇により開始される。体節が形成されると，この *Mesp* の発現は体節の前側半分に限局するようになる（**図19.11A**）。

転写因子Mespの主な役割は，体節球の前方部における *Eph* の発現の上方制御である（**図19.11B, C**）。予定体節球（S−Ⅰ）前方部におけるEphの活性化は，Ephのリガンドであるエフリンの発現を，S−Ⅰのすぐ前方に位置する予定体節球（S0）の後方部にて誘導する（図19.11B, C参照）。そして，これらの発現パターンは体節形成の期間中繰り返される（**図19.12**；Watanabe and Takahashi 2010；Fagotto et al. 2014；Cayuso et al. 2015；Liang et al. 2015）。

17.7節で述べたように，Ephチロシンキナーゼ受容体とエフリンリガンドとの結合は，体節後部の細胞と神経堤細胞との間に反発作用を生じさせる。これと同様に，新生体節と未分節中胚葉前方部との分離は，エフリンとEph発現細胞の境界において起こる（図19.11C；Durbin et al. 1998）。ドミナントネガティブ型Ephをコードするm RNAを用いて，このEph−エフリンシグナルを阻害すると，ゼブラフィッシュ胚の体節境界形成に異常が起こる。また，ゼブラフィッシュの変異系統である *fused somites* (*tbx6*変異体) では，*Eph A4* の発現は消失し，*ephrin B2* は局在せず沿軸中胚葉全体で発現するようになる。この結果，*fused somites* 系統では体節間の境界が形成されない（Barrios et al. 2003）。体節の分節後，Eph A4−ephrin B2シグナルはRho GTPアーゼの活性とインテグリン−フィブロネクチンの相互作用を制御し，体節細胞の上皮化を促進する。

第 19 章 沿軸中胚葉 | **667**

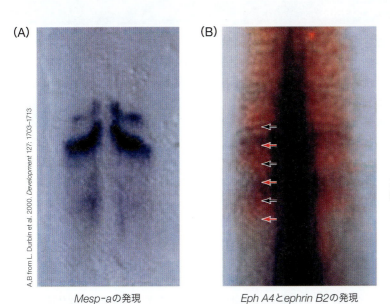
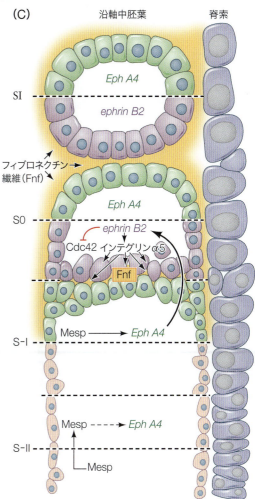

図19.11 Eph-エフリンシグナルは体節の上皮化と分節境界形成を制御する。ゼブラフィッシュ胚の沿軸中胚葉における*Mesodermal posterior-a*（*Mesp-a*；紫）の発現（A）と、*Eph A4*（黒矢印）、*ephrin B2*（赤矢印）の発現パターン（B）。（C）Mesp と Eph-エフリンシグナルが制御する体節境界細胞の間充織−上皮転換メカニズムのモデル図。Mesp-a タンパク質は S-I の体節球の前半部に局在し、*Eph A4* の発現を上昇させる。続いて Eph A4 は自身が結合する *ephrin B2* の発現を S0 の体節球で誘導することで、上皮化および境界形成の引き金を引く。分節溝の形成は *ephrin B2* の下流で起こる、*Cdc42* の抑制とインテグリンα5-フィブロネクチン相互作用の活性化によって制御される。（C は © Michael Barresi より）

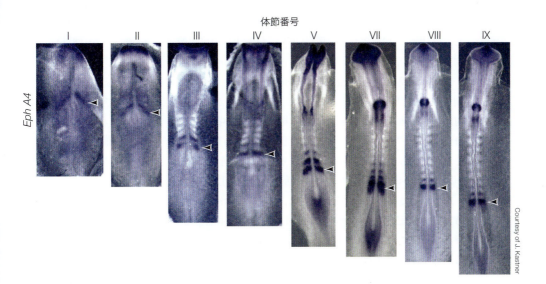

図19.12 エフリンとその受容体は、体節間の溝を形成する。*in situ* ハイブリダイゼーションにより、ニワトリ胚において *Eph A4* が形成中の体節で発現する様子が示された（青、矢じり）。

さらなる発展

細胞膜上での相互作用と細胞骨格の再構成　間充織–上皮転換には細胞骨格系の再構成が必要であり，Cdc42を含む低分子量GTPアーゼ，Rhoファミリー分子がその再構成を担う（17.6節参照）。活性化したephrin B2シグナルは，Cdc42の機能を抑制するため，S0番目の体節球前方部では後方部と比べてCdc42の活性化レベルは低くなる。人為的にCdc42を抑制すると体節細胞の上皮化が促進され，反対にCdc42の強制発現では上皮化が阻害される（Nakaya et al. 2004；Watanabe et al. 2009）。したがって，体節球中心部の間充織ではCdc42の活性化レベルが比較的高いまま維持されるが，体節球の辺縁部ではCdc42の活性化が抑制されるため，間充織–上皮転換による段階的な体節境界形成が起こると考えられる。Cdc42の活性化レベルの減少は上皮化に必要であるが，他のRho低分子量GTPアーゼであるRac1の差次的な制御も体節上皮化に関与している（Burgess et al. 1995；Barnes et al. 1997；Nakaya et al. 2004）。

Eph A4-ephrin B2シグナルはCdc42に対して抑制作用を示すが，それとは対照的にインテグリンα5を活性化し，活性化したインテグリンは未成熟な体節表面の細胞外基質でのフィブロネクチンの形成を促進する（図19.11C参照；Lash and Yamada 1986；Hatta et al. 1987；Saga et al. 1997；Durbin et al. 1998；Linask et al. 1998；Barrios et al. 2003；Koshida et al. 2005；Jülich et al. 2009；Watanabe et al. 2009）。さらにこのフィブロネクチンは，体節上皮化および境界形成の完了を助ける（Jülich et al. 2015；McMillen and Holley 2015）。

体節の形成メカニズム：分節時計–波面モデル

体節境界は胚の両側で同時に出現する。たとえ胚の他の部分から切り離されたとしても，未分節中胚葉で分節は適切なタイミング，正しい方向に起こる（Palmeirim et al. 1997）。現在，同調した分節の制御メカニズムを説明する主流なモデルは，Cooke and Zeeman（1976）により提唱された**分節時計–波面モデル**（clock-wavefront model）である（Hubaud and Pourquié 2014参照）。このモデルでは2つの収束するシステムが相互作用し，（1）境界が形成される場所（波面）と，（2）上皮の境界形成がいつ起こるか（時計）を調節する。

波面は，**境界決定面**（determination front）とも呼ばれ，未分節中胚葉内の尾側から頭側へのFGF活性の勾配と，それに対立する頭側から尾側にかけてのレチノイン酸の濃度勾配により確立される（**図19.13**）。尾側で濃度が高いFGFシグナルは，未分節中胚葉を未分化状態に保つ。そして，未分節中胚葉前方部のFGF活性が低下した細胞は，境界形成能をもつようになる。しかしながら，それらの細胞も一過的にさらなるシグナルを受容しない限り，Mesp-Ephカスケードを活性化し上皮化を開始することはない。

いつ分節境界を形成するかは主に，周期的に活性化するNotch経路により制御されている。Notch-Deltaシグナルの振動は未分節中胚葉細胞を組織化し，そしてFGF活性が低下した領域で分節を引き起こす（Maroto et al. 2012参照）。分節周期は生物種ごとに異なる。ニワトリ胚では約90分，マウスではばらつきは大きいが約120分，そしてゼブラフィッシュでは約30分ごとに分節が起こる（Tam 1981；Kimmel et al. 1995）。

体節境界はどこにできるのか：境界決定面　前述した，尾芽での神経中胚葉前駆細胞の成熟について思い出してほしい。神経中胚葉前駆細胞が成熟し，未分節中胚葉に加わるにつれ体軸は成長し，最終的にそれらの細胞は体節を構築する。興味深いことに，いくつかの

(A) *Fgf8*  (B) *Raldh2*  (C) *Mesp*

図19.13 体節は，後方のFGF（A）と前方のレチノイン酸（B）領域の境目に形成される。（A〜C）同じ発生ステージのニワトリ胚の背面像。アスタリスクは最後に形成された体節の位置を表す。破線は形成される体節境界のおおよその場所を示す。(A) *Fgf8*（紫）は胚後方部で発現が認められ，尾芽から胚前方にかけて濃度勾配をつくっている（尾側で発現レベルが高い）。(B) *Raldh2*（レチノイン酸合成酵素）のmRNAは体幹部で検出され，*Fgf8*とは反対に，胚前方から後方にかけて濃度勾配をつくる（胚前方で発現レベルが高い）。(C) *Mesp*はまもなく体節が形成される領域で強く発現し，*Fgf8*と*Raldh2*領域の間にみられる。

例外を除き，尾芽から一定の距離が離れた場所で，この細胞集団は周期的に新生体節をつくる。この知見は，尾芽の後方への伸長が，境界形成場所の決定に深く関係することを示唆しており，これは実際に正しい。既に述べたように，胚の前後軸に沿って対立するレチノイン酸とFgf8/Wnt3aの濃度勾配が，神経中胚葉前駆細胞の特定化において重要な役割を果たす（図19.6参照）。このロバストな形態形成メカニズムは，後に境界（**波面**あるいは**境界決定面**）をつくる未分節中胚葉細胞の成熟も制御している（図19.13B参照）。なお，本節の後半では"遺伝子発現の振動波"という語句が登場するので，混同を避けるため，今後は"波面"は使わず"境界決定面"に統一する。

体節をいったん取り出し，前後軸をひっくり返して再度移植するという，曲芸のようなニワトリ胚を用いた実験から，未分節中胚葉内の境界決定面の位置が同定された（図19.14A；Dubrulle et al. 2001）。先に述べたように，体節の前後パターンは，分節前の体節球の時点で決まっている。ニワトリ胚の移植実験では，反転した体節球0の前後パターンは変化せず，元の遺伝子発現を維持していた。すなわち，体節後方で発現する遺伝子が，反転した体節では胚前方部で発現し，これはこの体節球の領域では前後のパターンがすでに決定されていることを示す。一方，体節球レベル-IIIあるいは-IVを用いて同じ反転移植実験を行うと，体節球レベル-IIIではパターン形成がさまざまな変化を示し，-IVでは前後極性が完全に反転したことから，これら体節球のパターンは決定されておらず可塑性があることが窺える（図19.14B〜D）。この研究から，境界決定面は体節球-IV付近に存在することが示唆された。

この境界決定面の位置は，尾芽および原条の結節に由来するFgf8の濃度勾配の後縁と一致する。未分節中胚葉におけるFgf8濃度勾配形成メカニズムは非常に興味深い。新生*Fgf8* mRNAは未分節中胚葉では転写されず，尾芽でのみ転写される（図19.14E, F）。したがって，尾芽が胚後方へと成長するのに伴い，*Fgf8*を転写する細胞も後方へと移動する。Fgf8の濃度勾配をつくる主な要因として，RNAの分解が挙げられる（Dubrulle and Pourquié 2004）。未分節中胚葉細胞における*Fgf8*の転写量は時間経過とともにRNAが分解され低下するため，未分節中胚葉内で胚後方から前方にかけてのFgf8活性の濃度勾配ができる（図19.14G）。このようにして，Fgf8勾配は未分節中胚葉にわたって異なる濃度閾値を提供する。これに加え，未分節中胚葉における*Fgf*転写が，体節および未分節中胚葉前方部に存在するレチノイン酸に抑制されることも，Fgf8濃度勾配形成に寄与している。これら対向するモルフォゲンの濃度勾配は，どのような細胞挙動を制御するのだろうか？

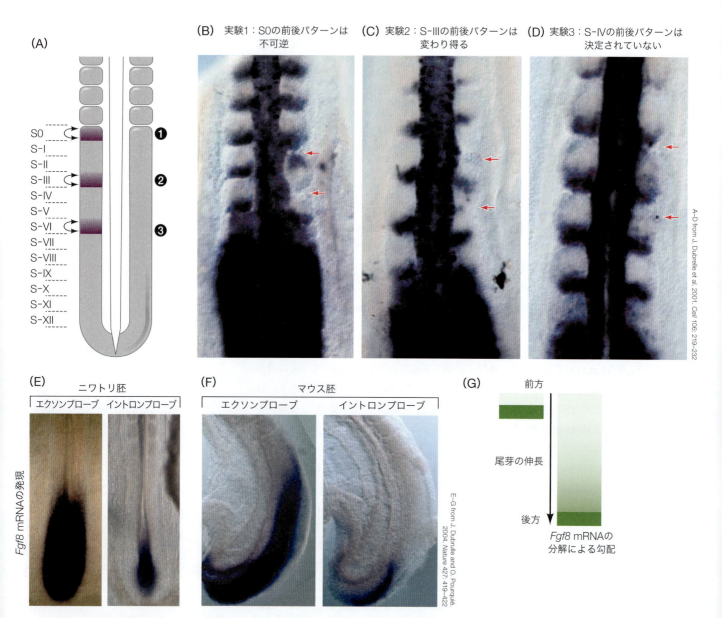

図19.14 後方から（尾側から吻側）のFgf8の濃度勾配は，境界決定面を確立する。(A) 3つの異なる場所（1～3）を対象とした前後軸に沿った体節球反転実験について図示した模式図。(B～D) 模式図に示された体軸レベルで反転移植実験を施されたニワトリ胚における c-delta1 遺伝子の発現。いずれの場合も対照は左側で，移植実験は右側で行われた。(B) 反転させたS0の体節球は，c-delta1 が胚前方で発現するため，元の前後極性を保っていることがわかる。つまり，S0の体節球では既に体節の前後軸は決定されている。(C, D) (B) とは違い，S-IIIあるいはS-IVの体節球を反転して移植すると，c-delta1 の局在が乱されたり，通常と同じく体節の後半部で発現するようになる。この結果から，これらの体節球では前後のパターニングが確定しておらず，体節境界の場所はS-IV付近で決定されると考えられる。赤矢印は反転した体節球の場所を示す。(E, F) ニワトリおよびマウス胚における Fgf8 の発現パターン。Fgf8 mRNAのエクソン（細胞のmRNA）あるいはイントロン（核RNA (pre-mRNA)）に対するRNAプローブが用いられた。徹底した研究から，Fgf8 濃度勾配に関する2つの重要な事実が明らかとなった。1つ目として，イントロンプローブを用いた実験から，Fgf8 mRNAは尾芽でのみ転写されることがわかった。(G) 2つ目に，未分節中胚葉では Fgf8 mRNAが積極的に分解されて勾配が形成されることが示された。模式図中の緑の帯は，Fgf8 mRNAを活発に転写しながら胚後方へ移動する細胞を示し，Fgf8 を転写しない細胞でのRNA分解により胚前方側が薄くなる濃度勾配が形成される様子が描かれている。

上記した研究や他の研究結果から (Dubrulle et al. 2001)，Fgf8 が体節球-IVにおいて閾値を下回る濃度となり，それをきっかけとして上皮化，体節境界形成が始まることが示唆されたため，Fgf8 が境界決定面の分子実体であると考えられる。具体的には，Fgf8 による境界決定面に位置する細胞は"分節時計分子"への応答能力をもつようになり，然るべきタイミングで反応し境界をつくる。

体節境界はいつできるか：分節時計　発生学者は，体節形成の周期性を制御するメカニズムを説明する際，時計の比喩を使用する。胚内の分子時計とはいったいどのようなものなのだろうか。何がこの時計の時間間隔を決めるのか。細胞において時計とは，タンパク質の活性が定期的にオンとオフになり，この活動の変化がリズミカルに繰り返されることである。しかしながら，細胞よりスケールの大きな組織の場合，この変動するタンパク質時計が細胞集団内で何らかの手段で伝えられる必要がある。したがって，体節形成の分子時計の1つのモデルでは以下のように仮定できる。すなわち，体節境界で間充織-上皮転換を調節するタンパク質の活動が未分節中胚葉の1つの細胞で機能的になり，その機能の一部として，細胞間相互作用を介して隣接する細胞にこのイベントを伝達し，その活動が周期的に抑制されるまで繰り返される。このモデルでは，未分節中胚葉のそれぞれの細胞がタンパク質活性化のオン/オフ，すなわち"時計のチクタク音"を経験する。

　分節時計を構成し，体節形成の周期性を維持する重要な分子シグナルとして，Notchシグナルが挙げられる（Wahi et al. 2014参照）。予定体節領域の後半部分を，未分節中胚葉内の本来境界を形成しない領域に移植すると，新たな境界が出現する。移植された細胞塊がそれより前方の細胞に対して，上皮化および境界形成を促すシグナルを送るらしい。一方で，体節境界形成に寄与しない細胞を，本来境界をつくらない領域に移植しても，異所的に新たな境界はつくられない。しかしながらそうした細胞であっても，電気穿孔法によりNotchタンパク質を導入して活性化すれば体節境界形成能を獲得する。これは，Notchシグナルが間充織-上皮転換と体節境界形成を誘導できることを示している（Sato et al. 2002）。（オンラインの「FUTHER DEVELOPMENT 19.1：Notch Signaling and Somite Formation」参照）

　体節形成の分子時計は，体節境界形成のタイミングを規定する。もしNotch活性がタイムキーパーの役割をもつのであれば，その活性のオン/オフが周期的に起こり，そして細胞から細胞へと伝播する必要がある。興味深いことに，マウス未分節中胚葉のNotch活性化レベルが可視化され，実際に境界形成と連係したセグメント状の活性化パターンがみられた（Morimoto et al. 2005；Aulehla et al. 2008）。未分節中胚葉を遺伝子発現が波のように駆け，細胞は未分節中胚葉の尾側から頭側の範囲にわたりNotchの上昇と低下を交互に経験する。このNotch発現の波は0番目の体節に到達し，そしてNotch発現細胞と非発現細胞の間に体節境界が生じる。

　引き続き，Notchシグナルが未分節中胚葉の細胞から細胞へと伝達されるメカニズムについて紹介する。4.9節でも述べたように，完全長のNotchは膜貫通型タンパク質であり，隣接する細胞膜上にある受容体Deltaに結合する（図4.37参照）。Deltaも膜貫通型タンパク質であり，はじめのNotchの発現誘導および膜上への提示が，隣接する細胞でのDeltaを上方制御する。その活性化がさらに周囲の細胞におけるNotchシグナルを増強する。こうしたタイプのパターン形成メカニズムは**側方抑制**（lateral inhibition）として知られ，未分節中胚葉におけるシグナルの伝播を引き起こす。しかしながら，このNotch-Delta受容体間の相互作用は未分節中胚葉内でモザイク状のパターンを生むと想定されるのだが，実際はそうなっていない。Notchと同様に，Deltaも未分節中胚葉の尾側から頭側にかけて移動する振動波のような発現パターンを示す。これは分節の分子時計としての重要な特性ではあるが，この振動波はどのようにして生み出されるのだろうか。

　どの遺伝子産物の発現が変動するかについては種間差があるものの，すべての脊椎動物で，分節時計のオン/オフにはNotchシグナル経路のネガティブフィードバックループが関連している（Krol et al. 2011；Eckalbar et al. 2012）。つまり，脊椎動物の未分節中胚葉では，少なくとも1つのNotchターゲット遺伝子が振動する遺伝子発現パターンを示し，この遺伝子産物がNotchシグナルを阻害すれば，ネガティブフィードバックループがつくられる。この阻害タンパクは不安定であり，それが分解された際，Notchシグナルは再び

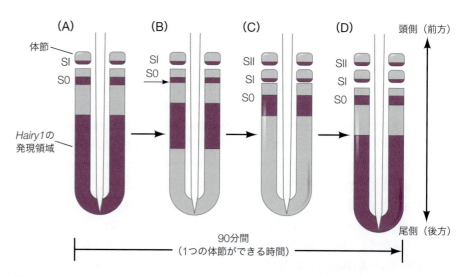

図19.15 ニワトリ胚における体節形成とHairy1遺伝子の波状発現パターンの関係。(A)ニワトリ胚の後方部でSIの体節が未分節中胚葉から分離した時点。Hairy1（紫）は、SI体節の後方と、次の体節となるS0体節球の後方部分、そして未分節中胚葉の後方部分で発現する。(B)分節溝（小さな矢印）が形成され始め、新生体節と未分節中胚葉が分かれていく。Hairy1の発現領域後端が胚前方へとシフトする。(C)新生体節(SI)では、SIIと同じく体節の後端でHairy1の発現が続く。未分節中胚葉のHairy1発現領域は引き続き胚前方へと移動するが、その領域の幅は狭まっていく。この時点からSII体節（それまでのSI体節）は分化していく。(D) SI新生体節の形成が完結し、未分節中胚葉後方からのHairy1の新たな発現サイクルが始まる。ニワトリ胚では、1体節の形成と未分節中胚葉におけるHairy1の発現移動波のサイクルの所要時間は約90分である。(I. Palmeirim et al. 1997. *Cell* 91：P639–P648より)

活性化する。このようなフィードバックが、Notch関連遺伝子のオン/オフの周期（すなわち"時計"）を形成する。そしてこの周期は、Notchが自ら発現誘導するタンパク質の発現上昇と低下のサイクルによりつくられている。このNotchオン/オフの変動は、分節の周期性を形成する分子基盤をつくる(Holley and Nüsslein-Volhard 2000；Jiang et al. 2000；Dale et al. 2003)。周期的な遺伝子発現を示すNotchのターゲット遺伝子として、*Hairy1*, *Hairy/Enhancer of split-related proteins*（*Her*）, *Lunatic fringe*が同定されている。これらの遺伝子はすべて、尾芽から新生体節にかけて移動する波のような発現パターンを示し、Notchシグナルを抑制し負のフィードバックを形成する作用をもつ(Chipman and Akam 2008；Pueyo et al. 2008)。

一例として*Hairy1*をあげる。*Hairy1*は周期的な発現パターンをもつNotchのターゲットとして最初に同定された遺伝子である（図19.15）。*Hairy1*遺伝子は、はじめ尾芽内の未分節中胚葉にて広く発現する。この発現領域は狭まりながら胚前方へと移動し、未分節中胚葉の前端(胚の頭側)に到達する際に消失する。それと同時に、新たな*Hairy1*の発現上昇が尾芽で起こる。Aulehla（アウレラ）らは2008年、*Lunatic fringe*遺伝子の活性化を生きたマウス胚内で可視化することに成功し、*Lunatic fringe*も*Hairy1*と同様に移動波のような発現パターンを示すことを明らかにした。この波が未分節中胚葉を縦断するのに要する時間は、ニワトリ胚では約90分であり、分節周期と一致している。このダイナミックな発現領域の変化は、細胞の移動に起因するものではなく、異なった領域の細胞でのネガティブフィードバックループによる遺伝子発現のオン/オフ変換によりもたらされる(Johnston et al. 1997；Palmeirim et al. 1997；Jouve et al. 2000, 2002；Dale et al. 2003)。そして実際に、マウスとヒトにおいて、Notchやその下流の周期的発現遺伝子の機能阻害変異は体節の分節異常を生じ、結果として脊椎側弯症や脊椎肋骨異骨症などの脊椎奇形を引き起こす（図19.16；Zhang et al. 2002；Sparrow et al. 2006)。

細胞上皮化によるNotch活性化の終結 本節で前述したように、Mespは間充織-上皮転

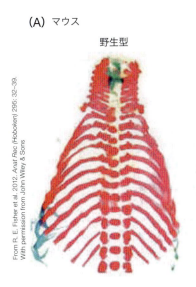
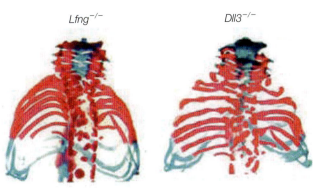

図19.16 Notch-Deltaシグナルは正常な体節形成に必要である。(A) Notchのターゲット遺伝子である*Lunatic fringe*（*Lfng*），あるいはNotchに対するリガンドである*Delta-like 3*（*Dll3*）の変異マウスでは，脊椎形成が乱される。(B)これらマウスの表現型は，*LUNATIC FRINGE*遺伝子の変異が原因となるヒトの脊椎奇形に似通っている。

換と体節境界形成を担うEph-エフリンカスケードに対する主要な調節因子である。MespはNotchにより活性化され，発現したMespは転写因子として働きNotchを抑制する（Morimoto et al. 2005）。この活性化と抑制化のサイクルは，MespとNotchの発現の時空間的な振動を生む。Notchにより活性化されたMespの発現領域は，はじめは分節前の体節球全体にわたる。続いて体節球後部では抑制されるが前半部では維持され，そこでNotch活性を抑制する。

　Mesp発現が維持される細胞は，新生体節の前部を構成する。Eph A4の発現がMespにより誘導され，体節境界はそれらMesp陽性細胞のすぐ頭側に形成される（図19.11C参照；Saga et al. 1997）。予定体節領域（体節球S0，S−Ⅰ）の後部ではMespは発現せず，Notchは体節後部を特定化する転写因子Uncx4.1の発現を誘導する（Takahashi et al. 2000；Saga 2007）。これらの因子の発現パターンや働きにより，体節境界位置が定められ，それと同時に体節内の前後極性も決まる。

正しい場所，時間にアラームを鳴らす：分節時計と境界決定面とのつながり　未分節中胚葉後部の細胞はNotchシグナルの移動波にはさらされるものの，早期に上皮化することはない。これは，尾芽から分泌されるFGFの影響により，それらの細胞がまだNotchシグナルに反応する性質を獲得していないためである。未分節中胚葉細胞が高濃度のFGFを受容する限り，分節時計は機能しない。ゼブラフィッシュ胚を用いた研究から，分節時計が起動しない原因が，NotchリガンドのDeltaの発現が抑制されることにあると示唆された。Fgf8が受容体に結合すると，*Delta*の転写を抑制するHer13.2タンパク質の発現が誘導される（Dequéant and Pourquié 2008）。FGFシグナルは細胞が尾芽から離れ胚前方へと移動するために必要だが，FGFが細胞内の転写因子ERKを活性化する限り，移動した細胞はNotchに反応しない。Fgf8も実は周期的に生合成されることが見出されたが，Notchリガンドとは異なった周波を示す（Niwa et al. 2011；Pourquié 2011）。したがって，Fgf8の濃度勾配と周期的な発現パターンの組み合わせ（おそらく下流で発現するFgf阻害因子とレチノイン酸による阻害がつくる）により，FGFシグナルは沿軸中胚葉の一部の領域で抑制され，その領域の細胞はNotchシグナルに反応するようになる（図19.17；

発展問題

用いられている"時計"のアナロジーは，分節に関するメカニズムをうまく説明できているだろうか。この表現は，体節形成に関する私たちの理解を深めるのに確かに役立っている。しかしながら，他の時計のアナロジーと同じように，この表現は周期の間隔が常に一定であると考えさせてしまう。Andrew Oates（アンドリュー・オーツ）らの研究グループは，ゼブラフィッシュ胚では発生の進行とともに体軸伸長速度が徐々に変化し，分節遺伝子の振動波（開始と停止の間隔）が短くなることを示しており，彼らはこの現象をドップラー効果と比べて論じている（Soroldoni et al. 2014）。いかにして体節形成にかかわるさまざまな要素（体軸伸長，境界決定面，細胞上皮化，分節時計）が協調してこの変化に対応するのだろうか。もし振動波の間隔が一定でないとすると，これらの要素を統合したどのようなモデルが考えられるだろうか。何人かの研究者は，機械的ストレスの要素を体節形成の周期性と組み合わせる必要があると考えている（Linde-Medina and Smit 2021）。あなたはどう思う？

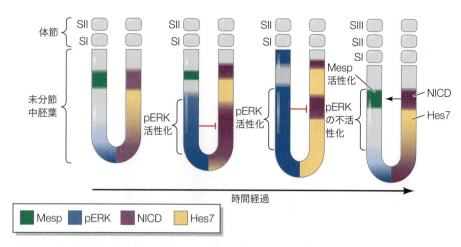

図19.17 "時計-波面 (clock-wavefront)" による体節特定化メカニズムのモデル。それぞれの図中で，FGFシグナル活性化の指標であるpERKと体節特定化転写因子Mespの発現は左側に，Notchシグナルの下流で活性化する転写因子NICDと阻害因子Hes7の発現は右側に表示されている。NICDはHes7を含むNotchターゲット遺伝子の発現を上昇させる。Hes7はNotchシグナルを抑制しネガティブフィードバックループをつくる。(Y. Niwa et al. 2011. *Genes Dev* 25：1115-1120 より)

Hubud and Pourquié 2014)。FGFはこうして，分節時計 (Notchシグナル) に応答し上皮化する細胞からなる境界決定面を確立し，体節形成に寄与する[4]。

さらなる発展

体節を何個つくる？ 振動と体軸伸長速度の比率　体節細胞の上皮化は以下の2点に依存する：(1) Notchが制御する遺伝子発現の移動波を受け取っているか (分節が許容される)，(2) Fgf8濃度が閾値を下回りNotchシグナルを受けとれるか。したがって，体節のサイズと数は2つの要因，すなわち振動波のスピードと体軸伸長のスピードに根差していると考えられ，実際にこれら2つのスピードの**比率**が，生物種ごとの体節サイズ・数を規定している。

　振動波，すなわち分節時計のスピードをτ，体軸伸長のスピードをαと表して考えてみよう。もしαがτと均衡を保った状態が維持されると，理論上は同じサイズの体節が無限につくられる。一方で，仮にτがαより速い場合，最終的には体節形成が尾芽先端まで至り，体節形成は終結するだろう。現在考えられている体節形成を終了させるメカニズムのモデルは，体軸伸長 (α) がスローダウンすることで新生体節が徐々に尾芽に近づき，レチノイン酸の抑制作用が尾芽に及びやすくなることでついには体軸伸長が停止する，というものである (Gomez and Pourquié 2009)。

　体節のサイズは，上記τ，αのスピードを変動させることで，予測可能な範囲で変化させられる。実際に，体節形成の生物種間比較解析では，分節時計の進行速度の制御がそれぞれの種に適切な体節数を生み出す主要な要因であることが示唆されている。例えば，ヘビは数百対の体節をつくり，他方でマウスやニワトリは約60対，ゼブラフィッシュは約30対の体節をもつ。Olivier Pourquié (オリヴィエ・プルキエ) らは，未分節中胚葉の伸長と分節時計の速度をマウス，ニワトリ，そしてコーンスネー

---

[4] Pourquié (2011) は，体軸伸長と肢芽形成の間にある共通点を指摘している (第21章参照)。尾芽と肢芽の両組織において，FGFは前駆細胞の未分化能と移動能を維持する働きをもつ。また，両者の前駆細胞は繰り返し構造をもつ分化組織 (脊椎と四肢骨) を生み出すが，このパターニングはFGFとレチノイン酸の対向する濃度勾配により制御される。

第 19 章 沿軸中胚葉 | 675

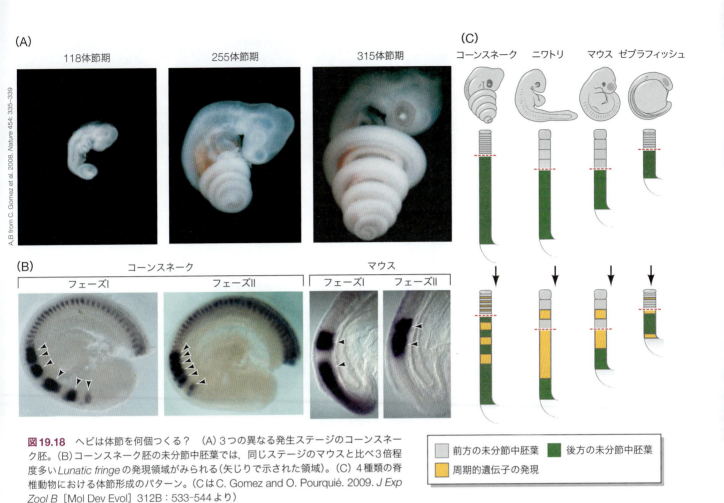

図 19.18 ヘビは体節を何個つくる？ (A) 3 つの異なる発生ステージのコーンスネーク胚。(B) コーンスネーク胚の未分節中胚葉では，同じステージのマウスと比べ 3 倍程度多い Lunatic fringe の発現領域がみられる（矢じりで示された領域）。(C) 4 種類の脊椎動物における体節形成のパターン。（C は C. Gomez and O. Pourquié. 2009. *J Exp Zool B* [Mol Dev Evol] 312B: 533-544 より）

クなどの間で比較した。その結果，コーンスネークの体節は，マウスやニワトリの体節の 1/3 程度の大きさであることがわかった (Gomez et al. 2008)。ヘビの未分節中胚葉はマウス，ニワトリと比べやや長いが，体節数の劇的な増加に寄与するのは加速化した分節時計である。例えば分節時計関連遺伝子の *Lunatic fringe* の発現は，マウスやニワトリでは未分節中胚葉で 1〜3 本のバンドとして検出されるが，ヘビ胚では 9 つものバンドがみられることがある（図 19.18；Gomez et al. 2008）。つまり，Notch シグナルの移動波が体軸伸長過程で多ければ多いほど，未分節中胚葉が多く分節して体節数が増加し，結果的に脊椎数も増える。

分節時計-波面メカニズムと Hox による軸性パターニング，体節形成終結のリンク

体節形成は永遠には続かない。いつか終わらなければならず，そして体節には適切な前後軸（頭尾軸）のパターニング情報が加えられなければならない。19.2 節でみたように，Hox 遺伝子は頭尾軸で時空間的かつ共線的な発現を示し，前後軸の特定化に主要な役割を担っている。どのように分節時計と境界決定面が Hox 遺伝子の発現パターンに結びつくのだろうか。

もし Fgf8 タンパク質濃度が操作され余分な体節が形成されると（それらの体節のサイズは小さくなるが），前後軸における位置は変わるが，依然として Hox 遺伝子は適切な番号

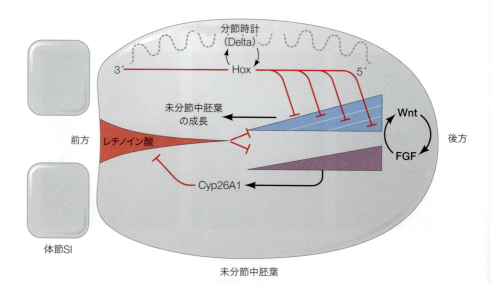

図19.19 体節形成制御メカニズムのモデル図。Notch-Deltaシグナルによる分節時計は，共線的な5′Hox遺伝子群の発現を上方制御し，5′Hoxは直接的にWntシグナル，そして間接的にFGFシグナルを抑制する。したがって，尾部由来のWnt/Fgf8がつくる境界決定面には，胚前方から拡散されるレチノイン酸に加えてHox遺伝子も影響を与える。レチノイン酸がFgf8とWnt3aを抑制するのに対し，Fgf8はレチノイン酸代謝酵素Cyp26A1の発現誘導を介してレチノイン酸を阻害する。このシグナル経路同士のバランスにより，胚の後側（尾側）ではなく前側（頭側）から体節は形成されてゆく。(© Michael Barresiより)

の体節で発現する。これは体節のサイズを調節するのは，Hox遺伝子群ではなく，境界決定面（すなわちFGF濃度勾配）であることを示唆している。しかしながら，自律的に分節時計を制御する遺伝子に変異が加えられると，Hox遺伝子の発現パターンも影響を受け変化してしまう（Dubrulle et al. 2001；Zákány et al. 2001）。分節時計によるHox遺伝子群の制御は，新生体節の形成と特定化の協調的な進行を可能にしているのだろう。

どのようにして体節形成メカニズムがHox遺伝子発現制御につながるのかについては，いまだ不明な点が多い。ツメガエルを使用した研究では，発現振動するNotchの受容体，*XDelta2*が少なくとも3つのHoxパラロググループを上方制御し，これらのHoxタンパク質とポジティブフィードバックループを形成することが明らかとなった（Peres et al. 2006）。この知見から，分節時計が直接，Hox遺伝子の時限的な活性化を制御するという可能性が考えられる。しかしながら，この働きがいかにして共線的な発現パターンや，本章で前述したHox遺伝子群近傍のクロマチン修飾をコントロールするのかは，よくわかっていない。

いったん体幹でのHox遺伝子の発現が開始されると，それらの遺伝子産物は境界決定面に働きかけ，体軸伸長と体節形成を終結させる。より具体的に述べると，Hox遺伝子クラスター領域内の5′側に存在する*Hoxd12*や*Hoxd13*の遺伝子産物は，尾芽において3′側のHoxよりも強いWntシグナルの抑制作用を示す（図19.19；Denans et al. 2015）。前述したように尾芽から分泌されるWnt3aは，Fgf8と同様に尾部から頭側にかけて濃度勾配を形成する。そしてWnt3aは尾芽で神経中胚葉前駆細胞の未分節中胚葉への移動を促進し，その働きにより未分節中胚葉と体軸の伸長に寄与する（Dunty et al. 2008）。したがって，新たな神経中胚葉前駆細胞が未分節中胚葉に加わり，それら細胞が共線的に5′側のHox遺伝子を発現するにつれて，Wntシグナル活性は徐々に抑制され尾芽の伸長も遅くなる。羊膜類では，分節時計のスピードは体節形成の期間中，大きく変化しない。したがって，体節形成のスピードが減速した尾芽伸長のスピードを追い越すため，未分節中胚葉細

胞が枯渇し，体節形成が終結に至る（Denans et al. 2015）。

　このメカニズムのほか，FGFを抑制する2つの分子メカニズムが，Hoxによる尾芽伸長の抑制効果を補強する。まず第一に，体節に由来するレチノイン酸が徐々に尾芽に及び，FGFの発現を抑制する。第二に，尾芽ではWntとFGFが互いの発現を維持するポジティブフィードバックを形成しているのだが（Aulehla et al. 2003；Young et al. 2009；Naiche et al. 2011），そのためWntシグナルが減弱すると，間接的にFGFも発現を低下させることとなる。FGFの減少はレチノイン酸代謝酵素Cyp26A1の発現低下につながり，それによってレチノイン酸シグナルがより活性化する（Iulianella et al. 1999）。まとめると，5'Hox遺伝子群の共線的な活性化はWntシグナルを抑制し，さらにその抑制はFGFの発現低下を招くため，結果として未分節中胚葉細胞の枯渇，そして体軸伸長の停止を引き起こす（Denans et al. 2015）。

19.4　硬節の発生

　体節の成熟に伴い，体節は硬節（sclerotome）と皮筋節（dermomyotome）の2つのコンパートメントに分かれていく（図19.1参照）。こうした構造はすべての脊椎動物胚でみられるが，頭索動物のナメクジウオ（*Amphioxus*）においても類似した構造が認められる。ナメクジウオは脊椎動物に最も近縁の無脊椎動物であることから，この2つの構造は祖先的な胚組織であると考えられる（Devoto et al. 2006；Mansfield et al. 2015）。硬節と皮筋節の発生は，上皮-間充織転換やさまざまなシグナル経路が絡み合う複雑な過程である。ここではまず硬節の発生について述べ，後ほど皮筋節の発生について記述する。

　分節後まもなく，体節外縁の上皮細胞と内部の間充織細胞は，細胞分化の兆候をみせる（図19.19A，E）。最初の明らかな兆候は，硬節を生む体節腹側正中部の細胞が起こす上皮-間充織転換である（図19.20B）。この上皮-間充織転換は，後に椎骨をつくる硬節細胞が正中へと向かう移動能を獲得するための重要なステップである。上皮-間充織転換の直前に硬節前駆細胞は，間充織への転換や軟骨分化に必須である転写因子Pax1を発現する（Smith and Tuan 1996）。上皮-間充織転換の間，硬節前駆上皮細胞は接着分子N-カドヘリンの発現を失い，動的な間充織へと変化する（図19.20C，D，F；Sosic et al. 1997）。また，硬節前駆細胞は，筋形成を促進する転写因子群（これらについては後述する）を抑制する因子を発現することも知られている（Chen et al. 1996）。

　19.1節でも述べたように，硬節をつくる間充織細胞はいくつかの領域に分かれる（図19.1および19.2E参照）。ほとんどの硬節細胞は脊椎と肋軟骨の前駆細胞となるが，背側の硬節は腱や靱帯を生み出す靱帯節となる。また，神経管に近い硬節細胞は，脊髄膜や，脊髄内に酸素や栄養を供給する血管を形成する（Halata et al. 1990；Nimmagadda et al. 2007）。体節中心部の間充織細胞も硬節の一部となり，椎間関節や軟骨性の椎間板，そして脊椎側の肋骨を形成する（Mittapalli et al. 2005；Christ et al. 2007；Scaal 2015）。この体節領域は関節刀（arthrotome）と呼ばれる。

　人々の不動産物件探しと同じように，“場所”こそが体節細胞の運命決定にはとても重要である。図19.21に示したように，体節内の位置によって細胞はさまざまに異なったシグナルを，脊索や神経管底板（Sonic hedgehogやNogginを分泌する），神経管（WntやBMPを分泌する），表皮外胚葉（この組織もWntやBMPを分泌する）から受け取る。硬節前駆細胞は体節の腹側正中領域に位置し，脊索に近接する。これらの細胞は脊索から放出される分泌因子，特にSonic hedgehogにより硬節へと分化する（Fan and Tessier-Lavigne 1994；Johnson et al. 1994）。実際にニワトリ胚を用いた実験では，脊索組織片を体節の側方に移植すると，その移植片近傍の体節細胞が異所的に硬節へと分化することが示

678 | PART V　中胚葉と外胚葉の構築

(A) ニワトリ2日胚

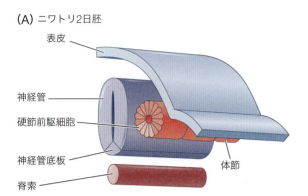

(B) 3日胚

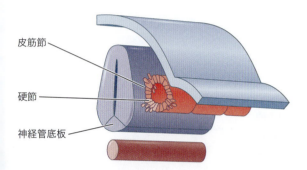

(C) 4日胚

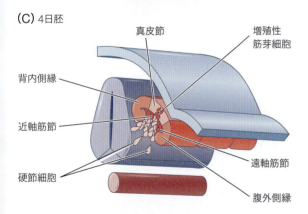

(D) 4日後期胚

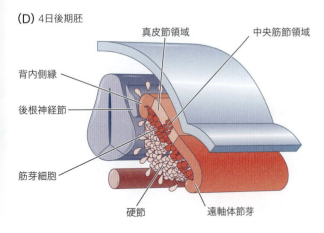

(E)

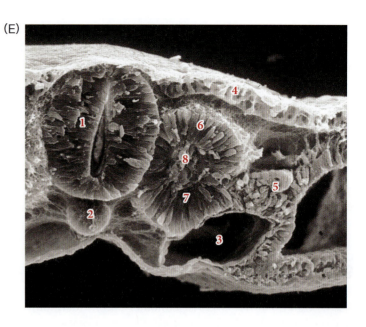

図19.20　ニワトリ2～4日胚体幹部の横断切片像。（A）2日胚では，硬節細胞が他の体節細胞から見分けられるようになる。（B）3日目には，硬節細胞は互いの接着を失い，神経管へと遊走する。（C）他の体節細胞は4日目までに区分けされる。正中寄りの細胞は，皮筋節の腹側に近軸筋節をつくり，側方の細胞は遠軸筋節となる。（D）4日後期胚では，筋芽細胞層からなる筋節が，上皮性の皮筋節の腹側にできる。（E，F）2日胚（(A)と対応）と4日胚（(D)と対応）の走査型電子顕微鏡写真。1：神経管，2：脊索，3：背側大動脈，4：表皮外胚葉，5：中間中胚葉，6：体節背側，7：体節腹側，8：体節腔/関節刀，9：硬節中央部，10：硬節腹側，11：硬節側方部，12：硬節背側，13：皮筋節。(A，BはJ. Langman. 1981. *Medical Embryology*, 4th ed. Williams & Wilkins, Baltimoreより；C，DはC. P. Ordahl. 1993. In *Molecular Basis of Morphogenesis*, M. Bernfield [Ed.], pp.165-170. Wiley-Liss, New Yorkより)

(F)

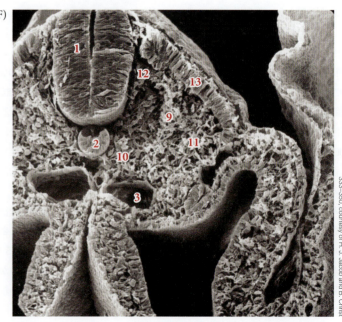

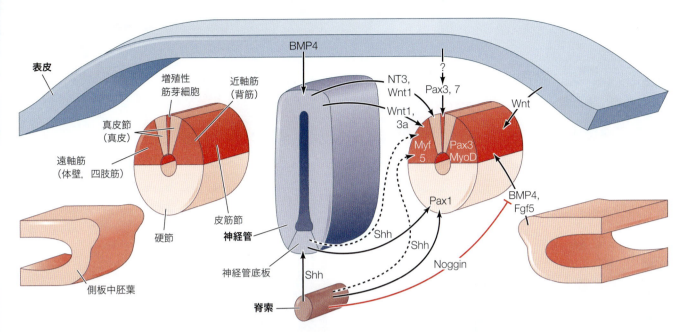

図19.21 体節のパターン形成における主要な想定される相互作用。硬節は薄い橙，皮筋節は赤とピンクで示されている。Wntタンパク質（おそらくWnt1とWnt3a）の発現がBMP4により神経管背側で誘導される。これらのWntと，脊索と神経管底板に由来する低濃度のSonic hedgehogが協調的に作用し，筋原性転写因子Myf5を発現する近軸筋節をつくる。脊索と神経管底板からの高濃度のSonic hedgehogは体節腹側に働きかけ，転写因子Pax1の発現を誘導することで硬節細胞を特定化する。神経管背側に由来する特定濃度のニューロトロフィン3（NT3）は皮筋節を，表皮由来のWntと側板中胚葉からのBMP4とFgf5は遠軸筋節を特定化すると考えられている。Pax3とPax7を発現する増殖期の筋芽細胞は，表皮由来のWntの誘導により生じる。(G. Cossu et al. 1996. *Trends Genet* 12：218-223より)

されている。また脊索と体節は，2つのBMPアンタゴニストNogginとGremlinを分泌する。BMPシグナルの抑制はSonic hedgehogが制御する軟骨分化に必要であり，もしいずれのアンタゴニストが阻害されても，硬節および椎骨形成が正常に進行しないことがニワトリ胚の研究から明らかにされている。

椎骨の形成

　脊索と神経管底板から分泌されるSonic hedgehogは硬節細胞の分化に必須だが，では椎骨を形成する硬節細胞を脊索や神経管周辺へと誘引する因子は何だろうか。脊索は周囲の間充織細胞にシグナルを送りエピモルフィン（epimorphin）というタンパク質を分泌させるらしい。分泌されたエピモルフィンは硬節細胞を脊索，神経管へ誘引し，移動した硬節細胞は凝集して軟骨へと分化する（図19.22A）。また，神経管のより背側で椎骨の棘突起を生む硬節細胞の移動は，それらの細胞のすぐ腹側の硬節細胞から産生される血小板由来増殖因子（platelet-derived growth factor：PDGF）により促進される。棘突起の前駆細胞ではTGF-βタイプII受容体が発現しており，TGF-βシグナルが活性化することによってPDGFに対する応答能が獲得される（Wang and Serra 2012）。

　硬節細胞が脊椎を形成する前に，それぞれ個々の硬節は前半部（頭側）と後半部（尾側）に分割される（図19.22B）。神経管内で運動ニューロンの発生が進むと，運動ニューロンは新生筋肉組織と接続をつくるために突起を側方へと伸ばす。この神経突起より頭側の硬節は，すぐ前方の硬節の尾側と結合し，新たなセグメントをつくる。このプロセスは**再分節**（resegmentation；Remak 1850）と呼ばれ，新たなセグメントは最終的に椎骨を形成する。この隣接する体節の再分節は，ウズラ-ニワトリ異種間移植実験によって証明された（図1.14参照）。ウズラ-ニワトリ異種間移植実験とは，ウズラ細胞を特異的に検出する抗体を用いることで，ニワトリ胚内に移植されたウズラ細胞を追跡できることを活用した実

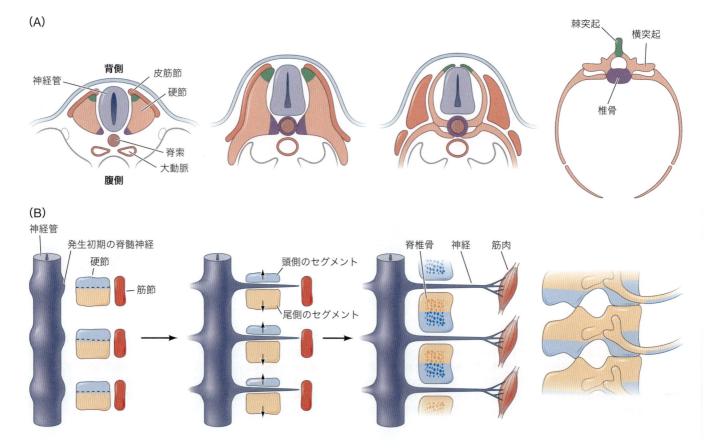

図19.22 椎骨を生む硬節の再分節。(A)硬節から椎骨ができる発生順序。(B)硬節は前方(頭側)と後方(尾側)の区画に分かれる。脊髄神経が筋節由来の筋肉組織に向かって投射する際，それぞれの硬節前半部は，1つ頭側にある硬節後半部と結合し，椎骨原基を形成する。(A は B. Christ et al. 2000. *Anat Embryol* (Berl) 202:179-194 より；B は W. J. Larsen. 1998. *Essentials of Human Embryology*. Churchill Livingstone: New York；H. Aoyama and K. Asamoto. 2000. *Mech Dev* 99:71-82 より)

験系である(Aoyama and Asamoto 2000；Huang et al. 2000)。例えばウズラ胚の体節前半部を，ニワトリ胚の相当する部位と入れ替えると，移植された細胞はすぐ前方の硬節と接着し，新たなセグメントをつくる。一方で，ゼブラフィッシュ胚では明確な再分節は起こらず(より混合的である)，椎骨前駆細胞はおそらく硬節全体から供給される(Morin-Kensicki et al. 2002)。

　再分節は硬節では起こるが，筋節では起こらず，筋肉が骨格の動きを調整し，からだが横方向に動くことを可能にしている。この再分節は，昆虫が擬体節から体節を構築する際の様子に似ている(10.4節参照)。また，脊椎の曲がったり捻れたりする動きは，硬節の関節刀領域から生じる椎間(滑膜)関節によって可能となる。関節刀細胞を除去すると，椎間関節の形成不全が起こり，椎骨同士が融合してしまう(Mittapalli et al. 2005)。

> ### さらなる発展
>
> **脊索は椎骨形成を支え，椎間板の一部になる**　Sonic hedgehogを分泌する脊索は硬節発生に重要な役割を担う。脊索は体軸伸長にも重要であり，それゆえ脊椎の形態形成にも影響を及ぼす。ゼブラフィッシュでは，脊索細胞内の液胞形成異常は脊索の弯曲を生じさせ，結果的に椎骨の融合や椎骨奇形を引き起こす(Ellis et al. 2013)。適切な脊索形成が正常な脊椎の発生に必須であることを示す別の証拠が，脊索周囲の細胞

外基質を損なわせた実験により提示されている。細胞外基質層を構成するコラーゲンの一種の生成を阻害すると脊索が曲がってしまい，椎骨の位置が乱れたり，椎骨融合が生じたりするため，弯曲した脊椎がつくられてしまう。これはゼブラフィッシュ胚を用いた研究だが，この表現型はヒトの脊柱側弯症の症状に似通っている（図19.23A，B；Gray et al. 2014）。

　これまで胚体内の脊索についてみてきたが，脊索は成体内ではどのような運命を辿るのだろうか。脊索は体軸伸長や脊椎形成での役割を終えた後，完全に退縮・消失する，とよく勘違いされている。多くの脊索細胞が，椎骨が形成されて間もなくアポトーシスによって除去されるという点においては，この考えは正しい。このアポトーシスは，脊索内に侵入する椎骨からもたらされる機械的刺激により誘発されるようである。しかしながら興味深いことに，この機械的圧迫は脊索を，後に髄核（nuclei pulposi）を生む小さな細胞塊へと分断するという働きももつ（図19.2F参照；Aszódi et al. 1998；Choi et al. 2008；Guehring et al. 2009；McCann et al. 2011；Risbud

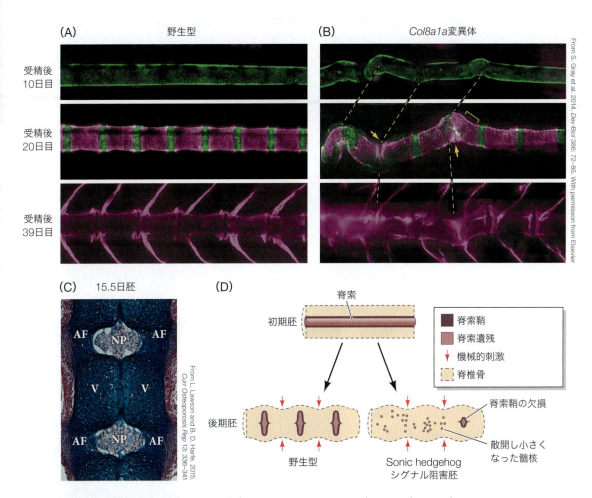

図19.23 脊柱と椎間板の発生。(A)野生型のゼブラフィッシュ胚で，コラーゲン8a1a (Col8a1a)は脊索や脊柱を包むように発現している。写真は*Col2a1*-GFPレポーターをもつトランスジェニックゼブラフィッシュ胚で，脊索由来細胞がGFPで標識されている。また，骨組織はアリザリンレッド（マゼンタ）で染色されている。(B) *Col8a1a*変異ゼブラフィッシュでは，脊椎が弯曲したり，椎骨が融合したりしてしまう。(C)マウス15.5日胚における椎骨と髄核(NP)。V：椎骨，AF：繊維輪。(D)脊索鞘の髄核形成における役割を示したモデル図。脊索鞘は小さなセグメントに分かれた脊索細胞を包み，それらの分散を防ぐ。*smoothened*変異マウス(Sonic hedgehogシグナルが欠損している)では，脊索鞘が減少し，髄核形成の異常をきたす。(DはK. S. Choi and B. D. Harfe. 2011. *Proc Natl Acad Sci USA* 108：9484-9489より)

発展問題

いくつかの動物種は髄核を形成せず，ニワトリはその一例である。このような動物の体内では，脊索由来の細胞は何になるのだろうか。すべての脊索細胞が消失するのか，あるいは脊椎のどこかの組織に取り込まれ存在し続けるのだろうか。さらに，機械的圧迫は髄核形成に重要な働きをもつようだが，何らかの分子メカニズムも髄核形成に寄与しないのだろうか。複数のガイダンス分子(Eph-エフリン，ネトリン，Slit)が正中の組織で発現しているが，これらの分子は脊索の分画化に関与しないのだろうか。脊索が発生過程において，他の組織形成に関して重要な役割を担うことはよく知られているが，脊索自体の細胞系譜や形成過程についていまだに謎が多いのは実に興味深い。

and Shapiro 2011；総説は Chan et al. 2014, Lawson and Harfe 2015)。この脊索細胞が髄核をつくることを示した知見は，マウスの細胞系譜追跡実験により得られた(Choi et al. 2008；McCann et al. 2011)。髄核は椎間板の中心にゲル状の塊を形成し，これを硬節由来の結合組織である繊維輪が囲んでいる(図19.23C)。これらは背中の損傷などにより，"すべり症"を生じる領域である。

椎間板の形成メカニズムについてはいまだ不明な点が多いが，少なくとも脊索を包む細胞外基質層は髄核形成に重要な構造らしい(Choi and Harfe 2011；Choi et al. 2012)。細胞外基質層の形成を阻害されたマウス変異体では，椎骨からの機械的圧迫により脊索細胞が拡散してしまい，髄核形成不全が生じる(図19.23D；Choi and Harfe 2011)。

腱・靭帯の形成：靭帯節

硬節の最も背側に位置する，体節の第4のコンパートメントは靭帯節である。腱・靭帯を形成するこの靭帯節の細胞は，*Scleraxis*遺伝子の発現を検出することで可視化できる(図19.24；Schweitzer et al. 2001；Brent et al. 2003)。硬節と靭帯節は共に間充織様の細胞から構成されるため外見上では区別しにくいが，靭帯節のScleraxisや，硬節細胞で特異的に発現するPax1など，それぞれの細胞に対するマーカー遺伝子が見出されてからは，硬節および靭帯節細胞の系統追跡が可能となった。

腱は筋肉と骨を結びつけるため，靭帯節(syndetomeの*syn*はギリシャ語で"接続した"の意)が筋節に隣接する硬節の背側領域から生じるのは理にかなっているかもしれない(図19.25A；図19.2Eも参照のこと)。靭帯節は，隣接する筋節細胞層が分泌するFgf8によって誘導される(Brent et al. 2003；Brent and Tabin 2004)。*Scleraxis*の発現を抑制する転写因子の働きによって，Scleraxisタンパク質の発現は靭帯節の前方部と後方部に限局される(2本のバンド状に発現する)(図19.25B)。一方，脊索と神経管底板から分泌されるSonic hedgehogの作用により硬節細胞は軟骨組織へと分化するが，その軟骨分化中の細胞で

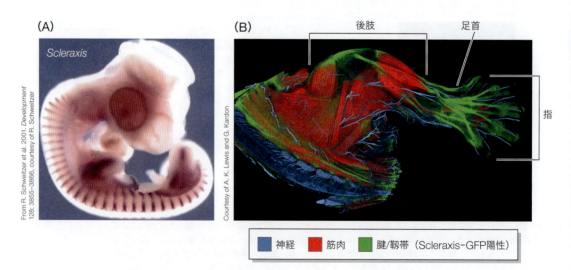

図19.24 Scleraxisは腱・靭帯前駆細胞で発現する。(A) *in situ* ハイブリダイゼーションにより，ニワトリ4日胚の*Scleraxis* mRNAが検出された。(B) ScleraxisとGFPの融合タンパク質を発現する新生児マウスの後肢，足首，指でGFPの発現がみられる。さらにGFP陽性(緑)の腱が筋肉(赤，ミオシンに対する抗体を使い染色されている)と接続していることがわかる。神経もニューロフィラメントに対する抗体を用いて青色に染色されている。

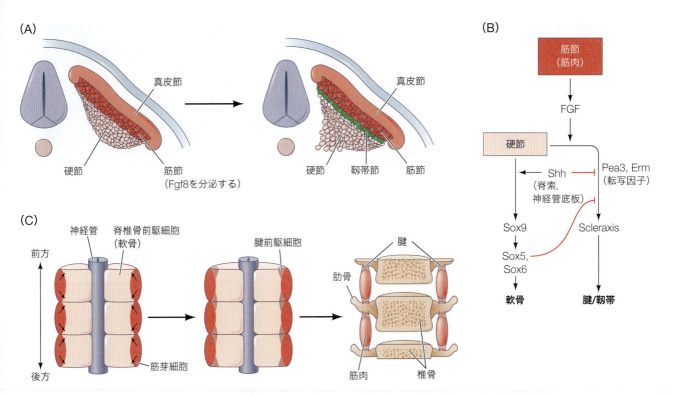

図19.25 筋節由来のFgf8によるニワトリ硬節でのScleraxisの発現誘導。(A)皮筋節，筋節，硬節は，靱帯節より前に特定化される。靱帯腱前駆細胞（靱帯節）は硬節の最も背側の領域に形成され，筋節が分泌するFgf8により特定化される。(B)筋節からのFgf8が，隣接する硬節から靱帯節を誘導するシグナル経路。(C)靱帯節細胞は発生中の脊椎骨に沿って移動する（小さい矢印）。移動した細胞は，肋骨と肋間筋をつなぐ腱となる。ちなみに肋間筋はスペアリブとして食されている。(A，CはA. E. Brent et al. 2003. *Cell* 113：235-248 より)

は，*Scleraxis* の転写抑制と軟骨形成促進因子Sox9の上方制御を行う転写因子Sox5/Sox6が発現する（Yamashita et al. 2012）。これにより，軟骨細胞は筋節からのFgf8の影響を回避できる。形成された腱細胞は，近接する筋肉と，肋骨などの両側にある骨格組織をつなぐ（図19.25C；Brent et al. 2005）。（オンラインの「FUTHER DEVELOPMENT 19.2：Formation of the Dorsal Aorta」参照）

19.5　皮筋節の発生

　皮筋節は体節背側の側方領域に位置する（図19.2E参照）。上皮-間充織転換を経て形成される硬節とは違い，多くの皮筋節細胞は上皮細胞として留まる。ニワトリ-ウズラのキメラ（異種間）移植実験を含む多くの研究結果から，皮筋節は真皮節（dermatome），筋節（myotome），筋芽細胞（myoblast）の3つの性質の異なる領域に分けられる（図19.2参照；Ordahl and Le Douarin 1992；Brand-Saberi et al. 1996；Kato and Aoyama 1998）。皮筋節上皮層の両側の領域で，神経管に近い部位と最も離れた部位はそれぞれ背内側縁（dorsomedial lip）と腹外側縁（ventrolateral lip）と呼ばれる。これらの領域には，体幹部と四肢の骨格筋を生み出す筋節の前駆細胞が存在する。筋肉前駆細胞である**筋芽細胞**（myoblast）は，背内側縁と腹外側縁から皮筋節の腹側へと遊出し，筋節を生む（図19.25A参照）。これらの筋節の筋芽細胞のうち，神経管に近い細胞は，肋間筋や背中の深層筋をつくる**近軸筋**（primaxial muscle）となる。一方で，神経管から離れた領域にある筋芽細胞は，体壁や四肢，舌の筋肉を生む**遠軸筋**（abaxial muscle）をつくる[5・次頁]。真皮節は皮筋節の中心部にあり，背中の真皮組織などを生み出す。

図19.26 脊椎動物中胚葉の近軸と遠軸領域。(A)初期ニワトリ胚における中胚葉(赤)の分化。(B)マウス12.5日胚における*Prrx1*の発現パターン(暗く染色された部分)。*Prrx1*はマウス胚体幹部の遠軸領域でみられる。*Prrx1*発現領域と非発現領域との境目が，側方体節境界(lateral somitic frontier；破線で示されている)である。(C)ニワトリ13日胚では，中胚葉組織の領域化が明らかになっている。(A, CはB. B. Winslow et al. 2007. *Dev Dyn* 236：2371-2381より)

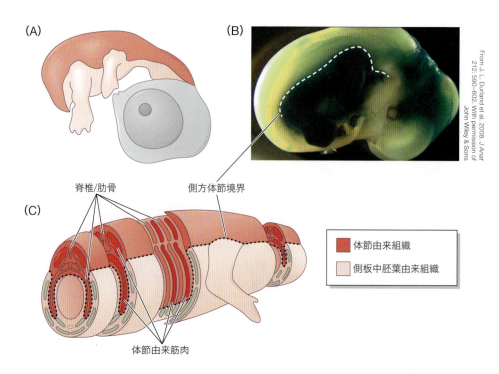

近軸筋と遠軸筋，そして体節由来真皮と側板中胚葉由来真皮組織の間の境界を，**側方体節境界**(lateral somitic frontier)と呼ぶ(図19.26；Christ and Ordahl 1995；Burke and Nowicki 2003；Nowicki et al. 2003)。さまざまな転写因子の働きによって近軸筋と遠軸筋は区別されている。

からだの腹側の真皮は側板中胚葉から生まれ，頭部・頸部の真皮の一部は頭部神経堤細胞に由来する。一方で，体幹部の背中の真皮は皮筋節に由来する。また最近の研究から，皮筋節の中央部分からは筋肉細胞が生み出されることが示された(Gros et al. 2005；Relaix et al. 2005)。それゆえに研究者はこの上皮層領域を皮"筋"節(あるいは皮"筋"節中央部)と呼ぶことが多い(Christ and Ordahl 1995；Christ et al. 2007)。この領域の細胞は，体節形成後すぐに上皮-間充織転換を行う。直下の筋節から分泌されるFGFによって，皮筋節中央の細胞で転写因子の遺伝子*Snail2*の発現が誘導される。Snail2タンパク質は上皮-間充織転換を惹起する働きをもつことでよく知られている(図17.9参照；Delfini et al. 2009)。

上皮-間充織転換の間，上皮細胞の紡錘体が再編成され，細胞分裂の際に娘細胞は背腹軸に沿って分裂する。腹側の娘細胞は筋節内に入り筋芽細胞となり，背側の皮筋節に留まった娘細胞は真皮前駆細胞となる。硬節における上皮-間充織転換と同様に，皮筋節中央の細胞をつなぐN-カドヘリンが上皮-間充織転換中に下方制御されバラバラになり，細胞分裂後は筋節に入る細胞でのみN-カドヘリンの発現が維持される(Ben-Yair and Kalcheim 2005)。

皮筋節中央の上皮層から遊出した筋肉前駆細胞は，未分化状態のまま一次筋節に加わり，迅速に増殖してほとんどの筋芽細胞を占めるようになる。多くの筋芽細胞は筋肉へと分化するが，少数の筋芽細胞は未分化のまま成熟した筋組織の近傍に留まる。これらの未

5　ここで使われているように，近軸筋(primaxial)と遠軸筋(abaxial)という用語は，それぞれ体節の正中側と側方部分に由来する筋肉のことを指す。背側筋(epaxial)と腹側筋(hypaxial)という用語も一般的に使われるが，これらの用語は，筋節の細胞系譜に関してではなく，成体解剖学の用語(例えば腹側筋は脊髄腹側の神経に支配されている筋肉のことを指す)に基づいている(Nowicki et al. 2003参照)。

分化細胞集団は**筋衛星細胞**(satellite cell)と呼ばれる幹細胞集団であり，成体の筋肉の成長や修復を担う。

皮筋節中央領域の決定

皮筋節中央の細胞は，筋芽細胞とともに背中の皮膚の真皮細胞を産生する。胴体の正中や脇腹の真皮は体壁を構成するが，これらの細胞は側板中胚葉に由来する。皮筋節中央細胞は表皮外胚葉から分泌されるWnt6により維持され(Christ et al. 2007)，上皮-間充織転換は神経管で生成されるニューロトロフィン3（NT3）やWnt1により制御される（図19.21参照）。中和抗体を用いてNT3を抑制すると，真皮節の上皮細胞が，表皮直下へ遊走する間充織細胞へと転換されなくなる(Brill et al. 1995)。外科的な胚操作によって神経管を除去したり反転させたりすると，背側の真皮層の形成が阻害される(Takahashi et al. 1992；Olivera-Martinez et al. 2002)。また，表皮に由来するWntシグナルは，背側へ移動する皮筋節中央細胞の真皮への分化を促進する(Atit et al. 2006)。

実は筋肉前駆細胞や真皮のみが，皮筋節中央から派生する組織ではない。Atit（アティト）らは2006年，褐色脂肪細胞も体節に由来し，特に皮筋節中央領域から生まれることを見出した。褐色脂肪は脂肪を燃焼して熱を生成することで，エネルギー利用に積極的な役割を果たす(ちなみにより有名な白色脂肪組織は脂肪を蓄える)。Tseng（ツェン）らは2008年，骨格筋と褐色脂肪細胞が同じ体節性前駆細胞に由来し，その前駆細胞は初めは筋形成関連因子を発現することを明らかにした。褐色脂肪への運命を辿る前駆細胞では，転写因子PRDM16の発現が誘導される(おそらくBMP7の作用による)。PRDM16は褐色脂肪の脂肪燃焼代謝に関連する一連の遺伝子群を活性化することで，筋芽細胞の褐色脂肪細胞への分化に重要な働きを担うようである(Kajimura et al. 2009)。

筋節と筋肉の発生：筋形成制御因子について

脊椎動物では頭部以外の骨格筋は，すべて体節の皮筋節に由来する。筋節は皮筋節の"縁"の部分からつくられ，皮筋節と硬節との間に層を成す。筋肉発生において中心的な役割をもつ転写因子群が，**筋形成制御因子**〔myogenic regulatory factor：MRF（しばしば筋形成bHLHタンパク質群とも呼ばれる）〕である。この転写因子ファミリーには，MyoD, Myf5, myogeninやMRF4などが含まれる（**図19.27**）。このファミリーに属するそれぞれの転写因子は，相互に発現を活性化するためにポジティブフィードバックを生み出す。このフィードバック制御は強力であり，筋形成制御因子の強制発現によってこのフィードバックを人為的に活性化させると，からだのほぼすべての細胞を筋肉へと分化転換できるほど強力である[6]。

MRFは，筋肉の機能に必要な遺伝子群の制御領域に結合し，転写を活性化させる。例えば，MyoDタンパク質は筋特異的クレアチンホスホキナーゼ遺伝子のすぐ上流のDNA配列に結合し，遺伝子産物の発現を誘導する(Lassar et al. 1989)。また，ニワトリの筋特異的アセチルコリン受容体のサブユニットをコードする遺伝子領域の近傍にも，2つのMyoD結合配列が存在する(Piette et al. 1990)。さらにMyoDは自身の転写制御配列も認識する。したがって，一度*MyoD*遺伝子の発現が開始されると，MyoDタンパク質が*MyoD*上流の制御配列に結合し，これによりMyoDの発現量が増加し続ける。多くのMRFは筋特異的共役因子Mef2（myocyte enhancer factor-2）ファミリー分子と結合しているときのみ活性をもつ。MyoDは*Mef2*遺伝子の発現も活性化するため，多くの筋関

6　米国憲法にも記されているように，強力な存在は厳格に管理されなければいけない。筋形成制御因子(MRF)はどんな細胞も筋肉細胞へと転換する能力をもつことから，それらの発現は最も厳密な制御を受ける。筋形成制御因子の転写，mRNAプロセシング，翻訳，翻訳後修飾は，複数の時点・メカニズムにより制御されている(第3章参照；Sartorelli and Juan 2011；Ling et al. 2012)。

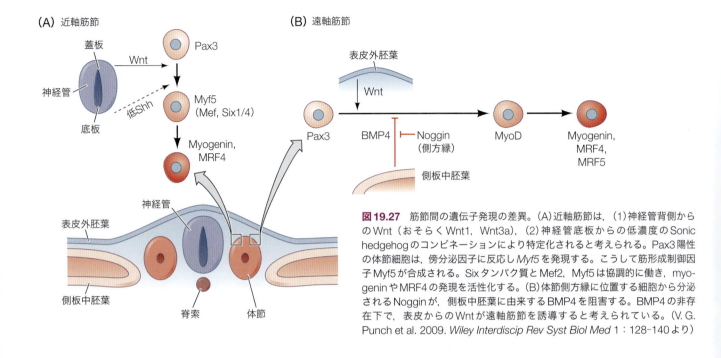

図19.27 筋節間の遺伝子発現の差異。(A)近軸筋節は，(1)神経管背側からのWnt（おそらくWnt1, Wnt3a），(2)神経管底板からの低濃度のSonic hedgehogのコンビネーションにより特定化されると考えられる。Pax3陽性の体節細胞は，傍分泌因子に反応しMyf5を発現する。こうして筋形成制御因子Myf5が合成される。SixタンパクパクとMef2, Myf5は協調的に働き，myogeninやMRF4の発現を活性化する。(B)体節側方縁に位置する細胞から分泌されるNogginが，側板中胚葉に由来するBMP4を阻害する。BMP4の非存在下で，表皮からのWntが遠軸筋節を誘導すると考えられている。(V. G. Punch et al. 2009. *Wiley Interdiscip Rev Syst Biol Med* 1: 128-140より)

連遺伝子発現のタイミングを制御できる。

　すでに述べたように，筋節は体節の2箇所から，少なくとも2つの別々のシグナルの影響により誘導される(Punch et al. 2009)。鳥類胚の移植実験やノックアウトマウスを用いた研究などから，体節内側の近軸筋の筋芽細胞は，神経管蓋板から分泌される因子（おそらくWnt1とWnt3a）と，神経管底板から発せられる低濃度のSonic hedgehogの作用により特定化されることが示唆されている(図19.21参照；Münsterberg et al. 1995; Stern et al. 1995; Borycki et al. 2000)。これらの因子は体節細胞内で転写因子Pax3の発現を誘導し，Pax3は引き続き近軸筋節にて*Myf5*遺伝子を活性化する。Myf5は，Mef2およびSix1あるいはSix4と協調的に働くことで*Myogenin*とMRF-4遺伝子を発現させ，これらのタンパク質が筋細胞特異的な遺伝子ネットワークを活性化する(図19.27A参照；Buckingham et al. 2006)。近軸筋節の細胞は，初めは他の皮筋節や筋節と同じように細胞外基質ラミニンに囲まれている。しかしながら，筋芽細胞が成熟するとラミニンは分解され，近軸筋の筋芽細胞は別の細胞外基質フィブロネクチンに沿って移動する。最終的にこれらの筋芽細胞は集合し，融合した後，伸長した筋繊維となり，発生中の椎骨と肋骨をつなぐ背中の深層筋をつくる(Deries et al. 2010, 2012)。

　遠軸筋の筋芽細胞は体節の側縁から生じ，四肢や体壁の筋肉を形成する。2つの条件がこれらの筋芽細胞をつくるために必要らしい。1つはWntシグナルの活性化であり，もう1つはBMPシグナルの抑制である(図19.27B参照；Marcelle et al. 1997; Reshef et al. 1998)。Wntタンパク質（特にWnt7a）は表皮で生成されるが(Cossu et al. 1996a; Pourquié et al. 1996; Dietrich et al. 1998)，通常は筋形成を阻害するBMP4は隣接する側板中胚葉で発現している。

　それでは何がBMPを抑制するのだろうか。ニワトリ胚を使った複数の研究により，皮筋節の背内側縁と腹外側縁は，BMPアンタゴニストであるNogginを分泌する細胞集団に近接していることが示された(Gerhart et al. 2006, 2011)。これらのNoggin産生細胞は胚盤胞で生まれ，胚盤葉上層(epiblast)の一部となる。またNoggin産生細胞では*MyoD* mRNAが発現するものの，翻訳されずタンパク質は合成されないという特徴がある。こ

(A) 対照胚 (B) Noggin産生細胞除去胚

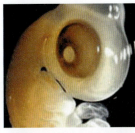
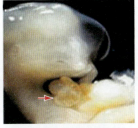

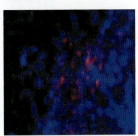

図19.28 Noggin分泌胚盤葉上層細胞の除去は，重大な筋肉欠損を招く。Noggin分泌胚盤葉上層細胞は，ステージ2のニワトリ胚にてG8に対する抗体を用いて除去された。(A)未処理の胚は正常な形態を示し（上の写真），ミオシンに対する免疫染色の結果から（下の写真の赤い染色），筋肉が豊富に存在することがわかる。(B) Noggin産生細胞を取り除かれた胚は，重度の眼の欠失，体幹部筋肉の欠損が起こる。体壁筋の減少は臓器の体外への突出（ヘルニア）を引き起こす（上の写真の矢印で示された箇所）。ミオシン染色からも筋肉の劇的な減少が見てとれる（下の写真）。

の細胞集団は原腸胚形成時に移動して沿軸中胚葉細胞になり，その後，皮筋節の背内側縁と腹外側縁へと配置される。そこでNogginを生成・分泌し，筋芽細胞の分化を促進する。もしこれらのNoggin産生細胞が胚盤葉上層から取り除かれると，全身の骨格筋量の減少を招くため体壁が薄くなり，心臓などの内臓が体外へと突出してしまう（図19.28）。このNoggin産生細胞除去により引き起こされる欠損は，Noggin放出ビーズの体節への移植により回復できる。いったんBMPシグナルが阻害されると，Wnt7がWnt感受性のある皮筋節細胞へと働きかけ，MyoDの発現を誘導する。そしてMyoDは一連の筋形成制御因子群の発現を活性化し，筋芽細胞を生み出す。

さらなる発展

神経堤細胞が制御する筋形成の新たなモデル　皮筋節の背内側縁と腹外側縁はともに，自己複製と分化筋芽細胞を生み出す，自己持続的な"細胞成長エンジン"だと考えられている（Denetclaw and Ordahl 2000；Ordahl et al. 2001）。どのようなメカニズムが，背内側縁細胞の自己複製と筋肉への分化を制御するのだろうか。これまで筋形成に影響するさまざまなシグナル分子が，神経管，表皮外胚葉や脊索から分泌されることについて述べた。しかしながら，背内側縁領域から筋肉へ分化する細胞はモザイク状かつ無作為に出現するように見え，すべての細胞が筋系へと特定化されるわけではない（Hirst and Marcelle 2015）。最近新たに，背内側縁近辺を通過する神経堤細胞が，筋芽細胞分化を制御するシグナルを一過的に分泌することが示唆された。

　背内側縁領域からのモザイク状の筋芽細胞の出現と相関するように，筋肉前駆細胞ではNotchシグナル伝達経路が活性化される。背内側縁ではいくつかの細胞が，*Notch-1*, *Hes1*, *Lunatic fringe* などのNotch経路関連遺伝子を発現し，それらの細胞が筋節の筋繊維をつくる。Christophe Marcelle（クリストフ・マルセル）らのグループは，遊走中の神経堤細胞集団のなかで一部の細胞がNotchリガンドであるDelta1を発現し，背内側縁近傍を通過する際に，糸状仮足などを介してNotch陽性の背内側縁と接触することを明らかにした（図19.29A，B）。神経堤細胞の除去，あるいは神経堤のDeltaの機能阻害は筋節細胞数を大きく減少させる一方で，神経堤での

688 PART V 中胚葉と外胚葉の構築

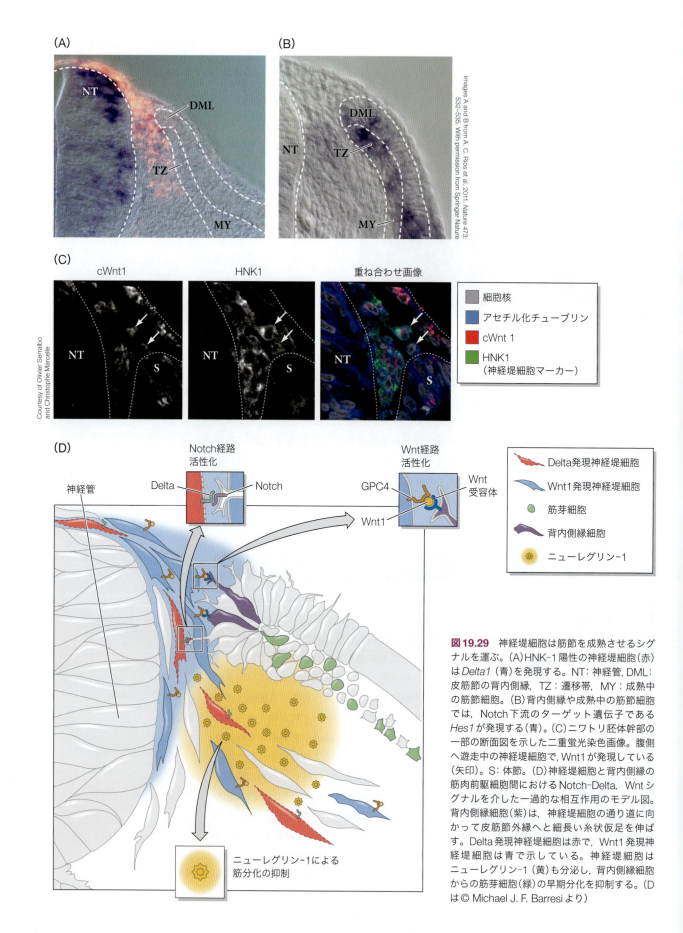

図19.29 神経堤細胞は筋節を成熟させるシグナルを運ぶ。(A) HNK-1陽性の神経堤細胞（赤）は*Delta1*（青）を発現する。NT：神経管，DML：皮筋節の背内側縁，TZ：遷移帯，MY：成熟中の筋節細胞。(B) 背内側縁や成熟中の筋節細胞では，Notch下流のターゲット遺伝子である*Hes1*が発現する（青）。(C) ニワトリ胚体幹部の一部の断面図を示した二重蛍光染色画像。腹側へ遊走中の神経堤細胞で，Wnt1が発現している（矢印）。S: 体節。(D) 神経堤細胞と背内側縁の筋肉前駆細胞間におけるNotch-Delta，Wntシグナルを介した一過的な相互作用のモデル図。背内側縁細胞（紫）は，神経堤細胞の通り道に向かって皮筋節外縁へと細長い糸状仮足を伸ばす。Delta発現神経堤細胞は赤で，Wnt1発現神経堤細胞は青で示している。神経堤細胞はニューレグリン-1（黄）も分泌し，背内側縁細胞からの筋芽細胞（緑）の早期分化を抑制する。(Dは © Michael J. F. Barresiより)

Deltaの過剰発現は皮筋節のMyf5の発現を上昇させ，筋形成を促進することも示された(Rios et al. 2011)。

Rios（リオス）ら（2011年）は，この神経堤によるシグナル伝達様式を"kiss and run"と名付けた。この"kiss and run"は，より一般的なシグナル伝播様式なのかもしれない。実際に，腹側へ遊走する神経堤細胞はDelta以外にもWnt1を運搬する(図19.29C)。前述したように，Wnt1は神経管の背側からも分泌され，筋形成に重要な役割を果たす。神経堤細胞は，ヘパラン硫酸プロテオグリカンの一種であるGPC4をもつことでWnt1を細胞膜上に保持し，背内側縁付近を通過する際，背内側縁細胞にWnt1を供給する(図19.29D)。神経堤由来Wnt1は皮筋節細胞で，筋節の適切な組織化に必要とされるWnt11の発現を上方制御する(Serralbo and Marcelle 2014)。

これらのシグナルに加え，神経堤細胞は硬節を通過する際，ニューレグリン-1を分泌する。ニューレグリン-1傍分泌因子は筋芽細胞の早熟な分化を妨げ，筋肉前駆細胞のプールを維持する働きをもつ(Ho et al. 2011)。つまり，知らないうちに花粉を花から花へと運ぶミツバチのように，神経堤細胞は形態形成シグナルを体節内に供給し，体節細胞の分化や成長に影響を与えている。（オンラインの「FUTHER DEVELOPMENT 19.3：Osteogenesis：The Development of Bones」「FUTHER DEVELOPMENT 19.4：Paracrine Factors, Their Receptors, and Human Bone Growth」「FUTHER DEVELOPMENT 19.5：Maturation of Muscle」参照）

発展問題

重要なシグナルを長距離にわたって届けるために，なぜ特別な"運送業者"を使わないのだろうか。神経堤細胞がこれらのシグナルを適切なタイミング，適切な形式で発現するかどうかを決定する分子メカニズムとは何だろうか。この問いに対する答えは，いまだ明らかになっていない。神経堤細胞は，胚内の境界を越え重要なシグナルを運ぶ唯一の細胞集団ではなさそうである。体節内部は，神経堤細胞，硬節，他の間充織細胞，伸長中の軸索などさまざまな細胞が行き交う混雑した交差点のようなものである。それらの細胞は皆，一過的に重要なシグナルを発現し，隣接する組織や通りすがりの移動細胞にシグナルを送ると考えられる。

研究の次のステップ

体幹部の中軸・沿軸中胚葉とそれに由来する組織の発生は，エピジェネティック制御，細胞形態の変化，遊走細胞，機械的刺激など種々の要因が複雑に絡み合いながら進行する。発生生物学者にとっての難解な課題は，これらさまざまなプロセスがどのように統合されるかを調べるための実験をデザインすることかもしれない。例えば，この章でみたように，分節時計，境界決定面，Hox遺伝子制御が複雑に相互作用することで，体節形成と前後軸にかけてのパターン形成がなされる。1つの有効なアプローチは数理学的モデリングであり，これにより研究者は無数のパラメーターを理論的に操作して，複雑なプロセスの予測可能な結果を推測できる。数理学的アプローチを用いて，例えば細胞の形態，サイズ，数，位置，そして張力などのパラメーターを時間経過とともに変化させることで，沿軸中胚葉の形成過程を司るパラメーターを同定できるかもしれない。あるいは，特定の側面が変化したときにあるイベントがどう変化するかを知ることができるかもしれない。この分野の研究は，胚前後のモルフォゲンの濃度勾配と細胞周期や細胞接着などのパラメーターを統合し始めているが(Murray et al. 2019；Kuyyamudi et al. 2021参照)，体節の分節化や特定化のタイミングを統御するネットワークの全貌はいまだ明らかではない。

章冒頭の写真を振り返る

脊椎動物体幹部の区画化は体節形成パターンにより規定され，それぞれの動物種で"何が，いつ，どこで，いくつ"体節をつくるのかは厳密に制御されている。章冒頭の写真は，軟骨がアルシアンブルーで染色されたガータースネーク胚で，Anne C. Burke（アン・C・バーク）博士によって撮影されたものであり，体節形成の美しさの一端を見事に示している。沿軸中胚葉の区画・体節は，Fgf8の境界決定面，Notch-Deltaの分節時計，およびEph-エフリンを介した境界形成の調節によって，順次ブロックに分割される。また写真からは，ほとんどのヘビの脊椎骨が胸椎であり肋骨をもつことが見てとれる。ヘビ体幹部の骨格系の発生上の変化を通した進化については26.2節で述べる。

Photograph courtesy of Anne C. Burke

19 沿軸中胚葉：体節と体節由来組織の発生

1. 沿軸中胚葉は体節と呼ばれるブロック状の組織をつくる。体節はさらに硬節と皮筋節という2つの主要な領域に分かれる。

2. 沿軸中胚葉での3′から5′領域にかけてのHox遺伝子群の時空間的な発現には，エピジェネティック制御による漸進的なクロマチンの弛緩や，前後軸に沿った沿軸中胚葉細胞への移入のタイミングが関連している。胚後方ではFGFとWntが神経中胚葉前駆細胞の未分化状態を維持し，胚前方で豊富なレチノイン酸はそれらの細胞の分化を促す。これら拮抗するモルフォゲンシグナルが，未分節中胚葉内の新たな体節境界の場所を規定する。

3. 未分節中胚葉のNotch-Deltaの周期的な活性化は，分節のタイミングを決定し，Eph-エフリンシグナルは物理的な境界の形成に関与する。さらに，N-カドヘリン，フィブロネクチン，Rac1が未分節中胚葉細胞の上皮化にかかわっている。

4. 硬節は脊椎軟骨を生み出し，胸椎では肋骨も形成する。椎間板や脊髄膜，背側大動脈も硬節由来である。

5. 近軸筋節は背筋をつくる。遠軸筋節は体壁筋，四肢内の骨格筋，舌筋を生み出す。

6. 皮筋節中央領域は，背中の真皮や，筋肉，褐色脂肪組織の前駆細胞を産生する。

7. 体節内の領域化は周囲組織からの傍分泌因子によって制御される。硬節は主に脊索や神経管底板に由来するSonic hedgehogにより特定化される。筋節内の2つの領域は異なる因子に特定化されるが，どちらでも筋形成制御因子（MRF）の発現が誘導され筋肉へと分化する。

8. 骨格をつくる主要組織は，体節（体幹部の骨），側板中胚葉（四肢の骨），神経堤細胞と頭部中胚葉（頭蓋骨）である。

9. 腱や靱帯は，靱帯節に由来する。筋節から分泌されるFGFの作用で，背側の硬節細胞が靱帯節へと分化する。

● オンラインのコンテンツは **https://www.medsi.co.jp** よりアクセスしてください。

20 | 中間中胚葉と側板中胚葉
心臓，血球，腎臓

本章で伝えたいこと

- 心臓，血管，腎臓は，血球群の全身輸送にかかわる。これらの組織はすべて中胚葉に由来する。
- 腎臓は，中間中胚葉を構成する2つの組織群である腎管とその周辺の間充織に由来する。腎管と周辺の間充織の間の相互作用により，血液の濾過を行うネフロンが形成され，さらに濾過産物を膀胱まで運搬するのに必要な上皮組織，集合管と尿管が形成される（20.1節）。
- 中胚葉前駆細胞は初期心臓領域を形成し，腹側から正中線へ向かって移動し，直線状の心筒になる。咽頭中胚葉に由来する二次心臓領域からは，多数の細胞が心筒に供給される。細胞増殖と物理的な力の偏りにより，羊膜類の心筒は右側方向に湾曲し，心室と心房の形成を開始する（20.2節，20.3節）。
- 側板中胚葉から始まる脈管形成では，臓側中胚葉が凝集により形成される血島の外周部が内皮細胞に分化し，初期の血管網が形成される。このようにしてできた血管網から，血管新生によって動脈や静脈，毛細血管などの異なる血管群が生み出される（20.4節）。
- 造血により，赤血球，白血球，単球，リンパ球などのさまざまな種類の血球細胞群が生み出される（20.5節）。

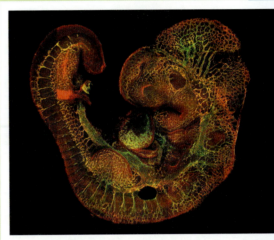

From T. Tammela et al. 2008. *Nature* 454：656-660, courtesy of the authors

血管のパターンはみな同じなのか？

　中軸中胚葉と沿軸中胚葉がからだの背側に脊索と体節を形成するのに対し，中間中胚葉と側板中胚葉はからだの側面と前面領域を形成する。**中間中胚葉**（intermediate mesoderm）は，腎臓，生殖腺，およびこれらに関連する管からなる泌尿生殖器系を形成する。副腎の外側（皮質）部分もこの領域に由来する。脊索から最も離れている**側板中胚葉**（lateral plate mesoderm）からは，心臓，血管，循環器系の血球細胞群，体腔の内膜，さらに骨盤と四肢の骨格が生み出される（ただし，四肢の筋肉は体節に由来する）。また，側板中胚葉は胚への栄養運搬に重要な役割を担う胚体外膜群の形成にも寄与する（図20.1）。

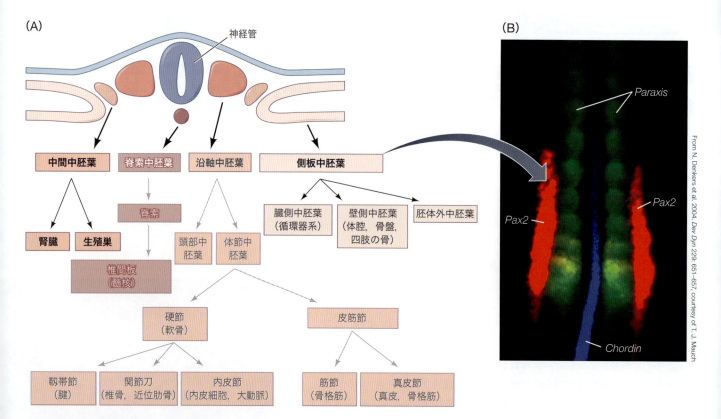

図20.1 羊膜類の中胚葉の細胞系譜。(A) ニワトリ胚の中胚葉区画。(B) 12体節期のニワトリ胚(孵卵開始後約33時間)の体幹部の中軸側中胚葉区画の染色パターン。脊索は Chordin (青)、体節は Paraxis (緑)、中間中胚葉は Pax2 (赤) mRNA にそれぞれ結合するプローブを用い、in situ ハイブリダイゼーションにより検出。

中胚葉の4つの区画(中軸、沿軸、中間、側板)は、BMP量の上昇に従い、内外軸に沿って(正中線から側方へ)特定化されると考えられている(Pourquié et al. 1996；Tonegawa et al. 1997)。ニワトリ胚において、側板領域の中胚葉は正中線領域よりも高レベルのBMP4を発現している。BMPの発現量を変化させることで、内外軸に沿った中胚葉組織のアイデンティティを実験的に操作することができる。このパターニングの仕組みはわかっていないが、BMP濃度の違いによってForkhead (Fox) ファミリー転写因子群の発現に差が生じるのではないかと考えられている。*Foxf1*遺伝子は側板および胚体外中胚葉領域、*Foxc1*と*Foxc2*は体節を形成する沿軸中胚葉においてそれぞれ発現する(Wilm et al. 2004)。マウスのゲノムから*Foxc1*と*Foxc2*の両方を欠失させると、沿軸中胚葉から中間中胚葉への再特定化が起こり、中間中胚葉で働く主要な転写因子をコードする*Pax2*遺伝子を発現するようになる(図20.1B)。

本章では、心血管系と腎臓系、すなわち血液の産生と循環にかかわる器官に焦点を当てる。側板中胚葉からは、血液細胞、さらに心臓や血管の大部分が生み出される。また、中間中胚葉から発生する腎臓は、血液中の老廃物を濾過し、血圧、成分、血液量に大きな影響を与える器官である。

20.1　中間中胚葉：腎臓

腎臓は非常に複雑な臓器である。また、他の多くの器官(骨、筋肉、脳など)がうまく機能するためにも、腎臓が正常に働く必要がある。腎臓の機能単位である**ネフロン**(nephron)は、少なくとも12種類の異なるタイプからなる1万個以上の細胞群により構成される。それぞれの細胞は特定の機能をもち、ネフロンに沿って互いに特定の場所に位置している。哺乳類における腎臓発生は3つの主要な段階を経て進行する。最初の2つは一過性

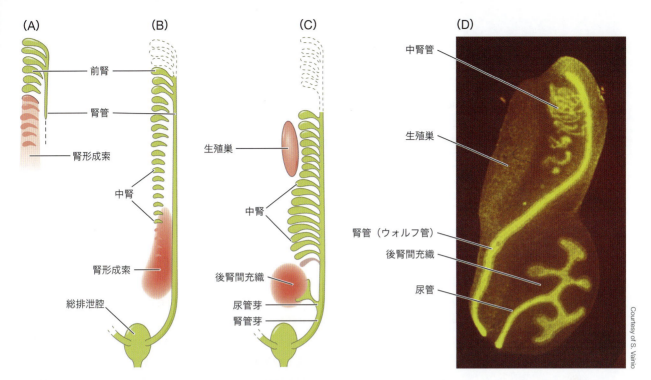

図20.2 脊椎動物における一般的な腎臓の発生過程。(A)前腎を構成している管は，腎管が尾側へ移動する際に腎臓間充織から誘導される。(B)前腎が退化すると，中腎管が形成される。(C)哺乳類における最終的な腎臓（後腎）は，腎管から分岐する尿管芽により誘導される。(D) 13日目のマウス胚の中間中胚葉では，中腎と初期の後腎の両方がみられる。管組織は前腎管とその派生組織に対するサイトケラチン抗体染色により検出。(A～C)は L. Saxén, 1987. *Organogenesis of the Kidney*. Cambridge University Press：Cambridge, UKより）

で，3番目のみ最終的に腎臓として機能する。

ステージ1：前腎　発生初期(ヒトでは22日目，マウスでは8日目)に，前方体節の外腹側に位置する中間中胚葉に**前腎管**(pronephric duct)が発生する。前腎管の細胞は尾側に向かって移動し，前腎管の前方領域は隣接する間充織から**前腎**(pronephros)もしくは**前腎尿細管**(pronephric tubule)の形成を誘導する(図20.2A)。魚類や両生類の幼生では，前腎管は機能的な腎臓を形成するが，羊膜類では機能しないと考えられている。哺乳類では，前腎尿細管と前腎管の前方部分は退化するが，前腎管のより後方部とその派生部分は存続し，発生期間を通じて排泄系の主要な構成要素となる(Toivonen 1945；Saxén 1987)。退化せずに残る管は，**腎管**(nephric duct)もしくは**ウォルフ管**(Wolffian duct)と呼ばれる。

ステージ2：中腎　前腎尿細管が退縮すると，腎管の中間部分が隣接する間充織から新しい腎尿細管を誘導する。この尿細管は**中腎**(metanephros または mesonephric kidney)を構成する(図20.2B；Sainio and Raatikainen-Ahkas 1999)。いくつかの種では，中腎は一時的な尿の濾過装置として機能するが，マウスやラットでは腎臓として機能しない。ヒトでは胎生25日目ごろから約30個の中腎尿細管が形成される。尾側の尿細管誘導が進行するにつれて，前側の中腎尿細管はアポトーシスによって退縮し始める(興味深いことに，マウスでは前側の尿細管は残り，後側の尿細管は退縮する；図20.2C, D)。

ヒトの中腎が実際に血液を濾過し，尿をつくるのかどうかはまだ不明だが，退縮までのその短い存在期間に，非常に重要な胚発生制御機能を発揮する。第一に，血液細胞の発生に必要な造血幹細胞の主な供給源の1つとなる(20.5節参照；Medvinsky and Dzierzak 1999；Wintour et al. 1996)。第二に，雄の哺乳類では中腎皮質の尿細管の一部が残り，精巣上体や精管(精巣から尿道へ精子を運搬する管；6.2節参照)となる。

ステージ3：後腎 羊膜類において生後，腎臓として維持される**後腎**（metanephros）は，中間中胚葉の上皮と間充織の間でやりとりされる複雑な相互作用を経て生み出される（Costantini and Kopan 2010；McMahon 2016；Rad et al. 2020；Smyth 2021）。最初のステップでは，**後腎間充織**（metanephric mesenchyme または metanephrogenic mesenchyme）への分化が決定された中間中胚葉の後方領域が，左右2対の腎管それぞれに対して分岐形成を誘導する。これらの分岐構造をもつ上皮は，**尿管芽**（ureteric bud）と呼ばれる。哺乳類では，尿管芽が最終的に腎管から伸長し，尿を膀胱に運ぶ集合管と尿管になる。後腎間充織内へ侵入した尿管芽は，周囲の間充織組織の凝縮を誘導し，腎臓のネフロンへと分化する。後腎間充織の分化によって，尿管芽の分岐成長がさらに促進される。このような**相互誘導**により，腎臓が形成される。

中間中胚葉の特定化：Pax2，Pax8，Lim1

ニワトリ胚の中間中胚葉は，沿軸中胚葉との相互作用を通して腎臓を形成する能力を獲得する。中間中胚葉領域は，側方からのBMP濃度勾配により確立され，沿軸中胚葉からのシグナルにより安定化するようである。Mauch（マウフ）らのグループは2000年，沿軸中胚葉からのシグナルがニワトリ胚において初期の腎臓形成を誘導することを示した。彼らは，中間中胚葉が沿軸中胚葉と接しないように，発生中の胚の体幹部の片側に切れ込みを入れた。その結果，沿軸中胚葉との接触がなくなった側では腎臓が形成されなかった。一方，操作を加えていない側では腎臓が形成された（図20.3A，B）。この結果を裏付けるように，沿軸中胚葉は側板中胚葉との共培養によって前腎管の形成を誘導できる。他の細

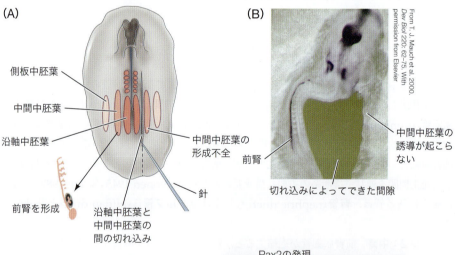
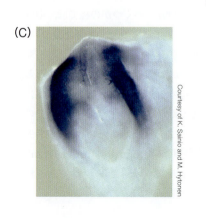
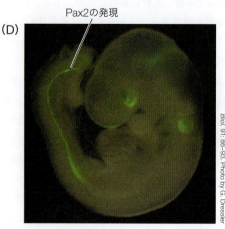

図20.3 ニワトリ胚における沿軸中胚葉による中間中胚葉からの前腎の誘導。(A) からだの右側で，沿軸中胚葉と中間中胚葉とを外科的に切り離した。(B) その結果，前腎（Pax2陽性の管）は左側のみに発生した。(C) 8日目のマウス胚におけるLim1の発現。将来の中間中胚葉を示す。(D) 9.5日目のpax2/EGFPトランスジェニックマウス胚。体幹に沿って腎管および腎索にPax2が発現している（緑色）。(A は T. J. Mauch et al. 2000. *Dev Biol* 220：62–75 より Elsevier の許可を得て掲載)

胞種にこのような誘導能はないため，沿軸中胚葉は中間中胚葉の腎臓形成能を誘導するのに必要十分であると考えられる。

　この相互作用により，ホメオドメイン転写因子群Lim1（別名Lhx1），Pax2，Pax8の発現が誘導され，中間中胚葉から腎臓が形成される（図20.3C；Karavanov et al. 1998；Kobayashi et al. 2005；Cirio et al. 2011；Davidson et al. 2019）。ニワトリ胚では，Pax2とLim1は6体節レベルから発現する（体幹部でのみ発現し，頭部では発現しない，図20.3D）。Pax2の発現を未分節中胚葉で実験的に誘導すると，沿軸中胚葉が中間中胚葉に転換し，Lim1の発現と腎臓形成に至る（Mauch et al. 2000；Suetsugu et al. 2005）。同様に，Pax2遺伝子とPax8遺伝子の両方をノックアウトしたマウス胚では，腎管形成時に間充織-上皮転換が起こらず，細胞群がアポトーシスを起こすため，腎臓が形成されない（Bouchard et al. 2002）。なお，マウスでは，Lim1とPax2は互いに発現を誘導し合う関係にあるようである。

さらなる発展

Hoxb4によるLim1発現能の獲得と腎臓形成　マウスの腎臓の形成初期において，Lim1タンパク質は中間中胚葉の間充織を腎管に転換するのに必要である（Tsang et al. 2000）。その後もLim1は，尿管芽および中・後腎の間充織から形成されるネフロンの形成に必須とされる（Shawlot and Behringer 1995；Karavanove et al. 1998；Kobayashi et al. 2005）。Lim1とPax2を発現する細胞群の前方境界は，神経管から分泌されるActivin（TGF-βスーパーファミリーに属する傍分泌因子）への応答能を失う時期に確立されるようである。Activinへの応答能は，転写因子Hoxb4によって確立されるが，中間中胚葉の最前方領域でHoxb4は発現していない。Hoxb4遺伝子発現の前方境界は，レチノイン酸の濃度勾配により確立される。Activinを局所的に加えるとこの勾配が打ち消され，前方への腎臓の伸長を引き起こすことができる（Barak et al. 2005；Preger-Ben Noon et al. 2009）。

腎臓の発生を制御する組織間相互作用

　前述したように，われわれ哺乳類や鳥類などの羊膜類における腎臓は，中間中胚葉の間充織に由来する2つの前駆細胞集団（尿管芽と後腎間充織）から形成される。尿管芽は，成熟後の集合管と尿管を構成するすべての細胞種を生み出す。一方，後腎間充織は成熟後のネフロンを構成するすべての細胞群と，血管と間質細胞に由来する支持構造を生み出す。これら2つ細胞集団はお互いに対して誘導シグナルを送り，腎臓を形成する。

　後腎間充織は尿管芽の伸長や枝分かれを引き起こす。尿管芽の分岐先端部は，周囲のまばらに存在している間充織細胞群に作用して尿管前凝集塊への移行を促す（図20.4A～C）。こうしてできた凝集塊から生み出される結節は，細胞増殖しながらネフロンの複雑な構造へと分化する。尿管前凝集塊は間充織-上皮転換を起こし，極性をもった腎小体となる。その後，この腎小体はC字型に伸長し，さらに特徴的なS字管を形成する（図20.4D, E）。ほどなくして，この上皮構造の細胞群は，ボーマン嚢，足細胞（ポドサイト），近位尿細管および遠位尿細管への分化を開始する。この過程で尿管芽に最も近いS字型尿細管の細胞群は，尿管芽上皮の基底板を破壊して尿細管領域へ移動する（図20.4F）。これにより尿管芽と新たに形成されたネフロンの尿細管との間に開口部が形成され，物質輸送が可能となる（Bard et al. 2001；Kao et al. 2012）。このような過程を経て，間充織由来の尿細管からは機能的に成熟した腎臓のネフロンが，尿管芽からは集合管および尿を排出する尿管

図20.4 哺乳類の腎臓発生における相互誘導。(A)尿管芽が後腎間充織に侵入すると，間充織により尿管芽の分岐が誘導される。(B〜G)分岐の先端部では，上皮が間充織を凝集・空洞化させ，尿細管と糸球体(細動脈からの血液を濾過する)を形成する。間充織が凝縮すると尿管芽細胞の基底板が消化され，それにより尿管芽上皮と接続する。凝集した間充織の一部(前管凝縮体)はネフロン(尿細管とボーマン嚢)となり，尿管芽は集合管となる。(L. Saxén, 1984. In *Modern Biological Experimentation*, C. Chagas [Ed.], pp.155-163；and H. Sariola, 2002. *Pontificia Academia Scientiarum. Città del Vaticano, Curr Opin Nephrol Hypertens* 11：17-21より)

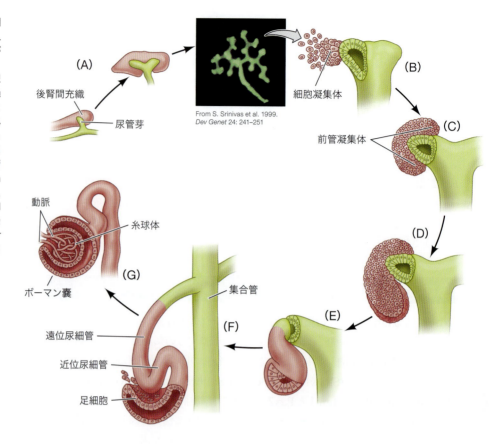

が形成される(図20.4G)。

　Clifford Grobstein (クリフォード・グロブスタイン) (1955, 1956)は，この相互作用を培養下で再現している。彼は尿管芽と後腎間充織を分離し，それぞれを単独または一緒に培養した。間充織が存在しない条件下では，尿管芽は分岐しなかった。また，尿管芽が存在しない条件下の間充織は早々に死んでしまった。しかし両者を並べて培養すると，尿管芽は成長して分枝し，間充織はネフロンを形成することができた。これらの結果は，GFP標識タンパク質を用いた細胞分裂と分岐形成過程の観察を通して裏付けられている (図20.5；Srinivas et al. 1999)。

相互誘導のメカニズム

　後腎の誘導は，尿管芽と後腎間充織との間であたかも会話をやりとりしているかのような現象である。対話を重ねるにつれて双方が変化していく。器官形成のモデルとなっているこの対話の内容を盗み聞きしてみよう(Costantini 2012；Krause et al. 2015a)。腎臓

図20.5 *in vitro* での腎臓分岐形成。11.5日目のマウス胚から採取した腎臓原基を培養した。このトランスジェニックマウスでは*Hoxb7*プロモーターに*GFP*遺伝子が融合しており，腎管(ウォルフ管)と尿管芽が緑色蛍光タンパク質を発現する。腎臓の発生を追跡することができるのは，生きている組織を可視化できるGFPのおかげである。

においてネフロンと集合管の相互誘導を引き起こす傍分泌因子の多くは同定されている。これらのタンパク質はエクソソームに内包されており，隣接する細胞内で濃縮される可能性がある (Krause et al. 2015b, 2018)．

ステップ1：後腎間充織と尿管芽の形成　後腎間充織と尿管芽は実は非常によく似ている。どちらも中間中胚葉から派生し，WntおよびFGFシグナル伝達経路の作用により形成される。尿管芽を構成している上皮組織は初期に移動する中間中胚葉から生まれるため，Wntシグナルにさらされるのは短時間である。その一方で，前方シグナルとして知られるFgf9とレチノイン酸に長時間さらされる。後腎間充織の前駆細胞群は原条を後から通過してくるため，尿管芽とは異なりWntシグナルにさらされる時間が長くなる。その後さらにFgfとレチノイン酸シグナルにさらされることで，転写因子群の発現が誘導され，尿管芽からの作用に反応できるようになる（図20.6A, B；Takasato et al. 2015）。なお，尿管芽に応答して尿細管を形成する能力をもつのは後腎間充織だけである (Saxén 1970；Sariola et al. 1982)．

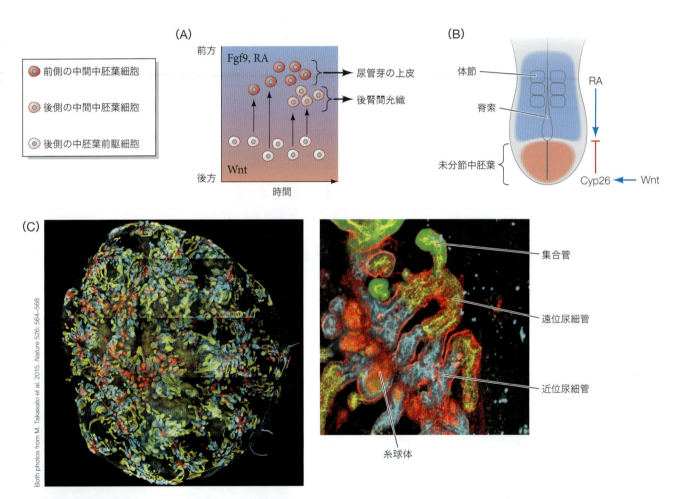

図20.6　人工多能性幹細胞からの腎臓オルガノイドの作製。(A)後方の中胚葉前駆細胞から尿管芽と後腎中胚葉をつくるメカニズム。原腸形成の初期に後方の中胚葉から移動してきた前駆細胞は，Wnt領域から離れてFGFとレチノイン酸(RA)が支配する領域に向かって移動する。これらは尿管芽上皮の前駆細胞となる。Wnt領域に長く留まった後に移動してきたものは，後腎間充織の前駆細胞となる。(B)原条形成の後期におけるRAシグナル伝達。RA分解酵素Cyp26は，Wntによる制御を受けて未分節中胚葉領域で発現し，後方の中胚葉前駆体細胞群へのRAシグナルを遮断している。(C)WntとFGFシグナルに続けて曝露されたヒトiPSCから形成された，腎臓オルガノイドの免疫蛍光顕微鏡観察画像。右側は，集合管（緑），遠位尿細管（黄）および近位尿細管（青），糸球体（赤）を含む4つの区画に分かれたネフロンを高倍率で観察したもの。(A，BはM. Takasato et al. 2015. Nature 526：564-568より)

> ### さらなる発展
>
> **腎臓オルガノイド** ヒト人工多能性幹細胞（iPSC；5.8節参照）にWntとFGFシグナル活性化因子群を段階的に添加して培養すると，正常な胚発生過程でみられるように，それぞれの活性化因子にさらされた時間に応じて尿管上皮または後腎間充織のいずれかに分化する。さらに驚くべきことに，これらの細胞群を共培養すると，腎臓にそっくりのオルガノイドが形成される（図20.6C；Takasato and Little 2015）。また最近の三次元オルガノイド培養系では，尿管芽オルガノイドと集合管オルガノイドとを組み合わせることで，成体の腎臓のような分岐形態をもつネフロン形成を誘導できるようになっている（Zeng et al. 2021）。このような腎臓オルガノイド工学の大躍進は，腎臓発生にかかわる先天性疾患の研究に新たな道を開くものである。

ステップ2：後腎間充織が尿管芽の成長を誘導する 尿管芽の形成を誘導する傍分泌因子を分泌する準備が整うと，グリア由来神経栄養因子（glial-derived neurotrophic factor：GDNF）が後腎間充織から分泌される。このGDNFがRet受容体を発現する腎管細胞に作用し，尿管芽の伸長を誘導する（図20.7）。（オンラインの「FURTHER DEVELOPMENT 20.1：The Metanephric Mesenchyme Secretes GDNF to Induce and Direct the Ureteric Bud」参照）

ステップ3：尿管芽による間充織細胞群のアポトーシス抑制 腎臓発生の3つめの相互作用は，尿管芽から後腎間充織へ向けて送られるシグナルである。Fgf2，Fgf9，BMP7などが尿管芽から分泌される。尿管芽との相互作用がない条件下では，間充織細胞はアポトーシスを起こす（Grobstein 1955；Koseki et al. 1992）。尿管芽からの誘導によって間充織細胞群は死の淵から救い出され，増殖可能な幹細胞に転換するのである（Bard and Ross 1991；Bard et al. 1996）。

ステップ4：間充織が尿管芽の分岐を誘導する 間充織から分泌されるGDNFとWnt，およびその他の傍分泌因子群（FGFとBMP）は，おそらくは細胞外基質上での細胞分裂を支持し，牽引するような役割を果たすことで，尿管芽の分岐形成誘導に関与している（Ritvos et al. 1995；Miyazaki et al. 2000；Lin et al. 2001；Majumdar et al. 2003）。間充織のGDNFは，腎管からの最初の尿管芽誘導に加えて，間充織に侵入後の二次的な分岐形成も誘導する（図20.8；Sainio et al. 1997；Shakya et al. 2005；Chi et al. 2008）。

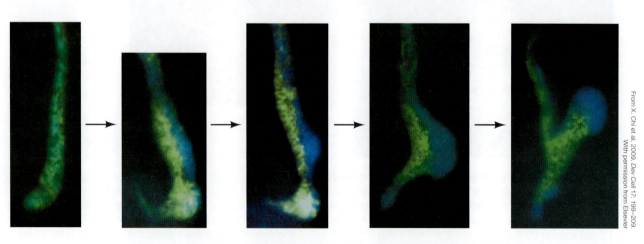

図20.7 尿管芽の成長はGDNFとその受容体に依存している。Ret欠損細胞（緑）とRet発現細胞（青）で構成されたマウス胚では，Retを発現する細胞群が移動して尿管芽の先端を形成する。

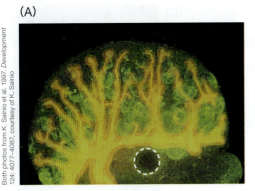 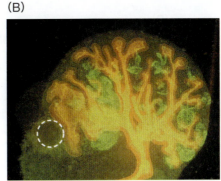

図20.8 尿管上皮の分岐形成に対するグリア由来神経栄養因子(GDNF)の効果。尿管芽とその分岐部はオレンジ色に，ネフロンは緑色に染色されている。(A)対照ビーズ(丸)を用いて2日間培養したマウス13日目胚の腎臓は，正常な分岐パターンをもつ。(B) GDNFを染み込ませたビーズを移植し，2日間培養した場合，ビーズの近傍で新しい分岐形成が誘導されるため，歪んだ分岐パターンを示す。

GDNFは尿管芽の先端細胞群にWnt11の合成を誘導し(図20.9A参照)，逆にWnt11はGDNFの発現レベル調節を行う(Majumdar et al. 2003；Kuure et al. 2007)。GDNF/Ret経路とWnt経路が協調することで，分岐形成と後腎間充織の増殖との間でバランスが保たれ，腎臓発生が進行する。このようにして，2つの幹細胞グループ，すなわち**尿管芽先端細胞**(ureteric bud tip cell)と**キャップ間充織細胞**(mesenchymal cap cell)が維持されている(Mugford et al. 2009；Barak et al. 2012)。

ステップ5：Wntシグナルが凝集した間充織細胞群をネフロンに転換させる

尿管芽から分泌されるWnt9bとWnt6は，後腎の間充織細胞を尿細管上皮へと転換させるのに重要である。これらの傍分泌シグナルは間充織細胞側にWnt4の発現を誘導し，このWnt4はオートクライン(自己分泌的)に作用し，間充織から上皮への移行を完了させる(図20.9；Stark et al. 1994；Kispert et al. 1998；Itäranta et al. 2002)。

尿細管上皮が窪んで腎小体を形成し，速やかに近位側(尿管芽付近)と遠位側の極性が確立される。新たに形成された尿細管上皮に沿った異なる遺伝子群の発現は，シグナル伝達因子群(特にNotchタンパク質)の組み合わせで決まる。尿細管がC字型からS字管へ形態を変化させる過程で，ネフロン領域の特定化が起こる(Georgas et al. 2009)。ネフロンと尿管芽を接続するメカニズムはまだ解明されていない。

ステップ6：尿管と膀胱の接続

枝分かれした尿細管上皮が，腎臓に尿を集めるシステムを構築する。尿細管上皮は抗利尿ホルモンに応答してネフロンで濾過された尿を回収する(このプロセスが陸上での生命活動を可能にしている)。最初の分岐点にあたる尿管芽の柄領域は，尿を膀胱まで運ぶ尿管になる。尿管と膀胱の接合部は非常に重要であり，腎臓機能に異常をもたらす先天異常の**水腎症**(hydronephrosis)では，この接合部が適切に配置されないため，尿が膀胱に排出されない。

尿管はその周囲に間充織細胞群を凝集させることで，水漏れしない連結管の構造をつくっている。これらの間充織細胞

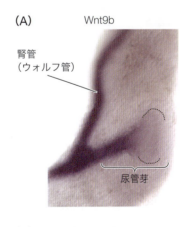 

(A) Wnt9b / Wnt11
腎管(ウォルフ管)
尿管芽

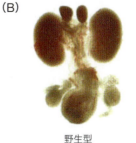 

(B) 野生型 / Wnt9b⁻/⁻

図20.9 Wntは腎臓の発生に重要である。(A) 11日目のマウス胚の腎臓では，Wnt9bは尿管芽の茎部に，Wnt11は先端に発現がみられる。Wnt9bは後腎間充織の凝縮を誘導し，Wnt11は後腎中胚葉を分離して尿管芽の分岐形成を誘導する。尿管芽の境界は点線で示されている。(B) 18.5日目の野生型雄マウス胚(左)は，正常な腎臓，副腎，尿管をもつ。Wnt9b欠損マウス(右)では腎臓が形成されない。

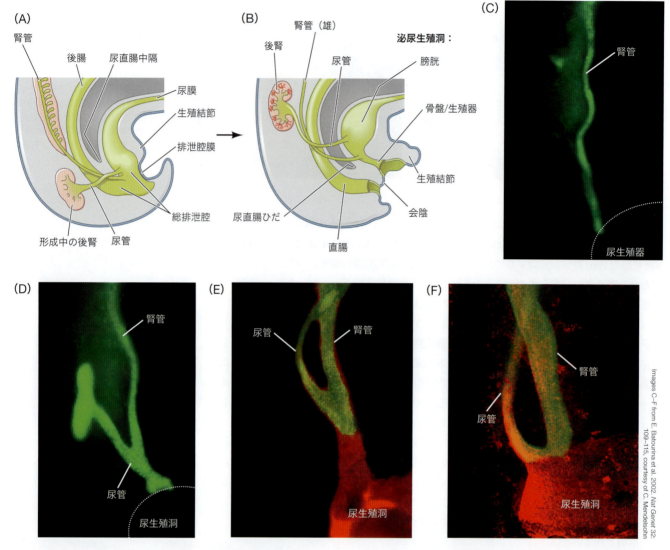

図20.10 膀胱の発生と尿管を介した腎臓との接続。(A)総排泄腔は内胚葉の集合部から発生し，尿膜に開口する。(B)尿直腸中隔は総排泄腔を将来の直腸と尿生殖洞に分ける。尿生殖洞の前部から膀胱が，後部から尿道が発生する。直腸と尿道の開口部の間が会陰である。(C〜F)マウス胚における膀胱への尿管接続。(C) 10日目のマウス胚における尿生殖管。腎管はHoxb7プロモーターに融合したGFPにより標識されている。(D)11日目胚(尿管芽の成長後)の尿生殖管。(E) 12日目胚の尿生殖管。尿管は緑色，尿生殖洞は赤色に染色されている。(F)尿管は腎管から分離し，膀胱に独立した開口部を形成する。(A，BはL. R. Cochard. 2002. *Netter's Atlas of Human Embryology*. MediMedia USA：Peterboro, NJより)

群は，波状に収縮(蠕動)する平滑筋細胞に分化し，尿から膀胱への輸送を可能にしている。さらにこれらの間充織細胞群はBMP4を分泌し，尿管芽の柄にあたる領域を尿管へと分化させる(Cebrian et al. 2004)。実際にBMP阻害剤を作用させると，集合管が尿管へ分化するのを防ぐことができる。

羊膜類における腎臓形成 尿管が内胚葉に由来する膀胱と接続することで，腎臓形成が完了する。膀胱は**総排泄腔**(cloaca)[1]の一部から発生し，腸と腎臓からの排泄物受容器となる(図20.10A，B)。哺乳類の場合，総排泄腔は隔壁によって**尿生殖洞**(urogenital sinus)と**直腸**(rectum)に分かれる。泌尿生殖洞の一部は膀胱となり，他は尿を体外に運ぶ尿道と

---

[1] cloacaはラテン語の"sewer(下水道)"からきている。かつてのヨーロッパの解剖学者たちの遊び心が表れている。

なる。

尿管芽は，エフリンシグナル伝達による制御を介して膀胱に向かって成長する（Weiss et al. 2014）。膀胱に到達すると，膀胱の尿生殖洞の細胞群が尿管と腎管を包み込む。その後，腎管が腹側に移動し，膀胱ではなく尿道側に開口する（図20.10C～F）。膀胱の拡張により，尿管は膀胱頸部まで移動し，最終的な位置におさまる（Batourina et al. 2002；Mendelsohn 2009）。雌の場合，腎管全体は退化し，ミュラー管が腟に開口する（6.2節参照）。雄の場合，腎管は精子の流出路も形成する。このため雄は精子と尿を同じ開口部から排出する。

ここまでを要約すると，血液を濾過する役割をもつ腎臓は，中間中胚葉の2つの領域，尿管芽と後腎間充織の間の相互作用により生み出される。次節では，より側方にある側板中胚葉に焦点を当て，心臓，血管，およびこれらの血管が運ぶ血液の発生について取り上げる。

20.2　側板中胚葉：心臓と循環器系

心臓，血球，さらに複雑な血管群から構成される循環器系は，脊椎動物の胚においては最初に働き始める機能単位であり，発生中のからだに栄養分を供給する役割を担う。孵卵を開始してから2日目のニワトリ胚を観察すると，心臓が拍動し，まだ弁も形成されていないような血管へ最初の血球細胞群を送り出している様子がわかる。これほど示唆に富む生命現象は他にない。1651年，内戦の混乱のなか，イギリス国王の侍医であったWilliam Harvey（ウィリアム・ハーヴェイ）は，心臓こそが肉体の事実上の支配者であり，その神がかった力によって確かな個体成長が保証されているとみなして慰めを得ていた。後の発生生物学者たちは，心臓を支配者というよりむしろ召使いのようなもの，つまりからだの先端部に位置する脳や末梢部に位置する筋肉にも栄養が行き届くよう気を配る執事であると考えた。いずれにせよ，Harveyにより発見された心臓と循環器系は，胚発生にとって重要であることが知られていた。Harveyが1651年に指摘しているように，ニワトリ胚は親である雌鶏の助けを借りずに自分で血液をつくらなければならない。そして血液は胚の成長に不可欠である。しかし，当時のHarveyには，**どのようにして**循環器系の発生が起こるのかを知るすべはなかっただろう。

脊椎動物胚における心臓と循環器系は，側板中胚葉から発生する。側板中胚葉は，中間中胚葉の側方に位置しており（図20.1参照），水平軸に沿って2層に分かれている。背側の層は**壁側中胚葉**[2]〔somatic mesoderm；**体壁中胚葉**（parietal mesoderm）とも呼ばれる〕で，外胚葉の下側に位置しており，外胚葉とともに**体壁葉**（somatopleure）を形成する。腹側の層は**臓側中胚葉**〔splanchnic mesoderm；**内臓中胚葉**（visceral mesoderm）とも呼ばれる〕で，内胚葉の上側に位置し，内胚葉とともに**内臓葉**（splanchnopleure）を形成する（**図20.11A**）。この2つの層の間にできる間隙が**体腔**（coelom）となり，将来の頸部からからだの後方領域まで広がる。（オンラインの「FURTHER DEVELOMENT 20.2：Coelom Formation」参照）

発生後期に左右の体腔は融合し，壁側中胚葉から伸長してくるひだが体腔を別々の区画に分ける。哺乳類ではこの中胚葉のひだが**胸膜腔**（pleural cavity），**心膜腔**（pericardial cavity），**腹膜腔**（peritoneal cavity）に分かれて，それぞれが胸部，心臓，腹部を覆っている。側板中胚葉からこれらの体腔の内膜がつくられる仕組みは，脊椎動物の進化の過程

2　図19.1で示したように，"somitic（体節を形成する）"と"somatic（からだの）"はそれぞれ異なる意味で用いられる。

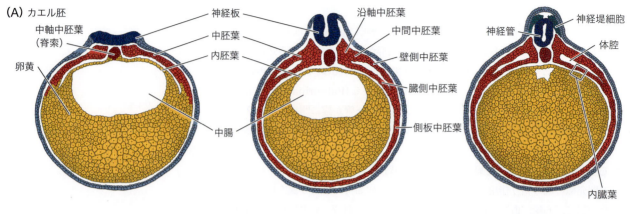
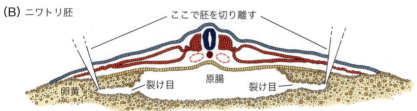
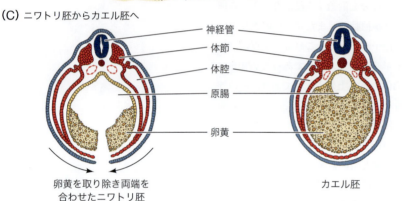

図20.11 カエルとニワトリ胚における中胚葉の発生。(A)神経胚期のカエルにおける中胚葉と体腔発生の進行。(B)ニワトリ胚の横断面。(C)巨大な卵黄から分離したニワトリ胚は，両生類の神経胚期と似ている。(AはR. Rugh, 1951. *The Frog: Its Reproduction and Development*. Blakiston: Philadelphiaより；B, CはB. M. Patten, 1951. *Early Embryology of the Chick*, 4 th ed. McGraw-Hill: New Yorkより)

でほとんど変わっていない。羊膜類胚でみられる中胚葉の発生過程は，カエル胚とほとんど同じである(図20.11B, C)。循環器系の構築過程では，誘導や特定化，細胞移動，器官形成，幹細胞の出現が起こる。このため循環器系は，胚発生と成体における組織再生の両方を理解するうえでよいモデルである。

20.3 心臓形成

循環器系は，発生中の胚において最初に働き始める機能単位である。なかでも心臓が最初に機能を発揮し始める。他の器官と同様に心臓の発生も，組織内および組織間のシグナル伝達を介した相互作用，協調的に進行する形態形成，成長，細胞分化によって前駆細胞群が特定化され，器官形成を起こす領域まで移動し，細胞種の決定が起こる。

ミニマリストの心臓

ニワトリや哺乳類の心臓は込み入った構造をしており，その複雑さはまるでバロック建築のようである。このような羊膜類の心臓は，非常に単純なポンプから進化した(Stolfi et al. 2010)。4室からなる哺乳類の心臓は，2ダースほどの細胞群で構成される1室のみの尾索動物の心臓が精巧になったものである。尾索動物(脊椎動物に近い無脊椎動物；第11章

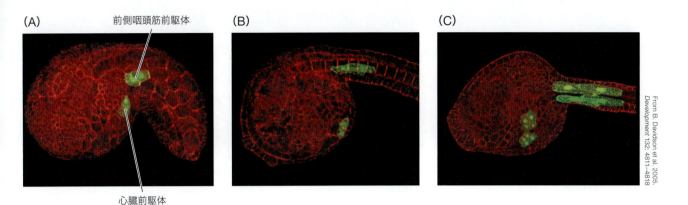

図20.12 カタユウレイボヤの心臓発生。(A)尾芽期胚期にB8.9とB8.10割球においてTbx6がMespを活性化し，*Mesp-GFP*遺伝子発現領域が広がる。(B)その後，心臓前駆体は頭部領域に移動する。(C)左右両方の心臓と筋肉の前駆体を観察できる腹側から見た像。細胞分裂により，心臓(左側)と前方の筋肉の両方が形成される。

参照)では，心臓の前駆細胞群はからだの両側に凝集し，内胚葉に沿ってまず前方，さらに腹側へと移動し，正中線で融合する(図20.12；Davidson et al. 2005)。尾索動物の心臓を形成する細胞数は少ないが，ニワトリやマウスの心臓発生にかかわる細胞系譜で知られている転写因子群と同じ基本的な発現パターンを示す。(オンラインの「FURTHER DEVELOPMENT 20.3：Molecular Mechanisms of Heart Development in the Tunicate Ciona」参照)

心臓領域の形成

　尾索動物胚の心臓は少数の細胞群から短時間で発生する。一方，脊椎動物の心臓では，からだの両側に位置する臓側中胚葉が周囲組織と相互作用して発生領域が特定化される。

　羊膜類の原腸胚では，原条の頭部側に左右対称に位置する狭い領域(胚盤葉上層内)に心臓前駆細胞群(マウスでは約50個)が現れる。これらの細胞は原条を集団的に移動して，結節前方で2つの側板中胚葉を形成する(Tam et al. 1997；Colas et al. 2000)。この移動の間，**予定心臓領域**〔heart field；もしくは**造心中胚葉**(cardiogenic mesoderm)とも呼ばれる〕の全体的な特定化が進行する。Stalberg and DeHann (1969)，Abu-Issa and Kirby (2008)による標識実験から，予定心臓領域の前駆細胞群は，正中-側方軸に沿った配置から**心筒**(heart tube)の前後軸に沿った配置となるよう移動することがわかっている。

　脊椎動物の予定心臓領域は少なくとも2つに分かれている(図20.13)。一次心臓領域は，形成中の心臓の足場を形成すると考えられている。一次心臓領域の前駆細胞群は正中線上で融合し，左心室と右心室の筋肉のもととなる初期の心筒を形成する(de la Cruz and Sanchez-Gomez 1998)。ただし，これらの細胞群の増殖能には限界があり，成体の心臓で一次心臓領域に由来するのは，左心室の主要部分(血液を大動脈に送り出す)のみである。

　二次心臓領域の前駆細胞群は，心筒の前端と後端の両側から細胞を供給する(Meilhac et al. 2015)。これらの細胞群は，心筒の後端で心房(魚類では1つ，他の脊椎動物では2つ)と心臓の流入路部分を形成する。前端では，羊膜類の二次心臓領域が右心室(魚類では単一心室の一部)と，大動脈と肺動脈の基部となる流出路(円錐動脈と動脈幹)を形成する(de la Cruz et al 1989；Kelly 2012；Liu and Stainier 2012)。さらに心筒がよじれることで心房が心室の前方に移動し，4室からなる成体型の心臓が形成される。

　二次心臓領域には，心臓の前駆細胞だけでなく，顔の筋肉，肺動脈と肺静脈，肺間充織の前駆細胞群も含まれている(Lescroart et al. 2010, 2015；Peng et al. 2013)。つまり心

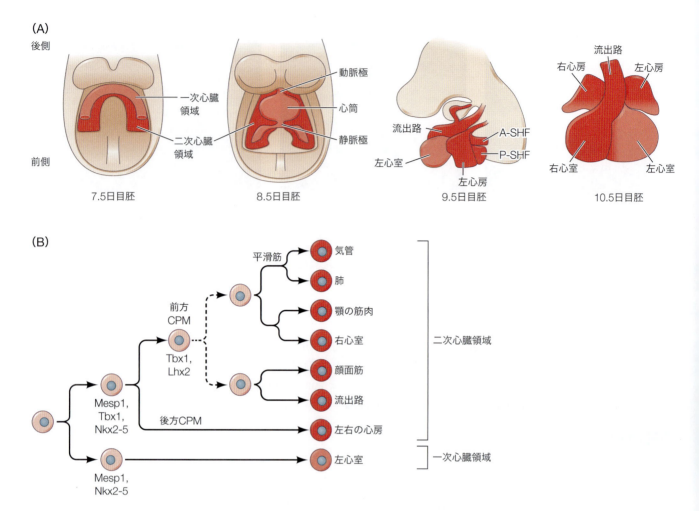

図20.13 マウス胚の予定心臓領域。(A)胎生7.5日目には，左右の心野が結合して，一次心臓領域と二次心臓領域を含む共通の心臓原基(cardinal crescent)になる。一次心臓領域は主に左心室を形成する。10.5日目までに二次心臓領域が他の3つの隔室(右心室，左右の心房)と，流出路(大動脈と肺動脈)の形成に寄与する。二次心臓領域の前方(A-SHF)と後方(P-SHF)を図示する。(B)予想されている心臓の細胞系譜。一次心臓領域と二次心臓領域が共同して心臓を形成する。二次心臓領域には心臓，気道，肺血管に分化する細胞群が混在している。ただし，気道，肺血管，顔面筋，心臓の前駆細胞群の系譜が分岐する正確な位置は不明である(破線)。これら心咽頭中胚葉(cardiopharyngeal mesoderm：CPM)の前駆細胞に関連する転写因子の一部をその下に示した。(AはR. G. Kelly. 2012. *Curr Top Dev Biol* 100:33-65 © Elsevierより；BはR. Diogo et al. 2015. *Nature* 520：466-473 and © Nature Publishing Group T. Peng et al. 2013. *Nature* 500：589-592より)

臓の前駆細胞群は，顔や肺の発生と協調関係にある。咽頭中胚葉と心臓中胚葉の共通前駆細胞群は，尾索動物における咽頭・心臓前駆細胞群に相当すると考えられている(図20.12参照；Diogo et al. 2015)。

筋肉層を形成する**心筋細胞**(cardiomyocyte)，内層を形成する**心内膜**(endocardium)，弁を構成する**心内膜床**(endocardial cushion)，心臓に栄養を送る冠状血管を形成する**心外膜**(epicardium)，心拍調整にかかわる**プルキンエ繊維**(Purkinje fiber)[3]など，心臓を構成するすべての細胞種は予定心臓領域[4]に由来する(Mikawa 1999；van Wijk et al.

3　プルキンエ繊維(特殊な心筋神経繊維)は，小脳のプルキンエ細胞(図16.4参照)とは別物である。どちらも19世紀のチェコの解剖学者で組織学者でもあった Jan Purkinje (ヤン・プルキンエ)にちなんで名付けられた。

4　より後方の領域に第3の心臓領域が存在する可能性がある(Bressan et al. 2013)。ニワトリ胚では，この三次心臓領域に心筋の律動収縮を制御するペースメーカーの前駆細胞が存在する可能性がある。

2009)．さらには後述するように，各前駆細胞は心臓細胞のどのタイプにも分化し得るようである．心臓の前駆細胞群は，心臓神経堤細胞（cardiac neural crest cell）により補充され，これらは流出路および大動脈と肺動脈とを隔てる隔壁の形成に寄与する（図17.21参照；Porras and Brown 2008）．

心臓中胚葉の特定化

心臓中胚葉細胞は，咽頭内胚葉および脊索との相互作用によって特定化される．頭部側の内胚葉を除去すると心臓は形成されない．一方，尾部側の内胚葉は心臓の細胞群を誘導できない（Nascone and Mercola 1995；Schultheiss et al. 1995）．頭部側の内胚葉から分泌されるBMP（特にBMP2）は，心臓と血球群，両方の発生を促進する．さらに内胚葉由来のBMPは，心臓中胚葉の直下に位置する内胚葉細胞群に対してFgf8の合成を促進することで，心筋タンパク質群の発現を誘導すると考えられている（Alsan and Schultheiss 2002）．

抑制性シグナルが，心臓の構造が本来あるべきでない場所に形成されるのを防いでいる．第一の抑制性シグナルは，NogginとChordinである．これらが脊索から分泌されることで，正中領域のBMPシグナル伝達をブロックする．また，筋節内に存在するNoggin分泌細胞も，体節が心臓細胞に特定化されるのを妨ぐ．第二の抑制性シグナルは，Wntタンパク質（特にWnt3aとWnt8）である．神経管から分布されるWntは，心臓の形成を阻害し，血液の形成を促進する作用をもつ．さらに，頭部側の内胚葉はWntと受容体の結合を抑制する阻害因子を産生する．これら**BMP（中胚葉側方および内胚葉に由来）とWntに対するアンタゴニスト（頭部側内胚葉に由来）が同時に存在する領域で，心臓前駆細胞の特定化が起こる**（図20.14；Marvin et al. 2001；Schneider and Mercola 2001；Tzahor and Lassar 2001；Gerhart et al. 2011）．Wntシグナルがない条件下では，BMPは**Nkx2-5**と**Mesp1**を活性化する．この2つの遺伝子は，心臓細胞の特定化の際に働く制御ネットワークにおいて重要な役割を担っている．（オンラインの「FURTHER DEVELOPMENT 20.4：A Gene Regulatory Network at the Heart of Cardiogenic Mesoderm Specification」参照）

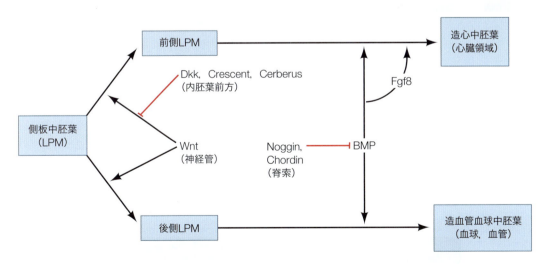

図20.14 造心中胚葉の境界を制御するBMPとWntの誘導的相互作用モデル．神経管からのWntシグナルは，側板中胚葉（LPM）に血球および血管前駆細胞への分化を促進する．一方，頭部側では，咽頭内胚葉からのWnt阻害因子（Dickkopf（Dkk），Crescent，Cerberus）がWntの機能を抑制しており，この後に働くシグナル（BMPとFgf8）が側板中胚葉から造心中胚葉へ転換させる．BMPシグナルは，血球血管形成に寄与する中胚葉の分化にも重要である．胚の中央部に心臓や造血領域が形成されないのは，脊索から分泌されるNogginとChordinがBMPを遮断するためである．

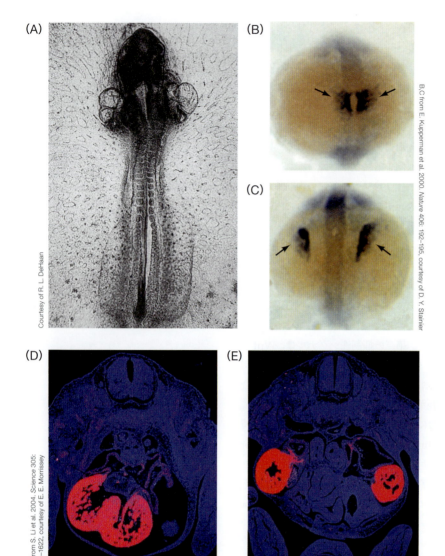

図20.15 心臓原基の移動。(A)腹側正中線を外科的に切断することで2つの心臓原基の融合を阻止したニワトリ胚における二叉心臓。(B)野生型ゼブラフィッシュと，(C)心筋ミオシン軽鎖に対するプローブで染色した*miles apart*変異体。*miles apart*変異体では心筋細胞の移動が起こらない。(D)心室ミオシンに対するアンチセンスRNAプローブで染色した13.5日の野生型マウス胚の心臓。心臓原基の融合が起こっている。(E) *Foxp4*欠損マウス胚における二叉心臓。興味深いことに，これらの心臓は心室と心房をもち，それぞれがループして正常な左右非対称性をもつ4つの隔室を形成している。

心臓前駆細胞の移動

心臓の前駆細胞群は，内胚葉の表面と密着した状態を保ちながら，外胚葉と内胚葉の間を前方正中軸に向かって移動する(Linask and Lash 1986)。ニワトリ胚において予定心臓領域の内胚葉の前後軸を反転させると，造心中胚葉細胞群の移動方向が逆転することから，この細胞移動は前腸内胚葉による方向制御を受けているようである。また，この方向づけにかかわる内胚葉由来因子は，前後軸に沿ったフィブロネクチンの濃度勾配だと考えられている。フィブロネクチンに対する抗体を作用させることで造心中胚葉細胞群の移動は停止するが，他の細胞外基質成分に対する抗体にはそのような効果がない(Linask and Lash 1988)。

この動きにより，心臓前駆細胞群は胚の右側と左側に分かれる。からだの左右それぞれに一次・二次心臓領域ができ，心臓前駆細胞群が心筒を形成し始める。ニワトリでは，内臓葉が内側に折りたたまれ，前腸を形成する7体節期ごろに心臓領域（と2つの心筒）が1つにまとまる(Varner and Taber 2012)。同一の管の中の左右2本の心筒は最終的に融合する。

心臓がもともとからだの左右両側を起源とすることは，側板中胚葉の融合を外科的に阻止することで証明できる(Gräper 1907；DeHaan 1959)。この操作の結果，2つの別々の心臓が左右に1つずつ形成される二叉心臓(cardia bifida)に非常によく似た状態になる（図20.15A）。このように，内胚葉は心臓前駆細胞を特定化し，移動方向を示し，機械的な力で左右2つの予定心臓領域同士を引き寄せる働きをもつ。

さらなる発展

左右両側を起源とする心臓 ニワトリ胚は外科的操作を実施するには優れたモデルであるが，マウスやゼブラフィッシュ胚のほうが遺伝学的に扱いやすい。ゼブラフィッシュでは，心臓前駆細胞は側方から正中線に向かって活発に移動する。内胚葉の分化に影響を与えるいくつかの変異は，このプロセスを破壊する。これはニワトリと同様

に，内胚葉が心臓前駆細胞の特定化と移動に重要であることを示唆している。Gata5タンパク質をコードする*faust*遺伝子は，内胚葉で発現し，心臓前駆細胞の移動や分裂，特定化に必要である。この遺伝子は，ゼブラフィッシュの*nkx2-5*遺伝子を心臓前駆細胞で活性化する経路において重要な役割を果たしているようである（Reiter et al. 1999）。もう1つの特に興味深いゼブラフィッシュの変異体は*miles apart*である。この変異体は，心臓前駆細胞の正中線方向への移動に限定的な表現型を示す。両側の心臓前駆細胞が融合して1つの心筒になることができないため，ニワトリ胚に対する実験的な操作によってできる二叉心臓に似ている（図20.15B, C）。この変異体では細胞分化への影響はなく，正常な心筒が2つ形成されるが，これらの心筒は血管に正しく接続されていないため，血流循環を維持することができない。この*miles apart*遺伝子は，心臓細胞群とフィブロネクチンの相互作用を制御するタンパク質をコードしており，正中線の両側に位置する内胚葉で発現している（Kupperman et al. 2000；Matsui et al. 2007）。

　マウスの二叉心臓（左右両側の心筋前駆細胞が1つの心臓に融合できない表現型）は，内胚葉で発現する遺伝子群の変異により生じる。転写因子Foxp4は，初期前腸細胞群のなかでも心臓前駆細胞が正中線に向かって移動する経路に沿って発現している。これらの変異マウス胚では，それぞれの心臓原基が別々に発達するため，からだの両側に1つずつ合計2つの心臓が存在する（図20.15D, E；Li et al. 2004）。

二次心臓領域

　一次心臓領域の細胞群が内胚葉に沿って移動して心筒を形成している間，二次心臓領域の細胞群は咽頭内胚葉と接触したままでいる。ここでは，傍分泌因子群（おそらくはSonic hedgehog，Fgf8，Wnt群；Chen et al. 2007；Lin et al. 2007）の働きによって，細胞増殖が維持されている。二次心臓領域の細胞群は，転写因子Islet1の発現により区別できる。これらの細胞群はFgf8の合成と分泌を開始し，これが自己分泌刺激となって一次心臓領域に由来する心筒の前端と後端への細胞移動を促す（Park et al. 2008）。二次心臓領域の前側部分は右心室と流出路を形成し，後方部は心房を形成する（Zaffran et al. 2004；Verzi et al. 2005；Gali et al. 2008）。

　二次心臓領域の前駆細胞が移動するにつれて，後方部の中胚葉から伝播してくる高濃度のレチノイン酸（retinoic acid：RA）にさらされるようになる。RAは，これらの前駆細胞群の後方部を心臓の流入路もしくは心臓における“静脈”，すなわち心房と静脈洞へ特定化するのに重要な役割を果たす。これらの前駆細胞群の発生運命はもともと固定されておらず，前後軸を回転させる移植実験を行うと，新しい環境に応じて分化運命を調節できる。しかし，ひとたび後方部の心臓前駆細胞がRA合成領域（レチンアルデヒド脱水素酵素-2の遺伝子を発現している）に侵入すると，自身でRAを産生することができるようになり，心臓後側領域への発生運命が固定される（図20.16；Simões-Costa et al. 2005）。

　腎臓と同様に，レチノイン酸はHox遺伝子群，特に*Hoxa1*，*Hoxb1*，*Hoxa3*の発現を制御しており，これらの遺伝子群の働きを通して二次心臓領域前駆細胞群の異なる領域アイデンティティ獲得が促進される（Bertrand et al. 2011）。マウスでは，流出路領域と二次心臓領域に入る心臓神経堤細胞は，RAの有無によりHox遺伝子群の発現に差がみられる（Diman et al. 2011）。心臓前駆細胞にRAを作用させると，心室が犠牲となり代わりに心房の拡大が起こる（Stainier and Fishman 1992；Hochgreb et al. 2003）。このような心臓前駆細胞を心房へと変化させることができるRAの作用は，発生中の心臓に対するRAの催奇形性を裏付けるものである。（オンラインの「FURTHER DEVELOPMENT 20.5：Fusion of the

図20.16 二重 in situ ハイブリダイゼーションによるレチノイン酸合成酵素のレチンアルデヒド脱水素酵素-2をコードする Raldh2（オレンジ色）と，初期心臓領域マーカー Tbx5（紫色）発現領域の検出．ここでみられる発生段階において，心臓前駆細胞は徐々に増加するレチノイン酸にさらされる．

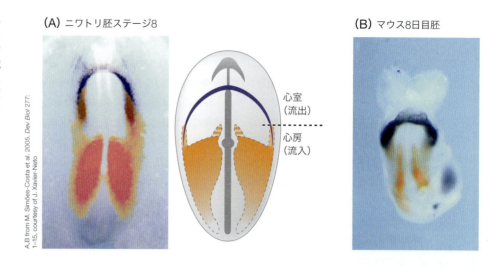

Heart and the First Heartbeats」参照）

初期の心臓細胞分化

　心臓発生に関する最も重要な発見の1つは，心臓を構成するさまざまな細胞群——心室心房の筋細胞，動静脈の平滑筋，心臓および弁を裏打ちしている内皮，心臓を覆っている心外膜——のすべてが同じ前駆細胞に由来することである（Kattman et al. 2006；Moretti et al. 2006；Wu et al. 2006）．実際に，初期の多分化能性前駆細胞集団が，循環器系全体の形成に関して責任を負っているようである．これらの多分化能性前駆細胞は，血管と血液細胞の前駆体である**血球血管芽細胞**（hemangioblasts）へと分化する場合もあれば，心臓領域では**多分化能性心臓前駆細胞**（multipotent cardiac precursor cell）に分化することもできる（図20.17；Linask 2003；Anton et al. 2007）．これらの異なる系譜の細胞において特定のパイオニア転写因子群（Nkx2-5，Mesp1，Gata4，Tbx5）が活性化すると，

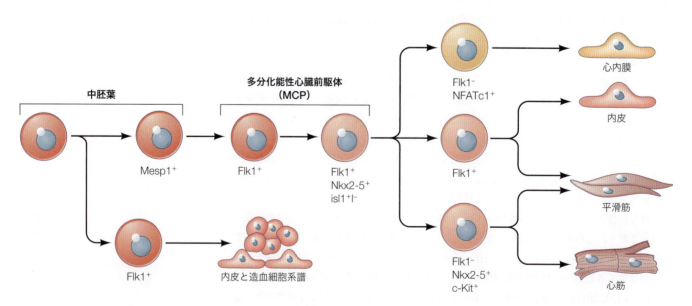

図20.17 初期の心血管系譜モデル．臓側中胚葉から生じた2つの細胞系譜は，いずれも細胞膜にFlk1（VEGF受容体）を発現する．初期の集団から血球血管芽細胞（血液細胞と血管の前駆体）が生まれ，後期の集団からは心臓の前駆細胞が生じる．この後期集団はさまざまなタイプの細胞を生み出すが，互いの関係はわかっていない．しかし，心臓を構成するすべての細胞群の系譜を遡ると，多分化能を有する心血管系前駆細胞にたどり着く．（R. Anton. 2007. *BioEssays* 29: 422-426 and D. M. DeLaughter et al. 2011. *Birth Defects Res A : Clin Mol Teratol* 91: 511-525 より）

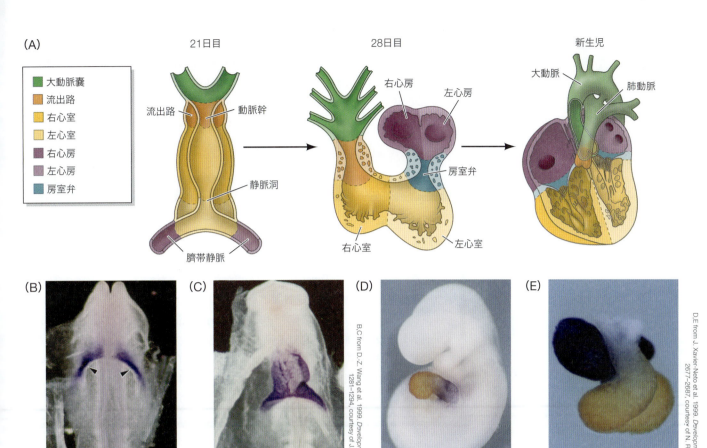

図20.18 心臓のルーピングと隔室形成。(A)ヒトにおける心臓の形態形成の模式図。21日目の心臓は、一室のみの管である。心筒内の特定化領域を異なる色を用いて表示する。28日目までに心臓のルーピングが起こり、心房予定域が心室予定域の前方側に位置を変える。新生児では、心臓弁と隔室によって循環経路が確立され、左心室から大動脈へ、右心室から肺動脈へと送液され、肺循環に至る。(B, C)ニワトリ胚の左右の心臓原基の融合の際、心筋の前駆細胞はXin mRNAを発現している。Xinタンパク質は心筒のルーピングに必須である。(B)ステージ9（神経胚期）のニワトリ胚では、Xinタンパク質（紫色）が左右対称の2つの予定心臓領域（矢じり）に発現している。(C)ステージ10（ルーピング前）にXinを発現する2つの心臓形成領域は融合する。(D, E)心房と心室の特定化はルーピング前に起こる。マウス胚の心房と心室は異なるタイプのミオシンタンパク質を発現しており、ここでは心房ミオシンは青色に、心室ミオシンはオレンジ色に染色されている。(D)管状心臓（ルーピング前）では、2つのミオシンの発現領域は、心房-心室間の導管部で重なっている。(E)ルーピング後、心房と流入路が青色、心室がオレンジ色に染まっている。心室の上の染色されていない領域は総動脈幹である。神経堤細胞群の働きにより、総動脈幹は大動脈と肺動脈に分離する。(AはD. Srivastava and E. N. Olson. 2000. Nature 407：221-226. © Macmillanより）

遺伝子制御ネットワークが自律的に働き、心臓を構成する細胞系譜への分化に至る。（オンラインの「FURTHER DEVELOPMENT 20.6：A Self-Sustaining Gene Regulatory Network Differentiates the Heart」参照）

心臓のルーピング

孵卵後3日目のニワトリ胚や妊娠4週目のヒト胚では、心臓は血液が流入する心房と血液を送り出す心室の2つからなる管構造をしている[5]。心臓のルーピングを経ることで、心筒のもとの前後軸は、成体と同じ左右軸へと変化する。つまりルーピングが完了したとき、心房は心室の前方に位置するようになる（図20.18）。このきわめて重要な過程は、心臓の前側領域が心筒をどちらの方向に曲げるか決めるところから始まる。

心筒のルーピングは、心収縮と血流循環の開始直後から始まる。そして血流から受ける

---

[5] ニワトリ胚では、血液が下部の隔室へ流入し、大動脈から送り出される様子を肉眼で観察できる。

圧力がルーピングの完了を促す（Hove et al. 2003；Groenendijk et al. 2005）。心筒の湾曲が進むにつれ，心臓に流入する血液量が増加する。心臓内の血液の体積上昇は，細胞外基質と細胞骨格を介して細胞に伝わると考えられている（Linask et al. 2005；Garita et al. 2011）。心臓弁や心室中隔，心房中隔などの形成にかかわるシグナル伝達や，心臓と同時に発達する血管系との接続のためには，4つの心腔群が正確に配置されていることが重要である。

さらなる発展

心臓弁の形成　心臓のルーピングが進行するにつれ，心内膜からの弁形成が始まる。心房と心室の境界部および流出路において心内膜床が発達することで心臓弁になる（Armstrong and Bischoff 2004）。心内膜床の形成は，心筋からのシグナルを受けた心内膜細胞群における*Twist*遺伝子の発現がきっかけとなる。Twistタンパク質は，上皮-間充織転換と細胞移動の開始にかかわる転写因子である。これらの細胞群は心内膜から離れ，移動して心内膜床を形成する（Barnett and Desgrosellier 2003；Shelton and Yutzey 2008）。さらに心臓神経堤細胞からの制御を受けることで，最適な血流循環を生み出す弁の配置パターンが生まれる（Phillips et al. 2013）。Twistは*Tbx20*遺伝子を活性化する。TwistとTbx20が協働することで，弁を形成している細胞群の増殖と弁構造の補強にかかわるタンパク質群の活性化を引き起こす。

最終的な転換点：呼吸の開始　ヒトを含む哺乳類において，心臓が完全に成熟する時期は，胎生期はおろか胎児期でもなく，出生時に初めて空気を吸ったときである（14.1節および図14.2参照）。胎児の心臓の動脈管と卵円孔は，血液を胎盤から胎児へと循環させるために機能している。しかし，出生時の呼吸の際に発生する気流による圧力変化が，解剖学的に最後の心臓リモデリングを引き起こす。このような独立した生命体への最終移行段階を経て，胎盤から肺循環へと切り替わる（Yokoyama 2015；Carlson 2019）。（オンラインの「FURTHER DEVELOPMENT 20.7：Changing Heart Anatomy at Birth」参照）

20.4　血管形成

　心臓を構成する細胞群がもつ自律的収縮能力のおかげで，心臓は脊椎動物の体内で最初に機能を発揮する器官となるが，血管系が初期循環回路を確立するまでは，実質的に心臓が血液を送り始めることはない。血管は心臓から伸長するのではなく，心臓とは独立に形成された後で心臓と連結する。ゲノムは動脈と静脈の複雑な接続をコード化できないため，循環器系は人それぞれ異なる。実際，解剖学的に微細な循環器構造の形成には，偶然が大きな役割を果たしている。ただし循環器系の発生過程は，生理学的，進化的，物理的な要因からなる厳しい制約を受けている。このため異なる種間でも循環器系はどれもよく似たものになる。

脈管形成：最初の血管形成

　血管は，**脈管形成**（vasculogenesis）と**血管新生**（angiogenesis）という2つの段階を経て発生する（図20.19）。脈管形成では，側板の臓側中胚葉から血管網が新しく形成される。一方，血管新生では，初期の血管網が剪定され，毛細血管床，動脈，静脈に再構成される。

　脈管形成の第一段階では，胚の後方に位置する原条から移動中の側板中胚葉細胞群にお

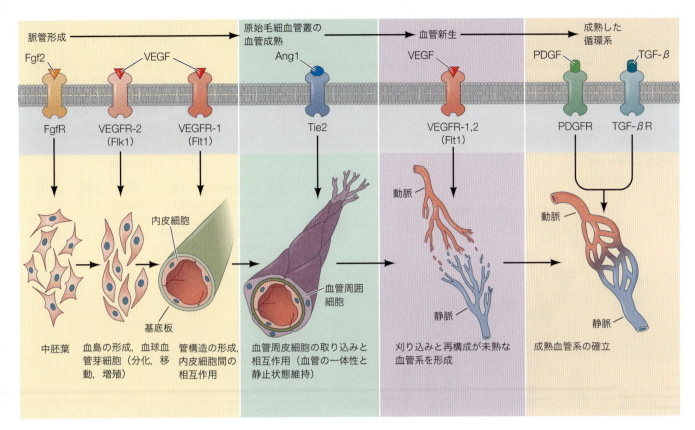

図20.19 脈管形成と血管新生。脈管形成では，血球血管芽細胞を含む血島が形成され，そこから毛細血管網が構築される（左パネル）。血管新生は，脈管形成によってできた血管群を連結し，それまでの古い血管群を新しい血管網へと再構築する。各ステップに関与する主な傍分泌因子を図の上部に，血管内皮細胞膜上の受容体をその下に示す。(D. Hanahan, 1997. *Science* 277：48-50 and W. Risau, 1997. *Nature* 386：671-674 より)

いて，BMP，Wnt，NotchシグナルがEtv2転写因子を活性化し，血球血管芽細胞に転換させる[6]。蛍光プローブを用いてゼブラフィッシュ胚の単一細胞を標識し，発生予定運命を調べると，血球血管芽細胞が造血系（血球）と内皮系（血管）細胞系譜の共通前駆細胞であることがわかった（Paik and Zon 2010）。このような分化能をもつ細胞集団は，大動脈の腹側部分にのみ存在する。大動脈から血球血管芽細胞への分化は，*Cdx4*遺伝子により誘導される。血球血管芽細胞から血球前駆細胞と血管前駆細胞のどちらへ進むのかは，Notchシグナル伝達経路を介して決定される。Notchシグナルが活性化すると，血球血管芽細胞から血球前駆体への転換が起こる。一方，Notchシグナルが減弱すると，血球血管芽細胞は内皮細胞に分化する（Vogeli et al. 2006；Hart et al. 2007；Lee et al. 2009）。NotchシグナルはRunx1転写因子の発現を活性化する。この転写因子は，後述するように，内皮細胞から造血幹細胞への転換を誘導する分子として脊椎動物間で保存されているようである（Burns et al. 2005, 2009）。（オンラインの「FURTHER DEVELOPMENT 20.8：Constraints on the Formation of Blood Vessels」参照）

脈管形成が起こる場所 羊膜類における初期の血管網の形成は，2つの異なる領域で独立

---

[6] ヘモグロビンのように，ヘモ（hem-）やヘマト（hemato-）で始まる単語は，血液を指す。アンジオ（angio-）は血管を指す。後ろにブラスト（-blast）がつく単語は，急速に分裂する細胞，通常は幹細胞を示す。ポイエシス（-poiesis）およびポエティック（-poietic）は，発生または形成を意味する。つまりhematopoietic stem cell（造血幹細胞）は，さまざまな種類の血液細胞を発生させる細胞という意味である。また，angiogenesis（血管新生）に使われているラテン語のジェネシス（-genesis）は，ギリシャ語のポイエシス（-poiesis）と同じ意味である。

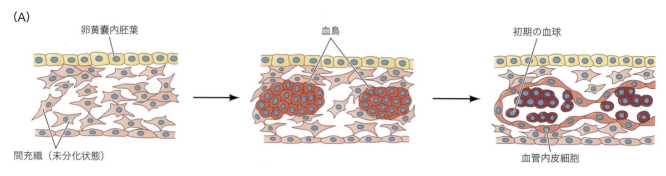

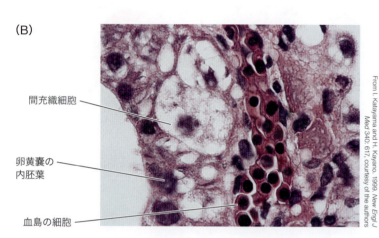

図20.20 脈管形成。(A)最初の血管形成は卵黄嚢で起こる。ここでは未分化の間充織細胞群が凝集して血島を形成する。凝集している細胞群の中心部は血球細胞、外側部分は血管内皮細胞に分化する。(B)ヒトの卵黄嚢中胚葉に形成される血島（卵管妊娠胚の顕微鏡写真。子宮ではなく卵管に着床したため、摘出したもの）。(AはJ. Langman, 1981. *Medical Embryology*, 4th Ed. Williams & Wilkins：Baltimoreより)

して起こる。ひとつは**胚体外領域でみられる脈管形成**である。卵黄嚢の**血島**(blood island)は、血球血管芽細胞によって構成されており、胚に栄養を供給する初期の血管網と、初期胚において機能を果たす赤血球の両方を生み出す（**図20.20A**）。マウス胚を用いた研究から(Frame et al. 2016)、卵黄嚢の血島が最終型（成体型）の造血幹細胞を産生する可能性が示唆されている。もうひとつは、**胚体内でみられる脈管形成**である。これによって背側大動脈が形成され、さらに各器官内の中胚葉細胞群から生み出される毛細血管網と接続する。体節細胞が腹側に向かって移動し、初期の背側大動脈形成の際に足場となる。（オンラインの「FURTHER DEVELOPMENT 19.2：Formation of the Dorsal Aorta」参照）

さらなる発展

血島 血島からは胚に栄養を運び、呼吸器官との間で気体を輸送する静脈がつくり出される（**図20.20B**）。このため、卵黄嚢においてみられる内皮前駆細胞群の凝集（血島の形成）は、羊膜類の胚発生において欠くことのできないステップである。鳥類では、これらの血管は**卵黄静脈**(vitelline vein)と呼ばれ、哺乳類では通常、**臍帯静脈**(umbilical vein)と呼ばれる〔**臍腸管静脈**(omphalomesenteric vein)とも呼ばれる〕。

ニワトリの場合、原条が最大に伸長した時期に胚の暗帯領域に最初の血島が現れる(Pardanaud et al. 1987)。血球血管芽細胞からなる索状組織の内側が空洞化し、血管の内側を構成する扁平な内皮細胞を形成する（中心部分からは血球細胞群が生じる）。血島は拡大し、最終的に融合して毛細血管網を形成する。これらの毛細血管は2本の卵黄静脈と接続し、心臓まで栄養分や血球細胞群が運搬されるようになる。

図20.21 マウス胚におけるVEGFとその受容体。(A)野生型とVEGF-Aの機能欠失ヘテロ変異体の同腹子の卵黄嚢。VEGF変異体胚には卵黄嚢に血管がなく、死亡する。(B) 9.5日目のマウス胚。毛細血管(緑色)の血管新生領域において、先端細胞で発現するVEGF受容体VEGFR-3(赤色)を見てとれる。

増殖因子群と脈管形成 脈管形成の開始には3つの増殖因子が重要である(図20.19参照)。**塩基性線維芽細胞増殖因子**(basic fibroblast growth factor:Fgf2)は、臓側中胚葉から血球血管芽細胞群をつくり出す際に必要である。ウズラの胚盤の細胞をバラバラに解離して培養すると、血島や内皮細胞は形成されない。しかし、これらの細胞をFgf2とともに培養すると、血島が出現し、内皮細胞が形成される(Flamme and Risau 1992)。Fgf2タンパク質はニワトリ胚の漿尿膜で生成され、漿尿膜内の脈管形成に関与している(Ribatti et al. 1995)。

脈管形成に関与する2番目のタンパク質は、**血管内皮増殖因子**(vascular endothelial growth factor:VEGF)である。VEGFファミリーには複数のVEGFと胎盤増殖因子(placental growth factor:PlGF)が含まれ、これらが胎盤の血管の成長拡大を促進する。それぞれのVEGFは、血管芽細胞(血管前駆細胞)の分化と、血管構造を形成するための増殖を可能にする。正常発生において最も重要なVEGFであるVEGF-Aは、血島付近の間充織細胞群から分泌される。血球血管芽細胞と血管芽細胞は、このVEGFに対する受容体をもっている(Millauer et al. 1993)。マウス胚がVEGF-Aもしくはその主要な受容体であるFlk1受容体チロシンキナーゼの遺伝子を欠失すると、卵黄嚢に血島が現れず、脈管形成も起こらない(図20.21A;Ferrara et al. 1996;Shalaby et al. 1995)。また、Flk1受容体の遺伝子欠損マウスは、血島と分化した内皮細胞をもつが、血管への組織化が起こらない(Fong et al. 1995)。なお、発生中の骨や腎臓における血管形成にもVEGF-Aは重要である。(オンラインの「FURTHER DEVELOPMENT 20.9:VEGF and Your Green Tea Diet」参照)

3つ目のタンパク質**アンジオポエチン**(angiopoietin)は、血管の外側を覆っている平滑筋様の細胞——**周皮細胞**(pericyte)——と内皮細胞との相互作用を仲介する。アンジオポエチンまたはその受容体Tie2のいずれかに変異があると、血管周囲の平滑筋を欠損する奇形血管となる(Davis et al. 1996;Suri et al. 1996;Vikkula et al. 1996;Moyon et al. 2001)。(オンラインの「FURTHER DEVELOPMENT 20.10:Arterial, Venous, and Lymphatic Vessels」参照)

血管新生:血管の出芽と血管床の再構成

脈管形成に続いて起こる**血管新生**(angiogenesis)では、初期の毛細血管網から静脈や動脈が再構成される(図20.19参照)。血管新生でもVEGF-Aが重要な役割を果たしている(Adams and Alitalo 2007)。多くの場合、VEGF-Aは、血管からVEGF-A分泌器官への内皮細胞の移動を誘導し、新たな毛細血管網を形成する。この他、酸素レベルの低下に応答する低酸素因子群もVEGF-Aの分泌誘導を介して血管形成を促進する。

血管新生の際、すでに形成された血管の一部の内皮細胞群がVEGFシグナルに応答し、新たな血管の"出芽"が開始される。出芽中の細胞は**先端細胞**(tip cell)と呼ばれ、他の血管細胞とは異なる性質をもつ(もし、すべての内皮細胞がVEGFシグナルに対していっせいに反応することになれば、血管は破綻してしまう)。先端細胞は、細胞表面にNotchリガンドのDelta-like-4(Dll4)を発現している。Dll4は隣接する細胞のNotchシグナル伝達

を活性化し，VEGF-Aへの応答を抑制する（Noguera-Troise et al. 2006；Ridgway et al. 2006；Hellström et al. 2007）。したがってDll4の発現量を実験的に減少させると，VEGF-Aに反応した血管から過剰な先端細胞群が形成されるようになる。

　先端細胞は，細胞表面にVEGFR-2（VEGF受容体2）が密集した糸状仮足を形成する。もう1つのVEGF受容体VEGFR-3も先端細胞に発現しており，このVEGFR-3の働きを阻害すると出芽が大幅に抑制される（図20.21B；Tammela et al. 2008）。これらの受容体群の働きにより，先端細胞はVEGFの供給源に向かって伸長する。また，VEGFの濃度勾配に沿って細胞分裂を起こす。実際に先端細胞の糸状仮足は，神経堤細胞やニューロンの成長円錐がもつ糸状仮足と同じように機能し，同じ分子群による信号に応答する（Carmeliet and Tessier-Lavigne 2005；Eichmann et al. 2005）。セマフォリン，ネトリン，ニューロピリンおよびSplitタンパク質は，出芽中の先端細胞をVEGFの供給源に誘引する役割をもつ。

さらなる発展

正常発生および発生異常時の血管新生阻止　胚発生プロセスと同様，血管新生も厳密な制御を受ける必要がある。血管形成の停止を指示するシグナルが存在し，組織によっては実際に血管形成の進行を阻止しなければならない。例えば，ほとんどの哺乳類の角膜は血管をもたず，そのおかげで角膜の透明性と視力が確保される[7]。角膜は2つの方法を用いて血管の侵入を阻んでいるようである。第一のメカニズムは，細胞外基質に貯蔵されているVEGFの放出抑制である（Seo et al. 2012）。これに加えて，角膜が分泌型VEGF受容体を放出することでVEGFを"捕捉"し，血管新生を防ぐことがAmbati（アンバティ）ら（2006年）により示されている。

　分泌型VEGF受容体は，妊娠中の子宮内における過剰な血管形成を調節する正常メカニズムの1つとして働く。ただし分泌型VEGF受容体を産生しすぎると，正常な血管新生を急激に抑制する可能性があり，その場合，胎児を栄養するらせん動脈が形成されず，腎臓の毛細血管床の減少を招く。これは，母体の高血圧と腎濾過不良（どちらも腎臓機能の問題）を特徴とする妊娠中の**子癇前症**（preeclampsia）の主要因であると考えられており，結果として胎児にも苦痛を与えることになる。子癇前症は早産の主な原因であるとともに，母体および胎児の死亡の主な原因でもある（Levine et al. 2006；Mutter and Karumanchi 2008）。

　成人においても過剰量のVEGFは危険な存在である。固形腫瘍や糖尿病患者の網膜では異常な血管形成が起こる。この血管形成は，それぞれ腫瘍細胞の増殖と拡大，失明につながる。VEGF受容体とその制御にかかわるNotch経路を標的にすることで血管新生を阻害し，癌細胞や網膜の血管新生を抑制する方法が研究者らによって模索されている（Miller et al. 2013；Wilson et al, 2013）。

---

[7]　水棲のマナティーは，血管のある角膜をもつ唯一の哺乳類として知られている。マナティーの角膜は例外的に分泌型VEGF受容体を発現していない。一方，マナティーの近縁種（水棲のジュゴンと陸棲のゾウ）は分泌型VEGF受容体を発現しており，これらの角膜には血管がない（Ambati et al. 2006）。このような近縁種間の形態的な違いからも，角膜の血管形成を抑制する分泌型VEGF受容体の重要性が証明されている。

20.5　造血：幹細胞と長寿命の前駆細胞

　我々の体内では毎日約3,000億個もの血液細胞が失われ，新しいものと入れ替わっている。血液細胞群が脾臓で破壊される間にも，それらに変わる細胞群が幹細胞の集団から供給されるのである。第5章で説明したように，幹細胞は大規模増殖が可能であり，より多くの幹細胞（自己複製）と分化した子孫細胞群を生み出す（図5.1参照）。血液細胞群を産生する**造血**（hematopoiesis）では，幹細胞は分裂し，周囲の環境に応答して多くの幹細胞と約12種類の成熟した血球細胞に分化する前駆細胞群をつくり出す（Notta et al. 2016）。造血において重要な幹細胞は，**多能性造血幹細胞**（pluripotent hematopoietic stem cell）である。単純に**造血幹細胞**（hematopoietic stem cell：HSC）とも呼ばれるこれらの細胞群は，体内のすべての血液細胞とリンパ球を産生することができる（図5.3参照）。造血幹細胞は，特定の細胞系譜ごとに中間前駆細胞群を生み出すことでこのような離れ技を成し遂げている。

造血の場

　1900年代初頭，マングース，コウモリ，ヒトを含む多くの脊椎動物種を調べた多くの研究者らが，大動脈の腹側に位置する内皮から血液細胞が生み出される様子を観察している（Adamo and Garcia-Cardeña 2012）。しかし，1960年代に行われたマウスを使った実験からは，すべての造血幹細胞は，卵黄嚢を取り囲むようにして存在する胚体外の血島に起源をもつと結論づけられた。このため，大動脈での造血は，幹細胞が脾臓や骨髄（マウスにおける成体型造血部位）に到達するまでの中継地点であると考えられた。

　1975年，Françoise Dieterlen-Lièvre（フランソワーズ・ジタリナ＝リエーヴァ）は，ニワトリ胚から初期の卵黄嚢を取り出し，血流循環開始前（2日目）のウズラ胚に移植した。ニワトリとウズラの血球は顕微鏡で容易に見分けることができ，これら2つの異なる種からなるキメラ胚は生き延びることができる（図1.14参照）。Dieterlen-Lièvreの解析から，発生後期の全血球群は，移植したニワトリの卵黄嚢**ではなく**，ウズラ宿主胚に由来することが示された。さらに，キメラ胚内の造血活性は，大動脈の腹側領域に限定されていた（Dieterlen-Lièvre and Martin 1981）。**大動脈-生殖腺-中腎**（aorta-gonad-mesonephros：AGM）領域の臓側中胚葉を遺伝的に区別したマウス胚から取り出し，別のマウスに移植する実験から，AGMに由来する細胞が最終型（成体型）の造血細胞群であることが哺乳類においても確認された（Godin et al. 1993；Medvinsky et al. 1993）。さらにその後，10.5日目のマウス胚において，大動脈の腹側領域に出現する細胞集団が造血幹細胞群であると同定されている（Cumano et al. 1996；Medvinsky and Dziermak 1996）。

　卵黄嚢に由来する造血幹細胞が成体マウスにおいても存在することを示す証拠はある（Samokhvalov et al. 2007；Frame et al. 2016）。ただし，一般に哺乳類の卵黄嚢に由来する造血幹細胞は，初期胚に酸素を運ぶための赤血球を産生し，成体でみられる造血幹細胞のほぼすべてがAGM領域から骨髄へ移動した細胞群に由来すると考えられている（Jaffredo et al. 2010）。

　2009年，複数の研究室から新たな血球生産メカニズムが提唱された。この仮説は，AGM領域における新しいタイプの細胞——**造血性内皮細胞**（hemogenic endothelial cell）——の発見に基づく[8]。硬節から生まれた血球血管芽細胞は大動脈へ移動し，初期に

8　単一細胞のトランスクリプトーム解析から，原腸形成中に生じる内皮細胞と血液細胞の共通前駆細胞が造血前駆細胞であることがわかっている。VEGF受容体のFlkを発現する造血前駆細胞は，血管平滑筋にも分化する（Zhao and Choi 2019）。

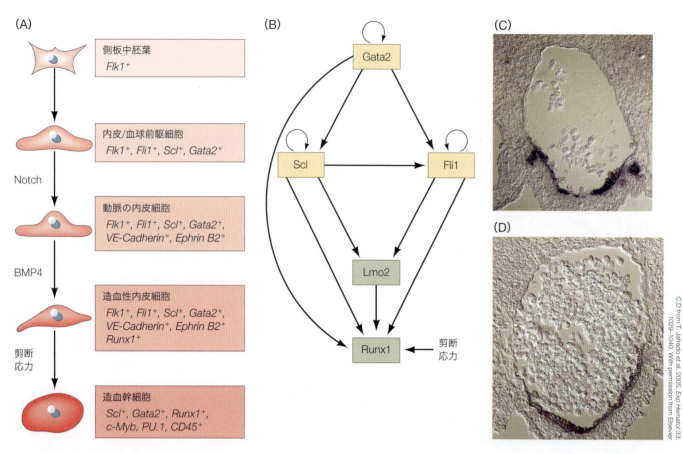

図20.22 造血幹細胞の発生経路。(A)マウス胚において，造血幹細胞は大動脈の造血性内皮から生じる。この内皮細胞から造血幹細胞への転換にはRunx1が重要である。側板中胚葉から造血性内皮細胞への分化過程にかかわる接触分泌因子と傍分泌因子を示す。また，各段階に関連する転写因子群を右に示す。(B)マウス胚において造血幹細胞の確立にかかわるRunx1活性化因子群の制御ネットワーク。Gata2, Fli1, Sclは，Runx1転写開始部位から23塩基対下流に位置する1つのエンハンサー上に隣接して結合する。Sclは血球および血管細胞が心筋になるのを防ぐのに重要である。Runx1の活性化にかかわる剪断応力の伝達機構はわかっていない。(C)ステージ19のニワトリ胚におけるRunx1の発現(紫色)。Runx1発現細胞は大動脈の腹側にみられる。(D)ステージ21のニワトリ胚におけるRunx1発現細胞。造血細胞の集団が見える。(AはG. M. Swiers et al., 2010. *Int J Dev Biol* 54：1151-1163より；BはJ. E. Pimanda and B. Göttgens., 2010. *Int J Dev Biol* 54：1201-1211より)

大動脈を構成していた細胞群の大部分と入れ替わる(オンラインの「FURTHER DEVELOPMENT 19.2: Formation of the Dorsal Aorta」参照)。この入れ替わりの前に，大動脈の腹側領域に位置する側板由来の内皮細胞群から造血幹細胞が生み出される。このようにして血管から生み出される造血幹細胞は，成体における造血幹細胞の重要な供給源となる(5.6節参照)。血管内皮に由来する細胞群の分析をもとに，造血性内皮細胞群を単離できるようになり，これらが肝臓や骨髄へと移動する造血幹細胞になることが示されている(Eilken et al. 2009；Lancrin et al. 2009)。内皮細胞から造血幹細胞への転換は，転写因子Runx1の活性化により促進される(図20.22)。*Runx1*遺伝子を欠損したマウスでは，卵黄囊，臍帯動脈，背側大動脈，胎盤において造血幹細胞が形成されない(Chen et al. 2009；Tober et al. 2016)。

*Runx1*遺伝子は，複雑かつダイナミックな制御システムをもつ。Runx1タンパク質は心臓が拍動を開始したのちに発現を開始する。心臓の変異により大動脈内の血流が妨げられると，Runx1は発現できない。大動脈の腹側領域の内皮細胞において*Runx1*遺伝子を活性化するには，血流による剪断応力(摩擦)が必要である(Adamo et al. 2009；North et al. 2009)[9・次頁]。剪断応力は，内皮における一酸化窒素(NO)レベルを上昇させるようである。NOは，(おそらくcGMPを介して)*Runx1*や血球形成に重要な他の遺伝子群の発現を活性化する。造血性内皮細胞から造血幹細胞への転換は，非対称分裂によって起こる

わけではない。むしろ硬節や皮筋節においてみられる上皮−間充織転換に似た，細胞骨格やタイトジャンクションの再構成が起こっている（Yue et al. 2012）。

非羊膜類における造血幹細胞の供給源は，臓側中胚葉である。臓側中胚葉で発現するBMPは，すべての脊椎動物において血球のもととなる細胞群を誘導するのに重要とされる。ツメガエルでは，胚の腹側領域の中胚葉から，最初の造血場である大きな血島が形成される。ツメガエル胚において異所的にBMP2とBMP4を作用させると，血球と血管の形成を誘導することができ，逆にBMPシグナル伝達を阻害した場合には，血液の産生が阻害される（Maéno et al. 1994；Hemmati-Brivanlou and Thomsen 1995）。ゼブラフィッシュ胚では，卵黄嚢と大動脈の両方において造血が起こる。このうち造血の第二波にあたるのが哺乳類胚と同様，大動脈からの造血である。造血幹細胞は大動脈の腹側領域の内皮から発生し（Bertrand et al. 2010；Kissa and Herbomel 2010），Runx1の発現につながる共通した遺伝学的経路（BMPシグナルを含む）がこの造血第二波（成体型造血）を制御している（Mullins et al. 1996；Paik and Zon 2010）。

骨髄の造血ニッチ

大動脈から生み出された造血幹細胞（HSC）は，肝臓を経て骨髄に定着する（Coskun and Hirschi 2010）。骨髄の造血幹細胞は，赤血球，白血球（顆粒球，好中球，血小板），単球（マクロファージ，破骨細胞），リンパ球の共通の前駆体であるという点で，非常に重要である（図5.19参照）。HSCは，放射線照射を受けた近交系マウス（自身の幹細胞群が放射線照射により除去されており，ドナーと遺伝的に同一なマウス）に移植されると，宿主マウスにおいてすべての血液細胞群およびリンパ球を再生産することができる。なお，多分化能を有するHSCは血液細胞10,000個中に1個程度と推定されている（Berardi et al. 1995）。ヒトで行われる骨髄移植は，疾患や薬物，放射線障害によりリンパ球，赤血球，白血球が壊滅的に減少した患者に対して，健康な造血幹細胞を移植するものである。近年，このような医療移植は年間50,000件以上行われている（Gratwohl et al. 2010）。

HSCは，幹細胞ニッチに依存して維持されている。特に，傍分泌シグナルとして働く**幹細胞因子**（stem cell factor：SCF）に対する応答能がHSCの維持にかかわる。SCFはKit受容体に結合する（ちなみにこの結合は造血幹細胞だけでなく，精子幹細胞や色素幹細胞にとっても重要である）。幹細胞ニッチのどの細胞がSCFを供給しているのかを明らかにするため，Ding（ディン）らは2012年，特定の細胞群においてSCF遺伝子が緑色蛍光タンパク質（GFP）遺伝子に置き換わる遺伝子組み換えマウスを作成した。ニッチすべての細胞にSCFの代わりにGFPを発現させた場合，HSCは死滅した。血液細胞，骨細胞，骨髄間充織細胞群においてSCF遺伝子をGFP遺伝子に置き換えた場合には，HSCが維持される。一方，内皮細胞や内皮細胞を取り囲む血管周囲細胞からSCFの発現を消失させると，生き残るHSCの数が少なくなった。さらにこれら両方の細胞群からSCFの発現を欠失させると（ただし他の細胞群はSCFを発現している），すべてのHSCが死滅した。このことから，HSCの生存に必要なSCFは主に血管周囲細胞から分泌されており，内皮細胞からも若干の寄与があると考えられる（図20.23）。

SCFはHSCにとって唯一の傍分泌因子ではない。その他多くの因子群が，細胞分化を

9　血流から受ける剪断応力などの生物物理学的な機械刺激は，心血管系の発生に重要な役割を担っている（Linask and Watanabe 2015）。正常な心臓発生（Mironov et al. 2005）や，血管の正確なパターン形成（Lucitti et al. 2007；Yashiro et al. 2007）にも必要とされる。また，血小板前駆細胞である巨核球が断片化して血小板を形成する際にも，機械刺激が必要である。骨髄中の巨核球は，幹細胞ニッチを取り囲む血管内へ細かい突起を挿入し，そこでの剪断応力によって突起が断片化され，血小板になる（Junt et al. 2007）。

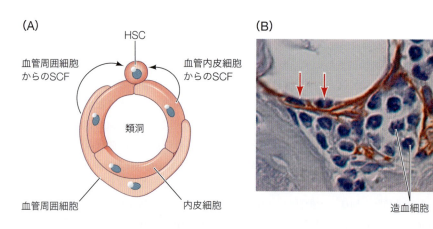

図20.23 HSCは，幹細胞因子(SCF)を産生するニッチ(骨髄類洞の内皮細胞と血管周囲細胞の近傍)を住処にしている。(A)内皮細胞とそれを取り囲む細胞からなる類洞の模式図。(B)ヒトの血管周囲細胞(周皮細胞マーカーCD146抗体を用いて茶色に染色)をマウスに移植した場合の幹細胞ニッチ形成。ヒトの骨髄と同様に，生後8週目には，血管周囲細胞が伸ばす突起がHSCと接触する。赤矢印は内皮細胞と血管周囲細胞の間にある造血細胞を示す。(AはI. A. Shestopalov and L. I. Zon, 2012. *Nature* 481：453-455. © Nature Publishing Groupより)

方向付ける傍分泌因子や接触分泌因子への応答能を高めているのだろう(Morrison and Scadden 2014)。幹細胞ニッチには多くの場合，前駆細胞を継続的に産生する長期的な静止状態のHSCと，緊急時の生理的ニーズに対応できる短時間作用型のHSCが存在する(図20.24参照)。非標準的Wnt経路活性化型のWntタンパク質群はニッチの骨芽細胞から分泌され，HSCの静止状態を維持する。一方，標準的Wnt経路は，急速に増殖するHSCの誘導に重要であると考えられている(Reya et al. 2003；Sugimura et al. 2012)。哺乳類の成体内での数十億個もの血液細胞の維持は，少数のHSCへの依存ではなく，単一または複数系譜のいずれにも分化しうる多数の長寿命前駆細胞の恒常的な産生により賄われている可能性がある(Sun et al. 2014)。

> ### さらなる発展
>
> **造血を誘導する微小環境** 主流となっている血球分化モデルでは，多分化能の低い前駆細胞へと順に血球細胞群の分化が進行すると想定されている。最上位に多分化能を有する造血幹細胞(HSC)があり，これらから骨髄系共通前駆細胞(common myeloid progenitor cell：CMP)などの分化方向に制約がある幹細胞を生じ，最終的に分化運命が決定されている前駆細胞に至る。内分泌因子，傍分泌因子，および接触分泌因子が，血球分化の方向性を決めていると考えられている(図20.24)。
>
> 　主要な内分泌因子の1つ**エリスロポエチン**(erythropoietin)は，CMPを刺激して巨核球/赤血球前駆細胞(megakaryocyte/erythroid progenitor cell：MEP)へ分化させ，さらにMEPから赤血球への移行を促進する(Lu et al. 2008；Klimchenko et al. 2009)(赤血球を増やすことで酸素運搬量を向上させるためにエリスロポエチンを違法に使用するアスリートもいる)。血球やリンパ球の形成に関与する傍分泌因子は**サイトカイン**(cytokine)である。サイトカインは，造血部位の間質(間充織)細胞の細胞外基質に集積，濃縮される(Hunt et al. 1987；Whitlock et al. 1987)。例えば，顆粒球マクロファージコロニー刺激因子(granulocyte-macrophage colony-stimulating factor：GM-CSF)と多系統増殖因子インターロイキン3 (IL3)は，骨髄間質のヘパラン硫酸グリコサミノグリカンに結合する(Gordon et al. 1987；Roberts et al. 1998)。このような細胞外基質での濃縮により，それぞれの受容体との結合に十分な濃度の傍分泌因子群が幹細胞に提示される。また幹細胞群は，成熟段階ごとに異なるさまざまな因子群と反応できるようになる。
>
> 　多分化能を有するHSCから派生した細胞群がどのような発生経路をたどるのかは，どの増殖因子に出会うか，つまりどのような間質細胞と相互作用するかによって決まる。Wolf and Trentin (1968)は，間質細胞と幹細胞の間のごく短距離で起こる相互

第20章 中間中胚葉と側板中胚葉 | 719

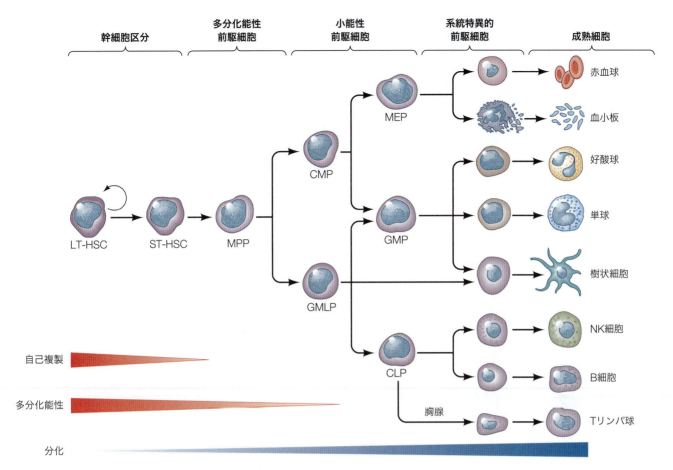

図20.24 階層的な造血細胞系譜。最上位に位置する長期造血幹細胞（long-term hematopoietic stem cell：LT-HSC）は，自己複製能が限定的な短期造血幹細胞（short-term hematopoietic stem cell：ST-HSC）を生み出す（5.6節参照）。急速に分裂する多分化能性前駆細胞（multipotent progenitor：MPP）は，骨髄系（赤血球系）とリンパ系（白血球系）への分化能をもっているが，いずれに進んでもその先の分化運命は限られたものになる。MPPの子孫は，骨髄系共通前駆細胞（common myeloid progenitor：CMP）と顆粒球-マクロファージ-リンパ球前駆細胞（granulocyte-macrophage-lymphocyte progenitor：GMLP）である。さらに分化が進行すると，リンパ系共通前駆細胞（common lymphoid progenitor：CLP），顆粒球-マクロファージ前駆細胞（granulocyte-macrophage progenitor：GMP），巨核球-赤血球前駆細胞（megakaryocyte-erythrocyte progenitor：MEP）が産生される。これらの前駆細胞群は，赤血球や白血球などのさまざまな細胞群へとさらに分化する。(S. M. Cullen et al., 2014. *Curr Top Dev Biol* 107：39-75. © Elsevier より)

作用が，幹細胞の子孫細胞たちの発生運命を決定することを示した。彼らは，脾臓内に骨髄でできた栓をし，そこに幹細胞を移植した。脾臓内に留まったCMPは主に赤血球系のコロニーを形成し，骨髄内に留まったCMPは主に顆粒球系のコロニーを形成した。2つの組織型の境界をまたぐコロニーは，脾臓側では主に赤血球系，骨髄側では主に顆粒球系であった。このような分化運命決定領域は，**造血微小環境**（hematopoietic inductive microenvironment：HIM）と呼ばれる。HIMはこれらの細胞群において異なる転写因子群の発現を誘導し，特定の細胞運命を特定化する（Kluger et al. 2004）。

　HIMで発現している転写因子群は，均衡的な幹細胞の転写ネットワークを特定の方向に導いている可能性がある（Krumsiek et al. 2011；Wontakal et al. 2012）。転写因子間の相互作用を負のフィードバックループとフィードフォワードループ（活性化と抑制の両方）に分解すると，このネットワークが取り得る安定構造はたった4つになる。このような安定構造のことをシステム理論では"アトラクター状態"と呼び，4つの細胞タイプと対応関係がある。何らかの変異が起こると，特定のアトラクター状態

が無効化される。これはつまり、特定細胞への分化を阻害するような変異ということになる。

多分化能を段階的に低下させていく血液細胞の分化スキームが、すべてのライフステージで同じように機能するわけではない。Notta（ノッタ）らは2016年、単一細胞のトランスクリプトームを用いて、ヒト発生の後期にはCMPのような中間的に働く幹細胞が存在しないことを示している。このことから、人生の後半期には、血球がHSCから直接産生される可能性もあり得る。

■ おわりに ■

我々は循環器系に多くの役割を求めている。弁を通過する秒単位の血流量の適正化や、脳、心臓、骨髄、ホルモン間の協調、生理的要請に応じた心筋収縮、さらには血球産生（前駆細胞は胚内でつくられ、腫瘍や貧血を回避するために精緻な制御が求められる）などを常に必要としているのである。心疾患は、先天性疾患のなかで最も多くみられるものの1つである。また、心血管系疾患は先進国で最も多い死因である。このような背景から、血球分化、心臓発生、腎臓発生、血管形成が医学の最重要分野の1つであることはとくに驚くべきことではない。Aristotle（アリストテレス）やHarveyを夢中にさせた心臓形成、腎臓形成、血管形成、造血にまつわる謎は、現在においても主要な研究テーマであり続けている。

研究の次のステップ

タンパク質をコードしているのはゲノムのわずか2％だが、ヒトゲノムの75％以上は転写されている。このタンパク質をコードしていない"非コードRNA（ncRNA）"の多くは遺伝子制御に関与しており、ncRNAが器官形成にかかわる分子ネットワークにどのように組み込まれているかを明らかにする研究が進められている。例えば、長鎖ncRNAの*Braveheart*は、心血管系の形成に働くタンパク質Mesp1の発現に必要である（Klattenhoff et al. 2013）。*miR-1*や*miR-133*などのマイクロRNAは、心筋細胞の分裂の微調整に必須である（Philippen et al. 2015）。同様に、マイクロRNAは腎臓と毛細血管の発生に重要であることがわかっている（Ho and Kriedberg 2013；Yin et al. 2014）。これらのncRNAは器官発生制御においてきわめて重要であると考えられ、機能破壊や欠失実験を通していくつかの先天異常や成人疾患の発生機序を説明できる可能性がある。さまざまな腎疾患や心疾患の治療を目指して、これらのマイクロRNAを活性化または不活性化する試験が行われている（Fayez et al. 2022；Mahtal et al. 2022；Tan et al. 2022）。

章冒頭の写真を振り返る

From T. Tammela et al. 2008. *Nature* 454: 656–660, courtesy of the authors.

血管は、動脈から毛細血管、静脈を介して心臓と全身の組織をつないでいる。この画像は9.5日目のマウス胚における、VEGFR-3（赤色）とVE-カドヘリン（緑色）で識別される内皮細胞を示している。しかし、血管パターンはみな同じなのだろうか？　血管新生の主要な調節因子VEGFシグナルの働きによって、脊椎動物の循環器系は互いに似ていると同時にユニークさも兼ね備えている。20.3節で述べたように、ゲノムはこのような血管網の複雑なつながりをすべて暗号化できないため、個々の循環器系がもつ微細解剖学的な構造には偶然性が大きな役割を果たしている。一方、全体的な循環器系の発生には、それぞれの種に特有の生理的、物理的、進化的な制約がある。このため、同種のなかでは循環器系は個体間で非常によく似ている。これは、一卵性双生児間であろうと個体ごとにわずかに異なる眼の血管系を検出する網膜スキャン技術の基礎となっている（Tower 1955；Bouthiller et al. 2020）。

20 中間中胚葉と側板中胚葉：心臓，血球，腎臓

1. 中間中胚葉は，腎臓，副腎，生殖腺を形成する。中間中胚葉は，沿軸中胚葉との相互作用により特定化される。また特定化にはPax2，Pax8，Lim1が必要である。

2. 哺乳類の後腎は，後腎間充織と尿管芽と呼ばれる腎管分岐部との相互作用によって形成される。尿管芽と後腎間充織は，これらの前駆細胞がWntとFGFシグナルにさらされる時間の長さに依存して特定化される。

3. 後腎間充織はGDNFを分泌し，尿管芽の形成を誘導する。

4. 尿管芽はFgf2，Fgf9，BMP7を分泌し，それにより後腎間充織のアポトーシスが抑制される。これらの因子群がないと，腎臓形成にかかわる間充織細胞群は死んでしまう。

5. 尿管芽はWnt9bとWnt6を分泌し，後腎間充織に上皮管の形成を誘導する。

6. 側板中胚葉は2層に分かれる。背側の層は壁側（体腔）中胚葉で，外胚葉の下に体壁葉を形成する。腹側の層は臓側（内臓）中胚葉で，内胚葉の上に内臓葉を形成する。

7. 側板中胚葉の2層に挟まれた空間は体腔になる。

8. 脊椎動物の心臓は，体の両側にある臓側中胚葉から発生する。この領域は予定心臓領域または造心中胚葉と呼ばれる。造心中胚葉は，Wntシグナル非存在下でBMPにより特定化される。

9. 転写因子Nkx2-5，Mesp1，およびGataは，造心中胚葉が心臓の細胞へと分化するのに重要である。これらの心臓前駆細胞は，胚の側方から頸部の正中線へと移動する。

10. からだの両側には2つの大きな予定心臓領域がある。それぞれの領域は2つの区分があり，一次心臓領域は心筒の足場を形成し，左心室になる。心臓の残りの大部分は二次心臓領域からつくられる。

11. 心臓前駆細胞は，心臓を構成する主な細胞系譜群へと分化する。造心中胚葉は，血管内皮と連続する心内膜および心筋（心臓の筋要素）を形成する。

12. 心筒は別々に形成され，その後融合する。心筒がルーピングすることで，もとの前後極性が左右極性へと変化する。

13. レチノイン酸は心臓と腎臓の前後極性の決定に重要である。

14. 転写因子Tbxは，心臓の隔室を特定化する際に重要である。

15. 血管は脈管形成と血管新生の2つの過程を経て構築される。脈管形成では，臓側中胚葉細胞群が凝縮して血島を形成する。血島の外側部分を構成する細胞が血管内皮細胞に分化する。血管新生では，これらの初期血管が静脈や動脈，毛細血管床に再構成される。

16. 血管形成には多くの傍分泌因子が不可欠である。Fgf2は血球血管芽細胞の分化に，VEGF-Aは血管芽細胞の分化に必須である。また，アンジオポエチンのおかげで平滑筋細胞（と平滑筋様の周皮細胞）は血管を覆うことができる。

17. 多分化能を有する造血幹細胞（HSC）は，他の多能性幹細胞や系統特異的幹細胞群を生み出す。これらの細胞群は血液細胞とリンパ球の両方を産生する。

18. 脊椎動物では，HSCは血島，大動脈，胎盤血管において特徴的にみられる造血性内皮細胞に由来すると考えられている。このうち，多分化能性HSC（成体型HSC）は，大動脈の腹側領域から生まれる。

19. 骨髄系共通前駆細胞（CMP）は血球幹細胞であり，異なる血球細胞系譜への分化が運命付けられた細胞をつくり出すことができる。造血微小環境（HIM）は血液細胞群の分化を決定する。

20. HSCは幹細胞因子（SCF）に依存しており，SCFは主に幹細胞ニッチに含まれる類洞の血管周囲細胞から供給される。

● オンラインのコンテンツは **https://www.medsi.co.jp** よりアクセスしてください。

21 | 四肢動物の肢の発生

本章で伝えたいこと

- 四肢動物の肢には骨の間に関節があり，その先端に指があることで，陸上での移動が可能になる。
- 肢の発生は，胚の側面の組織の"芽"に発生期の筋節と側板中胚葉が移動し，将来肢になる領域内で増殖する（肢間充織）ことで始まる。この増殖中の"進行帯"は外胚葉で覆われ，その外胚葉の先端には肥厚した外胚葉性頂堤（AER）と呼ばれる構造がある。Hox遺伝子群は，基部-先端軸と前後軸に沿って，肢の骨格要素の特徴に応じた形づくりを制御する（21.1節，21.2節）。
- 外胚葉性頂堤由来のFgf8シグナルは，胴体由来のレチノイン酸を阻害するとともに，間充織由来のFgf10とWntとの間に正のフィードバックループをつくることで，肢芽の伸長を促進する。Fgf8は後方の間充織を特定化し，Shhを分泌する"極性化活性帯"を形成させることで，肢の前後（親指-小指）軸をつくる。Wntシグナルは，背腹（手の甲-手のひら）軸をつくる（21.3節，21.4節）。
- 骨格形成は，モルフォゲンシグナルの相互作用を介した"チューリング型"の自己組織化メカニズムによって制御される（21.5節）。
- 肢のシグナル相互作用が各軸に沿ったHox遺伝子群の差次的な遺伝子発現に影響を与え，Hox遺伝子発現の改変はヒレから指への進化の一因となった（21.6節，21.7節）。
- 特定の動物では，胚発生初期にある指の間の組織が水かきとして残る。その他の動物では，BMPを介したアポトーシス細胞死が起こる（21.8節）。
- 肢の複雑なシグナルシステムの変化が，脊椎動物の肢の多様な形態の進化を引き起こした（21.9節）。

From L. S. Honig and D. Summerbell. 1985. *J Embryol Exp Morphol* 87 : 163-174

何本の指を立てているのか？

あなたの手足を考えてみよう。まずは極性について考えよう。一端には手指，足趾があり，もう一端には上腕骨や大腿骨がある。腕の途中から指が生えているようなことはない。次に，手と足の微妙ながら明らかな違いについて考えよう。もしあなたの手の指が足の趾にすげ替えられたら，かならず違いに気づくはずだ。今度は逆に，足の骨がどれだけ手の骨に似ているかを考えてみてほしい。手と足の骨は共通のパターンをもっていることがわかるはずだ。最後に，手足の長さや大きさについて考えてみよう。両手はほぼ完全に同じ大きさをしていて，両足もまた然りである。

724 | PART V 中胚葉と外胚葉の構築

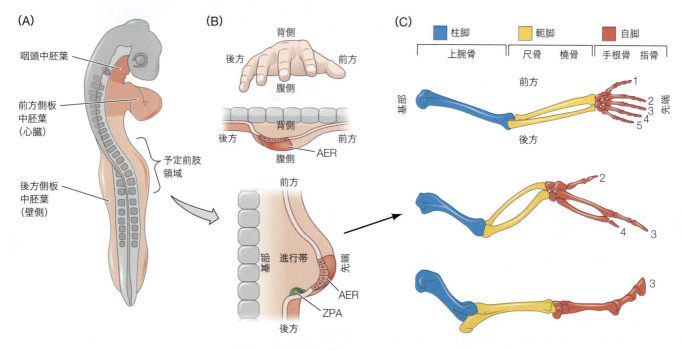

図21.1 肢の解剖学的構造。(A)肢が発生する直前のニワトリ胚。3種類の中胚葉系細胞種と，予定肢領域の出現を示す。(B)軸の方向性と肢芽の構造。AER：外胚葉性頂堤，ZPA：極性化活性帯。(C)ヒトの腕の骨格パターン(上)，ニワトリの翼(中)，ウマの前肢(下)。(伝統的に，鳥の指は第2，3，4指と書かれる。指をつくる軟骨凝集が，マウスやヒトの第2，3，4指のそれに似ているからである。しかし，近年の研究により，正しくは第1，2，3指であるとする証拠が見つかっている)。(A は M. Tanaka. 2013. *Dev Growth Differ* 55：149-163. John Wiley & Sons より；B は M. Logan. 2003. *Development* 130：6401-6410 より)

多くの人は気にもとめないだろうが，発生生物学者にとっては四肢の発生は多くの魅力的な疑問に溢れている現象なのだ。どうして脊椎動物の肢の数は4本であり，6本や8本でないのか。どうして手足の一端に小指ができて，もう一端には親指ができるのだろうか。どうして前肢は後肢とは伸び方が違うのか。どのようにして肢の成長は厳密に制御されているのだろうか。我々の手には5本，ニワトリの翼には3本，馬の蹄には1本の指ができる仕組みをすべて説明するような，保存された発生メカニズムはあるのだろうか。

その名が示すように，**四肢動物**(tetrapod)は4本の手足をもつ。四肢脊椎動物(両生類，爬虫類，鳥類，哺乳類)の肢の骨は，腕でも脚でも，翼でもヒレでも，以下の3つの部位から成る。体壁につながっている最も基部側の**柱脚**(stylopod；上腕骨/大腿骨)，中間の**軛脚**(zeugopod；尺骨と橈骨/脛骨と腓骨)，そして最も先端側の**自脚**(autopod；手根骨と指骨/足根骨と趾骨)[1]である(図21.1)。手指と趾は指骨，あるいはより一般に指と呼ぶ。

三次元的に機能する肢[2]をつくるためには，以下の3つの軸が協調した位置情報が必要である：

1. 1つ目の次元は**基部-先端軸**(proximal-distal axis)である(遠近軸ともいう。肩側-指側，腰側-趾側のこと；21.4節参照)。肢の骨は，軟骨内骨化によってできる。つまり，はじめは軟骨として形成され，大部分がやがて硬骨に置き換わるのである。そして肢

---

[1] ギリシャ語の由来を知ることで，用語の英語名が覚えやすくなるだろう。*stylo*=柱状のもの，*zeugo*=つなぐ[訳注：日本語での軛は，牛車や馬車で2頭以上の家畜の首を横につなぐ木を意味する]，*auto*=自己，*pod*=足。

[2] 実際には，時間を4つ目の軸とする四次元の系である。発生生物学者は自然を四次元的に見ることに慣れている。

の細胞には，発生の初期段階（柱脚をつくる段階）と後期段階（自脚をつくる段階）で，異なる形をつくる仕組みがある。

2. 2つ目の次元は**前後軸**（anterior-posterior axis）（親指側-小指側；21.6節参照）である。ヒトの場合，小指は後端部にあり，親指は前端部にあり，手足は鏡像対称にあることがよくわかる。例えば，両手の左側に親指が生えているような配置も想像することはできるが，実際にはそういう形はありえないのである。

3. 3つ目の次元は**背腹軸**（dorsal-ventral axis）である。手のひら（腹側）は，手の甲（背側）とは簡単に区別できる（21.7節参照）。

肩から指，腰から趾にかけて四肢ができる発生現象は，その前に肢芽ができることから始まる。

21.1　肢芽

四肢発生において最初に観察できる現象は，前肢と後肢ができる場所で**肢芽**（limb bud）と呼ばれる1対の隆起ができることである（**図21.2A**）。Ross Granville Harrison（ロス・グランヴィル・ハリソン）らのグループが先駆けとなって行った有尾両生類を用いた予定運命の研究（Harrison 1918, 1919参照）によって，通常の発生過程では，この肢原基の中心に位置する側板中胚葉の壁側に由来する細胞が肢そのものになることがわかっている。そしてその肢芽細胞に近接した細胞が，肢辺縁の側腹部の組織や肩帯をつくる。ところが，これらすべての細胞を胚から除去したとしても，通常では肢をつくることはない肢原基領域の周りのリング状の領域の細胞から肢ができる（ただし，肢ができる時期は少し遅れる）。もし，この周辺領域も含めて組織を除去すると，肢の形成は起こらない。このリング状の領域も含めた，自律的に肢をつくりうる細胞がある大きな領域を，**予定肢領域**（limb field）と呼ぶ。

肢芽を構成する細胞は，後方側板中胚葉，隣接する体節，そして肢芽を包む外胚葉からなる。予定肢領域内部に移動した側板中胚葉由来の間充織は，肢の**骨格**をつくる前駆細胞になる。一方，予定肢領域に隣接する体節由来の間充織は，移動して肢の**筋肉**の前駆細胞をつくる（**図21.2B，C**）。これら異なる間充織細胞の集まりが外胚葉組織の下で増殖することで，肢芽ができる。

肢芽はそのごく初期のころから極性をもち，基部-先端軸（体幹側から外胚葉側）方向に主に成長が起こり，背腹軸および前後軸方向の成長度合いが小さくなる（図21.1B参照）。肢芽はその後，機能的に異なる3つの領域に分かれる。

1. 肢芽の成長を主に担う増殖の盛んな間充織を，**進行帯**（progress zone：PZ）間充織と呼ぶ〔**未分化帯**（undifferentiated zone）とも呼ばれる〕。

2. 進行帯のなかで後端（小指側）にある細胞が**極性化活性帯**（zone of polarizing activity：ZPA）を構成し，これが前後軸に沿った細胞運命をパターン化する。

3. **外胚葉性頂堤**（apical ectodermal ridge：AER）は，発生中の肢芽の先端にある肥厚した外胚葉である（**図21.2D**）。

（オンラインの「DEV TUTORIAL：Tetrapod Limb Development：Dr. Michael J. F. Barresi describes the basics behind building a limb」参照）

21.2　Hox遺伝子による肢骨格の特性の特定化

Homeobox転写因子（Hox遺伝子群）は，間充織細胞が柱脚，軛脚，自脚のどれになるかを特定化するのに重要な役割を担っている。Hox遺伝子群の働きについて考えること

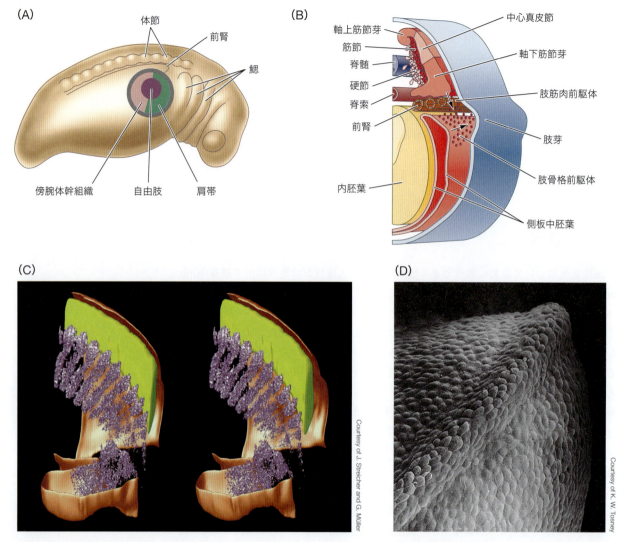

図21.2 肢芽。(A)有尾両生類 Ambystoma maculatum の予定前肢領域。中心領域は四肢本体(自由肢)をつくる運命の細胞を含んでいる。自由肢の周りの細胞は,前肢辺縁の側腹部の組織や肩帯をつくる。この領域の外のリング状の領域の細胞は,通常は肢の形成に参加することはないが,より中心部の組織が失われた場合には,肢をつくりうる細胞である。(B)肢芽の出現。側板中胚葉の壁側に近い領域に由来する間充織細胞の増殖(矢印)によって,両生類胚の肢芽は外に膨らみ始める。これらの細胞は肢の骨格要素をつくる。筋節側部に由来する筋芽細胞は,肢のなかに入って筋肉をつくる。(C)筋芽細胞(紫色)の肢芽への進入。このコンピュータステレオグラムは,発生中の筋肉細胞で発現する Myf5 mRNA を in situ ハイブリダイゼーションで染色した組織切片から作成された。右眼で左側,左眼で右側を見るようにする(または画像の向こう側で自分の足元に焦点を合わせるようにする)ことで,この画像を立体視してほしい。(D)ニワトリ前肢の初期肢芽の走査型電子顕微鏡写真(手前側が外胚葉性頂堤)。(A は D. L. Stocum and J. F. Fallon. 1982. *J Embryol Exp Morphol* 69: 7-36 より)

で,脊椎動物の四肢の発生と進化について深い洞察を得ることができる。

基部から先端へ:肢の Hox 遺伝子

マウス肢芽の Hoxa と Hoxd 遺伝子複合体の発現パターンから,Mario Capecchi(マリオ・カペッキ)の研究室は,Hox 遺伝子がどのように肢領域を特定化するかについてのモデルを提唱した(図21.3A, B;Davis et al. 1995)。マウスでは,*Hox9* と *Hox10* パラログが柱脚を,*Hox11* パラログが軛脚を,*Hox12* と *Hox13* パラログが自脚を特定化する。このシナリオは数多くの実験により確かめられている。例えば,マウス胚において3つの *Hox10* パラログの6つのアリル(*Hox10aaccdd*)すべてをノックアウトすると,後肢の柱脚にあるはずの大腿骨と膝蓋骨が消失する。しかし,前肢の柱脚では,後肢にはない

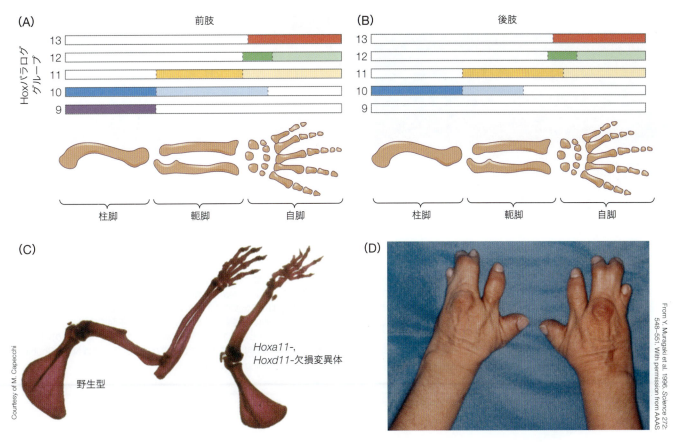

図21.3 Hox遺伝子パラログ群の欠損によって，肢の骨が欠失する。(A) 5'Hox遺伝子による前肢のパターン形成。Hox9とHox10パラログが上腕骨（柱脚）を特定化する。Hox10パラログは，橈骨や尺骨（軛脚）にも弱く発現する。Hox11パラログは軛脚のパターン形成に主要な役割を果たす。自脚ではHox12とHox13パラログが機能する。Hox12パラログは主に手首の形成に働き，指の形成にも少しかかわっている。(B) 類似の，しかし差異もあるパターン形成が後肢でもみられる。(C) 野生型マウスの前肢（左）と，機能的なHoxa11とHoxd11遺伝子を欠いた二重変異マウス（右）。変異体では尺骨と橈骨は極端に小さいか，あるいは存在しない。(D) HOXD13座位における変異のホモ接合による，ヒトの多合指症（複数の指が癒合する）症候群。この症候群は同様にHOXD13が発現する泌尿生殖系の形成異常も引き起こす。(A，BはD. M. Wellik and M. R. Capecchi. 2003. *Science* 301: 363-367. ©The American Association for the Advancement of Scienceより）

Hox9パラログが発現しているので，上腕骨は形成される（Wellik and Capecchi 2003）。3つのHox11パラログの合計6つのアリルすべてをノックアウトすると，後肢の大腿骨は形成されるが，腓骨と脛骨が消失する（このとき前肢の尺骨と橈骨も消失する）。つまり，Hox11のノックアウトは軛脚を消失させる（図21.3C）。同様に，Hoxa13とHoxd13座位のすべてのパラログをノックアウトすると，自脚が消失する（Fromental-Ramain et al. 1996）。*HOXD13*の変異をホモでもつヒトは，手足の指の癒合を示す（図21.3D）。また，*HOXA13*の変異をホモでもつヒトでも，自脚の形成異常を示す（Muragaki et al. 1996; Mortlock and Innis 1997）。マウスでもヒトでも，自脚（四肢の最も先端の部位）が最も5'側のHox遺伝子群の機能喪失によって影響を受ける。（オンラインの「SCIENTISTS SPEAK 21.1：A web conference with Dr. Denis Duboule on Hox genes in the limb」参照）

さらなる発展

ヒレから指へ：Hox遺伝子群と四肢の進化

脊椎動物の付属肢はどのようにして，魚のヒレから我々四肢動物が今日便利に使っているこの四肢へと進化したのだろうか。化石記録は，条鰭亜綱の魚の胸ビレから四肢動物の指のある前肢形態への重要な変化

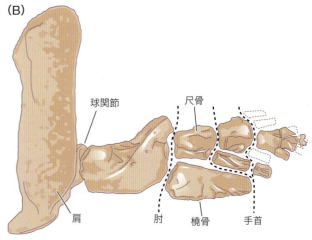
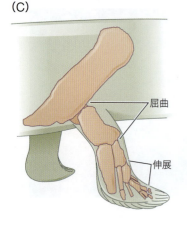

図21.4 四肢の進化。(A)手首と指をもつ魚 *Tiktaalik roseae* は，約3億7500万年前に浅瀬に生息していた。この *Tiktaalik* の再現画像では，魚類様の鰓，ヒレ，鱗，頸部(首がない)がみられる。一方，外鼻孔が鼻先にあることは，空気呼吸ができたことを示している。(B) *Tiktaalik* の骨の化石は，指，手首，肘，肩の祖先的形質を明らかにするものである。この両生類型魚類は川底を歩くことができ，少しの時間なら陸上にあがることもできたかもしれない。ヒレの関節をみると，肩関節は球関節の構造をもち，手首は平面関節で曲げることができた。その他の関節は，水底に立つための足がかりとなっていた。(C)水底に立つとき，基部側の関節(肩や肘)は曲げることができ，先端側の関節(手首や指)は伸ばすことができたのだろう。(B, CはN. H. Shubin et al. 2006. *Nature* 440：764-771. ©Nature Publishing Groupより)

が，すなわち水中から陸上に生活の場の可能性を広げる変化であったことを示している。デボン紀の"指のある魚" *Tiktaalik roseae* の化石の発見は，四肢の進化の歴史のうえで関節の発生が重要であったことを示している。

魚のヒレは，魚綱のなかで最も原始的なものも含めて，四肢動物が示すものと同様の3つのHox遺伝子発現段階を経て発生する(Davis et al. 2007；Ahn and Ho 2008)。関節が，ヒレの骨から肢の骨への独立した変形を可能にした可能性がある。*Tiktaalik* の胸ビレにある関節は両生綱の関節とよく似ており，*Tiktaalik* の手首は動かすことができ，肘と肩の関節を曲げて地面からからだを支えることができたことを示している(図21.4；Shubin et al. 2006；Shubin 2008)。手首様の構造の存在と，その領域の真皮性の鱗の消失は，この魚が湿地の地面をヒレで蹴って進むことができたことを示唆している。すなわち *Tiktaalik* は，魚綱から両生綱への移行段階の「腕立て伏せのできる"肢をもつ魚(fishapod)"」〔*Tiktaalik* の発見者の一人，Neil Shubin(ニール・シュービン)の命名〕と考えられている。

条鰭類と陸上の四肢動物を分ける系統樹において，どのような分子的・形態的な変化が起こったのだろうか？　四肢動物に最も近縁な魚(Sarcopterygii：シーラカンスやハイギョのような肉鰭亜綱)では，胸ビレの最も基部側の骨は，四肢動物の前肢の柱脚と相同であり，肩帯あるいは肩に同じ様式で関節している。しかし，条鰭亜綱のヒレは形態的に多様化しており，それは先端部にいくほど，特に自脚(指)で最も顕著である。条鰭亜綱の魚では，自脚に相当する部位の内性骨化が起こらない一方で，原始的な肉鰭亜綱の魚のヒレでは *Tiktaalik* と同様に内性骨化による骨が広がっている。すなわち，肢の先端側の骨の発生を司る仕組みの変化が，四肢の進化の主たる基盤で

あった。(オンラインの「FURTHRE DEVELOPMENT 21.1：Homology between the limb buds of fish and tetrapods」「SCIENTISTS SPEAK 21.2："Your Inner Fish" by Neil Shubin」「SCIENTISTS SPEAK 21.3：Dr. Peter Currie discusses the evolution of limb muscles in fish」「SCIENTISTS SPEAK 21.4：A web conference with Dr. Sean Carroll that covers *cis*-regulatory elements in evolution」参照)

Hox遺伝子群とさらにその先

　ここまで魚のヒレからヒトの手に至る四肢動物の肢の進化を語るなかで，肢の発生における Hox遺伝子群制御の重要性を示せたことと思う。Hox遺伝子群は肢の3軸に沿った運命を特定化するうえで決定的に重要な働きをしており，その発現は，胴体部（基部）と外胚葉性頂堤（先端部）から他の部位に広がるシグナルの影響を受けている。そのシグナルとは何であり，そのシグナルが肢のどの部位をどこにつくるかを決める仕組みは何なのだろうか？　そのシグナルはどのように肢芽の成長とパターニングを促進し，どのように前後軸や背腹軸に沿った細胞運命を特定化しているのだろうか？　以降の節で，これらすべての問いについて考えていこう。

21.3　肢のどの部位をどこにつくるかの決定機構

　心臓や脳と違って肢は胚や胎仔の生命に必須ではないため，発生途中の肢の一部を除去したり，移植したり，あるいは肢特異的に変異を起こさせるような実験を，生命維持に必要な過程に影響を与えずに行うことができる。このような実験によって，肢をつくるのに必要な"形態形成の原理"は，基本的にあらゆる四肢動物で共通であることがわかっている。爬虫類や哺乳類の肢芽の断片を移植して，鳥類（ニワトリ）の肢の形成を誘導することもできるし，両生綱無尾目のカエルの肢芽から切り取った移植片で，両生綱有尾目（サンショウウオ，イモリ）の肢のパターニングを制御することもできる（Fallon and Crosby 1977；Sessions et al. 1989；Hinchliffe 1991）。しかも，24.6節で詳しく述べるが，両生綱有尾目は肢の**再生過程**で，発生過程と大部分において同じ原理を使いまわしているらしい（Muneoka and Bryant 1982）。さて，その"形態形成の原理"とは一体なんなのだろうか？

予定肢領域の特定化

　肢は，体軸に沿ってどこからでも生えるのではなく，ある決まった位置から生えてくる。ニワトリでの発生初期の予定運命図の作成と移植実験によって，体節と側板中胚葉には，翼や脚の発生が見えるようになるずっと前から，肢を形成することが決定づけられている2か所の領域があることが示されている。脊椎動物の肢をつくる中胚葉は，以下のようにして同定された。(1)まず，除去したら肢が生えてこなくなるような細胞集団を見つけた（"それをなくす"；Detwiler 1918；Harrison 1918）。(2)次に，その細胞集団を別の場所に移植し，その場所から肢が生えてくることを確認した（"それを動かす"；Hertwig 1925）。(3)さらに，染色液や放射性前駆体で細胞集団を標識し，その細胞集団由来の系譜の細胞が肢の発生に参加することを示した（"それを見つける"；Rosenquist 1971）。

　脊椎動物は，胚1つにつき4つ以上の肢芽をつくることはなく，肢芽は必ず正中線に対して対称な位置に1対ずつできる。何番目の体節レベルから肢ができるのかは動物種によって異なるが，前後軸に沿った Hox遺伝子の発現をみると，どの脊椎動物でも同じ Hox遺伝子が発現しているところから肢ができる（13.5節参照）。例えば前肢の肢芽は，魚類（魚では胸ビレと腹ビレがそれぞれ前肢と後肢に対応する），両生類，鳥類，哺乳類で同様

図21.5 別の場所の未分節中胚葉（presomitic mesoderm：PSM）を予定肢領域に移植することで，肢のサイズが変化する。(A)前肢になる領域のPSMを胴体（前肢と後肢の間）に移植すると，通常より大きな前肢芽ができる(2つの矢じりの間の領域)。(B)胴体領域のPSMを前肢になる領域に移植すると，通常より小さな前肢芽ができる。(M. Noro et al. 2011. *Dev Dyn* 240：1639-1649 より)

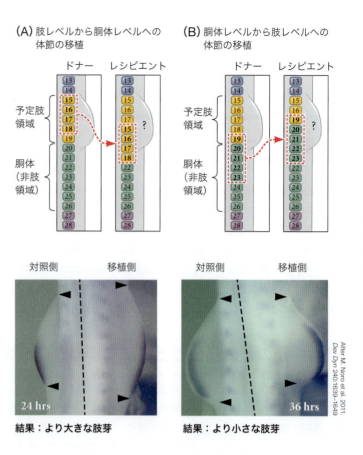

に*Hoxc6*が発現する領域の最も前側のところ，すなわち第一胸椎の位置からできる[3]（Oliver et al. 1988；Molven et al. 1990；Burke et ak. 1995）。

　Hox遺伝子の発現領域が与えた位置情報によって，肢をつくる領域の沿軸中胚葉は，他の沿軸中胚葉と異なる特性をもつと考えられる。沿軸中胚葉（体節；第19章参照）の特性の違いは，別の場所からとってきた沿軸中胚葉を胴体部の側板に隣接したところに移植する実験で示されており，肢をつくる領域から移植した沿軸中胚葉は肢芽の形成を促進する一方，肢ができない胴体部の沿軸中胚葉は肢芽の形成を積極的に抑制することがわかっている（図21.5；Noro et al. 2011）。

さらなる発展

肢芽の調節能　予定肢領域はいったんつくられると，一部が失われたり付け加わったりしても，完全な肢をつくることができる調節能をもつようになる。このことは，スポットサラマンダー（*Ambystoma maculatum*）の尾芽胚の肢の原基をどのような切り方でもいいので半分に切って別の場所に移植すると，その場所で完全な肢を形成することから実験的に示されている（Harrison 1918）。また，肢の原基を2つかそれ以上に分かれるように垂直に切って，それらが再び融合しないように薄い仕切りを入れておくと，区切られた断片がそれぞれ完全な肢をつくるという実験からも，予定肢領

---

[3] ある種のヘビのHox遺伝子の発現は，各体節を（肋骨をもつ）胸椎へと特定化するパターンをつくる（Cohn and Tickle 1999）。これらのヘビでは，四肢形成領域に対応するHox遺伝子発現パターンがみられない（26.2節の「ヘビをつくる」参照）。

第 21 章　四肢動物の肢の発生　| 731

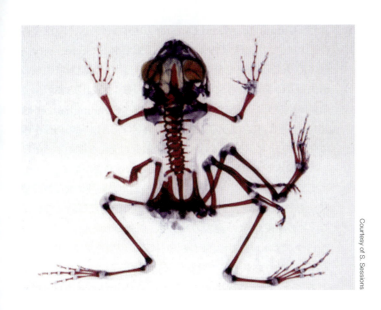

図 21.6　多肢となったタイヘイヨウアマガエル（*Hyla regilla*）は，オタマジャクシの発生中の肢芽に吸虫の包嚢が寄生した結果である。寄生虫の包嚢は発生中の肢芽をいくつかに分断し，結果として過剰肢を生じると考えられる。この成体カエルの透明骨格標本は，軟骨を青色，硬骨を赤色で染めている。

域には調節能があることがわかる。つまり，予定肢領域はそこにいる細胞が肢のどの部分もつくりうることから，ウニ初期胚が調節卵であるのと同様に，"調和等能系（harmonious equipotent system）"であるといえるのである。

最近，自然界で期せずして行われた"実験"の結果によって，肢芽の調節能が顕著に示された。米国のいくつもの池で，肢がたくさん生えたカエルやイモリが見つかっている（図 21.6）。これら両生類の過剰肢の形成は，幼生の腹部に吸虫が寄生することと関係している。吸虫の包嚢が幼生の肢芽をいくつかの断片に分断し，それぞれの断片が肢をつくることで過剰肢が形成されるというわけである（Session and Ruth 1990；Session et al. 1999）。

初期の肢芽の誘導

胴体部の前後軸に沿って異なる Hox 遺伝子の発現が，予定肢領域を含む組織の特性をあらかじめ規定する。では，これらの遺伝子が肢芽の形成を開始する仕組みは何なのだろうか。このプロセスは，以下 4 つの段階に分けることができる。

1. 中胚葉を肢芽形成可能な状態にする。
2. 前肢と後肢を特定化する。
3. 上皮-間充織転換を誘導する。
4. 肢芽の形成に必要なシグナルの正のフィードバックループを確立する。

これから，これらの過程をそれぞれ詳しくみていこう。

1. レチノイン酸が中胚葉を肢芽形成可能な状態にする　19.2 節では，体節形成におけるレチノイン酸（retinoic acid：RA）と Fgf8 の相互抑制関係について述べた（図 19.6 参照）。Fgf8 が尾側（後方）の前駆領域で発現し，未分節中胚葉に沿って後方で発現量が高くなる濃度勾配をつくること，そして Fgf8 の発現領域は予定前肢領域のすぐ後方であることを思い出そう。それに対し，RA はそれよりも前方の体節と，未分節中胚葉の前方でつくられる。また，Fgf8 は予定前肢領域のすぐ前方の，心臓側板中胚葉でも発現していることも，前肢の発生と関連する（図 21.7）。

ニワトリおよびマウスの前肢と，ゼブラフィッシュの胸ビレの発生の研究から，前方および後方での Fgf8 の発現は，前肢の発生開始を抑制していることが示唆される（Tanaka

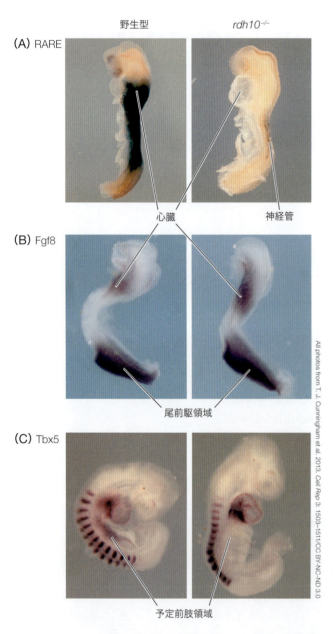

図21.7 レチノイン酸(RA)とFgf8の相互抑制が，マウスの予定前肢領域におけるTbx5の発現を決定する。対照(左)では，RA制御領域(RA regulatory element：RARE)によるレポーター遺伝子の発現は，前方では心臓のFgf8発現領域から，尾前駆領域まで広がることがわかる。(A) RAREレポーター遺伝子の発現は，右側のレチナール脱水素酵素10が喪失する(rdh10)変異体では，神経管でごくわずかな発現がみられる以外はほぼ完全に消失している。(B)一方で，Rdh10の消失により，Fgf8の発現は通常ならRAが発現するはずの体軸領域にまで拡大する。(C) Rdh10の消失によるRAシグナルの消失は，予定前肢領域におけるTbx5の発現の減少も引き起こす。

2013；Cunningham and Duester 2015)。例えば，Fgf8を直接添加したり，構成的活性型FGF受容体(FGF receptor：FGFR)を発現させて機能獲得実験を行うと，予定前肢領域の消失(Tbx5発現の消失によって示される；図21.7C参照)と，肢の縮小が起こる(Marques et al. 2008；Cunningham et al. 2013)。逆に，RAは予定前肢領域に隣接する胴体部の体節全体に存在する。この領域では，前肢の肢芽の発生を開始させるために，胴体部でのFgf8の発現が抑制される必要がある。

変異体あるいは阻害薬を用いて脊椎動物の前肢でRA合成酵素を消失させると，Fgf8の発現領域が予定前肢領域まで広がる。その結果，Tbx5発現の減少と，前肢の形成不全が起こり，Fgf8シグナルの機能獲得実験と同様の表現型を示す。RAは転写因子のリガンドとして機能し，Fgf8遺伝子の転写を直接抑制することがわかっていることから(Kumar and Duester 2014)，前肢の肢芽の発生開始は，RAが予定前肢領域でFgf8の発現を抑制するというモデルで理解されている。Fgf8がないと，側板中胚葉は前肢の形成が可能な状態になる(図21.8A；Tanaka 2013；Cunnigham and Duester 2015)。

RA-Fgf8の相互抑制関係は，前肢の発生開始と体節形成初期で重要な役割をもつが，一方でRAは後肢の発生においては基本的に必要とされない。マウスでRAの合成を消失させると，後肢の肢芽の形成には影響がなく，その後のパターニングや後肢全体のサイズも通常のままである(Cunningham et al. 2013)。そのため，後肢の肢芽の発生開始を司る仕組みは今のところわかっていない。

2. Tbx5とIslet1による特定化 前肢と後肢の特定化は，肢芽が形成される前に，予定肢領域で特定の転写因子の発現を介して起こる(Agarwal et al. 2003；Grandel and Brand 2011)。マウスでは，Tbx5[4]をコードする遺伝子が前肢の予定領域で転写され，Islet1，Tbx4，Pitx1をコードする遺伝子が後肢になる領域で発現する(Chapman et al. 1996；Gibson-Brown et al. 1996；Takeuchi et al. 1999；Kawakami et al. 2011)。これらの転写因子の下流で働くのがFgf10であり，これが細胞の形の変化の開始と，肢芽の成長を司る細胞増殖を引き起こすことで，肢芽の形成誘導に主たる役割を担う(下記参照；図21.8B，C)。

複数の研究室(Logan et al. 1998；Ohuchi et al. 1998；Rodriguez-Esteban etal. 1999；Takeuchi et al. 1999，その他)で行われた実験によって，後肢の特定化にはTbx4が，前肢の特定化にはTbx5が重要な役割を果たしていることがわかった。肢芽ができる前の段階で，側板中胚葉の後方領域(この領域

---

[4] Tbxは"T-box"の略であり，T(Brachyury)遺伝子とそのファミリー遺伝子にコードされるDNA結合ドメインのことである。Tbx遺伝子については，沿軸中胚葉の発生(19.2節)と心臓の発生(20.3節)のところでふれている。

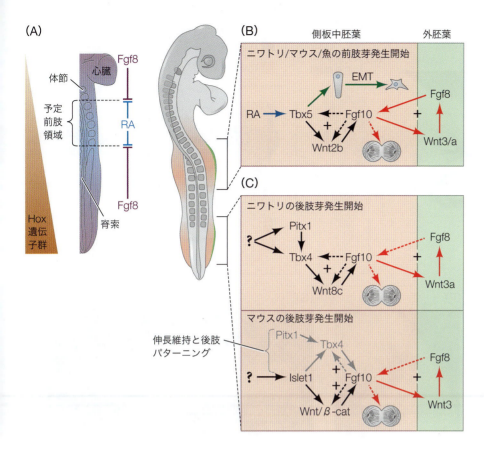

図21.8 予定前肢領域開始のモデル。(A)はじめに、体軸レベルのHox遺伝子群がFgf8とレチノイン酸(RA)の発現を制御し、その2つが相互抑制的に働いてTbx5の発現を誘導する。これが予定前肢領域の形成を開始させる。(B)動物種でよく保存された、前肢の発生を促進するシグナル因子の正のフィードバックループのモデル。(C)後肢のパターン形成において重要な因子の多くはニワトリとマウスで共通しており、これらも正のシグナルフィードバックループを構成する。しかし、後肢の発生開始を担う因子は異なる部分があり、例えばマウスではIslet1が必須だが、ニワトリの後肢では必須ではない。(AはT. J. Cunningham and G. Duester. 2015. *Nat Rev Mol Cell Biol* 16：110-123より)

の一部から後肢がでてくる)でTbx4が発現し、側板中胚葉の前方領域(この領域の一部から前肢がでてくる)でTbx5が発現している。Fgf10を分泌するビーズを使ってニワトリの前肢芽と後肢芽の間に過剰肢をつくらせたとき、その過剰肢が前肢になるか後肢になるかは、移植した場所でどちらのTbxタンパク質が発現しているかによって決まることが示されている(図21.9A, B)。すなわち、後肢(25番目の体節の横)に近いところにFGFビーズをおくと、誘導された肢芽は*Tbx4*を発現し、後肢になった。逆に、前肢(17番目の体節の横)に近いところで誘導された肢芽は*Tbx5*を発現し、前肢(翼)になった。そして、ちょうど中間の胴体部で肢芽を誘導し、その肢芽の前方では*Tbx5*が、後方では*Tbx4*が発現するようにしてやると、できた肢は前方が前肢のような構造で、後方が後肢のような構造のキメラになった(図21.9C〜E)。さらに、ニワトリ胚の組織に*Tbx4*を発現するウイルスを感染させて、胴体全体で*Tbx4*が発現するようにすると、胴体の前方で誘導された肢はしばしば翼ではなく脚になった(図21.9F, G)。

Tbx5が前肢の肢芽の発生開始と特定化に決定的に重要な役割を果たすことを示すさらなる証拠として、ニワトリ、マウス、ゼブラフィッシュで*Tbx5*を消失させると、前肢の形成がまったくできなくなる。この表現型は強く、最も基部側の構造である肩帯すら形成できなくなる(Garrity et al. 2002；Agarwal et al. 2003；Rallis et al. 2003)。しかし、後肢の特定化におけるTbx4の役割は、ニワトリとマウスで異なる可能性がある。ニワトリでは、予定後肢領域での*Tbx4*の消失によって、後肢の発生開始と成長は完全に阻害されるが(Takeuchi et al. 2003)、マウスでは、*Tbx4*をノックアウトすると、ある時点で後肢の発生が止まるものの後肢の肢芽の成長と初期のパターニングは正常に起こる(Naiche and Papaioannou 2003)。この発見は、マウスではTbx4は後肢の初期形成というより成長の維持に役割を担っていることを示唆している。

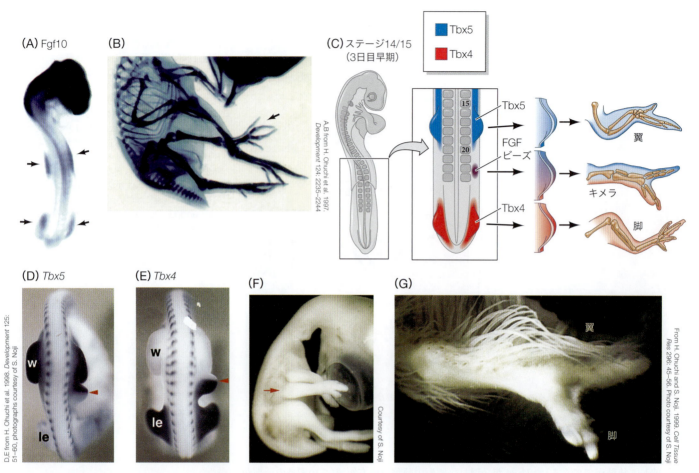

図21.9 ニワトリの肢芽におけるFgf10の発現と活性。(A) Fgf10は,肢ができる場所の側板中胚葉(矢印)で正確に発現し始める。(B) Fgf10を発現するトランスジェニック細胞をニワトリ胚の胴体部に移植すると,Fgf10は過剰肢形成を引き起こす(矢印)。(C)ニワトリ胚におけるTbx4とTbx5による前肢および後肢の特定化。in situ ハイブリダイゼーションにより,通常のニワトリ胚ではTbx5(青色)は側板中胚葉の前方で発現がみられ,一方Tbx4(赤色)は側板中胚葉の後方で発現がみられることがわかる。Tbx5を発現する肢芽は翼をつくり,Tbx4を発現する肢芽は後肢をつくる。FGFを分泌するビーズを使って過剰肢を誘導すると,できる肢のタイプは肢芽でTbxのどちらを発現しているのかによって決まる。Tbx4とTbx5の発現領域の中間にビーズを移植すると,ビーズは前方でTbx5を,後方でTbx4の発現を誘導する。その結果できる肢芽も前方でTbx5,後方でTbx4を発現し,前方と後方のキメラの肢ができる。(D) Tbx5の発現は,前肢芽(w:翼)とともに,FGFを分泌するビーズによって誘導された肢芽の前方部でみられる(赤矢じり)。体節レベルは,筋節に局在するMrf4 mRNAの染色によって判別できる。(E) Tbx4の発現は後肢芽(le:脚)とともに,FGFによって誘導された肢芽の後方部でもみられる(赤矢じり)。(F)FGFビーズによって誘導されたキメラ肢(赤矢印)。(G)発生後期では,キメラ肢は前方に翼の構造(羽毛)をもち,後方に脚の構造(鱗)をもつ。(CはH. Ohuchi and S. Noji. 1999. *Cell Tissue Res* 296:45-56より)

さらに近年の研究により,Tbx4の他に,Pitx1とIslet1という2種類の転写因子が後肢の発生開始にかかわることがわかった。マウスの前肢で*Pitx1*を異所的に発現させると,筋肉,骨,腱の位置や構造が変わり,前肢が後肢様の形態になることが示されている(Minguillon et al, 2005;DeLaurier et al. 2006;Ouimette et al. 2010)。マウスの前肢で*Tbx4*を発現させても,このような効果を示さない。さらに,Pitx1タンパク質は*Hoxc10*や*Tbx4*といった後肢特異的な遺伝子を活性化する。興味深いことに,ヒト*PITX1*の変異はPitx1タンパク質のハプロ不全を引き起こし,両足に"内反足"の表現型を示す(Alvarado et al. 2011)。この結果は,Pitx1は後肢の特定化に十分な働きをもつことを示す。しかし,*Pitx1*のヌル(null)変異マウスは,後肢を完全に欠損するわけでも,パターニングに強い表現型を示すわけでもなく,後肢の構造の一部が異常になるだけである(Duboc and Logan 2011)。この観察結果は,後肢の発生開始と特定化に別の因子がかかわる可能性を示唆している。

ホメオドメイン転写因子のIslet1はマウスの予定後肢領域において，*Fgf10*の発現や後肢芽の形成開始よりも前に一過的に発現する(Yang et al. 2006)。Islet1を側板中胚葉で特異的に不活性化すると，後肢の発生は起こらない。これは，*Islet1*が後肢の発生開始を制御することと整合する(Itou et al. 2012)。*Islet1*と*Pitx1*の転写制御は後肢の発生に関して，それぞれ独立の働きをもつ。どちらの遺伝子も*Fgf10*と*Tbx4*の発現を上げる点では同様だが，Islet1は後肢の肢芽の発生開始を制御するのに対し(図21.8Cの黒矢印)，Pitx1は後肢のパターニングについて役割を担う(図21.8Cの灰色矢印)。

3. Tbx5による上皮-間充織転換(EMT)の誘導

肢芽の形成が起こる前は，側板中胚葉の体壁葉は頂底極性をもつ偽重層上皮構造をしている(図21.10A)。これらの細胞がのちに間充織細胞として肢芽の進行帯に寄与することを考えると，その前駆細胞が上皮構造をなすことはいささか不思議である。初期の側板体壁葉をなす中胚葉は，はじめは上皮細胞であるが，予定肢領域だけで特異的に上皮-間充織転換を起こし，この前にそれ以外の胴体領域の中胚葉がこのような細胞挙動の兆候を示すことはない(Gros and Tabin 2014)。側板体壁葉の細胞追跡実験によると，上皮から間充織への細胞形状の変化は24時間の間で起こる(図21.10B)。少なくとも前肢の場合では，*Tbx5*のノックアウトマウスで肢芽間充織が顕著に失われるので，Tbx5が前肢領域でのEMTの制御の主たる担い手であることを示唆している(図21.8Bの緑矢印)。後肢でも同様に，Islet1，Fgf10やその他の因子(例えば，Tbx4，Pitx1など)がEMTに必要なのかどうかはまだわかっていない。

4. 正のフィードバックと肢芽の形成

前肢での*Tbx5*と後肢での*Islet1*の発現上昇を通して，間充織は肢芽の発生に向かい，傍分泌因子であるFgf10を分泌する。Fgf10は肢芽の形成に重要な外胚葉と中胚葉の間の相互作用を開始させ，さらに拡大するためのシグナルとなり，このシグナル相互作用が肢芽の形成と成長を直接促進する。

肢の発生は，組織の伸長が長く続く過程であるとみなすことができ，Fgf10が肢の形成を誘導する形態形成能をもつ。Fgf10を分泌するビーズを胴体部の外胚葉の下に埋めると，そこに過剰肢を誘導できることを思い出そう(図21.9B，C参照；Ohuchi et al. 1997；Sekine et al. 1999)。肢芽の形成が誘導された後は，肢芽の成長はシグナルの正のフィードバックループによって維持される。1つ目のループ回路では，Wnt/βカテニンとその下流の転写因子が，Fgf10のシグナル系を維持する(図21.8B，Cの黒破線矢印)。しかしFgf10は，肢芽の発生を促進するシグナルフィードバックを維持するだけではなく，シグナル系を担う新たな組織としての外胚葉性頂堤(AER)の形成を直接誘導する役割もある。

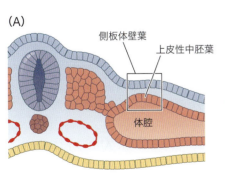 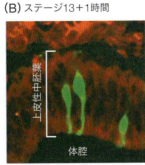 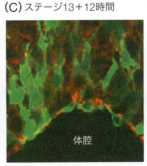 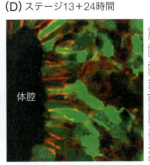 

図21.10 肢芽の形成過程における体壁葉の上皮性中胚葉からの上皮-間充織転換。(A)初期の体壁葉の中胚葉(側板中胚葉)は上皮系の組織構造である。(B〜D) 24時間の間に予定肢領域において，この中胚葉(GFPで標識されている)は上皮-間充織転換を起こす。

AERが2つ目のフィードバックループをつくる

　外胚葉性頂堤（apical ectodermal ridge：AER）は，肢芽の先端部にスジ状に形成され，複数の役割をもつシグナルセンターである（図21.2Dおよび図21.11A，B参照）。AERは肢の発生の3軸すべてのパターニングに影響を与える（Saunders 1948；Kierny 1960；Saunders and Reuss 1974；Fernandez-Teran and Ros 2008）。この多様な働きは，以下の3つを含む：(1) AERの下の間充織に対して，肢の基部-先端，すなわち肩から指への成長を司る，可塑的な増殖状態を維持させる。(2)間充織で前後（親指-小指）軸を形成するための分子の発現を維持する。(3)前後軸および背腹（手の甲-手のひら）軸を特定化するタンパク質と相互作用し，それぞれの細胞がどのように分化するかを指示する（図21.1参照）。

　AERの形成は，予定肢領域から分泌されるFgf10によって誘導される（Xu et al. 1998；Yonei-Tamura et al. 1999）。胚の背腹境界部にある外胚葉だけがFgf10に応答する能力があり，ここがAERの形成に必要となる（Carrington and Fallon 1988；Laufer et al. 1997a；Rodriguez-Esteban et al. 1997；Tanaka et al. 1997）。Fgf10は，予定肢芽領域を覆う表皮外胚葉でWnt3（ニワトリではWnt3a，ヒトやマウスではWnt3）の発現を誘導する。Wntタンパク質が標準的Wnt/βカテニン経路を介して，同じ部位の外胚葉でFgf8の発現を誘導する（Fernandez-Teran and Ros 2008）。これが背腹の境界線上の表層外胚葉を伸長させ，物理的にこの部分がAERとなる。

　AERの主な機能の1つは，その直下にある間充織細胞にFgf10をつくらせ続けることにある。こうして，間充織のFgf10が表層外胚葉にFgf8をつくらせ続け，その表層外胚葉が直下の間充織にFgf10をつくらせ続けるという，**2つ目の正のフィードバックループ**を形成する（図21.8B，Cの赤矢印；Mohmad et al. 1995；Crossley et al. 1996；Vogel et al. 1996；Ohuchi et al. 1997；Kawakami et al. 2001）。Fgfの発現が続くことで，AERの下の間充織の細胞分裂が維持され，これが肢の伸長の原動力となる。

21.4　伸長：基部-先端軸

　肢芽の基部-先端軸方向の伸長と分化は，AERとその直下（200μm）にある間充織細胞との間の一連の相互作用によって引き起こされる。前述したように，先端部の間充織が増殖することで肢芽の伸長が起こるので，この間充織のことを進行帯（PZ）間充織（未分化帯と呼ばれることもある）と呼ぶ（Harrison 1918；Saunders 1948；Tabin and Wolpert 2007）。AERと進行帯間充織の相互作用は，ニワトリ胚を用いた以下のような複数の実験によって示されている（**図21.11**）。

1. AERを肢の発生の途中で除去すると，それ以降先端側の骨の形成が起こらなくなる。
2. 発生中の肢芽にさらにもう1つAERを移植すると，通常は肢の先端側に過剰肢ができる。
3. 脚の間充織を翼のAERの直下に移植すると，後肢の先端構造（趾）が肢の先端にできる〔ただし，脚の間充織をAERから離れたところに移植すると，後肢（脚）の間充織は翼の構造の一部に取り込まれる〕。
4. 肢ではないところの間充織を，肢の間充織と置き換えるようにAERの下に移植すると，AERは退縮し，肢の発生は止まる。

　以上のことから，間充織細胞はAERを誘導・維持するとともに，前肢をつくるか後肢をつくるかを決めていて，肢の伸長と発生の維持を司るのはAERであるといえる（Zwilling 1955；Saunders et al. 1957；Saunders 1972；Krabbenhoft and Fallon 1989）。AER

発展問題

自律性と非自律性。もしかすると，後肢の形成に関して問うべきなのは，自律性と非自律性の問題かもしれない。Fgf8に対するレチノイン酸の拮抗作用は，前肢の発生を誘導するのに必要な非自律的な仕組みであるが，この"傍分泌因子の競合"は予定後肢領域の誘導には働いていない。HoxとIslet1遺伝子の発現によって決められた領域は，後肢の誘導領域をあらかじめ決定する自律的な仕組みとして十分なのだろうか？　しかも，4番目の次元，すなわち時間は，後肢の発生にどれほど重要な影響をもっているだろうか？　あなたなら，これらの問いにどのような実験でアプローチするだろうか。

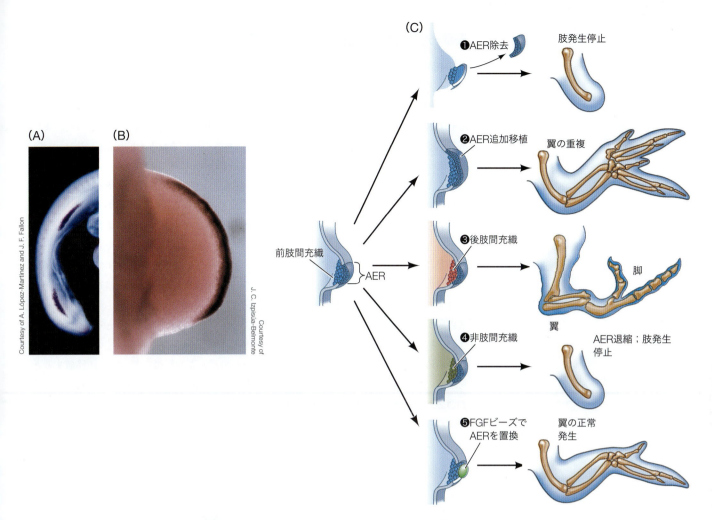

図21.11 外胚葉性頂堤(AER)の操作。(A)通常のニワトリの3日目胚では, Fgf8 (濃い紫色)は前肢芽と後肢芽両方のAERで発現している。(B) AERにおいてFgf8 mRNAが発現し, その下の中胚葉に増殖シグナルを送っている。(C) AERのその下の中胚葉に与える影響を示す実験の概要。(CはN. K. Wessells. 1973. *Tissue Interactions in Development*: An Addison-Wesley Module in Biology, #9. Addison-Wesley Longman:Bostonより)

は, その直下の間充織細胞を分裂状態に保ち, 間充織細胞の軟骨形成を阻害する(ten Berge et al. 2008)。

　Fgf8はAERの主要な要素であり, Fgf8を分泌するビーズは, 肢芽の伸長を誘導するAERの機能を代替することができる(図21.11Cのパネル5参照)。Fgf8の他にFgf4, Fgf9, Fgf17といったFGFも, AERからつくられる(Lewandoski et al. 2000；Boulet et al. 2004)。これらのうち, どのFgfを欠失させても骨格のパターンにはまったく影響を与えないか, わずかな影響を与えるだけであることから, 肢のパターニングに関してFGFファミリーの間に重複した役割があることで, 頑強性を与えていることが示唆される。しかし, 欠失させるFGF遺伝子の数を増やしていくと, 骨格形成の形成異常は強くなっていき, さらにそれぞれのFGFに固有の形成異常が見えてくる。このことは, AER由来のFGFがパターニングに影響を与えているという考えを支持している(図21.8B, Cの赤矢印；Mariani et al. 2008)。(オンラインの「FURTHER DEVELOPMENT 21.2：Induction of and by the AER」「SCIENTIST SPEAK 21.5：A web conference with Dr. Francesca Mariani on the instructive roles of FGF signaling in proximal-to-distal patterning」参照)

基部-先端軸極性の決定：AERの役割

1948年，John Saunders（ジョン・サンダース）は，シンプルで意義深い観察を行った。ニワトリの初期翼芽のステージでAERを除去すると，上腕骨だけができる。それよりもう少し後のステージでAERを除去すると，上腕骨，尺骨，橈骨ができる（Saunders 1948；Iten 1982；Rowe and Fallon 1982）。この現象を説明するのは簡単ではなかった。まず，基部-先端軸の極性を決める位置情報がAERにあるのか，それとも進行帯間充織にあるのかを確かめなければならなかった。

いくつかの交換移植実験によって，位置情報は進行帯間充織にあることがわかった。はじめに立てられた仮説は，位置情報がAERによって与えられているというもので，すなわちAERが何らかの方法でその下の未分化な中胚葉につくるべき構造の情報を与えているというものだった。この仮説が正しいなら，ステージの進んだAERを若いステージの中胚葉に接するように移植すると，中間部分が欠損した腕ができるはずであり，若いステージのAERをステージの進んだ中胚葉に接するように移植すると，構造の重複が起こるはずである。しかし，実験の結果は仮説を支持するものではなく，どちらの実験でも通常の肢ができた（Rubin and Saunders 1972）。一方で，初期の胚からとった進行帯全体（間充織とAERを含む）を後期の胚の肢芽に移植すると，既にあった構造の先に新たに基部の構造ができた（図21.12A）。逆に，ステージの進んだ進行帯を若い肢芽に移植すると，先端側の構造が先にできて，尺骨や橈骨を挟まずに，指が上腕骨から直接形成された（図21.12B；Summerbell and Lewis 1975）。

これらの実験は，進行帯間充織が基部-先端軸に沿って骨格要素を特定化することを示している。では次の問いとして，間充織はどのようにして基部-先端軸の極性を獲得するの

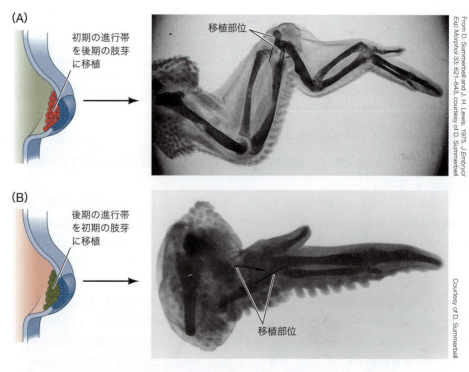

図21.12 進行帯（PZ）間充織の発生段階と，基部-先端軸方向の特定化の制御の関係性。(A)ニワトリ胚の初期の前肢芽の進行帯を，既に尺骨と橈骨が形成された後期の前肢芽に移植すると，もう1つずつ尺骨と橈骨が形成される。(B)後期の前肢芽の進行帯を初期の前肢芽に移植すると，中間構造が欠失する。

肢のパターン形成の逆向き分子勾配モデル

2010年に，ニワトリの肢のパターン形成に関して知られていた知見を，2つの逆向きの分子勾配でまとめて説明するモデルが提唱された．このモデルでは，先端側のAERからのFGFおよびWntの分子勾配と，基部側の胴体部分の組織からのレチノイン酸の分子勾配でパターン形成を説明する（図21.13A）．このような2つの分子勾配でパターン形成を説明するモデルは両生類の肢の再生で提唱されていたもので（Maden 1985；Crawford

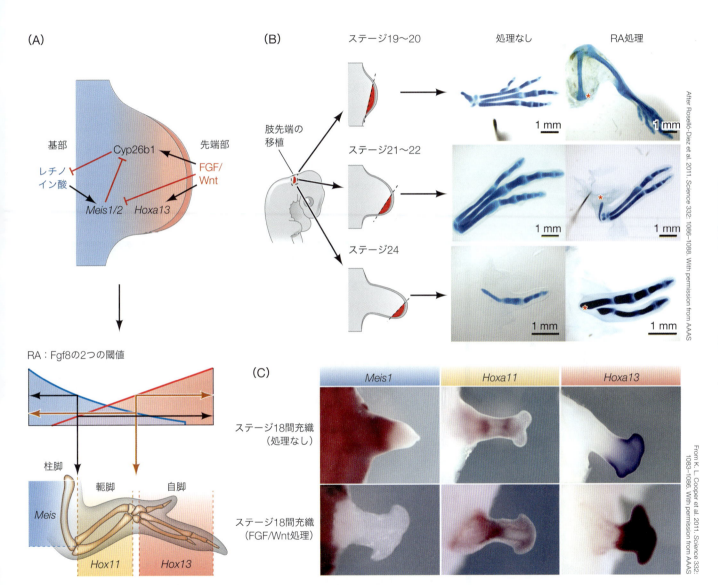

図21.13 （A）肢のパターン形成のモデル．基部側の胴体部からのレチノイン酸（RA；青）と，先端部側のAERからのFGFとWnt（ピンク）の逆向きの分子勾配によって，基部-先端軸がつくられる．（B）ニワトリ胚の肢芽の先端を，別のニワトリの頭部に移植した実験．RA処理群では，肢芽の先端の組織にRAのビーズを挿入した（アスタリスクはビーズの場所を示す）．RAは，移植された間充織からできる骨を基部側化した．処理をしなかった場合は，肢芽の先端組織（赤く塗られたところ）は，その発生段階に応じた軟骨をつくった．しかし，1 mg/mLのレチノイン酸で処理すると，つくられる骨はより基部側の構造になった．（C）異なる発生段階の肢芽からとった間充織をFGFとWntで処理してから移植することで，基部-先端部を制御する転写因子の発現が変化する（青紫の染色）．Meis1は柱脚，Hoxa11は軛脚，Hoxa13は自脚で特異的に発現する．最も初期の肢芽（ステージ18）では，間充織は3タイプすべての軟骨をつくる．しかし，Fgf8とWnt3aを入れて一度培養した間充織では，自脚の転写因子（Hoxa13）が強く発現している一方で，柱脚マーカー（Meis1）の発現は劇的に下がっている．Meis1を基部側で発現させる能力を保つためには，培養液にレチノイン酸を加える必要がある（図は省略）．（AはS. Mackem and M. Lewandoski. 2011. Science 332：1038-1039より；BはRoselló-Diez et al. 2011. Science 332：1086-1088より；CはK. L. Cooper et al. 2011. Science 332：1083-1086より，AAASの許可を得て掲載）

and Stocum 1988a, b；Mercader et al. 2000参照），胚発生における肢のパターン形成でも同様の機構が働くものと仮定されていたが，それまで証拠は示されていなかった（Mercader et al. 2000参照）。このモデルを2011年に実際に実験結果として示したのが，米国のCooper（クーパー）らのグループとスペインのRoselló-Díez（ロセリョ-ディアス）らのグループによる，間充織の移植実験である（Cooper et al. 2011；Roselló-Díez et al. 2011）。

　どちらの研究グループも，肢芽の未分化な間充織細胞をとってきて，若いステージの外胚葉の"皮"で包みなおした。すると期待どおり，どの骨ができるかは間充織のステージに応じて決まっていることがわかった。しかし，若いステージの肢芽間充織をWntやFGFの存在下でレチノイン酸処理すると，できる骨はより基部側（柱脚側）のものにシフトし，また間充織をFGFやWntのみで処理した場合はより先端側（自脚側）の骨ができた（**図21.13B，C**）。さらに，FGFの活性を阻害するとより基部側の骨ができ，レチノイン酸の合成を阻害するとより先端側の骨ができた。つまり，基部側の構造をつくらせるレチノイン酸が胴体部からの分子勾配をつくり，先端側の構造をつくらせるFGFやWntがAERからの分子勾配をつくり，この2つのバランスで特定化が起こるのである。2つの逆向きの分子勾配は，間充織のなかで肢の分節パターンをつくる各種転写因子の発現を決めることにより，このバランスを成立させているらしい。おそらく，こういった逆向きの分子勾配は，ショウジョウバエ胚の初期発生でも既に述べたように（第9章参照），動物が細胞の特定化を行ううえで共通して使われる仕組みなのだと考えられる。

さらなる発展

肢のパターニングを司る逆向き分子勾配モデルの仕組み　レチノイン酸（RA）とFgf8の機能に基づく逆向き分子勾配モデルを支持する実験的な証拠がある。予定前肢領域の形成開始について先に述べたように，レチノイン酸とFgf8は互いに相互抑制的な関係があり，それは直接的な抑制と，異なる標的遺伝子の制御という少なくとも2つのレベルで実現される（図21.13A参照）。レチノイン酸には，*Fgf8*の発現を直接的に転写抑制する機能がある（Kumar and Duester 2014）。それゆえ，肢芽の伸長が進むと，AER（すなわちFgf8の分泌源）はレチノイン酸が届く領域の外に位置するようになり，発生がすすむにつれ*Fgf8*は強く発現できるようになる。Fgf8はそれよりも直接的にレチノイン酸を抑制する機能があり，シトクロムP450 26（Cyp26）タンパク質の発現を上昇させてレチノイン酸を分解する（Probst et al. 2011）。

　さらに，レチノイン酸とFgf8によってその下流で，柱脚での*Meis1/2*，軛脚での*Hoxa11*，自脚での*Hoxa13*といった基部-先端極性を決める遺伝子の発現制御が区別される（Cooper et al. 2011）。例えば，レチノイン酸が基部側で*Meis1*の発現を促進する一方で，Fgf8はその発現を抑制する。逆も然りであり，先端部の*Hoxa13*についてはFgf8が発現促進し，レチノイン酸が抑制する（図21.13A，C参照）。レチノイン酸による*Meis1*の発現上昇は，基部端にある細胞の運命決定を促進するとともに，Meis1タンパク質が*Cyp26b1*の転写を抑制することで，さらにその効果が補強される。実際，このモデルのより詳細な説明として，レチノイン酸とFgf8シグナルには2つの異なる閾値があることが示唆されている。レチノイン酸対Fgf8比の高いほうの閾値が柱脚-軛脚の境界を決め，レチノイン酸対Fgf8比の低いほうの閾値が軛脚-自脚の境界を決める（Rosello-Diez et al. 2014）。さらに，自脚（*Hoxa13*）の遺伝子発現を**エピジェネティックな仕組みで遅らせる**ことで，軛脚の発生に必要な時間を確保する仕組みがあるようである。TSAに浸したビーズを初期の肢芽に移植することでヒス

第21章 四肢動物の肢の発生　741

(A) 対照

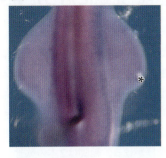

(B) HDAC阻害剤（アセチル化の亢進）

図21.14 ニワトリ胚の肢芽におけるHox遺伝子のエピジェネティック制御。(A) *Hoxa13*は通常の初期の肢芽の成長中には発現しない。(B)ヒストン脱アセチル化をTSAで覆ったビーズで阻害する（アセチル化を促進し，クロマチンをより開いた状態にする）と，*Hoxa13*の発現が上昇し（矢じり），軛脚は著しく退縮する（角括弧）。アスタリスクは対照群（A；TSAなし）とHDAC阻害群（B；＋TSA）におけるビーズの位置を示す。

トン脱アセチル化酵素(HDAC群)を薬物で阻害すると，*Hoxa13*の発現が早まり，軛脚の骨格要素形成が特異的に縮小する（図21.14；Roselló-Díez et al. 2014）。

　ニワトリ胚での基部-先端部のパターニングを決める逆向き分子勾配モデルは，これらのデータを合わせて考えることで支持される（総説はTanaka 2013；Roselló-Díez et al. 2014；Cunningham and Duester 2015；Zúñiga 2015）。パターニングは側板中胚葉が肢芽形成の兆候を見せる前に始まっていて，そのときレチノイン酸が強く発現し，予定肢領域と初期の肢芽の全体で*Meis1/2*の発現が誘導される（それによって柱脚の特定化がサポートされる）。そのすぐあとで，AERに由来するFgf8とWntがレチノイン酸と逆行する濃度勾配をつくり，基部-先端軸に沿ってレチノイン酸シグナルを抑制する。細胞分裂により肢芽が伸長し，AERが胴体部から離れることで，レチノイン酸シグナルを受けとらなくなり，Fgf8の発現が強まることで，レチノイン酸-Fgf8シグナルが閾値に達し，*Hoxa11*の発現を誘導して*Meis1/2*の発現を低下させる（それにより軛脚の分化が起こる）。*Meis1/2*の機能が下がり，CYP26b1によってレチノイン酸の分解が促進されることで，基部側のシグナルの低下が加速し，自脚の発生が開始される次の閾値へ向かう。この時点では，先端部の間充織は自脚に特定化されうる状態にあるかもしれないが，クロマチン制御によって転写制御因子が*Hoxa13*領域にアクセスできるようになってはじめて，自脚の分化が開始される（図21.13参照）。このエピジェネティックな制御によって自脚の発生が遅れることで，軛脚に寄与する細胞数が多くなり，軛脚のサイズに影響を与える。この仕組みは，胚の形の発生を制御する重要な仕組みの代表的な例と言えるかもしれない。（オンラインの「FURTHER DEVELOPMENT 21.3：Alternative Views on the Dual Gradient Model：Can a Single Gradient Do the Job」参照）

発展問題

自律性と非自律性再び。四肢発生研究（とあなた）にとって今後研究すべき課題は，自律的な仕組みと非自律的な仕組みの性質と，その間にある相互作用である。発生時間を制御する仕組みは，エピジェネティックなものであるかもしれないし，そうでないかもしれないが，いずれにしても発生時間制御を含めたモデルで考えるべきであろう。あなたは，証拠は逆向き分子勾配モデルを支持していると考えるだろうか。それとも，FGFタンパク質の先端からの勾配だけで十分であることを支持していると考えるだろうか。

21.5 チューリングモデル：肢の基部−先端に沿った発生のメカニズム

遺伝子とタンパク質が骨をつくるわけではない。細胞がつくるのである。柱脚と自脚をつくる細胞種は同じものであり，柱脚と自脚の違いを生んでいるのは細胞の空間的な配置だけである。驚くべきことに，肢芽の間充織を解離・撹拌して培養すると，自己組織化を起こして，5′Hox遺伝子群を発現し，軟骨の点や縞模様を含む肢様の構造をつくる(Ros et al. 1994；Stadler 2023)。この自己組織化能は，細胞はどのようにしてつくるべき適切な構造を"知って"いるのだろうかという基本的な問いを投げかける。軛脚は2本の軟骨から成り，自脚はもっとたくさんの軟骨から成るのに，どうして柱脚はたった1つの軟骨から成るのだろうか。分子勾配はどのようにして，細胞にそれぞれの場所にそれぞれの骨をつくるように指示を出しているのだろうか。どうして指や趾はいつも肢の末端にできるのだろうか。これらの答えは，互いに抑制関係にある2つ以上の傍分泌因子の拡散がかかわるモデルで説明できるといわれている。この**反応拡散系**(reaction-diffusion mechanism)として知られる数理モデルは，Alan Turing（アラン・チューリング；1952年）によって定式化されたもので，元々均一に分布していた物質が複雑な分布パターンをつくる仕組みを説明する(Lam and Davey 2022参照)。

反応拡散モデル チューリングモデルは，どのようにパターンが自己組織化するかを説明する数理モデルの1つである[5]。1970年代には複数の研究者が肢の軟骨形成パターン形成にチューリングモデルを当てはめる研究を始めていたが(Newman and Frisch 1979)，かなり最近になって，実験的な証拠が蓄積してきたことで，このモデルは発生生物学者の間で広く受け入れられるようになった。

チューリングモデルの特色は，そのメカニズムに"反応"という要素が含まれていることにある。このモデルは，あらかじめ分子のパターンが与えられていないところに，2つの均一に分布する分子間の相互作用が自発的にパターンを生じさせる仕組みを説明するものである(Kondo and Miura 2010の総説では，実際にモデルを体験できるプログラムが公開されている)。Turingは，1つのモルフォゲンだけではこのようなパターン形成を起こすことはできないが，2つの拡散性の物質があればパターン形成が起こりうることに気づいた(そのうち，「活性因子」をモルフォゲンA，「抑制因子」をモルフォゲンIとする)。これら2つの物質の生成率は，互いの濃度に依存する(**図21.15A，B**)。

チューリングモデルは，"局所的自己活性化-側方抑制系(local autoactivation-lateral inhibition：LALI)"の枠組みによって安定的なパターンを生み出すことができ，これが発生を進めるメカニズムになりうることを示す(Meinhardt 2008)（細胞がその他の"チューリング型"の反応拡散系をもつこともあり，その場合も同様の結果を生む)。チューリングモデルでは，モルフォゲンAがモルフォゲンA自身の合成（自己活性化）を促進するとともに，モルフォゲンIの合成も促進する。一方，モルフォゲンIはモルフォゲンAの合成を阻害する（側方抑制）。Turingは数理解析を用いて，IがAよりも拡散しやすい場合，モルフォゲンAの濃度分布はシャープな波になることを示した(**図21.15C**)。

相互作用するシグナルの拡散ははじめはランダムでもいいが，このLALI型のチューリングモデルの活性-抑制のダイナミクスによって，モルフォゲン濃度の高いところと低いところができ，それにより場所によって異なる細胞運命を生み出すことができる。活性因

---

[5] Turingはイギリスの数学者・コンピュータ科学者で，第二次大戦中にドイツの"エニグマ"の暗号を解読した人物でもあり，それについては2014年に映画『イミテーション・ゲーム(*The Imitation Game*)』にもなっている。

第 21 章 四肢動物の肢の発生 | 743

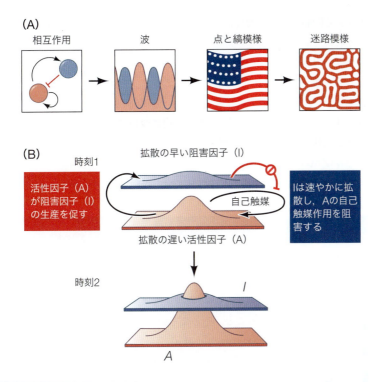

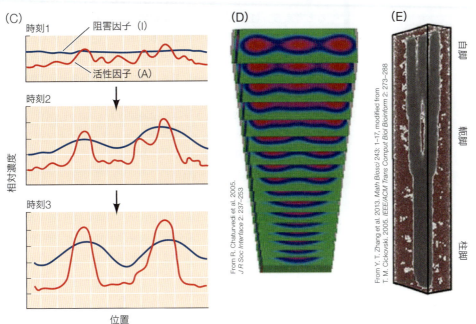

図21.15 反応拡散（チューリング）系によるパターン形成。（A）チューリングメカニズムは 2 つの因子（反応因子）の相互作用によって起こる。因子 A（赤）は自分自身の活性化と，自らの阻害因子（因子 I；青）の活性化の 2 つの機能がある。これらの相互作用により異なる細胞運命が交互に現れるようになり，結果的に縞模様や，より複雑な模様を自己生成する。（B）以下の条件で因子 I と因子 A が混合されると，空間上に周期的な因子の偏りが自律的に生じる。(1) 因子 I が因子 A を阻害する。(2) 因子 A が因子 I と因子 A の生成を触媒する。(3) 因子 I が因子 A より速く拡散する（時刻 1）。時刻 2 は，因子 A のピークと因子 I のより低いピークが同じ場所に生じる反応拡散系の条件を示している。（C）初期状態の反応因子の分布はランダムで，その濃度はその平均値からわずかなゆらぎがあるとする。因子 A が局所的に増えると，そこで因子 I の生成を増やし，因子 I が拡散することで，生成された場所の周囲で因子 A のピークができるのを阻害する。その結果，A のピークは一定間隔で生じる（"定常波"）。（D, E）チューリングメカニズムによる自己生成のコンピュータシミュレーションで，肢の骨格要素のパターンが説明できる。（D）活性因子モルフォゲン TGF-β の発現の断面図を，ニワトリ胚の発生ステージで並べたもの（下から上にいくにつれて時間が進む）。TGF-β の濃度は色で示す（低濃度＝緑，高濃度＝赤）。（E）肢の骨格をつくる軟骨凝集（灰色）を起こしている細胞の三次元的な分布図。上記のコンピュータシミュレーションで予測された分布を示す。肢の各部位における骨の"数"が，（D）で示した発生段階で変化する TGF-β の濃度のピークの数と相関することに注意。（A は S. Kondo and T. Miura. 2010. *Science* 329：1616-1620 より，S. Miyazawa の厚意による）

子がある閾値よりも高濃度になると，細胞（あるいは細胞群）は特定の方向に分化できるというわけである。

チューリングモデルを肢の発生に当てはめると，面白い結果が出てくる（**図21.15D, E**）。反応拡散のキネティクス（動態）によって，肢芽がどうやって基部-先端軸の極性を獲得するのか，そして肢の先端で指の数がどう制御されているのかを説明することができる（指の形成へのチューリングモデルの適用については21.6節で扱う）。反応拡散系は，軟骨原基と軟骨以外の組織への分化パターン形成を説明するための十分条件であると提唱されている（Zhu et al. 2010）。（オンラインの「WATCH DEVELOPMENT 21.1：A computer simulation of the acquisition of skeletal limb patterns over time based on a reaction-diffusion model」参照）

さらなる発展

チューリングモデルに従う肢発生　肢の軟骨形成をチューリングモデルで数学的に説明するには，いくつかの重要なパラメータを同定する必要がある。Stuart Newman（スチュアート・ニューマン）の研究室は，反応拡散モデルによって肢の間充織のパターンを説明できること，そしてそのパターンを決めるのに肢芽の大きさや形がかかわることを示した（Hentschel et al. 2004；Chaturvedi et al. 2005；Newman and Bhat 2007；Zhu et al. 2011；総説はZhang et al. 2013；Glimm et al. 2020）。

基部-先端軸に沿った軟骨形成の過程において，AERは肢を2つのドメインに分けると考える。(1)**阻害ドメイン**（**頂端領域**とも呼ぶ）：AERとすぐ隣り合う先端側の間充織領域で，軟骨原基の形成が抑制される。(2)**活性ドメイン**：阻害ドメインのすぐ基部側にあり，軟骨凝集がここで融合し，形態形成が活動的に起こっている。3つ目のドメインが"固定（frozen）"ドメインで，AERから十分に離れていて，発生中の肢芽の基部側で骨格の軟骨原基がつくられる。このうち活性ドメインの肢間充織に，チューリングモデルのパラメータが適用される（**図21.16**）。活性ドメインと固定ドメインは，（組織レベルでもモデルの微分方程式としても区別されるが）遺伝子発現としてはそれぞれ *FgfR2* か *FgfR3* が発現することによって区別される（Szebenyi et a. 1995；Hentschel et al. 2004）。

活性ドメインにある肢間充織細胞は，軟骨凝集塊形成の活性因子を合成する。この活性因子とは，TGF-β や BMP，activin，糖鎖結合タンパク質の一種のガレクチンなどである。ガレクチンは特定の細胞接着分子や，フィブロネクチンのような細胞外基質の合成を促進し，細胞を集合させて形態をもった軟骨性の骨格をつくる。一方で，間充織細胞は同時にNogginや阻害ガレクチンといった軟骨凝集の阻害因子も合成する。その結果，いったん細胞が集合して軟骨がつくられ始めると，その周りで軟骨凝集の形成が阻害される（図21.16の下段参照）。

肢芽の大きさが異なると，できる軟骨前駆体の凝集塊の数も異なる。まず初めに，1つの軟骨凝集ができて（上腕骨），その次に2つの軟骨凝集ができ（尺骨と橈骨），その後でより多くの軟骨凝集ができる（手根骨や指骨）。この反応拡散モデルでは，軟骨をつくる間充織細胞の集合体は周囲の領域から細胞を積極的に集合体側に引き込んでいく一方で，別の場所に軟骨凝集の中心ができるのを側方抑制で阻害する。そのため軟骨凝集の数は，組織の形状と側方抑制の強さによって決まる。一度集合した間充織細胞は互いに相互作用することで，周囲の細胞を引き込んでいくとともに，軟骨特異的な転写因子（Sox9）や細胞外基質（II型コラーゲン）を発現する（Lorda-Diez et al. 2011）。

このモデルによれば，合成と阻害の波が肢のパターンを決める。Zhu（チュー）らのグループは，肢芽の形状，拡散のしやすさ，活性化因子と阻害因子の合成と分解の割

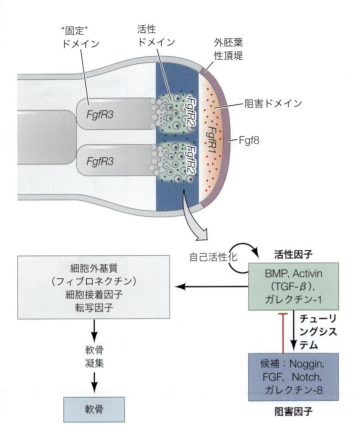

図21.16 反応拡散系による肢の基部-先端方向の特定化。AERの直下にある阻害ドメインでは，細胞はFGFとWntによって分裂し続けるとともに，軟骨形成が阻害されている。この領域の後ろの活性ドメインでは，反応拡散系の仕組みにもとづいて軟骨凝集塊が活発に形成される。ここではそれぞれの細胞同士が，形質転換増殖因子β(TGF-β)スーパーファミリー(TGF-β，BMP，Activin)の傍分泌因子や，ガレクチン-1などの細胞接着因子を分泌しており，またこれらの分子を受け取ることができる。これらの因子は，受け取った細胞においてさらにこれらの因子の合成を促すとともに，細胞外基質や細胞接着分子の合成を促して，細胞の集合を促進する。活性細胞はその一方で，細胞の集合を阻害する分泌性因子(Nogginやガレクチン-8など)の合成も促して，その近傍領域での細胞接着を阻害している。どこに軟骨凝集塊ができるかは，肢芽の形状によって決まっている(例えば，形状によって，活性化因子の"波"がいくつできるかが決まる)。"固定"ドメインにいくと，集合した軟骨凝集塊は軟骨に分化し，軟骨の配置が"固定"されている。(J. Zhu et al. 2010. *PLOS ONE* 5：e10892 より)

合といった条件をおくことで，肢芽の成長においてどの骨ができるかが決まる過程のモデル化が可能であることを示した。まず，コンピュータによるモデル化によって，正常な肢芽のパターン形成を正確に模倣することができた(図21.17A)。次に，実験操作をした場合(図21.17B)や変異体(図21.17C)の変化した表現型をシミュレーションで再現することもできた。さらに，肢芽の形状を変化させることで，化石動物の肢のパターン形成を再現することもできた(図21.17D)。

発展問題

数理モデルは発生生物学を新しい問いと実験に向かわせてくれるものであり，チューリングモデルは器官発生過程におけるパターン形成について確かにその役割を果たしている。例えば，活性帯にある因子のうち，どれが主要な"活性"をもつ活性化因子で，どれが阻害因子なのだろうか。TGF-βは軟骨形成の活性化因子の候補として支持されているが，数理モデルがその存在を予測するような阻害因子の候補となるような分子の実験データはほとんどない。そして評価を行うべきもう1つのパラメータが細胞移動である。

21.6　前後軸の特定化

　肢の前後軸の特定化は，肢芽の細胞が多能性を失って分化に進む最初の段階である。ニワトリ胚では，前後軸の特定化は肢芽が目視可能になる直前に起こる。

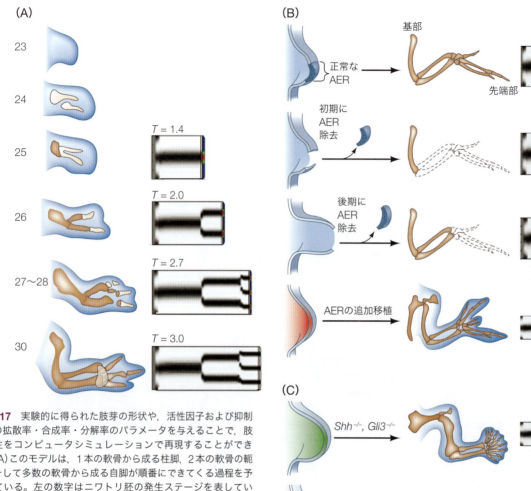

図21.17 実験的に得られた肢芽の形状や，活性因子および抑制因子の拡散率・合成率・分解率のパラメータを与えることで，肢の発生をコンピュータシミュレーションで再現することができる。(A)このモデルは，1本の軟骨から成る柱脚，2本の軟骨の軛脚，そして多数の軟骨から成る自脚が順番にできてくる過程を予測している。左の数字はニワトリ胚の発生ステージを表している。T（時間）は，コンピュータ上の発生段階を時間の相対値で示している。(B, C)ニワトリ胚のモデルで，実験的操作(B)や遺伝子変異(C)によって観察される骨形成パターンの異常も再現することができる。(D)興味深いことに，パラメータをわずかに変えることで，魚類型水生爬虫類*Brachypterygius*（前肢がヒレ状の形をしている）や，初めて陸に上がった爬虫類の1つ*Sauripterus*などの化石種の骨の形態形成を再現することができる。

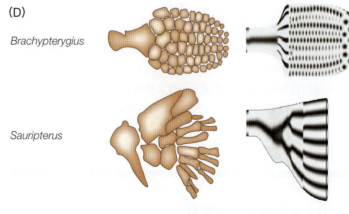

A after J. Zhu et al. 2010. *PLOS ONE* 5: e10892/CC BY 4.0, based on S. A. Newman and H. L. Frisch. 1979. *Science* 205: 662–668. B after J. Zhu et al. 2010. *PLOS ONE* 5: e10892/CC BY 4.0; J. W. Saunders. 1948. *J Exp Zool* 108: 363–403. C after J. Zhu et al. 2010. *PLOS ONE* 5: e10892/CC BY 4.0; Y. Litingtung et al. 2002. *Nature* 418: 979–983. D after J. Zhu et al. 2010. *PLOS ONE* 5: e10892/CC BY 4.0; A. M. Kirton. 1983. Ω*A Review of British Upper Jurassic Ichthyosaurs.* Unpublished Ph.D. dissertation. University of Newcastle-upon-Tyne: UK; N. Shubin et al. 2009. *Nature* 457: 818–823, based on illustration by K. Monoyios.

Sonic hedgehogが極性化活性帯（ZPA）を決める

Victor Hamburger（1938）は，ニワトリ胚は既に16体節期の時点で，予定翼領域の中胚葉を胴体部分に移植すると，ホスト側ではなくドナー側の前後軸および背腹軸の極性を

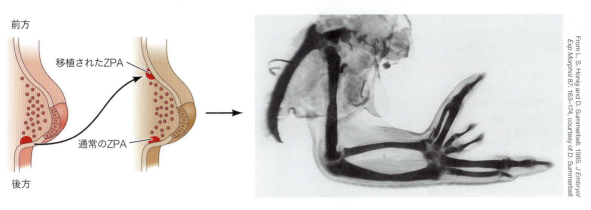

図21.18 ZPAを肢芽前方の中胚葉に移植すると，過剰指が通常の指と鏡像対称にできる。(L. S. Honig and D. Summerbell. 1985. *J Embryol Exp Morphol* 87：163-174 より)

もった肢が形成されることを示した。その後の実験によって，初期の肢芽の後方部分と体壁の境界に近い中胚葉性の組織の小塊によって，前後軸が特定化されることが示唆された（Saunders and Gasseling 1968；Tickle et al. 1975）。この領域の組織を初期の肢芽から切り出して，別の肢芽の前方に移植すると，結果としてできる翼の指の数は倍になる（図21.18）。しかも，過剰に形成された指は，通常つくられる指の構造とは鏡像対称になる。移植される前からの極性は保持されているが，移植後に情報は前後両方向からやってくるようになる。このことから，この肢芽後方領域の中胚葉は**極性化活性帯**（zone of polarizing activity：ZPA）と呼ばれている。

ZPAに極性を決める活性を与えている分子実体を明らかにすることは，発生生物学のなかでも最も重要な課題の1つになった。そのなかで1993年，Riddle（リドル）らが，ショウジョウバエの *hedgehog* 遺伝子の脊椎動物ホモログである *Sonic hedgehog*（*shh*）が，肢芽のなかのZPAとして知られている領域で特異的に発現していることを *in situ* ハイブリダイゼーションで示した（図21.19A）。Riddle ら（1993年）はZPAと *Sonic hedgehog* の関係が単に同じ場所で発現しているというだけではなく，Sonic hedgehog タンパク質の分泌が極性を決めるのに十分であることを示した。彼らは，ニワトリ胚の繊維芽細胞（通常Shhをつくることはない）に *shh* 遺伝子をもつウイルスベクターを感染させることで，遺伝子導入を行った（図21.19B）。この遺伝子は転写・翻訳されて，繊維芽細胞からタンパク質として分泌されるようになる。この繊維芽細胞を，ニワトリの初期の肢芽の前方の外胚葉の下に挿し込むように移植すると，ZPAを移植した場合と同じように，鏡像対称の指の重複が起こった。しかも，Sonic hedgehog タンパク質を染み込ませたビーズでも，同様の指の重複が起こることも示された（López-Martínez et al. 1995；Yang et al. 1997）。こうしたことから，Sonic hedgehog がZPA活性の分子実体であると考えられている。（オンラインの「FURTHER DEVELOPMENT 21.4：From Humans to Cats, a Natural Gain of Shh Function：The Extra Toes Mutation」参照）

Sonic hedgehogによるそれぞれの指の特定化

Sonic hedgehogはどのようにして各指の違いを特定化するのだろうか。ZPAでShhを分泌する細胞がその後どのような運命を辿るかを詳細に追跡すると，驚くべきことに，AERの細胞はその役割を終えるとアポトーシス（プログラム細胞死；オンラインの「FURTHER DEVELOPMENT 17.17」参照）を起こす一方で，Shhを一度でも発現した細胞はアポトーシスを起こさないことがわかった。むしろShh分泌細胞の系譜は肢の後方の骨や筋肉になる（Ahn and Joyner 2004；Harfe et al. 2004）。具体的には，マウスの後肢の場合，第5指

図21.19 Sonic hedgehogタンパク質がZPAで発現している。(A) in situ ハイブリダイゼーションにより，Sonic hedgehogがニワトリの肢芽後方の中胚葉（矢印）で発現していることを示す。この発現場所は，移植実験で同定されたZPAの領域と完全に一致する。(B) ShhはZPAの機能を代替するのに十分である。(Shhを強制発現した細胞を移植することで)ニワトリ胚の肢芽の前縁部でShhを生成させると，鏡像対称の過剰指を生じた。(BはR. D. Riddle et al. 1993. *Cell* 75：1401-1416より，J. W. Saunders and M. Gasseling. 1968. In *Epithelial-Mesenchymal Interactions: 18th Hahnemann Symposium*. Raul Fleischmajer, Rupert E. Billingham [Eds.], pp.78-97. Williams & Wilkins：Baltimore. ©The American Association for the Advancement of Scienceに基づく)

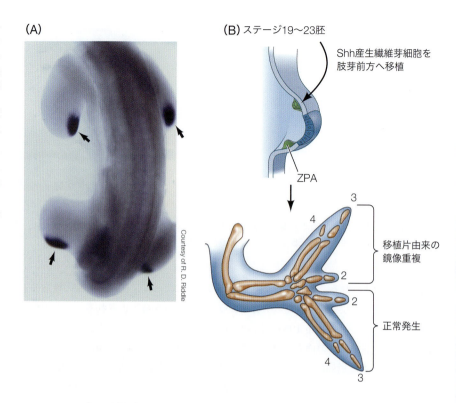

図21.20 マウスの肢では，Shhを分泌する細胞の子孫細胞は第4指と第5指をつくり，第2指と第3指の特定化に寄与する。(A)マウスの初期の後肢芽では，第4指の前駆細胞（緑色の点）と第5指の前駆細胞（赤色の点）はともにZPAのなかにあり，Sonic hedgehog（薄い緑色）を発現している。(B)肢の発生後期では，第5指をつくる細胞はまだZPAでShhを発現しているが，第4指をつくる細胞はもうShhを発現していない。(C)指ができるとき，第5指の細胞は第4指の細胞に比べ，高濃度のShhタンパク質により長時間さらされることになる。(D)指の特定化の仕組みの概要。第4指と第5指は自己分泌性のShhにさらされる時間によって特定化される。第3指は，自分自身と周囲の細胞が分泌したShhにさらされる時間によって特定化される。第2指は，周囲の細胞が分泌したShhを受け取る濃度によって特定化される。第1指はShhとは独立に特定化される。(B. D. Harfe et al. 2004. *Cell* 118：517-528より)

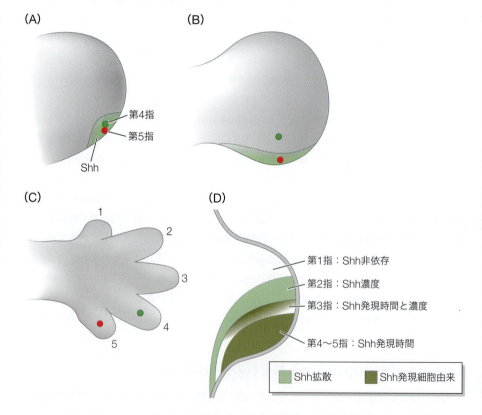

と第4指（と第3指の一部）はShh分泌細胞の系譜からできる（図21.20）。

　どうやら，指の特定化は主に*Shh*遺伝子を発現する合計時間によって決まっており，それに加えて他の細胞が受け取るShhタンパク質の濃度もわずかながら影響しているようである（Tabin and McMahon 2008参照）。

第21章 四肢動物の肢の発生 **749**

- 第4指と第5指の違いは，より後方の第5指が*Shh*をより長時間発現し，自身が分泌したShhタンパク質を（自己分泌的に）より長時間浴びることによって生まれる。
- 第3指は，第4指よりも短い時間Shhタンパク質を分泌した細胞の一部からつくられ，ZPAから拡散するShhにも依存して特定化される（このことは，Shhが細胞から拡散していかないようにすると，第4指がなくなることから示されている）。
- 第2指の特定化は，拡散してきたShhタンパク質に完全に依存している。
- 第1指はShh非依存的，あるいはShhによって間接的に特定化される。

　ニワトリでも，肢でShhが発現しない変異体が自然にみられることがあり，この場合には第1指だけが形成される。しかも，ShhとGli3の遺伝子を肢でのみ欠損させたコンディショナルノックアウトマウスでは，指の数は増えるが，その指は第何指にあたるのか判別できる特徴をもたない（Litingtung et al. 2002；Ros et al. 2003；Scherz et al 2007）。Vargas and Fallon（2005）は，*Hoxd12*非存在下での*Hoxd13*が第1指を特定化しているという説を提唱した。指原基全体で*Hoxd12*の強制発現を行うと，第1指がより後方の指に変化する（Knezevic et al. 1997）。

　コンディショナル遺伝子改変マウスを使って，Zhuらのグループ（2011，2022）は，*Shh*の発現とSonic hedgehog経路を制御し，マウスの指の発生運命の特定化における機能を調べた。その結果，Shhタンパク質は時期によって2段階の異なるメカニズムで働いていることを見いだした。第一段階としては，Shhは初期段階で短い時間で機能をもつ。Shhのパルスが各指の特定化に必要十分であることは，Shhの長距離で働くモルフォゲンとしての機能は直接的に働くわけではない可能性を示唆している。むしろ，Shhの一過的なシグナル刺激がシグナルのリレーを引き起こし，Shhを発現しない（ZPAではない）指を間接的に特定化する（そして間接的なシグナルは親指の発生にも必要であるらしい）。第二段階では，Shhは分裂促進因子として働き，肢芽の間充織の細胞分裂と肥大を促して，肢芽の形状をつくるのに寄与する。

さらなる発展

どのようにSonic hedgehogが指のアイデンティティを特定化するか　Sonic hedgehogが各指の違いを生みだす仕組みには，細胞周期の制御と骨形成タンパク質（bone morphogenetic protein：BMP）経路がかかわっているのであろう。Shhの時間・濃度依存的な働きによって，その下流の転写因子であるGli3の活性勾配ができる。Gli3の標的遺伝子とは，BMPのアンタゴニストであるGremlinや，細胞周期制御因子であるCdk6，ヒアルロン酸（細胞接着にかかわる）を合成する遺伝子などである。Shhは，Gli3を介してCdk6の発現を抑えることにより，軟骨前駆細胞の分裂を抑制する。また，Shhはヒアルロン酸合成酵素2の発現を促進するとともに，BMPのアンタゴニストGremlinの発現を抑制することで，BMPを介した軟骨分化を促進する（Vokes et al. 2008；Liu et al. 2012；Lopez-Rios et al. 2012）。

　Shhは，肢芽全体におけるBMPタンパク質の濃度勾配をつくり，維持する。このBMPの濃度勾配が，指を特定化する（Laufer et al. 1994；Kawakami et al. 1996；Drossopoulou et al. 2000）。ただし，それぞれの指としての特定化は指原基そのものが特定化されることで直接的に起こるわけではない。どの指に特定化されるかは，指間（interdigital）中胚葉，すなわち指の間の膜（この領域の間充織はその後すぐにアポトーシスを起こす；21.8節参照）が決めている。

　指間部の組織は，そこよりも前方（親指側方向）にできる指を特定化する。そのため，Dahn and Fallon（2000）による実験において，軟骨凝集ができている時期のニワト

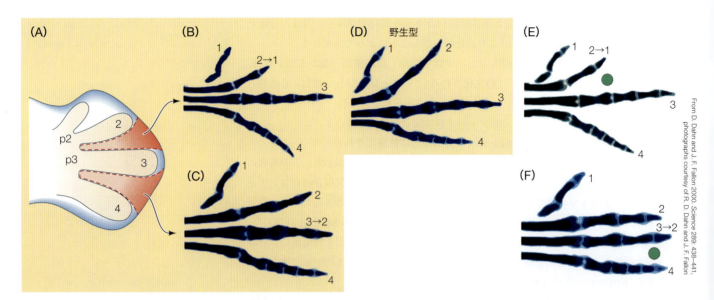

図21.21 各指の前方の指間領域のBMP濃度とGli3によって，各指の違いが制御される。(A)指間(interdigit：ID)領域の除去の概要。(B)第2指原基(p2)と第3指原基(p3)の間の第2指間領域の除去により，第2指が第1指の構造になる。(C)第3指間領域（第3指原基と第4指原基の間）の除去により，第3指が第2指の構造になる。(D)通常の指とその指間空間。(E，F) BMPの阻害因子Nogginを染み込ませたビーズを指間領域に移植することで，(B)や(C)でみられたものと同様の指の構造の転換を起こすことができる。(E) Nogginを染み込ませたビーズ(緑色の点)を第2指間領域に移植すると，第2指は第1指と同じ形になる。(F) Nogginのビーズを第3指間領域に移植すると，第3指は第2指と同じ形になる。(D. Dahn and J. F. Fallon. 2000. *Science* 289：438-441より)

リ胚後肢の第2指と第3指の間の膜を除去すると，2番目の指は第1指の形態に変わった（図21.21A，B）。同様に，第3指と第4指との間の膜を除去すると，3番目の指は第2指の形態に変わった（図21.21A，C）。また，BMPの量を変化させることで，指間膜の位置価を変えることができる（図21.21D～F）。指は，それぞれの特徴をもった軟骨凝集塊の列としてできて，これが後に指の骨となる。Suzuki（鈴木）らのグループ(2008, 2021)は，指間膜におけるBMPシグナル量の差に応じて進行帯間充織細胞が軟骨凝集塊に呼び寄せられ，指ができることを示した。

Sonic hedgehogとFGF群：さらなるフィードバックループ

まず，肢芽が比較的小さいときに，中胚葉からのFgf10と外胚葉からのFgf8の正のフィードバックループができあがり，肢の成長を促進する（図21.22A）。肢芽が大きくなるとZPAができ，もう1つの制御ループがつくられる（図21.22B）。BMP阻害因子Gremlinの Shh依存的な発現がない場合，中胚葉のBMPは，AERのFGFを負に制御する（Niswander et al. 1994；Zúñiga et al. 1999；Scherz et al. 2004；Vokes et al. 2008）。ZPAのSonic hedgehogがGremlinを活性化し，それがBMPを阻害することで，FGFの発現と肢芽の成長が維持される。さらに，FGFはShhを抑制する因子を阻害して，正のフィードバックループを完成させる。しかし，このような複数の遺伝子がかかわる経路はいつもそうであるように，実際の相互作用はここで示すよりももっと複雑である。

AERのFGF量に応じて，ZPAは活性化も不活性化もされうる。つまり，2つのフィードバックループがあると示されている（図21.22C；Verheyden and Sun 2008；Bénazet et al. 2009）。はじめに，AERの比較的低い発現量のFGF群がShhを活性化し，ZPAの機能を維持する。FGFシグナルは，Shhの転写を抑制するEtv4とEtv5タンパク質を抑制するようである（Mao et al. 2009；Zhang et al. 2009）。このように，AERとZPAは，Shh

第 21 章　四肢動物の肢の発生　**751**

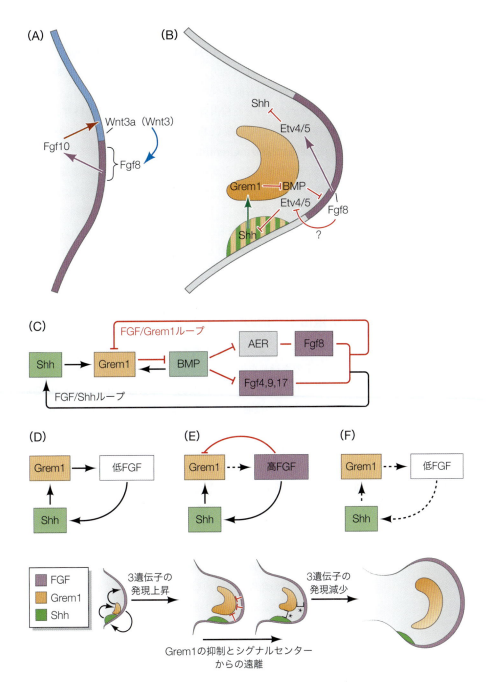

図 21.22　AER と肢芽の間充織との初期の相互作用。(A) 肢芽では，側板中胚葉由来の間充織からの Fgf10 が，外胚葉での Wnt (ニワトリでは Wnt3a，マウスやヒトでは Wnt3) の発現を活性化する。Wnt は β カテニン経路を活性化し，AER 付近の領域で Fgf8 の合成を誘導する。Fgf8 は Fgf10 を活性化し，正のフィードバックループをつくる。(B) 肢芽が成長すると，肢芽後方の間充織で発現する Sonic hedgehog (Shh) が前後軸の極性をつくる新たなシグナルセンターを誘導するとともに，Gremlin (Grem1) を活性化することで，間充織の BMP の働きを阻害する。BMP は AER での FGF の合成を阻害するので，結果的に Grem1 は FGF を活性化する。さらに，Fgf8 は *Etv4/5* (E26 スーパーファミリー転写因子に属する遺伝子) が肢芽の前後軸に沿って異なる活性をもつように制御する働きも一部担っており，Shh 発現の後方からの勾配を補強する。(C) 2 つのフィードバックループが AER と ZPA をつないでいる。正のフィードバックループ (下の黒矢印) では，AER 由来の Fgf4，9，17 は Shh を活性化し，ZPA を安定化させる。相互阻害ループ (上の赤矢印) では，ZPA 由来の Shh が Grem1 を活性化し，それが BMP を阻害して，BMP を介する AER の FGF 抑制を妨げる (結果 FGF を活性化する)。(D) フィードバックループによって，Shh (ZPA) と FGF (AER) は互いが互いの合成を促進しあう。(E) FGF の濃度が上がり，ある閾値に達すると，FGF が Gremlin を阻害し始めることで，BMP が AER の FGF を抑制できるようになる。領域のなかで Gremlin を発現しない細胞 (角括弧とアスタリスク) が増殖すると，AER 付近の Gremlin のシグナルが弱くなり，FGF を抑制する BMP の働きを抑えることができなくなる。(F) このとき AER が消失し，ZPA を安定化させていたシグナルがなくなる。そして，ZPA も消失することになる。(A, B は M. Fernandez-Teran and M. A. Ros. 2008. *Int J Dev Biol* 52: 857-871 より；C は J. M. Verheyden and X. Sun. 2008. *Nature* 454: 638-641. ©2008, Macmillan Publishers Limited より)

とFGFの正のフィードバックループを介して相互にサポートし合っている（Todt and Fallon 1987；Laufer et al. 1994；Niswander et al. 1994）。肢芽のより前方では，Fgf8がEtv4/5を正に制御しており，それがこの領域でShhを抑制することで，さらにZPAにおけるShhの後方から前方への濃度勾配を強めている（Mao et al. 2009）。

FGFシグナルを介したShh刺激の結果，この時期の肢芽の発生ではGremlin（強力なBMP阻害因子）の濃度が高く，FGFとShhの正のフィードバックループが肢の成長を維持している（図21.22D）。Gremlinが分泌されAERに届くかぎり，FGF群はつくられ続け，AERは維持され続ける。しかし，それによってFGFの濃度も上がり，それによってつくられた負のフィードバックループが，肢芽先端部の間充織におけるGremlinの発現を阻害しはじめる（図21.22E）。こうしてGremlinの合成が抑制されるとともに，肢芽の成長が起こることで，肢芽の最先端部の間充織においてGremlinのある領域とシグナルセンター（AERやZPA）の距離が離れる。同時に，BMPがFGFの合成を止め，AERがなくなり，そしてZPAも（FGF群のサポートがなくなるため）消失する。こうして，胚発生期の肢芽の発生が終わる（図21.22F）。

Hox遺伝子が指の特定化を行う制御ネットワークの一端を担う

21.2節で述べたように，Hox遺伝子群は肢の3軸それぞれにおいて細胞運命の特定化にきわめて重要な役割を果たしており，Hox遺伝子群，特に*Hoxd*遺伝子群の発現は，2段階の機能をもつ（Zakany et al. 2004；Tarchini and Duboule 2006；Abbasi 2011も参照）。第一段階での機能は，柱脚と軛脚の特定化に重要である（図21.23）。*Hoxd*遺伝子群の発現の第二段階での機能は，自脚の特定化に寄与するものである。*Hoxd*遺伝子群の第一段階（早期）の発現を制御する主要なシス制御領域は2つある（ELCRとPOST）。2つの制御領域は多くのエンハンサーから成り，これらが協調的に働いて*Hoxd*遺伝子群の時空間的に順序立った発現を可能としている。

その早期制御領域の1つがELCR（初期肢発生制御領域：early limb control regulatory region）と呼ばれるもので，時間依存的に転写を活性化する。簡単にいうと，ELCR領域に近い遺伝子ほど，早く転写が活性化される。（第一段階目で働く）もう1つの制御領域は，POST（後方限定制御領域：posterior restriction）と呼ばれるもので，5'*Hoxd*遺伝子群（*Hoxd10〜13*）の発現に空間的な制御を与える。これによりPOSTに最も近い遺伝子は，肢芽の後端にはじまる最も狭い発現領域を示す（図21.23A，B参照）。

この入れ子状になったHoxdタンパク質の発現パターンは，*Sonic hedgehog*遺伝子の遠距離エンハンサー（ZRS）の活性化に必要であり，結果的に肢芽後方の中胚葉でのShhの発現や，ZPAの形成を活性化する（Tarchini et al. 2006；Galli et al. 2010）。さらに，Hoxb8が胴体部の間充織に存在することもZPAに影響を与え，前肢の肢芽の後端境界を決めることに寄与しているようである（図21.23B参照）。マウス前肢の肢芽の前方領域で*Hoxb8*を異所発現させると，そこにもZPAがつくられる（Charite et al. 1994；Hornstein et al. 2005）。

ZPAが形成されると，今度はZPAが*Hoxd*の発現パターンを変化させる働きをする。肢芽の後端から発現したSonic hedgehogが，GCR（広域制御領域：global control region）と呼ばれる，Hox遺伝子の第二段階目のエンハンサー群を活性化する（図21.23C，D参照；Spitz et al. 2003；Montavon et al. 2011）。Hox遺伝子のうち，GCRに一番近いものが最も広く発現する。この発現は，*Hoxd10〜13*のそれまでの発現パターンを逆転させるものである。すなわち，*Hoxd13*は最も発現量が高くなり，最も前方まで発現が広がる一方で，*Hoxd12*，*Hoxd11*，*Hoxd10*はそれよりも少し狭い発現領域を示す。こうして，最も前方の指（例えば親指）は*Hoxd13*だけを発現し，他のHox遺伝子を発現しない（図21.23Bの下部参照；Montavon et al. 2008）。

第21章 四肢動物の肢の発生 | 753

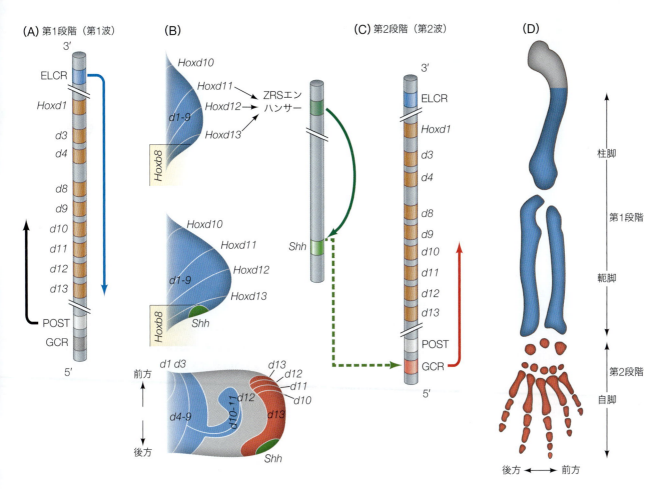

図21.23 Hoxd遺伝子群の発現が変化することで，四肢動物の肢のパターン形成は2つの独立な段階で制御される。(A) Hoxd遺伝子群の発現の第一段階は，肢芽が形成されるときに始まる。ELCR（初期肢発生制御領域：early limb control regulatory region）は，それに近い遺伝子ほど早く，遠い遺伝子ほど遅いタイミングで転写を活性化する一方，POST制御領域はELCRとは逆向きに働き，それに近い遺伝子が前方で発現するのを抑制する。(B) その結果，各遺伝子の発現領域は，Hoxd13の発現が最も後方に限局するのに対し，Hoxd12はそれより前方に広がった領域で発現できる，といったものになる。5'Hoxd遺伝子はShhの遠距離エンハンサー（ZRS）を活性化し，その結果ZPAが肢の後方の中胚葉にできる。肢芽の白線は遺伝子発現の境界を示す。(C) 第二段階では，ShhがGCR制御領域を活性化するとHoxd遺伝子群の発現パターンは逆転し，例えばHoxd13は他のHoxd遺伝子より前方で発現するようになる（B，下段の赤色の部分）。(D) 第一段階（青色）と第二段階（赤色）で特定化される骨格要素。(A. A. Abbasi. 2011. *Dev Dyn* 240: 1005-1016. ©John Wiley & Sons より）

つまり，Hoxd遺伝子発現の第一段階はZPAの特定化を助ける働きであるのに対し，第二段階ではHoxd遺伝子の発現パターンがZPAによって制御され，それによって指の特定化が起こるのである。このモデルをサポートする実験として，このステージの肢芽の前端にZPAやShh分泌細胞を移植することで，鏡像対称のHoxd遺伝子発現パターンが誘導され，結果として鏡像対称の指のパターンが誘導される（Izpisúa-Belmonte et al. 1991；Nohno et al. 1991；Riddle et al. 1993）。

さらなる発展

チューリングモデルによる指の骨格形成の自己組織化 これまで，前後軸に沿った指のパターニングの制御におけるShhとGli3の重要性についてみてきた。しかし，ShhやGli3の単独，あるいは両方のヌル変異体でも，指ができることについては触れてこなかった。実は，これらの変異体は多数の指をつくる多指症の表現型を示す（Litingtung et al. 2002；te Welscher et al. 2002）。これらのデータは，(1)通常とは

別の誘導システムが働くことで指が形成された，または(2)通常の骨格形成の雛形となるためにもともとあった分子のパターンに基づいて指が形成された，という2つの可能性を示唆するものである。

マウスの手の5つの指を前後軸上の縞模様とみなすと，そのパターンはチューリングシステムでつくられるパターンを想起させる(図21.17参照)。もし，チューリング型の仕組みによって，肢芽先端部の間充織が自己組織化による軟骨形成を起こすことができるのだとしたら，このパターン形成システムにおける活性因子と抑制因子を代表するコア因子は何なのだろうか。

肢芽先端で発現するHox遺伝子群が指の特定化を起こす遺伝子制御ネットワークにきわめて重要な役割を果たすことと，Shh/Gli3とHoxの間の相互の制御関係を踏まえ，Sheth（シェス）らのグループは2012年，*Hoxa13/Hoxd11〜13*遺伝子の機能がチューリングモデルの仕組みを介して指の数を制御しているという仮説をたてた。理論的には，指の数を増やす1つの方法は，軟骨形成における縞模様の波長を短くすること，つまり肢芽先端部の間充織がつくる軟骨前駆体が，より細い縞模様に分かれていくことだと考えられる。Shethらのグループによる重要な発見は，先端で発現するHox遺伝子群を1つずつ消失させ，同様に*Gli3*の量も減少させていくと，指の数がだんだん増加していくことを示すものであった(**図21.24**)。このRos（ロス），Sharpe（シャープ），Kmita（クミタ）の研究室との共同研究は，具体的な物質でなく，一般的な活性因子と抑制因子のモルフォゲンを想定した反応拡散シミュレーションを用いている。このシミュレーションによると，先端で発現するHox遺伝子群とAER由来のFGFの濃度勾配を組み合わせると，チューリングシステムの**波長**を調整する因子としての十分条件を満たし，通常のマウスと*Gli3*のヌル変異の指の軟骨パターンの表現型を再現することができた。

このようにチューリングモデルを指のパターニングに適用すると，肢芽先端部のわずかな大きさの変化によって，指の数が変化することが予測できる。実験結果はまさに予測のとおりであり，さらに，これが進化の過程で指が増えたり減ったりするシンプルな方法なのかもしれない[6・次頁]。実際，*Hox/Gli3*の二重変異体の多指症の表現

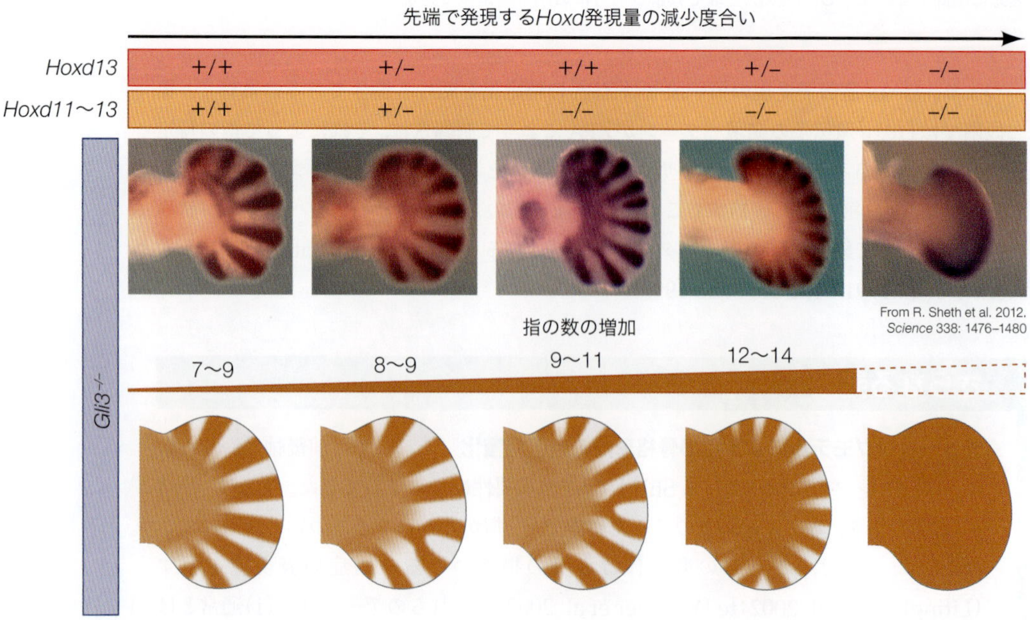

先端で発現する*Hoxd*発現量の減少度合い

Hoxd13	+/+	+/−	+/+	+/−	−/−
Hoxd11〜13	+/+	+/−	−/−	−/−	−/−

指の数の増加

| 7〜9 | 8〜9 | 9〜11 | 12〜14 | |

From R. Sheth et al. 2012. *Science* 338: 1476−1480

図21.24 *Gli3*と先端で発現するHox遺伝子の発現。*Gli3*の欠失とともに，先端で発現するHox遺伝子の発現群を1つずつ欠失させていくと，それに従って指の数が増えていく。過剰指の形成パターンはチューリングタイプの形成メカニズムに従う（シミュレーション（下段）がマウス前肢の*Sox9*のパターン（写真）と一致する）。(R. Sheth et al. 2012. *Science* 338：1476-1480より，AAASの許可を得て掲載)

(A) 遺伝子発現パターン

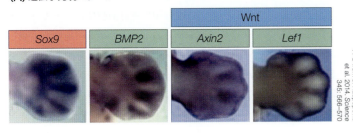

(B) チューリングモデル

(C) シミュレーション

既知のSox9発現

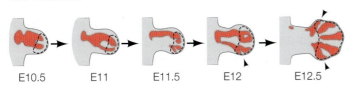

E10.5　E11　E11.5　E12　E12.5

(D) 後期の周期的な指のパターン

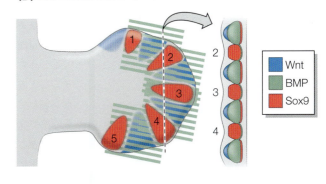

図21.25 BMP-Sox9-Wntで構成されるチューリングタイプのメカニズムが指の形成を支配する。(A) *Sox9*の発現が，BMP経路の*Axin2*とWnt経路の*Lef1*の発現に対して交互になって縞模様をつくる。(B) BMP/WntとSox9の相互作用(BSW)に加えて先端側の*Hoxd13*と*Fgf8*の発現によるチューリングメカニズムのシミュレーションにより，野生型の肢の成長と指の形成が説明できる。(C) このモデルによる指形成のコンピュータシミュレーション(上段)は，実際の*Sox9*遺伝子の発現(下段)と非常によく一致する。(D) 肢芽の前後軸に沿ったBMP-Sox9-Wntの発現量の違いを示した図。(DはA. Zúñiga and R. Zeller. 2014. *Science* 345：516-517 より，AAASの許可を得て掲載)

型と，原始的な四肢動物の肢や，肉鰭亜綱や条鰭亜綱の魚のヒレを比べると，指の骨格のパターニングにおいて反応拡散メカニズムに基づいた自己組織化という仕組みが進化的に保存されて存在する可能性が強く示唆される。

このチューリングモデルから，モデルで想定した活性因子と抑制因子のモルフォゲンが軟骨形成時に肢芽先端の間充織に存在することが予測される。そのため，このモルフォゲンとは一体なんなのだろうか，という探索が始まった。このシステムにおける活性因子と抑制因子をどのように同定したらいいか，読者にはわかるだろうか。

Sharpe（シャープ）の研究室は，この問題へのアプローチとして，まず肢芽先端における軟骨前駆体の初期のパターンの時空間的な変化を詳細に記述するため，軟骨分化初期のマーカーとしてSox9の発現パターンを観察した。Sharpe研究室のRaspopovic（ラスポポヴィッチ）らはそれと同時に，Sox9を発現している肢芽間充織と発現していない間充織のトランスクリプトームを比較し，これら2つの細胞群において発生関連遺伝子の発現が異なることを見出した(Raspopovic et al. 2014；Zuñiga and Zeller 2014)。すなわち，WntとBMPに関連する遺伝子がSox9を**発現していない細胞**("逆位相"；**図21.25A**)でのみ高発現していることを示した。さらに，

6　そのため，大きな肢芽をもつイヌは，通常よりも多くの指(自脚)の軟骨凝集をつくれるだけの細胞があるのだと考えられる(Alberch 1985)。セントバーナードやグレートピレネーズでは，このようなことが起こっているらしい。Fondon and Garner (2004)は，グレートピレネーズという1種類の犬種だけがAlx4の特定の1アリルをホモ接合でもつことを示した。これらのイヌは多指(後肢の2本目の狼爪)を特徴にもつ。この犬種においては，明らかに肢芽がより成長しており，それによって自脚に軟骨凝集をもう1つつくることができる。

*Sox9*遺伝子を消失させると，肢芽におけるWntやBMPの周期的な発現は完全に消失する（Akiyama et al. 2002）。このことは，Sox9は単に軟骨前駆体のマーカーであるだけでなく，遺伝子制御ネットワークの構成要素そのものでもある可能性を示唆している。この結果に基づいてRaspopovicは，マウスの指の軟骨形成を説明できるモデルとして，BMP-Sox9-Wnt（BSW）の"3つのノード"によるチューリング型ネットワークモデルをつくった。このシミュレーションでは，BMPはSox9の活性因子として機能し，Wntは抑制因子として働く（図21.25B）。興味深いことに，肢芽の基部-先端軸方向への成長に従ったFGFの濃度勾配の時間変化と，先端で発現するHox遺伝子群の空間的な限局によって，"波長"が調整されるというパラメータを加えるだけで，BSWチューリングモデルは指の発生の自己組織化を正確にシミュレーションすることが可能である（図21.25C）（Zuñiga and Zeller 2020）。

まとめると，指の軟骨形成パターンは，分子の相互作用に基づくチューリングシステムによる自己組織化によって起こるらしい（図21.25D）。BMPとWntは，モルフォゲンとしてSox9の発現をそれぞれ正と負の方向に制御していて，その機能はFGFと先端部で発現するHox遺伝子群によって調整される。最後に，Sonic hedgehogは軟骨ができるより前に先端部の間充織の極性決定を行い，それにより前後軸に沿った指の特定化に影響を与える。（オンラインの「WATCH DEVELOPMENT 21.2："Turing" mesenchyme into digits：A computer simulation」参照）

21.7　背腹軸の形成

肢の3つ目の軸は，肢の背側（手足の甲，爪）と，腹側（手のひら，足の裏）を分ける軸である。1974年にMacCabe（マッケイブ）らが，肢芽の背腹極性は，肢芽を包む外胚葉によって決まることを示した。肢芽の外胚葉を180°回転させて肢芽の間充織を包みなおすと，背腹軸は部分的に逆転する。すなわち，先端部（指）が"裏返し"になる。このことは，肢の背腹軸特定化の後期は，外胚葉の成分によって制御されていることを示唆している。

背腹極性を特定化するのに特に重要だと考えられている分子がWnt7aである。Wnt7aの遺伝子は，ニワトリとマウスの肢芽では背側の外胚葉だけで発現している（腹側では発現しない）（図21.26A；Dealy 1993；Parr et al. 1993）。Parr and McMahon（1995）は，*Wnt7a*遺伝子をノックアウトしたマウス胚が肢の両面に足蹠をもったことから，Wnt7aが肢の背側のパターン形成に必要であることを示した。

*Wnt7a*は，肢の発生過程で発現する背腹軸決定遺伝子としては，最初に見つかった遺伝子である。Wnt7aは，背側の間充織における*Lmx1b*（*LIM*ホメオボックス転写因子*1b*）遺伝子の活性化を誘導する。*Lmx1b*は転写因子をコードしており，これが肢の背側の細胞運命の特定化に必要だと考えられている。Lmx1bタンパク質を腹側の間充織細胞で発現させると，その細胞は背側の表現型を示すようになる（Riddle and 1995；Vogel et al. 1995；Altabef and Tickle 2002）。*Lmx1b*のノックアウトマウスは，肢の背側の表現型が欠損し，足蹠や腹側にできる腱や種子骨のような腹側の特徴を示す構造をつくるという表現型を示す（図21.26B，C）。同様に，*LMX1B*遺伝子の機能喪失型変異をもったヒトは爪膝蓋骨症候群を発症し（指に爪ができず，膝蓋骨もできない），肢の背側が腹側化する（Chen et al. 1998；Dreyer et al. 1998）。

Lmx1bタンパク質はおそらく，細胞が背側に分化するように特定化する。そしてこの働きは，運動ニューロンの神経支配に非常に重要である（運動ニューロンの成長円錐は，肢芽の背側と腹側でつくられた阻害因子の違いを認識する）。逆に，転写因子Engrailed-1は，

第21章 四肢動物の肢の発生 | 757

(A) 遺伝子発現

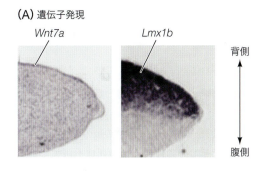

(B) 野生型　(C) lmx1b変異体

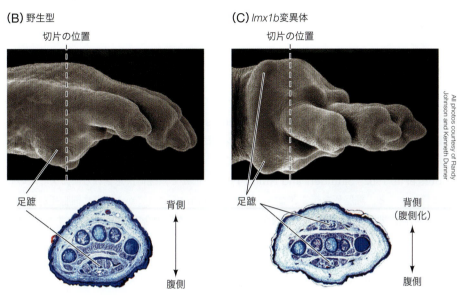

図21.26 Lmx1bに依存したWnt7aによる背腹のパターニング。(A) Wnt7aとLmx1bはどちらも肢芽の背側で発現している。Wnt7aは表皮に限局しているが，Lmx1bは背側間充織全体に発現している。(B, C) Lmx1bの消失により，前肢が腹側化する。変異体では，手の平と甲の両方に足蹠を認める。

肢芽の腹側の外胚葉マーカーであり，その下にある中胚葉のBMPによって誘導される（図21.27）。初期の肢芽でBMPをノックアウトすると，Engrailed-1は発現しなくなり，Wnt7aが背側と腹側両方の外胚葉で発現するようになる。その結果，両側とも背側になった肢ができる（Ahn et al. 2001；Pizette et al. 2001）。

背腹軸は，他の2つの軸とも協調している。実際，前述したWnt7a欠損マウスは背側の肢の構造だけでなく後方の指も失うことから，Wnt7aは前後軸にも必要であることが示唆されている（Parr and McMahon 1995）。Yang and Niswander（1995）は，ニワトリ胚を使って同様の現象を観察している。彼らは，発生中の肢から背側の外胚葉を除去すると，肢の後方の骨格要素が失われることを見いだした。肢の後方の指が失われた理由は，Shhの発現が大幅に下がったためである。このときウイルスを用いてWnt7aを強制発現させることで，背側の外胚葉のシグナルを代用することができ，Shhの発現と肢の後方の形態形成を回復させることができる。このことは，Shhの合成は，Fgf4タンパク質とWnt7aタンパク質の組み合わせにより引き起こされることを示している。逆に，Wntシグナルを腹側の外胚葉で強制的に活性化すると，AERの過剰伸長と過剰指形成が引き起こされることから，基部-先端方向のパターン形成は，背腹方向のパターン形成と独立に起こるわけではないことが示されている（Loomis et al. 1998；Adamska et al. 2004）。

そして，肢のパターン形成が終わるときには，BMPがFGF群を阻害することでAERを消失させると同時に間接的にZPAも消失させ，さらに背腹軸に沿ったWnt7aシグナルも阻害する（Pizette et al. 2001）。BMPシグナルは，3軸すべての成長やパターン形成を終了させるわけである。AERにBMPを外から与えると，AERに特徴的な伸長した形の上皮

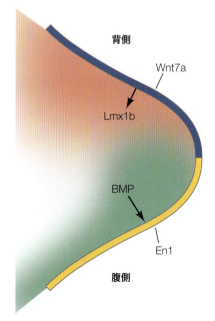

図21.27 WntとBmpシグナルによる肢芽の背腹のパターニングのモデル。Wnt7aがLmx1bを介して肢芽の背側の細胞運命を誘導する一方，BMPシグナルがEngrailed-1（En1）を介して肢芽の腹側のパターニングを制御する。(K. Ahn et al. 2001. Development 128：4449-4461より)

細胞が四角い形に戻り，FGF群の産生をやめてしまう．逆にNogginでBMPを阻害すると，AERを本来消失する時期よりも長く維持させることができる(Gañan et al. 1998 ; Pizette and Niswander 1999)．

21.8 指および関節の形成と細胞死

アポトーシス(apoptosis)——プログラム細胞死——は，四肢動物の肢の形態を削りだす働きをもつ．実際，関節をつくる場合や各指を分ける際に，細胞死は不可欠である(Zaleske 1985 ; Zuzarte-Luis and Hurle 2005)．脊椎動物の肢のどの細胞が死ぬか(あるいは死なないか)は遺伝的にプログラムされており，進化の過程で選択されてきたものである．

自脚を削りだす

ニワトリの脚と，水かきのついたアヒルの脚の違いは，指の間で細胞死が起こるか起こらないかによって生じる(図21.28)．Saundersらのグループは，ニワトリの指の軟骨の間の細胞は，ある時期を超えるとアポトーシスに向かうように運命決定され，胚の別の場所に移植したり，取り出して培養したりしても，細胞死を起こすことを見いだした(Saunders et al. 1962 ; Saunders and Fallon 1996)．しかし，運命決定される前にアヒルの肢に移植すると，細胞死を起こさない．細胞死が運命決定されてから実際に細胞死が起こるまでの間，細胞内でのDNAやRNA，そしてタンパク質の合成は劇的に減少する(Pollak and Fallon 1976)[7・次頁]．

自脚のアポトーシスのシグナルはBMPタンパク質によって引き起こされるが，興味深いことに，BMPは指間領域で合成が亢進されたレチノイン酸に依存して発現する(Cun-

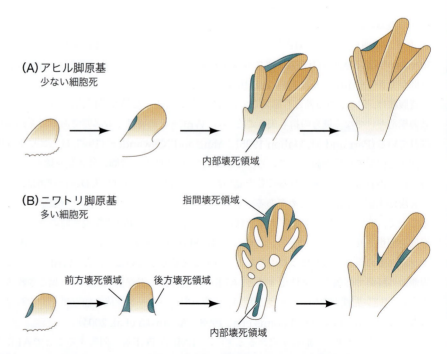

図21.28 アヒル胚(A)とニワトリ胚(B)の脚原基の細胞死のパターン．青色が細胞死の領域を示している．アヒルでは細胞死の領域は非常に狭いが，ニワトリの脚では指間組織の広い領域で細胞死が起こる．(J. W. Saunders and J. F. Fallon. 1966. In *Major Problems in Developmental Biology*, M. Locke [Ed.], pp.289-314. Academic Press : New York and London. ©Academic Press Incより)

ningham and Duester 2015)。BMP2，BMP4，そしてBMP7は，それぞれ指間領域の間充織で発現しており，BMPシグナルを阻害すると，指間領域のアポトーシスが起こらなくなる（Yokouchi et al. 1996；Zou and Niswander 1996；Abarca-Buis et al. 2011）。BMPは進行帯間充織全体で発現しているため，BMPを積極的に抑制しなければ，細胞死は全体で起こってしまうと考えられる。そうならないよう，発生中の指の軟骨と，それを囲む軟骨膜で発現しているNogginタンパク質が，BMPを抑制していると考えられている（Capdevila and Johnson 1998；Merino et al. 1998）。Nogginを肢芽全体で発現させると，アポトーシスはみられなくなる。

関節形成

　最初にわかったBMPの機能は，骨や軟骨をつくるという機能であり，壊すほうではなかった〔だからこそ，BMPは"骨形成タンパク質（bone morphogenetic protein）"という名前なのである〕。発生中の肢におけるBMPの機能は，間充織細胞をアポトーシスへと誘導するか，それらを軟骨をつくる軟骨細胞に分化させることであるが，これは発生のステージによって決まる。同じBMPが，細胞の履歴に応じて細胞死も細胞分化も誘導しうるわけである。このシグナル応答の**条件依存性**（context dependency）は，発生生物学において非常に重要な概念である。そして，関節形成においてもきわめて重要な役割をもつ。Macias（マシアス）らのグループは1997年，初期肢芽形成期（軟骨凝集が始まる前）では，BMP2やBMP7を分泌するビーズはアポトーシスを引き起こすことを示した。一方，その2日後では，同じビーズが肢芽の細胞を軟骨へと分化させた。

　通常の発生中の肢では，BMPはこの2つの機能の両方を利用して関節をつくる。凝集しつつある軟骨細胞の周りを囲む軟骨膜は，複数種のBMPを分泌し，軟骨形成をさらに促進する（図21.29A）。それとは別のBMPであるGDF5が骨と骨の間の領域で発現し，そこに関節ができる（図21.29B；Macias et al. 1997；Brunet et al. 1998）。GDF5タンパク質は，関節形成においてきわめて重要な働きをもつことが示唆されている。GDF5をコードする遺伝子の変異マウスでは短脚症を生じ，肢の関節が欠損するのである（Storm and Kingsley 1999）。また，BMPのアンタゴニストであるNogginの機能喪失型変異をホモでもつマウスでは，関節が形成されない。この*Noggin*欠損マウス胚では，BMP7が周りにあるほぼすべての間充織細胞を指の軟骨に引き込んでしまう（図21.29C）。

さらなる発展

血管，Wnt，筋肉の収縮と関節形成　間充織細胞が軟骨形成組織の軟骨凝集塊に変化することで，骨の境界ができる。血管があるところでは，間充織はそのような軟骨凝集塊をつくることはなく，軟骨形成の最初の兆候の1つが，軟骨凝集塊ができる場所で血管が退縮していくことである（Yin and Pacifici 2001）。Wntタンパク質は*Gdf5*の転写を維持するのに重要で，Wntシグナルを受けて蓄積したβカテニンによって，軟骨前駆細胞を特徴づける*Sox9*遺伝子や*collagen-2*遺伝子が抑制される（Hartmann

---

7　指間壊死領域（interdigital necrotic zone）の他に，肢には細胞死によって"削りだされる"領域が3つある。尺骨と橈骨は内部壊死領域（interior necrotic zone）によって分かれ，前方壊死領域（anterior necrotic zone）と後方壊死領域（posterior necrotic zone）は，肢の縁をさらに成形する（図21.28B参照；Saunders and Fallon 1966）。これらの領域は"壊死（necrotic）"領域と呼ばれるが，この用語は壊死（疾患や外傷の際に用いる用語）とアポトーシスの区別がついていなかったころの名残である。実際にはこれらの細胞はアポトーシスを起こし，指間組織の細胞はDNAの断片化を伴って細胞死する（Mori et al. 1995）。

図21.29 軟骨の安定化とアポトーシスの両方にBMPがかかわりうる。(A)肢の中胚葉におけるBMPシグナルの2つの役割を示したモデル図。BMPは，FGF（アポトーシスを引き起こす）またはWnt（骨形成を誘導する）の存在下で受け取られる。BMPを受け取った組織にAER由来のFGFがある場合は，Dickkopf（Dkk）が活性化される。このタンパク質はアポトーシスを引き起こし，同時にWntの骨形成を促す作用を阻害する。(B，C) Nogginの効果。(B)野生型マウス16.5日目胚の自脚では，*Gdf5*が関節で発現している（濃青）。(C) *Noggin*欠損マウス16.5日目胚の自脚では，関節も*Gdf5*の発現もみられない。おそらく，Nogginがないと，BMP7がその周りの間充織のほぼすべてを軟骨にしてしまうのだろう。(AはL. Grotewold and U. Rüther. 2002. *EMBO J* 21：966-975より)

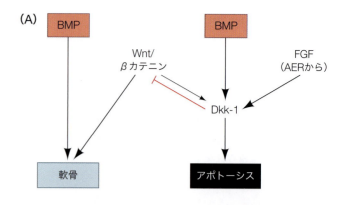

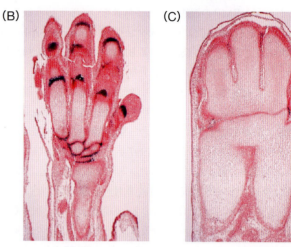

and Tabin 2001；Tufan and Tuan 2001)。

関節は単に骨が"途切れたところ"というわけではない。むしろ，潤滑系や免疫系，靱帯系などがすべて組み合わさって骨の適切な関節接合を実現する，複雑な構造体である。関節形成のなかでも関節組織の分化に重要な要素が，筋肉の収縮である。通常の関節形成では，将来関節をつくる細胞は軟骨細胞の特徴（*collagen-2*や*Sox9*の発現）を失い，かわりに*GDF5*, *Wnt4*, *Wnt9a*, *Ext1*（Ext1はヘパラン硫酸の合成に必要なタンパク質）を発現し始める。これらの細胞は，関節軟骨や滑膜（潤滑液となる滑液を分泌する）をつくる（Koyama et al. 2008；Mundy et al. 2011）。Kahn（カーン）らのグループ（2009年）は，関節をつくる細胞運命の維持に骨の動きが必要であることを示した。筋肉がつくられない変異マウスや筋肉が機能しない変異マウスでは，関節細胞が軟骨の形質に戻ってしまう。（オンラインの「FURTHER DEVELOPMENT 21.5：Continued Limb Growth：Epiphyseal Plates」「FURTHER DEVELOPMENT 21.6：Fibroblast Growth Factor Receptors：Dwarfism」「FURTHER DEVELOPMENT 21.7：Growth Hormone and Estrogen Receptors」参照）

21.9 肢のシグナルセンターの変化による進化

Charles Darwin（チャールズ・ダーウィン）は，『種の起源(*On the Origin of Species*)』のなかで，「ものをつかむように形作られている人間の手，穴を掘るモグラの前肢，ウマの脚，イルカのひれ状の肢，コウモリの翼，これらの構造がすべて同じ型式をもち，

第 21 章　四肢動物の肢の発生　761

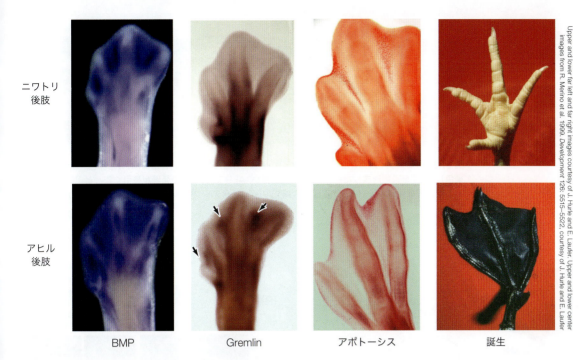

ニワトリ後肢

アヒル後肢

BMP　Gremlin　アポトーシス　誕生

図 21.30　同じステージのニワトリの後肢の自脚（上段）とアヒルの後肢の自脚（下段）。いずれも指間領域の組織でBMP4（濃青）を発現している。BMP4はアポトーシスを誘導する。アヒルの後肢では，BMP4を阻害するタンパク質Gremlin（濃茶；矢印）が指間領域の組織で発現している（ニワトリではみられない）。そのため，ニワトリの後肢では指間領域でアポトーシスが起こる（死細胞に蓄積するニュートラルレッドで示している）が，アヒルではみられない。

同じような骨が同じ相対的位置にあるのは，じつに興味深いことではないか（『新版 図説 種の起源』チャールズ・ダーウィン著/吉岡晶子訳，東京書籍より）」と述べている。Darwinは，ウマの脚や，イルカのヒレ，ヒトの手の違いは，同様の骨形成パターンに立脚していることを認識していた。Darwinは肢の骨格は共通の祖先から進化したものだと提唱したが，それがどのように進化したかはわからないとした。C. H. Waddington（C・H・ウォディントン）は，肢の発生過程に継承される変化が起こり，それが選択されることで進化が起こると述べた。言い換えるとWaddingtonは，発生過程の変化によって新たな形質の多様性が生まれ，新たに生まれた形質は自然選択を受けることができると提唱したわけである。今やわれわれは，肢の発生にかかわるシグナル分子を"操作"して，新たな肢の形態をつくる方法を手にしている。それによって，肢の進化が発生過程の変化によって起こりうることが理解できる[8]。（オンラインの「FURTHER DEVELOPMENT 21.8：Dinosaurs and Chicken Fingers」「SCIENTISTS SPEAK 21.6：Three web conferences on limb evolution：Dr. Peter Currie discusses the evolution of limb muscle in fish, Dr. Michael Shapiro describes the evolution of pelvic reduction in sticklebacks, and Dr. James Noonan talks about the evolution of the human thumb」参照）

自脚を削りだす仕組みを水かきのある動物に学ぶ　BMPの制御は，アヒルが脚に水かきをつくる際に重要な働きをもつ（Laufer et al. 1997b；Merino et al. 1999）。アヒルの脚の指間領域のBMPの発現は，指が分かれる前のニワトリの脚の指間領域と同様のパターンを示す。しかし，ニワトリの脚の指間領域ではBMPを介したアポトーシスが起こるのに

---

[8] 本章の前半で，発生生物学者は生物学を四次元的に考えることを述べた。しかし，進化発生生物学者は五次元的な考え方をしなくてはならない。すなわち，標準的な立体三次元構造に加え，発生の時間軸（日数および時間単位），そして進化の時間軸（数百万年単位）を考えるのである。

図21.31 マダライルカ(*Stella attenuate*)のおよそ110日胚の透明骨格標本（骨を赤色，軟骨を青色で染色）。指骨を過剰形成した前肢（極端に指が長い，AERでの*Fgf8*の発現が長引くことと相関している）と，痕跡的な後肢（ZPAにおけるShhの消失の後，AERのシグナルが失われることと相関がある）がみられる。

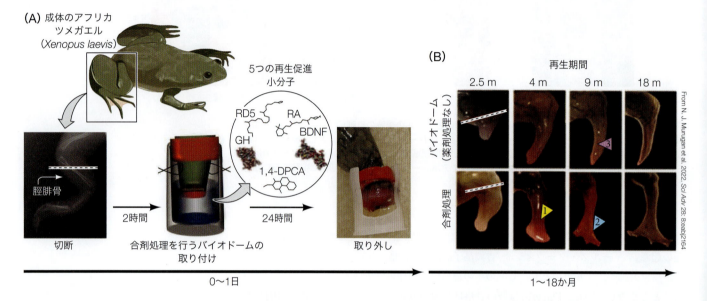

図21.32 成体での肢の再生。(A) 再生能力のない変態後，成体のカエルの後肢を切断し，"バイオドーム"として知られるハイドロゲルデバイスで包む。切断肢の急性期（24時間）に，再生促進効果が知られている5つの小分子を添加し，バイオドームを除去したあと18か月間再生させた。(B) 急性期に5つの薬剤を与えた切断肢は，血管（#1 黄色矢印）と指状の突起（#2 青矢印）の再生を含む顕著な再生肢の成長を見せた一方，薬剤を加えなかった再生肢は"スパイク"と呼ばれる形態形成異常を示した（#3 紫矢印）。(N. J. Murugan et al. 2022. *Sci Adv* 28：8：eabj2164より)

対し，アヒルの脚では発生過程でBMPの阻害因子であるGremlinが合成され，指間領域での細胞死が抑制される（**図21.30**）。さらに，Gremlinを染み込ませたビーズを指間領域に移植することで，ニワトリの脚の間に膜を残すことができる。したがって，足に水かきをもつ鳥は，指間領域においてBMPを介したアポトーシスを阻害することで進化したと考えられる。第25章では，コウモリ胚が同様のメカニズムで翼を獲得した可能性について議論する。

シグナルセンターを操作してクジラをつくる　多くの中間型化石が，クジラ目（クジラ，イルカ，ネズミイルカ）が蹄をもった陸上哺乳類から進化したことを示している（Gingrich et al. 1994；Thewissen et al. 2007, 2009）。進化の過程で解剖学的に変化した箇所はたくさんあるが，前肢がヒレに変化し，同時に後肢が消失したというのは，そのなかでも最も劇的に変化した箇所の1つといえるだろう。このような四肢の形態変化は，クジラ目の祖先種の肢芽のシグナルセンターが3つの点で変化したことで起こった。1つ目は，前肢のAERのFGFシグナルが，大幅に長く残るようになったことである。これにより指骨が

次々と追加され，長い指ができた。2つ目は，アヒルの脚で起こったのと同様に，BMPの活性を阻害することで指間のアポトーシスが抑制されたことである。3つ目は，後肢のZPAからのSonic hedgehogシグナルが発生の初期で消失したことである。ひとたびZPAシグナルがなくなると，AERは維持されなくなり，後肢は発生をやめてしまう(Thewissen et al. 2006)。図21.31は，イルカ胚がヒレに長い指の骨をもち，後肢は不完全である様子を示している。創造論者は陸上哺乳類からクジラが進化するわけがないと主張する(Gish 1985参照)が，実際はこのように発生生物学と古生物学の知見を合わせて考えれば，クジラの進化という現象はきわめて明快に説明できる。

研究の次のステップ

我々はこれまで四肢の発生において，特定化や成長から，パターニングと分化がすべて協調しながら織りなす複雑なプログラムについてみてきた。こうした理解を応用して，ひどく損傷した肢を再生させることはできないだろうか。メキシコサラマンダーのように，肢を完全に再生させることができる脊椎動物もいるが(24.6節参照)，我々哺乳類は，肢が切断されるとそこに繊維質の瘢痕組織をつくるのみで，完全な肢の組織を再生させることはできない(24.7節参照)。変態後のカエルも同様に，再生能力が不完全である。しかし近年，成体のカエルの肢の切断直後に，絹でできた特殊なハイドロゲルシステム("バイオドーム"と呼ばれる)を移植し，そこから複数の薬剤のカクテルを放出させる研究が行われた(図21.32)。驚くべきことに，再生を誘起することが知られる5つの物質をバイオドームから短時間(1日)投与することで，内因性の発生プログラムを開始させ，カエルの肢の再生を促進することができた(Murugan et al. 2022)。このプロセスの初期に再活性化した胚発生シグナルやメカニズムのうち，何が鍵となったのだろうか。成体のカエルの細胞や組織が通常起こすはずの創傷治癒と瘢痕形成の仕組みは，どのようにして切断された後肢が再生するまでの18か月にわたって抑制されたのだろうか。肢がつくられる過程をみていくと，答えよりもさらなる疑問が湧いてくる。その問いを解き明かすのに，君の"手"を貸してはくれないだろうか。

章冒頭の写真を振り返る

この写真をみて，より適切には「私はどの指を立てているのだろうか」ということを考えてみるべきではないだろうか。ニワトリの翼の骨格要素をみると，指が鏡像のように重複しており，今では肢芽の前方でShhが異所的に発現することでこれが起こることがわかっている。肢の主要な軸に沿ったシグナル因子の濃度勾配が，腕と手の骨格構造における正しい数とパターンを確立するのにきわめて重要な役割を担っている。肢の発生にとって同じように重要なのは，Hox遺伝子群が調整する，その基盤となる遺伝子制御ネットワークと，最終的には肢の組織をつくり出す細胞間の自己組織化的な相互作用である。

From L. S. Honig and D. Summerbell. 1985.
J Embryol Exp Morphol 87：163-174

21 四肢動物の肢の発生

PART Ⅴ　中胚葉と外胚葉の構築

1. 体軸のなかで肢ができる場所は，Hox遺伝子の発現によって決まる。

2. 間充織由来のFgf10が背腹の境界の外胚葉に対して誘導をかけることで，肢の基部–先端軸が生じる。この誘導により，外胚葉性頂堤（AER）ができる。

3. AERはFgf8を分泌し，その下の間充織の分裂能と未分化状態を維持する。この領域の間充織を進行帯と呼ぶ。

4. Tbx5が前肢を誘導する。Tbx4（ニワトリ）とIslet1（マウス）が後肢の特性を誘導する。

5. AERからのFGFやWntと，胴体部からのレチノイン酸という2つの逆向きの分子勾配が，ニワトリの肢の基部–先端軸のパターンを決める。

6. 肢は外向きに伸び，柱脚，軛脚，自脚の順につくられる。肢の発生の各段階は，Hox遺伝子群の発現パターンの違いによって特徴づけられる。

7. 四肢動物で柱脚，軛脚，自脚の一定のパターンができる理由を反応拡散系によって説明できることが，チューリング型のモデルから示唆される。

8. 肢芽の後方中胚葉にあるZPAからのSonic hedgehogの発現によって前後軸が決まる。ZPA（またはSonic hedgehogを分泌する細胞やビーズ）を肢芽の前縁部に移植すると，鏡像対称のHox遺伝子の発現が二次的に生じ，それに対応した鏡像対称の指が重複してつくられる。

9. ZPAはAER由来のFGFとの相互作用で維持され，特定のHox遺伝子の発現によって間充織がSonic hedgehogを発現できる状態が保たれる。逆にSonic hedgehogはおそらく間接的に，肢芽におけるHox遺伝子の発現を変化させる。

10. Sonic hedgehogは少なくとも2つの方法で指を特定化する。1つは指間間充織におけるBMPの阻害を介して行われ，もう1つは指の軟骨の増殖を制御することで行われる。

11. 背腹軸を決める一要因となっているのが，肢の外胚葉の背側でWnt7aが発現していることである。Wnt7aはZPAにおけるSonic hedgehogの発現量や，AER後方におけるFgf4の発現量を維持する働きもある。Fgf4とSonic hedgehogは，相互依存的に互いの発現を維持しあっている。

12. AERにおけるFGFの発現量によって，ZPAによるShhの産生が促されることも，阻害されることもある。肢芽が成長してAERでより多くのFGFが産生されると，Shhが阻害される。このことによりFGFの量が下がり，そして最終的に基部–先端方向の成長が終わる。

13. BMP-Sox9-Wnt（BSW）の"3つのノード"からなるチューリング型のネットワークが，マウスの指の骨格形成を司っていて，BMPを発現する細胞がSox9を活性化し，Wntを発現する細胞がSox9を抑制する。

14. 肢の細胞死はBMPを介してなされるが，これは指や関節の形成に必要である。水かきのないニワトリの後肢と，水かきのあるアヒルの後肢の違いは，BMPのアンタゴニストであるGremlinタンパク質の発現の違いによって説明できる。

15. 傍分泌因子の分泌の仕方を変えることで，水かきのある脚，クジラのヒレ，手など，異なる形態の肢ができる。ある特定の傍分泌因子の合成を阻害すると，（クジラのように）後肢の形成が起こらなくなる。

16. BMPは，アポトーシスおよび間充織細胞の軟骨分化の両方にかかわる。Nogginタンパク質とGremlinタンパク質によってBMPの効果が調節されることは，肢の骨と骨の間の関節形成や，基部–先端方向の肢の伸長の制御に非常に重要な働きがある。

● オンラインのコンテンツは **https://www.medsi.co.jp** よりアクセスしてください。

22 | 内胚葉
消化・呼吸を担う管構造と器官

本章で伝えたいこと

- 内胚葉は消化管や呼吸管，およびこれらに関連した腺上皮を形成する。転写因子 Sox17 は内胚葉の特定化に重要な役割を果たしている（22.1節）。
- 臓側中胚葉は，消化管のさまざまな領域の形態形成を規定するうえで重要な役割を果たしている。中–内胚葉間の相互作用により，Hox遺伝子の入れ子状の発現パターンが誘導され，それによって内胚葉と相互作用する中胚葉領域が異なるものとなる（22.2節，22.3節）。
- 腸管は前後軸に沿って特定化される。前方の細胞群は咽頭，肺，甲状腺の内層へ，後方の細胞群は腸の内層へ，その間の細胞群は膵臓，胆嚢，肝臓の上皮前駆体へと分化する（22.2節，22.3節）。
- インスリンを産生する膵臓のβ細胞の発生機序が明らかになったことで，人工多能性幹細胞からのインスリン産生β細胞の作製が可能になった（22.4節）。
- マウス胚とニワトリ胚の間には生体力学的な違いがあるにもかかわらず，気管支上皮の分岐形態は著しく定型的である（22.5節）。

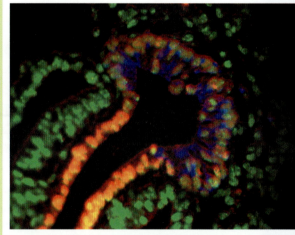

Courtesy of Ken S. Zaret

どのようにして腸管の細胞は膵臓になりその隣接細胞は肝臓や腸となるのか？

　生命とは，絶え間なく変化する部分を通して自分のアイデンティティを保持する能力である（Jonas 1966）。生命がもつ代謝特性は，内胚葉によるものである。消化管と呼吸管を通して万物がからだを通過する。内胚葉は外界を取り込み，それが我々の細胞やエネルギー源となる。

内胚葉は，羊膜類の生体維持に不可欠のガスや養分の交換を担う，腸管と呼吸管の上皮を形成する。哺乳類では，胎盤（第14章参照）を介して母親から栄養分と酸素が供給されており，この時期に内胚葉が果たす最初の主要機能は，いくつかの器官形成を誘導することである。前章でみてきたように，内胚葉は脊索，心臓，血管，脳の形成に関して重要な役割を担う。

脊椎動物の胚における内胚葉の第二の機能は，体内に2つの管（の内膜構造）を形成することである。**消化管**(digestive tube)は体長に合わせて伸長し，消化管からの出芽部がそれぞれ肝臓，胆嚢，膵臓を形成する。消化管は主な機能である栄養補給に加えて，免疫系の主要な調整役でもある。**呼吸管**(respiratory tube)は消化管から枝分かれし，最終的に2つの肺に分岐する。呼吸管の分岐点より前方の消化管領域が**咽頭**(pharynx)になる。胚発生期にみられる内胚葉の第三の機能は，腺上皮を形成することである。咽頭嚢の上皮は，扁桃腺，甲状腺，胸腺，副甲状腺を形成する。

22.1　内胚葉の出現

内胚葉には2つの起源がある。実際，哺乳類の発生過程で，内胚葉細胞群は2つの異なる時期に出現する。胚盤葉上層が葉裂することで生まれる最初の内胚葉細胞は，卵黄嚢を形成する**原始内胚葉**(primitive endoderm)となる。第13章で述べたように，これら初期の内胚葉細胞群は，原腸形成が始まる際に重要な役割を果たす。13.5節で述べた前方臓側内胚葉(anterior visceral endoderm：AVE)は，この細胞群に由来する。胚体外の原始内胚葉細胞は，卵黄嚢の臓側内胚葉と，栄養膜を裏打ちする壁側内胚葉になる。

第二の，そして主要となる内胚葉の供給源は，原腸形成の際に原条を通って胚の内側に侵入する。この過程を経て生まれる細胞群は，**胚体内胚葉**(definitive endoderm または embryonic endoderm)と呼ばれる。蛍光マーカーを用いたライブイメージング研究から，胚体内胚葉由来のシートは臓側内胚葉に入れ替わることはないことが示された(Kwon et al. 2008；Voptti et al. 2014a)。むしろ，個々の胚体内胚葉細胞が原始内胚葉層に入り込んでいる様子がみられる。

多くの種において，Sox17は内胚葉を示す転写因子である。*Sox17*遺伝子は，原条から移動してきた内胚葉細胞群が原始内胚葉(すでにSox17や他の内胚葉遺伝子を発現している)と交わる時期までに活性化する(Nowotschin et al. 2019)。*Sox17*を欠損させた変異体では胚体内胚葉が形成されないことから，Sox17の必須性が裏付けられている(Viotti et al. 2014b)。

Sox17は，原条を通過する中胚葉と胚体内胚葉の細胞群とを，異なるものとして分離する。中胚葉細胞はBrachyuryタンパク質を発現しており，この転写因子は中胚葉の発生に重要であると考えられている。*Sox17*と*Brachyury*のどちらが発現するかは，臓側内胚葉から分泌されるNodalの濃度に依存するようである。高レベルのNodalは*Sox17*を誘導するが，BMPとFGFはNodalに対して拮抗的に作用し，移動中の細胞群を中胚葉に特定化する(**図22.1**；Vincent et al. 2003；Dunna et al. 2004)。

腸の胚体内胚葉は3つの領域に定義される。それぞれ異なる起源をもち，前後軸に沿って区画化されている(Gordillo et al. 2015)。すでに述べてきたように，脊椎動物の前後軸はWnt，FGF，BMPの濃度勾配により特定化される。これらの濃度は後方で最も高い(図22.1参照)。

1. 頭部に近い内胚葉(低Wnt/FGF/BMP)は前腸細胞を形成し，肺と甲状腺の前駆細胞を生み出す。

2. 後方の内胚葉(高Wnt/FGF/BMP)は中後腸前駆細胞の集合体となり，腸の前駆細胞を

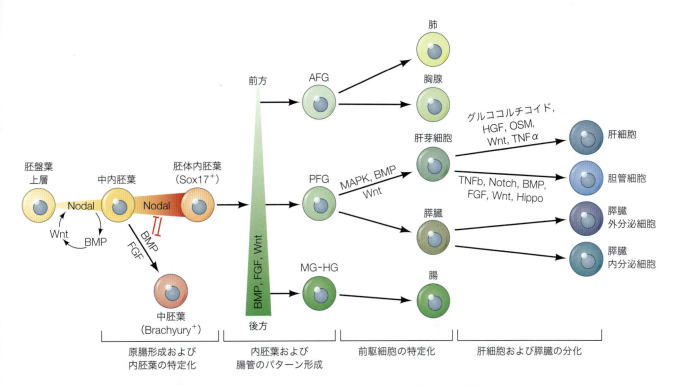

図22.1 内胚葉前駆細胞の発生運命制御にかかわるシグナル。Nodalシグナルは，胚盤葉上層細胞から中内胚葉への分化と原条への移動を活性化する。高濃度のNodalにさらされた細胞は胚体内胚葉に，BMPとFGFシグナルを受けた細胞は中胚葉になる傾向がある。その後の胚体内胚葉の発生運命は，細胞が前後軸のどこに位置するかに大きく依存する。後方領域にある細胞は高レベルのWnt，BMP，FGFにさらされ，腸を形成する中後腸（midgut-hindgut：MG-HG）細胞となる。これらの傍分泌因子群に低レベルでさらされた細胞からは，後方前腸（posterior foregut：PFG）細胞が生じる。これらのPFG細胞は，肝臓（代謝を調節する肝細胞と，管を構成する胆管細胞）および膵臓（外分泌系と内分泌系の前駆細胞群が別々に存在）の前駆体となる。さらに低レベルの傍分泌因子群の存在下で，肺と甲状腺の前駆体となる前方前腸（anterior foregut：AFG）細胞が生まれる。他の細胞系譜群は簡略化のため省略した。（M. Gordillo et al. 2015. *Development* 142：2094–2108より）

3. 中央の内胚葉領域（中程度のWnt/FGF/BMP）は，後方前腸の前駆細胞となる。これらは膵臓と肝臓の上皮を形成する。

　腸の細胞群はまず，ニワトリやヒトの場合には胚の直下に，マウスの場合は胚の周囲に平らなシートを形成する。この平坦なシート状の胚体内胚葉細胞群から管構造が形成される。哺乳類における腸管形成は2箇所で始まり，胚が回転する際に融合する（Lawson et al. 1986；Franklin et al. 2008）。前腸では，前方に位置する内胚葉の側方細胞群が腹側へ移動して**前方腸門**（anterior intestinal portal：AIP）を形成し，後方に位置する内胚葉からは**後方腸門**（caudal intestinal portal：CIP）が形成される。AIPとCIPが融合して中腸が形成される（図22.2；Nerurkar et al. 2019）。

　腸管の前後端の開口部は，それぞれ胚の中で内胚葉と外胚葉が接する唯一の領域である。初期の口腔端（腸管の前端）は，**口陥**（stomodeum；口外胚葉）が内胚葉と**口板**（oral plate）で結合しているため，閉塞している。肛門（腸管の後端）においても同様に内胚葉と外胚葉は結合しており，**肛門直腸移行部**（anorectal junction）と呼ばれる。

　やがて（ヒトでは約22日胚で）口板が破れ，口腔側に消化管の開口部が形成される。開口部は外胚葉細胞によって裏打ちされている。口板の外胚葉は，胚の腹側に向かって湾曲した神経外胚葉と接触している。興味深いことに，開口時に起こる再配置によってこれら2つの外胚葉領域は相互作用し，口腔領域の蓋側はラトケ嚢を形成し，成熟後には下垂体の腺部分（前葉，または腺性下垂体）となる。間脳の底側の神経組織は，下垂体の神経部分（後

768 | PART V 中胚葉と外胚葉の構築

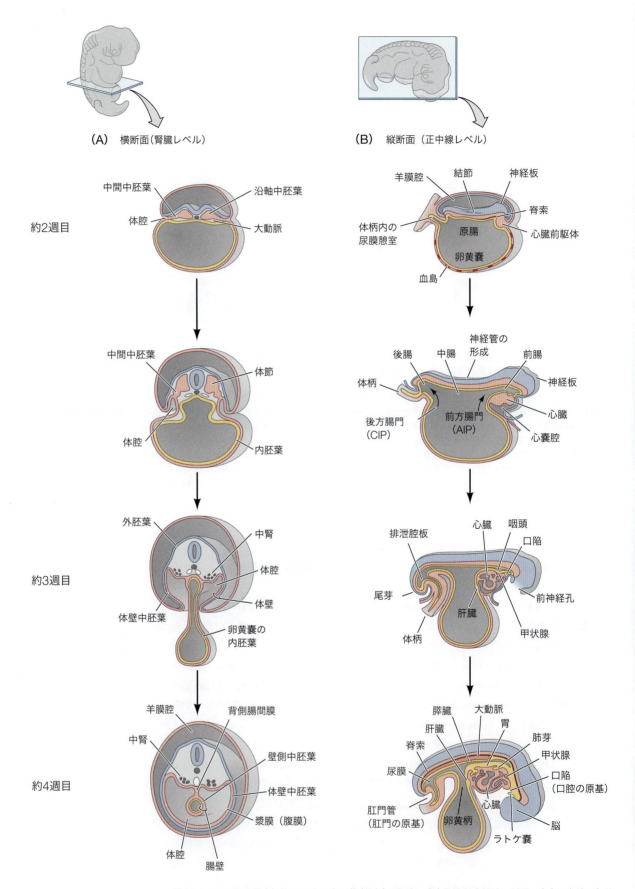

図22.2 ヒト胚の発生初期における内胚葉（黄色）の発生。(A)腎臓形成領域の断面。(B)正中線の矢状断面。(T. W. Sadler. 2009. *Langman's Medical Embryology*. Lippincott, Williams & Wilkins：Hagerstown, MDより)

葉，または神経性下垂体）を形成する漏斗部を生じる。このように，下垂体は二重の胚の起源をもち，これらが成体における機能に反映される[1]。

Sox17は内胚葉でのみ活性化されるため，Rothova（ロトヴァ）ら（2012年）はこれをレポーター遺伝子として利用し，哺乳類の口の中に外胚葉と内胚葉の境界線があることを発見した。歯と主要な唾液腺を形成する上皮は，外胚葉に由来する。後方に位置する味蕾の上皮や唾液腺と粘液腺の一部は，内胚葉由来である。一方，前方の味蕾上皮は外胚葉に由来する（これらは頭蓋プラコードから形成される；18.1節参照）。

22.2 咽頭

消化管と呼吸管より前方の内胚葉は咽頭から始まる。首とのどを構成するこの領域は，私たちの身体のなかで最も複雑な領域の1つである。哺乳類胚の咽頭には，内胚葉に由来する4対の**咽頭嚢**（pharyngeal pouch）が存在する[2]。これらの嚢胞の間に形成されるのが4つの**咽頭弓**（pharyngeal arch）である（**図22.3**）。第一咽頭嚢は，中耳腔とエウスタキオ管を形成する。第二咽頭嚢は扁桃，第三咽頭嚢は胸腺を形成する。胸腺は発生後期になるとTリンパ球の分化を制御する役割を担う。副甲状腺は前後2対あり，それぞれが第三および第四咽頭嚢に由来する。また，これら左右1対ずつの嚢胞に加えて，第二咽頭嚢対の中間に位置する咽頭底部に小さな憩室が形成される。この内胚葉と間充織でできた嚢胞は，咽頭から分岐し，頸部を下降して甲状腺になる。甲状腺は最初に発達する内分泌器官であり，胚の成長に重要な役割を果たす。

22.5節で述べるように，第四咽頭嚢の位置の咽頭底部から，肺を形成する呼吸管が出芽を開始する。食道と気管が近接しているこの状態は非常に危険であるが，第四咽頭弓から新たな咽頭が甲状腺の直上に発達し，葉状の軟骨（喉頭蓋）が気管の入り口を覆うように成長する。喉頭蓋は呼吸の際には開いたままだが，食事の際は気管を覆い，食べた物が間違った管に入り込むのを防いでいる。

頭部神経堤細胞群の多くは，甲状腺，副甲状腺，胸腺を形成中の咽頭嚢へと移動する（17.4節参照）。内胚葉から分泌されるSonic hedgehogが生存因子として働き，これらの神経堤細胞のアポトーシスを防ぐようである（Moore-Scott and Manley 2005）。内胚葉は各咽頭嚢のアイデンティティとその後の発生運命を特定化している。神経堤を切除して頸部への神経堤細胞の侵入を阻止した場合にも，咽頭嚢は形成され，咽頭嚢の特定化に働く分子マーカー群を発現する（Veitch et al. 1999）。

22.3 消化管とその派生物

内胚葉の管構造が形成される際，臓側中胚葉に由来する間充織細胞群が内胚葉を取り囲む（図22.2参照）。内胚葉細胞は消化管の内壁と分泌腺のみを形成する。消化管を取り囲む臓側中胚葉の間充織細胞群が，消化管を腹壁に固定する腸間膜結合組織，および蠕動収縮を起こす平滑筋を形成する。咽頭の後方では，消化管が順にくびれて食道，胃，小腸，大

1　前葉はホルモンを産生し分泌する。後葉はホルモン産生を行わないが，視床下部の神経細胞から分泌されたホルモンを放出する。

2　19世紀，Alexander Kowalevsky（アレクサンダー・コワレフスキー）により発見されたホヤ幼生の咽頭嚢が，脊椎動物と無脊椎動物とを結びつけるきっかけとなった（1.6節参照）。咽頭嚢はすべての後口動物に存在するが，前口動物にはない。このため咽頭は，後口動物と前口動物を区別する器官としても知られている。ヒトデの化石においてもスリット状の咽頭が発見されている（Smith et al. 2005；Graham and Richardson 2012；Holland and Holland 2021）。

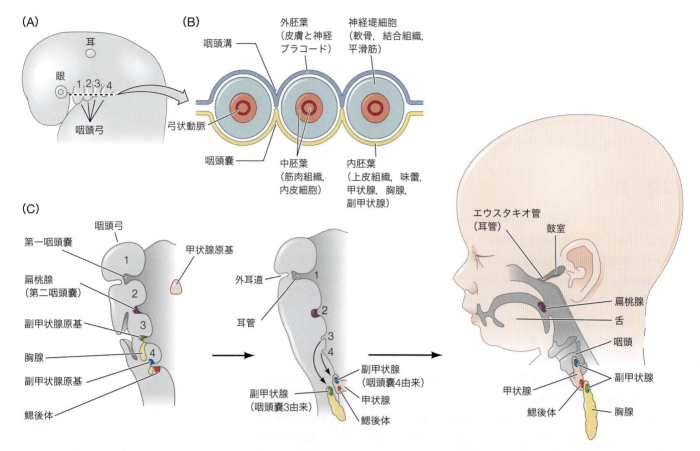

図22.3 咽頭嚢からの腺原基形成。(A)側方から見た羊膜類胚の頭頸部。咽頭嚢間に形成される咽頭弓1から4を図示する。(B)咽頭弓の断面図。異なる組織群で構成されているのがわかる。(C)ヒト胚における咽頭の発生。左右対称の咽頭嚢のうち，右側のみを示す。第一咽頭嚢のそれぞれの端は，中耳の鼓室とエウスタキオ管を形成する。第二咽頭嚢はリンパ凝集体を取り込んで，扁桃腺となる。第三咽頭嚢の背側部分は副甲状腺の一部を形成し，腹側部分は胸腺を形成する。両者は後方へ移動し，第四咽頭嚢由来の副甲状腺の残りの部分および鰓後体と合流する。咽頭の正中線から生まれる甲状腺も後方へ移動して頸部に入る。(A，BはA. Graham and J. Richardson. 2012. *EvoDevo* 3：24より；CはB. M. Carlson. 2014. *Human Embryology and Developmental Biology*, 5th Ed., pp.294‒334. Elsevier/Saunders：Philadelphia. © Elsevierより)

腸が生まれる。

　胃は腸の拡張領域として咽頭側に形成される。腸はより後方に向かって発達し，腸と卵黄嚢は最終的に分離する。もともと腸の末端は総排泄腔の内胚葉組織であるが，腸と直腸が接続するのは，総排泄腔が膀胱と直腸に分離した後である。直腸の後端では，内胚葉とその上にある外胚葉が接するところに窪みが形成され，薄い**排泄腔膜**(cloacal membrane)が表皮と直腸を隔てている。やがて排泄腔膜が断裂してできる開口部が肛門となる。

腸組織の特定化

　内胚葉の形成は，最初に決定される胚発生イベントの1つであり，22.1節で強調したように，転写因子Sox17がこの特定化に重要な役割を果たす。両生類胚の内胚葉は，Sox17により自律的に特定化される。Sox17のドミナントネガティブ型(活性化型サブユニットの代わりに抑制型サブユニットをもつ)は，両生類の植物極からの内胚葉形成を阻害する。一方，野生型の過剰発現は，内胚葉領域を拡大する(Hudson et al. 1997；Henry and Melton 1998)。*Sox17*遺伝子を欠損させたマウスおよびゼブラフィッシュの胚は，腸内胚葉が欠損する。逆にSox17を胚性幹細胞で実験的に発現させると，これらの幹細胞は内胚葉由来組織群に分化する(Kanai-Azuma et al. 2002；Takayama et al. 2011)。

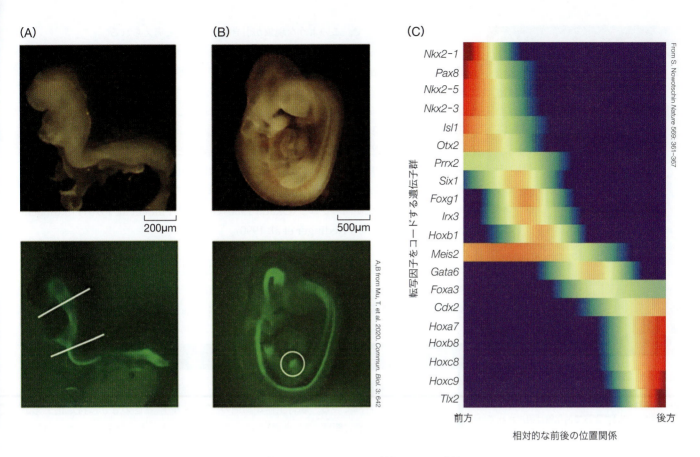

図22.4 腸内胚葉の前後極性。(A, B) GFP標識foxA2遺伝子を発現する8.5日目（左）と9.5日目（右）のマウス胚。FoxA2（緑色）は内胚葉全体に発現していることがわかる（下段）。(C) 8.75日目のマウス胚における前後軸に沿った相対的な遺伝子発現位置を表すヒートマップ。赤と黄色は高発現レベルを示し，青と緑は低発現または発現なしを示す。これらの遺伝子群は，単一細胞トランスクリプトームマッピングした細胞群から，コンピュータアルゴリズムを用いて選別したものである。ほぼすべての遺伝子群が胚内胚葉と臓側内胚葉の両方に由来する組織で発現していた。

　Sox17は消化管の特定化を促進するが，消化管に明確な極性を与えるわけではない。咽頭から肛門に向かって発生が進行する消化管は，途中で食道，胃，十二指腸，腸へと分化し，甲状腺，胸腺，膵臓，肝臓などの分岐を形成する。何が内胚葉の管に対して特定の場所で特定の組織となるよう指示するのだろうか？　口と胃が直接つながっていないのはなぜだろうか？

　内胚葉の極性は，腸管形成後すぐに検出することができる（図22.4）。最前端の内胚葉細胞集団は，甲状腺と胸腺の形成を促進する転写因子群（Nkx2-1など）を発現している。隣の細胞集団は肺の形成を促進する転写因子群（Irx1など）を，さらに肝臓，膵臓，小腸の領域を特定化する遺伝子群が前後軸に沿って発現する。最後にHoxb9とHoxc9が消化管の後端予定域で発現する（Nowotschin et al. 2019）。

　内胚葉と臓側中胚葉は複雑に相互作用し合っており，異なる組織群を形成する際に働くシグナルは脊椎動物間で保存されているようである（Wallace and Pack 2003）。ひとつの仮説として，腸管の極性は咽頭から特定化が始まり，続いて腸管の残りの部分が特定化されると考えられている。ニワトリ胚にレチノイン酸（retinoic acid：RA）またはその合成阻害剤を含むビーズを作用させた実験（Bayha et al. 2009）から，咽頭はRAがほとんど，もしくはまったく存在しない領域でのみ発達し，咽頭弓内胚葉はRA勾配に従って段階的にパターン化されることが示されている。特定の転写因子群の遺伝子セットが活性化ある

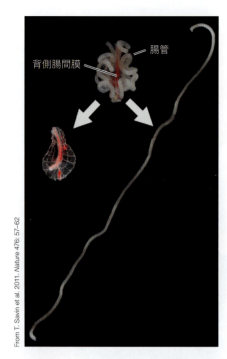

図22.5 ニワトリ12日目胚の腸管を背側腸間膜から外科的に切り離すと，腸間膜は縮み，腸管は直線状に変化する。本来は，腸-腸間膜結合（中央）によって消化管は固定されている。

発展問題
腸管は左右対称ではない。特定の方向に回転し，胃は心臓の近くに，虫垂は右側に位置する。どのような分子的，細胞的イベントが腸管のルーピングを引き起こすのだろうか？

発展問題
深刻なヒトの出生異常の1つ，幽門狭窄症は，幽門括約筋が肥厚して食物が腸に入るのを阻んでしまう。この筋肉はどのように発生し，どのように機能することで，障害の原因となるのだろうか？

いは抑制されることで，このような現象が引き起こされると考えられる。

臓側中胚葉と内胚葉は，領域特定化後も相互作用し続ける。臓側中胚葉から派生する**背側腸間膜**(dorsal mesentery)は，腸と体壁をつなぐ繊維性の膜である。腸管のルーピングは，内胚葉自身の成長に加え，腸管が背側腸間膜と結合することで促進される(Savin et al. 2011)。両者の結合部が切断されると，腸間膜は収縮し，腸管はループを形成できず細長い管となる（図22.5）。

特定器官への発生運命特定化は，その器官をつくることと同じではない。腸の特定化と器官形成の第二段階では，内胚葉の管を取り囲む臓側中胚葉由来間充織からのシグナルが関与していると考えられている。消化管がさまざまな間充織と出会うことで，食道，胃，小腸，結腸への分化が誘導される(Okada 1960；Gumpel-Pinot et al. 1978；Fukumachi and Takayama 1980；Kedinger et al. 1990)。

転写因子群の発現境界が確立されると，分化が始まる。中胚葉の領域的分化（平滑筋への分化）と内胚葉の領域的分化（胃，十二指腸，小腸などの異なる機能単位への分化）は同期している。例えばある領域では，腸間充織からの誘導によって，前方の中胚葉から胃や腸の幽門括約筋（平滑筋）細胞が分化する（図22.6B参照；Theodosiou and Tabin 2005）。

さらなる発展

腸管形成を制御するWnt経路 Wntシグナルは，腸管領域の特定化にとりわけ重要であると考えられている。腸管全体が初期の"デフォルト"状態のときに特定化を完了しているのは，前方領域（胃と食道）と考えられている。RAおよびFGFの濃度勾配に従って形成される後方中胚葉からのWnt勾配は，腸管内胚葉の後方化にかかわる転写因子Cdx1とCdx2（図22.6A）や傍分泌因子Indian hedgehogの誘導シグナルとして働く。転写因子Cdxは，高濃度で大腸の形成を，低濃度で小腸の形成を誘導する。実際，**前腸**においてβカテニンを人為的に発現させると，*Cdx2*遺伝子が活性化され，前方の内胚葉が本来はより後方に位置する消化組織に変化する(Sherwood et al. 2011；Stringer et al. 2012)。

間充織からのWntシグナルが腸管に作用する分子経路は解明されつつある（図22.6B）。例えば，Cdx2は*Hhex*遺伝子などを抑制することで，後方に胃，肝臓，膵臓が形成されるのを妨いでいる(Bossard and Zaret 2000；McLin et al. 2007)。腸管の前方領域（胸腺，膵臓，胃，肝臓が形成される）では，Wntシグナル伝達が最初は遮断されている。胃形成領域では，腸管を裏打ちする間充織が転写因子Barx1を発現し，この転写因子が2つのFrzb様Wntアンタゴニスト（sFRP1とsFRP2タンパク質）の産生を活性化するため，胃の近傍でWntシグナル伝達が遮断される。一方，腸の近傍ではWntシグナル伝達は遮断されない。実際に*Barx1*欠損マウスでは胃が形成されないが，代わりに腸のマーカー遺伝子を発現するようになる(Kim et al. 2005)。

Wntに基づく前後極性は一過的で，内胚葉は周辺間充織とのさらなる相互作用を必要としている可能性がある。例えば，内胚葉でつくられたShhが異なる部位に異なる濃度で分泌されることで，腸管周辺の中胚葉にHox遺伝子群の入れ子状発現パターンが誘導される(Roberts et al. 1995, 1998)。Hox遺伝子の重要性は，後腸領域において証明されている(Roberts et al. 1995；Yokouchi et al. 1995)。Hox遺伝子をレトロウイルスを用いて中胚葉で異所的に発現させると，隣接する内胚葉の分化運命が変化する(Roberts et al. 1998)。Hox遺伝子により領域的に特定化された中胚葉が内胚葉と相互作用することで，より精密な内胚葉の特定化につながると考えられている。

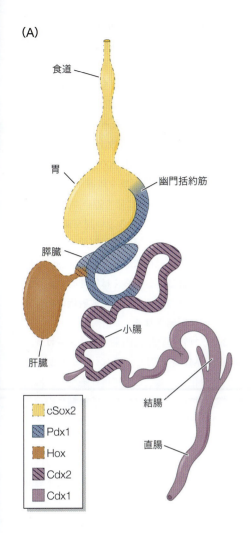
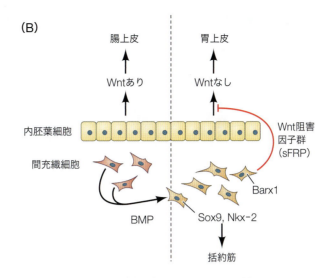

図22.6 相互作用による腸内胚葉と臓側中胚葉の領域特定化。(A)ニワトリ胚の成熟腸内胚葉における転写因子群の発現領域(CdxAとCdxBはそれぞれマウスCdx1とCdx2の鳥類ホモログ)。これらの転写因子群は，中胚葉との相互作用以前から内胚葉で発現するが，安定的ではない。(B)中胚葉間充織細胞群による領域依存的な腸・胃の分化誘導機構。(AはA. Grapin-Botton et al. 2001. *Genes Dev*. 15：444-454より；BはB.-M. Kim et al. 2005. *Dev Cell* 8：611-622より)

腸

1817年にChristian Pander（クリスチャン・パンデル）が三胚葉を発見した際，これらが相互作用して器官形成が起こることも報告している。彼は各胚葉の層について，「異なる目的地が指定されているにもかかわらず姉妹のように助け合い，それぞれが最適な状態に達するまで三者が互いに影響し合っている」と述べている。腸は，この相互作用の必要性を示す好例である。発生中のヒトの腸では，9つの主要な腸管細胞群の中間段階を含む100種以上の細胞タイプが定義されている（Fawkner-Corbett et al. 2021）。

内胚葉と中胚葉の相互作用は，蠕動を制御する平滑筋の形成にも重要である（Huycke et al. 2019）。内胚葉の発生が進むと，臓側中胚葉に囲まれるようになる。内胚葉はこの中胚葉と相互作用し，化学的・物理的シグナルを受けて筋層のパターン形成を起こす。さらに，筋層に入り込んだ神経堤細胞群が腸管神経節を形成し，食物を消化管から肛門へと輸送する蠕動運動の制御が開始される。

腸の特定化は，Sonic hedgehog（Shh）とBMPシグナルによる調節を受ける。これらのシグナル経路によって，実際に腸内胚葉を取り囲む臓側中胚葉がリクルートされる（Roberts et al. 1995）。内胚葉から分泌されるShhは，多様かつ相反する作用をもつ。中程度の量のShhは，未分化な間充織細胞において転写因子をコードする*myocardin*遺伝子を活性化し，平滑筋細胞への分化を誘導する。しかし，高濃度（内胚葉に最も近い状況）

腸管における直交平滑筋層の連続的分化

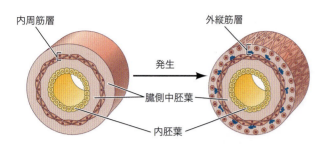

シグナル因子群の時間的濃度勾配変化による筋肉の配置パターン制御

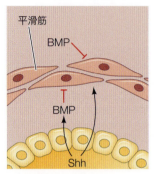

BMPシグナルが内層における早期の筋分化を制限する

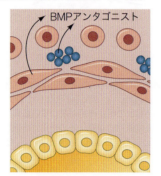

内層と腸神経細胞から分泌されるBMPアンタゴニストが外層の筋分化を可能にする

機械的作用の時期的変化が筋肉の配置を制御する

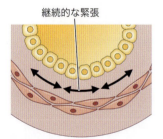

内層細胞は持続的張力に対して並行に配置

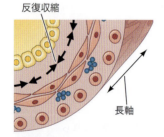

外層細胞は反復的張力に対して垂直に配置

図22.7 腸管の筋肉層は，内胚葉由来のシグナルに応答して形成される。上段：腸管筋層の配置。ニワトリの胚発生初期に，円周方向に沿って筋細胞層が形成され，その後，筋外層が形成される。外層の筋細胞群は，元の筋層に対して垂直方向に配置される。中段：平滑筋誘導のメカニズム。発生初期のShhは，筋分化を誘導する。しかし高濃度のShhは，筋分化を阻害するBMPの発現を誘導する。上層側の神経堤細胞もBMPを産生する。発生後期になると，BMPを阻害するNogginが第一群の筋細胞と神経堤細胞由来のニューロンから分泌される。これにより，第二群の筋細胞分化が可能となる。下段：方向性をもった細胞成長によるストレスファイバーが，第一群の筋細胞を腸管の円周軸に沿って配向させる。これら第一群の筋細胞が収縮することで，外側の筋肉が垂直方向に配向される。(T. R. Huycke et al. 2019. *Cell* 79：90-105より)

のShhは，間充織細胞にBMP4を誘導し，*myocardin*遺伝子群の発現と平滑筋形成を抑制する（Huycke et al. 2019）。したがって，腸に最も近い中胚葉は筋肉に分化せず，少し離れた細胞層が筋肉を形成する（図22.7，上段）。養分をからだの他の部位に運ぶ毛細血管網は，腸管近くの未分化な間充織から形成されるため，ここでの筋肉分化抑制が重要になってくる。

この間に神経堤細胞は，中胚葉細胞から放出されるBMPにより腸領域に誘引される（Goldstein et al. 2005）。これらの細胞群は間充織の上部に留まり，平滑筋形成を阻害するBMPを産生する。このようにBMPは，内胚葉に最も近い間充織（Shhによる抑制性BMPの誘導）と，内胚葉から遠い間充織（神経堤細胞がBMPを分泌）の両方において，平滑筋の形成を抑制している。これらの中間が，平滑筋が最初に形成される"最適領域"である。これらの平滑筋細胞群は，おそらくは物理的ストレスによってつくられる細胞外基質の配置に従い，放射状の内胚葉成長軸に対して円周軸方向に配向される。

次に，平滑筋細胞および神経堤細胞に由来するニューロンから分泌されるNogginがBMPを阻害し，Shhシグナルが外側の間充織を平滑筋細胞に分化させる。この平滑筋細胞は，最初に分化した平滑筋層に対して垂直方向に並び，前後軸に沿って縦方向に成長する（図22.7，中段と下段）。このような内胚葉と他の2つの胚葉との相互作用により，蠕動制御にかかわる平滑筋の輪状内層と縦走外層が形成される（Huycke et al. 2019）。ニワトリ胚における筋収縮は5日目に観察され，その約1週間後には単一方向への蠕動波がみられる（Chevalier et al. 2019；Shikaya et al. 2021）。このように腸の蠕動運動は食物摂取前から起こる。

中胚葉と内胚葉の相互作用は，腸絨毛の形成にも重要である。中胚葉からの平滑筋分化は，その下層で成長中の内胚葉と間充織を収縮させ，生じた圧縮ストレスにより内胚葉が座屈し，最終的に絨毛が形成される（Shyer et al. 2013）。この座屈によって，腸幹細胞（intestinal stem cell：ISC；5.5節参照）が絨毛の基部に局在化する（図5.17参照）。本来，すべての腸管細胞は幹細胞になる能力をもっているが，座屈により特定部位でShhシグナル伝達が促進される。このシグナル伝達は高レベルのBMP分泌を誘導し，絨毛の先端から最も離れた位置にISCを制限している（Shyer et al. 2015；Walton et al. 2012, 2016）[3]。

---

[3] 腸管上皮幹細胞の形成にかかわる相互作用と，小腸上皮における細胞タイプごとの秩序だった配列については，5.5節で述べた。また，成体の腸においても，Hedgehog-BMPシグナルネットワークが腸陰窩における幹細胞動態を制御している。

22.4 付属器官：肝臓，膵臓，胆嚢

　内胚葉は，胃の後方に肝臓，膵臓，胆嚢という3つの主要な付属器官の内壁を形成する。前腸後部の内胚葉には，これら3つの器官を生み出す前駆細胞が存在する。臓側中胚葉と前腸内胚葉の間には密接な関係があり，前腸の内胚葉が造心中胚葉（予定心臓領域；20.3節参照）の特定化に必須であるように，中胚葉（特に血管内皮細胞）は腸管に対して肝臓原基と膵臓原基の形成を誘導する。

　前腸内胚葉の腹側部に位置する多分化能性幹細胞のクロマチンは，異なる活性化状態にプライミングされている可能性がある。例えば，肝臓前駆細胞の形成に関与する遺伝子群は，膵臓前駆細胞の形成に関与する遺伝子群とは異なる様式でサイレンシングされる。これはつまり1つのシグナルによって，組織特異的な遺伝子群のすべてを集団的に抑制解除できる可能性を示唆している（Xu et al. 2011；Zaret 2016）。

　肝憩室（hepatic diverticulum）は前腸内胚葉から出芽し，周囲の間充織に向かって伸長する。出芽部分を構成する内胚葉は，肝臓細胞のみを形成する側方部と，肝臓を含む中腸領域を形成する腹側正中部の2つの細胞集団からなる（Tremblay and Zaret 2005）。間充織はこの内胚葉の増殖・分岐を誘導し，肝臓の腺上皮が形成される。消化管に最も近い肝憩室の領域は，肝臓の排液管として機能し，この管からの分岐部が胆嚢を形成する（図22.8）。膵臓は，背側と腹側の憩室同士が融合してできる。背側憩室と腹側憩室は成長するにつれて接近し，融合する。ヒトでは，消化酵素を腸に運ぶために腹側の管のみ生き残る。他の種（イヌなど）では，背側と腹側の両方の管から腸への流入が起こる。

肝臓形成

　肝臓特異的遺伝子群（α-フェトプロテインやアルブミンなど）の発現は，造心中胚葉に接している腸管のどの領域でも起こりうる（図22.9）。ただし，脊索が肝臓形成を阻害する作用をもつため，肝臓は脊索の前側下部に離れて形成される。肝臓は，形成中の心臓と内皮細胞から分泌されるFGF（Le Douarin 1975；Gualdi et al. 1996；Jung et al. 1999；Matsumoto et al. 2001）と，隣接する間充織細胞（最終的に横隔膜と腸間膜の一部を形成する）から分泌されるBMPの働きにより，誘導されていると考えられる（Rossi et al. 2001；Chung et al. 2008）。FGFによって活性化するMAPK経路と，BMPによって活性化するSmad経路は，肝臓特異的遺伝子群を活性化すると同時に，膵臓特異的遺伝子群を

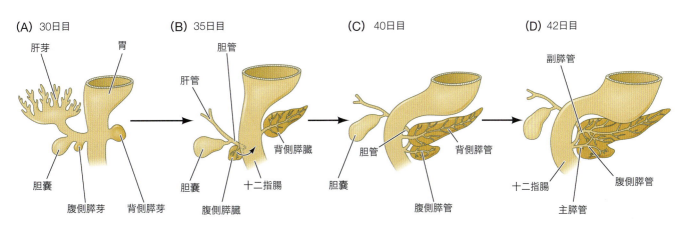

図22.8 ヒトにおける膵臓の発生。(A) 30日目，腹側膵芽は肝臓原基近傍に位置する。(B) 35日目までに腹側膵芽は後方へ移動し始め，(C) 6週目に背側膵芽と接触する。(D) ほとんどの個体で，背側膵芽は十二指腸に接続する膵管を失うが，人口の約10%ではこれが起こらず，2つの膵管が残る。(T. W. Sadler. 2018. *Langman's Medical Embryology*. Wolters Kluwer Health：Philadelphia. © Wolters Kluwer Healthより)

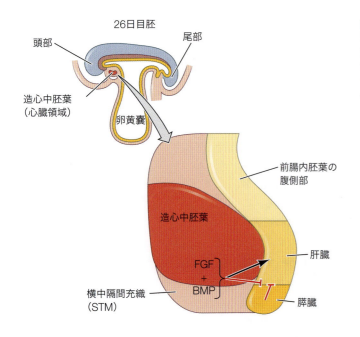

図22.9 マウス胚の肝臓内胚葉形成における正と負のシグナル伝達。外胚葉と脊索は，内胚葉での肝臓特異的遺伝子群の発現を阻害する。造心中胚葉はFGFを，隣接する間充織はBMPを分泌する。これらのシグナルは協調して肝臓特異的遺伝子群の転写を促進すると同時に，膵臓の発生を阻害する。(R. Gualdi et al. 1996. *Genes Dev* 10：1670-1682；Zaret 2016. *Curr Top Dev Biol* 117：647-669 より)

抑制する(Zaret 2016)。このように，胚発生期の心臓と内皮細胞は，成体での循環器系としての役割に加えて，傍分泌因子群を分泌して肝臓形成を誘導促進する機能を果たしている。

FGFシグナルに反応するために，内胚葉は応答能をもつ必要がある。フォークヘッド転写因子FoxA1とFoxA2によって，前腸内胚葉はFGFシグナルへの応答能を獲得する。これらの"パイオニア転写因子"は，肝臓特異的遺伝子群付近のクロマチンを開き，これらの遺伝子群を他の転写因子群が活性化できるように働く(3.5節参照；Lee et al. 2005；Hirai et al. 2010；Parviz et al. 2003)。実際，FoxAは特定化ずみの肝臓において，肝臓特異的遺伝子群のエンハンサーの脱メチル化を促進する(Reizel et al. 2021)。肝臓特異的遺伝子群が機能し始めると，HNF4αやHhexなどの他の転写因子が，肝芽から肝組織への形態的・生化学的分化に重要な役割を果たすようになる(Parviz et al. 2003)。

胚発生期と成体では，肝臓の機能は著しく異なる。成体では，脂肪の消化，炭水化物の貯蔵，血液中の毒性物質の除去を担う器官として必須である。一方，食物摂取開始前の胎児の肝臓は，血球形成を担う主要器官である。造血幹細胞は大動脈の腹側部から移動して肝臓に定着し，そこで成熟した血液細胞へと分化し，成長中の胎児に栄養と酸素を供給する(20.5節参照)。

膵臓形成

膵臓形成と肝臓形成は表裏一体の関係にあるのかもしれない。肝臓形成は，造心中胚葉が促進し，脊索が抑制するのに対し，膵臓形成は脊索が積極的に促進し，心臓細胞が抑制する側に回る。消化管の特定領域は，膵臓と肝臓のどちらにも分化しうる。心臓が近く，かつ脊索から離れている条件下で肝臓が誘導され，脊索が近く，心臓から離れている条件では膵臓の誘導が起こる。

脊索(ヒトの発生4週目には前腸内胚葉の背側部に隣接)は，背側の内胚葉における*Shh*の発現を抑制することによって，膵臓の形成を許容している(Apelqvist et al. 1997；Hebrok et al. 1998)。脊索はShhタンパク質を産生し，外胚葉組織における*Shh*遺伝子の発現を誘導することが知られていたため，これは驚くべき発見であった。このようにして，膵臓形成領域を**除く**腸内胚葉全体がShhを発現するようになる。膵臓形成領域付近の脊索は，Fgf2とActivinを分泌し，*Shh*の発現を抑制する。この領域で実験的に*Shh*を発現させると，腸へと逆戻りする(Jonnson et al. 1994；Ahlgren et al. 1996；Offield et al. 1996)。

膵臓形成領域にはShhが存在しないため，この領域は血管内皮からのシグナルに応答する。膵臓形成は，前腸内胚葉と主要血管とが接する3か所で開始される。内胚葉の管が大動脈と卵黄静脈に接する箇所で転写因子Pdx1とPtf1aが発現しており(図22.10A〜C；Lammert et al. 2001；Yoshitomi and Zaret 2004)，この領域から血管を除去すると，*Pdx1*および*Ptf1a*発現領域は現れず，膵芽も形成されない。一方，この領域に血管を過

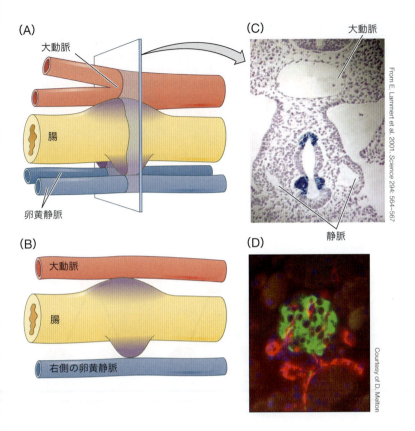

図22.10 腸上皮におけるPdx1遺伝子発現の誘導。(A)ニワトリ胚の腸管におけるPdx1（紫色）の発現は，大動脈と卵黄静脈との接触によって誘導される。Pdx1タンパク質が発現している領域は，膵臓の背側と腹側原基となる。(B)マウス胚では，右側の卵黄静脈のみが維持されており，腸管と接触している。Pdx1遺伝子の発現はこの側だけにみられ，腹側領域に形成される膵芽は1つのみである。(C)マウス胚におけるPdx1 mRNAのin situハイブリダイゼーション。血管と腸管が接触する領域の切片像。Pdx1の発現領域は濃い青色で示されている。(D)ニワトリ胚において血管（赤色）は膵島（緑色：インスリンに対する抗体染色）の分化を促進する。濃い青色は核を示す。（A，BはE. Lammert et al. 2001. Science 294：564-567より）

剰に形成すると，より多くの内胚葉が膵臓組織に分化する。

さらなる発展

インスリンを分泌する膵臓細胞 膵臓の外分泌細胞（キモトリプシンなどの消化酵素を産生）と内分泌細胞（インスリン，グルカゴン，ソマトスタチンを産生）は，同一の前駆細胞から発生する（Fishman and Melton 2002）。Ptf1aの発現レベルがこれらの細胞系譜に進む割合を制御しているようである。外分泌細胞においてPtf1aの発現量が高く（Dong et al. 2008），内分泌細胞（ランゲルハンス島）はPdx1と他の転写因子群とが協調して働くことで形成される（Odom et al. 2004；Burlison et al. 2008；Dong et al. 2008）。インスリン分泌細胞群の分化に必要な血管を誘引するため，膵臓組織からVEGFが分泌され，発生中の膵島が血管により取り囲まれる（図22.10D）。

内分泌前駆細胞からは，ランゲルハンス島のβ細胞とδ細胞，そしてα細胞と膵ポリペプチド〔pancreatic polypeptide：PP（腸の内分泌を制御するホルモン）〕細胞にそれぞれ分化する2つの前駆細胞集団が形成される。これら2つの集団は異なる因子群を発現することにより，相互に排他的な状態を獲得する。β細胞とδ細胞の前駆体は転写因子Pax4を発現し，α細胞とPP細胞の前駆体はArxを発現する。このような排他的な遺伝子発現に従って，各細胞タイプへの分化が起こる。Pax4を発現している細胞はβ/δ共通前駆細胞に分化し，そこにMafA遺伝子が発現すれば，インスリンを分泌するβ細胞への分化が選択される。MafAが発現しなければ，δ細胞になる（図22.11）。（オンラインの「FURTHER DEVELOPMENT 22.1：A Model for a Hierarchical Dichotomous System for Determining Cell Types」参照）

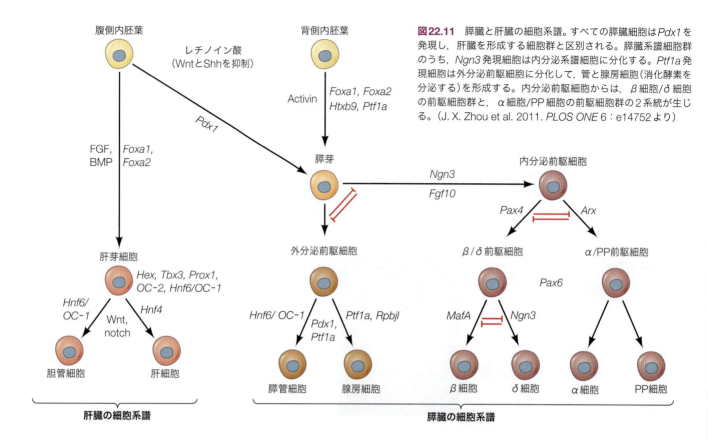

図22.11 膵臓と肝臓の細胞系譜。すべての膵臓細胞は*Pdx1*を発現し，肝臓を形成する細胞群と区別される。膵臓系譜細胞群のうち，*Ngn3*発現細胞は内分泌系譜細胞に分化する。*Ptf1a*発現細胞は外分泌前駆細胞に分化して，管と腺房細胞(消化酵素を分泌する)を形成する。内分泌前駆細胞からは，β細胞/δ細胞の前駆細胞群と，α細胞/PP細胞の前駆細胞群の2系統が生じる。(J. X. Zhou et al. 2011. *PLOS ONE* 6：e14752より)

機能的β細胞をつくる 発生生物学から医学への応用可能性のなかでも最も重要なものの1つが，欠損ないし損傷した細胞を新しく機能的な細胞へ転換もしくは置換する試みである。5.8節で人工多能性幹細胞(induced pluripotent stem cell：iPSC)について述べた。成体細胞を内部細胞塊の胚性幹細胞と同じような(いっそまったく同じかもしれない)状態に戻すことができる特定の転写因子群を活性化させると，ヒトの皮膚細胞を多能性幹細胞に転換できる。適切な時期に適切な量の傍分泌因子群を添加すれば，試験管内で胚の状態を再現し，iPSCを特定の細胞タイプに分化させることも可能である。2014年に2つの研究室が，機能的なインスリンを分泌する膵臓β細胞を誘導する最適条件を発見し，これを用いて糖尿病マウスの治癒に成功している(図22.12；Pagliuca et al. 2014；Rezania et al. 2014)。

胆囊

胆囊の起源はよくわかっていない。マウス胚において2015年に詳細になった内胚葉の発生運命地図から，ほとんどの胆囊前駆細胞は前腸内胚葉の最も側方領域，第1体節と第2体節の接合部に相当するレベルに位置することが示された(Uemura et al. 2015)。9.5日目のマウス胚では，この胆囊原基は肝臓原基と同じ遺伝子群を発現しているが，肝臓と膵臓の特定化にそれぞれ働く2つの主要遺伝子*FoxA1*と*Pdx1*は発現していない。一方，Sox9やEts1などの他の転写因子遺伝子群の発現量は，肝臓よりも上昇している(Mu et al. 2020)。

胆囊の発生に関する興味深い発見の1つは，ヒトを含む一部の哺乳類の新生児が，胆道閉鎖症(原因不明の胆管閉塞)をもって出生することである。オーストラリアの家畜の間で胆道閉鎖症が発生し，この疾患に注目が集まった。国際的な科学者グループは，長引く干ばつによってアカザという植物が飼料として利用されるようになり，アカザには催奇形性

第22章 内胚葉 | 779

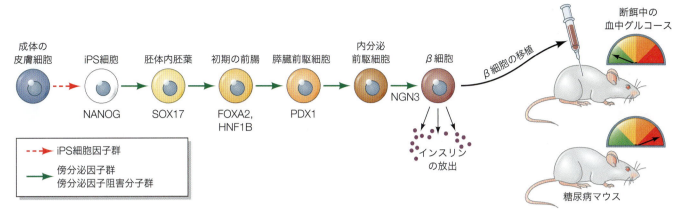

図22.12 成体細胞からの機能的インスリン分泌ヒトβ細胞の産生。成人の皮膚細胞は，5.8節で述べた転写因子群により，人工多能性幹細胞（iPSC）に転換される。iPSCは胚のほぼすべての細胞に分化できる。この細胞をβ細胞にするため，研究者たちは特定の傍分泌因子群とその阻害剤を与え，発生条件を順番に模倣した。iPSCはまず，初期内胚葉の転写因子発現パターンをもつ細胞に変化した。それから順次，前腸，膵臓，膵臓内分泌細胞，さらにここで示していない中間段階を経て，最終的に膵臓β細胞に分化した。このβ細胞をマウスに移植したところ，グルコース量が調節され，糖尿病モデルマウスを治癒させることができた。(F. W. Pagliuca et al. 2014. *Cell* 159：428-439；A. Rezania et al. 2014. *Nat Biotechnol* 32：1121-1133より)

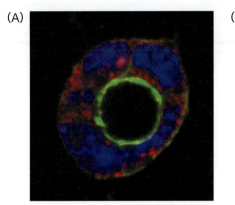
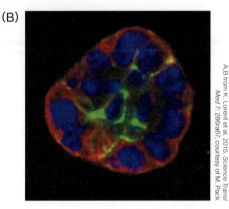

図22.13 胆道閉鎖症。(A)胆嚢細胞群は，培養下でも正常な胆管と同様の内腔をもつ球体を形成する。(B)アカザ由来の催奇形性化合物ビリアトレゾンを投与したマウスでは，細胞極性が変化し，内腔が閉塞する。(C)ビリアトレゾンによる想定催奇形モデル。ビリアトレゾンによってグルタチオン（GSH）レベルが低下すると，酸化状態が上昇し，Gタンパク質RhoUの活性化レベルが上昇する。RhoUはHey2（Notch経路の一部）を活性化し，細胞間接着の維持に必要な転写因子Sox17を抑制する。

毒素ビリアトレゾンが含まれているため，胆嚢の発生を特異的に阻害すると結論づけた（図22.13A，B）。彼らはゼブラフィッシュ（他の生物と比べて安価）を用いて何千もの化合物をスクリーニングし，形成中の胆管を閉塞させる物質を特定した。ビリアトレゾンには，細胞内のグルタチオン濃度を低下させる作用があると考えられている。グルタチオンは特定のタンパク質の酸化を防ぐ働きをもつ。グルタチオンが枯渇するとGタンパク質RhoUが活性化し，それにより転写因子Hey2が活性化する。Hey2は，胆管の細胞間接着維持に必要な転写因子Sox17の発現を抑制する（図22.13C；Fried et al. 2020）。他の植物由来化合物がヒトに同様の問題を引き起こす可能性について，現在も研究が続いている。

22.5 呼吸管

肺は消化に関与しないが，実質的には消化管の派生物である。咽頭底部の中央，第四咽

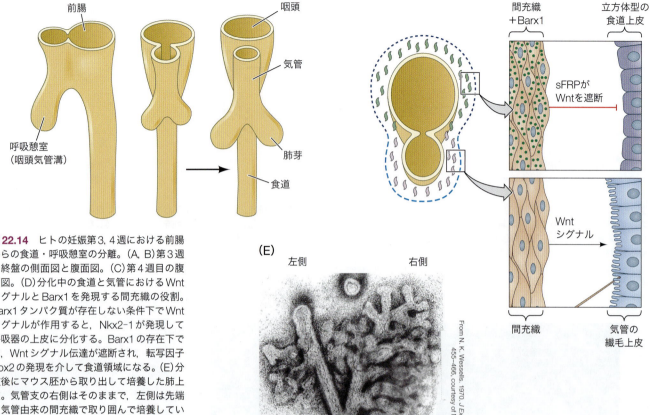

図22.14 ヒトの妊娠第3, 4週における前腸からの食道・呼吸憩室の分離。(A, B)第3週目終盤の側面図と腹面図。(C)第4週目の腹面図。(D)分化中の食道と気管におけるWntシグナルとBarx1を発現する間充織の役割。Barx1タンパク質が存在しない条件下でWntシグナルが作用すると、Nkx2-1が発現して呼吸器の上皮に分化する。Barx1の存在下では、Wntシグナル伝達が遮断され、転写因子Sox2の発現を介して食道領域になる。(E)分岐後にマウス胚から取り出して培養した肺上皮。気管支の右側はそのままで、左側は先端を気管由来の間充織で取り囲んで培養している。右側の気管支は肺に特徴的な分岐を形成したが、左側の気管支にはほとんど分枝が生じなかった。(A〜CはT. W. Sadler. 2018. *Langman's Medical Embryology*. Wolters Kluwer Health：Philadelphiaより；DはJ. Woo et al. 2011. *PLOS One* 6：e22493より)

頭嚢対間から、**喉頭気管溝**(laryngotracheal groove)が腹側に伸長する(図22.14A〜C)。この溝は、気管支と肺に分岐する。喉頭気管内胚葉は、気管、2つの気管支、および肺の気嚢(肺胞)の内膜となる。この分離が完全でないために、腸管と呼吸管がつながったまま生まれることがある。このような消化器と呼吸器の状態は気管食道瘻と呼ばれ、新生児が適切に呼吸し嚥下できるよう、外科手術が必要になる。

　食道から気管が分かれる際にも背側と腹側の違いがあり、発生後期における内胚葉と特定の間充織との相互作用の一例として知られている。間充織からのWntシグナルは、肺や気管となる腸管領域にβカテニンを蓄積させる。βカテニンは、組織同士の分離制御にかかわる分子群を活性化するNkx2.1転写因子の合成を促進する(Kishimoto et al. 2018, 2020)。このシグナルがなければ、腸管と気管の分離や気管からの肺形成が起こらない(Goss et al. 2009)。逆に腸管でβカテニンを異所的に発現させると、肺が過剰に形成される(Harris-Johnson et al. 2009)。

　腸管の背側部分は、転写因子Barx1を発現し、Wntを阻害する分泌型Frizzled関連タンパク質(soluble Frizzled-related protein：sFRP)を産生する間充織細胞群と近接している。sFRPがWntと結合するとWntは細胞膜上の受容体に到達できず、Wnt活性が遮断されるため、呼吸管の背側部分は食道上皮に特定化される。一方、呼吸管の腹側部分は、sFRPを分泌しない間充織に近接しているため、Wntシグナルは遮断されず、気管の繊毛上皮を形成する(図22.14D；Woo et al. 2011)。

上皮-間充織間相互作用と分岐形成の生体力学

　消化管と同様に，間充織の領域特異性が呼吸管の発生運命を決定する。哺乳類胚では，頸部の呼吸上皮は直線状に成長し，気管を形成する。胸部に侵入後，呼吸上皮は分岐して2つの気管支と肺を形成する。二又に分かれた後の呼吸上皮をマウス胚から取り出し，両側に対して異なる実験操作を行うことが可能である。図22.14Eは，右側は気管支上皮の周囲に肺間充織が残っている状態，左側は気管領域の間充織で取り囲んで培養した結果を示している（Wessells 1970）。右側の気管支は肺間充織の影響を受けて増殖，分岐したが，左側の気管支は枝分かれせずに成長を続けた。このように，呼吸上皮から気管細胞や肺細胞への分化は，隣接する間充織に依存して起こることがわかっている（Shannon et al. 1998）。

　哺乳類においてみられる肺の精巧な三次元分岐パターンは，無作為にデザインされたものではない（図22.15A）。驚いたことに，肺の樹状分岐パターンは高度に定型的で，連続した3種類の幾何学的挙動をたどることができる（Metzger et al. 2008）。

1. まるでスパイラルブラシのように，もとの上皮管から遠近軸方向に列（ドメイン）を形

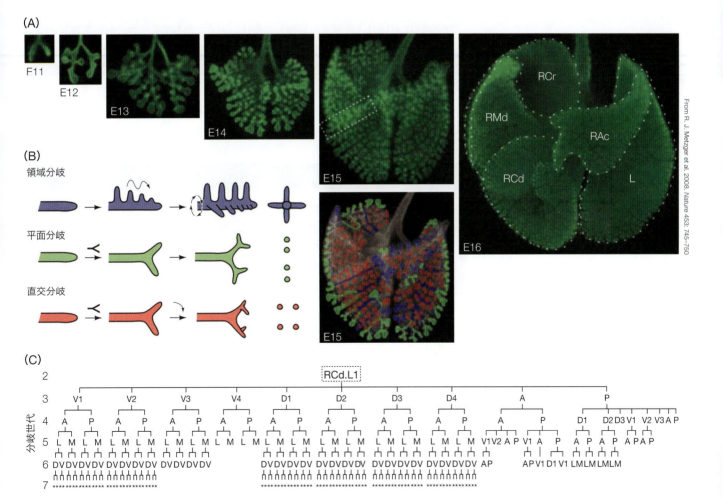

図22.15 マウス胚の気管支上皮における分岐形態形成。(A) 11～16日目胚(E11～E16)から取り出した肺を腹側から観察した像。E-カドヘリンに対する抗体を用いて肺を可視化している。E16の写真には，各分葉の輪郭が描かれている。右前葉(RCr)，右中葉(RMd)，付属葉(RAc)，右後葉(RCd)，左葉(L)。(B)気管支上皮の3つの異なる分岐様式。右側(E15)の画像は，分岐様式ごとの分布を色分けして表示している。(C)右尾葉(RCd)/側方葉1(L1)の各分岐の系統樹。祖先となる気管支からの分岐方向がマップされている。各アルファベットは，親枝に対する子枝の位置，前方(A)，背側(D)，側方(L)，内側(M)，後方(P)，腹側(V)，その他(*)を示す。(R. J. Metzger et al. 2008. *Nature* 453: 745-750より)

成し，連続的に成長して小葉を形づくる（図22.15B）。これを**領域分岐（ドメインブランチング）**と言い，気管支の各方面（背側，腹側，内側，外側）の円周軸方向に少しずつずれながら一定間隔で新たな分岐が伸長する。

2. 反復的な枝分かれ構造は，**平面分岐**によって形成される。小葉の先端部はそれぞれの枝の正中線軸で分岐する。このため，分岐点が前後軸平面に沿って繰り返される。

3. 後半の分岐形成でも先端部が枝分かれする点は同じだが，多くの場合，各分岐間で90度の回転が起こる。このため，分岐点は垂直方向に交互に配置される。こちらのパターンは，**直交分岐**と呼ばれている。

驚くべきことに，これら3つの分岐形成モードは肺の形態形成過程で非常に正確に起こるため，分岐パターンを介して肺胞から起源となる気管支まで遡ることができる（図22.15C；Metzger et al. 2008）。枝分かれパターンは，内胚葉由来のSonic hedgehogによって間充織細胞群において活性化される転写因子群FoxF1およびTbx4と，傍分泌因子Fgf10が制御しているようである（Lüdtke et al. 2016；Karolak et al. 2021）。特定の*Tbx*遺伝子群をノックダウンすると，Fgf10の産生が抑制され，分岐形成が停止することから，Fgf10は肺の分岐形成に重要であることがわかる。また，*Tbx*をノックダウン処理した肺にFgf10を作用させると，分岐が回復することがわかっている（Cebra-Thomas et al. 2003）。

間充織のFgf10は上皮細胞の増殖と走化性の両方に関与する一方，内胚葉のBMP4によってFgf10シグナル伝達は阻害される。培養中の肺にBMPを作用させると分岐形成が阻害されるが，BMP阻害剤を作用させた場合には分岐が増加する（Weaver et al. 2000）。つまり，肺の正確な分岐パターンは，Fgf10とBMP4の相互作用を通して形成される。（オンラインの「SCIENTISTS SPEAK 22.2：Dr. Brigid Hogan discusses the role of stem cells during lung development and disease」参照）

発展問題

未熟児では肺細胞が分化していないことが多い。肺の発達を促進するために，医師は何ができるだろうか？

さらなる発展

異なる力がつくるそっくりな分岐 「分かれ道にさしかかっても，そのまま進め」は，Yogi Berra（ヨギ・ベラ）氏の言葉である。肺の発生過程についてYogi氏がまるで何かをつかんでいたかのような，実に的を得た言葉である。肺の形成という分かれ道に直面したとき，マウスとニワトリはまったく異なるアプローチをとる。哺乳類では，平滑筋が分化するためには，成長中の枝先端の遠位側に位置する間充織が必要である。この平滑筋は，分岐の裂け目となる領域にあらかじめ存在し，やがて周囲の平滑筋細胞群と分岐部の近傍において結合する（図22.16；Spurlin and Nelson 2017；Kim et al. 2015）。薬剤を用いて平滑筋細胞の分化を阻害すると，末端部の分岐形成が阻害されることから，枝の先端に局在する平滑筋の収縮が分岐形成を促進することが，マウス胚で示唆されている。

一方，鳥類の気管では，枝先端が局所的に頂端収縮を起こすことで新たな分岐点が生まれ，親枝から出芽する（図22.17；Kim et al 2013；Spurlin and Nelson 2017）。重要なのは，マウスとニワトリのいずれにおいても，肺上皮の成長と分岐形成が隣接する間充織からの局所的FGFに反応して起こる点である（図22.16参照）。（オンラインの「FURTHER DEVELOPMENT 22.2：Lung Development in Initiating Labor and Birth」ROYAL SOCIETY © 2017 The Authors参照）

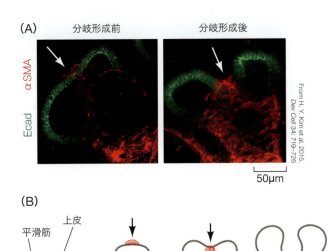

図22.16 マウスでは平滑筋が肺の分岐形成を促進する。(A)分岐前と分岐後の肺上皮(E-カドヘリン，緑色：Ecad)の裂け目における平滑筋細胞(αSMA，赤色)の局在(矢印)。(B)分岐形成過程における平滑筋と肺上皮の相互作用。(BはH. Y. Kim et al. 2015. *Dev Cell* 34：719-726より)

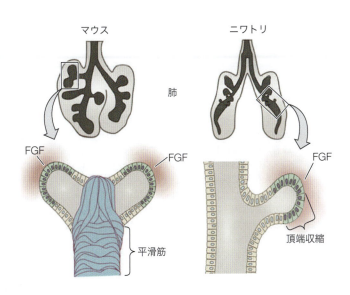

図22.17 哺乳類と鳥類の気管における分岐形成メカニズムの違い。マウスは平滑筋の収縮を利用して分岐をつくるが，ニワトリは頂端収縮を利用して新しい分枝点を誘導する。枝の伸長部位における間充織からのFGFシグナルは，分岐形態形成の生体力学的制御に必須である。ここでのFGFの作用は，哺乳類と鳥類の両方の肺に共通している。(J. W. Spurlin and C. M. Nelson. 2017. *Philos Trans R Soc Lond B Biol Sci* 372：20150527より)

研究の次のステップ

　本章では，傍分泌因子などの分子的要因だけでなく，座屈などの物理的要因も細胞の分化を引き起こす可能性があることを述べた。第三の要因として，近年，共生微生物が同定されている。出生後のマウス腸内の微生物は，いくつかの腸特異的遺伝子群の発現を成熟レベルまで活性化させる役割を担っている。これらの遺伝子群がコードするタンパク質群は，腸の形態形成と機能に重要である。例えばゼブラフィッシュでは，細菌由来物質が腸の正常な幹細胞分裂を誘導し，インスリン産生細胞を生み出す。細菌が正常な腸の発生にどのように寄与するのかは，まだ初期的な研究段階にある。25.2節でさらに詳しく説明する。

章冒頭の写真を振り返る

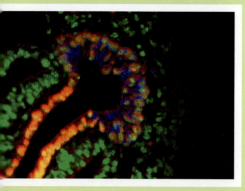

マウス9日目胚でみられる出芽中の肝臓原基。核は緑色に，腸前駆細胞は転写因子FoxA2に対する抗体を用いてオレンジ色に，将来，肝臓になる肝芽細胞は青色に染色されている。これらの細胞群はホメオドメイン転写因子Hexを発現し，上皮構造を変化させて間充織細胞群を増殖させる。

Courtesy of Ken S. Zaret

22 内胚葉：消化・呼吸を担う管構造と器官

1. 転写因子Sox17は内胚葉の特定化に重要である。脊椎動物では，内胚葉は消化管（腸管）と呼吸管を形成する。
2. 腸管は，前後軸に沿ったWnt，BMP，FGFの濃度勾配によって3つの領域に分けられる。前後極性は器官形成前に固定される。
3. 後部の内胚葉は，中後腸の前駆細胞集合体を形成する。頭部に近い内胚葉は前腸を形成し，肺と甲状腺の前駆細胞を生み出す。これらの間の領域は前腸後方前駆細胞となり，膵臓，胆嚢，肝臓を生み出す。
4. 腸管は，内部細胞塊に由来する原始内胚葉（第5章参照）と，原条を通過後に生まれる胚体内胚葉の両方から形成される。
5. 4対の咽頭嚢は，それぞれエウスタキオ管，扁桃腺，胸腺，副甲状腺の内層を形成する。甲状腺もこの領域の内胚葉から形成される。
6. 腸の組織は，内胚葉と中胚葉の相互作用によって形成される。中胚葉からのWntとBMP，内胚葉からのShhは，腸を取り囲む中胚葉におけるHox遺伝子群の入れ子状発現パターンを誘導するシグナルとして働く。領域化後の中胚葉は，内胚葉を多様な消化器官へと誘導する。
7. 肝臓には，体の代謝を調節する肝細胞と，胆管を裏打ちする胆管細胞の2つの主要な細胞タイプがある。
8. フォークヘッド転写因子群は肝臓形成に重要である。
9. 内胚葉が臓側中胚葉の特定化を促進し，臓側中胚葉に由来する心臓と血管が内胚葉の特定化を促進する。
10. 腸の2つの筋層は，内胚葉からのShhシグナルにより特定化され，決まった位置に配置される。
11. 膵臓は，Shhが発現していない領域の内胚葉から形成される。この領域では転写因子Pdx1とPtf1aが発現している。
12. 膵臓の内分泌細胞と外分泌細胞は共通の起源をもつ。内分泌細胞群への運命決定には，転写因子Ngn3がかかわると考えられている。
13. 胚発生時の条件を模倣することで，ヒトiPSCを膵臓β細胞前駆体に転換させ，インスリンを分泌する細胞群をつくり出すことができる。
14. 呼吸管は消化管から袋状に派生する。気管のように直線状のままか，気管支や肺胞のように分岐するのかは，接する間充織がもつ領域特異性によって決まる。
15. 肺の分岐形態形成には，領域分岐，平面分岐，直交分岐の3つの様式がある。さらに平滑筋収縮（マウスの場合）または頂端収縮（ニワトリの場合）によって発生する生体力学的作用により，分岐形成が制御される。

● オンラインのコンテンツは https://www.medsi.co.jp よりアクセスしてください。

Part VI 後胚発生

23 | 変態
ホルモンによる発生の再活性化

本章で伝えたいこと

- 変態は，未成熟な個体に新しい，通常は性的に成熟した形態が与えられる一連の発生変化である．その変化は内分泌因子（多くの場合，脂溶性ホルモン）によって開始され，転写因子が活性化される．ある細胞は分裂するように指示され，ある細胞は分化するように指示され，またある細胞は死ぬように指示される．両生類（特にカエル）や一部の昆虫では，幼生（オタマジャクシ，イモムシ）から成体への急激な発生変化がみられる．昆虫と両生類では，幼生の体軸が成体の体軸になるが，これらの体軸を形成する細胞は変化する．

- 両生類の変態には，形態学的および生化学的な変化が伴う．ある構造はつくり替えられ，ある構造は置き換えられ，ある構造は新たに形成される．これらのプロセスはすべて甲状腺ホルモンの制御下で行われる．活性ホルモンであるトリヨードチロニン（T3）は，チロキシン（T4）から合成される．また，脱ヨウ素酵素によるT3の分解は，異なる組織の変態を異なる方法で調節する（23.1節）．

- オタマジャクシのからだでは，さまざまな領域がさまざまな時期に甲状腺ホルモンに反応する．細胞内のT3および甲状腺ホルモン受容体（TR）の量を調節することにより，異なる組織に存在する他の因子によって異なる反応（増殖，アポトーシス，分化，移動）が引き起こされる．同じホルモン刺激が，ある組織を退縮させる一方で，他の組織の成長と分化を促進することがある（23.1節）．

- 不変態昆虫は直接発生を行う．不完全変態昆虫は，成体のミニチュア型である若虫の時期を経る．一方，完全変態昆虫は，幼虫（イモムシ，地虫，ウジ虫）から蛹を経て，性的に成熟した成虫へと完全な変態を行う（23.2節）．

- 完全変態昆虫は3種類の脱皮を行う．すなわち，幼虫から幼虫への脱皮，幼虫から蛹への脱皮（変態），蛹から成虫への脱皮，である．脱皮は，20-ヒドロキシエクジソン（20E）ホルモンによって引き起こされ，幼若ホルモン（JH）によってバランスが取られる．蛹の時期に，成虫原基の成長・分化・外転（"望遠鏡のように伸びる"）が起こり，成体の外部構造を形成する（23.2節）．

© The Natural History Museum/Alamy Stock Photo

食卓の上で成長する

動物の発生において，**変態**（metamorphosis）ほど壮観な現象はまれである．これは，ホルモンによって動物に新たな形態が与えられる再活性化の発生過程である．変態は発生的かつ生態学的な移行であり，多くの場合，幼生は成長や個体の分散といった機能に特化しているのに対し，成体は繁殖に特化している．生態学的には，変態は生息地，食物，行動の変化と密接に関連している（Jacobs et al. 2006）．

動物のなかには(ヒトを含む),幼生が基本的に成体のミニチュア型である**直接発生型動物**(direct developer)がいる。しかし,ほとんどの動物種は**間接発生型動物**(indirect developer)であり,生活環のなかで成体とまったく異なる形態をもつ幼生期が存在し,変態によって形態が変化する。間接発生型動物は幼生のタイプによって大まかに2つのグループに分けられる[1]。**一次幼生**(primary larvae)は,幼生と成体でからだの構造が大きく異なる。例えば,ウニの**幼生**は左右相称で海洋を漂いながらプランクトンを捕食するが(11.2節参照),**成体**は五放射相称の形態で,海底で海藻を食べる。幼生のからだを形作る過程には成体の形を想起させるような片鱗はない。

二次幼生(secondary larvae)は,幼生と成体が同じ基本的なからだの構造を有する動物にみられる。イモムシと蝶は顕著に違うが,これら2つの発生段階は同じ主要な体軸を維持し,古い部分を削除し修正しながら,新しい構造を追加することによって発生する。同様に,オタマジャクシは水中環境に特化しているが,後に成る成体と同じパターンに基づいて組織される二次幼生である(Jagersten 1972;Raff and Raff 2009)。

一部の種では変態を通じて劇的な変化がみられ,成体は幼生時代の形態や生理,行動とは大きく異なり,まったく新しい生存様式へ適応することが可能となっている。例えば北米のヤママユガ(*Cecropia*)では,卵から孵化した後の幼虫(イモムシ)は翅をもたずに数か月にわたりひたすら食べ続けて成長する。変態を経た成虫は翅をもち,わずか1週間ほどの寿命の間に速やかに交尾を行う必要がある。そのため,この期間,成虫は餌を一切食べない。実際,この短い繁殖期間中には口器も存在しない(Baker 2019)。このような大きな**形態学的変化**は,何世紀にもわたって発生解剖学者の注目を集めてきた(Merian 1705;Swammerdam 1737)。しかし変態の**分子的基盤**については,一部の種でしかその概観が理解されていない。

23.1 両生類の変態

両生類(amphibian)という名称は変態に由来しており,ギリシャ語で"2つ"を意味する*amphi*と"生"を意味する*bios*が語源である。両生類の変態は,水棲から陸棲への適応のための形態的および行動的な変化と関連している(図1.2C参照)。**有尾両生類**(urodeles)(イモリ,サンショウウオ)では,変態時には尾ビレの吸収,外鰓の消失,皮膚構造の変化がみられる。**無尾両生類**(anurans)(カエル)の変態はさらに劇的であり,ほとんどすべての組織が変化する(表23.1)。

無尾両生類の変態は甲状腺ホルモンである**チロキシン**(thyroxine:T4)や**トリヨードチロニン**(tri-iodothyronine:T3)によって開始され,これらのホルモンが血流を介して幼生の全身の組織に運ばれる。幼生の器官がこれらのホルモンを受容すると,成長(後肢など),死(尾など),再構築(腸など),再特定化(肝臓の酵素など)の4つの方法のいずれかで反応する(Paul et al. 2022)。

両生類の変態に伴う形態的変化

甲状腺ホルモンのトリヨードチロニンは,成体特有の器官形成を誘導する。例えば,成体カエルの四肢は,変態するオタマジャクシの決まった場所から出現する(図1.9参照)。眼においては,まぶたと瞬膜(カエルの"第三のまぶた")が形成される。さらに,T3はこれ

---

1 議論の余地はあるが,幼生は成体形態が確立された後に進化したと考えられている。つまり,動物は直接発生を経て進化し,幼生形態は生活環の初期に餌を探したり個体分散するために特化した形態として出現したと考えられる(Jenner 2000;Rouse 2000;Raff and Raff 2009)。それでも,二相的な生活環は後生動物だけの特性である可能性がある(Degnan and Degnan 2010)。

表23.1 カエルの変態において変化する組織

器官系	幼生	成体
運動系	水中生活；尾ビレ	陸上生活；尾ビレの退化，四肢
呼吸器系	鰓，皮膚，肺；幼生型ヘモグロビン	皮膚，肺；成体型ヘモグロビン
循環器系	大動脈弓；大動脈，前頸静脈，後頸静脈，総頸静脈	頸動脈弓；体動脈弓；主静脈
栄養系	草食；長いらせん状の腸；腸内共生生物；小さな口，角質のある顎，唇歯	肉食；短い腸；プロテアーゼ；長い舌をもつ大きな口
神経系	瞬膜なし；ポルフィロプシン（淡水性動物にみられるオプシン），側線，マウスナー細胞	眼筋の発達，瞬膜，鼓膜，ロドプシン；側線の退化，マウスナー細胞の退化
排泄系	主にアンモニア，一部尿素（アンモニア排泄型）	主に尿素；オルニチン-尿素回路の酵素が高活性（尿素排泄型）
皮膚系	薄い二層の表皮で真皮が薄い；粘液や顆粒状腺なし	成体型のケラチンを含んだ重層扁平上皮；発達した真皮は粘液と顆粒状腺を含み，抗菌ペプチドを分泌

出典：データはC. Turner and J. T. Bagnara. 1976. *General Endocrinology*. Saunders：Philadelphia；D. S. Reilly et al. 1994. *Dev Biol* 162：123-133 より。

らの器官を機能させる神経細胞の増殖と分化を促進する。四肢が体軸から伸びるにしたがって，神経細胞は脊髄で増殖・分化し，新たに形成された四肢の筋肉に軸索を投射する（Marsh-Armstrong et al. 2004）。T3の活性が阻害されると，これらの神経系の形成が妨げられ，結果的に四肢の麻痺が引き起こされる。

無尾両生類の変態では，眼が側面の位置から頭の前方に移動することが最も顕著な形態変化の1つである[2]（図23.1A，B）。オタマジャクシの側面の眼は，捕食されやすい草食動物に典型的であるが，カエルの前方に位置する眼は捕食性の高い生活に適している。獲物を捕らえるため，カエルは三次元空間を立体視する能力が必要であり，これは両眼からの視覚情報を脳で統合し，**両眼視野**を形成する過程を含む（図17.35B参照）。オタマジャクシでは，右眼の視神経は脳の左側に投射し，その逆も同様であり，網膜神経と同側の脳に投射する神経は存在しない。しかし，変態中には，同側経路が対側経路と並行して出現し，両眼からの入力が脳の同じ領域に到達するようになる（Currie and Cowan 1974；Hoskins and Grobstein 1985a）。

ツメガエル（*Xenopus*）では，これら新しく投射した神経経路は，既存の神経経路が再構築されることによってではなく，甲状腺ホルモンの作用によって分化した新しい神経細胞によって生じる（Hoskins and Grobstein 1985a, b）。これらの新たに投射する軸索が同側にも投射できるのは，視交叉部位でエフリンBが甲状腺ホルモンによって誘導されるためである（Nakagawa et al. 2000）。哺乳類の視交叉では，一生を通じてエフリンB

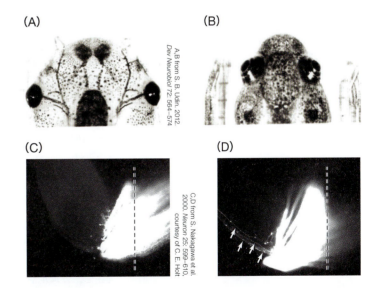

図23.1 アフリカツメガエル（*Xenopus laevis*）の変態中における眼の位置の移動と視神経の変化。（A）オタマジャクシの段階では，眼は横に位置しており，ほとんど両眼視野がない。（B）変態が進むにつれて，眼は背側方向および前方に移動し，両眼視野が拡大する。（C, D）変態中のオタマジャクシの網膜投射。DiI染色を用いて視神経の軸索投射パターンが可視化されている。（C）変態の初期および中期には，視神経軸索は脳の正中線（破線）を超えて広がっている。（D）変態の後期には，視交叉の神経細胞でエフリンBが発現し（矢印），正中線を超えずに同側に投射する（17.7節参照）。

---

[2] 変態中に起こる眼の動きで最も劇的なものはヒラメなどのカレイ目における眼の移動であり，この過程も甲状腺ホルモンによって調節される（Schreiber 2013；Campinho 2022）。もともとヒラメの眼は，他の魚類の側面の眼と同様に，顔の反対側に位置している。しかし，変態中に，一方の眼が頭を横切って反対側の眼の隣にまで移動する（Hashimoto et al. 2002；Bao et al. 2005）。これにより，ヒラメは海底に横たわりながら上方を見ることができる。

の発現が同側への投射に寄与しているが，対側への投射(全交叉)のみをもつ魚類や鳥類の視交叉ではエフリンBは検出されない。17.7節で述べたように，エフリン分子は特定の神経に反発することで，神経軸索を一方向に集約する効果がある(図23.1C, D)。

変態中の細胞死　トリヨードチロニン(T3)には，幼生特異的な構造を消失させる作用がある。T3は，オタマジャクシの尾ビレや，幼生の運動と呼吸を担う鰓(成体には不要)の退化を引き起こす。幼生の尾の筋肉と皮膚が死んでいることは明らかだが，この死は殺されているのか，あるいは誘導された自殺であろうか？　言い換えれば，T3は細胞に自らを殺すよう指示しているのか，それとも何か他のメカニズムを通じて細胞を殺しているのか？

　最近の研究によれば，オタマジャクシの尾の細胞は最初に"自殺"，つまりアポトーシスによって死んでいるが，後期には他の細胞によって殺されるとされている。オタマジャクシの筋肉細胞にドミナントネガティブ型のT3受容体(したがってT3に反応できない)を導入すると，これらの細胞は生き残る。つまりこれは，T3がアポトーシスを誘導したことを示している(Nakajima and Yaoita 2003；Nakajima et al. 2005)。これは，アポトーシスを誘導する酵素であるカスパーゼ-9の活動阻害によって，オタマジャクシの筋肉細胞の死を防ぐことができることによっても確認されている(Rowe et al. 2005)。変態が進むにつれて，尾の筋肉はマクロファージによって貪食されるが，これは筋肉細胞を支えていた細胞外基質がプロテアーゼによって分解された結果かもしれない。

　さらに，オタマジャクシの赤血球も変態中に死を迎える。このときオタマジャクシのヘモグロビンは，酸素との結合がより遅く，放出が迅速な，成体型のヘモグロビンに置き換わる(McCutcheon 1936；Riggs 1951)。オタマジャクシのヘモグロビンを運ぶ赤血球は成体の赤血球とは異なる形状をしており，成体の赤血球が形成されると，幼生の赤血球は主に肝臓と脾臓のマクロファージによって特異的に貪食される(Hasebe et al. 1999)。

無尾両生類の変態中の再構成　特定の幼生構造は成体のニーズに合わせて再編される。例えば，植物を消化するために多数の渦巻きをもつ幼生の腸は，肉食に適した短い腸に置き換えられる。幼生の腸の細胞外基質が分解されるにつれて，大部分の腸上皮細胞は死んでいくが，生き残る細胞は脱分化し，成体の腸を形成する腸幹細胞として機能するようになる(Stolow and Shi 1995；Ishizuya-Oka et al. 2001；Fu et al. 2005；Schrieber et al. 2005；Hasebe et al. 2013；Gomes et al. 2015の総説)。

　無尾両生類の神経系は大幅に再構築される。ある神経細胞は死に，他の神経細胞が新たに生まれ，さらに他の神経細胞は特異性を変える。成体に特有の神経細胞(視覚経路のものなど)が出現する一方で，幼生の神経細胞(例えばオタマジャクシの顎にある特定の運動神経など)は，幼生の筋肉から新しく形成された成体の筋肉へと投射する標的を切り替えるだけである(Alley and Barnes 1983)。さらに，舌の筋肉を支配する細胞(幼生には存在しない新しく形成された筋肉)はオタマジャクシの間は休眠状態にあり，変態中に初めてシナプスを形成する(Grobstein 1987)。オタマジャクシの側線系は，水中の動きを感知し聴覚を補助するために機能しているが，陸上生活に適した耳がさらなる分化を遂げるにつれて退化する(Fritzsch et al. 1988)。この遷移期間中にニューロンは標的を変え，オタマジャクシは一時的に聴覚を失う(Boatright-Horowitz and Simmons 1997)。成体の中耳構造が発生し，カエルやヒキガエルに特有の鼓膜も形成される。

　無尾両生類では頭部のほぼすべての構造成分が再構築され，特に頭蓋骨の形状が大きく変化する(Trueb and Hanken 1992；Berry et al. 1998)。最も顕著な変化は，新しく硬骨が形成されることである。オタマジャクシの頭蓋骨は主に神経堤由来の軟骨で構成されているが，成体では神経堤細胞由来の硬骨で構成される(図23.2；Gross and Hanken 2005)。成体の下顎が形成されると，メッケル軟骨は元の長さのほぼ2倍に伸び，その周りに皮骨が形成される。成長するメッケル軟骨と同時に，オタマジャクシの水中呼吸に必

要な鰓と咽頭弓軟骨は退化する。他の軟骨も広範囲に再構築される。神経系と同様に，一部の骨格は増殖し，一部は死に，また一部は再構築される。1つのホルモンが隣接する異なる組織で異なる効果を示すメカニズムはまだ明確ではない。(オンラインの「FURTHER DEVELOPMENT 23.1：Biochemical Respecification in the Liver」参照)

両生類の変態におけるホルモン制御

両生類の変態が甲状腺ホルモンによって制御されることは，1912年にJ. F. Gudernatsch（J・F・グダーナッチ）によって初めて実証された。彼は，粉末状のウマの甲状腺をオタマジャクシに摂取させると，通常より早く変態することを発見した。補足的な研究として，Bennet Allen（ベネット・アレン）は1916年，オタマジャクシの初期段階で甲状腺の原基を除去または破壊すると，幼生は決して変態せず，代わりに巨大なオタマジャクシに成長することを明らかにした。その後の研究で，無尾類の変態の各段階が甲状腺ホルモンの増加する量によって制御されていることが示された（Saxén et al. 1957；Kollros 1961；Hanken and Hall 1988）。特定の事象(例えば四肢の発生)は早期に起こり，甲状腺ホルモンの濃度が低いときに発生する。他の事象(例えば尾の吸収や腸の改造)は，ホルモンの濃度が高くなった後に発生する。これらの観察から，変態の異なる出来事が甲状腺ホルモンの異なる濃度によって引き起こされるという**形態形成の閾値モデル**が提案された（4.6参照）。閾値モデルは依然として一定の説得力をもつが，分子生物学的研究によって，両生類の変態の出来事のタイミングは複雑であり，単にホルモン濃度の増加だけでは説明できないことが示されている。

無尾両生類の変態における変化は，以下の3つのホルモンイベントによって引き起こされる（図 23.3）：

1. 前駆体ホルモンとして機能するチロキシン（T4）が甲状腺から血液へ分泌される。
2. 標的組織でのT4からより活性なホルモンであるトリヨードチロニン（T3）への変換。
3. 標的組織でのT3から非活性化合物T2への分解。

T3が細胞内に入ると，T4よりもずっと高い親和性で核内受容体である**甲状腺ホルモン受容体**（thyroid hormone receptor：TR）に結合し，これらの転写因子が遺伝子発現を活性化する。したがって，標的組織内のT3とTRの両方のレベルが一定以上に達することが，変態を引き起こすための反応に必要とされる（Kistler et al. 1977；Robinson et al. 1977；Becker et al. 1997）。

各組織内のT3の濃度は，血液中のT4の濃度，およびT4とT3からヨウ素を除去する2つの重要な細胞内酵素によって調節される。2型脱ヨウ素酵素は，ホルモン前駆体であるT4のヨウ素分子のうち外環の1つの脱ヨウ素反応を触媒し，活性型のT3に変換する。一方，3型脱ヨウ素酵素は，さらにヨウ素分子1つを脱ヨウ素化して不活性型であるジヨードチロニン（di-iodothyronine：T2）に変換し，最終的にチロシンにまで代謝される（Becker et al. 1997）。標的組織で3型脱ヨウ素酵素を過剰発現するよう遺伝的に改変されたオタマジャクシでは，変態が完了しない（Huang et al. 1999）。これは，変態の調節には，最も効果的に受容体に結合するホルモン構造が組織ごとに調節されていることを意味

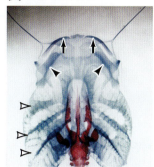
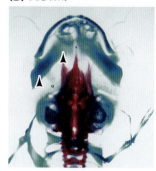
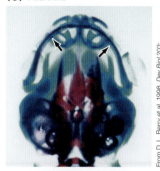

図23.2 ツメガエルの変態中の頭蓋骨の変化。アルシアンブルーによる軟骨染色とアリザリンレッドによる硬骨染色。(A)変態前の状態では，咽頭弓(鰓弓)軟骨は突出し(白矢じり)，メッケル軟骨(矢印)は頭の先端部に位置し，角舌軟骨(矢じり)は前方に比較的広範囲に広がっている。(B〜D)変態が進行するにつれて，咽頭弓軟骨は消失し，メッケル軟骨は伸長して下顎の形成が行われる。角舌軟骨は狭まり，より後方に移動する。

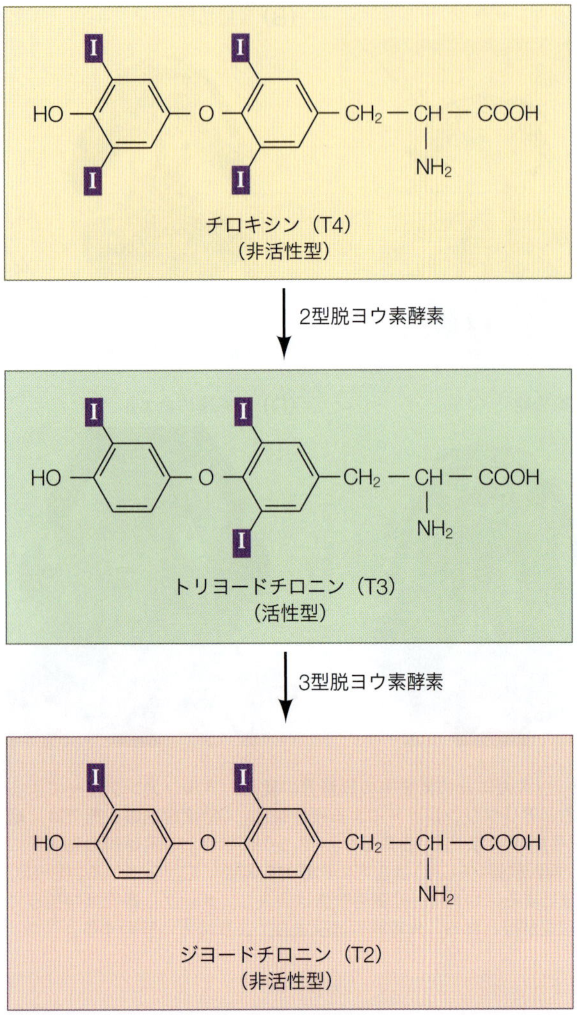

図23.3 チロキシン(T4)とトリヨードチロニン(T3)の代謝経路。T4はプロホルモンとしての機能をもち,末梢組織で2型脱ヨウ素酵素によって活性型のT3に変換される。T3はその後,3型脱ヨウ素酵素によってジヨードチロニン(T2)へと変換される。T2は変態を誘発する役割があるとは一般には考えられていない。

している。

甲状腺ホルモン受容体による調節　甲状腺ホルモン受容体には2つの主要なタイプがあり,細胞の核内に存在する。ツメガエルの例では,甲状腺形成前から甲状腺ホルモン受容体α(TRα)がすべての組織に広く分布している。しかし,甲状腺ホルモン受容体β(TRβ)をコードする遺伝子は,ポジティブフィードバックループによって,甲状腺ホルモンと結合したTRβによって直接活性化される。TRβのレベルは変態が始まる前には非常に低いが,変態中に甲状腺ホルモンのレベルが上昇するにつれて,細胞内のTRβのレベルも上昇する(図23.4;Yaoita and Brown 1990;Eliceiri and Brown 1994)。これからみていくように,ホルモン受容体遺伝子がその遺伝子産物によって正の制御を受けるこの現象は,動物の分類群全体で変態の共通の特徴とされている。

　甲状腺ホルモン受容体は単独で機能するのではなく,レチノイン酸受容体であるRXRと二量体を形成し,このTR-RXR二量体は甲状腺ホルモンに結合して転写を活性化させることができる(Mangelsdorf and Evans 1995;Wong and Shi 1995;Wolffe and Shi 1999)。重要なことは,TR-RXR受容体複合体がT3に結合する前でも,適切なプロモーターとエンハンサーと物理的に相互作用している点である(Grimaldi et al. 2012)。結合していない状態では,TR-RXRは転写抑制因子として機能し,ヒストン脱アセチル化酵素やその他の共抑制タンパク質を標的遺伝子にリクルートし,プロモーター周辺の抑制的なヌクレオソームを安定化させる。しかし,TR-RXR複合体がT3に結合すると,抑制因子が複合体から離れ,ヒストンアセチル基転移酵素などの共活性化因子に置き換えられる。これらの共活性化因子はヌクレオソームを分散させ,それまで抑制されていた遺伝子を活性化させる(Sachs et al. 2001;Buchholz et al. 2003;Gillis et al. 2022)。このように,TR-RXR二量体は,2つの機能をもっていることになる:(1)リガンド未結合の状態では遺伝子発現を抑制し,早期の変態を防ぐが,(2) T3に結合した状態ではこれら同じ遺伝子の発現を活性化する(図23.4参照)。

さらなる発展

前変態期から最盛期まで　変態の各ステージは,血中の甲状腺ホルモン濃度を指標として区別される。**前変態期**(premetamorphosis)では,甲状腺が成熟を始め,T4が低レベルで,T3が非常に低レベルで分泌される。この期間にはTRα受容体は存在するが,TRβ受容体は存在しない。T4の分泌は,発生的な要因や外部ストレスに反応して活性化されるコルチコトロピン放出ホルモン(corticotropin-releasing hormone:CRH)によって始まる可能性がある。CRHはコルチコステロンなどのステロイドの生成を促す。コルチコステロンには2つの作用様式があると考えられる(Kulkarni and Bucholz 2014)。まず,カエルの下垂体に直接作用し,甲状腺刺激ホルモン(thyroid-stimulating hormone:TSH)の放出を誘発し,甲状腺ホルモンの合成を促す。もう1つはホルモン応答遺伝子のプロモーターとエンハンサーに作用し,応答する細胞を少量のT3に対してより反応しやすくすることである(Denver 1993,

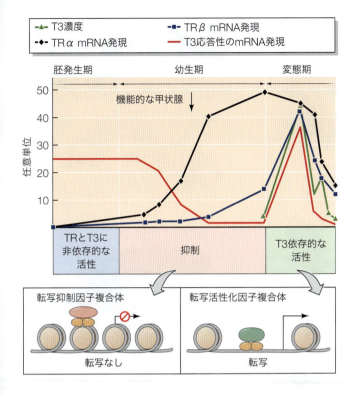

図 23.4 ツメガエルの変態におけるホルモン制御。前変態期には、甲状腺ホルモンの濃度が低く、ホルモンが結合していないTRα(甲状腺ホルモン受容体α)はクロマチンに結合し、ヌクレオソームを安定化させることで転写を抑制する因子を固定する。変態の最盛期には甲状腺ホルモンの血中濃度が上昇し、TRαがトリヨードチロニン(T3)に結合する。これによって転写抑制因子が転写活性化因子と交換され、ヌクレオソームが分散し、トリヨードチロニン(T3)感受性の遺伝子が活性化される。これらの活性化される遺伝子のなかにはTRβをコードするものがあり、これが変態反応をさらに加速させる。最終的には負のフィードバック制御が働き、血中の甲状腺ホルモンの量が減少し、変態が終了する。(A. Grimaldi. 2013. *Biochim Biophys Acta* 1830:3882-3892. © Elsevier より)

2003)。

　甲状腺ホルモンに最も早期に反応する組織は、2型脱ヨウ素酵素を高発現し、T4を直接T3に変換する能力をもっている(Cai and Brown 2004)。例えば、四肢の原基では2型脱ヨウ素酵素とTRαの両方が高発現しており、T4は速やかにT3に変換され、TRα受容体に結合する。このため、変態の初期段階で四肢の原基は甲状腺ホルモンを受け取り、それを利用して脚の成長を開始する(Becker et al. 1997；Huang et al. 2001；Schreiber et al. 2001)。

　変態初期(prometamorphosis)の段階になると、甲状腺はより多くのホルモンを分泌する。しかし、尾ビレの退縮や外鰓の消失、腸の再編などの顕著な変化の多くは、変態最盛期に到達するまではみられない。このとき、T4の濃度が急激に上昇し、細胞内のTRβレベルもピークに達する。T3の標的の1つが*TRβ*遺伝子であるため、TRβが変態の最盛期において機能する主要な受容体であると考えられている。尾においては、前変態期にはTRαがほとんど存在せず、2型脱ヨウ素酵素も検出されないが、変態初期に甲状腺ホルモンのレベルが全身で上昇すると、尾を含む多くの組織でTRβのレベルが増加する。

　変態最盛期(metamorphic climax)には、2型脱ヨウ素酵素が発現し、尾の退縮が始まる。このようにすることで、尾は四肢が発達した後に退縮できるのである(そうでなければ、移動手段を失ったカエルは可哀想である)。ここから得られる教訓は、「脚を動かせるようになる前に尾を捨てては溺れてしまう」である。(オンラインの「FURTHER DEVELOPMENT 23.2：Differential Tissue Responses to Thyroid Hormones」「FURTHER DEVELOPMENT 23.3：Variations on the Themes of Amphibian Metamorphosis」参照)

組織ごとに異なる発生プログラム

　細胞内のT3およびTRの量を調節することで、オタマジャクシのからだの異なる部位は

図 23.5 カエルの変態中の領域特異性。(A)尾の組織を胴体に移植しても，尾の組織は退縮する。(B)眼を退縮中の尾に移植しても，眼は退縮されず残る。(AはR. Geigy. 1941. *Rev Suisse Zool* 48：483-494 より)

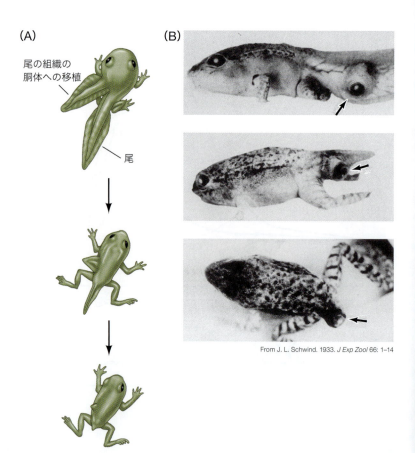

発展問題

オタマジャクシがカエルへ変態する様子は，だれの目にも明らかであり，発達の最も身近な事例の1つである。しかし，それは私たちに多くの謎を提供している。Don Brown（ドン・ブラウン）と Liquan Cai（リクワン・カイ）は，「何が現代の研究者たちを両生類の変態が提起する生物学的問題の研究へと動機付けるのか？」を問いかけている(Cai et al. 2007)。第24章では，再生研究における変態の重要性について考察し，議論することが求められる。また，第25章を読む際には，変態が発生と生態の関係にどのような影響を与えるかについても考えることが望まれる。

異なる時期に甲状腺ホルモンに反応することができる。増殖，アポトーシス，分化，移動などの反応の種類は，それぞれの組織に存在している他の因子によって決定される。同じ刺激でも，ある組織は退縮し，別の組織では形成や分化を促進することがある。例えば，甲状腺ホルモンは四肢の筋肉に対しては成長と生存を促し（チロキシンがなければ死んでしまう），尾の筋肉に対してはアポトーシスを誘導する(Cai et al. 2007)。

尾の退縮は比較的速い反応であり，骨格が尾まで伸びていないために発生する(Wassersug 1989)。アポトーシスが起きた後，マクロファージが尾部に集まり，コラーゲン分解酵素（collagenase）やメタロプロテアーゼ（metalloproteinase）などの酵素によって残骸が消化される。この時期の尾は，プロテアーゼをためた大きな袋のようなものになる(Kaltenbach et al. 1979；Oofusa and Yoshizato 1991；Patterson et al. 1995)[3]。また，尾の表皮は，頭部や胴体の表皮とは異なる反応を示す。変態最盛期では，幼生の皮膚はアポトーシスを起こすように誘導されるが，頭部と胴部は上皮幹細胞から新しい表皮を生成することができる。一方，尾の表皮にはこれらの幹細胞がないため，新たな皮膚を生成することができない(Suzuki et al. 2002)。

甲状腺ホルモンに対して組織特異的な反応性を示すことは，尾先を胴体部に移植したり，尾部に眼胞を移植するという奇想天外な実験によっても示された(Schwind 1933；Geigy 1941)。尾先を胴体部に移植した場合，それは脱落してしまうが，尾ビレに移植された眼胞は，退縮しつつある尾ビレのなかで完全に保持されていたのである(図23.5)。これにより，組織が甲状腺ホルモンにどのように反応するかはその組織自体に固有のもので

---

[3] ヒトの尾は妊娠第4週に退縮するが，オタマジャクシの尾の退縮に似ている(Fallon and Simandl 1978)。

あり，幼生内の位置に依存するものではないことが明らかになる。

23.2 昆虫の変態

昆虫の生活環の多様性は，SF物語にも劣らない。昆虫の発生パターンは主に3つに分類される。トビムシ(Collembola)を含む一部の昆虫は，幼生段階をもたずに直接発生する，**不変態発生**(ametabolous development)と呼ばれる過程をたどる(図23.6A)。不変態発生昆虫は孵化直後に**前若虫**(pronymph)の段階が存在し，卵から出るための構造をもつのが特徴である。若虫は成虫のミニチュア版として形成され，脱皮を繰り返すことで成長はするものの，形態的な変化はほとんど起こらない(Truman and Riddiford 1999)。

次に，バッタ(直翅目)やカメムシ類(半翅目)など徐々に変態する，**不完全変態**(hemimetabolous metamorphosis)を行うグループがある(図23.6B)。短期間の前若虫期を経て(その際，角皮は孵化と同時に脱皮することが多い)，不完全変態の若虫は幼若ながら成体とほぼ同様の形態をもつ。翅や生殖器など成体の構造体の原基は幼虫の段階で既に存在し，脱皮のたびに徐々に発達していく。最後の脱皮で翅を獲得し，性成熟した**成虫**(imago)となる。

例えばハエ(双翅目)，甲虫(鞘翅目)，ガやチョウ(鱗翅目)などの**完全変態発生**

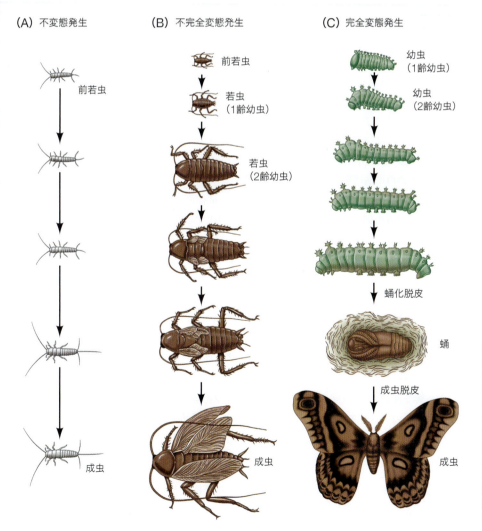

図23.6 昆虫の発生様式の種類。矢印は脱皮を示している。(A)シミで観察されるような不変態発生(直接発生)。短期間の前若虫を経て，若虫は成虫に似た小さな形態をとる。(B)ゴキブリでみられるような不完全変態(漸変態)。非常に短い前若虫の段階を経た後，若虫になり，脱皮することで次の若虫段階へと移行し，成虫に近づく。この過程で翅と生殖器が徐々に成長する。(C)ガでみられるような完全変態。幼虫として孵化した後，連続する幼虫の脱皮を経て，蛹化脱皮により蛹になる。その後，成虫脱皮が行われ，新たな角皮をもつ成虫が蛹の殻から羽化する。

（holometabolous development）する昆虫では，前若虫の段階は存在しない（図23.6C）。卵から孵化した幼生は**幼虫**（larva）と呼ばれる[4]。毛虫やウジ虫などの幼虫は脱皮を繰り返すことで成長し，これらの脱皮の間のステージを**虫齢**（instar）という。成虫になるまでの脱皮回数は環境因子によって増減するが，基本的には種によって決まる。幼虫は脱皮ごとに段階的に成長し，各虫齢は前の虫齢よりも大きくなる。

最終的に，幼虫と成虫の間で突然かつ劇的な変化が起こる。終齢の後，幼虫は**蛹化脱皮**（metamorphic molt）を経て**蛹**（pupa）になる。蛹は食餌しないため，幼虫時代に蓄積した栄養分でエネルギーをまかなわなければいけない。蛹化の間に成体の構造が形成され，幼虫の構造から置き換えられる。最終的に，**成虫脱皮**（imaginal molt）によって蛹の角皮の下に成体（成虫）の角皮が形成される。したがって，幼生から成体への変化は蛹の角皮内で行われ，成体は羽化時に蛹の殻から出現する[5]（Truman 2019）。

Carroll Williams（キャロル・ウイリアムズ）は1958年に，完全変態を採餌と繁殖間の切り替えとして以下のように特徴づけた。

> 「地上に束縛された初期段階では，膨大な消化管を構築し，それをイモムシの足で運び回る。生涯の後半では，これらの資産を精算し，まったく新しい生物——性に専念する飛行機械——の構築に再投資することができる。」

成虫原基

完全変態を遂げる昆虫の蛹の角皮内では，多くの幼虫の構造体がプログラム細胞死により系統的に破壊される。一方，新しい成体の器官は比較的未分化な**成虫細胞**（imaginal cell）から形成される。したがって，幼虫には2つの異なる細胞集団が存在する。1つは幼虫としての機能を果たすための幼虫細胞であり，もう1つは成体の組織に分化するのをクラスターを成して待つ何千もの成虫細胞である。

成虫細胞には以下の主な3種類が存在する：

1. **成虫原基**（imaginal disc）を構成する細胞は，翅，脚（肢），触角，眼，頭，生殖器などの成体の角皮構造を形成する（図23.7）。
2. **組織芽細胞**（histoblast）（組織形成細胞）は，成体の腹部を形成する成虫細胞である。
3. **各器官の成虫細胞**は増殖し，幼虫の器官が退化するにつれて増殖し，成体の器官を形成する。

新たに孵化したばかりの幼虫では，場所によっては表皮が肥厚している成虫原基が確認できる。ショウジョウバエには19種の成虫原基があり，初期の幼虫ではそれぞれの成虫原基は10〜50個の細胞から構成されている。頭部，胸部，脚となる成虫原基は左右1対ずつ存在し，生殖器の成虫原基は正中線上に1つだけ存在する。

概して幼虫の細胞の分裂能は非常に低いが，成虫原基の細胞は特定の時期になると活発に分裂する。細胞が増殖することで，成虫原基はコンパクトにらせん状に折りたたまれた管状の上皮細胞を形成し（図23.8A），変態時にはこれらの細胞はさらに分裂と分化を進めながら管を伸長させる（図23.8B）。ショウジョウバエの6脚のうちの1脚における予定運命図と伸長のプロセスが図23.9で示されている。3齢幼虫の後期（蛹化直前）では，脚の原基は幼虫の表皮に細い柄でつながった袋状の上皮構造であり，"デニッシュパン"のような

4　完全変態昆虫の生活環は1700年代にヨーロッパで"発見"されたが，それは何千年もの間，中国で繁栄していた絹産業の基礎となった。

5　幼虫が卵から出てくるのが"孵化（hatch）"で，成虫が蛹から出てくるのは"羽化（eclose）"。

図 **23.7** キイロショウジョウバエ（*Drosophila melanogaster*）の3齢幼虫（左図）における成虫原基と成虫組織の位置と発生運命。（J. S. Jaszczak and A. Halme. 2016. *Curr Opin Genet Dev* 40：87-94. © Elsevier より）

口器原基
眼/触角原基
脚成虫原基

翅原基
平均棍原基
脚原基

生殖器原基

同心円状に渦巻いた形をしている（Kalm et al. 1995）。蛹化が始まると，成虫原基の中心の細胞が望遠鏡のように伸びて，中央の細胞は脚の先端のかぎつめや跗節になり，外側の細胞は基部を構成する基節や隣接する表皮になる（Schubiger 1968）。分化が終わると，付属脚や表皮の細胞は，それぞれの部分に適した角質を分泌する。成虫原基は最初は表皮細胞のみで構成されているが，発生初期に少数の**上皮様細胞**（adepithelial cell）が成虫原基内に移動してきて，この細胞集団から筋肉や神経などの組織構造が蛹の間に形成される。

外転と分化 ショウジョウバエの3齢幼虫の成熟した脚成虫原基は，成体の構造とは大きく異なる外観をもつ。これらの細胞は決定はされているが分化の過程を経ておらず，分化には"脱皮"ホルモンである 20-ヒドロキシエクジソン（20E）による一連のパルスが必要である。最初のパルスは幼虫期の後期に発生し，蛹の形成を開始させると同時に原基内の細胞分裂を停止させ，脚の外転（内側から外側への出現）を引き起こす細胞形状の変化を開始させる（図23.10参照）。3齢幼虫の初期における成虫原基の細胞は，近位-遠位軸に沿って密に配置されており，ホルモンの分化シグナルに応じて細胞はその形を変え，脚は外転し，成虫原基の中央の細胞が四肢の最も遠位（かぎつめ）の部分になる（Condic et al. 1991；Taylor and Adler 2008）。脚の構造は蛹の内部で分化し，成虫が羽化する際には完全に形成されており機能する。実際，成虫は最終的に蛹から出る際にその脚を使用する。（オンラインの「FURTHER DEVELOPMENT 23.4：Insect Metamorphosis」「FURTHER DEVELOPMENT 23.5：Parasitoid Wasp Development」参照）

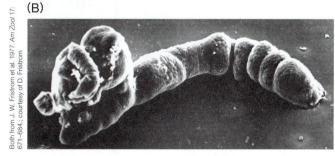

図 **23.8** 成虫原基の伸長。ショウジョウバエの3齢幼虫における脚原基の伸長を示す走査型電子顕微鏡写真。(A) 伸長前の状態。(B) 伸長後の状態。

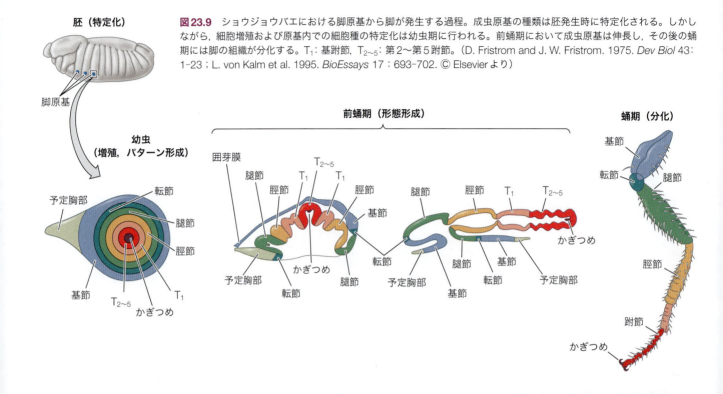

図 23.9 ショウジョウバエにおける脚原基から脚が発生する過程。成虫原基の種類は胚発生時に特定化される。しかしながら，細胞増殖および原基内での細胞種の特定化は幼虫期に行われる。前蛹期において成虫原基は伸長し，その後の蛹期には脚の組織が分化する。T_1：基跗節，$T_{2\sim5}$：第2～第5跗節。(D. Fristrom and J. W. Fristrom. 1975. *Dev Biol* 43: 1-23；L. von Kalm et al. 1995. *BioEssays* 17: 693-702. © Elsevier より)

さらなる発展

脚の成虫原基細胞の特定化と増殖　脚の成虫原基に関する研究は，「組織のパターン形成，成長，分化の分子遺伝学的基盤を明らかにするための教科書的なパラダイムとして機能してきた」(Rallis and Pavlopoulos 2022)。細胞運命は胚発生時に特定化される（例えば，脚の成虫原基は翅ではなく，脚として特定化される）。この特定化は主に，*Ultrabithorax* や *Antennapedia* などの Hox 遺伝子によって発生時に担われる。細胞運命をより決定づける特定化は，幼虫期に細胞分裂を伴いながら行われる (Kalm et al. 1995)。

3対の胸部脚の成虫原基は，それぞれ約20～30細胞の丸いクラスターとして腹側の外胚葉に特定化されて形成される。脚の構造，すなわちどこがかぎつめになり，どこが腿節になるかは，成虫原基内での遺伝子間相互作用によって決定される。図 23.10 には，ハエの脚の遠近軸を決定する3つの遺伝子の発現パターンを示している。3齢幼虫の脚の成虫原基をみてみると，モルフォゲン（形態形成因子）の一種である Wingless (Wg) (Wnt の相同分子) と Decapentaplegic (Dpp) (BMP の相同分子) が，成虫原基の中心で最も高濃度で分泌されることがわかる。これらのモルフォゲンの濃度が高い領域では *Distal-less* 遺伝子が，低い領域では *homothorax* 遺伝子が，中間の濃度では *dachshund* 遺伝子が発現する。

Distal-less を発現する細胞は，脚の最も遠位の構造であるかぎつめや跗節を形成する。*homothorax* を発現する細胞は最も基部側の構造である基節になり，*dachshund* を発現する細胞は腿節や基部側の脛節を形成する。これらの3つの転写因子が重なる領域は，転節と遠位の脛節を生成する (Abu-Shaar and Mann 1998)。遺伝子発現の領域は，これら3つの遺伝子のタンパク質産物と隣接する遺伝子のタンパク質産物との間の抑制的相互作用によって安定化される。このようにして，Wg と Dpp のタンパク質勾配がショウジョウバエの脚の異なる領域を特定化する。

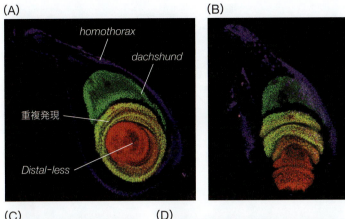

図23.10 ショウジョウバエの脚原基における転写因子遺伝子の発現パターン。辺縁部において，基節の境界は*homothorax*遺伝子の発現（紫）によって定まる。*dachshund*遺伝子（緑）は脛節の基部および腿節で発現する。最遠位部のかぎつめや跗節は，成虫原基中心部の*Distal-less*遺伝子（赤）の発現によって決定される。また，*dachshund*遺伝子と*Distal-less*遺伝子を共発現する細胞（黄）は，脛節の遠位部と転節を形成する。(A～C)蛹期後期の連続的な遺伝子発現。(D)羽化直前の脚における遺伝子発現領域の局在。黄，水色，オレンジ色は発現領域間の重複領域を表している(A～C)。

All photos from M. Abu-Shaar and R. S. Mann 1998. *Development* 125: 3821-3830, courtesy of R. S. Mann

昆虫の変態におけるホルモン制御

　昆虫の変態は，種によって多少の違いがみられるものの，ホルモン作用の基本的な機序は類似している。このプロセスは両生類の変態と同様に，脳からの神経ホルモンにより制御される全身的なホルモンシグナルによって調節される(Gilbert and Goodman 1981；Riddiford 1996)。昆虫の脱皮と変態には，ステロイド性の **20-ヒドロキシエクジソン**（20-hydroxyecdysone：20E）と脂質性の **幼若ホルモン**（juvenile hormone：JH）という2つの効果ホルモンが中心的な役割を担う（図23.11A）。20Eは，各脱皮（幼虫から幼虫，幼虫から蛹，または蛹から成虫へ）を開始および調整し，変態中の関連遺伝子の発現を制御する役割をもつ。一方，高濃度のJHは変態に必要な遺伝子の発現を変化させることでエクジソンの効果を阻害する。そのため，脱皮時にJHが存在すると，その脱皮は幼虫から幼虫への脱皮となり，蛹や成虫への変態が起こらない。JHの濃度が十分に低下すると，20Eによって引き起こされる脱皮は幼虫ではなく蛹をつくる。JHがほとんどまったく存在しない状態で20Eが作用すると，成虫原基が分化し，成虫が脱皮によって生じる（図23.11B）。
　脱皮のプロセスは，昆虫の脳において神経系，ホルモン，環境からのシグナルに応答して，**前胸腺刺激ホルモン**（prothoracicotropic hormone：PTTH）が放出されることによって開始される（図23.11B参照）。このペプチドホルモンは，前胸腺の細胞における受容体型チロシンキナーゼ（receptor tyrosine kinase：RTK）経路を活性化し，プロホルモンである **エクジソン**（ecdysone）の合成を促進する(Rewitz et al. 2009；Ou et al. 2011)。エクジソンは末梢組織で修飾され，活性型の脱皮ホルモンである20Eとなる。各脱皮は，1回または複数回の20Eパルスによって開始される。幼虫の脱皮の場合，最初のパルスによって幼虫の血液（血リンパ）中の20E濃度がわずかに上昇し，表皮における細胞運命の方向付け

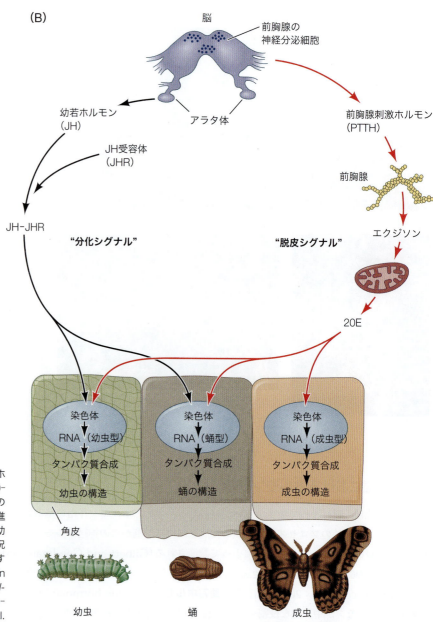

図 23.11 昆虫における変態の調節機構。(A)幼若ホルモン(JH)、エクジソン、および脱皮ホルモン(20-ヒドロキシエクジソン；20E)の化学構造。(B)昆虫の一般的な変態様式において、20EとJHは脱皮を促進する役割を果たす。JHの濃度が低下すると、20Eは幼虫ではなく蛹化脱皮を促進する。JHが存在しない状況では、20Eは成虫原基の分化および成虫脱皮を促進する。(A は L. I. Gilbert and W. Goodman. 1981. In *Metamorphosis: A Problem in Developmental Biology*, L. I. Gilbert and E. Frieden [Eds.], pp.139-176. Plenum: New York より；B は L. I. Gilbert et al. 1980. *Recent Prog Horm Res* 36：401. © Academic Press Inc. Published by Elsevier より)

発展問題

昆虫の変態を操作することによって、マラリアのような疾病はどのように制御できるか？

が引き起こされる。20Eの2回目より大きなパルス刺激によって、脱皮に関連する分化イベントが開始される。これらの20Eのパルス刺激は表皮細胞に作用し、蛹の古い角質を分解する酵素や、成虫の角質を生成する酵素を合成するように刺激する(Xu et al. 2020；Pan et al. 2021)。

さらなる発展

遷移における幼若ホルモンの調整 幼虫から幼虫への脱皮は、幼若ホルモン(JH)が高濃度で存在する際に誘導される。このホルモンは内分泌腺である**アラタ体**(corpora allata)から分泌され、脱皮時には分泌細胞が活性化されるが、変態や成虫の脱皮時には不活性化される(図23.11B 参照)。最後の幼虫期では、JHのレベルは2つのメカニ

ズムによって低下する。すなわち，脳からアラタ体に投射される神経がJH合成を阻害する信号を送り，同時に全身でJHの分解が促進される（Safranek and Williams 1989）。これによって，脳から前胸腺刺激ホルモン（PTTH）の放出が引き起こされる（Nijhout and Williams 1974；Rountree and Bollenbacher 1986）。PTTHは前胸腺を刺激し，エクジソンの少量の分泌を促進する。JH濃度が低下した状態での20Eのパルスは，表皮細胞が蛹化するための準備を開始させる。幼虫で特異的に発現していたmRNAは置き換えられるのではなく，新たなmRNAが合成され，その遺伝子産物であるタンパク質が幼虫特異的なmRNAの転写を抑制する。

　ショウジョウバエの変態では，20Eのパルス刺激は主に2回発生する。最初のパルスは3齢幼虫でみられ，この刺激によって脚や翅の成虫原基が"前蛹（prepupal）"の形態形成を誘導し，幼虫の後腸の細胞死をもたらす。同時に行動の変化がみられ，幼虫は食事を停止し，蛹化を開始する適切な場所を探すために移動を始める。10〜12時間後に2回目のパルスが起こり，前蛹から蛹への変化が促され，頭部が反転し，唾液腺が退化する（Riddiford 1982；Nijhout 1994）。終齢幼虫期における最初のパルスは幼虫特異的な遺伝子を抑制し，成虫原基の形態形成を開始するために作用し，2回目のパルスは蛹特異的な遺伝子の転写を活性化し，脱皮を促進する（Nijhout 1994）。成虫脱皮の際，JHが存在しない状態で20Eが作用すると，成虫原基は完全に分化し，脱皮によって成虫が生まれる。

20-ヒドロキシエクジソン（20E）活性の分子生物学

　両生類の甲状腺ホルモンと同じように，20Eは単独ではDNAに結合できず，まず**エクジソン受容体**（ecdysone receptor：EcR）という核内タンパク質に結合する必要がある。このEcRは進化的に保存されており，両生類の甲状腺ホルモン受容体（thyroid receptor：TR）の構造とほぼ同じである。EcRタンパク質はUltraspiracle（Usp）というタンパク質と二量体を形成し，この形で活性をもつ。Uspは両生類のRXRのホモログである（23.1節で学んだとおり，RXRはTRと二量体化して活性甲状腺ホルモン受容体を形成する）（Koelle et al. 1991；Yao et al. 1992；Thomas et al. 1993）。昆虫では，EcRとUspがDNAに結合し，エクジソン応答遺伝子のエンハンサーやプロモーター領域上で二量体化する（Szamborska-Gbur et al. 2014）。

　ホルモンに結合していない場合，Uspはエクジソン応答遺伝子の転写を抑制する因子をリクルートすると考えられている（Tsai et al. 1999）。この抑制は，エクジソンがその受容体に結合することによって活性型に変換される。エクジソンが結合したEcR-Usp複合体は，エクジソン応答遺伝子を活性化するヒストンメチル基転移酵素をリクルートする（Sedkov et al. 2003）。（オンラインの「FURTHER DEVELOPMENT 23.6：Identification of 20-Hydroxyecdysone as a Metamorphic Transcriptional Regulator」「FURTHER DEVELOPMENT 23.7：Understanding the Different Effects of 20E」「FURTHER DEVELOPMENT 23.8：Precocenes and Synthetic JH」参照）

さらなる発展

"三分子一体（molecular trinity）"仮説　エクジソンと幼若ホルモンの比率の変化が昆虫の発生段階（幼虫，蛹，成虫）をどのように制御しているのか，さらに，昆虫が決して"後戻り"して過去の段階に戻らないように制御するメカニズムはどのようなものなのかを考察する。Williams and Kafatos（1971）は思考実験により，3つの発生段階が特有の転写因子によって制御されており，これらの因子が互いに抑制しあってい

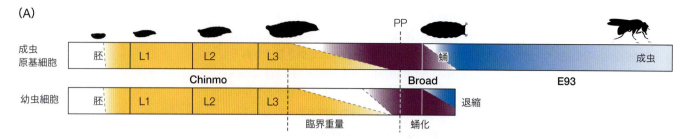

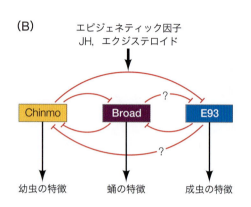

図23.12 完全変態昆虫の変態過程における"三分子一体(molecular trinity)"仮説。(A)野生型の幼虫および成虫原基細胞における転写因子 Chinmo（黄色）、Broad（紫色）、E93（青色）の時系列発現。(B)ショウジョウバエの生活環の3つの主要な段階（幼虫、蛹、成虫）を制御するこれら3つの転写因子の相互抑制関係。この相互抑制は昆虫をそれぞれの段階に"ロック"して留めておくと考えられており、ホルモンや増殖因子によるエピジェネティックな情報が、安定した遺伝子制御ネットワークから次の段階への進行を可能にすると考えられている。クエスチョンマークは実験的には未確認の仮説的な関係を示している。(K. King-Jones et al. 2005. *Cell* 121：773-784より)

る仮説を提示した。現代の用語で言い換えれば、各転写因子は段階特異的な遺伝子制御ネットワーク(gene regulatory network：GRN)を形成している。具体的には、幼虫期、蛹期、成虫期のGRNが存在するということである。50年後の研究であるTruman and Riddiford（2022）により、幼虫の成長と発達に関与するChinmo、蛹の発達に関与するBroad、成虫段階に関与するE93の3つの転写因子が同定された(図23.12)。

　高レベルのJHは、（未知の方法で）ジンクフィンガータンパク質であるChinmo転写因子の産生を誘導する。そしてChinmoは、幼虫の細胞成長を促進し、成虫原基の細胞成長を抑制するGRNを構築する。*Chinmo*の発現は後期胚発生段階で始まり、体重が十分になるまで幼虫期を継続させる。成長が成虫化に十分な閾値まで達すると、それがシグナルとなり、幼虫の細胞は変態脱皮の準備を始める(Mirth et al 2005, 2009)。

　Chinmoの発現が低下すると同時に、*Broad*遺伝子の発現が増加する。Broadは蛹の状態を保つ転写因子をコードしている。Broadタンパク質は、幼虫期の形成に必要な遺伝子付近のクロマチンを開き、他の2つの転写因子（つまりChinmoとE93）によって活性化される遺伝子付近のクロマチンを閉じると考えられている。この過程で唾液腺は変態に必要なタンパク質を産生し、成虫原基のパターニングに関連する遺伝子が活性化される(Zhu et al 2005；Narbonne-Reveau, and Maurange 2019；Niederhuber and McKay 2021)。

　最終的に、JHのレベルが低下すると、*E93*遺伝子の活性化が可能となり、この遺伝子は成虫の状態に必要なクロマチンを開きつつ、*Broad*遺伝子近辺のクロマチンを閉じる作用がある(Uyehara et al. 2017；Nystrom et al. 2020)。

翅成虫原基の決定

　幼若ホルモンの影響を受けない状況では、エクジソンシグナルが既に運命付けられてい

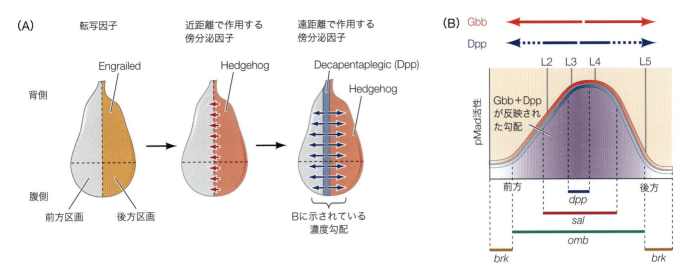

図23.13 翅成虫原基における区画化と前後軸のパターニング。(A) 1齢幼虫段階で前後軸が形成される。後方区画での engrailed 遺伝子の発現により、区画が認識される。転写因子 Engrailed は hedgehog 遺伝子を活性化し、Hedgehog は近距離作用の傍分泌因子として働き、後方区画に隣接する前側で decapentaplegic (dpp) を活性化する。Dpp と関連タンパク質の Glass-bottom boat (Gbb) は遠距離作用の分泌因子として機能する。(B) Dpp と Gbb により活性化 BMP 様シグナルの勾配が生じ、これはリン酸化 Mad によって測定される。高濃度の Dpp と Gbb の分泌領域では、spalt 遺伝子 (sal) と optomotor blind 遺伝子 (omb) が活性化されるが、低濃度 (周辺部) では omb のみが活性化され、sal は活性化されない。さらに、Dpp と Gbb の量が一定の閾値以下の領域では brinker (brk) 遺伝子が発現する。L2〜L5 は第2から第5縦脈を指す (L2が最も前方)。(A は L. Wolpert et al. 1998. *Principles of Development*. Oxford University Press: Oxford より；B は E. Bangi and K. Wharton. 2006. *Dev Biol* 295：178-193 より)

る成虫原基の成長と分化を促進する。例として、ショウジョウバエにおける最も大きな成虫原基である翅原基をあげる。翅原基は約60,000細胞から構成されているのに対し、脚や平均棍の成虫原基はそれぞれ約10,000細胞で構成されている (Fristrom 1972)。翅原基は *vestigial* 遺伝子が発現しているという点で他の成虫原基と区別される。この遺伝子を他の成虫原基に強制的に発現させると、その原基が翅へと運命転換される (Kim et al. 1996)。

前後軸方向の区画化　ハエの翅は前後方向に区画化されており、それは領域特異的に発現する遺伝子産物が相互作用することで特定化されている (図23.13A; Meinhardt 1980; Causo et al. 1993; Tabata et al. 1995)。前後軸がつくられるのは、1齢幼虫の段階で *engrailed* 遺伝子の発現により、翅の後側と前側の区画が分離され始めることによる。Engrailed 転写因子は後方の区画でのみ発現し、その細胞で傍分泌因子である Hedgehog の発現を活性化する。複雑な相互作用により、Hedgehog の拡散が前方区画の狭い縦方向の細胞領域で、BMP ホモログの Decapentaplegic (Dpp) と Glass-bottom boat (Gbb) を活性化する (Ho et al. 2005)。

これらの BMP は、BMP シグナル活性の勾配を形成する (Matsuda and Shimmi 2012)。BMP は Mad を活性化するため、Mad 転写因子 (Smad タンパク質) のリン酸化によりその活性が測定される。Dpp が短距離の傍分泌因子であるのに対し、Gbb はより広範囲に濃度勾配をつくり出す (図23.13B; Bangi and Wharton 2006)。このシグナリング勾配は翅の細胞増殖を調節し、細胞の運命を特定化する (Rogulja and Irvine 2005; Hamaratoglu et al. 2014)。いくつかの転写因子をコードする遺伝子は、活性化された Mad に異なる反応を示す。活性型 Mad が高濃度で存在する領域では *spalt* (*sal*) や *optomotor blind* (*omb*) 遺伝子が活性化され、低濃度で存在する場所 (Gbb が主要なシグナルを提供する場所) では *omb* のみが活性化される。さらに、リン酸化 Mad があるレベル以下になると *brinker* (*brk*) 遺伝子の抑制が解除され、その結果、*brk* はシグナリング領域の外側で発現する。これらの転写因子の作用に応じて、翅の細胞運命が特定化される (例えば、翅の第5翅脈は

optomotor blind と *brinker* の境界で形成される；図 23.13B 参照)。

　Dpp は Wingless と協調して Vestigial の産生を維持することで，翅の成長を調節する。Vestigial は，その後，さらなる Dpp と Wg に応答して成長する能力を翅細胞に与える (Zecca and Struhl 2021)。ショウジョウバエの Dpp は，高濃度の Dpp を受け取る細胞の頂点でミオシンの蓄積を引き起こし，細胞の形態変化を誘導することができる (Toddie-Moore et al. 2022)。最も長期間にわたって最高レベルの Dpp を受け取る細胞は，低濃度の Dpp にさらされた細胞と比較して，頂点で収縮した形態を維持する。このようにして，Dpp を多く蓄積した翅の細胞は翅脈となり，少ない量を受け取った細胞は翅脈と翅脈の間の領域となる。Dpp は，細胞骨格による細胞形状の変化を介して分化と形態形成を実現していると考えられている。(オンラインの「WATCH DEVELOPMENT 23.1：Time-lapse video of a developing *Drosophila* pupal wing」参照)

翅の背腹軸と遠近軸　2齢幼虫期に翅成虫原基の予定背側細胞で *apterous* 遺伝子が発現することにより，翅の背腹軸が形成される (Blair 1993；Diaz-Benjumea and Cohen 1993)。この時期，翅は背腹方向に上部層と下部層の2つに分かれており (Bryant 1970；Garcia-Bellido et al. 1973)，翅成虫原基の腹側では *vestigial* 遺伝子が活性状態を維持している (図 23.14A)。翅の背側で合成される膜貫通タンパク質が，背側と腹側の細胞が混合するのを防いでいる (Milán et al. 2005)。背側と腹側の区画の境界で，転写因子 Apterous と Vestigial が相互作用し，傍分泌因子である Wingless をコードする遺伝子を活性化する。Wingless は増殖因子として作用し，翅の伸長に寄与する細胞増殖を促進する (図 23.14B)。また，Wingless は翅の遠近軸の確立にも役立ち，高濃度の Wingless は *Distal-less* を活性化し，これが翅の最も遠位の領域を特定化する (Neumann and Cohen 1996, 1997；Zecca et al. 1996)。Distal-less タンパク質は成虫原基の中心領域に存在し，翅の

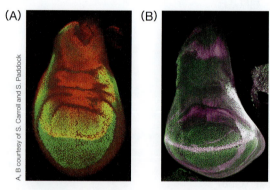

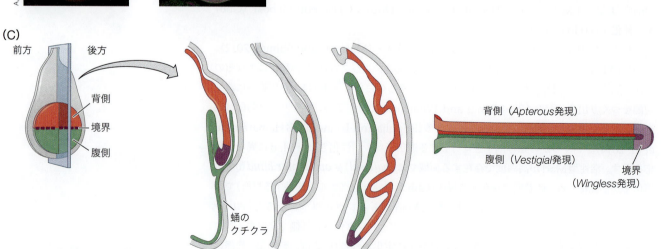

図 23.14　背腹軸の決定。(A) 翅の予定腹側領域は Vestigial タンパク質に対する抗体で染色され (緑色)，予定背側領域は Apterous タンパク質に対する抗体で染色されている (赤色)。黄色の領域はこれら2つのタンパク質が縁で重なる場所を示している。(B) Wingless タンパク質 (紫色) は，翅成虫原基の背腹軸境界にあたる辺縁部で発現する。Wingless を発現する細胞の近くの細胞では Vestigial (緑色) も発現する。(C) 背と腹の2層構造をもつ翅成虫原基が伸展する様子。遺伝子の発現パターンにより，背と腹の層がそれぞれ伸展していく様子が描かれている。

遠位側の縁の伸長を制御する(図23.14C)。このように，一連の傍分泌因子が翅成虫原基のパターニングを調整し，それぞれの細胞に背腹軸，遠近軸，前後軸に沿ったアイデンティティを与える。これは幼虫を創造した発生現象の再現である。(オンラインの「FURTHER DEVELOPMENT 23.9：Homologous Specification」「FURTHER DEVELOPMENT 23.10：Metamorphosis of the Pluteus Larva」参照)

研究の次のステップ

幼虫は通常，摂食と個体の分散を担う生活環の段階である。そのため，昆虫の幼虫は農業に甚大な被害をもたらすことがある。ヤガ，ヨトウムシ，トウモロコシやカボチャに集まるスカシバガ，タバコスズメガ，アオナガタマムシなどの幼虫の貪欲な食性によって，植物の病害や枯死が引き起こされることがある。しかし最近，研究者たちはプラスチックを食べる昆虫の幼虫を発見した。そのなかにはミールワームの一種である *Zophobas atratus* やハチミツガの一種である *Galleria mellonella*（Kim et al. 2020；Gohl et al. 2022；Bombelli et al. 2017）が知られている。

ハチミツガは養蜂の害虫であり，その酵素および腸内共生生物の酵素(25.2節参照)を使用して，炭化水素の蜂の巣を消化する (Cassone et al. 2020；Sanluis-Verdes et al. 2022)。この酵素で炭化水素プラスチックを分解することも夢物語ではないかもしれない。これは，毎年人間が生産する300トンもの圧倒的な量のプラスチック処理の救世主になるかもしれない。害虫を利用してプラスチック汚染を消化し，その残骸を鳥や家畜，または人々の栄養として使用することで，プラスチックを自然のサイクルに取り入れる新たな可能性を開くかもしれない。

章冒頭の写真を振り返る

変態は，個体を解剖学的，生理学的，生態的に2つの異なる生活環のステージに分けるプロセスである。昆虫の生活環は，18世紀初頭に Maria Sibylla Merian (マリア・ジビーラ・メーリアン)によって発見され，記録された。彼女は芸術家であり，南米のスリナムで蝶を研究し，描いたことで知られている。ここで示した Merian による1705年のリトグラフの一部を示すアート作品は，モルフォチョウ (*Morpho deidamia*) の幼虫，蛹，成虫の形態を捉えている。幼虫(イモムシ)はアセロラの葉を食べ，この種の蛹はその木の葉に擬態している。Merian はさらに，発生と生態とを関連付け，異なる種の幼虫が成虫とは異なる植物を必要とすることも記録した。多くの場合，幼虫の食物となる植物には有害な化学物質が含まれており，成虫はこれらを吸収する。例として，オオカバマダラの幼虫は植物から有毒なアルカロイドを取得し，これらの毒素を体内に蓄積した成虫は鳥にとって不味く感じられるため，鳥はオオカバマダラを避けるようになる。

© The Natural History Museum/Alamy Stock Photo

23 変態：ホルモンによる発生の再活性化

804 | PART VI 後胚発生

1. 直接発生する動物には幼生期が存在しない。一次幼生（例えばウニのもの）は成体と異なる体軸をもつが，二次幼生（例えば昆虫や両生類のもの）は成体と同じ体軸をもつ。

2. 両生類の変態では，形態的および生化学的な変化が生じる。この過程で一部の構造は再構成され，一部は置き換えられ，新たに形成される構造もある。これらの変化のタイミングは異なるレベルの甲状腺ホルモンによって調節される。

3. 両生類の変態を制御する主要なホルモンは，トリヨードチロニン（T3）である。チロキシン（T4）からT3への合成およびT3の分解を担う脱ヨウ素酵素は，変態を異なる組織レベルで調節する。T3は甲状腺ホルモン受容体に結合し，おもに転写レベルで影響を与える。

4. 両生類の変態中に生じる多くの変化は部位特異的である。尾の筋肉は退化するが，胴体の筋肉は残る。尾に移植された眼も退化することなく残る。

5. 両生類の変態は，細胞死，細胞分化，または細胞タイプの転換によって引き起こされる。

6. 不変態発生昆虫は直接発生し，不完全変態昆虫は通常は成体のミニチュア版としての幼虫の段階を経る。

7. 完全変態昆虫では，幼虫が蛹へ，そして性成熟した成虫へと劇的に変化する。幼虫の脱皮と脱皮の間の期間を虫齢と呼び，虫の最後の脱皮である蛹化脱皮によって蛹になる。蛹は成虫脱皮によって成虫となる。

8. 蛹の段階では，成虫原基や組織芽細胞が成長し，分化して成虫の構造を形成する。

9. 成虫原基内の各領域が相互作用することで，前後軸，背腹軸，遠近軸が特定化される。このプロセスにより"望遠鏡が伸びるように"，成虫原基の中央の組織が先端になり，周辺部が基部になる。

10. 昆虫の脱皮は20-ヒドロキシエクジソン（20E）によって制御されている。高濃度の幼若ホルモン存在下では20Eは幼虫から幼虫への脱皮を誘導し，幼若ホルモンが低濃度になると蛹化を誘導し，幼若ホルモン非存在下では成虫化を誘導する。

11. エクジソン受容体は両生類の甲状腺ホルモン受容体の構造とほぼ同じであり，進化的に関連している。

12. エクジソン受容体遺伝子は少なくとも3つの異なるタンパク質を形成する。細胞内のエクジソン受容体は，その細胞が20Eにどのように反応するかに影響を与える可能性がある。エクジソン受容体はDNAに結合して転写を活性化または抑制する。

● オンラインのコンテンツは **https://www.medsi.co.jp** よりアクセスしてください。

24 | 再生
発生過程における再構築

本章で伝えたいこと

Courtesy of Junji Morokuma and Michael Levin

- 再生とは，複雑な構造を適切な大きさと位置で再構築し，残存するからだと統合するプロセスである（24.1節，24.2節）。

- 再生能力は種によって大きく異なる。多くの植物やプラナリアではほとんど完全な再生が可能であり，サンショウウオや魚類では複雑な構造の再生が可能である一方で，哺乳類においては限定的な能力に留まる。これらの再生能力の差異は，後生動物の祖先がもっていた再生能力と相関していると考えられる（24.3節）。

- 住む環境を変えることができないため，植物はほぼ完全な再生能力をもつように進化してきた。植物体のどの部位が傷害を負っても修復でき，小さな細胞塊からも植物体を再生することができる。分裂組織と成体幹細胞集団は，器官形成と傷害修復の両方に応答する（24.4節）。

- 動物における再生は多くの場合，未分化細胞の集団（再生芽）の形成から始まる。この再生芽は成長と分化を経て，損傷した組織を置き換える。再生芽はプラナリア（24.5節）のように全能性幹細胞によってつくり出されることもあり，サンショウウオの四肢のように脱分化した細胞から派生し分化系統に制限のある前駆細胞によって形成されることもある。また，ゼブラフィッシュの心臓にみられる代償性増殖や分化転換を介して既存の組織が再構成される再生も存在する（24.6節）。

頭は1つより4つのほうがいいのか？

- 哺乳類の損傷では，免疫系が組織の復元ではなく瘢痕形成を引き起こすことが，哺乳類の再生能力の制限に影響を与えている可能性がある。しかし，時に傷跡が形成されない場合もある。例えば肝臓の一部を取り除いた場合，残った肝臓は質量損失を補うために成長する（24.7節）。

- 植物と動物の再生能力は異なるが，一部の再生機構は共通している。幹細胞，細胞周期の制御，モルフォゲン，および細胞外基質の組成は，胚発生メカニズムと再生メカニズムの間に強い保存性があることを示唆している。しかし，これらの共通点は多いものの，再生された部分を残存組織と機能的に統合するなど，再生特有の重要なプロセスも存在する。

　　発生は決して終わらない。私たちの幹細胞は生涯を通じて絶え間なく新しい血液細胞，表皮細胞，消化管上皮を生成し続けている。しかし，**再生**（regeneration）は，胚発生をより大がかりな再現をしているようなものである。再生とは，失われたり損傷したりした構造や組織を復元または修復するために，胚発生後に発生メカニズムを再活性化することである。そ

れがPonce de Leon（ポンセ・デ・レオン）の若返りの泉であれ，マーベルのスーパーヒーローであれ，再生は作家，芸術家，ハリウッドの想像力を刺激している。しかし，これがすべてSFだけの話というわけではない。研究者たちは，特定の種が示す驚異的な再生能力の基礎にあるメカニズムを解明し，大きな進歩を遂げている。例えば，成体のサンショウウオは切断された四肢や尾を再生することができる。

　サンショウウオの四肢再生を目の当たりにすると，なぜ人間が自分の腕や足を再生できないのか不思議に思うのも無理はない。これらの動物にはあって，ヒトにはない能力の根源は何か？　実験生物学は，この問いに答えるために18世紀の博物学者たちが努力したことから生まれた（Morgan 1901参照）。Abraham Trembley（アブラハム・トランブレー；刺胞動物のヒドラを使用），René Antoine Ferchault de Réaumur（ルネ＝アントワーヌ・フェルショー・ド・レオミュール；甲殻類を使用），Lazzaro Spallanzani（ラザロ・スパランツァーニ；サンショウウオを使用）による再生実験は，実験研究とデータに対する知的議論の基準を築いた（Dinsmore 1991参照）。2世紀以上経過した今，私たちは再生に関する問いに答えを見つけ始め，将来的には人間自身の四肢が再生できるよう，からだを変化させるかもしれない。

24.1　再生の問題を定義する

　「再生の秘密を教えてくれるなら，この右腕を捧げようではないか」というOscar E. Schotté（オスカー・E・ショット）の皮肉な発言（Goss 1991で引用）は，研究者たちが一部の生物が自らを再構築する驚異的な能力に魅了されていることをよく表している。ヒトにおいて再生の力を活用するとは，切断された四肢が復元されること，病気の臓器が取り除かれた後に再び成長すること，年齢/疾患/外傷によって変化した神経細胞が正常に機能するようになることを意味する。しかし，現代医学が人間の骨や神経組織を再生できるようになる前に，私たちはまず，この能力を日常的に使いこなしている種の再生メカニズムを理解しなければならない。組織形成における傍分泌因子の機能に関する知識と，傍分泌因子を生成する遺伝子のクローニング技術は，Susan Bryant（スーザン・ブライアント）が1999年に"再生ルネッサンス"と期待を込めて表現した再生生物学の発展を後押ししてきた。この"ルネッサンス"はもともと"再生"や"復活"を意味する言葉であり，生物の再生が胚発生時期に回帰しているような現象を表すのに言い得て妙である。

　ほとんどすべての種で何らかの形で再生は行われているが，特に適した研究対象となる生物がいくつか存在する（図24.1）。最も信じがたい再生能力は植物界にみられ，1つの細胞から新しい器官を生成することが可能である。全能性において植物に次いで優れているのは，ほぼ完全な再生能力をもつヒドラやプラナリアである。これらの種は非常に小さな断片からでも完全な器官や個体を再生することができる。脊椎動物のなかでは，ゼブラフィッシュが中枢神経系，網膜，心臓，肝臓，ヒレの再生を研究するうえでの利点が認められている。サンショウウオは四肢全体を再生できる唯一の四足動物であり，カエルの幼生は尾や眼のレンズの再生を研究するのに利用される。哺乳類は付属肢全体を再構築することはできないが，個々の組織や器官は異なる再生能力をもち，特に雄のシカの角[1]や女性の子宮組織[2]は注目に値する。どのようにしてこれを可能にしているのだろうか？

1　ほとんどのシカの種において，角の再生はテストステロンによって調節される。雄のシカは春に角を成長させ，秋に落とす。一方，トナカイでは雌雄ともに角があり，雌は冬を通して角を保持するため，サンタのトナカイに角がある場合，それは雌である可能性が高い。
2　毎月のホルモン変動に依存したヒトの子宮の再生については，第14章で詳しく説明されている。

図24.1 代表的な生物とその再生能力の比較。(© Michael Barresi)

再生には何が必要なのか？

損傷を受けた構造の再生プロセスに必要なステップを，生物学的コンセプトとして明確に示すことができる（図24.2）。

1. 損傷前に細胞や組織は"形態的記憶地図"をもつ必要がある。これは，体内での自己のアイデンティティと他の細胞との相対的位置を"感じ取る"能力を意味する。
2. 損傷後，細胞や組織は変化を認識し，取り替えが必要であることを検出する必要がある。
3. 損傷部を迅速に閉じるための応答が必要である。
4. 損傷部が閉じた後，本格的な再生応答が始まる。これは胚発生中に使用されたメカニズムを応用し，細胞の増殖，組織の成長，および細胞の再パターン化を通じて，失われた構造を再生し，分化させるプロセスである。
5. 再生は終了しなければならない。この段階では，失われた構造の正しいサイズと形状を形成し，残存した部分と統合し，残りのからだとの比率も保つ必要がある。

したがって再生には，細胞が全体としてからだを認識するシステム，傷害によって引き起こされる免疫応答との相互作用，そして発生時の形態形成を劇的に再現するプロセスが必要である。

再生の方法

本章で取り上げている生物は，その再生能力は多様であるが，以下の4つの再生様式について，それぞれ少なくとも1つ以上の例を示している（図24.3）。

1. **幹細胞による再生**(stem cell-mediated regeneration)：幹細胞は，失われた特定の器官や組織を再生させる能力をもっている。例えば，バルジ領域の毛包幹細胞からは毛髪が再生され(18.4節参照)，骨髄内の造血幹細胞は継続的に血液細胞を置換する(5.6節参照)。
2. **付加再生**(epimorphosis)：一部の種では，成体の分化細胞が脱分化(dedifferentiation)して，相対的に未分化な細胞集団である**再生芽**(blastema)を形成し，新しい構造の再生過程で再分化する。このタイプの再生は特に両生類の四肢再生に特徴的である。
3. **再編再生**(morphallaxis)：残存する組織が再パターニングされ，新しく成長することはほとんどなく，細胞死と細胞の種類が変化する〔異なる細胞運命への**分化転換**(transdifferentiation)〕。これにより全体の体型が変化し，欠損部分が再生される。この再生様式は，ヒドラで最もよくみられる。

1. 形態的記憶地図

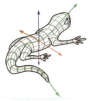

2. 変化の認識

3. 創傷治癒

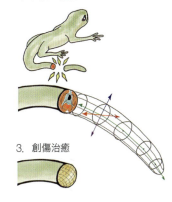

4. 再生

5. 再生停止

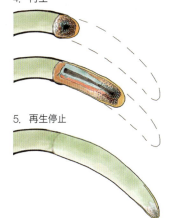

図24.2 再生過程の概念図。(© Michael Barresi)

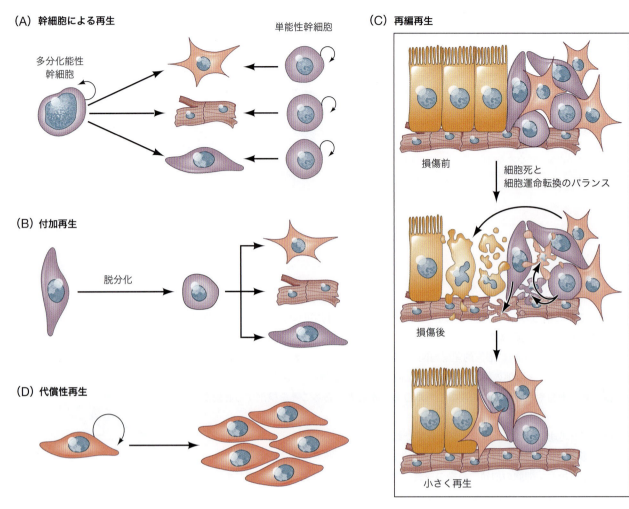

図24.3 4つの異なる再生様式。

4. **代償性再生**(compensatory regeneration)：分化した細胞が分裂を続けるが，分化細胞としての機能を維持する。新しい細胞は幹細胞から生じるのではなく，分化細胞が脱分化して生じるのでもない。各細胞はそれ自身と同じ細胞を産生し，未分化細胞の集合体は形成されない。この再生様式は特に哺乳類の肝臓に特徴的である。

幹細胞の創出と使用，そして細胞増殖，分化，組織形態形成のプロセスは，発生後再生における核心的なメカニズムを形成しており，これらはまた胚発生の基本的なメカニズムでもある。このことから，再生が単に胚発生の再現にすぎないのかという疑問が生じる。

24.2 再生は胚発生の再現なのか？

そもそも胚発生のメカニズムが個体のすべての細胞や組織をつくり上げるのに十分なのに，同じ作業を成体になってから行うために，わざわざ再生のためのメカニズムを新たに作り出す必要が本当にあるのだろうか？ 結局のところ，「壊れていないなら直すな」という言葉が適切かもしれない。それとも，胚発生後の環境が，新しい解決策を必要とするような何らかの制約を与えているのだろうか？ 答えは「Yes」である。再生は胚発生のメカニズムを可能なかぎり再利用するが，その文脈に応じて再生は適応しなければならない。

再生が胚発生の厳密な意味での再現でないのは，4つの主な違いがあるためである（図

図24.4 再生過程における主要な細胞イベント。創傷が発生すると，循環系が炎症反応を引き起こす(1a)。これにはマクロファージの侵入(1b)が含まれる。小さな黒矢印は細胞系譜を示している。再生には，もともと存在していた多分化能性幹細胞の活性化(2a)および/または分化した細胞が前駆細胞へとリプログラミングされること(2b)を介した幹細胞のリクルートが必要である。新たに再生される細胞は，血管(3a)や神経細胞(3b)のような残存組織との統合メカニズムをもつ。一度組織の修復が始まると，再生は修復サイズを適切に調整し，正しい比率に達した際に再生プロセスを停止する(4)何らかの機構を有する。(© Michael Barresi)

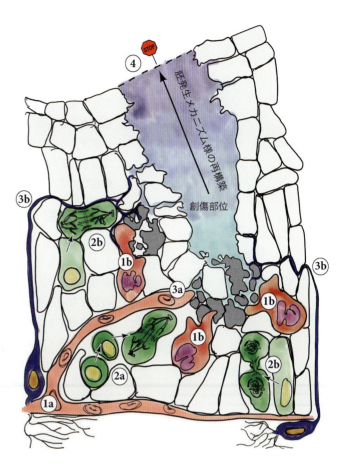

24.4)。

1. **免疫応答**：再生と胚発生の間で最も大きく異なる点は，再生が損傷への反応であるということである。多くの場合，損傷には物理的な外傷，壊死性の細胞死，体液の流出，露出した組織が伴う。免疫応答としては，傷口を閉じるための初期反応と，損傷した箇所を清掃するための貪食細胞の展開がある(図24.4の1a，1b)。

2. **誘導性のリプログラミング**：損傷に反応した後，細胞(もともと存在していたものであれ，遠くからやってきたものであれ)は，組織を再構築するための発生プログラムを利用する前に，未熟な，いわば胚のような状態になる必要がある。このプロセスには，成体細胞を胚のような状態に活性化しリプログラミングするための新しいメカニズムが必要なのかもしれない(図24.4の2a，2b)。

3. **システムの統合**：成体組織の再生では，新しく形成された細胞を既存の分化した組織に適切に統合する必要がある。これには血管や神経接続の適切な統合などが含まれる(図24.4の3a，3b)。

4. **サイズの認識と終了**：再生は，機能し続けているか，成長を続けている近くの成体組織との関係のなかで行われる。このような状況では，再生中の組織には周囲組織や個体全体との空間的整合性を認識するためのコミュニケーションメカニズムが必要である。これらのメカニズムにより，再成長が適切な規模になるよう調整され，そのサイズが達成されたら終了することも保証される(図24.4の4)。

研究者たちは，再生に特有のプロセスがどのように機能するか，および胚発生のメカニズムがどのようにして再生プロセスを促進するかという，2つの謎に取り組んでいる。先へと進むにあたり，再生の個々の事象が以下の2つの概念にどのように当てはまるかを考察することが重要である：(1)胚発生メカニズムの再利用，(2)再生特有の反応。

24.3 再生に関する進化的視点

なぜヒトは，サンショウウオが切断された手足を再生するように，またはゼブラフィッシュが傷ついた脳や心臓を修復するように，損傷した部位を再生することができないのだろうか？ 損傷部位の再生能力は明らかに適応上の利点をもたらす。もし事実として，私たちの後生動物の祖先のなかに顕著な再生能力をもつものが存在していた場合，ヒトや他の哺乳類の祖先は進化の過程で再生能力を失ってしまったのだろうか。再生の進化の歴史を探求することで，なぜ一部の生物は高い再生能力をもちながら，他は限られた組織修復能力しかもたないのかを深く理解することができるかもしれない。

発展問題

成体細胞がどのようにして胚に近い細胞状態にリプログラミングされるのかは興味深い問いである。細胞の現在の特性を完全に消去し，まったく新しい何かを創出できる状態へと変化させるためには，何が必要なのか。この問題を幅広く考察するためには，グローバルな視点，環境からの視点，遺伝学的側面からの視点が必要である。

再生の進化に関する有力な理論が2つ存在する。1つ目は，古代の祖先は高い再生能力をもっていたが，**進化の過程で選択的に保持されたり失われたりした可能性**である(マクロ進化効果；**図24.5A**)。2つ目は，再生能力が各種で**独立して進化した可能性**である(ミクロ進化効果；**図24.5B**)。これはつまり，異なる系統で再生メカニズムなどの特徴が独立して進化する**収斂進化**(convergent evolution)である。これら2つの考え方はまったく相容れないものではなく，組み合わせると，古代の祖先が再生能力を子孫の一部にだけ受け継ぎ，さらに再生能力が無関係な系統で収斂的に進化したと考えられる。再生を行う共通の祖先がいたか，再生が収斂進化の産物であるかにかかわらず，再生する種は植物界と動物界に広がっている。

植物と動物：異なる生活様式，異なる再生能力

植物は一般に移動能力がなく，捕食者から逃れたり，傷ついたときに避難する場所を探すこともできない。自然選択の観点からみると，植物が損傷した組織を治癒し，修復し，組織を置き換える能力が非常に可塑的であることは合理的であり，実際に植物界では進化の過程を通じて広範な再生能力が維持されている。ある植物では，細胞をバラバラにしても，培養することで新たな植物全体を再生することができる。このような細胞は全能性を有していると考えられる。さらに，植物には多様な再生能力が存在する。例えば，緑藻類は完全なからだを再生し，コケ類のなかには(例えばゼニゴケ)分裂組織の再創造を行うものがあり，種子植物では損傷状況に応じて分裂組織から完全な茎や根の器官を再生することができる(24.3節参照)。

植物と比較すると，後生動物の再生能力は生命の樹の全体に散在している。再生能力が共通の祖先から派生したものであれば，その祖先に最も近縁の現存種では，類似の能力を保持していると予想される。そして，もし再生がウルバイラテリアン(urbilaterian；最初の左右相称動物と想定される動物)の特徴であった場合，その起源はどれほど遡ることができるのだろうか？　珍無腸動物(無腸類)は扁形動物に匹敵する再生能力をもち，5億5千万年前に分岐したすべての左右相称動物の姉妹グループである(図24.5A参照)。24.5節で説明されているプラナリアのように，現代の無腸類はからだの半分を切断されてもからだ全体を再生する能力を有しており，プラナリアのように新生細胞〔ネオブラスト(neoblast)〕と呼ばれる幹細胞によって再生する(De Mulder et al. 2009；Raz et al. 2017)。さらに注目すべきは，無腸類の再生がWntシグナリングに依存しており(4.7節参照)，左右相称動物の胚発生と再生の両方で前後軸の特定化に同じ機構が使われていることである(Srivastava et al. 2014)。これらの研究結果は，再生のための分子や細胞のメカニズムが，すべての左右相称動物の共通祖先において存在していた可能性が高いことを強く示唆している。

多孔類(カイメン動物)は，すべての後生動物のなかで最も基本的な生物と推定されており，その再生能力は1世紀以上前に発見された(Wilson 1907参照)。しかし，カイメン動物の再生能力とその根底にある細胞運動に関する研究は，最近になってようやく進展している(Adamska 2018；Funayama 2018)。特定のカイメン動物の種——同骨カイメン綱(Homoscleromorpha)，普通カイメン綱(Demospongiae)，石灰カイメン綱(Calcarea)，六放カイメン綱〔ガラスカイメン綱(Hexactinellida)〕の種——は，これまで研究されてきた動物のなかで全身再生のための最も高い可塑性を示している。ある種の成体では，大規模に切除されても組織を完全に再生し，またある種では解離した細胞から完全な新しい個体を再生する能力をもっている(これは植物の全能性に匹敵する)。少なくとも2種のカイメン〔ヌマカイメン(*Spongilla lacustris*)とムラサキカイメン(*Haliclona permollis*)〕の解離した細胞は，凝集体を形成し，細胞を適切に選別し，残骸を除き，基質に

第24章 再生　811

(A) 再生能力の共通祖先からの進化

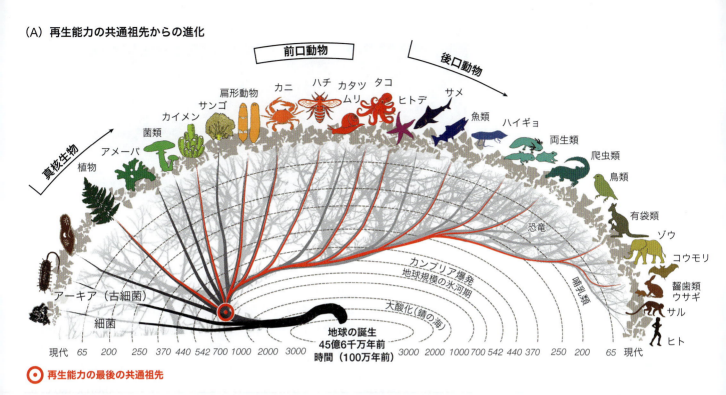

(B) 再生能力の複数系統での独立進化

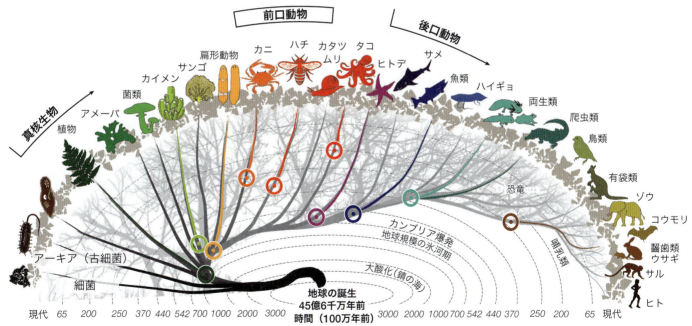

図24.5 再生の2つの進化的起源を示す模式図(2つの仮説が排他的というわけではない)。(A)共通の祖先に起源があり，理論上は生命の樹の多細胞生物の起源に位置付けられる。無腸動物とカイメン動物は再生能力が高いため，その祖先はすべての再生可能な後生動物に共通する祖先である可能性が示唆されている。赤線は，推定される共通の祖先から派生した再生動物の系統をたどるものである。(B)再生は異なる時期に複数の系統で独立に進化した可能性もある(収斂進化)。(© Michael Barresi)

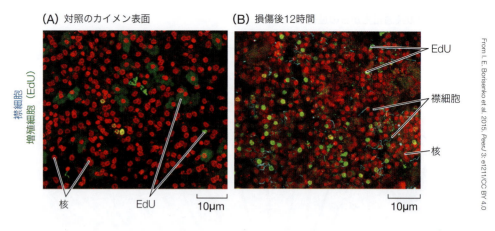

図24.6 カイメンの襟細胞は損傷に応答して増殖する。細胞周期のS期にある増殖細胞はEdU（緑色）で標識され，襟細胞は抗チューブリン（青色）で染色されている。赤色蛍光はすべての核を示す。(A)損傷のない対照。(B)損傷部位での襟細胞のリクルートと細胞増殖の増加。

接着し，機能的に組織化されたカイメン組織へと細胞分化を完了させる能力がある。

このような顕著な全能性がすべてのカイメン動物種に存在するわけではないが，全カイメン動物が広範に再生能力をもっていることは確かである (Eerkes-Medrano et al. 2015)。最近の研究では，少なくとも2種類の常在する細胞——襟細胞（choanocyte）とアーキオサイト（archeocyte）——が，カイメン動物の再生の大部分を担う多能性幹細胞として機能していることが示されている（図24.6）。これらの細胞が，他の上皮細胞や失われた組織を直接置換するための分化転換を行うことが示されている (Borisenko et al. 2015; Ereskovsky et al. 2015, 2017)。さらに，少なくとも1種（*Halisarca dujardini*）では，損傷部位に再生芽様の構造が形成される。この種では，襟細胞が損傷に反応して上皮-間充織転換を経て，損傷部位に移動する。そこでは，移動した細胞が近くにいるアーキオサイト由来の未分化の細胞と混じり合い，増殖性の細胞塊を形成し，損傷した組織を再生する役割を果たす (Borisenko et al. 2015)。このような細胞応答は，動物界全体で観察されている再生芽に基づく再生機構であることを強く示唆している。したがって，後生動物の最も基部に位置する可能性のあるカイメン動物から派生した種は，3つの再生様式を示している。すなわち，幹細胞による再生，再編再生（分化転換），付加再生（再生芽形成）である（24.1節参照）。

発展問題

すべての再生能力をもつ生物の共通祖先が存在したと仮定すると，その再生能力はどの程度古い時代に遡ることができるのかが興味深い問題となる。我々は再生能力が扁形動物やカイメン動物の祖先にまで遡る可能性があると考えているが，再生の起源はそれよりもさらに古く，例えば多細胞生物の始まりに存在するのではないか。さらに，単細胞性の真核生物においても何らかの形で関連している可能性さえある。例えば，単細胞生物の1種であるラッパムシ（*Stentor*）は再生能力を有している。私たちの共通祖先となる単細胞生物にも再生能力があったのだろうか？

さらなる発展

再生の進化を促進する 遺伝子制御は，細胞運命の決定から組織形成に至るまで，ほとんどの発生過程の中心にある。したがって，再生過程にも特定の遺伝的プログラムが存在すると考えられる。そうであるならば，この遺伝的プログラムが進化圧を受けており，その結果，現存するいくつかの種で再生能力が維持される一方，他の種では再生能力を失ったと考えることができる。

適切な比較対象が不足していたため，系統間で保存された再生の遺伝的プログラムを特定することは困難だった。しかし最近，進化的に約2億3000万年分離れたゼブラフィッシュとアフリカメダカの2種の硬骨魚を用いた比較研究が行われた (Hu and Brunet 2018; Wang et al. 2021)。これらは進化的に離れているにもかかわらず，損傷したヒレ，心臓，および神経系の再生能力が類似していた。これらの再生応答の根底にある遺伝的な保存性は，再生の進化について私たちに重要な示唆を提供している。

ゼブラフィッシュとアフリカメダカの両方で，成体のヒレを切断後に活性化するエンハンサーを探索することにより，保存された再生応答エンハンサー（regeneration-responsive enhancer：RRE)が発見された(**図24.7A**；Wang et al., 2021)。シス制御エンハンサーは，転写因子が結合し，クロマチンの構造変化を引き起こして転写の活性化または増強を行うゲノム内の配列である(3.3節参照；第26章ではエンハンサー配列の変異が進化と種分化の主な原動力であったことを学ぶ)。重要な点は，これらのRREが，再生芽の細胞で最も活性が高く，損傷に対する初期応答と再生反応プログラムの促進の両方を担う遺伝子発現を調節していることである(**図24.7B**)。実際，アフリカメダカで特定のRREを標的として欠損させた場合，尾ビレや心臓の損傷後の再生能力が低下した(**図24.7C**)。アフリカメダカが失った再生能力は，ゼブラフィッシュの相同RREを用いて遺伝子再発現を行うことで回復が可能であった。一方で，ヒトの相同エンハンサーでは回復できなかった。

　これらの発見は，祖先から受け継がれ進化的に保存された再生応答エンハンサー(RRE)のセットが存在し，RREが損傷と再生応答プログラムの両方の調節に機能することを示唆している。したがって，多くの脊椎動物種で再生能力が失われたのは，進化的に保存されたRREの変化によって損傷プログラムと再生プログラムが切り離された結果である可能性が考えられる。この機能的な分離は，癌に対する防御としてや(Oviedo and Beane 2009；Pearson and Sánchez Alvarado 2009)，再生能力がない動物(ほとんどの哺乳類など)が高い再生能力を失う代償として，堅牢な損傷応答を維持するための適応的な機会として必要だったのかもしれない(**図24.7D**)。

多くの動物が再生できないのはなぜか？

　納得できないなら，自然選択のせいにしよう。再生能力の差異は，運動性のある動物が捕食者から逃れるための行動選択肢や，失血に伴う生命を脅かす結果と関連しているのかもしれない。本章の後半で学ぶように，瘢痕形成は傷の修復に関しては効率的であっても，再生プロセスを妨げる。1つの仮説は，多くの場合，動物の生存にはゆっくりとした再生のプロセスよりも迅速な瘢痕形成のほうが好ましいというものである。考えてみよう。命を脅かす損傷に直面したとき，失われた手足をゆっくり再生することよりも，失血による即死を防ぐことがより重要ではないだろうか？　もう1つの仮説は，急速に分裂する細胞から癌が形成される危険性によって，再生能力が失われたのではないかというものである(Gatza et al 2007)。

　また，おそらく環境も再生能力に影響を与えているだろう。興味深い事実は，最も優れた再生能力をもつ生物の多くが水中に生息しているという点である。もし水が再生プロセスに果たす役割をもつのであれば，それは何であろうか？　多くの進化的トレードオフが再生能力を低下させた可能性が高いため，単一の答えが存在するとは考えにくい。しかし，これらの疑問に答えることによって，再生研究は新たな高みに押し上げられている。再生医療分野の研究者たちは，損傷が瘢痕化によって治癒されるのか，それとも再生応答によって治癒されるのかを制御するメカニズムを解読し，再生を引き起こす方法を見つけることを目指している。このような課題を解決するためには，異なる再生プロセスを促進するさまざまなメカニズムについて理解することが必要である。

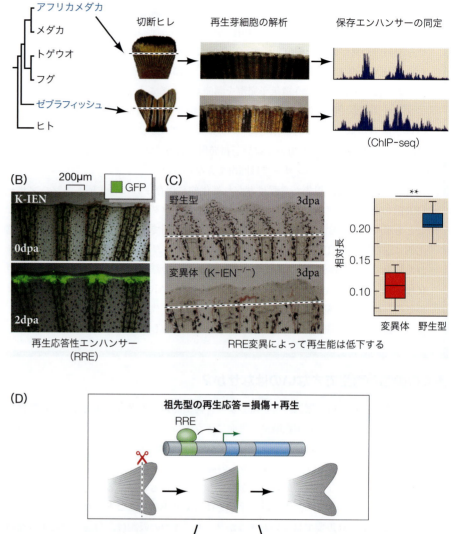

図24.7 真骨魚(硬骨魚)2種における進化的に保存された再生応答性エンハンサー(RRE)の同定と機能的特徴付け。(A)真骨魚の関係を示す系統樹。アフリカメダカとゼブラフィッシュは約2億3000万年前に共通の祖先から派生した。尾ビレの切断による実験方法として，アフリカメダカとゼブラフィッシュの再生芽を介した再生応答の解析，およびクロマチン免疫沈降シークエンス(ChIP-Seq)による再生時に特異的に活性化される保存されたエンハンサーの同定が行われた。(B)再生中の尾ビレの鰭条の拡大写真。切断後2日で，再生芽細胞におけるGFP発現によりRREが明らかになる。K-IENはRREの1つ。(C)アフリカメダカにおけるRREの欠損が，尾ビレの鰭条(左)で定性的に，また尾ビレの長さを示すボックスプロット表現(右)で定量的に，ヒレの再生能の低下を示す。(D)再生能力のある動物と再生能力のない動物に関連すると考えられるRREの進化モデルの1つ。(W. Wang et al. 2020. Science. 369:eaaz3090 © 2020 The American Association for the Advancement of Science より)

24.4 植物の再生

　芝を刈ったことがあるならば，植物は何度も，何度も，何度も際限なく再生する能力をもつことを知っているだろう．さらに驚くべきことは，植物はその一部から植物体全体を再生できることである．水を張ったボウルにセロリの切れ端を置くと，新たな芽と根が出現する（図24.8）．宇宙飛行士で植物学者のMark Watney（マーク・ワトニー）は，科学知識を総動員して過酷な状況から生還することができた〔Andy Weir（アンディ・ウィアー）著『火星の人（原題：*The Martian*）』と2015年の映画化作品を参照〕．これは土に埋めたジャガイモのかけらは新たな個体を再生することができるということを知っていたからである．ここでは，自然界における植物再生の主な様式に焦点を当てることにする．植物は独自の進化を遂げているにもかかわらず，動物の再生機構との間には類似点がある．こうした再生の仕組みには，細胞の初期化，全能性細胞の創出，位置情報に基づく器官の誘導が含まれている．

再生の全能性

単一細胞から単一細胞への再生　藻類 *Acetabularia* はその形態から"人魚のワイングラス"と呼ばれており，仮根で岩に固定した約6 cmの茎の上部にカップ状の構造をもっている（図24.9）．驚くべきことは，個々の *Acetabularia* は単細胞なのである．1つの細胞膜がからだ全体を包んでおり，その生涯のほとんどにおいて，核を1つだけ細胞の基部にもっている．この"ワイングラス"は，新たな"カップ"全体をその茎から再生することができる．

　1940年代，分子生物学のセントラルドグマ（DNA→RNA→タンパク質；3.1節参照）が知られる前，Joachim Hämmerling（ヨアヒム・ヘマリング）は，*Acetabularia* の核をもつ基部側の細胞が茎から切り離されると，繰り返し茎とカップを再生することに気づいた．より上部を切断すると，再生は上部に制限される（Mandoli 1998）．Hämmerlingの実験は，メッセンジャーRNAの発見（核が細胞質へと物質を輸送することで表現型を制御する）の舞台を整えただけでなく，単細胞あるいは多細胞の植物・動物に関係なく，個体の正常な再生における頂端-基部軸に沿った位置情報の重要性を示した．

単一細胞から植物体への再生　植物の再生を考える場合，多細胞の陸上植物の進化は緑藻

図24.8 切断した植物に水と太陽光を与えると再生する．著者のMichael Barresi（マイケル・バレシ）がセロリを根元で切断し，根を水に浸した．1週間も経たないうちに，中心部から新たな芽が再生した．

図24.9 6個体の"人魚のワイングラス"こと *Acetabularia*．この緑藻はからだの上半分を下半分から再生することができる．なぜこのことが驚きなのか？　それはこの植物体が単細胞だからである！

(A) *Bryopsis plumosa*

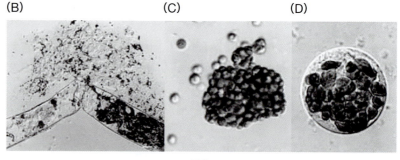

再生

図24.10 (A)緑藻*Bryopsis plumosa*は単一の巨大な多核細胞体である。(B〜D)細胞質の塊から無傷なプロトプラストが再生できる。(B)壊れた細胞から内容物が周囲の培地に漏れ出ている。(C, D)細胞小器官の塊(C)は，20分以内に新たな膜を再生する(D)。この後，サブプロトプラストは細胞膜を再生する。

の多細胞コロニーの形成から始まったということを気に留めておくことが重要である。このため，*Bryopsis plumosa*のようなありふれた緑藻がサブプロトプラスト(subprotoplast；細胞膜あるいは細胞壁をもたない細胞質の塊)から元どおりの細胞を再生し，(多核体かもしれないが)たった1つの細胞からシート状の集合体を再生するのは驚くべきことではない(図24.10；Kim et al. 2010)。陸上植物ではより複雑な全能性の再生能力が進化している。適切な栽培条件下では，ある分化した組織に由来する単一の植物体細胞あるいは外植片は，多能性の**カルス**(callus)を形成するために初期化される。カルスは大半が未分化な細胞の集団であり，植物ホルモンにより地上部組織および根へと分化することができる。植物におけるこうした再生能力を示した最初のいくつかの例は，ニンジンとタバコの研究に由来している(Steward et al. 1958；Vasil and Hildebrandt 1965；Birnbaum and Sánchez Alvarado 2008 も参照)。

培養条件下における小さな組織片からの植物器官の**新規再生**(*de novo* regeneration)は，胚発生において利用されるいくつかの植物ホルモン，特にオーキシン(図4.32参照)とサイトカイニンのシグナル伝達に大きく依存している。カルスの形成には非常に高濃度のオーキシンが必要である。続いて，オーキシンとサイトカイニンの濃度比を変えることで，カルスからある特定の組織の発生を制御することができる。オーキシン：サイトカイニン比率が高いと根の発生を促進し，逆にオーキシン：サイトカイニン比率が低いと地上部組織の発生を促進する(Skoog and Miller 1957；Su and Zhang 2014 も参照)。したがって，胚発生において確立された中心的な発生の仕組みの多くが，植物体の再生において再利用されている。(オンラインの「FURTHER DEVELOPMENT 24.1：A "PLETHORA" of Controls」参照)

茎の幹細胞

植物は無限成長する生き物である。すなわち，植物体の構造は遺伝的に決定された大きさで成長を停止するのではなく，成長を続けることができるということを意味している。植物の頑強で生涯を通じた発生の継続は，分裂組織の持続性によって可能になる。植物の分裂組織は，永続性を備えた未分化の幹細胞集団からすべての植物器官をつくり出すという意味において特筆すべき性質を備えている。植物が傷害を受けたとき，茎頂と根端の分裂組織を利用して，再生を行うための新たな細胞をつくり出す。だが，草食動物により食いちぎられたり，科学者がレーザーを用いて傷害を与えた結果として，片方の分裂組織が

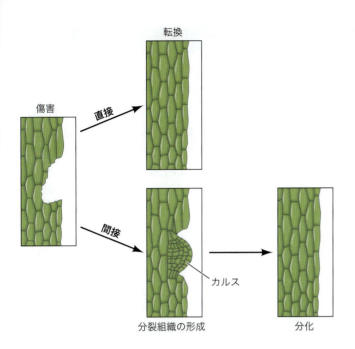

図24.11 直接的および間接的な植物の再生方法。イラストは非常に簡易化した植物の傷害からの再生方法である。間接的な方法はしばしばカルスを初めに形成し，根や芽へと分化する分裂組織を生み出す。

失われた場合にはどうなるのだろうか？ 動物において間充織系細胞が体内を動き回るのとは異なり，植物の細胞は動くことができないということを思い出す必要がある。このため，傷害を受けた分裂組織の細胞は2つの選択肢をもつ（図24.11）。

1. 新たな分裂組織を形成し，適切な組織へと分化させることで，失われた組織を**間接的**に再生する。
2. 失われた細胞種へと細胞を**分化転換させる**ことで，**直接的**に再生する。

しかし，すべての植物細胞がこうした方法で傷害に応答することができるのだろうか？ 実際のところ，すべての細胞が全能性のカルスを形成する能力をもつわけではない。かわりに，傷害を受けた後に内在性の成体幹細胞が活性化し，直接あるいは間接的に組織再生を開始する（Sugimoto et al. 2010；Liu et al. 2014；Jouannet et al. 2015；Kareem et al. 2016a, b）。例えば，シロイヌナズナ（*Arabidopsis thaliana*）の根では，内鞘細胞と前形成層細胞が植物の成体幹細胞として知られている（図24.12）。

維管束植物の胚発生において，**前形成層**（procambium）は，根の内皮と中心柱（維管束組織）の間に配置された**内鞘細胞**（pericycle cell）と同様に重要な分裂組織様の機能を果たしている。後胚発生においては，成体幹細胞は**部分的に分化している**と考えられている。例えば，内鞘の成体幹細胞は組織・領域特異的な遺伝子発現を示しているが，側根発生の開始と関連した遺伝子発現も維持している。根が分岐するとき，内鞘の成体幹細胞は新たな根端分裂組織を形成し，新たな側根を形成する。成体幹細胞が細胞周期に再び入り，新たな多能性細胞を生み出すことで側根発生プログラムを開始する能力をもつということは，細胞が根と地上部組織へと分化するカルスを形成する潜在的な能力をもつことを意味しているようである。

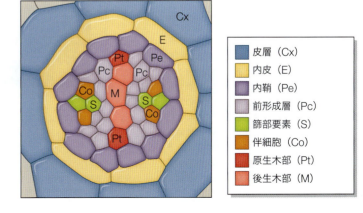

図24.12 シロイヌナズナの根の横断切片の模式図。内鞘と前形成層が植物の成体幹細胞である。(S. Miyashima et al. 2013. *EMBO J* 32：178-193. © 2013 European Molecular Biology Organization より)

さらなる発展

傷害から転写因子へ，転写因子からパターン形成因子へ　植物に対する傷害は，植物ホルモンであるオーキシンの分布を速やかに撹乱する。これにより，新たな分裂組織の発生と続いて生じる再生をサポートする一連のカスケードが誘導される。例えば，根端分裂組織の静止中心（quiescent center：QC）を破壊すると，周囲の細胞のオーキシン応答性に変化が生じ，新たなQCを再生するために必要な遺伝子群の発現が速やかに上昇する。根端分裂組織の発生にもかかわるPLETHORA（PLT）ファミリー転写因子（図5.6参照）は，傷害を受けた部位の近傍で最初期に発現が上昇する。PLT転写因子は*SHORTROOT*（*SHR*）遺伝子の発現を促進し，続いて*SCARECROW*（*SCR*）遺伝子の発現を促進する（図24.13）。重要なこととして，この遺伝子発現ネットワークが**PINオーキシン輸送タンパク質**（PIN auxin transport protein）の再配向を誘導し，頂端-基部軸と側方軸に沿ってオーキシンの流れが再形成される。これにより，QCの形成だけでなく，適切な器官の再生がサポートされる。

　PLTによって誘導される遺伝子発現ネットワークは，側根発生に必要となる新生幹細胞ニッチの開始にも必要とされる。つまり，胚発生の制御プログラムが後胚発生においてどのようにして再利用されるのかを示す一例である。さらには最近，PLTとSCRが，植物特異的なPCNA（**p**roliferating **c**ell **n**uclear **a**ntigen）転写因子と相互作用することが明らかにされた（Shimotohno et al. 2018）。酵母や植物，ヒトに至るまで，PCNAは細胞周期と細胞増殖の制御に直接関与することが示されている（Strazalka and Ziemienowicz 2011；Li 2015）。それゆえPLTとPCNAの相互作用は，分化細胞が再び細胞周期に入り再生を開始する応答の仕組み，すなわち植物と動物の再生経路における深い相同性を示す可能性を提示している。（オンラインの「FURTHER DEVELOPMENT 24.2：A Lateral Root Way to Be Call(o)us」参照）

発展問題

エピジェネティック修飾が植物の再生に機能することは確実なようである（オンラインの「FURTHER DEVELOPMENT 24.3」の図1参照）。しかし，それはどのように開始されるのだろうか？　植物が傷害を受けると速やかなクロマチンの変化が再生を促進するが，これはどのような仕組みで制御されているのだろうか？　再生を許容する細胞の状態を促進するためのエピジェネティックな変化を引き起こす，傷害に由来する引き金は何だろうか？

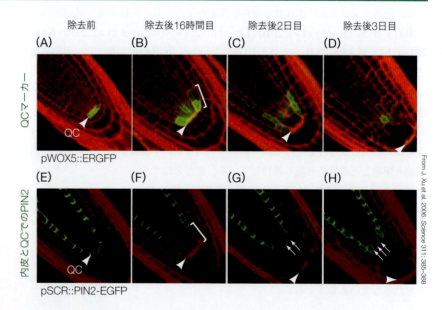

図24.13　シロイヌナズナの根端が根端分裂組織の静止中心（QC）を再生する様子。（A～D）矢じりは除去されたQCの位置を示している。*WOX5*プロモーターでGFP（緑色）を発現させることでQCを可視化している。（B）の囲いはQCマーカーの発現が拡大している様子を示している。（E～H）内皮細胞におけるPIN2局在の可視化。*SCR*プロモーターで*PIN2-GFP*を発現させている。（F）の囲いは*PIN2-GFP*の発現が喪失していることを示している。（G）と（H）の矢印は，新たに再生したQCに相当する細胞での*PIN2-GFP*発現の回復を示している。

さらなる発展

維管束再生のカナリゼーション（運河化）　維管束組織として，木部と篩部は傷害からの速やかな修復が必要な重要な構造である。実際に，植物の茎の維管束組織を切断すると，切断面の上下の維管束組織間の接続が再生される。興味深いことに，切断部の上部にあるシュートと葉を除去すると，木部と篩部の再生が抑制される。しかし，除去したシュートや葉の切り口にオーキシンを投与すると，維管束の再生が回復する（図24.14）。これらの結果は，頂端側からのオーキシン供給のみで適切な向きの維管束の再接続には十分であることを示している。

再生された結合部分をより詳細に観察すると，持続的な発生の進行が明らかとなる。維管束の分化はまずオーキシンが投与された部位で生じ，既存の維管束系に接続するまで基本的に単一の細胞系列で進行する。前維管束細胞は未分化なより基部側の細胞へとオーキシンの流れを導き〔**カナリゼーション（運河化）**〕，木部の再生を刺激する。この再生パターンは，維管束発生のオーキシン**運河モデル**（canalization model）へとつながった。傷害あるいは発生過程の組織の上部の維管束はオーキシンの供給源（ソース）として機能し，下側で維管束細胞へと分化しつつある再生（あるいは発生）部位はオーキシンの溜まり場（シンク）として機能する（Bennett et al. 2014）。したがって，水の急な流れが大地を削り川をつくり出すように，オーキシンシグナル伝達も文字どおり植物体内に水流を取り戻すために新たな運河を形成することができる。

オーキシン運河モデルは，適切な維管束の配置を導く自己組織化パターンをオーキシンシグナル伝達が確立できることを示している。オーキシンが細胞へと到達すると，オーキシン輸送体を細胞の基部側へと非対称に再配置し，同じ細胞系列の下側の細胞へとオーキシンの排出を行う。より多くの細胞がこの列に加えられると，オーキシンの下方向への移動は増幅され，細く狭まる。そして最終的に，維管束分化の運河が形成される。図24.14で示すように，この仕組みは傷害を受けた部位の周囲における急激なオーキシン応答により開始される。続いてオーキシン排出輸送体PIN1の分化細胞の基部および側方への再配置により，傷害部位周囲でのオーキシンの流れを方向付ける。最後に，新たな維管束が傷害を迂回し，既存の維管束組織へと接続する（Mazur et al. 2016）。（オンラインの「FURTHER DEVELOPMENT 24.3：Epigenetic Control of Plant Regeneration」参照）

24.5　全身を再生する動物

全身を再生する能力は植物界では広くみられるが，動物界ではほとんどみられない。そこで，この能力をもつ2つの動物グループが特によく研究されてきた。すなわち刺胞動物のヒドラ[3]と，非寄生性の扁形動物（Platyhelminthes）のプラナリアである。どちらの場合も，からだを2つに切断しても全身を再生する能力があり，この現象は無性生殖としての役割も担っている。

---

[3]　ヒドラ（hydra）とは属名でもあり一般名でもあるが，ここでは一般名を使用し，大文字やイタリック体は使わない。ヒドラの名前の由来は，ギリシャ神話に登場するヘラクレスと戦った多頭の怪物ヒドラから来ている。ヘラクレスは，ヒドラの首を切り落とすたびに新しい頭が生えるために倒せず，最終的には甥のイオラーオスの助けを借りて，切り落とした首の傷口を炎で焼き尽くすことで怪物を倒した。

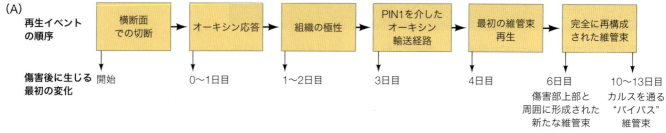
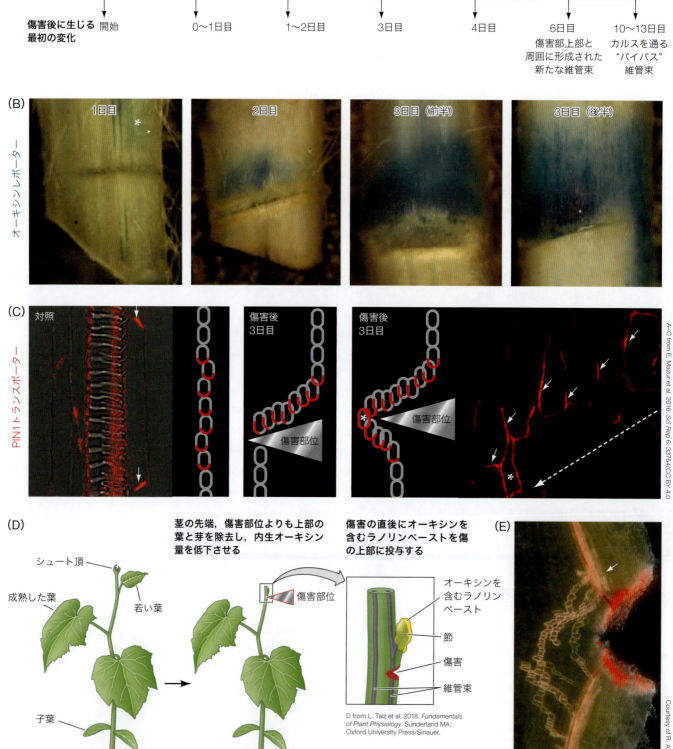

◀図24.14 オーキシンが推進する木部の再生。(A)傷害を受けたシロイヌナズナ花茎の維管束形成層の再生過程における一連の順序。(B)オーキシン応答レポーター遺伝子は急速に傷上部で発現し、続いて周囲で発現する(青色のシグナル)。写真は傷害後、1日目、2日目、3日目前半と3日目後半の花茎を示している。アスタリスクはレポーター活性が検出された最初の部位を示している。(C)傷害部位の周囲の細胞でPIN1は再配置され、傷害部位を迂回し、既存の維管束組織へとオーキシン輸送を行う。写真は赤色の蛍光でPIN1タンパク質を示している。白矢印はPIN1の極性、破線の矢印は傷害部位を示している。3枚の模式図で、対照の植物(左側)、傷害を与えた植物(中央と右側)の細胞膜上のPIN1(赤色)の位置を示している。三角形で傷害を与えた部位、アスタリスクは傷害を受けた部位の端の細胞を示している。(D)傷害部位の上部からオーキシンの供給源を排除するために葉とシュートを除去し、キュウリの茎に傷害を与える実験準備の模式図。(E)外部からのオーキシン投与が、維管束再生(ピンク色の蛍光で可視化している)を誘導する。

ヒドラの幹細胞による再生，再編再生，付加再生

「我々は決して滅びぬ。腕を1つ切り落とされても、そこから2本の腕が生じる。ヒドラ万歳！」というのは、漫画『ストレンジ・テイルズ(*Strange Tales*)』(マーベル・コミックス)に登場する秘密結社の合言葉である。実際のヒドラは約0.5 cmの小さな淡水性刺胞動物にすぎないが、その再生能力はまさに超常のものである。ヒドラのからだは管状で、五放射相称を呈している。からだの先端には"頭"があり、基部には"足"が存在する。この"頭"とは、口およびその下にある触手(食物を捕らえる)から成る円錐形の構造、すなわち**口丘**(hypostome)と呼ばれる部分である。一方で"足"、すなわち**足盤**(basal disc)は、岩や水草の裏面に固着する機能をもっている。

ヒドラは二胚葉性であり、外胚葉と内胚葉のみをもつ(**図24.15A**)。これら2つの上皮層は、上皮細胞と筋細胞の両方の特徴をもつため、**筋上皮**(myoepithelia)と呼ばれる。ヒドラには真の中胚葉は存在しないが、分泌細胞、生殖細胞、刺胞(刺細胞)、および2つの上皮層には含まれない神経細胞が存在している(**図24.15B**；Li et al. 2015)。ヒドラは有性生殖も可能であるが、これは個体密度が高い場合や低温などの厳しい環境下でのみ行われる。通常の環境下では、からだのおおよそ2/3の位置から新しい個体が出芽し、無性生殖により個体数をクローン性に増やしている。

幹細胞による恒常的な細胞置換：3種類の幹細胞 ヒドラの体構造は静的なものではなく、絶えず変化している。ヒトのからだでは、体幹の皮膚細胞が移動したり、顔や足の皮膚が自然に剥がれ落ちたりすることはほとんどないが、ヒドラではこのような現象が常に起こっている。ヒドラの体柱の細胞は連続して分裂し、分裂した細胞はやがて頭と足の両端へと移動し、最終的にはからだから剥がれ落ちる(**図24.15C**；Campbell 1967a,b)。このプロセスには、各細胞はその生理的な年齢に応じてさまざまな役割を担い、その過程で細胞の運命を定めるシグナルを絶え間なく発している必要がある。ヒドラのからだは、そのために常に再生の状態にあると言える。

ヒドラの細胞置換には3種類の細胞が関与している。内胚葉性細胞と外胚葉性細胞は恒常的に分裂し、単能性の前駆細胞として機能し、上皮細胞のみを供給している。3番目の細胞は、外胚葉性上皮層の隙間に存在する多能性の**間幹細胞**(interstitial stem cell：ISC)である(図24.15B参照)。これら3種の細胞が存在すれば、ヒドラのからだを構成することが可能であり、ヒドラの細胞をバラバラに分散させても、これらの細胞が再び集合し、新しいヒドラのからだを形成することができる(Gierer et al. 1972；Technau 2000；Bode 2011)。

間幹細胞(ISC)は、神経細胞、分泌細胞、刺胞細胞、および配偶子を生み出す多能性をもつ。最近の24,985個のヒドラ細胞を用いた単一細胞RNAシークエンシング解析(scRNA-Seq)により、これらの細胞の分化過程が詳細に捉えられた。驚くべきことに、内

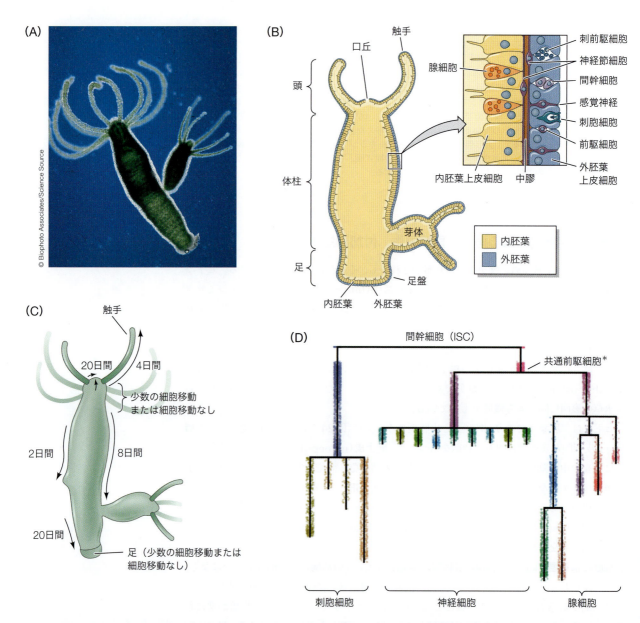

図 24.15 ヒドラの出芽。(A)新しい個体が成体ヒドラの側面の約3分の2の位置から出芽する。(B)筋上皮の模式図。単能性の内胚葉と外胚葉細胞および多分化能性の間幹細胞をもつ。(C)標識した組織を観察し、ヒドラの細胞移動(矢印)を追跡している。細胞分裂は触手と足を除くからだの体柱で行われる。(D)ヒドラの刺胞細胞、神経細胞、腺細胞は、間幹細胞(ISC)から発生する。最近の解析では、内胚葉の腺細胞と外胚葉の神経細胞が共に単一の前駆ISC(*)から派生していることが示されている。各系譜に沿った色は、"URDセグメントウォーク"を表し、類似の遺伝子発現をもつ細胞を接続する(URDはこれらの分析を生成するソフトウェアの名称である;Farrell et al. 2018参照)。線上の色付き点の数と点と点の距離は、遺伝子発現プロファイルをもつ細胞の割合と、分化経路に沿った隣接細胞との関連性をグラフィカルに示している。(BはQ. Li et al. 2015. *J Genet Genomics* 42:57-70:© Elsevierより;CはR. D. Campbell. 1967. *J Morphol* 121:19-28より;DはS. Siebert et al. 2019. *Science* 365:6451:eaav9314より)

胚葉由来の腺細胞と外胚葉由来の神経細胞の両方が、共通のISC由来の前駆細胞から発生していることが明らかになった(図24.15D;Siebert et al. 2019)。さらに、筋上皮幹細胞(内胚葉および外胚葉)と比較して、ISCは細胞周期のG2期で休止する期間が長く、細胞周期が速いことが報告されている(Buzgariu et al. 2014)。このことから、ISCは細胞置換が必要な際に迅速に応答し、増殖する態勢にあると考えられる。

頭部形成促進因子 実験発生学や実験生物学の起源は、1741年にAbraham Trembleyが行ったヒドラの再生研究に遡ると言える。Trembleyは「自分の灰から生まれ変わる不死鳥

の物語も素晴らしいが，これから述べる発見に勝るものはない」と報告している。彼はヒドラを40片に切り分けた際，「最初の個体と同じく完全な個体が数匹再生される」ことを発見した。各断片は元々頭があったほうの切断面からは頭を，足があったほうの切断面からは足を再生した。

ヒドラの体柱の頂端-基底軸に沿ったすべての部分は頭と足の両方を形成する能力をもっているが，この動物の極性はモルフォゲン勾配によって調整されているため，頭は一箇所にしか，足盤はもう片方の箇所でしか形成されない。この勾配の存在の証拠は，1900年代初頭にEthel Browne（エセル・ブラウン）が実施した移植実験から初めて得られた。ヒドラの頭部領域から口丘組織を別のヒドラの中央部に移植すると，移植された組織は外側に伸びて新しい頂端-基底軸を形成する（図24.16A）。次に，足盤を別のヒドラの中央部に移植すると，新しい軸が形成されるが，極性は反対になり，足盤が伸張する（図24.16B）。さらに，両端の組織を合わせて移植すると，新しい軸がほとんど形成されないか，形成されたとしても極性がほぼないものしか生じない（図24.16C；Browne 1909；Newman 1974）。

これらの一連の実験から，ヒドラにおける**頭部形成促進因子の濃度勾配**（head activation gradient）は口丘で最も高く，足盤に向かって直線的に減少すること，また**足部形成促進因子の濃度勾配**（foot activation gradient）は足盤で最も高いと考えられている。頭部形成促進因子の濃度勾配は，ドナーのヒドラのさまざまな部位から取った組織をホストの体幹の特定の領域に移植することによって測定された（Wilby and Webster 1970；Herlands and Bode 1974；MacWilliams 1983b）。さまざまな部位からの移植片をホストの特定の場所に移植し，その移植片による頭部形成能を測定することで，頭部に頭部形成促進因子が存在し，足側に進むにつれて頭部形成能が低下することが示されている。

口丘のオーガナイザーとしての役割　Ethel Browne（1909；Lenhoff 1991も参照）は，口丘がヒドラのオーガナイザーとして機能することを指摘した（12.3節参照）。この考えは，Broun and Bode（2002）によって確認され，彼らの研究により以下の事実が実験的に示された。(1)口丘が移植されるとホスト組織に二次軸が誘導されること，(2)口丘は頭部形成を促進するシグナルを生成すること，(3)口丘がヒドラの唯一の"自己分化（self-differentiating）"領域であること，(4)口丘は"頭部形成抑制シグナル"も産生して他のオーガナイザーの形成を防ぐこと，である。（オンラインの「FURTHER DEVELOPMENT 24.4：The Organizing Properties of the Hypostome」「FURTHER DEVELOPMENT 24.5：Ethel Browne and the Organizer」参照）

WNT3の勾配が誘導因子である　口丘に存在する主要な頭部形成促進因子は，標準的Wnt/βカテニンシグナルである（4.7節参照）。これらのWntタンパク質は初期の芽体の先端部で発現し，芽体が伸長するにつれて口丘領域を規定する（図24.17A；Hobmayer et al. 2000；Broun et al. 2005；Lengfeld et al. 2009；Bode 2009も参照）。GSK3というWntシグナリングの抑制因子を体軸全体で抑制すると，からだのどの位置にも異所性の触

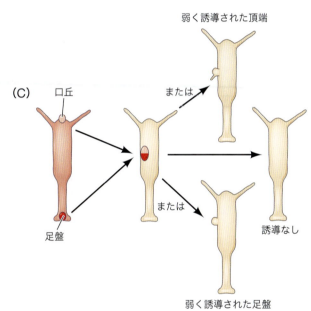

図24.16　ヒドラの頂端-基底軸に沿った異なる形態形成能力を示す移植実験。(A)ホストの体幹に口丘組織を移植すると，口丘が伸長した二次軸が誘導される。(B)ホストの体幹に足盤を移植すると，足盤が伸長した二次軸が誘導される。(C)口丘と足盤の組織を同時に移植しても，二次軸は誘導されない，またはもしあったとしても弱い。(S. A. Newman. 1974. *J Embryol Exp Morphol* 31：541-555より)

(A) *Wnt3* mRNA発現

(B) βカテニンの誤発現

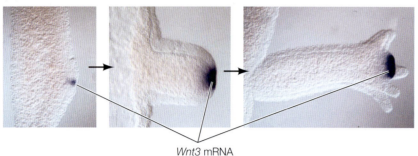
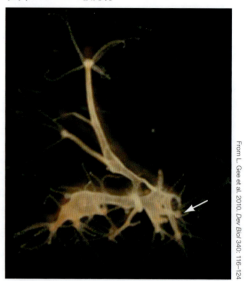

図24.17 出芽中のヒドラにおけるWnt/βカテニンシグナリング。(A)初期の芽体(左),中間段階の芽体(中央),早期の触手をもつ芽体(右)の口丘での*Wnt3* mRNAの発現(紫色)。(B)βカテニン(Wntの下流のエフェクター分子)を異所的に発現させたトランスジェニックヒドラでは,多数の異所性の芽体(芽体に芽体が形成されることもある;矢印)が形成される。

発展問題

ヒドラにおいて,中間部と先端部の切断の両方に際してWntが活性化されることが知られているが,中間部で切断した場合にアポトーシスが誘発される一方で,先端部での切断では誘発されない理由は何か?

手が形成され,体幹は新しく出芽した芽体の成長を促進する能力を示した。同様に,Wntの下流で作用するβカテニンを全身的に誤発現させたトランスジェニックヒドラでは,体軸全体にわたって異所性の芽体が形成され,さらに新たに形成された異所性の芽体の上にさえ,さらなる芽体が形成される(図24.17B;Gee et al. 2010)。

脊椎動物では,Wntの下流で中胚葉のオーガナイザー分子として*Brachyury*遺伝子の発現が誘導される。中胚葉をもたないヒドラでも,口丘を移植したホスト組織で*Brachyury*遺伝子の発現が誘導されることが示された(Broun et al. 1999;Broun and Bode 2002)。これらの結果から,Wntタンパク質(特にWnt3)がヒドラの正常な発生において頭部オーガナイザーとして機能することが強く示唆される。しかし,再生時にもこの機能が保たれるのだろうか?

ヒドラ再生における再編再生と付加再生 ヒドラの頭部を切断すると,新しく形成される頭部の先端部でWnt経路が活性化される。口丘の直下での切断の場合,切断面近くの上皮細胞でWnt3の発現が増加し,頭部形成に向けて残存した組織からの細胞の再構築が誘導される。このとき細胞増殖はみられないため,この現象は再編再生(細胞の分化転換による再生;24.1節参照)である。一方,ヒドラを中央付近で切断すると,間幹細胞由来の細胞(神経細胞,刺胞細胞,分泌細胞,配偶子)が切断部位の直下でアポトーシスを起こすが,細胞死する前にWnt3の急激な増加がみられる。これにより,下層の間幹細胞のβカテニンが活性化され,間幹細胞の増殖と上皮細胞の再構築が誘導される。このプロセスは付加再生(細胞の脱分化による再生)として観察される(Chera et al. 2009)。したがって,標準的Wntシグナルは,通常の出芽による生殖だけでなく,頭部再生においても重要な役割を果たしている。(オンラインの「FURTHER DEVELOPMENT 24.6:The Head Inhibition Gradients」参照)

扁形動物における幹細胞による再生

扁形動物に属するプラナリアは,自身を切断することで無性的に繁殖し,この過程では前側と後側の2つの断片に分かれる。それぞれの断片は,すべての細胞種を再び生成して再生する(Roberts-Galbraith and Newmark 2015参照)。最近になって,この全身再生に必要な細胞が,個々の体部位を修復・置換するのと同じ全能性幹細胞であることが示された。

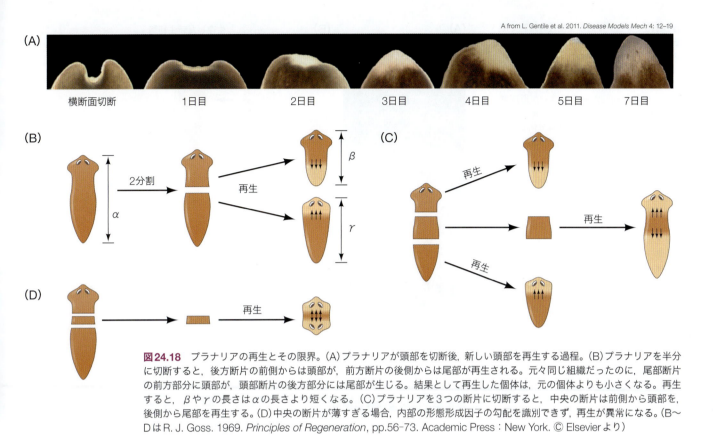

図24.18 プラナリアの再生とその限界。(A)プラナリアが頭部を切断後、新しい頭部を再生する過程。(B)プラナリアを半分に切断すると、後方断片の前側からは頭部が、前方断片の後側からは尾部が再生される。元々同じ組織だったのに、尾部断片の前方部分に頭部が、頭部断片の後方部分には尾部が生じる。結果として再生した個体は、元の個体よりも小さくなる。再生すると、βやγの長さはαの長さより短くなる。(C)プラナリアを3つの断片に切断すると、中央の断片は前側から頭部を、後側から尾部を再生する。(D)中央の断片が薄すぎる場合、内部の形態形成因子の勾配を識別できず、再生が異常になる。(B〜DはR. J. Goss. 1969. *Principles of Regeneration*, pp.56-73. Academic Press：New York. © Elsevier より)

　プラナリアの無性生殖を模倣し、プラナリアを半分に切断する実験は1700年代から行われている（Pallas 1766参照）。この実験では、頭部側の半分からは尾が、尾部側の半分からは頭が再生する（図24.18A, B）。この再生過程では、残存している断片の質量のみが再成に使用されるため、結果として得られる再生体は全体的に小さくなる（図24.18B参照）。プラナリアの再生能力は、残存した組織の再編再生による変化（細胞死と細胞種のリモデリング）と、幹細胞による細胞増殖との組み合わせによって実現されている（Pellettieri et al. 2010；Reddien 2018）。

　1905年、Thomas Hunt Morgan（トーマス・ハント・モーガン）とC. M. Child（C・M・チャイルド）は、再生中のプラナリアに極性が維持されていることが重要な原理であることに気づいた（Sunderland 2010参照）[4]。Morganは、プラナリアを3等分にし、頭と尾の両方が切断された中央の断片が、元々の前方だった側から頭を、元々の後方だった側から尾を再生することを指摘した。この反対が起こることはない（図24.18C）。さらに、中央の断片をきわめて薄くすると、再生する部分に異常が生じることが観察される（図24.18D）。Morgan（1905）とChild（1905）は、頭部領域に集中する前方化因子の勾配を仮定し、中央の断片はこれらの因子の濃度勾配によって、どちらの端に何を再生すべきかが誘導されるとした。しかし、断片が薄すぎる場合、断片内での濃度勾配が感知されず、正常な再生が妨げられる。

発展問題

プラナリア再生における勾配モデルが本当に十分であるかという疑問がある。最も単純な前後分割による切断が最も謎を残している。1回の切断により、切断面の前側の細胞は尾を形成し、後側の細胞は頭をつくることになる。これは、切断前に直接隣接していた細胞が、解剖学的にまったく異なる構造を形成することを意味する。したがって、この再生に必要な運命の変化がどのような仕組みで行われているのかを説明するためには、局所的な位置情報（どの細胞でもほぼ同じであったはず）だけでは不十分かもしれない。

---

[4] "ハエ研究室"の巨匠として知られるMorganは、1910年以前はプラナリアの再生研究で広く知られていた。実際、Morganがショウジョウバエに初めて言及したのは1900年のことで、当時彼が飼育していたプラナリアの餌として使用していたという（Mittman and Fausto-Sterling 1992参照）。

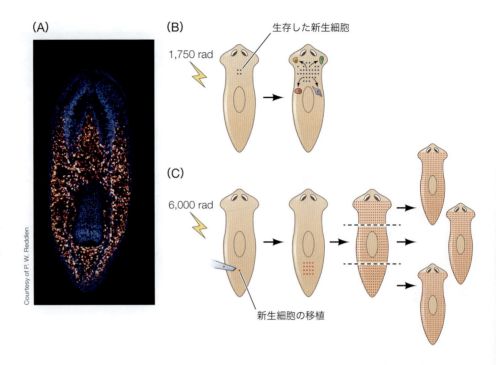

図 24.19 プラナリアの全能性幹細胞である新生細胞による再生中の細胞産生。(A) プラナリア(*Schmidtea mediterranea*)の新生細胞は，RNAプローブsoxP-2でラベル付けされている(赤色；核は青で染色)。これらの新生細胞からコロニーが形成され，クローン形成新生細胞(cNeoblast)からはプラナリアの再生に必要な分化細胞が生産される。新生細胞は眼より後側の全身に散在しており，咽頭には存在しない。(B) 1,750 radの放射線照射後，ほとんどすべての新生細胞が死滅するが，1個のcNeoblastが生き残れば，最終的には器官のすべての分化細胞を生産できる。(C) 6,000 radの放射線照射ですべての分裂細胞が死滅するが，別系統のドナー個体から移植された単一のcNeoblast(赤)によって，個体内のすべての細胞種を生産することができるだけでなく，再生能力も回復する。(B, CはE. Tanaka and P. W. Reddien. 2011. *Dev Cell* 21：172-185より)

再生芽と成体全能性幹細胞 プラナリアの再生した頭部や尾は，**クローン形成新生細胞**(clonogenic neoblast：cNeoblast)と呼ばれる全能性幹細胞の集団によって形成される。何十年もの間，プラナリアの切断面で古い細胞が**脱分化**し，比較的未分化な細胞からなる**再生芽**(regeneration blastema)が形成され，これが損傷部位の表面にある傍分泌因子によって新しい構造に組織されると考えられていた(Baguñà 2012 参照)。しかし，Wagner(ワグナー)らの2011年の一連の実験により，脱分化は実際には起こらないことが明らかにされた。再生芽は，体内の老化した細胞と入れ替わる全能性幹細胞であるcNeoblastsから形成される。これらの幹細胞は，切断された部位で活性化し，必要な新しい細胞を供給する(図24.19A；Newmark and Sánchez Alvarado 2000；Pellettieri and Sánchez Alvarado 2007；Adler and Sánchez Alvarado 2015；Zhu and Pearson 2016；Reddien 2018による総説)。

cNeoblastsは創傷部位に移動し，組織を再生することが可能である。Wagnerら(2011)は，プラナリアのほとんどすべての新生細胞(ネオブラスト；neoblast)を破壊する程度に放射線照射する実験を行い(分裂細胞は非分裂細胞に比べて放射線に対する感受性が高く，容易に死滅するため，癌治療にも応用される)，cNeoblastが1個だけ生き残った個体を確認した。この生き残った細胞は分裂を繰り返し，前駆細胞が形成される。その結果，すべての胚葉の細胞種を生成する過程が明らかになった。この単一細胞の反応から，cNeoblastが成体内で全能性をもつ幹細胞であり，プラナリアのすべての組織を再生する能力を有していることが証明された(図24.19B)。

cNeoblastsが再生に不可欠であると仮定すれば，これらを完全に除去することで再生を阻止できるはずである。研究者たちはプラナリアに放射線を照射し，すべての分裂細胞を破壊した結果，組織の置換が不可能となりプラナリアは死亡した。しかし，この放射線照射されたプラナリアに1個のcNeoblastを移植したところ，必ずしもすべての場合においてではないが，個体の全細胞を回復させることが可能であった。その個体は単に生き延びるだけでなく，自切を行ってさらに多くの個体に分裂し，それら新しい個体の全細胞は移植された1個の新生細胞と同じ遺伝子型を有していた(図24.19C)。これらの結果から，

プラナリアの再生において新しく生まれた細胞が成体全能性幹細胞から生じることが決定的に示されたのである（Wagner et al. 2011）。

新生細胞から，細胞系譜が限定された前駆細胞が生じ，この細胞がプラナリアの細胞のターンオーバーと再生に寄与する。新生細胞の多様性に関する解析から，咽頭，複数種の神経細胞，さらにはプラナリアの"寄り眼"の色素杯の細胞に至るまで，あらゆる組織を形成するためのそれぞれに細胞運命が特定化された新生細胞の亜集団が存在することが明らかになった。これら細胞運命が特定化された新生細胞は，再生しつつある組織の近くに限らず，ある程度離れた場所にも広がり，再生芽の形成に直接参加している。この事実は，(1)大きな損傷部を再生する際に，これらの特定化された新生細胞が再生芽に移動し正確な細胞種に分化する能力，および(2)特定化された新生細胞が損傷で失われた場合に，既存の新生細胞の集団から速やかに特定化するためのメカニズムが存在することを示唆している（Reddien 2021）。（新生細胞の特定化についての詳細は，オンラインの「FURTHER DEVELOPMENT 24.7：cNeoblast Specialization」参照）

頭尾軸の極性　正確に再生修復するために，損傷部位の細胞はどのように正しく特定化されるのだろうか？　この問いに対する答えはまだ出ていないが，成体のプラナリアでは，からだの細胞が恒常的にターンオーバーしており，それに伴い常に活性化されているシグナリング経路が存在する。この理解はプラナリアの再生において重要である。この経路は，系統間で保存される胚発生を制御することで知られるシグナル伝達分子を活用している（4.7節参照）。プラナリアでは，背腹パターン形成のためのBMP，前後軸に沿ったパターン形成のためのWntとFGF，正中線で発現する内外側パターン形成のためのSlitタンパク質などが利用される（Reddien 2021）。ここでは，プラナリアの再生応答に焦点を当て，繰り返し登場するWntシグナリングの役割を紹介する。

ヒドラでは，Wnt/βカテニンシグナリングが頂底軸に沿って細胞運命の違いを制御していたことを思い出してほしい。プラナリアにおいては，Wnt/βカテニンは再生時に前後の極性を確立し，尾の再生を促進する一方で頭部の再生を抑制する役割を担っている（Gurley et al. 2008；Petersen and Reddien 2008, 2011）。実際にWntは頭部では発現せず，機能的なタンパク質は尾から頭にかけて勾配を形成していると推定されている（図24.20）。したがって，Wntシグナリングが軸のパターーニングに果たす役割はヒドラとプラナリアでテーマ的には類似しているが，その効果には違いがあるということになる。

頭部再生の極性を制御する仕組みを理解するために，比較解析的なアプローチを採用している研究グループがいくつか存在する。*Procotyla fluviatilis* や *Dendrocoelum lacteum* では頭部を切断すると再生できないことから，研究者たちはこれを再生能力が高い種，例えばナミウズムシ（*Dugesia japonica*）のような種で不可欠な遺伝子を同定する絶好の機会と考えた。再生能力が高いプラナリアの前側の再生芽と再生能力が低いプラナリアの前側の再生芽をトランスクリプトームで比較した結果，再生能力が低い再生芽ではWnt/βカテニンシグナリングの活性化が特に亢進していることを示す特定の遺伝子の発現上昇が確認された（Sikes and Newmark 2013）。

再生能力が低いプラナリアでWnt/βカテニンシグナリングを抑制すると，完全に機能する頭部が再生されることが確認され，これによりWntシグナリングが再生時に頭部に対して抑制的に作用することが示された。プラナリアの再生中には，βカテニンが後側の再生芽でWntを介して活性化され，尾が形成される。脊椎動物の発生と同様に，前方の極性はWntシグナリングの抑制に依存し，これがβカテニンの蓄積を抑え，頭部の形成を可能にする。βカテニンをRNAiによってプラナリアの後方（尾を形成する）再生芽で抑制した場合，尾の再生芽から頭が形成される（図24.21；Liu et al. 2013；Sikes and Newmark 2013；Umesono et al. 2013）。さらに，組織のターンオーバーが正常に行われているプラ

発展問題

損傷すると，まったく別の領域の細胞が失われるため，新たにつくる必要が生じる。これらの細胞はどこから来るのか？　つまり，ある領域で組織を形成する予定だった前駆細胞が，どのようにして損傷に反応し，運命を変えて遠く離れた場所でまったく異なる種類の細胞を生み出すのか？

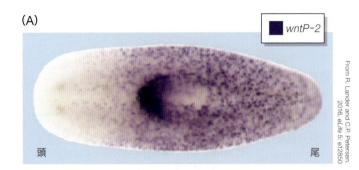

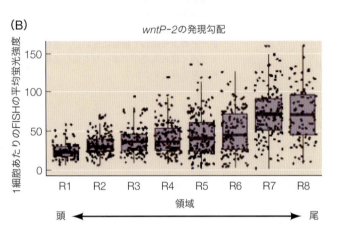

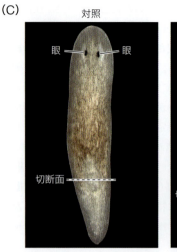
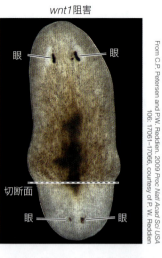

図24.20 プラナリアの再生において，Wntは尾部の細胞運命を決定し，頭部の細胞運命を抑制する。(A，B)通常，Wnt転写産物は前後軸方向に後方から勾配を形成して発現する。写真はWntP-2の *in situ* ハイブリダイゼーションを示している(A)。グラフは，蛍光 *in situ* ハイブリダイゼーション(FISH)により定量化した結果を示している(B)。Wnt経路を抑制するために*wnt1* mRNAに対するRNA干渉を用いると，後側の再生芽から頭部が再生され，両端に頭部をもつプラナリアが形成される(C)。(BはR. Lander and C. P. Petersen. 2016. *eLife* 5：e12850/CC BY 4.0より)

図24.21 *Dendrocoelum lacteum* の頭部再生能の回復。(上段)このプラナリア種は再生能がなく，切断された頭部を再生することができない。(下段)βカテニン遺伝子をRNA干渉によってノックダウンすると，*D. lacteum* は21日間で頭部を再生できるようになる。

ナリアでβカテニンをRNAiによって完全に抑制すると，その個体では周囲部全体に通常と同じサイズの眼をもつ頭が複数形成される(Gurley et al. 2008；Iglesias et al. 2008；Petersen and Reddien 2008)。

さらなる発展

頭部を切ったとたんにNotumが発動して「went off」と言わんばかりにWntを抑制する　Wnt/βカテニンがプラナリアの再生時に極性を確立する役割を担い、特に頭部ではWntの抑制が必要であることが明らかになっている（図24.20参照）。この条件下で、前方の細胞がWntシグナルからどのように保護されているのかは重要な問いである。

プラナリアでは、Wntの阻害因子であるNotum（図4.27参照）が、尾部のWntの発現とは対照的に、頭部の頂点に特異的に発現しており、前側の再生芽で発現が上昇する（図24.22A）。再生能力が低下しているプラナリアでは、Notumの発現も低下することが確認されている（Lui et al. 2013）。さらに、再生芽のトランスクリプトーム解析により、前後の再生芽で異なる発現を示していた4,401の遺伝子のなかで、前側の再生芽でのみ発現していたのはNotumのみであった（Wurtzel et al. 2015）。

Notumの発現をノックダウンすると、Wntが過剰に活性化し、前側の再生芽で尾部が形成される現象が観察される（Petersen and Reddien 2011）。これらの結果は、Notumが前方での発現により後方で産生されるWntと拮抗し、頭部形成を誘導する役割をもつことを強く示唆している。また、頭部と尾部の特定化だけでなく、器官のサイズ調節もWntとNotumのシグナルのバランスによって調節されている可能性が提唱されている（Hill and Petersen 2015）。さらに、Erkシグナルの前方から後方への勾配が、頭部を形成するために誘導する因子として機能しているようである。WntシグナリングがErkを抑制することで頭部再生の抑制が実現され、この条件下でのみ、NotumによるWntの抑制が行われている前方の領域でErkは頭部再生を誘導する（図24.22B；Umesono et al. 2013）。

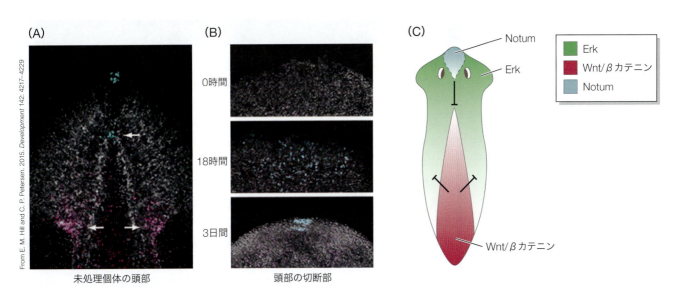

図24.22　プラナリアの頭部（A）と前方の再生芽（B）におけるwnt11-6（マゼンタ）とnotum（青）の発現。Chatは神経系細胞の遺伝子マーカーであり（A、灰色）、ヘキスト染色によりすべての核を標識している（B、灰色）。(C)前後極性に関して提唱されているモデル。Wntは尾部形成を促進するために、前方で発現している頭部誘導因子Erkを抑制し、Wntの発現は最も前方の頭部領域におけるNotumによって抑制される。（CはP. W. Reddien. 2018. Cell 175: 327-345. © Elsevierより）

形態的記憶地図がPCG筋を鍛える　本章でこれまで検討した内容を要約すると，失われた部分を復元するためには2つの可能性が存在する。1つ目は，新しい細胞の集団を形成し，失われた部分を復元して元のサイズの個体をつくる方法である。もう1つは，残存する細胞に新たなアイデンティティを割り当てなおし，それぞれの解剖学的な領域が占める"細胞の割り当てられる領域"を縮小させて，より小さな再生個体つくり出す方法である。プラナリアは，どうやら両方のアプローチを使用しているようである。

これまでみてきたとおり，プラナリアは特徴的な再生芽を形成し，創傷部位で新しい細胞の産生を促進する。しかしプラナリアはまた，残存する組織の変化と細胞アイデンティティの変更を通じて，正確なプロポーションを保ちながらより小さな再生体をつくり出す。これには，**全軸にわたって細胞のアイデンティティを全体的に再パターン化する必要**がある。どのようにしてこのようなことが可能なのだろうか？　この再構築に必要な位置情報を細胞に与える形態的な地図が存在するのだろうか？

これらの問いは，今後も研究者たちの挑戦となるだろう。最近の研究結果から，プラナリアには細胞運命を決定する地図が実際に存在し，それが細胞の位置に対して細胞運命を与える胚発生時のパターニングに関連する遺伝子の発現に影響していることが示唆されている。これらの**位置情報制御遺伝子**（positional control gene：PCG）はシグナリングリガンド，受容体，経路調節因子，転写因子をコードし，プラナリアの生涯を通じて発現している（**図24.23A**；Scimone et al. 2016；Reddien 2018）。驚くべきことに，プラナリアのすべての軸に関連したこれら遺伝子の発現は，プラナリアの表皮下にある筋繊維の組織に関連して，理論的な座標で表されている（**図24.23B～E**；Witchley et al. 2013；Scimone et al. 2017）。これらの筋繊維は，環状，斜方向，縦方向の3つの異なる層で構成され，それぞれはからだの内側に順に位置している（図24.23D参照）。重要なことは，異なる層の筋繊維が失われると，再生にそれぞれ異なった欠損が引き起こされることである。例えば，*myoD*をノックダウンすると，縦方向の筋繊維の数が減少し，再生能力も低下する。一方，*nkx1-1*の欠損は環状の筋繊維の数を減少させ，前方の切断後に正中線が分岐し，頭部が2つになることがある（Scimone et al. 2017）。

さらなる発展

損傷がどのような変化をもたらすのかを考える　プラナリアにおいて筋肉を介したPCGの発現パターンが位置情報の"形態的記憶地図"を表しているとすると，この地図は欠損部分の再生に際して細胞運命をどのように変更するのか，また再生芽の極性がどのように正しく確立されるのかという問いが生じる。標準的Wntシグナルが関与する拮抗的な前方から後方への勾配が，頭部と尾部の確立に重要な役割を果たしていることが明らかになっている。Wntシグナルは頭部形成を抑制し，再生過程で尾部の形成を促進する。一方，通常は頭部に発現するNotumはWntの発現を抑制し，再生において頭部の形成を可能にする（Birkholz et al. 2018；Reddien 2018；Rink 2018）。切断された尾部断片の切断面に形成される前方の再生芽では，これら2つの拮抗する勾配が再確立される。Notumは最も前方で発現し，Wntの発現はより後方で最も高くなる（図24.20E参照）。

実際，損傷によって"一般的に"誘導される遺伝子は約200種類存在するが，*notum*と*wnt1*はそれぞれ前方と後方の相反する位置で誘導されることが観察されており，PCGのパターンがリセットされ，正常な再生が促進されると示唆されている（Wenemoser et al. 2012；Wurtzel et al. 2015）。損傷後の数時間以内に*wnt1*の発現が損傷部で誘導され，その一部の細胞では位置情報制御遺伝子である*wntP-2*が発現上昇

第24章 再生 | 831

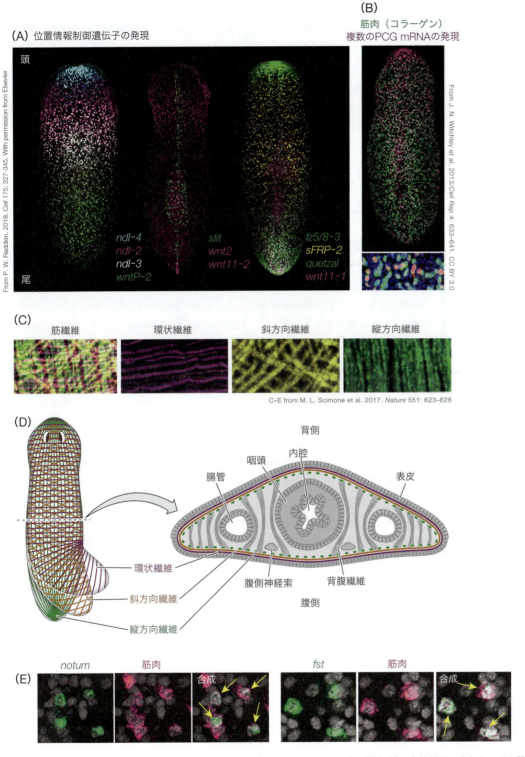

図 24.23 プラナリアにおける位置情報制御遺伝子（PCG）の発現は、筋繊維の空間的配向に応じて分布する。(A) 成体プラナリアのPCGに対する蛍光 in situ ハイブリダイゼーションの例示。(B) PCGは主に分化した筋肉で発現され、特定の領域（下部は拡大図）でPCG（マゼンタと赤）と筋肉（緑）がほぼ完全に（98%）共局在している。核（青）も下部パネルに可視化されている。(C) プラナリア体壁筋を構成する3種類の筋繊維（環状、斜方向、縦方向）。各筋繊維の含有タンパク質の免疫染色により、筋繊維の向きの違いが明確になる（左パネルは3つすべてを合成したもの）。(D) プラナリアの横断面における3種類の筋繊維の重なり。各筋繊維の核が、より表層の繊維層から内側へと配されていることが確認できる。(E) notum や fst などのPCGは、体壁筋繊維の核内で発現していることが観察される（矢印は合成パネルにおける二重標識された核を示す）。

832 | PART VI 後胚発生

発展問題

損傷によって*wnt*や*notum*が誘導されるのはどのようなメカニズムに基づいているのか？つまり，実際の損傷"シグナル"の正体とは何か？

し，より後方の新生細胞の特定化を促進する機能を果たす（Petersen and Reddien 2009）。それに対し，*notum*（これも創傷後数時間以内に誘導される）は前方の損傷部位（すなわち尾部断片の切断面）でのみ有意に発現が上昇し，Wntリガンドを直接阻害する。これにより前方の新生細胞の特殊化を促進する（Petersen and Reddien 2011；Wurtzel et al. 2015）。

全体的なモデルとしては，損傷後に相反する2つの勾配が誘導されることで，体壁筋の細胞におけるPCG発現が再び割り当てられる（図24.24）。このPCG発現の変化が，その下にある新生細胞の特定化プログラムを誘導し，再生芽における細胞増殖を増加させる。これにより，プラナリア全身における再編と再生が引き起こされ，プロポーションを維持しながらも小さなプラナリアが形成される。

さらなる発展

形態的記憶地図に替わるもの：「それは生体電位である」　細胞のアイデンティティを制御するうえで，位置情報制御遺伝子とそれらの調節ネットワークが果たす役割を考慮することは重要である。さらに，細胞の生理的状態が再生に及ぼす影響についても検討する価値がある。個体内を伝わる細胞の内在的な電気的特性の違いは，生体電位パターンとして知られる位置情報のもう1つの地図の基本であることが提唱されている（McLaughlin and Levin 2018）。

生体電位シグナリング（bioelectric signaling）とは，細胞膜電位（電荷やイオン濃度の違い）の変化に基づく細胞間のコミュニケーションのことを指し，細胞の電気的状態の変化が細胞の挙動に影響を与えることが知られている。これは再生にも影響を与えているのだろうか？　組織が損傷すると，細胞と細胞の接合部や細胞膜自体が深刻な損害を受け，イオンの移動が無秩序に氾濫する。細胞内外の荷電イオンの分布が変化すると，細胞膜電位（V_{mem}；細胞内外の電位差）が変化し，V_{mem}の増加または減少（過分極または脱分極）が損傷部位で発生する。

細胞間の生体電位の特性の違いによって，組織や個体全体にパターンが形成される。プラナリアでは，最も脱分極した細胞（頭部）から最も過分極した細胞（尾部）へのV_{mem}勾配が存在する（図24.25A）。イオンチャネルやギャップ結合の薬理学的または分子学的操作により，広範囲に脱分極を誘導すると，頭部と尾部を切断したからだの中央の胴体段片から2つの頭部が再生される。反対に，広範囲に過分極を誘導すると，頭部は形成されない（図24.25B,C；Beane et al. 2011）。

膜電位の違いが全組織の再構築にどのように影響するかは重要な問いである。位置情報制御遺伝子の発現が新生細胞の活性化と特定化にどのように影響するのか，また前後軸の再生を制御する主要なプレーヤーであるWnt/βカテニンシグナリングについて学んだ。Wnt/βカテニンシグナリングが欠損すると，プラナリアの中央の胴体断片に双頭が形成されるが，同様に，Wnt/βカテニンシグナルが欠損した中央の胴体断片に過分極化薬剤を処理することで正常な再生が回復する（図24.26；Beane et al. 2011）。したがって，生体電位の状態がプラナリアの既知のPCGを介して機能している可能性がある。これは，形態形成の地図がきわめて動的であり，生理的効果を形態に影響する遺伝的プログラムへと変換する能力があることを意味している（"生理的エピジェネティクス"；Levin et al. 2017, 2018）。

再生における生体電位シグナリングの機構的な役割を示すさらなる証拠は，異なる脱分極状態にさらされたツメガエル胚，アホロートルの再生組織，分化途中のヒトの

発展問題

プラナリアの胴体断片を脱分極させると双頭が再生することにふれたが，その2つの頭部をもつ個体を再び切断しても，生体電位に修飾がない状態であれば，胴体部は再び2つの頭部を再生する。つまり，この個体は永久に双頭をもつのである。この切断を何度繰り返しても同じ結果が得られる。プラナリアにとって2つに自切して再生することは正常な繁殖パターンであり，この双頭の形態は，その個体が目指すべき形態への遺伝的変化とみなすことができる。これは生体電位の短期的な変化が，目標形態の永久的な書き換えにつながることを示唆している。このようなパターン形成の代替的なエピジェネティックメカニズムがどのようにして世代から世代へと伝達されるのかは重要な問いである。

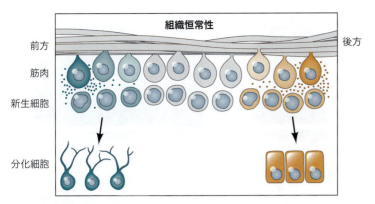
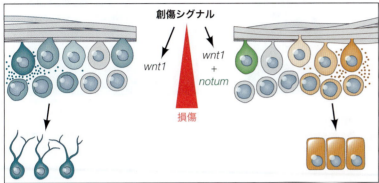
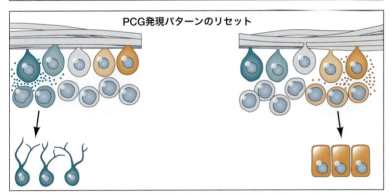
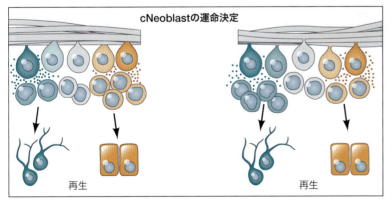

図24.24 プラナリア再生モデルの全体像。傷害によって誘発される創傷シグナルが，切断面における *notum* と *wnt1* の前方から後方への再発現を誘導する。この新たな形態形成因子の発現パターンは，cNeoblastの特定化およびその後の分化に寄与するPCG発現プログラムを強化する。（P. W. Reddien. 2018. *Cell* 175：327-345. © Elsevier より）

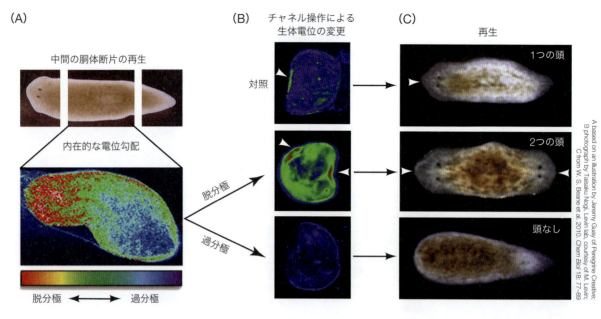

図 24.25 プラナリア再生における生体電位の制御。(A)切断された中央の胴体断片では，ただちに前後軸に沿って膜電位差の勾配が形成される。(B)イオン輸送の薬理学的または分子的操作により脱分極または過分極が確立され，その状態は DiBAC（生体電位染色指示薬）を用いて観察可能である。(C)脱分極により後部に異所性頭部が形成されるが，過分極の場合は頭部が形成されない。

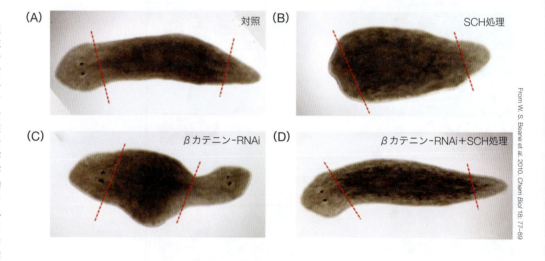

図 24.26 生体電位と Wnt/βカテニンシグナリングの相互作用。破線は元の個体の切断位置を示している。(A)対照群では，中央の胴体断片の前後両方の組織が再生する。(B) SCH-28080（SCH）は，プラナリアの電位勾配に影響することで知られるプロトン/カリウム交換体（H,K-ATPase）の阻害剤であり，SCH 処理により過分極が引き起こされることで頭部が形成されなくなる。(C)対照的に，βカテニンのノックダウンにより2つの頭部が形成される。(D) SCH-28080 処理によりこの効果が逆転し，後方における異所性頭部の再生を阻害し，正常な再生が行われる。

間充織系細胞のトランスクリプトームの比較解析から得られている。その結果，脱分極状態に関連する保存された転写ネットワークが明らかになった（Pai et al. 2015）。生体電位の状態を調節することで，変態後のカエルの四肢の再生能力さえも回復させることが可能である（オンラインの「FURTHER DEVELOPMENT 24.12」参照；Tseng and Levin 2013）。さらに，ヒトの骨形成細胞と脂肪細胞を脱分極させると，部分的に間充織系幹細胞にリプログラミングされ，その一部は骨形成細胞と脂肪細胞の双方を再形成することができた（Sundelacruz et al. 2013）。発生における生体電位学の分野はまだ未成熟であるが，再生医療への応用には"魅力的な可能性（exciting potential）"がある。

24.6 組織に限定された動物の再生

　全身を再生する脊椎動物は知られていないが，特定の組織を再生する驚異的な能力をもつ種は存在する。切断された四肢を再生するサンショウウオは長年にわたって研究の対象とされてきた。最近では，ゼブラフィッシュ（*Danio rerio*）の臓器全体を再生する能力も多くの研究の焦点となっている。

サンショウウオ：付加再生による四肢再生

　成体サンショウウオの四肢が切断されると，残された四肢の組織ではすべての分化した細胞が正しい順序で配置されて，新しい四肢を再構築する。腕は失った部分だけを再生し，余分なものは付加されない。例えば，手首の位置で切断された場合は新たに手首を再生するが，肘の部分は再生しない。これは，サンショウウオの腕が遠近軸に沿ってどの部分が切られ，どの部分を再生すべきかを"知っている"ことを意味する（図24.27）。

　サンショウウオにおける四肢再生は，切断された四肢の最も遠位端に形成される再生芽（blastema）によって行われる（図24.28）。この再生芽はプラナリアにみられるものと同様に，比較的未分化な細胞の集団である。サンショウウオの四肢再生の進行は以下のように記述される（図24.29；Hass and Whited 2017）：

1. 血液と免疫細胞が切断された領域に流れ込み，血栓が速やかに形成される。
2. 創傷により幹細胞/前駆細胞の増殖が活性化される。
3. 切断面に沿った表皮細胞が創傷を覆うように移動し，**傷表皮**（wound epidermis）が形成される。
4. 細胞の増殖と移動により，傷表皮から肥厚した**頂端表皮キャップ**（apical epidermal cap：AEC）が形成される。
5. AECからその下に集まる前駆細胞集団へのシグナリングにより，再生芽の発達が促進される。
6. 再生芽細胞の増殖と分化により，四肢の再生が進む。

　最近の両生類の再生に関する研究は，プラナリアでみられる幹細胞による修復と，サンショウウオでみられる脱分化応答との間にあるとされていた違いについての従来の考えを見直すきっかけとなった。この考えは，これら2つの再生システムには違いよりも共通点が多いという新たな知見によって修正されつつある（Nacu and Tanaka 2011）。

脱分化と幹細胞の活性化　歴史的にサンショウウオの四肢の再生芽は，創傷部位の組織が脱分化し，その後増殖して新しい四肢の組織へと再分化することによって付加再生する代表例として用いられてきた（Brockes and Kumar 2002；Gardiner et al. 2002；Simon and Tanaka 2013参照）。切断部位の直下にある骨，真皮，軟骨は再生芽形成に参加し，近くの筋肉の衛星細胞も参加する（Morrison et al. 2006）。アホロートル（第23章で述べたメキシコサンショウウオ）を用いた研究からは，再生時には全身の幹細胞が活性化され，再生芽の形成と維持に少なくとも部分的に寄

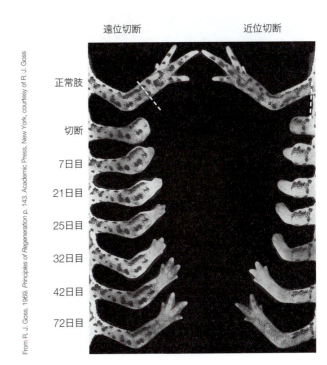

図24.27　サンショウウオの前肢再生。肘以下での切断による遠位再生（左）と，上腕骨での切断による近位再生を示す。どちらの場合も，正確な位置情報が再設定され，72日以内に正常な肢が再生される。

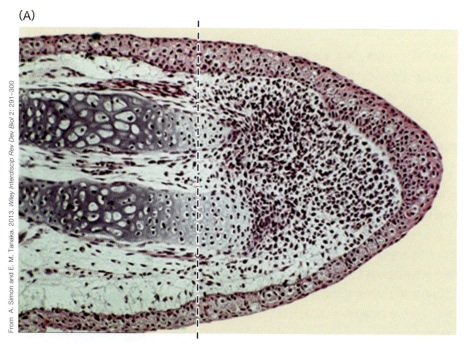
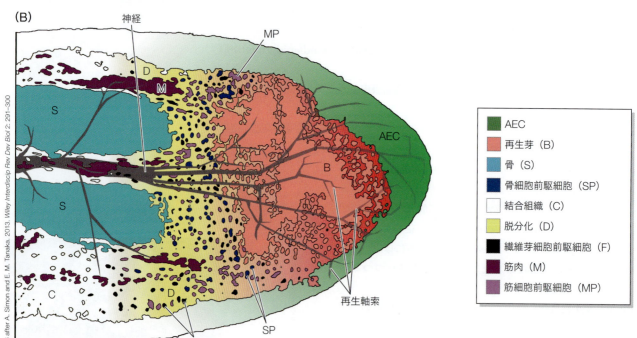

図24.28 四肢再生芽の解剖学的構造。(A)切断後（破線）に再生したイモリの肢の縦断面。ヘマトキシリン-エオジン染色したもの。(B)切断した肢の細胞および組織成分の模式図。頂端表皮キャップ（AEC）と呼ばれる外側の肥厚した上皮が創傷部を覆い、切断部近位には筋肉(M)、骨格(S)、神経、結合組織（C；白色領域）といった既存の分化組織が存在する。創傷が覆われると、残存組織の遠位端の細胞は脱分化（D；黄色領域）し、各組織の細胞種ごとに特定化された分化能をもつ限定的な前駆細胞（MP：筋細胞前駆細胞、SP：骨細胞前駆細胞、F：繊維芽細胞前駆細胞、再生中の神経軸索）を生産する。再生中の神経軸索は灰色で、近位から遠位にかけてグラデーションで示す。これらの前駆細胞により、AEC直下で増殖細胞の細胞集塊を形成し、再生芽（B；赤い領域）を構成する。

発展問題

局所的な創傷がどのようにして幹細胞の増殖を全身でグローバルに活性化させ、そして局所的な再生芽が形成されるのか？

与している可能性が明らかになっている（Payzin-Dogru and Whited 2018）。この幹細胞の増殖活性化は局所的な損傷に対する全身的な反応であり、反対側の四肢、心臓、肝臓、脊髄すべてで増殖の増加が確認された（Johnson et al. 2018）。

制限された運命　サンショウウオの四肢を切断すると、血栓が形成される。6〜12時間以内に切断面の表皮細胞が移動し、創傷部位の表面を覆って傷表皮を形成する。哺乳類の創傷治癒とは異なり、サンショウウオでは瘢痕が形成されず、真皮は表皮と共に移動しないため切断部位を覆うことはない。四肢を支配する神経は切断面付近で少し退縮する（Chernoff and Stocum 1995参照）。

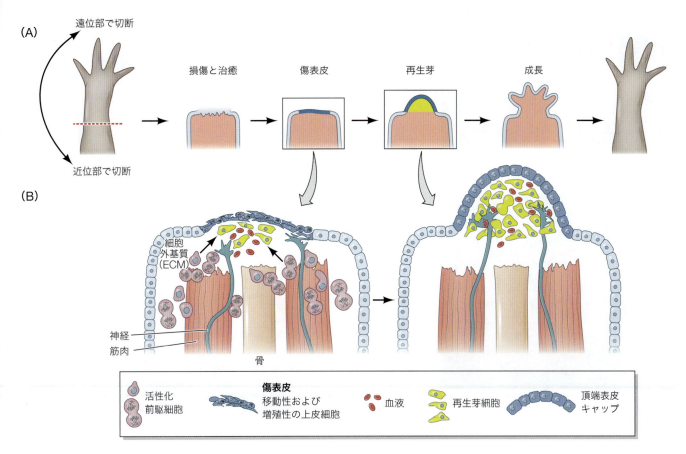

図24.29 サンショウウオの四肢再生のステージ表。（AはJ. L. Whited and C. J. Tabin. 2009. *J Biol* 8：5. doi：10.1186/jbiol105より；BはB. J. Haas and J. L. Whited. 2017. *Trends Genet* 33：553-565より）

　次の4日間で，創傷部の皮下組織の細胞外基質はプロテアーゼによって分解され，この分解によって単一細胞ごとに遊離し，それらの細胞はその後，脱分化という劇的な変化を経る。脱分化によって，骨細胞，軟骨細胞，繊維芽細胞，筋細胞などはそれぞれの分化細胞としての特性を失い，分化した組織で発現する遺伝子（筋細胞で発現される*mrf4*や*myf5*遺伝子など）の発現が低下し，胚発生時の四肢にみられる増殖性の進行帯の間充織系細胞に関連した遺伝子の発現が急激に増加する（Simon et al. 1995）。

　結合組織の細胞は再生芽の大部分を占め，これらの細胞は軟骨，腱，骨，繊維芽細胞の再生に寄与する（図24.30A）。さらに重要な点として，アホロートルの再生芽細胞において，これらの結合組織の細胞が胚発生における肢芽と類似した遺伝子発現をすることが挙げられる（Gerber et al. 2018）。このように結合組織の細胞をリプログラムする能力が，アホロートルが四肢を再生できる一方で，変態後には再生能力がないカエルとの間にある重要な違いであるとされている（図24.30B；Lin et al. 2021）。

　切断された四肢では，脱分化したさまざまな細胞の集団と活性化した幹細胞が組み合わさり，創傷部の皮下を移動して，頂端表皮キャップ（AEC）の下部に位置する再生芽の細胞を形成する。この細胞集団は増殖を続け，最終的には再び細胞が分化して四肢の新しい構造を形成する（Butler 1935）。AECは，正常な四肢の発生過程における外胚葉性頂堤（apical ectodermal ridge：AER）に類似した働きをすると考えられている（21.3節参照；Han et al. 2001）。

　再生芽の細胞が，かつて何の細胞だったかを"記憶"しているかどうかは重要な問題であ

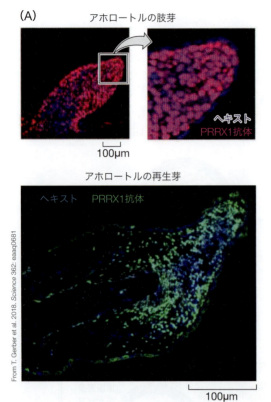
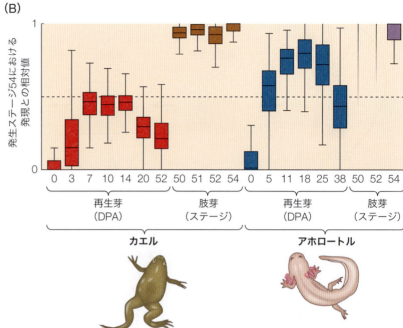

図 24.30 アホロートルでは，結合組織の細胞が再生芽に侵入し，胚発生時の肢芽様の特徴を示すが，再生能力を失った変態後のカエルではこの現象はみられない。(A)結合組織のマーカーであるPRRX1による免疫標識によって，アホロートルの肢芽(上)および再生芽(下)において，結合組織の細胞が広範囲に浸潤していることが確認されている。(B)カエルとアホロートルの肢芽または再生芽の，各段階での結合組織細胞のアイデンティティを規定する転写プロファイル。データは，カエルまたはアホロートルの肢芽遺伝子発現プロファイルを胚(ステージ54)との相対比で示している。(BはT. Y. Lin et al. 2021. *Dev Cell* 56: 1541-1551 より)

る。新しい筋肉が，脱分化した古い筋肉細胞から生じるのか，あるいは再生芽の任意の細胞が筋肉細胞になり得るのかという問いである。Kragl(カーグル)らによる研究では(2009年)，再生芽細胞は均質でも完全に脱分化した細胞でもないことが明らかにされた。アホロートルの再生する四肢では，筋肉細胞は古い筋肉細胞からのみ，真皮細胞は古い真皮細胞からのみ生じ，軟骨は古い軟骨または古い真皮細胞からのみ生じる(図24.31)。これは，再生芽が多分化能性をもった前駆細胞の集まりではなく，むしろ細胞はその特性を維持しており，部分的に脱分化したさまざまな細胞種の分化能が**限定された**(決定された)前駆細胞が混ざり合った集団であることを示している。

神経と頂端表皮キャップ(AEC) 再生芽の成長には，神経とAECの両方が必要である。切断後に背側と腹側の皮膚をすぐに傷口に引き寄せて縫合し，AECが形成されないようにすると，すべての再生は停止する──再生芽は形成されず，成長も起こらない[5]。

AECは，正常な四肢の発生における外胚葉性頂堤(AER)と同様に，Fgf8を分泌して再生芽の成長を促進する。ただし，AECの作用は**神経が存在する場合にのみ**有効である(Mullen et al. 1996)。感覚神経と運動神経の両方の軸索が再生芽に伸長し，感覚神経の軸索はAECと直接接触し，運動神経の軸索は再生芽の間充織に終末する(図24.27B参照)。Singer(シンガー)らの研究では，再生が起こるためには，感覚または運動神経のい

---

[5] 興味深いことに，小児の指の先端近くが切断された場合，無菌状態を保ちながら開いた状態にしておくと，指が再生することがある。これは医師が実施する手法と同様である(オンラインの「FURTHER DEVELOPMENT 24.10: Young at Heart」参照)。傷の表皮が再生に必要なAECを形成する時間を与えることは，ヒトであれサンショウウオであれ重要である。

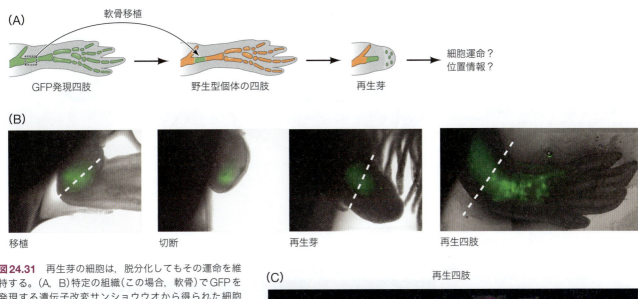

図 24.31 再生芽の細胞は，脱分化してもその運命を維持する．(A, B) 特定の組織 (この場合，軟骨) でGFPを発現する遺伝子改変サンショウウオから得られた細胞を，野生型のサンショウウオの肢に移植した．その後，GFPを発現する四肢領域 (Bの点線) で肢を切断すると，軟骨細胞前駆細胞であったGFPを発現する細胞を含む再生芽が形成される．GFPが再生した軟骨組織内にのみ存在するか，または他の組織にも広がっているかを調べた．(C) 切断後30日での再生した肢の縦断面．筋肉細胞は赤で，核は青で染色され，GFPを発現する細胞の大部分 (緑) は再生した軟骨内でのみ見つかり，筋肉内ではGFPはみられなかった．

ずれかの神経繊維が最低数必要であることが示されている (Todd 1823；Singer 1946, 1952, 1954；Singer and Craven 1948；Sidman and Singer 1960)．これらの神経繊維は再生芽の細胞増殖と成長にも必要である (図 24.32；Farkas et al. 2016；Farkas and Monaghan 2017)．神経を先に切断してから四肢を切断すると，再生は起こらない．正常な上腕の表皮に傷をつけ，神経を傷口に迂回させると，異所性の再生芽様の構造が形成されるが，完全な再生肢にはならない[6]．完全な異所性の再生肢を形成させるためには，神経を傷口の場所に迂回させるだけでなく，四肢の反対側からの表皮 (例えば，後方から前方の位置へ) を傷口の近くに移植する必要がある (図 24.33A〜D；Endo et al. 2004)．

これらの結果を総合すると，正常な四肢再生において，再生する神経がAECに重要なシグナルを伝達していることが示唆される．しかし，これらの結果はまた，異所性の再生肢の成長には神経からのシグナルだけでは十分ではなく，傷口自体の位置情報と異なる表皮からの位置情報も必要であることを示唆している (Yin and Poss 2008；McCusker and Gardiner 2011, 2014 参照)．神経とAECからの再生促進シグナルは何であろうか？（この問いに答えを見つけるためには，次の「さらなる発展」をみてみよう）

発展問題

発生学者であり哲学者でもあるHans Driesch (ハンス・ドリーシュ) は，イモリのレンズの再生を解決不可能な問題であると考えていた．この場合，背側の虹彩の細胞が脱分化し，増殖してレンズ細胞になる．なぜイモリは眼球全体ではなく，虹彩の再生能力を進化させたのか？

---

[6] これらの実験では神経依存性が示されているが，これは発生過程で形成された依存性かもしれない．Singerらの研究 (1970年) では，発生中に除神経された後でも，神経がない状態で四肢の再生実験を行うと，再生が起こることが示された．つまり，もともと神経が存在しなかった場合，再生に神経は必須ではないということである．この現象は神経依存 (nerve addiction) として知られているが，そのメカニズムはまだ完全には解明されていない．

840 | PART VI 後胚発生

図24.32 アホロートルの四肢再生には神経が必要であり，Neuregulinがあれば十分である。(A)四肢の除神経の実験手順。(B)切断後14日目（DPA）において，対照の再生芽（左）は高度に神経支配されており（神経マーカーである β-tubulin III で標識；赤），増殖中の細胞（BrdU；緑）が密集している。除神経（右）により，増殖細胞はほぼ消失する。(C) Neuregulin-1（Nrg1；青）でコーティングされたビーズを除神経した切断肢に移植すると，指の形成の段階まで四肢が再生される。対照では，リン酸緩衝液（PBS）を浸したビーズを使用している。(A，B は J. E. Farkas and J. R. Monaghan. 2017. *Neurogenesis (Austin)* 4：e1302216, https://www.tandfonline.com より)

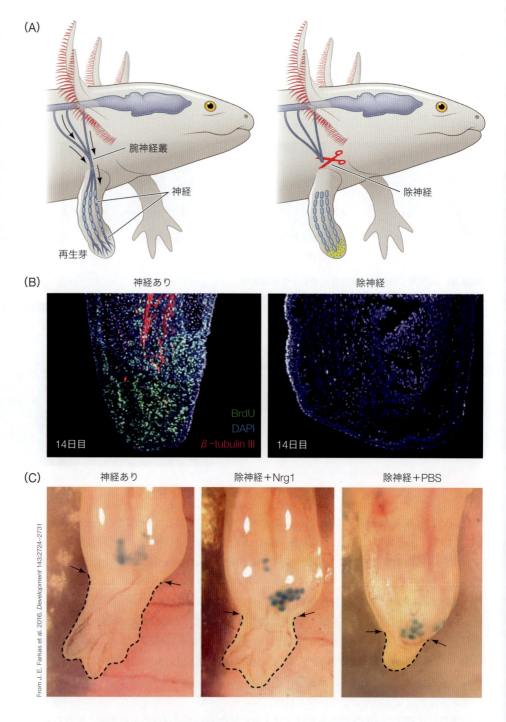

さらなる発展

四肢発生の再現　サンショウウオの四肢が遠近軸に沿って再生される過程は，四肢発生時と同様の規則に基づいていると考えられることを学んだ。実際，四肢発生において提唱されたレチノイン酸とFGFの相反する勾配（21.3節参照）は，この軸に沿って四肢構造が再生されるという最初の仮説であった（Crawford and Stocum 1988）。再生された四肢のサイズとパターンは，切断部位が近位から遠位に位置する点に依存し，切断部位より遠位の組織のみが生成され，適切なパターンで置き換えられる。レチノイン酸とFGF以外に，どの因子がこのパターン形成を制御しているのであろう

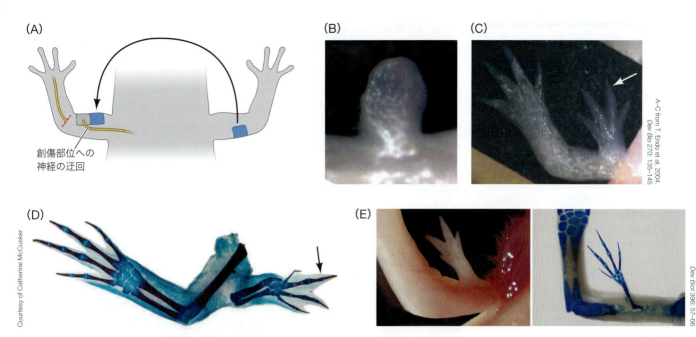

図24.33 サンショウウオにおける過剰肢の形成誘導。(A)四肢表皮の創傷部位(灰色の四角)に神経を迂回させ,反対側の肢の後側の表皮(青い四角)を創傷部位の隣に移植する実験。(B, C)この実験により,四肢の再生芽が誘導され(B),完全な四肢へと再生する(C;矢印)ことが示された。(D)再生された過剰肢(矢印)は,軟骨要素をアルシアンブルーで染色し,正しいパターニングが確認される。(E) BMP2(またはBMP7)とFgf2/8でコーティングしたビーズを四肢の創傷部位に処理することで,過剰肢が誘導される。

か？

　Wnt, BMP, Hedgehog, Notchといったさまざまなシグナル分子が関与している(Satoh et al. 2015；Singh et al. 2015による総説)。しかし,このストーリーはまだ明確でなく,これらの分子を適用すると奇妙なパターンが生じることもある。例えば,サンショウウオの再生中の四肢にレチノイン酸処理を行うと,切断位置にかかわらず,上腕から遠位のすべての構造をもつ四肢を再生するように再生芽がリプログラミングされる(Maden 1983；Niazi et al. 1985；McCusker et al. 2014)。再生誘導における神経の役割に関連したシグナルの研究から,新旧の役者が明らかになっている。除神経した四肢が切断されても再生しないことは注目に値するが,除神経してもNeuregulin-1でコーティングしたビーズを移植することにより,再生を回復させることができる(図24.32C参照)。また,サンショウウオの四肢の傷口にBMPタンパク質またはBMPとFGFの組み合わせでコーティングしたビーズを移植すると,付属肢が形成される(図24.33E参照；Makanae et al. 2014)。(オンラインの「FURTHER DEVELOPMENT 24.8：Newt Anterior Gradient Protein」参照)

イモリの眼：分化転換のための"透明"な議論

　脊椎動物の眼のレンズは,光を網膜に正確に集束させるための硬化した結晶質マトリックスからなる見事な構造である。本節の始めのほうの「発展問題」では,イモリのレンズが再生可能であるのに対して,眼球全体は再生できない理由について問いかけた。イモリのレンズの再生能力は2世紀以上にわたって"観察"されてきたが,最近になってようやくこの現象のメカニズムについて"注目"されるようになり,詳細な研究が進められている(Vergara et al. 2018)。

発展問題

誰もが抱いている疑問をぶつけてみよう：私たちはこれらの発生学的な再生の原理を応用して、人間の切断された手足を再生することがいつかできるようになるのか？　私たちの答えは……まあ、「ノー」とは言わない。再生できない動物の手足を再生させるというのはSF世界の話のように思うかもしれないが、Michael Levin（マイケル・レヴィン）の研究室では最近、これを現実にするための大きな（再生された）一歩を踏み出した。Murugan（ムルガン）らは2022年、本来再生できないカエルの切断された肢に薬品の混合物をウェアラブルなハイドロゲル（"BioDome"と呼ばれる）によって処理し、内因性のWnt, TGF-β, Hedgehog, Notch経路を適切な順序で活性化し、変態後のカエルで切断された脚を再生させることに成功した。この研究については、四肢の発生に関する第21章でより詳細に述べている。

切断されたカエルの脚に装着されたBioDome。

レンズの周囲には、表面に角膜、裏側に神経網膜、虹彩などの重要な組織が存在する。虹彩は基底層の間質細胞と頂端層の色素上皮細胞（pigmented epithelial cell：PEC）で構成されており、イモリのレンズ再生の起源となる細胞は背側虹彩のPECに限られる（図24.34；Eguchi, 1963, 1964；Yamada and McDevitt 1974；Yasuda 2004による総説；Vergara et al. 2018）。具体的には、虹彩の背側色素上皮細胞が脱分化し（色素を失い）、細胞周期に再び入ることでレンズを産生する細胞へと分化転換する。腹側の虹彩細胞も一時的に細胞周期に入るが、その効果は限定的でレンズの再生には寄与しない。この増殖中の背側上皮は眼房内に伸長し、水晶体嚢を形成し、その水晶体嚢は非対称な形態形成を経て水晶体繊維細胞に分化し、最終的に完全な結晶構造をつくり上げる（図24.34参照）。このように、イモリの眼の再生は、網膜が頭部の外胚葉と接する胚発生の経路をたどらない（4.5節参照）。

驚くべきことに、レンズの再生は加齢や繰り返しの損傷（水晶体摘出術）に影響されないことが示されており、背側虹彩がレンズを再生する能力に加えて、加齢に対する抵抗力をもっているというユニークな能力についても示唆されている（Eguchi et al. 2011；Sousounis et al. 2015）。マクロファージがイモリの四肢再生中に老化細胞を除去する役割を果たしていることは知られているが、眼球再生中にマクロファージが活性化することは確認されているものの、レンズ再生中にマクロファージが加齢に対しても抵抗する役割を果たすかどうかはまだ明らかではない（Yun et al. 2015；Reyer 1990；Eguchi 1963；Karasaki 1964）。

背側虹彩のPECだけがレンズを再生できる現象は、分化転換過程の特定の遺伝的プログラムを同定する絶好の機会である。研究者たちはイモリのレンズ再生中におけるさまざまな組織間のトランスクリプトームプロファイルを比較し、再生を行う背側虹彩細胞に胚発生にかかわる特徴的な遺伝子発現（Hox遺伝子, *tbx5*, *pax6*, *prox-1*など）が認められたことを明らかにしている（Del Rio-Tsonis et al 1995；Mizuno et al. 1999；Madhavan et al. 2006；Sousounis et al, 2013；Sousounis et al. 2014）。さらに興味深いことに、虹彩の背側と腹側の細胞が反発性のガイダンスシステムを発現していることが発見された。具体的には、背側PECはエフリンB2とUN5Bを、腹側PECはそれぞれ結合するパートナーであるEphBとネトリンを発現している。Fgf, BMP, Hedgehogなどの傍分泌経路もまた、背側PECに特異的な再生を促進するためのシグナリングに関与している（Vergara et al. 2018による総説）。これらのシグナリングシステムがどのように協調してPECからレンズへの分化転換を相乗的に調節するかについては、さらに詳細な研究が必要であるが、イモリのレンズが再生研究において"見通し"を改善するための有力なモデルであることは誰の"目にも明らか"である。

ゼブラフィッシュの器官から再生メカニズムを誘い出す

これまで、ヒドラの再編再生、プラナリアの多能性幹細胞の活用、サンショウウオの再生芽による付加再生など、多様な再生メカニズムについて議論してきた。次にゼブラフィッシュの器官再生を検討することで、これらの再生過程の理解をさらに深めたい。

ゼブラフィッシュは、その再生能力、遺伝学的な利点、解析技術の進歩により、器官再生の研究に広く用いられている。特に、ヒレ、心臓、中枢神経系、眼、肝臓、膵臓、腎臓、骨、内耳側線系の感覚毛細胞の再生に関する分子メカニズムの研究が注目されている（Shi et al. 2015；Zhong et al. 2016による総説）。ここでは、ゼブラフィッシュのヒレと心臓の再生から得られた知見に焦点を当てる。

ヒレにおけるWnt　ゼブラフィッシュの尾ビレは背腹軸に沿って扇状に広がっており、その中には16〜18本の骨質の節構造をした鰭条がある。各鰭条は鰭条間組織によって隔て

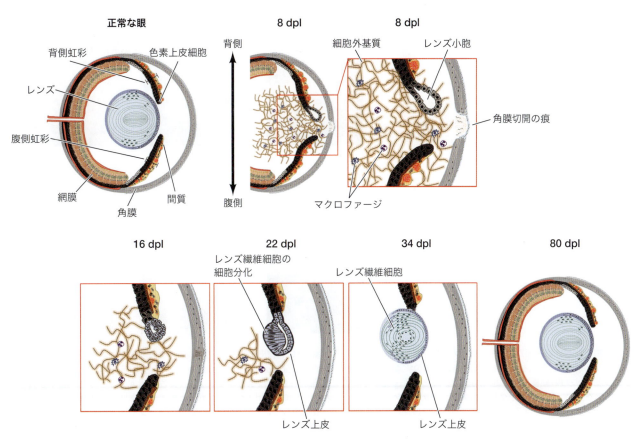

図 24.34 イモリの眼からレンズを摘出後80日間（80 days post-lentectomy：80 dpl）にわたるレンズ再生過程を眼球の断面図で示している。8日目から34日目では，再生領域（8日目は赤枠で示す）の拡大図が示されている。背側虹彩の色素上皮細胞だけがレンズ繊維細胞へと分化転換し，腹側虹彩は再生への寄与がない。（Katia Del Rio-Tsonisより）

られている。鰭条は主に硬骨で構成されているが，血管，繊維芽細胞，神経細胞，色素細胞といった多様な細胞種も含まれている。サンショウウオの四肢と同様に，ゼブラフィッシュの鰭条も切断されると，まずは傷口を表皮細胞で覆い，頂端表皮上皮キャップ（AEC）を形成し，ほとんどの組織が脱分化，増殖，遠位側への移動を経て再生芽を形成する（Knopf et al. 2011；Stewart and Stankunas 2012）。また，骨に分化可能な細胞が存在しない場合でも，いまだ同定されていないが，実際には幹細胞や前駆細胞が存在しており，それらの細胞から骨芽細胞が生み出される可能性がある（Singh et al. 2012）。

再生中のヒレは，4つの部分に分けられる：（1）非増殖性の繊維芽細胞で構成される**遠位の再生芽**，（2）主に分化転換した間充織の**増殖性が特徴で，近位に位置する再生芽**，（3）成長過程において残存組織や新しく形成された組織に分化細胞を提供する**分化段階にある近位の再生芽**，（4）側方に位置し，再生を通じて複雑なシグナリングセンターとして機能する**表皮層**（図 24.35）。

ヒレの再生は遠位方向への成長という単純な現象にみえるが，その分子メカニズムは非常に複雑であり，胚発生中に重要な役割を果たすすべての主要なシグナリング経路が関与している。特に，Wnt/βカテニンシグナリング経路は，ヒレの再生の初期段階で重要な1つ目の"ドミノ"として機能するようである（Wehner and Weidinger 2015 による総説）。Wnt/βカテニン経路は，遠位の再生芽および，骨芽細胞とアクチノトリキア（ヒレのコラーゲン繊維の構造体；図 24.35 参照）の前駆体を構成する近位の増殖性の再生芽の最も側方の領域で活性化される。Wnt/βカテニンシグナリングを欠損させたり増強させたり

発展問題

2016年に公開された映画『デッドプール（Deadpool）』では，Wade Wilson（ウェイド・ウィルソン）が切断された手を再生する場面があり，最初は"赤ちゃんのような"小さな手が形成され，その後大きく成長する様子が描かれている。メキシコサンショウウオも，最初に非常に小さいがよくパターン化された腕や手を再生し，その後，からだの大きさに見合ったサイズにまで成長する。2018年の『デッドプール2（Deadpool 2）』では，Wadeの再生能力はサンショウウオとヒドラのどちらに近いように描かれていると思いますか？（ちなみにキャプテンアメリカの宿敵という意味ではありませんよ）

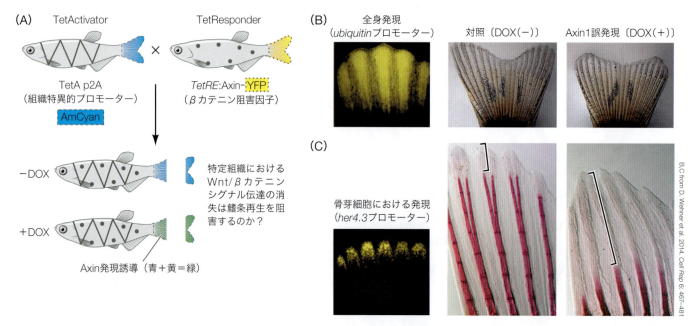

図24.35 ヒレ再生におけるWnt/βカテニンシグナリングの時空間的要件の検証。(A) Tet/Onシステムを用いた遺伝子発現誘導の実験方法。一方のトランスジェニック魚（縞模様）は，組織特異的プロモーター（*ubiquitin*または*her4.3*）を用い，テトラサイクリンおよびシアン蛍光タンパク質の発現を駆動する。他方のトランスジェニック魚（点の模様）は，*tet*プロモーターによってAxin1-YFPの発現が駆動され，ドキシサイクリン（DOX）の添加により機能的な転写が行われる。これら2種の遺伝子組換え魚を交配することで，空間的（組織特異的プロモーター使用）および時間的（DOX添加）にAxin1の発現を制御可能な二重トランスジェニック個体（点と縞模様）を作出する。(B, C) Axin1の強制発現による再生の乱れ。左の写真は，*ubiquitin*（B）または*her4.3*（C）プロモーターによりAxin1が強制発現される様子を示している（黄色の示すパターン）。右の写真は，Axin1の強制発現の有無（+DOXまたは-DOX）による切断後12日目の尾ビレを示している。(B) *ubiquitin*プロモーターによるAxin1の全体的な強制発現がWnt/βカテニンを抑制し，ヒレの再生速度の低下を引き起こす。(C) *her4.3*プロモーターによるAxin1の骨芽細胞前駆細胞への限定的強制発現が，再生される鰭条の骨化を著しく阻害する（赤，括弧内）。(AはD. Wehner et al. 2014. *Cell Rep* 6: 467-481 より）

> **発展問題**
>
> ヒレ（または四肢）の切断により，頂端表皮キャップ（AEC）が形成される。AECの細胞が再生のためのオーガナイザーとして機能する可能性はあるだろうか？ AECが再生に不可欠であるという事実に基づき，どのような実験を論理的に設計するかが問われている。この問いに対して直接的に答えるための実験デザインのヒントに，あまり取り上げてこなかった新たなモデルとして，再生能力があるオタマジャクシと再生能力がない変態後のカエルを比較する実験を挙げておく。

すると，再生芽の増殖と再生速度がそれぞれ低下または増加する（Kawakami et al. 2006；Stoick-Cooper et al. 2007；Huang et al. 2009；Wehner et al. 2014）。Weidinger（ワイディンガー）の研究室では，βカテニンの抑制因子であるAxin1をヒレの再生芽細胞全体または側方の前駆細胞で過剰発現させると，鰭条の著しい減少と骨化の欠如が観察された（図24.35C参照；Wehner et al. 2014）。しかし，Wnt/βカテニンは，Hedgehogタンパク質，Fgf8，レチノイン酸，インスリン様増殖因子など他の増殖調節因子の調節を通じて間接的に機能しているようである。（オンラインの「WATCH DEVELOPMENT 24.2：Dr. Neil Chi and Zebrafish Heart Regeneration」参照）

24.7 哺乳類における再生

哺乳類はサンショウウオやゼブラフィッシュのような再生能力をもたないが，特定の構造の再生が可能である。ここでは，肝臓の代償性再生，新生仔マウスの心臓再生，そしてトゲネズミの広範囲な皮膚を再生する能力（皮膚再生能力）について紹介する。

哺乳類の肝臓における代償性再生

ギリシャ神話において，タイタンのプロメテウスは人類に火を与えたことで，オリンポスの神々から罰を受け，岩につながれた。毎日鷲が彼の肝臓を食い破るが，その肝臓は毎晩再生され，鷲には継続的に食料が供給されることになり，プロメテウスには永遠の苦痛が課された。現代では，肝臓再生の基本的な研究方法として部分的肝切除が用いられる。

この方法では，肝臓の特定の葉が（プロメテウスの拷問とは異なり麻酔を施したうえで）除去される。他の肝葉はそのまま残され，摘出された肝葉そのものは再生されないものの，残された肝葉が肥大し，失われた部分を補う（Higgins and Anderson 1931）。再生された肝臓の大きさは，摘出された部分の大きさに等しい。

このような代償性再生は，損傷した臓器の構造と機能を回復するために，分化した細胞の分裂に依存している（この代償性再生の過程は，ゼブラフィッシュの心臓を修復するメカニズムの1つとして，オンラインの「FURTHER DEVELOPMENT 24.13：The "Heart" of the Matter：Epimorphosis, Compensation, and Transdifferentiation」で紹介されている）。しかし，哺乳類の肝臓が注目される理由は，損傷後も個体全体の適切な恒常性維持に必要となる体重に対する肝臓が占める割合を維持するように再生メカニズムが調節される唯一の器官であるからである。実際に，体重が減少しようが妊娠中であろうが損傷を受けようが，肝臓は適切な恒常性を維持するためにそのサイズを調節する。この調節機能は"ヘパトスタット（hepatostat）"と呼ばれている（Michalopoulos 2017）。損傷した肝臓の健康的な部分を成長させることで，医学的に大きな功績となるため，肝臓再生は非常に活発な研究分野となっている（Huang et al 2022）。

ヒトの肝臓は，残存する組織が増殖して肥大することで再生する。再生する肝細胞は，細胞周期に再突入する際には完全に脱分化しないし，再生芽も形成されない。むしろ，哺乳類の肝臓は，再生のための二重の防衛線を張っている。第1の防衛線は，通常分裂しない成熟した成体肝細胞で構成される。これら成熟細胞は，通常は分裂しないが，細胞周期に再突入し，欠損部分の全体的なサイズを補うまで増殖することができる。第2の防衛線は肝前駆細胞の集団であり，通常は休止状態にあるが，重大な損傷や，肝細胞の老化，アルコール乱用，疾患などにより再生が不能となる場合に活性化する。（オンラインの「FURTHER DEVELOPMENT 24.9：Oval Cells and Liver Regeneration」参照）

正常な肝再生においては，肝細胞，管細胞（胆管細胞），脂肪摂取（伊東）細胞，内皮細胞，肝マクロファージ（クッパー細胞）の5種類の細胞がすべて分裂し自己増殖する。これらの細胞は再生過程であっても，細胞のアイデンティティ，すなわち"表現型の忠実性（phenotypic fidelity）"を保持しながらグルコースの調節，毒素の分解，胆汁の合成，アルブミンの産生，その他肝機能に必要な肝特異的酵素の合成能力を維持する。一方で，代償性再生とは，除かれた肝葉を作りなおすのではなく，**からだに必要な機能を満たすために残存する葉を肥大させるだけ**であることを明確にしておく必要がある（Gilgenkrantz and de l' Hortet 2018；Michalopoulos and Bhushan 2021）。

肝細胞の増殖と再生を開始する経路は重複しているようである（図24.36；Riehle et al. 2011）。グローバルな遺伝子プロファイリングの結果，肝細胞の分化機能に関与する遺伝子は抑制されるが完全には抑制されず，一方で体細胞分裂へ移行する遺伝子は活性化されることが示されている（White et al. 2005）。肝臓の摘出や損傷は，血流によって複数の方法で感知される。具体的には，血管数の減少により，血液が狭くなった門脈を通るようになり，残っている肝臓を通る血管の内皮細胞に対する剪断力が増大する。この増大した圧力と，上皮増殖因子（epidermal growth factor：EGF）やインスリンなどの血液由来のシグナルが，肝臓の再生プロセスを活性化すると考えられている。例えば，剪断力に応答して内皮細胞からWntリガンド（Wnt2およびWnt9b）が分泌され，隣接する肝細胞内でβカテニンシグナリングが活性化され，結果として細胞周期が進行する。

第2の例は，2匹のラットの循環系を外科的に接合させたパラバイオーシス実験から得られたもので，血流シグナリングが肝再生に重要であることを示している。片方のラットの肝組織を部分的に切除すると，もう片方のラットの肝臓が拡大する（Moolten and Bucher 1967）。この現象から，血液中の何らかの因子（複数の因子の可能性もある）が肝臓

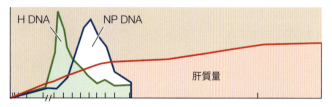

(A) DNA合成

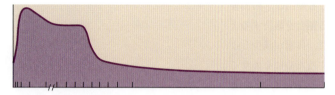

(B) 成長調節遺伝子

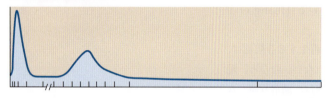

(C) 細胞周期調節遺伝子

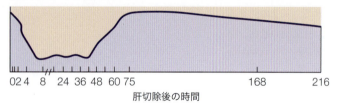

(D) 成長期後の遺伝子発現

図24.36 遺伝子発現の変化は，肝部分切除後の肝質量の増加と相関する。(A)肝細胞(H DNA)およびその後の非実質細胞(NP DNA)の両方で，初期のDNA合成ピークが観察される。このDNA合成のバーストは，成長調節遺伝子(B)と細胞周期調節遺伝子(C)の発現上昇に対応しており，肝質量(Aの赤の部分)が正常体積に達すると，これらの遺伝子の発現は減少する。(D)成長期後も全体的な遺伝子発現は高いままであり，これは再生肝組織の機能性を反映している。(R. Taub. 2004. *Nat Rev Mol Cell Biol* 5：836-847を参考に，R. Taub. 2003. *In Hepatology*：*A Textbook of Liver Disease*, 4th ed., D. Z. Zakim & W. B. Boyer [Eds.], Saunders：Philadelphiaに基づく)

発展問題

ある肝細胞種が完全に失われた場合，肝臓はどのようにして再生するのか？ 疾患や慢性的な肝障害により管細胞が損なわれたり，何らかの形で肝細胞が破壊された場合でも，肝臓は再生能力をもつのだろうか？

のサイズを決定していると推測される。Huang（ホワン）ら（2006年）によれば，これらの因子は肝臓から分泌される胆汁酸であり，胆汁酸は肝細胞の成長を促進するように調節されているとされる。肝部分切除により胆汁酸が血中に放出され，これが肝細胞でFxr転写因子を活性化し，細胞分裂を促進する。一方，機能的なFxrタンパク質が欠損しているマウスでは，肝再生が行えない。したがって，胆汁酸（肝臓によって分泌される産物のなかで比較的少ない割合を占める）は，肝臓の大きさを調節し，細胞の数を一定に保つ役割をもつと考えられる。

肝再生が成功するかどうかは，肝細胞の細胞周期が早期に活性化されるかどうかに依存している。肝細胞は肝臓の大部分を占め，他の肝細胞種の再生を活性化するシグナルカスケードの源として機能する。例えば，肝細胞は形質転換増殖因子α(transforming growth factor-α：TGFα)，繊維芽細胞増殖因子1および2 (fibroblast growth factor-1，-2：FGF1，FGF2)，血管内皮増殖因子(vascular endothelial growth factor：VEGF)を分泌し，これらの因子が他の肝臓の細胞種の増殖を促進する(Michalopoulos and Bhushan 2021参照)。

肝細胞の顕著で広範囲にわたる増殖を促進する初期のメカニズムの1つは，細胞外基質(ECM)のリモデリングを行うメタロプロテアーゼの活性を即座に上昇させることである。このリモデリングによりペプチドが切断され，それがECM内に留まり活性化されていない**肝細胞増殖因子**(hepatocyte growth factor：HGF)の活性化を引き起こす(Mars et al. 1996；Kim et al. 1997)。HGFは，肝細胞の増殖の主要な調節因子の1つであり，哺乳類の肝再生に不可欠である(Rudolph et al. 1999；Nejak-Bowen et al. 2013；Huang et al. 2022)。

肝臓は適切なサイズに達すると成長が停止する。この現象の正確なメカニズムはまだ明らかではないが，いくつかの重要な因子が特定されている。まず，肝細胞再生プロセスを終了させるためには，ECMの再構築（とHGFが休眠状態に戻ること）が重要である。この回復には，肝細胞の分化を調節するタンパク質であるインテグリン結合キナーゼ(integrin-linked kinase：IlK)が必要であるとされる(Gkretsi et al. 2007, 2008)。さらに，*IlK*遺伝子を欠損したマウスでは，再生した肝臓が損傷していない肝臓よりも1.5倍の大きさになることが報告されている(Apte et al. 2009)。βカテニンシグナリングに拮抗する*WNT5a*の機能が失われると，肝再生の期間が延びる。これらの結果から，再生を終了させるための精緻な調整システムが存在することが示唆されており，それぞれのメカニズムがどのように機能しているかの詳細な解明はすぐには"止まる"ことはないだろう。

トゲネズミ：瘢痕と再生の転換点

ケニアでの生態学的フィールドワーク中に，Ashley Seifert（アシュリー・サイファート）博士は"皮膚から飛び出す"ネズミについて耳にした。カイロトゲマウス（*Acomys cahirinus*）は，おそらくは肉食動物から逃れるために自らの表皮と真皮の大部分を脱皮できる進化を遂げた（図24.37A）。この能力は，有害な瘢痕を残さずに皮膚を再生できる利点ももたらしている（Seifert et al. 2012；Seifert and Muneoka 2018）。この再生能力を確認するため，Seifertらはマウスの外耳（耳介）に4 mmの穴を開ける実験を行った（この技術は実験マウスをタグ付けするためにしばしば使われる）。カイロトゲマウスはこの穴を瘢痕化することなく，適切に耳の表皮や真皮組織を再生できることが確認された（図24.37B〜E）。一方，再生能力のない種，例えばモデルマウスであるハツカネズミ（*Mus musculus*）や，高い"治癒"能力が認められているMurphy Roths Large（MRL/MpJ）マウスでも，穴は繊維性の瘢痕で部分的にしか治癒しなかった（Gawriluk et al. 2016）。

24.2節では，再生と胚発生における主な違いの1つとして，再生においては免疫系が積極的に関与していることが述べられている（図24.4参照）。特にマクロファージは，繊維性の瘢痕形成と再生の双方で，炎症応答と修復応答を局所的に中介する役割が認識されてい

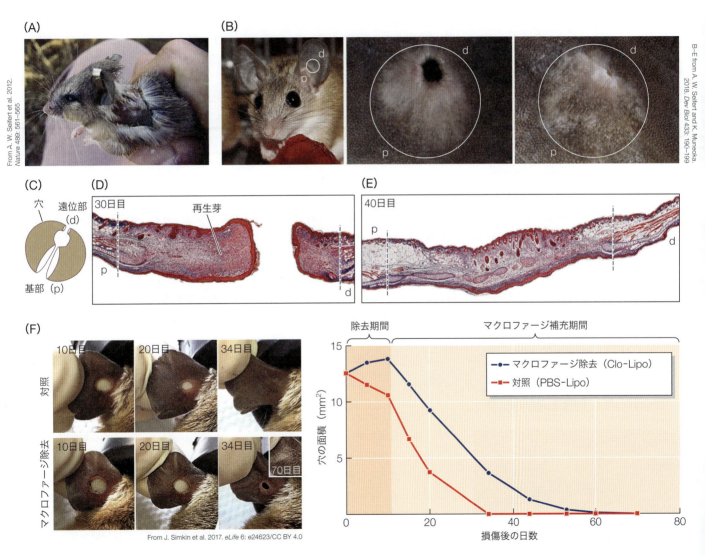

図24.37 トゲネズミは瘢痕化する代わりに再生する。(A)トゲネズミの皮膚は非常に脆弱であり，時には筋肉まで裂けることがある（この失われた皮膚は再生する）。(B) 4 mmの耳の穴あけパンチは，哺乳類の複雑な組織再生を観察するためのモデルである。中央と右の画像は，それぞれ損傷後30日と40日の耳孔を示している。(C〜E)再生は，最も顕著な再生芽が形成される耳介の穴の近位半分に沿って優先的に起こる（30日目，パネルD）。破線は損傷の境界を示している。再生は40日後に完了し(E)，すべての組織型が存在する。(F)クロドロン酸リポソーム(Clo-Lipo)注射によるマクロファージの減少は，この減少が止まる34日目まで耳孔の再生（左の写真）を抑制する。時間の経過とともにマクロファージが回復すると，再生能力も回復する（右）。p：近位部，d：遠位部，PBS-Lipo：リン酸緩衝生理食塩水の対照。

る。サンショウウオの四肢やゼブラフィッシュのヒレにおける再生芽形成や再生の成功にマクロファージが不可欠であることが報告されており（Godwin et al. 2013；Petrie et al. 2014），またトゲマウスにおいてはマクロファージの欠損が耳介の穴の再生不能を引き起こすことが示されている（図24.37F）。しかし興味深いことに，Simkin（シムキン）らによる研究では，耳の穴の再生過程において，マクロファージが再生芽の境界には存在するものの，再生芽内には存在しないことが発見されている（Simkin et al. 2017）。これらのマクロファージは，どのようにして再生過程に影響を与えているのであろうか？

考慮すべき重要な点は，すべてのマクロファージが同一ではないという事実である。マクロファージは"表現型"を変える能力をもち，通常は炎症性マクロファージと抗炎症性マクロファージ（それぞれM1, M2マクロファージと呼ばれる）の間で表現型が変わる。これらの異なるタイプのマクロファージは，瘢痕形成を促進するためにコラーゲン形成を促進するような因子や，繊維化を抑制するためにコラーゲンや他の細胞外基質成分を分解するマトリックスメタロプロテアーゼを発現誘導する因子を発現・分泌する。

有力な仮説の1つとして，再生能力をもつ脊椎動物においては，マクロファージが初期段階で関与することが再生芽形成を可能にし，再生を促進する環境を育むというものがある。一方で，ヒトのように再生能力が限られた脊椎動物では，初期のマクロファージの反応が炎症と瘢痕形成を誘導する可能性が考えられる。したがって，マクロファージの役割や細胞外基質の構成を理解することが，再生医療分野における現在の再生研究と治療法開発の焦点になっていることは驚くに値しない（Londono and Badylak 2015；Costa et al. 2017）。

研究の次のステップ

ヒドラ，プラナリア，サンショウウオ，魚類が哺乳類よりも再生能力に優れている理由は何か？　なぜ瘢痕を形成する種が存在する一方で，再生が可能な種もいるのか？　複雑な構造の再生を誘導するためには何が必要か？　そして，それはすべての生物に適用可能か？　本章では，トランスクリプトームを利用して再生に不可欠な遺伝子を特定した複数の研究を紹介している。このようなアプローチにより，再生に応答するエンハンサー，電流，新生細胞のリプログラミング能，結合組織の細胞などの重要な役割を担う要素が明らかになりつつある。モデル生物および非モデル生物を通じて再生を可能にする要因を特定し続けることで，何が可能かという深い理解が進み，再生の進化的な利点と欠点がより明確になるだろう。再生研究の次のステップとは，他の種のユニークな再生能力を活用して哺乳類での再生を誘導することに他ならないかもしれない。

章冒頭の写真を振り返る

Courtesy of Junji Morokuma and Michael Levin

本章を読めば，対象の生物が4つの頭をもつプラナリアであることがわかるだろう。この写真は，Levin博士の研究室によりプラナリアの生体電位が再生過程で操作された結果，体幹から4つの頭が生じたものである。位置情報に関するエピジェネティックおよび遺伝的な地図の存在は，個々の生物の細胞や組織がどのように損傷を解釈し，再生する構造や組織に適切なスケーリングを指示するのかを理解しようとする，再生発生学の分野で最も興奮を呼ぶチャレンジングな概念であり探求である。

24 再生：発生過程における再構築

1. 再生には4つの様式がある。幹細胞を介した再生はプラナリアに特徴的で，死んだ細胞を置き換えるために常時新しい細胞が産生される。付加再生はサンショウウオの四肢やゼブラフィッシュのヒレの再生にみられ，組織が再生芽を形成し，これが分裂し再分化して新たな構造を形成する。再編再生はヒドラに特徴的で，既存の組織が再パターン化されるが成長はほとんどない。代償性再生は哺乳類の肝臓にみられ，細胞は分裂するが分化した状態を維持する。

2. すべての再生能力が共通祖先に由来するのか，それとも多くの生物が再生の収斂進化を通じて再生能力を獲得したのかについては，まだ明確ではない。

3. 植物は分化した細胞の分化転換あるいは新たな分裂組織の形成を通じて，全能性をもった再生を行うための直接的および間接的な両方の経路を辿ることができる。

4. ヒドラには，足部にWntシグナルを促進するシグナリングがあり，頭部にはWntシグナルを阻害する拮抗的なシグナリングが存在する。これにより頭部の活性化勾配と足部の活性化勾配が形成される。

5. プラナリアは再生時に再生芽と呼ばれる組織を形成し，これは多能性をもつクローン形成新生細胞によって生成される。位置情報制御遺伝子である *Wnt* の勾配がこれらの細胞の前後方向への分化を導

き，この分化パターンは頭部で発現するWntの抑制因子であるNotumによって制御される。

6. 両生類の再生する四肢の再生芽では，細胞はそれぞれの特性を保持しており，軟骨は残存軟骨から，神経細胞は残存神経細胞から，筋肉は残存筋肉細胞または筋肉幹細胞から生じる。

7. Neuregulin-1のような分裂促進因子は投射神経から提供され，神経が存在しない場合でも四肢の再生を誘導する能力がある。サンショウウオの四肢再生では，発生中の四肢と同様のパターン形成システムが利用されるようである。

8. ゼブラフィッシュのヒレの遠位末端の再生は，特定の機能や形態を失った脱分化細胞によって行われ，その後，再生芽の増殖が活発に行われる。一方，ゼブラフィッシュの心臓組織も，初期には付加再生の様式で進行し，その後増殖と分化転換の代償性再生の段階に移行する。

9. 哺乳類の肝臓では再生芽は形成されない。肝臓は失われたものと同じ体積を再生し，各細胞種がそれぞれの細胞種を生成すると考えられる。これらの組織が欠損部分を再生できない場合，予備集団である多分化能性前駆細胞が分裂する。

10. カイロトゲマウスに関する研究から，繊維性瘢痕形成を防ぐ再生環境を促進するマクロファージの重要性が明らかになった。

● オンラインのコンテンツは **https://www.medsi.co.jp** よりアクセスしてください。

Part VII より広い文脈における発生

25 発生の環境的および共生的な調節

本章で伝えたいこと

- 受精卵中の物質のみで生物の表現型が決定されるわけではない。むしろゲノム情報は，環境からの刺激に反応して生息環境に適応するための発生学的システムの構築に寄与する(25.1節)。
- 食物や捕食者の存在などの生物学的条件は，発生に影響を与えてより適応的な表現型を生み出すもととなる。温度などの非生物学的条件も，(いくつかの種では)性決定などの通常の発生に重要な役割を果たすことがある(25.1節)。
- 共生生物(通常は細菌や菌類)からの化学的なシグナルは，発生において重要な要因である。共生生物は水平伝播(感染)，もしくは垂直伝播(母から直接)によって個体に定着し，宿主(host)とその恒久的な共生者(symbiont)を生物の複合体としてとらえた用語を，全共生体(holobiont；ホロビオントもしくは共生体総体)と呼ぶ(25.2節)。
- 共生菌類は植物の根の機能を高め，植物と菌類は"合体"して協調的なネットワークを構築する。哺乳類においては腸内細菌群(microbiome)は誕生時に獲得され，腸，毛細血管網，そして免疫系の発生にとって重要である(25.2節)。
- 生物の生活環は，共生生物を含む他の生物の一生および非生物学的環境と高度に一体化されている。気候変動を含む環境の変化は，特に生活環が特定の環境条件に依存している生物にとっては危険なことがある(25.3節)。

Photo courtesy of Margaret McFall-Ngai

あの窓から漏れ出る光はなんだ？
—ロミオとジュリエット

　生物を形づくるすべての情報が，生殖細胞の核と細胞質のみにあるわけではない。ほぼすべての種にとって，遺伝子に加えて環境的な要因が重要な役割を果たす(Nijhout 2020；Pfennig 2021；Sultan 2021)。**表現型可塑性**(phenotypic plasticity)とは，生物が環境に反応して形態，状態，動作，行動の様式などを変化させることができる能力である(West-Eberhard 2003；Beldade et al. 2011)。動物や植物の胚，もしくは幼生においてこれが観察される場合は，**発生的可塑性**(developmental plasticity)と呼ばれることもある。

852 | PART VII より広い文脈における発生

変態(第23章参照)は発生的可塑性の最たる例である。2つの劇的に異なる表現型(イモムシとチョウや，オタマジャクシとカエルなど)は異なる環境と生活様式への適応で，遺伝情報の変化を必要としない。変態は栄養状態，体長，もしくは日照時間などに伴うホルモンの変化によって引き起こされる。6.4節ではカメにおける温度依存的性決定について述べた。捕食者の存在やストレスもまた，発生中の生物の表現型に影響を与えうる。生物は環境に反応する多くの手段を進化の過程で獲得し，発生的可塑性は地球上の生きとし生けるものにとって重要なものである(Sultan 2021；Gilbert and Epel 2015；Suzuki et al. 2021)。

25.1　発生的可塑性：通常の表現型を生み出す要因としての環境

主に反応基準と表現型多型の2つのタイプの発生的可塑性が認められている(Woltereck 1909；Schmalhausen 1949；Stearns et al. 1991)。**反応基準**(reaction norm)においては，ゲノムが**連続的な**表現型を発現する能力を有し，個体の直面する環境が発現する表現型(通常，最も適応的なもの)を決定する。例えば，植物の表現型は，光の量，水，養分，そして生息場所の他の非生物的な要素によって変化する。同様に，後述するように，雄の糞虫の角の長さと幼虫期の栄養条件には相関性がある。

2つ目の表現型可塑性は**表現型多型**(polyphenism)と呼ばれ，環境によって誘導される**不連続な**(二者択一的な)表現型を指す(**図25.1**)。ハチ目(膜翅目)の昆虫にみられるように，幼虫期の食物によって生殖可能な女王あるいは不妊の働きバチになるかが変わるといった例がある。環境によって誘導される異なる表現型を**型**(morph；モルフともいう)もしくは時に**環境多型**(ecomorph；エコモルフともいう)と呼ぶ。

食物がもたらす表現型多型

アリやハチなどのハチ目(膜翅目)の多くの種は，成虫が異なる形態と行動を示す"社会性昆虫"へと進化した。コロニーを形成するアリに解剖学的，生理的，行動的表現型の差異を与えるのは栄養であり遺伝子ではないと，我々は長きにわたって知っている。ほとんどのアリの種では，女王〔もしくは*gyne*（雌アリ），ギリシャ語で"女性"を意味する〕が唯一の生殖可能な雌である。同時に女王は通常唯一の有翅の雌であり，結婚飛行中に有翅の雄と交尾し，新しいコロニーを構築する[1]。これらのアリやミツバチ(*Apis mellifera*)では，食物が生殖可能な女王の発生に大きく関与している(図25.1E，F とオンラインの「FURTHER DEVELOPMENT 25.1：Royal Jelly」参照)。

女王，働きアリ，兵アリ　オオズアリ属の*Pheidole pallidula*では，すべてが雌の"ワーカー"に2つのカーストがみられる。女王(機能をもった卵巣がある唯一の雌)は繁殖に関与し，小さな頭の"マイナーワーカー"が幼虫の世話や食物の採集など，ほとんどの労働を受けもつ。大きな頭の"メジャーワーカー（もしくは兵アリ）"は，コロニーの防衛に特化している。一般に階級(カースト)の決定は，幼若ホルモン(23.2節参照)のレベルを左右する環境要因(特に食物)によってなされる(Wheeler and Nijhout 1981；Abouheif 2021)。はじめに栄養依存的な幼若ホルモンレベルの変化が発生初期に起こり，未来の女王とワーカーの分化を起こす。*Pheidole*ではこれは胚発生時に起きており，温度と光周期によって引き起こされる。次の幼若ホルモンレベル依存的な発生の切り替えは栄養条件よっても調

1　「雄アリはただの空飛ぶ精子である」(Durant et al. 2019)という含蓄ある言葉がある。雄は未受精卵から発生し，有翅であり単数体で，交尾にしか関与しない。単数体である生殖細胞は，（すでに単数体である）雄では減数分裂を経ずに精子へと分化する。

図 25.1 節足動物の発生的可塑性。(A, B)遺伝的に同一なミジンコ Daphnia における，捕食者誘導型(A)と通常(B)モルフの走査型電子顕微鏡写真。捕食者由来の化学物質の存在下では，この甲殻類は身を守るための"ヘルメット"とトゲのある尾を形成する。(C, D)シャクガの一種 Nemoria arizonaria の幼虫の季節性の表現型多型。(C)春に孵化した幼虫はオークの若葉を食べ，オークの尾状花序に似た外骨格を形成する。(D)夏(このころにはもう花はない)に孵化した幼虫は成熟した葉を食べて，若い枝に似た形態になる。(E, F)ハチ目にみられる栄養誘導型二型。(E) Carebara diversa の女王アリ(gyne)と働きアリ。大きく繁殖可能な女王と，小さく不妊のワーカー(女王の触角の近くにみられる)の間には，驚くべき二型性がみられる。この遺伝的には同一の姉妹[訳注：働きアリは雌]の差は，幼虫時代の食物によってもたらされる。(F)ミツバチ Apis mellifera の女王バチ(中央)と姉妹であるワーカーの，栄養誘導型の体長の差異。

節されており，幼虫期に起こる(図25.2A, B)。この変化はマイナーワーカーとメジャーワーカーの差異を生む。多くの食物を提供される幼虫はより多くの幼若ホルモンを産生し，大きなからだと頭を形成して兵アリとなる(図25.2C)。

ある種のアリではさらにスーパーソルジャーというもう1つのワーカー階級があり，この階級のアリは種を砕く大きな顎をもち，コロニーのトンネルを塞ぐことで外敵の侵入を防ぐ(図25.2C)。Pheidole ではスーパーソルジャーをもつ種とそうでない種がある。表現型はやはり食物によって誘導される。さらに高いレベルの幼若ホルモン——内的であろうと外から加えられたものであろうと——が，からだと顎の成長を促すようである。幼虫に外部から加えられた幼若ホルモンは，いくつかの種にしかこうした極端な表現型を誘導しない(Rajakumar et al. 2012)。よって，この幼若ホルモンに対する応答性の閾値は種によって異なるようである(Rajakumar et al. 2018)。

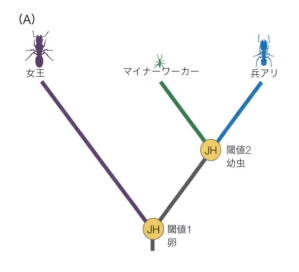
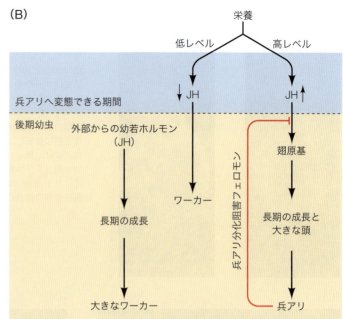

図25.2 *Pheidole*におけるカーストの決定。(A)発生の方向性は，幼若ホルモン(JH)のレベルとそれに対する感受性で決定される。まずはじめに女王とワーカーの分岐があり，のちにマイナーワーカーもしくは兵アリの分岐が起こる。(B)栄養の多寡が幼若ホルモンのレベルを決定し，それが女王と不妊のワーカーの違いを生む。ワーカーはさらに，小さなマイナーワーカーと，痕跡的な翅原基を通じて継続的な成長をした結果生まれるより大きな兵アリとに分けられる。実験的に外部から供給される幼若ホルモンは，ワーカーを大きくして兵アリに似た表現型を発現させる。(C) *Pheidole tepican*のワーカー。マイナーワーカー，兵アリ，スーパーソルジャーがみられる。体長が大きくなるほど頭部が大きくなるが，それは相似的には起こらず，巨大な頭をもつものがうまれる。(Aは E. Abouheif 2021. *Trends Ecol Evol* 36：P668-670 より；Bは H. F. Nijhout 2019. *Curr Biol* 29：R32-R34 より)

さらなる発展

翅原基の役割　アリでは，翅原基(図23.7参照)をもつことが有翅の繁殖階級(単数体の雄と女王)の特徴となっている。ワーカーには翅がないが，これは翅原基が完全には形成されず，機能していないためだと考えられてきた。しかし，近年の研究によれば，ワーカーの特殊な発生の1つとして，兵アリとなる幼虫の翅原基には機能が**あるらしい**ことがわかってきた。Rajakumar (ラジャクマー)ら(2018年)がRNAiや電気メスによる切除手術によって兵アリとなる幼虫の翅原基の痕跡器官を破壊すると，その個体はマイナーワーカー(本文参照)に似たものになることがわかった。どうやら翅原基は翅をつくるもととなるだけでなく，頭の大きい兵アリになるために必要であるらしい。

翅原基がどのように成長を補助するのかはわかっていない。しかしショウジョウバエ(*Drosophila*)における実験では，翅原基がインスリン様の物質を放出し，成長期を延長させる一方で，変態を誘導するホルモンであるエクジソンの産生を抑制することがわかっている(Nijhout 2018)。まさに，翅原基が兵アリ表現型の調節点になっている可能性があるのだ。兵アリはさらなる兵アリの発生を抑制するフェロモンを放出することがわかっている。このフェロモンはどうやら幼若ホルモンによる翅原基の保持

を抑制しているようである[訳注：フェロモンにより翅原基が保持されなくなり，幼虫時代にマイナーワーカーの発生経路が選択される．結果的に兵アリの数は抑制される]．

　翅原基の発生は，アリにとってもう1つの重要な要素である真社会性の起源にとって重要な役割を果たしている．アリの種では，真社会性をもつことと翅の多型(有翅の女王と無翅のワーカー)の形成は同時に起こる．Hannah and Abouheif(2021)では，この区別がただ1匹の雌が結婚飛行を行えるのに対して，他のすべての雌が不妊で無翅のワーカーにとどまるということにつながっているとしている．翅原基のさらなる機能調節によって，(マイナーやメジャーといった)さまざまなワーカーのサブカーストの発生が可能になったのかもしれない．

スカラベの多型：糞の重要性

　エンマコガネ(*Onthophagus*属)の雄にとって最も重要なのは，幼虫時代に食べる(他の動物の)糞の量と質である．雌には(通常)角が生えておらず，地中にトンネルを掘って糞を球状にしたもの(糞球)を埋め，それぞれの糞球に1つずつ卵を産みつける．孵化した幼虫はその糞を食べ，糞球を食べ終えると変態する．雄の解剖学的および生態的な表現型は，母親によって供給された食物の量と質によって決定される(Emlen 1997；Moczek and Emlen 2000)．食物の量と質は，終齢幼虫期において幼若ホルモンの力価に影響を与える．これが変態時に幼虫の大きさを決定し，さらに角の原基の成長を決定する[訳注：大きな雄の幼虫には変態後，大きな角が形成される]（図25.3A；Emlen and Nijhout 1999；

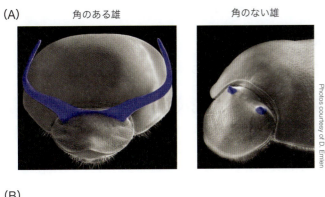

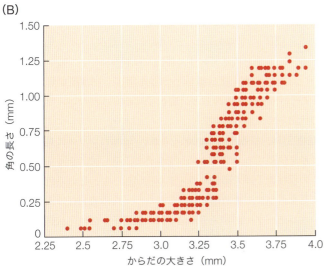

図25.3 食物と*Onthophagus*の角の表現型．(A)*Onthophagus acuminatus*の角を形成する雄と角のない雄(弁別のために角に色をつけてある)．幼虫時代のからだの大きさが終齢幼虫での幼若ホルモンの多寡を決定し，それが角の有無の表現型につながる．(B)からだの大きさにはっきりとした閾値があり，それ以下では角はできず，それ以上の大きさではからだの大きさに従って角の大きさが増加する．この閾値により角のない雄と大きな角の雄が生まれるが，中間サイズの角をもつ個体はほとんど生まれない．(D. J. Emlen. 1997. *Proc R Soc Lond* 264：567-574より)

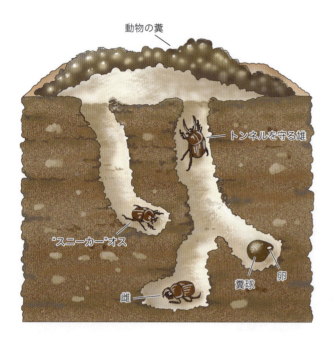

図25.4 糞虫のなかには角の有無が雄の繁殖戦略に影響を与えるものもある。雌は糞の下の地中にトンネルを掘ってそこに糞の塊をつくり、これが幼虫の食物となる。角のある雄はトンネルの入り口を守って雌と複数回交尾をする。この雄は他の雄がトンネルに入ってこないよう闘争をし、通常は大きな角をもつ個体が闘争に勝利する。小さな角のない雄はトンネルを守ることはせず、角がないために自分で雌のいるトンネルまでトンネルを掘る。そうすることで角のある雄と闘争をすることなく交尾をして、無事に外へ出る。(D. J. Emlen. 2000. *Biosci* 50：403-418 より)

Moczek 2005)。幼虫が一定の大きさまで成長すると、角が急速に形成される。

感受性の上がる終齢幼虫期の *Onthophagus taurus* の雄に幼若ホルモンを投与すると、角が形成される。よって、角を形成するか否かは、遺伝的な要因ではなく母親から提供される食物によることがわかる。およそ半分の雄が角を形成しないが、もう半分(大きな雄)は幼虫期の食物の量と質に依存してサイズの異なる角を形成する(図25.3B)。

角のある(体長の大きな)雄は、雌のトンネルをガードし、他の雄がその雌と交尾するのを防ぐために角を用いる。これは最も大きな角をもった雄がこういった闘争に勝つことを意味する。では、角の小さい雄はどうするのだろうか？ この"スニーカー"雄たちは、闘争をすることはなく、また角がないために自分でトンネルを掘り、大きな雄がトンネルの入口でガードしている雌と交尾する(図25.4；Emlen 2000；Moczek and Emlen 2000)。多くの *Onthophagus* の個体群では、およそ半分の受精卵がこういった角のない雄のものであることがわかっている。

食物とDNAのメチル化

食物の変化はDNAメチル化状態に変化をもたらし、このメチル化の変化は表現型に変化をもたらしうる。例えばミツバチでは、DNAのメチル化を抑制することでワーカーへと成長するはずの幼虫が女王になることがある(Kucharski et al. 2008；Lyko et al. 2010)。そういった食物によるDNAメチル化の変化は、哺乳類の表現型にも影響を与える。Waterland and Jirtle (2003)は、これを *Agouti* 遺伝子の *viable-yellow* アリルをもったマウスを使って示した。*Agouti* とは、マウスを黄色味を帯びた毛色にする顕性(優性)遺伝子であり、このアリルは脂質代謝に影響を与えるためにマウスを太らせる。*Agouti* の *viable-yellow* アリルでは、遺伝子が脂肪と皮膚組織で発現するためのプロモーター領域に転位因子が挿入されている。成体ゲノムのほとんどの領域ではCpGメチル化の種内差異がほとんどみられない一方で、トランスポゾン挿入部位では個体間でメチル化に大きな差異がみられる。このようなCpGメチル化は遺伝子転写を阻害し(3.4節参照)、実際、*Agouti* 遺伝子のプロモーターがメチル化されると、遺伝子は転写されない。マウスの毛は黒いままになり、脂質の代謝量も変わらない。

Waterland and Jirtle (2003)は、妊娠中の *viable-yellow Agouti* マウスに葉酸、コリン、ベタインを含むメチル基を供与するサプリメントを与えた。そしてメチル基を補給すればするほど、胎仔ゲノムの転移因子挿入部位でのメチル化が起こり、仔の毛色が濃くなることを発見した。メチル基を供与する補助剤を与えられなかった母親の仔は太り、毛色は黄色い(*Agouti* 遺伝子のプロモーターが非メチル化され、遺伝子が活性化状態だったのである)。葉酸補助剤を与えられていた母親の仔は、細身で黒い。メチル化された *Agouti* 遺伝子が転写されなかったためである(図25.5)。

図25.5 母親経由の栄養が表現型に影響を与えることがある。この2匹のマウスは遺伝的に同一である。どちらの個体も、茶色の色素を黄色にし、同時に脂肪の貯蔵も増加させる *Agouti* 遺伝子の *viable-yellow* アリルをもっている。肥満状態の黄色いマウスは、葉酸などのメチル基供与体を妊娠中に補助的に与えられていなかった母親から生まれた。発生中の胚の *Agouti* 遺伝子はメチル化されず、その結果、Agoutiタンパク質が産生される。細身の黒いマウスは、メチル基供与体を妊娠中に補助的に与えられた母親から生まれた個体である。*Agouti* 遺伝子は抑制され、Agoutiタンパク質は産生されない。

遺伝子の差次的なメチル化は，人間の健康問題と結びつけられてきた。女性の妊娠中の食事制限は，大人になった子供に心臓や腎臓の疾患をもたらすかもしれない。さらにラットでの研究によれば，母親の妊娠中の食事におけるタンパク質とメチル基供与体の濃度の違いが遺伝子発現に影響を与え，仔ラットの肝臓での代謝に影響を与えることが示されている（Lillycrop et al. 2005；Gilbert and Epel 2015）。これは健康と疾患の発生学的起源の研究という，予防医学における新しい領域の幕開けとなった（Gilbert and Epel 2015の第7章参照）。

捕食者誘導型の表現型多型

池や潮溜りで幼生が特定の捕食者に頻繁に遭遇している種を想像してみよう。すると，その捕食者が分泌する水溶性分子を認識し，捕食者により好まれない構造を形成させるためにそれを利用できる個体を考えることができるだろう。これがまさしく，ミジンコ *Daphnia*（1〜5 mmの小さいプランクトン性甲殻類；図25.1A，B参照）で起きていることである。ミジンコの幼生が池のなかで捕食性の双翅目の幼虫の存在を感知すると，大きくトゲのある頭部と尾部を形成するようになり，このモルフは捕食者の口に収まらなくなる（Weiss et al. 2018）。

Daphnia は，幼生が捕食者の消化プロセスにおいて重要な役割を果たしている5種類の水溶性脂質を感知できるように進化した。これらの化学物質は捕食者が消化できない部位を吐き出す際に放出され，*Daphnia* の幼生はこれらを認識して自らの発生経路を調整している。研究室の水槽にこれらの物質が投与されると，*Daphnia* の幼生は捕食者がいるときと同様の反応を示す。捕食者の存在下で発生を調整するこのような能力を，**捕食者誘導型防御**（predator-induced defense）あるいは**捕食者誘導型の表現型多型**（predator-induced polyphenism）と呼び，動物から植物まで幅広く観察されている[2]。

捕食者に誘導される両生類の表現型　捕食者誘導型の表現型多型は両生類において非常に一般的にみられる。実際，自然の池に生息しているか研究室内で他の動物と一緒に育てられたオタマジャクシは，同種単独で飼育されたものとは異なる表現型を示すことがある。例えばアカガエル科の *Rana sylvatica* のオタマジャクシは，捕食者であるトンボ *Anax* 属の幼虫（ヤゴ）とともに飼育されると（ヤゴはかごで隔離されているので実際にはオタマジャクシは捕食されない），単独で飼育されたものよりも小さく成長する。さらに，尾の筋肉が発達するために，水中での方向転換と推進の速度が上がるようになる（Van Buskirk and Relyea 1998）。捕食者の数を増やすほどに尾のヒレと筋肉は大きくなり，当初表現型多型と思われていたものは，どうやらそれによって捕食者の数（と種類）が評価できるような反応基準であることがわかった。この表現型の可塑性はある種では可逆的であり，捕食者を取り除くともとの表現型に戻る（Relyea 2003a）。

被食者側が感知するのは通常，化学物質だが，物理的な刺激も関与することがある。コスタリカのアカメアマガエル（*Agalychnis callidryas*）の胚は，ヘビが葉の上を這う際の振動を感知して逃げることができる。胚が特定の周波数と間隔をもつ振動を感知すると，未成熟のまま孵化をして池に落ち，泳ぐことができるオタマジャクシになる（図25.6；Warkentin et al. 2005, 2006；Caldwell et al. 2009）。（オンラインの「FURTHER DEVELOPMENT 25.2：Vibrational Cues Alter Developmental Timing」参照）

McCollum and Van Buskirk（1996）は，コープハイイロアマガエル（*Hyla chrysoscelis*）のオタマジャクシの尾が，捕食者の存在下では大きく，また鮮やかな赤色になること

2　脊椎動物の免疫系は，捕食者誘導型の表現型多型のよい例である。我々の免疫細胞は捕食者（ウイルスや細菌）からの化学物質を用いて抵抗性という表現型を変化させている（Frost 1999）。

図25.6 アカメアマガエル（*Agalychnis callidryas*）における捕食者誘導型の表現型多型。（A）ヘビがこのカエルの卵を食べ始めると，残りの卵塊中の胚はその振動に対して応答し，未熟な状態でも孵化をして水中へと落ちていく（矢印）。（B）発生5日目で孵化をさせられた未熟なオタマジャクシ。（C）通常の発生7日目で孵化したオタマジャクシ。筋肉がより発達している。

を示した（図25.7）。この表現型をもつオタマジャクシは速く泳ぐことができ，また捕食者の攻撃を尾のほうへそらす傾向があることがわかった。トレードオフはあり，表現型の誘導を受けていないオタマジャクシはゆっくりと成長し，捕食者のいない環境下ではより生存率が高くなる。

　捕食者によって誘導されたモルフにおける代謝は，誘導を受けなかった場合と比べると大きく異なる可能性がある。そしてこれは重要なことを意味している。Relyea（2003b, 2004）は，捕食者の発する化学物質にさらされたある種の生物では，グリホサート（製品名ラウンドアップ®）やカルバリル（製品名セビン®）などの農薬の毒性（への感受性）が何倍にも致死的になることを発見した。ウシガエルやアオガエルなどのオタマジャクシは，捕食者の発する化学物質の存在下では特にカルバリルに対する感受性が上がる。Relyeaはこれらの知見を世界的に起きている両生類の減少に結びつけ，各国の政府は（農薬などの）化学物質の毒性をテストする際には，より自然な，例えば捕食者ストレスの存在下などでそれを行うべきであると主張している。論文では，「生態学的に関連性のあるものを無視すると，自然界における農薬などの化学物質の毒性を不正確に見積もることになりうる。最も重要視されるべきは，自然条件下における毒性テストである。これまで積み上げられてきた証拠は，農薬が自然界における両生類の減少の一因となっている可能性を強く示唆している（Relyea 2003b）」と述べられている。（オンラインの「FURTHER DEVELOPMENT 25.3: Predator-Induced Polyphenisms in Invertebrates」参照）

温度と性的表現型

　多くの種では，温度が精巣と卵巣のどちらを発達させるかをコント

図25.7 オタマジャクシにおける捕食者誘導型の表現型多型。（A）捕食者由来の物質の存在下で成長している*Hyla chrysoscelis*のオタマジャクシは，体幹に強い筋肉を発達させ体色が赤くなる。（B）捕食者由来の物質が存在しないとオタマジャクシはほっそりとした体型になり，食物に対する競争に有利になる。

ロールしている（6.4節でそういった温度依存的性決定についてふれた）。そうした温度依存的性決定のメカニズムは種によって異なるが、多くの例では卵巣や精巣形成に関与する転写因子が異なる温度帯で誘導されている。こういったタイプの決定は、魚類、カメ、アリゲーターやクロコダイルといった外温性（"冷血性"とも）の脊椎動物では珍しいものではない（Crews and Bull 2009）。

温度依存的性決定には有利な面と不利な面があり、1つのメリットとしては1：1の性比に縛られることなく有性生殖の恩恵を受けられることだろう。クロコダイルでは、極端な温度では雌が、穏やかな温度では雄が生まれ、性比は雄1匹に対して雌10匹程度にまでなりうる（Woodward and Murray 1993）。そういった雌の個体数が個体群のサイズを決定するような種では、こうした性差が遺伝的性決定による1：1の性比よりも生存において有利である。Charnov and Bull（1977）では、ある地域では雄であること、また別の地域では雌であることが有利であるような不均一な生息域では、環境的性決定のほうが有利に働くとしている。

Conover and Heins（1987）の研究がこの仮説を立証する証拠を示した。ある種の魚では、より大きなサイズがより高い繁殖能力をもつことになるため、雌は大きくなることが有利である。一方で雄は、体長に関係なくおよそ同量の精子を産生する。雌のトウゴロウイワシ科魚類（*Menidia menidia*）では、成長期が長くなり、そのためより多くの卵を産生できることから、産卵期に早く生まれることが有利となる。南方では、実際に*M. menidia*の雌は産卵期に早く生まれるが、北方では環境依存的な性決定はみられず、どの温度帯においても1：1の性比が生じている。Conover and Heinsは、より北方に住む個体群は成長期が非常に短く、そのため雌にとって早く生まれるメリットがないと推測している。ゆえにこの種では、それが適応的となる生息域では環境依存的な性決定が、そうでない生息域では遺伝的性決定がみられるのである。

発生学的要因としての温度：チョウの翅の模様

温度はチョウの翅の保護色の発現決定に重要な役割を果たすことがある。熱帯地域には、高温の雨期と、より低温の乾期が存在する場所がある。アフリカでは、明確に異なる二型の表現型多型をもつマラウイのチョウ*Bicyclus anynana*が、この季節の変化に適応している。乾季（低温）のモルフはまだらな茶色い表現型を示し、林床の枯葉のなかに隠れて生き延びる。対照的に、雨季（高温）のモルフは飛び回る必要があり、鳥やトカゲからの攻撃をそらすために腹側（翅の裏）に目立つ目玉模様をもつ（図25.8；Brakefield and Frankino 2009；Olofsson et al. 2010；Prudic et al. 2015）。この*B. anynana*の季節性の模様を決定する要因は、蛹の間に経験する温度である。低温を経験すると乾季型のモルフに、高い温度にいれば雨季型のモルフへと変態する（Brakefield and Reitsma 1991）。

温度がこのチョウの表現型を調節するための分子生物学的メカニズムが解明されてきている。どちらのモルフでも、幼虫後期の翅原基における*Distal-less*遺伝子の転写が、目玉模様を誘導するシグナルセンターとなる細胞群内に制限されるのである。Distal-lessタンパク質は、目玉模様のサイズを決定する転写因子であると考えられている。初期の蛹では、高温の環境が20-ヒドロキシエクジソン（20E；23.2節参照［訳注：エクジソンが修飾を受けたもので、通常この20Eが強い生理活性を発揮する］）の合成を促進する。このホルモンは翅原基のシグナルセンターにおいて*Distal-less*の発現の維持と拡張に関与し、それによって非常に明瞭な目玉模様が形成される。乾期型のモルフでは、環境の気温が比較的低いために蛹内の20Eの蓄積が低く抑えられ、*Distal-less*の発現中心は維持されない。その結果、目玉模様は形成されない（Brakefield et al. 1996；Oostra et al. 2014）。*Bicyclus*の例からは、表現型多型の適応的な重要性、またこのような発生的可塑性が生物とその生

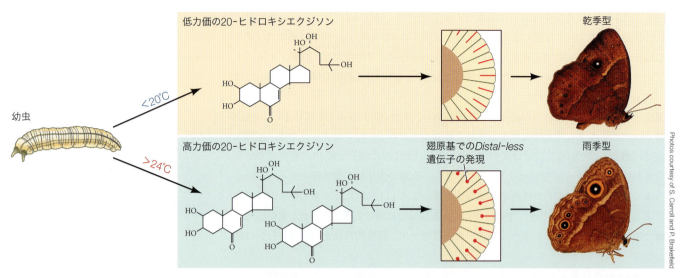

図25.8 *Bicyclus anynana* の表現型多型は蛹に変態する際の温度によって調節されている。高温(それが野外であろうと温度がコントロールされた研究室であろうと)では，蛹の翅原基において *Distal-less* 遺伝子の発現を維持させるホルモンである 20-ヒドロキシエクジソン(20E)の蓄積が起こる。*Distal-less* の発現している領域が目玉模様の中心になる。より低温の条件下では 20E は合成されず，翅原基において *Distal-less* の発現は開始されるがその発現レベルを維持できない。そのため目玉模様は形成されることがない。(P. M. Brakefield et al. 1996. *Nature* 384：236-242 より)

息環境を結びつけていることがわかる。

20Eや幼若ホルモンのようなホルモンは，環境からの刺激の重層的な影響を(生物本体へと)仲介する働きがあることが頻繁に報告されている(Nijhout 1999)。多くの場合，幼虫(幼生)の神経系が環境からの刺激を感知して，体内のホルモンの濃度を変化させる。これらのホルモンは最終的には遺伝子の発現パターンを変化させる。このように，外部の変化は遺伝子の発現を変化させるのである。

発生学的要因としてのストレス：スキアシガエルの厳しい生活

北米の非常に乾燥した地域に生息するスキアシガエル(*Scaphiopus couchii*, *Spea multiplicata* など)は，厳しく，また天候の予測しづらい環境に適応するためにいささか驚くべき戦略をとる。環境的ストレスが異なるモルフを誘導するのである。ソノラ砂漠では，*Scaphiopus* は春の一番はじめの豪雨に伴う雷によって休眠からさめる[3]。雨によって一時的にできた池で繁殖をし，胚は急速に発生して幼生となる。変態を経て成体になったのちに，若いカエルは砂漠へ戻り，砂を掘って次の年の嵐がまた彼らを起こすまで休眠する。

砂漠の池はいずれ干上がる運命にあり，すぐに干上がるか少し長持ちするかは，池の最初の深さと降雨の頻度に左右される。このような池では，オタマジャクシは2つのシナリオに直面する。(1)池はオタマジャクシが完全に変態するまで干上がらず，そのためカエルは成体になるまで生存できる。もしくは，(2)池は変態が完了する前に干上がってしまい，その結果カエルは生存できない。しかしいくつかの *Scaphiopus* 属のカエルでは，3番目のシナリオが進化した。変態のタイミングが池の大きさで決定されるのである。池が生存可能なレベルの状態を保っている場合，発生は通常のスピードで進み，オタマジャクシは藻類を食べて成長して若いカエルになる。しかし池が干上がり小さくなると，幅広い口

---

[3] このカエルは振動に対して敏感であるため，音による撹乱が彼らの生存そのものに影響を与える可能性がある。オートバイが雷鳴と同じ音を出すために，これがカエルを休眠から目覚めさせ，外に出てきてしまったカエルは灼けつく砂漠の太陽によって死んでしまう(Suter 2002)。

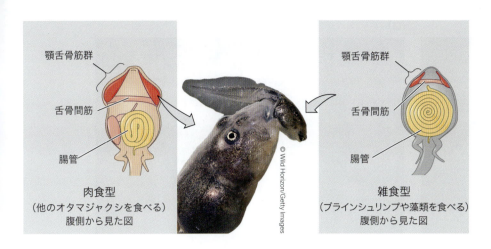

図25.9 スキアシガエル(*Scaphiopus couchii*)のオタマジャクシの表現型多型。通常型(右)は雑食性で、節足動物や藻類を食べる。しかし、池が早く干上がっていくと肉食(共食い)型が出現する(左)。このモルフは幅広い口、大きな顎の筋肉、そして肉食に適した腸を発生させる。中央の写真は、肉食型の個体が同じ池の別個体を捕食しているところ。(図はR. Ruibalの厚意による)

と強力な顎の筋肉を発達させ、他の*Scaphiopus*のオタマジャクシ(および他のもの)を捕食できるようになる(図25.9)。この肉食型のオタマジャクシは早く変態するが、通常の発生経路をたどったカエルよりは小さくなる。しかし、こうすることで、他の藻類食性の*Scaphiopus*のオタマジャクシが乾燥によって死んでしまっても、これらの個体は生き残ることができる(Newman 1989, 1992)。

　この変態の加速を引き起こすのは水量の変化のようである。研究室では、*Scaphiopus hammondii*のオタマジャクシは水槽から水が取り除かれるのを感じ取ることができ、変態の加速は取り除かれる水の量に依存する。ストレス誘導性のコルチコトロピン放出ホルモンのシグナル経路が、この効果を調節しているようである(Denver et al. 1998；Middlemis Maher 2013)。コルチコトロピン放出ホルモンの脳内での増加が、これに引き続いて起こる甲状腺ホルモンの増加、そしてそれによって引き起こされる変態の開始に重要であると考えられている(Boorse and Denver 2003)。他の多くの表現型多型にみられるように、発生経路の変化は内分泌系によって調節されている。感覚器が神経系を通じてシグナルを送り、ホルモンの分泌を調節しているのである。そしてホルモンの変化は遺伝子の発現の変化を協調的に、そして比較的早く起こすことができる。(オンラインの「SCIENTISTS SPEAK 25.2：Dr. John Tyler Bonner Demonstrates How the Environment Alters Development to Turn a Single-Celled Organism into a Multicellular Organism」参照)

植物の反応基準

　通常、植物は地中に根を張り、からだを固定しているため、移動することはできない。このため、変動する環境に適応するために発生を変化させる必要がある。光、温度、湿度、栄養、これらはすべて、植物の表現型の決定に関与している(West-Eberhard, 2003, Sultan, 2015, 2017)。このことは、庭仕事をしたことがある人や観葉植物を育てたことがある人にとっては目新しいことではないだろう。しばしば植物は太陽光に向かって生育する。日陰に置かれた植物は茎を伸ばすことにエネルギーを注ぎ、葉を群落の上に展開することで太陽光を得る(図25.10A, B)。またある植物は葉面積の広い葉を形成し、より多くの光子を得るために光合成を行う表面積を増大させる(図25.10C〜E)。植物は環境からの手がかりを利用し、花を咲かせる時期を決定し、葉を形成していた組織を花弁、雄ずい、子房へと変化させる。同様に、根の成長も土壌や栄養条件に強く影響を受ける(Bell and Sultan, 1999, Mroue et al. 2018)。例えば、土壌水分が低い場合には、(より水分を含むと期待される)土壌の深くへと到達することのできる長く分岐の少ない根を植物は形成する。

図25.10 植物の発生における光の影響。異なる種の植物は異なる方法で発生を変化させる。(A, B) 実験室内で作成した明条件 (A) と薄暗い条件 (B) で育成した Brassica rapa (アブラナ科の野草)。明るい条件下で育成した植物は葉を拡大し，光合成を行うための表面積を拡大する。薄暗い環境下で育成した植物は茎の成長を最大化し，樹冠の上へと葉を展開し，太陽光を獲得する。(C, D) 薄暗い環境で生育した Polygonum persicaria (ハルタデ) は葉を拡大し光を得る (C)。一方で，明るい条件で育成した同じ遺伝型の個体は，より細長い葉を形成する (D)。(E) 光量の違いにより P. persicaria は葉へと分配するバイオマスの割合を変化させる。それぞれ異なる遺伝型の植物を3セット，真夏の太陽光レベルに対して低い (8%)，中程度 (37%)，強い (100%) 条件を設定した温室で栽培した。グラフの各線は各遺伝型の植物の応答を示している。どの遺伝型の植物においても，強い光強度においては葉に分配するバイオマスの量が低下する。しかし，遺伝型が異なると分配の可塑性の度合いは異なる。遺伝型によって可塑的な反応のパターンが異なり，異なる環境間において遺伝型間で分散と順位が変化する結果となった。(E は S. E. Sultan. 2003. *Evol Dev* 5:25-33; S. E. Sultan and F. A. Bazzaz. 1993. *Evolution* 47：1009-1031 より)

　日陰により誘導されたオオハルタデ (*Polygonum*) の表現型 (図25.10C 参照) は，子孫が日向で生育したとしても，標準形として子孫に受け継がれるようである。日陰における生育により，DNAからメチル基が除去され，このDNAが脱メチル化状態で遺伝するようである。日向で生育した子孫に脱メチル化試薬を投与すると，あたかも日陰で生育した子孫個体のように，葉が大型化し，多くの群落の面積を占める (Baker et al. 2018)。可塑性によって誘導される形質をある世代から次世代へと伝達するDNAのメチル化の可能性については，25.2節でより詳しく述べることにする。

　多くの動物と同様に，植物発生の可塑性を仲介する因子はホルモンである。環境シグナルは植物細胞の受容体で感受され，これらの細胞はシグナルに応答し，ホルモンを産生す

る。しかし，多くの動物のホルモンとは異なり，植物ホルモンは体内をむらなく循環する
わけではない。その代わりに，ホルモンは局所的な濃度勾配を形成し，偏差成長を誘導し，
最終的には植物器官の形状が決定される。例えばオーキシンの量は，シュートと根の成長
の調和，および成長の調整に鍵となるようである（図4.31）。オーキシン生合成にかかわる
遺伝子の発現は，ある環境条件においては阻害されたり，また別の環境条件においては促
進されたり，環境条件によって遺伝子発現が変動する（Mroue et al. 2018）。

25.2　発生と共生：ホロビオント

　これまで，温度，食物，捕食者の存在，日光，そしてストレスなどの環境的要因が，発
生中の生物の表現型を変化させることをみてきた。接合子（接合体）に含まれるもののみに
よって植物や動物の表現型が構築されるわけではなく，生物は生息環境に反応するよう進
化してきたのだ。むしろ発生的可塑性は，地球上のすべての生物の生活環に含まれるもの
であるだろう（Gilbert and Epel 2015；Sultan 2021；Suzuki et al. 2021）。近年，そう
いった環境としてもう1つの視点——共生生物——がほとんどの生物の発生において重要
であることが示されてきている。

　共生（symbiosis；ギリシャ語の*sym*“共に”と，*bios*“生きること”の合成語）という語
は，異なる種の生物間の緊密な関係性（それがどのような関係でも）を指して使われる。多
くの共生的な関係では一方が他方よりも大きく，小さいほうの生物は大きいほうの生物の
体表もしくは体内に生息する。そのような関係では，大きいほうの生物は**宿主**（host）と呼
ばれ，小さいほうは**共生者**（symbiont）と呼ばれる。共生には2つの重要なカテゴリーがあ
る[4]。**寄生**（parasitism）では，ヒトの消化管に生息するサナダムシなど，一方が利益を受
け，他方がそのことで不利益を被る。**相利共生**（mutualism）は，両方のパートナーが利益
を得ることができる関係である。例えば，ナイルワニ（*Crocodylus niloticus*）と，その体
表の有害な寄生虫を食べるナイルチドリ（*Pluvianus aegyptius*）の関係がそうである。**細
胞内共生**（endosymbiosis）は，ある細胞が他の細胞の中に生息する場合に使用される用
語である。真核細胞の細胞内小器官の進化を説明するときにこの概念が使われる（Margu-
lis 1971；Sapp 1994 参照）。

　いくつかのケースでは，共生者が宿主と非常に強固な関係を形成したため，宿主が共生
者なしでは発生できなくなってしまったものもある（Sapp 1994；Bennett and Moran
2015）。実際，発生的共生は例外というよりむしろ法則と言ってもよいようである
（McFall-Ngai 2002；McFall-Ngai et al. 2013, 2014）。宿主とその恒久的な共生者を生
物の複合体としてとらえた用語を，**全共生体**（holobiont；共生総体，ホロビオントともい
う）と呼ぶ（Rosenberg et al. 2007；Gilbert et al. 2012；Theis et al. 2016）。我々自身を
全共生体とすると，共生細菌との関係性を発生の重要な一部として含める必要がある。（オ
ンラインの「DEV TUTORIAL：Developmental Symbiosis：When Development Needs Two or More Species To
Be Complete」参照）

植物における発生的共生

　1世紀以上も前から，植物学者は共生の重要性を理解していた。実際に，植物と微生物，
植物と菌との2つの相利共生が，地球上の多くの生命の基礎を成している。

4　片利共生（commensalism）は，共生の片方のパートナーには利益があるが，もう一方には利益も
害もない関係と定義され，これは共生の3番目のカテゴリーと考えられることもある。しかし，多くの
共生が表面的には片利共生と見えても，最近の研究ではどちらかの側にとって真に中立的であるよう
な共生的関係はほとんどないことが示唆されている。

マメ科と根粒菌の共生 マメ科植物(インゲン豆,ダイズ,エンドウ豆,レンズ豆,ピーナッツを含む)の根と根粒菌との共生は,大気中の窒素を(マメ科植物に限らない)植物が利用し,核酸やアミノ酸をつくり出すことに利用可能な形へと変換(固定)する重要な役割を果たしている。共生していない根粒菌と植物のいずれも,窒素固定を行うことはできない。つまり,窒素固定を行うためには共生を行う必要がある。この共生関係はしばしば種特異的であり,例えば庭のマメ科植物の窒素固定根粒菌と大豆と共生する窒素固定細菌は異なる。

マメ科植物の根がフラボノイド化合物を分泌し,根粒菌に受容されることで共生が開始される。根粒菌はNod(Nodulation)因子を分泌することで応答し,Nod因子は根毛に結合し,根粒菌を包み込むように根毛のカールを誘導する(図25.11)。Nod因子は根の先端においてカルシウムイオンの流入も引き起こし,アクチン繊維の再配向を介してゴルジ小胞の輸送を根毛の先端へと促進する。これらのゴルジ小胞は,植物へのさらなる感染の進行に必要な脂質分子を放出する(Liang et al. 2021)。根粒菌は根毛の陥入を誘導し,根粒菌が細胞を横切って移動することを可能にするトンネル構造をつくりだす。こうして,最終的に根粒菌は根の皮層細胞へと到達する。

この間に根粒菌は,根の細胞分裂を促進し,根粒形成を活性化する化学物質を放出する。根粒菌が細胞に侵入し,細胞を**バクテロイド**(bacteroid)と呼ばれる細胞へと分化させ,形態変化と遺伝子発現変化を引き起こす。これら新たに発現した遺伝子のうちの1つがニトロゲナーゼをコードする遺伝子であり,この酵素が気体状の窒素(N_2)に結合し,窒素原子間の三重結合を乖離させ水素原子を付加することで,植物が核酸やアミノ酸の合成に利用可能なNH_4^+を合成する。

バクテロイドは,マメ科植物によりつくられたグロビンと結合する(哺乳類に

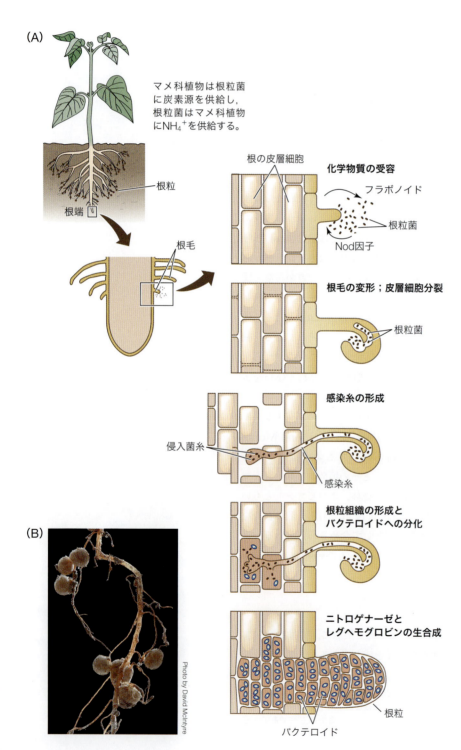

図25.11 根粒菌によるマメ科植物の根への感染は,大気中の窒素固定を引き起こす。(A)根粒菌による感染とマメ科植物の根における根粒形成における相互作用の模式図。(B)マメ科植物の根における根粒は,陸上における生物圏の窒素固定器官になる。これらの根粒はインゲン豆(*Phaseolus vulgaris*)に形成されたものである。

おけるヘモグロビンと類似した) ヘム基を合成する酵素遺伝子群を発現している。このヘムを含むタンパク質は**レグヘモグロビン**(leghemoglobin)と呼ばれ, 酸素によって不活性化されるニトロゲナーゼの活性を阻害することなく, 酸素をバクテロイドへと輸送し, その代謝を持続させる(図25.11参照)。このようにして共生による窒素固定は, 大気中の窒素を核酸の塩基やタンパク質を構成するアミノ酸の合成に必要な材料として利用可能な形へと変換する。

　さらに, 近年になって, 新たな植物の遺伝子群が同定された。これらの遺伝子は, 宿主の植物が最も"協力的"な共生細菌を選択することを可能にしているようである。一連の化学物質による誘引と応答において, ある種のマメ科植物は(同じ種の根粒菌のなかからでも)最も自身と相性のよい根粒菌株を選択することができる(Batstone et al. 2020)。植物が菌根菌や窒素固定細菌の遺伝子発現の変化を誘導するように, 次に述べる菌根菌と根粒中の窒素固定細菌は共に, 植物の遺伝子発現変化を誘導する。

菌根　菌類と植物の共生は普遍的なものである。これらの相利共生は土壌からの微量元素の取り込みを促進し, 加えて植物の発生にも必要とされることがしばしばある。約95%の種子植物は根の中で生育する菌類との共生関係を有しているか(図25.12A), 根の周囲において共生関係をもっており, (水や栄養の吸収を行う)根の有効面積を増加させている(図25.12B, C)。そのような関係性を**菌根**(mycorrhizae)と呼び, 文字どおり"菌の根"である。菌類は植物から有機物を受け取る一方で, 植物の根系を拡大し, 植物がより多くの水と栄養を獲得することを可能にしている。特に熱帯雨林の土壌はミネラル分が非常に少なく, そのような土壌で植物が青々と生育するためには菌根が頼りである(Martin et al. 2007, Cameron et al. 2008)。

　菌根は森林全体に網を張り巡らせているかもしれない。Simard(シマード)ら(Simard et al. 1997; Selosse et al. 2006)は, 共生菌の菌糸が種の異なる植物の根にコロニーを形成し, それらを繋ぐことで, 菌を介して繋がった植物の間で栄養交換が行われ, 植物が"富を分かち合う"ことを可能にしていることを示した(Philip et al. 2011)。さらに, このような菌根ネットワークは生育に適さない森林の下層部での芽生えの定着を手助けし, 植物から植物へとストレスシグナルを伝達する可能性がある(Booth 2004; Song et al. 2010, 2013)。したがって, 競合を調節し, 統合された植物群落構造を形成する協力的なネットワークへと, 地面の中で植物は"一体化"

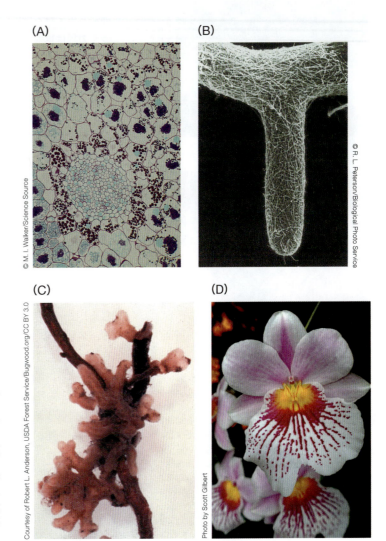

図25.12　菌根(文字どおり"菌の根")は植物の根と菌類の共生体であり, 植物の根が水と養分を吸収する能力を飛躍的に高める。(A)植物の根の横断切片像は, 根の細胞の中に生息する菌根菌(紫色に染色)を示している。菌類はふわふわした"アーバスキュラー"として侵入し, 高密度の小胞へと集合する。(B)この走査型電子顕微鏡写真では, 実物大の2倍の大きさで, 菌類の"菌糸"がユーカリの木の根を取り囲む様子がみられる。この菌根は根の表面積を著しく拡大する。(C)針葉樹の根における菌根は根を取り囲むのではなく, "花が咲くように"分岐を形成することで, 根の表面積を拡大している。(D)植物細胞と菌類細胞の相互作用により発芽し, 開花したラン。

しているのかもしれない。

菌根は植物の発生においても重要となりうる。例えば、ランの種子は非常に小さく（数ミリグラムである），エネルギーを蓄えていないため、自身の力だけでは発芽することができない。"埃のように小さな種子"は，菌根菌から炭素源を獲得しなければならない。1個体の植物からつくられる数千もの種子は，菌類の共生パートナーを見つけた種子のみが発芽する機会を得ることができる（図25.12D; Waterman and Bidartando 2008）。菌類を獲得した植物細胞が発現する遺伝子は，マメ科植物における相利共生を仲介するNod因子の遺伝子と非常によく似ている（Perotto et al. 2014）。

発生的共生のメカニズム：パートナーとともに

すべての共生的な関係は，その関係性を世代間を通じて維持し続けるという困難に対処しなくてはならない。微生物がその宿主動物の発生にとって不可欠であるような関係では，この関係性の伝達という困難な仕事は垂直伝播もしくは水平伝播という方法で達成される。

垂直伝播　垂直伝播（vertical transmission）とは，ある世代から次世代へと，通常は卵もしくは他の母性経路を通して共生者が受け渡されることをいう（Kreuger et al. 1996；Funkhauser and Bordenstein 2013）。

ボルバキア（*Wolbachia*）属の細菌は，無脊椎動物の卵の細胞質に生息し，この卵から生まれる個体の発生において重要なシグナルを送り続ける。無脊椎動物の多くの種は重要な発生シグナルを，ミトコンドリアがそうされるように卵母細胞の細胞質を通じて次世代へ伝えられるボルバキアに"外注"してきた。ショウジョウバエ（*Drosophila*）の多くの種では，ボルバキアはウイルスに対する耐性をもたらしている（Teixeira et al. 2008；Osborne et al. 2009）。ショウジョウバエでは，ボルバキアは宿主の微小管系とダイニンモーターを使用して，哺育細胞から発生中の卵母細胞へと移動していることがわかった（図25.13A; Ferree et al. 2005）。言い換えれば，細菌がミトコンドリアやリボソーム，*bicoid* mRNAと同じ細胞骨格経路を使っているのである（10.3節参照）。卵細胞が受精すると，細菌はすべての細胞に入り込み内部共生者となる。そしてさまざまな器官や，卵巣や卵母細胞をつくる幹細胞ニッチに入り込み，自らが増殖できるようにしている（Fast et al. 2011）。ボルバキアに感染した雌は感染していないその姉妹よりも4倍の卵を産出し，その結果，ボルバキアの感染拡散が推進される。

水平伝播　ボルバキアは，血縁関係のない個体間同士でも伝達されることがある。水平伝播（horizontal transmission）では，宿主である後生動物は共生者に感染していない状態で生まれるが，環境もしくは同種の他個体からの感染を受ける。ダンゴムシ（*Armadillidium vulgare*）では，ボルバキアに感染した遺伝的な雄は，ボルバキアによって雌へと転換される（図25.13B）。そして雌は，ボルバキアを次の世代に伝えることができる（Cordaux et al. 2004）。

ほとんどの陸上植物では土壌菌類は側根に定着することを好み，宿主の生長に寄与しているようである。植物側は，根で共生関係を維持するための類似した"共通の共生関連シグナル経路"とでも呼ぶべきものを進化させたようである。しかし菌類側では，共生的な関係を維持するために必要なタンパク質はそれぞれの種レベルで進化したようである（Ghahremani and MacLean 2020；Genre et al. 2021）。

水平伝播はヒトを含む多くの動物の腸内細菌にとって重要である。後述するように，哺乳類の腸内細菌は小腸での血管形成に必須であり，また幹細胞の増殖に

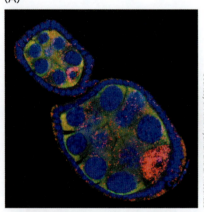

図25.13　ボルバキアの垂直および水平伝播。(A) ショウジョウバエ（*Drosophila*）では，ボルバキアは雌の生殖細胞を通じて垂直（親から子へ）に感染していく。卵巣原基（germarium）では15個の哺育細胞が，最も遠位にある1つの卵母細胞にタンパク質，RNA，細胞小器官などを輸送している。共生細菌（赤色）も微小管によって一緒に卵母細胞へと輸送される。卵巣の細胞質を緑色，DNAは青色で示してある。(B)雄と雌のダンゴムシ（*Armadillidium vulgare*）。遺伝的に雄であるダンゴムシ（右）は，ボルバキアの感染（水平伝播）によって卵を産むことができる雌（左）の表現型に転換する。

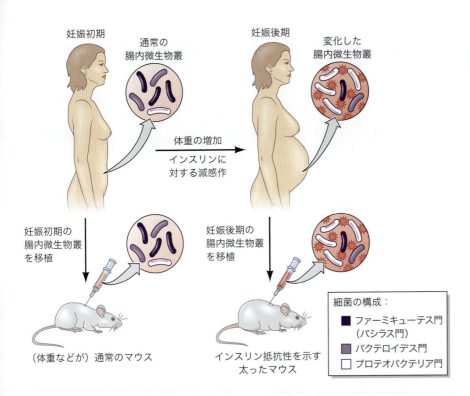

図25.14 女性の腸内微生物叢の構成は妊娠中を通して劇的に変化する。これは体重の増加と，ヒトに特徴的な進行性のインスリンへの減感作が関係している。妊娠初期（だいたい妊娠1～12週）の女性の腸内細菌を無菌マウスに移植すると，マウスは通常の表現型を示す。妊娠後期（だいたい妊娠27～40週）の女性の腸内細菌を無菌マウスに移植すると，この細菌叢は体重の増加やインスリンに対する抵抗性など，妊娠期に類似した代謝パターンを誘発する。(O. Koren et al. 2012. *Cell* 150:470-480, © 2012 Elsevier Inc. より)

関与している可能性がある(Pull et al. 2005；Liu et al. 2010)。ヒトの新生児は通常，産道を通るときにこれらの共生者を得ている。羊膜が破れると同時に，母親の生殖器系に生息する細菌叢が新生児の皮膚と腸に移住する。これは両親，特に授乳中の母親の皮膚に生息する細菌によっても補われる。新生児への共生細菌の移植は非常に重要な出来事であるが，哺乳類の免疫系はある種の細菌のみ体内への侵入を促進し，その他の細菌には防御的に機能するようである(Gilbert 2014；Chiu and Gilbert 2015)。実際，ヒトの母乳中の一部の複雑な糖類は，新生児には消化できない。むしろそういった糖類はある共生細菌にとっての食物となっており，これらの細菌は新生児の身体の発生を補助している(Zivkovic et al. 2011)。こういった細菌類は生後1年ほどの間，一般的な感染症に対応できるように新生児の免疫系の調整に関与している可能性がある(Ardeshir et al. 2014；Wampach et al. 2018)。

　ヒトの腸内微生物叢の構成は妊娠中に劇的に変化する。事実，腸内細菌はホルモンの状態に呼応して，妊婦が胎児を宿すという肉体的なストレスに適応する助けになっているようである。妊娠初期の女性の腸内細菌を無菌マウスに移植すると，宿主の腸の正常な発生を引き起こした。しかし妊娠後期の女性の腸内細菌を移植されると，無菌マウスは太ったり，妊婦につきものであるいくつかの代謝の変化（インスリンに対する脱感作など）を示した(図25.14；Koren et al. 2012)。

ダンゴイカとビブリオ属細菌の共生

　最もよく研究されている発生的共生の例の1つであるダンゴイカ(*Euprymna scolopes*)と発光細菌*Vibrio fischeri*において，水平伝播は非常に重要な役割を果たしている(Montgomery and McFall-Ngai 1995；McFall-Ngai and Bosch 2021)。ダンゴイカの成体は，*Vibrio*がいっぱいにつまった袋状の組織からなる発光器官をもっている(図25.15A)。しかしながら，孵化したばかりのイカはこの発光細菌も発光器官ももたない。むしろ，稚イカと接触したこの細菌は，イカと共同して発光器官を形成する。稚イカは外

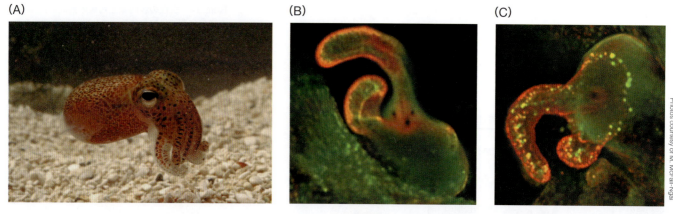

図25.15 ダンゴイカ*Euprymna*と発光細菌*Vibrio*の共生。(A)ハワイ産のダンゴイカ(*E. scolopes*)の成体の体長はおよそ5cmほどである。イカの下面の二葉の発光器官内が共生の場となる。(B)若イカの未発達の発光器官は*V. fischeri*を受け入れる体勢を整えている。繊毛の流れと粘液の分泌により環境が形成され(拡散した黄色い染色像)、*V. fischeri*を含む海水中のグラム陰性菌を誘引する。そのメカニズムはいまだはっきりとは明らかになっていないが、時間が経つにつれ*V. fischeri*以外のすべての細菌は除かれていく。(C)いったん*V. fischeri*が形成中の発光器官の小窩に定着すると、細菌は上皮細胞のアポトーシスを誘導し(黄色い点)、他の細菌を誘引するもととなる粘液の分泌を遮断する。

套腔を通る海水を通じて*V. fischeri*を得る(Nyholm et al. 2000)。細菌は外套腔の繊毛のある上皮組織に接着し、上皮は*V. fischeri*のみを接着させるので、他種の細菌は通過することになる(図25.15B)。そして細菌はイカの細胞に何百もの遺伝子の発現を誘導させ、(1)上皮細胞にアポトーシスを引き起こし、(2)そこを繊毛のない上皮細胞で置き換え、(3)周囲の細胞を細菌を貯蔵する袋状の組織に分化させ、(4)さらにこれは発光器官内でオプシンや他の視物質タンパク質の発現を誘導する(図25.15C；Chun et al. 2008；McFall-Ngai 2008b；Tong et al. 2009)。

これらの変化に影響を与える*V. fischeri*の産出する物質は、細菌の細胞壁の断片であることがわかり、さらには実際に活性を示す化合物は気管細胞毒素とリポ多糖であった(Koropatnick et al. 2004)。これは驚くべきことである。なぜなら、これらの2つの化合物は炎症や疾病を引き起こすことが知られており、イカ(ひいては細菌も)を危険にさらすことになるからである。これらの(そしておそらく他の未知の)細菌由来物質は、イカの細胞に免疫系を抑制し、組織の改変に関与するプロセスを活性化するようなマイクロRNAの合成を引き起こすようである(Moriano-Gutierrez et al. 2021)。細菌が宿主に形態変化を誘導すると、今度は宿主は*Vibrio*を保持している小さな穴へペプチドを分泌し、細菌の毒素を中和する(Troll et al. 2010)。結局、細菌は安全な住みかを得て光を発生させる酵素を産生し、イカのほうは発光器官を形成することで、夜の海面付近を影をつくることなく泳ぐことができる［訳注：海中では、上空からの光によって影ができるため、より深い水中から発見されるリスクが高くなる。そこで上空からの光の強度と同様の光を発することで背景にとけ込み、捕食者の目をくらますことができる。これをカウンターイルミネーションと呼ぶ。ここでは月光が上空からの光源となる］。

発生と絶対的相利共生 絶対的相利共生の下では垂直伝播がよくみられる。**絶対的相利共生**(obligate mutualism)においては、この関係にある種が互いに依存する結果、どちらの種も相手の種なしには生きていくことができない。一般的な絶対的相利共生の例に地衣類があり、これは菌類と藻類の共生関係が実質新しい種となってしまうほどに強いものである。新しい例が発見されるにつれ、そういった例が医療や保全生物学などの分野で重要な意味をもつことがわかってきた。

寄生バチの一種*Asobara tabida*において、絶対的相利共生の一例が知られている。この昆虫の卵の細胞質内には共生細菌が観察され、雌の生殖質を通じて垂直伝播する。*Aso-*

(A) 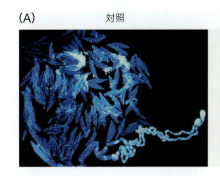 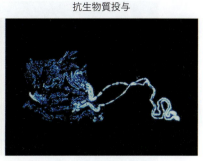 (B)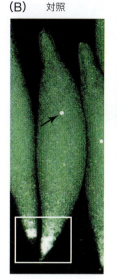

図25.16 寄生バチ*Asobara tabida*の対照の雌と，リファンピシン（抗生物質）によってボルバキアが除去された雌の卵巣と卵母細胞の比較。(A)対照の雌の卵巣には平均228個の卵母細胞があったが，リファンピシンを投与された雌の卵母細胞の数は平均36個であった。(B)卵母細胞のDNAを染色すると，対照の雌からの卵母細胞は核をもち（矢印），ボルバキアの塊が卵巣の先端にあった（四角）。リファンピシンを投与された雌の卵母細胞は核をもっていたが，ボルバキアは存在しなかった。この卵は受精不能であった。

*bara*では，ボルバキアによって卵黄の産生と卵の成熟を終了することができる（Dedeine et al. 2001；Pannebakker et al. 2007）。共生細菌を除去すると，卵巣はアポトーシスしてしまい卵は産生されない（図25.16）。

　もう1つの例として，線形動物の*Brugia malayi*がある。この種では，ボルバキアは紡錘体の微小管を伝って卵の後部端へと至る。ここへ至るとボルバキアは，この線形動物の初期発生において非常に重要である，前後軸の境界を決定させるための細胞分裂にとって必須の存在となる。この細菌が最初の細胞分裂の前に卵から取り除かれると，細胞分裂に異常が起こり，正常な前後の極が正しく形成されない（Landmann et al. 2014）。この例は，発生中の生物が全共生体であることを非常にはっきりと示している。

　絶対的発生的相利共生では，共生者を殺すことによって宿主の死が引き起こされることがある。例えば，強力で非特異的な除草剤であるアトラジン（atrazine）がいくつかの両生類の繁殖に影響を与えることが知られている。ひとたび散布されると，アトラジンは半年以上にわたって土壌中で活性を保ち，風や雨水に乗って別の場所へと運ばれる。このアトラジンの本来の用途は植物を殺すことなのに，なぜ両生類に悪影響を与えるのだろうか？実は，多くの種の両生類や巻貝の卵塊は，最も内側の卵への酸素供給を共生藻類に依存しているのである。キボシサンショウウオ（*Ambystoma maculatum*）は，ある緑藻類——非常に特異的なためにその種名も*Oophila amblystomatis*（"*Ambystoma*の卵が好きなもの"）となっている——を共生藻類として使っている。この藻類は母親の体内に貯蔵されていて，産卵の際に卵とともに排出されるようである（Kerney et al. 2011；Burns et al. 2017）。アトラジンは50μg/Lといった低い濃度でもこの藻類を卵から完全に除去し，サンショウウオの孵化率を大きく低下させてしまう（図25.17；Gilbert 1944；Mills and Barnhart 1999；Olivier and Moon 2010）。

　絶対的相利共生の関係にある生物は，化学物質に対して脆弱性をもつことになる可能性がある。25.1節で述べたように，除草剤は発生的可塑性を阻害することでオタマジャクシを殺してしまうことがある。化学物質は共生者に破壊的なダメージを与えることで生物を殺すこともある。ミツバチの消化器官内の細菌類は，除草剤のグリホサートによって阻害される植物の酵素と同様のものをもっている。グリホサートはこれらの細菌類を殺し，ミツバチの他の致死的な感染症に対する感受性を上げる（Motta et al. 2018）。サンゴと共生藻類の共生系（25.3節参照）は，いくつかの日焼け止め剤によって危険にさらされる（例え

図25.17 絶対的発生的相利共生。(A)キボシサンショウウオ(*Ambystoma maculatum*)の卵塊中央の卵は，共生藻類が除草剤により除去されると酸素不足により生き残ることができなくなる。

ば酸化亜鉛；Corinaldici et al. 2018)。保全生物学や製品安全性について議論する際には，こういった発生的可塑性や共生を考えに入れる必要性がある。

哺乳類とその他の脊椎動物における発生的共生

哺乳類も発生における共生関係を細菌と結んでいる。我々のからだにあるうちの半分以上の細胞は，実は微生物のものである。我々は，母体内で羊膜が破れ産道を通る瞬間から始まるこうした微生物との関係を決して失うことはない。我々は体内の場所を分け合うよう共進化し，微生物が付着できるよう共発生してきた(Bry et al. 1996；Hooper et al. 2001)。

ポリメラーゼ連鎖反応(polymerase chain reaction：PCR)と高速シークエンシング技術を用いて，研究者たちはヒトの腸内から多くの嫌気性細菌を同定してきた(Qin et al. 2010)。嫌気性細菌を研究室内で培養できないために，(これらの技術なしでは)我々はこういった細菌の存在にすら気づいていなかった。しかし，最近の研究によって特定の細菌性の共生者の存在が明らかになってきた。何百もの細菌種が，ヒトの結腸内の腸管の長さや径に応じた特定の領域に階層的に生息し，その数は1 mLあたり10^{11}個の細胞密度にもなる(Hooper et al. 1998；Xu and Gordon 2003)。これらの細菌が腸管上皮の遺伝子発現を誘導する。

共生細菌は腸管の発生の調節を補助している 脊椎動物のなかにも，腸の発生の完了には共生性微生物の存在が必要なものがある。腸内細菌の働きのなかでもとりわけ興味深いものとして，ウシの第一胃の成長と分化に広範囲にわたって関与しているものがあるが，それは26.5節でふれる。ゼブラフィッシュでは，細菌が標準的Wnt経路を通して小腸幹細胞の増殖を制御している。これらの細菌をもたないゼブラフィッシュでは，小腸の上皮細胞は少なくなり，杯細胞，腸内分泌細胞，さらには特徴的な小腸刷子縁酵素を欠く(図25.18；Rawls et al. 2004, 2006；Bates et al. 2006)。細菌による哺乳類の遺伝子発現の誘導の例はまずマウスの腸で示され(Umesaki 1984)，続く研究(Hooper et al. 1998)によって，無菌マウスの小腸(回腸)は分化を開始することはできるが，それを完了できないことがわかった。

腸内の常在菌は通常，マウスにおいていくつかの遺伝子——栄養を吸収するために重要なコリパーゼ，血管形成を促進するアンジオジェニン-3，小腸を裏打ちしている細胞外基質を強化すると考えられている高プロリンタンパク質Sprr2aなど——の発現を促進している(図25.19；Hooper et al. 2001)。Stappenbeck(スタッペンベック)らは2002年，

特定の腸内細菌がいないことで小腸絨毛の毛細血管網の形成が不完全になることを示した（図25.20）。さらに、他の微生物が腸管細胞にセロトニンの合成と分泌を促すことがわかった。このセロトニンは、神経堤細胞から移動してきた未成熟のニューロンの成熟化を誘導する（De Vadder et al. 2018）。成熟したニューロンは、摂取した食物を動かし排出するための腸管の蠕動に関与する筋肉を活性化するために非常に重要である。

近年の研究によれば、比較的まれな腸内細菌である*Aeromonas*がゼブラフィッシュの膵臓でインスリンを産生するβ細胞の増殖に必要であることがわかった（Hill et al. 2016, 2022）。この細菌は*BefA*と呼ばれる遺伝子をもち、産生されたBefAタンパク質はβ細胞の増殖を活性化して、細胞数を成魚への成長に伴った正常なものにする。*Aeromonas*をもたない（もしくはこの遺伝子をもたない*Aeromonas*が体内に生息する）ゼブラフィッシュはβ細胞の数が少ない。しかし、野生型*BefA*遺伝子から生成されるタンパク質を摂取させることで、細胞数は通常のレベルにまでなった（図25.21）。β細胞の数が少ないゼブラフィッシュは糖尿病に似た症状を示した。興味深いことに、ヒトにもBefAタンパク質を産生する腸内細菌がいるため、糖尿病患者のなかには子供時代の腸内細菌の多様性の低さと関連づけられるものがいるのではないか、と考え

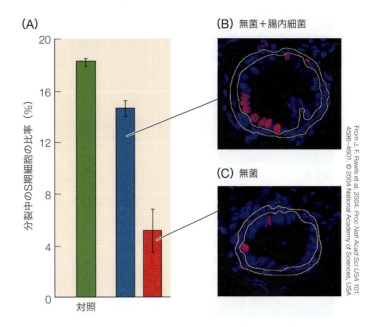

図25.18 ゼブラフィッシュの腸では、細菌が幹細胞の分裂と分化を促進する。(A)（活発に分裂中の）S期小腸上皮細胞の定量。通常飼育（対照）、無菌飼育、無菌飼育に細菌サンプルを加えたものが比較されている。エラーバーは標準誤差を表し、細菌サンプルを加えた腸では、無菌状態のものよりも細胞分裂のレベルが有意に高くなっていることがわかる（p＜0.0001）。(B, C)分裂していない細胞は青色に、分裂している細胞は赤色に染色されている。内部の細胞は小腸上皮、白線内の細胞は間充織と筋肉である。(B)細菌を投与された無菌ゼブラフィッシュでは正常な量の幹細胞分裂がみられ、6日後には上皮細胞への分化がみられた。(C)無菌ゼブラフィッシュの小腸は小さく、分裂している幹細胞は少ない。(J. F. Rawls et al. 2004. *Proc Natl Acad Sci USA* 101：4596-4601. © 2004 National Academy of Sciences, USAより)

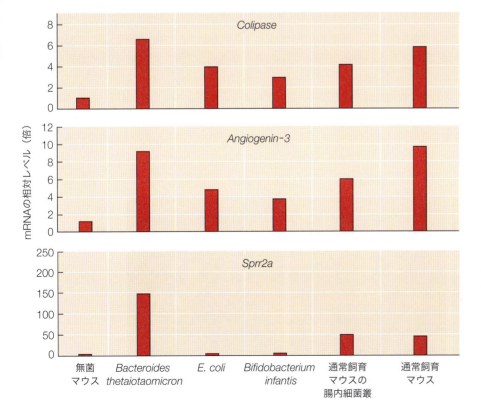

図25.19 共生細菌による哺乳類の遺伝子発現の誘導。無菌環境下で飼育されたマウスを、そのままか、1種以上の細菌が植菌された状態で飼育した。10日後、腸のmRNAを単離し、遺伝子の発現パターンをマイクロアレイで比較した。無菌状態で飼育されたマウスでは、コリパーゼ、アンジオジェニン-3、あるいはSprr2aをコードした遺伝子の発現量が非常に少なかった。いくつかの異なる細菌——通常通り飼育されたマウスから集菌した*Bacteroides thetaiotaomicron*, *Escherichia coli*, *Bifidobacterium infantis*, そして腸内細菌各種——は、コリパーゼやアンジオジェニン-3の発現を誘導した。*B. thetaiotaomicron*は、無菌マウスと比較すると150倍にもなるSprr2aの発現量増加に関与しているようであった。(L. V. Hooper et al. 2001. *Science* 291：881-884, © 2001, The American Association for the Advancement of Scienceより)

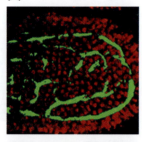
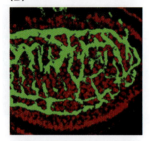
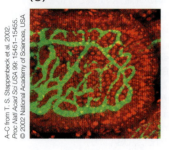

図25.20 腸内細菌は哺乳類の毛細血管形成に必要である。(A)無菌マウスの毛細血管網（緑色）は，通常の腸内細菌を接種10日後のマウスの毛細血管網(B)と比較すると著しく少ない。(C) *Bacteroides thetaiotaomicron* のみの接種で，毛細血管の形成には十分であることがわかる。

る科学者もいる。

哺乳類の免疫系　腸内細菌は，哺乳類の**腸管関連リンパ組織**（gut-associated lymphoid tissue：GALT）の成熟にも必須のようである。GALTは，粘膜免疫と経口免疫寛容（oral immune tolerance）に関与し，食物を摂取した際にその食物に対して免疫反応を起こさないようにしている（Rook and Stanford 1998；Cebra 1999；Steidler 2001 参照）。無菌状態にしたウサギの虫垂に植菌する実験により，*Bacteroides fragilis* や *Bacillus subtilis* 単独ではGALTの正常な形成を安定して誘導することはできなかった。しかし，哺乳類に一般的なこれら2つの腸内細菌を組み合わせると，GALTの形成が安定的に誘導された（Rhee et al. 2004）。ここで主要な誘導物質は，細菌のタンパク質ポリサッカライドA（PSA），特に *B. fragilis* のゲノム由来のものであるようである。*B. fragilis* のPSA欠損株は，無菌マウスにおいて正常な免疫機能を復元させることができない（Mazmanian et al. 2005）。

　したがって，共生細菌由来の物質が，宿主の免疫系を誘導するのに重要な役割を担っているらしいことがわかる。生後間もないときに細菌にふれることによって，アレルギーや炎症性腸疾患に関連のあるT細胞の発達を防ぐことができる一方，ある種の細菌によって抗アレルギー性のT細胞が誘導されることもある（Ohnmacht et al. 2015）。実際，こういった細菌は母乳中の糖分で分裂が促進される（Ardeshir et al. 2014）。無菌マウスは免疫不全症候群を発症し，T細胞の完全な補填は宿主に特異的な細菌によってのみ可能になる（Niess et al. 2008；Duan et al. 2010；Chung et al. 2012；Olszak et al. 2012）。

細菌は神経系の発生の調節に関与している　腸内微生物叢は腸管神経系の成熟にも寄与している。無菌マウスは消化管に生理的および構造的な異常があり，消化管に蠕動が起こりにくい（Collins et al. 2014；De Vadder et al. 2018）。共生細菌は哺乳類において腸管のリンパ系と神経系の分化に非常に重要であることがわかる。

　SFのように聞こえてしまうかもしれないが，共生細菌が哺乳類の誕生後の脳の発達を刺激するという報告がある（Sharon et al. 2016）。無菌マウスの脳では，転写因子Egr1や傍分泌因子BDNFの発現レベルが，それぞれの関連性のある脳内の部位において通常のマウスより低い一方で，神経ホルモンのセロトニンのレベルが高い（図25.22；Diaz Heijtz et al. 2011；Clarke et al. 2013）。これは異なるグループ間のマウスの行動の差異と一致しており，Diaz Heijtz（ディアス・ヘイツ）ら（2011年）をはじめとする研究者たちは，「進化の過程で腸内細菌の定着が脳の発生プログラムと統合され，その結果，運動制御や，不安やそれに類似する行動に影響を及ぼすようになった」と結論づけている。他の研究では，特定の乳酸菌（*Lactobacillus*）株が，迷走神経依存的なGABA受容体の調節を通して情動

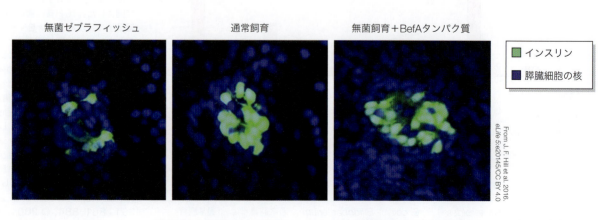

無菌ゼブラフィッシュ　　通常飼育　　無菌飼育＋BefAタンパク質

■ インスリン
■ 膵臓細胞の核

図25.21　受精後6日のゼブラフィッシュ胚の膵臓において，細菌 *Aeromonas* によって産生されたBefAタンパク質の存在下では，インスリン分泌細胞であるベータ細胞の数が増加している。

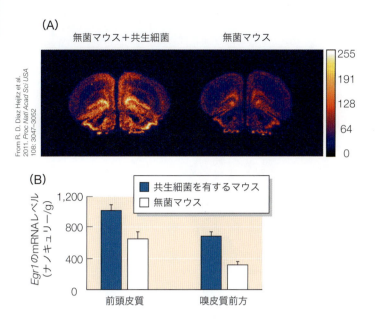

図25.22 マウスにおけるEgr1の発現は，共生細菌に依存している。(A)脳の前頭皮質におけるEgr1 mRNAに対するin situハイブリダイゼーション。無菌状態のままのマウスと比較して，通常の共生細菌を有するマウスはEgr1の発現レベルが高い。(B)放射性プローブを用いた定量により，共生細菌をもつマウスでは無菌マウスと比較して前頭皮質と嗅皮質前方においてEgr1の高い発現が認められる。共生細菌を有するマウスと無菌マウスの間では統計的な有意差が認められる。(BはR. D. Diaz Hejitz et al. 2011. *Proc Natl Acad Sci USA* 108：3047-3052)

行動を調節する助けとなっているという結果がでている(Bravo et al. 2011)。したがって，細菌の産生した物質が脳の発生を調節するという経路が存在する可能性がある(Cryan et al. 2019；Morais et al. 2021)。

マイクロバイオームが脳の発達を調節するにあたり，ヒトの社会行動を刺激する可能性がある(Stilling et al. 2014；Sherman et al. 2019)。重要な知見の1つとして，微生物がマウスの高脂肪食に対する環境的に可塑的な反応を回復させるというものがある(Buffington et al. 2016)。高脂肪食を摂取した妊娠中の雌が産む仔ネズミはおおよそ非社会的になる。この若い個体は通常と異なる微生物叢をもち，視床下部の室傍核(paraventicular nucleus of the hypotharamus)からのオキシトシンのレベル，そして腹側被蓋野(ventral tegmental area：VTA；ドーパミン報酬系である)における適応的可塑性も低い。しかし，*Lactobacillus reuteri* を使って腸内環境を再構築することによって，この仔ネズミの社会行動を回復させ，オキシトシンレベルが上がり，VTAにおける可塑性が回復する。(オンラインの「FURTHER DEVELOPMENT 25.4：Autism and Microbes」参照)

つまり，哺乳類は細菌と共進化をしてきた結果，身体的な表現型が細菌なしには完全に発生することができなくなってしまったのだ。哺乳類の腸内の細菌叢は，宿主が進化を通じて得ることがなかった機能(植物のポリ多糖を分解する能力など)を供給する"器官"であるとも言えるだろう。そして，発生中の器官と同様，細菌は近傍の組織に対して変化を促す。Mazmanian(マズメニアン)ら(2005年)が述べたように，「この関係の最も印象的な特徴は，おそらく宿主が腸内細菌に対して寛容であることだけでなく，宿主がその発生と健康のために共生細菌の定着を必要とするように進化したことだろう」。

胎盤を通した血流による世代間にわたる微生物の影響

妊娠中のマウスにおいて，母体の血中に存在する小分子のうち30％を超えるものが直接的あるいは間接的に微生物由来であると概算されている(McFall-Ngai et al. 2013)。よって，腸内微生物の代謝産物が全身にいきわたっていると言え，ここには胎盤も含まれる。多くの細菌由来の物質は胎盤を通じて発生中の胎仔に影響を与える(図25.23)。

妊娠中のマウスの腸内微生物は，植物由来の繊維を酪酸やプロピオン酸などの物質へと分解する。これらの短鎖脂肪酸は母体の血中に入ると胎盤を通過して，発生中のマウス胚

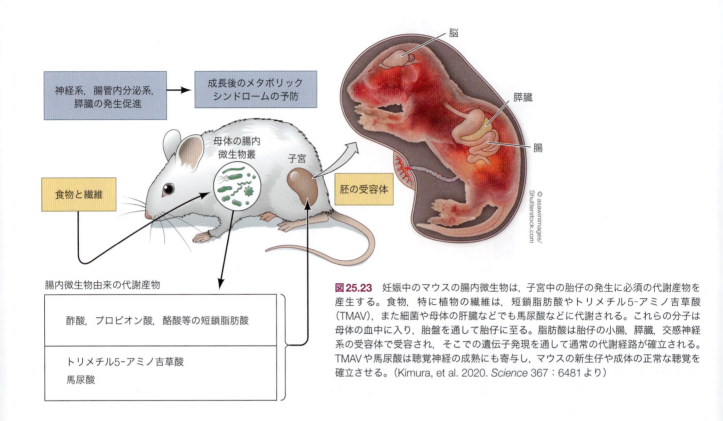

図25.23 妊娠中のマウスの腸内微生物は，子宮中の胎仔の発生に必須の代謝産物を産生する。食物，特に植物の繊維は，短鎖脂肪酸やトリメチル5-アミノ吉草酸（TMAV），また細菌や母体の肝臓などでも馬尿酸などに代謝される。これらの分子は母体の血中に入り，胎盤を通して胎仔に至る。脂肪酸は胎仔の小腸，膵臓，交感神経系の受容体で受容され，そこでの遺伝子発現を通して通常の代謝経路が確立される。TMAVや馬尿酸は聴覚神経の成熟にも寄与し，マウスの新生仔や成体の正常な聴覚を確立させる。（Kimura, et al. 2020. *Science* 367：6481 より）

の器官へと至る。そして膵臓，神経系，そして消化管で特定の遺伝子を活性化し，抗肥満的な代謝表現型を生涯にわたって発現する一助となる（Kimura et al. 2020）。ついで，母体のマイクロバイオーム由来の代謝物質（特に胞子を形成する*Clostridia*属細菌由来の馬尿酸やトリメチル-5-アミノ吉草酸）はマウスの脳の聴覚野のニューロンの成熟を促進する（Vuong et al. 2020）。これらの母体内マイクロバイオーム由来の代謝産物がなければ，マウスが成体になった際に肥満になりやすく，聴覚障害をもってしまう。

幼生の基質への固着

　動物の生活環を閉じるために共生者が必要とされることがある。自由遊泳性の海洋生物の幼生はしばしば，食物源の近くや変態ができるような硬い基質に定着する必要がある。こういったある環境信号を得るまで発生が一時的に中断されるような海洋幼生の能力を，**固着**（larval settlement；**着底**や**着生**ともいう）と呼ぶ。特に軟体動物においては，固着に対し非常に特異的なシグナルが存在することがよくある（Hadfield 1977；Zardus et al. 2008）。軟体動物の餌がシグナルを与えることもあれば，基質自体が分子を放出して，幼生がそれを固着開始のシグナルとする場合もある（Pechenik et al. 1998）。

　多くの海産無脊椎動物では，幼生の（海底の基質への）固着とそれに続く個体群の分布は，**バイオフィルム**（biofilm；**菌膜**ともいう）と呼ばれる細菌のマットに影響される[5・次頁]（Hadfield 2011）。バイオフィルムによって，カイメン動物，刺胞動物，甲殻類，環形動物，棘皮動物，軟体動物，尾索動物などの多くの種の固着とその後の変態が誘導される。細菌の発する化学物質が固着を引き起こすシグナルとなるが，この受容されるシグナルは，多くの種類の細菌からの場合もあるし，より特異的なものを必要とする場合もあり，固着する種によって大きく違うようである。固着のシグナルに使われる分子も，大きなタ

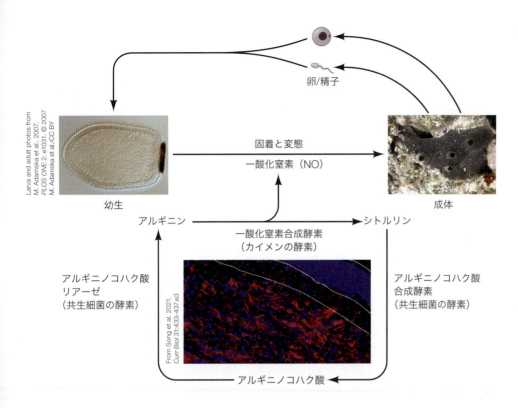

図25.24 共生細菌がカイメンの生活環で幼生と成体のステージの間を結ぶ。Amphimedonでは，一酸化窒素——幼生の固着と変態のためのシグナル物質である——はカイメンゲノムに存在する酵素と幼生の細胞内の共生細菌ゲノムに存在する酵素によって産生される。幼生から成体への変態(図上)は，一酸化窒素によって誘導される。一酸化窒素自体は，一酸化窒素合成酵素(カイメンゲノム中の遺伝子由来)によってアルギニンからシトルリンへの変換に伴い産生される。ところが，この経路に必須のアルギニンは共生細菌の酵素によって産生される(図下)。下の写真にはカイメン幼生の深部細胞に生息する共生細菌(赤)が示されている。

ンパク質複合体のこともあれば，シンプルな有機化合物に反応する種もある(Freckelton et al. 2017)。

オーストラリアのグレートバリアリーフに生息するカイメン動物 *Amphimedon queenslandica* などいくつかの例では，体内に生息する共生者からのシグナルで固着と変態が誘導されることもある。固着して成体へ変態するにあたり，プランクトン性の *A. queenslandica* の幼生は一酸化窒素(NO)を産生しなくてはならない。NOは受容体型チロシンキナーゼを活性化させて変態を誘導するのだが，幼生は石灰藻(この藻類が生息しているということは固着するための格好の場所であることを示している)からの化学的シグナルに反応してこれを産生し始める。ところが，このカイメンの幼生は，NOを合成する化学経路ではじめに使われるアルギニンを合成できない。このアルギニンは，共生細菌の代謝経路によって合成されるのである(図25.24)。カイメンが成体という生活環の一部へと至るには，これらの細菌が不可欠である(Song et al. 2021)。

我々は欲望のままに大きな構造物を海洋に設置しているが，それはこれら動物の固着と個体群の分布に影響を与えている。そういった構造物には，すぐさまバイオフィルムとそこに固着する海生生物が付着する。既に1854年にはCharles Darwin(チャールズ・ダーウィン)が，フジツボ類の幼生が船底に固着して新しい場所へ運ばれるであろうと推測し

---

5 幼生の固着と変態における基質の重要性は，1880年にジョンズ・ホプキンス大学の発生学者William Keith Brooks(ウイリアム・キース・ブルックス)が，チェサピーク湾のカキの不漁に対するよい知恵がないかと頼まれたときに初めて明らかにされた。何十年もの間，カキは湾で採集され，毎年新しい収穫がもたらされていた。しかし1880年までに年々カキの数は減少していた。何がカキを減少させたのだろうか？ Brooksはカキの幼生を使って実験を行い，米国のカキ *Crassostrea virginica* はより研究されているヨーロッパのカキ *Ostrea edulis* とは異なり，変態をするのに硬い基質を必要とすることを発見した。一方で，カキの漁業者はずっと貝殻を海に投げ戻していたのだが，郊外に歩道ができるようになり，彼らは貝殻をセメント工場に売り始めていた。Brooksの解決法は湾に貝殻を投げ戻すことであった。カキの個体群はこれに反応し，ボルティモアの波止場では今もその子孫のカキが売られている。貝殻につくバイオフィルムがどうやら重要だったようだ(Turner et al. 1994)。

ている。実際，バイオフィルムが無脊椎動物の幼生の固着と群体の形成の助けになっていることは，フジツボやカンザシゴカイ科［訳注：石灰質の管を形成して貝類を含む海中の多くのものに固着する］などの"汚損動物"が船底に付着したり，下水管を詰まらせたり，水中の構造物を損耗させたりしているということからも明らかになっている（Zardus et al. 2008）。

25.3　地球温暖化と発生

　持続可能性と地球温暖化を議論するとき，発生生物学は重要な知見を提供する（Gray and Brady 2016；Gilbert 2021）。高温化する気候が，温度によって発生が左右される生物にとって致命的になることがある。高温下で多くの発生ステージが狂わされてしまうし，近年の研究では，深刻な発生学的ストレスと個体群の減少には致死的なレベルの温度変化は必要ないことがわかってきた（Carlo et al. 2017；van Heerwaarden and Sgrò 2021）。例えば，ショウジョウバエでは高温による精子形成時の異常により雄が不妊になり，ハエの個体群が死滅しうるようである。

カメの例　6.3節でふれたように，カメの性別は温度によって決定される。*Trachemys scripta*では，高い温度では雌の子ガメがより多く生まれる。高い温度条件下では始原生殖細胞のカルシウムイオントランスポーター（輸送体）が活性化され，それが転写因子STAT3のリン酸化を通じた活性化を促進する。STAT3は，Dmrt1といった精巣誘導遺伝子を活性化するヒストン修飾タンパク質であるKdm6Bを抑制する（Weber et al. 2020）。そのために高温帯では胚は雌へと発生する。アオウミガメではこうしたことが実際に示されている（Janzen and Paukstis 1991）。北オーストラリアで営巣するアオウミガメの個体群では，雌が雄よりも圧倒的に多く生まれるようになってきている。2016年には99%以上の子ガメが雌で，116個体のうち雄はわずかに1個体生まれたのみであった（Jensen et al. 2018）。2100年までに2.6℃の気温の上昇が見込まれ（Intergovernmental Panel on Climate Change 2014），生物学者たちはアオウミガメ（と多くの他のカメ）が絶滅するのではないかと危惧している[6]。

　別の非生物的要因が，カメをこういった危機から救う可能性がある。Jeanette Wyneken（ジャネット・ワイネケン）らは，野生条件下では砂に含まれる水がカメの胚がさらされる温度変化を和らげることを発見した（Sifuentes-Romero et al. 2017）。ある温度では，湿った基質におかれた卵からは，乾いた基質におかれた卵からよりも多くの雄が生まれた。（オンラインの「FURTHER DEVELOPMENT 25.5：Dictyostelium and Volvox：When Adversity Changes Development」参照）

サンゴの例　サンゴ礁は地球上のすばらしい構造物のなかでも飛び抜けた存在である。例えばオーストラリアのグレートバリアリーフは400以上のサンゴの種からなる。1,500種近くの魚，250種の鳥，そして4,000種の軟体動物がそこに生息し，ウミガメの生殖の場ともなっている（Hoegh-Guldber et al. 2015）。このサンゴ礁の基盤となるサンゴは，刺胞動物であるサンゴを宿主とする単細胞藻類（褐虫藻）Symbiodiniaceaeとの全共生体として生きている（Reshef et al. 2006；LaJeunesse et al. 2018；Pogoreutz et al. 2021）。藻類の葉緑体で産生される光合成由来の炭素化合物のうちの90%ほどが，宿主へと輸送さ

6　研究者たちは，恐竜の性決定法が温度依存性であり，温度の微妙な変化によって雄あるいは雌のみが孵化する状況が生まれ，それにより恐竜が突如絶滅したのかもしれないと推測している（Ferguson and Joanen 1982；Miller et al. 2004参照）。多くのカメの種が長い生殖寿命をもち，何年も冬眠でき，雌が精子を保存しておけるのとは異なり，恐竜は比較的生殖期間が短く，長く厳しい時期を冬眠して過ごすことができなかったのかもしれない。

れる（Muscatine et al. 1984）。有性生殖を行うサンゴは共生藻類を発生中に獲得することがわかっている。ほとんどの造礁サンゴが放出する生殖細胞には藻類は共生していないが，胚発生時，幼生時，もしくは変態時にこの藻類を獲得することがわかっている（Richmond 1987；Schwarz et al. 1999；Trench 1987）。

　ところが，全共生体としてのサンゴは高温下でその関係性が失われることがある。サンゴが高温条件にさらされると，代謝上のバランスが崩れ，共生藻類を放出してしまうのだ。高温が共生藻類と宿主の間の栄養サイクルを不安定化させてしまい，サンゴは結果的に栄養不足になる。そしてそういった"白化"したサンゴはだいたい死滅する。地球温暖化の結果，こういった大規模なサンゴの白化と死滅が起きている（Hughes et al. 2017；Rädecker et al. 2021）。こうしてグレートバリアリーフの半分以上のサンゴが死に絶えてしまった。何が造礁サンゴを増殖させ，何が造礁サンゴの増殖を妨げているのかを知ることは，サンゴ礁の破壊を遅らせたり破壊されたサンゴ礁を再生するためのプランを立案するための政策を決定する際に非常に重要になる（Ball et al. 2002；Cruz and Harrison 2017；van Oppen et al. 2017）。対策の1つとして，共生藻類の熱耐性を上げさせることが考えられる。共生藻類を高い温度下（31℃）で培養することで，全共生体としての熱耐性が上がることになるかもしれない。研究室での実験ではこの可能性があることが示されている（Buerger et al. 2020）。

季節学（生物季節学）

　生物季節（phenology）とは，温度や日の長さなどの環境要因によって生物の生活環が調節されることをいう。地球の**温度**が上がることで開花時期や昆虫の発生が影響を受け，タイミングが早まっている。ところが，**日の長さ**に対する生物の応答性は変わっていない。このタイミングの不一致によって非常に悪い影響を受ける個体群がある。この影響は，温暖化が地球上のどこよりも早く進んでいる極北でより顕著になる。

　例えば，マダラヒタキ（*Ficedula hypoleuca*）は春にアフリカから何千マイルも離れたヨーロッパ北部へと渡りをする。この鳥は，春の数週間の間に孵化してオークの若葉を食べるガの幼虫の出現にあわせて産卵をする。孵化したときに食べ物が十分にあるようにするため，マダラヒタキは渡りと繁殖のタイミングをしっかりと合わせなければならない。ところが，春の気温が上がってきているので，オークはより早く葉を出し，いくつかの場所では餌となる幼虫の出現が以前よりも2週間も早まっている。アフリカを飛び立つタイミングは日の長さに依存しているので，マダラヒタキの生活環はヨーロッパで幼虫が得られるピークのタイミングからずれてしまった（Visser 2005；Burgess et al. 2018）。この幼虫の出現タイミングのピークが最も早まっている地域では，マダラヒタキの個体群はすでに急減している。絶滅を避けるためには微気候（microclimate）に適応する（発生学的，行動的）可塑性が必要になるだろう。

■　おわりに　■

　ゲノム情報は音楽の楽譜に似ているかもしれない。演奏者たちが楽譜を解釈してひとつの楽曲を演奏するように，ひとつの表現型はゲノム情報を（異なる）環境が解釈して発現されるものとみることができるだろう。生物学から派生した発生的可塑性や発生的共生という概念は，ようやく評価されつつある（Bateson and Gluckman 2011；Gilbert et al. 2012；McFall-Ngai et al. 2013；Gilbert and Epel 2015など参照）。微生物を含む共生者の重要な役割や発生が進む際の環境は，最終章でふれる進化の研究にとっても重要な意味合いをもつ。

研究の次のステップ

表現型発現のための環境内の因子は研究の世界を広げる。**生態発生生物学（エコデボ）**（ecological developmental biology：eco-devo）は，発生の自動性や独立性というアイデアに対して疑問を投げかける。もし我々が本当の意味で"個体"でないにもかかわらず，さまざまな相互作用に根ざした表現型をもつとしたら，自然選択はいったい何を選択しているのだろうか？　自然選択は"生物の集まり（全共生体のような）"や"関係性"を選択しうるのだろうか？　そして，発生的可塑性は，生物にとってこの地球温暖化の時代に極端な環境で生き残るための手段となりうるのだろうか？（Romney et al. 2018；Bonamour et al. 2019；Kelly 2019参照）　こういった疑問をもつことは，地球上の生物多様性や我々が知っている形での生命の存続などにとってますます重要になってきている。

章冒頭の写真を振り返る

Photo courtesy of Margaret McFall-Ngai

「あなたの共生者を敬え」とJian Xu and Jeffrey Gordon（2003）で述べられている［訳注：これはモーセの十戒のなかの「あなたの父と母を敬え」からきている］。この写真ではダンゴイカ（*Euprymna scolopes*）が光を出しているところが写っている。この光は共生細菌 *Vibrio fischeri* が出すもので，ただ光を出すだけでなく，イカの発光器の補助を得ている。25年前は，発生が数多の細菌を含む複数種との相互作用に依存しうるなどということを考える人はほとんどいなかった。今日，発生的共生（共発生（sympoiesis）ということもある）は，すべてではないにしても，ヒトを含むほとんどの動物種で報告されている。

25　発生の環境的および共生的な調節

1. 通常の発生において，環境は重要な役割を果たす。主要な要因として，温度，食物，そして捕食者の存在などがある。
2. 発生的可塑性によってさまざまな環境的状況に応じて同一の遺伝型から異なる表現型を生み出すことができる。
3. 反応基準は環境の条件に応じて量的に変化する表現型であり，これによってわずかな環境の条件の変化に応じて表現型が変化する。表現型多型は，1セットの条件が1つの表現型を生じさせ，もう1セットの条件が別の表現型を生じさせるといった，二者択一的な表現型である。
4. 生物が直面している環境条件によりよく適応するために，光周期，温度や異なる食物などの季節的な刺激は発生経路を改変することがある。温度の変化は多くの爬虫類や魚類などの生物では性決定にも関与している。
5. 捕食者誘導型の表現型多型は，特定の捕食者の存在に対して被食者が形態的に対応できるように進化した。
6. 遺伝子発現は異なるレベルのメチル化などを通じて，（変化する）環境要因の影響を受けている。この変化は周辺の細胞にもおよび，神経系で感知され，産出されるホルモンが遺伝子発現に影響を与える。
7. 行動的表現型も環境要因によって誘導される。生後，脳が成熟するに従って経験した環境条件はDNAメチル化のパターンを改変し，結果的にホルモンの受容と行動を変化させる。
8. 生物は通常は共生生物とともに発生し，共生者からのシグナルは正常な発生過程において重要になることがある。
9. 共生者は感染を通じて水平的に，もしくは卵細胞を通じて垂直的に伝播する。
10. 絶対的相利共生では，両方のパートナーがお互いを生存のために必要としている。絶対的発生的相利共生では，少なくとも片方のパートナーがもう一方の正常な発生のために必要である。
11. 植物の共生は地球上の生命にとって重要である。この共生は窒素を利用可能な形に変換することで植物の成長を支え，地上・海洋および水生の生態系の生物を維持する。

第 25 章　発生の環境的および共生的な調節 | **879**

12. 共生は生活環の 1 つのステージから次のステージに移行するために重要である。多くの無脊椎動物が幼生から成体へ変態するときに共生者に依存している。

13. 哺乳類の腸には共生者が生息しており，腸管に積極的に働きかけてその発生と機能発現に必要な遺伝子の発現を調節している。こういった共生者がいなければ，いくつかの哺乳類においては腸管の血管系とリンパ系が正常に形成されない。

14. 共生者は宿主の正常な遺伝子発現を誘導することがあり，細菌によって誘導された遺伝子の発現パターンが正常でなければ，宿主の表現型の発現が不十分になる。脊椎動物では，ある種の免疫細胞，腸管細胞，そして神経細胞の分化は共生者によって誘導された遺伝子発現に依存しているかもしれない。

15. 腸内細菌は妊娠中のマウスの母体の血中に低分子量の分子を分泌する。こういった分子は胎盤を通過して子宮内の胚の表現型に影響を与える。

16. 生物は複合的な生活環をもつ。これは海洋生物の幼生が固着して変態を行うために微生物を必要とすることからも明らかである。

17. 環境の変化(地球温暖化のような)は，温度や補食対象のような特定の条件に依存する生活環をもつような生物に非常に悪い影響を与える可能性がある。こういったものにカメの性決定やサンゴの共生系がある。温度や日の長さといった非生物学的要因による生物の生活環の調節——生物季節——も，気候変動によって負の影響を受ける可能性がある。

● オンラインのコンテンツは **https://www.medsi.co.jp** よりアクセスしてください。

26 進化的変化をもたらす発生メカニズム

本章で伝えたいこと

- 発生における変化を通した解剖学的な変化が，進化に必要な形態的多様性の基盤となっている。系統を超えてさまざまな動物の発生で使われているモジュール化されたボディプラン構成要素と，"小さなツールキット"遺伝子は，進化的な多様化に主要な役割を果たしてきた（26.1節）。
- 発生過程の変更の大半は，エンハンサーの柔軟性に起因する。エンハンサー配列が変わることで，遺伝子の発現量や，遺伝子を発現する細胞種や発生学的時間が変わり，発生過程そのものが変更される（26.2節）。
- 発生における物理的，形態学的，および多面的な拘束は，特定の表現型が生じることを妨げる（26.3節）。
- 発生の可塑性，遺伝的同化，および共生微生物は，進化を促進し，特定の表現型へのバイアスをもたらすことがある。胚発生中の個体が経験する物理的および化学的環境は，次の世代に遺伝するDNAメチル化パターンを生み出す可能性があり，これが遺伝子発現調節を通して結果的に進化的変化をもたらすことがある（26.4節，26.5節）。

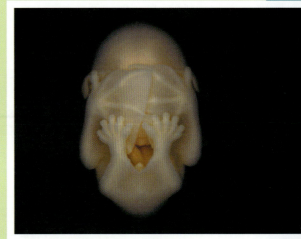

Photograph courtesy of R. R. Behringer

コウモリはどのようにして翼を手に入れたのか？

Darwin（ダーウィン）が『種の起源（*Origin of Species*）』を執筆していたとき，集団内での表現型のバリエーションがどのように生じるかについて，友人のThomas Huxley（トマス・ハクスリー）に相談したという。Huxley（1857）はDarwinに，発生過程の個体間差にその起源があると指摘し，これらの発生学的な違いは「新たなパーツの発生というよりも，分岐した両者に共通する既存パーツの変更によるものだろう」と答えた。

PART VII　より広い文脈における発生

Huxleyのこの視点は，進化を発生の変化から理解する比較的新しい学問領域，**進化発生生物学**(evolutionary developmental biology)における重要な教義を表現している。この新しい学問領域──"**エボ・デボ**(evo-devo)"と呼ばれる──は，生命の多様性を説明する，発生生物学，古生物学，そして集団遺伝学を統合した新しい進化学をつくりつつある(Raff 1996；Hall 1999；Arthur 2004；Carroll et al. 2005；Kirschner and Gerhart 2005)。Thomas Huxleyの孫であるJulian Huxley(ジュリアン・ハクスリー)は1942年に，「発生過程における遺伝子の役割を研究することは，変異や選択を研究することと同じくらい進化を理解するうえで不可欠である」と述べている。現代の進化発生生物学は，発生過程の変化が自然選択が作用しうる多様な表現型のバリエーションをどのように生み出すかを明らかにしつつある。これは"適者生存"に議論を終始させるのではなく，"適者到来"という新しい視点を与えるものだと言える(Carroll et al. 2005；Gilbert and Epel 2015)。(オンラインの「FURTHER DEVELOPMENT 26.1：Relating Evolution to Development in the 19th Century」参照)

26.1　進化のための前提条件：発生学的にみたゲノム構造

自然選択が，すでに存在する表現型バリエーションに作用することしかできないのであれば，それら表現型バリエーションがどのように生じたかは気になるところである。Darwin (1868)とHuxleyが結論づけたように，もし発生過程からそうした表現型バリエーションが生じているのだとしても，これほどまでに調和がとれていて複雑な発生過程のいったいどこが変わりうるというのだろうか？　どうすれば個体全体を破綻させてしまうことなく，そうした変化が生じるのだろうか？[1]この問題は，進化発生生物学者がすべての多細胞生物の発生の根底にある2つの条件，すなわちモジュール性と分子レベルの節約原理が大きな形態変化を生じさせることを証明するまで，謎のままであった。からだの基本構造にみられる**モジュール性**(modularity)は，からだの一部分(または"モジュール")が他の部分と異なる発生過程を経ることを可能にする。そして**分子レベルの節約**(molecular parsimony)原理は，すべての系統の発生が"小さなツールキット"と呼ばれる同じ種類の分子群を使うという発見によって生まれた。(オンラインの「DEV TUTORIAL：EVO-DEVO：Scott Gilbert summarizes some basic principles of evolutionary developmental biology」参照)

モジュール性：分離による多様化

進化発生生物学がもたらした重要な発見の1つは，解剖学的要素にモジュール性がみられる(からだの一部が別のパーツとは独立した発生を行うことができることなど)だけでなく，エンハンサーなどのDNA領域にもモジュール性があるという事実である。ここでの**遺伝的モジュール性**は，(1)各遺伝子に対して複数のエンハンサーが存在しうること，(2)各エンハンサー領域が複数の転写因子に対する結合部位をもちうること，を意味する(3.4節参照)。

エンハンサーエレメントのモジュール性は，特定の遺伝子セットをまとめて発現させることを可能にすると同時に，特定の遺伝子が複数の異なる組織で発現することを可能にする。したがって，変異によって特定の遺伝子がモジュール性のあるエンハンサーエレメントを失ったり獲得したりすると，その特定のエンハンサーセットをもつ生物は，元の配列

1　この問いに答えることは，生物多様性の源としての進化を否定する人々の主張を打ち破るために重要であった。インテリジェント・デザインの支持者の多くは，ミクロ進化(種内の変化に限定される)は認めるが，本章で説明するマクロ進化(種間の違い，新種の誕生)は否定する。(オンラインの「FURTHER DEVELOPMENT 26.2："Intelligent Design" and Evolutionary Developmental Biology」参照)

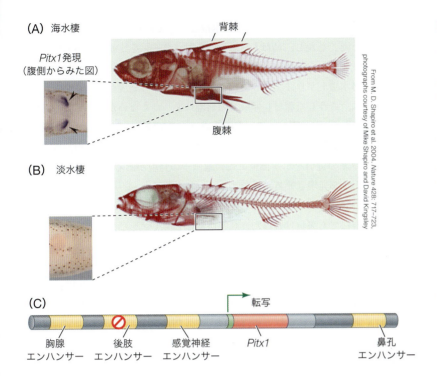

図 26.1 エンハンサーのモジュール性による進化。淡水棲のトゲウオ（*Gasterosteus aculeatus*）では，腹棘領域での*Pitx1*遺伝子の発現が失われている。(A)骨板と腹棘の海水棲のトゲウオの特徴。(B)淡水棲の個体では，腹部に骨板の装甲である腹棘が存在しない。発生途中の海水棲の胚を拡大した腹側からの写真では（挿入写真），*Pitx1*が腹棘領域で（写真にはないが感覚ニューロン，胸腺細胞，そして鼻部でも）発現していることが*in situ*ハイブリダイゼーションによりわかる（紫色）。矢じりは海水棲トゲウオの胚における*Pitx1*発現で，腹棘形成領域にみられる。淡水棲の胚ではこうした腹棘領域での発現はみられないが，その他の領域では発現が確認できる。(C)腹棘消失の進化過程を説明するモデル。4つのエンハンサーが*Pitx1*遺伝子のコード領域の近傍にみられ，これらエンハンサーはそれぞれ*Pitx1*遺伝子を，胸腺，腹棘，感覚ニューロン，あるいは鼻孔で発現させる働きがある。淡水棲トゲウオのゲノムでは，腹棘（後肢）エンハンサーは変異しており，*Pitx1*遺伝子はそこでは機能しなくなっている。(M. D. Shapiro et al. 2004. *Nature* 428：717-723 より)

をもつ生物とは異なる場所やタイミングでその遺伝子を発現するようになる。このような変異による可変性は，異なる解剖学的・生理学的機能をもつ個体を生み出す可能性があり，実際，DNA制御領域の変異によって大きな形態学的変化が起こることも知られている（Sucena and Stern 2000；Shapiro et al. 2004）。このように，エンハンサーのモジュール性は自然選択の対象となるさまざまな表現型バリエーションを生み出すことができ，エンハンサー配列に影響を与える変異は動物群間の形態学的差異を説明する最も重要な要因であると考えられている（Carroll 2008；Stern and Orgogozo 2008）。

モジュール性がもつ力：*Pitx1*とトゲウオの進化

エンハンサーがもつモジュール性の進化における重要性は，イトヨ（トゲウオの一種；*Gasterosteus aculeatus*）の進化を研究することで見事に示された。淡水棲トゲウオは，約12,000年前の最後の氷河期に新しくできた淡水湖に入り込んだ海水棲トゲウオから進化した。海水棲トゲウオ（図26.1A）は，腹ビレ領域にトゲ（腹棘）をもっており，これが捕食者の口を突き刺すような構造であるために有効な防御方法となっている（学名の意味は"トゲをもった骨っぽい腹"である）。一方で，淡水棲トゲウオはこうした腹棘をもっていない（図26.1B）。これはおそらく，海水棲トゲウオが遭遇するような魚類捕食者に淡水棲トゲウオは遭遇しない一方で，淡水ではこの腹棘を掴んで捕食をしてしまう無脊椎動物の捕食者に対応しなければならないためであろう。したがって，淡水では腹棘のないトゲウオが選択されたと考えられる。

どの遺伝子がこの腹棘の違いを生み出しているのかを明らかにするため，研究者たちは，海水棲（腹棘あり）と淡水棲（腹棘なし）のトゲウオをかけ合わせることにした。そして生まれた世代をさらにかけ合わせ，トゲをもつ個体やもたない個体など，数多くの子孫を生み出した。親由来染色体の領域が特定できるような分子マーカーを活用することで，Shapiro（シャピロ）らは2004年，腹棘の発生にかかわる主たる遺伝子を7番染色体の末端に絞り込んだ。さらに膨大な数の候補遺伝子（例えば腹ビレに相当するマウスの後肢で発現している遺伝子など）を調べることで，最終的に転写因子Pitx1をコードする遺伝子がこの7番染色体領域に乗っていることを突き止めた。

Shapiroらはまず，Pitx1のアミノ酸配列を淡水棲と海水棲のトゲウオ間で比較したが，違いは見つからなかった。しかし，*Pitx1*遺伝子の発現パターンを比較してみると，そこには大きな違いがあった。胸腺前駆体，鼻部，そして感覚ニューロンでの発現は両者で共通していたのだが，海水棲トゲウオでのみ腹ビレ領域で*Pitx1*の発現が認められた。一方で淡水棲トゲウオでは，こうした腹ビレ領域での発現はまったくないか，あるいは非常に弱い発現しか認められなかった（**図26.1C**）。*Pitx1*のコード領域には変異がないこと（そして腹棘の違いにかかわる遺伝子が*Pitx1*遺伝子の部位にマップされたという点，さらに淡水棲と海水棲のトゲウオの違いを示す部位にこの遺伝子の発現があるという点）を考えると，腹ビレ領域に*Pitx1*を発現させるためのエンハンサー領域（つまり腹棘エンハンサー）が淡水棲のトゲウオで機能しなくなっているというのが妥当な結論だった。

この結論は，別の方法でも裏付けられた。高解像度のDNAマッピングにより，腹棘をもつトゲウオとそうでないトゲウオで*Pitx1*の"後肢"のエンハンサーの配列が異なっていることがわかったのである（Chan et al. 2010）[2]。海水棲（棘をもつ）トゲウオから2.5 kbのDNA領域を切り出し，緑色蛍光タンパク質（green fluorescent protein：GFP）遺伝子につないだうえで，淡水棲トゲウオの受精卵に導入したところ，腹ビレでGFPが発現した。しかも，このDNA領域を淡水棲トゲウオ（棘がない）の*Pitx1*遺伝子のコード領域につなぎ，それを淡水棲トゲウオの受精卵に導入すると，腹棘が形成された。これは翻訳されたPitx1タンパク質が*Tbx4*遺伝子のエンハンサーに結合し，"後肢"の発生を促すことによると考えられる（21.3節参照；Logan and Tabin 1999）。

再利用　モジュール性は，ある特徴一式をそのまま別の新しい場所で再利用（あるいは"コ・オプション"）することを可能にする。例えば第11章のFURTHER DEVELOPMENT 11.5（オンライン）では，骨片形成遺伝子群（骨片形成"サブルーチン"）が，ウニの小割球発生に再利用されている例を紹介した。大半の棘皮動物では，こうした骨片形成遺伝子群は成体でのみ活性化されて，堅い外骨格をつくるようになっている。しかし，（他の棘皮動物ではみられないものの）ウニにおいては，これらの遺伝子の1つのエンハンサー領域の変化により，小割球の二重抑制ゲートの制御下にこれら骨片形成遺伝子群が組み込まれている（図11.4および図11.5参照）。こうした仕組みで，ウニの幼生の間充織細胞に骨格の形成がみられるのである（Gao and Davidson 2008）。

この他にも再利用を活用した形質がみられ，甲虫を特徴付ける翅の構造がそれにあたる。甲虫は地球上で最も成功した種の1つで，実に現存の生物種数の20%以上を甲虫が占める（Hunt et al. 2007）。甲虫は翅を格納する堅い外骨格でできた鞘翅（elytron）をつくるという点で，他の昆虫とは異なっている。これこそが，"生きた宝石"として博物学者達に愛されてきた所以ともいえるだろう（**図26.2**）[3]。甲虫では，ショウジョウバエ（*Drosophila*）と同様に，*Apterous*遺伝子が翅成虫原基の背側で発現しており，このApterous転写因子が背側の翅構造の分化を制御している。しかし甲虫類においてのみ（他の昆虫では例がない），Apterousが外骨格形成遺伝子群を前翅で誘導する（後翅では外骨格形成遺伝子は誘導されない）ということが起こっている（Tomoyasu et al. 2009）。このように，あるモジュール（外骨格形成サブルーチン）を別の場所（背側の前翅発生のサブルーチン）で使う

2　いくつかのトゲウオの個体群における骨盤棘の消失は，この*Pitx1*発現領域の消失が独立に生じた結果であることがわかっている。骨盤で*Pitx1*発現が消失すれば，その形質はすぐに選択されて集団内に広がりやすいことを示唆している（Colosimo et al. 2004）。集団遺伝学と発生生物学の組み合わせにより，どのようなメカニズムで進化が起こったかが明らかになった例といえるだろう。

3　DarwinとWallace（ウォレス）はともに熱心な甲虫収集家であったが，遺伝学者J. B. S. Haldane（J・B・S・ホールデン）が最もうまく甲虫の卓越性を表現した人物であろう。聖職者に「自然を研究することで神について何か教えてくれるものがあったか？」と聞かれた際に，彼は「神は甲虫を過大なまでに優遇した」と答えたと言われている。

図26.2 鞘翅は硬化した前翅であり，鞘翅目である甲虫類の大きな特徴である。鞘翅は，外骨格発生のための遺伝的モジュールを，前翅の背側発生に再利用したことで生まれる。(A) テントウムシの鞘翅。前翅は外骨格で装飾され，後翅は伸びている。(B) オックスフォード自然史博物館にある"生きた宝石"。甲虫類の鞘翅の多様性がみてとれる。

ことで，新しい形の翅が出現しているのである。

　新しい表現型へのモジュールの採用は，"家畜化症候群"でもみられる。ウマやブタが飼いならされ，オオカミが家畜化されてイヌになるとき，さまざまなモジュールが同時に変化する (Wilkins et al. 2014)。発生における変化が大きな役割を果たしていることがよくわかる。(オンラインの「FURTHER DEVELOPMENT 26.3：Domestication and Correlated Progression」参照)

分子レベルの節約原理：小さなツールキット

　発生過程の変化を通した大進化において必要となる第二の前提条件は，分子レベルの節約原理だろう。時にこれは"小さなツールキット"とも呼ばれる。具体的には，発生過程そのものは動物の系統ごとに非常に大きく異なるにもかかわらず，どの系統の動物でも基本的に同じ分子セットを用いているという事実である。転写因子，傍分泌因子，細胞接着分子，そしてシグナル伝達カスケードは，動物門を超えて互いに非常に似通ったものとなっている。シグナル伝達カスケードの多くは単細胞の原生生物で進化し，後に後生動物で再利用されたと考えられる (Booth and King 2016；Sébé-Pedrós et al. 2016)。動物の進化には，エンハンサーの進化と新しいシグナル伝達経路の進化，特にBMPやWntを用いた経路の進化が関与していると考えられている (Paps and Holland, 2018；Sébé-Pedrós et al. 2018)。これら進化は急速に成し遂げられ，クラゲや扁形動物が使う転写因子や傍分泌因子の主要なキットは，脊椎動物とハエも同じである (Finnerty et al. 2004；Carroll et al. 2005；Putnam et al. 2007；Ryan et al. 2007；Hejnol et al. 2009)。

　ある種の転写因子や傍分泌因子 (Hox, PaxやBMPなどのグループ) は，刺胞動物，節足動物，脊索動物などを含む，すべての動物門でみられる転写因子である。しかも，ある種の"ツールキット遺伝子"は，別の系統の動物であっても同じ**役割**を果たしている。例えば，動物界で広く使われている背腹軸を決めるためのBMP遺伝子群 (図26.3A)，左右相称動物で広く使われている前後軸決定にかかわるWntとHox遺伝子群 (図26.3B)，そして軟体動物，昆虫，霊長類と大きく異なる眼の構造をもっていても，光受容器の形成に同じように使われているPax6遺伝子 (図26.3C)[4・次頁] などがある。

　同様に，脊椎動物でも無脊椎動物でも頭部の決定にはOtx遺伝子のホモログがかかわり，昆虫と脊椎動物の心臓においても，両者は解剖学的に相当異なっているにもかかわら

ず，どちらにも*tinman/Nkx2-5*が使われている（Erwin 1999参照）。また，ある種のマイクロRNAもあらゆる動物に存在するようで，どんな動物門においても同じまたは非常に類似した発生学的役割があるようである（Christodoulou et al. 2010）。例えばmiRNA-124は，前口動物と後口動物の中枢神経系に共通して見つかるし，miRNA-12の腸管での発現は動物界に広く共通しているらしい。そしてmiRNA-92は，後口動物と前口動物の幼生において繊毛をもつ運動細胞の分化にかかわっているようである。このように同じ転写因子やマイクロRNAが動物界で広く同じ種類の細胞の分化にかかわっているということは，前口動物や後口動物が，これらの因子を使って器官形成を行っていた共通祖先の末裔だということを強力に支持している（Davidson and Erwin 2010）。

相同な遺伝子で構成された相同な経路（前述の遺伝的モジュール）が，前口動物と後口動物ほど離れた生物種間でも同じ役割で使われているケースもわかっている。この関係性を**ディープホモロジー**（deep homology）と呼ぶ（Shubin et al. 1997, 2009）。系統として分岐してから何百万年という後でも経路とその機能が保存されている際に，こうしたモジュールはディープホモロジーの関係にあるとされる（Shubin et al. 1997）。1つの例は，8.4節と12.4節でも扱ったChordin/BMP4の相互作用である。脊椎動物でも無脊椎動物でも，Chordin/Short-gastrulation（Sog）はBMP4/Decapentaplegic（Dpp）の側方化効果を阻害することで，Chordin/Sogに守られた外胚葉は神経外胚葉になる[5]。この経路の反応は非常に似通っており，ショウジョウバエのDppタンパク質でも，ツメガエル（*Xenopus*）でBMPを使って行われている腹側化作用を代替することができてしまう。また，ChordinによってSogを代替することも可能である（図26.4；Holley et al. 1995）。

重複と分岐

前述したような傍分泌因子や転写因子の研究から明らかになったことの1つは，これらの遺伝子群やそれらがコードするタンパク質群はそれぞれファミリーを形成しているということである（Holland 2017）。では，このような遺伝子ファミリーはどのように出現したのだろうか？　答えは遺伝子の重複にあると考えられる。元となる遺伝子が重複し，それらが独自の変異を蓄積していくことによるものである（図26.5）。こうした重複と変異が，同じ分子的祖先をもった遺伝子ファミリーを形成することになる（そしてしばしば染色体上で隣り合って存在する）。この**重複と分岐**（duplication and divergence）によるシナリオで説明できる遺伝子群に，Hox遺伝子群，グロビン遺伝子群，コラーゲン遺伝子群，*Distal-less*遺伝子群，そしてその他の多くの傍分泌因子（例えば*Wnt*遺伝子など；4.7節参照）がある。こうした遺伝子ファミリーの各メンバーは互いに相同な関係にあり（つまり，配列が似ているのは共通の遺伝子を祖先にもつからであり，同じ機能をもつための収斂進

(A)

(B)

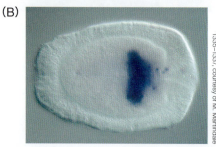

(C)

図26.3 制御遺伝子群の進化的保存を示す証拠。(A)脊椎動物*Bmp4*とショウジョウバエ*Decapentaplegic*の刺胞動物ホモログ遺伝子が，イソギンチャク*Nematostella*の原口の端に非対称に発現している様子。この遺伝子は，前口動物と後口動物がもつ相同遺伝子の祖先的な配列を反映している。(B)幼生期のイソギンチャクの原口部分にHox遺伝子の*Anthox6*が発現している。この遺伝子はHox遺伝子群のパラロググループ1に属する刺胞動物ホモログである。(C)眼の発生に使われる*Pax6*遺伝子は，前口動物と後口動物の共通祖先から使われている古い遺伝子の好例である。ショウジョウバエの脚の領域から個眼群が生じているのが電子顕微鏡像で確認できる。このハエは，後口動物であるマウスの*Pax6* cDNAを，前口動物のハエの脚原基領域に発現させたものである。

4　だからといって，Pax6によって発生が決まるのは眼だけではないし，別の動物門でPax6が違ったタンパク質によって制御を受けないということを意味しているわけではない（Lynch and Wagner 2011）。
5　こうした神経系誘導の中心的な阻害機構だけでなく，他にも前口動物と後口動物の神経索の形成機構でディープホモロジーが知られている。BMPやChordinの拡散や安定性に関与するタンパク質が，脊椎動物と昆虫間で保存されているのである（Larrain et al. 2001）。

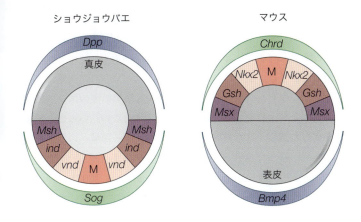

図26.4 前口動物でも後口動物でも同じシグナルが神経系を誘導する。前口動物のショウジョウバエでは、形質転換増殖因子β(TGF-β)ファミリーのDecapentaplegic（Dpp）が背側に発現しており、腹側に発現しているShort-gastrulation（Sog）と拮抗的に働く。一方で、後口動物のマウスではTGF-βファミリーのBmp4は腹側で発現しており、背側に発現するChordin（Chrd）（Sogのホモログ）と拮抗的に働く。Chordin/Sogの発現量が最大となるのは、正中領域である(M)。この正中領域は、脊椎動物では背側となり、昆虫類では腹側となる。TGF-βファミリータンパク質（BMP4またはDpp）の濃度勾配は、神経系の領域特異化にかかわる遺伝子群（vnd/Nkx2、続いてind/Gsx、そしてMsh/Msx）を同じ順序で活性化する。こうした遺伝子群は刺胞動物でも似た様式で発現していることが観察されている。(H. Reichert and A. Simeone. 2001. *Philos Trans R Soc Lond B* 356: 1533-1544 より)

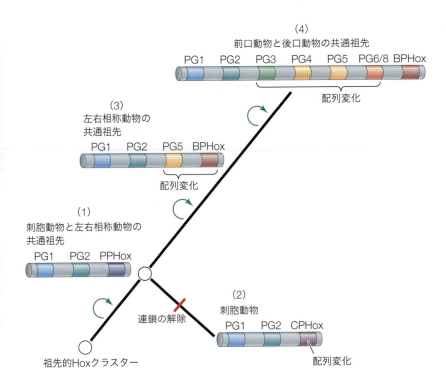

図26.5 後生動物のHoxクラスターのパラログ遺伝子群が、遺伝子重複（弧で描いた緑の矢印）と分岐によって形成される過程。(Moreno et al. 2011参照)。この単純化したモデルでは、3つのHox遺伝子群が刺胞動物と左右相称動物の共通祖先に存在し、互いに連鎖していた(1)。刺胞動物では、PPHoxはPG1/2との連鎖から切り離され、機能的に分岐した(2)。左右相称動物の共通祖先では、これら遺伝子群は連鎖したまま、重複と分岐を繰り返し(3)、最終的に前後軸に沿ったパターニングという新しい役割を獲得した。その後、一連の重複により、前口動物と後口動物の共通祖先において、拡張されたHoxクラスターが形成された(4)。

化から生じたからではない)，**パラログ**(paralogue)と呼ばれる。こうした遺伝子ファミリー概念の提唱者の一人であるSusumu Ohno（大野乾；1970）は、遺伝子重複を、監視をやりすごして逃れようとする泥棒にみたてた。つまり"警察の力"である自然選択が、"善良な"遺伝子だけが機能することを担保している一方で、重複した遺伝子は（元の遺伝子が存在するおかげで）自然選択の圧力から逃れることができ、変異して新しい機能を獲得できるのだと説明した。

こうしたサブファンクショナライゼーション（機能分化）は、Hox遺伝子群を含む数多くの遺伝子でみられる現象である。特にHox遺伝子群は、遺伝子重複と分岐を象徴する複雑かつ重要な例になっている。動物ゲノムをみると、(1)さまざまな動物系統内で配列の似通った複数のHox遺伝子群が見受けられる（例えばショウジョウバエの*Deformed*, *Ultrabithorax*, そして*Antennapedia*；あるいは哺乳類における39のHox遺伝子群）。そして、(2)脊椎動物には複数のHox遺伝子クラスターがある（哺乳類でみられる39のHox遺伝子群は4つのクラスターとして4つの染色体に分かれている）。こうしたHox遺

伝子群の類似性を最もよく説明するのは，これらの遺伝子が祖先的動物がもっていたHox遺伝子に由来するというものである．つまり，ショウジョウバエがもつ*Deformed*, *Ultrabithorax*, そして*Antennapedia*遺伝子群は，オリジナルの遺伝子が重複してできたものということになる．この3つの遺伝子は，配列（特にホメオドメインの配列）が非常によく保存されている（図10.23参照）．こうした直列遺伝子重複はDNA複製の際のエラーに起因すると考えられており，しかもそのようなエラーは珍しいことではない．いったん重複すれば，コピーされた遺伝子はコード領域やエンハンサー領域への変異を重ねて分岐していき，違った発現パターンや機能をもち始めるのである（Lynch and Conery 2000；Damen 2002；Locascio et al. 2002）．

さらに，こうした重複のために（13.5節で説明したように），ショウジョウバエのHox遺伝子には脊椎動物に対応するホモログ（遺伝子によっては複数のホモログ）がある．こうした相同性はしばしば非常に深く，単に配列上の類似性だけではなく，機能においてもみることができる．例えば，脊椎動物*Hoxb4*遺伝子の配列はショウジョウバエの*Deformed*（*Dfd*）に似ているだけでなく，ヒトの*HOXB4*は，ショウジョウバエ胚に遺伝子導入することで*Dfd*欠失変異体の表現型を補償することができる（Malicki et al. 1992）．また，昆虫とヒトのHox遺伝子群の配列は似ているだけでなく，それぞれの染色体上での位置関係まで同じである．さらに，これら遺伝子群の発現パターンまできわめてよく似ている．具体的には，3′側のHox遺伝子は，より頭部側の領域に発現する[6]（図13.19参照）．したがって，種を超えて存在するこれら遺伝子群は互いに相同な関係にあるといえる（同じ種内で相同な関係にあるものとは違うことに注意）．このように種間で相同な遺伝子を**オーソログ**（orthologue）と呼ぶ．

ヒトの進化においておそらく最も重要な遺伝子重複は，大脳皮質の巨大化を可能にした*SRGAP2*だろう．この遺伝子にコードされているタンパク質は哺乳類の大脳皮質で発現しており，細胞分裂速度を低下させたり，樹状突起の長さや密度を下げたりする働きがあるようである．この遺伝子がヒトでは他の哺乳類（チンパンジーも含めて）とは異なり，2度重複している．しかも，2度目の重複は不完全なものであったため，これで生じた重複遺伝子の1つは中途半端な配列しかもっていない．この遺伝子産物（SRGAP2C）は依然として大脳皮質で発現しているものの，そのタンパク質産物はSRGAP2が途中で途切れた形になっているため，正常な完全長SRGAP2の機能を阻害してしまう．結果として，ヒト大脳皮質における細胞分裂はより長い期間続くようになり，樹状細胞はより多くの接続をもつようになった（図26.6；Charrier et al. 2012；Dennis et al. 2012）．ゲノムレベルの比較解析により，この遺伝子重複は約240万年前に起こったと推定されており，これはちょうどアウストラロピテクスのころにあたる．これは霊長類としての脳のサイズの増大が起こり，道具を初めて使い始めた時期でもある（Tyler-Smith and

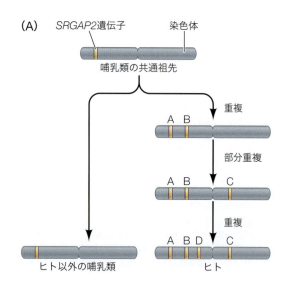

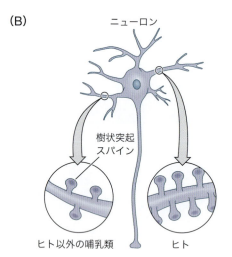

図26.6 ヒト*SRGAP2*遺伝子の重複と分岐．（A）*SRGAP2*遺伝子はヒト以外の哺乳類では1コピーしかゲノム中に存在しない．一方で，ヒトへの系統（右側）では重複により4つの似た遺伝子が生じた（図中のA〜D）．（B）"祖先的"遺伝子にあたる*SRGAP2A*は，*SRGAP2B*と*D*の働きに少し手助けされながら，ニューロンの表面にある樹状突起のスパイン（隆起部分）の成熟を促す．一方，*SRGAP2C*は一部のみを重複したため，この遺伝子産物は*SRGAP2A*の働きを阻害することで樹状細胞のスパインの成熟を遅らせ，神経細胞の遊走を促す働きがある．こうした部分的な重複が，ヒトの脳に長い成熟期間をもたらし，脳の大きな可塑性を進化させることを可能にしたと考えられる．（D. H. Geschwind and G. Konopka. 2012. *Nature* 486：481-482より）

---

[6] Hox遺伝子は，左右相称動物の動物群が進化する以前から体軸に沿った特異化に重要であったようだ．ヒドラのような刺胞動物では，Hox遺伝子群がからだの前後軸を特定化している（He et al. 2018；Technau and Genikhovich 2018）．さらに，Hoxタンパク質は分節構造を直接的に規定していると考えるべきではない．むしろこれらのタンパク質は仲介役であり，脊椎動物におけるWNTやFGFの勾配，ハエにおけるギャップ遺伝子など，Hox以外のシグナルから領域特異的な指示を仲介していると考えたほうがよさそうである．異なるHox遺伝子の組み合わせは，組織特異的に細胞増殖と細胞接着を可能にする（Gawne et al. 2018；Mallo 2018）．

Xue 2012)。

26.2　進化的変化を引き起こす仕組み

　1975年，Mary-Claire King（メアリー＝クレア・キング）と Allan Wilson（アラン・ウィルソン）は，「Evolution at Two Levels in Humans and Chimpanzees（ヒトとチンパンジーにおける2つのレベルでの進化）」と題する論文を発表した。この研究では，チンパンジーとヒトの間には解剖学的に大きな違いがあるにもかかわらず，タンパク質をコードするDNAはほとんど同じであることを明らかにした。違いは，発生過程で働く制御遺伝子群にあったのである：

> チンパンジーとヒトの個体でみられる違いは，主に一部の遺伝子制御システムの相違から生まれたのだろう。一方で，一般的にはアミノ酸置換が適応進化の鍵として働くことはかなりまれであったと思われる。

　言い換えるならば，ヒトとチンパンジーできわめて配列の類似性が高い遺伝子に対するコード領域の置換変異は，大進化には重要ではなかったと考えられる。一方で重要なのは，**遺伝子がいつ，どこで，どの程度発現するか**ということである。このことは，その後のゲノム研究によって確認されている（Deline et al. 2018）。

　1977年，発生における遺伝子制御に対する変化こそが進化に重要であるという考えは，ノーベル賞受賞者で遺伝子制御のオペロン説を提唱した François Jacob（フランソワ・ジャコブ）によって拡張された。まず Jacob は，進化は手持ちのものを使って起こると述べた。すなわち，新しいパーツをつくるというよりも，既存のパーツを新しく組み合わせることで進化が起こるという。次に，そうした"組み合わせ遊び"は，成体になってから働く遺伝子群よりも，胚をつくる遺伝子群において起こるだろうと予測した（Jacob 1977）。Wallace Arthur（2004）は，遺伝子発現のレベルで起こりうる Jacob の"組み合わせ遊び"から，自然選択の対象となりうるような表現型の多様性創出につながるものを4つ列挙した：

1. ヘテロトピー（異所性：場所の変化）
2. ヘテロクロニー（異時性：時間の変化）
3. ヘテロメトリー（異量性：量の変化）
4. ヘテロタイピー（異タイプ性：種類の変化）

　これらの変化は，遺伝子が異なる複数のエンハンサーに制御されているときなど，遺伝子発現制御にモジュール性がみられる場合にのみ起こりうることである。こうした発生のモジュール性は，その他の部分は必ずしも変化させずに生物の一部のみを変化させるといった妙技を可能にする[7]。

ヘテロトピー

　新しい構造をつくるうえでの1つの方法は，転写因子や傍分泌因子が発現する**場所**を変えてしまうことだろう。こうした遺伝子発現の空間的な変更を**ヘテロトピー**〔異所性（heterotopy；ギリシャ語で"違う場所"の意）〕と呼ぶ。ヘテロトピーによって，細胞は新しい

---

[7]　本章では転写レベルでの変化が新しい形態形成に寄与する例について中心的に議論しているが，他のレベルでも同様に形態学的変化が起こせることは述べておくべきだろう。例えば Abzhanov and Kaufman（1999）は，*Sex combs reduced* 遺伝子の転写後調節が，陸生甲殻類であるワラジムシ（*Porcellio scaber*）の脚を顎脚に変えてしまうのに決定的に重要であることを示した。

図26.7 遺伝子発現の違いが脊椎動物の異なる四肢形成に役立っている。マウスの四肢(A)，水かきをもつアヒルの後肢(B)，指間膜をもつコウモリの前肢(C)における遺伝子発現の違いを示す模式図。(A)マウス胚の前肢は高レベルのBMPシグナルを示すが，近位の*Gremlin*の発現はわずかである。これにより指間組織ではBMP誘導性のアポトーシスが起こり，分離した指が出現する。(B)アヒル胚後肢の趾間細胞では，*Gremlin*が近位に強く発現しており，これがBMP誘導性のアポトーシスを阻害し，水かきを形成する。(C)コウモリの前肢はBMPシグナルを示すが，前肢の指間領域における*Gremlin*の広範な発現とコウモリ特異的にみられるFgf8シグナル領域の両方によって，指間膜における細胞死はブロックされていると考えられる。(S. D. Weatherbee et al. 2006. *Proc Natl Acad Sci USA* 103：15103-15107より)

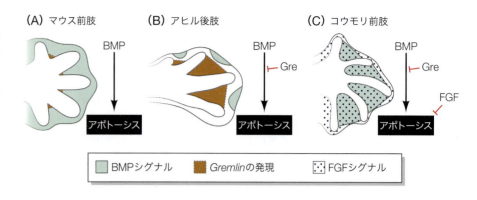

アイデンティティを獲得したり(ウニの小割球が骨格形成に使われる転写因子を再利用した例など；11.3節参照)，傍分泌因子が介在する機構を新しい組織において活性化したり阻害したりすることができる(指の間の水かき部分においてGremlinがBMPを介したアポトーシスを阻害する例など；図21.30参照)。他にも例はまだあり，いくつかについては次で紹介する。

コウモリはどのように翼を獲得し，カメはどのように甲羅を獲得したのか 1.6節では，コウモリの翼は前肢の発生過程が変化して進化したものであり，具体的には指の間の細胞が死なないような変化が起きたことを紹介した。しかもこの水かき部分を残す方法が，アヒルが水かきを残す方法と非常によく似ている。どちらもBMPを阻害することで，指の間の細胞のアポトーシスを止めているのである。コウモリの翼では，Gremlinと繊維芽細胞増殖因子(fibroblast growth factor：FGF)のいずれも，BMPの機能を阻害する働きがあると考えられる。コウモリでは，その他の哺乳類では発現してないFgf8が指の間の水かき部分で発現しており，このFgf8タンパク質が水かき領域の細胞を残しておくのに決定的に重要らしい。もしFGFシグナルが阻害されると，他の哺乳類同様，BMPは水かき領域の細胞にアポトーシスを誘導してしまうことになる(Laufer et al. 1997；Weatherbee et al. 2006)。またFgf8は別の機能ももっており，指の細胞群に細胞分裂のシグナルを送ることで，指の伸長，そして結果的に翼の伸長にも役立っているようである(図26.7；Hockman et al. 2008, Sears 2008)。

　カメの甲羅形成にもBMPとFGFは使われているのだが，やや違った使われ方をしている。カメを他の脊椎動物と異なるものにしているのは肋骨である。他の脊椎動物のように腹側に回り込んで胸腔をつくるのではなく，カメの肋骨はまずまっすぐ側方の真皮組織のほうに伸びる(図26.8)。この真皮組織が肋骨の前駆細胞を誘引しているようで，その他の脊椎動物と違ってカメのこの真皮領域はFgf10をコードする遺伝子を発現している。Fgf10が肋骨を誘引しているであろうことは，Fgf10シグナルを阻害することで肋骨が側方の真皮組織に入るのを阻害できることから推測される(Burke 1989；Cebra-Thomas et al. 2005)。肋骨がひとたび真皮組織に入ると，肋骨細胞は本来の肋骨としての発生過程を進め，BMPによる軟骨内骨化を起こす(つまり，軟骨が骨に置き換えられる)。ただ，肋骨は真皮に埋まった状態であり，肋骨周囲の真皮細胞までもBMPに反応することで骨化することになる(Cebra-Thomas et al. 2005, Riece et al. 2015)。このようにして，新たな場所に入り込んだ肋骨は，真皮を誘導し骨化させ，それによって甲羅を獲得したと考えられる[訳注：Hirasawa et al. *Nat. Commun.* 2013によると，基本的に肋骨は真皮の中に入っておらず，真皮の中に入っている肋骨の遠位端でも，背甲の板部分はできないことを報告している。ここに書かれてあるような単純な仕組みではなさそうだ]。カメの甲羅が肋骨から形成されるという新しい知見は，カメの進化の起源に関する古生物学的な理論の刷

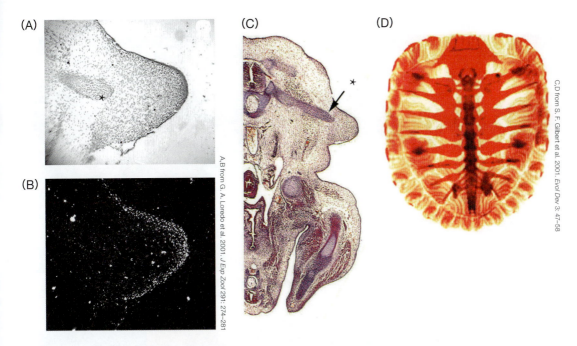

図26.8 カメの発生においていくつかのレベルでみられるヘテロトピー。カメの背側の甲羅（背甲）は，一連のヘテロトピーにより形成される。一部の真皮領域での*Fgf10*遺伝子の発現は，肋骨前駆細胞に胸郭をつくらせるよう腹側に回り込ませるのではなく，そのまままっすぐに側方の真皮に沿って成長させる働きがある。（A，B）カメ初期胚の横断切片。肋骨前駆細胞が真皮層に入り込んでいくところが見える（Aは明視野像；Bは*Fgf10*染色のオートラジオグラフィー）。（C）少し後の発生段階におけるカメ胚の横断切片。肋骨（矢印）が背甲の一部を形成すべく側方の真皮領域にまっすぐ伸びていることがわかる。（D）アリザリンレッドで骨を染色した孵化後のカメ。椎骨と肋骨，そしてそれを取り囲む真皮のなかに骨成分が見える。カメでは，*Fgf10*発現，肋骨の伸長，そして骨要素の位置についてヘテロトピーがみられる。（A）と（C）のアスタリスクは遊走中の肋骨前駆細胞を示す。

新にも貢献した（Nagashima et al. 2009；Lyson et al. 2013）。

甲殻類付属肢の異なる機能 ヘテロトピーの最良の例は甲殻類でみられ，分節的構造をもつ付属脚のアイデンティが系統ごとに異なることだろう。Averof and Patel（1997）は，甲殻類の肢の進化がHox遺伝子のパターンと関連していることを示した[8]。例えば，異なる甲殻類群での*Ultrabithorax*および*Abdominal-A* Hox遺伝子の発現パターンは，前胸の肢が運動構造から摂餌付属肢（maxilliped）に変化したかどうかと非常によく相関している。さらにHox遺伝子の発現パターンを実験的に変更すると，付属肢のタイプも同様に変化したのである（Deutsch and Mouchel-Vlelh 2007；Pavlopoulos et al. 2009）。実際，Nipam Patel（ニーパム・パテル）とその同僚は，端脚類の*Parhyale hawaiianensis*で*Ubx*発現をなくすか減らすことで，端脚類の分節構造を他のグループの甲殻類に似たものに変えることができた（Liubicich et al. 2009；Martin et al. 2016）。

チューリップの2つの花弁 非常に多様な被子植物の花は，その大多数がホメオティック変異によるものである（Thiessen 2010；Moyroud and Glover 2017）。この多様性には，雄ずいから花弁へと形質が変化したと思われるバラの花弁（Ronse de Craene 2003；Dubois et al. 2010）や，がくから花弁へと変化したチューリップの花弁（図26.9；Kanno et al. 2003）を含む。6.4節で述べたように，花弁のアイデンティティはクラスA，B，Eの

---

[8] 昆虫のHox遺伝子は第10章で取り上げた。甲殻類の発生は，進化的変化が発生過程の変更によって生じることを示す先駆的な例として知られる。Darwinが「観察の王子」と呼んだFritz Müller（フリッツ・ミュラー；1869年）は端脚類の肢の多様性に歓喜し，こうした形態的な多様性は，偶然，発生，そして自然選択がかかわる問題だろうと述べた。

図26.9 （A）花器官のアイデンティティは，シロイヌナズナ（*Arabidopsis thaliana*）で提唱されたABCDEモデルの遺伝子領域に従い特定化される（6.4節参照）。（B）チューリップでは，クラスB遺伝子が第一環域（whorl）でも発現する変化が生じており，花弁様の"花被片"と呼ばれる構造が形成される。（A，Bのダイアグラムは E. Moyroud and B. Glover. 2017. *Curr Biol* 27: R941–R951. © 2017 Elsevier Ltd. より）

花器官決定遺伝子によって決定され，がくはクラスAとEの花器官決定遺伝子によって形成される。チューリップでは，クラスAとB遺伝子が外側の2つの環域（whorl）で発現しており，がくを花弁へと変化させている。シロイヌナズナの胚において，実験的に，クラスBの遺伝子を最も外側の第一環域で発現させると，チューリップのようにがくの代わりに花弁様の構造を形成する（Krizek and Meyerowitz 1996）。

ヘテロクロニー

ヘテロクロニー〔異時性（heterochrony；ギリシャ語で"異なる時間"の意）〕とは，発生プロセスの相対的な順序やタイミングの変化のことである。ヘテロクロニーはあらゆる発生の階層でみることができ，遺伝子制御から成体の行動パターンまでさまざまである（West-Eberhard 2003）。ヘテロクロニーでは，あるモジュールの発現時期や成長率が，胚内の別のモジュールと比べて相対的にずれるということが起こる。

脊椎動物の進化において，ヘテロクロニーは非常に一般的な現象である（McNamara 2012）。例えば，16.3節ではヒトの脳が成長する発生時間が延びた例についてふれた。他にも，有袋類では顎や前肢が他の有胎盤類よりも早く発生するため，出産直後から育児嚢まで登り母乳を飲むといったことが可能になっている（Smith 2003；Sears 2004）。イルカの鰭足の指が長いのは，*Fgf8* 遺伝子発現のヘテロクロニーによると考えられている（図21.31参照）。*Fgf8* 遺伝子は四肢の伸長に重要な役割を果たす傍分泌因子である（21.2節および21.4節参照；Richardson and Oelschläger 2002；Cooper 2010）。

ヘテロクロニーのなかで最も重要な例を，鳥の進化において見て取れる。鳥類の特徴は，部分的には恐竜の頭蓋骨と長骨のヘテロクロニーにより生じたと考えられている[9]（図

第 26 章　進化的変化をもたらす発生メカニズム　893

幼若個体　　　　　　　　成体

図26.10　主竜類(恐竜，鳥，ワニなどを含むグループ)でみられる幼若個体(左)と成体(右)の頭蓋骨形状のヘテロクロニー変化。クロコダイル(上段)と*Coelephysis*（獣脚類，中段）では幼体と成体の頭蓋骨形状にそれぞれ著しい違いがあるが，原始的な鳥である*Archaeopteryx*では幼体と成体の頭蓋骨にほとんど違いがない(下段)。

26.10；Bhullar et al. 2012；McNamara and Long 2012)。鳥類を生み出した獣脚類の恐竜と鳥類の頭蓋骨形態を比較すると，ある傾向がみえてくる。すなわち，鳥類の頭蓋骨の特徴は，恐竜の幼体でみられる特徴を保持することによって進化したようなのである。大きな眼，短い口先，大きな脳といったステムグループに属する初期の鳥類は，幼体および胚の恐竜に似ている。さらに，巨大な歯をもつ恐竜の祖先の顎に対し，鳥類では歯のないクチバシになっており，歯の発生がヘテロクロニーにより中断されたとすれば説明がつく。成体の恐竜に一般的にみられた歯の成長の停止プロセスが，鳥の系統を生んだ恐竜の発生過程に移行したと考えられる(Wang et al. 2017)。

　ヘテロクロニーは，非常に多様な花の形状にも関与しており，非常に近縁な種間の多様性にさえかかわっている(Li and Johnston 2000；Buendia-Monreal and Gillmor 2018)。例えば，ハチドリに花粉を媒介させるデルフィニウム(*Delphinium*)の派生種の花は，ハチに花粉を媒介させる基部系統(最も初期に分岐した系統のこと)と比べて，全体的に成長率が低下しているが，ハチドリをひきつけるための花弁の成長期間が延長されていることで，異なった形状になっている(Guerrant 1982)。同様に，ナス科(ジャガイモ，ナス，ペチュニア，ピーマンなど)の花の発生の違いは，花弁形成におけるヘテロクロニーによるものが多くみられる(Kostyun and Moyle 2017)。(オンラインの「FURTHER DEVELOPMENT 26.4：Mathematics of Growth」参照)

9　鳥が爬虫類であるという発想は，必ずしも新しい考えではない。Thomas Huxleyは1864年にすでにこの元となる考えを提案し，鳥は「単に極端に変化したため異様にみえる爬虫類でしかない」と教えた。

ヘテロメトリー

　ヘテロメトリー〔異量性(heterometry)〕は，遺伝子産物あるいは構造の**量的**な変化のことである。こうした量的変化については既に18.3節のメキシコ産洞窟魚(*Astyanax mexicanus*)の例でふれた。この魚の洞窟に住む個体群では，脊索前板の正中線でSonic hedgehog(Shh)タンパク質が過剰に産生されることで，*Pax6*遺伝子が下方制御(発現量が抑制)され，眼の形成が妨げられる(図18.10参照)。しかし，Shhの過剰発現はさらなる変化をももたらす。眼の退化を引き起こすだけでなく，顎の大きさや味蕾の数を増加させるのである(Franz-Odendaal and Hall 2006；Yamamoto et al. 2009)。洞窟では完全な暗闇のなかで生活しているため，視覚をなくしたかわりに顎の大きさと味覚の拡大といった表現型が適応的な形質として選択されうる。この淘汰の進化的帰結については第26.4節で述べる。

　ヘテロメトリーは花の器官の特定化にもみられる。雌雄異株の被子植物では，クラスBまたはクラスCの花器官決定遺伝子(図26.9参照)の下方制御によって花の雌雄が決定されることがある。例えば，ホウレンソウの雄株では，クラスBの花器官決定遺伝子が第3環域で大量に発現し，葯を生じる。しかし，雌株ではクラスB遺伝子が弱くしか発現しておらず，葯が生じない(Pfent et al. 2005)。このように，ある種の植物では，雌雄は花器官決定遺伝子の発現レベルによって決定されるようである。

ダーウィンフィンチ　ヘテロメトリーの好例の1つとして，Darwinによって有名になったフィンチにまつわるものがある。ダーウィンフィンチは，1835年にCharles Darwinと彼の船員たちがガラパゴス諸島とココス諸島を訪れた際に採集した近縁の鳥類であり，多くの研究がなされ，また多くの賞賛を浴びた鳥類である。ダーウィンフィンチは，Darwinが彼の進化論である"descent with modification(変化を伴う継承)"を構築するのに役立ち，今でも適応放散と自然選択の最良の例の1つとなっている(Weiner 1994；Grant and Grant 2008参照)。分類学者は，これらの種が主にサボテンフィンチと地上フィンチの分岐イベントにおける特徴的な進化であることを示している。地上フィンチは深く広いクチバシを進化させることで，種子を壊して開けることができるようになり，サボテンフィンチは狭く鋭いクチバシを進化させることで，サボテンの花や果物を探して昆虫や花の一部を食べられるようになった。

　Schneider and Helms(2003)は，クチバシの形態的な種差は，神経堤細胞に由来する前頭鼻隆起の間充織細胞(顔面の骨格を形成する細胞群)の増殖の違いによることを明らかにした。Abzhanov(アブザノフ)らは2004年，フィンチのクチバシの形と*Bmp4*の発現のタイミングと量の間に顕著な相関関係があることを発見した(**図26.11**)。一方，このような違いを示した他の傍分泌因子は見つからなかった。地上フィンチの*Bmp4*発現はサボテンフィンチの*Bmp4*発現よりも早く始まり，はるかに大きかったのである。いずれの場合も，*Bmp4*の発現パターンはクチバシの広さおよび深さと相関していた。

　こうした発現の違いの重要性は，地上フィンチでみられる*Bmp4*発現パターンのヘテロクロニーおよびヘテロトピーをニワトリ胚において模倣することで確認された(Abzhanov et al. 2004；Wu et al. 2004)。*Bmp4*の発現を前頭鼻隆起の間充織で増大させた場合，ニワトリは地上フィンチを思わせる幅広のクチバシとなった。逆に，同じ領域においてBMP阻害因子のNogginによってBMPシグナルを阻害すると，クチバシには深さも広さもなくなった[10]。

10　重要な原則に注意：傍分泌因子と転写因子は，他のタンパク質に依存して，異なる細胞タイプで異なる機能を果たす。BMPは，手足の指間膜組織ではアポトーシスを，顔の間充織では体細胞分裂を，肋骨では骨形成を，外胚葉では表皮の特定化を引き起こす。

話はここで終わらない。遺伝子チップ技術により，別の遺伝子である*Calmodulin*の発現レベルは，短いクチバシをもつ地上フィンチよりも鋭いクチバシをもつサボテンフィンチの胚におけるクチバシ領域で15倍高いことが示された。さらに，ニワトリ胚のクチバシで*Calmodulin*の発現量を増大させると，ニワトリのクチバシは長く尖るようになった。つまり，BMP4タンパク質とcalmodulinタンパク質は，クチバシの広さおよび深さを調節するものと，長さを調節するものという，2つの自然選択の標的だったといえる。この2つのタンパク質が組み合わさることで，ダーウィンフィンチの形状の進化的な変化が説明できる(Abzhanov et al. 2006；Campàs et al. 2011)。

シクリッド属の魚類 ヘテロメトリーによって鼻先が大きくなった脊椎動物は鳥類だけではない。アフリカ東部のマラウイ湖に生息するシクリッド属の魚類は，特定の生態的ニッチにおける種の放散のモデルとして長い間知られてきた。最も成功したシクリッド属の1つである*Labeotropheus*は，顔面靱帯とその上にある結合組織の過剰成長によって肥大した吻を発達させた。この大きくなった吻は魚の上顎にかかることができ，より効率的な摂餌を可能にしているようである。この突起は栓抜きの支点のように，魚が岩から藻類を歯で削り取る際にテコの原理を利用することを可能にしている(Konings 2007)。

*Labeotropheus*の吻の伸長と強化は，結合組織におけるTGFβ1傍分泌因子の過剰発現に起因するもので，この因子は靱帯におけるscleraxis転写因子を誘導する。この経路は全身で腱を形成する働きがあることが知られており(19.4節参照)，シクリッド魚の細長い鼻先形成にも利用されている。ガラパゴスフィンチのクチバシの適応と同様に，選択はこの新しい摂食装置を好んだようである(Conith et al. 2018)。

ヒトの汗腺 ヒトはある意味で"汗かき猿"である。16.3節では，人間の巨大な脳の進化をもたらしたと思われる発生的変化について述べた。しかし，エネルギーを激しく消費する巨大な脳はしっかりと保護もされなくてはいけない。そのため我々には体温を調節するためのエクリン汗腺が密集しており，このおかげで暑い環境でも生き延びることができる(Jablonski and Chaplin 2000；Ruxton and Wilkinson 2011)。この体温調節機構の進化には，2つの重要な変化が必要だった。まず，毛包が汗腺に変化した。次に，汗腺の数の増加である。(オンラインの「FURTHER DEVELOPMENT 26.5：The Decline of the Neanderthals」参照)

ヒトは，その毛包の基底部の多くを汗腺に変化させた。つまりは毛皮を，汗腺を伴う裸の表皮に変えたのだ(Kamberov et al. 2018)。これは発生途中の皮膚におけるSonic hedgehog (SHH)とBMPの比率を変えることで達成されたようである(Lu et al. 2016)。皮膚の間充織系細胞は，汗腺になるか毛包になるかを上皮細胞に伝える。ヒトでは，間充織系細胞からのSHHが上皮を毛包として組織化し始めるようにシグナルを送るのだが，胚発生後期になるとBMP産生が急増し，これがSHHシグナルをサイレンシングすることで，新しく形成されたプラコードが汗腺になるように分化の運命を変化させる。ここでのBMPはEngrailed-1 (EN-1)転写因子を誘導することで，毛包から汗腺への移行を促進しているようである(図26.12)。

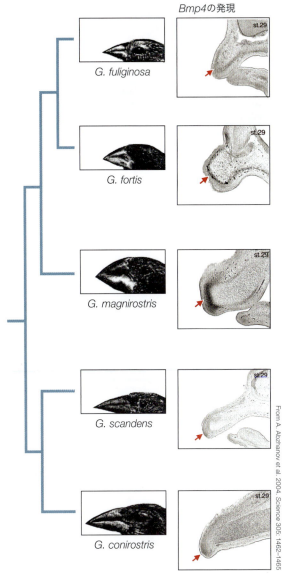

図26.11 ダーウィンフィンチ5種におけるクチバシの形状と*Bmp4*の発現との相関。ガラパゴスフィンチ(*Geospiza*)属では，地上フィンチ3種(*G. fuliginosa, G. fortis, G. magnirostris*)と，サボテンフィンチ2種(*G. scandens, G. conirostris*)が種分化した。クチバシの形状の差異は，クチバシ領域での*Bmp4*のヘテロクロニックおよびヘテロメトリックな発現変化と相関している。Bmp4 (赤矢印)は，種子を壊して食べる生活をするフィンチでは早めに発現し，その発現レベルも高い。写真は，同じ発生段階の胚(ステージ29)のクチバシを撮影したものである。こうした遺伝子発現の違いは，これらの鳥における自然選択の働きを示す1つの例といえるだろう。(A. Abzhanov et al. 2004. *Science* 305：1462-1465より)

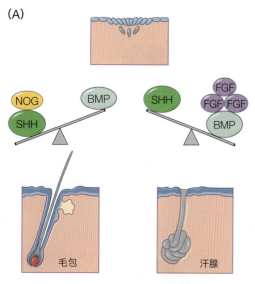
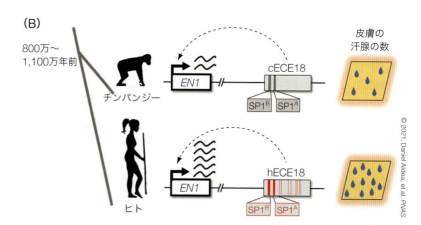

図26.12 毛包になるか汗腺になるかは，隣接する表皮細胞に作用する間充織系の皮膚細胞からの傍分泌因子によって決定される。(A)間充織系細胞がSonic hedgehogとNogginを分泌すると，表皮プラコードは毛包へと発生を進める。しかし，BMPとFgfタンパク質群が分泌されると，Engrailed-1転写因子が合成され，細胞は汗腺へと発生を進める。(B)ヒト*ECE18*エンハンサーは表皮皮膚細胞で*EN-1*遺伝子を活性化する。このヒトエンハンサーは，特にSP1領域に発現活性を増強する多数の変異（赤線）を蓄積している。(AはC. P. Lu et al. 2016. *Science* 354：aah6102. © 2016, The American Association for the Advancement of Science より)

ヒトの汗腺の密度がチンパンジーやマカクザルの10倍と非常に多いことを考えると，EN-1の重要性がよくわかる。このヘテロメトリックな変化は，*EN-1*遺伝子特異的なエンハンサーに蓄積したいくつかの変異によって引き起こされた。これらの変異はエンハンサーとしての活性を高め，EN-1タンパク質の産生を促進していることがわかっている（Aldea et al. 2021）。

ヘテロタイピー

（遺伝子レベルの）ヘテロクロニー，ヘテロトピー，ヘテロメトリーは，遺伝子の制御領域に変異が入ることで起こりうることをみてきた。一方で**ヘテロタイピー**（heterotypy）は，コード領域そのものを変えてしまうので，その遺伝子がコードするタンパク質の機能的な特徴も変わる。転写因子のコード領域に起こった変異は，動植物の進化に非常に大きな影響をもたらしてきたようである（Wang et al. 2005）。

昆虫の脚はなぜ6本なのか　他の節足動物群（クモ，ムカデ，カニ，ロブスターを思い浮かべてほしい）にはもっと多くの脚があるのに対し，昆虫の脚は6本である（六脚類というグループ名の由来）。昆虫の脚は3つの胸部分節構造にしかなく，腹部に脚がないのはなぜだろう？　その答えは，Ultrabithoraxタンパク質と*Distal-less*遺伝子の関係にあるようだ。節足動物のほとんどのグループでは，Ubxは*Distal-less*を阻害しない。しかし昆虫の系統では，*Ubx*遺伝子の一部の塩基配列を，連続したアラニン残基をコードする配列に置き換える変異が起こった（図26.13；Galant and Carroll 2002；Ronshaugen et al. 2002）。このポリアラニン領域が，腹部の*Distal-less*転写を抑制するのである。

実際，ブラインシュリンプの*Ubx*遺伝子を実験的に昆虫のポリアラニン領域をコードするように改変し胚に導入すると，その遺伝子は*Distal-less*遺伝子を抑制する。つまり，昆虫のUbxが*Distal-less*を抑制できるようになったのは，機能獲得型変異によるものであり，それが昆虫を昆虫たらしめているといえる。

トウモロコシ：なぜトウモロコシを容易に食べることができるのか　トウモロコシ（*Zea mays*）は，転写因子の変異を通じて世界中に普及した可能性がある植物である（Wang et al. 2005）。祖先植物のテオシンテから現代の栽培化されたトウモロコシへと至るまでに数

図26.13 節足動物の進化における，昆虫類に特徴的なUbxタンパク質の変化。すべての節足動物のなかで，昆虫類のみが*Distal-less*遺伝子の発現を抑制する能力があるUbxタンパク質をもっており，このため腹部での脚の形成が抑えられている。この*Distal-less*を抑制する能力は，昆虫の*Ubx*遺伝子でのみみられる変異（ポリアラニン配列）によって生じている。（R. Galant and S. B. Carroll. 2002. *Nature* 415：910-913；M. Ronshaugen et al. 2002. *Nature* 415：914-917より）

多くの変化が生じたと考えられており，（我々人類の利用にとって）最も重要な変化はトウモロコシの種子を硬い外被（苞穎）から解き放つことであった。この変化は種子を穂軸の表面に露出させ，人類の消費にとって収穫をより容易なものにした。このトウモロコシの進化と栽培化において鍵となる出来事はたった1つの遺伝子，花序の発生において機能する転写因子をコードする*teosinte glume architecture*（*tga1*）によって制御されている。*tga1*の変異により1アミノ酸の置換が生じており，テオシンテにおけるリジンが，トウモロコシではアスパラギンに置換されている。この変化はTGA1タンパク質がより速やかに分解されるような変異を引き起こしており，変異により種子を覆う苞穎の形成が抑制されるようである。トウモロコシの*tga1*変異をテオシンテに導入すると，テオシンテの種子がトウモロコシ様に変化し，テオシンテの*TGA1*をトウモロコシにおいて発現させると，種子がテオシンテ様に変化する。

さらなる発展

すべてを統合して：ヘビをつくる

　ヘテロトピー，ヘテロクロニー，ヘテロメトリー，ヘテロタイピーのすべてが，最も珍しい脊椎動物といえるヘビの進化でみられる。運動筋，毒液嚢，フォークのように枝分かれした舌，対をなす生殖器，ヘビの骨格などは進化の驚異である。ヘビは細長い体軸をもち，何百もの椎骨があり，そのほとんどに肋骨が連結している（図26.14A）。さらに，ヘビは四肢をもつ爬虫類から進化したにもかかわらず，手足をもっていない。これらの主要な骨格構造はどのようにして生まれたのだろうか？

1. *Oct4*発現の延長と体軸の延長　第19章では，コーンスネーク（別名アカダイショウ）の体節形成が他の多くの脊椎動物に比べていかに速く，長い期間続くかについて述べた。Notchを介した周期的発現はより頻繁に起こり，沿軸中胚葉をより小さな細胞集団ブロックに分割する（図19.17および図19.18参照）。このように，ヘビは（他の脊椎動物と比べて）より小さな体節をつくるが，その数はより多い（Gomez et al. 2008）。

　この脊椎動物の体幹部伸長に重要な制御因子は，転写因子Oct4であるようだ（図

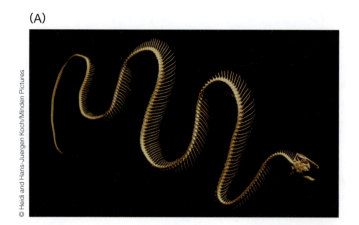

   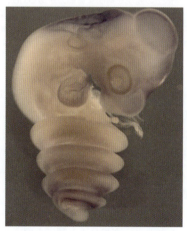 

図26.14 発生過程の変更によってヘビのような特徴が生じる。(A)成体ヘビの骨格。(B〜D) axial progenitor 細胞 [訳注:尾側領域に位置する前駆細胞の総称で,これらの細胞が一緒になって軸索伸長を推進する] においてOct4を持続的に発現させることで,マウス胚の体幹領域が伸長する。(B)野生型マウス18.5日胚の骨格。(C)同じ発生段階のGdf11⁻/⁻個体でみられる骨格。(D)尾側中胚葉で発現を駆動するプロモーター下にOct4トランスジーンを導入した18.5日マウス胚。胸椎(肋骨,T)と腰椎(腰椎,L)の数を示す。(E)尾が形成される直前のコーンスネーク胚におけるOct4の発現。(F)体節での発現を駆動するプロモーターによりHoxb6遺伝子を発現させることでマウス胚に形成された余分な肋骨。

26.14B)。DeVeale(デヴィール)らは2013年,マウスにおいて特定の時期に*Oct4*遺伝子を不活性化すると,マウスの体幹と四肢が劇的に短くなることを発見した。同時に,別のマウス変異体(TGF-β ファミリーメンバーであるGdf11とその受容体Alk5の変異体)では,体幹が長くなることが示された(Jurberg et al. 2013)。Aires(アイレス)ら(2016年)はここから,Alk5を介したシグナル伝達の欠如とGdf11の欠如が*Oct4*の発現を増加させ,高くなったOct4タンパク質の発現レベルによって体幹部が長くなるという仮説を立てて検証した。尾側の分節構造領域で*Oct4*遺伝子が発現誘導されるトランスジェニックマウス胚を構築したところ,30もの肋椎をもつ"蛇化マウス"に成長した(図26.14C〜E)。

この研究報告は,*Oct4*の発現増加がHox遺伝子パターンを制御し,体幹をより長くしたことを示している。さらに,このデータは体軸の伸長期にOct4活性をある程度維持することにより,体幹から尾への発達の移行がほぼ際限なく遅らせられることも提示している。つまり,ヘビは,*Oct4*活性を高レベルで長期化させることによって進化してきたと考えられる。コーンスネーク胚は,マウス胚ではとうにOct4の発現が消失した発生段階においても,後部中胚葉でのOct4の発現が保持されるようになっていることが,遺伝子発現の解析から明らかとなった。ゆえに,Oct4タンパク質の期外発生はヘビの体軸延長の要と考えられている。

2. すべての脊椎骨に肋骨をつける:*Myf5*のHox10応答性エンハンサーを変異させる

ヘビには何百もの脊椎骨があるだけでなく,それらすべてが脊椎動物の胸郭の特

徴である肋骨である。ほとんどすべての脊椎動物において，Hox10タンパク質は肋骨の発生を抑制し，Hox6タンパク質は肋骨の形成を促進する。マウスで*Hox10*遺伝子に変異が生じると，肋骨はからだ全体の領域に拡大する（図13.21B参照）。一方で，*Hox10*遺伝子が早期（初期体節が形成されるころ）に活性化すると，マウス胚には肋骨がないままになる（Wellik et al. 2003）。これとは逆に，Hox6タンパク質の過剰発現は，すべての脊椎骨に肋骨を形成させる（図26.14F）。したがって，*Hox6*を発現している体節領域と*Hox10*を発現している体節領域の間に，からだの胸部と腰部（腹部）の境界が生まれる。

　これらのHoxタンパク質は，*Myf5*遺伝子の肋骨制御エンハンサーをターゲットにして作用しているようである。Hox6タンパク質（その発現領域は体幹全体に広がっている）が結合すると，*Myf5*が活性化され，体節から肋骨が形成される。しかし，Hox10の発現領域（体幹後部に限られる）では，Hox10タンパク質が*Myf5*遺伝子のエンハンサーに結合し，Hox6の結合を妨げる。そのため*Myf5*遺伝子は発現せず，肋骨は形成されない。ヘビでは，*Myf5*エンハンサーに1塩基対の変異があり，Hox10タンパク質を認識しなくなっている（Guerreiro et al. 2016）。一方，Hox6は*Myf5*エンハンサーと相互作用することができる（おそらく他の転写因子と相互作用することによって）ため，肋骨形成は抑制されず，ヘビの前後軸全体を通して脊椎骨に肋骨が生じる。驚くべきことに，一部の哺乳類（テンレック，ゾウ，マナティー）には余分な肋骨があり，これらの動物のHox10応答性エンハンサーにも同様の変異がある。

3. 手足を失う：Sonic hedgehog の減少　ニシキヘビの胚では，（最初から最後まで脚がまったく生じないわけではなく）一時的な脚を形成する。しかし，四肢を形成する領域（AER；第21章参照）を，Sonic hedgehog の産生量が低いために維持することができない。これは*Shh*遺伝子の遠位エンハンサーが欠失したためであり，この欠失領域はHoxタンパク質を含む重要な転写因子の結合部位があった領域である。したがって，Hoxタンパク質が（*Shh*の）エンハンサーに結合できないため，ヘビのエンハンサーはHoxタンパク質に応答できない[11]。実際，マウス胚において*Shh*エンハンサーをヘビの*Shh*エンハンサーに置き換えると，そのマウスの四肢は不完全な形態になる（図26.15A；Kvon et al. 2016；Leal and Cohn 2016, 2018）。また，欠失した転写因子結合部位をヘビエンハンサーに追加すると，マウスの正常な表現型が回復することもわかっている（図26.15B）。（オンラインの「SCIENTISTS SPEAK 26.2：Dr. Marty Cohn Talks about the Loss of Limbs in Snakes」参照）

　まとめると，ヘビは体軸の伸長（*Oct4*発現の亢進），多数の脊椎骨への肋骨追加（*Myf5*発現の亢進），四肢の成長抑制（肢芽でのShh産生の抑制）を含む発生学的変化の組み合わせによって進化してきたようである。

26.3　進化における発生拘束

　エンハンサーのモジュール性によって，遺伝子が異なる組織で独立に発現することが可能になり，これによって進化的変化をもたらすヘテロトピー，ヘテロクロニー，ヘテロメトリーが可能になることをここまでみてきた。タンパク質をコードする構造遺伝子の変異

11　原基的な四肢芽を形成するニシキヘビなどのヘビでは，四肢形成Hox遺伝子はまだ活性化しており，柱脚（上腕骨／大腿骨），軛脚（尺骨，橈骨／脛骨，腓骨），自脚（手根骨，中手骨，指骨／足根骨，中足骨，趾骨）に相当する3つの小さな軟骨凝縮体を形成する。

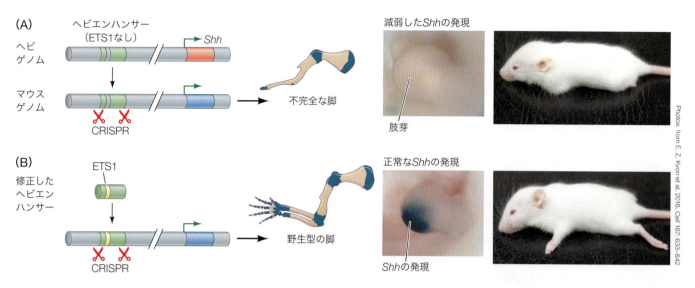

図26.15 ヘビのShhの四肢エンハンサーには，四肢の発生に重要な制御エレメント(ETS1)が欠けている。(A)ヘビのShhエンハンサーをマウスのShhエンハンサー領域に導入すると，そのマウス胚の肢芽にはShhの(紺色)がほとんどみられず，マウスは不完全な四肢を形成する。(B)マウスShhエンハンサー（あるいは他の爬虫類のShhエンハンサー）からのETS1部位をヘビエンハンサーに加えると，正常に機能してマウスShhの発現が肢芽で誘導され，完全な長さの四肢ができる。(E. Z. Kvon et al. 2016. Cell 167: 633-642 より)

もまた，進化的新奇性をもたらす。しかし，**発生拘束**(developmental constraint)により，ある形質は他の形質よりも出現する可能性が高く，ある形質は出現する可能性がきわめて低い。

　動物の主要な系統(動物門)は30ほどしかないものの，現存の動物界にみられるさまざまなボディプランを網羅している。私たちは，(SF作家がいつもしているように)存在しない動物を想像することで，他にあり得た(けれど現実には存在しない)ボディプランを思い描くことができる。では，なぜ現生動物にもっと多くのボディプランがみられないのだろうか？ これに答えるには，生物の進化に課せられた拘束について考えなければならないが，拘束という概念は，科学者によって使い方が異なる。例えば，生物集団を扱う生物学者は，拘束を"理想的な"適応的表現型を制限するものと考えている(最適な採餌の拘束など)。一方，発生生物学者は，拘束について，特定の表現型がたとえあったとしても，その可能性を制限するもの，としている(Amundson 1994, 2005参照)。

物理的拘束

　拡散の法則，流体力学，そして物理的な構造強度というものは変えられない。だからこそ，一定の範囲内でしか物理的な表現型は生じ得ない。例えば，血管で組織を栄養するかぎりは回転する臓器というのはありえず，だからこそ脊椎動物に(オズの魔法使いで登場する生物のように)回転する付属肢をもった生物が現れることはありえないし，そのような方向に進化する可能性はない。同様に，力学的特性や流体力学の性質から，2 mの背丈をもつ蚊や8 mもの長さのヒルが存在することは不可能となっている。

形態発生学的拘束

　Bateson(1894)とAlberch(1989)は，動物が通常から外れた方法で発生してしまう場合でさえ，限られたパターンしかとらないことに気がついた。例えば，脊椎動物の四肢に関しては3億年以上にわたって変更が加えられてきたにもかかわらず，特定の変化〔例え

ば，中指が他の指よりも短かったり，軛脚(zeugopod)が柱脚(stylopod)よりも基部側にあったりするなど〕は達成していない(21.1節参照；Holder 1983；Wake and Larson 1987)。こうした観察的事実は，四肢の形成が何らかの法則に従わなければならないことをうかがわせる(Oster et al. 1988；Newman and Müller 2005)。

形態形成的な制約をもたらす主要な原因の1つは，均質なところから分化したパターンを生じさせることのできる方法が限られているためだろう。Alan Turing(アラン・チューリング；1952年)によって提唱された**反応拡散系**(reaction-diffusion mechanism)に基づいたパターン形成の仕組みはこの代表格といえるだろう。この機構は，最初は均質に物質が分布している状態から複雑な化学的パターンを生成する方法である。Turingが説明したように，(1)各物質の生成速度が他方に依存し，(2)両者の拡散速度が異なる場合，均質に分布する2つの物質からこのようなパターンをつくり出すことができる(21.5節参照)。このような状況が生み出すパターンは安定的であり，発生的な変化の原動力として利用できる。Turingのモデルは，四足動物の手足や指の発達と進化の軌跡(図21.16および図21.17参照)だけでなく，シマウマやエンゼルフィッシュの縞模様，歯牙の形成などを説明するのに使われてきた。(オンラインの「FURTHER DEVELOPMENT 26.6：How Do Zebras Get Their Stripes?」「FURTHER DEVELOPMENT 26.7：How Do the Correct Number of Cusps Form in a Tooth?」参照)

多面作用

ある遺伝子が異なる細胞で異なる役割を果たす能力である**多面作用**〔**プライオトロピー**(pleiotropy)〕は，パーツ間の独立性よりもむしろ，つながりをもたらすため，モジュール性に相反するものとみなすことができる(Lonfat et al. 2014；Hu et al. 2017)。多面作用は，哺乳類の発生にみられるいくつかの拘束の要因かもしれない。Galis (ガリス)は，哺乳類の頸椎が7つしかないのは(鳥類には数十個ありうるのに対して)，これらの椎骨を特定化するHox遺伝子が哺乳類の幹細胞増殖と関連するようになったからではないかと推測している(Galis 1999；Galis and Metz 2001；Abramovich et al. 2005；Schiedlmeier et al. 2007)。したがって，骨格の進化的変化を促進しうるHox遺伝子の発現の変化は，細胞増殖まで誤って制御してしまい，癌を引き起こすかもしれない。Galisは，骨格形態の変化が小児癌と相関することを示す疫学的証拠によって，この推測が支持されるとした。頸肋が7本より多いか少ないかに対する発生途中にかかる選択圧〔訳注：内部淘汰とも言う〕は，驚くほど強いようである。前方肋骨が1本以上(すなわち頸椎が6本)あるヒト胚の少なくとも78％は出生前に死亡し，83％は1歳の誕生日までに死亡する。これらの致死的表現型は，複数の先天異常や癌によって引き起こされるようである(**図26.16**；Galis et al. 2006)。

26.4　生態進化発生生物学

第25章で詳述したように，生物の発生は遺伝子だけで台本が書かれているわけではない。外部環境，特に共生微生物からも幼生や胚の発生は指示を受けている。もし進化的変化が世代を超えて伝わる発生過程の変化によって生じ，発生が環境因子との相互作用を伴うのであれば，発生過程における環境因子との相互作用の変化が進化に影響を及ぼすと考えるのが自然だろう。Armin Moczek (アルミン・モチェック；2015年)が書いているように，「発生するということは環境と相互作用するということだ。そして進化するということは，環境との相互作用を世代を超えて変えていくことだ」。この考え方は，進化発生生物学の一分野として，**生態進化発生生物学**(ecological evolutionary developmental biology)，あるいは**エコ・エボ・デボ**(eco-evo-devo)と呼ばれるものを生み出した

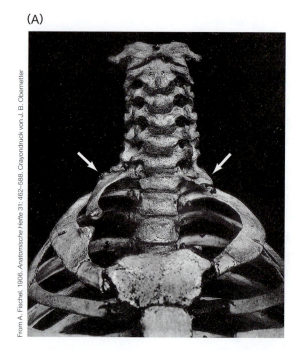
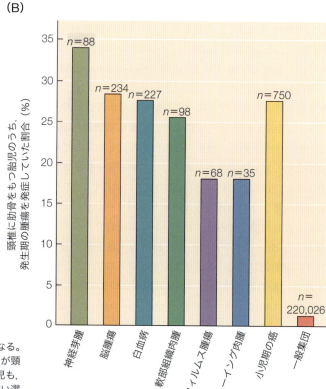

図 26.16　ヒトの頸椎に肋骨（頸肋）が生じる場合，しばしば致死的表現型となる。(A)余分な肋骨が頸椎に生じ，頸椎の数が減ったヒトの骨格（矢印）。(B)肋骨が頸椎に余分に形成される胎児の80%近くは出生前に死亡する。生き残った胎児も，早期に癌を発症することが多い。このように，哺乳類の頸肋の数の変化には強い選択圧がはたらいているようである。(BはR. Schumacher et al. 1992. *Eur J Pediatrics* 151：432-434)

（Abouheif et al. 2014；Gilbert and Epel 2015；Sultan 2015, 2017）。この学問分野では，環境が表現型を形成すると同時に選択するという視点を重視する[12]（Jablonka and Lamb 2006；Markoš and Švorcová 2019）。進化における発生的可塑性と発生的共生の重要性を強調する生態進化発生生物学は，**拡張された進化の総合説**（extended evolutionary synthesis）の一部となっている（Gilbert et al. 2015；Laland et al. 2015；Müller 2017）。この新しい総合は，進化論の枠組みを拡張し，可塑性，共生，エピアリル［訳注：DNA配列の変化を伴わないアリル］の遺伝，ニッチ構築をより中心に据えたものである。

本書の最後に，生態進化発生生物学の3つの主要な側面，すなわち発生的可塑性，エピアリルの遺伝，発生的共生について論じる。

可塑性先行型の進化と遺伝的同化

1900年代初頭に一部の進化生物学者が，環境は，（変異ではなく）環境によって誘導されたさまざまな表現型のうちの1つを選択し，後になってから遺伝的にその表現型が種内に"固定"され，種の基準となることがあるのではないかと推測した。このような可塑性先行型の進化を想定した仮説のなかで最も重要なものの1つが，**遺伝的同化**（genetic assimilation）という概念である。この概念は，何らかの環境要因に応答して生成された表現型が，選択の過程［訳注：そうした表現型を生み出す変異の蓄積］を経て遺伝型によって実装されるようになり，結果として当初その表現型を生み出すために必要だった環境要因がな

---

[12] 生態進化発生生物学（eco-evo-devo）と生態発生生物学（eco-devo；第25章で説明）は，重複しているが異なる学問分野である。前者は進化を説明するために生態と発生の原理を用いるが，後者は発生と環境との関係に注目するものであり，必ずしも進化的文脈に当てはめるわけではない。

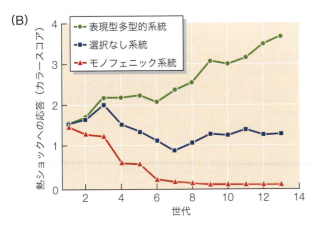
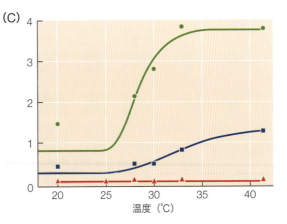

図26.17 温度によるタバコスズメガ幼虫の色変化に対する選択の影響。(A)タバコスズメガ幼虫の2つの色彩形態。(B)熱ショックを与えた幼虫の表現型に応じて選択圧を加えた際に起こる体色の変化。緑線の(表現型多型的な)グループは，熱処理によって緑色が増加する個体を選んだ場合の実験結果で，次世代を生み出すために"最も緑色"の幼虫を交配し続けた。赤線(モノフェニック)は，熱処理によって色彩変化がほとんどない(すなわち黒色のままの)個体を選択した場合。青線は，上述のような選択圧をかけていない場合の実験結果である。カラースコア(0は完全に黒，4は完全に緑)は，幼虫の着色領域の相対的な量を示す。赤線では第7世代で表現型可塑性を失った。(C)13世代目のガを20〜33℃の間の一定温度で飼育した後に，42℃で熱ショックを与えた場合に観察された反応規準[訳注：環境に応じた表現型の変化の仕方]。(モノフェニックなグループ以外は)約28℃で急峻な表現型多型性を示していることがわかる。(Y. Suzuki and H. F. Nijhout. 2006. *Science* 311：650-652より，AAASの許可を得て掲載)

くても形成されるようになる過程と定義されている(King and Stanfield 1985；Nijhout 2021)。遺伝的同化という考え方は，Waddington (1942, 1953, 1961)とSchmalhausen (1949)がそれぞれ独自に導入したもので，環境刺激により誘導された表現型が，それを最初に誘導した環境刺激が**なくても**生じるようになるという，人工選択実験の結果を説明するためのものである。

研究室における遺伝的同化：ヒートショックタンパク質 Suzuki and Nijhout (2006)は，タバコスズメガ(*Manduca sexta*)の幼虫においてみられる遺伝的同化を実験的に示した(**図26.17**)。Suzuki (鈴木)とNijhout (ナイハウト)は適切な選抜プロトコルによって，環境刺激によって誘導された表現型(幼虫の体色)を選抜し，最終的には環境作用物質(温度ショック)なしで目的の表現型を生み出すことに成功した。この表現型の背景にある遺伝的差異は，幼虫の幼若ホルモンレベルを上昇させる熱ストレス応答に関するものであった。これは，少なくとも実験室内では遺伝的同化が起こるということを示している。

遺伝子の同化を実験室で証明した最も有名なものの1つは，C. H. Waddington (C・H・ウォディントン)による，エーテルに対する反応規準が異なるショウジョウバエの実験系統を使ったものだろう。発生の特定の段階でエーテルにさらされた胚は，平均棍(胸部第3節にあるバランスを保つための構造)が翅に変化し，2枚の翅ではなく4枚の翅をもつという*bithorax*変異に似た表現型を示した。Waddingtonは，何世代にもわたってショウジョウバエ胚をエーテルにさらし，4枚の翅をもつ個体をそのつど選び，繁殖させた。20世代後，ショウジョウバエはエーテルなしでも変異表現型を示すようになった(**図26.18**；Waddington 1953, 1956)。

1996年，Gibson (ギブソン)とHogness (ホグネス)はWaddingtonのこの*bithorax*実験を繰り返し，同様の結果を得た。さらに彼らは，*Ultrabithorax* (*Ubx*)遺伝子の4つ

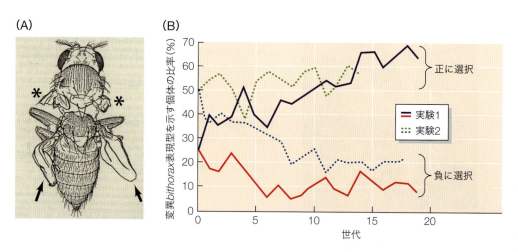

図26.18 *bithorax*変異体のフェノコピー。(A)エーテル処理によって生み出された*bithorax*（4つ翅）表現型。異常な後胸が見えるよう，前翅は取り除いてある。アスタリスクは前翅跡を，矢印は過剰な翅を示している。実はこの個体は，エーテル処理なしでこうした表現型を示すようになった"遺伝的同化"による個体である。(B)エーテル処理により生じた*bithorax*様の表現型を示す個体に対して，選択圧をかけた実験データ。青色と赤色，2つの実験を示している。片方の実験ではこの表現型を正に選択し，もう一方は負に選択した。(C. H. Waddington. 1956. *Evolution* 10：1-13 より)

の異なるアリルが，エーテル曝露前の集団に存在することを発見した。*Ubx*はホメオティック遺伝子であり，その機能喪失変異が遺伝的に次世代に継承される4枚翅のハエの表現型の原因となっている（図10.24参照）。Gibsonは「我々の実験は，*Ubx*遺伝子変異の違いがこのような形態変化の原因であることを示している」と結論づけたが，エーテルがこのような変化を引き起こす仕組みについてはわかっていなかった。

　この答えは，どうやらHsp90も含む**ヒートショックタンパク質**（heat shock protein）にあったようだ。Hsp90は**分子シャペロン**（molecular chaperone）と呼ばれるタンパク質で，他の多くのタンパク質を適切な立体構造に保つ働きをする。Hsp90が変異タンパク質の構造の小さな変化を修正するため，多数の遺伝子変異による表現型は通常，表現型として表出しない。しかし，熱刺激やエーテルにさらされると，より多くのタンパク質がHsp90を必要とし，十分なHsp90の量を確保できなくなる。こうなると，変異として常に存在していたものの，これまで表出していなかった変異体が現れるようになる。このようにHsp90は，環境ストレスによって遺伝的変異の影響が表現型へと解放されるまで遺伝的変異を（表現型に影響させずに）蓄積させる，"発生学的キャパシター"であると言えそうである。環境が変化してこれらの変異が発現した場合，そのほとんどは中立か有害だろう。しかし，なかには有益なものもあり，新しい環境で選択されるかもしれない。新しい環境で選択され続けることで，適応的な生理学的応答の固定化（つまり遺伝的に実装されること）が可能になるであろう（Rutherford and Lindquist 1998；Queitsch et al. 2002）。Sangster（サングスター）たちは，「Hsp90は，Waddingtonが提唱した発生学的バッファーあるいは分子カナリゼーション［訳注：発生過程において遺伝子発現や環境条件の変動にもかかわらず，細胞や発生過程が特定の分化経路をたどる傾向］という概念を説明するようにみえる。遺伝的同化を通して進化スケールにおいて新しい形質をもたらす役割をもつものだろう」と結論づけている（Sangster et al. 2008；Rohner et al. 2014）。

自然環境における遺伝的同化　自然環境における表現型可塑性が，後に変異によってゲノムに固定されたと思われる例がいくつか知られている。最初の例は，チョウの色素の多様性である（Hiyama et al. 2012）。1890年代にはすでに，科学者たちは熱刺激を用いてチョウの翅の色素パターンを攪乱する実験を行っていた（Standfuss 1896；Goldschmidt 1938

参照)。そのなかで，熱刺激後に生じた色素パターンのいくつかは，異なる温度環境に生息する亜種(エコタイプ・環境型)が見せる遺伝的に決まる色素パターンと酷似していた。さらに多くのチョウの種を観察した研究でも，温度変化により誘導できる色素パターンの表現型は，寒冷地や温暖地に生息する種でみられる遺伝的に決まる色素パターンに非常によく似ていることが確認された(Shapiro 1976；Nijhout 1984；Otaki et al. 2010)。

　魚類や両生類，爬虫類では，スキアシガエルの幼生(図25.9参照)のような環境的に誘導された顎の表現型は，遺伝的同化により引き起こすことが可能なようである。ある種のカエルでは環境刺激により誘導される肉食性の特徴が，近縁種のカエルでは遺伝的に決められる表現型となっているケースが知られている(Levis et al. 2018；Levis and Pfennig 2018, 2020)。シクリッドもまた，食べるものによって顎の構造が著しく異なる。カエルでみられるこの遺伝的同化は(チョウでの例と同様に)，変態過程に関与するホルモンを調整する仕組みを新たに獲得したためだと考えられている。シクリッドの顎が大きくなったのは，骨をつくるWnt経路が物理的ストレスによって活性化されたことが要因のようである。しかし現在では，環境的な手がかりを必要とせずにWnt経路を活性化する種もいる(Parsons et al. 2014；Hu and Albertson 2017)。

　遺伝的同化のもう1つの劇的なケースは，タイガースネーク(*Notechis scutatus*)の特徴だろう。このヘビは，多くの魚でみられるように，捕食する獲物の大きさに応じて頭部形態を変化させることができる(大きな獲物には大きな頭部を発達させる)。この可塑性は，獲物として大きなマウスと小さなマウスの双方が生息する場合にみることができる。しかし，大きなマウスしかいない一部の島では，このヘビは大きな頭部をもち，可塑性はみられない。Aubret and Shine (2009)は，「これは遺伝的同化の明確な経験的証拠であり，表現型可塑性から適応的な形質へ，数千年の時を経てカナリゼーション(canalization)により固定されたものである」と主張した。このように，環境的に誘導された表現型が，その生物の生息範囲の一部において，遺伝的に誘導された標準的な表現型になりうるのである。

　18.3節と本章前半(26.2節参照)で取り上げた盲目のメキシコ洞窟魚*Astyanax mexicanus*は，可塑性先行型進化のもう1つの例だろう。この洞窟に生息する魚は，目が見えて水面近く(つまり明るいところ)で生息する集団と同じ種であるものの，眼や色素を失い，拡張された側線(聴覚)とより多くの嗅覚受容体を有するといった"洞窟生活"に特化した特徴をもっている(図18.10参照)。この一連の形質は，洞窟の魚を水面近くで生活させても受け継がれる。一方で，目が見える*A. mexicanus*を完全な暗闇で2年間飼育すると，1世代以内に盲目の洞窟棲の個体とほぼ同じ表現型を示し始める(Blin et al. 2018；Bilandzija et al. 2020；Yoffe et al. 2020)。つまり，これらの魚は非常に大きな発生的可塑性をもっており，継続的な選択によって異なる表現型を(遺伝的に)安定化させたのだろうと予想される。

遺伝的同化の進化的利点　環境に誘導された表現型が固定されることには，少なくとも2つの重要な進化的利点がある(West-Eberhard 1989, 2003)。第一に，"表現型がランダムではない"という利点である。環境によって引き出された新しい表現型は，すでに自然選択によってテストされているものになる。これによって，ランダムな変異によって得られた表現型を長い期間かけてテストする必要がなくなるのである。Garson (ガーソン)らが述べているように(2003年)，これら発生学的パラメータは，変異はランダムであるものの形態的な進化が方向性を示すことを一部説明できるかもしれない。

　第二の利点は，**生じる表現型がすでに集団の大部分に存在している**点があげられる。新しい表現型の進化を説明する際の難問の1つは，新しい表現型をもつ個体が野生型には存在しない"モンスター"であるということである。1個体，あるいはせいぜい1つの血縁グループにしかみられないモンスターの特徴が，どのようにして定着し，最終的には集団全

体に広がるようになるのだろうか？　こうした難問も，発生学的知見によって十分説明できる。新しい表現型は長い間存在してきたものであり，それを表出させる能力は集団内に広く浸透しているからである。この表現型は，集団内にすでに存在している修飾遺伝子によって遺伝的に安定化されるだけでいいのである。

　この2つの強力な利点を考えると，発生の可塑性によって生み出された形態が，遺伝的同化を通して新種誕生に大きく寄与すると考えられる。生態学者のMary Jane West-Eberhard（2005）は，「一般に信じられていることに反して，環境的に誘発された新奇性は，変異によって誘発されたものよりも進化的なポテンシャルが高いかもしれない」と指摘している。

選択可能なエピジェネティック変化

　発生の変化は，多様性の素地を生みだす。しかし，これまでの章で，発生の変化につながるシグナルが核や細胞質からだけでなく，環境からも入ることをみてきた。この過程はラマルク的進化を引き起こすかのように聞こえるかもしれないが，用不用によって獲得された表現型が生殖細胞系列に伝達されるというラマルク的な考え方とは何の関連性もない。キリンが木の葉を取るために高いところに首を伸ばしても，その子孫の首が長くなるわけではないし，ウェイトリフティングをする両親の子供が筋肉隆々の体格を受け継ぐわけでもない。また，事故で四肢を失った人の子供にしても，通常の手足をもって生まれてくる。これらの例では，親のDNAは環境に誘発された変異によって変化しておらず，その形質が次世代に伝わることはない。しかし，環境因子が生殖細胞系列のDNAに変化をもたらすようなことが起きたらどうだろう。その場合，環境による表現型への影響は次の世代へ遺伝する可能性がある。実際，こうした現象が，生殖細胞系列のDNA配列の変化ではなく，エピジェネティックなクロマチン構造の変化を介して実際に起こりうることがわかっている（Chan 2020；Bonduriansky 2021）。

　アリル（対立遺伝子）はDNA配列の違いによるバリエーションであり，ある世代から次の世代へと伝達される。一方，**エピアリル**（epiallele）はクロマチン構造の違いによるバリエーションである。知られているほとんどのエピアリルはDNAメチル化パターンの違いであり，生殖系列の細胞を介して子孫に伝わる［訳注：つまり，遺伝する］。左右相称の花

図26.19 ホソバウンランのエピジェネティック形態。(A)典型的なホソバウンラン。*cycloidea*遺伝子はそれほどメチル化されていない。(B) *peloria*変異体における*cycloidea*遺伝子は重度のメチル化がみられる。この表現型をつくりだしているエピアリルは世代を超えて安定的に遺伝する。

をもつホソバウンラン(*Linaria vulgaris*；図26.19)が放射相称になる*peloria*変異体 (*peloria*とは整正花の意味)が安定的に遺伝するということは, 1742年にLinnaeus（リンネ)によって初めて記載された。1999年, Coen（コーエン)はこの変種が特徴的なアリルによるものではなく, 安定したエピアリルによるものであることを示した。*peloria*変異体では*cycloidea*遺伝子そのものに変異があるのではなく, *cycloidea*遺伝子が過剰にメチル化されていた。発生システムからすれば, 変異によるものかクロマチンの修飾によるものかは関係なく, いずれにしても遺伝子が不活性化されていることに変わりはなく, 両者ともに同じ表現型となる(Cubas and Coen 1999)。エピアリルによる遺伝の例は数多くあり(Jablonka and Raz 2009；Gilbertand Epel 2015), その多くは本書で紹介した。

- **食事によるDNAメチル化**。25.1節では, メチル化の違いが毛色や肥満度に影響するだけでなく, 子孫に受け継がれるマウスの*viable-Agouti*表現型について述べた(図25.5参照)。これと同様に, ラットの母体のタンパク質制限食により, 酵素レベルでの代謝の表現型が子宮内の子にもたらされる。それはタンパク質制限食が引き起こした特異なメチル化パターンによるもので, そのメチル化パターンは子供だけでなく孫の代にまで受け継がれる(Burdge et al. 2007；Lillycrop and Burdge 2015)。

- **内分泌撹乱物質によるDNAメチル化**。14.10節で詳述したように, 内分泌撹乱物質は, 工業化された世界ではどこにでも存在するようになった催奇形物質(発達撹乱物質)の一群を構成している。内分泌撹乱物質であるビンクロゾリン(農作物に使用される殺菌剤), メトキシクロル(殺虫剤), ビスフェノールA（プラスチックに使用される)には, 生殖細胞系列のDNAメチル化パターンを変化させる作用がある。子宮内でこれらの化学物質に曝露されると, お腹のなかのマウス胎仔と, さらにその孫世代にまで, 発生異常やある種の疾患発症のリスクが高まるなどの影響が出る(図14.27参照；Anway et al. 2005, 2006a, b；Newbold et al. 2006；Gillette et al. 2018；Mennigen et al. 2018)。

- **行動によって生じるDNAメチル化とマイクロRNAの違い**。Meaney（2001)は, 母ラットから十分なケアを受けたラットは, ストレス誘発性の不安をあまり示さないこと, また, ケアを受けたのが雌であれば同程度のケアを仔に与える母親に成長することを発見した。このストレス耐性行動は, グルココルチコイド受容体遺伝子のメチル化パターンによるものであり, メチル化パターンは母親のグルーミングによって誘発されるホルモンによって誘導されることが示された。また, 環境的に誘導された行動が精子のマイクロRNAによって伝達されるかもしれないという興味深い証拠もある(Gapp et al. 2014；Rodgers et al. 2015)。

- **光により生じるDNAメチル化の違い**。第25章で述べたように, オオハルタデ(*Polygonum*)の茎や葉の形態は, 親個体が経験した光条件に影響される(図25.10参照)。これらの変化した表現型は, 異なるメチル化パターンをもつエピアリルによって伝達される(Baker et al. 2018)。

このように, エピジェネティックなDNA変化は, DNA配列への変異以外の方法で, 環境因子が遺伝可能な表現型に影響を与えることを可能にする。

26.5　進化と発生過程での共生

　第25章で述べたように, 発生の重要な側面の1つに**共発生**(sympoiesis)——発生過程における共生生物との相互作用——がある。共発生を通じて進化的変化が起こりうる重要な方法は, 少なくとも2つある。

1. **選択可能なバリエーション**。共生生物は, 直接的または間接的に親から子へと母親を介して伝達されるため, エピジェネティクスな遺伝の一形式であるといえる

(A) *Rickettsiella*の共生なし

4日齢　　　　　　　　　　　8日齢　　　　　　　　　　　12日齢

(B) *Rickettsiella*の共生あり

4日齢　　　　　　　　　　　8日齢　　　　　　　　　　　12日齢

図26.20　エンドウヒゲナガアブラムシの成体の色は，細胞内に共生細菌である*Rickettsiella*が共生しているかどうかに依存している。(A) *Rickettsiella*がない場合，生まれたばかりの赤い個体はそのまま赤色の成体になる。(B) *Rickettsiella*が存在する場合，生まれたときは赤かった個体は緑色の成体になる。

(Funkhauser and Bordenstein 2013；Roughgarden et al. 2018)。例えば，エンドウヒゲナガアブラムシ (*Acyrthosiphon pisum*) は，細胞内に多数の共生生物種を共生させている。そのうちの1つである細菌の*Buchnera aphidicola*は，ヒートショックタンパク質のどちらのアリルをタンパク質として発現させるかによって，アブラムシが高い繁殖力か高い耐熱性のいずれかを示すように切り替える能力を提供している。別の共生性の細菌である*Rickettsiella*の1種は，アブラムシの色を変えるアリルをもっている（図26.20）。第三の共生細菌である*Hamiltonella defensa*は，(適切な株であれば) 寄生バチから宿主アブラムシを守るためのタンパク質を提供することができる (Dunbar et al. 2007；Oliver et al. 2009；Tsuchida et al. 2010)。これら3つの共生体は，母親から卵や胚の細胞質へと伝播されると考えられており，遺伝的に特異な*Buchnera*株が何百万世代にもわたって伝播されてきた。つまり，共生生物のアリル群は，発生を変化させることで自然選択の対象となる表現型のバリエーションを生み出すことができるのである。

2. **生殖隔離**。生殖隔離 (reproductive isolation) とは，生物学的あるいは地理的な障壁によって同じ種のメンバーが繁殖可能な子孫を残せないようにすることであり，新しい種の形成に必要なもので，さまざまな方法で起こる現象である。接合前(受精前)および接合後(受精後)生殖隔離のいずれも，共生・宿主依存関係によって起こりうることがわかっている。接合前生殖隔離の例として，ショウジョウバエの幼虫が食べる餌に含まれる細菌が，性選択を誘導するクチクラフェロモンを変化させ，成虫の交尾選好

性に影響を与える例があげられる(Sharon et al. 2010)。接合後生殖隔離は，細胞質不和合性によってもたらされる。あるグループのスズメバチの卵細胞質内の細菌は，特定の共生種をもたないスズメバチと受精した場合，受精卵の発生を阻害する(Brucker and Bordenstein 2013)。

シンビオジェネシス

Lynn Margulis and Dorion Sagan（1993a；2003)は，進化の主要な変遷のすべてではないにしてもその多くに共生生物がかかわっていると推察し，「進化とは新しいゲノムを獲得することである」と述べている。共生生物の獲得によって新しい生物が形成されるプロセスは，**シンビオジェネシス**(symbiogenesis)と呼ばれる(Merezhkowsky 1909；Margulis 1993b)。実際，単細胞の原生生物から多細胞動物が進化する過程には，細菌の共生が関与していた可能性がある。陸上植物の成功と多様性，草食の起源(セルロースを消化し，植物を食物として利用する能力)は，いずれも共生生物と密に絡み合ったものだろう(Vermeij 2004；Gilbert 2020)。同様に，共生生物は動物の神経系(Klimovitch and Boasch 2018)や哺乳類の胎盤(Lavialle et al. 2013；Sugimoto et al. 2019)の起源においても重要な役割を果たしているようである。

多細胞性の進化　ゲノム解析によると，動物はおそらく，現在の襟鞭毛虫によく似た原生生物グループから誕生したと考えられている(1.6節および8.3節参照)。襟鞭毛虫は単細胞生物であり，その名前はカイメンの襟細胞に似ていることに由来する。濾過された海水中では，襟鞭毛虫の1種である*Salpingoeca rosetta*は無性的に増殖する。しかし，*Algoriphagus machipongonensis*という細菌を含む培地で培養すると，無性的に増殖しなくなる。むしろロゼットを形成し，細胞外基質と細胞質間橋によって細胞が連結される(図1.25および図8.9参照；Dayel et al. 2011；Brunet and King 2017)。このロゼット形成により，摂食がより効率的になると考えられている(Roper et al. 2013)。細菌の細胞エンベロープに含まれるスフィンゴ脂質によりこの移行を効果的に行うことができ，一般的にコロニー形態をとるこの襟鞭毛虫種と細菌は共に観察される。つまり，動物につながる多細胞性は，隣接する細菌によって誘発された発生的変化によって生じたのかもしれない。

細菌は，性の進化に関与している可能性さえある。襟鞭毛虫は通常，無性生殖(二分裂による)を行うが，特定の微生物(*Vibrio fischeri*を含む；25.2節参照)が存在すると，原生生物は群れをなして互いにくっつき，減数分裂と相互受精を行う。この交配行動を引き起こす"媚薬"細菌タンパク質は，EroS——**Extracellular regulator of Sex**（細胞外の性の調節因子）——と呼ばれている。

陸上植物の起源　地球の歴史における大きな転換点の1つは，いくつかの水性藻類が陸上へと進出したことである。これに続いて出現した陸上植物は炭素を固定し，酸素を増加させ，岩石を風化させ新たな土壌を生み出し，生物圏を再形成した。しかし，初期の陸上植物は，新たに定着した陸上基質から栄養素を吸収する根をもっていなかった。栄養獲得の増大とそれに続く新種の増殖は，共生菌根菌との相互作用により促進された(25.2節参照；Pirozynski and Malloch 1975；Feijen et al. 2018；Strullu-Derrien et al. 2018)。いくつかの藻類と(ヒトの感染症を生じるカンジダやアスペルギルスに似た)子嚢菌類の共生は地衣類へと進化した一方，菌根菌と緑藻は相利共生の関係を進化させ，陸上植物を生み出した。現存する陸上植物のうち，約85%は菌根菌との共生関係を有している(Selosse and Le Tacon 1998)。

草食性とルーメンの共生的な起源　草食は肉食から進化したのであって，その逆ではないことを記憶しておくべきだろう(Vermeij and Lindberg 2000；Chiu and Gilbert 2020)。哺乳類の核ゲノムには，セルロース，ペクチン，および他の植物細胞壁を構成する炭水化

発展問題

最近の証拠からは，進化的イベントで共生生物がきわめて大きな役割を果たしている可能性が示唆されている。細菌が生殖隔離や多細胞動物の起源とどのように関係しているのだろうか？

910 | PART VII より広い文脈における発生

発展問題

ホロビオント（動物あるいは植物に加えてその共生者のコロニー）は選択の単位と考えることができるのだろうか？　言い換えれば，自然は複合的なゲノムの"チーム"を選択するのだろうか？（Zilber-Rosenberg and Rosenberg 2008, 2018；Morris 2018；Rosenberg and Zilber-Rosenberg 2018；Roughgarden et al. 2018参照）

物を消化するための遺伝子はない。しかし，草食は草や穀物を消化する能力に依存しており，この能力の多くは共生微生物の存在によるところが大きい。

　ウシ（cow）〔および他のウシ（cattle）やその近縁種であるヒツジ，シカ，キリン〕には，植物を消化する複数の微生物からなる生態系が存在する特殊な消化管領域，**ルーメン（第一胃）**（rumen）がある。例えば，ウシとこれらの共生細菌は栄養共生の状態にあることが知られている（Mizrahi 2013；Moraïs and Mizrahi 2019）。驚くべきは，共生細菌がルーメンの**構築**に寄与していることだろう。母親の共生細菌は仔ウシが生まれるときに仔ウシの腸に定着する。仔ウシが母乳を飲み続ける限り，ルーメンは未熟で機能しない単なる袋のままである。ところが，仔ウシが離乳し，穀物や草を食べ始めると，腸内の細菌が植物細胞壁由来の炭水化物を消化し，それらを酪酸塩などの短鎖脂肪酸に発酵させる。この酪酸塩はルーメンの発達を促し，成長・分化させることが知られている（Sander et al. 1959；Baldwin and Connor 2017）。多くの新しい転写因子が発現しはじめ，細菌と仔ウシは相互作用しながら成体の反芻動物として生きていくのに必要な共生細菌の棲家が構築される（**図26.21**）。このように，細菌は共生細菌およびウシの両方の生物が生きていくうえで重要な器官をつくるのに役立っているのである。

　25.2節で，宿主と持続的な共生者から成る生物としての**ホロビオント**について取り上げた。ウシはホロビオントとしてのみ植物の食性ニッチを占めている。同じことは植物を食べる昆虫（シロアリを含む），魚，軟体動物にも当てはまる。生きている植物由来の物質を消化する能力は進化の新たな道を切り開き，動物の消化器系，顎，運動器における適応を生み出した。これらの進化的イベントは，共生生物由来の新たなゲノムの獲得を通して起こるものとみられている（Margulis and Sagan 2002）。

有胎盤哺乳類の進化　異なるタイプの共生体――レトロウイルス――は，子宮と胎盤の形成に重要な役割を果たしたと考えられている。子宮と胎盤は，真獣類（あるいは有胎盤哺乳類）を特徴づける重要な構造物であり，母体内で子の発生を可能にしている。レトロウイルスはRNAベースのウイルスであり，自身をDNA配列へとコピーし，宿主ゲノムに組み込むことができる。もしレトロウイルスが生殖細胞に組み込まれると，それは次の世代に伝達されることになる。実はヒトゲノムの約8％が，挿入されたレトロウイルスによって構成されている（Lander et al. 2001；Villarreal and Ryan 2011）。これらの挿入の大部分は機能しないものの，そのうちの少なくとも3つは霊長類の胎盤において重要な役割を果たすようであることが知られている。

　このうち最初のレトロウイルス由来の遺伝子である*SYNCYTIN-1*は，レトロウイルスのエンベロープ上のタンパク質に起源をもち，これはもともと動物細胞内にウイルスが入るのを可能にするタンパク質だった。しかしいまではこのタンパク質は，母親の血管と胎児の血管を隔絶するための栄養外胚葉を形成すべく，胎盤細胞を融合する用途に再利用されている（14.4節参照；Dupressoir et al. 2011, 2012）。もう1つのレトロウイルス由来の遺伝子である*SUPPRESSYN*は，ヒトの着床前胚と胎盤で発現し，そのタンパク質産物は胚を外部のウイルスから防御する役割をもつ（Frank et al. 2022）。

　レトロウイルス由来の構造遺伝子が栄養膜細胞の融合のために利用されたと思われるケースがある一方で，レトロウイルスの**エンハンサー**が副腎皮質刺激ホルモン放出ホルモン（corticotropin releasing hormone：CRH）遺伝子の発現を促すのに利用されたケースもあるようである。大部分の動物では*CRH*遺伝子は視床下部でのみ発現するが，霊長類では栄養外胚葉からも発現し，妊娠中に急速に発現量を増大させて妊娠期の調整に重要な役割を果たす。この新しい発現パターンは，霊長類においてレトロウイルスのエンハンサーが*CRH*遺伝子の隣に挿入され，このエンハンサーが栄養膜細胞で発現する転写因子（Distalless-3など）に反応するようになったことにある（Dunn-Fletcher et al. 2018）。

第 26 章 進化的変化をもたらす発生メカニズム 911

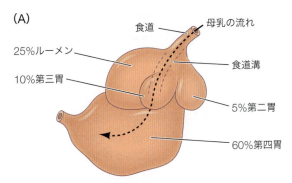

反芻なし（出生21日齢までの仔ウシ）
仔ウシは母乳により栄養を得ており，ルーメンは発達しておらず，機能ももたない

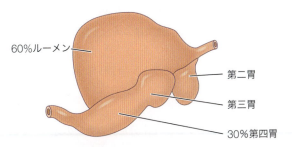

22日から56〜84日齢
仔ウシが穀物や他の飼料を食べ始めると，ルーメンの微生物集団が増える。微生物によってつくられた脂肪酸はルーメン組織の成長を促進する

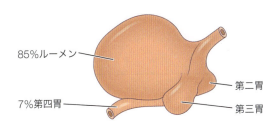

反芻性（64日齢以上）
この段階になると，仔ウシは反芻動物といえる状態になる

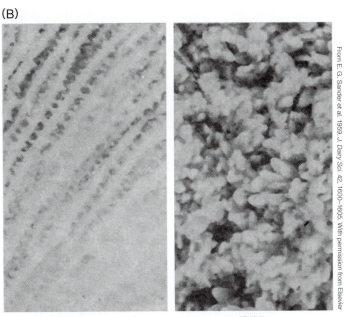

図 26.21 共生体が生成する酪酸塩は，ウシのルーメン（反芻胃）の成長と分化を引き起こす。(A)ルーメンが未熟で機能しない袋状の状態から，ウシの胃の主要部分に成長する過程。(B)酪酸塩を仔ウシの食事に添加することで，ルーメンの細菌収容のための隆起が分化する過程。(A は https://dairy-cattle.extension.org より)

Chuong（2013, 2018）は，霊長類の胎盤が種々のレトロウイルスによって"繋ぎ変え"られることで，レトロウイルスの挿入により異なる哺乳類グループでみられるさまざまな種類の胎盤が生じた可能性があると仮説を立てた。Chuong は，「もしも地球上の進化の祖先たちが数万年の間レトロウイルスのパンデミックに苦しめられなかったなら，人間の妊娠は非常に異なっていた，もしくはそもそも存在しなかったかもしれない」と述べている（Chuong 2018）。

真獣類の長期間にわたる妊娠は，プロゲステロンに反応する子宮脱落膜細胞によって実現しており，この細胞が胚の子宮への着床を可能にしている（図14.9参照；Chavan et al. 2021）。原獣類（卵生の単孔類――カモノハシとハリモグラ）では胚は卵の中で発生するので，有袋類では着床を伴わない短い妊娠期間となっている。真獣類における脱落膜細胞の起源は，レトロウイルスの活動に起因するようである。実際，プロゲステロンへの反応も，哺乳類の進化の過程でレトロウイルスによって挿入されたエンハンサーによるものである

912 | PART VII より広い文脈における発生

と考えられている（Lynch et al. 2011）。このエンハンサーは真獣類のみにみられ，卵生の単孔類や有袋類には存在しない。（オンラインの「FURTHER DEVELOPMENT 26.8：Transposable Elements and the Origin of Pregnancy」参照）

■ おわりに ■

　1800年代後半，実験発生学は進化生物学から分離し，成熟した分野へと独自に発展していった。しかし，発生学者の先駆者の1人であるWhilhelm Roux（ヴィルヘルム・ルー）は，ひとたび発生学が成熟すれば，今度はどのように進化が起こるかを説明する非常に強力なメカニズムとともに，進化生物学へ戻ってくるだろうと確信をもって述べていた。確かに，進化とは変化の理論であって，集団遺伝学はそうした変化を定量的かつダイナミックに捉えることができる（Amundson 2005）。しかし，Rouxは進化生物学の側の足りないものにも気づいていた。それは，からだがどのようにつくられるかに関する理論で，変異がどのように自然選択の対象となりうる表現型をもたらすのかを説明するものである。進化の創造性は大きく2つあり，発生と自然選択である。発生は芸術家の創造性に相当し，自然選択は学芸員の創造性に相当する。

　節足動物のボディプランがどのようにして生まれたのかという問いに直面したとき，Hughes and Kaufman（2002）は次のように話している。

> この問いに対して自然選択を持ち出すのは正しいが，不十分だ。ムカデの牙……やロブスターの爪……は，これらの生物に適応的な利点を与える。しかし，この謎の核心はこうだ：これらの新しい機能がどのような発生学的な遺伝的変化によって生じたのか？

　これこそが，現代の発生生物学と拡張された進化の総合説が一部の答えを提供してきた質問であり，今後も答えを提供し続けるだろう。

研究の次のステップ

　新規形質には異なる種類がある。本章では，進化が既存のものをどのように改変するかについて議論した。カメは肋骨の成長方向を変え，甲虫は外骨格をつくるプログラムを翅に利用するなど，進化は既存のものを改変して新しいものを生み出した。しかし，もう1つの新規形質のタイプは，新しい細胞タイプが生じることによるものである（Arendt et al. 2016；Booth and King 2016；Stundl et al. 2022）。例えば，神経細胞はどのようにして生まれたのだろうか？　現在進行中の研究では，エンハンサーと転写因子の相互作用を調査し，そのような発生学的な改変が脊椎動物の神経堤細胞，哺乳類の脱落膜細胞，そして刺胞動物の刺胞の起源に責任をもつ可能性があるかどうかが研究されている。同様に，微生物共生体を収容するために進化した新しいタイプの細胞であるバクテリオサイト（bacteriocyte）がある。バクテリオサイトがどのように形成され，特定の微生物を取り込むかの研究は始まったばかりであり，発生中の種間相互作用の魅力的な物語となる可能性がある（Matsuura et al. 2015；Lu et al. 2016）。

第26章 進化的変化をもたらす発生メカニズム | 913

章冒頭の写真を振り返る

進化を通した解剖学的な変化は，発生における変化を通じて起こる。コウモリは，発生を制御する遺伝子の発現変化と関連した解剖学的特徴の素晴らしい例を提供してくれている。飛行性哺乳類の進化では，発生で働く制御遺伝子の小さな変化が前肢形態の大きな変化をもたらした。発生生物学者は，コウモリの前肢の指間膜の維持（BMP阻害因子や指間膜でのFGFの発現など），指の伸長，尺骨の退縮に決定的に重要となる分子的変化を同定してきた（Sears 2008；Behringer et al. 2009）。このフルーツコウモリ *Carollia perspicillata* の胚は，前肢の指間膜と指の伸長を示している。

Photograph courtesy of R. R. Behringer

26 進化的変化をもたらす発生メカニズム

1. 進化は，発生が遺伝的に変化した結果である。胚や幼生の発生における変更が新しい表現型をもたらし，そしてそれらが自然選択を受ける。
2. 相同性（ホモロジー）とは，個体間や遺伝子間にみられる類似性のことであり，もとをたどれば共通祖先から派生したものである。なかには，相同な遺伝子群が動物界に共通の構造を発生させるよう特定化している例もある。
3. 発生のモジュール性は，胚の他の部分を変更することなく，一部のみを変えることを可能にする。こうしたモジュール性の多くは，エンハンサーのモジュール性によるところが大きい。
4. 新しい遺伝子の転写は，既存のDNA配列がエンハンサーへと変更されることや，転写因子が結合するDNA配列が変異してエンハンサーとしての機能を失ったり，エンハンサーの追加や既存のエンハンサーの変異によって起こる。
5. 既存の遺伝子やシグナル経路の再利用（コ・オプション）は，新しい表現型をつくるための基本的なメカニズムである。そのような例として，甲虫の鞘翅の形成やウニの幼生骨格の生成などがある。
6. 器官や遺伝子と同様に，シグナル伝達経路にも相同性があり，相同なタンパク質が相同な方法で組織化される。これらの経路は，異なる生物や同一生物内の異なる発生プロセスにおいて利用されることがある。
7. 新しい解剖学的構造は，重複した遺伝子の制御が変わることで生じ得る。Hox遺伝子や他の多くの遺伝子ファミリーは，もともと単一の遺伝子が重複していくことで生じた。
8. 進化は既存の遺伝子を"いじくる"ことによって起こる場合がある。遺伝子発現レベルで発生過程を変更し，進化的変化をもたらす方法として，遺伝子の発現場所を変えたり（ヘテロトピー），タイミングを変えたり（ヘテロクロニー），量を変えたり（ヘテロメトリー），種類を変えたり（ヘテロタイピー）することで達成できる。
9. ヘテロトピーは，コウモリの翼，カメの殻，およびチューリップの花弁状のがく片の進化を説明することができる。
10. ヘテロクロニーは，動物界全体の肢の形成や被子植物の花の発達において重要である。
11. ヘテロメトリーは，ヘビの肢の喪失や一部の被子植物の生殖器官の分化に寄与する。
12. ヘテロメトリーとヘテロクロニーの組み合わせは，ダーウィンフィンチのクチバシの表現型や人間の脳の大きさを説明することができる。
13. ヘテロタイピーは，タンパク質の機能的特性を変えることができ，重要な発生的効果をもたらすことができる。昆虫の脚が6本に限られているのはその一例であり，トウモロコシの実の進化はもう1つの例である。
14. 発生拘束は，特定の表現型が生じるのを防ぐ。そのような拘束には，物理的拘束（脊椎動物に回転する肢が存在しない），形態的拘束（中央の指が隣り合う指より短くない），多面的拘束（鳥類の頸椎が哺乳類よりも多い）などがある。
15. 遺伝的同化とは，（変異によらずに）環境によって誘導された表現型が，選択のプロセスを通じて許容的な環境下では遺伝型（あるいは変異）によって生じるようになる現象であり，実験的にいくつも報告されている。
16. エピジェネティックな遺伝には，エピアリルによるものが含まれる。これはDNAメチル化の継承されたパターンが遺伝子発現を調節するものであり，メチル化の程度が高い遺伝子は，変異アリルと同様に機能しない場合がある。
17. 共生生物はしばしば発生のために必要であり，これらの生物の変異形は異なる発生モードを引き起こす可能性がある。また，共生微生物は，多細胞生物の起源や有胎盤哺乳類における子宮と胎盤の起源など，重要な進化的な出来事を促進してきたと考えられている。
18. 進化発生生物学は，遺伝子またはエピジェネティック的には小さな変化が大きな表現型変化を生み出し，解剖学的に新しい構造が生み出されることを説明できる。

● オンラインのコンテンツは https://www.medsi.co.jp よりアクセスしてください。

付録 | 発生生物学の研究論文を見つけ，理解するためのクイックガイド

研究のための調査

　科学者に，なぜ朝起きてこの仕事をするのかと尋ねると(実験によっては朝に就寝することもあるが)，新しい知識を発見するスリルを味わうためという答えが返ってくることが多い。しかし，どのような知識が新しい知識なのだろうか？　次に研究すべき最良の問いを決定するために，科学者はまず，その分野で現在受け入れられている考え方が何であるかを理解しなければならない。そのためには，該当分野の科学文献を分析することが最も確実である。

研究を探す

　ここでは，科学論文の調査を行う際に推奨される過程を示す(図A.1)。調査を開始する際は，その過程の記録を残すために(リアルなものでもバーチャルなものでもよいので)

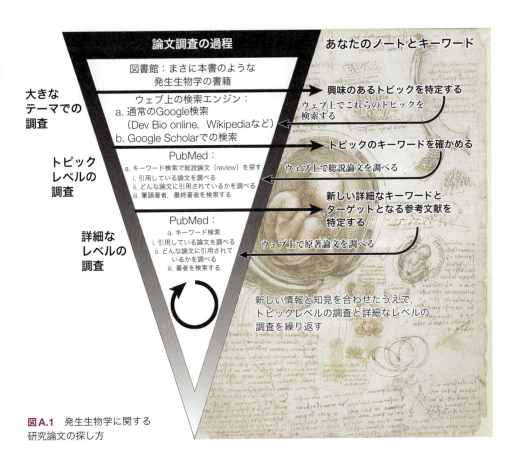

図A.1　発生生物学に関する研究論文の探し方

ノートを用意することを検討しよう。文献の有用性を評価するために，いくつか基準となる質問をあらかじめ設定しておくと特に有効である。

　あなたは，なぜわれわれの腕は脚と異なるのかを知りたいだろうか？　まずは本書の肢の発生の章を読むことから始めよう。図書館に行けば，この大きなトピックに関するほかの書籍もある。この過程であなたの興味をそそられる側面が何であるかに気づき，あなたの幅広い関心の中から，より詳細なトピックとともに具体的な「キーワード」を特定することが特に重要である。

　トピックについての基礎知識とキーワードを準備したら，お気に入りの検索サイト（Googleなど）でいくつかのキーワードを入力し，どのようなウェブサイトが見つかるか試してみよう。ウィキペディアのようなウェブサイトだけでなく，本書のオンラインリソース（これは活用すべき）も見つかるかもしれない。文献調査のこの段階での目標は，トピックに対する理解を深め，より具体的な詳細トピックについてあなたの研究を導くような，適切な記録を取り続けることである。

PubMedデータベースの閲覧

　PubMed（図A.2A；https://www.ncbi.nlm.nih.gov/pubmed）は発生生物学の研究論文を直接検索するのにおすすめの主要なデータベースである。文献調査が深まってきたら，まず，トピックに関連する「総説」論文を集めることをおすすめする（図A.1の「トピックレベルの調査」）。総説論文とは，ある分野の特定のトピックの概要をまとめたもので，わかりやすく書かれており，特定の詳細トピックについて包括的な要約となっている。総説論文はより広範な分野について課題の枠組みを示してしており，また，研究者が検討中の差し迫った疑問を明らかにしていることも多い。最も重要なのは，総説で述べられていることが，引用論文として示された原著論文によって裏付けされていることである。これらの引用は，自分で読むべき重要な論文を見つけるための素晴らしい手がかりとなる。これらの文献をメモして，PubMedを使って直接検索をする（図A.2B）。

論文のPDFを入手する

　次に，読みたい論文の電子版フルテキストあるいはPDF版を入手する必要がある。すべての論文が自由にアクセスできるわけではない。大学などに所属している場合，所属機関が特定の論文雑誌を購読している可能性があり，その場合は図書館のリソースを使ってPDF版にアクセスすることができる。幸いなことに，一部の論文雑誌はオープンアクセスであり，また，PubMed Centralにある論文はすべて無料でダウンロードできる。読みたい論文のPubMedページで，右上の"Full text links"をクリックするとフルテキストにアクセスできる（図A.2B参照）。雑誌のウェブサイトに移行し，論文にアクセスするためのページが表示される（図A.2C）。このページの見た目は雑誌ごとに異なるが，ページのどこかにPDF版をダウンロードするためのリンクがある。

研究論文の中身を分析する

　興味のある論文を入手したら，次のステップはその論文に記されている研究でわかったことを抽出し，分析することである。著者らのリサーチクエスチョンと仮説は何だろうか？　どのようなアプローチで仮説を検証したのか，また，彼らの結論は，研究結果によって本当に裏付けられているのだろうか？

　典型的な研究論文は以下の項目に分かれている：タイトル，著者名，要旨（Abstract）あるいは要約（Summary），イントロダクション（Introduction），材料と方法（Materials

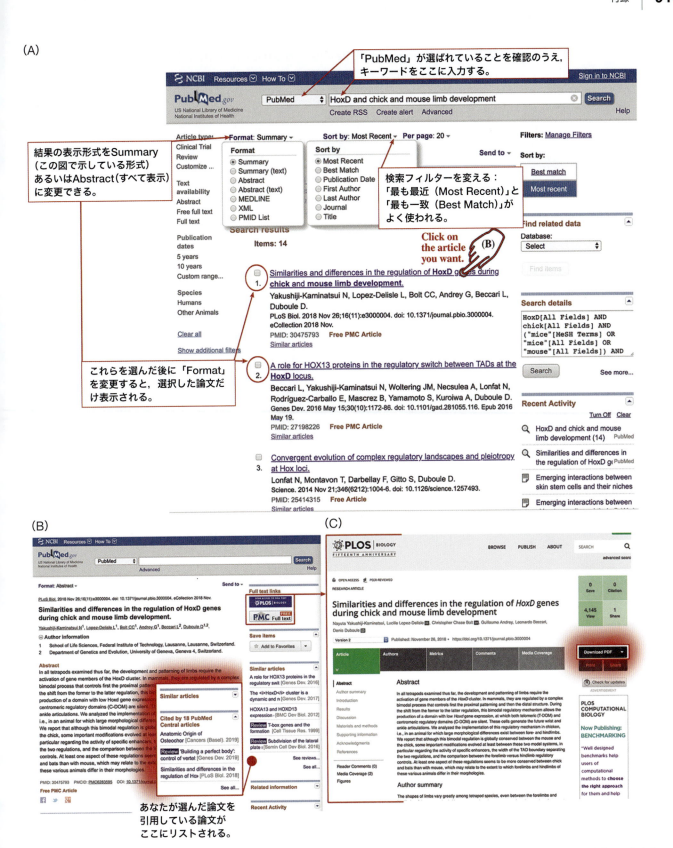

図A.2 PubMedの閲覧。(A)PubMedのウェブサイトでは、PubMedデータベースをキーワードで検索することができる。ドロップダウンメニューを使うと、検索結果の絞り込みや検索結果の表示形式を変えることができる。(B)検索結果の中にある論文をクリックすると、論文の要旨とPDFを入手できる可能性のあるPubMed内のページが表示される。このページには選んだ論文に似た論文や、この論文を引用している論文もリストされている。(C)「Full text links」をクリックすると、PDFをダウンロードできるページに移動する。論文に無料でアクセスできない場合、所属機関の図書館のページで目的の論文が掲載されている雑誌を購読しているかどうか調べる必要がある。[訳注：2025年現在、PubMedのウェブサイトの表示はここで示したものと異なる]

and Methods)，結果(Results)，考察(Discussion)，謝辞(Acknowledgements)，文献(References)。

用語解説

＊：植物関連の用語。

● 数字・ギリシャ文字・アルファベット

3'非翻訳領域　3' Untranslated region（3' UTR）
真核生物のmRNAにおける翻訳終止コドンよりも下流の領域，もしくは遺伝子におけるその領域。転写はされるものの，翻訳はされない。この領域には，転写産物が核から出られるようにするポリAの挿入に必要な領域が含まれる。

IV型コラーゲン　Type IV collagen
コラーゲンの1種で，非常に細かい網目状の構造をつくる。上皮の直下に位置する細胞外基質である基底板に局在する。

5α-ジヒドロテストステロン　5α-Dihydrotestosterone（DHT）
5α-ケトステロイド還元酵素2の働きによりテストステロンから誘導されるステロイドホルモン。雄の尿道，前立腺，陰茎，陰嚢の形成に必要とされる。

5'キャップ　5' cap
mRNAの前駆体の5'末端にある特異的に修飾されたヌクレオチドで，転写因子の結合を安定化させ，通常は遺伝子の転写開始に必要である。

5'非翻訳領域　5' Untranslated region（5' UTR）
リーダー配列またはリーダーRNAとも呼ばれる。真核生物の遺伝子あるいはRNAにある一領域。遺伝子では，転写開始部位と翻訳開始部位の塩基配列があり，RNAではその5'末端に存在する。タンパク質に翻訳されることはないが，翻訳開始効率を決定する。

20-ヒドロキシエクジソン　20-Hydroxyecdysone（20E）
昆虫ホルモンで，エクジソンの活性型。各々の脱皮段階の開始や進行を制御する。変態に関与する遺伝子発現の変化を制御し，成虫原基の分化を刺激する。

βカテニン　β-Catenin
カドヘリンの細胞内ドメインに結合して錨として働くか，Wntに誘導される転写因子として働くタンパク質。どの動物門においても三胚葉の分化に重要である。

A型精原細胞　Type A spermatogonia
哺乳類において，体細胞分裂を行う精子幹細胞でA型精原細胞の集団を維持する一方で，B型精原細胞も産生する。

Antennapedia複合体　Antennapedia complex
ショウジョウバエの3番染色体の一領域には，*labial*（*lab*），*Antennapedia*（*Antp*），*sex combs reduced*（*scr*），*deformed*（*dfd*），そして*proboscipedia*（*pb*）と呼ばれるホメオティック遺伝子が存在し，これらは頭部と胸部体節に個性を与える働きをもつ。

B型精原細胞　Type B spermatogonia
哺乳類において，精母細胞の前駆体であり，体細胞分裂を行う最後の細胞である。それらは1回分裂し，一次精母細胞を産生する。

B細胞　B cell
神経幹細胞を参照。

Bicoid
ショウジョウバエ胚の前後軸の極性形成において前方を決定づける重要なモルフォゲン。転写因子として機能して前方特異的ギャップ遺伝子を活性化し，翻訳抑制因子として後方特異的ギャップ遺伝子を抑制する。

Bithorax複合体　Bithorax complex
ショウジョウバエ3番染色体の一領域にあるホメオティック遺伝子をコードする領域。3つの遺伝子が存在し，*Ultrabithorax*（*Ubx*）は第3胸部体節の個性化に必要であり，*abdominal A*（*abdA*）と*Abdominal B*（*AbdB*）遺伝子は腹部体節領域の個性化に関与する。

BMPファミリー　BMP family
骨形成タンパク質を参照。

CAB（Centrosome-attracting body）
一部の無脊椎動物の割球でみられる細胞構造で，中心体を非対称に配置し，特定のmRNA群を引きつけることで，娘細胞が異なるサイズと特性をもつようになる。

CatSperチャネル　CatSper channel
精子特異的な陽イオン（通常はCa^{2+}）チャネルで，精子の運動とガイダンスに必須である。

CpGアイランド　CpG island
CpG配列，すなわち通常のリン酸結合でつながれたシトシンとグアニンに富むDNA領域。プロモーター配列はしばしばCpGに富む配列を含んでおり，基本転写因子がここに結合してRNAポリメラーゼIIを動員することで，その近傍から転写が開始されると考えられている。

CpG含量が高いプロモーター　High CpG-content promoter（HCP）
多くのCpGアイランドを含むプロモーター。これらのプロモーターを器官形成に必要な発生関連遺伝子群の多くにみられ，初期状態は"オン"である。

CpG含量が低いプロモーター　Low CpG-content promoter（LCP）
これらのプロモーターは，成熟した，最終分化した細胞で特異的に発現している遺伝子でみられる傾向にある。CpGサイトは通常メチル化されており初期状態は"オフ"であるが，特定の転写因子により活性化される。CpGアイランドも参照。

Cre-lox
部位特異的組換え酵素を使った技術で，遺伝子ノックアウトや異所性発現の空間的・時間的パターンを制御することができる。

CRISPR（Clustered Regularly Interspaced Short Palindromic Repeat）
原核生物に存在するDNAの一部で，RNAに転写されるとウイルスDNA領域を認識するためのガイドとなる。CRISPRはCas9（CRISPR関連酵素9）と組み合わせて，比較的迅速かつ安価に遺伝子編集を行う手段として利用されている。

Dazl
"Deleted in Azospermia"に由来。この遺伝子の産物タンパク質は生殖細胞の核と細胞質に存在する。この遺伝子に変異があると，ヒトの男性において精子形成が阻害され，マウスでは卵形成と精子形成の両方が阻害される。

DNA結合ドメイン　DNA-binding domain
特定のDNA配列を認識する転写因子の機能ドメイン。

Doublesex（Dsx）
ショウジョウバエ遺伝子のタンパク質産物で，雄と雌の両方で活性をもつが，そのRNA転写産物は性特異的にスプライシングされ，性特異的転写因子を産生する。雌特異的転写因子は雌特異的遺伝子を活性化し，雄の発生を抑制する。雄特異的転写因子は雌の形質を抑制し，雄の形質を促進する。

E-カドヘリン　E-Cadherin
上皮組織およびすべての哺乳類の初期胚細胞に発現するカドヘリンの一種（Eはepithelialを意味する）。**カドヘリン**も参照。

EMT
上皮-間充織転換を参照。

Eph（エフ）受容体　Eph receptor
エフリンリガンドの受容体。

GAL4/UAS
有効なプロモーター配列を使って特定の遺伝子活性を時間的・空間的に制御しながら操作する実験手法。GAL4は，組織特異的プロモーターの下で発現する転写活性化因子であり，UASは標的遺伝子（例えばGFP）の発現を可能にするGAL4応答配列である。

Hedgehog
胚発生において特定の細胞タイプを誘導したり組織間の境界を形成したりする際に使われている傍分泌因子。Hedgehogタンパク質が機能するためには，コレステロールと複合体を形成しなくてはならない。脊椎動物ではショウジョウバエのHedgehogタンパク質の相同分子が，*Sonic hedgehog*（Shh），*Desert hedgehog*（Dhh），*Indian hedgehog*（Ihh）と，少なくとも3種類存在する。

Hox遺伝子ファミリー　Hox gene family
胚のなかで，特に前後軸に沿った位置情報（少なくとも部分的に）を指令する関連遺伝子が構成する大きな遺伝子ファミリー。Hox遺伝子は他の遺伝子の発現を制御する転写因子をコードする。知られている限りすべての哺乳類のゲノムには，半数体あたり4つのHox遺伝子クラスターがあり，それぞれ異なる染色体上に位置する（マウスでは*Hoxa*から*Hoxd*，ヒトでは*HOXA*から*HOXD*）。哺乳類のHox/HOX遺伝子は1〜13まで番号が付けられており，各々のクラスター内で最も前方領域で発現する遺伝子から数える。

hypomorphic変異　Hypomorphic mutation
タンパク質の機能が失われる「ヌル」変異とは異なり，遺伝子の機能を低下させる変異。

***in situ*ハイブリダイゼーション　*in situ* hybridization**
組織内または胚全体における特定の転写産物の空間的発現を可視化するために使用される分子的手法。

Izumo
成熟した哺乳類の精子の赤道域にあるタンパク質で，卵の細胞膜上にあるJunoと結合する。これらのタンパク質は精子-卵結合を安定化するのに役立つ。

JAK
*Janus*キナーゼ（kinase）のこと。FGF受容体などと結合し，JAK-STATカスケードを構成する。

Juno
哺乳類の卵細胞膜に固定されているタンパク質で，精子にあるタンパク質Izumoとの結合に重要な役割を果たす。

MADSボックス転写因子*　MADS-box transcription factor
DNA結合ドメインに保存されたモチーフをもつタンパク質ファミリー。多様なグループの真核生物に存在している。

Mesp1
心臓細胞を特定化するための制御ネットワークにおいて重要な役割を果たす転写因子。このネットワークは脊椎動物全体で保存されている。Nkx2-5も参照。

MITF
小眼球症関連転写因子（Microphthalmia-associated transcription factor）。メラノブラストの特定化と色素の産生に必要な転写因子。この転写因子の遺伝子に変異があるとマウスの眼が小さくなること（小眼症）から命名された。

mRNA前駆体　Pre-mRNA
RNA転写の最初の産物で，転写開始部位，すべてのエクソンとイントロン，転写終結配列からなる遺伝子の全塩基配列を含む。

mRNA前駆体の差次的プロセシング　Differential pre-mRNA processing
選択的スプライシングとして知られ，イントロンとエクソンをそれぞれ選択的に除去・連結し，その結果として異なるタンパク質が構築される。

N-カドヘリン　N-Cadherin
カドヘリンの1種で，発達中の中枢神経系の細胞に高発現している（NはNeuralの頭文字）。神経シグナルを媒介する役割を果たしていると考えられる。**カドヘリン**も参照。

Nkx2-5
心臓細胞を特定化する制御ネットワークにおいて重要な転写因子。これらのネットワークは脊椎動物全体で保存されている。**Mesp1**も参照。

Nodal
TGF-βタンパク質ファミリーに属する傍分泌因子で，脊椎動物および無脊椎動物の左右非相称性の確立に関与している。

Notchタンパク質　Notch protein
Delta, Jagged, またはSerrateの膜貫通型受容体タンパク質で，接触分泌型の相互作用に関与する。リガンドの結合によりNotchのコンフォメーションが変化し，プレセニリン1プロテアーゼにより細胞質ドメインの一部が切り離される。分離した部分は核内に入り，休止状態のCSLファミリー転写因子と結合する。CSL転写因子はNotchタンパク質と結合すると，その標的遺伝子を活性化する。

P-カドヘリン　P-cadherin
胎盤に多く発現するカドヘリンの一種で，胎盤が子宮に付着するのを助ける（Pはplacentaの頭文字）。**カドヘリン**も参照。

PARタンパク質　PAR protein
線虫*C. elegans*の卵母細胞の細胞質で発見され，受精後の胚の前後軸の決定に関与する。

PINオーキシン輸送タンパク質*　PIN auxin transport protein
植物ホルモンであるオーキシンを細胞外へと一方向に輸送する排出トランスポーターとして機能する膜貫通型タンパク質。

Polycomb
凝集したヌクレオソームに結合し，遺伝子の不活性化状態を維持するタンパク質。

R-カドヘリン　R-Cadherin
カドヘリンの一種で網膜の形成に重要（Rはretinaの頭文字）。**カドヘリン**も参照。

RhoGTPアーゼ　Rho GTPase
RhoA, Rac1, Cdc42を含む分子ファミリーで，可溶性のアクチンを線維状のアクチンケーブルに変換し，カドヘリンに固定する。これらは葉状仮足および糸状仮足による細胞移動やカドヘリン依存性の細胞骨格の再構築を媒介する。

RNA-Seq（RNAシークエンス） RNA-Seq（RNA sequencing）
次世代シークエンス技術を使って生物試料にあるRNAの配列決定
と定量を行う。

RNA干渉 RNA interference（RNAi）
miRNAが特定の遺伝子のmRNAを分解することによって，その
遺伝子の発現を抑制するプロセス。

RNAプロセシング RNA processing
mRNA前駆体のイントロン領域がスプライシングによって除去さ
れ，エクソン配列を結合してmRNAを生成する過程。

RNAポリメラーゼII RNA polymerase II
プロモーターに結合する酵素であり，活性化されると鋳型DNAか
らのRNAの転写を触媒する。

RNA誘導サイレンシング複合体 RNA-induced silencing complex（RISC）
いくつかのタンパク質とマイクロRNAを含む複合体で，mRNAの
3′UTRに結合し，翻訳を阻害することができる。

Roundaboutタンパク質 Roundabout protein（Robo）
Slitタンパク質の受容体で，交連軸索の正中線横断の制御に関与す
るタンパク質。

R-spondin1（Rspo1）
低分子量の分泌型タンパク質で，Wnt経路を促進し，卵巣の形成に
重要な役割をもつ。

Sex-lethal遺伝子 Sex-lethal（Sxl）
ショウジョウバエの性決定に関与するスプライシング因子。Sxl遺
伝子はRNAプロセシングのカスケードを開始し，これが最終的に
雄特異的または雌特異的な転写因子であるDoublesexタンパク質
につながる。

siRNA（small interfering RNA）
転写後のmRNAを分解することによって特定の遺伝子の発現を妨
げ，タンパク質への翻訳を阻止する配列。サイレンシングRNAと
も呼ばれる。RNA干渉も参照。

Slitタンパク質 Slit protein
化学反発性を有する細胞外基質のタンパク質。神経堤細胞の移動を
抑制し，交連軸索の成長を制御する。

Smadファミリー Smad family
SMAD経路で機能するTGF-βスーパーファミリーのメンバーに
よって活性化される転写因子群。

Sox9
常染色体上の遺伝子産物で，いくつかの発生過程，特に骨形成に関
与する。哺乳類の生殖隆起では精巣の形成を誘導し，SOX9の余分
なコピーをもつXXの人は男性として発育する。

Srcファミリーキナーゼ Src family kinase（SFK）
チロシン残基をリン酸化する酵素ファミリー。成長円錐の化学誘引
分子に対する応答など多くのシグナル伝達イベントに関与する。

Sry
Sex-determining region of the Y chromosome（Y染色体性決定
領域）の略。哺乳類の精巣決定因子をコードする遺伝子。Sry遺伝子
はおそらく，生殖隆起においてほんの数時間しか転写因子として合
成されて活性化しない。その間に精巣形成に必要なSox9遺伝子を
活性化する。

STAT
Signal transducers and activators of transcriptionの略。JAK-
STAT経路を構成する転写因子ファミリー。ヒト胎児における骨の
成長の制御に重要な役割を果たしている。

TGF-βスーパーファミリー TGF-β superfamily
傍分泌因子のグループとして構造的に関連する30以上の分子が存
在する。TGF-βスーパーファミリー遺伝子にコードされるタンパ
ク質はプロセシングされ，C末端領域が成熟型ペプチドとなる。こ
れらのペプチドは，ホモ二量体を形成したり他のTGF-βペプチド
と二量体を形成し，細胞から分泌される。TGF-βスーパーファミ
リーには，TGF-βファミリー，アクチビンファミリー，骨形成タ
ンパク質（bone morphogenetic protein：BMP）ファミリー，Vg1
ファミリーだけでなく，その他のタンパク質としてグリア細胞由来
神経栄養因子（glial-derived neurotrophic factor：GDNF）ファミ
リー（腎臓や腸管神経細胞分化に必要）や抗ミュラー管ホルモン
（AMH；哺乳類の性決定に関与）が含まれる。

TGF-βファミリー TGF-β family
トランスフォーミング増殖因子-β。TGF-βスーパーファミリーに
属する増殖因子のファミリー。

Trithorax
細胞が有糸分裂を行う際に，DNA領域の転写状態の記憶を保持す
るために使われるタンパク質ファミリー。遺伝子の活性化の記憶を
保持する。

Turingのモデル "Turing-type" model
反応拡散系を参照。

type B細胞 Type B cell
大脳の側脳室の脳室-脳室下帯（V-SVZ）のロゼットにみられる神経
幹細胞。嗅球と線条体に特定のニューロンを供給する源となってい
る。

X染色体の不活性化 X chromosome inactivation
哺乳類において，雌がもつ2つのX染色体のうちの片方を不可逆的
に高度に凝縮したヘテロクロマチン（バー小体）へと変換させ，X染
色体からの過剰な遺伝子発現を防ぐ。

●あ

アクチビン Activin
TGF-βスーパーファミリーのタンパク質。Nodalと共に中胚葉の
領域の特定化に重要な因子で，脊椎動物の左右軸形成に関与する。

アクトミオシン収縮 Actinomyosin contraction
ミオシンがフィラメント状のアクチンに付着し，それに沿って移動
することによって細胞内で発生する収縮力。例えば，筋細胞の収縮
や神経板細胞のヒンジ部における頂部収縮などがある。

アセチル化 Acetylation
ヒストンのアセチル化を参照。

アニマルキャップ Animal cap
両生類の，（動物半球中の）胞胚上部。

アノイキス Anoikis
上皮細胞が細胞外基質への接着を失った際に速やかに起きる細胞
死。

アポトーシス Apoptosis
プログラム細胞死。アポトーシスは不必要な構造（カエルの尻尾，雄
の乳房組織など）を排除し，ある特定の組織では細胞数を調整し，複
雑な器官（指，心臓など）を形づくるために積極的に引き起こされる
プロセスである。アノイキスも参照。

アラタ体 Corpora allata
幼虫の脱皮時に幼若ホルモン（JH）を分泌する昆虫分泌腺。

暗域 Area opaca
深層の細胞が脱落していない鳥類胚盤葉周縁部のリング。

アンカー細胞　Anchor cell
線虫において，上に横たわる生殖巣を陰門前駆細胞に結び付けている細胞。アンカー細胞がなくなると陰門前駆細胞は陰門を形成することができず，下皮の一部になる。

アンジオポエチン　Angiopoietin
血管内皮細胞と周皮細胞の相互作用を仲介する傍分泌因子。

アンドロゲン　Androgen
雄性化因子で，一般にテストステロンのようなステロイドホルモン。

アンドロゲン不感性症候群　Androgen insensitivity syndrome
XYの人がテストステロンと結合するアンドロゲン受容体タンパク質をコードする遺伝子に変異がある間性状態。女性の外見にもかかわらず，子宮や卵管を欠いており，腹腔内に精巣をもつ。

維管束組織*　Vascular tissue
維管束植物において液体と栄養を輸送する組織。液体は木部，栄養は篩部により輸送される。

移行領域　Transition zone
脊椎動物の神経管形成において，一次神経管形成を行う領域と二次神経管形成を行う領域の間にある領域。この領域の大きさは種によって異なる。

異時性　Heterochrony
ギリシャ語で"異なる時間"を意味する。ある2つの発生過程があり，その相対的なタイミングにずれが生じること。その結果，個体に多様な表現型が発生する。環境に適応するための機構。あるモジュールの発現パターンや成長率を，胚の他のモジュールに対して変化させて生じる。

異種親和性結合　Heterophilic binding
一方の細胞の膜にある受容体が，別の細胞の膜にある異なるタイプの受容体と結合する場合のように，異なる分子間で結合すること。

異所性妊娠　Ectopic pregnancy
哺乳類の初期胚が子宮外の体内の別の部位に着床し，成長を始める，致死的な可能性のある状態。胚が卵管に着床した場合は，卵管妊娠と呼ばれる。

囲心腔　Pericardial cavity
心臓を覆う体腔。**腹腔**，**胸腔**と比較。

異数性　Aneuploidy
染色体の数が"多すぎる"あるいは"少なすぎる"といった，染色体数が正しくない状態のこと。

一次間充織　Primary mesenchyme
骨片形成間充織を参照。

一次軸　Primary axis
前後軸を参照。

一次神経管形成　Primary neurulation
前方の神経管を形成する過程。周囲の細胞の作用によって神経板の細胞が増殖して体内に陥入し，体表から分離して中空の管を形成する。

一次性決定(生殖腺の性決定)　Primary sex determination (gonadal sex determination)
卵を形成する卵巣か，精子をつくり出す精巣を形成するかの生殖腺の決定。哺乳類の一次性決定は染色体で決まり，通常は環境からの影響は受けないが，他の脊椎動物では環境の影響を受けるものもある。

一次精母細胞　Primary spermatocyte
B型精原細胞が体細胞分裂して発生するこれらの細胞は，最初に成長期間を経て，その後減数分裂に入る。

一次胚誘導　Primary embryonic induction
両生類胚の原口背唇部に由来する中胚葉の作用によって，背軸と中枢神経系が誘導される過程。

一次幼生　Primary larva
成体とはまったく異なるボディプラン(主要な体軸)をもち，形態的にも成体と共通点がない幼生のこと。ウニのプルテウス幼生など。**二次幼生**と比較。

位置情報制御遺伝子　Positional control gene
さまざまな種類のタンパク質をコードする遺伝子群で，扁形動物の発生において，軸上の位置に応じた細胞型分化を促進する役割を果たす。

一過性増幅細胞(TA細胞)　Transit amplifying cell
前駆細胞を参照。

遺伝子制御ネットワーク　Gene regulatory network (GRN)
転写因子とそれらの遺伝子のエンハンサーの相互作用によって生み出される遺伝子発現のパターンの総体。この転写因子の相互調節によるネットワークが，発生過程がたどる道筋を規定する。

遺伝的異質性　Genetic heterogeneity
異なる遺伝子変異によって似た表現型が生じること。

遺伝的等価　Genomic equivalence
個体内の細胞は他のすべての細胞と同じゲノムをもつという理論。

遺伝的同化　Genetic assimilation
最初は環境刺激に反応することによってのみ生じる表現型が，選択を受け続けるうちに最初は必要だった環境刺激なしでその表現型を生じるような遺伝的変化を起こす現象。

移入　Ingression
胚の表面から内部へ向けた個々の細胞の移動。これらの細胞は間充織性の細胞となり(すなわち互いに離れ)，個別に移動するようになる。

イノシトール1,4,5-三リン酸　Inositol 1,4,5-trisphosphate (IP_3)
ホスホリパーゼCによって生成され，細胞内の貯蔵庫からCa^{2+}を放出させる働きがある二次メッセンジャー。表層顆粒放出やウニの発生の開始において重要である。

陰窩　Crypt
深い管状のくぼみあるいは穴。例として，腸絨毛の間にある腸陰窩。

陰核　Clitoris
女性器の腔口前部にある敏感な勃起組織。

陰茎　penis
鋭敏で勃起性の筋性男性外性器で，精子を射出し，老廃物を排出する。

陰唇陰嚢隆起　Labioscrotal fold
哺乳類の外生殖器形成の初期未分化段階に排出腔膜を囲む襞。女性では大陰唇，男性では陰嚢を形成する。また，尿道ひだ，または生殖隆起(genital swelling)とも呼ばれる。

インスリン様増殖因子　Insulin-like growth factor (IGF)
FGF様シグナル伝達カスケードを開始させる増殖因子で，BMPおよびWntの両方のシグナル伝達経路を阻害する。IGFは，両生類の脳と感覚プラコードを含む前方神経管の形成に必要である。

インティン*　Intine
主にセルロースから構成される花粉の内壁。

インテグリン　Integrin
細胞外と細胞内の骨格を統合(インテグレート)することから名付けられた受容体タンパク質ファミリーで，それらが協調して働くことができるようにする。細胞外においてインテグリンは，フィブロネクチン，ビトロネクチン(眼の基底膜でみられる)，ラミニンなどの

細胞外基質にみられるアルギニン-グリシン-アスパラギン酸（RGD）配列に結合する。細胞内においては，インテグリンはタリンとαアクチニンというアクチンマイクロフィラメントに結合している2つのタンパク質と結合している。この双方の結合によって，細胞はアクチンマイクロフィラメントを収縮させることで，固定された細胞外基質の上を移動することができる。

咽頭　Pharynx
消化管から呼吸管が分岐する箇所より前方の領域。

咽頭弓　Pharyngeal arch
鰓弓とも呼ばれ，沿軸中胚葉，側板中胚葉，神経堤細胞由来の間充織組織の帯状構造となる。脊椎動物胚の咽頭領域（咽頭の近く）で見られ，魚類では鰓の支持組織を形成し，他の脊椎動物では顔，顎，口，咽頭において多くの骨格や結合組織構造を形成する。

咽頭嚢　Pharyngeal pouch
咽頭内において，咽頭弓間で4ペアの嚢を形成するために咽頭上皮が側方へ突出する場所。これらから，耳管，扁桃腺，胸腺，副甲状腺，甲状腺が生み出される。

イントロン　Intron
転写されるものの，成熟mRNAでは取り除かれるDNA領域。**エクソン**と比較。

陰嚢　Scrotum
哺乳類の雄の外部生殖器の袋で，精巣と精巣から陰茎をつなぐ下部の精子運搬管を含む。

インプリンティング（刷り込み）遺伝子　Imprinted gene
哺乳類の遺伝子において，精子または卵由来のアレルだけが発現する現象。精子形成または卵形成の際に，DNAメチル化によって片方のアレルが不活性化されることがある

陰門前駆細胞　Vulval precursor cell（VPC）
線虫の幼虫期にみられる6個の細胞。誘導シグナルを受けて陰門を形成する。

ウォルフ管　Wolffian duct
脊椎動物において，発生中の排出機能を担う管で，中腎の中胚葉とともに成長し，腎管の形成を誘導する。有羊膜類では，雌では退化し，雄では精巣上体と輸精管へと分化する。腎管とも呼ばれる。

運河モデル*　Canalization model
植物において，維管束の発生および再生過程において頂端-基部軸に沿ったオーキシンの極性輸送を説明するモデル。このモデルにおいて，発生過程の組織に対する維管束の先端あるいは傷害から回復途中の組織がオーキシンの供給源として機能し，基部側の発生途上あるいは再生途上の維管束細胞がオーキシンのシンクとして機能する。

衛星細胞　Satellite cell
成人の筋線維と一緒に局在する筋肉幹細胞と筋肉前駆細胞の集団で，傷や運動に応答し，増殖して筋原性細胞となり，後に融合して新生筋繊維を生じる。

栄養外胚葉　Trophectoderm cell
哺乳類の胚において，胚盤胞の外側の細胞層で，内部細胞塊と胞胚腔を取り囲み，胎盤の胚由来部分を形成する。

栄養芽細胞　Trophoblast
初期の哺乳類胚（桑実胚および胚盤胞）の外部細胞で，子宮に結合する。栄養芽細胞は漿膜（胎盤の胚に由来する部分）を形成する。栄養外胚葉とも呼ばれる。

栄養細胞*　Tube cell
花粉管細胞とも呼ばれ，被子植物の花粉において，小胞子核の分裂によって形成された細胞の片方。雄原細胞を取り込み，花粉管を形成する。

栄養膜合胞体細胞層　Syncytiotrophoblast
齧歯類および霊長類の栄養膜層から生じる細胞集団。細胞質分裂せずに核分裂を起こした結果，多核細胞になっている。栄養膜合胞体細胞組織は子宮組織を分解することで，子宮壁内への胚の進行を促すと考えられている。

栄養膜細胞層　Cytotrophoblast
栄養芽細胞に由来する哺乳類の胚体外上皮。接着分子を介して子宮内膜に付着する。ヒトやマウスのように侵襲性胎盤を有する種の栄養芽細胞は，タンパク質分解酵素を分泌し，子宮壁に進入することを可能にする。これにより，母体の血液が胎児の血管を浸すように子宮血管を改変する。

エキシン*　Exine
花粉あるいは胞子の外側を覆う構造。非常に強固な耐性をもつ。

エクジソン　Ecdysone
前胸腺から分泌される昆虫のステロイドホルモンで，活性型の脱皮ホルモン20-ヒドロキシエクジソンになるために末梢組織で修飾される。昆虫の変態には極めて重要である。

エクジソン受容体　Ecdysone receptor（EcR）
昆虫のエクジソンに結合する核タンパク質。エクジソンがエクジソン受容体に結合すると，DNAに結合する別のタンパク質と活性複合体を形成し，エクジソン応答性遺伝子の転写を誘導する。甲状腺ホルモン受容体と進化的に関連しており，構造もほぼ同じである。

エクソン　Exon
遺伝子において成熟mRNAとなるDNA領域。**イントロン**と比較。

エナメル結節　Enamel knot
歯の形成でシグナル中心となるもので，神経堤細胞に由来する間充織によって，上皮において誘導される細胞群である。咬頭を形成するための傍分泌因子を分泌する。

エネルギド　Energid
ショウジョウバエの多核性胞胚葉において，核とその周囲を取り囲む細胞骨格タンパク質によって区切られた"区画"。

エピアリル　Epiallele
世代を超えて受け継がれるクロマチン構造の変異型。多くの場合，エピアリルはDNAのメチル化パターンによるもので，生殖系列の細胞が影響を受けることで次世代に伝わる。

エピジェネティクス　Epigenetics
DNAの塩基配列が変化することなく表現型に作用するメカニズムを研究する分野。この表現型の変化は「遺伝子の外側」（すなわちエピジェネティックに）作用し，突然変異のように遺伝子配列を変えるのではなく，遺伝子の発現パターンを変化させる。エピジェネティックな変化は世代を超えて伝わる場合があり，エピジェネティック遺伝と呼ばれる。

エフリン　Ephrin
接触分泌リガンド。ある細胞のエフリンリガンドと，隣接する細胞のEph受容体が結合すると，両方の細胞にシグナルが伝えられる。これらのシグナルは多くの場合，誘引性および反発性のシグナルを伝え，エフリンは細胞が移動する際，もしくは境界をつくる際にその発現がみられる。神経堤細胞の移動を誘導するだけでなく，エフリンとEph受容体は，血管，神経，体節の形成を制御している。

エフリンリガンド　Ephrin ligand
主に膜に連結したリガンドとして働き，Eph受容体の結合相手として働くことでシグナルを伝える。

襟細胞　Choanocyte
カイメン動物にみられる細胞の一種で，中央にある鞭毛を微絨毛の

リング("襟")が取り囲んでいる。襟細胞はカイメン動物内で水が一方向に流れる駆動力を生み出し，カイメンの再生過程において多能性幹細胞としても働く。

エリスロポエチン　Erythropoietin
赤血球系前駆細胞に作用し，将来，赤血球を生み出す前赤芽球を産生させるホルモン。

襟鞭毛虫　Choanoflagellate
単細胞またはコロニーを形成する自由生活性の真核生物のグループ。細胞の基本構造はカイメン動物の襟細胞と同じで，中央の鞭毛を微絨毛が取り囲んでいる。古代の襟鞭毛虫はすべての後生動物の共通祖先だったと考えられている。

エレベーター運動　Interkinetic nuclear migration
細胞周期に伴う特定の細胞内での核の動き。胚の神経上皮細胞でみられ，核が基底部から頂端部に向かって移動し，脳室面近くで有糸分裂を行った後，核は再びゆっくりと基底側に向かって移動する。

塩基性繊維芽細胞増殖因子　Basic fibroblast growth factor（Fgf2）
臓側中胚葉からの血管芽細胞の産生に必要な3つの増殖因子の1つ。アンジオポエチンと**血管内皮増殖因子（VEGF）**も参照。

遠軸筋　Abaxial muscle
筋節の外側部から生じる筋。

沿軸(体節)中胚葉　Paraxial（somitic）mesoderm
神経管と脊索に隣接する胚中胚葉の太い帯。体幹部では沿軸中胚葉は体節を形成し，頭部では(神経堤とともに)顔面や頭蓋の骨格，結合組織，筋肉をつくる。壁側(体壁)中胚葉と混同しないこと。

エンドセリン　Endothelin
血管から分泌される小さなペプチドで，血管を収縮させる機能に加えて，細胞膜上にエンドセリン受容体をもつ神経堤細胞の移動や，特定の交感神経系細胞の軸索伸長を誘導する役割をもつ。例えば，上頸神経節から頸動脈に向かう神経軸索の誘導が該当する。

エンハンサー　Enhancer
特定のプロモーターからの転写効率を制御するDNA配列。エンハンサーは特定の転写因子と結合し，(1)(ヒストンアセチル基転移酵素などの)ヌクレオソームをほぐす酵素群を動員する，もしくは(2)転写開始複合体を安定化することで，遺伝子発現を活性化する。

円盤状部分卵割　Discoidal meroblastic cleavage
盤割を参照。

黄色三日月環　Yellow crescent
ホヤ受精卵の細胞質領域で，植物極から赤道域まで伸びており，受精後に黄色い脂質を豊富に含んだ細胞質が移動して生成され，将来，中胚葉になる。筋肉を特定化するための転写因子を大量に含んでいる。

黄体　Corpus luteum
卵母細胞とその周囲の卵丘細胞が排卵された後に残るプロゲステロンを分泌する構造。

黄体形成ホルモン　Luteinizing hormone（LH）
哺乳類脳下垂体から分泌されるホルモンで，ステロイドホルモン産生を刺激することにより，濾胞からのエストロゲン産生や精巣ライディッヒ細胞からのテストステロン産生を促進する。黄体形成ホルモンレベルの急増(LHサージ)による刺激によって，一次卵母細胞は第一減数分裂を完了させる。また，黄体形成ホルモンは濾胞に対し排卵への準備を促す。

応答体　Responder
誘導において誘導を受ける側の組織。応答する細胞は傍分泌因子に対する受容体を発現し，応答能をもっている必要がある。

応答能　Competence
細胞もしくは組織が特定の誘導シグナルに応答する能力。

覆いかぶせ運動　Epiboly
上皮性の細胞層(通常は外胚葉細胞)が行う運動のことで，個々の細胞としてというよりは，細胞群として広がり，胚の深層を覆いかぶせる。覆いかぶせ運動は，細胞分裂，細胞形態の変化，あるいは複数の細胞層がより少数の層へと相互挿入することにより起こる。しばしばこれらすべての機構が使われる。

オーガナイザー　Organizer
両生類においては，原口背唇部の細胞およびそれらの誘導体(脊索と頭部の内中胚葉)。ニワトリのヘンゼン結節，哺乳類の結節，および魚類における胚盾と機能的に同等である。オーガナイザーは，初期胚発生の基本的なボディプランの形成を指揮する。特に両生類のオーガナイザーはシュペーマンオーガナイザー，またはシュペーマン・マンゴルトオーガナイザーとして知られる。

遅い多精拒否　Slow block to polyspermy
ウニで起こる多精に対する機械的ブロックで，精子と卵子の融合が成功してから約1分後に完了する。その基盤は表層顆粒反応であり，卵子の表層顆粒に含まれる酵素が受精膜の形成に寄与し，さらなる精子の進入を防ぐ。**早い多精拒否**と比較。

オーソログ　Orthologue
異なる種に存在する遺伝子同士で，共通の祖先に由来するために類似したDNA配列をもつもの。**パラログ**と比較。

オバスタシン　Ovastacin
受精後，哺乳類の卵の表層顆粒から放出されるタンパク質分解酵素で，ZP2を分解し，精子が卵に入るのを防ぐ。

オルガノイド　Organoid
多能性幹細胞から培養された，通常は豆粒ほどの大きさの初期器官。

● か

外顆粒層　External granular layer
小脳における神経管外表の増殖細胞帯。増殖性の神経前駆細胞が未分化な神経上皮から発生中の小脳の表層へ移動して形成される。

外側放射状グリア　Outer radial glia（oRG）
大脳の脳室下帯に存在し，中間前駆(IP)細胞を生み出す前駆細胞。

回転卵割　Rotational cleavage
哺乳類と線虫 *C. elegans* の卵割様式。哺乳類において，最初の卵割は子午線方向に分裂するが，第2卵割では2つの割球のうちの片方は子午線方向に，もう1つの割球は赤道方向に割れる。*C. elegans* では，非対称な分裂によって1つの創始細胞と幹細胞がつくられる。創始細胞は分化した子孫細胞をつくる。幹細胞系譜は必ず子午線方向の分裂をし，(1)前方の創始細胞と，(2)後方に幹細胞系譜となる細胞をつくる。

外套層　Mantle（intermediate）zone
脊髄や延髄の発生において2番目に生じる層で，元々の神経管の周囲に形成される。ニューロンの細胞体を多く含み，おおむね灰色に見えるため，灰白質と呼ばれる。

外胚葉　Ectoderm
ギリシャ語で"外に"という意味のektosに由来する。原腸形成後に胚の外側(両生類)あるいは背側(鳥類，哺乳類)の表層を形成する。三胚葉の1つであり，神経管や神経堤から神経系を形成し，また胚を覆う表皮を形成する。

外胚葉性頂堤　Apical ectodermal ridge（AER）
肢芽の先端の縁に形成され，発生中の肢のシグナルセンターとして主要な役割を果たす。AER　の役割には以下の3つがあり，(1) AERの下の間充織細胞を未分化な増殖できる状態に保ち，肢が基部-先端方向に伸長できるようにする；(2)前後軸(親指-小指)を決める分子の発現を維持する；(3)前後軸および背腹軸(手の甲-手のひら)を特定化するタンパク質と相互作用して，細胞にどのように分化するかという情報を与える。

外胚葉付属器　Ectodermal appendage
表皮外胚葉(プラコード)の特定の領域とその下にある間充織から，一連の相互作用的誘導によって形成される構造。この構造には，毛，鱗，鱗板(カメの甲羅など)，歯，汗腺，乳腺，羽毛が含まれる。

灰白質　Gray matter
ニューロンの細胞体を多く含む脳内の領域。**白質**と比較。

蓋板/ルーフプレート　Roof plate
神経管の背腹パターン形成の確立に重要な役割をもつ神経管の背側の領域。隣接する表皮によって，蓋板の細胞にBMP4の発現を誘導し，その結果，神経管の隣接する細胞にTGF-βタンパク質のカスケードが誘導される。

化学的親和性仮説　Chemoaffinity hypothesis
1965年にSperryが提唱した仮説で，脳内の神経細胞は互いを区別する化学的な識別タグを獲得し，これらのタグが脳内の神経回路の組み立てと組織化を導くとされている。

蝸牛　Cochlea
有羊膜類において，聴覚に関与する内耳の部分。哺乳類の蝸牛は耳プラコードに由来する。らせん状の形をしていて，感覚構造で音を感じるコルチ器官を含む。

蝸牛前庭神経節　Cochleovestibular ganglion
耳小胞に隣接する神経節。脳と内耳構造をつなぐ主要な神経接続部を形成する。

がく*　Sepals
花の外側の構造で，内側の生殖に関わる部分を包むことで保護するとともに，光合成を行う。

角化細胞(ケラチノサイト)　Keratinocyte
分化した表皮細胞。互いに強固に結合し，脂質とタンパク質から成る不透水性の膜を形成する。

角化層(角質層)　Cornified layer（stratum corneum）
表皮の外側の層。表皮には，角化細胞と呼ばれるケラチンが豊富に詰まった細胞があり，皮膚表面に近づくにつれ細胞は死んでケラチンの詰まった扁平な袋となり，核は細胞の端から排出される。これらの細胞は生涯を通じて脱落し，新たな細胞で置き換えられる。

拡張された進化の総合説　Extended evolutionary synthesis
発生の可塑性，エピジェネティックな遺伝，ニッチの構築，そして生物とその環境との相互作用を強調した進化モデル。

撹乱　Disruption
植物などがつくり出す外来性の物質や化学物質，ウイルス，放射線，高体温などの催奇形因子によってもたらされる異常もしくは先天的な欠陥。

果実*　Fruit
顕花植物において，成熟した種子を含む子房。

花序分裂組織*　Inflorescence meristem
植物が花成を開始すると茎頂分裂組織から発生する分裂組織。花序分裂組織は心皮，雄ずい，花弁，がくを形成する花芽分裂組織を作り出す。**分裂組織**も参照。

ガストルロイド　Gastruloid
*in vitro*での幹細胞の三次元培養から得られた，原腸胚のような多細胞構造。

型(モルフ)　Morph
環境条件によって誘導される，いくつかの異なる表現型の1つ。エコモルフとも呼ばれる。

花柱*　Style
花粉が付着する柱頭と胚珠が存在する子房の間をつなぐ細長い柄。

割球　Blastomere
体細胞分裂によって生じる卵割期の細胞。

カテニン　Catenin
カドヘリンを細胞内で細胞骨格につなぎとめるタンパク質複合体。カドヘリン-カテニン複合体は古典的な接着結合を形成して上皮細胞を互いに接着させ，アクチン(マイクロフィラメント)細胞骨格に結合することでそれらを機械的な機能単位にまとめ上げる。カテニンの構成因子の1つ，βカテニンは，転写因子としても働く。

カドヘリン　Cadherin
カルシウム依存的な接着分子。膜貫通型のタンパク質で隣接する細胞のカドヘリンと相互作用し，細胞間接着の形成，細胞タイプによる選別，動物の形態形成において重要な役割を果たしている。

カハール-レチウス細胞　Cajal-Retzius cell
新皮質の軟膜の直下にあり，Reelinを分泌している細胞。Reelinは新しく生まれたニューロンを軟膜面へ向かって移動させる。

花粉*　Pollen grain
種子を形成する植物(裸子植物と被子植物)の雄性配偶体であり，雌性配偶体へとさまざまな手段(例えば，風，水，送粉動物)で輸送される。

花弁*　Petal
被子植物の花において，生殖や光合成を行わない葉の変形した構造。しばしば，鮮やかな色彩をしており，受粉を媒介する昆虫を花へと誘引する。

顆粒細胞　Granule cell
発生期の小脳の外顆粒層にある増殖性の神経前駆細胞に由来するニューロン。顆粒細胞は脳室(上衣)帯へ向かって戻るように移動し，内顆粒層と呼ばれる領域を形成する。

顆粒細胞下帯　Subgranular zone（SGZ）
大脳の海馬にある神経幹細胞を含む領域で，成体の神経新生が可能である。

顆粒膜細胞　Granulosa cell
胎児の卵巣にある上皮細胞。顆粒膜細胞は卵になる生殖細胞を一つ一つ囲み，莢膜細胞と共に濾胞(生殖細胞を包みステロイドホルモンを分泌する)を形成する。卵母細胞のまわりに，同心円状の層をなす。卵母細胞は排卵されるまで成熟(肥大)が進み，顆粒膜細胞もそれに伴い増殖しながら層構造を維持する。

カルシウム波　Calcium wave
新たに受精した卵に広がるカルシウムイオン流入の波。精子の進入点から始まり，卵内全体を横断し，カルシウム依存的な発生過程を活性化する。

カルス*　Callus
傷口を包み込むように増殖した組織化されていない未分化の細胞の塊。これらの細胞は誘導により植物の分裂組織を形成し，シュートと根を発生する。

環域*　Whorl
がく，花弁，雄ずい，雌ずいの形成の形成が開始される花芽分裂組織を取り巻く同心円上の領域。

間幹細胞　Interstitial stem cell
ヒドラの外胚葉層内に存在する幹細胞の1種で，ニューロン，分泌細胞，刺胞細胞，配偶子を生み出す。

環境多型(エコモルフ)　Ecomorph
型(モルフ)を参照。

肝憩室　Hepatic diverticulum
肝臓の前駆体。前腸から周囲の間充織へと伸びる内胚葉の芽。

幹細胞　Stem cell
胚，胎児あるいは成体由来の比較的未分化な細胞。2つの特徴があげられる：(1)未分化状態を維持している細胞であり，幹細胞ニッチに存在していること。(2)ニッチから離れた幹細胞は様々な経路へ分化できること。**成体幹細胞**と**胚性幹細胞(ES細胞)**も参照。

幹細胞因子　Stem cell factor (SCF)
造血幹細胞，精子幹細胞，色素幹細胞など特定の幹細胞の維持に重要な傍分泌因子。Kit受容体タンパク質に結合する。

肝細胞増殖因子　Hepatocyte growth factor (HGF)
肝星細胞から分泌される傍分泌因子で，肝臓の代償性再生時に肝細胞の細胞周期を再開させる。分散因子とも呼ばれる。

幹細胞ニッチ　Stem cell niche
細胞外基質および傍分泌因子により，細胞を比較的未分化な状態に保つ環境(調節性微小環境)。幹細胞の増殖および分化を調節する。

幹細胞の非対称性　Stem cell asymmetry
各々の細胞分裂によって，1つの幹細胞と1つの発生運命が方向付けされた細胞をつくる戦略。

幹細胞を使った再生　Stem cell mediated regeneration
再生様式の一種。幹細胞によって失われた特定の器官や組織(体毛や血液)を再び成長させる。

間質由来因子1　Stromal-derived factor 1 (SDF1)
化学誘引物質。例えば，SDF1は外胚葉プラコードから分泌され，頭部神経堤細胞をプラコードに引き寄せる。

間充織幹細胞(間葉系幹細胞)　Mesenchymal stem cell (MSC)
骨髄由来幹細胞(bone marrow-derived stem cell：BMDC)とも呼ばれる。骨髄に由来する多分化能性幹細胞で，間充織幹細胞は多数の骨，軟骨，筋肉，および脂肪細胞系譜を生じさせることができる。

間充織(間葉)細胞　Mesenchymal cell
互いに結合していないか緩く結合した細胞群で，独立した移動単位として行動する。**上皮細胞**と比較。

間接発生型動物　Indirect developer
胚発生から幼生期までの形態が成体の形態とは大きく異なっていて，変態を経て成体形態になる動物のこと。**直接発生型動物**と比較。

完全変態　Holometabolous
ハエ，甲虫，チョウや蛾などでみられる昆虫変態の様式。前若虫形態がなく，成虫と異なる形態の幼虫(イモムシ，ジムシ，ウジ)形態として孵化する。脱皮ごとに幼虫は段階的に成長し，虫齢が進むにつれて大きくなる。幼虫は蛹化脱皮を経て蛹になり，最終的に成虫脱皮によって成虫(成体)が羽化する。

陥入　Invagination
細胞層がへこむ(くぼむ)ことで，ちょうどゴムボールをへこませるのに似ている。

間脳　Diencephalon
前脳の後部の領域。眼胞，網膜，松果体，および視床と視床下部の脳領域を形成する。

カンブリア爆発　Cambrian explosion
カンブリア紀(およそ5億4100万年前)に起こった生命の急速な多様化の時期で，今日みられる種を含む多くの動物群がこの時期に出現した。

眼胞　Optic vesicle
間脳から突出し，頭部外胚葉のレンズ形成能を活性化する。

顔面頭蓋　Viscerocranium
顎と咽頭弓由来のその他の骨。

冠輪動物　Lophotrochozoan
旧口動物の2つの主要な動物群のうちの1つ。多くはトロコフォアと呼ばれる幼生の形態によって特徴づけられる。環形動物(例えばミミズなど)，軟体動物(例えば巻貝)，および扁形動物(例えばプラナリア)が含まれる多様なグループ。**脱皮動物**も参照。

機械的な異方性　Mechanical anisotropy
軸によって，伸縮性などの機械的特性に差があること。

器官形成　Organogenesis
組織や器官が形成される際の，三胚葉の細胞の相互作用や再編成。

奇形学　Teratology
先天性の異常と環境因子がどのように正常な発達を妨げるのかを研究する学問。

気孔*　Stomata (singular, stoma)
植物において，葉やその他の器官の表皮に存在する孔でガス交換を行う。孔は二つの孔辺細胞によって形成されており，環境条件に応答して，孔を開閉し，孔のサイズを調節する。

傷表皮　Wound epidermis
サンショウウオの四肢再生において，四肢の切断後すみやかに切断面を覆うように表皮細胞が移動して傷表皮を形成する。後に肥厚して頂端表皮キャップが形成される。

寄生　Parasitism
共生の一種で，一方が他方の犠牲の上に利益を得るもの。

擬体節　Parasegment
ショウジョウバエの"体節をまたぐ"構成単位のことで，体節と区別される。ある体節の後ろ側と，直後の体節の前側が1つの擬体節である。胚の遺伝子発現の基本単位であると考えられる。

基底層(胚芽層)　Basal layer (stratum germinativum)
胚および成体表皮の内層。この層は，基底膜に付着した表皮幹細胞を含む。

基底板　Basal lamina
主としてラミニンとⅣ型コラーゲンから成る特殊な網目構造をしたシートで，上皮細胞の下に横たわっている。上皮細胞の基底膜への接着の一部は，インテグリンとラミニンの接着によって担われている。basement membraneとも呼ばれる。

ギナンドロモルフ　Gynandromorph
ギリシャ語で*gynos*は"雌"，andros　は"雄"を意味する。身体のいくつかの部分が雄で，残りが雌であるような動物。**雌雄同体**と比較。

基本組織*　Ground tissue
植物において，表皮組織や維管束組織以外の全ての組織。主として，貯蔵や機械的な支持，光合成に機能する。柔組織と呼ばれる組織，より支持に特化した厚角組織，厚壁組織を含む。

基本転写因子　Basal transcription factor
CpGに富んだ領域に特異的に結合する転写因子群で，"鞍"のような構造を形成し，RNAポリメラーゼⅡをリクルートして転写開始の準備を整える。

キメラ胚　Chimeric embryo
2種類以上の遺伝的に異なる細胞から成る組織をもつ胚。

逆遺伝学　Reverse genetics
生物の遺伝子の発現をノックアウトまたはノックダウンし，その結

果生じる表現型を研究する遺伝学的技術。**順遺伝学**と比較。

逆転写PCR　Reverse transcription PCR（RT-PCR）
逆転写酵素を利用してmRNAを相補的DNAに逆転写し，特定の
mRNA分子の塩基配列を増幅するために使用されるポリメラーゼ
連鎖反応手法。

ギャップ遺伝子　Gap gene
ショウジョウバエ胚性遺伝子。広い領域（およそ体節3区画分の長
さ）で発現し，これら遺伝子の発現領域は部分的に重なっている。
ギャップ遺伝子の突然変異体では，大きな領域（いくつかの連続し
た体節）が欠失する。

キャップ配列　Cap sequence
転写開始部位を参照。

休止期　Telogen
体毛の再生周期における休止期間。

嗅プラコード　Olfactory placode
一対の肥厚した表皮で，嗅神経に加えて，嗅上皮（嗅覚受容細胞）を
形成する。

休眠*　Dormancy
種子植物は，発芽に先立ち，種子の状態で長期間の静止状態に耐え
ることができる。

境界決定面　Determination front
体節形成の"時計-波面モデル"における"波面"に相当する部分で，
体節の境界が形成される場所。これは，体節前中胚葉における繊維
芽細胞増殖因子（FGF）の尾部高濃度から頭部低濃度への勾配に
よって決定される。

境界溝　Sulcus limitans
発生中の脊髄と延髄を分ける長軸方向に走る溝。これにより神経管
は背側（感覚入力を受ける）と腹側（運動の指示を発する）に分けられ
るようになる。

胸腔　Pleural cavity
胸部の器官を覆う体腔。**囲心腔**，**腹腔**と比較。

共生　Symbiosis
ギリシャ語の"共に生きる"に由来する。異なる種の生物間の緊密な
関係性（いかなる関係でも）を指す。

共生者　Symbiont
共生関係にある生物で，一方が他方よりもはるかに大きく，小さい
ほうの生物が大きいほうの生物の体表もしくは体内に生息している
場合，小さいほうの生物を共生者と呼ぶ。

共線性　Colinearity
染色体上のHox遺伝子の3'から5'の位置順序が，同じ遺伝子の活性
化が胚の特定の軸に沿って時間的に対応する現象。

共通配列　Consensus sequence
イントロンの5'と3'末端に存在し，イントロンのスプライス部位を
決定している。

共発生　sympoiesis
複数の種の相互作用による発生現象。共生者は宿主に必要な発生シ
グナルを提供し，宿主は共生者の繁殖を促進することで報いる。

莢膜細胞　Thecal cell
哺乳類の卵巣のステロイドホルモン分泌細胞で，顆粒膜細胞ととも
に生殖細胞を取り囲む卵胞を形成する。これらは卵巣の間充織細胞
から分化する。

極細胞　Pole cell
ショウジョウバエにおいて，9回目の分裂周期のときに，5個程度の
核が胚後極の表層へと到達し，細胞膜に覆われる。この細胞を極細
胞という。将来，成虫において配偶子をつくり出す。

極性化活性帯　Zone of polarizing activity（ZPA）
肢芽の進行帯のすぐ後方にある中胚葉性の小さな領域。傍分泌因子
Sonic hedgehogの作用を介して発生中の肢の前後（親指-小指）軸
を特定化する。

極葉　Polar lobe
あるらせん的に卵割をする胚（主に軟体動物や環形動物）において，
最初の卵割，時には第2卵割の直前に突出される無核の細胞質の固
まり。適切な卵割リズムとD割球の卵割方向を決定する決定因子を
含む。

許容的な相互作用　Permissive interaction
応答組織が既に特定化されており，その性質を発揮するための環境
のみを必要としているような相互作用。

近位筋　Primaxial muscle
肋骨と背側の深層筋の間にある肋間筋を含み，神経管に最も近い筋
節の筋芽細胞から生じる。

筋芽細胞　Myoblast
筋肉の前駆細胞。

筋原性制御因子　Myogenic regulatory factor（MRF）
塩基性ヘリックス-ループ-ヘリックス（basic helix-loop-helix：
bHLH）転写因子（MyoD，Myf5，myogeninなど）で，筋肉の発生
において重要な調節因子。

菌根　Mycorrhiza
植物と共生関係をもち，根を伸ばす菌類。植物が菌類に糖分を供給
する一方で，菌類は水分と無機栄養素を土壌から吸収する。

筋上皮　Myoepithelia
上皮細胞と筋肉細胞の両方の特徴をもつ細胞からなる上皮。例え
ば，ヒドラの2つの上皮層。

筋節　Myotome
頭部を除いた脊椎動物のからだにおいて，骨格筋を生じる体節の部
分。筋節は2つの領域をもち，神経管に近い背内側部は背側の深層
筋と肋間筋を生じ，神経管から離れた腹外側部は，四肢と腹部体壁
の筋肉を形成する。

空洞化現象　Cavitation
哺乳類の胚で，栄養芽細胞が桑実胚の内側に液体を分泌して胞胚腔
をつくり出すプロセス。栄養芽細胞の膜はナトリウムイオン（Na^+）
を中央の腔に送り込む。続いて，浸透圧によって水が引き込まれ，
その結果，胞胚腔の形成および拡張が起きる。

クッパー胞　Kupffer's vesicle
ゼブラフィッシュ胚において一過性に形成される液で満たされた器官
で，左右非相称性を制御する繊毛をもつ。

クラウン細胞　Crown cell
結節細胞に隣接する細胞で，哺乳類胚の左右軸を設定するのに重要
な役割を果たす。クラウン細胞はそれぞれ1本の非運動性の繊毛を
持ち，結節細胞の運動性繊毛によって引き起こされる左から右への
液体の動きを感知する。これによって，クラウン細胞内でNodalの
発現を左側で維持し，*Pitx1*遺伝子を活性化させる一連の反応が起
こり，左右軸が決定される。

グリア細胞　Glia cell
神経管に由来する中枢神経系の支持細胞，および神経堤に由来する
末梢神経系の支持細胞。

グリア細胞由来神経栄養因子　Glial-derived neurotrophic factor（GDNF）
Ret受容体型チロシンキナーゼと結合する傍分泌因子。GDNFは腸
の間充織細胞でつくられ，迷走・仙骨神経堤細胞を誘引する。また，
尿管芽の分岐形成を促進する後腎間充織より産生される。

グリコーゲン合成酵素キナーゼ3　Glycogen synthase kinase 3（GSK3）
βカテニンをリン酸化して分解へと向かわせる酵素。

クロマチン　Chromatin
真核生物においてDNAとタンパク質がつくる複合体。

クロマチン免疫沈降シークエンス（チップセック）　ChIP-Seq
特定の転写因子が結合している，もしくは特定のヒストン修飾をもつヌクレオソームのDNA配列を正確に決定するための実験手法。

クローン形成新生細胞　Clonogenic neoblast（cNeoblast）
プラナリアの全能性幹細胞で，傷を受けた部位に移動し，組織を再生する。再生芽を形成する。

蛍光色素　Fluorescent dye
フルオレセインや緑色蛍光タンパク質（GFP）などの蛍光物質。特定の波長の光で励起され，決まった波長の蛍光を発する。

形成異常　Malformation
遺伝子の変異，染色体の異数性，ならびに転座によって引き起こされる発生異常。

形態形成　Morphogenesis
細胞の成長，移動，細胞死の協調によって，からだの細胞が機能的な構造をつくり上げる機構。

茎頂分裂組織*　Shoot apical meristem（SAM）
植物において，葉や花のような地上部器官の全てを形成する幹細胞の供給源であり，成長を続けるシュートの先端に存在する分裂組織。

系統追跡　Lineage tracing
細胞の成熟過程を時間とともに追跡すること。胚の細胞を標識して追跡し，幼生や成体で何になるのかを観察することにより，予定運命図を作成することができる。**予定運命図**も参照。

血液血管芽細胞　Hemangioblast
素早く分裂する幹細胞で，血管と血液細胞を形成する。

血管新生　Angiogenesis
脈管形成によりつくられた血管の一次ネットワークが再構築され，明確な動脈や静脈，毛細血管床へと刈り込まれる過程。

血管内皮増殖因子　Vascular endothelial growth factor（VEGF）
血管形成に関与するタンパク質のファミリーで，胎盤増殖因子（PLGF）やいくつかの血管内皮増殖因子（VEGF）が含まれる。各々の血管内皮増殖因子は，血管芽細胞を分化・増殖させ，血管形成を可能にする。

月経周期　Menstrual cycle
ヒトの女性でみられる周期的な毎月のホルモンの変化で，卵母細胞の排卵と発生する胚のための子宮の受容性を調整する。

結合双生児　Conjoined twin
身体の一部を共有する一卵性双生児。これらの双生児は，心臓や肝臓のような重要な臓器を共有している場合もある。

結節　Node
ヘンゼン結節の，哺乳類での相同体。

決定　Determination
細胞や組織が発生運命の方向付けを受け，中立的でない環境に置かれても自発的に分化する能力を獲得しているような不可逆的な状態。

決定フロント
境界決定面を参照。

血島　Blood island
臓側中胚葉内にある血液血管芽細胞の塊。一般的に，血島の内側にある細胞は血液前駆細胞に，外側の細胞は血管芽細胞になると考え

られている。

ゲノム　Genome
個々の生物がもつ全DNA配列のこと。

原形質連絡*　Plasmodesmata
隣接した細胞を繋ぐ細胞質チャネルであり，細胞間の直接的な物質輸送を可能にする。

原口　Blastopore
原腸形成が始まる場所で，ここが陥入する。原口は，後口動物においては肛門になり，前口動物では口になる。

原溝　Primitive groove
原条内にできるくぼみ。ここを通って細胞が胚の深層に移動していく。

原口背唇部　Dorsal blastopore lip
両生類の原腸形成における，背側での巻き込み帯域の部位。そこでは帯域の細胞が順次移動しており，原口の背唇から，内側に向きを変えて，動物半球細胞の内側の面（胞胚腔蓋）に沿って進んでいく。

原始内胚葉　Primitive endoderm（PrE）
哺乳類の発生初期に，内部細胞塊が2つの層に分かれるときにできる内胚葉細胞の層。胞胚腔に接する下の層が原始内胚葉で，ニワトリ胚の胚盤葉下層と相同である。卵黄嚢の内膜を形成し，原腸形成の位置を決め，胚盤葉上層の細胞移動を制御し，血液細胞の成熟を促す。胚外層であり，胚のからだには細胞を供給する。

原条　Primitive streak
羊膜類の原腸形成で最初の形態学的な変化がみられる場所。コラーの鎌と呼ばれる，明域後縁における胚盤葉上層の局所肥厚から形成される。両生類の原口に相当する。

減数分裂　Meiosis
染色体数を半数体にする細胞分裂様式で，生殖細胞だけで観察される。生殖細胞以外の細胞はすべて体細胞分裂を行う。減数分裂は以下の点で体細胞分裂と異なる，（1）減数分裂細胞では，DNA複製の間期を挟まずに2回連続して細胞分裂を行う。（2）（動原体でつながっている2つの姉妹染色分体から成る）相同染色体同士が対合し，遺伝物質の組換えが起こる。

原腸　Archenteron
初期の腸のことで，ウニでは胞胚腔に植物極板が陥入して形成される。

原腸形成　Gastrulation
胚の中で割球が互いの相対的な位置を変えていく過程。その結果，胚の三胚葉が形成される。

原腸胚　Gastrula
原腸形成後の胚。相互作用してからだの各器官を形成することになる三胚葉をもつ。

口陥　Stomodeum
胚の口腔領域にある外胚葉が並んだ陥入部で，閉鎖した腸管の内胚葉と融合して口板を形成する。

口丘　Hypostome
ヒドラの"頭部"領域にある円錐形の丘状構造で，口として機能する。

後口動物　Deuterostome
後口動物門（棘皮動物，尾索動物，頭索動物，および脊椎動物）。胚発生期において，第一の開口部（すなわち原口）が肛門になり，第二の開口部が口となる（それゆえに，deutero＝第二の，stoma＝口，すなわち"第二の口"と呼ばれる）。**前口動物**と比較。

後根神経節　Dorsal root ganglia（DRG）
腹外側を移動し，硬節に位置する体幹神経堤細胞に由来する感覚脊

髄神経節。DRGの感覚ニューロンは，脊髄の後角ニューロンと接続する。

交叉　Crossing over
1つの染色分体上の遺伝子がもう一方の染色分体上の相同遺伝子と交換されることによる，減数分裂時の遺伝物質のやり取り。

甲状腺ホルモン受容体　Thyroid hormone receptor（TR）
甲状腺ホルモンであるトリヨードチロニン(T3)とチロキシン(T4)に結合する核内レセプター。ホルモンに結合すると，TRは遺伝子発現を活性化する転写因子となる。TRα, TRβ などいくつかの種類がある。

後腎間充織　Metanephric mesenchyme(metanephrogenic mesenchyme)
中間中胚葉の後方領域由来の間充織で，後腎を生み出す間充織-上皮相互作用に関与し，分泌型ネフロンを形成する。後腎間葉とも呼ばれる。

後成説　Epigenesis
胚の各器官は各世代ごとに"ゼロから"形成されるという考え方。この考え方は　Aritotle（アリストテレス）やWilliam Harvey（ウィリアム・ハーヴェイ）らによって支持されていた。

硬節　Sclerotome
各々の体節の腹内側部にある中胚葉細胞の塊で，椎体や椎間板(髄核を除く)，肋骨，脊髄膜，脊髄内に酸素や栄養を供給する血管を形成する。また，神経堤細胞や運動ニューロンのパターン形成にも重要な役割をもつ。

喉頭気管溝　Laryngotracheal groove
第四咽頭嚢のペアの間，咽頭底部の中心に存在する内胚葉上皮由来の溝で腹側に伸長する。喉頭気管溝は，ペアの気管支や肺を形成する分岐に枝分かれする。

後脳　Hindbrain
菱脳を参照。

口板(口陥)　Oral plate（stomodeum）
口陥原基の外胚葉と原始腸の内胚葉が交わる領域。後に口腔側の開口部を形成する。

合胞体(シンシチウム)　Syncytium
1つの細胞内に複数の核が存在する状態。細胞質分裂を伴わない細胞核分裂，あるいは細胞融合によって生じる。

後方帯域　Posterior marginal zone（PMZ）
原条形成が始まる，ニワトリ胚盤葉の末端領域。両生類のニューコープセンターと同等の機能をもつ。PMZの細胞は原腸形成を開始させ，境界の他の領域で原条が形成されるのを防ぐ働きをする。

後方腸門　Caudal intestinal portal（CIP）
発生過程における原腸後腸領域の前方開口部。このステージでは，卵黄嚢と連続した将来の中腸に向けて開口している。

抗ミュラー管ホルモン　Anti-Müllerian hormone（AMH）
胚の精巣から分泌されるTGF-β ファミリーに属する傍分泌因子で，ミュラー管の上皮細胞にアポトーシスを誘導し，基底膜を破壊することによりミュラー管を退縮させ，子宮や卵管形成を阻害する。また，抗ミュラー管因子(anti-Müllerian factor：AMF)としても知られ，時にはミュラー管阻害因子(Müllerian-inhibiting factor：MIF)とも呼ばれる。

肛門直腸移行部　Anorectal junction
脊椎動物の胚において，肛門で内胚葉と外胚葉が接する領域。

呼吸管　Respiratory tube
咽頭が上皮膨出として形成される将来の気道で，最終的に二分岐した肺になる。

コザック配列　Kozak consensus sequence
翻訳を開始するためのシグナルをリボソームに送る役割を果たす短い核酸配列モチーフ。

個体差の少ない細胞系譜　Invariant cell lineage
線虫Caenorhabditis elegansの胚にみられるように，その種のすべての胚で同じ数と同じ種類の細胞を生み出すこと。

骨形成タンパク質　Bone morphogenetic protein（BMP）
TGF-β スーパーファミリーの1つで，骨形成の誘導因子として同定された。非常に多機能で，現在までに細胞分裂，細胞死，細胞移動，そして分化を調節することが知られている。

骨髄由来幹細胞　Bone marrow-derived stem cell（BMDC）
間充織幹細胞を参照。

骨片形成間充織　Skeletogenic mesenchyme
一次間充織とも呼ばれる，ウニ胚60細胞期の第一の小割球層(すなわち大小割球)から生じる細胞群。それらは内向きに移動して胞胚腔に侵入し，幼生の骨を形成する。

ゴノサイト　Gonocyte
哺乳類の始原生殖細胞(PGC)で，雄性胚の生殖隆起に到達し，性索に組み込まれたもの。

コラーの鎌　Koller's sickle
原条を参照。

コルチ器官　Organ of Corti
内耳の蝸牛にある受容体器官。液体で満たされた部屋の中に存在する有毛細胞を含む。この部屋の中の液体が動いて圧力波が生じると，有毛細胞によって活動電位に変換され，聴覚神経を通って脳に送られ，音として解釈される。

根端分裂組織*　Root apical meristem（RAM）
植物において，伸長する根の先端に存在する分裂組織。分裂組織も参照。

コンパクション　Compaction
細胞接着分子E-カドヘリンによって引き起こされる，哺乳類の卵割に特徴的な現象。早期(8細胞期の前後)の胚で細胞は接着状態に変化を起こし，互いにしっかりと密着した状態になる。

●さ

催奇形因子　Teratogen
発生過程を撹乱し，奇形(先天異常)を引き起こす外因性物質のこと。

サイクリンB　Cyclin B
分裂促進因子の大サブユニット。S期に蓄積し，M期に到達すると分解されるという周期的な振る舞いが，分裂制御の鍵となる。サイクリンBは，分裂促進因子の小サブユニットであるサイクリン依存性キナーゼを制御する。

最後の真核生物共通祖先　Last eukaryotic common ancestor（LECA）
すべての植物，動物，菌類の祖先と仮定される生物。鞭毛とミトコンドリアを持つ単細胞の原生生物であったと考えられている。

最後の普遍的共通祖先　Last universal common ancestor（LUCA）
太古に存在した地球上のすべての生命の共通祖先。

再生　Regeneration
外傷や病気により傷ついたり破壊された成体組織を回復する能力。

再生医療　Regenerative medicine
遺伝性疾患(例えば，鎌状赤血球症)の治療や，損傷した臓器を修復

するために幹細胞を治療的に使用すること。

再生芽　Blastema（regeneration blastema）
一部の生物で切断箇所を構成する未分化な前駆細胞群で，切断面にある傍分泌因子によって新しい構造に組織化される。再生芽は成長・分化して切断された組織を再生する。この細胞の集団は，サンショウウオの四肢の再生のように切断部位の近くで脱分化し，細胞分裂を経て失われた構造に再分化する組織に由来する場合もあれば，プラナリアの再生のように切断面に移動する多能性幹細胞に由来する場合もある

臍帯静脈　Umbilical vein
卵黄静脈を参照。

サイトカイン　Cytokine
細胞シグナル伝達と免疫反応に重要な傍分泌因子。血液形成の過程で，造血箇所の間質（間充織）細胞の細胞外基質により集積され，血液細胞やリンパ細胞の形成に関与する。

サイトニーム　Cytoneme
細胞から伸長する（時には100 μm以上になる）特殊化した糸状突起で，傍分泌因子を産生する別の細胞と接触をする。傍分泌因子はサイトニームの先端にある受容体に結合し，サイトニームを介して細胞体に輸送される。サイトニームはまた，傍分泌因子を分泌する細胞から伸びて標的細胞に接触することもある。

再分節化　Resegmentation
硬節から椎骨が形成される際に起こる。硬節頭部側のセグメントと，その前の硬節の尾部側のセグメントが再結合し，脊椎の原基をつくることにより，からだを側方へ動かす際に筋肉と骨が協調的に働くことができる。

再編再生　Morphallaxis
細胞増殖をほとんど伴わずに，既存の細胞の再構築によって修復が行われる再生様式（ヒドラなど）。

細胞化　Cellularization
多核の細胞（合胞体）から核が細胞膜で分離され，個々の細胞がつくりだされる過程。例えば，ショウジョウバエ胚の初期発生において，多核性胞胚葉の周辺にある核の間に細胞膜が内側に向かって伸び，卵黄に富む内部の細胞質と個々の細胞を分け，細胞性胞胚葉となる。

細胞外基質　Extracellular matrix（ECM）
細胞がその周囲の細胞外環境に分泌する高分子で，細胞の間隙に非細胞性の物質から成る空間をつくる。細胞外基質は，コラーゲン，プロテオグリカン，フィブロネクチンやラミニンを含む特殊な糖タンパク質によって構成される。

細胞核/神経核　Nucleus
(1)真核細胞の染色体を格納する，膜で包まれた細胞小器官。(2)特定の機能と接続をもつ脳内のニューロンの細胞体のクラスター。

細胞質決定因子　Cytoplasmic determinant
卵の細胞質内に存在し，細胞の運命を決定する因子。これらの因子は，遺伝子発現を調節する転写因子であることが多い。自律的特定化において，これらの細胞質決定因子は初期胚の異なる割球に割り当てられる。

細胞性胞胚葉　Cellular blastoderm
ショウジョウバエの発生ステージの1つ。卵の中心部の卵黄の周囲を，1層に配列した細胞層が被覆した状態。

細胞接着分子　Cell adhesion molecule
細胞を互いに結びつける接着分子。主要なグループとしてカドヘリンがある。**カドヘリン**も参照。

細胞内共生　Endosymbiosis
ギリシャ語の"内側で生きる"に由来する。ある細胞が他の細胞の中に生息する状態を指す。

細胞の集団移動　Collective cell migration
細胞のシートが移動する過程で，シートの前縁の細胞が運動力を提供し，仮足を使って残りの細胞を引っ張る現象。前縁の後ろの細胞は，他の細胞に囲まれ，細胞の動きが接触によって阻害されるため，運動性の仮足が形成されない。しかし，化学誘引反応の際には，塊の後方に位置する細胞がアクトミオシンの列を形成し，これにより細胞が前方に絞り出され，移動が進行する。

サイレンサー　Silencer
転写因子と結合して積極的に特定の遺伝子の発現を抑制するようなDNA制御配列。

差次的遺伝子発現　Differential gene expression
発生遺伝学の基本原理の1つ。からだをつくりあげている細胞はすべて同じゲノムをもっているにもかかわらず，それぞれの細胞が特異的に発現しているタンパク質の種類は大きく異なっている。差次的遺伝子発現，差次的な核RNAプロセシング，差次的mRNA翻訳，差次的タンパク質修飾，これらすべてが協調して異なる細胞タイプをつくり出している。

差次的親和性　Differential affinity
発生中の胚では，これは細胞集団の分離に力を発揮する分子と細胞の接着の生物物理学的な強さに関係する。

差次的接着仮説　Differential adhesion hypothesis
熱力学的な原理に基づいて細胞選別のパターンを説明するモデル。細胞は境界面の自由エネルギーを最小にするように相互作用し，熱力学的に最も安定なパターンをつくる。

蛹　Pupa
完全変態昆虫の食餌をしないステージで，幼虫の終齢から成虫へと変態する最終段階。

左右軸　Right-left axis
からだの左右2側面を特定化する軸。

左右相称全割　Bilateral holoblastic cleavage
卵割パターンの一種。主にホヤ類でみられ，第1卵割は胚の右側と左側を左右対称に分ける分裂であり，続いて起こる卵割はこの対称面に対して左右対称に行われる。第1卵割の片側につくられる半胚は，もう一方の側の鏡像対称になる。

左右相称動物（三胚葉動物）　Bilaterian（triploblast）
左右相称なからだをもつ動物のことで，三胚葉（内胚葉，外胚葉，中胚葉）をもっている。カイメン動物，刺胞動物，有櫛動物，プラコゾア（平板動物）を除いた動物のグループが含まれる。

三叉プラコード　Trigeminal placode
脊椎動物に存在する一対の頭部プラコードで，眼下プラコードと上下顎プラコードに分けられる。それらは一対の三叉神経節（第Ⅴ脳神経の感覚神経節）の遠位部のニューロンを産生する。

三胚葉動物　Triploblast
左右相称動物（三胚葉動物）を参照。

三半期（トリメスター）　Trimester
ヒトの妊娠をおおよそ3か月ごとに3つの時期に分けたもの。

肢芽　Limb bud
将来，四肢を形成する円形の隆起。肢芽は，側板中胚葉の予定領域（肢の骨の前駆細胞となる）と体節中胚葉（肢の筋肉の前駆細胞となる）から間充織細胞が移動・増殖することで形成される。

耳窩　Otic pit
内耳の形態形成時に，耳プラコードが陥入し始め，くぼみが生じた

構造。

子癇前症　Preeclampsia
母体の高血圧と腎濾過不良，胎児の発育障害を特徴とする妊婦の病状。早産や胎児死亡，母体死亡の主な原因である。

色素上皮細胞　Pigmented epithelium
脊椎動物の眼のメラニンを含む層で，神経網膜の背後にあり，眼杯の外側の層を形成している。黒色メラニン色素は神経網膜を通って入ってくる光を吸収する。色素網膜とも呼ばれる。

自脚　Autopod
脊椎動物の最も先端側の肢の骨で，手根骨と中手骨(前肢)，足根骨と中足骨(後肢)，指節骨(手と足の指)から成る。

子宮　Uterus
哺乳類の胚が発育する雌の生殖管のホルモン反応性の器官。

子宮頸部　Cervix
子宮内側の筋肉性の入り口で，精子が子宮へと入るのを制御する粘液を分泌する。妊娠中には，出産まで胎児を子宮内に留めておく筋肉性の束として機能する。

子宮内膜　Endometrium
子宮の上皮内層。

軸糸　Axoneme
繊毛や鞭毛の一部を構成し，2本の中心微小管が9列の二連微小管によって取り囲まれた構造をしている。モータータンパク質のダイニンが二連微小管に結合しており，繊毛や鞭毛が働くための力を供給している。

シグナル伝達カスケード　Signal transduction cascade
傍分泌因子が受容体に結合することによって引き起こされる応答経路。細胞内で一連の酵素反応が引き起こされ，最終的に転写因子の制御(これらの傍分泌因子に応答して異なる遺伝子が発現する)や，細胞骨格の制御(傍分泌因子に応答した細胞が形を変えたり細胞移動能を獲得する)を引き起こす。

シグナル伝達経路　Signal transduction pathway
細胞内で初期の刺激タイプを伝達する一連の生化学反応で，分子の立体構造の変化を経て，特定の細胞応答を引き起こす。

始原細胞*　Initial cell
植物の初期胚発生において作り出される全能性の幹細胞。2つのクラスターがあり，茎頂分裂組織と根端分裂組織を形成する。

始原生殖細胞　Primordial germ cell（PGC）
配偶子の前駆細胞。典型的には生殖腺の外で形成され，発生過程で生殖腺の中に遊走する。

自己複製　Self-renewal
細胞が分裂して自分自身の複製を作り出す能力。

自己分泌相互作用　Autocrine interaction
自分自身が分泌している傍分泌因子に細胞が応答する現象。

四肢動物　Tetrapod
ラテン語で"4つの足"の意味。脊椎動物の両生類，爬虫類，鳥類，哺乳類を含む。総鰭類(肉鰭類)の祖先から進化した。

糸状仮足　Filopodia
マイクロフィラメントを含む長く細い突起。細胞は糸状仮足を伸ばしたり，接着させたり，引っ張ったりすることで動くことができる。例えば，ウニ胚の移動する間充織細胞，神経伸長のための成長円錐，血管形成のための先端細胞が糸状仮足をつくる。

視神経　Optic nerve
神経網膜の軸索から形成され，眼柄を伝って脳へと伸長する脳神経(第Ⅱ脳神経)。

雌ずい*　Pistil
心皮を参照。

シス調節エレメント　*cis*-regulatory element（CRE）
自らが調節する標的遺伝子と同じDNA鎖に存在してそれを制御する調節要素(プロモーターやエンハンサー)。

歯層　Dental lamina
顎にある広い表皮の肥厚で，のちに別々のプラコードに分かれ，その下にある間充織とともに歯を形成する。

シナプス　Synapse
ニューロンが標的細胞(他のニューロンまたは異種の細胞)に信号を伝達するための接合部。信号は神経伝達物質(例；アセチルコリン，GABA，セロトニン)としてシナプス間隙を介して2細胞間でやりとりされる。

シナプス後細胞　Postsynaptic cell
シナプス前ニューロンから化学的神経伝達物質を受け取り，細胞膜の脱分極または過分極が引き起こされる標的細胞。

シナプス前細胞　Presynaptic neuron
化学的神経伝達物質を標的細胞に伝達し，標的細胞の細胞膜の脱分極または過分極を引き起こすニューロン。

耳杯　Otic cup
内耳の形態形成時に，耳プラコードが陥入してカップのような形になる構造。内耳発生のこの段階は耳窩期からつづく。耳杯の縁が近接し癒合すると，その構造は耳胞と呼ばれる。

篩部*　Phloem
維管束植物において，光合成によりつくられた糖類やその他の代謝産物をソースからシンクまで，主として葉から光合成を行わない部位に輸送する管。

耳プラコード　Otic placode
1対の肥厚した表皮が内耳を形成するために陥入し，そこから聴神経節が生じることでわれわれは音を聞くことができる。

耳胞　Otic vesicle
耳杯が閉じて袋状となった神経外胚葉構造で，最終的に内耳の構造へと発達する。

姉妹染色分体　Sister chromatid
新しく複製された一対の染色分体。それらは同じDNA配列を持ち，セントロメアで結合している。

集団移動　Collective migration
自走する細胞群が，お互いに方向調整した力を加えながら移動する現象で，個々の細胞が単独で移動する場合や，増殖や相互挿入による組織の押し上げによって引き起こされる細胞群の移動とは異なる。

集団の非対称性　Population asymmetry
幹細胞集団での恒常性維持の様式で，一部の細胞は分化した子孫細胞をつくりやすいのに対し，他の細胞は幹細胞プールを維持するために分裂する。

雌雄同体　Hermaphrodite
卵巣と精巣構造の両方が存在し，卵精巣(卵巣と精巣双方の組織を含む生殖腺)をもつか，卵巣を片方に，精巣をもう片方にもつような個体。**ギナンドロモルフ**と比較。

終脳　Telencephalon
前脳の前方の部位で，大脳半球となる。

周皮　Periderm
胚を覆う一過性の表皮様の層で，内層が真の表皮として分化すると脱落する。

周皮細胞　Pericyte
脈管形成時に血管内皮細胞が自身を包むために呼び寄せる平滑筋様

の細胞。

重複と分岐　Duplication and divergence
複製の際のエラーによって直列の遺伝子重複が起こる。いったん重複が起こると，それぞれのコピーはランダムな突然変異によって異なる発現パターンや新しい機能をもつように分化していくことが可能となる。

収斂進化　Convergent evolution
近縁種ではないが，似たような環境に適応している生物の間で，類似の特徴が独立して進化すること。

収斂伸長　Convergent extension
細胞が相互に挿入を起こしながら組織の幅を狭め，前方への伸長を引き起こす現象。この機構は，ウニ胚では原腸，ホヤ胚の脊索，両生類の巻き込み中胚葉の伸長に使われる。この動きは高速道路での車の走行に例えることができ，複数の走行レーンの車が1つの走行レーンに合流する状態に似ている。

宿主　Host
共生関係にある生物で，一方が他方よりもはるかに大きく，小さいほうの生物が大きいほうの生物の体表もしくは体内に生息している場合，大きいほうの生物を宿主と呼ぶ。また，組織移植においてドナーから移植片を受け取る生物のことも指す。

樹状突起　Dendritic arbor
プルキンエ細胞など，一部のニューロンの樹状突起にみられる広範な枝分かれ。

受精　Fertilization
雌雄の配偶子の融合に続いて，半数体配偶子核の融合が進行する。この融合は受精卵細胞質で起こり，染色体の数を回復させ，発生の開始を許可する。

受精丘　Fertilization cone
受精の際に，卵と精子が融合した部分から卵の表面に伸びる突起。アクチンの重合によって引き起こされ，卵と精子の間の細胞質橋を広げる役割をもち，精子の核と近位中心小体が卵内に入ることを可能にする。

受精能獲得　Capacitation
哺乳類の精子が受精できるようになるための一連の生理的な変化。

受精膜　Fertilization envelope
ウニ卵の表層顆粒のエキソサイトーシスに引き続き，卵黄膜から形成される。表層顆粒から放出されたグリコサミノグリカンは水を吸い込むことで体積を増やし，細胞膜と受精膜の間の空間を広げる。

受胎産物　Conceptus
受精から出産に至るまでの過程で生まれる産物。

珠皮　Integument
植物の皮や表皮のような外側の保護層。

種皮*　Seed coat
植物の胚を保護する最外層の覆い。種皮は胚珠の二層の珠皮から形成される。

受粉*　Pollination
花粉が葯から同一の花あるいは別の花の柱頭へと運ばれる過程。

受粉期*　Progamic phase
受粉から受精までにおける花粉発生期間。花粉管が雌ずいの内部を伸長する期間。

受容体　Receptor
リガンドに結合するタンパク質。**リガンド**も参照。

受容体型チロシンキナーゼ　Receptor tyrosine kinase（RTK）
細胞膜を貫通し，細胞外領域，膜貫通領域，および細胞質領域をもつ受容体。細胞外ドメインへのリガンド（傍分泌因子）の結合によっ

て受容体の細胞質領域の立体構造が変化し，キナーゼが活性化されることでATPのリン酸基が特定のタンパク質のチロシン残基に転移される。

順遺伝学　Forward genetics
ランダムな突然変異を引き起こす薬物に生物を曝露し，特定の表現型をスクリーニングする遺伝学的手法。**逆遺伝学**と比較。

準備された　Primed
胚性幹細胞においては，分化の準備ができていることを示す。

上衣細胞　Ependymal cell
脳室と脊髄中心管を覆う上皮細胞で，脳脊髄液を分泌する。

上位性　Epistasis
2つ以上の異なるアリルが表現型に与える相互作用。多くの場合，ある遺伝子の作用が別の遺伝子によって抑制されることを指す。

上衣層　Ependyma
脳では脳室に，脊髄では中心管に隣接する上皮層。上衣細胞によって構成される。

消化管　Digestive tube
胚の原腸で，咽頭から総排出腔までからだの長さに及ぶ。消化管から伸長した芽は，甲状腺，胸腺，副甲状腺，肺，肝臓，胆嚢，膵臓を形成する。

小割球　Micromere
16細胞期のウニ胚で，植物極端に生じる4つの小さな割球。第4卵割において，植物極側の4つの細胞は緯割方向に不等卵割する。そのとき生じる小さい方の細胞を指す。

条件依存性　Context dependency
システムの個々の構成要素（転写因子など）の意味や役割が，そのコンテキストに依存すること。例えば，四足動物の四肢の関節形成では，同じBMPでも応答する細胞のステージによっては，細胞死だけでなく細胞分化も誘導することができる。

条件的特定化　Conditional specification
"自律的特定化"に対して"条件的特定化"とは，自身の細胞内にある因子ではなく，周辺の細胞との相互作用で細胞運命が特定化されることを指す。どのような細胞になるかは主に隣接する細胞が分泌する傍分泌因子によって特定化される。

症候群　Syndrome
ギリシャ語の"同時に起こる"に由来する。いくつかの奇形や病変が同時に起こる。遺伝的異常が原因で起こる症候群は，(1)染色体の異常により複数の遺伝子が欠失あるいは付加される(21トリソミーすなわちDown症候群など)，あるいは(2)多くの影響を及ぼす遺伝子の異常，によって引き起こされる。

上鰓プラコード　Epibranchial placode
脊椎動物胚の咽頭部分にある頭部プラコードの一群。これらは，顔面神経(VII)，舌咽神経(IX)，迷走神経(X)の感覚神経を生じる。

小脳　Cerebellum
運動制御に特に重要な後脳の部位で，延髄の上方・後方に位置する。

上皮-間充織転換　Epithelial-mesenchymal transition（EMT）
上皮シートや上皮構造の細胞が，移動能力をもつ間充織細胞へと転換する一連の過程。この過程では，通常は基底面を通して基底膜と相互作用する極性をもった静止した上皮細胞が，組織に侵入して新しい場所で器官を形成することができる移動可能な間充織細胞になる。その逆は間充織から上皮への移行〔間充織-上皮転換（MET）〕であり，間充織細胞が合体し上皮構造をつくる(未分節中胚葉が体節をつくるときのように)。

上皮細胞　Epithelial cell
　上皮細胞では細胞同士が緊密に結合し，細胞外基質をほとんど含まないシートまたは管を形成している。

上皮様細胞　Adepithelial cell
　完全変態する昆虫の幼虫の発生初期に，成虫原基に移動してくる細胞群で，これらの細胞は蛹期に筋肉や神経を形成する。

小胞子嚢*　Microsporangia
　葯の内部に形成され，小胞子を作り出す。

漿膜　Chorion
　羊膜類の胚におけるガス交換に必須の胚体外膜。胚体外中胚葉(体壁葉)から形成される。鳥類や爬虫類では，漿膜は卵殻に付着しており，卵と外部環境との間でのガス交換を可能にする。哺乳類の漿膜は，胎盤の胚(胎児)由来の部位を構成する。

植物極　Vegetal pole
　卵や胚の，卵黄が多い極。

植物極回転　Vegetal rotation
　カエル原腸形成時における，内側の細胞の再編成のこと。予定咽頭内胚葉の細胞が，胞胚腔の近くの，巻き込み中胚葉のすぐ上に置かれるようになる。

植物極板　Vegetal plate
　ウニ胞胚の植物極付近にある，厚みのある細胞が観察される領域。

自律的特定化　Autonomous specification
　割球が，卵細胞質由来の決定因子(通常は転写因子)を受け継ぐことによって行う細胞運命の方向付けの様式。細胞内の転写因子が遺伝子発現を調節し，細胞を特定の発生経路へ向かわせることを"自律的特定化"という。

指令的な相互作用　Instructive interaction
　誘導を行う細胞からのシグナルが，応答細胞における新規の遺伝子発現に必要となるような誘導的相互作用。

心黄卵　Centrolecithal
　卵の一種で，昆虫にみられる。卵黄を中央にもち，細胞質の分裂は卵表層近くの縁部分だけで起こる。

進化発生生物学　Evolutionary developmental biology（Evo-Devo）
　発生遺伝学と集団遺伝学を統合して，生命の多様性を理解しようとする進化学のこと。

腎管　Nephric duct
　ウォルフ管を参照。

神経管　Neural tube
　中枢神経系(脳および脊髄)の原基。

神経管形成　Neurulation
　神経板を折り畳み，頭側と尾側の神経孔の閉鎖により神経管を形成する過程。

神経幹細胞　Neural stem cell（NSC）
　生涯を通じて神経新生が可能な中枢神経系の幹細胞。脊椎動物では，NSCは胎児期の前駆細胞である放射状グリア細胞の多くの特徴を保持している。

神経管閉鎖障害　Neural tube defect（NTD）
　胚発生の過程で神経管の一部が閉鎖しない奇形で，無脳症(前脳の閉鎖不全)や二分脊椎症(脊髄の閉鎖不全)などがある。

神経孔　Neuropore
　神経管の2か所の開口部(前神経孔と後神経孔)で，後に閉じる。

神経溝　Neural groove
　一次神経管形成において神経板の中央部に出現するU字型の溝。

神経褶　Neural fold
　神経板の両端が肥厚して隆起したもの。神経管形成の際，上方へ隆起し，胚の正中に向かって移動し，最終的に融合して神経管を形成する。

神経節　Ganglia
　神経節はニューロンの細胞体の集合塊で，それらの軸索が束となって神経繊維を形成する。

神経束形成　Fasciculation
　神経発生において，ある軸索が別の軸索に接着し，その軸索を利用して伸長する過程。

神経中胚葉前駆細胞　Neuromesodermal progenitor（NMP）
　脊椎動物の胚において，神経管と沿軸中胚葉(体節)の両方に寄与する可能性をもつ多能性前駆細胞の集団で，胚の最後方領域(尾側端)にみられる。

神経堤　Neural crest
　神経板の外側縁にできる一時的な細胞帯で，神経管と表皮を繋ぐ領域にあたる。神経堤細胞という細胞集団を生み出し，それらは神経管形成時に離れ，多種多様な細胞や構造(感覚ニューロン，腸管ニューロン，グリア，色素細胞，頭部の骨や軟骨など)を形成するために移動する。

神経堤特定化因子　Neural crest specifier
　境界を特定化する転写因子によって誘導される，より特異的な転写因子群(FoxD3, Sox9, Id, Twist, Snailなど)で，細胞を神経堤細胞へと特定化する。

神経伝達物質　Neurotransmitter
　軸索の末端から分泌される分子(アセチルコリン，GABA，セロトニンなど)。これらの分子はシナプス間隙を通って隣接するニューロンに受容され，神経シグナルを伝達する。**シナプス**も参照。

神経頭蓋　Neurocranium
　頭蓋冠と頭蓋底。

神経特異的サイレンサー因子　Neural restrictive silencer factor（NRSF）
　神経特異的サイレンサーエレメントに結合するジンクフィンガー型の転写因子で，成熟ニューロン以外のすべての細胞で発現している。

神経特異的サイレンサーエレメント　Neural restrictive silencer element（NRSE）
　いくつかのマウス遺伝子にみられる制御DNA配列で，神経細胞以外の組織でプロモーターが活性化するのを妨げ，これらの遺伝子発現を神経系に限定する。

神経胚　Neurula
　神経管形成を行っている(神経管が閉じつつある)胚。

神経板　Neural plate
　神経外胚葉となる背側外胚葉の領域。この領域の細胞は柱状をしている。

神経板境界特定化因子　Neural plate border specifier
　神経板誘導シグナルにより誘導される転写因子群。Distalless-5，Pax3，Pax7を含むこれらの転写因子群は，境界領域の細胞が神経板や上皮になることを共同して阻害する。

神経網膜　Neural retina
　眼杯の内層より生じ，層状に配置された以下の細胞によって構成される：光または色感受性の視細胞(桿体細胞と錐体細胞)，神経節細胞の細胞体，桿体細胞と錐体細胞から神経節細胞に電気刺激を伝える双極細胞，網膜の構造を維持するための無数のミュラーグリア，アマクリン細胞(太い軸索を欠く)，網膜の水平方向に電気刺激を伝

える水平細胞。

神経竜骨　Neural keel
魚類の胚の胚盤葉上層において，収斂と伸長運動の際に，背側中軸に移動する神経前駆体の帯。中軸中胚葉と沿軸中胚葉の上に広がり，最終的には表皮外胚葉から分離して棒状の組織を形成し，切り込み状の内腔を発達させて神経管となる。

進行帯　Progress zone
外胚葉性頂堤（AER）の直下にある増殖性の高い肢芽の間充織細胞。肢芽の基部-先端軸方向の伸長と分化は，AER と進行帯間の一連の相互作用によって引き起こされる。

新生器官再生*　*de novo* regeneration
すでに構造を形成する分化した細胞からではなく，その構造を形成するために再分化された細胞から新たな構造を再生すること。例えば，ある植物において，植物体全体の再生は単一の細胞から可能である。

心臓神経堤　Cardiac neural crest
頭部神経堤細胞の小区域であり，耳のプラコードから3番目の体節まで広がっている。心臓神経堤細胞は，メラノサイト，ニューロン，軟骨，そして結合組織に発生する。この領域の神経堤細胞は，大動脈から肺循環を分ける隔壁の形成に貢献するだけでなく，大動脈（流出路）のすべての筋肉-結合組織壁をつくる。

心筒　Heart tube
（前後方向に）直線的な構造物で，予定心臓領域の中心部で形成され，心房，心室，大動脈と肺動脈の基部になる。

心皮*　Carpel
被子植物の花における雌性生殖器官であり，柱頭，子房，そしてしばしば花柱を含む。雌ずいとも呼ばれる。

シンビオジェネシス　Symbiogenesis
真核細胞の起源に関する仮説。最初の真核細胞は原核生物同士の融合から生まれ，一方が核を形成し，他方がミトコンドリアを形成した。

新皮質　Neocortex
大脳の灰白質の層で，哺乳類の脳の最大の特徴である。神経細胞体の6つの層に分かれており，それぞれ異なる機能特性をもつ。

垂層分裂*　Anticlinal division
植物において，新たな細胞壁が表面に対して垂直に形成される細胞分裂。**並層分裂**と比較。

垂直伝播　Vertical transmission
ある世代から次世代へと，生殖細胞を通して受け渡されること。共生者が生殖細胞（通常は卵）を通して受け渡されることもいう。

水平伝播　Horizontal transmission
宿主は共生者に感染していない状態で生まれるが，環境もしくは同種の他個体からの感染を受けること。あるいは，細菌で起こるように，繁殖を伴わずに1つの個体から別の個体へ遺伝子が移動する現象を指す場合もある。**垂直伝播**と比較。

頭突起　Head process
鳥類の胚における，脊索中胚葉の前方部分。ヘンゼン結節を通過し，索状中胚葉よりも前方に移動し，前脳と中脳を形成する細胞の下に位置する。

スプライシングアイソフォーム　Splicing isoform
同一の遺伝子から選択的スプライシングによって生み出された異なるタンパク質。

スプライシング因子　Splicing factor
スプライス部位やその近傍に結合してスプライシングを制御するタンパク質。

（スプライシング）共通配列
共通配列を参照。

スプライソソーム　Spliceosome
低分子核内RNA（snRNA）やスプライシング因子から成る複合体。スプライス部位に結合し，核RNAのスプライシング反応を制御する。

性　Sex
（1）両親の遺伝物質が結合し，それぞれの親とは異なる遺伝子を持つ核ができること。（2）交配型。脊椎動物，節足動物，被子植物，その他の多くの生物では，精子あるいは卵をつくる器官を持つという特徴がある。

精原細胞　Spermatogonia
精子幹細胞。精原細胞が体細胞分裂を停止すると，一次精母細胞になり減数分裂の前にサイズが大きくなる。

精原細胞*　Generative cell
被子植物において，細胞分裂により2つの雄性配偶子の核を形成する花粉の細胞。

精子活性化ペプチド　Sperm-activating peptide（SAP）
棘皮動物の卵のゼリーに含まれる小さな化学走性ペプチド。卵ゼリーから海水に拡散し，同じ種の精子だけを引き寄せる種特異性がある。ウニ（*Arbacia punctulata*）にみられるレザクトがその例である。

精子完成　Spermiogenesis
精子の成熟プロセスにおいて，半数体の円形精子細胞から成熟した精子へ分化する過程のこと。

精子形成　Spermatogenesis
精子の産生のこと。

精子細胞　Spermatid
第二減数分裂を終えた半数体の精子形成細胞。哺乳類では，精子細胞は細胞質間橋を介して連結を保っており，細胞質間橋を通して遺伝子産物が拡散できる。

精子頭部　Sperm head
先体と精子核と最小限の細胞質で構成される。

生殖　Reproduction
生物学的生殖とは，親生物と生物学的に類似した子孫を残す過程である。

生殖系列　Germ line
昆虫，線虫，脊椎動物など多くの動物にみられる，体細胞とは分離した，生殖細胞になる細胞の系統。生殖系列の特定化は卵の細胞質領域にある決定因子によって自律的に起こることもあれば，隣接する細胞の誘導によって後に起こることもある。

生殖結節　Genital tubercle
哺乳類の外部生殖器形成の初期未分化段階における，排出腔膜の頭部側の構造。雌胎児では陰核を，雄では陰茎を形成する。

生殖細胞　Germ cell
生殖機能のための一群の細胞。生殖細胞は，卵巣や精巣の細胞を構成し，減数分裂を行って配偶子を産生する。**体細胞**と比較。

生殖細胞系列　Germ cell lineage
配偶子を形成する細胞で，始原生殖細胞，発生中の精子と卵，成熟した配偶子を含む。

生殖腺の性決定　Gonadal sex determination
一次性決定を参照。

生殖補助医療技術　Assisted reproductive technology（ART）
女性の体内から卵または胚を取り出して行う不妊治療のこと。これには体外受精（IVF），卵細胞質内精子注入法（ICSI）などの技術が含

まれる。

生殖三日月環　Germinal crescent
鳥類および爬虫類の胚盤胞の前部に位置する透明帯領域で，移動する内胚葉細胞によって変位した胚盤葉下層を含む領域。この領域には，後に血管を通って生殖腺に移動する始原生殖細胞(生殖細胞の前駆細胞)が含まれている。

生殖隆起　Genital ridge
中腎の中間末端領域において，臓側中胚葉(生殖上皮)と中間中胚葉間充織が肥厚した隆起で，精巣または卵巣を形成する。germinal ridgeとも呼ばれる。

精巣上体　Epididymis
ウォルフ管に由来し，輸出管と輸精管をつなぐ精巣に隣接する管。

成体幹細胞　Adult stem cell
成体の多能性細胞で，成体のさまざまな細胞種を再生する能力をもつ幹細胞。例として，すべて種類の血液細胞を生成する造血幹細胞がある。

成体幹細胞ニッチ　Adult stem cell niche
成体幹細胞を維持し，幹細胞の自己複製，生存，ニッチを離れる子孫細胞の分化を制御する。

生態進化発生生物学(エコエボデボ)　Ecological evolutionary developmental biology（eco-evo-devo）
環境によって引き起こされる発生の変化が進化にどのような影響を与えるかを研究する科学。主に発生的共生，発生的可塑性，ニッチの構築についての進化的側面を扱う。生態発生生物学(エコデボ)〔ecological developmental biology（eco-devo）〕とも呼ばれる。

生体染色色素　Vital dye
細胞を生きたまま染色するために使われる色素。胚の細胞を染色することによって，発生期における細胞の移動を追跡し，特定の領域の予定運命図をつくることができる。

生体電位シグナリング　Bioelectric signaling
細胞膜電位の変化に基づく細胞間のコミュニケーション。

生態発生生物学(エコデボ)　Ecological developmental biology（eco-devo）
環境によって引き起こされる発生の変化が進化にどのような影響を与えるかを研究する科学。主に発生的共生，発生的可塑性，ニッチの構築についての進化的側面を扱う。

成虫　Imago
翅をもち，性成熟している成体昆虫。

成虫細胞　Imaginal cell
完全変態昆虫の幼虫の体内に存在し，成虫の構造を形成する細胞。幼虫の段階では，これらの細胞は数を増やすが，蛹になるまで分化しない。各幼虫器官内には，成虫原基，組織芽細胞，成虫細胞のクラスターが存在する。

成虫脱皮　Imaginal molt
完全変態昆虫の最後の脱皮で，蛹の角皮の下に成虫の角皮が形成され，成体は羽化時に蛹の殻から出現する。

成長円錐　Growth cone
運動性のある軸索の先端部で，神経の伸長を導く。

成長期　Anagen
毛包の成長周期ステージの1つで，毛が長さを増して成長する時期。

生物季節　Phenology
多くの種の生活環における周期的あるいは季節的なイベントのタイミング。このようなイベントには移動，開花，冬眠がある。

脊索　Notochord
胚の中胚葉のうち最も背側にできる構造で，一過性の棒状の組織。

神経系の誘導とパターン形成に重要な役割をもつ。脊索動物の特徴。

脊索前板　Prechordal plate
脊索前板中胚葉を参照。

脊索前板中胚葉　Prechordal plate mesoderm
頭部中胚葉の前駆体。この中胚葉細胞は原腸形成期に脊索中胚葉に先行して内側に移動する。

脊索中胚葉　Chordamesoderm
脊索を形成する体軸中胚葉。

赤道域　Equatorial region
哺乳類の先体内膜と精子細胞膜の接合部。先体反応によって露出し，卵子と精子の膜融合が始まる場所となる。

セグメントポラリティー遺伝子　Segment polarity gene
ペアルール遺伝子が発現するmRNAとそのタンパク質に活性化される，ショウジョウバエ胚性遺伝子群。胚の周期性を確立し，胚を14区画に分割する。セグメントポラリティー遺伝子の変異体では，各体節の欠陥(欠失，重複，極性反転)が観察される。

世代交代*　Alternation of generation
植物において，半数体の配偶子を形成する段階(配偶体)と二倍体で胞子形成を行う段階(胞子体)が交互に切り換わる生活環。

接合子　Zygote
二倍体の染色体を持つ受精卵(接合子ゲノム)。胚発生の1細胞の時期。接合子ゲノムも参照。

接合子ゲノム　Zygotic genome
1細胞の胚(接合体)の染色体構成。父親と母親の半数体の前核が融合してできる。

接触阻害　Contact inhibition
細胞が他の細胞との接触面で，運動性の仮足を形成するのを防ぐメカニズム。このような他の細胞の細胞膜との相互作用は，細胞が"後方"に移動するのを防ぎ，結果として細胞の前縁が"前方"に移動する。

接触分泌シグナル伝達　Juxtacrine signaling
隣り合った，すなわち互いに直接接触している細胞の間のシグナル伝達。

接触分泌相互作用　Juxtacrine interaction
膜タンパク質が，隣接している(接触している)細胞が発現している受容体に結合してシグナルを伝えるような相互作用。

絶対的相利共生　Obligate mutualism
共生のうち，一方の種が他方の種なしでは生きていくことができないくらい相互に依存し合うもの。

接着斑　Focal adhesion
移動中の細胞において，アクチン，インテグリン，細胞外基質を介して，細胞膜が細胞外基質に接触する箇所。

繊維芽細胞増殖因子　Fibroblast growth factor（FGF）
傍分泌因子の遺伝子ファミリー。細胞の増殖と分化を制御する。

繊維芽細胞増殖因子受容体　Fibroblast growth factor receptor（FGFR）
FGFによって活性化される一連の受容体型チロシンキナーゼ。FGFが結合すると不活性型のキナーゼが活性化されて，応答細胞において(FGF受容体を含む)特定のタンパク質群がリン酸化される。

前核　Pronucleus
受精卵内の雄および雌の半数体の核のことで，融合して接合体の二倍体核を形成する。

全共生体　Holobiont
宿主とその恒久的共生者を生物の複合体としてとらえた用語。

前胸腺刺激ホルモン　Prothoracicotropic hormone（PTTH）
神経，ホルモン，環境からのシグナルに応答して脳内の神経分泌細胞から放出される，昆虫の脱皮プロセスを開始させるペプチドホルモン。PTTHは前胸腺のエクジソン産生を刺激する。

前駆顆粒膜細胞　Pre-granulosa cell
卵巣の原始卵胞の細胞で，生殖細胞に最も近くで発生する。これらが卵胞の顆粒膜細胞になる。

前駆細胞　Precursor cell（precursor）
特定の細胞系譜（ニューロン前駆体や血球前駆体など）に対する未分化な細胞（幹細胞あるいは前駆細胞）に対して広く使用される用語。

前駆細胞（一過性増幅細胞：TA細胞）　Progenitor cell
比較的未分化な細胞で，分化する前に数回分裂する能力を有する細胞。幹細胞とは異なり，無制限には自己複製することはできない。移動中に分裂するため，一過性増幅（transit amplifying：TA）細胞と呼ばれる場合もある。

前形成層＊　Procambium
植物において，維管束組織を形成する幹細胞の層。根においては内鞘を作り出す。

前口動物　Protostome
ギリシャ語で"口が初め"の意味をもつ。軟体動物など，原口から口の領域を形成する動物。後口動物と比較。

前後軸　Anterior-posterior（anteroposterior）axis
主要な体軸で，前後軸とも呼ばれ，頭部と尾部（または口と肛門）を定める。肢の場合は，親指（前方）-小指（後方）の軸を指す。

仙骨神経堤細胞　Sacral neural crest cell
体幹神経堤の後方と迷走神経堤に沿って位置する神経堤細胞で，腸の蠕動運動に必要な副交感神経節（腸管神経節）を生み出す。

前腎管　Pronephric duct
前腎管は中間中胚葉から生じ，胚の後方に向かって移動し，隣接する間充織を前腎，すなわち胚の初期の腎臓の細管へと変化させる。前腎細管は，魚類や両生類の幼生においては腎臓として働くが，羊膜類では機能しないと考えられている。管は下方に成長し続け，中腎間充織を誘導して中腎管と呼ばれる管をつくる。ウォルフ管，腎管とも呼ばれる。

前腎尿細管（前腎）　Pronephric tubule（pronephros）
前腎は魚類や両生類の幼生では腎臓として機能しているが，羊膜類では活動していないと考えられており，腎臓の他の部位が発達した後に尿細管は退化する。中腎と比較。

先節　Acron
昆虫のような節足動物における，脳を含む頭部の先端領域。

先体（先体小胞）　Acrosome（acrosomal vesicle）
精子核と共に精子頭部を構成する帽子のような細胞小器官。卵のタンパク質性膜を分解する酵素をもち，精子の核が卵の中に入り，卵の核と融合することを可能にする。

先体突起　Acrosomal process
ウニやそのほか多くの種における受精初期段階において，アクチンフィラメントの重合によって精子頭部から伸びた指状の突起。この突起は，精子と卵の間の種特異的な認識のための表面分子を含んでいる。

先体反応　Acrosome reaction
Ca^{2+}濃度依存的に生じる，精子細胞膜と先体の膜融合反応。融合の結果，タンパク質分解酵素がエキソサイトーシスして放出され，卵の細胞外基質を分解することによって精子が貫通し，受精が成立する。

選択的スプライシング　Alternative pre-mRNA splicing
単一の遺伝子から複数の異なるタンパク質をつくり出すための手段。スプライシングによって異なる組み合わせでエキソンをつなぎ合わせ，異なるタイプのmRNAをつくり出す。

先天異常　Congenital anomaly
生まれつきもっている欠陥。先天異常（congenital anomalies）は遺伝性の場合もあれば，環境的な原因（催奇形性の植物，薬物，化学物質，放射線など）の場合もある。また，特発性（原因不明）の場合もある。

先天性副腎過形成　Congenital adrenal hyperplasia
過剰なテストステロンの存在が原因となる，女性の偽雌雄同体の表現型。

前頭前皮質　Prefrontal cortex
前頭葉の前方領域で，人間の複雑な認知，感情，行動を制御する。

前頭鼻隆起　Frontonasal process
頭蓋の突出部で，中脳の神経堤細胞や，額や中鼻および一次口蓋を形成する後脳のロンボメア1と2から形成される。

前脳　Forebrain（prosencephalon）
前脳胞とも呼ばれる。発達中の脊椎動物の最も前方にある脳胞。終脳と間脳という2つの二次脳胞を形成する。

全能性　Totipotent
ラテン語で"すべてのことができる"という意味。哺乳類の最初期の割球（例えば，8細胞期までの各割球）のような，生体のすべての構造をつくることができる特定の幹細胞で，栄養芽細胞と胚前駆細胞の両方を形成することができる。多能性と比較。

前胚＊　Proembryo
種子植物の発生過程おいて，非対称に生じる受精卵の第一分裂によって形成される段階。二細胞期における，小さな頂端側の細胞から根の先端部分を除く，植物体全体が作り出される。基部側の大きな細胞は根端と胚柄を形成する。胚柄は胚と胚乳をつなぎ，種子内部の栄養を胚へと供給する。

前変態期　Premetamorphosis
両生類の変態の最初の段階で，甲状腺が成熟し始める。その後，変態初期，変態最盛期と続く。

前方臓側内胚葉　Anterior visceral endoderm（AVE）
ニワトリ胚盤葉下層に相当し，両生類の頭部オーガナイザーによく似ている，哺乳類の2つのシグナルセンターの1つ。Nodalのアンタゴニストを分泌することによって，前方領域を形成する。

前方腸門　Anterior intestinal portal（AIP）
発生過程における原腸前腸領域の後方開口部。このステージでは，卵黄嚢と連続した将来の中腸に向けて開口している。

層　Lamina
ラテン語で"層"を意味する。脳ではニューロンは層あるいは核（細胞内にある核と混同しないように注意）と呼ばれる細胞のクラスターに組織されている。

層アイデンティティ　Laminar identity
ヒトの大脳皮質を構成する6つの異なる層。各層にはそれぞれ異なる特徴的なニューロン集団が存在する。

造血　Hematopoiesis
血液細胞の産生。

造血幹細胞　Hematopoietic stem cell（HSC）
発生運命が特定の血球系譜に制限された一連の中間前駆細胞を産み出すことができる多分化能性幹細胞。これらの細胞系譜は，体内のすべての血液細胞とリンパ球を生み出すことができる。

造血血管内皮細胞　Hemogenic endothelial cell
背側大動脈の一次血管内皮細胞，特に背側大動脈腹側に存在するものは側板に由来する。造血血管内皮細胞は，肝臓や骨髄へ移動して成体の血液幹細胞になる造血幹細胞を生み出す。

造血誘導微小環境　Hematopoietic inductive microenvironment（HIM）
多分化能性の造血幹細胞に異なる転写因子群のセットを誘導する細胞領域で，これらの転写因子群が造血幹細胞から派生する細胞の運命を特定化する。

相互挿入　Intercalation
隣接する2つ（またはそれ以上）の集団から，より少ない（または1つの）層へと細胞が挿入する現象。

相似　Analogous
共通の祖先からではなく，類似の機能を果たす構造やその構成要素（例えば，蝶の翅と鳥の翼）。**相同**と比較。

桑実胚　Morula
moruraはラテン語で"桑"を意味する。胞胚または胚盤胞になる前の，16〜64個の細胞で構成される脊椎動物の胚。哺乳類の桑実胚は16細胞期に生じ，内部の小さな細胞集団（内部細胞塊）と，それを囲む外側の細胞の大集団（のちに栄養芽層を形成する）から成る。

造心中胚葉　Cardiogenic mesoderm
　予定心臓領域を参照。

臓側中胚葉　Splanchnic mesoderm
内臓中胚葉または臓側側板中胚葉とも呼ばれ，内胚葉（腹側）に接する側板中胚葉由来の組織であり，体腔によって側板中胚葉の他の構成要素（外胚葉と接する壁側中胚葉）とは分離している。臓側中胚葉は下にある内胚葉と内臓葉を形成する。臓側中胚葉はまた，心臓，毛細血管，生殖腺，器官を覆う内臓体腔上皮や漿膜，腸間膜，血液細胞をつくり出す。

相同　Homologous
共通の祖先構造に由来する構造やからだの一部のこと。例えば，鳥の翼とヒトの前肢。**相似**と比較。

総排出腔　Cloaca
ラテン語で"下水道"を意味する。胚体の尾部に形成される内胚葉由来の上皮腔で，最終的には腸や腎臓からの排泄物や生殖腺の産物を貯める組織となる。両生類，爬虫類，鳥類ではこの器官が保存され，液体や固体の廃棄物を排泄するために利用される。哺乳類では，総排泄腔は隔壁膜によって区分けされ，泌尿生殖腔と直腸に分かれる。

相利共生　Mutualism
両方のパートナーが利益を得ることができる共生関係のこと。

側線プラコード　Lateral line placode
両生類や魚類の前部頭部プラコードとして形成される一対の外胚葉性のプラコード。感丘と呼ばれる機械刺激を受容する有毛の感覚細胞と，それを神経支配するニューロンを形成する。水の流れや弱い生体電界，圧力の変化を感知する。**有毛細胞**も参照。

足盤　Basal disc
ヒドラの"足"。これにより岩や底面の水草に付着することができる。

側板中胚葉　Lateral plate mesoderm
中間中胚葉の外側にある中胚葉層。四肢骨や肢芽の結合組織，循環器系（心臓，血管，血液細胞），消化器系と呼吸器系の筋肉と結合組織，一連の体腔とその派生物をつくり出す。また，胚への栄養運搬に重要な一連の胚体外膜の形成を助ける。

足部形成促進因子の濃度勾配　Foot activation gradient
ヒドラに存在すると考えられている，足盤で最も高い濃度勾配。足盤が1箇所でしかできないようにしている。

側方抑制　Lateral inhibition
隣接する細胞の活動による細胞の抑制。

側面体節フロンティア　Lateral somitic frontier
近位筋と遠位筋の境界および体節由来真皮と側板由来真皮との境界。

●た

帯域（辺縁層）　Marginal zone
(1)発生中の脊髄および髄質の第三の外側の層（辺縁層）：辺縁層は細胞の少ない領域で，外套層のニューロンから伸びる軸索から構成される。軸索を覆うグリア細胞とミエリン鞘として白質を形成し，外観は白い。(2)両生類の場合：原腸形成が始まる場所で，胞胚において赤道付近に存在する。動物極と植物極の間の境界領域である。(3)鳥や爬虫類の場合（環域とも呼ばれる）：明域と暗域の間の薄い層で，ニワトリの初期発生で細胞の運命決定に重要な役割を果たす。

第一極体　First polar body
一次卵母細胞が最初の減数分裂を経てつくられる小さな細胞で，大部分の細胞質を保持する1つの大きな細胞（二次卵母細胞）と，最終的に失われる小さな細胞（一次極体）を生み出す。どちらの細胞も半数体である。

体外受精　in vitro fertilization（IVF）
卵巣から卵母細胞を採取し，実験室で精子と受精させる一連の手順。実験室で一定期間成長させた後，得られた胚を子宮に移植することができる。

大割球　Macromere
非対称分裂によって生じた細胞のうち，大きいほうの細胞のこと。例えば，ウニ胚の植物極の細胞が赤道面で分割する際，第4卵割で生じる大きな4つの割球のこと。

体幹神経堤細胞　Trunk neural crest cell
この領域から移動する神経堤細胞は，腹側領域を移動した場合は，感覚ニューロンを含む後根神経節，交感神経節，副腎髄質，背側大動脈を囲む神経集団およびシュワン細胞になる。さらに，背外側経路に沿って移動する神経堤細胞は，背部と腹部のメラノサイトを生み出す。

体腔　Coelom
壁側中胚葉と臓側中胚葉の間の空洞。哺乳類では，体腔は胸腔，囲心腔，腹腔に細分化でき，それぞれ胸部，心臓，腹部を覆う。

退行期　Catagen
毛包細胞の再生サイクルの退行期。

体細胞　Somatic cell
体を構成する細胞。すなわち，生殖細胞以外の生体内のすべての細胞。**生殖細胞**と比較。

胎児　Fetus
妊娠9週から出生までの，発生中のヒトを指す。成長と形態形成の時期に相当する。

胎児期　Fetal period
ヒトの発生において，胚発生期に続く第8週末から出生までの期間を指す。この時期は，器官系がほぼ形成され，主に成長と形態形成が行われる期間。

体軸特定化　Axis specification
分化の領域パターンを確立し，発生中の胚の各軸に沿ってさまざまな細胞種を規定する過程のこと。

胎児性アルコール症候群　Fetal alcohol syndrome（FAS）
アルコールを摂取した女性から生まれる新生児の疾患で，小さな頭部，特異的な顔貌，神経細胞やグリア細胞の移動に障害を伴うことも多い小さな脳サイズを特徴とする。FASは，先天性精神遅滞症候群のなかでも最も一般的である。また，出生前にアルコールに曝された場合に生じる，見えにくい行動障害を示す用語として，胎児性アルコールスペクトラム障害（FASD）がある。

胎児性アルコール・スペクトラム障害　Fetal alcohol spectrum disorder（FASD）
胎児性アルコール症候群を参照。

代償性再生　Compensatory regeneration
再生様式の一種。最終分化した細胞が分化状態を維持したまま分裂し，組織の機能を回復させる。哺乳類の肝臓でみられる。

胎生　Viviparity
有胎盤哺乳類でみられるように，卵から孵化するのではなく，母親の体内で栄養を与えられ，体内から生まれる。**卵生**と比較。

体節　Somite
脊索に隣接する沿軸中胚葉（多軸中胚葉）から形成される中胚葉の分節ブロック。それぞれのブロックは，軸骨格（脊椎骨と肋骨）を形成する硬節と，真皮節と筋節を形成する皮筋節という主要な区画を持つ。真皮節は背中の真皮細胞をつくり，筋節は背中，胸郭，腹部の筋肉組織を形成する。さらに筋肉前駆細胞が皮筋節の側端から離脱し，四肢に移動して前肢と後肢の筋肉を形成する。

体節球　Somitomere
体節形成前の未分化な沿軸中胚葉から成る凝集体。

体節形成　Somitogenesis
体節を形成するために，沿軸中胚葉が分節化するプロセスで，初めは前方部から生じ，それ以降は後方部に伸びる。重要な要素として(1)周期性，(2)裂溝形成（体節の分断），(3)上皮化，(4)特定化，(5)分化の5つが挙げられる。

体節中胚葉　Somitic mesoderm
壁側中胚葉（somatic mesoderm）と混同しないように注意。**沿軸(体節)中胚葉**を参照。

体節板　Segmental plate
未分節中胚葉とも呼ばれ，体節を形成する中胚葉。

大動脈-生殖腺-中腎領域　Aorta-gonad-mesonephros region（AGM）
造血幹細胞を生み出す間充織領域。大動脈の腹側領域近傍の側板内臓葉内に位置する。

大脳　Cerebrum
大脳は胚の前脳に由来し，脳の最も前方の部分（そしてヒトでは最大の部分）を占める。一般的に大脳皮質とも呼ばれる。

大脳皮質　Cerebral cortex
大脳皮質は胚の前脳に由来し，脳の最も前方の部分（そしてヒトでは最大の部分）を占める。また大脳とも呼ばれる。

胎盤　Placenta
有胎盤哺乳類で胎児循環と母体循環の境界として働く臓器で，内分泌，免疫，栄養，呼吸器の機能をもつ。母親由来の部分（子宮内膜や，妊娠中に変化してゆく脱落膜）と胎児由来の部分（漿膜）で構成される。

体壁中胚葉　Somatic mesoderm
壁側(体壁)中胚葉を参照。

体壁葉　Somatopleure
壁側中胚葉とそれを覆う外胚葉から形成される。

大胞子嚢*　Megasporangium
大胞子を形成する構造。

多核性胞胚　Syncytial blastoderm
ショウジョウバエの胚で，核は分裂しているが，核を個々の細胞に分離する細胞膜はまだ形成されていない状態。

多核的特定化　Syncytial specification
ショウジョウバエの初期発生でみられるように，核と転写因子群の相互作用が1つの共通した細胞質内で起こり，結果として細胞の運命が特定化されること。

多細胞性　Multicellularity
多くの細胞から構成されること。

多糸染色体　Polytene chromosome
ショウジョウバエ幼虫（ただし成虫細胞ではない）の染色体で，DNAが分離することなく複製が繰り返された結果みられる染色体の形態。簡単に識別できるほどの巨大なパフ（ふわっと膨れた構造）を形成する。パフでは活発な遺伝子転写が行われている。

多精　Polyspermy
受精の際に複数の精子が卵に入った状態で，染色体数が異常であるため，致死または発生障害を引き起こす。例外としてショウジョウバエや鳥類のような一部の生物にみられる生理的多精子性がある。この場合，複数の精子が卵の中に入るが，卵の前核と融合する精子は1つだけである。

多精拒否　Block to polyspermy
遅い多精拒否と**早い多精拒否**を参照。

脱皮動物　Ecdysozoan
2つの主要な旧口動物群の1つ。定期的に脱皮する外骨格によって特徴づけられる。節足動物（昆虫や甲殻類を含む）と線形動物（モデル生物の*C. elegans*を含む線虫類）が2つの主要なグループである。**冠輪動物**も参照。

脱落膜　Decidua
母体由来の胎盤の材料の一部で，子宮内膜からつくられる。

脱落膜化　Decidualization
女性ホルモンと着床胚に反応して子宮組織が変化すること。これには子宮の脱落膜細胞の誘導や母体動脈に対する血管の変化が含まれる。

多能性　Pluripotent
ラテン語で"多くのことができる"という意味。1つの多能性幹細胞は，からだを構成するすべての細胞の由来となる三胚葉（内胚葉，外胚葉，中胚葉）から生じる様々な細胞をつくりだす能力をもつ。哺乳類の内部細胞塊は，胚性幹細胞と同様に多能性をもつ。これらの細胞1つ1つが，からだのすべての細胞をつくることができるが，内部細胞塊と栄養芽細胞は既に分かれているため，内部細胞塊は栄養芽細胞は形成できないと考えられている。生殖細胞と胚細胞腫瘍（奇形癌腫　細胞など）からも多能性幹細胞は生じうる。**全能性**と比較。

多能性造血幹細胞　Pluripotent hematopoietic stem cell
造血幹細胞を参照。

多分化能心臓前駆細胞　Multipotent cardiac precursor cell
心筋細胞，心内膜，心外膜と心臓のプルキンエ繊維を形成する予定心臓領域の前駆細胞。

多分化能性　Multipotent
幹細胞が，その幹細胞が存在する組織に限定された特異性をもって，さまざまな細胞種を生み出す能力のこと。例えば，動物の器官

にある成体幹細胞は多分化能性である。

多面作用　Pleiotropy
単一あるいはペアになる遺伝子が複数の部位で影響すること。

端黄　Telolecithal
鳥類や魚類の卵でみられる卵黄を含まない動物極側にできる小さな領域。

単精受精　Monospermy
その種における染色体数は，1つの精子だけが卵に入り，半数体である精子核が半数体である卵核と合わさり，受精卵(胚)の二倍体核を形成することで，適正に保たれる。複数の精子が卵に入り込む多精に対する言葉で，ほとんどの動物胚では多精すると正常には発生しない。

タンパク質-タンパク質相互作用ドメイン　Protein-protein inter-action domain
エンハンサーやプロモーター上の他のタンパク質との相互作用を可能にする転写因子のドメイン。

腟　Vagina
ほとんどの雌の哺乳類において，外性器から子宮頸部へとつながる弾力性のある筋肉質の管。性交および出産を容易にする。

着床　Implantation
胚が子宮に付着し，子宮内膜間質層に潜り込むと，子宮内の血液供給の再構成と胎盤形成が起こる。

着床前後　Peri-implantation
有胎盤哺乳類で，胚盤胞が子宮に入ってから子宮内膜と初めて相互作用するまでの胚の期間。

着床前胚　Preimplantation embryo
受精後，栄養芽細胞が子宮内膜壁に付着するまでの受胎産物の名称。

中央屈曲点　Medial hinge point（MHP）
鳥類や哺乳類における神経板の正中線上の細胞。MHP細胞は直下に位置する脊索に係留されて屈曲点となり，胚の背側中央部に溝を形成する。この屈曲点は，神経板が折れ曲がって神経管を形作るのを助ける。

中割球　Mesomere
ウニ胚の第4卵割で形成される，8つの中型の割球のこと。動物極側の4つの細胞が経割方向に卵割して生じた，8つの等しい大きさの割球。

中間前駆細胞　Intermediate progenitor cell（IPC）
脳室下帯の分裂能をもつ神経前駆細胞。放射状グリアに由来する。

中間中胚葉　Intermediate mesoderm
沿軸中胚葉の真横に位置する中胚葉。副腎腺の表層部(皮質)，腎臓や生殖腺およびそれらに付随する上皮管組織などを含む泌尿生殖系の器官をつくる。

中期胞胚遷移　Mid-blastula transition（MBT）
発生初期の迅速な二相性（M期とS期のみ）の細胞分裂から，以下の3つの特徴をもつステージへの遷移：(1)細胞周期に"間期"(G1期とG2期)をもち，(2)細胞分裂の同調を失い，(3)原腸形成と細胞の特定化に必要な(胚性遺伝子の)新たなmRNA転写がみられること。

柱脚　Stylopod
脊椎動物の体壁につながっている最も基部側の肢の骨で，上腕骨(前肢)と大腿骨(後肢)から成る。

中腎　Mesonephric kidney（mesonephros）
有羊膜類の胚の2番目の腎臓で，隣接する間充織によって腎管(ウォルフ管)の中間部分に誘導される。一部の哺乳類では，尿の濾過に短期間機能し，中腎管は精子を精巣から尿道へ輸送する管(精巣上体および精管)を形成する。無羊膜類(魚類と両生類)では成体の腎臓を形成する。**前腎**と比較。

中枢神経系　Central nervous system（CNS）
脊椎動物の脳と脊髄。

柱頭*　Stigma
心皮の表面で，通常は花柱の先端部分。この部位に花粉が付着する。

中内胚葉　Mesendoderm
中胚葉細胞と内胚葉細胞の組み合わせ。

中脳　Midbrain（mesencephalon）
発達中の脊椎動物の脳の中間の小胞。主な派生物として視蓋と被蓋がある。内腔は中脳水道になる。中脳胞とも呼ばれる。

中胚葉　Mesoderm
ギリシャ語で*meso*は"間"を意味する。三胚葉の中央にあり，外胚葉と内胚葉の間に存在する。中胚葉は，筋肉や骨，結合組織，泌尿生殖器官(腎臓，生殖腺，生殖管)，血液，血管および心臓のほとんどを生じる。

中胚葉外套　Mesodermal mantle
両生類の原腸形成において，原口唇の腹側から側方を通って巻き込みを行う細胞。心臓，腎臓，骨，他の器官の一部などを形成する。

虫齢　Instar
完全変態昆虫の幼虫での，脱皮の間のステージのこと。これらのステージにおいて幼虫(毛虫，地虫，ウジ虫)は食餌し，脱皮のたびに大きくなり，終齢の後，蛹へと変態する。

超活性化　Hyperactivation
いくつかの哺乳類でみられる，受精能をもった精子がより速い速度で泳ぎ，より大きな力を生み出すこと。精子の超活性化は卵管上皮細胞との結合から精子を解き放ち，精子が卵管に入ったときに遭遇する粘稠な液中を直進することが可能になる。そして精子が卵丘細胞の細胞外基質を通過するときに，それらを消化して通り道をつくることも可能にすると考えられている。

腸幹細胞ニッチ　Intestinal stem cell（ISC）niche
腸管絨毛の陰窩内にある細胞の微小環境で，腸管幹細胞を収容し，上皮のすべての分化した細胞種を産生する機能をもつ。

腸体腔型　Enterocoely
体腔の形成のしかたの1つで，腸から伸びる中胚葉性の嚢から体腔が形成される。後口動物では一般的。**裂体腔型**も参照。

頂端収縮　Apical constriction
細胞の頂端部の収縮，アクチン-ミオシン複合体が頂端境界で局所的に収縮することで引き起こされる。

重複受精*　Double fertilization
被子植物において，一つの精細胞核が卵細胞核と融合し受精卵を形成する一方で，二つ目の精細胞は中央細胞と受精し，三倍体の胚乳を形成するプロセス。

直接発生型動物　Direct developer
幼生が基本的に成体のミニチュア型である動物。**間接発生型動物**と比較。

チロキシン　Thyroxine（T4）
4つのヨウ素分子を含む甲状腺ホルモン。ヨウ素分子を1つ取り除くことによって，より活性のあるトリヨードチロニン(T3)になる。これは細胞の基礎代謝を増加させ，両生類の変態を開始する。

対合　Synapsis
第一減数分裂の際に，2つの相同染色体が平行に配置する(接合と呼ぶ)非常に特徴的な現象。

底板　Floor plate
背腹極性の確立に重要な神経管の腹側の領域。隣接する脊索から分泌されるSonic hedgehogによって，形成が誘導される。また，Sonic hedgehogを分泌することで，腹側を最高濃度とした濃度勾配を確立し，二次シグナルセンターとして機能する。

ディープホモロジー　Deep homology
旧口動物と新口動物の両方で同じ役割で使われており，相同なタンパク質が同じ順序で配置されているシグナル伝達経路のこと。

テストステロン　Testosterone
アンドロゲンと呼ばれる(男性化)ステロイドホルモン。哺乳類では胎児精巣から分泌され，胎児を雄性化し，陰茎，雄の管系，陰嚢や解剖的に雄に特徴的な部位の形成を刺激し，同時に乳房原基の発達を阻害する。

転写　Transcription
DNA配列をRNAにコピーする過程。

転写因子　Transcription factor
特定のプロモーター，エンハンサー，サイレンサーなどの配列を認識してDNAに結合するタンパク質。

転写開始部位　Transcription initiation site
遺伝子が転写される最も5′末端の塩基配列。転写されたRNAの最も5′側の配列は修飾塩基である"キャップ"の付加を受けることから，キャップ配列とも呼ばれる。

転写共調節因子　Transcriptional co-regulator
転写因子によって呼び込まれるタンパク質で，クロマチン構造を変化させ，特定の遺伝子の転写を促進または抑制する。

転写産物　Transcript
遺伝子のmRNAのこと。

転写終結配列　Transcription termination sequence
転写を終結させる遺伝子のDNA配列。転写は遺伝子の3′非翻訳領域にあるAATAAA部位を越えて約1,000ヌクレオチドほど続き，そこで終了する。

等黄　Isolecithal
ギリシャ語で"均等な卵黄"の意味。薄い均一な卵黄をもっており，ウニ，哺乳類，巻貝などの卵が該当する。**心黄卵**も参照。

頭蓋骨　Cranium
脊椎動物の頭蓋骨で，神経頭蓋(頭蓋冠と頭蓋底)そして顔面頭蓋(顎とその他の咽頭弓由来の骨)から構成される。

頭蓋脊椎披裂　Craniorachischisis
全身にわたって起こる神経管の閉鎖不全。

頭褶　Cephalic furrow
ショウジョウバエの原腸形成時につくられる横方向の溝で，将来の頭部領域(前頭部)と胚帯を分ける。胚帯は胸部と腹部を形成する。

同種親和性結合　Homophilic binding
一方の細胞の細胞膜にある受容体が，別の細胞の細胞膜にある同じタイプの受容体と結合する場合のように，同種の分子間で結合すること。

同等群　Equivalence group
*C. elegans*の発生において，6つの産卵口前駆細胞からなるグループのことで，各々の細胞がアンカー細胞によって誘導される能力をもつ。

頭部(感覚)プラコード　Cranial (sensory) placode
脊椎動物の胚の頭部に形成される外胚葉の肥厚で，嗅プラコード，耳プラコード，レンズプラコードなど，さまざまな脳神経の感覚神経を形成するプラコードを含む。

頭部形成促進因子の濃度勾配　Head activation gradient
ヒドラのモルフォゲンの濃度勾配で，口丘で最も濃度が高く，頭部を発生させる。

頭部神経堤細胞　Cranial (cephalic) neural crest cell
のちに頭部領域となる神経堤細胞。移動して頭蓋と顔の間充織をつくる。この間充織は，軟骨，骨，頭蓋ニューロン，グリア，そして顔の結合組織に分化する。また，これらの細胞は咽頭弓と咽頭嚢に進入し，胸腺の細胞，歯原基の象牙芽細胞，中耳と顎の骨をつくる。

頭部中胚葉　Head mesoderm
未分節沿軸中胚葉と前脊索中胚葉から成る体幹部中胚葉の前方部にある中胚葉。この領域は，のちに頭部の結合組織や顔面や眼の筋肉をつくり出す頭部間充織へと分化する。

動物極　Animal pole
卵もしくは胚の卵黄量が比較的少ない方の極。反対側の極は植物極と呼ばれる。

透明帯　Zona pellucida
哺乳類の卵を覆う糖タンパク質膜(細胞外基質)。成長中の卵母細胞から合成・分泌される。

特定化　Specification
細胞あるいは組織の発生運命の方向付けの第一段階で，発生過程に関して中立的な環境があれば，細胞は自律的に(自分自身で)分化を進めることができる。特定化の段階においては，細胞の発生運命は変更することもできる。

トポロジカルドメイン　Topologically associating domain (TAD)
物理的に自己相互作用する染色体領域の三次元構造を指し，遺伝子の制御に影響を及ぼす。

トランス活性化ドメイン　Trans-activating domain
プロモーターやエンハンサーに結合した転写因子が実際に標的遺伝子の発現を活性化したり抑制したりする機能ドメイン。多くの場合，RNAポリメラーゼとの結合やヒストン修飾酵素との相互作用を促進している。

トランスクリプトーム　Transcriptome
ある生物，または特定の組織や細胞で発現している遺伝子の全メッセンジャーRNA (mRNA)。

トランスジーン　Transgene
実験的操作によって細胞のゲノムに導入された外来のDNAや遺伝子。

トリヨードチロニン　Tri-iodothyronine (T3)
甲状腺ホルモンのより活性の高い型で，チロキシン(T4)からヨウ素分子が取り除かれて生成される。

●な

内顆粒層　Internal granular layer
小脳の層の1つで，顆粒細胞が外顆粒層から脳室下帯に向かって引き返すように移動して形成される。

内鞘細胞*　Pericycle cell
内皮と維管束組織の間に存在する植物の根の細胞層。側根を形成するための新たな根端分裂組織を形成する成体幹細胞を含んでいる。

内臓中胚葉　Visceral mesoderm
臓側中胚葉を参照。

内臓葉　Splanchnopleure
臓側中胚葉とその下の内胚葉から生じる。**臓側中胚葉**も参照。

内中胚葉　Endomesoderm
内胚葉細胞と中胚葉細胞の組み合わせ。

内中胚葉母細胞　Mesentoblast
巻貝の胚では，4d割球から派生する細胞は，中胚葉(心臓，腎臓，筋肉)および内胚葉(腸管)の両方を生じさせる。

内胚葉　Endoderm
ギリシャ語でendonは"内側"を意味する。胚葉の最も内側層で，呼吸器の上皮層，胃腸の管，消化管に付属する諸器官(肝臓や膵臓など)を形成する。両生類胚では，植物半球の卵黄を含む細胞が内胚葉になる。有羊膜類の胚では，内胚葉は三胚葉のなかで最も腹側に位置し，卵黄嚢と尿膜の上皮を形成する。

ナイーブ　Naïve
影響を受けていない，経験のない。

ナイーブ型胚性幹細胞　Naïve ESC
胚性幹細胞(ESC)のうち，最も未熟で未分化なESCで，最も高い多能性を有する。**プライム型胚性幹細胞**と比較。

内部細胞塊　Inner cell mass（ICM）
哺乳類の桑実胚または胚盤胞の内部に含まれる細胞の小集団。胚そのものに加え，付随する卵黄嚢，尿膜，および羊膜を形成する。

内分泌撹乱物質　Endocrine disruptor
ホルモンとしての活性をもつ環境中の化学物質のことで，発生，特に生殖腺の発生に有害な影響をもたらす。ジエチルスチルベストロール(DES)，ビスフェノールA（BPA）などがある。多くの内分泌撹乱物質は，肥満物質(脂肪細胞の産生と脂肪の蓄積を引き起こす)でもある。

軟骨形成不全　Achondroplasia
軟骨細胞が早期に増殖を停止することによって，四肢が短くなる状態〔軟骨形成不全(短肢)小人症〕。多くは，*FgfR3*遺伝子が早期に活性化される突然変異が原因である。

二次間充織　Secondary mesenchyme
非骨片形成間充織を参照。

二次軸　Secondary axis
背腹軸を参照。

二次神経管形成　Secondary neurulation
後方の神経管を形成する過程。間充織がゆるく集合した塊から細胞が密集した柱状の組織がつくられ，やがてその内部に空洞が生じて管構造を呈するようになる。

二次性決定　Secondary sex determination
生殖腺で産生されるホルモンにより支配される生物学的イベントで，生殖腺以外の表現型に影響を与える。この性決定は，雌雄の管系や外生殖器だけでなく，多くの種では性特異的なからだのサイズ，声帯，筋肉組織などにもみられる。

二重抑制ゲート　Double-negative gate
リプレッサーによって抑制されている特定化を行う遺伝子の発現が，そのリプレッサーのリプレッサーによって"解錠"される(すなわち抑制因子の抑制によって活性化が起こる)機構。

二次幼生　Secondary larva
幼生と成体で基本的にボディプラン(主要な体軸)が共通している幼生。例：イモムシ，オタマジャクシ。**一次幼生**も比較のこと。

二次卵母細胞　Secondary oocyte
第一減数分裂を終えた二倍体卵母細胞。第一減数分裂では，第一極体も同時につくられる。

二層胚盤　Bilaminar germ disc
原腸形成前の羊膜類の胚。胚盤葉上層と胚盤葉下層から成る。

二胚葉動物　Diploblast
二種の胚葉(外胚葉と内胚葉)しかもたず，中胚葉をほとんどもたない動物。有櫛動物(クシクラゲ)と刺胞動物(クラゲ，サンゴ，ヒドラ，イソギンチャク)が該当する。**左右相称動物(三胚葉動物)**と比較。

二分脊椎症　Spina bifida
脊髄周囲の脊椎の不完全な閉鎖による先天的異常で，通常は腰部に生じる。重症度はさまざまで，最も重症な場合は神経褶も閉じない状態である。

ニューコープセンター　Nieuwkoop center
両生類の胞胚の最も背側の植物極領域に対応し，精子の進入によって引き起こされる卵の表面回転の結果，形成される。胚の背側における重要なシグナル伝達拠点(センター)。シュペーマンオーガナイザーを誘導するという重要な機能がある。

ニューロトロフィン/ニューロトロピン　Neurotrophin/neurotropin
*trophic*はギリシャ語で"育てる"を意味し，ニューロトロフィンは神経細胞を生存させるため，因子(普通は増殖因子)を供給する。*tropic*はラテン語で"回転する"を意味し，ニューロンを誘引したり反発させたりする物質のことである。多くの因子が両方の性質をもつため，両方の用語が使われている。最近の文献ではニューロトロフィンがよく使われている。

ニューロン　Neuron（nerve cell）
電気的または化学的シグナルを介して情報を伝導，伝達することに特化した神経細胞。

尿管芽　Ureteric bud
有羊膜類で，後腎間充織により誘導され，ペアの腎管の各々から分岐する，一組の上皮性の分岐構造。尿管芽は尿を膀胱へと流す集合管や腎盂，尿管を形成する。

尿生殖洞　Urogenital sinus
哺乳類において，隔壁によって直腸と隔てられている総排泄腔の領域。膀胱は泌尿生殖洞の前方から形成され，尿道は後方から発達する。雌ではスキーン腺も形成する。雄では前立腺も形成する。

尿膜　Allantois
羊膜類において，尿の老廃物を貯留し，ガス交換を仲介する胚体外膜。原条の尾部側にある内臓葉に由来する。哺乳類において尿膜の大きさは，窒素性老廃物が胎盤絨毛によってどの程度うまく除去されるかに依存する。爬虫類と鳥類では，尿膜は大きな袋になり，代謝の副産物として生じる毒素を貯留する。これは発生中の胚から毒素を遠ざける唯一の方法である。

妊娠　Pregnant
受精卵が子宮内に埋め込まれたとき，女性が妊娠したとされる。したがって，妊娠とは受精ではなく着床によって決定される。

ヌクレオソーム　Nucleosome
ヒストン八量体から成るクロマチンの基本構造(H2A，H2B，H3，H4がそれぞれ2分子ずつ含まれている)。およそ147塩基対のDNAが2回巻きついている。

ネトリン　Netrin
傍分泌因子で，軸索の成長円錐を先導する濃度勾配をつくる。ネトリンは脊髄交連軸索と網膜軸索の伸長において重要な役割を果たす。ネトリン-1は底板から，ネトリン-2は脊髄の腹側から分泌される。

ネフロン　Nephron
腎臓の機能ユニット。

脳下垂体プラコード Adenohypophyseal placode
口腔領域の上壁にある外胚葉の突出部で，ラトケ嚢として知られる器官に発達し，その後脊椎動物の脳下垂体前葉に分化する領域。

脳室下帯 Subventricular zone
脊椎動物の大脳で，前駆細胞が脳室帯から離れて形成される領域。

脳室帯 Ventricular zone（VZ）
発達中の脊髄や脳の内側の層。神経管の胚性の神経上皮から形成され，ニューロンとグリア細胞の源となる神経前駆細胞を含む。上衣を形成する。

脳室帯細胞 Ventricular cell
神経上皮細胞に由来する細胞で，脳室を覆い，脳脊髄液を分泌する。

脳室-脳室下帯 Ventricular-subventricular zone（V-SVZ）
神経幹細胞を含み，成体においても神経新生が可能な大脳の領域。

脳室放射状グリア Ventricular radial glia（vRG）
脳室帯に存在する前駆細胞。ニューロン，外側放射状グリア(oRG)，中間前駆細胞(IP)を生み出す。**脳室帯**も参照。

能力 Potency
幹細胞においては，さまざまなタイプの分化細胞を生み出す能力のこと。

●は

胚 Embryo
出産および孵化前の発生中の生物。ヒトにおいて「胚」という言葉は一般的に受精後から器官形成が終了するまで(妊娠の8週間)の発生の初期段階を指す。それ以降は胎児と呼ばれ，出生までその状態が続く。

灰色三日月環 Gray crescent
両生類の1細胞期の赤道領域に現れる内側の灰色の細胞質の帯で，表層の細胞質が内側の細胞質に対して回転した結果生じる。この領域から原腸形成が始まる。

パイオニア神経繊維 Pioneer nerve fiber
他の軸索よりも先立って伸長し，後続の軸索を誘導する。

パイオニア転写因子 Pioneer transcription factor
抑制状態にあるクロマチン領域に入り込み，エンハンサーのDNA配列に結合することができる転写因子(Fox A1, Pax7など)。特定の細胞系譜をつくるための重要なステップ。

背側外側経路 Dorsolateral pathway
体幹神経堤細胞が外胚葉の下を背外側方向に移動し，メラノサイトになる経路。

胚下腔 Subgerminal cavity
鳥類の卵の胚盤葉と卵黄の間にある空間。これは胚盤葉の細胞がアルブミン("卵白")から水を吸収し，胚盤葉と卵黄の間に液体を分泌してつくられる。

胚環 Germ ring
魚類の胚において，胚盤葉細胞が卵黄細胞の約半分を覆った時点で現れる，深部細胞の辺縁部の厚くなった細胞の輪。表層細胞である胚盤葉上層と内層の胚盤葉下層から構成される。

配偶子 Gamete
有性生殖において，親が子孫に染色体を伝達するときに使う，特殊な生殖細胞のこと。精子や卵。

配偶子形成 Gametogenesis
配偶子の産生。

配偶体* Gametophyte
植物や藻類における半数体世代であり，配偶子(卵と精細胞)を生み

出す，生殖相。**胞子体**と比較。

胚子期 Embryonic period
ヒトの発生において，胎児期以前の最初の8週間で，ほとんどの臓器系が形成される期間。

胚珠* Ovule
被子植物において大胞子嚢と珠皮から構成される構造であり，受精に伴い種子へと発生する。

排出腔膜 Cloacal membrane
隣接した内胚葉と外胚葉により形成される原腸の後端。将来肛門になる。

排出輸送* Efflux transport
輸送体タンパク質が物質を細胞の内側から外側へと輸送するプロセス。例として，植物のPINタンパク質はオーキシンを細胞の内側から外側へと排出する。

胚盾 Embryonic shield
魚類の胚で将来背側になる領域で，局所的に肥厚したところ。機能的に両生類の原口背唇部と同等である。

胚性幹細胞(ES細胞) Embryonic stem cell（ESC）
哺乳類の内部細胞塊割球から培養によって得られる多能性幹細胞で，身体のすべての細胞タイプを生み出すことができる。

背側屈曲点 Dorsolateral hinge point（DLHP）
鳥類と哺乳類の神経管の形成における神経板の側方にある2つのヒンジ領域。これらの領域は，正中屈曲点(MHP)が神経板を正中線に沿って曲げた後，神経板の両側を互いに内側に向かって曲げる。

背側腸間膜 Dorsal mesentery
臓側中胚葉由来で，この繊維性の膜は内胚葉と体壁を繋ぐ。発生過程の腸のルーピングに関与する。

胚帯 Germ band
ショウジョウバエ胚の腹部正中線に沿った細胞の集団。原腸形成過程において，外胚葉表層の収斂と伸長によって形成される。胚の体幹をつくり出す細胞を含んでおり，成体においては胸部と腹部になる。

胚体内胚葉 Definitive endoderm
有羊膜類の原腸形成時に，原条を通って胚の内部に侵入する内胚葉。臓側中胚葉に沿って卵黄嚢と尿膜をつくる臓側内胚葉を置き換える。

胚乳* Endosperm
被子植物において，種子の中にみられる三倍体の組織。発生過程の胚に栄養を供給する。

胚嚢* Embryo sac
被子植物の雌性配偶体。胚珠の中に形成され，半数体の大胞子細胞から分裂することで，形成される8細胞，あるいはより少数の細胞から構成される。

胚発生 Embryogenesis
受精から孵化(出産)までの発生段階。

ハイパーモルフォーシス(過形成) Hypermorphosis
発生が祖先の状態を超えて延長されること。発生の進行速度を変えることなく，発生の総時間が延長される進化のメカニズム。例えば，ヒトの場合，胎児の脳の成長速度を出生後まで延長すること。

胚盤 Blastodisc
魚類やニワトリの端黄卵の動物極にある小さな領域。卵黄を含まない細胞質で構成される。この場所で卵割が起こり，胚のもととなる。卵割により，胚盤は胚盤葉になる。

胚盤胞 Blastocyst
哺乳類の胞胚。胞胚腔が膨張し，内部細胞塊が栄養芽細胞のリング

の片側に位置する。

胚盤葉　Blastoderm
　魚類，爬虫類，鳥類のような端黄卵で，動物極での卵割によって形成される細胞層。植物極側で濃度の高い卵黄は卵割を妨げるため，少量の卵黄しか存在しない動物極側の細胞質のみで卵割が起こる。発生の過程で胚盤葉は卵黄を包むように広がり，胚を形成する。

胚盤葉下層　Hypoblast
　魚類の胚では，原腸形成中に覆いかぶせ運動を行う胚盤葉の肥厚部内側の細胞層を指す。鳥類と哺乳類では，二層胚盤の下層のこと。魚類の胚盤葉下層は(鳥類や哺乳類と異なり)内胚葉と中胚葉の前駆体を含む。鳥類と哺乳類では，卵黄嚢の胚外内胚葉の前駆体を含む。

胚盤葉上層　Epiblast
　ゼブラフィッシュ胚では，原腸形成中に覆いかぶせ運動を行う胚盤葉外側の厚い細胞層を指す。有羊膜類(爬虫類，鳥類，哺乳類)では二層胚盤の上層のことをこう呼ぶ。魚類では外胚葉前駆体を含んでおり，羊膜類では3つの胚葉前駆体のすべて(と羊膜細胞)が含まれている。鳥類では漿膜と尿膜をつくる。

背腹軸　Dorsal-ventral（dorsoventral）axis
　背側と腹側を決める軸。手の場合では，この軸は手の甲(背側)と手のひら(腹側)を決める。

背側閉鎖　Dorsal closure
　ショウジョウバエ胚の背側表面で，両側から上皮細胞が移動して一緒になる(閉鎖する)過程。

胚柄*　Suspensor
　種子の内部に存在する植物の構造で，胚と種子内の栄養とをつなぐ。前胚の基部側の細胞から発生する。**前胚**を参照。

胚葉　Germ layer
　三胚葉動物では胚の3層(外胚葉，中胚葉，内胚葉)の1つ，二胚葉動物では2層(外胚葉，内胚葉)の1つ。原腸形成の過程でつくられ，生殖細胞以外のすべてのからだの組織をつくる。

胚様体　Embryoid body
　胚の3つの胚葉すべてのマーカーを示す胚性幹細胞由来の球状凝集体。

排卵　Ovulation
　卵巣から卵が放出されること。

バインディン　Bindin
　ウニ精子の先体突起にある30,500 Daのタンパク質で，受精時に精子と卵子の卵黄膜との間での種特異的な認識を媒介する。

白質　White matter
　脳や脊髄における軸索の領域(ニューロンの細胞体の領域に対して)で，軸索を包むミエリン鞘が白っぽくみえるためこのように呼ばれる。**灰白質**と比較。

バクテロイド*　Bacteroid
　マメ科の根との共生複合体の一部へとバクテリアが分化した，特殊な状態。

剥離
　葉裂を参照。

パターン形成　Pattern formation
　胚細胞が空間的に秩序立った異なる組織を形成する一連の発生プロセス。

発生　Development
　1細胞から複雑な多細胞生物がつくられる，漸進的で連続的な変化の過程。発生は胚形成を通して，また成体の形となるまでの成熟過程で起こっており，老化へとつながる。

発生運命の方向付け　Commitment
　細胞の発生運命が，生化学的な変化や機能獲得といった明確な変化が起きる前に特定の方向へ限定されている状態。

発生学　Embryology
　受精から出産もしくは孵化に至るまでの動物の発生を調べる学問。

発生拘束　Developmental constraint
　発生における分子間やモジュール間の相互作用によって生じる，進化上可能な表現型の数や形に対する制限のこと。

発生的可塑性　Developmental plasticity
　環境からの入力に反応して形態や状態，動作，行動の様式などを(つまり表現型を)変化させることができる，胚や幼生の能力のこと。

花器官決定遺伝子*　Floral organ identity gene
　花芽分裂組織の細胞運命を決定するA，B，C，D，Eの5組からなる被子植物の遺伝子。

早い多精拒否　Fast block to polyspermy
　膜電位がより正に変化することによって，受精後の卵に別の精子が新たに融合することを阻止する機構。ウニの受精卵で確認された現象である。ほとんどの哺乳類では起こっていない。**遅い多精拒否**と比較。

パラログ　Paralogue
　祖先種で遺伝子重複によって生じたために配列が類似する遺伝子同士のこと。**オーソログ**と比較。

バルジ　Bulge
　成体幹細胞ニッチとして機能する毛包の領域。

盤割　Discoidal cleavage
　端黄卵でみられる部分割の様式。鳥類，爬虫類，および魚類にみられ，小さい円盤状の細胞質のみで細胞分裂が起こる。

反応拡散系　Reaction-diffusion mechanism
　発生パターン形成のモデルで，特に四肢の発生において，2種類の均一に分布する物質(自己の合成や活性化を促進する活性化因子である物質Aと素早く拡散する阻害因子である物質I)が，形態形成時に安定した複雑なパターンを生み出すために相互作用するとした。この数理モデルはAlan Turing(アラン・チューリング)によって1950年代はじめに提唱され，反応拡散系が生み出すパターンは，2つの物質の領域ごとの濃度の違いを表している。

反応基準　Reaction norm
　表現型可塑性の1つで，ゲノムがある連続的な表現型を発現する能力をコードし，個体が直面する環境が発現する表現型を決定すること。**表現型多型**と比較。

尾芽　Tailbud
　脊椎動物の胚の最後尾で，後肢肢芽の後ろにある。胚の尾部を形成する。

皮筋節　Dermomyotome
　骨格筋前細胞(四肢に移動していく筋前駆細胞を含む)と背側の真皮を生み出す細胞を含む体節の背側の側方領域。

非骨片形成間充織　Non-skeletal mesenchyme
　ウニ胚60細胞期のveg2細胞層から生じる，色素細胞，免疫細胞，筋細胞を生み出す細胞群。二次間充織とも呼ばれる。

皮質(コーテックス)　Cortex
　卵の皮質構造(内部構造の卵髄質とは区別される)。

皮質板　Cortical plate
　脳室帯のニューロンが放射状グリアの突起に沿って脳の表層近くまで移動して形成する，哺乳類の大脳の細胞層。大脳新皮質の6つの層を形成する

微小突起　Microspike
軸索の伸長経路を探すのに必須な構造。成長円錐にあるマイクロフィラメントを含む細い糸状仮足であり、伸長と収縮によって軸索を伸長させる。また、微小突起は周辺環境を探り、シグナルを細胞体に伝える。

ヒストン　Histone
クロマチンの主要構成成分である正に荷電したタンパク質。**ヌクレオソーム**も参照。

ヒストンアセチル基転移酵素　Histone acetyltransferase
ヒストン(特にヒストンH3とH4のリシン)にアセチル基を付加し、ヌクレオソームを不安定化してほぐれやすくし、転写が起こりやすくする酵素。

ヒストン脱アセチル化酵素　Histone deacetylase
アセチル基をはずし、ヌクレオソームを安定化し、転写を阻害する酵素。

ヒストンのアセチル化　Histone acetylation
負の電荷をもつアセチル基がヒストンに付け加えられることによってリシンの正の電荷が中和され、ヒストンが緩み、転写が活性化する。

ヒストンのメチル化　Histone methylation
ヒストンへのメチル基の付加。メチル化されるアミノ酸残基もしくは隣接するメチル基やアセチル基の組み合わせによって、転写を活性化する場合とさらに抑制する場合とがある。

ヒストンメチル基転移酵素　Histone methyltransferase
ヒストンにメチル基を転移し、転写を活性化、あるいは不活性化する酵素。

尾節　Telson
尾に似た構造。特定の節足動物において最も後方の節。ショウジョウバエの幼虫などにみられる。

左巻き　Sinistral coiling
巻貝で、殻の左側に口があること。**右巻き**も参照。

尾端骨　Pygostyle
鳥類の骨格の後端にある椎骨が融合してできた骨板。羽毛を支えることが多く、離着陸に重要である。

ヒートショックタンパク質　Heat shock protein
ストレスによって誘導される細胞内タンパク質。他のタンパク質が正しく折りたたまれ、機能を維持するのを助ける。

被覆層　Enveloping layer（EVL）
中期胞胚遷移期の魚類の胚の細胞集団で、胚盤葉の最も表層にある細胞からつくられ、単層の上皮から形成される。EVLは胚体外の防護被覆で、後に剥がれ落ちる。

皮膚付属器　Cutaneous appendage
皮膚に由来する種特異的な構造で、毛、鱗、羽毛、蹄、爪、角などが含まれる。

表割　Superficial cleavage
心黄卵タイプの受精卵の卵割様式。昆虫のように中心部に卵黄を多量にもつため、卵割は卵表層に限局される。

表現型異質性　Phenotypic heterogeneity
同じ変異でも、個体によって異なる表現型が生じること。

表現型可塑性　Phenotypic plasticity
環境からの入力に反応して形態や状態、動作、行動の様式などを変化させることができる、生物の能力のこと。

表現型多型　Polyphenism
環境によって誘導される不連続な(二者択一的な)表現型。**反応基準**と比較。

表層回転　Cortical rotation
*Xenopus*での、受精直後に起こる卵母細胞の表層細胞質の約30°の回転。

表層顆粒　Cortical granule
卵子の皮質に位置する細胞膜に接着したゴルジ体由来の構造物で、酵素やその他の成分を含む。受精時にこれらの顆粒がエキソサイトーシスを起こすのは、精子の先体反応におけるエキソサイトーシスと相同である。

表層顆粒反応　Cortical granule reaction
多くの哺乳類やウニにみられるように、多精を遅く(ゆっくりと)拒否する反応。受精が成立してからおよそ1分後に活性化することで、多精を完全に拒否する仕組みである。卵の表層顆粒由来の酵素は、受精卵を受精膜で包むことでさらなる精子の進入を防御する。**遅い多精拒否**を参照。

表層フラッシュ　Cortical flash
卵の縁で瞬間的に起こるカルシウムイオンの流入現象で、卵と精子が接触する際に観察され、特に棘皮動物でみられる。このカルシウム流入は、卵子の活性化と多精拒否を引き起こす。

表皮性頂被層　Apical epidermal cap（AEC）
肢が切断されたサンショウウオにおいて、その傷の表皮にみられる構造。通常の四肢発生でみられる外胚葉性頂堤に類似した働きをする。

表皮組織　Dermal tissue
動物では、表皮の下にある組織(真皮)で、表皮とともに皮膚を形成する。植物では、植物体の外層(表皮)を構成する組織で、表皮組織にある細胞種の例としては、表皮細胞と機構を囲む孔辺細胞がある。

表皮プラコード　Epidermal placode
表皮外胚葉の肥厚部分で、外胚葉付属器に関連する。**外胚葉付属器**も参照。

非羊膜類　Anamniote
魚類と両生類、すなわち脊椎動物のうち、胚発生時に羊膜を形成しないもの。**羊膜類**と比較。

ファイロティピック段階　Phylotypic stage
神経胚後期や咽頭胚期など、特定の動物門を特徴づける発生段階で、種間での差異が比較的少なく、進化を限定している。

フィブロネクチン　Fibronectin
巨大な糖タンパク質(460 kDa)の二量体で、様々な細胞が産生し、細胞外基質内に分泌する。一般的な接着分子として機能し、細胞間や、細胞とコラーゲンやプロテオグリカン間を繋ぎ、細胞移動の基質を供給する。

付加再生　Epimorphosis
成体組織の細胞が脱分化して、比較的未分化な細胞集団を形成し、この細胞集団が再分化して新しい構造を形成する再生様式(両生類の四肢再生など)。

孵化胞胚　Hatched blastula
動物半球の細胞が受精膜を分解する孵化酵素の合成と分泌を行った後、受精膜から出て自由遊泳性となったウニの胚。

不完全変態　Hemimetabolous
前若虫、若虫、成虫の段階を含む昆虫の変態様式。

腹腔　Peritoneal cavity
腹部の器官を覆う体腔。**囲心腔**、**胸腔**と比較。

腹溝　Ventral furrow
ショウジョウバエ胚の原腸形成の開始時に、胚の正中線組織をつくる約1,000個の細胞から成る予定中胚葉が陥入して形成される構

造。

副交感(腸管)神経節　Parasympathetic（enteric）ganglia
迷走神経堤細胞と仙骨神経堤細胞由来の副交感(休息と消化)神経系の神経節。

腹側経路　Ventral pathway
体幹神経堤細胞の移動経路で，硬節前方を通って腹側に移動し，交感神経節，副交感神経節，副腎髄質細胞，後根神経節に寄与する。腹外側経路とも呼ばれる。

部分割　Meroblastic cleavage
ギリシャ語で*mero*は"部分"を意味する。卵黄を多く含むタイプの受精卵における細胞分裂(卵割)様式で，細胞質の一部だけが分裂する。卵黄小板が細胞膜形成を妨げるため，卵割溝は細胞質の卵黄に富んだ部分を貫通しない。卵の一部のみが胚になるように運命づけられていて，他の卵の部位(卵黄)は胚の栄養源となる。昆虫や魚類，爬虫類，鳥類でみられる。

不変態発生　Ametabolous
幼虫期がなく，一時的な前若虫段階を経て成虫の小型の形態へと直接発生する昆虫の発生パターン。

プライム型胚性幹細胞　Primed ESC
胚盤葉上層の系譜へある程度進んだ内細胞塊細胞から培養された胚性幹細胞(ESC)。**ナイーブ型胚性幹細胞**と比較。**胚性幹細胞**も参照。

フラクトン　Fractone
細胞外基質の凝縮した枝状あるいは球状の構造。脳室帯/脳室下帯の神経幹細胞ニッチにおいて，シグナル伝達分子の集積場所として機能することが示されている。

プラコード　Placode
外胚葉の肥厚した領域で，頭部プラコード(嗅プラコード，レンズプラコード，耳プラコード)や，毛や羽毛などの皮膚付属器の表皮プラコードがある。これらの皮膚付属器は真皮の間充織と外胚葉上皮との誘導相互作用によって形成される。

ブラシェの裂け目　Cleft of Brachet
両生類の原腸形成において，外胚葉と中内胚葉を分ける細胞外基質領域のこと。

プルキンエ細胞　Purkinje neuron
巨大な，多くの枝分かれしたニューロンで，小脳皮質の主要な細胞である。

プルテウス幼生　Pluteus larva
ウニやクモヒトデにみられる幼生の一種。浮遊性の幼生で，左右相称で繊毛があり，骨片に支えられた長い腕を持つ。

プロテオグリカン　Proteoglycan
コアタンパク質(シンデカンなど)とそれと共有結合したグリコサミノグリカン多糖側鎖から成る巨大な細胞外基質分子。ヘパラン硫酸とコンドロイチン硫酸の2つが最もよくみられるプロテオグリカンである。

プロトカドヘリン　Protocadherin
カテニンを介したアクチン骨格への結合をもたない一群のカドヘリン。上皮細胞が移動する際に集団を保つために必要であり，脊索が周囲の中胚葉細胞から分離して形成される際にも重要な役割を果たしている。

プロモーター　Promoter
転写を開始する際にRNAポリメラーゼⅡが結合する配列を含むDNA配列。**エンハンサー**も参照。

分化　Differentiation
特定の個性をもたない細胞が，からだをつくる多種多様な細胞タイ

プのうちの1つに特化してゆく過程。

分子レベルの節約原理　Molecular parsimony
すべての系統の発生が同じ種類の分子群("小さなツールキット"とも呼ばれる)を使う原理のこと。"ツールキット"には転写因子，傍分泌因子，接着分子，シグナル伝達カスケードが含まれ，動物門を超えて非常に似ている。

分節遺伝子　Segmentation gene
その産物が，ショウジョウバエの初期胚を前後軸に沿って，繰り返し構造をもった体節原基に分ける遺伝子。ギャップ遺伝子，ペアルール遺伝子，セグメントポラリティー遺伝子がある。

分節時計-波面モデル　Clock-wavefront model
同調した体節形成を説明する現在の理論。(1)体節境界が形成される場所(モルフォゲンに由来する波面)と，(2)この境界形成がいつ起こるか(NotchとDeltaタンパク質の相互作用によって媒介される「時計」)という2つの収束するシステムを仮定している。

吻尾　Rostral-caudal
ラテン語で"クチバシ-尾"の意味。前後軸方向，特に脊椎動物の胚や脳を指すときに使われる。

分裂溝　Cleavage furrow
細胞分裂の際に生じる，マイクロフィラメントの環による締め付けの結果として細胞膜に形成される溝。

分裂組織*　Meristem
未分化で活発に細胞分裂を行う細胞を含む植物組織。この領域において，新たな植物組織の形成が行われる。異なるタイプの分裂組織は植物の異なる構造を生み出す。2つの主要な分裂組織は茎頂分裂組織と根端分裂組織である。

ペアルール遺伝子　Pair-rule gene
ギャップ遺伝子から発現するタンパク質によって制御される，ショウジョウバエの胚性遺伝子。前後軸に対して垂直な7つの縞模様にパターン化することで，胚を周期的単位に区画化する。ペアルール遺伝子変異体は，1体節おきに一部領域が欠失する。

平均根　Haltere
ショウジョウバエの第3胸部体節にある，バランスをとるための対になった器官。

並層分裂*　Periclinal division
植物において，新たな細胞壁が表層に対して並行に形成される細胞分裂。**垂層分裂**と比較。

壁側(体壁)中胚葉　Parietal mesoderm（somatic mesoderm）
外胚葉(背側)に最も近い側板中胚葉から派生し，胚の中にある体腔によって他の側板中胚葉の構成要素(臓側中胚葉，内胚葉近く，腹側)から分離されている。覆いかぶさる外胚葉とともに，壁側中胚葉は体腔の内壁を形成し，これは体壁となる。壁側中胚葉は体腔の内壁の一部も形成する。沿軸(体節)中胚葉と間違えないこと。

ヘテロクロマチン　Heterochromatin
細胞周期のほとんどの期間を通じて凝縮状態を保ち，その他の領域に比べて遅い時期に複製されるクロマチン領域。多くの場合，転写不活性化状態におかれている。**ユークロマチン**と比較。

ヘテロタイピー　Heterotypy
ギリシャ語の"異なる種類"に由来する。遺伝子のコード領域そのものが変化することによって，合成されるタンパク質の機能的性質が変わること。自然選択の対象となるような表現型の違いをつくり出す仕組みの1つ。

ヘテロトピー（異所性）　Heterotopy
ギリシャ語の"異なる場所"に由来する。遺伝子発現の空間的な変更のこと。自然選択の対象となるような表現型の違いをつくり出す仕

組みの1つ。

ヘテロメトリー（異量性）　Heterometry
ギリシャ語の"異なる量"に由来する。遺伝子産物の量的な変更のこと。自然選択の対象となるような表現型の違いをつくり出す仕組みの1つ。

ヘンゼン結節（原結節）　Hensen's node（primitive knot）
原条の前端で，細胞が部分的に厚みをつくる場所。ヘンゼン結節の中心部には漏斗型のくぼみ（原窩〔primitive pit〕とも呼ばれる）があり，そこから細胞は胚体の内部に入って脊索や脊索前板を形成する。ヘンゼン結節は，両生類の原口背唇部（すなわちオーガナイザー）や魚類の胚盾に機能的に相当する。

変態　Metamorphosis
ある形態から別の形態への変化。幼虫から性的に成熟した成体への変化や，オタマジャクシからカエルへの変化など。

変態最盛期　Metamorphic climax
両生類で尾や鰓の吸収，腸の再編といった主要な変態が起こるとき。T4の濃度が急激に上昇し，TRβレベルもピークに達する。

変態初期　Prometamorphosis
変態の第二ステージで，甲状腺が成熟し，より多くの甲状腺ホルモンを分泌するようになる。

哺育細胞　Nurse cell
発育中の卵に栄養を提供する細胞。ショウジョウバエの卵巣では，相互に連結した15個の哺育細胞がmRNAとタンパク質を産生し，それらが1つの発生中の卵母細胞に輸送される。

胞子体　Spore
半数体の生殖細胞。

胞子体＊　Sporophyte
植物や藻類における世代交代周期において二倍体の生育ステージ。**配偶体**と比較。

放射冠　Corona radiata
哺乳類の卵の周囲にある透明帯に最も近い卵丘細胞の内側の層。

放射状グリア細胞　Radial glial cell（radial glia）
発達中の脳室帯（VZ）でみられる神経前駆細胞。分裂ごとに再び脳室帯に留まる細胞と（自己複製），脳室帯を離れてニューロンとなるよう発生運命が方向付けられた細胞を産生する。

放射状の細胞挿入運動　Radial intercalation
魚類の胚で，胚盤葉上層の深い位置にいる細胞が胚盤葉上層のより表面側に移動することで，原腸形成の際の覆いかぶせ運動を駆動する。

放射全割　Radial holoblastic cleavage
棘皮動物における卵割パターン。卵割面は卵全体を分割し，卵の動物極-植物極軸に対し平行または垂直に生じる。

膨大部　Ampulla
ラテン語の"膨大"を意味し，フラスコ構造状のものを指す。哺乳類の卵管膨大部は，子宮からは遠く，卵巣からは近い位置にあり，受精が行われる場所である。

胞胚　Blastula
初期段階の胚で，内側に位置する液体で満たされた空洞である胞胚腔を取り囲んでいる球状形態の細胞群。

胞胚腔（割腔）　Blastocoel
胞胚期の胚にある液体で満たされた空洞。

傍分泌因子　Paracrine factor
隣接する細胞や組織と相互作用してその振る舞いを変えるような分泌性の拡散因子。

傍分泌シグナル伝達　Paracrine signaling
細胞外基質へ傍分泌因子を分泌することにより，長距離にわたって起こる細胞間のシグナル伝達。

傍分泌相互作用　Paracrine interaction
ある細胞で合成されたタンパク質が拡散して広がって，近隣の細胞に変化を誘導させるような相互作用。

捕食者誘導型の表現型多型　Predator-induced polyphenism
捕食者の存在下で，より身を守ることができる表現型となるように発生を調整する能力のこと。

ホスホリパーゼC-ゼータ　Phospholipase C zeta（PLCζ）
哺乳類の精子頭部にある可溶性のホスホリパーゼCで，受精時の配偶子融合中に放出される。この酵素は，卵のIP₃経路を作動させ，Ca^{2+}の放出と卵の活性化を引き起こす。

母性効果　Maternal effect
卵巣にある間に卵に蓄積された遺伝子産物によって制御されることによる，胚発生の過程で起こる影響。これらの遺伝子産物は母親ゲノム由来で，減数分裂を行う前の卵自体，あるいは哺育細胞でつくられた遺伝子産物が卵に輸送される。

母性効果遺伝子　Maternal effect gene
母方のゲノムに属する遺伝子で，ショウジョウバエの卵にみられるように卵のさまざまな領域に局在し，胚発生に影響を与えるメッセンジャーRNAやタンパク質をつくるために使われる。

母性効果因子　Maternal contribution
卵の細胞質内に蓄積されたmRNAとタンパク質で，一次卵母細胞の段階で母親のゲノムからつくられる。**母性-胚性転移**も参照。

母性-胚性転移　Maternal-to-zygotic transition（MZT）
遺伝子発現の制御が，卵に蓄積されたmRNA（母性効果因子）から，接合体ゲノムからの新たな転写によって制御されるものへと移行する胚発生の瞬間。

哺乳類の腸管関連リンパ組織　Mammalian gut-associated lymphoid tissue（GALT）
粘膜免疫と経口免疫寛容を媒介するリンパ組織で，食物を摂取した際にその食物に対して免疫反応を起こさないようにしている。腸内細菌はGALTの成熟に重要な役割を果たしている。

ホメオティックセレクター遺伝子　Homeotic selector gene
ギャップ遺伝子，ペアルール遺伝子，セグメントポラリティー遺伝子のタンパク質産物によって制御される，各々の体節の発生運命を決定するショウジョウバエの遺伝子群。

ホメオティック・トランスフォーメーション　Homeotic transformation
ホメオティック変異により，発生過程においてある構造が別の構造に置き換わること。**ホメオティック変異体**も参照。

ホメオティック複合体　Homeotic complex（Hom-C）
ショウジョウバエ3番染色体上にある，Antennapedia複合体とbithorax複合体とを含む染色体領域。

ホメオティック変異体　Homeotic mutant
ホメオティックセレクター遺伝子の突然変異から生じる，ある構造が別の構造に置換される変異（例：触角が脚に置換されるなど）。相同異形変異体とも呼ばれる。

ポリA配列　PolyA tail
核内でmRNAの3′末端に付加される一連のアデニン（A）残基。ポリA配列はmRNAを安定化させ，mRNAが核外へ出ることを容認し，タンパク質に翻訳されるのを可能にする。

ポリA配列付加　Polyadenylation
AAUAAA配列からおよそ20塩基下流への200〜300個のアデニン

残基の"尾部"の挿入。このポリA配列は（1）mRNAを安定化し，（2）mRNAの核外輸送を促し，（3）mRNAのタンパク質への効率的な翻訳に必要である。

翻訳　Translation
メッセンジャーRNAのコドンが，ポリペプチド鎖のアミノ酸配列に翻訳される過程。

翻訳開始部位　Translation initiation site
ATGコドン（mRNA上ではAUG）。タンパク質をコードする遺伝子の第1エクソンの最初を示す。

翻訳終止コドン　Translation termination codon
mRNAのコドンでTAA，TAG，TGAのいずれか。リボソームがこれらのコドンに出会うと，リボソームが解離し，タンパク質が放出される。

●ま

マイクロRNA　MicroRNA（miRNA）
約22塩基の小さなRNAで，特定のmRNAと相補的な配列をもち，その翻訳や安定性を制御する。マイクロRNAは通常，mRNAの3′非翻訳領域に結合し，その翻訳を抑制する。

巻き込み　Involution
拡張している外側の細胞層が，内側へ折れ曲がるか移動し，その結果残された外側の細胞の内側表面に沿って細胞が広がること。

巻き込み帯域　Involuting marginal zone（IMZ）
アフリカツメガエルの原腸形成時に巻き込みを行う細胞からなる帯域。咽頭内胚葉，頭部中胚葉，脊索，体節，心臓，腎臓，および腹側中胚葉の前駆体が含まれる。

膜内骨　Intramembranous bone
膜内骨化によって形成される骨。

末梢芽状突起　Terminal end bud
哺乳類の乳腺にある管腔の分岐の末端。思春期のエストロゲンの影響下で，管はこの芽の伸長によって成長する。

末梢神経系　Peripheral nervous system（PNS）
中枢神経系（脳と脊髄）以外のすべての神経とニューロン。

右巻き　Dextral coiling
巻貝において，殻のらせんが右側に開いている状態。**左巻き**も参照。

未分節中胚葉　Presomitic mesoderm（PSM）
体節を形成する中胚葉。体節板とも呼ばれる。

脈管形成　Vasculogenesis
側板中胚葉から血管ネットワークを新規につくりだすこと。

脈絡叢　Choroid plexus
各脳室にある血管のネットワーク構造で，脳脊髄液を産生する働きをしている。

無腔胞胚　Stereoblastula
割腔のない胞胚。例えば，らせん卵割によってつくられた胞胚。

無脳症　Anencephaly
前神経孔の閉鎖不全による，ほとんどの場合致死的な先天性疾患。前脳が羊水にさらされ続けた結果，退縮し，頭蓋が形成されなくなる。

無尾両生類　Anuran
カエルを含む両生類の分類。**有尾両生類**と比較。

明域　Area pellucida
深層の細胞が死んで脱落した結果，鳥類胚盤葉の中心部に残る1細胞の厚みの層。実際の胚体のほとんどを形成する。

迷走神経堤細胞　Vagal neural crest cell
頸部由来の神経堤細胞で，頭部/体幹部神経堤境界と重なる。仙骨神経堤とともに，腸の蠕動運動に必要な腸の副交感神経（腸管神経節）を生成する。

メッセンジャーRNA　Messenger RNA（mRNA）
タンパク質をコードするRNAで，核RNAから非コード配列が除去され，鎖の両末端の保護を受けたもの。

メラノサイト幹細胞　Melanocyte stem cell
体幹神経堤色素細胞由来の成体幹細胞で，メラノブラストを形成し，毛包あるいは羽嚢のバルジニッチに存在する。表皮，体毛，羽毛の色素をつくる。

網糸期（休止期）　Dictyate（resting）stage
哺乳類の一次卵母細胞において，第一減数分裂のディプロテン期が長く延びた状態。卵母細胞は排卵直前までこの段階にとどまり，第一減数分裂を終えて二次卵母細胞として排卵される

網膜-視蓋投射　Retinotectal projection
網膜から視蓋への結合を示すマップ。網膜と視蓋の細胞が一対一で対応することで，動物は完全な像を見ることができる。

木部＊　Xylem
維管束植物において，水と養分を植物体全体に行き渡らせるための道管。

モジュール性　Modularity
システム論的なアプローチにおける原理。生物は個別のモジュールが統合されてできたシステムとして発生するとするもの。

モルフォゲン　Morphogen
ギリシャ語で，"形づくる者"を意味し，濃度差によって異なる細胞運命を特定化する因子。モルフォゲンは胚の特定の場所で産生され長距離を拡散し，産生領域付近では高濃度に滞留し，離れた場所では低　濃度になり，時間が経つと分解される。

モルフォリノ　Morpholino
mRNAに対するアンチセンスオリゴヌクレオチド。実験的にタンパク質の発現を抑制するのに使われる。

●や

葯＊　Anther
花の雄ずいにおける花粉を形成する器官。

軛脚　Zeugopod
脊椎動物の肢の中間の骨で，橈骨と尺骨（前肢），脛骨と腓骨（後肢）から成る。

有糸分裂促進因子　Mitosis-promoting factor（MPF）
サイクリンBとサイクリン依存性キナーゼ（CDK）から構成され，減数分裂と体細胞分裂の両方で細胞周期の分裂（M）期への移行に必要である。

雄ずい＊　Stamen
花の雄性器官。通常，花糸と花粉を形成する葯から構成されている。

誘導　Induction
特定の細胞集団が，隣接する組織と近距離で相互作用し，その発生に影響を与える過程。

誘導体　Inducer
単一，もしくは複数のシグナルを出し，他の組織の細胞の振る舞いを変化させるような組織。

誘導多能性幹細胞（iPS細胞）　Induced pluripotent stem cell（iPS cell）
成体のマウスあるいはヒト細胞を転換して，胚性幹細胞と同等の多

能性を与えた細胞。通常はある種の転写因子群を活性化することで誘導が行われる。

有胚植物 * **Embryophyte**
陸上植物のこと。陸上植物は全て胚発生を行うため，有胚植物と呼ばれる。

有尾両生類　Urodele
サンショウウオなどを含む両生類のグループ。**無尾両生類**と比較。

有毛細胞　Hair cell
体液の動きを電気信号に変換する感覚受容器。内耳では，蝸牛のコルチ器官で聴覚を担当し，三半規管では平衡感覚を担当する。また，魚類や両生類の側線器官にも存在し，水中での動きや圧力の変化を感知する。

ユークロマチン　Euchromatin
個体がもつ遺伝子の大部分が存在する，比較的ゆるい状態にあるクロマチンであり，そのほとんどが条件が揃うと転写される。**ヘテロクロマチン**と比較。

輸精管　Vas deferens
ウォルフ管に由来し，精子が精巣上体から尿道へと送られる管。

蛹化脱皮　Metamorphic molt
蛹になる脱皮。完全変態昆虫において，幼虫は終齢のあと脱皮して蛹になる。

幼若ホルモン　Juvenile hormone（JH）
昆虫の脂質性のホルモンで，エクジソンの働きを阻害する。エクジソンは変態に必須な遺伝子発現を誘導するホルモンである。幼虫期にはJHが存在することによって，蛹化や成虫化することなく，幼虫脱皮が繰り返される。

葉序 * **Phyllotaxis**
茎に沿った葉の配置。

羊水　Amniotic fluid
発生中の胚の乾燥を防ぎながら衝撃を吸収する分泌液。

幼生　Larva
生物の性的に未成熟なステージ。しばしば成体とは大きく異なった外見をしており，多くの場合，最も長い期間であり，食餌や移住に特化している。

幼生の固着　Larval settlement
海洋生物の幼生が，特定の環境的な手がかりを受けるまで発生を一時的に中断する能力。

羊膜　Amnion
胚とその周囲の羊水を包み保護する「水袋」を形成する膜。これは体外壁の2つの層から派生しており，外胚葉は上皮細胞を供給し，中胚葉は結合組織を形成する。

羊膜類　Amniote
羊膜と呼ばれる水袋状の構造を発達させ，胚を取り囲む脊椎動物のグループ。爬虫類，鳥類，哺乳類が含まれる。**非羊膜類**と比較。

羊膜類の卵　Amniote egg
胚体外膜に囲まれた卵。胚体外膜（羊膜，漿膜，尿膜，及び卵黄嚢）は，胚発生に必要な栄養分と環境を提供する。羊膜脊椎動物の特徴：爬虫類および鳥の卵には通常，殻があり，母親の体外で発生が進む。哺乳類の場合，母親の体内で卵の発生が進むようになっている。

葉裂（剥離）　Delamination
1層の細胞シートが，おおよそ2つの並列なシートへ分離すること。

抑制因子　Repressor
DNAあるいはRNAに結合する調節因子で，特定の遺伝子の転写を積極的に抑制する。

予定運命図　Fate map
胚の特定領域からの細胞系譜を追跡した図。幼生や成体の構造が胚のどの領域から発生したかを"マッピング"する。器官が発生する前の構造にそれらが"何になるか"を重ね合わせたもの。

予定眼領域　Eye field
神経管の前方領域で神経網膜および色素網膜が発生する。

予定肢領域　Limb field
肢をつくりうる細胞がある胚領域。

予定心臓領域（造心中胚葉）　Heart field（cardiogenic mesoderm）
脊椎動物では，臓側中胚葉の2つの領域がからだの両側に1つずつ存在し，心臓の発生に特定化される。有羊膜類では，心臓領域の心臓細胞は原腸形成期に原始線状を通って移動し，これら初期前駆細胞の内側-外側の配置が発生過程の心筒の前後軸（吻尾軸）となる。

● ら

らせん全割　Spiral holoblastic cleavage
環形動物，扁形動物の一部やほとんどの軟体動物を含むいくつかの動物グループの卵割の特徴。卵割は動物-植物極軸に対して斜めの角度で行われ，娘割球が"ねじれた"関係となるらせん卵割が生じる。娘細胞同士は密着しており，放射状に分裂する胚よりも熱力学的に安定である。

ラミニン　Laminin
基底板を構成する巨大な糖タンパク質で，細胞外基質を集合させる役割をもつ。また，細胞間結合や細胞の成長，細胞の形態変化，移動を促進する。

卵黄細胞　Yolk cell
魚類の胚において，卵黄を含む細胞。卵子の動物極にある卵黄を含まない細胞質が分裂し，卵黄の豊富な細胞質の上に個々の細胞が乗った形になる。初期には，すべての細胞が下にある卵黄細胞とのつながりを維持している。

卵黄静脈　Vitelline vein
心内膜と連続する静脈で，栄養を卵黄嚢から発生中の脊椎動物の心臓の静脈洞に運搬する。鳥類では，これらの静脈は卵黄嚢血島から形成され，胚に栄養を運び，呼吸交換場所を介してガスを輸送する。哺乳類では，臍腸管静脈あるいは臍帯静脈と呼ばれる。

卵黄栓　Yolk plug
両生類原腸胚において植物極の表層に露出した大きな内胚葉細胞で，原口に囲まれている。

卵黄多核層　Yolk syncytial layer（YSL）
ゼブラフィッシュの9回目か10回目の卵割のときに形成される細胞集団。胚盤葉の植物極側の縁の細胞が，下側の卵黄細胞と融合することで生じる。この融合により，胚盤葉の直下の卵黄細胞の細胞質の部分に，リング状に核が並ぶことになる。YSLは，原腸形成における細胞運動の方向付けにとって重要である。

卵黄嚢　Yolk sac
発生で最初に生じる胚体外膜。内臓葉に由来し，成長して卵黄を覆う。卵黄嚢は，鳥類や爬虫類の発生では栄養供給を仲立ちする。卵黄嚢は卵黄管（卵黄腸管）によって中腸に接続されているため，卵黄嚢の壁および腸壁は連続的につながっている。

卵黄膜　Vitelline envelope
無脊椎動物では，卵細胞膜の外側の細胞外基質は卵の周りを覆う繊維性のマットを形づくり，しばしば精子-卵認識に関与する。種特異的な精子の結合に重要な役割を果たす。卵黄膜は，数種の糖タンパク質を含んでいる。細胞膜からは糖鎖が付加された膜タンパク質が

伸びて，卵黄膜に付け加えられており，卵黄膜を細胞膜に付着させるタンパク質性の"柱"となっている。

卵割　Cleavage
多くの初期胚における受精後の急速な体細胞分裂。卵割は質量を増加させることなく胚を分割する。

卵管　Oviduct
子宮と卵巣をつなぐ卵管（子宮体管）。卵管は精子を成熟させ，初期胚を子宮へと送り込む。

卵管妊娠　Tubal pregnancy
異所性妊娠を参照。

卵丘　Cumulus
哺乳類の卵を取り囲む細胞の層で，卵子が卵巣から放出されるまで卵子を育てる卵胞細胞（顆粒層細胞）からなる。卵丘の最も内側の層は放射冠と呼ばれ，排卵時に卵子とともに放出される。

卵丘細胞-卵母細胞複合体　Cumulus-oocyte complex（COC）
第二減数分裂中期で停止している1つの卵母細胞と，それを取り囲む卵丘細胞が細胞外基質の網のなかに埋め込まれた複合体。

卵形成　Oogenesis
卵の発生，減数分裂と成熟を含む。

卵原細胞　Oogonium
動物において，卵母細胞に分化するために有糸分裂を行う雌の生殖細胞。

卵子　Ovum
（受精が成立する減数分裂中または終了した段階にある）成熟した卵。複数形はova。

卵室　Egg chamber
ショウジョウバエの卵母細胞が発生する卵巣でみられる，相互接続した15個の哺育細胞と1個の卵母細胞を含む卵巣小管または卵管（卵巣に数十本存在する）。

卵生　Oviparity
母親が排出した卵から生まれる幼生で，鳥類，両生類，ほとんどの無脊椎動物が該当する。

卵巣/子房　Ovary
女性の配偶子である卵子を生み出す構造。哺乳類では腹部に一対の卵巣があり，卵子を卵管に送り込む。被子植物では，卵巣は子房の一部であり，そこに胚珠が含まれている。

卵胎生　Ovoviviparity
母親の体内で卵が保持され，一定期間内に孵化して成長する幼生。一部の爬虫類とサメ類にみられる現象。胎生と比較。

卵胞　Ovarian follicle
濾胞細胞から成る液体で満たされた組織で，卵母細胞が排卵までここで発達する。

卵胞刺激ホルモン　Follicle-stimulating hormone（FSH）
哺乳類の脳下垂体から分泌されるペプチドホルモンで，卵巣濾胞の成長や精子形成を促進する。

卵母細胞　Oocyte
発生中の卵。一次卵母細胞は成長段階にあり，減数分裂を経ておらず，核は二倍体である。二次卵母細胞は第一減数分裂を終えているが，第二減数分裂は終えておらず，半数体である。

卵門　Micropyle
卵殻のトンネルで，胚の前極背側になる場所。ショウジョウバエの場合，精子が卵に入ることができるのは卵門の1か所だけで，1つの精子しか通さない。

リガンド　Ligand
特定の細胞から分泌され，他の細胞上の受容体に結合することで反応を引き起こす分子。

リーダー配列　Leader sequence
5′非翻訳領域を参照。

両性になりうる生殖腺　Bipotential gonad
生殖隆起由来の共通前駆組織で，ここから雌雄の生殖腺が形成される。

菱脳　Rhombencephalon
後脳（hindbrain）。脊椎動物の脳の発生において最も後端にある脳胞で，二次脳胞として後脳（metencephalon）と髄脳（myelencephalon）を形成する。

緑色蛍光タンパク質　Green fluorescent protein（GFP）
ある種のクラゲがもつ天然のタンパク質。紫外線にさらされると，明るい緑色の蛍光を発する。GFPを発現する細胞は明るい緑色の輝きによって容易に識別できるので，GFP遺伝子は，発生生物学をはじめ多くの研究において生体標識として広く使用されている。

レグヘモグロビン*　Leghemoglobin
ヘモグロビンと類似した酸素を運搬するタンパク質で，マメ科の窒素固定根粒においてみられる。共生微生物によって遺伝子発現が誘導される植物のタンパク質。このタンパク質は酸素によるニトロゲナーゼの不活性化を防ぐ働きをする。

レザクト　Resact
ウニ（*Arbacia punctulata*）の卵ゼリー層から単離された14アミノ酸から成るペプチド。化学走性因子で同じ種の精子を活性化するペプチドである。それは種特異的であり，受精が種特異的に確実に起こるようにするメカニズム。

裂体腔型　Schizocoely
中胚葉細胞から成る硬いひも状の構造が空洞化して体腔がつくられる胚の発生過程。前口動物に典型的である。腸体腔型も参照。

レポーター遺伝子　Reporter gene
目的の細胞では本来発現していない，検出が容易な遺伝子。興味のある遺伝子の制御配列と融合遺伝子を作製して胚に導入し，レポーター遺伝子の発現を解析することができる。もしその制御配列がエンハンサーを含んでいる場合，レポーター遺伝子は特定の時期に特定の場所で発現するはずである。代表的なレポーター遺伝子には，緑色蛍光タンパク質（GFP）やβ-ガラクトシダーゼ（lacZ）がある。

レンズプラコード　Lens placode
直下の眼杯から誘導される一対の肥厚した表皮。陥入してレンズ胞を形成し，後に光を網膜に集める成体の眼のレンズを形成する。

濾胞　Follicle
腔の周囲を囲む少数の細胞群。例えば，哺乳類の卵胞は顆粒膜細胞と莢膜細胞が1つの卵母細胞を取り囲んでいる。毛包，羽嚢は，毛または羽毛が生成される場所となっている。

ロンボメア　Rhombomere
菱脳を小区画に分ける反復的な膨らみで，各々が異なった運命をもち，異なる頭部神経節に関連する組織となる。

索引

欧文，和文の順に収載。fは図，tは表，＊は用語解説を表す。

欧文索引

数字

3'untranslated region（3'UTR） 64, 919＊
　　中心体への結合 321f
3'UTR（3'untranslated region） 64, 919＊
3'非翻訳領域 64, 919＊
4d割球 320, 322
　　巻貝 321f
IV型コラーゲン 107, 919＊
5'cap 59, 919＊
5'untranslated region（5'UTR） 64, 919＊
5'UTR（5'untranslated region） 64, 919＊
5'キャップ 59, 919＊
5'非翻訳領域 64, 919＊
5α-dihydrotestosterone（DHT） 208, 919＊
5α-ジヒドロテストステロン 208, 919＊
8細胞期胚，アフリカツメガエル 11f
13トリソミー 489
14日ルール 483
18トリソミー 489
20-hydroxyecdysone（20E） 797, 919＊
20-ヒドロキシエクジソン 797, 799, 859, 860f,
　　919＊
20E（20-hydroxyecdysone） 797, 799, 919＊
21トリソミー 489

ギリシャ文字

β-catenin 320, 919＊
β カテニン 128f, 201, 320, 383, 384f, 391,
　　391f, 413, 415f, 416, 416f, 440, 440f, 919＊
　　勾配 426f
　　背腹軸の特定化 414f
β カテニン依存的Wnt経路 128
β カテニン非依存的Wnt経路 129
β ガラクトシダーゼ 66
　　マウス 599f
β 細胞の産生 779f
δ クリスタリン 111

A

A型精原細胞 224, 225f, 919＊
A細胞 163, 166f
abaxial muscle 683, 924＊
ABCDEモデル 228, 229f
ABC遺伝子，発現パターン 82f
ABCモデル 81f
AC（anchor cell） 143
acetylation 921＊
achondroplasia 941＊
acron 350, 936＊
acrosomal process 239, 247, 936＊
acrosomal vesicle 239, 936＊
acrosome 239, 936＊
acrosome reaction 246, 936＊
actinomyosin contraction 921＊
activin 116, 117f, 131, 386, 921＊
adenohypophyseal placode 628, 942＊
adepithelial cell 795, 933＊
adherens junction 103
adult stem cell 151, 935＊
adult stem cell niche 161, 935＊
advection 327
AEC（apical epidermal cap） 835, 944＊
AER（apical ectodermal ridge） 725, 736,
　　925＊
Aeromonas 871, 872f
Agalychnis callidryas 857, 858f
AGAMOUS 229f
AGAMOUS 80
AGM（aorta-gonad-mesonephros） 715,
　　938＊
Agouti 856, 856f
AIP（anterior intestinal portal） 767, 936＊
AIR-1（Aurora-A） 327, 328f
albinism 514
allantois 444, 941＊
ALS（amyotrophic lateral sclerosis） 186
alternation of generation 12, 935＊
alternative pre-mRNA splicing 84, 936＊
Ambystoma maculatum 869, 870f
ametabolous 945＊
ametabolous development 793

A（続き）

AMH（anti-Müllerian hormone） 199, 206,
　　929＊
amnion 444, 948＊
amniote 443, 948＊
amniote egg 444, 948＊
amniotic fluid 463, 948＊
Amphimedon queenslandica 875, 875f
amphimixis 238
ampulla 457, 946＊
amyotrophic lateral sclerosis（ALS） 186
anagen 935＊
analogous 27, 937＊
anamniote 395, 944＊
anaphase 222
Anax 857
anchor cell（AC） 143, 922＊
androgen 206, 922＊
androgen insensitivity syndrome 206, 922＊
androgen receptor protein 207
anencephaly 539, 947＊
aneuploidy 488, 922＊
angiogenesis 710, 713, 928＊
angiopoietin 713, 922＊
animal cap 382, 399, 921＊
animal pole 280, 940＊
anoikis 171, 921＊
anorectal junction 767, 929＊
Antennapedia 359
Antennapedia complex 357, 919＊
Antennapedia，変異 360f
Antennapedia複合体 357, 359f, 919＊
anterior intestinal portal（AIP） 767, 936＊
anterior neuropore 536
anterior visceral endoderm（AVE） 466,
　　936＊
anterior-posterior axis 8, 725, 936＊
anteroposterior axis 8, 936＊
anther 230, 947＊
anti-Müllerian hormone（AMH） 199, 206,
　　929＊
anticlinal division 155, 934＊
anuran 786, 947＊
aorta-gonad-mesonephros（AGM） 715,
　　938＊

aperture 269
APETALA2 81
APETALA3 229f
APETALA3 82f
apical constriction 286, 325, 939*
apical ectodermal ridge（AER） 725, 736, 925*
apical epidermal cap（AEC） 835, 944*
Apis mellifera 853f
apomixis 268
apoptosis 16, 758, 921*
APX-1 330
Arabidopsis thaliana 14
archenteron 373, 379, 402, 928*
archenteron floor 408
archenteron roof 408
archeocyte 812
area opaca 445, 921*
area pellucida 445, 947*
Argonaute 91f
ARGONAUTE9 232
Armadillidium vulgare 866, 866f
Armadillo 358f
ART（assisted reproductive technology） 510, 934*
arthrotome 656
ASD（autism spectrum disorder） 185
Asobara tabida 868
assisted reproductive technology（ART） 510, 934*
atrazine 869
Atypical Protein Kinase C（aPKC） 160
Aurora-A（AIR-1） 327, 328f
autism spectrum disorder（ASD） 185
autocrine interaction 114, 931*
autonomous specification 39, 933*
autopod 724, 931*
AUX-Rep 135f
auxin 132
AUXIN RESPONSE FACTOR（ARF） 135
AUXIN RESPONSE FACTOR5（ARF5） 316
AVE（anterior visceral endoderm） 466, 936*
axial mesoderm 654
axis specification 276, 938*
axoneme 239, 931*

● B

B型精原細胞 224, 225f, 919*
B細胞 163, 165f, 166f, 919*
B cell 919*

bacteroid 864, 943*
bag of marbles（bam） 161
Bardet-Biedl症候群 141
Barr body 206f
basal disc 821, 937*
basal lamina 107, 642, 926*
basal layer 642, 926*
basal transcription factor 65, 926*
basic fibroblast growth factor（Fgf2） 713, 924*
bicoid 345, 347f, 349f
Bicoid（Bcd） 48f, 344f, 353f, 919*
Bicoidタンパク質，勾配 349f
Bicyclus anynana 859, 860f
bilaminar germ disc 463, 941*
bilateral holoblastic cleavage 387, 930*
bilaterian 278, 930*
bindin 247, 943*
bioelectric signaling 832, 935*
biofilm 874
bipotential gonad 197, 949*
Bithorax 360
Bithorax complex 357, 919*
Bithorax複合体 357, 359f, 361f, 919*
*bithorax*変異体，フェノコピー 904f
bivalent chromosome 220
blastocoel 158
blastema 807, 930*
blastocoel 372, 493, 946*
blastocoel floor 402
blastocyst 459, 942*
blastoderm 431, 943*
blastodisc 430, 445, 942*
blastomere 8, 280, 925*
blastoporal 299f
blastopore 10, 379, 402, 928*
blastula 8, 280, 372, 399, 946*
block to polyspermy 938*
blood island 712, 928*
BMDC（bone marrow-derived stem cell） 177, 926*, 929*
BMP（bone morphogenetic protein） 130, 304, 304f, 322, 422, 423, 438f, 439, 439f, 579, 630, 646, 658, 686, 692, 705, 749, 759, 890, 929*
　腸の特定化 773
　指 750f
BMP4（bone morphogenetic protein 4） 111, 418f
BMP11 169
BMPアンタゴニスト 419
BMPファミリー 919*

BMP/Dppシグナリング 322
BMP family 130, 919*
bone marrow-derived stem cell（BMDC） 177, 926*, 929*
bone morphogenetic protein（BMP） 130, 304, 322, 579, 749, 929*
bone morphogenetic protein 4（BMP4） 111
bottle cell 291, 402
BPA（ビスフェノールA） 523
Brooks, William Keith 37
Brachyury 303f, 392, 474, 477
Brachyury 392f, 405, 411
Brassica rapa 862f
Brenner, Sydney 323
Broad 800
Brugia malayi 869
bulge 943*

● C

C3a（補体成分3a） 401, 401f
C-カドヘリン 409f
c-Kit受容体 176f
c-Myc 79f, 183
Ca²⁺流入，ウニ卵 256f
CAB（centrosome-attracting body） 388, 919*
cadherin 103, 377, 925*
Caenorhabditis elegans 323
　4細胞期胚での細胞間シグナル伝達 330f
　原腸形成 325, 326f
　細胞間相互作用 330
　細胞融合 325
　左右軸形成 328
　受精 324
　前後軸形成 327
　頂端収縮と陥入 292f
　背腹軸形成 328
　卵割 324
Cajal-Retzius cell 562, 925*
calcium wave 253, 925*
callus 268, 816, 925*
Cambrian explosion 28, 926*
canalization model 819, 923*
canonical Wnt/β-catenin pathway 128
cap sequence 63, 927*
capacitation 260, 932*
cardiac neural crest 599, 934*
cardiac neural crest cell 577
cardiogenic mesoderm 703, 937*, 948*
cardiomyocyte 704
Carebara diversa 853f

Caronte 457f
carpel 228, 934＊
catagen 937＊
catenin 103, 925＊
CatSper channel 260, 919＊
CatSper チャネル 260, 262f, 919＊
Caudal 48f, 348f
caudal 349f
caudal intestinal portal（CIP） 767, 929＊
caudal lateral epiblast 453
Caudal（Cad） 353f
caudal（cad） 348
cavitation 460, 927＊
CBCC（crypt base columnar cell） 171
CDK（cyclin dependent kinase） 283
Cdx2 460
cell adhesion molecule 103, 930＊
cell specification 38
cellular blastoderm 337, 930＊
cellularization 47, 930＊
central nervous system（CNS） 530, 939＊
centrolecithal 280, 933＊
centromere 219
centrosome-attracting body（CAB） 388, 919＊
cephalic furrow 339, 940＊
cephalic neural crest cell 577, 940＊
Cerberus 423, 425f, 455, 457f, 466, 473
Cerebellin 569
cerebellum 554, 932＊
cerebral cortex 555, 938＊
cerebral neocortex 555
cerebrospinal fluid（CSF） 168
cerebrum 555, 938＊
cervix 205, 931＊
Chara braunii 32, 32f
chase and run モデル 595, 597f
chemoaffinity hypothesis 618, 925＊
chemotaxis 246, 617
chiasma 220
chimeric embryo 19, 926＊
Chinmo 800
ChIP-Seq 56, 928＊
ChIP シークエンス 56
choanoblastaea 31
choanocyte 29, 287, 812, 923＊
choanoflagellate 29, 287, 924＊
chordamesoderm 405, 452, 654, 935＊
chordaneural hinge 418
chordate 278
Chordin 419f, 420, 421, 425f, 705
chordin 422f

chorion 444, 933＊
choroid plexus 168, 947＊
chromatin 61, 928＊
Ciona intestinalis 41
CIP（caudal intestinal portal） 767, 929＊
circumpharyngeal crest cell 599
cis-regulatory element（CRE） 59, 931＊
CLAVATA3 157
cleavage 8, 275, 949＊
cleavage furrow 280, 945＊
cleft of Brachet 405, 945＊
clitoris 204, 922＊
cloaca 937＊
cloacal membrane 770, 942＊
clock-wavefront 674f
clock-wavefront model 668, 945＊
clonogenic neoblast（cNeoblast） 826, 928＊
Clustered Regularly Interspaced Short
　Palindromic Repeat（CRISPR） 919＊
CMP（common myeloid progenitor cell）
　718
cNeoblast（clonogenic neoblast） 826, 928＊
CNS（central nervous system） 530, 939＊
COC（cumulus-oocyte complex） 259, 487, 949＊
cochlea 631, 925＊
cochleovestibular ganglion 632, 925＊
coelom 278, 701, 937＊
cohesin 222
colinearity 927＊
collective cell migration 406, 664, 930＊
collective migration 294, 586, 931＊
colonial theory 28
commitment 38, 943＊
common myeloid progenitor cell（CMP）
　718
compaction 458, 929＊
compensatory regeneration 808, 938＊
competence 110, 924＊
conceptus 481, 932＊
conditional specification 42, 932＊
congenital adrenal hyperplasia 208, 936＊
congenital anomaly 480, 936＊
conjoined twin 507, 928＊
consensus sequence 84, 927＊
contact inhibition 586, 935＊
context dependency 759, 932＊
convergent evolution 810, 932＊
convergent extension 16, 284, 380, 450, 585, 585f, 932＊
convergent thickening 410
cornified layer 643, 925＊

corona radiata 243, 946＊
corpora allata 798, 921＊
corpus luteum 488, 924＊
cortex 243, 943＊
cortical flash 253, 944＊
cortical flow 327
cortical granule 243, 944＊
cortical granule reaction 252, 944＊
cortical plate 555, 943＊
cortical rotation 398, 944＊
corticotropin-releasing hormone（CRH） 790, 910
CpG island 64, 919＊
CpG アイランド 64, 919＊
CpG 含量が高いプロモーター 73, 74f, 919＊
CpG 含量が低いプロモーター 73, 74f, 919＊
cranial neural crest cell 577, 940＊
cranial placode 628, 940＊
craniorachischisis 539, 940＊
cranium 598, 940＊
Cre-lox 56, 919＊
CRE（*cis*-regulatory element） 59, 931＊
CRH（corticotropin-releasing hormone） 790, 910
CRISPR（Clustered Regularly Interspaced
　Short Palindromic Repeat） 919＊
CRISPR/Cas9 56
crossing over 220, 929＊
crown cell 473, 927＊
crypt 171, 922＊
crypt base columnar cell（CBCC） 171
crystallin 111
CSF（cerebrospinal fluid） 168
CSF（cytostatic factor） 488
CSL 転写因子 143f
cumulus 243, 949＊
cumulus-oocyte complex（COC） 259, 487, 949＊
cutaneous appendage 644, 944＊
CXCL12 176
cyclin B 283, 929＊
cyclin dependent kinase（CDK） 283
cyclopamine 125
cyclopia 638
Cyp26b1 218f
cytokine 718, 930＊
cytoneme 138, 930＊
cytoplasmic determinant 39, 930＊
cytostatic factor（CSF） 488
cytotrophoblast 499, 923＊
C 細胞 163, 165f, 166f

D

D-セリン　271
DAG（ジアシルグリセロール）　254f, 255f
dally-like protein　137f
Danio rerio　428
Daphnia　853f, 857
Darwin, Charles　23
Dazl　223, 919*
de novo regeneration　816, 934*
decapentaplegic　321f
Decapentaplegic（Dpp）　322
decidua　461, 938*
decidua basalis　500
decidua parietalis　500
decidual cell　499
decidualization　499, 938*
decussate　312
deep homology　886, 940*
definitive endoderm　465, 766, 942*
delamination　16, 284, 582, 948*
Delta　141, 143f, 386, 671, 673
Deltaシグナル, Notch-――　673f, 676f
dendritic arbor　555, 932*
dental lamina　644, 931*
dermal tissue　14, 944*
dermatome　656
dermomyotome　656, 677, 943*
DES（ジエチルスチルベストロール）　521
desert hedgehog（*dhh*）　122
determination　38, 928*
determination front　668, 927*
deuterostome　278, 928*
development　2, 943*
developmental biology　2
developmental constraint　900, 943*
developmental plasticity　851, 943*
developmental tree　50
dextral coiling　310, 947*
dhh（*desert hedgehog*）　122
DHT（dihydrotestosterone）　208, 919*
diakinesis　222
Dicer　91f
Dickkopf　425f, 467
dictyate　225
dictyate stage　947*
diencephalon　542, 926*
differential adhesion hypothesis　102, 930*
differential affinity　101, 930*
differential gene expression　53, 930*
differential pre-mRNA processing　84, 920*
differentiation　4, 38, 945*

differentiation therapy　145
digestive tube　766, 932*
diploblast　276, 941*
diplotene　220
direct developer　786, 939*
discoidal cleavage　282, 430, 943*
discoidal meroblastic cleavage　445, 924*
Disheveled　128f, 129, 383, 384f, 414, 415f, 416f
disruption　22, 925*
Distal-less　859
divergence　886
DLHP（dorsolateral hinge point）　533, 942*
Dmrt1　224
Dmrt1　214, 215f
DNA-binding domain　77, 920*
DNA結合ドメイン　77, 920*
DNAメチル化　524
　　行動　907
　　食事　907
　　内分泌撹乱物質　907
　　光　907
DNAメチル化状態　856
DNAメチル基転移酵素　75f
Dnmt1　75f
Dnmt3　75f
dormancy　34, 927*
Dorsal　362, 364
dorsal blastopore lip　402, 928*
dorsal closure　339, 943*
dorsal mesentery　772, 942*
dorsal root ganglia（DRG）　928*
dorsal-ventral axis　8, 725, 943*
Dorsal, 分布　363f
Dorsalタンパク質, 核移行　363
dorsolateral hinge point（DLHP）　533, 942*
dorsolateral pathway　588, 942*
dorsoventral axis　8, 943*
double fertilization　233, 268, 939*
double-negative gate　377, 385, 941*
Doublesex（Dsx）　920*
doublesex（*dsx*）　211f, 212, 213f
Down syndrome　489
Dpp　140f
Dpp（Decapentaplegic）　322
DR5rev　133
DRG（dorsal root ganglia）　928*
Driesch, Hans　370
Drosophila melanogaster　333
Dscam　86, 86f
Dsh　414, 416f
dsRNA　91f

Dsx（Doublesex）　920*
ductus arteriosus　484
duplication　886
duplication and divergence　932*
D割球オーガナイザー　320

E

E-カドヘリン　103, 105f, 106f, 160, 458, 539f, 920*
E-cadherin　103, 920*
early limb control regulatory region（ELCR）　752
EC（emergency contraceptive）　488
ecdysone　797, 923*
ecdysone receptor（EcR）　799, 923*
ecdysozoan　278, 938*
ECM（extracellular matrix）　105, 930*
eco-devo（ecological developmental biology）　878, 935*
eco-evo-devo（ecological evolutionary developmental biology）　901, 935*
ecological developmental biology　878
ecological developmental biology（eco-devo）　935*
ecological evolutionary developmental biology（eco-evo-devo）　901, 935*
ecomorph　852, 926*
EcR（ecdysone receptor）　799, 923*
ectoderm　16, 924*
ectodermal appendage　644, 925*
ectopic pregnancy　495, 922*
Edwards syndrome　489
EEG（electroencephalography）　483
efflux transport　133, 942*
EGC（embryonic germ cell）　180
EGF（epidermal growth factor）　845
egg chamber　343, 949*
Egr1　873f
ELCR（early limb control regulatory region）　752
electroencephalography（EEG）　483
embryo　2, 481, 942*
embryo sac　232, 942*
embryogenesis　8, 942*
embryoid body　943*
embryology　2, 943*
embryonic endoderm　766
embryonic germ cell（EGC）　180
embryonic period　515, 942*
embryonic shield　435, 942*
embryonic stem cell（ESC）　151, 942*

embryophyte　32, 948＊

emergency contraceptive（EC）　488

EMT（epithelial-mesenchymal transition）　108, 284, 376, 932＊

enamel knot　644, 923＊

endoblast　447

endocardial cushion　704

endocardium　704

endocrine disruptor　520, 941＊

endoderm　17, 941＊

endomesoderm　381, 402, 941＊

endometrium　496, 931＊

endosperm　271, 942＊

endosteal niche　174

endosymbiosis　28, 863, 930＊

endothelin　617, 924＊

endotome　656

energid　337, 923＊

engrailed（*en*）　344f, 356, 358f

enhancer　61, 924＊

enteric ganglia　577, 945＊

enterocoely　278, 939＊

enteroendocrine cell　172f

enveloping layer（EVL）　432, 944＊

Eomes　411f

Eomesodermin　411f, 434

Eomesodermin　411

ependyma　553, 932＊

ependymal cell（E細胞）　163, 552, 932＊

Eph　619

Eph　666

eph receptor　142

Eph receptor　920＊

Eph-エフリンシグナル　667f

Eph（エフ）受容体　142, 920＊

ephrin　589, 923＊

ephrin ligand　142, 923＊

epiallele　906, 923＊

epiblast　158, 292, 446, 502, 943＊

epiboly　16, 284, 291, 400, 924＊

epibranchial placode　629, 932＊

epicardium　704

epidermal growth factor（EGF）　845

epidermal placode　644, 944＊

epididymis　206, 935＊

epigenesis　929＊

epigenetics　69, 923＊

epimorphin　679

epimorphosis　807, 944＊

epistasis　932＊

epithelial cell　15, 98, 933＊

epithelial-mesenchymal transition（EMT）

15, 108, 284, 376, 932＊

equatorial cleavage　372

equatorial region　264, 935＊

equivalence group　144, 940＊

erythropoietin　718, 924＊

ESC（embryonic stem cell）　151, 158, 180, 180f, 942＊

　　ナイーブ型ESC　180

　　プライム型ESC　180

estrogen　197

ES細胞　942＊

euchromatin　62, 948＊

Eunotosaurus africanus　26

Euprymna　868f

Euprymna scolopes　867, 878

even-skipped（*eve*）　354, 355

　　2番目のストライプの形成　356f

　　発現　354, 354f, 355

　　プロモーター領域　355f

EVL（enveloping layer）　944＊

Evo-Devo（evolutionary developmental biology）　23, 882, 933＊

evolutionary developmental biology（Evo-Devo）　23, 882, 933＊

exine　232, 923＊

exon　62, 923＊

extended evolutionary synthesis　925＊

external granular layer　554, 924＊

extracellular matrix（ECM）　105, 930＊

extraembryonic memebrane　656

extraembryonic mesoderm　504

eye field　637, 948＊

E細胞（ependymal cell）　163

F

Fallopian tube　488

FAP（fibroadipogenic progenitor cell）　179

FAS（fetal alcohol syndrome）　517, 938＊

fasciculation　607, 933＊

FASD（fetal alcohol spectrum disorder）　518, 938＊

fast block to polyspermy　250, 943＊

fate map　18, 40, 948＊

fertilization　8, 238, 932＊

fertilization cone　249, 932＊

fertilization envelope　252, 932＊

fetal alcohol spectrum disorder（FASD）　518, 938＊

fetal alcohol syndrome（FAS）　517, 938＊

fetal period　515, 937＊

fetus　481, 937＊

FGF（fibroblast growth factor）　118, 120f, 140f, 393f, 425, 579, 630, 673, 677, 840, 846, 890, 935＊

　　フィードバックループ　750

　　分泌　138

Fgf2（basic fibroblast growth factor）　713, 924＊

Fgf8（fibroblast growth factor 8）　111, 118, 455, 464

　　ニワトリの発生　119f

　　濃度勾配　139f

　　予定前肢領域　732f

Fgf9　202

FGFR（fibroblast growth factor receptor）　119, 935＊

FGFR3　122f

FGFR3　120

fibroadipogenic progenitor cell（FAP）　179

fibroblast growth factor 8（Fgf8）　111

fibroblast growth factor receptor（FGFR）　119, 935＊

fibroblast growth factor（FGF）　118, 393f, 425, 579, 846, 890, 935＊

fibronectin　107, 406, 944＊

Ficedula hypoleuca　877

filopodia　374, 602, 931＊

first polar body　226, 937＊

floor plate　545, 940＊

floral organ identity gene　80, 227, 943＊

fluorescent dye　19, 928＊

focal adhesion　603, 935＊

Fog-Mist経路　290

follicle　949＊

follicle-stimulating hormone（FSH）　486, 949＊

Follistatin　419f, 420, 422, 425f

foot activation gradient　823, 937＊

foramen ovala　484

forebrain　542, 936＊

Forkhead（Fox）転写因子　658, 692

formin　311

*formin*遺伝子　312f

forward genetics　56, 342, 932＊

FoxA1　78

Foxa2　477

*foxd*遺伝子　392f

Foxl2　201

fractone　166, 945＊

Frizzled　128f, 129

Frizzled関連タンパク質，分泌型Frizzled関連タンパク質　780

Frizzled受容体　127

frontonasal process　594, 936*

fruit　925*

Frzb　425f

FSH（follicle-stimulating hormone）　486, 949*

functional redundancy　263

fushi tarazu（*ftz*）　344f, 354

　　発現　354f

fusogen　272

*futile cycle*変異体　89f

G

GABA　169, 271

GAL4/UAS　56, 920*

Gallus gallus　445

GALT（gut-associated lymphoid tissue）　872, 946*

gamete　8, 195, 942*

gametogenesis　9, 215, 942*

gametophyte　12, 942*

ganglia　542, 933*

ganglion　632

gap gene　344, 927*

gastrula　8, 501, 928*

gastrulation　8, 275, 283, 928*

gastruloid　302, 925*

Gata1　65f

Gata4　198f

GBP（GSK3-binding protein）　414

GDF11（growth differentiation factor 11）　169, 170f, 474f

GDF5　759

GDNF（glial-derived neurotrophic factor）　590, 698, 927*

gene regulatory network（GRN）　83, 376, 382, 800, 922*

generative cell　232, 934*

genetic assimilation　902, 922*

genetic heterogeneity　514, 922*

geniculate placode　629

genital ridge　216, 935*

genital tubercle　204, 934*

genome　8, 57, 928*

genomic equivalence　53, 922*

germ band　339, 942*

germ cell　9, 934*

germ cell lineage　196, 934*

germ layer　8, 943*

germ line　196, 934*

germ ring　435, 942*

germ stem cell（GSC）　161

germarium　161

germinal crescent　452, 935*

germinal strata　558

germinal vesicle　227f, 389

GFP（green fluorescent protein）　20, 66, 949*

Giant（Gt）　353f

Gli3　754f

Gli3, 指　750f

glia　552

glia cell　927*

glial-derived neurotrophic factor（GDNF）　590, 698, 927*

GLP-1　330

glycogen synthase kinase 3（GSK3）　129, 181, 928*

GM-CSF（granulocyte-macrophage colony-stimulating factor）　718

gonadal sex determination　197, 922*, 934*

gonocyte　216, 486, 929*

goosecoid　116, 117f, 404f, 405

granule cell　554, 925*

granulocyte-macrophage colony-stimulating factor（GM-CSF）　718

granulosa cell　200, 925*

gravida　481

gray crescent　398, 942*

gray matter　553, 925*

green fluorescent protein（GFP）　20, 66, 949*

Gremlin　752

GRN（gene regulatory network）　83, 376, 382, 800, 922*

ground tissue　14, 926*

growth cone　602, 935*

growth differentiation factor 11（GDF11）　169

GSC（germ stem cell）　161, 162f

GSK3-結合タンパク質　414

GSK3-binding protein（GBP）　414

GSK3（glycogen synthase kinase 3）　129, 181, 414, 415f, 928*

Gurken　362, 364

　　発現　362f

gut-associated lymphoid tissue（GALT）　872

gynandromorph　210, 926*

gynoecium　268

gyrencephalic　568

gyri　568

Gαq　256f

H

Haeckel, Ernst　285

hair cell　631, 948*

hair follicle stem cell（HFSC）　648

hairy　354

Hairy1　672

　　波状発現パターン　672f

haltere　357, 945*

HAR1（*Human accelerated region-1*）　569

hatched blastula　373, 944*

HCP（high CpG-content promoter）　73, 919*

head activation gradient　823, 940*

head mesoderm　656, 940*

head process　453, 934*

heart field　703, 948*

heart tube　703, 934*

heat shock protein　904, 944*

Hedgehog　140f, 142f, 356, 920*

　　シグナル伝達経路　124f

　　プロセシングと分泌　123f

Hedgehog ファミリー　121

Hedgehog family　121

hemangioblast　708, 928*

hematopoiesis　715, 936*

hematopoietic inductive microenvironment（HIM）　719, 937*

hematopoietic stem cell（HSC）　174, 715, 936*

hemimetabolous　944*

hemimetabolous metamorphosis　793

hemogenic endothelial cell　715, 937*

Hensen's node　449, 946*

heparan sulfate proteoglycan（HSPG）　136

hepatic diverticulum　775, 926*

hepatocyte growth factor（HGF）　846, 926*

hepatostat　845

hermaphrodite　931*

hermaphroditism　204

HesC　384, 385f

heterochromatin　62, 945*

heterochrony　892, 922*

heterogeneous nuclear RNA（hnRNA）　54

heterometry　894, 946*

heterophilic binding　98, 922*

heterotopy　889, 945*

heterotypy　896, 945*

HFSC（hair follicle stem cell）　648

HGF（hepatocyte growth factor）　846, 926*

high CpG-content promoter（HCP）　73, 919*

HIM（hematopoietic inductive microenvironment）719, 937＊
hindbrain 542, 929＊
Hippoシグナリング 160f
histoblast 794
histone 61, 944＊
histone acetylation 70, 944＊
histone acetyltransferase 70, 944＊
histone deacetylase 70, 944＊
histone methylation 70, 944＊
histone methyltransferase 70, 944＊
hnRNA（heterogeneous nuclear RNA）54
holobiont 863, 935＊
holoblastic 280
holometabolous 926＊
holometabolous development 794
Hom-C（homeotic complex）357, 946＊
Homeobox転写因子 725
homeotic complex（Hom-C）357, 946＊
homeotic mutant 357, 946＊
homeotic selector gene 345, 357, 946＊
homeotic transformation 80, 299, 946＊
homologous 27, 937＊
homophilic binding 98, 940＊
horizontal transmission 866, 934＊
host 863, 932＊
Hox gene family 299, 920＊
Hox5/6，発現境界 470f
Hox9/10，発現境界 470f
Hox10 898
*Hox10*パラログ，完全なノックアウト 471f
Hox遺伝子 300f, 468, 469f, 578, 662f, 676, 729, 754f, 888
　エピジェネティック制御 741f
　空間的共線性 662
　肢 726
　肢芽 741f
　肢骨格の特定化 725
　体節 660
　体節形成 675
　ニワトリ 741f
　パラログ群の欠損 727f
　指の特定化 752
Hox遺伝子群，四肢の進化 727
Hox遺伝子ファミリー 299, 920＊
Hoxb4，腎臓形成 695
Hoxd
　四肢動物 753f
　肢のパターン形成 753f
HSC（hematopoietic stem cell）174, 715, 936＊
Hsp90 904

HSPG（heparan sulfate proteoglycan）136, 139f
Human accelerated region-1（*HAR1*）569
Hunchback（Hb）344f, 353f
hunchback（*hb*）348, 349f, 353
Hutchinson-Gilford症候群 179
Huタンパク質 87
Hyla chrysoscelis 857, 858f
hyperactivation 260, 939＊
hypermorphosis 567, 942＊
hypoblast 435, 446, 502, 943＊
hypomorphic mutation 183, 920＊
hypomorphic変異 183, 920＊
hypostome 821, 928＊
Hypsibius dujardini 7f
Hypsibius exemplaris 7f

I

ICM（inner cell mass）150, 158, 158f, 160f, 180f, 459, 493, 941＊
ICSI（intracytoplasmic sperm injection）492
IGF（insulin-like growth factor）425, 922＊
ihh（*indian hedgehog*）122
IL3 718
imaginal cell 794, 935＊
imaginal disc 794
imaginal molt 794, 935＊
imago 935＊
implantation 481, 939＊
imprinted gene 459, 494, 923＊
IMZ（involuting marginal zone）947＊
in situ hybridization 56, 920＊
*in situ*ハイブリダイゼーション 56, 920＊
in vitro fertilization（IVF）510, 937＊
indeterminate growth 2
indian hedgehog（*ihh*）122
indirect developer 786, 926＊
induced pluripotent stem cell（iPS cell）947＊
induced pluripotent stem cell（iPSC）80, 183, 778
inducer 110, 947＊
induction 110, 947＊
inflorescence meristem 71, 313, 925＊
ingression 16, 284, 922＊
initial cell 154, 931＊
INM（interkinetic nuclear migration）557
inner cell mass（ICM）150, 459, 493, 941＊
inositol 1,4,5-trisphosphate（IP₃）254, 254f, 255f, 922＊
instar 794, 939＊

instructive interaction 113, 933＊
insulin-like growth factor（IGF）425, 922＊
integrated 126
integrin 108, 922＊
integument 232, 932＊
intercalation 293, 937＊
interchromatin granule cluster 94
interkinesis 222
interkinetic nuclear migration（INM）557, 924＊
intermediate mesoderm 656, 691, 939＊
intermediate neuroblast defective 343f, 365f
intermediate progenitor cell（IPC）559, 939＊
intermediate zone 553, 924＊
internal granular layer 554, 940＊
interneuron 544
interstitial stem cell（ISC）821, 926＊
intestinal stem cell（ISC）171
intestinal stem cell（ISC）niche 939＊
intine 232, 922＊
intracytoplasmic sperm injection（ICSI）492
intramembranous bone 598, 947＊
intron 62, 923＊
invagination 16, 284, 926＊
invariant cell lineage 929＊
involuting marginal zone（IMZ）404, 947＊
involution 16, 284, 292, 404, 947＊
IP₃（inositol 1,4,5-trisphosphate）254, 254f, 255f, 922＊
IPC（intermediate progenitor cell）559, 939＊
iPSC（induced pluripotent stem cell）80, 183, 778, 947＊
　医学的利用 183
ISC（interstitial stem cell）821
ISC（intestinal stem cell）171
ISC（intestinal stem cell）niche 939＊
Islet1 732
isolecithal 280, 940＊
IVF（*in vitro* fertilization）510, 937＊
Izumo 264, 265f, 920＊

J

JAK（Janus kinase）120, 920＊
JAK-STAT経路 119, 121f
Janus kinase（JAK）120, 920＊
jervine 125
JH（juvenile hormone）797, 948＊
Juno 265, 265f, 920＊
juvenile hormone（JH）797, 948＊

juxtacrine interaction 114, 935*
juxtacrine signaling 98, 935*

K

KDM6B 214
keratinocyte 642, 925*
kinetochore 219
kiss and run 689
Kit 593
Kit-SCF 593
Klf4 79f, 183
Klinefelter syndrome 489
knirps 353
Knirps (Kni) 353f
Koller's sickle 447, 929*
Kozak consensus sequence 59, 929*
Krüppel 353
Krüppel (Kr) 344f, 353f
Kupffer's vesicle 440, 927*

L

L-Maf 111
labioscrotal fold 205, 922*
lacZ 遺伝子 66
LALI (local autoactivation-lateral inhibition) 742
lamellipodia 407
lamina 936*
laminar identity 561, 936*
laminin 107, 377, 948*
laminin α5 167
larva 9, 794, 948*
larval settlement 874, 948*
laryngotracheal groove 780, 929*
last eukaryotic common ancestor (LECA) 28, 929*
last universal common ancestor (LUCA) 27, 929*
lateral inhibition 145, 937*
lateral line placode 629, 937*
lateral motor column (LMC) 605
lateral plate mesoderm 656, 691, 937*
lateral somitic frontier 684, 937*
LCP (low CpG-content promoter) 73, 919*
leader sequence 64, 949*
LECA (last eukaryotic common ancestor) 28, 929*
Lefty1 455, 466
leghemoglobin 865, 949*
lens placode 628, 949*

leptotene 219
leukemia inhibitory factor (LIF) 181, 498
Leydig cell 200
LH (luteinizing hormone) 226, 486, 924*
Lhx1 477
Lhx9 198f
LIF (leukemia inhibitory factor) 181, 498
ligand 98, 949*
Lim1 694
　腎臓形成 695
limb bud 725, 930*
limb field 725, 948*
LIM ホメオボックス転写因子 *1b* 756
LIN-3 143, 144f
lin-4 90f
lin-12 144
lin-14 90f
Lin28 474f
lineage tracing 40, 928*
lissencephalic 568
LMC (lateral motor column) 605
Lmx1b 756
Lmx1b, 背腹のパターニング 757f
local autoactivation-lateral inhibition (LALI) 742
lophotrochozoan 278, 926*
low CpG-content promoter (LCP) 73, 919*
LRP5/6 受容体 129
LUCA (last universal common ancestor) 27, 929*
lumen 541
luteinizing hormone (LH) 226, 486, 924*
Lytechinus variegatus, 原腸形成 375f

M

Macho 41
macho 42f
Macho-1 391, 392, 393f
macromere 308, 372, 937*
MADS-box transcription factor 80, 920*
MADS ドメイン転写因子 229f
MADS ボックス 76t
MADS ボックス遺伝子 81f
MADS ボックス転写因子 72f, 80, 920*
malformation 22, 928*
Mammalia 647
mammalian gut-associated lymphoid tissue (GALT) 946*
Mangold, Hilde 300, 412
mantle 553
mantle zone 924*

marginal zone 445, 553, 937*
maternal contribution 88, 946*
maternal effect 310, 946*
maternal effect gene 339, 946*
maternal message 339
maternal-to-zygotic transition (MZT) 283, 339, 494, 946*
maxillomandibular placode 628
MBT (mid-blastula transition) 283, 399, 939*
mechanical anisotropy 314, 926*
MeCP2 74, 75f
medial hinge point (MHP) 533, 939*
medial motor column (MMC) 605
mediolateral intercalation 295
medulla 554
medullary cord 541
megakaryocyte/erythroid progenitor cell (MEP) 718
megasporangium 232, 938*
meiosis 196, 928*
meiosis I 219
meiosis II 219
melanocyte stem cell 648, 947*
Menidia menidia 859
menstrual cycle 481, 928*
MEP (megakaryocyte/erythroid progenitor cell) 718
meridional cleavage 371
meristem 14, 945*
meroblastic cleavage 430, 945*
mesencephalon 542, 939*
mesenchymal cap cell 699
mesenchymal cell 15, 98, 926*
mesenchymal stem cell (MSC) 176, 177, 926*
mesenchymal-epithelial transition (MET) 666
mesendoderm 402, 939*
mesentoblast 310, 941*
mesoderm 17, 939*
mesodermal mantle 408, 939*
Mesodermal posterior (Mesp) 遺伝子 666
Mesogenin 1 (Msgn1) 659f
mesomere 372, 939*
mesonephric kidney 693, 939*
mesonephros 939*
Mesp 672
Mesp1 920*
messenger RNA (mRNA) 54, 947*
MET (mesenchymal-epithelial transition) 666

metamorphic climax　791, 946＊
metamorphic molt　794, 948＊
metamorphosis　2, 785, 946＊
metanephric mesenchyme　929＊
metanephrogenic mesenchyme　929＊
metanephros　693
metaphase plate　222
metazoan　276
Metchnikoff, Élie　285
MHP（medial hinge point）533, 939＊
microclimate　877
micromere　308, 372, 932＊
microphthalmia-associated transcription factor（MITF）592, 920＊
micropyle　232, 270, 336, 949＊
microRNA（miRNA）89, 947＊
microspike　602, 944＊
microsporangia　230, 933＊
mid-blastula transition（MBT）283, 339, 399, 939＊
midbrain　542, 939＊
miR430　431
miR430　92f
miRNA（microRNA）89, 91f, 947＊
MITF（microphthalmia-associated transcription factor）78f, 592, 920＊
mitosis-promoting factor（MPF）258, 282, 947＊
MMC（medial motor column）605
modularity　882, 947＊
molecular chaperone　904
molecular parsimony　882, 945＊
molecular trinity　799, 800f
MONOPTEROS　316, 317f
monospermy　250, 939＊
morph　852, 925＊
morphallaxis　807, 930＊
morphogen　48, 114, 947＊
morphogenesis　4, 97, 928＊
morphogenetic determinant　114
morpholino　56, 947＊
morula　399, 458, 937＊
MPF（mitosis-promoting factor）258, 282, 947＊
MRF（myogenic regulatory factor）685, 927＊
mRNA（messenger RNA）54, 947＊
mRNA 前駆体　54, 920＊
　　差次的プロセシング　84, 84f, 920＊
　　選択的スプライシング　84, 85f
MSC（mesenchymal stem cell）176, 177, 926＊

msl2　212
MS 割球，特定化モデル　330f
multicellularity　28, 938＊
multipotent　151, 938＊
multipotent cardiac precursor cell　708, 938＊
muscle segment homeobox　365f
mutualism　863, 937＊
mycorrhiza　927＊
mycorrhizae　865
Myf5　68f
Myf5　898
myoblast　683, 927＊
myoepithelia　821, 927＊
myogenic regulatory factor（MRF）685, 927＊
myotome　656, 927＊
MZT（maternal-to-zygotic transition）283, 946＊

●N

N-カドヘリン　104, 106f, 539f, 920＊
Na$^+$/H$^+$ 交換輸送体　255f
naïve　941＊
naïve embryonic stem cell（ESC）180, 941＊
Nanog　460
nanos　320, 345, 347f, 349f
N-cadherin　920＊
Nemoria arizonaria　853f
neocortex　934＊
nephric duct　693, 933＊
nephron　692, 941＊
nerve cell　941＊
netrin　610, 941＊
neural crest　531, 576, 933＊
neural crest specifier　580, 933＊
neural fold　933＊
neural groove　533, 933＊
neural keel　436, 934＊
neural plate　530, 933＊
neural plate border specifier　580, 933＊
neural restrictive silencer element（NRSE）68, 933＊
neural restrictive silencer factor（NRSF）68, 933＊
neural retina　636, 933＊
neural stem cell（NSC）163, 933＊
neural tube　12, 530, 933＊
neural tube defect（NTD）539, 933＊
neurenteric canal　504
neurocranium　598, 933＊

neuromast　429f, 628
neuromesodermal progenitor（NMP）453, 548, 664, 933＊
neuron　552, 941＊
neuropore　933＊
neurotransmitter　605, 933＊
neurotrophin　617, 941＊
neurotropin　941＊
neurula　12, 531, 933＊
neurulation　531, 933＊
Nieuwkoop center　413, 941＊
Nkx2-5　920＊
NMP（neuromesodermal progenitor）453, 548, 664, 933＊
no-tail　436f
Nodal　131, 304f, 311, 313f, 411, 411f, 438f, 439, 439f, 454, 473, 920＊
node　464, 928＊
nodose placode　629
Noggin　419f, 420, 421f, 425f, 686, 705
Noggin 産生細胞除去胚　687f
non-amniote　395
non-skeletal mesenchyme　943＊
non-skeletogenic mesenchyme　373
Notch　143f, 322, 564, 566f, 671, 673
　　活性化の終結　672
Notch protein　141, 920＊
Notch-Delta シグナル　673f, 676f
Notch 経路　142
Notch タンパク質　141, 920＊
notochord　405, 935＊
notochordal plate　503
notochordal process　503
Notum　127, 127f
　　プラナリア　829, 829f
NRSE（neural restrictive silencer element）68, 933＊
NRSF（neural restrictive silencer factor）68, 933＊
NSC（neural stem cell）163, 933＊
NTD（neural tube defect）539, 933＊
nuclei　552
nucleosome　61, 941＊
nucleus　930＊
nurse cell　343, 946＊

●O

obligate mutualism　868, 935＊
Oct3/4　79f
Oct4　460, 473, 474f
　　体節形成　898f

Oct4 183
　　コーンスネーク　897
olfactory placode　628, 927＊
omphalomesenteric vein　712
On the Origin of Species　23
Onthophagus　855, 855f
oocyte　200, 225, 949＊
oogenesis　217, 949＊
oogonium　225, 343, 949＊
Oophila amblystomatis　869
ophthalmic placode　628
optic chiasm　615
optic nerve　636, 931＊
optic vesicle　110, 926＊
oral plate　767, 929＊
oRG（outer radial glia）　559, 924＊
organ of Corti　631, 929＊
organizer　301, 412, 924＊
organogenesis　8, 926＊
organoid　186, 924＊
oropharyngeal membrane　504
orthologue　888, 924＊
otic cup　931＊
otic cup stage　632
otic pit　930＊
otic pit stage　632
otic placode　628, 931＊
otic vesicle　632, 931＊
Otx　384
Otx2　477
Otx2　637
outer radial glia（oRG）　559, 924＊
ovarian follicle　200, 949＊
ovary　232, 949＊
ovastacin　265, 924＊
oviduct　205, 949＊
oviparity　3, 949＊
ovotestis　204
ovoviviparity　3, 949＊
ovulation　487, 943＊
ovule　228, 942＊
ovum　226, 949＊

● P

P_2細胞　330
P-カドヘリン　104, 106f, 920＊
P細胞系譜　324f
pachytene　220
pair-rule gene　344, 945＊
PAL-1　330f
Par　564

PAR protein　327, 920＊
Par-3　566f
paracrine factor　98, 946＊
paracrine interaction　946＊
paracrine signaling　98, 946＊
paralogue　468, 887, 943＊
parasegment　352, 926＊
parasitism　863, 926＊
parasympathetic ganglia　577, 945＊
paraxial mesoderm　655, 924＊
parietal endoderm　463
parietal mesoderm　701, 945＊
Partitioning Defective（PAR）　160
PARタンパク質　327, 328f, 920＊
Patau syndrome　489
Patched　123, 124f
Patched受容体　358f
pattern formation　4, 943＊
Pax2　694
Pax6　111
Pax6　112f, 637
Pax8　694
P-cadherin　104, 920＊
PCG（positional control gene）　830
PCNA（proliferating cell nuclear antigen）転
　写因子　818
PCR, 逆転写――　927＊
PDGF（platelet-derived growth factor）　679
PEC（pigmented epithelial cell）　842
penis　206, 922＊
peri-implantation　461, 939＊
pericardial cavity　701, 922＊
periclinal division　155, 945＊
pericycle cell　817, 940＊
pericyte　713, 931＊
periderm　642, 931＊
peripheral nervous system（PNS）　531, 947＊
peritoneal cavity　701, 944＊
perivascular niche　174
permissive interaction　113, 927＊
personhood　482
petal　228, 925＊
petrosal placode　629
PGC（primordial germ cell）　215, 486, 503,
　931＊
PGD（preimplantation genetic diagnosis）
　515
Phagocytella theory　285
pharyngeal arch　769, 923＊
pharyngeal pouch　769, 923＊
pharynx　766, 923＊
Pheidole　854f

Pheidole pallidula　852
phenology　877, 935＊
phenotypic heterogeneity　514, 944＊
phenotypic plasticity　851, 944＊
phloem　15, 931＊
phospholipase C（PLC）　255
phospholipase C zeta（PLCζ）　946＊
phyllotaxis　312, 948＊
phylotypic stage　24, 944＊
pigmented epithelial cell（PEC）　842
pigmented epithelium　931＊
PIN　314, 317f
PIN auxin transport protein　818, 920＊
PIN1　134f
PIN7　134f
PINオーキシン輸送タンパク質　818, 920＊
PINタンパク質　133
pioneer nerve fiber　604, 942＊
pioneer transcription factor　78, 942＊
Pipe　364
pistil　228, 931＊
PISTILLATA　229f
Pitx1　313f
Pitx1, モジュール性　883
Pitx2　427, 428f, 454, 457f
placenta　444, 938＊
placental growth factor（PlGF）　713
placode　579, 627, 945＊
planar cell polarity（PCP）pathway　129
plasmodesmata　33, 928＊
platelet-derived growth factor（PDGF）　679
PLC（phospholipase C）　255
PLCζ（phospholipase C zeta）　266, 266f,
　946＊
pleiotropy　512, 901, 939＊
PLETHORA 2　155
pleural cavity　701, 927＊
PlGF（placental growth factor）　713
PLT2　157f
pluripotent　151, 459, 938＊
pluripotent hematopoietic stem cell　715,
　938＊
pluteus larva　373, 945＊
pluteus larvae　43
Pmar1　384, 385f
PMZ（posterior marginal zone）　447, 929＊
PNS（peripheral nervous system）　531, 947＊
polar lobe　319, 927＊
pole cell　337, 927＊
pollen grain　230, 925＊
pollination　268, 932＊
polyA tail　61, 946＊

polyadenylation 64, 946＊
Polycomb 70, 71, 72f, 920＊
Polycomb Repressive Complex 1（PRC1）
　72f
Polycomb抑制複合体 73
Polygonum 862
Polygonum persicaria 862f
polyphenism 852, 944＊
polyspermy 250, 938＊
polytene chromosome 57, 938＊
polytubey 272
POP-1 330f
POP2 271
POP3 271
population asymmetry 150, 931＊
positional control gene（PCG） 830, 922＊
POST（posterior restriction） 752
posterior marginal zone（PMZ） 447, 929＊
posterior neuropore 536
posterior restriction（POST） 752
postsynaptic cell 605, 931＊
potency 150, 942＊
PRC1（Polycomb Repressive Complex 1）
　72f
pre-granulosa cell 200, 936＊
pre-mRNA 54, 920＊
PrE（primitive endoderm） 461, 928＊
prechordal plate 405, 503, 935＊
prechordal plate mesoderm 452, 935＊
precursor 152
precursor cell 152, 936＊
predator-induced defense 857
predator-induced polyphenism 857, 946＊
preeclampsia 714, 931＊
prefrontal cortex 569, 936＊
pregnant 481, 941＊
preimplantation embryo 481, 939＊
preimplantation genetic diagnosis（PGD）
　515
premetamorphosis 790, 936＊
presomitic mesoderm（PSM） 730f, 947＊
presynaptic neuron 605, 931＊
primary axis 298, 922＊
primary cilium 141
primary embryonic induction 302, 412,
　922＊
primary hypoblast 447
primary larva 786, 922＊
primary mesenchyme 373, 922＊
primary neurulation 531, 922＊
primary sex determination 197, 922＊
primary spermatocyte 224, 922＊

primaxial muscle 683, 927＊
primed 932＊
primed embryonic stem cell（ESC） 180,
　945＊
primitive endoderm（PrE） 461, 766, 928＊
primitive groove 449, 928＊
primitive knot 449, 946＊
primitive pit 449
primitive streak 291, 449, 928＊
primordial follicle 486
primordial germ cell（PGC） 215, 486, 503,
　931＊
procambium 817, 936＊
proembryo 44, 936＊
progamic phase 268, 932＊
progenitor cell 151, 936＊
progress zone（PZ） 725, 934＊
proliferating cell nuclear antigen（PCNA）
　818
prometamorphosis 791, 946＊
promoter 59, 63, 945＊
pronephric duct 693, 936＊
pronephric tubule 693, 936＊
pronephros 693, 936＊
pronucleus 8, 242, 935＊
pronymph 793
prophase 219
prosencephalon 542, 936＊
protein-protein interaction domain 78,
　939＊
proteoglycan 106, 945＊
prothoracicotropic hormone（PTTH） 797,
　936＊
protocadherin 104, 945＊
protostome 278, 936＊
proximal-distal axis 724
PSM（presomitic mesoderm） 730f, 947＊
PTTH（prothoracicotropic hormone） 797,
　936＊
pupa 794, 930＊
Purkinje fiber 704
Purkinje neuron 554, 945＊
pygostyle 455, 944＊
PZ（progress zone） 725

●R

R5LE mRNA 321f
R-カドヘリン 920＊
RA（retinoic acid） 569, 707, 731
radial glia 552, 946＊
radial glial cell 552, 946＊

radial holoblastic cleavage 370, 946＊
radial intercalation 103, 946＊
RAM（root apical meristem） 154, 929＊
Rana pipiens 10f
Rana sylvatica 857
R-cadherin 104, 920＊
reaction norm 852, 943＊
reaction-diffusion mechanism 742, 901,
　943＊
receptor 98, 932＊
receptor tyrosine kinase（RTK） 117, 797,
　932＊
rectum 700
Reelin 563f
regeneration 805, 929＊
regeneration blastema 826, 930＊
regeneration-responsive enhancer（RRE）
　812
regenerative medicine 181, 929＊
relational pleiotropy 512
reporter gene 66, 949＊
repressor 948＊
reproduction 237, 934＊
reproductive isolation 908
resact 246, 949＊
resegmentation 679, 930＊
respiratory tube 766, 929＊
responder 110, 924＊
resting stage 947＊
rete testis 199
retinal ganglion cell（RGC） 615
retinal homeobox（*Rx*） 637
retinal pigmented epithelium 636
retinoic acid（RA） 569, 707, 731
retinotectal projection 618, 947＊
reverse genetics 56, 926＊
reverse transcription PCR（RT-PCR） 56,
　927＊
REVOLUTA 155
RGC（retinal ganglion cell） 615
rheotaxis 260
Rho 602
Rho GTPase 603, 920＊
Rho GTPアーゼ 585, 603, 920＊
　ガイダンスシグナル 604f
rhombencephalon 542, 949＊
rhombomere 542, 594, 949＊
right-left axis 8, 930＊
RISC（RNA-induced silencing complex） 90,
　91f, 921＊
RNA-induced silencing complex（RISC） 90,
　921＊

RNA interference（RNAi） 56, 90, 921＊
RNA polymerase II 921＊
RNA polymerase II 59
RNA processing 54, 921＊
RNA-Seq（RNA sequencing） 56, 921＊
RNA
　　　マイクロ―― 947＊
　　　メッセンジャー―― 947＊
RNAi（RNA interference） 56, 90, 91f, 921＊
RNA干渉（RNAi） 90, 91f, 921＊
RNA干渉法 56
RNAシークエンス 56, 921＊
RNAスプライシング, 性特異的―― 213f
RNAプロセシング 54, 921＊
RNAポリメラーゼII 59, 921＊
RNA誘導サイレンシング複合体 90, 921＊
Robo（roundabout protein） 612, 921＊
Roboタンパク質 613f
roof plate 925＊
root apical meristem（RAM） 154, 929＊
rostral-caudal 945＊
rotational cleavage 457, 924＊
roundabout protein（Robo） 921＊
Roundaboutタンパク質 612, 921＊
RRE（regeneration-responsive enhancer）
　812
Rspo1（R-spondin1） 921＊
R-spondin1（Rspo1） 201, 921＊
RT-PCR（reverse transcription PCR） 56,
　927＊
RTK（receptor tyrosine kinase） 117, 120f,
　797, 932＊
runt 354
*Runx1*遺伝子 716
Rx（retinal homeobox） 637

● S

sacral neural crest cell 577, 936＊
SAM（shoot apical meristem） 154, 928＊
SAP（sperm-activating peptide） 246, 934＊
satellite cell 685, 923＊
Scaphiopus couchii 860, 861f
SCF（stem cell factor） 216, 593, 717, 926＊
schizocoely 278, 949＊
Scleraxis 682f
　　硬節 683f
　　ニワトリ 683f
　　発現誘導 683f
Scleraxis 682
sclerotome 656, 677, 929＊
scRNAseq（single-cell RNA sequencing） 49

scrotum 206, 923＊
SDF1（stromal-derived factor 1） 176, 596,
　926＊
secondary axis 299, 941＊
secondary hypoblast 447
secondary larva 786, 941＊
secondary mesenchyme 373, 941＊
secondary neurulation 531, 941＊
secondary oocyte 226, 941＊
secondary sex determination 204, 941＊
secondary spermatocyte 224
seed coat 232, 932＊
SEEDSTICK 229f
segment polarity gene 344, 935＊
segmental plate 938＊
segmentation gene 344, 351, 945＊
selective affinity 101
self-renewal 150, 931＊
seminiferous tubule 200
sensory placode 628, 940＊
sepal 228
SEPALLATA 229f
sepals 925＊
Sertoli cell 199
sex 237, 934＊
Sex-determining region of the Y chromosome
　201, 921＊
Sex-lethal 211f, 213f
Sex-lethal（*Sxl*） 210, 921＊
　　差次的RNAスプライシング 212f
Sf1 198f
SFK（Src family kinase） 611, 921＊
sFRP（soluble Frizzled-related protein） 780
SGZ（subgranular zone） 163, 925＊
SHATTERPROOF 229f
Shh（Sonic hedgehog） 457f, 545
Shh（*Sonic hedgehog*） 455
shoot apical meristem（SAM） 71, 154, 928＊
short-gastrulation 365f
Siamois 420f
siamois 416
signal transducers and activators of tran-
　scription（STAT） 120, 921＊
signal transduction cascade 99, 931＊
signal transduction pathway 99, 931＊
silencer 61, 930＊
single-cell RNA sequencing（scRNAseq） 49
singular 926＊
sinistral coiling 310, 944＊
siRNA（small interfering RNA） 56, 921＊
sister chromatid 219, 931＊
skeletogenic mesenchyme 373, 929＊

SKN-1 329, 330f
Slit 612, 616f
Slit protein 921＊
Slitタンパク質 613f, 921＊
slow block to polyspermy 252, 924＊
Smad family 131, 921＊
Smad経路 132f
Smadファミリー 131, 921＊
small interfering RNA（siRNA） 56, 921＊
Smoothened 123, 124f
soluble Frizzled-related protein（sFRP） 780
somatic cell 9, 937＊
somatic mesoderm 701, 938＊, 945＊
somatopleure 701, 938＊
somite 12, 938＊
somitic mesoderm 655, 924＊, 938＊
somitogenesis 663, 938＊
somitomere 663, 938＊
Sonic hedgehog（Shh） 457f, 545, 748f
　　眼形成野 639f
　　極性化活性帯（ZPA） 746
　　作用時間 547
　　神経管の腹側構造の誘導 546f
　　腸の特定化 773
　　手足 899
　　濃度 547
　　フィードバックループ 750
　　指のアイデンティティ 749
　　指の特定化 747
shh（*sonic hedgehog*） 122
Sonic hedgehog（*Shh*） 122, 438f, 455
Sonic hedgehog（Shh）シグナリング 169
Sonic hedgehog（shh）シグナル 546
Sox2 460, 474
Sox2 79f, 183
Sox9 202, 203f, 921＊
Spea multiplicata 860
specification 38, 940＊
Spemann, Hans 300, 412, 639
sperm head 239, 934＊
sperm-activating peptide（SAP） 246, 934＊
spermatid 224, 934＊
spermatogenesis 217, 934＊
spermatogonia 222, 934＊
spermatogonial stem cell population 200
spermiogenesis 222, 224, 934＊
spina bifida 539, 941＊
spindle 222
spiral 312
spiral holoblastic cleavage 308, 948＊
splanchnic mesoderm 701, 937＊
splanchnopleure 701, 940＊

spliceosome 84, 934＊
splicing factor 85, 934＊
splicing isoform 84, 934＊
spondin1, R-spondin1 201
spore 230, 946＊
sporophyte 12, 946＊
Sprr2a 871f
Src family kinase（SFK） 611, 921＊
Src キナーゼ 255
Src ファミリーキナーゼ 611, 921＊
Sry 197
Sry 202, 921＊
Sry-Sox 76t
Sry/XX トランスジェニックマウス 202f
Sry 201
stamen 228, 947＊
STAT（signal transducers and activators of transcription） 120, 921＊
Stat1 122f
stem cell 150, 926＊
stem cell asymmetry 150, 926＊
stem cell factor（SCF） 216, 593, 717, 926＊
stem cell mediated regeneration 926＊
stem cell niche 153, 926＊
stem cell-mediated regeneration 807
stereoblastula 308, 947＊
stigma 232, 268, 939＊
stoma 926＊
stomata 33, 926＊
stomodeum 767, 928＊, 929＊
Stra8 217, 218f, 224
stratum corneum 643, 925＊
stratum germinativum 642, 926＊
stromal-derived factor 1（SDF1） 176, 596, 926＊
style 232, 925＊
stylopod 724, 939＊
subgerminal cavity 445, 942＊
subgranular zone（SGZ） 163, 925＊
subventricular zone 558, 942＊
sulci 568
sulcus limitans 554, 927＊
superficial cleavage 282, 337, 944＊
superior cervical ganglia 617
suspensor 44, 943＊
symbiogenesis 909, 934＊
symbiont 863, 927＊
symbiosis 863, 927＊
sympoiesis 907, 927＊
synapse 605, 931＊
synapsis 220, 939＊
synaptonemal complex 220

syncytial blastoderm 46, 337, 938＊
syncytial cable 375
syncytial specification 46, 336, 938＊
syncytiotrophoblast 499, 923＊
syncytium 46, 337, 929＊
syndetome 656
syndrome 22, 512, 932＊
synergid 271
syngamy 238

●T

T 遺伝子 474
T3（tri-iodothyronine） 940＊
T4（thyroxine） 939＊
T48 290
TAA1 134f
TAD（topologically associating domain） 61, 940＊
tailbud 447, 943＊
Tailless（Tll） 353f
TATA-binding protein（TBP） 63
TATA 結合タンパク質 63
TA 細胞 936＊
T-box 303f
TBP（TATA-binding protein） 63
Tbx4 733
Tbx5 732
　　　上皮-間充織転換（EMT） 735
Tbx5 733
Tbx6 391
Tbx6 658, 659f
Tbx6 ノックアウトマウス胚 658f
tbxt 405, 411
Tcf3 416
telencephalon 931＊
telogen 927＊
telolecithal 939＊
telolecithal egg 282, 430
telophase 222
telson 350, 944＊
teratogen 22, 125, 515, 929＊
teratology 22, 480, 926＊
terminal end bud 647, 947＊
testis cord 199
testosterone 198, 200, 940＊
tetrad chromosome 220
tetrapod 724, 931＊
TGF-α（transforming growth factor-α） 846
TGF-β family 130, 921＊
TGF-β superfamily 130, 921＊
TGF-β スーパーファミリー 130, 921＊

系統関係 130f
TGF-β ファミリー 130, 921＊
The Descent of Man 24
theca 486
thecal cell 200, 927＊
Thomas Hunt Morgan 333
thyroid hormone receptor（TR） 789, 929＊
thyroid-stimulating hormone（TSH） 790
thyroxine（T4） 939＊
Tiktaalik roseae 26, 26f
tip cell 713
tonotopic organization 631
TOPLESS 135f
TOPLESS 157f
topologically associating domain（TAD） 61, 940＊
totipotent 150, 459, 936＊
TR（thyroid hormone receptor） 789, 929＊
Trachemys scripta 876
traction force microscopy 407
trans-activating domain 77, 940＊
transcript 54, 940＊
transcription 54, 940＊
transcription factor 47, 59, 940＊
transcription initiation site 63, 940＊
transcription termination sequence 940＊
transcriptional co-regulator 65, 940＊
transcriptome 50, 940＊
transdifferentiation 807
transformer-1 211f
transformer（tra） 212, 213f
transforming growth factor 130
transforming growth factor-α（TGFα） 846
transgene 21, 940＊
transient-amplifying cell 151
transit amplifying cell 922＊
transition zone 532, 922＊
translation 54, 947＊
translation initiation site 64, 947＊
translation termination codon 947＊
tri-iodothyronine（T3） 940＊
trigeminal placode 628, 930＊
trimester 484, 930＊
triploblast 278, 930＊
Trithorax 70, 71, 72f, 921＊
trophectoderm 459
trophectoderm cell 158, 923＊
trophoblast 459, 479, 923＊
TRPC6 185
trunk neural crest cell 577, 937＊
TSH（thyroid-stimulating hormone） 790
tubal pregnancy 495, 949＊

tube cell　232, 923＊
tunic　387
tunicate　387
Turing-type model　921＊
Turing のモデル　921＊
Twin　420f
twin　416
type IV collagen　107, 919＊
type A spermatogonium　224, 919＊
type B 細胞　163, 921＊
type B cell　163, 921＊
type B spermatogonium　224, 919＊

● U

Ultrabithorax　357
　　変異　359f
umbilical vein　712, 930＊
UNC-6　611, 611f
undifferentiated zone　725
unipotent　152
ureteric bud　941＊
ureteric bud tip cell　699
urodele　786, 948＊
urogenital sinus　700, 941＊
uterine endometrium　500
uterus　205, 931＊

● V

V-SVZ（ventricular-subventricular zone）
　163, 942＊
vagal neural crest cell　577, 947＊
vagina　205, 939＊
vas deferens　206, 948＊
vascular endothelial growth factor（VEGF）
　713, 928＊
vascular tissue　14, 922＊
vasculogenesis　710, 947＊
VCAM1　167f
vegetal plate　372, 933＊
vegetal pole　280, 933＊
vegetal rotation　402, 933＊
VEGF（vascular endothelial growth factor）
　713, 928＊
VegT　410, 411f, 418f
ventral furrow　290, 339, 944＊
ventral nervous system defective　343f
ventral pathway　587, 945＊
ventricular cell　552, 942＊
ventricular radial glia（vRG）　559, 942＊
ventricular zone（VZ）　553, 942＊

ventricular-subventricular zone（V-SVZ）
　163, 942＊
vertical transmission　866, 934＊
Vg1　411f, 418f, 451
viable-yellow アリル　856, 856f
Vibrio　868f
Vibrio fischeri　867
visceral endoderm　463
visceral mesoderm　701, 940＊
viscerocranium　598, 926＊
vital dye　18, 935＊
vitelline envelope　242, 948＊
vitelline vein　712, 948＊
viviparity　3, 938＊
VPC（vulval precursor cell）　143, 923＊
vRG（ventricular radial glia）　559, 942＊
vulval precursor cell（VPC）　143, 923＊
VZ（ventricular zone）　942＊

● W

Watson, James　55
white matter　553, 943＊
whorl　80, 228, 925＊
whorled　312
Wingless　137f, 356
wingless（*wg*）　126, 358f
Wnt　137f, 303f, 304f, 423, 579, 630, 677, 705,
　759
　　Notum との拮抗　127f
　　勾配　426f
　　シグナル伝達経路　128f
　　腎臓の発生　699f
　　ゼブラフィッシュ　842
　　プラナリア　828f, 829f
　　ヒレ再生　844f
Wnt/カルシウム経路　129
Wnt/calcium pathway　129
Wnt/β カテニンシグナリング　832, 834f
Wnt1　686
WNT3，勾配　823
Wnt4　126f
Wnt7a　756
Wnt7a，背腹のパターニング　757f
Wnt8a　141
Wnt11　414, 416f
Wnt 経路，腸管形成　772
Wnt シグナル，間充織細胞　699
Wnt ファミリー　126
Wolbachia　866
Wolffian duct　693, 923＊
Wolpert, Lewis　16

wound epidermis　835, 926＊
Wt1　198f
WUSCHEL　155

● X

X chromosome inactivation　205, 921＊
Xbra　116, 117f, 404f
XenBot　305
Xenopus laevis　11f
Xenopus nodal-related　418f
Xenopus nodal-related 1　427
Xist　206
Xnr　418f
Xnr1　427
Xwnt8　418f, 426
XX（卵巣）経路　201
XY（精巣）経路　201
xylem　15, 947＊
X 染色体の不活性化　205, 495, 526, 921＊

● Y

Yamanaka, Shinya　79
yellow crescent　41, 390, 924＊
yolk cell　431, 948＊
yolk plug　406, 948＊
yolk sac　444, 948＊
yolk syncytial layer（YSL）　429f, 432, 948＊
YSL（yolk syncytial layer）　948＊
Y 染色体性決定領域　921＊

● Z

zeugopod　724, 947＊
zinc spark　266f
zona pellucida　243, 940＊
zona protein 1, 2, 3　263
zone of polarizing activity（ZPA）　725, 747,
　927＊
ZP1～4　263
ZPA（zone of polarizing activity）　725, 747,
　927＊
zygote　2, 935＊
zygotene　220
zygotic genome　280, 935＊

和文索引

● あ

アイソフォーム，スプライシング――　934＊

アイデンティティ
　　層—— 561, 561f, 936*
　　体節　660
亜鉛スパーク　265, 266f
アオウミガメ　876
アカメアマガエル　857, 858f
アーキオサイト　812
アクチビン　386, 921*
アクチン　109f, 409f
アクチンフィラメント　602
アクトミオシン収縮　921*
アザラシ肢症　23f
脚，成虫原基　796
アセチル化　921*
　　ヒストン　70, 944*
アセチル基転移酵素，ヒストン——　944*
アセンブロイド，神経回路　622f
アトラジン　869
アニマルキャップ　382, 399, 439f, 921*
アニマルキャップ細胞　305
アノイキス　171, 921*
アーバスキュラー　865f
アヒル，自脚　761f
アフリカツメガエル　11f
アポトーシス　16, 758, 921*
アポミクシス　268
アホロートル
　　再生芽　838f
　　肢芽　838f
　　四肢再生　840f
アラタ体　798, 921*
アリル　906
アルコール
　　催奇形因子　517
　　胎児の脳への影響　517f
　　頭蓋顔面の異常　519f
　　脳の異常　519f
アルコール症候群，胎児性——　517, 938*
アルコール・スペクトラム障害，胎児性——　518, 938*
アルビニズム　514
暗域　445, 921*
アンカー細胞　143, 144f, 922*
アンジオジェニン-3　871f
アンジオポエチン　713, 922*
アンタゴニスト
　　BMP——　419
　　オーガナイザー　425f
アンチコドン　59
安定性，mRNAの　87
アンドロゲン　206, 922*
アンドロゲン受容体タンパク質　207

アンドロゲン不応症候群　206, 207f
アンドロゲン不感性症候群　922*

●い

緯割　372
維管束組織　14, 922*
移行領域　532, 922*
囲鰓堤細胞　599
異時性　892, 922*
異質性
　　遺伝的異質性　514
　　表現型異質性　514, 944*
異種親和性結合　98, 922*
異所性　889, 945*
異所性妊娠　495, 922*
囲心腔　922*
異数性　488, 922*
　　常染色体　489
　　性染色体　489
　　染色体——　490, 523, 524f
一次間充織　373, 922*
一次軸　298, 922*
　　左右相称動物　300f
　　放射相称動物　300f
一次神経管形成　531, 531f, 532f, 533, 922*
一次性決定　922*
一次精母細胞　224, 922*
一次繊毛　141, 142f
一次胚盤葉下層　447, 448f
一次胚誘導　301, 412, 922*
一次幼生　786, 922*
位置情報制御遺伝子　922*
　　プラナリア　830, 831f
一卵性双生児　507
　　ヒト——　508f
一過性増幅細胞(TA細胞)　151, 922*, 936*
一酸化窒素　875, 875f
遺伝学，逆——　926*
　　順——　342, 932*
遺伝子
　　T——　474
　　位置情報制御——　830
　　インプリンティング(刷り込み)——　459, 494
　　ギャップ——　344, 344f, 351t, 352
　　神経上皮——　420f
　　セグメントポラリティー——　344, 344f, 351t, 356, 358f, 935*
　　花器官決定——　943*
　　分節——　344, 351, 351t, 945*
　　ペアルール——　344, 344f, 351t, 354, 354f,

　　945*
　　母性効果——　339, 344f, 946*
　　ホメオティック——　344f, 359
　　ホメオティックセレクター——　345, 357, 946*
　　末端——　350
　　レポーター——　949*
遺伝子診断，着床前——　515
遺伝子制御ネットワーク　83, 83f, 376, 382, 800, 922*
遺伝子の変異，発生異常　511
遺伝子発現，差次的——　930*
遺伝子マーカー　20f
遺伝的異質性　514, 922*
遺伝的等価　922*
遺伝的同化　902, 904, 922*
　　進化的利点　905
遺伝的モジュール性　882
移動
　　細胞の集団——　406
　　集団——　931*
移入　16, 284, 284f, 293f, 922*
　　骨片形成間充織細胞　376f
イノシトール1,4,5-三リン酸(IP$_3$)　254, 922*
異方性，機械的な——　926*
イモリ
　　眼　841
　　レンズ再生過程　843f
移流　327
異量性　894, 946*
陰窩　171, 922*
陰窩基部円柱細胞　171
陰核　204, 922*
陰茎　206, 922*
陰唇陰嚢隆起　205, 922*
インスリン　777
インスリン様増殖因子　425, 922*
インターカレーション　293, 465f
インターキネシス　222
インターロイキン3　718
インテイン　232, 922*
インテグリン　108, 108f, 922*
咽頭　766, 769, 923*
咽頭弓　769, 923*
　　ヒト——　596t
咽頭嚢　769, 923*
　　腺原基形成　770f
咽頭膜，口腔　504
インドール-3-酢酸　135f
イントロン　62, 63f, 923*
陰嚢　206, 923*
インプリンティング，ゲノム——　75

インプリンティング（刷り込み）遺伝子　459,
　　494, 923*
陰門　324f
陰門前駆細胞　923*

● う

ウォルパート，ルイス　16
ウォルフ管　205f, 693, 923*
ウシ，ルーメン　911f
ウニ
　　2個の精子による異常発生　251f
　　Ca²⁺流入　256f
　　運命決定　381
　　原腸形成　373
　　原腸の伸長　380f
　　細胞系譜　374f
　　条件的特定化　43f
　　初期発生　370
　　初期卵割　370
　　先体反応　247f
　　胞胚形成　372
　　予定運命図　374f
　　卵割　371f
　　卵の膜電位　251f
　　卵への精子進入　249f
ウニ胚，予定運命図　373
運河モデル　819, 923*
運動カラム
　　外側──　605
　　正中──　605
運動ニューロン　590f, 606, 606f, 607f, 621f,
　　623f
　　ガイダンス機構　606
　　軸索の停滞と細胞死の解析　623f
　　シナプスの分化　621f
　　組織化　607f
　　ナビゲーションプログラム　605
運命決定，ウニ　381
運命図，予定──　948*
運命マッピング　21f

● え

営業開始（open for business）モデル　360, 361f
衛星細胞　923*
栄養外胚葉　158, 159f, 459, 463f, 923*
栄養芽細胞　459, 460, 462f, 479, 923*
栄養細胞　232, 923*
栄養成長　228f
栄養成長期　15
栄養成長相　13f

栄養膜
　　合胞体性──　499
　　細胞性──　499
栄養膜合胞体細胞層　923*
栄養膜細胞層　923*
栄養輸送，植物　34f
エウノトサウルス　26
エキシン　232, 923*
エクジソン　797, 923*
エクジソン受容体　799, 923*
エグゼンプラリスヤマクマムシ　7f
エクソン　62, 63f, 923*
　　カセット──　85f
　　相互排他的──　85f
エコエボデボ　901, 935*
エコデボ　878, 935*
エコモルフ　852, 926*
エストロゲン　197, 208
エドワーズ症候群　489
エナメル結節　644, 923*
エネルギド　337, 923*
エビ　25f
エピアリル　906, 923*
エピジェネティクス　69, 923*
　　内分泌撹乱作用　525f
エピジェネティック因子　72f
エピジェネティック形態，ホソバウンラン　906f
エピジェネティック変化，選択可能　906
エピブラスト　502
エピボリー　400, 400f
エピモルフィン　679
エフ（Eph）受容体　920*
エフリン　616f, 619, 666, 667f, 923*
　　神経堤細胞　589
　　反発パターン　608
エフリンシグナル　667f
エフリンリガンド　142, 923*
エボ・デボ　882
襟細胞　29, 287, 812, 923*
　　カイメン　812f
エリスロポエチン　718, 924*
襟鞭毛虫　29, 31f, 287, 305, 924*
　　コロニーでの行動　288f
エルンスト・ヘッケル　285
エレベーター運動　557, 924*
　　神経上皮細胞　558f
エレメント
　　シス調節──　931*
　　神経特異的サイレンサー──　933*
遠位臓側内胚葉　466f
塩基性繊維芽細胞増殖因子　713, 924*
塩基性ヘリックス-ループ-ヘリックス（bHLH）

　　76t
塩基性ロイシンジッパー（bZip）　76t
遠近軸　724
沿軸（体節）中胚葉　924*
遠軸筋　683, 684, 924*
沿軸中胚葉　655
　　形成　657
　　細胞運命　657
　　神経中胚葉前駆細胞の制御　660f
　　対向濃度勾配　659
　　特定化　658, 659
　　モルフォゲン　659
延髄　554
エンドウヒゲナガアブラムシ
　　共生　908f
　　成体の色　908f
エンドセリン　617, 924*
エンドブラスト　447, 448f
エンハンサー　61, 65f, 66, 924*
　　応答性──　898
　　モジュール性　67f
　　モジュール性による進化　883f
円盤状部分卵割　924*
エンマコガネ　855

● お

尾，脊椎動物　473
黄色三日月環　41, 390, 924*
黄体　488, 924*
黄体形成ホルモン　226, 486, 924*
応答性エンハンサー，変異　898
応答体　110, 924*
応答能　110, 924*
覆いかぶせ運動　16, 284, 284f, 291, 294f, 400,
　　400f, 401, 401f, 433f, 436f, 453, 924*
オオハルタデ　862
オーガナイザー　301, 411, 412, 419f, 823, 924*
　　D割球──　320
　　機能　418
　　シュペーマン-マンゴルト──　475f
　　頭部──　440
　　尾部──　439
　　分泌されるアンタゴニスト　425f
　　誘導する経路　416f
オーキシン　132, 314, 863
　　シグナル伝達　134f, 135f
　　木部の再生　821f
オーキシン輸送　317f
遅い多精拒否　252, 256f, 924*
オーソログ　888, 924*
オバスタシン　265, 924*

オープンリーディングフレーム（ORF）　60f
オルガノイド　186, 924*
　　腎臓——　697f, 698
オルガノイド誘導　187f
温度, 性的表現型　858
温度依存的性決定　859
温度感受性タンパク質　215
温度走性, 精子　261

●か

外顆粒層　554, 924*
介在ニューロン　544
外側運動カラム　605
外側放射状グリア　559, 924*
ガイダンス, 軸索——　604, 611f, 614f
ガイダンス機構, 運動ニューロン　606
ガイダンスキュー　608
　　成長円錐　612
　　ネトリン　611
ガイダンスシグナル, Rho GTPアーゼ　604f
ガイダンス分子　608
外転, ショウジョウバエ　795
回転卵割　281f, 457, 458f, 924*
外套　553
外套層　924*
外胚葉　16, 17f, 924*
　　栄養——　463f
　　主要な器官　530f
　　放射状の相互挿入　294f
　　予定——　400
外胚葉細胞, 予定——　382f
外胚葉性頂堤　725, 925*
　　活性ドメイン　744
　　間充織との相互作用　751f
　　操作　737f
　　阻害ドメイン　744
　　頂端領域　744
　　フィードバックループ　736
　　役割　738
外胚葉付属器　644, 645f, 925*
灰白質　553, 925*
蓋板　925*
外皮　642
外膜　704
カイメン
　　襟細胞　812f
　　生活環　875f
カイメン動物　29, 287
カエル
　　原腸形成　403f
　　受精　397f

中胚葉の発生　702f
変態　787t
　　変態中の領域特異性　792f
化学走性　246, 617
　　精子　246f, 261
化学走性タンパク質　617
化学的親和性仮説　618, 925*
花芽原基　316f
花芽分裂組織, 運命特定化　230f
蝸牛　631, 925*
蝸牛前庭神経節　632, 925*
がく　228, 925*
核移行, Dorsalタンパク質　363
角化細胞　925*
角化層　925*
角質層　643, 925*
核スペックル　94
拡張された進化の総合説　925*
核分裂, ショウジョウバエ胚　337f
攪乱　22, 925*
過形成　567, 942*
果実　925*
芽状突起, 末梢——　647, 947*
花序分裂組織　71, 313, 315f, 317f, 925*
カスケード
　　シグナル伝達——　931*
　　誘導——　639
カースト　852, 854f
ガストルロイド　302, 302f, 303f, 925*
ガストレア説　285, 286f
カゼイン遺伝子　121f
仮説, 化学的親和性——　618
カセットエクソン　85f
仮足
　　糸状——　374, 375f, 378f, 381, 602, 931*
　　葉状——　295f, 407
可塑性, 表現型——　944*
型　852, 925*
カタユウレイボヤ　41
花柱　232, 925*
割球　8, 280, 925*
　　4d——　320, 321f, 322
　　MS——　330f
　　小——　308, 372, 932*
　　大——　308, 372, 937*
　　中——　372
割腔　946*
活性ドメイン, 外胚葉性頂堤　744
褐虫藻　876
滑脳　568
　　マウス　568f
カテニン　103, 104f, 109f, 925*

β——　201, 320, 383, 384f, 391, 391f, 413,
　　415f, 416, 416f, 440, 440f, 919
カドヘリン　103, 104f, 109f, 377, 925*
　　C-——　409f
　　E-——　103, 105f, 106f, 160, 458, 539f,
　　920*
　　N-——　104, 106f, 539f, 920*
　　P-——　104, 106f, 920*
　　R-——　104, 920*
　　プロト——　104
　　量の重要性　106f
カナリゼーション　819
カハール-レチウス細胞　562, 925*
花粉　232f, 268, 925*
花粉管
　　伸長　269, 270f
　　多——　272
　　誘引　270
花粉粒　230
花弁　228, 925*
カメ
　　甲羅形成　890
　　ヘテロトピー　891f
ガラクトシダーゼ, β-——　599f
顆粒球マクロファージコロニー刺激因子　718
顆粒細胞　554, 925*
顆粒細胞下帯　163, 925*
顆粒膜細胞　200, 925*
　　前駆——　200, 936*
カルシウムイオン（Ca^{2+}）, 多精拒否　252
カルシウムイオン放出, ヒトデ卵　245f
カルシウム波　253, 925*
カルシウムフラッシュ　253
カルス　268, 816, 925*
カルバリル　858
環域　80, 228, 925*
環域型　312
感覚神経節　632
　　形成　632
　　葉裂　632
感覚性プラコード, 非——　642
感覚ニューロン　606f
感覚プラコード　628, 940*
感覚有毛細胞　631
間幹細胞　821, 926*
感丘　628
環境性決定　214
環境多型　852, 926*
環境統合　5
肝憩室　775, 926*
眼形成野
　　Sonic hedgehog　639f

形成 637, 638f
肝細胞, 遺伝子発現の変化 846f
幹細胞 150, 926*
　　間── 821
　　間充織── 177, 179f, 926*
　　基本的な概念 151f
　　茎 816
　　骨髄由来── 177, 926*, 929*
　　再生 807, 808f
　　細胞置換 821
　　神経── 163, 933*
　　人工多能性── 183
　　制御 152
　　成熟過程 152f
　　成体── 935*
　　成体全能性── 826
　　造血── 153f, 174, 176f, 715, 936*
　　多能性── 154
　　多能性造血── 715, 938*
　　腸── 171
　　ナイーブ型胚性── 941*
　　胚性── 151, 180, 459f
　　発生 648f
　　ヒドラ 821
　　表皮付属器 647
　　プライム型胚性── 945*
　　扁形動物 824
　　メラノサイト── 648, 947*
　　毛包── 648, 650f
　　誘導多能性── 947*
幹細胞因子 216, 593, 717, 718f, 926*
肝細胞増殖因子 846, 926*
幹細胞ニッチ 153, 926*
　　成体── 935*
　　腸── 939*
幹細胞の非対称性 150, 926*
幹細胞を使った再生 926*
間質細胞由来因子-1 596
間質由来因子1 176, 926*
間充織-上皮転換 668
　　体節形成 666
間充織
　　一次── 373, 922*
　　外胚葉性頂堤との相互作用 751f
　　組換え実験 644
　　後腎── 697, 929*
　　骨片形成── 373, 929*
　　二次── 373, 941*
　　非骨片形成── 373, 943*
間充織幹細胞(MSC) 176, 177, 179f, 926*
　　分化 179f
間充織細胞 15, 98, 926*

Wnt シグナル 699
　　相互挿入 297
　　ネフロンへの転換 699
　　非骨片形成── 379f, 380
関節, 形成と細胞死 758
関節形成 759
関節刀 656
間接発生型動物 786, 926*
汗腺, ヒト 896f
完全変態 926*
完全変態発生 793
肝臓, 細胞系譜 778f
肝臓形成 775
肝臓内胚葉形成 776f
陥入 16, 284, 284f, 292f, 293f, 400f, 926*
間脳 542, 926*
眼プラコード 628
カンブリア爆発 28, 926*
眼胞 110, 926*
　　レンズの誘導 111f
緩歩動物 7
ガンマアミノ酪酸 271
顔面頭蓋 598, 926*
間葉球 178f
間葉系幹細胞 926*
間葉細胞 926*
眼領域, 予定── 948*
冠輪動物 278, 926*
関連多面作用 512

●き

キアズマ 220
キイロショウジョウバエ 333
　　多核性胞胚葉 46f
機械的な応力, 葉序 318f
機械的な異方性 314, 926*
器官形成 8, 926*
器官再生, 新生── 934*
気管支上皮
　　分岐形態形成 781f
　　マウス 781f
気管の分岐形成メカニズム
　　鳥類 783f
　　哺乳類 783f
奇形・形成異常 22
奇形学 22, 480, 926*
気孔 33, 926*
基質弾性 179f
傷表皮 835
傷表皮 926*
寄生 863, 926*

擬体節 352, 352f, 926*
基底層 642, 926*
基底脱落膜 500
基底板 107, 642, 926*
キナーゼ
　　Src ファミリー── 611
　　サイクリン依存性── 283
ギナンドロモルフ 210, 210f, 926*
キネトコア 219
機能的な冗長性 263
機能分化 887
基部-先端軸 724, 736
　　極性の決定 738
　　方向特定化の制御 738f
キボシサンショウウオ 869, 870f
基本組織 14, 926*
基本転写因子 65, 65f, 926*
キメラ胚 19, 926*
逆遺伝学 56, 926*
脚原基, ショウジョウバエ 796f, 797f
逆転写PCR 55, 927*
ギャップ遺伝子 344, 344f, 351t, 352, 927*
　　ネットワークの構造 353f
　　変異 351f
キャップ間充織細胞 699
キャップ細胞, アニマル── 305
キャップ配列 63, 927*
丘 568
臼歯 645f
休止期 927*, 947*
嗅プラコード 628, 927*
休眠 34, 927*
境界決定面 668, 669, 670f, 927*
　　体節 669f
　　分節時計 673
境界溝 554, 927*
胸腔 927*
共生 863, 927*
　　細胞内── 930*
　　進化 907
　　発生過程 907
共生細菌 871f
共生者 863, 927*
共生総体 863
共生藻類 877
胸腺刺激ホルモン, 前── 797, 936*
共線性 927*
共調節因子, 転写── 940*
共通祖先
　　最後の真核生物── 929*
　　最後の普遍的── 929*
共通配列 927*

索引　か～け　**969**

共発生　907, 927*
莢膜　486
胸膜腔　701
莢膜細胞　200, 927*
巨核球/赤血球前駆細胞　718
極細胞　337, 927*
局所的自己活性化-側方抑制系，チューリングモ
　デル　742
極性，頭尾軸　827
極性化活性帯（ZPA）　725, 747, 927*
　　Sonic hedgehog　746
　　移植　747f
極性輸送　133
極体，第一──　226
棘皮動物
　　系統関係　370f
　　受精　243
極葉　319, 927*
許容的な相互作用　113, 927*
魚類
　　ヘテロメトリー　895
　　胞胚　432f
　　予定運命図　432f
近位筋　927*
筋萎縮性側索硬化症　186
筋衛星細胞　685
筋芽細胞　683, 927*
緊急避妊ピル　488
筋形成制御因子　685
筋原性制御因子　927*
菌根　865, 865f, 927*
近軸筋　683, 684
筋上皮　821, 927*
筋節　656, 927*
　　遺伝子発現の差異　686f
　　発生　685
　　皮──　683
筋肉
　　収縮　759
　　発生　685
菌膜　874

● く

クアドラント（四分区）系譜　309
空間的共線性，Hox遺伝子　662
空洞化　460
空洞化現象　927*
茎，幹細胞　816
クジラ，シグナルセンター　762
屈曲点
　　制御　533

中央──　533, 939*
背側──　533, 942*
屈曲点形成，モルフォゲン　536f
クッパー胞　440, 927*
クマムシ　7
クラインフェルター症候群　489
クラウン細胞　473, 927*
グリア　552
　　外側放射状──　924*
　　小脳　560
　　大脳新皮質　560
　　脳室放射状──　942*
グリア細胞　927*
　　放射状──　552, 946*
グリア細胞由来神経栄養因子　590, 698, 927*
　　尿管上皮の分岐形成　699
グリコーゲン合成酵素キナーゼ3（GSK3）　128f,
　129, 181, 928*
グリピカン　136
グリホサート　858
クロマチン　61, 928*
　　構造　62f
クロマチン間顆粒群　94
クロマチン免疫沈降シークエンス　928*
クローン形成新生細胞　826, 928*
クローンヒツジ　58f
群体起源説　28, 30

● け

毛　646, 647
経割　371
蛍光色素　19, 928*
形質転換増殖因子　130
形質転換増殖因子α　846
形成異常　928*
形成細胞巣　161, 162f
形態形成　4, 97, 928*
形態形成決定因子　114
形態発生学的拘束　900
茎頂分裂組織　71, 154, 156f, 157f, 315f, 316f,
　928*
系統樹
　　原腸形成　289f
　　脊索動物　396f
　　多細胞動物　277f
系統追跡　40, 928*
血液血管芽細胞　928*
血管　759
　　血管床　713
　　出芽　713
血管形成　710

血管周囲ニッチ　174, 175f
血管床，血管　713
血管新生　710, 711f, 713, 928*
血管新生阻止　714
血管内皮細胞，造血──　937*
血管内皮増殖因子（VEGF）　713, 928*
　　VEGF受容体　713f
　　マウス　713f
血球血管芽細胞　708
月経周期　481, 928*
　　ヒト　497f
結合双生児　507, 509f, 928*
　　仮説　509f
結合ドメイン，DNA結合──　920*
血小板由来増殖因子　679
結節　464, 928*
　　エナメル──　644
　　原──　946*
　　生殖──　204, 934*
　　ヘンゼン──　449, 450f, 452f, 454f, 946*
決定　38, 928*
決定因子，細胞質──　930*
決定フロント→境界決定面　928*
血島　712, 928*
ゲノム　8, 57, 928*
　　接合子──　935*
ゲノムインプリンティング　75
ゲノムの刷り込み　75
ゲノムの等価性　53, 57
ケラチノサイト　642, 925*
腱，形成　682
牽引力顕微鏡　407
原窩　449
顕花植物，生活環　12
原形質連絡　33, 928*
原結節　946*
原口　10, 298, 379, 402, 928*
原溝　449, 928*
原口唇，ツメガエル　405f
原口背唇部　301f, 402, 422f, 928*
原口板　298, 299f
原口閉鎖　320f
原始内胚葉　461, 463f, 766, 928*
原条　291, 298, 449, 454f, 464, 465f, 928*
　　形成と伸長　450f
　　細胞移動　452f
　　退行　453
原条節　449
原始卵胞　486
減数分裂　196, 219, 220f, 928*
　　卵形成　226
原腸　373, 379, 402, 928*

伸長　380f
原腸蓋　408, 424f
原腸陥入　284f
原腸形成　8, 275, 283, 501, 502, 928＊
　　Caenorhabditis elegans　325, 326f
　　Lytechinus variegatus　375f
　　ウニ　373
　　開始　289
　　カエル　403f
　　系統樹　289f
　　軸伸長　295
　　ショウジョウバエ　339, 340f, 364f
　　進化的起源　285
　　ゼブラフィッシュ　294f, 433, 433f
　　胎盤　503
　　鳥類　446
　　ツメガエル　400f, 404f, 408f
　　内部化　291
　　ニワトリ　454f, 655f
　　ヒト　464f, 505f
　　哺乳類　461, 462f
　　ホヤ　388, 388f
　　巻貝　318, 319f
　　両生類　295f, 399
原腸形成期　482
原腸形成期胚, ショウジョウバエ　342f
原腸形成中, ゼブラフィッシュ　434f
原腸底　408
原腸胚　8, 501, 928＊
　　アフリカツメガエル　11f
　　ヒト──　504f
顕微鏡
　　牽引力──　407
　　トラクションフォース──　407
　　ライトシート──　434f, 437f

● こ

コア転写因子回路　460f
効果遺伝子, 母性──　946＊
口外胚葉　767
効果因子, 母性──　946＊
甲殻類付属肢, 異なる機能　891
口陥　767, 928＊, 929＊
後期　222
口丘　821, 928＊
　　役割　823
口腔-肛門軸　299
口腔-反口軸方向　300f
口腔咽頭膜　504
後口動物　278, 928＊
　　系統関係　370f

シグナルによる神経系の誘導　887f
硬骨魚
　　機能的特徴付け　814f
　　再生応答性エンハンサー　814f
後根神経節　928＊
交叉　220, 929＊
虹彩　112f
甲状腺刺激ホルモン　790
甲状腺ホルモン受容体　789, 929＊
　　調節　790
後腎間充織　929＊
　　形成　697
　　尿管芽　698
後神経孔　536
後成説　929＊
後生動物　276
　　ボディプラン　279f
硬節　656, 657t, 929＊
　　Scleraxis　683f
　　再分節　680f
　　発生　677
硬節細胞, ニワトリ　678f
拘束
　　形態発生学的──　900
　　発生──　899, 900
　　物理的──　900
後側方胚盤葉上層　453
喉頭気管溝　780, 929＊
後脳　542, 929＊
口板　767, 929＊
後方限定制御領域　752
合胞体　46, 337, 929＊
　　核の配置　47f
後方帯域　447, 451, 929＊
合胞体ケーブル　374, 375f, 378f
合胞体性栄養膜　499
後方腸門　767, 929＊
抗ミュラー管ホルモン　199, 206, 929＊
コウモリ
　　前肢の発生　28f
　　翼の獲得　890
肛門直腸移行部　767, 929＊
交連神経軸索
　　軌道　610f
　　ラット　610f
交連ニューロン　610, 614f
　　軸索ガイダンスのモデル　614f
呼吸管　766, 779, 929＊
呼吸憩室の分離　780f
呼吸の開始　710
コザック配列　59, 60f, 64, 929＊
個体差の少ない細胞系譜　929＊

固着　874
骨形成タンパク質（BMP）　130, 304, 304f, 322,
　　579, 929＊
　　指のアイデンティティ　749
骨形成タンパク質4　111
骨形成タンパク質ファミリー　130
骨髄系共通前駆細胞　718
骨髄由来幹細胞　177, 926＊, 929＊
骨内膜ニッチ　174, 175f
骨片　375f, 378f
骨片形成間充織　373, 929＊
　　特定化　382
骨片形成間充織細胞
　　位置決定　378f
　　移入　376f
コーテックス　943＊
コドン　54
　　翻訳終止──　947＊
ゴノサイト　216, 486, 929＊
コヒーシン　221f, 222
コープハイイロアマガエル　857
コラーゲン　107f
　　IV型──　107, 919＊
コラーの鎌　447, 448f, 929＊
コリパーゼ　871f
コルチ器官　631, 633, 929＊
コルチコトロピン放出ホルモン　790, 861
コーンスネーク
　　Oct4　897
　　体節形成　897
コンセンサス配列　84
根端分裂組織　154, 156f, 157f, 929＊
昆虫
　　三分子一体仮説　800f
　　発生様式の種類　793f
　　ヘテロタイピー　896
　　変態　793f, 797
　　変態の調節機構　798f
　　ホルモン制御　797
昆虫類, Ubxタンパク質の変化　897f
コンパクション　458, 929＊
　　ヒト　458f
コンピテンス　110
根粒菌　864, 864f

● さ

催奇形因子　22, 125, 515, 515t, 516, 929＊
　　アルコール　517
サイクリンB　282f, 283, 929＊
サイクリン依存性キナーゼ　283
サイクロピア　125

索引　け〜し　**971**

ザイゴテン(合糸)期　220, 220f
最後の真核生物共通祖先　28, 929＊
最後の普遍的共通祖先　27, 929＊
再細胞化　113f
再集合塊　101f
再集合実験，両生類の神経胚の細胞　100f
再生　5, 805, 929＊
　　Wnt/βカテニンシグナリング　844f
　　オーキシン　821f
　　幹細胞　807, 808f
　　サイズの認識と終了　809
　　再編──　807
　　細胞イベント　809f
　　サンショウウオ　835
　　システムの統合　809
　　植物　815
　　進化的起源の模式図　811f
　　進化的視点　809
　　新生器官──　934＊
　　ゼブラフィッシュ　842
　　全身──　819
　　全能性　815
　　代償性──　808, 808f, 844, 938＊
　　動物　835
　　トゲネズミ　846, 847f
　　必要なステップ　807
　　ヒドラ　821, 824
　　ヒレ　842, 844f
　　付加──　807, 808f, 944＊
　　プラナリア　828f, 833f
　　扁形動物　824
　　方法　807
　　哺乳類　844
　　免疫応答　809
　　リプログラミング　809
　　レンズ　842, 843f
再生医療　181, 929＊
再生応答性エンハンサー　812
　　硬骨魚　814f
　　真骨魚　814f
再生芽　807, 930＊
　　アホロートル　838f
　　四肢　840f
　　四肢再生芽　836f
　　神経　838
　　脱分化　839f
　　頂端表皮キャップ　838
　　プラナリア　826
再生能力の比較　807f
再生の進化　812
臍帯静脈　712, 930＊
臍腸管静脈　712

サイトカイン　718, 930＊
サイトニーム　138, 140f, 141, 930＊
再分節　679
再分節化　930＊
再編再生　807, 930＊
再編再生，ヒドラ　821, 824
細胞運命
　　決定　39f
　　成熟　49f
細胞運命図，らせん卵割胚　310f
細胞運命特定化因子　321f
細胞化　47, 930＊
細胞外基質　105, 846, 930＊
細胞ガイダンス，背外側経路　593
細胞外輸送　133
細胞核　930＊
細胞間コミュニケーション　98, 99f
細胞間相互作用，Caenorhabditis elegans　330
細胞境界線の縮小モデル　297f
細胞系譜
　　ウニ　374f
　　個体差の少ない──　929＊
細胞系譜トレーサー　20f
細胞系列，生殖──　934＊
細胞死，変態　788
細胞質極性　344f
細胞質決定因子　39, 311, 930＊
細胞質の再配置　389f
細胞死のパターン
　　アヒル　758f
　　ニワトリ　758f
細胞周期，初期卵割　282f
細胞性栄養膜　499
細胞性胞胚葉　337, 338f, 930＊
細胞接着　607
細胞接着分子　103, 930＊
細胞選別　102f
細胞挿入運動，放射状の──　946＊
細胞置換，幹細胞　821
細胞同士の牽引モデル　297f
細胞特定化　38
細胞内共生　28, 863, 930＊
細胞の集団移動　406, 930＊
細胞分化　4
　　背外側経路　592
細胞分裂促進因子　258, 282
細胞分裂停止因子　488
細胞壁　33
細胞融合，Caenorhabditis elegans　325
再利用，モジュール性　884
サイレンサー　61, 69f, 930＊
サイレンサー因子，神経特異的──　933＊

サイレンサーエレメント，神経特異的──　933＊
差次的RNAスプライシング，Sex-lethal　212f
差次的遺伝子発現　53, 930＊
　　mRNA前駆体のプロセシング　83
　　mRNAの翻訳　87
　　転写　69
　　翻訳後タンパク質修飾　92
差次的寿命，mRNA　87
差次的親和性　101, 930＊
差次的接着仮説　102, 930＊
差次的プロセシング，mRNA前駆体の──　84, 84f, 920＊
刷子細胞　172f
蛹　794, 930＊
サブファンクショナライゼーション　887
左右軸　8, 930＊
　　ゼブラフィッシュ　440
　　哺乳類　472
　　両生類　427
左右軸形成
　　Caenorhabditis elegans　328
　　鳥類　454
左右相称性　31
左右相称全割　387, 930＊
左右相称動物　278, 930＊
　　一次軸　300f
左右相称卵割　281f
左右非相称性
　　ニワトリ胚　457f
　　ヒト胚　472f
サリドマイド　22, 23f
サンゴ　876
三叉プラコード　628, 930＊
サンショウウオ
　　過剰肢の形成誘導　841f
　　幹細胞の活性化　835
　　再生　835
　　四肢再生　835
　　四肢再生のステージ表　837f
　　前肢再生　835f
　　脱分化　835
　　付加再生　835
三胚葉，特定化　410
三胚葉動物　278, 930＊
三半期(トリメスター)　484, 930＊
三分子一体仮説　799
　　昆虫　800f
産卵口前駆細胞　143, 144f

●し

耳，形態形成　632

肢
 Hox遺伝子　726
 解剖学的構造　724f
 決定機構　729
 コンピュータシミュレーション　746f
 再生　762f
 シグナルセンター変化による進化　760
 パターン形成　739, 739f
 発生のメカニズム　742
 分子勾配モデル　739, 740
ジアシルグリセロール(DAG)　254f, 255f
ジエチルスチルベストロール(DES)　521
 生殖器の異常　522f
ジェルビン　125
耳窩　930*
肢芽　725, 726f, 930*
 Fgf10の発現と活性　734f
 Hox遺伝子　741f
 アホロートル　838f
 吸虫の包囊　731f
 上皮-間充織転換　735f
 初期の誘導　731
 伸長　736
 正のフィードバック　735
 調節能　730
 ニワトリ　734f
 背腹のパターニングモデル　757f
耳窩期　632
肢芽形成, レチノイン酸　731
自家受精　269
子癇前症　714, 931*
色素上皮細胞　842, 931*
自脚　724, 931*
 アヒル　761f
 ニワトリ　761f
 水かき　761
子宮　205, 931*
 及ぼす力学的な力　467
 妊娠　496
 ヒト　458f
子宮頸部　205, 931*
子宮内膜　496, 500, 931*
シークエンス
 RNA──　921*
 クロマチン免疫沈降──　928*
軸形成, 耳胞　635f
軸決定, 耳胞　634
軸決定機構　303f
軸索
 交連神経──　610f
 神経堤との関係　591
 成長円錐　603f

接着　607
 ニューロトロフィン　617f
 ニューロン──　613f
 網膜神経節──　615
 ラット　617f
軸索ガイダンス　604, 611f, 614f
 UNCの発現と機能　611f
軸索経路, 神経系での確立　601
軸糸　239, 931*
軸伸長, 原腸形成　295
軸性パターニング, 体節形成　675
シグナリング, 生体電位──　935*
シグナルセンター, クジラ　762
シグナル伝達
 接触分泌シグナル伝達　935*
 傍分泌因子　136
 傍分泌──　946*
シグナル伝達カスケード　99, 116, 931*
シグナル伝達経路　99, 931*
シクロパミン　125
翅原基　854
始原細胞　154, 931*
始原生殖細胞　215, 503, 931*
 ヒト──　486
 遊走　217f
視交叉　615
肢骨格, Hox遺伝子　725
自己複製　150, 931*
自己分泌相互作用　114, 931*
四肢
 Hox遺伝子　727
 進化　728f
四肢エンハンサー, ヘビとマウス　900f
四肢形成, 遺伝子発現の違い　890f
四肢再生
 アホロートル　840f
 サンショウウオ　835
四肢再生芽　836f
 解剖学的構造　836f
四肢動物　724, 931*
 Hoxd　753f
四肢発生, 再現　840
糸状仮足　140f, 374, 375f, 378f, 381, 602, 931*
糸状仮足サイトニーム　138
耳-上鰓プラコード　631
 発生　631
 誘導　631
 誘導の各段階　632f
視神経　636, 931*
雌ずい　228, 233f, 268, 931*
シス制御エレメント　59
シス調節エレメント　931*

雌性前核　258, 258f, 267
翅成虫原基　800
 区画化　801f
 決定　800
 前後軸のパターニング　801f
歯層　644, 645f, 931*
疾患研究　180
膝状プラコード　629
シナプス　605, 931*
 分化　621f
シナプス形成　620
シナプス後細胞　605, 931*
シナプス前細胞　605, 931*
シナプトネマ複合体　220, 220f
 形成と分解　221f
耳杯　931*
耳杯期　632
ジヒドロテストステロン, 5α-──　208, 919*
節部　15, 931*
耳プラコード　628, 931*
 形態形成　633f
 耳胞への誘導と形態形成　633
四分染色体　220
自閉スペクトラム症　185
子房　232, 233f, 949*
耳胞　632, 633, 931*
 形態形成　633f
 軸形成　635f
 軸決定　634
姉妹染色分体　219, 931*
シャクガ　853f
シャジクモ　32f
シャジクモ藻綱　32
自由拡散　116
十字対生型　312
集団移動　294, 586, 664, 931*
 細胞の──　930*
 神経堤細胞　587f
集団の非対称性　150, 931*
雌雄同体　204, 931*
終脳　931*
皺脳　568
 ヒト　568f
周皮　931*
周皮細胞　713, 931*
重力, 前後軸の特定化　449f
収斂進化　810, 932*
収斂伸長　16, 284, 284f, 380, 400f, 407, 408f,
 409f, 436f, 450, 585, 585f, 932*
収斂肥厚　409f, 410
宿主　863, 932*
珠孔　232, 270

樹状突起　555, 932＊
受精　8, 238, 482, 932＊
　　Caenorhabditis elegans　324
　　カエル　397f
　　棘皮動物　243
　　自家──　269
　　ショウジョウバエ　336
　　体外──　511f, 937＊
　　単精──　939＊
　　重複──　268, 939＊
　　鳥類　445
　　被子植物　268
　　ヒト　493f
　　ヒトデ卵　245f
　　哺乳類　259
　　卵と精子の細胞膜の融合　244f
　　両生類　396
受精丘　249, 932＊
受精能獲得　260, 261f, 932＊
受精膜　252, 252f, 253f, 932＊
受胎産物　481, 932＊
出芽
　　血管　713
　　ヒドラ　822f
出生　484
『種の起源』　23
珠皮　232, 932＊
種皮　232, 932＊
受粉　268, 269f, 932＊
受粉期　268, 932＊
シュペーマン-マンゴルトオーガナイザー　475f
シュペーマン, ハンス　300, 412, 639
受容体　98, 932＊
受容体型チロシンキナーゼ　117, 118f, 120f, 797, 932＊
順遺伝学　56, 342, 932＊
準備された　932＊
上衣　553
上衣細胞　163, 552, 932＊
上位性　932＊
上衣層　932＊
消化管　766, 932＊
　　派生物　769
上顎-下顎プラコード　628
上顎プラコード　634f
小割球　308, 372, 385f, 932＊
　　特定化　383
　　二次軸の誘導　383f
小眼球症関連転写因子（MITF）　592, 920＊
上頸神経節　617
条件依存性　759, 932＊
条件依存的特定化　392

条件的特定化　42, 43f, 329, 381, 932＊
症候群　22, 512, 932＊
上鰓プラコード　629, 932＊
ショウジョウバエ
　　外転　795
　　核分裂　337f
　　脚原基　796f, 797f
　　原腸形成　339, 340f, 364f
　　原腸形成期胚　342f
　　受精　336
　　初期発生　335
　　生活環　335f
　　性決定　209
　　成虫原基　795f
　　成虫組織の位置　795f
　　前後軸形成　345, 347f
　　前後軸に沿ったパターン形成　344f
　　体軸形成　343f
　　体節　352f
　　背腹軸形成　362
　　発生運命　795f
　　表割　336f
　　腹溝　342f
　　分化　795
　　分節化　351t
　　母性効果遺伝子　346t, 349f
　　ホメオティック遺伝子　359f
　　卵割　337
小頭症　191f
小脳　554, 932＊
　　グリア　560
　　構成　555f
　　ラット　555f
上皮-間充織間相互作用, 分岐形成の生体力学　781
上皮-間充織転換（EMT）　15, 108, 109f, 284, 287f, 376, 465f, 932＊
　　Tbx5　735
　　肢芽　735f
上皮, 組換え実験　644
上皮細胞　15, 98, 933＊
　　色素──　931＊
上皮増殖因子　845
上皮様細胞　795, 933＊
小胞子嚢　230, 933＊
漿膜　444, 444f, 933＊
初期肢発生制御領域　752
初期発生
　　ウニ　370
　　概念　275
　　ショウジョウバエ　335
　　ゼブラフィッシュ　428

鳥類　445
　　哺乳類　457
　　ホヤ　387
初期卵割, ウニ　370
食細胞説　286f
食道の分離　780f
植物
　　再生　815
　　再生能力　810
　　生活様式　810
　　陸上──　909
植物極　280, 933＊
植物極回転　400f, 402, 404f, 933＊
植物極側細胞, 特定化　386
植物極板　372, 933＊
　　陥入　379f
植物細胞, 特定化　44
植物半球　372
助細胞　271
自律的特定化　39, 329, 381, 390, 933＊
肢領域
　　予定──　725, 729, 948＊
　　予定前──　733f
指令的な相互作用　113, 933＊
シロイヌナズナ　14
　　生活環　13f
　　静止中心の再生　818f
　　根の横断切片　817f
心黄卵　280, 281f, 933＊
進化　5
　　可塑性先行型　902
　　共生　907
人格　482
真核生物共通祖先, 最後の──　929＊
進化発生生物学　23, 882, 933＊
腎管　693, 933＊
新規再生　816
心筋細胞　704
ジンクフィンガー　76t
神経
　　再生芽　838
　　視──　931＊
　　網膜──　618
神経栄養因子, グリア細胞由来──　590, 927＊
神経回路, アセンブロイド　622f
神経核　552, 930＊
神経管　12, 530, 933＊
　　Shhシグナルの濃度と作用時間　547f
　　閉鎖　533, 536
　　マウス　658f
　　癒合と分離　537
神経管形成　530, 530f, 531, 933＊

一次—— 531, 531f, 532f, 533, 922*
　ツメガエル 539f
二次—— 531, 532f, 541, 541f, 941*
ニワトリ 534f, 535f, 655f
神経幹細胞 163, 933*
　神経細胞への成熟 166f
　分裂時の振る舞い 557
　分裂の対称性 557
　分裂のライブイメージ 558f
神経幹細胞ニッチ 168
神経管閉鎖 537f
　マウス 538f
神経管閉鎖障害 539, 933*
　遺伝的な要因 539
　環境的な要因 539
　環境の影響と葉酸の役割 540f
神経管壁, 分化 553f
神経孔 933*
神経溝 533, 933*
神経産生 558
　大脳皮質 559f
　ペース 567
神経褶 933*
　収斂 533
神経上皮遺伝子 420f
神経上皮細胞
　エレベーター運動 558f
　放射状グリア 560f
神経制限サイレンサー因子 68
神経制限サイレンサーエレメント 68
神経節 542, 632, 933*
　蝸牛前庭—— 632, 925*
　感覚—— 632
　後根—— 928*
　上頸—— 617
　腸管—— 945*
　副交感—— 945*
神経節軸索, 網膜—— 615
神経繊維, パイオニア—— 942*
神経前駆細胞, 成熟と特定化 548f
神経束形成 607, 933*
神経中胚葉前駆細胞 453, 548, 664, 933*
神経腸管 504
神経堤 531, 576, 933*
　軸索との関係 591
　心臓—— 599, 934*
　性質 576
　頭蓋骨 598
　ニワトリ 578f
　美貌 598
　領域 578f
　領域化 576

神経堤系譜, 分離 581f
神経堤細胞 590f
　遺伝子制御ネットワーク 582f
　移動 576f, 581, 583f, 584f, 588f, 592f, 597
　エフリン 589
　簡単なまとめ 594
　筋形成の新たなモデル 687
　筋節を成熟させるシグナル 688f
　集団移動 587f
　心臓—— 577, 599, 600f
　接触阻害 586f
　ゼブラフィッシュ 586f
　仙骨—— 577, 936*
　体幹—— 577, 580f, 587, 937*
　多分化能 579
　腸管—— 591f
　頭部—— 577, 594, 595f, 940*
　特定化 579, 581f
　ニワトリ 588f
　派生物 577t
　不均一性のモデル 581f
　迷走—— 577, 947*
　葉裂(剥離) 582, 584f
神経堤特定化因子 580, 933*
神経伝達物質 605, 933*
神経頭蓋 598, 933*
神経特異的サイレンサー因子 933*
神経特異的サイレンサーエレメント 933*
神経胚 12, 531, 933*
　アフリカツメガエル 11f
神経板 530, 933*
　屈曲 533
　褶曲 533
　神経管への変化 531
　伸長 533
神経板境界特定化因子 580, 933*
神経網膜 636, 933*
神経誘導, 両生類 423
神経竜骨 436, 934*
心血管, 系譜モデル 708f
進行帯 934*
進行帯間充織 725
　発生段階 738f
人工多能性幹細胞(iPSC) 80, 183, 778
　疾患の治療プロトコル 185f
真骨魚
　機能的特徴付け 814f
　再生応答性エンハンサー 814f
シンシチウム 337, 929*
新生器官再生 934*
新生細胞, クローン形成—— 826, 928*
心臓

隔室形成 709f
再構成 113f
ルーピング 709, 709f
腎臓
　中間中胚葉 692
　発生過程 693f
　発生での相互誘導 696f
　発生を制御する組織間相互作用 695
　哺乳類 696f
腎臓オルガノイド 697f, 698
心臓形成 702
腎臓形成
　Hoxb4 695
　Lim1 695
　羊膜類 700
心臓原基, 移動 706f
心臓細胞, 初期の分化 708
心臓神経堤 599, 934*
心臓神経堤細胞 577, 599, 600f
　疾患 599
心臓前駆細胞
　移動 706
　多分化能性—— 708, 938*
心臓中胚葉, 特定化 705
腎臓の発生, Wnt 699f
心臓発生, ホヤ 703f
腎臓分岐形成 696f
心臓弁, 形成 710
心臓領域
　形成 703
　二次—— 707
　予定—— 703, 704f, 948*
靱帯, 形成 682
靱帯節 656, 682
伸長, 肢芽 736
心筒 703, 934*
シンドローム 22
心内膜床 704
腎尿細管, 前—— 936*
心皮 228, 934*
シンビオジェネシス 909, 934*
真皮節 656
新皮質 934*
心膜腔 701
親和性, 差次的—— 930*

● す

髄索 541
膵臓
　細胞系譜 778f
　発生 775f

膵臓形成 776
膵臓細胞，インスリン 777
垂層分裂 155, 934*
錐体プラコード 629
垂直伝播 866, 934*
水平伝播 866, 934*
スカラベ 855
スキアシガエル 860, 861f
スクリーニング，変異体 430f
ステロイドホルモン 208
頭突起 453, 934*
スニーカー雄 856
スーパーソルジャー 853
スフェロイド 178f
スプライシング
　　　性特異的RNA—— 213f
　　　選択的—— 936*
スプライシングアイソフォーム 84, 934*
スプライシング因子 85, 934*
（スプライシング）共通配列 934*
スプライセオソーム 84
スプライソソーム 934*
刷り込み，ゲノムの—— 75

●せ

性 237, 934*
生活環
　　　顕花植物 12
　　　ショウジョウバエ 335f
　　　シロイヌナズナ 13f
　　　被子植物 231f
制御遺伝子，位置情報—— 830, 922*
制御因子，筋原性—— 927*
性決定 211f
　　　アカミミガメ 215f
　　　環境—— 214
　　　ショウジョウバエ 209
　　　生殖腺 200, 201f
　　　生殖腺の—— 934*
　　　染色体による—— 196
　　　第一次—— 197, 922*
　　　第二次—— 204, 941*
　　　被子植物 227
　　　哺乳類 196
　　　有胎盤哺乳類の—— 197f
精原幹細胞集団 200
精原細胞 222, 223f, 934*
　　　A型—— 919*
　　　B型—— 919*
精細管 200

精子
　　　2個の精子が入ったウニ卵の異常発生 251f
　　　ウニ卵への進入 249f
　　　温度走性 261
　　　化学走性 246f, 261
　　　構造 238
　　　成熟 223f
　　　生殖細胞の変化 240f
　　　誘引 246
　　　輸送 259
　　　卵との細胞膜の融合 244f
精子活性化ペプチド 246, 934*
精子完成 222, 224, 934*
精子形成 217, 225f, 934*
　　　哺乳類 222
精子細胞 224, 934*
精子進入 249f, 264, 264f
　　　卵成熟のステージ 242f
精子数 523f
　　　不妊 521
精子注入法，卵細胞質内—— 492
精子頭部 239, 934*
精子認識 264f
生殖 5, 237, 934*
生殖隔離 908
生殖幹細胞 161, 162f
生殖器の異常，ジエチルスチルベストロール
　　 522f
生殖系列 196, 934*
生殖結節 204, 934*
生殖細胞 9, 17f, 934*
　　　始原—— 503, 931*
　　　ヒト始原—— 486
生殖細胞系列 196, 934*
生殖成長 228f
生殖成長期 14
生殖成長相 13f
生殖腺
　　　管構造の発達 205f
　　　性決定 200, 201f
　　　分化 199f
　　　両性になりうる—— 949*
生殖腺の性決定 197, 934*
生殖腺発生，ヒト 198
生殖補助医療 510
生殖補助医療技術 934*
生殖三日月環 452, 935*
生殖隆起 216, 217f, 935*
精巣 203f
精巣経路 201
精巣索 199
精巣上体 206, 935*

精巣網 199, 199f
成体幹細胞 151, 935*
成体幹細胞ニッチ 161, 935*
生体色素 18
生態進化発生生物学 901, 935*
生体染色色素 935*
成体全能性幹細胞 826
成体造血幹細胞（HSC）ニッチ 175f
成体腸，幹細胞ニッチ 171
生体電位 834f
生体電位シグナリング 832, 935*
成体脳，神経幹細胞ニッチ 163
生態発生生物学 878, 935*
成虫 935*
正中運動カラム 605
成虫原基 341, 794
　　　脚 796
　　　翅—— 800
　　　ショウジョウバエ 795f
　　　特定化と増殖 796
成虫細胞 794, 935*
成虫脱皮 794, 935*
成長 5
成長円錐 602, 935*
　　　ガイダンスキュー 612
　　　軸索 603f
　　　セマフォリン 609
　　　反発 608f
成長期 935*
性特異的RNAスプライシング 213f
生物季節 877, 935*
精母細胞 223f
　　　一次—— 922*
生命，発生進化 30f
生命の樹 29f
脊索 24, 405, 935*
　　　椎骨形成 680
　　　発生を導く遺伝子ネットワーク 392f
脊索神経蝶番 418
脊索前板 405, 503, 935*
脊索前板中胚葉 452, 935*
脊索中胚葉 405, 452, 654, 935*
脊索動物 278
　　　系統樹 396f
脊索突起 503
脊索板 503
脊髄 554
　　　特定化 607f
　　　発生 554f
　　　脊柱，発生 681f
脊椎動物
　　　初期発生の比較 475f

腎臓の発生過程　693f
相互作用シグナル　637f
中胚葉　684f
眼の発生　636, 637f
レンズ　841
赤道域　264, 935＊
セグメントポラリティー遺伝子　344, 344f, 351t, 356, 358f, 935＊
変異　351f
世代交代　12, 935＊
赤血球前駆細胞, 巨核球/──　718
接合子　2, 935＊
接合子ゲノム　280, 935＊
切歯　645f
接触阻害　586, 935＊
神経堤細胞　586f
接触分泌シグナル伝達　98, 935＊
接触分泌相互作用　114, 141, 935＊
絶対的相利共生　868, 935＊
絶対的発生的相利共生　870f
接着仮説, 差次的──　930＊
接着結合　103
接着斑　603, 935＊
接着分子, 細胞──　930＊
セビン®　858
ゼブラフィッシュ
Wnt　842
器官再生　842
原腸形成　294f, 433, 433f, 434f
再生　842
左右軸　440
初期発生　428
神経堤細胞　586f
体軸決定　438f
体軸伸長　665f
胚形成　429f
背腹軸　436
ヒレ　842
卵割　430
セマフォリン　609f, 616f
成長円錐　609
反発パターン　608
セルトリ細胞　199, 223f
セルロース微繊維, 植物細胞の伸長方向の制御　315f
繊維芽細胞増殖因子(FGF)　118, 120f, 425, 579, 846, 890, 935＊
塩基性──　924＊
繊維芽細胞増殖因子8　111
繊維芽細胞増殖因子(FGF)受容体　119, 935＊
繊維脂肪前駆細胞　179
前核　8, 242, 935＊

ヒト受精での前核の動き　267f
全割　280, 281f
左右相称──　387, 930＊
放射──　370, 946＊
らせん──　308, 948＊
前期　219
全共生体　863, 935＊
前胸腺刺激ホルモン　797, 936＊
前駆顆粒膜細胞　200, 936＊
前駆細胞　151, 152, 936＊
陰門──　923＊
巨核球/赤血球──　718
神経中胚葉──　453, 548, 664, 933＊
心臓──　706
造血　715
多分化能心臓──　938＊
中間──　559, 939＊
前形成層　817, 936＊
前口動物　278, 936＊
シグナルによる神経系の誘導　887f
前後軸　8, 9f, 299, 300f, 725, 936＊
中枢神経系　542
特定化　745
前後軸形成
Caenorhabditis elegans　327
ショウジョウバエ　345, 347f
マウス　466f
前後軸の特定化, ニワトリ　449f
仙骨神経堤細胞　577, 936＊
前後パターン形成　468
染色体
四分──　220
多糸──　938＊
二価──　220
染色体異数性　488, 490, 523
ビスフェノールA　523, 524f
前肢領域, 予定──　732f
前腎　693, 936＊
前腎管　693, 936＊
前神経孔　536
前腎尿細管　693, 936＊
先節　350, 936＊
先体　239, 936＊
先体小胞　239, 240f, 936＊
先体突起　239, 247, 248f, 936＊
先体反応　246, 262, 936＊
ウニ精子　247f
選択的3′スプライス部位　85f
選択的5′スプライス部位　85f
選択的親和性　101
選択的スプライシング　936＊
mRNA前駆体の──　84, 85f

先端細胞　713
線虫　323
前腸　772
前庭神経節, 蝸牛──　925＊
先天異常　480, 936＊
先天性副腎過形成　207, 936＊
前頭前皮質　569, 936＊
発生のメカニズム　570f
前頭鼻隆起　594, 936＊
セントラル・ドグマ　55, 55f
セントロメア　219
前脳　542, 936＊
全能性　150, 152f, 459, 936＊
再生　815
全能性幹細胞, 成体──　826
前脳胞　542
前胚　44, 936＊
前プラコード　630f
領域の特定化　630f
前変態期　790, 936＊
前方臓側内胚葉　466, 466f, 467f, 936＊
前方腸門　767, 936＊
繊毛細胞　472f, 473
繊毛不全症　141
前若虫　793

●そ

層　936＊
層アイデンティティ　561, 936＊
大脳皮質　561f
造血　936＊
幹細胞　715
細胞系譜　719f
前駆細胞　715
微小環境　718
造血幹細胞　153f, 174, 176f, 715, 718f, 936＊
多能性──　715, 938＊
発生経路　716f
造血幹細胞ニッチ　174
造血血管内皮細胞　937＊
造血性内皮細胞　715
造血ニッチ　717
造血微小環境　719
造血誘導微小環境　937＊
相互作用
許容的な──　927＊
自己分泌──　931＊
指令的な──　933＊
接触分泌──　935＊
傍分泌──　946＊
相互作用ドメイン, タンパク質-タンパク

質—— 939*
相互挿入 293, 296f, 408f, 409f, 465f, 937*
　　2つのメカニズム 297f
　　間充織細胞 297
　　中心-側方—— 295
　　放射状—— 293, 294f
相互排他的エクソン 85f
相似 27, 937*
桑実胚 399, 458, 937*
　　ヒト 458f
相称性, 左右非—— 472f
相称全割, 左右—— 930*
相称動物, 左右—— 278, 930*
増殖因子
　　血管内皮—— 928*
　　繊維芽細胞—— 935*
草食性, 共生的な起源 909
増殖分化因子11 169
造心中胚葉 703, 937*, 948*
　　境界の制御 705f
双生児 507
　　一卵性—— 507
　　結合—— 507, 509f, 928*
　　二卵性—— 507
　　ヒト一卵性—— 508f
臓側中胚葉 701, 937*
　　領域特定化 773f
臓側内胚葉 463, 463f
　　遠位—— 466f
　　前方—— 466, 466f, 467f, 936*
相転換 228f
相同 27, 937*
総排出腔 937*
総排泄腔 700
相利共生 863, 937*
　　絶対的—— 935*
走流性 260
早老症 179
阻害ドメイン, 外胚葉性頂堤 744
側線プラコード 629, 937*
足盤 821, 937*
側板中胚葉 656, 691, 701, 937*
　　心臓と循環器系 701
足部形成促進因子, 濃度勾配 823, 937*
側壁脱落膜 500
側方体節境界 684
側方抑制 145, 937*
側面体節フロンティア 937*
組織芽細胞 794

●た

第1三半期 484
第2三半期 484
第3三半期 484
帯域 445, 937*
第一極体 226, 937*
第一減数分裂 219
第一減数分裂終期 222
第一次性決定 197
第一次ペアルール遺伝子 354
体外受精 510, 511f, 937*
大割球 308, 372, 937*
体幹神経堤細胞 577, 580f, 587, 937*
　　移動経路 587
　　細胞系譜追跡 580f
　　マウス 580f
体腔 278, 701, 937*
退行期 937*
体細胞 9, 937*
胎児 481, 937*
　　アルコールの脳への影響 517f
　　発生障害の因子 515t
胎児期 515, 516f, 937*
体軸形成
　　ショウジョウバエ 343f
　　哺乳類 465
　　両生類 411
体軸決定
　　ゼブラフィッシュ 438f
　　巻貝 318
体軸伸長 664
　　ゼブラフィッシュ 665f
体軸中胚葉 654
体軸特定化 276, 938*
体軸の決定, ホヤ 389
体軸の特定化, ツメガエル 427f
胎児性アルコール・スペクトラム障害 518,
　　938*
胎児性アルコール症候群 517, 938*
対称性, 加齢の促進 564
代償性再生 808, 808f, 938*
　　哺乳類 844
対称分裂 565f
　　非—— 564
胎生 3, 938*
体節 12, 938*
　　Hox遺伝子 660
　　アイデンティティ 660
　　境界決定面 669f
　　形成メカニズム 668
　　構成する細胞種 656

ショウジョウバエ 352f
前後パターン形成 661f
特定化メカニズムのモデル 674f
パターン形成での相互作用 679
ヘビ 675f
由来する組織 657t
体節球 663, 938*
体節形成 663, 938*
　　Hairy1 672f
　　Hox 675
　　間充織-上皮転換 666
　　コーンスネーク 897
　　軸性パターニング 675
　　終結 675
　　制御メカニズムのモデル 676f
　　ニワトリ 672f
　　分節時計 671
　　分節時計-波面メカニズム 675
体節中胚葉 655, 938*
体節板 938*
大動脈-生殖腺-中腎領域 715, 938*
第二減数分裂 219
第二次性決定 204
第二次ペアルール遺伝子 354
ダイニン 239, 473
大脳 555, 938*
大脳オルガノイド 189, 190f, 191f
大脳新皮質 555
　　グリア 560
　　シグナル機構 562
　　層アイデンティティ 561
　　ニューロンの層 556f
大脳皮質 555, 938*
　　神経産生 559f
　　層アイデンティティ 561f
　　フェレット 561f
　　ミエリン形成(白質) 572f
胎盤 444, 506f, 874f, 938*
　　原腸形成 503
　　腸内微生物の代謝産物 873
胎盤形成 504
胎盤増殖因子 713
体壁中胚葉 701, 938*, 945*
体壁葉 701, 938*
大胞子嚢 232, 938*
対立遺伝子 906
ダーウィン, チャールズ 23
ダーウィンフィンチ
　　Bmp4の発現との相関 895f
　　クチバシの形状 895f
　　ヘテロメトリー 894
ダウン症候群 489, 490f

索引 た〜と

多核性胞胚葉 46, 336f, 337, 348f, 938*
　　キイロショウジョウバエ 46f
多核的特定化 46, 336, 938*
高橋和利 183
多花粉管 272
多細胞性 28, 938*
多細胞性の進化 909
多細胞動物, 系統樹 277f
多糸染色体 57, 57f, 334, 334f, 938*
多精 250, 938*
多精拒否 250, 938*
　　遅い── 252, 256f, 924*
　　　　カルシウムイオン 252
　　早い── 250, 256f, 943*
　　哺乳類 265
多精率 251f
脱アセチル化酵素, ヒストン── 944*
脱細胞化 113f
脱皮
　　成虫── 935*
　　蛹化── 948*
脱皮動物 278, 938*
脱分化, 再生芽 839f
脱落膜 461, 938*
　　基底── 500
　　側壁── 500
脱落膜化 499, 938*
脱落膜細胞 499
多能性 151, 152f, 459, 938*
多能性幹細胞 154
　　誘導── 947*
多能性造血幹細胞 715, 938*
タバコスズメガ幼虫, 色変化に対する選択の影響 903f
多分化能, 神経堤細胞 579
多分化能性 151, 152f, 938*
多分化能性心臓前駆細胞 708, 938*
多面作用 512, 901, 939*
　　関連── 512
単一細胞RNAシークエンシング 49
端黄 939*
端黄卵 282, 430
単眼症 125, 638
ダンゴイカ 867, 868f, 878
ダンゴムシ 866, 866f
短鎖脂肪酸 874f
単精受精 250, 939*
男性の泌尿生殖系, テストステロン依存的領域 208f
胆道閉鎖症 779f
胆嚢 778
単能性 152

タンパク質, 化学走性タンパク質 617
タンパク質合成 54
タンパク質-タンパク質相互作用ドメイン 78, 939*

● ち

小さなツールキット 885
チェイス＆ランモデル 595, 597f
地球温暖化 876
腟 205, 939*
窒素固定 864
チップセック 928*
着床 481, 495, 502f, 939*
　　炎症性理論 500
　　炎症反応の仮説モデル 501f
　　進行 499
　　接着 497
　　脱落膜化 499
　　配置 496
　　ヒト 458f, 498f
着床前遺伝子診断 515
着床前後 461, 939*
　　細胞分化のステージ 463f
着床前胚 481, 939*
着生 874
着底 874
中黄 281f
中央屈曲点 533, 939*
中央細胞 232
中割球 372, 939*
中間前駆細胞 559, 939*
中間帯 553
中間中胚葉 656, 691, 692, 939*
　　腎臓 692
　　前腎への誘導 694f
　　特定化 694
　　ニワトリ 694f
中期板 222
中期胚胚遷移 283, 339, 399, 431, 939*
柱脚 724, 939*
中軸骨格 471f
中腎 693, 939*
中心-側方相互挿入 295
中枢神経系 530, 939*
　　細胞極性 552f
　　前後軸 542
　　ニワトリ 552f
　　パターン形成 542
中枢神経系組織, 発生時 553
柱頭 232, 268, 939*
中内胚葉 402, 434f, 436f, 939*

中脳 542, 939*
中脳胞 542
中胚葉 17, 17f, 939*
　　沿軸── 655, 924*
　　陥入 465f
　　近軸と遠軸領域 684f
　　細胞系譜 654f, 692f
　　心臓── 705
　　脊索前板── 452, 935*
　　脊索── 405, 452, 654, 935*
　　脊椎動物 684f
　　造心── 937*, 948*
　　臓側── 937*
　　側板── 656, 691, 701, 937*
　　体軸── 654, 924*
　　体節── 655, 938*
　　体壁── 938*, 945*
　　中間── 656, 691, 692, 939*
　　頭部── 656, 940*
　　特定化のモデル 411f
　　内臓── 940*
　　内── 402, 941*
　　内部化 290f
　　胚外── 504, 506f
　　壁側── 945*
　　未分節── 662f, 730f, 947*
中胚葉外套 408, 939*
中胚葉前駆細胞, 神経── 453, 548, 664, 933*
中胚葉の発生
　　カエル 702f
　　ニワトリ 702f
中胚葉母細胞, 内── 941*
中胚葉誘導 418f
虫齢 794, 939*
チューブリン 240f
チューリップ, 2つの花弁 891
チューリングモデル 742
　　LALI型 742
　　肢発生 744
　　指の形成 755f
　　指の骨格形成 753
腸 773
　　左右非相称性 472f
超活性化 260, 262f, 939*
腸管, 筋肉層 774f
腸管関連リンパ組織 872
　　哺乳類 946*
腸管形成, Wnt経路 772
腸幹細胞(ISC) 171
腸幹細胞ニッチ 172f, 173f, 939*
腸管神経節 577, 945*
腸管神経堤細胞 591f

移動 591f
腸間膜, 背側—— 942*
腸細胞 172f
調節胚 44
腸組織, 特定化 770
腸体腔型 278, 939*
頂端収縮 286, 287f, 291, 292f, 325, 939*
頂端表皮キャップ 835
　再生芽 838
頂端領域, 外胚葉性頂堤 744
頂底軸, 細胞分裂 159f
腸内細菌 870, 872f
腸内胚葉, 前後極性 771f
腸内胚葉, 領域特定化 773f
腸内微生物叢 867, 867f
腸内分泌細胞 172f
腸の特定化
　BMP 773
　Sonic hedgehog 773
重複 886, 887f
　ヒト*SRGAP2*遺伝子 888f
重複受精 233, 268, 939*
重複と分岐 886, 932*
腸門, 前方—— 936*
鳥類
　気管の分岐形成メカニズム 783f
　原腸形成 446
　左右軸形成 454
　受精 445
　初期発生 445
　卵割 445
直接発生型動物 786, 939*
直腸 700
貯精嚢 324f
直交座標モデル 365
直交分岐 782
チロキシン(T4) 939*
　代謝経路 790f
チロシンキナーゼ, 受容体型—— 117, 118f, 120f, 797, 932*

●つ

椎間板, 発生 681f
対合 220, 939*
椎骨 680f
　形成 679
椎骨形成, 脊索 680
椎骨パターン 470f
ツメガエル
　原口唇 405f
　原腸形成 400f, 404f, 408f

神経管形成 539f
体軸の特定化 427f
変態 791f
変態中の頭蓋骨変化 789f
変態中の眼の位置 787f
ホルモン制御 791f
予定運命図 398f
卵割 398f
ツールキット, 小さな—— 885

●て

ディアキネシス(移動)期 222
ティクターリク 26
底板 545, 940*
ディープホモロジー 886, 940*
ディプロテン(複糸)期 220, 220f
テストステロン 198, 200, 940*
　5α-ジヒドロ—— 919*
テラトゲン 125
転写 54, 940*
転写因子 47, 59, 940*
　MADSボックス—— 920*
　機能ドメイン 77
　基本—— 926*
　小眼球症関連—— 592, 920*
　パイオニア—— 299, 942*
転写因子回路, コア—— 460f
転写因子ファミリー 76t
転写開始部位 63, 940*
転写共調節因子 65, 940*
転写産物 54, 940*
　量の変化 571
転写終結配列 940*
伝達経路, シグナル—— 931*
伝播
　垂直—— 934*
　水平—— 934*

●と

等黄 280, 281f, 940*
頭蓋骨 598, 940*
頭蓋脊椎披裂 539, 940*
等価細胞 145f
動原体 219
頭索動物, 系統関係 370f
投射, 網膜視蓋—— 618, 618f
ドゥジャルダンヤマクマムシ 7f
頭褶 339, 940*
同種親和性 105
同種親和性結合 98, 940*

同等群 144, 940*
頭尾軸 9f
　極性 827
頭部オーガナイザー 440
頭部形成促進因子 822
　濃度勾配 823, 940*
頭部神経堤細胞 577, 594, 940*
　移動 594, 595f
　哺乳類 595f
頭部中胚葉 656, 940*
動物
　再生 835
　再生能力 810
　生活様式 810
　全身の再生 819
動物極 280, 940*
動物半球 372, 382f
頭部プラコード 628, 629f, 940*
　誘導 629
動脈管 484
透明帯 243, 263, 264f, 495, 940*
トウモロコシ, ヘテロタイピー 896
特定化 38, 940*
　骨片形成間充織 382
　三胚葉 410
　小割球 383
　条件依存的—— 392
　条件的—— 42, 43f, 329, 381, 932*
　植物極側細胞 386
　自律的—— 39, 329, 381, 390, 933*
　シロイヌナズナ 45f
　神経堤細胞 579, 581f
　脊髄 607f
　前プラコード領域 630f
　体軸—— 276, 938*
　多核的—— 46, 336, 938*
　胚葉 437f
特定化因子
　神経堤—— 580
　神経板境界—— 580, 933*
時計-波面 674f
トゲウオの進化, モジュール性 883
トゲネズミ
　再生 846, 847f
　瘢痕化 847f
　瘢痕と再生の転換点 846
トノトピック構成 631
トポロジカルドメイン 61, 940*
ドメイン
　DNA結合—— 77, 920*
　タンパク質-タンパク質相互作用—— 78, 939*

トポロジカル—— 940*
トランス活性化—— 77, 940*
ドメインブランチング 782
トラクションフォース顕微鏡 407
トランス活性化ドメイン 77, 940*
トランスクリプトーム 50, 940*
トランスジーン 21, 940*
トランスフォーメーション，ホメオティック・
—— 299, 946*
ドリー 58f
ドリーシュ，ハンス 370
トリソミー 489
13—— 489
18—— 489
21—— 489
トリプシン処理 102
トリメスター 484, 930*
トリメチル5-アミノ吉草酸 874f
トリヨードチロニン(T3) 940*
代謝経路 790f
貪食細胞説 285

● な

内顆粒層 554, 940*
内腔 541
内耳，解剖学 634
内鞘細胞 817, 940*
内臓中胚葉 701, 940*
内臓葉 701, 940*
内中胚葉 381, 402, 941*
内中胚葉母細胞 310, 941*
内胚葉 17, 17f, 434f, 941*
遠位臓側—— 466f
原始—— 461, 463f, 766, 928*
出現 766
前方臓側—— 466, 466f, 467f, 936*
臓側—— 463, 463f
中—— 402, 939*
胚体—— 465, 766, 942*
壁側—— 463, 463f
内胚葉形成，肝臓—— 776f
内胚葉前駆細胞，発生運命制御のシグナル 767f
内皮細胞
造血血管—— 937*
造血性—— 715
内皮節 656
ナイーブ 941*
ナイーブ型胚性幹細胞 180, 941*
内部細胞塊 150, 158, 158f, 160f, 180f, 459,
459f, 460, 462f, 463f, 493, 941*
コア転写因子回路 460f

内分泌撹乱作用，エピジェネティック 525f
内分泌撹乱物質 520, 941*
DNAメチル化 907
配偶子形成 521
不妊 522f
内膜 704
ナメクジウオ 25f
軟骨形成不全 941*

● に

二価染色体 220
二次間充織 373, 941*
二次軸 299, 941*
二次軸形成，両生類 301f
二次神経管形成 531, 532f, 541, 941*
ニワトリ胚 541f
二次心臓領域 707
二次性決定 941*
二次精母細胞 224
二次胚盤葉下層 447, 448f
二重抑制ゲート 377, 385, 385f, 386f, 941*
二次幼生 786, 941*
二次卵母細胞 226, 941*
二層性胚盤 502f
二層胚盤 463, 941*
ニッチ
成体幹細胞—— 935*
造血—— 717
腸幹細胞—— 939*
ニトロゲナーゼ 864
二胚葉動物 276, 941*
二分脊椎症 539, 941*
二本鎖RNA 91f
乳腺 646, 647
発生 648f
ニューコープセンター 413, 418, 451, 475f,
941*
ニューロトロピン 941*
ニューロトロフィン 617, 941*
軸索 617f
ニューロマスト 429f
ニューロン 552, 941*
移動の制御 563f
運動—— 590f, 605, 606, 606f, 607f, 621f,
623f
介在—— 544
感覚—— 606
交連—— 610, 614f
ニューロン軸索 613f
Robo/Slit制御 613f
尿管，膀胱との接続 699

尿管芽 698f, 941*
形成 697
後腎間充織 698
尿管芽先端細胞 699
尿生殖洞 700, 941*
尿膜 444, 444f, 941*
二卵性双生児 507
ニワトリ 445
Hox遺伝子 741f
Scleraxis 683f
原腸形成 454f, 655f
硬節細胞 678f
左右の非相称性 457f
肢芽 734f
自脚 761f
神経管形成 534f, 535f, 655f
神経堤 578f
神経堤細胞 588f
前後軸の特定化 449f
体節形成 672f
中間中胚葉 694f
中枢神経系 552f
中胚葉の発生 702f
二次神経管形成 541f
胚盤葉 448f
予定運命図 450f
『人間の由来』 24
妊娠 481, 484, 941*
異所性—— 495
子宮の準備 496
卵管—— 495, 949*
妊婦 481

● ぬ

ヌクレオソーム 60f, 61, 941*
構造 62f
修飾 75f

● ね

ネガティブフィードバックループ 157
熱力学モデル，細胞接着 102
ネトリン 610, 616f, 941*
ガイダンスキュー 611
ネフロン 692, 699, 941*

● の

脳
遺伝子の同定 568
初期発生 543f

忍耐 559
脳回 568
脳下垂体プラコード 628, 942*
脳溝 568
脳-脳室下帯 (V-SVZ) 163, 942*
脳-脳室下帯幹細胞ニッチ 165f
脳室下帯 558, 942*
脳室帯 553, 942*
脳室帯細胞 552, 942*
脳室放射状グリア 559, 942*
脳成長，霊長類 567f
脳脊髄液 168
濃度勾配
　足部形成促進因子 937*
　頭部形成促進因子 940*
脳の成長，発生メカニズム 557
脳波，人格の開始 483
脳発生，ヒト 566
脳胞形成 543f
嚢胞性線維症 184
能力 150, 942*
ノックアウト 56
ノックダウン 56
ノープリウス幼生 25f

● は

歯 646, 647
胚 2, 481, 942*
肺，左右非相称性 472f
灰色三日月環 397f, 398, 942*
パイオニア神経繊維 604, 942*
パイオニア転写因子 78, 299, 942*
バイオフィルム 874
背外側経路 588, 592, 942*
　細胞ガイダンス 593
　細胞分化 592
胚外組織の形成 501
胚外中胚葉 504, 506f
胚外膜 502f
胚下腔 445, 942*
胚芽層 558, 926*
胚環 435, 942*
胚腔 493
配偶子 8, 195, 942*
　構造 238
　輸送 259
配偶子合体 238
配偶子形成 9, 215, 942*
　内分泌攪乱物質 521
　被子植物 230
　哺乳類 218t

配偶子融合 272
配偶体 12, 231f, 942*
配偶体期 14
配偶体相 13f
胚形成，ゼブラフィッシュ 429f
杯細胞 172f
胚子期 515, 516f, 942*
胚珠 228, 942*
排出腔膜 942*
排出輸送 942*
胚盾 294f, 435, 436, 436f, 438f, 942*
背唇部 424f
　原口—— 402, 422f, 928*
胚性幹細胞 (ESC) 151, 158, 180, 180f, 459f,
　942*
　プライム型—— 945*
　分化誘導 182f
胚性生殖細胞 180
排泄腔膜 770
背側化，両生類胚 421f
背側屈曲点 533, 942*
背側腸間膜 772, 942*
胚帯 339, 942*
胚体外膜 656
胚体内胚葉 465, 766, 942*
ハイドロイド細胞 34f
ハイドロゲルチャンバー 188f
胚乳 271, 942*
胚嚢 232, 942*
胚の組織化 302
肺の分岐形成，マウス 783f
胚発生 8, 484, 942*
　シロイヌナズナ 13f
　ヒト—— 480, 494f
　ホヤ 387f
ハイパーモルフォーシス (過形成) 567, 942*
胚盤 430, 445, 942*
　二層—— 463, 502f, 941*
胚盤胞 459, 942*
胚盤葉 431, 943*
　ニワトリ 448f
胚盤葉下層 435, 436f, 446, 502, 943*
　一次—— 447, 448f
　二次—— 447, 448f
胚盤葉上層 158, 292, 434f, 436f, 446, 463f,
　502, 943*
　後側方—— 453
背腹軸 8, 9f, 299, 725, 943*
　形成 756
　ゼブラフィッシュ 436
背腹軸形成，*Caenorhabditis elegans* 328
　ショウジョウバエ 362

背腹パターン形成 544, 544f, 545f
背部閉鎖 339, 943*
胚柄 44, 943*
ハイポブラスト 502
胚誘導，一次—— 301, 412, 922*
胚葉 8, 943*
胚様体 943*
胚葉の特定化 437f
排卵 487, 943*
バインディン 247, 247f, 248f, 943*
バインディン受容体 254f
パキテン (太糸) 期 220, 220f
白化 877
白質 553, 943*
白色脂肪細胞 179
バクテロイド 864, 943*
剥離→葉裂
パターン形成 4, 943*
　中枢神経系 542
　背腹—— 544, 544f, 545f
パターン形成因子 818
発芽口 269
白血球抑制因子 498
白血病阻止因子 181
発光細菌 867, 868f
発生 2, 943*
　共—— 927*
　ヒト胚 482f
発生異常
　遺伝子の変異 511
　次世代への伝播 524
発生運命の方向付け 38, 943*
発生学 2, 943*
発生過程，共生 907
発生拘束 899, 900, 943*
発生生物学 2
　生態進化—— 901
発生的可塑性 851, 943*
発生的共生 863, 866
発生の木 50, 50f
パトウ症候群 489
花器官 228
　アイデンティティ 892f
花器官運命決定 229f
花器官決定遺伝子 80, 227, 943*
花形成 227
花発生，四量体モデル 229f
馬尿酸 874f
翅，遠近軸 802
翅，前後軸方向の区画化 801
翅，背腹軸 802
翅，背腹軸の決定 802f

翅, 保護色の発現決定　859
パネート細胞　171
歯の発生, 哺乳類　646f
パフ　57f
早い多精拒否　250, 256f, 943＊
パラバイオーシス　169, 170f
パラログ　468, 727f, 887, 943＊
バルジ　943＊
バール小体　206f
ハルタデ　862f
盤割　281f, 282, 430, 431f, 943＊
半索動物, 系統関係　370f
盤状部分割　445, 446f
反足細胞　232
反応拡散系　742, 901, 943＊
　　基部-先端方向の特定化　745f
　　パターン形成　743f
反応拡散モデル　742
反応基準　852, 943＊
　　植物　861

●ひ

尾芽　447, 943＊
光, 植物の発生　862f
非感覚性プラコード　642
微気候　877
皮筋節　656, 657t, 677, 683, 943＊
　　中央領域の決定　685
　　発生　683
非骨片形成間充織　373, 379f, 943＊
非骨片形成間充織細胞　380
尾索動物
　　系統関係　370f
　　自律的特定化　40f, 41f
被子植物
　　受精　268
　　生活環　231f
　　性決定　227
　　配偶子形成　230
皮質　943＊
皮質板　555, 943＊
微小管, 植物細胞の伸長方向の制御　315f
微小環境
　　造血――　718, 719
　　造血誘導――　937＊
微小突起　944＊
ヒストン　61, 944＊
ヒストンH3, メチル化　71f
ヒストンアセチル化　70, 944＊
ヒストンアセチル基転移酵素　70, 944＊
ヒストン修飾　70f

ヒストン脱アセチル化酵素　70, 944＊
ヒストン八量体　62f
ヒストンメチル化　70, 944＊
ヒストンメチル基転移酵素　70, 944＊
ビスフェノールA, 染色体異数性　523, 524f
尾節　350, 944＊
非相称性, 左右――　472f
非対称性
　　幹細胞の――　150
　　集団の――　150, 931＊
非対称分裂　564
　　放射状グリア　566f
左巻き　310, 944＊
尾端骨　455, 944＊
ヒト
　　汗腺　896f
　　月経周期　497f
　　原腸形成　464f, 505f
　　コンパクション　458f
　　左右非相称性　472f
　　子宮　458f
　　皺脳　568f
　　受精　493f
　　受精での前核の動き　267f
　　人格の発生段階　483f
　　生殖腺の発生　198
　　脊髄発生　554f
　　桑実胚　458f
　　着床　458f, 498f
　　脳発生　566
　　胚発生　480
　　発生の障害　515
　　皮膚色　512
　　表皮の層　643f
　　普通/通常　485
　　ヘテロメトリー　895, 896f
　　毛包　896f
ヒトSRGAP2遺伝子
　　重複　888f
　　分岐　888f
ヒト一卵性双生児　508f
ヒト咽頭弓　596t
　　派生物　596t
ヒト原腸胚　504f
ヒト始原生殖細胞　486
ヒートショックタンパク質　903, 904, 944＊
ヒト胎児, 発生障害の因子　515t
ヒトデ, 受精　245f
ヒトの発生, 偶然性の影響　526
ヒト胚
　　内胚葉の発生　768f
　　発生　482f

ヒト胚発生　494f
ヒト発生　5
ヒドラ
　　Wnt/βカテニンシグナリング　824f
　　移植実験　823f
　　幹細胞　821
　　再生　821, 824
　　再編再生　821, 824
　　出芽　822f
　　付加再生　821, 824
ヒト卵母細胞, 染色体分離エラーと減数分裂との
　　関連　491f
ヒドロキシエクジソン, 20-――　919＊
泌尿生殖系, 男性　208f
被嚢　387
被嚢類　387
非標準Wnt経路　129
尾部オーガナイザー　439
被覆層　432, 944＊
皮膚色, ヒト　512
皮膚付属器　644, 944＊
非翻訳RNA　569
　　役割　569
非翻訳領域
　　3'――　919＊
　　5'――　919＊
ヒョウガエル　10f
表割　281f, 282, 337, 944＊
　　ショウジョウバエ　336f
表現型異質性　514, 944＊
表現型可塑性　851, 944＊
表現型多型　852, 944＊
　　捕食者誘導型の――　946＊
標準Wnt/βカテニン経路　128
表層回転　397f, 398, 415f, 944＊
表層顆粒　243, 253f, 944＊
表層顆粒反応　252, 944＊
表層フラッシュ　253, 944＊
表層流　327
表皮　642
表皮因子　643
表皮性頂被層　944＊
表皮組織　14, 944＊
表皮の層, ヒト　643f
表皮付属器　646, 647
　　幹細胞　647
表皮プラコード　644, 944＊
非羊膜類　944＊
表面張力　102f
ピル, 緊急避妊――　488
ヒレ再生, Wnt/βカテニンシグナリング　844f
瓶細胞　291, 293f, 402

索引 は〜へ **983**

● ふ

ファイロティピック段階　24, 944＊
ファミリー，転写因子——　76t
ファロピウス管　488
フィードバックループ
　　FGF　750
　　Sonic hedgehog　750
　　外胚葉性頂堤　736
フィードフォワード回路　386f
フィブロネクチン　107, 107f, 295f, 406, 406f,
　　407f, 944＊
フィブロネクチン受容体　108f
フィボナッチ数列　312
フェレット，大脳皮質　561f
フォルミン　311
フォン・ベーアの法則　23
孵化　495
付加再生　807, 808f, 944＊
　　サンショウウオ　835
　　ヒドラ　821, 824
孵化胞胚　373, 944＊
不完全変態　793, 944＊
腹外側経路　588
腹腔　944＊
腹溝　339, 944＊
　　ショウジョウバエ　342f
副交感神経節　577, 945＊
副腎過形成，先天性——　936＊
副腎皮質刺激ホルモン放出ホルモン　910
腹側経路　587, 589, 945＊
腹側溝　290
腹側唇　439
腹膜腔　701
フジツボ　25f
付属器
　　外胚葉——　644, 645f, 925＊
　　皮膚——　644, 944＊
　　表皮——　646, 647
付属器官　775
物理，形態形成　99
物理的拘束　900
不定成長　2
不妊
　　精子数の減少　521
　　内分泌撹乱化学物質曝露　522f
　　発生初期の問題　509
不妊治療，体外受精　510
部分割　281f, 430, 431f, 945＊
　　盤状——　445, 446f
部分卵割，円盤状——　924＊
不変態発生　793, 945＊

普遍的共通祖先，最後の——　929＊
プライオトロピー　901
プライム型胚性幹細胞　180, 945＊
フラクトン　166, 168f, 945＊
プラコード　579, 627, 945＊
　　感覚——　628, 940＊
　　眼——　628
　　嗅——　628, 927＊
　　三叉——　628, 930＊
　　耳-上鰓——　631
　　膝状——　629
　　耳——　628, 931＊
　　上顎-下顎——　628
　　上顎——　634f
　　上鰓——　629, 932＊
　　錐体——　629
　　前——　630f
　　側線——　629, 937＊
　　頭部——　628, 629f, 940＊
　　脳下垂体——　628, 942＊
　　非感覚性——　642
　　表皮——　644, 944＊
　　迷走——　629
　　レンズ——　628, 641f, 949＊
ブラシェの裂け目　405, 407f, 945＊
フラッキング　521
プラナリア
　　Notum　829, 829f
　　Wnt　828f, 829f
　　位置情報制御遺伝子　830, 831f
　　再生　828f
　　再生芽　826
　　再生中の細胞産生　826f
　　再生と限界　825f
　　再生モデルの全体像　833f
　　頭部再生能の回復　828f
プルキンエ細胞　554, 945＊
　　マウス　601f
プルキンエ繊維　704
ブルックス，ウイリアム・キース　37
プルテウス幼生　43, 373, 945＊
プルテウス幼生期　374f
ブレナー・シドニー　323
フロアプレート　545
プロゲステロン　262f, 488
プロセシング
　　mRNA前駆体の差次的——　920＊
　　RNA——　921＊
プロテアソーム　249
プロテオグリカン　106, 945＊
プロトカドヘリン　104, 945＊
プロモーター　59, 63, 65f, 945＊

CpG含量が高いプロモーター　73, 74f,
　　919＊
CpG含量が低いプロモーター　73, 74f,
　　919＊
分化　4, 38, 945＊
　　ショウジョウバエ　795
分化治療　145
分割，部——　945＊
分化転換　807
分岐　782, 886, 887f
　　重複と——　932＊
　　直交——　782
　　ヒト SRGAP2　888f
　　平面——　782
　　領域——　782
分子シャペロン　904
分子レベルの節約原理　882, 885, 945＊
分節，再——　679
分節遺伝子　344, 351, 351t, 945＊
　　変異　351f
分節化，ショウジョウバエ　351t
分節時計-波面メカニズム，体節形成　675
分節時計-波面モデル　668, 945＊
分節時計
　　境界決定面　673
　　体節形成　671
吻尾　945＊
分泌因子，傍——　946＊
分泌型 Frizzled 関連タンパク質　780
分泌シグナル伝達
　　接触——　935＊
　　傍——　946＊
分泌相互作用
　　接触——　935＊
　　傍——　946＊
分裂，垂層——　934＊
分裂溝　280, 945＊
分裂組織　14, 945＊
　　植物　156f

● へ

ペアルール遺伝子　344, 344f, 351t, 354, 354f,
　　945＊
　　第一次——　354
　　第二次——　354
　　変異　351f
平均棍　357, 945＊
並層分裂　155, 945＊
平面内細胞極性経路　129
平面分岐　782
壁側中胚葉　701, 945＊

壁側内胚葉　463, 463f
ヘテロ核RNA　54
ヘテロクロニー　892, 945＊
　　　ヘビ　897
ヘテロクロニー変化, 頭蓋骨形状　893f
ヘテロクロマチン　62, 945＊
ヘテロタイピー　945＊
　　　昆虫　896
　　　トウモロコシ　896
　　　ヘビ　897
ヘテロトピー　889, 945＊
　　　カメ　891f
　　　ヘビ　897
ヘテロメトリー　894, 946＊
　　　魚類　895
　　　ダーウィンフィンチ　894
　　　ヒト　895, 896f
　　　ヘビ　897
ヘパトスタット　845
ヘパラン硫酸プロテオグリカン　136
ヘビ
　　　体節　675f
　　　ヘテロクロニー　897
　　　ヘテロタイピー　897
　　　ヘテロトピー　897
　　　ヘテロメトリー　897
ペプチド, 精子活性化——　246, 934＊
ヘモグロビン, レグ——　949＊
変異体, スクリーニング　430f
辺縁層　937＊
辺縁帯　553
扁形動物
　　　幹細胞　824
　　　再生　824
ヘンゼン結節　449, 450f, 452f, 454f, 946＊
変態　2, 785, 946＊
　　　カエル　12f, 787t
　　　完全変態　926＊
　　　昆虫　793f, 797
　　　昆虫での調節機構　798f
　　　細胞死　788
　　　ツメガエル　789f, 791f
　　　不完全変態　793, 944＊
　　　無尾両生類　788
　　　領域特異性　792f
　　　両生類　786, 789
変態期, 前——　936＊
変態最盛期　791, 946＊
変態初期　791, 946＊
変態発生, 不——　793, 945＊
鞭毛　287

●ほ

哺育細胞　343, 946＊
膀胱
　　　腎臓との接続　700f
　　　尿管との接続　699
　　　発生　700f
胞子　230
胞子体　12, 231f, 946＊
放射冠　243, 946＊
放射状グリア　552, 557f
　　　外側——　559, 924＊
　　　神経上皮細胞　560f
　　　脳室——　559, 942＊
　　　非対称分裂　566f
放射状グリア細胞　552, 946＊
放射状相互挿入　293
放射状の細胞挿入運動　103, 946＊
放射状の相互挿入, 外胚葉　294f
放射全割　370, 946＊
放射対称動物, 一次軸　300f
放射卵割　281f, 458f
紡錘体　222
膨大部　457, 946＊
胞胚　8, 280, 372, 399, 946＊
　　　魚類　432f
　　　孵化——　373, 944＊
　　　無腔——　308, 947＊
胞胚腔　158, 372, 946＊
胞胚腔蓋　403f, 404f
胞胚腔底　402
胞胚形成, ウニ　372
胞胚遷移, 中期——　399, 431, 939＊
胞胚葉
　　　細胞性——　337, 338f, 930＊
　　　多核性——　336f, 337, 348f, 938＊
傍分泌因子　98, 118, 946＊
　　　シグナル伝達　136
傍分泌シグナル伝達　98, 946＊
傍分泌相互作用　946＊
母細胞, 内中胚葉——　941＊
補償機構　606f
捕食者誘導型の表現型多型　857, 946＊
捕食者誘導型防御　857
ホスホリパーゼC-ゼータ　946＊
ホスホリパーゼC（PLC）　254f, 255, 255f, 266
母性-胚性転移　92, 283, 339, 494, 946＊
母性-胚性転換過程　92f
母性mRNA　88
　　　翻訳　257f
母性因子　345
母性効果　92f, 310, 946＊

母性効果遺伝子　339, 344f, 946＊
　　　ショウジョウバエ　346t, 349f
母性効果因子　88, 89f, 946＊
母性メッセージ　339
ホソバウンラン, エピジェネティック形態　906f
補体成分3a（C3a）　401, 401f
ボディプラン, 後生動物　279f
哺乳類
　　　肝臓の代償性再生　844
　　　気管の分岐形成メカニズム　783f
　　　原腸形成　461, 462f
　　　再生　844
　　　左右軸　472
　　　受精　259
　　　初期発生　457
　　　腎臓　696f
　　　性決定パターン　196
　　　体軸形成　465
　　　多精拒否　265
　　　腸管関連リンパ組織　946＊
　　　頭部神経堤細胞　595f
　　　配偶子形成　218t
　　　歯の発生　646f
　　　有胎盤哺乳類　910
　　　卵割　457
ホメオティック・トランスフォーメーション
　　80, 299, 946＊
ホメオティック（相同異形）変異体　357
ホメオティック遺伝子　344f, 359
　　　ショウジョウバエでの発現　359f
ホメオティックセレクター遺伝子　345, 357,
　　946＊
ホメオティック複合体　357, 946＊
ホメオティック変異　359
ホメオティック変異体　946＊
ホメオドメイン　76t, 359
ホメオボックス　359
ホモ・サピエンス　481
ホヤ
　　　原腸形成　388, 388f
　　　初期発生　387
　　　心臓発生　703f
　　　体軸の決定　389
　　　胚発生　387f
　　　予定運命図　389
　　　卵割　387
ポリA配列　61, 64, 946＊
ポリA配列付加　946＊
ポリアデニル化　64
ボルバキア　866, 866f
ホルモン
　　　黄体形成——　486

卵胞刺激—— 486
ホルモン制御
　昆虫 797
　ツメガエル 791f
　両生類 789
ホロビオント 863, 910
翻訳 54, 947*
翻訳RNA, 非—— 569
翻訳開始部位 64, 947*
翻訳終止コドン 947*
翻訳阻害 88
翻訳抑制因子 348

●ま

マイクロRNA 89, 91f, 907, 947*
マイクロスパイク 602
マイクロパターンディスク 182f
マウス
　β-ガラクトシダーゼ 599f
　アルコール誘発性の異常 519f
　滑脳 568f
　気管支上皮 781f
　血管内皮増殖因子 713f
　神経管閉鎖 538f
　前後軸形成 466f
　体幹神経堤細胞 580f
　肺の分岐形成 783f
　プルキンエ細胞 601f
　予定心臓領域 704f
　卵割 459f
巻貝
　4d割球 321f
　原腸形成 318, 319f
　体軸決定 318
　右巻きと左巻き 311f
　らせん構造のメカニズム 313f
　らせん卵割 309f
　卵割 308
巻き込み 16, 284, 284f, 292, 294f, 404, 947*
巻き込み運動 400f
巻き込み帯域 404, 947*
膜電位, ウニ卵 251f
膜内骨 598, 947*
膜融合, 卵と精子 249
マダラヒタキ 877
末梢芽状突起 647, 947*
末梢神経系 531, 947*
末端遺伝子 350
マメ科, 根粒菌の共生 864
マンゴルト, ヒルデ 300, 412

●み

右巻き 310, 947*
ミジンコ 853f, 857
"見つける, なくす, 動かす" 17
ミツバチ 853f
ミニ腸 188f
未分化帯 725
未分節中胚葉 662f, 730f, 947*
　Hox遺伝子発現 662f
脈管形成 710, 711f, 712f, 947*
　起こる場所 711
脈絡叢 168, 947*
ミュラー管 205f
ミュラー管ホルモン, 抗—— 199, 206, 929*

●む

無腔胞胚 308, 947*
無虹彩症 112f
無脳症 539, 947*
無尾両生類 786, 947*
　変態中の再構成 788
無羊膜類 395

●め

眼
　イモリ 841
　形態形成 636
　誘導による構築 110
明域 445, 947*
迷走神経堤細胞 577, 947*
迷走プラコード 629
メチニコフ, イリヤ 285
メチル化 524, 525
　DNA—— 907
　ヒストン 70, 944*
　ヒストンH3 71f
メチル基転移酵素, ヒストン—— 944*
メッセンジャーRNA（mRNA） 54, 947*
眼の形成
　表層と洞窟での棲息 640f
　脊椎動物 636, 637f
メラニン色素
　生化学的経路 513f
　発生経路 513f
メラノサイト幹細胞 648, 947*
メラノブラスト 592
　移動の変化 593f
メリステム 14
免疫応答, 再生 809

●も

毛細血管形成 872f
網糸期 225, 947*
毛包 648
　ヒト 896f
毛包幹細胞 648
　毛包の再生時 650f
毛包膨大部 648
　毛幹の再生 649f
網膜
　はじまり 637
　誘導カスケード 639
網膜視蓋, 接着 620f
網膜視蓋投射 618, 618f, 947*
網膜色素上皮細胞 636
網膜神経 618
　標的の選択 618
網膜神経節細胞 615, 616f
網膜神経節軸索 615
　視交叉を通っての成長 615
　視神経への成長 615
モーガン, トーマス・ハント 333
木部 15, 947*
モザイク胚 44
モジュール 68
モジュール性 947*
　Pitx1 883
　遺伝的—— 882
　再利用 884
　トゲウオの進化 883
　分離による多様化 882
モジュール性による進化, エンハンサー 883f
モデル系 6
モノソミー 489
モルフ 852, 925*
モルフォゲン 48, 114, 545, 947*
　沿軸中胚葉 659
　拡散モデル 115f
　屈曲点形成 536f
　植物 132
　葉序 318f
モルフォゲン勾配 48f, 347f
モルフォリノ 56, 947*

●や

葯 230, 947*
軛脚 724, 947*
山中因子 79f
山中伸弥 79, 183

ゆ

雄原細胞　232
有糸分裂促進因子　947＊
雄ずい　228, 947＊
雄性前核　258, 258f, 267
有胎盤哺乳類　910
　　　進化　910
誘導　110, 947＊
　　神経――　423
　　中胚葉――　418f
誘導カスケード　639
　　網膜　639
　　レンズ　639
誘導体　110, 947＊
誘導多能性幹細胞(iPS細胞)　947＊
誘導領域・時期特異性　424f
有胚植物　32, 948＊
有尾両生類　786, 948＊
有毛細胞　948＊
　　感覚――　631
ユークロマチン　62, 948＊
輸精管　206, 948＊
指
　　BMP　750f
　　Gli3　750f
　　Sonic hedgehog　747
　　形成と細胞死　758
指のアイデンティティ
　　Sonic hedgehog　749
　　骨形成タンパク質　749
指の骨格形成, チューリングモデル　753
指の特定化, Hox遺伝子　752

よ

蛹化脱皮　794, 948＊
幼若ホルモン　797, 798, 852, 948＊
葉序　312, 314f, 315f, 948＊
　　機械的応力　318f
　　モルフォゲン　318f
葉状仮足　295f, 407
羊水　463, 948＊
幼生　9, 948＊
　　一次――　922＊
　　基質への固着　874
　　固着　948＊
　　二次――　941＊
　　プルテウス――　373, 945＊
幼生期, プルテウス――　374f
幼虫　794
羊膜　444, 444f, 948＊

羊膜類　443, 948＊
　　系統関係　444f
　　腎臓形成　700
　　非――　944＊
　　無――　395
　　卵――　444, 948＊
　　卵の膜系　444f
葉裂(剥離)　16, 284, 284f, 582, 943＊, 948＊
　　感覚神経節　632
　　神経堤細胞　584f
抑制因子　948＊
抑制ゲート, 二重――　941＊
予定運命図　18, 19f, 40, 379f, 948＊
　　ウニ　373, 374f
　　魚類　432f
　　ツメガエル　398f
　　ニワトリ胚　450f
　　ホヤ　389
予定外胚葉　400
予定外胚葉細胞　382f
予定眼領域　948＊
予定肢領域　725, 948＊
　　特定化　729
予定心臓領域　703, 704f, 948＊
　　マウス　704f
予定前肢領域　732f
　　開始のモデル　733f
四量体モデル, 花発生　229f

ら

ライディッヒ細胞　200
ライトシート顕微鏡　434f, 437f
ラウンドアップ®　858
らせん型　312
らせん全割　308, 948＊
らせんの発生, 植物の観点　311
らせんパターン　308
らせん卵割　281f
　　小割球の系譜追跡　309f
　　巻貝　309f
らせん卵割胚, 細胞運命図　310f
ラット
　　交連神経軸索　610f
　　軸索　617f
　　小脳　555f
ラミニン　107, 377, 615, 948＊
ラメリポディア　295f, 407
卵
　　活性化　253, 254f, 256f
　　構造　241, 241f
　　受精直前　244f

　　精子との細胞膜の融合　244f
　　表面　243f
　　膜電位　251f
　　羊膜類　444
卵円孔　484
卵黄　280
卵黄細胞　431, 948＊
卵黄静脈　712, 948＊
卵黄栓　405f, 406, 948＊
卵黄多核層　429f, 432, 432f, 948＊
卵黄嚢　444, 444f, 948＊
卵黄膜　242, 948＊
卵外被　247
卵核胞　227f, 389
卵割　8, 275, 492, 949＊
　　Caenorhabditis elegans　324
　　ウニ　370, 371f
　　円盤状部分――　924＊
　　回転――　457, 458f, 924＊
　　ショウジョウバエ　337
　　ゼブラフィッシュ　430
　　鳥類　445
　　ツメガエル　398f
　　放射――　458f
　　哺乳類　457
　　ホヤ　387
　　マウス胚　459f
　　巻貝　308
　　様式　280, 281f
　　両生類　398
卵割溝　398f
卵割面　458f
卵管　205, 488, 949＊
卵管妊娠　495, 949＊
卵丘　243, 949＊
卵丘細胞　244f
卵丘細胞-卵母細胞複合体　259, 487, 949＊
卵形成　217, 486, 949＊
　　減数分裂　226
　　哺乳類　224
卵原細胞　225, 343, 949＊
卵細胞質内精子注入法　492
卵子　226, 949＊
卵室　343, 949＊
卵生　3, 949＊
卵精巣　204
卵巣　949＊
　　生殖細胞数　226f
卵巣幹細胞ニッチ　162f
卵巣経路　201
卵胎生　3, 949＊
卵皮質　243

索引 ゆ～わ

卵胞　200, 487f, 949＊
　　原始——　486
卵胞刺激ホルモン　486, 949＊
卵母細胞　200, 225, 949＊
　　活性化　492
　　減数分裂　227f
　　二次——　226, 941＊
　　ヒト——　491f
　　輸送　259
卵門　336, 949＊

● り

リガンド　98, 949＊
力学的なストレス　467f
陸上植物, 起源　32, 909
リーダー配列　64, 949＊
リプログラミング, 再生　809
領域分岐　782
両眼視野　787
両性能をもつ生殖腺　197, 198f, 949＊
両生類
　　原腸形成　295f, 399
　　左右軸　427
　　受精　396
　　神経誘導　423

体軸形成　411
　　二次軸形成　301f
　　背側化　421f
　　変態　786, 789
　　ホルモン制御　789
　　無尾——　786, 788, 947＊
　　有尾——　786, 948＊
　　卵割　398
菱脳　949＊
菱脳分節　542, 544f
菱脳胞　542
緑色蛍光タンパク質　20, 66, 949＊

● る

類洞　718f
ルーフプレート　925＊
ルーメン　910
　　ウシ　911f
　　共生的な起源　909

● れ

霊長類, 脳成長　567f
レグヘモグロビン　865, 949＊
レザクト　246, 246f, 949＊

レチノイン酸　426, 569, 707, 708f, 840
　　減数分裂と性分化のタイミング　218f
　　肢芽形成　731
　　予定前肢領域　732f
レチノイン酸受容体　790
裂体腔型　278, 949＊
レプトイド細胞　34f
レプトテン(細糸)期　219, 220f
レポーター遺伝子　66, 68f, 949＊
レンズ
　　再生　842, 843f
　　脊椎動物　841
　　誘導カスケード　639
レンズプラコード　628, 641f, 949＊
レンズ誘導　111f

● ろ

ロジック回路　386f
濾胞　949＊
ロンボメア　542, 544f, 594, 949＊

● わ

ワトソン, ジェームズ　55

ギルバート発生生物学 第2版　定価：本体 12,500 円＋税

2015 年 3 月 20 日発行　　第 1 版第 1 刷
2025 年 3 月 25 日発行　　第 2 版第 1 刷 ©

著　者　ミカエル J. F. バレシ
　　　　スコット F. ギルバート

監訳者　阿形　清和
　　　　高橋　淑子

発行者　株式会社　メディカル・サイエンス・インターナショナル

　　　　代表取締役　金子　浩平

　　　　東京都文京区本郷 1-28-36
　　　　郵便番号 113-0033　電話 (03)5804-6050

　　　　　　　　印刷：三報社印刷／装丁：岩崎邦好デザイン事務所

ISBN 978-4-8157-3126-7　C3047

本書の複製権・翻訳権・上映権・譲渡権・貸与権・公衆送信権（送信可能化
権を含む）は㈱メディカル・サイエンス・インターナショナルが保有します。
本書を無断で複製する行為（複写，スキャン，デジタルデータ化など）は，「私
的使用のための複製」など著作権法上の限られた例外を除き禁じられています。
大学，病院，診療所，企業などにおいて，業務上使用する目的（診療，研究
活動を含む）で上記の行為を行うことは，その使用範囲が内部的であっても，
私的使用には該当せず，違法です。また私的使用に該当する場合であっても，
代行業者等の第三者に依頼して上記の行為を行うことは違法となります。

JCOPY 〈出版者著作権管理機構　委託出版物〉
本書の無断複製は著作権法上での例外を除き禁じられています。
複製される場合は，そのつど事前に，出版者著作権管理機構
（電話 03-5244-5088, FAX 03-5244-5089, info@jcopy.or.jp）の
許諾を得てください。